westermann

Dr. Michael Dzieia, Heinrich Hübscher, Dieter Jagla, Jürgen Klaue, Michael Krehbiel,
Stephan Plichta, Roland Stolzenburg, Ludwig Wenzl, Harald Wickert

Elektrotechnik

Betriebstechnik
Lernfelder 5 – 13

3. Auflage

Bestellnummer 222134

Diesem Buch wurden die bei Manuskriptabschluss vorliegenden neuesten Ausgaben der DIN-Normen, VDI-Richtlinien und sonstigen Bestimmungen zu Grunde gelegt. Verbindlich sind jedoch nur die neuesten Ausgaben der DIN-Normen und VDI-Richtlinien und sonstigen Bestimmungen selbst.

Die DIN-Normen wurden wiedergegeben mit Erlaubnis des DIN Deutsches Institut für Normung e.V. Maßgebend für das Anwenden der Norm ist deren Fassung mit dem neuesten Ausgabedatum, die bei der Beuth-Verlag GmbH, Saatwinkler Damm 42/43, 13627 Berlin, erhältlich ist.

Materialien für Lehrerinnen und Lehrer

Lösungen: 978-3-14-222135-9
Lösungen Download: 978-3-14-104891-9

BiBox westermann inkl. E-Book

BiBox für Lehrerinnen und Lehrer (Einzellizenz) 978-3-14-104442-3
BiBox für Lehrerinnen und Lehrer (Kollegiumslizenz) 978-3-14-104441-6

Materialien für Schülerinnen und Schüler

BiBox westermann inkl. E-Book

BiBox (Laufzeit 1 Jahr) 978-3-14-104439-3
BiBox (Laufzeit 4 Jahre) 978-3-14-104438-6
BiBox PrintPlus (Laufzeit 1 Jahr) 978-3-14-104440-9

westermann GRUPPE

Druck und Bindung: Westermann Druck GmbH, Braunschweig

10 Energietechnische Anlagen

5 Energieversorgung und Sicherheit

5.1 Kurzschluss in einer Energieverteilung

Folgenschwerer Kurzschluss im „Heilig Geist" Krankenhaus in Burgheim

BURGHEIM. Ein Stromausfall legte am gestrigen Morgen das „Heilig Geist" Krankenhaus in Burgheim lahm. Ursache für den Stromausfall war ein Kurzschluss, der sich gegen 7:15 Uhr in der Niederspannungsanlage ereignete. Die Stromversorgung aller sensiblen Bereiche – unter anderem die Intensivmedizin sowie die Versorgung der Küche – wurde durch das Notstromaggregat aufrechterhalten.

Der Routinebetrieb war nach Aussagen der Klinikleitung durch den Stromausfall erheblich beeinträchtigt. So konnten keine neuen Patienten aufgenommen und viele Behandlungen nicht durchgeführt werden. Die Stromversorgung wurde im Laufe des gestrigen Tages stabilisiert. Bei Redaktionsschluss war der Schaden noch nicht behoben.

Unmittelbar nach dem Auftreten des Stromausfalls erhält die Firma Elektro Kruskop einen Anruf durch Herrn Schneider, den technischen Leiter des „Heilig Geist" Krankenhauses. Die Firma Kruskop hat einen Wartungsvertrag mit dem Krankenhausträger und ist somit mit den örtlichen Gegebenheiten bestens vertraut.

Ein Monteur der Firma erhält per Handy den Auftrag, umgehend zum „Heilig Geist" Krankenhaus zu fahren, um sich dort mit dem technischen Leiter in Verbindung zu setzen.

Im Krankenhaus stellt der Elektroniker folgenden Schaden fest. In der **Niederspannungshauptverteilung** [*low-voltage main distribution centre*] (**NSHV**) ist durch Kurzschluss an mehreren Sicherungs-Lasttrennschaltern (Abb. 1) und dem damit verbundenen Auslösen der vorgeschalteten Sicherungen die gesamte allgemeine Stromversorgung ausgefallen.

1: Sicherungs-Lasttrennschalter

Die elektrische Energieversorgung des Krankenhauses wird durch die **Allgemeine Stromversorgung** (**AV**) und die **Sicherheitsstromversorgung** (**SV**) sichergestellt.

Nach einem ersten Krisengespräch verständigen sich die verantwortlichen Techniker auf folgende Vorgehensweise zur Sicherstellung der Energieversorgung:

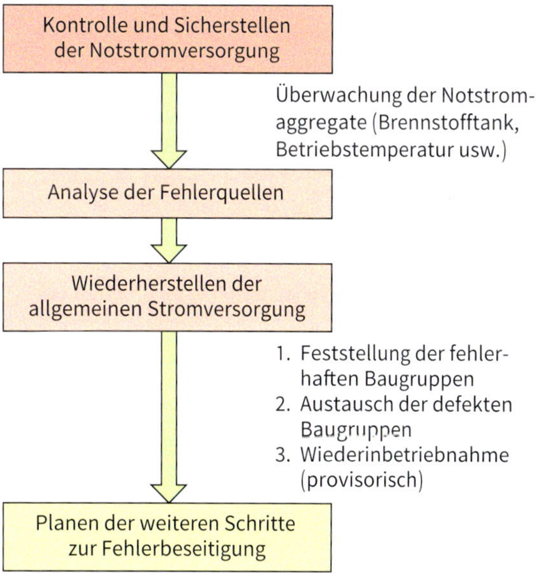

2: Notfallplanung

Die Notstromversorgung in allen Bereichen mit Personengefährdung (z.B. Intensivmedizin, OP-Bereich) ist durch das eigene Notstromaggregat sichergestellt. Die Energieversorgung ist am selben Tag bereits wieder durch provisorische Einspeisungen mit zusätzlichen Verteilern garantiert.

Nach ersten Untersuchungen liegt die Ursache des Kurzschlusses in einem Defekt der veralteten Kabelisolierungen an mehreren Sicherungs-Lasttrennschaltern sowie starken Staubablagerungen an den Kontakten. Ausgelöst wurde der Kurzschluss durch den Austausch einer defekten Sicherung und die daraus resultierenden Erschütterungen beim Wiedereinschalten.

Nachdem der Schaden durch einen hinzugezogenen **Sachverständigen** [*expert*] begutachtet wurde, findet ein Gespräch zur Planung der weiteren Schritte statt. Die Ergebnisse der Sitzung sind in folgender Gesprächsnotiz festgehalten.

GESPRÄCHSPROTOKOLL

Ort: KH "Heilig Geist" Raum 533

Datum: 17. 06. 2020
Uhrzeit: 10:30 Uhr – 11:30 Uhr

Teilnehmer:
Frau Berger, Herr Klein (Krankenhausverwaltung)
Herr Dipl. Ing. Schneider (Technischer Leiter)
Herr Dipl. Ing. Kleis (Sachverständiger)

Projekt: Reparatur/Erneuerung der Niederspannungshauptverteilung

Gesprächsergebnis:
Der Sachverständige bestätigt in seinen Ausführungen die Ursache des Kurzschlusses durch eine Vielzahl poröser Kabelisolierungen. Ein erneut auftretender Fehler dieser Art kann aufgrund des Alters der Anlage nicht ausgeschlossen werden, da in der Verteilung eine Vielzahl von Leitungen mit bruchgefährdeten Isolierungen vorhanden sind. Eine Reparatur der Anlage ist aus technischen und wirtschaftlichen Gründen nicht zu empfehlen.

Nach der anschließenden Diskussion wird folgende Empfehlung an die Krankenhausleitung gegeben: Um weitere Fehlerquellen dieser Art auszuschließen, wird durch den Sachverständigen und die Anlagenverantwortlichen ein Austausch der Niederspannungshauptverteilung empfohlen.

Es wird vorgeschlagen, den Schaden dem zuständigen Sachversicherer zu melden.

P. Schneider (Protokollführer)

Nach einer Rücksprache mit der Sachversicherung zwecks Kostenübernahme wird in der nächsten Sitzung des Verwaltungsrates folgender Beschluss gefasst und zu Protokoll gegeben:

„Ein Austausch der NSHV (AV und SV) ist aus Sicherheitsgründen unumgänglich und wird daher kurzfristig in den Finanzplan mit aufgenommen. Ein Teil der Kosten wird durch die Sachversicherung abgedeckt. Die darüber hinaus entstehenden Kosten werden vom Betreiber übernommen."

Wie wird der Auftrag durchgeführt?

Um eine kurzfristige Ausführung des Auftrags zu garantieren, wird ein Ingenieurbüro umgehend mit der Projektplanung beauftragt. Deren Aufgabe besteht neben der technischen Betreuung des Projektes auch in der Erstellung der notwendigen Ausschreibungsunterlagen.

1: Auftragsplanung

In einem **Lastenheft** werden die fachlichen, rechtlichen und organisatorischen Projektanforderungen zusammengefasst.

Die **technischen Anforderungen** werden gemäß den bestehenden Vorschriften und Normen festgelegt.

Im **Leistungsverzeichnis** [*tender specification*] (**LV**) sind alle Einzelpositionen detailliert aufgelistet. Dadurch wird eine Vergleichbarkeit der Angebote sichergestellt.

Auf der Basis des Leistungsverzeichnisses werden vom Ingenieurbüro **Angebote** bei mehreren Firmen eingeholt.

Nach dem Ende der Angebotsfrist erfolgt die **Vergabe** aus Gründen der Dringlichkeit im so genannten freihändigen Vergabeverfahren. Dabei wird bei der Vergabe kein förmliches Verfahren (Fristen, Angebotseröffnung) angewendet.

Bei der Auftragsvergabe erhält die Firma Kruskop den Zuschlag für den Auftrag. Ausschlaggebend waren neben dem günstigsten Angebotspreis die fachlichen Qualifikationen, die bereits durchgeführten Referenzprojekte und die langjährige gute Zusammenarbeit mit dem Auftraggeber.

- Die Projektanforderungen werden vom Auftraggeber in einem Lastenheft zusammengefasst.
- Grundlage einer Ausschreibung ist das Leistungsverzeichnis.
- Im Leistungsverzeichnis werden die einzelnen Teilleistungen beschrieben und bilden die Basis für die Angebotserstellung.

Bestandteile des Auftrages

Der Auftrag besteht in einer ersten groben Beschreibung im Austausch der kompletten Schaltanlage zur Niederspannungsversorgung im Krankenhaus. Während der Bauausführung darf zu keiner Zeit die Stromversorgung gefährdet sein. Daher ist eine sorgfältige Planung und Koordinierung der Arbeitsschritte erforderlich.

Beschreibung der Teilaufgaben

Der Auftrag besteht in der Kompletterneuerung der zentralen Energieversorgung eines Krankenhauses. Auf den ersten Blick betrachtet, handelt es sich hierbei um einen Auftrag mit einer geringen Komplexität, da lediglich die Schaltanlagen ausgetauscht werden müssen. Die Schwierigkeit besteht allerdings darin, die Energieversorgung so zu ersetzen, dass die Versorgung des Krankenhauses und damit der Patienten zu keinem Zeitpunkt beeinträchtigt wird. Daher sind neben einer ausführlichen Projektplanung (vgl. Kap. 5.2.2) auch eindeutige Absprachen mit den Anlagenverantwortlichen zu treffen.

Welche Komponenten bzw. kritische Faktoren bei der Planung mit berücksichtigt werden müssen, zeigt die Abb. 2.

2: Projektfaktoren

Herr Kruskop beauftragt seinen Mitarbeiter zunächst damit, einen groben Projektplan zu erstellen, der die Grundlage für die weitere Planung bildet.

Dieser Plan gibt einen Überblick über die

- **Teilaufgaben** des Auftrages,
- Planung der eigenen **Ressourcen** und
- grobe **Zeitplanung** (Abb. 3) des Gesamtauftrages.

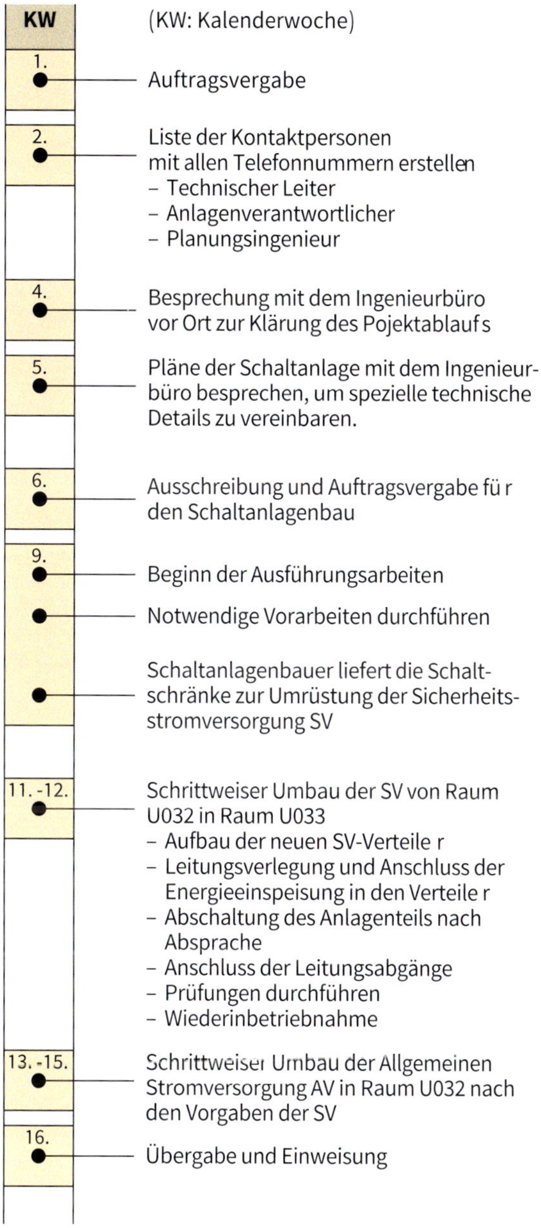

3: Zeitplanung

Aufgabe

1. Finden Sie mit Hilfe des Internets Informationen zu den drei unterschiedlichen Vergabeverfahren eines Auftrages und stellen Sie diese kurz dar (Hinweis: Suchbegriff VOB Vergabeverfahren).

- Bei der Projektplanung werden die Teilaufgaben, Ressourcen und Termine für das Projekt festgelegt.

5.2 Energieverteilanlage planen

5.2.1 Energieverteilanlage analysieren

Die bestehende Energieverteilanlage des Krankenhauses gliedert sich in ein Netz zur **Allgemeinen Stromversorgung** (**AV**) und ein weiteres Netz zur **Sicherheitsstromversorgung** [*safety services supply system*] (**SV**). Die Unterverteilungen in den einzelnen Gebäudeabschnitten sind in der Niederspannungshauptverteilung (NSHV) über Sicherungs-Lasttrennschalter ① einzeln abgesichert (Abb. 1). Messinstrumente ② zeigen die momentane Belastung der Anlage an.

1: Bestehende NSHV

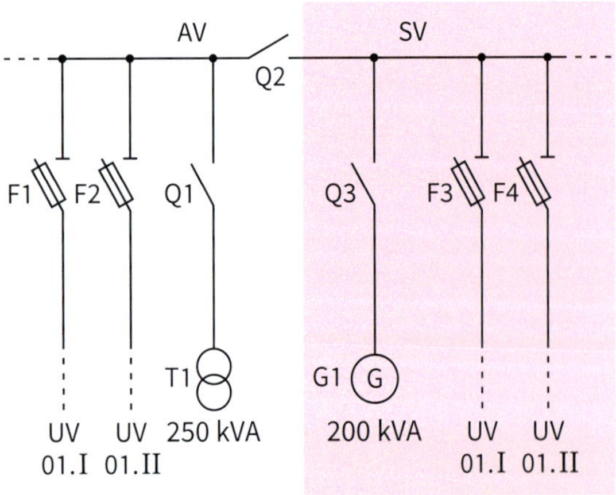

2: Auszug aus dem Übersichtsschaltplan der NSHV

Über den Mittelspannungstransformator T1 (Abb. 2) wird die Energie in die NSHV eingespeist. Von hier erfolgt der Energiefluss über den Leistungsschalter Q1 und den Kuppelschalter Q2 zu den einzelnen Leitungsabgängen der Unterverteiler.

Sinkt die Spannung in mindestens einem Außenleiter um 10 % der Bemessungsspannung ab (für die Dauer von mehr als 0,5 s), wird automatisch das Notstromaggregat durch die permanente Netzüberwachung gestartet. Gleichzeitig erfolgt in der NSHV innerhalb von 15 s die Umschaltung (Q1, Q2 öffnen; Q3 schließt) auf das SV-Netz (vgl. Kap. 5.2.3). Dies hat zur Folge, dass nur die Objekte versorgt werden, die mit der Sicherheitsstromversorgung verbunden sind. Geräte mit lebenserhaltenden Funktionen (z. B. OP-Leuchten) werden über Akkumulatoren versorgt (Umschaltzeit 0,5 s).

Welche Bestandteile werden übernommen?

Lediglich in der NSHV müssen einige Leitungsverbindungen erneuert werden, da diese in Folge einer Gebäudeerweiterung vor drei Jahren vollständig ersetzt wurde. Sie entspricht den gültigen Normen und ist für die Belastung ausreichend dimensioniert. Die Leitungslängen sind für die bevorstehenden Änderungen aufgrund der Leitungsführung im Gebäude ausreichend.

Lediglich einzelne Leitungsverbindungen müssen wegen der Umbaumaßnahmen in der Niederspannungshauptverteilung erneuert werden. Die nachträgliche Verlegung der Leitungen in den elektrischen Betriebsräumen ist ohne großen Aufwand durchführbar, da die betreffenden Räume einen Zwischenboden haben (Abb. 3).

3: Zwischenboden mit Versorgungskabel

- Die Energieverteilanlage eines Krankenhauses besteht aus der Allgemeinen Stromversorgung (AV) und der Sicherheitsstromversorgung (SV).
- Die Sicherheitsstromversorgung im Krankenhaus muss innerhalb von 0,5 s bis 15 s für bestimmte Objekte (z. B. medizinische Geräte) sichergestellt sein.

Die Netze für die AV und SV zeichnen sich durch getrennte Versorgungsleitungen aus. Das Leitungsnetz im Krankenhaus ist in Abb. 4 dargestellt. Die roten Verbindungen symbolisieren das SV-Netz und die schwarzen Leitungsverbindungen das AV-Netz. Die neu zu errichtenden Teile sind grün dargestellt.

Die Verteiler werden über separate Zuleitungen direkt von der NSHV versorgt. Diese Leitungen laufen strahlenförmig durch zentrale Versorgungsschächte und die Zwischendecken der Räume. Die Isolierung der Leitungen des SV-Netzes besteht aus einer **flammwidrigen** [*flame retardant*] Polyolefinmischung. Die Adern sind 2-fach isoliert (FE 180: Isolationserhalt 180 min; E30: Funktionserhalt größer 30 min, siehe Abb. 5).

Leitungstyp	Beschreibung
NYCWY 	Energie- und Steuerkabel mit erhöhtem elektrischen und mechanischen Schutz; konzentrischer Leiter (CW) im Inneren des Kabels
NHXCH-FE 180/E30 	Halogenfreies Sicherheitskabel mit verbessertem Brandverhalten; schwer entflammbar; selbstverlöschend und feuerhemmend

5: Leitungstypen der Energieverteilung

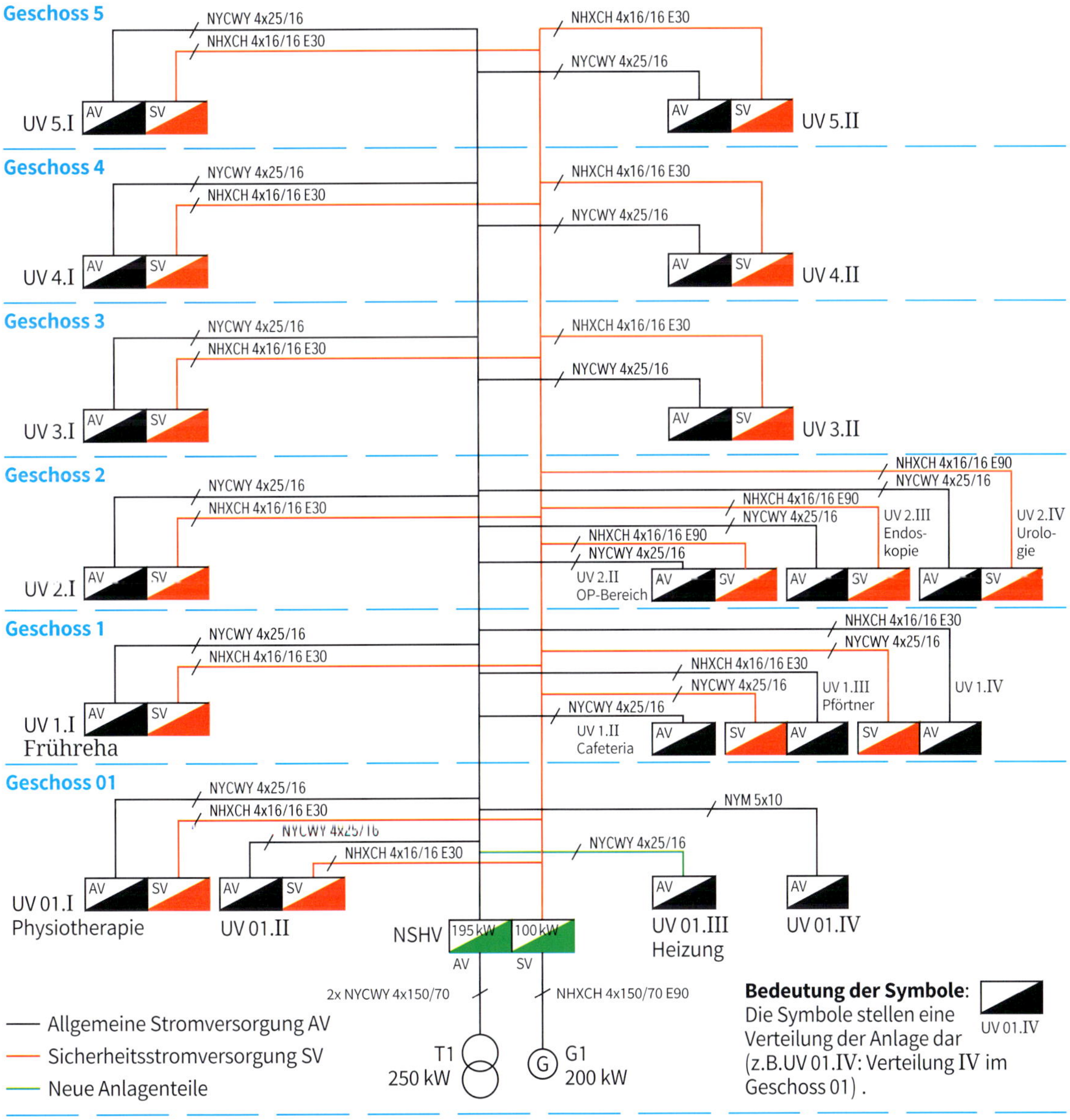

4: Übersichtsschaltplan der Energieverteilanlage

5.2.2 Arbeitsschritte planen

Um einen reibungslosen Austausch der zentralen Energieversorgung ohne Beeinträchtigungen für den Krankenhausbetrieb sicherzustellen, muss im Vorfeld der Bauarbeiten eine genaue Planung der Arbeitsschritte erfolgen. Dazu wird der **Grundriss** *[floor plan]* der Raumaufteilung und deren Nutzung (Abb. 1) verwendet.

Zur Zeit befinden sich die Verteilungen für AV und SV in einem Raum (U032). Die Ausführung der Arbeiten wird erheblich erleichtert, weil der unmittelbar benachbarte technische **Betriebsraum** *[operating area]* U033 keine technischen Anlagen enthält und somit in die Umbaumaßnahme einbezogen wird.

Die Planung durch die Fa. Kruskop sieht eine räumliche Trennung der Verteilungsbereiche für AV und SV vor. Durch die Aufteilung der Verteilungen in zwei unterschiedliche Räume wird es möglich, die neue Verteilung zunächst in einem anderen Raum (U033) aufzubauen und in möglichst kurzer Zeit in Betrieb zu nehmen. Dadurch bleibt der bestehende Versorgungsteil von den Umbaumaßnahmen unberücksichtigt und kann weiter über die alte Verteilung versorgt werden. Die alte NSHV wird somit in der Schrittfolge außer Betrieb gesetzt, sowie die neue Verteilung in Betrieb genommen wird.

Die räumliche Nähe des Raumes U033 zur bisherigen Energieverteilanlage in U032 erleichtert den Umbau zusätzlich, da bestehende Leitungen nur umgelegt werden müssen bzw. neue Leitungsverbindungen einfach installiert werden können.

Im Einzelnen ergeben sich die in Abb. 2 dargestellten Arbeitsschritte.

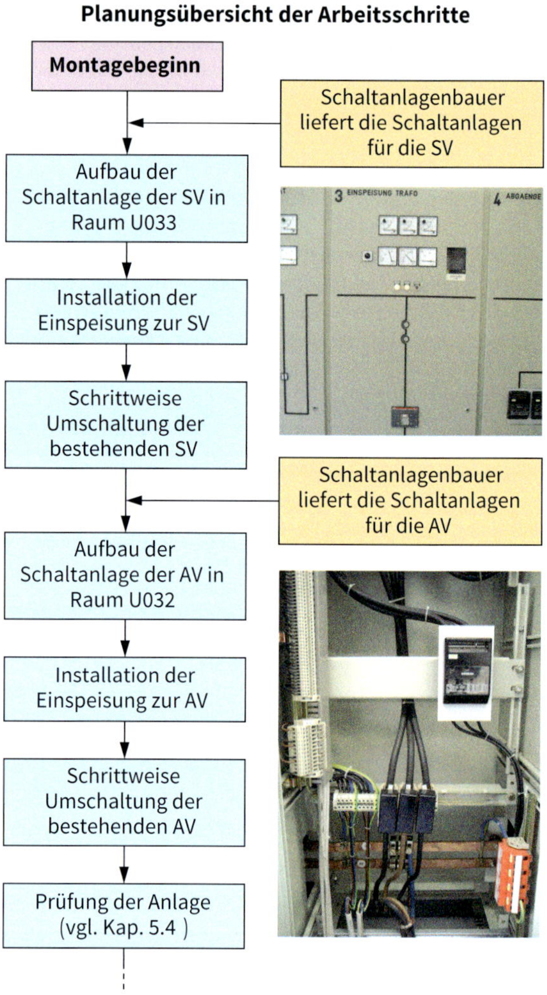

2: Arbeitsschritte

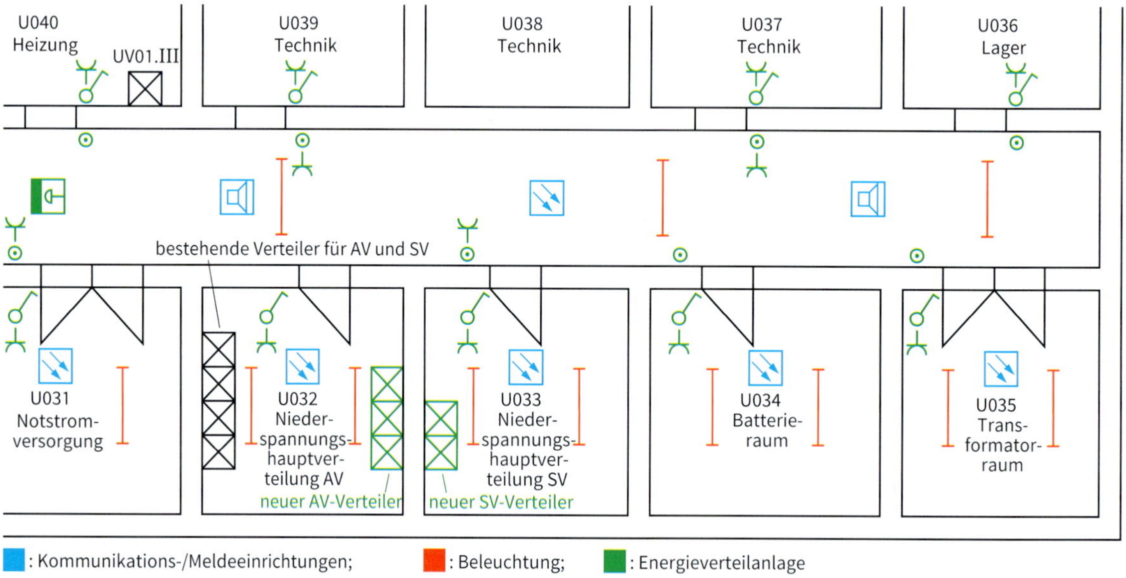

1: Grundriss der Raumaufteilung (bestehende Anlage)

Projektplanung

Bei einem Projekt dieser Größenordnung empfiehlt sich die Erstellung eines Projektplans mit einer Projektierungssoftware. Durch die softwaregestützte Projektierung ergeben sich folgende Vorteile:

- **Strukturierung** des Projektes in Einzelaufgaben.
- Die **Reihenfolge der Projektschritte** kann jederzeit verändert werden (Abwicklungsplanung).
- Die eigenen **Ressourcen** (z.B. Arbeitskräfte) können genau eingeplant werden (Ressourcenplanung).
- Jeder Aufgabe wird eine **verantwortliche Person** zugeordnet.
- Der **zeitliche Ablauf** ist visualisiert und während der Durchführungsphase kontrollierbar (Terminplanung).
- Das Projekt ist gleichzeitig **dokumentiert**.
- Die **Kosten** können zugeordnet werden.
- Der **Informationsstand** ist für alle beteiligten Personen identisch.

Eine Projektplanung ermöglicht, Abweichungen frühzeitig zu erkennen und diesen gegenzusteuern.

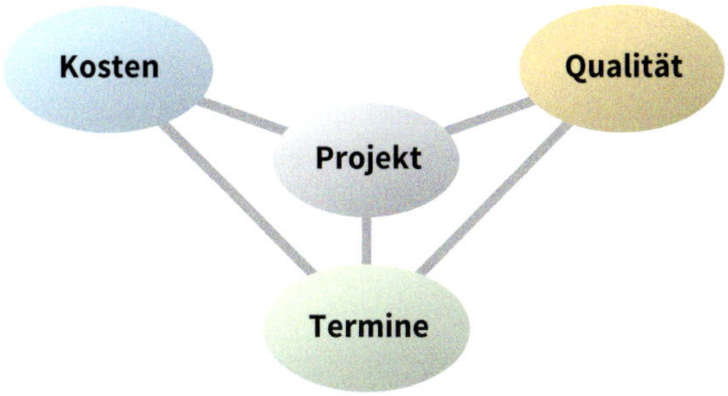

4: Aufgaben der Projektplanung

In einem Projekt ist es sinnvoll, in gewissen Abständen **Pufferzeiten** einzubauen, um eventuell auftretende zeitliche Verzögerungen zu kompensieren. Pufferzeiten werden entweder bewusst eingefügt oder sie ergeben sich als Folge von parallel zu bearbeitenden Vorgängen ($t_{Vorgang1} < t_{Vorgang2} \Rightarrow$ Zeitpuffer bei Vorgang 1).

Der vorliegende Projektplan zeigt, dass Aufgaben parallel durchgeführt werden ①. Daraus ergibt sich ein so genannter **kritischer Pfad** *[critical path]*. Dieser bezeichnet in der Netzplantechnik den Weg mit der kürzesten geplanten Zeitdauer ohne Pufferzeiten.

Maßnahmen auf dem kritischen Pfad müssen genau überprüft werden, da sich Abweichungen sofort auf das Gesamtprojekt auswirken.

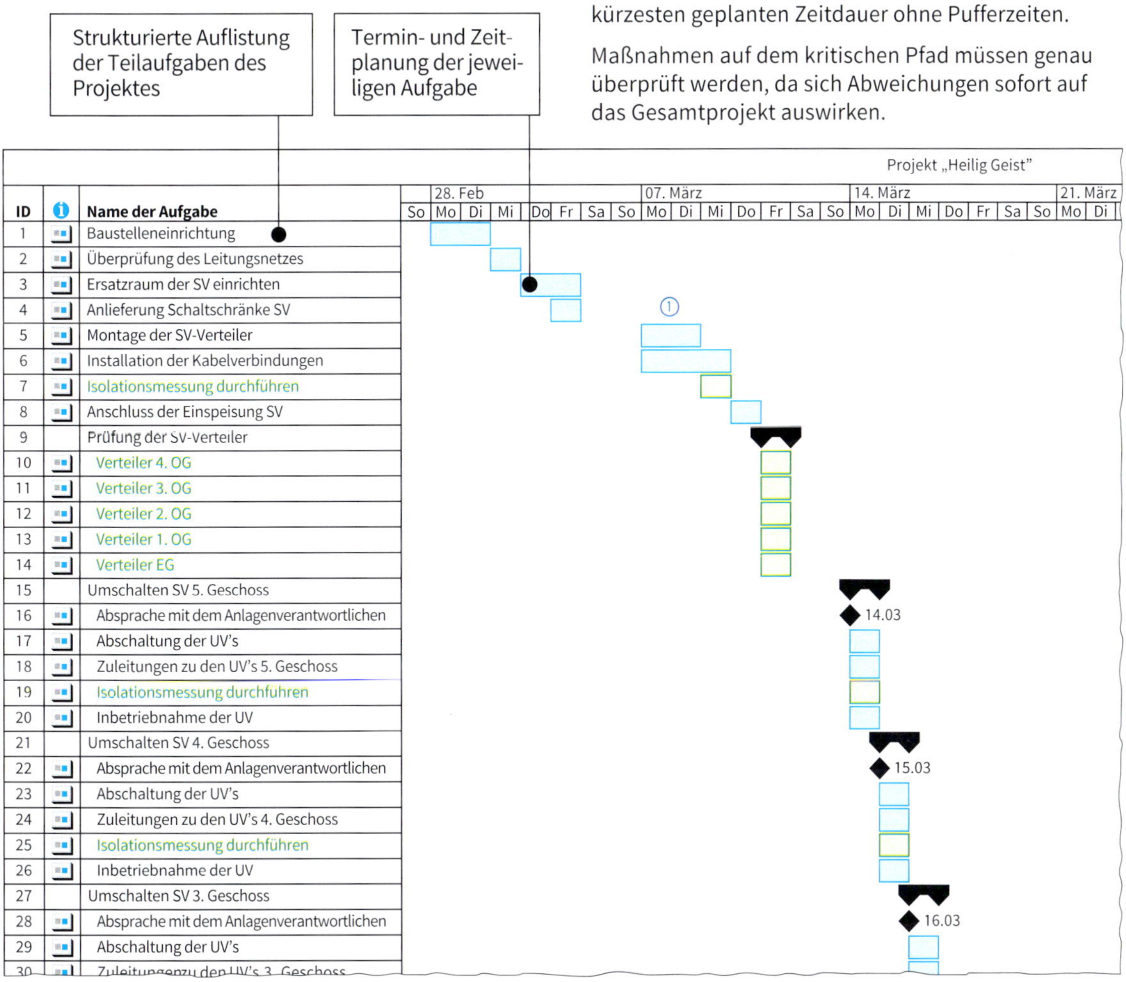

3: Plan der Projektstruktur (Ausschnitt)

5.2.3 Energieversorgung analysieren

Die Energieversorgung des Krankenhauses setzt voraus, den „Weg des elektrischen Stromes" von der Erzeugung über den Transport zum Verbraucher zu kennen. Dieser Sachverhalt umfasst u. a. folgende Bereiche:

- Unterschiedliche Spannungen im Bereich der Spannungsebenen
- Weiterleitung elektrischer Energie in den einzelnen Netzen
- Spannungstransformation durch Drehstromtransformatoren

Wie erfolgt die Energieversorgung im Krankenhaus?

Krankenhäuser befinden sich oft in der Nähe von Wohngebieten und sind direkt z. B. über ein 10 kV-Kabel oder ein 20 kV-Kabel ① an das öffentliche Versorgungsnetz angeschlossen (Abb. 1). **Netzstationen**, in denen die Hochspannung in Niederspannung transformiert wird, befinden sich

- in Gebäuden oder Gebäudeteilen (z. B. Krankenhaus),
- auf Freileitungsmasten (Maststation) und
- in wetterfesten Schränken in der Nähe von Verbrauchern.

Netzarten

Die **Energieversorgung** kann je nach den örtlichen Bedingungen grundsätzlich durch folgende Netzarten erfolgen:

- **Maschennetze** in dicht besiedelten Gebieten wie Städten,
- **Ringnetze** in weniger dicht besiedelten Regionen und
- **Strahlennetze** für weit voneinander entfernt liegende Verbraucher.

1: Maschennetz

5.2.3.1 Versorgungsnetze

An dicht besiedelte Regionen wie z. B. Städte mit einem **Energiebedarf** *[energy demand]* bis zu 100 MW wird **Hochspannung** von 110 kV herangeführt. Vor Ort wird diese in einer Schaltanlage mit Hochspannungstransformator auf **Hochspannung** von z.B. 20 kV transformiert (Abb. 2).

Einzelne Stadtbezirke werden zunächst über Erdkabel mit Hochspannung versorgt. Diese wird dann in **Transformatorstationen** (Abb. 1 ②) *[transformer stations]* in **Niederspannung** von 400/230 V umgewandelt und über Kabelverteilerschränke (Trennstellen ③) weitergeleitet. Zwecks Reparaturarbeiten können über diese Trennstellen bestimmte Verbrauchergruppen vom Netz abgetrennt werden.

Ländliche Gebiete mit größeren Entfernungen zu den einzelnen Verbrauchern werden über die Hochspannungsebene von z. B. 10 kV oder 20 kV versorgt. In den **Ortsnetzstationen** wird die Hochspannung auf Niederspannung transformiert. Die Weiterleitung der elektrischen Energie erfolgt dann über Erdkabel, Freileitungskabel oder bei älteren Anlagen noch über Freileitungen.

2: Schaltanlage – 110 kV/20 kV

Die folgende Übersicht soll die Zusammenhänge und den Ablauf der Energieversorgung verdeutlichen:

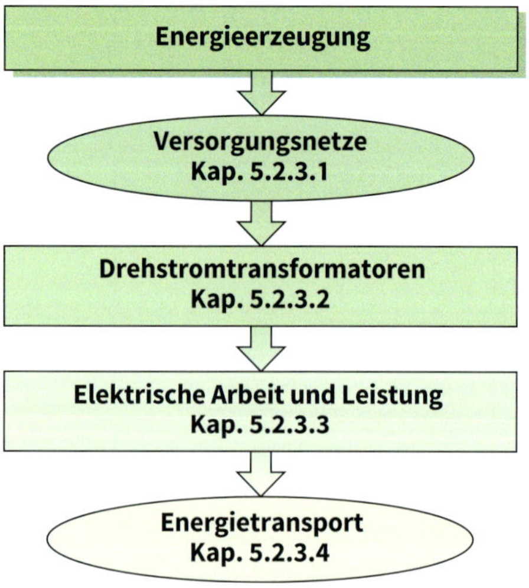

Maschennetze

Maschennetze sind geschlossene Netze. Die Energieversorgung erfolgt durch mehrere Transformatorstationen. Ein Netzende gibt es nicht.

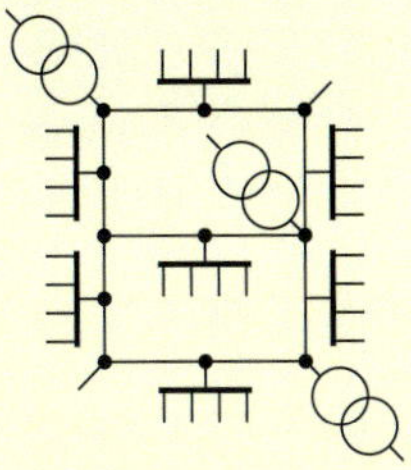

Vorteile:

- Die Vielzahl von Leitungsverbindungen ermöglicht auch bei einer Störung eine zuverlässige Energieversorgung.
- Ein beschädigtes Leitungsstück kann an den Trennstellen zwecks Reparatur herausgetrennt werden, ohne dass die Energieversorgung gefährdet ist.

Nachteile:

- Weil viele Netzstationen eingerichtet werden müssen, sind die Kosten des Netzaufbaus hoch.
- Aufwändiger Schutz durch Betriebsführung.

Ringnetze

Die Energieversorgung erfolgt wie beim Maschennetz von zwei Seiten.

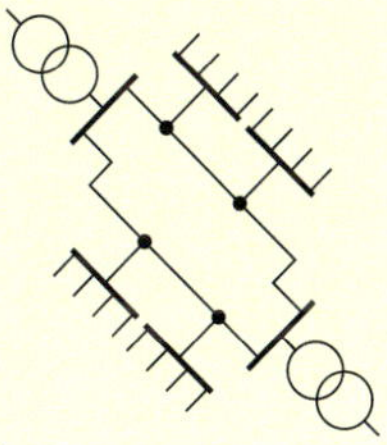

Vorteile:

- Einfache Struktur im Aufbau.
- Die Energieversorgung erfolgt von zwei Seiten. Fehlerhafte Netzteile können über Schaltstellen herausgetrennt werden.

Nachteil:

- Die Energieeinspeisung ist bei einer Störung nur noch von einer Seite möglich. Bei Ringnetzen, die als „offene Ringe" betrieben werden, ist die ringförmige Energieversorgung unterbrochen. Die Verbraucher sind einseitig mit dem Netztransformator verbunden.

Strahlennetze

Die Energieversorgung erfolgt von einer Seite. Weil das Netz jeweils beim entferntesten Verbraucher endet, sind Strahlennetze offene Netze. Die Niederspannungsleitungen bzw. -kabel sind strahlenförmig zu den Verbrauchern verlegt.

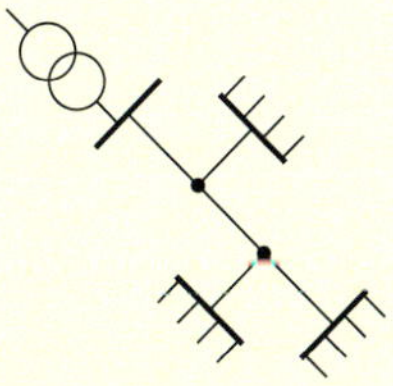

Vorteil:

- Das Netz ist sehr einfach aufgebaut und deshalb kostengünstig.

Nachteil:

- Bei Unterbrechung, z. B. durch Leitungsbruch oder Kurzschluss, sind alle hinter dem Fehler liegenden Verbraucher vom Netz abgeschnitten.

Wie erfolgt die Energieversorgung im Niederspannungsnetz?

Die Energieversorgung im Niederspannungsnetz erfolgt von der **Ortsnetzstation** aus über Freileitungen oder Kabel, die im Erdreich oder auf Masten verlegt sind. In dicht besiedelten Gebieten und in Neubaugebieten wird die Energie auf der Niederspannungsebene durch **Erdkabel** [*underground cable*] übertragen (Abb. 3).

Mehradriges PVC-isoliertes Kabel mit PVC-Mantel

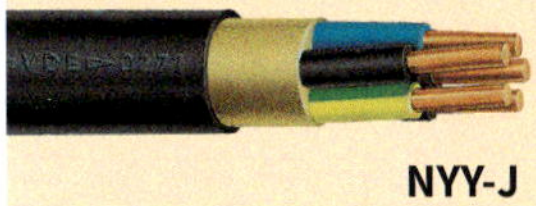

NYY-J	Innenräume; Kabelkanäle; im Erdreich, wenn keine mechanischen Beschädigungen auftreten

Mehradriges VPE-isoliertes Kabel mit Al-Leiter

NA2XY-J	Ortsnetze mit hohen Lastspitzen; extreme Umgebungsbedingungen, z. B. Häufung von Kabeln

Bedeutung der Buchstaben NA2XY-J:

Ader	**N:**	Genormte Ausführung
	A:	Leiter aus Al
	2X:	Isolierhülle aus vernetztem Polyethylen
	Y:	Schutzhülle aus PVC
Mantel	**Y:**	Mantel aus PVC
	J:	Schutzleiter

3: Niederspannungskabel

Energieeinspeisung zum Verbraucher

Beim Freileitungsnetz über

- Dachständer von Haus zu Haus oder
- vom Abspannmast neben dem Haus zum Hausanschluss, z. B. über freitragende Abspannleitung (Typ: YTBKW-J, 3- bis 5-adrig) mit korbverseilten Adern, Außenmantel aus Polyethylen

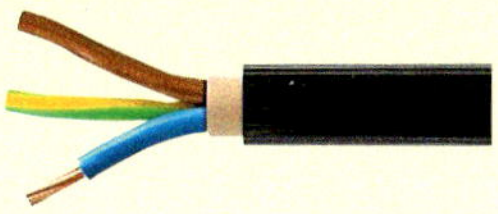

Hauseinführung der Freileitung

- Ausreichende Festigkeit der Wand oder des Daches mit dem Dachständer.
- Leerrohr (36 mm) je Hauptleitung für Umstellung auf Kabelanschluss bis Keller verlegen.

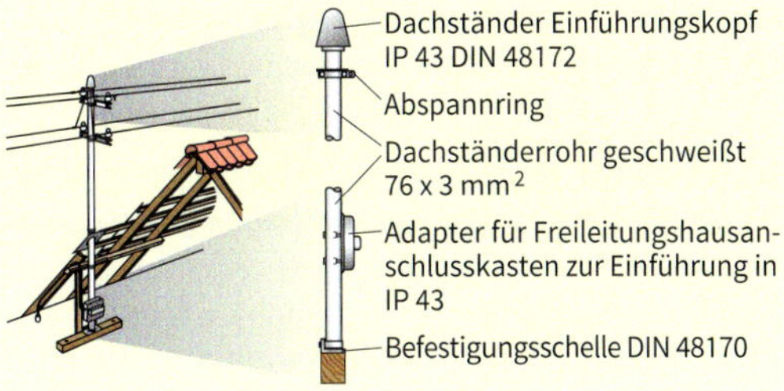

Ortsnetzstation mit Verteileranlage – Containerstation

Lasttrennschalter Q1, Q2
können Leitungen unter Last von Verbrauchern abtrennen, d. h. schalten, jedoch nicht bei Kurzschluss.

Übersichtsschaltplan

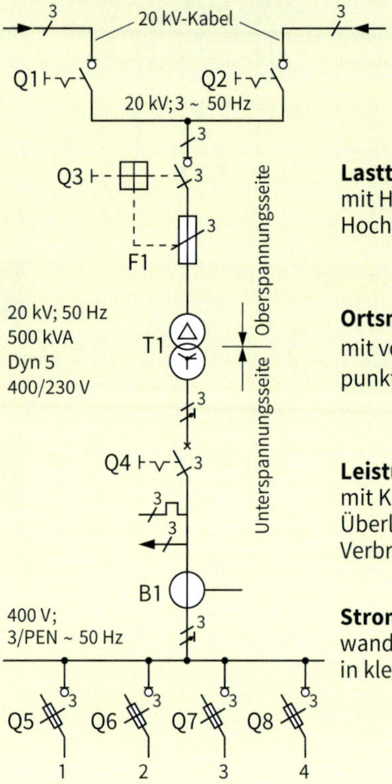

Lasttrennschalter Q3
mit Hochspannungs- und Hochleistungssicherung

Ortsnetztransformator T1
mit voll belastbarem Sternpunkt

Leistungsschalter Q4
mit Kurzschluss und Überlastschutz schalten Verbraucher unter Last.

Stromwandler B1
wandeln größere Ströme in kleinere Messströme um.

Sicherungs-Lasttrennschalter Q5 – Q8
schalten in Niederspannungsanlagen einzelne Verbraucherstromkreise auch bei Belastung.

Im Niederspannungsnetz mit **Freileitung** [*overhead line*] werden z. B. vier Leiter verlegt. Diese sind mit Isolatoren an den Masten befestigt. Die Niederspannungsisolatoren sind glockenförmig und auf U-förmige Schraubhaken aufgesetzt. Es gibt Leitungen als

- **blanke Leiter** (ohne Isolation) aus Kupfer und
- **VPE-isolierte Leitungen** (**VPE**: **V**ernetztes **P**oly**e**thylen) aus Aluminium.

In das Krankenhaus erfolgt die Energieeinspeisung wegen des erhöhten Energiebedarfs über ein **10 kV-Erdkabel** zum Leistungstransformator im Traforaum des Gebäudes. Diese Stromversorgung ist die **allgemeine Stromversorgung AV**. Sie wird durch einen oder mehrere Leistungstransformatoren zur Verfügung gestellt. Für Krankenhäuser ist zusätzlich eine **Sicherheitsstromversorgung SV** erforderlich. Die Abb. 1 zeigt dazu eine vereinfachte Übersicht.

Aus Sicherheitsgründen sind für Gebäude mit Menschenansammlungen, z. B. für Krankenhäuser, Hochhäuser, Hotels und Flughäfen bestimmte Kabel vorgeschrieben (Sicherheitskabel). Zur Energieversorgung elektrischer Verbraucher im Krankenhaus werden deshalb PVC-Mantelleitungen, halogenfreie Mantelleitungen und halogenfreie Sicherheitskabel verlegt (Abb. 2).

Halogenfreie Sicherheitskabel werden dort eingesetzt, wo bei Bränden Schäden an Menschen und Material auftreten können. Sie haben gegenüber anderen Kabeln u. a. folgende Vorteile:

- schwer entflammbar
- selbstverlöschend und feuerhemmend
- keine Brandfortleitung
- Funktionserhalt im Brandfall, teilweise bei erhöhter Strombelastbarkeit

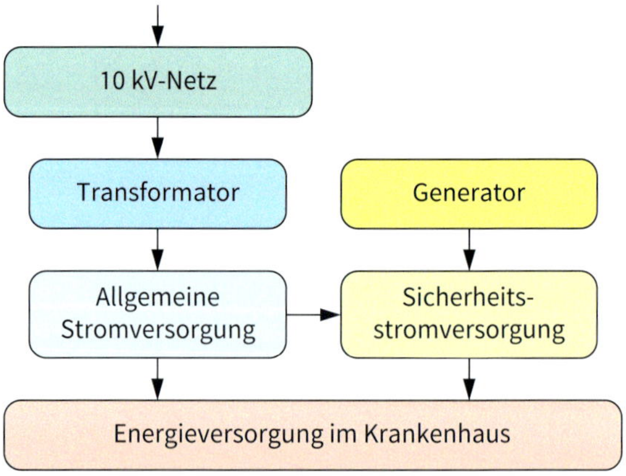

1: Übersicht zur AV und SV

Mehradrige PVC-Mantelleitung	
 **NYM-J**	Industrie- und Hausinstallationen; im Freien; in trockenen und feuchten Räumen; Verlegung auf, in und unter Putz
Mehradrige halogenfreie Mantelleitung	
 **NHXMH-J**	Flammwidrig im Brandfall; Installation wie bei NYM; nicht geeignet für direkte Einbettung in Beton
Mehradrige, halogenfreie Sicherheitskabel	
 **JE-H(St)H**	Flammwidrige Installation; für feste Verlegung; statische Abschirmung für Telekommunikationseinrichtung
 **NHXCH-FE180/E30**	Schwer brenn- und entflammbar; selbstverlöschend und feuerhemmend; Verlegung wie bei NYM

2: Mantelleitungen und Sicherheitskabel

Aufgaben

1. Nennen Sie Anwendungen der drei Netzarten.
2. Welche Ströme schalten Lasttrennschalter, Leistungsschalter und Sicherungs-Lasttrennschalter?
3. Erklären Sie den Aufbau der Kabel NAYY-J und A2XY-J.
4. Welche Art von Leitungen und Kabeln werden in Krankenhäusern verlegt?
5. Nennen Sie wichtige Eigenschaften von halogenfreien Sichcrheitskabeln.

- Ortsnetzstationen sind Übergangsstellen von der Hoch- zur Niederspannung.
- Bei größeren Anlagen wie Krankenhäusern befinden sich die Übergangsstellen in besonderen Gebäudeteilen.
- In einem Ortsnetz erfolgt die Energieversorgung je nach Lastdichte über Freileitungen, Freileitungskabel oder Erdkabel.
- Die Energieversorgung in Krankenhäusern erfolgt über Hochspannung, die über einen Leistungstransformator in Niederspannung transformiert wird.
- Halogenfreie Mantelleitungen und halogenfreie Sicherheitskabel werden in Anlagen mit Menschenansammlungen eingesetzt.

5.2.3.2 Drehstromtransformatoren

Zur Energieübertragung wird in den Kraftwerken Dreiphasen-Wechselspannung erzeugt. Zum Energietransport muss diese Spannung mehrmals transformiert werden. Dies geschieht mit Hilfe von Drehstromtransformatoren. Diese Verteilungstransformatoren elektrischer Anlagen, z. B. in Industriebetrieben und Krankenhäusern (Abb. 3), sind nach dem Leistungsbedarf der Verbraucher bemessen.

Wie ist der Drehstromtransformator aufgebaut?

Den **Drehstromtransformator** [*three-phase-transformer*] können wir uns vereinfacht wie drei zusammengeschaltete Einphasentransformatoren vorstellen, deren Ober- ① und Unterspannungswicklungen ② verkettet sind. Diese befinden sich jeweils auf einem Schenkel ③. Die drei Schenkel sind durch ein Joch ④ verbunden (Abb. 4). Der Dreischenkelkern wird aus einzelnen Blechen zusammengesetzt, die gegeneinander isoliert sind.

Fünfschenkelkern

Eine weitere Bauweise des Kerns ist der Fünfschenkelkern. Hier befinden sich auf den drei innen liegenden Hauptschenkeln die Wicklungen. Über die beiden Außenschenkel erfolgt der magnetische Rückfluss.

Unterspannungsseite: Niederspannung 400 V

Oberspannungsseite: Hochspannung 10 kV

3: Transformatorraum im Krankenhaus

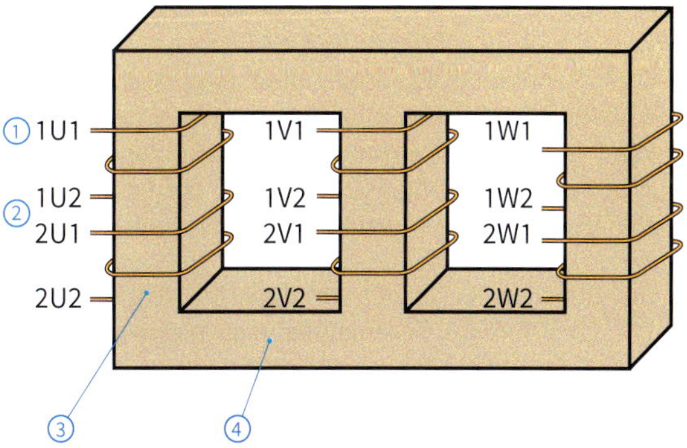

4: Aufbau eines Drehstromtransformators

Im Eisenkern erzeugen die Magnetflussänderungen Wirbelströme I_{Fe}. Diese verursachen durch den Eisenwiderstand R_{Fe} **Wärmeverluste** (Wirbelstromverluste) P_{vFe}. Um diese Verluste niedrig zu halten, sind folgende Maßnahmen erforderlich:

- Durch Legieren des Eisens z. B. mit Silizium verringert sich die **elektrische Leitfähigkeit $\varkappa_{Fe}$**.
  $\varkappa_{Fe} \downarrow \Rightarrow R_{Fe} \uparrow \Rightarrow I_{Fe} \downarrow \Rightarrow P_{vFe} \downarrow$
- Durch den besonderen Aufbau des Eisenkerns aus gegeneinander isolierten Blechen verkleinert sich dessen **Leiterquerschnitt q_{Fe}**.
  $q_{Fe} \downarrow \Rightarrow R_{Fe} \uparrow \Rightarrow I_{Fe} \downarrow \Rightarrow P_{vFe} \downarrow$

Schaltungen des Drehstromtransformators

Die Schaltungen für die **Oberspannungsseite** werden durch große Buchstaben (**D** und **Y**) und für die **Unterspannungsseite** durch kleine Buchstaben (**d**, **y** und **z**) gekennzeichnet. Die Schaltung des Drehstromtransformators im Krankenhaus entnehmen wir dem **Leistungsschild** *[rating plate]* (Abb. 1).

Das Leistungsschild enthält außer der Schaltgruppe folgende Angaben:

- Bemessungsspannungen von Ober- und Unterspannungsseite 10 kV/400 V,
- Bemessungsscheinleistung 250 kVA,
- Bemessungsstromstärken 13,1 A/361 A und
- relative Kurzschlussspannung 4,0 %

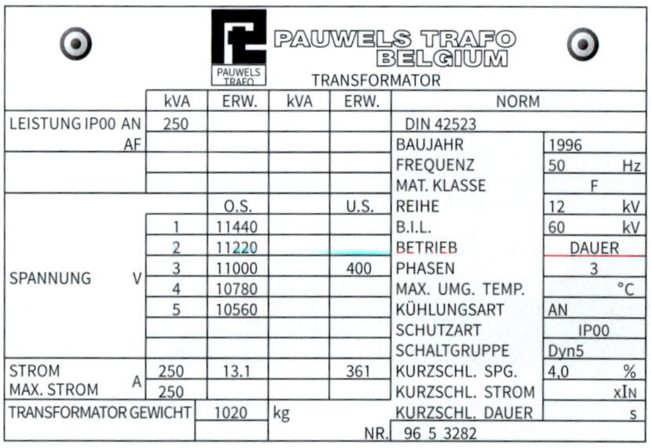
PAUWELS TRAFO BELGIUM
PAUWELS TRAFO
TRANSFORMATOR

		kVA	ERW.	kVA	ERW.	NORM	
LEISTUNG IP00 AN		250				DIN 42523	
AF						BAUJAHR	1996
						FREQUENZ	50 Hz
						MAT. KLASSE	F
SPANNUNG V			O.S.		U.S.	REIHE	12 kV
	1		11440			B.I.L.	60 kV
	2		11220			BETRIEB	DAUER
	3		11000		400	PHASEN	3
	4		10780			MAX. UMG. TEMP.	°C
	5		10560			KÜHLUNGSART	AN
						SCHUTZART	IP00
						SCHALTGRUPPE	Dyn5
STROM A		250	13.1		361	KURZSCHL. SPG.	4,0 %
MAX. STROM A		250				KURZSCHL. STROM	xIN
TRANSFORMATOR GEWICHT		1020	kg			KURZSCHL. DAUER	s
					NR.	96 5 3282	

1: Leistungsschild des Drehstromtransformators

Schaltungsart z

Diese Schaltungsart der Sekundärseite eines Drehstromtransformators ist an der Bezeichnung **Yzn 5** zu erkennen. Es handelt sich dabei um eine **Zick-Zack-Schaltung**. Hier wird jeweils eine der drei Wicklungen der Sekundärseite zur Hälfte auf zwei Schenkel verteilt. Dadurch teilt sich auch der magnetische Fluss jeder stromdurchflossenen Wicklung auf zwei Schenkel auf. Das magnetische „Gleichgewicht" zwischen den belasteten Schenkeln wird damit hergestellt. Dadurch ist es möglich, den Sternpunkt voll zu belasten.

Dyn 5

Die Kurzbezeichnung der Schaltgruppe Dyn 5 hat folgende Bedeutung:

- **D**: Die Oberspannungsseite (OS) ist in **„Dreieck"** geschaltet. Die drei Wicklungseingänge sind jeweils mit einem Außenleiter und dem nächsten Wicklungsende verbunden.

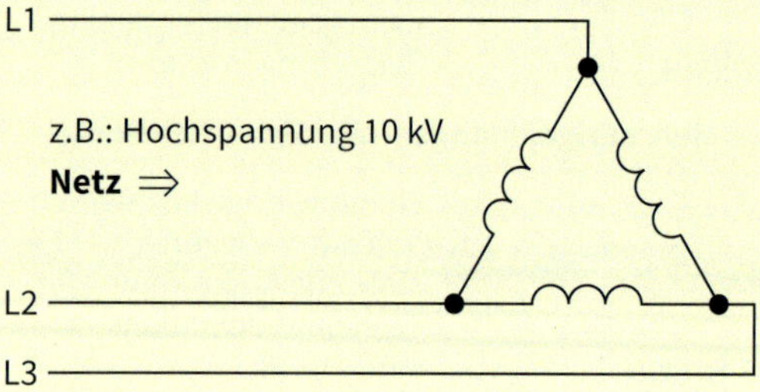

- **y**: Die Unterspannungsseite (US) ist in „**Stern**" geschaltet. Die drei Wicklungseingänge liegen an den drei Außenleitern. Die Wicklungsausgänge sind untereinander zum Sternpunkt ① verbunden.

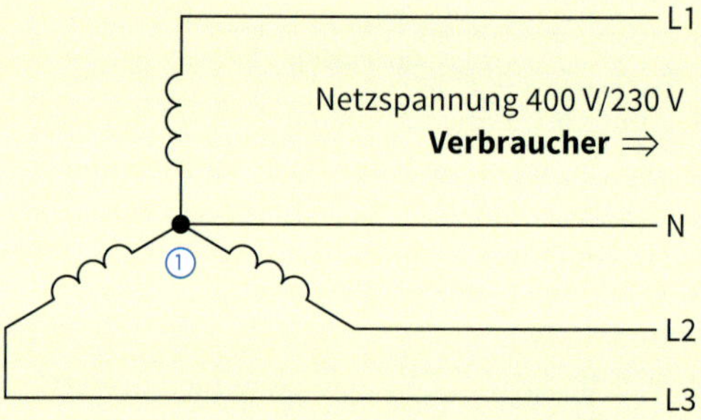

- **n**: Der Sternpunkt wird aus dem Transformator als Neutralleiter (N-Leiter) herausgeführt und ist **voll belastbar**. Das heißt, das entstehende 4-Leiter-System eignet sich für **unsymmetrische Belastung** *[asymmetric load]*.
- **5**: Diese Zahl heißt Kennzahl und gibt an, um das **Wievielfache von 30°** die Strangspannung der US-Seite der Strangspannung der OS-Seite nacheilt. An folgender Abbildung ist dies verdeutlicht.

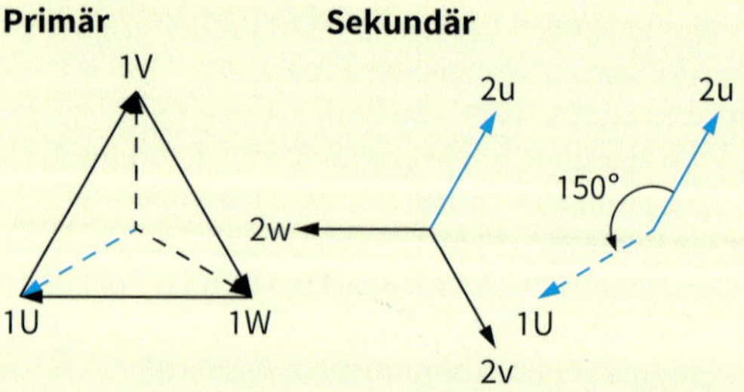

Bevorzugte Schaltgruppen für Drehstromtransformatoren bei unsymmetrischer Belastung						
Schaltgruppe	Zeigerbild		Schaltungsbild		Übersetzung $\ddot{u} = \frac{U_1}{U_2}$	Einsatz
	Primär	Sekundär	Primär	Sekundär		
Yyn 0	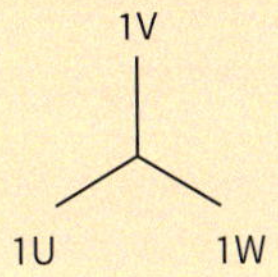	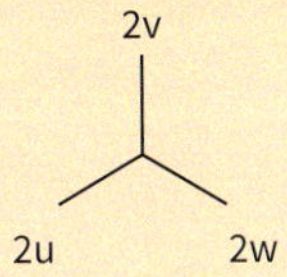	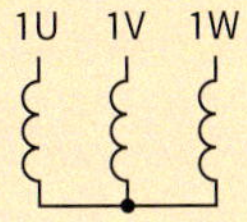	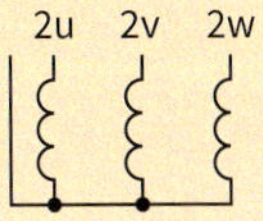	$\frac{N_1}{N_2}$	Verteilungs-Transformator mit kleiner Leistung, Sternpunkt bis 10 % belastbar
Dyn 5	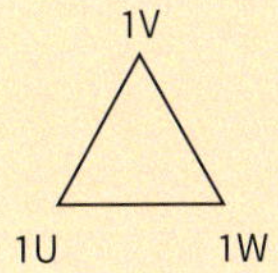	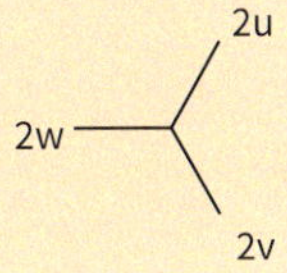	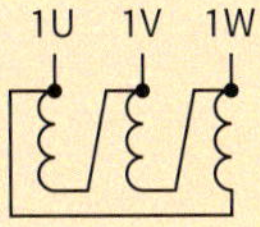	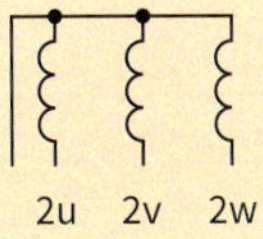	$\frac{N_1}{\sqrt{3} \cdot N_2}$	Verteilungs-Transformator mit voll belastbarem Sternpunkt
Yzn 5	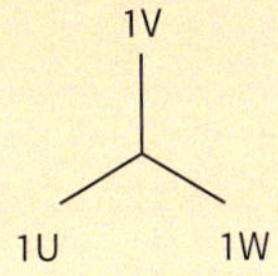	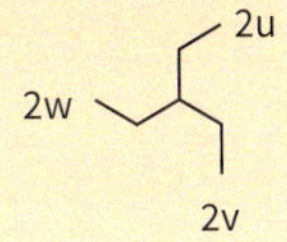	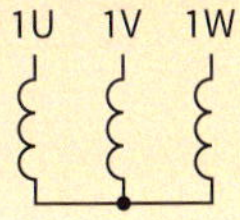	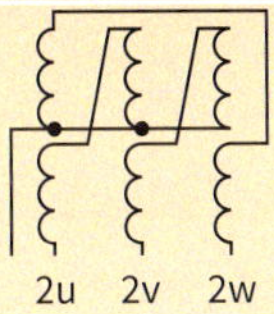	$\frac{2 \cdot N_1}{\sqrt{3} \cdot N_2}$	Verteilungs-Transformator mit kleiner Leistung und voll belastbarem Sternpunkt

2: Schaltgruppen

Schutz von Leistungstransformatoren

Werden z. B. im Krankenhaus Transformatoren eingesetzt, so sind zu deren Schutz folgende Maßnahmen erforderlich:

- **Kurzschlussschutz** auf der Hochspannungsseite durch HH-Sicherungen
- **Überlastschutz** auf der Niederspannungsseite durch NH-Sicherungseinsätze oder thermische Überstromauslöser. Die Auslöser werden nach der Bemessungsstromstärke des Transformators eingestellt.
- **Temperaturüberwachung** durch Thermoelemente in der Transformatorwicklung

Wie kann auf einen höheren Leistungsbedarf reagiert werden?

Durch zusätzliche elektrische Verbraucher erhöht sich der **Leistungsbedarf** [*power demand*]. Die Bemessungsleistung des vorhandenen Drehstromtransformators reicht jetzt im Krankenhaus nicht mehr aus.

Zum vorhandenen Drehstromtransformator wird ein zweiter Drehstromtransformator unter bestimmten Voraussetzungen parallel geschaltet. Damit keine Ausgleichsströme fließen und ungleiche Belastungen der Transformatoren vermieden werden, gelten für das Parallelschalten laut DIN VDE 0532 folgende Bedingungen:

- **Gleiche Kennzahlen** der Schaltgruppen (Abb. 2)
- Möglichst **gleiche Übersetzung**
- Annähernd **gleiche relative Kurzschlussspannungen**
- Verhältnis der **Bemessungsleistungen** < 3:1

Aufgaben

1. Wodurch werden im Eisenkern die Wirbelströme erzeugt?
2. Durch welche Maßnahmen lassen sich die Wirbelstromverluste verringern?
3. Beschreiben Sie, wie die Wicklungsenden beim Drehstromtransformator in der Dreieckschaltung verbunden werden.
4. Welche Bedeutung hat der Buchstabe „n" in der Bezeichnung der Schaltgruppe?
5. Geben Sie die Bedeutung der Buchstaben und der Kennzahlen bei den Schaltgruppen Dyn 5 und Yzn 5 an.

- Drehstromtransformatoren bestehen aus einem Dreischenkelkern mit Joch sowie Schenkel mit je einer Oberspannungs- und einer Unterspannungswicklung.
- Wärme- bzw. Wirbelstromverluste beim Drehstromtransformator werden verringert, indem die Bleche mit Silizium legiert und gegeneinander isoliert werden.
- Die OS-Wicklungen werden in Dreieck oder Stern, die US-Wicklungen in Dreieck, Stern oder Zick-Zack geschaltet.
- Die Schaltgruppe gibt die Schaltungsart von OS und US an.
- Beim Parallelschalten von Drehstromtransformatoren sind Kennzahl, Übersetzung, relative Kurzschlussspannung und Bemessungsleistung zu beachten.

Belastungen im Drehstromnetz

Symmetrische Belastung

Wie wirkt sich symmetrische Belastung auf die Größe der Stromstärke im Neutralleiter aus?

Bei **symmetrischer Belastung** [*symmetric load*] fließen in den drei Außenleitern gleich große Ströme. Diese Belastung liegt dann vor, wenn z.B. ein Drehstrommotor mit gleich großen Wicklungswiderständen das Netz belastet.

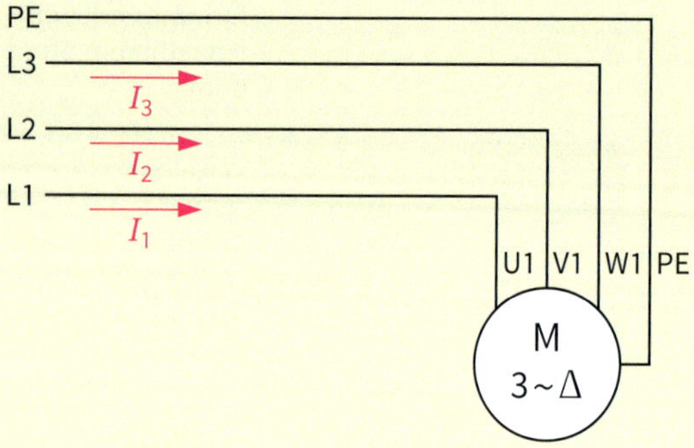

Drehstrommotor – symmetrische Last

Beispiel:

Belastung der drei Außenleiter mit gleich großen Widerständen bedeutet:

Die Stromstärken in den Außenleitern sind gleich groß.

In der Schaltung des Drehstrommotors fällt auf, dass **kein Neutralleiter** angeschlossen ist.

Warum dies zulässig ist, erklären wir mit Hilfe des folgenden Zeigerdiagramms:

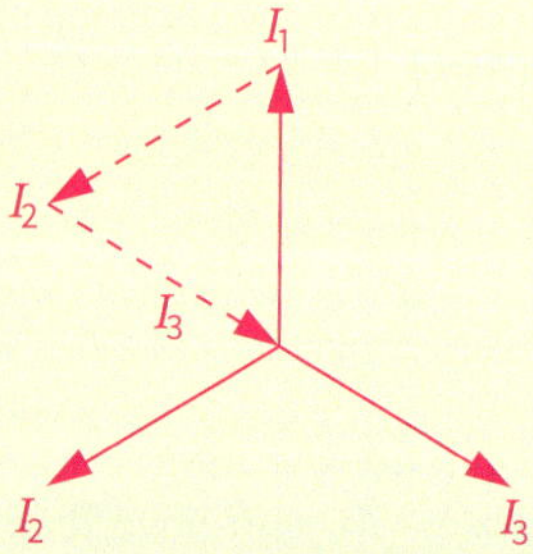

Ergebnis:

Aus dem Zeigerdiagramm ist ersichtlich, dass bei der geometrischen Addition gleich großer Außenleiterströme der resultierende Strom im Neutralleiter Null ist. Es gilt:

$I_1 = I_2 = I_3 \Rightarrow I_N = 0\ A$

Bei symmetrischer Belastung ist das Mitführen des **Neutralleiters nicht erforderlich**.

Verschiedene Belastungsarten haben unterschiedliche Auswirkungen auf die Ströme in den Außenleitern und besonders auf den Strom im Neutralleiter.

Unsymmetrische Belastung

Wie wirkt sich unsymmetrische Belastung auf die Größe der Stromstärke im Neutralleiter aus?

Bei **unsymmetrischer Belastung** [*unbalanced load*] fließen in den drei Außenleitern verschieden große Ströme. Diese Belastung tritt dann ein, wenn z.B. ein Elektroherd mit unterschiedlicher Belastung der drei Außenleiter eingeschaltet ist.

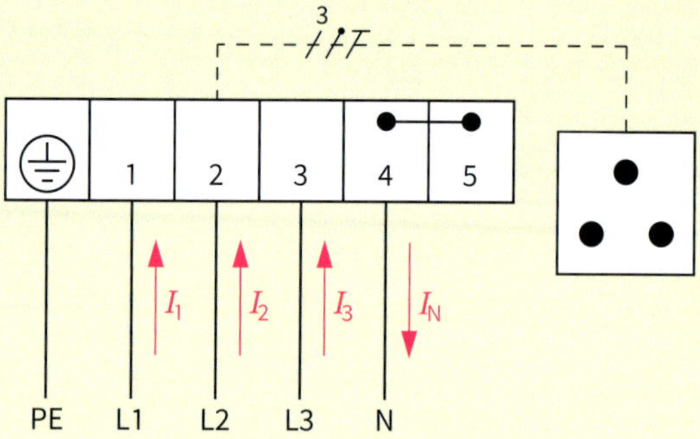

Elektroherd – unsymmetrische Last

Beispiel:

Belastung der drei Außenleiter mit unterschiedlich großen Widerständen bedeutet:

Die Stromstärken in den Außenleitern sind nicht gleich groß.

In dieser Schaltung wird der Neutralleiter mit verlegt.

Warum dies erforderlich ist, beweisen wir wieder mit Hilfe des Zeigerdiagramms:

Die Stromstärken in den Außenleitern betragen z.B.

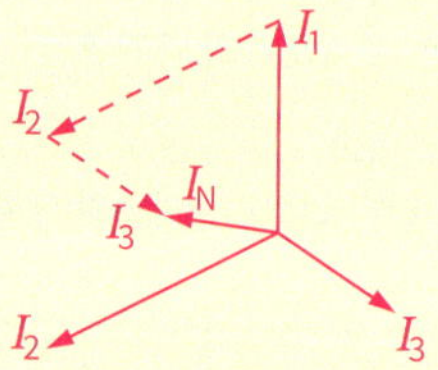

$I_1 = 18\ A$
$I_2 = 22\ A$
$I_3 = 12{,}5\ A$
$\Rightarrow I_N = 10\ A$

Ergebnis:

Aus dem **Zeigerdiagramm** [*phasor diagram*] ergibt sich, dass bei unsymmetrischer Belastung im Neutralleiter die Stromstärke 10 A beträgt ($I_N \neq 0\ A$). Hier entstehen **Ausgleichsströme**. Es gilt:

$I_1 \neq I_2 \neq I_3 \Rightarrow I_N \neq 0\ A$

Bei unsymmetrischer Belastung ist das Mitführen des **Neutralleiters erforderlich**.

In den meisten elektrischen Anlagen kommt als Belastungsart ausschließlich die **unsymmetrische Belastung** vor, weil verschiedene Arten von Verbrauchern die drei Außenleiter nicht gleichmäßig belasten.

5.2.3.3 Elektrische Arbeit und Leistung

Der Transformator im Krankenhaus wird überwiegend unsymmetrisch belastet. Viele elektrische Verbraucher, z. B. medizinische Geräte, sind unterschiedlich auf die Außenleiter verteilt und werden nicht gleichzeitig eingeschaltet.

Wie wird die elektrische Arbeit gemessen?

In Drehstromanlagen wird durch **Vierleiter-Drehstrom-Wirkverbrauchszähler** *[four-wire three-phase active power meter]* die elektrische Arbeit gemessen. In Abb. 1 ist die Schaltung für den unmittelbaren Anschluss im Drehstromnetz dargestellt. Die **elektrische Arbeit** wird am Zählerstand abgelesen.

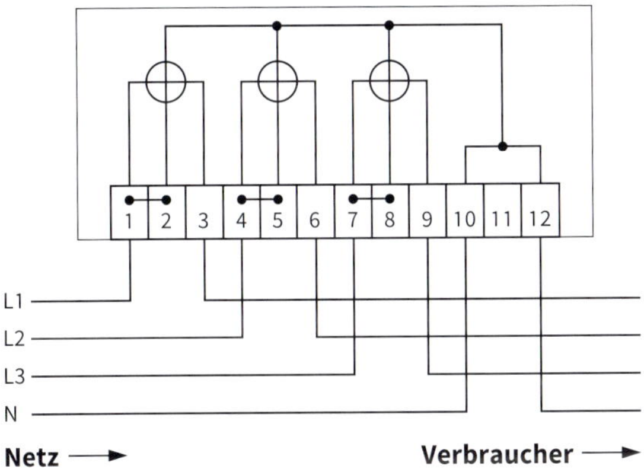

1: Drehstromzählerschaltung

Wie wird die elektrische Leistung ermittelt?

Verbraucher wie Glühlampen und Heizwiderstände erzeugen im Gleich-, Wechselstrom- und Drehstromkreis bei gleicher Spannung dieselbe Wirkung, also denselben Effekt. Die durch Vielfachmessgeräte angezeigten Werte für Spannung und Stromstärke heißen **Effektivwerte** *[root mean square values]*. Mit diesen Werten wird der Effektivwert der elektrischen Leistung bestimmt.

Es gelten im

- Wechselstromkreis: $P = U \cdot I$ und im
- Drehstromkreis: $P = \sqrt{3} \cdot U \cdot I$

Der Faktor $1{,}73 \approx \sqrt{3}$ heißt **Verkettungsfaktor**.

Fernzählgeräte

In Industrieanlagen werden diese an die Zähler angeschlossen. Sie erfassen die Zählerstände im Minutentakt und übertragen die 1-Minuten-Werte an die Fernzählzentrale.

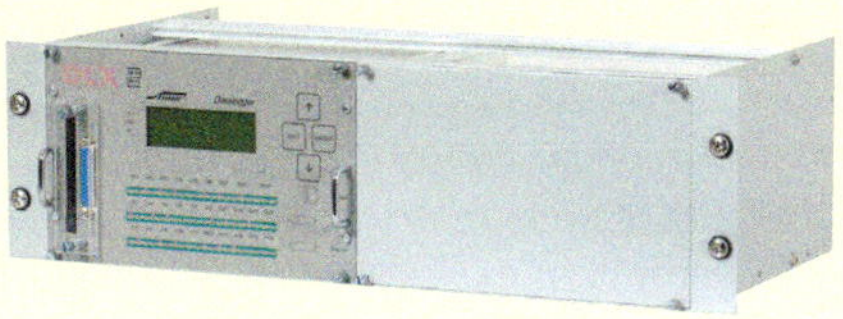

Effektivwert von Strom und Spannung

Die Größen von Stromstärke I und Spannung U werden im Wechselstromkreis als Effektivwerte angegeben.

Mit Hilfe eines Zweikanal-Oszilloskops werden die Strom- und Spannungskurven in einem Wechselstromkreis ausgewertet (Abb. 2).

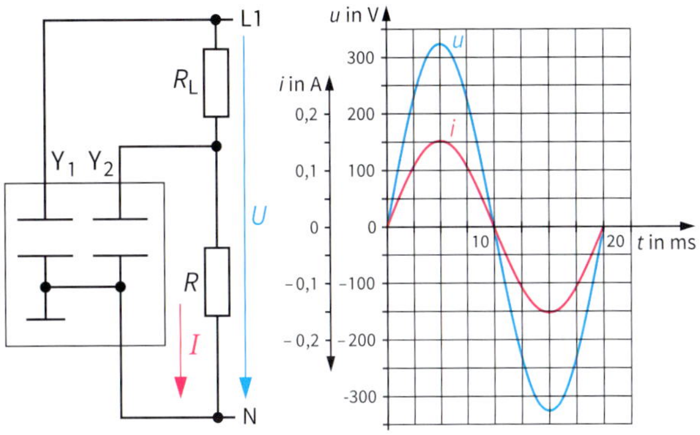

2: Messschaltung und Liniendiagramm

Die **Scheitelwerte** betragen laut Diagramm:

- $\hat{i}$ = 150 mA bzw. $\hat{u}$ = 325 V

Die Messung mit Vielfachmessgeräten ergibt andere Werte für Stromstärke und Spannung, nämlich

- I = 110 mA bzw. U = 230 V

Das sind die bereits genannten **Effektivwerte**. Sie werden mit Großbuchstaben gekennzeichnet. Die Augenblickswerte werden hingegen mit Kleinbuchstaben geschrieben. Das Verhältnis von Scheitelwert zu Effektivwert beträgt:

$$\frac{\hat{i}}{I} = \frac{150\text{ mA}}{110\text{ mA}} \quad \frac{\hat{i}}{I} = \sqrt{2} \qquad \frac{\hat{u}}{U} = \frac{325\text{ V}}{230\text{ V}} \quad \frac{\hat{u}}{U} = \sqrt{2}$$

Die Zahl $\sqrt{2}$ heißt **Scheitelfaktor**.

Ermittlung der Leistung

Die Leistungskurve wird durch Multiplikation der **Augenblickswerte von Stromstärke *i* und Spannung *u*** bestimmt. Der Effektivwert der Leistung lässt sich aus den Effektivwerten von Stromstärke und Spannung berechnen.

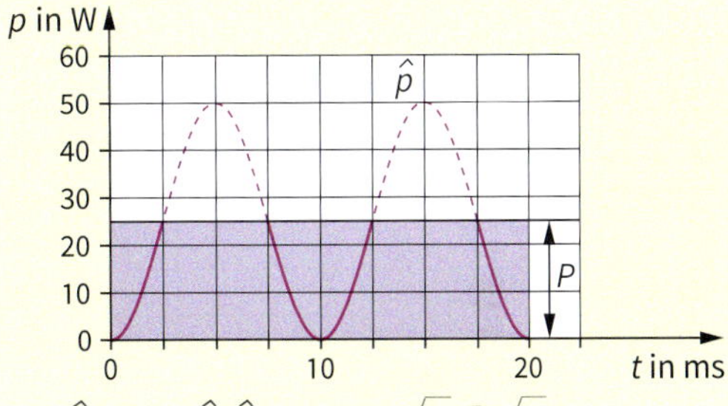

$$P = \frac{\hat{p}}{2} \Rightarrow P = \frac{\hat{u} \cdot \hat{i}}{2} \Rightarrow P = \frac{U \cdot \sqrt{2} \cdot I \cdot \sqrt{2}}{2} \Rightarrow \boldsymbol{P = U \cdot I}$$

Bei Belastung des Wechsel- und Drehstromnetzes mit Widerständen (Wirkwiderständen) kann die Leistung (Wirkleistung) auf verschiedene Arten ermittelt werden (Abb. 1).

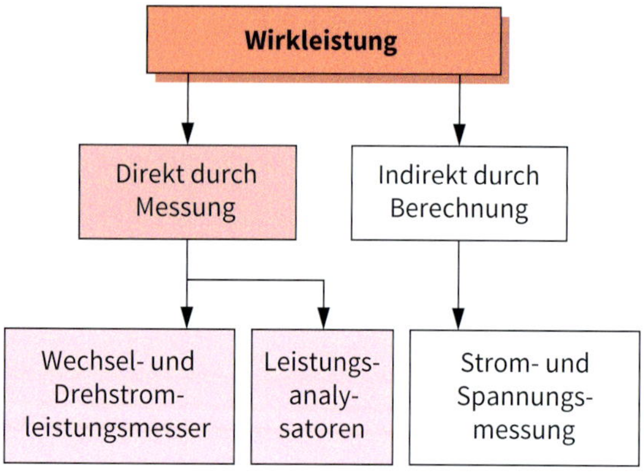

1: Bestimmung der Wirkleistung

Wirkleistungsmesser im Wechselstromnetz

Der Leistungsmesser (Abb. 2) erfasst die Spannung *U* zwischen dem Außenleiter L1 und dem Neutralleiter sowie die Stromstärke *I* und zeigt direkt die **Wirkleistung** [*active power*] des Widerstandes an.

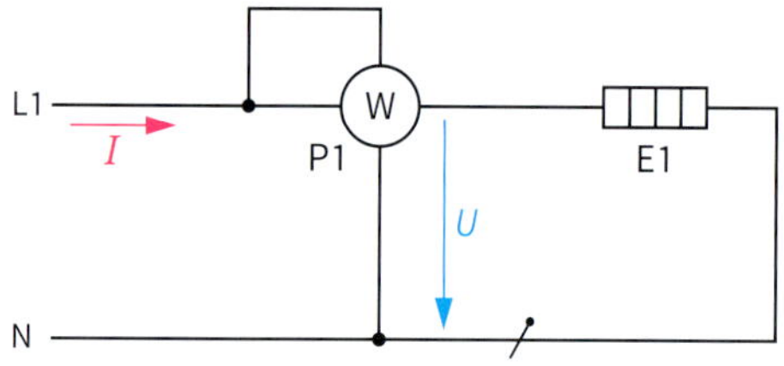

2: Wirkleistungsmesser

Wirkleistungsmesser im Drehstromnetz

Im Drehstrom-Vierleiter-Netz wird nach Abb. 3 die gesamte Wirkleistung *P* mit einem **Leistungsmesser** [*power meter*] direkt bestimmt. Das Netz kann dabei durch Widerstände symmetrisch (Abb. 6) oder unsymmetrisch (Abb. 7) belastet sein.

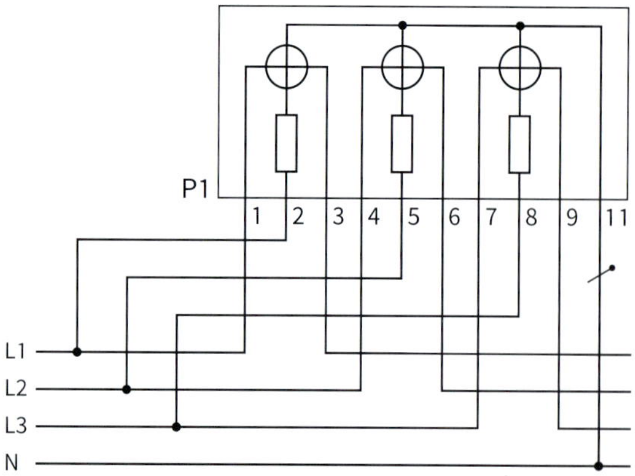

3: Drehstrom-Wirkleistungsmesser

Messzange

Zur Leistungsmessung werden auch Stromzangen mit zusätzlicher Spannungsmessung verwendet (Abb. 4). Mit den Geräten können Messungen von Leistung, Spannung und Stromstärke vor Ort durchgeführt werden. Dabei braucht der Stromkreis nicht unterbrochen zu werden. Die Anzeige erfolgt jeweils direkt auf dem Display.

4: Stromzange mit Voltmeter

Messung mit multifunktionalem Messgerät

Die augenblickliche Leistung einer Anlage lässt sich auch mit Hilfe dreiphasiger Netz- und Stromversorgungsanalysatoren ermitteln (Abb. 5). Das Messgerät wird über vier **Stromzangen** [*current clamps*] für die drei Außenleiter und den Neutralleiter sowie drei Messleitungen für die Spannungen angeschlossen. Die Anzeige der Wirkleistung kann direkt gewählt und auf dem Display angezeigt werden. Das multifunktionale Messgerät ermöglicht die Anzeige und das Aufzeichnen elektrischer Größen (z. B. *U* und *I*) über eine Schnittstelle.

5: Multifunktionales Messgerät

- Der Effektivwert ist der Wert, der im Gleich- und Wechselstromkreis die gleiche Leistung bewirkt.
- Im Drehstromnetz fließt bei symmetrischer Belastung im Neutralleiter kein Strom.
- Bei unsymmetrischer Belastung des Drehstromnetzes fließt im Neutralleiter ein Ausgleichsstrom.
- Mit einem Zeigerdiagramm lässt sich die Größe der Stromstärke im Neutralleiter grafisch bestimmen.

Leistungsbestimmung im Drehstromnetz

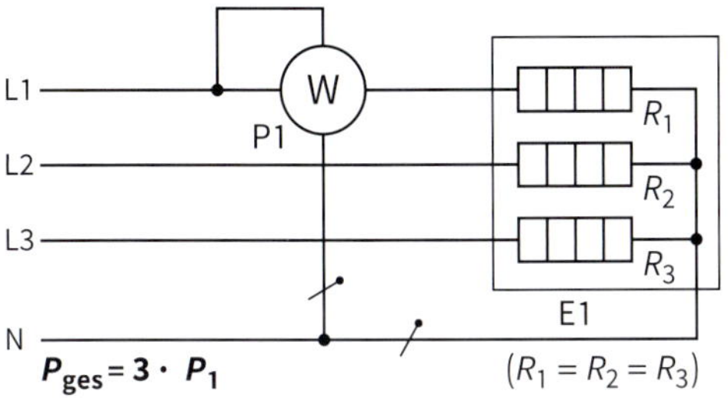

6: Wirkleistung bei symmetrischer Belastung

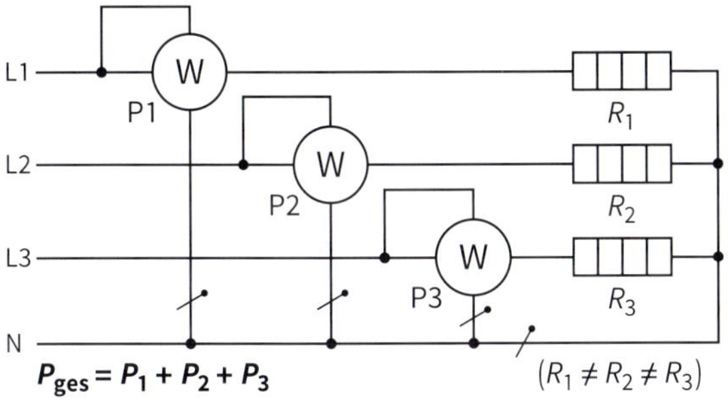

7: Wirkleistung bei unsymmetrischer Belastung

Aufgaben

1. Erklären Sie, was man unter dem Effektivwert versteht.
2. Was versteht man unter symmetrischer und unsymmetrischer Belastung im Drehstromnetz?
3. Begründen Sie, warum die unsymmetrische Belastung in Verbraucheranlagen am häufigsten vorkommt.
4. In einer elektrischen Anlage (400/230 V) werden die Außenleiter durch Wirkwiderstände (P_1 = 2 kW; P_2 = 1,5 kW; P_3 = 1,2 kW) belastet.
   a) Berechnen Sie die Ströme I_1, I_2 und I_3.
   b) Bestimmen Sie zeichnerisch die Größe der Stromstärke im Neutralleiter.
5. Beschreiben Sie den Anschluss von Messgeräten zur Bestimmung der elektrischen Leistung bei
   a) symmetrischer Last und
   b) unsymmetrischer Last.

Netzbetreiber des nationalen Verbundnetzes

Die folgenden deutschen Netzbetreiber sind in das europäische Verbundnetz eingebunden:

- 50Hertz
- Amprion
- TenneT
- TransnetBW

5.2.3.4 Energietransport

In die Verteileranlage des Krankenhauses wird vom regionalen Netzbetreiber elektrische Energie eingespeist. Der Energietransport erfolgt von den Kraftwerken aus auf verschiedenen **Spannungsebenen** des **Verbundnetzes** (Abb. 8). Folgende Spannungsebenen sind laut DIN VDE 0105-100 festgelegt[1]:

- **Hochspannung** (> 1000 V AC und 1500 V DC) über größere Entfernungen
  - in die Nähe von Industrieanlagen und Städten,
  - zu kleineren Verbraucherzentren
- **Niederspannung** (≤ 1000 V AC und 1500 V DC)
  - zu Mittel- und Kleinbetrieben sowie Haushalten
- **Kleinspannung** (≤ 50 V AC und 120 V DC)

Die Spannung, die in den Generatoren der **Kraftwerke** [*power stations*] erzeugt wird, liegt meistens zwischen 10,5 kV und 27 kV.

[1] Im Alltagsgebrauch werden noch die Begriffe Höchst- und Mittelspannung verwendet.

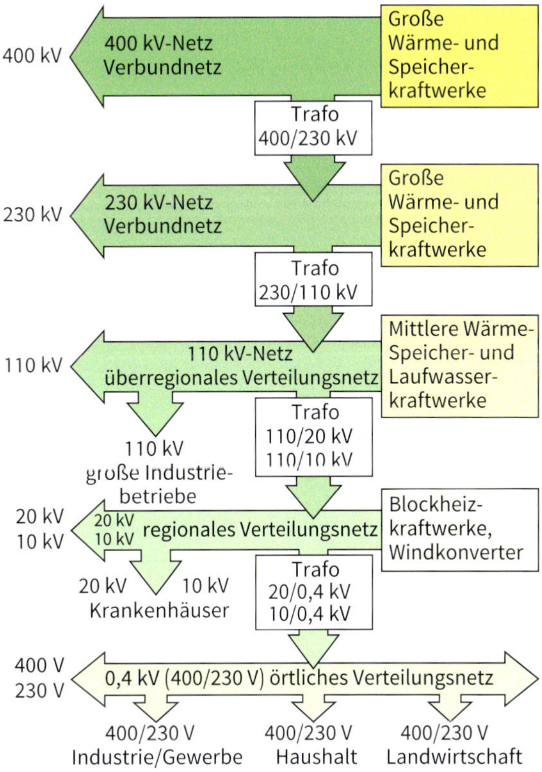

8: Spannungsebenen des Verbundnetzes

Warum werden hohe Spannungen übertragen?

Die Antwort ergibt sich aus folgenden Überlegungen: Die gleiche Leistung P kann übertragen werden entweder durch

- hohe Stromstärken und niedrige Spannungen oder
- kleine Stromstärken und hohe Spannungen.

Dies folgt aus der Beziehung $P = U \cdot I$.

Da jedoch hohe Stromstärken nach $P_V = I^2 \cdot R$ hohe Verluste verursachen, wird durch eine kleine Stromstärke die Verlustleistung klein gehalten. Dies erreicht man durch eine hohe Spannung.

Um die Energie vom Kraftwerk zum Verbraucher ohne große Verluste zu transportieren, wird mit Hilfe von Transformatoren die erzeugte Spannung zunächst in eine höhere Spannung transformiert. Auf kürzeren Übertragungsstrecken sind Leistung und Energieverluste gering, sodass zur Energieübertragung als Netzspannung die Niederspannung ausreicht.

Im Verbundnetz wird die **Dreiphasen-Wechselspannung** zunächst über **Dreileitersysteme** und auf der Niederspannungsebene über ein **Vierleitersystem** zum Verbraucher übertragen.

- Zur Übertragung elektrischer Energie über große Entfernungen wird Hochspannung gewählt, sodass die Stromstärke und die Übertragungsverluste klein sind.

Energieumwandlungskette in einem Wärmekraftwerk

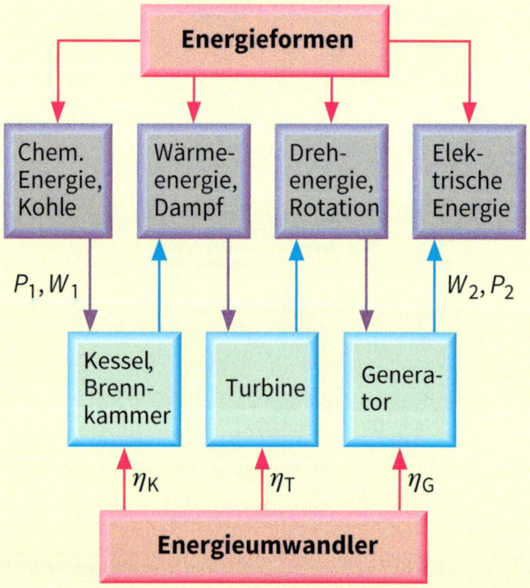

Wirkungsgrad

Der **Wirkungsgrad** [*efficiency*] gibt das Verhältnis von abgegebener zur zugeführten Energie an. Anstelle der Energie kann auch die Leistung in die Formel eingesetzt werden.

$$\eta = \frac{W_2}{W_1} \qquad \eta = \frac{P_2}{P_1} \qquad W_v = W_1 - W_2$$

$$\eta_{ges} = \eta_K \cdot \eta_T \cdot \eta_G \qquad P_v = P_1 - P_2$$

Querschnittsberechnung

Eine elektrische Leistung von 3 MW soll vom Kraftwerk über die Entfernung von 100 km zu Verbrauchern übertragen werden.

- Bei $U = 230$ V beträgt die Stromstärke $I = 13$ kA.
- Wenn wir einen Spannungsfall von $\Delta u = 10\,\%$ am Leiterwiderstand (Hin- und Rückleitung) annehmen, dann ist beim Leitermaterial Kupfer der Leiterquerschnitt:

$$q = \frac{2 \cdot l \cdot I}{\Delta U \cdot \varkappa} \qquad q = \frac{2 \cdot 100\,000\ \text{m} \cdot 13\,000\ \text{A}}{23\ \text{V} \cdot 56\ \frac{\text{m}}{\Omega\ \text{mm}^2}}$$

$q = 2{,}02\ \text{m}^2$ Ein solcher Querschnitt ist technisch nicht möglich.

Bei einer höheren Spannung von 230 kV benötigen wir bei denselben Bedingungen für $I = 13{,}04$ A nur einen Querschnitt von $q = 2{,}02\ \text{mm}^2$.

Ein Netzausfall darf im Krankenhaus zu keinen Störungen führen. Deshalb werden folgende Spannungsquellen ersatzweise zugeschaltet:

- **Akkumulatoren**
  Der Vorteil dieser Anlagen besteht darin, dass wiederaufladbare Akkumulatoren bei Netzausfall sofort für die Energieversorgung, z. B. für **Sicherheitsbeleuchtung und OP-Leuchten**, zur Verfügung stehen.
  Die Batterieanlage besitzt z. B. die Bemessungsspannung von 230 V und die Kapazität von 192 Ah. Sie ist alle 2 Jahre zu überprüfen.
- **Notstromaggregat**
  Zum Antrieb von Notstromgeneratoren werden Dieselmotoren verwendet. Das **Notstromaggregat** [*emergency power supply set*] verfügt über eine Motor-Dauerleistung von 114 kW. Bei einer Bemessungsspannung von 400 V beträgt die Generatorleistung 100 kVA. Der Kraftstoffvorrat muss für einen 24stündigen Notbetrieb bemessen sein.

Aufgaben

1. Skizzieren Sie den Energietransport von einem Kraftwerk auf der Spannungsebene von 400 kV zu einem Krankenhaus mit Einspeisung von der 10 kV-Spannungsebene.
2. Wie groß wird der Leiterquerschnitt nach der Beispielrechnung, wenn die angegebene Leistung mit 400 kV übertragen wird?
3. Welche Verlustleistung fällt bei der Übertragung durch 400 kV auf dieser Spannungsebene an?
4. Begründen Sie die Notwendigkeit zusätzlicher Spannungsquellen im Krankenhaus.

Sicherheitsstromversorgung im Krankenhaus

Die Sicherheitsstromversorgung (SV) in medizinisch genutzten Gebäuden versorgt bei Störungen im allgemeinen Netz alle notwendigen Einrichtungen mit elektrischer Energie (DIN VDE 0100-710). Für die Errichtung ist Folgendes zu beachten:

Merkmale der SV

- Übernahme der Versorgung
- Umschaltdauer
- Versorgungsdauer
- Verbraucher
- Art der Stromquelle

Die Sicherheitsstromversorgung übernimmt den Betrieb, wenn die Bemessungsspannung in einem oder mehreren Außenleitern bei $t_a > 0{,}5$ s um mehr als 10 % sinkt. 80 % der Bemessungsleistung müssen sofort übernommen werden, der Rest in den nächsten fünf Sekunden.

Die Versorgung muss für mindestens 24 Stunden sichergestellt sein. Die Versorgungsdauer kann auf drei Stunden herabgesetzt werden, wenn alle medizinischen Anwendungen innerhalb dieser Zeit beendet werden (z.B. OP-Bereich) bzw. die Klinik in drei Stunden evakuierbar ist.

Welche Verbraucher werden wie lange versorgt?

Grundsätzlich sollte die Sicherheitsstromversorgung nur zusätzlich und für eine begrenzte Anzahl von vorab definierten Verbrauchern vorgesehen werden.

1: Dieselaggregat

Verbraucher mit einer Umschaltdauer < 0,5 s:

- OP-Leuchten
- Beleuchtung an endoskopischen Arbeitsbereichen

Verbraucher mit einer Umschaltdauer < 15 s:

- Sicherheitsbeleuchtung
- Medizinische, technische Betriebsmittel:
  - in den Anwendungsbereichen 2
  - für die medizinische Gas- und Druckluftversorgung
- Feuerwehraufzüge und Feuerlöschanlagen
- Personenruf-, Brandmelde- und Alarmanlagen

Verbraucher mit einer Umschaltdauer > 15 s:

- Kühl- und Kocheinrichtungen
- Sterilisationseinrichtungen
- Aufzüge
- Technische Anlagen für Heizung, Klima, Lüftung und Ver-/Entsorgung

Viele Geräte besitzen aus Sicherheitsgründen darüber hinaus eine zusätzliche interne unterbrechungsfreie Stromversorgung (USV).

Welche Stromquellen werden verwendet?

Als Sicherheitsstromquellen werden **Verbrennungsmotoren** nach DIN 6280-13, z.B. ein Dieselaggregat (Abb. 1) oder Verbrennungsmotoren in Blockheizkraftwerken, verwendet.

- Eine zusätzliche Einspeisung aus einem weiteren unabhängig von der allgemeinen Stromversorgung gelegenen Netz sowie die Verwendung von Primärelementen sind als Sicherheitsstromquellen unzulässig.
- Zentrale batteriegestützte Energieversorgungen (Abb. 2) sind gemäß DIN VDE 0558-507 einzurichten. Sie müssen so dicht wie möglich am Verbraucher installiert werden.

Weiterhin muss die Betriebsbereitschaft der SV ständig angezeigt und überwacht werden.

2: Zentrale Batterieversorgung

5.2.3.5 TN-Systeme

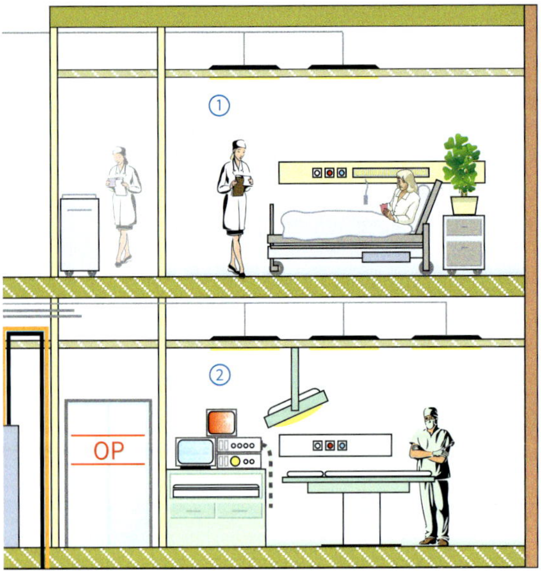

1: Energieversorgung durch TN-S- und IT-System

Welche Arten von Verteilungssystemen gibt es?

Die Energieversorgung elektrischer Verbraucher erfolgt durch verschiedene Verteilungssysteme. Krankenzimmer werden z. B. über ein TN-S-System (Abb. 1, ①), Operationsräume über ein IT-System ② versorgt. TT-Systeme werden in elektrischen Anlagen von Baustellen aufgebaut. Über die einzelnen Verteilungssysteme wollen wir uns einen Überblick verschaffen. Sicherheitsaspekte müssen dabei besonders beachtet werden.

Der **Schutz gegen elektrischen Schlag** wird erreicht durch

- **automatische Abschaltung** in TN- und TT-Systemen durch Schutzeinrichtungen und
- **Meldung** mit Hilfe einer Isolations-Überwachungseinrichtung in IT-Systemen.

TN-Systeme werden von den VNBs in drei verschiedenen Ausführungen betrieben. Trotz des unterschiedlichen Aufbaus werden die einzelnen Sicherheitsaspekte wie

- **Personenschutz** im Fehlerfall,
- **Überlastschutz** [*overload protection*] und
- **Kurzschlussschutz** [*short-circuit protection*]

gewährleistet.

Im **TN-C-System** ist der PEN-Leiter gleichzeitig Neutral- und Schutzleiter (Abb. 2). Er muss grün-gelb gekennzeichnet sein. Die Schutz- und die Rückleitungsfunktionen der beiden Leiter sind hier kombiniert. Deshalb darf der PEN-Leiter an keiner Stelle des TN-C-Systems unterbrochen werden. Der Einbau von Sicherungen und Schaltern im PEN-Leiter ist nicht erlaubt.

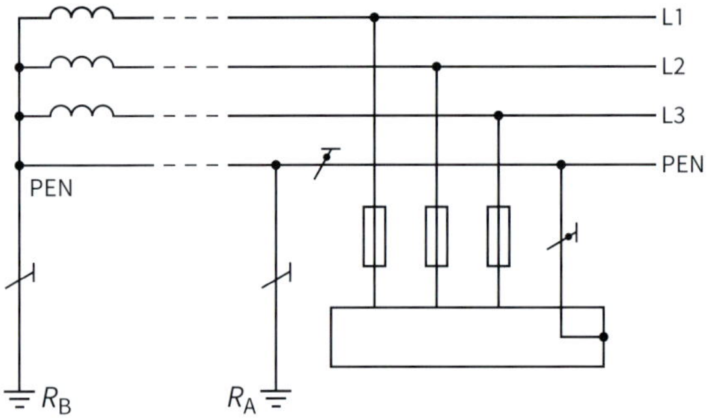

2: TN-C-System

Im **TN-S-System** werden Neutral- und Schutzleiter im gesamten System vom Netztransformator getrennt geführt (Abb. 3). In der Verteilung werden der Neutralleiter und der Schutzleiter mit dem Anlagenerder verbunden. Die Sicherheitsfunktion wird durch die getrennte Verlegung des Schutzleiters besonders erfüllt.

Wegen seiner großen Funktionssicherheit wird das TN-S-System z. B. in Verbraucheranlagen von privaten Haushalten und in Krankenhäusern installiert.

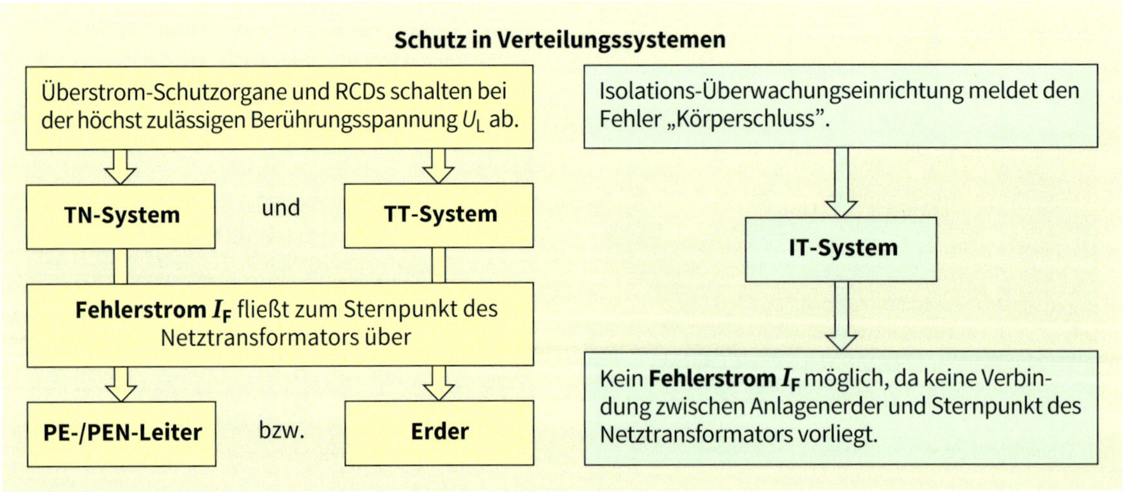

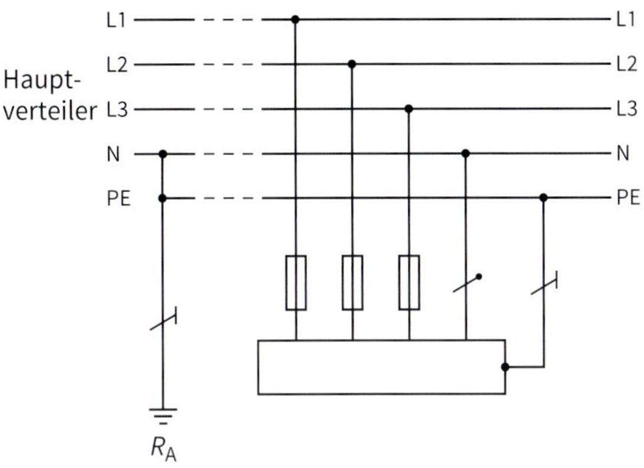

3: TN-S-System

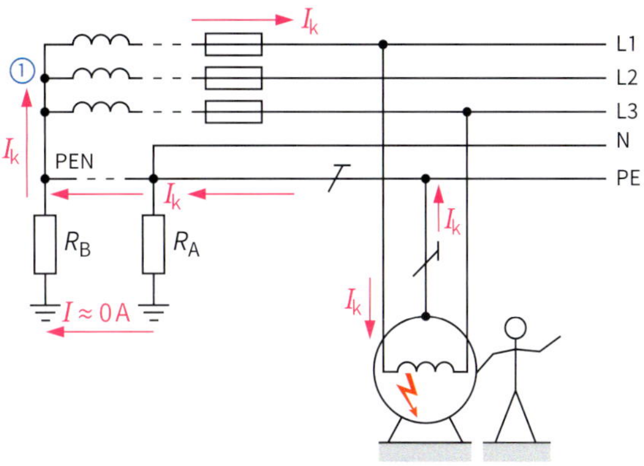

4: Fehlerschleife (Z_S) bei Körperschluss

Das **TN-C-S-System** wird ebenfalls in Verbraucheranlagen angewendet. In einem Teil des Systems, wo zum Beispiel die Querschnitte von Neutral- und Schutzleiter $q > 10\ mm^2$ sind, werden beide Leiter in der Verteilung zum PEN-Leiter zusammengefasst. Im weiteren Teil des Versorgungssystems sind dann Neutral- und Schutzleiter getrennt geführt.

Erdung in TN-Systemen

Beim möglichen Erdschluss eines Außenleiters können andere Leiter wie PEN- und PE-Leiter eine Spannung gegen Erde annehmen, welche die zulässige Berührungsspannung von 50 V übersteigt. Um diese Spannungsüberhöhung zu verhindern, wird durch mehrere Erder, also

- **Betriebserder R_B** [*functional earth electrode*] am Netztransformator und
- **Anlagenerder R_A** [*installation earth electrode*] in den Verbraucheranlagen,

der Gesamterdungswiderstand im Niederspannungsnetz verkleinert. Alle Erder bilden zusammen eine Parallelschaltung.

Installation von PEN-, N- und PE-Leiter

In TN-C-Systemen ist der PEN-Leiter zusammen mit den Außenleitern in gemeinsamer Umhüllung verlegt (z. B. Hausanschlusskabel). Im Krankenhaus werden vom Leistungstransformator aus die drei Außenleiter und der PEN-Leiter zu der Hauptverteilung getrennt geführt.

Fehlerschleife

Der Schutzleiter PE übernimmt z. B. bei einem Kurzschluss die Schutzfunktion, da er den Fehlerstromkreis zum Sternpunkt des Netztransformators schließt. Am Beispiel einer Fehlerschleife wird in Abb. 4 die Auslösestromstärke $I_F = I_K$ (Kurzschlussstromstärke) bei einem Körperschluss dargestellt. Der Teilstrom über die Erder R_A und R_B ist dabei vernachlässigbar klein. Der Fehlerstrom I_F fließt zum größten Teil über das **Gehäuse des Gerätes**, den **PE-Leiter** und den **PEN-Leiter** zum Sternpunkt des Leistungstransformators. Der Gesamtwiderstand der Fehlerschleife muss klein sein, damit die Kurzschlussstromstärke groß wird.

Die **Schleifenimpedanz *Z*** [*loop impedance*] setzt sich zusammen aus

- Z_T der Transformatorwicklung,
- R_L des Außenleiters und der Sicherung,
- R_{Kl} den Anschlussklemmen am Objekt,
- R_{PE} des Schutzleiters und
- R_{PEN} des PEN-Leiters.

Das Ersatzschaltbild (Abb. 5) der Schleifenimpedanz Z_S lässt sich wie folgt darstellen:

Sternpunkt ① des Netztransformators

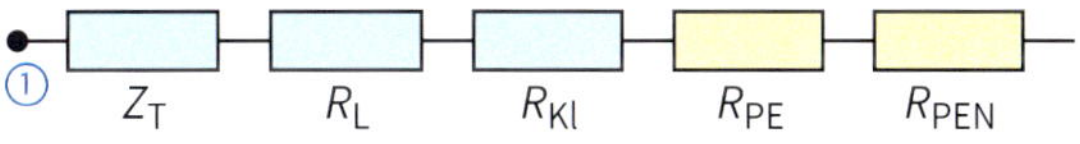

5: Ersatzschaltbild von Z_S

Nach der Auslösecharakteristik der Sicherung oder des LS-Schalters verringert sich die Auslösezeit bei einem größeren Kurzschlussstrom. Zur Abschaltzeit t_a des Überstrom-Schutzorgans lässt sich folgende Wirkungskette aufstellen:

$Z_S \downarrow \Rightarrow I_K \uparrow \Rightarrow t_a \downarrow$

$$\boldsymbol{Z_S \le \frac{U_0}{I_a}}$$

Damit ein ausreichend großer Abschaltstrom fließen kann, muss die Bedingung für Z_S erfüllt sein. Für die einzelnen Stromkreise gelten maximale Abschaltzeiten (vgl. S. 30, Abb. 1). Die Hersteller von Überstrom-Schutzorganen geben Näherungswerte für die **Höhe des Abschaltstromes I_a (= I_K)** an.

Kleinere Abschaltzeiten werden z. B. in TN-Systemen durch einen **zusätzlichen Schutzpotenzialausgleich** (ZPA) erreicht. Aufgrund der Parallelschaltung des ZPA- zum PE-Leiter lässt sich folgende Wirkungskette aufstellen: $R_{ZPA} \parallel R_{PE} \Rightarrow R_G \downarrow \Rightarrow I_a \uparrow \Rightarrow t_a \downarrow$

Berührungsspannung

Für die zulässige Berührungsspannung U_L gelten laut DIN VDE 0100-410 maximal die Werte

- 50 V AC (effektiv) und
- 120 V DC.

Anwendung	Spannung gegen Erde	Abschalt-zeit
Steckdosenstromkreise und ortsveränderliche Betriebsmittel	$U_0 \leq 230$ V $U_0 > 120$ V	$t_a \leq 0{,}4$ s
	$U_0 \leq 400$ V $U_0 > 230$ V	$t_a \leq 0{,}2$ s
Endstromkreise mit festem Anschluss von Handgeräten oder ortsveränderlichen Geräten der Schutzklasse I	$U_0 > 400$ V	$t_a \leq 0{,}1$ s
Verteilungsstromkreise in Gebäuden, die z. B. zu einem Schaltschrank führen, und Endstromkreise mit ortsfesten Geräten	$U_0 \leq 400$ V	$t_a \leq 5$ s

1: Abschaltzeiten in TN-Systemen (DIN VDE 0100-410)

Wie wird der Schutz in medizinisch genutzten Bereichen gewährleistet?

Diese Bereiche sind nach DIN VDE 0100-710 in die **Anwendergruppen 0, 1 und 2** eingeteilt. Für die Höhe der zulässigen Berührungsspannung U_L gelten folgende Festlegungen:

- **Gruppe 0**: $U_L \leq 50$ V AC und
- **Gruppen 1 und 2**: $U_L \leq 25$ V AC für TN- und IT-Systeme.

In Krankenhäusern sind diesen drei Gruppen u. a. folgende Räume zugeordnet:

- **Gruppe 0**: Betten- und Praxisräume
- **Gruppe 1**: Therapie- und Massageräume
- **Gruppe 2**: Operationsräume und Intensivstation

In den Bereichen der Gruppe 1 und 2 ist ein **zusätzlicher Schutzpotenzialausgleich** erforderlich. Durch diesen soll erreicht werden, dass in der Umgebung von Patienten keine Potenzialdifferenzen entstehen können zwischen

- leitfähigen Geräteteilen und Fußböden,
- dem **Metallschirm** [*metal screen*] des Transformators für ein eventuell vorhandenes IT-System und
- ortsfesten Operationstischen, die keinen Anschluss zum Schutzleiter haben.

In medizinisch genutzten Bereichen sind **RCDs** mit $I_{\Delta N} \leq$ **30 mA** im TN-S-System nur unter bestimmten Voraussetzungen einzusetzen. Eine Abschaltung darf keine Gefährdung der Patienten verursachen. Diese Festlegung gilt für folgende Raumgruppen:

- **Gruppe 1** in Endstromkreisen mit Steckdosen (bis 32 A) und Leuchten in der Umgebung der Patienten (**keine OP-Leuchten**)
- **Gruppe 2** in Stromkreisen für die elektrische Versorgung von OP-Tischen, elektrischen Verbrauchern und Leuchten in der Umgebung von Patienten, jedoch **nicht bei OP-Leuchten**

TN-Verteilungssysteme

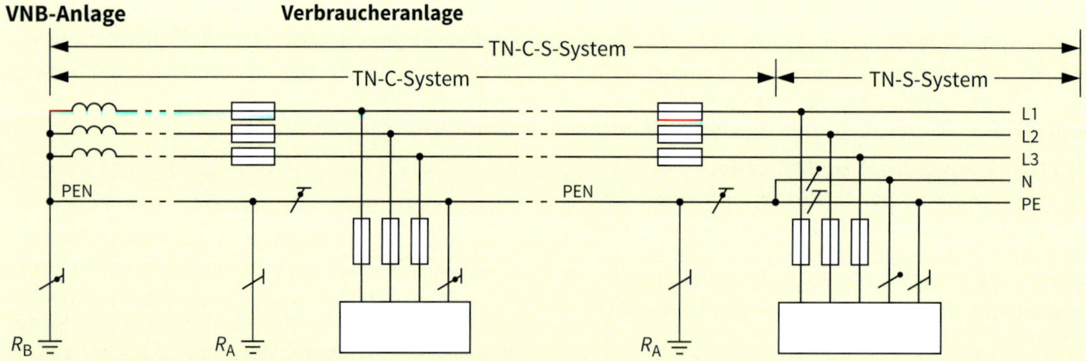

Bedeutung der Buchstaben im **T N - C - S -System**

1. Buchstabe: Beschreibung der Erdungen beim VNB

2. Buchstabe: Beschreibung der Erdungen in der Anlage des Verbrauchers

3. und 4. Buchstabe: Beschreibung der N- und PE-Leiter-Verlegung in der Anlage des Verbrauchers

T: Direkte Erdung des Sternpunktes (⅄-Punkt).

N: Komponenten sind direkt mit ⅄-Punkt des Versorgungssystems verbunden.

C: PEN-Leiter hat Neutralleiter (N)- und Schutzleiter (PE)-Funktion.

S: PE-Leiter ist vom N-Leiter getrennt.

I: Trennung aller aktiven Teile von Erde; Sternpunkt isoliert (oder) über Impedanz mit der Erde verbunden.

Bedeutung: **I**: Isolation (isoliert); **T**: Terre (Erde); **N**: Neutre (neutral); **C**: Combiné (kombiniert); **S**: Separé (getrennt)

5.2.3.6 TT-Systeme

TT-Systeme werden an Baustellen und in Teilbereichen der Industrie aufgebaut. Die Verbraucheranlagen werden zum Schutz mit RCDs und Überstrom-Schutzeinrichtungen ausgestattet. Die Erdung erfolgt direkt am Netztransformator ① und an den Gehäusen der Geräte. Diese können **direkt geerdet** ② oder mit einem **gemeinsamen Erder** der Anlage ③ verbunden sein (Abb. 2). Um einen Ausfall der gesamten Energieversorgung bei einem Körperschluss zu vermeiden, sollten RCDs im Unterverteiler für jeden Stromkreis installiert werden.

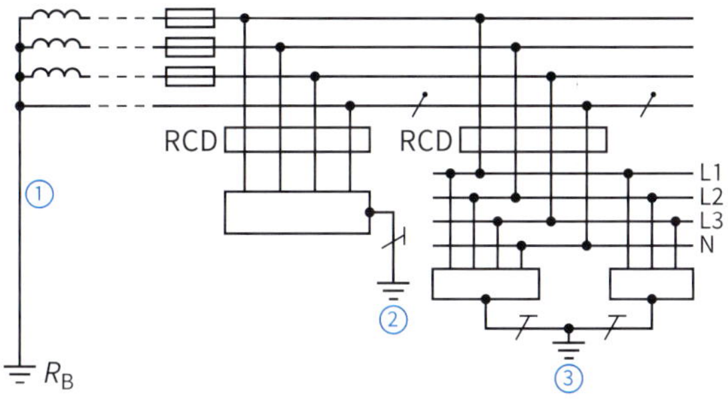

2: Erdungen im TT-System

TT-Systeme können auch in medizinisch genutzten Bereichen der Gruppen 0 und 1 angewendet werden. In Räumen der Gruppe 2 sind TT-Systeme jedoch verboten, weil bei Unterbrechung des PE-Leiters und einem Körperschluss eine gefährliche Fehlerspannung zwischen Gehäuse und Erde auftritt. Ein Fehlerstromkreis mit einer ausreichend hohen Fehlerstromstärke ($I_F = I_K$) kann sich dann nicht aufbauen. Es kommt zu keiner **Abschaltung** [*disconnection*] durch das Schutzorgan.

Unterschied zwischen TN- und TT-Systemen

Im Unterschied zum TN-System besteht im TT-System zwischen dem Betriebserder R_B und dem Anlagenerder R_A keine Leiterverbindung. Alle Erder der Anlage sind über das Erdreich miteinander und mit dem Erder des Netztransformators verbunden.

- Der Schutz im TN-System besteht darin, dass im Fehlerfall ein großer Strom in der Fehlerschleife die Schutzeinrichtung auslöst.
- In medizinisch genutzten Bereichen werden zur Energieversorgung TN-S-Systeme und IT-Systeme eingesetzt.
- Im TT-System dürfen RCDs in Räumen der Gruppe 0 und 1 nur unter bestimmten Voraussetzungen installiert werden.
- Um die Abschaltung im Fehlerfall zu erreichen, müssen im TT-System die Werte für die Erdungswiderstände der Anlagenerder eingehalten oder $I_{\Delta N}$ der RCDs kleiner gewählt werden.

Fehlerstrom bei Körperschluss im TT-System

Der Fehlerstrom I_F fließt vom Netztransformator über den Außenleiter L1 (R_L), die Fehlerstelle ($R_Ü$) und den Erdungswiderstand R_A der Verbraucheranlage durch das Erdreich zum Sternpunkt des Netztransformators. I_F muss mindestens so groß sein wie der Auslösestrom I_a der **Schutzeinrichtung** [*protection equipment*], damit das Überstrom-Schutzorgan im Fehlerfall abschaltet.

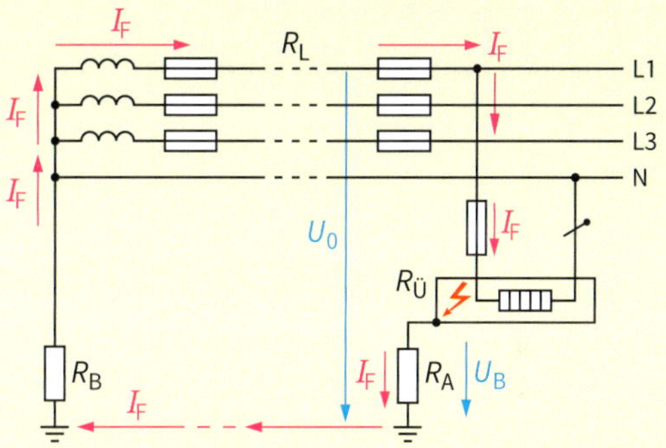

Daraus folgt für das TT-System zur Berechnung des maximal zulässigen Erdungswiderstandes R_A folgende Formel:

$$R_A \leq \frac{U_L}{I_a}$$

Verkleinerung des Erdungswiderstandes R_A

Im TT-System sind niedrige Erdungswiderstände meistens nicht zu erreichen. Deshalb verwendet man RCDs, die bei kleiner Bemessungsfehlerstromstärke $I_{\Delta N}$ und hohem R_A noch abschalten. Für RCDs gilt nebenstehende Bedingung.

$$R_A \leq \frac{U_B}{I_{\Delta N}}$$

Aufgaben

1. Welche Bedeutung haben die einzelnen Buchstaben in der Bezeichnung TN-C-S-System?
2. Beschreiben Sie den Unterschied zwischen einem TN-C-System und einem TN-S-System.
3. Begründen Sie, warum der Einsatz eines TN-S-Systems in medizinisch genutzten Bereichen erforderlich ist.
4. In einem Elektrogerät mit der Bemessungsspannung 230 V entsteht durch einen Isolationsfehler ein Kurzschluss. Welche maximale Abschaltzeit ist im TN-System zulässig?
5. Wie groß darf der Schleifenwiderstand maximal sein, wenn ein Stromkreis (U_0 = 230 V) mit einer Schmelzsicherung (Typ gG) und I_N = 20 A abgesichert ist? ($I_a \approx 8 \cdot I_N$)
6. Wie groß ist R_A im TT-System, wenn die RCD ($I_{\Delta N} \leq 0{,}1$ A) bei U_B = 40 V abschaltet?

5.2.3.7 IT-Systeme

Bei erhöhten Anforderungen an die Versorgungssicherheit werden IT-Systeme verwendet. Im Hinblick auf das **Krankenhaus** hat das IT-System eine besondere Bedeutung.

- Bei einem Fehler darf **keine Gefährdung** der Patienten entstehen.
- Beim **ersten Körperschluss** muss das fehlerhafte **Gerät weiter in Funktion** bleiben.
- **Keine Abschaltung** der Energieversorgung in OP-Räumen und auf Intensivstationen.

Worin besteht der besondere Schutz in IT-Systemen?

Damit sich kein Fehlerstromkreis aufbauen kann, darf im IT-System der Neutralleiter nicht geerdet sein. Lediglich die Gehäuse der Geräte sind z. B. über einen Schutzleiter an den Erder angeschlossen. Weil kein geschlossener Stromkreis besteht, kann sich im Fehlerfall keine gefährliche Fehlerspannung ($U_F = U_B$) aufbauen und auch kein Fehlerstrom I_F fließen (Abb. 1).

IT-Systeme werden auch in Industriebetrieben mit Explosionsbereichen errichtet, wo **beim 1. Fehler keine Abschaltung** der Anlage erfolgen darf.

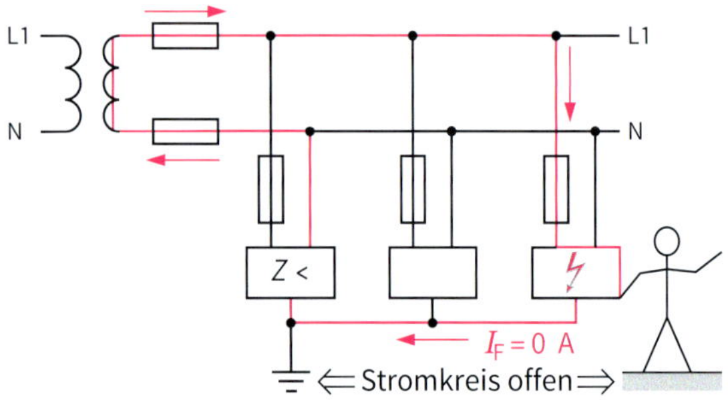

1: Körperschluss im IT-System

Das **medizinische IT-System** versorgt in den Räumen der Gruppe 2

- **Steckdosenstromkreise** mit angeschlossenen, medizinischen elektrischen Geräten und
- **Operationsleuchten** sowie vergleichbare Leuchten mit Bemessungsspannungen über 25 V AC oder über 60 V DC.

Um Potenzialdifferenzen zwischen leitenden Teilen zu vermeiden, muss in den medizinischen Bereichen der Gruppe 1 und 2 ein **zusätzlicher Schutzpotenzialausgleich** [*supplementary protective equipotential bonding*] installiert und mit der Haupterdungsschiene verbunden werden.

Wie ist das IT-System aufgebaut?

Laut DIN VDE 0100-710 ist im Krankenhaus für jede Raumgruppe mindestens ein separates IT-System erforderlich. Zum Aufbau eines gegen Erde isolierten Systems werden IT-Trenntransformatoren nach DIN VDE 0570-2-15 verwendet.

Der Anschluss dieser Transformatoren erfolgt über eine Vorsicherung, die als Kurzschlussschutz dient. Bei Überlast und **Übertemperatur** [*overtemperature*] erfolgen visuell und akustisch Meldungen in einer zentralen Überwachungsstation. Für IT-Trenntransformatoren gelten laut DIN VDE 0100-710 u. a. folgende Festlegungen:

- Bemessungsausgangsleistung: 3,15 kVA < S < 8 kVA
- Maximal zulässige Ableitstromstärke: $I_{Abl} \leq 0{,}5$ mA
- Schutzklasse II

Der besondere Schutz bei Verwendung von Einphasen- und Dreiphasen-Trenntransformatoren besteht darin, dass sich zwischen der Primär- und Sekundärwicklung eine **Schirmwicklung** [*shielding winding*] befindet. Diese verhindert einen möglichen Spannungsüberschlag. Da Sternpunkt und Neutralleiter auf der Sekundärseite nicht geerdet sind, besteht keine leitende Verbindung zur Erde.

Im IT-System sind alle aktiven Leiter gegen Erde isoliert, sodass zur Erde hin ein Isolationswiderstand besteht. Dieser Isolationswiderstand muss durch ein **Isolations-Überwachungsgerät** kontrolliert werden. Deshalb wird das Gerät zwischen Außenleiter bzw. Neutralleiter und Erder R_A geschaltet (Abb. 1). Um die Funktionsfähigkeit des Systems zu gewährleisten, müssen alle metallenen Gehäuse mit dem Anlagenerder R_A verbunden werden. Dadurch haben alle Gehäuse das gleiche Potenzial.

Isolations-Überwachungsgerät

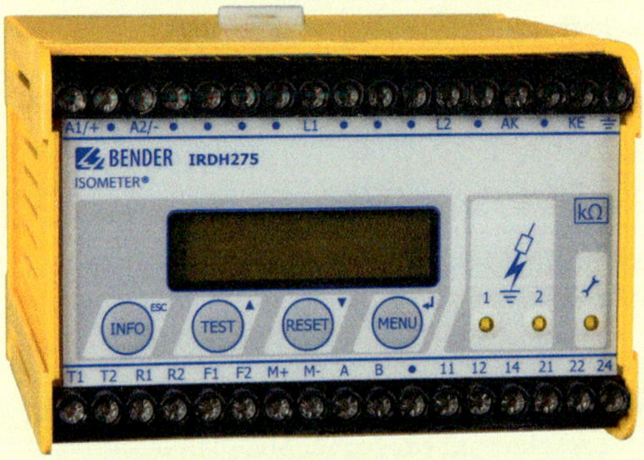

Diese Geräte erzeugen eine pulsförmige Messspannung, die über die Anschlussklemmen L1, L2, L3 und N sowie die Klemme „Erde" dem zu überwachenden IT-System überlagert wird. Tritt nun ein Isolationsfehler zwischen dem IT-System und der Erde auf, z. B. ein Körperschluss, dann wird der Messkreis geschlossen. Der Isolationswiderstand unterschreitet den eingestellten Wert. Es fließt ein Messstrom, der eine Meldung bewirkt. Diese Fehlermeldung kann gespeichert und durch eine externe Taste gelöscht werden.

Was geschieht bei einem Fehler in der Anlage?

Tritt nur an einem Gerät (Abb. 2, ①) ein Körperschluss als **1. Fehler** auf, dann ist keine **Abschaltung** erforderlich, weil alle aktiven Leiter des IT-Systems keine Verbindung zur Erde haben. Trotz des Isolationsfehlers fließt nur ein kleiner, ungefährlicher Fehlerstrom I_d ②. Die vorgeschalteten Sicherungen sprechen nicht an. Die Anlage kann trotz des Fehlers weiter betrieben werden. Folgende Bedingung für IT-Systeme wird sicher eingehalten:

- $R_A \cdot I_d \leq 50\,V$

Der 1. Fehler mit dem zulässigen Fehlerstrom I_d wird vom **Isolationswächter** [*earth-leakage monitor*] **visuell und akustisch** angezeigt (**Schutz durch Meldung**). Das Isolations-Überwachungsgerät kontrolliert also ständig den Isolationswiderstand der Anlage.

- Normalbetrieb: grüne Lampe leuchtet
- Fehler $R_{iso} < 50\,k\Omega$: gelbe Lampe leuchtet

Der Fehler muss sofort beseitigt werden. Nach Beseitigung des Fehlers muss die optische Anzeige von gelb auf grün umgeschaltet werden.

Tritt ein **2. Fehler** (z. B. Körperschluss) an einem zweiten Gerät ③ auf, besteht zwischen den Gehäusen der beiden Geräte eine gefährliche Spannung. Die Anlage muss sofort abgeschaltet werden. Über die Erder bildet sich ein Fehlerstromkreis mit dem Fehlerstrom I_a ④ zwischen den Außenleitern L1 und L3 über die Metallgehäuse der beiden Geräte und R_A. Das IT-System arbeitet jetzt wie ein TT-System. Fließt ein ausreichend großer Strom I_a, dann löst das Überstrom-Schutzorgan aus. Diese Situation darf in medizinisch genutzten Räume nicht vorkommen, weil dann Geräte abgeschaltet würden, die lebenswichtige Funktionen erfüllen (z. B. OP-Leuchten).

Wie wird im IT-System geerdet?

Im IT-System können die Körper der Geräte einzeln geerdet sein (Abb. 2).

Dies ist aus praktischen Gründen oft nicht möglich. Deshalb werden in solchen Fällen alle Körper und fremden leitfähigen Anlagenteile über den zentralen Schutzpotenzialausgleichsleiter PA mit dem Erder R_A verbunden (Abb. 3).

Welche Bedingung gilt für den Erdungswiderstand?

Für den Erdungswiderstand R_A gilt:

$$R_A \leq \frac{U_L}{I_a}$$

U_L ist die höchst zulässige Berührungsspannung.

R_A ist der Widerstand der Schutzpotenzialausgleichsleiter, des PE-Leiters und des Erders der Anlage.

Einzelerdungen eines IT-Systems kommen z. B. in Industrieanlagen vor. Es gelten:

- Abstand der Verbraucher: $a \geq 2{,}5\,m$
- I_d ($= I_F$) ist der Fehler- bzw. Messstrom, der beim 1. Fehler fließt.

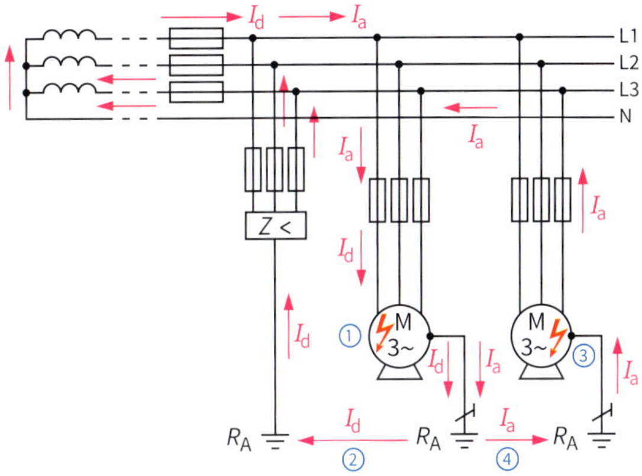

2: Einzelerdungen

Für die **Gemeinsame Erdung** eines IT-Systems gelten folgende Anforderungen an das **Isolations-Überwachungsgerät** nach DIN VDE 0100-710:

- $R_i \geq 100\,k\Omega$
- Messspannung: $U \leq 25\,V$
- Messstrom im Fehlerfall: $I_d \leq 1\,mA$
- Erforderliche Anzeige, wenn $R_{iso} < 50\,k\Omega$

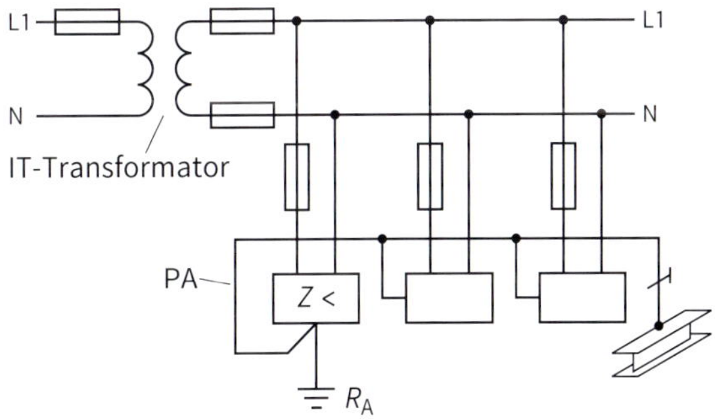

3: Gemeinsame Erdung über PA

- Im IT-System kontrolliert das Isolations-Überwachungsgerät den Isolationszustand zwischen dem Netz und dem Schutzpotenzialausgleich bzw. der Erde.
- Im IT-System bildet sich beim 1. Fehler kein Fehlerstromkreis, da der Sternpunkt des Netztransformators nicht geeerdet ist.
- Beim 2. Fehler liegt die Leiterspannung gegen Erde, sodass eine automatische Abschaltung der Stromversorgung erfolgen muss.
- Im IT-System können die Körper der Geräte einzeln oder gemeinsam geerdet werden.

5.2.3.8 Verteilungssysteme – Übersicht

TN-C-S-System **TT- System** **IT-System**

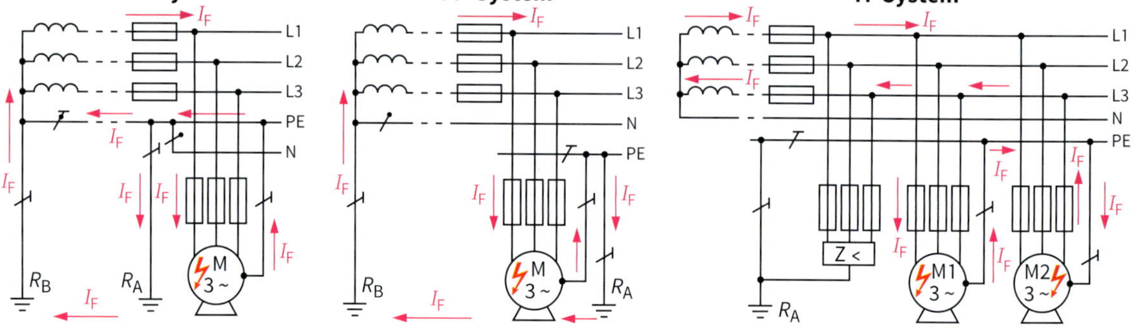

TN-C-S-System	TT-System	IT-System
	Fehlerstromkreise	
L1 → Motor → PE → R_A → R_B → / → PEN → Y → L1	L1 → Motor → PE → R_A → R_B → Y → L1	L1 → Motor 1 → PE → Motor 2 → L3 → Y → L1
	Einflussgrößen auf I_F	
• q_{PE} ↑ ⇒ R_{PE} ↓ ⇒ I_F ↑ • R_A und R_B ↓ ⇒ I_F ↑ • Übergangswiderstand ($R_Ü$) zwischen Gehäuse und PE-Leiter sowie PEN-Leiter u. Haupterdungsschiene	• q_{PE} ↑ ⇒ R_{PE} ↓ ⇒ I_F ↑ • R_A und R_B ↓ ⇒ I_F ↑ • Übergangswiderstand ($R_Ü$) zwischen Gehäuse und PE-Leiter und zu R_A	• q_{PE} ↑ ⇒ R_{PE} ↓ ⇒ I_F ↑ • Übergangswiderstand ($R_Ü$) zwischen Gehäuse und PE-Leiter und zu R_A
	Folgerungen	
• Leiterquerschnitt und Erderwiderstände beeinflussen den Fehlerstrom nur gering. • Je kleiner die Widerstände sind, desto größer wird der Fehlerstrom I_F. • Der Fehlerstrom wird zum Kurzschlussstrom I_K. ⇒ Abschaltstrom I_a für das Überstrom-Schutzorgan.	• Leiterquerschnitt und Erderwiderstände beeinflussen den Fehlerstrom I_F. • Je kleiner die Widerstände sind, desto größer wird der Fehlerstrom I_F. • Der Fehlerstrom I_F (häufig als I_K bezeichnet) fließt über die Erdungsanlagen zum Sternpunkt des Netztransformators ⇒ Abschaltstrom I_a für das Überstrom-Schutzorgan.	• Leiterquerschnitt beeinflusst den Fehlerstrom I_F. • Je kleiner die Widerstände sind, desto größer wird der Fehlerstrom I_F. • Widerstand zwischen Außenleiter und Erde verkleinert sich. ⇒ Isolations-Überwachungseinrichtung zeigt den ersten Fehler an.
	Schutz gegen elektrischen Schlag	
• Schleifenimpedanz Z_s ↓ ⇒ • Abschaltstrom I_a ↑ ⇒ • Abschaltzeit t_a ⇒ ↓ • Metallgehäuse sind über den Schutzleiter mit dem Sternpunkt Y verbunden. Zusätzlich sind der PE-Leiter und der Transformator-Sternpunkt geerdet. Bei Körperschluss wird automatisch abgeschaltet.	• Summe der Widerstände des Erders und des PE-Leiters bis Gehäuse R_A ↓ ⇒ I_a ↑ ⇒ • Abschaltzeit t_a ↓ • Metallgehäuse sind über den Schutzleiter, die Erder und die Erde mit dem Sternpunkt Y verbunden. Bei Körperschluss wird automatisch abgeschaltet.	• Meldung des 1. Fehler • Auftreten eines 2. Fehlers ⇒ Abschaltstrom I_a ↑ ⇒ • Abschaltzeit t_a ↓ • Metallgehäuse sind über den PE-Leiter mit dem Erder verbunden. Ein Körperschluss wird von der Schutzeinrichtung gemeldet. Bei einem zweiten Körperschluss wird abgeschaltet.

Aufgaben

1. Beschreiben Sie den Aufbau eines IT-Systems vom Netztransformator bis zum Verbraucher.
2. Erklären Sie, warum sich in einem IT-System beim 1. Fehler (Körperschluss) kein Fehlerstromkreis bilden kann.
3. Welche Funktion hat das Isolations-Überwachungsgerät im IT-System?
4. Beschreiben Sie den Verlauf des Fehlerstromes im IT-System bei einem 2. Fehler in der Anlage (vgl. S. 33, Abb. 2).

5.3 Verteilanlage errichten

5.3.1 Struktur der Verteilanlage

Nachdem die Grundlagen zur elektrischen Energieverteilung erarbeitet worden sind, soll die Anlage jetzt dimensioniert werden.

Die Struktur der Verteilung ist durch das Ingenieurbüro vorgegeben. Die Anforderungen und die zu installierenden Objekte sind im Leistungsverzeichnis detailliert beschrieben.

Aufgrund dieser Pläne wird durch den Hersteller der Verteilung die gewünschte Verteilung gefertigt. Es handelt sich hierbei um ein modular aufgebautes System. Dies bedeutet, dass die gesamte Niederspannungshauptverteilung aus einzelnen Schrankelementen (Feldern) vor Ort zusammengesetzt wird (Abb. 1). Der innere Aufbau wird häufig durch ein **Einlinienschema** [*single-phase scheme*] auf den Türen dargestellt.

Durch den Aufbau sind die einzelnen Teilbereiche der gesamten Energieverteilung klar strukturiert. Die Montage vor Ort wird durch die vorgefertigten Schrankfelder wesentlich erleichtert.

Die elektrische Verbindung zwischen den Feldern wird über ein Stromschienensystem hergestellt (Abb. 1). Die **Stromschienen** [*busbars*] ① verbinden die einzelnen Felder untereinander und befinden sich im oberen Teil der Verteiler. Von hier aus führen senkrechte Schienen zu den jeweiligen Schalt- bzw. Schutzeinrichtungen.

Da alle Leitungen bzw. Kabel über den Zwischenboden in die Verteilung eingeführt werden, befinden sich die Klemmen aller Leitungsverbindungen im unteren Bereich der Verteiler ②. Alle Überstrom-Schutzorgane und Messeinrichtungen sind entweder von außen oder nach Öffnen der Tür bedienbar. Hinter der Tür wird je nach Funktion ein Berührungsschutz angebracht.

Die neue Niederspannungshauptverteilung soll aus den folgenden Feldern bestehen:

AV-Netz: (Raum U032)
- Einspeisung Trafo (Feld 1)
- Abgang zur SV und Messeinrichtungen (Feld 2)
- Abgänge AV (Feld 3 und 4)

SV-Netz: (Raum U033)
- Einspeisung Notstromaggregat (Feld 1)
- Abgänge SV (Feld 2)

Der Aufbau und die **Dimensionierung** des Energieverteilers wird bei unserem Bauvorhaben durch den Schaltanlagenbauer vorgenommen. Alle notwendigen Daten werden dem Leistungsverzeichnis und den Schaltplanunterlagen entnommen. Zur Dimensionierung der Schaltgeräte und Schutzeinrichtungen sind sehr komplexe Berechnungen erforderlich. Deshalb wird dafür ein Computerprogramm verwendet. Um die wichtigsten Auswahlkriterien kennen zu lernen, wird hier die Dimensionierung für ein konkretes Beispiel durchgeführt.

- Die Energieverteilanlage besteht aus modular aufgebauten Einzelverteilern (Feldern).
- Die Verteilungen werden untereinander durch Stromschienen versorgt.

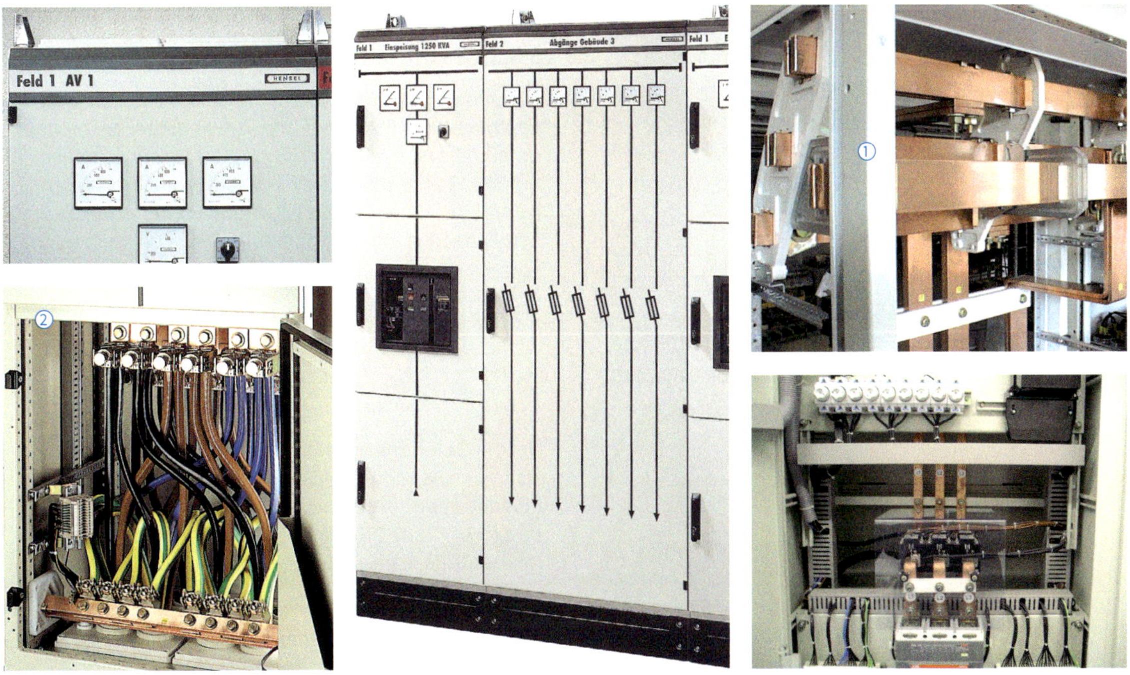

1: Verteilerfeld mit NH-Sicherungsabgängen

Dimensionierung der Objekte

Das Leitungsnetz im Krankenhaus entspricht den technischen Anforderungen und wird deshalb nicht erneuert. Lediglich die Einspeisung des Heizungsverteilers muss wegen des veränderten Verteilungsstandortes erneuert werden.

Um die wichtigsten Auswahlkriterien und Berechnungen zu erklären, zeigen wir beispielhaft am Netzstrang zur Heizung die betreffenden Verfahren zur Dimensionierung der Leitungen und Schutzorgane.

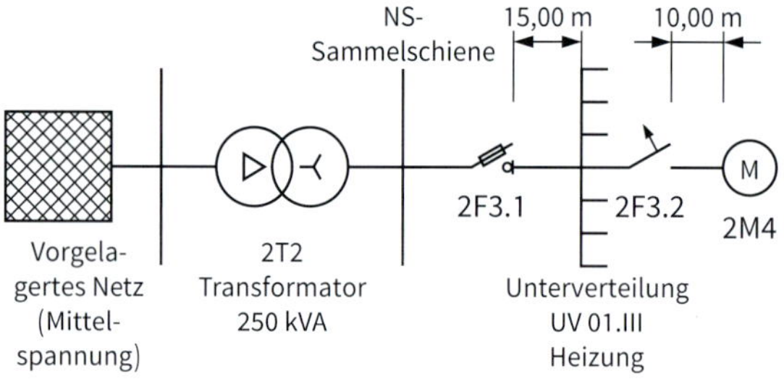

1: Netzstrang zur Pumpe der Heizungsverteilung

Es werden auch alle Schaltgeräte und Überstrom-Schutzorgane innerhalb der Niederspannungshauptverteilung durch den Austausch der Verteilung erneuert.

Die folgende Übersicht (Abb. 2) zeigt die erforderlichen Schritte zur **Auswahl der Schutzeinrichtungen** und **Ermittlung der Leiterquerschnitte**.

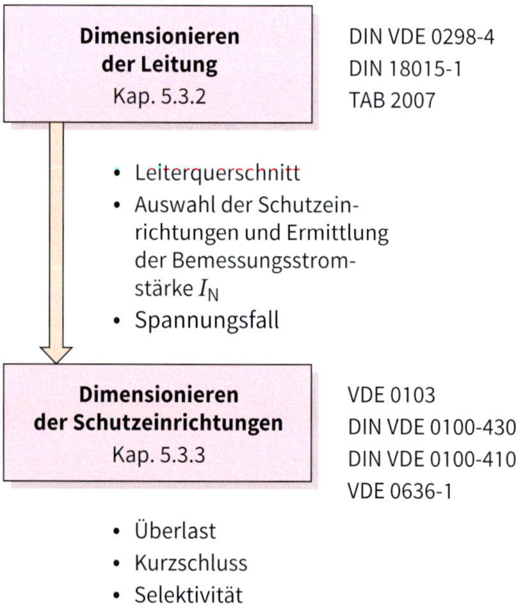

2: Ablaufschema – Leiterquerschnitt und Schutzeinrichtung

Die folgende Berechnung zur Dimensionierung der Zuleitung zum Heizungsverteiler UV01.III kann auf alle anderen Leitungen übertragen werden.

5.3.2 Dimensionieren der Leitung

Bei der Ermittlung der Leiterquerschnitte müssen viele Faktoren und Einflussgrößen berücksichtigt werden. Abb. 3 gibt zunächst einen Überblick über die Auswahlkriterien.

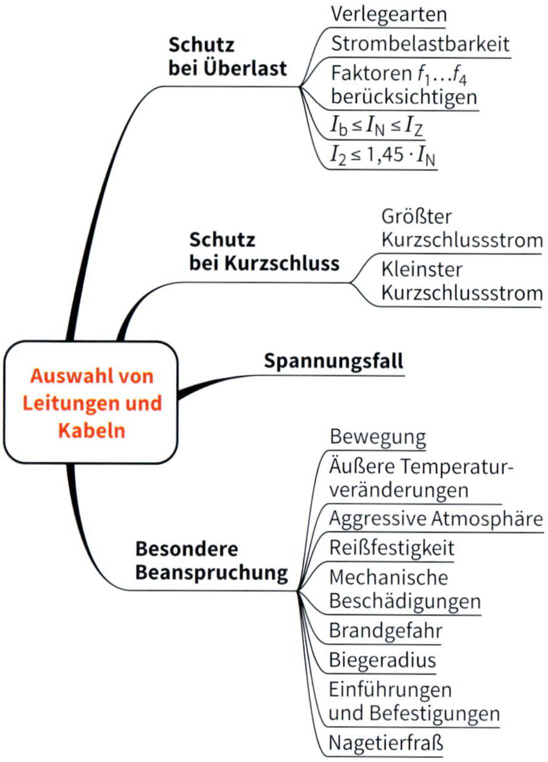

3: Auswahl von Leitungen

5.3.2.1 Ermitteln des Leiterquerschnitts

Zur Dimensionierung wird der Anschlusswert aller angeschlossenen Stromkreise ermittelt. In den Schaltungsunterlagen ist der Anschlusswert der Heizungsanlage mit 38 kW angegeben. Da die Leistung auf drei Außenleiter ($U_N = 400$ V) verteilt ist, ergibt sich eine maximal mögliche Belastungsstromstärke I_b aus der folgenden Formel:

$$P = \sqrt{3} \cdot U_N \cdot I_b$$

$$I_b = \frac{P}{\sqrt{3} \cdot U_N}; \quad I_b = \frac{38000\ \text{W}}{\sqrt{3} \cdot 400\ \text{V}}; \quad \underline{\underline{I_b = 54{,}85\ \text{A}}}$$

Bei der Zuleitung zum Heizungsverteiler handelt es sich um eine mehradrige Mantelleitung, die auf einer gelochten **Kabelwanne** [*cable tray*] verlegt ist. Dies entspricht laut DIN VDE 0298-4 der **Verlegeart E** (Mehradrige Mantelleitung verlegt in Luft bzw. in gelochter Kabelwanne).

Mit Hilfe dieser Angaben kann nun der Leiterquerschnitt aus der Tabelle nach Abb. 4 unter Angabe der Belastbarkeit der Leiterquerschnitte ermittelt werden.

Ein Ausschnitt dieser Tabelle zeigt für jeden Leiterquerschnitt die maximale **Strombelastbarkeit** [*current carrying capacity*] bei einer Umgebungstemperatur von 30 °C.

Wie wird die Strombelastbarkeit ermittelt?

- Bei der Zuleitung zum Heizungsverteiler werden drei Adern belastet. Daher wird zunächst die entsprechende Spalte mit der Verlegeart E und drei belasteten Adern ausgewählt ①.
- Anschließend wird in der Spalte die Strombelastbarkeit gesucht, deren Wert größer ist als die errechnete Belastungsstromstärke I_b = 54,85 A. Die Strombelastbarkeit im Idealfall beträgt I_r = 60 A ②.
- Der erforderliche Mindestquerschnitt kann nun mit q = 10 mm² ③ abgelesen werden.

	Verlegearten				
	C		E		F
Leitertemperatur 70 °C (PVC) Umgebungstemperatur 30 °C					
Erklärung	Verlegung von ein- oder mehradriger Kabel/Mantelleitung auf oder in einer Wand		Verlegung von ein- oder mehradriger Kabel/Mantelleitung in Luft oder Kabelwannen		Verlegung von ein- oder mehradriger Kabel/Mantelleitung in Luft
Beispiel	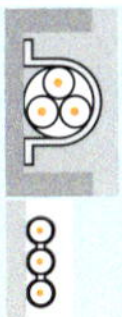		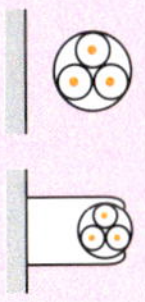		
q in mm²	Belastete Adern				
	2	3	2	3 ①	2
	Strombelastbarkeit I_r (I_Z) *) in A				
1,5	19,5	17,5	22	18,5	–
2,5	27	24	30	25	–
4	36	32	40	34	–
6	46	41	51	43	–
10 ③	63	57	70	60 ②	–
16	85	76	94	80	–
25	112	96	119	101	131
35	138	119	148	126	162
50	168	144	180	153	196
70	213	184	232	196	251

*) I_r: ideale Strombelastbarkeit I_Z: reale Strombelastbarkeit

4: Auszug aus der Tabelle für die Strombelastbarkeit

5.3.2.2 Korrektur der Strombelastbarkeit

Bei dem abgelesenen Leiterquerschnitt handelt es sich um einen Wert unter „Idealbedingungen". Dieser Wert gilt nur, wenn keine weiteren Einflüsse hinzukommen.Es muss aber auch untersucht werden, ob folgende Größen (Einflussfaktoren $f_1 \dots f_4$) die Wärmeerzeugung und -abfuhr beeinflussen.

- Umgebungstemperatur ⇒ f_1
- Gebündelte (gehäufte) Verlegung ⇒ f_2
- Belastete Adern ⇒ f_3
- Oberschwingungen ⇒ f_4

Zur Ermittlung der einzelnen Faktoren werden Tabellen verwendet, die das Ergebnis ausführlicher Messreihen darstellen.

Erhöhte Umgebungstemperatur (Faktor f_1)

Wird eine Leitung in der Umgebung mit einer höheren Temperatur als 30 °C installiert, wirkt sich dieser Einfluss negativ auf die Strombelastbarkeit aus. Dies wird durch den Faktor $f_1 < 1$ berücksichtigt. Da im Bereich der Heizungsverteilung eine erhöhte **Umgebungstemperatur** [*ambient temperature*] von 35 °C herrscht, ergibt sich aus Abb. 5 für den Faktor f_1 ein Wert von 0,94 ④.

Erhöhte Umgebungstemperatur (Faktor f_1)						
ϑ in °C	10	15	20	25	30	35
f_1	1,22	1,17	1,12	1,06	1,0	0,94 ④
ϑ in °C	40	45	50	55	60	65
f_1	0,87	0,79	0,71	0,61	0,50	0,35

5: Tabelle zur Ermittlung des Faktors f_1 (Auszug)

Gehäufte Leitungsverlegung (Faktor f_2)

Die Angaben zur Strombelastbarkeit in der Tabelle (Abb. 4) berücksichtigen nicht die gebündelte Leitungsverlegung. Jede weitere parallel geführte Leitung/Kabel wirkt sich ebenfalls negativ auf die Belastbarkeit der Leiter aus. Die Zuleitung zur Heizungsverteilung wird in einer Kabelwanne mit insgesamt vier parallel geführten Leitungen verlegt. Aus der Abb. 6 wird somit ein Wert von f_2 = 0,79 abgelesen ⑤.

Gehäufte Leitungsverlegung (Faktor f_2)						
Verlegung	Anzahl der mehradrigen Leitungen mit zwei oder drei belasteten Leitern					
	1	2	3	4	6	9
gebündelt in Elektroinstallationsrohr/-kanal oder direkt auf oder in der Wand 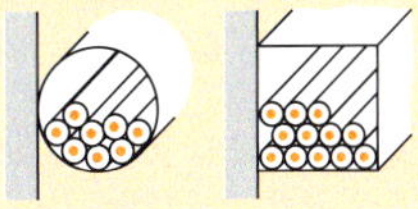	1,0	0,8	0,7	0,65	0,57	0,5
Einlagig auf die Wand oder dem Fußboden mit Berührung 	1,0	0,85	0,79	0,75	0,72	0,7
in gelochter Kabelwanne mit Berührung 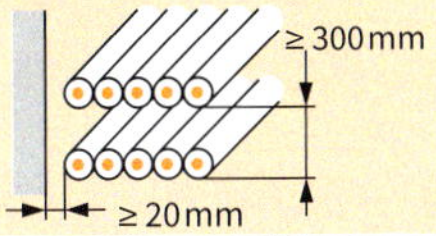	1,0	0,88	0,82	⑤ 0,79	0,76	0,73

6: Tabelle zur Ermittlung des Faktors f_2 (Auszug)

Anzahl der belasteten Adern (Faktor f_3)

Da der Wert der Strombelastbarkeit in der Tabelle (vgl. Abb. 4, S. 37) nur für 2 bzw. 3 belastete Adern gilt, wird der negative Einfluss jeder weiteren (belasteten) Ader durch den Faktor f_3 berücksichtigt. Die Zuleitung aus unserem Beispiel verfügt allerdings nur über drei belastete Adern. Der Wert für f_3 ist daher 1.

Mehr als drei belastete Adern (Faktor f_3)				
Belastete Adern	3	5	7	10
Umrechnungsfaktor f_3	1,00	0,75	0,65	0,55

1: Tabelle zur Ermittlung des Faktors f_3 (Auszug)

Auswirkung von Oberschwingungen (Faktor f_4)

Durch den Einsatz nichtlinearer Verbraucher (z.B. elektronische Netzteile, Computer, elektrische Vorschaltgeräte) treten zusätzlich Oberschwingungen (vgl. Kap. 6.1.4) auf. Dadurch kommt es im Neutralleiter zu einer höheren Stromstärke als in den drei Außenleitern. Aus diesen Gründen muss der Planer von vier anstatt von drei belasteten Adern ausgehen.

Beispiel: Geg.: $P_{VOs} = 300\,W$ Ges.: f_4

$P_{ges} = 2500\,W$

$$P_{\%} = \frac{P_{VOs}}{P_{ges}} \cdot 100\,\%; \qquad P_{\%} = \frac{300\,W}{2500\,V} \cdot 100\,\%;$$

$\underline{\underline{P_{\%} = 12\,\%}}$ ⇒ abgelesener Wert $f_4 = 0{,}86$ ①

Da in der Heizungsverteilung keine Verbraucher mit einem Oberschwingungsanteil installiert sind, beträgt $f_4 = 1$.

Auswirkung von Oberschwingungen (Faktor f_4)		
Leistungsanteil der Verbraucher, die 3./6./9. Oberschwingungen erzeugen (P_{VOs}) an der Gesamtleistung (P_{ges})		Umrechnungsfaktor f_4
Leistung in VA	Leistung in W	
0 % … 15 %	0 % … 10 %	1,00
16 % … 33 %	11 % … 22 %	0,86 ①
34 % … 45 %	23 % … 30 %	0,70
46 % … 50 %	31 % … 34 %	0,67
51 % … 55 %	35 % … 38 %	0,61
56 % … 60 %	39 % … 41 %	0,56

2: Tabelle zur Ermittlung des Faktors f_4 (Auszug)

Die auf Seite 37 ermittelte Strombelastbarkeit I_r (bei idealen Bedingungen) muss nun korrigiert werden. Aus den ermittelten Faktoren wird die reale Strombelastbarkeit I_Z mit folgender Formel berechnet:

$I_Z = I_r \cdot f_1 \cdot f_2 \cdot f_3 \cdot f_4$

$I_Z = 60\,A \cdot 0{,}94 \cdot 0{,}79 \cdot 1 \cdot 1;$ $\underline{\underline{I_Z = 44{,}56\,A}}$

Da I_Z kleiner ist als die Belastungsstromstärke I_b, ist der gewählte Querschnitt von $q_n = 10\,mm^2$ nicht ausreichend. Es muss jetzt ein größerer Querschnitt gewählt werden. Wir wählen $16\,mm^2$ mit $I_r = 80\,A$. Daraus ergibt sich eine neue Strombelastbarkeit I_Z.

$I_Z = I_r \cdot f_1 \cdot f_2 \cdot f_3 \cdot f_4$

$I_Z = 80\,A \cdot 0{,}94 \cdot 0{,}79 \cdot 1 \cdot 1;$ $\underline{\underline{I_Z = 59{,}41\,A}}$

5.3.2.3 Ermitteln der Bemessungsstromstärke I_N

Folgende Bedingungen müssen zum Schutz bei Überlast gemäß DIN VDE 0100-430 zur Prüfung der sicheren Abschaltung der vorgeschalteten Überstrom-Schutzeinrichtung erfüllt sein:

1. $I_b \leq I_N \leq I_Z$ und 2. $I_2 \leq 1{,}45 \cdot I_Z$

I_2: **Großer Prüfstrom** [*high test current*]
(Er wird unter definierten Bedingungen innerhalb einer Stunde abgeschaltet.)

Wie groß muss I_N gewählt werden?

Die **erste Bedingung** stellt folgende Forderung an I_N:

$54{,}85\,A \leq I_N \leq 59{,}41\,A$

Es zeigt sich, dass diese Bedingung nicht erfüllt werden kann, da es keine Bemessungsstromstärke für ein Überstrom-Schutzorgan gibt, die zwischen diesen Wer-ten liegt. Der nächst größere Wert für I_N beträgt 63 A. Dies hat zur Folge, dass die tatsächliche Strombelastbarkeit I_Z nicht groß genug ist und ein weiteres Mal erhöht werden muss. Der nächste größere abgelesene Wert aus der Tabelle für die Strombelastbarkeit (vgl. Abb. 4, S. 37) beträgt $I_r = 101\,A$ bei einem Querschnitt $q = 25\,mm^2$. Daraus errechnet sich der Wert $I_Z = 75\,A$. Die erste Bedingung ist somit erfüllt:

$54{,}84\,A \leq I_N \leq 75\,A$

Die **zweite Bedingung** ($I_2 \leq 1{,}45 \cdot I_Z$) wird bei Verwendung handelsüblicher Sicherungen bzw. LS-Schalter durch die Hersteller erfüllt.

Die Berechnungen ergeben, dass der Leiterquerschnitt der Zuleitung zur Heizungsverteilung mit $q = 25\,mm^2$ gewählt werden muss. Somit betragen die Strombelastbarkeit $I_Z = 75\,A$ und die Bemessungsstromstärke der vorgeschalteten NH-Sicherung 63 A.

- Die Leitung muss so dimensioniert werden, dass der Schutz bei Überlast und Kurzschluss sowie der zulässige Spannungsfall eingehalten werden.
- Die Strombelastbarkeit einer Leitung wird durch die Verlegeart, die Umgebungstemperatur, die Betriebstemperatur und die Belastungsstromstärke beeinflusst (DIN VDE 0298-4).
- Die Belastbarkeit einer Leitung wird durch eine erhöhte Umgebungstemperatur, eine gehäufte Verlegung, mehrere belastete Adern und eventuell vorhandene Oberschwingungen verringert.
- Die Bemessungsstromstärke einer Leitung muss so gewählt werden, dass die Bedingung $I_b \leq I_N \leq I_Z$ erfüllt ist.

5.3.2.4 Überprüfen des Spannungsfalls

Die Leitungslänge wird gegebenenfalls durch den maximal zulässigen Spannungsfall ΔU begrenzt. Der zulässige Spannungsfall zwischen Haupt- und Unterverteiler beträgt maximal 3 %.

Berechnung des Spannungsfalls in der Zuleitung
Zur Berechnung gilt folgende Formel:

$$\Delta U = \frac{\sqrt{3} \cdot l \cdot I}{\varkappa \cdot q} = \frac{\sqrt{3} \cdot 15\,\text{m} \cdot 54{,}85\,\text{A}}{56\,\frac{\text{MS}}{\text{m}} \cdot 25\,\text{mm}^2}; \quad \underline{\underline{\Delta U = 1{,}02\,\text{V}}}$$

$$\Delta U_{\text{Zul}} = \frac{3\,\% \cdot 400\,\text{V}}{100\,\%}; \quad \underline{\underline{\Delta U_{\text{Zul}} = 12\,\text{V}}}$$

Der tatsächliche Spannungsfall $\Delta U = 1{,}02$ V ist geringer als der maximal zulässige Wert. Der Leiterquerschnitt ist somit richtig dimensioniert.

Aus den bisherigen Ausführungen ergibt sich der Ablauf für die Querschnittsberechnung in Abb. 3.

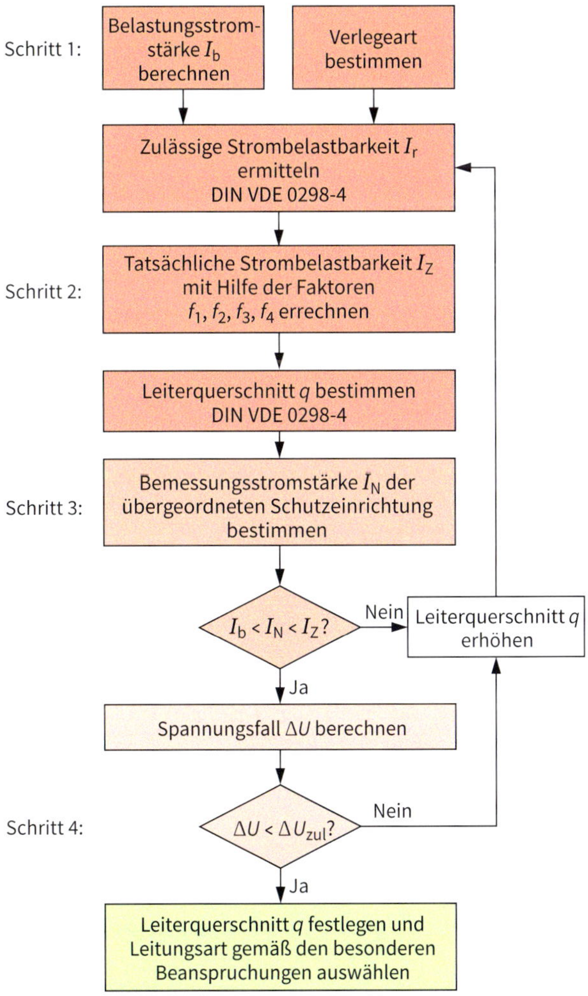

3: Ablaufschema zur Berechnung des Leiterquerschnitts

Bislang wurden bei der Leitungsdimensionierung nur die Bedingungen zum Schutz bei Überlast berücksichtigt. Darüber hinaus muss jedes Kabel- und Leitungsnetz auch vor den Wirkungen eines Überstroms durch einen **Kurzschluss** geschützt werden.

Die Strombelastbarkeit der **Isolierwerkstoffe** [*insulation materials*] und Verbindungselemente ist gefährdet, wenn eine kleine Stromstärke eine lange Zeit oder eine große Stromstärke nur kurze Zeit fließt. Hieraus ergeben sich zwei Grenzfälle. Die Überstrom-Schutzeinrichtungen müssen daher so gewählt werden, dass

- der **kleinste Kurzschlussstrom** in $t_a \leq 5$ s und
- der **größte Kurzschlussstrom** in $t_a \leq 0{,}1$ s

abgeschaltet werden.

Die Größe der Kurzschlussstromstärke muss durch das jeweils vorgeschaltete Überstrom-Schutzorgan so begrenzt werden, dass keine Beschädigungen am Leitungssystem auftreten. Die Kurzschlussströme wirken sich somit auf die Leitungsdimensionierung und die Auswahl der Schutzeinrichtungen aus. Deshalb werden wir die genaue Betrachtung der Kurzschlussströme bei der Dimensionierung der Schutzeinrichtungen in Kapitel 5.3.3.2 behandeln. Unabhängig hiervon gilt folgende Regel:

Wenn sich in einer Anlage oder einem Anlagenteil eine Schmelzsicherung mit einer Bemessungsstromstärke von $I_N \leq 63$ A als vorgeschaltete Sicherung befindet, ist der Kurzschlussschutz erfüllt.

Aufgaben

1. Welcher Mindestquerschnitt muss für eine dreiadrige Leitung ($I_b = 20$ A) bei der Verlegeart C gewählt werden?
2. Wie groß ist die Strombelastbarkeit der Leitung aus Aufgabe 1 für den gewählten Leiterquerschnitt?
3. Wie groß ist I_Z, wenn die Leitung aus Aufgabe 1 zusammen mit drei weiteren Leitungen in einem Kabelkanal geführt wird?
4. Bestimmen Sie den Spannungsfall für die Leitung aus Aufgabe 1 bei einer Leitungslänge von 20 m.

- Der maximal zulässige Spannungsfall darf im Niederspannungsnetz maximal 3 % und in Endstromkreisen 4 % der Bemessungsspannung betragen.
- Ist der tatsächliche Spannungsfall größer als der zulässige Grenzwert, muss der Leiterquerschnitt erhöht werden.
- Die Strombelastbarkeit der Isolierwerkstoffe und Verbindungselemente wird begrenzt, wenn eine kleine Stromstärke eine lange Zeit oder eine große Stromstärke eine kurze Zeit fließt.

5.3.3 Dimensionieren der Schutzeinrichtungen

Das Dimensionieren der Schutzeinrichtungen ist stets in Verbindung mit der Auswahl von Leiterquerschnitt und Leitungslängen zu betrachten. Abb. 1 gibt eine Übersicht über die Kriterien zur Auswahl von Überstrom-Schutzeinrichtungen.

Eine Überstrom-Schutzeinrichtung schützt die nachgeschaltete Anlage bei

a) **Überlast** (z.B. Pumpe in der Heizungsanlage sitzt fest → Stromaufnahme des Motors steigt) und
b) **Kurzschluss** (z.B. Feuchtigkeit dringt in den Pumpenmotor ein und verursacht einen Kurzschluss zwischen L1 und N).

5.3.3.1 Schutz bei Überlast

Der **Überlastschutz** unterbricht den Stromkreis, bevor eine **Schädigung** der

- Leitung (Leiterisolierung),
- Anschluss- und Verbindungsstellen oder
- Umgebung von Kabeln, Leitungen bzw. Stromschienen

durch Erwärmung eintritt.

Der Schutz bei Überlast wird eingehalten, wenn die Planungsbedingungen (vgl. S. 38) erfüllt werden.

$$I_b \leq I_N \leq I_Z$$
$$I_2 \leq 1{,}45 \cdot I_Z$$

Das Überstrom-Schutzorgan schützt die Leitung nur dann wirkungsvoll, wenn ein Strom, der 45 % über der Strombelastbarkeit I_Z liegt, spätestens in der Zeit abgeschaltet wird, in der sie auch den größten Prüfstrom I_2 abschaltet.

Aus Sicherheitsgründen sollte davon abgesehen werden, die Bemessungsstromstärke I_N des Überstrom-Schutzorgans an der Grenze der maximalen Betriebsstromstärke I_b zu wählen.

Die Überstrom-Schutzeinrichtung der Heizungszuleitung 2F3.1 (vgl. S. 36, Abb. 1) ist mit I_N = 63 A bereits bei der Dimensionierung der Leitung so gewählt, dass die Bedingung $I_b \leq I_N \leq I_Z$ erfüllt wird.

Die Bemessungsstromstärke I_N darf nur dann gleich der Strombelastbarkeit I_Z sein, wenn die zweite Bedingung $I_2 \leq 1{,}45 \cdot I_Z$ durch die Schutzeinrichtung erfüllt ist.

Beispiele:

- Leitungsschutz-Schalter nach DIN VDE 0641-21
- Leistungsschalter nach VDE 0660-101
- Leitungsschutz-Sicherungen nach DIN VDE 0636

Wo werden die Schutzeinrichtungen eingebaut?

Die Schutzeinrichtungen zum Schutz bei Überlast müssen überall dort eingebaut werden, wo sich die Strombelastbarkeit verringert und die vorgeschaltete Sicherung diesen Schutz nicht übernimmt. Die Strombelastbarkeit wird gemindert bei

- Verringerung des Leiterquerschnitts,
- Änderung der verwendeten Kabel bzw. Leitungen und
- Änderung der Verlegeart.

Der Überlastschutz darf für Kabel- und Leitungsverbindungen entfallen, in denen nicht mit Überlastströmen gerechnet werden muss, z. B. zwischen Stromquellen (Generator, Transformator, Akkumulator) und deren Schaltanlagen, in Hilfsstromkreisen sowie bei im Erdreich oder als Freileitung ausgeführten öffentlichen Verteilungsnetzen.

In IT-Systemen darf auf den Schutz bei Überlast nicht verzichtet werden. Ausnahmen: Stromkreise, die durch eine RCD geschützt sind oder alle vom Stromkreis gespeisten Betriebsmittel sowie Leitungen, die die Schutzisolierung nach DIN VDE 0100-410 erfüllen.

- Die Überstrom-Schutzeinrichtung schützt die angeschlossenen Leitungen bei Überlast und Kurzschluss.
- Ein Überlastschutz muss bei jeder Verringerung der Strombelastbarkeit eingebaut werden.

1: Auswahlkriterien für Überstrom-Schutzeinrichtungen

5.3.3.2 Schutz bei Kurzschluss

Der Schutz wird erreicht, indem die Schutzeinrichtung den Stromkreis unterbricht, bevor

- die Isolierung der Leiter,
- die Anschlussstellen sowie
- die Umgebung der Kabel und Leitungen

durch Erwärmung und mechanische Einwirkungen geschädigt werden.

Wie wird die Kurzschlussstromstärke errechnet?

Bei der Beurteilung der Kurzschlussstromstärke wird zwischen zwei unterschiedlichen Strömen unterschieden:

- Größter Kurzschlussstrom I_{Kmax}
- Kleinster Kurzschlussstrom I_{Kmin}

Die Berechnungen der Kurzschlussströme sind nur über aufwendige Berechnungsverfahren nach VDE 0102 oder mit Hilfe von Computerprogrammen möglich.

Der Bildschirmausdruck (Abb. 2) zeigt die Ergebnisse einer Computerberechnung für die Heizungsverteilung.

Bei der Wahl der Überstrom-Schutzeinrichtung muss deren **Ausschaltvermögen** [*breaking capacity*] mindestens den Wert der größten Kurzschlussstromstärke erreichen.

Das Bemessungsausschaltvermögen der im Knoten S eingebauten NH-Sicherung ist mit 129 kA (Abb. 3, ①) größer als die an dieser Stelle berechnete größte Kurzschlussstromstärke (I_{K1max} = 9,729 kA, Abb. 2, ②).

Technische Daten		
Bemessungsspannung		500 V AC
Bemessungsausschaltvermögen		AC: 129 kA, DC: 25 kA ①
Bemessungsfrequenz		50 Hz
Betriebsfrequenz		45…62 Hz
Selektivität		1:1,6 bis 500 V AC 1:1,25 bis 400 V AC
Aufbau	Isolierteile	Keramik
	Metallteile	Korrosionsgeschützt
Kontaktmesser		Vollkontaktmesser, Cu versilbert
Schutzgrad/Schutzart		IP 00 nach DIN VDE 0470-1
Prüfungen		VDE 0636
Schaltzustandsanzeige		Federkennmelder Mindestansprechspannung 10 V/42 V

Elektrisch		
Normen und Bestimmungen		IEC/EN 60947-2
Bemessungsbetriebsspannung	V AC	230/400
	V DC	48 (je Pol)
Bemessungsschaltvermögen	kA	15 ④
Betriebsschaltvermögen	kA	7,5
Charakteristik		B, C, D, K, Z, S
maximale Vorsicherung	A g 6	125
Selektivitätsklasse		3
Lebensdauer	Schaltspiele	> 10 000
Energie-Einspeiserichtung		beliebig

3: Datenblatt NH-Sicherung/LS-Schalter (Hersteller)

Im Knoten 1 ist der Wert I_{K1max} = 6,738 kA ③ unterhalb der Ausschaltstromstärke von 15 kA des LS-Schalters (Abb. 3, ④).

Beide Schutzeinrichtungen sind somit in der Lage, den am Einbauort maximal auftretenden Kurzschlussstrom zu schalten.

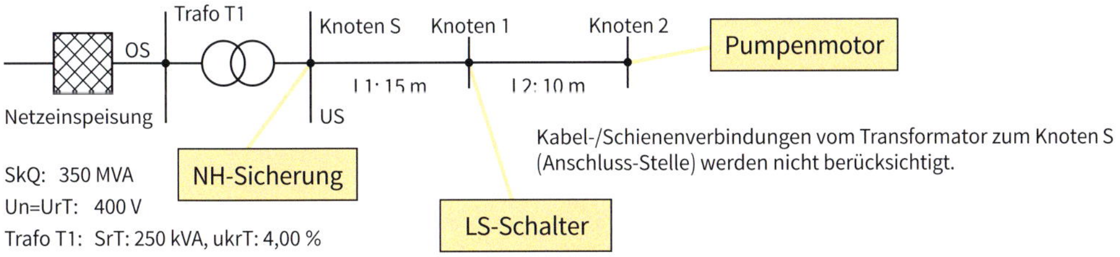

Projekt: Heizungsverteiler

Fehlerstellen: 3 [Knoten S bis Knoten 2]

Kurzschluss-Stelle	Zk1max [mOhm]	Ik1max [kA]	ip1 [kA]	Zk1min [mOhm]	Ik1min [kA]	
Knoten S	74,77	9,729 ②	18,917	74,681	8,813	
Knoten 1	107,966	6,738 ③	10,707	117,263	5,613	
Knoten 2	788,837	0,922	1,330	970,425	0,678	

Anschluss-Stelle L1: Niederspannungshauptverteiler

Länge	Zielbezeichnung	Kabel/Leitung [Bauart]
L1	Heizungsverteilung	NYM
L2	Pumpenmotor	NYM

2: Ergebnis einer Computerberechnung

Kurzschlussstromstärke eines Transformators

Der Innenwiderstand des vorgeschalteten Versorgungsnetzes wird als nahezu Null angenommen. Die Kurzschlussstromstärke wird dann einzig durch den Transformator und die Leiterwiderstände begrenzt. Die Kurzschlussstromstärke, die vom Transformator (Spannungsquelle) maximal geliefert werden kann, lässt sich als Näherung über folgende Formel errechnen:

$$I_{KTr} = \frac{S_{NTr} \cdot 100\,\%}{\sqrt{3} \cdot U_N \cdot u_{K\%}} \qquad I_{KTr} = \frac{250\,\text{kVA} \cdot 100\,\%}{\sqrt{3} \cdot 400\,\text{V} \cdot 4{,}0\,\%}$$

$$\underline{\underline{I_{KTr} = 9{,}02\,\text{kA}}}$$

I_{KTr}: Kurzschlussstromstärke in kA
S_{NTr}: Bemessungsleistung des Transformators in kVA
U_N: Bemessungsspannung in V
$u_{K\%}$: Kurzschlussspannung in %

Prüfung der Abschaltzeiten

Für die Prüfung der Abschaltzeiten wird in der Praxis ebenfalls ein Berechnungsprogramm eingesetzt (Abb. 1).

Die Ergebnisse zeigen die unterschiedlichen Abschaltstromstärken I_a für Schmelzsicherungen und LS-Schalter bei vorgegebener Bemessungsstromstärke des Überstrom-Schutzorgans. Die kleinste Kurzschlussstromstärke I_{K1min} muss dabei immer noch groß genug sein, um die sichere Abschaltung innerhalb der vorgegebenen Abschaltzeiten zu garantieren. Das Kriterium zur Einhaltung der Abschaltzeit lautet daher $I_{K1min} > I_a$ ①.

Diese Bedingung ist für alle berechneten Überstrom-Schutzorgane erfüllt. Somit ist garantiert, dass innerhalb der geforderten Zeit $t_a \leq 5$ s bzw. $t_a \leq 0{,}4$ s sicher abgeschaltet wird.

Betriebsklassen von Schmelzsicherungen

Jede Schmelzsicherung wird nach DIN VDE 0636 durch die Angabe der Betriebsklasse gekennzeichnet.

Beispiel: g G

Funktionsklasse — g; G — Schutzobjekt

Funktionsklasse	Schutzobjekt
g: Ganzbereichsschutz	G: Schutz für allgem. Zwecke, z.B. Kabel- und Leitungen
a: Teilbereichsschutz	M: Motoren
	R: Halbleiter
	B: Bergbauanlagen
	Tr: Transformatoren

Ganzbereichssicherungen schalten sowohl im Überlast- als auch im Kurzschlussfall sicher ab.

Teilbereichssicherungen werden im Allgemeinen für den Kurzschlussschutz eingesetzt.

Aufgaben

1. Welchen Schutz muss eine Überstrom-Schutzeinrichtung übernehmen?
2. Wie groß muss die kleinste Kurzschlussstromstärke mindestens sein, um bei einem LS-Schalter der Charakteristik C noch sicher abzuschalten?

- Die größte bzw. kleinste Kurzschlussstromstärke muss zur Dimensionierung einer Überstrom-Schutzeinrichtung berechnet werden.
- Das Schaltvermögen des Überstrom-Schutzorgans muss mindestens so groß sein wie die größte Kurzschlussstromstärke.
- Die kleinste Kurzschlussstromstärke beeinflusst die Einhaltung der Abschaltzeiten.

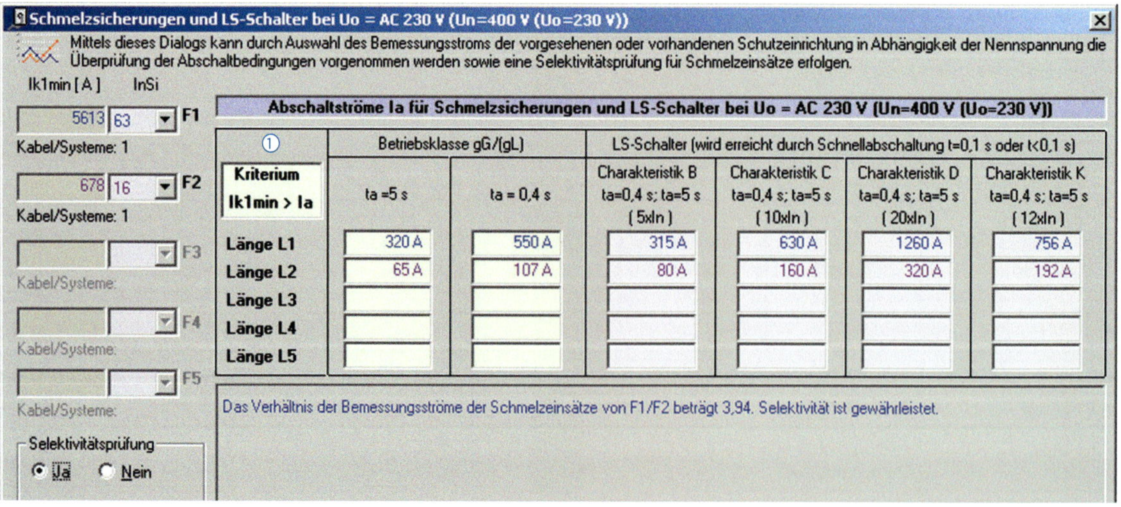

1: Berechnung der Abschaltstromstärke

5.3.3.3 Selektivität

Die Betriebssicherheit ist bei den Planungen einer elektrischen Anlage ein wichtiges Kriterium. In diesem Zusammenhang darf im Fehlerfall nur die Schutzeinrichtung ausschalten, die der Fehlerstelle am nächsten liegt. Man spricht dann von **Selektivität** [*selectivity*].

Die Selektivitätsprüfung kann mit Hilfe der **Zeit/Strom-Kennlinie** (Auslösekennlinien) oder der so genannten **I^2t-Werte** (Durchlassenergie) erfolgen. Selektivität zwischen zwei Überstrom-Schutzorganen liegt grundsätzlich dann vor, wenn sich die entsprechenden Kennlinien nicht schneiden. Abb. 2 zeigt die I^2t-Kennlinien verschiedener LS-Schalter.

Der I^2t-Wert einer NH-Sicherung mit $I_N = 63$ A beträgt laut Herstellerangaben 9000 A^2s.

- Zeichnen wir nun diesen Wert in das Diagramm ein, so entsteht ein Schnittpunkt mit der Kennlinie des LS-Schalters (16 A) ①.
- Das senkrechte Lot ② ($I = 2400$ A) wird als **Selektivitätsgrenze** [*selectivity limit*] bezeichnet.
- Übersteigt die Stromstärke diesen Wert, schaltet die NH-Sicherung schneller ab als der LS-Schalter. Man spricht dabei von der **Teilselektivität**.

Volle Selektivität ist dann gegeben, wenn der maximale Kurzschlussstrom ($I_{K1max} = 0{,}922$ kA, vgl. S. 41, Abb. 2) der nachgeordneten Schutzeinrichtung unterhalb der Selektivitätsgrenze liegt.

Selektivität zwischen Überstrom-Schutzorganen

a) Zwischen zwei Schmelzsicherungen
Zwischen zwei in Reihe geschalteten Schmelzsicherungen besteht Selektivität, wenn das Verhältnis der Bemessungsströme mindestens 1:1,6 beträgt (z. B. 63 A und 35 A). Dies gilt nur für Bemessungsstromstärken $I_N \geq 16$ A.

b) Schmelzsicherung und LS-Schalter
Dazu werden die I^2t-Werte der Sicherungen verglichen und die Selektivitätsgrenze bestimmt. Ist der maximale Kurzschlussstrom kleiner als die Selektivitätsgrenze, besteht zwischen den Schutzeinrichtungen Selektivität.

Selektivitätsgrenze in kA

	I_N des LS-Schalters in A	I_N der vorgeschalteten Sicherung in A: 16	20	25	35	50	63
B-Charakteristik	6	0,2	0,4	0,7	1,5	3,0	5,5
	10	0,2	0,4	0,6	1,2	2,0	3,3
	16	o	o	0,6	1,12	1,8	2,8
	20	o	o	o	o	2,0	2,4
	25	o	o	o	o	o	2,4
	32	o	o	o	o	o	2,2

o: keine Selektivität gegeben

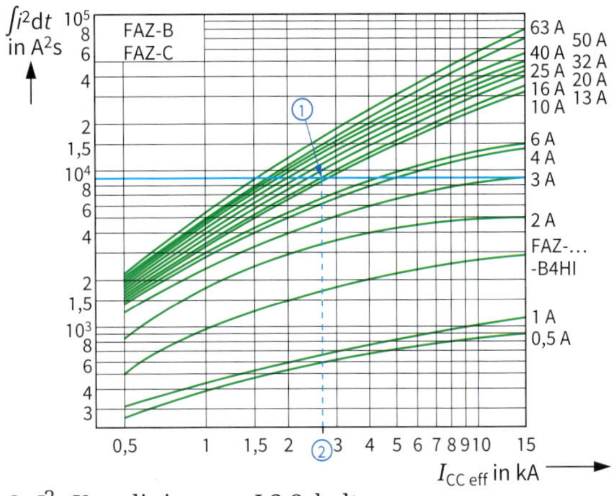

2: I^2t-Kennlinien von LS-Schaltern

Schaltet die nachgeordnete Schutzeinrichtung kleine und große Kurzschlussströme bis zur Bemessungsstromstärke allein ab, spricht man von der **absoluten Selektivität**.

Somit muss die 15 m lange Zuleitung zur Heizungsverteilung UV01.III mit einem Querschnitt von 25 mm^2 dimensioniert werden. Die Verteilung wird mit einer NH-Sicherung 63 A abgesichert (Abb. 3):

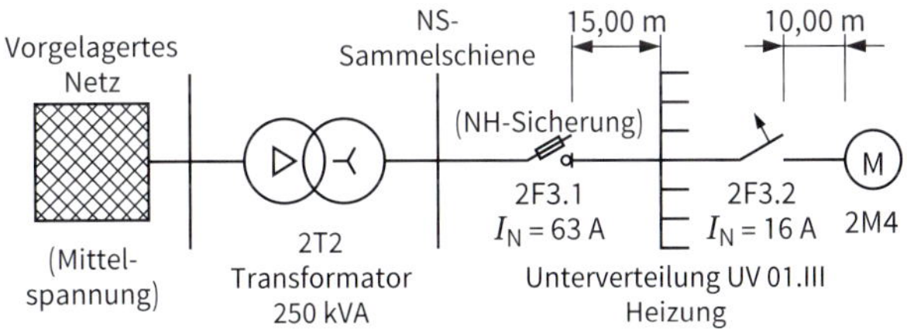

3: Netzstrang zur Pumpe der Heizungsverteilung

Die Überstrom-Schutzorgane (LS-Schalter und NH-Sicherung) erfüllen die geforderten Bedingungen zur Einhaltung der Abschaltzeiten, zum Kurzschlussverhalten und zur Selektivität.

Aufgaben

1. Prüfen Sie, zwischen welchen Schmelzsicherungen mit 16 A ≤ I_N ≤ 63 A Selektivität besteht.
2. Ermitteln Sie die Selektivitätsgrenze zwischen einer NH-Sicherung mit $I_N = 63$ A und einem LS-Schalter 25 A (Charakteristik B).

- Selektivität bedeutet, dass nur das dem Fehler unmittelbar vorgeschaltete Überstrom-Schutzorgan auslösen darf.
- Selektivität ist erfüllt, wenn sich die I^2t- bzw. Zeit/Strom-Kennlinien der Überstrom-Schutzorgane nicht schneiden.

5.3.4 Personenschutz

Nach der Wiederherstellung der durch Kurzschluss zerstörten NSHV im Krankenhaus muss die **Sicherheit der Patienten** und des Personals gewährleistet sein. So darf z.B. für die Patienten keine Gefahr entstehen, wenn ärztliche Untersuchungen, Behandlungen und medizinische Eingriffe erfolgen. Neben der unterbrechungsfreien, elektrischen Versorgung von Geräten muss der **Personenschutz** *[personal protection]* sicher gewährleistet sein (Abb. 1). Dieser wird nach DIN VDE 0100 allgemein beschrieben in

- Teil 410: Schutzmaßnahmen – Schutz gegen elektrischen Schlag
- Teil 710: Anforderungen für Betriebsstätten, Räume und Anlagen besonderer Art – Medizinisch genutzte Bereiche

5.3.4.1 Spannungsbereiche

Welche Spannungsbereiche gibt es?

In Anlagen wird häufig an elektrischen Geräten gearbeitet. So können z.B. beim Auswechseln eines LS-Schalters in einer Unterverteilung des Krankenhauses Gefährdungen für Personen durch die Spannung entstehen. Diese wird in **zwei Spannungsbereiche** eingeteilt, nach denen Anlagen mit Wechselspannung und Gleichspannung betrieben werden (Abb. 2).

Bereits im **Spannungsbereich I** können gefährliche Situationen entstehen. Der niedrige Stromfluss durch den menschlichen Körper, der die **Wahrnehmungsschwelle** *[threshold perception]* übersteigt, kann auch zu Schreckunfällen führen.

Besondere Vorsicht ist geboten, wenn die **Berührungsspannung** *[touch voltage]* größer als 50 V AC bzw. 120 V DC wird. Dann müssen vor Beginn der Arbeiten in elektrischen Anlagen die fünf Sicherheitsregeln unbedingt beachtet werden.

Wechselspannung	Gleichspannung
Spannungsbereich I Signal-, Klingel- und Fernmeldeanlagen Meldestromkreise	
$U \leq 50$ V Außenleiter gegen Erde; zwischen den zwei Leitern	$U \leq 120$ V Leiter gegen Erde; zwischen beiden Leitern
Spannungsbereich II Anlagen der Hausinstallation, des Gewerbes und der Industrie	
50 V $< U \leq$ 600 V Außenleiter gegen Erde 50 V $< U \leq$ 1 kV zwischen den Außenleitern	120 V $< U \leq$ 900 V Leiter gegen Erde 120 V $< U \leq$ 1,5 kV zwischen zwei Leitern

2: Spannungsbereiche

Mit Hilfe der Grafik in Abb. 1 wird ein Überblick über die verschiedenen Schutzmaßnahmen gegeben. Dabei wird zunächst der Personenschutz beschrieben, durch den Schäden ausgeschlossen werden sollen.

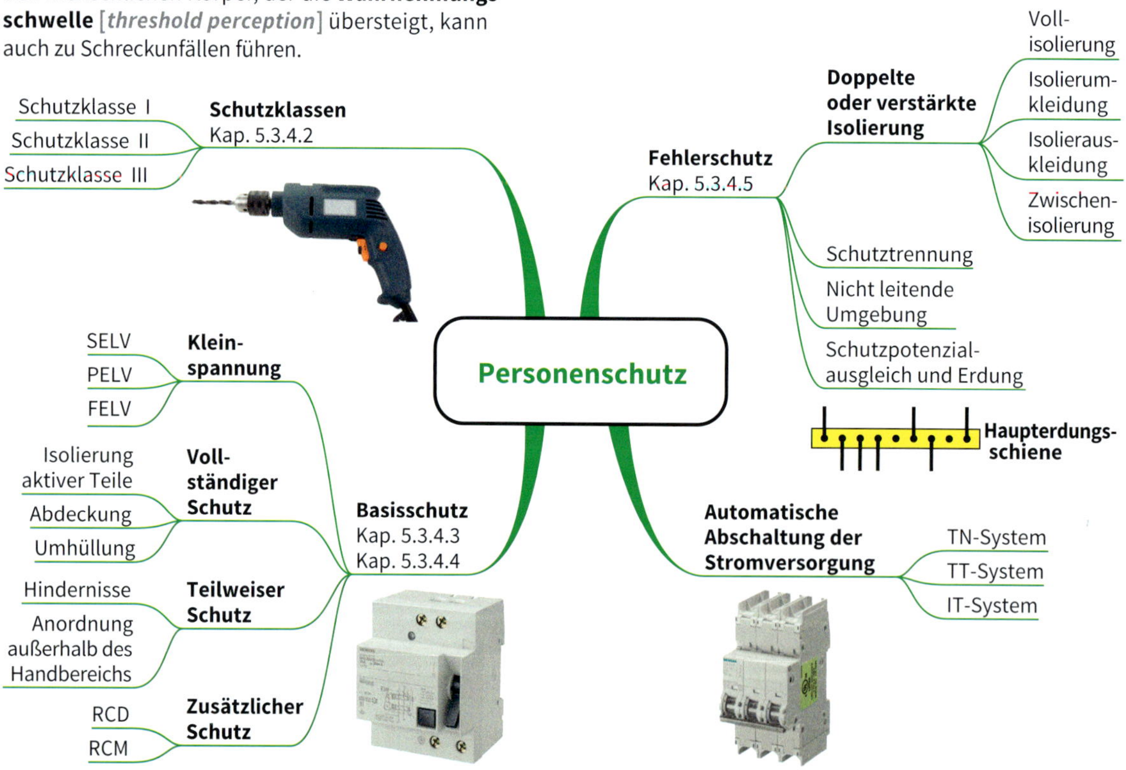

1: Übersicht zum Personenschutz

5.3.4.2 Schutzklassen

Für den Personenschutz werden in elektrischen Anlagen verschiedene Schutzmaßnahmen eingesetzt. Sie sollen Menschen vor elektrischem Schlag schützen. Der Personenschutz bei Geräten wird durch die **Schutzklasse** des jeweiligen Gerätes ausgewiesen (Abb. 3).

Elektrische Betriebsmittel müssen eine Schutzklasse besitzen. Diese wird durch ein entsprechendes **Symbol** auf dem Gerät kenntlich gemacht.

Schutzklasse I

Bei elektrischen Geräten dieser Klasse wird der Schutz gegen **elektrischen Schlag** [*electric shock*] dadurch gewährleistet, dass alle berührbaren Metallteile über den Schutzleiter und die Haupterdungsschiene mit dem **Erder** [*earth electrode*] der Anlage verbunden sind.

Zur Schutzklasse I gehören z. B. auch leitfähige Gehäuseteile (Abb. 4, ①) von Operationsleuchten im Krankenhaus. Diese müssen über den Schutzleiter mit der **Haupterdungsschiene** [*main earthing bar*] verbunden werden. In den medizinisch genutzten Bereichen 1 und 2 müssen durch den **zusätzlichen Schutzpotenzialausgleich** auftretende Potenzialunterschiede zwischen leitfähigen Teilen ausgeglichen werden. Deshalb ist die Erdungsschiene in der Nähe des Operationsraumes zu installieren, um lange Zuleitungen zu vermeiden.

Schutzklasse I Schutzmaßnahme mit Schutzleiter 	Betriebsmittel mit Metallgehäuse, z. B. OP-Leuchten, Elektromotoren
Schutzklasse II Doppelte oder verstärkte Isolierung (Schutzisolierung) 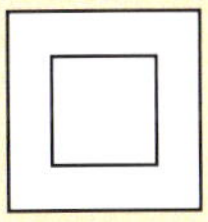	Betriebsmittel mit Kunststoffgehäuse, z. B. elektrische Handbohrmaschinen
Schutzklasse III Kleinspannung 	Betriebsmittel mit Bemessungsspannungen bis 50 V AC und 120 V DC, z. B. elektrische Handleuchten, elektrische Geräte in landwirtschaftlichen Betrieben

3: Schutzklassen

An die **Haupterdungsschiene** sind anzuschließen:

- Schutzleiter und fremde Metallteile, die zur Gebäudekonstruktion gehören
- Metallschirme von Trenntransformatoren des IT-Systems
- Verbindungen zu leitfähigen Fußböden
- Ortsfeste Operationstische

Schutzklasse II

Bei dieser Schutzklasse wird der Schutz gegen elektrischen Schlag durch die besondere Bauweise des Gerätes gewährleistet. Zusätzlich zur Basisisolierung besitzt das Gerät eine weitere Isolierung, also eine doppelte Isolierung. Diese bietet insbesondere bei medizinischen Geräten einen sicheren Schutz vor Gefährdung der Patienten.

Schutzklasse III

Geräte mit der Schutzklasse III werden mit **Kleinspannung** betrieben. Die maximale Bemessungsspannung der Geräte, z. B. $U \leq 50$ V AC, ist nach DIN VDE 0100-410 festgelegt. Durch die niedrigen Spannungswerte wird gewährleistet, dass im Fehlerfall (vgl. Kap. 5.3.4.3) z. B. beim Berühren von zwei aktiven Leitern auf der Kleinspannungsseite kein gefährlich hoher Strom fließt.

- Wechselspannung AC wird je nach Betriebsspannung dem Spannungsbereich I mit $U \leq 50$ V und dem Spannungsbereich II mit $U > 50$ V zugeordnet.
- Der Personenschutz bei Geräten wird durch eine entsprechende Schutzklasse gewährleistet.
- In medizinisch genutzten Bereichen 1 und 2 ist ein zusätzlicher Schutzpotenzialausgleich erforderlich.
- An die Haupterdungsschiene müssen Schutzleiter, Metallteile von Geräten und metallene Gebäudekonstruktionen angeschlossen werden.

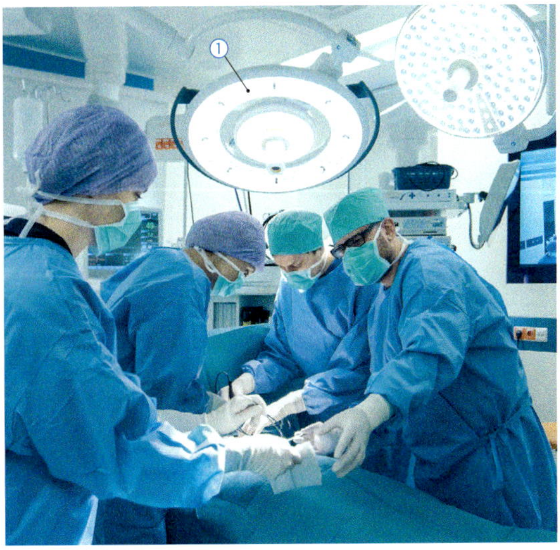

4: OP-Raum mit Operationsleuchten

5.3.4.3 Basisschutz und Fehlerschutz

Der Schutz gegen direktes Berühren (Basisschutz) wird z.B. durch **Isolierung, Abdeckung und Umhüllung** Spannung führender Leiter gewährleistet. Somit ist keine direkte Berührung eines aktiven Leiters möglich.

Der Schutz bei indirektem Berühren (Fehlerschutz) liegt vor, wenn bei einem Isolationsfehler ein Schutz gegen elektrischen Schlag z.B. durch **Begrenzung der Spannung** erreicht wird (vgl. Spannungsbereich I, Seite 44).

Die Kleinspannungen **SELV** und **PELV** erfüllen beide die oben genannten Schutzfunktionen, weil durch **Isolierung** und **Betriebsspannung** ($U \leq 50$ V) größte Sicherheit gewährleistet ist (Abb. 1).

Weiterhin sind die Wicklungen des Sicherheitstransformators (Abb. 2, ①, ②) voneinander isoliert, sodass auf der Ausgangsseite keine gefährliche Spannung auftreten kann. Auch bei direkter Berührung eines aktiven Leiters auf der Ausgangsseite fließt kein Strom ($I_K = 0$ A, ③).

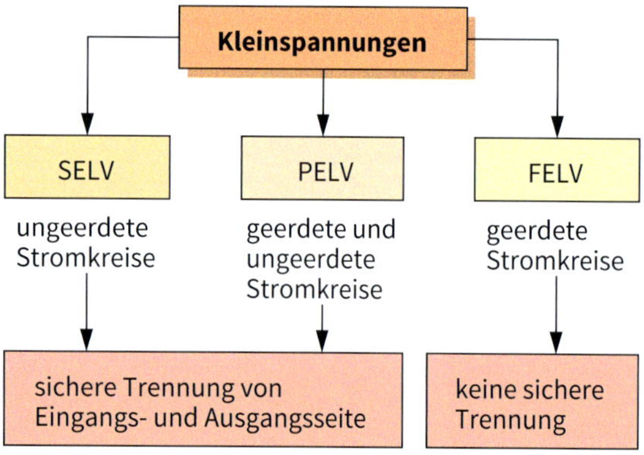

1: Übersicht zu den Kleinspannungen

Bei **SELV** (**S**afey **E**xtra **L**ow **V**oltage) werden Stromkreise **ungeerdet** betrieben, weil sonst bei einem Fehler auf der Eingangsseite des Sicherheitstransformators höhere Spannungen über den Schutzleiter in den SELV-Stromkreis übertragen werden können (Abb. 2a).

Im **PELV**-Stromkreis (**P**rotective **E**xtra **L**ow **V**oltage) dürfen aktive Teile des Stromkreises auf der Kleinspannungsseite mit dem **geerdeten Schutzleiter** und den Gehäusen der Betriebsmittel verbunden werden (Abb. 2b).

Eine weitere Kleinspannung ist **FELV** (**F**unctional **E**xtra **L**ow **V**oltage). Sie wird als Funktionskleinspannung bezeichnet. FELV bietet **keinen Schutz** gegen elektrischen Schlag im Fehlerfall, weil keine sichere Trennung zur Eingangsseite des Transformators vorliegt.

FELV-Stromkreise sind deshalb in medizinisch genutzten Räumen der Gruppe 1 und 2 verboten. Diese Stromkreise werden z.B. zur Energieversorgung von

- Fernschaltern,
- Relais und Schützen verwendet.

In diesen Stromkreisen ist eine sichere Trennung nicht erforderlich.

Für die **metallenen Gehäuse** auf der Kleinspannungsseite gelten folgende Festlegungen:

SELV: Verbindung mit Erde oder Schutzleiter verboten.

PELV: Erdung oder Verbindung mit Schutzleiter möglich.

FELV: Verbindung mit Schutzleiter auf der Eingangsseite des Transformators erforderlich.

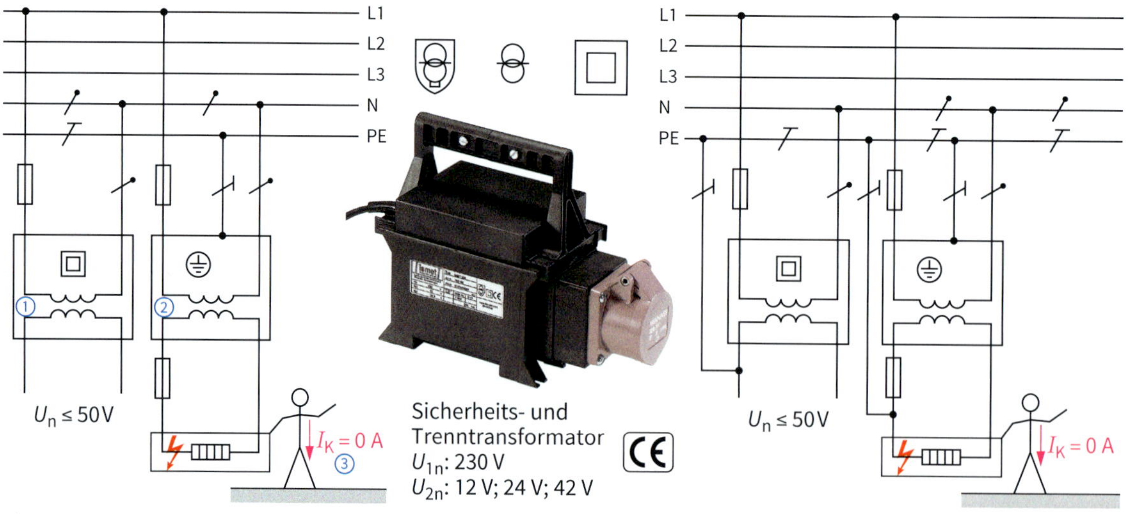

a) SELV

b) PELV

2: Stromkreise mit Schutzmaßnahmen

Wie wird Kleinspannung erzeugt?

Folgende **Spannungsquellen** werden für die Erzeugung von Kleinspannung verwendet (Abb. 3):

- Elektrochemische Spannungsquellen wie z. B. Akkumulatoren und Batterien
- Sicherheitstransformatoren mit getrennten Wicklungen ①
- Elektronische Geräte zur Erzeugung von Gleich- und Wechselspannung ②
- Motorgeneratoren (Umformer) mit getrennten Wicklungen ③

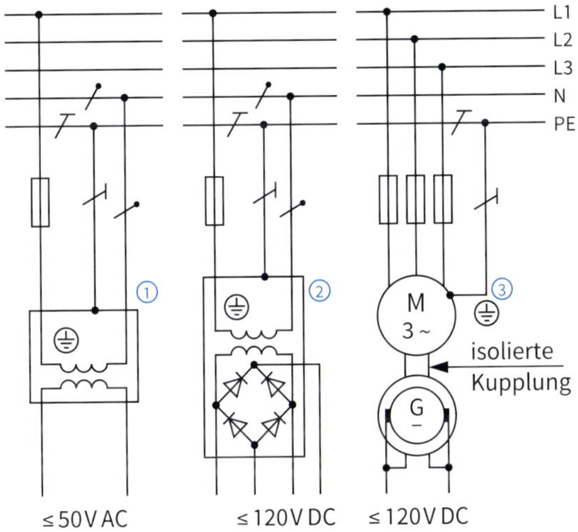

3: Erzeugung von Kleinspannung

Steckvorrichtungen bei Kleinspannungen

Für Kleinspannungen sind **CEE-Steckvorrichtungen** vorgeschrieben. Sie unterscheiden sich durch **Kennfarbe**, **Polzahl** und **Lage der Hilfsnase**:

- 20 V–25 V/50/60 Hz, violett, ohne Hilfsnase
- 40 V–50 V/50/60 Hz, weiß, Hilfsnase (12 h)
- 20 V–25 V/100/200 Hz, grün, Hilfsnase (4 h)
- 20 V–25 V/DC, grau, Hilfsnase (10 h)

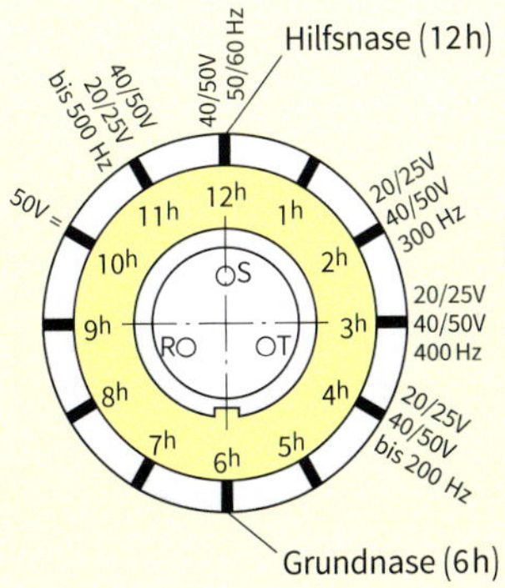

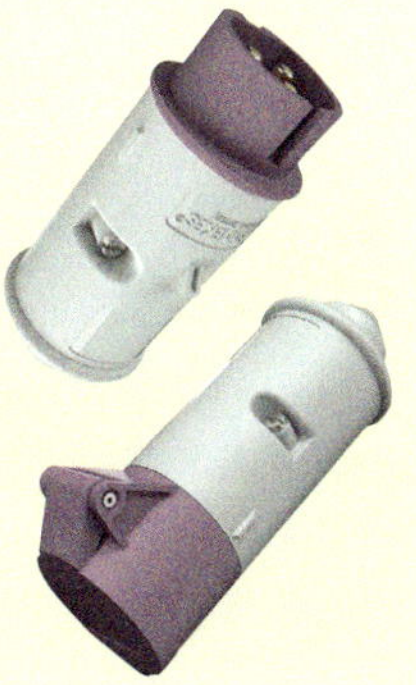

Stecker *[plugs]* und **Kupplungsdosen** *[coupling sockets]* sind für verschiedene Kleinspannungen aufeinander abgestimmt, sodass keine Verwechslungen vorkommen können.

Für Kleinspannungsstromkreise gelten folgende Bestimmungen:

- **Stecker** sind für die jeweiligen Kleinspannungen **genormt**. Sie passen nicht in Steckdosen oder Kupplungsdosen anderer Spannungssysteme.
- Stecker und Steckdosen dürfen keine **Schutzkontakte** *[earthing pins]* haben.
- Leiter von SELV- und PELV-Stromkreisen müssen zusätzlich zur Basisisolierung bei gemeinsamer Verlegung gegeneinander isoliert sein.
- **Gemeinsame Verlegung** von Leitungen verschiedener Spannungen und Stromkreise ist möglich, wenn die Isolierung der Leiter für die höchste Spannung bemessen ist.

Welche Kleinspannungen sind vorgeschrieben?

Folgende Kleinspannungen sind für bestimmte Geräte vorgeschrieben:

- $U_n \leq 6$ V: **medizinische Geräte,** z. B. für die Untersuchung mit stromführenden Teilen im Körper
- $U_n \leq 12$ V: **Geräte**, z. B. in Badewannen
- $U_n \leq 24$ V: **Spielzeug**, z. B. Eisenbahn
- $U_n \leq 24$ V: **Geräte in landwirtschaftlichen Betrieben**, z. B. ortsveränderliche Scher- und Melkmaschinen

Aufgaben

1. Auf welchen Wert ist die höchst zulässige Berührungsspannung bei Wechselstrom festgelegt? Erklären Sie, warum die Einhaltung dieses Wertes eine Gefährdung vermindert.
2. Welche Schutzklasse haben OP-Leuchten? Welche Vorschrift gilt für deren Schutzleiteranschluss?
3. Warum ist die Funktionskleinspannung FELV in medizinisch genutzten Bereichen verboten?
4. Mit welchen Spannungsquellen können Kleinspannungen erzeugt werden?

- Kleinspannung bietet Schutz sowohl gegen direktes als auch bei indirektem Berühren.
- Bei den Kleinspannungen SELV und PELV liegt eine sichere Trennung zwischen Eingangs- und Ausgangsseite des Transformators vor.
- SELV-Stromkreise sind ungeerdet. PELV-Stromkreise werden geerdet betrieben.
- Für Kleinspannungen sind bestimmte CEE-Steckvorrichtungen vorgeschrieben.

5.3.4.4 Basisschutz

Einige Maßnahmen zum Schutz gegen direktes Berühren wurden bereits auf Seite 46 kurz beschrieben. Dabei handelt es sich um den Schutz von Menschen vor elektrischem Schlag beim direkten Berühren Spannung führender Teile. Diese Maßnahmen werden auch als **Basisschutz** bezeichnet. Sie schützen nur sicher in Verbindung mit automatischer Abschaltung. Die höchste Sicherheit bietet **vollständiger Schutz**.

Wie wird vollständiger Schutz erreicht?

Ein vollständiger **Schutz gegen direktes Berühren** [*protection against direct contact*] wird erreicht, wenn die unter Spannung stehenden Teile mit zweifacher Isolierung des Leiters ausgestattet sind und zwar mit

- **Aderisolierung** als direkte Isolierung des Leiters und
- **Basisisolierung** als zusätzliche Isolierung.

Die Basisisolierung bietet Schutz gegen gefährliche Berührungsspannung bei Beschädigung der Aderisolierung.

Die Abb. 1 zeigt eine Übersicht zu allen Maßnahmen, die zum Basisschutz gehören.

Davon sind für medizinisch genutzte Räume nur folgende Maßnahmen zulässig:

- **Schutz durch Isolierung aktiver Teile** ①
- **Schutz durch Abdeckung oder Umhüllung** ②
- zusätzlicher Schutz durch **Fehlerstrom-Schutzeinrichtung** (RCD) ③

Diese Einschränkung ist deshalb notwendig, weil bei Verwendung netzbetriebener elektrischer Geräte für Patienten eine größere Gefährdung entstehen kann, wenn aktive Teile direkt berührt werden. Deshalb müssen in medizinisch genutzten Bereichen auch bei Anwendung der Kleinspannung (SELV und PELV) zusätzlich Maßnahmen zum Basisschutz verwendet werden.

Die Maßnahme **Schutz durch Hindernisse** wird im Krankenhaus für den Transformatorraum angewendet. Zu diesem haben nur elektrisch unterwiesene Personen Zugang.

Warum zusätzlicher Schutz durch RCD?

Die RCDs bieten einen zusätzlichen Schutz bei direktem Berühren, wenn andere Schutzmaßnahmen versagen, z. B. die **automatische Abschaltung** [*automatic disconnection*] des Fehlerstromkreises durch Sicherungen oder Leitungsschutz-Schalter.

Im Krankenhaus müssen bei der Energieversorgung über das **TN-S-System** in den Bereichen der Gruppe 1 und 2 RCDs mit der Bemessungsdifferenzstromstärke von 30 mA eingesetzt werden. Lediglich für Beleuchtungsanlagen außerhalb der Patientenumgebung sind RCDs mit 300 mA erlaubt.

Baugrößen von RCDs

- RCD-Bemessungsstromstärke I_N in A: 16; 25; 40; 63
- Bemessungsdifferenzstromstärke $I_{\Delta N}$ in mA: 10; 30; 100; 300; 500

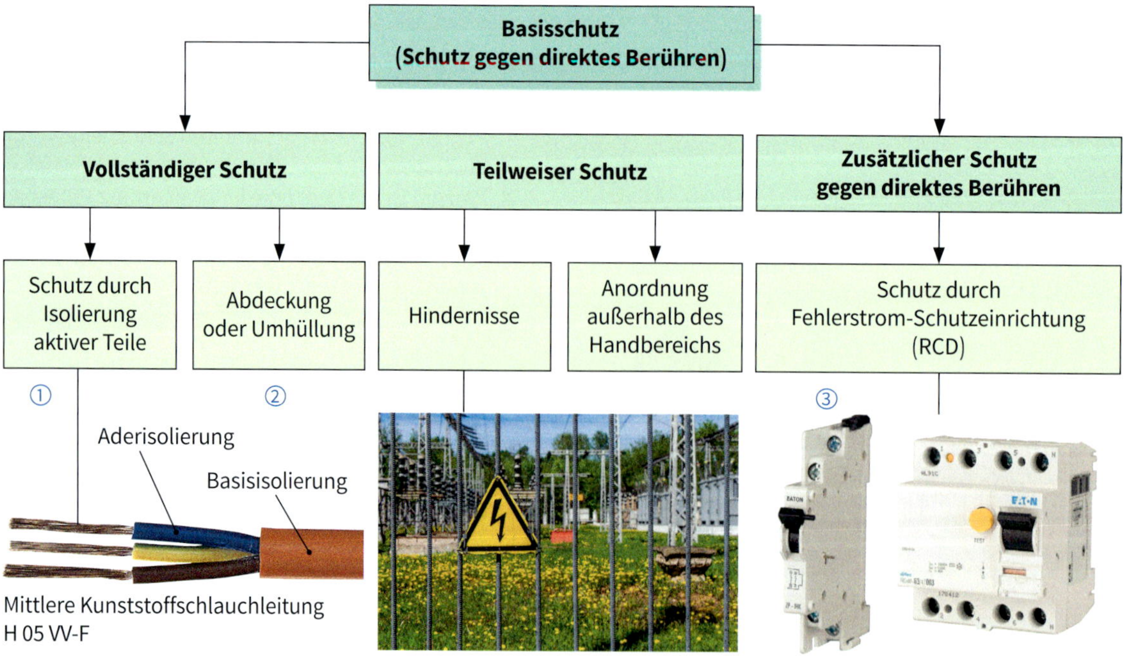

1: Schutzmaßnahmen zum Basisschutz

Hindernisse

Durch Hindernisse erreicht man, dass Personen sich nicht zufällig aktiven Teilen nähern können. Die Hindernisse bieten nur **teilweisen Schutz**, weil sie ohne besonderes Werkzeug entfernt werden können. Verwendete Geländer, Ketten oder Seile sollten durch farbliche Kennzeichnung in gelb/schwarz oder rot/weiß auf **Gefahrenbereiche** aufmerksam machen.

Beispiele:

Geländer, Schranken und Gitter in Schaltanlagen

Anordnung außerhalb des Handbereichs

Auch hier liegt nur ein teilweiser Schutz vor. Die aktiven Teile, d.h. auch elektrische Geräte, müssen außerhalb des Handbereichs liegen. Die Mindestabstände von 2,50 m nach oben und 1,25 m zur Seite und nach unten grenzen den **Handbereich** (s. Abb.) ein.

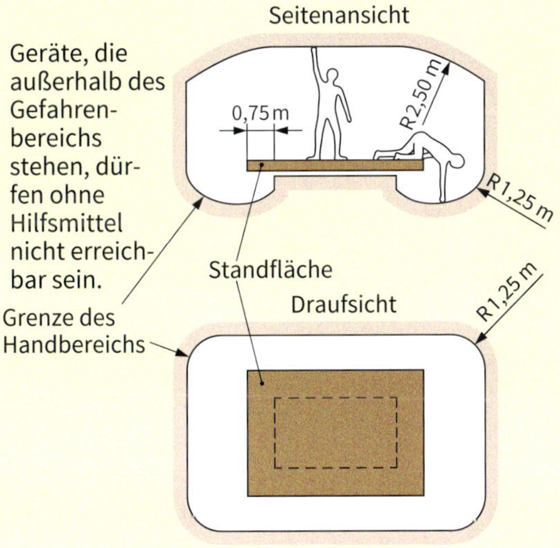

Schutz durch Fehlerstrom-Schutzeinrichtung

Der zusätzliche Schutz durch **RCD** mit $I_{\Delta N} \leq 30$ mA ist gewährleistet, wenn das fehlerhafte Gerät bei Berühren innerhalb von $t_a \leq 200$ ms (Gerätenorm für RCD) abschaltet. In der Praxis erfolgt die Abschaltung durch die RCD wesentlich schneller und zwar in **40 bis 50 ms**. Der Fehlerstrom ($I_F = \Delta I$) fließt daher nur kurzzeitig durch den menschlichen Körper und verursacht Muskelverkrampfungen, aber keine bleibenden Schäden.

Steckdoseneinsatz mit RCD

In Bereichen, wo eine besondere Gefährdung für Menschen vorliegt, werden Schutzeinrichtungen mit $I_{\Delta N} \leq 30$ mA (DIN VDE 0100-739) gefordert, z.B. in

- Räumen mit Bädern und Duschen,
- Schwimmhallen und Schwimmbädern im Freien innerhalb der Schutzbereiche,
- Unterrichtsräumen mit Experimentierständen und
- Wohnungen bzw. für bestehende Anlagen als zusätzlicher Schutz.

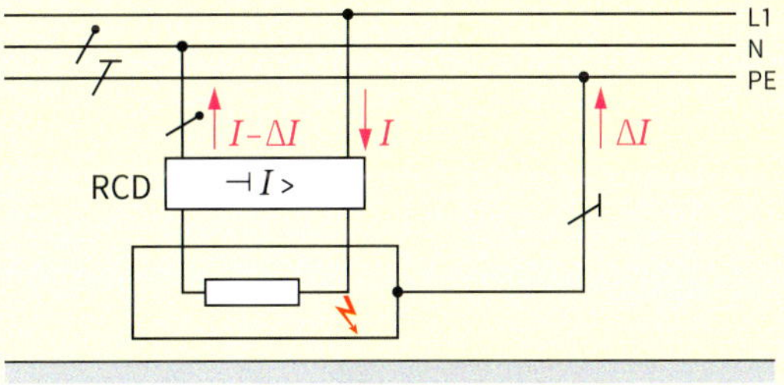

Aufgaben

1. Beschreiben Sie die Basis- und Aderisolierung an der Mantelleitung NYM.
2. Warum muss bei Anwendung der Kleinspannung SELV in medizinischen Bereichen auch der Basisschutz z.B. durch Isolierung aktiver Teile angewendet werden?
3. Warum dürfen RCDs in den Bereichen 1 und 2 nur in Verbindung mit dem TN-S-System und nicht im IT-System verwendet werden?
4. Beschreiben Sie die Abstände des Handbereichs an einem Beispiel.
5. In welchen Räumen bzw. Einrichtungen müssen RCDs mit $I_{\Delta N} \leq 30$ mA eingesetzt werden?

- Vollständiger Basisschutz wird durch Abdeckung, Umhüllung und Isolierung aktiver Teile erreicht.
- In medizinisch genutzten Räumen dürfen nur bestimmte Schutzmaßnahmen und als zusätzlicher Schutz RCDs im TN-S-System eingesetzt werden.
- In den medizinisch genutzten Bereichen 1 und 2 dürfen nur RCDs mit der Bemessungsdifferenzstromstärke von 30 mA verwendet werden.
- Handbereich ist der Bereich, in dem eine Person die Abgrenzung mit der Hand von der Standfläche aus nicht erreichen kann.

5.3.4.5 Fehlerschutz

In medizinisch genutzten Bereichen der Gruppen 0, 1 und 2 werden zum Schutz bei indirektem Berühren (Fehlerschutz) (Abb. 3) folgende Schutzmaßnahmen verwendet:

- **Doppelte oder verstärkte Isolierung** [*double or reinforced insulation*]
- **Schutztrennung** [*protective separation*]

Beide Schutzmaßnahmen sollen hier erklärt werden. Der **Schutz durch Abschaltung** wurde bereits in Kap. 5.2.3.5 behandelt.

In DIN VDE 0100-410 wird der Schutz bei indirektem Berühren auch als **Fehlerschutz** bezeichnet. Das heißt, dass bei einem Isolationsfehler an einem elektrischen Gerät oder bei Körperschluss keine Gefährdung von Personen eintreten darf. Das Entstehen und Bestehenbleiben einer gefährlichen Berührungsspannung muss verhindert werden.

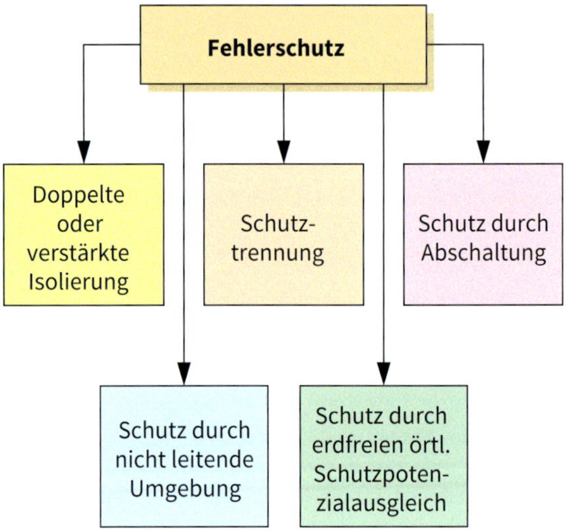

3: Schutzmaßnahmen

Doppelte oder verstärkte Isolierung

Durch die besondere Isolation der Geräte wird verhindert, dass bei schadhafter Basisisolierung unter Spannung stehende Teile des Gerätes berührt werden können. Die beschriebene Basis- und Betriebsisolierung wird hier durch eine **zusätzliche Isolierung** verstärkt. Überzüge aus Farbe, Lack oder Eloxal sind nicht ausreichend. Geräte mit der zusätzlichen bzw. verstärkten Isolierung tragen das Symbol der **Schutzklasse II**.

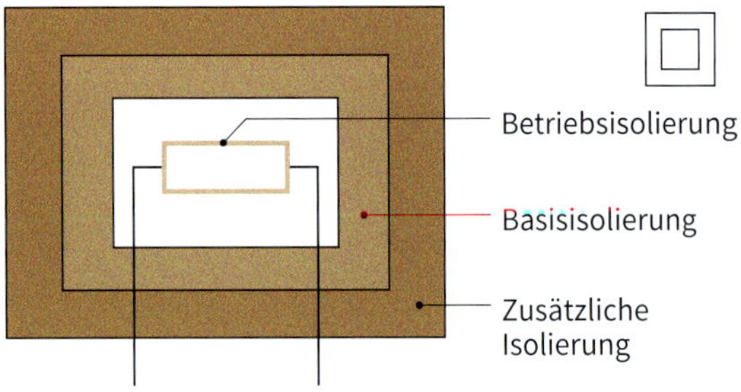

1: Aufbau der Isolierung

Das unter Spannung stehende Teil ist nach außen mehrfach durch Isolierschichten abgeschirmt (Abb. 1). Es gibt Geräte, wie z. B. **Bohrmaschinen** [*drilling machines*], bei denen die mechanische Festigkeit durch eine zusätzliche metallene Gehäuseumhüllung erhöht wird. Diese Metallteile dürfen keinesfalls mit dem Schutzleiter verbunden werden, weil eine Fehlerspannung nach außen „verschleppt" werden kann und dann die Schutzmaßnahme unwirksam wird. In Abb. 2 sind vier mögliche Arten der Isolierung genannt.

Welche Anschlussleitungen dürfen verwendet werden?

Anschlussleitungen [*connecting leads*] zu Geräten mit doppelter oder verstärkter Isolierung:

- zwei- oder dreiadrige Leitungen **ohne Schutzleiter**
- drei- oder vieradrige Leitungen **mit Schutzleiter**

Ein vorhandener Schutzleiter in der Anschlussleitung von Geräten mit zusätzlicher Isolierung muss am Stecker angeschlossen sein. Der Anschluss des Schutzleiters an Metallteilen des Gerätes ist verboten.

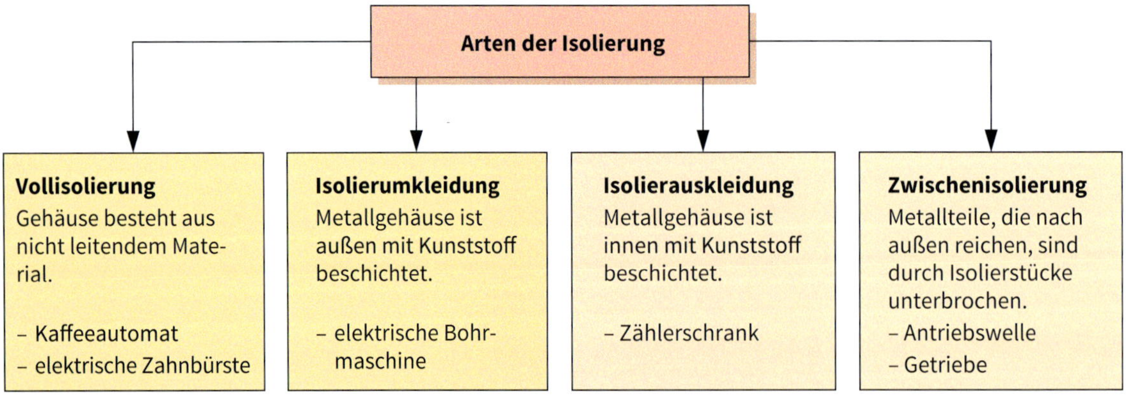

2: Isolationsarten

Anschluss von Geräten mit doppelter Isolierung

Innerhalb dieser Geräte, wie z.B. in Schaltern, Schaltgerätekombinationen und Verteilerschränken, können **Metallklemmen** [*metal terminals*] mit dem Schutzleiterzeichen vorhanden sein. Sie dienen zum Anschluss oder Durchschleifen des Schutzleiters. Diese Klemmen müssen dann zu allen Metallteilen des Gerätes isoliert sein, damit im Fehlerfall keine Fehlerspannung zwischen Metallgehäuse und Erde entstehen kann.

Bei der Installation von Verteilerschränken mit doppelter Isolierung gilt:

- Keine **Metallschrauben** [*metal screws*] von außen in das Gehäuse hineindrehen.
- Für Leitungsdurchführungen in den Gehäusen müssen **Verschraubungen aus Kunststoff** oder **Würgenippel** verwendet werden.

- Doppelte Isolierung besteht aus einer zusätzlichen Isolierung zur Betriebs- und Basisisolierung.
- Doppelt isolierte Geräte sind durch das folgende Symbol gekennzeichnet: ⧈
- Ein vorhandener Schutzleiter in der Zuleitung zu einem doppelt isolierten Gerät muss am Stecker, darf aber nicht am Gerät angeschlossen werden.

Schutztrennung

Bei der Schutztrennung werden Verbraucherstromkreise durch **Trenntransformatoren** nach VDE 0570-2-4 oder Motorgeneratoren mit getrennten Wicklungen versorgt. Dadurch sind Netzstromkreis und Verbraucherstromkreis galvanisch voneinander getrennt.

Nach Abb. 4 entsteht deshalb kein Fehlerstromkreis, weil zum Versorgungsnetz keine leitende Verbindung vorliegt. Personen werden bei Anwendung der Schutztrennung nicht gefährdet, wenn

- bei einem Körperschluss das Metallgehäuse des Gerätes oder
- einer der beiden aktiven Leiter berührt werden.

Erst beim Berühren beider aktiven Leiter wird die lebensgefährliche Spannung von 230 V überbrückt.

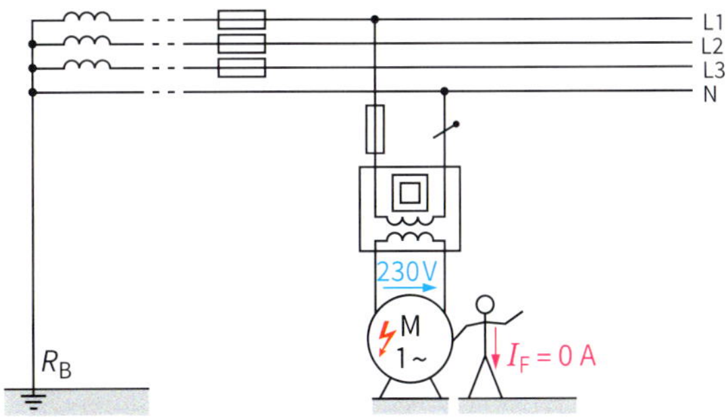

4: Berühren eines Spannung führenden Gehäuses

Welche Leitungen dürfen verwendet werden?

Um die Gefahr des Erdschlusses bei **ortsveränderlichen Verbrauchern** [*portable consumers*] auszuschließen, muss auf ausreichende Isolierung der Leitungen geachtet werden, d.h. für die **Leitungsauswahl und -verlegung** gilt:

- Gummischlauchleitungen von Typ H07RN-F oder gleichwertige Leitungen,
- Leitungen von Stromkreisen mit Schutztrennung getrennt verlegen oder
- Mehraderleitungen in Installationsrohre oder -kanäle einziehen.

Nach DIN VDE 0100-410 können auf der Sekundärseite des Trenntransformators mehrere Verbraucher angeschlossen werden (Abb. 5). Die **Metallgehäuse** [*metal cases*] der Geräte müssen jedoch durch einen isolierten Schutzpotenzialausgleichsleiter bzw. PE-Leiter ① miteinander verbunden sein. Damit wird verhindert, dass bei zwei Fehlern ② und ③ zwischen den Gehäusen eine gefährliche Spannung entsteht. Bei einem zweifachen Körperschluss muss die Abschaltung der Stromversorgung innerhalb folgender Zeiten erfolgen:

- $U_{2n} = 230$ V innerhalb $t_a \leq 0{,}4$ s
- $U_{2n} = 400$ V innerhalb $t_a \leq 0{,}2$ s

Beim **Anschluss mehrerer Verbraucher** gelten nach DIN VDE folgende Festlegungen:

- Keine Erdung der Metallteile und aktiven Teile des Stromkreises mit Schutztrennung
- Bemessungsspannungen:
  Oberspannung $U_1 \leq 1000$ V
  Unterspannung $U_2 \leq 500$ V
- Leitungslänge zum Verbraucher: $l \leq 500$ m
- Produkt aus Betriebsspannung und Leitungslänge: $U \cdot l \leq 100\,000$ Vm

Anwendungen

- Elektrische Werkzeuge und Lampen bei Arbeiten in Metallbehältern
- Schütz- und Relaisstromkreise
- Rasiersteckdosen in Baderäumen

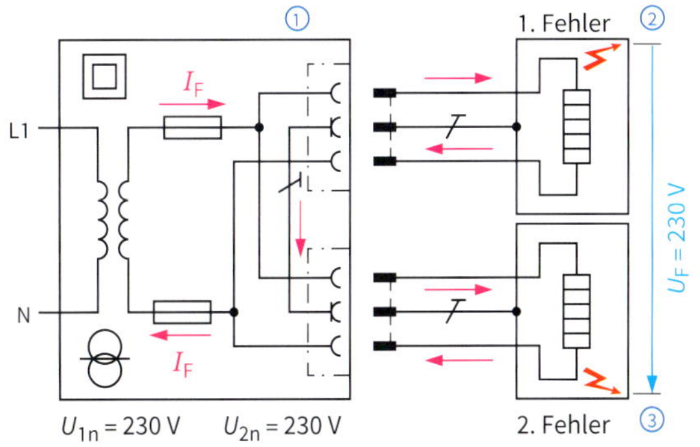

5: Schutztrennung mit mehreren Verbrauchern

Welche Einschränkungen gelten bei Anwendung der Schutztrennung im Krankenhaus?

Im Krankenhaus müssen bei Anwendung der Schutztrennung in Bereichen der Gruppe 1 und 2 **Trenntransformatoren mit verstärkter Isolierung** verwendet werden. Für die Sekundärseite gelten folgende Einschränkungen:

- Anschluss nur **eines Verbrauchers**
- **Keine Erdung** der Metallteile von Betriebsmitteln und keine Verbindung mit einem Schutzleiter
- **Sichtbare Verlegung** beweglicher Leitungen, wo mechanische Belastungen vorliegen.

Weitere Schutzmaßnahmen zum Fehlerschutz (vgl. Seite 50) sind

- Schutz durch **nicht leitende Umgebung** und
- Schutz durch **erdfreien örtlichen Schutzpotenzialausgleich**.

Diese Maßnahmen werden jedoch im Krankenhaus und in Wohngebäuden nicht angewendet. Sie werden hauptsächlich in **Industrieanlagen** [*industrial installations*] eingesetzt, wo sich andere Schutzmaßnahmen wegen der örtlichen Bedingungen nicht einsetzen lassen.

Nicht leitende Umgebung

Sehr schlecht leitende Räume werden als **nicht leitende Umgebung** bezeichnet. Tritt an einem Betriebsmittel, z.B. Elektromotor, ein Körperschluss auf, dann fließt beim Berühren ein kleiner Fehlerstrom über den Körperwiderstand der Person und den hochohmigen Widerstand des Fußbodens (Abb. 1). Dieser Strom wird kaum wahrgenommen.

Haben wir es mit zwei fehlerhaften Motoren zu tun, die jeweils einen Körperschluss mit verschiedenen Außenleitern haben, dann liegt zwischen den Metallgehäusen der Motoren die gefährliche Leiterspannung 400 V. Zum Schutz von Personen muss deshalb zwischen den Motoren und anderen leitfähigen Teilen der **Mindestabstand für den Handbereich** eingehalten werden ①, ②.

In nicht leitender Umgebung müssen Wände und Fußböden isoliert sein. Für den **Isolationswiderstand R_{iso}** [*insulation resistance*] (vgl. Kap. 5.4.4) gelten folgende Mindestwerte für Anlagen mit Wechselspannung:

- $U_n \leq 500$ V AC mit Prüfspannung $U_n \geq 500$ V DC
- $U_n > 500$ V AC mit Prüfspannung $U_n \geq 1000$ V DC
  $\Rightarrow R_{iso} \geq 1$ MΩ

Erdfreier örtlicher Schutzpotenzialausgleich

In nicht leitender Umgebung darf an fest eingebauten Geräten der Schutzklasse I und an Steckdosen kein Schutzleiter angeschlossen werden. Es ist jedoch erlaubt, über einen Schutzleiter die metallenen Gehäuse aller Geräte miteinander zu verbinden (Abb. 2). Damit wird erreicht, dass alle leitfähigen Teile dasselbe Potenzial haben. Diese Maßnahme wird als **erdfreier örtlicher Schutzpotenzialausgleich** [*non-earthed local protection equipotential bonding*] bezeichnet. Ein Mindestabstand zwischen den Geräten ist in solchen Räumen nicht erforderlich. Eine gefährliche Berührungsspannung kann hier nicht entstehen, weil zwischen den Geräten kein Potenzialunterschied entstehen kann.

Installationsbedingungen

- Örtlicher Schutzpotenzialausgleich darf nicht mit der Erde verbunden sein.
- An den Geräten darf kein Schutzleiter angeschlossen werden.

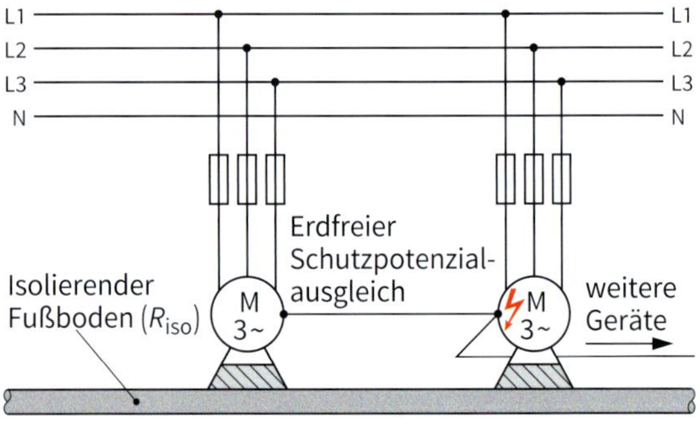

2: Erdfreier örtlicher Schutzpotenzialausgleich

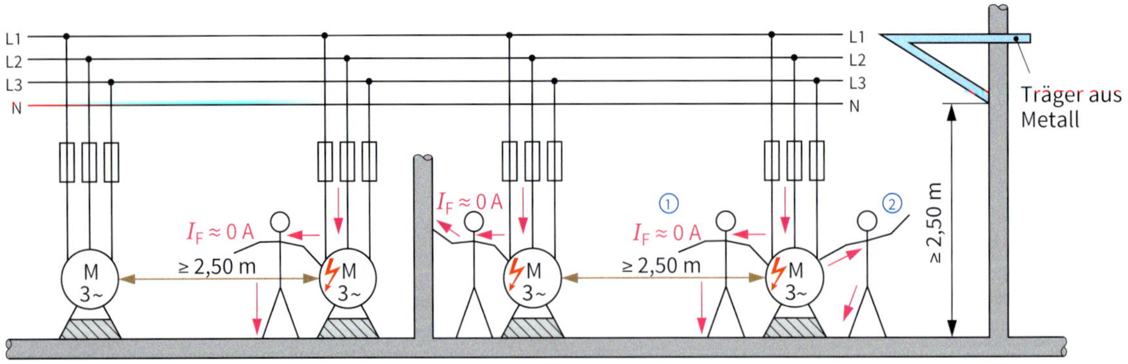

1: Fehlerstrom in nicht leitender Umgebung

Aufgaben

1. Beschreiben Sie den besonderen Schutz der doppelten oder verstärkten Isolierung.
2. An einem Elektrogerät der Schutzklasse II soll die schadhafte Anschlussleitung ausgewechselt werden. Beschreiben Sie die Auswahl und den Anschluss der Leitung.
3. An einen Trenntransformator sollen zwei Verbraucher angeschlossen werden. Nennen Sie fünf Sicherheitsmaßnahmen, die zu beachten sind.
4. Welche vier Einschränkungen gelten bei Anwendung der Schutztrennung im Krankenhaus?
5. Beschreiben Sie den besonderen Schutz für Personen in nicht leitender Umgebung.
6. Begründen Sie, warum beim erdfreien örtlichen Schutzpotenzialausgleich die Metallgehäuse von Verbrauchern nicht mit dem PE-Leiter des Netzes verbunden werden dürfen.

- Bei der Schutztrennung sind die Verbraucher durch galvanische Trennung vom Versorgungsnetz getrennt.
- In medizinischen Bereichen der Gruppe 1 und 2 darf Schutztrennung nur zur Versorgung eines Betriebsmittels verwendet werden.
- In nicht leitender Umgebung gelten für den Isolationswiderstand von Fußböden und Wänden z.B. die Werte $R_{iso} \geq 50\ k\Omega$ bei $U_n \leq 500\ V\ AC$ und $R_{iso} \geq 100\ k\Omega$ bei $U_n > 500\ V\ AC$.
- Beim erdfreien örtlichen Schutzpotenzialausgleich müssen die Metallgehäuse miteinander verbunden sein, jedoch nicht mit dem PE-Leiter des Netzes.

Basisschutz und Fehlerschutz
Kap. 5.3.4.3
→ **Stromschlag wird ausgeschlossen** →

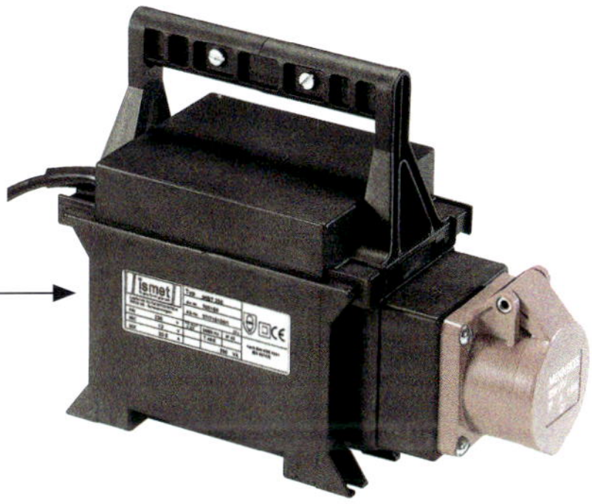

↓
SELV PELV FELV

Basisschutz
Kap. 5.3.4.4
→ **Berühren von Spannung führenden Teilen wird verhindert** →

↓
Schutz durch Isolierung, Abdeckung oder Umhüllung, Hindernisse und Abstand, zusätzlicher Schutz durch RCD

Fehlerschutz
Kap. 5.3.4.5
→ **Entstehen einer gefährlichen Berührungsspannung wird ausgeschlossen bzw. verhindert** →

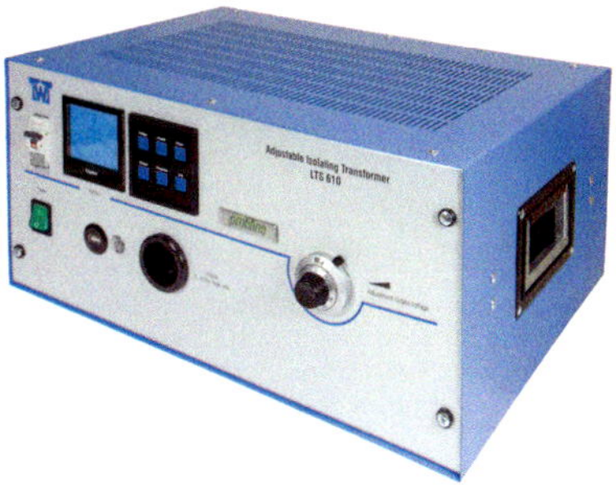

↓
Doppelte oder verstärkte Isolierung, Schutztrennung, Schutz durch automatische Abschaltung, Schutz durch nicht leitende Umgebung, Schutz durch erdfreien örtlichen Schutzpotenzialausgleich

3: Zusammenfassung zum Personenschutz

5.3.5 Besondere Räume

Im Krankenhaus gelten zum Schutz von Personen in bestimmten Räumen besondere DIN VDE-Vorschriften. Folgende Mind-Map soll dazu eine kurze Übersicht geben (Abb. 1).

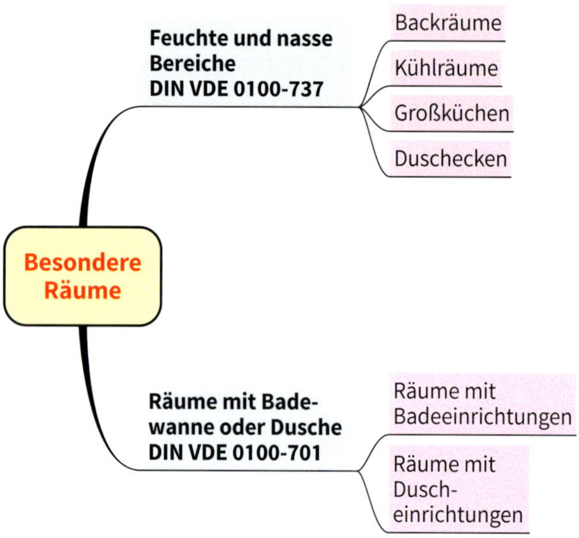

1: Vorschriften für Besondere Räume

Wegen des besonderen Personenschutzes werden für **Bade- und Duschräume** *[bath and shower rooms]* weitere Informationen und Erklärungen vorgestellt.

In einem Bad bestehen im Bereich der Badewanne und der Dusche besondere Gefahrenzonen. Durch die Feuchtigkeit der Haut und die gute Verbindung zum Erdpotenzial über das Wasserrohrsystem wird der Widerstand der Fehlerschleife verringert. So können bereits kleine Berührungsspannungen einen gefährlichen Körperstrom auslösen.

In Bädern mit Bade- oder Duschwannen gibt es die drei **Schutzbereiche** *[protective zones]* 0, 1 und 2 (Abb. 2 und 3). Für Duschecken mit ebenerdiger, flacher Duschwanne gelten die Schutzbereiche 1 und 2. Je nach Schutzbereich werden unterschiedliche Anforderungen an die Elektroinstallation gestellt.

Welche Bedingungen sind für diese Schutzbereiche vorgeschrieben?

Schutzbereich 0

Es dürfen nur solche Betriebsmittel ortsfest installiert werden, die für den Einsatz in einer Dusch- oder Badewanne geeignet sind, z. B. Beleuchtungen ($U_N \leq 12$ V AC oder $U_N \leq 30$ V DC).
Schutzart der Betriebsmittel: IPX7 .

Schutzbereich 1

Dort dürfen nur ortsfeste Verbrauchsmittel, z. B. Wasserwärmer und Handtuchtrockner, installiert werden, die nach Herstellerangaben für diesen Schutzbereich geeignet sind. Erlaubt sind darüber hinaus auch Betriebsmittel, die durch Kleinspannung ($U_N \leq 25$ V AC oder $U_N \leq 60$ V DC) geschützt sind. Die Leitungen müssen senkrecht zu den Betriebsmitteln geführt werden. Schutzart der Betriebsmittel: IPX4.

Schutzbereich 2

Hier dürfen Betriebsmittel verwendet werden, die mit SELV bzw. PELV (z. B. für Betriebsmittel der Kommunikationstechnik) betrieben werden. Erlaubt sind Rasiersteckdosen-Einheiten nach DIN EN 61588-2-5. Dabei handelt es sich um Steckdosen, die durch Schutztrennung geschützt werden. Schutzart der Betriebsmittel: IPX4.

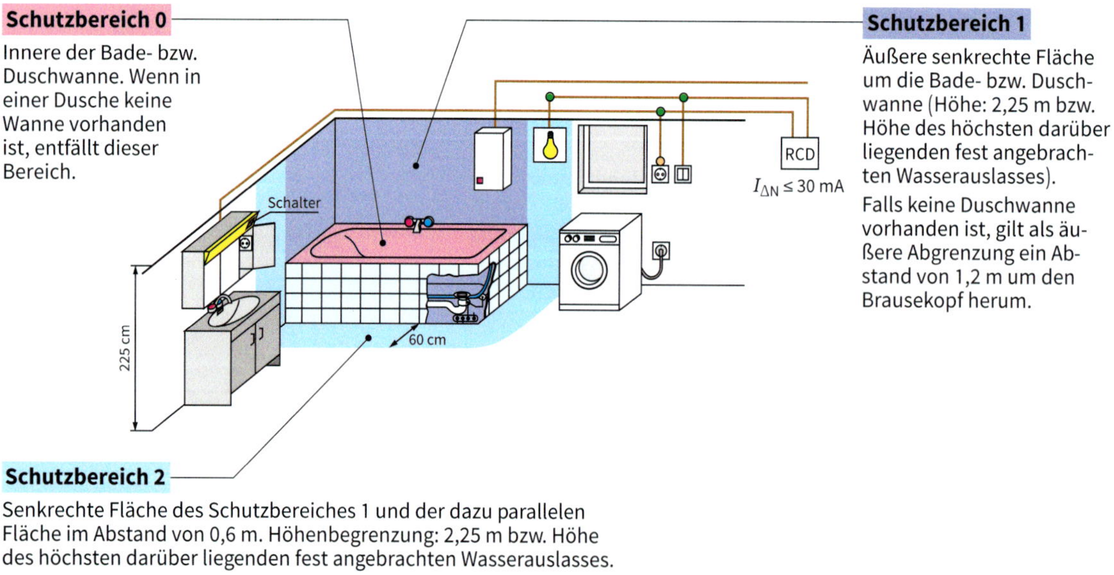

2: Baderaum

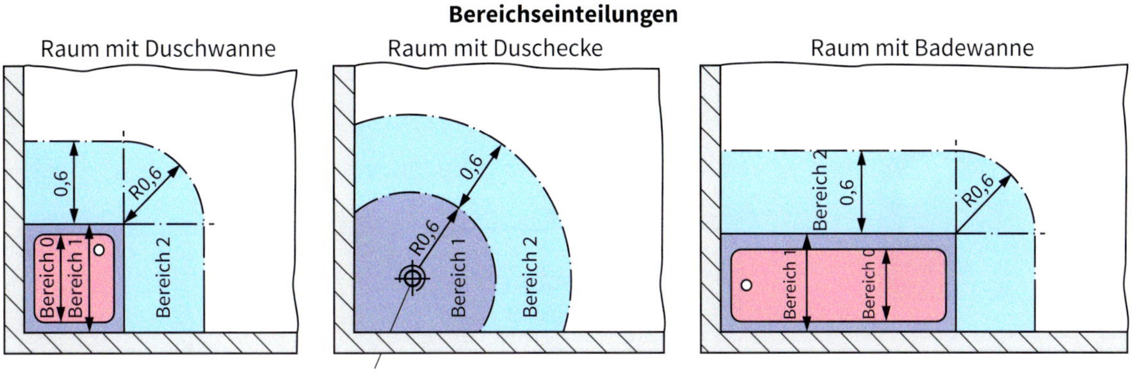

Maße in m

3: Übersicht zu den Bereichen

Installationshinweise

Bei der Verlegung von Leitungen auf der Rückseite der angrenzenden Wände zu den Schutzbereichen 1 und 2 muss nach der Installation der Betriebsmittel (z. B. Steckdosen) im Nachbarraum eine Restwandstärke von 6 cm erhalten bleiben.

Die Energieversorgung der Stromkreise in Bade- und Duschräumen muss grundsätzlich über

- Fehlerstrom-Schutzeinrichtungen (RCDs, $I_{\Delta N} \leq 30$ mA) erfolgen,

Steckdosen in den Bereichen 1 und 2 über

- SELV- oder PELV-Stromkreise (25 V AC, 60 V DC),

Rasiersteckdosen im Bereich 2 über

- Trenntransformatoren nach DIN EN 61558-2-4.

Bei einem **Ausstattungswert** [*room setup grade*] 2 nach HEA/RAL (z. B. für Mietwohnungen) sind folgende elektrische Anschlüsse erforderlich:

- ein Deckenauslass für Allgemeinbeleuchtung,
- zwei Wandauslässe für die Spiegelbeleuchtung,
- vier Steckdosen und
- je ein Waschmaschinen- und Trockneranschluss.

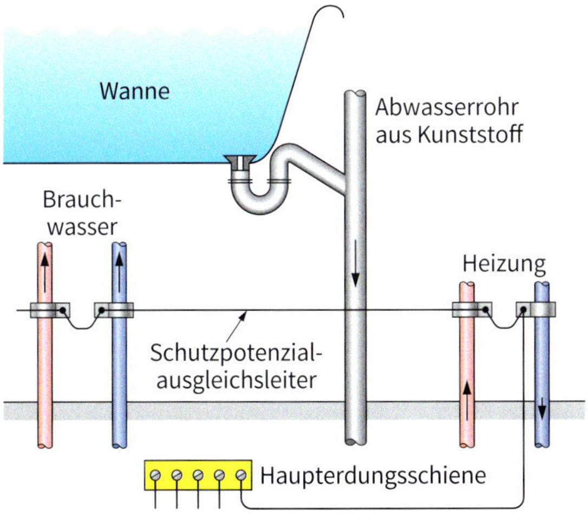

4: Örtlicher Schutzpotenzialausgleich

Installation des örtlichen Schutzpotenzialausgleichs

Leitfähige Teile und **Rohrsysteme** [*conduit systems*] im Bad werden mit dem Schutzleiter ohne Unterbrechung verbunden. Durch diesen zusätzlichen örtlichen Schutzpotenzialausgleich (Abb. 4) wird verhindert, dass sich kein Potenzialunterschied zwischen metallenen Rohrsystemen und Gebäudeteilen aufbauen kann. Der zusätzliche Schutzpotenzialausgleich ist dann **nicht** erforderlich, wenn in der Verbraucheranlage der Schutzpotenzialausgleich über die Haupterdungsschiene vorhanden ist.

Ausnahmen:

- Türzargen [*door cases*], Fensterrahmen und Handtuchhalter aus Metall,
- metallene Abflussabdeckungen im Boden und
- Badewannen.

Querschnitt des Schutzpotenzialausgleichsleiters

Der Leiterquerschnitt beträgt

- $q \geq 2{,}5\ \text{mm}^2$ bei mechanisch geschützter Verlegung (z. B. in Rohr, Kanal) und
- $q \geq 4\ \text{mm}^2$ bei ungeschützter Verlegung.

Aufgaben

1. Beschreiben Sie die Abmessungen der drei Schutzbereiche.
2. Worauf müssen Sie achten, wenn an der rückwärtigen Wand zum Schutzbereich 1 ein elektrisches Gerät installiert werden soll?
3. Welche Teile müssen in den örtlichen Schutzpotenzialausgleich im Bad mit einbezogen werden?

- Steckdosen und Schalter dürfen nicht in den Schutzbereichen 0, 1 und 2 installiert werden.
- Die Restwandstärke innerhalb der Schutzbereiche 1 und 2 und auf der Rückseite installierter Geräte muss 6 cm betragen.
- Die Stromkreise innerhalb des Bades werden über eine RCD ($I_{\Delta N} \leq 30$ mA) angeschlossen.

5.3.6 Anlagenschutz

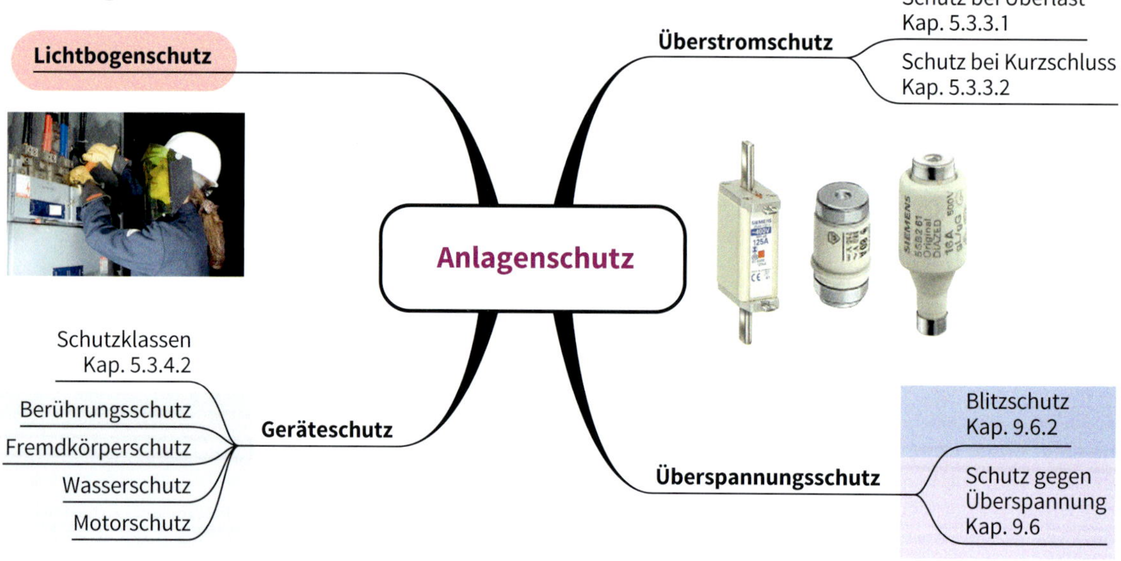

1: Übersicht zum Anlagenschutz

Der Schutz von Anlagen besteht aus der Anwendung bestimmter Schutzmaßnahmen (Abb. 1) und deren ständiger Überwachung (vgl. Kap. 5.4.15). Der Anlagenschutz gehört damit auch in den Bereich der Instandhaltung (Wartung). Trotzdem kann es in Anlagen zu Störungen kommen, bei denen z. B. Lichtbögen auftreten.

Lichtbögen können entstehen, wenn z. B. Handhabungsfehler bei der Montage oder Wartung von Niederspannungs-Schaltanlagen (Abb. 2) vorliegen.
Weitere **Fehlerquellen** sind:

- fehlerhafte Kontaktstellen,
- Schäden an der Isolation von Geräten und Leitungen, z. B. durch Alterung,
- Bedienfehler, z. B. beim Auswechseln von Geräten in Geräte- und Anschlussräumen,
- Niederspannungs-Schaltanlage nach Störlichtbogen (Abb. 2),
- falsch dimensionierte Geräte,
- Beschädigung der Isolation durch Tiere, die über Kabelkanäle in die Anlage gelangen und
- Verunreinigung durch Staubablagerungen.

2: Zerstörte Schaltanlage nach Störlichtbogen

Wie entstehen Störlichtbögen ?

Durch die **Ionisation** [*ionization*] von Gasen entstehen leitende Verbindungen in Form von Lichtbögen zwischen Leitern. Auch leitende Fremdkörper, z. B. Werkzeuge, die zwischen die Leiter fallen, erzeugen einen Kurzschluss und lösen dadurch einen Lichbogen aus. Lichtbögen, die nicht betriebsmäßig an Anlagen oder Betriebsmitteln auftreten, heißen **Störlichtbögen**. Bei Niederspannung entstehen Störlichtbögen durch einen **Kurzschluss**, bei Hochspannung durch **Verkürzung des Luftabstandes** zwischen unter Spannung stehenden Anlageteilen.

Auswirkungen von Störlichtbögen

Die Auswirkungen von Störlichtbögen hängen von **Stärke** und **Brennzeit** der Lichtbögen ab. Es können Temperaturen bis zu 10000 °C entstehen. An der Stelle des Entstehens von Lichtbögen sogar weit über diesen Wert hinaus.

Es baut sich dann folgende Wirkungskette auf:

Metall verdampft und bildet eine leitende Verbindung zwischen Leitern.

↓

Stromfluss verstärkt sich und erhöht die Temperatur.

↓

Metalldampf dehnt sich explosionsartig aus und flüssige Metallspritzer werden weggeschleudert.

↓

Metalldampf kühlt sich wieder ab und bildet mit Sauerstoff giftiges Metalloxid.

Das explosionsartige Ausdehnen des Metalldampfes verursacht einen hohen Druckanstieg und eine **Druckwelle** [*pressure wave*]. Durch die Druckwelle und Wärmeentwicklung können Schaltanlagen vollständig zerstört werden. Auch an Gebäuden können Folgeschäden durch Brand entstehen. Die Anlagen müssen daraufhin stillgelegt werden, z.B. die Energieversorgung im Krankenhaus. In Industriebetrieben kommt es zum Produktionsstillstand. Um den Ausfall der Energieversorgung zu vermeiden, sind vorbeugende Maßnahmen unbedingt erforderlich.

Maßnahmen zur Verhinderung von Störlichtbögen

Die technische Entwicklung zielt darauf, den Schutz bei Störlichtbögen weiter zu vervollständigen. Zunächst wird **passiver Schutz** vorgesehen. Er verhindert die Ausbreitung von Störlichtbögen in Anlagen und damit das Entstehen von Bränden. Als Maßnahme wird Abschottung der Objekte eingesetzt.

Der **aktive Schutz** soll die Auswirkungen durch Lichtbogenlöschung unterbinden. Beide Schutzarten können parallel angewendet werden (Abb. 3).

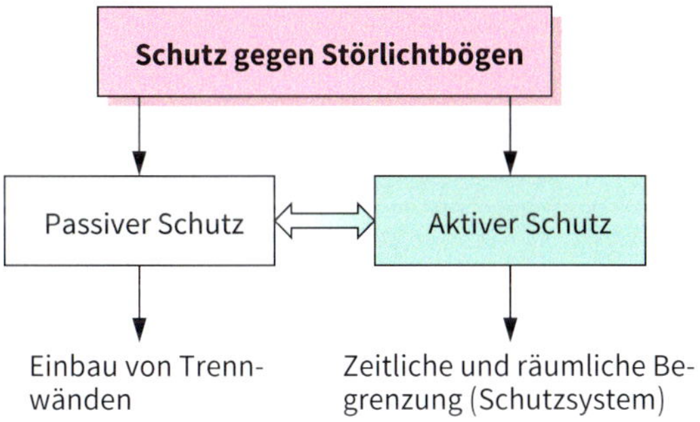

3: Schutzarten gegen Störlichtbögen

Dieser Schutz bezieht sich auf die innere Unterteilung von Schaltgerätekombinationen.

Eine mögliche Teilung ist in Abb. 4 dargestellt. Hier ist der Raum mit den Sammelschienen ① vom Geräteraum ② und Anschlussraum ③ getrennt.

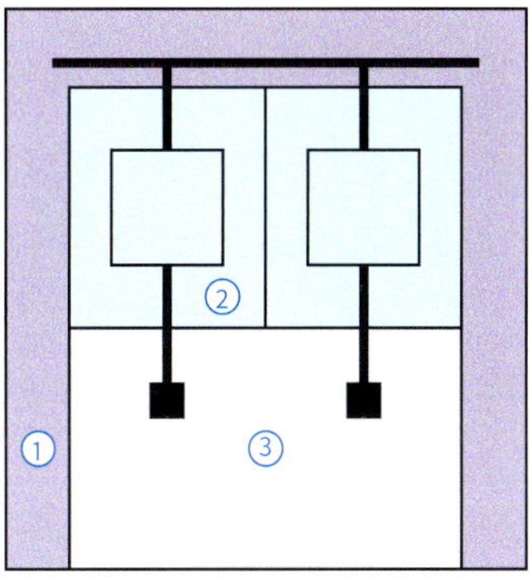

4: Raumunterteilung

Durch die **räumliche Trennung** der drei Bereiche wird erreicht, dass ein entstehender Störlichtbogen auf den abgegrenzten Bereich beschränkt bleibt und sich nicht auf andere Bereiche ausdehnen und Schäden verursachen kann.

Wegen der Trennung der einzelnen Funktionseinheiten ist außerdem **Personenschutz** gewährleistet.

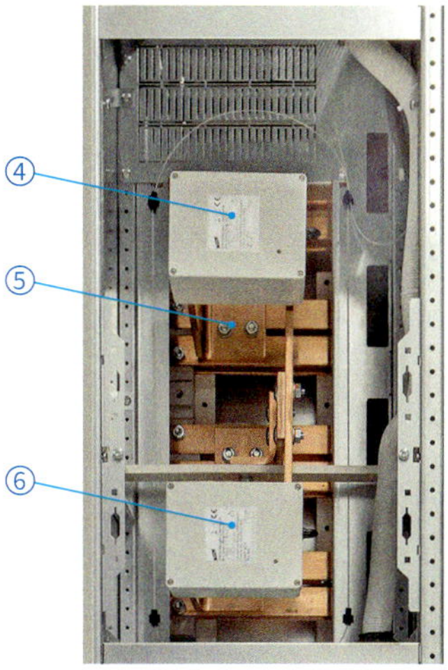

5: Störlichtbogen-Schutzsystem im Einspeisefeld

Prinzip von Schutzsystemen

Durch Schutzsysteme (Abb. 5) wird das Licht eines Störlichtbogens bereits während des Entstehens im Einspeisefeld ④ von **Sensoren** erfasst. Das Signal wird an die **Auslöseeinheit** (Mastereinheit) ⑤ weitergeleitet. Von dort erfolgt der Löschbefehl an das **Löschgerät** [*electric arc extinguisher*]. Dies erzeugt parallel zur Fehlerstelle einen dreipoligen Kurzschluss. Das Schutzorgan ⑥ schaltet den Stromkreis ab. Der Lichtbogen erlischt in $t_a < 2$ ms (Herstellerangabe).

Aufgaben

1. Nennen Sie vier Arten des Schutzes in elektrischen Anlagen.
2. Nennen Sie vier Fehlerquellen, durch die Lichtbögen in Schaltanlagen entstehen können.
3. Beschreiben Sie die Entstehung von Störlichtbögen.
4. Beschreiben Sie die Auswirkungen von Störlichtbögen mit Hilfe einer Wirkungskette.
5. Wie können in einem Raum mit Schaltgeräten Störlichtbögen eingegrenzt werden?
6. Welche Maßnahmen gibt es, um Störlichtbögen zu verhindern bzw. zu löschen?

- Störlichtbögen entstehen durch Ionisation von Gasen und durch leitende Fremdkörper.
- Raumunterteilungen bei Schaltgerätekombinationen grenzen Störlichtbögen ein.
- Störlichtbögen bewirken durch die Druckwellen Zerstörungen und sind durch Rauchentwicklung gesundheitsschädlich.
- Mit Schutzsystemen wird über Sensoren ein Störlichtbogen erfasst und durch Löschgeräte gelöscht.

5.3.7 Brandschutz

Laut einer Untersuchung des Instituts für Schadensverhütung und Schadensforschung der öffentlichen Versicherer (IFS) ist in etwa einem Drittel der Fälle ein elektrotechnischer Fehler die Ursache für einen Brand. Die **Fehlerlichtbogen-Schutzeinrichtung AFDD** [*Arc Fault Detection Device (AFDD)*], kurz Brandschutzschalter, stellt für diesen Fehlerfall einen effektiven Schutz dar.

Lichtbögen können eine Temperatur von bis zu 6000 °C erreichen und werden z. B. durch lose Kontaktstellen, gebrochene Leitungen (serielle Lichtbögen) oder beschädigte Kabelisolierungen (parallele Lichtbögen) verursacht.

Einsatzbereiche

Für einphasige Wechselspannungssysteme mit einer maximalen Betriebsstromstärke von 16 A ist laut DIN VDE 0100-420 der **Einbau in folgenden Bereichen** verpflichtend gefordert:

- Schlaf- und Aufenthaltsräume von Heimen oder Tageseinrichtungen für Kinder, behinderte oder alte Menschen,
- Schlaf- und Aufenthaltsräume von barrierefreien Wohnungen nach DIN 18040,
- Räume und Orte mit
  - einem Feuerrisiko durch verarbeitete und gelagerte Materialien (feuergefährdete Betriebsstätten),
  - brennbaren Baustoffen, z. B. in Holzhäusern und
  - Gefährdungen für unersetzbare Güter (z. B. Museum, Bahnhof, Flughafen).

Ferner wird der Einbau empfohlen für Räume mit Schlafgelegenheiten sowie Räume oder Orte mit Feuer verbreitenden Strukturen (z. B. Hochhäuser).

Aufbau und Wirkung des Branschutzschalters

Abb. 1 zeigt den schematischen Aufbau eines Brandschutzschalters.

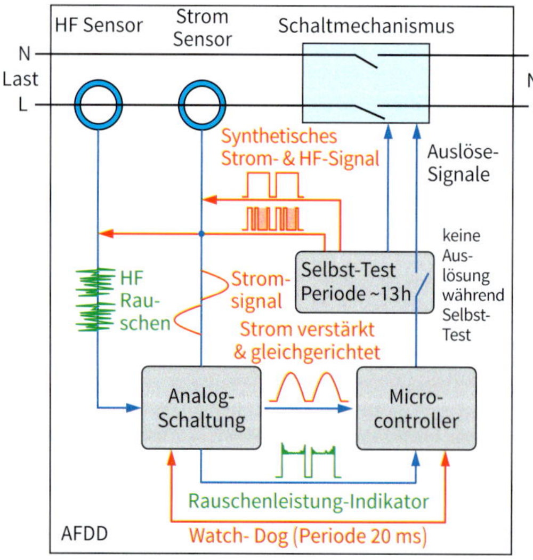

1: Blockschaltbild eines Brandschutzschalters

Die Fehlerlichtbogen-Schutzeinrichtung misst den nieder- und hochfrequenten Anteil des Betriebsstroms über zwei Sensoren. Die nachgeschaltete Elektronik erkennt anhand der charakteristischen HF-Signale, ob der Stromanstieg durch einen Fehlerlichtbogen oder betriebsmäßige Lichtbögen (z. B. Bürstenmotor) hervorgerufen wurde. Die Abschaltung erfolgt nur bei einem echten Fehlerlichtbogen.

Durch einen Selbsttest werden in die interne Elektronik synthetisch generierte HF-Testsignale eingespeist, die einem Fehlerlichtbogen ähneln. Die Auslösung wird während der Testphase unterbrochen. Die unterschiedlichen Betriebszustände (z.B. Fehlerlichtbogen erkannt) können über optische Anzeigen abgelesen werden.

Der Branschutzschalter darf nicht als Alternative für eine Fehlerstrom-Schutzeinrichtung eingesetzt werden, da er z. B. keine Isolationsfehler erkennt. Eine gesonderte Prüfung des Schalters ist nicht erforderlich.

Bauarten

Gemäß DIN EN 62606 sind drei Bauarten des Brandschutzschalters klassifiziert:

- AFD-Einheit und Ausschaltvorrichtung werden mit einer vom Hersteller angegebenen Schutzeinrichtung in Reihe geschaltet.
- AFDD als eine Einrichtung bestehend aus einer Schutzeinrichtung mit integrierter AFD-Einheit.
- AFDD bestehend aus einer AFD-Einheit und einer vom Hersteller angegebenen Schutzeinrichtung, die vor Ort zusammengebaut werden.

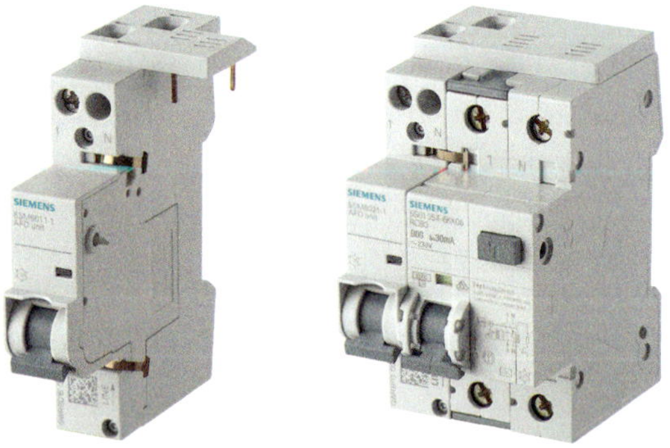

2: a) AFD-Einheit b) AFD-Einheit mit angebautem FI/LS-Schalter

- Brandschutzschalter schützen vor Fehlerlichtbögen (parallele und serielle Lichtbögen), die eine häufige Brandursache sind.
- Der Einbau von Brandschutzschaltern wird gemäß DIN VDE 0100-420 in Schlaf- und Aufenthaltsräumen von Heimen, Tageseinrichtungen und barrierefreien Wohnungen sowie in besonders gefährdeten Räumen und Orten gefordert.

5.4 Prüfen und Messen

Vor der Inbetriebnahme der elektrischen Anlage im Krankenhaus bzw. bei wesentlichen Änderungen oder Instandsetzungen müssen umfangreiche Prüfungen durchgeführt werden. Bei diesen **Erst- bzw. Wiederholungsprüfungen** müssen folgende Vorschriften zur Prüfung elektrischer Anlagen beachtet werden:

- DIN VDE 0100-600
- DIN VDE 0100-710
- DIN VDE 0105
- DGUV Vorschrift 3
- BetrSichV (Betriebssicherheitsverordnung)

Darüber hinaus müssen auch spezielle Prüfverordnungen der jeweiligen Bundesländer berücksichtigt werden:

- Landesbauordnung
- Krankenhausbauverordnung (KhBauVO)
- Technische Prüfungsverordnung (TPrüfVO)

Als Grundsatz gilt, dass die Prüfungen abgeschlossen sein müssen, bevor die Anlage in Betrieb geht. Daher empfiehlt sich eine gründliche Planung der durchzuführenden Teilprüfungen unter Mitarbeit des späteren Betriebspersonals in allen Phasen des Projektes. Erfahrungsgemäß sind Teilprüfungen weniger zeitintensiv als die nachträgliche Beseitigung der Fehler bzw. Mängel im laufenden Betrieb der Anlage.

Integration der Prüfungen in die einzelnen Projektphasen:

Planungsphase	– Schutzmaßnahmen planen – angrenzende Anlagenteile in die Planung mit einbeziehen – Art/Umfang der Dokumentation festlegen
Ausführungsphase	– Überwachung der Montage – Teilprüfungen durchführen – Technisches Personal schulen
Erstprüfung	– Bestandsunterlagen prüfen – Personenkreis der Prüfer festlegen – Messgeräte bereitstellen – Messungen durchführen – Dokumentation erstellen
Planung der Instandhaltung	– Prüf- und Wartungsintervalle festlegen – Ersatzteilliste erstellen

Durch diese Vorgehensweise wird ein sicherer und ordnungsgemäßer Zustand der Anlage bereits bei der Inbetriebnahme sichergestellt. Somit können aufwendige und oftmals kostenintensive Prüfungen im laufenden Betrieb einer elektrischen Anlage entfallen. Spätere Probleme mit der Gewährleistung und den damit verbundenen Ansprüchen entfallen für den ausführenden Betrieb.

5.4.1 Erstprüfung

Bevor mit einer Prüfung begonnen wird, müssen folgende Fragen beantwortet werden:

Erstprüfung
- Wer darf prüfen?
- Welche Prüfungen müssen durchgeführt werden?
- Welche Messgeräte sollen verwendet werden?

Diese Vorbereitungen sind sowohl bei einer **Erstprüfung** als auch nach Änderungen, Erweiterungen oder Instandsetzungen durchzuführen.

Wer darf prüfen?

Für die Durchführung der erforderlichen Prüfungen sind bestimmte Qualifikationen der Prüfer notwendig.

Die Prüfungen nach DIN VDE 0100-600 müssen von einer **Elektrofachkraft** mit Erfahrung beim Prüfen durchgeführt werden. Eine Elektrofachkraft besitzt eine fachliche Ausbildung, kann Gefahren beurteilen und ist mit den einschlägigen Vorschriften vertraut.

Nach der Betriebssicherheitsverordnung muss der Betrieb einer überwachungsbedürftigen Anlage von einer **zugelassenen Stelle** (z.B. Staatlich anerkannter Sachverständiger, TÜV) oder einer **befähigten Person** überprüft werden. Befähigte Personen zeichnen sich durch ihre Berufsausbildung und Berufserfahrung sowie ihre zeitnahe berufliche Tätigkeit bei der Durchführung von Prüfungen aus.

Welche Prüfungen müssen durchgeführt werden?

In unserem vorliegenden Projekt (Krankenhaus „Heilig Geist") sind nach DIN VDE 0100-600 folgende Prüfungen vor der Inbetriebnahme erforderlich:

- Niederohmmessung der Schutzleiter und Schutzpotenzialausgleichsleiter
- Isolationswiderstand R_{iso}
- Erdungswiderstand R_E
- Schleifenimpedanz Z_S
- Netzinnenwiderstand R_i
- Fehlerstrom-Schutzeinrichtung
- Drehfeldrichtung
- Funktionsprüfung
- Spannungspolarität und -fall

- Vor dem Betrieb einer elektrischen Anlage muss eine Erstprüfung deren Sicherheit gewährleisten.
- Prüfungen nach DIN VDE 0100-600 müssen von einer Elektrofachkraft durchgeführt werden.

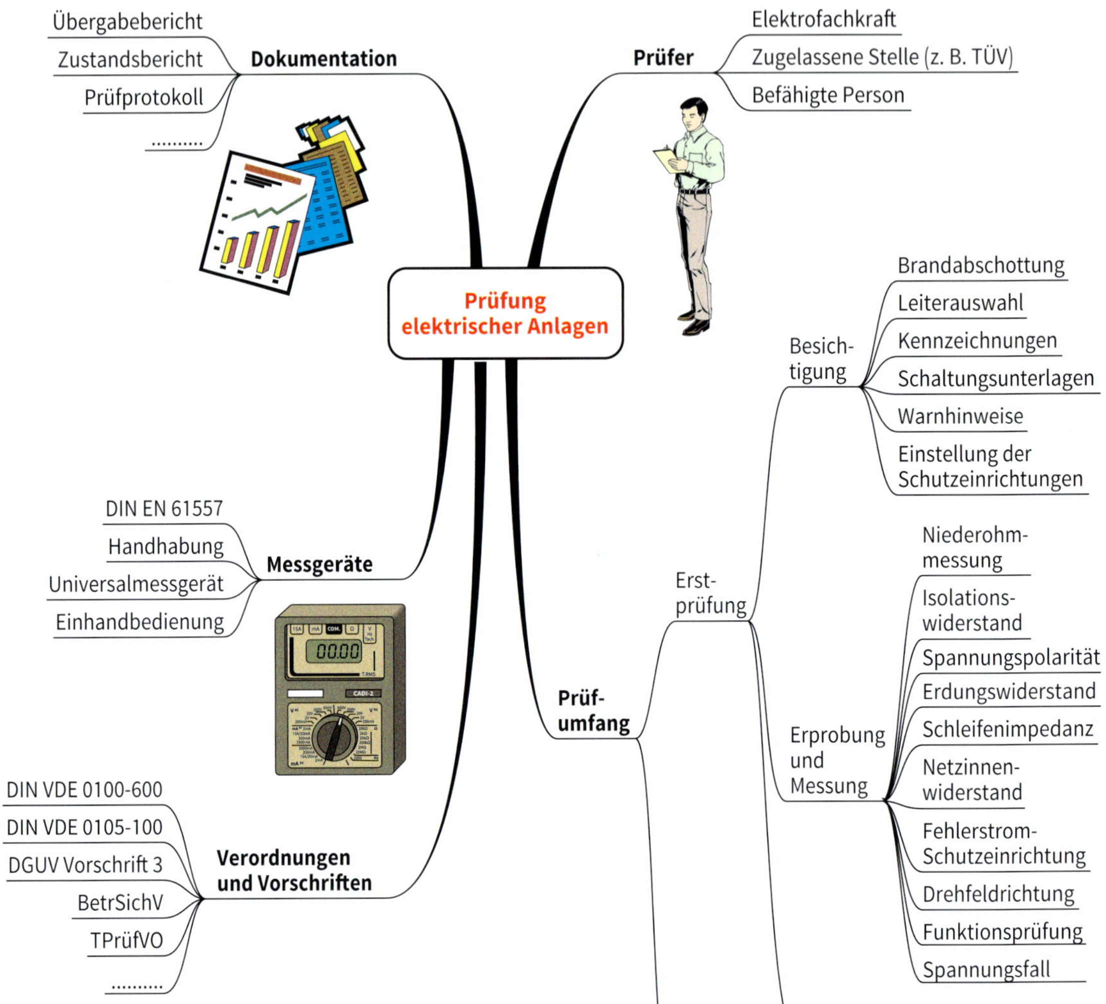

1: Übersicht „Prüfung einer elektrischen Anlage"

Welche Messgeräte sollen verwendet werden?

Bei der Wahl der **Messgeräte** [*measuring instruments*] (DIN EN 61557) gelten wegen der häufigen Verwendung folgende Grundsätze für die **Handhabung** [*handling*] in der Praxis:

- einfache Handhabung und Bedienung
- sicher gegen Überlastung und Kurzschluss
- klein und leicht
- alle Messungen mit einem Gerät durchführbar (Universalmessgerät)
- Möglichkeit der Einhandbedienung des Prüfsteckers bei den Messungen
- direkte Anzeige von gefährlichen Spannungen (z.B. spannungsführender Schutzleiter)

- Die Erstprüfung setzt sich aus einer Besichtigung sowie der anschließenden Erprobung und Messung zusammen.

Sanierung von Elektroanlagen

Bei einer **Änderung** oder **Erweiterung** einer bestehenden elektrischen Anlage muss die Einhaltung der Normen aus der Reihe DIN VDE 0100 geprüft werden. Die Sicherheit der bestehenden Anlage darf keinesfalls beeinträchtigt werden.

Eine Anpassung der bestehenden Anlage an neue oder überarbeitete Normen ist nur dann erforderlich, wenn eine Nachrüstpflicht besteht. In jedem Fall muss die gesamte Anlage auf eine bestehende Unfall- bzw. Brandgefahr überprüft und gegebenenfalls saniert werden.

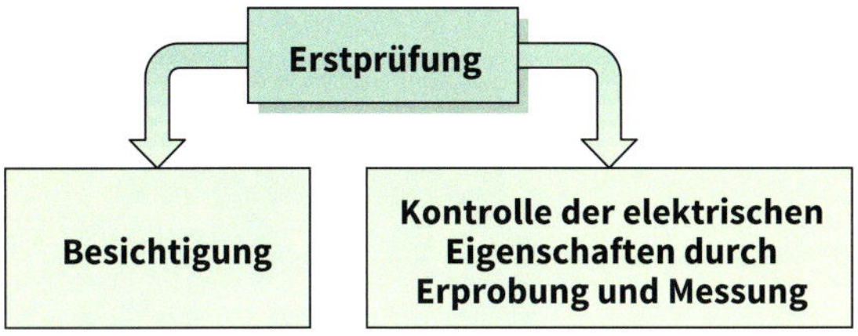

5.4.2 Besichtigung

Die **Besichtigung** [*visual inspection*] wird grundsätzlich vor dem anschließenden Erproben und Messen durchgeführt.

Bei der Besichtigung wird festgestellt, ob die elektrische Anlage normgerecht errichtet wurde, die eingebauten Betriebsmittel richtig ausgewählt sind und keine sichtbaren Sicherheitsmängel aufweisen.

Umfang der Besichtigungen:

- **Schutzart gegen elektrischen Schlag** kontrollieren (z.B. Abstandsmaße in der Trafostation).
- **Brandabschottungen** sowie andere Vorsorgemaßnahmen gegen die Ausbreitung von Feuer kontrollieren.

- **Leiterauswahl** hinsichtlich Spannungsbelastbarkeit und Spannungsfall prüfen.
- Auswahl und Einstellung von **Überwachungs- und Schutzeinrichtungen** prüfen (z.B. Isolationsüberwachung).
- Eignung und Einstellung der **Schalt- und Trenneinrichtungen** prüfen.
- Auswahl der **Betriebsmittel und Schutzmaßnahmen** im Hinblick auf äußere Einflüsse kontrollieren (z.B. Einhaltung der Schutzart für Außenleuchten).
- Kennzeichnung von **Neutral- und Schutzleiter** kontrollieren (z.B. bei Stromschienen innerhalb der Verteilung).
- Dauerhafte **Kennzeichnung** der Stromkreise, Schalter, Klemmen und Sicherungen kontrollieren.

- **Leiterverbindungen** auf Festigkeit prüfen.
- Vollständigkeit der **Schaltungsunterlagen** kontrollieren.
- **Warnhinweise** und zusätzliche Beschilderungen kontrollieren.
- **Zugänglichkeit** der Betriebsmittel im Hinblick auf die Bedienung, Wartung und Identifizierung prüfen.
- Verbindung der leitfähigen Körper mit der Erdungsanlage.

5.4.3 Niederohmmessung

Bei dieser Messung müssen die Schutzleiter, Schutzpotenzialausgleichsleiter sowie Erdungsleiter im kompletten Verlauf auf einen **niederohmigen Durchgang** [*low-resistance continuity*] überprüft werden.

Die Besichtigung stellt dabei einen wesentlichen Bestandteil der Prüfung dar. Da eine teilweise unterbrochene Verbindung bei der Messung nicht lokalisiert werden kann, muss bei der Besichtigung auf

- die festen Verbindungen der Anschlussstellen,
- die normgerechte Verlegung,
- den ausreichenden Querschnitt und
- die richtige Kennzeichnung

geachtet werden. Aus rationellen Gründen empfiehlt es sich, die Besichtigung bereits während der Bauphase schrittweise durchzuführen, da eine spätere Besichtigung erheblich zeitaufwendiger ist (z.B. Öffnen von Anschlussdosen usw.).

An welchen Punkten wird die Messung durchgeführt?

Der niederohmige Durchgang ist in folgenden **Messkreisen** zu prüfen:

- zwischen PE-Schiene der Verteiler und den Verbrauchern (z.B. Steckdosen)
- zwischen fremden leitfähigen Teilen (Rohrsysteme) und dem Schutzpotenzialausgleich
- zwischen den Anlagenerdern R_A und den Schutzpotenzialausgleichsschienen (z.B. Fernmeldeanlage)

Die Messwerte in Stromkreisen mit geringen Leiterquerschnitten ($q \leq 2{,}5\ mm^2$) liegen zwischen 0,3 Ω und 1 Ω und bei Leitern mit größeren Querschnitten nur im Bereich weniger Zehntel Ω.

Aufgaben

1. Finden Sie für jede der geforderten Besichtigungen im Rahmen der Erstprüfung Beispiele aus der Praxis und listen Sie diese auf.
2. Zwischen welchen Messpunkten muss eine Niederohmmessung durchgeführt werden?
3. Welche Besichtigungen müssen im Rahmen der Niederohmmessung unbedingt erfolgen? Begründen Sie die Notwendigkeit dieser Besichtigungen.

- Die Besichtigung erfolgt vor der Erprobung und Messung.
- Bei der Niederohmmessung werden der niederohmige Durchgang aller Schutzleiter, Schutzpotenzialausgleichsleiter sowie der Erder überprüft.

5.4.4 Messen des Isolationswiderstandes

Die Messung des **Isolationswiderstandes** *[insulation resistance]* $\boldsymbol{R_{iso}}$ muss generell in jeder elektrischen Anlage durchgeführt werden, und zwar unabhängig von der verwendeten Schutzmaßnahme. Sie dient als einzige Messung auch dem Brandschutz, da Isolationsfehler zwischen zwei Leitern leicht zu einer Erwärmung bzw. einem Brand führen können.

Wie wird der Isolationswiderstand gemessen?

Die Messung erfolgt mit Gleichspannung im freigeschalteten Zustand. Die Messung kann daher bereits während der Bauphase durchgeführt werden. An Schaltleitungen zu den Betriebsmitteln (z.B. in Lichtstromkreisen) muss ebenso gemessen werden.

Erforderliche Messungen gemäß DIN VDE 0100-800 an den Abgängen bzw. Trennklemmen im Verteiler:
1. zwischen aktiven Leitern (Außen- und Neutralleiter)
2. zwischen aktiven Leitern und dem mit der Erdungsanlage verbundenen Schutzleiter

Wenn die Betriebsmittel die Messung beeinflussen oder beschädigt werden können, ist nur die 2. Messung erforderlich.

In Abb. 1 sind die unteren Grenzwerte des Isolationswiderstandes R_{iso} für unterschiedliche Stromkreise aufgelistet.

Art des Stromkreises	Messgleichspannung DC	R_{iso}
SELV und PELV	$U = 250$ V	≥ 0,5 MΩ
Netzspannung $U_0 \leq 500$ V z.B. in elektrischen Anlagen mit trockenen und feuchten Bereichen	$U = 500$ V	≥ 1 MΩ
Netzspannung $U_0 > 500$ V z.B. in Anlagen mit elektrischen Maschinen	$U = 1000$ V	≥ 1 MΩ

1: Grenzwerte für den Isolationswiderstand

Abb. 2 zeigt die Messung des Isolationswiderstandes an einem Verteilerschrank der Niederspannungshauptverteilung. Das Display zeigt bei der Messung folgende Werte an:

$R_{iso} = 15{,}8$ MΩ $\qquad U = 516$ V DC

Der gemessene Widerstand liegt somit weit über dem geforderten Mindestwert von 1 MΩ für Stromkreise mit einer Spannung $U_0 \leq 500$ V. Die Messspannung ist mit 516 V DC ausreichend groß.

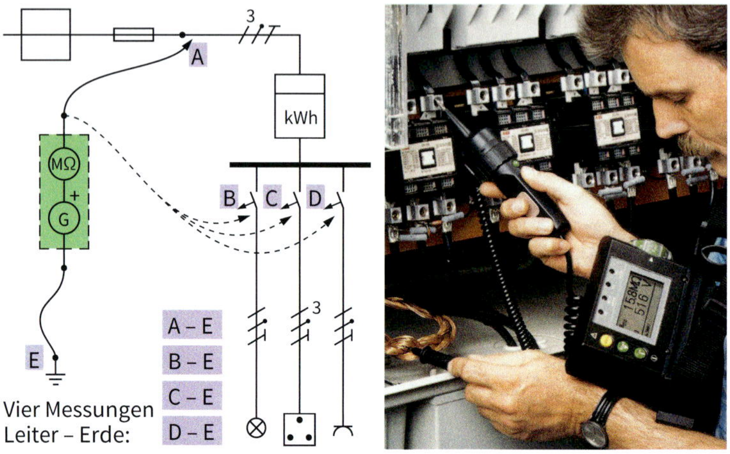

2: Messung des Isolationswiderstandes in der NSHV

Der Messwert wird durch den Einfluss von Feuchtigkeit (z.B. Anlagen im Freien, große Temperaturunterschiede) stark beeinflusst. So kann der Messwert allein durch Feuchtigkeit unter den geforderten Grenzwert sinken.

In Stromkreisen mit elektronischen Bauteilen muss bei der Messung darauf geachtet werden, dass durch die hohe Messspannung keine Betriebsmittel beschädigt werden. Weiterhin müssen vorhandene Überspannungsschutzgeräte ausgebaut werden, da sie sonst die Messung beeinträchtigen.

5.4.5 Spannungspolarität

Die Spannungspolarität wird zunächst am Eingang der Anlage geprüft, bevor diese in Betrieb geht. Außerdem wird festgestellt, ob alle verbauten einpoligen Schalteinrichtungen nur im Außenleiter installiert wurden. Durch die Prüfung der Spannungspolarität wird weiterhin sichergestellt, dass Außen-, Neutral- und Schutzleiter aller Betriebsmittel (Steckdosen, Anschlussdosen usw.) einheitlich angeschlossen sind. In Stromkreisen mit geerdetem Neutralleiter muss in Lampenfassungen (E14 und E27) sowie Bajonettfassungen der äußere Kontakt mit dem Neutralleiter verbunden sein.

Aufgabe

1. Beschreiben Sie die Schritte zur Messung des Isolationswiderstandes an den Verbrauchern in einer Unterverteilung.

- Der Isolationswiderstand wird in jeder Anlage unabhängig von der Schutzmaßnahme gemessen.
- Der Isolationswiderstand wird bei abgeschalteter Anlage zwischen allen aktiven Leitern und der Erde gemessen.

5.4.6 Messen des Erdungswiderstandes

Die Erdung stellt einen wesentlichen Bestandteil zur sicheren elektrischen Energieversorgung dar. Durch sie wird das gemeinsame Bezugspotenzial gebildet. Sie ist eine Schutzmaßnahme zum Schutz gegen **Überspannungen** [*overvoltages*].

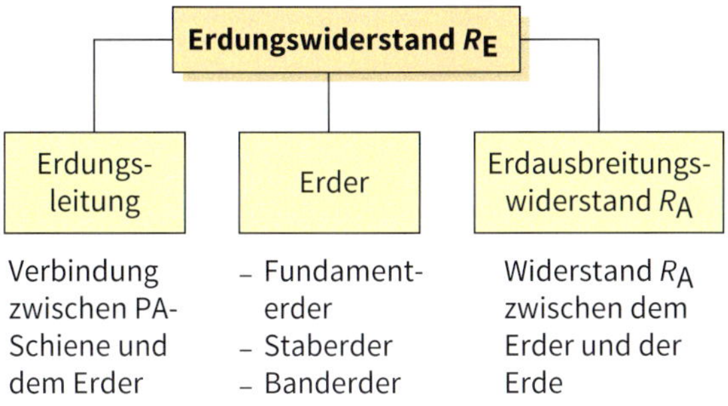

Der **Erdungswiderstand** ist somit in erster Linie von der Beschaffenheit des umgebenden Erdreiches und vom Erder abhängig (Abb. 5).

Bodenart	**Erdungswiderstand R_E in Ω**			
	Staberder in einer Tiefe von		Banderder der Länge	
	3 m	6 m	10 m	20 m
Lehm, Ton	33	17	20	10
Sand	330	165	200	100
steiniger Boden	1000	500	600	300

3: Abhängigkeit des Erdungswiderstandes

Damit im Fehlerfall ein möglichst hoher Kurzschlussstrom über den Erder fließen kann, muss der Erdungswiderstand niederohmig sein. Bei der Erstprüfung im Krankenhaus wird ein Erdungswiderstand R_E – 1,8 Ω gemessen.

Wie wird die Messung durchgeführt?

Die Messung wird nach dem **Strom-Spannungs-** oder dem **Kompensations-Messverfahren** durchgeführt (Abb. 4). Beim Strom-Spannungs-Messverfahren wird der Erdungswiderstand indirekt gemessen. R_E ergibt sich aus folgender Formel:

$$R_E = \frac{U_E}{I_E}$$

In dicht bebauten Gebieten, in denen keine Sonde eingesetzt werden kann, empfiehlt sich die **Erder-Schleifenwiderstandsmessung**. Sie wird mit einem Schleifenwiderstandsmessgerät durchgeführt. Die gemessene **Erder-Schleifenimpedanz** [*earthing loop impedance*] (Abb. 5) besteht aus dem zu messenden Erder R_E, dem Betriebserder R_B, der Transformatorwicklung und dem Außenleiter. Zur Bestimmung des R_E müssen vom abgelesenen Wert *a* die Widerstände des Betriebserders und des Transformators abgezogen werden. Somit liegt der Wert stets auf der „sicheren Seite". Näherungsweise kann die nachfolgende Formel angewendet werden.

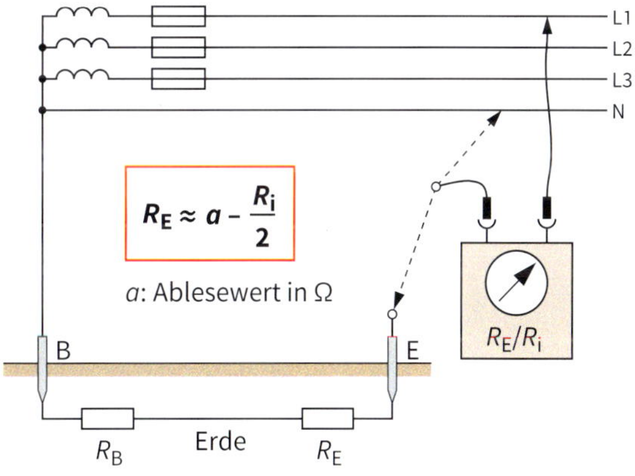

5: Erder-Schleifenwiderstandsmessung

Strom-Spannungs-Messverfahren
Sonde + Netz + Strommesser + Spannungsmesser + abgetrennter Erder R_A

Kompensations-Messverfahren
Erdungsmessgerät + Sonde + Hilfserder + abgetrennter Erder R_A

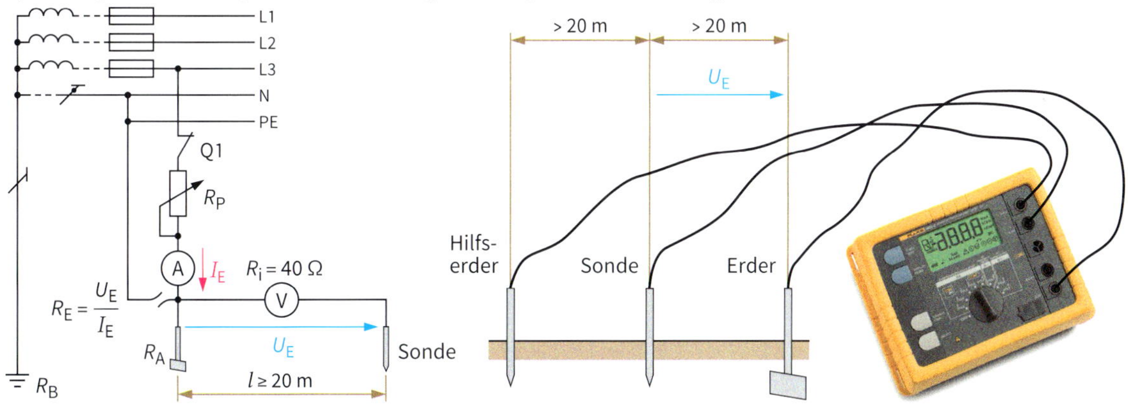

4: Messverfahren zur Bestimmung des Erdungswiderstandes

5.4.7 Messen der Schleifenimpedanz

Die Messung der **Schleifenimpedanz Z_S** [*loop impedance*] im TN-S-System des Krankenhauses ist zur Ermittlung der Kurzschlussstromstärke wichtig.

Gemessen wird der Widerstand zwischen

- Außenleiter und Schutzleiter bzw.
- Außenleiter und PEN-Leiter

an einer möglichst weit von der Verteilung entfernten Stelle (z.B. Steckdose). Moderne Messgeräte zeigen neben der Schleifenimpedanz auch die Kurzschlussstromstärke direkt als Messwert an (Abb. 1).

1: Messung der Schleifenimpedanz

Damit im Fehlerfall der Anlagenteil durch einen hohen Abschaltstrom möglichst schnell abgeschaltet werden kann, muss der Wert für Z_S gering sein.

Die gemessene Schleifenimpedanz muss dabei folgende Bedingung erfüllen:

$$Z_S \leq \frac{U_0}{I_a}$$

Z_S: Schleifenimpedanz
I_a: Abschaltstromstärke
U_0: Netzspannung (230 V)

Der Wert der Abschaltstromstärke ist von dem eingesetzten Überstrom-Schutzorgan abhängig.

Abschaltstromstärke	
Überstrom-Schutzorgan	**Abschaltstromstärke**
Schmelzsicherung, Typ gG	$I_a = 8 \times I_N$
Leitungsschutz-Schalter, Typ B	$I_a = 5 \times I_N$
Leitungsschutz-Schalter, Typ C	$I_a = 10 \times I_N$
Leitungsschutz-Schalter, Typ D	$I_a = 20 \times I_N$
Leitungsschutz-Schalter, Typ K	$I_a = 14 \times I_N$
Leitungsschutz-Schalter, Typ Z	$I_a = 3 \times I_N$
I_N = Bemessungsstromstärke des Überstrom-Schutzorgans	

2: Abschaltstromstärken

Wie wird die Abschaltstromstärke ermittelt?

Der Grenzwert für die Abschaltstromstärke kann direkt aus der Strom-Zeit-Kennlinie des eingesetzten Überstrom-Schutzorgans abgelesen werden.

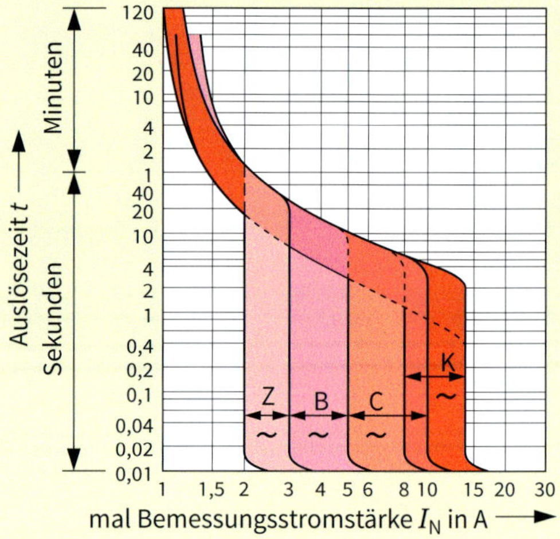

Die Kennlinie zeigt den Bereich, in dem der LS-Schalter sicher auslöst.

Leitungsschutz-Schalter der Charakteristik B:

$$I_a = 3 \ldots 5 \times I_N$$

Damit ein sicheres Auslösen garantiert ist, wird der obere Grenzwert zur Bestimmung der Abschaltstromstärke verwendet ($I_a = 5 \times I_N$).

Maßnahmen bei zu hoher Schleifenimpedanz

- Austausch des Überstrom-Schutzorganes gegen Leitungsschutz-Schalter mit geringem I_a.
- Einbau einer RCD.
- Verlegung einer Leitung mit größerem Leiterquerschnitt zur Verringerung des Leiterwiderstands.

Aufgaben

1. Welche Bedeutung hat die Messung der Schleifenimpedanz für die Sicherheit der Anlage?
2. Wie groß darf die Schleifenimpedanz in einem Stromkreis bei einer Spannung von 230 V und einem LS-Schalter I_N = 16 A (Typ C) maximal sein?

- Die Schleifenimpedanz dient zur Ermittlung der Kurzschlussstromstärke und somit zur Prüfung der Wirksamkeit der verwendeten Schutzmaßnahme.
- Die Schleifenimpedanz wird an der entferntesten Stelle zwischen Außenleiter und PE-Leiter in jedem Stromkreis bestimmt.

5.4.8 Messen des Netzinnenwiderstandes

Die Messung des **Netzinnenwiderstandes** *[internal system resistance]*, auch kurz **R_i-Messung** genannt, ist zur Prüfung der Wirksamkeit von Schutzmaßnahmen nicht zwingend vorgeschrieben. Sie stellt jedoch für den Prüfer einen wichtigen Vergleichswert bei der Fehlersuche dar (Abb. 4).

Wie wird der Netzinnenwiderstand gemessen?

Die Messung ist vergleichbar mit der Messung der Schleifenimpedanz (vgl. S. 64). Es wird im Gegensatz dazu zwischen Außenleiter und Neutralleiter gemessen (Abb. 3).

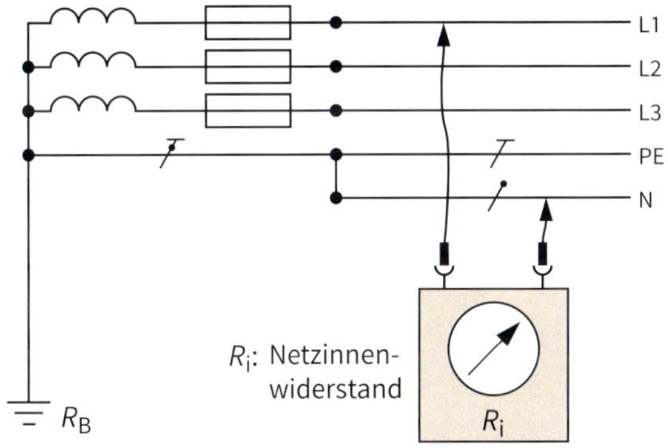

3: Messung des Netzinnenwiderstandes

Bedeutung des Messwertes für R_i

1. **Für die Prüfung des zulässigen Spannungsfalls**
   Laut DIN VDE 0100-520 darf der maximale Spannungsfall zwischen Hausanschlusskasten und Verbraucher maximal 4 % betragen. Mit dem Messwert für R_i lässt sich diese Forderung leicht überprüfen.
2. **Für die Schleifenimpedanzmessung**
   Liegt der Wert für Z_S zu hoch, so liefert die Messung des Innenwiderstandes an gleicher Stelle einen Vergleichswert zur Analyse der möglichen Fehlerursache.
   - Bei großem R_i kann die Ursache in einem großen Übergangswiderstand im Außenleiter liegen.
   - Bei deutlich geringerem R_i liegt der Fehler im Schutzleiter.
3. **Für die Fehlerstrom-Schutzeinrichtung**
   Sind Neutral- und Schutzleiter vertauscht, so führt die Messung von R_i zum sofortigen Auslösen der RCD, da nun ein Strom über den PE-Leiter fließt. Die Summe der zufließenden Ströme ist somit ungleich der Summe der abfließenden Ströme. Diese Differenz führt letztlich zum Auslösen der RCD.

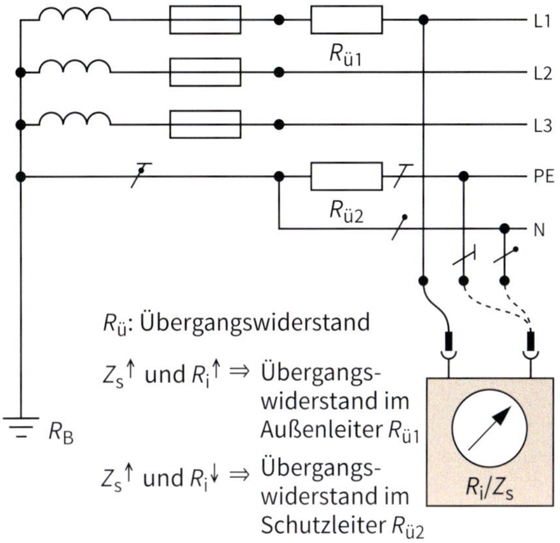

4: Fehleranalyse mit Hilfe des Netzinnenwiderstandes

Prüfung des Spannungsfalls bei der R_i-Messung

Bei der Messung des Netzinnenwiderstandes ergibt sich ein Messwert von $R_i = 0{,}28\ \Omega$.

Geg.: $R_i = 0{,}28\ \Omega$, $I_N = 16\ \text{A}$, $U = 230\ \text{V}$ — Ges.: Δu

max. Spannungsfall:

$$\Delta u = \frac{U \cdot 4\ \%}{100\ \%}$$

$$\Delta u = \frac{230\ \text{V} \cdot 4\ \%}{100\ \%}$$

$$\underline{\underline{\Delta u = 9{,}2\ \text{V}}}$$

tatsächlicher Spannungsfall:

$$\Delta u = R_i \cdot I_N$$

$$\Delta u = 0{,}28\ \Omega \cdot 16\ \text{A}$$

$$\underline{\underline{\Delta u = 4{,}48\ \text{V}}}$$

⇒ Der Spannungsfall liegt mit 4,48 V unterhalb des geforderten Wertes von 9,2 V.

Aufgabe

1. Berechnen Sie den maximal zulässigen Wert für R_i bei einem Steckdosenstromkreis ($I_N = 16$ A, $U_0 = 230$ V) bei einem zulässigen Spannungsfall von 4 %.

- Der Netzinnenwiderstand wird zwischen dem Außenleiter und dem Neutralleiter gemessen.
- Der Netzinnenwiderstand dient zur Überprüfung des maximal zulässigen Spannungsfalls.

5.4.9 Prüfen der Fehlerstrom-Schutzeinrichtung

Für die Prüfung der RCD sind drei Messgrößen von Bedeutung:

- maximal **zulässige Berührungsspannung** U_L
- **Fehlerstrom** I_Δ (früher I_F)
- **Erdungswiderstand** R_A

Es wird geprüft, ob die RCD innerhalb von 0,2 s (TN-System) bzw. 5 s (TT-System) allpolig abschaltet, wenn die **Berührungsspannung** [*touch voltage*] den Grenzwert von 50 V AC überschreitet.

Zunächst müssen durch eine Besichtigung die Kriterien nach Abb. 1 in Abhängigkeit vom jeweiligen Verteilungssystem überprüft werden.

Verteilungssystem	Prüfkriterien bei der Besichtigung	
TN-System	$R_A \leq \frac{U_0}{I_{\Delta N}}$	R_A: Erdungswiderstand U_0: Bemessungsspannung $I_{\Delta N}$: Bemessungsdifferenzstromstärke
TT-System	$R_A \cdot I_a \leq 50\,V$	I_a: Abschaltstromstärke
IT-System	$R_A \cdot I_d \leq 50\,V$	I_d: Fehlerstromstärke beim ersten Fehler

1: Prüfkriterien bei Besichtigung

Bei der anschließenden **Erprobung** wird durch Betätigung der **Prüftaste** [*test button*] die Funktion der RCD getestet. Diese Prüfung gibt jedoch keinen Aufschluss über die ordnungsgemäße Funktion der Schutzmaßnahme, da lediglich ein geräteinterner Prüfstrom die RCD auslöst.

Neben der Niederohmmessung (vgl. Kap. 5.4.3) und der Isolationsmessung (vgl. Kap. 5.4.4) müssen zusätzlich die Berührungsspannung $U_{L\Delta N}$ bezogen auf die Bemessungsdifferenzstromstärke $I_{\Delta N}$ der RCD sowie die Auslösezeit gemessen werden.

Durch die Messung des Isolationswiderstandes wird zusätzlich festgestellt, ob nach der RCD keine Verbindung zwischen dem Neutralleiter und dem Schutzleiter besteht.

Die Messung der Berührungsspannung kann wahlweise nach der Methode

- mit ansteigendem Prüfstrom (RCD löst aus) oder
- der Impulsmessung (RCD löst nicht aus)

durchgeführt werden. Bei beiden Verfahren wird ein Fehlerstrom erzeugt. Die Messwerte für $U_{L\Delta N}$ und I_Δ werden angezeigt bzw. errechnet.

Auswahl der Bemessungs-Differenzstromstärke

Maximalwert für $I_{\Delta N}$	
Anwendung	**$I_{\Delta N}$**
– Beleuchtungsanlagen – Räume mit Badewanne oder Dusche – Experimentierräume – Feuchte und nasse Bereiche – Zusätzlicher Schutz bei direktem Berühren (Basisschutz) in Wohnungen	≤ 30 mA
– Feuergefährdete Betriebsstätten – Ersatzstromversorgungsanlagen – Baustromverteiler	≤ 500 mA
Medizinisch genutzte Bereiche: – Anwendungsgruppen 0 und 1 – Anwendungsgruppe 2 (nur für unkritische Verbraucher, z. B. OP-Tisch)	 ≤ 30 mA ≤ 30 mA
Mögliche Bemessungsdifferenzstromstärken: $I_{\Delta N}$ = 10 mA; 30 mA; 100 mA; 300 mA; 500 mA	

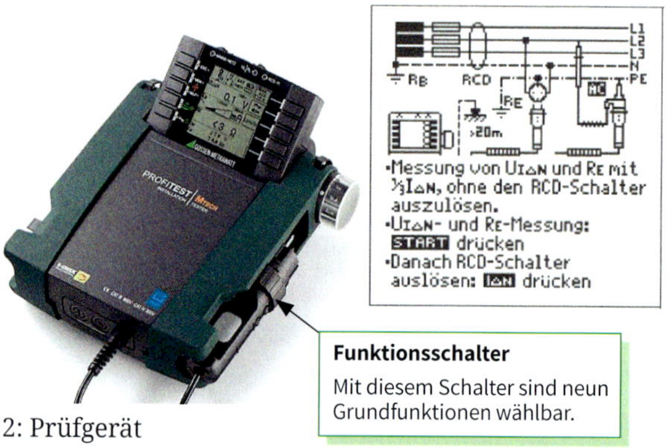

2: Prüfgerät

Die Anzeige des Prüfgerätes in Abb. 2 gibt an, dass die RCD bei einer Fehlerspannung von $U_{I\Delta N}$ innerhalb der Auslösezeit t_a auslöst. Die Anlage unterschreitet den vorgegebenen **Sollwert** [*specified value*] (U_L = 50 V) und entspricht somit den DIN VDE-Vorschriften.

Aufgabe

1. Die Neutral- und Schutzleiter sind hinter einer RCD versehentlich verbunden worden. Welche Probleme ergeben sich daraus für die Wirksamkeit der Schutzmaßnahme und den fehlerfreien Betrieb?

- Die Prüfung der zulässigen Berührungsspannung kann mit Hilfe der Methode des ansteigenden Prüfstromes oder der Impulsmessung erfolgen.
- Bei der Prüfung der Fehlerstrom-Schutzeinrichtung werden durch ein Prüfgerät ein Fehlerstrom simuliert und die Berührungsspannung sowie die Auslösezeit bestimmt.

5.4.10 Prüfen der Drehrichtung

Im Krankenhaus werden, z.B. in der Küche, Drehstromverbraucher eingesetzt. Daher muss an diesen Verbrauchern eine Prüfung der **Drehrichtung** [*direction of rotation*] durchgeführt werden. Ein Rechtsdrehfeld ist für andere Betriebsmittel (z.B. Hausanschlüsse, Verteilungen) nach DIN VDE 0100 nicht zwingend vorgeschrieben. Es kann jedoch vom Betreiber einer Anlage aus Betriebsgründen gefordert werden.

5.4.11 Funktionsprüfung

Durch diese Prüfung wird sichergestellt, dass

- Schalt- und Steuergeräte,
- Antrieb,
- Steuerungen und
- Verriegelungen

entsprechend den Anforderungen richtig montiert, eingestellt und errichtet sind.

Beispiele für Funktionsprüfungen:

- Prüfung der Wirksamkeit von **Sicherheitseinrichtungen** [*safety devices*], wie z.B. Druckwächter, Verriegelungen, Not-Aus-Einrichtungen.
- **Funktionsprüfung** [*functional test*] von RCDs, Isolations-Überwachungseinrichtungen durch Betätigung der Prüftaste.
- Funktionsprüfung von Melde- und Anzeigeeinrichtungen, wie z.B. ferngesteuerte Antriebe, Meldeleuchten nicht einsehbarer Schranken.

5.4.12 Prüfen des Spannungsfalls

Der **Spannungsfall** [*voltage drop*] in Niederspannungsanlagen, die an das öffentliche Versorgungsnetz angeschlossen sind, beträgt zwischen dem HAK und dem Verbraucher bei Beleuchtungsanlagen 3 % und ansonsten 5 % der Nennspannung. Zur Bestimmung des Wertes werden folgende Messungen durchgeführt:

- Spannungsunterschied mit und ohne angeschlossene Nennlast oder mit und ohne Verbraucher inklusive Hochrechnung auf die Nennlast
- Impedanz des Stromkreises

- An jeder Drehstrom-Steckdose muss ein Rechtsdrehfeld vorhanden sein.
- An sicherheitstechnischen Einrichtungen wie z.B. Not-Aus-Schaltungen, RCD, Isolationswächtern oder Meldeleuchten muss eine getrennte Funktionsprüfung durchgeführt werden.
- In medizinisch genutzten Bereichen müssen zusätzliche Prüfungen nach DIN VDE 0100-710 erfolgen.

Zusätzliche Prüfungen in medizinisch genutzten Bereichen

An die medizinisch genutzten Bereiche im Krankenhaus werden hohe Anforderungen an die Sicherheit, Verfügbarkeit und Leistungsfähigkeit der elektrischen Betriebsmittel und Sicherheitsmaßnahmen gestellt. Daher sind ergänzend zu den Kriterien bei der Erstprüfung aus der DIN VDE 0100-600 (vgl. Kap. 5.4.1) zusätzliche Prüfungen gemäß DIN VDE 0100-710 erforderlich.

Diese Prüfungen müssen sowohl vor der ersten Inbetriebnahme als auch nach jeder Erweiterung oder Reparatur vor einer **Wiederinbetriebnahme** [*restart*] erfüllt werden.

Prüfumfang durch Besichtigung

- Getrennte Raumanforderungen für
  - Netztransformatoren,
  - Schaltanlagen mit Bemessungsspannungen über 1 kV,
  - Hauptverteiler für AV und SV,
  - Ortsfeste Stromerzeugungsaggregate und
  - Batterieräume

  einschließlich der erforderlichen Be- und Entlüftung.
- Getrennte Führung von AV- und SV-Netzen.
- Einhaltung der Brandschutzbestimmungen und des Funktionserhaltes der Kabel und Leitungen.

Prüfumfang durch Erproben und Messen

- Funktionstest der Isolations-Überwachungseinrichtungen in den IT-Systemen sowie der optischen und akustischen Alarmsysteme.
- In den medizinischen Bereichen der Gruppe 1 und 2 muss ein zusätzlicher Schutzpotenzialausgleich installiert sein.
- Messung des Ableitstroms in medizinischen IT-Transformatoren in unbelastetem Zustand.
- In medizinisch genutzten Gebäuden muss eine Sicherheitsstromversorgung innerhalb von 15 s für die Dauer von 24 Stunden den sicheren Betrieb aufrechterhalten. Für medizinische Bereiche mit Patientengefährdung muss eine unterbrechungsfreie Stromversorgung mit einer Umschaltzeit von 0,5 s installiert sein.
- Übereinstimmung der Schutzmaßnahmen in den Anwendungsgruppen 1 und 2 gemäß den Anforderungen (vgl. Kap. 5.3.4.4).
- Einhaltung der Selektivität der Sicherheitsstromversorgung.
- Gleichmäßige Belastung der Netze kontrollieren.
- Leuchten im Gebäude müssen auf das AV- und SV-Netz aufgeteilt sein. In medizinisch genutzten Räumen muss mindestens eine Leuchte an das SV-Netz angeschlossen sein.

5.4.13 Dokumentation

Sowohl bei der Erstprüfung als auch bei der Wiederholungsprüfung (vgl. Kap. 5.4.13) einer elektrischen Anlage sind die Ergebnisse zu dokumentieren. Dazu muss vom Prüfer ein **Prüfbericht** angefertigt werden.

Zur Vereinfachung und Standardisierung der Prüfungen hat der Zentralverband der Deutschen Elektrohandwerke (ZVEH) vorgefertigte Prüfprotokolle und Übergabe-/Zustandsberichte erstellt (Abb. 1).

Prüfbericht

Übergabebericht + Prüfprotokoll
- Wird bei einer Neuanlage gefordert
- Eine Bewertung ist nicht erforderlich, da eine Neuanlage immer mängelfrei sein muss.

Zustandsbericht + Prüfprotokoll
- Gibt Auskunft über den Zustand einer bestehenden Anlage
- Eine Bewertung der Anlage ist erforderlich.

Der Prüfer bzw. Sachverständige erstellt den Prüfbericht und übergibt diesen an den Anlagenbetreiber. Der Betreiber hat wiederum die Pflicht, diesen Bericht aufzubewahren. Die **Aufbewahrungsfrist** *[retention period]* sollte so bemessen werden, dass der Zustand der Anlage über eine längere Zeitdauer dokumentiert ist. Sind die Ergebnisse der Erstprüfung nicht mehr vorhanden, so ist jede Wiederholungsprüfung wie eine Erstprüfung zu behandeln.

Für das Krankenhaus fertigt ein unabhängiger Sachverständiger den Prüfbericht an.

Welche Informationen enthält der Prüfbericht?

- **Bestandsdaten** der elektrischen Anlage (Auftraggeber/-nummer ①, Standort ②, Prüfzeitpunkt ③, Namen der Prüfer ④, usw.).
- **Prüfbestimmungen** ⑤
- **Art der Prüfung** ⑥ (z.B. Erst- oder Wiederholungsprüfung).
- Vorgegebene **Checkliste** dient als Prüfgrundlage für Besichtigung und Erprobung.
- **Messwerte** übersichtlich in Tabellen dokumentieren.
- Spätere **Analyse und Fehlersuche** ist einfach möglich.
- **Mängel und Abweichungen** von den Bestimmungen bei der Wiederholungsprüfung unter Angabe des Anlagenteils sind festgehalten.
- Durch den Vergleich der Prüfergebnisse über eine längere Zeitdauer werden **Tendenzen und Schwachstellen** innerhalb der Anlage leichter sichtbar.

Moderne Prüfgeräte verfügen über umfangreiche Funktionen zur Datenspeicherung. Somit lassen sich die Messergebnisse direkt auf einen PC übertragen und mit einer geeigneten Software auswerten (**Prüfdaten-Management**). Hierzu müssen die Messstellen zur Identifizierung eindeutig bezeichnet werden.

- Die Ergebnisse jeder Erst- und Wiederholungsprüfung müssen in einem Prüfbericht dokumentiert werden.
- Die Ergebnisse der Besichtigung, Erprobung und Messung werden in vorgegebenen Vordrucken festgehalten.

Prüfung elektrischer Anlagen
Prüfprotokoll

Nr. Blatt .... von .... | Kunden Nr.:

Auftraggeber: Auftrag Nr.: ① | Auftragnehmer:

Matthias Kruskop
Elektrotechnik
Lindenstraße 3
29553 Bienenbüttel
Tel.: 05823/9817-0
Fax: 05823/9817-20

Anlage: ②

Prüfung nach: ⑤ DIN VDE 0100 Teil 600 ☐ DIN VDE 0105 ☐ DGUV Vorschrift 3 ☐ .... / .... ☐

Neuanlage ☐ ⑥ Erweiterung ☐ Änderung ☐ Instandsetzung ☐ Wiederholungsprüfung ☐ E-CHECK ☐

Beginn der Prüfung: ③ | Beauftragter des Auftraggebers: | Prüfer: ④

Ende der Prüfung:

Netz .... / .... V | Netzform: TN-C ☐ TN-S ☐ TN-C-S ☐ TT ☐ IT ☐

EVU/VNB

1: Vorgefertigtes Prüfprotokoll

Wie wird das Prüfprotokoll ausgefüllt?

Nachdem die Bestandsdaten (vgl. S. 69) im ersten Teil des Prüfprotokolls vollständig ausgefüllt sind, werden die Ergebnisse der anschließenden Prüfschritte im zweiten Teil des Protokolls eingetragen (Abb. 2).

Die Ergebnisse der **Besichtigung und Erprobung** in Form einer Checkliste bearbeiten.

- Bei einer Wiederholungsprüfung die fehlerhaften Bestandteile kennzeichnen.
- Bei der Erstprüfung muss jeder Fehler umgehend beseitigt werden und durch erneute Kontrolle der fehlerfreie Zustand der Anlage bestätigt werden.

Besichtigen	i.O.	n.i.O.		i.O.	n.i.O.		i.O.	n.i.O.
Auswahl der Betriebmittel	☐	☐	Kennzeichnung Stromkreis, Betriebsmittel	☐	☐	Zugänglichkeit	☐	☐
Trenn- und Schaltgeräte	☐	☐	Kennzeichnung N- und PE-Leiter	☐	☐	Schutzpotenzialausgleich	☐	☐
Brandabschottungen	☐	☐	Leiterverbindungen	☐	☐	Zus. Schutzpotenzialausgl.	☐	☐
Gebäudesystemtechnik	☐	☐	Schutz- und Überwachungseinrichtungen	☐	☐	Dokumentation	☐	☐
Kabel, Leitungen, Stromschienen	☐	☐	Basisschutz	☐	☐	siehe Ergänzungsblätter ☐		
Erproben			Funktion der Schutz-, Sicherheits- und			Rechtsdrehfeld der		
Funktionsprüfung der Anlage	☐	☐	Überwachungseinrichtungen	☐	☐	Drehstromsteckdose	☐	☐
FI-Schutzschalter (RCD)	☐	☐	Drehrichtung der Motoren	☐	☐	Gebäudesystemtechnik	☐	☐

Messen Stromkreisverteiler Nr.:

Stromkreis Nr.	Stromkreis Zielbezeichnung	Leitung/Kabel Typ	Leitung/Kabel Leiter Anzahl Querschnitt (mm^2)	Überstrom-Schutzeinrichtung Art Charakteristik	I_N [A]	Z_s [Ω] ☐ I_k [A] ☐	R_{iso} (MΩ) ohne ☐ mit ☐ Verbraucher	Fehlerstrom-Schutzeinrichtung (RCD) I_N/Art [A]	$I_{\Delta N}$ [mA]	I_Δ [mA]	Ausl.-Zeit t_a [ms]	U_L = ...V U_{mess} (V)	Fehlercode
			x										
			x										
			x										
			x										
			x										
			x										
			x										
			x										
			x										
			x										
			x										
			x										

In der vorgegebenen Tabelle werden die technischen Daten für jeden Stromkreis erfasst und die zugehörigen **Messergebnisse** eingetragen. Bei einer Wiederholungsprüfung werden die Fehler in Form eines Fehlercodes (vgl. S. 72) dokumentiert.

Der Messwert des Erdungswiderstandes sowie das Ergebnis der Niederohmmessung wird nur auf dem ersten Blatt des Prüfprotokolls eingetragen.

Durchgängigkeit Schutzpotenzialausgleich (≤ 1 Ω nachgewiesen) Erdungswiderstand: R_E .... Ω

Fundamenterder	☐	Hauptwasserleitung	☐	Heizungsanlage	☐	EDV-Anlage	☐	Antennenanlage BK	☐
Haupterdungsschiene	☐	Hauptschutzleiter	☐	Klimaanlage	☐	Telefonanlage	☐	Gebäudekonstruktion	☐
Wasserzwischenzähler	☐	Gasinnenleitung	☐	Aufzugsanlage	☐	Blitzschutzanlage	☐		☐

verwendete Messgeräte nach DIN VDE	Fabrikat: Typ:	Fabrikat: Typ:	Fabrikat: Typ:

Prüfergebnis: keine Mängel festgestellt ☐ Mängel festgestellt ☐ | Prüf-Plakette angebracht: ja ☐ nein ☐ | Nächster Prüftermin:

Auftraggeber:
Gemäß Übergabebericht elektrische Anlage vollständig übernommen ☐
Zustandsbericht erhalten ☐
Ort .... Datum .... Unterschrift

Prüfer:
Die elektrische Anlage entspricht den anerkannten Regeln der Elektrotechnik ☐
Die elektrische Anlage entspricht nicht den anerkannten Regeln der Elektrotechnik ☐
Ort .... Datum .... Unterschrift

Das Prüfprotokoll enthält weiterhin nur auf dem ersten Blatt die genaue **Typenbezeichnung** der verwendeten **Messgeräte**.

Abschließend werden das **Gesamtergebnis der Prüfung** sowie der nächste **Prüftermin** eingetragen.

- Der Prüfer bestätigt durch die **Unterschrift** gegenüber dem Auftraggeber und seinem Unternehmer, dass die Prüfung vorschriftsmäßig durchgeführt wurde.
- Der Auftraggeber bzw. der Beauftragte unterschreibt bei der Erstprüfung, dass er die Anlage vollständig funktionsfähig übernimmt.
- Diese Unterschriften sind auf jedem weiteren Blatt des Protokolls zu leisten.

2: Prüfprotokoll (Ausschnitt)

Aufgaben

1. Welche Pflichten haben Prüfer und Anlagenbetreiber im Hinblick auf den Umgang mit dem Prüfbericht?
2. Nennen Sie die Bestandteile, die ein Prüfbericht mindestens enthalten muss.
3. Erklären Sie den Unterschied zwischen einem Übergabebericht und einem Zustandsbericht.

5.4.14 Prüfplan

Da die elektrische Energieversorgung zu keinem Zeitpunkt gefährdet sein darf, unterliegen die Messungen im Krankenhaus einer genauen **Zeitplanung** und **Absprache** mit dem **Anlagenverantwortlichen** [*nominated person in control of an electrical installation*].

Aus diesem Grund ist die Abfolge der Prüfungen in die gesamte Projektplanung integriert. Die Abb. 1 zeigt, dass die Isolationsmessungen unmittelbar im Anschluss an die Umschaltung der Verteiler erfolgen. Dadurch wird eine erneute unnötige Abschaltung vermieden. Die zeitlich präzise Abfolge garantiert nicht nur die fristgerechte Fertigstellung des gesamten Projektes, sondern dient für den Bereich der Prüfungen als Checkliste aller durchzuführenden Prüfarbeiten.

So werden die Verteiler abschnittsweise von alt auf neu umgeschaltet und müssen sofort wieder in Betrieb gehen. Alle Teilprüfungen, die im spannungsfreien Zustand erfolgen (z.B. Isolationswiderstand), werden bereits bei der Montage durchgeführt. Alle notwendigen Prüfschritte zur Besichtigung und Erprobung in jedem einzelnen Verteiler werden vor dem Anschluss der einzelnen Verbraucher durchgeführt.

Bei dieser Vorgehensweise lässt sich die Abschaltzeit der einzelnen Abschnitte (Verteilungen) minimieren. Ein Abschalten im Zuge der Messung kann entfallen.

Wird bei einer Teilprüfung ein Fehler festgestellt, so muss nach der Beseitigung des Mangels diese Prüfung wiederholt werden.

Welche Zwischenprüfungen sind möglich?

Am Beispiel eines Verteilers soll der Prüfablauf verdeutlicht werden:

Vorbereitungen

Besichtigung des Verteilers	– Schaltgeräte und Sicherungseinsätze
Niederohmmessung	– Leitungszugänge und Schutzpotenzialausgleichsleiter prüfen

Montage

Isolationsmessung der Leitungsabgänge	– Sämtliche Leitungsabgänge vor der Inbetriebnahme prüfen
Prüfung der Schutzmaßnahme	– Wirksamkeit der Schutzmaßnahme (RCD, Isolationsüberwachung) prüfen
Prüfung der Drehfeldrichtung	– Rechtsdrehfeld der Zu- bzw. Abgänge prüfen

Inbetriebnahme

Prüfung des Schleifen- und des Netzinnenwiderstandes	– Am entferntesten Verbraucher der angeschlossenen Unterverteiler messen
Prüfung des Erdungswiderstandes	

ID		Name der Aufgabe
89		Umschalten AV 1. Geschoss
90		Absprache mit dem Anlagenverantwortlichen
91		Abschaltung der UV's
92		Zuleitungen zu den UV's .1.Geschoss anschließen
93		Isolationsmessung durchführen
94		Inbetriebnahme der UV
95		Umschalten AV OP-Bereich
96		Absprache mit dem Anlagenverantwortlichen
97		Abschaltung der UV's
98		Zuleitungen zu den UV's. OP anschließen
99		Isolationsmessung durchführen
100		Inbetriebnahme der UV
101		Erstprüfung
102		Besichtigung
103		Niederohmmessung in der NSHV
104		Schleifenwiderstand messen
105		Netzinnenwiderstand
106		Brandschutzmaßnahmen in der NSHV kontrollieren
107		Demontage der alten NSHV
108		Aufmaß nach LV und Übersichtsplänen
109		Nutzereinweisung
110		Übergabe

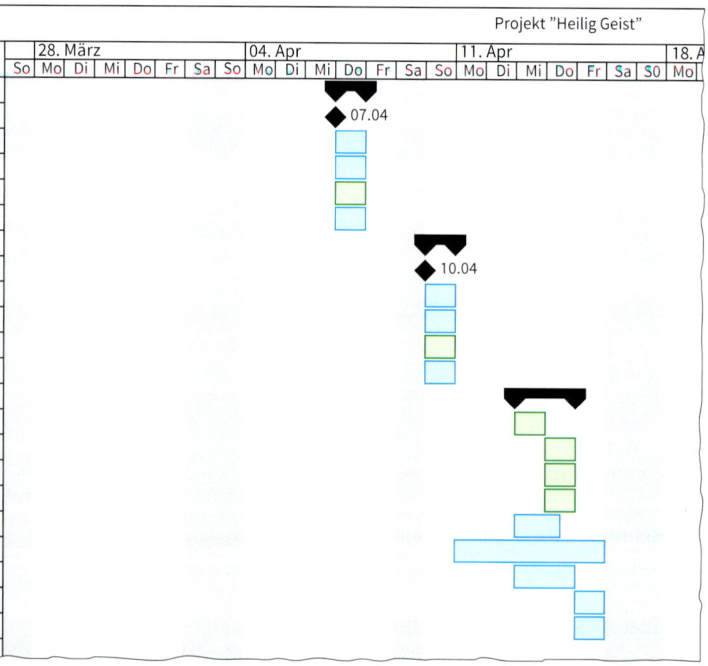

1: Projektschritte zur Erstprüfung der elektrischen Anlage

5.4.15 Wiederkehrende Prüfungen

Um den ordnungsgemäßen Zustand der elektrischen Anlagen und der zugehörigen Objekte sicherzustellen, müssen z.B. in Folge von Alterung oder Veränderungen in regelmäßigen Abständen wiederkehrende Prü-fungen durchgeführt werden. Hierauf muss der Be-treiber der Anlage vom Hersteller/Errichter in den Betriebsanleitungen ausdrücklich hingewiesen werden.

Wozu dienen die wiederkehrenden Prüfungen?

- Minderung von Ausfällen in der elektrischen Anlage
- Sicherheitsprüfung der Schutzeinrichtungen
- Kontrolle der eingesetzten Schutzmaßnahmen
- Einhaltung der Normen nach einer Nutzungsänderung
- Minderung der Brandgefahr

Der **Umfang der Prüfungen** ist in der DIN VDE 0105-100 und DIN VDE 0100-600 festgelegt. Im Krankenhaus gelten zusätzlich die technische Prüfordnung und eventuelle Zusatzbedingungen der Sachversicherer. Die **Prüfintervalle** [*inspection intervals*] werden durch die DIN VDE 0100-710 sowie die DGUV Vorschrift 3 geregelt.

Bei der wiederkehrenden Prüfung wird vorausgesetzt, dass bei Inbetriebnahme oder Instandsetzung der Anlage eine Erstprüfung nach DIN VDE 0100-600 stattgefunden hat. Je nach Bedarf kann die Prüfung **stichprobenartig** durchgeführt werden. Dies ist jedoch nur dann möglich, wenn der ordnungsgemäße Zustand der Anlage durch die Stichproben sichergestellt werden kann.

Wer darf prüfen?

Die Wiederholungsprüfungen müssen von einer **Eletrofachkraft** durchgeführt werden. Der Prüfer muss Erfahrung bei der Prüfung vergleichbarer Anlagen besitzen.

Wird stichprobenartig geprüft, muss der Prüfer darüber hinaus gute Kenntnisse der betreffenden Anlage besitzen.

Die Elektrofachkraft ist verantwortlich für die Durchführung aller notwendigen Tätigkeiten im Rahmen der Prüfung. Den Auftrag zur Prüfung erhält sie vom Anlagenverantwortlichen (Betreiber bzw. Eigentümer). Über die Art und den Umfang der Prüfungen wird eigenverantwortlich entschieden.

Die Wiederholungsprüfung gliedert sich wie die Erstprüfung in die **Besichtigung** sowie **Erprobung** und **Messung**.

Welche Prüffristen sind einzuhalten?

Grundsätzlich müssen die **Prüffristen** so bemessen sein, dass die vorhersehbaren entstehenden Mängel rechtzeitig festgestellt werden. Die Länge der Prüfintervalle kann mehrere Jahre betragen und wird durch eine Gefährdungsbeurteilung bestimmt. In Anlagen mit einem erhöhten Sicherheitsrisiko werden jedoch kurze Fristen gefordert.

Beispielanlagen mit erhöhtem Sicherheitsrisiko:

- Anlagen mit Explosions- oder Brandgefahr (Chemische Industrie)
- Arbeits- und Betriebsstätten mit Hoch- und Niederspannungsanlagen (Trafostation)
- Öffentliche Einrichtungen (Theater)
- Baustellen
- Krankenhäuser
- Betriebsstätten, in denen ortsveränderliche Betriebsmittel eingesetzt werden.

Wenn keine Prüffristen durch Gesetze und Verordnungen festgelegt sind, sollten von einer Elektrofachkraft unter Berücksichtigung der Anlagenkriterien Fristen bestimmt werden (Gefährdungsbeurteilung).

Anlage	Prüffrist	Prüfung
Elektrische Anlage und ortsfeste Betriebsmittel	4 Jahre	Ordnungsgemäßer Zustand (VDE 0105-100)
Schutzmaßnahme mit Fehlerstrom-Schutzeinrichtungen in nichtstationären Anlagen (z.B. Baustellen)	1 Monat	Wirksamkeit
RCD	6 Monate	Funktion
Krankenhaus	1 Monat	Funktionstest Sicherheitsstromquellen bis 100 % Leistung
	6 Monate	Funktionstest Umschalteinrichtung und Isolationsüberwachung
	1 Jahr	Einstellwert der Schutzgeräte
	3 Jahre	Zusätzlicher Schutzpotenzialausgleich

2: Prüffristen

- Der Umfang der Wiederholungsprüfungen ist in der DIN VDE 0105-100 und DIN VDE 0100-600 festgelegt.
- Die Prüfung muss von einer Elektrofachkraft durchgeführt werden.

Bestandteile der Wiederholungsprüfung

Besichtigung | **Erprobung und Messung**

Die Besichtigung spielt bei der Beurteilung des ordnungsgemäßen Sicherheitszustandes der Anlage eine wesentliche Rolle.

Prüfumfang durch Besichtigung:

☑ Elektrische Anlage und Betriebsmittel auf äußere Schäden bzw. Mängel prüfen.

☑ Basisschutz aktiver Teile prüfen.

☑ Schutzmaßnahmen bei indirektem Berühren (Fehlerschutz) prüfen.

a) Schutzmaßnahme mit Schutzleiter: Mindestquerschnitte der Schutzleiter normgerecht; Schutzleiter und -anschlüsse gekennzeichnet; Schutzleiter und Neutralleiter nicht verwechselt; Schutzkontakte an den Steckvorrichtungen ordnungsgemäß

b) Schutzmaßnahme ohne Schutzleiter: Trennung der aktiven Teile der Sekundärstromkreise bei Schutztrennung; bei vorgeschriebener Schutztrennung nur ein Verbraucher angeschlossen (z.B. OP-Bereich); Anordnung der Körper in nicht leitender Umgebung; bei Verwendung von Kleinspannung (SELV) keine Verbindung zwischen aktiven Teilen und Erde, Schutzleitern sowie aktiven Teilen anderer Stromkreise

☑ Einrichtungen zum Brandschutz und zur Unfallverhütung prüfen.

☑ Einstellung und Anordnung der Überstrom-Schutzeinrichtungen sowie der zugehörigen Leiterquerschnitte prüfen.

☑ Komponenten des Schutzpotenzialausgleichs (z.B. Fundamenterder, Blitzschutz, Rohrsysteme, metallene Gebäudekonstruktionen usw.) auf zuverlässige Verbindung mit dem Haupterder prüfen.

☑ Bestandteile des zusätzlichen Schutzpotenzialausgleichs (Schutzleiteranschlüsse, gleichzeitig berührbare Körper und fremde leitfähige Teile) prüfen.

Zunächst werden die unterschiedlichen Sicherheitseinrichtungen auf ihre Funktionsfähigkeit überprüft.

- RCDs und Isolations-Überwachungseinrichtung durch Betätigen der Prüftaste
- Stromkreise und Betriebsmittel mit besonderen Sicherheitseinrichtungen (Not-Aus-Schalter, Verriegelungen usw.)
- Rechtsdrehfeld der Drehstrom-Steckvorrichtungen
- Anzeigeeinrichtungen von ferngesteuerten Anlagenteilen (ferngesteuerte Betriebsmittel)

Eine Messung wird immer dann erforderlich, wenn der sichere Zustand der Anlage durch die Besichtigung und Erprobung nicht garantiert werden kann (z.B. Beschaffenheit des Kabel- und Leitungssystems). In der Tabelle sind die Messaufgaben und die entsprechenden Grenzwerte aufgelistet.

Messungen zur Wiederholungsprüfung

Messaufgabe	Messung	Grenzwert
Isolationswiderstand des Schutzleiters zum Neutral- und Außenleiter	Isolationswiderstandsmessung	≥ 300 Ω/V (ohne Verbraucher) ≥ 1000 Ω/V (mit Verbraucher) ≥ 50 Ω/V (im IT-System)
Durchgängigkeit Schutzpotenzialausgleichsleiter und Schutzleiter	Niederohmmessung	≤ 1 Ω
Verwechslung von Neutral- und Schutzleiter	Niederohmmessung	≤ 1 Ω
Fehlerstrom-Schutzeinrichtung	Berührungsspannung	TN- und IT-System: $U_{LAN} \leq 50$ V
	Erdungswiderstand	TT-System: $R_A \cdot I_a \leq 50$ V

Bei jeder Wiederholungsprüfung muss außerdem festgestellt werden, ob die vorhandenen Betriebsmittel der Beanspruchung bzw. Belastung (Strombelastung oder äußere thermische Einflüsse) noch genügen und ob eine Anpassung an veränderte VDE-Vorschriften notwendig ist.

Arbeitssicherheit beim Prüfen!
(z.B. bei Prüfungen unter Spannung)

- Absprache mit dem Arbeits- oder Anlagenverantwortlichen
- Sicherheitsregeln beachten
- Genaue Terminabsprache
- Sicherheitshinweise anbringen

Es wird gearbeitet!
Ort:
Entfernen des Schildes nur durch:

Dokumentation der Mängel

Die bei der Wiederholungsprüfung festgestellten **Mängel** werden im Zustandsbericht (Abb. 2) dokumentiert. Dieser Bericht kann bei einer umfangreichen elektrischen Anlage aus mehreren Blättern bestehen. Im Fall einer Erstprüfung werden in diesem Formular die Anzahl der installierten Betriebsmittel aufgeführt.

Im ersten Teil des Berichtes werden wiederum die Bestandsdaten (vgl. S. 69) erfasst.

Die Mängel können in Form eines **Fehlercodes** (Abb. 2) eingetragen werden. Dieser Code besteht aus einer zweistelligen Ziffer und einem Buchstaben.

Mangelart – 1. Ziffer – z. B. 83: Leitungseinführung nicht vorschriftsmäßig

83 A

Mangelbewertung – 2. Ziffer – z. B. A: Geringe (leichte) Gefährdung

Die **Mängelarten** [*types of defect*] sind in einer Liste zusammengefasst. Diese Liste enthält vordefinierte Mängel (Abb. 1) sowie freie Ziffern. Darin kann der Prüfer alle anlagenspezifischen Fehler beschreiben.

Mangelbewertung	
O	Ohne Gefährdung: Kein Handlungsbedarf
A	Geringe (leichte) Gefährdung: Anlage kann weiterbetrieben werden; Mangel muss bei nächster Gelegenheit behoben werden.
B	Erhöhte (mittlere) Gefährdung: Anlage kann weiterbetrieben werden; Mangel muss umgehend beseitigt werden.
C	Hohe (akute) Gefährdung; Anlage ist sofort außer Betrieb zu setzen.

1: Ziffern zur Mangelbewertung

Ort/Anlagenteil — Anzahl Betriebsmittel ☐ / Fehlercodes ☒	UV01.III	UV01.III	UV01.III	UV01.III	Haupteingang
Stromkreisverteiler	83 A	25 O	60 A	85 B	
Aus-/Wechselschalter					
Serienschalter					
Taster					
Dimmer					
Jalousietaster/-schalter					
Schlüsseltaster/-schalter					
Not-Aus-Taster/-schalter					68 B

2: Auszug aus dem Zustandsbericht

Der Zustandsbericht in Abb. 2 zeigt folgende Mängel:

Stromkreisverteiler UV 0.1 III

- 83 A: Leitungseinführung nicht vorschriftsmäßig
- 25 O: Dokumentation unvollständig
- 60 A: Zielbezeichnung fehlt
- 85 B: Adernendhülsen fehlen

Not-Aus-Schalter [*emergency stop switch*]
Drehtür Haupteingang

- 68 B: Abdeckung fehlt

> - Die Mängel können in Form eines Fehlercodes im Zustandsbericht festgehalten werden.
> - Der Fehlercode besteht aus der Mangelart (zweistellige Ziffer) und der Mangelbewertung (Buchstabe).

Beispiele für Fehlercodes

1. Ziffer

1 und **2** Allgemeines
- **10** Abdeckung schadhaft
- **11** Abdeckung fehlt
- **14** Gehäuse defekt
- **20** Wärmeschaden
- **25** Dokumentation unvollständig
- **26** Dokumentation nicht aktualisiert
- **27** Neutralleiter fehlt

4 und **5** Schutzmaßnahmen
- **40** Schutzleiter nicht wirksam
- **42** Schutzleiter fehlt
- **43** Berührungsschutz fehlt
- **49** Fehlerstrom-Schutzeinrichtung fehlt

6 Verteiler
- **60** Zielbezeichnung fehlt
- **61** Passeinsätze falsch
- **62** Verdrahtung mangelhaft

8 Kabel, Leitungen und Verlegesysteme
- **80** Leitungsverlegung unsachgemäß
- **81** Leitung beschädigt
- **82** Leitung unzulässig

9 Installationsgeräte
- **90** Leuchtmittel falsch
- **91** Leuchtmittel defekt
- **92** Leuchtenabdeckung fehlt

1: Fehlercodes (Auszug)

5.5 Nutzer einweisen

Die Einweisung des Nutzers in die Bedienung und Wartung einer elektrischen Anlage dient dem sicheren Betrieb und trägt zu einem hohen Maß zur Verhütung von Unfällen bei. Der **Betrieb einer Anlage** umfasst nach VDE 0105 folgende beispielhafte Tätigkeiten:

- In- bzw. Außerbetriebnahme
- Überwachung
- Schalten, Steuern, Regeln
- Instandhaltung (Inspektion, Warten, Instandsetzen, Verbessern)
- Störungsbehebung
- Wiederinbetriebnahme

Wer ist der Nutzer der elektrischen Anlage?

Nicht immer ist der Nutzer einer Anlage auch gleichzeitig der Auftraggeber. Daher muss bei der Einweisung darauf geachtet werden, dass der Personenkreis angesprochen wird, der die Anlage betreibt. In größeren Betrieben, z.B. im Krankenhaus, erfolgt die **Nutzereinweisung** [*user instruction*] unter Beteiligung einer Elektrofachkraft oder des Anlagenverantwortlichen. Dieser kann dann das wechselnde Personal in die spezifischen Gegebenheiten vor Ort einführen (z.B. zentrale Bedienung und Kontrolle der elektrischen Einrichtungen in der Gebäude- bzw. Anlagenleitstelle).

In der folgenden Tabelle (Abb. 1) sind beispielhaft Anlagen und Anlagenbereiche sowie der Personenkreis aufgeführt, an den sich eine Nutzereinweisung richtet.

Anlage	Personenkreis
Wohnhaus	Nutzer der Wohnung (Eigentümer, Mieter), Hausmeister
Anlagen zur elektrischen Spannungsversorgung in Betrieben (Verteiler usw.)	Anlagenverantwortlicher, beauftragte Elektrofachkraft, Sicherheitsbeauftragter
sicherheitstechnische Einrichtungen	Anlagenverantwortlicher, Sicherheitsbeauftragter
frei zugängliche Einrichtungen zum Steuern, Schalten usw.	Bedienpersonal unter Aufsicht des Anlagenverantwortlichen

1: Zielgruppen einer Nutzereinweisung

Für große Projekte ist es vorteilhaft, den späteren technischen Betreuer der Anlagen bereits in der Errichtungsphase mit den spezifischen Gegebenheiten vor Ort vertraut zu machen. Dies erleichtert den sicheren Betrieb und die Wartung der Betriebsmittel.

Eine Wiederholung der Einweisung ist erforderlich bei

- jeder **Veränderung der Anlage** sowie
- allen sicherheitsrelevanten Einrichtungen in regelmäßigen Abständen durch den Sicherheitsbeauftragten.

Pflichten des Anlagenbetreibers

Nach dem Arbeitsschutzgesetz (ArbSchG) und der DGUV Vorschrift 1 ist der Betreiber einer elektrischen Anlage dazu verpflichtet, alle Mitarbeiter mindestens einmal jährlich über mögliche auftretende Gefahren bei der Arbeit und die **Unfallverhütungsvorschriften** [*accident prevention regulation*] einzuweisen.

Jährliche elektrotechnische Unterweisungen:

- Schaltberechtigte Personen auf sicheres Schalten belehren (5 Sicherheitsregeln)
- Verhalten bei der Feststellung von gravierenden Mängeln (Informationsweg zur Instandsetzung)
- Erste Hilfe Maßnahmen bei elektrischen Unfällen auffrischen (z.B. Wiederbelebungsmaßnahmen)
- Verhalten beim Betreten elektrischer Betriebsstätten (z.B. Niederspannungshauptverteilung)
- Benutzung der Schutzeinrichtungen und Schutzkleidung (z.B. Augen- und Kopfschutz)
- Verwendung von speziellen Werkzeugen mit intakter Isolierung (z.B. Wechseln von NH-Sicherungseinsätzen)

Was muss bei der Nutzereinweisung beachtet werden?

Der Umfang der Einweisung hängt in erster Linie von der Größe der Anlage ab. Der Betrieb und die Bedienung der elektrischen Energieversorgung eines Wohnhauses ist weitaus einfacher als eine komplexe Anlage mit zusätzlicher Sicherheitsstromversorgung (ZSV) und weiteren sicherheitstechnischen Einrichtungen, wie im Beispiel des Krankenhauses.

Bei der Einweisung sollte der Elektroniker grundsätzlich darauf achten, dass

- **genügend Zeit** zur Verfügung steht,
- eine **kundenorientierte Sprache** verwendet wird,
- ausführlich alle **Anlagendetails** besprochen werden,
- dem Kunden Gelegenheit zu **Rückfragen** gegeben wird und
- eine **Begehung** vor Ort stattfindet.

Aufgaben

1. Was müssen Sie bei der Einweisung eines Kunden in eine neu installierte Anlage berücksichtigen? Erstellen Sie eine Liste.
2. In welchen Fällen ist eine Nutzereinweisung erforderlich?

- Die Nutzereinweisung ist Bestandteil der Übergabe und trägt zum sicheren Betrieb einer elektrischen Anlage bei.
- Die Nutzereinweisung ist ausführlich, kundenorientiert, vor Ort und ohne Zeitdruck durchzuführen.

Bei der Einweisung der Nutzer in die neu errichtete elektrische Energieversorgung des Krankenhauses wird zur Kontrolle und Dokumentation der durchgeführten Schritte eine firmeneigene Checkliste eingesetzt (Abb. 2).

Checkliste zur Nutzereinweisung

KRUSKOP ELEKTROTECHNIK
Lindenstraße 3 – Telefon (0 58 23) 98 17-0
29553 Bienenbüttel – Telefax (0 58 23) 98 17-20

Blatt ..... von .....

Projekt:

Ansprechpartner:

Teilnehmer/eingewiesene Personen:

Arbeiten an elektrischen Anlagen (VDE 0105-100)
- Hinweis auf Anlagenverantwortlichen ☑
- Hinweis auf Arbeitsverantwortlichen ☑

Hauptverteilung
- Einweisung in die Schalthandlungen ☑ (5 Sicherheitsregeln, Schaltberechtigungen, Arbeitsschutz) ☑
- Einweisung in die Messeinrichtungen ☑
- Einweisung in die Schaltpläne/Dokumentation
  - Betriebsanleitungen ☑
  - Checklisten ☑
  - Kennzeichnung der Objekte ☑
  - Lage der Sicherungen in der Verteilung ☑
  - Größe und Bemessungsstrom von Sicherungen ☑
  - Einstellwerte der Schutzeinrichtungen ☑
  - Zielbezeichnung von Kabel und Leitungen ☑
  - Kabel- und Leitungstyp mit Angabe von Querschnitt und Adernzahl ☑
- Kontrolle der Beschilderung ☑
- Handlampe als Notbeleuchtung ☑
- Ersatzsicherungen ☑

Unterverteilungen (........ Verteiler)
- Einweisung in die Schaltpläne/Dokumentation
  - Betriebsanleitungen ☑
  - Checklisten ☑
  - Kennzeichnung der Betriebsmittel ☑
  - Lage der Sicherungen in der Verteilung ☑
  - Größe und Bemessungsstrom von Sicherungen ☑
  - Einstellwerte der Schutzeinrichtungen ☑
  - Zielbezeichnung von Kabel und Leitungen ☑
  - Kabel- und Leitungstyp mit Angabe von Querschnitt und Adernzahl ☑
- Ersatzsicherungen ☑

Trafostation
- Sicherheitsbestimmungen (Schutz gegen direktes Berühren) ☑
- Sicherheitsabstände ☑
- Zutrittsberechtigungen ☑
- Verschlusspflicht der Räume ☑
- Schlüsselmanagement ☑
- Einweisung in den Arbeitsschutz ☑

Notstromaggregat
- Startvorgang erläutern ☑
- Einweisung in die Messeinrichtungen ☑
- Kraftstoffvorrat ☑
- Fehlermeldungen und Fehlerbehebung ☑
- Wartungsintervalle ☑

Batterieräume
- Einweisung in die Messeinrichtungen ☑
- Fehlermeldungen und Fehlerbehebung ☑
- Wartungsintervalle ☑

Sicherheitsrelevante Einrichtungen
- .... ☐
- .... ☐

Ersatzteilbestand kontrollieren ☐

Wiederholungsprüfungen
- Hinweis auf Prüfintervalle ☐
- zu prüfende Betriebsmittel ☐

Prüfbericht übergeben ☑

Mit der Unterschrift wird die Übergabe der nach den geltenden Vorschriften und Normen installierten Elektroanlage bestätigt. Die Ergebnisse der Prüfungen sind in einem separaten Prüfbericht dokumentiert.

.... Ort, Datum
.... Unterschrift Einweisender

Original verbleibt beim Auftragnehmer!
Kopie verbleibt beim Auftraggeber!

.... Ort, Datum
.... Unterschrift Eingewiesener

2: Checkliste zur Nutzereinweisung

Die folgende Übersicht fasst die wichtigsten Schritte zur Errichtung der Energieversorgungseinrichtung ausgehend von der Planung über die Realisierung bis zur Übergabe der Anlage zusammen.

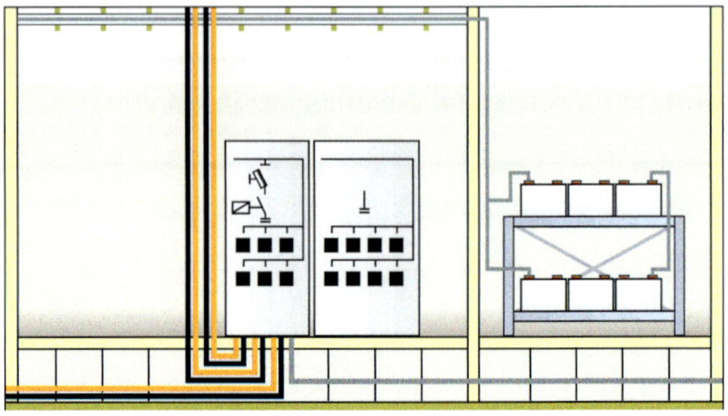

Schritt	Beschreibung
Bauvorhaben: Erneuerung der Niederspannungshauptverteilung im „Heilig Geist" Krankenhaus	
Auftragsvergabe auf der Basis des Leistungsverzeichnisses	Auftraggeber erstellt das Leistungsverzeichnis (LV) und Auftragnehmer verfasst ein Angebot auf der Basis des Leistungsverzeichnisses.
Planung der **Projektschritte**	Auftragnehmer erstellt einen Projektplan zur Planung der Teilaufgaben und Termine.
Analyse des bestehenden Energieversorgungsnetzes	Netzsysteme (TN, TT bzw. IT) festlegen; Welche Vorschriften und Richtlinien müssen angewendet werden?
Leitungsschutz festlegen: • Leiterquerschnitt und • Schutzeinrichtung dimensionieren	• Schmelzsicherungen, LS-Schalter und Lasttrennschalter dimensionieren • Leiterquerschnitt der Leitungsverbindungen dimensionieren (Spannungsfall, Umgebungsfaktoren f_1, f_2, f_3, f_4)
Vergabe externer Aufträge (z. B. Bau der Verteilungsmodule der Niederspannungshauptverteilung) bzw. Absprache mit Lieferanten	• Art und Umfang der Arbeit definieren • Ausschreibung der erforderlichen Arbeiten • Auftragsvergabe und Terminierung
Auftrag durchführen	• Lieferung der Verteilungsmodule • Verteilung aufbauen • Leitungssystem installieren und anschließen • Funktionsprüfung
Einhaltung der Bestimmungen zum **Personenschutz** prüfen	Die sicherheitsrelevanten Anlagenbestandteile auf die Einhaltung der DIN-Vorschriften und Sicherheitsbestimmungen prüfen.
Erstprüfung der elektrischen Anlagen	Besichtigung, Erprobung und Messung, Dokumentation und Prüfbericht erstellen
Nutzereinweisung und Übergabe der Anlage	Dokumentation übergeben, Begehung der Anlage mit einer Einweisung in die Bedienung, Wartung und Instandhaltung

6 Anlagen, Geräte und Baugruppen

6.1 Elektroinstallation und EDV-Vernetzung

6.1.1 Analyse von Energieversorgungssystemen

Telefonische Anfrage

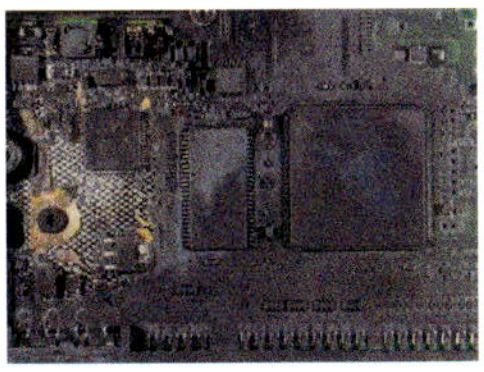

Lokales — Rundsch

Dispositionscomputer verschmort

Spediteur verzweifelt: Alle Kundendaten fehlen

Nach Aussage eines ortsansässigen Spediteurs ist ihm am vergangenen Wochende sein Dispositionscomputer verschmort. Dies hat bedauerlicherweise zur Folge, dass dabei alle seine Kundendaten verlorengegangen sind. Nach Aussage eines ortsansässigen Spediteurs ist ihm am vergangenen Wochende sein Dispositionscomputer verschmort. Dies hat bedauerlicherweise zur Folge, dass dabei alle seine Kundendaten verlorengegangen sind.

Nach Aussage eines ortsansässigen Spediteurs ist ihm am vergangenen Wochende sein Dispositionscomputer verschmort. Dies hat bedauerlicherweise zur Folge, dass dabei alle seine Kundendaten verlorengegangen sind. Nach Aussage eines ortsansässigen Spediteurs ist ihm am vergangenen Wochende sein Dispositionscomputer verschmort. Dies hat bedauerlicherweise zur Folge, dass dabei alle seine Kundendaten verlorengegangen sind. Nach Aussage eines ortsansässigen Spediteurs ist ihm am vergangenen Wochende sein Dispositionscomputer verschmort.

Dies hat bedauerlicherweise zur Folge, dass dabei alle seine Kundendaten verlorengegangen sind. Nach Aussage eines ortsansässigen Spediteurs ist ihm am vergangenen Wochende sein Dispositionscomputer verschmort. Dies hat bedauerlicherweise zur Folge, dass dabei alle seine Kundendaten verlorengegangen sind.

Nach Aussage eines ortsansässigen Spediteurs ist ihm am vergangenen Wochende sein Dispositionscomputer verschmort. Dies hat bedauerlicherweise zur Folge, dass dabei alle seine Kundendaten verlorengegangen sind. Nach Aussage eines ortsansässigen Spediteurs ist ihm am vergangenen Wochende sein Dispositionscomputer verschmort. Dies hat bedauerlicherweise zur Folge, dass dabei alle seine Kundendaten verlorengegangen sind. Nach Aussage eines ortsansässigen Spediteurs ist ihm am vergangenen Wochende sein Dispositionscomputer verschmort.

Dies hat bedauerlicherweise zur Folge, dass dabei alle seine Kundendaten verlorengegangen sind. Nach Aussage eines ortsansässigen Spediteurs ist ihm am vergangenen Wochende sein Dispositionscomputer verschmort. Dies hat bedauerlicherweise zur Folge, dass dabei alle seine Kundendaten verlorengegangen sind.

Nach Aussage eines ortsansässigen Spediteurs ist ihm am vergangenen Wochende sein Dispositionscomputer verschmort.

Dies hat bedauerlicherweise zur Folge, dass dabei alle seine Kundendaten verlorengegangen sind. Nach Aussage eines ortsansässigen Spediteurs ist ihm am vergangenen Wochende sein Dispositionscomputer verschmort. Dies hat zur Folge, dass dabei alle seine Kundendaten verlorengegangen sind.

KRUSKOP

ELEKTROTECHNIK

- Licht-, Kraft-, Schwachstromanlagen
- Beleuchtung
- EDV-Verkabelung
- Planung und Beratung
- Verkauf von Elektro-Material und -Geräten
- Kundendienst

Architekturbüro Weber

Kruskop Elektrotechnik, guten Morgen

Hier Architekturbüro Weber, wir wollen unsere Büroräume erweitern, das heißt, wir wollen unsere EDV auf zwei Etagen verteilen, da soll es so Probleme mit vagabundierenden Strömen geben, bin ich bei Ihnen richtig?

Moment mal, da muss ich unseren Chef rufen …

Mathias Kruskop – wo ist das Problem?

Wie gesagt, unsere EDV-Anlage ist angewachsen, sodass wir jetzt die zweite Etage nutzen müssen. Die PCs sind vernetzt und ich habe gehört, dass mitunter die Elektroinstallation nicht EDV-gerecht ist und dadurch Schäden entstehen können. Man liest z.B., dass sogar PCs zerstört werden, das darf uns nicht passieren, unsere Daten dürfen nicht verloren gehen, ist da was dran?

Da sind Sie bei uns richtig. Wie alt ist denn das Gebäude?

So etwa 30 Jahre, aber die Elektroinstallation ist in Ordnung, wir ha-ben durch Umbauten weitere Steckdosen installieren lassen, neue Büroleuchten sind angebracht und wir haben sogar Drehstrom im Haus.

Ja, … da müssen wir wohl Ihre Elektroinstallation mal genau durchchecken, vor 30 Jahren gab es noch keine PCs, es kann sein, dass Ihr Energienetz den Erfordernissen angepasst werden muss.

Das verstehe ich nicht, wir haben bisher keine Probleme gehabt, wir haben auch die modernsten EDV-Geräte, sogar Schutzschalter. Wenn Sie aber meinen, dann sollten Sie sich doch mal die Anlage ansehen, wie gesagt, wir können uns keinen Datengau erlauben.

Ja dann hole ich mal unseren Terminplan, passt es Ihnen am …

Vielen Dank, bis dann …

Aufgrund der Anfrage durch das Architekturbüro Weber formuliert Herr Kruskop für seine Mitarbeiter in Kurzform folgenden Auftrag:

> KRUSKOP
> ELEKTROTECHNIK
>
> **Auftraggeber:** **Datum: ...**
>
> Architekturbüro Weber
> Spessartweg 35
> 21682 Stade
>
> **Auftrag:** 05-09-375 Weber
>
> Die EDV-Tauglichkeit in den Etagen I und II ist zu überprüfen.
>
> 1. Welches Energiesystem ist installiert (Hausanschlusskasten untersuchen)?
> 2. Die Stromkreise für die Steckdosen in den Etagen I und II müssen untersucht werden. Wie sind N- und PE-Leiter angeschlossen?
> 3. Werden im Haus elektronische Geräte, z. B. EVGs für Leuchtstofflampen verwendet?

Die Analyse wird von einem Gesellen mit einer Auszubildenden durchgeführt und wie folgt dokumentiert:

> KRUSKOP
> ELEKTROTECHNIK
>
> **Auftraggeber:** **Datum: ...**
>
> Architekturbüro Weber
> Spessartweg 35
> 21682 Stade
>
> **Auftrag:** 05-09-375 Weber
>
> Die EDV-Tauglichkeit in den Etagen I und II ist zu überprüfen.
>
> **Ergebnis:**
>
> **1. Energiesystem**
> 4-adriges TN-C-System, PE- und N-Leiter werden gemeinsam als PEN-Leiter geführt.
> Vom Hausanschluss führt eine 4-adrige Leitung (L1, L2, L3 und PEN) zu den Unterverteilungen der Etage.
>
> **2. Stromkreise**
> Für die Steckdosen ist jeweils ein Außenleiter vorgesehen. Der PEN-Leiter wird in den Unterverteilungen in den N- und PE-Leiter aufgeteilt.
>
> **3.** Die Leuchtstofflampen in den Räumen werden mit elektronischen Vorschaltgeräten betrieben. Insgesamt sind es 12 Lampen.

Die Auszubildende bringt den Bericht zu Herrn Kruskop mit den Worten „alles OK Chef, Steckdosen sind vorhanden – ordnungsgemäße Installation – PCs können in die zweite Etage gebracht und vernetzt werden".

Herr Kruskop ist mit diesem spontanen Vorschlag nicht einverstanden und verdeutlicht die Problematik. Er zieht dabei die DIN VDE 0100-444 heran, in der es um den Schutz gegen elektromagnetische Störungen in Anlagen und Geräten geht. Für seine Auszubildenden erstellt er eine Skizze (Abb. 1). Sie entspricht einer Zeichnung aus der DIN VDE 0100-444. Durch die räumliche Darstellung und den Verlauf der einzelnen Leitungen kann das Problem in besonderer Weise verdeutlicht werden.

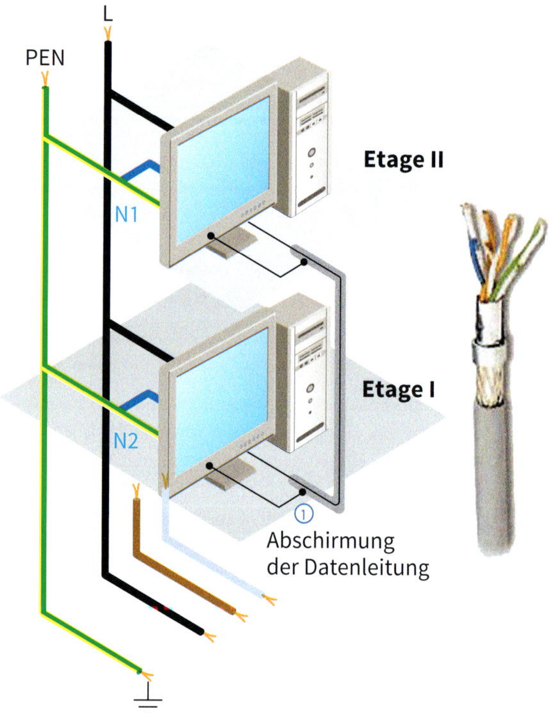

1: Energieversorgung für vernetzte EDV-Geräte über zwei Etagen

Der für beide Etagen verwendete **PEN-Leiter** wird in jeder Etage in einen **PE- und N-Leiter** aufgeteilt (Punkt N1 und N2 in Abb. 1). Alle metallenen Gehäuseteile der EDV-Anlage (hier nur durch zwei Geräte dargestellt) sind mit dem PE-Leiter verbunden.

Zusätzlich gibt es eine **abgeschirmte Datenleitung** ①. Sie stellt eine leitende Verbindung zwischen den Gehäusen der Geräte auf beiden Etagen her.

Wie die Ströme verlaufen, wird aus Abb. 1 noch nicht deutlich, deshalb werden in der nachfolgenden Abb. 2 die Geräte als Widerstände R_{G1} und R_{G2} eingezeichnet. Die angenommenen Stromrichtungen sind durch Pfeile gekennzeichnet. Die Stromstärke I_{G2} wurde größer als I_{G1} angenommen.

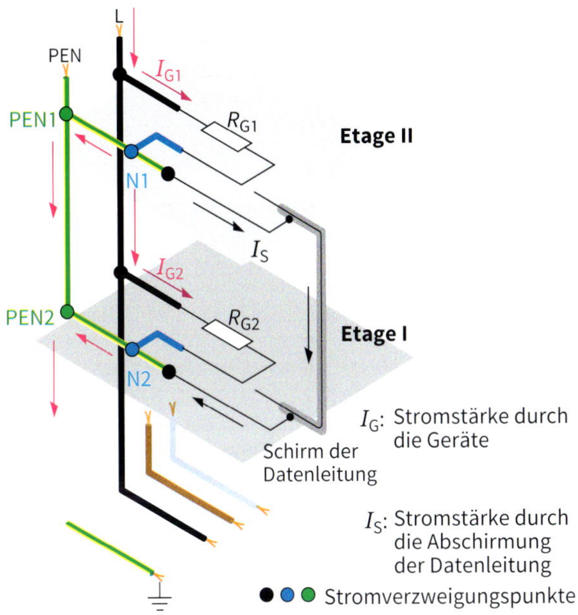

2: Stromkreise

Folgende Stromkreise ergeben sich:

- L → R_{G1} → N1 (PEN wird in N und PE aufgeteilt) PEN1 → PEN2 → Erde
- L → R_{G2} → N2 (PEN wird in N und PE aufgeteilt) → PEN2 → Erde

Neben den Strömen durch die Geräte (I_{G1} und I_{G2}) kann auch ein Strom (I_S) über die Abschirmung der Datenleitung fließen.

Wie ist das aber möglich? Die Leitungen sind doch parallel geschaltet. Zur Lösung geht Herr Kruskop schrittweise vor.

Im ersten Schritt zeichnet er die räumliche Darstellung in einen Stromlaufplan um (Abb. 3a), in dem die Leitungen als widerstandslose Verbindungen dargestellt sind. Für die Lösung der Frage ist es nun hilfreich, dass auch die Leitungen als Widerstände eingezeichnet werden (Abb. 3b). Sie sind im Vergleich zu den Gerätewiderständen sehr gering. Da sie verschieden groß sind, entstehen auch unterschiedliche Spannungsfälle. Als Besonderheit wurde in Abb. 3b der Widerstand der Abschirmung der Datenleitung noch nicht eingezeichnet. Dieses wäre beispielsweise dann der Fall, wenn die EDV-Geräte nicht vernetzt sind.

Um Vorstellungen über die Größenordnungen dieser Brückenschaltung zu erhalten, sind für die Anlage folgende Werte angenommen worden:

$I_{G1} = 10\ \text{A}$; $I_{G2} = 1\ \text{A}$

Leiterlängen: $l_1 = 10\ \text{m}$ (von N1 nach PEN2)
$l_2 = 5\ \text{m}$ (von N2 nach PEN2)

Aus diesen Leiterlängen ergeben sich mit der Formel

$R = \dfrac{l}{\varkappa \cdot q}$ und $q = 1{,}5\ \text{mm}^2$ folgende Widerstände:

$R_{N1} + R_{PEN} = 0{,}12\ \Omega$ $\quad$ $R_{N2} = 0{,}06\ \Omega$

Mit den angenommenen Stromstärken erhalten wir folgende Spannungen ($U = I \cdot R$):

$U_{N1} = 1{,}2\ \text{V}$ $\quad$ $U_{N2} = 0{,}06\ \text{V}$

Zwischen N1 und N2 besteht somit eine **Potenzialdifferenz** von $U_{12} = U_{N1} - U_{N2}$; $U_{12} = 1{,}14\ \text{V}$.

Wenn jetzt wie in Abb. 3b dargestellt, die Punkte N1 und N2 durch die Abschirmung der Datenleitung verbunden werden (Widerstand R_S), fließt aufgrund des Potenzialunterschiedes ein Ausgleichsstrom I_S.

Warum ist Strom über die Abschirmung der Datenleitung unerwünscht?

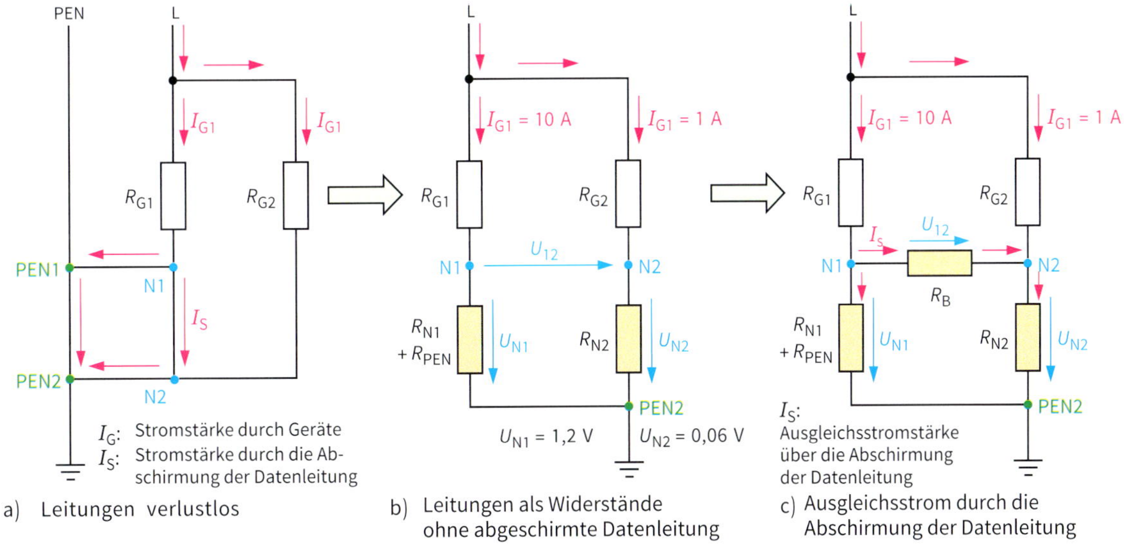

3: Stromverzweigungen durch Vernetzung

Beeinträchtigungen und Fehlermöglichkeiten durch Ströme in den Abschirmungen von Datenleitungen

Datenverlust
Ströme durch die Abschirmung der Datenleitung verursachen magnetische Wechselfelder. Durch Induktion können so zusätzliche Spannungen auf der Datenleitung entstehen.

Zerstörung elektronischer Bauteile
Elektronische Schaltungen werden mit geringen Spannungen betrieben. Sie sind in der Regel nicht gegen höhere Spannungen isoliert. Wenn jetzt die Stromstärke über die Abschirmung zu groß wird, entsteht zwischen den metallenen Leitern der EDV (z. B. Gehäuse) und den im Innern befindlichen elektronischen Schaltungen eine Spannung, die zu Überschlägen führen kann.

Brandgefahr
Die Abschirmungen der Datenleitungen bestehen in der Regel aus dünnen Folien und/oder einem Drahtgeflecht. Wenn die Stromstärke zu groß wird, kann es zu einer großen Wärmeentwicklung kommen.

1: Gefahren durch Ströme auf Abschirmungen von Datenleitungen

Die möglichen Beeinträchtigungen und Gefahren sind in Abb. 1 dargestellt. Herr Weber aus dem Architekturbüro hatte also mit seinen Befürchtungen Recht. Bevor aber eine Lösung für seine EDV-gerechte Energieversorgung gefunden wird, erörtert Herr Kruskop mit seinen Auszubildenden ein weiteres Problem.

Die an der Elektroinstallation des Architekturbüros Weber betriebenen Geräte lassen sich grob in zwei Gruppen einteilen:

- In Geräte (z. B. Glühlampen), die kontinuierlich elektrische Energie in andere Energieformen umwandeln. Es handelt sich hierbei um Wirkwiderstände.

  Die **Belastung** [*load*] ist **linear** [*linear*].

- Zahlreiche andere eingeschaltete Geräte, z. B. PCs, Drucker oder Leuchtstofflampen mit elektronischen Vorschaltgeräten (EVGs), beziehen nur dann Energie aus dem Netz, wenn diese benötigt wird. Das Netz wird somit nicht kontinuierlich, sondern impulsartig belastet.

  Die Belastung ist **nichtlinear** [*non-linear*].

Was ändert sich für das Netz bei nichtlinearen Belastungen?

Herr Kruskop demonstriert dieses mit einer Strom- und Spannungsmessung für ein Gerät, in dem die Gleichspannungsversorgung durch ein Schaltnetzteil erzeugt wird. Mit dem verwendeten Vielfachmessgerät können die gemessenen Werte als Zahlenwert und/oder in Kurvenform (Oszilloskopfunktion) angezeigt werden.

Das Ergebnis ist in Abb. 2 zu sehen. Die obere Kurve ① ist die Spannungskurve. Sie zeigt einen etwas geringfügig veränderten Verlauf. Die Spitzen der ursprünglich sinusförmigen Spannung sind leicht abgeflacht. Die Kurve ist also verzerrt, die Spannung ist gewissermaßen „unsauber" geworden. Die Qualität des Netzes hat durch diese Belastung „gelitten". Ursache hierfür sind die impulsartigen Ströme ②.

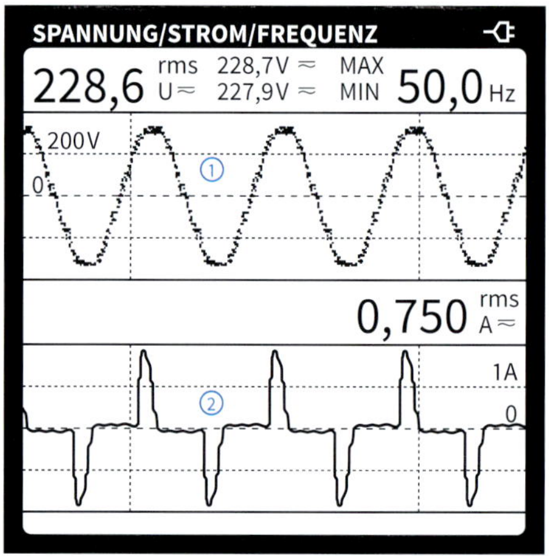

2: Strom und Spannung bei nichtlinearer Belastung

Welche Auswirkungen hat eine verzerrte Spannungskurve?

Durch diese Verzerrung der ursprünglich sinusförmigen Strom- und Spannungskurve entstehen Störungen mit Frequenzen, die ein Vielfaches der Netzfrequenz betragen. Sie werden als **Oberschwingungen** [*harmonics*] (vgl. Kap. 6.1.6) bezeichnet. Deshalb sollten in einer EDV-gerechten Elektroinstallation diese Störungen minimiert werden.

Herr Kruskop schlägt dem Architekturbüro Weber folgende Maßnahmen vor:

1. Umrüstung des TN-C-Systems in ein **TN-S-System**. Bei diesem Energieversorgungssystem fließt kein Strom über den PE-Leiter (vgl. Kap. 6.1.2). Als zusätzliche Kontrolle wird eine Differenzstromüberwachung eingebaut (vgl. Kap. 6.1.3).
2. Minimierung der Störungen durch **Begrenzung der Oberschwingungen** (vgl. Kap. 6.1.4).

- Die Energieversorgung für vernetzte EDV-Geräte muss so konzipiert sein, dass über die Abschirmung kein Strom fließt. Dieses ist im TN-S-System gegeben.

6.1.2 EDV-gerechte Energieversorgung

Nachdem die Überprüfung der Elektroinstallation des Architekturbüros Weber abgeschlossen ist, erstellt die Fa. Kruskop einen ausführlichen Bericht. Um den Kunden sachgerecht zu informieren, enthält der Bericht verschiedene Begründungen. Der Bericht ist mit einem Angebot verbunden.

Lindenstraße 3
29553 Bienenbüttel
Telefon (0 58 23) 98 17-0
Telefax (0 58 23) 98 17-20

KRUSKOP
ELEKTROTECHNIK

• Licht-, Kraft-, Schwachstromanlagen
• Beleuchtung • EDV-Verkabelung
• Planung und Beratung
• Verkauf von Elektro-Material und -Geräten
• Kundendienst

Kruskop Elektrotechnik, Lindenstr. 3, 29553 Bienenbüttel

Architekturbüro Weber
Spessartweg 35
21687 Stade

14. Februar 2020

Sehr geehrter Herr Weber,

die Überprüfung Ihrer Elektroinstallation hat stattgefunden. Leider muss ich Ihnen mitteilen, dass die Elektroinstallation nicht mehr den gegenwärtigen Vorschriften für einen störungsfreien Einsatz von EDV-Geräten entspricht. Folgende Mängel wurden festgestellt, die zu Problemen führen können:

1. Das Energieversorgungssystem ist ein so genanntes TN-C-System. Das heißt, der N- und PE-Leiter werden teilweise gemeinsam geführt. Für die Energieversorgung von vernetzten EDV-Geräten ist dieses System denkbar ungeeignet. In der VDE 0100-444 heißt es dazu:

„***Vermeiden von TN-C-Systemen in Anlagen mit störanfälligen Betriebsmitteln***
In Gebäuden, die in bedeutendem Umfang Betriebsmittel der Informationstechnik aufweisen oder von denen dies für die Zukunft zu erwarten ist, muss ab dem Gebäudeeintritt der Stromversorgung die Anwendung des TN-S-Systems, d. h. die Verlegung getrennter Schutzleiter (PE) und Neutralleiter (N) in Betracht gezogen werden, um die Wahrscheinlichkeit von elektromagnetischen Problemen infolge der Verschleppung von Neutralleiterströmen auf Signalkabeln oder -leitungen zu minimieren, die Schäden oder Störungen verursachen können."

Wir bieten hierzu folgende Lösung an:

Ihr bestehendes TN-C-System wird in ein TN-S-System umgerüstet. Damit PE- und N-Leiter getrennt verlaufen, müssten wir zwischen den Etagen und bis zum Hausanschlusskasten eine neue Leitung verlegen. Zusätzlich müssten wir alle Steckdosen auf unzulässige Überbrückungen zwischen N und PE überprüfen. Außerdem ist es sinnvoll, einen zentralen Erdungspunkt einzurichten.

Die Arbeiten könnten kurzfristig durchgeführt werden und würden Ihren Bürobetrieb nur geringfügig beeinträchtigen. Die Kosten entnehmen Sie bitte dem beigefügten Angebot.

Als Optimierung schlage ich weiter vor, dass wir ein Gerät zur Überwachung „vagabundierender" Ströme einsetzen.

2. In Ihren Büros werden zahlreiche Geräte eingesetzt, die Störungen in das Energienetz einspeisen. Die Störungen können aber auch von Geräten aus der Umgebung in Ihr Netz gelangen. Diese Störungen können die Datenübertragung beeinträchtigen. Ich schlage deshalb Folgendes vor:

– Wir überprüfen die Geräte (z. B. Kompaktleuchtstofflampen) und ersetzen die störenden Geräte.
– Wir schützen Ihre Geräte durch Filter gegen selbst erzeugte und von außen kommende Störungen.

Hierfür habe ich noch kein Angebot erstellt. Wenn Sie es wünschen, werde ich es nachreichen.

3. Es besteht auch die Möglichkeit, die Vernetzung Ihrer EDV mit Lichtwellenleitern durchzuführen. Die Elektroinstallation müsste in diesem Fall nicht geändert werden. Allerdings ist weiterhin die Überlastung des PEN-Leiters gegeben, weil er die Schutz- und Neutralleiterfunktion übernehmen muss. Auch hierfür kann ich Ihnen kurzfristig ein Angebot erstellen.

Zusammenfassend empfehle ich die Lösungen 1 und 2. Sie erhalten durch die Umrüstung eine optimale und zukunftssichere Energieversorgung.

Mit freundlichen Grüßen

M. Kruskop

Steuer-Nr. 47/124/01469

info@kruskop-elektro.de
www.kruskop-elektro.de

Inhaber:
Matthias Kruskop

Sparkasse Uelzen
(BLZ 258 501 10) Kto. 21 36 448

Volksbank Uelzen
(BLZ 258 622 92) Kto. 20 30 90 000

Fachbetrieb im
Vertrauenskreis Elektro VKE

Das Architekturbüro Weber erteilt der Fa. Kruskop den Auftrag, die Punkte 1 und 2 des Angebots durchzuführen. Die hierfür erforderlichen Arbeiten sollen nun in drei Schritten durchgeführt werden:

1. Umbau des TN-C-Systems in ein TN-S-System
2. Einbau einer Differenzstromüberwachung (RCM, vgl. Kap. 6.1.3)
3. Minimierung von Netzstörungen durch Oberschwingungen (vgl. Kap. 6.1.4)

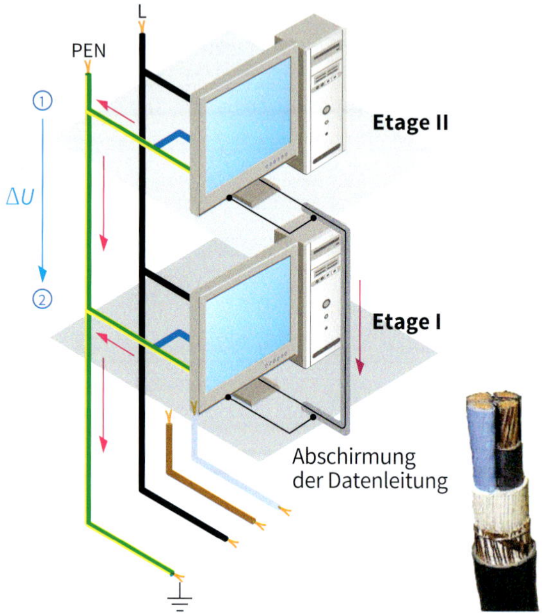

2: TN-C-System

TN-C-System in TN-S-System umrüsten

Die räumliche Skizze (Abb. 2) verdeutlicht nochmals die Problematik des TN-C-Systems für vernetzte EDV-Geräte. Zwischen dem Hausanschlusskasten und der Unterverteilung befindet sich der PEN-Leiter, der die Rolle des N-Leiters (Leiter für die Rückströme der Betriebsmittel) und PE-Leiters (Schutzleiter) **gemeinsam** [*common*] übernimmt. Wenn z. B. aufgrund hoher Ströme im PEN-Leiter zwischen den Verzweigungspunkten ① und ② ein Spannungsunterschied besteht, fließen Ausgleichsströme über die Abschirmungen der vernetzten EDV-Geräte. Es muss deshalb die 4-adrige Leitung zwischen den Etagen durch eine 5-adrige ausgetauscht werden (Abb. 3). Es entsteht ein TN-S-System mit **getrennten** (separaten [*separate*]) Leitern für N und PE.

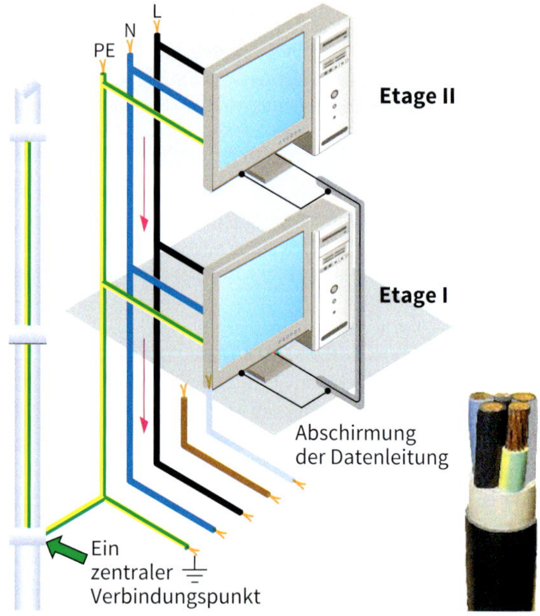

3: TN-S-System

Steckdosen überprüfen

Da die Elektroinstallation der Büroräume etwa 30 Jahre alt ist, könnten einige Steckdosen entsprechend Abb. 1 verdrahtet sein (klassische Nullung). Um Leitungskosten zu sparen, wurden damals gelegentlich Leitungen mit 2 Leitern (L und N) verwendet. Als Schutzmaßnahme wurde dann der N-Leiter mit dem Schutzkontakt verbunden. Diese Maßnahme ist heute nicht zulässig. Damit die Schutzfunktion im TN-S-System bestehen bleibt, müssen deshalb die Zuleitungen durch eine 3-adrige Leitung ausgetauscht werden. Wenn dieses nicht möglich ist, muss die Steckdose stillgelegt werden. Weiterhin muss gewährleistet sein, dass kein angeschlossenes Gerät eine Verbindung zwischen N und PE herstellt. Es darf also in der Hausinstallation nur einen **einzigen Verbindungspunkt zwischen N und PE** geben.

1: Nicht zulässige Schutzmaßnahme

- Durch die getrennte Führung von N- und PE-Leitern im TN-S-System können keine Ausgleichsströme über die Abschirmungen der Datenleitungen fließen.
- Im TN-S-System werden N- und PE-Leiter separat geführt. Die getrennte Führung von PE- und N-Leiter muss bis zur letzten Steckdose und zu jedem Betriebsmittel der Schutzklasse I eingehalten werden.

Für die einzelnen Steckdosen der EDV-Geräte ergibt sich somit der Schaltplan von Abb. 4. Alle metallenen Teile der Geräte (Gehäuse, Abschirmungen der Datenleitungen usw.) sind mit dem PE-Leiter verbunden. Es besteht keine leitende Verbindung mit dem N-Leiter.

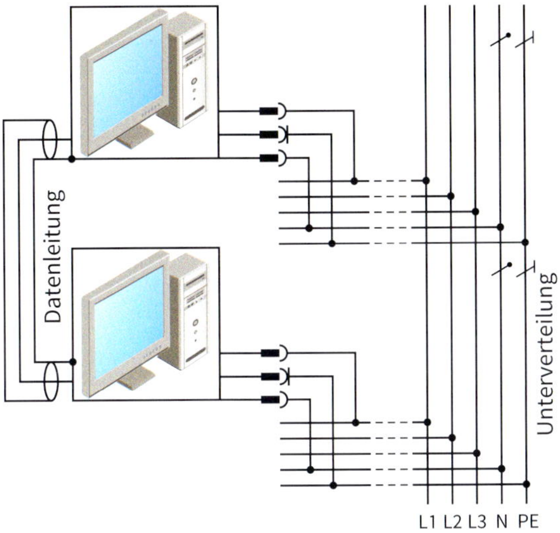

4: Energieversorgung für EDV-Geräte

Ausgleichsströme über fremde leitfähige Teile

Im Architekturbüro Weber waren Heizungsrohre und Wasserleitungen mit dem PEN-Leiter verbunden (Abb. 6). Ausgleichsströme konnten also auch über diese metallenen Leiter fließen. Die Richtung hing vom jeweiligen Potenzialunterschied ab. Diese Ströme verursachen zusätzlich Magnetfelder, die mit Störungen verbunden sind. Um diese zu verhindern, werden alle Verbindungen gelöst ① und das Rohrsystem nur an einem zentralen Verbindungspunkt mit dem PE-Leiter verbunden (Haupterdungsschiene).

Wenn Ströme über fremde metallene Leiter eines Gebäudes fließen, kann es an verschiedenen Stellen zur Korrosion kommen. Eine Ursache ist dabei, dass der Stromfluss auch über die benetzten Oberflächen fließt.

Es kommt dabei zu Zersetzungen (Elektrolyse) von Metallen in Form von „Ausblühungen" und farbigen Ablagerungen.

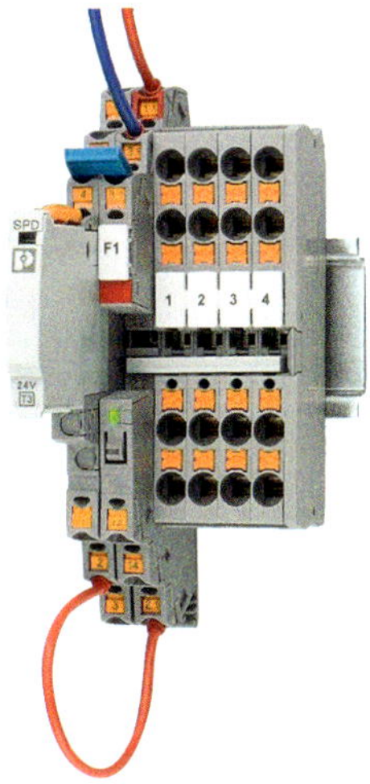

5: Klemme für die Aufteilung des PEN-Leiters in N- und PE-Leiter

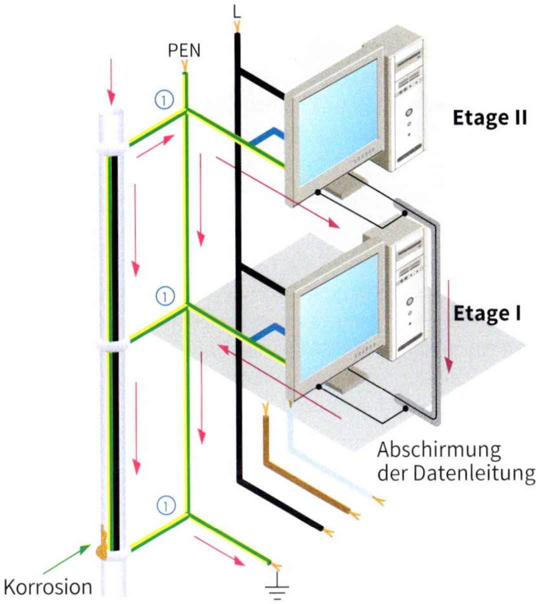

6: Ausgleichsströme über leitfähige Teile

Nach der Umrüstung des TN-C-Systems in ein TN-S-System wird noch die Energiezuführung in dem Hausanschlusskasten überprüft. Die Zuführung erfolgt über eine vieradrige Leitung mit den Leitern L1, L2, L3 und PEN. Die Auftrennung des PEN- in die N- und PE-Leiter erfolgt an dieser Stelle (Aufteilungsklemme Abb. 5), sodass ein TN-S-System entsteht.

Aufgaben

1. Stellen Sie fest, mit welchem System die Energieversorgung Ihres Hauses erfolgt und schätzen Sie die EDV-Tauglichkeit ein.
2. Folgende Aussage wird getroffen:
   Wenn im Architekturbüro alle EDV-Geräte von einer zentralen Energieversorgung gespeist werden würden (z.B. eine Mehrfachsteckdose), fließen über die Abschirmungen der Datenleitungen keine Ausgleichsströme.
   Begründen bzw. widerlegen Sie diese Aussage.

- Bei einer EDV-gerechten Elektroinstallation soll die Aufteilung des PEN-Leiters in die N- und PE-Leiter frühzeitig erfolgen, möglichst bei der Einspeisung in die Hausinstallation. Der N-Leiter ist nur an einer zentralen Stelle mit dem PE-Leiter zu verbinden.
- In einer EDV-gerechten Elektroinstallation müssen Ausgleichsströme über fremde leitfähige Teile (z.B. Wasserleitungen, Heizungsrohre, Metallkonstruktionen des Gebäudes) unterbunden werden.

6.1.3 Differenzstromüberwachung

Das Architekturbüro Weber ist damit einverstanden, dass der Erfolg der Umrüstung durch eine zusätzliche Sicherheitsmaßnahme ergänzt werden soll. Es soll ein Differenzstrom-Überwachungsgerät (**RCM**) eingebaut werden. Aus einer Firmenunterlage entnimmt Herr Kruskop die grundsätzliche Einbaumöglichkeit einer RCM im TN-S-System (Abb. 1).

Welchen Schutz bietet ein RCM?

Im Architekturbüro muss die Energieversorgung für die EDV-Geräte permanent gewährleistet sein. Deshalb könnte ein in der Elektroinstallation sich allmählich entwickelnder Isolationsfehler die Schutzeinrichtung auslösen. Ein Datenverlust wäre die Folge.

Mit einem RCM können Störungen oder eine fehlerhafte Installation (z. B. Verbindung zwischen PE- und N-Leiter) erkannt werden. Dazu werden die Ströme in den Stromkreisen überwacht (Abb. 1). Wenn kein Fehler vorliegt, ist die Summe aller Ströme Null. Bei Fehlerströmen entsteht eine Differenz, die angezeigt und/oder gemeldet wird. Auf diese Weise kann rechtzeitig eine Fehlerbeseitigung vorgenommen werden. RCMs unterbrechen also nicht wie RCDs die Energiezufuhr.

Wie funktioniert ein RCM?

Der Messaufnehmer (Sensor) ist ein Stromwandler. Er arbeitet im Prinzip wie ein Transformator. Durch den Innenbereich eines Eisenkerns (Abb. 2 ②) werden die zu überprüfenden Leiter geführt. In fehlerfreien Systemen ist die Summe aller Ströme gleich Null, sodass in der auf dem Eisenkern befindlichen Spule keine Spannung induziert wird. Fließt allerdings ein Fehlerstrom über die Erde oder über einen anderen Weg vorher ab, verursacht diese **Stromdifferenz** [*differential current*] eine Induktionsspannung. Sie kann angezeigt werden bzw. ein Signal auslösen.

Wie wird ein RCM installiert?

Herr Kruskop entscheidet sich für ein Gerät mit einem **externen Stromwandler** [*external measuring current transformer*] (Abb. 2 ①), der in die Unterverteilung eingebaut wird. Die drei Außenleiter L1, L2, L3 sowie der N-Leiter der Energieversorgung werden durch den Innenbereich des Eisenkerns geführt ②. Das Messsignal gelangt über eine Zweidrahtleitung ③ (z. B. verdrillt 2 x 0,75 mm^2, bis 10 m) an die Auswerteeinheit. Diese bietet folgende Anzeigen und Einstellmöglichkeiten:

- Test-Taste ④
- Betriebs-LED ⑤
- Melde-LED ⑥
  Sie leuchtet, wenn der Differenzstrom einen eingestellten Ansprechwert überschreitet bzw. eine Unterbrechung im Wandler vorliegt.
- Einstellung der Ansprechverzögerung (0…1 s) ⑦
- Einstellung des Ansprechwertes (30…300 mA) ⑧

Die hier vorgenommene Installation ist in der Regel zur Überwachung ausreichend.

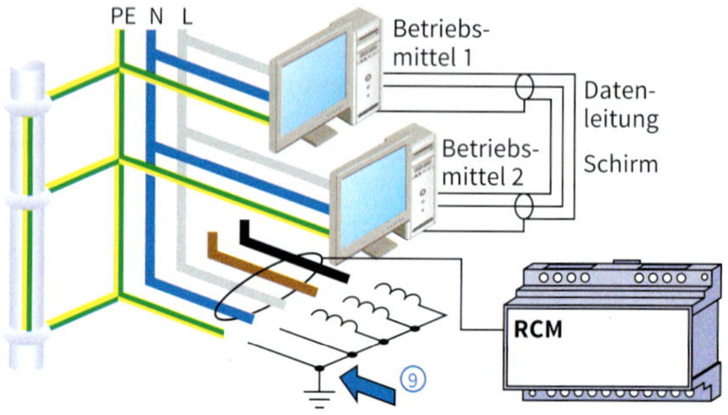

1: Grundsätzlicher RCM-Einsatz im TN-S-System (Herstellerunterlage)

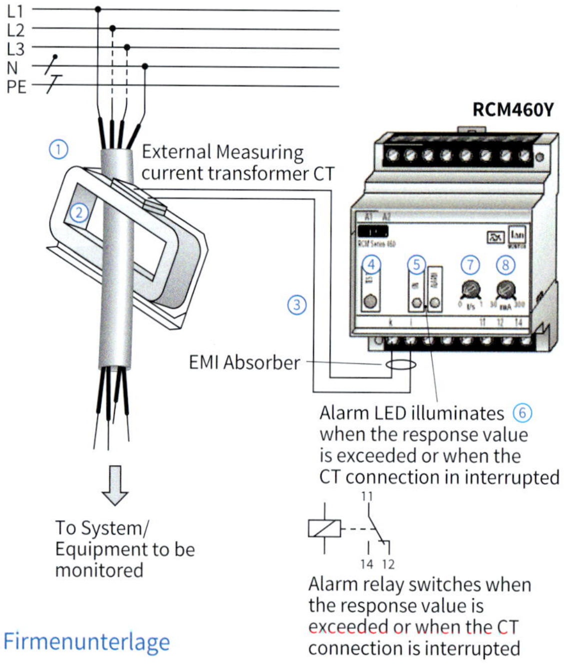

2: Anschlussschema RCM (Herstellerunterlage)

Eine weitere Überwachungsstelle wäre die Verbindung zwischen N und PE (Abb. 1 ⑨). In einem EDV-gerechten TN-S-System darf kein Strom fließen. Mit einem Sensor und einem entsprechenden Anzeigegerät kann dieses kontrolliert werden.

Aufgabe

1. Erklären Sie mit Hilfe der Abb. 2, wodurch bei Überschreitung eines Einstellwertes ein Alarm ausgelöst werden kann.

- RCMs sind Anzeige- bzw. Meldeeinrichtungen für Differenzströme. Sie werden zur rechtzeitigen Fehlererkennung eingesetzt.
- Als Stromsensor für ein RCM wird ein Stromwandler verwendet.

6.1.4 Filter zur Störungsbegrenzung

Mit dem dritten Teil der Umbaumaßnahmen soll die Fa. Kruskop die im Netz vorhandenen Oberschwingungen verringern (vgl. Kap. 6.1.2). Vorher kommt es aber noch zu folgendem Telefonat:

Architekturbüro Weber

Guten Morgen Herr Kruskop, ich möchte auf Ihren ausführlichen Bericht vom 14. Februar 2008 zurückkommen, in dem Sie uns empfohlen haben, unser Energieversorgungssystem gegen Störungen abzusichern. Unsere Anlagen laufen bestens, erklären Sie mir mal, weshalb Sie die weiteren Installationen überhaupt vornehmen müssen!

KRUSKOP ELEKTROTECHNIK

- Licht-, Kraft-, Schwachstromanlagen
- Beleuchtung • EDV-Verkabelung
- Planung und Beratung
- Verkauf von Elektro-Material und -Geräten
- Kundendienst

Ja Herr Weber, mit den Störungen ist das so eine Sache. Sie treten meistens dann auf, wenn man sie nicht erwartet. Wir hatten bei der Messung in Ihrer Energieversorgung festgestellt, dass der Anteil der Störungen durch Oberschwingungen 66,7 % betrug.
Dieser Wert ist erheblich zu hoch, akzeptabel sind höchstens 20 %, da müssten wir etwas tun.

Wo kommen denn diese Störungen her?

Die Störungen sind z. T. hausgemacht. Sie entstehen z. B. in EDV-Geräten, Energiesparlampen und in Geräten, die noch nicht der EN 61000-3-2 entsprechen.
Sie können aber auch von außerhalb in Ihr Energienetz gelangen, sie wissen ja, dass alles mit Leitungen verbunden ist.
Vom Bundesverband für den Fachbereich Elektronik und EDV der öffentlich bestellten und vereidigten Sachverständigen wurde z. B. festgestellt, dass 70 % bis 80 % der Netzwerkkarten unnötigerweise ausgetauscht wurden, da Hardwarefehler vermutet wurden. Die Fehler lagen jedoch im Energieversorgungssystem.

Sie haben mich überzeugt, was kann man dagegen tun?

Es gibt die Möglichkeit, Filter einzubauen, die wie Sperren für die unerwünschten Schwingungen wirken. Sie lassen einerseits keine Störungen in Ihre Energieversorgung hinein und andererseits werden die selbst produzierten Störungen nicht in das öffentliche Netz abgegeben. Sie leisten damit einen Beitrag für die „Qualität" des Netzes. Es gibt aber auch die Möglichkeit, Filter einzubauen, die unerwünschte Störungen gewissermaßen ableiten, d. h. sie werden kurzgeschlossen.

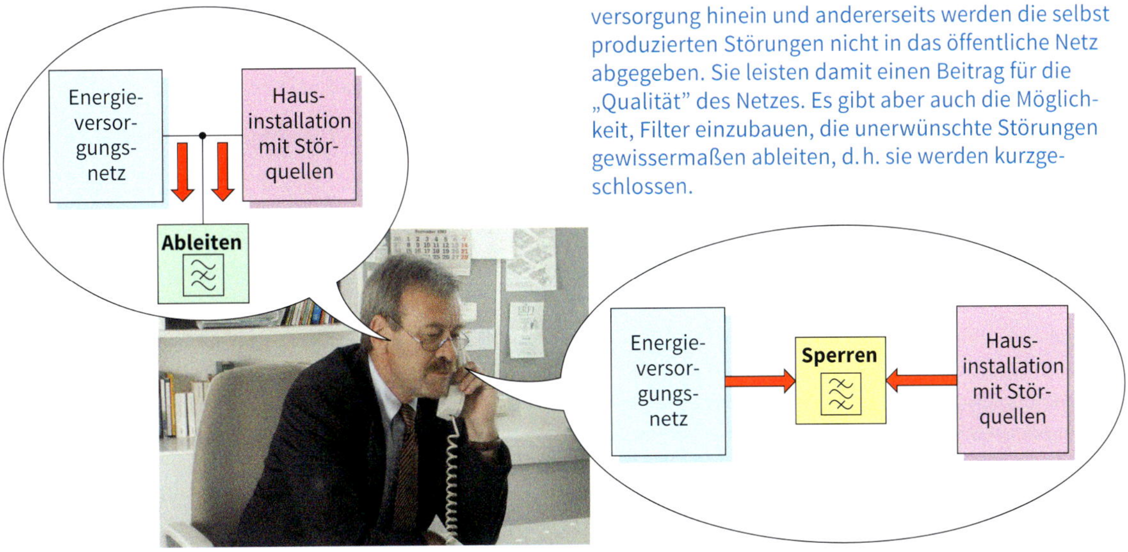

3: Beratungsgespräch – Sperren oder Ableiten?

Nach dem Telefonat entscheidet sich Herr Kruskop zur Verringerung der Oberschwingungen für den Einbau eines **Filters**. Er zieht dabei die folgenden Firmenunterlagen (Auszug) hinzu.

Netzfilter

Der Filter reduziert die dritte Harmonische des Stromes. Es beseitigt die durch die dritte Oberschwingung verursachten Probleme. Es reduziert bei richtiger Dimensionierung ca. 90 % des im Neutralleiter fließenden 150 Hz-Stromes. Es verkleinert deutlich die Magnetfelder und den Leistungsverbrauch. Durch die Verringerung der Verlustleistung können Einsparungen beim Energieverbrauch von 4 % bis 9 % erzielt werden.

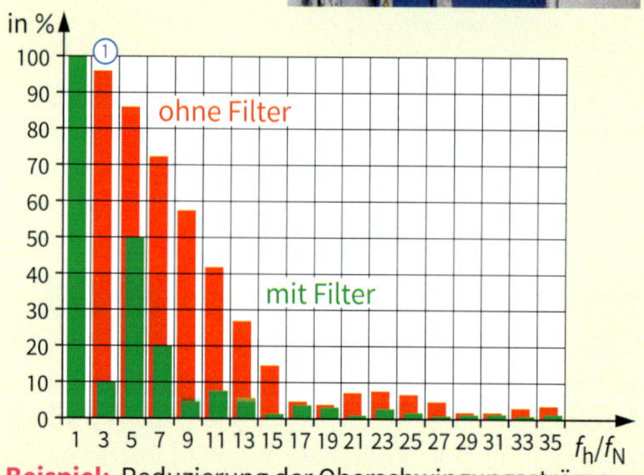

Beispiel: Reduzierung der Oberschwingungsströme in einem Netz durch Einsatz eines Filters

Die Beseitigung von Oberschwingungen bringt Ihnen viele Vorteile:

- Verringerung der 3. Harmonischen
- Geringere Temperatur der Leiter
- Reduzierung der Leitungsverluste
- Reduzierung von Magnetfeldern
- Verbesserung der Versorgungsqualität
- Einsparungen bei der Instandhaltung

Tipp:

Prüfen Sie doch einfach einmal die Neutralleiter in Ihren Anlagen mit einem Echt-Effektivwert-Messgerät. Ist der N-Leiterstrom deutlich größer als der größte Unterschied zwischen den Phasenströmen, liegt wahrscheinlich ein 150 Hz-Problem vor. Dann sollte eine genauere Untersuchung der erste Schritt zur Problemlösung sein!

Das Liniendiagramm der Firmenunterlage macht deutlich, dass durch das Filter die **Ströme der 3. Oberschwingung** (150 Hz) erheblich gemindert werden ①. Im Filter sind passive Bauteile vorhanden (Kondensator, Spule, Abb. 1 ②). Die Einkopplung in den N-Leiter erfolgt über einen Transformator.

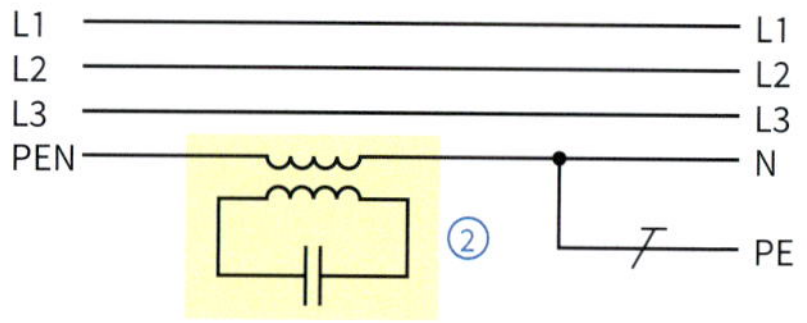

1: Filter im N-Leiter

Wie arbeitet ein Filter?

Das hier verwendete Filter wirkt wie eine Sperre für Ströme mit 150 Hz (**Sperrkreis** [*blocking filter*]). Die Sperrung erfolgt in beide Richtungen. Die Schaltung ist vergleichbar mit einem großen Widerstand (Abb. 1 ②), der nur bei einer bestimmten Frequenz oder in einem kleinen Frequenzbereich auftritt (frequenzabhängiger Widerstand, Abb. 2).

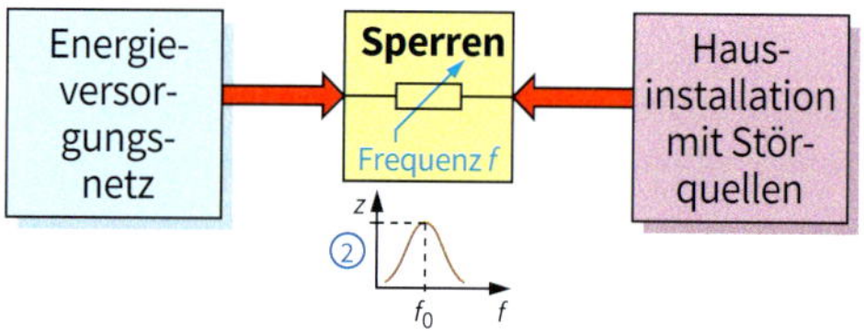

2: Arbeitsweise eines Sperrkreises

Warum wurde kein Filter zum Ableiten der Ströme verwendet?

Diese Filter (Abb. 3, ③) wirken in einem engen Frequenzbereich wie ein kleiner Widerstand. Für die selbst verursachten Störungen wäre zwar der Schutz gewährleistet, aber auch Störungen aus dem Verbundnetz werden durch dieses Filter wie nach dem Staubsaugerprinzip angezogen (**Saugkreis** [*suck filter*]). Eine Überlastung und zusätzliche Energiekosten wären die Folge (nähere Begründung Kap. 6.1.9).

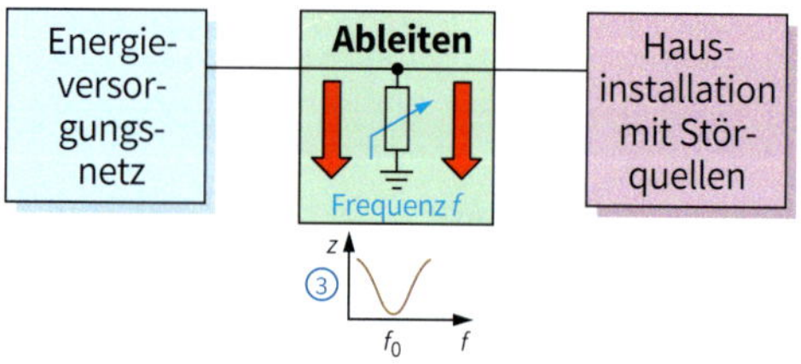

3: Arbeitsweise eines Saugkreises

- Passive Filter bestehen aus Spulen und Kondensatoren. Sie sind frequenzabhängige Widerstände.
- Mit Filtern können Ströme bestimmter Frequenz gesperrt (Sperrkreis) oder abgeleitet (Saugkreis) werden.

Herr Kruskop hat eine sehr kundenorientierte Beratung durchgeführt und aufgrund seines fundierten Wissens eine fachgerechte Installation durch seine Mitarbeiter ausführen lassen. Es gilt nun im nächsten Teil dieses Buches die Grundlagen, die zu seinen Entscheidungen führten, systematisch aufzuarbeiten.

Zu klären sind folgende Themen:

- Was sind nichtlineare Belastungen?
- Was versteht man unter Oberschwingungen?
- Welche Funktion haben Kondensatoren und Spulen?

6.1.5 Nichtlineare Belastungen

Im Architekturbüro Weber werden unterschiedliche elektrische Geräte eingesetzt. Es sind herkömmliche Glühlampen (Wirkwiderstände) vorhanden, die keine Veränderung der Sinusform hervorrufen (**lineare** [*linear*] Belastung, z. B. drei Glühlampen, Abb. 4a ①).

Allerdings werden die Außenleiter nicht immer gleichmäßig (**symmetrisch** [*symmetrical*]) belastet, sodass im N-Leiter Ausgleichsströme fließen (**unsymmetrische** [*asymmetric*] Belastung, vgl. auch Kap. 5.2.3.3).

Daneben gibt es aber zahlreiche Geräte (Leuchtstofflampen mit EVGs, PCs, Drucker, …) die nicht gleichmäßig, sondern impulsartig Energie aus dem Netz beziehen, z. B. wie die drei Kompaktleuchtstofflampen in Abb. 4b ②. Diese Belastung wird als **nichtlinear** bezeichnet. Bei nichtlinearen Belastungen treten besondere Probleme auf, die nun untersucht werden sollen.

Wodurch entstehen nichtlineare Belastungen?

Für die zahlreichen elektronischen Geräte dient als Beispiel die Zweipuls-Brückenschaltung B2B in Abb. 5. Sie wird benutzt, um Wechselspannung in Gleichspannung umzuformen. Der Kondensator mit der Kapazität C_L dient als Ladungsspeicher.

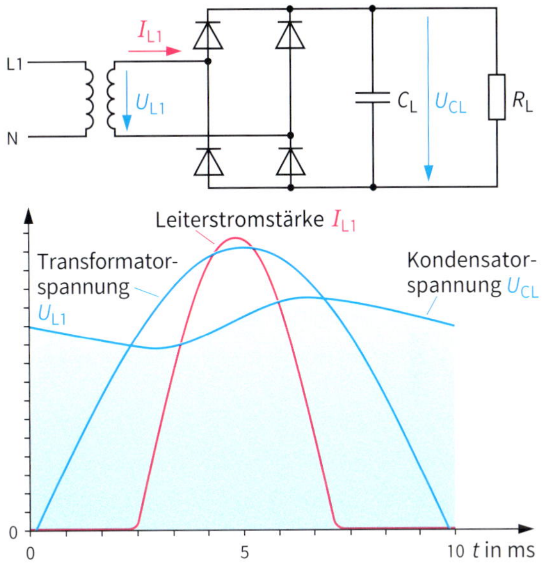

5: Impulsbelastung durch eine Gleichrichterschaltung

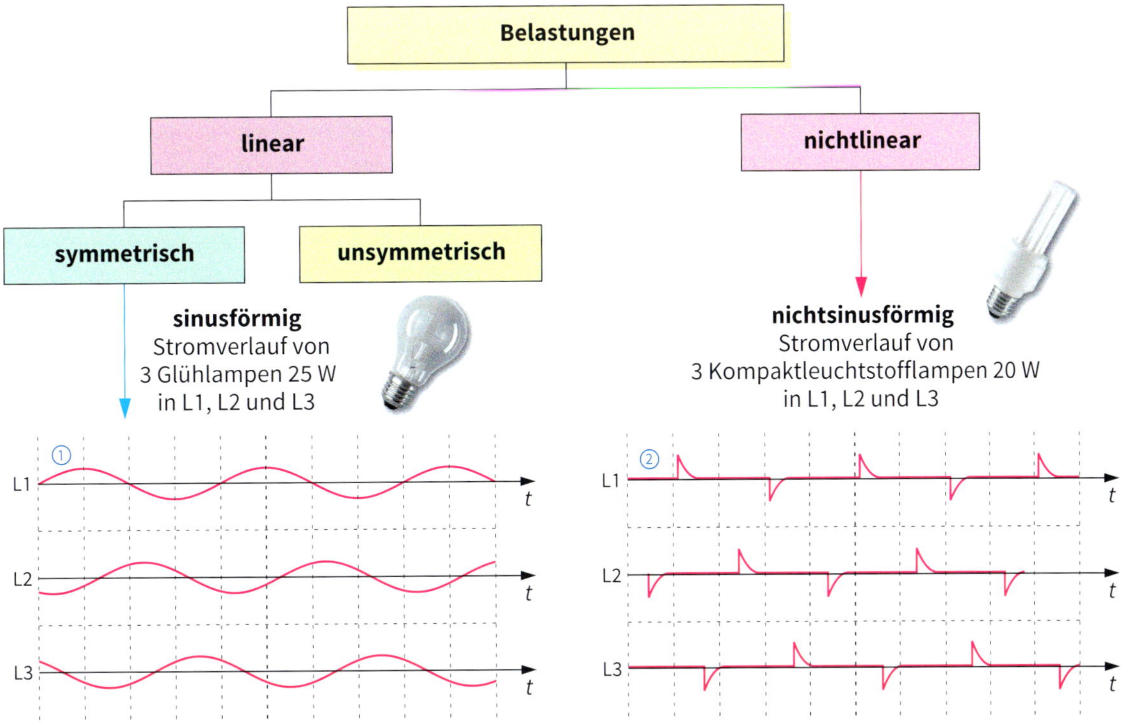

a) Sinusförmige Belastung

b) Nichtsinusförmige Belastung

4: Belastungen im Energienetz

Der Kondensator wird während jeder Halbschwingung über zwei leitende Dioden nachgeladen. Es fließt aber nur dann ein Strom, wenn die Spannung am Eingang der Dioden kleiner ist als die Spannung am Ladekondensator. Innerhalb jeder Halbschwingung (10 ms) fließt also in einer kleineren Zeitspanne ein großer Strom. Es ist also eine nichtlineare Belastung vorhanden.

Symmetrische Belastung der Außenleiter

Wir wollen jetzt untersuchen, was sich ändert, wenn jeder einzelne Außenleiter (L1, L2 und L3) belastet wird. Zunächst betrachten wir nochmals eine lineare und symmetrische Belastung (vgl. Abb. 4 ①, S. 87). Der Verlauf der einzelnen Ströme ist sinusförmig. Sie sind um 120° gegeneinander phasenverschoben. Zeichnet man alle Ströme in ein Liniendiagramm (Abb. 1a), dann sieht man, dass sich die Ströme aufgrund der **Phasenverschiebung** *[phase shift]* im N-Leiter aufheben, also zu Null addieren (Zeigerdiagramm in Abb. 1b).

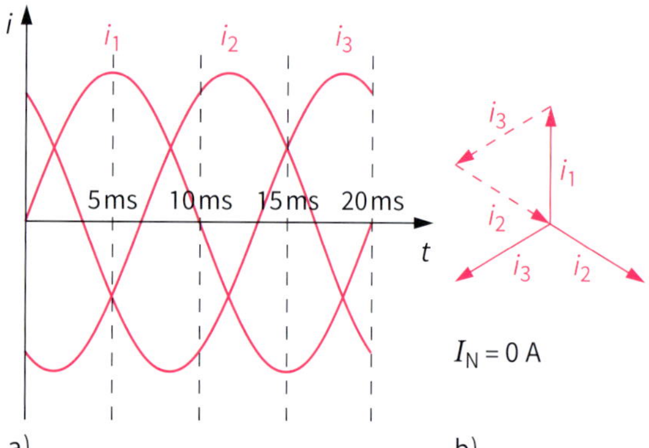

1: Aufhebung der Ströme im N-Leiter bei sinusförmiger und symmetrischer Belastung

Nichtlineare Belastung der Außenleiter

Um die Zusammenhänge bei einer nichtlinearen Belastung besser verstehen zu können, ist auch in Abb. 2 eine symmetrische Belastung – allerdings von drei Kompaktleuchtstofflampen mit EVGs – dargestellt. In jedem Außenleiter (L1 ①, L2 ② und L3 ③) fließen impulsartige Ströme, die sich jedoch nicht mehr im N-Leiter aufheben. Sie addieren sich (Abb. 2 ④) und sorgen dadurch für eine erheblich höhere Belastung des N-Leiters. Der Mittelwert der Stromstärke im N-Leiter ist etwa dreimal so groß wie in jedem Außenleiter.

Zusätzlich kommt es bei starken nichtlinearen Belastungen zu einer Verformung der sinusförmigen Spannung. Die Kurve flacht sich ab und die Qualität des Netzes sinkt.

Wenn, wie in der ursprünglichen Elektroinstallation, außerdem N- und PE-Leiter gemeinsam als PEN-Leiter geführt werden, können erhebliche Störungen durch Ausgleichsströme und Magnetfelder auftreten.

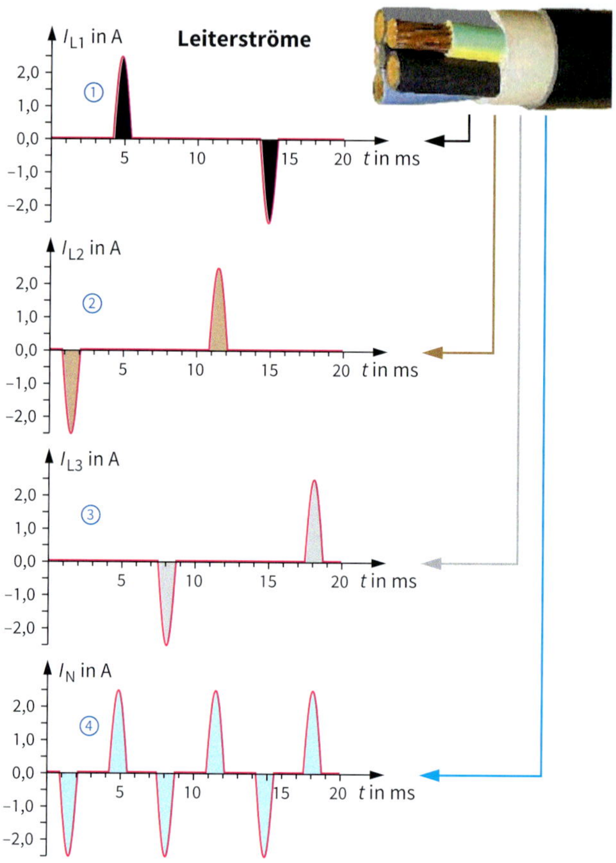

2: Nichtlineare Belastung durch drei Leuchtstofflampen mit EVGs

Störungen durch nichtlineare Belastungen beeinflussen nicht nur das eigene Energieversorgungssystem, sondern breiten sich über das Verbundnetz in andere Systeme aus. Sie müssen deshalb durch entsprechende Maßnahmen verringert werden. Hilfreich für die Beseitigung der Störungen ist es, wenn die impulsartigen Leiterströme in sinusförmige Einzelschwingungen aufgelöst werden. Man nennt sie dann **Oberschwingungen**.

Aufgabe

1. Ermitteln Sie aus Abb. 5 auf Seite 87 den Zeitbereich, in dem während einer Halbschwingung Strom fließt.

- Bei nichtlinearen Belastungen entstehen impulsartige Ströme in L1, L2 und L3. Die Spannungskurve verformt sich und wird flacher.
- Bei nichtlinearer Belastung heben sich die Ströme im N-Leiter nicht auf. Die Belastung des N-Leiters ist größer als die Belastung der einzelnen Außenleiter.

6.1.6 Oberschwingungen

Für den Bericht über die EDV-Tauglichkeit der Elektroinstallation des Architekturbüros Weber hat Herr Kruskop die Störungen durch Oberschwingungen messtechnisch ermittelt. Dazu wurde ein Universalmessgerät (Abb. 4) eingesetzt. Das verwendete Messgerät ist vielseitig.

Gemessen werden können z. B.:

- Spannung (Effektivwert AC und DC)
- Stromstärke (Effektivwert AC und DC)
- Frequenz (10 Hz bis 15 kHz)
- Leistung (Wirk-, Schein- und Blindleistung)
- Oberschwingungen (2. bis 51.)
- Widerstand (bis 30 MΩ)
- Durchgang
- Kapazität (50 nF bis 500 µF)

Die gemessenen Werte können als Zahlenwert und/ oder in Kurvenform (Zweikanal-Oszilloskop) angezeigt werden.

Die ermittelten Messwerte können gespeichert (20 Messergebnisse), über eine optisch isolierte RS-232 Schnittstelle ausgedruckt oder mit einem PC verarbeitet werden.

Messung von Stromoberschwingungen

Verbraucher mit nichtlinearem Verhalten erzeugen Stromoberschwingungen, die zu einer Spannungsverzerrung führen können.

1 MENU Öffnen Sie das Hauptmenü.

2 ◆ OBERSCHWINGUNGEN ⇨ ENTER

3 F2 Wählen Sie STROM.

4 Stellen Sie die Verbindungen in der nachstehend gezeigten Weise her:

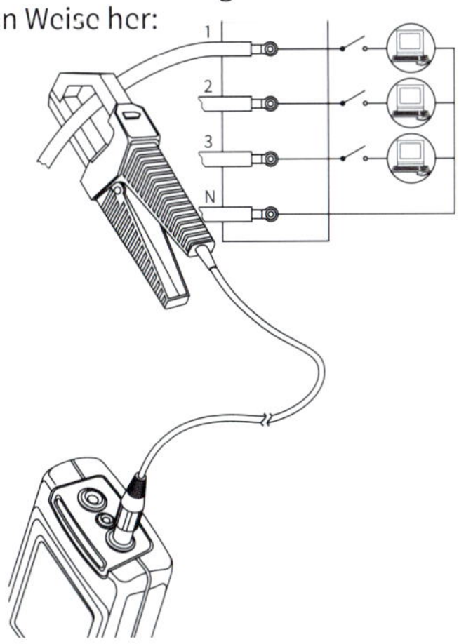

(5) Skalieren Sie den Schirm des Oberschwingungsspektrums, sodass Sie mehr oder weniger Details sehen können.

3: Auszug aus einer Bedienungsanleitung

Messen mit der Stromzange

Wie Stromoberschwingungen gemessen werden, zeigt der Ausschnitt aus der Bedienungsanleitung (Abb. 3). Für die Messungen ist eine Auftrennung der Stromkreise nicht erforderlich. Es erfolgt eine indirekte und berührungslose Messung mit Hilfe einer **Stromzange**. Die Zange wird dazu um den Leiter gelegt. Danach werden beide Zangenhälften geschlossen (magnetischer Kreis geschlossen). Da um den stromdurchflossenen Leiter ein magnetisches Wechselfeld vorhanden ist, kann über die Stärke des Magnetfeldes die Stromstärke indirekt gemessen werden.

Da die Messung unter Betriebsbedingungen stattfindet, müssen Vorschriften für das Arbeiten an unter Spannung stehenden Teilen gewissenhaft beachtet werden (Abb. 4, Handschuhe, kleine Kunststoffplatten zum Abschirmen usw.).

4: Messen mit Stromzange und Universalmessgerät

Aufgabe

1. Informieren Sie sich mit Hilfe der Bedienungsanleitung (Quelle: z. B. www.fluke.de) über das abgebildete Gerät in Abb. 3 und stellen Sie fest, welche Größen gemessen werden können.

- Mit Hilfe von Stromzangen und entsprechenden Auswertungsgeräten lassen sich Stromstärken berührungslos und indirekt messen. Dabei sind besondere Sicherheitsmaßnahmen zu beachten.

Auswertung der Oberschwingungsmessung

Das Ergebnis der Strommessung ist in Abb. 3 dargestellt. Angezeigt wird die Stromstärke (AMPS ①) in Form von zahlreichen senkrechten Balken ②, die allmählich kleiner werden. Was ist an dieser Darstellung zu erkennen?

Den Balken sind die Ziffern von 1, 3, 5, 7, 9 usw. ③ zugeordnet. Der Balken mit der Ziffer 1 entspricht der Grundschwingung mit der Frequenz von 50 Hz. Danach folgt die Ziffer 3 ④ mit 150 Hz ⑤ usw. Jeder Balken stellt also einen Strom mit einer bestimmten Frequenz dar. Die Höhe des Balkens entspricht der jeweiligen Stromstärke. Diagramme dieser Art werden als **Frequenzspektrum** [*frequency spectrum*] bezeichnet.

Der gemessene Strom besteht also aus einer 50 Hz Grundschwingung (Ziffer 1) und den Oberschwingungen 150 Hz (Ziffer 3), 250 Hz (Ziffer 5) usw. Die Oberschwingungen werden auch als **Harmonische** [*harmonics*] ⑥ und die Zahlen als **Ordnungszahlen** [*ordinal numbers*] bezeichnet.

Stromzangen

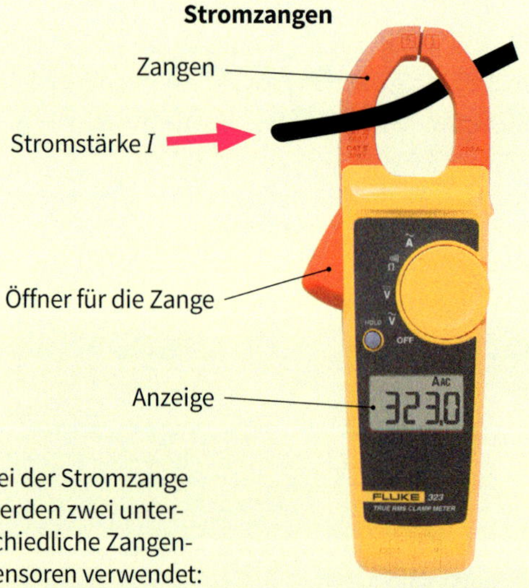

Bei der Stromzange werden zwei unterschiedliche Zangensensoren verwendet:

- **Transformatorprinzip**: Die Zange ist der Eisenkern eines Transformators (Stromwandler). Der stromdurchflossene Leiter ist die Primärwicklung. Im Innern befindet sich die Sekundärwicklung mit der Anzeigeauswertung. Es können nur sinusförmige Ströme gemessen werden.
- **Magnetfeldsensor**: Eine Hallsonde im Eisenkern der Zange wandelt die Änderungen des magnetischen Flusses in Spannungsänderungen um. Diese werden elektronisch aufbereitet und angezeigt. Gemessen werden können beliebige Effektivwerte von Gleich- und Wechselströmen, inklusiv Oberschwingungen (TrueRMS: Echte Effektivwerte, inklusiv Oberschwingungen).

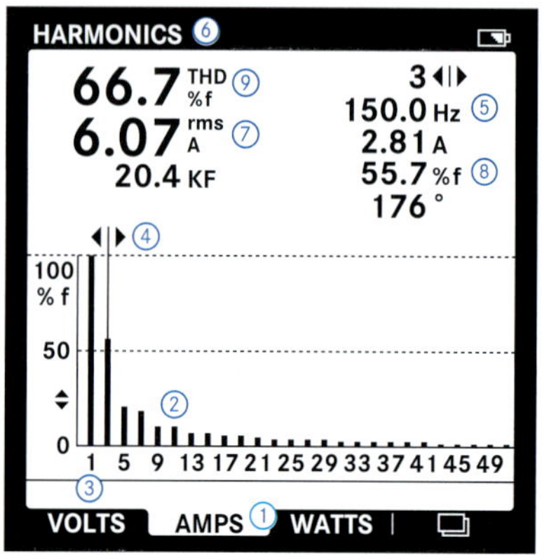

1: Frequenzspektrum eines nichtsinusförmigen Stromes

Beispiel: Die Spannung mit 150 Hz ist die 3. Oberschwingung.

Das abgebildete Frequenzspektrum verdeutlicht auch, dass bei der analysierten Signalform nur ungeradzahlige Oberschwingungen (3., 5. usw.) auftreten. Bei anderen Kurvenformen kommen auch geradzahlige Oberschwingungen vor.

Aus dem Messergebnis kann die effektive Stromstärke (**rms** [*root mean square*]) abgelesen werden. Sie beträgt 6,07 A ⑦. In diesem Wert sind alle Schwingungen – Grundschwingung 50 Hz und alle Oberschwingungen – berücksichtigt.

Effektivwerte von Wechselspannungen und Wechselströmen entsprechen den Gleichspannungen und Gleichströmen, die die gleiche Leistung erzeugen.

Aber auch die Effektivwerte der Oberschwingungen lassen sich ablesen. Z. B. hat die 3. Oberschwingung von 150 Hz einen Wert von 2,81 A. Dieser Wert ist beträchtlich, denn er entspricht 55,7 % ⑧ der Grundschwingung von 50 Hz.

Aufgaben

1. Stellen Sie fest, welche Schwingungen mit welchen Ordnungszahlen in Abb. 1 auftreten.
2. Ermitteln Sie aus Abb. 1 die Amplitude der 5. Oberschwingung.

- Nichtsinusförmige Ströme (impulsartige, rechteckförmige usw.) bestehen aus einer Vielzahl von sinusförmigen Schwingungen (Oberschwingungen, Harmonische).
- Der Frequenzabstand zwischen den Oberschwingungen und der Grundschwingung ist ein Vielfaches der Grundschwingung.
- Zur vollständigen Darstellung einer nichtsinusförmigen Spannung oder Stromstärke sind unendlich viele Oberschwingungen erforderlich.

Aus welchen Oberschwingungen bestehen nichtsinusförmige Spannungen und Ströme?

Rechteck

In der ersten unteren Abbildung sind in einem Liniendiagramm die Verläufe der drei Strömen i_1, i_3 und i_5 dargestellt. Sie unterscheiden sich in Amplitude und Frequenz.

i_1: Grundschwingung mit 50 Hz
i_3: 3. Oberschwingung mit 150 Hz
i_5: 5. Oberschwingung mit 250 Hz

Addiert man jetzt diese drei Ströme, dann ist bereits andeutungsweise eine Rechteckform erkennbar. Aus Gründen der Übersicht sind hier nur die 3. und die 5. Oberschwingung eingezeichnet worden. Werden unendlich viele Oberschwingungen addiert, entsteht ein ideales Rechtecksignal.

Entdeckt hat diese Zusammenhänge der französische Mathematiker Fourier. Nach ihm werden entsprechende Analyseverfahren benannt.

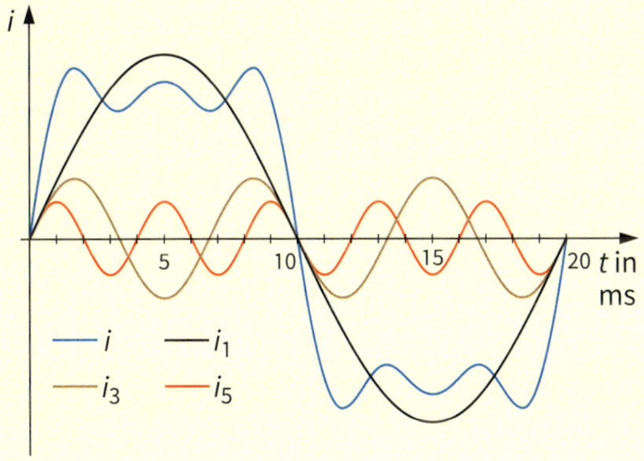

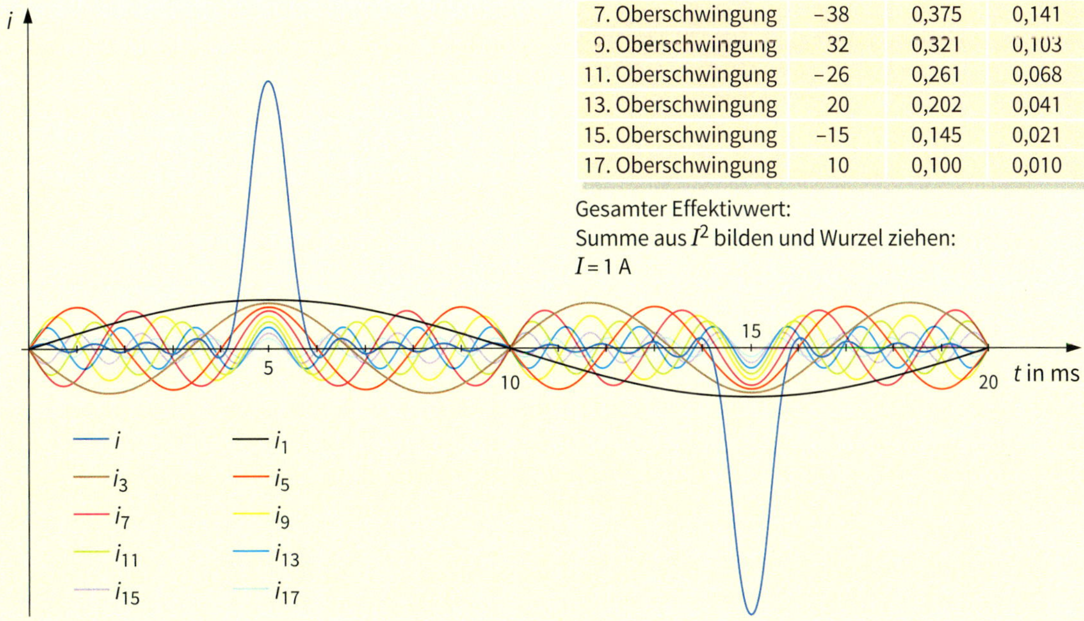

Spitze

Schaltnetzteile, Energiesparlampen usw. erzeugen Stromimpulse. Aus welchen Oberschwingungen sich der Impuls zusammensetzt, zeigt die untere Abbildung.

Der gesamte Verzerrungsgehalt wird als **THD** [*Total Harmonic Distortion*] bezeichnet (auch **Gesamtklirrfaktor**). Er wird z. B. auf dem Display des verwendeten Netz- und Stromversorgungsanalysators (Abb. 1) angezeigt. Der Wert betrug dort 66,7 % ⑨.

THD-Berechnung

Der Wert ist eine Verhältniszahl. Er wird in % angegeben.

$$\frac{\text{Effektivwert der Oberschwingungen}}{\text{Effektivwert der Gesamtschwingung}}$$

Mathematisch ausgedrückt:

$$THD_r = \frac{\sqrt{I_2^2 + I_3^2 + I_4^2 + \ldots}}{I}$$

Der Index „r" kommt von **rms** (**r**oot **m**ean **s**quare, quadratischer Mittelwert, Gesamteffektivwert). Der THD-Wert kann aber auch für eine einzelne Schwingung angegeben werden (THD_f).

Anteile der Oberschwingungen (s. unten)

Die Angaben erfolgen in % des Gesamteffektivwertes. Negative Vorzeichen bedeuten, dass die Schwingung mit einer negativen Halbschwingung beginnt.

	in %	I in A	I^2 in A²
Grundschwingung	47	0,472	0,223
3. Oberschwingung	–45	0,455	0,207
5. Oberschwingung	42	0,421	0,178
7. Oberschwingung	–38	0,375	0,141
9. Oberschwingung	32	0,321	0,103
11. Oberschwingung	–26	0,261	0,068
13. Oberschwingung	20	0,202	0,041
15. Oberschwingung	–15	0,145	0,021
17. Oberschwingung	10	0,100	0,010

Gesamter Effektivwert:
Summe aus I^2 bilden und Wurzel ziehen:
$I = 1$ A

Wo entstehen Oberschwingungen?

Die innerhalb einer Hausinstallation auftretenden Oberschwingungen werden durch eingeschaltete Geräte hervorgerufen. Die Ausbreitung erfolgt unkontrolliert. Die Geräte arbeiten dabei im Prinzip wie Spannungsquellen, die Störsignale abgeben.

Folgende Geräte können Oberschwingungen verursachen:

- Fernsehgeräte
- Energiesparlampen, Vorschaltgeräte
- EDV-Anlagen: PCs, Drucker, Monitore, ...
- Netzteile
- Umrichter

Diesen Geräten ist gemeinsam, dass sie nicht kontinuierlich, sondern nur in kurzen Zeitabschnitten Energie aus dem Netz beziehen. Für die Gleichspannungsversorgung elektronischer Bauteile besitzen sie in der Regel Schaltnetzteile.

Wohin breiten sich Oberschwingungen aus?

Die Ausbreitungsrichtung geht vom Gerät in das angeschlossene Leitungsnetz (Abb. 1 ①). Die Oberschwingungsströme kommen in den Leitern L1, L2, L3 vor und erreichen im N- bzw. PEN-Leiter besonders hohe Werte. Über den Netztransformator gelangen die Oberschwingungen auch in das öffentliche Netz ② (Netzrückwirkung).

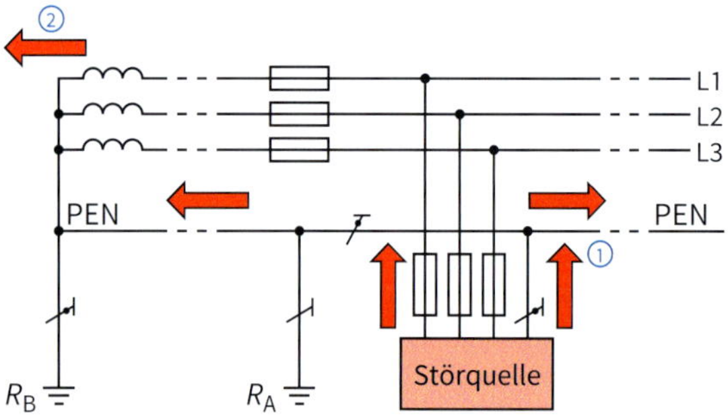

1: Ausbreitung von Oberschwingungen

Welche Auswirkungen durch Oberschwingungen gibt es?

- Minderung der Leistungsfähigkeit des Netzes sowie der Qualität der Netzspannung, z. B. Abflachung der Sinuskurve
- Erhöhte Verluste durch Schein- und Blindleistung (Verzerrungsblindleistung)
- Erhöhte Wirbelstromverluste in Transformatoren und Asynchronmotoren ($f > 50$ Hz)
- Fehlfunktionen, z. B. Lichtschwankungen, Bildstörungen, Datenverlust
- Funktionsausfall, Beschädigung, z. B. Überhitzung von Leitungen und Kondensatoren
- Verkürzte Lebensdauer bis zur Zerstörung von Geräten bzw. Anlagen, z. B. zerstörte PC-Komponenten, Schnittstellen

Besondere Belastungen des N-Leiters durch Oberschwingungen

Die Firma Kruskop hat bei ihrer Überprüfung der EDV-Tauglichkeit der Elektroinstallation im Architekturbüro festgestellt, dass auf dem N-Leiter besonders die 3. Oberschwingung stark vertreten ist. Die Stromstärken sind größer als in den Leitern L1, L2 und L3. Wie lässt sich dieses erklären?

In Abb. 2 sind dazu die Liniendiagramme für die Leiterströme dargestellt. Es sind jeweils die Stromstärken (I_{L1}, I_{L2}, I_{L3}) der Grundschwingung (50 Hz) und die 3. Oberschwingung (150 Hz) eingezeichnet (I_{L13}, I_{L23}, I_{L33}). Erkennbar ist, dass die Grundschwingung und die Oberschwingung gemeinsame Nulldurchgänge haben. Dieses ist bei allen Oberschwingungen der Fall, deren Ordnungszahl durch 3 teilbar ist (6., 9., ...).

Da die Ströme der Grundschwingung jeweils um 120° phasenverschoben sind, heben sie sich im N-Leiter auf. Durch sie wird der N-Leiter also nicht belastet.

Problematisch wird es jedoch mit den Strömen der Oberschwingungen im N-Leiter. Sie liegen alle in Phase, sodass sie sich addieren. Die Stromstärke der 3. Oberschwingung I_{N3} übersteigt deshalb die Werte der Stromstärken der Grundschwingung in den Außenleitern (I_{L1}, I_{L2} und I_{L3}).

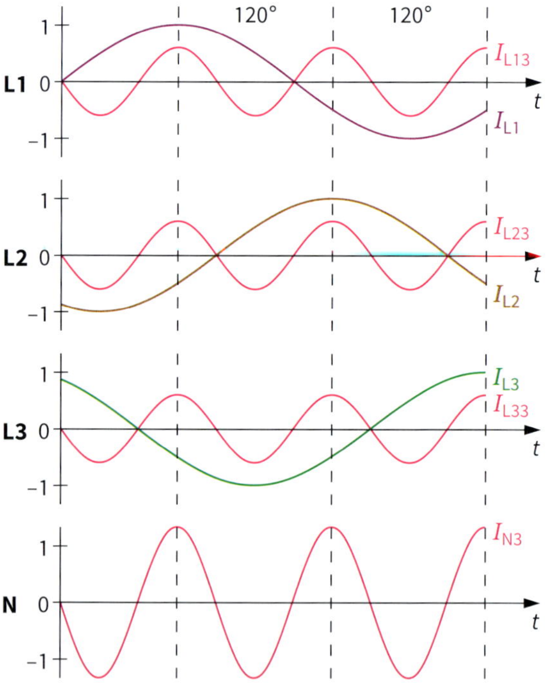

2: Stromaddition von Oberschwingungen im N-Leiter

- Ströme von Oberschwingungen im N-Leiter können sich addieren und zu einer erheblichen Überlastung des N-Leiters beitragen.

Welche Geräte sind durch Oberschwingungen betroffen?

In der Regel sind es die Geräte, die sich in der eigenen Hausinstallation befinden. Darüber hinaus werden Oberschwingungen auch in das angeschlossene Energienetz abgegeben, sodass benachbarte Geräte bzw. Anlagen beeinträchtigt werden. Letztendlich ist somit auch das Energieversorgungsunternehmen betroffen, das für eine einwandfreie Qualität der Netzspannung zu sorgen hat.

Um die Störungen in Netzen zu verringern, sind Vorschriften für Geräte und Netze erlassen worden. Die nachfolgende Übersicht enthält wesentliche Vorschriften.

Aufgabe

1. Ermitteln Sie, wie groß die Spannungen der 3., 5. und 7. Oberschwingungen im öffentlichen Netz bei 230 V Netzspannung höchstens sein dürfen.

- Oberschwingungen können sich von der Quelle unkontrolliert im Netz ausbreiten.
- Oberschwingungen stören die Qualität der Energieversorgung in einem Netz und müssen deshalb durch bauliche Maßnahmen (z.B. Filter) gering gehalten werden.

Vorschriften für Netze

In den Vorschriften der DIN EN 61000-2-2, 2-4 sowie in der DIN EN 50160 sind einzuhaltende Grenzwerte für Oberschwingungen in öffentlichen und industriellen Netzen festgelegt. Folgende Klassen werden unterschieden:

- **Klasse 1**: Netze mit sensiblen Geräten (Laborgeräte, ...)
- **Klasse 2**: Öffentliche Netze
- **Klasse 3**: Industrienetze

Grenzwerte von Oberschwingungen in Netzen

Ordnungszahl n			Frequenz in Hz	Klasse 1	Klasse 2	Klasse 3
				in % der Netzspannung		
5	ungeradzahlig	nicht durch 3 teilbar	250	3	6	8
7	ungeradzahlig	nicht durch 3 teilbar	350	3	5	7
11	ungeradzahlig	nicht durch 3 teilbar	550	3	3,5	5
13	ungeradzahlig	nicht durch 3 teilbar	650	3	3	4,5
17	ungeradzahlig	nicht durch 3 teilbar	750	2	2	4
19	ungeradzahlig	nicht durch 3 teilbar	850	1,5	1,5	1
23	ungeradzahlig	nicht durch 3 teilbar	1150	1,5	1,5	3,5
25	ungeradzahlig	nicht durch 3 teilbar	1250	1,5	1,5	3,5
3	ungeradzahlig	durch 3 teilbar	150	3	5	6
9	ungeradzahlig	durch 3 teilbar	450	1,5	1,5	2,5
15	ungeradzahlig	durch 3 teilbar	750	0,3	0,3	2
21	ungeradzahlig	durch 3 teilbar	1050	0,2	0,2	1,75
2	geradzahlig		100	2	2	3
4	geradzahlig		200	1	1	1,5
6	geradzahlig		300	0,5	0,5	1
8	geradzahlig		400	0,5	0,5	1
10	geradzahlig		500	0,5	0,5	1

Beispiel:

Für einen Monitor mit den Angaben 230 V und 1,2 A soll der **maximale Grenzwert** [*maximum limit value*] für die Stromstärke der 3. Oberschwingung ermittelt werden.

Lösung:

$$I_{3max} = \frac{3{,}4\ \text{mA ①} \cdot 230\ \text{V} \cdot 1{,}2\ \text{A}}{\text{W}} \qquad \underline{\underline{I_{3max} = 0{,}938\ \text{A}}}$$

Vorschriften für Geräte

Oberschwingungsgrenzwerte für Geräte sind in der DIN EN 61000-3-2 festgelegt. Sie müssen von Herstellern durch entsprechende schaltungstechnische Maßnahmen eingehalten werden. Die Geräte werden in Klassen eingeteilt.

Geräteklassen

Klasse	Geräte
A	– Symmetrische dreiphasige Geräte, – Haushaltsgeräte (ausgenommen Geräte der Klasse D), – Elektrowerkzeuge (ausgenommen Geräte der Klasse B), – Beleuchtungseinsteller (Dimmer) für Glühlampen bis 1000 W, – Audio-Einrichtungen und – Geräte, die nicht in eine der drei Klassen fallen.
B	– Tragbare Elektrowerkzeuge
C	– Beleuchtungseinrichtungen einschließlich Beleuchtungsreglern, – ausgenommen Dimmer bis 1000 W
D	– Personal-Computer und Monitore, – Fernsehgeräte mit einer Eingangsleistung von 75 W bis 600 W

Für Geräte der Klasse D sind die einzuhaltenden Grenzwerte in der nachfolgenden Tabelle aufgeführt.

Grenzwerte von Oberschwingungen für Geräte der Klasse D

Ordnungszahl der Oberschwingung n	Maximal zulässige Stromstärke der Oberschwingung pro Leistung in mA/W	Maximal zulässige Stromstärke der Oberschwingung in A
3	3,4 ①	2,30
5	1,9	1,14
7	1,0	0,77
9	0,5	0,40
11	0,35	0,33
11 ≤ n ≤ 39	3,86/n	s. Klasse A

6.1.7 Frequenzabhängige Widerstände

6.1.7.1 Spulen

In der bisher behandelten Filterschaltung (vgl. Kap. 6.1.4) wurden Spulen und Kondensatoren im Wechselstromkreis verwendet. Wir wollen uns nun genauer mit dem Verhalten dieser Bauteile befassen, indem wir zunächst den Aufbau und danach das Verhalten bei Gleich- und Wechselspannung betrachten.

Was sind Spulen?

Spulen bestehen aus einer Kupferwicklung und einem Kern (Abb. 1), auf dem der Leiter aufgewickelt ist. Je nach Anwendungsgebiet ist der Kern massiv oder aus Eisenblechlamellen aufgebaut.

1: Verschiedene Spulen

Spulen findet man aber auch in elektromechanischen Schaltern, Schützen und Relais. Wenn Strom durch die Wicklung fließt, entsteht ein Magnetfeld, mit dem auf Schaltglieder Kräfte ausgeübt werden. Kontakte werden geschlossen bzw. geöffnet. Wenn Relais in Gleichstromkreisen eingesetzt werden, müssen besondere Schutzmaßnahmen ergriffen werden.
In einer Herstellerunterlage heißt es dazu:

... Bei einem reinen DC-Eingang kommt als wichtigstes Schaltungselement die Freilaufdiode hinzu. Sie begrenzt die induktive Abschaltspannung, die an der Spule entsteht, auf einen Wert von ca. 0,9 V, der für eine angeschlossene Steuerelektronik ungefährlich ist.

Da die Freilaufdiode nur bei polungsrichtigem Spannungsanschluss ihre Funktion erfüllt, wird in den Eingangskreis zusätzlich eine Verpolschutzdiode geschaltet.

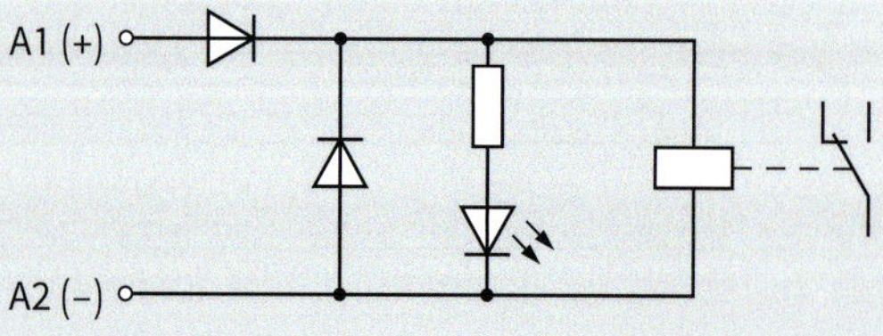

Aus der Firmenunterlage wird deutlich, dass beim Abschalten der Relaisspule (Unterbrechung des Stromkreises) eine hohe Spannung entsteht, die begrenzt werden muss. Warum an Spulen im Gleichstromkreis beim Abschalten Spannungsspitzen entstehen, zeigen wir mit der folgenden Versuchsbeschreibung.

Versuch 1: Induktionsspannung an einer Spule

Planung

Als Spannung wird eine Gleichspannung von 12 V verwendet. Zur Anzeige der zu erwartenden hohen Spannung wird eine Glimmlampe mit einer Zündspannung von etwa 100 V angeschlossen.

Durchführung

Der Schalter wird geschlossen (Abb. 2) und wieder geöffnet.

Ergebnis

Beim Öffnen des Schalters leuchtet die Glimmlampe kurzzeitig auf.

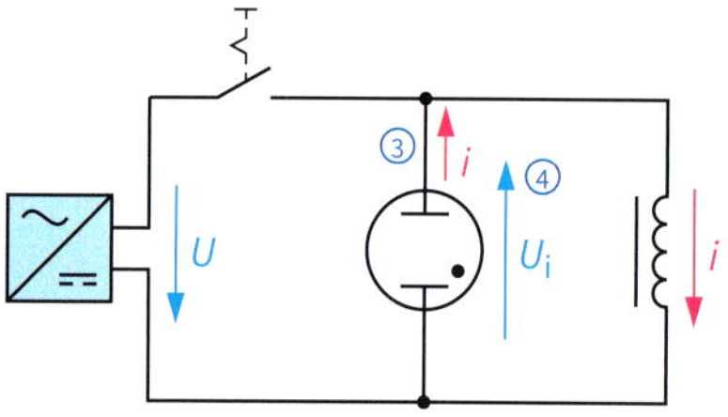

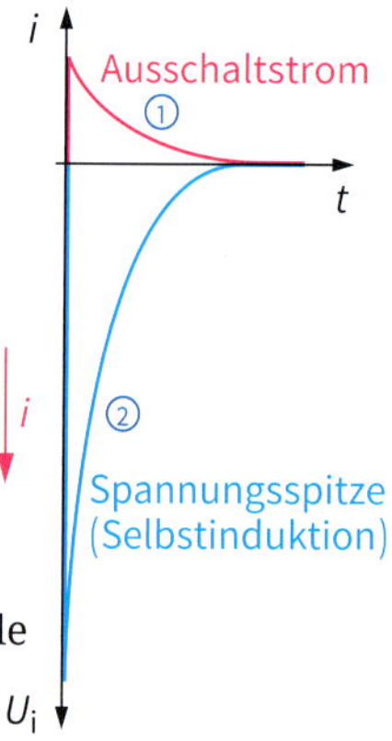

2: Ausschaltverhalten bei einer Spule (Schalter erst geschlossen, dann geöffnet)

Erklärung

Dieses Ergebnis lässt sich mit Hilfe der Induktionsspannung erklären. Beim Ausschalten ändert sich die Stromstärke i ① in einer sehr kurzen Zeit. Das Magnetfeld „bricht" rasch zusammen (Δt ist klein). An der Spule entsteht die hohe Induktionsspannung U_i (**Selbstinduktionsspannung** [*self-induction*]) ②.

Da die Glimmlampe kurzzeitig nach dem Abschalten der Spannungsquelle leuchtete, ist durch sie weiterhin Strom geflossen. Die Spule arbeitete also wie eine Spannungsquelle mit der Induktionsspannung U_i. Der Strom nimmt zwar ab, er fließt aber immer noch in dieselbe Richtung durch die Lampe ③.

Wenn wir jetzt die Richtung der Induktionsspannung U_i mit der Richtung der angelegten Gleichspannung U vergleichen, stellen wir für U_i eine umgekehrte Richtung fest ④.

Ersetzt man jetzt die Glimmlampe durch eine Diode, dann wird zum Zeitpunkt des Abschaltens die Diode (**Freilaufdiode** [*freewheeling diode*]) leitend. Durch den kleinen Durchlasswiderstand wird die hohe Induktionsspannung auf 0,7 – 0,9 V begrenzt. Die Diode hat somit eine Schutzfunktion und muss deshalb mit F gekennzeichnet werden (Objektkennzeichnung).

Versuch 2:
Wie verhält sich die Spule beim Einschalten?

Auch diese Frage soll mit der Beschreibung eines Experiments beantwortet werden.

Zielsetzung

Das Strom- und Spannungsverhalten einer Spule soll im Gleichstromkreis nach dem Einschalten ermittelt werden.

Planung

Um den Unterschied zwischen einem Stromkreis mit und ohne Spule zu verdeutlichen, verwenden wir die Parallelschaltung in Abb. 3. Zur Anzeige des Stromflusses verwenden wir zwei gleiche Glühlampen. Der Einstellwiderstand wird vorher bei geschlossenem Schalter so verändert, dass beide Lampen gleich hell leuchten (gleiche Widerstände in jedem Zweig).

Durchführung

Der Schalter wird geschlossen und das Verhalten der Lampen beobachtet.

Ergebnis

Nach dem Schließen des Schalters leuchtet die Lampe E2 sofort auf, die Lampe E1 im Spulenstromkreis dagegen verzögert. Sie erreicht erst allmählich ihre maximale Helligkeit.

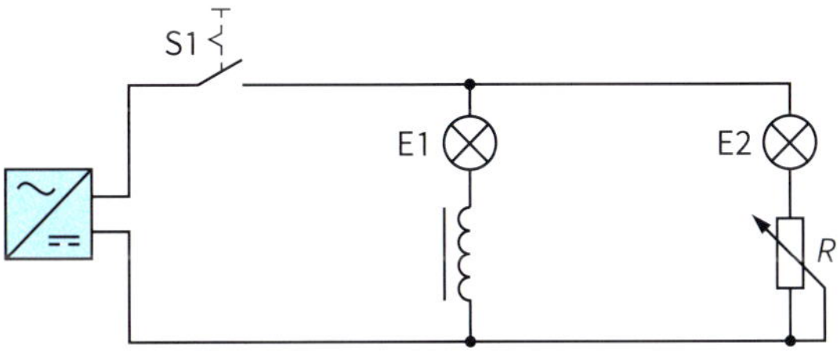

3: Einschaltvorgang bei einer Spule

Erklärung

Die allmählich ansteigende Helligkeit der Lampe E1 im Stromkreis mit der Spule kann nur mit einem langsamen Ansteigen der Stromstärke erklärt werden. Da die Betriebsspannung aber sofort anlag, muss ihre Wirkung durch eine Gegenspannung (**Selbstinduktionsspannung**) behindert worden sein. Die Behinderung war am Anfang groß und am Ende Null. Die Selbstinduktionsspannung beim Einschalten ist demnach so gerichtet, dass sie der angelegten Spannung entgegenwirkt (Lenzsche Regel).

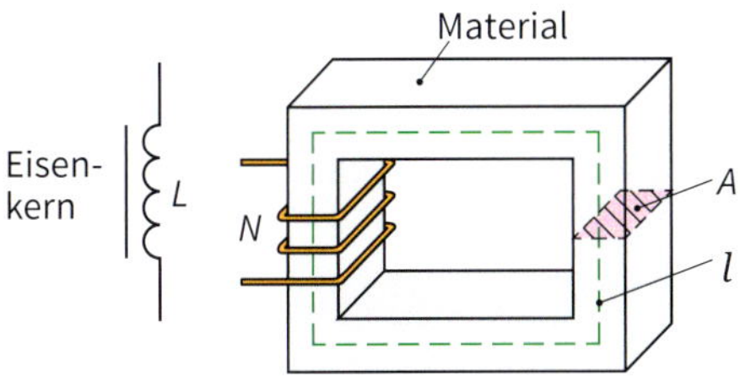

4: Baugrößen einer Spule

Die Größe der Induktionsspannung hängt von den Baugrößen Windungszahl (N), Kernmaterial (μ_0, μ_r), Kernquerschnitt (A) und der Feldlinienlänge (l) ab (Abb. 4). Führt man alle Abhängigkeiten zusammen, ergibt sich die folgende Formel:

$$L = \frac{\mu_0 \cdot \mu_r \cdot N^2 \cdot A}{l}$$

Mit dieser Größe kennzeichnet man die Eigenschaft der Spule. Sie wird als **Induktivität *L*** [*inductance*] bezeichnet. Als Einheit ist **Henry** (Formelzeichen H) festgelegt worden (Joseph Henry, amerik. Physiker, 1797–1878).

$$1\,\text{H} = \frac{1\,\text{Vs}}{1\,\text{A}}$$

Die Abhängigkeiten zwischen den einzelnen Größen lassen sich auch mit Hilfe magnetischer Größen erklären (siehe nachfolgende Darstellung).

Induktivität und Magnetfeld

Wenn sich der **magnetische Fluss *Φ*** [*magnetic flux*] (Magnetfeld) in der Spule rasch ändert, ist die Selbstinduktionsspannung U_i groß. Deshalb gelten bei der Spule folgende Abhängigkeiten:

Windungszahl *N* [*number of turns*]

Je größer die Windungszahl, desto größer ist der magnetische Fluss. $N\uparrow \Rightarrow \Phi\uparrow \Rightarrow U_i\uparrow$
Genaue Untersuchungen zeigen eine quadratische Abhängigkeit. ($U_i \sim N^2$)

Querschnitt *A* [*cross section*]

Je größer der Querschnitt der Spule, durch den die Feldlinien hindurchtreten, desto größer ist der magnetische Fluss. $A\uparrow \Rightarrow \Phi\uparrow \Rightarrow U_i\uparrow$

Feldlinienlänge *l* [*field line length*]

Je länger die Feldlinien, desto geringer ist der magnetische Fluss (größere Behinderung).
$l\uparrow \Rightarrow \Phi\downarrow \Rightarrow U_i\uparrow$

Kernmaterial [*core material*]

Die magnetischen Eigenschaften des Kernmaterials werden durch zwei Größen gekennzeichnet.

μ_0: Magnetische Feldkonstante (Luft bzw. Vakuum)
$\mu_0 = 1{,}257 \cdot 10^{-6}\,\text{V} \cdot \text{s/A} \cdot \text{m}$

μ_r: Permeabilitätszahl (Materie: Eisen, Ferrit, Luft, ...)
Beide werden oft zu μ zusammengefasst.

μ: Permeabilität ($\mu = \mu_0 \cdot \mu_r$) $\mu\uparrow \Rightarrow \Phi\uparrow \Rightarrow U_i\uparrow$

- Wenn bei einer Spule im Gleichstromkreis der Strom unterbrochen wird, entsteht eine hohe Spannungsspitze. Sie hat im Vergleich zur ursprünglich angelegten Spannung eine umgekehrte Richtung.
- Beim Einschalten einer Spule im Gleichstromkreis steigt durch die Selbstinduktionsspannung die Stromstärke allmählich an.

6.1.7.2 Spulen im Wechselstromkreis

Um das Widerstandsverhalten eines Filters (vgl. Kap. 6.1.5) mit Spule und Kondensator für Oberschwingungen im Wechselspannungsnetz verstehen zu können, wollen wir jetzt das Verhalten der Spule genauer untersuchen. Dazu dienen die Ergebnisse eines Experiments aus Abb. 1.

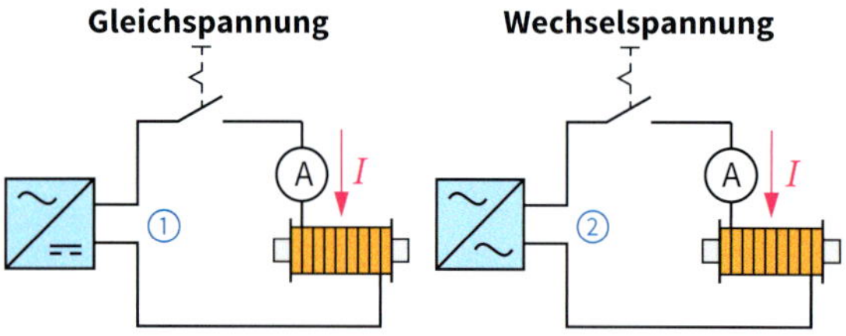

I = 1,5 A
⇒ Widerstand: **13,3** Ω

I = 0,029 A
⇒ Widerstand: **689,7** Ω

1: Spule an Gleich- und Wechselspannung

Eine Spule mit N = 1000 wurde an eine Gleichspannung ① von 20 V und danach an eine Wechselspannung ② von ebenfalls 20 V gelegt. Der Widerstand wurde mit Hilfe der gemessenen Stromstärke und der Formel U/I berechnet.

Da eine Spule aus einer Kupferwicklung besteht, ist bei Gleichstrom der berechnete Widerstand von R = 13,3 Ω der Widerstand des Kupferleiters (Gleichstromwiderstand). In ihm wird die elektrische Energie in Wärme umgewandelt. Er wird deshalb auch als **Wirkwiderstand *R*** [*resistance*] bezeichnet.

Im Wechselstromkreis ist der Wirkwiderstand R ebenfalls vorhanden (Spule erwärmt sich). Hinzugekommen ist ein weiterer Widerstand, der nur durch die Wechselspannung hervorgerufen wird. Er wird deshalb als **Blindwiderstand X_L** (induktiver Blindwiderstand) [*reactance*] bezeichnet. Der Widerstand von 689,7 Ω besteht also aus zwei Anteilen (Abb. 2). Der insgesamt wirkende Widerstand (scheinbare Widerstand) wird als **Scheinwiderstand *Z*** [*impedance*] bezeichnet.

Berechnung des Scheinwiderstandes

Der Scheinwiderstand Z lässt sich aus dem Verhältnis von Spannung und Stromstärke im Wechselstromkreis ermitteln (Abb. 2).

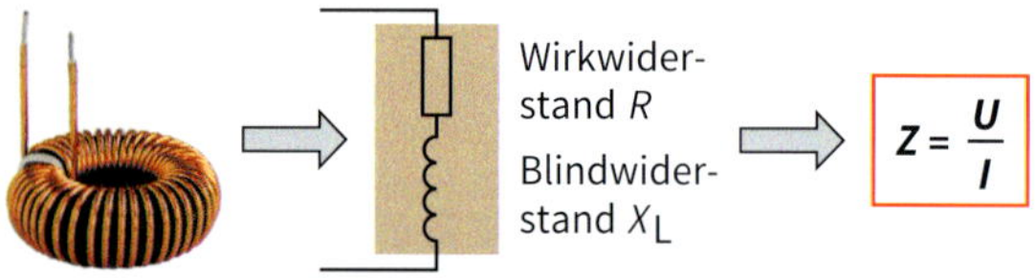

2: Spule als Scheinwiderstand

■ Der Scheinwiderstand Z der Spule setzt sich aus dem Wirkwiderstand R (Wirkanteil) und dem Blindwiderstand X_L (Blindanteil) zusammen.

Wovon hängt der Blindwiderstand X_L ab?

Um diese Frage beantworten zu können, stellen wir folgende Überlegungen an:

Der Blindwiderstand wird durch die sich ständig ändernde Spannung (Wechselspannung) hervorgerufen.

Je häufiger diese Änderungen erfolgen, desto größer wird der Einfluss sein. Wir nehmen an:

- Je größer die Frequenz f der Wechselspannung, desto größer ist der Widerstand X_L.

Die Baugrößen der Spule (Eisenkern, Windungszahl, usw.) beeinflussen den Blindwiderstand X_L ebenfalls. Sie sind in der Induktivität L zusammengefasst (vgl. Kap. 6.1.7.1). Wir vermuten deshalb:

- Je größer die Induktivität L, desto größer ist der Blindwiderstand X_L.

Die Vermutungen lassen sich durch folgenden Versuch bestätigen:

Versuch 3: Blindwiderstand der Spule

Durchführung

1. Eine Spule wird an Wechselspannungen mit unterschiedlichen Frequenzen gelegt. Die Stromstärke wird gemessen.
2. Spulen mit verschiedenen Induktivitäten werden an eine Spannung mit gleich bleibender Frequenz gelegt. Die Stromstärke wird gemessen.

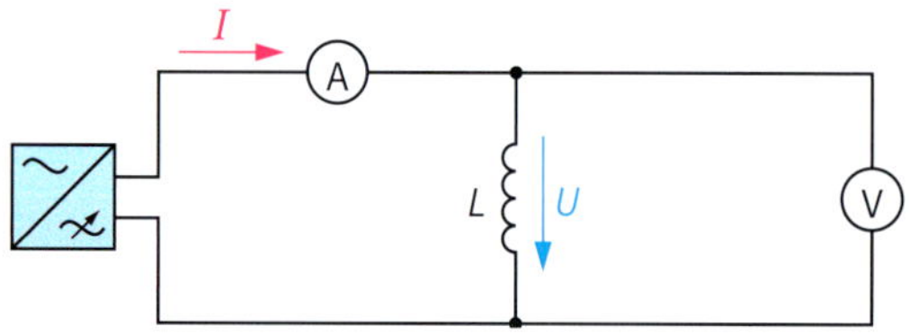

3: Messschaltung zum Versuch

Für beide Messreihen werden für jeden Messpunkt die Verhältnisse U/I gebildet und dann die Werte in Diagrammen grafisch dargestellt (Abb. 4).

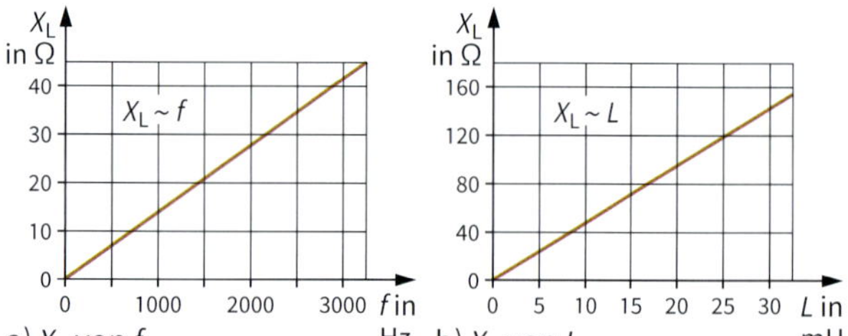

a) X_L von f b) X_L von L

4: Abhängigkeiten

Auswertung

Aus den Abhängigkeiten lassen sich Proportionalitäten bilden:

$X_L \sim f$ $X_L \sim L$ $\Rightarrow X_L \sim f \cdot L$

Damit aus der Proportionalität eine Gleichung entsteht, muss noch eine Konstante hinzugefügt werden.

Die Konstante kann mit Hilfe der Mess- und Einstellwerte aus den Diagrammen berechnet werden ($X_L/f \cdot L$). Sie besitzt den Wert 6,3. Dieses entspricht dem Wert 2π. Die Größen $2 \cdot \pi \cdot f$ werden zusammengefasst und als **Kreisfrequenz** ω [*angular frequency*] bezeichnet:
$\omega = 2 \cdot \pi \cdot f$

Die Formel für den Blindwiderstand der Spule lautet dann:

$$X_L = 2 \cdot \pi \cdot f \cdot L \qquad X_L = \omega \cdot L$$

Induktivität

Die Induktivität der Spule im Diagramm auf S. 96 (Abb. 4) soll berechnet werden.

Geg.: Diagramm — Ges.: L

$X_L = 2 \cdot \pi \cdot f \cdot L$

$$L = \frac{X_L}{2 \cdot \pi \cdot f}$$

Aus dem Diagramm: $f = 2{,}5\ \text{kHz} \Rightarrow X_L = 34\ \Omega$

$$L = \frac{34\ \Omega}{2 \cdot \pi \cdot 2{,}5\ \text{kHz}}$$

$\underline{\underline{L = 2{,}2\ \text{mH}}}$

Das Frequenzverhalten des Blindwiderstandes der Spule wird benutzt, um z.B. Oberschwingungen von nichtlinear arbeitenden Geräten im Wechselspannungsnetz zu begrenzen (zu drosseln). Spulen filtern keine bestimmten Frequenzen heraus, sondern reduzieren ab einer Grenze die höherfrequenten Schwingungen. Sie werden dazu direkt in den Stromweg geschaltet. Aufgrund dieser Eigenschaft werden sie auch als **Drosseln** [*chokes*] bezeichnet. Ein Beispiel hierfür befindet sich in der rechten Spalte (Herstellerinformation).

Aufgaben

1. Erklären Sie den Unterschied zwischen einem Wirk- und einem Blindwiderstand.
2. In eine Spule wird ein Eisenkern eingefügt. Was ändert sich am Widerstandsverhalten und was bleibt konstant?
3. Eine Spule hat eine Induktivität von 10 H (Wirkwiderstand vernachlässigbar klein). Wie groß ist die Stromstärke, wenn an der Spule eine Spannung von 230 V mit 50 Hz liegt?
4. An einer Spule liegt eine Wechselspannung von 24 V. Die Stromstärke beträgt 0,4 A. Berechnen Sie den Scheinwiderstand.

- Der Blindwiderstand X_L der Spule steigt proportional mit der Frequenz f und der Induktivität L.
- Mit Drosseln lassen sich bestimmte Frequenzbereiche begrenzen.

PFC-Drosseln

Seit dem 01. 01. 2001 gilt die EN 61000-3-2, die Grenzwerte der Oberschwingungen nach Geräteklassen definiert. Die einfachste und kostengünstigste Möglichkeit, diese Norm zu erfüllen, ist die passive **PFC** (**P**ower **F**actor **C**orrection).

Anwendungsbeispiel

Die Drossel wird vor der Gleichrichterbrücke ① eingefügt. Auf diese Art lassen sich Geräte leicht nachrüsten. Hinzu kommt, dass diese Art der Verminderung des Anteils der Harmonischen einen relativ hohen Wirkungsgrad besitzt (98 … 99 %).

Prinzip einer Gleichrichterstufe mit Glättungskondensator

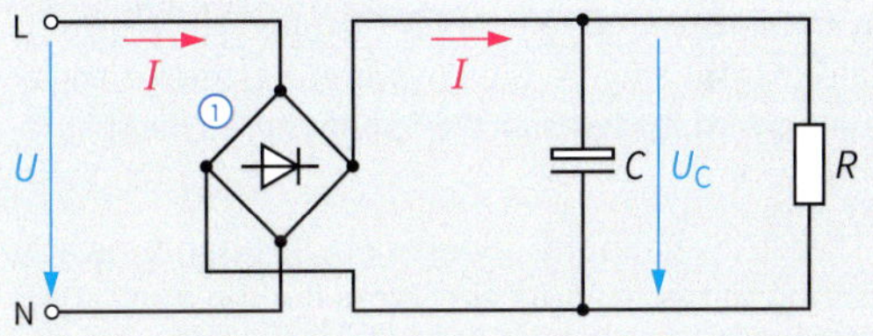

In den Diagrammen ist die zulässige Stromstärke für die 3. Harmonische eingezeichnet. Ohne Drossel würde der Wert überschritten werden. Erst durch Einbau von zwei Drosseln (3. Diagramm) werden die Grenzwerte eingehalten.

Einfluss von Drosseln auf die Harmonischen

ELKO 100µF, ohne Drossel

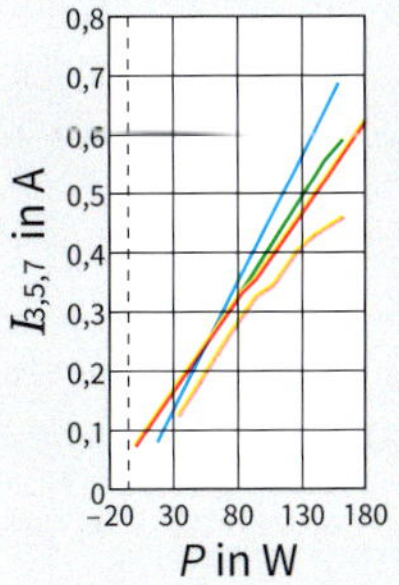

ELKO 100µF, eine Drossel

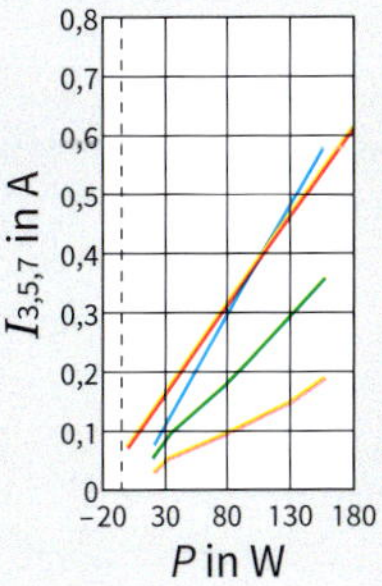

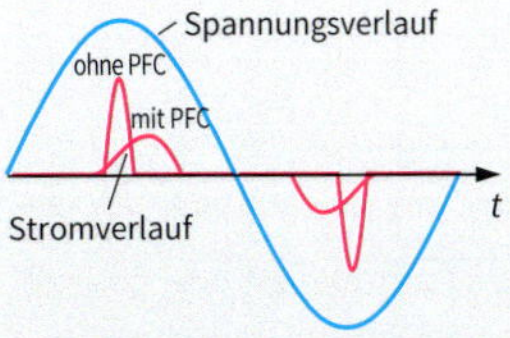

Die Wirksamkeit von PFC-Drosseln lässt sich mit einem Oszilloskop nachweisen. Der Stromverlauf ist abgeflacht.

ELKO 100µF, zwei Drosseln

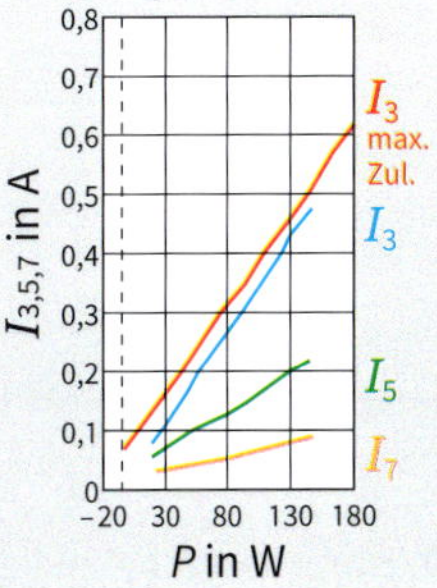

6.1.7.3 Kondensator im Wechselstromkreis

Kondensatoren bestehen im Prinzip aus zwei Platten, die durch ein **Dielektrikum** *[dielectric]* voneinander isoliert sind (Abb. 1). Das Dielektrikum ist kein idealer Isolator, sodass Ausgleichsströme fließen. Wir stellen uns diese Verluste wie einen parallel liegenden Widerstand vor. Er ist sehr groß und liegt im MΩ-Bereich.

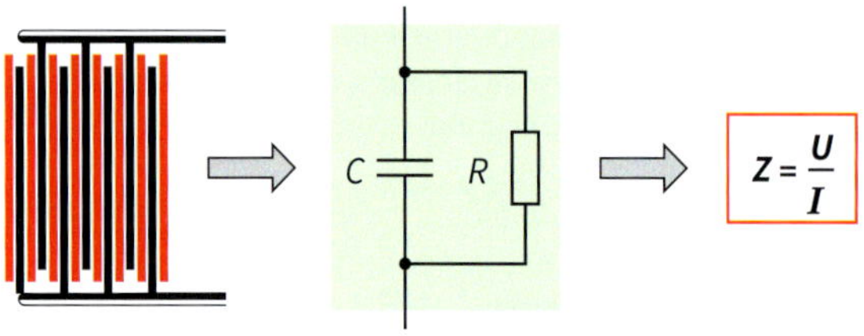

1: Kondensator als Scheinwiderstand

Zur Klärung des Verhaltens im Wechselstromkreis greifen wir zunächst auf Kenntnisse über das Verhalten im Gleichstromkreis zurück (Lernfeld 1). Wenn ein Kondensator an eine Gleichspannungsquelle angeschaltet wird, ändert sich die Spannung. Es fließt kurzzeitig Strom.

Bei Wechselspannung ändert sich die Spannung aber ständig, sodass ständig ein Strom fließen muss. Der Kondensator wird gewissermaßen fortwährend aufgeladen und entladen. Mit den Größen Stromstärke und Spannung kann wie bei der Spule der Scheinwiderstand Z angegeben werden (Abb. 1). Da der große Isolationswiderstand in der Parallelschaltung vernachlässigbar ist, ist dieses der **Blindwiderstand X_C** *[reactance]*.

Der in Abb. 2 abgebildete Versuch und die Auswertekennlinie bestätigen diese Annahme. Zwischen Spannung und Stromstärke besteht ein proportionaler Zusammenhang.

$$U_C\uparrow \Rightarrow I_C\uparrow \quad I_C \sim U_C$$

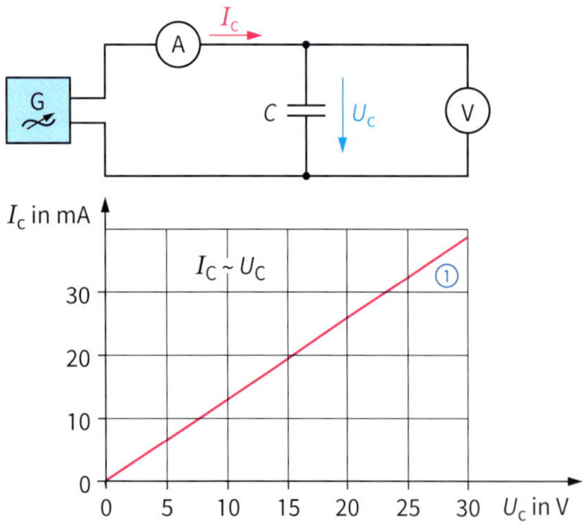

2: Zusammenhang zwischen Spannung und Stromstärke beim Kondensator

Wie bei der Spule ist das Verhältnis von U_C zu I_C der Blindwiderstand X_C.

$$\frac{U_C}{I_C} = \frac{25\,\text{V}}{32\,\text{mA}} \text{ ①} \qquad \frac{U_C}{I_C} = 781\,\Omega$$

$$\boxed{X_C = \frac{U_C}{I_C}}$$

Wie bei der Spule vermuten wir auch beim Kondensator, dass der Blindwiderstand von der Frequenz f und von den Baugrößen (Kapazität C) abhängig sein wird.

Je größer die Frequenz der Wechselspannung, desto mehr Änderungen finden innerhalb einer bestimmten Zeitspanne statt. Die Stromstärke wird größer und der Widerstand kleiner. $f\uparrow \Rightarrow X_C\downarrow$ (Abb. 3)

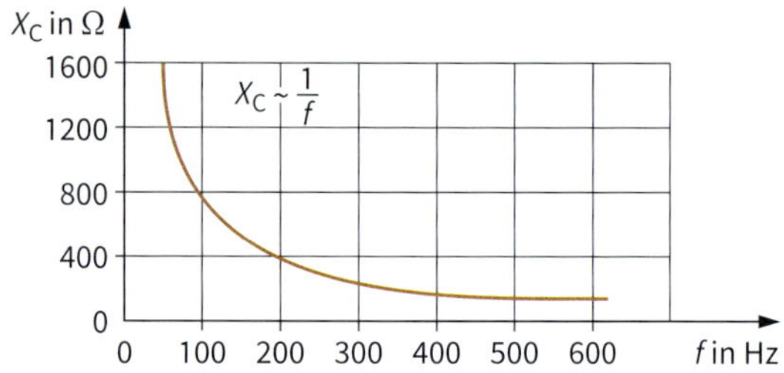

3: X_C in Abhängigkeit von der Frequenz f

Je größer die Kapazität, desto mehr Ladungen können auf die Platten fließen. Der Widerstand wird also auch mit zunehmender Kapazität kleiner.

$C\uparrow \Rightarrow X_C\downarrow$ (Abb. 4)

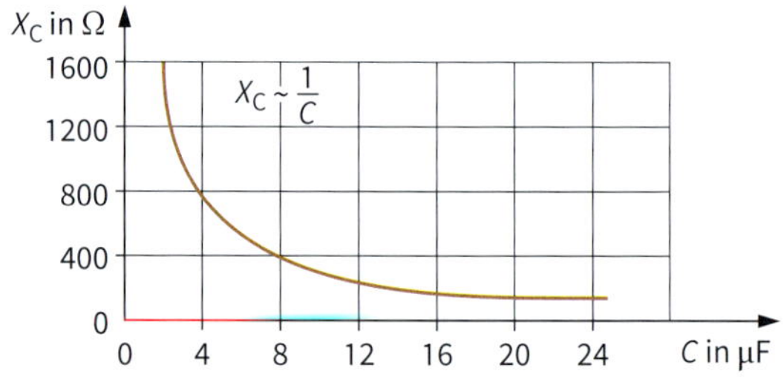

4: X_C in Abhängigkeit von der Kapazität C

Wie bei der Spule muss auch hier die Konstante 2π eingefügt werden, damit aus der Proportionalität eine Gleichung entsteht.

Blindwiderstand des Kondensators:

$$\boxed{X_C = \frac{1}{2\cdot\pi\cdot f\cdot C}} \qquad \boxed{X_C = \frac{1}{\omega\cdot C}}$$

Kreisfrequenz: $\omega = 2\cdot\pi\cdot f$

- Der Kondensator verhält sich im Wechselstromkreis wie ein Blindwiderstand X_C. Der parallele Wirkwiderstand ist in der Regel durch seinen großen Wert vernachlässigbar.
- Der Blindwiderstand X_C des Kondensators verringert sich mit zunehmender Frequenz f und zunehmender Kapazität C.

6.1.7.4 Ströme und Spannungen bei Widerständen

Um die Gemeinsamkeiten und Unterschiede zwischen den verschiedenen Widerständen besser erkennen zu können, werden in der folgenden Übersicht alle drei Widerstände parallel betrachtet.

Wirkwiderstand

Wenn ein Wirkwiderstand an eine Gleich- oder Wechselspannung geschaltet wird, folgt der Strom der Spannung gleichsinnig. Wenn die Spannung groß ist, wird auch die Stromstärke groß sein und umgekehrt. Wir sprechen davon, dass beide Größen in **Phase** [*phase*] sind.
Mit einem Oszilloskop lassen sich die Spannungs- und Stromverläufe abbilden bzw. durch Linien und Zeigerdiagramme darstellen.

Stromstärke Spannung

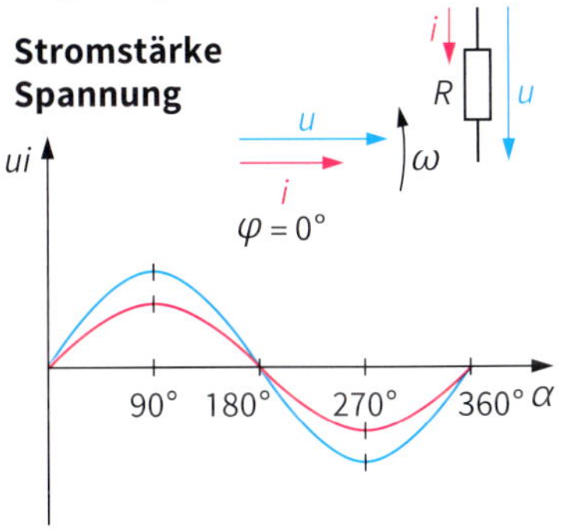

Stromstärke und Spannung sind in Phase.

Leistung

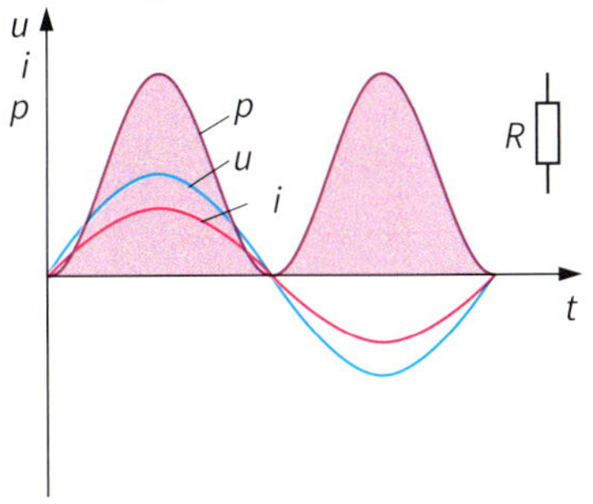

Die Leistung ist zu jedem Zeitpunkt das Produkt aus u und i. Wenn beide Größen negativ sind, ergibt sich trotzdem eine positive Leistung.

Diese Leistung wird als **Wirkleistung *P*** [*active power*] bezeichnet.

Induktivität (ideale Spule)

Wenn Spulen an Gleichspannungen geschaltet werden, ist die Spannung sofort in voller Höhe vorhanden. Aufgrund der Selbstinduktion ist der Strom Null. Er erreicht erst am Ende seinen Maximalwert. Beide Größen verhalten sich nicht gleichsinnig. Wir sprechen von einer **Phasenverschiebung** [*phase shift*]. Sie beträgt 90°.

Stromstärke Spannung

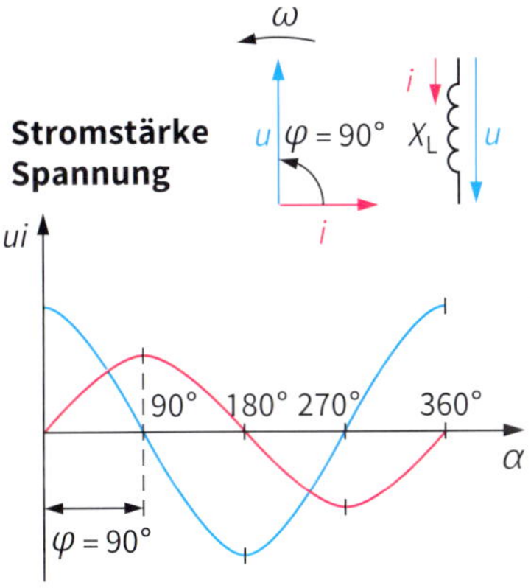

Stromstärke und Spannung sind nicht in Phase. Die Spannung eilt der Stromstärke um 90° voraus.

Leistung

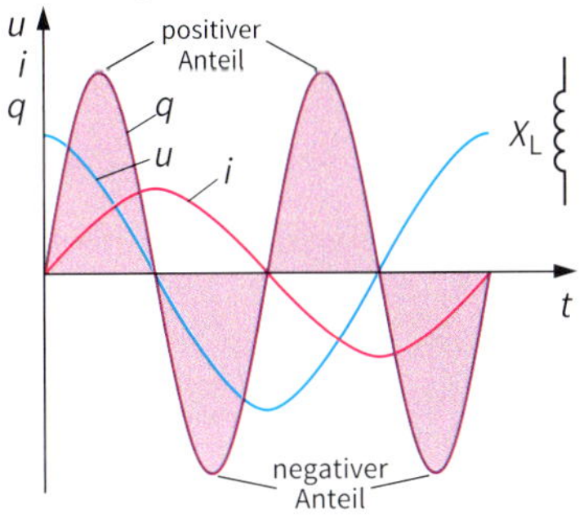

Auch hier ist zu jedem Zeitpunkt das Produkt aus u und i die Leistung. Neben positiven entstehen negative Anteile. Sie heben sich auf, sodass im Mittel keine Energie in Wärme umgewandelt wird.

Diese Leistung wird als **induktive Blindleistung Q_L** [*inductive reactive power*] bezeichnet.

Kapazität (idealer Kondensator)

Wenn ein Kondensator an eine Gleichspannungsquelle geschaltet wird, fließt zunächst ein großer Strom. Er nimmt ab und wird am Ende Null. Die Spannung steigt allmählich auf den Maximalwert. Eine Gleichzeitigkeit wie beim Wirkwiderstand ist nicht mehr gegeben. Wie bei der Spule gibt es eine Phasenverschiebung von 90°.

Stromstärke Spannung

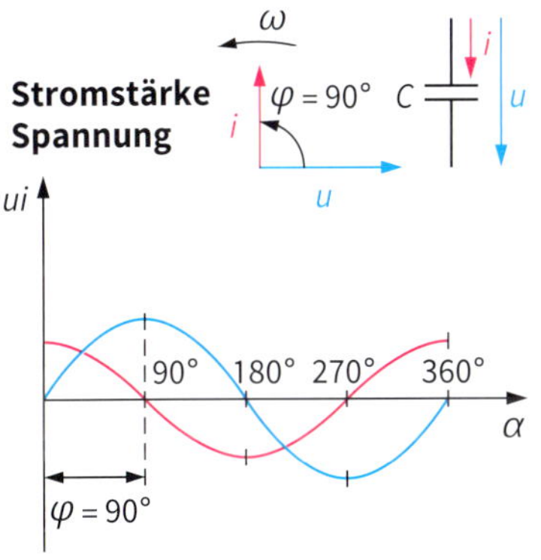

Stromstärke und Spannung sind nicht in Phase. Die Stromstärke eilt der Spannung um 90° voraus.

Leistung

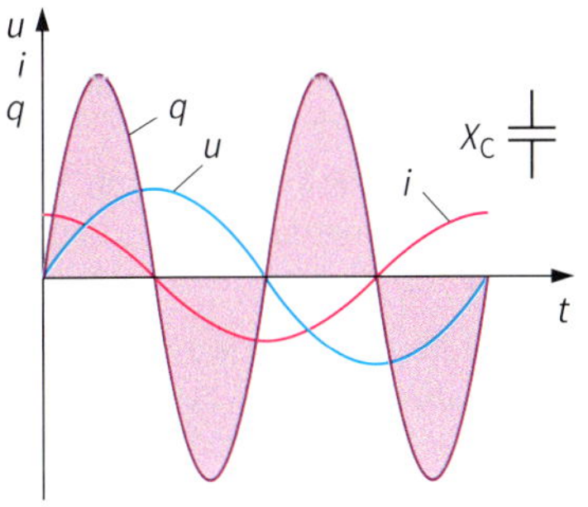

Wie bei der Induktivität ergeben sich negative und positive Leistungsanteile. Es entsteht keine Wirkleistung, die in Wärmeenergie umgesetzt wird.

Diese Leistung wird als **kapazitive Blindleistung Q_C** [*capacitive reactive power*] bezeichnet.

5: Widerstände im Wechselstromkreis

6.1.7.5 Parallelschaltung mit R und X_L

In der Filterschaltung, die die Elektrofirma Kruskop zur Begrenzung der Oberschwingungen in den N-Leiter eingebaut hat (vgl. Kap. 6.1.4), sind ein induktiver (Spule) und ein kapazitiver Blindwiderstand (Kondensator) parallel geschaltet. Wie diese beiden Bauelemente die Filterung hervorrufen, wollen wir jetzt untersuchen.

Da neben den Blindwiderständen stets Wirkwiderstände vorhanden sind, berücksichtigen wir auch diese und untersuchen die Parallelschaltung in folgender Reihenfolge:

- R und X_L
- R und X_C
- R, X_L und X_C

Dabei gehen wir zuerst von den Strömen und der Spannung aus, danach folgt eine Widerstandsbetrachtung und am Ende die Leistung.

- **Stromstärken und Spannung**

An beiden Bauteilen liegt die Spannung U. Die Ströme teilen sich auf. Mit Hilfe von Linien- und Zeigerdiagrammen (vgl. Anhang) lassen sich jetzt die Beziehungen zwischen diesen Größen erarbeiten.

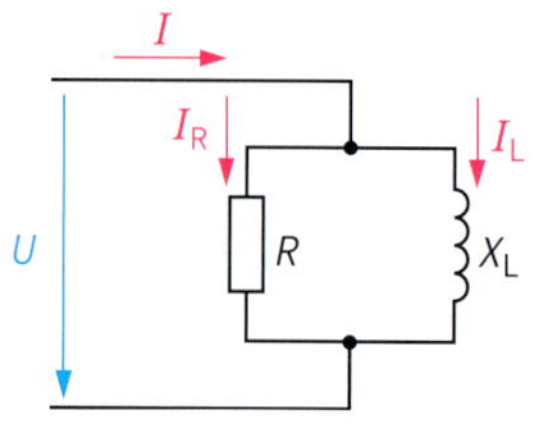

1: Parallelschaltung

- Da die Spannung u an beiden Bauteilen liegt, ist sie die gemeinsame Größe (Bezugsgröße, Abb. 3a, dargestellt sind die Momentanwerte).
- Die Stromstärke i_R durch den Wirkwiderstand R ist in Phase mit der Spannung u (Abb. 3b).
- Die Stromstärke i_L durch den Blindwiderstand X_L eilt der anliegenden Spannung u um 90° nach ($\varphi = 90°$, Abb. 3c).
- Die Gesamtstromstärke i ergibt sich aus der Addition der **Momentanwerte** i_R und i_L (Abb. 3d). Der Phasenverschiebungswinkel φ ist kleiner als 90°.

In dieser Parallelschaltung gibt es drei Stromstärken. Es lässt sich deshalb das rechtwinklige Dreieck in Abb. 2 zeichnen (es werden Effektivwerte verwendet, deshalb Großbuchstaben).

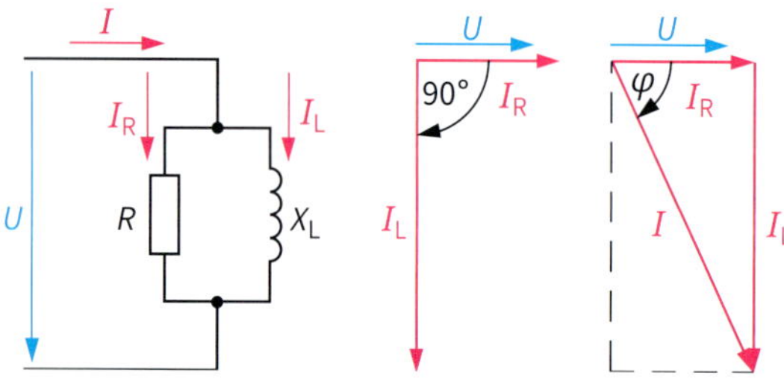

2: Zeigerdiagramm und Stromstärken

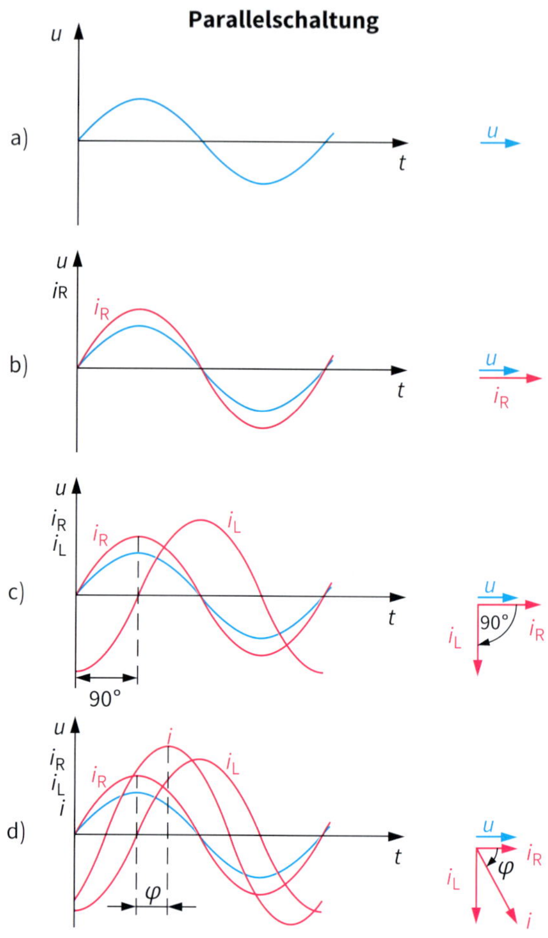

3: Linien- und Zeigerdiagramme

Unter Verwendung des Lehrsatzes von Pythagoras und der Winkelfunktionen (s. Anhang) ergeben sich folgende Berechnungsformeln:

$$I^2 = I_R^2 + I_L^2$$

$$I = \sqrt{I_R^2 + I_L^2} \qquad I_R = \sqrt{I^2 - I_L^2} \qquad I_L = \sqrt{I^2 - I_R^2}$$

$$\cos\varphi = \frac{I_R}{I} \qquad \sin\varphi = \frac{I_L}{I} \qquad \tan\varphi = \frac{I_L}{I_R}$$

- In der Parallelschaltung aus R und X_L ist die Spannung U die gemeinsame Größe (Bezugsgröße).
- In der Parallelschaltung aus R und X_L entsteht zwischen der anliegenden Spannung U und der Gesamtstromstärke I eine Phasenverschiebung von weniger als 90°.

- **Leitwerte und Widerstände**

Für die Parallelschaltung gibt es die drei Stromstärken und das entsprechende Stromdreieck (Abb. 5). Wir gehen von Letzterem aus und stellen für die einzelnen Stromstärken folgende Formeln auf:

$$I = \frac{U}{Z} \qquad I_R = \frac{U}{R} \qquad I_L = \frac{U}{X_L}$$

Die einzelnen Widerstände sind im Nenner der jeweiligen Formeln vorhanden (Kehrwerte). Es können deshalb in die Formeln auch die entsprechenden Leitwerte G, B_L und Y (Einheit Siemens, $1\ \text{S} = 1/\Omega$) eingesetzt werden:

$$I = U\left(\frac{1}{Z}\right) \qquad I_R = U\left(\frac{1}{R}\right) \qquad I_L = U\left(\frac{1}{X_L}\right)$$

$$Y = \frac{1}{Z} \qquad G = \frac{1}{R} \qquad B_L = \frac{1}{X_L}$$

Y: Scheinleitwert $\qquad$ G: Wirkleitwert $\qquad$ B: Blindleitwert

$$I = U \cdot Y \qquad I_R = U \cdot G \qquad I_L = U \cdot B_L$$

In jeder Formel ist die Spannung U als gemeinsame Größe vorhanden. Die Leitwerte sind also den jeweiligen Stromstärken proportional. Aus dem Stromstärkendreieck ergibt sich dann das ähnliche Leitwertdreieck in Abb. 4.

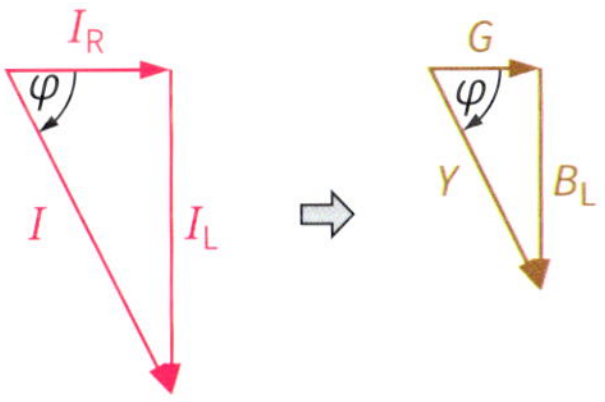

4: Stromstärken- und Leitwertdreieck

Mit Hilfe des Leitwertdreiecks lassen sich die folgenden Formeln zur Berechnung aufstellen (Pythagoras und Winkelfunktionen im Anhang).

$$\boxed{Y^2 = G^2 + B_L^2} \qquad \boxed{\left(\frac{1}{Z}\right)^2 = \left(\frac{1}{R}\right)^2 + \left(\frac{1}{X_L}\right)^2}$$

$$Y = \sqrt{G^2 + B_L^2} \qquad G = \sqrt{Y^2 - B_L^2} \qquad B_L = \sqrt{Y^2 - G^2}$$

$$\boxed{\cos\varphi = \frac{Z}{R}} \qquad \sin\varphi = \frac{Z}{X_L} \qquad \tan\varphi = \frac{R}{X_L}$$

- Zur Berechnung von Größen in der Parallelschaltung aus R und X_L wird ein rechtwinkliges Dreieck aus den Stromstärken bzw. Leitwerten verwendet.
- Der Scheinwiderstand der Parallelschaltung aus R und X_L ist kleiner als der kleinste Einzelwiderstand.
- Die Scheinleistung S setzt sich zusammen aus der Wirkleistung P und der Blindleistung Q.

- **Leistung**

Leistungen und Stromstärken sind proportional. Aus dem Stromdreieck lässt sich deshalb ein ähnliches Leistungsdreieck zeichnen (Abb. 2):

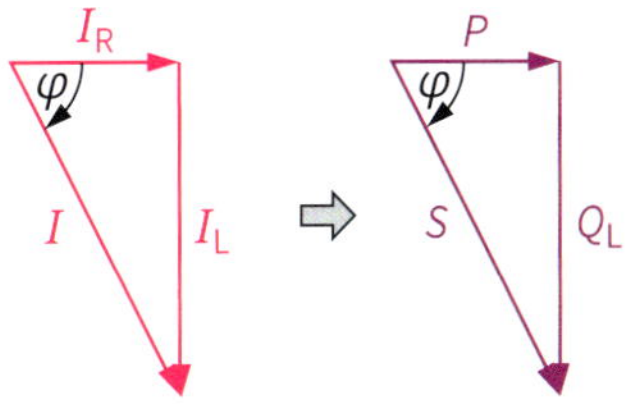

$$S = U \cdot I \qquad P = U \cdot I_R \qquad Q_L = U \cdot I_L$$

5: Stromstärken- und Leistungsdreieck

Aus dem Leistungsdreieck ergibt sich folgende Berechnungsformel:

$$\boxed{S^2 = P^2 + Q_L^2}$$

Ersatzschaltbild

Ein elektrisches Gerät wird mit 24 V betrieben. Die Stromstärke beträgt $I = 68$ mA. Stromstärke und Spannung sind nicht in Phase. Die Spannung eilt der Stromstärke um $\varphi = 36{,}7°$ voraus (Messung mit dem Oszilloskop). Es sollen der Scheinwiderstand für ein Ersatzschaltbild (Parallelschaltung) sowie die Stromstärken berechnet werden.

Geg.: $U = 24$ V; $I = 68$ mA; $\varphi = 36{,}7°$

Ges.: Z, I_R, I_L

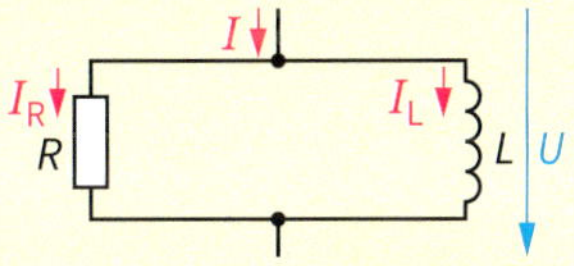

$Z = \frac{U}{I} \qquad Z = \frac{24\ \text{V}}{68\ \text{mA}}$

$\underline{\underline{Z = 353\ \Omega}}$

$I_R = I \cdot \cos\varphi \qquad I_R = 68\ \text{mA} \cdot \cos 36{,}7° \qquad \underline{\underline{I_R = 54{,}5\ \text{mA}}}$

$I_L = I \cdot \sin\varphi \qquad I_L = 68\ \text{mA} \cdot \sin 36{,}7° \qquad \underline{\underline{I_L = 40{,}6\ \text{mA}}}$

Aufgaben

1. Zeichnen Sie ein Stromstärken- und Leitwertdreieck der Parallelschaltung aus $R = 50\ \Omega$ und $X_L = 30\ \Omega$, wenn die Schaltung an der Netzwechselspannung 230 V liegt (10 ms ≙ 1 cm). Ermitteln Sie den Scheinwiderstand Z und den Phasenverschiebungswinkel.
2. Der Wirkwiderstand einer Parallelschaltung aus R und X_L wird bei konstant bleibender Spannung vergrößert. Welche Auswirkungen hat diese Änderung auf die Größen Z, I, I_R, I_L, φ, S, P und Q?
3. Zu einer Induktivität von 2 H liegt parallel ein Wirkwiderstand von 390 Ω. Die Gesamtspannung beträgt 230 V (50 Hz).
   a) Ermitteln Sie den Scheinwiderstand.
   b) Zeichnen Sie das Leitwert- und Leistungsdreieck.

6.1.7.6 Parallelschaltung mit R und X_C

Bei der Ermittlung dieser Beziehungen kann man ebenso vorgehen wie bei R und X_L auf den vorangegangenen Seiten. Die Herleitungen können deshalb verkürzt dargestellt werden (Abb. 1).

- Bei der Parallelschaltung ist die Spannung u die gemeinsame Bezugsgröße.
- Die Stromstärke i_R durch den Wirkwiderstand ist in Phase mit der Spannung u.
- Die Stromstärke i_C durch den Blindwiderstand eilt der Spannung u um 90° voraus.
- Die Gesamtstromstärke i erhält man durch die Addition der Momentanwerte von i_R und i_C.
- Das Stromdreieck wird benutzt, um das Leitwert- und Leistungsdreieck zu entwickeln. Alle Dreiecke sind ähnlich, weil die Phasenverschiebungswinkel gleich sind.

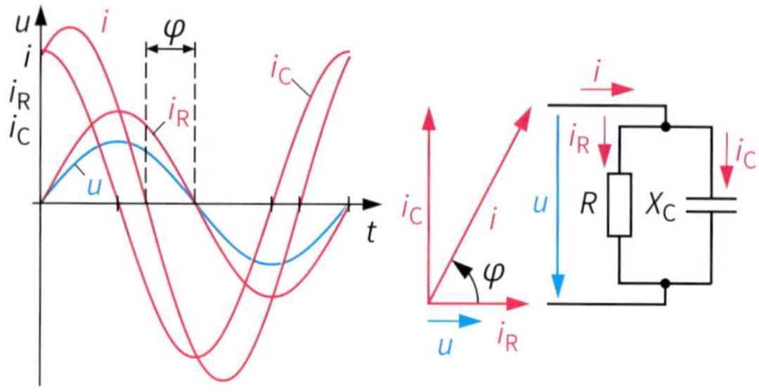

1: Parallelschaltung mit R und X_C

Berechnungsformeln zur Parallelschaltung aus R und X_C

Stromstärken

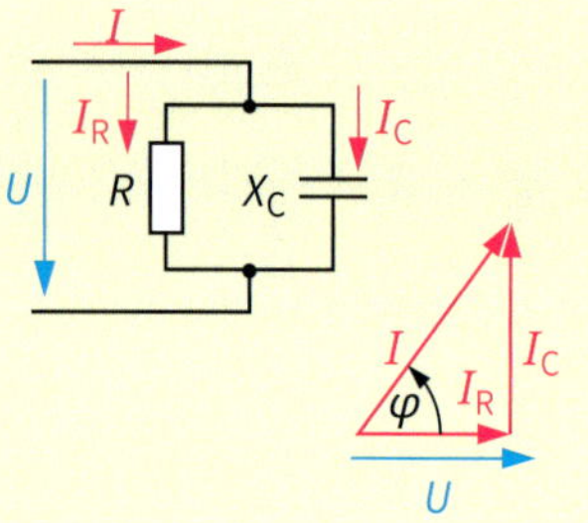

$$I^2 = I_R^2 + I_C^2$$

$$\tan\varphi = \frac{I_C}{I_R}$$

$$\sin\varphi = \frac{I_C}{I}$$

$$\cos\varphi = \frac{I_R}{I}$$

Widerstände und Leitwerte

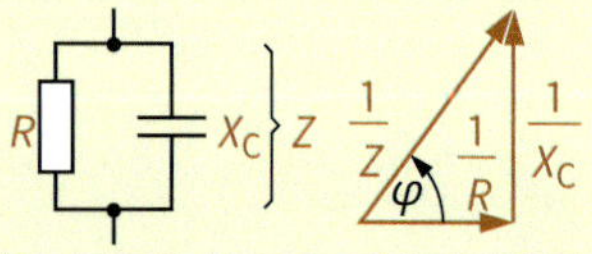

$$I = \frac{U}{Z} \qquad I_R = \frac{U}{R} \qquad I_C = \frac{U}{X_C}$$

$$\left(\frac{1}{Z}\right)^2 = \left(\frac{1}{R}\right)^2 + \left(\frac{1}{X_C}\right)^2$$

$$Y^2 = G^2 + B_C^2$$

$$\tan\varphi = \frac{R}{X_C}$$

$$\sin\varphi = \frac{Z}{X_C}$$

$$\cos\varphi = \frac{Z}{R}$$

Leistungen

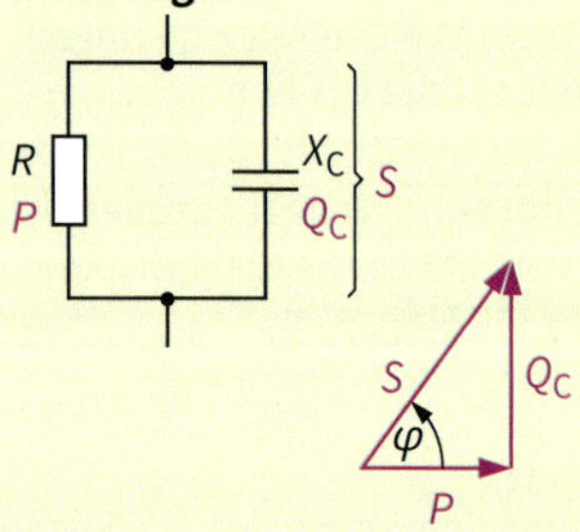

$$S^2 = P^2 + Q_C^2$$

$$\tan\varphi = \frac{Q_C}{P}$$

$$\sin\varphi = \frac{Q_C}{S}$$

$$\cos\varphi = \frac{P}{S}$$

Größen in der Parallelschaltung

In einer Schaltung liegen ein Kondensator und ein Wirkwiderstand parallel. Es treten Wechselspannungen mit 50 Hz und 15 kHz auf. Zwischen welchen Werten ändern sich Z und φ?

Geg.: $R = 1\ \text{k}\Omega$, $C = 33\ \text{nF}$, $f_1 = 50\ \text{Hz}$, $f_2 = 15\ \text{kHz}$

Ges.: Z_1, Z_2, φ_1, φ_2

$$X_{C1} = \frac{1}{2\pi \cdot f_1 \cdot C} \qquad X_{C1} = \frac{1}{2\pi \cdot \frac{50}{\text{s}} \cdot 33 \cdot 10^{-9}\ \frac{\text{As}}{\text{V}}}$$

$$X_{C1} = 96{,}5\ \text{k}\Omega \Rightarrow X_{C1} >> R \qquad \underline{\underline{Z_1 = R = 1\ \text{k}\Omega}}$$

$$\tan\varphi_1 = \frac{R}{X_{C1}} \qquad \tan\varphi_1 = \frac{1\ \text{k}\Omega}{96{,}5\ \Omega} \qquad \underline{\underline{\varphi_1 = 0{,}594°}}$$

$$X_{C2} = \frac{1}{2\pi \cdot \frac{15 \cdot 10^3}{\text{s}} \cdot 33 \cdot 10^{-9}\ \frac{\text{As}}{\text{V}}} \qquad X_{C2} = 322\ \Omega$$

$$\left(\frac{1}{Z_2}\right)^2 = \left(\frac{1}{322\ \Omega}\right)^2 + \left(\frac{1}{1000\ \Omega}\right)^2 \qquad \underline{\underline{Z_2 = 307\ \Omega}}$$

$$\tan\varphi_2 = \frac{R}{X_{C2}} \qquad \tan\varphi_2 = \frac{1\ \text{k}\Omega}{0{,}307\ \text{k}\Omega} \qquad \underline{\underline{\varphi_2 = 72{,}9°}}$$

Aufgaben

1. Zur Parallelschaltung aus R und X_C wird ein weiterer Kondensator parallel geschaltet. Wie verändern sich X_{Cg}, Z, I, I_{Cg}, I_R, φ, S, Q_g und P, wenn die Spannung konstant bleibt?
2. Zu einem Wirkwiderstand von 100 Ω soll ein Kondensator parallel geschaltet werden, damit sich an 230 V (50 Hz) eine Scheinleistung von 620 VA ergibt. Berechnen Sie die
   a) Stromstärke,
   b) Wirk- und Blindleistung und
   c) Kapazität des Kondensators.
3. Durch Zuschalten von C_2 soll eine Phasenverschiebung zwischen Spannung und Stromstärke von 35° erreicht werden. Wie groß ist die Kapazität des Kondensators C_2?

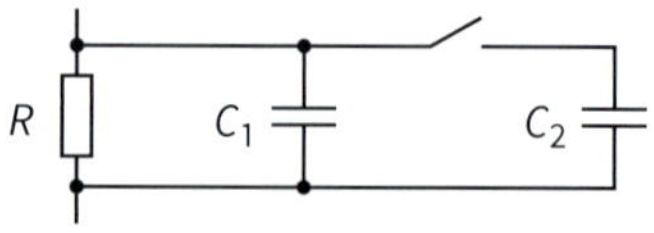

$R = 1\ \text{k}\Omega$
$f = 50\ \text{Hz}$
$C_1 = 1{,}0\ \mu\text{F}$

6.1.7.7 Parallelschaltung mit R, X_L und X_C

Da im THF-Filter (vgl. 6.1.4) die Widerstände R, X_L und X_C vorhanden sind, wollen wir jetzt klären, wie sie gemeinsam im Stromkreis wirken.

Bei der Parallelschaltung ist für alle Größen die Spannung die gemeinsame Bezugsgröße. Für die Entwicklung des Zeigerdiagramms in Abb. 2 verwenden wir Effektivwerte (Großbuchstaben) und nehmen an, dass $X_L > X_C$ ist. Im Einzelnen ergibt sich:

- Die Stromstärke I_R ist in Phase mit der Spannung U ①.
- Die Stromstärke I_C eilt der Spannung um 90° voraus ②.
- Die Stromstärke I_L eilt der Spannung um 90° nach ③.
- Zwischen I_C und I_L besteht eine Phasenverschiebung von 180° (vgl. Kap. 6.1.7.4). Beide Stromstärken können voneinander abgezogen werden. Da $X_L > X_C$ ist, wird $I_L < I_C$ sein ④. Der induktive Blindstrom wird durch den kapazitiven vollständig aufgehoben (**Kompensation** [*compensation*]). Die sich ergebende Stromstärke I ist dann die Differenz der beiden Stromstärken ($I_C - I_L$).

Die Schaltung wirkt somit kapazitiv. Das bedeutet, dass sie bei dieser Frequenz wie ein Kondensator mit einem parallel liegenden Wirkwiderstand arbeitet. Der induktive Blindwiderstand „verschwindet" also durch den Kondensator.

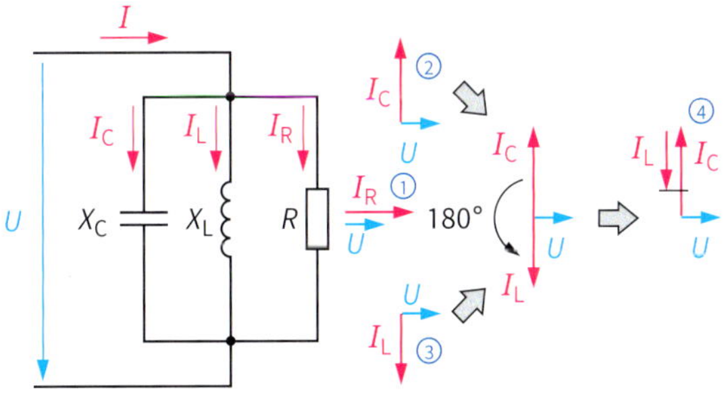

2: Parallelschaltung aus R, X_L und X_C

Aus den phasenmäßigen Beziehungen lassen sich ein Dreieck mit den Stromstärken zeichnen und entsprechende Formeln aufstellen (Abb. 3).

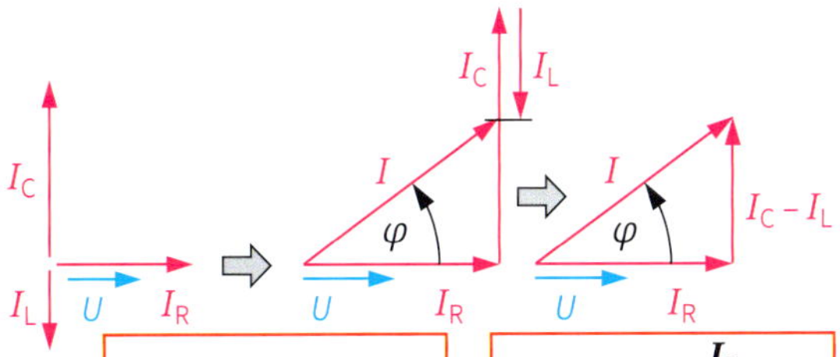

$$I^2 = I_R^2 + (I_C - I_L)^2$$

$$\cos\varphi = \frac{I_R}{I}$$

3: Stromstärken

Stromstärken und Leitwerte sind proportional. Es lässt sich deshalb ein Leitwertdreieck zeichnen (Abb. 4), das dem Stromstärkendreieck ähnlich ist. Da $X_L > X_C$ ist, gilt zwischen den Kehrwerten folgende Beziehung:

$$\frac{1}{X_L} < \frac{1}{X_C} \text{ oder } B_L < B_C$$

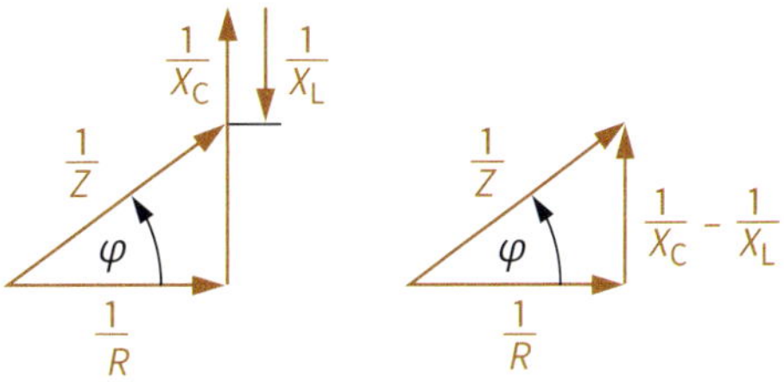

$$\cos\varphi = \frac{\frac{1}{R}}{\frac{1}{Z}} \qquad \cos\varphi = \frac{G}{Y} \qquad \cos\varphi = \frac{Z}{R}$$

$$\left(\frac{1}{Z}\right)^2 = \left(\frac{1}{R}\right)^2 + \left(\frac{1}{X_C} - \frac{1}{X_L}\right)^2$$

$$Y^2 = G^2 + (B_C - B_L)^2$$

4: Leitwerte und Widerstände

Bei der Parallelschaltung aus X_L und X_C können sich die Wirkungen dieser Blindwiderstände auch vollständig aufheben (kompensieren). Das folgende Berechnungsbeispiel verdeutlicht diesen Sachverhalt:

$X_L \approx X_C$

Geg.: Parallelschaltung mit $R = 500\ \Omega$; $C = 10\ \mu F$; $L = 1\ H$; $U = 230\ V$; $f = 50\ Hz$

Ges.: I, I_C, I_L und I_R

$X_C = 318{,}8\ \Omega \qquad \frac{1}{X_C} = 3{,}14\ mS$

$X_L = 314{,}2\ \Omega \qquad \frac{1}{X_L} = 3{,}18\ mS$

$$\frac{1}{Z} = \sqrt{\left(\frac{1}{R}\right)^2 + \left(\frac{1}{X_L} - \frac{1}{X_C}\right)^2} \qquad Z = 500\ \Omega$$

$I = \frac{U}{Z} \qquad \underline{\underline{I = 460\ mA}} \qquad I_C = \frac{U}{X_C} \qquad$ ② $\underline{\underline{I_C = 723\ mA}}$

$I_L = \frac{U}{X_L} \qquad$ ① $\underline{\underline{I_L = 732\ mA}} \qquad I_R = \frac{U}{R} \qquad \underline{\underline{I_R = 460\ mA}}$

Die Blindstromstärken I_L ① und I_C ② im Berechnungsbeispiel heben sich in ihren Wirkungen nahezu auf, sodass in der Schaltung allein der Widerstand R wirksam ist. Er bestimmt die Gesamtstromstärke der Schaltung. Die Stromstärken in den Blindwiderständen können größer als die Gesamtstromstärke werden (**Stromüberhöhung** [*current rise*]).

Dieser Sonderfall wird auch als Resonanzfall oder kurz als **Resonanz** [*resonance*] bezeichnet. Er tritt in dem Berechnungsbeispiel nur bei einer bestimmten Frequenz (50 Hz) auf, der **Resonanzfrequenz** f_0 [*resonance frequency*]. Diese ist von der gewählten Kapazität und Induktivität abhängig. Mit anderen Größen ergeben sich andere Resonanzfrequenzen.

Für die Herleitung einer allgemeinen Formel gehen wir von der Resonanzbedingung aus:

$$X_L = X_C$$

$$2\pi \cdot f_0 \cdot L = \frac{1}{2\pi \cdot f_0 \cdot C} \qquad f_0^2 = \frac{1}{4\pi^2 \cdot L \cdot C}$$

Resonanzfrequenz

$$f_0 = \frac{1}{2\pi \cdot \sqrt{L \cdot C}}$$

In einem letzten Schritt wollen wir die elektrische Energie im Resonanzfall betrachten. Die Spannung liegt an allen drei Bauteilen und es fließen drei Ströme. Der Wirkstrom ist in Phase mit der anliegenden Spannung. Die Blindströme (Abb. 1a) sind zu der anliegenden Spannung um 90° vor- und 90° nacheilend in der Phasenlage verschoben. Die Blindströme besitzen also zueinander eine Phasenverschiebung von 180° (Abb. 1b und 4c). Da die elektrische Energie das Produkt aus Leistung und Zeit ist, bedeutet das für die Leistungskurven, dass in dem einen Bauteil positive und in dem anderen gleichzeitig negative Anteile entstehen. Im Mittel heben sich diese Blindleistungen auf (Abb. 1d und 1e). Die Energie pendelt gewissermaßen zwischen den Bauteilen hin und her (Schwingung).

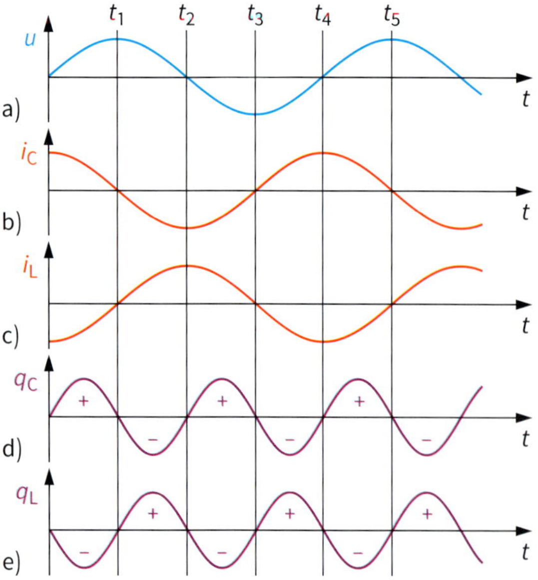

1: Spannung, Blindströme und Blindleistungen im Resonanzfall

Die Schaltung wird deshalb auch als **Schwingkreis** [*resonant circuit*] bezeichnet.

Da diese Resonanzeigenschaft nur bei einer bestimmten Frequenz auftritt, wird dieser Schwingkreis auch als Filter eingesetzt (THF-Filter, vgl. Kap. 6.1.8). Dort werden wir untersuchen, wie sich diese Schaltung bei Resonanz sowie unter- und oberhalb der Resonanzfrequenz verhält.

Aufgaben

1. Zeichnen Sie das Stromstärkendreieck einer Parallelschaltung, wenn folgende Größen gegeben sind: $I_C = 50$ mA; $I_L = 120$ mA; $I_R = 250$ mA
Ermitteln Sie aus der Zeichnung I und φ.
2. In einer Parallelschaltung aus R, X_L und X_C wird der Kondensator entfernt.
Wie verändern sich bei konstant bleibender Spannung die Stromstärken und der Phasenverschiebungswinkel (größer, kleiner oder konstant angeben)?
3. Zeichnen Sie das Leistungsdreieck der Parallelschaltung aus R, X_L und X_C, wenn X_L größer als X_C ist.
4. Welche Größen werden in der Parallelschaltung aus R, X_L und X_C maximal bzw. minimal, wenn bei konstanter Spannung $X_L = X_C$ ist?
5. Von einer Parallelschaltung aus R, X_L und X_C sind folgende Größen gegeben:
$R = 200\ \Omega$; $I_L = 100$ mA; $I_C = 60$ mA; $I_R = 30$ mA
Berechnen Sie U, I, X_L, X_C und Z.
6. Ein Wirkwiderstand von 300 Ω, eine Spule mit der Induktivität von 63,3 mH und ein Kondensator von 1 µF sind parallel geschaltet.
Wie groß sind bei einer Frequenz von 1 kHz der Scheinwiderstand und der Phasenverschiebungswinkel zwischen der anliegenden Spannung und der Gesamtstromstärke?

- Bei der Parallelschaltung von X_L und X_C besteht zwischen I_L und I_C eine Phasenverschiebung von 180°.
- Bei der Parallelschaltung von X_L und X_C können die Stromstärken in den einzelnen Blindwiderständen größer als die Gesamtstromstärke (Stromüberhöhung) werden.
- Resonanz tritt auf, wenn die Blindwiderstände X_L und X_C gleich groß sind.
- Bei Resonanz heben sich kapazitive und induktive Blindwiderstände in ihren Wirkungen auf (Kompensation), sodass nur der Wirkwiderstand in der Schaltung vorhanden ist.
- Die Resonanzfrequenz eines Schwingkreises wird nur durch die Kapazität und Induktivität bestimmt.

6.1.8 Sperrkreis

Die bisher erarbeiteten Grundlagen über die Blindwiderstände lassen sich jetzt verwenden, um die Sperrwirkung des THF-Filters für die 3. Oberschwingungen zu verstehen. Der grundsätzliche Aufbau mit den Werten ist in Abb. 2 zu sehen. Für die Spule ist das Ersatzschaltbild mit R_{ser} und X_{Lser} gezeichnet. Wie kann mit den Größen aus Abb. 2 erreicht werden, dass bei 150 Hz die Schaltung wie eine Sperre mit einem hohen Widerstand wirkt?

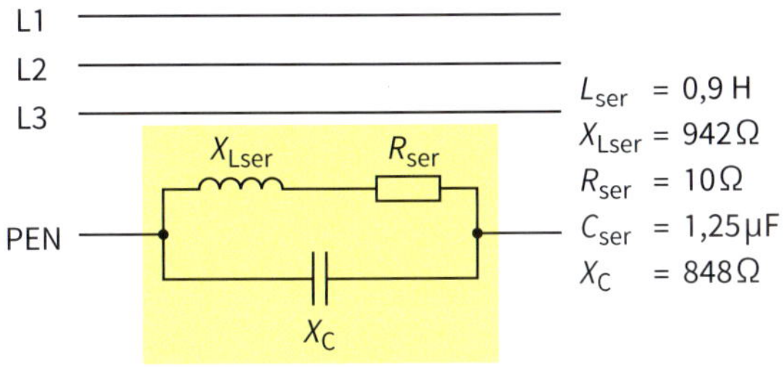

2: THF-Filter im PEN-Leiter

Zunächst überprüfen wir durch die nachfolgende Berechnung, ob die Resonanzfrequenz bei 150 Hz liegt. Wir können bei diesen Werten annehmen, dass die Serieninduktivität gleich der Parallelinduktivität ist.

Resonanzfrequenz

$$f_0 = \frac{1}{2\pi \cdot \sqrt{L \cdot C}} \qquad f_0 = \frac{1}{2\pi \cdot \sqrt{0{,}9\ \mathrm{H} \cdot 1{,}25\ \mu\mathrm{F}}}$$

$$\underline{\underline{f_0 = 150{,}1\ \mathrm{Hz}}}$$

Der Wert für die Resonanzfrequenz beträgt wie erwartet 150 Hz. Nun muss noch geklärt werden, wie groß der Widerstand der Schaltung bei dieser Frequenz ist. Wir verwenden dazu die Messschaltung in Abb. 3 und gehen wie folgt vor:

- Spannung von 100 V einstellen
- Stromstärken bei verschiedenen Frequenzen messen
- Scheinwiderstand mit $Z = U/I$ berechnen

Die Messwerte sind in einer Tabelle der Abb. 4 festgehalten. Die Kurve, die den Scheinwiderstand Z in Abhängigkeit von der Frequenz wiedergibt, verdeutlicht die Filterwirkung. Für einen Strom im N-Leiter mit 150 Hz ist ein sehr großer Widerstand wirksam ①. Ströme mit der Frequenz von 150 Hz werden erheblich gedämpft. Ein Strom, dessen Frequenz kleiner bzw. größer als 150 Hz ist, wird nicht gedämpft.

Auffällig ist dabei, dass bei der Resonanzfrequenz von 150 Hz der Scheinwiderstand der Schaltung 71,4 kΩ beträgt ②. Dies ist der große **Ersatzwirkwiderstand** für die gesamte Schaltung (R_{par}, Abb. 3) und nicht der kleine Serienwiderstand der Spule. Die Induktivität und die Kapazität haben sich bei diesem Resonanzfall kompensiert (vgl. Kap. 6.1.7.7).

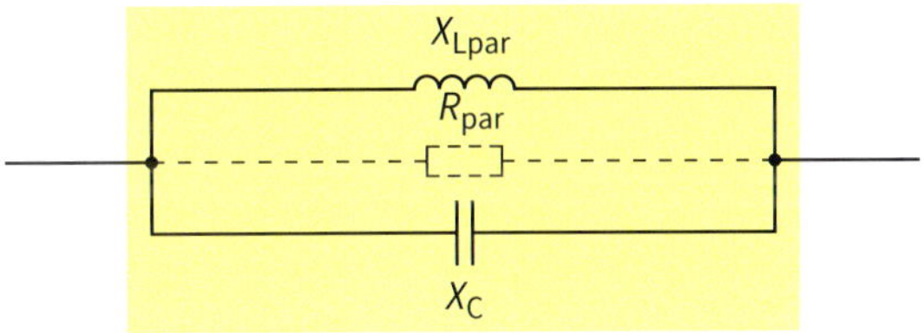

4: Ersatzschaltbild der Filterschaltung

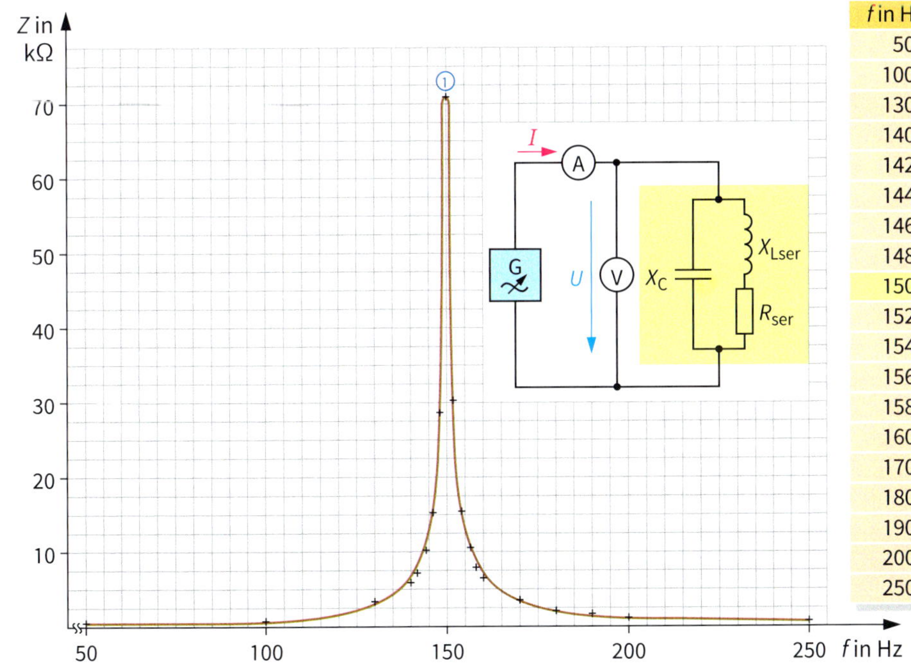

f in Hz	I in mA	Z in Ω
50	353	283
100	177	565
130	34	2941
140	16,4	6100
142	13,1	7634
144	9,8	10204
146	6,6	15152
148	3,5	28571
150	1,4	71429 ②
152	3,3	30303
154	6,3	15873
156	9,3	10753
158	12,3	8130
160	15,2	6579
170	29,1	3559
180	43,3	2309
190	56,2	1779
200	68,6	1458
250	125,6	796

3: Filterwirkung eines THF-Filters

Die recht komplexen Zusammenhänge sind in Abb. 1 dargestellt. Dort werden die bisherigen Ergebnisse zusammengefasst und vertieft.

- Die Stromstärke I_L ($I_L = U/X_L$) nimmt mit steigender Frequenz ab ①.
- Die Stromstärke I_C dagegen steigt mit zunehmender Frequenz ②.
- Im Resonanzfall ($f = f_0$) sind die beiden Stromstärken gleich groß, sie heben sich auf ③.
- Im Resonanzfall ist nur noch der große Wirkwiderstand vorhanden ④.
- Unterhalb der Resonanzfrequenz verhält sich die Schaltung wie die Parallelschaltung aus X_L und R, also induktiv ⑤.
- Oberhalb der Resonanzfrequenz verhält sich die Schaltung wie die Parallelschaltung aus X_C und R, also kapazitiv ⑥.

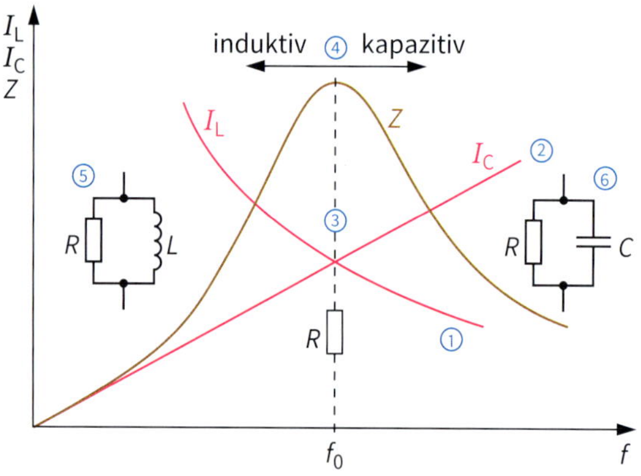

1: Zusammenhänge im Sperrkreis

Aufgaben

1. Skizzieren Sie zu Abb. 1 die Gesamtstromstärke in Abhängigkeit von der Frequenz.
2. Wodurch lässt sich in dem Beispiel von S. 105 die Sperrwirkung des Filters vergrößern, wenn man die Kapazität des Kondensators nicht verändern kann?
3. Berechnen Sie die einzelnen Stromstärken für den Resonanzfall des THF-Filters (Abb. 4, S. 105).
4. Wie groß ist der wirksame Widerstand des THF-Filters (Abb. 4, S. 105) bei 50 Hz?
5. Berechnen Sie die Kapazität für einen Sperrkreis der 5. Oberschwingung mit der Spule von Abb. 3 auf S. 105.

- Ein Sperrkreis verhält sich bei seiner Resonanzfrequenz wie ein großer Wirkwiderstand.
- Ein Sperrkreis verhält sich bei Frequenzen $f < f_0$ induktiv und bei Frequenzen $f > f_0$ kapazitiv.

6.1.9 Saugkreis

Herr Kruskop hat sich für den Einbau eines Sperrkreises entschieden und nicht für einen Saugkreis. Eine Begründung war, dass durch den Saugkreis auch „fremde" Oberschwingungen aus dem Netz „angesogen" werden (zusätzlicher Stromfluss). Weitere Begründungen lassen sich aus dem Diagramm einer Firmenunterlage (Fa. KBR: Energiemanagement mit System) entnehmen (Abb. 2).

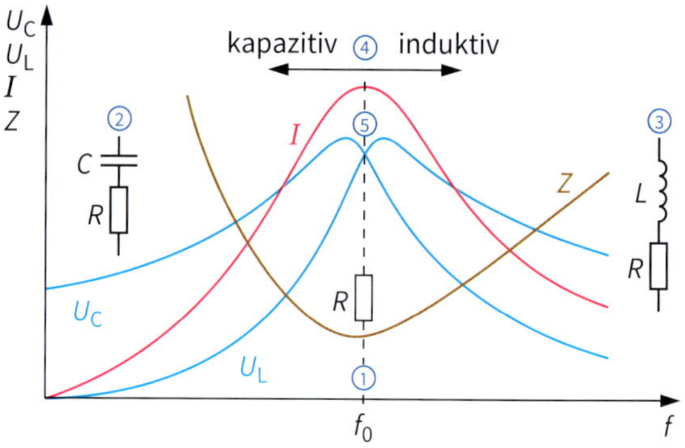

2: Zusammenhänge im Saugkreis

Bei einem Saugkreis sind eine Spule und ein Kondensator in Serie geschaltet. Auch hier tritt der Resonanzfall bei $X_L = X_C$ auf. Im Einzelnen können die Kurven im Diagramm wie folgt interpretiert werden:

- Im Resonanzfall ist nur der kleine Serienwiderstand der Spule wirksam ①.
- Unterhalb der Resonanzfrequenz wirkt die Schaltung wie eine Serienschaltung aus R und X_C (kapazitiv) ②.
- Oberhalb der Resonanzfrequenz wirkt die Schaltung wie eine Serienschaltung aus R und X_L (induktiv) ③.
- Die Stromstärke ist im Resonanzfall maximal ④.
- Durch die große Stromstärke bei Resonanz entstehen an den Blindwiderständen hohe Spannungen (**Spannungsüberhöhung**). Sie können die Betriebsspannung erheblich überschreiten (Gefährdung von Personen und Bauelementen) ⑤.

Aufgaben

1. Berechnen Sie die Stromstärke im Resonanzfall, wenn das THF-Filter von S. 106 als Saugkreis aufgebaut wird (U = 230 V).
2. Wie groß sind die Spannungen an den Blindwiderständen im Resonanzfall (U = 230 V)?

- Bei einem Saugkreis ist der Widerstand im Resonanzfall am kleinsten.
- Da beim Saugkreis im Resonanzfall die Stromstärke maximal wird, können an den Blindwiderständen große Spannungen entstehen, die größer als die Betriebsspannung sind.

6.1.10 Reihenschaltung mit R und X_L

Wie bei der Parallelschaltung soll auch bei der Erarbeitung der Beziehungen in der Reihenschaltung schrittweise vorgegangen werden. Da der Strom in der Reihenschaltung überall gleich ist, wird die Stromstärke *i* als gemeinsame Ausgangsgröße für die folgende Herleitung (Abb. 4a) verwendet:

- Die Stromstärke verursacht am Widerstand *R* eine Spannung u_R, die in Phase mit der Stromstärke *i* ist (Abb. 4b).
  Wirkspannung: $u_R = i \cdot R$
- Die Stromstärke *i* und die Spannung u_L (Blindspannung) am Blindwiderstand X_L sind nicht in Phase (Abb. 4c). Dieses Ergebnis wurde bereits beim Ein- und Ausschalten von Spulen im Gleichstromkreis deutlich (vgl. Kap. 6.1.7.1). Nur wenn die Änderung der Stromstärke groß ist, wird auch die Spannung groß und umgekehrt.
- Die abgebildete Spannung u_R ist phasengleich mit der Stromstärke *i*. Somit ist bei einem induktiven Blindwiderstand ein Phasenverschiebungswinkel φ zwischen Spannung u_L und Stromstärke *i* von 90° vorhanden (Abb. 4c).
  Blindspannung: $u_L = i \cdot X_L$ bzw. $U_L = I \cdot X_L$
- Die Gesamtspannung *u* lässt sich durch Addition der jeweiligen Momentanwerte aus den beiden Teilspannungen u_R und u_L ermitteln. Es ist die anliegende Gesamtspannung *u* (Abb. 4d).

Die einzelnen Größen lassen sich auch durch Zeiger darstellen (vgl. Anhang). Sie sind in Abb. 4 neben den Liniendiagrammen zu sehen ①. Der Phasenverschiebungswinkel macht deutlich, dass durch den Wirkwiderstand *R* zwischen der Stromstärke *i* und der anliegenden Spannung *u* eine Phasenverschiebung von weniger als 90° besteht ②.

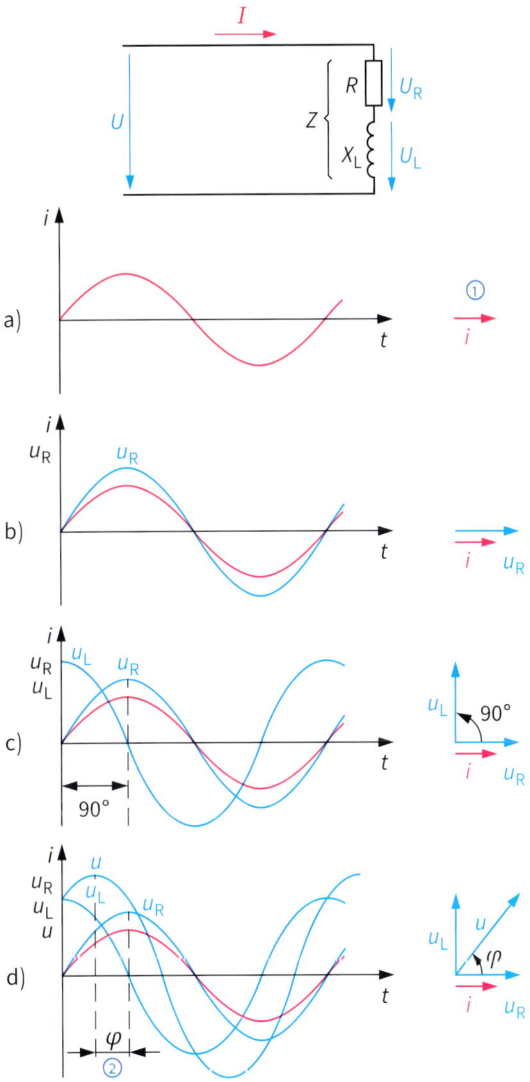

4: Linien- und Zeigerdiagramm

Wie lässt sich die Gesamtspannung aus den Einzelspannungen errechnen?

Das Zeigerdiagramm in Abb. 4d muss dazu in ein Dreieck umgezeichnet werden (Abb. 3). An Stelle der Momentanwerte verwenden wir jetzt Effektivwerte (Großbuchstaben) und verschieben die Blindspannung U_L parallel. Es entsteht ein rechtwinkliges Dreieck mit den Seiten der Teilspannungen U_L und U_R sowie der Gesamtspannung *U*.

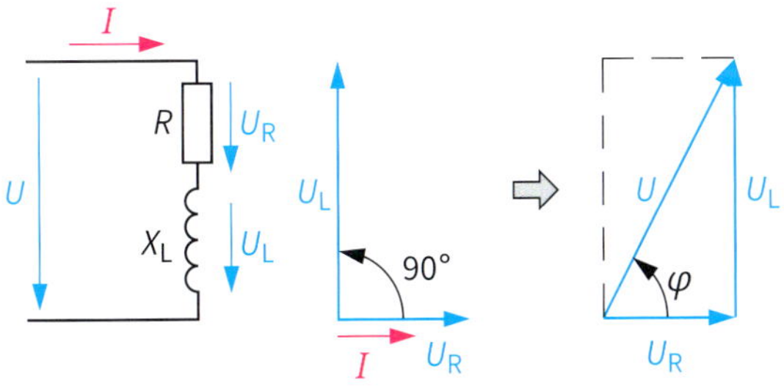

3: Zeigerdiagramm und Spannungsdreieck

Zur Berechnung rechtwinkliger Dreiecke verwenden wir den Lehrsatz des Pythagoras. Es ergibt sich folgende Formel mit entsprechenden Umstellungen:

$$U^2 = U_R^2 + U_L^2$$

$$U_R = \sqrt{U_R^2 + U_L^2} \qquad U_R = \sqrt{U^2 - U_L^2} \qquad U_R = \sqrt{U^2 - U_R^2}$$

- In der Reihenschaltung aus R und X_L besteht zwischen U_R und U_L eine Phasenverschiebung von $\varphi = 90°$.
- In einer Reihenschaltung aus R und X_L ergibt sich zwischen Stromstärke und Gesamtspannung ein Phasenverschiebungswinkel $\varphi < 90°$.

Mit Hilfe von Winkelfunktionen (vgl. Anhang) kann der Phasenverschiebungswinkel φ ermittelt werden.

$$\boldsymbol{\cos\varphi = \frac{U_R}{U}} \qquad \sin\varphi = \frac{U_L}{U} \qquad \tan\varphi = \frac{U_L}{U_R}$$

Spannungen und Phasenverschiebung

Eine Spule mit vernachlässigbar kleinem Wirkwiderstand besitzt einen Blindwiderstand von 40 Ω. In Reihe liegt ein Wirkwiderstand von 20 Ω. Bei einer angelegten Spannung von 230 V beträgt die Stromstärke 5,15 A. Wie groß sind der Scheinwiderstand, die Einzelspannungen und der Phasenverschiebungswinkel?

Geg.: $X_L = 40\,\Omega$; $R = 20\,\Omega$; $U = 230\,V$; $I = 5{,}15\,A$

Ges.: Z, U_R, U_L und φ.

$$Z = \frac{U}{I} \qquad Z = \frac{230\,V}{5{,}15\,A} \qquad \underline{\underline{Z = 44{,}7\,\Omega}}$$

$$U_R = I \cdot R \qquad U_R = 5{,}15\,A \cdot 20\,\Omega \qquad \underline{\underline{U_R = 103\,V}}$$

$$U_L = I \cdot X_L \qquad U_L = 5{,}15\,A \cdot 40\,\Omega \qquad \underline{\underline{U_L = 206\,V}}$$

$$\cos\varphi = \frac{U_R}{U} \qquad \cos\varphi = \frac{103\,V}{230\,V} \qquad \cos\varphi = 0{,}448$$

$$\underline{\underline{\varphi = 63{,}4^\circ}}$$

Das Beispiel zeigt, dass zur Berechnung der Spannungen die Widerstände mit der gleich bleibenden Stromstärke multipliziert werden müssen. Bestimmend für die Länge der Pfeile im Spannungsdreieck ist also die konstante Größe I und der jeweilige Widerstand R, X_L oder Z. Die Spannungen und die dazugehörigen Widerstände sind proportional (Widerstandsdreieck, Abb. 1).

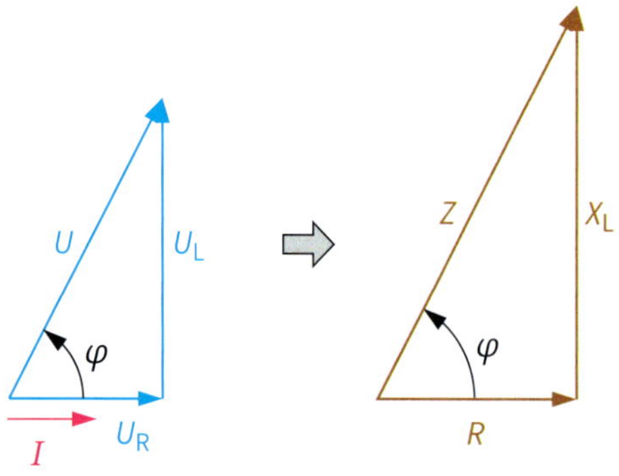

1: Widerstandsdreieck mit R und X_L

Wenn wir den Lehrsatz des Pythagoras und die Winkelfunktionen (vgl. Anhang) auf das Widerstandsdreieck anwenden, ergeben sich folgende Formeln:

$$\boldsymbol{Z^2 = R^2 + X_L^2}$$

$$Z = \sqrt{R^2 + X_L^2} \qquad R = \sqrt{Z^2 - X_L^2} \qquad X_L = \sqrt{Z^2 - R^2}$$

$$\boldsymbol{\cos\varphi = \frac{R}{Z}} \qquad \sin\varphi = \frac{X_L}{Z} \qquad \tan\varphi = \frac{X_L}{R}$$

Scheinwiderstand und Phasenverschiebung

Gesucht sind der Scheinwiderstand und der Phasenverschiebungswinkel bei einer Reihenschaltung aus einem Blindwiderstand von 40 Ω mit einem Wirkwiderstand von 20 Ω.

Geg.: $X_L = 40\,\Omega$; $R = 20\,\Omega$ Ges.: Z und φ

$$Z = \sqrt{R^2 + X_L^2} \qquad Z = \sqrt{400\,\Omega^2 + 1600\,\Omega^2}$$

$$\underline{\underline{Z = 44{,}7\,\Omega}}$$

$$\tan\varphi = \frac{X_L}{R} \qquad \tan\varphi = \frac{40\,\Omega}{20\,\Omega} = 2 \qquad \underline{\underline{\varphi = 63{,}4^\circ}}$$

Die Leistungen unterscheiden sich von den jeweiligen Spannungen nur durch die Stromstärke (konstante Größe, $P = U \cdot I$). Für die Leistungen kann deshalb ein dem Spannungsdreieck ähnliches Leistungsdreieck gezeichnet werden (Abb. 2).

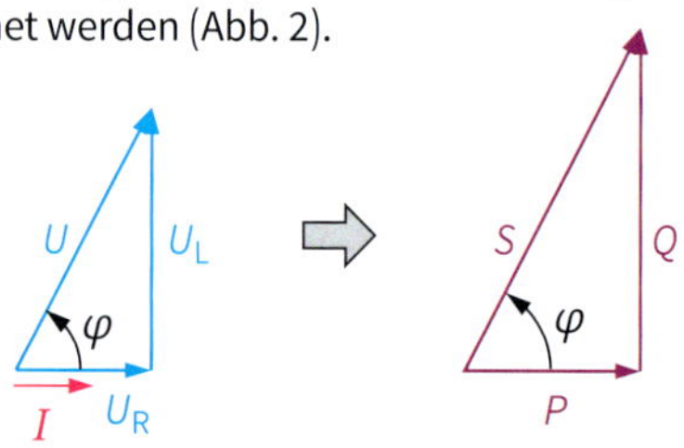

2: Leistungsdreieck

Mit dem Leistungsdreieck lassen sich folgende Berechnungsformeln aufstellen:

$$\boldsymbol{S^2 = P^2 + Q^2}$$

$$S = \sqrt{P^2 + Q^2} \qquad P = \sqrt{S^2 - Q^2} \qquad Q = \sqrt{S^2 - P^2}$$

$$\boldsymbol{\cos\varphi = \frac{P}{S}} \qquad \sin\varphi = \frac{Q}{S} \qquad \tan\varphi = \frac{Q}{P}$$

Der cos φ (auch Formelzeichen λ) hat in der Energietechnik eine besondere Bedeutung. Er ist das Verhältnis von Wirkleistung zu Scheinleistung. Er gibt also an, wie viel von der Scheinleistung in Wirkleistung umgesetzt wird. Er heißt deshalb auch **Leistungsfaktor** [*power factor*] oder **Wirkleistungsfaktor** [*active power factor*]. Er kann Werte zwischen 0 und 1 annehmen. Daneben gibt es den **Blindleistungsfaktor** [*reactive power factor*] sin φ. Er ist das Verhältnis von Blindleistung zu Scheinleistung.

Aufgaben

1. In einer Reihenschaltung aus R und X_L werden folgende Spannungen gemessen: $U_R = 4$ V; $U_L = 3$ V
   a) Zeichnen Sie das Liniendiagramm für zwei Perioden.
   b) Zeichnen Sie in a) den Verlauf der Gesamtspannung ein und ermitteln Sie den Maximalwert.
2. Ermitteln Sie mit Hilfe eines Zeigerdiagramms den Phasenverschiebungswinkel zwischen der angelegten Spannung und der Stromstärke bei einer Reihenschaltung aus R und X_L. Folgende Spannungen wurden gemessen: $U_R = 140$ V; $U_L = 170$ V
3. Eine Reihenschaltung aus R und X_L besitzt bei $f = 1$ kHz einen Scheinwiderstand von 1,7 kΩ. Der Wirkwiderstand hat einen Wert von 1,2 kΩ. Die Gesamtspannung beträgt 5,8 V. Berechnen Sie X_L, L, U_L, U_R und φ.
4. Eine Spule besitzt einen Scheinwiderstand von 1,2 kΩ und einen Wirkwiderstand von 820 Ω.
   a) Wie groß ist der Wirkleistungsfaktor?
   b) Wie groß ist die Wirkleistung bei einer Stromstärke von 0,3 A?
5. Eine Reihenschaltung aus R und X_L liegt an einer konstanten Spannung.
   a) Der Wirkwiderstand wird vergrößert.
   b) Der Blindwiderstand wird vergrößert.
   Wie verändern sich die Stromstärke, die Teilspannungen, die Leistungen und der Phasenverschiebungswinkel (größer bzw. kleiner angeben)?

- In Reihenschaltungen aus Blindwiderständen und Wirkwiderständen ist die Stromstärke die gemeinsame Größe (Bezugsgröße).
- Die Spannungs-, Widerstands- und Leistungsdreiecke der Reihenschaltung aus R und X_L sind ähnlich (Phasenverschiebungswinkel φ ist gleich groß).
- Der Leistungsfaktor gibt an, welcher Anteil der Scheinleistung in Wirkleistung umgesetzt wird. Sein Wert liegt zwischen 0 und 1.

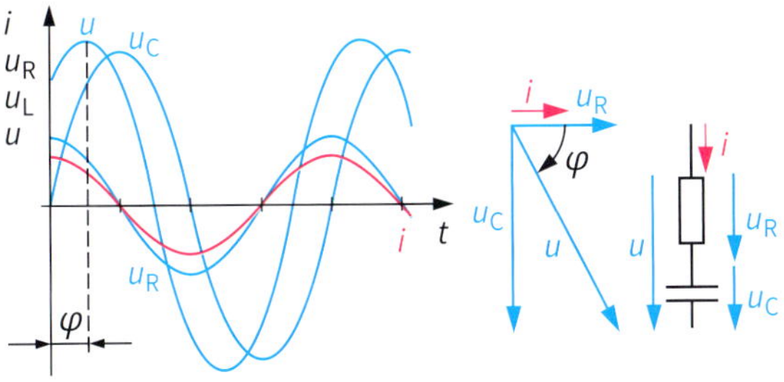

3: Diagramme der Reihenschaltung aus R mit X_C

6.1.11 Reihenschaltung mit R und X_C

Bei der Reihenschaltung teilt sich die Gesamtspannung auf die Widerstände auf. Bei der Entwicklung des Linien- und Zeigerdiagramms von Abb. 3 muss wie folgt vorgegangen werden:

- Die Stromstärke i ist die gemeinsame Bezugsgröße.
- Die Spannung u_R am Wirkwiderstand ist in Phase mit der Stromstärke i.
- Die Spannung u_C am Blindwiderstand eilt der Stromstärke um 90° nach.
- Die Gesamtspannung u ergibt sich durch Addition der Momentanwerte u_R und u_C.
- Das Spannungsdreieck wird benutzt, um das Widerstands- und Leistungsdreieck zu entwickeln. Alle Dreiecke sind ähnlich. Die jeweiligen Phasenverschiebungswinkel φ sind gleich.

Reihenschaltung

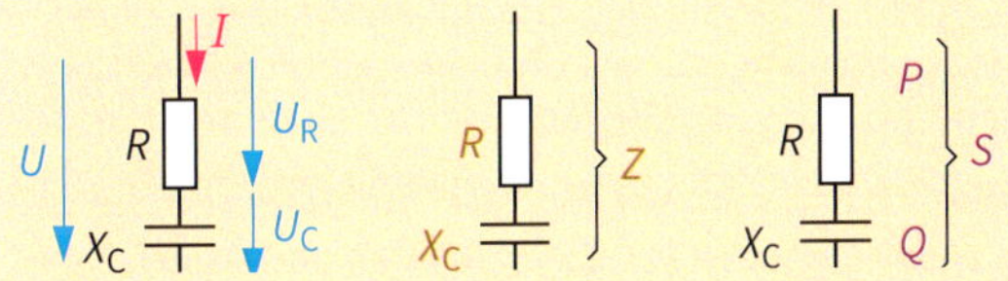

Spannungen

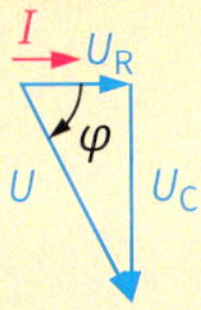

$U^2 = U_R^2 + U_C^2$

$\cos\varphi = \frac{U_R}{U}$

$\sin\varphi = \frac{U_C}{U}$

$\tan\varphi = \frac{U_C}{U_R}$

Widerstände

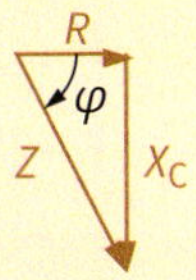

$Z^2 = R^2 + X_C^2$

$\cos\varphi = \frac{R}{Z}$

$\sin\varphi = \frac{X_C}{Z}$

$\tan\varphi = \frac{X_C}{R}$

Leistungen

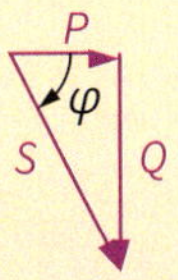

$S^2 = P^2 + Q^2$

$\cos\varphi = \frac{P}{S}$

$\sin\varphi = \frac{Q}{S}$

$\tan\varphi = \frac{Q}{P}$

4: Formeln zur Reihenschaltung

6.1.12 Reihenschaltung mit R, X_L und X_C

Als Anwendungsbeispiel für diese Reihenschaltung verwenden wir den Zweig einer Leuchtstofflampen-Schaltung (Abb. 1), in dem sich zusätzlich ein Kondensator befindet. Die Schaltung wurde messtechnisch untersucht und die angegebenen Spannungen und Stromstärke gemessen.

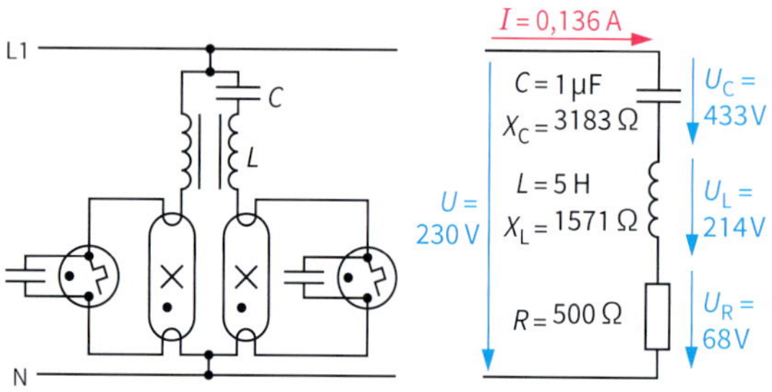

1: Duo-Schaltung

Wie lässt sich erklären, dass am Kondensator eine Spannung liegt, die fast doppelt so groß ist wie die Betriebsspannung 230 V?

Hilfreich ist, wenn wir die phasenmäßigen Beziehungen zwischen den einzelnen Größen betrachten und diese in einem Zeigerdiagramm darstellen (Abb. 2).

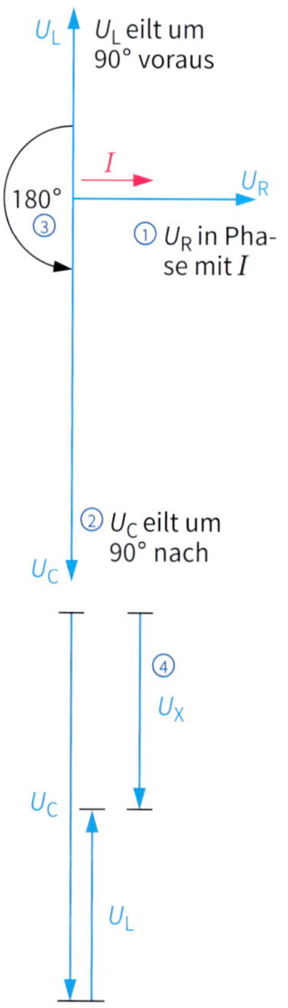

2: Spannungen

- Am Wirkwiderstand R sind Stromstärke und Spannung in Phase ①.
- Die Stromstärke I in der Reihenschaltung verursacht an X_C eine um 90° nacheilende Spannung U_C ②.
- Dieselbe Stromstärke I verursacht an X_L ebenfalls eine um 90° phasenverschobene Spannung U_L, allerdings voreilend. Zwischen U_C und U_L besteht somit eine Phasenverschiebung von 180° ③.
- Die beiden Spannungen U_C und U_L sind entgegengesetzt gerichtet (180° Phasenverschiebung). Sie heben sich also in ihrer Wirkung teilweise auf. Die insgesamt wirksame Spannung aus den Blindwiderständen U_X ist die Differenz aus beiden Spannungen ④:

$U_X = U_C - U_L$

$U_X = 433\,V - 214\,V$

$U_X = 219\,V$

Mit den drei Spannungen lässt sich das Spannungsdreieck zeichnen (Abb. 3). U_C und U_L sind gegeneinander gerichtet.

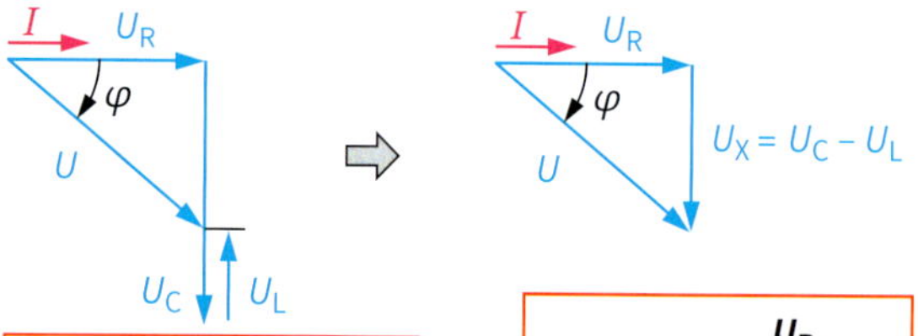

$$U^2 = U_R^2 + (U_C - U_L)^2$$

$$\cos\varphi = \frac{U_R}{U}$$

3: Spannungsdreieck

Wie die Spannungen zeigen auch die beiden Blindwiderstände X_C und X_L ein gegensätzliches Verhalten (Abb. 4). Die Blindwiderstände heben sich in ihren Wirkungen teilweise auf (**Kompensation** [*compensation*]). Wirksam für die Schaltung ist die Differenz aus den Einzelwiderständen. Da in diesem Fall der kapazitive Blindwiderstand größer als der induktive ist, bezeichnen wir den verbleibenden Widerstand mit $X_C{}^*$ (kapazitive Wirkung).

$X_C{}^* = X_C - X_L$

$X_C{}^* = 3183\,\Omega - 1571\,\Omega \qquad X_C{}^* = 1612\,\Omega$

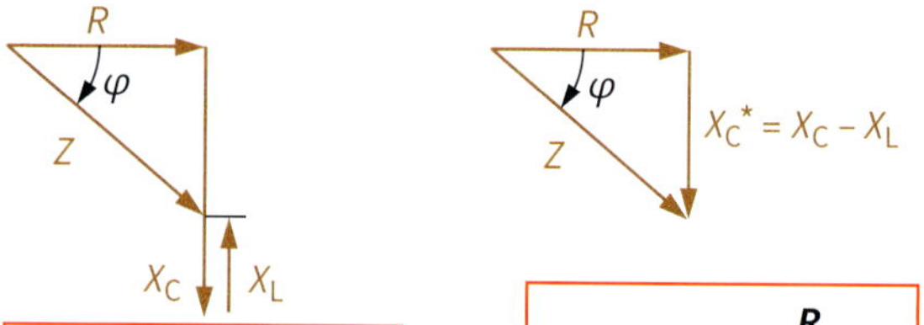

$$Z^2 = R^2 + (X_C - X_L)^2$$

$$\cos\varphi = \frac{R}{Z}$$

4: Widerstandsdreieck

Wie bei der Parallelschaltung gibt es auch hier den Resonanzfall bei $X_L = X_C$. Nur der Wirkwiderstand bestimmt dann die Stromstärke. Da die Stromstärke an jedem Widerstand einen Spannungsfall verursacht ($U \sim I$), sind diese an großen Blindwiderständen ebenfalls groß. Sie können erheblich größer als die anliegende Betriebsspannung werden (Spannungsüberhöhung $U_C = 433\,V$, Abb. 1).

- Bei Reihenschaltungen aus X_L und X_C sind die Spannungen an den Blindwiderständen um 180° phasenverschoben.
- Bei Reihenschaltungen aus X_L und X_C können die Spannungen an den Blindwiderständen erheblich größer als die Gesamtspannung werden (Spannungsüberhöhung).
- Bei $X_L = X_C$ heben sich die Blindwiderstände in ihren Wirkungen auf. Die Schaltung verhält sich wie ein reiner Wirkwiderstand.

6.2 Instandsetzung einer Maschinensteuerung

Paul ist als Elektroniker mit seinen Kollegen für den Bau und die Reparatur von Steuerungen zuständig. Diese Instandsetzungsaufträge sind eine besondere Herausforderung, da häufig neue oder unbekannte Anlagen zu analysieren sind.

6.2.1 Auftragsannahme

Frau Freundlich, die Sekretärin, nimmt morgens den Anruf eines Kunden entgegen. Sie bittet ihn, kurz sein Problem zu erläutern, sodass sie eine Telefonnotiz in der digitalen Auftragsverwaltung anlegen kann. Paul sieht nach der Anmeldung im Firmennetzwerk die nötigen Informationen.

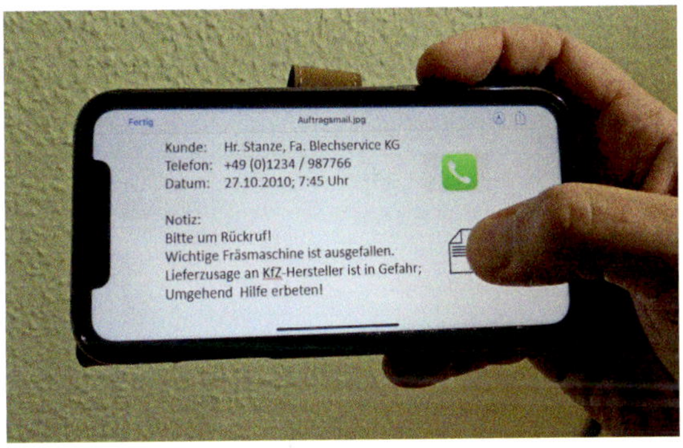

5: Telefonnotiz

Bevor ein Mitarbeiter zum Kunden fährt, sind einige Entscheidungen und Vorbereitungen zu treffen. Nur so ist es möglich, die Zeit beim Kunden effizient zu nutzen und unnötige Fahrzeiten zu vermeiden.

Da es sich um einen wichtigen Auftrag handelt, bespricht Pauls Chef zunächst die bevorstehenden Tätigkeiten mit seinem Mitarbeiter.

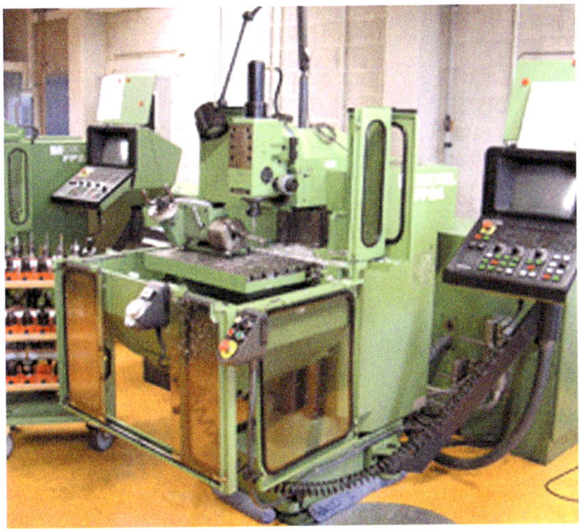

6: Defekte Fräsmaschine

Chef: „Hallo Paul! Gut, dass du schon da bist. Ein großer Kunde von uns hat ein Problem."

Paul: „Ich habe die Notiz gelesen. Soll ich das mal schnell erledigen?"

Chef: „Unsere Kunden sollten wir nicht **eben mal schnell** bedienen. Außerdem handelt es sich um eine Maschinensteuerung, die viel Sicherheitstechnik enthält. Da muss die genaue Fehlerursache gefunden werden, um einen erneuten Maschinenausfall zu vermeiden. Bevor du losfährst, müssen wir über einige spezielle Dinge sprechen:

- Die defekte Fräsmaschine ist eine Maschine, die große Gefahren birgt, z.B. wenn der Fräsvorgang läuft und ein Mensch seine Hand im **Gefahrenbereich** [*danger zone*] hat. Deshalb darf die Maschine nicht ohne die Sicherheitseinrichtungen und ohne **Aufsicht** [*supervision*] in Betrieb gesetzt werden.
- Die Fräsmaschine hat eine CE-Kennzeichnung. Das bedeutet z.B., dass die Maschine die EU-Maschinenrichtlinie erfüllt.
  Wir dürfen keine Änderungen an den sicherheitsrelevanten Teilen der Steuerung vornehmen. Ansonsten müssten wir eine neue Konformitätserklärung ausstellen und das ist viel Arbeit.
- Mach zunächst nur eine Bestandsaufnahme. Es ist nicht nur wichtig zu wissen, was an der Maschine kaputt ist – sondern auch WARUM. Nur so können wir vermeiden, dass die Maschine aus dem gleichen Grund bald wieder defekt ist.
- Lass dir die Dokumentation der Maschine geben (Schaltpläne, Bedienungsanleitung usw.).
- Die Mitarbeiter der Blechservice KG sollen dir erklären, wie die Maschine bisher funktioniert hat und welche **Sicherheitseinrichtungen** [*safety devices*] sie hat. Prüfe z.B. ob Not-Aus-Schalter oder Lichtschranken verwendet werden.
- Telefoniere unbedingt noch mit dem Kunden und kündige dich für heute Vormittag an."

Vorbereitungen auf den Kundenbesuch

1. Ziel des Kundenbesuches festlegen:
   - Störung komplett beheben,
   - Bestandsaufnahme vor Störungsbehebung machen,
   - Informationen für Angebotserstellung sammeln.
2. Geeignete Mitarbeiter auswählen (Anzahl, Ausbildung, Erfahrung …)
3. Arbeitsmittel zusammenstellen (Werkzeug, Messgeräte …)

Regeln für das Telefonieren mit Kunden

- Höflich und hilfsbereit sein.
- Erreichbar sein (selbst oder eine Vertretung).
- Den Anrufer ernst nehmen.
- Hilfe und Lösungsmöglichkeiten anbieten.
- Versprochene Rückrufe schnell durchführen.

6.2.2 Arbeitsfreigabe

Der Elektroniker Paul ist zum ersten Mal bei der Firma Blechservice KG. Herr Fertig holt ihn an der Pforte ab und bringt ihn zum Einsatzort.

Bevor mit der Arbeit begonnen werden kann, muss Paul über mögliche Gefahren am Einsatzort sowie Schutzmaßnahmen informiert werden. In kleinen Firmen erfolgt dies durch ein kurzes Gespräch, in dem besondere Gefahren der Anlage, Schutzeinrichtung (z.B. Not-Aus-Schalter), Rettungswege und -mittel vorgestellt werden.

In großen Firmen können durch den Betrieb oder dessen Größe besondere Gefahren auftreten. Dies sind beispielsweise Firmen der Automobil- oder Chemie-industrie. Hier sind umfangreiche Informations- und Arbeitsfreigabesysteme vorhanden.

Das Verfahren, mit dem der ausführende Mitarbeiter informiert und die Arbeitsstelle gesichert wird, nennt man **Arbeitsfreigabe** *[permit to work]*.

Vor Betreten des Werksgeländes führt der Auftraggeber eine **allgemeine Sicherheitsunterweisung** durch.

Hierbei informiert er über allgemeine

- **Gefahren** *[dangers]*, z.B. bewegende Maschinen wie Fertigungsroboter, selbstfahrende Transportfahrzeuge, Explosionsgefahr,
- **Verbote** *[prohibitions]* wie Rauchverbot, Alkoholverbot und
- **Gebote** *[mandatories]* wie
  - Geschwindigkeitsbegrenzungen,
  - Aufforderung zum Tragen von persönlicher Schutzausrüstung,
  - Verlassen der Gebäude bei Alarm.

Die durchgeführten Unterweisungen werden in einem kurzen Bericht schriftlich dokumentiert.

Vor Beginn der Arbeit muss dann durch die **spezielle Sicherheitsunterweisung** die eigentliche Arbeitsstelle zur Arbeit freigegeben werden. Dies ist notwendig, da die großen Firmen aus vielen verschiedenen Bereichen bestehen. Die Gefahren, die in den einzelnen Bereichen herrschen, können jedoch sehr unterschiedlich sein. Tätigkeiten/Arbeiten z.B. an einer Fräsmaschine und einem Lackierautomat können beide in der Firma Blechservice stattfinden. Trotzdem sind die Gefährdungen sehr verschieden.

Zu jedem Teilbereich gibt es einen oder mehrere namentlich benannte Verantwortliche, die berechtigt sind, eine Arbeitsstelle freizugeben.

Hierzu muss der Verantwortliche

- über Gefahren informieren,
- bei Bedarf Sicherungsmaßnahmen anordnen und deren Anwendung kontrollieren,
- die Arbeitsstelle freigeben (z.B. durch Freigabeprotokoll).

Meistens wird hierüber ein **Arbeitsfreigabeprotokoll** erstellt (Abb. 2, S.113). Hiervon erhalten die freigebende und die arbeitende Person je ein Exemplar. Ein weiteres Exemplar wird an der Arbeitsstelle ausgehängt.

Arbeitsfreigaben sind nur für die Zeitspanne gültig, die auf dem Freigabeprotokoll genannt ist. Sollen andere Arbeiten bzw. Arbeiten an anderen Orten durchgeführt werden, ist eine neue Freigabeprozedur zu durchlaufen.

Nach Beendigung der Arbeiten sind die getroffenen Sicherungsmaßnahmen aufzuheben.

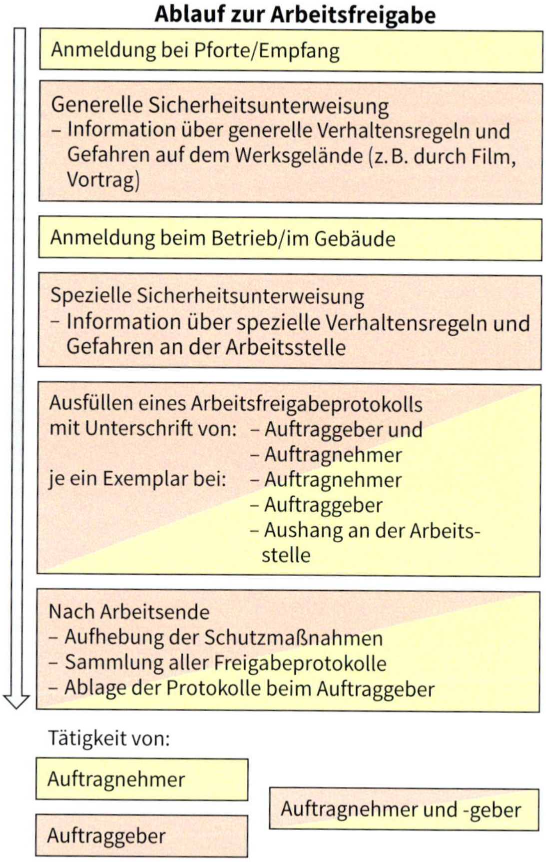

1: Ablauf zur Arbeitsfreigabe

Aufgaben

1. Welche weiteren EU-Richtlinien erfordern eine CE-Kennzeichnung? Recherchieren Sie im Internet und beschreiben Sie diese kurz.
2. Durch welche Maßnahmen müssen Gefahren an einer Maschine vermieden/verringert werden? Welche Reihenfolge ist dabei zu beachten?
3. Wer bekommt das Arbeitsfreigabeprotokoll?
4. Wer ist für die Arbeitssicherheit auf der Baustelle verantwortlich?

Sicherheitsbesprechung vor Arbeitsbeginn

am: 29.06.2020

Ort der Arbeit: Blechservice KG, Fräsmaschine in Geb. A 17

Auszuführende Arbeiten: Störung analysieren und instand setzen

Sicherheitsmaßnahmen (Zutreffendes ankreuzen):

- ☐ Arbeitsgenehmigung/Befahrerlaubnis
- ☐ Absaugung bzw. Frischluft erforderlich
- ☐ Gerüst erforderlich
- ☒ Absperrung
- ☐ Sicherheitsgurt erforderlich
- ☐ Sielabdeckung erforderlich
- ☐ Trenntrafo erforderlich/Schweißmaschine
- ☐ mit der Kennzeichnung „S"
- ☐ Augenschutz
- ☐ Gehörschutz
- ☐ Arbeitshandschuhe
- ☐ Atemschutz
- ☐ Staubmaske
- ☐ Brandschutzdecken erforderlich
- ☐ Sicherheitsposten erforderlich

Bemerkungen:

Die bei der Besprechung festgelegten Punkte bzw. die allgemeinen Unfallverhütungsmaßnahmen sind einzuhalten.
Stellt sich während der Arbeit heraus, dass zusätzliche Sicherheitsmaßnahmen erforderlich sind, so müssen diese dem Baustellenleiter sofort mitgeteilt bzw. eingeleitet werden.

Besteht eine gegenseitige Gefährdung ☐ ja ☒ nein

Koordinator: G. Fahr

Beteiligte Firmen: Blechservice KG/Elektro-Schmitt

Ausführende Personen (mit Name und Unterschrift): Paul Müller P. Müller

Belehrung durchgeführt von P. Schneider

2: Arbeitsfreigabeprotokoll

- Arbeitsfreigaben stellen sicher, dass an der Arbeitsstätte Sicherheitsmaßnahmen getroffen wurden und das Personal über spezielle Gefahren informiert wurde.
- Vor Arbeitsbeginn in fremden Firmen muss sich die ausführende Person über spezielle Gefahren unterrichten lassen.
- Bei speziellen Gefahren im Betrieb des Auftraggebers müssen geeignete Schutzmaßnahmen festgelegt werden.

Maschinenrichtlinie 2006/42/EG (MaschRL)

Die **Maschinenrichtlinie** [*machinery directive*] ist in Deutschland durch das Geräte- und Produktsicherheitsgesetz (GPSG) verbindlich einzuhalten. Sie sorgt europaweit für vergleichbare Sicherheitsstandards bei Maschinen und sichert dadurch den freien europäischen Warenverkehr.

Was sind Maschinen?

Maschinen sind die Gesamtheit von miteinander verbundenen Teilen oder Vorrichtungen, von denen mindestens eine beweglich ist, sowie gegebenenfalls von Betätigungsgeräten, Steuer- und Energiekreisen usw., die für eine bestimmte Anwendung, wie die Verarbeitung, die Behandlung, die Fortbewegung und die Aufbereitung eines Werkstoffes zusammengefügt sind. Handbetriebene Einrichtungen bilden eine Ausnahme, wenn sie nicht für Hebezwecke eingesetzt werden (z.B. Kettenzug).

Pflichten des Herstellers:

- Vor dem Bauen der Maschine eine Gefahrenanalyse durchführen.
  Mögliche Gefahren müssen durch
  1. **Konstruktion** [*construction*] vermieden,
  2. **Schutzeinrichtungen** [*protection equipment*] vermindert und
  3. Unterrichtung des **Benutzers** [*users*] bekannt gemacht werden.
- Sicherheitsfunktionen erfüllen
  - Not-Aus-Funktionen,
  - Vermeidung selbstständigen Anlaufens.
- Betriebsanleitung, Dokumentation erstellen
- Eine **Konformitätserklärung** [*declaration of conformity*] ausstellen.
  Diese beinhaltet:
  - Name, Anschrift des Herstellers
  - Auflistung aller relevanten und angewandten Bestimmungen und nationalen Normen
  - Angabe zum Unterzeichner (z.B. Planer, Sicherheitskoordinator ...)
- Kennzeichnung der Maschine mit
  - dem **CE-Zeichen** [*CE mark of conformity*] (sichtbar, lesbar und dauerhaft gekennzeichnet)

Änderungen:

Durch Veränderungen an einer Maschine verliert die **Konformitätserklärung** und CE-Kennzeichnung ihre Gültigkeit.
Änderungen sind z.B. Leistungserhöhungen, Funktionsänderungen oder Änderungen der Sicherheitstechnik.
Es ist dann wie bei einer neuen Anlage zu verfahren und mit der Gefahrenanalyse zu klären, ob neue oder zusätzliche Gefahren zu erwarten sind.

6.2.3 Systemanalyse

Bevor der Fehler gesucht werden kann, müssen Informationen über die Anlage und ihre Funktion bekannt sein. Die Zusammenhänge innerhalb einer Maschine lassen sich in einem **Funktionsschema** [*functional scheme*] darstellen. Bei diesem wird die Maschine in **Teilsysteme** [*subsystems*] und **Komponenten** [*components*] untergliedert. Als erste Untergliederung können folgende Teilsysteme verwendet werden:

Antriebseinheit [*drive unit*] **...**

... dient zum Antreiben beweglicher Einrichtungen (Arbeitsspindel, verfahrbarer Tisch ...) und kann z.B. ein Elektromotor oder Hydraulikzylinder sein.

Arbeitseinheit [*work unit*] **...**

... erbringt die eigentliche Arbeit der Maschine, z.B. die Arbeitsspindel mit Fräskopf oder Greifer eines Roboters.

Stütz- und Trageinheit [*support and bearing unit*] **...**

... gibt der Maschine die notwendigen mechanischen Verbindungen. Diese halten die Antriebs- bzw. Arbeitseinheiten und leiten auftretende Kräfte an das Maschinengestell oder Gehäuse weiter.

Energieübertragungseinheit [*power transmission unit*] **...**

... überträgt die benötigte Energie von der Quelle zum Verwendungsort. Elektrische Leitungen, Keilriemen, Getriebe sind Energieübertragungseinheiten.

Steuerungseinheit [*control unit*] **...**

... nimmt Informationen auf und gibt Informationen ab, um durch veränderbare/schaltbare Energieübertragung gewünschte, automatische Maschinenabläufe zu gewährleisten.

Versorgungseinheit [*supply unit*] **...**

... versorgt die Anlage mit den benötigten Stoffen (Schmiermittel, Kühlwasser ...) und Energien (Hydraulikdruck, elektrischer Strom ...).

Informationen über die Funktion kann man über ein Gespräch mit dem Maschinennutzer oder die Maschinendokumentation bekommen.

Paul wird die defekte Fräsmaschine gezeigt (Abb. 1). Hr. Fertig erklärt ihm, dass die Fräsmaschine computergesteuert mit einer SPS arbeitet. Nach Einlegen eines Werkstückes wird die Schutztür geschlossen. Nach dem Startbefehl am Bedientableau läuft die Maschine automatisch an. Sollte die Schmierung ausfallen, jemand die Schutztür öffnen oder den Not-Aus-Taster betätigen, wird die Anlage sofort abgeschaltet.

Paul fasst zusammen, dass es unterschiedliche Bedingungen gibt, die für den Motorstart erforderlich sind. Den Zusammenhang hält er in einer Skizze fest (Abb. 2).

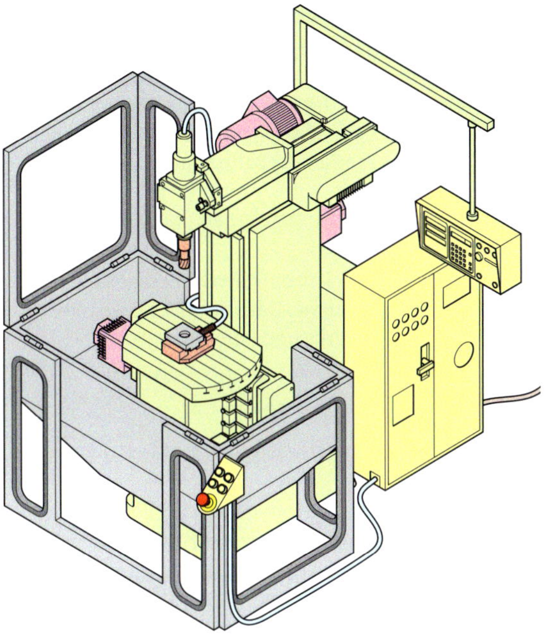

1: Fräsmaschine

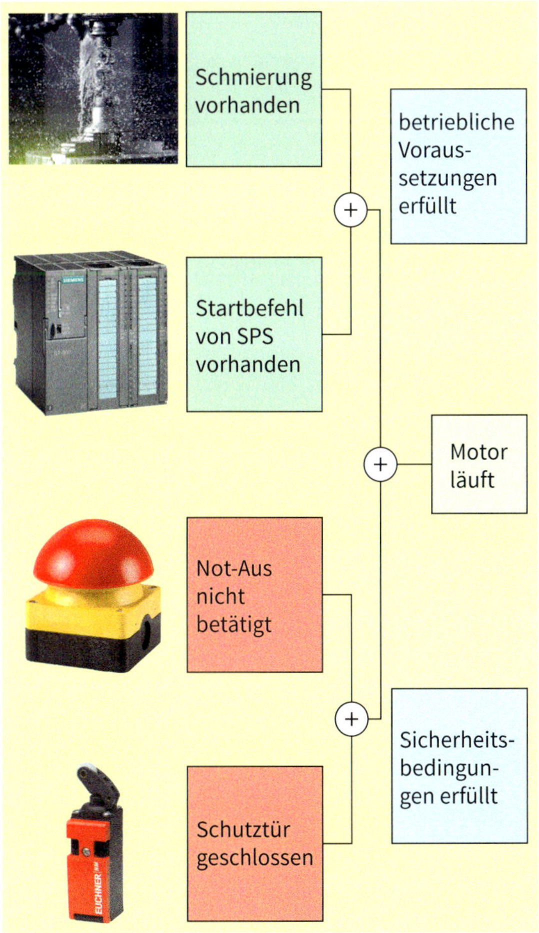

2: Startbedingungen

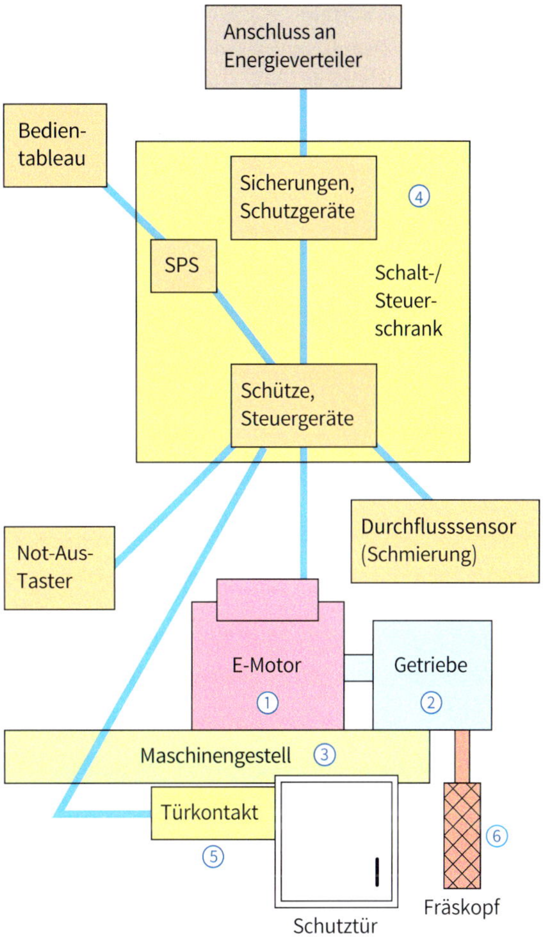

3: Funktionsschema Fräsmaschine

Weitere Informationen über die Fräsmaschine sind in der **Bedienungsanleitung** [*instruction manual*] und der Elektrodokumentation enthalten. Die Dokumente geben einen Überblick über die vorhandenen Teilsysteme, Anlagenkomponenten und deren Funktionen.

Folgende Komponenten lassen sich an der Fräsmaschine finden und einem Teilsystem zuordnen (Abb. 3):

- Motor (Antriebseinheit) ①
- Getriebe (Energieübertragungseinheit) ②
- Maschinengestell (Stütz-/Trageinheit) ③
- Schalt-/Steuerschrank (Steuerungseinheit) ④
- Schutztürschalter (Steuerungseinheit) ⑤
- Hauptspindel/Fräskopf (Arbeitseinheit) ⑥
- u.s.w.

Die einzelnen Teilsysteme werden schematisch aufgezeichnet. Zwischen den Teilsystemen werden alle Verbindungen dargestellt, die für die Funktion der Maschine wichtig sind.

Auf diese Weise wird das Funktionsschema einer Maschine entwickelt. Es ist die Grundlage für die anstehende systematische Fehlersuche.

Schnittstellen ermitteln

Am Motor der Fräsmaschine lassen sich verschiedene Schnittstellen definieren (Abb. 1). **Schnittstellen** [*interfaces*] sind Verbindungsstellen zwischen Komponenten. Sie werden auch als **Systemgrenze** bezeichnet.

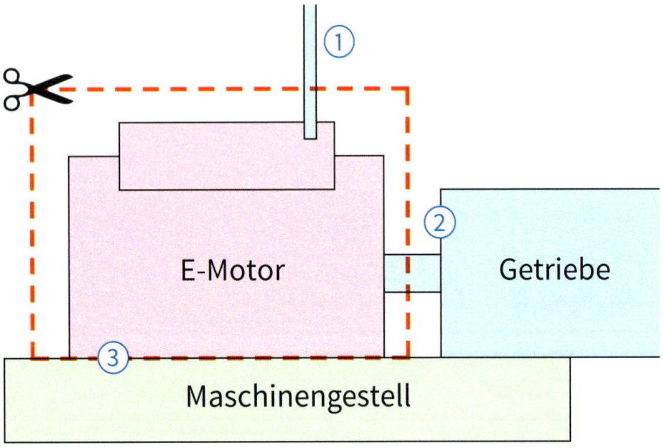

1: Motorschnittstellen

Jede Komponente in der Maschine hat Verbindungen zu anderen Komponenten und damit Schnittstellen. Eigenschaften einer Schnittstelle sind ihre Funktion und physikalische Größen.

① Am Klemmbrett muss zwischen den Anschlüssen jeweils eine Spannung von 400 V gemessen werden.

② Bei ausgeschaltetem Motor muss sich die Welle des Motors mit der Kupplung zum Getriebe mit geringem Drehmoment bewegen lassen.

③ Die Befestigungsschrauben des Motors müssen fest angezogen sein, um die richtige Ausrichtung der Motorwelle und Getriebewelle zu gewährleisten.

Auflistung der Schnittstellen

Die Schnittstellen lassen sich systematisch in einer Tabelle auflisten (Abb. 2). Dabei wird willkürlich eine Komponente ausgewählt (z. B. Motor) und in der ersten Spalte (Funktionseinheit A) eingetragen. In der zweiten Spalte (Funktionseinheit B) befinden sich alle über Schnittstellen verbundenen Komponenten. Weitere Spalten sind für die Schnittstellenart und die physikalische Größe vorgesehen.

Diese Tabelle dient gleichzeitig als Grundlage für die **Prüfung** und **Fehlersuche**. Dazu enthält sie weitere Spalten für Prüfvermerke und Bemerkungen.

Aufgaben

1. Welche Aufgaben haben Energieübertragungseinheiten?
2. Zu welchem Teilsystem gehört der Fräskopf?
3. Welche Schnittstellen hat der Türkontakt?
4. Erstellen Sie mit Hilfe eines PC eine Schnittstellentabelle für den Türkontakt.
5. Ergänzen Sie die Tabelle in Abb. 2 um das Maschinengestell und die Schutztür.

- Jede Anlage lässt sich in Teilsysteme untergliedern.
- Teilsysteme dienen zum Antreiben, Arbeiten, Stützen und Tragen, Energie übertragen, Steuern und Versorgen.
- Ein Funktionsschema zeigt nur die Zusammenhänge, die für die Funktion wichtig sind.
- Schnittstellen sind die Grenze zwischen zwei Komponenten. Sie lassen sich durch ihre Art und eine physikalische Größe beschreiben.

Funktionseinheit A	Funktionseinheit B	Schnittstelle	physikalische Größe	geprüft	Bemerkung
Motor (Antriebseinheit)	Getriebe	Welle	Drehmoment	✔	drehbar
	Maschinengestell	Befestigungsschrauben	Kraft	✔	OK
	Elektrische Energieversorgung	Klemmbrett	Stromstärke/Spannung	✔	$U = 0\,V$
Getriebe	Motor	Welle	Drehmoment		
	Maschinengestell	Befestigungsschrauben	Kraft		
	Hauptspindel	Welle	Drehmoment		
Hauptspindel	Getriebe	Welle	Drehmoment		
	Lager	Wälzkörper	Kraft		

2: Schnittstellentabelle

6.2.4 Fehlersuche

Mit der **Fehlersuche** [*fault locating*] soll die defekte Komponente gefunden werden.

Diese Komponente hat einen Schaden, das heißt, sie kann die eigentlich geforderte Funktion nicht mehr ausführen. Alle Systeme, die mit dem schadhaften Bauteil verbunden sind, können damit in ihrer **Funktionsfähigkeit** [*functionality*] behindert sein.

Der Schaden kann zu Fehlern an weiteren Teilsystemen und Komponenten führen, die selbst keinen Schaden haben.

Der umgangssprachliche Begriff „Fehlersuche" müsste daher eigentlich „Schadenssuche" heißen.

Beispiel: Sicherung defekt (Schaden)

⇒ keine Spannung auf der Leitung (Fehler)

⇒ keine Spannung an der Lampe (Fehler)

⇒ Lampe leuchtet nicht (sichtbarer Fehler)

Der Schaden wirkt daher über weitere Teilsysteme und ist deshalb meistens nicht direkt zu erkennen. Bei der Fehlersuche können verschiedene Strategien angewendet werden.

Begriffe zur Fehlersuche

Funktion [*function*]
ist eine Aufgabe, die durch den Verwendungszweck der Maschine vorgegeben ist.
Z.B. Drehen des Fräskopfes mit einer bestimmten Geschwindigkeit zum Fräsen eines Werkstückes.

Fehler [*failure*]
ist der Ausfall einer oder mehrerer Funktionen einer Maschine.
Der Fehler in unserem Beispiel besteht darin, dass die Funktion „Fräsen" nicht mehr ausgeführt werden kann.

Schaden [*damage*]
ist der Zustand eines (Teil-) Systems, bei dem eine unzulässige Beeinträchtigung der Funktionsfähigkeit besteht.

Beispiel:
Eine Glühlampe hat beispielsweise die Funktion „Abgabe von Licht bei anliegender Betriebsspannung". Wird das Licht nicht abgegeben, dann liegt ein Fehler vor. Der Schaden besteht darin, dass z. B. der Glühfaden geschmolzen ist.

Fehlersuchstrategien

Prinzipiell lassen sich zwei Strategien unterscheiden.

1. Vorwärtsstrategie:

Es wird von übergeordneten Systemen zum fehlerhaften Teilsystem gesucht, z. B. Suche vom Versorgungsnetz in Richtung Lampe.
→ Suche **in** Richtung Fehlfunktion

2. Rückwärtsstrategie:

Es wird vom fehlerhaften Teilsystem zu übergeordneten Systemen gesucht, z. B. Suche von der Lampe in Richtung Versorgungsnetz.
→ Suche **von** der Fehlfunktion weg

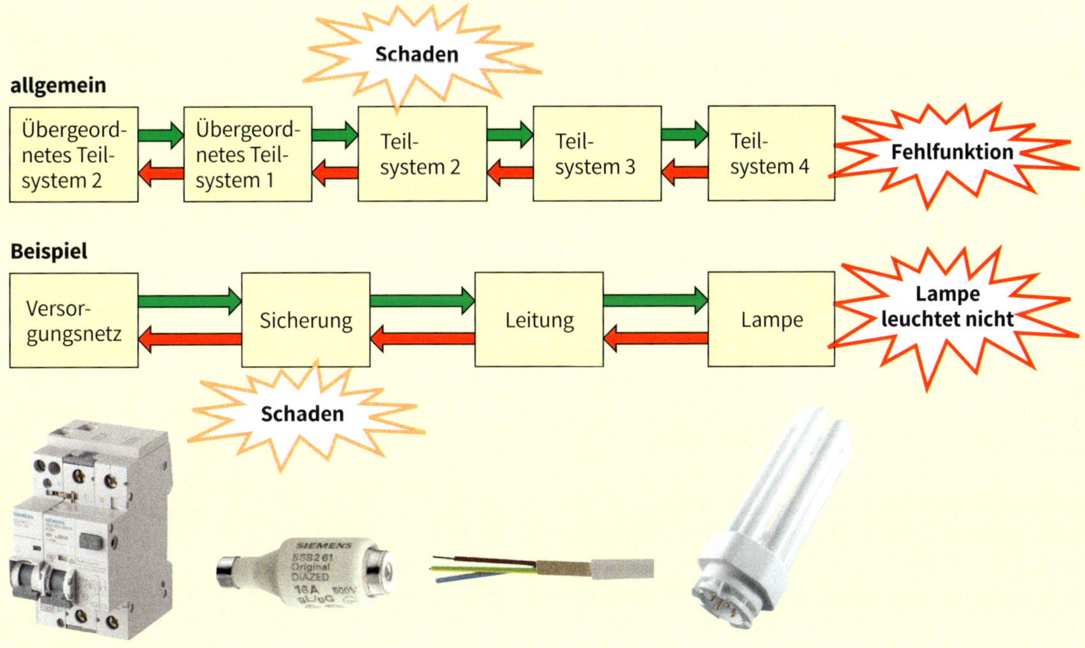

Fehlerort

Der Fehler der Fräsmaschine zeigt sich an der Welle des Fräskopfes. Diese dreht sich nicht, obwohl alle betrieblichen und sicherheitstechnischen Vorgaben erfüllt sind. Da der Fehlerort gut zugänglich ist, wird in diesem Fall die Rückwärtsstrategie verfolgt.

- **Teilsystem 1: Welle**
  Als erstes Teilsystem wird die Welle betrachtet, die den Fräskopf antreibt. Als Schnittstellen ergeben sich hier:
  - Lagerung
  - Kupplung zum Getriebe

  Die Schnittstellen lassen sich prüfen, indem man die Welle von Hand dreht. Zur Sicherheit sollten der Fräser ausgebaut und die Anlage ausgeschaltet sein. Die Welle lässt sich leicht drehen. Der Schadensort ist daher nicht die Welle.
- **Teilsystem 2: Getriebe**
  An die Welle schließt sich das Getriebe als nächstes zu prüfendes Teilsystem an. Auch das Getriebe ist von Hand drehbar und daher ohne Schaden. Als nächstes Teilsystem wird der Elektromotor betrachtet.
- **Teilsystem 3: Motor**
  Am Motor befinden sich folgende Schnittstellen:
  - Getriebe
  - Maschinengestell
  - Klemmbrett

  Die Befestigung am Maschinengestell sowie die Leichtgängigkeit der Welle können wieder von Hand geprüft werden.

  Für die Prüfung der Klemmen muss zunächst der Klemmenkasten geöffnet werden (Abb. 1). Anschließend wird die Anlage unter Spannung gesetzt. Jetzt wird an den offen liegenden Klemmen die Spannung mit einem Spannungsmessgerät gemessen. Hierbei sind alle drei Außenleiter-Spannungen gegeneinander sowie gegen den Schutzleiter zu messen.

  Zwischen allen Messpunkten wird die Spannung $U = 0\ V$ gemessen.

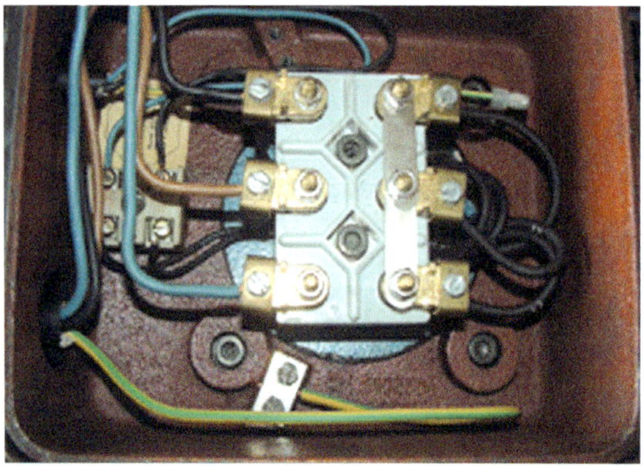

1: Geöffneter Klemmenkasten

Fehlerbaum

Die Suche nach dem Schaden wird bei komplexen Anlagen häufig durch vorgefertigte Fehlerbäume erleichtert. Am Anfang eines Fehlerbaumes steht der „sichtbare" Anlagenfehler. Anhand eines Flussdiagrammes werden dann die einzelnen Schnittstellen der Teilsysteme geprüft. Mit dem Ergebnis der Prüfungen wird das Instandsetzungspersonal systematisch zu der schadhaften Komponente geleitet.

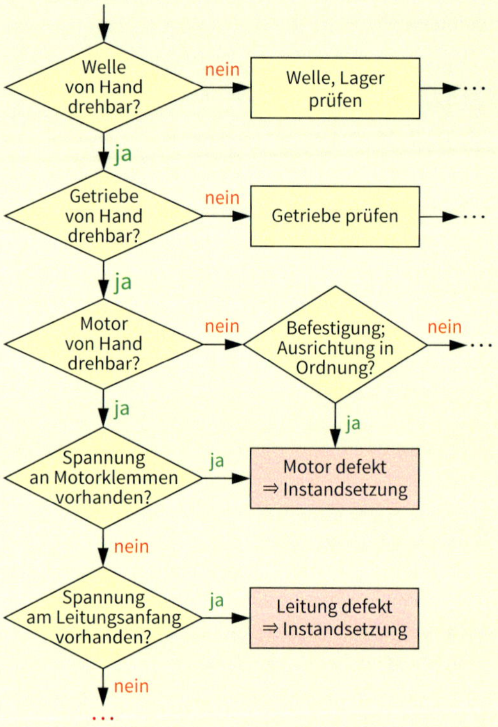

Aufgaben

1. Erläutern Sie den Unterschied zwischen den Begriffen Fehler und Schaden.
2. Wegen einer Reifenpanne kann ein Auto nicht weiterfahren. Beschreiben Sie die Funktion, den Fehler und den Schaden am Auto.
3. Wie können die Schnittstellen eines Schalters geprüft werden?

- Schäden und Fehlfunktionen liegen meistens nicht an derselben Stelle.
- Die Suche nach dem Schaden kann in unterschiedlichen Richtungen erfolgen (vorwärts/rückwärts).
- Fehlerbäume können bei der Suche nach dem Schaden helfen.

Aufgrund der Messung ist klar, dass dem Motor die nötige Spannung nicht zur Verfügung steht. Die Schnittstelle zum Klemmbrett ist die Anschlussleitung. Diese hat als weitere Systemschnittstelle die Klemmen im Schaltschrank.

Da der Verlauf der Anschlussleitung wegen der verdeckten Leitungswege nicht nachvollzogen werden kann, muss die Elektrodokumentation mit ihren Schaltplänen gesichtet werden (Umgang mit Anlagendokumentation, vgl. Anhang).

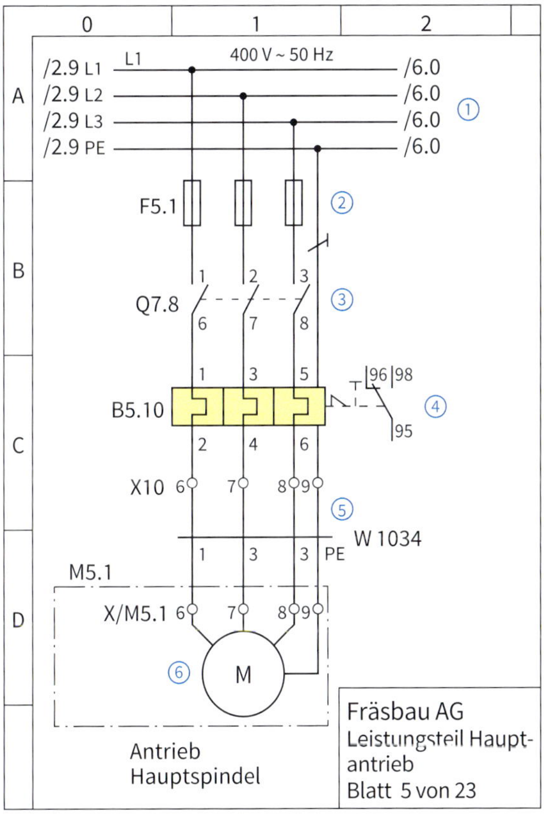

2: Schaltplan „Leistungsteil der Motorsteuerung"

In der Inhaltsübersicht der Elektrodokumentation findet man den Hinweis, dass der Leistungsteil des Hauptspindelantriebes auf Blatt 5 des Plansatzes zu finden ist.

Bevor die Suche nach dem Schaden fortgesetzt wird, ist der vorhandene Plan zu analysieren (Abb. 2). Er enthält verschiedene Objekte, die unterschiedliche Funktionen ausführen:

Objekte:
- Sammelschiene (Versorgungseinheit) ①
- Sicherung (Schutzfunktion) ②
- Schütz (Steuerungseinheit) ③
- Motorschutzrelais (Schutzfunktion) ④
- Leitung (Übertragungseinheit) ⑤
- Motor (Arbeitseinheit) ⑥

Auf diesem Plan lässt sich der Energiefluss von der Sammelschiene bis zum Motor nachvollziehen. Im **fehlerfreien Betrieb** [*faultless operation*] fließt die elektrische Energie von der Sammelschiene über alle Objekte bis zum Motor.

Die Energie fließt jedoch nur, wenn mehrere Bedingungen erfüllt sind (Abb. 3).

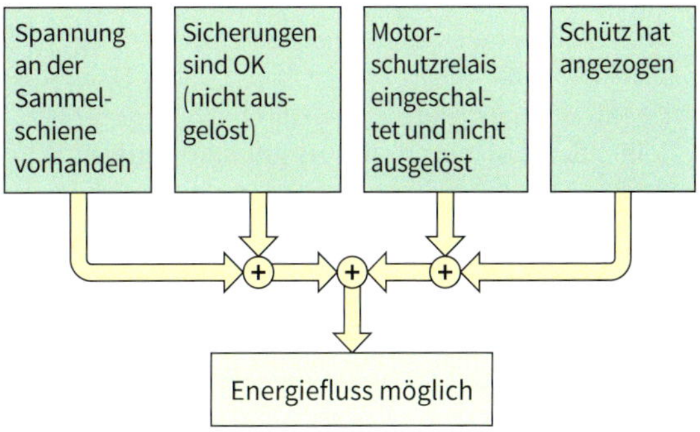

3: Bedingung für Energiefluss

Prüfungen

Die Bedingungen werden kontrolliert, indem an allen Anschlussstellen der Objekte die anliegende Spannung überprüft wird.

Je nach Reihenfolge der Messungen kann hier die Vorwärts- oder Rückwärtsstrategie angewendet werden. Das Ergebnis der Messungen zeigt Abb. 4. An den Messergebnissen lässt sich erkennen, dass die Versorgungsspannung bis zu den netzseitigen Klemmen des Schützes Q7.8 anliegt. An den abgangsseitigen Klemmen liegt keine Spannung.

	Messpunkt	***U***
↓ Vorwärtsstrategie ↓ ↑ Rückwärtsstrategie ↑	Sicherungen F5.1 Sammelschienenseite	3 x 400 V
	Sicherungen F5.1 abgangsseitig	3 x 400 V
	Schütz Q7.8 Klemmen 1, 2, 3	3 x 400 V
	Schütz Q7.8 Klemmen 6, 7, 8	3 x 0 V
	Motorschutzschalter B5.10 Klemmen 1, 2, 3	3 x 0 V
	Motorschutzschalter B5.10 Klemmen 6, 7, 8	3 x 0 V
	Klemmleiste X10 Klemmen 6, 7, 8	3 x 0 V

4: Messergebnisse an allen Messpunkten zwischen L1–L2, L1–L3, L2–L3

Motorschutzrelais

Funktion:
Der Motorstrom fließt durch das Motorschutzrelais. Jede Phase des Motorstromes erwärmt jeweils ein **Bimetall** [*bimetal*] ①. Je größer die Temperatur ist, desto mehr krümmt sich der Bimetallstreifen. Ist eine bestimmte Krümmung erreicht, wird ein Schaltschloss ausgelöst. Dies betätigt einen Wechslerkontakt, der über die Schützsteuerung den Motor abschaltet.

Der Krümmungsgrad, bei dem die Auslösung erfolgt, lässt sich durch eine verstellbare Feder ändern. Hierdurch kann das Motorschutzrelais an die Bemessungsstromstärke unterschiedlicher Motoren angepasst werden. Mit Hilfe einer Skala ② wird das Relais auf den jeweiligen Wert eingestellt.

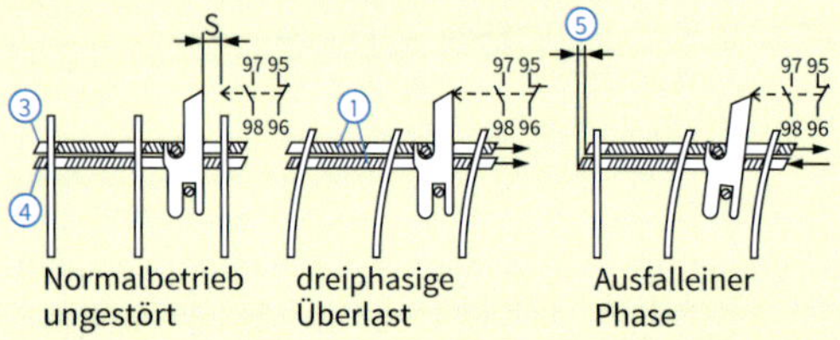

③ Auslösebrücke ④ Differenzialbrücke ⑤ Differenzweg

Erwärmen sich die einzelnen Bimetallstreifen unterschiedlich stark, löst das Schaltschloss ebenfalls aus. Dies ist zum Beispiel der Fall, wenn nur eine von drei Vorsicherungen ausgelöst hat. Der Motor befindet sich dann im Betrieb mit **unsymmetrischer Belastung** [*asymmetric load*] und erwärmt sich hierbei stark.

Nach der Auslösung ist das Relais gesperrt. Obwohl die Temperatur der Bimetallstreifen sinkt, kommt es nicht zu einer Wiedereinschaltung. Erst nach Betätigen der Rückstelltaste ⑥ befindet sich das Gerät wieder in betriebsbereiter Grundstellung.

Montage
Das Motorschutzrelais wird mit seinen Anschlussfahnen ⑦ direkt unter die Abgangsklemmen des Schützes geklemmt. An der Abgangsseite des Motorschutzrelais wird die Motorleitung angeschlossen ⑧.

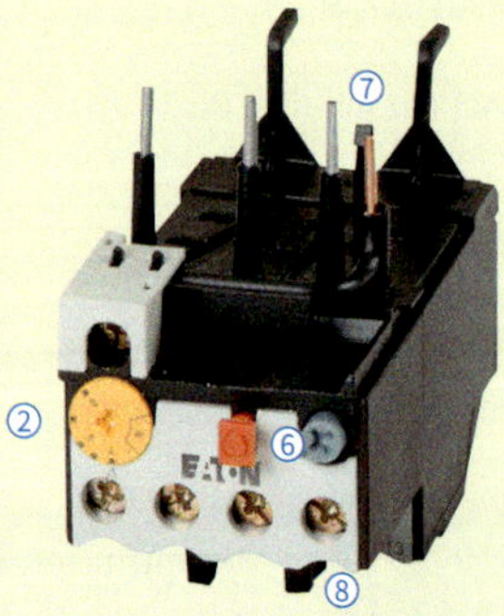

Das Schütz kann wieder als Teilsystem mit Schnittstellen betrachtet werden (Abb. 1). Um die Funktion „Kontakte schließen" auszuführen, muss an der Spule ⑨ die **Steuerspannung** [*control voltage*] liegen oder der Druckknopf ⑩ betätigt werden.

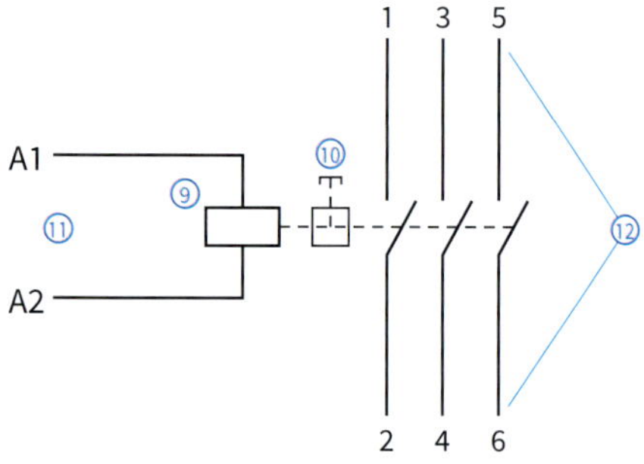

⑩ Handbetätigung ⑪ Spulenanschluss
⑫ Schaltkontakt-Anschlüsse

1: Schütz als Teilsystem

Schnittstellenprüfung
Die Prüfung ergibt, dass nach Betätigen des Druckknopfes am Schütz der Motor anläuft. Die Schnittstellen ⑩ und ⑫ sind also fehlerfrei.

Eine Messung an den Klemmen A1, A2 (Abb. 2) ergibt, dass die Spule spannungslos ist. Die Bedingungen für das Anziehen des Schützes sind nicht erfüllt. Als Nächstes ist die Ursache für die fehlende Steuerspannung zu ermitteln.

Hierfür ist es wichtig zu wissen, woher das Schütz seine Steuerspannung bekommt und unter welchen Bedingungen es einschalten soll. Aus der Schützbezeichnung Q.8 ergibt sich, dass die Schützspule im Stromlaufplan auf Blatt 7 in der Spalte 8 eingezeichnet ist (Abb. 3). Dort befinden sich alle **Schaltkontakte** [*switching contacts*], die für die Ansteuerung des Schützes erforderlich sind.

2: Messung mit zweipoligem Spannungsprüfer

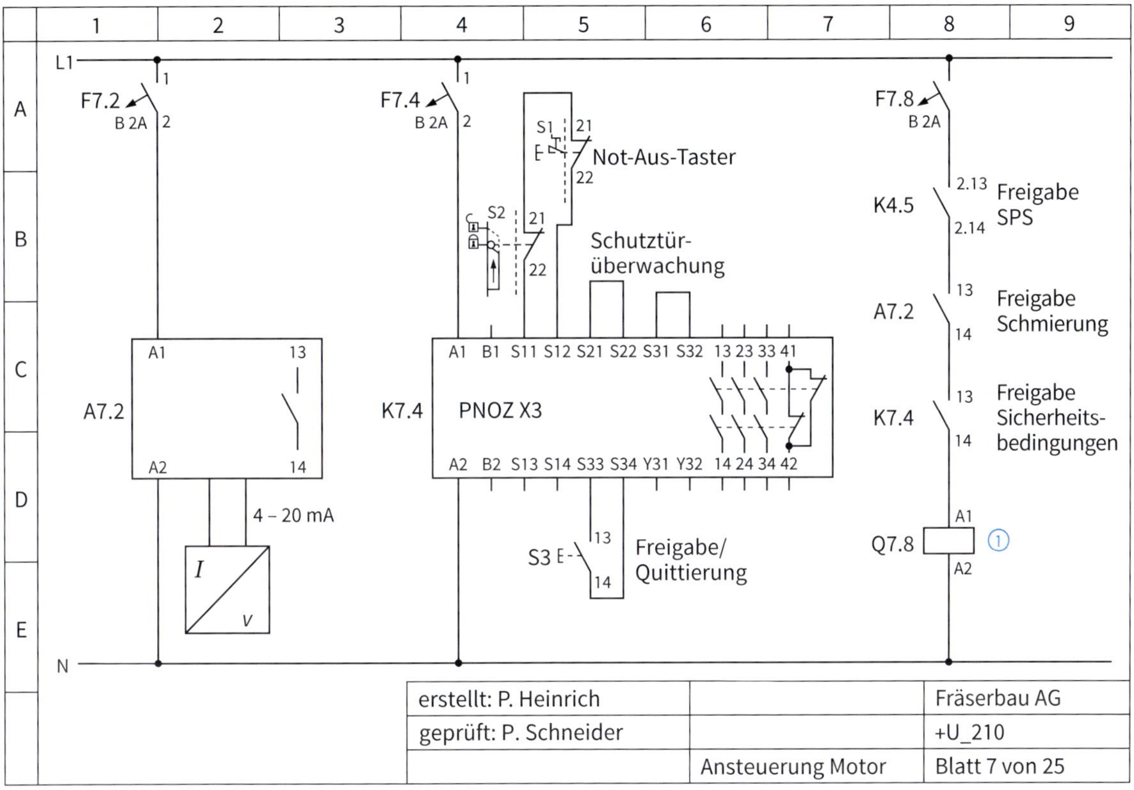

3: Schaltplan „Ansteuerung Motorschütz"

Um das Schütz Q7.8 anziehen zu lassen, muss an den Klemmen A1, A2 eine Spannung von 230 V anliegen.

Dies wird erreicht, wenn

- an der Sammelschiene Spannung anliegt,
- der Sicherungsautomat F7.8 eingeschaltet ist und nicht ausgelöst hat, sowie
- die Hilfsschütze K4.5, K7.4 und A7.2 angezogen haben.

Messungen und Prüfungen

Um diese Bedingungen zu überprüfen, sind Messungen notwendig. Entweder wird mit Hilfe der Vor-/Rückwärtsstrategie an allen Schützen die Spannung gemessen oder es wird eine Durchgangsprüfung vorgenommen.

Um die Durchgangsprüfung gefahrlos durchführen zu können, muss vor der Messung der Messzweig spannungsfrei geschaltet werden.

Maßnahmen vor einer Durchgangsprüfung:

- Messpunkte festlegen
- Messgerät auswählen
- Spannungsfrei schalten (z.B. Steuersicherung entfernen)
- Funktion des Messgerätes prüfen (z.B. Messspitzen eines Durchgangsprüfers zusammenführen)

Danach wird der Durchgangsprüfer auf Funktion geprüft, indem beide Messspitzen zusammengeführt werden. Ist die Signalleuchte bzw. der Signalton an, ist das Messgerät funktionsbereit. Die eine Messspitze wird an ein Ende der Reihenschaltung gelegt. Mit der zweiten Messspitze werden nacheinander die einzelnen Messpunkte der Reihenschaltung berührt.

Wenn die erste Messstelle erreicht wird, bei der kein Signal kommt, wurde die Fehlerstelle mit dem letzten Schritt übersprungen (Abb. 4 ①).

Aus der Messung lässt sich schließen, dass die Klemmen 13, 14 im Relais Q7.4 keine leitfähige Verbindung haben.

Schritt	Messpunkt von K4.5, Klemme 2.13 nach ...	Durchgang ja/nein
1	Q4.5, Klemme 2.14	ja
2	Q7.2, Klemme 13	ja
3	Q7.2, Klemme 14	ja
4	Q7.4, Klemme 13	ja
5	Q7.4, Klemme 14	nein ①

4: Messergebnisse der Durchgangsprüfung

Auszug Bedienungsanleitung PNOZ X3

Function Description

The relay PNOZ X3 provides a safety-oriented interruption of a safety circuit. When the operating voltage is supplied the LED "Power" is illuminated. The unit is ready for operation, when the reset circuit S13–S14 is closed or a reset contact at S33–S34 was opened and closed again.

- Input Circuit closed (e.g. the Emergency Stop button is not pressed): Relays K1 and K2 energise and retain themselves. The status indicators for "CH.1" and "CH.2" illuminate. The safety contacts (13–14/23–24/33–34) are closed, the auxiliary contact (41–42) is open.
- Input Circuit is opened (e.g. Emergency Stop is pressed): Relays K1 and K2 de-energise. The status indicators for "CH.1" and "CH.2" go out. The safety contacts (13–14/23–24/33–34) will be opened (redundant), the auxiliary contact (41–42) closed.

Semi-conductor output

The semi-conductor Y32 conducts if the relays K1 and K2 are energised. Y32 switches off when the relays de-energise to rest position.

Operating Modes

- Single-channel operation: Input wiring according to VDE 0113 and EN 60204, no redundancy in the input circuit. Earth faults are detected in the emergency stop circuit.
- Two-channel operation: Redundancy in the input circuit. Earth faults in the Emergency Stop circuit and shorts across the emergency stop push button are also detected.
- Automatic reset: Unit is active as soon as the input circuit is closed.
- Automatic activation following a loss/return of supply voltage is thereby prevented.
- Manual reset with monitoring: The unit is only active if the reset circuit (S33–S34) is opened before closing the safety input circuit and then the reset circuit is closed at least 300 ms after closing the safety input circuit. This prevents automatic reset and the reset button bridging.

fig.: Internal Wiring Diagram

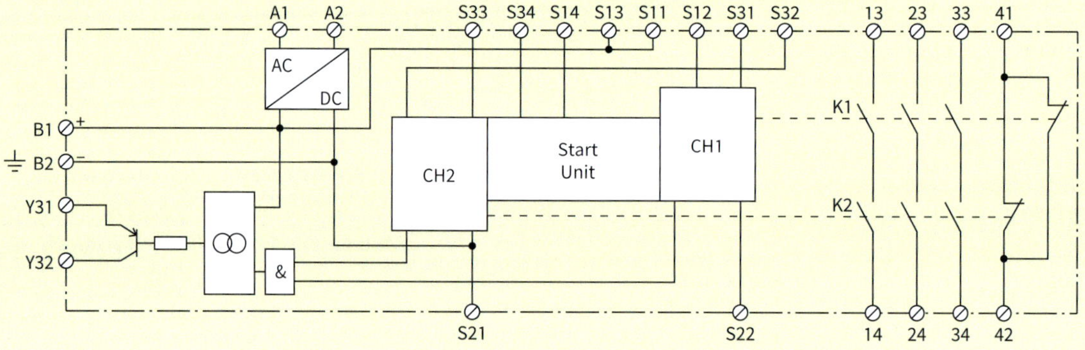

Das Relais K7.4 ist ein Sicherheitsrelais mit der Typbezeichnung PNOZ X3. Es verfügt über mehrere Eingänge und Ausgänge (Abb. 1). Aus der vereinfachten Darstellung des Stromlaufplans geht jedoch nicht hervor, unter welchen Eingangsbedingungen der Relaisausgang aktiv (geschlossen) ist. Diese Information kann z.B. dem Datenblatt der Bedienungsanleitung oder einem Katalog entnommen werden.

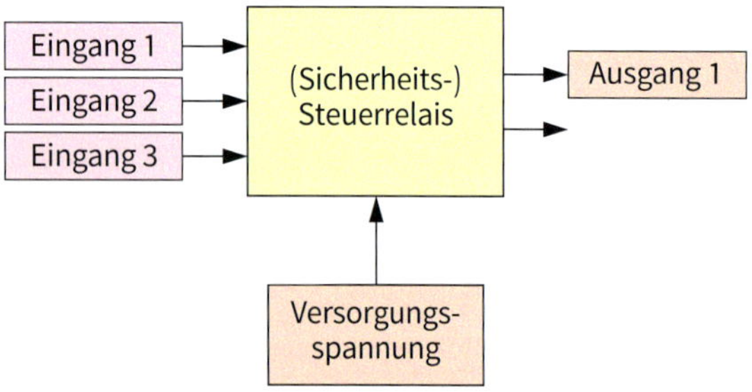

1: Schnittstellen des Sicherheitsrelais

Das zugehörige Datenblatt kann beispielsweise über die Homepage des Herstellers bezogen werden. Aus der Bedienungsanleitung können nun die Voraussetzungen für das Schließen der Schaltkontakte entnommen werden.

Diese Voraussetzungen sind:

1. Die Versorgungsspannung muss vorhanden sein. (LED power is illuminated, when operating voltage is supplied)
2. Der Eingangskreis muss geschlossen sein.
3. Der Reset-/Starteingang muss erst geöffnet sein und dann geschlossen werden.

Bei Unterbrechung der Versorgungsspannung oder Öffnen des Eingangskreises wird der Schaltausgang des Sicherheitsrelais sofort geöffnet.

Mit Hilfe eines Vielfachmessgerätes werden die Versorgungsspannung sowie die Schaltkreise (Eingangskreis, Reset/Start) überprüft (Abb. 2).

Da alle Eingangs-Schnittstellen des Relais funktionieren, steht nun fest, dass das Sicherheitsrelais defekt ist und ausgetauscht werden muss.

operating voltage	230 V AC	OK
input circuit	Durchgang vorhanden	OK
reset	Durchgang vorhanden	OK

2: Messergebnis

Alternative Suchverfahren:

Trial and Error

Alternativ zu der Fehlersuche über Schnittstellen kann an der Anlage zunächst nach Auffälligkeiten gesucht werden. Diese ergeben sich z. B. aus Beobachtungen der Maschinenbediener (Rauchentwicklung, Geräusche) oder einer Sichtkontrolle.

Auffälligkeiten bei einer Sichtkontrolle können sein:

- Rauchspuren,
- ausgelöste Sicherungen / LS-Schalter,
- Verformungen durch Wärmeeinwirkung
- u.s.w.

Diese Maßnahmen führen im Gegensatz zur systematischen Fehlersuche über Schnittstellen nicht sicher zum Schadensort. Um mit Hilfe der genannten Kennzeichen den Schaden zu ermitteln, ist viel Erfahrung erforderlich. Diese Art der Schadenssuche sollte nur bei eindeutig erkennbaren Schäden sowie zur ersten Orientierung angewendet werden, da sie einige Nachteile hat.

Diese Nachteile sind z. B.:

- „Trial and Error" führt nicht sicher zum Ziel.
- Die Schadensursache wird nicht immer beseitigt.
- Es können Elemente getauscht werden, die nicht schadhaft sind.

6.2.5 Instandsetzung

Bevor die **Instandsetzung** [*repair*] erfolgen kann, müssen die benötigten **Ersatzteile** [*spare parts*] vorhanden sein. Die Bereitstellung von Ersatzteilen kann unterschiedlich erfolgen.

Beispiele:

- Entnahme aus firmeneigenem Lager
- Abholung bei Großhändler
- Bestellung bei Großhändler, Hersteller oder Internetshop

Je nachdem wie das Ersatzteil beschafft wird, unterscheidet sich die Lieferzeit und damit der früheste Zeitpunkt der möglichen Reparatur. Dieser Zeitpunkt sollte dem Kunden mitgeteilt werden, sodass er sich auf die unvermeidbare Stillstandszeit seiner Anlage einrichten kann.

- Reihenschaltungen von Schützkontakten entsprechen einer UND-Verknüpfung.
- Objektkennzeichen bestehen aus einem Kennbuchstaben und einer Nummerierung.
- Für die Fehlersuche an Steuerungen können zweipolige Spannungsprüfer, Vielfachmessinstrumente und Durchgangsprüfer verwendet werden.

Austausch

Für den Austausch des defekten Bauteils sind mehrere Schritte erforderlich (Abb. 3), die ein sicheres, schnelles und fehlerfreies Arbeiten ermöglichen.

1. Material und Werkzeug zusammenstellen.
2. Die fünf Sicherheitsregeln anwenden.
3. Angeschlossene Leiter eindeutig kennzeichnen, sodass ihre zugehörige Anschlussklemme erkennbar bleibt.
4. Alle am defekten Bauteil angeschlossenen Leiter abklemmen und seitlich verwahren.
5. Defektes Bauteil lösen und ausbauen.
6. Ersatzteil einbauen und befestigen.
7. Alle gelösten Leiter nach der Kennzeichnung anklemmen.
8. Kennzeichnung entfernen.
9. Sicherheitsregeln aufheben.

3: Arbeitsablauf beim Bauteiltausch

Inbetriebnahme

Nachdem der Austausch abgeschlossen ist, kann die Anlage wieder in Betrieb genommen werden. Gemeinsam mit dem Nutzer müssen alle wichtigen und sicherheitsrelevanten Funktionen geprüft werden. Die Ergebnisse der Prüfung sind in einem Protokoll festzuhalten.

Aufgaben

1. Auf welcher Seite des Stromlaufplanes ist die Speicherprogrammierbare Steuerung (SPS) zu finden (vgl. S. 121)?
2. Beschaffen Sie sich die komplette Bedienungsanleitung und das Datenblatt zum PNOZ X3. Ermitteln Sie die genaue Bestellbezeichnung für das benötigte Ersatzteil.
3. Listen Sie die möglichen Betriebsarten des verwendeten Sicherheitsrelais auf und übersetzen Sie diese ins Deutsche.
4. How long must the manual reset be open before reclosing?
5. Beschreiben Sie die Funktion des Halbleiter-Ausgangs des PNOZ X3.
6. Ermitteln Sie im Internet mögliche Lieferanten des benötigten Ersatzteils.
7. Welche Methoden der Schadenssuche gibt es? Nennen Sie jeweils Vor- und Nachteile.
8. Was heißt Trial and Error auf Deutsch?

6.3 Schalten in Steuerungen

Pauls Firma legt Wert darauf, dass ihre Mitarbeiter weiter geschult werden. Sie führt eine interne Schulung durch, bei der Paul die Steuerungskomponenten der Fräsmaschine vorstellt. In der gemeinsamen Diskussion wird die Frage gestellt, ob noch andere Schnittstellen vorhanden sind, die Paul nicht geprüft hat. Bei genauer Analyse der Schaltpläne stellt sich heraus, dass es zahlreiche Schnittstellen gibt, die bis jetzt nicht betrachtet wurden. Dies sind z. B. der Transistorschaltausgang des Sicherheitsrelais ① (Abb. 1) und die Stromschnittstelle des Strömungssensors ②.

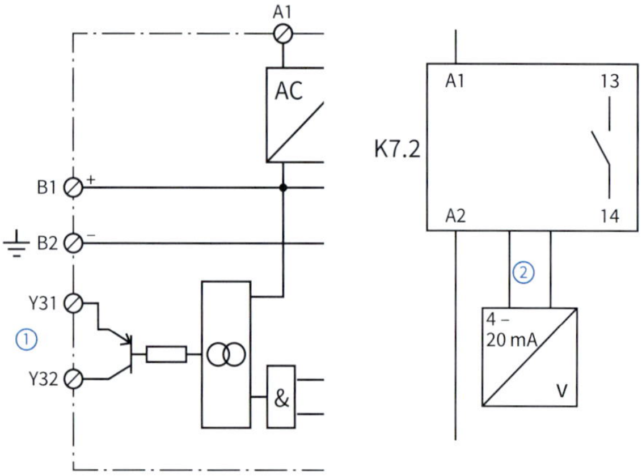

1: Weitere Schnittstellen

Gemeinsam überlegen die Kollegen, wie eine Schnittstelle beschrieben werden kann. Die vielen spontanen Einfälle und Begriffe werden dann in einer Grafik zusammengefasst, die mögliche Bauelemente und Eigenschaften von Schnittstellen enthält (Abb. 2).

Binäre Schnittstellen *[binary interfaces]* unterscheiden nur die zwei Zustände 1/0 bzw. Ein/Aus. Sie dienen hauptsächlich zur Übermittlung von Zuständen, Grenzwertüberschreitungen oder Schaltbefehlen.

In der Elektronik werden dabei Stromkreise geschlossen bzw. geöffnet. Dies erfolgt mit elektromechanischen oder elektronischen Bauelementen (Abb. 3).

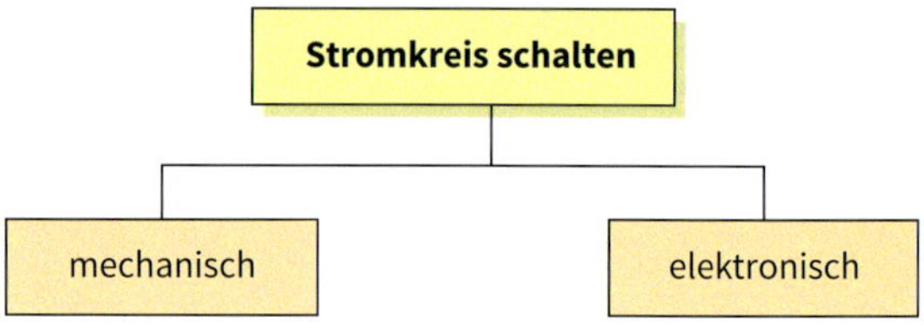

3: Schaltmöglichkeiten

Beide Lösungen haben Vor- und Nachteile. Je nach Bauelement gibt es verschiedene Schaltungsmöglichkeiten. Für die Projektierung von Steuerungen sowie die Fehlersuche ist eine genaue Kenntnis der Eigenschaften erforderlich. Nur so können die Geräte mit ihren Schnittstellen richtig dimensioniert und geprüft werden.

6.3.1 Mechanisches Schalten mit Relais

6.3.1.1 Relaisverhalten

Relais sind elektromagnetische Bauteile, die aus einer Spule mit innenliegendem Eisenkern, einem Anker und den Schaltkontakten bestehen (Abb. 4).

Wird die Magnetspule von Strom durchflossen, bildet sich ein magnetisches Feld. Dieses erzeugt eine Kraft, die den Anker anzieht. Dadurch öffnen bzw. schließen die Schaltkontakte.

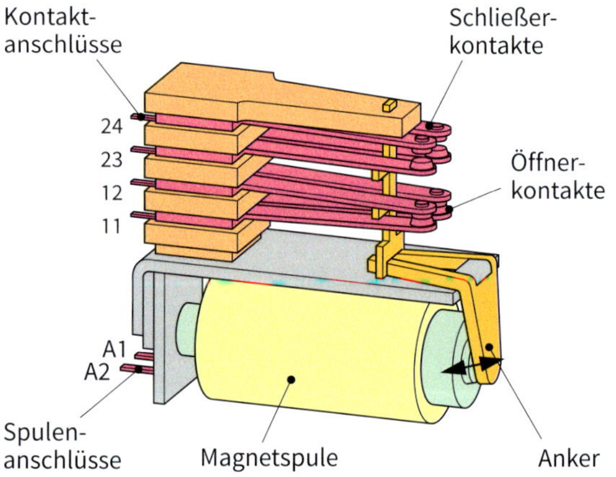

4: Prinzipaufbau eines Relais

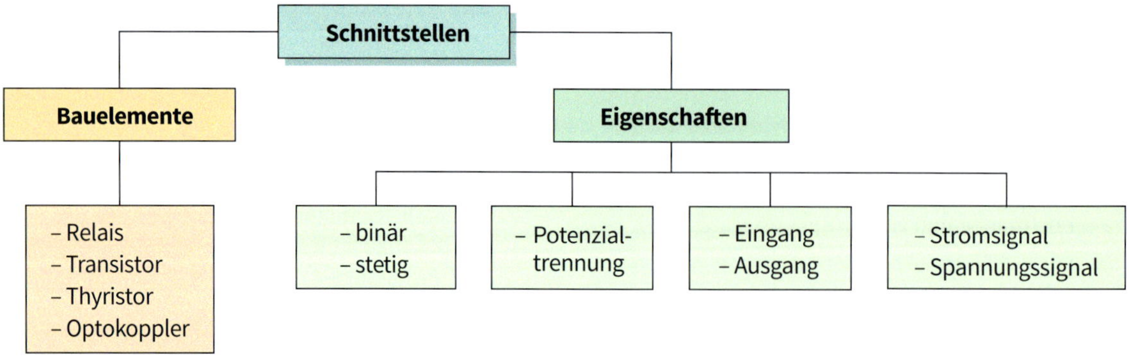

2: Schnittstellen in Steuerung

Wird der Stromfluss durch die Spule unterbrochen, geht der Anker in die Ausgangsstellung zurück. Die Kontakte nehmen wieder den ursprünglichen Schaltzustand ein. Relais mit diesem Verhalten nennt man **monostabil** [*monostable*], da sie nur einen (mono) stabilen Zustand haben.

Relais mit zwei stabilen Zuständen sind **bistabil** [*bistable*]. Sie werden entweder durch eine zweite Spule oder einen zweiten Stromstoß zurückgesetzt.

Wie verhalten sich Relaisspulen?

Um das richtige Relais für eine Anwendung auswählen zu können, müssen wir das Verhalten an den Schnittstellen kennen. Schnittstellen des Relais sind seine Anschlüsse (Abb. 6). Dies sind

- die Spulenanschlüsse als Eingang und
- die Kontaktanschlüsse als Ausgang.

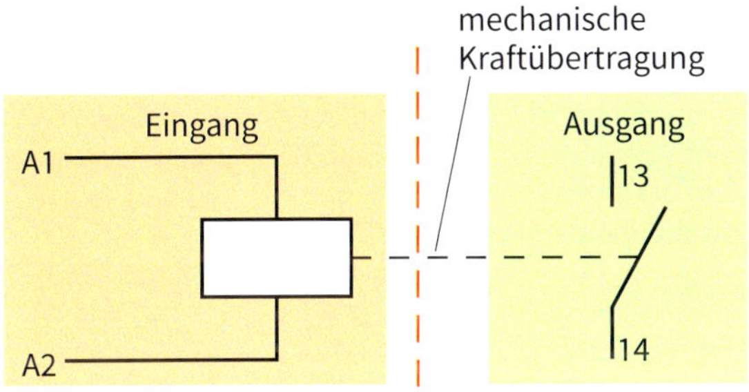

6: Funktionsgruppen eines Relais

Die Funktionsgruppen Spule und Schaltkontakte sind mechanisch und isolierend verbunden. Dadurch kann kein Strom zwischen dem Eingang und dem Ausgang fließen. Wir sprechen von **Potenzialtrennung** [*potential separation*].

Relaiseingang

Im Eingangskreis liegt die Spule. Sie hat neben dem Leiterwiderstand *R* auch die Induktivität *L*. Deshalb verhält sie sich bei Anschluss an Gleichspannung anders als an Wechselspannung.

Wechselstrombetrieb

Bei Betrieb des Relais an Wechselspannung wirken die Induktivität und der Wicklungswiderstand gemeinsam strombegrenzend. Das Relais kann daher ohne weitere Beschaltung an Wechselspannung angeschlossen werden. Zur Anzeige des Betriebszustandes wird häufig eine Leuchtdiode eingebaut. Diese ist parallel zur Spule geschaltet (P1 in Abb. 7a).

Gleichstrombetrieb

Beim Einschalten der Gleichspannung wirkt zunächst die Spuleninduktivität X_L, wodurch die Stromstärke langsam ansteigt, bis sie nur noch durch den Spulenwiderstand R_L begrenzt wird. Das Abschalten verursacht eine hohe Induktionsspannung. Diese Überspannung kann andere Bauelemente zerstören. Sie muss daher vermieden werden. Durch Einfügen einer **Freilaufdiode** F1 (Abb. 7b) kann der Spulenstrom langsam abklingen. So wird nur eine kleine Spannung induziert. Wenn die Anschlüsse vertauscht werden, kann die Freilaufdiode zerstört werden. Sie muss daher durch eine Verpolungsschutzdiode F2 geschützt werden.

Relais, die sowohl mit Gleich- als auch mit Wechselspannung betrieben werden, erhalten im Eingangskreis einen Brückengleichrichter. Dieser ermöglicht bei Wechselstrombetrieb den Stromfluss bei positiver und negativer Halbschwingung. Bei Gleichstrombetrieb wirkt der Brückengleichrichter gleichzeitig als Freilauf- und Verpolungsschutz (Abb. 7c)

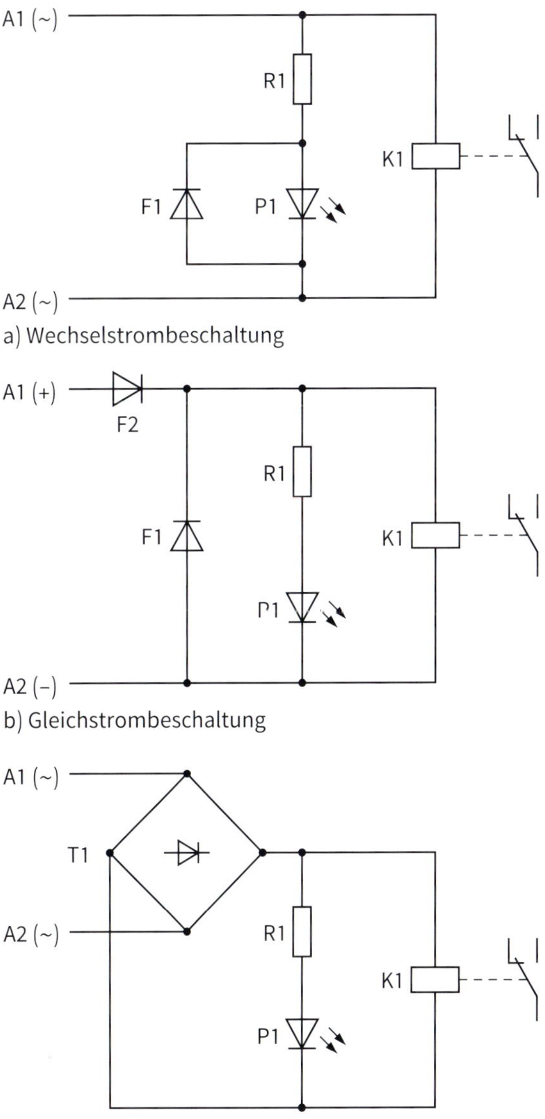

c) Universalbeschaltung (AC und DC)

7: Eingangsbeschaltung von Relais

Was muss am Relaiskontakt beachtet werden?

Relais unterscheiden sich in der Art und Anzahl ihrer Schaltkontakte (Abb. 1). Die Bezeichnung der Anschlüsse erfolgt wie bei Schützen durch Funktionsziffern (Abb. 1a). Haben Relais mehrere Schaltglieder, so wird der Funktionsziffer noch eine fortlaufend durchnummerierte Ordnungsziffer vorangestellt (Abb. 1b). Die Relaiskontakte werden bei Stromfluss und bei jedem Ein-/Ausschalten belastet. Diese Belastung ist abhängig von den geschalteten Spannungen und Strömen und kann zu einer Schädigung führen.

Einschalten

Beim Einschalten werden die Schaltkontakte zusammengeführt. Bis der Kontakt vollständig hergestellt ist, kann es jedoch zu mehrfachen kurzen Kontaktunterbrechungen kommen. Diesen Effekt nennt man **Prellen** [*bouncing*]. Bei jeder kurzen Kontaktöffnung kommt es bei Stromfluss zu einem kleinen Funken. Je höher der Strom in diesem Moment ist, desto größer sind die Wärmeentwicklung und die Schädigung der Kontakte.

Besonders kapazitive Lasten und Glühlampen bilden hierbei eine hohe Kontaktbelastung. Diese Lasten verursachen im Einschaltmoment den größten Strom, der den Dauerstrom um ein Vielfaches übersteigen kann.

Geschlossener Zustand

Die sich berührenden Kontakte bilden einen Übergangswiderstand. Fließt hierüber ein Laststrom, entwickelt sich an der Kontaktstelle Wärme. Der angegebene maximale Laststrom darf nicht überschritten werden, da es sonst zu einem Verschmelzen der Kontakte kommen kann.

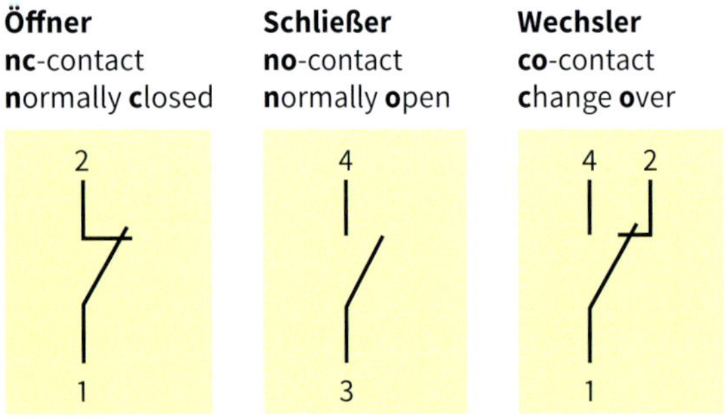

a) 1-polige Relais

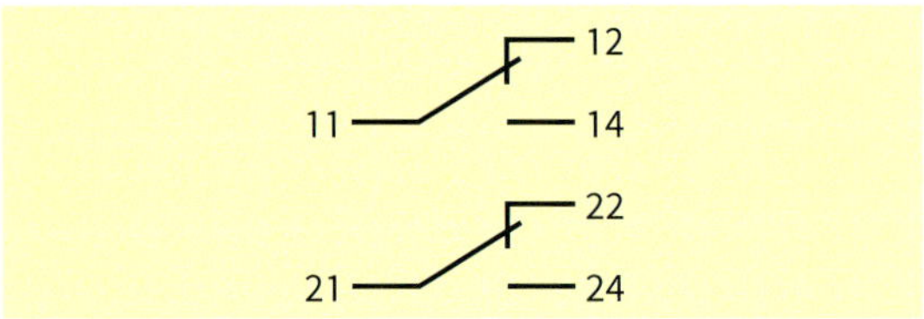

b) 2-poliges Relais (Wechsler)

1: Relaiskontakte

Ausschalten

Bei jedem Ausschalten der stromführenden Relaiskontakte kommt es zu einem kleinen Lichtbogen. Der Strom fließt dann kurzzeitig durch die Luftstrecke zwischen den Schaltkontakten weiter. Die elektrische Energie wird im Lichtbogen (Funke) in Wärme umgesetzt (Abb. 2).

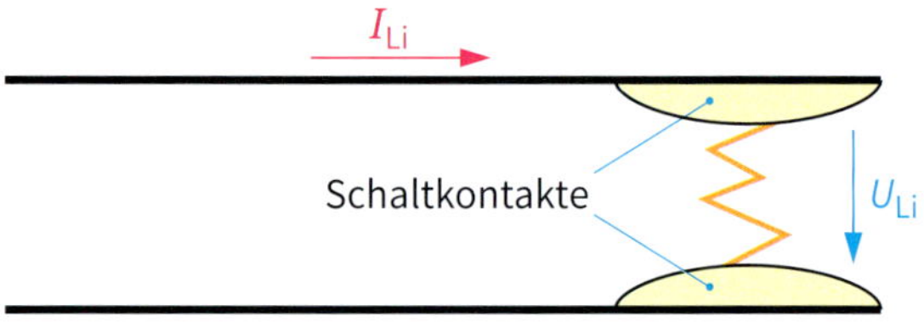

$P = U_{Li} \cdot I_{Li}$ $\quad W_{Li} = U_{Li} \cdot I_{Li} \cdot t$

2: Wirkleistung bei Schaltfunken

Der **Lichtbogen** [*arc*] verlöscht, wenn der Strom einen Nulldurchgang hat. Wechselströme haben einen natürlichen Stromnulldurchgang und können daher einfacher als Gleichströme abgeschaltet werden.

Liegt während des Stromnulldurchgangs eine Spannung über den Schaltkontakten an, besteht die Gefahr, dass der Lichtbogen erneut zündet. Dies ist bei **Lasten mit Blindwiderständen** der Fall (Abb. 3b). Die meisten Lasten sind eine Mischung aus Wirkwiderständen und induktiven Widerständen (z.B. Relais-/Schützspulen, Motoren). Der induktive Anteil führt dazu, dass der Stromfluss über der geöffneten Kontaktstelle länger anhält und dadurch mehr Wärme im Lichtbogen entwickeln kann. Diese Wärme beschädigt auf Dauer die Kontakte. Es ist daher besonders bei diesen Lasten auf die maximale Schaltleistung der Relais zu achten.

Bei **Belastung mit Wirkwiderständen** gibt es keine Phasenverschiebung zwischen Strom und Spannung. D.h. beim Stromnulldurchgang ist auch die Spannung Null, sodass Wiederzündungen vermieden werden (Abb. 3a).

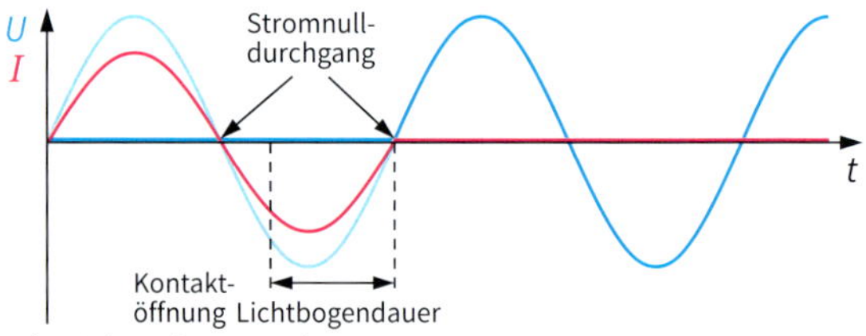

a) Wirkwiderstände

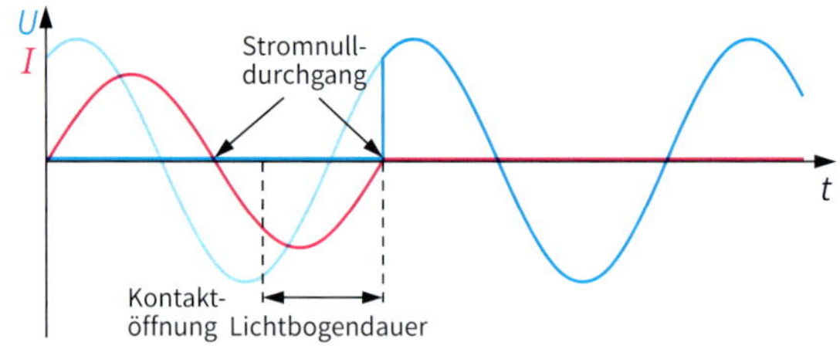

b) Blindwiderstände

3: Kontaktspannung beim Ausschalten

Schaltvermögen [*switching capacity*]

Die Standardangaben der Hersteller zur Kontaktbeanspruchung und Lebensdauer beziehen sich meistens auf einen zu schaltenden Wechselstrom bei Belastung mit Wirkwiderständen. Alle anderen Stromformen führen zu einer schnelleren Alterung oder müssen durch Schutzbeschaltungen unschädlich gemacht werden.

Die **Freilaufdiode** ist bereits von der Eingangsbeschaltung bekannt und für Gleichspannungen an induktiven Lasten geeignet (Abb. 4a).

Für Spannungsspitzen unterschiedlicher Polarität sind Z-Dioden und Varistoren geeignet (Abb. 4 b,c). **Z-Dioden** werden oberhalb einer bestimmten Spannung leitfähig und schließen so die Spannungsspitzen kurz.

Der **Varistor** ist ein spannungsabhängiger Widerstand, der ebenfalls die Spannungsspitzen vermindert.

Die **RC-Beschaltung** des Relaiskontaktes bewirkt, dass bei schnell ansteigenden Spannungen ein Strom über R_V und C fließen kann (Abb. 4 d). Dieser Strom bewirkt den Abbau von Spannungsspitzen.

Da das Schaltvermögen von vielen Parametern abhängig ist, wurden in DIN VDE 0660 Gebrauchskategorien gebildet. Hierbei sind verschiedene Belastungsarten bei Gleich- und Wechselstrom beschrieben (Abb. 5).

6.3.1.2 Relaisauswahl

Die Eingangsbeschaltungen und LED-Anzeigen können auf verschiedene Weise realisiert werden (Abb. 6).

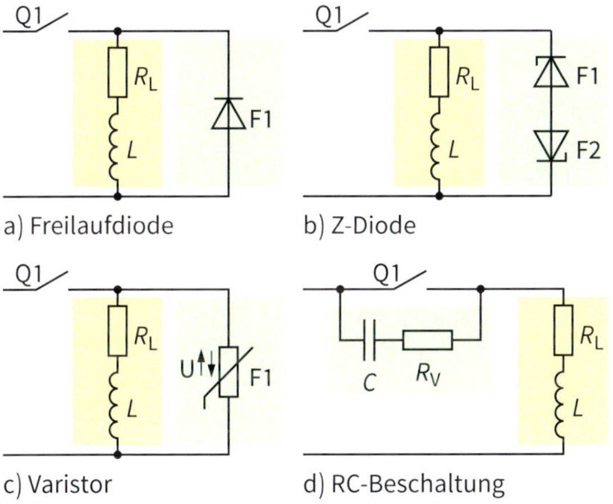

4: Schutzbeschaltungen der Kontakte

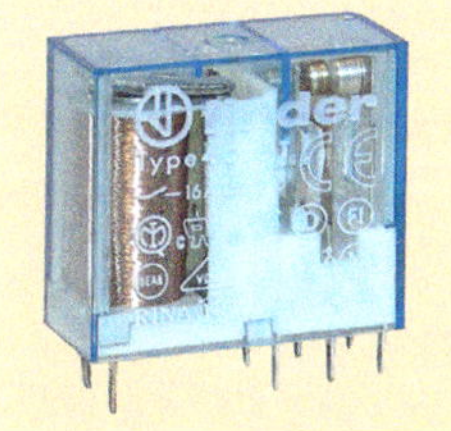

- Relais ist in ein Gehäuse integriert.
- Montage in Stecksockel oder auf Platinen verlötet (auch als SMD-Bauteil verfügbar)
- Keine Schutzbeschaltung enthalten

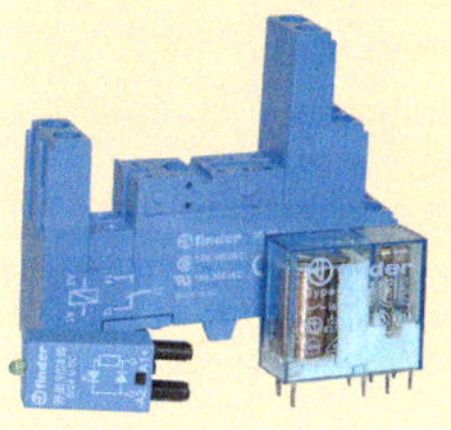

- Stecksockelmontage
- Sockel für Hutschienenmontage
- LED-Anzeige und Schutzbeschaltung sind steckbar.

6: Relaisbauformen

DC		AC	
Kategorie	Typische Anwendung	Kategorie	Typische Anwendung
DC-1	Nicht induktive oder schwach induktive Last, Widerstandsöfen	AC-1	Nicht induktive oder schwach induktive Last, Widerstandsöfen
DC-2	Nebenschlussmotor: Anlassen, Ausschalten	AC-2	Schleifringmotor: Anlassen, Ausschalten
DC-3	Nebenschlussmotor: Anlassen, Gegenstrombremsen, Widerstandsbremsen, Reversieren, Tippbetrieb	AC-3	Käfigläufermotor: Anlassen, Ausschalten während des Laufens
DC-4	Reihenschlussmotor: Anlassen, Ausschalten	AC-4	Käfigläufermotor: Gegenstrombremsen, Widerstandsbremsen, Reversieren, Tippbetrieb
DC-5	Nebenschlussmotor: Anlassen, Gegenstrombremsen, Widerstandsbremsen, Reversieren, Tippbetrieb	AC-5a/b	Schalten von Gasentladungslampen (a) oder Glühlampen (b)
DC-6	Schalten von Glühlampen	AC-6a/b	Schalten von Transformatoren (a), Kondensatorbänken (b)
DC-12	Steuerung von Widerstands- und Halbleiterlast mit Trennung durch Optokoppler	AC-7a/b	Haushaltsgeräte mit schwach induktiver Last (a), mit Motorlast (b)
DC-13	Steuerung von Elektromagneten	AC-15	Elektromagnetische Lasten
DC-20	Schalten ohne Last	AC-20	Schalten ohne Last
DC-21	Ohmsche Last (einschließlich geringer Überlast)	AC-21	Ohmsche Last (einschließlich geringer Überlast)
DC-22	Ohmsch-induktive Last (einschließlich geringer Überlast)	AC-22	Ohmsch-induktive Last (einschließlich geringer Überlast)
DC-23	Große induktive Lasten (z. B. Reihenschlussmotor)	AC-23	Motorlasten und andere große induktive Lasten

5: Gebrauchskategorien von Schaltgeräten (DIN VDE 0660)

Was bei der Auswahl von Relais beachtet werden muss, ist in Abb. 1 dargestellt.

Parameter	Eigenschaften
Spulenart	– monostabil – bistabil
Spulendaten	– Bemessungsspannung – Spulenwiderstand – Bemessungs-Leistungsbedarf
Arbeitsdaten	– Arbeitsbereich – Haltespannung – Rückfallspannung
Temperatur	– zulässige Umgebungstemperatur – Schaltzyklen
Sonstige	– Schaltzeiten/Schaltfrequenz – Einfluss magnetischer Felder auf weitere Objekte – Vibrationsempfindlichkeit
Kontakt-funktionen	– Anzahl der Schaltpole – Schaltfunktionen (Öffner, Schließer, Wechsler) – Kontaktsystem
Lasten	– schaltbare Spannung – Lastart (ohmsch, induktiv, kapazitiv) – Laststrom – Einschaltstromspitzen
Schalt-charakteristik	– Kontaktwiderstand – maximaler Dauerstrom – maximaler Einschaltstrom – maximale Schaltleistung – Spannungsfestigkeit zwischen den Polen – Lebensdauer

1: Auswahlkriterien für Relais

Aufgaben

1. Wodurch erfolgt die Kraftübertragung von der Spule zu den Schaltkontakten?
2. Erklären Sie die Potenzialtrennung im Relais.
3. Wozu werden bei der Gleichstrombeschaltung von Relaisspulen zwei Dioden benötigt?
4. Warum ist das Einschalten von Glühlampen eine hohe Belastung für Schaltkontakte?
5. Von welchen physikalischen Größen hängt die umgesetzte Wärmeenergie des Lichtbogens ab?
6. Zeichnen Sie das Schaltzeichen eines Relais mit drei Schaltkontakten (je 1 Schließer) und beschriften Sie die Anschlüsse.
7. Erklären Sie den Unterschied zwischen Haltespannung und Rückfallspannung.

- Relais sind Objekte zum elektromechanischen Schalten.
- Relaiseingänge müssen je nach Spannungsart (AC, DC) unterschiedlich beschaltet werden.
- Beim Schalten entstehen Lichtbögen, die zu einer Kontaktabnutzung führen.
- Schalten von Wechselströmen belastet die Schaltkontakte geringer als das Schalten von Gleichströmen.
- Relaisausgänge werden durch zu große Belastungen beschädigt.
- Relaiskontakte werden mit Funktionsziffern und Ordnungsziffern gekennzeichnet.

Relaisverhalten und Kenngrößen

- **Arbeitsbereich** (Betriebsspannungsbereich)
  Zulässige Toleranz der Betriebsspannung (abhängig von der Temperatur)
- **Ansprechspannung**
  Kleinster Wert an der Wicklung, bei dem ein Relais sicher anspricht.
- **Zeitverhalten**

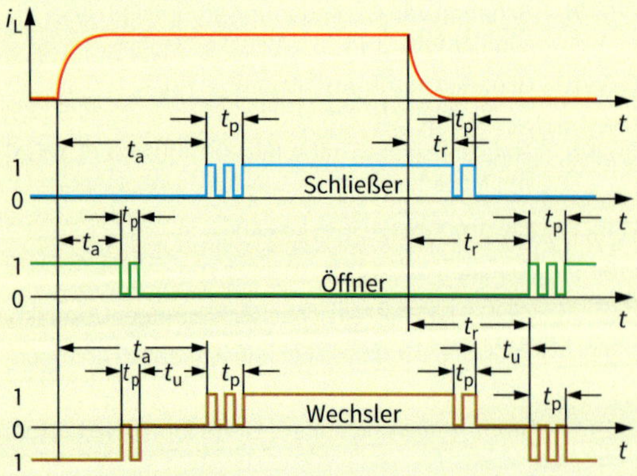

- **Haltespannung**
  Spannung an der Relaisspule, bei der ein Relais noch im Arbeitszustand verbleibt.
- **Rückfallspannung**
  Größte zulässige Spannung an der Wicklung, bei der ein Relais sicher zurückfällt.
- **Ansprechzeit t_a**
  Zeit vom Einschalten der Spule bis zum ersten Öffnen/Schließen des Kontaktes.
- **Prellzeit t_p**
  Zeit von erster Zustandsänderung bis Eintritt des stationären Zustands.
- **Rückfallzeit t_r**
  Zeit vom Ausschalten der Spule bis zur ersten Änderung des Kontaktzustands.
- **Umschaltzeit t_u**
  Bei Wechselkontakt die Zeit zwischen Ende des Prellens (Öffner) bis zum ersten Schließen des Schließers.

6.3.2 Elektronisches Schalten

Zu den Aufgaben der Instandhaltung gehört auch, Verbesserungsmöglichkeiten zu ermitteln. Als Ursache für das häufige Relaisversagen werden Kontaktverschleiß und starkes Prellen vermutet. Elektronische Relais **SSR** (**S**olid **S**tate **R**elay) haben dabei ein besseres Verhalten.

Es soll deshalb geprüft werden, ob das elektromechanische Relais (Abb. 2) durch ein elektronisches Relais ersetzt werden kann.

Elektronische Relais befinden sich in einem Gehäuse und sind daher kaum von einem elektromechanischen Relais zu unterscheiden.

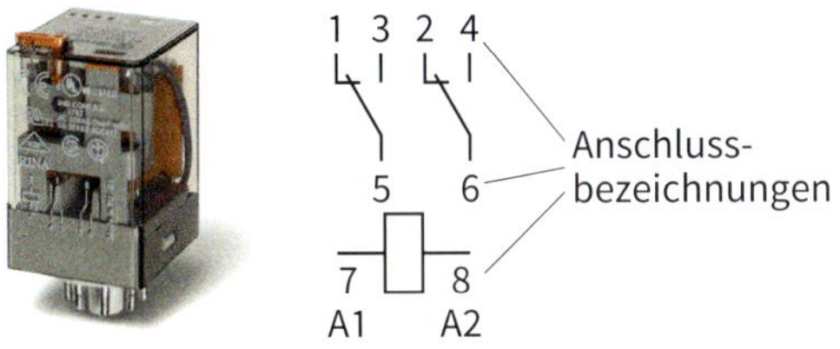

Kontakte		
Anzahl der Kontakte		2 Wechsler
Max. Dauerstrom/max. Einschaltstrom	A	12/20
Bemessungsspannung/max. Schaltspannung	V AC	250/400
Max. Schaltleistung AC-1	VA	3000
Spule		
Lieferbare Bemessungsspannungen (U_r)	VAC (50/60 Hz)	6 – 12 – 24
	V DC	6
Allgemeine Daten		
Mech. Lebensdauer AC/DC	Schaltspiele	$20 \cdot 10^6/50 \cdot 10^6$
Elektrische Lebensdauer AC-1	Schaltspiele	$200 \cdot 10^3$
Ansprech-/Rückfallzeit	ms	8/8

2: Daten des mechanischen Relais (Auszug aus Herstellerangaben)

6.3.2.1 Elektronisches Relais

Um die SSR richtig auswählen und betreiben zu können, müssen wir deren Funktionen und die Angaben des Datenblattes (Abb. 4) verstehen.

Auch elektronische Relais müssen an die Spannungsform am Ein- und Ausgang angepasst werden. Die Eingangsbeschaltung besteht bei AC-Eingängen aus einem Gleichrichter. DC-Eingänge benötigen keine Freilaufdiode, da elektronische Relais keine Induktivitäten enthalten. Um die elektronischen Bauelemente z.B. vor Überspannungen zu schützen, sind Schutzelemente wie Z-Dioden bzw. Varistoren integriert. Am Ausgang wird mit einem Halbleiterbauelement geschaltet. Um wie bei elektromechanischen Relais eine Potenzialtrennung zu erreichen, ist zwischen Ein- und Ausgang z.B. ein Optokoppler geschaltet (Abb. 3).

Im einfachsten Fall besteht ein elektronisches Relais nur aus einem Optokoppler.

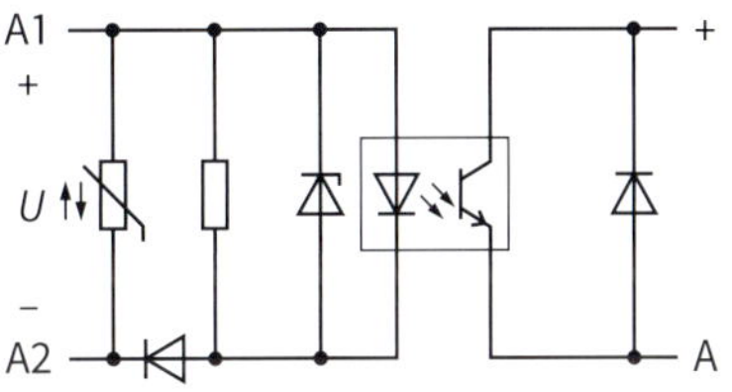

a) DC-Eingang, DC-Ausgang (2 Leiter)

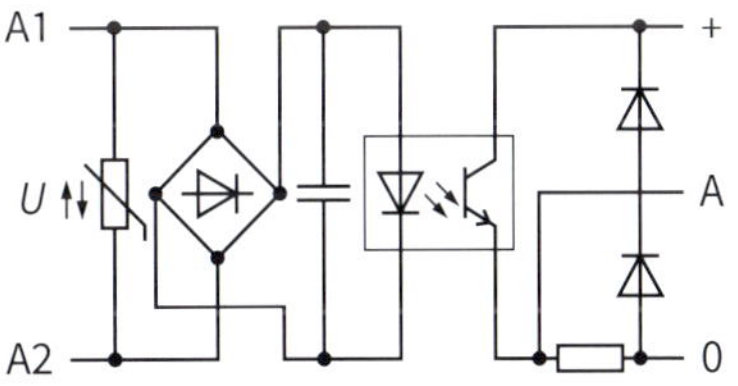

b) AC/DC-Eingang, DC-Ausgang (3 Leiter)

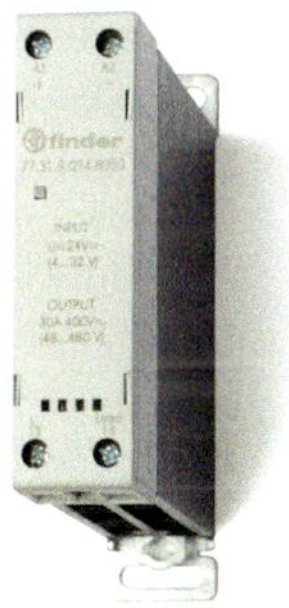

4: Elektronische Relais

Elektronische Relais

Eingang + **Potenzialtrennung** + **Ausgang**

- AC/DC-Anpassung
+
- LED (Optokoppler)
- Transistorschaltung
+
- Schutzbeschaltung (Verpolung, Überspannung)

- Optokoppler

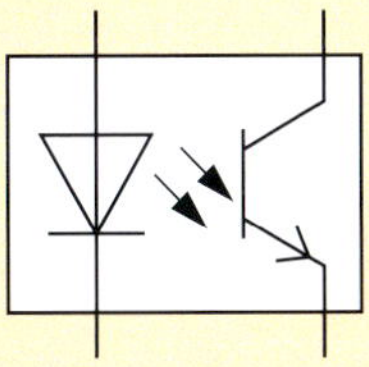

- Transistorschaltung (DC)
  - Bipolartransistor
  - MOS FET
- Thyristorbeschaltung (DC)
- Triacschaltung (AC)
+
- Schutzbeschaltung

3: Komponenten in elektronischen Relais

6.3.2.2 Optokoppler

Optokoppler bestehen aus zwei elektronischen Bauelementen (Abb. 1). Die Diode und der Fototransistor sind in ein Gehäuse integriert.

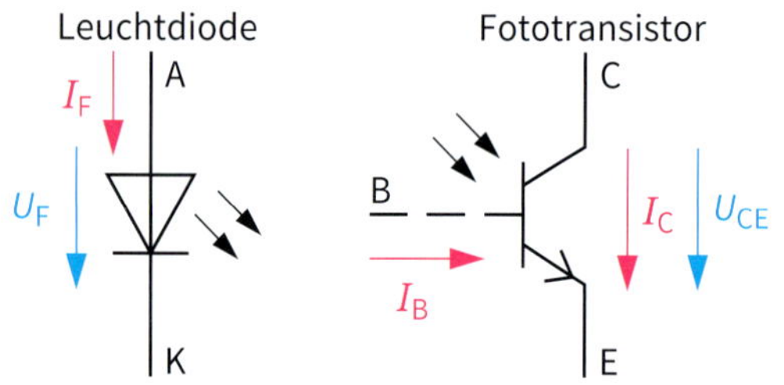

1: Elemente des Optokopplers

Die **Leuchtdiode** ist der Eingang des Optokopplers. Um die LEDs bei höheren Spannungen nicht durch einen zu großen Vorwärtsstrom zu zerstören, sind Widerstände vorgeschaltet. Soll der Eingang auch bei Wechselspannung aktiv sein, sind entweder zwei antiparallele LEDs oder ein Gleichrichter erforderlich.

Wirkungsweise des Fototransistors

Der Fototransistor ist der Ausgang des Optokopplers. Er ist eine besondere Form des Transistors. Trifft Licht auf die Halbleiterschicht, erhöht sich die Anzahl freier Elektronen im PN-Übergang und damit die Leitfähigkeit. Das Licht wirkt wie der Basisstrom bei normalen Transistoren. Da der Transistor einen Verstärkereffekt hat, ist die Empfindlichkeit auf das einfallende Licht sehr hoch. Der Strom I_{CE} ist nahezu proportional zur Beleuchtungsstärke E (Abb. 2).

Es gibt Fototransistoren mit und ohne Basisanschluss. Bei Fototransistoren mit Basisanschluss lässt sich mit einem voreingestellten Basisstrom der Arbeitspunkt des Transistors einstellen.

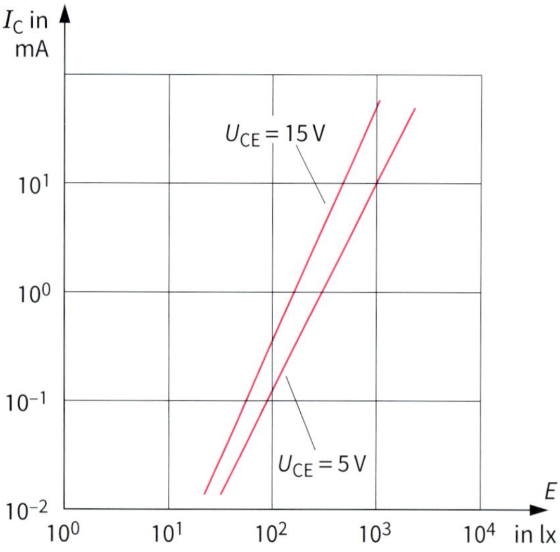

2: Kennlinie eines Fototransistors

Wirkungsweise des Optokopplers

Sobald die LED leuchtet, strahlt ihr Licht auf den Fototransistor. Die Intensität des Lichts steuert den Transistor. Er schaltet damit im Ausgang des Optokopplers.

LEDs verändern mit dem Strom I_F ihre Leuchtkraft. Dadurch kann der Fototransistor stetig angesteuert werden. Mit Optokopplern lassen sich deshalb nicht nur Schaltaufgaben lösen sondern auch stetige Größen übertragen.

Durch die galvanische Trennung zwischen Leuchtdiode und Fototransistor können Ein- und Ausgang mit unterschiedlichen Spannungsquellen betrieben werden. Sie sind daher sehr gut zur **Potenzialtrennung** von Signalen geeignet.

- Ein Optokoppler besteht aus LED und Fototransistor.
- Optokoppler sind zur Potenzialtrennung geeignet, da zwischen Eingang und Ausgang keine elektrische Verbindung besteht.
- Wechselspannungen am Eingang von Optokopplern sind nur mit Zusatzbeschaltung möglich.
- Die Belastbarkeit des Fototransistors begrenzt die Schaltleistung des Optokopplers.

Optokoppler

Ausführungsvarianten

Schaltung	Bemerkung
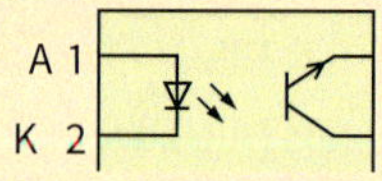	Basisanschluss nicht vorhanden
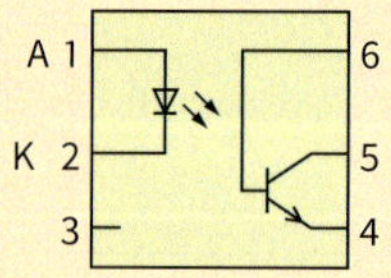	Basisanschluss vorhanden, Erhöhung der Grenzfrequenz mit R_{BE} möglich.
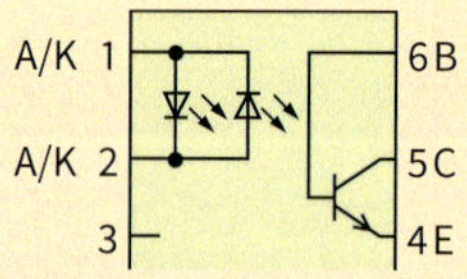	Antiparallel geschaltete Lumineszenzdioden (Wechselspannungsübertragung)

Kenngrößen:

U_{Isol}: Isolationsprüfung (max. 10 kV)

I_F: Dioden-Durchlassstrom (max. 80 mA)

I_C: Kollektorstrom (max. 100 mA)

$$CTR = \frac{I_C}{I_F} \text{ (in \%) bei } I_F = 10\text{ mA und } U_{CE} = 5\text{ V}$$

Übersteigt der zu schaltende Ausgangsstrom den Wert von $I = 100$ mA, müssen andere Bauelemente im Ausgang der elektronischen Relais eingesetzt werden.

Es gibt zahlreiche Halbleiterbauelemente, mit denen Stromkreise geschaltet werden können (Abb. 3).

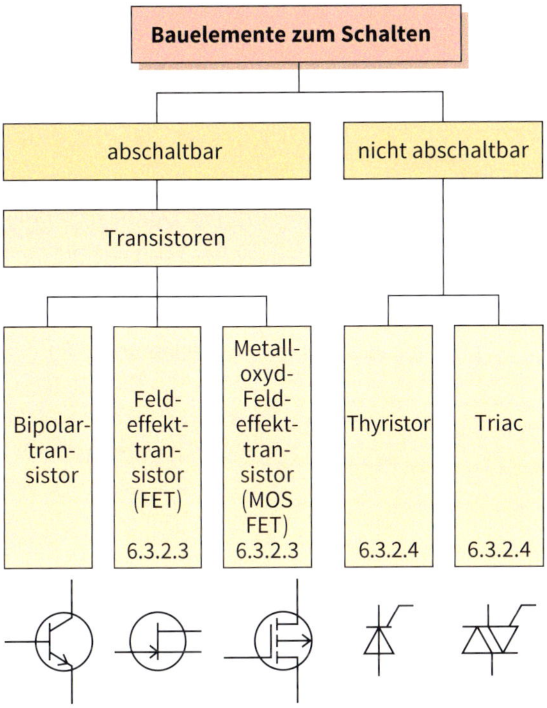

3: Übersicht

6.3.2.3 Feldeffekttransistor (FET)

Neben Bipolartransistoren werden zum Schalten auch Feldeffekttransistoren (FET) verwendet. Diese Transistoren haben drei Anschlüsse (Abb. 4):

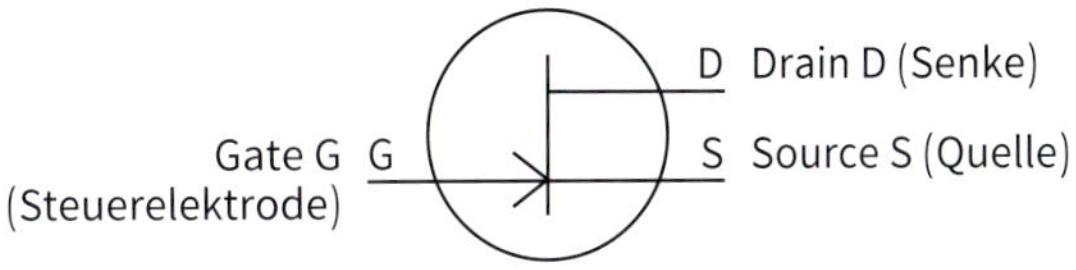

4: FET-Anschlüsse

Die Arbeitsweise eines FET lässt sich wie folgt kurz beschreiben:

- Der Strom fließt über einen positiv oder negativ dotierten Halbleiterkanal von Drain zu Source.
- Durch Anlegen einer Spannung an der Steuerelektrode (Gate) entsteht ein elektrisches Feld. Dies führt dazu, dass dem Stromkanal ① (siehe unten) freie Elektronen entzogen werden. Die Leitfähigkeit der Strecke Drain-Source nimmt damit ab.
- Der PN-Übergang vom Gate zum Stromkanal wird in Sperrrichtung betrieben. Deshalb fließt über das Gate kein Strom. Der FET wird nur über die anliegende Gatespannung ohne erforderliche Steuerleistung gesteuert.

Solange der Feldeffekttransistor im geraden Teil der Kennlinie ② (siehe unten) betrieben wird, verhält sich dieser wie ein steuerbarer Widerstand. Steigt die Spannung U_{DS} weiter, erreicht der Transistor den **Abschnürbereich** *[pinch-off area]* ③. In diesem Bereich lässt sich der Strom I_D nicht weiter steigern.

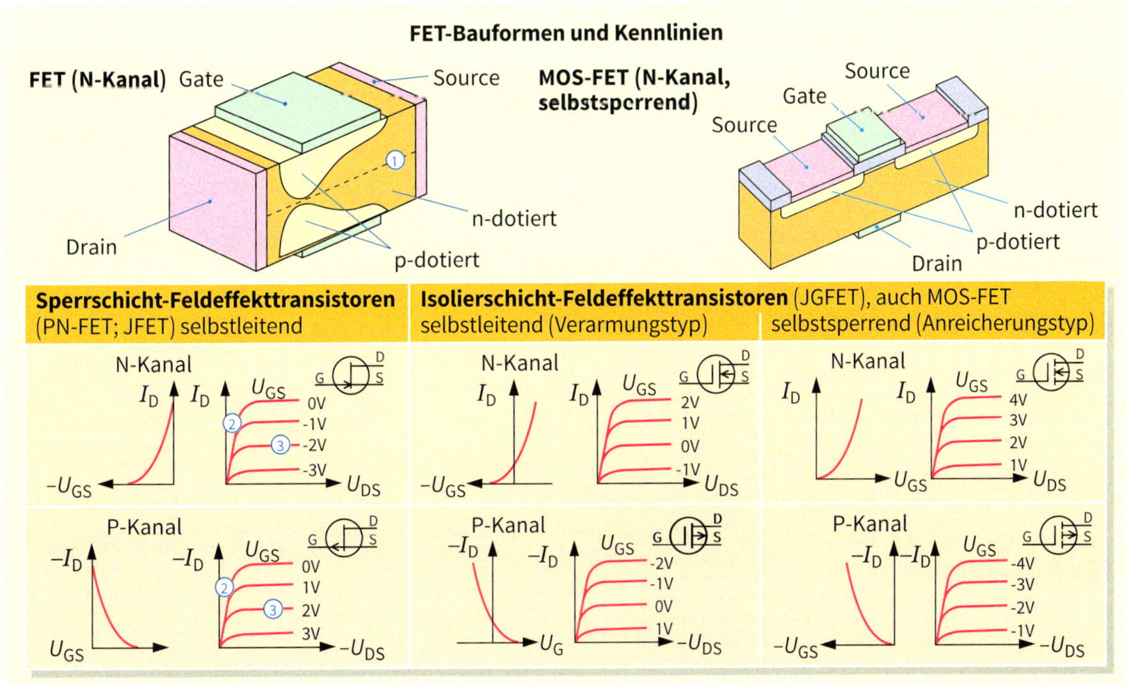

Im FET kann der Strom nur in eine Richtung fließen. Je nach Stromrichtung unterscheidet man N-Kanal und P-Kanal FET. Bei einer Spannung $U_{GS} = 0$ V ist der FET leitend. Man bezeichnet ihn daher als **selbstleitend**.

Isolierschicht FET

Isolierschicht FET haben zwischen der Gatezone und dem Hauptstromkanal eine Isolierschicht. Diese kann z.B. durch eine Metalloxydschicht gebildet werden.

Im Hauptstrompfad kann eine weitere Dotierung eingebaut werden, die den Transistor sperren lässt, wenn keine Gatespannung anliegt. Man nennt diese Transistoren **selbstsperrende** *[self-blocking]* FET (vgl. S. 131, Übersicht).

Diese Transistorart hat verbesserte Eigenschaften bei hohen Schaltgeschwindigkeiten/-frequenzen und damit verbundenen Schaltverlusten.

Wichtige Parameter für FET sind in Abb. 1 enthalten.

Kanalart	N-/P-Kanal (Stromrichtung) selbstsperrend/-leitend
I_D	maximaler Drainstrom
U_{DS}	maximale Drain-Source-Spannung
P_D	maximale Verlustleistung
$R_{DS(on)}$	Widerstand zwischen Drain und Source im eingeschalteten Zustand

1: FET-Kenngrößen

MOS-FET

Zum Schalten großer Spannungen und Ströme werden hauptsächlich **MOS** FET (**M**etal **O**xyd **S**emiconductor) eingesetzt. Hierbei besteht die isolierende Schicht zwischen Gate und dem Stromkanal aus einer dünnen Oxydschicht. MOS-FET schalten elektrische Größen bis zu $U_{DS} = 1$ kV und $I_D = 1$ kA.

Die Sperrschicht bzw. Isolierschicht von Feldeffekttransistoren ist gegen Überspannungen sehr empfindlich. Überspannungen können auftreten, wenn elektrostatisch aufgeladene Personen die Anschlüsse berühren. Die elektrostatische Entladung wird auch als **ESD** (**E**lectro **S**tatic **D**ischarge) bezeichnet.

Bei der Montage ist daher auf Folgendes zu achten:

- Bauelemente durch Schutzbeschaltungen schützen (z.B. Varistoren)
- Personen, die empfindliche Bauelemente berühren, mit einer ableitfähigen Verbindung zum Erdpotenzial ausrüsten (Abb. 2)

Häufig sind die MOS FET in elektronischen Relais integriert, um große Leistungen mit einem Bauteil schalten zu können (Abb. 3).

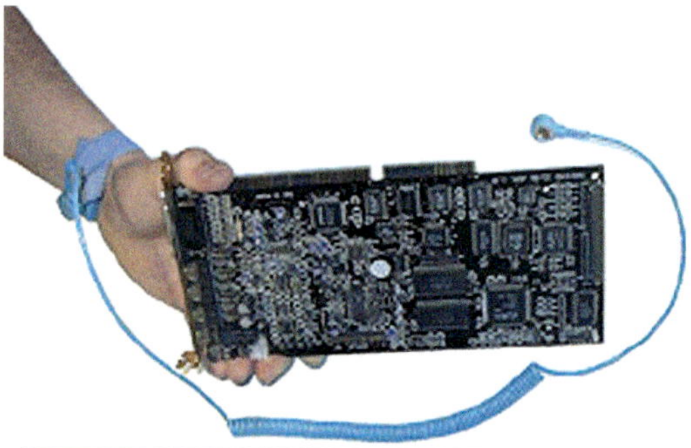

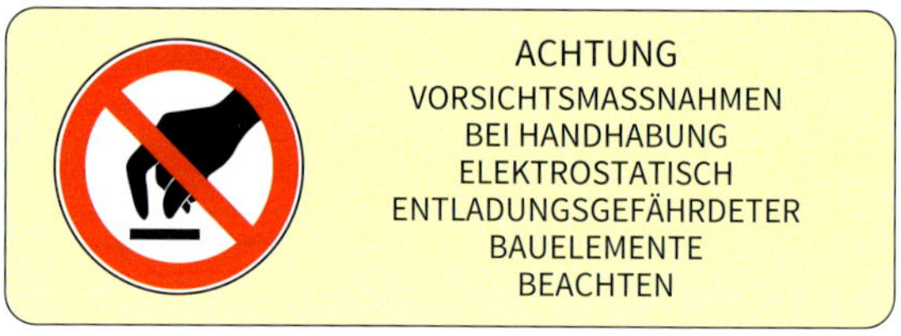

2: Schutz vor elektrostatischer Entladung

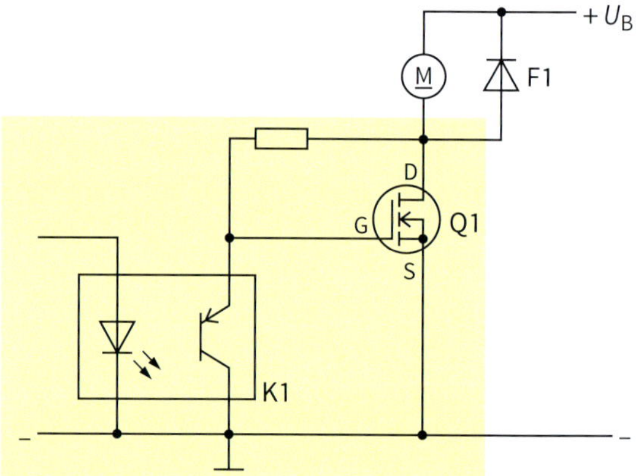

3: Elektronisches Leistungsrelais für Gleichströme

Aufgaben

1. Zeichnen Sie den Aufbau eines N-Kanal FET mit seiner Raumladungszone bei $U_{GS} = 0$ V und $U_{GS} = -3$ V. Verwenden Sie die Kennlinien von S. 132.
2. Bei einem selbstleitenden N-Kanal FET liegt die Spannung $U_{GS} = 0$ V an. Kann über den FET ein Drainstrom fließen? Wenn ja, muss dann die Spannung U_{GS} erhöht oder verringert werden, um einen Strom $I_d = 0$ A zu erreichen?

- Feldeffekttransistoren haben einen Hauptstromkanal zwischen Drain und Source.
- FET können nahezu leistungslos geschaltet werden.
- FET sind nur für eine Stromrichtung geeignet.

Wie werden Transistorausgänge angeschlossen?

Zweileiteranschluss

Bei **Zweileiterausgängen** liegt die zu schaltende Last ① direkt in Reihe zu der Spannungsquelle. In ausgeschaltetem Zustand ist der Anschluss A ohne Bezugspotenzial (massefrei).

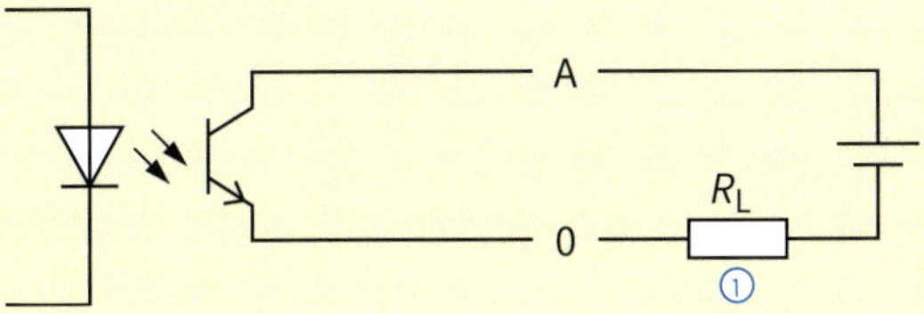

Dreileiteranschluss

Die Dreileiterschaltung stellt über den Widerstand R_0 einen Bezug zwischen dem Anschluss A und dem Massepotenzial (0) her. Diese Schaltung ist deshalb massegebunden.

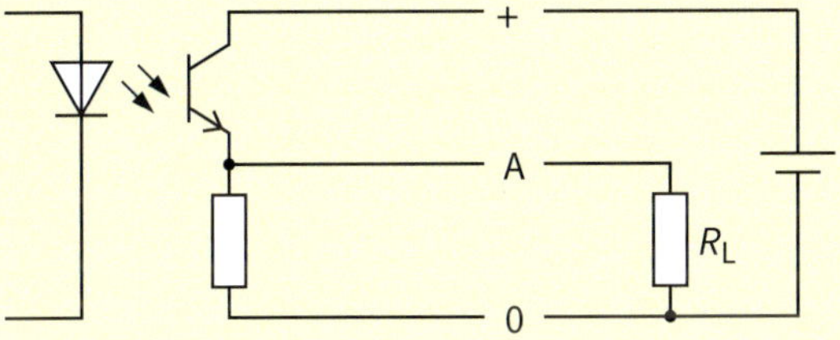

PNP-/NPN-Ausgänge

Bei Dreidrahtanschlüssen kann gewählt werden, welche Polarität geschaltet werden soll. Je nach Anwendungsfall ist es erforderlich, am positiven oder negativen Pol der Last zu schalten. Die Ausgänge heißen deshalb plus- bzw. minusschaltend. Zum Schalten muss je nach Polarität ein NPN- bzw. PNP-Transistor verwendet werden. Die Ausgänge werden auch als PNP- bzw. NPN-Ausgänge bezeichnet.

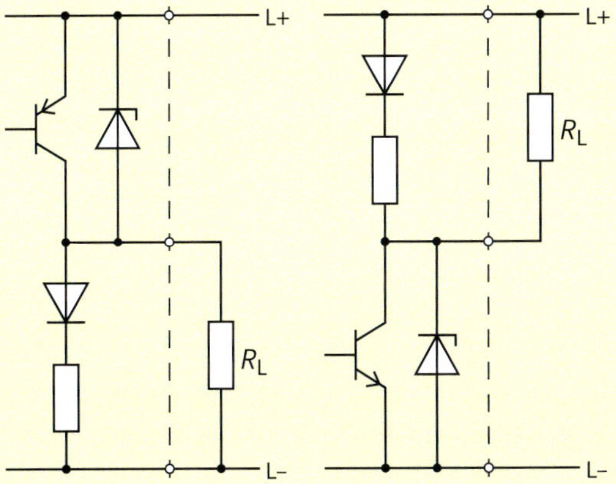

PNP-Ausgang (plusschaltend) NPN-Ausgang (minusschaltend)

Offener Kollektor [*open collector*]

Um eine Last durch mehrere Signale einschalten zu können (ODER-Funktion), gibt es verschiedene Möglichkeiten:

- Logische Verknüpfung von Signalen vor dem Schalteingang
- Parallelschaltung mehrerer Schaltausgänge

Die Parallelschaltung mehrerer Schaltausgänge ist jedoch nur möglich, wenn der Kollektor des Schalttransistors nicht mit einem Potenzial verbunden ist. In diesem Fall spricht man von einer Open-Collector-Schaltung.

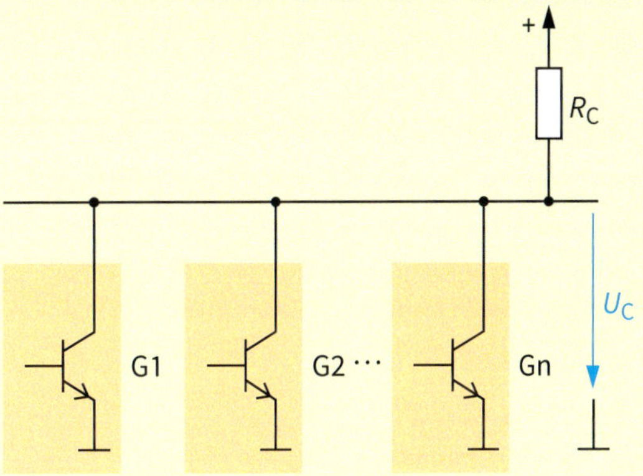

Reihenschaltung von Schaltausgängen

Soll eine Last nur geschaltet werden, wenn mehrere Signale vorhanden sind (UND-Funktion), können wieder verschiedene Varianten zum Ziel führen.

- Logische Verknüpfung von Signalen vor dem Schalteingang
- Reihenschaltung mehrerer Schaltausgänge

Um eine Reihenschaltung mehrerer Schaltausgänge zu realisieren, ist es erforderlich, dass diese massefrei sind. Massefreie Schaltausgänge sind nur in Zweidrahttechnik verfügbar. Das Schalten der Last kann dabei als plusschaltend oder minusschaltend ausgeführt werden.

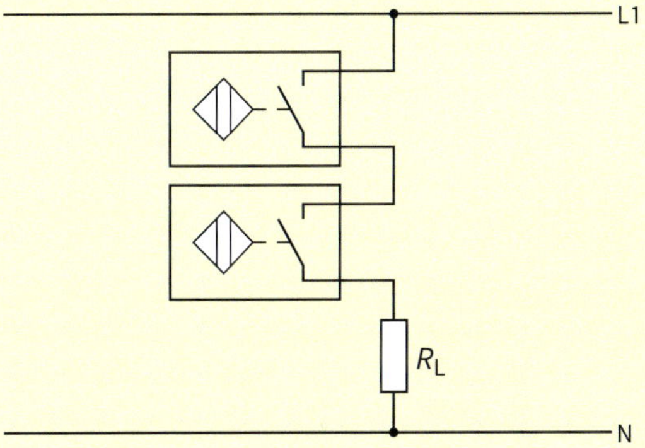

6.3.2.4 Thyristor

Auch ein Thyristor lässt sich als elektronischer Schalter einsetzen. Mit dem Thyristor in Q1 (Abb. 1) wird der Strom durch die Lampe geschaltet. Hierzu ist ein Steuersignal am Gate des Thyristors erforderlich.

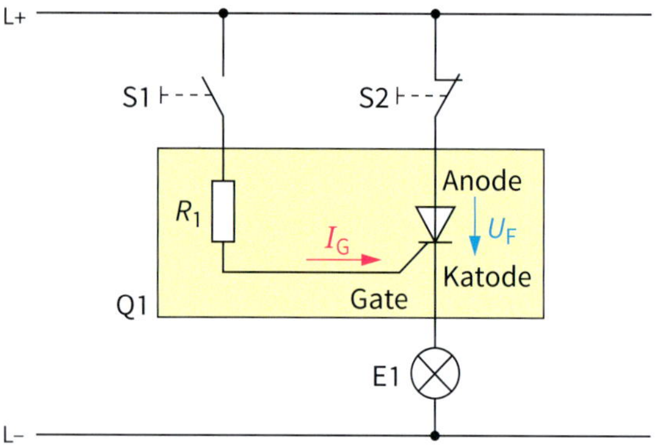

1: Baugruppe mit Thyristorausgang

Wie funktioniert der Thyristorschalter?

- Um leiten zu können, muss am Thyristor eine positive Spannung U_F anliegen. Man spricht dann von einem Betrieb in Vorwärtsrichtung ① (Abb. 2).
- Wird der Schalter S1 (Abb. 1) geschlossen, fließt ein positiver Gatestrom I_G. Dieser führt gemeinsam mit der Vorwärtsspannung dazu, dass der Thyristor **zündet** [*fires*]. Das bedeutet, der Thyristor wechselt vom sperrenden in den leitfähigen Zustand ②.
- Der gezündete Thyristor verhält sich in seiner Kennlinie wie eine Diode ③.
- Die Leitfähigkeit bleibt auch bestehen, wenn der Strom I_G wieder Null wird. Sie wird erst aufgehoben, wenn der Strom I_F den Haltestrom I_H unterschreitet ④. Dies kann künstlich durch Unterbrechen des Stromkreises erfolgen (S2, Abb. 1) oder durch einen natürlichen Stromnulldurchgang bei Wechselströmen.

Wird die Spannung zwischen Anode und Katode umgepolt, befindet sich der Thyristor im Sperrbereich ⑤ und kann nicht gezündet werden.

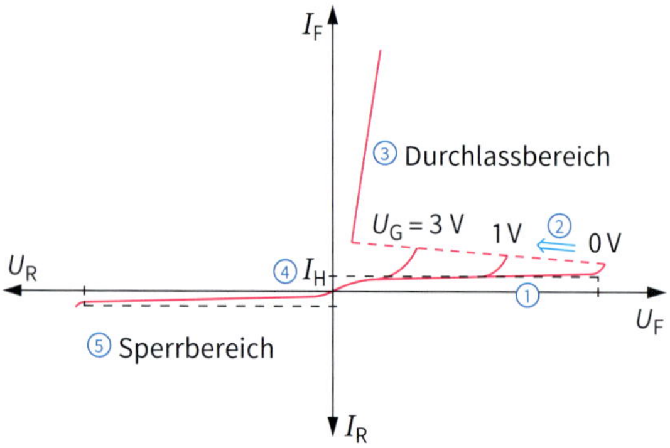

2: Thyristorkennlinie

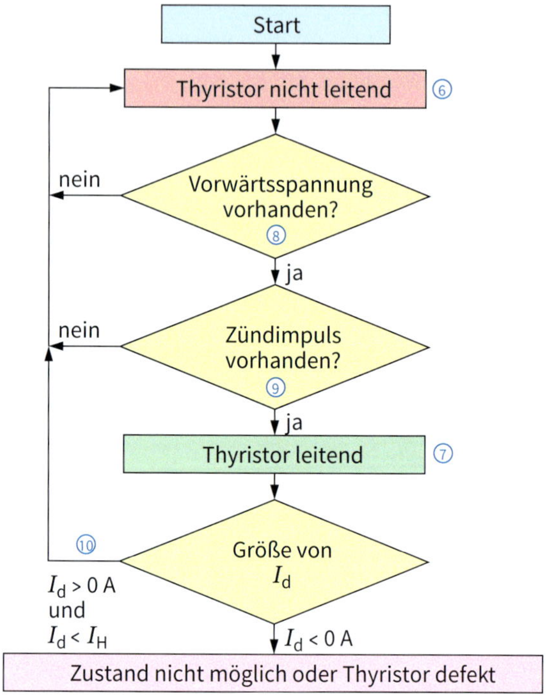

3: Zustandsänderungen im Thyristor

Das Verhalten des Thyristors lässt sich auch mit Hilfe eines Flussdiagramms beschreiben (Abb. 3). Der Thyristor kann nur zwischen zwei Zuständen wechseln (nicht leitend ⑥ ↔ leitend ⑦). Für den Wechsel zwischen den Zuständen müssen bestimmte Bedingungen erfüllt sein.

Zum Zünden sind folgende Bedingungen erforderlich: Vorwärtsspannung ⑧ und Zündimpuls ⑨.

Um vom leitenden in den sperrenden Zustand zu wechseln, muss der Strom I_F den Haltestrom I_H unterschreiten ⑩.

Thyristoren gibt es je nach Leistungsfähigkeit in verschiedenen Bauformen. Sie sind in der maximalen Sperrspannung U_{RM}, der Vorwärtsstromtragfähigkeit I_F und der Verlustleistung P_V begrenzt. Sie werden in Standard-Halbleitergehäusen oder in integrierten Schaltungen (z. B. SSR) geliefert (Abb. 4).

Größe	Bedeutung	Beispiel (IR 50RIA)
U_{GT}, I_{GT}	Triggerspannung Triggerstrom	3,5 V 100 mA
U_{RM}	max. Sperrspannung	1600 V
$I_{T(RMS)}$	max. Vorwärtsstromstärke (Effektivwert)	80 A
I_{TSm}	einmaliger Stromspitzenwert (10 ms)	1200 A
I_H	Haltestromstärke	200 mA

4: Thyristorkenngrößen (Beispiel)

6.3.2.5 Triac

Ein Triac wirkt wie zwei antiparallel geschaltete Thyristoren, die nur einen Gateanschluss haben. Er kann daher den Strom in beiden Richtungen führen. Damit ist er als Schalter für Wechselströme geeignet.

Liegt am Triac eine Spannung $U_{12} \neq 0$ V an (Abb. 5, ①), kann der Triac durch einen Gatestrom gezündet werden. Im Gegensatz zum Thyristor ist die Polarität des Gatestromes egal.

Wie der Thyristor lässt sich der Triac nur dadurch löschen, dass der Strom I_{12} den Haltestrom I_H ② unterschreitet.

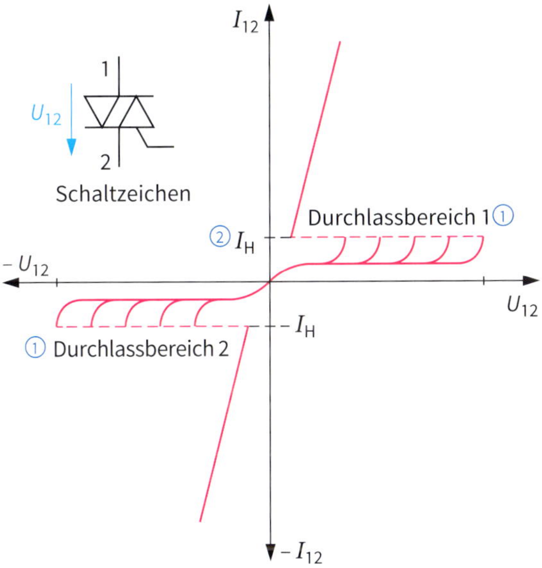

5: Triac-Kennlinie

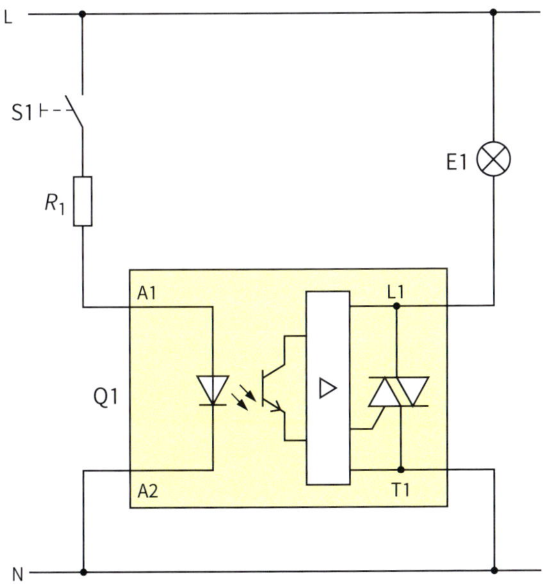

6: Triac im elektronischen Relais

Größe	Bedeutung	Beispiel (IR 50RIA)
U_{GT}, I_{GT}	Triggerspannung Triggerstrom	1 V 10 mA
U_{RM}	max. Sperrspannung	700 V
$I_{T(RMS)}$	max. Vorwärtsstromstärke (Effektivwert)	4 A
I_{TSm}	einmaliger Stromspitzenwert	30 A
I_H	Haltestromstärke	20 mA

7: Triac-Kenngrößen (Beispiel)

Vergleich elektronischer Schalter

Eigenschaften	Bauelement		
	Transistor	Thyristor	Triac
mögliche Stromrichtungen	unipolar	unipolar	bipolar
Abschaltung	jederzeit	Stromnulldurchgang	
Schaltfrequenz	sehr hoch	maximal Netzfrequenz	

Aufgaben

1. Unter welchen Bedingungen zündet ein Thyristor?
2. Welche Unterschiede bestehen zwischen Thyristor und Triac?
3. Zeichnen Sie das Flussdiagramm eines Triacs. Verwenden Sie als Hilfe Abb. 3, S. 134.
4. Warum arbeiten elektronische Schalter verschleißfrei?

- Thyristoren und Triacs werden durch Gateimpulse gezündet. Sie bleiben auch ohne Zündimpuls leitend.
- Thyristoren können Strom nur in eine Richtung führen.
- Triacs können Wechselströme schalten.
- Der leitfähige Zustand eines Thyristors/Triacs endet, wenn die Stromstärke I_F bzw. $I_{12} = 0$ A ist.

6.3.2.6 Zusatzfunktionen elektronischer Relais

Werden Stromkreise zu einem beliebigen Zeitpunkt geschlossen, kann es dazu kommen, dass der Strom sprungartig ansteigt ① (Abb. 1). Solche sprungartigen Stromänderungen verursachen im Versorgungsnetz Oberschwingungen und sollten vermieden werden.

Wie können Strom-/Spannungssprünge vermieden werden?

Bei mechanischen Relais lässt sich der Einschaltzeitpunkt aufgrund der trägen mechanischen Bauteile nicht genau bestimmen. Elektronische Relais schalten so schnell, dass hier ein genauer Schaltzeitpunkt getroffen werden kann. Eine integrierte Logiksteuerung ermöglicht zusätzliche Funktionen beim Schalten.

Ein Beispiel hierfür sind die **Nullspannungsschalter**. Unabhängig vom Zeitpunkt des Einschaltsignals erfolgt die Einschaltung des Ausgangs genau in dem Zeitpunkt, in dem die Netzspannung gleich Null ist ②. Dies bewirkt, dass der Spannungsverlauf an der Last genau im Spannungsnulldurchgang beginnt.

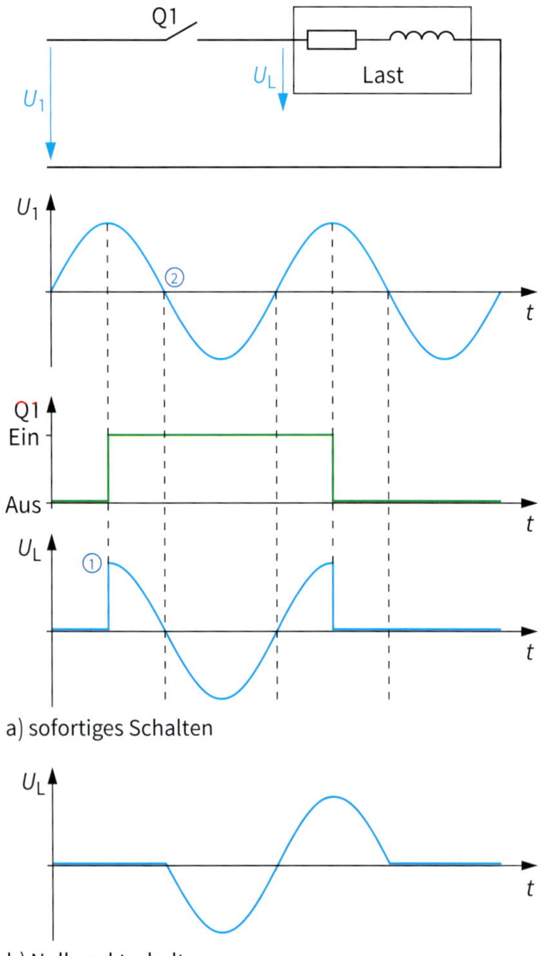

1: Zeitschaltpunkte elektronischer Relais

Eigenschaft	elektro-mechanisch	elektronisch
Steuerleistung	–	+
Lebensdauer	–	+
Prellverhalten	–	+
Schaltzeit/-frequenz	–	+
Kontaktzahl/-art	+	–
galvanische Trennung in der Schaltstrecke	+	–
Überlastbarkeit	+/–	–
zusätzliche Schaltfunktionen	–	+
Vibrationsfestigkeit	–	+
Preis	+	–

2: Vergleich von elektromechanischen und elektronischen Relais

6.3.2.7 Auswahl elektronischer Relais

Soll ein elektromechanisches Relais gegen ein elektronisches Relais getauscht werden, sind einige Auswahleigenschaften zu beachten (Abb. 2). Neben den Auswahldaten mechanischer Relais sind zusätzlich die

- Stromform (AC, DC) und
- Anschlussart (Zwei-/Dreileiter)

wichtige Auswahlkriterien. Weiterhin muss berücksichtigt werden, dass elektronische Relais nur über eine Schließfunktion verfügen. Öffner und Wechselkontakte können nur durch zusätzliche Logik bzw. Verwendung mehrerer elektronischer Relais realisiert werden.

Die wichtigsten Auswahlparameter für elektronische Relais sind in Abb. 3 aufgelistet.

Parameter	Eigenschaften
Eingangsdaten	– Bemessungsspannung – Spannungsform – Bemessungs-Leistungsbedarf
Arbeitsdaten	– Arbeitsbereich – Haltespannung – Rückfallspannung
Temperatur	– zulässige Umgebungstemperatur – Schaltzyklen
Sonstige	– Schaltzeiten/Schaltfrequenz – Einfluss magnetischer Felder auf weitere Objekte – Vibrationsempfindlichkeit
Ausgangsdaten	– Anzahl der Schaltpole – AC/DC
Lasten	– schaltbare Spannung – maximale Laststromstärke – maximale Stromspitzen

3: Auswahlkriterien für elektronische Relais

6.3.3 Stetige Ein- und Ausgänge

In einer Fräsmaschinensteuerung wird die Temperatur des Kühlmittels gemessen. Die Messgröße (Temperatur) wird vom Sensor zu einem Auswertegerät und einer Anzeige übertragen (Abb. 4 und 5).

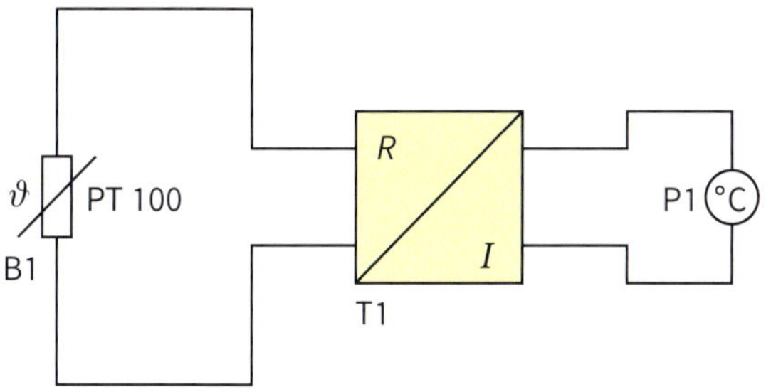

4: Temperaturerfassung

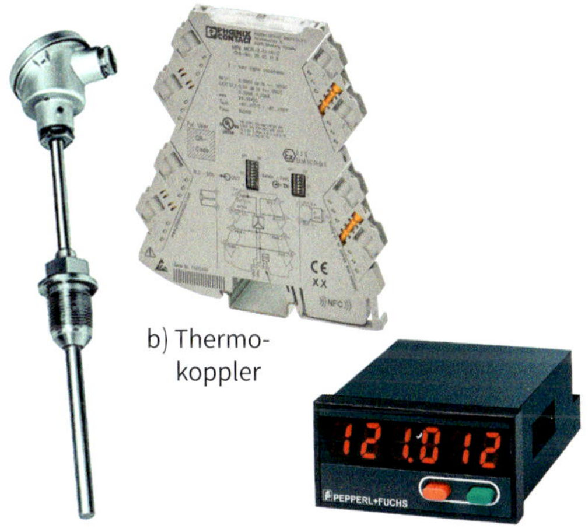

a) Temperatursensor c) Temperaturanzeige

5: Komponenten der Temperaturerfassung

Im Gegensatz zu den bisher behandelten binären Größen werden hier stetig veränderliche Größen, d.h. ohne Sprünge, übertragen. Der Temperatursensor wird dabei an ein Gerät angeschlossen, das die Widerstandsgröße in ein normiertes Signal wandelt.

Bei der Bestimmung der Signalwandler muss zwischen mehreren Ausgangssystemen gewählt werden.

- Stromschnittstelle 0 – 20 mA bzw. 4 – 20 mA
- Spannungsschnittstelle 0 – 5 V bzw. 0 – 10 V

Das Schnittstellensignal der Ein-/Ausgangsgröße nimmt nur Werte innerhalb eines bestimmten Bereichs ein. Jedem übertragenen Strom- bzw. Spannungswert wird eine bestimmte physikalische Größe zugeordnet (Abb. 6).

Die Schnittstellenwandler, Auswertegeräte und Anzeigen werden dabei so eingestellt, dass ihnen für den minimalen und maximalen Strom-/Spannungswert eine physikalische Größe zugeordnet wird. Dies wird vom Benutzer festgelegt.

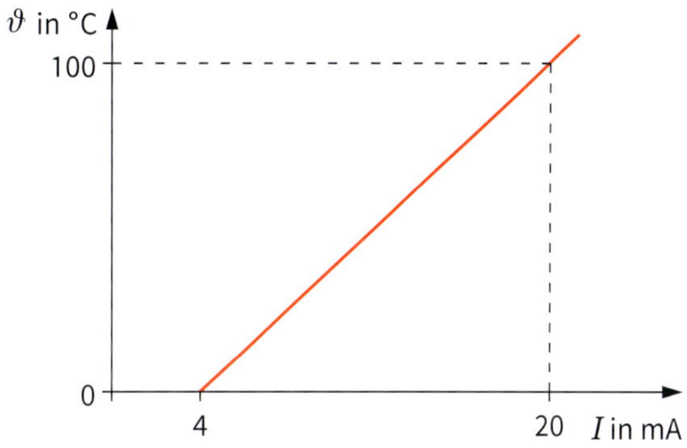

6: Temperatur-Strom-Schnittstelle (4 – 20 mA)

Im Beispiel aus Abb. 6 entspricht
4 mA ≙ 0 °C und 20 mA ≙ 100 °C.

Aus den Stromwerten zwischen den Grenzen werden dann automatisch die zugehörigen Temperaturen errechnet.

Stromschnittstelle

Für Stromschnittstellen werden Gleichströme verwendet. Diese haben einen Wertebereich von
0 – 20 mA bzw. 4 – 20 mA.

Die Schnittstellenwerte von 0 – 20 mA ermöglichen eine größere Auflösung der Messwerte als der 4 – 20 mA-Wertebereich. Bei 4 – 20 mA Schnittstellen ist es dagegen möglich, einen Drahtbruch im Sensorkreis zu erfassen.

Bei Drahtbruch oder Sensorfehler ist die Schnittstellenstromstärke $I = 0$ A. Da dieser Stromwert nicht im Wertebereich der Schnittstelle liegt, kann so auf einen Fehler im Sensorkreis geschlossen werden.

Sollen mehrere Auswertegeräte ein Stromsignal auswerten, so sind diese in Reihe zu schalten (Abb. 7).

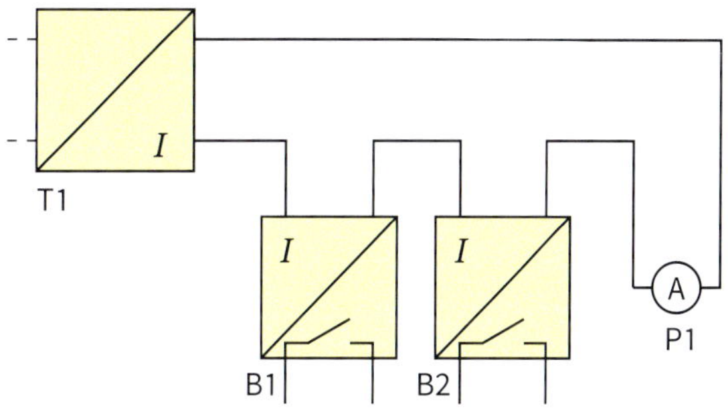

7: Reihenschaltung von Signaleingängen

Da der Ausgangsstrom unabhängig von den angeschlossenen Geräten und der Leitungslänge sein muss, ist im Ausgang von Stromschnittstellen eine Konstantstromquelle geschaltet.

Durch den geregelten Ausgangsstrom haben Spannungsfälle auf der Messleitung keinen Einfluss auf die Übertragungsqualität.

Spannungsschnittstelle

Bei der Auswahl der Sensoren und Auswertegeräte ist darauf zu achten, dass alle Geräte mit dem gleichen Wertebereich arbeiten.

Der übertragene Strom zwischen Sensor und Auswertegerät ist sehr klein. Dennoch haben der Leitungswiderstand und damit die Leitungslänge einen verfälschenden Einfluss auf das Messergebnis.

Sollen mehrere Auswerte- und Anzeigegeräte angeschlossen werden, so sind diese parallel zu schalten (Abb. 1).

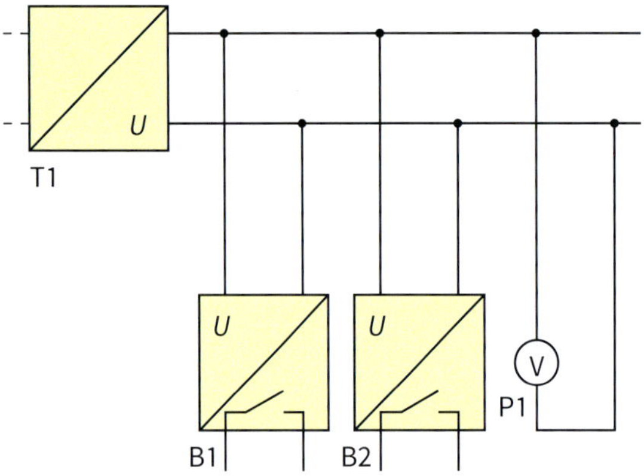

1: Parallelschaltung von Signaleingängen

Um die Ausgangsspannung des Sensors auch bei unterschiedlicher Anzahl von angeschlossenen Geräten konstant zu halten, ist der Ausgang als steuerbare Konstantspannungsquelle ausgeführt.

Aufgaben

1. Warum lässt sich bei mechanischen Relais der Einschaltzeitpunkt nicht exakt bestimmen?
2. Bei der Stromschnittstelle in Abb. 6, S. 137, wird ein Strom von 18 mA übertragen. Ermitteln Sie die zugehörige Temperatur.
   a) zeichnerisch
   b) rechnerisch
3. Zeichnen Sie das unten stehende Mind Map mit Hilfe eines PC und ergänzen Sie die fehlenden Begriffe.

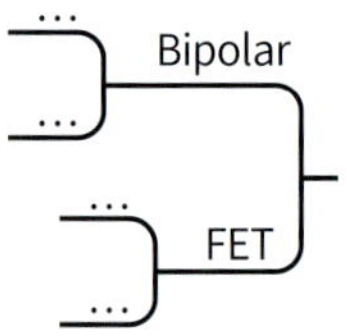

4. Erklären Sie, warum bei einer Stromschnittstelle das Messergebnis unabhängig von der Leitungslänge ist. Welcher Unterschied besteht hier zur Spannungsschnittstelle?

- Elektronische Relais können Zusatzfunktionen ausführen (z.B. Nullspannungsschaltung).
- Elektronische Relais haben gegenüber mechanischen Relais eine geringere Steuerleistung und Vibrationsempfindlichkeit.
- Stetige Größen können als Strom- oder Spannungssignal übertragen werden. Für die Signalgrößen gibt es feste Wertebereiche.
- Anschlüsse bei Stromschnittstellen erfolgen als Reihenschaltung. Bei Spannungsschnittstellen wird die Parallelschaltung angewendet.

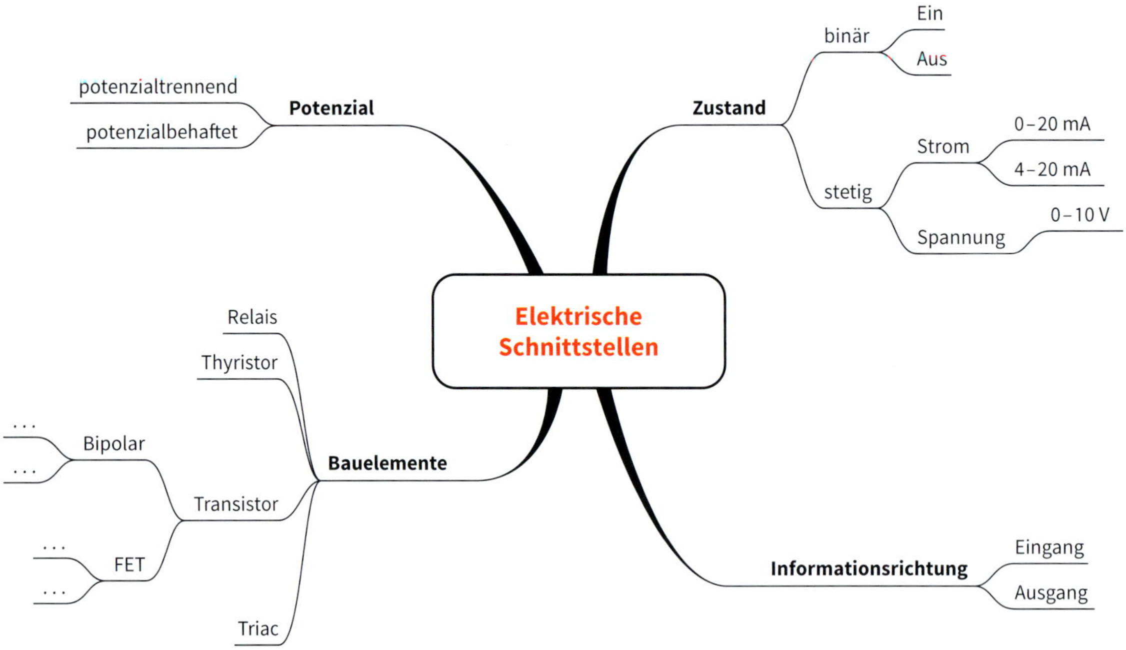

2: Eigenschaften elektronischer Schnittstellen

7 Steuerungstechnik

7.1 Analysieren einer Schrankenanlage

7.1.1 Funktion der Anlage

Die Zufahrt zur Mitarbeitertiefgarage der Stadtverwaltung Göttingen wird durch eine **Schrankenanlage** [*barrier system*] ermöglicht. Während des Betriebes traten in der Vergangenheit häufig Störungen auf. Die Schranke lässt sich oft nicht öffnen oder schließen. Die Anlage wurde vor etwa 15 Jahren installiert. Somit besteht auch kein **Gewährleistungsanspruch** [*warranty claim*] mehr. Die Stadtverwaltung hat sich daher entschlossen, eine Neuinstallation durchführen zu lassen.

Dabei soll die neue Anlage wartungsarm und auch für zukünftige Änderungen bzw. Erweiterungen geeignet sein. Die Fa. Elektro Krapf, die einen **Wartungsvertrag** [*maintenance contract*] mit der Stadtverwaltung hat, soll für eine neu zu errichtende Anlage die technische Umsetzung durchführen. Dies geschieht anhand des in Abb. 3 dargestellten Handlungsschemas. Damit werden allgemein die Arbeitsschritte festgelegt, die für die Projektierung der neuen Anlage notwendig sind.

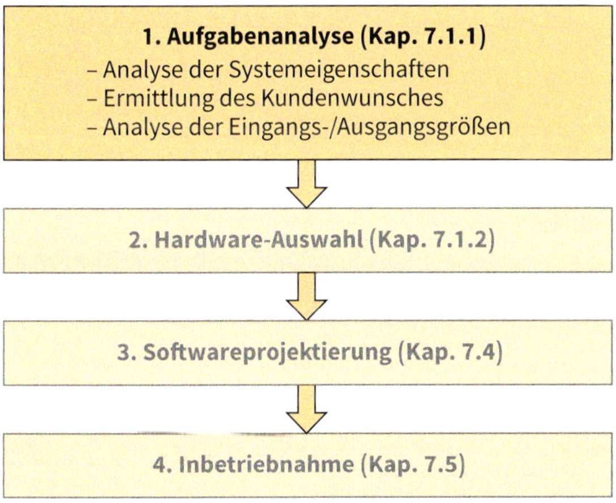

3: Handlungsschema

Ein Mitarbeiter der Fa. Krapf besichtigt die Schrankenanlage zusammen mit dem technischen Leiter der Stadtverwaltung. Dabei werden die Funktionen und die Arbeitsweise der bestehenden Anlage ermittelt (Gesprächsprotokoll).

GESPRÄCHSPROTOKOLL

Ort: *Tiefgarage Stadtverwaltung* Datum: *17.05.2020*

Auftrag: *Neuinstallation der Schrankenanlage*

Gespächsergebnis:

- *Bewegung der Schranke über Drehstrommotor und Getriebe* ①.
- *Öffnung der Schranke über induktiven Sensor (Induktionsschleife) im Boden vor der Schranke* ② *und über Personenidentifikation mittels Zahlencode-Eingabe* ③.
- *Schließen der Schranke über zweiten induktiven Sensor hinter der Schranke* ④ *und über eine Lichtschranke* ⑤.
- *Schließ- und Öffnungsvorgang der Schranke werden durch ein Lichtsignal angezeigt* ⑥.
- *Die Schranke ist mit einem Quetschschutz (Sicherheitsleiste)* ⑦ *ausgestattet, der Unfälle im Falle einer Fehlfunktion ausschließen soll. Dabei öffnet sich die Schranke wieder, sobald ein Hindernis (z. B. ein Fahrzeugdach) das Absenken der Schranke verhindert.*

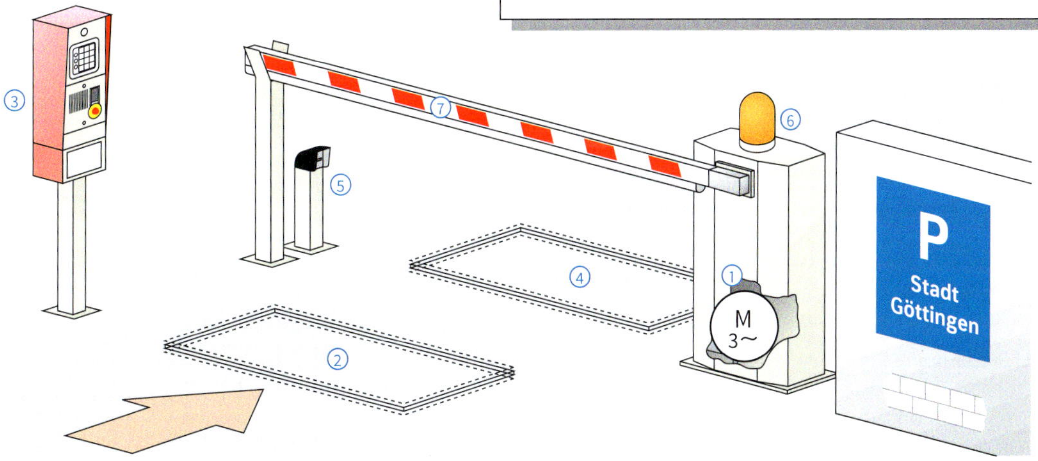

4: Technologieschema der Schrankenanlage

Aus dem Gespräch mit der Stadtverwaltung ergeben sich zudem Anlagenerweiterungen, die mit der neu zu errichtenden Anlage erfüllt werden sollen.

Auftrag: *Geforderte Erweiterungen der Schrankenanlage*

Gespächsergebnis:

- *Gaswarnanlage über entsprechenden CO-Sensor; Vermeidung einer unzulässig hohen Kohlenmonoxidbelastung (CO) der Luft durch Lüftung und Warnhinweis.*
- *Die Anzahl der freien Parkplätze soll erfasst und*
  - *über eine Anzeigetafel vor der Einfahrt sowie*
  - *über zwei Signallampen (Parkplätze frei – Garage belegt) in einer zentralen Warte (Pforte) angezeigt werden.*
- *Auslegung für zukünftige Erweiterungen, beispielsweise zur Erfassung der Anlagenzustände in einer zentralen Warte (Fernwartung).*

Die neu zu erstellende Anlage besteht somit aus drei Objektgruppen:

Schrankenanlage	Anzeige freier Parkplätze	Gaswarnanlage

Um die Funktion der Anlage besser verstehen zu können, ist die Betrachtung der **Sensoren** [*sensors*] und **Aktoren** [*actuators*] der einzelnen Objektgruppen sinnvoll.

Schrankenanlage

Induktiver Sensor (Induktionsschleife) [*inductive sensor*]
Fährt ein Auto über die im Boden eingelassene Induktionsschleife, verändert sich die Stromstärke in der Zuleitung. Diese Veränderung wird von einem Schleifendetektor erfasst und über ein Spannungssignal an die Steuerung weitergegeben.

Personenidentifikation [*user identification*]
Über eine Einfahrtsstation wird die Zugangsberechtigung des Fahrers erfasst. Dazu muss dieser über ein Zahlenfeld (Abb. 1) eine Zahlenkombination eingeben. Bei korrekter Eingabe wird von dem Gerät ein Spannungssignal ausgegeben, welches durch die Steuerung verarbeitet wird.

1: Zahlenfeld zur Personenidentifikation

Lichtschranke [*light barrier*]
Objekte, die den Lichtstrahl zwischen Sender und Empfänger unterbrechen, lösen eine Schaltfunktion aus. Dabei wird ein Spannungssignal an die Steuerung übertragen.

Endschalter [*limit switch*]
Erreicht der Schrankenbaum die jeweilige Endlage oben oder unten, wird dies über Endschalter erfasst. Diese liefern bei Betätigung ein Spannungssignal. Die Bewegung muss dann durch die Steuerung gestoppt werden.

Quetschschutz [*anti-squeeze protection*]
Entsprechend der gültigen Maschinenrichtlinie ist die Absicherung des Schrankenarmes vor einer gefahrbringenden Absenkung notwendig. Dies geschieht über eine Sicherheitsleiste, die an der Unterkante des Schrankenbaums befestigt ist.

Sicherheitsleiste (Quetschschutz)

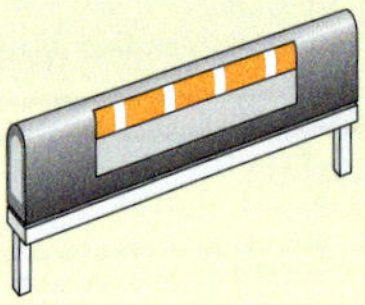

Sie dienen zur Absicherung von Personen und Gegenständen gegenüber bewegten Teilen. Eine Sicherheitsleiste besteht aus einem Gummiprofil, in dessen Hohlraum elektrische Kontakte (Schließer) integriert sind. Beim Auftreffen auf ein Hindernis wird der Hohlraum verformt. Dadurch werden die Kontakte geschlossen. Dies wird von der Steuerung erfasst und der Bewegungsvorgang gestoppt. Anwendung finden Sicherheitsleisten z. B. auch an Zugtüren, um das Einklemmen von Personen auszuschließen.

Schütz [*contactor*]
Über Schütze werden die Steuersignale zum Leistungsteil der Steuerung übertragen. Sie schalten die Netzspannung auf den Motor des Schrankenantriebes.

Ausgehend vom Kundenwunsch der Stadtwerke Göttingen, muss die Fa. Krapf für die Erweiterung folgende Anlagenteile neu errichten:

Anzeige freier Parkplätze

Über eine Anzeige (Abb. 2) sollen die Mitarbeiter der Stadtverwaltung über die Anzahl der freien Parkplätze informiert werden. Dazu werden die ein- und ausfahrenden Fahrzeuge gezählt.

Die Ansteuerung der Anzeigetafel erfolgt über die Steuerung der Anlage. Hierfür erhält die Steuerung über die Induktionsschleifen im Einfahrts- und Ausfahrtsbereich ein Signal. Diese Signale dienen zur Berechnung der freien Parkplätze.

2: Anzeige freier Parkplätze

Gaswarnanlage

In Tiefgaragen ist die Erfassung der Kohlenmonoxidkonzentration (CO-Konzentration) über einen **Gaswarnsensor** *[gas warning sensor]* notwendig. Eine Überhöhung kann für den Menschen tödlich sein. Übersteigt die CO-Konzentration einen zulässigen Wert, wird dies durch die Steuerung erkannt. Entsprechend den vorgegebenen Grenzwerten muss die Garagenlüftung eingeschaltet werden. Sollte dies nicht ausreichen, wird die Gefährdung durch einen optischen Warnhinweis angezeigt.

Gaswarnsensoren

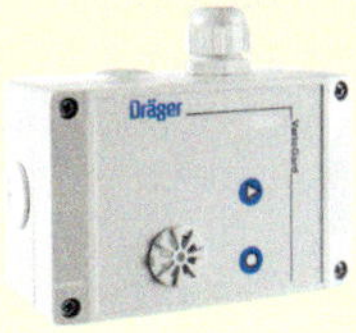

Sie erfassen die Konzentration giftiger Gase in der Atemluft und liefern ein digitales Ausgangssignal, dessen Wert von der Konzentration des Gases abhängt. Bei analogen Sensoren kann das Ausgangssignal z.B. zwischen 4 mA und 20 mA (Einheitssignal) liegen.

7.1.2 Auswahl der Steuerung

Im Anschluss an die Analyse der Steuerungsaufgabe erfolgt die Auswahl der notwendigen Hardware (Abb. 3).

1. Aufgabenanalyse (Kap. 7.1.1)

⇩

2. Hardware-Auswahl (Kap. 7.1.2)
- Auswahl der Steuerung
- Auswahl des Hardware-Komponenten
- Geräteliste

⇩

3. Softwareprojektierung (Kap. 7.4)

⇩

4. Inbetriebnahme (Kap. 7.5)

3: Handlungsschema

Die defekte **Steuerung** *[control system]* besteht aus elektromechanischen Schaltbaugruppen (z.B. Schütze, Zeitrelais) (Abb. 4). Die Funktion der Steuerung wird durch deren Verdrahtung festgelegt. Diese Art der Steuerung bezeichnet man als **verbindungsprogrammierbare Steuerung (VPS)**.

Die elektromechanischen Schaltbaugruppen verbindungsprogrammierbarer Steuerungen sind aufgrund des Kontaktabbrandes der Schütze verschleißanfällig. Das ist auch die Ursache für die Funktionsbeeinträchtigung der Schrankenanlage. Hinzu kommt, dass eine Funktionsänderung oder Funktionsergänzung der Anlage nur über eine Änderung der gegebenen Verdrahtung und gegebenenfalls auch durch Ergänzung von

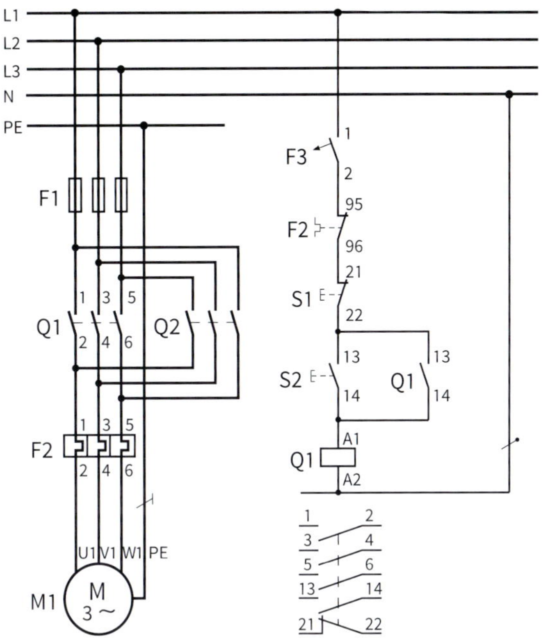

4: VPS der Schrankenanlage (Auszug)

Schaltbaugruppen möglich wird. Dies ist oft sehr aufwendig und kostspielig. Diese Nachteile einer VPS sowie die von der Stadtverwaltung geforderten Erweiterungen veranlassen den Techniker der Fa. Krapf über die Verwendung einer **softwaregestützten Steuerung** *[software-aided controller]* nachzudenken.

Hierbei kommen zwei Arten in Betracht:

- Programmierbares Steuerrelais
- Speicherprogrammierbare Steuerung (SPS)

Der folgende Vergleich dieser Steuerungsarten hilft zu entscheiden, welche Steuerung für die Schrankenanlage am besten geeignet ist.

Programmierbares Steuerrelais
[programmable control relay]

Für kleinere Steuerungsaufgaben wurden von der Industrie Steuerrelais (Abb. 5; auch Kleinsteuerungen oder Logikmodule genannt) entwickelt. Die Verarbeitung der **Eingangssignale** *[input signals]* erfolgt dabei über ein Programm, das mittels Tastenfeld oder PC eingegeben wird. Entsprechend dem Programm erfolgt die Ansteuerung der Ausgänge bzw. der angeschlossenen Schaltgeräte.

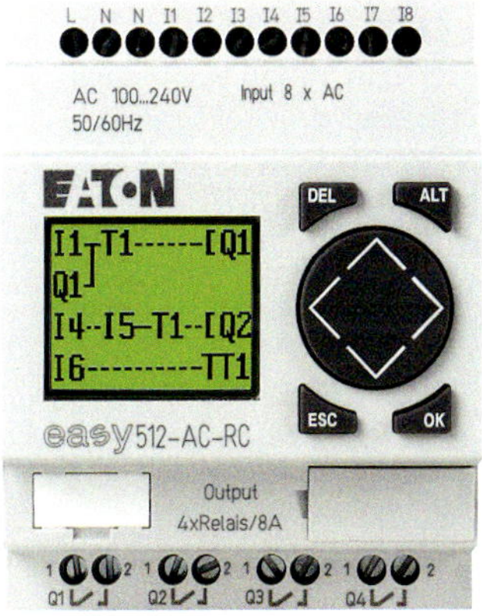

5: Steuerrelais

Die einfache Bedienung und der niedrige Anschaffungspreis sind zentrale Vorteile eines Steuerrelais. Für größere Anlagen sind diese Geräte jedoch nicht geeignet, da beispielsweise die Zahl der anzusteuernden Geräte (Aktoren) begrenzt ist. Weiterhin steht nur ein eingeschränkter Befehlsvorrat zur Gestaltung von Steuerprogrammen zur Verfügung.

Speicherprogrammierbare Steuerung (SPS)

Um größere Steuerungsaufgaben bewältigen zu können, werden speicherprogrammierbare Steuerungen (SPS) eingesetzt. Sie sind die derzeit am weitesten verbreitete Hardwareeinheit in der Steuerungstechnik. Durch eine SPS werden Hilfsschütze und Relais ersetzt (Abb. 1). Die Steuerung dieser Betriebsmittel wird durch das **Steuerungsprogramm** [*control program*] realisiert ①. Eine Änderung der Steueraufgabe, sofern keine Erweiterung notwendig wird, erfolgt lediglich durch die Anpassung des Steuerprogramms. Eingangsbaugruppen ② (Sensoren oder Geber) und Ausgangsbaugruppen ③ (Aktoren) sind allerdings weiterhin notwendig.

Welche Vorteile hat eine SPS?

Eine SPS erfüllt die gleichen Aufgaben wie eine Schützsteuerung (VPS). Folgende Punkte sprechen jedoch für die Verwendung einer SPS:

- Eine SPS stellt unterschiedliche Steuerungsoperationen (z.B. logische Verknüpfungen, Zeitfunktionen oder Zählfunktionen) zur Verfügung. Damit lassen sich komplizierte Steuerungsaufgaben lösen.
- Die Anpassung an eine sich ändernde Steueraufgabe erfolgt durch die Änderung des Programms. Eine zeit- und kostenaufwendige Umverdrahtung ist nicht mehr erforderlich.
- Die Dokumentation und Speicherung des Steuerprogramms ist einfach.
- Speicherprogrammierbare Steuerungen sind für die Anbindung an unterschiedliche Datenbussysteme ausgelegt).
- Die Kosten für eine SPS sind bei größeren Steuerungsaufgaben geringer als bei einer VPS.
- Die Fehlersuche ist meist einfacher, da über die Software Signalzustände der Anlage abgefragt werden können. Defekte sind somit leicht zu lokalisieren und die Ausfallzeit der Anlage verringert sich.
- Der Platzbedarf einer SPS ist gering.

Aufgaben

1. Benennen Sie die einzelnen Komponenten der Schrankenanlage und beschreiben Sie deren Funktion.
2. Erläutern Sie, warum die Verwendung eines Steuerrelais für die Schrankenanlage nicht ausreichend ist.
3. Ihr Vorgesetzter beauftragt Sie als Mitarbeiter der Fa. Krapf, einen Vortrag vorzubereiten, der den Einbau einer SPS für die Schrankenanlage nahe legt. Erstellen Sie dafür eine Stichwortsammlung mit den wichtigsten Punkten, um dies zu begründen.

- Die Funktion einer verbindungsprogrammierbaren Steuerung (VPS) wird durch die Verdrahtung der einzelnen Objekte festgelegt.
- Bei softwaregestützten Steuerungen wird der Steuerungsablauf über ein Programm festgelegt.
- Kleinsteuerungen werden für Steuerungsaufgaben mit geringem Umfang verwendet.
- Speicherprogrammierbare Steuerungen werden zur Realisierung komplexer Steuerungsaufgaben eingesetzt.

Beschreibung	VPS	SPS
Der Leuchtmelder P1 leuchtet, sobald Taster S1 **und** Taster S2 betätigt sind.	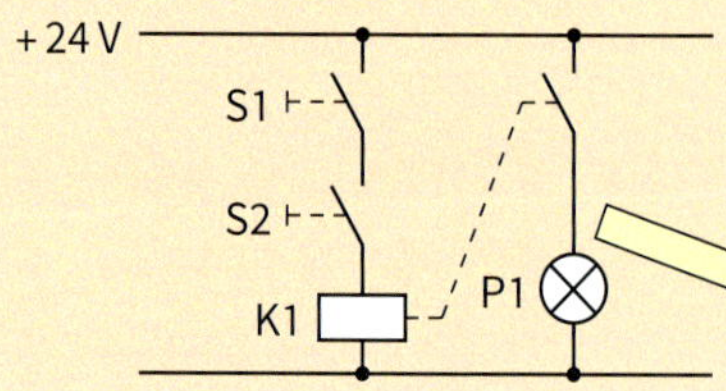	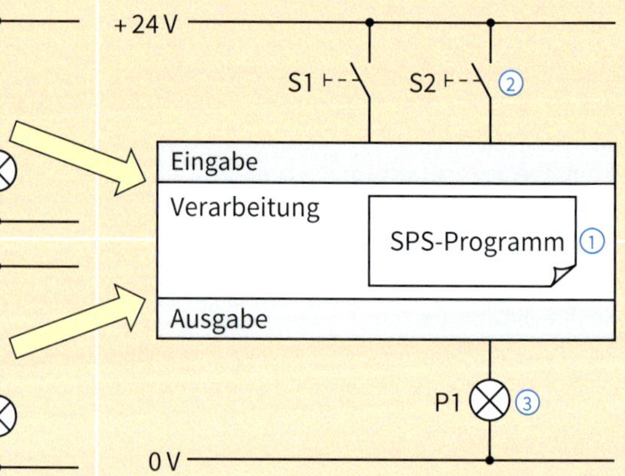
Der Leuchtmelder P1 leuchtet, sobald Taster S1 **oder** Taster S2 betätigt sind.	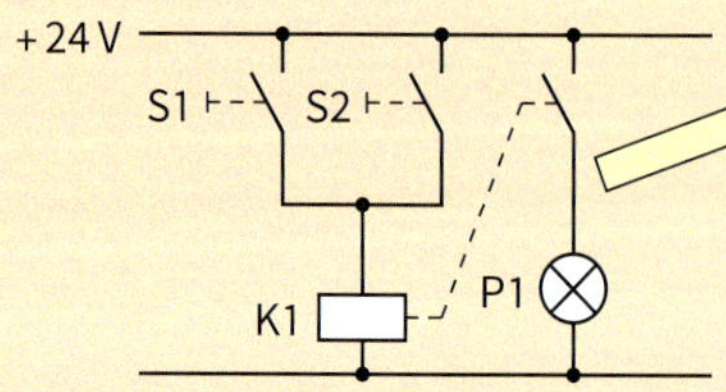	

1: Gegenüberstellung VPS und SPS

7.2 Aufbau und Funktion einer SPS

Die Stadtverwaltung ist von den Vorteilen, die eine SPS gegenüber einer VPS bietet, überzeugt. Sie beauftragt die Fa. Krapf zur Neuinstallation der Schrankensteuerung. Diese Art der Steuerungstechnik wird in den folgenden Kapiteln beschrieben.

7.2.1 Struktur

Eine SPS ist eine für Steuerungsaufgaben ausgelegte Datenverarbeitungsanlage, die nach dem **EVA-Prinzip** (**E**ingabe-**V**erarbeitung-**A**usgabe) aufgebaut ist. Die Signale der an den Eingängen angeschlossenen Sensoren (z.B. ein Schalter) werden erfasst und entsprechend der Programmierung verarbeitet. Das Resultat dieser Verarbeitung ist die Ansteuerung von Aktoren (z.B. eine Leuchte). Diese sind an den Ausgängen der SPS angeschlossen.

Die gesamte Steuerung setzt sich aus folgenden Ebenen zusammen (Abb. 2):

- Eingabeebene
- SPS (oder Automatisierungssystem AS)
- Ausgabeebene

Eingabeebene

Über Eingabeobjekte (Taster, Sensoren wie Induktionsschleifen oder Lichtschranken) werden die Eingänge der SPS angesteuert.

SPS

Die Eingangssignale werden entsprechend dem in der SPS gespeicherten Steuerungsprogramm verarbeitet.

Die Eingabe des Steuerprogramms in die SPS erfolgt

- mit Hilfe eines Computers oder eines Programmiergerätes (PG) und entsprechender Software,
- über ein spezielles Handprogrammiergerät oder
- durch einen programmierbaren Speicherbaustein, der in die SPS gesteckt wird.

Ausgabeebene

Die Ausgänge der SPS steuern die Aktoren (z.B. 24 V-Gleichspannungsschütze für die Schaltung des Leistungsteils oder Anzeigegeräte wie Signalleuchten) an. Da die Schaltleistung der Ausgänge einer SPS begrenzt ist, lassen sich Baugruppen großer Leistung nur durch Zwischenschaltung eines Schützes oder Relais ansteuern.

- Eine SPS erhält Signale der Sensoren und Bedienelemente der Eingabeebene.
- Die SPS enthält das Programm zur Steuerung der Anlage. Das Programm wird durch einen PC, ein Handprogrammiergerät oder einen Speicherbaustein eingegeben.
- Die SPS schaltet die Aktoren entsprechend dem Steuerprogramm.

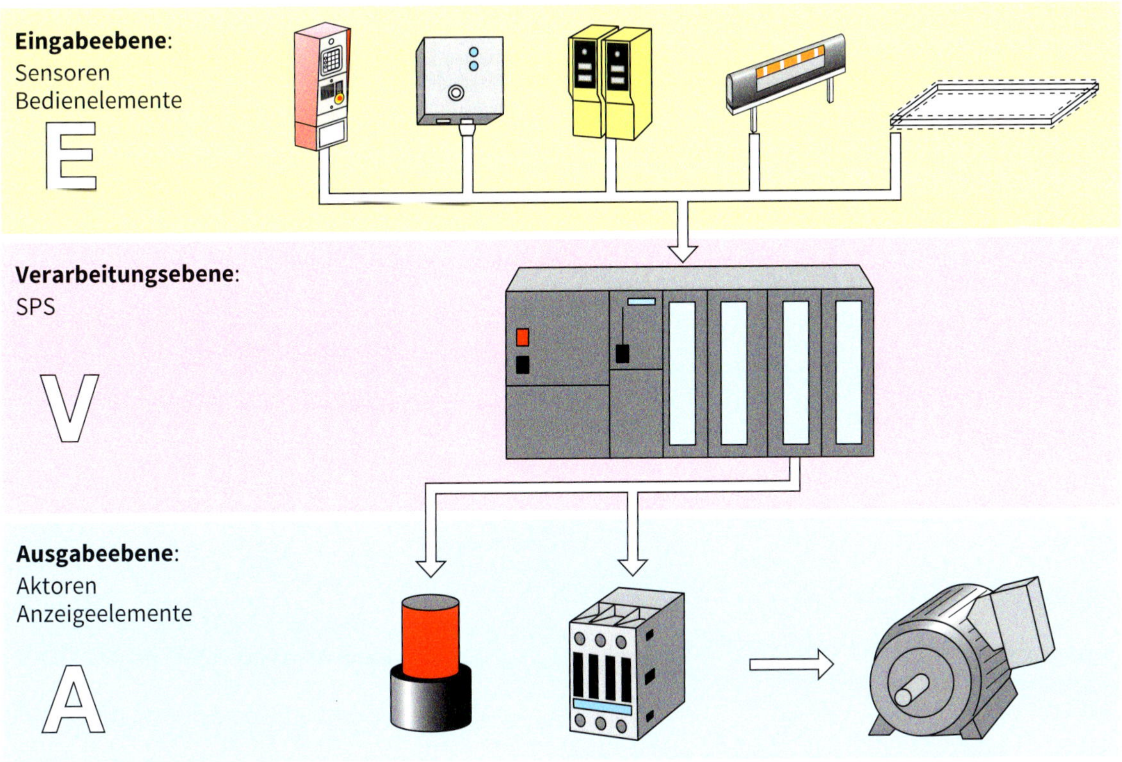

2: Aufbau der SPS der Schrankensteuerung

Steuerungstechnik

7.2.2 Baugruppen der SPS

Um die Arbeitsweise einer SPS verstehen zu können, ist es notwendig, die Funktion der einzelnen Baugruppen zu kennen. Wir beschreiben dies anhand der Produktreihe Simatic S7-300 der Fa. Siemens. Sie ist Grundlage für die Darstellungen in diesem Buch.

Bei der Auswahl eines SPS-Herstellers sollten folgende Aspekte beachtet werden:

- Wie leistungsfähig ist das Servicenetz?
- Ist eine sichere Ersatznachlieferung von Baugruppen gewährleistet?
- Wie anwenderfreundlich ist die Inbetriebnahme und Handhabung des SPS-Systems?
- Wie leistungsfähig ist die Programmiersoftware?

Die einfachste Form einer SPS besteht aus folgenden Baugruppen (Abb. 1):

- **Netzteil** [*power supply unit*]
- **Zentralbaugruppe (CPU)** [*central processing unit*]
- **Eingabebaugruppe** [*input module*]
- **Ausgabebaugruppe** [*output module*]

Ein- und Ausgabebaugruppen bezeichnet man auch als **Signalbaugruppen**.

Um Sensoren und Aktoren mit den jeweiligen Signalbaugruppen zu verbinden, verwendet man **Frontstecker** (Abb. 2).

Diese dienen zur Befestigung der Signalleitungen und werden auf die Signalbaugruppen gesteckt. Dies erweist sich dann als Vorteil, wenn eine Signalbaugruppe ausgewechselt werden muss. Die Ausfallzeit der SPS wird verringert, da kein umständlicher Neuanschluss der Leitungen notwendig wird.

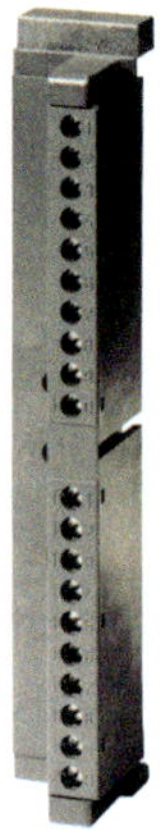

2: Frontstecker

Netzteil (PS)	Zentralbaugruppe (CPU)	Eingabebaugruppe (DI)	Ausgabebaugruppe (DO)
		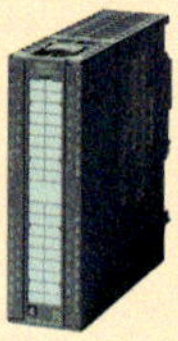	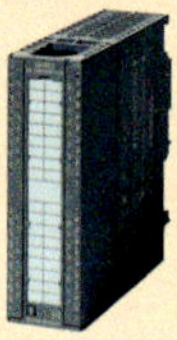
Die Spannungsversorgung (power supply) für alle Baugruppen der SPS wird durch ein Netzteil realisiert. Es liefert die für den Betrieb notwendige stabilisierte Gleichspannung von 24 Volt.	Die Zentralbaugruppe führt das Steuerprogramm aus. Die Eingangssignale werden entsprechend dem Steuerprogramm verarbeitet und an die Ausgabebaugruppe übertragen. Die CPU bestimmt die Leistungsfähigkeit der SPS.	Die Eingabebaugruppe überträgt Informationen der zu steuernden Anlage an die CPU. Eingabebaugruppen passen die unterschiedlichen Signalpegel der Geber an das Steuergerät an. Man unterscheidet digitale und analoge Eingabebaugruppen.	Die Ausgabebaugruppe überträgt Informationen der CPU an die Aktoren der zu steuernden Anlage. Dazu passen sie das Ausgangssignal an den jeweiligen Aktor an. Man unterscheidet digitale und analoge Ausgabebaugruppen.
Technische Daten (Auszug S7-300 PS 307 2A):	Technische Daten (Auszug S7-300 CPU 314):	Technische Daten (Auszug S7-300 SM 321):	Technische Daten (Auszug S7-300 SM 322):

Eingangsspannung U_e	AC 120/ 230 V umschaltbar	Arbeitsspeicher integriert/ erweiterbar	48 kByte Nein	Anzahl der Eingänge	16	Anzahl der Ausgänge	16
Netzfrequenz	50/60 Hz	Versorgungsspannung	DC 24 V	Eingangsstrom bei Signal „1“	typ. 9,0 mA	Kurzschlussschutz	elektronisch
Ausgangsspannung U_a	DC 24 V	Stromaufnahme (Leerlauf)	60 mA	Verlustleistung	typ. 3,5 W	Verlustleistung	4,9 W
Betriebsanzeige	LED grün für 24 V	Bearbeitungszeit für Bitoperation	min. 0,1 μs	Anzahl gleichzeitig ansteuerbarer Eingänge	16	Schaltfrequenz bei ohmscher Last	max. 100 Hz
Verlustleistung	10 W	Zähler	256	Eingangsspannung	DC 24 V	Lastspannung	DC 24 V
Schutzklasse	I	Zeiten	256	für Signal „1“	13 V bis 30 V	Ausgangsstrom bei Signal „1“	min. 5 mA
Schutzart	IP 20	Merker	256 Byte	für Signal „0“	-30 V bis 5 V	Ausgangsstrom bei Signal „0“	0,5 mA

1: Baugruppen einer SPS

Es gibt unterschiedliche Ausführungsformen speicherprogrammierbarer Steuerungen. Bei Kompaktgeräten sind alle notwendigen Baugruppen (Netzteil, Zentralbaugruppen, Signalbaugruppen) in einem Gehäuse untergebracht. Bei den Reihen S7 – 300 (außer 312C, 313C und 314C) und S7 – 400 stehen die unterschiedlichen Baugruppen der SPS einzeln zur Verfügung. Man spricht von **modularer Bauweise**. Diese hat den Vorteil, dass das Steuergerät entsprechend der jeweiligen Steueraufgabe aufgebaut (konfiguriert) werden kann. Bei einer Erweiterung werden die dafür notwendigen Baugruppen einfach hinzugefügt.

7.2.3 Aufbaurichtlinien für ein S7-Steuergerät

Bei Kompaktgeräten sind keinerlei Aufbaurichtlinien zu beachten. Sie werden in funktionsfähigem Zustand geliefert. Anders ist dies bei einer modular aufgebauten SPS. Die einzelnen Baugruppen sind auf einer Profilschiene ③ befestigt (Abb. 3).

Die Anordnung der Baugruppen muss in einer fest vorgegebenen Reihenfolge geschehen. Diese wird in der folgenden Tabelle angegeben:

Steckplatz 1	Netzteil PS ①
Steckplatz 2	Zentralbaugruppe CPU ②
Steckplatz 3	Anschaltbaugruppe AB (falls erforderlich)
Steckplatz 4 – 11 (bzw. 3 – 10)	Alle sonstigen Baugruppen des Steuergerätes (beispielsweise Signalbaugruppen E/A)

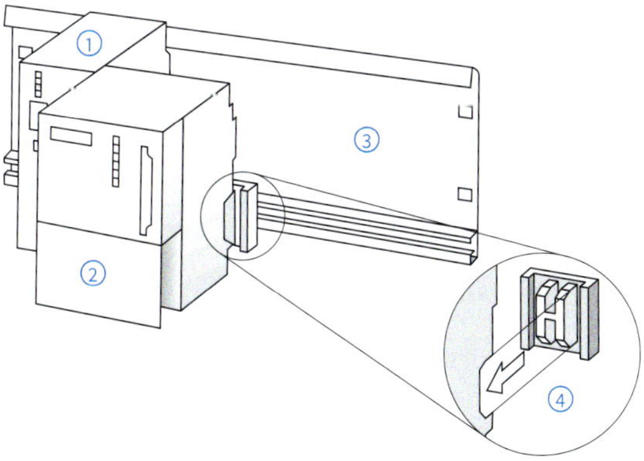

3: Profilschiene mit Netzteil und Zentralbaugruppe

Die Verbindung zwischen den einzelnen Baugruppen wird durch Busverbinder ④ hergestellt, welche auf der Rückseite der Baugruppen aufgesteckt werden. Diese Verbindungselemente verbinden den **Rückwandbus** [*backplane bus*], der den Datenaustausch zwischen den einzelnen Baugruppen ermöglicht.

Durch die Busverbinder-Technik ist eine lückenlose Anordnung der Baugruppen zwangsläufig gegeben.

Aufbaumöglichkeiten

Bei einem einzeiligen Aufbau dürfen rechts neben der Zentraleinheit nur maximal acht Baugruppen aufgesteckt werden (Abb. 4).

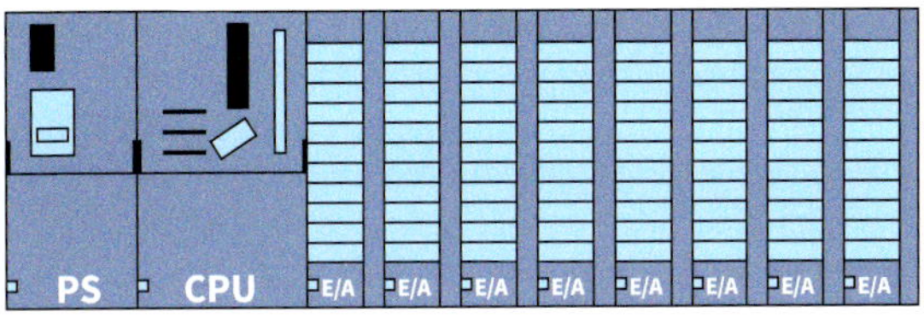

4: Einzeiliger Aufbau

Diese Einschränkung ist aus zwei Gründen notwendig. Die Energieversorgung der einzelnen Baugruppen erfolgt durch den Rückwandbus. Dieser ist jedoch nur für eine begrenzte Leistung ausgelegt. Weiterhin kann der Rückwandbus nur eine bestimmte Datenmenge übertragen.

Die Anzahl der Ein- und Ausgänge, die für eine Steuerung zur Verfügung stehen, ist somit begrenzt. Für größere Steuerungsaufgaben reichen diese möglicherweise nicht aus. Das Problem wird gelöst, indem man ein Erweiterungsgerät parallel zur vorhandenen SPS anschließt. Somit stehen weitere acht Baugruppensteckplätze zur Verfügung. Diese Art des Aufbaus nennt man **zweizeiliger Aufbau** (Abb. 5).

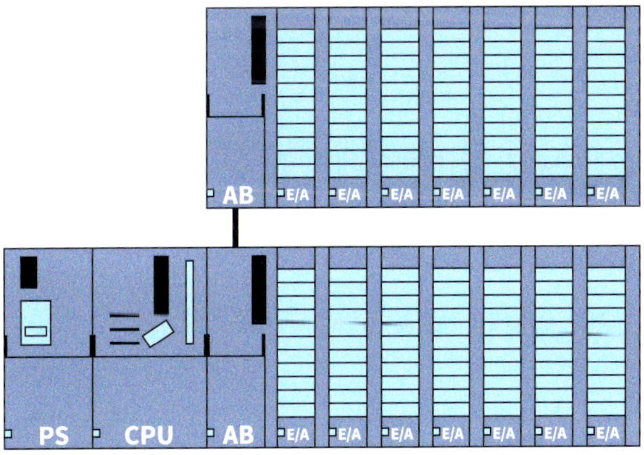

5: Zweizeiliger Aufbau (Zentralgerät mit Erweiterungsgerät)

Der Anschluss des Erweiterungsgerätes erfolgt über eine **Anschaltbaugruppe** (Abb. 1, S. 146). Die Spannungsversorgung für das Erweiterungsgerät wird vom Zentralgerät übernommen.

Es können bis zu drei Erweiterungsgeräte an eine Zentralbaugruppe angeschlossen werden (**mehrzeiliger Aufbau**). Diese sind jeweils mit einem Netzteil ausgestattet.

Der wesentliche Vorteil hierbei liegt darin, dass nur eine Zentralbaugruppe für die Ansteuerung der Erweiterungsgeräte notwendig ist. Dies stellt eine kostengünstige Lösung für größere Anlagen dar.

Die Bedeutung zwei- und mehrzeiliger Aufbauten nimmt jedoch mit der zunehmenden Verbreitung der Bustechnik ab (vgl. dazu Kapitel 7.6).

Anschaltbaugruppe (AB)

Über die Anschaltbaugruppe IM 365 wird ein zweizeiliger Aufbau, bestehend aus dem Zentralgerät und dem Erweiterungsgerät mit max. 8 Baugruppen möglich. Die einzelnen Geräte werden über die Anschaltbaugruppen miteinander verbunden.

Technische Daten (Auszug S7-300 IM 361):	
Anschaltung max. je CPU	2
Versorgungs-spannung extern	keine
Stromaufnahme aus internem Bus	100 mA

1: Anschaltbaugruppe IM 365

Aufgaben

1. Beschreiben Sie die Struktur der Schrankenanlage mit Hilfe des EVA-Prinzips.
2. Erklären Sie den grundsätzlichen Aufbau einer speicherprogrammierbaren Steuerung.
3. Erstellen Sie für ein Kundengespräch einen Stichwortzettel, der die Funktion der einzelnen Baugruppen eines Steuergerätes sowie die wesentlichen Kriterien für deren Auswahl enthält.
4. Beschreiben Sie die Unterschiede eines Steuergerätes in modularer Bauweise im Vergleich zu einem Kompaktgerät.

- Steuergeräte werden als Kompaktgeräte und in modularer Bauweise geliefert.
- Die einfachste Form eines modularen Steuergerätes besteht aus den Baugruppen
  - Netzteil,
  - Zentralbaugruppe (CPU),
  - Eingabebaugruppe und
  - Ausgabebaugruppe.
- Bei modularen Geräten werden die einzelnen Baugruppen auf eine Profilschiene gesteckt. Dabei ist auf die richtige Reihenfolge der Steckplätze für die PS und die CPU zu achten.
- Der Rückwandbus dient zum Energie- und Datentransfer zwischen den einzelnen Baugruppen.

7.2.4 Auswahl der SPS

Im Rahmen der Gespräche zwischen dem Techniker der Stadtverwaltung Göttingen und der Fa. Krapf wurden die gewünschten Anforderungen an die neue Anlage beschrieben und ein entsprechendes Lastenheft erstellt (Abb. 2).

Das Lastenheft beschreibt die Vorgaben des Kunden (Auftraggeber) an die Funktion der neu zu errichtenden Anlage. Es enthält jedoch noch keine technischen Details, da dem Kunden häufig das technische Wissen darüber fehlt. Die Vorgaben des Lastenheftes sind bei der Umsetzung durch die Fa. Krapf (Auftragnehmer) einzuhalten.

Folglich richtet sich die Auswahl der Komponenten einer SPS zum einen nach den Anforderungen der zu steuernden Anlage laut Pflichtenheft. Hinzu kommen die baulichen und gerätetechnischen Vorgaben der vorhandenen Sensoren und Aktoren.

Folgende Geräte müssen ausgewählt werden:

- **Signalbaugruppen**
- **Netzteil**
- **Zentralbaugruppe**

Auswahl der Signalbaugruppen

Die Auswahl der **Ein- und Ausgabebaugruppen** wird durch die Signalarten (analoge oder digitale Signale) der Sensoren und Aktoren bestimmt. Weiterhin ist die notwendige Anzahl der Ein- bzw. Ausgänge zu berücksichtigen.

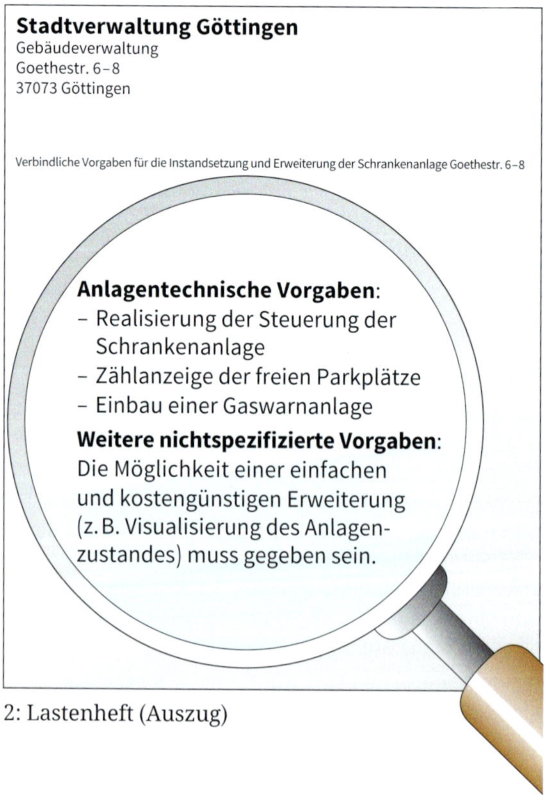
Stadtverwaltung Göttingen
Gebäudeverwaltung
Goethestr. 6–8
37073 Göttingen

Verbindliche Vorgaben für die Instandsetzung und Erweiterung der Schrankenanlage Goethestr. 6–8

Anlagentechnische Vorgaben:
- Realisierung der Steuerung der Schrankenanlage
- Zählanzeige der freien Parkplätze
- Einbau einer Gaswarnanlage

Weitere nichtspezifizierte Vorgaben:
Die Möglichkeit einer einfachen und kostengünstigen Erweiterung (z. B. Visualisierung des Anlagenzustandes) muss gegeben sein.

2: Lastenheft (Auszug)

An die **digitale Eingabebaugruppe** (**DI**) werden Sensoren angeschlossen, die nur die Spannungspegel 0V oder 24V (digitales Signal) liefern. Dies gilt für
- den Not-Aus-Schalter (Meldekontakt),
- den Zahlencode-Schalter,
- die Endschalter zur Erfassung der Schrankenstellung,
- die Lichtschranke,
- die Induktionsschleifen und
- die Sicherheitsleiste (Quetschschutz).

Der Gaswarnsensor liefert eine variable Ausgangsspannung entsprechend der CO-Konzentration der Luft (analoges Signal). Dieses Signal wird über eine **analoge Eingabebaugruppe** (**AI**) erfasst.

Für die Steuerung der Schranke ist eine **digitale Ausgabebaugruppe** (**DO**) ausreichend, da das anzusprechende Schütz entweder ein- oder ausschalten soll. Dies gilt auch für die Lichtsignalanlage. Die zu installierende Zähleinrichtung wird ebenfalls über digitale Signale der Ausgabebaugruppe gesteuert.

Objekt	Objektkennzeichen	SPS S7-300			
		Eingänge		Ausgänge	
		Eingang digital	Eingang analog	Ausgang digital	Ausgang analog
Not-Aus	S0	1			
Zahlencode-Schalter	S1	1			
Endschalter unten	B2	1			
Endschalter oben	B3	1			
Lichtschranke	B4	1			
Sicherheitsleiste	B5	1			
Induktionsschleife vor der Schranke	B6	1			
Induktionsschleife nach der Schranke	B7	1			
CO-Warnsensor	B8		1		
Motorschütz Schranke öffnen	Q1			1	
Motorschütz Schranke schließen	Q2			1	
Signallampe „Schrankenbewegung"	P3			1	
Signallampe „Frei"	P4			1	
Signallampe „Belegt"	P5			1	
Schütz Lüfter	Q3			1	
CO-Warnanzeige	Q4			1	
Zähleranzeige	P6			12	
Anzahl der Ein- und Ausgänge		8	1	19	

Für die SPS benötigt man folglich mindestens 8 digitale Eingänge, 19 digitale Ausgänge sowie einen Analogeingang. Die Vorgabe einer möglichen Erweiterung wird durch die Verwendung einer modular aufgebauten SPS berücksichtigt.

3: Geräteliste der Schrankenanlage

Hierzu erstellt man in der Praxis eine **Geräteliste** (Abb. 3). Sie enthält die wesentlichen Informationen zur Auswahl der Signalbaugruppen (Ein- und Ausgabebaugruppen).

Auswahl des Netzteils

Die Auswahl eines Netzteils richtet sich nach dem Strombedarf der anzuschließenden Baugruppen. Laut **Herstellerangaben** (siehe S. 144, Abb. 1) kann man mit einer durchschnittlichen Stromstärke von ca. 100 mA pro verwendeter Baugruppe rechnen. Hinzu kommt die Spannungsversorgung der Aktoren und gegebenenfalls der Sensoren, sofern dies nicht von einer externen Spannungsquelle übernommen wird. Für die Ansteuerung der Aktoren werden 4 Kleinschütze benötigt. Laut Herstellerangaben (Abb. 4) beträgt dessen Leistung 4 W bei einer 24 V Gleichspannungsbetätigung. Dies entspricht einer Stromstärke von 167 mA pro Schütz. Die Leistung je Signallampe beträgt durchschnittlich 10 W.

Ansteuerung		
Arbeitsbereich der Magnetspulen (U_S = 24V)		0,85…1,1 x U_S
Leistungsaufnahme der Magnetspulen (bei kalter Spule und 1,0 x U_S)		
• AC-Betätigung	VA	4,4
cos φ		0,9 (brummfrei)
• DC-Betätigung	W	4

4: Leistung eines Kleinschützes (Auszug aus der Herstellerunterlage)

Daraus ergibt sich eine Gesamtstromstärke von ca. 2,4 A (Abb. 5). In der S7-300 Familie sind derzeit Netzgeräte mit den Ausgangsstromstärken 2 A, 5 A und 10 A lieferbar.

CPU	100 mA
Digital In/Out	2 x 100 mA
Analog In	100 mA
4 x Kleinschütz	668 mA
3 x Signallampe	1250 mA
gesamt	ca. 2,32 A

5: Gesamtstromstärke

Wegen einer möglichen Erweiterung der Anlage wird ein Netzteil mit einer Ausgangsstromstärke von 5 A gewählt.

Auswahl der Zentralbaugruppe

Für **Zentralbaugruppen** [*central processing units*] ist der zu verarbeitende Befehlsvorrat ein wichtiges Auswahlkriterium. Darunter versteht man die Anzahl unterschiedlicher Steuerungsoperationen. Die Zahl von Operationen, die das Steuergerät bearbeiten kann, wird durch die **Speichergröße** [*memory size*] einer CPU festgelegt. Zu beachten ist auch die **Verarbeitungsgeschwindigkeit** der CPU. Diese Kenngröße ist bei Steuerungen zeitkritischer Systeme wie beispielsweise Werkzeugmaschinen wichtig, da sie sehr schnell auf Prozessveränderungen reagieren müssen.

Die relativ einfache Steueraufgabe der Schrankenanlage stellt nur geringe Anforderungen an die Leistungs-fähigkeit der CPU. Die benötigten Programmbefehle und die Speichergröße zur Steuerung der Anlage werden von allen CPU-Typen zur Verfügung gestellt. Die Beachtung der Verarbeitungsgeschwindigkeit als Auswahlkriterium ist für eine Schrankenanlage von geringer Bedeutung, da diese im Millisekundenbereich liegt.

Um der Vorgabe möglicher Erweiterungen nachzukommen, wurde eine leistungsstarke CPU ausgewählt, obwohl hier sicherlich eine preisgünstigere ausreichend gewesen wäre. Der Grund dafür liegt in der technischen Möglichkeit, diese in ein Busnetz einzubinden. Dies ermöglicht die fast uneingeschränkte Erweiterung der Anlage bis hin zur Anbindung an modernste Kommunikationstechnik beispielsweise zur Realisierung einer Fernüberwachung. Die Bustechnik wird im Kapitel 7.6 angesprochen.

Erstellung des Pflichtenheftes

Anschließend wird durch die Fa. Krapf als Auftragnehmer ein **Pflichtenheft** erstellt (Auszug in Abb. 1). Es legt zum einen die technischen Details fest, die zur Erstellung der neuen Schrankenanlage notwendig sind. Dies sind beispielsweise die zuvor ausgewählten Komponenten der SPS. Weiterhin werden häufig rechtliche und organisatorische Angaben gemacht (z. B. Gewährleistungsansprüche oder Terminvorgaben), die für den Auftragnehmer verbindlich sind. Ein Pflichtenheft beschreibt somit, wie der Auftragnehmer die Leistungen der Lastenheftvorgabe erfüllen will (vgl. DIN 69905).

- Auswahlkriterien für die Signalbaugruppen sind die Anzahl der notwendigen Ein- und Ausgänge sowie die Art der Signalverarbeitung (analog oder digital).
- Auswahlkriterien für das Netzteil sind die Leistungsaufnahme der Komponenten einer SPS als auch die Spannungsversorgung der Sensoren und Aktoren.
- Befehlsvorrat, Speichergröße und Verarbeitungsgeschwindigkeit sind die zentralen Kenngrößen der Zentralbaugruppe.

Elektro Krapf Adam-Regensburger-Str. 20 37075 Göttingen

Blatt 1: Allgemeine Angaben	
Kontaktperson/Firma	Stadtverwaltung Göttingen – Gebäudeverwaltung Goethestr. 6–8, 37075 Göttingen Herr Georg Müller (Technischer Leiter), Tel.: 0551-22
Objekt/Objektadresse	Schrankenanlage Stadtverwaltung Göttingen, Goethestr. 6–8, 37075 Göttingen

Blatt 2: Angaben zur technischen Ausführung				
Instandsetzung der Steuerung	1	Einbau einer SPS Siemens S7-300	1a	Netzgerät einphasig, Ausgangsstrom 5 A
			1b	CPU 315 - 2 DP
			1c	Digitaleingabe SM 321 16 x Digital In)
			1d	Analogeingabe SM 332 (2 x Analog In)
			1e	Digitalausgabe SM 322 (32 x Digital Out)
	2	Anschluss der Sensoren und Aktoren; defekte Baugruppen ersetzen		
	3	Programmierung der SPS nach Lastenheft …		
Errichtung einer Gaswarnanlage	1	Installation des Gaswarnsensors …		
Errichtung einer Parkplatzzählanlage	1	Installation zweier Signallampen (Parkplätze frei – Garage belegt) in der Zentralwarte		
	2	Installation der Anzeigetafel (Garageneinfahrt) …		

Blatt 3: Dokumentationen und ergänzende Darstellungen		
1	Installationsplan	
2	Programmdarstellung …	

1: Pflichtenheft (Auszug)

7.3 Programmieren einer SPS

Nachdem die Hardware der SPS für die Schrankensteuerung ausgewählt worden ist, wird in diesem Kapitel deren Programmierung beschrieben.

7.3.1 Bearbeiten eines Steuerprogramms

7.3.1.1 Zyklische Programmbearbeitung

Das Steuerprogramm beinhaltet alle Anweisungen, die zur Steuerung der Schrankenanlage notwendig sind. Es wird vom Anwender programmiert und in Speicherbausteinen abgelegt. **Codebausteine** enthalten das Anwenderprogramm. **Datenbausteine** (DBs) enthalten Daten, auf die das Anwenderprogramm zurückgreift. Sie dienen zur Aufnahme fester und variabler Daten des Anwenderprogramms (z. B. Zahlenwerte, binäre Zustände usw.).

Speicherprogrammierbare Steuerungen müssen Änderungen der Signalgeber erkennen und entsprechend dem Programm die Aktoren über die zugeordneten Ausgänge aktivieren. Dies wird erreicht, indem das Programm in einer Art „Endlosschleife" immer wieder neu abgearbeitet wird. Dadurch werden Änderungen des Anlagenzustandes erfasst und durch die anschließende Programmreaktion berücksichtigt. Man spricht von **zyklischer Programmbearbeitung** [*cyclic program processing*] (Abb. 2). Diese lässt sich in drei Schritte einteilen:

Schritt 1
Zu Beginn werden die Eingangszustände der Anlage abgefragt und im **Prozessabbild der Eingänge (PAE)** gespeichert ①. Das PAE ist eine Momentaufnahme der Eingangssignale bei Zyklusbeginn. Die Werte im PAE bleiben bis zur nächsten Abfrage der Eingangssignale konstant. Wäre dies nicht der Fall, könnten Störungen auftreten, wenn sich das Eingangssignal während der Programmbearbeitung andert.

Schritt 2
Mit den im PAE gespeicherten Werten beginnt die CPU mit der **seriellen**, also schrittweisen **Abarbeitung** des Steuerprogramms ② und führt die entsprechenden Operationen aus. Die Bearbeitungsergebnisse werden während eines Zyklus im **Prozessabbild der Ausgänge (PAA)** gespeichert.

Schritt 3
Nach Beendigung der Programmbearbeitung werden die im PAA gespeicherten Signalzustände an die Ausgabebaugruppen über den Rückwandbus ausgegeben ③ und an die Aktoren der Anlage übertragen. Danach startet die CPU den Programmdurchlauf von neuem.

Das Betriebssystem der SPS übernimmt die Steuerung der Programmbearbeitung und überwacht den Zustand der Anlage. Dabei kann es notwendig sein, die zyklische Programmbearbeitung zu unterbrechen ④. Man nennt dies **ereignisgesteuerte Programmunterbrechung** [*event-controlled program interrupt*].

Arten von Codebausteinen

- **Organisationsbausteine** (OBs) stellen die Schnittstelle zwischen Anwenderprogramm und CPU dar. Sie werden vom Betriebssystem aufgerufen und steuern die zyklische und ereignisgesteuerte Programmbearbeitung, das Anlaufverhalten der SPS sowie die Behandlung von Fehlern.
- **Funktionen** (FCs) beinhalten in sich abgeschlossene Programmteile. Sie können mehrmals durch das Anwenderprogramm aufgerufen werden.
- **Funktionsbausteine** (FBs) sind wie FCs Speicherbereiche für Unterprogramme. Sie können jedoch auch Daten speichern. Dazu sind ihnen feste Datenbausteine zugeordnet.
- **Systemfunktionen** sind vorgefertigte Code-Bausteine für Standardfunktionen, die häufig benötigt werden.

Arten von Datenbausteinen
Datenbausteine sind Speicherbereiche, die vom Anwender oder vom Betriebssystem gezielt beschrieben oder ausgelesen werden können. In ihnen stehen, im Gegensatz zu Codebausteinen, keine Anweisungen.

- **Instanz-Datenbausteine** beinhalten Daten, die einem bestimmten FB zugeordnet sind.
- In **Global-Datenbausteinen** lassen sich variable Daten ablegen, die von allen Bausteinen abgerufen und verwendet werden können.

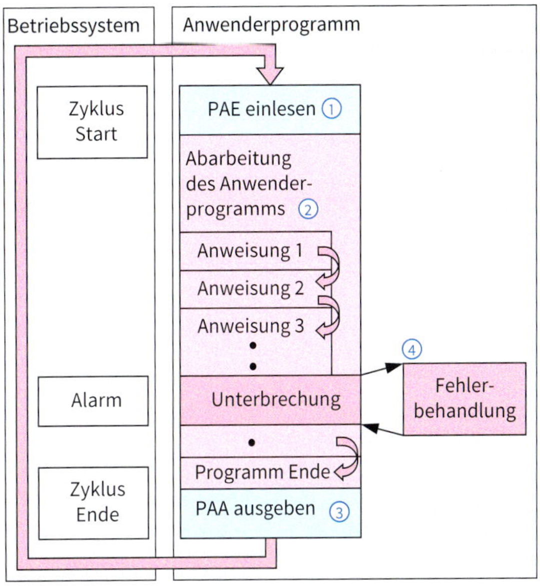

2: Zyklische Programmbearbeitung

Diese Unterbrechung wird dann notwendig, wenn die SPS auf Ereignisse oder Fehlersituationen ohne Verzögerung reagieren muss. Würde die Reaktion der SPS erst nach einem vollständigen Programmdurchlauf erfolgen, könnte diese Verzögerung bereits zu einer Gefährdung von Mensch und Maschine führen.

Abhängig vom auftretenden Fehler fährt die CPU entweder in den STOP-Zustand oder es erfolgt eine Fehlerbehandlung durch das Betriebssystem (Abb. 1). Dabei wird ein „Notfallprogramm" aufgerufen. Dies ist ein Programm, das für bestimmte Ereignisse (Alarme) vom Anwender programmiert wird. Diese Programme werden in speziellen Speicherbereichen, den **Fehler-Organisationsbausteinen** (Fehler-OBs) abgelegt. Durch sie wird das Verhalten der SPS im Fehlerfall bestimmt. Nachdem der Fehler behoben wurde, kehrt die CPU zum Steuerprogramm zurück und fährt mit der zyklischen Programmbearbeitung fort.

Sollte die Fehlerursache nicht mit Hilfe eines programmierten Fehler-OBs zu beheben sein, fährt die SPS in den Betriebszustand STOP. Dies geschieht auch, wenn der notwendige Fehler-OB nicht programmiert und somit von der CPU nicht aufgerufen werden kann.

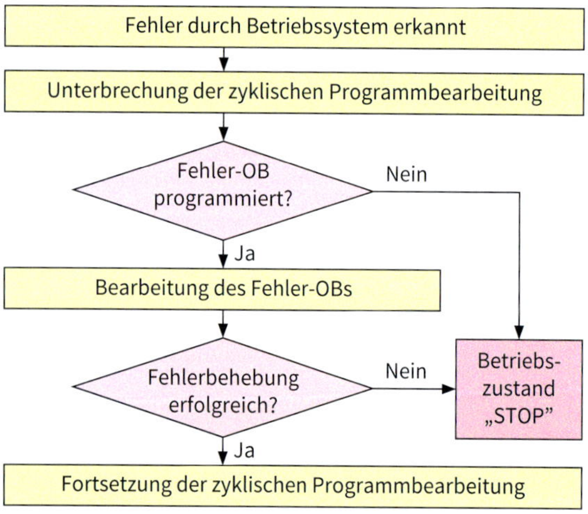

1: Fehlerbehandlung

Fehlerart	Beispiel	Fehler-OB
Zeitfehler	Überschreiten der maximalen Zykluszeit	OB 80
Stromversorgungsfehler	Ausfall der Pufferbatterie	OB 81
Diagnosealarm	Drahtbruch an einer Baugruppe	OB 82
Ziehen/ Stecken-Alarm	Entfernen oder Hinzufügen einer Baugruppe	OB 83
Programmablauffehler	OB ist nicht geladen, Baugruppe defekt	OB 85
Programmierfehler	Zugriff auf notwendige Daten nicht möglich	OB 121

2: Fehlerorganisationsbausteine einer S7 (Auswahl)

7.3.1.2 Zykluszeit

Die für einen Programmdurchlauf notwendige Zeit heißt **Zykluszeit** [*cycle time*]. Sie ist von der Programmlänge und der Leistungsfähigkeit (Verarbeitungsgeschwindigkeit) der Zentralbaugruppe abhängig und setzt sich aus folgenden Zeitabschnitten zusammen:

- Bearbeitungszeit des Betriebssystems für den Durchlauf des Steuerprogramms.
- Bearbeitungszeit für Programmteile, die das Steuerprogramm unterbrechen (z.B. Bearbeitung eines Fehler-OBs).
- Zeit für Systemtätigkeiten (z.B. Aktualisierung des PAA und PAE).

Eine ereignisgesteuerte Programmunterbrechung führt folglich zu verlängerten Zykluszeiten (Abb. 3).

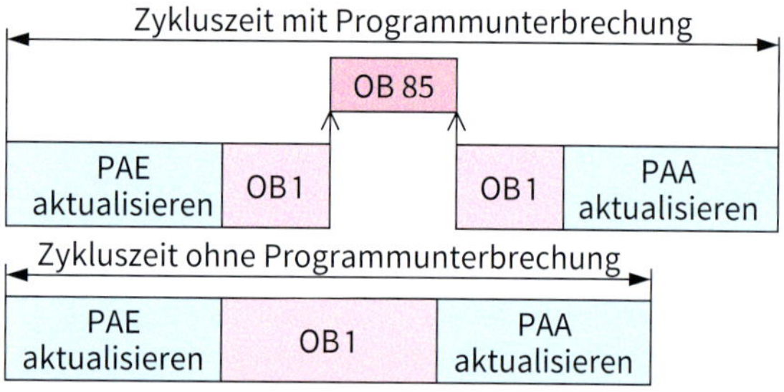

3: Unterschiedliche Zykluszeiten

Die Zykluszeit sollte möglichst gering sein. Dies ermöglicht eine schnelle Reaktion der Steuerung auf Signaländerungen an den Eingängen. Überschreitet die Zykluszeit einen Maximalwert, die **maximale Zykluszeit**, ist die SPS nicht mehr in der Lage, auf kritische Zustände der Anlage zu reagieren. Dies wird vom Betriebssystem als Fehlfunktion bewertet. Die SPS reagiert daraufhin mit dem Aufruf des OB 80 (**Zeitfehler**). In ihm wird festgelegt, wie die CPU auf die Überschreitung der maximalen Zykluszeit reagieren soll. Ist dieser Fehler-OB 80 nicht programmiert, wechselt die SPS in den Betriebszustand STOP.

Die maximale Zykluszeit der SPS lässt sich über die Software STEP7 einstellen. Diese Zeit ist so zu wählen, dass die Reaktionsgeschwindigkeit der SPS die zeitlichen Vorgaben der zu steuernden Anlage, auch für kritische Situationen, nicht überschreitet.

- Der Bearbeitungszyklus eines SPS-Programms lässt sich in drei Phasen einteilen:
  - Aktualisieren des PAE
  - Bearbeitung des Steuerprogramms; Übertragung der Bearbeitungsergebnisse in das PAA
  - Übertragung der Daten des PAA auf die Ausgabebaugruppen der SPS
- Fehler-OBs dienen der Fehlerbehebung während der Programmbearbeitung.
- Die Dauer eines Programmdurchlaufes heißt Zykluszeit.

7.3.1.3 Struktur des Steuerprogramms

Bei der Programmierung einer SPS ist es sinnvoll, das Programm übersichtlich zu strukturieren. Damit wird gewährleistet, dass das Programm auch für anlagenfremde Personen verständlich ist. Die Strukturierung wird über Bausteine ermöglicht, denen unterschiedliche Aufgaben zugewiesen sind (vgl. dazu Kap. 7.3.1.1). Man unterscheidet zwei Arten der Programmgestaltung.

Bei der **linearen Programmierung** (Abb. 4) wird das gesamte Steuerprogramm in einen Speicherbereich, dem Organisationsbaustein OB1, abgelegt. Dieser wird vom Betriebssystem der SPS zyklisch angesprochen. Die einzelnen Anweisungen werden der Reihe nach von der CPU abgearbeitet. Diese Art der Programmierung eignet sich für einfache, nicht zu umfangreiche Steuerungsaufgaben.

Komplexe Steuerungsaufgaben erfordern umfangreiche Programme. Eine lineare Programmierung würde hier schnell unübersichtlich werden. Weiterhin werden bei der linearen Programmierung bei jedem Programmdurchlauf alle Befehle bearbeitet. Dies verlängert die Zykluszeit.

Eine **strukturierte Programmierung** (Abb. 5) ermöglicht eine einfache und übersichtliche Gestaltung umfangreicher Programme. Dabei wird das Gesamtprogramm in einzelne, technologisch zusammenhängende Unterprogramme gegliedert und in einzelnen Code-Bausteinen (FCs oder FBs) abgespeichert. Im OB 1 wird die Reihenfolge der Bearbeitung der einzelnen Bausteine festgelegt. Der Aufruf erfolgt über Sprungbefehle. Soll das Anwenderprogramm auf ein wichtiges Ereignis reagieren, das relativ selten eintritt (z.B. kritischer Wert des Gaswarnsensors wird überschritten), wird hierzu ein Unterprogramm erstellt. Dies wird nur bei Bedarf über den OB 1 aufgerufen. Die zyklische Programmbearbeitung erfasst dieses Unterprogramm nicht. Dadurch reduziert sich die Zykluszeit.

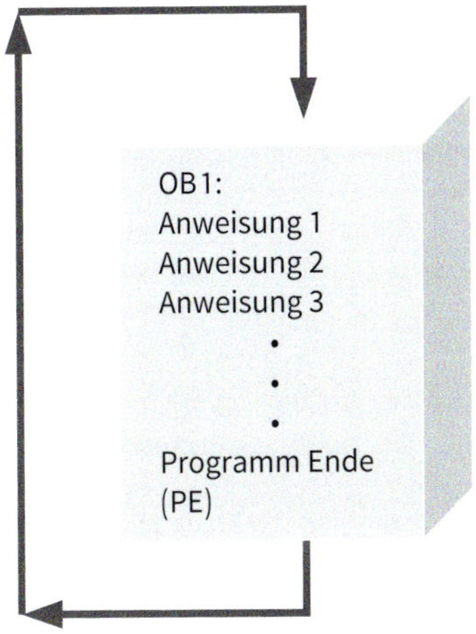

4: Lineare Programmierung

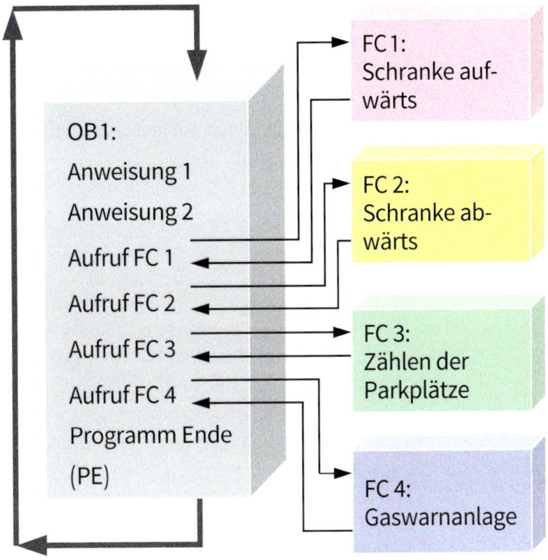

5: Programmstruktur für die Schrankenanlage

Wesentliche Vorteile der strukturierten Programmierung sind:

- Ein paralleles Programmieren (Teamwork) wird durch die Aufteilung in einzelne Programmteile möglich.
- Einzelne Programmteile können mehrfach benutzt werden. Dies spart Programmierarbeit.
- Nicht benötigte Programmteile können übersprungen werden. Dies verkürzt die Zykluszeit.

Für die Schrankenanlage wird die in Abb. 5 dargestellte Programmstruktur festgelegt. Das Programm wird nach der Erstellung in die Zentralbaugruppe übertragen und dort bearbeitet. Die Arbeitsweise der Zentralbaugruppe wird im folgenden Kapitel beschrieben.

Aufgaben

1. Erklären Sie die Begriffe zyklische Programmbearbeitung und Zykluszeit.
2. Welche Aufgabe haben die Speicherbereiche PAE und PAA?
3. Beschreiben Sie den Begriff der ereignisgesteuerten Programmunterbrechung.
4. Erläutern Sie die Vorteile der strukturierten Programmierung gegenüber der linearen Programmierung.

- Bei der linearen Programmierung wird das gesamte SPS-Programm in dem Baustein OB 1 abgelegt.
- Ein strukturiertes SPS-Programm besteht aus verschiedenen Bausteinen. Die Reihenfolge der Bearbeitung wird durch den OB 1 festgelegt.

Steuerungstechnik

7.3.1.4 Zentralbaugruppe

Die Zentralbaugruppe (CPU) ist ein Mikroprozessorsystem.

Zur Programmbearbeitung werden unterschiedliche Funktionseinheiten benötigt (Abb. 1).

Dies sind:
- Prozessabbild der Ein- und Ausgänge,
- Programmspeicher,
- Steuerwerk (Mikroprozessor),
- Merker, Zähler und Zeitglieder,
- Internes Bussystem,
- Interface zum PC bzw. Memory-Card Slot.

Das **Steuerwerk** organisiert die Bearbeitung des Steuerprogramms. Um unterschiedliche Programmvorgaben ausführen zu können, benötigt das Steuerwerk drei spezielle Speicherplätze, die klar vorgegebene Funktionen erfüllen:

In **Merkern** werden die im Programm berechneten Zwischenergebnisse gespeichert. Sie können jederzeit abgerufen werden.

Zähler und **Zeitglieder** sind Speicherplätze, in denen das Steuerwerk Ergebnisse von Zeit- und Zähloperationen ablegt. Diese Speicherplätze werden in unserem Anwendungsfall der Schrankensteuerung benötigt, um die Anzahl freier Parkplätze zu ermitteln oder die Dauer der Schrankenöffnung zu realisieren.

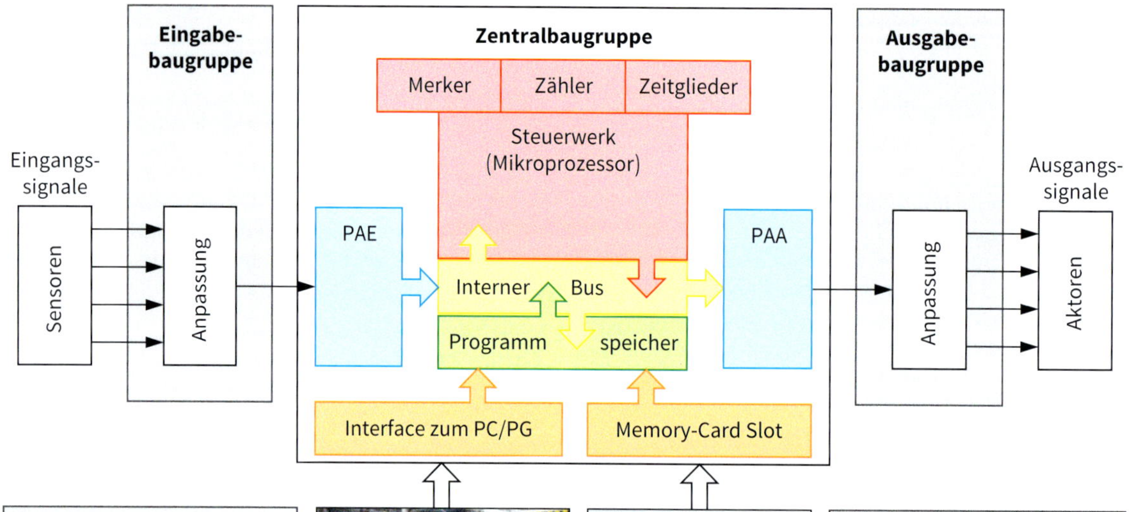

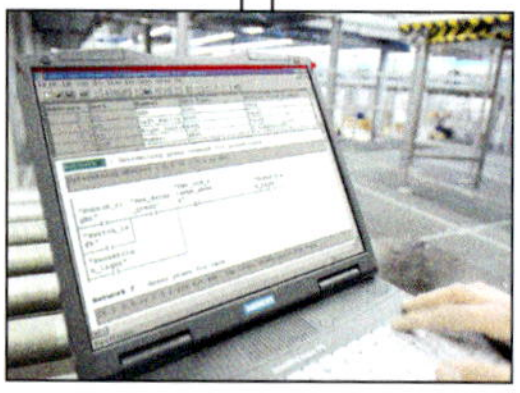

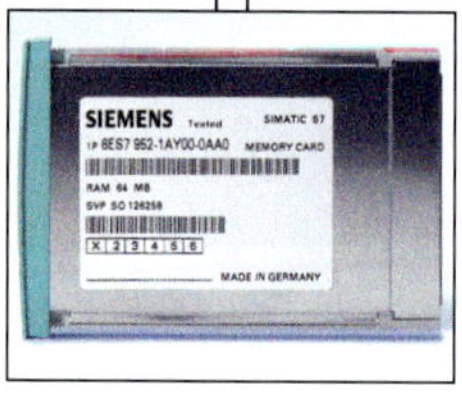

Die **Eingabebaugruppe** erfasst die Signalzustände der Anlage und passt diese für die Weiterverarbeitung in der Zentralbaugruppe an.
Beispiel: Analogeingabebaugruppen (vgl. Kap. 7.4.6) wandeln dabei das Analogsignal in ein digitales Signal um.

Die Zentralbaugruppe erstellt das **Prozessabbild der Eingänge (PAE)**.
Hierzu werden die Eingabebaugruppen abgefragt und deren Signalzustände im PAE gespeichert. Die CPU greift während der Programmbearbeitung auf das PAE zu.

Durch den **internen Bus** erfolgt der Informationsaustausch zwischen den einzelnen Funktionseinheiten der Zentralbaugruppe.

Der **Programmspeicher** enthält das vom Anwender eingegebene Programm.

Die Programmeingabe erfolgt durch ein Programmiergerät (PG) oder einen PC. Diese werden über eine **Schnittstelle** *[interface]* und ein entsprechendes Buskabel mit der CPU verbunden.
Eine weitere Möglichkeit zur Programmeingabe sind steckbare Speicherbausteine (Memory Cards). Diese werden über Steckplätze (**Memory-Card Slots**) mit der CPU verbunden.

Die Werte des PAA werden an die **Ausgabebaugruppen** übertragen und stehen dann zur Steuerung des Aktoren zur Verfügung.

Während der Programmbearbeitung wird das **Prozessabbild der Ausgänge (PAA)** erstellt. Es beinhaltet die Ergebnisse der Programmbearbeitung.

1: Funktionseinheiten der Zentralbaugruppe

7.3.1.5 Speicherbereiche

Der Speicher einer SPS lässt sich in drei Bereiche unterteilen (Abb. 2).

Ladespeicher und Arbeitsspeicher bilden zusammen den Programmspeicher. Der Systemspeicher wird ausschließlich vom Betriebssystem der SPS genutzt.

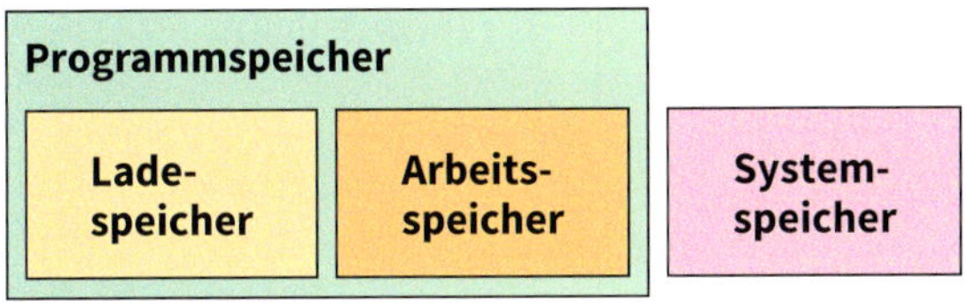

2: Speicherbereiche

Der **Ladespeicher** *[loading memory]* enthält das gesamte Steuerungsprogramm. Er muss flexibel auf Programmänderungen reagieren, die über das Programmiergerät eingelesen werden. Er ist deshalb als Schreib-Lese-Speicher (RAM) ausgeführt. Dieser Speichertyp ist jedoch nicht spannungssicher, d.h., er verliert bei Spannungsausfall seine Informationen. Deshalb wird über eine Pufferbatterie auch im Fehlerfall der RAM mit Spannung versorgt. In den meisten Steuerungen lässt sich der Ladespeicher mit einer Memory Card (MC) oder Micro Memory Card (MMC) erweitern (Abb. 3). Dies sind Speichertypen, die Informationen bei Spannungsausfall behalten. Sie beinhalten ebenfalls das Steuerprogramm und ermöglichen eine spannungsunabhängige und somit sichere Programmbereitstellung.

3: Micro Memory Card

MCs oder MMCs können mit Hilfe eines entsprechend ausgestatteten Programmiergerätes (PG) direkt beschrieben werden. Eine weitere Möglichkeit besteht in der Programmübertragung durch die CPU bei eingesteckter Speicherkarte.

Der **Arbeitsspeicher** *[main memory]* dient dem Steuerwerk als „Arbeitsplatz". Er befindet sich in der Zentralbaugruppe und ist somit nicht erweiterbar. Er nimmt die für den Programmablauf relevanten Teile des Steuerprogramms aus dem Ladespeicher auf. Da alle nichtrelevanten Programmteile (z.B. Kommentare) den Arbeitsspeicher nicht beanspruchen, erreicht man kürzere Zykluszeiten.

Der **Systemspeicher** *[system memory]* enthält Daten, die für die Bearbeitung des Steuerprogramms notwendig sind. Dazu zählen das PAE, Merker, Zähler, Zeitwerte und das PAA. Diese Daten werden bei Bedarf in den Arbeitsspeicher eingelesen, vom Programm verarbeitet und anschließend wieder im Systemspeicher abgelegt.

Die Größe des Systemspeichers begrenzt die Anzahl der verwendbaren Zeit-, Zähl- und Merkerfunktionen. Er ist ebenfalls Teil des Steuerwerks und somit nicht erweiterbar.

Die Unterteilung der Speicherbereiche nach dieser Struktur dient u.a. der Verkürzung der Zykluszeit. Damit soll erreicht werden, dass speicherprogrammierbare Steuerungen auch für Anwendungen verwendbar sind, bei denen sehr schnell auf Prozessänderungen reagiert werden muss.

Echtzeitfähigkeit

An steuerungstechnische Systeme wird oft die Forderung nach „**Echtzeitbetrieb**" gestellt. Darunter versteht man die Fähigkeit eines Systems, auf unvorhersehbare Ereignisse in einer ausreichend kurzen Zeitspanne zu reagieren. Dies bedeutet jedoch nicht unbedingt, dass ein System besonders schnell sein muss.

Beispielsweise ändert sich die Temperatur eines Raumes innerhalb von Minuten. Eine Steuerung, die innerhalb von Sekunden auf Eingangssignale reagiert, kann demzufolge durchaus als echtzeitfähig gelten.

Bei Maschinen ändert sich die Lage von Werkstücken und Werkzeugen innerhalb von Millisekunden. Abhängig von der geforderten Fertigungstoleranz muss eine Steuerung hier innerhalb dieses Zeitbereiches reagieren, um echtzeitfähig zu sein.

Aufgaben

1. Benennen Sie die einzelnen Funktionseinheiten der Zentralbaugruppe einer SPS.
2. Beschreiben Sie zwei Möglichkeiten der Programmübertragung in eine SPS.
3. Erläutern Sie die Funktion der Speicherbereiche: a) Ladespeicher
   b) Arbeitsspeicher
   c) Systemspeicher

- Die Erstellung des Steuerprogramms erfolgt mit Hilfe eines PCs oder eines Programmiergerätes.
- Der Arbeitsspeicher bearbeitet die für die Steuerung der Anlage notwendigen Programmteile. Bei Bedarf wird dazu auf System- und Ladespeicher zugegriffen.
- Der Ladespeicher verliert seine Inhalte bei Spannungsausfall.
- Zur spannungssicheren Programmbereitstellung werden steckbare Speicherbausteine verwendet.

7.3.2 Grundlagen der SPS-Programmierung

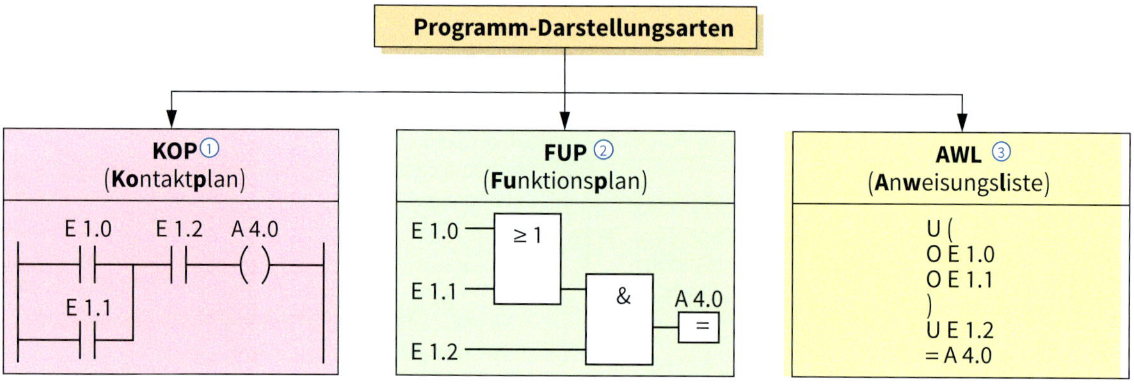

1: Darstellungsarten von SPS-Programmen

Die Steuerprogramme für speicherprogrammierbare Steuerungen werden am PC mit einer speziellen Programmiersoftware erstellt, z. B. bei SIMATIC S7–Geräten mit dem Programmpaket **STEP 7**.

Die Erstellung des Steuerprogramms kann in drei verschiedenen Darstellungsarten erfolgen (Abb. 1). Diese haben keinen Einfluss auf die Arbeitsweise des Programms. Die Darstellungsart kann jedoch durch Kundenforderungen oder betriebliche Normen festgelegt sein.

Die meisten Programme können wahlweise in einer der drei Darstellungsarten erstellt werden. Vor dem Überspielen in das Steuergerät wird das Programm in einen Maschinencode übersetzt, sodass die obigen drei Darstellungsarten als Programmieroberfläche aufgefasst werden können.

- Der **Ko**ntakt**p**lan (**KOP**) ① *[LAD; ladder diagramm]* stellt die Verknüpfung der einzelnen Eingangssignale in ähnlicher Form wie der Stromlaufplan dar, wodurch einfache Programme leicht durchschaubar sind.
- Der **Fu**nktions**p**lan (**FUP**) ② *[SCF; sequential function chart]* benutzt logische Verknüpfungssymbole zur Darstellung der Steuerfunktion. Dadurch wird eine gute Strukturierung von Programmen ermöglicht.
- Die **A**n**w**eisungs**l**iste (**AWL**) ③ [**STL**; *statement list*] ist die umfangreichste Darstellungsform, sodass mit ihr auch komplizierte Verknüpfungsbefehle möglich sind, für die in KOP/FUP keine grafischen Symbole existieren.

Einfache Programme lassen sich innerhalb von STEP 7 problemlos in alle drei Darstellungsarten umwandeln. Manche aufwändige STEP 7- Befehle können nur in AWL dargestellt werden. Deshalb lassen sich nicht alle AWL-Programme vollständig in KOP- bzw. FUP-Darstellung umwandeln. Umfangreiche Programme werden in so genannte **Netzwerke** aufgegliedert. Diese stellen kleine Programmeinheiten dar, die jeweils für sich ein Ergebnis liefern.

Aufbau von AWL-Befehlen

AWL-Befehle sind in Form eines alphanumerischen Codes aufgebaut, der aus den zwei Bestandteilen Operation und Operand besteht (Abb. 2).

Operation: **WAS** soll getan werden?

Operand: **WOMIT** wird die Operation ausgeführt?

Es ist zu beachten, dass die Bit-Adresse im Bereich von **Bit 0 bis Bit 7** liegen muss. Die Byte-Adresse hängt vom Steckplatz der Hardware in der Geräteanordnung ab (Kap. 7.3.3).

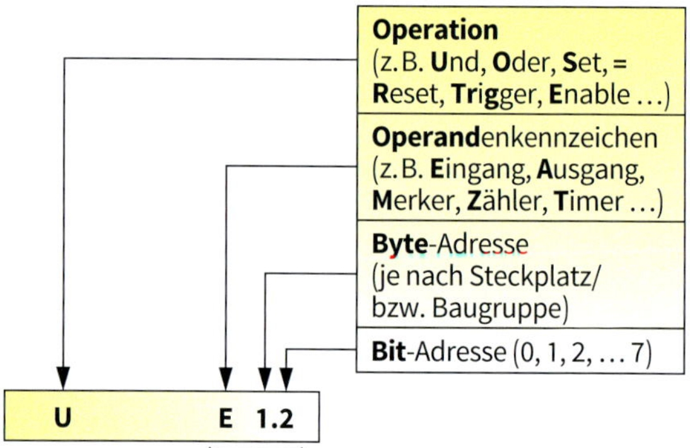

2: Aufbau eines AWL-Befehls

- SPS-Programme können dargestellt werden als
  - KOP (Kontaktplan), der dem Stromlaufplan ähnlich ist;
  - FUP (Funktionsplan), in Form logischer Verknüpfungen;
  - AWL (Anweisungsliste), in alphanumerischem Code.
- Operationen verknüpfen Eingangs- und Ausgangssignale.
- Operanden geben die Adressen der zu verknüpfenden Signale an.

7.3.2.1 Operanden

Operanden [*operands*] sind derjenige Teil einer Steueranweisung, der angibt, **WOMIT** eine Verknüpfung stattfinden soll. Die häufigsten Operanden sind:

Eingangssignale	Ausgangssignale

Eingänge (E) und Ausgänge (A) sind Steuersignale, die Informationen zwischen der Steuerung und der Anlage oder Maschine vermitteln. Sie werden **globale Variablen** genannt, da sie in allen Bausteinen benutzbar sind (vgl. Kap. 11.2.1).

Weiterhin werden häufig folgende Operanden verwendet, bei denen es sich ebenfalls um globale Variablen der SPS handelt:

Merker	Zeitfunktionen (Timer)	Zählfunktionen (Zähler)

Globale Variablen		
Kennzeichen	**Operanden-Bezeichnung**	**Erklärung, Beispiel**
E	Eingangs-Bit	Nur Bit 0…7 zulässig z. B. E 32.5
EB	Eingangs-Byte	Umfasst Bit 0…7 des jeweiligen Byte z. B. EB 32
EW	Eingangs-Wort	Umfasst 2 Byte z. B. EW 32 = EB 32 + EB 33
ED	Eingangs-Doppelwort	Umfasst 2 Worte = 4 Byte – 32 Bit
A, AB, AW, AD	Ausgangs-Bit, -Byte, -Wort, -Doppelwort	Analog zu Eingangs-Operanden (s. oben)
M, MB, MW, MD	Merker-Bit, -Byte, -Wort, -Doppelwort	Speicherplatz, in dem Zwischenergebnisse des Programms abgelegt werden.
T	Timer (Zeiten)	Zeitzellen, die im Programm eingestellt und gestartet werden.
Z	Zähler	Speicherbereiche, die für Zähleroptionen reserviert sind.

3: Operanden in Steuerprogrammen

Verknüpfungsergebnis (VKE)

Die Operanden werden im Steuerprogramm nach vorgegebenen Regeln (Operationen) miteinander verknüpft. Die hierbei gebildeten Verknüpfungsergebnisse (VKE) stellen SPS-interne **Zwischenergebnisse** [***intermediate results***] dar. Sie liegen in binärer Form (0 oder 1) vor. Diese Zwischenergebnisse können dann durch das Programm weiterverarbeitet, gespeichert oder als Steuersignale auf der Ausgangsseite ausgegeben werden.

Die Bildung der einzelnen Verknüpfungsergebnisse soll anhand des Programms in Abb. 4 verdeutlicht werden. Das Programm empfängt über die Eingabebaugruppen die in Spalte 2 angegebenen Eingangssignale und gibt nach deren Verknüpfung das VKE auf Ausgänge aus.

Tabelle	Ein-/Ausgangssignal	VKE
O E 1.0	0	0 ①
O E 1.1	1 ⇒	1 ②
= A 4.0	1 ⇐	1 ③
U E 1.2	1	0 ④
U E 1.3	0	0
= A 4.1	0	0 ⑤

4: Bildung des Verknüpfungsergebnisses

① Der erste Eingang der ODER-Verknüpfung liegt auf 0. Deshalb bleibt auch das VKE noch auf 0.

② Da der zweite Eingang 1 bekommt, ist die ODER-Verknüpfung erfüllt, das VKE wird 1.

③ Das VKE wird nun auf A 4.0 zugewiesen. Dieser Ausgang ist dann aktiv und steuert das dort angeschlossene Stellglied oder Meldegerät an.

④ Die Zuweisung in der vorhergehenden Zeile ist VKE-begrenzend, d. h., es wird nun ein neues VKE 0 gebildet, das durch die nächsten Operationen wieder geändert werden kann.

⑤ Da beide Eingänge auf 0 liegen, wird die UND-Verknüpfung nicht erfüllt. Das VKE bleibt hier stets auf 0, der Ausgang 4.1 bleibt inaktiv.

- Das Verknüpfungsergebnis (VKE) ist ein programminterner Zwischenspeicher.
- Nach Abschluss einer Verknüpfung enthält das VKE das Ergebnis dieser Operation in binärer Form.
- Das VKE kann über einen Ausgang ausgegeben werden.
- Bei AWL-Programmen kann das VKE am Programmiergerät beobachtet werden, was eine Fehlersuche erleichtert.

7.3.2.2 Operationen

Binäre Verknüpfungen sind einfache Operationen, die in den meisten Steuerprogrammen vorkommen. In nahezu allen technischen Systemen sind die verschiedensten Eingangssignale nach logischen Regeln zu verknüpfen, um daraus Ausgangssignale abzuleiten.

Als Beispiele einfacher Operationen sind nachfolgend die UND- sowie die ODER-Verknüpfung dargestellt. Das Programmpaket STEP 7 enthält eine Reihe weiterer Binärverknüpfungen (z.B. NAND, NOR, EXOR ...).

UND-Verknüpfung [*AND function*]

Als Beispiel für die Anwendung einer einfachen UND-Verknüpfung wird die „Zweihand-Bedienung" einer Maschine verwendet.

Das Motorschütz Q1 soll nur dann einschalten, wenn die beiden Taster S0 und S1 gleichzeitig betätigt sind, (Abb. 3, ①).

- **VPS**
  Die UND-Verknüpfung wird erzielt, indem beide Taster in Reihe geschaltet werden.
- **SPS**
  Die Geber werden der Reihe nach an die Eingangsseite des Steuergerätes angeschlossen. Die Verknüpfung erfolgt im Steuergerät (SPS), Abb. 1 ②.
  In dessen Speicher befindet sich das Programm (Abb. 3, ③) mit den Verknüpfungsvorschriften.

ODER-Verknüpfung [*OR function*]

Als Anwendungsbeispiel einer ODER-Verknüpfung dient die Ansteuerung eines Förderbandes von zwei Bedienstellen aus. Das Motorschütz Q1 soll wahlweise von S0 oder S1 eingeschaltet werden.

- **VPS**
  Die ODER-Verknüpfung wird durch Parallelschaltung der beiden Geber realisiert (Abb. 1, ④).
- **SPS**
  Die Anordnung der Geber und der Aktoren ist identisch mit dem obigen Beispiel der UND-Verknüpfung (Abb. 1, ② und ⑤).
  Die ODER-Verknüpfung der Geber wird durch die Verarbeitung eines anderen Steuerprogramms hergestellt (Abb. 1, ⑥).

In allen drei Darstellungsarten können selbstverständlich beliebig viele Eingangssignale an einer Verknüpfung anliegen.

- Die Verknüpfungen des SPS-Programms legen fest, wie die Ein- und Ausgänge miteinander verschaltet werden.
- Funktionsänderungen sind durch Austausch des Programms ohne Umverdrahten möglich.

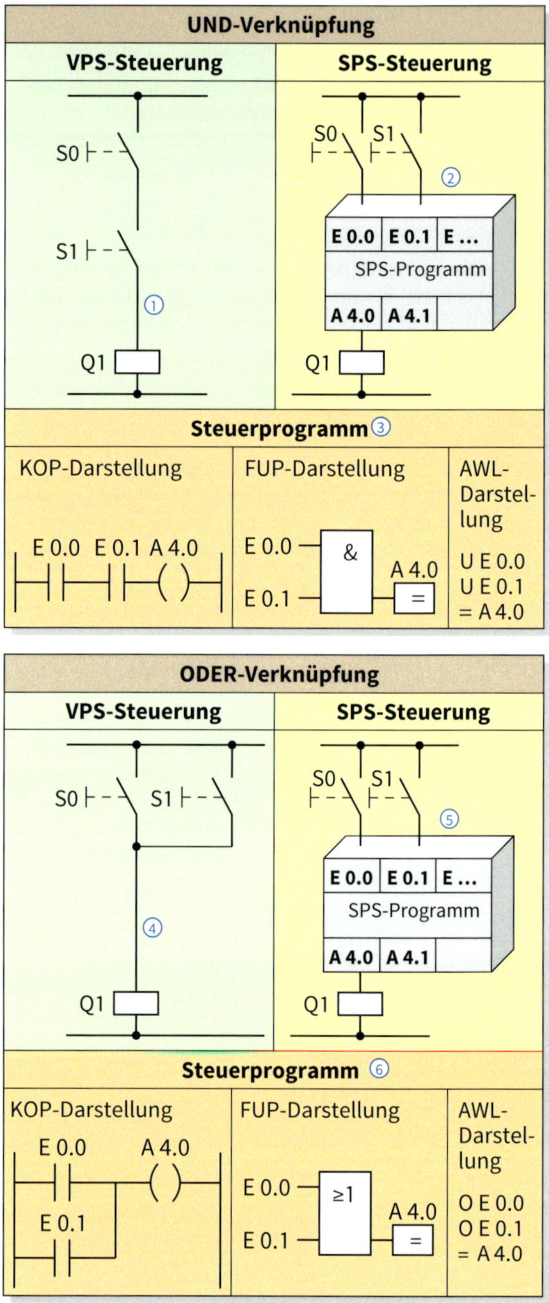

1: Binäre Verknüpfungen UND/ODER

Aufgabe

1. Entwerfen Sie in FUP und KOP ein Programm, das folgende Steuerfunktion erfüllt:
   Das Schütz Q1 (A 4.0) wird dann angesteuert, wenn
   - Taster S1 (E 0.1) betätigt wird und gleichzeitig
   - mindestens einer der Taster S2 (E 0.2) oder S3 (E 0.3) betätigt wird.

Zuweisung

Mit der Operation „Zuweisung" („=") gibt man das Verknüpfungsergebnis an die Ausgänge, Merker (= interne Speicherzellen) und andere Operanden weiter. Wird einem Ausgangsbit ein Verknüpfungsergebnis (VKE) 1 zugewiesen, so wird der entsprechende Digitalausgang der Ausgabebaugruppe angesteuert. Abb. 2 zeigt die Zuweisung in den drei Darstellungsarten.

AWL	FUP	KOP
U E 1.0 U E 1.1 = A 4.0	E 1.0, E 1.1 → & → A 4.0 =	E 1.0 E 1.1 A 4.0 ⊣ ⊢⊣ ⊢⊣ ( )⊢

2: Zuweisungsoperation

Invertierung [*negation*] von Zuweisungen

Die Zuweisung eines Verknüpfungsergebnisses ist auch in invertierter Form möglich. Dies erfolgt in STEP 7 durch den NOT-Befehl (in AWL/KOP) bzw. ein Kreissymbol in FUP. Liefert eine Verknüpfung (Abb. 3) das Verknüpfungsergebnis 0, so wird der invertierte Ausgang aktiviert. Aus der UND-Verknüpfung wird NAND.

AWL	FUP	KOP
U E 1.0 U E 1.1 NOT A 4.0	E 1.0, E 1.1 → & →o A 4.0 =	E 1.0 E 1.1 A 4.0 ⊣ ⊢⊣ ⊢⊣NOT⊢( )⊢

3: NAND-Verknüpfung

Invertierung von Eingangssignalen

In der Regel werden Eingänge auf den Zustand 1 abgefragt (nicht-invertiert). Dies ist vor allem dann üblich, wenn ein betätigter Geber (Schließer) eine Reaktion auslösen soll.

Öffner-Geber besitzen bereits in Ruhe den 1-Zustand. Sie schalten bei **Betätigung** auf den **0-Zustand** um. Da die meisten Operationen (z.B. logische Verknüpfungen, Zeitbausteine, Zähler) zur Ansteuerung ein 1-Signal (Abb. 5, ⑤) benötigen, würde ein betätigter Öffner an ihnen keine Reaktion hervorrufen.

Aus diesem Grund müssen 0-Signale (Abb. 5, ④) vor der Verknüpfung im Programm häufig invertiert werden.

Diese Invertierung von Eingangssignalen erfolgt:

① in AWL durch das Zeichen „**N**" nach Operationen (z.B. U**N**, O**N** ...).

② in FUP durch ein Kreissymbol am Eingang.

③ in KOP mit Schrägstrich im Abfragesymbol.

AWL	FUP	KOP
UN E 0.0 bzw. ON E 0.0 ①	E 0.0 –o ②	E 0.0 ⊣/⊢ ... ③

4: Invertierung von Eingangssignalen

Werden Öffner-Signale grundsätzlich invertiert?

Häufig wird angenommen, dass die Eingangssignale von Öffner-Kontakten grundsätzlich invertiert abgefragt werden. Im Gegenzug herrscht die Meinung, dass Schließer-Kontakte stets auf Signalzustand 1 abzufragen sind. Beides ist in den meisten Fällen zutreffend. Es gibt aber auch Ausnahmen (Abb. 5).

Die SPS kann nicht feststellen, ob es sich bei den angeschlossenen Gebern um Öffner oder Schließer handelt. Im Programm werden lediglich die anliegenden Spannungspegel (0 oder 1) ausgewertet.

Bei der Abfrage von Gebern sind deshalb folgende Aspekte zu beachten (Abb. 5 und 6):

- **Funktion des Gebers**: Ist der Geber ein Öffner oder Schließer?
- **Reaktion der SPS** Soll die SPS beim Betätigen oder beim Nicht-Betätigen (z.B. Loslassen, Ruhezustand) reagieren?

Aus beiden Überlegungen ergibt sich, ob das empfangene Signal invertiert werden muss. Die Abb. 6 zeigt dazu Beispiele.

	Geber	Zustand	Signal
Öffner	(nicht betätigt)	1	Bei Betätigung:
Öffner	(betätigt)	0	1 → 0 Signal (**0-Signal**) ④
Schließer	(nicht betätigt)	0	Bei Betätigung:
Schließer	(betätigt)	1	0 → 1 Signal (**1-Signal**) ⑤

5: Geber und Signale

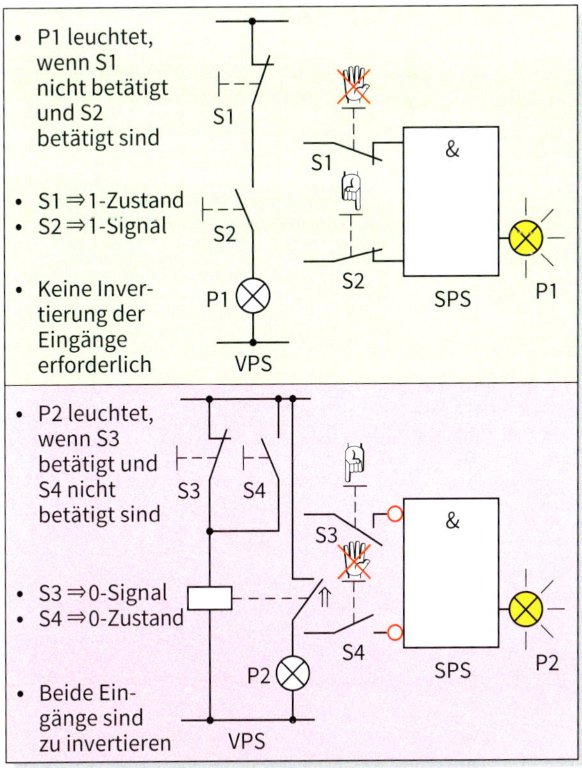

6: Programmbeispiele zur Abfrage von Gebern

7.3.2.3 Merker

Merker sind Speicherglieder, deren binärer Zustand in internen Speicherbereichen der CPU-Baugruppe abgelegt wird. Es handelt sich um **globale Variablen**, da sie von allen Bausteinen erkannt werden.

Die Anzahl der verfügbaren Merker richtet sich nach der Leistungsfähigkeit der jeweiligen CPU-Baugruppe.

Beispiel:
Die CPU 315 verfügt laut Handbuch über 256 Merkerbytes (MB 0 … MB 255). Dies entspricht 2048 einzelnen Merkern (M 0.0, M 0.1 … M 255.6, M 255.7). Nähere Informationen enthält das jeweilige Gerätehandbuch der CPU-Baugruppe.

Bei der Verwendung von Merkern muss übersichtlich gearbeitet werden. Die mehrfache Verwendung von Merkern für verschiedene Zwecke führt zu Programmfehlern!

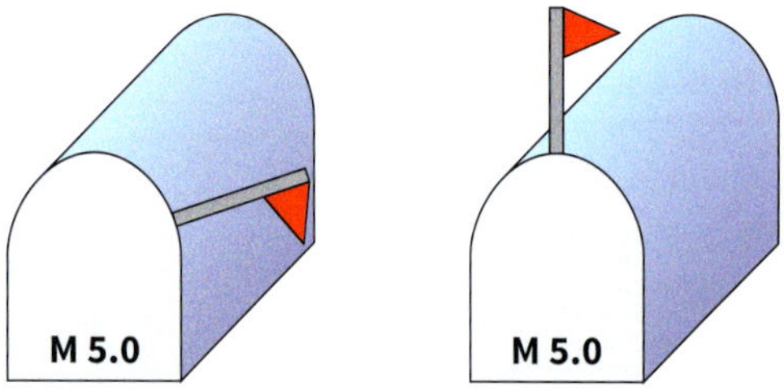

1: Zustände von Merkern

Im Ausgangszustand sind alle Merker mit dem Signalzustand 0 vorbelegt. Über entsprechende Zuweisung von Verknüpfungsergebnis = 1 können sie dann „gesetzt" werden.

Je nachdem, ob die Merker bei Spannungsausfall gelöscht werden, unterscheidet man

- **Nicht-remanente** Merker oder
- **Remanente** Merker.

Nicht-remanente Merker [*non-retentive flags*]
Diese Merker werden beim Wiederanlauf (nach Spannungsausfall, beim Übergang von STOP auf RUN) der SPS gelöscht. Sie besitzen dann wieder den Zustand 0.

- Vorteil: Nach dem Netzausfall werden selbstständige Reaktionen (z. B. Anlauf von Antrieben) verhindert.
- Nachteil: Wichtige Informationen (z. B. Anlagenzustände, Stückzahlen) werden gelöscht.

- Merker sind interne Speicherzellen der SPS. Abhängig von ihrer Speicherfähigkeit bei Spannungsausfall unterscheidet man nicht-remanente und remanente Merker.

Remanente Merker [*retentive flags*]
Ein Teil des SPS-Speichers ist für die remanenten Merker vorgesehen.

Die Zustände remanenter Merker bleiben gespeichert bei

- Ausfall der Netzspannung (Überbrückung durch Pufferbatterie) und
- Wiederanlauf (Übergang STOP → RUN).

Remanente Merker können rückgesetzt werden durch

- Urlöschen der CPU oder
- reguläres Rücksetzen im Anwenderprogramm.

Die Anzahl der remanenten Merker ist bei den CPUs standardmäßig auf 128 eingestellt (MB 0 … MB 15). Sie kann jedoch über Software-Einstellungen erweitert werden.

Ablegen von VKE in Merkern
Bei der Programmerstellung ist es durchaus üblich, bestimmte Teilergebnisse in Merkern abzulegen, um auf diese im weiteren Programmverlauf oder in anderen Programmteilen wieder zuzugreifen.

Die Zuweisung von Verknüpfungsergebnissen erfolgt dabei in der gleichen Weise wie bei Ausgängen (vgl. Kap. 7.3.2.2).

Beispiel: Hydraulische Presse

Programm	Kommentar
U E 1.1	Öldruck
U E 1.2	Temperatur
= M 5.0	Betriebsbereit
…	
U M 5.0	Betriebsbereit
U E 2.1	Start-Taste
= A 4.0	Presse-Ab

Der Merker „Betriebsbereit" wird gebildet, wenn Öldruck und Temperatur stimmen.

Im späteren Programm wird der Merker erneut abgefragt, bevor die Presse abwärts fährt.

Bilden von Testmerkern

Oft ist es zu Testzwecken (z. B. Lampentest) sinnvoll, dass die beiden binären Zustände 0 und 1 stabil zur Verfügung stehen. Hierfür verwenden Programmierer meist die Merker 0.0 und 0.1.

Ihre Bildung erfolgt durch folgendes Programm:

Programm		Erläuterung
U R	M 0.0 M 0.0	Wäre der Merker 0.0 tatsächlich gesetzt, würde er mittels RESET sofort gelöscht.
UN S	M 0.1 M 0.1	Hat der Merker 0.1 den Zustand 0, wird dieser Zustand negiert abgefragt (UN). Anschließend wird er mit SET auf „1" gesetzt.

Speicheroperationen Set und Reset

Über die Zuweisung (=) bleiben Ausgänge, Merker und andere Operanden nur so lange angesteuert, wie dies durch die vorangehende Operation (z.B. UND, ODER) ermöglicht wird. Ist die Verknüpfungsbedingung nicht mehr erfüllt, so wechselt der Ausgang oder Merker wieder nach 0.

Die Funktion „**S**et“ (Abb. 2) ermöglicht es, die Operanden (z.B. Ausgänge) durch ein **kurzzeitiges** 1-Signal **dauerhaft** zu setzen, sodass diese auch nach Wegfall dieses Set-Signals eingeschaltet bleiben.

Die Funktion „**R**eset” (Abb. 2) ermöglicht es, gesetzte Operanden durch ein **kurzzeitiges** 1-Signal wieder zu löschen.

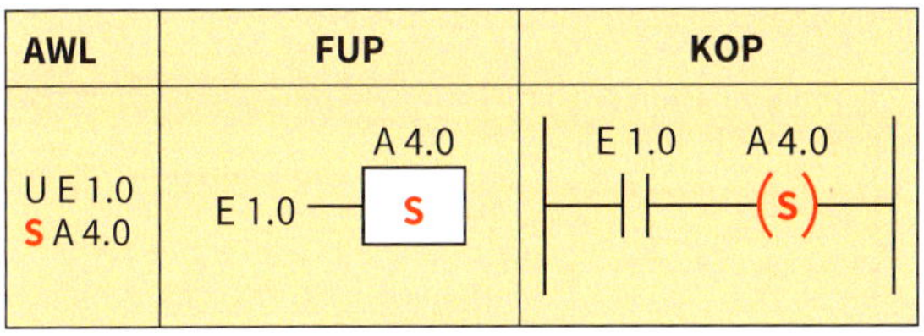

2: Setzen eines Ausgangsbits

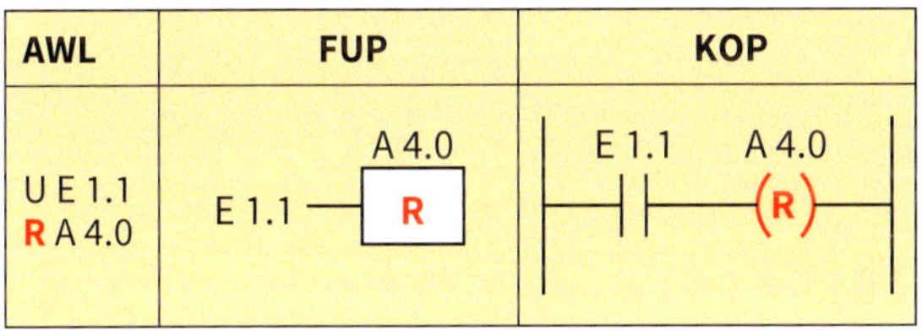

3: Rücksetzen eines Ausgangsbits

SR- und RS-Speicherfunktionen (Flip-Flops)

SR- und RS-Speicherfunktionen (Flip-Flops) besitzen sowohl einen Set-Eingang als auch einen Reset-Eingang. Sie stellen ein **bistabiles Speicherglied** dar.

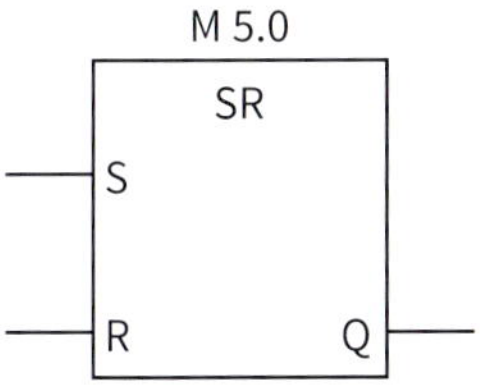

4: SR-Speicherfunktion

Welcher Eingang hat Vorrang?

Bei gleichzeitigem Set- und Reset-Signal muss einer der beiden Eingänge Vorrang haben:

- SR-Flip-Flops besitzen **Reset-Vorrang**
- RS-Flip-Flops besitzen **Set-Vorrang**

Bei der Erstellung von Programmen muss auf den Vorrang der Eingänge geachtet werden. Nur so ist gewährleistet, dass bei gleichzeitiger Ansteuerung beider Eingänge die gewünschte Reaktion erfolgt.

SR-Speicherfunktion

Bei der **SR**-Speicherfunktion (Abb. 5) hat der **Reset-Eingang Vorrang**. Dies ist vor allem dort sinnvoll, wo Gefahr bringende Antriebe vorrangig abzuschalten sind.

Der Binäroperand (Ausgang, Merker, Datenbit ...) steht in FUP/KOP (Abb. 5, ①) oberhalb des Symbols. Die KOP-Darstellung unterscheidet sich von der FUP-Darstellung darin, dass an den Eingängen noch die Abfragesymbole (⊣⊢, ②) erforderlich sind. Das Fehlen dieser Symbole führt bei Programmieranfängern in KOP-Programmen häufig zu Fehlermeldungen.

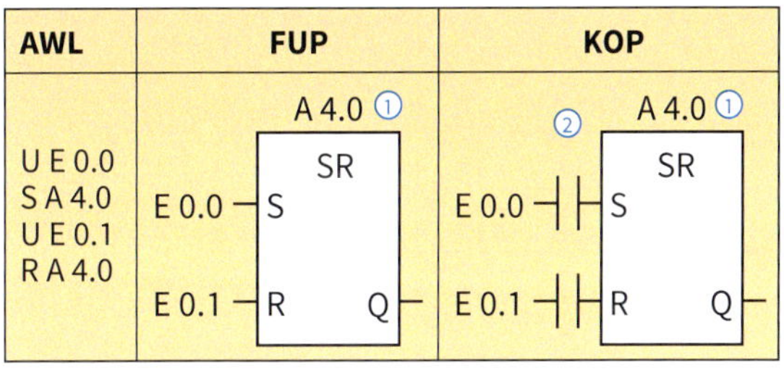

5: SR-Speicherfunktion (Reset-Vorrang)

RS-Speicherfunktion

Bei der **RS**-Speicherfunktion (Abb. 6) hat der **Set-Eingang Vorrang**. Dies ist dort sinnvoll, wo bestimmte Funktionen (z.B. Bremsen) unbedingt aufrechterhalten werden müssen.

Ein Vergleich der beiden AWL-Programme (Abb. 5, 6) zeigt, dass der Eingang, der zuletzt im Programm abgefragt wird, Vorrang hat. Er beeinflusst nämlich als letzter das Resultat (hier z.B. A 4.0).

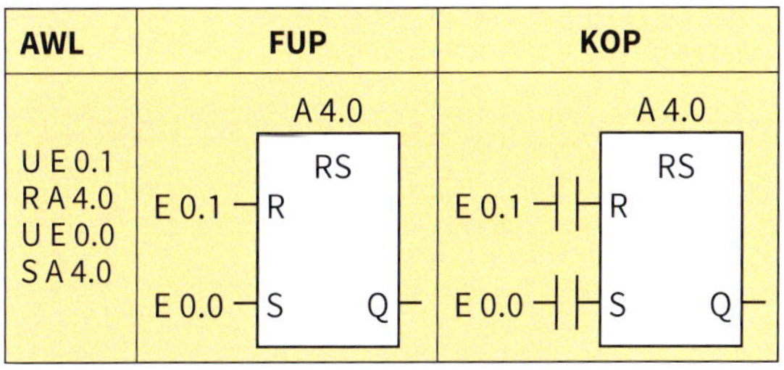

6: RS-Speicherfunktion (Set-Vorrang)

- Die Bezeichnung der Speicherglieder gibt Auskunft über den Set-/Reset-Vorrang.
- In AWL-Darstellung wird der zuletzt genannte Eingang (z.B. Reset beim SR-Flip-Flop) auch zu-letzt abgefragt und hat Vorrang.
- In KOP-/FUP-Darstellung wird der untere Eingang des Symbols zuletzt abgefragt.
- Wenn an beiden Eingängen einer Speicherfunktion „1” anliegt, so hat der zuletzt abgefragte Eingang Vorrang.

Welche Operanden können gespeichert werden?

Die binären Zustände von Flip-Flops können den folgenden Operanden zugewiesen werden:

- Eingänge (E),
- Ausgänge (A),
- Merker (M),
- Datenspeicher (D) eines Datenbausteins.

Durch Abgabe der Ausgangsadresse oberhalb des Speichergliedes (Abb. 1, ①) wird festgelegt, welcher Ausgang dauerhaft gespeichert werden soll.

Sollen Ergebnisse in **Merkern** gespeichert werden, vermerkt man deren Adresse ebenfalls am Symbol ②.

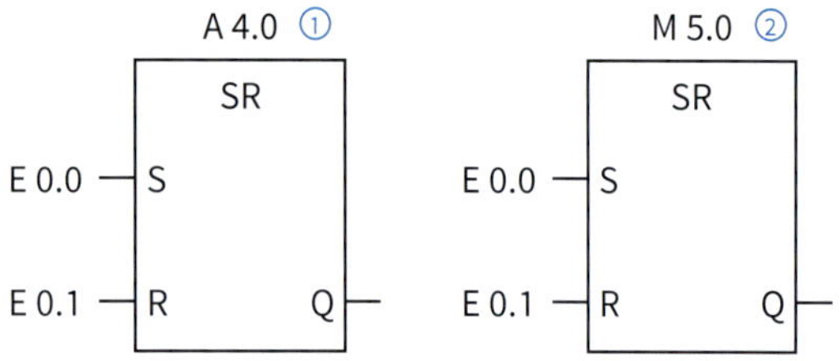

1: Speicherung von Ausgängen und Merkern

Indem man eine Zuweisung (=) unmittelbar an einen Merker anhängt, wird dessen Zustand auf den Operanden (z.B. Ausgang) gegeben (Abb. 2, ③).

Merkerzustände können auch später, z.B. am Programmende auf Ausgänge zugewiesen werden. Dadurch kann der Inhalt in unterschiedlichen Programmteilen ausgelesen oder geändert werden ④.

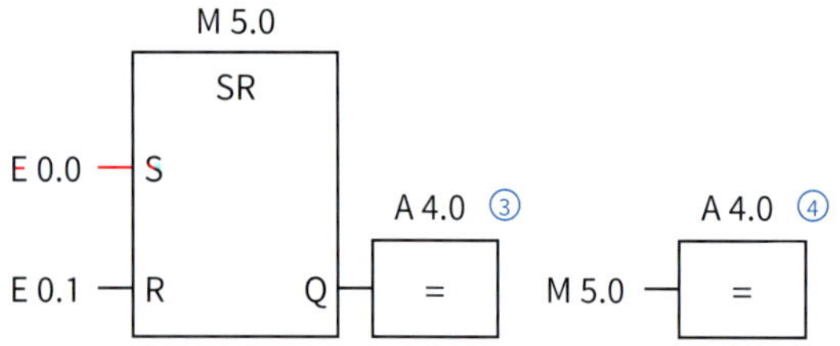

a) unmittelbar b) später

2: Zuweisung von Merkerzuständen

Aufgaben

1. Begründen Sie, weshalb bei SR-Speichergliedern der Set-Eingang meist nicht-invertiert, der Reset-Eingang hingegen meist invertiert (= Abfrage auf 0) abgefragt wird. Stichwort „Drahtbruch".

2. Schreiben Sie ein Programm, in dem
a) der Merker M 5.0 durch einen betätigten Schließer an E2.1 gesetzt wird und
b) über einen betätigten Öffner an E2.2 rückgesetzt wird.

7.3.2.4 Timer

Viele Steuerungsaufgaben verlaufen zeitabhängig. Dabei kann es sich um Ein- oder Ausschaltverzögerungen, Taktzeiten usw. handeln. Um diese verschiedenen Zeitfunktionen auszuführen, sind in den Zentralbaugruppen der SPS eine Vielzahl von Timern (Zeitzellen) integriert. Sie sind als globale Variablen in allen Bausteinen bekannt.

Die Anzahl der verfügbaren Zeitzellen richtet sich nach dem CPU-Typ. Je nach Leistungskategorie sind 64 bis 512 Zeitfunktionen programmierbar.

STEP 7 bietet fünf (⑤...⑨) verschiedene Zeitfunktionen, die sich hinsichtlich Ausgangs- und Ablaufverhalten unterscheiden. Die Art des Timers wird durch die Bezeichnung im Symbol festgelegt.

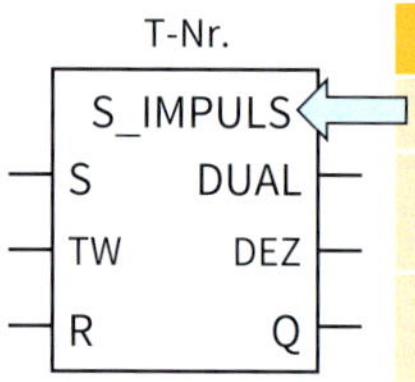

Timer-Symbol

Ausgangssignal	Bezeichnung
⑤ Impuls	S_IMPULS
⑥ verzögerter Impuls	S_VIMP
⑦ Einschalt-verzögerung	S_EVERZ
⑧ speichernde Einschalt-verzögerung	S_SEVERZ
⑨ Ausschalt-verzögerung	S_AVERZ

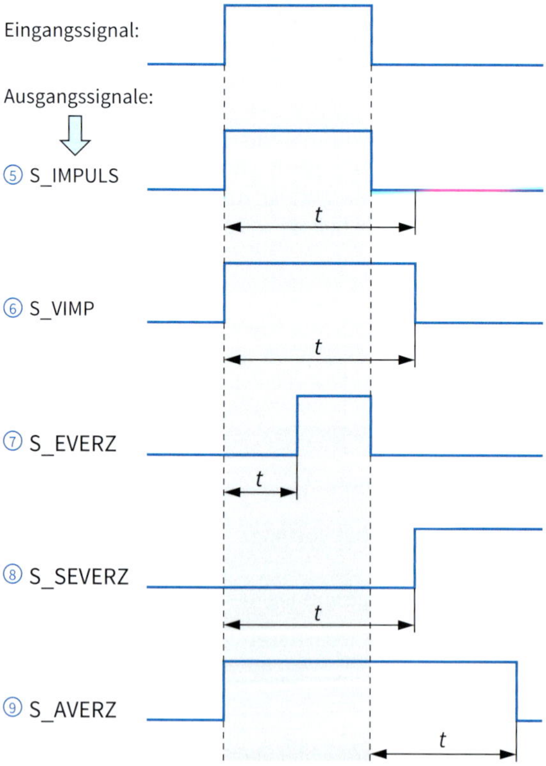

3: Zeit-Ablauf-Diagramme der verschiedenen Timer ($t \triangleq$ programmierte Zeit)

Timer stellen SPS-interne Zeitzellen dar, deren Werte vom laufenden Programm abgefragt werden.

Die Zeitwerte (Laufzeit ***t***) sowie deren Start werden im Anwenderprogramm festgelegt.

Die Timer-Symbole besitzen verschiedene Eingangs- und Ausgangsparameter, die zum Ansteuern und Auslesen der Zeitwerte dienen (Abb. 4).

Aufbau einer Zeitzelle

Die Zeitwerte des Timers werden in einer 16 Bit (Wort) großen Zeitzelle abgelegt.

Die Bits 0 bis 11 enthalten den Zeitwert im BCD-Format. **BCD** bedeutet „**B**inär-**C**odierte-**D**ezimalzahl". Im BCD-Code wird jede Ziffer (0…9) als 4 Bit lange Information abgelegt (Abb. 5).

Bit 12 und 13 geben die Zeitbasis ① der Zeitzelle an:

0 0	10 ms
0 1	0,1 s
1 0	1 s ①
1 1	10 s

Soll die Laufzeit eines Timers in Wortform (Eingangs-, Ausgangs-, Merker- oder Datenwort) eingegeben werden, so müssen diese Daten im BCD-Format der Zeitzelle vorliegen (Abb. 4, ②). Die Ausgabe der Zeitzellen kann im Dual-Code (Abb. 4 und 6, ③) oder als Dezimalzahl (= BCD codiert, ④) erfolgen.

Der Inhalt der Zeitzelle kann

- direkt auf Ausgangsworte ausgegeben oder
- in Merker- bzw. Datenworten gespeichert werden.

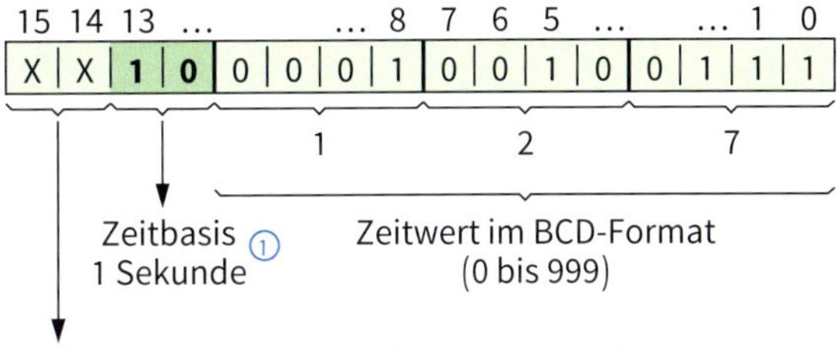

5: Zeitwert-Vorgabe in der Zeitzelle

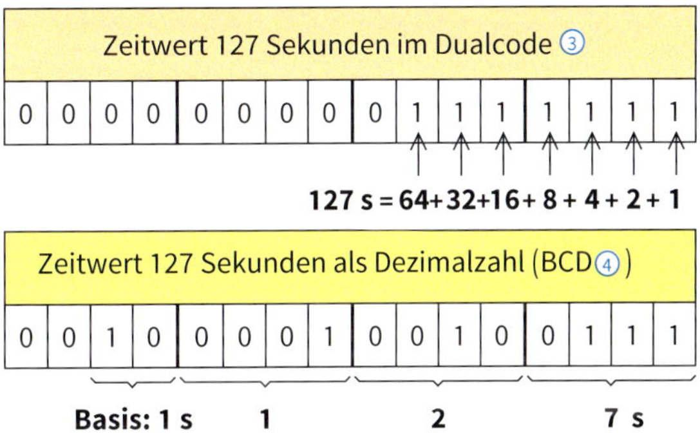

6: Ausgabe des Zeitwertes im Dual- und BCD-Code

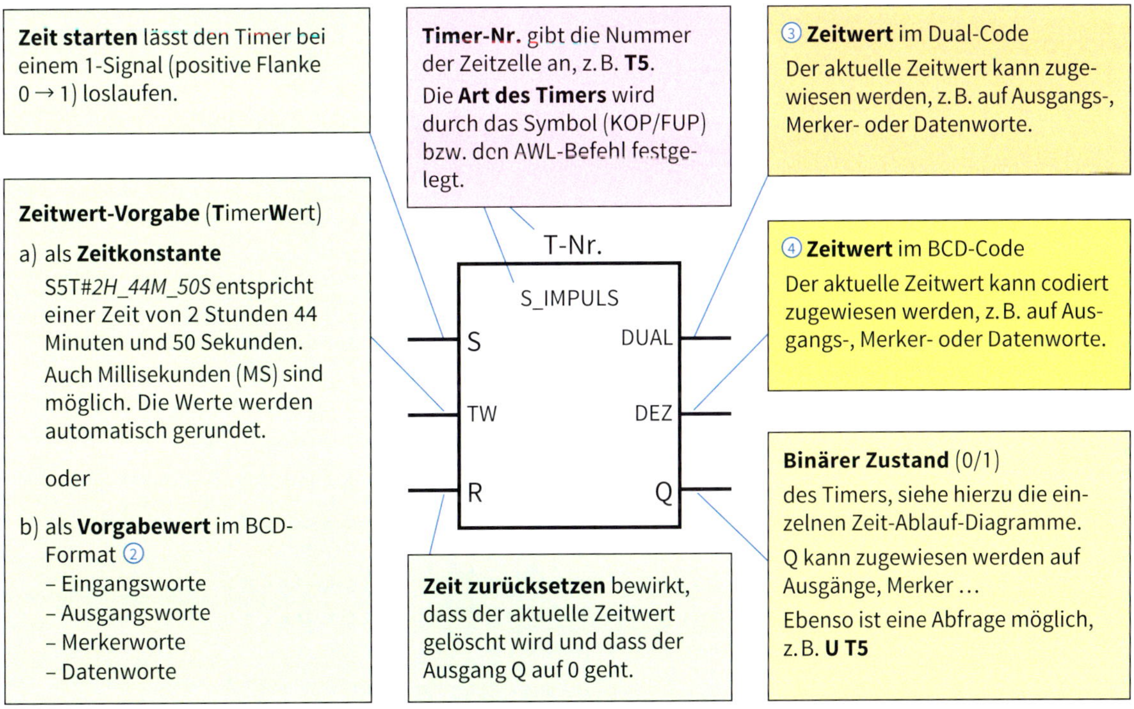

4: Parameter eines Timers

7.3.2.5 Zähler

In der Steuerungstechnik werden für das Erfassen von Stückzahlen, Bewegungen, Abläufen usw. häufig Zählfunktionen benötigt. In SPS-Geräten sind solche Zähler bereits in der Zentralbaugruppe integriert.

Die Anzahl der verfügbaren Zähler richtet sich nach dem CPU-Typ. Sie liegt im Bereich von 64 bis 512 Zählern.

Die Zähler-Symbole besitzen verschiedene Eingangs- und Ausgangsparameter, die zur Vorgabe des Zählerwerts sowie zum Auslesen des Zählerstandes dienen (Abb. 1).

Bitaufbau einer Zählerzelle

Die Zählerwerte werden in einem 16 Bit (= Wort) großen Speicherbereich abgelegt.

Soll die Laufzeit eines Timers in Wortform (Abb. 1 ①, Eingangs-, Ausgangs-, Merker- oder Datenwort) eingegeben werden, so müssen diese Daten im BCD-Format vorliegen.

Die Zählerzelle nutzt 12 Bit, um einen dreistelligen Zählerstand (maximal 999) zu verarbeiten (Abb. 2, ③).

Die Ausgabe der Zeitzellen kann im Dual-Code (Abb. 1 und 2, ②) oder als Dezimalzahl (BCD-codiert, ③) erfolgen.

Diese beiden Formate können

- direkt auf Ausgangsworte ausgegeben oder
- in Merker- bzw. Datenworten gespeichert werden.

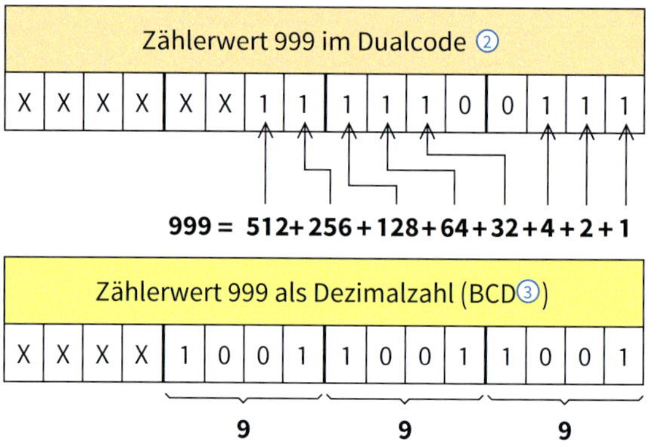

2: Ausgabe des Zählerwertes im DUAL- und BCD-Code (X = irrelevant, nicht verwendet)

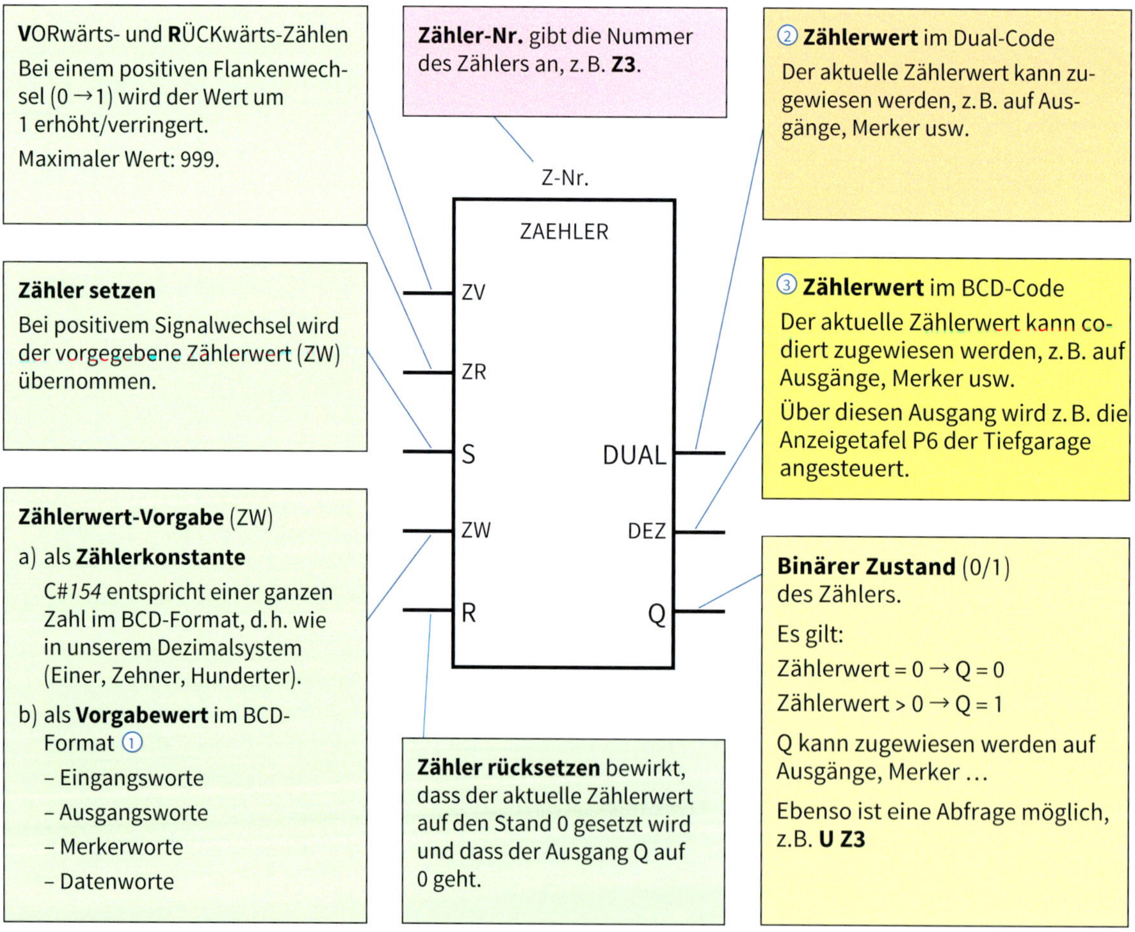

1: Parameter eines Zählers

7.3.2.6 Lade- und Transferoperationen

Die Lade- und Transferoperationen ermöglichen es, Informationen zwischen Eingängen, Ausgängen, Merkerspeichern, Datenbausteinen, Zeiten und Zählern auszutauschen. Diese Informationen können byte-, wort- oder doppelwortweise übertragen werden.

Lade- und Transferoperationen können nur in AWL programmiert werden.

Der Informationsaustausch erfolgt nicht direkt, sondern über einen Zwischenspeicher in der CPU, den AKKU 1.

Der Informationsfluss ist richtungsgebunden:

Laden: vom Quellspeicher in den AKKU 1

Transferieren: vom AKKU 1 in den Zielspeicher

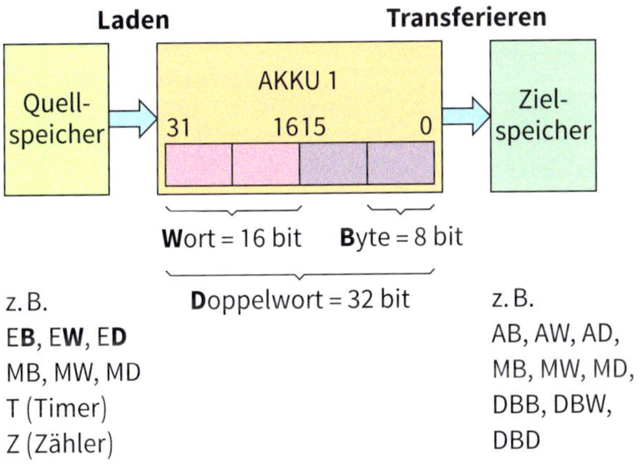

3: Laden und Transferieren

Wird Information zwischen AKKU 1 und Ein-/Ausgängen ausgetauscht, so erfolgt dies nicht direkt von/zu den Signalbaugruppen, sondern über das Prozessabbild PAE/PAA.

Beispiel:

Dieses kurze Programm liest den bitweisen Zustand des EW 2 ein und transferiert ihn anschließend auf das AW 6. Es liest weiterhin die Konstante „9" ein und transferiert diese auf AW 8.

Zwischen der ersten und der zweiten Transaktion wird der AKKU automatisch gelöscht.

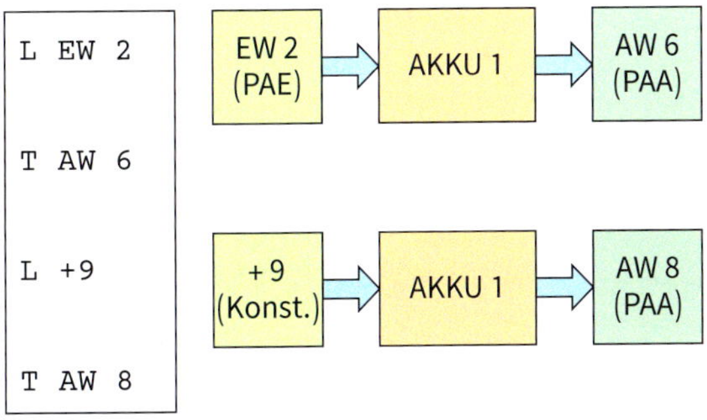

4: Anwendungsbeispiel einer Transferoperation

Transferieren in Datenbausteine

Informationen werden häufig in Datenbausteinen (DBs) zwischengespeichert, um von anderen Programmteilen auf sie zuzugreifen.

Im nachfolgenden Beispiel soll die Belegung von Lagerfächern

- an Ausgangswort AW4 angezeigt werden und
- in Datenbaustein DB20 gespeichert werden.

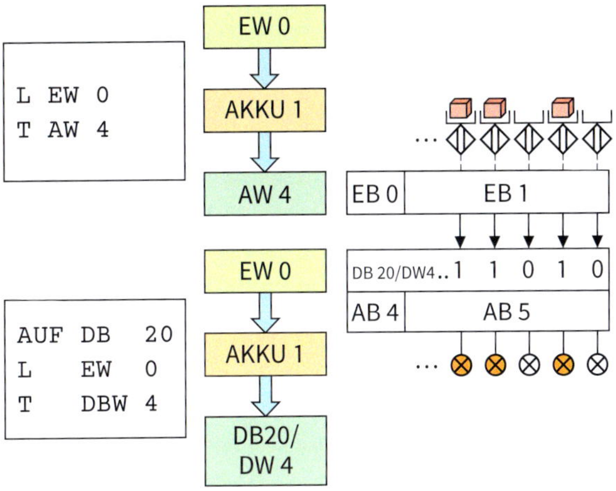

5: Anzeige und Speichern der Fächerbelegung

Transferieren von Zähler- und Timerwerten

Die Werte von Zählern und Timern werden in ähnlicher Weise übertragen. Dies wird am Beispiel des Zählers Z2 dargestellt.

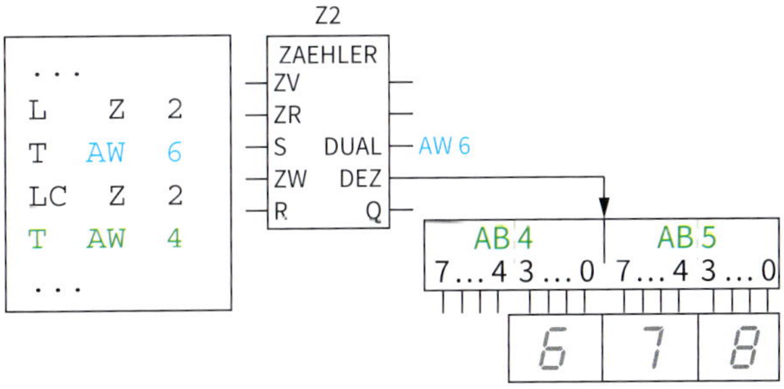

6: Transferieren von Zählerwerten

Der aktuelle Stand von Zählern (oder Timern) wird in der SPS als 16 Bit-Information bereitgestellt.

Um den Zählerstand (bzw. Zeitwert) zu speichern oder auszugeben, muss der Wert zuerst geladen und anschließend an das Ziel transferiert werden.

Der Zählerstand des Beispiels wird ausgegeben als:

- **Dualcode** auf Ausgangswort AW 6 (= AB6/AB7) und im
- **BCD-Code** am DEZimalausgang auf Ausgangswort AW4 (= AB4/AB5)

In der AWL erfolgt das Laden des BCD-Zählerwerts durch den Befehl „**LC**" (**L**ade **C**odiert).

7.3.2.7 Vergleichsoperationen

Vergleichsoperationen bieten die Möglichkeit, zwei Zahlenwerte in der SPS miteinander zu vergleichen. Ist die Vergleichsbedingung erfüllt, wird das Verknüpfungsergebnis (VKE) zu 1.

Dies kann bei der Überwachung von Zählern oder Timern genutzt werden, wenn z. B. nach Über-/Unterschreitung von Grenzwerten eine Reaktion erfolgen soll.

Vergleiche sind oft nach Zählvorgängen notwendig.

So kann beispielsweise mittels Vergleich überprüft werden, ob in einem Parkhaus die maximale Anzahl der Stellplätze belegt ist, um in diesem Fall eine „Überfüllt-Meldung" auszugeben.

Voraussetzung für den Vergleich (CMP = compare) von zwei Zahlen ist, dass beide dasselbe Format aufweisen.

Folgende Zahlenformate können miteinander verglichen werden:

- zwei Ganzzahlen 16 Bit (Symbol I)
- zwei Ganzzahlen 32 Bit (Symbol D)
- zwei Realzahlen 32 Bit (Symbol R) = Gleitpunktzahlen

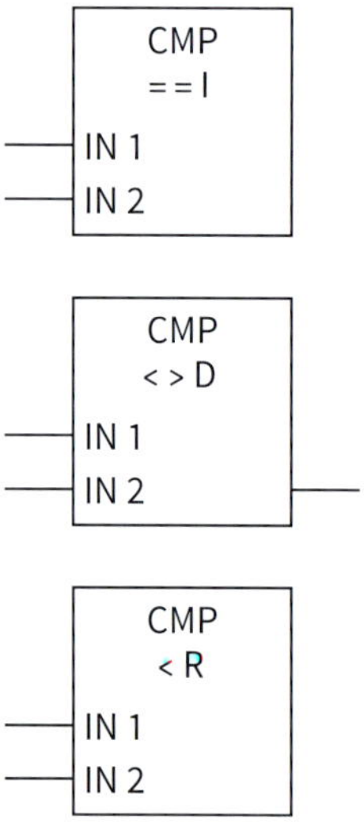

1: Zahlenformate von Vergleichen

Es sind sechs verschiedene Vergleiche zweier Zahlen möglich:

2: Verschiedene Vergleichsoperationen

Ergebnisse von Vergleichen

Das Ergebnis des Vergleiches ist binär:

- Vergleich wahr TRUE = „1"
- Vergleich falsch FALSE = „0"

Beispiel einer Vergleichsoperation in FUP:

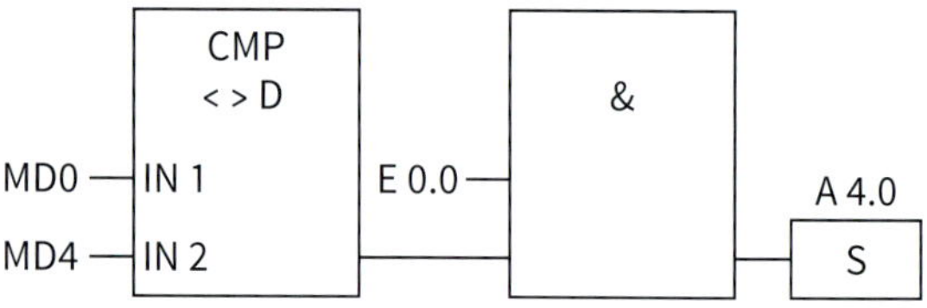

3: Vergleichsoperation in FUP-Darstellung

Ausgang A 4.0 wird gesetzt, wenn

- die Merker-Doppelworte MD0 und MD4 ungleich sind
- und an Eingang E 0.0 der Signalzustand „1" ist.

Die beiden MERKER-Doppelworte (2x16 Bit = 32 Bit) werden als Ganzzahlen auf Ungleichheit („< >") verglichen. Der Ausgang der Vergleichs-Box ist dann „1", wenn die beiden Zahlen nicht gleich groß sind.

Vergleich von Zähler- und Timerwerten

Die Werte von Zählern und Timern können nicht direkt an der Vergleichsoperation anliegen. Deshalb werden sie zuerst in Merker transferiert.

- **Netzwerk 1**: Der Zählerstand wird als 16 Bit-Information (= Format Integer) in Merkerwort MW12 transferiert.
- **Netzwerk 2**: Der Zwischenspeicher MW12 wird mit dem Maximalwert (hier 9) verglichen.

  Ist ein Zählerstand von **mindestens 9** (≥ 9) erreicht, wird das Verknüpfungsergebnis 1 (VKE = 1). Ausgang A 4.5 schaltet ein und kann im Programm weitere Reaktionen auslösen.

Programmauszug in AWL:

```
Netzwerk 1:
...
U    E   1.2
ZV   Z     3
...
L    Z     3
T    MW   12
...

Netzwerk 2:
L    MW   12
L    9
>=I
=    A   4.5
```

FUP/KOP-Darstellung:

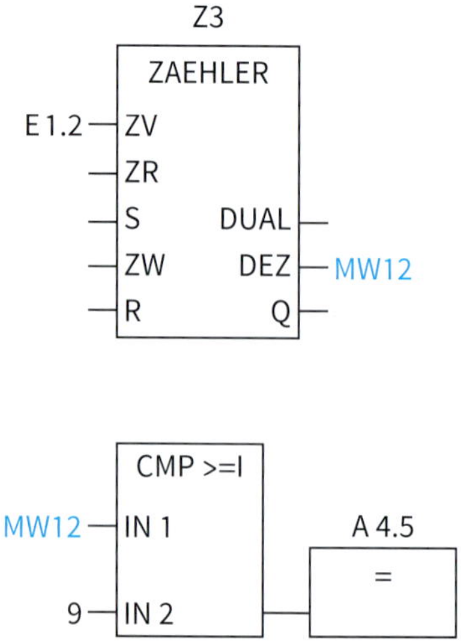

4: Vergleichen von Zählerwerten

7.4 Erstellen des Steuerprogramms

Die Realisierung umfangreicher Steuerungsaufgaben erfordert ein systematisches Vorgehen (Abb. 5). Die Analyse der Gesamtaufgabe und die Auswahl der Hardwarekomponenten wurden bereits im vorangehenden Kapitel 7.1 erläutert.

Nun wird das Steuerprogramm für die Parkhausschranke entwickelt und getestet. Die Programmierung erfolgt mit dem Programmpaket STEP 7. Im Anschluss an die Softwareprojektierung wird das fertige Programm im Rahmen der Inbetriebnahme (Kap. 7.5) getestet.

1. Aufgabenanalyse (Kap. 7.1.1)

↓

2. Hardware-Auswahl (Kap. 7.1.2)

↓

3. Softwareprojektierung (Kap. 7.4)
- Zuordnungsliste, Anschlussnamen
- Softwareprojekt anlegen
- Programmentwicklung, Dokumentation
- Programmeingabe und -simulation

↓

4. Inbetriebnahme (Kap. 7.5)

5: Schritte der Projektplanung und -realisierung

Es ist sinnvoll, die Steuerungsaufgabe in vier Programmbausteine (Funktion, FC1 bis FC4) zu zerlegen (Abb. 7). Diese **strukturierte Programmierung** erhöht den Überblick und vereinfacht die schrittweise Inbetriebnahme der Anlage. Der Steuerungsablauf wird beim Erstellen der jeweiligen STEP 7-Programmbausteine erläutert.

FC 1 Schranke aufwärts	**FC 2** Schranke abwärts
FC 3 Zählen der Parkplätze	**FC 4** Gaswarnanlage

7: Programmbausteine (**Func**tions)

Zuordnungsliste

Zur Erstellung des Programms muss die Anschlussbelegung der Bedienelemente, Sensoren und Aktoren an die Steuerungs-Baugruppen bekannt sein. Dazu wird eine Zuordnungsliste angelegt.

Die Zuordnungsliste bildet die Grundlage für den Hardwareaufbau und gibt bei der Softwareerstellung einen Überblick über die angeschlossenen Objekte. Somit stellt sie die Schnittstelle zwischen Hardware- und Softwareprojektierung dar. Die Adressen der Ein-/Ausgänge hängen vom jeweils verwendeten Steuergerät ab und sind in Abb. 8 nur beispielhaft angegeben.

Operand	Betriebsmittel	Kommentar
E 0.0	S0 (NC)	Not-Aus
E 0.1	S1 (NO)	Zahlencode-Schalter
E 0.2	B2 (NC)	Endschalter unten
E 0.3	B3 (NC)	Endschalter oben
E 0.4	B4 (NC)	Lichtschranke
E 0.5	B5 (NC)	Sicherheitsleiste
E 0.6	B6 (NO)	Induktionsschleife außen
E 0.7	B7 (NO)	Induktionsschleife innen
PEW 288	B8	Gaswarnsensor
A 4.1	Q1	Motorschütz Schranke AUF
A 4.2	Q2	Motorschütz Schranke AB
A 4.3	P3	Signallampe Schranke
AW 6	P6	Anzeigetafel freie Parkplätze

8: Auszug aus der Zuordnungsliste

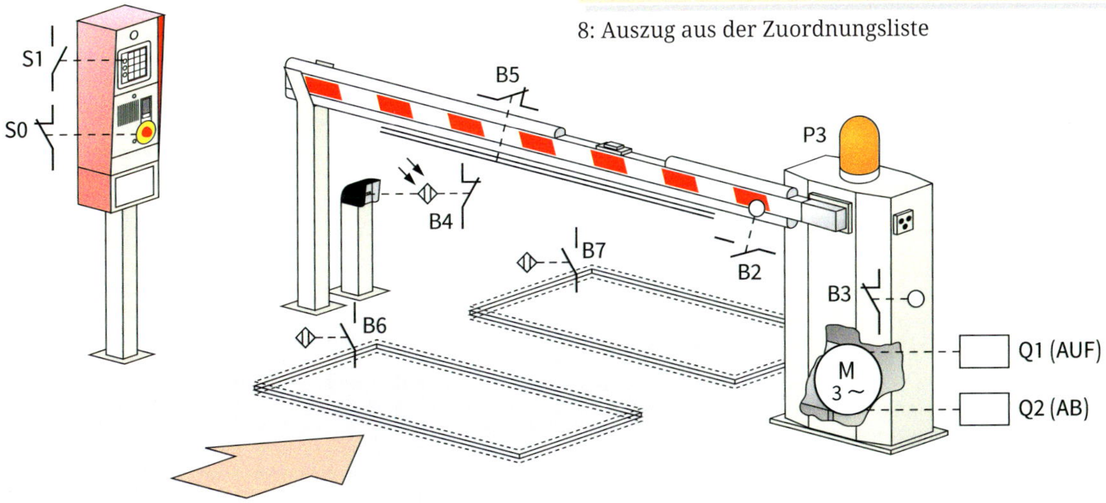

6: Schrankenanlage zur Einfahrtskontrolle

7.4.1 Projekt anlegen [*project creation*]

Unter einem „Projekt" versteht man in STEP 7 alle Programmbestandteile, die einer Steuerungsanlage zugeordnet sind. Dabei kann es sich um eine einzelne SPS oder eine Anlage aus vernetzten Steuergeräten (Automatisierungssystem) handeln.

Ein Projekt (Abb. 1) besteht mindestens aus der

- **Hardwarekonfiguration** und dem
- **Anwenderprogramm**.

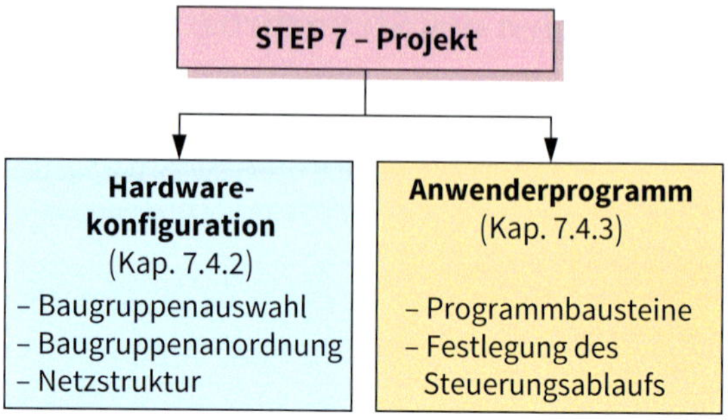

1: Projektstruktur in Step 7

Simatic-Manager starten

Das Programmpaket STEP 7 wird durch Aufruf des **Simatic-Managers** (Abb. 2) gestartet. Der Simatic-Manager stellt die „Zentrale" von STEP 7 dar, von dem aus alle weiteren Funktionen aufgerufen werden.

2: Start-Button Simatic-Manager

Neues Projekt anlegen

Mit dem Button „Neues Projekt"① öffnet sich ein Programmfenster (Abb. 3), in dem der Projektname und der Speicherort eingetragen werden.

Projektnamen vergeben

Die Vergabe eines aussagekräftigen **Projektnamens**② erleichtert später das Auffinden der Daten. Datums- oder Versionsangaben im Projektnamen sind hierbei hilfreich. Mit dem Button „Durchsuchen" wird das Verzeichnis zur Speicherung des Projekts gewählt③.
Standardmäßig ist hier das Verzeichnis *C:\Programme\Siemens\Step7\s7proj* eingestellt.

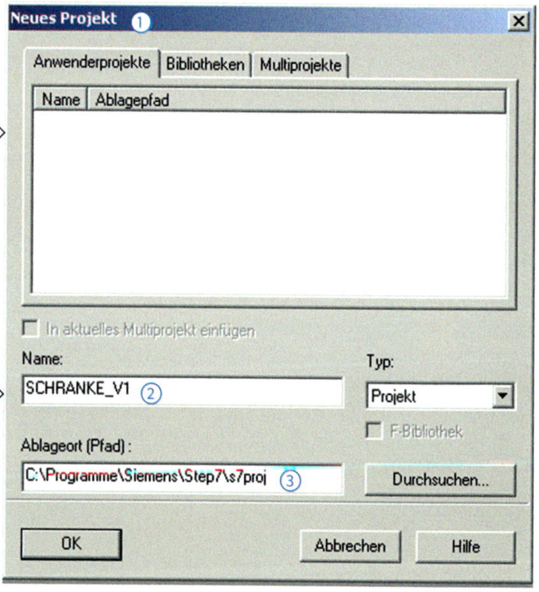

3: Eingabe des Projektnamens

Steuergerät einfügen

Nach der Bestätigung des Projektnamens ist eine „SIMATIC-Station" (S7-300 oder S7-400) einzufügen. Zum Einfügen der **Simatic-Station** wird die rechte Maustaste innerhalb des Programmfensters (Abb. 4) betätigt. Dann wird die Option „Neues Objekt einfügen"④ angewählt.
Im Pflichtenheft (Kap. 7.2) wurde der Einsatz einer SPS S7-300⑤ festgelegt. Dieses Steuergerät wird nun in das Projekt eingefügt.

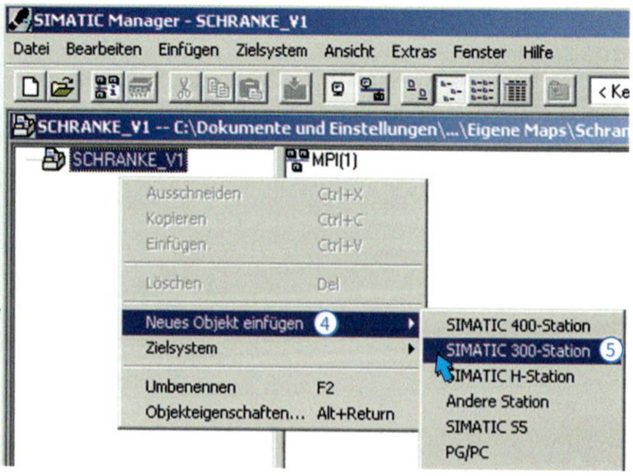

4: Einfügen einer Simatic-300 Station

7.4.2 Hardwarekonfiguration *[hardware configuration]*

Vor der Erstellung des Steuerprogramms ist die **Hardwarekonfiguration** vorzunehmen, in der die Baugruppen und deren Anordnung festgelegt werden. Hierzu muss im linken Fenster mit „+" die Simatic-Station angezeigt werden (Abb. 5,①). Diese wird per Mausklick angewählt. Darauf erscheint im rechten Fenster das Symbol „Hardware". Ein Doppelklick auf das Hardware-Symbol② öffnet ein neues Programmfenster (Abb. 6), in dem die Hardwarekonfiguration vorgenommen wird.

Die Anwahl des Buttons „Katalog" (Abb. 6,③) öffnet ein weiteres Fenster, den **Hardware-Katalog** (Abb. 7). Dieser Katalog enthält eine Auswahl aller verfügbaren Komponenten der SIMATIC-Automatisierungsgeräte. Neben den beiden Gerätefamilien S7-300 und S7-400 sind dort auch Buskomponenten und PC-Automatisierungssysteme enthalten.

Erforderliche Steuerungskomponenten

Zur Steuerung der Parkhausschranke sind nachfolgende Baugruppen erforderlich. Sie wurden bereits vom Hardware-Projekteur ausgewählt und sind im Pflichtenheft (vgl.Kap.7.2) beschrieben.

- **Profilschiene**④ (Rack-300): Alu-Schnappschiene
- **Power Supply**⑤ (PS-300): Die Stromstärke des Netzgerätes muss dem Anlagenumfang angepasst sein (vgl. Kap. 7.2.4).
- **Zentralbaugruppe**⑥ (CPU-300): Die Leistungsfähigkeit der CPU muss der Steuerungsaufgabe angepasst sein. Für diesen Auftrag wird die busfähige CPU 315-2DP verwendet.
- **Signalmodule**⑦ (SM 300): Je eine
  - Digital-Eingabebaugruppe DI 16
  - Digital-Ausgabebaugruppe DO 32
  - Analog-Eingabebaugruppe AI 2x12 Bit

Im unteren Bereich des Hardware-Kataloges befindet sich ein Informationsfenster⑧, das über die Bestellnummer und die technischen Daten der Baugruppe informiert.

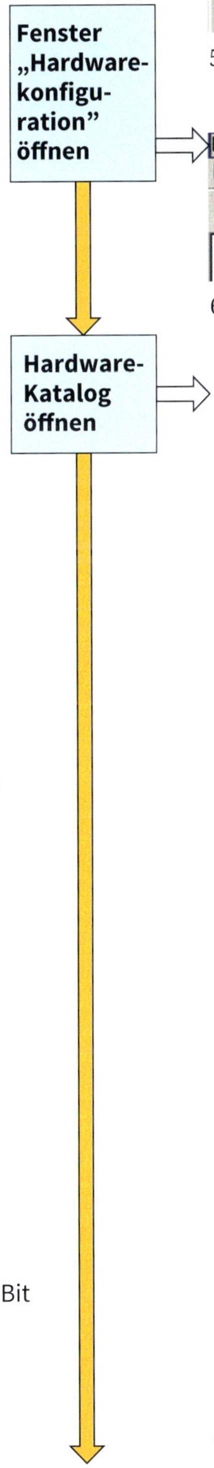

5: Auswahl der Option Hardwarekonfiguration im Simatic-Manager

6: Fenster Hardwarekonfiguration

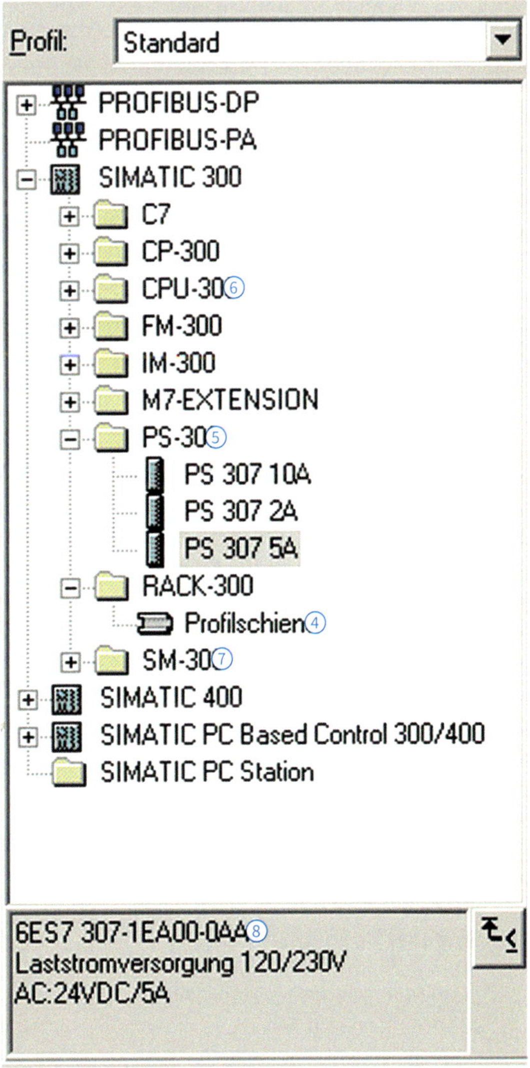

7: Hardware-Katalog der Simatic S7-Komponenten

Baugruppen einfügen
Die SPS-Komponenten werden der Reihe nach per „Drag & Drop" aus dem Katalog in das Fenster „HW-Konfig" gezogen. Wichtig ist, dass die Bestellnummer der eingesetzten Geräte kontrolliert wird, damit Hardwareaufbau und Software übereinstimmen. Ansonsten kann es zu Fehlfunktionen der SPS kommen.

Als Erstes wird die **Profilschiene Rack-300** eingefügt. Daraufhin öffnen sich zwei Tabellen①,② im Programmfenster (Abb.1). Die Komponenten werden in die obere Tabelle gezogen. Die untere Tabelle②zeigt dieselben Baugruppen wie in der oberen Tabelle an, jedoch mit genaueren Informationen.

Im nächsten Schritt wird das Netzteil (Power Supply PS-300) eingefügt. Es muss sich auf Steckplatz 1befinden (Abb. 2). Neben der CPU-Baugruppe versorgt es meist auch die Sensoren und Aktoren in der Anlage. Um Leistungsreserven zu haben, wird die 5A-Variante (max. Stromstärke) gewählt.

Die **Zentralbaugruppe**[*central processing unit*] kann nur auf Steckplatz 2 eingefügt werden (Abb. 3). Bei busfähigen CPUs wird beim Einfügen nach der Busadresse gefragt. Da die Baugruppe vorerst ohne Busvernetzung betrieben wird, ist hier „Nicht vernetzt" auszuwählen.

Steckplatz 3 (Abb. 3,③) muss in der Software STEP 7 für Anschaltbaugruppen (mehrzeiliger Aufbau, vgl. Kap. 7.2) frei bleiben. Die Software verhindert das Einfügen unzulässiger Baugruppen auf diesem Platz. Die Steuerung der Schranke ist einzeilig aufgebaut. Es ist keine Anschaltbaugruppe erforderlich.

Ab Steckplatz 4 können alle sonstigen Baugruppen (Ein-/Ausgabebaugruppen, Kommunikationsprozessoren, Positionier- und Sonderbaugruppen) gesteckt werden.

Auf Steckplatz 4 wird eine**Digital-Eingabebaugruppe**[*digital input*] (Abb. 4, ④) mit 16 Eingangssignalen eingefügt. Die erforderliche Steuerspannung beträgt 24 V DC.

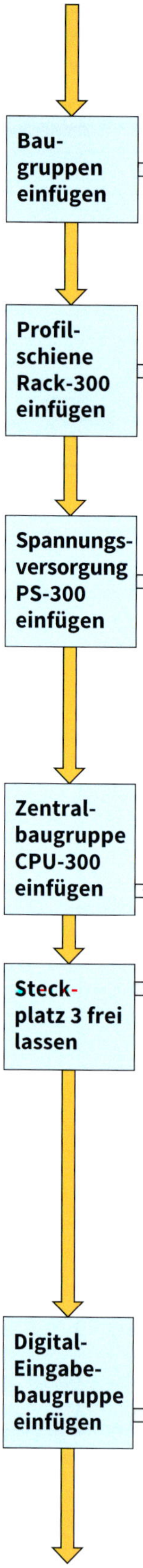

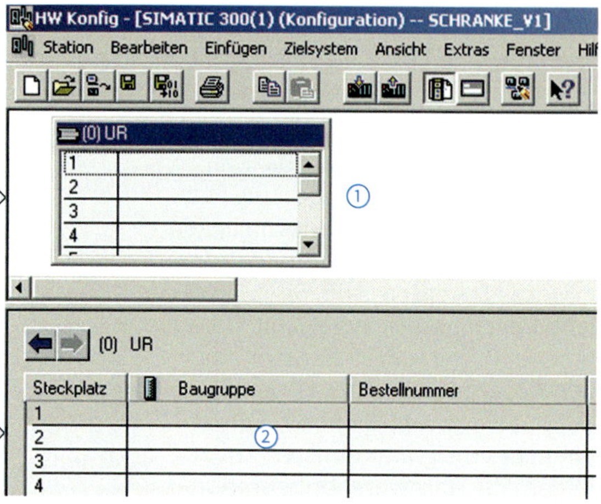

1: Eingefügter Baugruppenträger

2: Netzgerät auf Steckplatz 1

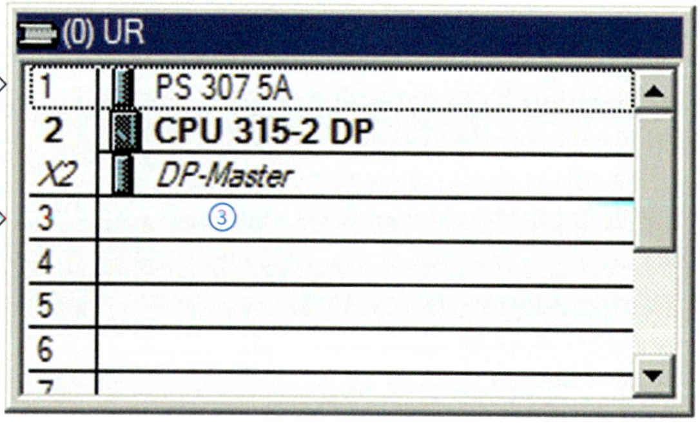

3: Zentralbaugruppe auf Steckplatz 2

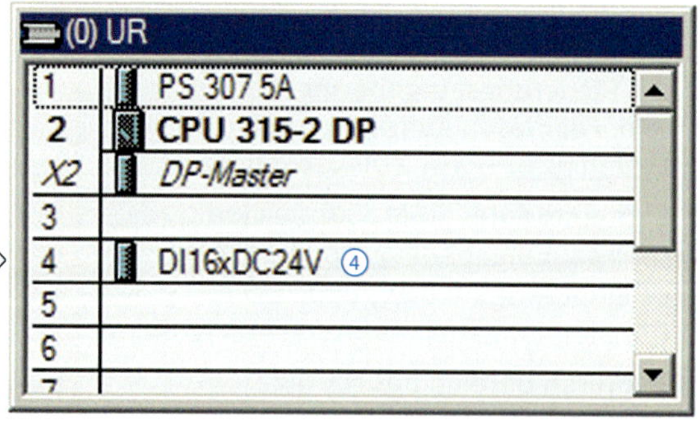

4: Eingabe- und Ausgabebaugruppen ab Steckplatz 4

Auf Steckplatz 5 wird eine **Digital-Ausgabebaugruppe** *[digital output module]* mit 32 Ausgängen eingefügt (Abb. 5, ①). Die abgegebene Steuerspannung beträgt 24 V DC, pro Ausgang ist eine maximale Stromstärke von 0,5 A möglich. Diese Stromstärke reicht üblicherweise zur Ansteuerung von Motorschützen und Pneumatikventilen aus. Bei Bedarf können auch Relaisbaugruppen eingesetzt werden, die höhere Ausgangsströme und eine galvanische Trennung der Ausgangsstromkreise ermöglichen.

Laut Pflichtenheft soll an die SPS auch ein analoger CO-Sensor zur Messung der Abgaskonzentration angeschlossen werden. Deshalb wird zuletzt noch eine Analog-Eingabebaugruppe AI 2x12 Bit eingefügt (Abb. 6, ②).

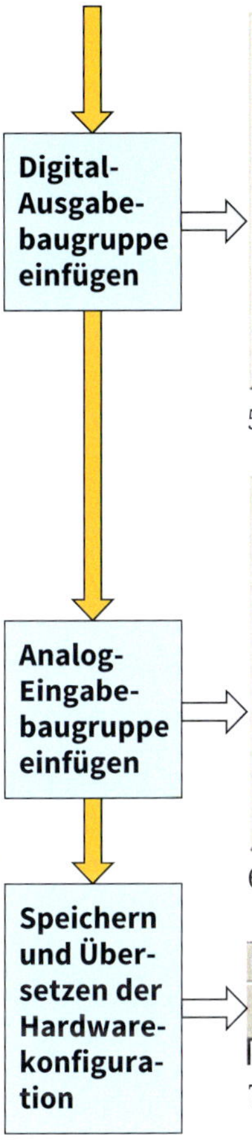

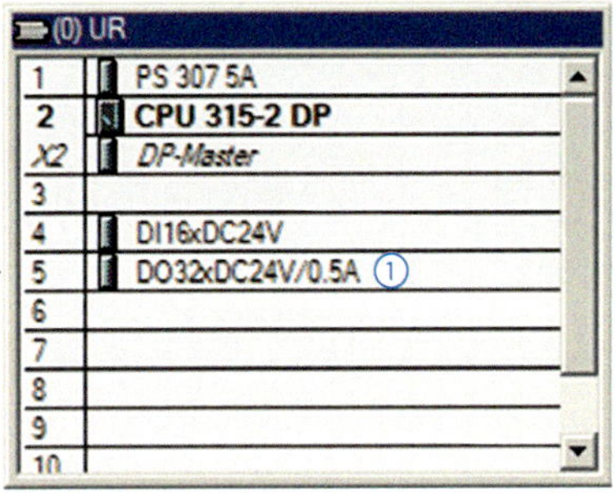

5: Eingefügte Digital-Ausgabebaugruppe

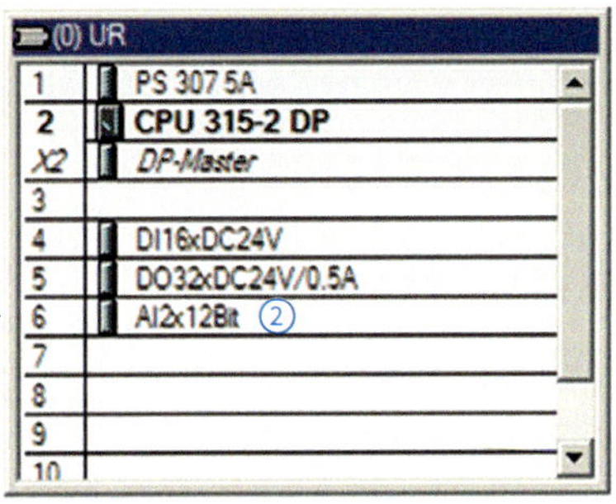

6: Eingefügte Analog-Eingabebaugruppe

Hardwarekonfiguration speichern

Zuletzt wird die Hardwarekonfiguration mit dem Button „**Speichern und Übersetzen**" abgeschlossen (Abb. 7, ③). Damit werden die festgelegten Informationen in einen maschinenlesbaren Code übersetzt, der einen Teil des gesamten Steuerprogramms darstellt.

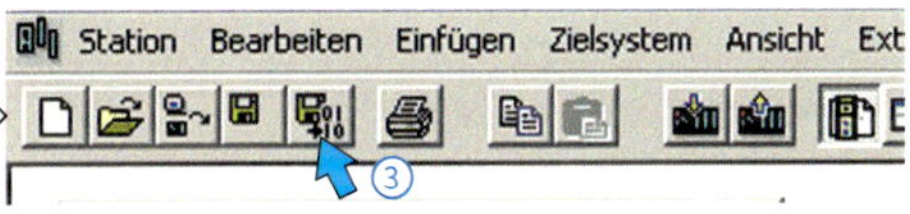

7: Speichern und Übersetzen der Hardwarekonfiguration

Baugruppenadressen

Da sich aus der Baugruppenanordnung die Adresse der einzelnen Eingangs- bzw. Ausgangsbits ergibt, werden die Baugruppen am sinnvollsten in folgender Weise angeordnet:

- Ab Steckplatz 4 werden lückenlos alle Digital-Eingabebaugruppen eingefügt.
- Anschließend werden lückenlos alle Digital-Ausgabebaugruppen angereiht.

Dieser Aufbau stellt eine übersichtliche Anordnung der Adressen von Eingangs- und Ausgangsbits sicher.

Jeder Steckplatz belegt vier Byte.

Steckplatz 4 ④: Die Eingabebaugruppe belegt nur Byte 0 und 1, da sie 16 Eingänge besitzt. Byte 2 und 3 sind nicht belegt.

Steckplatz 5 ⑤: Die Ausgabebaugruppe belegt 4 Byte (AB 4 ...7), da sie 32 Ausgänge besitzt. An Byte 4 werden die Aktoren angeschlossen. Byte 6 und 7 sind für den Anschluss der Anzeigetafel P6 vorgesehen. Byte 5 bleibt frei (Reserve).

Steckplatz 6 ⑥: Das System vergibt an die Analogbaugruppe selbstständig Adressbytes aus dem oberen Bereich (EB 288-291).

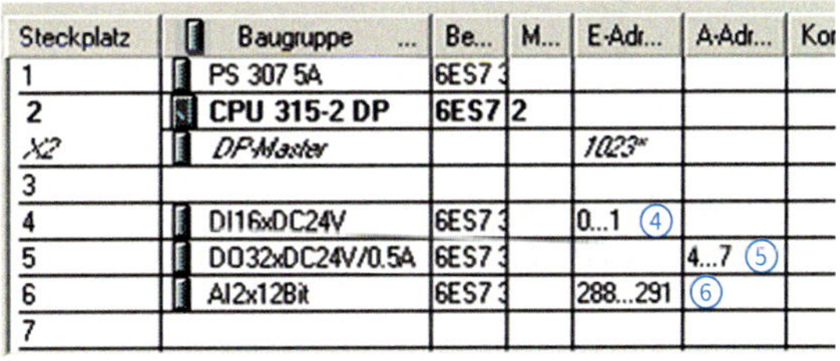

Steckplatz	Baugruppe ...	Be...	M...	E-Adr...	A-Adr...	Kor
1	PS 307 5A	6ES7				
2	CPU 315-2 DP	6ES7	2			
X2	DP-Master			1023*		
3						
4	DI16xDC24V	6ES7		0...1 ④		
5	DO32xDC24V/0.5A	6ES7			4...7 ⑤	
6	AI2x12Bit	6ES7		288...291 ⑥		
7						

8: Eingangs- und Ausgangsadressen

- In der Hardwarekonfiguration werden sämtliche Baugruppen des Steuergeräts festgelegt.
- Die Anordnung der Baugruppen beim Hardwareaufbau muss mit der Hardwarekonfiguration in STEP 7 übereinstimmen.
- Die Hardwarekonfiguration ist Voraussetzung für die korrekte Verarbeitung des Programms im Steuergerät. Deshalb wird sie am sinnvollsten vor der Erstellung des Steuerprogramms vorgenommen.

Steuerungstechnik

7.4.3 Schranke aufwärts

Das Programm zum Steuern der Aufwärtsbewegung der Schranke für die **Einfahrt** soll in der **Funktion FC 1** programmiert werden.

FC 1
Schranke aufwärts

Die Schranke soll dann **aufwärts fahren**, wenn
- die Induktionsschleife B6 aktiviert ist, weil ein Fahrzeug vor der Schranke steht

UND
- der Codeschalter S1 schließt, wenn der richtige Code vom Fahrzeuglenker eingegeben wurde

UND
- die vorherige Abwärtsbewegung der Schranke beendet ist, sodass Ausgang Q2 0-Zustand hat

ODER
- bei Aktivierung der Sicherheitsleiste B5, wenn also die Schranke beim Schließen auf Widerstand stößt

UND
- die Schranke noch nicht in der unteren Endlage ist, sodass Endschalter B2 den Zustand 1 hat.

Die Schranke soll unter folgenden Bedingungen **stoppen**:
- Der Not-Aus-Schlagtaster S0 wurde aktiviert

ODER
- der Grenztaster B3 wird betätigt.

Die Aufwärts-Bewegung der Schranke wird in einem Speicherglied gespeichert. Liegt eine Bedingung zum Stoppen der Schrankenbewegung vor, so soll der 1-Zustand des Speichergliedes unmittelbar zurückgesetzt werden. Aus diesem Grund wird ein SR-Speicherglied ausgewählt, dessen Reset-Eingang Vorrang hat.

Hardware-Not-Aus:
Bei Gefahr reicht der Steuerbefehl an S0 für das sichere Abschalten der Anlage nicht aus. Hard- oder Softwarefehler in der SPS könnten ein Abschalten des Motorschütz Q1 verhindern. Deshalb ist es Vorschrift, die Steuerspannung zu den Antriebsschützen stets zusätzlich über mechanische Kontakte abzuschalten.

Erläuterung des Bausteins FC 1
- Belegung der Ein-/Ausgänge entsprechen der Zuordnungsliste (vgl. Kap. 7.4)
- Induktionsschleife B6 und Codeschloss S1 liefern bei Erfüllung der Voraussetzungen ein 1-Signal. Eingänge E0.6 und E0.1 sowie Q2 (Verriegelung) werden deshalb nach UND verknüpft (Abb. 3, ①).
- Die Sicherheitsleiste B5 liefert bei Aktivierung ein 0-Signal. Deshalb wird der zugehörige Eingang E 0.5 invertiert. Die Sicherheitsleiste soll nur bei Abwärtsfahrt aktiv sein, deshalb wird auch der untere Endschalter B2 auf 1 (unbetätigt) abgefragt ②.
- Die beiden Geber S0 und B3 besitzen Öffner-Funktion. Sie liefern ein 0-Signal und müssen zur Auslösung des RESET invertiert werden ③.

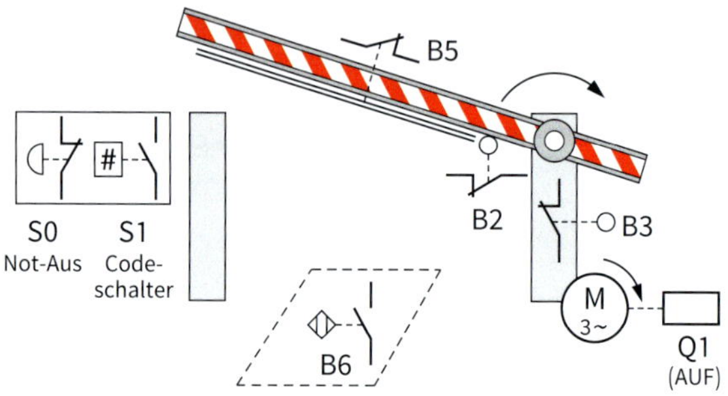

1: Sensoren und Aktoren für Aufwärtsbewegung beim Einfahren

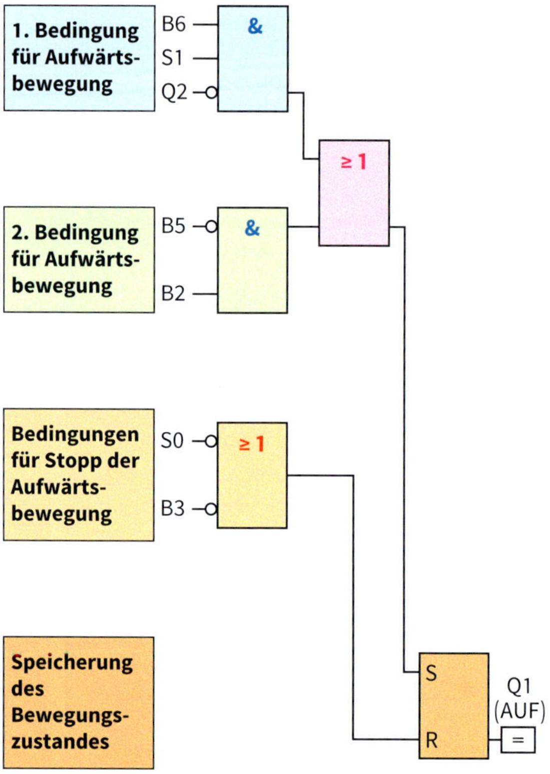

2: Entwicklung des Steuerprogramms FC 1

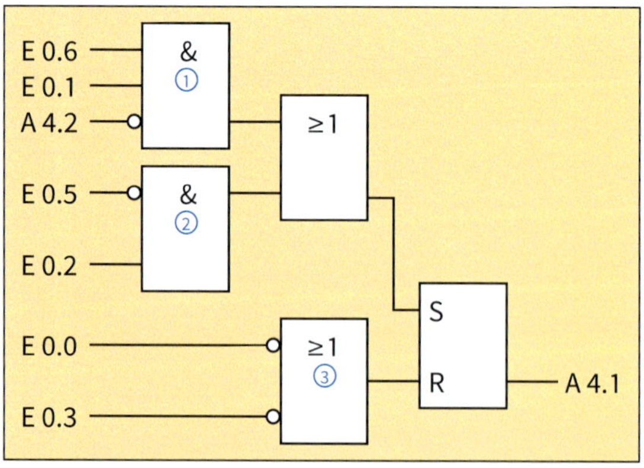

3: Steuerprogramm FC 1 zur Aufwärtsbewegung der Schranke

Einfügen des Bausteins FC1 in STEP 7

Nachdem die Hardwarekonfiguration abgeschlossen wurde, wird im linken Fenster des Simatic-Managers (Abb. 4) der Bausteinecontainer ① geöffnet. Dieser enthält bereits den OrganisationsbausteinOB1, der später angepasst wird.

Zum Einfügen der Funktion FC 1 wird der Bausteinecontainer ① mit der rechten Maustaste angeklickt. Darauf erscheint ein Menü, in dem der Punkt „Neues Objekt einfügen" ② aktiviert wird. In der Auswahl wird „Funktion" ③ angewählt.

Es erscheint das Fenster „Eigenschaften-Funktion", in dem der Name des Bausteins festgelegt wird (Abb. 5). Dieser setzt sich aus der Bezeichnung „FC" und der Bausteinenummer zusammen ④. Da als Bausteintyp „Funktion" angewählt wurde, akzeptiert STEP 7 hier nur die Bezeichnung FC1. Vor der Programmeingabe ist noch die Darstellungsart festzulegen. Hier wird „FUP" ⑤ gewählt, es wären jedoch alle drei Darstellungsarten möglich.

Der Baustein FC 1 ist noch ohne Inhalte. Eine Anwahl per Doppelklick (Abb. 6, ⑥) öffnet den „Baustein-Editor". Dies ist ein neues Fenster (Abb. 7), in dem die Programmbefehle eingefügt werden. Mit dem Baustein-Editor können auch fertige Bausteine abgeändert bzw. erweitert werden. Dazu wird der Baustein ebenfalls per Doppelklick editiert.

Es ist sinnvoll, die Funktionen der einzelnen Programmteile gut zu dokumentieren. Damit können später die Struktur und Funktion des Programms nachvollzogen werden.

Die Dokumentation der Bausteine erfolgt durch

- Titel (Abb. 7, ⑦) und
- Bausteinkommentar ⑧.

Programmbausteine können in einzelne Netzwerke ⑨ unterteilt werden. Üblicherweise wird pro Ausgang oder Zuweisung ein separates Netzwerk verwendet. FC1 besteht nur aus einem einzigen Netzwerk.

Netzwerke können ebenfalls mit

- Netzwerktitel ⑩ und
- Netzwerkkommentar ⑪ dokumentiert werden.

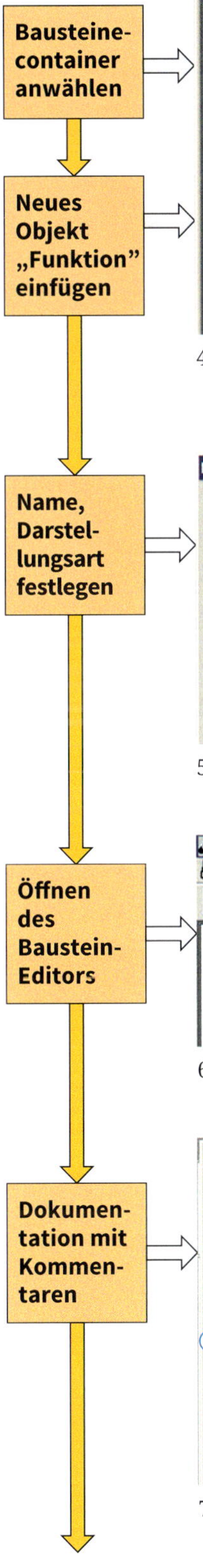

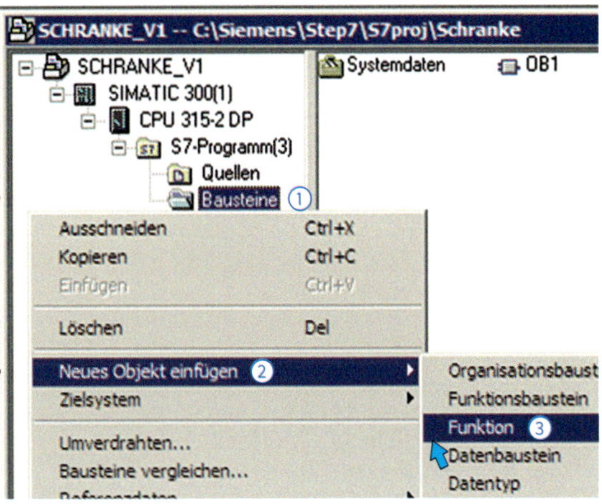

4: Einfügen eines Bausteins FC (Funktion) in den Bausteinecontainer

5: Festlegen von Name und Darstellungsart

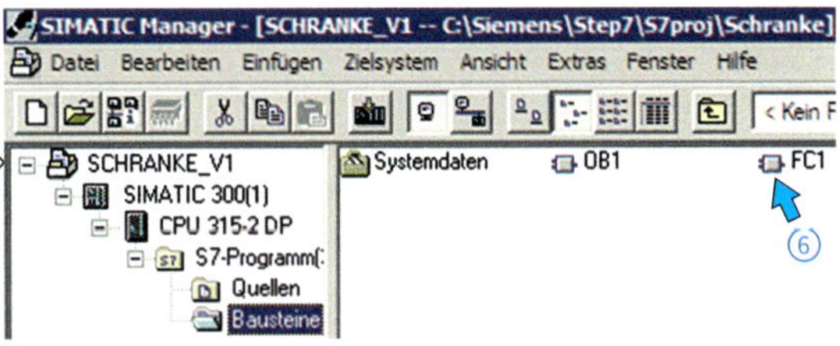

6: Editieren des Bausteins FC1

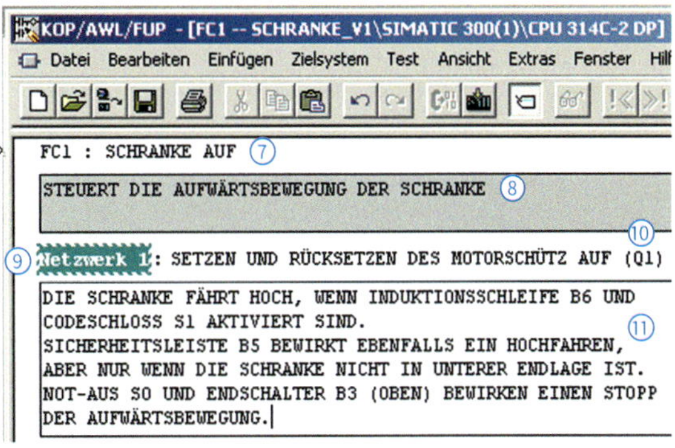

7: Einfügen von Kommentaren zur Dokumentation des Progaramms

Übersichtsliste einblenden

Die Verknüpfungssymbole des Programms werden im Anweisungsteil des Baustein-Editors eingefügt. ①

Es ist wichtig, dass dieses Fenster vor der Eingabe per Mausklick aktiviert wird, da sonst keine Eingabe von Programmelementen möglich ist.

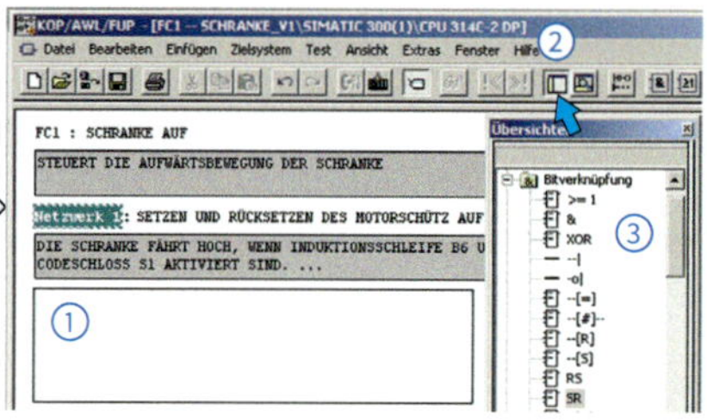

1: Aufruf der Übersichtsliste Programmelemente

SR-Speicher einfügen

Als Erstes soll das SR-Speicherglied eingefügt werden. Durch Anklicken des Button „Übersichten" ② öffnet sich eine Liste aller verfügbaren Programmelemente ③.

Das SR-Speicherglied (Flip-Flop mit Reset-Vorrang) befindet sich in der Liste „Übersichten" unter „Bitverknüpfung". Dazu ist die Liste über das „+"-Zeichen zu öffnen ④. Das SR-Speicherglied wird per Doppelklick oder Drag&Drop im Fenster des Anweisungsteils platziert (Abb. 2, ⑤).

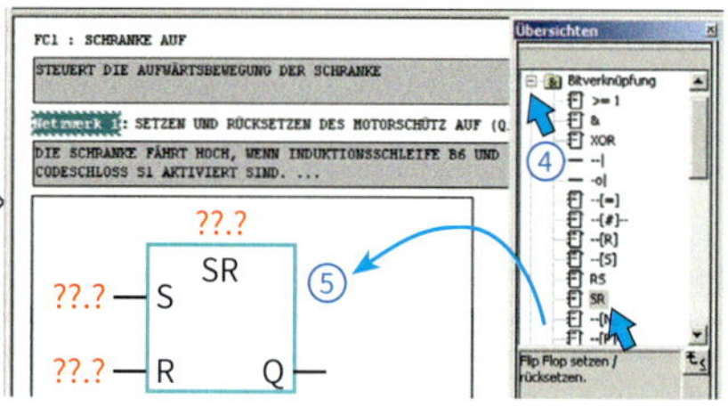

2: Einfügen des SR-Speichergliedes

Grundverknüpfungen einfügen

An die Eingänge des SR-Speichergliedes werden die Grundverknüpfungen UND bzw. ODER angeschlossen (vgl. Kapitelanfang).

Diese Grundverknüpfungen werden am oberen Rand des Fensters „Baustein-Editor" eingeblendet ⑥. Über den Button „Eingang" ⑦ werden zusätzliche Anschlüsse an die Verknüpfungssymbole angefügt. Zum Anschließen einer neuen Verknüpfung an bestehende Programmelemente ist dort der gewünschte Eingang durch Anklicken zu markieren, wie hier der Reset-Eingang des SR-Speichergliedes ⑧.

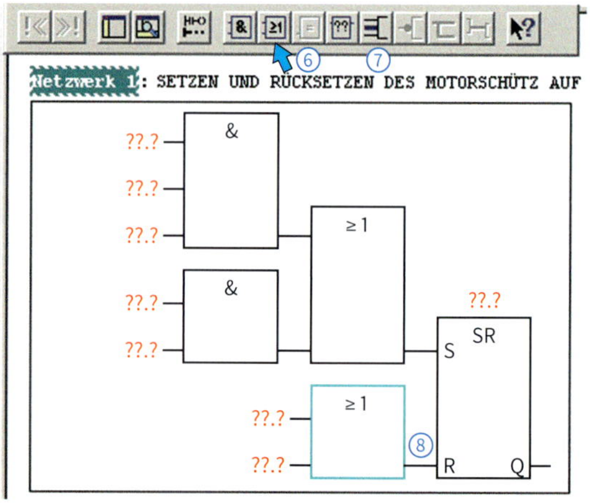

3: Einfügen binärer Grundverknüpfungen

Eingänge beschriften

Die Eingangsanschlüsse der Verknüpfungen werden mit den Eingangsadressen der SPS beschriftet (Abb. 4, ⑨). Hierzu wird die Beschriftung markiert. Anschließend kann der Text verändert werden. Die erforderlichen Adressen stehen in der Zuordnungsliste (vgl. Kap. 7.4).

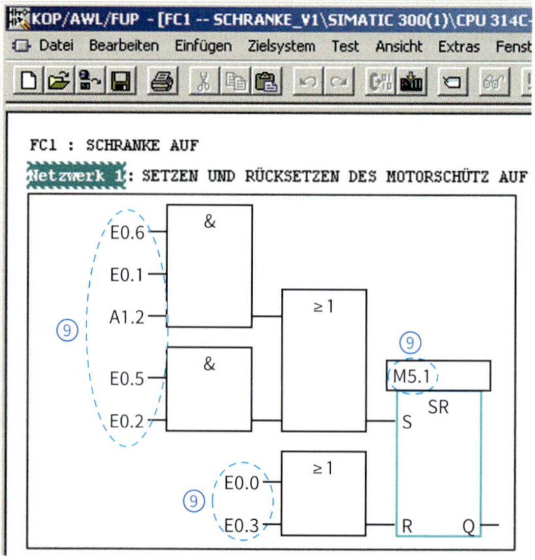

4: Beschriften der Eingänge und des Speichergliedes

Die Invertierung der Eingänge ist dort erforderlich, wo ein 0-Signal zu einer Schaltreaktion führen soll. Dies ist bei der Sicherheitsleiste B5, dem Not-Aus-Schalter S0 sowie dem Endschalter B3 der Fall. Diese Eingänge werden in FUP durch Markieren mit einem Kreissymbol invertiert (Abb. 5,①). Der zu invertierende Eingang ist durch Anklicken zu markieren②. Anschließend ist der entsprechende Button③ zu betätigen. Durch erneutes Betätigen dieses Buttons wird eine Invertierung wieder aufgehoben.

Zum Abschluss der Programmeingabe muss das Verknüpfungsergebnis noch auf einen Ausgang zugewiesen werden. Dazu ist der Ausgang des SR-Speichergliedes zu markieren (Abb. 6, ④). Anschließend wird der entsprechende Button⑤betätigt, sodass am Ausgang ein Zuweisungs-Symbol (=) angehängt wird. An diesem wird die vorgesehene Ausgangsadresse eingetragen⑥. Ausgang A4.1 steuert im Projekt Schrankenanlage das Motorschütz Q1 zur Aufwärtsbewegung der Schranke an.

Nachdem alle Eingänge beschriftet wurden, wird der Baustein vorerst auf der Festplatte des Programmiergerätes (PG) bzw. dem PC abgespeichert (Abb. 7,⑦). Das Übertragen des vollständigen Programms in die SPS wird nachfolgend in Kap. 7.5.2 erklärt.

Zur Erstellung weiterer Bausteine kann im Baustein-Editor die Option „Datei neu" ausgewählt werden.

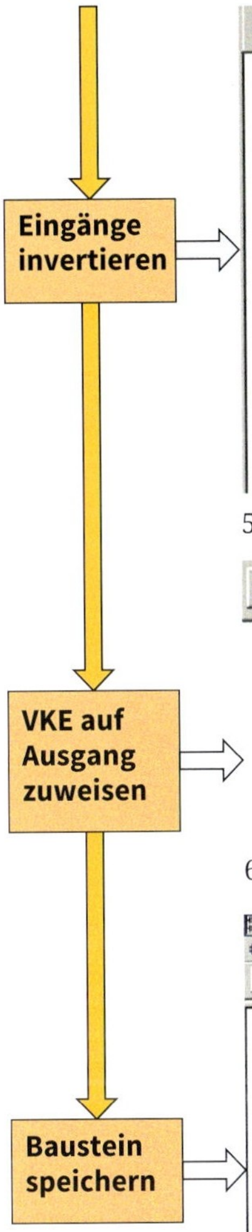

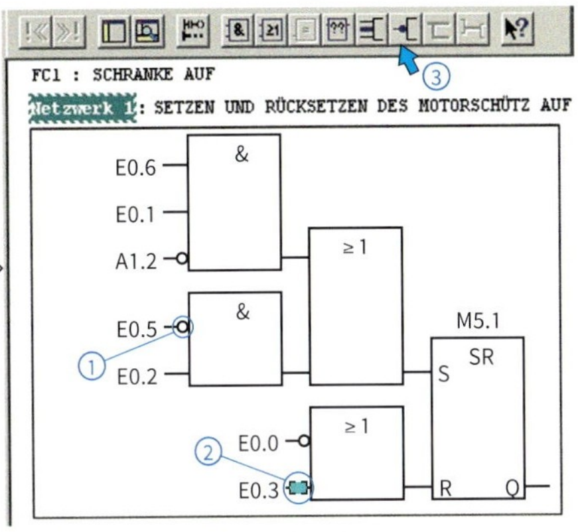

5: Invertierung von Eingängen

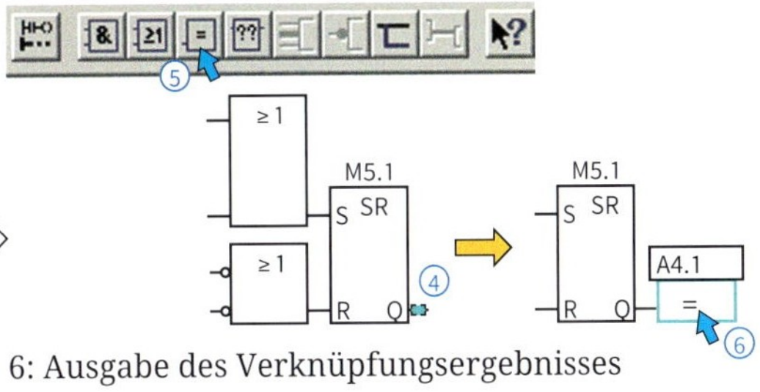

6: Ausgabe des Verknüpfungsergebnisses

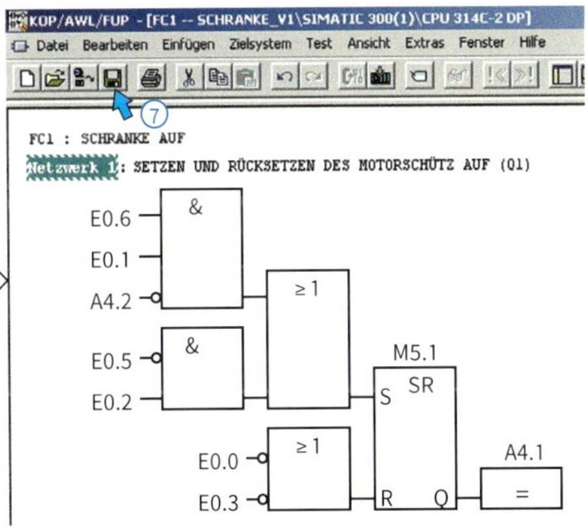

7: Speichern des fertiggestellten Bausteins

Drahtbruchsicherheit

Maschinen und Anlagen mit Gefahr bringenden Antrieben müssen so konstruiert werden, dass sie im Fehlerfall (z. B. bei Drahtbruch) selbstständig in einen sicheren Zustand gehen.

Diese Forderung gilt auch in speicherprogrammierbaren Steuerungen. Die Drahtbruchsicherheit wird bei SPS – ebenso wie bei VPS – durch folgende Maßnahmen gewährleistet:

- Bedienelemente mit **AUS-Funktion** werden als **Öffner** ausgeführt ⑧. Ein Drahtbruch in der Zuleitung führt dann zur gleichen Reaktion wie der betätigte Öffner S0 ⇒ Die Anlage wird abgeschaltet.
- Bedienelemente mit **EIN-Funktion** müssen als **Schließer** ausgeführt werden ⑨. Ein Drahtbruch in der Zuleitung führt dann zur gleichen Reaktion wie der nicht betätigte Schließer S1 ⇒ Die Anlage bleibt ausgeschaltet.

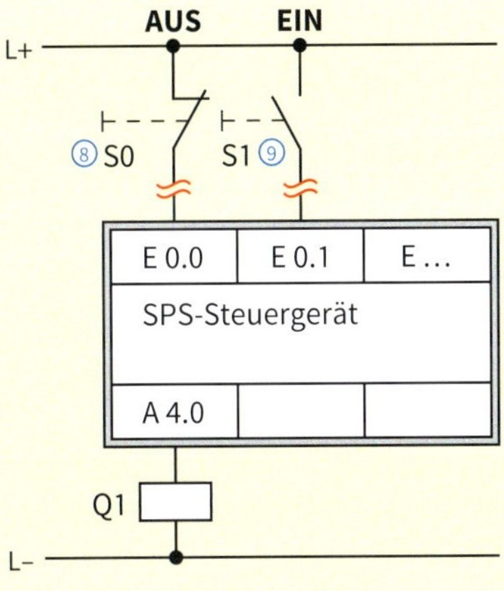

7.4.4 Schranke abwärts

FC 2
Schranke abwärts

Nachdem in der Funktion FC 1 (vgl. Kap. 7.4.3) das Programm der Aufwärtsbewegung erstellt wurde, wird in FC 2 die Abwärtsbewegung programmiert.

Die Schranke soll **abwärts fahren** (Abb. 2),

- sobald sie ganz geöffnet war (B3 im Zustand 0)

UND

- das Fahrzeug die hintere Induktionsschleife B7 erreicht hat. Diese hat dann 1-Zustand

ODER

- die Schranke nach einer Wartezeit immer noch nicht geschlossen ist, sodass B2 nicht betätigt wird

UND

- die Lichtschranke B4 nicht betätigt ist, sodass sich der Öffner im „1"-Zustand befindet (Schranke „frei")

UND

- die Sicherheitsleiste B5 nicht betätigt ist, sodass der Öffner 1-Zustand hat

UND

- die Schranke gerade nicht aufwärts fährt (gegenseitige Verriegelung, Q1 = 0).

Die Schranke soll unter folgenden Bedingungen **stoppen**:

- Der Not-Aus-Schlagtaster S0 wurde aktiviert

ODER

- der untere Grenztaster B2 wurde betätigt

ODER

- die Sicherheitsleiste B5 wurde betätigt.

Wenn eine der Voraussetzungen für die Abwärtsbewegung der Schranke vorliegt, wird dieser Bewegungszustand in einem **SR-Glied** gespeichert. Dessen Zustand wird vorrangig zurückgesetzt, sobald ein Stopp erforderlich wird.

Erläuterung des Bausteins FC 2

- Grenztaster B3 (E 0.3; Abb. 3, ①) hat in der oberen Endlage den Zustand 0 und der Pkw hat Induktionsschleife B7 erreicht. Die Abwärtsbewegung wird ausgelöst.
- Bleibt die Schranke in halboffener Stellung stehen (z. B. nach Spannungsausfall), so läuft der Timer T1 ② durch den 1-Zustand von B2 an. Nach der Einschaltverzögerung beginnt das selbstständige Schließen.
- Zum Schließen muss die Lichtschranke B4 frei sein und die Sicherheitsleiste B5 darf nicht betätigt sein. An E 0.4 und E 0.5 liegt jeweils ein 1-Zustand.
- Die gegenseitige Verriegelung erfordert, dass A 1.1 (Abwärtsfahrt) den Zustand 0 hat ③.
- Not-Aus S0, Grenztaster B2 und Sicherheitsleiste B5 liefern bei Betätigung die Zustände 0. Diese werden invertiert, damit am Speicherglied der Reset-Befehl ausgeführt werden kann ④.

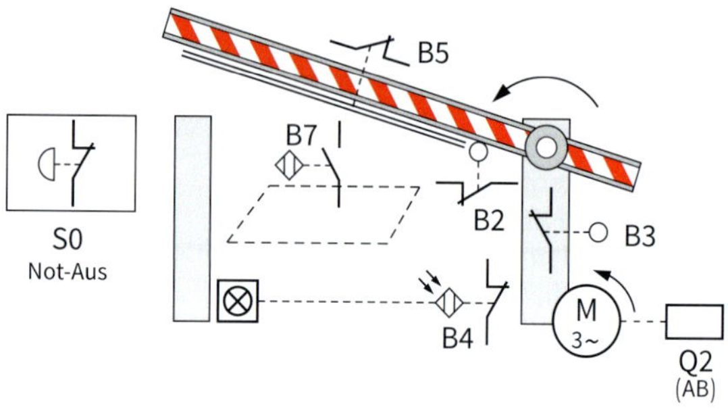

1: Sensoren und Aktoren für Abwärtsbewegung

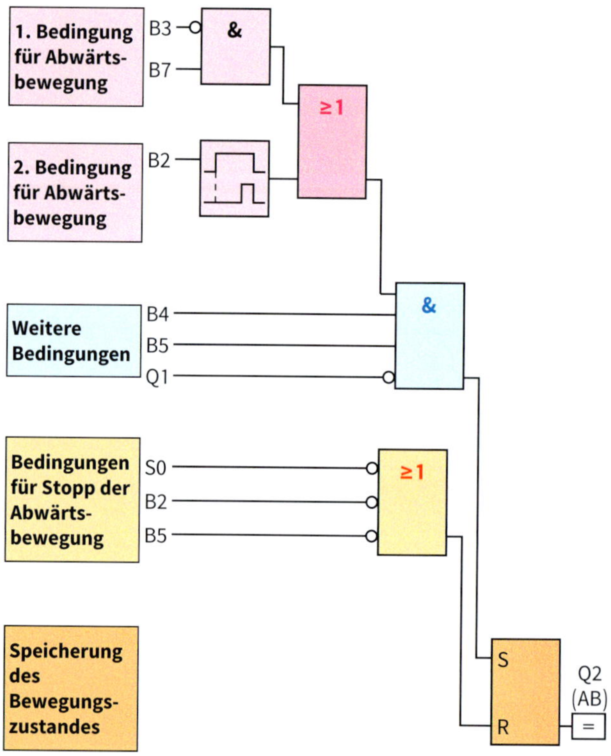

2: Entwicklung des Steuerprogramms FC 2

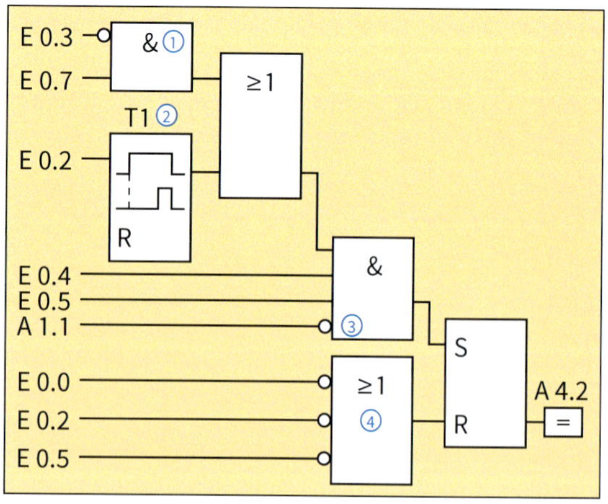

3: Steuerprogramm FC 2 zur Abwärtsbewegung der Schranke

Symbolische Adressierung

In umfangreichen Programmen wäre die Adressierung der vielen Objekte (Sensoren, Aktoren) sehr aufwändig und unübersichtlich. Deshalb werden den Objekten aussagekräftige Namen (Symbole) gegeben. Bei der symbolischen Darstellung erscheinen statt der absoluten Adressen (z. B. E 0.0) symbolische Bezeichnungen (z. B. NOT-AUS).

Dazu ist eine **Symboltabelle** erforderlich. Sie wird im Verzeichnis „S7-Programm" des SIMATIC-Managers aufgerufen (Abb. 4; ①). In der Symboltabelle (Abb. 5) wird jedem verwendeten Operanden (z. B. Eingang, Ausgang, Merker, Timer, Zähler usw.) ein symbolischer Name (Symbol,②) gegeben. Die Symbolnamen können frei gewählt werden. Die Verwendung der Objektkennzeichen (z. B. S0) im Symbol ist beim Programmtest hilfreich.

Die Erstellung des Bausteins FC2 erfolgt ähnlich wie bei FC1 (vgl. Kap. 7.4.3). Zur Anzeige der Symbole muss im Menü **Ansicht** die Option **Anzeigen mit symbol. Darstellung** ausgewählt werden. Nacheinander werden Speicherglied, Verknüpfungen und Zeitglied in den FC 2 eingefügt. Die einzelnen Objekte werden nun nicht mehr direkt, sondern **symbolisch adressiert**. Dazu werden die Operanden mit Hilfe der Maus markiert (Abb. 6,③). Mit Rechtsklick öffnet sich ein Menü, in dem „Symbol einfügen" ④ angewählt wird.

Daraufhin erscheint ein Fenster (Abb. 7, ⑤), in dem alle Symbole des Programms erscheinen. Um ein Objekt zu beschalten, wird das entsprechende Symbol aus der Tabelle ausgewählt.

Nachdem sämtliche Ein-/Ausgänge des Bausteins mit symbolischen Adressen beschaltet wurden, kann das fertige Programm (Abb. 8) gespeichert werden.

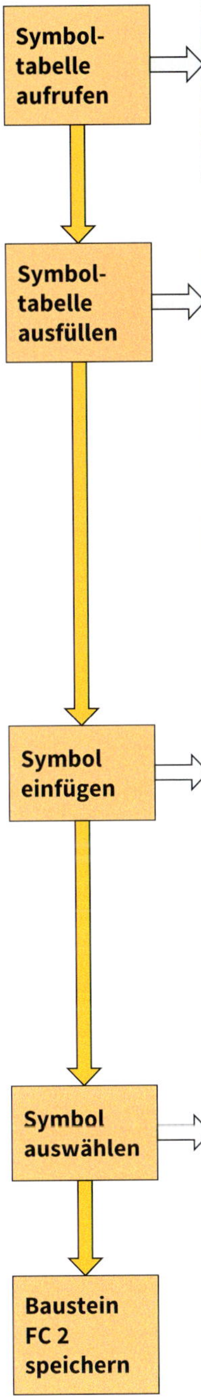

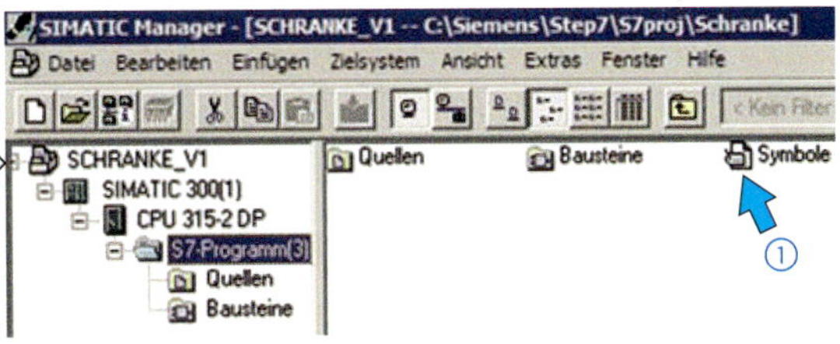

4: Aufruf der Symboltabelle im Ordner S7-Programm

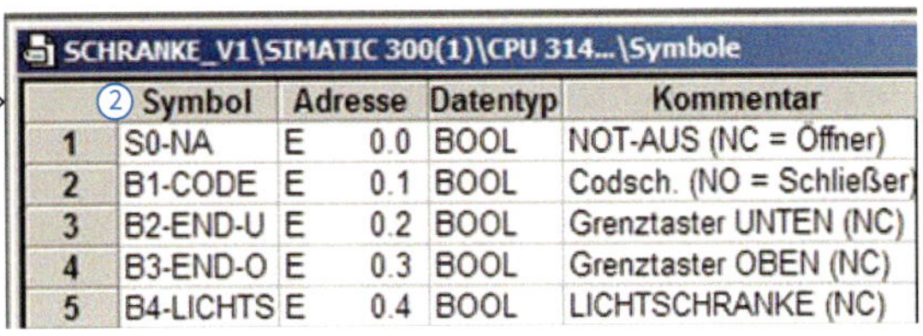

SCHRANKE_V1\SIMATIC 300(1)\CPU 314...\Symbole

	② Symbol	Adresse		Datentyp	Kommentar
1	S0-NA	E	0.0	BOOL	NOT-AUS (NC = Öffner)
2	B1-CODE	E	0.1	BOOL	Codsch. (NO = Schließer)
3	B2-END-U	E	0.2	BOOL	Grenztaster UNTEN (NC)
4	B3-END-O	E	0.3	BOOL	Grenztaster OBEN (NC)
5	B4-LICHTS	E	0.4	BOOL	LICHTSCHRANKE (NC)

5: Symboltabelle für Projekt Schranke

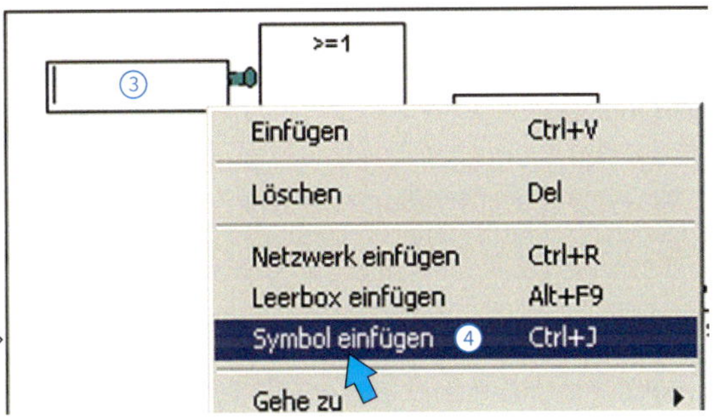

6: Symbol als Operand einfügen

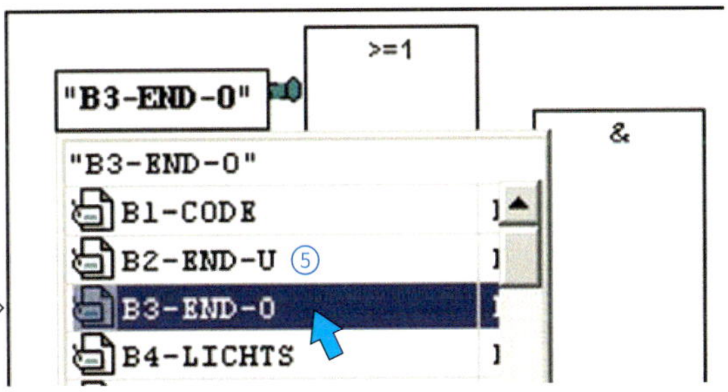

7: Symboltabelle bei der Programmeingabe

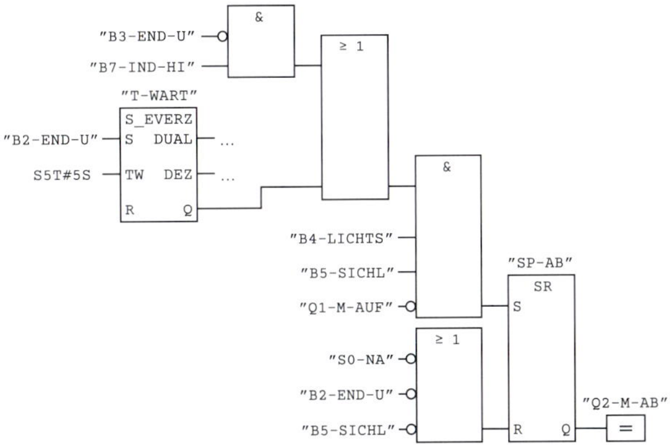

8: Programmbaustein FC 2 in STEP 7

- Die symbolische Darstellung ermöglicht es, den Programmobjekten aussagekräftige Namen zu geben.
- Die Symbole werden in der Symboltabelle festgelegt.
- Die Verwendung von Symbolen erleichtert die Programmierung und das Lesen von Programmen.

7.4.5 Zählen der Parkplätze

FC 3
Zählen der Parkplätze

An der Zufahrtskontrolle soll stets die aktuelle Anzahl der freien Parkplätze angezeigt werden. Dies erfolgt durch eine elektronische Anzeigetafel (Abb. 1), welche ihren Anzeigewert direkt aus der SPS erhält.

Das Programm zum Zählen der Parkplätze soll in der **Funktion FC 3** programmiert werden.

Das Zählen der Parkplätze erfolgt in der SPS mit Hilfe eines Zählers Z1 (Abb. 2, ①; vgl. Kap 7.3.2.5). Dessen Wert wird durch die Signale ein- bzw. ausfahrender Fahrzeuge verändert. Bei leerem Parkhaus kann der Hausmeister mit einem Set-Signal ② die Anzahl der verfügbaren Parkplätze in den Zähler eintragen. Diese Anzahl (hier 237) wird vom Programmierer am Eingang ZW (Zählerwert, ③) vorgegeben. Jedes einfahrende Fahrzeug verringert die Anzahl der freien Parkplätze. Dazu wird ein Signal an den Eingang ZR (zähle rückwärts) gegeben ④.

Dieses Signal zum Rückwärtszählen kommt, wenn
- die Schranke in der oberen Position steht (B3=0),
- die Lichtschranke unterbrochen wird (B4=0) und
- die innere Induktionsschleife B7 belegt ist.

Fährt ein Fahrzeug aus der Tiefgarage, erhält die Steuerung entsprechende Signale am ZV-Eingang ⑤. Dies erhöht den Zählerstand. Dieser Teil des Programms ist hier noch nicht integriert, deshalb wird das Signal der Ausfahrt-Schranke mit einem Eingang (z. B. E 1.1) simuliert. Die Ausgabe erfolgt im BCD-Code ⑥ auf Ausgangswort 6 der Ausgabebaugruppe. Die Adresse der Ausgabebaugruppe hängt von der Hardwarekonfiguration ab. Hier kann eine BCD-codierte Anzeige angeschlossen werden. Dabei sind pro Ziffer 4 Bit erforderlich (vgl. Kap. 7.3.2.5).

Solange der Zählerstand größer als 0 ist, hat Ausgang A 4.4 den Zustand 1 ⑦. Über diesen Ausgang wird eine grüne Kontrolllampe an der Pforte angesteuert. Diese zeigt an, dass freie Parkplätze vorhanden sind.

- Zähler speichern, z.B. die Anzahl von Stückzahlen, Lagerplätzen, Bewegungs- und Produktionsvorgängen in der SPS.
- Zähler können mit einem Anfangswert geladen werden.
- Zähler können in positiver und negativer Richtung zählen.
- Es sind Zählerstände zwischen 0 und +999 möglich.
- Bei positivem Zählwert besitzt der Binärausgang den Zustand 1, bei Zählwert 0 wechselt er in den Zustand 0.
- Der Wert des Zählers kann als Dualcode oder als BCD-Code ausgegeben und gespeichert werden.

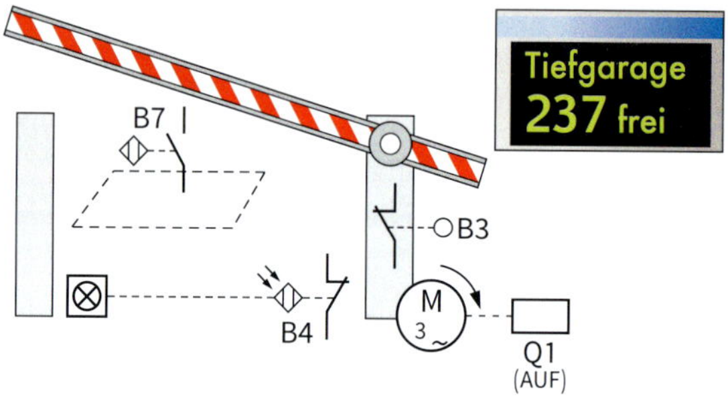

1: Sensoren zum Zählen der einfahrenden Fahrzeuge

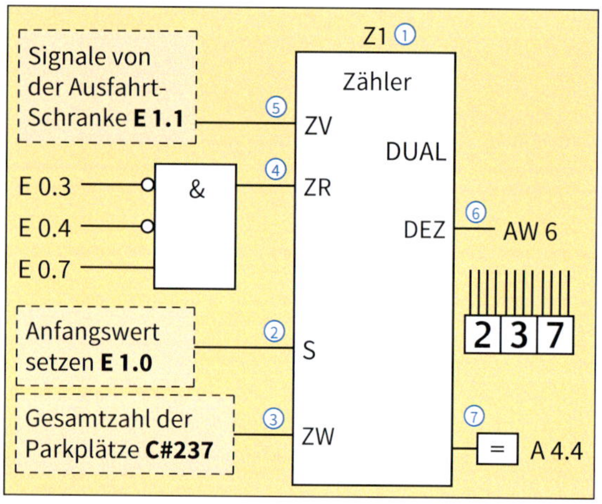

2: Steuerprogramm FC 3 zum Zählen der freien Parkplätze

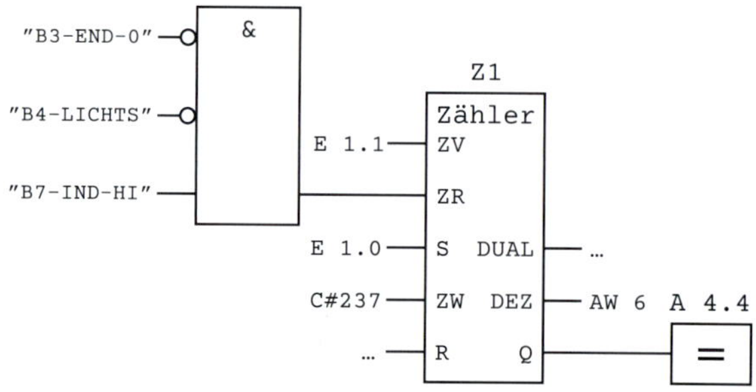

3: Programmbaustein FC 3 in STEP 7

Aufgaben

1. Stellen Sie den Zählerwert 237 als 16 Bit Dualzahl dar (vgl. Kap. 7.3.2.5).
2. Geben Sie den Zählerwert 237 in BCD-Darstellung an. Benutzen Sie alle 16 Bit des Zählerausgangs (vgl. Kap. 7.3.2.5).
3. In FC 3 leuchtet an Ausgang A 4.4 die grüne Kontrolllampe, die anzeigt, dass freie Parkplätze verfügbar sind.
   Erweitern Sie das Programm FC 3 so, dass bei Zählerstand 0 eine rote Kontrolllampe am Ausgang A 4.5 angesteuert wird.

7.4.6 Gaswarnanlage

Das Programm zum Steuern der Anlage bei auslösendem Gaswarnsensor soll in der **Funktion FC 4** programmiert werden.

FC 4
Gaswarnanlage

Wie funktioniert der Gaswarnsensor?

Die bisher behandelten Sensoren sind **binäre Sensoren** [*binary sensors*]. Sie erfassen Eingangsgrößen der Steuerung (z.B. Betätigung der Induktionsschleife B7 durch ein Fahrzeug) und wandeln diese in ein binäres elektrisches Signal um (Abb. 4). Befindet sich das Fahrzeug über der Induktionsschleife, gibt diese über einen Schleifendetektor ein 1-Signal (24 V) aus. Befindet sich kein Fahrzeug über der Schleife, wird ein 0-Signal (0 V) ausgegeben. Dieses binäre Signal kann von der SPS direkt verarbeitet werden.

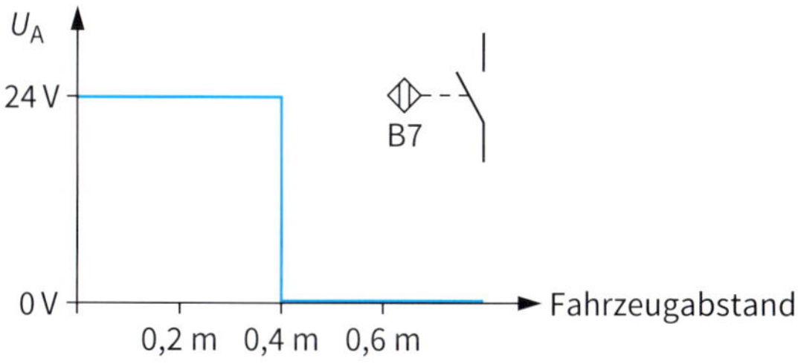

4: Mögliche Signalzustände der Induktionsschleife

Im Gegensatz zu binären Sensoren handelt es sich bei dem Gaswarnsensor um einen **analogen Sensor** [*analog sensor*]. Er erfasst die Konzentration des giftigen Kohlenmonoxidgases (CO) in der Luft. Der Arbeitsbereich des CO-Sensors liegt zwischen 0 ppm und 300 ppm. Die Größe **ppm** (**p**arts **p**er **m**illion = Teile pro Millionen) gibt an, wie viel cm^3 CO in einem m^3 Luft enthalten sind.

Entsprechend der CO-Konzentration der Luft gibt der Gaswarnsensor ein Signal I_A aus, welches innerhalb vorgegebener Grenzwerte (I_A = 4 mA bei 0 ppm bis 20 mA bei 300 ppm) jeden beliebigen Wert annehmen kann (Abb. 5). Beispielsweise würde eine CO-Konzentration von 150 ppm einen Ausgangsstrom von 12 mA bewirken.

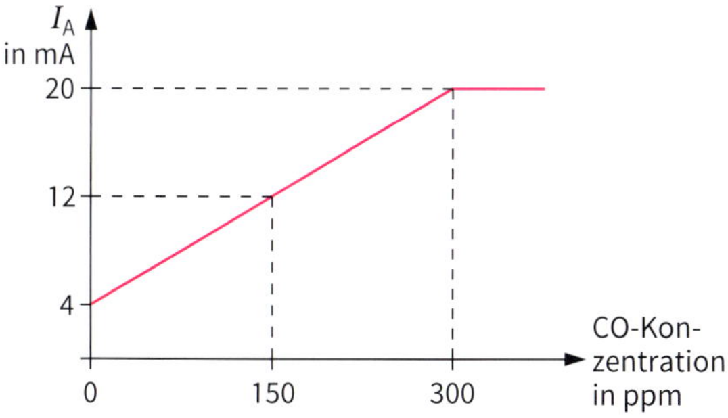

5: Ausgangssignal des Gaswarnsensors

Signalarten

Analoge Signale können innerhalb eines vorgegebenen Wertebereichs jeden beliebigen Wert (wertkontinuierliches Signal) annehmen. Beispiele dafür sind Temperatur oder Geschwindigkeit.

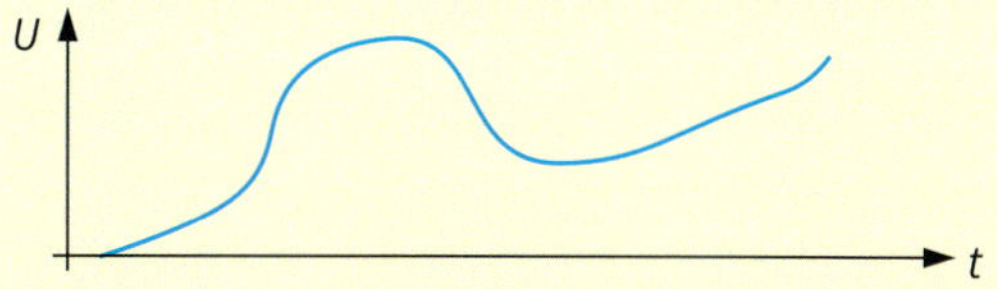

Digitale Signale können nur ganz bestimmte, d.h. diskrete Werte innerhalb eines vorgegebenen Wertebereiches annehmen.

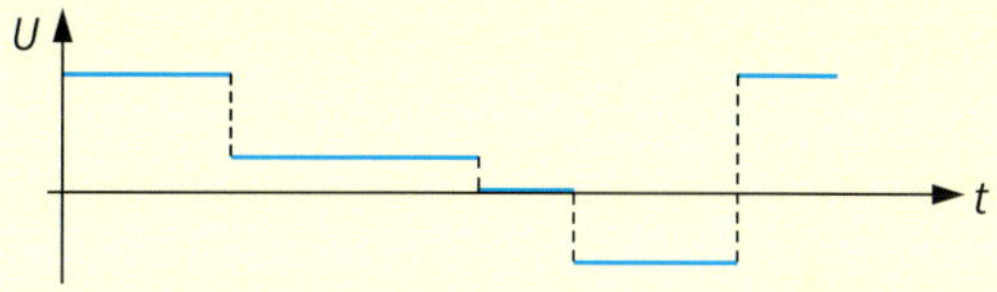

Eine Sonderform des digitalen Signals sind die **binären Signale**. Diese können nur die Signalzustände 1-Signal (High-Pegel) oder 0-Signal (Low-Pegel) annehmen. Ein Beispiel dafür ist das Ausgangssignal eines Schalters.

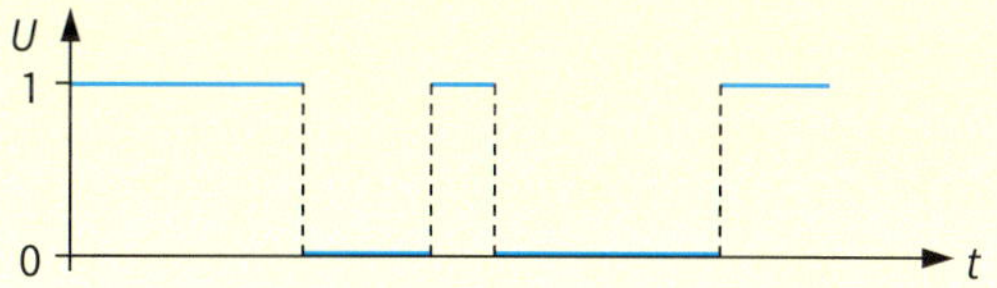

Wie wird der Gaswarnsensor angeschlossen?

Entsprechend der zu messenden Größe lassen sich an eine **Analog-Eingabebaugruppe (AI-Baugruppe)** unterschiedliche Messumformer anschließen:

- Spannungsgeber,
- Stromgeber,
- Widerstände oder Thermoelemente.

Bei dem Gaswarnsensor handelt es sich um einen Stromgeber (2-Draht Messumformer). Der Messbereich liegt zwischen I_A = 4 mA und 20 mA. Die Ausgabe eines Signals von 4 mA bei einer CO-Konzentration von 0 ppm dient der Sicherheit der Anlage. Würde der Gaswarnsensor bei 0 ppm CO kein Signal ausgeben (0 mA), wäre es nicht möglich, einen Defekt des Gerätes oder der Verbindung (Drahtbruch) festzustellen. Das Signal 0 mA würde immer als 0 ppm CO von der Steuerung angesehen.

Der Anschluss des Gaswarnsensors erfolgt über eine geschirmte, paarweise verdrillte Zweidrahtleitung (Twisted-Pair Leitung) an den Eingang der AI-Baugruppe. Diese übernimmt auch die Spannungsversorgung des Messumformers.

Wie werden analoge Signale verarbeitet?

Die Zentralbaugruppe einer SPS kann nur digitale Signale verarbeiten. Somit ist es notwendig, das analoge Ausgangssignal des Gaswarnsensors in diese Signalform umzuwandeln (Abb. 1). Diese Aufgabe übernimmt die AI-Baugruppe. Die Umwandlung erfolgt mit einem **Analog-Digital-Umsetzer ADU** [*analog/digital converter ADC*] in drei Schritten.

Abtastung [*sampling*]

Die AI-Baugruppe erfasst das analoge Signal I_A des Gaswarnsensors. Hierzu wird das Signal in regelmäßigen Zeitintervallen abgetastet. Dabei werden wertkontinuierliche Abtastwerte erzeugt.

Quantisierung [*quantization*]

Diese Abtastwerte werden nun festgelegten Stromwerten, den Quantisierungsstufen, zugeordnet. Die Genauigkeit, mit der dieses quantisierte Signal I_Q das analoge Sensorsignal I_A nachbildet, ist abhängig von der Auflösung des ADU. Die Auflösung gibt an, in wie viele Intervalle, den **Quantisierungsstufen**, das Eingangssignal unterteilt wird.

Die in Abb. 2 dargestellte **3-Bit-Auflösung** ermöglicht eine Unterteilung des Eingangssignals in $2^3 = 8$ Quantisierungsstufen. Der Strombereich $\Delta I = 16$ mA (20 mA – 4,0 mA) des analogen Eingangssignals lässt sich somit in acht Stufen mit einer Stufenhöhe von 16 mA/8 = 2,0 mA unterteilen. Die Werte des quantisierten Signals bleiben für die Zeit zwischen den einzelnen Abtastzeitpunkten konstant, obwohl sich das Analogsignal durchaus ändert.

Codierung [*coding*]

Anschließend wird das quantisierte Signal I_Q in eine Dualzahl umgewandelt. Diesen Vorgang bezeichnet man als Codierung. Dabei wird jeder Quantisierungsstufe eine **Dualzahl** zugewiesen. Dem Wertebereich 4 mA – 6 mA wird die kleinste Dualzahl zugewiesen (000), 18 mA – 20 mA die höchste (111).

Erzeugung eines dualen Zahlenwertes

Die kleinste Informationseinheit in der Digitaltechnik ist das Bit. Mit einem Bit lassen sich $2^1 = 2$ Zustände darstellen. Diese Information kann in einer Speicherzelle gespeichert werden.

Um die Anzahl der darstellbaren Zustände zu erweitern, muss die Anzahl der Bits erhöht werden. Mit zwei Bits können $2^2 = 4$ verschiedene Zustände dargestellt werden. Je höher die Anzahl der Bits ist, umso mehr Zustände lassen sich darstellen.

3-Bit-Auflösung (2^3 = 8 Stufen)			
Quantisierungsstufe	**dualer Wert**		
4 mA bis < 6 mA	0	0	0
6 mA bis < 8 mA	0	0	1
8 mA bis < 10 mA	0	1	0
10 mA bis < 12 mA	0	1	1
12 mA bis < 14 mA	1	0	0
14 mA bis < 16 mA	1	0	1
16 mA bis < 18 mA	1	1	0
18 mA bis < 20 mA	1	1	1

2: Zuordnung Quantisierungsstufe – Dualzahl

Bei der Quantisierung eines analogen Signals wird das Signal verfälscht (**Quantisierungsfehler**).

Beispiel zu Abb. 3:

Abtastzeitpunkt	**Analogwert**	**Dualzahl**
t_3	10,2 mA	011
t_4	11,8 mA	011

Obwohl sich die Analogwerte um 1,6 mA unterscheiden, werden sie der gleichen Dualzahl zugeordnet.

Ein Analogwert wird umso besser angenähert, je kleiner die Schrittweite der Quantisierungsstufe ist. Dies erfordert eine hohe Auflösung. Die verwendete Analogbaugruppe ermöglicht eine Auflösung von 12 Bit. Dies entspricht einer Unterteilung des Strombereiches ΔI in $2^{12} = 4096$ Quantisierungsstufen.

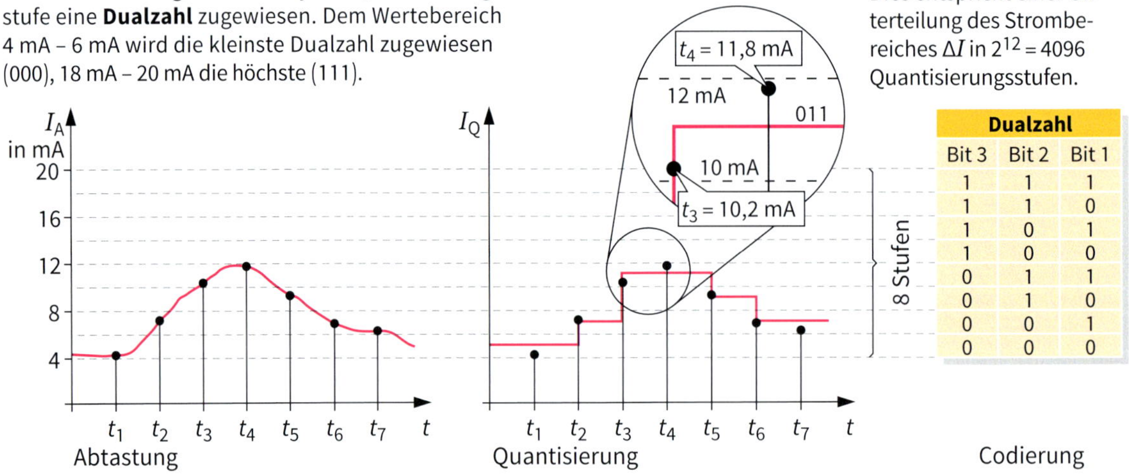

1: Signalumwandlung

Messwertdarstellung von AI-Baugruppen

AI-Baugruppen können unterschiedliche analoge Messgrößen aufnehmen (Tab. 1). Der Wert einer analogen Messgröße lässt sich nicht mit einem Bit darstellen. Eine SPS arbeitet deshalb mit unterschiedlichen **Datentypen**. Der Datentyp legt zum einen das Format von Speicherbereichen in einem Programm fest (Tab. 2).

Messgröße	Messbereich
Spannung	± 250 mV; 1 bis 5 V; ± 10 V
Strom	± 3,2 mA; 0 bis 20 mA; 4 bis 20 mA
Widerstand	0 bis 150 Ω; 0 bis 600 Ω
Temperatur	Pt 100: – 200 bis + 800 °C

Tabelle 1

Datentyp	Länge (Bit)	Formatbeispiel
Bool	1	1
Byte	8	1 1 0 1 1 0 0 1
Wort (WORD)	16	1 1 0 1 1 0 0 1 1 0 1 1 0 0 1 1
Doppelwort (DWORD)	32	1 1 0 1 1 0 0 1 1 0 1 1 0 0 1 1 1 0 0 1 0 1 1 0 0 0 1 1 0 1 1 1

Tabelle 2

Datentypen bestimmen aber auch die Art eines Wertes, der in einen Speicherbereich eingetragen werden kann. Folgende Werte lassen sich festlegen (Tab. 3).

Jedem Eingangssignal (Kanal) einer AI-Baugruppe wird ein 16 Bit langer Speicherbereich vom Typ WORD zugeordnet (Bit 0 bis Bit 15). Bit 15 ist für das Vorzeichen des Analogwertes reserviert („**0**" entspricht **+**; „**1**" entspricht **–**).

Dateityp	Länge (Bit)	Wertebereich
INT Ganzzahl	16	– 32 768 bis + 32 767
DINT Ganzzahl	32	– 2 147 483 648 bis + 2 147 483 647
REAL Gleitkommazahl	32	– 3,402823e+38 bis + 3,402823e+38

Tabelle 3

- Analoge Signale können innerhalb eines Wertebereiches jeden Wert annehmen.
- Analogsensoren wandeln analoge Messgrößen in analoge elektrische Signale um.
- Eine Analog-Eingangsbaugruppe (AI-Baugruppe) wandelt ein elektrisches Analogsignal in ein digitales Signal um. Diese Umwandlung erfolgt in drei Schritten: Abtastung – Quantisierung – Codierung

Aufgaben

1. Erläutern Sie die Unterschiede zwischen analogen, digitalen und binären Signalen.
2. Beschreiben Sie die Funktion eines Gaswarnsensors.
3. Erklären Sie den Umwandlungsprozess, den eine AI-Baugruppe durchführt, um analoge Signale in digitale Signale umzuwandeln.

Wie wird die AI-Baugruppe konfiguriert?

In der Hardwarekonfiguration müssen die Objekteigenschaften der Analog-Eingabebaugruppe eingestellt werden (Abb. 3). Dazu wird die Analogbaugruppe in der Hardwarekonfiguration mit der linken Maustaste angeklickt ①. Es erscheint ein Menü, in dem der Punkt „Objekteigenschaften" aktiviert wird. Im folgenden Dialogfenster lassen sich wichtige Einstellungen der Analogbaugruppe vornehmen (Abb. 4).

Allgemein

Zunächst wird der Analogbaugruppe ein Name ② und ein entsprechender Kommentar zugeordnet. Dies ist bei der Verwendung mehrerer AI-Baugruppen durchaus hilfreich.

Adressen

Die Anfangsadresse der beiden 12-Bit-Eingangskanäle wird aufgrund der Hardwarekonfiguration von der Software vorgegeben ③. Der Adressumfang entspricht dem für zwei Eingangskanäle notwendigen Speicherbereich.
Kanal 1: 288.0 – 288.7 und 289.0 – 289.7
Kanal 2: 290.0 – 290.7 und 291.0 – 291.7
Jedem Kanal wird ein Speicherbereich vom Datentyp „WORD" zugewiesen.

Objekteigenschaften der AI-Baugruppe → **Allgemeine Eigenschaften** → **Festlegung der Adresse**

3: Konfiguration der AI-Baugruppe

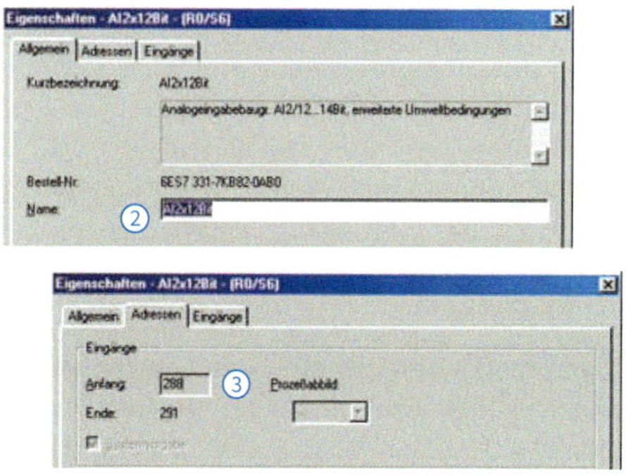

4: AI-Baugruppe: Eigenschaften

Steuerungstechnik

Festlegung der Messart

Eingänge

Hier wird dem Analogeingang die entsprechende Messart zugewiesen (Abb. 1). Bei dem Gaswarnsensor handelt es sich um einen Stromgeber (2-Drahtmessumformer) mit dem Wertebereich von 4 mA – 20 mA. Durch Anklicken der Messart ① lässt sich diese Einstellung im folgenden Menü auswählen ②.

An manchen AI-Baugruppen wird die Messart zusätzlich über **Messbereichsmodule** festgelegt. Dies sind Hardwarestecker, die an der Seitenwand der AI-Baugruppe in eine bestimmte Position gesteckt werden müssen.

Nachdem die Konfiguration der Al-Baugruppe abgeschlossen ist, erfolgt die Programmerstellung.

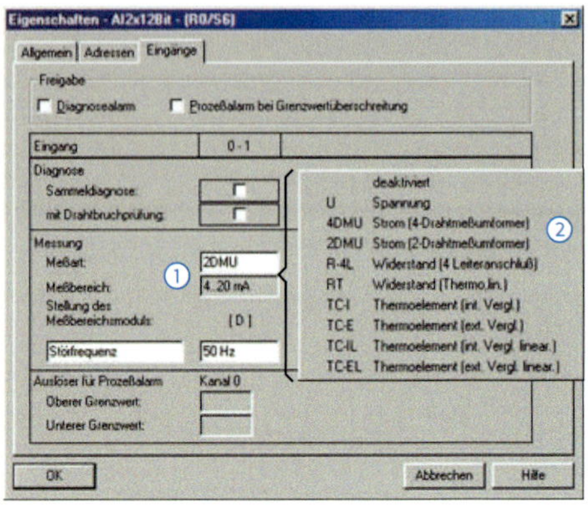

1: Messart der AI-Baugruppe

Analogwert einlesen

Programm zur Analogwerterfassung

Aufruf FC 4

Über den OB1 wird die Funktion FC 4 „Gaswarnanlage" aufgerufen. Dies geschieht mit Hilfe des Sprungsbefehls „Call" im OB1. Der FC 4 ist in die Netzwerke NW1 bis NW 5 unterteilt.

NW1: Analogwert einlesen und skalieren

(Abb. 2 und Abb. 3)

Mit der Funktion **FC 105 „Scale"** wird der digitalisierte Analogwert (Ausgangssignal der Al-Baugruppe) im Programm erfasst.

Über den Eingang IN wird der Kanal 1 der AI-Baugruppe (Adressbereich 288.0 – 288.7 und 289.0 – 289.7) eingelesen ③.

Über den Eingang HI_LIM wird der obere Grenzwert festgelegt ④. Zur einfachen Umrechnung wählen wir den Wert 300 = 3,0000000e+002 (entspricht dem oberen Grenzwert des Sensors = 300 ppm CO). Für den unteren Grenzwert LO_LIM ⑤ wählen wir den Wert 0 = 0,000000e+000 (0 ppm CO).

Die Werte 0 und 300 sind vom Datentyp REAL. Die Eingabe einer Real-Zahl erfordert immer einen Dezimalpunkt. Beispiel: 0.0 oder 300.0

Über den Eingang „Bipolar" kann festgelegt werden, ob sich die Werte des Eingangssignals nur im positiven Bereich bewegen (z.B. 4 mA–20 mA = unipolar) oder auch im negativen Bereich (z.B. ± 10 V = bipolar). Für unseren Fall muss dieser Eingang über M 0.0 dauerhaft mit dem Wert „0" angesprochen werden (vgl. Kap. 7.3.2.3) ⑥. Dies signalisiert dem FC 105, dass ein unipolarer Wert bearbeitet wird.

Das Ergebnis entspricht einer Gleitkommazahl vom Typ REAL und wird in das **Merker-Doppelwort** MD 10 geschrieben ⑦. Der Ausgang RET_VAL ist hier nicht von Bedeutung.

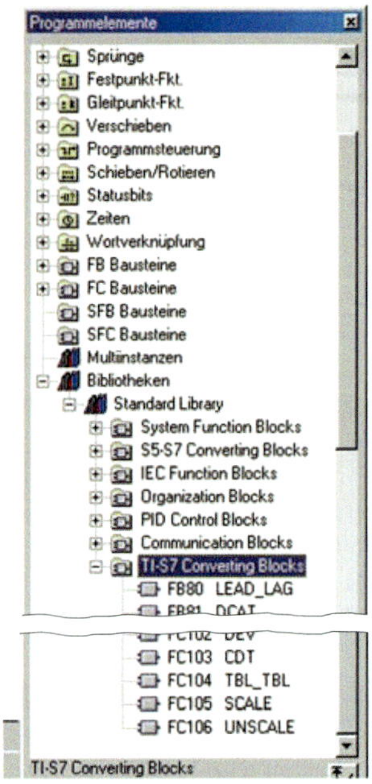

2: FC 105 Scale

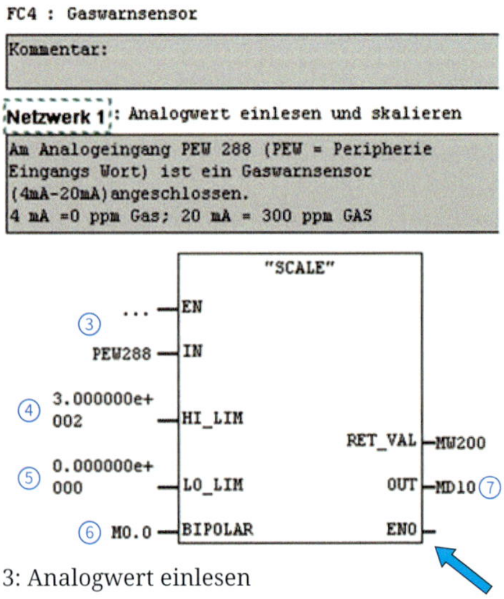

3: Analogwert einlesen

NW 2: Reaktionsgrenze 1 festlegen (Abb. 5)

Überschreitet der Wert der CO-Konzentration in der Tiefgarage einen bestimmten Wert, ist es notwendig, über die Steuerung entsprechend zu reagieren. Maßgaben hinsichtlich der Reaktion werden in der DIN 2053 und den Garagenverordnungen der Bundesländer beschrieben (Abb. 4). Die Konstante 100 (entspricht der Vorgabe 100 ppm) wird mit Hilfe des Befehls MOVE in das MD 14 geschrieben.

NW 3: Lüftung einschalten (Abb. 6)

Es folgt der **Vergleich** [*comparison*] der Reaktionsgrenze 1 (MD 14) mit dem Wert der CO-Konzentration in MD 10.

Ist dieser Vergleich positiv (d. h. ist die CO-Konzentration in der Garage gleich oder größer der Reaktionsgrenze von 100 ppm CO-Konzentration), wird über Ausgang A 4.6 die Lüftung eingeschaltet. Die Auswahl des Vergleichers ist abhängig von den Datentypen der Eingangssignale. Hier wird der Vergleich zweier REAL-Zahlen durchgeführt ⇒ Vergleicher CMP ≥ R.

NW 4: Reaktionsgrenze 2 festlegen (Abb. 7)

Die Grenze zum Einschalten des Warnhinweises wird bei 150 ppm CO festgelegt und im MD18 abgelegt.

NW 5: Warnschild einschalten (Abb. 5)

Ist die CO-Konzentration gleich oder größer dem Wert 150 ppm (Vergleich MD 10 mit MD 18), wird das Warnschild über den Ausgang 4.7 eingeschaltet.

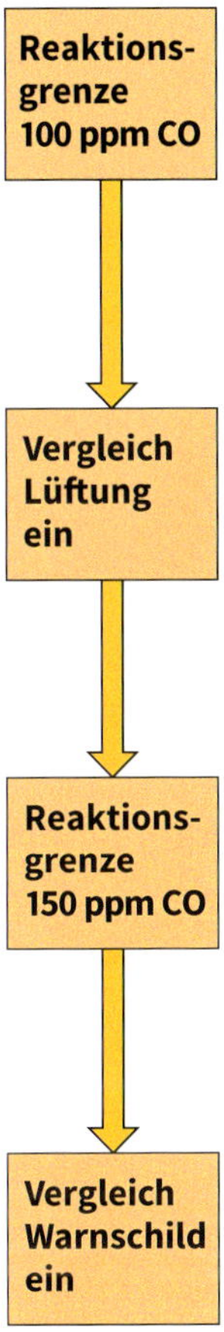

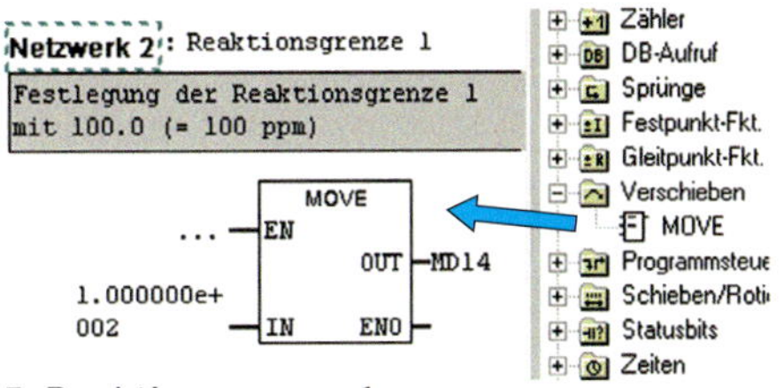

5: Reaktionsgrenze 1

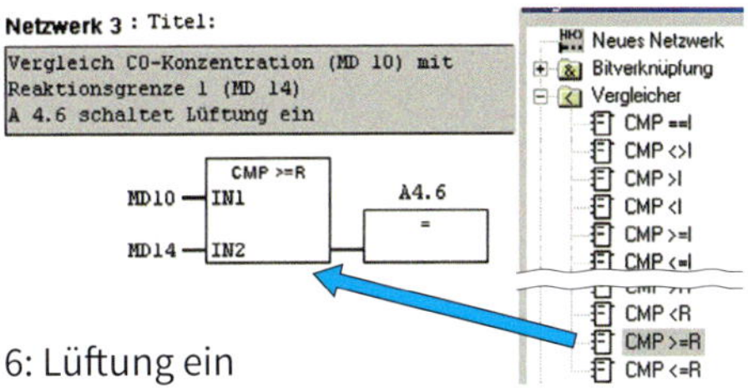

6: Lüftung ein

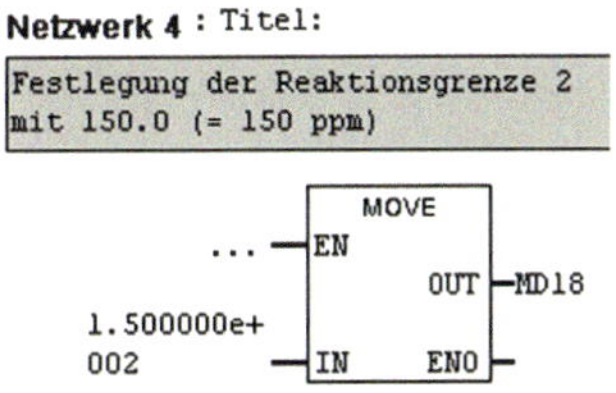

7: Reaktionsgrenze 2

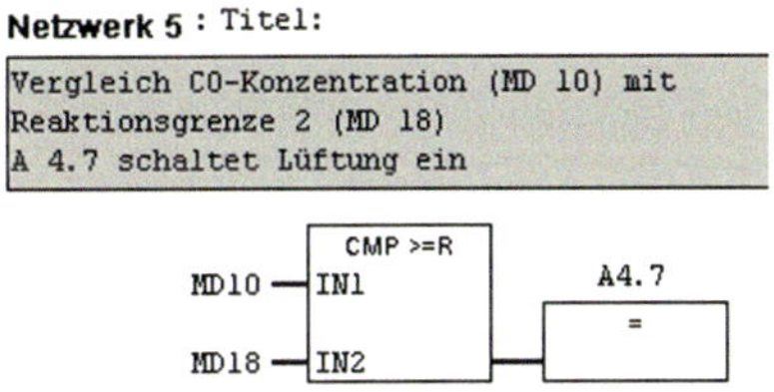

8: Warnschild ein

Lüftung von Garagen

Geschlossene Garagen ab einer Größe von 101 m² müssen eine maschinelle Abluftanlage besitzen. Diese ist einzuschalten, sobald die CO-Belastung der Luft einen festgelegten Wert überschreitet. Diese Werte unterscheiden sich je nach Bundesland. Die Stadtverwaltung Göttingen hat in Absprache mit dem zuständigen TÜV folgende Regelung vereinbart:

Reaktionsgrenze 1 = 100 ppm CO

Einschalten der maschinellen Abluftanlage; steigt trotz dieser Maßnahme die CO-Konzentration der Luft weiter an, erfolgt eine zweite Reaktion.

Reaktionsgrenze 2 = 150 ppm CO

Einschalten des Warnhinweises

VERGIFTUNGSGEFAHR
Garage zügig verlassen!
Im Stand MOTOR ABSTELLEN!

4: Lüftung von Großgaragen

Aufgaben

1. Beschreiben Sie, wie die Messart bei einer AI-Baugruppe eingestellt wird.
2. Erläutern Sie die einzelnen Programmschritte zur Erfassung analoger Eingangsgrößen.
3. Warum kann ein Integer-Wert nur in einen Datentyp WORD eingelesen werden?

- AI-Baugruppen können unterschiedliche analoge Messgrößen erfassen.
- Der Analogwert wird über die Funktion FC 105 „SCALE" eingelesen.
- Mit der Operation „MOVE" werden Speicherbereiche mit Werten vorbelegt.
- Die Vergleichsoperation „CMP" ermöglicht den Vergleich zweier Ganzzahlen.

7.5 Inbetriebnahme und Kundenübergabe

Nachdem die Steuerung installiert und das SPS-Programm erstellt wurden, erfolgt nun die Inbetriebnahme. Zweck der Inbetriebnahmephase ist es, das Zusammenwirken zwischen Hard- und Software zu optimieren, indem Einstellungen und eventuelle Nachbesserungen vorgenommen werden.

1. Aufgabenanalyse (Kap. 7.1.1)

↓

2. Hardware-Auswahl (Kap. 7.1.2)

↓

3. Softwareprojektierung (Kap. 7.4)

↓

4. Inbetriebnahme (Kap. 7.5)
- Programmsimulation
- Installation
- Inbetriebsetzung
- Dokumentation, Kundenübergabe

7.5.1 Programmsimulation mit S7-PLCSIM

Um festzustellen, ob das Steuerprogramm fehlerfrei arbeitet, kann es mit Hilfe der Simulationssoftware S7-PLCSIM überprüft werden. Die Simulation hat gegenüber dem realen Einsatz den Vorteil, dass bei eventuellen Programmfehlern keine Gefahrensituation auftritt oder Anlagenteile beschädigt werden könnten.

S7-PLCSIM ist ein Zusatzprogramm zur Simulation der Steuerprogramme. Es muss ergänzend zu STEP 7 installiert werden (Abb. 1).

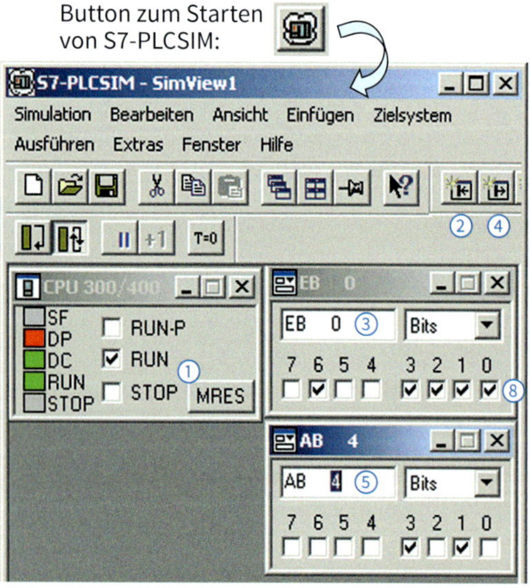

1: Programmoberfläche von S7-PLCSIM

Bei seiner Installation integriert sich S7-PLCSIM in das Programmpaket STEP 7. Es wird im Simatic-Manager mit einem Button gestartet (Abb. 1).

S7-PLCSIM bildet eine SPS nach, die in den RUN- und STOP-Modus ① geschaltet werden kann. Durch Betätigen des Buttons „Eingang einfügen" ② werden die zu steuernden Eingänge als ganze Byte (z. B. EB 0, ③) auf dem Bildschirm dargestellt. In gleicher Art wird mit den zu beobachtenden Ausgängen ④, ⑤ verfahren. Auch Timer, Zähler und Merker können eingefügt und beobachtet werden.

Wie werden Programme in S7-PLCSIM übertragen?

Nachdem im Simulationsprogramm die zu beobachtenden Variablen gewählt wurden, sind die zu prüfenden Programmbausteine (OB, FC ...) in die simulierte SPS zu übertragen.

Zur Programmübertragung ist S7-PLCSIM auf STOP ⑥ zu stellen.

Anschließend wird der zu beobachtende Baustein angewählt. Er wird im Fenster „KOP/AWL/FUP" (Abb. 2) angezeigt. Die Übertragung wird mit dem Button „Laden" ⑦ ausgeführt.

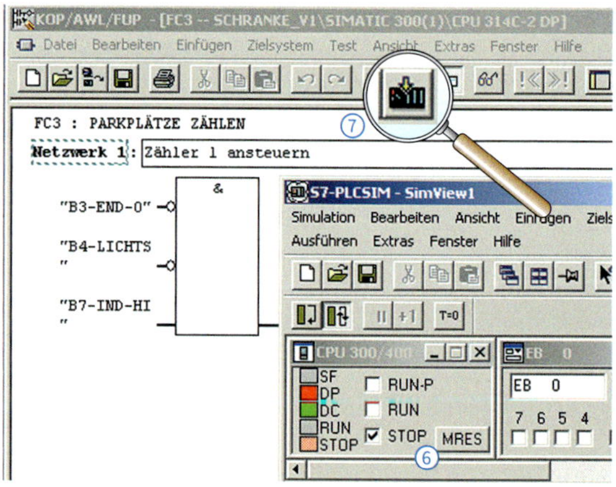

2: Programmübertragung an S7-PLCSIM

Zur Überprüfung eines Programmbausteins ist dieser im Fenster „KOP/AWL/FUP" (Abb. 3) darzustellen. S7-PLCSIM ist auf RUN ① zu stellen. 1-Zustände werden dann farbig markiert dargestellt. Das Setzen der entsprechenden Eingänge erfolgt mit den Häkchen in S7-PLCSIM ⑧.

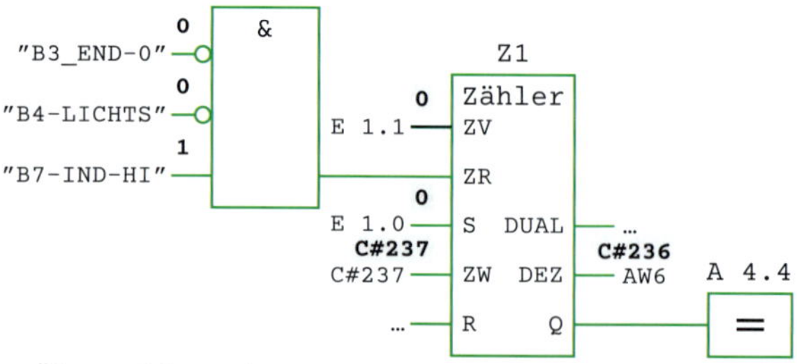

3: Überprüfung eines Programms im Run-Modus

7.5.2 Installation

Nachdem das Programm der SPS mit Hilfe der Software überprüft wurde, erfolgt die schrittweise Installation der Anlage. Hierbei sind die Anschlussbedingungen der Hersteller zu beachten. Dies gilt besonders für den Gaswarnsensor. Um den Einfluss elektromagnetischer Störfelder auf das Analogsignal auszuschließen, wird dieser über eine abgeschirmte Leitung angeschlossen (Abb. 5).

Die Zuordnung der Objekte zu den Anschlussklemmen der SPS erfolgt entsprechend der Zuordnungsliste (vgl. Kap. 7.3.3). Das prinzipielle Anschlussschema zeigt die Abb. 4. NOT-AUS-Komponenten sind aus Gründen der Übersichtlichkeit nicht eingezeichnet.

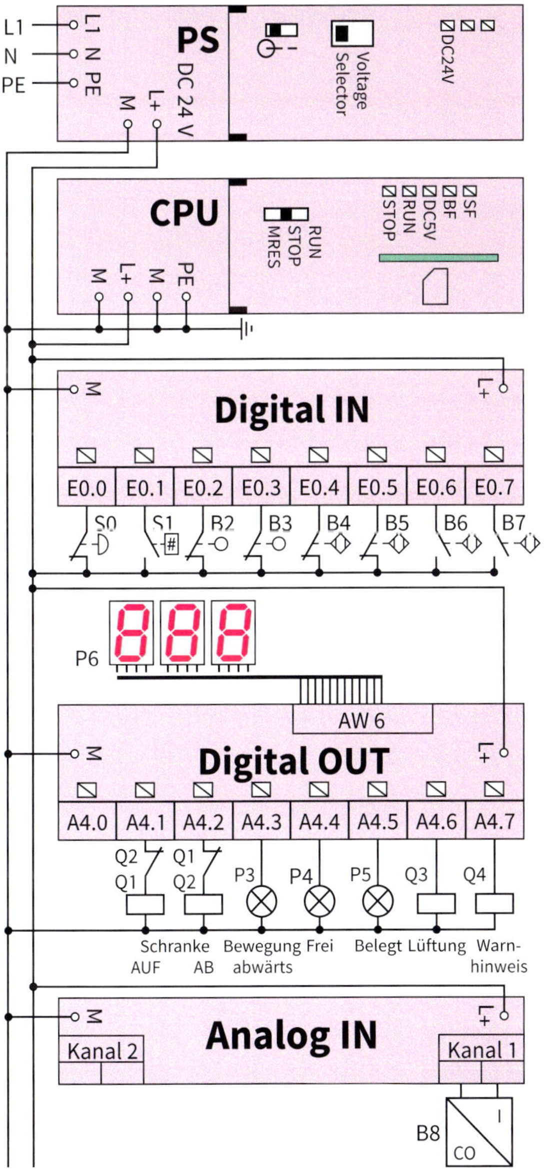

4: Anschlussschema

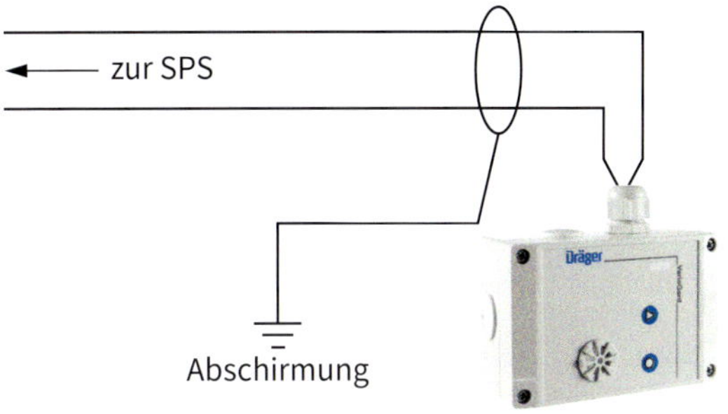

5: Anschluss des Gaswarnsensors

7.5.3 Inbetriebsetzung

Vor der Inbetriebsetzung ist die Prüfung der Anlagen nach den Vorgaben der DIN VDE 0100 durchzuführen (vgl. Kap. 5.4). Hierbei erfolgt auch die Kontrolle der Sicherheitsausrüstung der Anlage (z.B. NOT-AUS, mechanische Verriegelungen usw.). Über das Ergebnis der Prüfungen ist ein Prüfprotokoll anzufertigen. Nach Abschluss dieser Prüfung erfolgt die Inbetriebsetzung der Anlage, die ebenfalls zu dokumentieren ist. Diese kann in folgenden Schritten erfolgen.

NOT-AUS-Schaltung bei einer SPS

NOT-AUS-Einrichtungen müssen eine Anlage jederzeit, auch in einem Fehlerfall, in einen für Mensch und Maschine sicheren Zustand bringen. Somit ist es nicht zulässig, die NOT-AUS-Schaltung einer SPS über das Programm zu führen, da hier im Fehlerfall keine zuverlässige Abschaltung sichergestellt ist.

Ausnahmen sind spezielle, vom TÜV zugelassene Sicherheits-SPS-Systeme. Diese ermöglichen die Integration der NOT-AUS-Funktion.

In der Regel wird die NOT-AUS-Funktion einer Anlage über ein NOT-AUS-Schaltgerät realisiert. Bei einfachen Anlagen darf die NOT-AUS-Funktion auch über einen NOT-AUS-Schalter realisiert werden. Dabei ist zu beachten, dass bestimmte Anlagenteile (hier z.B. die Lüftung bei CO-Alarm) auch im Notfall funktionsfähig bleiben müssen. Es sollen nur gefahrenbringende Stellgeräte, z.B. die Schütze für die Schrankenbewegung, abgeschaltet werden. Dabei kann über einen Hilfskontakt eine NOT-AUS-Meldung an die SPS übertragen werden, die im Programm berücksichtigt wird. Weiterhin ist sicherzustellen, dass die Anlage nach dem Rückstellen der NOT-AUS-Einrichtung nicht automatisch anläuft.

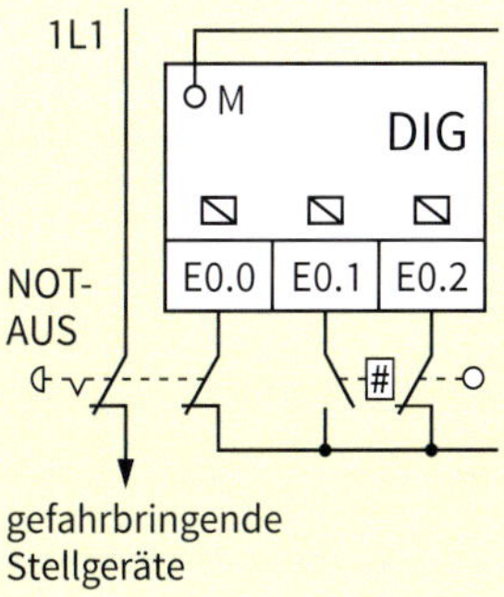

1. Spannungsversorgung zur SPS sowie zu den Laststromkreisen (Schrankenmotor, Signallampe usw.) herstellen.
2. „Not-Aus" und Sicherheitseinrichtungen (hardwareseitige Verriegelungen) auf ordnungsgemäße Funktion überprüfen.
3. SPS einschalten (Abb. 1 und Abb. 2).
4. SPS in den STOP-Zustand bringen und urlöschen.
5. Test der Eingangssignale (Betätigung der Sensoren im Handbetrieb und Beobachtung der Signale an den Eingangsbaugruppen) und Ansteuerung der Aktoren. Dies geschieht mit Hilfe der Programmiersoftware. Über das Menü **Zielsystem** → **Variablen beobachten/steuern** wird die Variablentabelle aufgerufen (Abb. 3). In der Operandenliste werden die jeweiligen Ein- und Ausgänge eingetragen. Damit ist es möglich,
   - Schaltzustände der **Eingabebaugruppen** zu beobachten ①, um so die Funktion der Sensoren zu kontrollieren (Variable → Beobachten) und
   - Schaltzustände der **Ausgabebaugruppen** festzulegen ②, um so die Funktion der Aktoren festzustellen (Variable → Steuern).

   Achtung: Vergewissern Sie sich, dass keine gefährlichen Zustände eintreten können, bevor Sie die Funktion „Steuern" ausführen! Die Vorgabe von Steuerwerten im laufenden Anlagenbetrieb kann zu Fehlfunktionen führen.
6. Übertragung des Steuerprogramms in die CPU

   Die **Programmübertragung** zur SPS kann auf zwei Arten erfolgen:
   - Steckbare Speicherkarte oder
   - MPI-Schnittstelle

   Auf der **Speicherkarte** können neben dem Anwenderprogramm auch Parameter der CPU und der Baugruppen (z.B. Adressbereiche) hinterlegt werden.

   Bei der Programmierung über die **MPI-Schnittstelle** (**M**ulti-**P**oint-**I**nterface) kann ein Programmiergerät oder ein PC verwendet werden. Im letzteren Fall muss ein PC-Adapter zwischengeschaltet werden (Abb. 4). Dieser wandelt das Datenformat des PCs in ein für die SPS lesbares Format um.

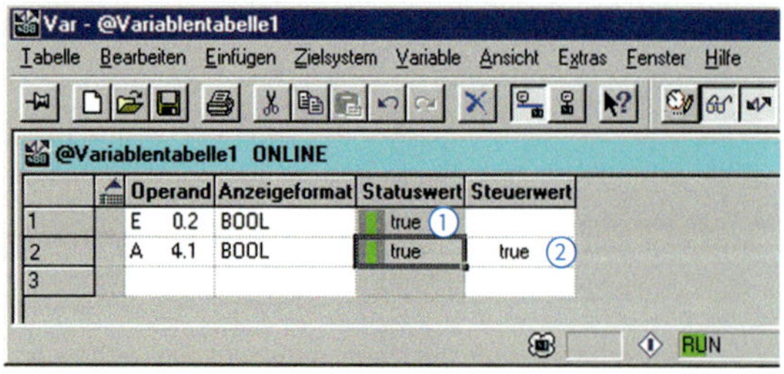

1: Variablentabelle

Betriebsarten der CPU

Über den Betriebsartenwahlschalter auf der Vorderseite der CPU werden unterschiedliche Betriebsarten der SPS eingestellt.

Betriebsart	Beschreibung
RUN-P (nicht bei allen CPUs)	• CPU bearbeitet Anwenderprogramm • Auslesen des Programms durch das PG (CPU → PG) • Programmübertragung vom PG zur CPU (PG → CPU)
RUN	• CPU bearbeitet Anwenderprogramm • Auslesen des Programms durch das PG (CPU → PG) • **keine** Programmübertragung vom PG zur CPU (aus Sicherheitsgründen keine Programmänderung während des Betriebes möglich)
STOP	• Anwenderprogramm wird **nicht** bearbeitet • Auslesen des Programms durch das PG (CPU → PG) • Programmübertragung vom PGzur CPU (PG → CPU)
MRS	• Urlöschen der CPU (Löschen des Ladespeichers der CPU)

2: Betriebsarten der CPU

Status und Fehleranzeige

Über die Status- und Fehleranzeige erhält man Informationen über den Betriebszustand der SPS. LEDs, die sich auf der Frontplatte der CPU befinden, signalisieren die unterschiedlichen Betriebszustände.

Anzeige	Beschreibung
SF (rot) Sammelfehler	Anzeige u. a. von Hardwarefehlern, Programmierfehlern. Fehlerermittlung erfolgt über das Auslesen des Diagnosepuffers mit dem PG bzw. dem PC.
BATF (rot) Batteriefehler	Anzeige bei defekter oder fehlender Pufferbatterie (nur bei älteren Geräten)
DC5V (grün) 5V-Versorgung	Anzeige einer korrekten internen 5V-Versorgung der CPU und des Rückwandbusses
FRCE (gelb) Forcen	Anzeige bei Forcen-Auftrag (Belegung einer Variablen mit einem festen Wert; nur bei CPU 318 und S7-400)
RUN (grün)	Anzeige für Betriebszustand RUN
STOP (gelb)	Anzeige für Betriebszustand STOP

3: Status- und Fehleranzeige der CPU

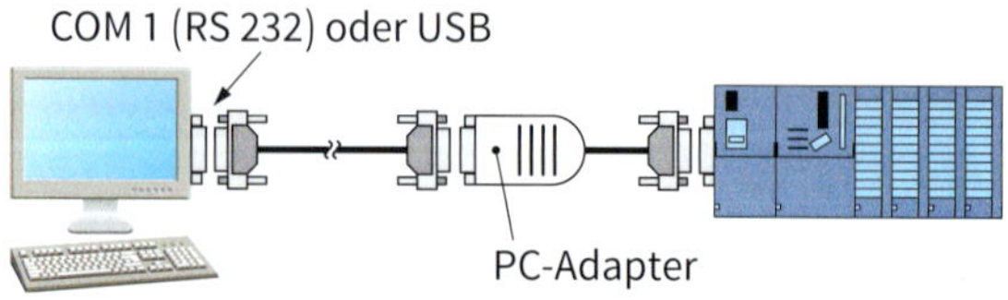

4: Anschluss PC – SPS

7.5.4 Dokumentation

Nach der erfolgreichen Inbetriebsetzung der Anlage erfolgt die Einweisung des Kunden. Dabei werden alle Betriebsmittel erläutert und die Funktion der Anlage demonstriert. Hierbei sind insbesondere Gefahrenhinweise und die geltenden Sicherheits- und Unfallverhütungsvorschriften anzusprechen. Im Rahmen der Einweisung erhält der Kunde alle notwendigen Dokumentationen der Anlage. Deren Umfang und Form wurde zuvor mit dem Kunden festgelegt. Folgende Dokumente sollten mindestens bei einer automatisierten Steuerung vorhanden sein.

- Schaltpläne der gesamten Anlage
  - Übersichtsschaltplan,
  - Aufbauplan der Betriebsmittel,
  - Stromlaufplan und
  - Belegungsplan der SPS
- Konfigurationsdaten der SPS
- Zuordnungsliste
- Darstellung des Steuerprogramms (Programmausdruck)
- Prüfprotokolle (Schutzmaßnahmen, Inbetriebnahmeprotokoll mit Funktionsprüfung)
- Bedienungsanleitung
- Gegebenenfalls Wartungsplan der Anlage
- Auf Wunsch Datenblätter der Betriebsmittel

Am Ende wird ein Übergabebericht erstellt. Mit seiner Unterschrift bestätigt der Kunde, die Anlage funktionsfähig übernommen zu haben.

Produkthaftungsgesetz

Dieses Gesetz dient dem Schutz privater und gewerblicher Verbraucher vor Sach- und Personenschäden, die sich aufgrund fehlender Sicherheit eines Produktes ergeben. Es hat direkte Konsequenzen für alle Firmen, die Produkte herstellen und vertreiben.

Der Hersteller hat den Beweis zu erbringen, dass ein Fehler seines Produktes nicht aufgrund von Produktionsmängeln aufgetreten ist. In der Rechtsprechung geht man von folgenden Fehlerkategorien eines Produktionsprozesses aus:

- Entwicklungsfehler
- Fabrikationsfehler
- Konstruktionsfehler
- Instruktionsfehler

Kann er diesen Nachweis nicht erbringen, wird sein Verschulden vermutet. Daraus ergeben sich weitreichende Folgen für Hersteller. Neben einer kontinuierlichen Qualitätskontrolle während der Produktion sind auch technische Dokumentationen Gegenstand des Produktes. Diese müssen neben Informationen zum bestimmungsgemäßen Gebrauch des Produktes auch auf Gefahren und mögliche Folgen hinweisen. Kommt es beispielsweise aufgrund einer fehlerhaften oder unvollständigen Bedienungsanleitung zu einem Schaden, haftet der Hersteller.

Rechnung

Nachdem alle im Pflichtenheft vorgegebenen Arbeiten ausgeführt worden sind, wird die Rechnung erstellt (Abb. 5). Sie umfasst die Kosten für Sachwerte (SPS-Komponenten, Leitungen, Betriebsmittel) wie auch die erbrachten Dienstleistungen (Erstellung des Steuerprogramms, Installation der Anlage, Prüfung). Anhand der Rechnungspositionen ist es dem Kunden möglich, die durchgeführten Arbeiten nachzuvollziehen. Damit wird der berechtigte Anspruch der Fa. Krapf auf Zahlung begründet.

Rechnung

Auftrag: Instandsetzung/Erweiterung der Schrankenanlge

Position	Bezeichnung	Best.-Nr.	Menge ME	Preis EUR	Gesamt EUR
001	Anschlussleitung NYM 3 x 1,5		50 m	1,34	67,00
002	Gaswarnsensor Hersteller: ABB	GW33x	1,00 Stück	75,00	75,00
	⋮		⋮		⋮
023	Installation der Gaswarnanlage Einstellung des Sensors		4,00 Std.	34,00	136,00
	⋮		⋮		⋮
				Gesamtpreis netto	**8430,00**
				zzgl. 19% MWSt.	**1601,70**
				Gesamtpreis brutto	**10 031,70**

5: Rechnung (Auszug)

Aufgaben

1. Beschreiben Sie die Möglichkeiten, ein Steuerprogramm zur SPS zu übertragen.
2. Was geschieht beim Urlöschen einer CPU?
3. Warum ist eine Programmübertragung im RUN-Modus zur CPU nicht möglich?
4. Beschreiben Sie die Schritte, die bei einer Inbetriebnahme der automatisierten Anlage durchzuführen sind.
5. An der Zentralbaugruppe leuchten zwei grüne LEDs auf. Erklären Sie deren Bedeutung.

- Die NOT-AUS-Funktion erfordert die Verwendung mechanischer oder elektromechanischer Schaltgeräte. Sie darf nicht über das Steuerprogramm realisiert werden.
- Bei der Kundenübergabe erfolgt eine Einweisung in die Anlage sowie die Erläuterung von Gefahren- und Sicherheitshinweisen.
- Eine ausführliche Geräte-/Anlagendokumentation ist Teil des Produkts. Sie ist, auch aus Gründen der Haftung, sorgfältig zu erstellen.

7.6 Projektierung mit STEP 7 im TIA Portal

Die Abkürzung **TIA** steht für „**T**otally **I**ntegrated **A**utomation". Dies meint, alle Planungs- und Produktionsprozesse eines Projektes können auf einem Bildschirm angezeigt und bearbeitet werden. Der Zugang zu verschiedenen Softwarepaketen erfolgt dabei über so genannte Portale. Portale stellen für das jeweilige Aufgabengebiet die benötigten Werkzeuge und Funktionen bereit. Nicht benötigte Aufgabengebiete werden ausgeblendet.

STEP 7 TIA Portal gibt es in zwei Ausführungen:

- STEP 7 Basic V13 ist beschränkt auf die S7-1200-Geräte und deren Programmierung in FUP, KOP und SCL (Strukturierter Text).
- STEP 7 Professional V13 erlaubt die Programmierung von S7-300/-400 sowie 1200- und 1500-Geräten in FUP, KOP, AWL und SCL sowie die Schrittkettenprogrammierung (Graph).
  Zur Programmsimulation ist die Software S7-PLCSIM bereits integriert.

Beide Ausführungen haben die Portale **Geräte & Netze** (Hardwarekonfiguration) ①, **PLC-Programmierung** (**P**rogrammable **L**ogic **C**ontroller, SPS) ②, **Visualisierung** (Projektierung von HMI-Panels, **H**uman **M**achine **I**nterface) ⑤ und **Online & Diagnose** (direkte Online Diagnose) ⑥.

Darüber hinaus hat STEP 7 Professional V13 die Portale **Motion & Technologie** (Steuerung von Antrieben, Regel-und Zählfunktionen) ③ und **Antriebsparametrierung** (Integration von Antrieben in die Automatisierung) ④ (Abb. 1).

1: Portale von STEP 7 Professional V13

Vor der Integration von Automatisierungsfunktionen im TIA-Portal wurde das SPS-Programm mit STEP 7 V5.x erstellt und die Visualisierung z. B. über „WinCC flexible" realisiert. Programmierung, Inbetriebnahme, Überwachung, Dokumentation usw. waren deshalb weniger komfortabel.

7.6.1 STEP 7 installieren und starten

STEP 7 V13 ist lauffähig unter Windows 7 SP1 (32/64 Bit) und Windows 8.1. Zukünftig auch unter Windows 10. Zur Installation sind Administratorenrechte erforderlich.

Für die Kommunikation mit SPS-Automatisierungssystemen und Basic-Panels ist eine Ethernet-Schnittstelle erforderlich. Sollen SIMATIC Memory Cards beschrieben werden, so ist ein SD-Kartenleser notwendig.

Die Installation erfolgt mit der Datei start.exe, die dazu auf der Installations-DVD angeklickt wird. Der parallele Onlinebetrieb von STEP 7 Professional und STEP 7 Basic ist nicht erlaubt, da sich die Programme gegenseitig stören.

Lizenzierung der Software

Für eine dauerhafte Softwarenutzung wird ein Lizenzschlüssel (License Key) benötigt. Dieser wird während des Installationsvorganges vom mitgelieferten USB-Stick auf die Festplatte überspielt. Der License Key kann später auch mit Hilfe des Automation License Managers auf die Festplatte übertragen bzw. von dort auf ein Speichermedium zurückgeschrieben werden.

Der **Automation License Manager** (Abb. 2) ist ein Programm, das zusammen mit STEP 7 auf dem Rechner installiert wird. Es verwaltet die Lizenzen und überträgt diese zwischen verschiedenen Rechnern bzw. Medien. Hat man z. B. nur eine Lizenz, möchte STEP 7 aber auf einem PC und einem Notebook nutzen, so kann man diese Lizenz per USB-Stick von einem Gerät auf das andere übertragen. STEP 7 kann so immer nur auf dem Gerät mit gültiger Lizenz benutzt werden.

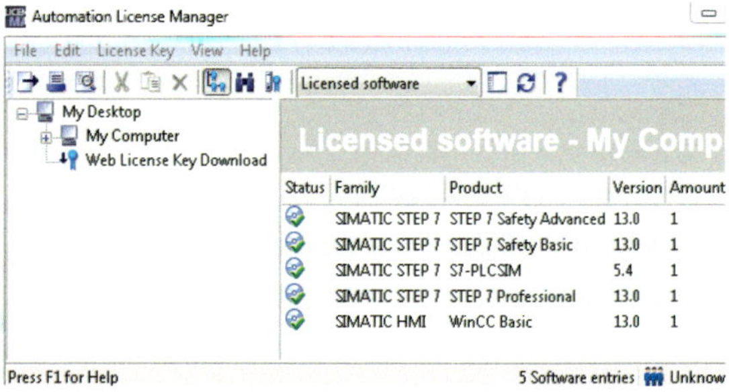

2: Lizensierte S7-Software auf dem Computer

TIA-Portal starten

STEP 7 wird gestartet über

→ START

→ Programme

→ Siemens Automation

oder per Doppelklick auf das Desktopicon (Abb. 3).

3: TIA Portal Desktopicon

7.6.2 TIA Portalansicht

Nach dem Start zeigt STEP 7 V13 das Startportal, in dem die ersten Schritte zur Einrichtung eines Projektes gemacht werden können (Abb. 4).

4: Portalansicht STEP 7 V13

Die Portalansicht ist im Prinzip ein Hauptmenü, aus dem heraus die einzelnen Projektaufgaben ausgewählt werden können.

In der Portalansicht kann man u. a.
- bestehende Projekte öffnen,
- ein neues Projekt erstellen (Abb. 7) oder
- ältere Projekte aus S7 V5x migrieren, d. h. nach TIA Portal umwandeln.

Projekt im TIA Portal erstellen

Ein neues Projekt wird angelegt, z. B. um SPS Geräte zu konfigurieren und zu programmieren. Nachdem im Portal der Punkt „Neues Projekt erstellen“ (Abb. 4) gewählt ist, werden im rechten Monitorfenster Namen und Speicherort des Projektes eingetragen und auf „Erstellen“ gedrückt (Abb. 5).

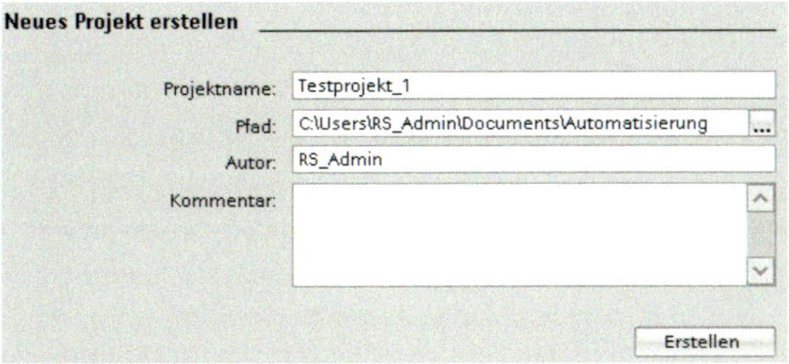

5: Neues Projekt erstellen

Nach der Projekterstellung erscheinen im rechten Fenster die Automatisierungsaufgaben (Abb. 6):
- Geräte & Netze
- PLC-Programmierung
- Motion & Technologie
- Antriebsparametrierung
- Visualisierung

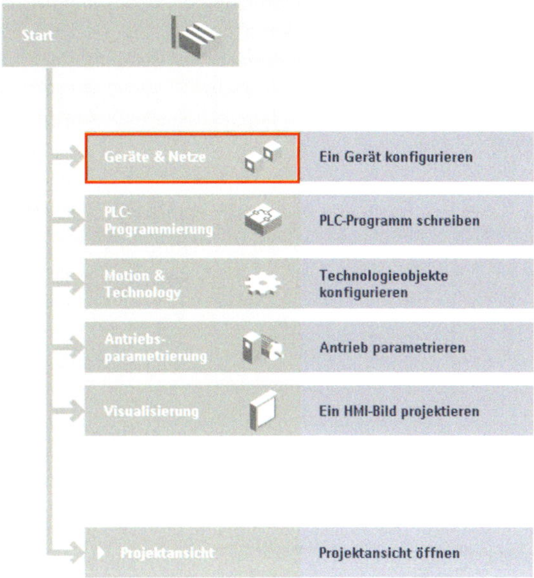

6: Optionen zu Beginn der Projekterstellung

Diese ersten beiden Optionen (**Geräte und Netze** und **PLC-Programmierung**) sind erforderlich für ein lauffähiges Anwenderprogramm auf einem S7-Automatisierungssystem. Die Option **Visualisierung** wird nur dann benötigt, wenn an der SPS auch noch ein Anzeige-/Bedienpanel betrieben werden soll.

S7-Geräte einfügen

Der Minimalausbau eines Automatisierungssystems besteht aus einer SPS mit zugehöriger Spannungsversorgung (PS: Power Supply). Sofern in der SPS bereits digitale Ein- und Ausgänge eingebaut sind, reicht dies für erste Testprogramme. Verfügt das SPS-Zentralgerät über keine oder zu wenige Ein-/Ausgänge, so sind entsprechende Signalmodule (SM) hinzuzufügen.

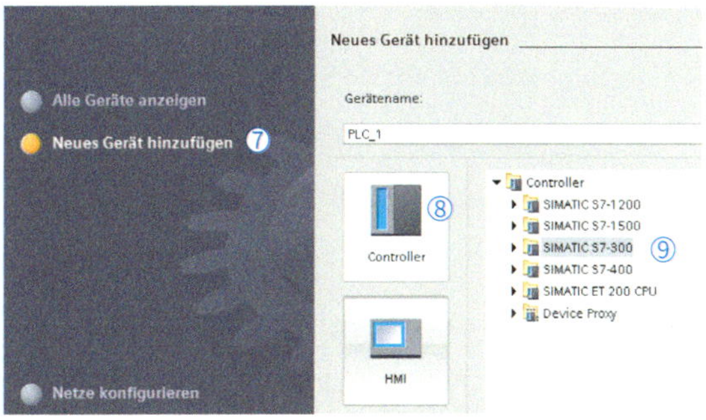

7: Einfügen einer PLC (SPS) in das Projekt

Zum Einfügen des Automatisierungsgerätes wird der Menüpunkt **Geräte & Netze** gewählt. Danach werden die Option „Neues Gerät hinzufügen“ ⑦ und der Button „Controller“ ⑧ angeklickt (Abb. 7).

Im rechten Programmfenster erscheint die Auswahl der verschiedenen SIMATIC-S7 Familien ⑨.

Durch Aufklappen der entsprechenden Menüzweige im Hardwarekatalog (Abb. 1) kann die vorgesehene SPS (PLC) ausgewählt werden. Dabei ist auf Bestellnummer und Version zu achten, sonst erscheint beim späteren Verbindungsaufbau zur SPS der Fehler „Nicht kompatibel“.

1: Auswahl der SPS aus dem Hardwarekatalog

Mit Betätigung des Buttons „Hinzufügen“ wird die SPS in das Projekt integriert. Dabei wird dem ersten Gerät automatisch der Name „PLC_1“ zugewiesen. Dieser Name kann jederzeit im Inspektorenfenster oder in der Projektnavigation bei entsprechender Markierung unter Eigenschaften → Allgemein → Projektinformation geändert werden (vgl. Kap. 7.6.3)

Die STEP 7-Software wechselt nach dem Hinzufügen der SPS automatisch in die „Projektansicht“ (vgl. Kap. 7.6.3).

Befindet man sich in der Projektansicht, ermöglicht der Reiter „Gerätesicht“ einen Überblick der projektierten Baugruppen. Eine tabellarische Geräteübersicht kann zusätzlich von rechts auf- und eingeklappt werden (Abb. 2).

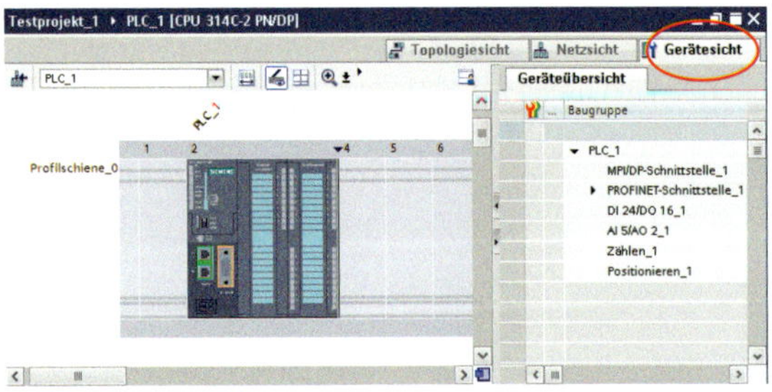

2: Fenster der Projektansicht/Gerätesicht

Wechsel zwischen Portalansicht und Projektansicht

STEP7 V1x bietet zwei Möglichkeiten der Ansicht:

- die Portalansicht (vgl. 7.6.2) und
- die Projektansicht (vgl. 7.6.3)

Das Umschalten zwischen beiden Ansichten ist in der linken unteren Monitorecke möglich.

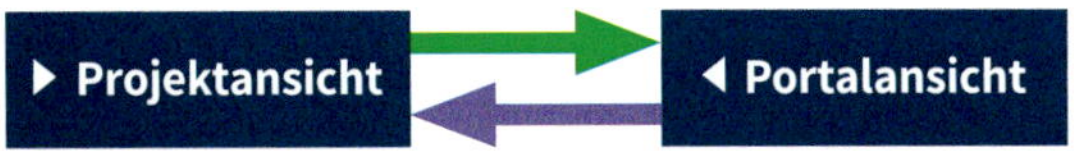

7.6.3 Projektansicht

Da die Portalansicht nur einen groben Überblick des jeweiligen Projektes zeigt, muss man für umfassendere Projektierungsschritte in die „Projektansicht“ umschalten.

Fenster der Projektansicht

Die Projektansicht hat verschiedene Fenster mit denen alle wichtigen Bearbeitungsschritte der Projektierung vorgenommen werden. In Abb. 3 sind diese Fenster schematisch dargestellt.

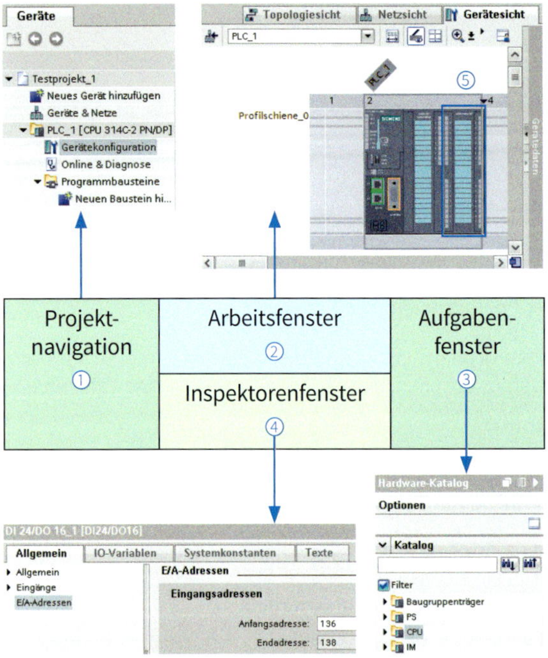

3: Die Monitorfenster der Projektansicht

① Im Projektnavigations-Fenster werden alle Daten eines Projekts in strukturierter Form angezeigt.
Wichtige Inhalte sind:

- Verwendete Hardware (PLC-/HMI-Geräte)
- Programmierte Software (z. B. Programmbausteine, PLC-Variablen usw.)

② Das Arbeitsfenster ist in der Bildschirmmitte.
Sein Inhalt bestimmt die jeweilige Editier-Aufgabe:

- Hardwareprojektierung → Anzeige der verwendeten Baugruppen und Geräte (Gerätesicht)
- Netzwerkprojektierung (Netzsicht/Topologie)
- Softwareprojektierung → Editieren von Programmbausteinen, Variablen usw.

③ Das Aufgabenfenster enthält weitere Objekte für die Bearbeitung im Arbeitsfenster, z. B. den Hardwarekatalog und Online-Tools.

④ Das Inspektorenfenster hat das Register Eigenschaften zur Parametrierung einer markierten Baugruppe (DI 24/DO 16, blaue Umrandung ⑤) sowie die Register Info und Diagnose.

Hardwareprojektierung in der Projektansicht

Die CPU-Baugruppe der SPS wird gleich bei Erstellung eines neuen Projektes in der Portalansicht eingefügt (vgl. Kap. 7.6.2). Anschließend wechselt die S7-Software automatisch in die Projektansicht und zeigt die ausgewählte SPS im Arbeitsfenster (mittiges Fenster des Gesamtbildschirms) an (vgl. Kap. 7.6.1). Dort können nun weitere Baugruppen hinzugefügt werden. Zumindest eine Spannungsversorgungsbaugruppe ist zum Betrieb der SPS unverzichtbar und wird deshalb eingefügt (Abb. 4). Andere Komponenten (z. B. Ein- und Ausgabebaugruppen, Kommunikationsprozessoren) können je nach Aufgabenumfang ergänzt werden.

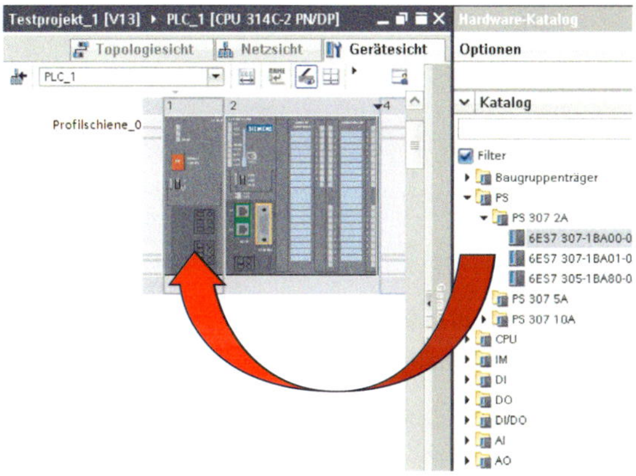

4: Netzteil aus Hardwarekatalog einfügen

Das nachfolgende Beispiel soll nur die CPU-Baugruppe plus Power-Supply (PS) enthalten. In der verwendeten CPU 314 sind bereits Ein- und Ausgänge integriert, sodass einfache Programmbeispiele durchgeführt werden können. Dies soll einen schnellen Einstieg in die Verwendung der S7-Software ermöglichen.

- Das TIA-Portal von STEP 7 besitzt zwei Ansichten:
  – Portalansicht für Einstieg und Überblick
  – Projektansicht für umfassendere Projektierung

  Zwischen den beiden Ansichten kann per Mausklick umgeschaltet werden.
- Ein neues Projekt wird in der Portalansicht erstellt, dabei wird auch der verwendete Controller gewählt.
- Weitere Hardwarekomponenten können in der Projektansicht ergänzt bzw. abgeändert werden.
- Die Ein- und Ausgangsadressen können in der Projektansicht abgelesen und ggf. geändert werden.

Einstellen der Baugruppenadressen

Den digitalen Ein- und Ausgängen werden Adressen zugewiesen, die aus jeweils einer Bitadresse und einer Byteadresse bestehen. Die Einstellung der Byteadressen erfolgt per Software während der Hardwareprojektierung.

Nachfolgend zwei erläuternde Beispiele (Abb. 5):

Eingangsbyte 0:

I0.7	I0.6	I0.5	I0.4	I0.3	I0.2	I0.1	I0.0

Ausgangsbyte 4:

Q4.7	Q4.6	Q4.5	Q4.4	Q4.3	Q4.2	Q4.1	Q4.0

5: Adressen digitaler Ein- und Ausgänge

Je nach verwendeter Steuerung (PLC) sind bereits bestimmte Byteadressen voreingestellt. Diese Werte können beibehalten oder im TIA Portal abgeändert werden. Die aktuellen Byteadressen werden in der Geräteübersicht (aufklappbar im Arbeitsfenster) (Abb. 6) sowie im Inspektorenfenster (hier nur bei markierter Baugruppe) angezeigt.

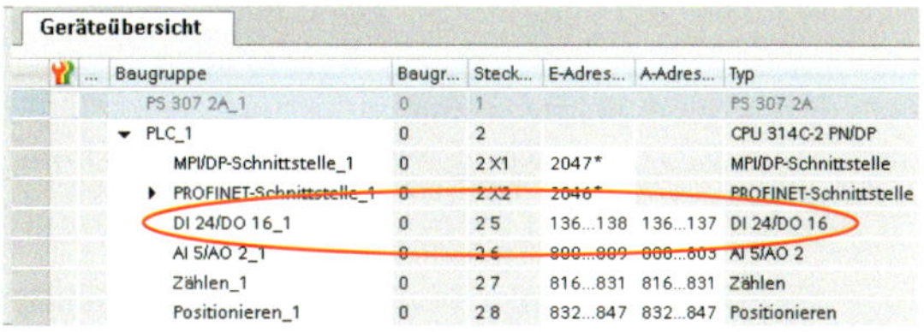

6: E/A-Byteadressen in der Geräteübersicht

Bei der Erstellung von Programmbausteinen ist darauf zu achten, die jeweils gültigen E-/A-Adressen zu verwenden. Ansonsten werden die digitalen Ein- und Ausgänge der SPS nicht angesprochen.

Es kann erforderlich sein, die Baugruppenadressen zu ändern, z. B. wenn vorhandene Programmbausteine dies erfordern.

Die Byteadressen werden im Inspektorenfenster oder in der Geräteübersicht wie folgt geändert:

- Baugruppe im Arbeitsfenster markieren (z. B. DI 24/DO 16, blaue Umrandung S.187 Abb. 6).
- Anfangsadresse ändern (z. B. DI 136 in 132)
- Umverdrahtung im Meldefenster bestätigen.

Allerdings müssen dann auch evtl. in bereits vorhandenen Programmbausteinen die Adressen geändert werden.

Aufgaben

1. Legen Sie ein Projekt „Test1“ an mit der Hardware: CPU 314C-2 PN/DP und PS 307 2A.
2. Ändern Sie die E-/A-Adressen und stellen Sie dann den Urzustand (Abb. 6) wieder her.

Steuerungstechnik

7.7 Erstellen und Testen von Steuerprogrammen im TIA-Portal

Nachdem die Hardwareprojektierung vorgenommen wurde (vgl. Kap.7.6.2 und 7.6.3) sollen nun Programmbausteine erstellt werden. Die korrekte Funktion der erstellten Programme kann anschließend mit Hilfe der Simulationssoftware PLCSIM überprüft werden. Sofern ein S7-Automatisierungssystem zur Verfügung steht, werden die Bausteine online an die SPS übertragen und online getestet.

In diesem Kapitel geht es darum, in wenigen Schritten ein lauffähiges Programm zu erstellen und zu testen.

7.7.1 Einfügen eines Programmbausteins

Für viele Steuerungsaufgaben reicht es aus, das Steuerprogramm in sogenannten „Funktionen" (FC) abzulegen. Neben Funktionen gibt es noch weitere Bausteintypen, von denen wir vorerst nur noch einen „Organisationsbaustein" (OB1) benötigen, der aber automatisch eingefügt wird (s. unten).

Es funktioniert am einfachsten, einen neuen Programmbaustein in der Portalansicht einzufügen. Dazu wird dort die Option „PLC-Programmierung" gewählt und die Auswahl „Neuen Baustein hinzufügen" aktiviert (Abb. 1).

1: Start der Programmerstellung

Im rechten Bildschirmfenster erscheinen die verschiedenen einzufügenden Bausteintypen. Für die nachfolgende Programmieraufgabe wird der Bausteintyp „Funktion" (FC) ausgewählt (Abb. 2).

In der oberen Zeile kann ein aussagekräftiger Name vergeben werden (Abb. 2). Im Pull-Down Menü kann als Sprache zwischen KOP und FUP gewählt werden.

Zuletzt ist es notwendig, rechts unten das „Erstellen" mit Hilfe des Buttons zu bestätigen. Dieser kann evtl. versteckt liegen und wird erst nach scrollen der Bildschirmleiste angezeigt.

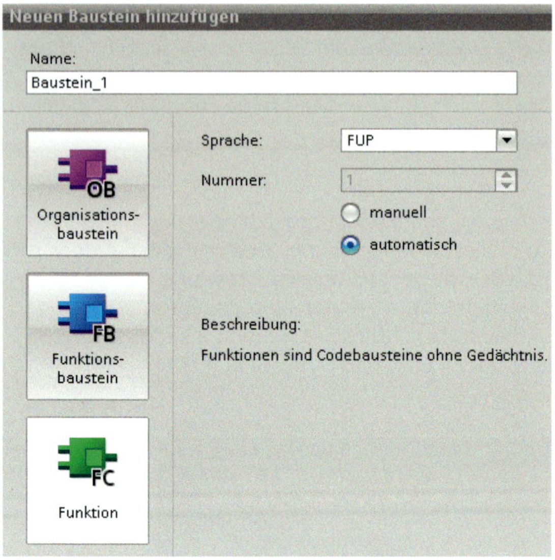

2: Erstellen des Bausteins FC

Nach dem FC-Erstellen schaltet die TIA-Software automatisch in die Projektansicht um. Dort wird die neu erstellte Funktion FC1 in der Rubrik „Programmbausteine" aufgelistet (Abb. 3).

3: Anzeige der vorhandenen Bausteine im Fenster Projektnavigation

Im Prinzip könnten dann gleich im mittigen Arbeitsfenster die Inhalte des Programmbausteines eingefügt bzw. abgeändert werden. Dazu müssten die Adressen der digitalen Ein- und Ausgänge (vgl. Kap. 7.6.3) direkt an die jeweiligen Objekte des Programms geschrieben werden (z. B. % I 136.1; % Q 137.2).

Die direkte Adressierung ist jedoch nur für kleinere Aufgaben geeignet, da der Programmierer schnell den Überblick über die Belegung und Funktion der einzelnen Eingänge verlieren kann.

Deshalb ist es sinnvoll, die sogenannte „symbolische Adressierung" zu verwenden, bei der jedem E-/A-Operanden ein symbolischer „Name" (z. B. Lampe 2) gegeben wird (vgl. Kap. 7.7.2).

Aufgabe

1. Fügen Sie die Bausteine FC1 und FC2 ein. Löschen Sie dann FC2 in der Portalansicht wieder.

7.7.2 PLC-Variablentabelle erstellen

Beim Einfügen einer PLC-Station (SPS) wird von STEP 7 automatisch eine PLC-Variablentabelle für die jeweilige Station angelegt. Diese Tabelle wird geöffnet, indem man in der Projektansicht im linken Fenster „Projektnavigation" den Ordner „PLC-Variablen" öffnet (Pfeil anklicken, s. Abb. 4).

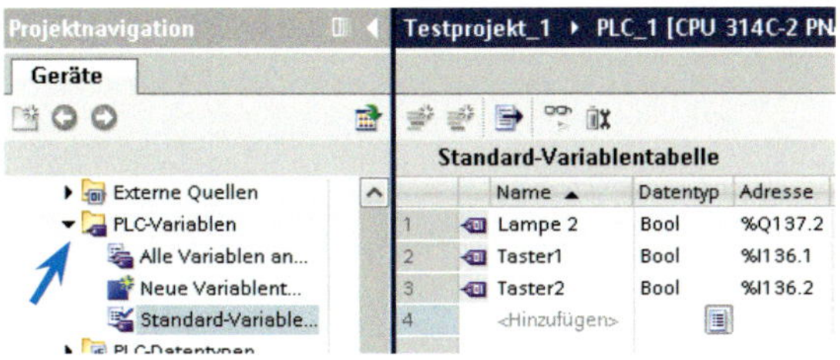

4: PLC-Variablentabelle

In der Variablentabelle werden die Variablen mit Namen (z. B. Lampe 2), Datentyp (z.B. Bool für Ein-/Ausgänge) und Adresse (z. B. Q137.2) eingegeben. Dies erfolgt im Arbeitsfenster der Projektansicht. Mit Hilfe entsprechender Pull-down Menüs können die Tabelleninhalte verändert werden (Abb. 5).

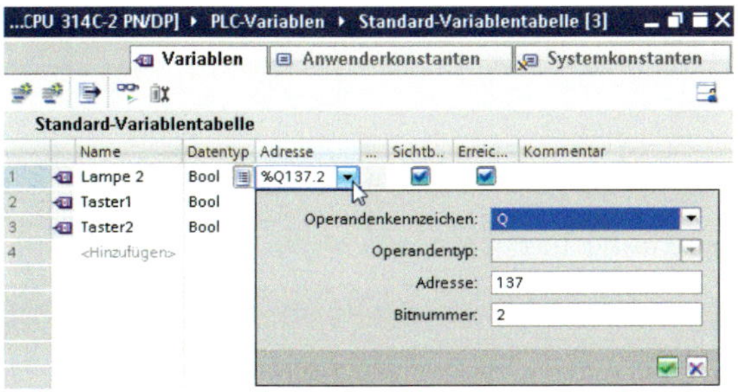

5: Variablentabelle im Arbeitsfenster

Um die gewählten Adressen der Variablentabelle auf Gültigkeit zu überprüfen, können die projektierten Byteadressen in der Geräteansicht oder im Inspektorenfenster (Abb. 6) eingesehen und geändert werden (vgl. Kap. 7.6.3). Dazu wählt man in der Projektnavigation „PLC_1 [CPU 314C- 2 PN/DP] → Gerätekonfiguration" und markiert im Arbeitsfenster die DI/DO-Baugruppe. Im Inspektorenfenster findet man die Byteadressen in „Eigenschaften → Eingänge → E/A-Adressen".

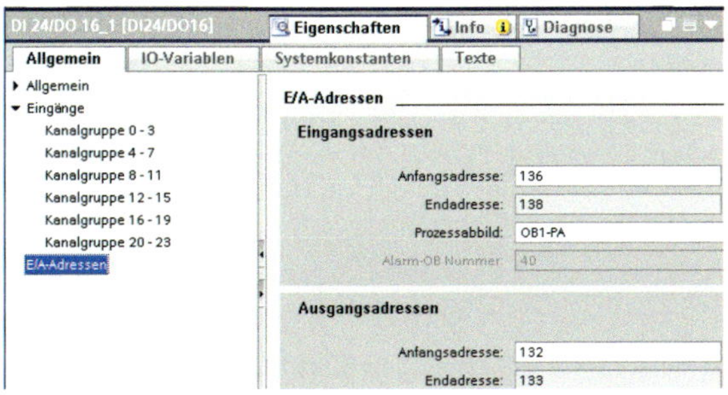

6: DI/DO-Adressbereiche im Inspektorenfenster

7.7.3 Programmbaustein FC programmieren

Nachdem ein Programmbaustein – in diesem Fall die Funktion FC 1 – eingefügt (vgl. Kap 7.7.1) und nachdem eine PLC-Variablentabelle (vgl. Kap. 7.7.2) erstellt wurde, kann nun das eigentliche Anwenderprogramm in den Baustein geschrieben werden. Bei der Erstellung von FC1 wurde die Darstellungsart „FUP" ausgewählt. Es ist jedoch genauso möglich den Baustein in anderen Darstellungsarten zu programmieren. Darauf wird später eingegangen.

Der Programmbaustein FC1 wird aufgerufen, indem man im linken Fenster der Projektnavigation den Ordner „Programmbausteine" öffnet und dann die Funktion FC1 doppelt anklickt.

Daraufhin ändert sich das Arbeitsfenster in einen Editor zum Bearbeiten des Bausteins ① (Abb. 8).

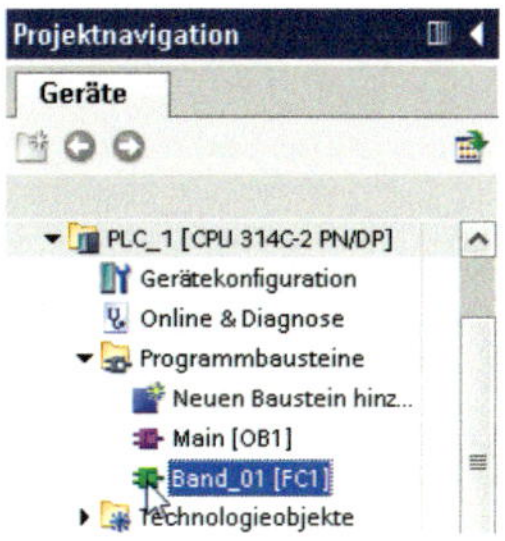

7: Auswahl von FC1 zur Bearbeitung

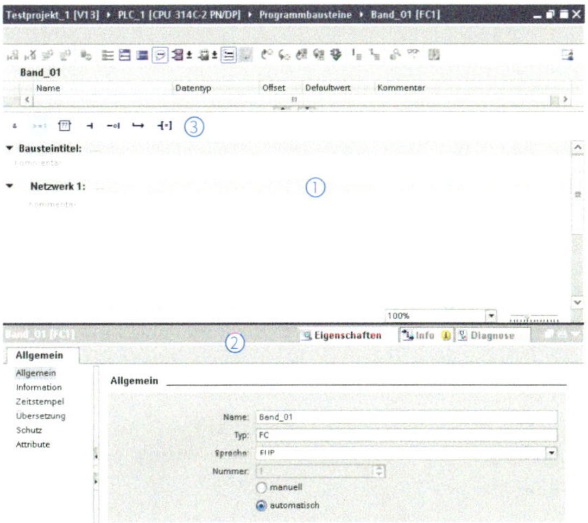

8: Programmbearbeitung im Arbeitsfenster

Unterhalb des Arbeitsfensters werden die Eigenschaften des aktuellen Bausteins angezeigt ②.

Hier kann beispielsweise die Darstellungsart (KOP, FUP, AWL) ausgewählt werden. Wie bereits aus früheren Kapiteln bekannt, gliedern sich die Programmbausteine in Netzwerke. Begonnen wird die Programmierung des noch leeren Bausteins in Netzwerk 1 (Abb. 8). Einige Programmsymbole werden oberhalb des Editorenfensters angezeigt ③, der vollständige Befehlsumfang wird im rechten Fenster „Anweisungen" aufgelistet (s. Abb. 1, Seite 192).

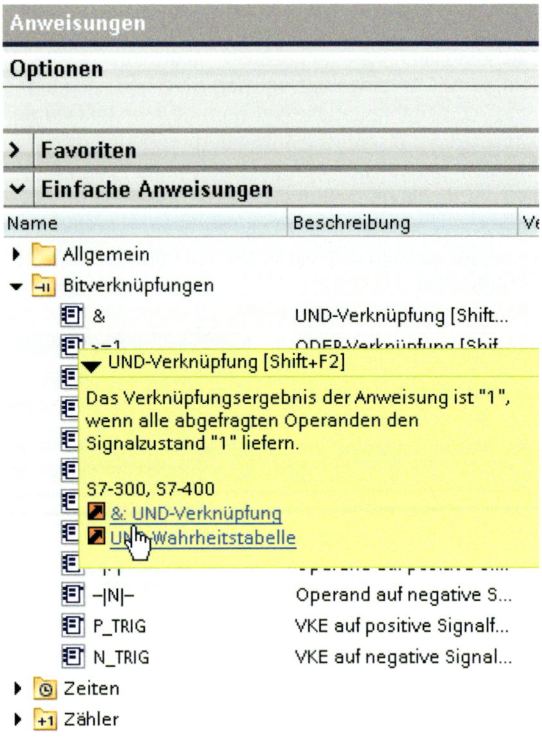

1: Liste der Programmanweisungen

Um die einzelnen Anweisungen auszuwählen, wird das jeweilige Verzeichnis aufgeklappt. Wählt man eine bestimmte Anweisung an, erscheint ein gelbes Informationsfenster (Abb. 6), das per Mausklick ausgeklappt werden kann.

Im Baustein FC 1 soll eine UND-Verknüpfung verwendet werden, die per „Drag & Drop" in das Arbeitsfenster gezogen wird (Abb. 2).

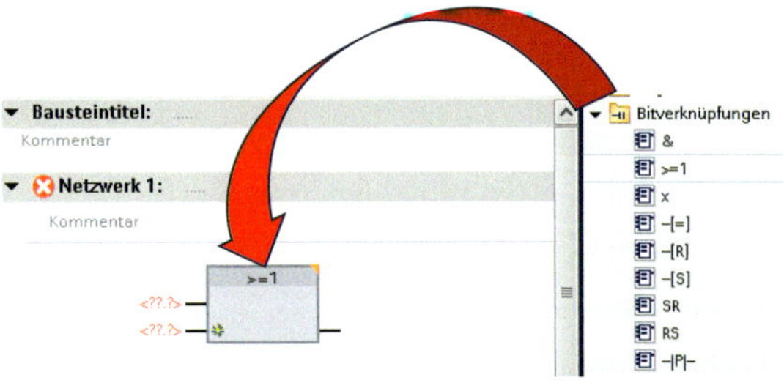

2: Einfügen einer UND-Verküpfung

Die Eingänge der Verknüpfung werden mit den in der Variablentabelle festgelegten Adressen belegt (Abb. 3). Dies nennt man „symbolische Adressierung".

Es wäre auch möglich, die Anschlüsse der UND-Verknüpfung mittels „absoluter Adressierung" direkt mit den Ein-/Ausgangsadressen zu versehen, z. B. mit % I136.1. Dies ist aber wenig aussagekräftig und deshalb für umfangreiche Programme nicht geeignet.

Die Variablentabelle wird eingeblendet, indem man doppelt auf den freien Anschluss (rote Fragezeichen) klickt. Dann klickt man auf das – im Fenster erscheinende – Listensymbol und wählt die gewünschte Variable aus (Abb. 3).

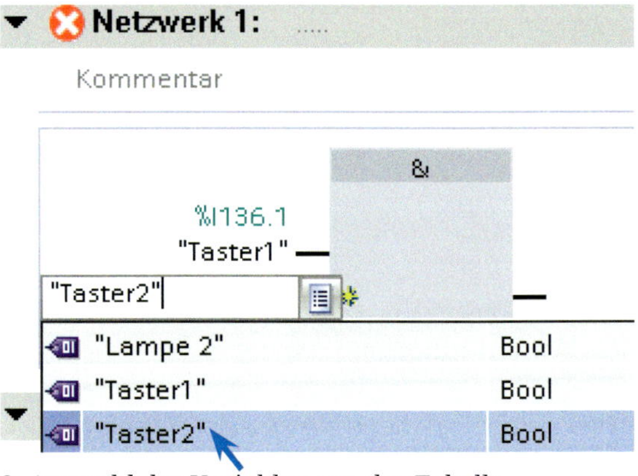

3: Auswahl der Variablen aus der Tabelle

Um das Ergebnis der UND-Verknüpfung im Programm auszuwerten, muss dieses mit einer sogenannten „Zuweisung" verschaltet werden. Diese Zuweisung kann dann auf eine Variable (z. B. Ausgang oder Merker) gelegt werden (Abb. 4).

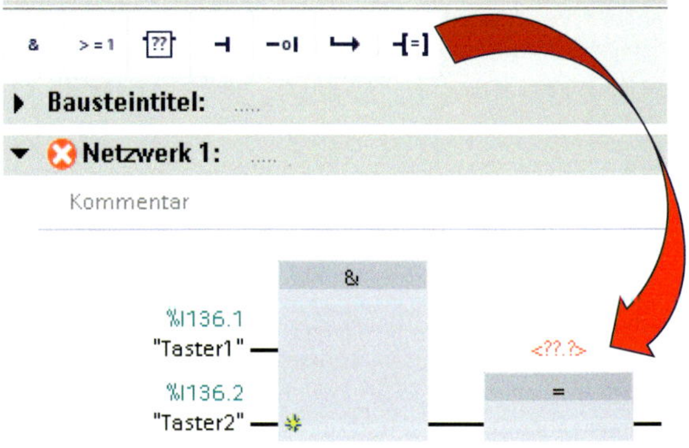

4: UND-Verküpfung mit einer Zuweisung

Im Beispiel wird an den Ausgang der Verknüpfung die Variable „Lampe 2" (Ausgang Q 137.2) geschaltet (Abb. 5). In der Zeile „Kommentar" ist eine Beschreibung eingefügt worden.

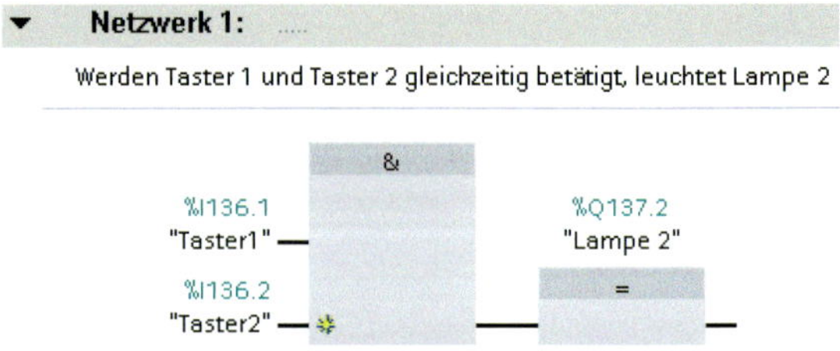

5: Das fertige Programm verküpft Taster 1 und 2

Nach Fertigstellung von FC1 wird das Projekt gespeichert und übersetzt (Abb. 6).

6: Speichern und Übersetzen des Projekts

Programmbausteine aufrufen

STEP 7 unterstützt die strukturierte Programmierung. Programmbausteine (z. B. Funktionen FC) werden dazu nacheinander zur Bearbeitung in einem Organisationsbaustein (OB) aufgerufen.

Meist erfolgt dies in OB 1, der in der TIA-Software auch als „Main“ bezeichnet wird (Abb. 7).

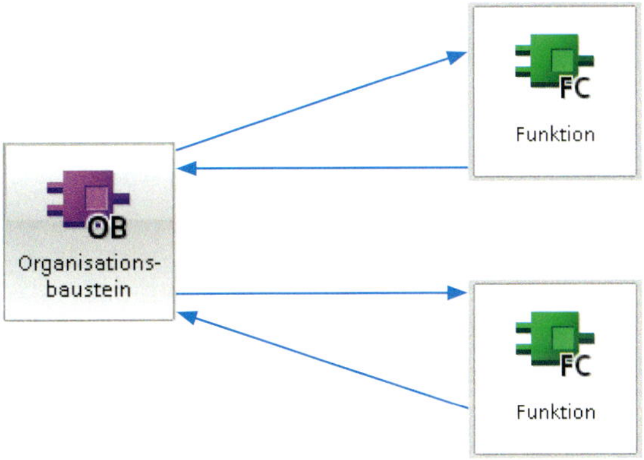

7: Der OB ruft einzelne FCs nacheinander auf

In der TIA-Software wird dieser Aufruf realisiert, indem man in der Projektnavigation (Abb. 8):

- den Baustein „Main“ (OB1) doppelklickt ①, worauf sich das Arbeitsfenster von OB1 öffnet .
- den aufzurufenden Baustein (FC1) mit der Maus auf die Linie ins Arbeitsfenster von OB1 zieht ②.

Standardmäßig ist die Darstellung des OB1 auf KOP eingestellt (Umschaltung in FUP: Projektnavigation → Main (OB1) → Eigenschaften → FUP.)

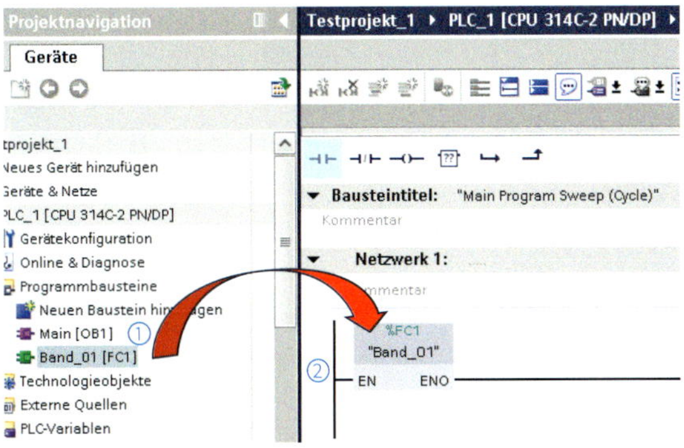

8: Baustein FC1 ins OB1-Arbeitsfenster ziehen

7.7.4 Programme testen mit S7-PLCSIM

Die Programme können mit der Simulationssoftware S7-PLCSIM auf korrekte Funktion überprüft werden. Dies erfolgt in TIA Portal V13 getrennt für

- S7-300/400-CPUs mit S7-PLCSIM V5.x aus dem früheren STEP 7 V5.x und für
- S7-1200/1500-CPUs mit S7-PLCSIM V13.

Um das Anwenderprogramm zu testen, muss in der Projektnavigation diejenige SPS markiert werden, auf der das Programm später laufen soll. In diesem Fall ist dies PLC_1. Ohne diese Markierung ist die Simulation nicht möglich (Abb. 9).

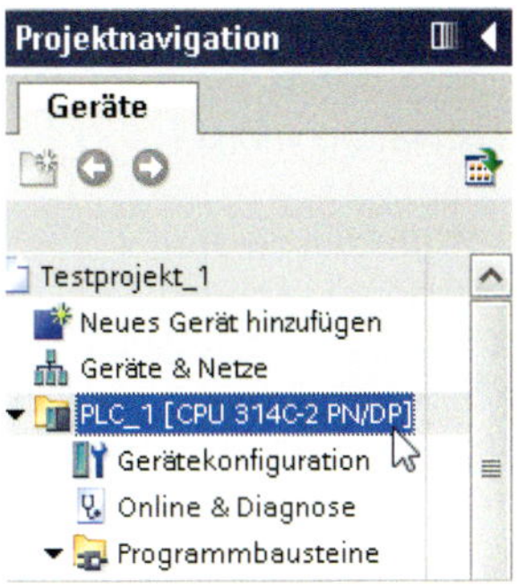

9: Anwahl der SPS

Dann wird der Reiter „Online“ gewählt und nacheinander → Simulation → Starten betätigt (Abb. 10).

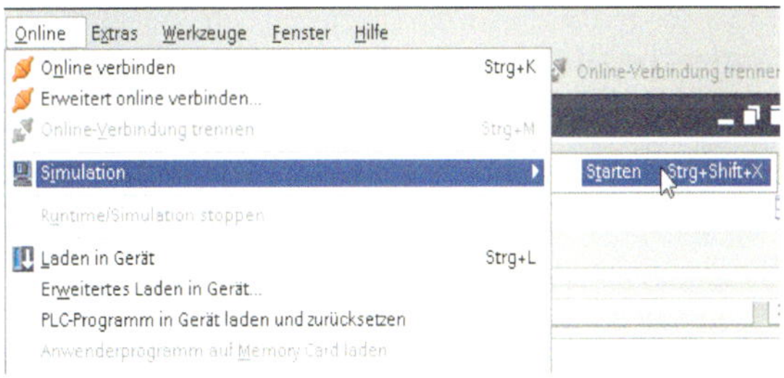

10: Starten von S7-PLCSIM

Im folgenden Menü ist Schnittstelle MPI zu wählen und S7-PLCSIM V5.x.

S7-PLCSIM öffnet sich in einem eigenen Fenster. Zum Test des Anwenderprogramms müssen in der Simulationssoftware die gleichen Eingangs- und Ausgangsadressen (z. B. IB136, QB137) eingestellt werden, die auch in den Programmbausteinen verwendet sind. S7-PLCSIM ist nun vorbereitet für die Übertragung des Anwenderprogramms in die virtuelle SPS (Abb. 11).

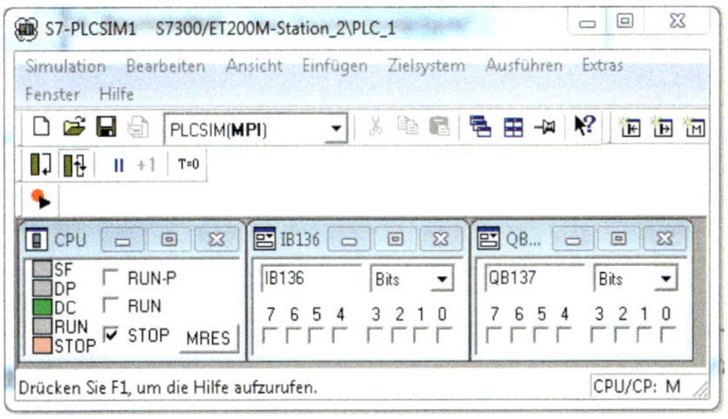

11: Programmfenster von S7-PLCSIM V5.x

7.7.5 Programme übertragen zu S7-PLCSIM

Zum Übertragen des Anwenderprogramms ist die virtuelle SPS in den STOP-Zustand zu versetzen (vgl. Kap. 7.7.4, Abb. 11).

Zum Übertragen wird die zu simulierende SPS (Abb. 1) angewählt. Will man lediglich alle Programmbausteine, jedoch keine Hardwareinformationen übertragen, wird der entsprechende Ordner markiert. Es können auch einzelne Bausteine übertragen werden, indem man diese auswählt.

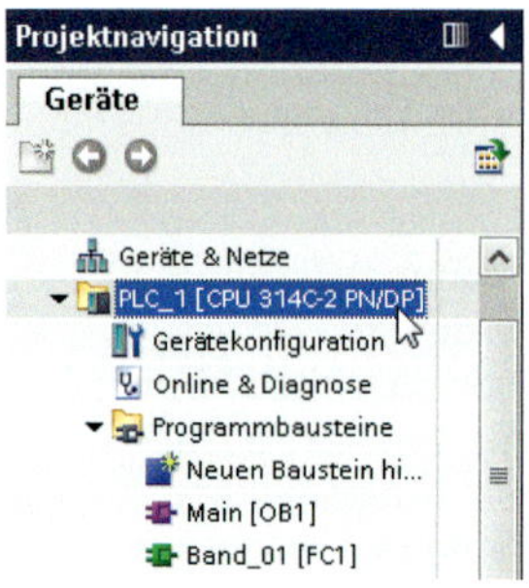

1: Auswahl der Inhalte

Nach der Auswahl der zu übertragenden Inhalte wird der Button zum Übertragen betätigt (Abb. 2).

2: Laden in SPS

Anschließend erscheint ein Fenster, in dem man das „Laden" bestätigt (Abb. 3).

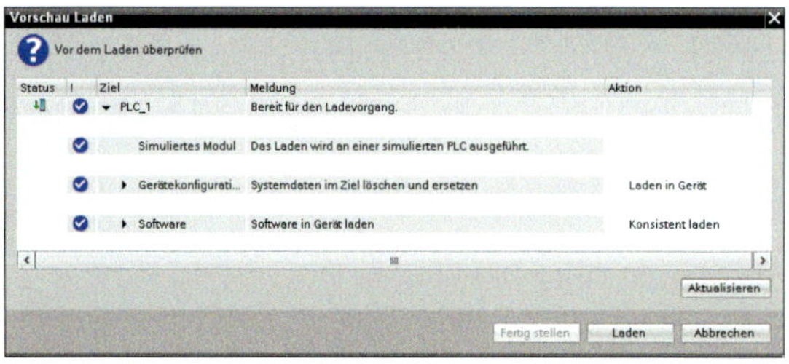

3: Bestätigen des Ladevorgangs

Nach dem Ladevorgang ist die virtuelle SPS in den RUN-Zustand zu versetzen. Zur Überprüfung des Programms sind die entsprechenden Häkchen an den Digitaleingängen zu setzen (Abb. 4).

Durch die UND-Verknüpfung hat das Ausgangsbit 1-Zustand, wenn beide Eingangsbits gesetzt sind.

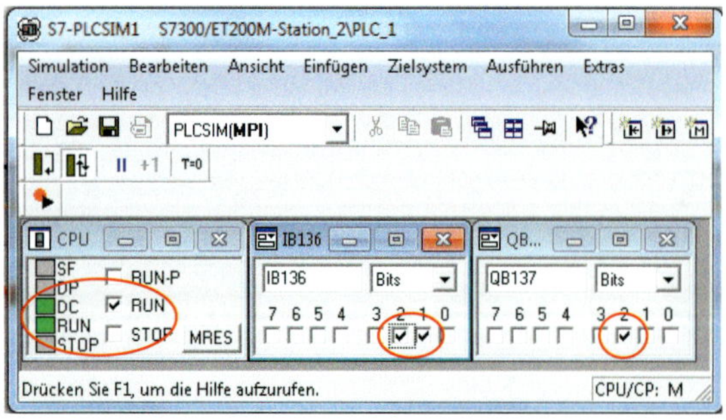

4: Programmsimulation im RUN-Zustand

Bei Aktivieren des Buttons „Beobachten" werden die Zustände der Ein-/Ausgänge angezeigt (Abb. 5). Grüne Linien zeigen den 1-Zustand.

Das PLCSIM-Fenster (Abb. 4) kann in das Arbeitsfenster von FC1 geschoben werden, sodass Signalzustandsänderungen in PLCSIM gleichzeitig in Netzwerk 1 beobachtet werden können.

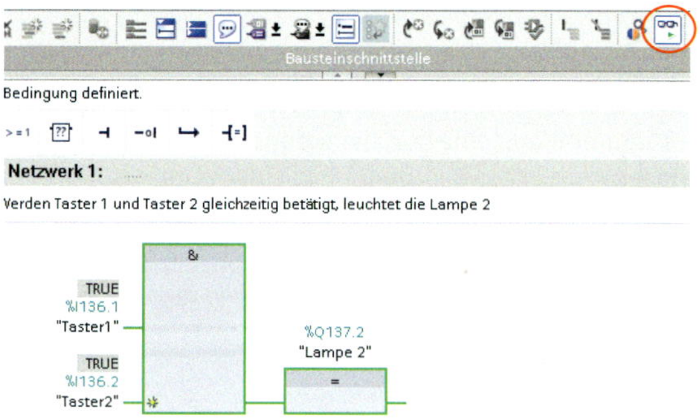

5: Beobachten von FC1 im Onlinemodus

7.7.6 Programme zur SIMATIC übertragen

Die Funktionsweise von Programmbausteinen kann statt mit PLCSIM natürlich auch in realen SPS-Geräten geprüft werden. Dies ist oft der "Normalfall". Dazu ist eine Online-Verbindung zwischen Programmiergerät (meist PC) und SPS (PLC_1) mit einem Datenkabel herzustellen.

Der Ablauf der Programmübertragung ist dann identisch mit der oben beschriebenen Vorgehensweise. Es wird allerdings statt der simulierten SPS dann eine reale SPS verwendet.

Zur Suche nach erreichbaren SIMATIC-Geräten wird in der Portalansicht der Punkt „Online & Diagnose" gewählt und auf „Erreichbare Teilnehmer" geklickt. (Abb. 6). Das rechte Fenster zeigt die verfügbaren Geräte. An diesen kann man bei korrekter Funktion eine LED blinken lassen (Abb. 7).

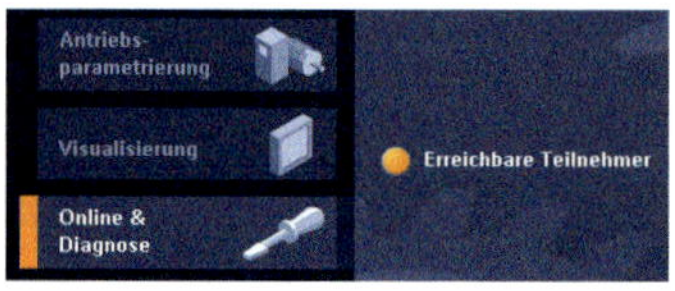

6: Portalansicht

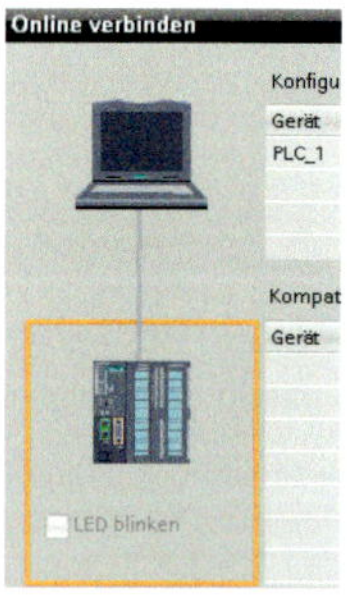

7: Teilnehmeranzeige

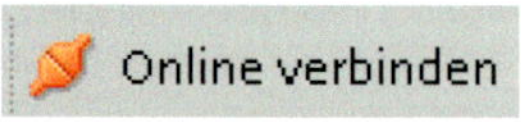

8: Onlineverbindung mit der SPS

Mit dem Button „Online verbinden" wird die SPS mit dem PC verbunden (Abb. 8). Das Laden der Programme erfolgt dann wie in Kap. 7.7.5 beschrieben.

8 Antriebssysteme

8.1 Modernisieren eines Lastenaufzuges

Elektro Huber

Ziegelei Eder

Ein Mitarbeiter der Firma Elektro Huber erhält einen Anruf der Ziegelei Eder, in dem ihm mitgeteilt wird, dass der Lastenaufzug (Abb. 9) in der Ziegelei während der Fahrt wiederholt Probleme macht.

Da der Aufzug häufig benötigt wird und ein Totalausfall den Betriebsablauf stark stören würde, wird bereits für den nächsten Tag ein Gesprächstermin an der Aufzugsanlage vereinbart, bei dem eine genaue Fehleranalyse erfolgen soll.

Der Mitarbeiter informiert seinen Chef über diesen Anruf der Ziegelei. Herr Huber entscheidet sich, die Fehleranalyse an der Aufzugsanlage selbst durchzuführen, da es sich bei der Ziegelei Eder um einen langjährigen Kunden handelt.

Es ergibt sich dabei folgender Gesprächsablauf:

9: Lastenaufzug

Guten Tag Herr Eder. Beschreiben Sie mir noch einmal genau das Problem.

Herr Huber, es freut mich, dass Sie persönlich diese Angelegenheit bearbeiten. Nun, der Motor läuft lauter als sonst und ruckelt. Es kam schon vor, dass Waren von der Palette heruntergefallen und dabei zerbrochen sind. Ich schalte den Aufzug einmal ein und Sie können sich selbst ein Bild machen.

Nachdem Herr Eder die Anlage in Betrieb gesetzt hat, arbeitet der Motor ungewöhnlich laut und läuft unrund. Aus diesem Grund ruckelt der Aufzug während des Betriebs.

Ist das der einzige Fehler oder haben Sie noch weitere Probleme festgestellt?

Ja. Ich habe bemerkt, dass bei längerem Betrieb der Motor warm wird. Außerdem löst manchmal ein Schalter im Schaltschrank aus. Ich kann ihn erst wieder nach ein oder zwei Minuten einschalten.

Bitte zeigen Sie mir den Schalter!

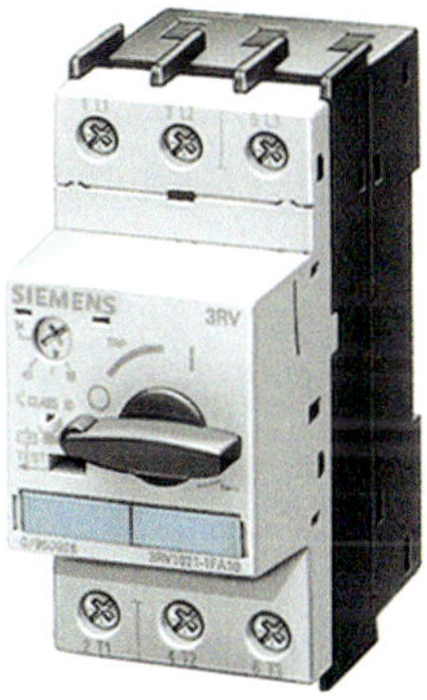

10: Motorschutzschalter

Herr Eder öffnet den Schaltschrank und zeigt den abgebildeten Schalter (Abb. 10).

Das ist der Motorschutzschalter. Er schaltet immer dann, wenn durch den Motor zu große Ströme fließen. Das gezeigte Verhalten des Motors und das häufige Abschalten des Motorschutzschalters deuten darauf hin, dass der Motor defekt ist oder eine größere Leistung erbringen muss, als ursprünglich für ihn vorgesehen war.

Damit ich den Fehler genau eingrenzen kann, brauche ich von Ihnen noch die Schaltungsunterlagen des Aufzugs.

Herr Eder holt die Unterlagen aus dem Büro und übergibt sie Herrn Huber.

Vielen Dank für die Schaltungsunterlagen Herr Eder. Sobald ich Genaueres weiß, werde ich mich bei Ihnen melden.

Um den Auftrag des Ziegeleibesitzers zu bearbeiten, überlegt sich Herr Huber die weitere Vorgehensweise (Mind-Map Abb. 1).

Zur Fehlerbehebung an der Aufzugsanlage muss er zunächst die bestehende Anlage analysieren ①. Anschließend will Herr Huber in einem Gespräch mit dem Kunden die Ergebnisse der Fehleranalyse erläutern und Vorschläge zur Lösung unterbreiten.

Dabei will er dem Kunden sowohl Vorschläge für eine Reparatur des Aufzuges machen, als auch die Vorteile einer Neuinstallation des doch schon sehr alten Antriebes unterbreiten.

Entscheidet sich der Kunde für eine Neuinstallation, wird im weiteren Verlauf eine Planung des Auftrages durchgeführt. Dabei sind die Planung des Antriebs ② und die Planung der Steuerung ③ notwendig.

Abschließend wird die Anlage nach den gültigen Vorschriften errichtet ④ und in Betrieb genommen. Die Übergabe an den Kunden ⑤ bildet den Abschluss des Auftrages.

Die Aufzugsanlage in der Ziegelei des Herrn Eder ist ein Lastenaufzug (Abb. 2).

Deshalb soll geklärt werden,

- was damit transportiert werden soll,
- welche anderen Aufzugsarten es gibt und
- welche Bedingungen dabei vorausgesetzt werden.

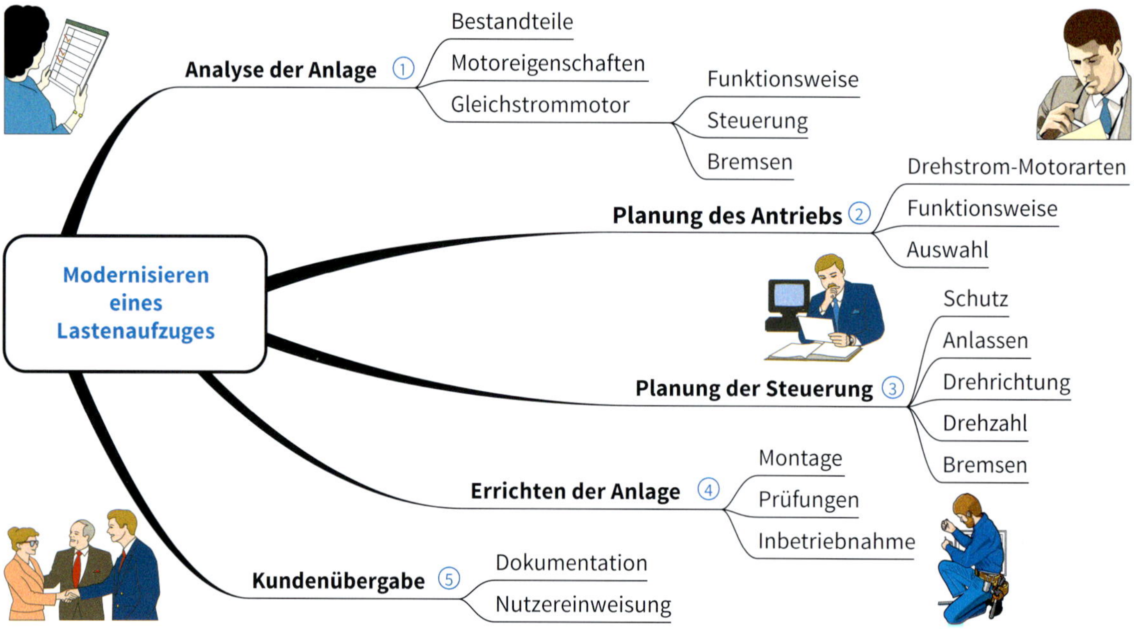

1: Auftragsabwicklung

Welche Aufzugsanlagen gibt es?

Personenaufzug

Diese Aufzüge dienen in erster Linie zum Transport von Menschen.

Sie unterliegen aufgrund der Personengefährdung (Personeneinschluss im Aufzug, Quetschgefahren an Türen, Absturzsicherung) einer Reihe von Vorschriften. Diese sind zum Großteil in der Aufzugsrichtlinie (2014/33/EU) zusammengefasst. Darüber hinaus müssen auch mehrere EN-Vorschriften beachtet werden.

Eingesetzt werden sie z. B. in Wohn- und Geschäftshäusern.

Lastenaufzug

In einem Lastenaufzug dürfen Lasten und eingewiesene Personen befördert werden.

Früher durfte in solchen Aufzügen auf die Fahrkorbtüren verzichtet werden. Nach einigen schweren Unfällen müssen die Lastenaufzüge zumindest mit Lichtvorhängen als Sicherung nachgerüstet werden. **Neue** Lastenaufzüge werden nach der EN 81 grundsätzlich mit Fahrkorbtüren ausgerüstet.

Lastenaufzüge werden in Produktionsgebäuden, Lagerhallen und Einkaufszentren eingesetzt.

Güteraufzug

Diese Aufzüge dürfen nur zum Transport von Sachen, z. B. Paletten und Müllcontainern, benutzt werden. Hier dürfen **keine** Personen transportiert werden.

Aufzüge dieser Art unterliegen den Sicherheitsvorschriften der Aufzugsrichtlinie und der Maschinenrichtlinie.

Sie werden eingesetzt in Hotels (z. B. Speiseaufzüge), in Lagern und Ähnlichem.

2: Aufzüge

8.2 Analyse der Anlage

8.2.1 Bestandteile der Aufzugsanlage

Um die Aufzugsanlage instand setzen zu können, muss Herr Huber die gesamte Anlage genau kennen.

Er analysiert den Lastenaufzug und findet dabei folgende drei Baugruppen:

- **Eingabebaugruppen**,
- **Verarbeitungsbaugruppen** und
- **Ausgabebaugruppen**.

①

Eingabebaugruppen (Sensoren)

- Mit den Bedienelementen ① wird der Aufzug aufwärts und abwärts gesteuert.
- Über den **Not-Aus-Schalter** ② kann die Anlage im Notfall stillgesetzt werden.
- Sensoren ermitteln die Lage des Fahrkorbes.
- **Sicherheitsendtaster** ③ überprüfen, ob die Aufzugstür geschlossen ist.

②

③

④

Verarbeitungsbaugruppen

- Die Aufzugsanlage wird mit Hilfe einer **VPS** (**V**erbindungs**p**rogrammierte **S**teuerung) ④ gesteuert. Die Steuerung befindet sich in einem Schaltschrank neben der Aufzugsanlage.
- Da der Motor wegen der großen Leistung nicht direkt über die Kontakte der VPS gesteuert werden kann, werden zusätzlich **Lastschütze** ⑤ verwendet.

⑤

⑥

Ausgabebaugruppen (Aktoren)

- Der Motor ⑥ ist über dem Aufzugsschacht montiert. Er ist über ein Getriebe mit dem Aufzugsseil verbunden.
- Um sehen zu können, ob die Anlage in Betrieb ist, sind **Melde- und Signalelemente** ⑦ angebracht.
  Signalisiert wird
  - Aufzugsanlage in Betrieb,
  - Störung und
  - Aufzug fährt.

⑦

Aufgrund der Fehlerbeschreibung des Kunden scheint die Ursache für die Fehlfunktionen der Anlage in der Ausgabebaugruppe zu liegen.

Herr Huber untersucht deshalb zunächst den Motor der Aufzugsanlage. Da zum verwendeten Motor keine schriftlichen Unterlagen existieren, entnimmt er die Motordaten dem Leistungsschild.

Welche Auskünfte gibt ein Leistungsschild?

Das **Leistungsschild** *[rating plate]* (Abb. 1) enthält die wichtigsten Kenndaten eines Motors. Es zeigt Angaben über **elektrische Größen** und **weitere Merkmale** des Motors. Anhand dieser Daten kann die Eignung eines Motors für bestimmte Aufgaben ermittelt werden.

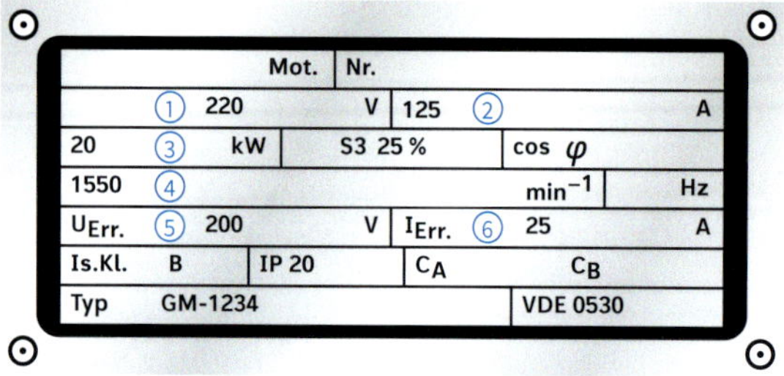

1: Leistungsschild des Aufzugsmotors

Welche elektrischen Größen sind angegeben?

- **Bemessungsspannung** *[rated voltage]* ①:
  Der Motor ist für 220 V DC gebaut.
- **Bemessungsstromstärke** *[rated current]* ②:
  Im Bemessungsbetrieb fließt ein Strom von 125 A.
- **Bemessungsleistung** *[rated power]* ③:
  Bei elektrischen Maschinen ist die mechanisch abgegebene Leistung an der Motorwelle die Bemessungsleistung. Die elektrische Leistung ist größer, da ein Motor Verluste (z. B. Reibungsverluste) hat.
- **Bemessungsdrehzahl** *[rated speed]* ④:
  Sie gibt an, wie viele Umdrehungen pro Minute die Welle unter Nennbedingungen ausführt.
- **Läufer-Bemessungsspannung U_{err}** ⑤ und **Läufer-Bemessungsstromstärke I_{err}** ⑥:
  Um bei einem Gleichstrommotor ein Drehmoment aufbauen zu können, muss neben dem äußeren Magnetfeld auch im drehenden Teil des Motors ein Magnetfeld erzeugt werden. Dieses wird üblicherweise elektrisch durch die Erregerstromstärke I_{Err} erzeugt.

Auf dem Leistungsschild sind folgende weitere Merkmale des Motors aufgeführt (Abb. 3).

Betriebsart	Schutzart	Isolierstoffklassen	Kühlung	Bauform
Kap. 8.2.2	Kap. 8.2.3	Kap. 8.2.4	Kap. 8.2.4	Kap. 8.2.5
Beispiel S3 25 %	Beispiel IP 20	Beispiel B	Beispiel Eigenkühlung	Beispiel IM B3

3: Angaben auf dem Leistungsschild

Dauerbetrieb S1	Kurzzeitbetrieb S2	Aussetzbetrieb S3 bis S5	Ununterbrochener Betrieb S6 bis S 10
Unter Dauerbetrieb versteht man die unterbrechungsfreie Belastung einer Maschine unter Bemessungsbedingungen. Die im Motor entstehende Erwärmung wird abgeführt. Es stellt sich ein Gleichgewichtszustand im erlaubten Temperaturbereich zwischen Erwärmung und Wärmeabgabe ein. Die sich einstellende Temperatur führt zu keinem Motorschaden.	Übersteigt die Erwärmung die Wärmeabgabe, darf der Motor nicht mehr einer Dauerbelastung ausgesetzt werden. Die sich einstellende Temperatur würde den Motor schädigen. Es müssen Pausen eingehalten werden. Dem Kurzzeichen S2 folgt die Angabe der Betriebsdauer (z. B. S2 20 min). In der Pause kühlt sich der Motor ab, bis sich Motortemperatur und Kühlmitteltemperatur höchstens um 2 Kelvin voneinander unterscheiden.	Der Phase der Belastung folgt immer eine Phase der Abkühlung. Dem Kurzzeichen wird die prozentuale Einschaltdauer (z. B. S3 25 % ≙ 25 % Einschaltzeit) angefügt. Die Summe aus Einschaltzeit und Pausenzeit nennt man Spieldauer. • **S3** Kein Einfluss der Trägheitsmomente des Motors und der Last. • **S4** Einfluss der Trägheitsmomente des Motors und der Last. • **S5** Einfluss der Trägheitsmomente des Motors und der Last mit Berücksichtigung der elektrischen Bremsung.	Es treten keine Pausenzeiten auf. Um den Motor zu entlasten, werden Leerlaufphasen gefordert: • **S6** Der Betrieb unter Belastung und im Leerlauf wechselt einander gleichmäßig ab. • **S7** Wie S6, aber mit Berücksichtigung des Anlaufträgheitsmoments und der Bremsung. • **S8** Wie S7, aber mit zusätzlicher Berücksichtigung der Drehzahl des Motors. • **S9** Betrieb mit nichtperiodischer Last- und Drehzahländerung. • **S10** Betrieb mit einzelnen konstanten Belastungen.

2: Betriebsarten von Motoren nach DIN VDE 0530

8.2.2 Betriebsarten

Es gibt zehn Betriebsarten (DIN VDE 0530), die durch den Buchstaben S und eine nachfolgende Zahl gekennzeichnet werden (Abb. 2).

Auf dem Leistungsschild des Aufzugsmotors ist die Betriebsart S3 angegeben. Der Motor ist also nicht für Dauerbetrieb, sondern für **Aussetzbetrieb** [*intermittent operation*] geeignet.

Die Einhaltung der Betriebsart ist wichtig, da sonst größte Schäden an einem Motor durch Beschädigung der Motorwicklung, z. B. durch Überhitzung, entstehen. Die Reparatur ist dann sehr aufwändig und teuer.

Der Aufzugsmotor der beschriebenen Anlage muss schwere Lasten bewegen können. Er ist aber nicht ununterbrochen in Betrieb. Während der Aufzug steht und beladen wird, kann der Motor abkühlen (Aussetzbetrieb, Abb. 4).

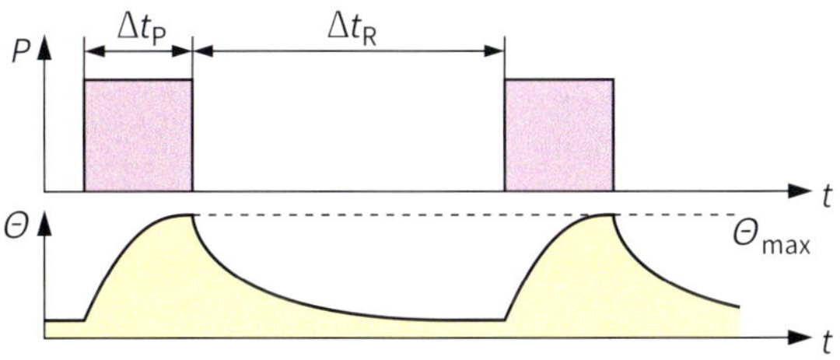

4: Beispiel für Aussetzbetrieb

Einschaltzeit Δt_P und Pausenzeit Δt_R wechseln sich ab (z. B. 25 % zu 75 %). Die Temperatur Θ steigt im Betrieb bis auf zulässige Θ_{max}. In der Pausenzeit erfolgt die Abkühlung. Beim Aussetzbetrieb wird neben der Kennzeichnung auch die prozentuale Einschaltdauer angegeben. Sie ist das Verhältnis von Einschaltzeit zu Einschaltzeit plus Pausenzeit in Prozent.

8.2.3 Schutzarten

Als weiteres Merkmal ist auf dem Leistungsschild des Aufzugsmotors die Angabe IP 20 zu finden. Sie kennzeichnet den Schutz des Objektes vor **Fremdeinwirkungen** [*external influences*].

Je nach Verwendungszweck und Aufstellungsort des Motors ist ein entsprechender Berührungs- und Fremdkörperschutz sowie ein Schutz gegen Eindringen von Wasser erforderlich.

Was bedeutet IP 20?

Die Schutzart wird nach DIN EN 60529 wie folgt gekennzeichnet.

In Abb. 5 sind beide Schutzgrade und deren Zifferbedeutung zusammengestellt.

- Auf dem Leistungsschild eines Motors sind elektrische Größen und weitere Merkmale des Motors angegeben.
- Die Betriebsart richtet sich nach der Belastungsart des Motors.
- Der Verwendungszweck und Aufstellungsort bedingen die Schutzart eines Motors.

Ziffer	1. Ziffer Schutzgrade für		2. Ziffer Schutzgrade für
	Berührungsschutz	**Fremdkörperschutz**	**Schutz gegen Wasser**
0	kein Schutz	kein Schutz	kein Schutz
1	Schutz gegen großflächige Körperteile (Durchmesser 50 mm)	große Fremdkörper (Durchmesser > 50 mm)	Schutz gegen senkrecht fallendes Tropfwasser
2	Fingerschutz (Durchmesser 12 mm)	mittelgroße Fremdkörper (Durchmesser > 12,5 mm)	Schutz gegen schräg (bis 15°) fallendes Tropfwasser
3	Werkzeuge und Drähte (Durchmesser > 2,5 mm)	kleine Fremdkörper (Durchmesser > 2,5 mm)	Schutz gegen Sprühwasser bis 60° gegen die Senkrechte
4	Werkzeuge und Drähte (Durchmesser > 1 mm)	kornförmige Fremdkörper (Durchmesser > 1 mm)	Schutz gegen allseitiges Spritzwasser
4 K	–	–	Spritzwasser mit erhöhtem Druck
5	vollständiger Berührungsschutz	Staubablagerung	Schutz gegen Strahlwasser
6	vollständiger Berührungsschutz	Staubeintritt	Schutz gegen starkes Strahlwasser (Überflutung)
6 K	–	–	starkes Strahlwasser mit erhöhtem Druck
7	–	–	Schutz gegen zeitweiliges Untertauchen
8	–	–	Schutz gegen dauerndes Untertauchen
9 K	–	–	Hochdruck/Dampfstrahl-Reinigung

5: Schutzarten

8.2.4 Isolierstoffklassen und Kühlung

Der Aufzugsmotor hat die Isolierstoffklasse B, d.h., die Isolationsmaterialien halten eine Betriebstemperatur von 130 °C aus.

Beim Motor wird die Erwärmung hauptsächlich durch
- Reibung,
- elektrische Verluste und
- magnetische Verluste

verursacht.

Eine zu hohe Temperatur würde z.B. die Isolation der einzelnen Windungen zerstören und damit Kurzschlüsse verursachen. Aus diesem Grund dürfen im Motor bestimmte Temperaturen nicht überschritten werden. Je nach Isolierwerkstoff sind höchstzulässige Temperaturen festgelegt (VDE 0530 –1), die bei Bemessungsbetrieb nicht überschritten werden dürfen. Die **Isolationsmaterialien** [*isulating materials*] sind dabei in Klassen eingeteilt (Abb. 1).

Temperatur	Klasse	Verwendete Isolationsmaterialien
90 °C	Y	Holz, Baumwolle, Seide, Papier
105 °C	A	Seide, Holz, Textilien, Papier
120 °C	E	PC-CTA-Folie, Drahtlacke, CTA-Folie
130 °C	B	Glasfaser, Glasfasertextilien
155 °C	F	Glasfaser, Drahtlacke
180 °C	H	Glasfaser, Glimmerprodukte
>180 °C	C	Glimmer, Porzellan, Glas, Quarz

1: Isolierstoffklassen

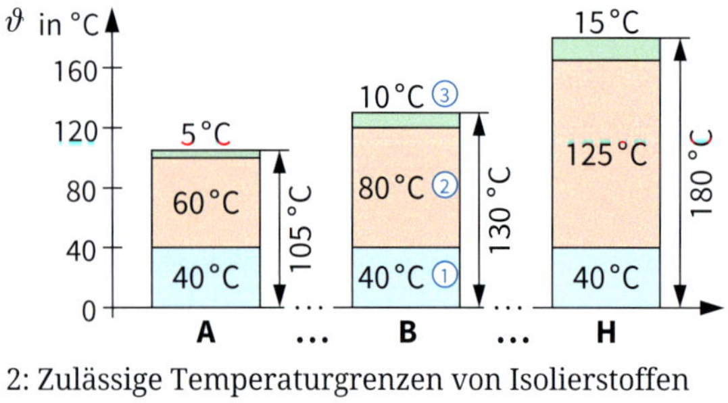

2: Zulässige Temperaturgrenzen von Isolierstoffen

Für jede dieser Klassen sind einzuhaltende Temperaturbereiche festgelegt (Abb. 2).

Die Kühlmitteltemperatur ① wird bei Motoren mit 40 °C angenommen.

Die Motorwicklungstemperatur darf wegen der Temperaturbelastung der Isolierung eine bestimmte **Grenztemperatur** [*limiting temperature*] ② nicht überschreiten (Abb. 2). Sie ist die höchstzulässige Dauertemperatur an der heißesten Stelle der Motorwicklung. Da es eine unterschiedliche Temperaturverteilung innerhalb des Motors gibt, wird aus Sicherheitsgründen zudem ein Zuschlag von 5 °C bis 15 °C berücksichtigt ③.

Weichen die Motor-Umgebungstemperatur oder die Höhenlage des Aufstellortes von den Standardwerten ab, muss eine Korrektur der Temperaturwerte erfolgen.

Um die Temperatur im Motor so gering wie möglich zu halten, ist eine ausreichende Kühlung erforderlich. VDE 0530 unterscheidet dabei die **Art** und **Wirkungsweise** der Kühlung.

Kühlungsarten

- **Selbstkühlung**
  Der Motor gibt seine Wärme nur durch Strahlung (Wärmestrahlung) ab. Es wird kein Lüfter verwendet. Diese Kühlungsart wird nur in Ausnahmefällen angewendet.
- **Eigenkühlung**
  Mit Hilfe von Lüftungselementen wird die Motortemperatur niedrig gehalten. Sie werden direkt mit der Kraft der Maschine betrieben. Die Kühlluftmenge ändert sich mit der Drehzahl. Die Eigenkühlung ist die häufigste Art der Motorkühlung.
- **Fremdkühlung**
  Die Kühlungskomponenten werden mit externer Kraft angetrieben. Es kommen dabei auch andere Kühlmittel, z.B. Wasser und Gase zum Einsatz. Die Kühlqualität kann individuell eingestellt werden.

Kühlungswirkungen

- **Innenkühlung**
  Das durch die Maschine strömende Kühlmittel (Luft) nimmt die Wärme auf und transportiert sie fort.
- **Oberflächenkühlung**
  Der Motor besitzt große Lamellenflächen an den Außenseiten. Die Wärme wird durch Strahlung an das umgebende Kühlmittel abgegeben.
- **Kreislaufkühlung**
  Die Abwärme wird durch einen zweiten Kühlkreislauf mit Wärmetauscher an die Umgebung abgegeben.
- **Flüssigkeitskühlung**
  Die Maschine wird durch ein flüssiges Kühlmittel gekühlt, das die Maschine durchströmt. Auch Eintauchen in flüssiges Kühlmittel ist möglich.
- **Direkte Kühlung**
  Die wärmeproduzierenden Leiter und Wicklungen werden von dem flüssigen oder gasförmigen Kühlmittel direkt umströmt.

- Je nach Isolierstoffklasse darf die jeweils zulässige Höchsttemperatur nicht überschritten werden.
- Beim Betrieb von Motoren müssen die Art und Wirkungsweise der Kühlung berücksichtigt werden.

8.2.5 Bauformen

Das Foto des Aufzugsmotors zeigt, dass der Motor auf dem Boden befestigt ist (Fußbefestigung). Die Motorwelle hat eine horizontale Lage.

3: Aufzugsmotor

Die jeweilige Einbausituation macht es erforderlich, die Befestigung des Motors und die Wellenlage individuell anzupassen. Deshalb werden Motoren für verschiedene Einbaulagen hergestellt. Maßgebend sind dabei die Lage der Motorwelle (waagerecht oder senkrecht) und die Gehäuseform mit der dazugehörigen Befestigung. In DIN EN 60034-7 ist die Kennzeichnung der einzelnen Formen angegeben.

Die meisten elektrischen Maschinen sind mit dem **Code I** gekennzeichnet. Er ist folgendermaßen aufgebaut:

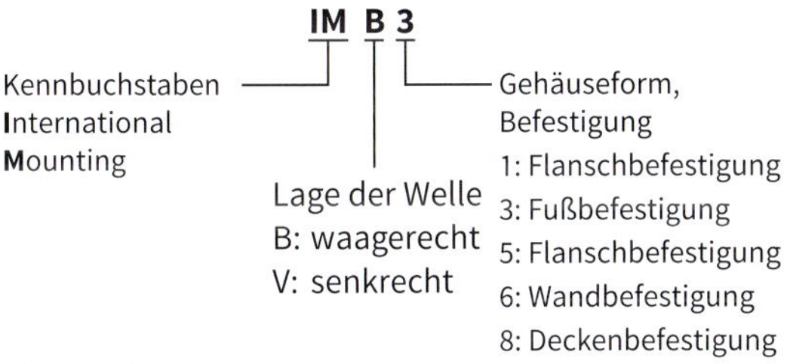

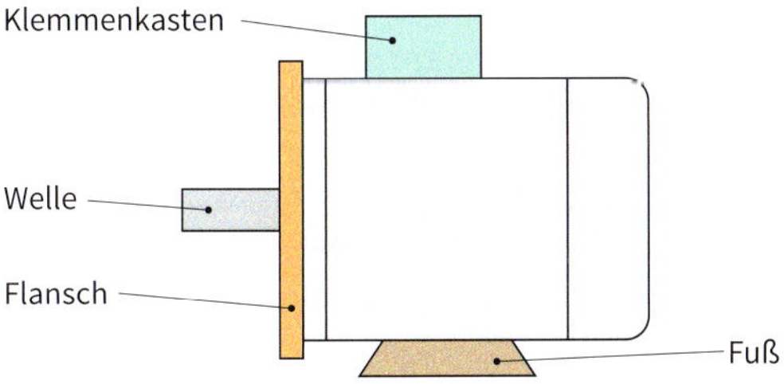

4: Lage der Motorbestandteile

Code II wird nur benutzt, wenn Code I nicht ausreicht.

Der Code II setzt sich aus vier Ziffern zusammen.

Ziffer	Bedeutung
1	Bauform
2	Befestigungsart und Lagerung
3	Wellenendenlage
4	Wellenendenart

Aufgaben

1. Beschreiben Sie die drei Kühlungsarten Selbstkühlung, Eigenkühlung und Fremdkühlung.
2. Nennen Sie Folgen, die durch zu große Belastung von Motoren entstehen können.
3. Welche Folgen hätte es für den Aufzugsmotor, wenn er im Dauerbetrieb eingesetzt werden würde?
4. Ein Motor soll in einer sehr warmen Umgebung ($\vartheta = 60\,°C$) eingebaut werden. Was müssen Sie beachten?
5. Im Außenbereich soll ein Motor für eine Wasserpumpe eingebaut werden. Welche Schutzart empfehlen Sie?
6. Abb. 5 zeigt eine Auswahl gängiger Motorbauformen. Stellen Sie mit Hilfe des Tabellenbuches weitere Bauformen von Motoren in einer Tabelle zusammen.

- Die Auswahl der Bauform richtet sich nach Befestigungsmöglichkeiten und Lage der Motorwelle.
- Die Bauform wird nach einem Code (DIN EN 60034-7) gekennzeichnet.

Bauformen von Motoren (Auszug)

Code I	IM B3	IM B5	IM B6	IM B8	IM V1	IM V5
Erläuterung	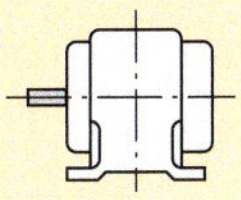	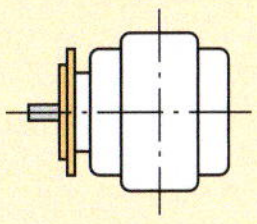	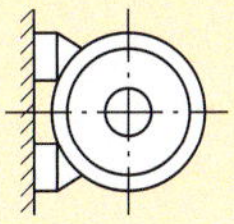	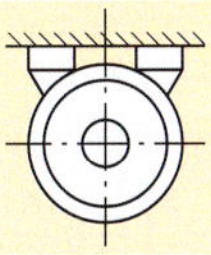	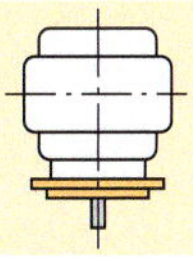	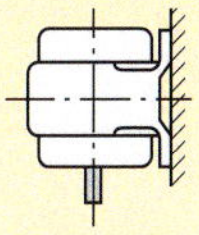
Code II	IM 1001	IM 3001	IM 1051	IM 1061	IM 3011	IM 1011
Erläuterung	waagerechte Lage, Fußbefestigung, zwei Lagerschilde	waagerechte Lage, Flanschbefestigung, zwei Lagerschilde	waagerechte Lage, Wandbefestigung, zwei Lagerschilde	waagerechte Lage, Deckenbefestigung, zwei Lagerschilde	senkrechte Lage, Flanschbefestigung, zwei Lagerschilde	senkrechte Lage, Wandbefestigung, zwei Lagerschilde

5: Bauformen von Motoren

8.3 Gleichstrommotor

Bisher haben wir uns nur um die Betriebsdaten des Motors gekümmert. Die Behebung des Fehlers in der Aufzugsanlage setzt aber auch voraus, die Funktionsweise und die Steuerung des verwendeten **Gleichstrommotors** [*DC motor*] genau zu kennen.

8.3.1 Motorprinzip

Elektrische Motoren sind Energiewandler. In ihnen wird elektrische Energie in mechanische Bewegungsenergie umgewandelt.

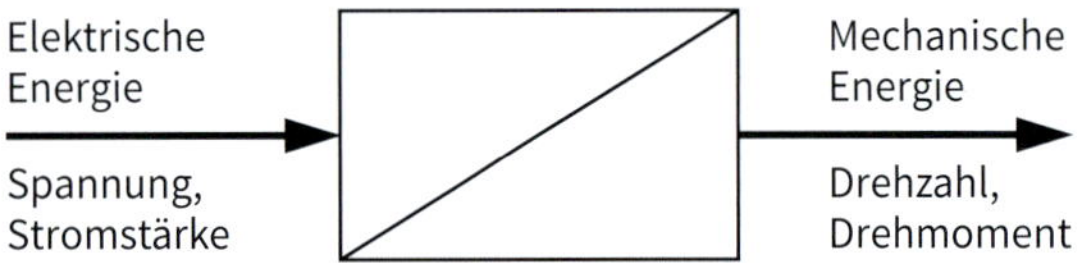

Wie findet die Energieumwandlung statt?

In jedem Motor gibt es stromdurchflossene Leiter und Magnetfelder. Die grundsätzlichen Vorgänge im Motor sollen zunächst an einem einfachen Modell gezeigt werden (Abb. 1a).

Jeder stromdurchflossene Leiter ist von einem magnetischen Feld umgeben. Wird dieser Leiter zusätzlich so in ein weiteres (äußeres) Magnetfeld gebracht, dass **Feldlinien** [*flux lines*] geschnitten werden, dann wird auf den Leiter eine Kraft *F* ausgeübt.

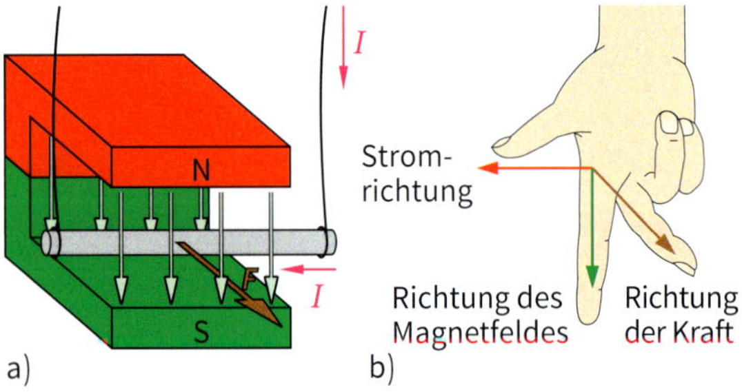

1: Leiterschleife im Magnetfeld

Die Größe der Kraft *F* ist abhängig von der Stärke des Magnetfeldes (**magnetische Flussdichte *B***), von der im Leiter fließenden Stromstärke *I* und von der Leiterlänge *l* innerhalb des Magnetfeldes. Es besteht folgender Zusammenhang:

$$F = B \cdot l \cdot I$$

Die Elektronenbewegung durch den Leiter wurde also in eine Kraftwirkung auf den Leiter umgewandelt. Dieses physikalische Prinzip der Kraftwirkung auf stromdurchflossene Leiter im Magnetfeld (Lorentzkraft) wird für elektrische Antriebe genutzt.

Die Richtung der Kraft und damit die **Bewegungsrichtung** des stromdurchflossenen Leiters hängt von der **Stromrichtung** und der **Magnetfeldrichtung** ab. Sie kann mit Hilfe der Rechten-Hand-Regel bestimmt werden (Abb. 1b).

Wie werden Magnetfelder dargestellt?

Magnetfelder werden durch Feldlinien dargestellt. Die Gesamtzahl der Feldlinien eines Magneten oder einer stromdurchflossenen Spule wird **magnetischer Fluss Φ** genannt. Der Quotient aus magnetischem Fluss und der Fläche *A* eines Magneten nennt man magnetische **Flussdichte *B***.

Stromdurchflossener Leiter

Um jeden stromdurchflossenen Leiter entsteht ein **Magnetfeld**, dessen Feldlinien kreisförmig verlaufen. Die Richtung der Feldlinien ist von der Stromrichtung abhängig.

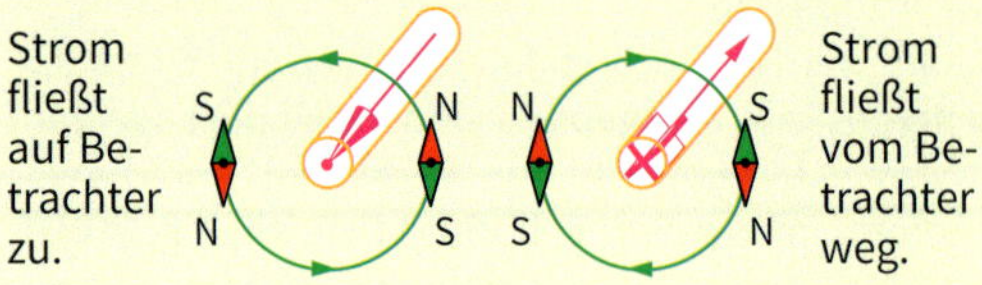

Umfasst man einen Leiter mit der rechten Hand und zeigt der abgespreizte Daumen in Stromrichtung, dann zeigen die gekrümmten Finger die Richtung der Magnetfeldlinien an (Schraubenregel).

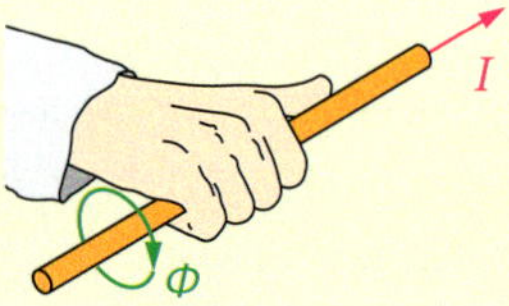

Stromdurchflossene Spule

Um jede einzelne Windung (einzelner Leiter) entsteht ein Magnetfeld. Die Magnetfelder um die einzelnen Windungen bilden ein **resultierendes Gesamtmagnetfeld** [*resulting magnetic field*]. Die Richtung dieses Feldes ist von der Stromrichtung abhängig. Die Feldlinien (magnetischer Fluss Φ) treten an einem Ende der Spule aus und am anderen Ende wieder ein. Somit entstehen an den Spulenenden ein magnetischer **Nordpol** [*north pole*] und auf der anderen Seite ein **Südpol** [*south pole*].

Legt man die rechte Hand so um eine Spule, dass die Finger in Stromrichtung zeigen, dann gibt der abgespreizte Daumen die Feldlinienrichtung zum Nordpol wieder.

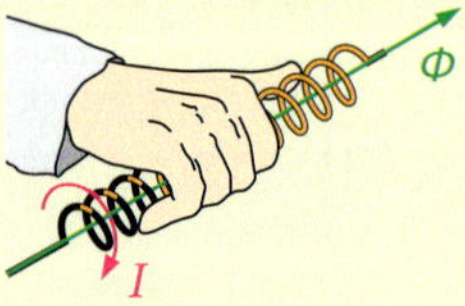

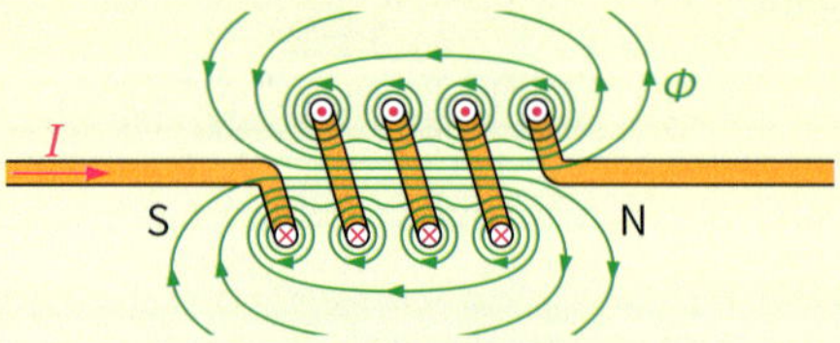

Damit die Kraft auf die **Leiterschleife** [*conductor loop*] genutzt werden kann, wird sie auf eine Welle aufgesetzt und mit einem Lager versehen. Die Stromanschlüsse werden über Schleifringe nach außen geführt. Die Schleife kann sich nun frei drehen.

Die Leiterschleife wird an Spannung angeschlossen, sodass Strom durch die Schleife fließt. Da die Leiterschleife in der Mitte gelagert ist, wirken Kräfte ① (Abb. 2) im Abstand von der Drehachse. Es entsteht ein **Drehmoment** auf die Leiterschleife.

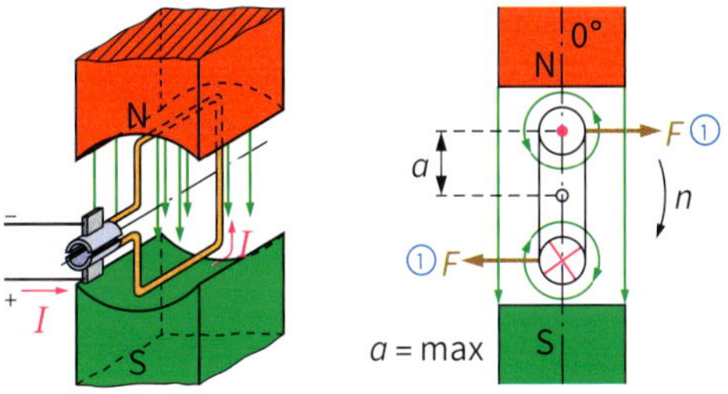

2: Leiterschleife senkrecht im Magnetfeld

Hat sich die Leiterschleife um 90° gedreht, kann kein weiteres Drehen stattfinden, da die Summe der Kräfte auf die Leiterschleife Null wird (Abb. 3). Es ist kein Drehmoment vorhanden.

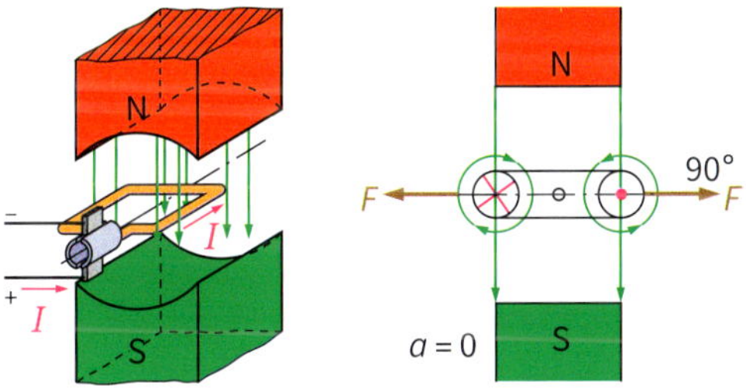

3: Leiterschleife waagerecht im Magnetfeld

Damit die Kräfte die Leiterschleife weiterdrehen, muss ab der Lage 90° das Magnetfeld der Leiterschleife umgepolt (**kommutiert** [*commutate*]) werden.

Dazu wird die Stromrichtung in der Leiterschleife umgekehrt (Abb. 4). Die Umkehrung muss immer bei der Lage der Leiterschleife 90° und 270° (neutrale Zone) stattfinden. Dies wird durch einen **Stromwender** [*commutator*] realisiert. Es findet eine Umkehr der Stromrichtung und damit eine Magnetfeldumkehr des Ankers nach jeweils einer 180°-Drehung statt.

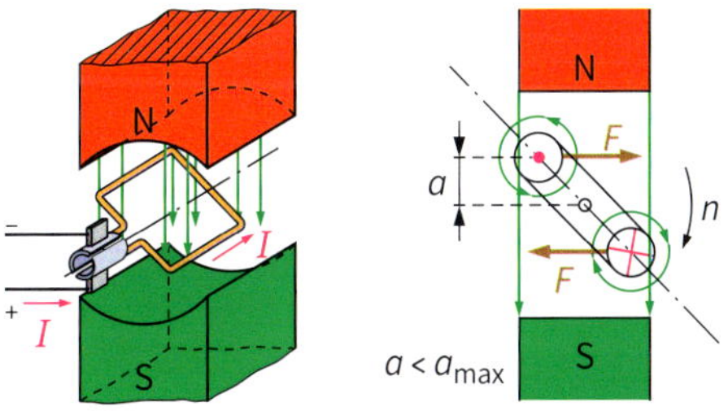

4: Leiterschleife schräg im Magnetfeld

8.3.2 Motoraufbau

Da die Kraft **einer** Leiterschleife sehr gering ist, werden nun mehrere Leiterschleifen als Spule drehbar angeordnet. Über Schleifkontakte (Kohlebürsten) wird die drehbar gelagerte Spule vom Strom durchflossen.

Ein Gleichstrommotor (Abb. 5) besteht aus einem feststehenden äußeren Teil, dem **Ständer** (oder **Stator**) und einem darin umlaufenden inneren Teil, dem **Läufer** (oder **Anker**). Dieser ist mit dem Stromwender (Kommutator) verbunden. Die mechanische Verbindung zwischen den beiden Maschinenteilen erfolgt durch die Lagerschilde mit den Lagern und der Welle.

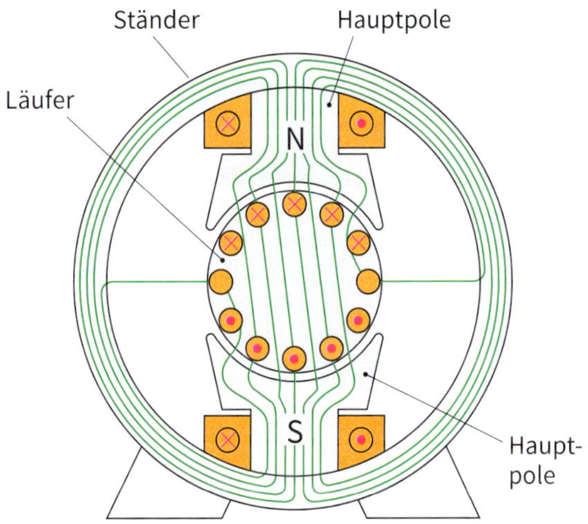

5: Ständer und Läuferaufbau

Ständer

Der Ständer besteht aus einem Joch und den daran befestigten Hauptpolen. Diese können bei kleineren Gleichstrommotoren als Permanentmagneten ausgeführt sein. Bei Maschinen größerer Leistung werden die Pole mit Wicklungen versehen (**Erregerwicklung** [*field winding*]). Es entstehen ein Nord- und Südpol, deren Stärke sich über die Stromeinstellung der Erregerwicklung regeln lässt. Die Hauptpole führen den magnetischen Fluss der Maschine so, dass sich ein geschlossener magnetischer Kreis ergibt.

Das Joch ist meist aus Gusseisen oder Stahlguss gefertigt. Für die Hauptpole werden Einzelbleche verwendet.

Läufer

Der Anker besteht aus der Welle und dem darauf befestigten Blechpaket. Dieses ist mit Nuten versehen, in die die Ankerwicklung eingebettet ist. Das Blechpaket ist aus papier- oder lackisolierten Elektroblechen mit ca. 0,5 mm Dicke aufgebaut. Dies ist notwendig, da durch die Stromrichtungsänderungen im Anker wechselnde Magnetfelder entstehen und damit Ströme induziert werden, die der Ursache (also den Magnetfeldern) entgegenwirken (**Wirbelströme**).

Kommutator

Voneinander isolierte Kupfersegmente, die mit der Ankerwicklung verbunden sind, bilden den Kommutator. Auf ihm schleifen die aus Kohle gefertigten Bürsten. Diese Bürsten sind Verschleißteile, die in regelmäßigen Intervallen ersetzt werden müssen.

Im Klemmenkasten befinden sich die Anschlüsse für den Anker und die Erregerwicklung.

Die Abb. 1 zeigt abschließend den Gesamtaufbau des Motors.

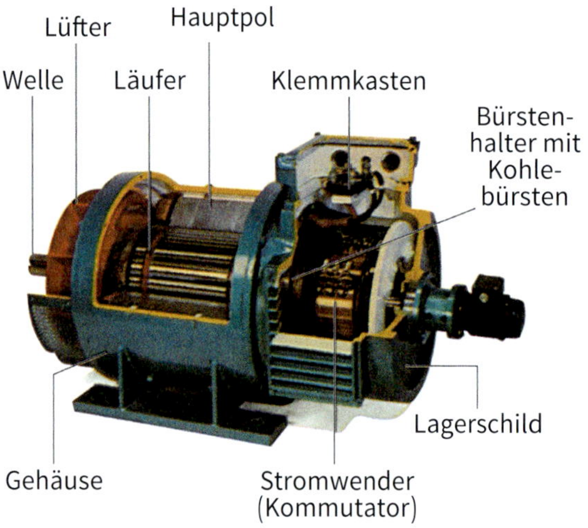

1: Aufbau des Gleichstrommotors

Aufgaben

1. Beschreiben Sie mit Hilfe einer Skizze, wie bei einem Gleichstrommotor die Drehbewegung entsteht.
2. Welche Funktion hat ein Kommutator?
3. Welche Verschleißteile besitzt ein Motor?
4. Berechnen Sie für den Motor in der rechten Spalte die Verluste in Prozent bezogen auf die zugeführte Leistung.

- Befindet sich eine stromdurchflossene Leiterschleife in einem Magnetfeld, wird auf sie eine Kraft ausgeübt. Dadurch dreht sich die Schleife um maximal 180°. Um ein Weiterdrehen zu erreichen, muss der Ankerstrom umgepolt werden.
- Die Hauptbestandteile eines Gleichstrommotors sind der Ständer mit den Erregerwicklungen, der Läufer mit den Ankerwicklungen und der Kommutator zur Stromwendung.

Wirkungsgrad

Der **Wirkungsgrad** [*efficiency*] eines Motors ist das Verhältnis von abgegebener Leistung P_{ab} zur zugeführten Leistung P_{zu}.

$$\eta = \frac{P_{ab}}{P_{zu}}$$

Da bei der Umwandlung von einer Energieart in eine andere **Verluste** [*losses*] auftreten, ist der Wirkungsgrad bei jeder elektrischen Maschine kleiner als 1.

Verluste

- **Reibungsverluste**
  Aufgrund der Bauform des Motors gibt es an den Auflagepunkten der Motorwelle drehzahlabhängige Reibungsverluste. Eine Verringerung der Lagerreibung geschieht durch Schmiermittel und entsprechende Lagerbauweisen. Es treten auch Reibungsverluste an den Kohlebürsten auf, die auf dem Stromwender schleifen. Die Luftreibung der umlaufenden Welle mit der Ankerwicklung bringt zusätzliche Verluste.
- **Lüftung**
  Der meistens direkt auf der Motorwelle aufgesetzte Lüfter verursacht zusätzliche drehzahlabhängige Verluste.
- **Wicklungserwärmung**
  Der Stromfluss durch die Wicklungen des Motors hat eine Erwärmung des Leiters zur Folge. Diese Stromwärmeverluste treten sowohl im Anker- als auch im Statorstromkreis auf.
- **Eisenverluste**
  Durch die Änderung der Dichte und Richtung der magnetischen Feldlinien in den Eisenwerkstoffen im Motor entstehen sogenannte Eisenverluste. Sie machen sich durch eine Erwärmung der Maschine bemerkbar.

8.3.3 Gegenspannung

Dreht sich der Anker des Gleichstrommotors im Erregermagnetfeld, so wird auch in die Ankerwicklung eine Spannung induziert. Sie ist der angelegten Betriebsspannung U_B entgegengerichtet und wird deshalb **Gegenspannung** [*counter voltage*] U_G genannt.

Wie wirkt sich die Gegenspannung aus?

Im ersten Moment des Anlaufes des Motors befinden sich die Ankerleiter noch im Stillstand. Die Gegenspannung ist gleich Null. Somit findet keine Induktion statt. Die Gegenspannung steigt mit größer werdender Drehzahl ($U_G \sim n$). Die Gegenspannung kann aber nie den Wert der Betriebspannung annehmen, da dann keine Spannung mehr im Anker vorhanden wäre ($U_B - U_G = 0\,V$). Der Ankerstrom wäre dann gleich Null und damit kein Ankermagnetfeld mehr vorhanden.

Da die Größe der Gegenspannung von der Drehzahl des Ankers abhängt, ändert sie sich auch bei Belastungsänderung des Motors. Wird der Motor stärker belastet, sinkt seine Drehzahl. Folglich wird die Gegenspannung reduziert. Durch die geringere Gegenspannung wiederum kann ein größerer Ankerstrom fließen, der ein stärkeres Magnetfeld aufbaut. Die vom Motor entwickelte Kraft steigt. Folgende Wirkungskette ergibt sich:

$M_{Welle} \uparrow \Rightarrow n \downarrow \Rightarrow U_G \downarrow \Rightarrow I_A \uparrow \Rightarrow \Phi_A \uparrow \Rightarrow M_{Motor} \uparrow$

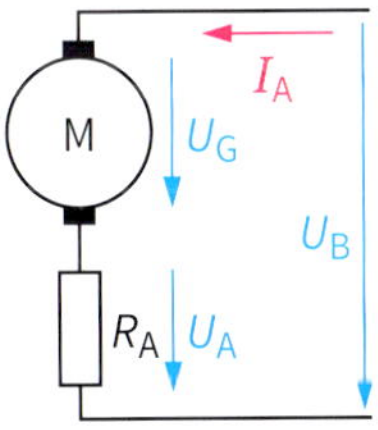

Die Größe der Gegenspannung U_G errechnet sich aus der Bemessungsspannung U_B und der Ankerspannung U_A wie folgt:

$U_G = U_B - U_A \qquad U_A = R_A \cdot I_A$

$$U_G = U_B - R_A \cdot I_A$$

Gegenspannung und Ankerstrom

Beispiel: Ein Gleichstrommotor für 220 V hat einen Ankerwiderstand von 0,5 Ω.

a) Welche Gegenspannung entwickelt der Motor, wenn die Ankerstromstärke im Leerlauf 2 A und unter Bemessungsbelastung 30 A beträgt?

b) Wie groß ist die Stromstärke in der Ankerwicklung im Moment des Anlaufes?

Geg.: $U_B = 220\,V$; $R_A = 0{,}5\,\Omega$; $I_{A\,Leer} = 2\,A$; $I_{A\,Bel} = 30\,A$

Ges.: $U_{G\,Leer}$; $U_{G\,Bel}$ und I_{Anlauf}

a) $U_{G\,Leer} = U_B - R_A \cdot I_A$; $U_{G\,Leer} = 220\,V - 0{,}5\,\Omega \cdot 2\,A$

$\underline{\underline{U_{G\,Leer} = 219\,V}}$

$U_{G\,Bel} = U_B - R_A \cdot I_A$; $U_{G\,Bel} = 220\,V - 0{,}5\,\Omega \cdot 30\,A$

$\underline{\underline{U_{G\,Bel} = 205\,V}}$

b) $U_{G\,Anlauf} = U_B - R_A \cdot I_A$; $I_A = \dfrac{U_B - U_G}{R_A}$

Da im Anlauf keine Gegenspannung herrscht ($U_G = 0$), gilt $I_A = \dfrac{220\,V - 0\,V}{0{,}5\,\Omega}$; $\underline{\underline{I_A = 440\,A}}$

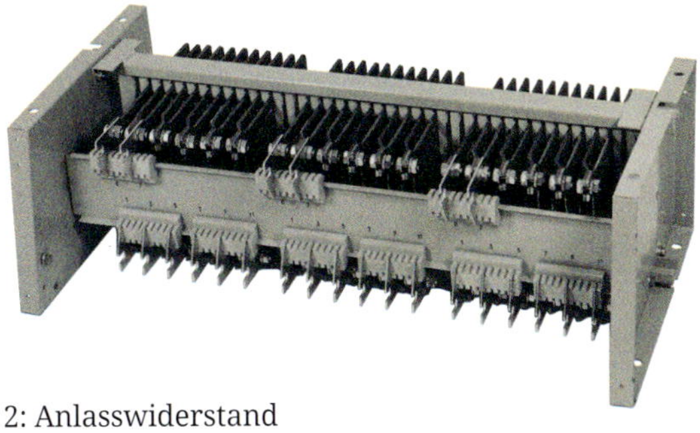

2: Anlasswiderstand

Wie Teilaufgabe b) im vorangehenden Berechnungsbeispiel zeigt, ist der Anlaufstrom eines Gleichstrommotors sehr hoch. Ursache ist die fehlende Gegenspannung im Einschaltmoment. Der Stromfluss wird nur durch den kleinen Ankerwiderstand begrenzt.

$n = 0 \Rightarrow U_G = 0\,V \Rightarrow U_B = U_A \Rightarrow I_A \uparrow\uparrow$, da $R_A \downarrow\downarrow$

Der Motor kann deshalb nicht ohne weiteres direkt an das Gleichspannungsnetz angeschlossen werden.

Wie kann der Anlaufstrom begrenzt werden?

Eine einfache Lösung stellen Anlasswiderstände [*starting resistors*] (Abb. 2) dar. Sie werden in Reihe zur Ankerwicklung geschaltet. Sobald der Motor seine Drehzahl erreicht hat, werden die Anlasswiderstände wieder aus dem Stromkreis entfernt.

Damit es zu einer möglichst gleichmäßigen Beschleunigung des Motors kommen kann, haben Anlasswiderstände mehrere Schaltstufen.

Anlasswiderstand

Für den Motor aus dem Beispiel in der linken Spalte soll der Anlasswiderstand so berechnet werden, dass die 1,5fache Bemessungsstromstärke ($I_{max} = 1{,}5 \cdot I_A$) im Einschaltmoment nicht überschritten wird.

Geg.: $U_B = 220\,V$; $R_A = 0{,}5\,\Omega$; $I_A - 30\,A$

Ges.: R_{Anl}

$I_{max} = 1{,}5 \cdot I_A$; $I_{max} = 1{,}5 \cdot 30\,A$; $I_{max} = 45\,A$

$R_{ges} = R_{Anl} + R_A$; $R_{Anl} = R_{ges} - R_A$

$R_{ges} = \dfrac{U_B}{I_{max}}$; $R_{ges} = \dfrac{220\,V}{45\,A}$; $R_{ges} = 4{,}89\,\Omega$

$R_{Anl} = R_{ges} - R_A$; $R_{Anl} = 4{,}89\,\Omega - 0{,}5\,\Omega$; $\underline{\underline{R_{Anl} = 4{,}39\,\Omega}}$

- Der Anker erzeugt eine Gegenspannung, die der Klemmenspannung entgegengerichtet ist. Die Gegenspannung begrenzt die Ankerstromstärke.
- Hohe Anlaufstromstärken bei Gleichstrommotoren werden durch Anlasswiderstände im Ankerstromkreis begrenzt. Bei Erreichen einer ausreichenden Drehzahl werden sie wieder entfernt.

8.3.4 Ankerrückwirkung

Wir wollen jetzt das im Motor entstehende Magnetfeld genauer betrachten. Dabei gehen wir zunächst von den Einzelfeldern in Abb. 1 aus und führen danach beide zusammen.

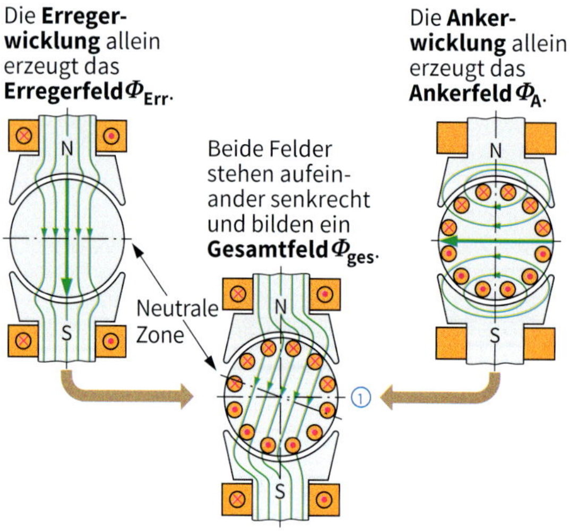

1: Entstehung des Gesamtfeldes

Durch die Einwirkung des Ankerfeldes werden die sonst senkrecht verlaufenden Feldlinien des Erregermagnetfeldes verzerrt (Abb. 1 ①). Folglich verschiebt sich die neutrale Zone. Die Stromumkehr (Kommutierung) durch die Bürsten geschieht dadurch nicht mehr im spannungslosen Zustand der **Ankerspulen** [*armature coils*]. An den Auflagepunkten der Schleifkontakte tritt Bürstenfeuer [*brush sparking*] auf. Um dies zu verhindern, könnte man die Bürsten verschieben, sodass sie wieder in der neutralen Zone stehen. Da die Verschiebung der neutralen Zone aber belastungsabhängig ist, müsste man für jeden Betriebszustand die Bürstenstellung ändern.

Durch den Einbau einer zusätzlichen Wicklung zwischen den Hauptpolen wird die Ankerrückwirkung aufgehoben. Diese **Wendepolwicklung** [*commutating winding*] ② (Abb. 2) wirkt der Richtung des Ankerfeldes entgegen. Um die Feldstärke der Wendepole einer Belastungsänderung anzupassen, wird die Wendepolwicklung in Reihe zur Ankerwicklung geschaltet und damit vom Ankerstrom durchflossen.

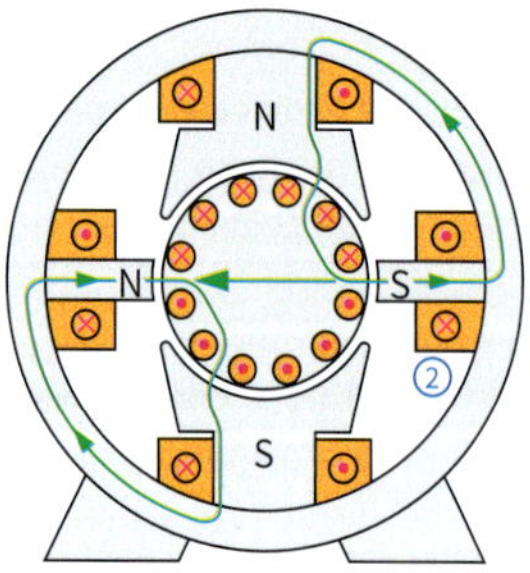

2: Wendepolwicklung

Die Feldverzerrungen wirken nicht nur in der neutralen Zone. Auch direkt unter den Polschuhen entstehen Feldverschiebungen. Bei großen Maschinen wird deshalb zusätzlich eine weitere Wicklung, die sogenannte **Kompensationswicklung** [*compensating winding*], direkt in die Polschuhe der Hauptpole eingelassen (Abb. 3). Auch diese Wicklung wird in Reihe zur Ankerwicklung geschaltet und hebt dadurch die Verzerrung des Ankerfeldes unter den Polschuhen auf.

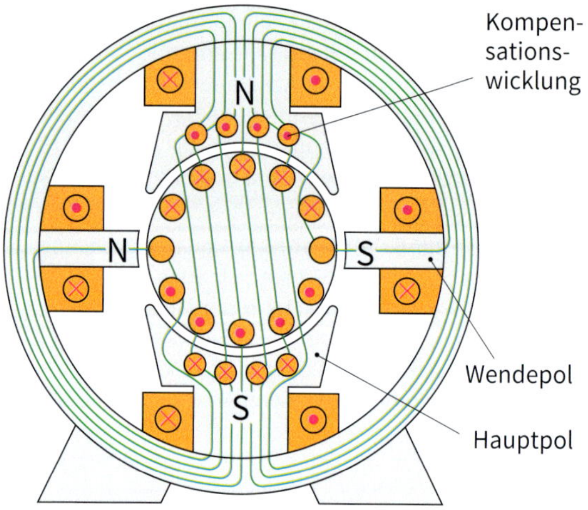

3: Kompensationswicklung

Aufgaben

1. Ein Gleichstrommotor liegt an einer Spannung von 110 V. Die Gegenspannung beträgt 100 V bei einer Ankerstromstärke von 15 A. Berechnen Sie den Ankerwiderstand.
2. Berechnen Sie den Anlasswiderstand für einen Gleichstrommotor mit folgenden Kenndaten:
   Bemessungsspannung: 110 V
   Bemessungsstromstärke: 8 A
   Ankerwiderstand: 0,7 Ω
   Maximale Anlassstromstärke: 1,4fache Bemessungsstromstärke
3. Erklären Sie die Wirkungsweise der Wendepolwicklung.

- Das Ankerfeld führt zur Verschiebung der neutralen Zone und zu einer Schwächung des Erregerfeldes.
- Die Wendepolwicklung hebt die Verschiebung der neutralen Zone auf und verhindert das Bürstenfeuer.
- Die Kompensationswicklung korrigiert die Feldverschiebung unter den Polschuhen.

8.3.5 Motorschaltungen

Im Klemmenkasten (Abb. 4) sind die **Klemmenbezeichnungen** [*terminal designation*] A1, C2, D1 und D2 des Gleichstrommotors der Aufzugsanlage zu sehen. Mit Hilfe der Tabelle (Abb. 2) wird ersichtlich, wie die Wicklungen an das Gleichstromnetz angeschlossen sind.

4: Klemmenkasten des Motors

Klemmen	Bezeichnung	Darstellung
A1 - A2	Ankerwicklung	
D1 - D2	Reihenschlusswicklung	
E1 - E2	Nebenschlusswicklung	
B1 - B2	Wendepolwicklung	
C1 - C2	Kompensationswicklung	
F1 - F2	fremderregte Feldwicklung	

5: Klemmenbezeichnungen bei Gleichstrommotoren

Aus der Klemmenbezeichnung des Motors der Aufzugsanlage lässt sich damit Folgendes schließen:

Der Motor besitzt eine
- Ankerwicklung,
- Reihenschlusswicklung und
- Wendepol- und Kompensationswicklung.

Liegt die Erregerwicklung in Reihe zur Ankerwicklung, wird sie als Reihenschlusswicklung und der Motor als **Reihenschlussmotor** (Abb. 6) bezeichnet.

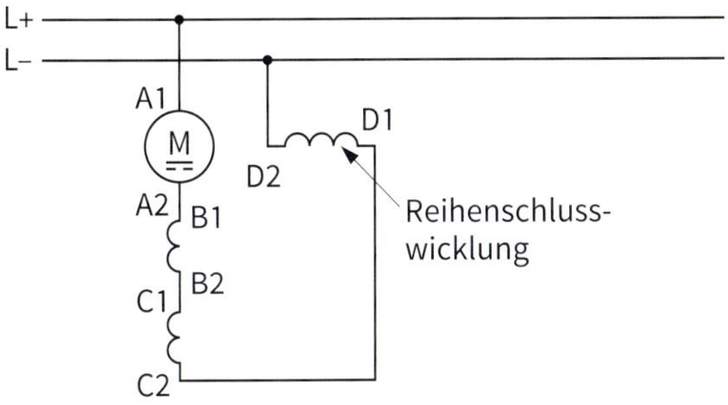

6: Reihenschlussmotor

Wie verhält sich der Reihenschlussmotor?

Beim **Reihenschlussmotor** [*series wound motor*] durchfließt der belastungsabhängige Ankerstrom auch die Erregerwicklung. Da im Anlaufaugenblick die im Anker erzeugte Gegenspannung Null ist, kommt es zu einem großen Stromfluss in der Anker- und Erregerspule. Die hohen Stromstärken erzeugen große magnetische Flussdichten. So entsteht ein großes Anzugsmoment, also eine große Kraft beim Starten der Aufzugsanlage.

Die Drehzahl bei einem Reihenschlussmotor ist stark von der Belastung abhängig (Abb. 7). Mit steigender Belastung sinkt die Drehzahl stark ab. Man sagt: Die Maschine hat eine „weiche" Drehzahl-Kennlinie ①.

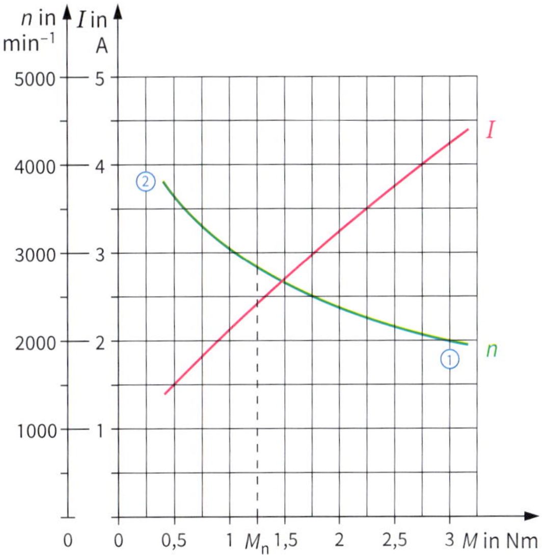

7: Kennlinien des Reihenschlussmotors

Bei Belastungszunahme wird durch den größeren Stromfluss das Erregermagnetfeld verstärkt. Damit müsste die induzierte Gegenspannung im Anker ansteigen. Bei konstanter Betriebsspannung und erhöhter Ankerstromstärke steigt aber der Spannungsfall am Ankerwiderstand. So muss die Gegenspannung kleiner werden. Dies ist nur möglich, wenn sich die Drehzahl verringert.

Um der starken Drehzahlabhängigkeit entgegenzuwirken, ist bei der Aufzugsanlage der Fahrzeugkorb über Umlenkrollen mit einem Gegengewicht versehen. So muss der Motor nur die Bewegungsenergie und Hubenergie der Zuladung aufbringen.

Wird der Reihenschlussmotor nicht belastet, so steigt die Drehzahl auf unzulässig hohe Werte an ② (Abb. 7). Der Motor kann „durchgehen" und zerstört werden. Reihenschlussmotoren dürfen deshalb nie ohne Last betrieben oder über Keilriemen mit der Last verbunden werden.

Aufgrund seines Betriebsverhaltens wird der Reihenschlussmotor bevorzugt dort eingesetzt, wo ein großes Anzugsmoment gefordert ist und keine konstanten Drehzahlen verlangt werden. Er ist demnach besonders für den Schweranlauf geeignet.

Nebenschlussmotor

Werden die Erregerspule und die Ankerspule parallel angeschlossen, wird der Motor als **Nebenschlussmotor** [*shunt wound motor*] bezeichnet (Abb. 1).

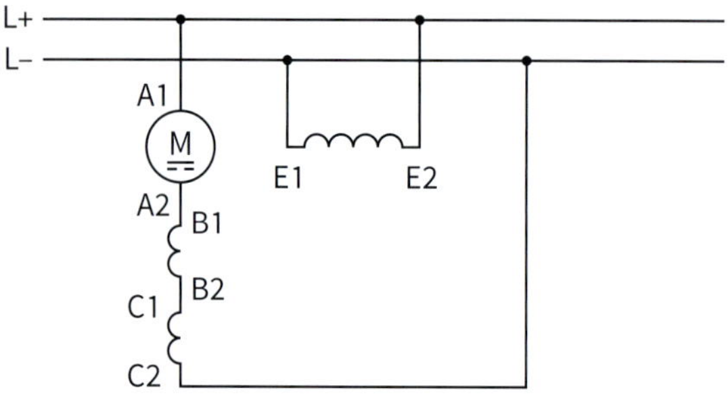

1: Nebenschlussmotor

Das Verhalten des Motors bei dieser Anschlussart ist durch eine nahezu konstante Drehzahl (Abb. 2) ① bei unterschiedlichen Belastungen charakterisiert.

Dies kommt daher, weil die Erregerwicklung an eine Versorgung mit konstanter Spannung angeschlossen ist. Der Erregerstrom, das Erregerfeld und die davon abhängige Gegenspannung im Anker ändern sich kaum.

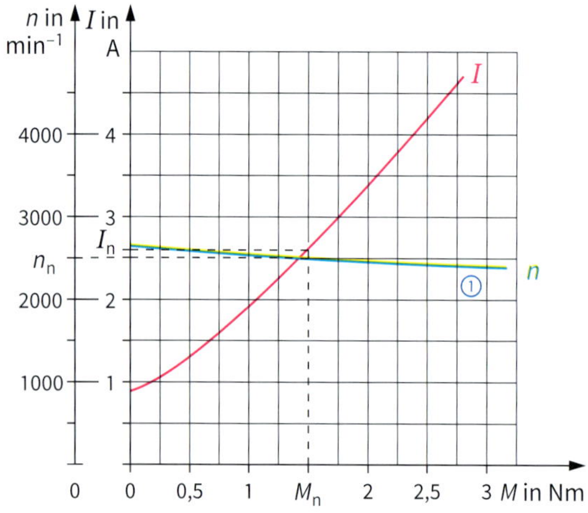

2: Kennlinien des Nebenschlussmotors

Aufgaben

1. Welche Bedeutung haben die Buchstaben A bis F im Klemmenkasten eines Gleichstrommotors?
2. In einem Klemmenkasten eines Motors finden Sie folgende Klemmenbezeichnungen: A1 und D2. Begründen Sie, um welchen Gleichstrommotor es sich handelt.
3. Nennen Sie Unterschiede im Aufbau und Verhalten des Reihenschluss- und Nebenschlussmotors.

Doppelschlussmotor

[*compound wound motor*]

Dieser Motor hat eine Nebenschluss- und eine Reihenschlusswicklung. Er verbindet die positiven Eigenschaften der Reihenschluss- mit denen der Nebenschlussmaschine. Er hat demnach ein großes Anzugsmoment und eine relativ konstante Drehzahl.

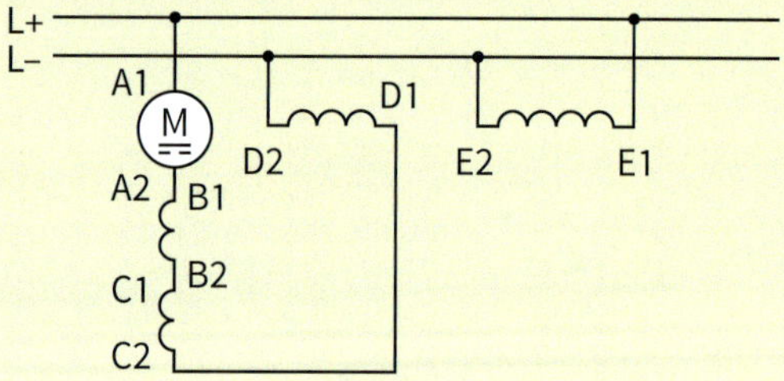

Das Betriebsverhalten kann durch die Auslegung beider Erregerwicklungen beeinflusst werden. Man bezeichnet dies als Kompoundierung.

Fremderregter Motor

[*separately excited DC motor*]

Die Erregerwicklung ist an eine zweite („fremde") Spannungsquelle angeschlossen.

Da auch hier in der Erregerwicklung die Spannung konstant bleibt, ist die Drehzahl bei Belastungsänderung nahezu konstant. Fremderregte Gleichstrommotoren verhalten sich daher wie Nebenschlussmotoren.

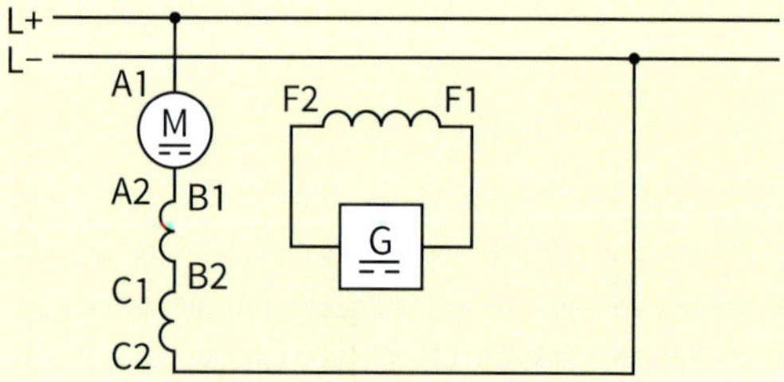

- Der Reihenschlussmotor besitzt eine stark lastabhängige Drehzahl. Durch sein großes Anzugsmoment ist er für den Anlauf unter Schwerlast geeignet.
- Der Nebenschlussmotor hat eine nahezu lastunabhängige Drehzahl.
- Der Doppelschlussmotor vereint die Eigenschaften der Reihen- und Nebenschlussmotoren durch eine parallele und eine in Reihe geschaltete Erregerwicklung.
- Der fremderregte Gleichstrommotor benötigt eine zweite Spannungsquelle für den Anschluss der Erregerwicklung. Sein Verhalten gleicht dem eines Nebenschlussmotors.

8.3.6 Steuerung

Gesteuert wird die vorhandene Aufzugsanlage von einem Schaltschrank aus. Dort sind die Steuerbaugruppen für die Drehrichtung des Motors und die Drehzahl enthalten. Zur Fehleranalyse der Aufzugsanlage sieht sich Herr Huber die Steuerung genauer an.

Wie wird die Drehrichtung des Motors verändert?

Die Drehrichtung eines Gleichstrommotors ergibt sich durch das Zusammenwirken der Feldrichtung der Erregerwicklung und der Ankerwicklung. Durch das Umdrehen der Richtung eines der beiden Felder kann die Drehrichtung umgekehrt werden. Meistens wird die Ankerstromrichtung umgekehrt, weil eine Änderung der Erregerstromrichtung eine hohe Induktionsspannung in der Erregerwicklung zur Folge hätte. Ein Vertauschen der Netzanschlussleitungen L+ und L– hat keine Auswirkung auf die Drehrichtung, da dabei sowohl die Stromrichtung im Anker als auch die Stromrichtung in der Erregerwicklung wechseln.

In der Aufzugsanlage ist für die Auf- und Abfahrt des Fahrkorbes die Drehrichtungsänderung erforderlich. Sie ist durch eine Wendeschützschaltung realisiert. Um einen Kurzschluss zu verhindern, sind die Schütze gegenseitig verriegelt. Aktiviert wird die Drehrichtungsänderung durch Betätigung der jeweiligen Richtungstasten am Aufzug.

Ein Motor dreht rechts, wenn die Erregerwicklung und die Ankerwicklung in der Reihenfolge der Ziffern vom Strom durchflossen werden. Dies ist nach VDE 0530-8 festgelegt.

Beispiel:

Stromweg Reihenschlussmotor, Drehrichtung rechts: Anschluss L+ an A1 → Strom durch Ankerwicklung von A1 nach A2 und Wendepolwicklung von B1 nach B2 (Die Wendepolwicklung ist im Motor verschaltet) → Brücke auf D1 ① (Abb. 3) → Strom durch Erregerwicklung von D1 nach D2 → Anschluss L–.

Wie wird die Drehzahl des Motors verändert?

Die Drehzahl von Gleichstrommotoren lässt sich in weiten Bereichen einstellen. Hierzu stehen drei Möglichkeiten zur Auswahl:

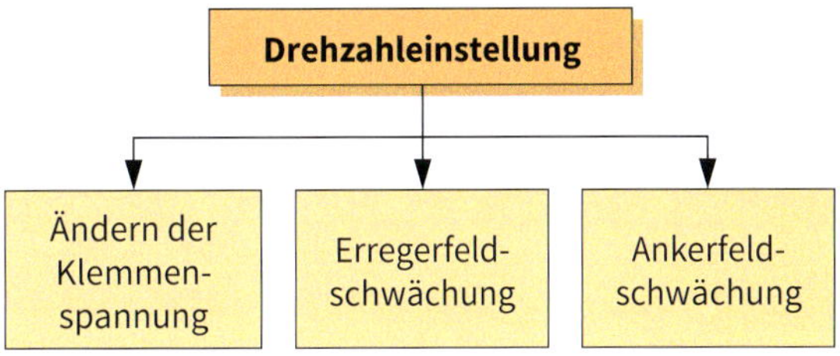

8.3.6.1 Änderung der Klemmenspannung

Für den Aufzugsmotor ist es für die Auf- und Abfahrt nötig, die Drehzahl des Motors auf bestimmte Werte einzustellen. Realisierbar ist dies durch Änderung der Klemmenspannung am Motor.

Wird diese verringert oder vergrößert, so ändert sich die Drehzahl entsprechend. Da die Gleichspannungseinspeisung des Versorgungsnetzes konstant ist, wird die Höhe der Gleichspannung mit einem nachgeschalteten **Gleichstromsteller** [*d.c. chopper*] verändert.

Antriebssysteme

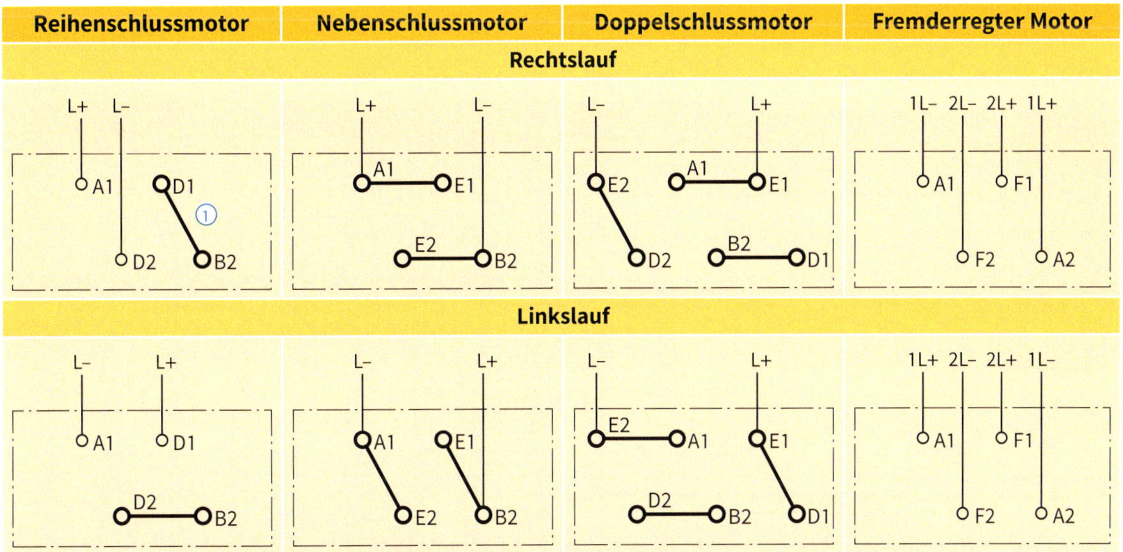

Die Festlegung der Drehrichtung der Gleichstrommotoren kann durch entsprechendes Setzen der Kontaktbrücken im Klemmenkasten erfolgen. Die Tabelle zeigt für Gleichstrommotoren mit Wendepolwicklungen, wie die Anschlüsse bei Drehrichtungsumkehr erfolgen müssen.

3: Klemmen beim Gleichstrommotor

Wie funktioniert ein Gleichstromsteller?

Gleichstromsteller sind **gesteuerte Stromrichter**, die eine konstante Eingangsgleichspannung in eine veränderliche Ausgangsgleichspannung umwandeln.

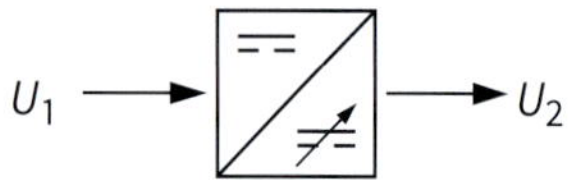

Dies erfolgt mit periodisch betätigten Gleichstromschaltern. Als Schaltelemente im Gleichstromsteller werden Transistoren oder Thyristoren verwendet. Abb. 1 zeigt vereinfacht die Schaltung des Gleichstromstellers.

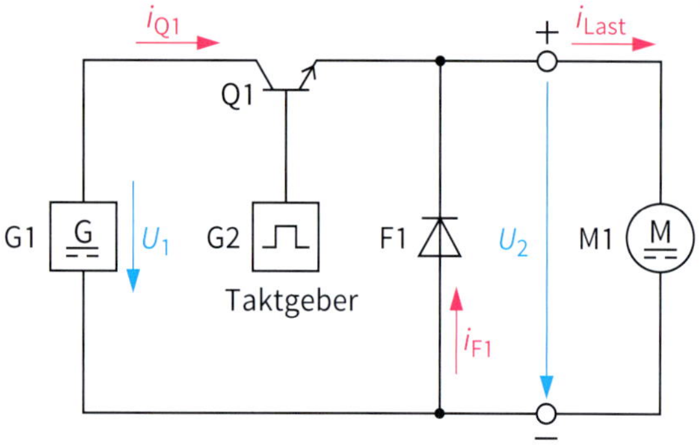

1: Schaltung Gleichstromsteller

Schaltungsbeschreibung

Liegt am Basisanschluss des Transistors ein Taktimpuls an, so schaltet der Transistor durch und der Laststrom steigt allmählich an (Abb. 2) ① (Induktionsvorgang in den Wicklungen des Motors).

Die Freilaufdiode F1 ist erforderlich, weil in der Impulspause der Transistor sehr schnell abschaltet und er aufgrund der Selbstinduktionsspannung des Motors zerstört würde.

Die Freilaufdiode sorgt außerdem dafür, dass der Strom in der gleichen Richtung weiterfließen kann ②.

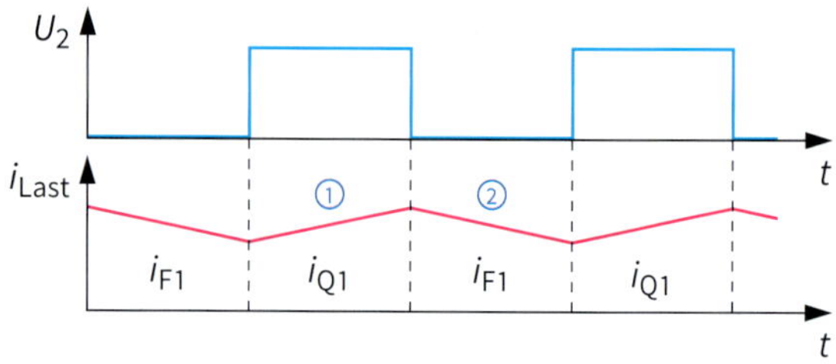

2: Spannungs- und Stromverlauf im Gleichstromsteller

Die Ansteuerung des Transistors kann grundsätzlich durch unterschiedlich breite Pulse (**Pulsbreitensteuerung** [*pulse width modulation control*]) oder durch unterschiedliche Impuls- und Pausenzeiten (**Pulsfolgesteuerung** [*pulse frequency control*]) erfolgen.

Arten des Taktgebers

Pulsbreitensteuerung

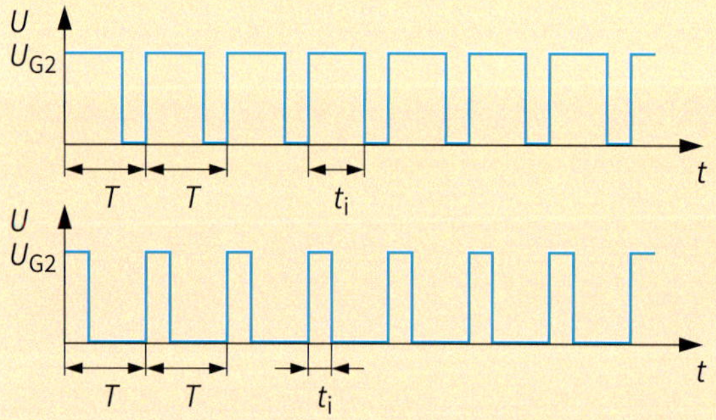

Die **Durchlasszeit des Transistors** wird gesteuert. Dabei ist die Periodendauer *T* konstant gehalten und die Einschaltdauer t_i verändert.

Beispiel:

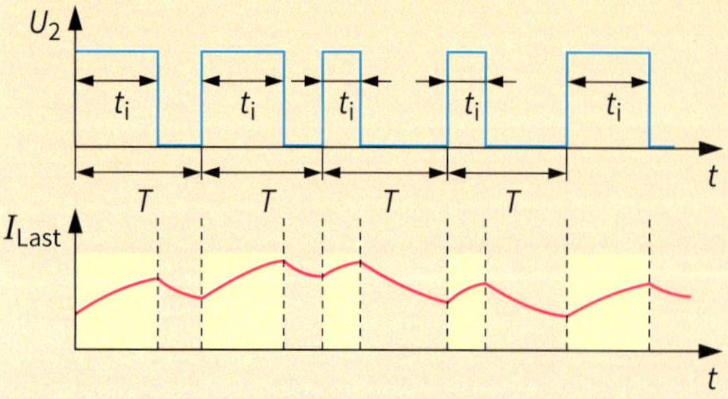

Pulsfolgesteuerung

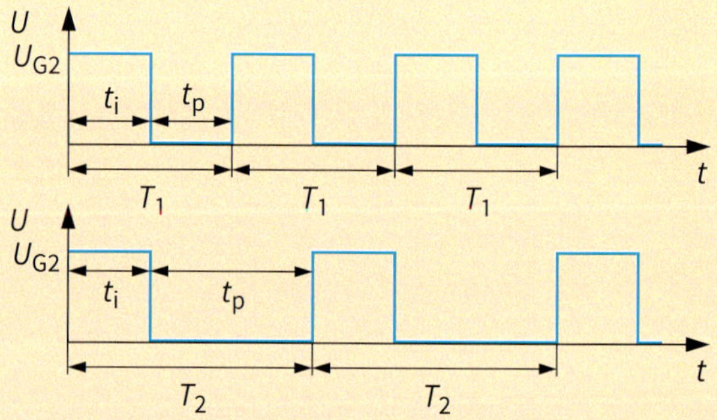

Die **Frequenz der Pulsfolgen** wird gesteuert. Dabei wird die Einschaltdauer t_i konstant gehalten und die Periodendauer *T* verändert.

Beispiel:

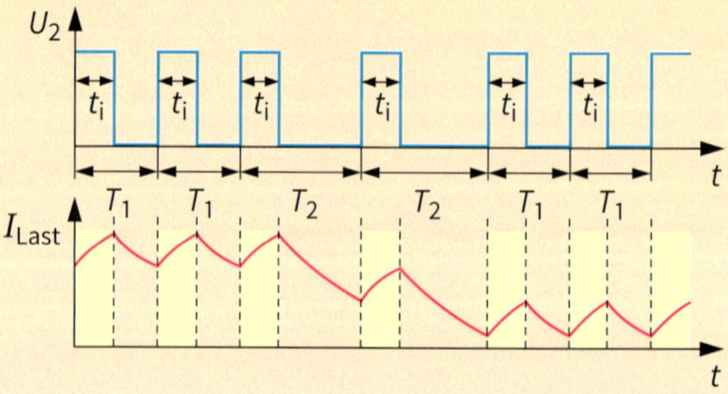

8.3.6.2 Erregerfeldschwächung

Durch die Schwächung des Erregerfeldes wird die Leerlaufdrehzahl größer. Allerdings verkleinert sich auch das Anzugsmoment des Motors. Die Drehzahländerung erfolgt durch einen Widerstand im Erregerstromkreis, genannt **Feldsteller** [*d.c. chopper*]. Dieser beeinflusst die Erregerstromstärke I_E und damit das Feld. Dadurch wird die Gegenspannung im Anker kleiner. Die kleinere Gegenspannung hat eine Vergrößerung der Ankerstromstärke zur Folge. Eine größere Ankerstromstärke bewirkt eine größere Drehzahl.

$$I_E \downarrow \Rightarrow U_G \downarrow \Rightarrow I_A \uparrow M \uparrow \Rightarrow n \uparrow$$

Merke: Eine **Verringerung** der Erregerstromstärke erhöht die Drehzahl.

Beim Nebenschlussmotor wird dieser Widerstand in Reihe zur Erregerwicklung eingesetzt (Abb. 3), beim Reihenschlussmotor parallel zur Erregerwicklung (Abb. 4). Damit wird durch den Widerstand der Stromfluss im Erregerkreis begrenzt.

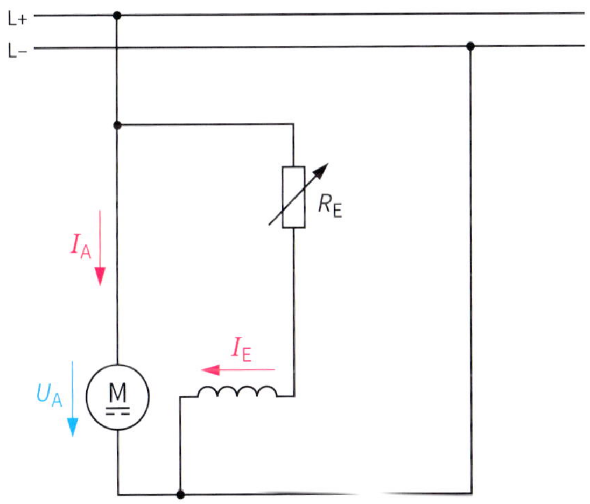

3: Nebenschlussmotor mit Feldsteller

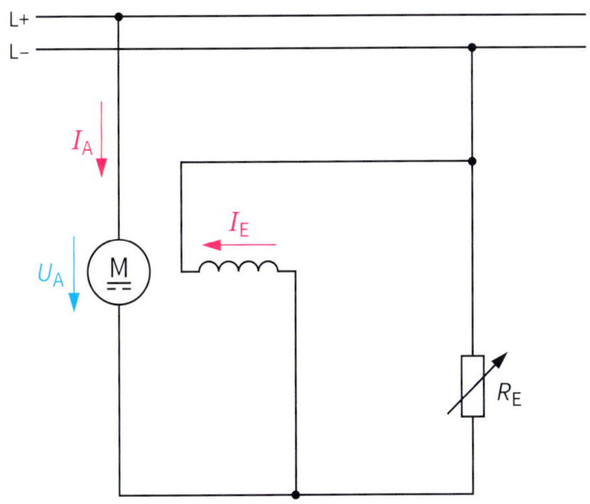

4: Reihenschlussmotor mit Feldsteller

8.3.6.3 Ankerfeldschwächung

Die Drehzahl des Motors kann auch durch Verringerung der Ankerstromstärke verkleinert werden. Hierzu wird ein Widerstand in den Ankerkreis ① eingeschaltet (Abb. 5). Die Leerlaufdrehzahl bleibt dabei unverändert, da der Stromfluss durch den Anker im Leerlauf klein ist und damit auch der Spannungsfall am Ankerwiderstand gering wird. Allerdings wird dann das Anzugsmoment kleiner.

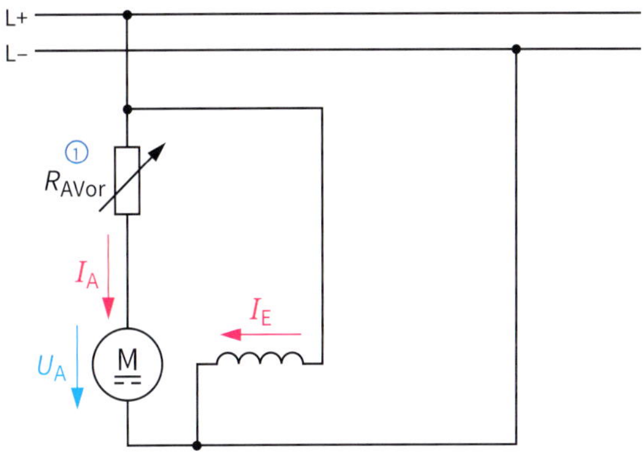

5: Nebenschlussmotor mit Vorwiderstand

Zu beachten ist, dass bei dieser Art der Drehzahleinstellung beim Reihenschlussmotor auch die Stromstärke der Erregerwicklung verändert wird. Dies hat Einfluss auf die Drehzahl.

Der Nachteil dieser Methode bei Nebenschluss- und Reihenschlussmotoren besteht darin, dass elektrische Energie am Widerstand in Wärme umgesetzt wird. Die Drehzahleinstellung ist damit stark verlustbehaftet.

Aufgaben

1. Wodurch wird die Drehrichtung eines Gleichstrommotors geändert?
2. Welche Möglichkeiten gibt es, um die Drehzahl eines Gleichstrommotors einzustellen?
3. Erklären Sie den Unterschied zwischen einer Pulsbreiten- und Pulsfolgesteuerung.

- Die Drehrichtung eines Gleichstrommotors wird durch Änderung der Stromrichtung entweder in der Ankerwicklung oder in der Erregerwicklung durchgeführt.
- Die Drehzahl des Gleichstrommotors kann durch Änderung der Klemmenspannung, Änderung des Anker- oder Erregerwiderstandes erfolgen.
- Gleichstromsteller verändern die Größe von Gleichspannungen durch Pulsbreiten- oder Pulsfolgesteuerung.

Antriebssysteme

8.3.7 Bremsen von Motoren

Es ist notwendig, den Aufzugsmotor beim Erreichen eines Stockwerkes abzubremsen und im Stillstand festzuhalten.

Der Motor kann durch mechanische oder elektrische Maßnahmen zum Stillstand gebracht werden.

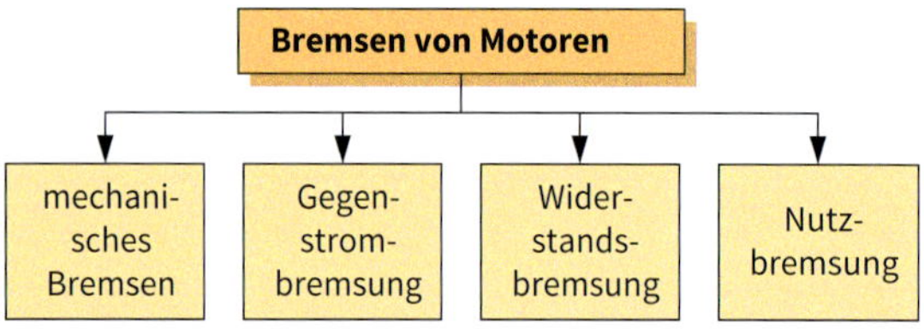

Mechanisches Bremsen

Zum Einsatz kommen hierzu

- Scheibenbremse,
- Kegelbremse oder
- Lamellenbremse.

Bei der Scheibenbremse des Aufzuges (Abb. 1) wird die Kraft durch zwei Bremsbacken ① übertragen, die auf eine am Motor befestigte Scheibe drücken. Über eine Hebelmechanik kann die Bremse am Bremslüfter ② ein- und ausgeschaltet werden. Der Bremslüfter führt dazu eine Hubbewegung durch eine elektromagnetische oder hydraulische Kraft aus.

Da die Bremse fest mit dem zweiten Wellenende des Motors verbunden ist, besteht eine unmittelbare mechanische Verbindung zwischen der Seiltrommel mit der Last und der Bremseinrichtung.

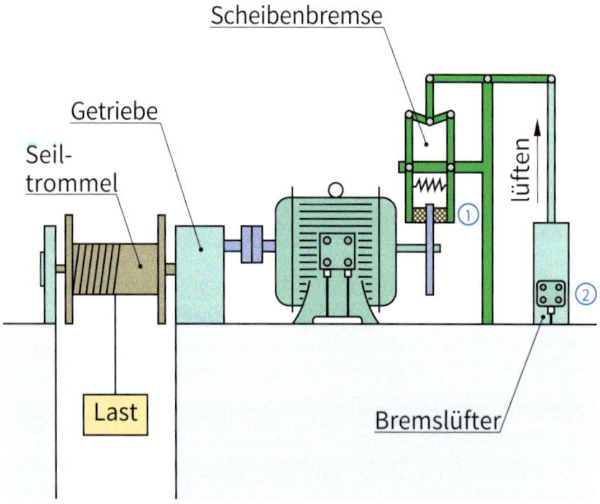

1: Bremsvorgang mit Scheibenbremse

Gegenstrombremsung

Wie bereits aus dem vorangehenden Kapitel bekannt ist, kann die Drehrichtung eines Gleichstrommotors leicht durch Vertauschen der Stromrichtung in der Ankerwicklung verändert werden. Wird die Stromrichtung im laufenden Betrieb geändert, will der Motor die Drehrichtung umkehren. Die Drehzahl geht auf Null, um dann in die Gegenrichtung anzusteigen. Damit der Motor nicht in die andere Drehrichtung anläuft, muss ein Drehzahlwächter bei $n = 0$ den Motor abschalten.

Bei dieser Bremsart wird die Stromstärke im Motor sehr groß. Es entsteht eine hohe thermische Belastung.

Widerstandsbremsung

Bei einer elektrischen Widerstandsbremse macht man sich zunutze, dass jeder Elektromotor auch als Generator wirken kann.

Wird der Ankerwicklung Strom zugeführt und im Ständer ein Magnetfeld erzeugt, so dreht sich der Anker und kann zum Antreiben benutzt werden (**Motorprinzip** [***motor principle***]). Wird umgekehrt der Anker bewegt und dafür gesorgt, dass im Ständer ein Magnetfeld erzeugt wird, so wird im Anker eine Spannung induziert, die in einem Stromkreis einen Strom hervorrufen kann (**Generatorprinzip** [*generator principle*]).

Dazu wird die Zuleitung abgeschaltet und ein Bremswiderstand ③ (Abb. 2) in den Ankerkreis geschaltet. Im Widerstand wird der Strom in Wärmeenergie umgewandelt. Der Motor wird dabei abgebremst und der Anker bleibt stehen.

Die Bremsleistung des Motors wird bei diesem Verfahren durch die Größe des Bremswiderstandes beschränkt. Der Vorteil der Widerstandsbremse liegt in ihrer Verschleißfreiheit.

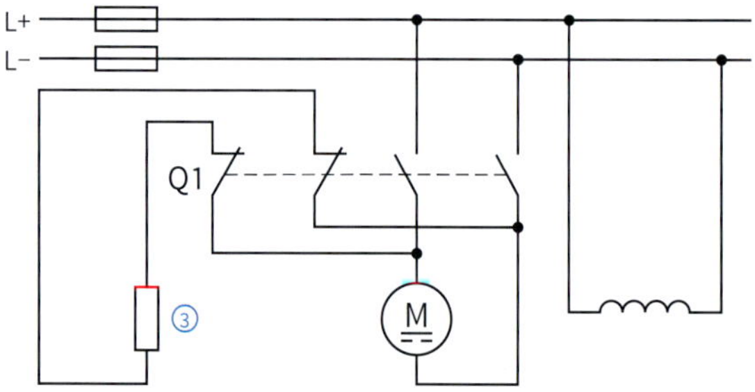

2: Abbremsen durch Bremswiderstand

Nutzbremsung

Bei der Widerstandsbremsung wurde die Bewegungsenergie des Motors in Wärme umgewandelt. Es ist aber auch möglich, diese Energie dem Energieversorgungsnetz wieder zuzuführen. Man spricht dann von Nutzbremsung. Sie ist bei Antriebsmotoren zu finden, die häufig abgebremst werden müssen. Zur Nutzbremsung sind spezielle, rückspeisefähige Stromrichter erforderlich.

- Motoren können mechanisch oder elektrisch abgebremst werden.
- Bei elektrischer Bremsung unterscheidet man Gegenstrom-, Widerstands- und Nutzbremsung.

8.3.8 Universalmotor

Wir haben den Gleichstrommotor besprochen. Um den Motor zu betreiben, benötigen wir eine Gleichspannungsquelle. Die VNBs bieten aber üblicherweise nur Wechselspannung an.

Wie verhält sich der Gleichstrommotor an Wechselspannung?

Um diese Frage zu beantworten, betrachten wir zuerst, wie der Motor beim Wechsel der Polarität an den Anschlussklemmen (Abb. 3) reagiert.

Das Ankerfeld und das Erregerfeld kehren sich durch einen Polaritätswechsel um. Ihre Lage zueinander ändert sich dadurch nicht. In Abb. 3a) und 3b) zeigt das Ankerfeld trotz Polaritätswechsel eine Drehrichtung rechts herum, weil es sich auf dem kürzesten Weg (90°) in Richtung des Erregerfeldes dreht.

Wird also der Gleichstrommotor an Wechselspannung angeschlossen, ändert sich die Drehrichtung nicht.

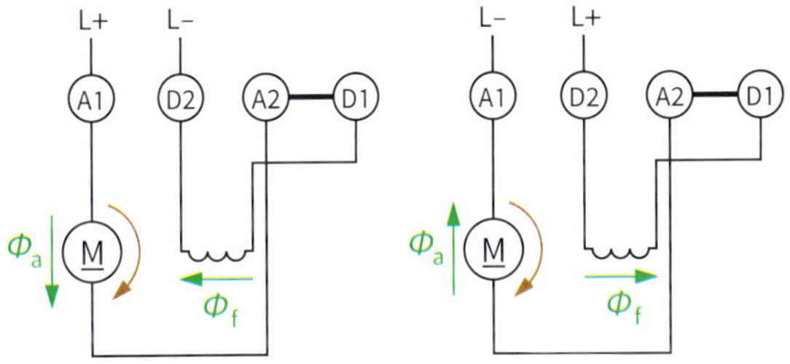

a) L+ an A1 und L– an D2   b) L– an A1 und L+ an D2

3: Anschluss des Motors

Die Drehmomenterzeugung funktioniert nach dem gleichen Prinzip wie beim Gleichstrommotor.

Ein Motor, der an Gleich- oder Wechselspannung arbeiten kann, wird deshalb als **Universalmotor** bezeichnet.

Die Wicklungen des Universalmotors haben an Wechselspannung einen größeren Widerstand als an Gleichspannung. Ursache ist der Blindwiderstand X_L, der den Gesamtwiderstand erhöht. Dies führt zu einem geringeren Stromfluss durch den Motor und folglich zu einer geringeren Leistung. Da der Blindwiderstand frequenzabhängig ist und bei steigender Frequenz größer wird, können Gleichstrom-Reihenschlussmotoren nur bei niedrigen Frequenzen effektiv an Wechselspannung arbeiten.

Wegen dieses zusätzlichen induktiven Widerstandes an Wechselspannung (Frequenz 50 Hz) haben Universalmotoren Anschlüsse für Gleichspannung (viele Windungen: 1H2 – 2H1; Abb. 4) und Anschlüsse für Wechselspannung (wenig Windungen: 1D2 – 2D1).

Durch die Wirbelströme im AC-Betrieb würde das massive Eisen des Stators erwärmt. Deshalb wird bei Universalmotoren der Stator aus geblechtem Material hergestellt.

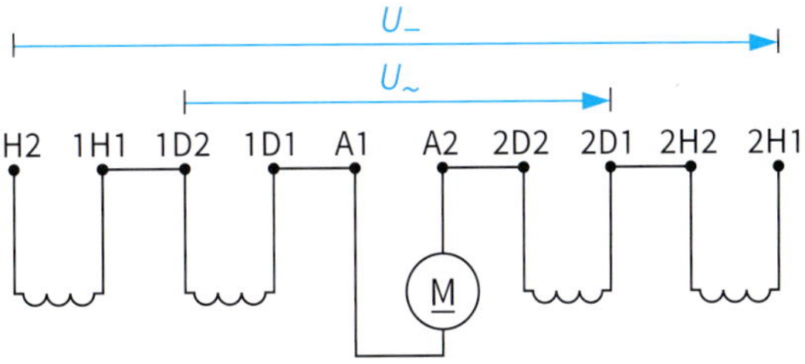

4: Anschlüsse des Universalmotors (Linkslauf)

Da der Universalmotor wie ein Reihenschlussmotor aufgebaut ist, hat er ein hohes Anzugsmoment und kann nur unter Last betrieben werden, da sich ansonsten die Drehzahl unkontrolliert erhöhen würde. Der Motor kann beschädigt werden.

Einsatzbereiche

Die Universalmotoren werden z.B. in Haushaltsgeräten wie Waschmaschinen oder Staubsaugern und Werkzeugmaschinen usw. verwendet (Abb. 5).

Im Bahnbetrieb werden z.B. große Reihenschlussmotoren verwendet. Wegen der niedrigen Netzfrequenz von 16 2/3 Hz ist der Einsatz für die Stromwendung hier sehr günstig.

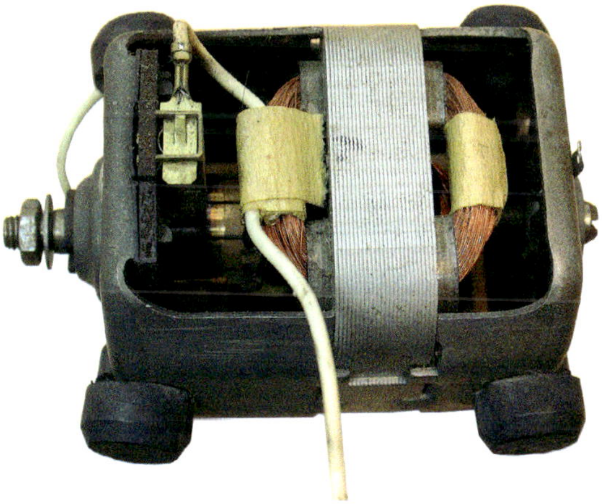

5: Universalmotor

Aufgaben

1. Warum sollte ein Universalmotor nur unter Last betrieben werden?
2. Warum ist es sinnvoll, Universalmotoren nur bis 50 Hz zu betreiben?

- Universalmotoren sind Reihenschlussmotoren und können an Gleich- und Wechselspannung betrieben werden.
- Universalmotoren funktionieren nur bei niedrigen Frequenzen (bis 50 Hz) wirtschaftlich.

Antriebssysteme

8.4 Festlegen des Auftrages

Herr Huber hat die Fehlerprotokolle ausgewertet und kommt zu dem Ergebnis, dass der Motor alle festgestellten Fehler hervorruft. Er trifft sich deshalb mit Herrn Eder, dem Ziegeleibesitzer.

Bei dem Motor sind die Bürsten abgenutzt. Sie versorgen das bewegliche Teil, den Rotor, mit Strom. Außerdem ist das Lager defekt.

Machen Sie mir einen Vorschlag, was jetzt zu unternehmen ist.

Herr Eder, ich kann Ihnen zwei Lösungen anbieten: Entweder eine Reparatur oder eine Neuinstallation. Ich habe beides schriftlich festgehalten (Abb. 1).

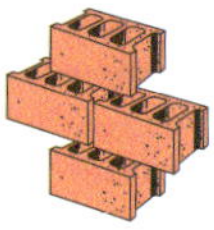

Vielen Dank für die klare Darstellung der Fakten. Wenn ich mir die Zahlen betrachte, ist die Neuinstallation eines Drehstrommotors längerfristig gesehen am günstigsten und deshalb machen wir das auch so. Damit wir alles vertraglich regeln können und alle meine Wünsche festgehalten werden, bitte ich Sie um ein detailliertes Angebot. Ich sehe den Auftrag als bereits an Sie vergeben an.

Vielen Dank für das Vertrauen in unsere Firma. Wir werden alles zu Ihrer Zufriedenheit erledigen.

Nur wenige Tage später erhält Herr Eder das detaillierte Angebot und er vergibt den Auftrag an die Firma Huber.

Elektrostraße 3
93053 Regensburg
Telefon (0941) 1234-0
Telefax (0941) 1234-20

Huber Elektrotechnik

Huber Elektrotechnik, Elektrostraße 3, 93053 Regensburg

Ziegelei Eder
Ziegelstr. 2
93053 Regensburg

22. Juni 2020

Vorschläge für die Behebung der Störungen am Lastenaufzug in Ihrer Ziegelei

Sehr geehrter Herr Eder,
hiermit übersende ich Ihnen meine beiden Vorschläge:

1. Vorschlag: Reparatur

- Bürsten des Motors austauschen
- Defektes Lager instand setzen
- Wartungsvertrag

Vorteil:
Momentan geringe Reparaturkosten

Nachteile:
Hohe laufende Kosten und größere Energiekosten des Gleichstrommotors

Angebot 1:
Motorreparatur: 3000 Euro
Wartungsvertrag: ca. 400 Euro pro Jahr

2. Vorschlag: Neuinstallation

- Neuinstallation eines Drehstromantriebssystems
- Einbau einer neuen Steuerung

Vorteile:
- Geringere Energiekosten
- Kein Bürstenwechsel
- Kein Wartungsvertrag
- Geringere Betriebskosten

Nachteil:
Neuinstallation des Antriebes

Angebot 2:
Neuinstallation des Antriebsmotors und der Steuerung: ca. 7000 Euro

1: Vorschläge der Elektrofirma Huber

8.5 Drehstrommotoren

Für die Modernisierung der Aufzugsanlage soll ein **Drehstrommotor** [*three-phase a.c. motor*] verwendet werden. Im Katalog, den Herr Huber von einem Motorenhersteller erhalten hat, sind viele Arten von Drehstrommotoren aufgeführt. Um sich für eine Bauart zu entscheiden, sieht sich Herr Huber zunächst den Drehstrommotor genauer an.

8.5.1 Aufbau

Ein Drehstrommotor ist wie ein Gleichstrommotor aus einem Ständer und einem Läufer aufgebaut.

Ständer

Er ist entweder aus Gusseisen oder aus einer Schweißkonstruktion gefertigt. Um Wirbelströme zu vermeiden, ist darin ein geschichtetes Eisenpaket aus gegeneinander isolierten Blechen eingelegt. In eingefrästen Nuten wird die drehfelderzeugende Dreiphasenwicklung eingelegt, deren Wicklungen aus Einzelspulen bestehen (Abb. 2). Die Anschlüsse aller Wicklungen sind zum Klemmenkasten geführt.

2: Ständer des Drehstrommotors

Läufer

Auch der Läufer trägt ein geschichtetes Blechpaket mit Nuten zur Aufnahme der Läuferwicklung. Der Abstand zwischen Ständer und Läufer beträgt nur einige Zehntel Millimeter. Dies ist für einen hohen Wirkungsgrad von Bedeutung.

In die Nuten des Läufers kann eine Wicklung eingelegt sein, deren Enden an Schleifringen auf der Läuferwelle angeschlossen sind. Damit ist es möglich, den Stromfluss in der Läuferwicklung zu beeinflussen.

Statt einer Wicklung kann der Läufer aber auch aus runden Kupfer- oder Aluminiumstäben bestehen, deren Enden mit Ringen des gleichen Materials verbunden (kurzgeschlossen) sind.

4: Läufer des Drehstrommotors

8.5.2 Drehfelderzeugung

Die drei Wicklungen des Ständers werden an L1, L2 und L3 des Drehstromnetzes angeschlossen. Damit fließen in den drei Wicklungen Ströme, die um 120° versetzt sind. Diese erzeugen drei gegeneinander versetzte Magnetfelder, die sich im Inneren der Maschine zu einem Gesamtfeld summieren. Da sich die Stromstärken in den einzelnen Wicklungen ständig verändern, ändert sich auch die Lage des Gesamtfeldes (Abb. 3). In der Maschine entsteht ein sich drehendes Magnetfeld (Drehfeld). Daher auch der Name Drehstrom.

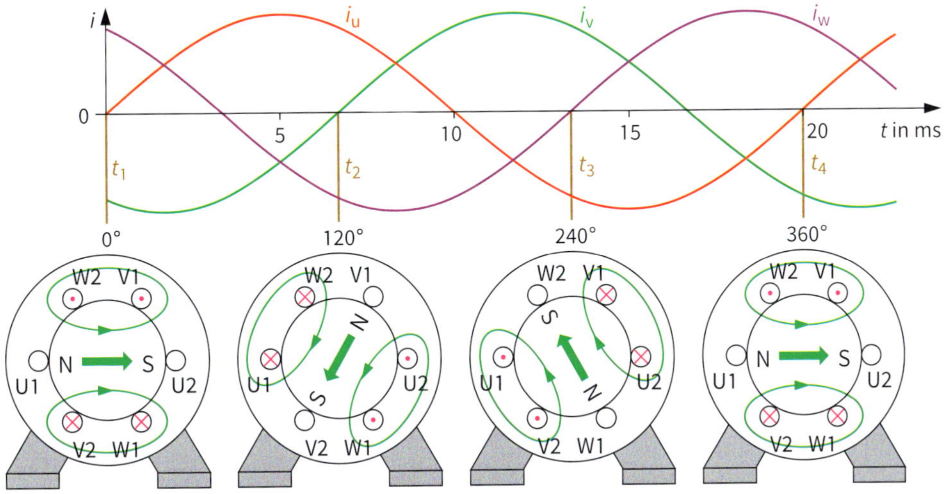

Die drei zeitlich versetzten Einzelströme i_u, i_v und i_w des Drehstromsystems erzeugen in den Wicklungen des Ständers ein Magnetpolpaar. Aus deren Lage ergibt sich das skizzierte Gesamtfeld.

3: Modell der Drehfelderzeugung

Die drei Wicklungen sind dabei nach folgendem Schema in die Nuten des Ständers eingelegt (Abb. 1). Damit die Streufelder gering gehalten werden, sind sie ineinander verschachtelt. Es entsteht in der Maschine ein ständig umlaufender Nord- und Südpol.

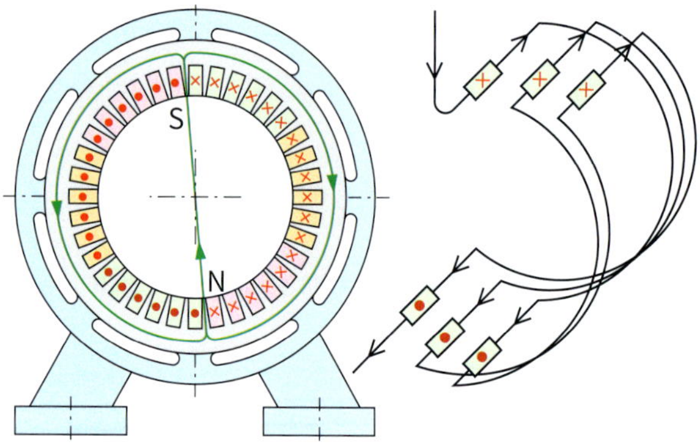

1: Ständer eines zweipoligen Drehstrommotors

Da dieser Motor zwei Pole (Nord- und Südpol) besitzt, bezeichnet man diese Maschine mit der Polzahl *zwei* und Pol**paar**zahl **[*number of pole pairs*]** *eins* (***p* = 1**). Im Maschinenbau wird häufig nur die Polzahl 2p betrachtet und in Datenblättern angegeben.

Welche Auswirkung hat eine höhere Polzahl?

Anstatt in den Ständer drei Spulen einzulegen, können auch sechs Spulen (um 60° räumlich verschoben) angeordnet werden. Hier entsteht ebenfalls ein Drehfeld (Abb. 2).

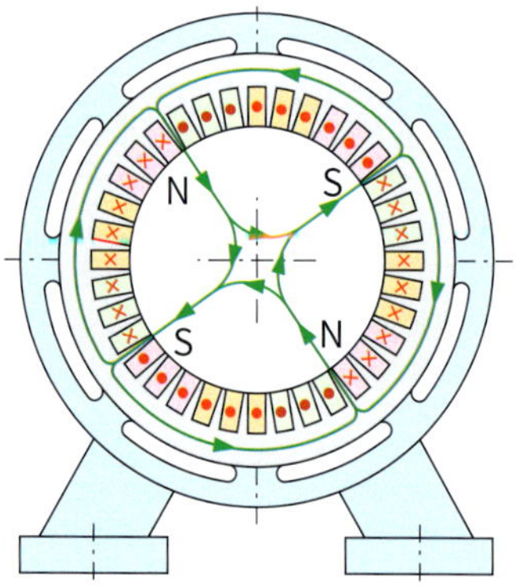

2: Ständer eines vierpoligen Drehstrommotors

Der Motor in Abb. 2 hat vier Pole (zwei Nord- und zwei Südpole), damit beträgt die Polzahl vier und die Polpaarzahl zwei.

Das vierpolige Drehfeld dreht sich allerdings langsamer als das zweipolige Drehfeld. Es benötigt für eine Umdrehung die doppelte Zeit, legt also in einer Periode *T* nur eine halbe Umdrehung zurück.

Wird die Polzahl weiter erhöht, so erhält der Motor immer mehr Polpaare und die Zeit für eine Umdrehung steigt weiter an, d. h., die Drehzahl sinkt (Abb. 3).

Die folgende Tabelle zeigt den Zusammenhang zwischen der Erhöhung der Polpaarzahl und der Zeit für eine Umdrehung.

Polpaarzahl	**Polzahl**	**Spulenanzahl**	**Winkel zwischen den Spulen**	**Zeit für eine Umdrehung**	**Drehfeld-Drehzahl bei *f* = 50 Hz**
1	2	3	120°	$1 \cdot T$	3000
2	4	6	60°	$2 \cdot T$	1500
3	6	9	40°	$3 \cdot T$	1000
4	6	12	30°	$4 \cdot T$	750
5	10	15	24°	$5 \cdot T$	600
6	12	18	20°	$6 \cdot T$	500
…	…	…	…	…	…
p	$2 \cdot p$	$3 \cdot p$	$360°/3 \cdot p$	$p \cdot T$	$3000/p$

3: Polpaarzahl

Die Drehzahl *n* des Drehfeldes hängt also von der Frequenz *f* des speisenden Netzes und von der Polpaarzahl *p* der Wicklung ab. Es ergibt sich folgender Zusammenhang:

$$n = \frac{f}{p}$$

Da die Drehzahl bei elektrischen Maschinen immer pro Minute (min^{-1}) angegeben wird, muss die Frequenz in Minuten umgerechnet werden. Es ergibt sich dadurch:

$$n = \frac{f \cdot 60}{p} \quad \text{in min}^{-1}$$

Mit Hilfe verschiedener Polpaarzahlen kann also die Drehfelddrehfrequenz des Ständers verändert werden.

Aufgaben

1. Warum wird im Ständer des Motors ein geblechtes Eisenpaket eingelegt?
2. Skizzieren Sie die Entstehung eines Drehfeldes.
3. Ergänzen Sie die Tabelle Abb. 3 um die Polzahl 14 und 16.

- Der Drehstrommotor besteht aus einem Ständer und einem Läufer.
- Legt man an die um 120° räumlich versetzten Spulen die Außenleiterspannung des Drehstromversorgungssystems an, so entsteht ein Drehfeld.
- Der Läufer besitzt entweder eine Wicklung oder er ist mit kurzgeschlossenen Stäben aufgebaut.

8.5.3 Synchronmotor

Wir kennen jetzt das Drehfeld des Stators. Aber wie kommt es zur Drehung des Ankers? Dazu wird ein weiteres zusätzliches Magnetfeld benötigt, das der Anker entwickeln muss.

8.5.3.1 Aufbau

Synchronmotoren *[synchronous motors]* sind Drehfeldmaschinen. Der Stator trägt die drehfelderzeugende Dreiphasenwicklung. Der Läufer (Polrad) besitzt die Gleichstromerregerwicklung und ist entweder ein Vollpolläufer (auch Walzen- oder Zylinderläufer genannt) oder ein Schenkelpolläufer (Läufer mit ausgeprägten Polen).

Bei Synchronmotoren mit kleinen Leistungen (< 100 W) ist der Läufer auch als Dauermagnet ausgeführt.

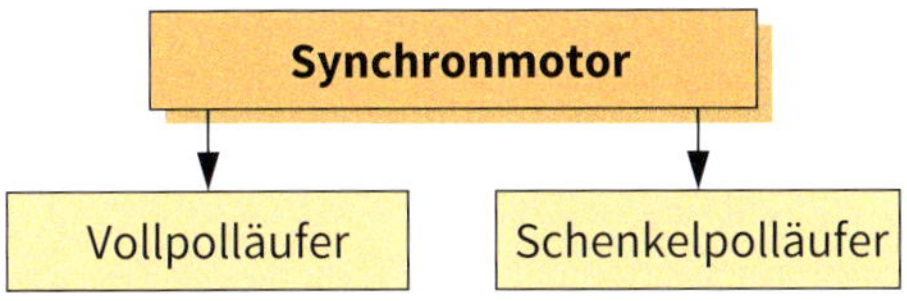

Der **Vollpolläufer** *[solid-pole rotor]* (Abb. 4) wird für Antriebsmaschinen mit hohen Drehzahlen (Schnellläufer) verwendet.

Die Gleichstromerregerwicklung ist im Läufereisen in eingefrästen Nuten eingelegt. Die Polpaarzahl eines Vollpolläufers ist meistens $p = 1$, seine Drehzahl am Drehstromnetz damit $n = 3000\ \text{min}^{-1}$.

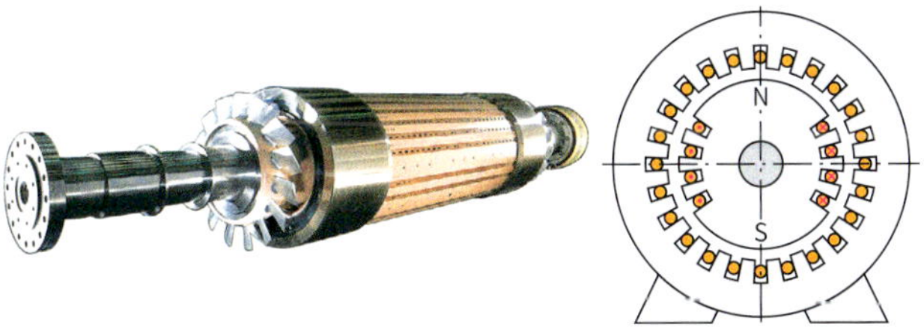

4: Vollpolläufer

Der **Schenkelpolläufer** *[salient-pole rotor]* (Abb. 5) besitzt ausgeprägte Pole mit den Erregerwicklungen. Sie werden von Gleichstrom durchflossen. Die Polpaarzahl von Schenkelpolläufern ist $p \geq 2$.

Schenkelpolläufer werden eingesetzt, wenn die Maschine langsame Drehzahlen liefern soll. Im Beispiel wäre die Drehzahl des Läufers mit der Polpaarzahl 2 gleich $n = 1500\ \text{min}^{-1}$.

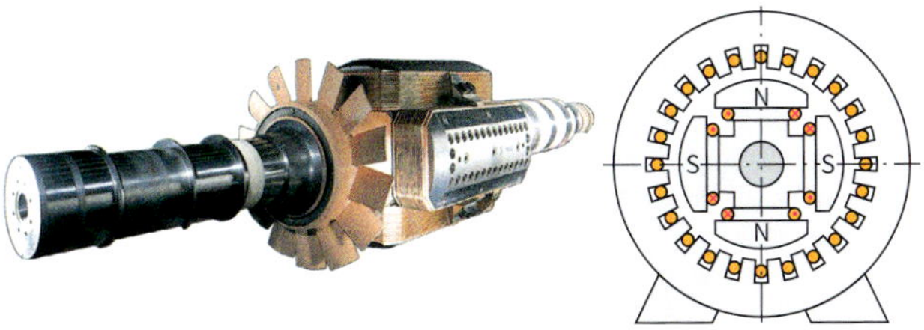

5: Schenkelpolläufer

8.5.3.2 Wirkungsweise

Schließt man die Ständerwicklung an das Drehstromnetz an, entsteht ein umlaufendes Drehfeld. Wird der Läufer nicht beschleunigt, kann aufgrund des großen Drehzahlunterschiedes (Statorfeld-Drehzahl $3000\ \text{min}^{-1}$ und Läuferdrehzahl $0\ \text{min}^{-1}$) keine Kopplung stattfinden. Der Läufer bleibt in Ruhe.

Wird der Läufer in Drehfeldrichtung bis nahezu der Drehfelddrehzahl beschleunigt, findet eine magnetische Kopplung zwischen dem umlaufenden Drehfeld und dem Nord- und Südpol des Polrades statt. Das Polrad dreht sich dann genauso schnell wie das Statordrehfeld weiter, es hat **synchrone** Drehzahl. Der Anlauf des Polrades ist deshalb nur mit **Hilfseinrichtungen** möglich.

Das Polrad dreht sich im Leerlauf genau unter den ausgebildeten Magnetpolen des Drehfeldes (Abb. 6a). Wird der Synchronmotor belastet, entsteht zwischen Drehfeld und Polrad eine Verschiebung, die Lastwinkel δ genannt wird. Das Polrad eilt dem Drehfeld nach (Abb. 6b).

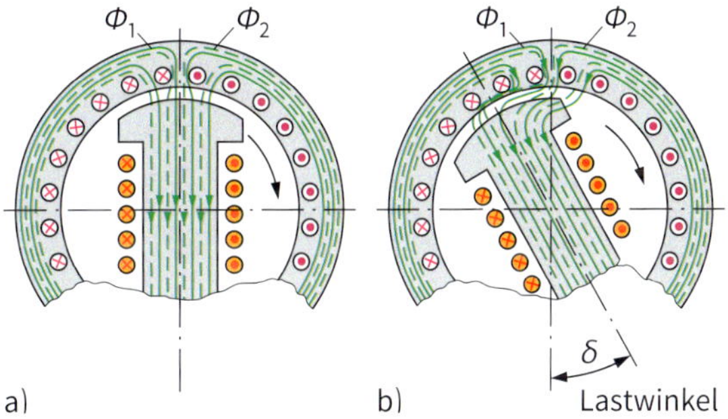

6: Polrad bei a) Leerlauf und b) Belastung

Betriebsverhalten

Eine größere Belastung bewirkt einen vergrößerten Lastwinkel, durch den sich das Drehmoment des Motors steigert (Abb. 7). Grund dafür ist das Zusammenwirken des vorauseilenden Magnetpols mit dem nacheilenden abstoßenden Pol des Statordrehfeldes. Wird die Belastung über den Lastwinkel $\delta = 90°$ ① gesteigert, fällt der Motor außer Tritt und bleibt stehen. Beim Lastwinkel 90° hat der Motor sein maximales Drehmoment (Kippmoment M_K).

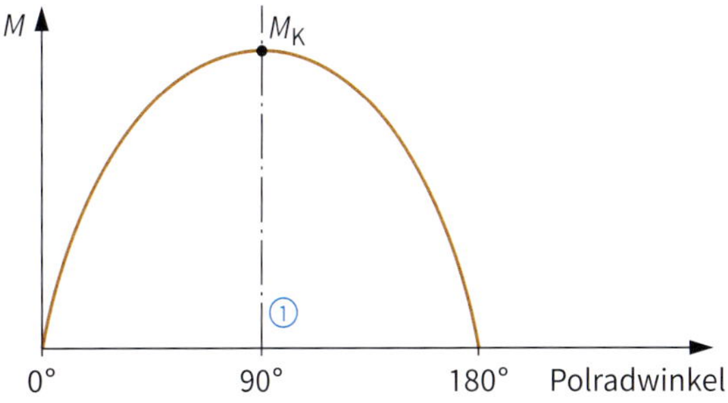

7: Drehmomentkennlinie

8.5.3.3 Anlaufverfahren

Synchronmotoren größerer Leistung werden durch Anwurfmotoren in Gang gesetzt. Dreht sich das Polrad mit der Drehfelddrehzahl, schaltet sich der Anwurfmotor ab und wird von der Motorwelle abgekoppelt.

Synchronmotoren kleinerer Leistung sind in der Regel mit einer Anlasswicklung (Dämpferwicklung) versehen. Der Motor verhält sich dann im Anlauf wie ein Kurzschlussläufer. Das Anlassen erfolgt deshalb wie beim Asynchronmotor. Dabei wird im Anlauf die Gleichstromerregung abgeschaltet und die Erregerwicklung kurzgeschlossen. Hat das Polrad die Drehfelddrehzahl erreicht, wird der Kurzschluss entfernt und die Gleichstromerregung eingeschaltet. Das Polrad wird in die Drehfelddrehzahl gezogen (synchronisiert). Die Dämpferwicklung hat bei der Bemessungsdrehzahl des Motors keine Wirkung.

8.5.3.4 Anwendungen

Wegen der Synchronität zwischen Läuferdrehzahl und Drehfeld hat der Synchronmotor vor allem eine Anwendung bei geforderten konstanten Drehzahlen gefunden. Im mittleren Leistungsbereich sind Synchronmotoren seltener. Bei höheren Antriebsleistungen (10 kW bis 1000 kW) hingegen trifft man den Synchronmotor öfter an, z.B. als Antrieb für Kompressoren und Pumpen.

Aufgaben

1. Welcher Unterschied im Aufbau besteht zwischen Vollpolläufer und Schenkelpolläufer?
2. Beschreiben Sie, wie sich der Lastwinkel δ abhängig von der Last ändert.
3. Warum ist das selbstständige Anlaufen des Synchronmotors nicht möglich?

8.5.3.5 Synchronreluktanzmotor

Dieser Motor hat einen bewickelten mehrphasigen Stator und ist damit ähnlich aufgebaut wie ein Asynchronmotor.

Der Läufer hat entweder ausgeprägte Pole, die aus weichmagnetischem Material bestehen und nicht erregt werden. Oder der Läufer besteht aus einem speziell gegossenen Läuferblech.

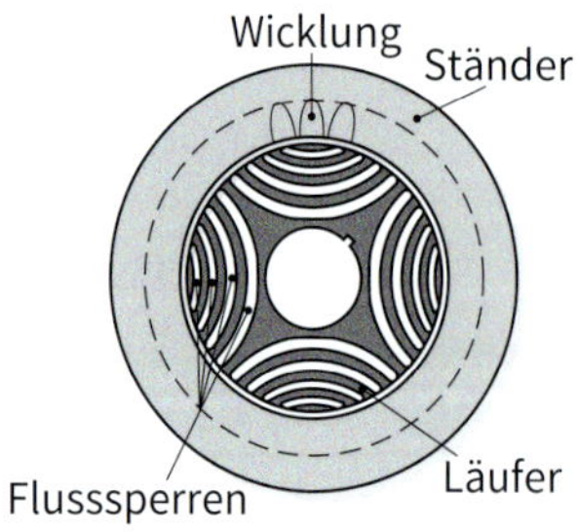

1: Reluktanzmotor (Querschnitt)

Der magnetische Fluss in diesem Läuferblech des Rotors ist für ein großes Drehmoment und einen hohen Wirkungsgrad entscheidend. Dazu werden die Läuferbleche abwechselnd aus magnetisch gut leitenden Stegen und schlecht leitenden Flusssperren (Luft gefüllt) konstruiert (siehe Abb. 1).

Bei Stromfluss im Stator bildet sich ein Drehfeld aus. Der Rotor stellt sich mit den Flussstegen nach diesem äußeren Feld ein, er wird quasi mitgezogen. Diese Reluktanzkraft (auch Maxwellsche Kraft) auf den Rotor entsteht durch die Änderung des magnetischen Widerstands, der auch als Reluktanz bezeichnet wird. Der Rotor will sich lagemäßig so einstellen, dass der geringste magnetische Widerstand erreicht ist.

Der Motor zeigt im Anlauf asynchrones Verhalten und benötigt in der Regel eine Anlaufhilfe, da er bei hohen umlaufenden Drehfrequenzen nicht an das schnelle Statordrehfeld ankoppeln kann. Aus diesem Grund wird er meist mit Frequenzumrichtern angesteuert, wobei dann jede gewünschte Drehzahl eingestellt werden kann. Bei Erreichen der Bemessungsdrehzahl läuft der Reluktanzmotor dann aber synchron. Der Reluktanzmotor besitzt wie der Synchronmotor einen Polradwinkel δ. Wird der Winkel über das Kippmoment hinaus vergrößert, fällt der Motor außer Tritt und er bleibt stehen.

Vorteile

Der Rotor des Motors hat keine Kurzschlusswicklung und auch keine Permanentmagnete. Der Läufer ist somit sehr materialsparend und damit kostengünstig im Aufbau.

Im Betrieb treten nur sehr geringe Läuferverluste auf, da durch die fehlende Wicklung des Läufers bzw. fehlende Kurzschlusswicklung die Stromwärmeverluste sehr gering sind. Dadurch ergibt sich, dass sich der Rotor kaum erwärmt. Der Rotor hat außerdem eine geringere Läufermasse und damit ein geringeres Massenträgheitsmoment.

Anwendung

Reluktanzmotoren (Abb. 2) sind für Antriebe im mittleren Leistungsbereich wirtschaftlich einsetzbar. Frequenzumrichter gesteuerte Reluktanzmotoren werden heutzutage wegen des hohen Wirkungsgrades (IE3 und höher) für Lüfter- und Pumpenmotoren eingesetzt.

2: Reluktanzmotor

8.5.4 Asynchronmotor

Es gibt zwei Bauformen von Asynchronmotoren:

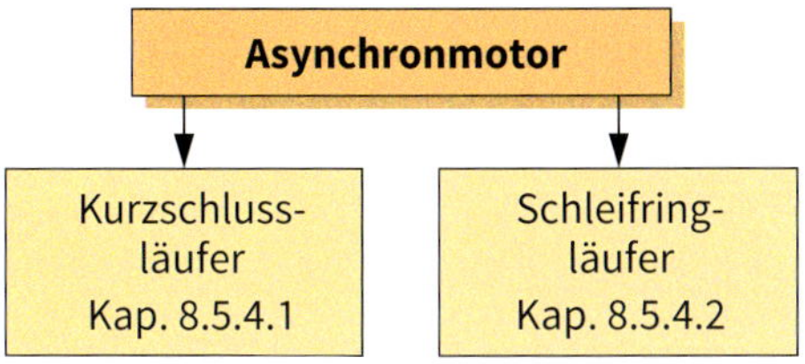

8.5.4.1 Kurzschlussläufer

Der Kurzschlussläufermotor besteht ebenso wie der Synchronmotor aus einem Stator und einem Läufer. Der Stator ist zudem baugleich mit dem des Synchronmotors.

Der Läufer besteht aus Leiterstäben, die an den Enden mit einem Leiterring kurzgeschlossen sind (Abb. 3).

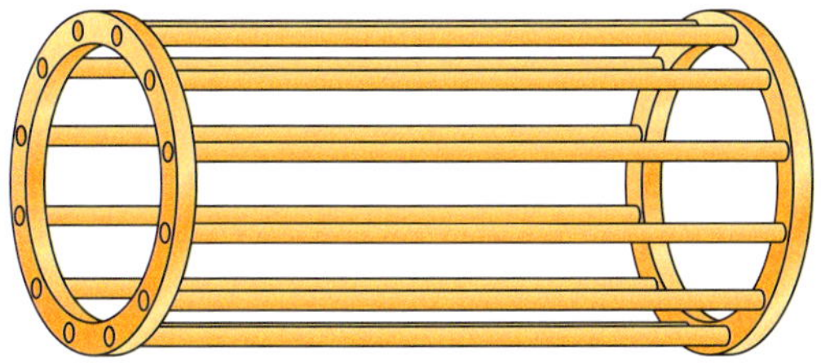

3: Läuferkäfig

Wirkungsweise

- **Läuferdrehzahl $n_{Läufer} = 0$ (Stillstand)**
  Der Drehstrom erzeugt in der Statorwicklung ein Drehfeld, das mit synchroner Drehzahl (Drehfelddrehzahl) umläuft. Dieses Drehfeld induziert in der stillstehenden Läuferwicklung eine Spannung. Diese ruft im kurzgeschlossenen Läuferkäfig einen Strom hervor, der seinerseits ein Magnetfeld aufbaut. Beide Magnetfelder (Ständer und Läufer) wirken so aufeinander, dass ein Drehmoment entsteht, welches den Läufer im gleichen Drehsinn wie das Statordrehfeld anlaufen lässt (Abb. 4).

  Wenn Feldlinien des umlaufenden Statordrehfeldes von den Läuferstäben geschnitten werden, entsteht ein Stromfluss im Läufer.

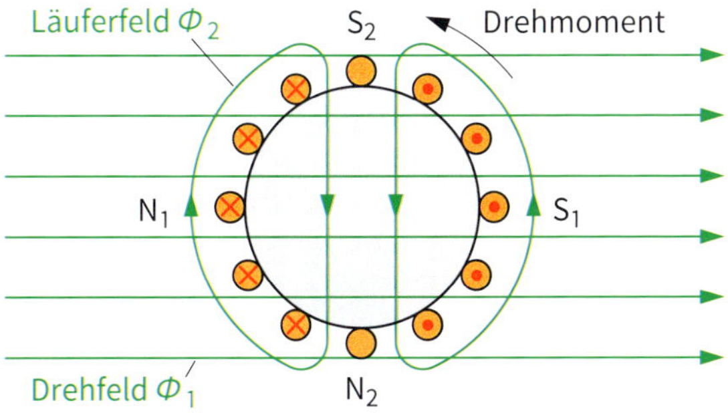

4: Stator- und Läufermagnetfeld

  Steht der Läufer im Einschaltmoment des Motors noch still, werden in seiner Wicklung die meisten Feldlinien geschnitten, da ein großer Geschwindigkeitsunterschied zwischen Läufer und dem Drehfeld im Stator besteht.

  Im Einschaltaugenblick sind damit Läuferspannung und Läuferstromstärke am größten.
  Es ergibt sich folgende Wirkungskette:
  $\Phi_{Stator} \Rightarrow U_{Läufer} \Rightarrow I_{Läufer} \Rightarrow \Phi_{Läufer} \Rightarrow M_R$

- **Läuferdrehzahl *n* steigt**
  Mit zunehmender Drehzahl nimmt die Anzahl pro Zeit der vom Läufer geschnittenen Feldlinien ab. Die Läuferinduktionsspannung und somit auch die Läuferstromstärke verringern sich.

- **Läuferdrehzahl *n* gleich der Statordrehzahl**
  Wäre die Läuferdrehzahl gleich der Drehfelddrehzahl des Stators, so würden keine Feldlinien mehr von der Läuferwicklung geschnitten. Die im Läufer induzierte Spannung und damit auch der Stromfluss im Läufer wären gleich Null. Folglich würde der Läufer kein Magnetfeld aufbauen und somit kein Drehmoment mehr entwickeln. Der Läufer würde durch Reibungsverluste gebremst, wodurch wieder Feldlinien geschnitten werden.
  Folgende Wirkungskette ergibt sich:
  $n_{Stator} = n_{Läufer} \Rightarrow U_{Läufer} = 0 \Rightarrow I_{Läufer} = 0 \Rightarrow \Phi_{Läufer} = 0 \Rightarrow M_R = 0 \Rightarrow n_{Läufer} \downarrow$

- **Läuferdrehzahl *n* kleiner als Statordrehzahl**
  Damit der Motor weiterhin ein Drehmoment bildet, muss die Drehzahl des Läufers geringer sein als die Drehzahl des Statordrehfeldes. Nur dann werden im Läufer Feldlinien geschnitten, in deren Folge auch wieder eine Läuferspannung induziert wird. Diese treibt dann wieder einen Strom durch die Läuferwicklung. Das sich dadurch aufbauende Läuferfeld bewirkt zusammen mit dem Statordrehfeld weiter ein Drehmoment.

Der Läufer kann nie mit dem Drehfeld im Gleichlauf (synchron) sein, sondern muss stets etwas hinter der Drehfelddrehzahl n_f zurückbleiben. Er läuft **asynchron** [*asynchronous*]. Die Differenz zwischen der Drehzahl des Statordrehfeldes und der Läuferdrehzahl *n* wird **Schlupfdrehzahl n_s** genannt.

$$n_s = n_f - n$$

Die Schlupfdrehzahl wird meistens auf die Drehfelddrehzahl bezogen und in Prozent angegeben. Dieser Wert wird als **Schlupf *s*** bezeichnet.

$$s = \frac{n_f - n}{n_f} \cdot 100\,\%$$

Der **Schlupf** [*slip*] beträgt üblicherweise 5 % bis 10 % und ist von der Belastung abhängig.

1: Kurzschlussläufermotor

Die Abb. 1 zeigt das Klemmbrett eines Kurzschlussläufermotors. Das Klemmbrett besitzt nur Anschlüsse für die Statorwicklungen. Sie werden mit U1-V1-W1 und U2-V2-W2 bezeichnet.

Betriebseigenschaften

Die Abb. 2 zeigt die Kennlinien eines Kurzschlussläufers. Dabei wurde vom Anlaufaugenblick aus bis zur synchronen Drehzahl n_f sowohl das Drehmoment M als auch die Stromstärke I gemessen.

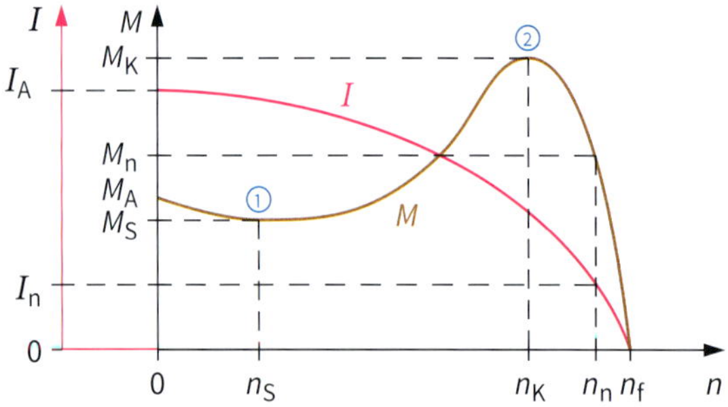

2: Hochlaufkennlinie

Die Drehmomentkennlinie beginnt beim **Anlaufmoment** *[starting torque]* (M_A) und fällt zunächst leicht bis zum **Sattelmoment** *[pull-up torque]* (M_S) ① ab. Das höchste Drehmoment erreicht der Motor im **Kippmoment** *[breakdown torque]* (M_K) ②. Im Bemessungsbetrieb befindet sich das Drehmoment bei M_n.

Kurzschlussläufermotoren besitzen eine **hohe Anlaufstromstärke I_A** (Abb. 2). Sie kann bis zum siebenfachen der Bemessungsstromstärke betragen.

Erklärung

Im Moment des Einschaltens ist der Strom im Läufer sehr hoch, da der kurzgeschlossene Läufer nur den geringen Wirkwiderstand besitzt. Die hohe Induktionsspannung ergibt eine große Anlaufstromstärke. Der hohe Läuferstrom wiederum verursacht einen großen Strom im Stator.

Kurzschlussläufermotoren haben ein **geringes Anzugsmoment**. Es liegt zwischen 50 % und 80 % des Bemessungsdrehmomentes.

Erklärung

Durch das Drehfeld des Stators werden in der stillstehenden Läuferwicklung Spannungen induziert. Die Abb. 3 zeigt die Richtung der induzierten Spannungen.

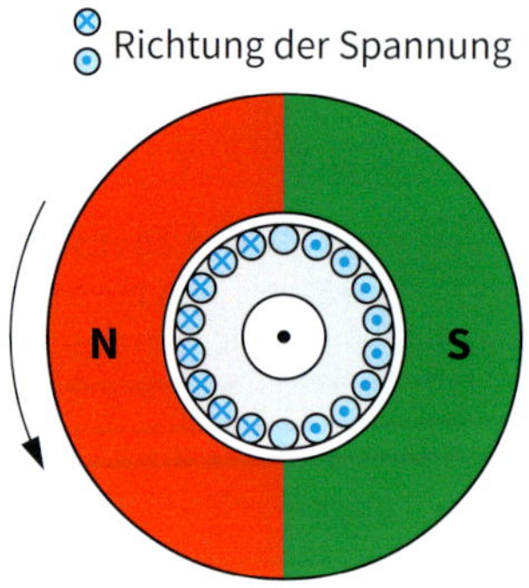

3: Richtung der induzierten Läuferspannung

Die große Frequenzdifferenz zwischen dem Statordrehfeld (50 Hz) und dem Läufer (0 Hz) im Anlauf ergibt einen großen induktiven Blindwiderstand im Läufer. Dieser Blindwiderstand ist wesentlich größer als der Wirkwiderstand der Läuferwicklung. Das führt im Anlauf zu einer Phasenverschiebung von fast 90° zwischen der Spannung und dem Strom in der Läuferwicklung.

Der Läuferstrom hat die in Abb. 4 eingezeichnete Richtung.

Unter dem Nordpol des Stators treten Ströme aus der Zeichenebene heraus ③ und bewirken ein Drehmoment im Uhrzeigersinn. Unter dem Nordpol des Stators treten aber auch Ströme in die Zeichenebene ein ④ und bewirken ein Drehmoment gegen den Uhrzeigersinn. Die Anzahl der aus- und eintretenden Ströme unter dem Nordpol ist etwa gleich. Entsprechendes gilt für den Südpol. Dies hat zur Folge, dass sich die Einzeldrehmomente des Motors beinahe aufheben und nur ein geringes Gesamtdrehmoment beim Anlauf übrig bleibt.

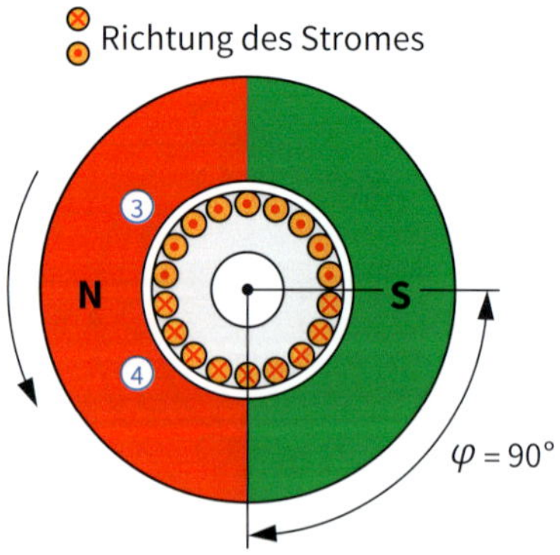

4: Richtung des induzierten Läuferstromes

Abhilfe

Um das Drehmoment im Anlauf zu erhöhen und den Einschaltstrom zu verringern, muss der Wirkwiderstand des Käfigs beim Einschalten erhöht und gleichzeitig der induktive Widerstand verkleinert werden. Im Betrieb soll aber der Widerstand wieder sinken, damit die Verluste reduziert werden. Um diese beiden Forderungen zu erfüllen, werden verschiedenartige Läuferstabformen verwendet. Die Abb. 5 zeigt typische Läuferstäbe.

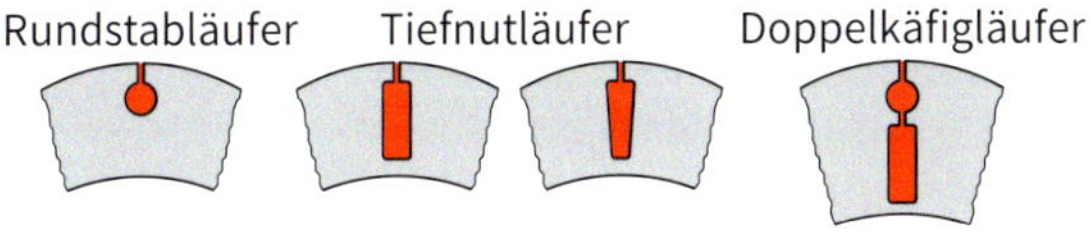

5: Läuferformen

Warum ist der induktive Blindwiderstand beim Tiefnutläufer geringer?

Um die Stäbe des Läufers entsteht durch das Magnetfeld des Läufers ein Streufeld. Die Streufeldstärke nimmt zum Läufermittelpunkt zu (Abb. 6, ①). Wird die Nut in der Tiefe verlängert, so benutzt der Strom den nach der Nutenöffnung hin liegenden Teil des Leiterquerschnittes (**Skineffekt**). Der genutzte Leiterquerschnitt wird kleiner und folglich der Leiterwiderstand größer. Im Betrieb verringert sich das Läufermagnetfeld und damit auch das Streufeld und der genutzte Leiterquerschnitt wird wieder größer. Der Widerstand sinkt.

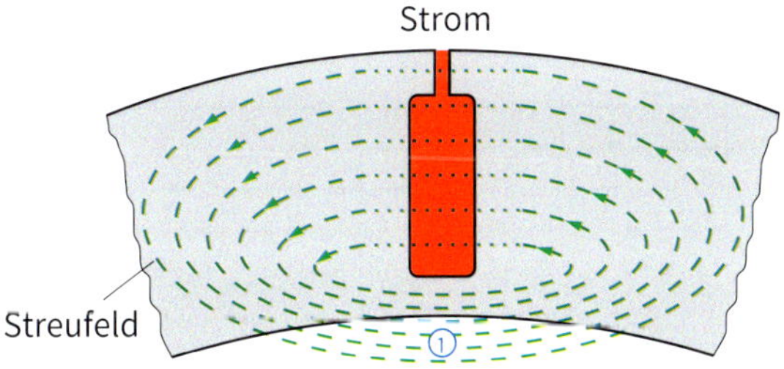

6: Streufeld des Tiefnutläufers

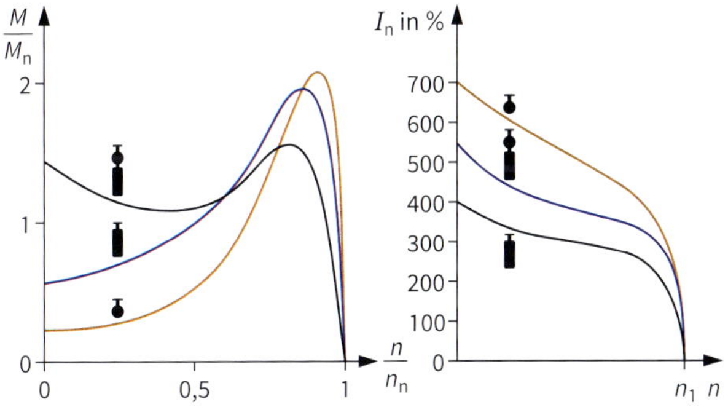

7: Hochlaufkennlinien für verschiedene Läuferarten

Abb. 7 zeigt die Hochlaufkennlinien für das Drehmoment und die Motorstromstärke bei verschiedenen Läuferarten.

Um im Betrieb einen ruhigeren Lauf des Läufers zu gewährleisten, werden die einzelnen Stäbe des Käfigs schräg liegend angeordnet (Abb. 8).

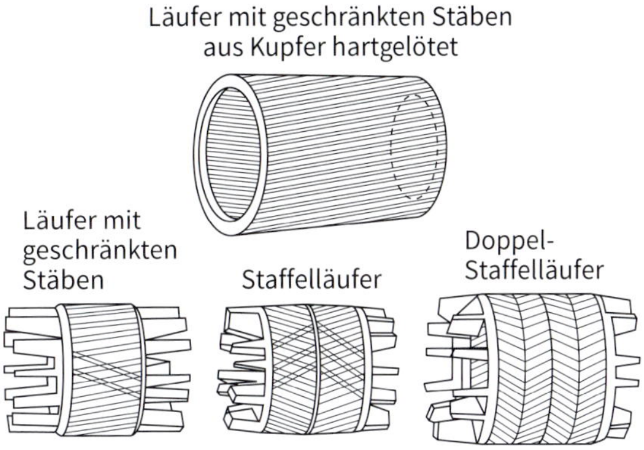

8: Verschiedene Käfigläufer

Die in Abb. 9 gezeigte Kennlinie ist ein Ausschnitt aus der Hochlaufkennlinie im Bereich zwischen der Leerlaufdrehzahl n_0 und der Bemessungsdrehzahl n_n. Sie wird Belastungskennlinie genannt. Aus ihr lassen sich weitere Maschineneigenschaften ersehen.

- Die Bemessungsdrehzahl n_n (Abb. 9, ②) des Motors liegt nur wenig unter der Leerlaufdrehzahl n_0.

$$n_0 \approx n_n$$

- Die Leerlaufstromstärke I_0 ③ liegt weit unter der Bemessungsstromstärke I_n, da im Leerlauf nur die Verluste des Motors (Reibung, Stromwärme) kompensiert werden müssen. Wird der Motor belastet, so steigt die Stromstärke an.

$$M\uparrow \Rightarrow I\uparrow$$

- Den maximalen Wirkungsgrad η liefert der Motor meist im Bemessungsdrehmoment ④.

Typische **Anwendungen** für Drehstrom-Kurzschlussläufermotoren sind:

- Antriebe für Werkzeugmaschinen,
- Antriebe für Kräne, Pumpen und Gebläse mit Leistungen bis zu einigen MW und
- Fahrmotoren für Schienenfahrzeuge, Leistung bis weit über 1000 kW.

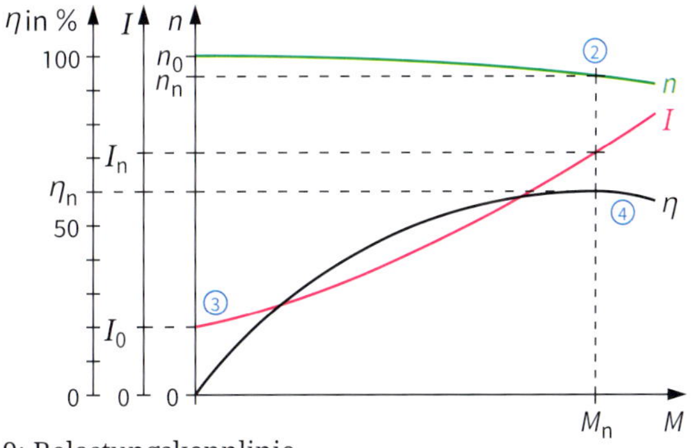

9: Belastungskennlinie

Skineffekt

Im Innern von elektrischen Leitungen baut sich durch den Stromfluss genauso ein Magnetfeld auf, wie es um den Leiter herum geschieht.

Bei **Gleichstrom** in einem Leiter ist die Stromdichte im Querschnitt überall gleich.

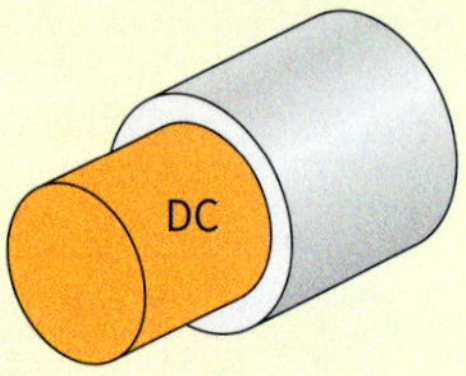

Bei **Wechselstrom** ist das anders.

Das Magnetfeld im Leiter wirkt sich so aus, dass Elektronen, die sich in der Nähe der Mittelachse des Leiters befinden, von mehr Feldlinien umschlossen werden als die Elektronen weiter außen. Dadurch induziert bei Wechselstrom das wechselnde Magnetfeld im Inneren des Leiters eine höhere Spannung als am Rand.

Die höhere Induktionsspannung führt dazu, dass der Strom in der Nähe der Mittelachse des Leiters abgeschwächt wird.

Dies führt insgesamt zu einer Verkleinerung des wirksamen Leiterquerschnitts und der Wirkwiderstand vergrößert sich. Der Strom fließt im Wesentlichen in den äußeren Bereichen, in der **Haut** [*skin*] des Leiters. Der Skineffekt hängt stark von der Frequenz der Wechselspannung ab. Je höher die Frequenz ist, desto stärker ist der Skineffekt.

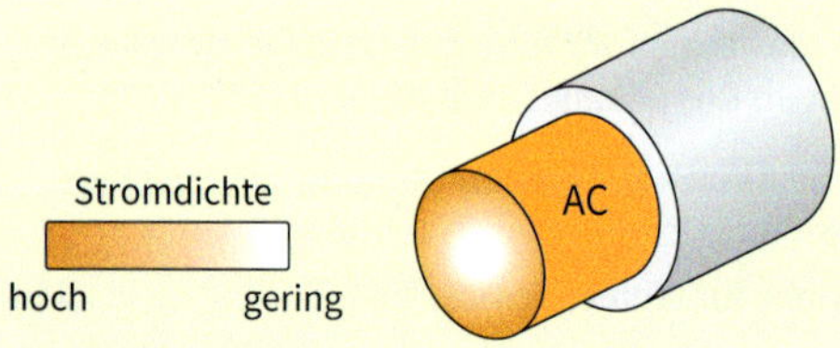

- Asynchronmotoren laufen ohne Anlaufhilfe an.
- Kurzschlussläufermotoren haben ein geringes Anzugsmoment.
- Die Drehzahl von Asynchronmotoren liegt geringfügig unter der synchronen Drehzahl des Stators.
- Durch Veränderung der Läuferstabform kann beim Asynchronmotor das Anzugsmoment gesteigert werden.
- Der Unterschied zwischen der Drehzahl des Läufers und der synchronen Drehzahl des Stators wird Schlupf *s* genannt. Er wird in Prozent angegeben.

8.5.4.2 Schleifringläufer

Der Ständer des **Schleifringläufermotors** [*slipring motor*] gleicht dem des Kurzschlussläufermotors. Der Läufer besitzt allerdings statt der kurzgeschlossenen Stäbe eine Wicklung, die meist dreisträngig ist. Die Enden der drei Stränge sind im Inneren des Läufers zu einem **Sternpunkt** [*common point*] zusammengefasst. Die Spulenanfänge sind zu den auf der Welle sitzenden Schleifringen ① (Abb. 1) geführt. Darauf schleifen die Kohlebürsten ②. Diese sind im Klemmenkasten zu den Anschlüssen K, L und M herausgeführt ③.

Um die Ströme im Läufer zu verändern, werden an den Klemmen Widerstände angeschlossen (Abb. 2).

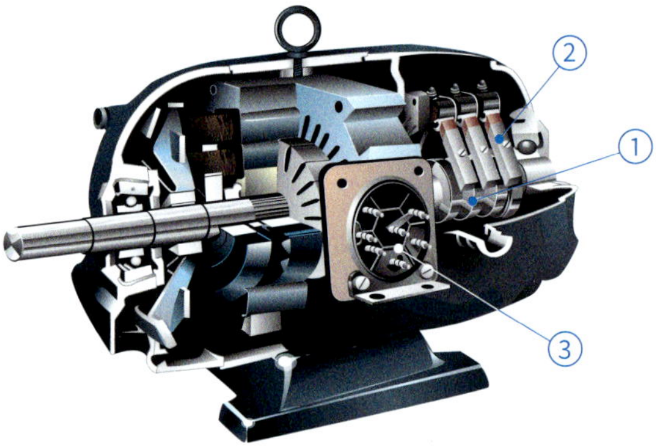

1: Schleifringläufermotor

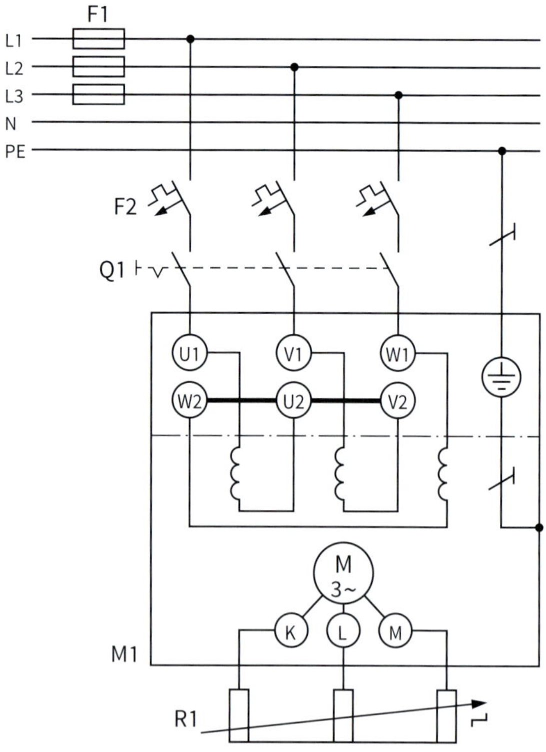

2: Schleifringläufermotor mit Anlasswiderständen

Anlassen von Schleifringläufern

Die Widerstände im Läuferkreis werden dazu benutzt, die Läuferströme zu begrenzen. Dadurch können die hohen Anlaufströme eines Asynchronmotors verringert werden.

$$R_{Anl} \uparrow \Rightarrow I_{Läufer} \downarrow \Rightarrow I_{Stator} \downarrow$$

Die Anlasswiderstände vergrößern den Wirkanteil des Läuferwiderstandes. Das Anzugsmoment ① wird größer (Abb. 3).

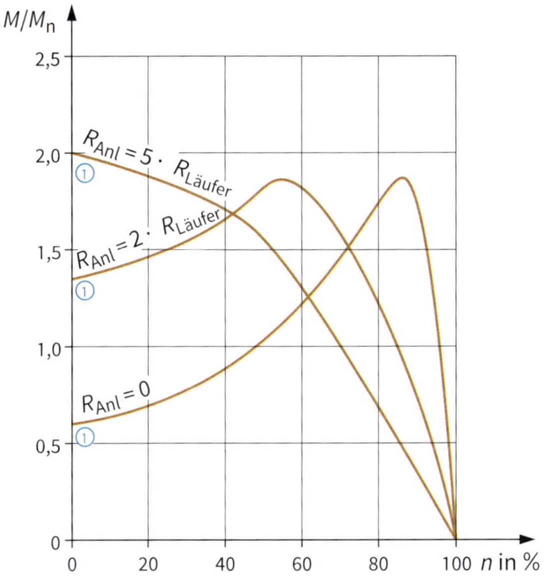

3: Drehmoment-Kennlinie

Werden die eingeschalteten Widerstände nur für den Anlassvorgang benötigt, hebt man die Bürsten bei großen Maschinen im Betrieb von den Schleifringen ab, um den Verschleiß und die Reibungsverluste zu minimieren. Gleichzeitig wird der Läufer kurzgeschlossen. Diese beiden Aufgaben übernimmt eine Bürstenabhebevorrichtung (Abb. 4)

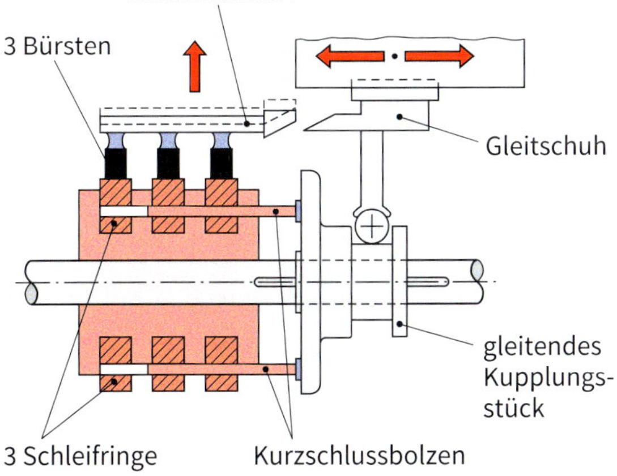

4: Bürstenabhebevorrichtung

Betriebsverhalten

Im Bemessungsbetrieb mit kurzgeschlossener Läuferwicklung verhalten sich die Schleifringläufermotoren wie die Kurzschlussläufermotoren.

Werden die Widerstände im Bemessungsbetrieb nicht abgehoben, so kann eine stufenlose Drehzahlstellung mit Hilfe der Widerstände erreicht werden. Die Widerstände müssen dann allerdings für **Dauerlast** [*continous load*] bemessen sein. Der Läuferwiderstand wird dazu über einen Drehzahlsteller eingestellt.

Nachteil: Die Bürsten liegen dauernd auf und verursachen zusätzliche Verluste.

Asynchronmotoren mit Schleifringläufer werden eingesetzt, wenn

- stufenlose Drehzahlstellung benötigt wird,
- nur kleine Anlaufströme auftreten dürfen,
- große Anzugsmomente erforderlich sind.

Aufgaben

1. Beschreiben Sie, wie beim Asynchronmotor das Läufermagnetfeld entsteht.
2. Warum kann beim Asynchronmotor die Läuferdrehzahl nicht gleich der Statordrehzahl sein?
3. Was ist der Schlupf eines Asynchronmotors? Wie kann er berechnet werden?
4. Beschreiben Sie die Drehzahl-Drehmomentkennlinie eines Asynchronmotors.
5. Warum hat der Asynchronmotor eine große Anlaufstromstärke?
6. Nennen Sie drei verschiedene Läuferformen.
7. Was versteht man unter dem Skineffekt?
8. Wie kann beim Schleifringläufermotor die Stromstärke im Läufer verändert werden?
9. Wo werden Schleifringläufermotoren eingesetzt?

- Schleifringläufermotoren haben kleine Anlaufströme und hohe Anzugsmomente.
- Der Läufer des Motors besteht aus Spulen, die an Schleifringe geführt sind.
- Mit verschiedenen Widerstandswerten können der Anlassstrom und im Betrieb die Drehzahl eingestellt werden.
- Das Verhalten im Bemessungsbetrieb mit kurzgeschlossener Läuferwicklung gleicht dem des Kurzschlussläufermotors.

Antriebssysteme

8.5.5 Energieeffizienz

Das Leistungsschild (Abb. 1) enthält die wichtigsten Kenndaten eines Motors. Es zeigt Angaben über elektrische Größen und weitere Merkmale des Motors. Neben den in Kapitel 8.2 schon besprochenen Größen Bemessungsspannung, Bemessungsstromstärke, Bemessungsleistung, Bemessungsdrehzahl und Betriebsart, Schutzart, Wärmeklasse, Kühlung und Bauform werden bei neuen Drehstrommotoren auch Angaben zur Energieeffizienz auf dem Leistungsschild angegeben (gelbe Markierung in Abb. 1).

Elektromotoren und elektromotorische Systeme sind schätzungsweise für ca. 40 Prozent des gesamten weltweiten Stromverbrauchs verantwortlich. Im industriellen Umfeld sogar für ungefähr 70 Prozent.

In Anbetracht dieser Tatsache hat die Europäische Union vor einigen Jahren begonnen, auch bei elektrischen Antrieben Anforderungen an die Energieeffizienz festzulegen (Ökodesign-Richtlinie, Energieverbrauchskennzeichnungspflicht).

In der IEC 60034 Teil 30 (Wirkungsgradklassifizierungen von Drehstromkäfigläufermotoren, IE-Code), sind die Effizienzklassen für Motoren definiert.

Die oben genannte Norm gilt für folgende Niederspannungs-Drehstrommotoren mit Käfigläufer:

- 3-phasige Motoren mit Netzfrequenz 50 Hz und 60 Hz
- 2-, 4- oder 6-polige Motoren
- Bemessungsleistung 0,75 kW bis 375 kW
- Bemessungsspannung bis 1000 V
- Bemessen für Betriebsart S1 (Dauerbetrieb) und S3 mit Einschaltdauer von 80 Prozent und mehr
- Motoren, die für direktes Einschalten am Netz geeignet sind
- Getriebemotoren

Ausgenommen von der Klassifizierung sind:

- Motoren für Kurzzeitbetrieb (S2) oder Schaltbetrieb (S2 < 80 % bis S10)
- Motoren, die speziell für den Betrieb an Umrichtersystemen bemessen wurden
- Motoren, die vollständig in eine Maschine integriert sind (z. B. Pumpen, Lüfter, Getriebe und Kompressoren)
- Andere Motorenarten (z. B. Synchronmotoren, Permanentmagnetmotoren, polumschaltbare Motoren und Motoren für Schaltbetrieb, wie z. B. Servomotoren

In der Norm IEC 60034 Teil 30 werden die IE-Wirkungsgradklassen (IE = International Efficiency) für die 3-phasigen Drehstrommotoren wie folgt unterteilt:

- IE1 – Standard Efficiency
- IE2 – High Efficiency
- IE3 – Premium Efficiency
- IE4 – Super Premium Efficiency)

Die Abbildung 2 zeigt für einen vierpoligen Drehstrommotor die Steigerung der Energieeffizienz beim Übergang von IE1 bis IE3. Die Kennlinien werden noch erweitert auf zukünftige Klassen IE4 und IE5.

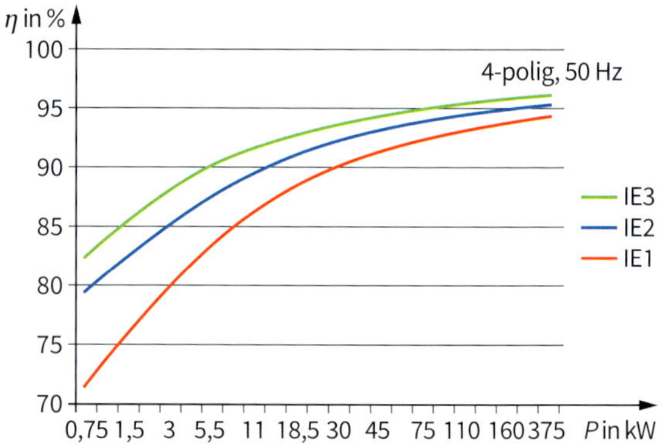

2: Wirkungsgrad IE1 bis IE3

Seit 01. 01. 2017 müssen Motoren, die im europäischen Wirtschaftsraum verkauft werden, die Wirkungsgradklassifizierung IE3 im Leistungsbereich von 0,75 kW bis 375 kW erfüllen. Optional darf auch ein Motor der Energieeffizienzstufe IE2 am Umrichter betrieben werden. Die Tabelle 3 zeigt für Motoren der Bemessungsleistung 0,75 kW bis 375 kW den Mindestwirkungsgrad nach IE3 für eine 2/4/6-polige Maschine.

Für Motoren, die in die Wirkungsgradklassifizierung IE1 bis IE4 fallen, muss das Motortypenschild (Leistungsschild) folgende zusätzliche Angaben enthalten:

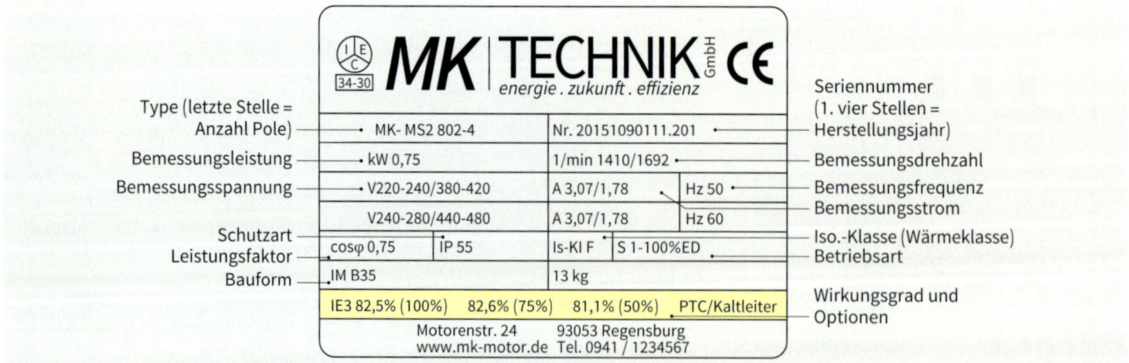

1: Leistungsschild eines Motors

- Wirkungsgradklassifizierungen IE1, IE2, IE3, IE4 nach IEC 60034-30
- Angaben zu Wirkungsgraden η bei 100 % Bemessungslast und auf Grundlage der genannten Norm
- Angabe des Wirkungsgrades bei 75 % und 50 % Bemessungslast
- Herstellerjahr

P_n in kW	Polpaarzahl		
	2	4	6
0,75	80,7	82,5	78,9
1,1	82,7	84,1	81,0
1,5	84,2	85,3	82,5
2,2	85,9	86,7	84,3
3	87,1	87,7	85,6
4	88,1	88,6	86,8
5,5	89,2	89,6	88,0
7,5	90,1	90,4	89,1
11	91,2	91,4	90,3
15	91,9	92,1	91,2
18,5	92,4	92,6	91,7
22	92,7	93,0	92,2
30	93,3	93,6	92,9
37	93,7	93,9	93,3
45	94,0	94,2	93,7
55	94,3	94,6	94,1
75	94,7	95,0	94,6
90	95,0	95,2	94,9
110	95,2	95,4	95,1
132	95,4	95,6	95,4
160	95,6	95,8	95,6
200 – 375	95,8	96,0	95,8

3: Wirkungsgrad nach IE3

Die Einsparmöglichkeiten im Energieverbrauch sind mithilfe folgender Maßnahmen möglich:

Konstruktionsänderungen

Durch eine Veränderung der Konstruktion können gravierende Energieeinsparungen bei elektrischen Maschinen erzielt werden.

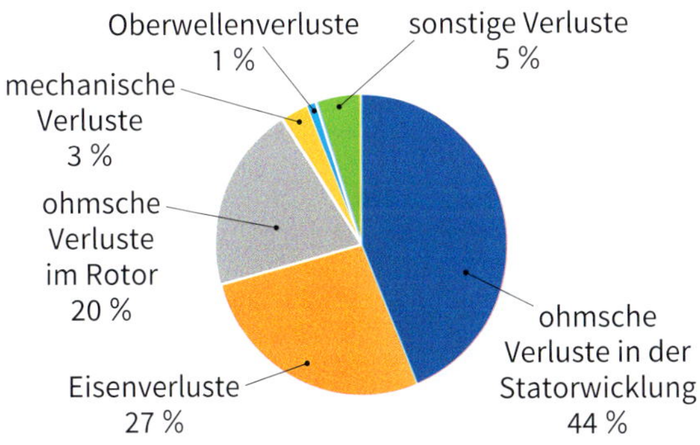

4: Aufteilung der Verlustwerte

Die Verluste des Motors entstehen an mehreren Orten. Abbildung 4 zeigt die ungefähren Verlustwerte (bezogen auf einen Gesamtverlustwert von 100 %) bei einem vierpoligen Käfigläufer-Asynchronmotor größerer Leistung.

Die größten Anteile sind die ohmschen Verluste in der Statorwicklung und die Eisenverluste.

Ohmsche Verluste können durch größere Drahtquerschnitte im Stator und eine bessere Leitfähigkeit der Rotorstäbe (z. B. Kupfer- statt Aluminiumstäbe) gesenkt werden. Außerdem wird der Stator verlängert, was eine positive Wirkung auf die Feldstärken (magnetische Flüsse) ergibt.

Eine Möglichkeit der Senkung der Eisenverluste eines Asynchronmotors besteht in der Verwendung von höherwertigeren, verlustärmeren Blechen aus Siliziumstahl und insgesamt dünneren Blechen.

Veränderungen der Steuerung

Die Verwendung einer Drehzahlregelung bietet weitere Einsparmöglichkeiten. Es kann so besser gewährleistet werden, dass der Motor nur noch die Energie liefern muss, die auch durch die Last erforderlich ist. Man spricht von einer mechanischen Leistungsanpassung des Motors an die Last. Dazu kommen die modernen Leistungswandler und Drehzahlregler zum Einsatz (Umrichtersysteme wie z. B. der Frequenzumrichter), die inzwischen auch als bauliche Einheit zur Verfügung stehen (Abb. 5).

5: IE3-Motor und darauf abgestimmter Umrichter

Optimierung des Gesamtsystems

Eine Effizienzsteigerung ist möglich durch:

- Motor in richtiger Größe (nicht überdimensioniert)
- Leitungen und Leitungsführung
- Riemen- und Getriebeanbindung an die Arbeitsmaschine
- Design der Endgeräte (Lüfter, Pumpen, Kompressoren, Förderbänder etc.)

Antriebssysteme

8.5.6 Drehstrommotor an Wechselspannung

Drehstrommotoren mit der Bemessungsspannung 230/400 V können auch am Einphasen-Wechselstromnetz betrieben werden. Dazu ist der Motor in der **Steinmetzschaltung** anzuschließen.

Der Motor wird in Dreieck geschaltet und zusätzlich ein Kondensator angeschlossen (Abb. 1).

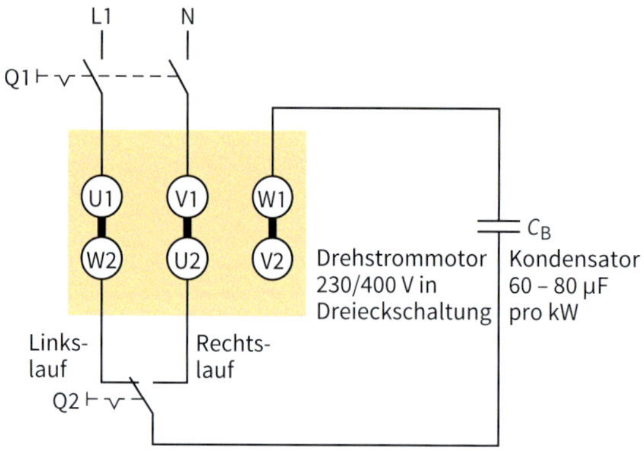

1: Steinmetzschaltung

Der zugeschaltete **Kondensator** *[capacitor]* verschiebt eine Phase um ca. 90°. Es entstehen drei gegeneinander verschobene Spannungen, die jedoch nicht das Ideal von gleichmäßig 120° erreichen.

Das Drehmoment des Motors in Steinmetzschaltung liegt bei etwa 10 – 50 % des Bemessungsdrehmomentes (Abb. 2). Dieses geringe Drehmoment resultiert aus dem eliptischen Drehfeld, mit dem der Drehstrommotor in der Steinmetzschaltung betrieben wird.

Auch die Leistung des Motors reduziert sich bei der Steinmetzschaltung.

Das Anlaufdrehmoment liegt bei etwa 30 % des normalen Anlaufdrehmoments. Die Steinmetzschaltung ist deshalb für Schweranlauf ungeeignet.

Soll das Anlaufdrehmoment gesteigert werden, ist während des Anlaufens ein weiterer Kondensator (Anlaufkondensator) parallel zu schalten. Beim Erreichen der Bemessungsdrehzahl muss dieser wieder entfernt werden (Abb. 3).

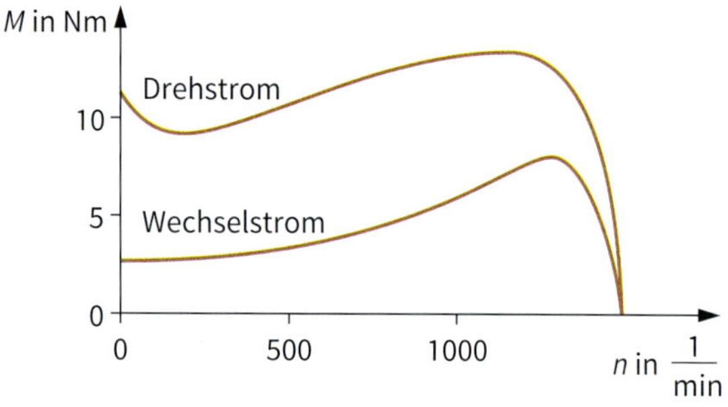

2: Kennlinie bei Drehstrom- bzw. Wechselstromanschluss

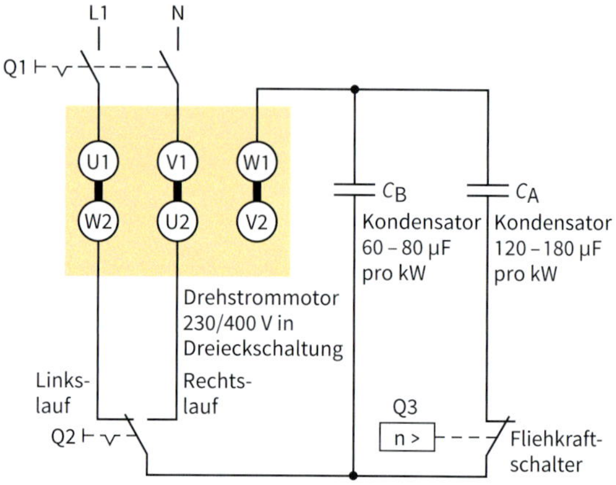

3: Steigerung des Anlaufdrehmomentes

Aus wirtschaftlichen Gründen ist die Steinmetzschaltung nur für Motoren bis 2 kW zu empfehlen.

Die Größe des Betriebskondensators hängt von der Motorleistung und von der Netzspannung ab. Die Abb. 4 zeigt die festgelegten Werte für die Kondensatoren.

Der Drehstrommotor an Wechselspannung hat insgesamt schlechte Betriebseigenschaften. Um Motoren trotzdem effektiv an Wechselspannung zu betreiben, wird beim **Kondensatormotor** der Kondensator fest eingebaut und der Aufbau etwas verändert (vgl. Kap. 8.5.7).

Leistung des Drehstrommotors in W	Erforderliche Kondensatorgröße in µF bei		
	Netzspannung 110 V	Netzspannung 230 V	Netzspannung 400 V
100	28	7	2
200	52	13	4
300	80	20	7
400	104	26	9
500	132	33	11
600	160	40	13
700	184	46	15
800	212	53	18
900	236	59	20
1000	264	66	22
1100	–	73	24
1200	–	79	26
1300	–	86	29
1400	–	93	31
1500	–	99	33

4: Auswahl der Betriebskondensatoren

- Ein Betrieb von Drehstrommotoren an Einphasen-Wechselspannung ist mit der Steinmetzschaltung möglich.
- Die Bemessungsleistung und das Drehmoment sind in der Steinmetzschaltung wesentlich geringer als bei Anschluss des Motors am Drehstromnetz.

8.5.7 Kondensatormotor

Der **Kondensatormotor** [*capacitor motor*] ist ähnlich wie ein Asynchronmotor aufgebaut und besitzt einen kurzgeschlossenen Käfigläufer, in dem durch ein Statordrehfeld ein Drehmoment erzeugt wird. Im Unterschied zum Asynchronmotor funktioniert der Kondensatormotor (Abb. 5) mit Wechselspannung und benötigt kein Drehstromnetz.

Der Stator beim Motor mit Hilfsphase hat nur zwei Wicklungen, die um 90° versetzt angeordnet sind. Die Ströme müssen aus diesem Grund auch um 90° verschoben werden. Dies wird durch einen Kondensator erreicht.

5: Kondensatormotor

Der Schaltplan (Abb. 6) zeigt, dass zusätzlich eine Hilfswicklung mit vorgeschaltetem Kondensator eingebaut wurde.

In der Hilfswicklung Z1 – Z2 wird durch den Kondensator der Strom phasenverschoben (Abb. 6). Dadurch entsteht ein Drehfeld.

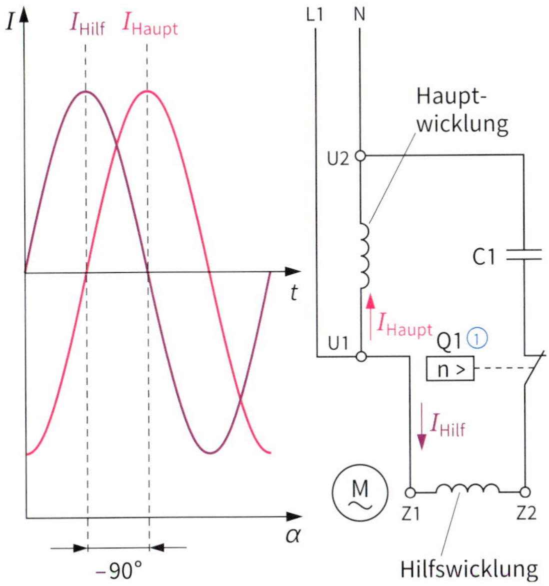

6: Stromdiagramm und Schaltplan

Arbeitsweise

Die Hilfswicklung ist oft nicht für den Dauerbetrieb ausgelegt. Deshalb werden beim Erreichen der Bemessungsdrehzahl die Hilfswicklung und der Kondensator C1 mit Hilfe eines

- Fliehkraftschalters (Q1 in Abb. 6, ①),
- temperaturabhängigen Schalters oder
- Zeitrelais

abgeschaltet.

Das Klemmbrett eines Kondensatormotors zeigt die Anschlüsse der Hauptwicklung U1 – U2 und die der Hilfswicklung Z1 – Z2.

Wie kann die Drehrichtung geändert werden?

Durch Umkehren des Hilfsfeldes wird die Drehrichtungsänderung erreicht. Hierzu muss der Kondensator anstatt an Z2 – U2 an Z2 – U1 angeschlossen werden (Abb. 7).

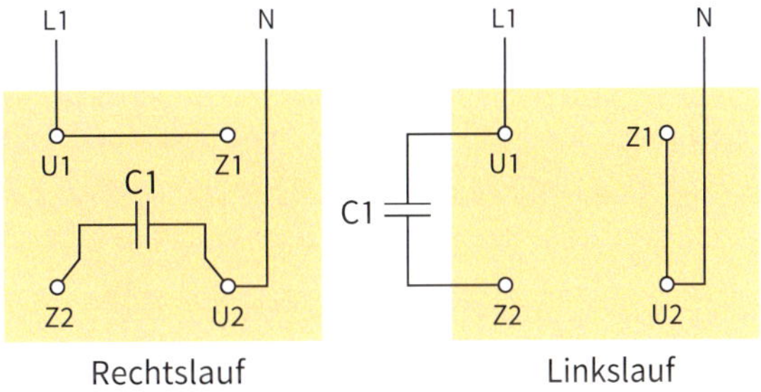

7: Schaltung zur Drehrichtungsumkehr

Anwendung

Kondensatormotoren sind kostengünstig und wartungsfrei. Wegen ihres geringen Wirkungsgrades werden sie nur für Leistungen bis ca. 1500 W verwendet. Man findet diese Motoren z.B. in Wärmepumpen, Hausgeräten und Elektrowerkzeugen. Seine Laufruhe und hohe Lebensdauer haben ihn zum Standardantrieb für Heizungsumwälzpumpen gemacht.

Aufgaben

1. Warum benötigt der Kondensatormotor eine Hilfswicklung?
2. Wie kann die Drehrichtung des Kondensatormotors geändert werden?

- Kondensatormotoren haben zur Hauptwicklung zusätzlich eine Hilfswicklung und einen Kondensator.
- Kondensatormotoren sind kostengünstig und wartungsarm.
- Kondensatormotoren werden nur für Leistungen bis etwa 1,5 kW eingesetzt.

8.6 Auswahl des Motortyps

Aufgrund der für den Lastenaufzug geforderten Drehmomente und der daraus resultierenden Leistung kommt nur ein Drehstrommotor in Frage, der an Dreiphasen-Wechselspannung betrieben wird.

Die Entscheidung muss also zwischen

- Drehstrom-Synchronmotor,
- Asynchronmotor mit Kurzschlussläufer oder
- Asynchronmotor mit Schleifringläufer

getroffen werden.

Um den passenden Motor auszuwählen, werden einmal die wichtigsten Merkmale der drei genannten Motorarten zusammengestellt (Abb. 1).

Der **Synchronmotor** benötigt für seine Erregerwicklung Gleichspannung.

Die Gleichspannungserzeugung der alten Aufzugsanlage müsste aus Altersgründen ersetzt werden. Dies verursacht zusätzliche Kosten. Dieser Antrieb scheidet daher als Motor für den Lastenaufzug aus.

Der Vorteil des **Schleifringläufers** liegt in der einfachen Drehzahlsteuerung des Motors. Dies wäre für den Lastenaufzug wünschenswert, da der Aufzug langsam anfahren und abbremsen soll. Dem gegenüber stehen erhöhte Wartungs- und Betriebskosten durch den Verschleiß der Bürsten und der höhere Preis.

Den robustesten Antrieb stellt der **Kurzschlussläufermotor** dar. Er ist wartungsarm und preiswert.

Aufgrund der beschriebenen Vor- und Nachteile entscheidet sich Herr Huber für den kostengünstigen Kurzschlussläufer-Asynchronmotor.

Dieser Motortyp kann auf vielfältige Weise gesteuert werden. Dies wird im folgenden Kapitel beschrieben.

	Synchronmotor	Asynchronmotor	
		Kurzschlussläufer	Schleifringläufer

Versorgungsspannung	Drehstrom und Gleichstrom für die Erregerwicklung	Drehstrom	
Leistung	Leistung bis MW-Bereich		
Drehzahländerung	möglich		
Anlaufen	Anlaufhilfe notwendig	Selbstanlauf	
Anlaufstrombegrenzung	Durch externe Anlaufgeräte	Durch Nutenform (Tiefnutläufer) und durch externe Anlaufgeräte	Über die Widerstände im Läuferkreis
Einbaugröße (vergleichbare Motoren mit 22 kW Leistung)	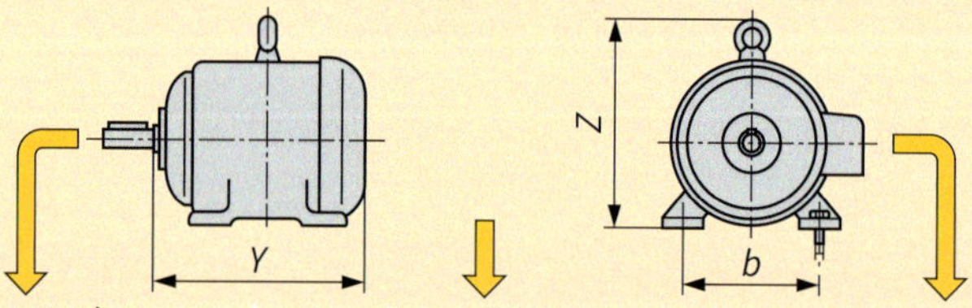 Masse: 300 kg Baugröße 225 Maße: $Y = 764$ mm $b = 356$ mm $Z = 675$ mm	Masse: 200 kg Baugröße 200 Maße: $Y = 680$ mm $b = 318$ mm $Z = 600$ mm	Masse: 360 kg Baugröße 250 Maße: $Y = 874$ mm $b = 406$ mm $Z = 730$ mm
Wartung	Verschleiß der Bürsten	weitgehend wartungsarm	Verschleiß der Bürsten
Preis (vergleichbare Motoren mit 22 kW Leistung)	3100 Euro	1100 Euro	2900 Euro

1: Vergleich der Motoren

8.7 Planen der Steuerung

Die vorhandenen Eingabeobjekte des Aufzuges (vgl. Kap. 8.2.1) wie die Bedienelemente, die Endschalter an der Aufzugstür und der Not-Aus-Schalter bleiben erhalten. Sie sind mit der SPS untereinander und der Antriebsbaugruppe verbunden. Diese besteht aus dem Drehstrommotor (vgl. Kap. 8.5) sowie weiteren Schalt- und Regelgeräten.

Um die Steuerung planen zu können, müssen die Anforderungen an diese Geräte festgestellt werden.

Es ergeben sich dabei folgende Fragen:

- Wie kann der Motor geschützt werden?
- Wie wird der Motor eingeschaltet?
- Wie kann die Drehzahl geändert werden, falls erforderlich?
- Wie wird die Drehrichtung umgedreht?
- Wodurch wird der Motor abgebremst?

Diese Fragen werden in den folgenden Kapiteln beantwortet (Abb. 3).

8.7.1 Motorschutz

Wie alle anderen Objekte muss auch ein Motor gegen zu hohe Temperaturen geschützt werden. Dieser Schutz kann **direkt** durch Überwachung der Temperatur oder **indirekt** durch Überwachung der Stromstärke gewährleistet werden (Abb. 2).

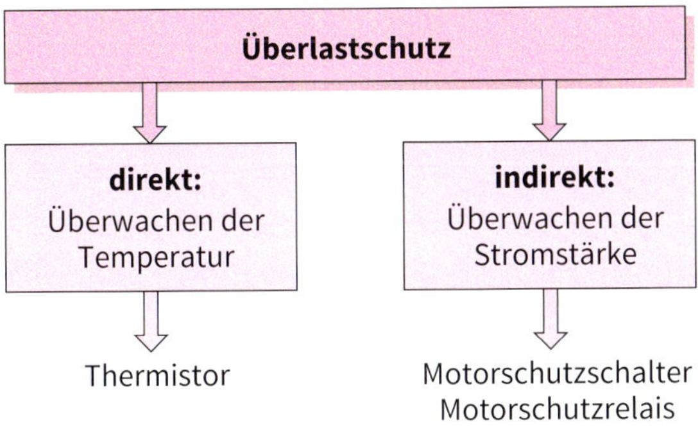

2: Überlastschutz

In den meisten Fällen wird die Motorstromstärke überwacht. Wir beschäftigen uns deshalb zuerst mit den entsprechenden Schutzeinrichtungen. Dies sind der **Motorschutzschalter** [*motor protection switch*] und das **Motorschutzrelais** [*motor protection relay*]. Das Letztere wird in Schützsteuerungen verwendet und wurde bereits in Kapitel 6.2.4 besprochen.

Motorschutzschalter

Diese Schutzgeräte arbeiten nach dem gleichen Wirkungsprinzip wie Leitungschutz-Schalter.

Deshalb könnte man meinen, dass vorgeschaltete LS-Schalter auch den Motor schützen. Dies ist jedoch nicht der Fall.

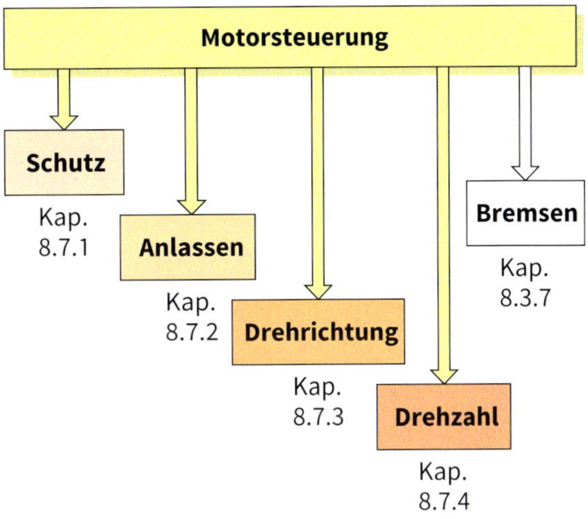

3: Aufgaben von Motorsteuerungen

Warum können Motoren nicht durch Leitungsschutz-Schalter geschützt werden?

LS-Schalter sind für feste Werte ausgelegt. Diese entsprechen den höchstzulässigen Stromstärken der betreffenden Leitung. Sie können nicht wie Motorschutzschalter individuell eingestellt werden. Die Betriebsstromstärken von Motoren und damit auch deren höchstzulässige Stromstärken liegen darunter. Erst wenn ein Vielfaches der Bemessungsstromstärke der Motoren vorhanden ist, lösen die LS-Schalter aus. Wir zeigen das beispielhaft anhand der folgenden Berechnung.

Beispielrechnung

Motor:

$P = 3\,\text{kW} \quad \cos\varphi = 0{,}8 \quad \eta = 0{,}9 \quad U = 230\,\text{V}$

Leitung: NYM 3x1,5 mm² unter Putz

$$P_{zu} = \frac{P_{ab}}{\eta} \qquad P_{zu} = \frac{3\,\text{kW}}{0{,}9} \qquad P_{zu} = 3{,}3\,\text{kW}$$

$$P_{zu} = U \cdot I \cdot \cos\varphi \qquad I = \frac{P_{zu}}{U \cdot \cos\varphi}$$

$$I = \frac{3300\,\text{W}}{230\,\text{V} \cdot 0{,}8} \qquad \underline{\underline{\boldsymbol{I_n = 17{,}9\,\text{A}}}}$$

LS-Schalter:

Charakteristik C

$I_B = 17{,}9\,\text{A} \rightarrow I_n = 20\,\text{A}$

Nach den Auslösekennlinien (siehe Kap. 5.4.6) löst der LS-Schalter unverzögert bei der 5fachen bis 10fachen Bemessungsstromstärke aus. Das sind in unserem Beispiel 100 A bis 200 A.

Im günstigsten Fall müsste der Motor also mindestens das 5,6fache (100 A : 17,9 A) seiner Bemessungsstromstärke aushalten, bevor der Schutzschalter auslöst.

Der Motorschutzschalter hat nicht nur Schutzfunktion, sondern wird auch häufig zum Ein- und Ausschalten benutzt. Er hat deshalb eine EIN- ② (Abb. 2) und eine AUS-Taste ①. Beim Einschalten wird die Feder am Stößel ⑤ zusammengedrückt. Das Kontaktstück ④ schließt den Stromkreis.

Wie schützt der Motorschutzschalter vor Überlast?

Der Betriebsstrom fließt wie beim LS-Schalter durch eine Wicklung um einen **Bimetallstreifen** ⑥ [*bimetal strips*]. Dieser wird warm und biegt sich nach unten. Bei einer bestimmten Stromstärke und damit bei einer bestimmten Temperatur wird das Schaltstück ⑨ nach unten verschoben und der Stößel wird frei. Dadurch unterbricht das Kontaktstück den Stromkreis.

Wie auch beim LS-Schalter hat der Motorschutzschalter eine **magnetische Schnellauslösung** ⑦ [*magnetic instantaneous tripping*]. Bei großen Stromstärken (z. B. Kurzschluss) erzeugt die Spule ein starkes Magnetfeld. Der Anker ⑧ betätigt das Schaltstück und öffnet mit Hilfe des Kontaktstückes den Stromkreis. Mit Hilfe der **Einstellschraube** ③ [*setting screw*] kann der Schutzschalter auf die Bemessungsstromstärke des Motors eingestellt werden.

Wenn der Schalter ausgelöst hat, kann er nur von Hand wieder eingeschaltet werden. Er hat also **Begrenzerfunktion** [*limiter function*].

Wie werden Motorschutzschalter angeschlossen?

Da der Motorschutzschalter auch zum betriebsmäßigen Schalten verwendet wird, ist er meistens direkt am Motor oder in der unmittelbaren Nähe installiert. So kann der Motor beim Einschalten beobachtet werden.

Abb. 3 zeigt beispielhaft den Anschluss eines Drehstrommotors (M1) mit einem Motorschutzschalter (Q1). Seine Eingangsklemmen (1, 3, 5) sind mit den Abgängen der vorgeschalteten Sicherungen verbunden. An die Ausgangsklemmen (2, 4, 6) werden die Motorzuleitungen (U1, V1, W1) angeschlossen. So fließt der Motorstrom (Laststrom) durch das Schutzgerät und kann dort „überwacht" werden.

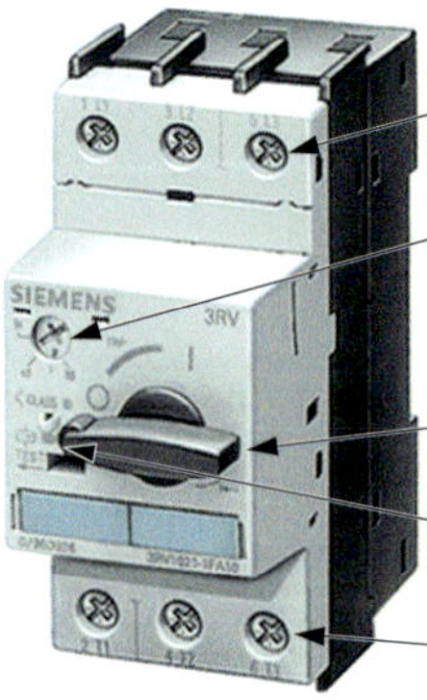

1: Motorschutzschalter mit Drehschalter

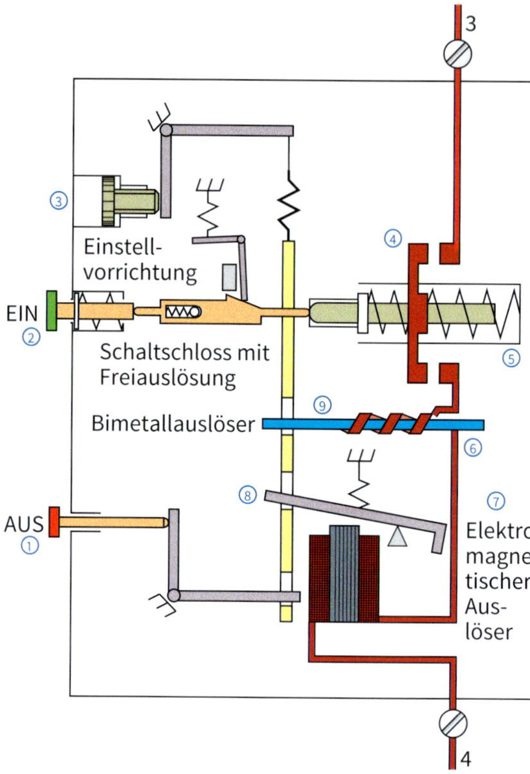

2: Prinzipieller Aufbau eines Motorschutzschalters

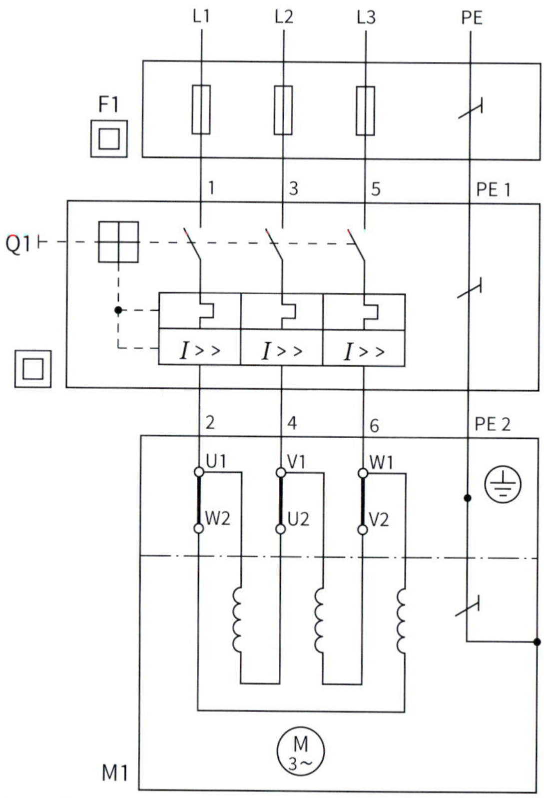

3: Drehstrommotor mit Motorschutzschalter

Schutz durch Thermistoren

Motorschutzschalter und Motorschutzrelais überwachen den Motorstrom und damit indirekt die Temperatur der Motorwicklung.

Wenn aber die Wicklungen aus anderen Gründen unzulässig heiß werden, z.B. durch ungenügende Kühlung (Lüftungsschlitze abgedeckt oder verstopft), „merken" das die oben genannten Schutzeinrichtungen nicht und schalten nicht ab. Der Motor würde zu heiß werden.

Um diesen Fall auszuschließen, werden an den Wicklungen Wärmefühler eingebaut. Diese temperaturabhängigen Widerstände (Thermistoren) signalisieren ihren geänderten Widerstand und damit die veränderte Temperatur an ein entsprechendes Schutzgerät. Das schaltet dann mit Hilfe eines Relais das Hauptschütz des Motors ab.

Wie schützen Thermistoren gegen Übertemperaturen?

Das Relais K1 (Abb. 4) zieht nach dem Einschalten der Anlage an. Dadurch kann das Motorschütz Q1 mit Hilfe von S2 in Betrieb gesetzt werden. Die Leuchte P1 leuchtet nicht.

Wird die Stromstärke durch die Thermistoren (PTC-Kennlinie, Abb. 5) wegen des erhöhten Widerstandes geringer, schaltet K1 um. Die Klemme 14 ist spannungslos und Q1 schaltet den Motor ab. Die Klemme 12 hat jetzt Spannung und die Leuchte P1 signalisiert: „Motorschutz ausgelöst".

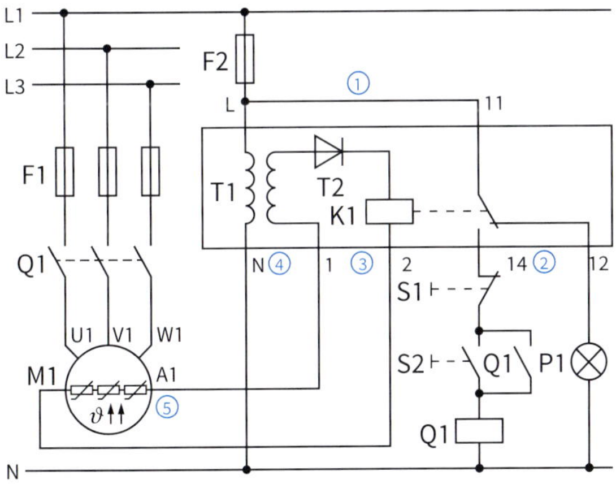

4: Schaltung mit Motorvollschutz (PTC)

Wie werden Motorvollschutzgeräte angeschlossen?

Zur Stromversorgung wird das Motorschutzgerät an einen Außenleiter (Klemmen L und 11 ①) und den Neutralleiter (Klemme N ④) angeschlossen. Die Klemmen 1 und 2 ③ werden mit den entsprechenden Klemmen ⑤ der Temperaturfühler im Motor verbunden. An die Klemme 14 ② wird die Steuerschaltung für das Hauptschütz Q1 gelegt. Die Klemme 12 ist mit der Signalleuchte P1 verbunden.

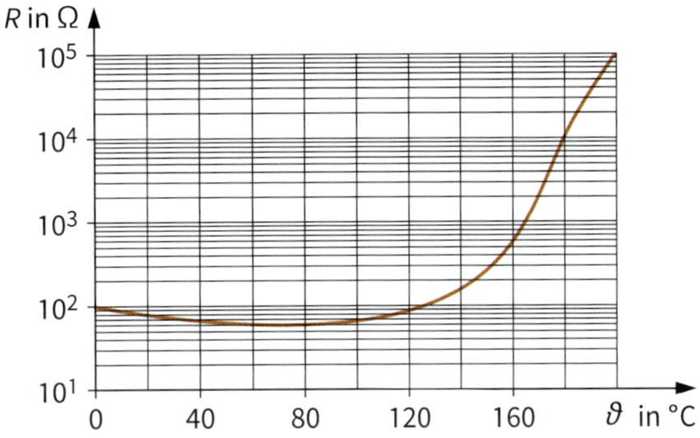

5: PTC-Kennlinie

Welches Schutzgerät ist für den Motor des Lastenaufzuges angemessen?

Der **Motorschutzschalter** ist teuer, weil er nicht nur Bauteile zum Schutz enthält, sondern auch solche zum Schalten. Er kommt daher nicht in Frage.

Das **Motorschutzrelais** kann direkt an die Abgangsklemmen des betreffenden Hauptschützes angeschlossen werden. Es lässt sich einfach in die Steuerschaltung integrieren. Das Motorschutzrelais hat wie der Motorschutzschalter aber den Nachteil, dass es nur indirekt die Motortemperatur überwacht.

Wir wählen den **Motorvollschutz** mit Thermistoren. Dafür muss aber der Motor mit den entsprechenden Temperaturfühlern ausgerüstet sein. Diese Alternative ist zwar der teuerste, aber auch der sicherste Schutz, weil die Motortemperatur direkt überwacht wird.

Aufgaben

1. Nennen Sie die beiden Aufgaben eines Motorschutzschalters.
2. Warum können Leitungsschutz-Schalter keinen Schutz gegen Überlast von Geräten übernehmen?
3. Begründen Sie, warum Motorschutzschalter und Motorschutzrelais Motoren nur indirekt gegen Überlast schützen.

- Motorschutzschalter werden auf die Bemessungsstromstärke des Motors eingestellt.
- Motorschutzschalter werden auch zum betriebsmäßigen Ein- und Ausschalten des Motors benutzt.
- Motorschutzschalter „überwachen" die Motorstromstärke und schalten im Fehlerfall den Laststromkreis ab.
- Bei Motorvollschutz mit Thermistoren wird die Wicklungstemperatur direkt gemessen. Bei Überschreiten der Grenzwerte wird der Motor abgeschaltet.

Antriebssysteme

Elektronischer Motorschutz

Die verschiedenen Motorschutzfunktionen können auch durch elektronische Baugruppen realisiert werden.

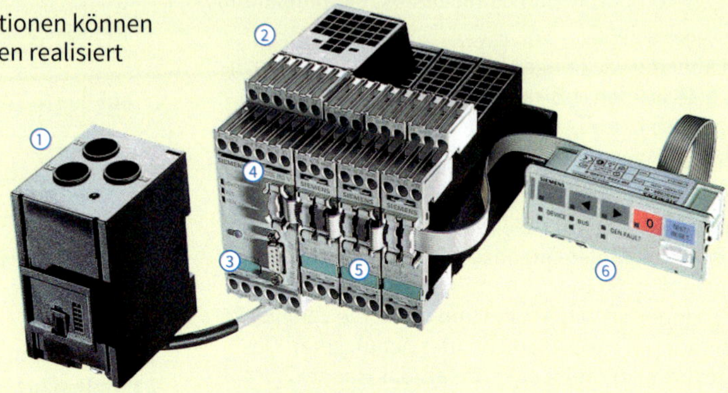

Aufbau

Elektronische Motorschutzgeräte bestehen aus

- Stromwandlerbaugruppe ①,
- Zentraleinheit mit Mikroprozessor für Schutz- und Steuerfunktionen ②,
- Digitalen Ein-/Ausgängen ③,
- Busschnittstelle (Profibus) ④,
- Bei Bedarf Erweiterungsgeräte für zusätzliche Ein-/Ausgänge ⑤ oder Vor-Ort-Bedienung ⑥.

Die einzelnen Baugruppen in der Abbildung lassen sich nach Bedarf kombinieren und ergänzen.

Funktion

Mit einem PC kann das Schutzgerät parametriert werden. Dabei werden Informationen über den Antrieb gespeichert. Dies sind z. B.

- Antriebstyp (Direktstarter, Wendeschütz, ...),
- Antriebsleistung,
- Auswahl der Schutzfunktionen und
- Auswahl von Überwachungsfunktionen.

Über die **Stromwandler** ① wird der Motorstrom erfasst. Diese Wandler haben einen deutlich größeren Strombereich als konventionelle Motorschutzrelais. Es können viele verschiedene Motorbemessungsstromstärken mit einem Wandlersatz erfasst werden.

Die **digitalen Ausgänge** ③ steuern die Schütze der Motorsteuerung an.

Aus den aktuellen Motorströmen werden die Belastung und Erwärmung des Motors errechnet. Nach vorgegebenen Grenzwerten wird über das Motorschütz abgeschaltet.

Neben der Überstromauslösung ist auch ein direkter Übertemperaturschutz möglich, indem ein analoger Messfühler (z.B. PT100) oder ein Thermistor angeschlossen wird ⑦.

Über das **Bussystem** ⑧ werden Informationen zwischen Leitsystem und Motorsteuerung ausgetauscht. Dies sind Steuerbefehle zum Antrieb sowie Betriebsdaten zur Leittechnik.

Es genügt **eine** Busleitung für die Anbindung zahlreicher Motoransteuerungen.

Die leistungsfähige Steuerung und Kommunikation ermöglicht zahlreiche weitere Funktionen.

Dies sind z. B. die

- Erfassung des Betriebszustandes,
- Blockierüberwachung,
- Überlastwarnung (vor Auslösung),
- Vorbeugende Instandhaltung durch Erfassung von
  - Anzahl der Starts,
  - Anzahl Überlastabschaltungen und
  - Betriebsstunden.

Einsatz

Vorteile ergeben sich durch diese Technik dann, wenn viele Antriebe in einer Anlage vorhanden sind. Durch eine Standardisierung werden die Projektierung vereinfacht und eine gezieltere Fehlersuche möglich. Der Installationsaufwand verringert sich durch den Einsatz von Bustechnik.

Diese Einsparungen rechtfertigen bei umfangreichen Anlagen den Einsatz dieser teureren Schutzgeräte.

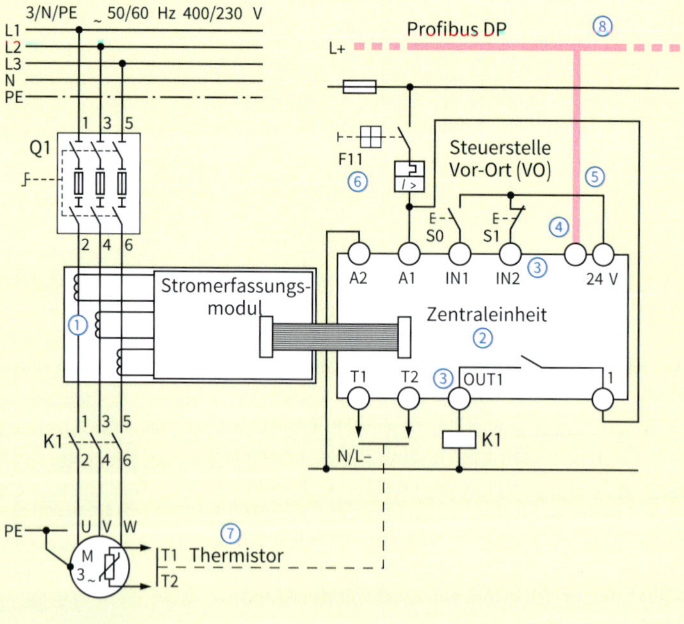

8.7.2 Anlassen von Drehstrommotoren

Für den Lastenaufzug wurde ein Käfigläufermotor mit einer Bemessungsleistung von 22 kW ausgewählt. Dies ergab sich aus der Masse des Fahrkorbes und der maximal zu transportierenden Last. In den technischen Unterlagen des Motors wird das Verhältnis von Anlaufstromstärke zur Bemessungsstromstärke mit $I_a : I_N =$ 6,9 angegeben. Diese hohe Anlaufstromstärke kann die Wicklungen des Motors unzulässig hoch erwärmen, deshalb muss sie verringert werden. Der Motor muss also „angelassen" werden.

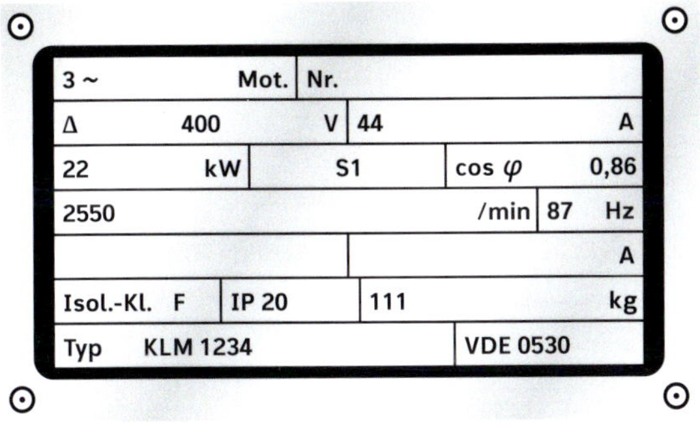

1: Leistungsschild des Aufzugsmotors

Motoren mit großen Leistungen müssen angelassen werden, weil ihre hohen Stromstärken zu Spannungsfällen führen. Das bedeutet: Beim Einschalten dieser Motoren kommt es zu Spannungsabsenkungen an anderen Geräten. Um dies zu verhindern, haben die VNBs in ihren Technischen Anschlussbedingungen (TAB) „Richtlinien für das Anschließen von Motoren" festgelegt.

Danach dürfen nicht direkt eingeschaltet werden:

- Leistungsstarke Motoren:
  Wechselstrommotore > 1,7 kVA
  Drehstrommotore > 5,2 kVA
- Motoren mit gelegentlichem Anlauf mit über 60 A Anlaufstromstärke
- Motoren mit schwerem Anlauf mit über 30 A Anlaufstromstärke

Zur zuletzt genannten Gruppe gehört der Motor des betrachteten Lastenaufzuges, weil er immer unter Last anläuft. Aus folgender Rechnung ergibt sich, dass seine Anlaufstromstärke weit über den zugelassenen 30 A liegt.

$I_{an} = 6{,}9 \cdot I_N \qquad I_{an} = 6{,}9 \cdot 44\,\text{A}$

$\underline{\underline{I_{an} = 303\,\text{A}}}$

Um das richtige Anlassverfahren für den Aufzugsmotor auswählen zu können, müssen erst entsprechende Informationen gegeben werden. In Abb. 2 sind übliche Anlassverfahren genannt.

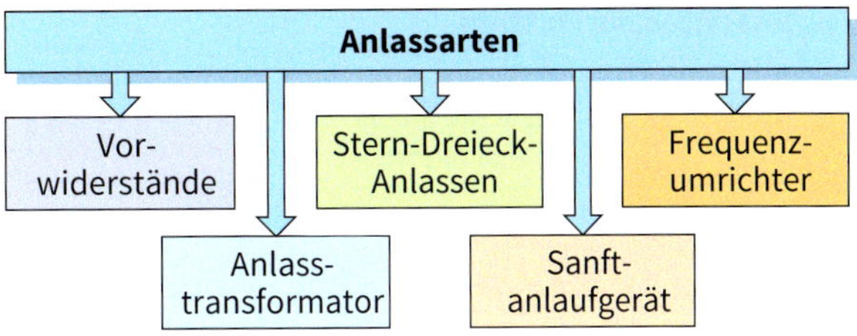

2: Anlassverfahren

Die Verringerung der Anlaufstromstärke wird im Allgemeinen durch Spannungsabsenkung erreicht. Das hat eine Schwächung des Drehmoments zur Folge, wie die folgende Überlegung zeigt. Die Leistung hängt quadratisch von der Spannung ab. Das Drehmoment ist direkt proportional zur Leistung. Damit ist das Drehmoment abhängig vom Quadrat der Spannung. So hat z. B. eine Spannungsverringerung auf die Hälfte eine Verringerung des Drehmoments auf ein Viertel zur Folge.

$$P = \sqrt{3} \cdot U \cdot I \cdot \cos\varphi \qquad I = \frac{U}{R}$$

$$P = \frac{\sqrt{3} \cdot U^2 \cdot \cos\varphi}{R}$$

$$M = \frac{P}{2 \cdot \pi \cdot n}$$

$$M = \frac{\sqrt{3} \cdot U^2 \cdot \cos\varphi}{R \cdot 2 \cdot \pi \cdot n}$$

$$M \sim U^2$$

Motoren haben demzufolge beim Anlassen geringere Drehmomente als im Betrieb. Sie können daher nicht mit voller Last anlaufen. Welche Konsequenz das für unseren Lastenaufzugsmotor hat, werden wir später erörtern.

8.7.2.1 Vorwiderstände

Diese Widerstände werden zum Anfahren (Abb. 3) vor die Wicklungen geschaltet und verringern damit den Strom. Nach dem Hochlaufen werden sie kurzgeschlossen.

Der Nachteil dieses Verfahrens sind die Verluste durch die Wärmeabgabe an den Widerständen. Benutzt man statt der Wirkwiderstände Spulen, so ist dieser Nachteil zwar geringer, dafür verkleinert sich der Leistungsfaktor $\cos\varphi$ und die Blindleistung wird größer. Wegen dieser Nachteile und weil die Widerstände relativ viel Platz einnehmen, wird diese Schaltung nur noch selten angewendet.

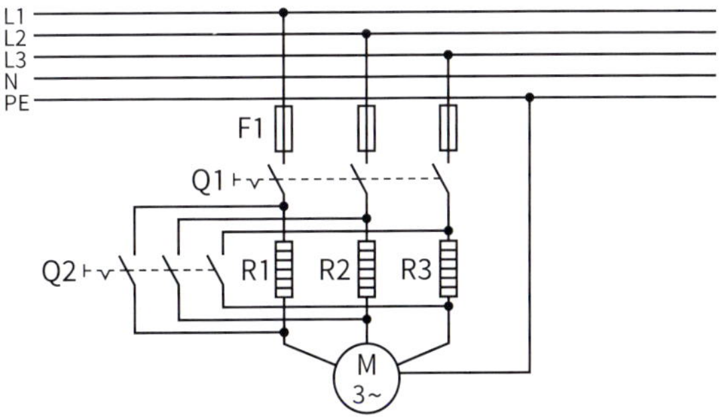

3: Anlassen mit Vorwiderständen

Anlasstransformatoren

Der Transformator wird vor die Wicklungen (Abb. 1) geschaltet. Aus wirtschaftlichen Gründen wird er als Spartransformator ausgeführt.

Diese Schaltvariante hat den Vorteil, dass die Verluste geringer sind als bei den Vorwiderständen. Sie ist aber sehr teuer und wird deshalb nur für Spezialanwendungen eingesetzt.

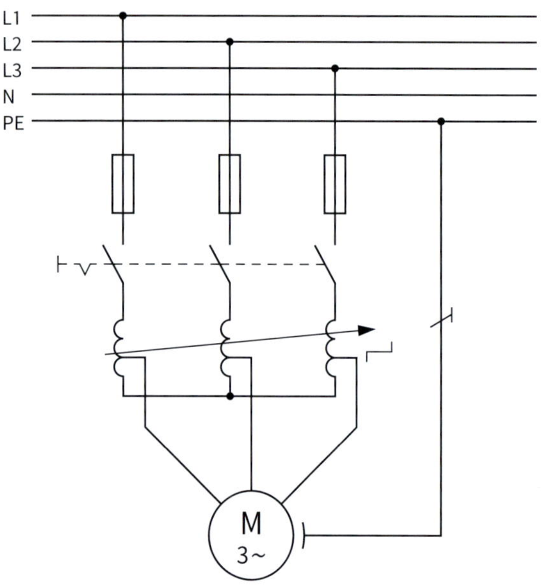

1: Anlasstransformator

8.7.2.2 Stern-Dreieck-Anlassen

Dieses Verfahren wird am häufigsten eingesetzt, weil hierbei außer einem Schalter oder entsprechender Schütze keine zusätzlichen Objekte – wie Widerstände oder Transformatoren – benötigt werden.

Die Wicklungen des betreffenden Motors müssen für die Netzspannung ausgelegt sein. Das ist immer dann der Fall, wenn

- die Bemessungsspannung gleich der Netzspannung ist (z. B. $U = 400\,\text{V}$, $U_L = 400\,\text{V}$),
- bei der angegebenen Bemessungsspannung das Symbol Δ zu finden ist (z. B. $U = 400\,\text{V}\ \Delta$, $U_L = 400\,\text{V}$) oder
- der niedrigste Wert der Bemessungsspannung gleich der Netzspannung ist (z. B. $U = 400\,\text{V}/690\,\text{V}$, $U_L = 400\,\text{V}$).

Wie wird der Motor geschaltet?

Zuerst werden die Motorwicklungen im Stern an das Netz gelegt und dann im Dreieck. Da die Strangspannung im Stern niedriger ist als bei Dreieckschaltung, verringert sich auch die Stromstärke entsprechend. Somit wird eine Verringerung der Anlaufstromstärke erreicht. Sie sinkt auf ein Drittel. In Abb. 2 sind die Verhältnisse dargestellt.

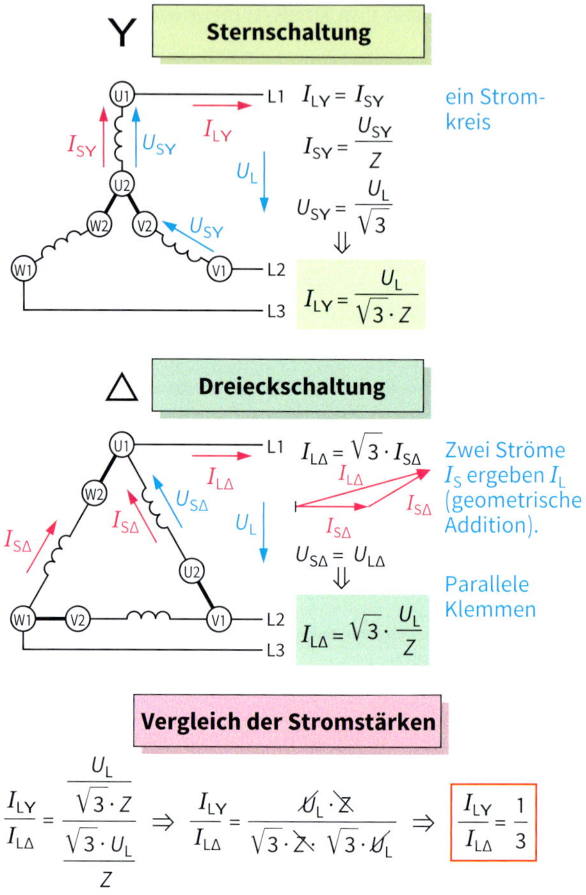

2: Verhältnisse der Stromstärken

Da die Leiterspannung U_L gleich bleibt, die Stromstärke $I_{L\Delta}$ aber auf 1/3 sinkt, wird auch die Leistung und damit das Drehmoment auf 1/3 verringert.

$$I_{LY} = \frac{1}{3} I_{L\Delta} \Rightarrow P_Y = \frac{1}{3} P_\Delta \Rightarrow M_Y = \frac{1}{3} M_\Delta$$

Bei diesem Anlassverfahren sind also die Anlaufstromstärke und das Anlaufdrehmoment immer 1/3 der entsprechenden Bemessungswerte. Damit würde sich für unseren betrachteten Aufzugsmotor die Anlaufstromstärke mit 101 A ergeben.

Welche Nachteile hat dieses Verfahren?

Dieses Verfahren ist kostengünstig, hat aber auch einige Nachteile:

- Der Motor hat nur ein geringes Anlaufmoment.
- Anlaufstromstärke und Anlaufmoment sind stets 1/3 des betreffenden Bemessungswertes.
- Beim Umschalten entstehen Funken an den Kontakten und Stromspitzen, die das Netz belasten.
- Ein wesentlicher Nachteil ist, dass das Umschalten von Stern auf Dreieck nicht ruckfrei möglich ist. Für Lastenaufzüge mit empfindlichen Gütern ist daher dieses Verfahren nicht geeignet.

Welche Schaltung wird verwendet?

Das Stern-Dreieck-Anlassen wird entweder durch einen mechanischen **Stern-Dreieck-Schalter** (Abb. 3) oder mit Hilfe einer Schützschaltung durchgeführt. In Abb. 5 ist die Schaltung des Hauptstromkreises dargestellt. Die Abb. 4 zeigt eine mögliche Steuerschaltung.

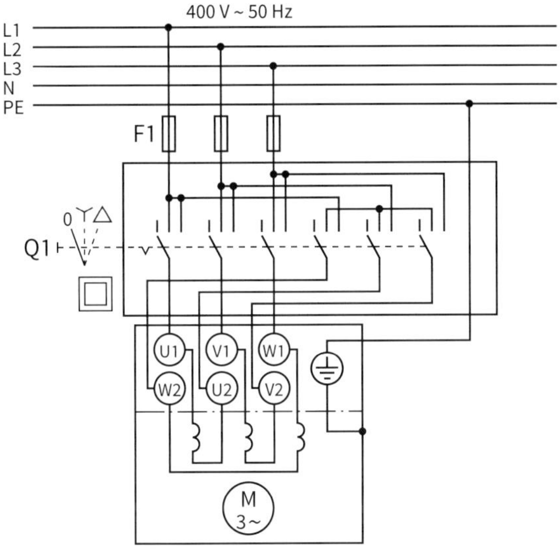

3: Stern-Dreieck-Schalter

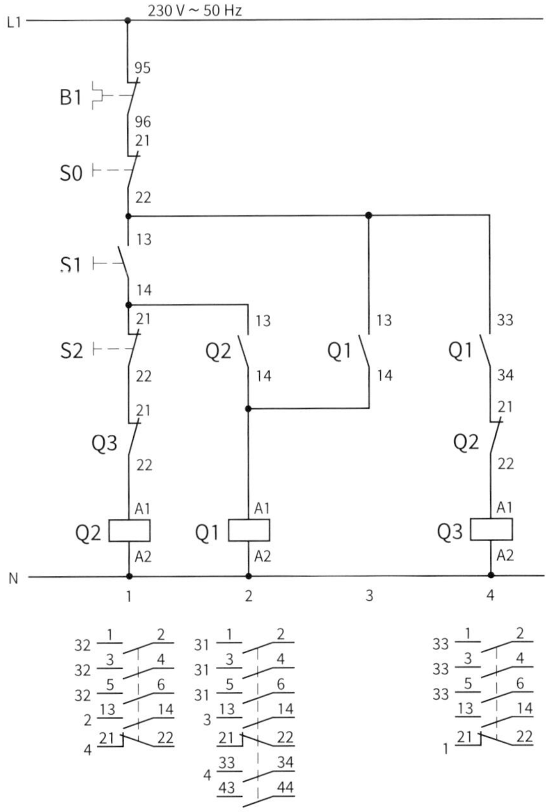

4: Steuerschaltung für Stern-Dreieck

Funktion der Stern-Dreieck-Schützschaltung

Die Steuerung (Abb. 2) ist so angelegt, dass mit S1 nur das Sternschütz Q2 eingeschaltet werden kann. Q2 schaltet dann mit Q2:13/14 das Netzschütz Q1 ein. Durch das Öffnen von Q2:21/22 ist gewährleistet, dass das Dreieckschütz Q3 nicht anziehen kann, solange das Sternschütz eingeschaltet ist.

Die Umschaltung auf Dreieck erfolgt durch den Öffner S2, der Q2 abschaltet. Dadurch kann das Dreieckschütz Q3 anziehen. Diese Steuerung erlaubt nur die Reihenfolge:

Sternschütz EIN- ⇒ Netzschütz EIN ⇒

Sternschütz AUS ⇒ Dreieckschütz EIN.

Das Motorschutzrelais B1 (Abb. 5) liegt im Stromkreis des Netzschützes. Er überwacht also den Strangstrom. Er ist auf 60 % ($1 : \sqrt{3} = 0{,}58$) der Bemessungsstromstärke des Motors einzustellen. Diese Schaltung ist für den **normalen Anlauf** vorgesehen.

Bei **schwerem Anlauf** wird das Motorschutzrelais vor die gesamte Schaltung geschaltet, also direkt hinter die Sicherungsgruppe (hier: F1). Hierbei ist die Einstellstromstärke gleich der Bemessungsstromstärke des Motors.

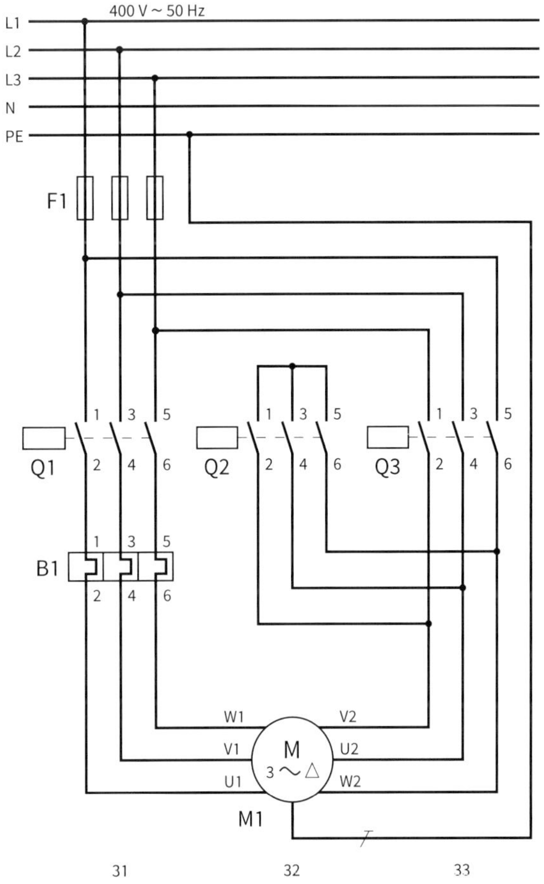

5: Hauptstromkreis der Stern-Dreieck-Schaltung

8.7.2.3 Sanftanlaufgerät

Das Anlassen von Motoren mit Vorwiderständen bzw. Transformatoren hat starke Verluste zur Folge (vgl. Kapitel 8.6.2.1). Beim Stern-Dreieck-Anlassen sind die Verluste gering und es ergibt sich eine langsame, gleichmäßig steigende Drehzahl (Abb. 1a). Bei der Umschaltung von Stern- auf Dreieckbetrieb wird die Motorspannung schlagartig geändert. Dadurch treten rasche Änderungen beim Motorstrom und Motormoment auf (Abb. 1b, c).

Dies verursacht im speisenden Netz Spannungsschwankungen, welche die Spannungsqualität beeinträchtigen können. Am Drehmomentverlauf in Abb. 1c lassen sich Schwingungen erkennen. Bei der Stern-Dreieck-Umschaltung kommt es zusätzlich noch zu großen Drehmomentstößen, die zu Schäden an mechanischen Komponenten führen können.

Um diese schlagartige Änderung des Betriebszustandes zu vermeiden, wird eine Einrichtung benötigt, welche die Eingangsspannung der Asynchronmaschine stetig (ohne Sprünge) ändern kann.

Sanftanlaufgeräte *[soft starter]* erfüllen diese Anforderungen. Sie können den Effektivwert der Ausgangsspannung zwischen 0 V und U_1 stetig ändern (Abb. 2). Die Frequenz der Spannung bleibt dabei unverändert.

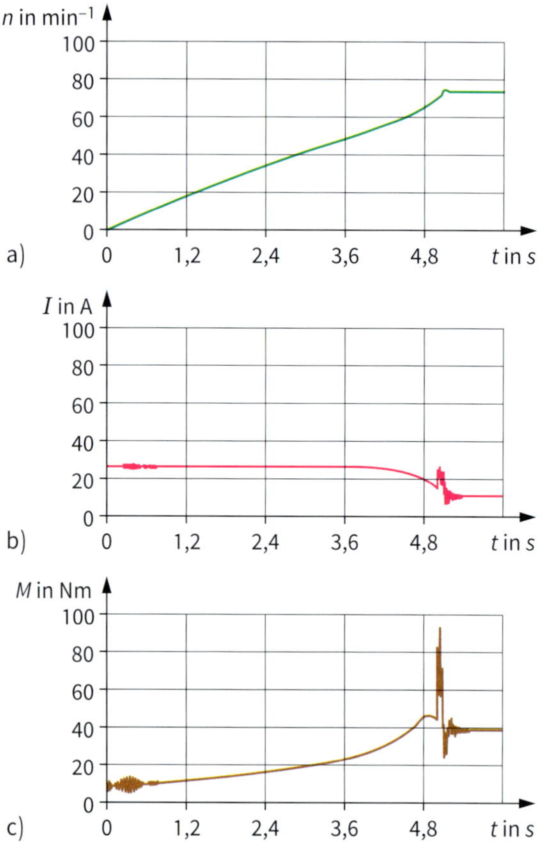

1: Verhalten bei Stern-Dreieck-Umschaltung

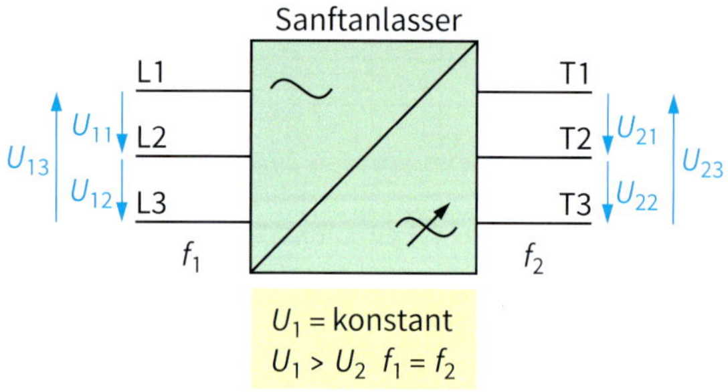

2: Sanftanlaufgerät

Wie wirken Sanftanlaufgeräte?

Wie wir bereits in Kap. 8.7.2 dargestellt haben, ist das Drehmoment quadratisch abhängig von der Spannung. Es gilt:

$$M \sim U^2$$

Wenn z.B. die Motorspannung auf die Hälfte reduziert wird, steht damit nur noch ein Viertel des ursprünglichen Drehmoments zur Verfügung.

Durch eine Verringerung der Spannung verkleinern sich daher auch das

- Anlaufmoment ($n = 0$) (Abb. 3) ① und
- Kippmoment ($M_K = \text{max.}$) ②.

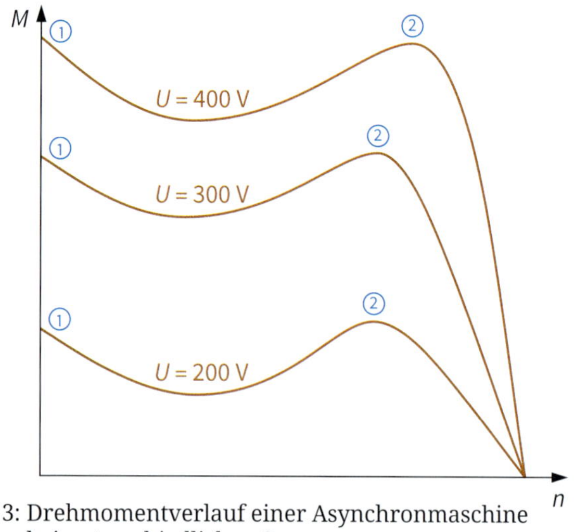

3: Drehmomentverlauf einer Asynchronmaschine bei unterschiedlichen Spannungen

Im einfachsten Fall wird die Motorspannung linear in einer bestimmten, einstellbaren Zeit von 0 V auf die volle Netzspannung gesteigert. Diese Zeit ist am Sanftanlaufgerät einstellbar und wird **Rampenzeit** [*ramp-time*] genannt (Abb. 4).

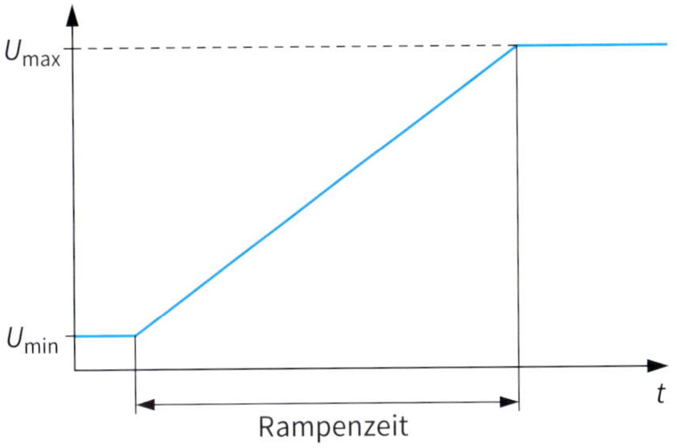

4: Rampenzeit

Geschieht die Spannungsänderung sehr **schnell**, können die Drehmomentschwingungen beim Einschalten vermieden werden. Der Anlaufstrom wird jedoch nur geringfügig begrenzt, da bei Erreichen der vollen Spannung die Drehzahl noch niedrig ist (Abb. 5 ①). Diese Steuerungsart liefert ein großes Drehmoment, was zu einem schnellen Anlaufvorgang führt.

Ein **langsameres** Ansteigen der Motorspannung (Abb. 6) ermöglicht der Maschine eine Drehzahlsteigerung proportional zur Spannungssteuerung. Dadurch wird die Stromstärke während des gesamten Anlaufvorganges begrenzt.

Ist das Sanftanlaufgerät mit einer Strommessung und einer **internen Regelung** ausgestattet, besteht die Möglichkeit, die Spannung so zu steigern, dass ein bestimmter Strom (z. B. Bemessungsstromstärke) fließt (Abb. 7). Die Stromstärke wird hier auf einen **Sollwert** [*set point*] geregelt, welcher gemäß einer vorgegebenen Rampe langsam ansteigt.

Die Änderung der Stromstärke geschieht relativ langsam, wodurch Beeinträchtigungen der Spannungsqualität vermieden werden. Das Drehmoment ist jedoch lange Zeit gering, was zu erheblichen Anlaufzeiten führt.

Das Verhalten von Sanftanlaufgeräten kann durch unterschiedliche Parameter angepasst werden. Es lassen sich maximale Grenzwerte einstellen und Rampenzeiten vorgeben. Hierbei verändert das Sanftanlaufgerät den Sollwert einer bestimmten Größe (z. B. U, I, P) in der vorgegebenen Zeit vom Minimal- zum Maximalwert oder umgekehrt.

Mögliche Regelgrößen bei Sanftanlaufgeräten sind
- Motorspannung (Effektivwert),
- Motorstromstärke (Gesamtstrom oder Wirkanteil),
- Leistung (Wirkleistungsanteil).

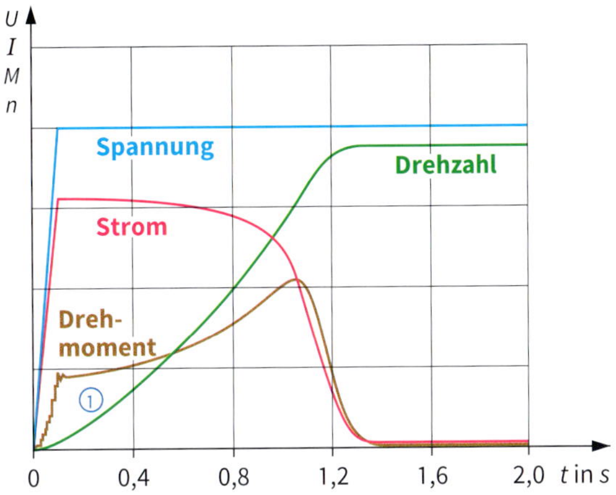

5: Anlauf mit kurzer Spannungsrampe

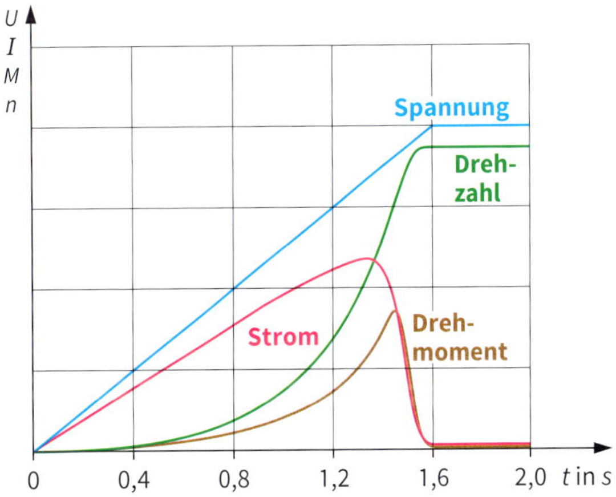

6: Anlauf mit langer Spannungsrampe

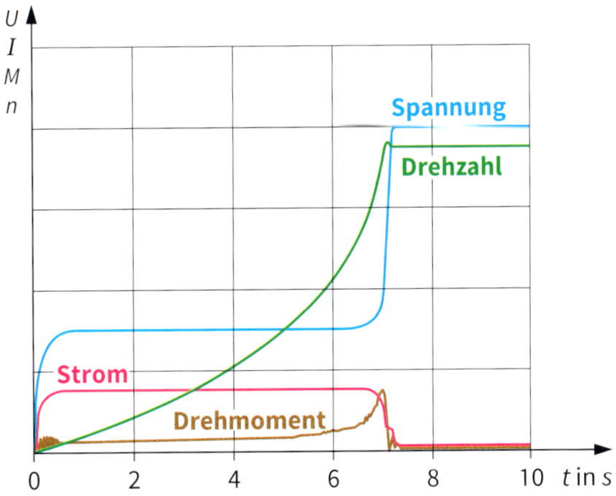

7: Anlauf mit Strombegrenzung

- Sanftanlaufgeräte verringern das Drehmoment während des Anlaufs.
- Für Schweranlauf sind Sanftanlaufgeräte **nicht** geeignet.

Wie wird die Ausgangsspannung verändert?

Zum Verändern der Motorspannung wird ein Drehstromsteller verwendet. Dieser besteht aus zwei antiparallel geschalteten Leistungs-Thyristoren, die in jeden Außenleiterkreis geschaltet werden (Abb. 1).

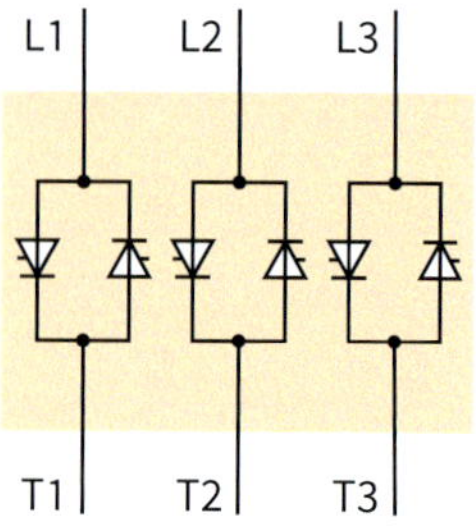

1: Drehstromsteller

Die Thyristoren wirken hierbei als elektronische Schalter, die durch einen Stromimpuls am Gate eingeschaltet werden können. Nach dieser Zündung bleibt der Thyristor leitfähig, bis der Strom = 0 wird (vgl. Kap. 6.3.2.3).

Die interne Steuerung erzeugt zu einem vorgegebenen Zeitpunkt jeder Halbschwingung einen Zündimpuls. Der Zeitpunkt der Zündung wird auch als Winkel angegeben. Dieser Zündwinkel liegt zwischen $\alpha = 0°$ und $\alpha = 180°$ der zugehörigen Sinusfunktion.

Wird der Thyristor sofort im Nulldurchgang der Leiterspannung gezündet ($\alpha = 0°$), liegt während der kompletten Halbschwingung die Spannung am Motor an (Abb. 2a). Durch ein verzögertes Zünden der Thyristoren liegt die Netzspannung nicht mehr die ganze Zeit an der Motorwicklung an. Bildet man den zeitlichen Mittelwert der Motorspannung, so ergibt sich ein geringerer Effektivwert (Abb. 2b). Der Zusammenhang zwischen dem Steuerwinkel α und der Ausgangsspannung wird in einer Steuerkennlinie dargestellt (Abb. 3).

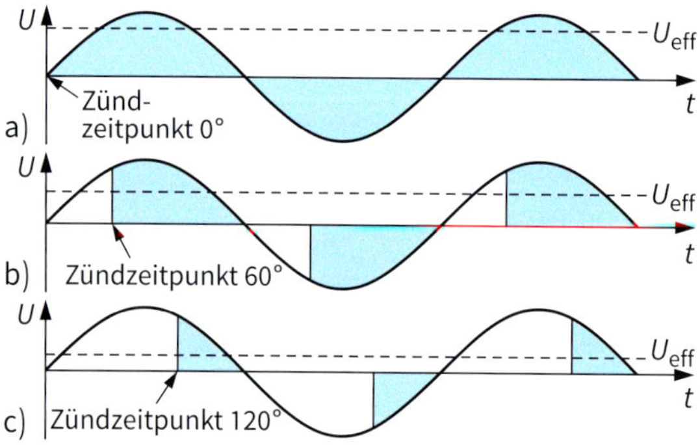

2: Spannungsverlauf am Drehstromstellerausgang

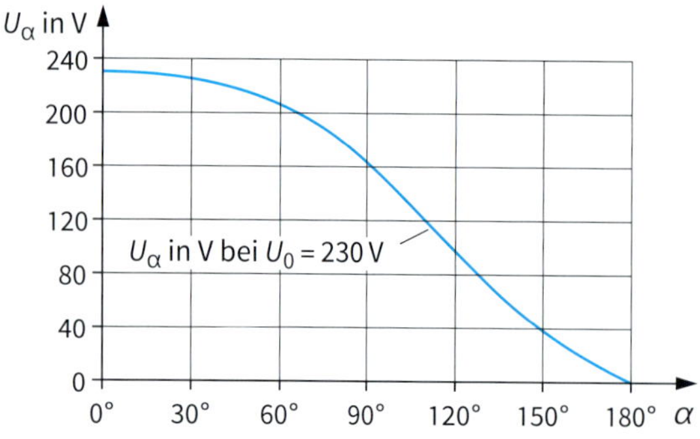

3: Steuerkennlinie

Wie wird der Sanftanlasser angeschlossen?

In den meisten Fällen wird das Sanftanlaufgerät in Reihe mit den Anschlussleitungen geschaltet. Der Verdrahtungsaufwand ist dadurch gering (Abb. 4a). Die $\sqrt{3}$**-Schaltung** (Abb. 4b) wird angewendet, um die Bemessungsstromstärke des Sanftanlaufgerätes gering zu halten. Sie beträgt hier nur ca.

$58\,\% \cdot I_{rM}$ $\left(\frac{1}{\sqrt{3}} \approx 0{,}58\right)$.

Dadurch werden die Beschaffungskosten verringert, da die internen Leistungshalbleiter entsprechend der Bemessungsstromstärke gewählt werden. Je größer sie ist, desto teurer werden die Bauelemente. Muss der Sanftanlasser in größerer Entfernung vom Motor installiert werden, vermindert sich der Kostenvorteil durch das Installieren der doppelten Leiterzahl (U1, V1, W1 und U2, V2, W2).

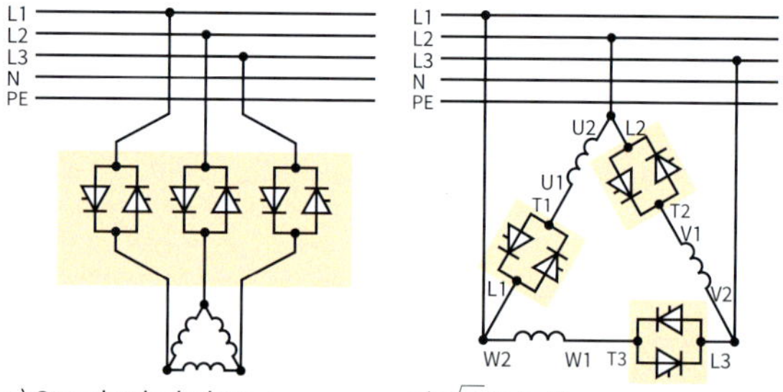

a) Standardschaltung b) $\sqrt{3}$-Schaltung

4: Schaltungsvarianten

Auch in Sanftanlaufgeräten entstehen **Verluste** *[losses]*, da über den leitenden Thyristoren die so genannte Vorwärtsspannung abfällt. Um diese Verluste nach Abschluss des Anlaufvorgangs zu vermeiden, wird häufig ein Bypassschütz verwendet. Es schließt mit seinen Kontakten die Thyristoren kurz. Der Bypass ist entweder im Sanftanlaufgerät integriert oder kann extern aufgebaut werden.

Aufgaben

1. Welche Vorteile bietet ein Sanftanlasser mit Bypassschütz?
2. Die Bemessungsstromstärke eines Sanftanlaufgerätes beträgt $I_r = 20$ A. Wie groß kann die Leiterstromstärke sein, wenn die $\sqrt{3}$-Schaltung verwendet wurde?
3. Ein Antrieb mit Sanftanlasser soll nach Einschaltung ein Moment von $M = 100$ Nm aufbringen. Welche minimale Spannung muss hierfür erreicht werden?

- Sanftanlasser sind Drehstromsteller.
- Drehstromsteller verändern die Motorspannung und können so die Stromstärke des Motors begrenzen.

8.7.2.4 Frequenzumrichter

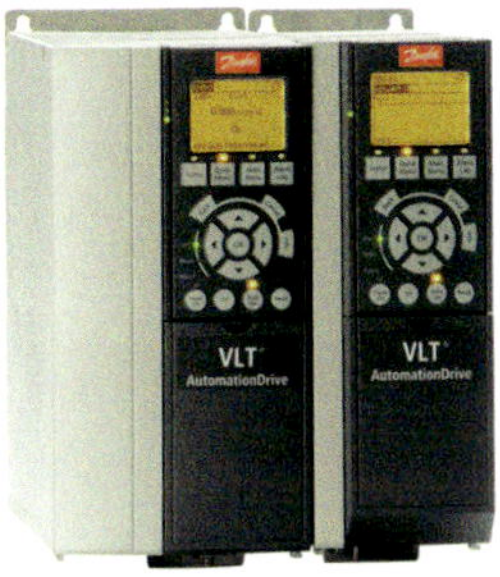

Der betrachtete Lastenaufzug muss bei voller Beladung ein hohes Anlaufmoment aufbringen, welches mit Sanftanlaufgeräten nicht möglich ist. Zusätzlich soll die Fahrgeschwindigkeit stufenlos geändert werden können, um ein sanftes Anfahren und Abbremsen zu ermöglichen. Für diese Aufgabe können **Frequenzumrichter** *[frequency converter]* eingesetzt werden. Sie erzeugen am Ausgang eine sinusförmige Spannung, die in ihrer Amplitude und Frequenz verändert werden kann (Abb. 5).

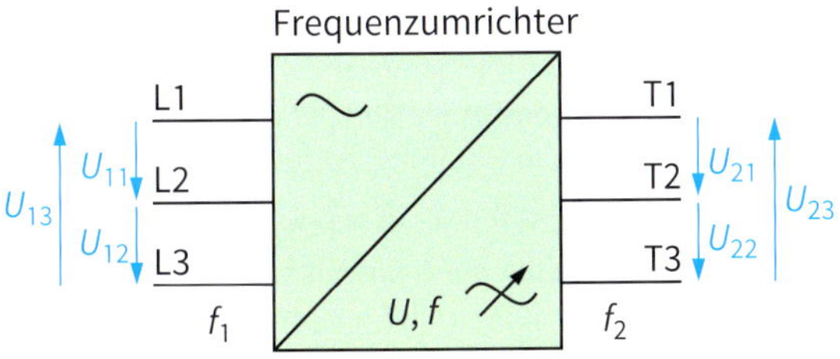

U_1 = konstant $U_2 = 0\,V \ldots U_{max}$

f_1 = konstant $f_2 = 0\,Hz \ldots f_{max}$

5: Frequenzumrichter

Wie verhalten sich Motoren bei Frequenzänderung?

Motoren bestehen hauptsächlich aus Induktivitäten. Der Blindwiderstand X_L der Induktivität ändert sich mit der Frequenz.

$$X_L = 2 \cdot \pi \cdot f \cdot L \qquad I = \frac{U}{2 \cdot \pi \cdot f \cdot L}$$

$$f\downarrow \;\Rightarrow\; X_L\downarrow \;\Rightarrow\; I\uparrow$$

Wird die Frequenz am Motor abgesenkt, sinkt der Blindwiderstand. Bei konstanter Spannung würde dadurch der Motorstrom steigen. Motoren sind jedoch auf eine bestimmte Stromstärke ausgelegt (Bemessungsstromstärke), welche nicht überschritten werden darf. Aus diesem Grund wird mit sinkender Frequenz proportional die Motorspannung abgesenkt.

Für das Verhältnis von U durch f muss also gelten:

$$\frac{U}{f} = \text{konstant}$$

Wird die Motorspannung mit der Frequenz gesenkt, verschiebt sich die Drehzahl-Drehmoment-Kennlinie (Abb. 6). Der Schnittpunkt zwischen Lastkennlinie und Motorkennlinie ergibt den stationären Arbeitspunkt.

Folgende Merkmale sind dadurch zu beobachten:

- Das Kippmoment ist für alle Frequenzen gleich ① – ③.
- Wird die Frequenz um 1/3 auf 33,3 Hz verringert, sinkt auch die Leerlaufdrehzahl um 1/3 (④ → ⑤). Die Leerlaufdrehzahl sinkt also proportional zur Frequenz der Eingangsspannung.
- Die Drehzahl unter Belastung sinkt bei konstantem Lastmoment linear zur Frequenz (AP 1 – AP 3).
- Bei nichtlinearen Lastkennlinien sinkt die Drehzahl überproportional (AP 4, AP 2, AP 5).
- Das Anfahrmoment kann bis zum Kippmoment gesteigert werden (Abb. 6b).

Durch Verschieben der n-M-Kennlinie (Abb. 6) kann für jede Drehzahl das Motormoment M zwischen 0 Nm und dem Kippmoment variiert werden.

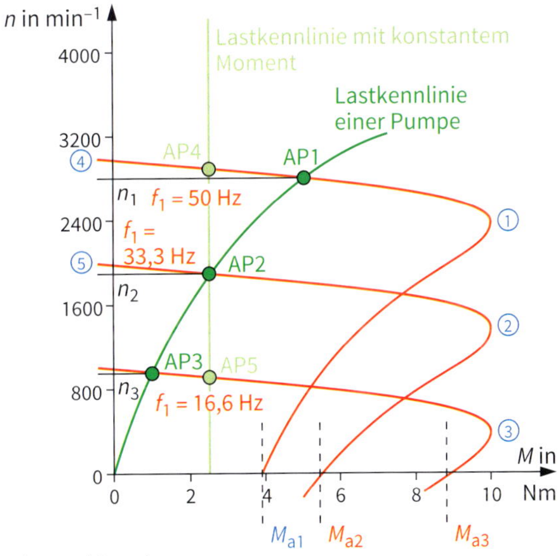

a) Beschleunigungsvorgang

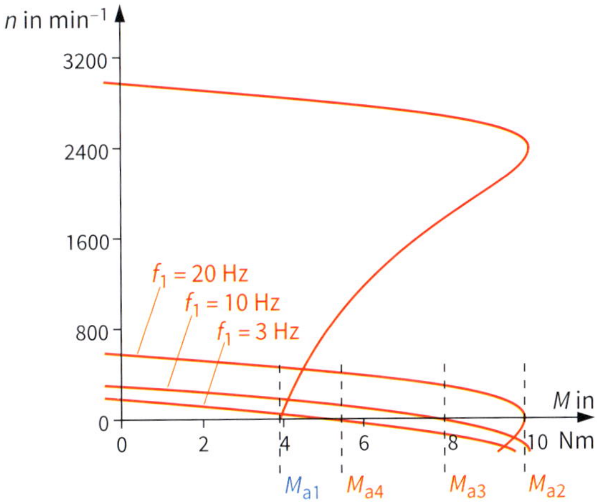

b) Anlaufverhalten

6: Drehmoment-Drehzahlkennlinie bei variabler Frequenz

Wie wird die Frequenz geändert?

Frequenzumrichter bestehen grundsätzlich aus drei Hauptkomponenten.

Dies sind:

- **Gleichrichter** [*rectifier*],
- **Zwischenkreis** [*d.c. link*] und
- **Wechselrichter** [*converter*].

Die Zwischenkreise bestehen entweder aus einem Kondensator oder einer Spule. Sie glätten entweder die Spannung (**Spannungszwischenkreis-Umrichter**) oder den Strom (**Stromzwischenkreis-Umrichter**) (Abb. 1).

Die größte Verbreitung hat der Spannungszwischenkreis-Umrichter. Hierbei können ungesteuerte Gleichrichterschaltungen eingesetzt werden. Diese Gleichrichter benötigen keine Steuerelektronik, was zu Kostenvorteilen führt.

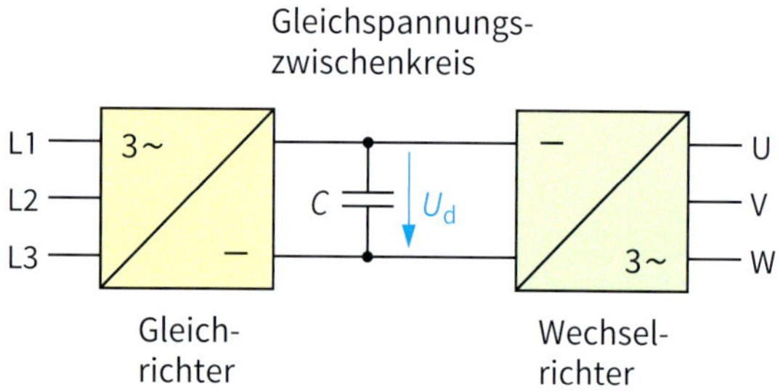

a)

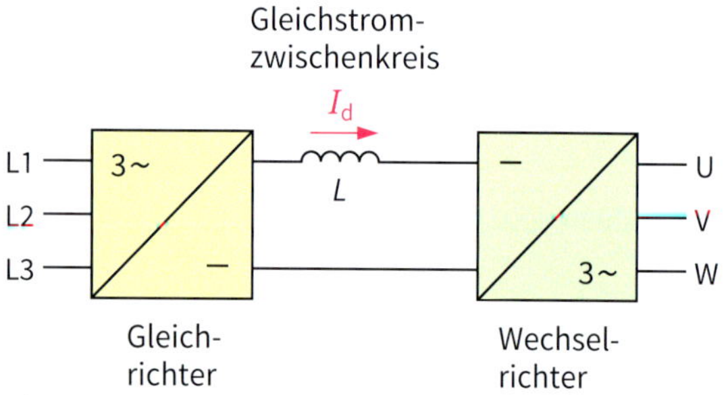

b)

1: Frequenzumrichter mit Zwischenkreis

Gleichrichten

Zur Erzeugung der Zwischenkreis-Gleichspannung wird ein Gleichrichter verwendet (Abb. 2). Dieser hat bei größeren Leistungen drei Eingänge zum Anschluss an das Drehstromnetz. Der Ausgang wird durch zwei Verbindungen mit dem Zwischenkreis verbunden. Da bei den Spannungszwischenkreisen ungesteuerte Gleichrichter ausreichen, werden ausschließlich Dioden verwendet.

Durch die Leiterspannung mit dem größten positiven Momentanwert wird eine der oberen Dioden (z.B. R1) leitend.

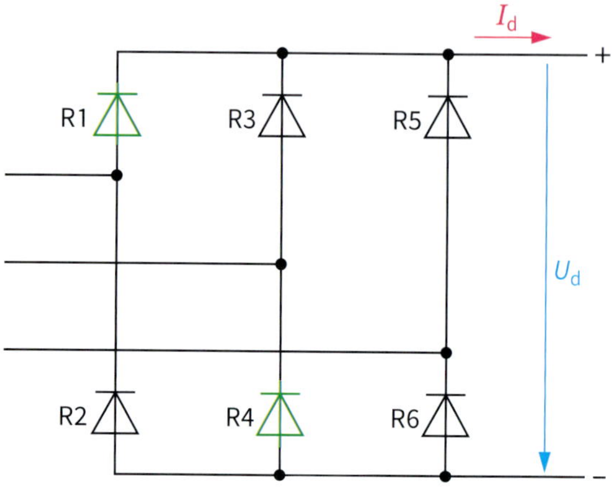

2: Sechspuls-Brückenschaltung

Durch die Leiterspannung mit dem negativsten Momentanwert wird die zugehörige untere Diode leitend (R4). Am Ausgang liegt dadurch immer die verkettete Leiterspannung an. Während einer Netzperiode verändert der Gleichrichter sechsmal seinen Leitzustand.

Diese Schaltung wird daher als **Sechspuls-Brückenschaltung** (B6U) bezeichnet. Die Ausgangsspannung ergibt sich aus den Kuppen der Außenleiterspannungen (Abb. 3). Es entsteht so eine Spannung mit geringer Welligkeit. Da die Ausgangsspannung direkt den Sinuskurven der Eingangsspannung folgt, ist sie weitgehend konstant und von dem entnommenen Laststrom unabhängig.

Bei Umrichtern mit Stromzwischenkreis ist die Stromstärke in der Spule lastabhängig. Je nach Belastung im Ausgang muss der Gleichrichter die Stromstärke im Zwischenkreis einstellen. Hierzu müssen gesteuerte Gleichrichter eingesetzt werden, die z.B. Thyristoren mit Zündelektronik enthalten. Diese Umrichter kommen bei Spezialanwendungen, z.B. der Servotechnik, zur Anwendung.

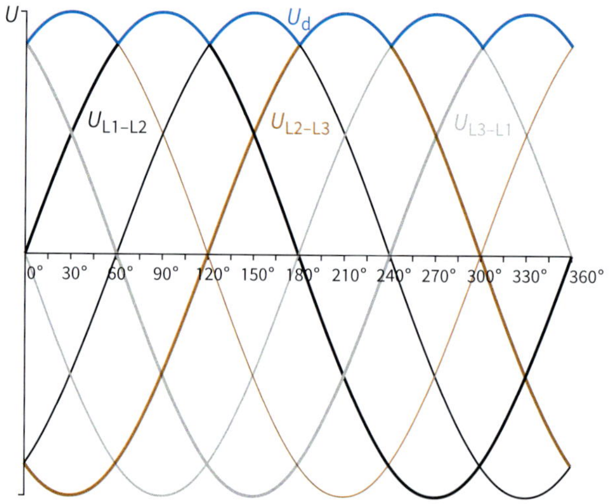

3: Ausgangsspannung einer B6-Brückenschaltung

Wechselrichten

Aus der nahezu konstanten Gleichspannung im Zwischenkreis wird wieder eine Wechselspannung erzeugt. Hierzu werden Leistungshalbleiter benötigt (z. B. MOSFET oder IGBT), die ein- und ausgeschaltet werden können.

In zwei Pfaden werden jeweils zwei Transistoren in Reihe geschaltet (z. B. Q1 und Q2 sowie Q3 und Q4, Abb. 4). Von diesen zwei Transistoren darf jeweils nur einer leiten. Die Transistoren in beiden Wechselrichterzweigen werden immer diagonal eingeschaltet. D. h., Q1 und Q4 bzw. Q2 und Q3 leiten gleichzeitig. Die Ausgangsspannung U_L kann so zwischen $+U_Z$ und $-U_Z$ und 0 V gewechselt werden.

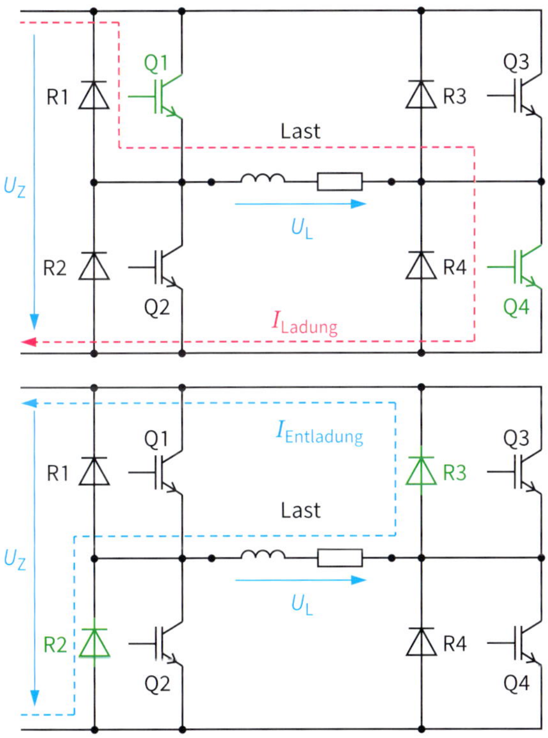

4: Zweiphasiger Wechselrichter

Solange Q1 und Q4 leitend sind, liegt an der Last die Spannung $+U_Z$ und es wird sich ein positiver Strom I_L einstellen. Wechseln die Transistoren ihren Leitzustand, muss der in der Last fließende Strom weiter fließen können. Da die Transistoren den Strom nur in einer Richtung leiten können, gibt es keinen möglichen Strompfad über die Transistoren. Durch die parallel geschalteten Dioden kann der Strom weiter fließen (R2, R4). Da jetzt die Spannung $-U_Z$ an der Last anliegt, nimmt die Stromstärke I_L ab. Sobald I_L negativ wird, übernehmen die Transistoren Q2 und Q3 den Laststrom.

Der Schaltzustand der Transistoren wechselt mit einer sehr hohen Schaltfrequenz (z. B. 10 kHz). Die Zeit, in der $+U_Z$ bzw. $-U_Z$ an der Last anliegt, wird hierbei verändert. Am Ausgang der Frequenzumrichter befinden sich Filter (Tiefpass), welche aus der rechteckförmigen Spannung einen Mittelwert bildet. Je nach zeitlicher Verteilung der Zustände $+U_Z$ und $-U_Z$ ergibt sich eine mittlere Spannung (Abb. 5). Liegt in einem bestimmten Zeitraum länger die positive als negative Spannung an, ergibt sich ein positiver Mittelwert ①. Ist die Zeitdauer der positiven und negativen Spannung gleich, wird der Mittelwert $U_L = 0$ V ②. Bei längeren negativen Ausgangsspannungen sinkt die Ausgangsspannung auf einen negativen Mittelwert ③.

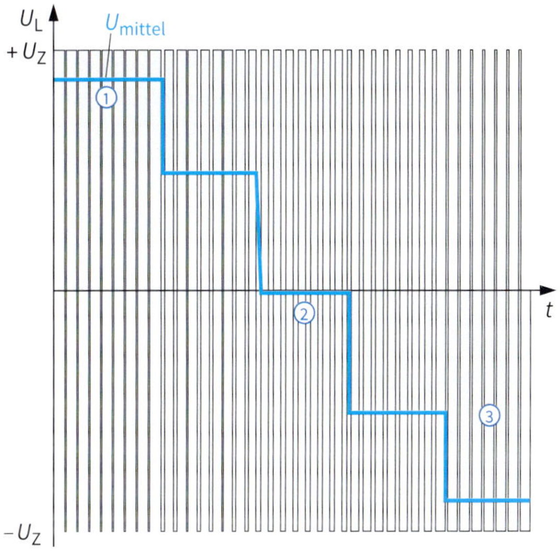

5: Veränderte Spannungsmittelwerte

Der erzielte Spannungsmittelwert kann durch die Steuerelektronik verändert werden. Die Veränderung entspricht der geforderten Kurvenform, Frequenz und Spannung am Ausgang. Üblicherweise wird eine sinusförmige Ausgangsspannung erzeugt (Abb. 6).

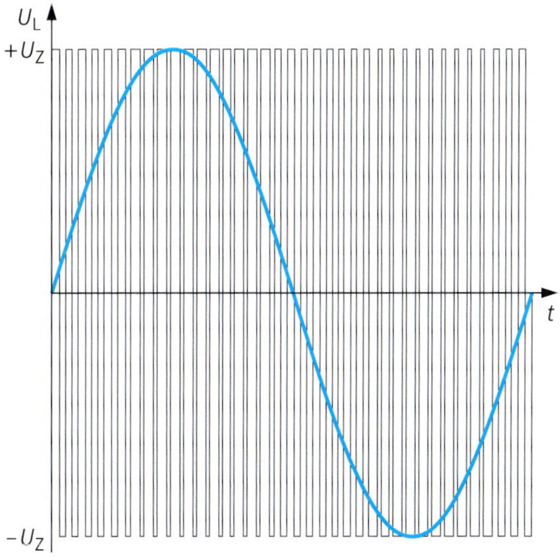

6: Wechselrichter-Ausgangsspannung

Soll eine dreiphasige Wechselspannung erzeugt werden, sind drei Wechselrichterpfade erforderlich (Abb. 1). Jeder der drei Pfade erzeugt eine sinusförmige Ausgangsspannung. Um ein symmetrisches Drehstromnetz zu speisen, werden die drei Ausgangsspannungen jeweils um 120° phasenverschoben erzeugt. Durch Veränderung der Phasenverschiebung lässt sich auch das Drehfeld und damit die Drehrichtung des Motors ändern.

Bremsen

Solange die Asynchronmaschine im Motorbetrieb arbeitet, fließt die Energie vom Netz über Gleichrichter, Zwischenkreis und Wechselrichter zum Motor. Wird die Maschine gebremst, kehrt sich der Leistungsfluss. Die Asynchronmaschine gibt elektrische Energie ab. Der Wechselrichter kann auch im Gleichrichterbetrieb arbeiten und die Bremsenergie in den Zwischenkreis übertragen. Da die Dioden im Gleichrichter nur eine Stromrichtung zulassen, sind sie nicht in der Lage, in das Netz zu speisen.

Die Bremsenergie bleibt daher im Zwischenkreis und lädt den Zwischenkreiskondensator ① auf. Dadurch steigt die Spannung im Zwischenkreis. Um eine unzulässig hohe Spannung zu vermeiden, ist der Zwischenkreiskondensator zu entladen. Ein Entladewiderstand (Bremswiderstand) ② wird durch einen so genannten Bremschopper ③ kurzzeitig eingeschaltet, bis die Zwischenkreisspannung wieder ihren normalen Wert erreicht hat.

Bremswiderstände setzen die gesamte Bremsenergie in Wärme um. Bei der Auswahl der Widerstände ist daher sehr genau auf die Bemessungsleistung und Belastungsdauer zu achten.

Die Installationsbeschreibung ist genau zu befolgen, da am Widerstand sehr hohe Temperaturen entstehen. Bei Nichtbeachtung kann dies zu Schäden an benachbarten Betriebsmitteln oder Brandgefahr führen.

Aufgaben

1. Wodurch unterscheiden sich Sanftanlaufgerät und Frequenzumrichter während des Motoranlaufs? Erklären Sie dies mit Hilfe der Begriffe Spannung, Frequenz, Drehmoment und Drehzahl.
2. Wofür wird ein Bremswiderstand benötigt und welche Größen sind für die Auswahl zu beachten?
3. Ein Motor (U_r = 400 V, f_r = 50 Hz) mit Frequenzumrichter wird bei f = 20 Hz betrieben. Wie groß ist die Ausgangsspannung des FU?

- Frequenzumrichter bestehen aus Gleichrichter, Zwischenkreis und Wechselrichter.
- Frequenzumrichter verändern Frequenz und Spannung am Ausgang. Bei sinkender Frequenz muss die Spannung reduziert werden.
- Der Motor kann bei Frequenzumrichter-Betrieb mit veränderbarer Drehzahl, Drehrichtung und Drehmoment betrieben werden.
- Soll mit Frequenzumrichtern gebremst werden können, sind Bremschopper und -widerstände erforderlich.

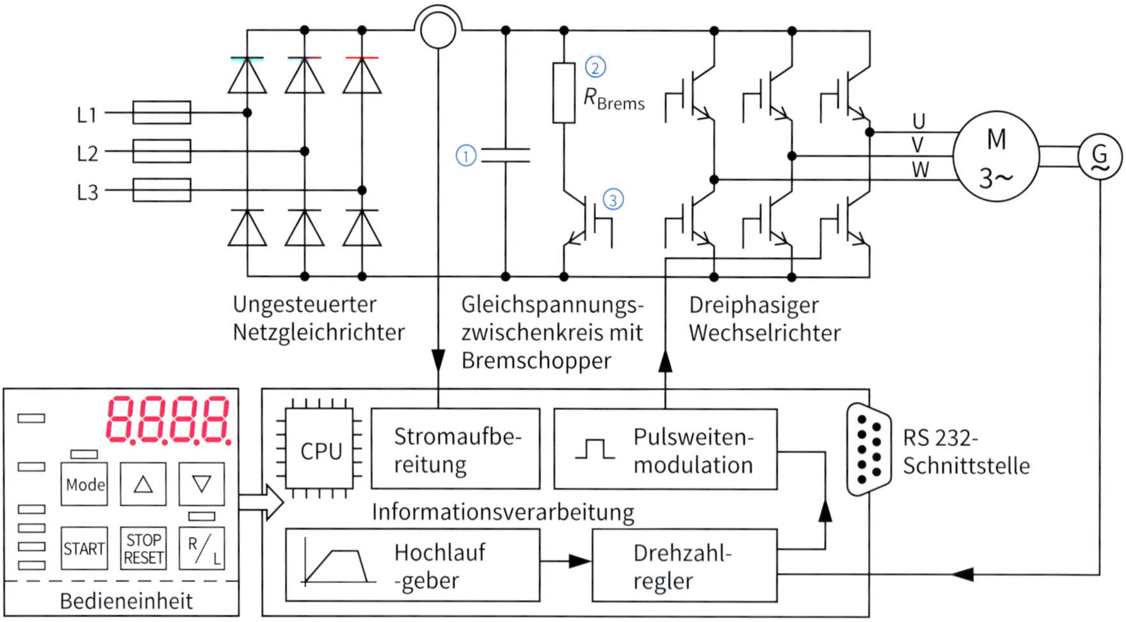

1: Frequenzumrichter (Prinzipschaltbild)

Beeinträchtigungen von RCDs durch elektronische Betriebsmittel

Keine Auslösung trotz Fehlerstrom

Treten innerhalb elektronischer Betriebsmittel, z. B. Frequenzumrichtern, Fehler auf, kommt es durch das geerdete Gehäuse zu einem Fehlerstrom. Je nach Objekt und Fehlerort können diese Fehlerströme unterschiedliche Frequenzen haben. Tritt der Fehler im Eingangskreis auf, ergibt sich ein sinusförmiger Fehlerstrom mit Netzfrequenz I_{F1} ①.

Ein Schluss zwischen Zwischenkreis und Gehäuse erzeugt einen fast glatten Strom als Fehlerstrom I_{F2}②. Ein Erdschluss am Ausgang eines Frequenzumrichters sowie der Motorleitung hat Fehlerströme I_{F3}③ I_{F4}④ mit der Ausgangsfrequenz zur Folge. Diese kann zwischen wenigen Hz bis ca. 100 Hz variieren. Durch die hohe Schaltfrequenz im Wechselrichter können zusätzlich noch Fehlerströme I_{F3} mit Frequenzen im kHz-Bereich auftreten.

Pulsstromsensitive RCDs (Typ A)

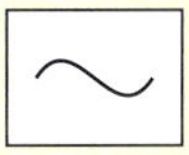
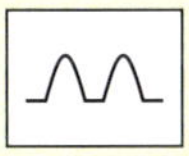

Die am weitesten verbreiteten RCDs sind vom Typ A und lediglich für Wechselströme (f = 50 Hz) und pulsierende Gleichströme geeignet. Treten reine Gleichfehlerströme auf, sind diese RCDs durch gesättigte Stromwandler blockiert und reagieren auch auf Fehlerströme mit 50 Hz nicht mehr.

Allstromsensitive RCDs (Typ B)

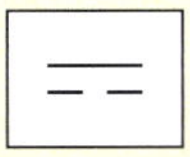

RCDs vom Typ B sind allstromsensitiv. Das bedeutet, dass sie auch bei auftretenden Gleichfehlerströmen und Fehlerströmen hoher Frequenzen zuverlässig arbeiten. Es kommt hier zu keinen Blockierungen durch Gleichfehlerströme. Bei Frequenzen oberhalb 100 Hz steigt der Auslösestrom bis auf 300 mA. Die Typ B-RCDs werden damit unempfindlicher gegenüber hochfrequenten Ableitströmen.

Ungewollte Auslösung ohne Fehlerstrom

Am Ein- und Ausgang von elektronischen Betriebsmitteln (EB) sind häufig Filter eingebaut. Diese Filter besitzen Kondensatoren, die zwischen Außenleiter und Schutzleiter geschaltet sind⑤. Hierüber fließen Ableitströme. Diese werden um so größer, je höher die Frequenz der Spannung ist.

Ableitströme

Am Eingangsfilter fließen hauptsächlich geringe 50 Hz-Ströme⑥. Das Ausgangsfilter führt durch die schnell geschalteten Transistoren auch Ströme im kHz-Bereich⑦.

Fehlauslösung

Alle Ableitströme fließen über den PE-Leiter zurück. Obwohl diese Ströme im ungestörten Normalbetrieb fließen, interpretiert eine RCD diese als Fehlerstrom.

Bei einer Häufung von elektronischen Betriebsmitteln summieren sich die Ableitströme und können dadurch zu einer ungewollten Auslösung der RCD führen.

Diese Fehlauslösungen können vermieden werden, indem die Anzahl der Betriebsmittel mit Ableitströmen je RCD-Stromkreis begrenzt wird.

Reicht diese Maßnahme nicht aus, ist es möglich spezielle RCDs vom Typ B einzusetzen, welche ein spezielles Auslöseverhalten haben. Diese RCDs werden mit zunehmender Frequenz unempfindlicher. Oberhalb 1 kHz beträgt der Auslösestrom 300 mA.

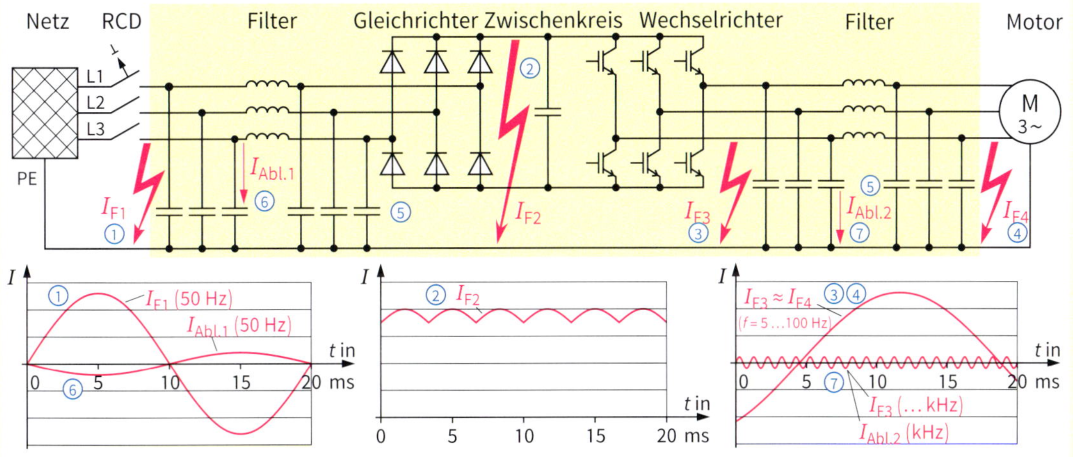

Auswahl des Anlassverfahrens

Für die Aufzugsanlage stehen verschiedene Anlassverfahren zur Verfügung. Anhand der geforderten Aufzugseigenschaften, Anschluss- und Platzverhältnisse muss das geeignete Verfahren ausgewählt werden.

Die Firma Huber hat die verschiedenen Randbedingungen und Anlassverfahren analysiert.

Hierzu wurde eine Vergleichstabelle erstellt, in der alle Anlassverfahren bewertet wurden (Abb. 1).

Bei allen technischen Auswahlkriterien schneidet der Frequenzumrichter gut ab. Bei den Beschaffungskosten ist jedoch die Variante des Stern-Dreieck-Anlaufs am günstigsten.

Im Beratungsgespräch mit dem Kunden werden die Varianten Stern-Dreieck-Anlauf und Frequenzumrichter nochmals erläutert. Da der Stern-Dreieck-Anlauf einen geringeren Fahrkomfort bietet und bei empfindlichen Verbrauchern mit Störungen durch Netzrückwirkungen gerechnet werden muss, entschließt sich der Kunde für die zeitgemäße Anlaufvariante mit Frequenzumrichter.

	Stern-Dreieck	Vorwiderstände	Anlasstrafo	Sanftanlaufgerät	Frequenzumrichter
Platzbedarf	+	–	–	+	+
Wartungsbedarf	o	o	o	+	+
Verluste	o	o	o	o	+
Bremsbetrieb möglich	–	–	–	–	+
Beschaffungskosten	+	–	–	o	–
Anbindung an Feldbussysteme	–	–	–	+	+
„Fahrkomfort"	–	–	–	o	+
Aufwand bei Änderungen	–	–	–	o	+
Bedienkomfort	–	–	–	+	+

+: gut **o: durchschnittlich** **–: schlecht**

1: Vergleichstabelle für Anlassverfahren

8.7.3 Drehrichtung

Der Lastenaufzug der Ziegelei Huber hat wie alle Aufzüge zwei Bewegungsrichtungen. Die **Drehrichtung** [*direction of rotation*] des Antriebsmotors muss daher umkehrbar sein. Dies erreicht man bei Drehstrommotoren durch Vertauschen zweier Außenleiter (Abb. 2).

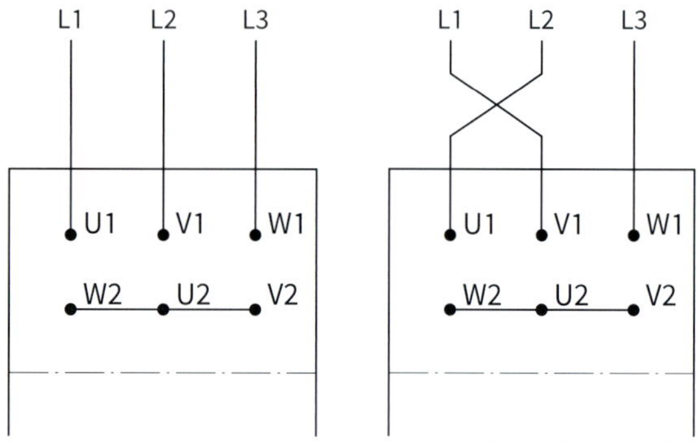

Anschluss **Rechtslauf** Anschluss **Linkslauf**

2: Drehrichtungen nach DIN 60034-8

Nach DIN 60034-8 liegt **Rechtslauf** [*clockwise rotation*] vor, wenn

- die Außenleiter in numerischer Reihenfolge an
- die Motorklemmen in alphabetischer Reihenfolge

angeschlossen sind, also L1 an U1 usw.

Die Abb. 3 zeigt eine handbediente Drehrichtungsumkehrsteuerung. An dieser wollen wir die grundsätzliche Funktion einer solchen Schaltung deutlich machen.

Im Hauptstromkreis kann man erkennen, dass beide Hauptschütze den Außenleiter L2 ① an die Motorklemme V1 ② legen. Q1 verbindet dann L1 mit U1 und L3 mit W1, sodass sich Rechtslauf ergibt. Q2 tauscht für den Linkslauf diese beiden Außenleiter-Anschlüsse.

- Im Steuerstromkreis ist zu sehen, dass S3 das Hauptschütz Q1 und damit Rechtslauf einschaltet.
- Mit S2 wird über Q2 der Motor in den Linkslauf gesteuert.
- Bei dieser Art der Steuerung kann entweder im Rechts- oder im Linkslauf begonnen werden. Es gibt **keine Vorrangstellung**.
- Ein **direktes Umschalten** [*direct switch over*] von Rechts- auf Linkslauf bzw. umgekehrt ist **nicht möglich**, weil sich die Hauptschütze mit ihren jeweiligen Kontakten 13/14 ⑤ ⑥ eine Selbsthaltung geschaltet haben. Das Umschalten geht also nur über AUS mit Hilfe von S1.
- Auf keinen Fall dürfen Q1 und Q2 gleichzeitig anziehen, da sonst die Außenleiter L1 und L3 kurzgeschlossen werden. Um dies zu verhindern, sind hier Tasterverriegelungen (Taster 21/22 ③ ④) sowie Schützverriegelungen vorgesehen.

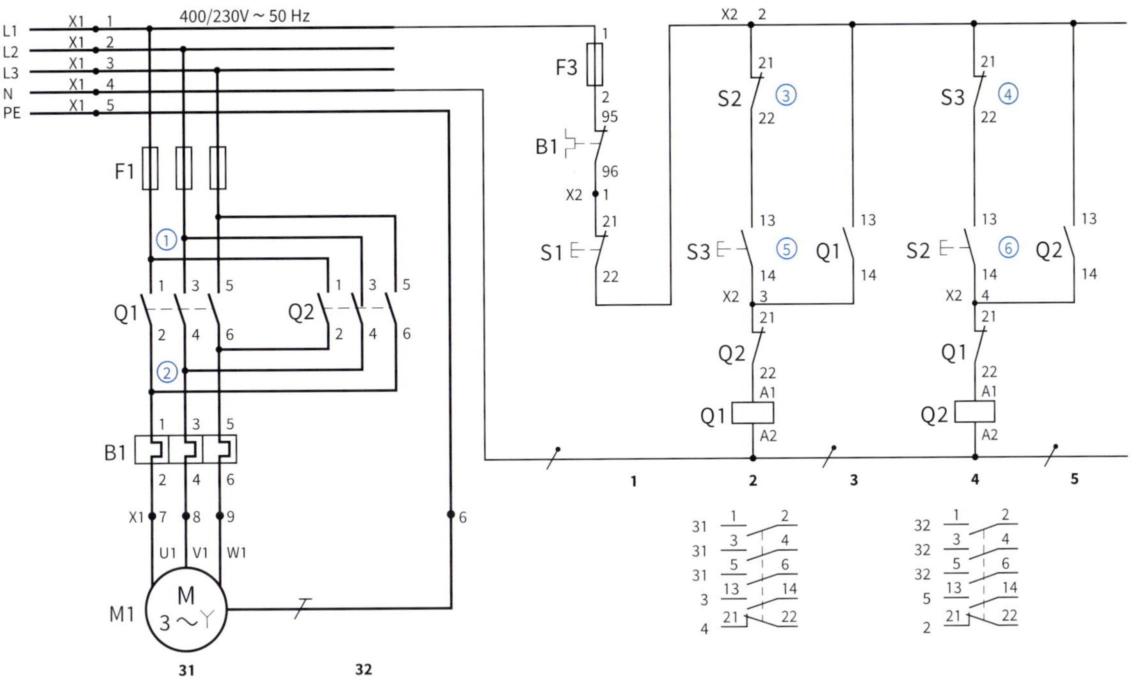

3: Handbediente Drehrichtungsumkehrsteuerung

Für den Lastenaufzug ist die obige Schaltung grundsätzlich geeignet, da immer nur dann die Drehrichtung geändert wird, wenn der Aufzug in Ruhe ist.

Motoren mit kleiner Leistung hingegen werden häufig direkt umgeschaltet (Abb. 4). Dies kann dadurch erreicht werden, dass die jeweilige Selbsthaltung – also der entsprechende Kontakt 13/14 des Hauptschützes – nur parallel zum entsprechenden Schließerkontakt 13/14 des Tasters ⑦ installiert wird. Der Öffner 21/22 ⑧ des jeweiligen Tasters darf nicht überbrückt werden.

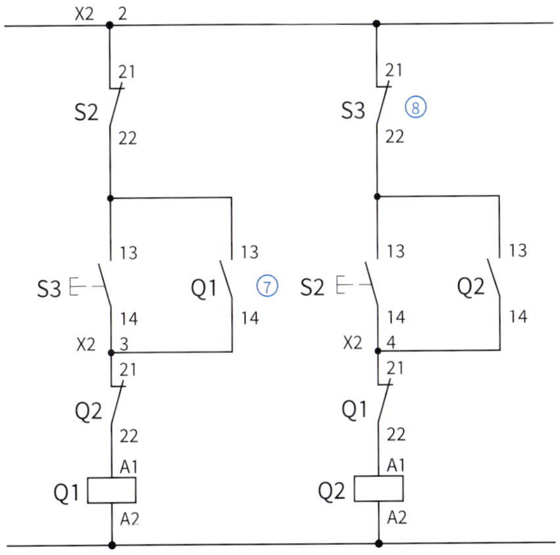

4: Direktes Umschalten (Planausschnitt)

Funktion

- Hat hierbei das Hauptschütz Q1 durch Betätigen von S3 angezogen, hält sich Q1 durch die Parallelschaltung von S3:13/14 und Q1:13/14.
- Wird dann S2 betätigt, öffnet S2:21/22 und Q1 wird spannungslos. Der Motor liegt nicht mehr am Netz. Q1:21/22 geht wieder in die Ruhestellung zurück, d.h., der Kontakt schließt wieder.
- Jetzt liegt Q2 an Spannung und schaltet den Motor in den Linkslauf. Q2:13/14 schließt die Selbsthaltung.

Aufgaben

1. Skizzieren Sie eine Schützschaltung, mit der die Drehrichtung eines Drehstrommotors gesteuert werden kann. Es soll immer erst Rechtslauf eingeschaltet werden können.
2. Ändern Sie die Verbindung der Klemmen 2, 4, und 6 an Q2 (Abb. 3) so, dass die Vertauschung der Außenleiter wie in Abb. 2 vorgenommen wird.

- Zur Drehrichtungsänderung bei Drehstrommotoren müssen zwei der drei Außenleiter getauscht werden.
- Die Drehrichtungsänderung muss bei Motoren mit großen Leistungen indirekt (d.h. über AUS) erfolgen.

8.7.4 Drehzahl

Für das Anfahren und Abbremsen des betrachteten Lastenaufzuges wird eine geringere Fahrgeschwindigkeit benötigt als beim Fahren. Die Drehzahl des Drehstrommotors muss daher gesteuert werden.

Die Rotorumdrehungsfrequenz bei Asynchronmotoren hängt von der Drehfelddrehzahl (vgl. Kap. 8.5.2) und dem Schlupf (vgl. Kap. 8.5.4.1) ab. Aus den Größen der Drehzahlformel ergeben sich drei Möglichkeiten der Drehzahlsteuerung.

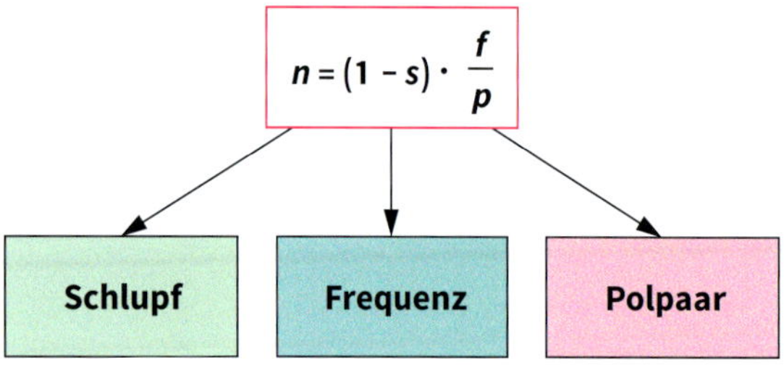

Drehzahländerung durch Schlupfänderung

In Kap. 8.5.4.2 wurde bereits beschrieben, dass bei Schleifringläufer-Motoren eine Steuerung mit Hilfe von Drehzahlstellern möglich ist.

Die zusätzlichen Widerstände (R_{anl}) verringern die Stromstärke (I_L) des Läufers. Damit wird auch das Drehmoment geringer. Um dem entgegenzuwirken, muss die Stromstärke wieder steigen. Das gelingt nur durch eine höhere induzierte Spannung (U_L) in den Läuferwicklungen. Diese hängt von der Magnetfeldänderung ($U_L = N \cdot (\Delta\Phi/\Delta t)$ ab. Sie wird größer, wenn die Schlupfdrehzahl (n_S) höher wird. Das kann nur durch Verringerung der Läuferdrehzahl geschehen. Demzufolge wird der Rotor langsamer.

$$R_{anl} \uparrow \Rightarrow I_L \downarrow + M = \text{const} \Rightarrow$$

$$I_L \uparrow \Rightarrow U_L \uparrow \Rightarrow n_S \uparrow \Rightarrow n_L \downarrow$$

Eine Verringerung der Läuferdrehzahl bei konstantem Drehmoment (gleicher Belastung) bedeutet natürlich eine Leistungsverringerung. Diese Steuerung wird daher nur von etwa der halben bis zur vollen Bemessungsdrehzahl angewendet.

Außerdem wird durch die Widerstände elektrische Energie in Wärme umgewandelt, die abgeführt werden muss. Der Vorteil dieser Steuerung ist, dass die Drehzahl stufenlos verändert werden kann.

Drehzahländerung durch Frequenzänderung

Aus der genannten Formel ergibt sich, dass die Drehzahl proportional zur Netzfrequenz ist. Wird beispielsweise die Frequenz verdoppelt, wird auch die Drehzahl doppelt so groß.

Die Frequenzänderungen haben noch andere Auswirkungen, wie im Folgenden erläutert wird:

Die konstante Frequenz des Versorgungsnetzes $f = 50$ Hz wird durch Frequenzumrichter (vgl. Kap. 8.7.2.4) verändert. Jede Frequenzänderung hat eine Änderung des induktiven Blindwiderstandes des Motors zur Folge. Daraus resultiert eine Änderung der Motorstromstärke. Somit ändert sich das Drehmoment (vgl. Kap. 8.7.2).

$$X_L = 2 \cdot \pi \cdot f \cdot L \qquad Z = \sqrt{R^2 + X_L^2} \qquad I = \frac{U}{Z}$$

$$I^2 \sim M \qquad U = \text{const}$$

$$f \uparrow \Rightarrow X_L \uparrow \Rightarrow I \downarrow \Rightarrow M \downarrow$$

Da das Drehmoment aber nicht geändert werden soll, muss die Spannung entsprechend gesteuert werden. Das Verhältnis von Frequenz und Spannung muss deshalb konstant bleiben.

Drehzahländerung durch Polpaaränderung

Während die beiden bisher beschriebenen Möglichkeiten mit „normalen" Motoren auskommen, muss der **polumschaltbare Motor** entsprechend gebaut sein. Auf dem Ständer sind mehrere Wicklungen aufgebracht, die unterschiedlich geschaltet werden können. Hierfür gibt es zwei Arten.

Entweder werden

- mehrere **getrennte** Wicklungen auf den Ständer aufgebracht oder
- nur **eine** Wicklung mit Anzapfungen, die unterschiedlich geschaltet wird.

Bei der ersten Möglichkeit handelt es sich praktisch um mehrere Ständer in einem Gehäuse. Die Abb. 1 zeigt eine mögliche Schaltung für zwei Drehzahlen und die dazugehörenden Schaltzeichen.

Bei der zweiten Alternative können durch besondere Anordnungen der Wicklungen unterschiedliche Polpaarverhältnisse ermöglicht werden, z. B. 4:5, 4:3, 4:1,5. Solche Maschinen heißen Motoren mit Polamplitudenmodulation (PAM).

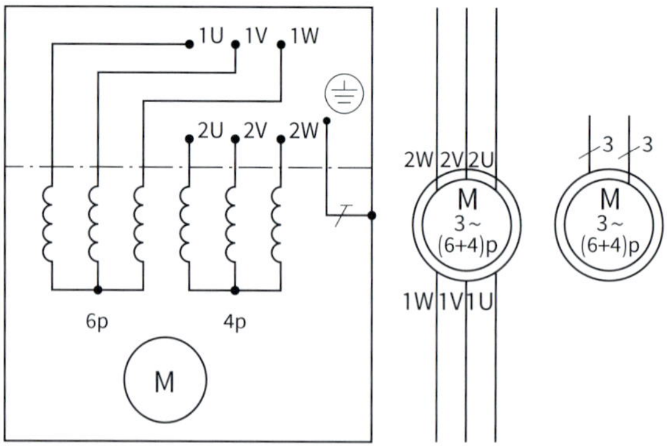

1: Motor mit zwei Wicklungsgruppen

Die einfachste Schaltung dieser Art ist die **Dahlanderschaltung**. Hierbei ist allerdings nur ein Polpaarverhältnis von 2:1 möglich. Die Abb. 2 zeigt die Schaltung sowie die entsprechenden Schaltzeichen.

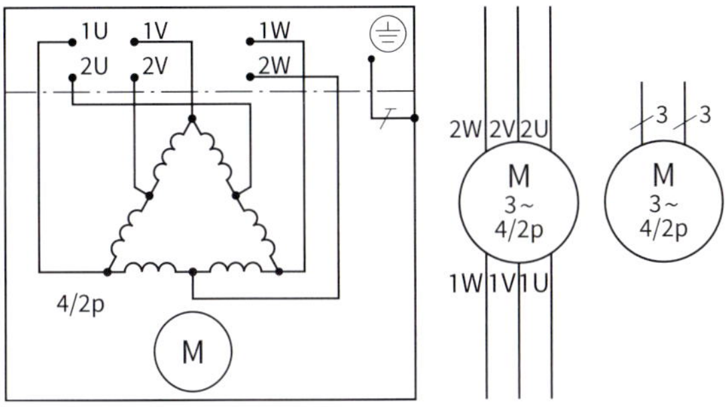

2: Motor mit Dahlanderschaltung

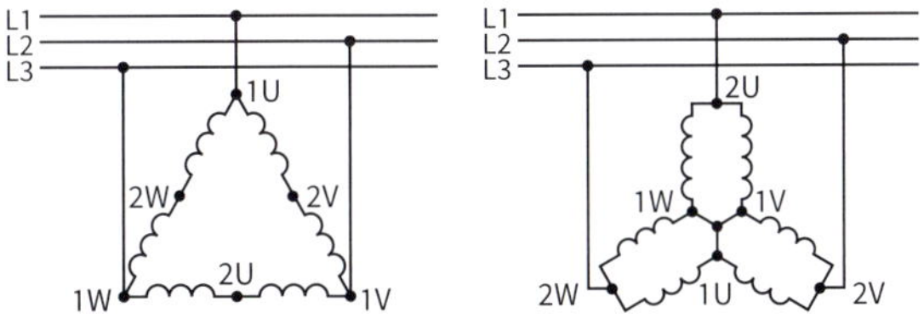

a) niedrige Drehzahl b) hohe Drehzahl

3: Wicklungsschaltungen

Für die **niedrige** Drehzahl werden die sechs Spulen im Dreieck geschaltet. 1U, 1V und 1W werden mit den Außenleitern verbunden (Abb. 3a). Die Anschlüsse 2U, 2V und 2W bleiben frei.

Für die **hohe** Drehzahl sind 2U, 2V und 2W an die Außenleiter angeschlossen, während 1U, 1V und 1W miteinander verbunden werden. Die Wicklungen sind damit als Doppelstern geschaltet (Abb. 3b). Das Verhältnis der Leistungen ist dabei ungefähr 1:1,5. Das Drehmoment liegt etwa bei 1:0,7.

Auf dem Leistungsschild eines Motors mit Dahlanderschaltung wird die Spannungsangabe entsprechend gekennzeichnet (Abb. 4 ①).

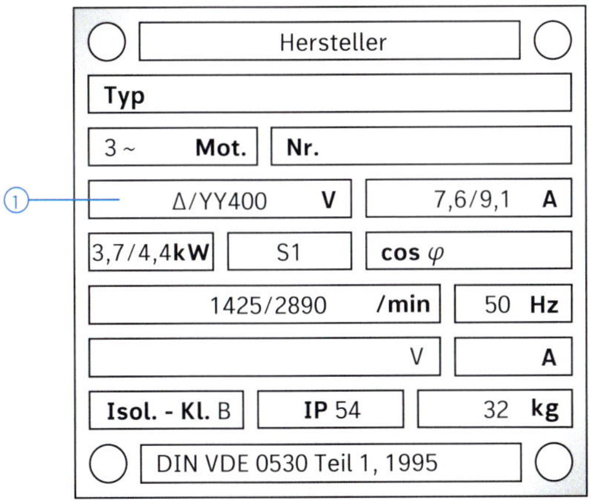

4: Motor-Leistungsschild bei Dahlanderschaltung

Drehzahländerung durch Spannungsänderung

Neben den bereits erläuterten Möglichkeiten der Drehzahländerung führt die folgende Überlegung noch zu einer weiteren Alternative. Schaltet man einen Motor ein, so steigt die Drehzahl an (Abb. 5). Sie erreicht den Wert n_1. Wird dann der Motor wieder ausgeschaltet, sinkt die Drehzahl. Bei einem bestimmten Wert n_2 wird dann der Motor wieder an Spannung gelegt. Die Drehzahl steigt wieder. Durch ständiges Ein- und Ausschalten kann eine Drehzahl zwischen n_1 und n_2 erreicht werden.

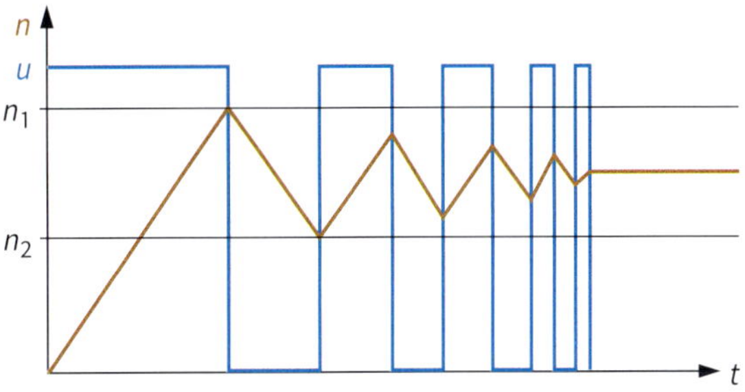

5: Drehzahl-Änderung bei Spannungsdosierung

Ein **elektronischer Drehstromsteller** führt diese Steuerung durch. Es wird dann ein bestimmter Drehzahl-Sollwert eingegeben, der ständig mit dem Istwert verglichen wird. Je nach Zustand schaltet das Gerät zu oder ab. Diesen Vorgang nennt man Regelung. Sie wird als **Spannungsdosierung** bezeichnet.

Aufgaben

1. Welcher Drehstrommotor kann stufenlos in seiner Drehzahl gesteuert werden? Begründen Sie Ihre Anwort.
2. Erläutern Sie, warum bei der Drehzahlsteuerung mit Hilfe der Frequenz die Spannung entsprechend verändert werden muss.
3. Beschreiben Sie, woran man am Schaltzeichen erkennt, ob es sich um einen Drehstrommotor mit zwei getrennten Wicklungsgruppen oder mit einer Dahlanderschaltung handelt.

- Die Drehzahl von Asynchron-Motoren kann durch Änderung von Frequenz, Polpaarzahl oder Spannung gesteuert werden.
- Sehr unterschiedliche Polpaarzahlen können geschaltet werden bei Motoren
  – mit getrennten Wicklungsgruppen und
  – mit PAM-Schaltung.
- Motoren mit Dahlanderschaltung haben ein Drehzahlverhältnis von 2:1.

8.8 Auswählen der Steuerung

Die Leistung des Lastenaufzugmotors liegt mit 22 kW weit über dem zulässigen Wert von 5,5 kW für Direktanlauf. Deshalb muss der Aufzugsmotor eine Anlaufstrombegrenzung erhalten.

Der Ziegeleibesitzer bemängelte an seiner alten Aufzugsanlage unter anderem den schlechten Fahrkomfort. Er legte großen Wert darauf, dass die neue Anlage keine ruckartigen Beschleunigungen und Abbremsungen vornimmt. Somit sind für den komfortablen Betrieb mehrere Drehzahlen des Motors notwendig.

So soll der Aufzug

- langsam anfahren (Steigerung der Drehzahl von 0 bis n_1),
- normale Fahrgeschwindigkeit haben (Drehzahl n_1),
- langsam an den Haltepunkt heranfahren (Drehzahl n_2) und
- bremsen (Verringerung der Drehzahl von n_2 bis 0).

Für die Anlaufstrombegrenzung hat sich als beste Lösung bereits der Frequenzumrichter ergeben (vgl. Kap. 8.7.2.4).

Damit sich Herr Huber leichter für eine passende Drehzahlsteuerung entscheiden kann, macht er sich eine Übersicht über mögliche Steuerungsarten des Kurzschlussläufermotors (Abb. 1).

Die Dahlanderschaltung bietet zwar die Möglichkeit, zwei verschiedene Drehzahlen einzustellen, dies aber nur im Verhältnis 1:2. Eine stufenlose Verstellung der Drehzahl kann nicht erfolgen. Somit würde es beim Aufzug wieder zu abrupten Änderungen der Fahrgeschwindigkeit kommen.

Die Schlupfänderung mit Hilfe der zusätzlichen Widerstände im Läuferkreis ist nur beim Schleifringläufer einsetzbar, da nur er einen Zugriff auf die Läuferwicklung erlaubt. Wir wollen aber den Kurzschlussläufermotor verwenden (vgl. Kap. 8.6).

Die Spannungsänderung für Motoren durch Phasenanschnittsteuerung ist laut TAB der VNB nur bis zu einer Leistung von 3,4 kVA je Außenleiter zulässig. Damit scheidet auch dieses Steuerverfahren für den Aufzug aus.

Die Drehzahleinstellung durch Frequenzumrichter ist die technisch beste Lösung. Es ist eine stufenlose Einstellung möglich. Außerdem kann auch der Anlaufstrom begrenzt werden. Einziger Nachteil ist der höhere Preis gegenüber den anderen Steuerungen.

Aufgrund der Eigenschaften des Frequenzumrichters entscheidet sich Herr Huber für diese Art der Steuerung.

	Schlupfänderung mit zusätzlichen Widerständen im Läuferkreis	**Frequenzumrichter**	**Polpaaränderung (Dahlanderschaltung)**	**Spannungsänderung mit Phasenanschnittsteuerung**
		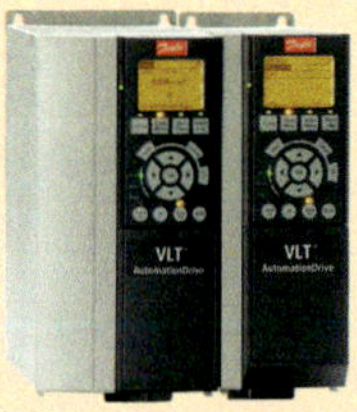		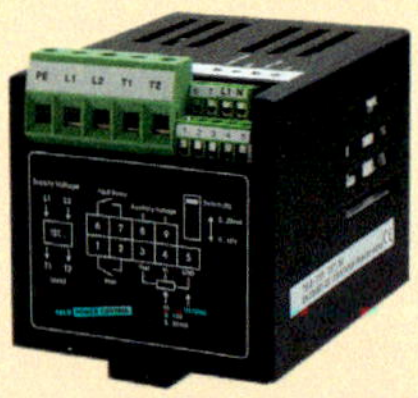
Einsetzbar für	Schleifringläufermotor	Schleifringläufer- und Kurzschlussläufermotor	Schleifringläufer- und Kurzschlussläufermotoren mit geteilten Wicklungen	Schleifringläufer- und Kurzschlussläufermotor
Steuerungsverluste	groß	gering	gering	gering
Drehzahleinstellung	stufenlos	stufenlos	nur zwei Drehzahlen	stufenlos
Erforderliche Zusatzgeräte	Steuerung zur Verstellung der Widerstände erforderlich	–	Schützsteuerung zur Umschaltung der Drehzahlen notwendig	–
Netzrückwirkungen	keine	keine	keine	groß
Anlasssteuerung integriert?	ja	ja	nein	ja
Anlaufdrehmoment	groß	groß	–	klein
Platzbedarf	groß	klein	groß	klein

1: Vergleich der Drehzahlsteuerungen

8.9 Errichten der Anlage

8.9.1 Montage des Frequenzumrichters

Um den Lastenaufzug langsam anzufahren und abzubremsen, ist es notwendig, mehrere Geschwindigkeiten (Drehzahlen) des Motors einzustellen.

Deshalb kommt neben dem neuen Aufzugsmotor ein Frequenzumrichter zum Einsatz. Dieser wird im Schaltschrank des Technikraums eingebaut. Die Auswahl des Frequenzumrichters richtet sich in erster Linie nach dem verwendeten Drehstrom-Asynchronmotor. Dieser Motor muss für den Frequenzumrichterbetrieb geeignet sein, was dem **Datenblatt** [*data sheet*] des Motors entnommen werden kann.

Für den Aufzug wird ein Drehstrom-Asynchronmotor mit folgenden Bemessungsdaten ausgewählt

Anschlussspannung:	400 V
Bemessungsstrom bei 400 V:	44 A
Leistung bei 87 Hz:	22 kW
Bemessungsdrehzahl:	80 bis 2550 1/min
Frequenz:	5 bis 87 Hz
Anzugsstrom:	6,9 I_A/I_N
Wirkungsgrad:	0,84
Bemessungsmoment:	84 Nm
Motorgewicht:	111 kg

Der für diese Motordaten ausgewählte Frequenzumrichter besitzt folgende Kenndaten.

Technische Daten, Netzversorgung 3x380-460V		Typ	6032
Ausgangsstrom		I [A] (380-440V)	44.0
		I_{MAX} (60 s) [A] (380-440V)	48.4
		I [A] (441-460V)	40.0
		I_{MAX} (60 s) [A] (441-460V)	44.0
Ausgangsleistung		S [kVA] (400V)	31.6
		S [kVA] (460V)	31.9
Typische Leistung an der Welle		P [kW]	22
Typische Leistung an der Welle		P [HP]	30
Max. Kabelquerschnitt für Motor und DC-Bus, IP 20		[mm^2]	35
Max. Kabelquerschnitt für Motor und DC-Bus, IP 54		[mm^2]	16
Max. Kabelquerschnitt für Motor und DC-Bus		[mm^2]	10
Max. Eingangsstrom		$I_{L,N}$ [A] (380V)	44.0
(RMS)		$I_{L,N}$ [A] (460V)	41.0
Max. Kabelquerschnitt Netz, IP 20		[mm^2]	35
Max. Kabelquerschnitt Netz, IP 54		[mm^2]	16
Max. Vorsicherungen		[-]/UL [A]	63/60
Wirkungsgrad bei Nennfrequenz			0.96
Gewicht IP 20		[kg]	27
Gewicht IP 54		[kg]	42
Verlustleistung bei max. Last		[W]	768
Schutzart		IP	20

2: Katalogauszug Frequenzumrichter

Das Datenblatt (Abb. 2) des Frequenzumrichters gibt folgende Auskünfte.

- Ausgangsdaten wie Ausgangsstromstärke und Ausgangsleistung
- Eingangsdaten wie Eingangsstromstärke, Vorsicherungen, Verlustleistung und Wirkungsgrad
- Montagedaten wie Kabelquerschnitte und Gewicht des FU

EMV – Elektromagnetische Verträglichkeit

Der elektrische Wechselstrom erzeugt elektromagnetische Wechselfelder. Diese können in anderen elektrischen Leitern einen Stromfluss induzieren. Bei der Vielzahl der heute in Gebrauch befindlichen elektrischen Geräte kann diese gegenseitige Beeinflussung **Funktionsstörungen** [*malfunctions*] verursachen. Um diese Störungen zu vermeiden bzw. so klein wie möglich zu halten, wurden Richtlinien für die Elektromagnetische Verträglichkeit (EMV) geschaffen.

Die Europäische EMV-Richtlinie definiert **Elektromagnetische Verträglichkeit** als die Fähigkeit eines Apparates, einer Anlage oder eines Systems, in der elektromagnetischen Umwelt zufriedenstellend zu arbeiten, ohne dabei selbst elektromagnetische Störungen zu verursachen, die für alle in dieser Umwelt vorhandenen Apparate, Anlagen oder Systeme unannehmbar wären.

Ziel bei der EMV-gemäßen Installation ist es daher

- unnötige Schaltvorgänge zu vermeiden,
- nicht vermeidbare Schaltvorgänge so langsam wie technisch vertretbar auszuführen,
- die nicht vermeidbaren Störungen lokal so eng wie möglich zu begrenzen, indem man z. B. mechanische Schaltkontakte durch parallel geschaltete RC-Glieder entstört, Gehäuse und Leitungen abschirmt, Kabelabgänge mit Drosseln versieht.

Für die Installation des elektrischen Antriebssystems der Aufzugsanlage mit Frequenzumrichter ist auf eine EMV-gemäße elektrische Installation zu achten (Abb. 1). Dies ist den Montageanweisungen der Hersteller zu entnehmen, z.B.:

- Nur abgeschirmte Motor- und Steuerkabel verwenden. Das Abschirmungsmaterial muss aus Metall (Kupfer, Aluminium oder Stahl) bestehen ①.
- Bei Installationen in starren Metallrohren sind keine abgeschirmten Leitungen erforderlich. Das Motorkabel muss jedoch getrennt zum Steuer- und Netzkabel installiert werden.
- Die **Abschirmung** *[shielding]* bzw. das Installationsrohr muss bei Motor- und Steuerkabeln beidseitig geerdet werden ②.
- Einhalten von Abständen zwischen **Steuerleitungen** *[control wires]* und Motorleitungen ③.
- Sämtliche Anlagenteile benötigen eine gute Erdung ④.
- Leitungen immer nahe der Montageplatte verlegen. Freihängende Leitungen vermeiden, da sie wie eine Antenne wirken.

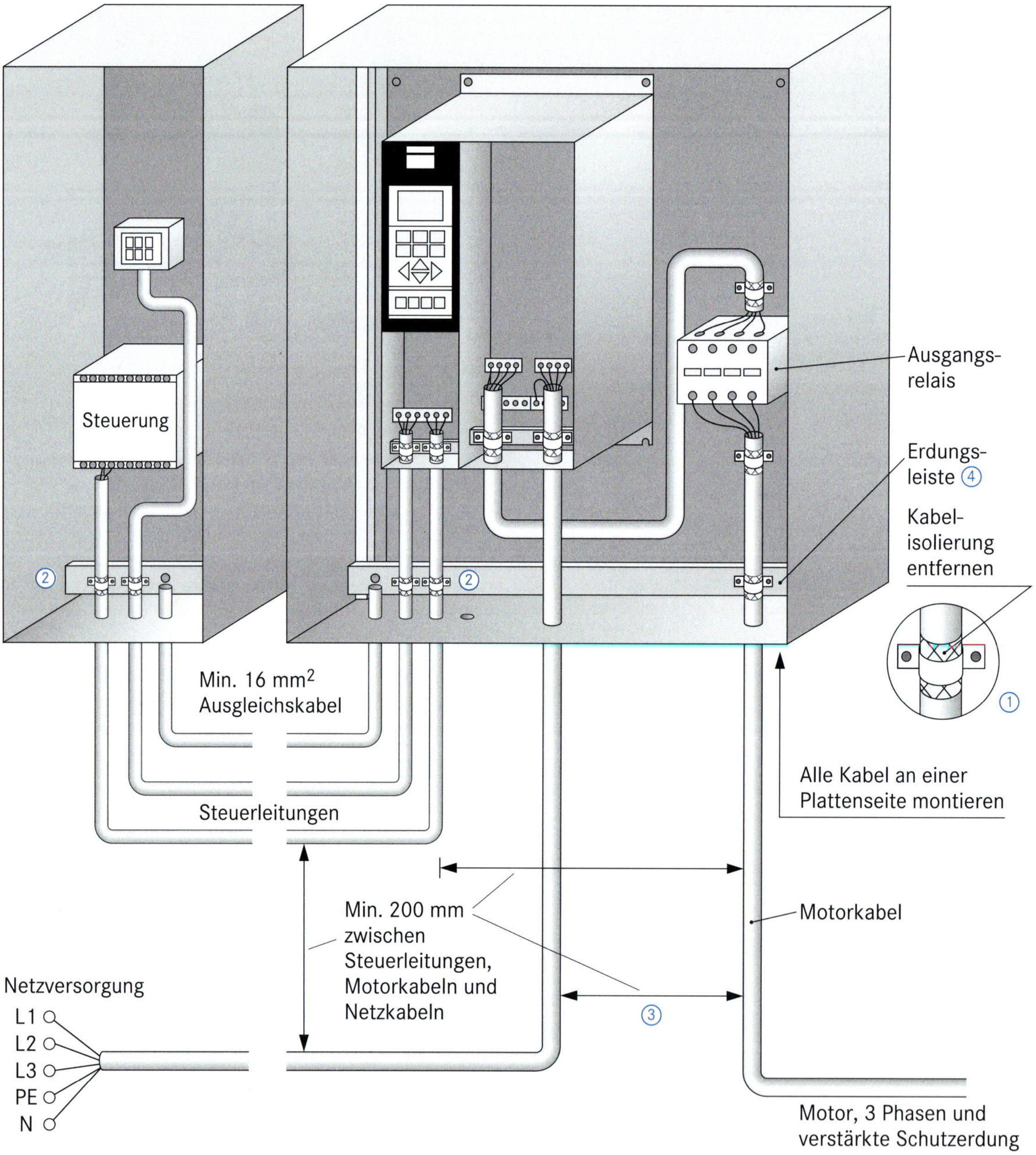

1: Installation des Frequenzumrichters (Herstellerunterlagen)

Das Schaltbild (Abb. 2) zeigt die Anschlüsse des Frequenzumrichters.

Lastkreis

- Die Netzspannungsversorgung ist an die Klemmen 91 (L1), 92 (L2) und 93 (L3) angeschlossen ①.
- Der Motor ist an die Klemmen 96 (U), 97 (V) und 98 (W) anzuschließen ②.

Steuerkreis

- **Analoge Signale** [*analog signals*] können an die Klemmen 53, 54 und 60 angeschlossen werden ③. Diese Eingänge lassen sich auf Sollwert, Istwert oder Thermistor programmieren.

  Da unser Aufzugsmotor über einen Motorvollschutz mit Temperaturfühlern verfügt, wird der analoge Eingang 53 als Thermistor programmiert.
- Bis zu acht **digitale Signale** [*digital signals*] können an die Klemmen 16–19, 27, 29, 32, 33 angeschlossen werden ④. Diese Eingänge werden über die SPS der Aufzugsanlage angesteuert.
- Es gibt zwei Analog-/Digitalausgänge (Klemmen 42 und 45 ⑤), die sich so programmieren lassen, dass sie den aktuellen Zustand eines Prozesswerts zeigen. Die Relaisausgänge 1 und 2 können zur Ausgabe des aktuellen Zustands oder einer Warnmeldung verwendet werden. Daran werden bei der Aufzugsanlage die Signalleuchten „Aufzug in Betrieb" und „Aufzugsstörung" angeschlossen.
- Über die Klemmen der RS-485-Schnittstelle (Klemme 68 und 69 ⑥) kann der Frequenzumrichter durch serielle Kommunikation gesteuert, überwacht und parametriert werden.

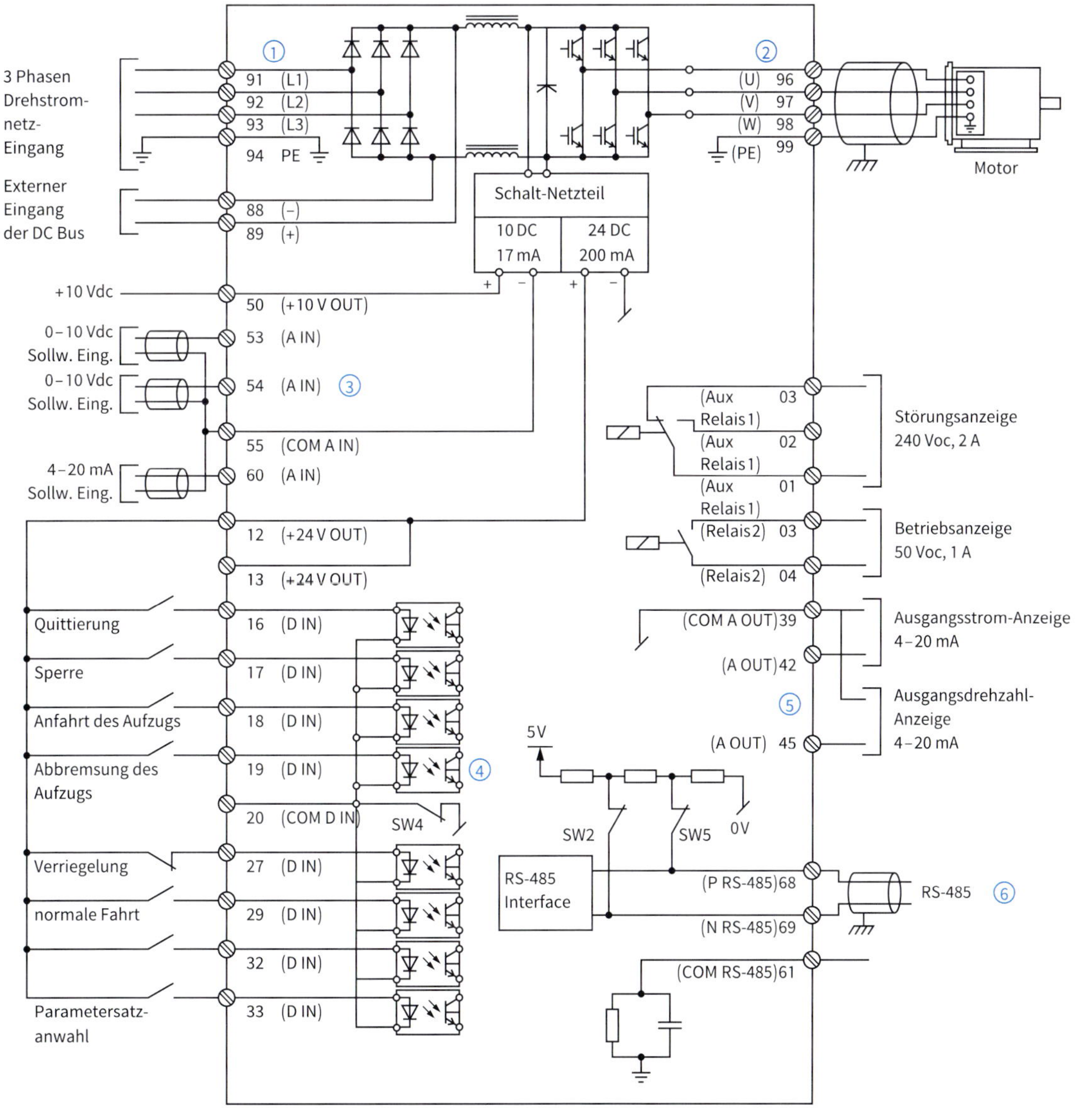

2: Anschlussplan des Frequenzumrichters (Herstellerunterlagen)

Der Frequenzumrichter wird über das **Bedienfeld** *[control panel]* (Abb. 1) oder über die PC-Schnittstelle eingestellt.

Die Funktionen des Bedienfeldes lassen sich in fünf Gruppen gliedern:

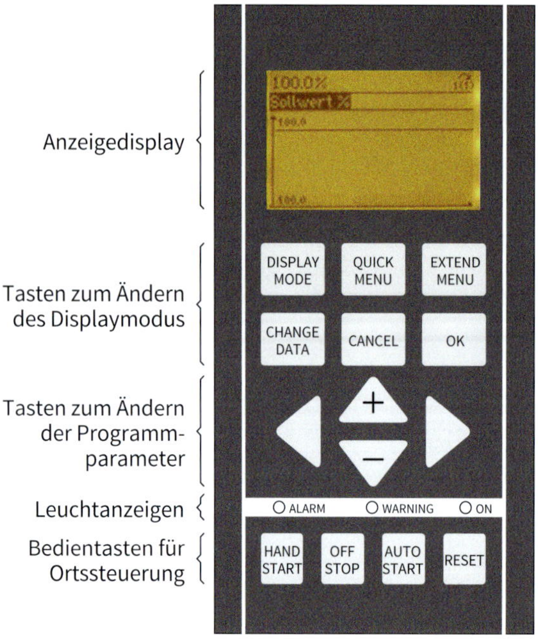

1: Bedienfeld für Frequenzumrichter

Am Frequenzumrichter lassen sich eine Vielzahl von Parametern einstellen.

Die wichtigsten Einstellparameter sind:

- **Motorspannung**
- **Motorstrom**
- **Motorleistung**
- **Motorfrequenz**
- **Motorbemessungsdrehzahl**
  Anpassung des Frequenzumrichters an die Motorbemessungsdrehzahl bei Volllast
- **Ausgangsfrequenzgrenze niedrig**
  Einstellung der Mindestfrequenz, bei der der Motor laufen darf.
- **Ausgangsfrequenzgrenze hoch**
  Einstellung der Maximalfrequenz, bei der der Motor laufen darf.
- **Rampenzeit** *[ramp time]* **auf**
  Einstellung der Zeit für die Beschleunigung des Motors von 0 Hz zum eingestellten Sollwert (Abb. 2 ①)
- **Rampenzeit ab**
  Einstellung der Zeit für die Verzögerung des Motors vom Sollwert auf 0 Hz (Abb. 2 ②)

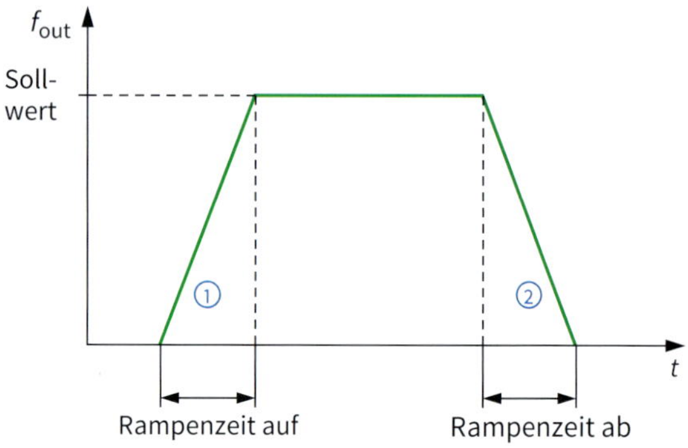

2: Rampenzeit

Der Frequenzumrichter wird über das Bedienfeld nach den Gegebenheiten der vorhandenen Aufzugsanlage programmiert. So werden alle Sensoren (Türsensoren, Lagesensoren des Fahrkorbes, Anforderungstasten des Aufzuges, der Nothalt) über eine SPS verarbeitet und als entsprechende Motor-Befehle an den Frequenzumrichter gesendet. Über eine abgeschirmte Leitung wird der Kontakt zum Motor hergestellt.

Aufgaben

1. Welche Daten findet man im Datenblatt eines Frequenzumrichters?
2. Was versteht man unter elektromagnetischer Verträglichkeit?
3. Geben Sie in Ihrem Arbeitsumfeld Beispiele von Geräten an, die EMV-Störungen verursachen.
4. Auf welche Punkte muss bei der Installation eines Frequenzumrichters besonders geachtet werden?
5. Über welche Schnittstellen kann ein Frequenzumrichter programmiert werden?
6. Nennen Sie die wichtigsten Einstellparameter eines Frequenzumrichters.

- Beim Einsatz des Frequenzumrichters muss darauf geachtet werden, dass der Motor für FU-Betrieb geeignet ist.
- Der Einbau und Anschluss des Frequenzumrichters muss nach EMV-Richtlinien erfolgen.
- Der Frequenzumrichter hat Anschlüsse für die Netz-Eingangsspannung, Motorausgangsspannung, analoge und digitale Eingänge und Ausgänge für Betriebsanzeigen.
- Am Frequenzumrichter lassen sich eine Vielzahl von Parametern über das Bedienfeld oder eine PC-Schnittstelle einstellen.

8.9.2 Montage des Motors

Eingangsprüfung

- Bei der Anlieferung des Motors ist zu überprüfen, ob eine äußerliche Beschädigung ersichtlich ist. Wird ein Schaden festgestellt, so ist der Lieferant unverzüglich zu benachrichtigen.
- Am Leistungsschild ist die Richtigkeit des gelieferten Motors zu überprüfen (Typenbezeichnung, Anschlussspannung, Leistung usw.).
- Nach Demontage der Transportsicherungen ist zu prüfen, ob sich die Motorwelle von Hand frei drehen lässt. Sonst unverzüglich an den Hersteller wenden.
- Der Isolationswiderstand ist vor der Inbetriebnahme zu prüfen. Er darf bei vielen Motorherstellern bei einer Messspannung von 500 V DC und 25 °C den Wert 10 MΩ nicht unterschreiten. Sollte dieser Wert nicht erreicht werden, so ist der Motor zu reklamieren.

Installation

Damit eine einwandfreie Funktionsweise gewährleistet ist, muss der Motor am Installationsort exakt ausgerichtet werden. Dadurch werden Lagerschäden und Brüche der Wellenenden durch Schwingungen vermieden.

Für die Stellfläche ist ein geeignetes Fundament vorzusehen. Es muss das Gewicht des Motors tragen können und auch hinreichend steif sein, um den erhöhten Kräften im Kurzschlussfall standzuhalten. Darüber hinaus ist das Fundament so zu dimensionieren, dass Schwingungen ausgeschlossen sind.

Mit Hilfe einer Wasserwaage (Abb. 3) wird überprüft, ob die Aufstellflächen für die Füße des Motors eben sind. Eventuelle Unebenheiten werden durch Unterlegscheiben korrigiert.

Anschließend werden in das Fundament die Fundamentankerschrauben eingesetzt. Der Motor wird dann an den hierfür vorgesehenen Hebeösen angehoben und auf die Schrauben gesetzt.

Die in das Fundament eingesetzten Fundamentankerschrauben sind mit den Motorfüßen zu verschrauben. Auch jetzt ist nochmals die waagerechte Ausrichtung zu überprüfen.

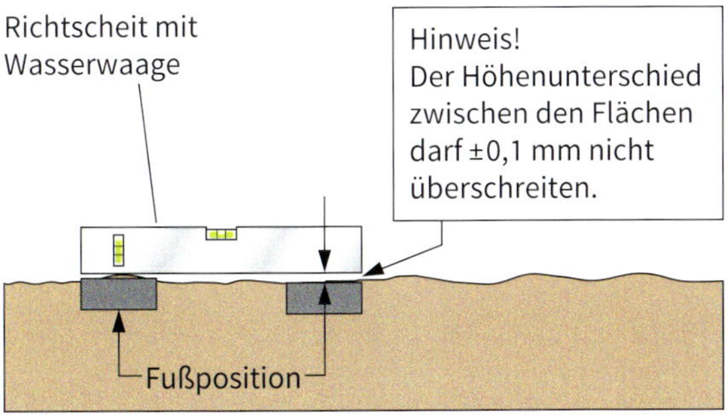

3: Ausrichtung der Stellfläche

Kühlung

Ein ungehinderter Zutritt der Kühlluft und Abführung der erwärmten Luft muss gewährleistet sein. Es muss sichergestellt werden, dass der Motor nicht durch zusätzliche Wärmestrahlung (z. B. durch Sonneneinstrahlung) erhitzt wird. Die Kühlmitteltemperatur (hier Luft) darf 40 °C nicht übersteigen.

Anbau an die Arbeitsmaschine

Bevor der Motor mit der anzutreibenden Maschine verbunden wird, muss das Wellenende gründlich gereinigt werden. Dann wird die Verbindung mit geeigneten Werkzeugen hergestellt, die eine Beschädigung der Lager ausschließen. Hier darf niemals durch Hebelwirkung und Schlagwirkung (Hammer) versucht werden, die Verbindung einzurichten.

Der Motor muss exakt zur Arbeitsmaschine ausgerichtet sein (Abb. 4). Der Versatz der Kupplung ① darf einen Wert von 0,05 mm nicht übersteigen. Die Differenz zwischen den Abständen ② und ③ darf höchstens 0,05 mm betragen.

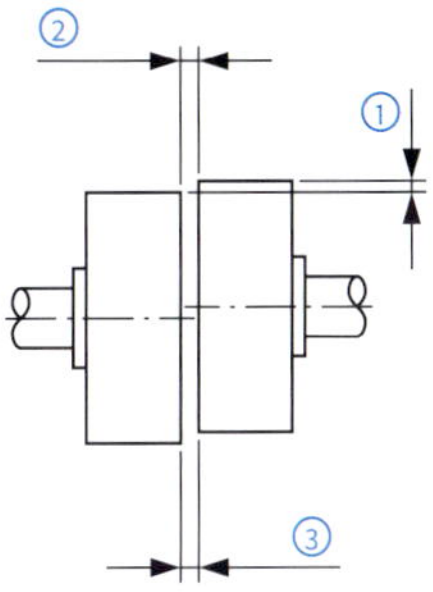

4: Kupplung

Anschluss

Der Motor wird über die Anschlüsse im Klemmenkasten EMV-gemäß mit dem Frequenzumrichter verbunden. Dabei ist darauf zu achten, dass die Kabel nicht beschädigt werden.

Neben den Anschlüssen für die Hauptwicklung und den Erdungsklemmen enthält der Klemmenkasten auch die Anschlussmöglichkeit für den Thermistorschutz. Auch dieser ist zu verdrahten und mit dem FU zu verbinden.

Da der Motor an einem Frequenzumrichter betrieben wird, muss zwischen dem Motorgehäuse und der getriebenen Maschine ein **Schutzpotenzialausgleich** hergestellt werden. Dies wird über eine Haupterdungsschiene erreicht (Abb. 5).

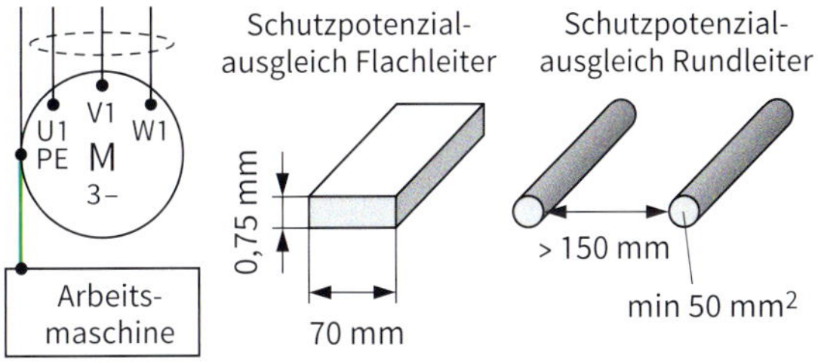

5: Schutzpotenzialausgleich

- Bei der Montage des Motors muss besonders auf den waagerechten Stand geachtet werden.
- Zwischen Motor und angetriebener Maschine muss eine sorgfältige Ausrichtung erfolgen.

8.9.3 Prüfen

Um zu gewährleisten, dass die modernisierte Aufzugsanlage elektrische Sicherheit bietet und ordnungsgemäß funktioniert, sind eine Reihe von Prüfungen durchzuführen.

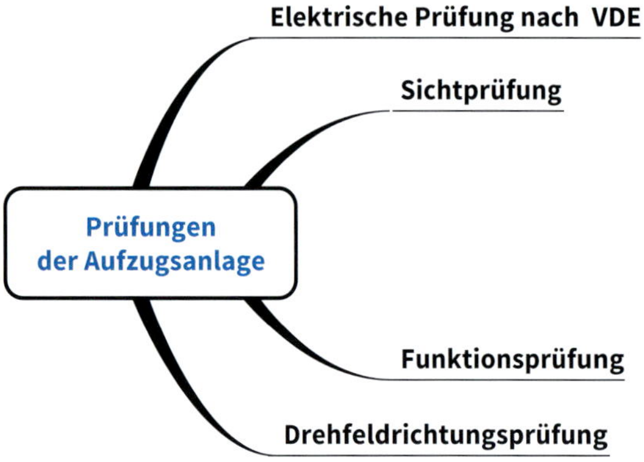

Sichtprüfung

Mit der Sichtprüfung soll festgestellt werden, dass bei einer elektrischen Anlage keine äußeren sicherheitsrelevanten Mängel vorliegen. Die Prüfung wird durch Besichtigung und Handprobe durchgeführt.

Dabei sind folgende Punkte besonders zu beachten:

- Sind die Isolierungen unbeschädigt?
- Ist der Schutzleiter angeschlossen?
- Sind Zugentlastungen und der Biegeschutz der Anschlussleitungen in Ordnung?
- Sind Beschriftungen angebracht?
- Sind die eingestellten Werte der Anlage korrekt?
- Ebenso ist auf Anzeichen von unsachgemäßem Gebrauch zu achten.

Drehfeldrichtungsprüfung

Damit Antriebsmotoren in der richtigen Richtung anlaufen, muss überprüft werden, ob die Phasenfolge des Drehstromnetzes entsprechend angeschlossen wurde. Dies kann mit Hilfe eines Drehfeldrichtungsanzeigers (Abb. 1) geschehen. Das Messgerät dient zur Ermittlung des Drehsinns bzw. der Phasenfolge in Drehstromnetzen.

1: Drehfeldrichtungsanzeiger

Elektrische Prüfung nach VDE

Folgende überprüfende Messungen sind nach DIN VDE 0100-600 vor der Inbetriebnahme erforderlich:

- Niederohmmessung der Schutzleiter und Schutzpotenzialausgleichsleiter
- Isolationswiderstand R_{iso}
- Erdungswiderstand R_E
- Schleifenimpedanz Z_S
- Netzinnenwiderstand R_i
- Funktion der Fehlerstrom-Schutzeinrichtung

Diese Prüfungen werden wie in Kap. 5.4 beschrieben durchgeführt.

Funktionsprüfung

Nach dem Messen erfolgt die Funktionsprüfung durch Erprobung.

Hierdurch wird sichergestellt, dass

- die Steuerung des Aufzugsantriebes und
- der Antriebsmotor

entsprechend den Anforderungen richtig montiert, eingestellt und errichtet sind.

Die Ergebnisse der Prüfungen werden in ein Prüfprotokoll (Abb. 2) eingetragen.

Abschließende Beurteilung

Die Prüfung gilt als bestanden, wenn alle erforderlichen Teilprüfungen erfolgreich abgeschlossen sind. Andernfalls darf die Anlage in diesem Zustand nicht verwendet werden und muss entsprechend DIN VDE 0701-0702 repariert werden.

Die Auswertung des Prüfprotokolls der Aufzugsanlage zeigt keine Auffälligkeiten. Die Anlage kann in Betrieb genommen werden.

Prüfprotokoll

Die Betriebssicherheitsverordnung schreibt Erst- und Wiederholungsprüfungen von elektrischen Anlagen verbindlich vor. Die Mess- und Prüfprotokolle sind für den Betreiber einer elektrischen Anlage von Wichtigkeit, wenn es zu einem Unfall mit dem geprüften Gerät kommen sollte. Wird der Verantwortliche in einen Personen- oder Schadensprozess verwickelt, muss er nachweisen, dass er seinen Sorgfaltspflichten nachgekommen ist.

Sollte er dies z.B. anhand eines Prüfprotokolls nachweisen können, so ist eine strafrechtliche Verurteilung – trotz des Unfalls – so gut wie auszuschließen. Zur eigenen Absicherung ist es daher unerlässlich, dass die durchgeführten Prüfungen an den elektrischen Geräten und Anlagen mit den entsprechenden Messwerten in einem Prüfprotokoll festgehalten werden. Das Messprotokoll dient als Beweisurkunde.

Prüfung elektrischer Anlagen
Prüfprotokoll

Nr. Blatt .... von	Kunden Nr.: A 123
Auftraggeber: Ziegelei Eder Auftrag Nr.:	Auftragnehmer: Elektro Huber
Anlage: Lastenaufzug	

Prüfung nach: DIN VDE 0100 Teil 600 ☐ DIN VDE 0105 ☐ BGV ☐ .... / .... ☐

Neuanlage ☐ Erweiterung ☐ Änderung ☒ Instandsetzung ☐ Wiederholungsprüfung ☐ E-CHECK ☐

Beginn der Prüfung: 17. 07. 2020	Beauftragter des Auftraggebers:	Prüfer: Meier
Ende der Prüfung: 17. 07. 2020		

Netz ....—...... / ....400.... V Netzform: TN-C ☐ TN-S ☒ TN-C-S ☐ TT ☐ IT ☐

EVU/VNB

Besichtigen	i.O.	n.i.O.		i.O.	n.i.O.		i.O.	n.i.O.
Auswahl der Betriebsmittel	☒	☐	Kennzeichnung Stromkreis, Betriebsmittel	☒	☐	Zugänglichkeit	☒	☐
Trenn- und Schaltgeräte	☒	☐	Kennzeichnung N- und PE-Leiter	☒	☐	Schutzpotenzialausgleich	☒	☐
Brandabschottungen	☒	☐	Leiterverbindungen	☒	☐	Zus. örtl. Schutzpotenzialausgl.	☒	☐
Gebäudesystemtechnik	☐	☐	Schutz- und Überwachungseinrichtungen	☒	☐	Dokumentation	☒	☐
Kabel, Leitungen, Stromschienen	☒	☐	Schutz gegen direktes Berühren	☒	☐	siehe Ergänzungsblätter ☐		
Erproben			Funktion der Schutz-, Sicherheits- und			Rechtsdrehfeld der		
Funktionsprüfung der Anlage	☒	☐	Überwachungseinrichtungen	☒	☐	Drehstromsteckdose	☐	☐
FI-Schutzschalter (RCD)	☒	☐	Drehrichtung der Motoren	☒	☐	Gebäudesystemtechnik	☐	☐

Messen Stromkreisverteiler Nr.:

Stromkreis Nr.	Stromkreis Zielbezeichnung	Leitung/Kabel Typ	Leiter Anzahl	Leiter Querschnitt (mm²)	Überstrom-Schutzeinrichtung Art Charakteristik	I_N [A]	Z_s [Ω] ☐ / I_k [A] ☐	R_{iso} (MΩ) ohne ☐ / mit ☐ Verbraucher	Fehlerstrom-Schutzeinrichtung (RCD) I_N/Art [A]	$I_{\Delta N}$ [mA]	I_Δ [mA]	Ausl.-Zeit t_a [ms]	U_L =...V / U_{mess} (V)	Fehlercode
			x											
			x											
			x											
			x											
			x											
			x											
			x											
			x											

Durchgängigkeit Schutzpotenzialausgleich (< 1 Ω nachgewiesen) Erdungswiderstand: R_E .... Ω

Fundamenterder	☐	Hauptwasserleitung	☐	Heizungsanlage	☐	EDV-Anlage	☐	Antennenanlage BK	☐
Haupterdungsschiene	☒	Hauptschutzleiter	☐	Klimaanlage	☐	Telefonanlage	☐	Gebäudekonstruktion	☐
Wasserzwischenzähler	☐	Gasinnenleitung	☐	Aufzugsanlage	☐	Blitzschutzanlage	☐		☐

verwendete Messgeräte nach DIN VDE	Fabrikat: Typ:	Fabrikat: Typ:	Fabrikat: Typ:

Prüfergebnis: keine Mängel festgestellt ☒ / Mängel festgestellt ☐	Prüf-Plakette angebracht: ja ☒ / nein ☐	Nächster Prüftermin: 07/2022

Auftraggeber:	**Prüfer:**
Gemäß Übergabebericht elektrische Anlage vollständig übernommen ☒	Die elektrische Anlage entspricht den anerkannten Regeln der Elektrotechnik ☒
Zustandsbericht erhalten ☒	Die elektrische Anlage entspricht nicht den anerkannten Regeln der Elektrotechnik ☐
Rgbg, 17. 07. 2020 (Ort, Datum) Huber (Unterschrift)	Rgbg, 17. 07. 2020 (Ort, Datum) Meier (Unterschrift)

2: Prüfprotokoll

8.10 Inbetriebnahme und Kundenübergabe

Nachdem im Prüfprotokoll keine Auffälligkeiten festgehalten wurden, wird die Aufzugsanlage in Betrieb genommen. Dazu werden alle Aufgaben der Anlage auf Funktion überprüft.

- Funktionieren die Sicherheitslichtschranken an den Aufzugstüren?
- Ist die Geschwindigkeit des Aufzuges in Ordnung?
- Ist der Anfahr- und Bremsweg der Aufzugskabine richtig eingestellt?
- Funktionieren alle Aufzugsanforderungstasten, sowohl im Aufzug als auch in den einzelnen Stockwerken?
- Funktioniert die Signalisierung?
- Funktionieren die Notfalleinrichtungen?

Mit Hilfe des **Zangenamperemeters** [*clamp-on amperemeter*] werden zudem die Motorstromstärken I_1, I_2 und I_3 überprüft. Alle drei gemessenen Werte müssen gleich groß sein.

Ist die Inbetriebnahme vollständig und ohne Beanstandungen abgeschlossen, so ist bei Aufzugsanlagen eine Prüfung durch eine zugelassene Überwachungsstelle wie TÜV SÜD notwendig.

Zugelassene Überwachungsstellen

Zugelassene Überwachungsstellen wie der TÜV Süd oder der TÜV Rheinland sollen die Menschen und die Umwelt vor den Gefahren technischer Anlagen und Einrichtungen aller Art schützen. Dabei überprüfen unabhängige Gutachter überwachungsbedürftige Anlagen, Kraftfahrzeuge, Energieanlagen und Geräte. Es wird die Einhaltung von Standards und Normen für Dienstleistungen und Produkte überwacht.

Eine besondere Bedeutung bekommt zunehmend die unabhängige Prüfung von IT-Systemen und Ablaufprozessen in Unternehmen.

Die zugelassenen Überwachungsstellen sind auch Dienstleister als Projektentwickler für Energie- und Verkehrskonzepte, als Gutachter und Berater auf dem Gebiet des Umweltschutzes und als Zertifizierungsstellen (z. B. für EN ISO 9000 ff.).

Übergabe

Wurde die Prüfung durch die zugelassene Überwachungsstelle erfolgreich abgeschlossen, so kann die modernisierte Anlage dem Auftraggeber übergeben werden. Hierbei werden dem Kunden die Funktion der Anlage genau erklärt und Hinweise für den Fehlerfall gegeben. Da es bei der Aufzugsanlage auch zum Einschluss von Personen im Aufzug kommen kann, ist gerade das Verhalten im Störungsfall von besonderer Wichtigkeit.

Herr Eder, die Modernisierung der Aufzugsanlage ist abgeschlossen. Sie werden sehen, dass sich die neue Steuerung im Zusammenwirken mit dem wartungsfreien Aufzugsmotor bezahlt macht.

Vielen Dank Herr Huber. Ich bin froh, dass alles so schnell und glatt über die Bühne gegangen ist. Einen längeren Ausfall dieses Aufzuges hätten wir uns einfach nicht leisten können!

Ich werde Ihnen jetzt noch einige Wartungshinweise geben und anschließend die Funktionalität der Anlage vorführen. Herr Eder,

- untersuchen Sie den Motor in regelmäßigen Abständen (Sichtprüfung).
- halten Sie den Motor sauber und sorgen Sie für einen freien Kühlluftstrom.
- überprüfen Sie regelmäßig den Zustand aller Verbindungen und Verbindungselemente (z. B. Schrauben).
- überprüfen Sie den Zustand der Lager mit dem Gehör auf ungewöhnliche Geräusche.

Der Motor ist mit dauergeschmierten Lagern ausgestattet. Dadurch ist er äußerst wartungsarm. Eine Erneuerung der Schmierung ist erst nach ca. 40000 Betriebsstunden notwendig. Diese Hinweise zur Aufzugsanlage sind auch in der Dokumentation für Sie zusammengefasst.

Aufgaben

1. Nennen Sie die Montageschritte, die bei der Motorinstallation erforderlich sind.
2. Welche Prüfungen müssen stattfinden, damit der Motor in Betrieb genommen werden darf?
3. Welche Daten stehen in einem Prüfprotokoll?
4. Welche Aspekte sind bei der Übergabe an den Kunden zu erläutern?

- Zur Inbetriebnahme elektrischer Anlagen sind eine Reihe von Prüfungen zu durchlaufen und in ein Prüfprotokoll einzutragen.
- Bei der Übergabe der Anlage findet eine Nutzereinweisung statt.
- Für den Auftraggeber und Auftragnehmer wird eine schriftliche Dokumentation erstellt.

Dokumentation

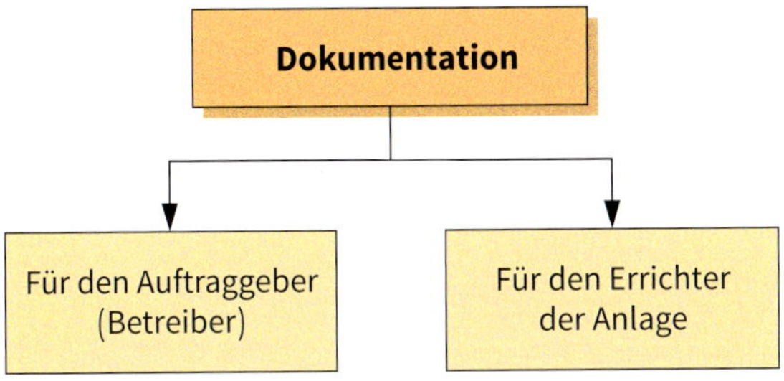

Der **Auftraggeber** erhält zusätzlich zu den mündlichen Hinweisen zur Aufzugsanlage eine Dokumentation. Sie ermöglicht dem Verantwortlichen jederzeit den Nachweis, dass er seinen Verpflichtungen nachgekommen ist.

Die Dokumentation beinhaltet:

- die Messprotokolle aus der Funktionsprüfung,
- die aktualisierten Stromlaufpläne der Aufzugsanlage,
- die Funktionsbeschreibung,
- Verhaltenshinweise im Störungsfall,
- Hinweise zu Fehlermeldeanzeigen der Steuerung und
- Wartungshinweise des elektrischen Antriebes.

Der **Chef der ausführenden Firma** erhält von beteiligten Arbeitern einen Tätigkeitsbericht. Dieser dient sowohl als Nachweis für die Tätigkeit der Arbeiter als auch als Grundlage für die nachfolgende Rechnungsstellung.

Der Tätigkeitsbericht muss Angaben über die ausgeführten Arbeiten in chronologischer Reihenfolge enthalten, die beteiligten Personen nennen und vom verantwortlichen Arbeiter unterschrieben werden.

Elektrostraße 3
93053 Regensburg
Telefon (0941) 12 34-0
Telefax (0941) 12 34-20

Huber Elektrotechnik

Tätigkeitsbericht

Arbeitsstelle: Ziegelei Eder
Modernisierung des Lastenaufzuges

Beteiligte Arbeiter: Johann Meier, Michael Hubert, Heinz Klein

Datum: 17. 07. 2020

Arbeitsbeginn: 7.00 Uhr

Abfahrt zur Arbeitsstelle: 7.30 Uhr

Ankunft an der Arbeitsstelle: 7.45 Uhr

Tätigkeiten:
Zunächst Vorbesprechung der Arbeiten
Anlage außer Betrieb setzen, Warnschilder anbringen
Alten Aufzugsmotor ausgebaut, alte Steuerung ausgebaut
Neue Leitungen vom Schaltschrank zum Aufzugsmotor im Installationsrohr verlegt
Neuen Aufzugsmotor eingebaut und angeschlossen
Im Schaltschrank die vorhandenen (noch verwendbaren Geräte) neu verdrahtet
Die neue Steuerung mit Frequenzumrichter in den Schaltschrank eingebaut und verdrahtet
Frequenzumrichter parametriert
Funktionsprüfung, VDE-Prüfung, Inbetriebnahme durchgeführt
Baustelle gereinigt und Abfälle entsorgt
Kundenübergabe

Abfahrt von der Arbeitsstelle: 16.30 Uhr

Besonderheiten: keine

Datum: 17. 07. 2020 **Unterschrift:** Johann Meier

1: Tätigkeitsbericht

8.11 Servoantriebe

Unter Servoantrieben versteht man elektrische Antriebe für die Automatisierungstechnik. Dabei handelt es sich meist um Geräte zum Bewegen und Positionieren von kleineren Lasten in der Automatisierungstechnik. Der Leistungsbereich dieser Antriebe geht bis in den zweistelligen kW-Bereich.

Einsatzgebiete von Servoantrieben

- Antriebssysteme mit mehreren zu koordinierenden Bewegungen
- Positionieraufgaben mit hoher Genauigkeit (z. B. Roboter, Werkzeugmaschinen, Handhabungsgeräte)
- Verkettung mehrerer Antriebe mit hohen Anforderungen an Winkelgleichlauf (z. B. Druckmaschinen, Transportanlagen, Schneideeinrichtungen)
- Elektronische Kurvenscheiben

Anforderungen

Damit die Antriebe in den genannten Anwendungsbereichen eingesetzt werden können, müssen sie folgende Anforderungen erfüllen:

- Großer Drehzahlbereich
- Hohes Drehmoment und Dynamik (kurzzeitige Spitzendrehmomente)
- Hohe kurzzeitige Überlastbarkeit
- Gute Rundlaufeigenschaften im gesamten Drehzahlbereich
- Hohe Genauigkeit bei Positionierung bzw. Winkelgleichlauf

Ein Servoantrieb besteht aus unterschiedlichen Baugruppen (Abb. 1), die im Folgenden beschrieben werden.

8.11.1 Servomotoren

Der Servomotor (Abb. 2) kann verschiedene vorgegebene Positionen anfahren (Positionierung) und diese dann beibehalten. Das Anfahren und Beibehalten der vorgegebenen Positionen wird durch den Servo-Umrichter vorgenommen.

Zum genauen Einstellen der Position sind nach Abbildung 1 der Servomotor ① und seine Regelung ② mit einer Messeinrichtung (Drehgeber) ③ versehen.

2: Servomotoren

8.11.1.1 Synchron-Servomotor

Aufbau

Motoren dieser Bauart sind wie bürstenlose Synchronmotoren aufgebaut und werden mit Dreiphasen-Wechselstrom gespeist. Der Ständer besteht aus Eisen, in dem die Dreiphasen-Wechselstromwicklung eingelegt ist. Diese Wicklung kann wie bei einem Synchronmotor z. B. vierpolig oder sechspolig sein, um eine veränderte Bemessungsdrehzahl zu erhalten. Der Rotor im Inneren ist aus Läuferblechen hergestellt, auf denen Permanentmagnete aufgesetzt sind (permanent erregter AC-Synchron-Servomotor).

Um die Energieeffizienz zu verbessern, wird als Material für die Permanentmagnete nicht wie üblich Ferrit benutzt, sondern spezielle Materialien (seltene Erden), wie z. B. Neodym-Eisen-Bor.

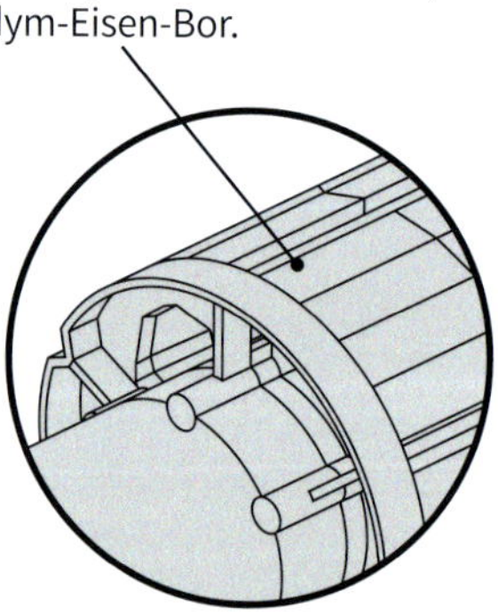

3: Läufer mit Permanentmagneten

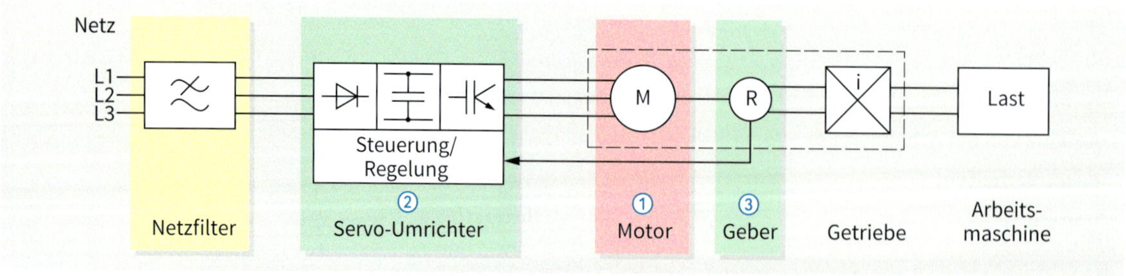

1: Baugruppen des Servoantriebs

Der Stator kann entweder als Einziehwicklung (Abb. 4) oder als Zahnwicklung (Abb. 5) gestaltet sein.

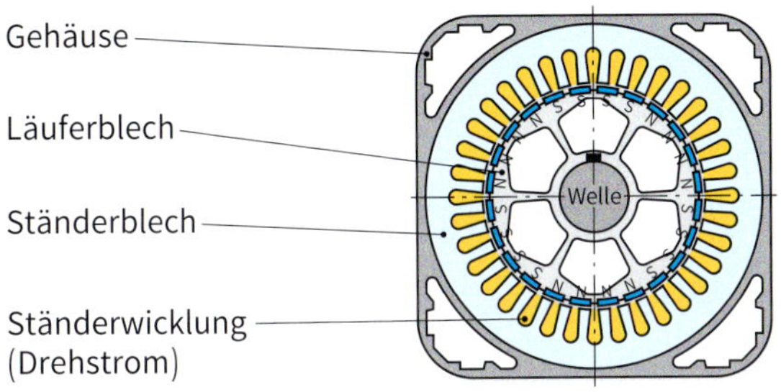

4: Synchron-Servomotor mit Einziehwicklung

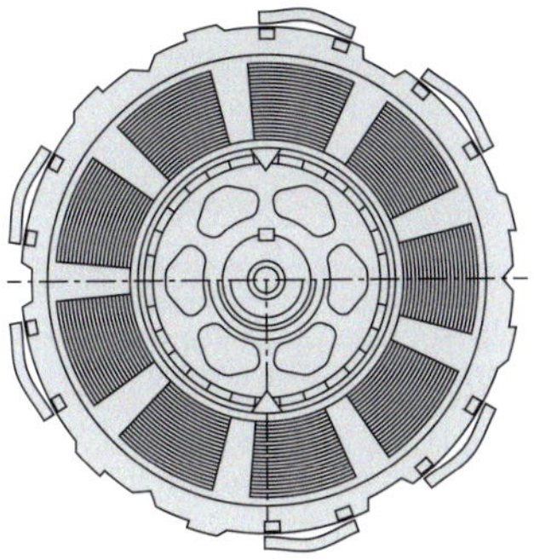

5: Synchron-Servomotor mit Zahnwicklung

Funktionsweise

Um den Motor zu betreiben, wird er an den Servo-Umrichter angeschlossen, der das notwendige Statordrehfeld erzeugt (Abb. 1 ②). Zwischen dem Drehfeld des Stators (umlaufendes Drehfeld) und dem Läufer (Nord- und Südpole des Polrades mit Permanentmagneten) findet eine magnetische Kopplung statt, die den Läufer beschleunigt.

Da sich das Polrad mit synchroner Drehzahl genauso schnell dreht wie das Ständerdrehfeld, wird der Servomotor Synchron-Servomotor genannt.

Wie beim Synchronmotor bestimmt auch beim Servomotor die Drehzahl des Ständerdrehfeldes die Läuferdrehzahl. Mithilfe des Servo-Umrichters kann die Drehzahl stufenlos von $n = 0$ auf beliebige Werte eingestellt werden. Zum Bremsen des Motors wird die Frequenz des Drehfeldes schnell auf $f = 0$ Hz heruntergefahren.

Das Polrad dreht sich im Leerlauf genau unter den ausgebildeten Magnetpolen des Drehfeldes. Wird der Synchronmotor belastet, entsteht zwischen Drehfeld und Polrad eine Verschiebung, die als Lastwinkel δ bezeichnet wird. Das Polrad eilt dem Drehfeld nach.

Wie bei allen Synchronmotoren darf der Motor nicht durch eine zu große Belastung außer Tritt fallen. Dies ist gegeben, wenn der Lastwinkel des Motors größer 90° wird.

Bei einem Lastwinkel von 90° hat der Motor sein maximales Drehmoment. Um dieses maximale Drehmoment zu nutzen, muss der Servo-Umrichter dafür sorgen, dass der Läufer und das Statordrehfeld stets eine optimale Lage zueinander haben (elektrisch 90°). Dies wird erreicht, wenn die Lage des Rotors (Ist-Position) mithilfe von Sensoren erfasst und damit im Servo-Umrichter die zeitliche Lage der Phasenströme an den Läufer angepasst wird. Abbildung 6 zeigt die gleichzeitige Stromführung im Stator (drei um 120° versetzte Ströme), die durch den Servo-Umrichter erzeugt wird, und das daraus resultierende Magnetfeld.

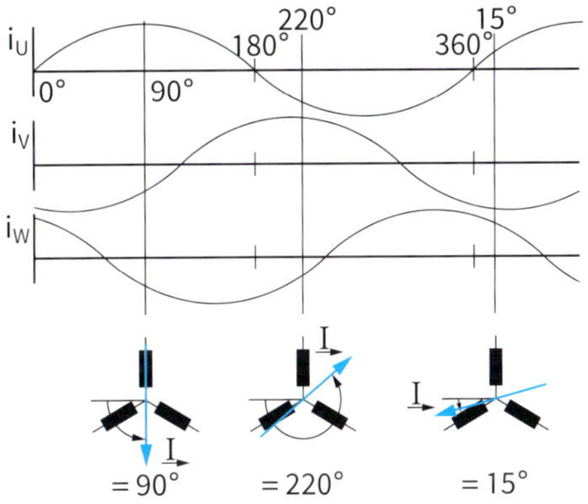

6: Strom- und Feldverlauf im Stator

Im Läufer ergibt sich dann die in Abbildung 7 gezeigte Rotorlage.

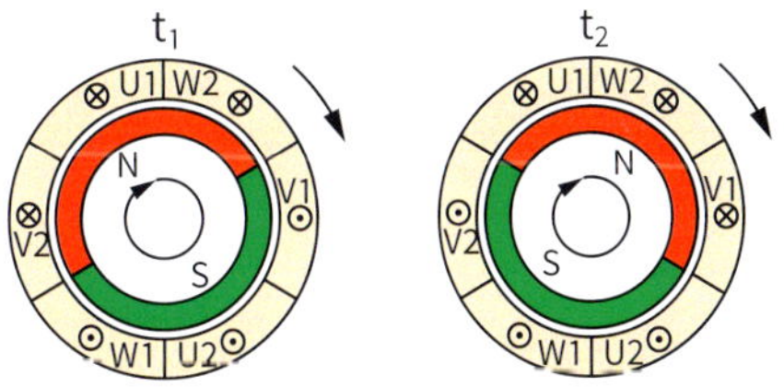

7: Rotorlage

Drehmoment-Drehzahl-Kennlinie

Aufgrund der vom Läufer in den Stator induzierten Gegenspannung (Spannungsinduktion des Rotors in den Stator), die bei höherer Drehzahl des Motors steigt, verringert sich das maximale Drehmoment mit steigender Drehzahl ab einem gewissen Punkt (Abb. 8 ①).

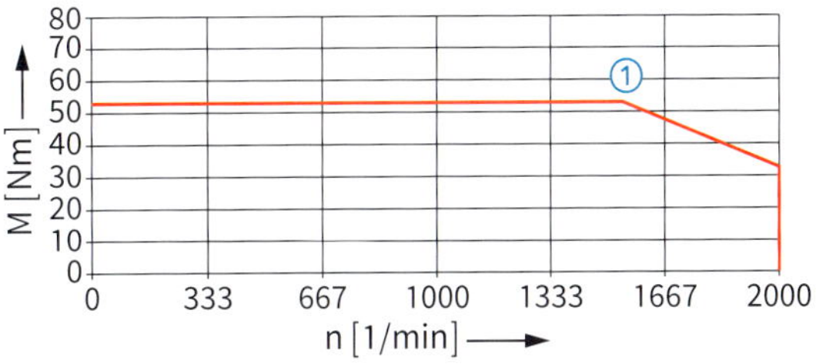

8: Drehmoment-Drehzahl-Kennlinie

8.11.1.2 Asynchron-Servomotor

Aufbau

Der Stator ist beim Asynchron-Servomotor ähnlich aufgebaut wie der Stator des Synchron-Servomotors. Der Rotor (Abb. 1) unterscheidet sich allerdings, d. h. er ist ein Kurzschlussläufer (kurzgeschlossene Wicklung, meist aus Kupfer) und somit kein Läufer mit Permanentmagneten.

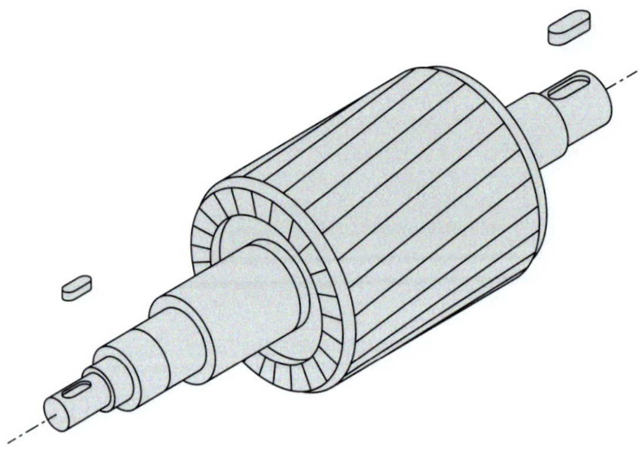

1: Rotor des Asynchron-Servomotors

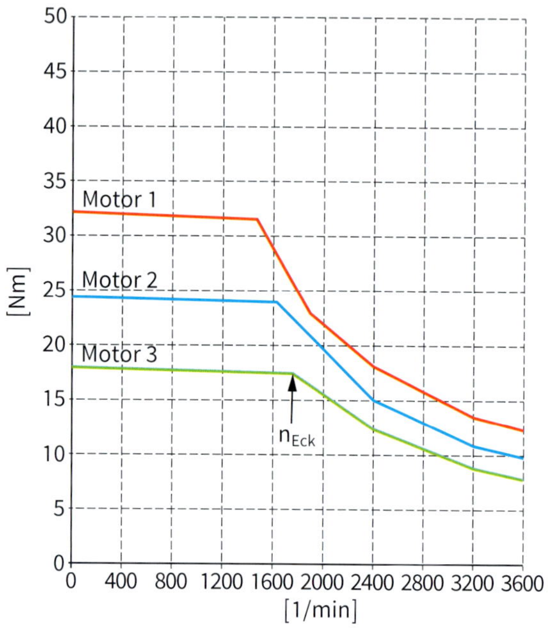

2: Rotor des Asynchron-Servomotors

Funktionsweise

Genau wie beim Asynchronmotor erzeugt der Drehstrom in der Statorwicklung ein Drehfeld, das mit synchroner Drehzahl (Drehfelddrehzahl) umläuft. Dieses Drehfeld induziert in der Läuferwicklung eine Spannung, die im kurzgeschlossenen Läuferkäfig einen Strom hervorruft, der seinerseits ein Magnetfeld aufbaut. Beide Magnetfelder (Ständer und Läufer) wirken so aufeinander, dass ein Drehmoment entsteht, das den Läufer im gleichen Drehsinn wie das Statordrehfeld drehen lässt. Wenn Feldlinien des umlaufenden Statordrehfeldes von den Läuferstäben geschnitten werden, entsteht ein Stromfluss im Läufer.

Der Läufer kann nie mit dem Drehfeld im Gleichlauf (synchron) sein, sondern muss stets etwas hinter der Drehfelddrehzahl zurückbleiben. Er läuft asynchron.

Die heutigen Servo-Umrichter sind in der Lage, Drehströme zu erzeugen, die stets eine optimale Lage vom Statormagnetfeld zum Läufermagnetfeld garantieren. Um die optimalen Ströme zu berechnen, benötigt der Servo-Regler Sensordaten mit Abtastzeiten im Mikrosekundenbereich, womit eine neue optimale Ausrichtung des Magnetfeldes generiert wird.

Drehmoment-Drehzahl-Kennlinie

Auch beim Asynchron-Servomotor nimmt ab einer bestimmten Drehzahl (Eckdrehzahl) das Drehmoment stark ab. Die Lage des Eckpunktes wird bestimmt durch die Auswahl des Servo-Umrichters und des Motors selbst. Abbildung 2 zeigt beispielhaft die Drehmoment-Drehzahl-Kennlinien für drei unterschiedliche Motoren.

Vorteile des Asynchron-Servomotors gegenüber dem Synchron-Servomotor

Beim Asynchron-Servomotor treten nur geringe sogenannte **Rastmomente** *[cogging torques]* auf. Die Rastmomente entstehen durch die magnetischen Anziehungskräfte zwischem dem vernuteten Eisenkern der Motorwicklung und den Permanentmagneten des Rotors. Durch das Drehen des Rotors kann im Drehmomentprofil eine sinusförmige Welligkeit beobachtet werden. Sie sind verstärkt bei Motoren mit Dauermagneten zu finden, wie dem Synchron-Servomotor. Das hohe Rastmoment beim Synchron-Servomotor entsteht durch die Änderung der Größe des Luftspalts beim Wechsel der Statornuten gegenüber den Permanentmagneten des Ankers. Dies führt zur Veränderung des magnetischen Widerstands und damit der Kräfte auf den Rotor.

Die Rastmomente verursachen ein schwankendes Drehmoment und einen unruhigeren Lauf. Außerdem verbleibt der Rotor nach dem Ausschalten nur in bestimmten Lagen bzw. Stellungen (Einrasten).

Nachteile des Asynchron-Servomotors gegenüber dem Synchron-Servomotor

Aufgrund der drehzahlabhängigen thermischen Belastungen der Maschine ist beim Asynchron-Servomotor oft eine Fremdkühlung nötig, z. B. durch Lüfter.

Des Weiteren ist der Wirkungsgrad des Asynchron-Servomotors im unteren Leistungsbereich geringer als der Wirkungsgrad der Synchron-Servomotors. Der Asynchron-Servomotor wird deshalb in erster Linie im höheren Leistungsbereich eingesetzt. Außerdem besitzt der Asynchron-Servomotor keine so hohen kurzzeitigen Überlastfähigkeiten.

8.11.1.3 Linear-Servomotor (Linearmotor)

Aufbau

Wie jede elektrische Maschine besteht auch ein Linearmotor aus einem Primärteil (Stator-Induktorkamm) und einem Sekundärteil (Läuferschiene). Allerdings entsteht zwischen ihnen keine Drehbewegung, sondern eine lineare (geradlinige) Bewegung.

Der prinzipielle Aufbau des Linearmotors wird deutlich, wenn man sich den rotierenden Motor aufgeschnitten und in die Länge gezogen vorstellt (Abb. 3).

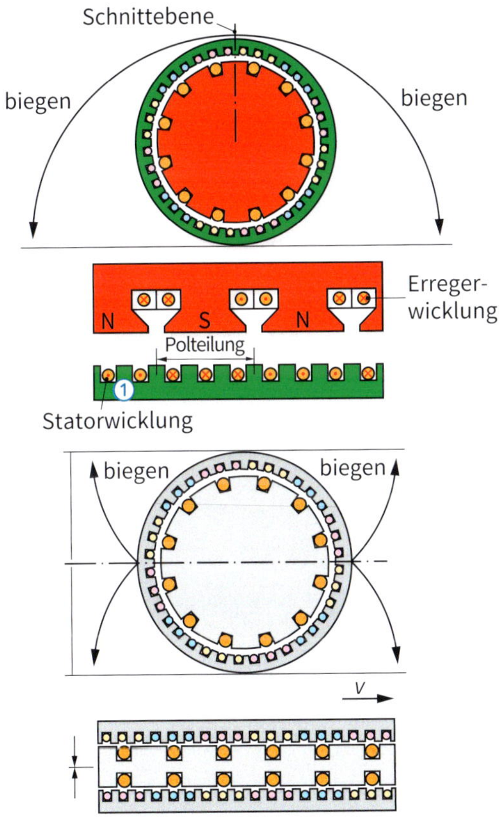

3: Prinzip der Entstehung des Linearmotors

- Linearmotoren funktionieren im Prinzip wie Asychronmotoren, nur die bauliche Ausführung ist unterschiedlich.

Wirkungsweise

Der Primärteil (Abb. 3, Stator ①) wird an Drehstrom angeschlossen. Das entstehende Magnetfeld ist im Gegensatz zum Asynchronmotor kein Drehfeld, sondern ein Wanderfeld, das sich in linearer Richtung (Abb. 4) fortbewegt.

Dieses Wanderfeld induziert im Sekundärteil eine Spannung, weshalb dort auch ein Strom fließt. Somit befinden sich stromdurchflossene Leiter in einem Magnetfeld.

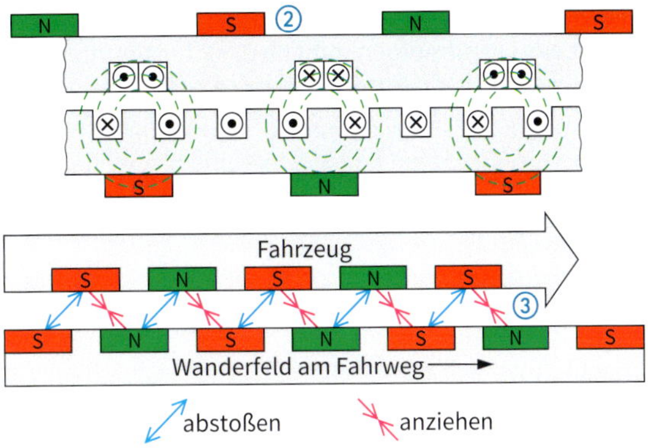

4: Wanderfeld

Diese Leiter bilden auch im bewegbaren Teil der Maschine magnetische Pole ② aus. Zwischen Primär- und Sekundärteil wirken somit magnetische Kräfte ③. Da das Sekundärteil (z. B. Schiene) fest ist, kann sich nur der frei bewegliche Primärteil aufgrund der magnetischen Kräfte in Bewegung setzen.

Wie bei der Asynchronmaschine ist auch beim Linearmotor ein Schlupf's vorhanden. Somit liegt die Geschwindigkeit des Motors unter der der Wanderfeldgeschwindigkeit. Wäre die Geschwindigkeit des Motors gleich der Wanderfeldgeschwindigkeit, würde keine Spannung mehr in die Sekundärspule induziert. Die Kraft ist gleich Null.

Durch Umpolung des Wanderfeldes kann die Bewegungsrichtung geändert werden. Mittels Frequenzänderung des Wanderfeldes wird die Geschwindigkeit geregelt.

- Durch das Wanderfeld entsteht eine lineare Bewegung des Primärteils.

Bei den Linearmotoren für die Automatisierungstechnik wird das Sekundärteil häufig aus einem Trägermaterial aus Stahl mit aufgeklebten Permanentmagneten erstellt (Abb. 5 ④). Somit ist allein das Magnetfeld des Primärteils ausschlaggebend für die Kraftmomentbildung. Dieser Linearmotor läuft dann synchron.

Die nicht mehr notwendige Induktion für die Magnetfeldbildung im Sekundärteil ⑤ entfällt und erleichtert auch die Regelung des Antriebssystems.

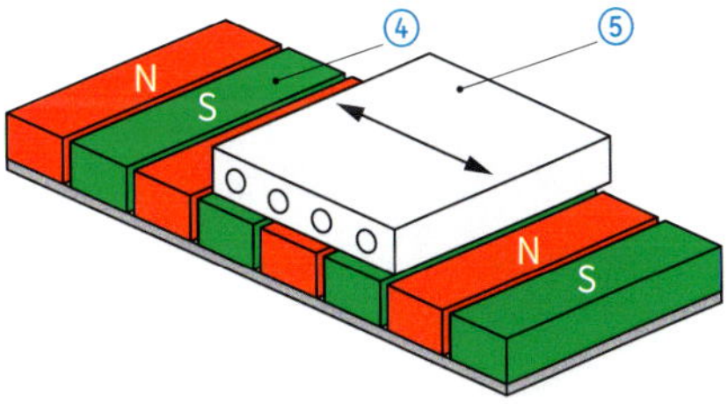

5: Primär- und Sekundärteil

Motorkennlinie

Auch beim Linearmotor nimmt ab einer bestimmten Geschwindigkeit die Motornennkraft ab. Die Lage des Eckpunktes (Abb. 1 ①) wird bestimmt durch die Auswahl des Servo-Verstärkers und des Linearmotors selbst.

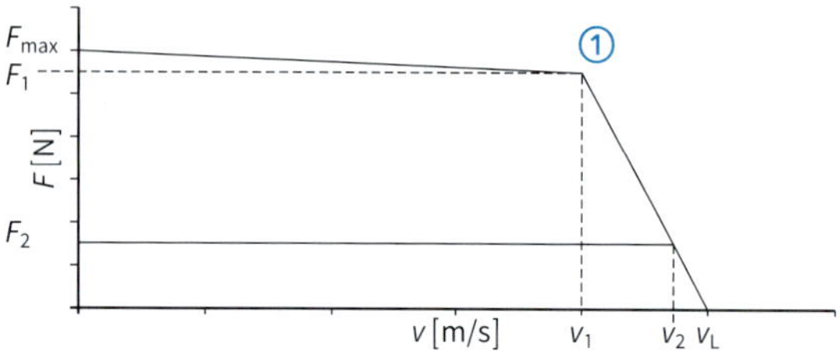

1: Motorkennlinie

Einsatz

Linearmotoren werden bei vielen Produktionsund Transportvorgängen eingesetzt, z. B. in Laserschneide- und Wasserstrahlschneideanlagen. Durch ihre viel größeren Kräfte dienen sie häufig als Ersatz für die Pneumatik.

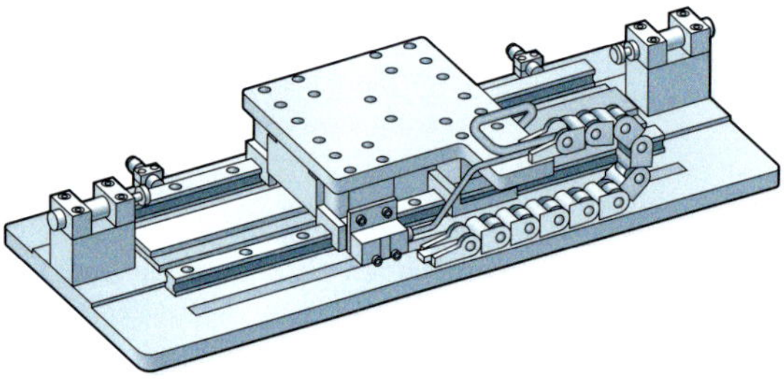

2: Einachs-Linearmotor

Ein Linearmotor kann auch für die Bewältigung großer Entfernungen gebaut werden (z. B. Magnetschwebebahn). Weiträumige Bewegungen können auch von der geradlinigen Bewegungsrichtung abweichen (z. B. bei Transportantrieben).

Die Vorteile des Linearmotors gegenüber rotierenden Systemen sind:

- höhere Fahrgeschwindigkeiten,
- größere Beschleunigung,
- Wegfall der Kupplung zwischen Motor, Getriebe und Arbeitsmaschine sowie
- eine sehr genaue Positionierung.

Durch die hohen thermischen Beanspruchungen (z. B. bei kleiner Geschwindigkeit mit hohen Motorkräften) ist eine Kühlung des Linearmotors unerlässlich.

Zu den Kühlmöglichkeiten gehören:

- Einsatz von Fremdlüftern
- Konvektionskühlung durch Kühllamellen
- Wasserkühlung

8.11.1.4 Bremsen von Servomotoren

In der Automatisierungsindustrie ist es bei Servomotorsystemen oft nötig, die an der Antriebsmaschine angebrachte Last zu halten (z. B. bei Robotersystemen) oder stillzusetzen. Dazu sind Motorbremssysteme nötig.

Meistens bestehen diese Systeme aus einer mit Gleichstrom erregten magnetischen Scheibenbremse (Abb. 3), die direkt im Servoantrieb auf der Motorwelle verbaut ist.

Aufgrund der Sicherheitsanforderungen (Nothalt, Stromausfall) ist die Bremse im Ruhezustand meist aktiv (eingerastet) und wird erst bei der gewünschten Motorbewegung geöffnet.

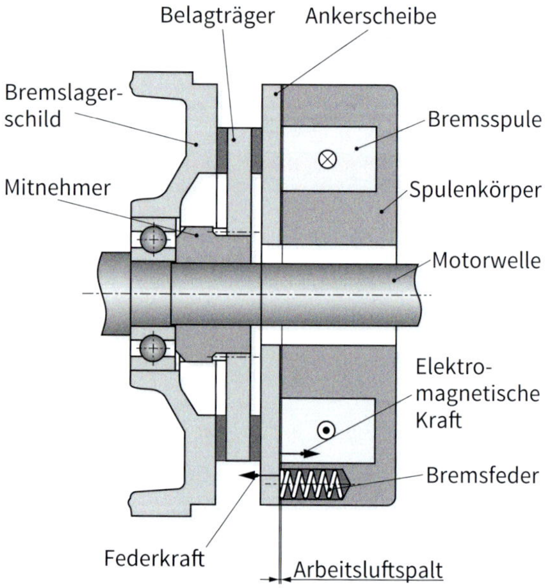

3: Schaltbild einer Scheibenbremse

Bei Linearmotorsystemen sind häufig sehr hohe Haltekräfte notwendig, z. B. an großen Schneidtischen. So werden hier zusätzlich zu den elektromagnetischen Bremssystemen auch pneumatische Bremssysteme eingesetzt.

Die beim Stillsetzen (Drehzahlreduzierung) entstehende Energie muss bei Motoransteuerungen mit Frequenzumrichter abgeleitet werden, damit die Kondensatoren aufgrund der ansteigenen Spannung im Zwischenkreis des Frequenzumrichters keinen Schaden nehmen. Dazu wird die überschüssige Energie aus dem Zwischenkreis des Frequenzumrichters in einen Bremswiderstand (Bremschopper) geleitet und damit in Wärmeenergie umgewandelt.

Bei größeren Motorleistungen werden aber auch teurere rückspeisefähige Frequenzumrichter verwendet. Der Vorteil liegt in niedrigeren Energiekosten und dem Einsparen der Bremswiderstände.

8.11.2 Gebersysteme

Gebersysteme für Servoantriebe haben die Aufgabe, eine Positionierung des Antriebssystems zu ermöglichen. Außerdem werden Gebersysteme auch für die Drehzahlregelung eingesetzt.

Mit der Auswahl des richtigen Gebersystems für das jeweilige Antriebssystem wird eine optimale Positionierung und Drehmomentbildung erreicht.

Diese Positionierung kann hierbei sowohl inkrementell als auch absolut ausgelegt sein. Der Geber kann am Motor oder an der Strecke angebracht sein.

Abbildung 4 zeigt das Zusammenwirken von Drehzahlregelung und Positionierung auf den Motor.

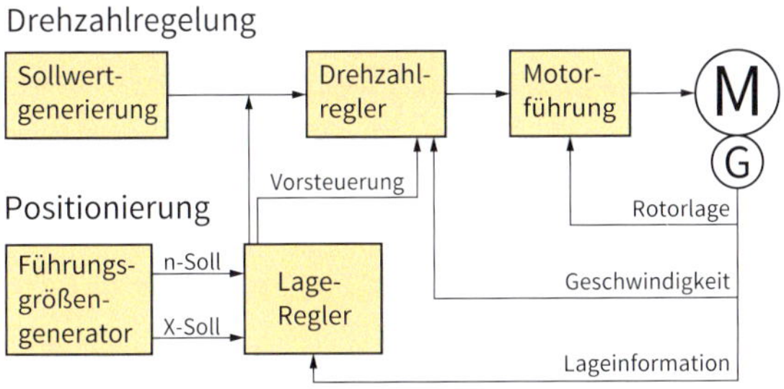

4: Regelkreis für Position und Drehzahl

8.11.2.1 Gebersystem für rotatorische Bewegungen

Die wichtigsten Gebersysteme sind:

- Inkrementalgeber: optisch und magnetisch
- Absolutwertgeber: Single-Turn und Multi-Turn
- Resolver

Inkremental-Drehgeber

Als Inkremental-Drehgeber werden Sensoren zur Erfassung von Lageänderungen (linear oder rotierend) bezeichnet, die sowohl Wegstrecke als auch Wegrichtung erfassen können.

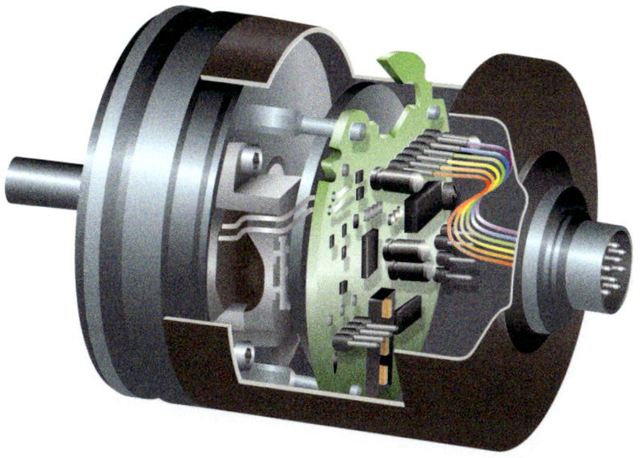

5: Inkremental-Drehgeber

Optische Systeme

Am häufigsten werden rotierende optische Geber verwendet.

Es wird ein Lichtstrahl (LED) durch eine mit Strichen versehene Lochblende und eine zweite Spur auf einen Fotosensor geleitet (Abb. 6).

Die zweite Spur ist um 1/4 der Schrittweite versetzt. Verschiebt bzw. dreht sich die Lochplatte, so wird der Fotosensor abwechselnd beleuchtet und abgedunkelt. Die Anzahl der Hell-Dunkel-Impulse wird gezählt und ausgewertet.

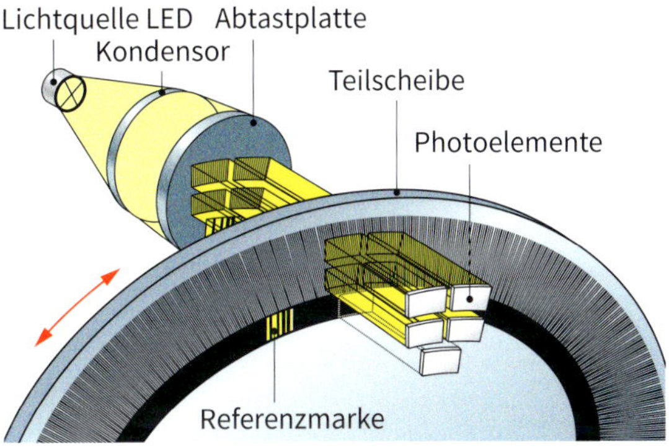

6: Inkremental-Drehgeber

Magnetische Zahnradsysteme

Der Sensor bei magnetischen Systemen besteht aus einer magnetfeldaussendenden Spule, einem magnetoresistiven Sensor und einem Präzisionsmesszahnrad zum Anbau an die Motorwelle. Der Abstand zwischen Geber und Zahnrad (Luftspalt) beträgt ca. 0,15 mm bis 0,3 mm.

Durch die Drehung des ferromagnetischen Zahnrades entstehen durch die Zahnung Magnetfeldänderungen, die nach Polarität und Phasenlage ausgewertet werden (Abb. 7).

Bei der Drehzahl- und Positionserfassung werden durch die berührungslose Abtastung zwei um 90° phasenversetzte sinusförmige Signale zur Richtungserkennung (Spuren 1 und 2) erfasst. Die Wertbildung erfolgt durch Zählen der Impulse in der Auswerteschaltung. Der absolute Winkelgrad kann aber nur durch Verarbeiten einer Nullpunktmarkierung (Nullimpuls) bestimmt werden.

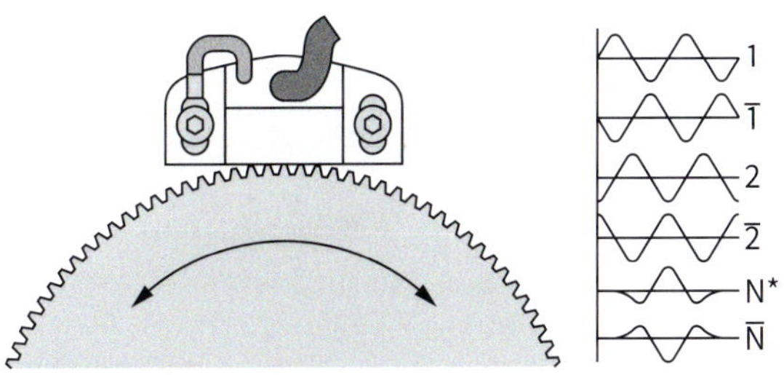

7: Zahnrad-Gebersystem

8.11.2.2 Absolutwertgeber

Ein Absolutwertgeber kann nicht nur die Drehzahl des Motorsystems ermitteln, sondern auch die absolute Lage der Motorwelle bestimmen.

Resolver

Bei einem Resolver handelt es sich um einen Winkelsensor auf Basis des Transformatorprinzips. Im Stator sind zwei um 90° versetzte Spulen ①, ② angeordnet (Abb. 1).

Auf der Rotorachse befindet sich die Rotorwicklung ③. Die Rotorspannung wird durch einen rotierenden Übertrager transformatorisch eingeprägt.

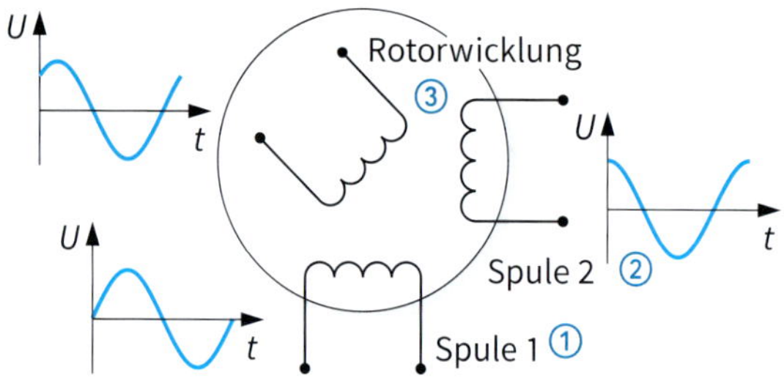

1: Resolver

Die Rotorwicklung wird mit einer sinusförmigen Wechselspannung erregt. Dadurch werden in den beiden Spulen des Stators Spannungen induziert. Die Höhe der induzierten Spannung hängt von der Lage des Rotors zur Spule 1 und Spule 2 ab:

- steht die Rotorwicklung genau parallel zur Spule 1, ist die induzierte Spannung in Spule 1 maximal und in Spule 2 Null,
- steht die Rotorwicklung genau parallel zur Spule 2, ist die induzierte Spannung in Spule 1 Null und in Spule 2 maximal,
- steht der Rotor mittig (im 45° Winkel) zwischen Spule 1 und Spule 2 ist die induzierte Spannung in beiden Spulen $U_{max}/\sqrt{2}$.

Die Amplituden der in den Spulen induzierten Spannungen entsprechen dem Sinus bzw. Kosinus der Winkellage des Rotors.

2: Resolverstator und Rotor

Ist die induzierte Spannung (rot in Abb. 3) mit der Rotorspannung (schwarz in Abb. 3) phasengleich, so ist der durch sie dargestellte Sinus- oder Kosinus-Wert positiv, bei Gegenphasigkeit entsprechend negativ.

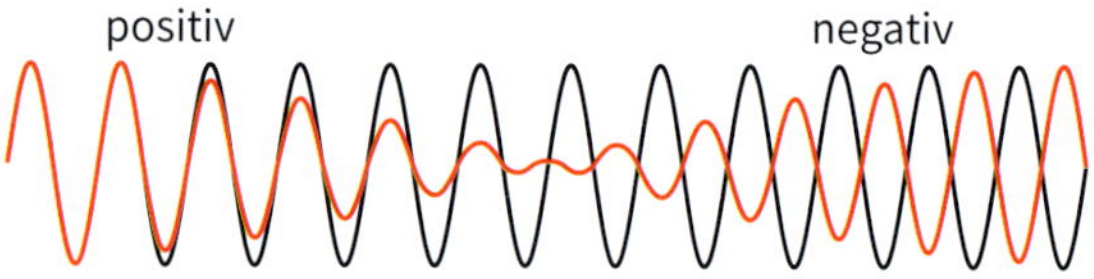

3: Spannungen im Resolver

Die erhaltenen Resolversignale werden mithilfe von Wandlern digitalisiert und anschließend ausgewertet.

Absoluter Weg- und Winkelgeber

Bei absoluten Weg- und Winkelgebern wird jede lineare Position einem bestimmten Code-Wert zugeordnet. Dazu wird Licht durch das Codelineal auf eine Abtasteinrichtung gelenkt (Abb. 4). Je nach aktueller Position wird dabei Licht durchgelassen (weiße Felder) oder blockiert (schwarze Felder). Das System erkennt auch bei Spannungsausfall seine momentane Position wieder.

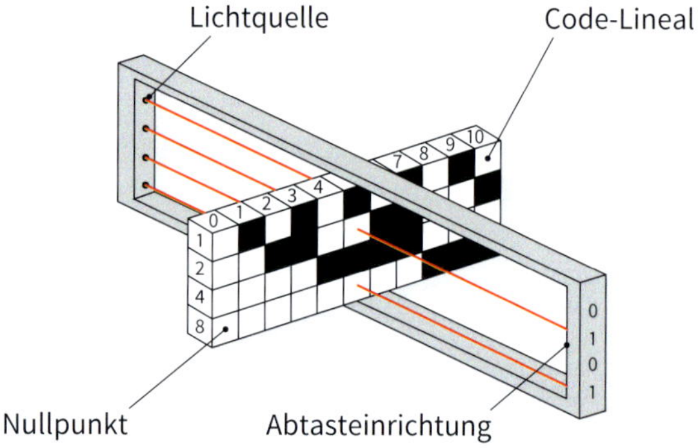

4: Erfassung der absoluten Position mit einem Codelineal

Absolutwertgeber mit Codescheibe

Bei diesem Absolutwertgeber wird die Position mit Hilfe einer Code-Scheibe erzeugt (Abb. 5). Zu jeder Motorwellenposition (Winkellage des Läufers) gibt es genau eine eindeutige Codescheibeninformation (Schwarz-weiß-Bitmuster), die durch ein Licht-schrankensystem ausgelesen wird.

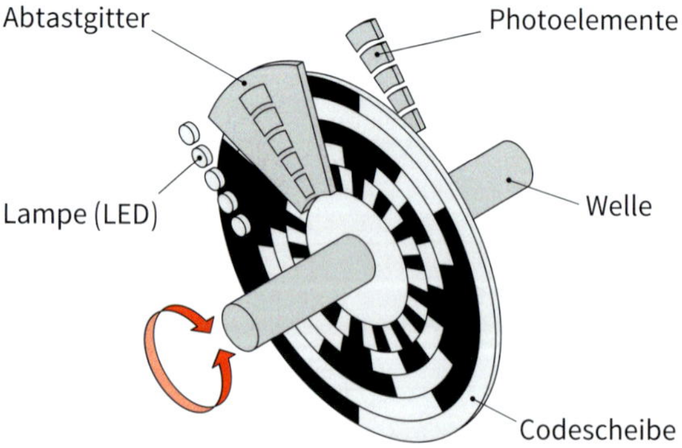

5: Absolutwertgeber mit Codescheibe

Mit Absolutwertgebern dieser Art werden heute Teilungen bis zu 25 Bit (entspricht etwa 33 Millionen Winkelpositionen) erreicht.

Bei dieser Erfassungsart ist allerdings nur die absolute Winkellage innerhalb einer Umdrehung erfasst. Man nennt diese Erfassungsart Single Turn. Bei Multiturn-Gebern wird zusätzlich zu jeder Winkelposition auch jeder vollen Umdrehung ein weiterer Postionswert zugeordnet. Dadurch weis das System auch über mehrere Umdrehungen die exakte Lage und Umdrehungszahl. Eine Referenz oder Nullpunktstellung kann somit entfallen. Realisiert wird der Multiturn Geber durch das Anbringen weiterer Codescheiben über Getriebeanbauten (Abb. 6).

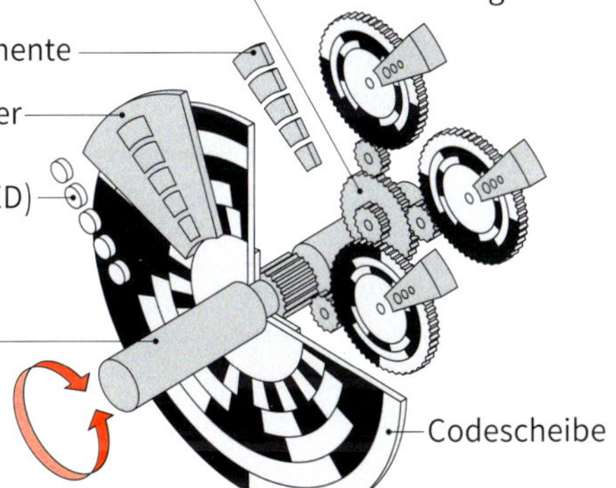

6: Multiturn-Absolutwertgeber

Es gibt auch Multiturn-Drehgeber, die ohne Getriebe und ohne zusätzliche Spannungsquelle die Umdrehungen erfassen.

Bei diesem Funktionsprinzip liefert ein kleiner Generator oder ein spezieller Spulendraht (Wiegand-Draht) bei Änderung des Magnetfelds selbst genügend Energie, um die Umdrehungen zu erfassen und in einem Speicher abzulegen.

8.11.2.3 Messsyteme für lineare Servomotoren

Zusätzlich zum Inkrementalgeber, der für rotierende und für linear bewegte Systeme verwendet werden kann, gibt es weitere Gebersysteme für lineare Servomotoren.

Magnetisches Wegmesssystem

Auf dem Verfahrweg wird am feststehenden Teil ein Permanentmagnetsystem aufgebracht (Abb. 8). Am bewegten Teil des Linearmotor-Systems wird ein magnetfeldempfindlicher Sensor montiert, z. B. eine Hall-Sonde. Findet nun eine Bewegung statt, so wird in der Sonde eine Magnetfeldänderung erfasst und in ein auswertbares Signal umgewandelt.

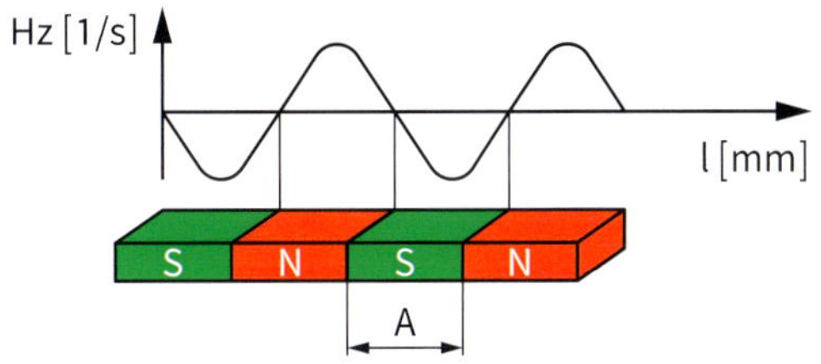

8: Absolutwertgeber magnetisch

Induktives Wegmesssystem

Induktive Wegmesssysteme arbeiten mit einer Induktivität (Spule). Die Spule erzeugt ein Magnetfeld, das ein vorbeigeführtes Objekt durchsetzt (Abb. 1, nächste Seite). Das Objekt besteht aus einem ferromagnetischen Material. Durch eingeätzte Markierungen wird die Materialstärke in festgelegten Abständen verringert. An diesen Stellen wird die Feldstärke der Spule verändert, da sich entweder mehr oder weniger Eisen im Magnetfeld befindet. Die Feldänderung wird von einem Magnetfeldsensor als Amplitudenänderung erfasst.

Durch dieses Messprinzip lassen sich berührungslos und verschleißfrei Wege und Abstände und damit indirekt Geschwindigkeiten messen.

Gebersystem	Vorteile	Nachteile
Inkrementalgeber	• relativ robuste Ausführungen möglich • breites Angebot an hohen Auflösungen, Bauformen und Schnittstellen • Einbau in Motor möglich	• Die Lageinformation geht bei Spannungsausfall verloren.
Absolutwertgeber	• Lageinformation nach Spannungsausfall noch vorhanden • eindeutige Zuordnung einer Position zum Ausgangswert und Position über mehrere Rotorumdrehungen abbildbar • sehr hohe Auflösungen • Einbau in Motor möglich	• hohe Kosten • nicht so robust (anfälliger für Störungen)
Resolver	• robuste Ausführungen • vibrations- und temperaturunempfindlich • Einbau in Motor möglich	• hoher Auswerteaufwand notwendig • nur Single-Turn-Lageinformation

7: Vor- und Nachteile der Gebersysteme für die Servo-Antriebstechnik

Antriebssysteme

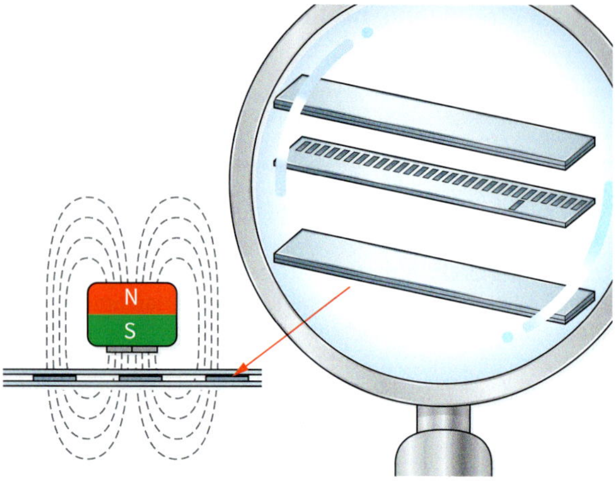

1: Induktives Messsystem

Lasermesssystem

Eine Laserdiode sendet einen Lichtstrahl mit einer bestimmten Frequenz aus. Dieser Lichtstrahl wird von einem Reflektor zurückgeworfen und von einer im Gerät sitzenden Fotodiode empfangen (Abb. 2). Die Ausbreitungsgeschwindigkeit des Lichtstrahls beträgt ca. 30 ns/m. Aus dem Laufzeitunterschied zwischen gesendetem und empfangenem Lichtstrahl wird die Distanz zwischen Sendegerät und Reflektorfläche ermittelt.

Die für die Antriebstechnik konstruierten Laser-Entfernungsmessgeräte können zur Messung von Entfernungen bis 250 m eingesetzt werden.

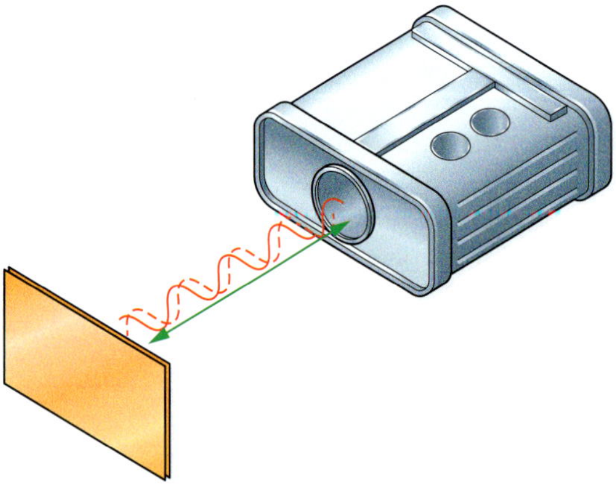
2: Laser-Entfernungdmessgerät

Um bei Linearsystemen die Positions- und auch die Laufgenauigkeit zu ermitteln, wird das Lasermesssystem (Laserinterferometer) parallel zur zu prüfenden Achse montiert.

Einsatzort für die Laservermessung ist überall dort, wo bei Fertigungs- oder Prüfprozessen auf eine hohe Ablaufgenauigkeit linearer Bewegungen oder auf eine hohe Absolutgenauigkeit Wert gelegt werden muss. In der Regel geht es dabei um Toleranzen unter 5 µm über die komplette Bewegung hinweg.

8.11.2.4 Geberauswahl

Gebersysteme für asynchrone Drehstrom- oder Servomotoren

Bei asynchronen Motoren werden Gebersysteme meist aus zwei Gründen verwendet:

- Drehzahlregelung (Reaktion auf Laständerungen)
- Positionierung

Hierbei kommen folgende Geber zum Einsatz:

- **Inkrementalgeber mit geringer Auflösung**
  - nur zur Positionierung
  - keine Drehzahlregelung möglich
  - nur Einfachpositionierung
  - dadurch geringere Dynamik des Systems
  - eine Referenzfahrt notwendig
- **Inkrementelle Drehgeber**
  - Drehzahlregelung möglich
  - zur Positionierung geeignet
  - eine Referenzfahrt notwendig
- **Absolutwertgeber**
  - Positionierung möglich
  - keine Referenzfahrt notwendig
  - ohne Kombigeber (z. B. Sin/Cos- oder TTL-Signal), ist ein zusätzlicher Geber für die Drehzahlregelung nötig.

Gebersysteme für synchrone Servomotoren

Für eine hochwertige Regelung wird bei Synchronmotoren außerdem die Rotorlage für die Regeleinrichtung benötigt. Für die Rotorlageerkennung werden bei synchronen Servomotoren zwei Systeme verwendet:

- **Resolver**
  - Rotorlageerkennung
  - Drehzahlregelung möglich
  - Positionierung möglich
  - eine Referenzfahrt notwendig
- **Inkrementalgeber mit geringer Auflösung**
  - Rotorlageerkennung
  - Absolutwertgeber für Servomotoren mit Kombigeber (z. B. Sin/Cos) sind für die Drehzahlregelung geeignet
  - Positionierung möglich
  - Single-Turn-Geber: Referenzfahrt notwendig
  - Multi-Turn-Geber: keine Referenzfahrt notwendig

Gebersysteme für lineare Servomotoren

- **Messlineale**
  - Positionierung
  - Absolutwertgeber: keine Referenzfahrt notwendig
  - inkrementeller Geber: Referenzfahrt notwendig
- **Messsysteme für lineare Servomotoren** (siehe auch Kapitel 8.11.2.3)

8.11.3 Servo-Umrichter

Der Servo-Umrichter besteht meist aus einem 3-Phasen-Wechselrichter mit integriertem Brems-Chopper oder rückspeisefähigem Zwischenkreisgleichrichter.

Die grundlegende elektrische Funktionsweise eines Umrichters wurde bereits in Kap. 8.7.2.4 erläutert.

Der Servo-Umrichter, oft auch Servoverstärker genannt, enthält die Regelung, mit der das Fahren, Stoppen und Halten des Motors gesteuert wird. Dazu muss das System über einen PC oder Feldbus parametriert werden.

Folgende Standardwerte werden eingestellt:

- Motor- und Geberkenndaten
- Reglereinstellungen (Drehzahlen, Zeitwerte, Rampenzeitwerte)
- Grenzwerte (maximale Drehzahlen und Ströme)
- Bremswerte (Zeitverzögerung)

Nach der Parametrierung werden die Fahrkurven des Motors z. B. von einem SPS-Programm festgelegt.

Die Verbindung zum SPS-Umrichter wird über eine Busschnittstelle hergestellt.

Die Informationen zur Regelung erhält der Servo-Umrichter von einem Geber, der folgende Größen ermittelt:

- Winkellage des Läufers
- Drehzahl
- Drehrichtung

Mehrachsverstärkersysteme

Bei vielen Systemen der Automatisierungstechnik ist es notwendig, Bewegungen in mehreren Achsrichtungen (x-Achse, y-Achse, z-Achse) auszuführen (Achsverbund).

Diese Mehrfachsysteme (Abb. 3) haben zumeist eine gemeinsame Versorgungseinheit, die folgende Komponenten enthält:

- Gleichrichter
- Wechselrichter für die Rückspeiseeinheit
- Überspannungsschutz
- Anschlussmöglichkeiten für die Kommunikations- und Überwachungseinheiten

Hinzu kommen die einzelnen Achsmodule mit folgenden Komponenten:

- IGBT-Leistungsrichterelemente
- Schnittstellen für die Gebermesswerte
- Schnittstellen für die Bremsenansteuerung
- Kommunikationsschnittstellen (Bus)
- Anzeigeelemente für Betriebszustand usw.

4: Mehrachsverbund Servo-Umrichter

Beide Komponenten, die Versorgungseinheit und die einzelnen Achsmodule, werden miteinander elektrisch verbunden (Abb. 4).

Die Spannungsversorgung der elektronischen Komponenten der Steuereinheiten (Versorgungsund Achsmodule, meist 24 V DC) werden an eigens abgesicherte Stromkreise angeschlossen. So ist z. B. eine Fehlersuche oder Diagnose auch bei abgeschalteter Leistungseinheit möglich.

Ein Mehrachsverbund hat folgende Vorteile:

- Die Gesamtparametrierung des Systems vereinfacht sich.
- Der modulare Aufbau ermöglicht einfache Erweiterungen des Systems um zusätzliche Achsen.
- Da nicht immer alle Achsmotoren gleichzeitig motorisch arbeiten, ist ein Energieaustausch im System möglich. Generatorisch arbeitende Achsen (Energieabgabe an den Zwischenkreis) liefern Energie an motorisch arbeitende Achsen (Energieabnahme aus dem Zwischenkreis).

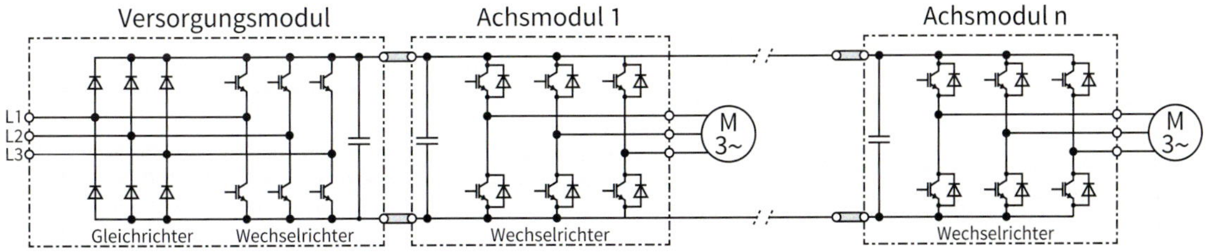

3: Mehrachssystem

8.11.4 Antriebsauswahl

Um ein Antriebssystem richtig auszuwählen, müssen drei Aspekte beachtet werden:

- Antriebsfunktion
- mechanische Festigkeit
- thermische Festigkeit

Zur **Antriebsfunktion** gehört die Erreichung der geforderten Drehzahlen, Drehmomente und Beschleunigungen.

Bei der **mechanischen Festigkeit** müssen die Belastbarkeiten der Getriebe, Wellen und Riemen beachtet werden.

Die **thermische Festigkeit** berücksichtigt die Betriebstemperaturen und zulässigen Grenzwerte.

Die genannten Anforderungen werden erfüllt, wenn eine Ermittlung der folgenden Eingangsgrößen und Bedarfswerte stattfindet:

- Betriebsspannung, Netzanschluss
- Lastmoment und maximales Lastmoment
- Massenträgheitsmomente des Systems
- Lastdrehzahlen, maximale Drehzahlen
- Beschleunigungen
- Umgebungstemperatur

Alle Komponenten des Antriebssystems bilden eine Einheit, die ein optimales Zusammenspiel und damit auch die Energieeffizienz gewährleistet.

Nachfolgend soll beispielhaft die Antriebsauswahl für ein Transportband (Abb. 1) aufgezeigt werden.

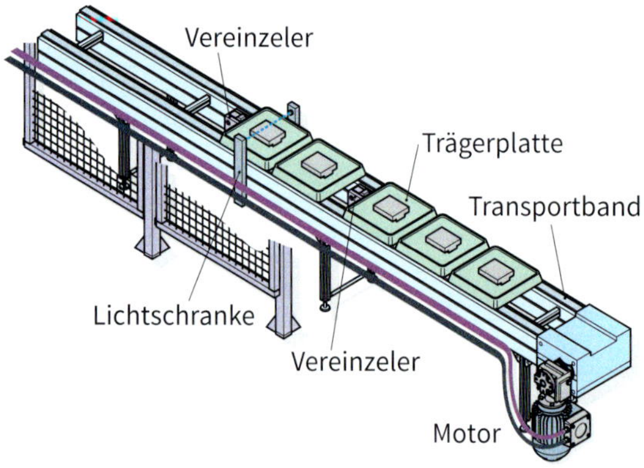

1: Transportband

Daraus resultiert die folgende Aufgabenstellung:
Ein Werkstück soll auf einem Transportband verfahren werden. Das Förderband wird mit einem Servomotor angetrieben. Gesteuert wird der Motor über einen Servo-Umrichter.

Masse des Werkstücks incl. bewegte Teile des Förderbandes	$m = 50$ kg
Fahrwiderstand des Bandes (Rollwiderstand, Lagerreibung)	$F_t = 0{,}025$ N/kg
Druchmesser der Transportbandrollen	$D = 0{,}15$ m
Lastwirkungsgrad	$\eta_{Last} = 0{,}92$
Positioniergenauigkeit	$s = 0{,}5$ mm
Gewünschte Motorbemessungsdrehzahl	$n = 1500$ 1/min

2: Betriebsdaten des Transportbandes und der zu bewegenden Masse

Für den Transport des Werkstückes soll folgender Bewegungsablauf realisiert werden:
Das Transportband soll innerhalb von 0,5 Sekunden auf eine Geschwindigkeit von 2 m/s beschleunigt werden. Diese Geschwindigkeit soll 3 Sekunden beibehalten werden. Anschließend soll das Transportband innerhalb von 0,5 Sekunden zum Stillstand gebracht werden.

Die Abbildung 3 zeigt die drei Bewegungsphasen als Geschwindigkeit-Zeit-Diagramm:

- Phase 1: Beschleunigung
- Phase 2: konstante Bewegung
- Phase 3: Bremsen

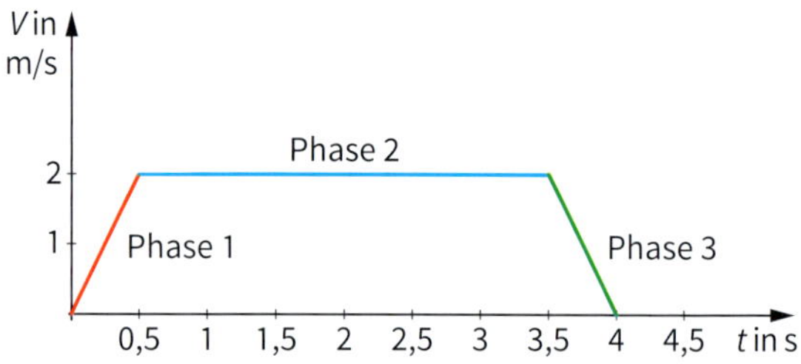

3: Fahrdiagramm

Um für die gestellte Aufgabe ein geeignetes Antriebssystem zu finden, werden nacheinander folgende drei Bereiche abgearbeitet:

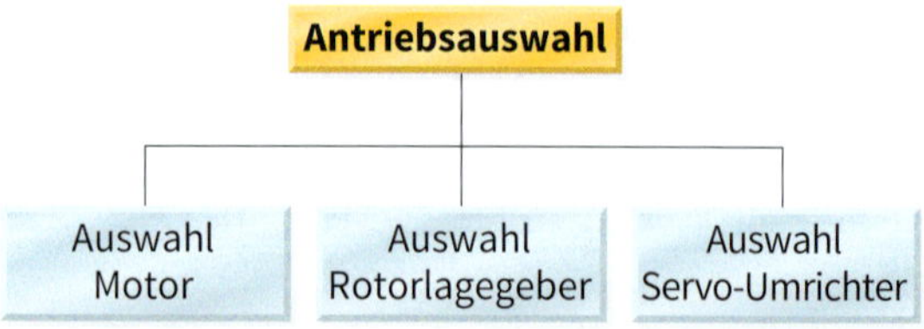

4: Antriebsauswahl

8.11.4.1 Auswahl des Motors

Die folgenden Schritte sind für die richtige Auswahl des Motors notwendig:

5: Ablauf

Schritt 1: Drehmomentberechung

Um einen geeigneten Motor auszuwählen, müssen zunächst die Drehmomente für die drei Bewegungsphasen berechnet werden:

Drehmoment Bewegungsphase 1:

Die Beschleunigung a berechnet sich wie folgt:

$$a = \frac{(v_{\text{Ende}} - v_{\text{Anfang}})}{t}$$

$$a = \frac{2\frac{\text{m}}{\text{s}} - 0\frac{\text{m}}{\text{s}}}{0{,}5\ \text{s}} = 4\ \frac{\text{m}}{\text{s}^2}$$

Das Drehmoment eines Motors ergibt sich aus Kraft F und Radius r der Motorwelle.

$$M = f \cdot r$$

Die Kraft F kann ersetzt werden durch:

$$F = m \cdot a$$

So ergibt sich: $M = m \cdot a \cdot r$

Mit dem Durchmesser D der Antriebsscheibe ergibt sich:

$$M = m \cdot a \cdot \frac{D}{2}$$

Für die Beschleunigungsbewegung muss der Motor das Beschleunigungsdrehmoment M_B aufbringen. Dabei ist auch der Lastwirkungsgrad nlast zu brücksichtigen.

$$M_B = m \cdot a \cdot \frac{D}{2} \cdot \frac{1}{\eta\text{Last}}$$

$$M_B = 50\ \text{kg} \cdot 4\frac{\text{m}}{\text{s}^2} \cdot \frac{0{,}15\ \text{m}}{2} \cdot \frac{1}{0{,}92} = 16{,}3\ \text{Nm}$$

Außerdem wirkt auch das Drehmoment M_K zur Kompensation des Fahrtwiderstandes und der Verluste:

$$M_K = F_t \cdot m \cdot \frac{D}{2} \cdot \frac{1}{\eta_{\text{Last}}}$$

$$M_K = 0{,}025\ \frac{\text{N}}{\text{kg}} \cdot 50\ \text{kg} \cdot \frac{0{,}15\ \text{m}}{2} \cdot \frac{1}{0{,}92} = 0{,}1\ \text{Nm}$$

Als Gesamtdrehmoment M_1 der Bewegungsphase 1 ergibt sich:

$$M_1 = M_B + M_K$$

$$M_1 = 16{,}3\ \text{nm} + 0{,}1\ \text{Nm} = 16{,}4\ \text{Nm}$$

Drehmoment Bewegungsphase 2:

Für die Bewegung mit konstanter Geschwindigkeit (Kompensation der Reibungsverluste) wird nur das bereits berechnete Kompensationsdrehmoment MK benötigt:

$$M_2 = M_K = 0{,}1\ \text{Nm}$$

Drehmoment Bewegungsphase 3:

Für die Bremsbewegung muss der Motor das Bremsmoment M_3 aufbringen. Dies ist nicht gleich groß, wie das Beschleunigungsmoment, da beim Abbremsvorgang die Reibungsverluste helfen. Deshalb kann hier näherungsweise mit folgender Formel gerechnet werden:

$$M_3 = m \cdot a \cdot \frac{D}{2} \cdot \eta$$

Da es sich um eine Verzögerung handelt, ist die Beschleunigung a als negativer Wert einzusetzen.

$$M_3 = 50\ \text{kg} \cdot -4\frac{\text{m}}{\text{s}^2} \cdot \frac{0{,}15\ \text{m}}{2} \cdot 0{,}92 = -13{,}8\ \text{Nm}$$

Schritt 2: Drehzahlberechnung

Es sind auch die notwendigen Drehzahlen für die drei Bewegungsphasen zu berechnen.

Die Drehzahl n berechnet sich wie folgt:

$$n = \frac{v}{D \cdot \pi}$$

Drehzahl Bewegungsphase 1:

Da in der Beschleunigungsphase die Drehzahl n_1 von Null bis zur Maximalen Drehzahl variiert, rechnet man mit einer mittleren Geschwindigkeit (weiter nächste Seite):

$$v = \frac{(v_{Ende} - v_{Anfang})}{2} = \frac{2\,\frac{m}{s} - 0\,\frac{m}{s}}{2} = 1\,\frac{m}{s}$$

$$n_1 = \frac{1\,\frac{m}{s}}{0{,}15\,m \cdot \pi} = 2{,}12\,\frac{1}{s} = 127{,}2\,\frac{1}{min}$$

Drehzahl Bewegungsphase 2:

Die maximale Drehzahl n_2 ergibt bei maximaler Geschwindigkeit des Transportbande (2 m/s):

$$n_2 = \frac{2\,\frac{m}{s}}{0{,}15\,m \cdot \pi} = 4{,}24\,\frac{1}{s} = 254{,}4\,\frac{1}{min}$$

Drehzahl Bewegungsphase 3:

$$n_3 = \frac{1\,\frac{m}{s}}{0{,}15\,m \cdot \pi} = 2{,}12\,\frac{1}{s} = 127{,}2\,\frac{1}{min}$$

Schritt 3: Getriebeauswahl

Da die maximal benötigte Motordrehzahl mit 254,4 1/min gegenüber der gwünschten Bemessungsdrehzahl des Servomotors (1500 1/min) sehr gering ist, bietet sich an, eine Getriebeübersetzung einzusetzen. Dies bringt einen weiteren Vorteil, wonach das aufzubringende Motordrehmoment im gleichen Verhältnis sinkt, wie die Drehzahl ansteigt. Ein kleineres Motordrehmoment erfordert aber eine wesentlich kleinere Motorbaugröße.

Das Getriebeübersetzungsverhältnis *i* berechnet sich zu

$$i = \frac{n_{Antrieb}}{n_{Abtrieb}}$$

Die maximale Drehzahl liegt bei $254{,}2\,\frac{1}{min}$.

$$i = \frac{1500\,\frac{1}{min}}{254{,}4\,\frac{1}{min}} = 5{,}9$$

Die Getriebeübersetzung darf maximal 5,6 sein.

Vom Hersteller werden folgende Kegelradgetriebe angeboten (Abb. 1). Da das vorher berechnete Drehmomentmaximum 16,4 Nm beträgt, reicht die Auswahl eines Getriebes mit dem Bemessungsdrehmoment 45 Nm aus.

Getriebeart	Produktreihe	Bemessungsdrehmoment [Nm]	Produkt
Kegelradgetriebe	M188	45	M100-K45
		110	M100-K110
		240	M100-K240
		450	M100-K450

1: Ausschnitt aus dem Katalog für Kegelradgetriebe

Für das Getriebeprodukt M100-K45 sind folgende Übersetzungen erhältlich (Abb. 2):

Produkt	Übersetzung *i*	Massenträgheitsmoment *J* [kgcm²]
M100-K45	5.41	0.31
	6.22	0.28
	7.11	0.20
	8.18	0.18
	9.10	0.13
	10.47	0.12
	11.64	0.09
	13.39	0.08
	15.11	0.06
	17.38	0.05
	19.36	0.04
	22.27	0.05

2: Ausschnitt aus dem Katalog für Getriebe

Es wird das Produkt mit $i = 5{,}41$ ausgewählt, da der Wert kleiner als die geforderte Übersetzung von 5,9 ist (Abb. 3):

3: Ausgewähltes Kegelradgetriebe

Schritt 4: Neuberechnung Drehmoment

Durch die Getriebeübersetzung ändern sich die vom Motor zur Verfügung gestellten Drehmomente. Diese müssen für jede Bewegungsphase jetzt neu berechnet werden, wobei das sich aus dem Massenträgheitsmoment *J* ergebende Getriebedrehmoment sehr klein ist und deshalb im Folgenden vernachlässigt wird.

$$M_{neu} = \frac{M_{Alt}}{i \cdot \eta_{Getriebe}}$$

Den Getriebewirkungsgrad findet man ebenfalls in den Herstellerunterlagen (Abb. 4):

Produktreihe	M100-K45	M100-K110
Mechanischer Wirkungsgrad		
2-stufiges Getriebe	0,96	0,96
3-stufiges Getriebe	0,95	0,95

4: Getriebewirkungsgrade

$$M_{1neu} = \frac{16{,}4\,Nm}{5{,}41 \cdot 0{,}96} = 3{,}16\,Nm$$

$$M_{2neu} = \frac{0{,}1\,Nm}{5{,}41 \cdot 0{,}96} = 0{,}02\,Nm$$

$$M_{3neu} = \frac{13{,}8\,Nm}{5{,}41 \cdot 0{,}96} = 2{,}66\,Nm$$

Schritt 5: Neuberechnung Drehzahl

Durch die Übersetzung ändern sich auch die vom Motor zur Verfügung zu stellenden Drehzahlen:

$n_{neu} = n_{alt} \cdot i$

$n_{1\,neu} = 127{,}2\,\frac{1}{min} \cdot 5{,}41 = 688{,}15\,\frac{1}{min}$

$n_{2\,neu} = 254{,}4\,\frac{1}{min} \cdot 5{,}41 = 1376{,}3\,\frac{1}{min}$

$n_{3\,neu} = 127{,}2\,\frac{1}{min} \cdot 5{,}41 = 688{,}15\,\frac{1}{min}$

Schritt 6: Motorauswahl aus dem Katalog

Die Abbildung 6 zeigt die zur Verfügung stehenden Motoren.

Auswahlkriterium ist die Bemessungsdrehzahl (1500 1/min) und das geforderte maximale Drehmoment (3,16 Nm). Statt nach dem Drehmoment wäre die Motorauswahl auch über die mechanische Leistung P_N möglich. Die mechanische Leistung P_N berechnet sich wie folgt:

$P_N = M \cdot 2 \cdot \pi \cdot n$

5: Ausgewählter Motor

Die Bedingungen erfüllt laut Motorkatalog der Motor SEM12H15 (Abb. 5):

- Drehzahl: $n_N = 1500\,\frac{1}{min}$
- Drehmoment: $M_N = 10{,}0$ Nm, $M_0 = 11{,}4$ Nm
- Trägheitsmoment: $J_{Motor} = 7{,}3 \cdot 10^{-4}$ kgm²
- Drehmomentkonstante: $kt_{0\,150°C} = 2{,}79\,\frac{Nm}{A}$

Schritt 7 : Berechnung Gesamtdrehmoment

Da der Rotor des Motors selbst eine träge Masse darstellt, muss auch das Motordrehmoment ermittelt und zu dem von außen geforderten Drehmoment addiert werden.

$$M_{Motor} = \frac{J_{Motor} \cdot n_{max} \cdot 2 \cdot \pi}{t}$$

Gesamtdrehmoment Bewegungsphase 1

$$M_{Motor} = \frac{7{,}3 \cdot 10^{-4}\,kgm^2 \cdot 22{,}94\,\frac{1}{s} \cdot 2 \cdot \pi}{0{,}5\,s}$$

$M_{Motor} = 0{,}21$ Nm

$M_{1\,ges} = M_{1\,neu} + M_{Motor}$

$M_{1\,ges} = 3{,}16$ Nm $+ 0{,}21$ Nm $= 3{,}37$ Nm

Gesamtdrehmoment Bewegungsphase 2

In der Phase mit konstanter Geschwindigkeit hat das Motordrehmoment keinen Einfluss.
Es bleibt bei $M_{2\,ges} = 0{,}02$ Nm.

Gesamtdrehmoment Bewegungsphase 3

$M_{3\,ges} = M_{3\,neu} + M_{Motor}$

$M_{3\,ges} = 2{,}66$ Nm $+ 0{,}21$ Nm $= 3{,}87$ Nm

	n_N	M_0	M_N	M_{max}	PN	I_0	I_N	I_{max}	$\eta_{100\,\%}$	J	$Kt_{0\,150\,°C}$	m
SEM12D15-	1950	6.40	5.50	18.0	1.10	2.70	2.60	10.0	79.0	4.00	2.34	6.40
SEM12D32-	4050	6.40	4.30	18.0	1.80	5.50	4.50	20.0	84.0	4.00	1.17	6.40
SEM12H15-	1500	11.4	10.0	29.0	1.60	4.10	3.80	12.0	88.0	7.30	2.79	9.50
SEM12H32-	3525	11.4	7.50	29.0	2.80	8.20	5.70	24.0	91.0	7.30	1.40	9.50
SEM12L15-	1950	15.0	13.5	56.0	2.80	6.20	5.90	28.0	90.0	10.6	2.42	12.6
SEM12L32-	4050	15.0	11.0	56.0	4.70	12.4	10.2	57.0	91.0	10.6	1.21	12.6
SEM14D15-	1500	11.0	9.20	29.0	1.45	5.00	4.50	17.0	88.0	8.10	2.19	10.7
SEM14D32-	3600	11.0	7.50	29.0	2.80	10.0	7.50	33.0	92.0	8.10	1.09	10.7
SEM14H15-	1500	21.0	16.0	55.0	2.50	8.50	6.60	26.0	92.0	14.2	2.48	15.5
SEM14H32-	3225	21.0	14.0	55.0	4.70	16.9	11.9	52.0	93.0	14.2	1.24	15.5
SEM14L15-	1500	28.0	23.0	77.0	3.60	12.0	9.70	37.0	90.0	23.4	2.33	20.1
SEM14L32-	3225	28.0	17.2	77.0	5.80	24.0	15.0	75.0	93.0	23.4	1.16	20.1
SEM14P15-	1350	37.0	30.0	105	4.20	12.2	10.8	46.0	90.0	34.7	3.04	24.9
SEM14P32-	3225	37.0	21.0	105	7.10	24.3	15.6	92.2	93.0	34.7	1.52	24.9

6: Ausschnitt aus dem Motorkatalog

Schritt 8: Prüfung des Arbeitspunktes in der dynamischen und thermische Kennlinie

Für den gewählten Motor ist zu prüfen, on

- die dynamischen Grenzwerte und
- die thermischen Grenzwerte

eingehalten werden.

Einhaltung der dynamischen Grenzwerte

Zur Überprüfung des dynamischen Grenzwerte muss die **mittlere Drehzahl** errechnet werden. Sie ist der arithmetische Mittelwert über die Drezahlen in den drei Bewegungsabschnitten:

$$n_{\text{Mittel}} = \frac{n_1 \cdot t_1 + n_2 \cdot t_2 + n_3 \cdot t_3}{t_{\text{gesamt}}}$$

$$n_{\text{Mittel}} = \frac{688{,}15 \cdot 0{,}5\,\text{s} + 1376{,}3 \cdot 3\,\text{s} + 688{,}15 \cdot 0{,}5\,\text{s}}{0{,}5\,\text{s} + 3\,\text{s} + 0{,}5\,\text{s}}$$

$$n_{\text{Mittel}} = 1204{,}26\,\frac{1}{\text{min}}$$

Die berechneten Werte n_{Mittel} und das in Schritt 7 ermittelte maximale Drehmoment $M_{1\,\text{ges}}$ werden in das vom Hersteller bereitgestellte dynamische Kennliniendiagramm (Abb. 1) eingezeichnet.

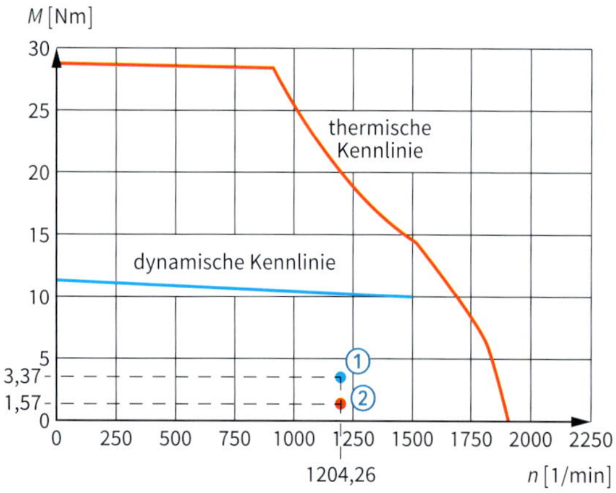

1: Dynamische und thermische Kennlinie

Ergebnis:
Der Arbeitspunkt (blau ①) liegt unterhalb der zugelassenen dynamischen Kennlinie des Motors (blaue Kennlinie). Der Motor läuft ohne Probleme an, er wird zu keiner Zeit durch ein zu groß gefordertes Drehmoment überlastet.

Einhaltung thermische Grenzwerte

Um eine Aussage zu treffen, ob der Motor während der Bewegung nach dem vorgegebenen Fahrdiagramm thermisch überlastet ist, muss zusätzlich zur mittleren Drehzahl auch das **effektive Drehmoment** berechnet werden.

Die Berechnung des effektiven Drehmoments M_{eff} erfolgt über den quadratischen Mittelwert der Drehmomente in den drei Bewegungsabschnitten:

$$M_{\text{eff}} = \sqrt{\frac{M_{1\,\text{ges}}^2 \cdot t_1 + M_{2\,\text{ges}}^2 \cdot t_2 + M_{3\,\text{ges}}^2 \cdot t_3}{t_{\text{gesamt}}}}$$

$$M_{\text{eff}} = \sqrt{\frac{(3{,}37\,\text{nm})^2 \cdot 0{,}5\,\text{s} + (0{,}02\,\text{Nm})^2 \cdot 3\,\text{s} + (2{,}87\,\text{Nm})^2 \cdot 0{,}5\,\text{s}}{0{,}5\,\text{s} + 3\,\text{s} + 0{,}5\,\text{s}}}$$

$$M_{\text{eff}} = 1{,}57\,\text{Nm}$$

Die Werte n_{Mittel} und das ermittelte effektive Drehmoment M_{eff} werden ebenfalls in das vom Hersteller bereitgestellte thermische Kennliniendiagramm eingezeichnet (Abb. 1). Der Arbeitspunkt muss unterhalb der von Hersteller eingezeichneten roten Kennlinie liegen.

Ergebnis:
Der Arbeitspunkt (rot ②) liegt für unseren Fall unterhalb der zugelassenen Höchstwerte des Motors. Es besteht keine thermische Überlastung. Außerdem ist bei eventuell auftretenden Lastschwankungen noch genügend Spielraum (Abstand) zum maximalen thermischen Drehmoment.

Schritt 9: Prüfung Massenträgheitsverhältnis

Das Zusammenspiel zwischen der externen Massenträgheit (Transportband, Werkstück) und der internen Massenträgheit (Rotor) hat einen entscheidenden Einfluss auf die Güte der Regelung.

Bei Servoanwendungen mit Getriebe geht man davon aus, dass das Verhältnis k aus externer Masseträgheit zu interner Massenträgheit den Wert 15 nicht überschreiten soll.

$$k = \frac{J_{\text{extern}}}{J_{\text{intern}}} \leq 15$$

$$J_{\text{extern}} = m_{\text{Last}} \left(\frac{D}{2 \cdot i}\right)^2$$

$$J_{\text{extern}} = 50\,\text{kg} \cdot \left(\frac{0{,}15\,\text{m}}{2 \cdot 5{,}41}\right)^2 = 96{,}09 \cdot 10^{-4}\,\text{kg/m}^2$$

Das Trägheitsmoment des Motors wird aus dem Datenblatt des Herstellers übernommen.

$$J_{\text{intern}} = 7{,}3 \cdot 10^{-4}\,\text{kgm}^2$$

$$k = \frac{96{,}09 \cdot 10^{-4}\,\text{kgm}^2}{7{,}3 \cdot 10^{-4}\,\text{kgm}^2} = 13{,}16$$

Der errechnete Wert ist kleiner 15 und somit in Ordnung.

8.11.4.2 Auswahl des Rotorlagegebers

Für die Auswahl eines geeigneten Rotorlagegebers muss zunächst beachtet werden, welche Lagegeber die Baureihe der zum Motor passenden Servo-Umrichter umfassen. Im Herstellerkatalog (Abb. 2) findet sich folgender Auszug:

Antriebsschnittstelle	Beschreibung
Encodereingang	Sub-D, 15-polig Multi-Encodereingang für: TTL-Inkrementalgeber, SinCos Inkremental- oder Absolutwertgeber, SSIAbsolutwertgeber Auswertung Temperaturfühler KTY Über 2 digitale Eingänge, HTL, 2-spurig, 200 kHz, Auch als Frequenzeingang nutzbar
Resolvereingang	Sub-D, 9-polig

2: Schnittstellen der Rotorlagegeber

Die Baureihen der passenden Servo-Umrichter können alle gängigen Rotorlagegeber verarbeiten.

Die geforderte Positioniergenauigkeit des Werkstückes auf dem Förderband beträgt $s = 0{,}5$ mm. Um diese Streckenänderung durch den Rotorlagegeber zu erfassen, ist folgende Teilung T erforderlich:

$$T = \frac{D \cdot \pi}{s \cdot i} = \frac{0{,}15\ \text{m} \cdot \pi}{0{,}0005\ \text{m} \cdot 5{,}41} = 174{,}21$$

Das entspricht einer Winkelgenauigkeit von
Winkel = 360°/174,21 = 2,07°

Geberart			TTL-Inkremental
Drehzahl-/Winkelgeber			M40
Produktschlüssel			TTLI4096
Gebertyp			Single-turn
Impulse			4096
Ausgangssignale			TTL
Schnittstellen			
Absolute Umdrehung			0
Auflösung Winkel		[°]	1.30
Genauigkeit		[°]	-1…1
Min. Eingangsspannung DC	$U_{In,\,min}$	[V]	4.50
Max. Eingangsspannung DC	$U_{In,\,max}$	[V]	5.50
Max. Drehzahl	n_{max}	[r/min]	7324
Max. Stromaufnahme	I_{max}	[A]	0,075
Grenzfrequenz	f_{max}	[kHz]	500

3: Auszug Rotorlagegeber

Der Katalogauszug (Abb. 3) zeigt, dass die geforderte Winkelauflösung von 2,07° vom gewählten TTL-Inkrementalgeber mit der Winkelauflösung 1,30° hinreichend erfüllt wird.

8.11.4.3 Auswahl des Servo-Umrichters

Der Herstellerkatalog (Abb. 4) zeigt für den gewählten Motor SEM-12H15 die geeigneten Servo-Umrichter:

SEM	M_N	N_N	I_N	P_N	U84AV-	1024	2024	3024	4024
12H15-	10.0	1500	3.8	1.60	I_N	3.2	3.9	5.9	7.3
					$I_{0,\,max}$	4.8	5.9	8.4	11.0
					I_{max}	6.4	7.8	11.2	14.6
					M_0	9.2	10.9	11.4	11.4
					M_N	8.4	10.0	10.0	10.0
					$M_{0,\,max}$	16.4	20.0	29.0	29.0
					M_{max}	16.4	20.0	29.0	29.0
					N_{eto}	–	–	–	–

4: Katalogausschnitt für Motor-Servo-Umrichter

Um eine Auswahl zu treffen, müssen die Drehmomente und die Stromstärken zu den berechneten Daten passen.

Drehmomente

Sowohl für M_{eff} (berechnet 1,57 Nm) als auch für M_{max} (berechnet 3,37 Nm)kommen alle vier Servo-Umrichter in Betracht.

Betriebsströme

Der effektive Betriebsstrom berechnet sich wie folgt.

$$I_{eff} = \frac{M_{eff}}{k_{t0}} = \frac{1{,}57\ \text{Nm}}{2{,}78\ \frac{\text{Nm}}{\text{A}}} = 0{,}56\ \text{A}$$

Der maximale Betriebsstrom ergibt sich aus:

$$I_{max} = \frac{M_{max}}{k_{t0}} = \frac{3{,}37\ \text{Nm}}{2{,}79\ \frac{\text{Nm}}{\text{A}}} = 1{,}21\ \text{A}$$

Die Berechnungen zeigen, dass das kleinste Produkt U84AV-1024 (Abb. 5) ausreicht, um den Antrieb zu bewältigen.

5: Gewählter Servo-Umrichter

U/*f*-Kennlinie

In den Einstellungen des Servo-Umrichters findet sich bei der Inbetriebnahmeparametrierung häufig die Angabe der Motorbetriebsart „Standard *U*/*f*". Im Folgenden soll diese Parametereinstellung näher erläutert werden.

Hinter der *U*/*f*-Betriebsart steckt die Forderung, dass das Drehmoment *M* möglichst über den ganzen Drehzahlstellbereich des Motors konstant sein soll. Das Drehmoment *M* ist konstant, wenn der magnetische Fluss Φ im Motor konstant ist. Der magnetische Fluss Φ ist wiederum konstant, wenn die Stromstärke *I* konstant ist.

$$M \sim I$$

Um also ein konstantes Drehmoment zu erhalten, muss der Strom über den gesamten Drehzahlbereich konstant bleiben.

Der Strom in den Motorsträngen berechnet sich wie folgt:

$I = \frac{U}{Z}$ für $f > 10$ Hz gilt $Z \approx X_L$, da $X_L \gg R$

$\Rightarrow I = \frac{U}{X_L}$ mit $X_L = 2 \cdot \pi \cdot f \cdot L$ folgt

$$I = \frac{U}{2 \cdot \pi \cdot f \cdot L}$$

Da die Induktivität *L* eine feste Baugröße des Motors ist, hängt die Stromstärke *I* nur von der Spannung *U* und der Frequenz *f* ab.

$$I \sim \frac{U}{f}$$

Der Motor gibt ein konstantes Drehmoment *M* ab, wenn das Verhältnis von *U*/*f* konstant ist. Das konstante Verhältnis wird in ein *U*/*f*-Diagramm eingezeichnet.

Am Beispiel der Sternschaltung (Abb. 1) eines Motors mit der Bemessungsfrequenz 50 Hz und der Bemessungsspannung $U_{Stern} = 400$ V soll dies verdeutlicht werden.

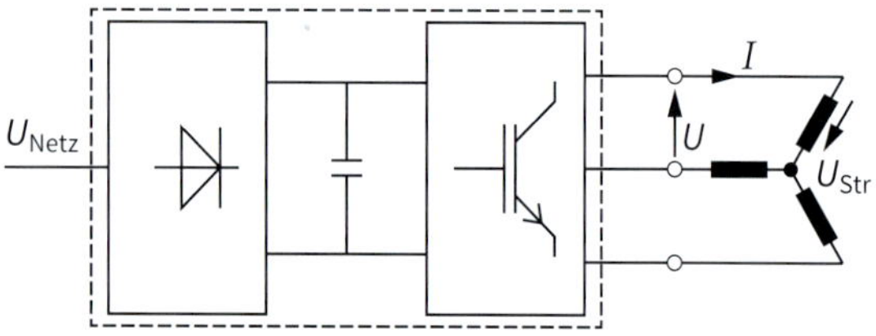

1: Sternschaltung am Servo-Umrichter

Es ergibt sich daraus die *U*/*f*-Kennlinie und die Drehmomentkennlinie (blau) in Abbildung 2.

Soll die Frequenz und damit die Drehzahl über den Wert 50 Hz weiter gesteigert werden, so müsste für ein konstantes Drehmoment auch die Spannung weiter über den Wert 400 V hinaus vergrößert werden.

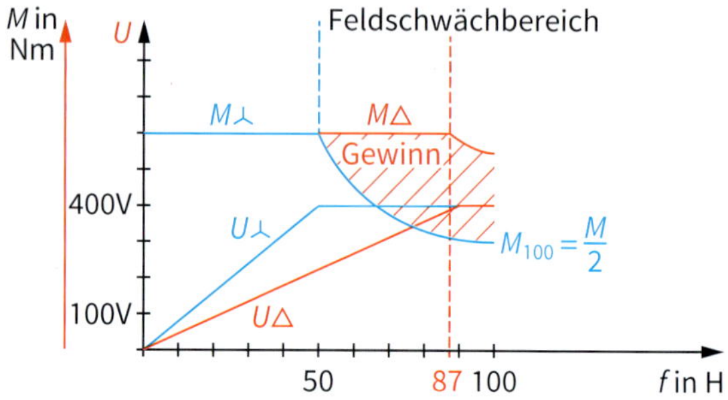

2: *U*/*f*-Kennlinie

Da die Motoren für diese größeren Spannungen meist nicht ausgelegt sind, bleibt allein nur eine Erhöhung der Frequenz des Servo-Umrichters übrig.

Dies geht allerdings zu Lasten des Drehmoments, das ab der Eckfrequenz reziprok zur Frequenz *f* abnimmt. Wird beispielsweise die Frequenz *f* von 50 Hz auf 100 Hz verdoppelt, so halbiert sich das Drehmoment *M* von 50 Nm auf 25 Nm (siehe in Abb. 6: Endpunkt der blauen Kennlinie).

Um die Drehzahl des Motors trotzdem ohne einen Drehmomentverlust weiter zu erhöhen, kann der Motor in Dreieckschaltung (Abb. 3) mit erhöhter Strangspannung betrieben werden.

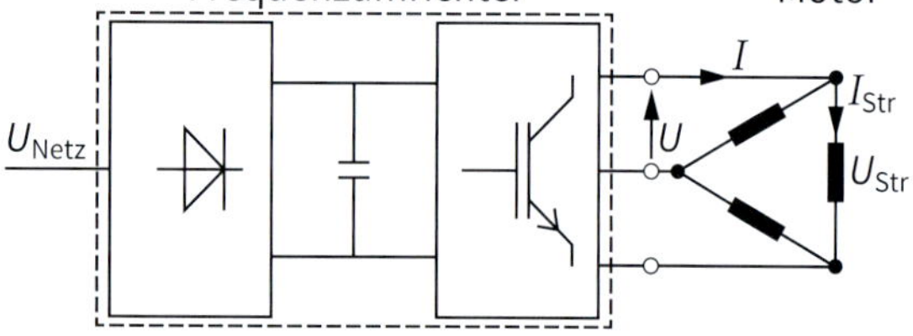

3: Dreieckschaltung am Servo-Umrichter

Die Isolation der Stränge ist in der Regel für die höhere Strangspannung U_{Str} geeignet. Die Bemessungsspannung in Dreieckschaltung beträgt 230 V/50 Hz.

Es ergibt sich:

$$\frac{U}{f_{50\,Hz}} = \frac{230\ V}{50\ Hz} = 4{,}6\ \frac{V}{Hz}$$

Wird nun die Strangspannung auf 400 V erhöht, so ergibt sich die neue Eckfrequenz:

$$f_{eck\,neu} = \frac{U}{4{,}6\ \frac{V}{Hz}} = \frac{400\ V}{4{,}6\ \frac{V}{Hz}} = 87\ Hz$$

Das bedeutet, dass bis zur Frequenz $f = \sqrt{3} \cdot 50\ Hz = 87$ Hz die Stromstärke *I* und somit das Drehmoment *M* konstant bleibt (rote Kennlinie in Abb. 2) und erst dann eine Verringerung stattfindet.

Wegen der erhöhten Verluste (Eisen-, Lüfter-, mechanische Verluste) aufgrund der erhöhten Drehzahlen und der erhöhten Spanung ist darauf zu achten, dass es auch zu einer höheren Thermischen Belastung des Motors kommt.

8.12 Sondermotoren

Neben den bisher behandelten Motortypen gibt es noch eine Reihe weiterer Motorarten, die nun kurz besprochen werden sollen.

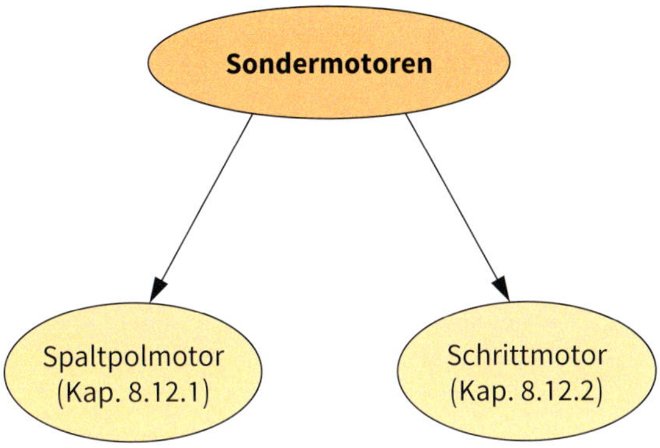

8.12.1 Spaltpolmotor

Aufbau

Der **Spaltpolmotor** [*shaded-pole motor*] ist ähnlich aufgebaut wie ein Asynchronmotor.

Der **Stator** besteht aus einem Dynamoblechpaket, auf dem die Wechselstromerregerwicklung (Hauptwicklung) aufgebracht ist. Der Ständer hat zudem zwei Spaltpole, in denen jeweils die Spaltpolwicklung (**Kurzschlussring** [*shaded-pole winding*]) eingelagert ist.

Der Kurzschlussring ist aus Kupfer oder Aluminium gefertigt und stellt eine Wicklung mit nur einer Windung dar.

Der **Rotor** ist ein Käfigläufer.

Wirkungsweise

Der Spaltpolmotor läuft im Unterschied zum Drehstromasynchronmotor mit einphasigem Wechselstrom. Zur Erzeugung eines Drehfeldes sind zwei phasenverschobene magnetische Felder nötig, daher muss eine Verschiebung erst erzeugt werden.

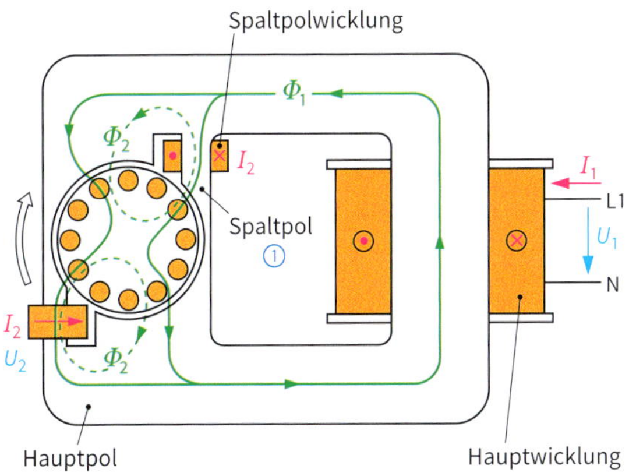

4: Spaltpolmotor

Das geschieht folgendermaßen: Das von der Hauptwicklung (Statorwicklung) gebildete Feld durchdringt den Kurzschlussring. Dort wird eine Spannung induziert, die den Strom I_2 und damit ein Magnetfeld zur Folge hat. Dieses Magnetfeld wirkt im Spaltpol ① dem Hauptfeld entgegen. Dort ergibt sich dadurch eine Phasenverschiebung.

Auf diese Weise entsteht ein Drehfeld, das den Läufer bewegt.

Die Drehrichtung ist nicht elektrisch umkehrbar, da durch eine Spannungsumpolung das Feld des Hauptpols und des Spaltpols umgekehrt werden. Abhilfe schafft eine zweite Spaltpolwicklung oder der umgekehrte Einbau des Läuferrades.

Einsatzgebiete

Die Herstellungskosten des Spaltmotors sind wegen der einfachen Bauweise gering. Da wegen der großen Streufelder die Verluste sehr groß sind, wird er nur für Leistungen bis 200 W verwendet. Der Wirkungsgrad beträgt nur etwa 10 bis 20 %. Die Verwendung des Spaltpolmotors für größere Leistungen ist unwirtschaftlich.

Sein Betrieb an Wechselspannung, seine Laufruhe, Wartungsfreiheit und hohe Lebensdauer haben ihn zum Standardantrieb von kleinen Lüftern (Abb. 5), Ventilatoren oder auch Pumpen in Waschmaschinen gemacht.

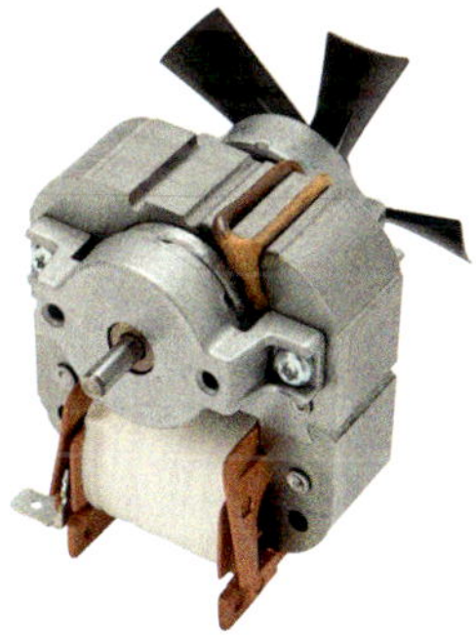

5: Spaltpolmotor für einen Lüfter

Aufgaben

1. Aus welchen Komponenten ist ein Spaltpolmotor aufgebaut?
2. Wozu dienen beim Spaltpolmotor die Kurzschlussringe?
3. Wie lässt sich beim Spaltpolmotor die Drehrichtung ändern?

- Spaltpolmotoren sind für Einphasen-Wechselstrom gebaut.
- Spaltpolmotoren werden für Leistungen bis ca. 200 W hergestellt.
- Spaltpolmotoren sind kostengünstig und wartungsfrei.

8.12.2 Schrittmotor

Aufbau

Ein **Schrittmotor** [*stepper motor*] besteht aus einem feststehenden Stator und einem Läufer. Im Gegensatz zu anderen Motoren befinden sich beim Schrittmotor die Spulen nur im feststehenden Stator. Der Rotor ist ein Dauermagnet mit einem Nord- und Südpol. Das Drehfeld entsteht durch gezieltes Ein- und Ausschalten einzelner Wicklungsstränge (Abb. 1). Dadurch lassen sich auf einfache Weise auch der Drehsinn und die Drehzahl des Motors steuern.

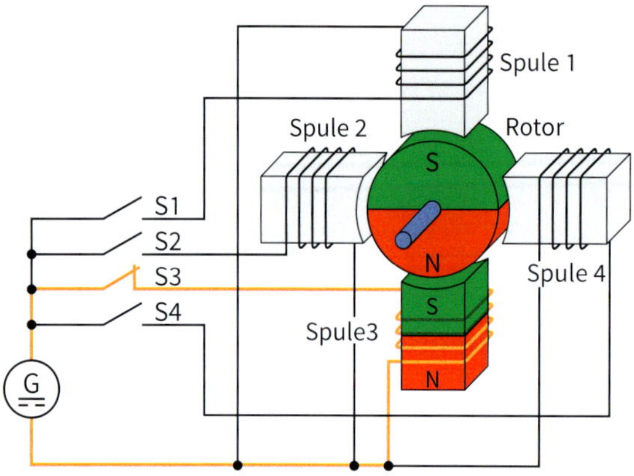

1: Schaltung eines Schrittmotors

Wirkungsweise

Wird z. B. Schalter S3 geschlossen, so dreht sich der Nordpol des Polrades zum Südpol der Spule 3. Werden dann S3 geöffnet und S2 geschlossen, dreht sich der Läufer um 90° im Uhrzeigersinn weiter zu Spule 2.

Um die Position des Rotors zu bestimmen, genügt es – ausgehend von einer Ausgangslage – die Anzahl der Steuerimpulse zu zählen und mit dem **Schrittwinkel** [***step angel***] zu multiplizieren. Durch eine hohe Frequenz der Steuerimpulse lässt sich eine kontinuierliche Drehbewegung erzeugen.

Der **Schrittwinkel** α ergibt sich aus der Polpaarzahl p des Läufers und der Phasenzahl m des Stators.

$$\alpha = \frac{360°}{2 \cdot m \cdot p}$$

Um die Schrittwinkel zu verkleinern, muss die Phasenzahl oder die Polpaarzahl erhöht werden. Da die Phasenzahl in der Regel schwer zu beeinflussen ist, erhöht man in der Praxis die Polpaarzahl. Man fertigt dazu den Läufer aus zwei versetzten Einzelzahnrädern, einem Nord- und einem Südpolrad aus dauermagnetischem Material. Beide sind genau um eine halbe Polteilung zueinander verschoben (Abb. 2).

Ändert sich nun das Statorspulenfeld, wird durch die Poländerung das Polrad jeweils um den Schrittwinkel α weitergedreht.

2: Läufer des Schrittmotors

Die Ansteuerung der Statorwicklungen erfolgt mit Hilfe elektronischer Schaltungen. Eine einfache Schaltung stellt die Transistorleistungsstufe für Schrittmotoren dar (Abb. 3). Durch die Steuerung wird jeweils die Basis eines bestimmten Transistors angesteuert. Die Kollektor-Emitter-Strecke wird niederohmig und durch die Motorwicklung fließt Strom.

Schrittmotoren können bis ca. 1 kW wirtschaftlich eingesetzt werden. Sie finden Verwendung in der Regelungstechnik, in Druckern (Abb. 4) oder auch als Antrieb für den Schreib-/Lesekopf in der Festplatte.

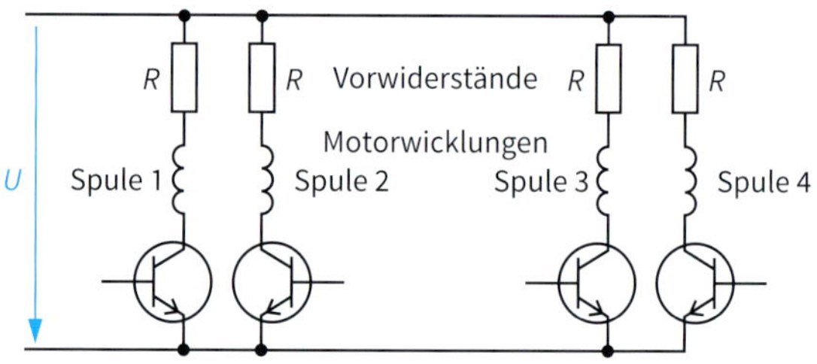

3: Steuerung für Schrittmotoren

4: Schrittmotor

Aufgaben

1. Von welchen Größen hängt der Schrittwinkel beim Schrittmotor ab?
2. Beschreiben Sie die Funktionsweise eines Schrittmotors.

- Schrittmotoren können durch eine Steuerung um einen bestimmten Schrittwinkel gedreht werden.
- Schrittmotoren sind für kleine Leistungen einsetzbar.

9 Gebäudetechnische Anlagen

9.1 Gebäudesystemtechnik mit KNX

Auf dem Betriebsgelände der Firma Sauer Kunststofftechnik AG wird zur Zeit die Erweiterung des Bürogebäudes geplant. Es sollen mehrere Büroräume sowie ein zentraler Empfangsbereich mit zwei angegliederten Konferenzräumen ergänzt werden. Die Abteilungsleiterin Frau Burger möchte in den neu geschaffenen Empfangs- und Konferenzräumen die Installation mit Hilfe des **KNX** (Abk. für **Ko**n**nex**) realisieren lassen. Daher bittet sie die Mitarbeiter des Projektteams einen Vorschlag auszuarbeiten, in welchen Bereichen dieser Räume die KNX-Technik eingesetzt werden kann. Ziel des Projektes sollen multifunktionale Räume mit einem hohen Maß an Komfort sein.

Bei der nächsten **Baubesprechung** [*construction meeting*] erhält Frau Burger folgenden Planungsvorschlag mit technischen Erläuterungen.

9.1.1 Planungsgrundlagen

Der **Planungsvorschlag** [*planning proposal*] sieht vor, das KNX-System in den zwei Konferenzräumen, dem Eingangsbereich und in den Fluren einzusetzen. In diesen Räumen sollen folgende Systeme mit KNX ausgeführt werden:

- Beleuchtung mit Anwesenheitsmelder in den Fluren
- Jalousie
- Projektionsleinwand
- Zentrales Bedienelement in jedem Konferenzraum
- Zentrale Visualisierung der Gebäudefunktionen im Empfangsbereich
- Regelung der Raumheizung

Welche Vorteile hat ein KNX-System?

Beim KNX-System handelt es sich um ein weltweit standardisiertes Bussystem KNX (EN 50090) mit folgenden Möglichkeiten:

- Übernahme sämtlicher Steuer-, Regel- und Meldeaufgaben in einem Gebäude.
- Programmierung und Veränderung der jeweiligen Funktionen über eine Software ohne zusätzlichen Installationsaufwand.
- Höhere Flexibilität in der Raumnutzung.
- Steigerung des Komforts und der Sicherheit durch den Einsatz intelligenter KNX-Geräte (z. B. Heizungsregelung) sowie Vernetzung mit anderen Systemen (z. B. Alarmanlage).
- Senkung der Energiekosten.
- Visualisierung und Beeinflussung des Gebäudestatus an jedem Ort des Gebäudes (**Gebäudeleittechnik** [*building services management system*]).

Unterschiede zur konventionellen Installationstechnik

Das KNX-System besteht aus einem Energienetz und einem Informationsnetz (Bussystem). Alle KNX-Geräte sind über die Busleitung miteinander verbunden (Abb. 5). Die Schaltinformation wird nicht über die Energieleitung, sondern über die Busleitung übertragen. Die Schaltbefehle werden nicht wie herkömmlich über eine Verdrahtung erstellt, sondern über ein Programm in den KNX-Geräten ausgeführt.

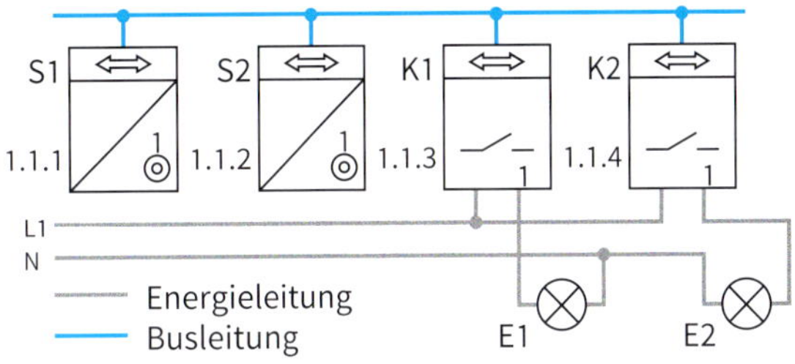

5: Aufbau eines KNX-Systems

Sensoren (z. B. Tastsensor) erfassen den Schaltbefehl. Über die Busleitung wird dieser Schaltbefehl zum zugehörigen **Aktor** (z. B. Schaltaktor) gesendet (Abb. 6). Dieser wertet den Befehl aus und schaltet den Verbraucher (z. B. Leuchte) an die Netzspannung.

Herkömmliche Installationstechnik		KNX-System
Schalter, Taster	⟺	Sensor
Energieleitung	⟺	Energieleitung und Busleitung
Verbraucher	⟺	Aktor mit Verbraucher

6: Systemvergleich

Der Installationsaufwand ist beim KNX geringfügig größer als bei der herkömmlichen Installationstechnik, da zusätzlich eine zweite Leitung (Busleitung) verlegt werden muss. Allerdings liegen die Kosten für die Betriebsmittel beim Einsatz im Wohnbereich bei der KNX-Lösung wesentlich höher als bei der konventionellen Installationstechnik.

Neben dem drahtgebundenen KNX-System besteht auch die Möglichkeit, die Informationen per Funk (vgl. Kap. 9.1.3) zu übertragen. Diese Lösungen werden dann eingesetzt, wenn die Installation des Busnetzes sehr aufwändig ist oder eine nachträgliche Installation aus Kosten- oder Baugründen nicht in Frage kommt.

Auf Grund der genannten Vorteile beschließt das Projektteam, die KNX-Technik im Bereich der Empfangs- und Konferenzräume sowie der Flure einzusetzen. Die Mitarbeiter der Betriebstechnik werden mit der Durchführung beauftragt.

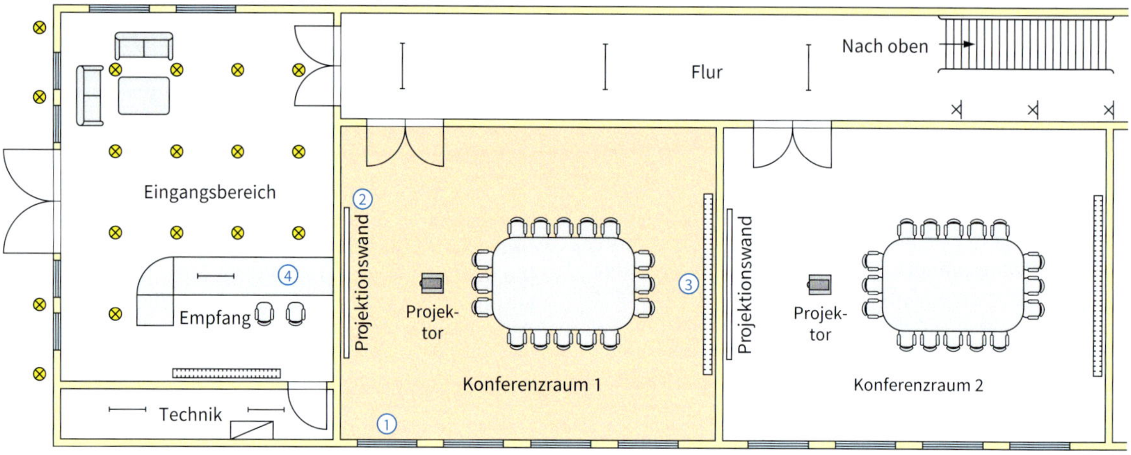

1: Grundriss Bürogebäude (Ausschnitt)

Als Planungsgrundlage wurde von der Planungsabteilung Elektrotechnik ein Grundriss (Abb. 1) des betreffenden Gebäudeteils angefertigt. Dieser zeigt alle Räume, die mit dem KNX-System ausgestattet werden sollen. Der farblich hervorgehobene Raum wird im Anschluss besonders besprochen.

Welche Funktionen werden vom KNX-System übernommen?

Beleuchtungssteuerung:
- verschiedene Lichtszenen im Foyer
- verschiedene dimmbare Lichtszenen in den Konferenzräumen
- Beleuchtung über Bewegungsmelder im Flur

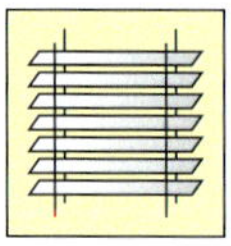

Jalousien/Projektionswände:
- Jalousien ① und
- Leinwände ②

in den Konferenzräumen

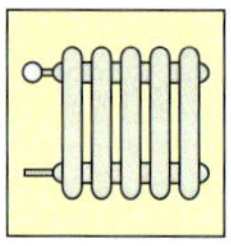

Heizung:
- Regelung der Heizungen in den Konferenzräumen ③

Sämtliche Funktionen in den Konferenzräumen sollen über Bedienelemente innerhalb des Raumes und zusätzlich über ein Anzeige- und **Bedienfeld** *[control panel]* (Abb. 2) im Foyer gesteuert werden (Abb. 1 ④).

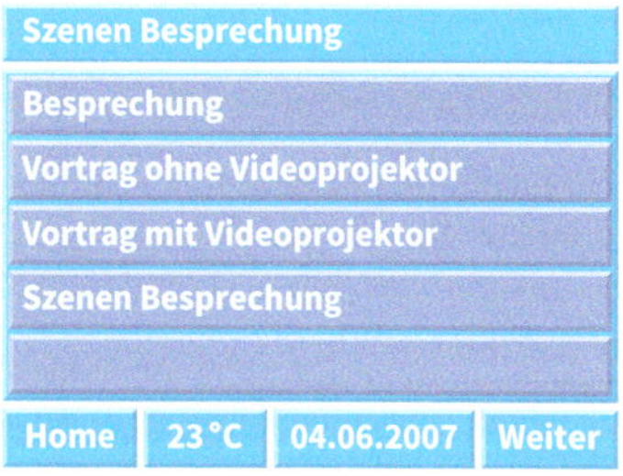

2: Kontrollpanel

Abb. 3 zeigt die notwendigen Arbeitsschritte zur Realisierung eines KNX-Systems.

Arbeitsschritte zur Installation des KNX

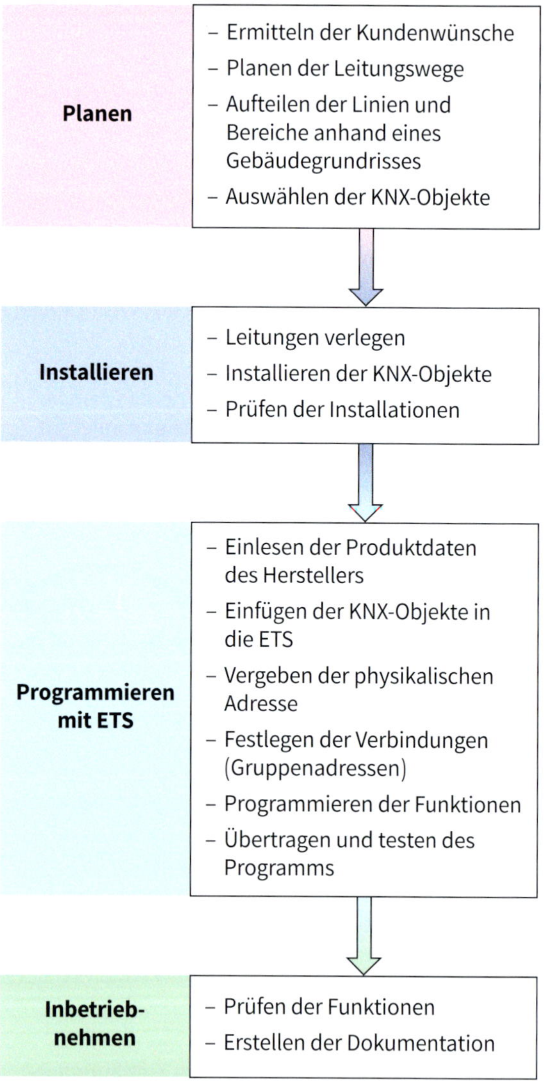

3: Arbeitsablauf

9.1.2 Planen des KNX-Systems

Nachdem die Funktionen bereits festgelegt sind, muss der Elektroniker im folgenden Arbeitsschritt die Lage der erforderlichen KNX-Geräte in den Grundriss einzeichnen. Anschließend werden die Leitungswege und die damit verbundene Aufteilung der so genannten **Linien** [*lines*] und **Bereiche** [*sectors*] festgelegt.

9.1.2.1 Auswählen der KNX-Objekte

Am Beispiel des Besprechungsraumes ist im Folgenden die Auswahl und Zuordnung der KNX-Objekte dargestellt. Die Tabelle (Abb. 4) zeigt die Zusammenhänge zwischen der Funktion und dem benötigten KNX-Gerät. Jedes KNX-Gerät wird als Busteilnehmer bezeichnet.

Funktionstabelle

Funktionen		Objekte	Besprechung	Vortrag	Videovortrag
Beleuchtung	Schalten	– Tastsensor – Schaltaktoren – Fernbedienung	x		
	Dimmen	– Tastsensor mit Fernbedienung – Dimmaktoren		x	x
Jalousie/Leinwand	Schalten (Jalousie)	– Jalousietaster – Jalousieaktor – Sonnensensor	x	x	x
	Schalten (Leinwand)	– Jalousietaster – Jalousieaktor			x
Heizung	Stellen	– Raumtemperaturregler – Stellantriebe	x	x	x

4: Funktionszuordnung

Wie ist ein Busteilnehmer aufgebaut?

Jeder Busteilnehmer (z. B. Taster) besteht aus einem **Busankoppler (BA)** [*bus coupling module*] und einem **Anwendungsmodul (AM)** [*application module*] bzw. **Endgerät** [*terminal*] (Abb. 5).

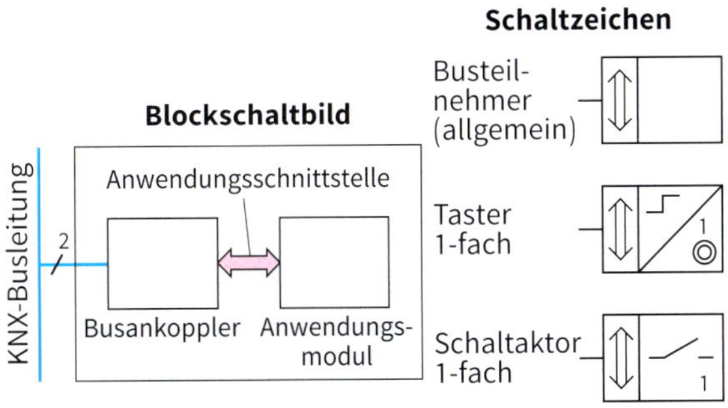

5: Blockschaltbild eines Busteilnehmers

Der Busankoppler stellt die Verbindung zur Zweidraht-Busleitung her. Er sendet und empfängt Daten, speichert das **Anwendungsprogramm** [*application program*] und weitere wichtige Daten in einem internen Speicher.

Das Anwendungsmodul legt die Funktion des Gerätes fest. Je nach Funktion kann das Gerät als Sensor (z. B. Tastsensor) oder Aktor (z. B. Schaltaktor) arbeiten. Das Anwendungsmodul ist entweder fest mit dem Busankoppler verbunden oder über eine **Anwendungsschnittstelle** [*application interface*] steckbar. Am Beispiel eines Tasters (Abb. 6) wird als Anwendungsmodul eine 1-fach Wippe auf den Busankoppler gesteckt.

Auf der Rückseite des Busankopplers befinden sich die **Anschlussklemmen** [*terminal clamps*] zur Busleitung. Sämtliche Busteilnehmer einer Linie werden parallel geschaltet. KNX-Geräte werden als Unterputz- (UP), Einbau- (EG) und Reiheneinbaugerät (REG für die Hutschienenmontage) für Verteilungen gefertigt.

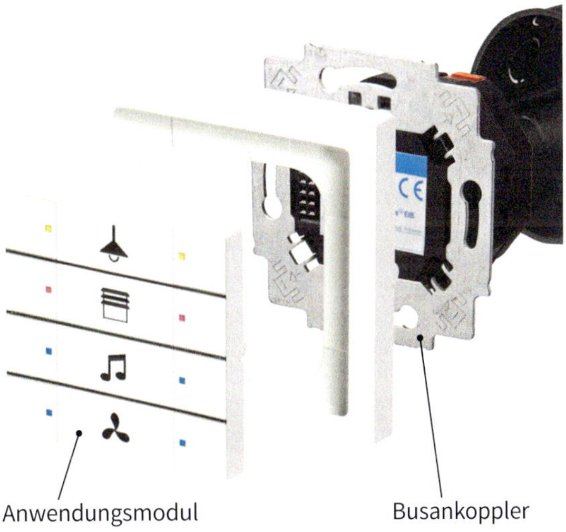

6: Tastensensor mit Busankoppler

Aufgaben

1. Beschreiben Sie den Unterschied zwischen einem KNX-System und einer herkömmlichen Elektroinstallation.
2. Wie wird die Schaltinformation (Tasterbetätigung) zum Verbraucher (Leuchte) übertragen?

- Alle KNX-Geräte (Sensoren und Aktoren) werden über eine Busleitung miteinander verbunden.
- Durch die Programmierung der Funktionen ist das KNX-System sehr flexibel.
- Ein Busteilnehmer besteht aus einem Busankoppler und einem Anwendungsmodul (z. B. Taster).

9.1.2.2 Technologie des KNX

Beim KNX-System handelt es sich um ein dezentrales Zweidraht-Bussystem. Ein zentrales Steuergerät ist nicht erforderlich. Somit ist ein Totalausfall des Bussystems praktisch unmöglich.

Die Schaltinformation wird über die Busleitungen vom Sensor ① zum Aktor übertragen. Die Energie wird somit nicht über den Sensor, sondern nur über den Aktor ② (z. B. Dimmaktor) zum angeschlossenen Verbraucher (z. B. Leuchte) geschaltet (Abb. 1).

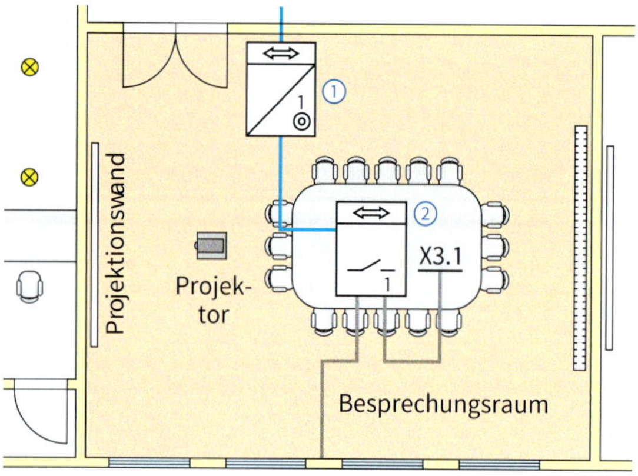

1: Sensor und Aktor im KNX-System

Damit die Kommunikation der KNX-Geräte auch in größeren Gebäuden fehlerfrei funktioniert, muss vom Elektroniker bereits bei der Planung eine hierarchische Struktur des Busnetzes berücksichtigt werden. Zur übersichtlichen Gliederung werden die Busteilnehmer in verschiedene Ebenen gegliedert. Das Bussystem lässt sich zur Strukturierung in **Linien** und **Bereiche** aufteilen (Abb. 2).

Linie

Jede Linie besitzt eine getrennte Spannungsversorgung, die maximal 64 Busteilnehmer versorgen kann. In der Praxis sollten jedoch nur ca. 40 Busteilnehmer in einer Linie eingeplant werden, damit ein Nachrüsten mit weiteren Geräten problemlos möglich ist. Jede Linie enthält

- **Sensoren** und **Aktoren**,
- eine **Spannungsversorgung** mit **Drossel** und
- einen **Verbinder**.

Die Drossel verhindert, dass die Telegramme in der Spannungsversorgung kurzgeschlossen werden. Sie ist häufig in der Spannungsversorgung eingebaut. Der Verbinder dient zum Anschluss der Busleitung an die Spannungsversorgung in der Verteilung.

Über einen **Linienkoppler** (LK) in jeder Linie werden bis zu 15 Linien zu einer Hauptlinie verbunden, an der bis zu 63 Busteilnehmer angeschlossen werden. Der Linienkoppler sorgt für eine galvanische Trennung zwischen den Linien und leitet nur die linienübergreifenden Telegramme weiter.

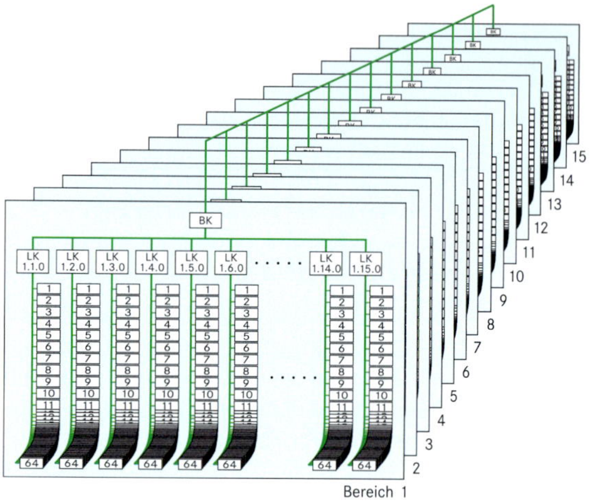

2: Linien und Bereiche im KNX

Bereich

Maximal 15 Linien lassen sich zu einem Bereich zusammenfassen. 15 Bereiche können mit Bereichskopplern zu einer Bereichslinie (Backbone) verbunden werden. Diese kann ebenfalls 64 Teilnehmer enthalten. Zwischen den Bereichs- und den Linienkopplern muss eine Spannungsversorgung vorhanden sein.

Bei der Festlegung der Linien und Bereiche kann das Gebäude als Vorlage dienen. Die Struktur für eine Anlage, die mehrere Gebäude umfasst, kann folgendermaßen aussehen:

- Jedes Stockwerk wird einer Linie zugeteilt.
- Jedes Gebäude wird einem Bereich zugeteilt.

Die Projektplanung sieht für den kompletten mit KNX auszurüstenden Gebäudebereich zwei Linien (Konferenzräume und Flure) vor. Im vorliegenden Fall wäre auch eine Linie ausreichend, da die Anzahl der KNX- Objekte nicht größer als 64 ist. Kommt es jedoch zu einem Kurzschluss oder zu einem Ausfall der Versorgungsspannung, wäre die gesamte Anlage ohne Funktion. Daher ist es ab einer bestimmten Größe sinnvoll, die Objekte auf mehrere Linien aufzuteilen.

Aufgaben

1. Welche KNX-Geräte müssen in einer Linie mindestens vorhanden sein?
2. Warum müssen mehrere Linien über einen Linienkoppler miteinander verbunden werden?

- Das KNX-System ist in Linien und Bereiche aufgeteilt.
- Jede Linie enthält außer Sensoren und Aktoren eine Spannungsversorgung, eine Drossel und einen Verbinder.

Wie erfolgt der Informationsaustausch?

Damit der Informationsaustausch zwischen den einzelnen KNX-Geräten funktionieren kann, muss jedem Busteilnehmer eine eindeutige Adresse zugewiesen werden. Diese Adresse heißt **physikalische Adresse** [***physical address***]. Die physikalische Adresse ist somit der Name des Teilnehmers. Sie setzt sich aus drei Zahlen zusammen:

Beispiel: **1 . 4 . 35**

- 35 – Objektnummer
- 4 – Liniennummer
- 1 – Bereichsnummer

Vom Hersteller werden alle KNX-Geräte mit der Adresse 15.15.255 ausgeliefert.

Wie erhält der Busteilnehmer seine Adresse?

Die Zuweisung der physikalischen Adresse erfolgt durch die Programmierungssoftware während der Inbetriebnahme oder bereits im Vorfeld, z. B. in der Werkstatt. Im letzten Fall sollte jedoch jedes KNX-Gerät eindeutig mit einer Beschriftung gekennzeichnet werden, da es ansonsten zu Verwechslungen und Fehlfunktionen kommen kann. Bei der Adressierung muss am betreffenden Objekt die Quittiertaste betätigt werden. Sind die KNX-Geräte bereits im Vorfeld adressiert, müssen die Schalter- und Lampenabdeckungen nicht nochmals entfernt werden, um die Quittierung der Adresse am KNX-Gerät vorzunehmen.

Für den Besprechungsraum werden die Busteilnehmer und physikalischen Adressen gemäß der Tabelle in Abb. 3 ausgewählt. Sämtliche Systemgeräte und Aktoren werden in einer Verteilung im Foyer eingebaut. Daher wurde hier die **Montageart Reiheneinbaugerät** (REG) gewählt.

Aufgaben

1. Warum muss jedem KNX-Busteilnehmer eine physikalische Adresse zugeordnet werden?
2. Sie müssen in einem Gebäude ein KNX-System mit 260 Teilnehmern planen. Wie viele Linien müssen Sie mindestens einplanen?
3. Wie groß ist die Linienanzahl in Aufgabe 1 unter Berücksichtigung der Nachrüstbarkeit?
4. Ein Busteilnehmer hat die folgende physikalische Adresse: 2.4.33
   In welcher Linie und in welchem Bereich befindet sich das Gerät?

- Damit der Informationsaustausch fehlerfrei funktioniert, wird jedem Gerät am Bus eine eindeutige physikalische Adresse zugeordnet.
- Die physikalische Adresse besteht aus drei Zahlen (Bereich, Linie und Objekt), die durch Punkte getrennt sind.

KNX-Gerät	Funktion	Physikalische Adresse	Montageart	Abbildung
Spannungsversorgung mit integrierter Drossel	Versorgt das KNX-Busnetz mit der erforderlichen Betriebsspannung ($U_0 = 30$ V, $I_N = 320$ mA)	1.1.3	REG	
5fach-Bedienelement mit Raumtemperaturregler und Fernbedienung	Bedienung der Funktionen: • 2 Lichtszenen • Licht Ein/Aus • Leinwand Ab/Auf • Raumtemperatur regeln • Jalousien Ab/Auf Alle Funktionen sind zusätzlich über eine IR-Fernbedienung möglich.	1.1.21	UP	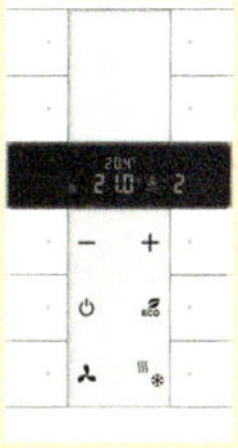
4fach Dimmaktor	Beleuchtung schalten und dimmen	1.1.1	REG	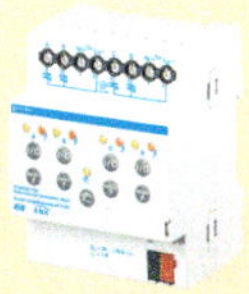
4fach Jalousieaktor	Jalousien und Leinwand steuern	1.1.2	REG	
4fach Heizungsaktor	Stellantriebe steuern	1.1.6	REG	
Thermoelektrischer Betrieb	Heizungsventile stellen		AP	

3: Liste der KNX-Geräte im Besprechungsraum

9.1.3 Installieren des KNX-Systems

Bei der Installation der Busleitungen muss der Elektroniker Folgendes beachten:

- Leitungstyp
- Leitungsverlegung
- Maximale Leitungslänge der Busleitung
- Überspannungsschutz

Welcher Leitungstyp wird verwendet?

Als Busleitung sollten nur solche Leitungen zum Einsatz kommen, die von der KNX-Association empfohlen werden:

- YCYM 2 x 2 x 0,8
  (Adernfarben: rot, schwarz, gelb, weiß)
- J-Y(St)Y 2 x 2 x 0,8
  (Adernfarben: rot, schwarz, gelb, weiß)

1: Busleitung

Da die Busleitung zu einem SELV-Stromkreis gehört, dürfen auf keinen Fall freie Adern einer 230 V-Leitung als Busleitung verwendet werden. Die rote (Bus +) und die schwarze (Bus –) Ader werden an die Busklemmen angeschlossen (Abb. 2). Die **Busklemme** *[bus terminal]* ist die Schnittstelle zwischen dem Busnetz und den Busteilnehmern. Jedes Leitungsende verfügt über eine Bezeichnung des angeschlossenen Teilnehmers.

Beispiel:

T:7 L:6 B:1 ist der Teilnehmer mit der Nummer sieben aus der sechsten Linie des ersten Bereichs.

Die freien Adern der Busleitung dienen als Reserve und dürfen nicht zur Übertragung weiterer Signale (z.B. Telefon) verwendet werden.

Wie werden die Bus-Leitungen verlegt?

Die Busleitung darf nur als Linien-, Stern- oder Baumnetz installiert werden. Die Installation eines **Ringnetzes** *[ring network]* ist nicht erlaubt, damit am Ende der durchgeschleiften KNX-Busleitung keine Verbindung zum Anfang hergestellt werden kann. Abb. 6 zeigt eine mögliche Leitungsführung der Busleitung im Besprechungsraum.

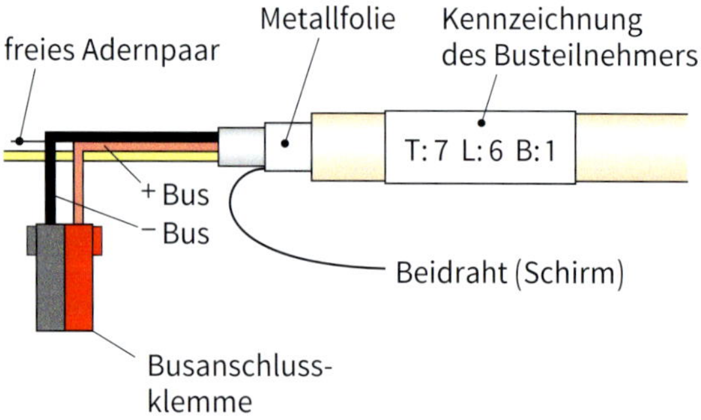

2: Busleitung mit Anschlussklemme

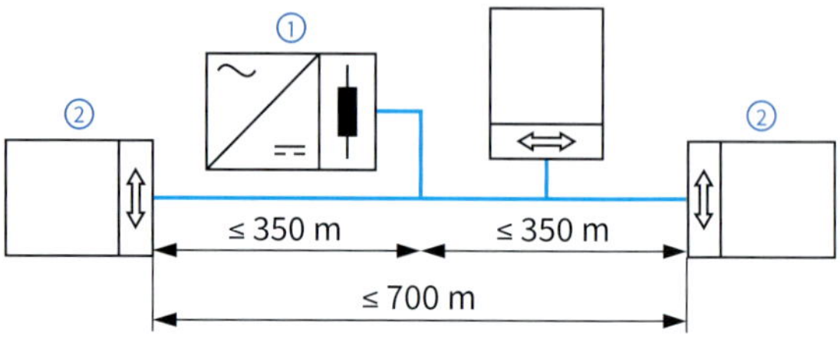

3: Übersicht der maximalen Leitungslängen

Bei der Verlegung der Busleitung dürfen die **Maximallängen** *[maximum length]* wegen der Übertragungssicherheit nicht überschritten werden (Abb. 3).

- Der Abstand zwischen der Spannungsversorgung ① und den Busteilnehmern ② darf nicht länger als 350 m sein.
- Zwischen weit entfernten Busteilnehmern gilt ein maximaler Abstand von 700 m.
- Innerhalb einer Linie bzw. eines Bereiches darf die Gesamtlänge der Busleitung 1000 m nicht überschreiten.

Bei der Installation ist darauf zu achten, dass die Leitung in ihrem Verlauf als Busleitung gekennzeichnet ist. Bei der Einführung einer Busleitung in eine 230/400 V Unterverteilung muss ein Abstand von 50 mm zu den Starkstromleitungen eingehalten werden.

Abb. 5 zeigt eine ordnungsgemäß verdrahtete KNX-Klemmdose. Darin dürfen nur Busleitungen verklemmt werden. Die Leitung wird erst am Ende abgemantelt und die Reserveadern werden nicht abgeschnitten (Abb. 4 ③). Die Schirmung sowie die freien Adern dürfen nicht zufällig mit einem anderen Potenzial (z. B. 230 V) in Verbindung kommen.

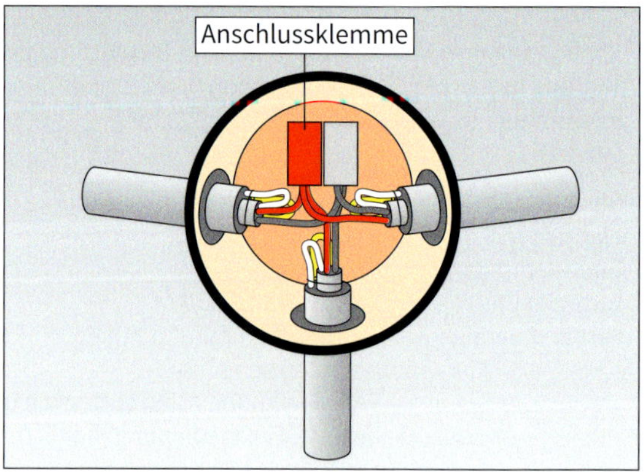

4: KNX-Klemmdose

- Die Busklemme bildet die Schnittstelle zwischen Busnetz und Busteilnehmer.
- Das Busnetz darf nicht als Ringnetz aufgebaut werden.
- Die maximalen Leitungslängen dürfen bei der Verlegung eines Busnetzes nicht überschritten werden.

Überspannungsschutz im KNX-Netz

Bei einem KNX-Netz müssen zum Schutz gegen **Überspannung** [*overvoltage*] geeignete Maßnahmen eingeplant werden. Die Überspannung kann beispielsweise durch

- nahe und entfernte Blitzeinschläge oder
- Schalthandlungen

verursacht werden.

Daher sieht die Planung der Projektabteilung vor, Überspannungsschutzeinrichtungen (Abb. 5) zur Absicherung des KNX-Netzes sowie der angeschlossenen Busteilnehmer gegen Überspannungsschäden einzubauen. Die maximal zulässige **Stoßspannung** [*surge voltage*] bei KNX-Betriebsmittelsn beträgt 2 kV.

Der **Überspannungsableiter** ① [*surge arrester*] wird anstelle der Busklemme mit dem Busankoppler verbunden und auf kürzestem Weg mit einem Erdungspunkt verbunden. Dieser „Feinschutz" garantiert allein jedoch keinen umfassenden Schutz der Anlage, sondern kann nur im Zusammenhang mit einem sinnvollen Blitzschutz-Zonenkonzept (vgl. Kap. 9.6.3) gesehen werden.

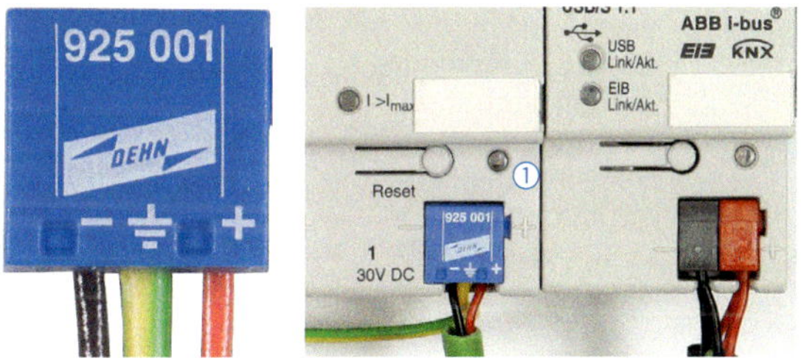

5: KNX-Überspannungsschutz

Prüfung der KNX-Installation

Nach Abschluss der Installationsarbeiten muss vor dem Einbau der Betriebsmittel eine Prüfung der Anlage durchgeführt werden. Die erforderliche Prüfdokumentation dient als Nachweis dafür, dass die Busleitungen fehlerfrei installiert sind. Außerdem ist sie für eine spätere Erweiterung wichtig. Dazu sind folgende Messungen durchzuführen bzw. Pläne zu erstellen:

- Plan mit den verlegten Busleitungen erstellen
- Leitungslängen ermitteln
- Polarität der Busleitungen prüfen
- Isolationswiderstand messen
- Betriebsspannung der Busleitung bei eingebauter Spannungsversorgung prüfen
- Galvanische Trennung der einzelnen Linien prüfen

Aufgaben

1. Worauf muss bei der Verlegung und beim Anschluss der Busleitungen geachtet werden?
2. Welchem Zweck dient der Überspannungsschutz in einer KNX-Linie?

- Zum Schutz der KNX-Betriebsmittel vor Überspannungen muss zwischen der Busleitung und dem Busankoppler ein Überspannungsschutzgerät installiert werden.
- Nach Abschluss der Installationsarbeiten müssen umfangreiche Prüfungen durchgeführt werden.

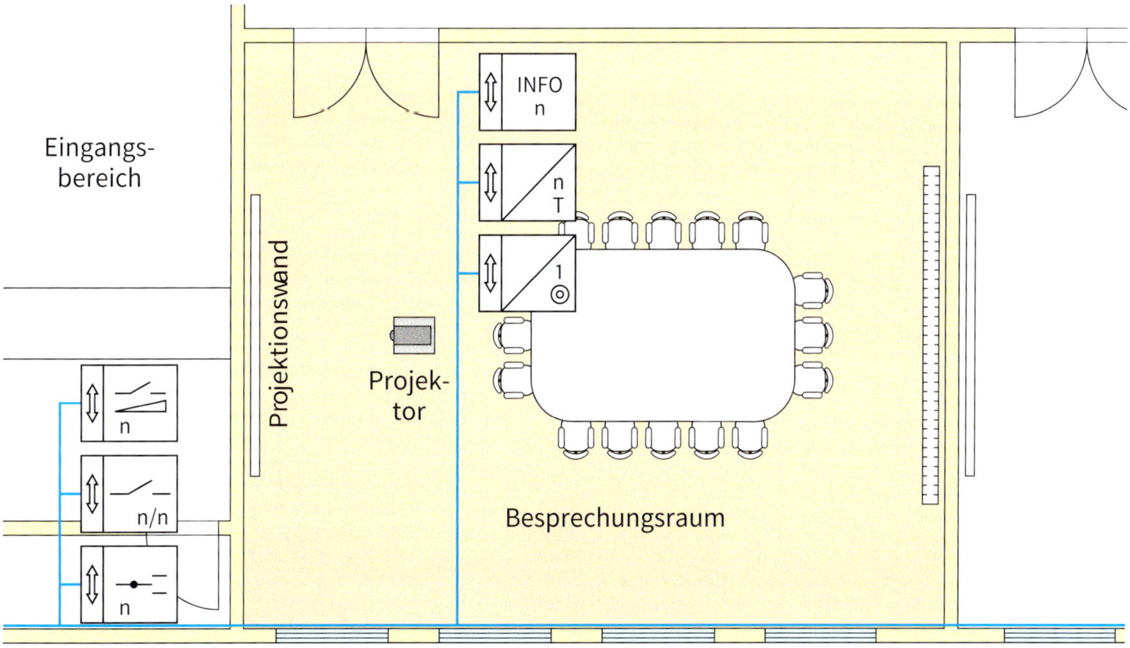

6: Verlegung der Busleitung im Besprechungsraum

Bussysteme zur Gebäudesystemtechnik

Aufbau	Funktion	Merkmale	Einsatzbereich
Funk KNX			
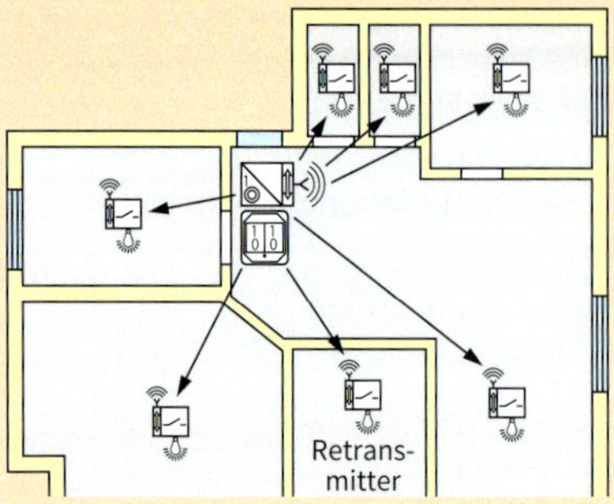	• Datenübertragung per Funk (868 … 870 MHz) • Die Komponenten werden über 230 V oder Batterie versorgt. • Jeder Teilnehmer empfängt das Bussignal und sendet es erneut (Retransmitter). • Kommunikation über physikalische Adresse bzw. Gruppenadresse	• Kompatibel zu den bestehenden KNX-Systemen • Reichweite des Funknetzes bis 300 m (im Freiraum) • 15 Bereiche mit je 6 Linien und bis zu 64 Teilnehmern möglich • Verknüpfung mit anderen Bussystemen über Gateways	• Wird überall dort eingesetzt, wo die Architektur des Gebäudes keine Leitungsverlegung zulässt (Umbau, Sanierung). • Flexible Montageorte der Geräte, z. B. dort, wo eine Leitungsverlegung unmöglich ist.
Powerline KNX			
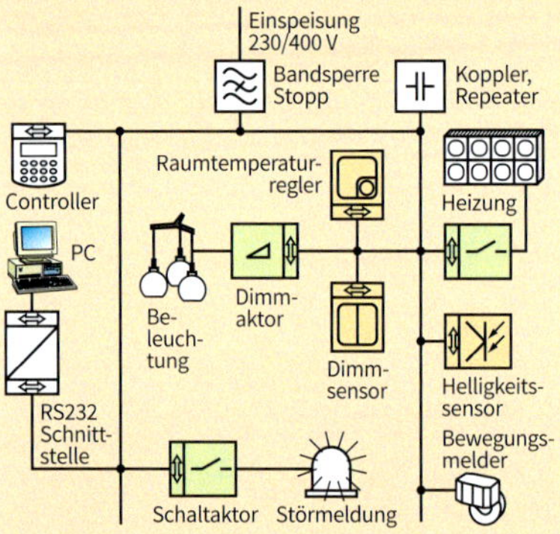	• Die Übertragung der Daten erfolgt über das Energienetz. • Übertragungsverfahren **S**pread **F**requency **S**hift **K**eying (**SFSK**) mit den Übertragungsfrequenzen von 105,6 kHz und 115,2 kHz • Die Datentelegramme werden der Netzspannung von 230 V überlagert.	• Das Busnetz besteht aus maximal 8 Bereichen mit bis zu 16 Linien. Jede Linie kann 256 Teilnehmer enthalten. • Leitungslänge zwischen zwei Teilnehmern ≤ 500 m • Alle drei Außenleiter werden zur Datenübertragung über einen Phasenkoppler verbunden.	• Nutzung des vorhandenen Energienetzes zur Datenübertragung, da keine getrennte Busleitung notwendig ist. • Kompatibilität mit KNX bei der Datenübertragung
Local Control Network (LCN)			
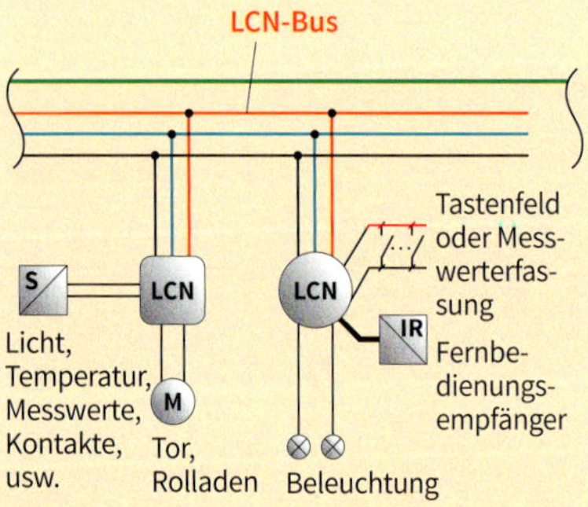	• Bisherige Objekte (z. B. Schalter) werden durch kleine Computermodule ersetzt. • Alle Busmodule tauschen die Information über eine zusätzliche Ader der herkömmlichen Installation aus. • Die Module und Segmente verfügen über eine eindeutige Adresse.	• Bis zu 30 000 selbstständig arbeitende Module können in ein System integriert werden. • Keine getrennte Stromversorgung notwendig • Das Busnetz kann in 120 Segmente mit jeweils bis zu 250 Modulen aufgeteilt werden. • Die Programmierung erfolgt über eine spezielle Software.	• Geringe Modulanzahl durch Kombination von Sensor und Aktor • Ausbaufähig durch mehr als 60 000 Sensoren und Aktoren • Einsatz herkömmlicher Taster usw. möglich
Local Operating Network (LON)			
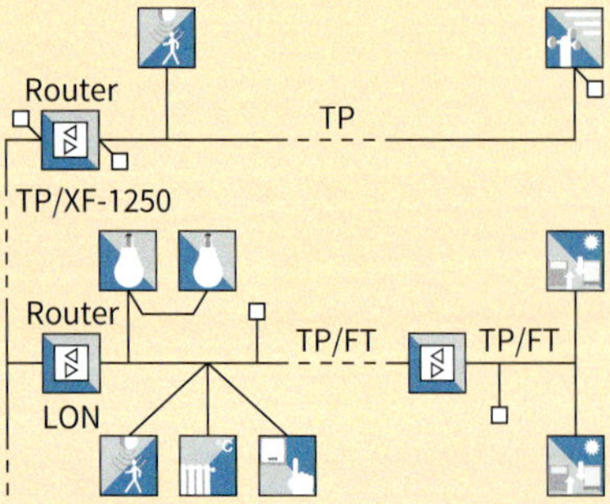	• Zur Datenübertragung können beliebige Medien eingesetzt werden (Zweidrahtbus, Funk, Infrarot, LWL usw.) • Die Kommunikation erfolgt über ein spezielles LonWorks-Protokoll. • Alle Teilnehmer werden in einer Linie bis zu 2 km Länge miteinander verbunden.	• Bis zu 32285 intelligente Busteilnehmer pro Netzwerk (Domain) • Keine vorgeschriebene Topologie notwendig • Die unterschiedlichen Übertragungsmedien werden über Repeater miteinander verbunden.	• Einfache und übersichtliche Installation • Informationsverarbeitung findet vor Ort statt. • Sensoren und Aktoren besitzen eigene Intelligenz. • Integration unterschiedlicher Gewerke (Subnet)

9.1.4 Programmieren

Mit Hilfe der kosten- und lizenzpflichtigen Software **ETS** (**E**ngineering **T**ool **S**oftware) werden die Funktionen der KNX-Objekte programmiert. Damit wird die logische Verbindung zwischen Sensor und Aktor innerhalb des KNX-Systems hergestellt. Im Folgenden werden am Beispiel des Konferenzraums 1 alle notwendigen Schritte zur Programmierung mit Hilfe der ETS behandelt.

9.1.4.1 Aufbau der ETS

Nach dem Programmstart werden zunächst die Eigenschaften des Projektes, z. B. der Projektname, eingegeben (Abb. 1).

1: Projekteigenschaften

Nach Eingabe der Projektdaten öffnet sich die Grundansicht der ETS mit den drei Bereichen Topologie, Gruppenadressen und Gebäude (Abb. 2). In der **Gebäudeansicht** ① wird die Struktur des Gebäudes durch

- Gebäudeteile (z. B. Geschoss),
- Räume,
- Schaltschränke und
- Gewerke (z. B. Heizung)

hierarchisch nachgebildet und dargestellt.

Die **Topologieansicht** ② stellt den hierarchischen Aufbau des Busnetzes mit den vorhandenen Linien und Bereichen dar. Weiterhin erhält jedes Gerät in der Topologieansicht eine eindeutige physikalische Adresse.

Die Einrichtung und Vergabe der **Gruppenadressen** ③ (vgl. Kap. 9.1.4.2) bildet den zentralen Bestandteil zur Herstellung der Funktionsverknüpfungen. Als Strukturmittel können Haupt-, Mittel- und Untergruppen angelegt werden. KNX-Objekte, die einer gleichen Gruppenadresse zugeordnet werden, sind miteinander verbunden. Dies entspricht bei der konventionellen Installationstechnik der Klemmverbindung zwischen Schalt- und Lampenader.

Bevor mit der Programmierung begonnen werden kann, müssen die **Produktdaten** *[product data]* des ausgewählten Herstellers in die ETS importiert werden. Dazu bieten alle Hersteller Produktdatenbanken an, die im Bereich Kataloge über das Internet kostenlos zur Verfügung gestellt werden. Darin befinden sich nach Kategorien geordnet alle KNX-Geräte des Herstellers mit den gerätespezifischen Einstellmöglichkeiten. Anschließend werden alle Daten zu einem Projekt (Aufbau, Geräte, Schaltfunktionen usw.) in einer Datenbank zusammengefasst und gespeichert.

Aufgabe

1. Beschreiben Sie die Aufgabe der Produktdatenbank und erstellen Sie eine Anleitung zur Installation der Produktdatenbank in die ETS.

- Die Programmierung der Schaltfunktionen wird mit Hilfe der Software **ETS** (**E**ngineering **T**ool **S**oftware) durchgeführt.
- Die Daten werden in Form eines Projektes gespeichert.

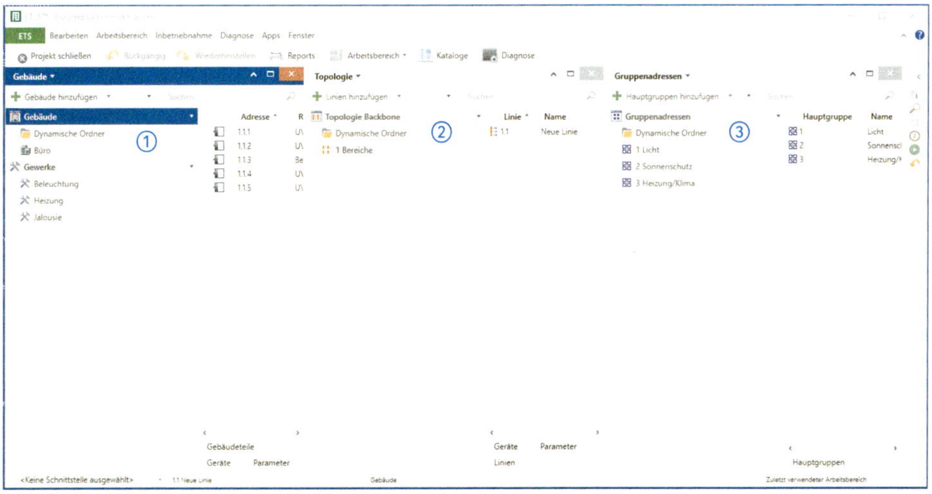

2: Programmierumgebung der ETS

9.1.4.2 Programmerstellung

Bei der Erstellung des KNX-Programms mit Hilfe der ETS ist eine systematische Vorgehensweise notwendig. In der folgenden Übersicht (Abb. 1) sind alle Schritte dargestellt.

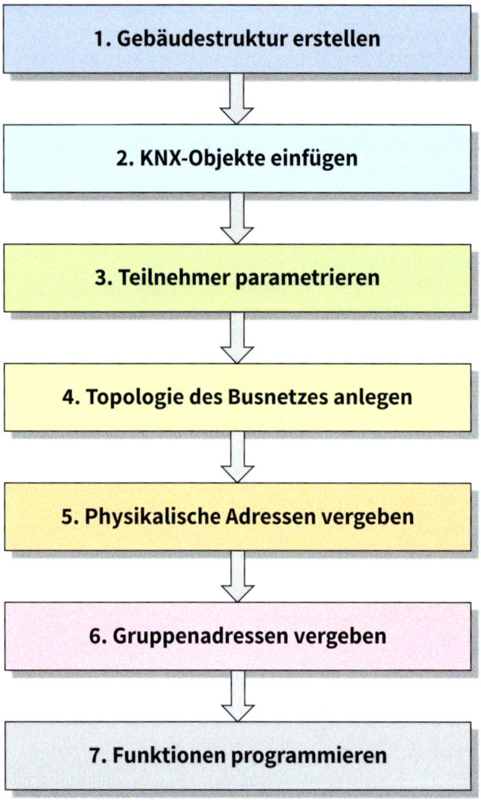

1: Projektierungsschritte mit der ETS

1. Gebäudestruktur erstellen

In der Gebäudeansicht wird zunächst die reale Struktur des Gebäudes nachgebildet. Dazu können

- **Gebäude,** 
- **Gebäudeteile,** 
- **Räume** und 
- **Schaltschränke** 

in einer hierarchischen Baumstruktur angelegt werden. Die Gebäudeansicht ist zwar nicht zwingend vorgeschrieben, verbessert jedoch die Orientierung innerhalb des Projektes, da die verschiedenen KNX-Objekte dem jeweiligen Montageort (z. B. dem Besprechungsraum) zugeordnet sind.

Die Elemente lassen sich entweder über die **Symbolleiste** *[toolbar]*, den Menüpunkt „Geräte hinzufügen" oder das **Kontext-Menü** *[context menu]* einfügen. Diese Vorgehensweise, neue Elemente hinzuzufügen, ist auf alle Ansichten (z. B. Topologie-Ansicht) in der ETS übertragbar.

In Abb. 2 ist die Gebäudestruktur des Bürogebäudes abgebildet. Hier wurde eine weitere Ordnungsstruktur eingefügt. Mit den Gewerken ① bietet sich die Möglichkeit, die KNX-Objekte zusätzlich nach deren Funktion zu sortieren. Jedes Objekt kann sowohl einem Raum oder Schaltschrank als auch einem Gewerk zugeordnet werden.

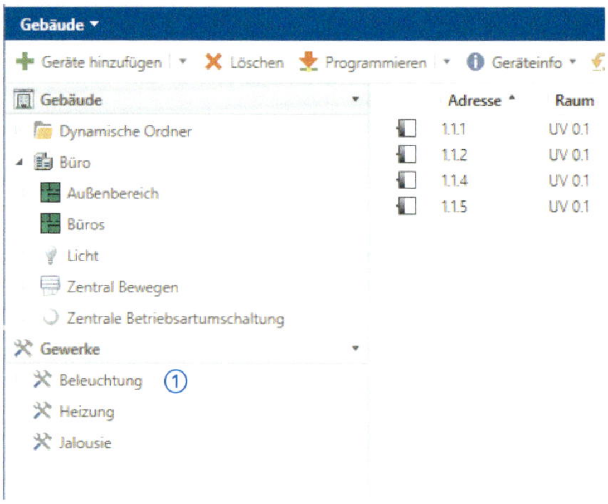

2: Gebäudeansicht des Bürogebäudes

2. KNX-Objekte einfügen

Jetzt werden die KNX-Objekte in die soeben angelegte Gebäudestruktur eingefügt. Im Bereich „Kataloge" *[catalogs]* (Abb. 3) werden alle KNX-Objekte der zuvor importierten Hersteller nach Kategorien aufgelistet. Hierüber lassen sich Objekte suchen, auswählen und flexibel in die gewählten Bereiche ② einfügen.

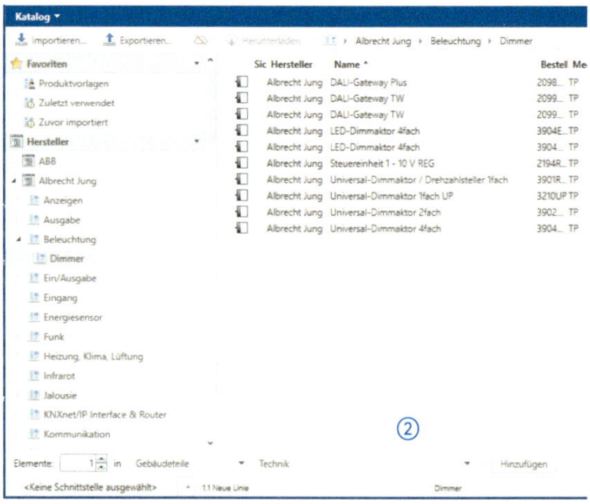

3: Produktkatalog

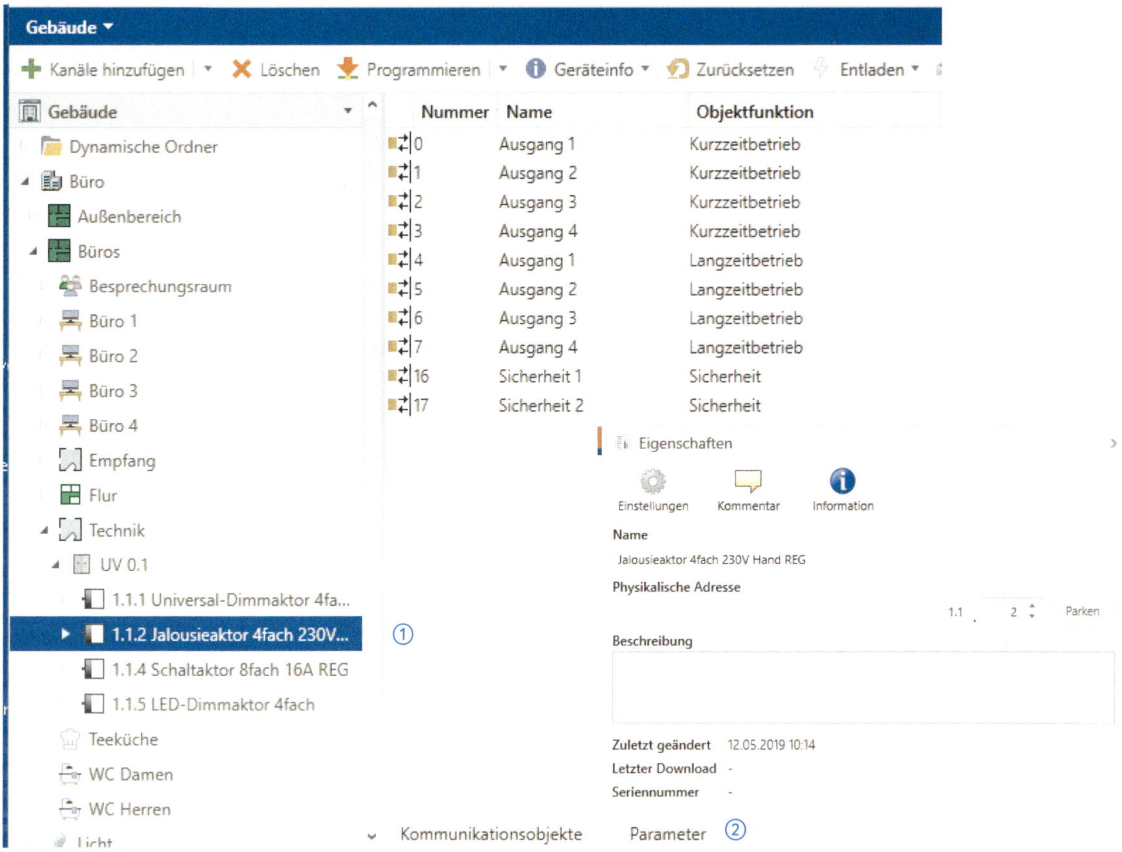

4: Gebäudeansicht mit zugeordneten KNX-Objekten

Durch Markieren eines oder mehrerer KNX-Objekte und anschließendes Betätigen der Schaltfläche **Einfügen** [*insert*] werden diese dem zuvor ausgewählten Raum der Gebäudeansicht zugeordnet (Abb. 4). Weiterhin ist die Zuordnung der KNX-Objekte zu den bereits erstellten Gewerken erkennbar.

Beispiel: Der 4fach-Jalousieaktor ① ist der Unterverteilung UV 0.1 innerhalb des Technikraums zugeordnet.

3. Teilnehmer parametrieren

Jedes KNX-Objekt wird im Anschluss über die Schaltfläche **Parameter** (Abb. 4 ②) detailliert eingestellt. Dazu werden je nach dem verwendeten KNX-Gerät unterschiedliche Parameter (Abb. 5 ③) angeboten. Die Auswirkung der einzelnen Einstellungen auf die Funktionen zu beurteilen benötigt viel Erfahrung und Fachwissen.

In unserem Beispiel ist ein Ausschnitt der Parametereinstellungen eines Jalousieaktors dargestellt.

In der Abb. 5 sind die allgemeinen Parameter des Jalousieaktors dargestellt. Die Jalousieart lässt sich zwischen Jalousie und Rollladen umschalten. Außerdem werden hier die Reaktionen des Jalousieaktors nach dem Ausfall bzw. bei Wiederkehr der Versorgungsspannung des KNX-Bus definiert ④.

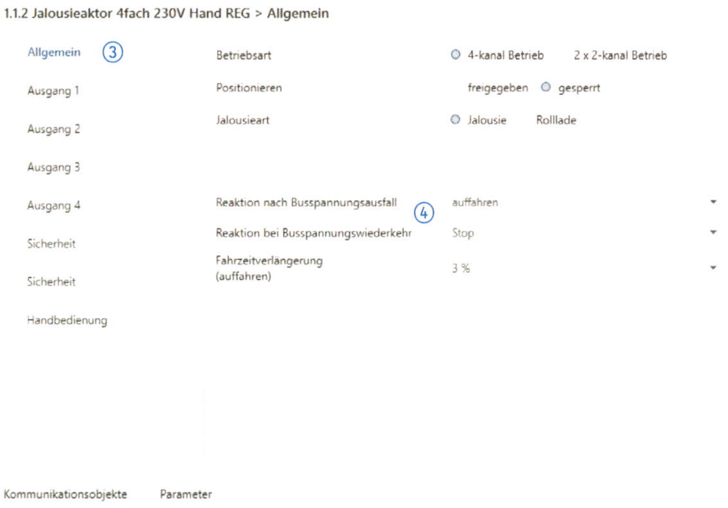

5: Dialogfenster Objektparameter

4. Topologie des Busnetzes anlegen

Die Anordnung der KNX-Objekte innerhalb des Busnetzes wird in der Topologieansicht (Abb. 1) definiert. Dazu werden die in Kap. 9.1.2.2 bereits angesprochenen

- **Bereiche** und 
- **Linien** erstellt. 

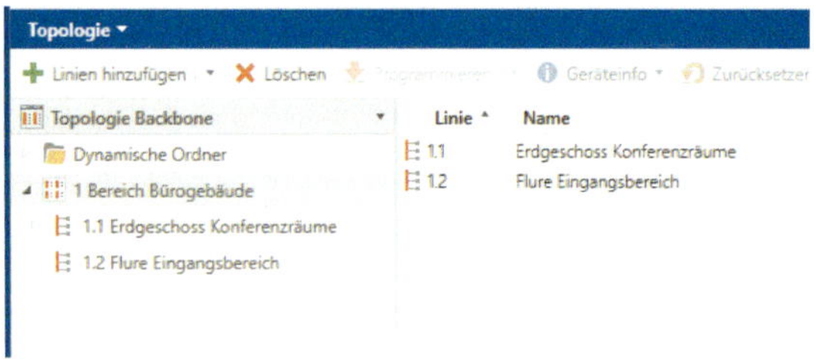

1: Topologie

Jedem erstellten Bereich bzw. jeder Linie werden automatisch Adressen zugewiesen, die sich jedoch nachträglich ändern lassen. So besitzt die Linie Flure – Eingangsbereich die Linienadresse 2 innerhalb des Bereiches 1.

5. Physikalische Adressen vergeben

Durch die Definition der Linien und Bereiche wurde bereits ein Teil der physikalischen Adresse erstellt. Durch Ziehen eines KNX-Objektes mit der Maus aus der Gebäudeansicht auf eine Linie bei gleichzeitig gedrückter linker Maustaste (engl. drag and drop) erfolgt die Zuordnung des Objektes zu den Linien und Bereichen (Abb. 2).

Die physikalische Adresse wird somit vom System automatisch vergeben (z. B. 1.1.2). Sie kann aber auch von Hand verändert werden (Abb. 3). Adressänderungen in der Gebäudeansicht übertragen sich automatisch in alle anderen Ansichten und umgekehrt.

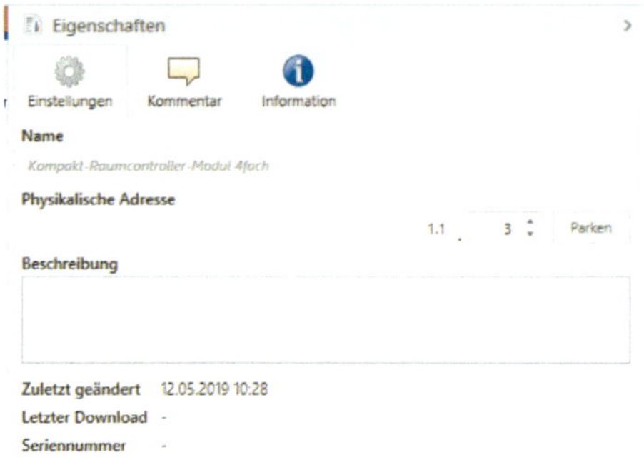

3: Eigenschaftsfenster mit physikalischer Adresse

Aufgaben

1. Wozu dienen die Gewerke innerhalb der Gebäudeansicht der ETS?
2. Welche KNX-Geräte sind im Schaltschrank der Unterverteilung UV 0.1 (vgl. S. 287, Abb. 4) montiert?
3. Beschreiben Sie die Topologie des Busnetzes für das Bürogebäude.
4. Beschreiben Sie, wodurch die physikalische Adresse bestimmt wird und wie sie nachträglich verändert werden kann.

- Mit Hilfe von Gebäuden, Gebäudeteilen, Räumen, Schaltschränken und Gewerken wird die Gebäudestruktur in der ETS erstellt.
- Der Produktsucher listet die verfügbaren KNX-Objekte nach Kategorien auf und ermöglicht das Einfügen der ausgewählten Objekte.
- Jedes KNX-Objekt verfügt über unterschiedliche spezielle Parametereinstellungen, die dessen Verhalten beeinflussen.
- Die Topologie des Busnetzes wird über die Aufteilung der Bereiche und Linien definiert.
- Die physikalische Adresse wird durch Zuordnung der Objekte zu den Linien festgelegt.

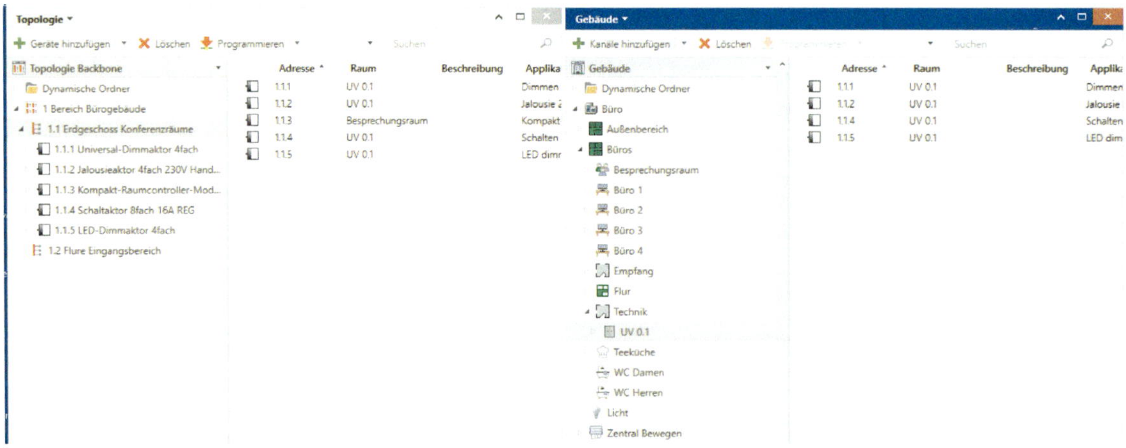

2: Vergabe der physikalischen Adresse

6. Gruppenadressen vergeben

Als letzter Schritt vor der eigentlichen Programmierung werden vom Planer **Gruppenadressen** *[group addresses]* vergeben. Sie stellen die Verbindung zwischen den Sensoren und Aktoren her. Sie können wahlweise in einem zwei- oder dreistufigen System vergeben werden. Bei einem dreistufigen System ist eine feinere Strukturierung der Teilfunktionen möglich.

Die dreistufige Gruppenadresse gliedert sich in die Ebenen Haupt- , Mittel- und Untergruppe. Sie werden durch Schrägstriche getrennt. So besitzt z. B. die Funktion „Deckenlicht schalten" im Besprechungsraum (Abb. 4 ①) die Gruppenadresse 1/1/36. Bei der Vergabe der Adresse sollte der Planer stets nach demselben Konzept vorgehen, z. B.

- **Hauptgruppen**: 0 = Zentralfunktionen
  1 = Beleuchtung
  2 = Jalousiesteuerung
  3 = Heizung

- **Mittelgruppen**: Sie entsprechen den Funktionsbereichen im Gebäude.

- **Untergruppen**: Sie bilden die Funktionen innerhalb des Raums.

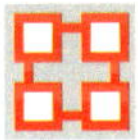

7. Funktionen programmieren

Die Programmierung erfolgt, indem man die gewünschten Funktionen der Objekte mit der Maus per drag and drop aus der Gebäudeansicht (Abb. 5) der jeweiligen Gruppenadresse (Untergruppe) zuordnet. Die Gruppenadresse bildet somit einen virtuellen Schaltdraht zwischen Schalter (Sensor) und dem zu schaltenden Objekt (Aktor).

In unserem Beispiel wird die Wippe 1 des Mehrfachtasters der Gruppenadresse 1/1/36 zugeordnet. Der gleichen Gruppenadresse wird der Ausgang 3 des Jalousieaktors im Besprechnungsraum zugeordnet. Somit schaltet die Wippe 1 alle am Ausgang 3 des Jalousieaktors im Besprechungsraum angeschlossenen Motoren.

- Die einzelnen Funktionen der Objekte werden in den Gruppenadressen festgelegt und zugeordnet.
- Die Gruppenadressen bilden die Verbindung zwischen den KNX-Sensoren und den zugeordneten KNX-Aktoren.

5: Funktionen des Mehrfachtasters (Ausschnitt)

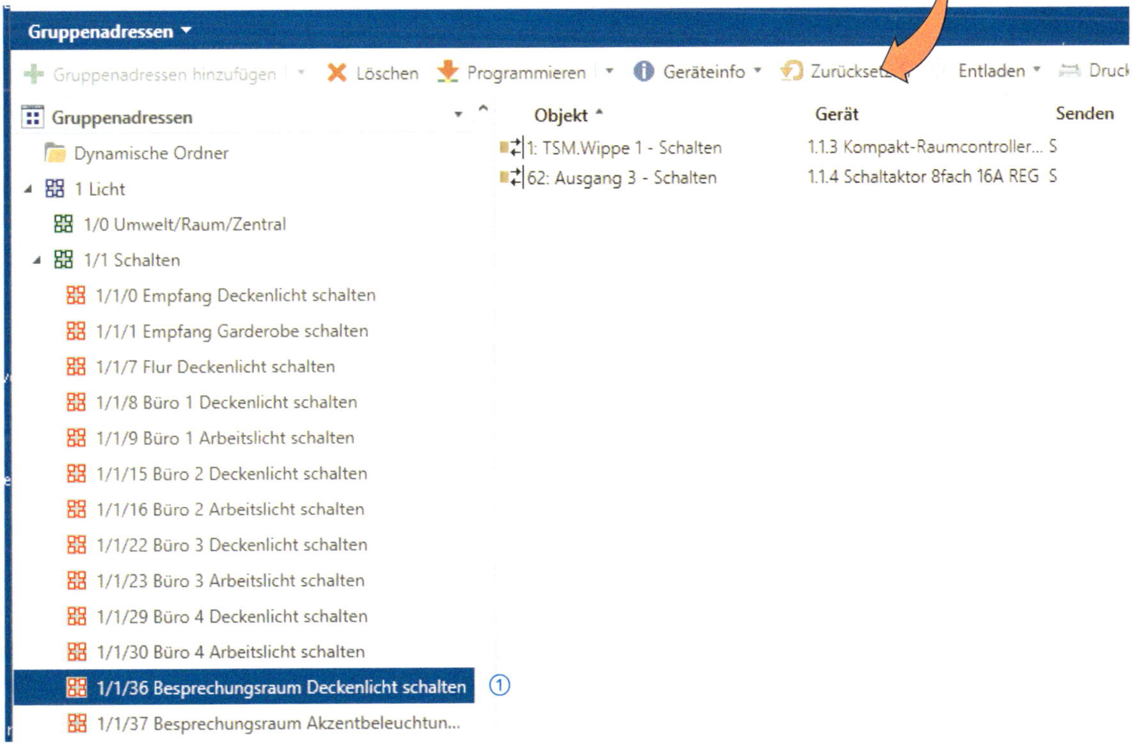

4: Struktur der Gruppenadressen

9.1.5 Inbetriebnehmen

Nachdem nun mit Hilfe der ETS das Projekt Bürogebäude der Firma Sauer fertig geplant wurde, muss der verantwortliche Elektroniker die Daten vor Ort in die Anlage übertragen. Bei der Inbetriebnahme werden zunächst die Daten aus der ETS an die Sensoren und Aktoren der Anlage gesendet. Dieser Vorgang wird ebenfalls als Programmierung bezeichnet, da nun alle notwendigen Daten zu jedem einzelnen Busteilnehmer gesendet werden. Dazu müssen folgende Voraussetzungen erfüllt sein:

☑ **Computer** mit einer lauffähigen Version der ETS sowie den erstellten Projektdaten

☑ **Montageplan** [*installation plan*] der installierten KNX-Objekte

☑ Zugriff auf das betriebsbereite Busnetz über eine **Kommunikationsschnittstelle**

In der ETS-Software muss zunächst die verwendete Schnittstelle zum Zugriff auf den KNX-Bus und die damit verbundenen KNX-Geräte eingestellt werden. Diese Schnittstelle wird entweder vom System automatisch gefunden oder sie muss manuell konfiguriert werden.

Es stehen verschiedene Schnittstellen zur Auswahl, um den Buszugriff zu gewährleisten.

- **USB** (Universal **S**erial **B**us)
  Verbindung über den USB-Anschluss des Computers mit dem KNX-Bus (Abb. 1b).
- **IP-Schnittstelle**
  Zur Anbindung des KNX-Systems an den Computer über eine RJ-45-Verbindung (Abb. 1a).

Vor dem Beginn der Programmierung sollte über eine programmierbare Testfunktion der ETS-Software die korrekte Funktion der Schnittstelle getestet werden. Dies verhindert nachträglich eine meist zeitaufwändige Fehlersuche und garantiert einen reibungslosen Ablauf der nun folgenden Programmierschritte der Teilnehmer.

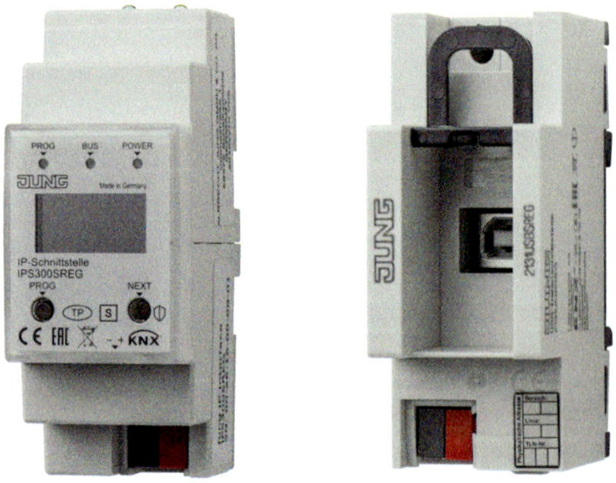

a) IP b) USB

1: Schnittstellen

2: Optionsfenster der ETS

Die Übertragung der Daten an die Busteilnehmer verläuft in zwei Schritten:

1. Übertragen der **physikalischen Adresse**
2. Laden
   - der **gerätespezifischen Parametereinstellungen**,
   - der Zuordnungen der **Gruppenadressen** sowie
   - des **Applikationsprogramms** in die Busteilnehmer.

Der Programmiervorgang des KNX-Systems beginnt mit dem Markieren eines oder mehrerer KNX-Objekte in der Gebäudeansicht der ETS. Mit dem Aufruf der Programmierfunktion in der Symbolleiste der ETS (Abb. 3) hat der Anwender die Möglichkeit die physikalische Adresse, das Applikationsprogramm oder aber beides zur gleichen Zeit für das entsprechende Objekt zu programmieren.

Die laufenden Aktivitäten und deren Fortschritt lassen sich in einem Fenster der ETS verfolgen und werden chronologisch aufgelistet.

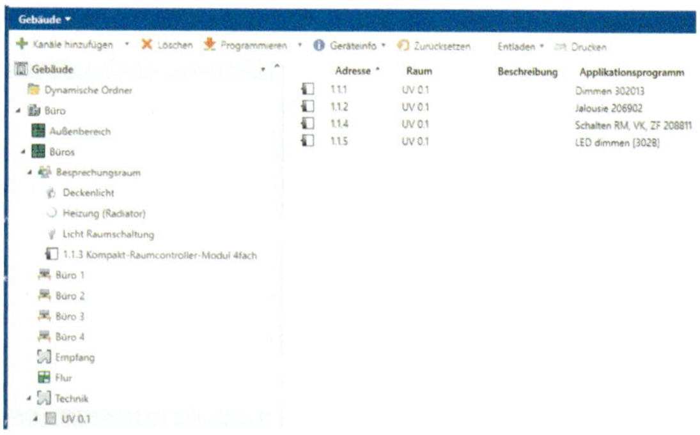

3: Programmierdialog

- Zur Inbetriebnahme wird der Computer mit der Software ETS über eine Kommunikationsschnittstelle an das betriebsbereite Busnetz angeschlossen.
- Bei der Übertragung werden die physikalische Adresse, das Applikationsprogramm, die spezifischen Parameter und die Gruppenadresszuordnungen an jedes KNX-Objekt gesendet.

Wie werden die Daten übertragen?

Die Zuweisung der physikalischen Adresse ist der erste wichtige Schritt der Inbetriebnahme, da jedes Objekt hiermit eine eindeutige Identifikation innerhalb des Bussystems erhält. Im Aktivitätenfenster (Abb. 4) erhält der Anwender hilfreiche Informationen, welche Schritte aktuell folgen, z. B. das Drücken der Programmiertaste.

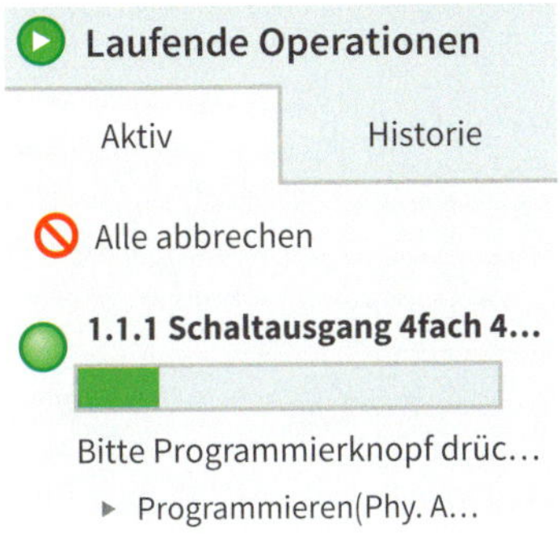

4: Laufende Operationen bei der Inbetriebnahme

Der Bediener wird aufgefodert, eine Programmiertaste (Lerntaste Abb. 5) ① an dem markierten Busteilnehmer zu drücken. Diese Programmiertaste befindet sich vor Ort an dem jeweiligen Anwendungsmodul des Busteilnehmers. Bei Betätigung dieser Taste werden die Informationen in einem EEPROM des Moduls gespeichert und durch eine Leuchtdiode ② bestätigt. Die erfolgreiche Adressübernahme wird im Fenster der laufenden Operationen der ETS angezeigt. Auf diese Weise werden alle Busteilnehmer mit den vorher geplanten Adressen programmiert.

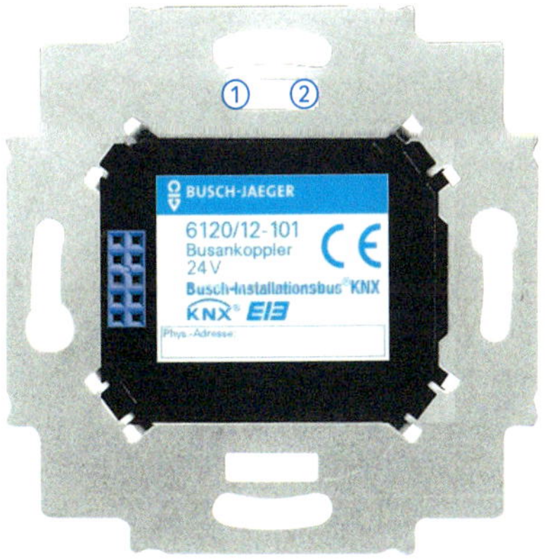

5: Busankoppler

In großen Gebäuden ist es zu empfehlen, die Vergabe der physikalischen Adressen im Team durchzuführen. Weiterhin ist bei der Adressübertragung für mehrere Geräte in Folge auf die genaue Einhaltung der Zuordnung der zu programmierenden Busteilnehmer zu achten. Ein Vertauschen der physikalischen Adresse führt unweigerlich zu Funktionsstörungen.

Anschließend kann durch Betätigen der Schaltfläche **Applikation** mit dem Download der Parameter und der Gruppenadressen begonnen werden. Die Übertragung muss nicht nochmals am Teilnehmer quittiert werden.

Welche Diagnosefunktionen bietet die ETS?

Bei einem Fehler in einem KNX-System bietet die Software unterschiedliche Diagnosefunktionen.

Geräteinformationen auslesen	⇨	Physikalische Adresse bestimmen
Physikalische Adresse suchen	⇨	Prüfen, ob ein Gerät am Bus vorhanden ist
Teilnehmer entladen	⇨	Daten im EEPROM löschen
Werte mit PC auslesen	⇨	Schaltzustände lesen; Geräte kalibrieren
Telegramm aufzeichnen	⇨	Busbelastung prüfen
Telegramme mit dem PC senden	⇨	Ein nicht installierter Sensor wird simuliert.

Welche Dokumentation muss dem Kunden übergeben werden?

Neben den bereits bei der Installation dokumentierten Prüfungen (vgl. Kap. 9.1.3) müssen dem Kunden zusätzlich noch folgende Unterlagen übergeben werden:

- Installationspläne,
- Gruppenverzeichnisse,
- Teilnehmerlisten und
- Sicherung der Projektdaten aus der ETS (z. B. auf CD).

Diese Dokumente sind im Fall einer Nachprojektierung der Anlage sehr wichtig.

Aufgaben

1. Wozu dient die Aufteilung der Funktionen in die Haupt-, Mittel- und Untergruppen?
2. Welche Gruppenadresse hat die Funktion Deckenlicht schalten im Büro 4 (vgl. S. 289, Abb. 4)?
3. Sie erhalten den Auftrag, bei der Inbetriebnahme eines KNX-Systems mitzuarbeiten. Welche Voraussetzungen müssen Sie mit den verantwortlichen Kollegen vor Arbeitsbeginn absprechen?
4. Beschreiben Sie die notwendigen Schritte zur Übertragung der Daten an die Busteilnehmer.

- Die physikalischen Adressen werden nacheinander von der ETS gesendet und durch Betätigen der Programmiertaste vor Ort den entsprechenden Busteilnehmern zugeordnet.
- Der Download der Gruppenadressen und speziellen Parameter erfolgt ohne Quittierung vor Ort.
- Die übertragenen Daten werden in einem EEPROM in jedem Busteilnehmer gespeichert.

9.1.6 Smart Home

Der Begriff Smart Home im Bereich der Elektroninstallation beschreibt die Vernetzung intelligenter Komponenten, Geräte und Systeme in Wohngebäuden oder privat genutzten Wohnhäusern. Der ebenfalls häufig verwendete Begriff Smart House beinhaltet zusätzlich zum privat genutzten Wohnraum auch gewerblich genutzte Gebäude.

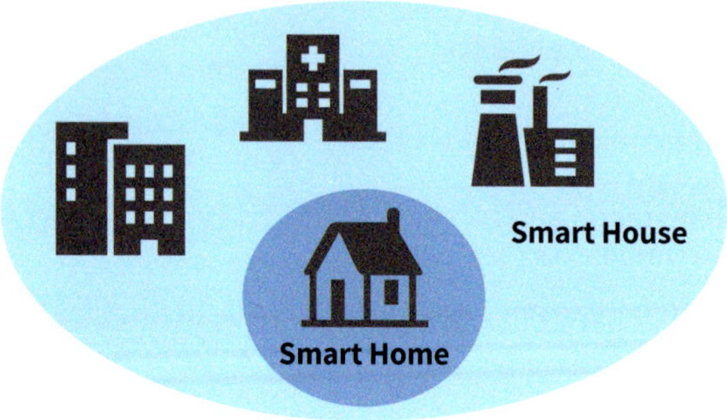

1: Vergleich Smart Home und Smart House

Einsatzbereiche

Zur technischen Realisierung einer Gebäudeautomation in Wohngebäuden kommen unterschiedliche netzwerkfähige Geräte, auch als **Internet der Dinge** [*internet of things IoT*] bezeichnet, zum Einsatz. Diese **intelligenten Geräte** [*smart devices*] werden zu einem Gesamtsystem vernetzt und können so Informationen und Daten austauschen.

Ein weiterer Vorteil besteht darin, über mobile Endgeräte, quasi von jedem Ort, auf die Daten zuzugreifen und diese zu beeinflussen, z. B. Steuerung der Raumtemperatur über das Smartphone. Die Steuerung erfolgt entweder direkt zwischen den Geräten oder indirekt über die Cloud (Wolke).

Mögliche Einsatzbereiche eines Smart Home (Abb. 2):

- Energiemanagment
- Sicherheit im Gebäude bzw. der Wohnung
- Kommunikation und Entertainment
- Gesundheit
- Komfort

2: Übersicht der Smart Home-Bereiche

Auswahlkriterien für ein Smart Home-System sind:

- Funktionsumfang (Sensoren und Aktoren)
- Übertragungstechnik (Kabel bzw. Funk)
- Bedienung (Software und Apps)
- Kompatibilität mit anderen Systemen
- Sicherheit und Datenschutz

Beispielaufbau

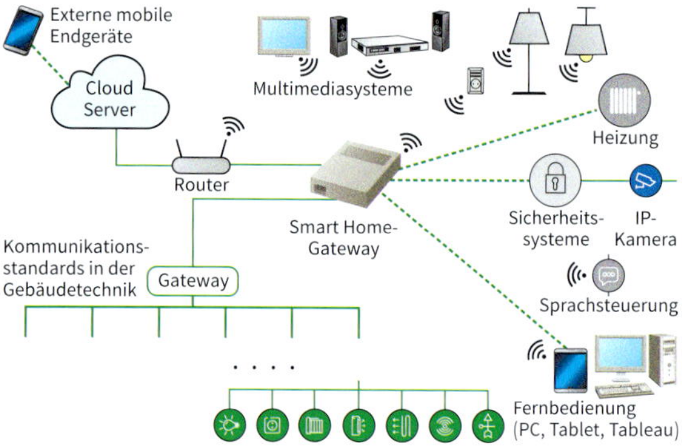

3: Systemaufbau

Alle IoT-Geräte in einem Smart Home (Abb. 3) verfügen über einen Zugang zu einem gemeinsamen Netzwerk. Die Daten werden entweder über eine Steuerzentrale (Controller), das Internet (Cloud) oder eine direkte Verbindung zwischen den Geräten ausgetauscht und verarbeitet. Über zusätzliche Gateways (Übergabepunkte) können weitere Systeme der Gebäudeautomation (z. B. KNX) mit dem Netzwerk verbunden werden. Die Bedienung der Funktionen erfolgt über Smartphones, Tablets oder zusätzliche Komponenten, z. B. Spracherkennung.

Sicherheit im Smart Home

Für den Betrieb eines Smart Home spielt der Sicherheitsaspekt eine wesentliche Rolle. Der Zugriff auf das System und damit auch auf zentrale Funktionen der Energieversorgung eines Gebäudes stellen ein hohes Risiko dar. Der Zugriff soll nur einem berechtigten Personenkreis möglich sein.

Kriterien zum sicheren Betrieb:

- Einsatz von zertifizierten Geräten
- Verwendung sicherer Passwörter
- regelmäßige Updates
- Schutz vor einem externen Zugriff

- In einem Smart Home-System werden intelligente IoT-Geräte in einem Wohngebäude zur Automation und Steuerung unterschiedlicher Bereiche eingesetzt.
- Sämtliche Sensoren und Aktoren des Systems sind zum Datenaustausch durch ein gemeinsames Netzwerk verbunden.
- Beim Aufbau und Betrieb eines Smart Home müssen stets die Sicherheitsaspekte beachtet werden.

9.2 Telekommunikationsanlagen

9.2.1 Telekommunikation

Unter Telekommunikation versteht man den Austausch von Sprache, Bildern und Daten der verschiedensten Art zwischen Ein- und Ausgabegeräten (Telefone, Monitore, Computer usw.) über Telekommunikationsnetze (**TK-Netze**). Die **Eingabe**, **Übertragung** [*transmission*] und nachfolgende **Ausgabe** kann dabei in analoger oder digitaler Form erfolgen (Abb. 4).

Die Übertragung kann leitungsgebunden (Kupfer- oder Glasfaserleitung) oder mit Hilfe elektromagnetischer Wellen erfolgen (Abb. 5).

Im TK-Netz werden verschiedene **Dienste** [*services*] angeboten. Neben der Deutschen Telekom bieten im TK-Netz auch andere Unternehmen (**Provider** [*provider*]) Dienste gegen entsprechende Gebühren an.

Die Übertragung erfolgt mit digitalen Signalen. Das ursprüngliche TK-Netz bestand aus Kupferleitern. Sie werden jedoch zunehmend durch Lichtwellenleiter ersetzt. Mit ihnen lassen sich größere Datenmengen in bestimmten Zeitabschnitten übertragen (höhere **Datenübertragungsrate**). Diese höhere Datenrate ist erforderlich, um Bild- und Videodaten mit ausreichender Qualität empfangen zu können.

Zunehmend erfolgt die Telekommuniukation auch über das Internet. Benutzt wird dazu das Internet-Protokoll (IP-Protokoll). Man spricht deshalb von einer IP-basierten Telekommunikation.

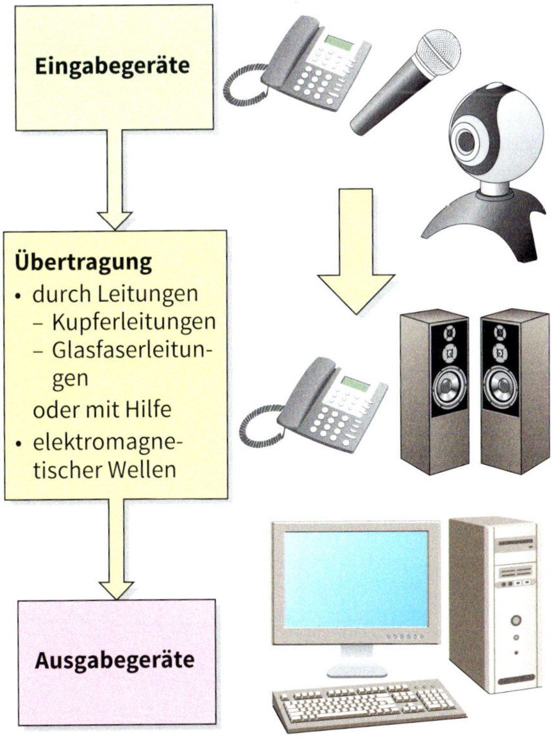

4: Eingabe, Übertragung und Ausgabe

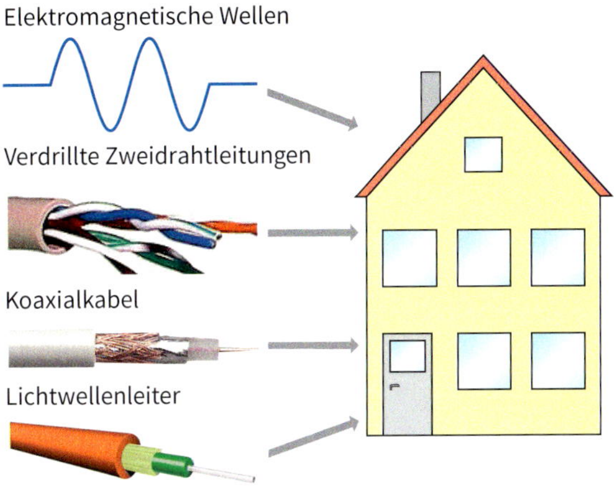

5: Übertragungsmöglichkeiten in TK-Netzen

Beispiele für Kommunikationsabläufe:

- **Sprache (Telefon)**
  - Die Verbindung (Vermittlungen) zwischen zwei oder mehreren Teilnehmern wird hergestellt.
  - Die Sprachsignale werden übertragen (Kommunikation).
  - Die Verbindung wird getrennt.
- **Videoübertragung (Bild und Ton)**
  - Die Bildvorlage wird durch die Kamera zeilenweise in einzelne Punkte (Pixel) mit ihren Farb- und Helligkeitsinformationen zerlegt (digitale Zerlegung).
  - Die analogen Tonsignale werden digitalisiert.
  - Ein kontinuierlicher Datenstrom bzw. Datenpakete werden erzeugt und übertragen.
  - Auf dem Monitorbildschirm werden nacheinander die Pixel abgebildet, bis das vollständige Bild erscheint.
  - Der digitalisierte Ton wird über Lautsprecher analog wiedergegeben.
- **Daten**
  - Die Verbindung zwischen Sender und Empfänger wird aufgebaut.
  - Daten werden übertragen (z. B. zwischen zwei Computern).
  - Die empfangenen Daten werden auf ihre Richtigkeit überprüft und ggf. korrigiert.
  - Die Verbindung wird getrennt.

■ Telekommunikation kann über verdrillte Kupferleitungen, Koaxialkabel, Lichtwellenleiter oder mit Hilfe elektromagnetischer Wellen erfolgen.

9.2.2 IP-basierte Telekommunikation

Telekommunikation erfolgt zunehmend nicht mehr über leitungsgebundene Netze, sondern über das **Internet** (Wortzusammensetzung aus: **inter net**work, Netzwerk).

Der Datenaustausch zwischen den Teilnehmern erfolgt dabei mit Hilfe einer normierten Vorschrift, dem **Internetprotokoll** (**IP**). Bezeichnet wird dieser Art der Telekommunikation auch als **Voice-over IP** (**VoIP**) (Abb. 1).

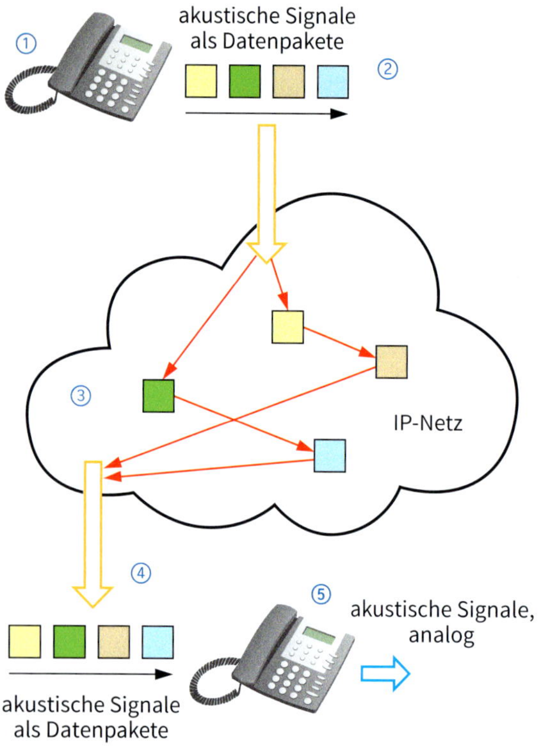

1: Prinzip der Gesprächsübertragung im IP-Netz

Die akustischen Signale ① werden dazu mit Hilfe des Mikrofons in elektrische Signale umgewandelt. Diese werden anschließend digitalisiert (Analog-Digital-Umsetzer) und codiert.

Um die Datenmenge zu reduzieren, erfolgt eine Komprimierung. Eingesetzt werden **Codecs** (Coder-Decoder), mit denen für das menschliche Gehör unwichtige Informationen herausgefiltert werden (verlustbehaftete Reduktion). Werden zu viele Informationen entfernt, kommt es zu einer wahrnehmbaren Verschlechterung der Sprachqualität.

Die auf diese Weise reduzierten Daten, werden danach als viele kleine „Pakete" aufgeteilt ② (**Paketvermittlung**) und in das IP-Netz eingespeist. Diese gelangen dann auf unterschiedlichen Wegen ③ zum Empfänger (IP-Adresse) und werden dort wieder zu einem kontinuierlichen Datenstrom zusammengefügt ④.

Zum Ausgleich zeitlicher Schwankungen bei der Übertragung der Pakete werden Pufferspeicher verwendet.

Im Empfangsgerät (Telefon) werden aus den digitalen Signalen die ursprünglichen analogen Sprachsignale (Digit-Analog-Umsetzer) wieder hergestellt und über die Hörkapsel als akustische Signale (Schallschwingungen) ⑤ abgegeben.

Damit in einem IP-basierten Netz eine Verbindung zu einem Gesprächspartner hergestellt werden kann, muss die aktuelle IP-Adresse des gerufenen Teilnehmers innerhalb des Netzes bekannt sein, jedoch nicht notwendigerweise auf der Seite des Anrufers.

In der Regel schickt jeder Sender die codierten Sprachdaten direkt über das Netzwerk an die IP-Adresse des Empfängers. Die Gesprächsdaten fließen also nicht über Server eines Providers.

Für den Auf- und Abbau von Verbindungen wird ein Protokoll eingesetzt, das von der Sprachkommunikation getrennt ist (**SIP**: **S**ession **I**nitiation **P**rotocol).

Übertragungsqualität

Die Qualität der Übertragung hängt ab von

- der verwendeten Abtastrate (Analog-Digital-Umsetzer) auf der Senderseite (Standard-Telefonqualität 8 kHz),
- den eingesetzten Kompressions- und Reduktionsverfahren,
- einem möglichen Verlust von Datenpaketen, da der Empfang der Datenpakete nicht bestätigt wird (Paketverlustrate),
- der Übertragungskapazität des Netzes (z. B. 100 bis 120 kbit/s) und
- Verzögerungen (Jitter) und Schwankungen bei der Datenübertragung.

Aus allen diesen Gründen kann es zwischen Teilnehmern zu Übertragungsstörungen, Echos, Aussetzern oder Verbindungsabbrüchen kommen.

Vorteile gegenüber einem leitungsgebundenen Anschluss:

- Alle Dienste können über einen Anschluss realisiert werden.
- Größere Datenmengen können in vergleichbaren Zeitabschnitten übertragen werden (größere Bandbreite).
- Zwei Sprachkanäle, verbesserte Sprachqualität
- WLAN-Anbindung
- Bis zu 10 Rufnummern sind möglich.

Voraussetzung für diese Art der Telekommunikation ist ein **IP-basierter Anschluss**. Über ihn können, im Vergleich zu einem leitungsgebundenen Anschluss, größere Datenmengen in vergleichbaren Zeitabschnitten übertragen werden (größere Bandbreite), sodass weitere Dienste möglich sind (z. B. zwei Sprachkanäle, 10 Rufnummern). Auch lässt sich die Sprachqualität durch geeignete Endgeräte verbessern (kein Rauschen, kein Nachhall). Weiterhin lassen sich über WLAN von zu Hause mit dem Smartphone Festnetz-Gespräche führen.

Vom Diensteanbieter gelangen die Signale über Kupfer- bzw. Lichtwellenleiter in die **Vermittlungsstelle**. Von dort erfolgt dann eine Weiterleitung in die **Verteilerkästen**, die sich häufig in der Nähe von Wohngebäuden bzw. Wohneinheiten befinden. Im Wohngebäude ist abschließend eine **TEA-Dose** (**T**elekommunikations-**A**nschluss-**E**inheit) installiert. Dort endet die Zuständigkeit des Netzbetreibers.

2: Router für IP-basierten Anschluss (Beispiel)

Für die Telekommunikation über den IP-basierten Anschluss ist ein **Router** (Abb. 2) erforderlich. Er leitet im Prinzip die eingehenden Daten an die zugehörigen Endgeräte weiter. Benutzt werden dazu die jeweiligen Adressen (IP-Adressen), die in den Informationen eingebettet sind. Zusätzlich können Anpassungen zwischen unterschiedlichen Protokollen erfolgen oder Sicherheitsmaßnahmen integriert sein (Firewall-Funktionen).

Der Router benötigt zum Betrieb eine eigene Energieversorgung. Für das Telefon ist eine TAE-Dose mit **F-Codierung** (**F**: **F**ernsprechbetrieb ①) vorgesehen. Für die Signalzuführung aus dem Netz sowie für die PC-Anschlüsse ② sind RJ45 Buchsen vorhanden.

Die IP-basierte Telekommunikation besitzt gegenüber einer leitungsgebundenen Telekommunikation folgenden Nachteil:

Das leitungsgebundene Telekommunikationsnetz besaß eine eigene Spannungsversorgung von etwa 60 V (Abb. 3, ③). Wenn die Energieversorgung in Gebäuden ausfiel, konnte noch telefoniert werden. Wenn aus irgendwelchen Gründen eine Internetverbindung ausfällt, kann nicht mehr telefoniert werden.

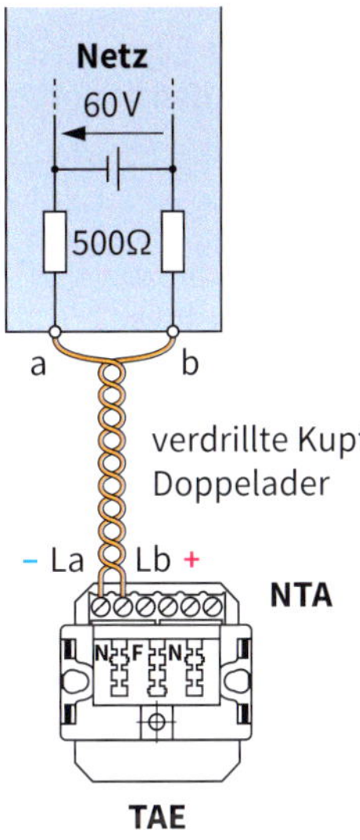

3: TAE-Anschluss, leitungsgebundenes analoges Netz

- Die Sprachübertragung im IP-Netz erfolgt nicht wie bei einer leitungsgebundenen Übertragung kontinuierlich, sondern in Form von Datenpaketen.
- Die Datenpakete werden mit dem IP-Protokoll im IP-Netz übertragen.
- Für den Zugang zum IP-Netz wird ein Router benötigt.
- Gründe für eine IP-basierte Telekommunikation sind:
  - Es gibt nur ein Netz-Anschluss (Telekommunikations-Anschluss-Einheit), über den sämtliche Daten übertragen werden können.
  - Der Energieaufwand ist geringer als beim analogen Netz.
- Router benötigen eine eigene Energieversorgung.
- Für Telefone ist eine TAE-Dose mit F-Codierung (F: Fernsprechbetrieb) vorgesehen.

9.2.3 Datenübertragung im TK-Netz

Die TK-Leitungen der Dienstanbieter wurden ursprünglich genutzt, um die analogen Sprachsignale von 300 Hz bis 3,4 kHz zu übertragen. Dieses Übertragungsprinzip wird auch als **POTS** (**P**lain **O**ld **T**elephone **S**ervice) bezeichnet.

Um noch mehr Daten und diese auch noch schneller übertragen zu können, wurde die DSL-Technik eingeführt (**DSL** [*Digital Subscriber Line*]: Digitale Teilnehmer-Anschlussleitung).

Der Frequenzbereich der DSL-Signale reicht bis 1,104 MHz (Abb. 1). Dabei werden zwei Kanäle unterschieden:

- **Upstream-Kanal** (Aufwärtskanal ①). Er ist der Sendekanal vom Teilnehmer aus.
- **Downstream-Kanal** (Abwärtskanal ②). Er ist der Empfangskanal zum Teilnehmer.

Die Bandbreiten der Upstream- und Downstream-Kanäle sind in der Regel unterschiedlich groß (**asymmetrisch**). Für den Empfang steht also eine größere Bandbreite als für das Senden zur Verfügung. In gleichen Zeitabständen können also mehr Daten empfangen als gesendet werden. Diese DSL-Technik wird deshalb als **ADSL** [*Asymmetric Digital Subscriber Line*] bezeichnet.

Für die Datenübertragung bei ADSL wird der zur Verfügung stehende Frequenzbereich (Abb. 1) in 224 einzelne Kanäle von jeweils 4,3 kHz Bandbreite unterteilt. Einige Kanäle werden für Störungen freigehalten ③. Als Modulation der einzelnen Träger wird **QAM** (**Q**uadratur-**A**mplituden-**M**odulation) angewendet. Das Verfahren wird als **DMT** (**D**iscrete **M**ulti **T**one) bezeichnet.

Im Bereich der DSL-Technik unterscheidet man verschiedene Verfahren, mit denen sich unterschiedliche Datenübertragungsraten erzielen lassen. Diese werden durch einen weiteren Buchstaben vor der Abkürzung „DSL“ (z. B. VDSL) gekennzeichnet. Üblich sind auch Ergänzungen und andere Symbole (z. B. ADSL2+).

Für die jeweils angewendete Technik werden vom Netzbetreiber **Datenübertragungsraten** angegeben. Diese sind jedoch nicht konstant.

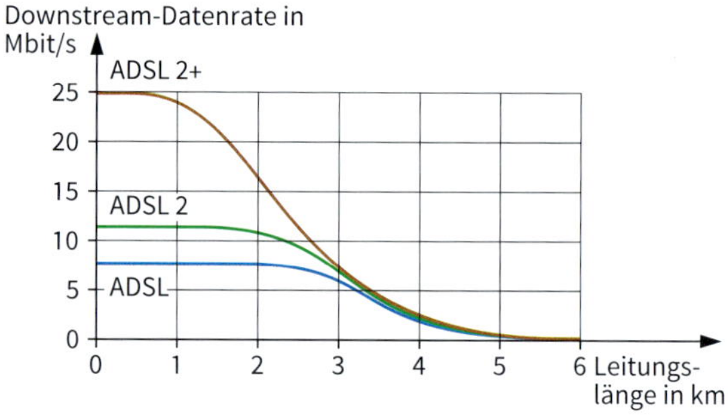

2: Downstream-Datenraten und Leitungslänge

Die Datenübertragungsraten hängen im Wesentlichen ab von der

- Leitungsdämpfung,
- Entfernung des Nutzers bis zum DSL-Modem, der Vermittlungsstelle (Abb. 2) und einer
- induktiven Signalübertragung (**Übersprechen** [*crosstalk*] zwischen den Leitungen.

- Bei einer asymmetrischen DSL-Übertragung (ADSL) ist die Bandbreite des Upstream-Kanals kleiner als die des Downstream-Kanals.
- Die digitalen Signale bei der DSL-Technik befinden sich in 224 Kanälen von 138 kHz bis 1,104 MHz.

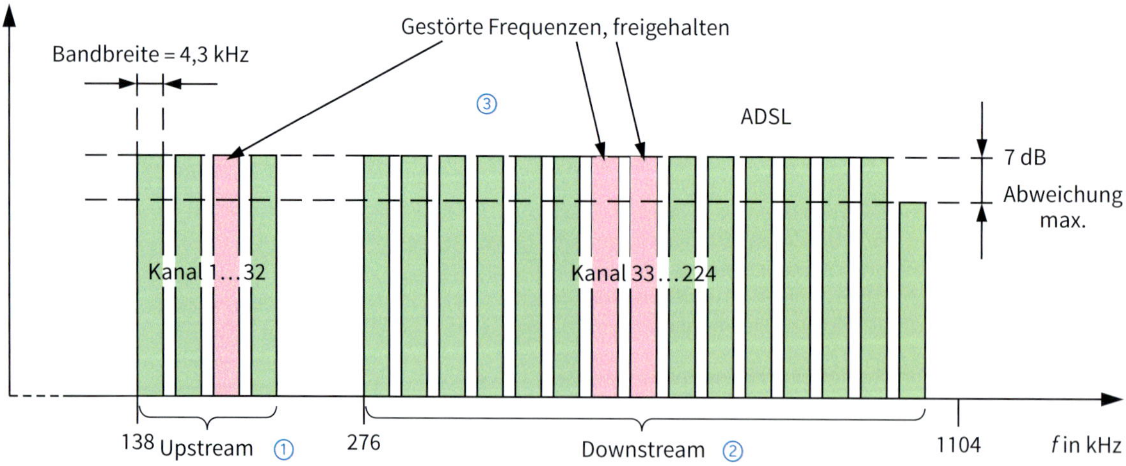

1: ADSL-Frequenzspektrum

Gebäudetechnische Anlagen

9.2.4 VDSL

Mit ADSL2+ und bestehenden TK-Leitungen aus Kupfer hat man eine Grenze der Übertragungskapazität erreicht.

Dagegen lassen sich mit VDSL-Techniken (**VDSL**: **V**ery High Speed **D**igital **S**ubscriber **L**ine) höhere Datenraten erreichen, besonders in hybriden Netzen (Glasfaser-/Kupferkabelnetzen). Möglich sind Datenraten bis 100 Mbit/s bei Downstream (Downlink) und Upstream (Uplink). Die Datenrate von 100 Mbit/s ist ein theoretischer Wert ①. Die tatsächliche Datenrate hängt von der Entfernung sowie von der Länge und Qualität der Kupferleitung vom Kabelverzweiger (Verteilerkasten) bis zum Teilnehmeranschluss ab (Abb. 3). VDSL 1 wird in Deutschland nicht eingesetzt.

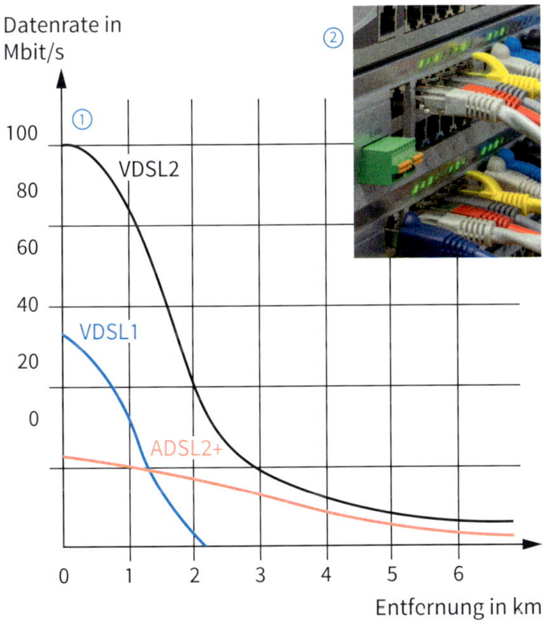

3: Datenübertragungsraten in Abhängigkeit von der Entfernung

VDSL2 reicht bis zum Frequenzbereich von 30 MHz, ist zu ADSL, ADSL2 und ADSL2+ abwärtskompatibel und kann mit symmetrischer oder asymmetrischer Übertragung arbeiten.

Die symmetrische Übertragung wird vor allem von Unternehmen genutzt, die nicht nur Informationen aus dem Internet beziehen, sondern auch als Informationsanbieter agieren.

Der gesamte Frequenzbereich wird in unterschiedliche Downstream- und Upstream-Bereiche aufgeteilt (Abb. 4 ③). In Deutschland wird der Frequenzbereich bis mindestens 138 kHz für POTS (analoges Telefon) und ISDN ausgeblendet, um gegenseitige Störungen zu vermeiden.

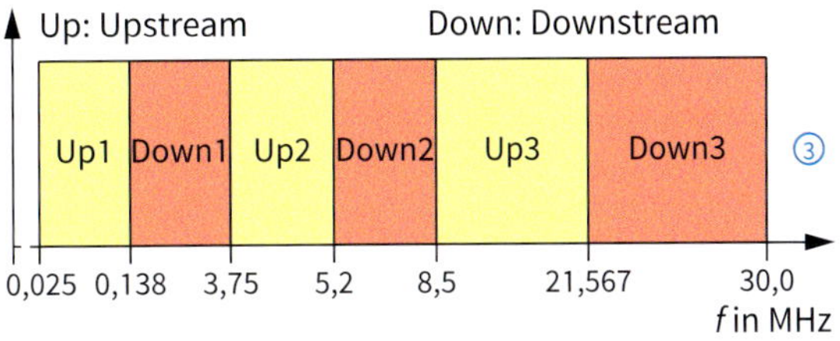

4: Genutzter Frequenzbereich bei VDSL2

Da in Deutschland ein Bedarf an größeren Datenübertragungsraten besteht, werden die Datennetze weiter ausgebaut. Man spricht in diesem Zusammenhang von „Breitbandtechnik" bzw. „Breitbandanschluss". Allgemein meint man damit einen Anschluss, mit dem eine Datenübertragungsrate von 50 Mbit/s möglich ist.

In Abb. 5 sind mögliche leitungsgebundene Übertragungswege dargestellt sowie deren erreichbare Datenübertragungsraten angegeben. Das Hauptproblem sind die vorhandenen Kupferleitungen vom Verteilerkasten bis zum Hausanschluss, in denen die meisten Verluste zu verzeichnen sind und Störungen entstehen. Die optimalste Verbindung besteht, wenn vom Verteilerkasten bis zum Hausanschluss eine Glasfaserleitung verwendet wird (**FTTH**: **F**iber-**to**-**t**he-**h**ome, home: Wohnraum). Die Glasfaserleitung reicht hier bis zur Grenze des Wohnraums.

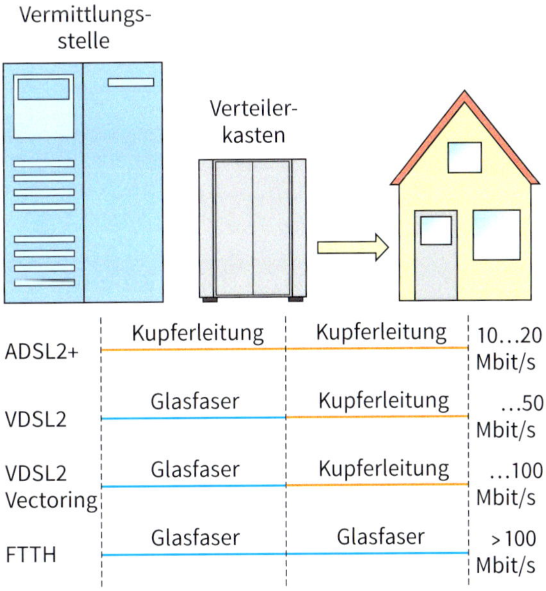

5: Mögliche leitungsgebundene Datenübertragungswege

- Mit VDSL lassen sich im Nahbereich höhere Datenübertragungsraten (100 Mbit/s) als bei ADSL erreichen.

Netzarchitekturen

Unterschieden werden

- **FTTN** (**F**iber-**t**o-**t**he-**n**ode, node: Knoten)
  Das Glasfaserkabel ist weit weg vom Endkunden, bis zu mehreren Kilometern.
- **FTTC** (**F**iber-**t**o-**t**he-**c**abinet, cabinet: Schrank)
  Das Glasfaserkabel endet in einer Straße (am Bürgersteig), typischerweise 300 m von dem Standort des Kunden. Die endgültige Anschlussleitung ist aus Kupfer (städtischer Bereich).
- **FTTP** (**F**iber-**t**o-**t**he-**p**remises, premises: Gelände)
  Das Glasfaserkabel reicht bis zum Gelände.
- **FTTB** (**F**iber-**t**o-**t**he-**b**uilding, building: Gebäude)
  Das Glasfaserkabel reicht bis zur Grenze des Gebäudes.

Bei VDSL2 kann man durch Einsatz der **Vectoring**-Technik eine höhere Datenübertragungsrate (> 50 Mbit/s) erzielen. Minimiert werden dabei Störungen, die durch die gegenseitige Signalbeeinflussung (Übersprechen: Crosstalk) entstehen.

Eine Störungsart entsteht direkt an der Verteilerstelle (Verteilerkasten) zwischen den Sendern und Empfängern der verschiedenen DSL-Leitungen. Sie wird als **NEXT** (**N**ear **E**nd Crosstalk) bezeichnet. Beheben lässt sich dieses Übersprechen, indem man auf unterschiedliche Frequenzen ausweicht.

Die Störungen am Leitungsende (**FEXT**: **F**ar **E**nd Crosstalk) lassen sich ebenfalls minimieren, indem man zu dem gestörten Signal um 180° phasengedrehte Störsignale addiert. Das Ergebnis ist ein weitgehend ungestörtes Signal.

Installation

Der Zugang zum VDSL-Netz lässt sich am sinnvollsten mit einem Breitband-Router herstellen (Abb. 1) Das DSL-Modem ist im Router integriert. Als Kommunikations-Netze sind VDSL2 (z. B. VDSL25 oder VDSL50), ADSL und ADSL2+ möglich. Der Router stellt den Verbindungsaufbau für alle angeschlossenen Geräte her. Neben dem Anschluss an eine Kupferleitung kann auch der Glasfaseranschluss verwendet werden.

Wenn eine Kupferleitung vorhanden ist, wird der IP-basierte Anschluss an der TAE-Dose mit dem DSL-Anschluss am Router verbunden ①.

Wenn ein Glasfaser-Kabelanschluss vorhanden ist, wird der „Fiber-Anschluss" genutzt. Die Buchse „Link" des Glasfaser-Modems wird dazu über ein Netzwerkkabel mit der blauen Buchse „Link" des Routers verbunden ②.

Am Router können bis zu vier Computer über Netzwerkkabel an den Buchsen „LAN1" bis „LAN4" angeschlossen werden ③.

Weiterhin können zwei analoge Telefonie-Endgeräte (Telefon, DECT-Basis, Anrufbeantworter oder Fax) an den Buchsen „Telefone" betrieben werden ④.

Der Router unterstützt kabellose Heimnetzwerke (WLAN) ebenso wie kabelgebundene Heimnetzwerke (LAN).

- Je nach Art der verwendeten Leistungen unterscheidet man FTTN, FTTC, FTTP und FTTB.
- Mit Einsatz von Vectoring lässt sich die Datenübertragungsrate erhöhen.

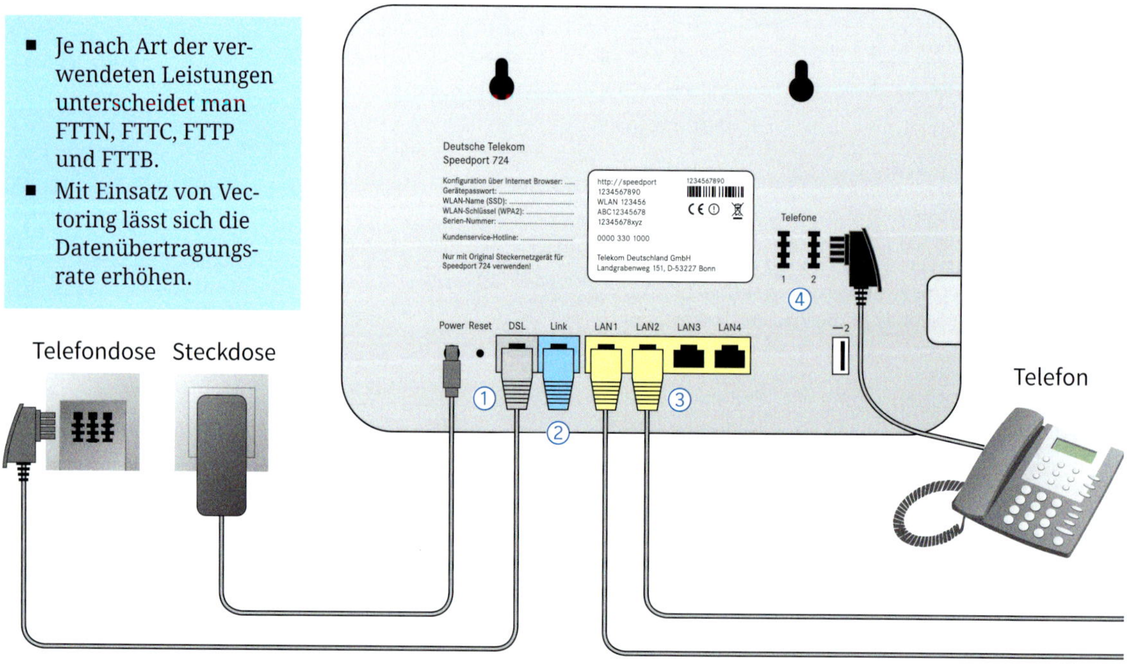

1: Anschlussmöglichkeiten an einem Universalrouter

9.2.5 Analoge Telefonstecker und Dosen

Auch in dem IP-basierten Telekommunikationssystem können analog arbeitende Geräte (Telefone, Fax-Geräte) verwendet werden, die ursprünglich für eine leitungsgebundene Telekommunikation vorgesehen waren. An Routern sind in der Regel entsprechende Steckvorrichtungen vorhanden. Die Stecker werden als TAE-Stecker bezeichnet (**TAE**: **T**elekommunikations-**A**nschluss-**E**inheit).

Es werden zwei unterschiedliche Stecker unterschieden:

- **F**: **F**ernsprechbetrieb (Telefon)
- **N**: **N**icht-Fernsprechbetrieb (zusätzliche Geräte wie z. B. Fax-Gerät, Anrufbeantworter)

Die Stecker unterscheiden sich durch die an unterschiedlichen Stellen angebrachten Codierungs-Nasen (Abb. 2) und können deshalb nur in die jeweils dafür vorgesehenen Buchsen gesteckt werden. Eine Verwechslung ist dadurch ausgeschlossen.

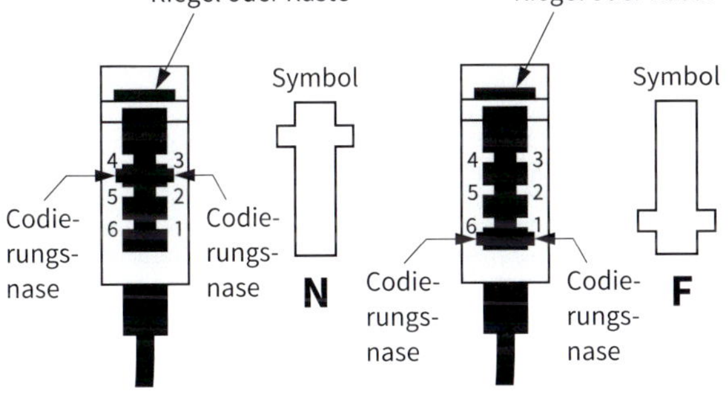

2: Codierung bei TAE-Steckern

Die Stecker und Buchsen (Abb. 2) besitzen maximal sechs elektrische Anschlüsse. Da nicht alle für die Funktion der Geräte benötigt werden, fehlen sie mitunter oder sind nicht angeschlossen.

Für die Leitungen werden keine Abschirmungen verwendet. Durch Verdrillen (Verseilen) der Leiter erreicht man, dass sich die durch äußere Magnetfelder induzierten Spannungen weitgehend aufheben. Störeinflüsse werden dadurch verringert.

Für diese Art von Steckern gibt es entsprechende Steckdosen. Sie besitzen eine mechanische Codierung (N oder F). Beim Einstecken werden im Innern Schalter betätigt, wodurch die Signale weitergegeben werden.

- Für die Anschlussleitung werden verdrillte (verseilte) Kupferleitungen verwendet. Dadurch lassen sich Störungen durch Magnetfelder vermeiden.

Aufbau einer TAE-Dose

In Abbildung 3 ist die Schaltung einer häufig verwendeten TAE 3 x 6NFN zu sehen. Die Ziffer 3 weist auf die 3 in der Dose befindlichen Schaltbuchsen hin. Diese werden durch eingesteckte TAE-Stecker betätigt. In jeder Schaltbuchse befinden sich jeweils 2 Öffner, sodass durch die Stecker maximal 6 Schalter betätigt werden können (Ziffer 6 in der Bezeichnung). Diese Schaltungsart wird als **NFN-Codierung** bezeichnet.

Wenn weitere Dosen installiert werden sollen, muss die abgehende Leitung an die Ausgangsklemmen 5 und 6 angeschlossen werden (b2 und a2).

Welchen Weg nehmen die Signale in der Dose?

Annahme: Kein TAE-Stecker eingesteckt (Abb. 3)
Beginn: Klemme 1 (La ①)

- N-Schalter links ② geschlossen,
- N-Schalter rechts ③ geschlossen,
- F-Schalter ④ geschlossen,
- Klemme 6 ⑤ a2

Das ankommende Signal wird von der Klemme 1 bis an die Klemme 6 weitergegeben. Eine nachfolgend angeschlossene Dose 2 wird also auch dann mit Signalen versorgt, wenn kein Stecker in der vor ihr liegenden Dose 1 eingesteckt ist.

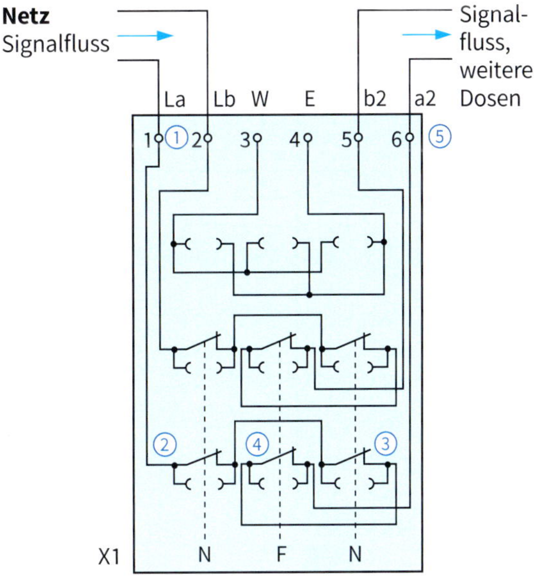

3: Innenschaltung der TAE 3 x 6NFN

- TAE-Stecker und TAE-Buchsen besitzen eine mechanische N- oder F-Codierung (F: Fernsprechbetrieb, N: Nicht-Fernsprechbetrieb).

Gebäudetechnische Anlagen

In entsprechender Weise ergibt sich der Signalverlauf von der Klemme 2 (Lb) bis zur Klemme 5 (Abb. 1).

Annahme: Stecker mit F-Codierung ist eingesteckt
Beginn: Klemme 1 (La ⑥)

- N-Schalter links ⑦ geschlossen,
- N-Schalter rechts ⑧ geschlossen,
- F-Schalter ⑨ offen,
- Telefon ⑩

Das Signal gelangt von Klemme 1 zum Telefon. Der Signalweg zur Ausgangsklemme 6 ist unterbrochen, sodass nachfolgende Telefone nicht betrieben werden können. Ein entsprechender Signalweg ergibt sich, wenn von der Klemme 2 (Lb) ausgegangen wird.

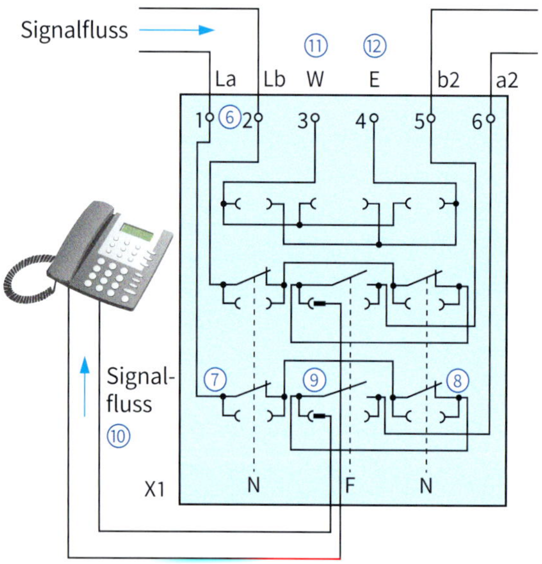

1: TAE 3 x 6NFN mit eingestecktem Telefonstecker

An TAE-Dosen können auch mit einer entsprechenden Anschlussleitung Telefone mit einer Western-Steckverbindung angeschlossen werden (Abb. 2).

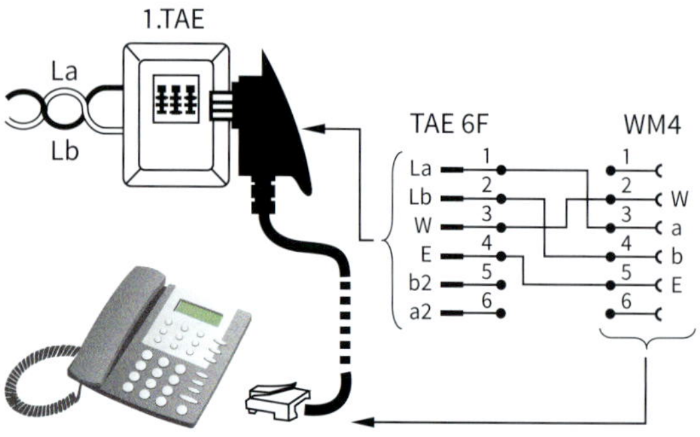

2: Anschluss mit Western-Steckverbindung

Leitungen

Obwohl für den Anschluss analoger Telefone nur zwei Leiter erforderlich sind, werden für die Hausinstallation in der Regel Leitungen mit vier verseilten Leitern (zwei Doppeladern) verwendet (**Stern-Vierer** *[star quad]*, Abb. 3). Erweiterungen können dadurch problemlos vorgenommen werden.

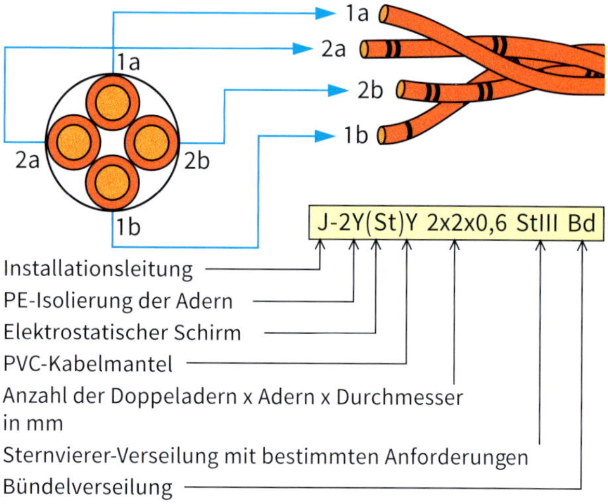

3: TK-Leitung und Kennzeichnung

Die Kennzeichnung der Adern erfolgt durch Ringe oder Farben (Abb. 4). Die Leiter dürfen bei der Installation nicht vertauscht werden, weil sonst unter Umständen Zusatzgeräte nicht oder nur fehlerhaft funktionieren.

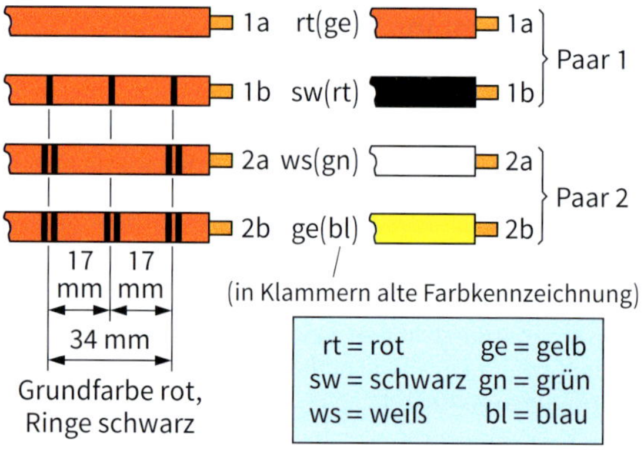

4: Aderkennzeichnung

- Für den Anschluss eines analogen Telefons sind zwei Leiter (La und Lb bzw. a und b) erforderlich.
- In der TAE 3 x 6NFN sind die N-codierten Buchsen elektrisch in Reihe mit der F-codierten Buchse geschaltet.

9.2.6 ISDN

Bei **ISDN** (**I**ntegrated **S**ervices **D**igital **N**etwork) handelt es sich um ein diensteintegrierendes digitales Telekommunikationsnetz für die Sprach- und Datenübertragung (Multimedia). Ab dem Jahr 1997 war dieses System in der Bundesrepublik Deutschland flächendeckend verfügbar. Es wurde bis zum Jahr 2019 durch das IP-basierte TK-System abgelöst.

Im ISDN-System gibt es verschiedene Anschlussmöglichkeiten. Für private Haushalte oder Kleinbetriebe wird der ISDN-Basisanschluss mit zwei Nutzkanälen verwendet. Für größere Unternehmen eignet sich der ISDN-Primärmultiplex-Anschluss mit 30 Nutzkanälen. Die Signale werden mit zwei Kupferdoppeladern oder zwei Glasfasern übertragen.

Bestehende ISDN-Netze können weiterhin am neuen IP-System genutzt werden, indem man einen Adapter verwendet (Abb. 5) oder einen Router einsetzt, der über eine S_0-Schnittstelle verfügt.

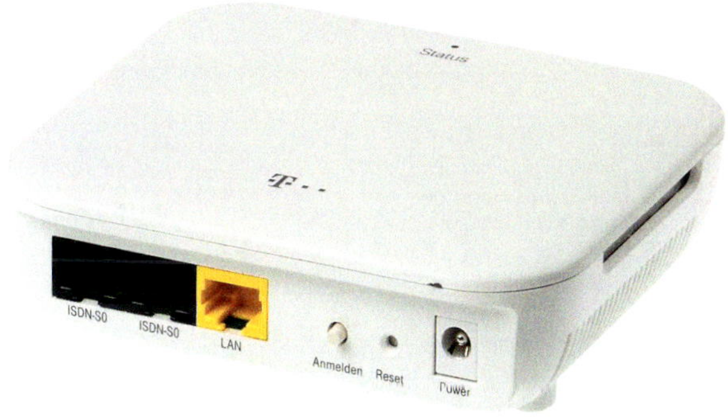

5: ISDN-Adapter für IP-basierten TK-Anschluss

Für private Haushalte oder Kleinbetriebe wurde der **ISDN-Basisanschluss** mit zwei Nutzkanälen verwendet, der folgende Eigenschaften besitzt (Auswahl):

- Bei einer Leitung (vier Leiter) verfügt man über zwei Übertragungskanäle (B1 und B2, Abb. 5) mit bis zu zehn Mehrfachrufnummern (**MSN** [***Multiple Subscriber***]).
- B1 und B2 können unabhängig voneinander genutzt werden (Wirkung wie zwei Telefonanschlüsse).
- Die digitale Datenübertragung kann mit 64 kbit/s über jeden einzelnen Kanal bzw. mit 128 kbit/s bei Kanalbündelung erfolgen.
- Für die Steuerung wird ein separater Kanal (D-Kanal mit 16 kbit/s) verwendet.
- Die einzelnen Endgeräte können direkt angewählt werden.

Die S_0-Schnittstelle bei ISDN besteht aus vier Anschlüssen mit den Bezeichnungen 1a, 1b, 2a und 2b (Abb. 6). Als Buchsen werden **IAE** (**I**SDN-**A**nschluss-**E**inheit) oder **UAE** (**U**niversal-**A**nschluss-**E**inheit verwendet. Sie besitzen jeweils acht Kontakte. Bei der UAE 8 sind alle acht angeschlossen, bei der IAE 8 nur die Kontakte drei bis sechs.

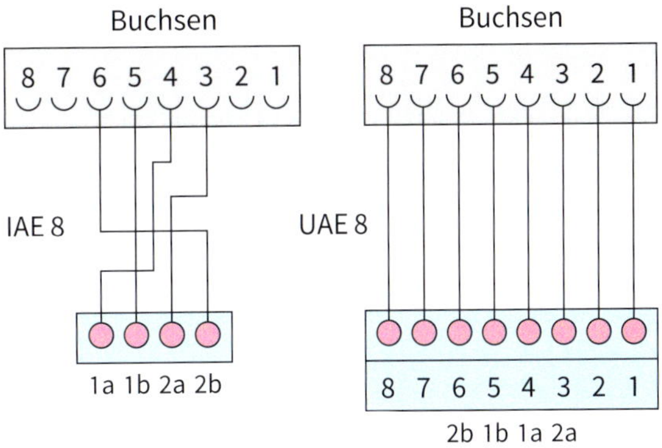

6: Buchsen und Anschlussklemmen

Als Stecker werden Western-Steckverbindungen verwendet (Abb. 7).

Western-Stecker für die Telekommunikation		
Bezeichnung	**Steckerform**	**Anwendung**
RJ10 oder **RJ14** (RJ-10, RJ-14) **4P4C** – 4 Kontakte, – 4 Kontaktpositionen	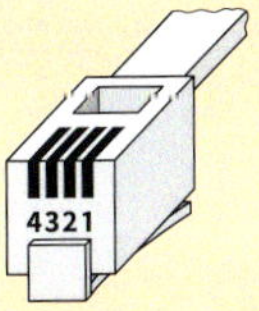	Leitung für Telefonhörer (Handapparat)
RJ11 (RJ-11) **4P6C** – 4 Kontakte, – 6 Kontaktpositionen	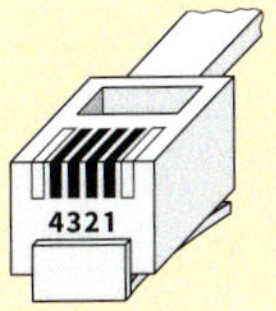	Anschlussleitung für Endgeräte – Telefon, – Fax, – Modem
RJ45 (RJ-45) **8P8C** – 8 Kontakte – 8 Kontaktpositionen	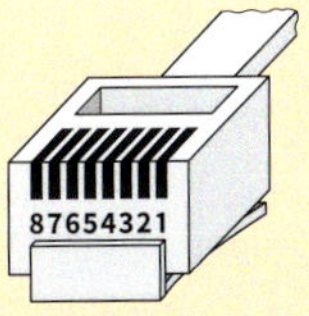	IAE-Steckdose (ISDN), Computernetzwerke (UAE)

7: Western-Steckverbinder

Western-Steckverbinder werden mit vier, sechs oder acht Kontakten verwendet (Abb. 7, s. Seite vorher). Die Bezeichnung **RJ** bedeutet **R**egistered **J**ack (genormte Buchse) und „Western" weist auf das US-amerikanische Unternehmen „Western Electric" hin.

Western-Steckverbinder werden auch für die Leitungsverbindung zwischen dem Handapparat und dem Telefon (analog und digital) eingesetzt. Durch seitliche Anpassungselemente können sechspolige Stecker auch für achtpolige Buchsen verwendet werden.

In Abb. 1 ist beispielhaft die Installation für fünf Anschlussdosen dargestellt. Der S_0-Bus ①, bestehend aus vier Leitern, wird durch die fünf Steckdosen (X1 bis X5) geschleift, sodass alle eingesteckten Geräte parallel angeschlossen sind.

In der letzten Dose befinden sich die zwei Abschlusswiderstände mit jeweils100 Ω. Analog arbeitende Geräte können über einen entsprechenden Adapter angeschlossen werden.

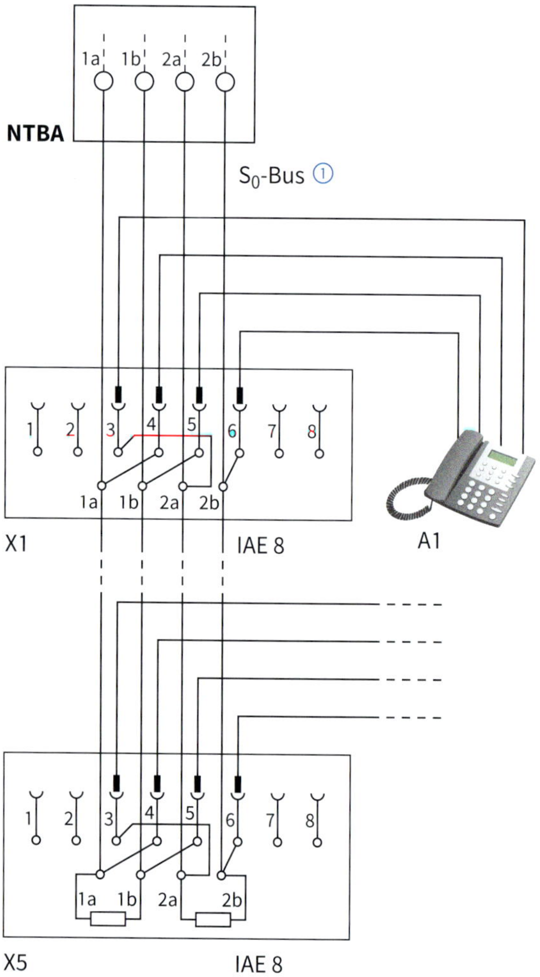

1: Bus-Installation

Aufbau der Leitungsaufbau

In der Regel werden Leitungen mit acht Adern verwendet. Abb. 2 zeigt den Aufbau einer ungeschirmten Leitung.

U: **U**nshielded (ungeschirmt)
UTP: **U**nshielded **T**wisted **P**air (ungeschirmtes Aderpaar)

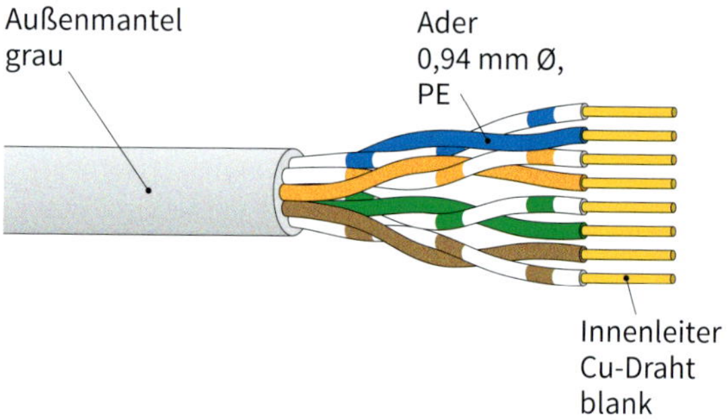

2: Leitungsaufbau

Für die Farbkennzeichnung der acht möglichen Leiter mit einer Western-Steckverbindung werden die Normen TIA 568A und TIA 568B verwendet (Abb. 3).

RJ 45	EIA/TIA 568A	EIA/TIA 568B
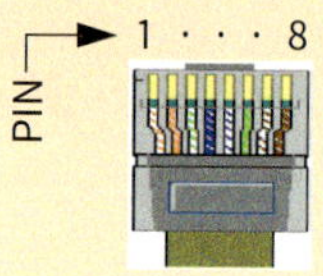	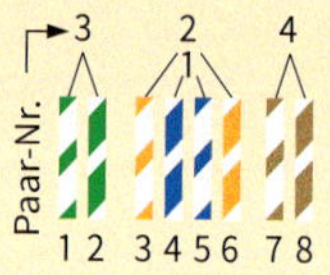	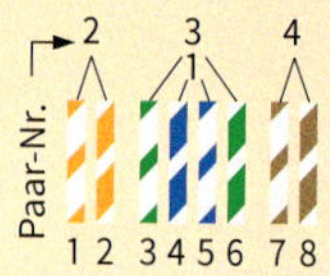
EIA/TIA: Electr.-/Telecomm. Ind. Association		

3: Leitungsaufbau

Aufgaben

1. Beschreiben Sie Unterschiede und Gemeinsamkeiten zwischen der IAE 8 und der UAE 8.
2. Zeichnen Sie die Verdrahtung der Doppelsteckdosen IAE 2 x 8 und UAE 2 x 8.

- Der ISDN-Bus besteht aus vier Leitern.
- An den ISDN-Bus des Mehrgeräteanschlusses dürfen zwölf Steckdosen (IAE, UAE) angeschlossen werden. Acht Geräte können eingesteckt und zwei gleichzeitig in Betrieb sein.
- Der ISDN-Bus muss durch 100 Ω-Widerstände abgeschlossen sein.
- Als Busleitungen werden ungeschirmte und verdrillte Leitungspaare verwendet (UTP: Unshielded Twisted Pair).

9.2.7 Mobile Kommunikation

Als erster Mobilfunkstandard wurde GSM verwendet (**GSM**: **G**lobal **S**ystem for **M**obile Communications). Datenraten von 9,5 kbit/s wurden damit erzielt.

Mit dem nachfolgenden **UMTS**-Standard (**UMTS**: **U**niversal **M**obile **T**elecommunications **S**ystem) konnte bereits etwa 380 kbit/s erreicht werden.

Die einzelnen Entwicklungsphasen hat man auch als „Generationen" bezeichnet. Der UMTS-Standard war danach der 3G-Standard.

Mit der Einführung der Smartphones stiegen die Kapazitätsanforderungen der Mobilfunknetze, was zur Einführung des **LTE**-Standards führte (**LTE**: **L**ong **T**erm **E**volution, 4G), mit dem ausschließlich Datenübertragung durchgeführt wird. Mittlere Datenübertragungsraten bis 300 Mbit/s werden in diesem Netz erreicht.

Das Netz ist aus zahlreichen, wabenförmigen Funkzellen (Durchmesser ca. 500 m bis 30 km) aufgebaut (Abb. 4).

Den einzelnen Zellen sind festgelegte Frequenzbereiche zugeordnet. Dadurch können die Frequenzen in räumlich entfernten Zellen wieder verwendet werden (Frequenzökonomie).

Das LTE-Netz wird als **EPS** (**E**volved **P**acket **S**ystem, Weiterentwickeltes Paket-System) bezeichnet. Es besteht aus dem **EPC** (**E**volved **P**acket **C**ore, Weiterentwickeltes Paket Kernnetz) und der Luftschnittstelle **E-UTRAN** (**E**volved **U**MTS **T**errestrial **R**adio **A**ccess **N**etwork, Weiterentwickeltes UMTS Funkzugangsnetzwerk), Abb. 4.

LTE-Eigenschaften

- Empfangsdatentaten 100 Mbit/s
- Sendedatenraten 50 Mbit/s
- Bis zu 1 Gbit/s Datenraten zwischen fixen Stationen
- Latenzzeit (Verzögerungszeit) ca. 10 ms.
- Kompatibilität zu bereits vorhandenen Netzen.
- Frequenzbandbreite 20 MHz
- Modulation OFDM, QPSK, 16QAM, 64QAM

Der Nachfolgestandard **5G** soll folgende Eigenschaften besitzen:

- Datenübertragungsraten bis 20 Gbit/s.
- Latenzzeit (Verzögerungszeit) < 1 ms.
- Anwendung zur Kommunikation zwischen Maschinen.
- Kanalbündelung
- Höherwertigere Modulation: Z. B 1024QAM
- Einsatz von Kleinzellen in Orten hoher Nutzungsdichte (Small Cell).
- Mehrantennensystem (**MIMO**: **M**ultiple **I**nput **M**ultiple **O**utput)
- Virtuell geteilte Netze (intelligente Funkstationen)
- Frequenzbereiche: 2,1 GHz und 3,4 GHz bis 3,87 GHz (Abb. 5)

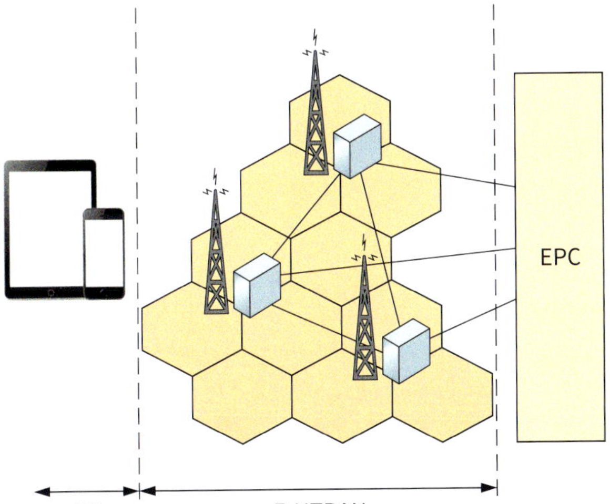

4: LTE-Netzarchitektur

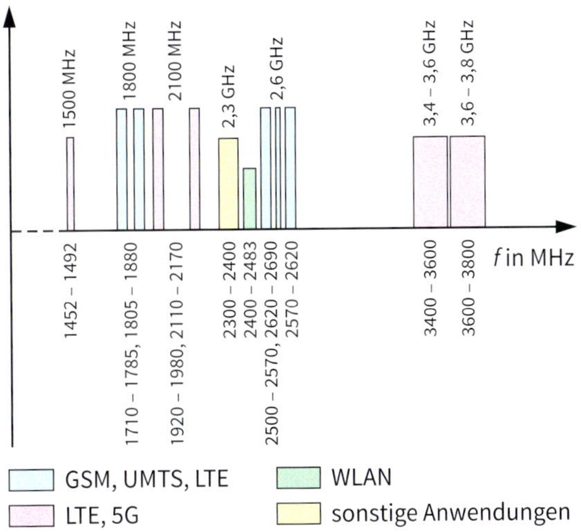

5: Mobilfunkfrequenzen

Gebäudetechnische Anlagen

9.2.8 Videokonferenzsysteme

Um die Kommunikation zwischen den einzelnen Standorten in der Firma Blechservice KG zu verbessern, sollen die in Abb. 1 vereinfacht dargestellten Videokonferenzmöglichkeiten im Verwaltungs- und Entwicklungsbereich eingerichtet werden (① und ②).

Desktopsysteme (Einzelplatzsysteme) ①

Zwischen den einzelnen Entwicklungsabteilungen sollen (Bewegt-)Bild und Tonübertragungen (Live-Übertragung) sowie Dokumentenübertragungen realisiert werden.

Gruppen-Videokonferenzsysteme ②

Die im Unternehmen häufig stattfindenden Konferenzen in verschiedenen Räumen des Verwaltungsbereichs sollen in einen separaten Raum übertragen und von dort aus gesteuert werden.

Wie beide Systeme technisch realisierbar sind, wird nachfolgend dargestellt.

- Bei einer Video-Konferenz kommunizieren an verschiedenen Orten befindliche Personen mittels Ton- und (Bewegt-)Bildübertragung (audiovisuelles Kommunikationsverfahren).

9.2.8.1 Desktopsysteme

Es handelt sich hierbei um „**Punkt-zu-Punkt**" Verbindungen [*Point-to-Point*] (P2P), die sich besonders für die gemeinsame Arbeit am Computer, für den Datenaustausch und für die Datenbearbeitung eignen. Fünf wesentliche Komponenten gehören zu diesem System (Abb. 2).

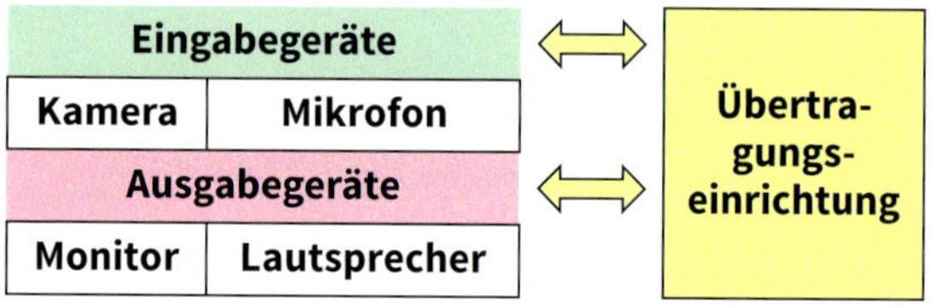

2: Bestandteile eines Desktopsystems

Kamera (z. B. als Webcam) und Mikrofon (bzw. Headset, Abb. 1 ①) nehmen Bild und Ton an einem Standort auf. Sie werden mit entsprechenden Treibern im Betriebssystem des PC installiert. Ein **Codec** (Codierer/Decodierer) wandelt dann die Bild- und Tonsignale in einen kontinuierlichen digitalen Datenstrom um. Dieser wird als **Videosignal** bezeichnet. Die Codierung und Decodierung kann durch eine entsprechende Hardware oder mit Hilfe einer Software erfolgen. Die Übertragung erfolgt dann über Leitungen (TK-Leitungen, Datenleitungen) oder drahtlos.

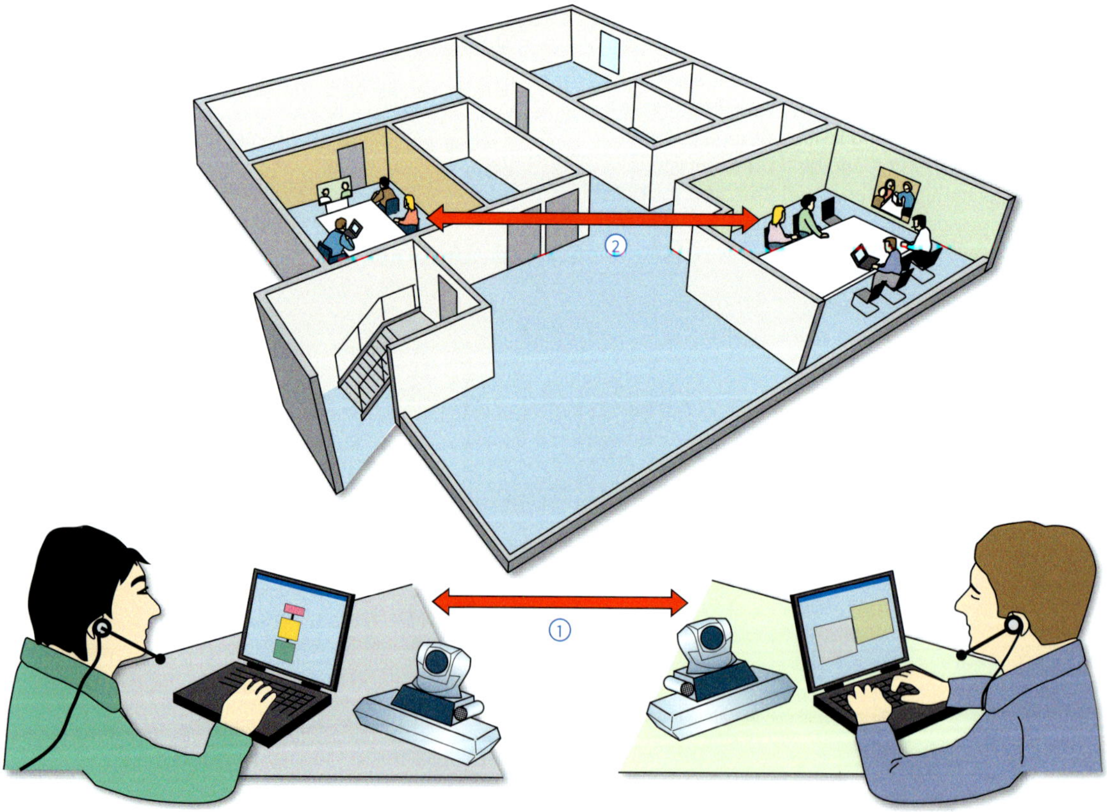

1: Videokonferenzen

3: Videokamerasystem

4: Desktopsystem

Da mit Leitungen nur begrenzte Datenmengen übertragen werden können, erfolgt eine **Datenreduktion** [*data reduction*]. Beim Empfänger wird dieser Datenstrom dann mit einem Codec dekomprimiert, sodass Bilder für den Monitor und entsprechende Töne für den Lautsprecher entstehen. Die Größe des Datenstromes gibt man als **Datenrate** [*data rate*] an. Sie wird in Bit/Sekunde gemessen.

Da oft mit einer festen Kameraeinstellung gearbeitet wird, sind mehrere Personen, auch wenn sie eng vor dem PC sitzen, oft nicht zu erfassen. Mit steuerbaren Kameras kann jedoch der Wahrnehmungsbereich erweitert werden (Abb. 3).

Videokonferenzsignale können auch über bestehende TK-Netze übertragen werden. Die Datenübertragung erfolgt mit dem Internet Protokoll (IP). Zusätzliche Leitungsinstallationen sind dann nicht erforderlich.

Ein Übergang zu anderen Netzen ist mit einem **Gateway** (Ausfahrt, Einfahrt) möglich. Dieses Zusatzgerät kann zwischen unterschiedlichen Systemen eine Verbindung herstellen.

Zeitgemäße Arbeitsplatzrechner (Abb. 4) verfügen heute in der Regel über alle für eine Videokonferenz benötigten Komponenten wie Kamera (Webcam), Mikrofon, Lautsprecher, Internetanschluss und Bildschirm. Daher sind sie für die Durchführung von Videokonferenzen geeignet.

Sie bieten also eine preiswerte Möglichkeit für die Realisierung von Videokonferenzen und haben zusätzlich den Vorteil, dass der Teilnehmer an seinem Arbeitsplatz alle Informationen direkt verfügbar hat.

Bei der digitalen Aufbereitung wird das Bild in Zeilen zerlegt. Es werden dabei aber nicht vollständige Zeilen aufgenommen, sondern es erfolgt eine Zerlegung jeder Zeile in einzelne Bildpunkte (Pixel). Die Bildauflösung wird umso besser, je höher die Pixelzahl ist.

Für jedes Pixel werden die Informationen über die

- **Farbe** (Chrominanz, Rot, Blau, Grün) und
- **Helligkeit** (Luminanz Y) ermittelt und codiert.

Eine gleichzeitige (simultane) Übertragung der Informationen aller Pixel ist wegen des hohen technischen Aufwands nicht möglich. Sie werden deshalb zeitlich nacheinander (sequentiell) übertragen. Es entsteht ein Datenstrom.

Bei der Bildzerlegung entstehen hohe Datenraten (Abb. 5 ①), die in der Regel nicht von den Übertragungsmedien bewältigt werden können. Die Daten müssen deshalb komprimiert und reduziert werden ②. Bei der Übertragung können Fehler entstehen. Um diese zu korrigieren, wird das Signal durch zusätzliche Bits ergänzt (Fehlerschutz).

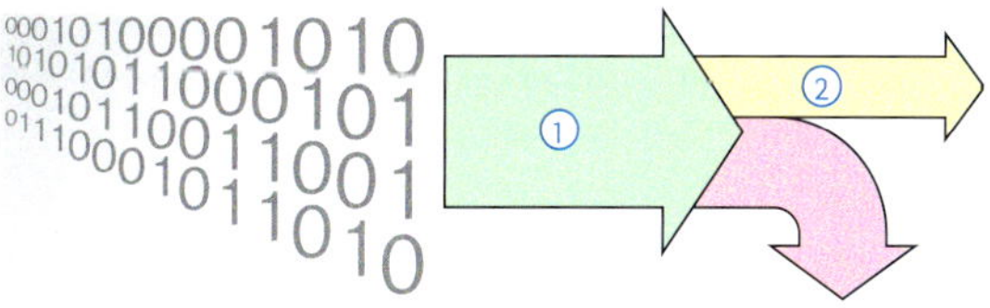

5: Datenreduktion (vereinfacht)

- Mit Desktopsystemen wird zwischen Teilnehmern eine Punkt-zu-Punkt-Verbindung hergestellt.
- Die Datenübertragung von Videokonferenzen kann über das TK-Netz oder über bestehende Datennetze (LAN) erfolgen.
- Mit einem Gateway lässt sich eine Verbindung zwischen unterschiedlichen Netzen herstellen.

9.2.8.2 Gruppen-Videokonferenzsysteme

Diese Systeme sind geeignet, Verbindungen zwischen mehr als zwei Teilnehmern herzustellen (**Mehrpunkt-Verbindung** [*multipoint connection*]). Erforderlich sind hierfür **Sternverteiler MCU** [Multipoint Control Unit]. Es handelt sich dabei um Hard- und/oder Softwarelösungen, die eine oder mehrere Mehrpunktkonferenzen verwalten und steuern können. Für geringe Anforderungen ist die MCU-Funktion in einem System integriert. Bei größeren Systemen setzt man eine externe MCU (Abb. 1) ein.

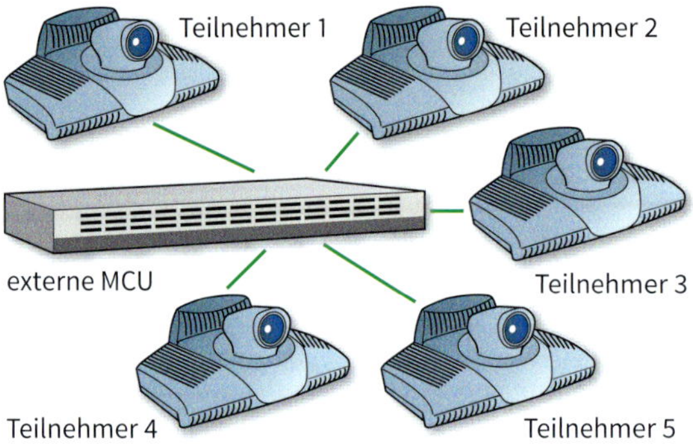

1: Gruppen-Videokonferenzsystem mit externer MCU

Die MCU wird mit allen Teilnehmern verbunden. Sie verwaltet und regelt die ein- und ausgehenden Videodatenströme. Dabei werden folgende Arten unterschieden:

- **Continuous Presence**
  Alle Videodatenströme werden zusammengefasst und an alle Teilnehmer zurück gesendet, so können sich mehrere Teilnehmer gleichzeitig gegenseitig sehen.
- **Voice Switching**
  In dieser Betriebsart wird immer nur der Videostrom des momentan sprechenden Teilnehmers an alle anderen Teilnehmer gesendet.

Wie bei Desktopsystemen kann der Datenaustausch über das TK-Netz oder ein bestehendes Datennetz (LAN/WLAN) erfolgen. Bei besonders leistungsfähigen Geräten ist in der Multipoint-Verbindung oft auch ein gemischter Betrieb möglich.

Für die Datenübertragung zwischen Videokonferenzsystemen werden nicht die Videostandards der Fernsehübertragung (NTSC: US-amerikanische Norm und PAL: europäische Norm) eingesetzt. Die **ITU** [*International Telecommunication Union*] hat als Videokonferenz-Standard das **CIF** [*Common Intermediate Format*] eingeführt (Beispiele: H.261, H.263 und H.264). Es handelt sich dabei um Formate, die zwischen NTSC und PAL liegt. Alle Längen und Breiten sind gerade Vielfache von 16 Pixeln. Die CIF-Pixel sind nicht quadratisch. In Abb. 2 sind wichtige Formate und Standards für Videokonferenzsysteme aufgeführt.

Bild-Formate	Pixel x Pixel
SQCIF (Small QCIF)	126 x 96
QCIF (Quarter CIF)	176 x 144
CIF	352 x 288
4 CIF	704 x 576
16 CIF	1408 x 1152

Audio-standards	Frequenzober-grenze in kHz	Datenrate in kBit/s
G.711	3,4	64
G.728	3,4	16
G.722	7,0	64

2: Formate und Standards für Videokonferenzsysteme

Für die Steuerung der Videokonferenzen wird entsprechende Software eingesetzt. Auf Grund der Datenraten im vorhandenen Netz müssen die Programme neben der Steuerungsfunktion (Abb. 3) einen Ausgleich zwischen

- der Bildauflösung,
- der Anzahl der Videobilder pro Sekunde (Framerate),
- dem Speicherbedarf des Video-Codecs pro Bild und
- der benötigten Rechenleistung herstellen.

Die verschiedenen Videokonferenz-Programme erlauben zumeist die individuelle Einstellung bzw. Anpassung zwischen Bildqualität und Wiederholrate.

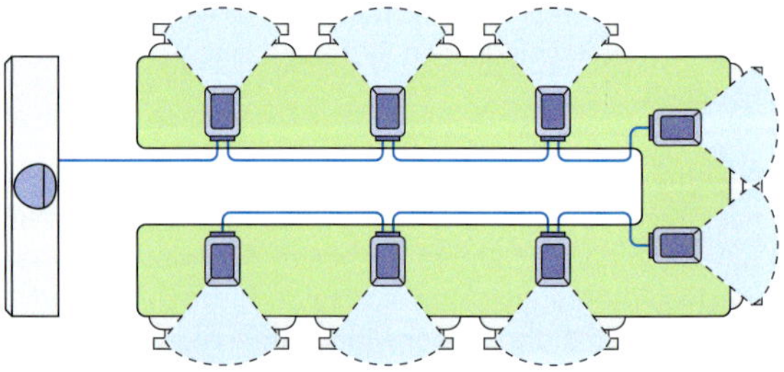

3: Beispielhafte Anordnungen bei einer Videokonferenz

Für die Optimierung von Videokonferenzen werden zahlreiche Zusatzgeräte eingesetzt.

Beispiele:

- Datenprojektor (Beamer) und Leinwand
- Dokumentenkamera
- Whiteboard (Weißwandtafel, weiße Oberfläche aus Metall oder Kunststoff)

4: Gruppen-Videokonferenzsystem

Damit Videokonferenzsystem möglichst gut in bestehende Netzstrukturen von Unternehmen eingefügt werden können, verfügen sie über vielfältige Anschlussmöglichkeiten (Abb. 5). An ihnen lassen sich Monitore anschließen und Verbindungen zum Netzwerk herstellen.

Beispiele:

- Netzanschluss für das Netzteil ①
- Netzschalter ②
- Anschluss für zusätzliches Anzeigegerät (z. B. für Monitor, Projektor) ③
- Videorecorder- oder DVD-Eingang ④
- S-Videoausgang (Hauptmonitor) ⑤
- Audioausgang (z. B. für Audioaufnahme durch Videorecorder, externes Lautsprechersystem) ⑥
- Composite-Videoausgang (z. B. für Videoaufnahme durch Video- bzw. DVD-Recorder, Composite-Monitor) ⑦
- Netzwerk (LAN-Port, IP) ⑧
- Konferenzverbindung (Mikrofon) ⑨

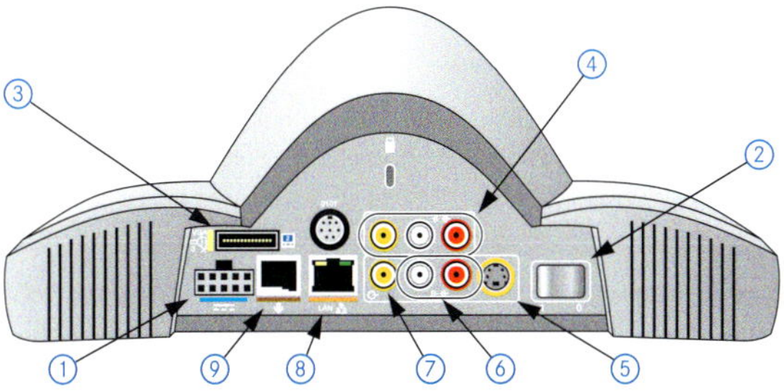

5: Anschlussmöglichkeiten am Videokonferenzsystem

Monitoranschlüsse

VGA
(**V**ideo **G**raphic **A**rray)
- Analoge Bilddatenübertragung
- 15-poliger D-Sub-Steckverbinder
- Bildqualität abhängig von der Leitungsqualität

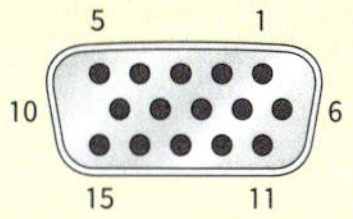

DVI-I
(**D**igital **V**isual **I**nterface **I**ntegrated)
- Analoge und digitale Bilddatenübertragung
- Leitungslänge maximal 10 m

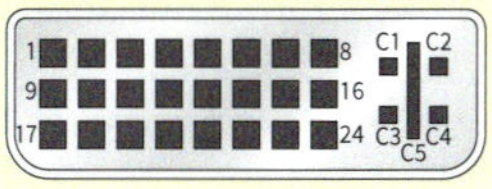

HDMI
(**H**igh **D**efinition **M**ultimedia **I**nterface)
- Volldigitale Audio- und Videoübertragung
- Hohe Datenübertragungsrate 5 GB/s (HDMI 1.4)
- Leitungslänge maximal 15 m

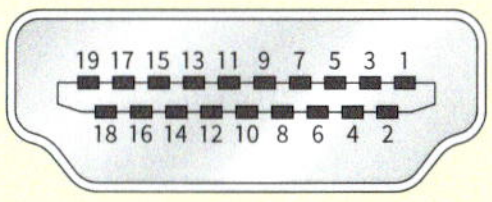

DisplayPort
- Digitale Video- und Audioübertragung
- Leitungslänge wird durch Bandbreite begrenzt

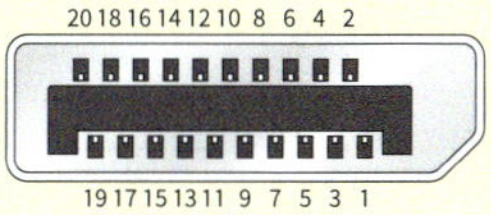

Aufgaben

1. Erklären Sie den Unterschied zwischen einem Desktopsystem und einem Gruppen-Videokonferenzsystem.
2. Welche Funktion übernimmt eine MCU bei einer Videokonferenz?

- Mit einer Multipoint-Verbindung können Videokonferenzen zwischen mehreren Stationen gleichzeitig durchgeführt werden.
- Bei Gruppen-Videokonferenzsystemen (mehr als zwei Teilnehmer) werden mit einer MCU die Videoströme gesteuert.
- Über Videokonferenzsysteme werden Verbindungen zum Netzwerk hergestellt und Monitore angesteuert.

Vorschlag für ein Videokonferenzsystem

Nachdem die Möglichkeiten für die Einrichtung eines Videokonferenzsystems bei der Firma Blechservice KG geprüft worden sind, erfolgt der vom Elektrounternehmen skizzierte Vorschlag (Abb. 1).

Für die Desktop- und Gruppen-Videokonferenzsysteme können die bestehenden Datennetze verwendet werden (LAN(IP)-Netz) ①. Da die Absicht besteht, auch über das TK-Netz Desktopverbindungen mit anderen Abteilungen herzustellen, wird ein Gateway installiert ②.

Im Vorschlag ist auch vorgesehen, Videokonferenzen über das Internet mit anderen Standorten durchzuführen. Verwendet wird dazu ein **Gatekeeper** ③. Die wörtliche Übersetzung bedeutet Torhüter/Torwächter.

Er überwacht und kontrolliert die Passage durch ein Tor – in diesem Fall das „Tor" zum Internet. Um eine Bildübertragung mit ausreichender Qualität durchführen zu können, ist eine DSL-Internetverbindung erforderlich.

- Über einen Gatekeeper können Videokonferenzen weltweit über das Internet durchgeführt werden.

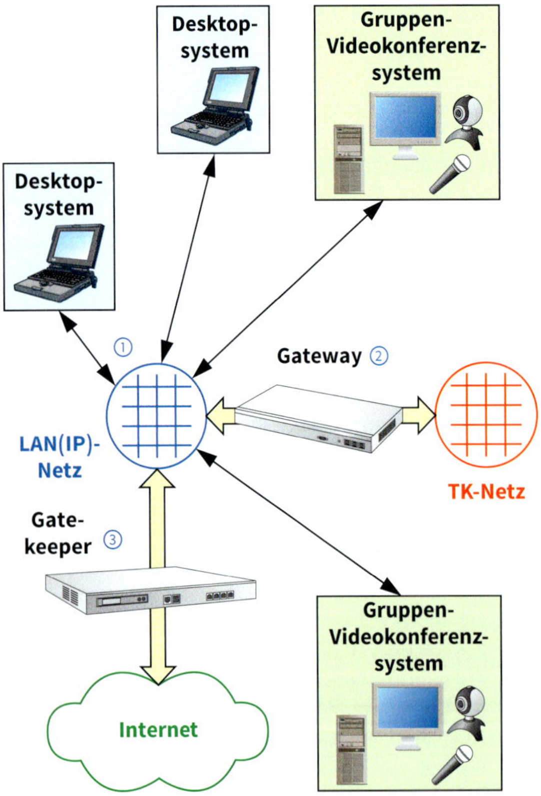

1: Videokonferenzsysteme im Netzwerk einer Firma

9.2.8.3 Webkonferenzen

Eine Webkonferenz (Online Meeting) ist eine virtuelle Zusammenkunft von Teilnehmern an unterschiedlichen Orten über das Internet. Anstelle eines Konferenztisches wird der PC-Desktop des Moderators als Arbeitsfläche verwendet.

Die Teilnehmer sehen den Desktop des Moderators (Desktop-Sharing) über den jeweils eigenen Bildschirm oder die Informationen der anderen Teilnehmer der Webkonferenz.

Es ist auch möglich, das Live-Bild und den Live-Ton der Teilnehmer zu übertragen. Im Mittelpunkt stehen also nicht die Übertragung von Live-Videostreams, sondern z. B. das Teilen des Desktops, die gemeinsame Arbeit an Dokumenten oder ein textbasierter Chat.

Der Moderator der Webkonferenz steuert alle Funktionen und kann seinen oder den Desktop eines anderen Teilnehmers für die Konferenz freischalten.

Die Systeme gestatten es auch, die Rolle des Moderators an eine beliebige Person innerhalb der Konferenz zu übertragen. Viele Webkonferenz-Lösungen ermöglichen es darüber hinaus, per Maus und Tastatur die Kontrolle über einen Desktop eines freigeschalteten Teilnehmers zu erlangen.

Funktionen von Webkonferenzsystemen:
- Video- und Audiodaten live übertragen
- Dateien teilen
- Desktop freigeben und steuern
- Anwendungen freigeben
- Zeichen- und Markierungstools verwenden
- Chat moderieren
- Moderatorenrolle wechseln
- Ergebnisse aufzeichnen
- Plattformunabhängig: Web-Meetings für Windows, OS X, …
- PDF-Download von Dokumenten die auf der Präsentationsbühne gezeigt werden.
- Scan-to-Present: Dokumente einscannen und sofort im Web-Meeting präsentieren.
- Video und VoIP-Audio
- Protokollfunktionen
- File-Sharing
- …

- Unter einer Webkonferenz versteht man das virtuelle Treffen zwischen Teilnehmern über das Internet zum Datenaustausch.

9.3 Gefahrenmeldeanlagen

9.3.1 Planung einer Einbruchmeldeanlage

Das Architekturbüro Weber soll im Rahmen von Umbaumaßnahmen für den Besitzer einer Etagenwohnung eine **Einbruchmeldeanlage (EMA)** [*intrusion detection system*] planen. In einer Vorbesprechung wird festgehalten, welche grundsätzlichen sicherheitstechnischen Maßnahmen ergriffen werden sollen (Abb. 2). Danach erhält die Fa. Elektro-Huber vom Architekturbüro Weber den in Abb. 3 abgebildeten Plan für die Installation.

Die vorgesehenen Objekte der Sicherheitstechnik sind eingezeichnet. Ihre Lage im Plan entspricht in etwa dem Installationsort. Die Symbole entstammen den „Richtlinien für Einbruchmeldeanlagen" des „**V**erbandes **d**er **S**achversicherer e.V." (**VdS**). Sie weichen von den Schaltzeichen der Elektroinstallation ab.

Für die technische Ausführung hat das Architekturbüro Weber der Fa. Huber noch keine Vorgaben gemacht. Zunächst soll von den Elektrofachleuten geprüft werden, welche Ausführung für dieses Bauvorhaben geeignet und zweckmäßig ist.

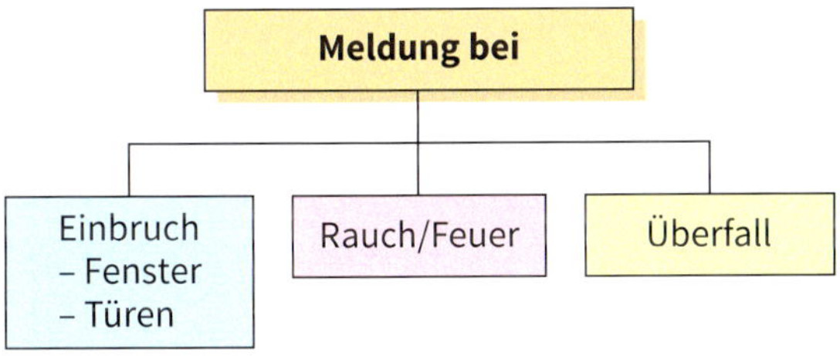

2: Sicherheitstechnische Maßnahmen

Abschließend soll dem zukünftigen Besitzer der Etagenwohnung ein Vorschlag für die Realisierung unterbreitet werden.

Auf der Grundlage der Projektierung erfolgt zunächst eine erste Analyse des vorliegenden Plans (Abb. 3). Sie führt zu folgenden Objekten bzw. Objektgruppen.

Melder [*detector*]

Melder sollen Gefahren und Störungen erfassen und diese melden. Für jedes Fenster sind Glasbruchmelder ① und Magnetkontakte ② vorgesehen. Die Raumüberwachung soll durch Bewegungs- ③ und Rauchmelder ④ erfolgen. Zusätzlich soll bei Gefahr ein Überfallmelder ⑤ betätigt werden können.

Meldeleitungen (Meldelinien) [*detector lines*]

Die Informationen der Melder müssen an eine Zentrale weitergegeben werden. Dieses kann über Leitungen oder durch Funksignale erfolgen.

Signalgeber [*signal generator*]

Beim Auftreten einer Gefahr soll diese signalisiert werden. Im Plan ist dafür eine Außen-Signalleuchte ⑥ vorgesehen.

Überwachungs- und Schalteinrichtung

Für diese Funktionen sind im Innenbereich eine Einbruchmeldezentrale ⑦ (EMZ) und im Außenbereich ein Blockschloss ⑧ vorgesehen.

Energieversorgung [*power supply*]

Melder, Signalgeber und die Zentrale werden über Leitungen mit elektrischer Energie versorgt. Diese sind im Plan nicht eingezeichnet.

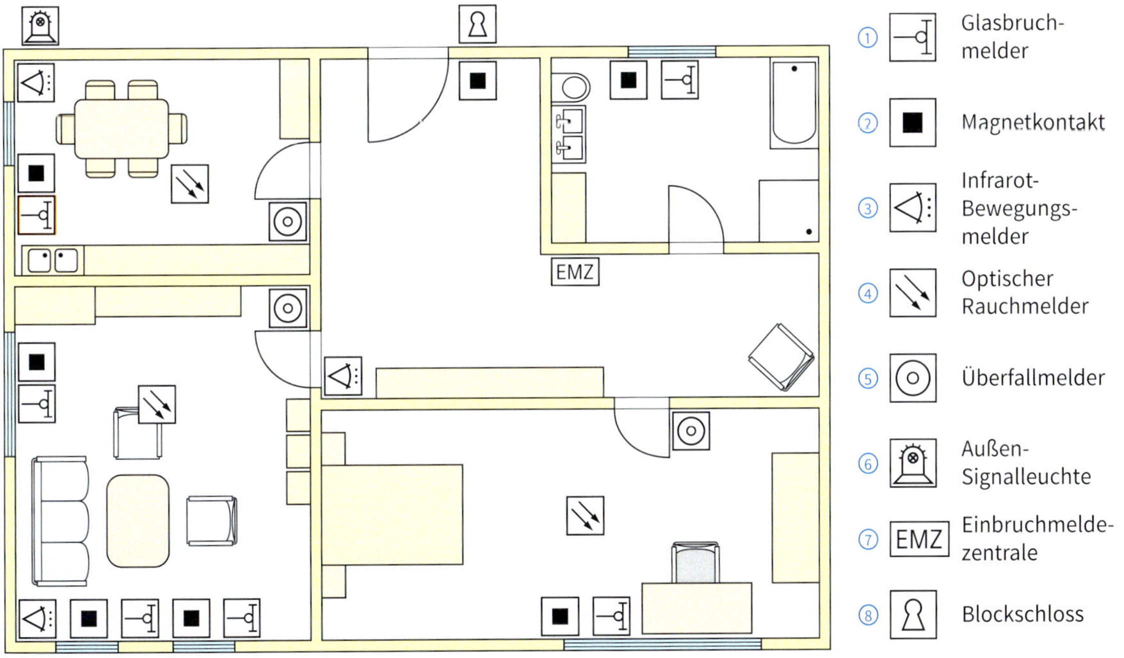

3: Sicherheitstechnik in einer Etagenwohnung

9.3.2 Sicherheitstechnische Begriffe

Für die fachgerechte Planung und Installation von Gefahrenmeldeanlagen sind Kenntnisse über Vorschriften sowie die richtige Anwendung von Fachbegriffen erforderlich.

Welche Bestimmungen und Vorschriften sind zu beachten?
In DIN VDE 0833 sind allgemeine Festlegungen und wichtige Anforderungen für Anlagen formuliert, die Gefahren für Sachwerte und Leben durch Einbruch, Überfall und Feuer zuverlässig melden. Der Begriff „Einbruchmeldeanlage" ist darin ein Unterbegriff der Gefahrenmeldeanlagen (**GFA**, Abb. 1).

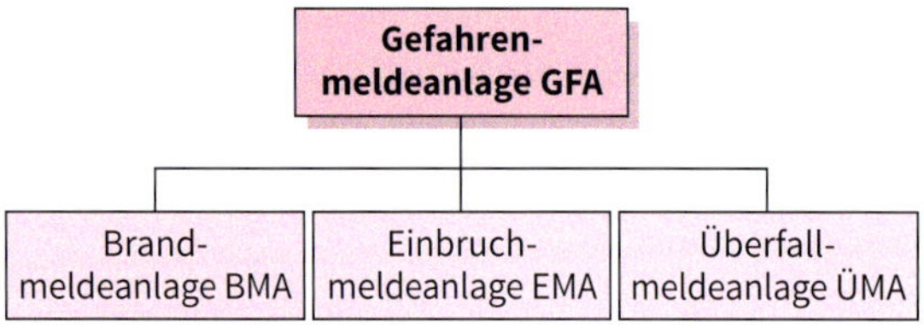

1: Gefahrenmeldeanlagen

Daneben gibt es Richtlinien des Verbandes der Schadensversicherer e.V. Zusammen mit der Kommission „Vorbeugende Kriminalbekämpfung" der Polizei hat der VdS Vorschriften herausgegeben, die den Aufbau, die Installation und den Betrieb von Gefahrenmeldeanlagen beinhalten.

Wie ist eine GFA aufgebaut?
Gefahrenmeldeanlagen sind in der Regel ähnlich aufgebaut (Abb. 2. Sie bestehen aus:

- **Meldezentrale** zur Signalauswertung mit Ein- und Ausgangskanälen,
- **Schalteinrichtung** *[switching device]* zum Ein- und Umstellen der Anlage,
- **Melder** (Sensoren) zum Signalisieren von Einbruch, Brand, Wasser usw. und
- **Alarmgeber** (Aktoren) zur Ausgabe der Signale (akustisch, optisch, speichern).

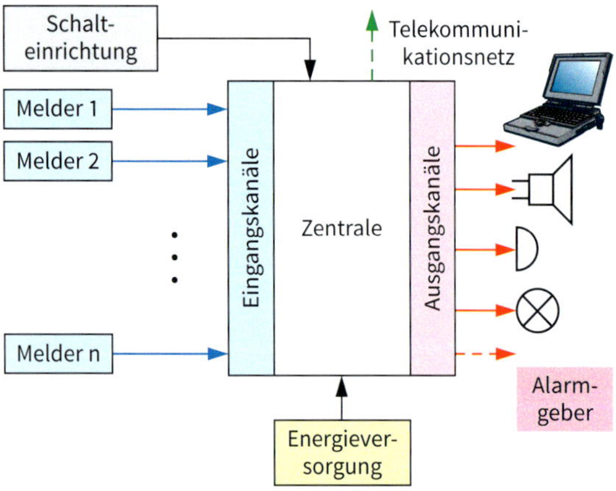

2: Aufbau einer Gefahrenmeldeanlage

Welche Sicherungsbereiche werden unterschieden?
Bei den zu sichernden Gebäuden und Anlagen werden zwei **Sicherungsbereiche** *[security areas]* unterschieden:

Außenhautsicherung

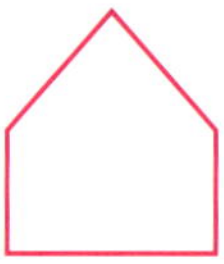

Überwachung aller äußeren Zugänge wie z. B. Fenster und Türen

Eingesetzt werden dazu z. B. Magnetkontakte und/oder Glasbruchmelder (vgl. Kap. 9.3.3.1).

Innenraumsicherung

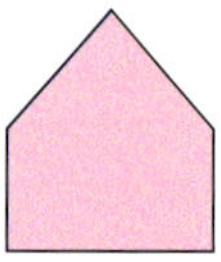

Alarmierung bei bereits erfolgtem Einbruch

Die Raumüberwachung kann z. B. durch Bewegungsmelder (vgl. Kap. 9.3.3.2), Lichtschranken oder Magnetkontakte an Türen erfolgen.

Was sind Alarmgeber?
Alarmgeber sollen nach erfolgtem Einbruch, Überfall oder Feuer das Alarmsignal weitergeben. Dabei werden verschiedene Alarmierungsarten unterschieden.

Beim **stillen Alarm** *[quiet alarm]* wird kein Signalgeber angesteuert. Es erfolgt die Weitergabe an die dafür zuständige Stelle (z. B. Polizei, Feuerwehr).

Beim **akustischen Alarm** *[acoustic alarm]* ertönt ein Alarmton (Außensirene), der den Einbrecher in die Flucht schlagen und die Öffentlichkeit informieren soll. Um Ruhestörungen zu vermeiden, muss sich ein im Außenbereich des Hauses angebrachter Alarmgeber nach 180 s abschalten. Im Haus kann dagegen Daueralarm (Innensirene) gegeben werden.

Mit einem **optischen Alarm** *[optical alarm]* sollen die Öffentlichkeit informiert und Einbrecher abgeschreckt werden. Geeignet dafür sind Blink-, Blitz- oder Drehlichtquellen.

Im Außenbereich angebrachte Alarmgeber müssen in besonderer Weise gegen Sabotage geschützt werden. Sie sollten auf jeden Fall schwer erreichbar sein, z. B. im oberen Bereich der Hauswand. Optische Alarmgeber sollten außerdem gut sichtbar angebracht sein.

- Brand-, Einbruch- und Überfallmeldeanlagen bezeichnet man als Gefahrenmeldeanlagen.
- Eine Gefahrenmeldeanlage besteht im Prinzip aus der Meldezentrale mit der Schalteinrichtung sowie Meldern (Sensoren) und Alarmgebern (Aktoren).
- Bei den Sicherungsbereichen wird zwischen der Außenhautsicherung des Gebäudes und der Innenraumsicherung unterschieden.

Betriebszustände von Einbruchmeldeanlagen
Wenn eine Einbruchmeldeanlage nicht betriebsbereit ist, bezeichnet man sie als **unscharf** geschaltet. Bei Betriebsbereitschaft ist sie **scharf** geschaltet. Dabei wird unterschieden zwischen dem Scharfschalten bei Anwesenheit von Personen im Haus (**internscharf**) und bei Abwesenheit der Personen (**extern scharf**).

In der Regel verfügen Einbruchmeldeanlagen über einen im Außenbereich angebrachten Schlüsselschalter (vgl. Kap. 9.3.3.6), mit dem die Anlage extern scharf oder unscharf geschaltet werden kann.

Intern scharf

- Personen sind anwesend.
- Es findet eine reine Außenhautsicherung statt.
- Bei einem Einbruch erfolgt ein interner Alarm.
- Die Melder im Innenbereich lösen keinen Alarm aus.

Extern scharf

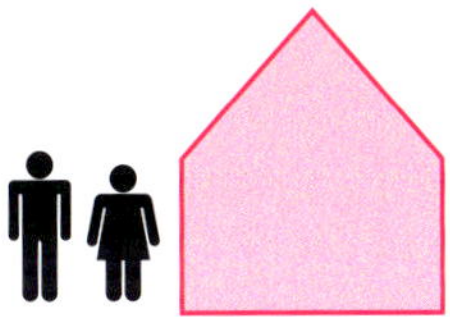

- Personen sind nicht im Haus.
- Es findet eine Absicherung der Außenhaut und der Innenräume statt.
- Alle externen Alarmgeber sind aktiviert (scharf geschaltet).

Wenn Anlagen über eine interne Schalteinrichtung geschaltet werden können, ist eine **Verzögerungszeit** für das Scharfschalten und somit für eine mögliche Alarmauslösung einzustellen. Sie muss beim Scharfschalten (Abb. 3 ①) so groß sein, dass der Betreiber den Sicherheitsbereich verlassen kann. Ein Alarm darf dann nicht ausgelöst werden. Die Anlage wird aber nur dann scharf geschaltet, wenn alle Melder betriebsbereit sind (Kontakte geschlossen ②). Ist dieses nicht der Fall, wird dem Betreiber dieser unscharfe Zustand durch ein kurzes Signal gemeldet.

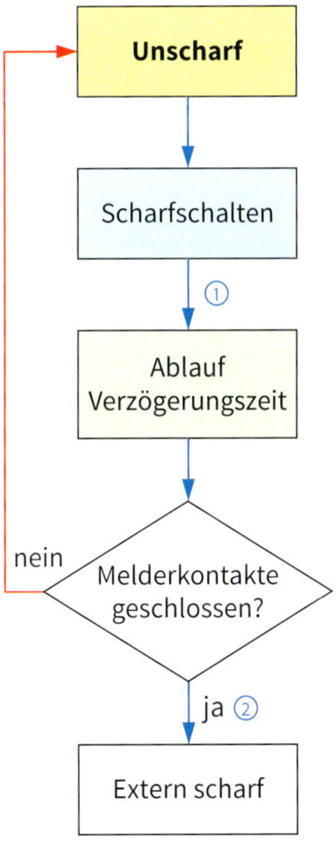

3: Verzögerungszeit beim Scharfschalten

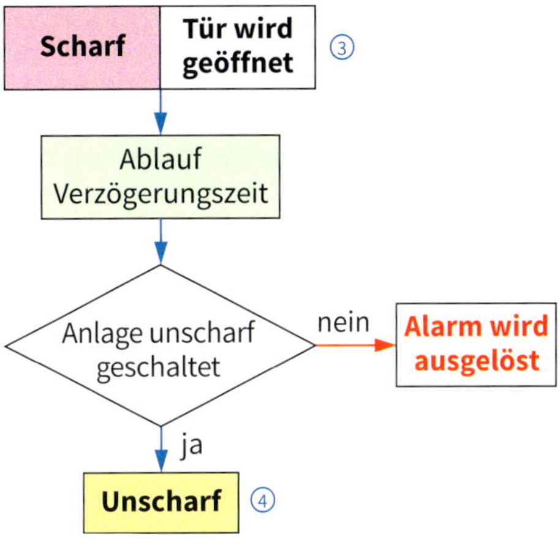

4: Verzögerungszeit beim Unscharfschalten

Die Zeit für das Auslösen des Alarms (Abb. 4) muss auch so groß gewählt werden, damit der Betreiber die Anlage beim Betreten des Hauses ③ sicher unscharf schalten kann, ohne dass ein Alarm ausgelöst wird ④.

Andererseits muss die Verzögerungszeit so klein gewählt werden, dass ein Einbrecher nicht die Zeit hat, die Anlage zu lokalisieren und zu sabotieren.

Bedienung
Eine Einbruchmeldeanlage erfüllt nur dann ihren Zweck, wenn sie sachgerecht eingesetzt wird. Deswegen sind bestimmte Bedienungsschritte einzuhalten. Man bezeichnet dieses als **Zwangsläufigkeit** [*inevitability*]. Fehlalarme können dadurch vermieden werden.

Beispiele:

- Die Anlage kann nur dann scharf geschaltet werden, wenn alle Melderkontakte geschlossen sind, keine Störung und kein Alarm vorliegen.
- Der Sicherheitsbereich kann nur betreten werden, wenn die Anlage unscharf geschaltet ist.

Aufgaben

1. Beschreiben Sie drei Möglichkeiten, womit ein Alarm erzeugt werden kann.
2. Welcher Unterschied besteht zwischen intern und extern unscharf?

- Die Aktivierung einer Einbruchmeldeanlage bezeichnet man als Scharfschalten. Unterschieden wird zwischen interner und externer Scharfschaltung.
- Bei internen Schalteinrichtungen müssen Alarmzeitverzögerungen für das Scharfschalten eingestellt werden.
- Durch eine Zwangsläufigkeit bestimmter Handlungen werden bei Einbruchmeldeanlagen Fehlalarme vermieden.

9.3.3 Objekte von Einbruchmeldeanlagen

9.3.3.1 Melder zur Außenhautsicherung

In der Projektierung der Einbruchmeldeanlage für die Etagenwohnung sind zur **Außenhautsicherung** [*protection of external shell*] Melder mit Magnetkontakt (Abb. 1 ①) und Glasbruchmelder ② vorgesehen.

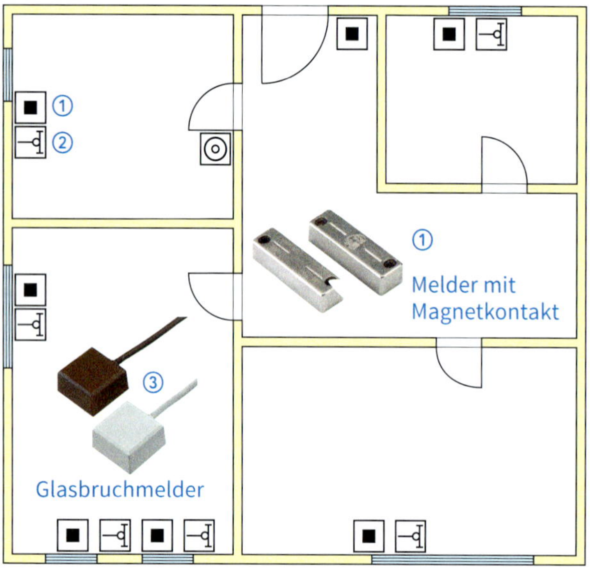

1: Melder zur Außenhautsicherung

Melder mit Magnetkontakt (MK)

Diese Melder bestehen aus zwei Teilen, dem eigentlichen Magnetkontakt (Abb. 2 ③) und dem Dauermagneten ④. Beide Teile werden parallel oder stirnseitig zueinander montiert. Am beweglichen Fensterflügel bzw. Türblatt wird der Dauermagnet angebracht. Sein Magnetfeld wirkt in das am Rahmen befestigte zweite Element hinein. In seinem Gehäuse sind in einem Glasröhrchen zwei sich gegenüber liegende eiserne Kontaktzungen (**Reed-Kontakte**) eingeschmolzen.

Wenn sich wie in Abb. 2 in ihrer Nähe der Dauermagnet befindet, ziehen sie sich wie zwei Dauermagnete an. Der Kontakt wird geschlossen (Betriebszustand). Er bleibt so lange geschlossen, bis sich der Abstand (siehe Abstandsdiagramm in Abb. 3) auf etwa 20 mm vergrößert hat. Die Kontakte öffnen (Ruhezustand).

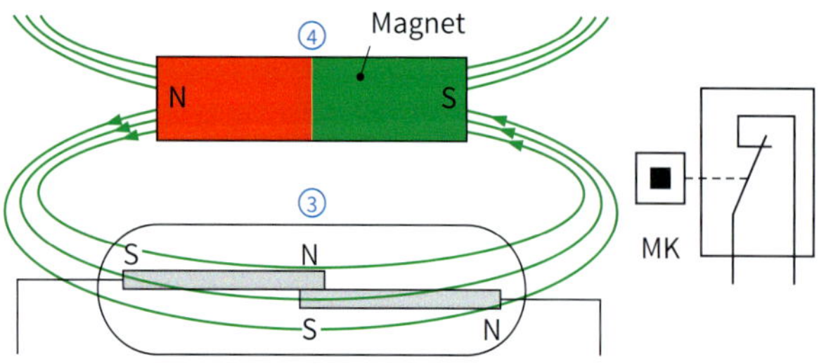

2: Melder mit Magnetkontakt

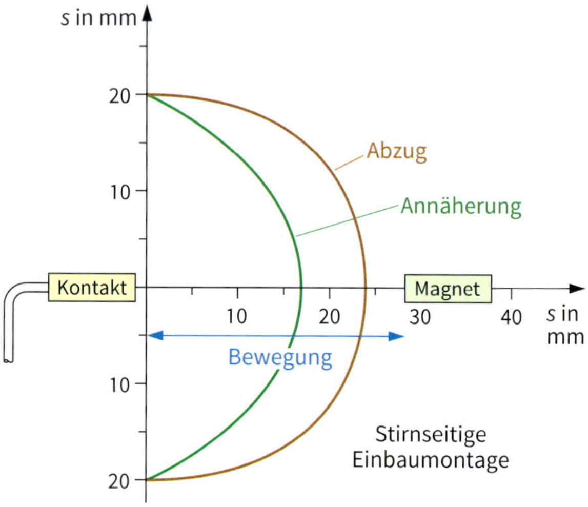

3: Abstandsdiagramm für Magnetkontakt

Installationshinweise [*installation guide*] **für Magnetkontakt**

Auf Grund der sehr guten Funktionssicherheit, Robustheit und einfachen Montage werden häufig Melder mit Magnetkontakten eingesetzt.

- Beide Teile müssen so angebracht werden, dass sie parallel ohne seitlichen Versatz zueinander liegen.
- Für die Befestigung müssen Schrauben aus nicht magnetischem Material verwendet werden.
- Für den Aufbau an Stahltüren oder in der Nähe ferromagnetischer Materialien sind Unterlegteile zu verwenden.
- Der Deckel wird nach der Montage verklebt (Sekundenkleber), sodass ein Entfernen ohne Beschädigung nicht mehr möglich ist (Sabotageschutz).

Kontaktart	1-poliger Öffner
Schaltspannung	max. 100 V DC
Schaltstromstärke	max. 500 mA
Kontaktbelastbarkeit	max. 10 VA
Zul. Betriebsspannung	max. 40 V
Übergangswiderstand	0,15 Ω
Anschlussleitung	LIYY 2 x 0,14 mm^2
Maße für Kontakt	8 mm x 32 mm
Maße für Magnet	6 mm x 30 mm, axial polarisiert
Temperaturbereich	−30 °C bis +70 °C
Schutzart	IP 67, VdS-Umweltklasse IV
Gehäusefarbe	Weiß

4: Kenndaten des gewählten Magnetkontakts

Glasbruchmelder (GM)

Diese Melder werden zur Durchbruchüberwachung von Glasscheiben eingesetzt. Man unterscheidet zwischen Meldern und Sensoren.

Glasbruchsensoren	Glasbruchmelder
– keine Spannungsversorgung erforderlich – arbeiten im Prinzip wie mechanische Schalter – reagieren nur auf die Zerstörung der Glasscheibe	– externe Spannungsversorgung für elektronische Bauelemente erforderlich – mechanische bzw. elektronische Kontakte – Signalauswertung erfolgt intern

Bei den Meldern werden aktive und passive Glasbruchmelder unterschieden.

Aktive Melder überprüfen die Glasscheibe ständig, indem sie Schallwellen aussenden und die Reflexion in der Glasscheibe messen.

Passive Melder geben Alarm, wenn die Scheibe zerstört oder nur geritzt wird (Auswertung typischer Schallschwingungen 50 kHz bis 100 kHz). Wenn die Scheibe nur geritzt wurde, wird bei vielen Meldern dieser Alarmfall gespeichert und gegebenenfalls mit einer LED angezeigt. Mit einer Rückstelltaste kann der Anzeigezustand gelöscht werden. Da Glasscheiben unterschiedlich dick sind, muss über ein eingebautes Potenziometer die Empfindlichkeit eingestellt werden. Passive Glasbruchmelder sind recht kostengünstig und werden im privaten Bereich oft eingesetzt.

Installationshinweise für Glasbruchmelder

- In einer Fensterecke (Abb. 5) wird der Melder mit einem Klebstoff auf der Scheibe montiert. Wichtig ist dabei, dass sich keine Fremdkörper zwischen Glasscheibe und Melder befinden (Beeinträchtigung der Empfindlichkeit).
- Die Entfernung zum Rahmen sollte zwischen 10 cm und 15 cm liegen.
- Glasbruchmelder sind hochempfindlich, deshalb können Beklopfen oder eine andere unsachgemäße Behandlung zur Zerstörung führen.

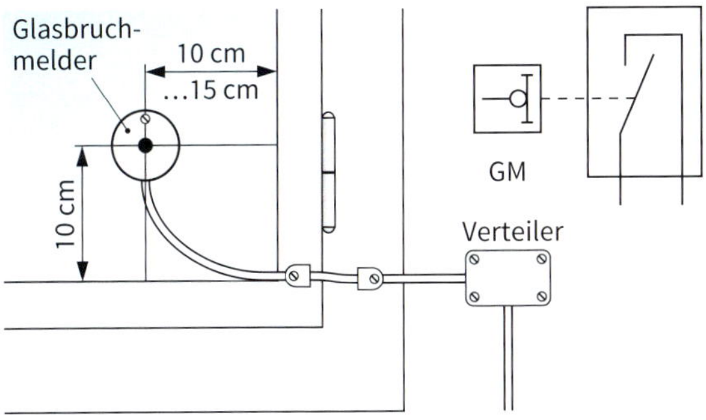

5: Montageort eines Glasbruchmelders

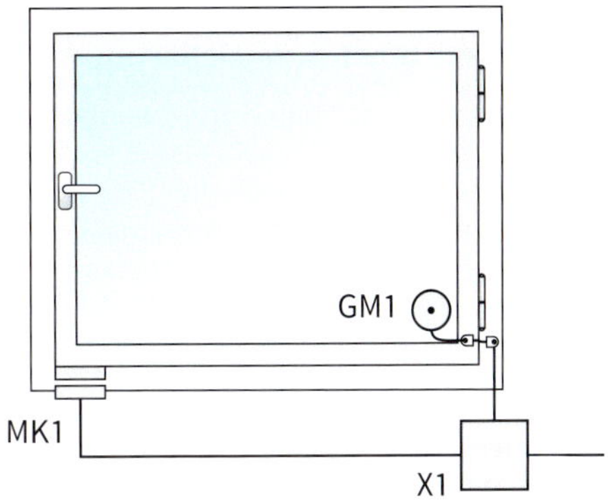

6: Montageorte für die Außenhautsicherung

Die prinzipielle Montage am Fenster für Magnetkontakte (MK1) und Glasbruchmelder (GM1) zeigt Abb. 6. Bei einer leitungsgebundenen Informationsübertragung erfolgt die Verdrahtung in der Verteilerdose X1.

Für das zu erstellende Angebot (vgl. Kap. 9.3.1) wird ein Glasbruchmelder mit folgenden technischen Daten vorgeschlagen (Abb. 7):

Kontaktart	1-poliger Öffner
Linienspannung	max. 18 V DC
Schaltleistung	max. 350 mA
Übergangswiderstand	
Ruhezustand	30 Ω
Alarmzustand	min. 1 MΩ
Alarmdauer	0,5 s bis 5 s
Wirkungsradius	2 m
Anschlussleitung	LIYY 2 x 0,14 mm^2
Temperaturbereich	–30 °C bis +70 °C
Schutzart	IP 67, VdS-Umweltklasse IV
Gehäusemaße	37 x 19 x 12 mm

7: Kenndaten des gewählten Glasbruchmelders

Aufgaben

1. Beschreiben Sie Maßnahmen, um eine Glasscheibe gegen Einbruch zu sichern.
2. Erklären Sie den Unterschied zwischen einem aktiven und einem passiven Melder.

- Melder mit Magnetkontakt bestehen aus zwei Teilen. Mit dem Dauermagneten am beweglichen Element lässt sich ein Schalter (Reed-Kontakt) betätigen.
- Melder mit Magnetkontakt eignen sich zum Überwachen von beweglichen Elementen (Fenster, Türen).
- In Glasbruchmeldern öffnet bzw. schließt ein Kontakt, wenn eine Glasscheibe geritzt oder zerstört wird.

9.3.3.2 Melder zur Innenraumsicherung

Die Innenraumsicherung soll durch drei **Bewegungsmelder** erfolgen (vgl. Kap. 9.3.1, Abb. 1 ①). Diese Melder erkennen die von Personen erzeugte Wärmeänderung in einem dreidimensionalen Erfassungsbereich und lösen dann einen entsprechenden Schaltvorgang aus.

Bewegungsmelder arbeiten mit
- **elektromagnetischen Wellen**,
- **Ultraschall** oder reagieren auf
- **infrarote Strahlung** (**IR**).

Im privaten Bereich werden vorwiegend Passiv-Infrarot-Bewegungsmelder (PIR) verwendet. Passiv bedeutet, dass diese Melder nur Signale empfangen und selbst keine Strahlung aussenden. Sie besitzen außerdem keinen Helligkeitssensor wie Bewegungsmelder im Außenbereich. Der in Abb. 1 dargestellte Melder wurde bei der Planung der Einbruchmeldeanlage vorgeschlagen.

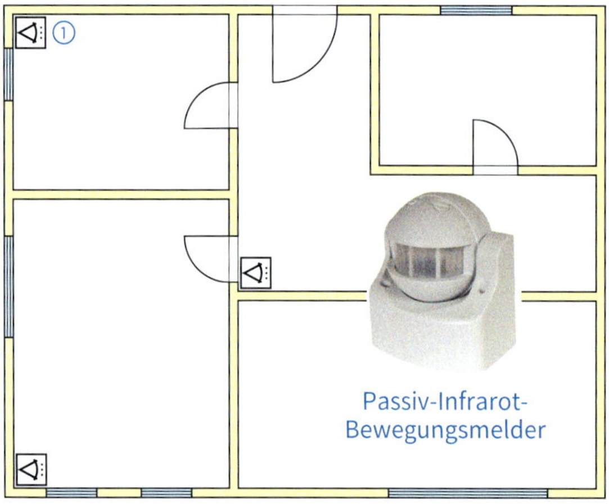

1: Innenraumsicherung durch PIR

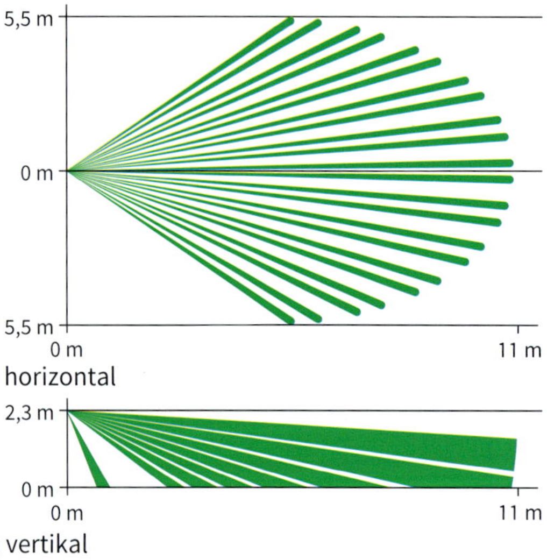

2: Erfassungsbereiche des ausgewählten PIR

Passiv-Infrarot-Bewegungsmelder (PIR)

Vor dem eigentlichen Sensor befindet sich ein Linsensystem (Fresnel-Linse), durch das der Raumbereich in einzelne Segmente und Ebenen aufgeteilt wird. In der Abb. 2 sind zwei Ebenen mit dem jeweiligen **Erfassungsbereich** dargestellt. Der Melder reagiert, wenn zwischen den einzelnen Segmenten eine Wärmebewegung (Wärmeunterschied) vorkommt. Die Erfassung ist um so sicherer, je mehr Segmente durchschritten werden. Wenn sich eine Wärmeänderung langsam und gleichzeitig auf alle Segmente auswirkt (z. B. bei Raumtemperaturerhöhung), erfolgt kein Alarm.

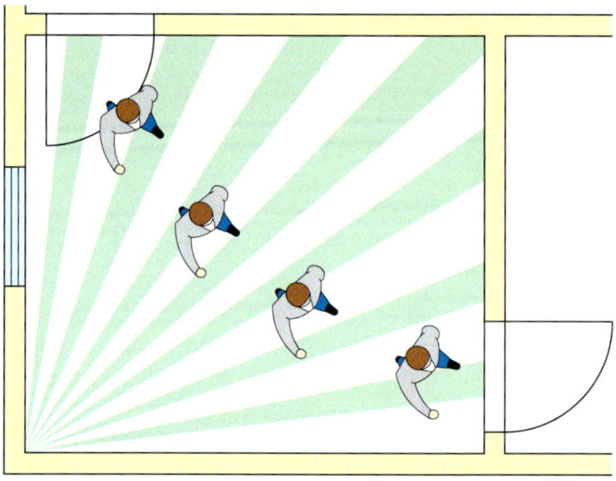
3: Montageort eines PIR

Installationshinweise für PIR
- Passiv-Infrarot-Bewegungsmelder müssen so montiert werden, dass der Einbrecher zwangsläufig am Melder vorbeigehen muss (Abb. 3, Montage möglichst in einer Raumecke unterhalb der Decke).
- Der Montageort muss erschütterungsfrei sein.
- Die Ausrichtung darf nicht in Richtung Sonnenlicht erfolgen, Reflexionen durch Glasflächen im Erfassungsbereich sind zu vermeiden.
- Zugluft, Heizlüfter, selbstständig einschaltende Glühlampen usw. dürfen nicht im Erfassungsbereich vorkommen.
- Der Erfassungsbereich sollte z. B. nicht durch Möbel eingeschränkt werden.
- Es ist erforderlich, dass die Funktion entsprechend den Herstellerunterlagen sorgfältig überprüft wird (z. B. im Raum gehen (**Gehtest**), Erfassungsbereich unterkriechen (**Unterkriechschutz**)).

Bei der **Auswahl** des Bewegungsmelders sollte bedacht werden:
- Horizontaler und vertikaler Erfassungsbereich (Abb. 2),
- Reichweite (Abb. 2),
- Ansprechempfindlichkeit.

Wenn in der Wohnung Tiere vorkommen, sollte ein gegen Tiere unempfindlicher Melder gewählt werden (z. B. unempfindlich bis zu fünf Katzen und Hunde bis 40 kg).

Mikrowellen-Bewegungsmelder (MM)

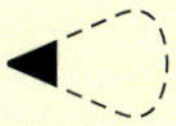

Der Mikrowellen-Bewegungsmelder ist ein aktiver Melder. Er besteht aus einem Sender und einem Empfänger mit Frequenzen zwischen 9 GHz und 11 GHz. Der Alarm wird ausgelöst, wenn der Empfang z. B. durch Personen gestört wird. Da Mikrowellen Glasscheiben, Leichtbau- und Gasbetonwände durchdringen, können große Bereiche überwacht werden. In den Räumen dürfen sich keine größeren Metallobjekte befinden.

Ultraschall-Bewegungsmelder (UM)

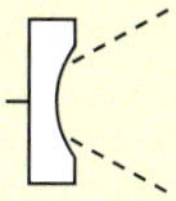

Dieser aktive Melder gibt über einen kleinen piezokeramischen Lautsprecher ständig Schallwellen zwischen 35 kHz und 50 kHz ab. Ein oberhalb des Lautsprechers angebrachtes Mikrofon empfängt das Echo der Schallwellen (Reichweite etwa 15 m). Bei einem gestörten Empfangssignal erfolgt der Alarm.

Relaisausgang	1-poliger Öffner
Betriebsspannung	9 V DC bis 15 V DC
Stromstärke (Alarm)	18 mA
Stromstärke (Standby)	max. 10 mA bei 12 V DC
Abmessungen	10,7 x 6,1 x 4,8 cm
Alarmausgang	5 V
Sabotagekontakt	NC, 28 V, 125 mA
Schutzart	EN 50131 Umweltklasse II, Schutzklasse II
Erfassungsbereich	11 m x 11 m
Montagehöhe	2,3 m bis 2,7 m

4: Kenndaten des gewählten PIR

Aufgaben

1. Begründen Sie, weshalb die Funktion des PIR besonders sorgfältig überprüft werden muss.
2. Ermitteln Sie aus Abb. 2 das Raumvolumen, das durch den Passiv-Infrarot-Bewegungsmelder überwacht werden kann.

- Passiv-Infrarot-Bewegungsmelder reagieren auf die Änderung der Infrarotstrahlung im Erfassungsbereich.
- Bei der Montage müssen störende Wärmequellen berücksichtigt werden.
- Beim Passiv-Infrarot-Bewegungsmelder können häufig eingestellt werden:
  - Erfassungsbereich (Winkel)
  - Reichweite
  - Ansprechempfindlichkeit
- Passiv-Infrarot-Bewegungsmelder benötigen als Energieversorgung eine Gleichspannungsquelle.

9.3.3.3 Überfallmelder

In der Projektierung der Einbruchmeldeanlage für die Etagenwohnung sind drei Überfallmelder vorgesehen (Abb. 5). Sie werden manuell betätigt und in verschiedenen Bauformen angeboten (auffällig bis unauffällig). Es handelt sich in der Regel um einen Taster, dessen Kontakt bei Betätigung öffnet.

Bei der Wahl des jeweiligen Installationsortes sollte geprüft werden, wie und wo ein Alarm ausgelöst werden könnte, wenn sich eine unbefugte Person in der Wohnung befindet. Auch sollte berücksichtigt werden, in welcher Lage sich möglicherweise die Person befindet, wenn ein Alarm ausgelöst werden soll. Weiterhin ist zu beachten, dass man den Überfallmelder auch betätigen können muss, wenn die Einbruchmeldeanlage unscharf geschaltet ist (24-Stunden-Betrieb, 24 Stunden Meldelinie, vgl. Kap. 9.3.3.7).

Die vorgeschlagenen Installationsorte der drei Überfallmelder befinden sich deshalb hinter den jeweiligen Türen (Abb. 5 ①) und in der Nähe des Bettes.

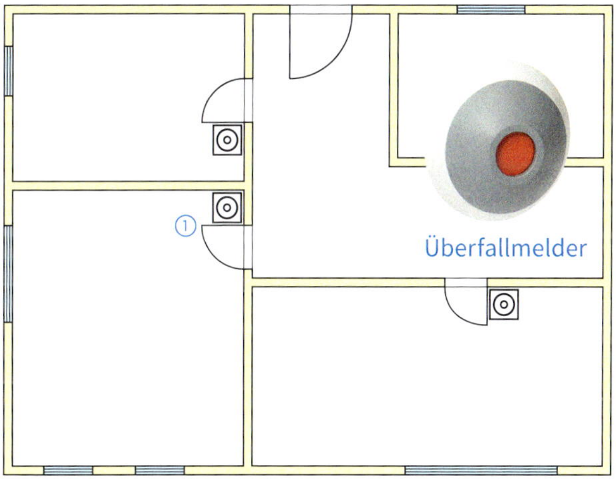

5: Überfallmelder im Wohnungsbereich

Alarmkontakt	Wechsler, 30 V DC, 300 mA
Sabotagekontakt	Wechsler, 30 V DC, 300 mA
Schutzart	IP 40
Abmessungen	Durchmesser 81 mm, Höhe 31 mm

3: Kenndaten des gewählten Überfallmelders

- Überfallmelder sind in der Regel mechanisch betätigbare Taster (Öffner oder Wechsler).
- Mit Überfallmeldern muss ein Alarm unabhängig vom Zustand der Einbruchmeldeanlage ausgelöst werden können.

9.3.3.4 Brandmelder

Brandmelder [*fire detector*] ist ein Oberbegriff für verschiedene Melder. Sie reagieren auf die Änderung der Umgebung auf Grund eines Brandes. Ein Brand äußert sich dabei z. B. durch

- **Rauchentwicklung**,
- **Temperaturerhöhung** und
- **Gasemission**.

Dementsprechend werden in Brandmeldern einzelne oder mehrere Sensoren (Abb. 1) eingesetzt.

Sensoren		
optisch (Rauchsensor)	**thermisch** (Temperatursensor)	**chemisch** (Gassensor)
Der in eine Messkammer eintretende Rauch (kleine Rauchpartikel) wird ausgewertet.	Die Widerstandsänderung von temperaturabhängigen Widerständen wird ermittelt.	In der Regel wird das bei einem Brand entstehende Kohlenmonoxid (CO) festgestellt.

1: Sensoren in Brandmeldern

Es gibt Brandmelder, die auf einzelne Brandergebnisse wie Rauch, Temperatur oder Gasentwicklung reagieren. Einen optimalen Schutz bieten Brandmelder, in denen mehrere Sensoren das Brandergebnis analysieren.

Für die Projektierung der Einbruchmeldeanlage (vgl. Kap. 9.3.1) sollen drei Brandmelder eingesetzt werden (Abb. 2 ①). Um einen optimalen Schutz zu gewährleisten, werden Melder ausgewählt, die auf Rauch, Temperaturerhöhung und Gas reagieren (Abb. 3).

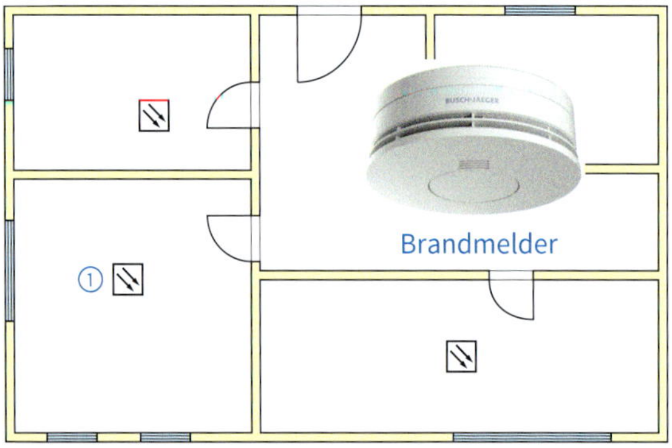

2: Brandmelder im Wohnungsbereich

Betriebsspannung	15 V DC bis 33 V DC
Stromstärke	< 0,51 mA
Signalausgang	Offener Kollektor, 0 V über 1,5 kΩ, max. 15 mA
Überwachungsbereich	max. 120 m²
Montagehöhe	max. 16 m

3: Kenndaten des ausgewählten Brandmelders

Installationshinweise

- Jeweilige Bauverordnung beachten (Installation ist teilweise verpflichtend, z. B. bei Mietwohnungen).
- Die Installation erfolgt an der Decke.
- Unabhängig vom Zustand der Alarmanlage muss der Brandalarm weitergeleitet werden (24 Stunden, vgl. Kap. 9.3.4).
- Brandmelder müssen so platziert werden, dass der Luftzutritt nicht behindert wird.

Wie funktioniert ein Rauchsensor?

Ein Rauchsensor besteht aus einem Lichtsender und einem Lichtempfänger (Abb. 4). Der Lichtsender wird im Abstand von wenigen Sekunden ein- und ausgeschaltet. Lichtsender ① und Lichtempfänger ② befinden sich nicht gegenüber, sondern nebeneinander in einer gemeinsamen Kammer, in die kein Außenlicht eindringen kann. Die umgebende Luft kann allerdings eindringen und kleine Rauchpartikel ③ in die Kammer transportieren. Wenn sich kein Rauch in der Kammer befindet (Abb. 4a), fällt kein Licht auf den Empfänger. Erst wenn Rauchpartikel in die Kammer eingedrungen sind, wird das Licht des Senders gestreut und gelangt so zum Empfänger (Abb. 4b ④). Eine Meldung erfolgt.

Oft sind in Rauchmeldern zur Funktionsüberwachung folgende Leuchtdioden enthalten:

- Rote LED (leuchtet etwa alle 40 s auf): Gerät arbeitet ordnungsgemäß.
- Grüne LED: Betriebsspannung ist vorhanden.

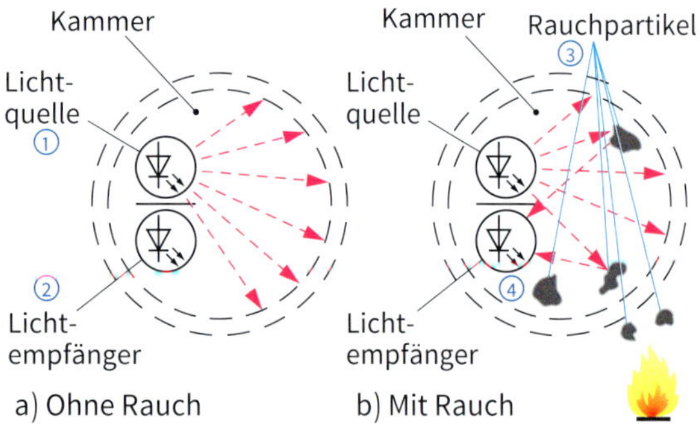

4: Brandmelder

Aufgaben

1. Begründen Sie, weshalb sich ein Rauchmelder niemals in einem geschlossenen Behälter befinden darf.
2. Warum müssen Rauchmelder immer an der Decke angebracht sein?

- Je nach Ausführung können Brandmelder einzeln auf Temperaturerhöhung, Rauch- oder Gasentwicklung reagieren oder mit mehreren Sensoren die Brandinformationen auswerten.

Brandmeldeanlagen

Eine Brandmeldeanlage besteht in der Regel aus den abgebildeten Komponenten.

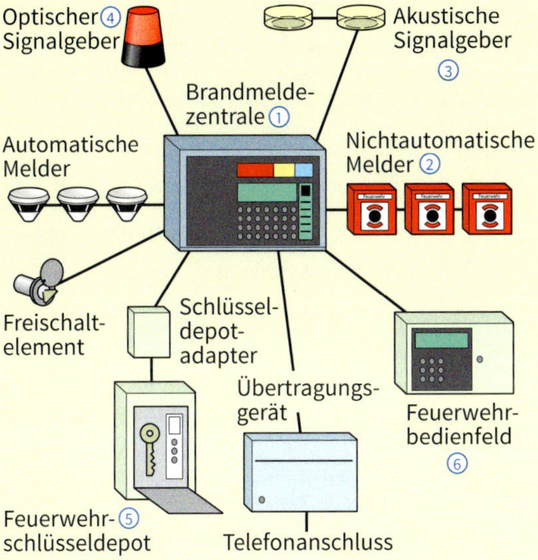

- **Brandmeldezentrale** ① [*fire reporting center*]
  - Sie versorgt die Melder mit elektrischer Energie und überwacht die Anlage.
  - Fehler werden optisch und akustisch angezeigt (z. B. bei Kurzschluss, Drahtbruch, Störung in der Energieversorgung).
  - Signale der angeschlossenen Melder werden ausgewertet.
  - Gefahr wird optisch und akustisch angezeigt.
  - Brandalarm wird gegeben und/oder ein Signal an die automatischen Brandschutzeinrichtungen weitergeleitet.
- **Nichtautomatische Melder** ②
  - Mit diesem Druckknopfmelder löst man einen Alarm aus, indem die Glasscheibe zerstört und der Knopf gedrückt wird.
  - Montageorte sind vorwiegend Fluchtwege, Treppenhäuser, Gänge und die Bereiche an Ausgangstüren.
- **Akustische Signalgeber** ③
  - Sie signalisieren im gesamten überwachten Bereich einen Feueralarm.
  - Von der Brandmeldezentrale aus kann der Feueralarm zurückgesetzt werden.
- **Optischer Signalgeber** ④
  - Diese Blitzlampe wird im Alarmfall von der Brandmeldezentrale angesteuert.
  - Optische Signalgeber werden in der Nähe des Feuerwehrschlüsseldepots installiert.
  - Der Alarm kann durch die Zentrale zurückgesetzt werden.
- **Feuerwehrschlüsseldepot** ⑤ [*fire-brigade key depot*]
  - In diesem Depot befinden sich Objektschlüssel (Gebäudeschlüssel), mit denen die Feuerwehr im Brandfall Zugang zur Brandmeldezentrale und zum Feuerwehrbedienfeld erhält.
  - Unbefugte Personen können das Depot nicht öffnen.
- **Feuerwehrbedienfeld** ⑥ [*fire-brigade control panel*]
  - Hierbei handelt es sich um eine Zusatzeinrichtung für Brandmeldeanlagen. Sie zeigt bestimmte Betriebszustände der Brandmeldeanlage an.
  - Das Feuerwehrbedienfeld befindet sich in unmittelbarer Nähe der Brandmeldezentrale und muss frei zugänglich, gut sichtbar und gut bedienbar sein.
  - Planung und Montage erfolgt in Absprache mit der Feuerwehr.
- **Leitungen und Leitungsführung**
  - Die Anschlussleitungen für Brandmelder entsprechen in ihrem grundsätzlichen Aufbau den Leitungen für Einbruchmeldeanlagen.
  - Zusätzlich ist auf dem PVC-Mantel der Aufdruck „BRANDMELDEKABEL" vorhanden.
  - Unter der Metallfolie befindet sich ein blanker Beidraht ⑦ (0,6 mm Durchmesser) als Erdungsanschluss. Durch ihn lässt sich die Abschirmung elektrisch einwandfrei anschließen.
  - Der Beidraht muss in allen Meldern durchgeschaltet und in der Brandmeldezentrale geerdet werden.

- **Anschluss der Melder**
  - Klemmen oder Verteiler in den Leitungen sind nicht zulässig.
  - Aus Sicherheitsgründen muss in Brandmeldeanlagen immer gewährleistet sein, dass die Leitungen bis zu den Melderanschlüssen funktionstüchtig sind. Deshalb wird jeder Melder direkt angeschlossen (Durchschleifen, s. Abb.).
  - Die jeweils ankommende Leitung muss besonders gekennzeichnet sein.

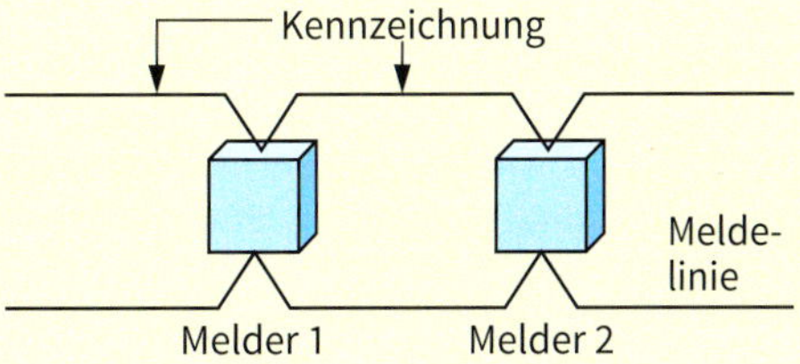

9.3.3.5 Meldelinien

Die Verbindungen zwischen der Einbruchmeldezentrale und den jeweiligen Meldern wird durch **Meldelinien** [*detector lines*] hergestellt. Über sie werden Informationen gesendet und empfangen. In Abb. 1 sind verschiedene Möglichkeiten dargestellt. Um für die zu erstellende Einbruchmeldeanlage das geeignete Verfahren auswählen zu können, werden diese einzeln vorgestellt.

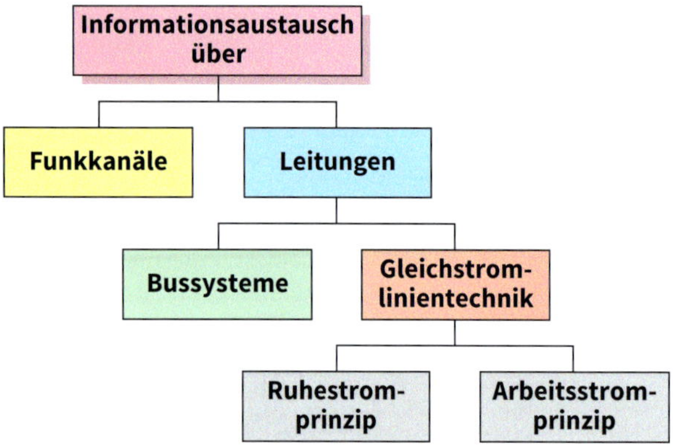

1: Informationsaustausch

Funkübertragung

In Abb. 2 ist der grundsätzliche Aufbau einer Funk-Einbruchmeldeanlage zu sehen. Im Zentrum befindet sich die Zentrale, die über Funkkanäle mit den Meldern (**Detektion**) und Ausgabegeräten (**Alarmierung**) verbunden ist. Das Abfragen der Ereignisse an den Meldern durch die Zentrale kann zyklisch erfolgen oder vom Melder selbst veranlasst werden (Ereignissteuerung).

Die Melder und Ausgabegeräte besitzen für ihre Energieversorgung langlebige Lithium-Ionen-Batterien (z. B. 9 V). Ihr Ladezustand wird von der Zentrale überwacht. Wenn ihre Kapazitätsgrenze erreicht ist, erfolgt eine Meldung im Anzeigefeld der Zentrale. Damit zwischen Sendern und Empfängern eine geordnete Kommunikation abläuft, erfolgt ein „Anlernen" durch ein separates Programmiergerät oder eine Menü-Steuerung an der Zentrale.

Für die Signalübermittlung wird vorwiegend das **ISM-Frequenzband** (**I**ndustrial, **S**cientific and **M**edical Band) von 433,05 MHz bis 434,79 MHz verwendet. Es unterliegt keiner staatlichen Regulierung und darf lizenzfrei genutzt werden. Es müssen lediglich Auflagen hinsichtlich der Sendeleistung und der Störung benachbarter Frequenzen eingehalten werden. Die Sendeleistung beträgt maximal 10 mW. Damit erzielt man eine Reichweite wie bei schnurlosen Telefonen. Aufgrund der vielfältigen Nutzer (z. B. Funkschalter) im ISM-Frequenzband wird für Einbruchmeldeanlagen jetzt auch vermehrt das **SRD-Frequenzband** (**S**hort **R**ange **D**evice) von 868 MHz verwendet.

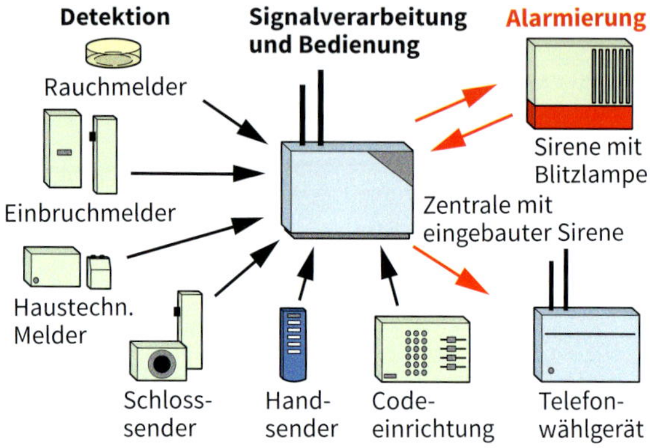

2: Funk-Einbruchmeldeanlage

Für das ISM-Frequenzband würde sich bei einer Wellenlänge von 70 cm eine Antennenlänge eines $\lambda/4$-Dipols von 17,5 cm ergeben. Diese Abmessung ist unpraktikabel. Man verwendet deshalb verkürzte Antennenstäbe und bezieht die Masseflächen des Senders bzw. Empfängers mit ein. Gehäuseteile übernehmen somit eine Antennenfunktion.

Installationshinweise

- Die Antennen dürfen nicht verlängert oder verkürzt werden.
- Sende- und Empfangsantenne müssen die gleiche Ausrichtung besitzen.
- Eine mögliche Dämpfung der Signale und ein Mehrwegeempfang (Reflexion von Wellen durch z. B. Wände, Möbel) ist zu beachten.
- Mögliche Störquellen durch Metalle (sie wirken wie zusätzliche Antennen) und Funkstörquellen im Umfeld (z. B. Funkthermometer) sollten vor der Installation ermittelt und bei der Wahl der Montageorte berücksichtigt werden.
- Vor der Übergabe der Anlage an den Betreiber ist eine eingehende Überprüfung unter verschiedenen Bedingungen vor Ort erforderlich.

Vorteile

- Schnelle Montage, da keine Leitungen von der Zentrale zu Meldern und Ausgabegeräten erforderlich sind
- Erweiterung ohne großen Installationsaufwand

Nachteile

- Höhere Kosten für einzelne Komponenten im Vergleich zu verdrahteten Anlagen
- Batterien sind in bestimmten Abständen zu erneuern

- Die Signalübertragung erfolgt mit digitalen Signalen bei 433 MHz oder 868 MHz.
- Bei Funk-Einbruchmeldeanlagen sind mögliche Veränderungen der Empfangs- und Sendebedingungen durch Metallteile (Baustahl, Rohrleitungen, elektrisches Leitungsnetz) im Gebäude und andere Störquellen zu beachten.

Bussystem

In Abb. 3 ist das Prinzip der Informationsübertragung über eine Busleitung dargestellt. Alle Komponenten (Ein- und Ausgabegeräte, Zentrale) sind an einer Ringleitung (z. B. zwei Leiter) angeschlossen. Die Energieversorgung der Komponenten kann über die Busleitung oder über eine separate Leitung erfolgen. Eine Verbindung zu anderen Bussystemen (z. B. EIB) oder zur Gleichstrom-Linientechnik ist durch entsprechende Koppler möglich.

Der Informationsaustausch erfolgt häufig bidirektional und ist nach dem Master-Slave-Prinzip geordnet. Die Zentrale fungiert als Master und alle übrigen Komponenten als Slaves.

Bus-Beispiele:
- **LSN** (**L**okales **S**icherheits-**N**etzwerk)
- Esserbus

Installationshinweise
- Es ist sinnvoll, die Busleitung als Ringleitung zu verlegen. Dadurch ist gewährleistet, dass bei einer Unterbrechung die Kommunikation weiter erfolgen kann.
- Den einzelnen Komponenten werden ihre Funktionen über entsprechende Programmiergeräte oder Einstellungen an der Zentrale zugewiesen.

Vorteil
- Erweiterung der Anlage ohne großen Installationsaufwand

Nachteil
- Höhere Kosten für die Komponenten im Vergleich zu einzeln verdrahteten Anlagen

- Bei einer Einbruchmeldeanlage mit Bussystem sind alle Komponenten über eine Busleitung direkt miteinander verbunden.
- Die Busleitung kann als Ring- oder Sternnetz aufgebaut sein.

Gleichstrom-Linientechnik

Da in Meldern und Ausgabegeräten die intern vorhandenen Schalter etwas über den jeweiligen Zustand (Alarm bzw. kein Alarm) aussagen, können diese Schalter auch direkt über Leitungen (Meldelinien) an die Zentrale geführt und der jeweilige Zustand ausgewertet werden. Man unterscheidet Meldelinien nach dem Ruhe- und Arbeitsstromprinzip.

Meldelinien nach dem Ruhestromprinzip
[closed-circuit principle]

Bei diesem Prinzip fließt durch die Meldelinie ständig ein kleiner Strom. Die Kontakte der Melder, z. B. die Öffner von Magnetkontakten, müssen dann hinterein- ander geschaltet werden (Abb. 4). Es handelt sich um eine UND-Verknüpfung.

Ein Alarm wird dann ausgelöst, wenn sich in der Meldelinie mindestens in einem Melder ein Kontakt geöffnet hat. Die Meldelinie lässt sich unwirksam machen, wenn der am Anfang der Meldelinie befindliche Schalter S1 geschlossen wird (Kurzschluss, Abb. 4).

Nachteil
- Sabotage an der Anlage ist möglich, wenn ein einzelner Melder oder die ganze Meldelinie am Eingang überbrückt wird.

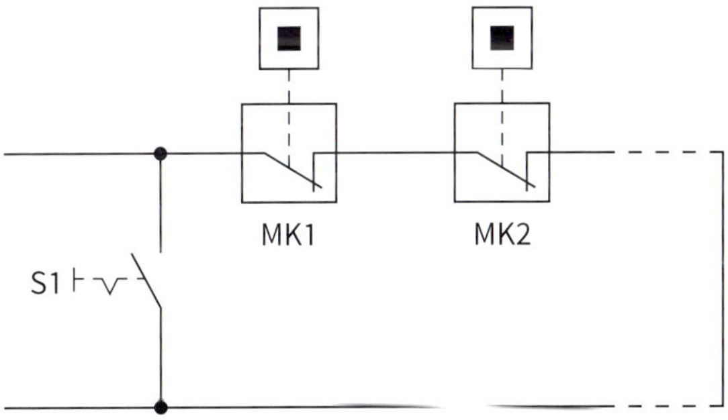

4: Meldelinie nach dem Ruhestromprinzip

Gebäudetechnische Anlagen

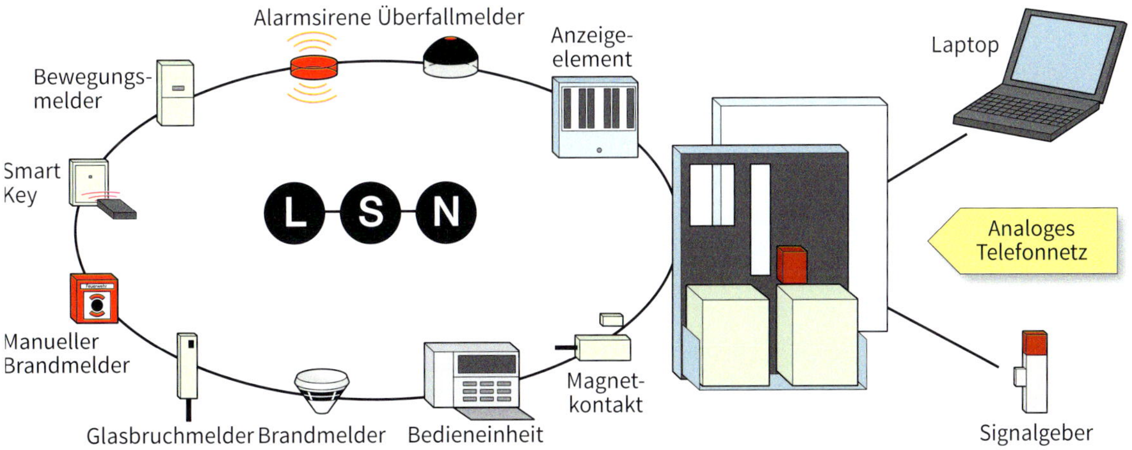

3: Einbruchmeldeanlage mit Bussystem

Meldelinien nach dem Arbeitsstromprinzip
[open-circuit principle]

Bei diesem Prinzip liegt zwischen den beiden Leitern der Meldelinie ständig eine Spannung. Es fließt kein Strom. Die hierfür verwendbaren Melder besitzen Schließer und werden alle parallel geschaltet (Abb. 3). Ein Alarm wird ausgelöst, wenn mindestens ein Kontakt schließt (ODER-Verknüpfung). Die Meldelinie lässt sich durch Öffnen des Schalters S1 (Unterbrechung) unwirksam machen.

Nachteil

- Sabotage ist möglich, wenn die Zuleitung zu einem einzelnen Melder oder die ganze Meldelinie am Eingang unterbrochen wird (Abb. 1).

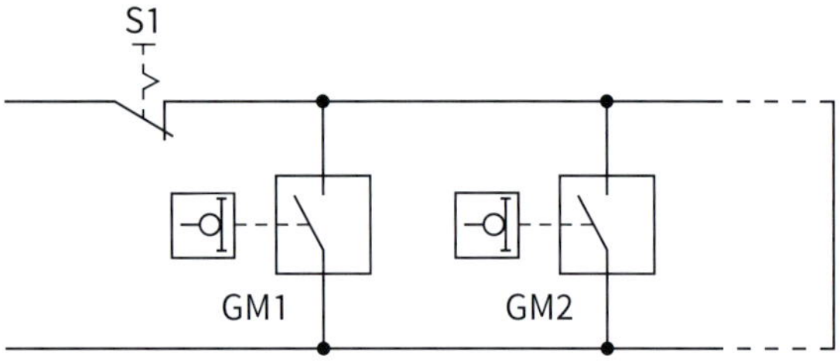

1: Meldelinie nach dem Arbeitsstromprinzip

Vergleicht man die Gleichstrom-Linientechnik mit den anderen Techniken, ergeben sich zusammenfassend folgende Vor- bzw. Nachteile:

Vorteile

- Geringere Kosten für die Komponenten im Vergleich zur Funk- und Bustechnik.

Nachteile

- Leitungen müssen verlegt und angeschlossen werden.
- Bei Erweiterung der Anlage ist ein größerer Installationsaufwand erforderlich als bei Funk- und Bussystemen.

Der Schutz vor Sabotage an einer Meldelinien kann weiter verbessert werden, wenn die Meldelinie durch einen Widerstand (Abb. 2) abgeschlossen wird. Dieser Widerstand bildet zusammen mit dem Leitungswiderstand einen Widerstand in einer abgeglichenen Brückenschaltung der Zentrale. Wenn durch eine Störung die Brücke nicht mehr abgeglichen ist (**Differenzialprinzip** *[differential principle]*), löst die Anlage einen Alarm aus.

- In einer Meldelinie nach dem Ruhestromprinzip (mit Öffnern) wird im Alarmfall der Stromkreis unterbrochen.
- In einer Meldelinie nach dem Arbeitsstromprinzip (mit Schließer) wird im Alarmfall der Stromkreis geschlossen.
- Die Signalauswertung nach dem Differenzialprinzip erfolgt mit Hilfe einer Brückenschaltung.

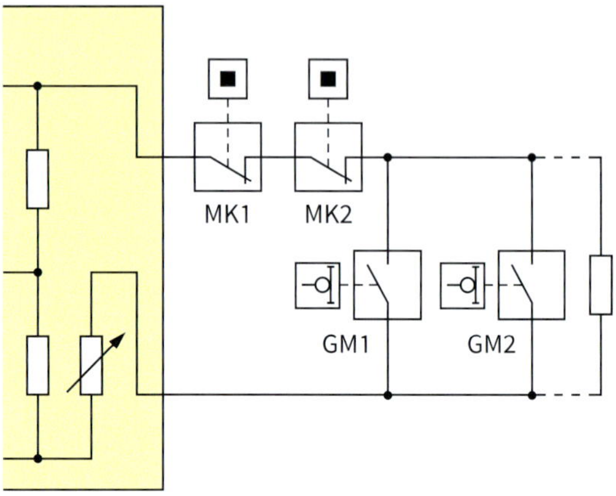

2: Meldelinie nach dem Differenzialprinzip

Meldelinie mit Widerstandsaufteilung
[detection line with resistor split]

Einen höheren Schutz gegen Sabotage als bei der Signalauswertung nach dem Differenzialprinzip erreicht man, wenn nicht ein einzelner Widerstand, sondern mehrere Widerstände in der Meldelinie vorhanden sind. Der erforderliche Gesamtwiderstand kann dazu in mehrere Einzelwiderstände aufgeteilt werden. Sie liegen in Reihe und können in die einzelnen Melder eingebaut sein (s. Abb. unten links).

4-Leiter-Verdrahtung *[4-conductor-wiring]*

Da Melder häufig nur einen Schließer bzw. Öffner besitzen, werden für den Anschluss an eine Meldelinie nur zwei Leitungen benötigt. Eine Sabotage am Melder ist möglich, indem man die Anschlüsse überbrückt bzw. unterbricht. Um dieses zu erschweren, werden Melder häufig mit vier nicht unterscheidbaren Anschlüssen versehen. Zwei sind für die Funktion nicht erforderlich. Sie werden aber trotzdem in die Meldelinie einbezogen, indem man den „Hin- und Rückleiter" durch jeden Melder hindurchführt (s. Abb. rechts).

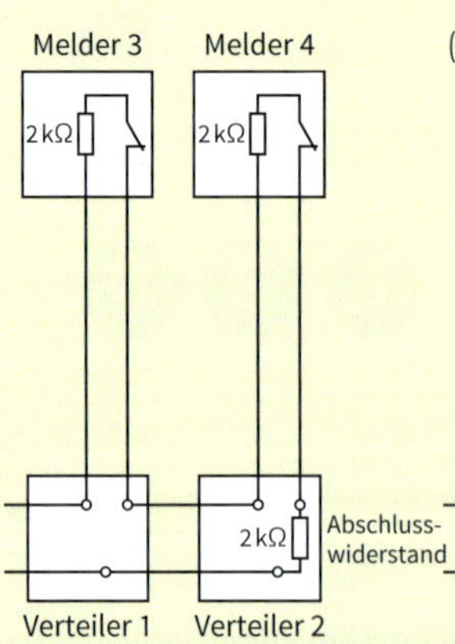

Widerstandsaufteilung

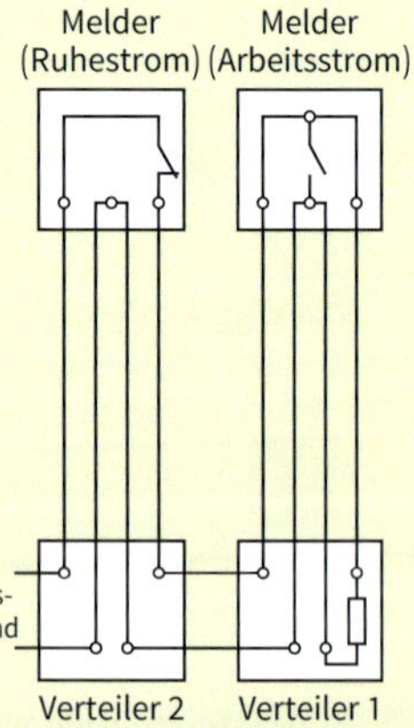

4-Leiter-Verdrahtung

Leitungen

Die Leitungen der Meldelinien in Einbruchmeldeanlagen bestehen aus starren oder flexiblen Adern. Der Mindestdurchmesser beträgt 0,6 mm. Zur Verringerung der magnetischen Beeinflussung (Induktion) sind sie häufig paarweise verseilt. Die elektrostatische Beeinflussung wird durch eine Metallfolie verhindert (Abb. 3).

J-Y(ST)Y6X2X0,6

J:	Installationsleitung	1. Paar:	blau-rot
Y:	PVC-Isolierung	2. Paar:	gelb-weiß
St:	Statischer Schirm aus Metallfolie	3. Paar:	grün-weiß
		4. Paar:	braun-weiß
6:	6 Aderpaare	5. Paar:	schwarz-weiß
2x0,6:	Durchmesser 0,6 mm	6. Paar:	blau-weiß

3: Leitung für die Gleichstrom-Linientechnik

Installationshinweise

- Die Leitungen sind so unauffällig wie möglich zu verlegen (möglichst unter Putz).
- Die Leitungen sollten nicht als Leitungen einer Einbruchmeldeanlage erkennbar sein.
- Eine zusätzliche Sicherheit bieten Komponenten mit einem Sabotageschutz (z. B. beim Öffnen des Gehäuses, s. rechte Spalte).
- Die Zahl der Leitungsverbindungen sollte möglichst gering gehalten werden.
- An allen Anschlussstellen müssen einwandfreie Verbindungen hergestellt werden (Löt-, Klemm- oder Schraubverbindungen).
- Der gesamte Leitungswiderstand in einer überwachten Linie sollte maximal 40 % der zur Alarmauslösung erforderlichen Widerstandsänderung betragen.
- Die Abschirmung der Leitungen muss in den Verteilern mit angeschlossen werden. Die Erdung sollte an der Zentrale vorgenommen werden.
- Bewegliche Leitungen (z. B. zu Fenstern und Türen) sind betriebssicher zu installieren und mit einem mechanischen Schutz (z. B. flexibler Spiralschlauch) zu versehen.

Aufgaben

1. Welche Aufgabe hat der Einstellwiderstand für die Meldelinie in Abb. 3?
2. Beschreiben Sie die grundsätzliche Arbeitsweise einer Auswertung nach dem Differenzialprinzip.

Schutz vor Sabotage

Für die Installation jeder Einbruchmeldeanlage gilt: Die Gehäuse von Betriebsmitteln und Verteilerdosen sind gegen Sabotage zu sichern. Verwendet werden Schalter im Deckel bzw. Gehäuse, deren Kontakte sich beim Entfernen öffnen (**Deckelkontakt** *[cover contact]*).

Die Verdrahtung eines Melders in einem Verteiler und ein Aufputzverteiler mit Schraubklemmen sind in der unteren Abbildung zu sehen. Der Einbruchmelder und der Verteiler besitzen jeweils Deckelkontakte ①, ②. Für sie ist eine separate Meldelinie ③ vorzusehen.

Der Deckelkontakt im Verteiler besteht aus zwei Metallzungen ④, die sich in einem geringen Abstand zueinander befinden. Durch den Stempel in der Mitte des Deckels werden die Metallzungen zusammengedrückt.

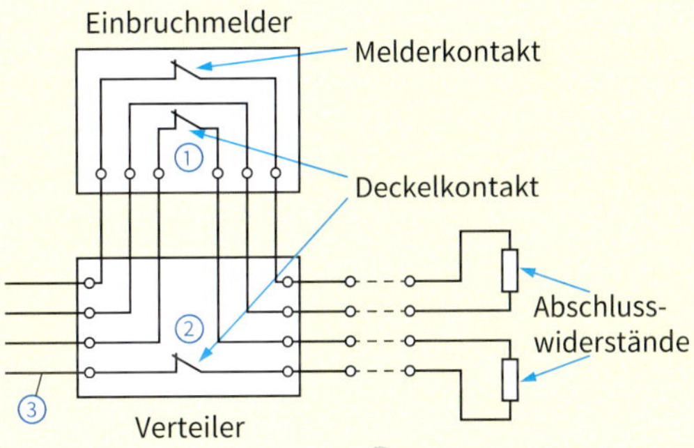

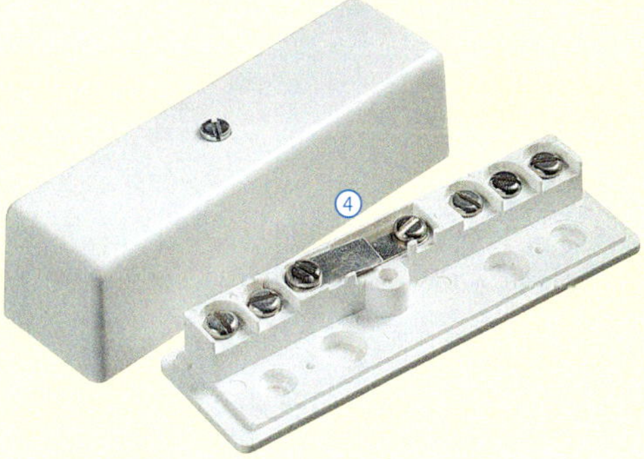

Entscheidung für eine Meldelinie

Für die zu planende Einbruchmeldeanlage (vgl. Kap. 9.3.1) werden Meldelinien in Gleichstrom-Linientechnik verwendet.

Gründe hierfür sind:

- Geringere Kosten für die Anschaffung der Komponenten.
- Die Leitungen können zusätzlich verlegt werden, da es sich um einen Neubau handelt.

Auf Grund dieser Entscheidung werden in den nachfolgenden Kapiteln die gewählte Schalteinrichtung und Einbruchmeldezentrale vorgestellt.

9.3.3.6 Schalteinrichtungen

Es gibt zahlreiche Möglichkeiten, mit Hilfe von **Schalteinrichtungen** [*switching devices*] Alarmanlagen zu aktivieren. Je nach technischer Realisierung lassen sich folgende Gruppen unterscheiden:

- Schalten mit **Geräten** bzw. **Bedienelementen** wie z. B. Schlüssel, Transponder oder Chipkarte.
- Eingabe von **Zahlen-, Zeichen- oder/und Buchstabenfolgen** über z. B. Tastaturen.
- Erfassen **biometrischer Daten** z. B. von Fingerabdrücken, Stimme oder Augenhintergrund.

Für Alarmanlagen im häuslichen Bereich werden vorwiegend die in Abb. 1 aufgeführten Schalteinrichtungen verwendet.

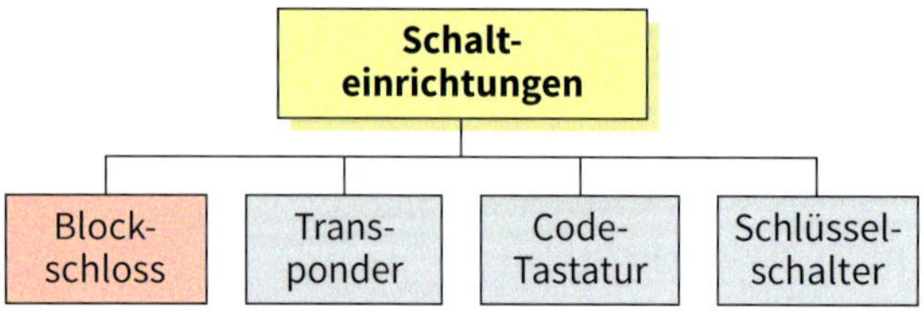

1: Schalt- und Bedieneinrichtungen

In Abb. 2 sind verschiedene Möglichkeiten dargestellt, wie eine Tür in Verbindung mit einer Eibruchmeldeanlage gesichert werden kann. Zentrale Komponente ist das **Blockschloss** [*shunt lock*].

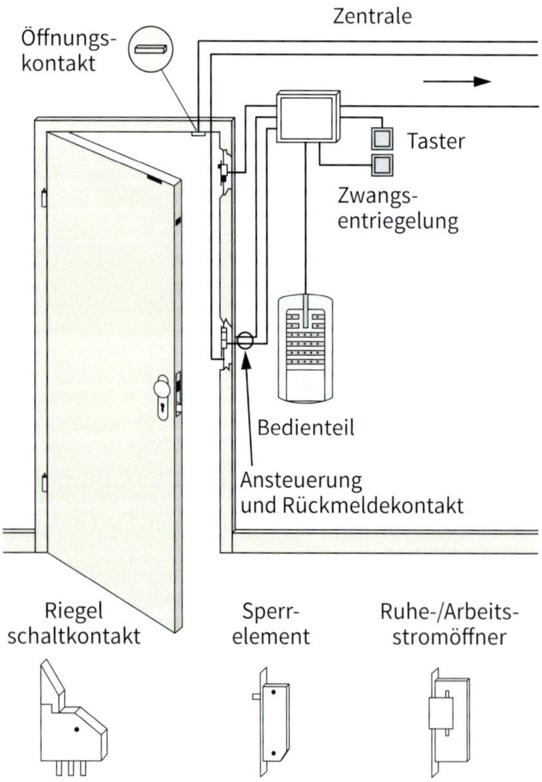

2: Möglichkeiten der Türsicherung

Schlüsselschalter [*key-operated switch*]

Sie werden neben der Eingangstür im Außenbereich zusätzlich zum Türschloss angebracht. Mit einem Schlüssel lässt sich die Anlage scharf bzw. unscharf schalten. Durch einen Sabotagekontakt, der in die Sabotagelinie einbezogen wird, erreicht man eine zusätzliche Sicherheit.

Damit keine Sabotage an der Anschlussleitung möglich ist, sollte sie möglichst direkt hinter dem Schlüsselschalter in den gesicherten Bereich geführt werden.

Code-Tastatur
[*code keyboard*]

Über eine Tastatur werden festgelegte Zeichen zum Schalten der Einbruchmeldeanlage verwendet („geis-tige" Schalteinrichtung).

Transponder
[*transponder*]

Die beiden Komponenten der Anlage bestehen im Prinzip aus einer Sende- und Empfangseinrichtung. Durch Knopfdruck findet eine verschlüsselte Kommunikation zwischen dem Transponder und dem Schließzylinder bzw. dem Schloss der Schalteinrichtung statt. Im Transponder sind die Berechtigungsdaten gespeichert. Er ersetzt somit nicht nur den mechanischen Schlüssel, sondern übernimmt auch die Funktion einer Ausweiskarte. Von der Empfangseinrichtung gelangen dann die Daten zur Auswertung in die Zentrale.

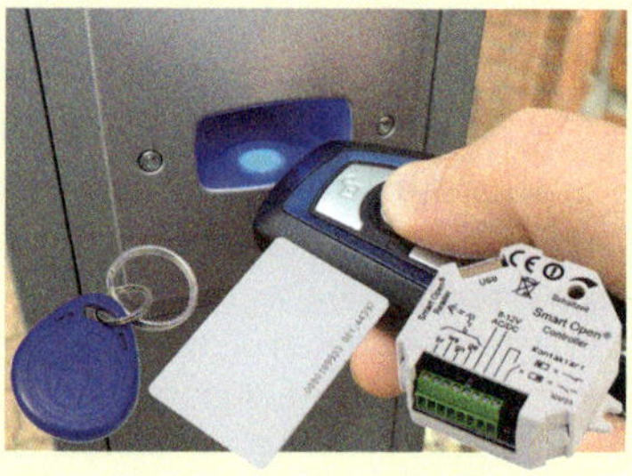

Vorteile

- Weil die Kombinationsmöglichkeiten extrem zahlreich sind, besteht eine große Fälschungssicherheit.
- Die Daten eines verloren gegangenen Transponders können in der Datenbank der Zentrale gelöscht werden.
- Durch die kontaktlose Übertragung kommt es zu keinem Verschleiß. Es findet keine Abnutzung statt.

- Mit einem Blockschloss lässt sich die Einbruchmeldeanlage scharf oder unscharf schalten.
- Das Blockschloss ist so konzipiert, dass eine Scharfschaltung der Anlage nur möglich ist, wenn alle überwachten Räume ordnungsgemäß verschlossen sind.

9.3.3.7 Einbruchmeldezentrale

Aufgrund der Vorgaben durch den Architekten bzw. des Wohnungseigentümers und der ausgewählten Objekte sind für die Wahl der Einbruchmeldezentrale folgende Punkte zu berücksichtigen:

- Die Verbindung zu den Meldern soll in Gleichstrom-Linientechnik (vgl. Kap. 9.3.3.5) erfolgen.
- Aus Sicherheitsgründen sind bestimmte Melder auf einzelne Meldelinien zu verteilen.
- Eine Scharfschaltung (intern/extern) über einen Schlüsselschalter und eine externe Schalteinrichtung (Blockschloss, vgl. Kap. 9.3.3.6) soll möglich sein.
- Alarmierungsgeräte müssen anschließbar sein (vgl. Kap. 9.3.1).
- Die Verzögerungszeit für das Scharf- und Unscharfschalten muss einstellbar sein (vgl. Kap. 9.3.2).
- Für eine möglichst fehlerfreie Bedienung sollen die Anzeigen eindeutig und übersichtlich sein.

In Abb. 3 ist das Bedien- und Anzeigenfeld der ausgewählten Einbruchmeldezentrale abgebildet. Die jeweiligen Zustände werden durch LEDs angezeigt.

Neben dem Ein-/Ausschalter befinden sich Symbole ① und darunter Hinweise für die vier Meldelinien, die mit dieser Anlage installiert werden können.

Im unteren Bereich des Bedienfeldes ② kann mit einem Schlüsselschalter die Anlage intern und extern scharf geschaltet werden.

Meldelinie	Funktionsbereich
1	Außenhautsicherung
2	Innenraumsicherung
3	24 Stunden (Meldelinie ist ständig in Betrieb)
4	Sabotage

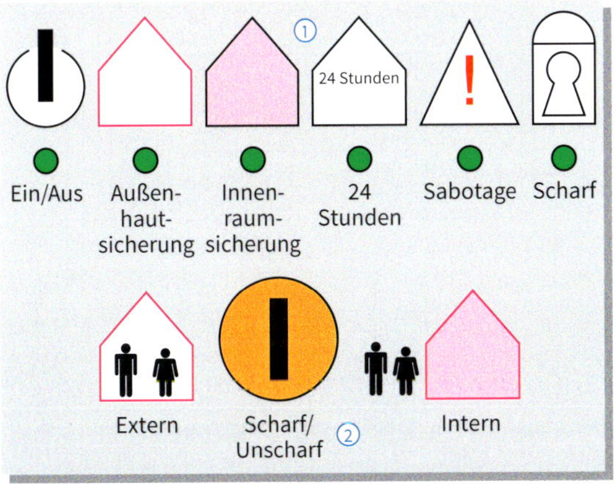

3: Anzeige- und Bedienfeld der gewählten Einbruchmeldezentrale

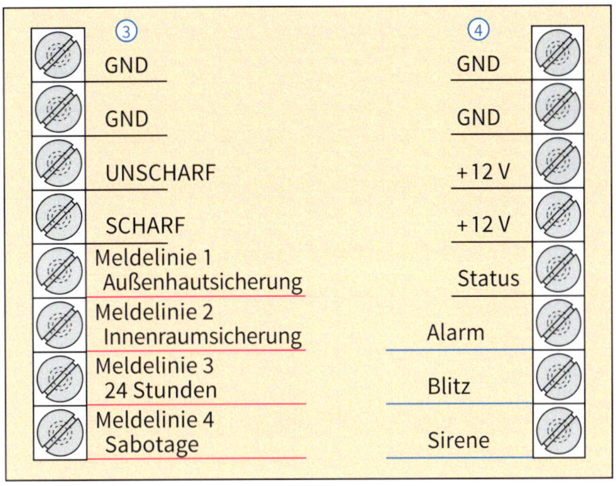

4: Anschlüsse der Einbruchmeldezentrale

Die Anschlussmöglichkeiten der Einbruchmeldezentrale sind in Abb. 4 zu sehen. Im linken Bereich ③ können die Installation für das Scharf- und Unscharfschalten vorgenommen sowie die Melderkontakte an die jeweiligen Meldelinien angeschlossen werden.

Im rechten Bereich ④ befinden sich die Anschlussmöglichkeiten für die Ausgangsbeschaltung (Alarm, Sirene, Blitzlicht) und die Statusanzeige/-meldung für den Schlüsselschalter.

Installationshinweise

- Der Ort für die Zentrale soll nicht für jedermann zugänglich sein. Er muss innerhalb des gesicherten Bereichs liegen. Die Zentrale sollte an einer Innenwand montiert sein.
- Die Energieversorgung wird über einen eigenen Stromkreis mit separater Absicherung hergestellt.
- Bei Ausfall der Netzspannung muss der Betrieb der Anlage durch Batterien noch mindestens 12 Stunden gewährleistet sein (Notstromversorgung durch Akkumulatoren). Bei höheren Sicherheitsanforderungen gelten mindestens 60 Stunden.
- Der Ladezustand der Notstromversorgung muss durch die Zentrale ständig überwacht werden.
- Wenn in der Anlage einzelne Geräte ausfallen, darf dieses nicht zum Ausfall der gesamten Energieversorgung der Anlage führen.

Aufgabe

1. Stellen Sie fest, welche Melder für die Meldelinie der
a) Außenhaut- und
b) Innenraumsicherung vorgesehen sind.

- Für die Installation einer Einbruchmeldeanlage gelten folgende Anforderungen: Unauffällige Installation, hohe Betriebssicherheit, geringe Störanfälligkeit und Sabotagesicherheit.

9.3.4 Installation der Einbruchmeldeanlage

In den folgenden Ausführungen werden ausgewählte Schritte erläutert (farbig unterlegte Überschriften), nach denen die Installation der Einbruchmeldeanlage erfolgt.

1. Installation der Melder
2. Zuordnung der Melder zu den Meldelinien
3. Montage der Einbruchmeldezentrale
4. Verlegung der Leitungen, Anschluss der Melder und Verteiler
5. Verdrahtung der Meldelinien an der Einbruchmeldezentrale
6. Anschluss des Schlüsselschalters und des Blockschlosses
7. Anschluss der Alarmgeber
8. Anschluss der Energieversorgung

Zuordnung der Melder zu den Meldelinien (2. Schritt) und deren Verdrahtung (5. Schritt)

Meldelinie 1: Außenhautsicherung

Für die Außenhautsicherung sind Magnetkontakte und Glasbruchmelder vorgesehen (vgl. Kap. 9.3.3.1). Beide Meldertypen besitzen im Ruhezustand einen Öffner. Sie werden deshalb bei der Gleichstrom-Linientechnik (Ruhestromprinzip) alle in Reihe geschaltet. Den prinzipiellen Aufbau einer Meldelinie zeigt Abb. 1. Der Widerstand R1 ist hochohmiger als R2, sodass unabhängig von der Belastung ein konstanter Strom fließt. Wenn die Meldelinie unterbrochen wird (Kontakt öffnet oder die Leitung wird unterbrochen), steigt die Spannung am Eingang der Verarbeitungseinheit an und führt zu einem entsprechenden Signal in der Anlage.

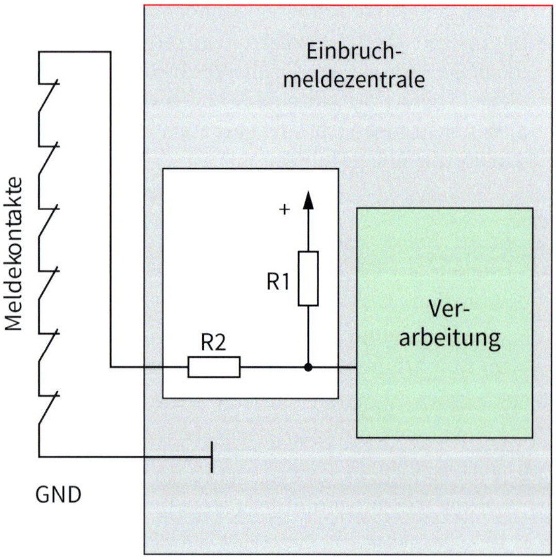

1: Grundsätzlicher Aufbau einer Meldelinie

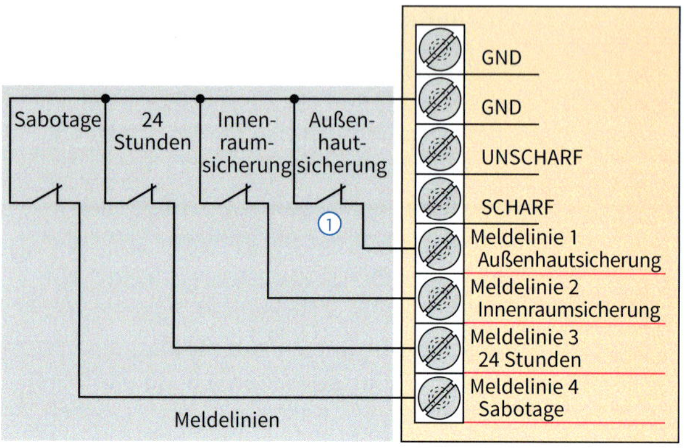

2: Anschlussplan der Einbruchmeldezentrale

Im Plan nach Abb. 2 ist stellvertretend für die zahlreichen Öffner der Meldelinie 1 (Außenhautsicherung) nur ein einzelner Öffner eingezeichnet ①.

Meldelinie 2: Innenraumsicherung

Für die Innenraumsicherung werden die Passiv-Infrarot-Bewegungsmelder sowie ein an der Außentür angebrachter Magnetkontakt verwendet (vgl. Kap. 9.3.3.2). In den Passiv-Infrarot-Bewegungsmeldern befinden sich elektronische Schaltungen, die zur Auswertung der bei der Zerstörung der Glasscheibe entstehenden Frequenzen verwendet werden. Diese benötigen eine Gleichspannung von 12 V. Sie wird aus der Einbruchmeldezentrale bezogen (Abb. 3 ②).

Weiterhin verdeutlicht der Anschlussplan in Abb. 3 die Verschaltung der Sabotagekontakte in den Passiv-Infrarot-Bewegungsmeldern. Auch sie liegen in Reihe, aber in der separaten Meldelinie 4 ③.

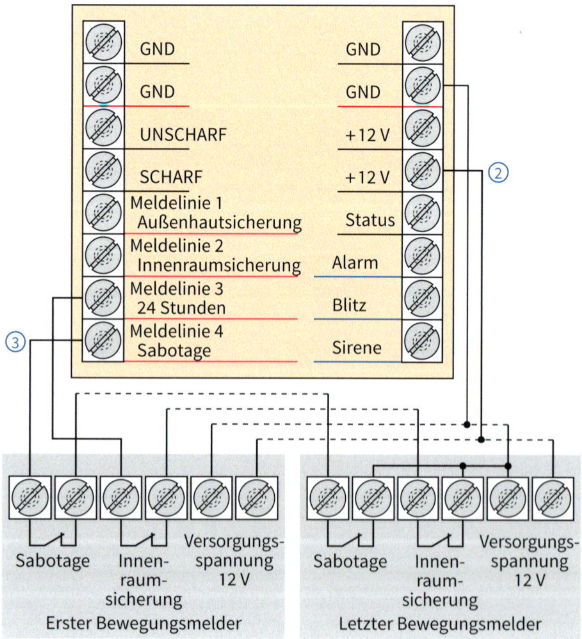

3: Meldelinie zur Innenraumsicherung

Gebäudetechnische Anlagen

Meldelinie 3: 24 Stunden

In dieser Meldelinie werden alle Melderkontakte in Reihe geschaltet, mit denen man ständig und unabhängig vom Zustand der Einbruchmeldeanlage (24 Stunden lang) einen Alarm auslösen kann. Melder für diese Meldelinie sind die Überfallmelder (vgl. Kap. 9.3.3.3) und die Rauchmelder (vgl. Kap. 9.3.3.4).

Meldelinie 4: Sabotage

Diese Meldelinie wird auch als **Sabotagemeldelinie** [*sabotage detector line*] bezeichnet, weil dort alle Kontakte in Reihe geschaltet sind, die beim gewaltsamen Öffnen oder Zerstören der Gehäuse öffnen (z. B. Deckelkontakte Kap. 9.3.3.5).

Anschluss des Schlüsselschalters (6. Schritt)

Mit dem Schlüsselschalter kann die Anlage scharf und unscharf geschaltet werden. Der Umschalter (Abb. 4 ①) besitzt eine Mittelstellung (Grundstellung), in der der Schlüssel abgezogen werden kann. Das Umschalten zwischen den beiden Zuständen ist nur über diese Mittelstellung möglich.

Wenn die Anlage scharf geschaltet wird und noch eine Störung in einer Meldelinie vorliegt (z. B. Fenster geöffnet), wird dieses über den Status-Anschluss und den Summer ② gemeldet.

Wie bei allen Objekten gibt es auch hier einen Sabotagekontakt ③, der in die entsprechende Meldelinie eingefügt wird.

Anschluss der Alarmgeber (7. Schritt)

Als Alarmgeber war ursprünglich nur eine Außen-Signalleuchte (**Blitzlicht** [*flashlight*]) vorgesehen (vgl. Kap. 9.3.1). Zusätzlich kann in der ausgewählten Einbruchmeldezentrale eine **Alarmsirene** [*alarm siren*] (Abb. 5 ④) installiert werden.

Die Alarmgeber für den Außenbereich (Blitzlicht und Außensirene) sind häufig nicht getrennt, sondern befinden sich in einem Gehäuse.

Insgesamt stehen vier Ausgangssignale mit folgenden Belastungsmöglichkeiten zur Verfügung:

Anschluss-klemme	Max. Ausgangs-belastung	Anschließbare Geräte
Status	10 mA	LED, Summer
Alarm	10 mA	LED, Übertragungsgerät
Blitz	1 A	Blitzleuchte
Sirene	1 A	Außensirene

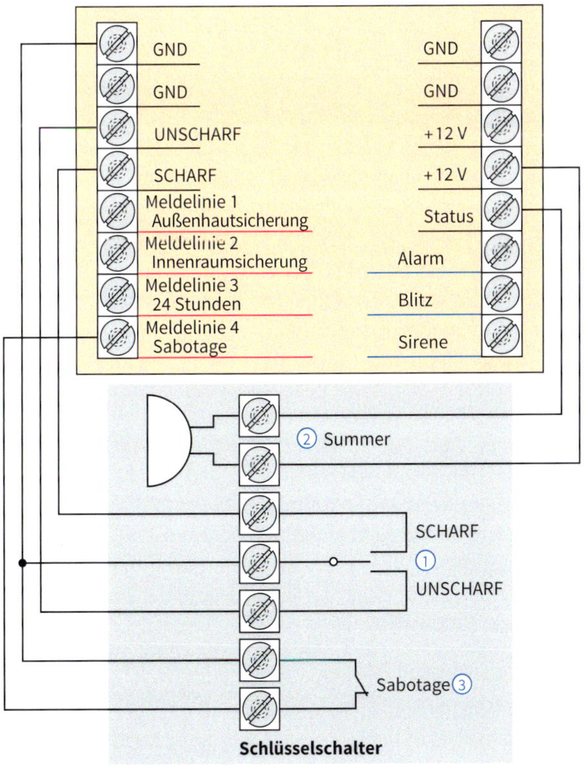

4: Anschluss des Schlüsselschalters

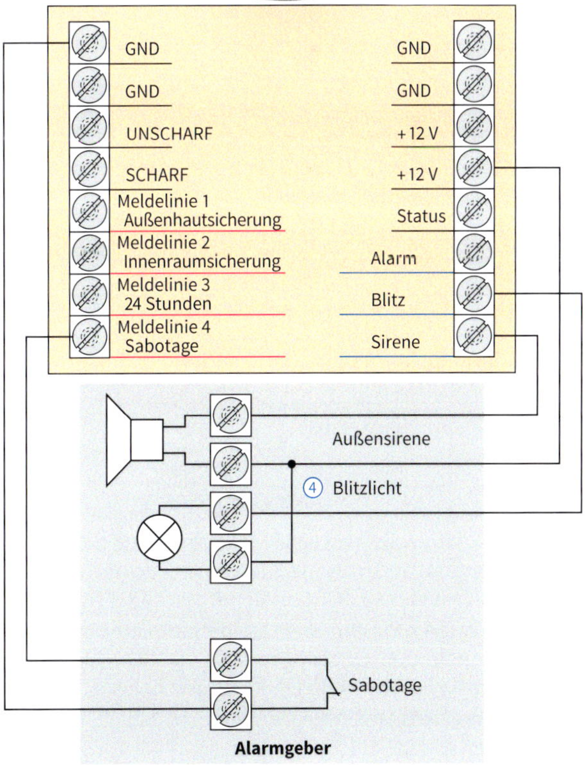

5: Anschlüsse für Alarmgeber

Die Ausgänge der Einbruchmeldezentrale sind unterschiedlich belastbar. Die Blitzleuchte und die Außensirene werden über Relaiskontakte (K1 und K2 in Abb. 1) angesteuert. Die Status- und Alarmausgänge können nur mit 10 mA belastet werden, weil Transistoren mit offenem Kollektor in der Einbruchmeldezentrale verwendet werden (K3 und K4). Die Ansteuerung für diese Ausgänge erfolgt über eine Auswerteschaltung der Meldelinien.

Der für diese Einbruchmeldeanlage noch nicht beschaltete Alarm-Ausgang (Abb. 1 ①) kann verwendet werden, um ein **Übertragungsgerät** [*transmission device*] zum Telekommunikationsnetz anzuschließen (vgl. rechte Spalte).

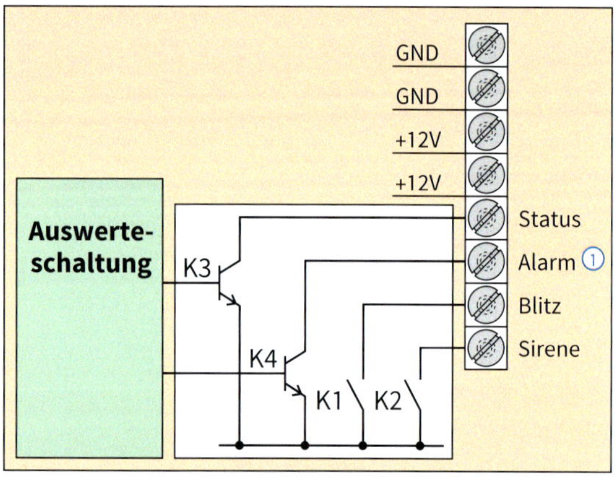

1: Innenschaltung der Zentrale für die Alarmgeber

Einstellungen

Mit dem Potenziometer P1 (Abb. 2) kann die Alarmzeit der im Außenbereich angebrachten Sirene zwischen 0 s und 180 s (Maximalzeit) eingestellt werden. Mit P2 lässt sich eine Verzögerungszeit bis 60 s für den Beginn der Scharfschaltung einstellen.

2: Einstellmöglichkeiten

Aufgaben

1. Notieren Sie, wie viele Melderkontakte bei der Außenhautsicherung dieser Einbruchmeldeanlage (vgl. Kap. 9.3.1) in Reihe geschaltet sind.
2. Notieren Sie, wie viele Melderkontakte bei der Innenraumsicherung dieser Einbruchmeldeanlage (vgl. Kap. 9.3.1) in Reihe geschaltet sind.
3. Beschreiben Sie zwei wesentliche Möglichkeiten der Sabotagesicherheit.

Übertragungsgerät

Das Übertragungsgerät hat die Aufgabe, bei Gefahr einen stillen Alarm an die dafür zuständige Stelle (Polizei oder Feuerwehr) zu senden. Dieses geschieht in der Regel über die im Haus befindliche Telekommunikationsleitung (vgl. Kap. 9.2.3). Das Übertragungsgerät muss dabei in der Lage sein, die folgenden Sicherheitsschaltungen vornehmen zu können:

Freischalten eines B-Kanals

Wenn in einem Alarmfall zufällig beide B-Kanäle benutzt werden oder bei Sabotage absichtlich belegt sind, muss die Übertragungsanlage einen Kanal freischalten können. Dieses erfolgt über den D-Kanal.

Sabotagefreischaltung

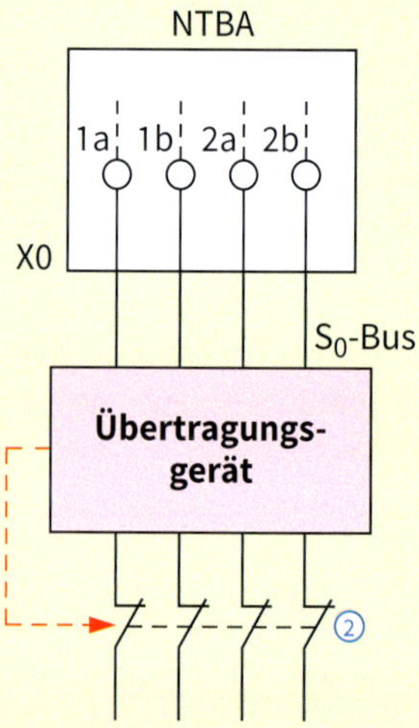

Der S_0-Bus der ISDN-Leitung befindet sich häufig auch außerhalb des gesicherten Bereichs, sodass an ihm eine Sabotage durchgeführt werden kann (Kurzschluss oder Unterbrechung). Um auch in diesem Fall eine Übertragung vornehmen zu können, muss das Übertragungsgerät an der ersten Stelle des ISDN-Busses eingebaut sein. Außerdem muss die Möglichkeit bestehen, die nachfolgende Busleitung durch vier Öffner abzuschalten ②.

- Je nach Funktion werden die Melder bestimmten Meldelinien zugeordnet.
- In der Meldelinie für die Außenhautsicherung befinden sich in der Regel alle Melder, die einen Alarm auslösen, wenn jemand von außen in das Haus eindringen will (Magnetkontakte und Glasbruchmelder).
- Melder für die Innenraumsicherung (PIR) werden in der Regel in einer Meldelinie zusammengefasst.
- Melder, die unabhängig vom Zustand der Anlage ständig betriebsbereit sein müssen, werden getrennt in einer Meldelinie zusammengefasst (Meldelinie 24 Stunden).
- Aus Sicherheitsgründen werden Sabotagemelder (z. B. Deckelkontakte) in einer Meldelinie zusammengefasst.

9.3.5 Videoüberwachung

Im teilautomatisierten Produktionsbereich der Blechservice KG traten häufig Störungen bei der Materialzulieferung und beim Transport von Geräten auf. Diese konnten nur mit einer erheblichen Zeitverzögerung beseitigt werden. Deshalb hat die Unternehmensleitung beschlossen, zur Überwachung an wichtigen Stellen Videokameras einzusetzen. Ein Elektrounternehmen soll nun vor Ort die Gegebenheiten prüfen und einen Vorschlag unterbreiten.

Aufgrund der Überprüfung und in Absprache mit der Unternehmensleitung sowie dem Betriebsrat soll die Anlage folgende Bedingungen erfüllen:

- Innerhalb der Hauptproduktionsstätte werden drei Überwachungskameras installiert.
- In einem etwa 500 m entfernt liegenden Zulieferungslager soll eine vierte Kamera installiert werden.
- Neue Leitungen sollen nach Möglichkeit nicht verlegt werden.
- Die Bilddaten werden in einen zentralen Überwachungsraum übertragen und gegebenenfalls zur Fehlerauswertung gespeichert.

Bevor ein Vorschlag der Blechservice KG unterbreitet werden kann, befassen sich die Mitarbeiter des Elektrounternehmens mit den grundsätzlichen Möglichkeiten von Überwachungsanlagen.

9.3.5.1 Aufbau einer CCTV-Überwachungsanlage

Für Videoüberwachungsanlagen wird der Begriff **CCTV**-Überwachungsanlage [*C*losed *C*ircuit *T*elevision] verwendet. Man drückt damit aus, dass es sich um eine geschlossene Fernsehanlage handelt.

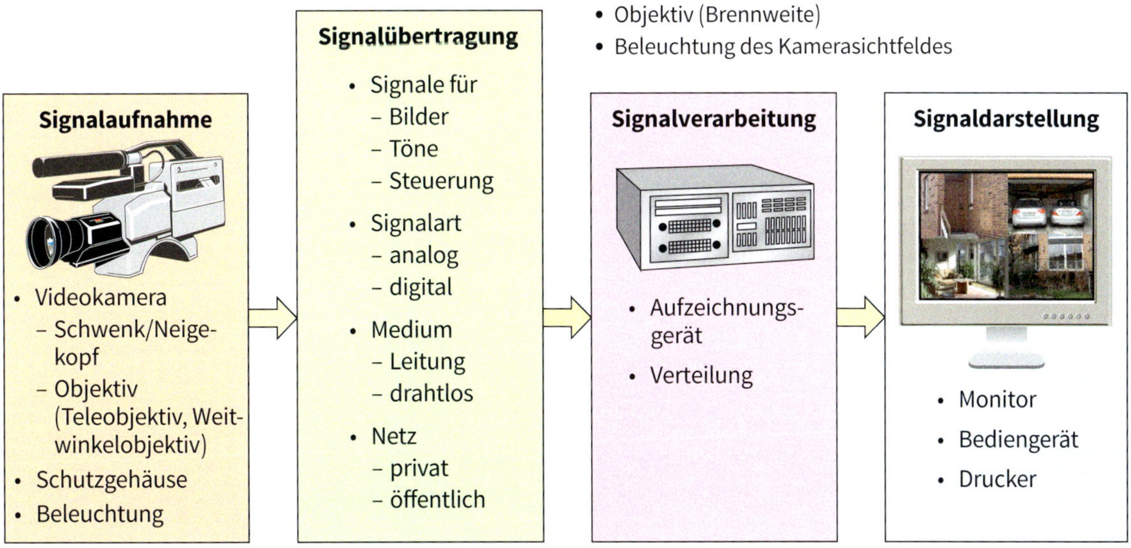

3: CCTV-Überwachungsanlage

Diese geschlossene Fernsehanlage besteht aus verschiedenen Komponenten (Abb. 3), die folgende Hauptfunktionen besitzen:

- Signalaufnahme
- Signalübertragung
- Signalverarbeitung
- Signaldarstellung

Signalaufnahme

Eingesetzt werden dabei vorwiegend **CCTV-Kameras**. Ein Halbleiterchip (**CCD** [*C*harge *C*oupled *D*evice], ladungsgekoppeltes Bauteil), besitzt horizontal und vertikal angeordnete Pixel, die ein der einfallenden Lichtmenge entsprechendes Signal abgeben. Die Kantenlängen der Bildpunkte betragen 5 µm bis 20 µm. Bei einer Farbkamera werden getrennte Pixel für die Grundfarben Rot, Blau und Grün (RBG) verwendet (Abb. 4).

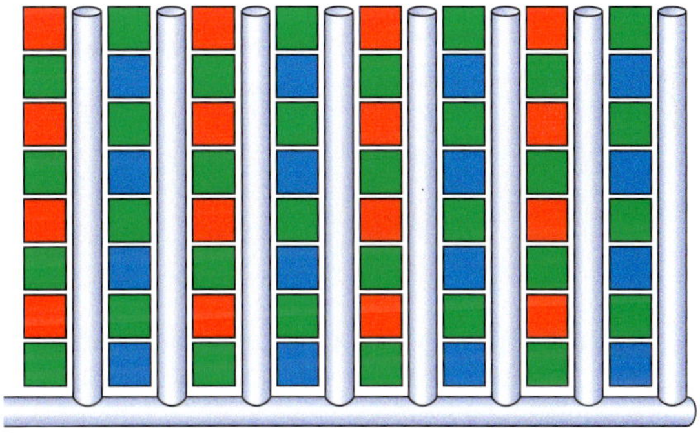

4: Pixel-Matrix bei einer CCD Farbkamera (Prinzip)

Bei der Auswahl der Kamera sind folgende Punkte zu beachten:

- Auflösung (Anzahl vertikaler und horizontaler Linien)
- Kamerastandort (Gegenlicht, Sabotageschutz, Witterungseinflüsse, …)
- Objektiv (Brennweite)
- Beleuchtung des Kamerasichtfeldes

Signalübertragung

Grundsätzlich können die in Abb. 1 dargestellten Übertragungsarten unterschieden werden. Dabei gilt es, die in der Quelle (Videokamera) erzeugten Signale möglichst verlustarm an den Empfänger (Monitor) zu übertragen.

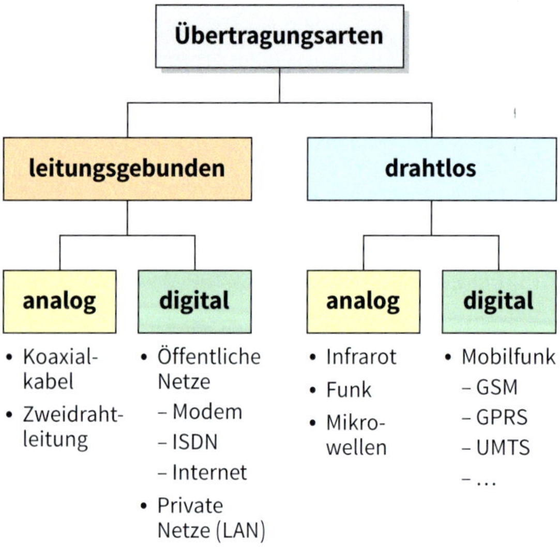

1: Arten der Signalübertragung

Die Signalübertragung mit einem Koaxialkabel (Impedanz 75 Ω) ist asymmetrisch (Abb. 2a) und wurde in der Vergangenheit häufig angewendet. Als Steckverbinder sind BNC-Stecker im Einsatz. Die Übertragungsentfernung ist abhängig von der Dämpfung des installierten Kabels (gegebenenfalls Verstärker einfügen). Beispielsweise kann bei einer Farbkamera mit einer Auflösung von maximal 300 Linien eine Entfernung von ca. 300 m ohne Verstärker überbrückt werden.

Bei der Übertragung mit einer **Zweidrahtleitung** werden verdrillte TK-Leitungen verwendet, die mitunter bereits in Gebäuden verlegt sind. Die Leitung ist im Vergleich zur Koaxialleitung symmetrisch. Auf der Kameraseite ist ein Sender und auf der Monitorseite ein Empfänger erforderlich (Abb. 2b). Durch den Einsatz von Zwischenverstärkern können Entfernungen von mehreren Kilometern überbrückt werden.

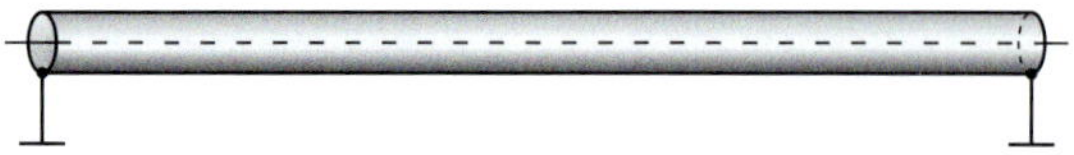

a) Koaxialleitung

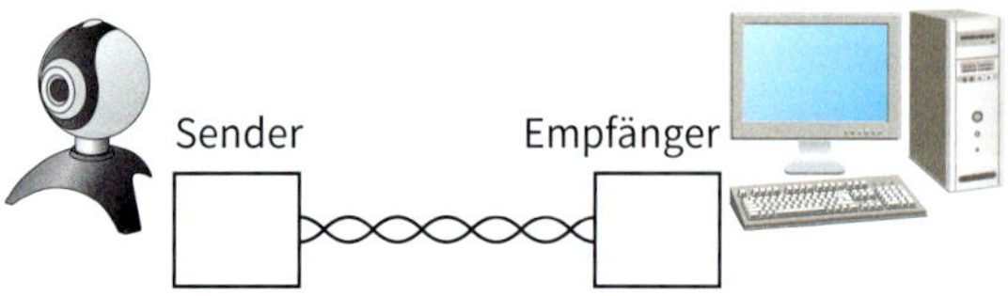

b) Zweidrahtleitung

2: Leitungsgebundene Übertragung

Bei der Videosignalübertragung mit **Lichtwellenleitern** *[fibre optic cable]* (LWL) werden Glasfaserkabel installiert. Um die elektrischen Signale in Lichtwellen umzuwandeln, sind entsprechende Wandler auf der Sender- und Empfängerseite mit Spannungsversorgungen erforderlich. Eine gute Bildqualität ist noch bis zu einer Entfernung von 50 km erreichbar. Im Gegensatz zum Koaxialkabel und der Zweidrahtleitung sind Lichtwellenleiter sicher gegen alle Arten von elektrischen Störungen.

Bei der drahtlosen analogen Signalübertragung werden die elektrischen Kamerasignale in den Sendern so umgewandelt, dass sie über Antennen abgestrahlt werden können (Abb. 3). Im Empfänger wird das Ursprungssignal wieder hergestellt. Bei der **Funkübertragung** *[radio transmission]* werden Frequenzen von 2,4 GHz und 5,8 GHz verwendet. Störanfälligkeiten durch Reflexionen sowie Witterungseinflüsse sind zu beachten.

3: Drahtlose Übertragung (Funkwellenübertragung)

Mit der **digitalen Signalübertragung** können Videosignale ohne Einschränkungen über große Entfernungen übertragen werden (z. B. über das Internet mit dem Internetprotokoll (IP) weltweit). Die beim Empfänger erreichbare Bildqualität hängt ab von der auf der Senderseite vorgenommenen Datenreduktion und von der Datenrate (bit/s). Die Ausbreitung kann über öffentliche und/oder private Netze drahtlos oder leitungsgebunden erfolgen.

CCTV-Kameras für eine digitale Signalübertragung verfügen über entsprechende Ausgangsbuchsen (z. B. RJ 45). Der Sender befindet sich in der Kamera.

4: Digitale Signalübertragung

- In einer CCTV-Überwachungsanlage werden Videosignale in einem geschlossenen System übertragen.
- In CCTV-Überwachungsanlagen können die Signale leitungsgebunden oder drahtlos (durch Wellen) übertragen werden.
- Mit einer digitalen Signalübertragung können Videosignale weltweit (Internetprotokoll) ausgetauscht werden.

Signalverarbeitung

Die Art der Signalverarbeitung richtet sich nach dem gewünschten Sicherheitskonzept des Anlagenbetreibers. Die Geräte dazu sind in der Regel in der Überwachungszentrale untergebracht, in der sich auch die Sichtgeräte (Monitore) befinden.

Im Bereich der Signalverarbeitung werden im Wesentlichen folgende Funktionen unterschieden:

- **Umschalten**
- **Darstellen in Quadranten** (Quad)
- **Multiplexen**
- **Aufzeichnen** (gegebenenfalls Alarm auslösen)

Beim **Umschalten** [*switching*] wird zwischen dem manuellen und automatischen Modus unterschieden. Im manuellen Modus kann von der Überwachungsperson die Kamera direkt gewählt und das Bild einzeln angezeigt werden. Im automatischen Modus wird das Bild jeder Kamera in einer bestimmten Reihenfolge für einen kurzen Zeitabschnitt angezeigt bzw. vom Aufnahmegerät aufgenommen (Abb. 5).

5: Bildumschaltung

Eine besondere Form von Umschaltern sind **Quads**. Sie ermöglichen das gleichzeitige Anzeigen bzw. Aufnehmen von 4 Kameras auf einem geteilten Bildschirm.
Jedes der Bildschirmviertel kann für die volle Bildschirmanzeige einzeln ausgewählt werden oder in einer Reihenfolge angezeigt werden (Umschaltfunktion).

6: Quadranten-Darstellung

Beim **Multiplexen** [*multiplexing*] können gleichzeitig Bilder von bis zu 16 Kameras auf dem Anzeigegerät abgebildet werden (Abb. 7). Die Bilder der Kameras können im Vollbild-, Quad- oder im geteilten Anzeigemodus mit bis zu 16 Teilen (**Splits**) dargestellt werden. Der Multiplexer kann an einen Videorecorder angeschlossen werden. Alle Kameras können gleichzeitig in voller Größe aufzeichnen. Die Aufnahme wird durch das Umschalten des Anzeigemodus nicht beeinflusst. Auch während des Abspielens können alle Anzeigemodi, also Vollbild, Quad oder Splits, nachträglich ausgewählt werden. Multiplexer sind in der Anschaffung teurer als Quads und besitzen eine geringfügig niedrigere Auflösung.

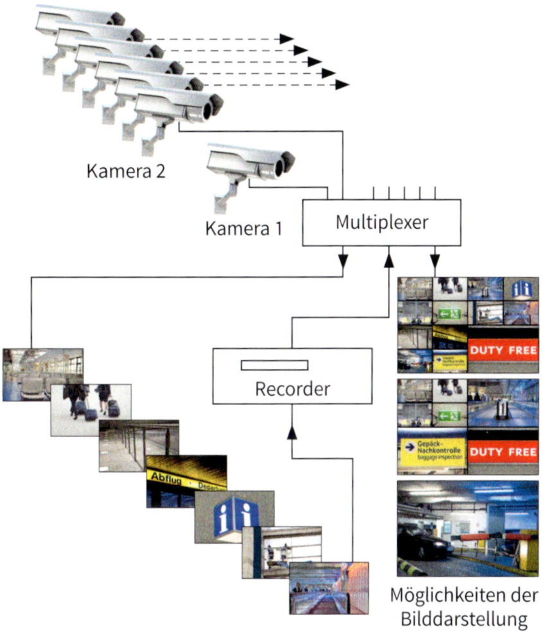

7: Bilddarstellung mit einem Multiplexer

Wenn Videosequenzen aufgezeichnet werden, müssen die entsprechenden Datenschutzbestimmungen beachtet werden. Es werden verschiedene Aufzeichnungsverfahren unterschieden.

Eine **kontinuierliche** [*continuously*] **Signalaufzeichnung**, auch mit geringen Bildfrequenzen von z. B. 12 Bildern/s und starker Datenreduktion, würde noch sehr viel Speicherplatz benötigen. Sie ist deshalb nur bei besonderen Anlässen sinnvoll. Die Signalaufzeichnung erfolgt mit Recordern, die über zusätzliche Funktionen verfügen.

Sinnvoller sind zeit- und ereignisgesteuerte Aufzeichnungen. Bei der **zeitgesteuerten** [*time controlled*] **Aufzeichnung** werden zu bestimmten vorher festgelegten Zeitpunkten Aufzeichnungen angefertigt. Bei der **ereignisgesteuerten** Aufzeichnung erfolgt die Aufzeichnung erst dann, wenn ein bestimmtes Ereignis eintritt (z. B. Gabelstapler fährt in die Lagerhalle ein).

Eine weitere Möglichkeit der Reduzierung von Aufzeichnungssequenzen besteht mit der Stopp-Funktion. Die Aufzeichnung wird unterbrochen, wenn ein bestimmtes Ereignis eintritt.

- Mit Umschaltern können manuell oder automatisch Bilder verschiedener Kameras einzeln oder in Folge auf einem Monitorbildschirm dargestellt werden.
- Zur Mehrfachbilddarstellung verschiedener Kameras auf einem Monitor werden Quads und Multiplexer eingesetzt.
- Die anfallende Datenmenge bei Videoaufzeichnungen lässt sich durch eine Datenreduktion und durch zeit- und/oder ereignisgesteuerte Aufzeichnungen verringern.

Signaldarstellung

Die Signaldarstellung erfolgt mit einem **Monitor**. Die Anzahl der horizontalen Linien bestimmt dabei die Qualität der Wiedergabe (**Auflösung** [*resolution*]). Je höher die Anzahl, desto mehr Details können erkannt werden. Die Auflösung der Kamera sollte passend zur Monitorauflösung gewählt werden. Wie z. B.

- Schwarz-Weiß-Monitor 800 ... 1000 Linien und
- Farbmonitor 300 ... 700 Linien.

Der **Betrachtungsabstand** [*viewing distance*] bestimmt die Bildschirmgröße. Ein optimaler Betrachtungsabstand liegt etwa bei der 6fachen **Bildschirmdiagonale** [*screen diagonal*] (Abb. 1).

Monitor in Zoll	Diagonale in cm	Breite x Höhe in cm	Betrachtungsabstand in m
4	10	8 x 5	0,6
5	13	10 x 8	0,8
9	23	18 x 13	1,4
12	30	24 x 18	1,8
14	36	29 x 21	2,2
17	43	35 x 25	2,6
20	51	40 x 30	3,0

1: Monitorabmessungen

Da sich das Überwachungspersonal nur schwer auf mehrere Monitore gleichzeitig konzentrieren kann, sollte einer Person nur eine begrenzte Anzahl von Monitoren zugeordnet werden. Wenn mehrere gleichzeitig betrachtet werden müssen, sollte ein Blickwinkel von 45° nicht überschritten werden (Abb. 2). Außerdem ist darauf zu achten, dass kein Streulicht auf die Bildschirmoberfläche trifft.

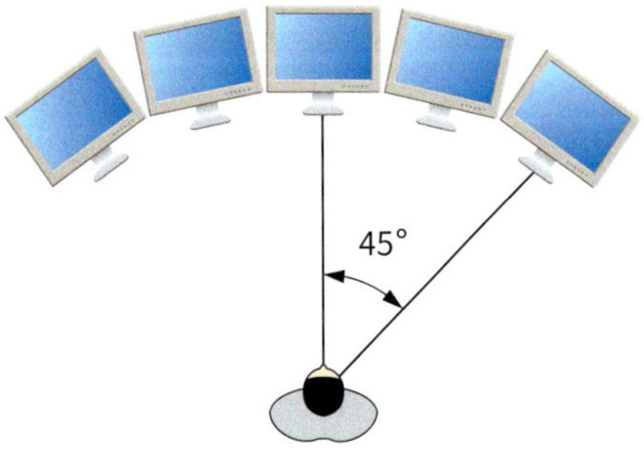

2: Monitoranordnung

- Bei der Monitorauswahl ist darauf zu achten, dass seine Auflösung mindestens der Kameraauflösung entspricht.
- Die Anordnung mehrerer Monitore sollte nach ergonomischen Gesichtspunkten erfolgen.

9.3.5.2 Auswahl einer CCTV-Überwachungsanlage

Der Blechservice KG wird folgender Vorschlag für den Aufbau einer CCTV-Überwachungsanlage unterbreitet:

- In der Hauptproduktionsstätte werden drei Farb-Überwachungskameras (1 bis 3) installiert. Da ein LAN(IP)-Netz vorhanden ist, werden diese Leitungen zur Datenübertragung genutzt. Die Kameras verfügen über einen Netzwerkausgang und erhalten bei der Konfiguration eine feste IP-Adresse, unter der sie direkt angesteuert werden können.
- Die vierte Kamera wird in dem 500 m entfernten Zulieferungslager installiert. Da dort kein Anschluss zum betriebsinternen Datennetz besteht, kann der vorhandene Internetanschluss genutzt werden. Der Zugang erfolgt über einen Router.
- Für die CCTV-Überwachungszentrale ist ein einzelner Monitor mit 20 Zoll vorgesehen. Mit einem Quad können die Bilder der 4 Kameras gleichzeitig dargestellt werden.
- Für die Konfiguration der Anlage und Aufzeichnung von wichtigen Ereignissen ist ein PC mit entsprechender Speicherkapazität vorgesehen.
- Wenn vom Überwachungspersonal wichtige Ereignisse wahrgenommen werden, können diese direkt im PC gespeichert und bereits ausgedruckt werden.

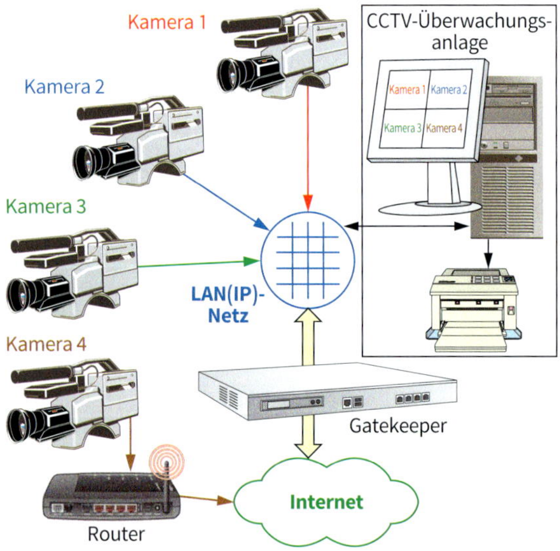

3: CCTV-Überwachungsanlage

Aufgaben

1. Aus welchen wesentlichen Komponenten besteht eine CCTV-Überwachungsanlage?
2. Erklären Sie den Unterschied zwischen einer analogen und einer digitalen Datenübertragung.
3. Erklären Sie die Prinzipien von zeit- und ereignisgesteuerten Aufzeichnungen.

9.4 Fernsehempfang

9.4.1 TV-Standards

Die Bild- und Toninformationen – bezeichnet auch als Video- oder Fernsehsignale – werden in den Sendeanstalten digital aufbereitet und gesendet. Dieser „Rundfunk“ (Rundsendung, Sendung) wird als **DVB** (**D**igital **V**ideo **B**roadcasting) bezeichnet. Das Bild wird dazu in Zeilen zerlegt. Dabei werden die Zeilen nicht vollständig aufgenommen, sondern es erfolgt eine Zerlegung jeder Zeile in einzelne Bildpunkte (**Pixel**). Je nach TV-Standard (Abb. 4) kann ein einzelnes Bild aus etwa 400.000 bis 8.000.000 Pixeln bestehen. Die Bildauflösung und damit die Qualität des Bildes werden umso besser, je größer die Pixelzahl ist.

Für jedes Pixel werden die Informationen über die drei Farben (Rot, Blau und Grün) und die Helligkeit (**Luminanz**) ermittelt und dann codiert. Eine gleichzeitige (simultane) Übertragung dieser Informationen ist wegen des hohen technischen Aufwandes nicht möglich. Sie werden deshalb zeitlich nacheinander (sequentiell) übertragen. Es entsteht ein Datenstrom, der als Datenübertragungsrate (**Datenrate**) in Bit/Sekunde angegeben wird.

Bei der beschriebenen Bildzerlegung fallen Datenraten von über 200 Mbit/s an. Wenn man diese Daten zur Übertragung auf einen hochfrequenten Träger modulieren würde, benötigt man ein sehr breites Frequenzspektrum (große Bandbreite). Die Daten werden deshalb vor der Abstrahlung reduziert und komprimiert.

Als Datenreduktion wird das **MPEG**-Verfahren (**M**otion **P**ictures **E**xperts **G**roup) Verfahren verwendet. Je nach gewünschter Qualität entstehen unterschiedlich große Datenströme. Für eine dem analogen Fernsehen gleichwertige Bildqualität werden z. B. Datenraten von 4 Mbit/s bis 6 Mbit/s benötigt.

In Abb. 4 sind die verschiedenen Bildauflösungen mit den jeweiligen Fernsehübertragungs-Standards dargestellt.

	**SD**: **S**tandard **D**efinition 640 x 480: = 307.200 Pixel PAL (analoges Fersehen) Datenrate: 2,5 … 3,5 Mbit/s
	**HD**: **H**igh **D**efinition, **HDTV** hochauflösendes Fernsehen 1.920 x 1.080: = 2.073.600 Pixel Datenrate: 5 … 6 Mbit/s
	**UHD**: **U**ltra **H**igh **D**efinition (4K) 3.840 x 2.160: = 8.294.400 Pixel Datenrate: 16 … 20 Mbit/s

4: Standards der Fernsehbildübertragung

Fernsehsignale lassen sich „**drahtlos**“ mit Hilfe elektromagnetischer Wellen übertragen. Dieser Standard wird als **DVB-T** (**D**igital **V**ideo **B**roadcasting **T**errestrial) bezeichnet. Die Sendungen können flächendeckend empfangen werden und DVB-T wird deshalb auch als das „Überallfernsehen“ bezeichnet (Abb. 5). Erforderlich ist eine Empfangsantenne für den MHz-Bereich.

Beim Kabelfernsehen (**Kabel-TV**) werden von einem Netzbetreiber Fernsehsignale in ein Breitbandkabel-Netz (Glasfaser- und Koaxialkabel) eingespeist. Zusätzlich kann man über das Netz telefonieren und Radiosendungen empfangen. Zugang zum Internet besteht ebenfalls. Dieser Standard wird als **DVB-C** (**D**igital **V**ideo **B**roadcasting-**C**able) bezeichnet (Abb. 5). Erforderlich ist ein Hausanschluss.

Satelliten-Fernsehen (Sat-TV, **DVB-S**) ist ein weiterer Standard, mit dem „drahtlos“ Fernsehprogramme empfangen werden können (Abb. 5). Erforderlich ist eine Satellitenempfangsantenne für elektromagnetische Wellen im GHz-Bereich. Bei einem Satellitenanschluss stehen deutlich mehr Programme zur Auswahl, als bei einer terrestrischen Übertragung.

DVB-T (**D**igital **V**ideo **T**errestrial) Drahtlose Ausbreitung über terrestrische Sender	
DVB-C (**D**igital **V**ideo **C**able) Ausbreitung über Kabelnetze	DVB C CABLE
DVB-S (**D**igital **V**ideo **S**atellite) Drahtlose Ausbreitung über Satelliten	DVB S SATELLITE

5: Fernsehempfangsmöglichkeiten

Bei allen diesen drei Übertragungsverfahren werden die Informationen ungerichtet (Abb. 6) gesendet oder in das Kabelnetz eingespeist. Der Nutzer entscheidet, ob er die Sendung in Empfang nehmen will.

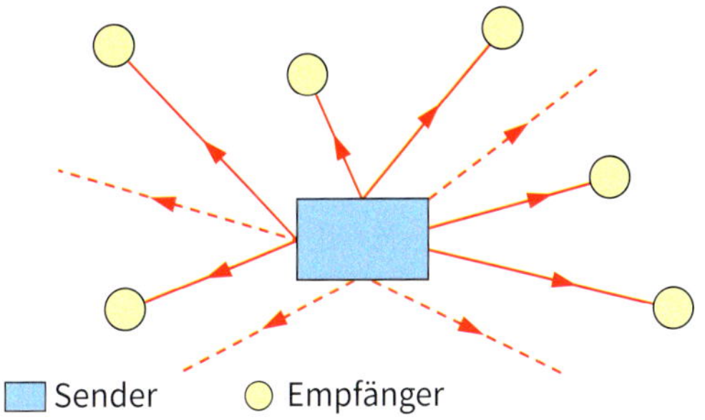

6: Broadcasting (Rundfunk-Verbreitung)

Die Fernsehprogramme werden also direkt und unverändert empfangen. Diese Empfangsart wird auch als **lineares Fernsehen** bezeichnet.

Im Internet gibt eine Reihe von Webseiten und Tools, mit denen Fernsehsendungen online auf dem Bildschirm empfangen werden können. Viele TV-Sender bieten entsprechende Sendungen an, die über einen Webbrowser abgerufen werden können. Diese können also zeitversetzt genutzt werden. Diese Empfangsart wird deshalb als **nichtlineares Fernsehen** bezeichnet.

Der jeweilige Nutzer bestimmt selbst über den Empfang dieser „strömenden" Daten (**Streaming**). Er entscheidet was er wann empfangen will (nutzerbasiertes Fernsehen).

Dem Nutzer werden die Daten als individueller Datenstrom in Form einer Punkt-zu-Punkt-Verbindung (**Broadband**) zur Verfügung gestellt (**Unicast**, Abb. 1).

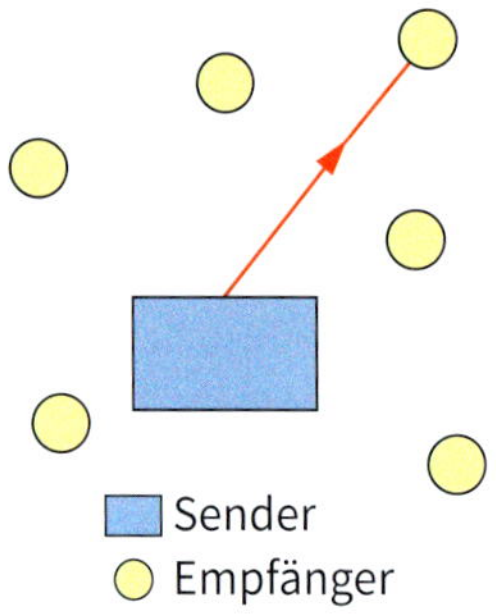

1: Unicast

Für den nichtlinearen Fernsehempfang wird das **I**nternet**p**rotokoll (**IP**) verwendet. Der Fernsehempfang wird dementsprechend als **IPTV** bezeichnet. Empfangen lassen sich die Signale mit bestimmten stationären oder mobilen Endgeräten.

In Abb. 2 ist beispielhaft dargestellt, wie das Angebot eines Providers genutzt werden kann. Möglich ist z. B. eine kontinuierliche Sendung von Video 2 an die Empfänger A und B ① oder eine Sendung auf Anforderung ②.

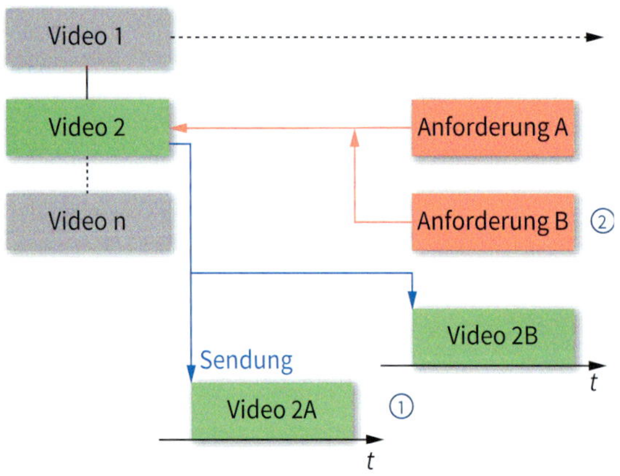

2: Nichtlinearer Fernsehempfang

Die TV-Informationen werden dazu in Datenpakete „aufgelöst" und gelangen dann auf unterschiedlichen Wegen zum Empfänger. Durch Laufzeitunterschiede befinden sich die Datenpakete beim Empfänger nicht mehr in der ursprünglichen Reihenfolge (Abb. 3 ③). Sie werden deshalb zwischengespeichert ④ und erreichen nach einer Verzögerungszeit von 2 bis 6 Sekunden den Empfänger in „geordneter" Form ⑤. Der Fernsehempfang erfolgt also zeitversetzt.

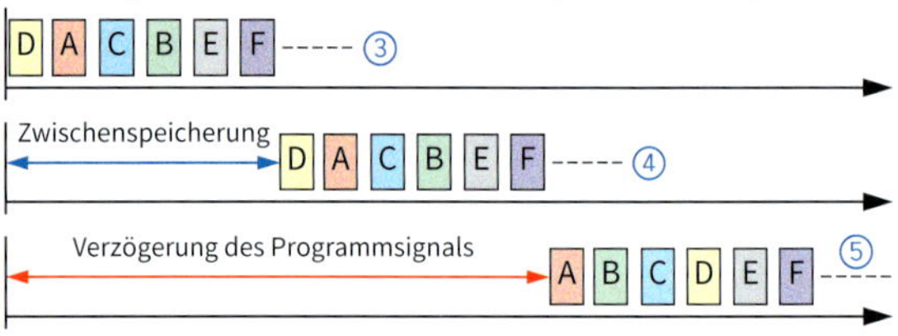

3: Streaming

Die gleichzeitige Übertragung und Wiedergabe von Video- und Audiodaten über das Internet wird auch als **Streaming Media** bezeichnet. Zwei Arten werden unterschieden:

- **On-Demand** (auf Anforderung, auf Abruf): **VoD** (**V**ideo **o**n **D**emand: Video auf Anforderung, Abruf).
  Die auf einem Server liegenden Dateien werden auf Wunsch empfangen.
- **Live-Streaming**: Live-Aufnahmen werden direkt in das Netzwerk eingespeist.

In Verbindung mit **IPTV** wird auch der Begriff **Podcasting** verwendet, bei dem auf gespeicherte Daten eines Servers zurückgegriffen wird (Podcasting: Kunstwort aus i**Pod** und Broad**casting**). Die Wiedergabe kann in der Regel erst dann erfolgen, wenn die Speicherung abgeschlossen ist. Wenn die gespeicherten Daten eines Servers genutzt werden, kann dieses als On-Demand oder als Download erfolgen.

Für die Übertragung von IPTV werden die Daten komprimiert. Verwendet werden z. B. MPEG-2, MPEG-4, H.264/AVC, XviD, DivX oder WMV9.

Unter Podcasting wird auch das Anbieten und abonnieren von Multimediadateien über das Internet verstanden. Das Abonnieren kann automatisiert werden, sodass der Abnehmer stets auf dem neuesten Stand gehalten wird. Das Aufrufen der Webseite und das ma-nuelle Abrufen der Daten kann dann entfallen.

- Zur Übertragung der Fernsehsignale werden die erfassten Daten komprimiert und reduziert.
- Die Fernsehübertragung kann in SD-, HD- und UHD-Qualität erfolgen.
- Für die digitale Abtastung wird beim SD-Standard das Fernsehbild in ca. 300.000 Pixel zerlegt. Die Informationen werden anschließend sequentiell übertragen.

Empfangsgeräte

Das ursprüngliche Fernsehempfangsgerät, die Bildröhre, ist weitgehend durch Flachbildschirme abgelöst worden. Die einzelnen Bildpunkte werden mit entsprechenden elektronischen Schaltungen direkt angesteuert. Dadurch kann man im Prinzip jede Bildauflösung realisieren.

Wenn das Programmsignal dieselbe Bildauflösung wie der Flachbildschirm (Abb. 4) aufweist, liegt eine 1:1 Übertragung vor. Wenn Unterschiede bestehen, erfolgt im Empfänger eine Anpassung (**Skalierung**).

- Beim Hochskalieren erfolgt eine Anpassung der kleineren Bildauflösung des TV-Signals auf die größere Bildauflösung des Flachbildschirmes.
- Beim Herunterskalieren erfolgt eine Anpassung einer größeren Bildauflösung des TV-Signals auf eine kleinere Bildauflösung des Flachbildschirms.

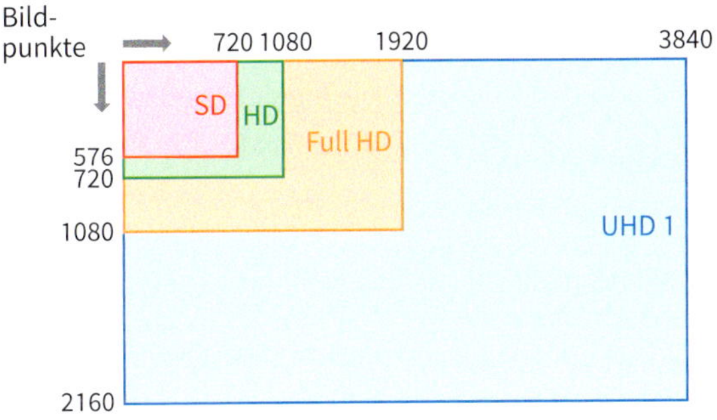

4: Bildschirmgrößen und Auflösungen

- Die Qualität der Fernsehübertragung ist von der Datenübertragungsrate abhängig.
- Fernsehempfang ist drahtlos, über Kabel, einen Satelliten oder über das Internet möglich.
- Broadcasting ist eine ungerichtete Rundfunk-Verbreitung.
- Nichtlineares Fernsehen ist ein zeitversetzter Empfang von Datenpaketen.
- Unter IPTV versteht man den Fernsehempfang über das Internet.
- Der Fernsehempfang über das Internet kann On-Demand (auf Abruf) oder in Form eines Live-Streamings erfolgen.
- Durch eine Skalierung erfolgt eine Anpassung zwischen der Bildauflösung des TV-Signals und der Bildauflösung des Empfangsgerätes.

9.4.2 Terrestrischer Fernsehempfang – DVB-T2

DVB-T2 HD

Die analoge Fernsehübertragung mit Hilfe elektromagnetischer Wellen ist abgelöst worden durch digitale Übertragungsverfahren. DVB-T ist ab 2018 ersetzt worden durch DVB-T2. Beide Übertragungsverfahren sind nicht kompatibel zueinander, sodass bei DVB-T tauglichen Empfangsgeräte die Signale durch eine Settop-Box angepasst werden müssen.

Die **Senderfrequenzen** liegen im bisherigen UHF-Bereich von 470 MHz bis 694 MHz, sodass bisherige Antennen, wenn erforderlich, genutzt werden können.

DVB-T2 besitzt gegenüber DVB-T folgende **Vorteile**:

– Bis zu 20 öffentlich-rechtliche Sender in HD-Qualität (höhere Bildqualität) sind möglich.

– Das Signal ist weniger störanfällig („robusteres“ Signal).

– Der mobile Empfang ist verbessert worden, bei einem geringerer Antennenaufwand

Merkmale des DVB-T2-Signals

- **QPSK**-Modulation (**Q**uadratur **P**hase **S**hift **K**eying, Quadratur-Phasenumtastung, Abb. 5) Der sinusförmige Träger ① hat je nach binärem Zustand des Informationssignals vier verschiedene Phasenzustände. Den vier Phasenzuständen sind jeweils zwei Bits zugeordnet ②.

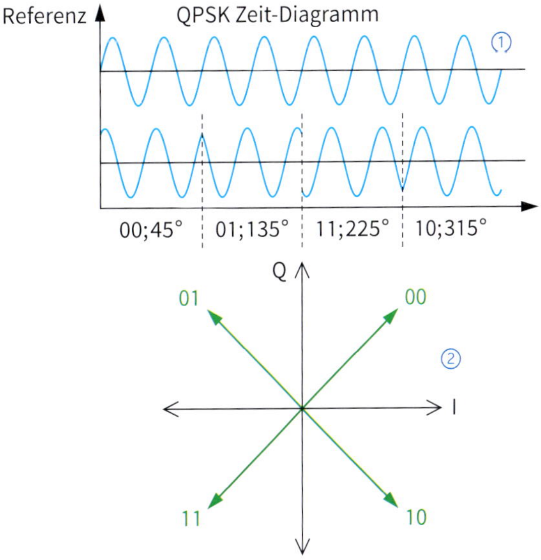

5: QPSK-Signal

- **QAM**-Modulation (**Q**uadratur-**A**mplituden-**M**odulation)

  Die Phase und die Amplitude des Signals werden gleichzeitig geändert. Verwendet werden 16-QAM (Abb. 1), 64-QAM und 256-QAM. Der Abstand vom Nullpunkt bis zum Endpunkt entspricht der Amplitude des Signals, der Winkel die Phasenlage.

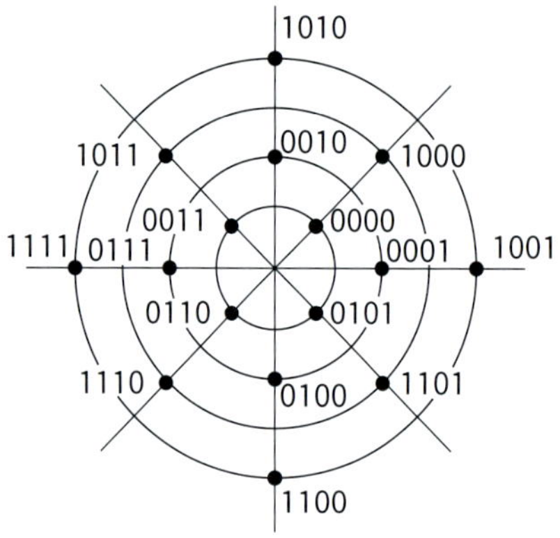

1: 16-QAM

- Die Aufteilung der Signale erfolgt auf viele Träger (z. B. 2.048, 8.192 Träger).
- Vor der Modulation werden die Daten in Pakete zusammengefasst und durch ein zeitliches Schutzintervall getrennt (**Guard-Intervall**). Störende Überlagerungen können während der Schutzintervalldauer abklingen.
- Das Sendernetz ist ein **Gleichwellennetz** (alle Sender besitzen dieselbe Trägerfrequenz).
- **Vorwärtsfehlerkorrektur** (**FEC**: **F**orward **E**rror **C**orrection) wird eingesetzt. Der Sender Kodiert die zu übertragenden Daten in redundanter Weise, sodass der Empfänger Übertragungsfehler ohne Rückfrage beim Sender erkennen und korrigieren kann.
- **Sende-Diversität** durch **MISO**-Verfahren (**M**ultiple **I**nput – **S**ingle **O**utput). Es werden mehrere Sendeantennen verwendet (Abb. 2).

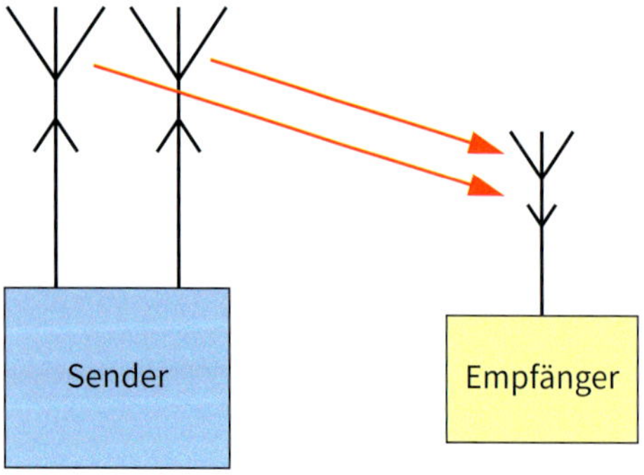

2: MISO-Verfahren

Antennenaufwand

- Passive Zimmerantenne
- Bei ungünstigen Empfangssituationen: Aktive Zimmerantenne
- Außenantenne (ungerichtete Antenne), Größe: DIN A5 bis DIN A4 (Abb. 3).
- Dachantenne für Unterdachmontage oder Dachmontage

3: Aktive DVB-T2 Außenantenne

Merkmale:

- Horizontale und vertikale Polarisation
- Empfangsbereich: 174 – 230 MHz und 470 – 862 MHz
- Spannung: 5 V bis 25 V über Koaxialkabel aus dem Receiver
- Abmessungen: 204 x 196 x 71 mm

Bei ausreichender Feldstärke ist der Empfang mit geringem Antennenaufwand (Zimmerantenne) möglich. Für eine Bildoptimierung muss die Antenne lediglich ausgerichtet werden. Die Installationen von Leitungen und Antennensteckdosen entfallen.

Die Zimmerantenne sollte möglichst in einiger Entfernung von möglichen Störquellen aufgestellt werden. Störquellen können sein: PCs, Laptops, Leuchtstoffröhren, LED-Leuchten oder Mobiltelefone. Die Empfangssituation verschlechtert sich auch durch bedampfte Scheiben, Stahlbeton und metallene Abschirmungen.

Die Abstrahlung der Senderwellen erfolgt nicht ungeordnet in alle Richtungen. Üblich sind horizontale oder vertikale Abstrahlrichtungen. Man nennt die Wellen dann polarisierte Wellen. Deshalb muss die Antenne ggf. ausgerichtet werden (Abb. 4).

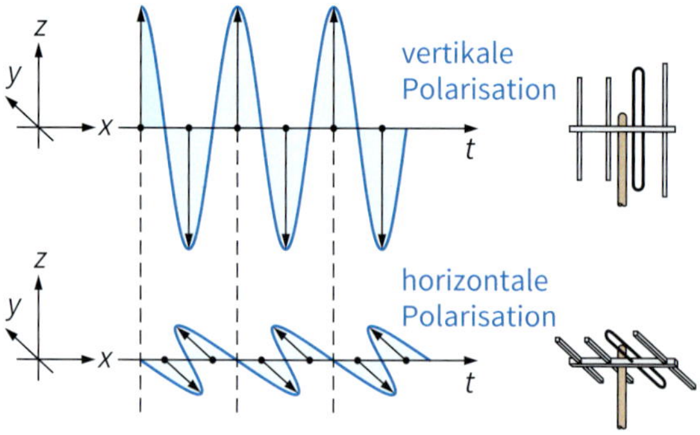

4: Polarisation

9.4.3 Nutzung bestehender Antennenanlagen

Es ist für DVB-T2 auch möglich, eine bestehende Antennenanlage, die bisher für den analogen Fernsehempfang verwendet wurde, für den Empfang von DVB-T2 Signalen zu nutzen. Voraussetzung ist aber, dass, wie in Abb. 5, eine UHF-Antenne ① vorhanden ist. Sie muss für den Empfang von Signalen zwischen 470 MHz bis 694 MHz ausgelegt sein.

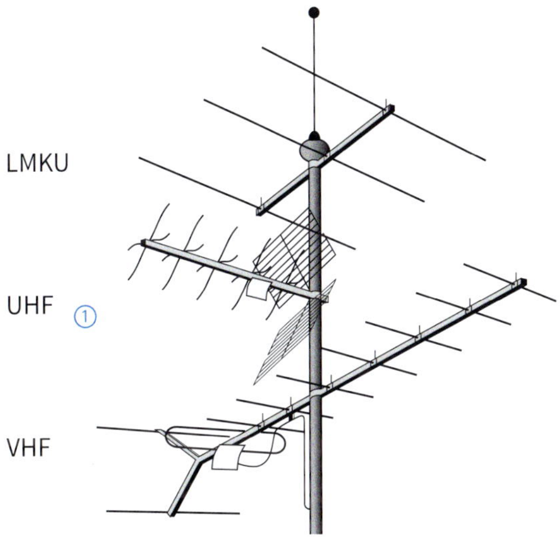

5: Antennen für den analogen Fernsehempfang

Die in Abb. 5 dargestellten Antennen liefern Signale aus unterschiedlichen Frequenzbereichen. Um sie über eine gemeinsame Leitung zum Empfänger transportieren zu können, führte man sie in einer Antennenweiche (X0, Abb. 6) zusammen.

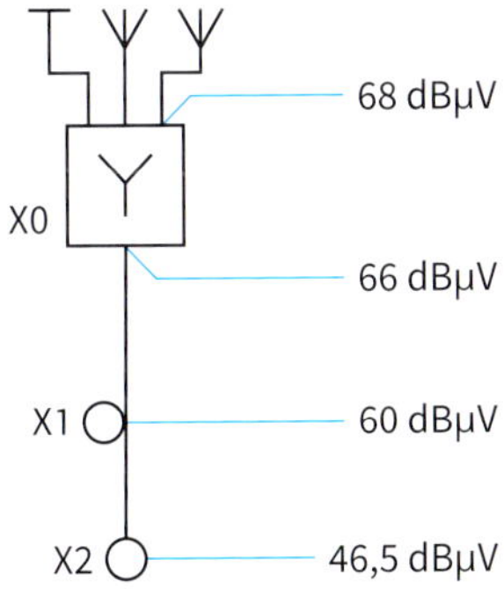

6: Plan einer terrestrischen Empfangsverteilanlage

In der als Beispiel gewählten Anlage (Abb. 6) sind zwei Empfangsgeräte in unterschiedlichen Etagen vorhanden. Deshalb sind im Plan zwei Antennensteckdosen eingezeichnet, eine Durchgangssteckdose (Durchschleifsteckdose) X1 und eine Enddose X2. Als Leitungen werden abgeschirmte Koaxialleitungen verwendet.

Wie bei jeder elektrischen Leitung entstehen auch hier Verluste. Das Signal an der Empfangsantenne ist größer als an den Steckdosen für die Empfangsgeräte. Es kommt zu einer Dämpfung des Signals.

Angegeben wird diese Dämpfung durch das **Dämpfungsmaß *a*** in dB (Dezibel).

Das Dämpfungsmaß wird ermittelt, indem man die Ausgangsgröße durch die Eingangsgröße dividiert und das Ergebnis logarithmiert. Das Dämpfungsmaß ist also eine **logarithmische Verhältniszahl**.

Der Vorteil der logarithmischen Angabe liegt darin, dass die verschiedenen Dämpfungsmaße der Anlage addiert werden können.

Wenn man die Eingangsgröße nicht durch die Ausgangsgröße, sondern durch die festgelegte Spannung von 1 μV (Bezugspegel) dividiert, wird das Ergebnis als dBμV (**dB-Mikrovolt**) bezeichnet.

In Abb. 7 sind beispielhaft die Pegel der Anlage von Abb. 6 angegeben. Sie lassen sich übersichtlich in einem Pegelplan (Abb. 7) darstellen.

Wie entsteht der Pegelplan?

- Beginn: Das Antennensignal beträgt 68 dBμV ①.
- Die Weiche verursacht eine Dämpfung von 2 dB ②.
- Die Leitung zur ersten Dose X1 ist etwa 20 m lang.
- Die Dämpfung beträgt dann 6 dB (30 dB/100 m) ③.
- Die Dose dämpft das Signal um weitere 1,5 dB ④.
- Die folgende Leitung ist etwa 40 m lang. Die Dämpfung beträgt 12 dB ⑤.

An der Enddose X2 steht somit ein Pegel von 46,5 dBμV zur Verfügung ⑥.

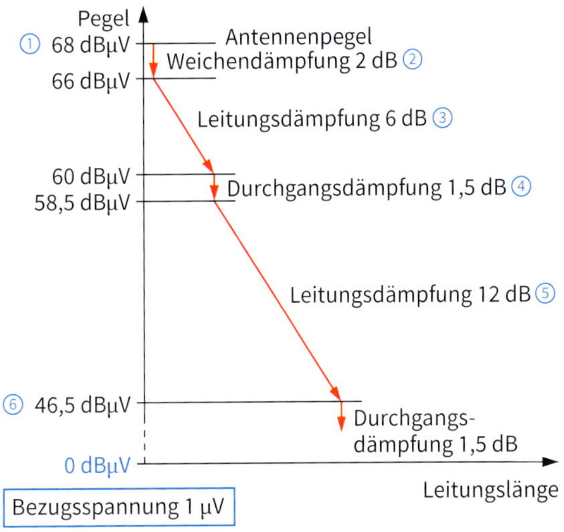

7: Pegelplan

Koaxialleitungen

Für die Anschlüsse und Verbindungen in Empfangsverteilanlagen werden abgeschirmte Leitungen (Koaxialleitungen) als Schutz vor äußeren Störeinflüssen (elektrische Felder) verwendet (Auswahl in Abb. 1). Die abschirmende Wirkung der Leitung wird durch das **Schirmungsmaß** a_k ① in dB angegeben. Je nach Anforderungen gibt es einfach ② oder mehrfach abgeschirmte Leitungen ③. Die Dämpfung der Leitung wird durch das frequenzabhängige **Leitungsdämpfungsmaß** a_L in dB/100 m ④ angegeben.

Typ	709 ②	F6 TSV ③
Verwendung	Installation, Sat-ZF	CATV-(Cable-TV) Multimedia
Durchmesser in mm		
Innenleiter Außenleiter	1,1; Cu-Draht 5,6; Al-Folie und Geflecht	1,02; Stahl Cu 5,6; 3fach geschirmt; Al-Geflecht und Al-Folie
Schirmungsmaße a_k ① in dB		
30 – 470 MHz	≥ 75	≥ 90
470 – 1000 MHz	≥ 75	≥ 90
1000 – 2150 MHz	≥ 65	≥ 90
Leitungsdämpfungsmaße a_L ④ in dB/100 m		
5 MHz	1,6	1,9
50 MHz	4,4	4,97
100 MHz	5,9	7,01
200 MHz	8,2	9,47
400 MHz	12,1	13,6
800 MHz	18,0	19,2
1000 MHz	20,5	21,5
1600 MHz	27,2	31,4
2150 MHz	31,6	31,9
2400 MHz	33,4	33,9

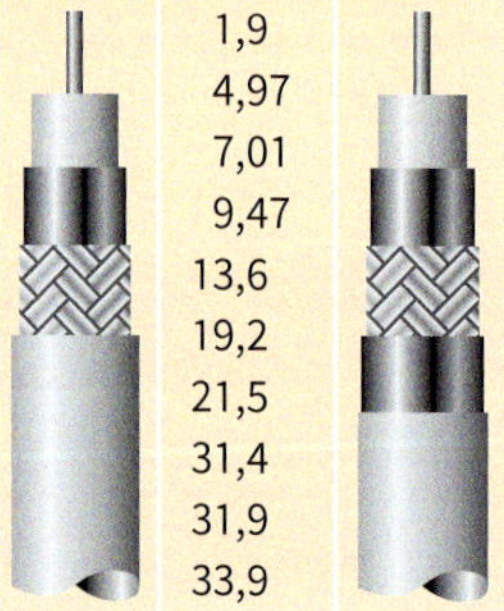

1: Koaxialleitungen

Antennensteckdosen

Bei Antennensteckdosen muss zwischen Enddosen und Durchgangsdosen unterschieden werden. Bei der Durchgangsdose wird das Signal weitergeführt (durchgeschleift). Dabei wird es geringfügig gedämpft. Die Durchgangsdämpfung tritt zwischen Eingang (Abb. 2 ⑤) und Ausgang ⑥ auf und beträgt etwa 1,5 dB. Diese Dämpfung wird mit dem **Durchgangsdämpfungsmaß** a_D gekennzeichnet.

Im Gegensatz zu diesen Durchgangssteckdosen besitzen Enddosen nur einen Eingang. Um Störungen durch eine Signalreflexion zu vermeiden, muss die Leitung dort mit einem Widerstand von 75 Ω (Wellenwiderstand der Leitung) abgeschlossen werden.

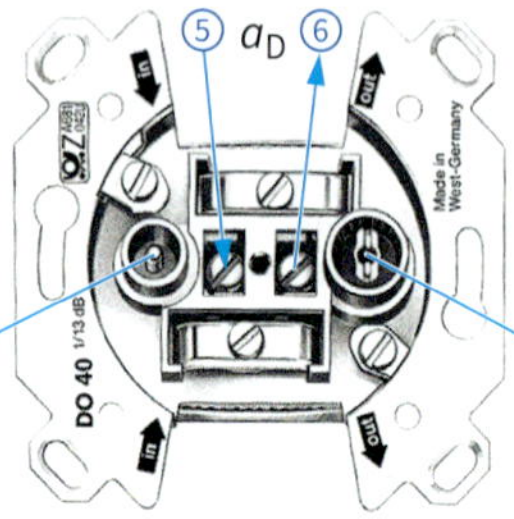

2: Durchgangssteckdose

Bei der in Abb. 2 dargestellten Durchgangssteckdose werden Signale für den Radio- und Fernsehempfang abgenommen (abgezweigt). Es ist deshalb erforderlich, dass keine Rückwirkungen durch die Empfangsgeräte stattfinden. Es muss also eine genügend große Abzweigungsdämpfung bzw. Anschlussdämpfung vorhanden sein. Das **Anschlussdämpfungsmaß** a_A für diese Dose beträgt etwa 13 dB.

Damit sich zwischen den beiden Abzweigungen der Antennensteckdose in Abb. 2 keine Störungen ausbreiten können, müssen sie ausreichend entkoppelt sein. Typische Werte für die Entkopplung liegen bei 30 bis 40 dB.

Steckverbinder

Für lösbare Verbindungen werden in Empfangsverteilanlagen **IEC**-Stecker (**I**nternational **E**lectrotechnical **C**ommission) entsprechend Abb. 3 verwendet.

Durchmesser in mm	
Innenleiter	0,6 – 1,13
Außenleiter	max. 5,2
Mantel	max. 7,2
Schirmungsmaße in dB	
bis 470 MHz	≥ 75
470 – 862 MHz	≥ 70
950 – 1750 MHz	≥ 60
1750 – 2400 MHz	≥ 55

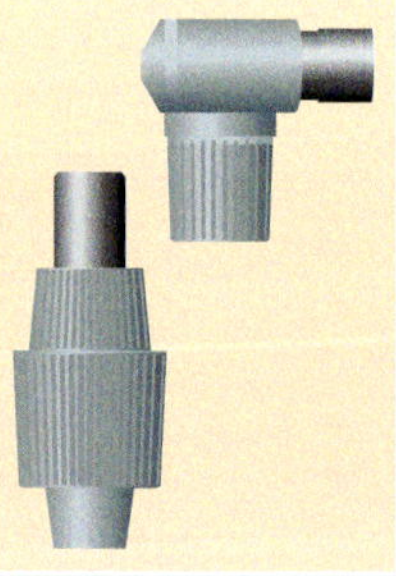

3: Steckverbinder

- In Empfangsverteilanlagen wird das Signal durch die verschiedenen Objekte gedämpft (verringert).
- Die Dämpfungsmaße der Objekte einer Empfangsverteilanlage sind logarithmische Maße. Sie werden in dB oder dBµV angegeben und können zu einem Gesamtdämpfungsmaß addiert werden.
- Die Pegel in einer Empfangsverteilanlage lassen sich in einem Pegelplan übersichtlich darstellen.

9.4.4 DVB-C

Digitale Fernsehprogramme werden auch über das Breitband-Kabelnetz übertragen.

Andere Netzbezeichnungen sind:
Breitband-Verteilnetz, Breitband-Kommunikationsnetz, Cable Television (CATV), BK-Netz

Gegenwärtig wird **DOCSIS 3.0** (**D**ata **o**ver **C**able **S**ervice **I**nterface **S**pecification) als Standard für die Übertragung verwendet. In ihm sind die Anforderungen für die bidirektionale digitale Datenübertragung in Breitband-Kabelnetzen festlegt (Abb. 4).

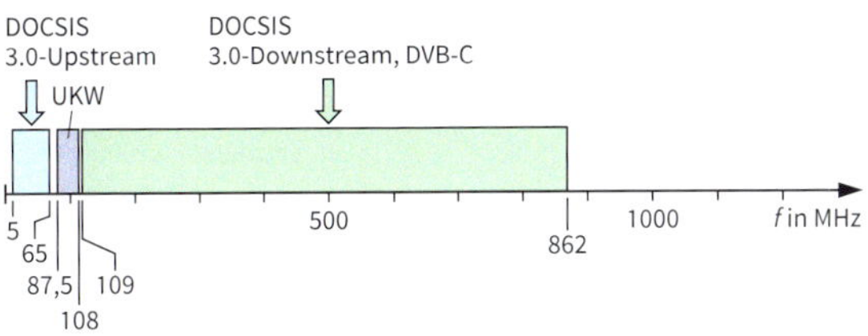

4: Frequenzspektrum mit DOCSIS 3.0

Verwendet wird bei DOCSIS 3.0 ein 8 MHz-Kanalraster. Die Signale werden auf einzelne Träger (**SC**: **S**ingle **C**arrier) mit **256-QAM** (**Q**uadratur **A**mplituden**m**odulation) moduliert.

Eingeführt wird gegenwärtig DOCSIS 3.1 (Abb. 5). Der Frequenzbereich geht bis 1794 MHz. Für die Modulation wird das Mehr-Träger-Verfahren **OFDM** (**O**rthogonal **F**requency **D**ivision **M**ultiplex) angewendet, bis 4096 QAM. Die Abstände zwischen den Trägern betragen 25 kHz bis 50 kHz. Auch wird ein leistungsfähigerer Fehlerschutz als bei DOCSIS 3.0 benutzt.

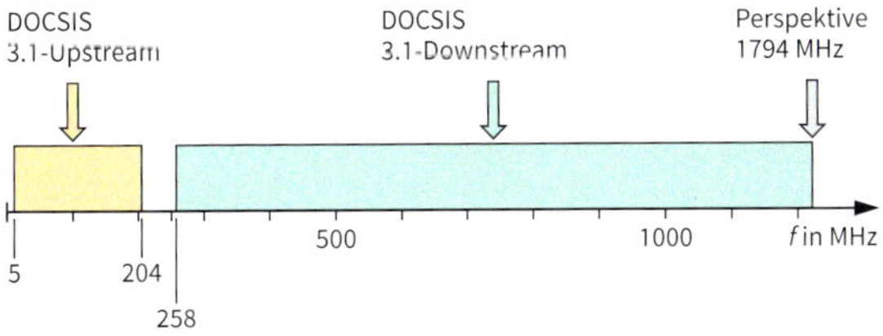

5: Frequenzspektrum mit DOCSIS 3.1

Das BK-Netz wird auch für eine bidirektionale Datenkommunikation genutzt, z. B. für den Internet-Zugang und das Telefonieren. Im Frequenzspektrum wird deshalb zwischen Downstream- und Upstream-Bereichen unterschieden (Empfangen und Senden, Abb. 5).

In der Regel sind über einen Kabelanschluss Datenraten von 23 Mbit/s bis 100 Mbit/s realisierbar, in einigen Ballungsgebieten auch 250 Mbit/s oder mehr.

Bis zur Aufhebung der allgemeinen Verschlüsselung durch das Bundeskartellamt mussten Nutzer einen Receiver (Settop-Box) zwischen Kabelanschluss und Fernseher schalten. Diese Technik ist nur noch bei alten analogen Fernsehgeräten erforderlich. Neue Geräte sind für einen digitalen Empfang eingerichtet. Fernsehgeräte verfügen bei-spielsweise über ein DVB-C-Empfangsteil bzw. einen DVB-C-Tuner/Kabeltuner.

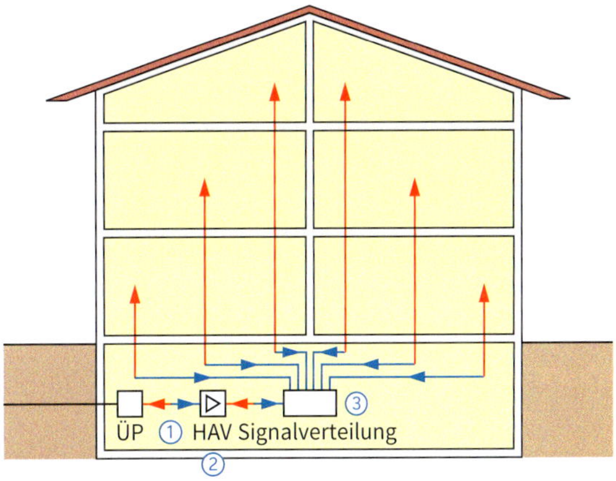

6: BK-Netz im Haus

Ein BK-Hausverteilnetz wird in der Regel in Sternstruktur realisiert. Der Einspeisungspunkt in das BK-Hausverteilnetz wird als **Übergabepunkt** (ÜP) bezeichnet. Er wird im Auftrag des Netzbetreibers in der Regel über ein koaxiales Erdkabel an einer zentralen Stelle im Kellerbereich installiert (Abb. 6 ①). Wenn mehrere Abnahmestellen vorgesehen sind, ist in der Regel ein **Hausanschlussverstärker** (HAV) ② einzufügen. Von dort wird das Hausverteilnetz sternförmig installiert, sodass jede Abnehmer von einem Verteiler ③ (Abzweiger) über eine separate Koaxialleitung direkt versorgt wird.

Die sternförmige Installation besitzt folgende Vorteile:

- Erweiterungen sind ohne Störungen der anderen Abnehmer einfach realisierbar (z. B. zusätzliche Steckdosen).
- Die Sternstruktur ist Voraussetzung für die Nutzung des Rückkanals.
- Weil alle Abnehmer voneinander getrennt sind, können Fehler rasch ermittelt werden.

Aufgaben

1. An welcher Stelle des Plans für ein BK-Verteilnetz (Abb. 6) müsste der Schutzpotenzialausgleich angeschlossen werden?
2. Erklären Sie, welche Funktion der Rückkanal in einem BK-Verteilnetz haben kann!

9.4.5 DVB-S

Im Äquatorbereich sind in etwa 36.000 km Höhe Satelliten geostationär positioniert. Sie empfangen die von terrestrischen Stationen (Abb. 1) gesendeten Signale (Uplink) und strahlen diese nach entsprechender Umwandlung wieder zu den Satellitenempfangsantennen auf der Erde ab (Downlink). Die Frequenzen des Fernsehempfangs befinden sich im GHz-Bereich. Die Bandbreiten der Kanäle sind größer als bei DVB-T und DVB-C. Die Datenraten reichen aus, um Sendungen mit höchsten Auflösungen (HDTV) zu übertragen.

Beispiele:

$B = 27$ MHz, Datenrate 17,8 bis 31,1 Mbit/s

$B = 36$ MHz, Datenrate 22,5 bis 39,4 Mbit/s

Gleichzeitig zu den Bildinformationen werden Digital-Tonrundfunksendungen mit 192 kbit/s in Mono und 256 kbit/s bzw. 320 kbit/s in Stereo übertragen. In den Satelliten übernehmen **Transponder** (**Trans**mitter und Res**ponder**) die Aufgabe, die von der Erde eingehenden Sendungen aufzunehmen (Uplink), sie den gewählten Übertragungsbedingungen anzupassen und dann wieder zur Erde abzustrahlen (Downlink, Abb. 1). Sie stellen die für die Übertragung notwendigen Ressourcen zur Verfügung.

Die Bandbreite eines Transponders beträgt 40 MHz. Darin lassen sich etwa 10 Fernsehprogramme unterbringen. Beispielsweise kann ein Satellit mit einer Leistung von 10 kW etwa 50 Transponder betreiben und dabei 500 Fernsehprogramme ausstrahlen.

Die Downlink-Frequenzen reichen von 10,7 GHz bis 12,75 GHz. Dabei werden ein **Low-Band** (unteres Band, Abb. 2) und ein **High-Band** (oberes Band) unterschieden. Um möglichst viele Sender ohne gegenseitige Störungen unterbringen zu können und die zur Verfügung stehende Bandbreite effektiv zu nutzen, werden die Signale in horizontaler bzw. vertikaler Richtung abgestrahlt (Polarisation). Somit ergeben sich für den Empfang von Satel-litensendungen die vier in Abb. 2 gekennzeichneten Empfangsbereiche.

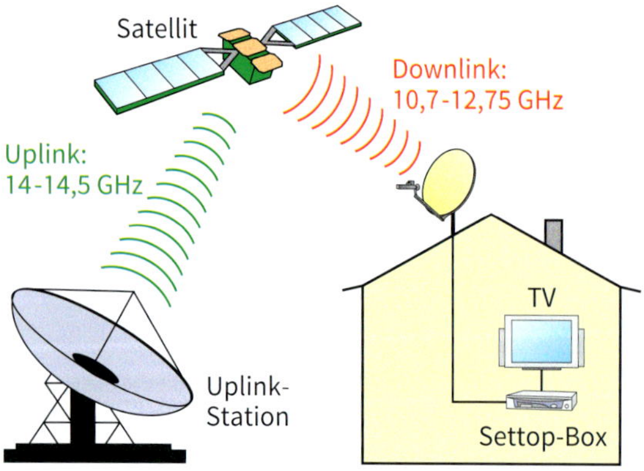

1: Empfang über einen Satelliten

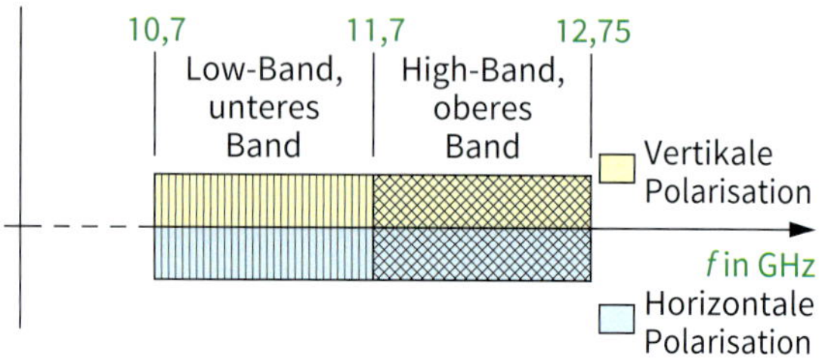

2: Satelliten-Empfangsbereiche

Satelliten

Für den Empfang muss nach Süden eine „freie" Sicht von ±20° und eine horizontale Erhebung von ca. 30° gewährleistet sein. In Abb. 3 sind ausgewählte Satelliten für unseren Empfangsbereich aufgeführt.

①	TürkSat 1C	42° Ost	⑤	HOT BIRD 1-5	13° Ost
②	ASTRA 3A, 1D	23,5° Ost	⑥	Eutelsat W1	10° Ost
③	ASTRA 1B, 1C, 1E, 1F, 1G, 1H, 2C	19,2° Ost	⑦	Eutelsat W3	7° Ost
④	Eutelsat W2	16° Ost	⑧	Hispasat 1A, 1B	30° Ost

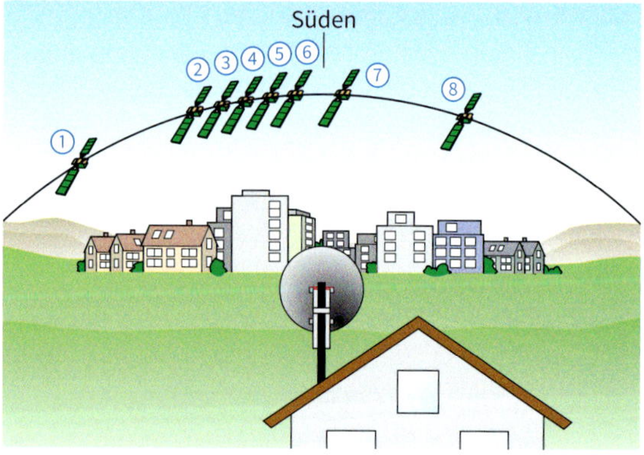

3: Satelliten-Positionen

Satelliten-Empfangsantennen

Für den Empfang von Satelliten-Signalen werden verschiedenartige Antennen verwendet (Abb. 4). Die parallel ankommenden Signale werden von einer parabolischen Fläche reflektiert und treffen auf die Empfangseinrichtung. Sie wird als **LNB** (**L**ow **N**oise **B**lock converter) bezeichnet. Dieser Name stammt aus den Anfängen der Satelliten-Empfangstechnik und bedeutet so viel wie „Rauscharmer Umsetzer für einen Frequenz(Block) bereich". Sie trennen die horizontalen von den vertikal polarisierten Wellen, verstärken die Signale und sorgen für die Umsetzung der hochfrequenten Schwingungen (GHz) auf die niedriger liegenden Frequenzen (Satelliten-Zwischenfrequenz, **Sat-ZF**).

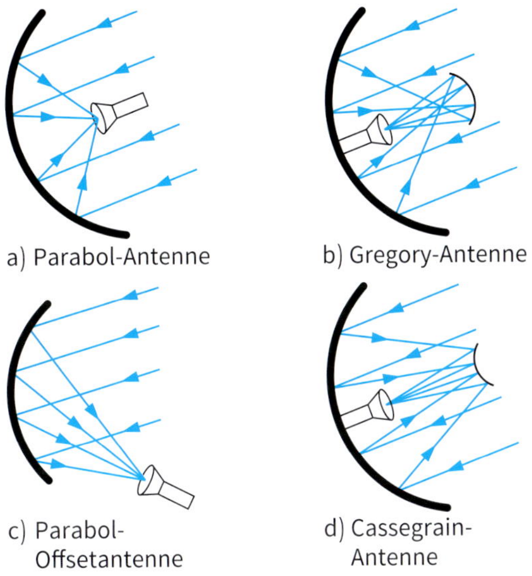

4: Satelliten-Empfangsantennen

Die Spannungsversorgung für den LNB erfolgt über die Koaxialleitung. Gleichzeitig kann mit der Höhe der Versorgungsspannung eine Umschaltung auf die vertikal (14 V) oder horizontal polarisierten (18 V) Frequenzbereiche vorgenommen werden (**Polarisations-umschaltung**). Zusätzlich kann mit einer überlagerten Wechselspannung von 22 kHz zwischen den Bändern (High- und Low-Band) umgeschaltet werden (**Bandumschaltung**). In Abb. 5 sind diese vier Möglichkeiten dargestellt. Die hierfür verwendbaren Schalter werden als **Multischalter** bezeichnet.

Eine Weiterleitung der Satelliten-Signale mit den Frequenzen von 10,7 bis 12,75 GHz ist nicht möglich, weil herkömmliche Koaxialkabel auf Grund zu hoher Dämpfung nicht geeignet sind bzw. Kabel mit geringerer Dämpfung zu teuer wären. Es erfolgt deshalb im LNB eine Umsetzung auf die Satelliten-Zwischenfrequenz.

Low-Band: Oszillatorfrequenz 9,75 GHz

$\Rightarrow$ Sat-ZF 0,95 … 1,95 GHz

High-Band: Oszillatorfrequenz 10,6 GHz

$\Rightarrow$ Sat-ZF 1,1 … 2,15 GHz

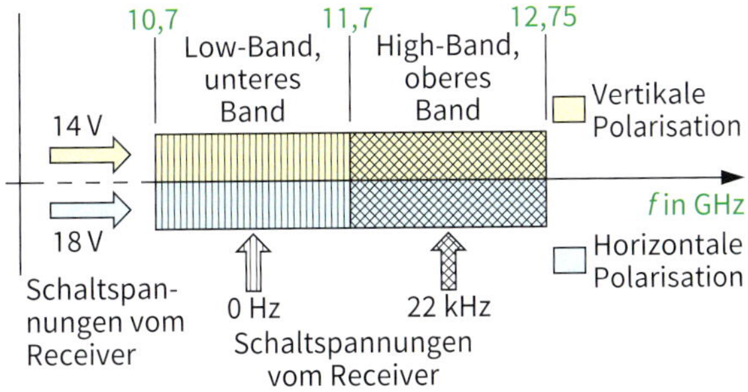

5: Umschaltung der Frequenzbereiche

Satelliten-Empfangsanlage

In Abb. 6 ist beispielhaft eine Empfangsanlage dargestellt. Der LNB besitzt darin vier Ausgänge (Quattro-LNB), sodass für die zwei Frequenzbänder die vertikal und horizontal polarisierten Signale getrennt abgegeben werden. Damit diese Ausgangssignale für den Receiver verfügbar sind, muss die Umschaltung mit einem externen Multischalter erfolgen.

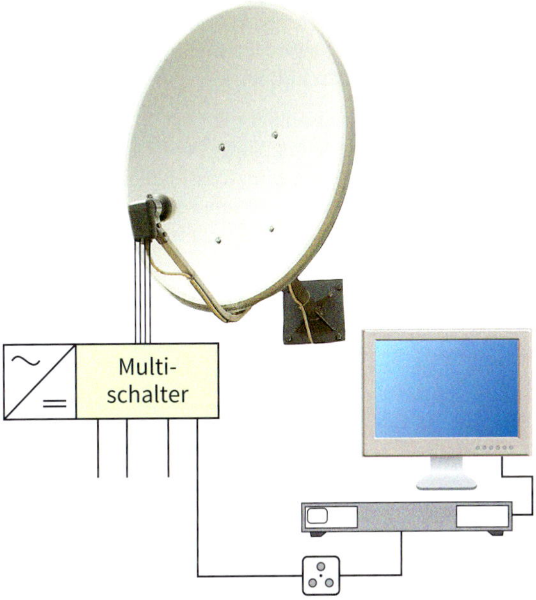

6: Quattro-LNB mit Multischalter

Die grundsätzliche Arbeitsweise eines Multischalters ist in Abb. 7 vereinfacht dargestellt. Die horizontal bzw. vertikal polarisierten Signale jedes Bandes werden mit Koaxialleitungen an zwei **V/H-Schalter** ① ② geführt. In der gezeichneten Schalterstellung wird vom Receiver eine Steuerspannung von 14 V geliefert, sodass die horizontale Polarisation ausgewählt wird. Da gleichzeitig vom Empfänger keine Wechselspannung von 22 kHz in die Koaxial-Leitung eingespeist wird (0 Hz), ist das untere Band über den **Bandschalter** ③ ausgewählt worden. Entsprechende Änderungen treten ein, wenn als Gleichspannung 18 V und/oder 22 kHz Wechselspannung eingespeist werden.

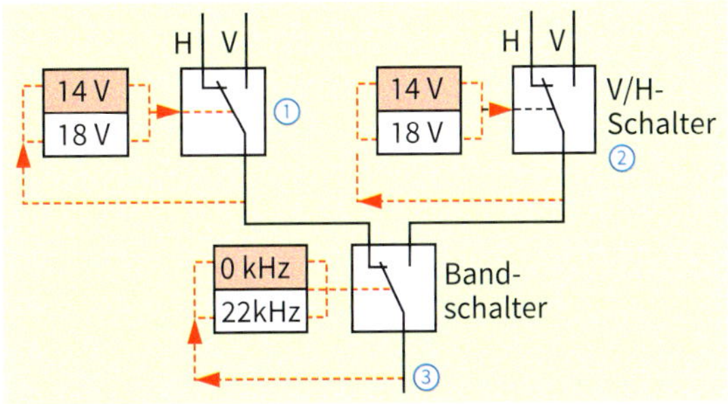

7: Grundsätzliche Arbeitsweise eines Multischalters

In Abb. 6 auf S. 339 ist am Ausgang des Multischalters nur ein Receiver angeschlossen. Je nach Aufbau des Multischalters können auch mehrere Empfänger angeschlossen werden. Jeder Receiver für sich hat dabei den Zugriff auf seinen gewählten Frequenzbereich mit der gewünschten Polarisation.

Es gibt zahlreiche Arten von Multischaltern. Mit ihnen können nicht nur Frequenzbereiche, sondern auch Satelliten ausgewählt werden (Multifeed-Empfang, vgl. Kap. 11.3.8). Erweiterungen lassen sich ebenfalls vornehmen, indem man sie hintereinander schaltet (**kaskadierbare Multischalter**).

Für Satelliten-Empfangsanlagen werden **F-Stecker** verwendet (Abb. 1). Da der Innenleiter der Koaxialleitung als Steckerstift verwendet wird, müssen die Abschirmfolie und das Abschirmgeflecht sehr sorgfältig über den Außenmantel gestülpt und die Teile fest verschraubt werden.

1: F-Stecker

Gebäudetechnische Anlagen

DVB-S2

Im März 2005 wurde der Standard von DVB-S2 definiert. Er hat gegenüber DVB-S folgende Vorteile:

DVB S2 SATELLITE

- Anstatt der Modulationsart 4 PSK wird 8 PSK eingesetzt ⇒ ca. 30 % mehr Informationen auf einem Transponder ⇒ geringere Übertragungskosten.
- Effektivere Reduktion der Bilddaten (H.262).
- DVB-S2 ist nicht kompatibel zu DVB-S ⇒ andere Receiver erforderlich.
- Einsatz vorerst nur bei HDTV-Übertragungen.

- Im LNB erfolgt eine Signalverstärkung und die Umsetzung der Empfangsfrequenzen in die Satelliten-Zwischenfrequenz.
- Für die Umschaltung der Polarisationen im Satelliten-Empfangsbereich werden Schaltspannungen von 14 V bzw. 18 V und für die Umschaltung der Bänder werden Spannungen mit Frequenzen von 0 Hz und 22 kHz aus dem Receiver verwendet.
- Mit Multischaltern wird der Zugriff auf Frequenzbänder, Polarisationen oder Satelliten ermöglicht.

9.4.6 Installation einer Satelliten-Empfangsverteilanlage

Die zu installierende Satelliten-Empfangsanlage soll folgende Möglichkeiten bieten:

- Empfang von zwei Satelliten (Astra-Gruppe und Eutelsat II F1)
- Es soll ein Receiver angeschlossen werden.

Die zu installierenden Objekte (aus Herstellerkatalog) sowie der Installationsplan sind in der Abb. 1 aufgeführt. Aufgrund der Materialaufstellung sind aber noch folgende Fragen zu klären:

- Wie können mit einer Satelliten-Antenne die Signale von zwei Satelliten empfangen werden?
- Wozu dient die DiSEqC-Umschaltmatrix (sprich: Dai-Sek)?

Materialliste

- Offset-Parabolantenne, 90 cm
- 2 LNBs, Rauschmaß 0,6 dB
- Montagematerial
- DiSEqC-Umschaltmatrix
- 20 m Koaxialleitung, Schirmungsmaß > 80 dB
- 1 Antennensteckdose
- 1 Empfänger-Anschlussleitung
- 1 Satelliten-Receiver
- 1 Abschlusswiderstand
- 1 Überspannungsschutz

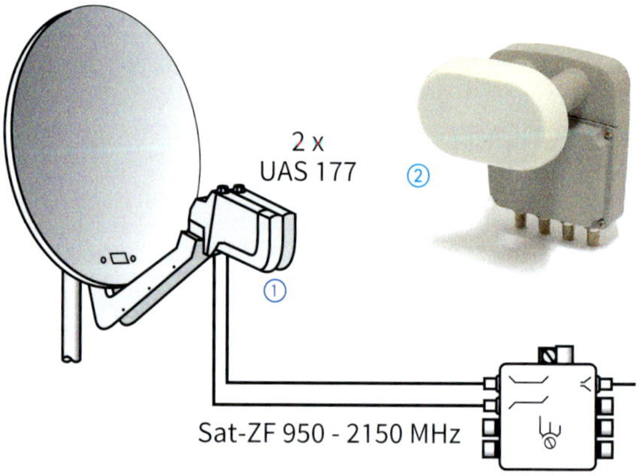

2: Empfangsanlage für zwei Satelliten

Multifeed-Empfang

Dieser Begriff drückt aus, dass von einer Satelliten-Antenne Signale von zwei oder mehreren Satelliten empfangen werden können. Für die zu installierende Anlage sind die Satelliten Astra und Eutelsat II F1 vorgesehen. Sie befinden sich bei 19,2° und 13° Ost relativ dicht nebeneinander, sodass die Signale mit zwei nebeneinander montierten LNBs (Abb. 2 ①) die Signale empfangen werden können.

Es wäre aber auch möglich, Doppelempfangsbausteine (LNB-Monoblöcke ②, Abb. 2) einzusetzen. Bei dieser Installation ist für keinen der LNBs eine optimale Ausrichtung möglich, der Gewinn und die Güte verschlechtern sich gegenüber einem einzelnen LNB. Durch einen größeren Durchmesser der Antenne (z. B. 85 cm) kann dies jedoch ausgeglichen werden.

DiSEqC-Umschaltmatrix

Die bisher angesprochenen Multischalter konnten mit Gleichspannungen (14 V und 18 V) sowie einer Wechselspannung von 22 kHz Schaltvorgänge auslösen. Auch beim **DiSEqC**-System (**Di**gital **S**atellite **Eq**uipment **C**ontrol) wird weiterhin die LNB-Versorgungsspannung von 14/18 V des Receivers sowie das 22 kHz-Signal durchgeschaltet. Das DiSEqC-System bietet aber erheblich mehr Schaltmöglichkeiten. Die Schaltbefehle werden vom Receiver als seriell codiertes Datenwort an die Schaltmatrix gegeben. Die 0- und 1-Zustände werden durch getastete 22 kHz-Signale erzeugt (Abb. 3).

Das DiSEqC-Datenwort setzt sich aus einem Startbyte, einem Adressbyte und einem Befehlsbyte zusammen. Der Receiver arbeitet dabei als Master, der durch seine Befehle unterschiedliche Slaves (LNBs, Multischalter usw.) ansteuern kann. Die Antworten vom Slave bestehen aus dem Startbyte und den angehängten Daten.

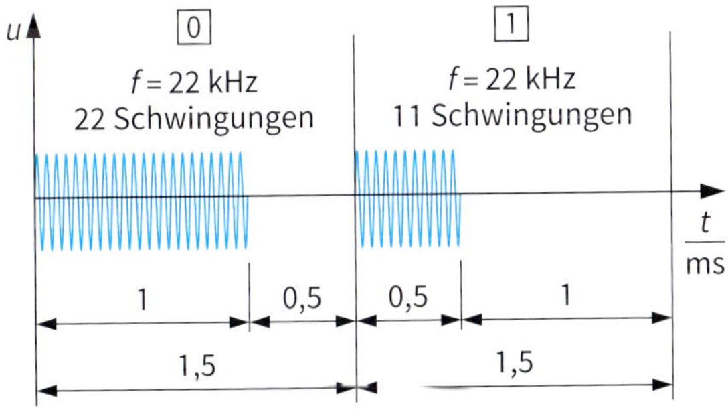

3: Bitstruktur des DiSEqC-Signals

DiSECqC gibt es in verschiedenen Versionen. Sie werden durch zwei mit einem Punkt getrennte Ziffern gekennzeichnet.

- **Version 1.0**
  Die Kommunikation erfolgt unidirektional (in eine Richtung). Folgende Befehle (16) sind vom Receiver zur Schaltmatrix möglich: Vier Satellitenpositionen, zwei Bänder (High-Band und Low-Band), zwei Polarisationen (vertikal und horizontal)
- **Version 2.0**
  Die Kommunikation erfolgt bidirektional (zwei Richtungen).
- **Version 3.0**
  Es gibt zusätzliche Programmierungsoptionen.

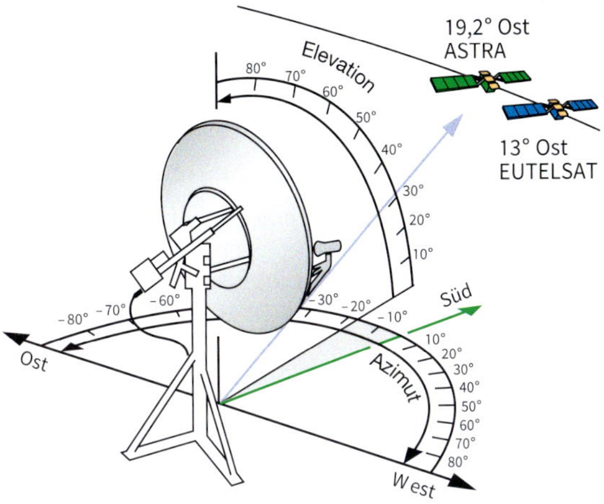

4: Ausrichtung der Satelliten-Antenne

Ausrichtung der Antenne

Die Antenne muss sehr genau auf den gewünschten Satelliten ausgerichtet werden. Die Ausrichtung wird durch zwei Winkel festgelegt (Abb. 4):

- Horizontal: **Azimut**; die Bezugsrichtung für Europa ist Süden
- Vertikal: **Elevation**; Erhebungs- bzw. Höhenwinkel der Satelliten-Antenne

Der Azimut und die Elevation sind vom Montageort und der Position des Satelliten abhängig. Die entsprechenden Werte sind aus Tabellen zu entnehmen. Hilfreich für die Ausrichtung der Antenne sind „Satellitenfinder". Sie werden in die Zuleitung geschaltet und erzeugen bei richtiger Positionierung entsprechende Signale.

Am Ende der Installation der Antennenanlage erfolgt eine messtechnische Überprüfung (z. B. Universalmessgerät, Abb. 5). Eine wichtige Messung ist die Pegelmessung. Nur ein ausreichender Pegel ist die Voraussetzung für eine gute Bildqualität. In DIN EN 50083-7 ist der Pegelbereich von 47 bis 77 dBµV angegeben. Optimale Werte sollten zwischen 50 und 65 dBµV liegen.

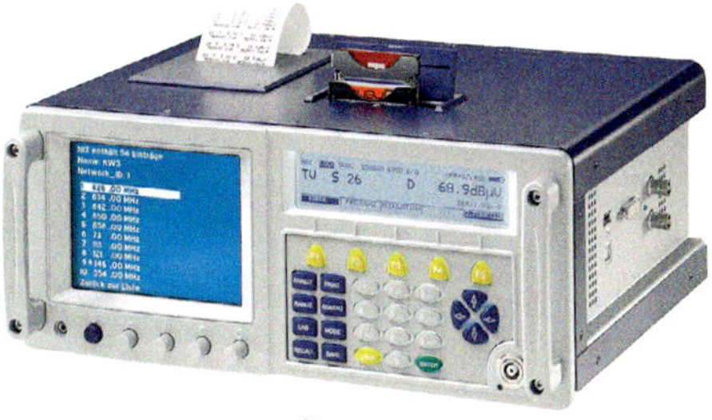

5: Antennen-Messempfänger

- Multifeed-Empfang bedeutet, dass Signale von mehr als einem Satelliten empfangen werden.
- DiSEqC-Schalter sind im Prinzip Umschalter, die durch den Receiver ferngesteuert werden.

9.4.7 Pay-TV

Beim „Bezahl-Fernsehen“ (Pay-TV) wird eine allgemeine Schnittstelle für verschlüsselte Signale eingesetzt, die als **CI** (**C**ommon **I**nterface) bezeichnet wird.

Zur Identifizierung des Teilnehmers dient eine Smart Card. Die Entschlüsselung (Decryption) erfolgt im Gerät über den **CAM** (**C**onditional **A**ccess **M**odule, bedingter Zugriff) in Verbindung mit den Daten der eingefügten Smart Card.

Das gegenwärtige Verfahren wird als **Common Interface Plus** (**CI+**) bezeichnet. Das System arbeitet mit einer “Rückverschlüsselung“. Das Signal ist bis vor der Ausgabe auf dem Bildschirm noch verschlüsselt. Dies geschieht mit Hilfe zusätzlicher Signale (Host Shunning Flags: Anweisungen) im TV-Signal der Sendeanstalten.

Arbeitsweise von CI+

Im CAM erfolgt zunächst die Schlüsselberechnung und Entschlüsselung des Signals ①. Je nach Berechtigung durch die Sendeanstalt erfolgt eine Neuverschlüsselung ②. Wenn die Bedingungen erfüllt sind, erfolgt im Empfänger die Entschlüsselung des Signals ③.

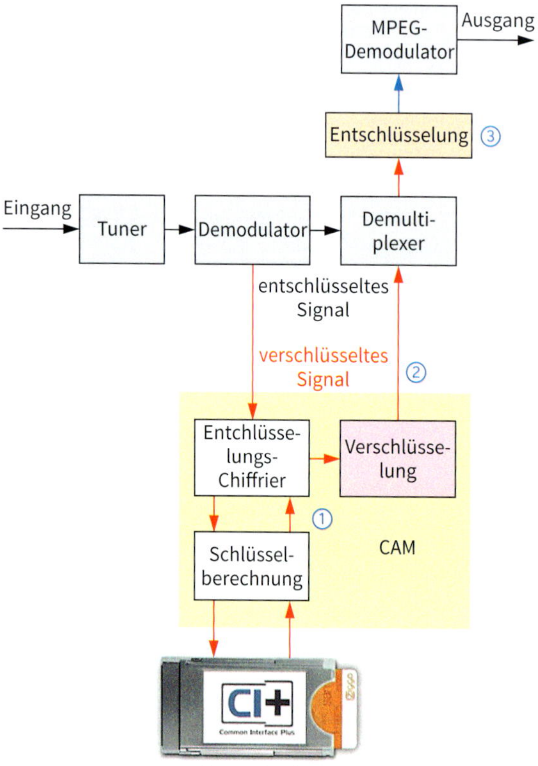

1: Arbeitsweise von CI+

9.4.8 HbbTV

Durch **HbbTV** (**H**ybrid **b**roadcast **b**roadband **TV**) wird das digitale Fernsehsignal mit Inhalten aus dem Internet kombiniert. HbbTV baut auf existierende Fernsehstandards (DVB) und Internet-Technologien auf. Die Inhalte aus beiden Quellen können einzeln oder gemeinsam dargestellt werden. Dazu werden in die laufende Sendung weitere Signale (**AIT-Tabelle**, **A**pplication **I**nformation **T**able) eingefügt, die vom Empfänger ausgelesen werden können. Sie enthalten in der Regel URLs bestimmter HTML-Seiten, die dann vom Anwender über die zusätzlich vorhandene Internet-Verbindung aufgerufen werden können. Die Bedienung erfolgt in der Regel über die Fernbedienung (Knopfdruck).

Im HbbTV-System verwendet man unterschiedliche Inhalte (Contents, Abb. 2):

- **Linear A/V-Content** ①:
  Es handelt sich dabei um kontinuierliche Sendungen audiovisueller Inhalte, ohne Eingriffsmöglichkeiten wie z. B. Navigation oder Steuerung.
- **Non-linear A/V-Content** ②:
  Diese nichtlinearen audiovisuellen Inhalte ermöglichen verschiedenste Interaktivitäten durch den Benutzer.

Beispiele:

- **Video on Demand**: Abruf aus Mediatheken
- **Zuschauer-Voting**:
  Meinungen zu Sendungen auf Knopfdruck
- **Multimediale elektronische TV-Führer**:
  Suchfunktion, Video-Preview (Vorschau)
- **Zugriffe** auf: Soziale Netzwerke, Ebay, ...
- **Begleitende Zusatzinformationen**:
  Bild, Text, Ton, Video
- **Interaktive Programmbegleitung**:
  Werbung, Einkaufsmöglichkeiten, Spiele

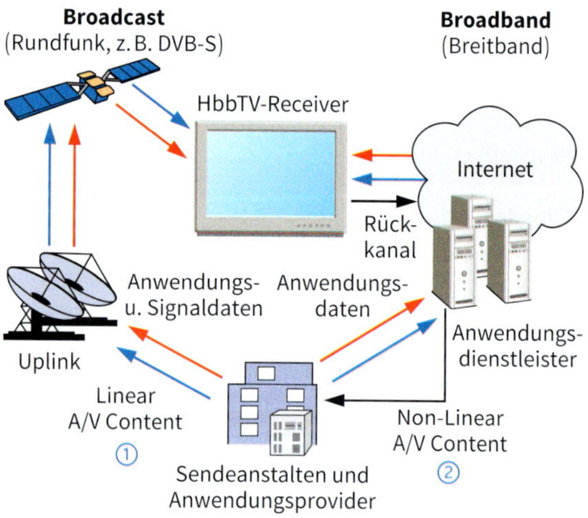

2: HbbTV-System

9.5 Planen von Beleuchtungsanlagen

Eine sanierungsbedürftige Beleuchtungsanlage und steigende Energiekosten sind der Anlass für einen Industriebetrieb, die Beleuchtung in einer **Montagehalle** [*assembly hall*] (Abb. 3) und im Verwaltungsbereich (Abb. 4) zu erneuern.

3: Montagehalle mit LED-Lichtbandleuchten

4: Büro-Arbeitsplatzbeleuchtung

9.5.1 Energie sparen

Angepasste Beleuchtungssysteme

Für die Projektierung der Beleuchtungsanlagen spielen wirtschaftliche Betrachtungen wie Energieeinsparung durch neue Beleuchtungssysteme eine wichtige Rolle.

Besonders in Betrieben, in denen durch lange Betriebszeiten (z. B. nachts) künstliche Beleuchtung erforderlich ist, haben sich energiesparende Beleuchtungsanlagen schnell amortisiert.

Vergleich von Anschaffungs- und Energiekosten

Für die Gesamtkosten von Beleuchtungsanlagen mit hohem Nutzungsgrad sind die Kosten für Lampen (Lichtquellen bzw. Leuchtmittel) bzw. Leuchten (Lampe mit Gehäuse bzw. Reflektor) im Vergleich zu den Energiekosten niedrig, z. B. über zehn Jahre gesehen.

Eine teure LED- oder Energiesparlampe hat sich im Vergleich zu einer Glühlampe gleicher Beleuchtungsstärke in kurzer Zeit amortisiert und damit langfristig Kosten gespart (Abb. 5).

Die folgende Auflistung verdeutlicht weitere Möglichkeiten, mit welchen Objekten und **Beleuchtungssystemen** [*lighting systems*] Energie eingespart werden kann.

- Auswahl der **Leuchtmittel**
  - LED-Lampen oder Kompaktleuchtstofflampen
  - LED-Röhren anstelle T5-Leuchtstofflampen (Dreibanden-Leuchtstofflampen) bzw. T8-Leuchtstofflampen (vgl. Kap. 9.5.4.3)
- Auswahl des **Leuchtentyps**
  - Direkt statt indirekt strahlende Leuchte wählen, wobei der Lichtstrom von der Leuchte direkt auf den Arbeitsbereich gelenkt wird.
  - Einsatz von Spiegelreflektoren und Lamellenrastern statt matter Materialien in Wannenleuchten.
- **Lichtsteuergeräte**
  - Elektronische Vorschaltgeräte (EVGs) statt verlustarmer Vorschaltgeräte (VVGs)
- **Beleuchtungssteuerungen und -regelungen**
  - Manuelle Ansteuerung mit Dimmern
  - Tageslichtabhängige Regelung durch Lichtsensoren
  - Anwesenheitsabhängige Steuerung durch Präsenzmelder (vgl. Kap. 9.5.5)

Folgende Tabelle zeigt, wie Energiekosten durch den Einsatz von LED-Lampen eingespart werden können. Als Kosten werden 0,28 Euro/kWh, Anschaffungskosten für LEDs und die fachgerechte Entsorgung der Quecksilbergehalte eingesetzt. Der gesamte Kostenvergleich bezieht sich auf ein Jahr (Abb. 5).

	Glühlampe	**Halogenlampe**	**Energiesparlampe**	**LED**
Helligkeit (Lumen)	1000 lm	1000 lm	1000 lm	1000 lm
Leistungsaufnahme	75 Watt	53 Watt	15 Watt	12 Watt
Stromverbrauch bei 1000 h/Jahr	75 kWh	53 kWh	15 kWh	12 kWh
Stromkosten*	21,00 €	14,84 €	4,20 €	3,36 €
Kaufpreis	0,50 €	3 €	9 €	15 €
Lebensdauer	1 Jahr	2 Jahre	10 Jahre	25 Jahre
Gesamtkosten über 10 Jahre**	215 €	163 €	51 €	40 €
Quecksilberemission pro Jahr	0,67 mg	0,48 mg	0,33 mg***	0,11 mg

5: Anschaffungs- und Energiekostenvergleich

Gebäudetechnische Anlagen

Wenn Leuchtstofflampen auf LED-Technik umgerüstet werden (Abb. 1), zeigt die Vergleichsrechnung (Abb. 2) eine erhebliche Stromkostenersparnis. Aufgrund der Betriebsdauer der LED-Röhren von ca. 50 000 h empfiehlt sich eine Umrüstung. Vor der Umrüstung sind die Angaben des Herstellers in Bezug auf die Auswahl der Vorschaltgeräte, z. B. EVG, zu beachten.

1: Umrüstung auf LEDtube (LED-Röhre)

Vergleichsrechnung der LED gegenüber einer konventionellen Lösung	**Leuchtstofflampe 58 W**	**MASTER LEDtube UE 21,5 W**
Lampenleistung	58 W	21,5 W
Stromverbrauch/Jahr	232 kW	86 kW
Stromkosten/Jahr	46,40 €	17,20 €
Ersparnis Stromkosten/Jahr[1]		**29,20 €**

[1] Berechnungsgrundlage: Strompreis 0,20 €/kWh, Brenndauer: 4000 Stunden pro Jahr (s. Tabelle: 58 W – 21,5 W = 36,5 W, Ersparnis: 29,20 €)

2: Stromkostenvergleich

Für die Planung der Beleuchtungsanlagen stehen verschiedene Computerprogramme zur Verfügung (z. B. DIALux). Sie werden von vielen Lampen- und Leuchtenherstellern mit Planungsdaten unterstützt.

Um Beleuchtungsanlagen planen zu können, müssen folgende Angaben zum Raum gemacht werden:

- Abmessungen: Länge, Breite und Höhe,
- Reflexionsgrad: Wände, Decke und Boden,
- Art der Tätigkeiten und
- spezielle Anforderungen an Leuchten und deren Steuerung bzw. Regelung.

Die Leuchten können dann aus verschiedenen Herstellerkatalogen ausgewählt werden.

9.5.2 Einflussgrößen

DIN EN 12464-1 schreibt für die **Beleuchtungsplanung** *[lighting planning]* von Arbeitsstätten in verschiedenen **Arbeitsbereichen** bestimmte Gütemerkmale vor (Abb. 3). Weiterhin enthält die Norm eine Vielzahl von Bestimmungen zur Beleuchtungsplanung, u. a. spezielle Anforderungen für Tätigkeiten z. B. in den Bereichen

- Elektroindustrie,
- Industriebetriebe für Metallverarbeitung und
- Büroräume mit Bildschirmarbeitsplätzen.

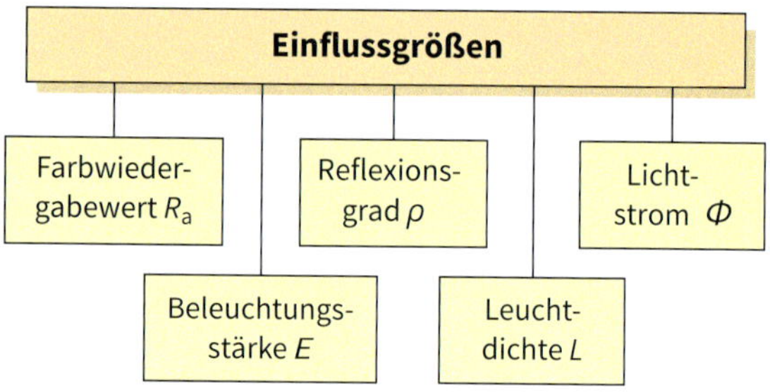

3: Gütemerkmale

Farbwiedergabewert

Bei Arbeiten an bestimmten Einsatzorten (z. B. Arbeiten in Druckereien) sollten die verwendeten Leuchten eine möglichst korrekte Farbwahrnehmung ermöglichen (vergleichbar dem Tageslicht). Ein Maß für die Farbwiedergabe einer Lichtquelle ist der **Farbwiedergabewert R_a**. Für feine Montagearbeiten sieht die Norm mindestens den Wert $R_a = 80$ vor. Die Tabelle (Abb. 4) enthält Lampenarten, mit denen unterschiedliche R_a-Werte erreicht werden können.

R_a-Wert	**Lampenart**
> 97	LED-Lampen
≥ 90	spezielle Leuchtstofflampen, Kompaktleuchtstofflampen, Glühlampen, Halogen-Metalldampflampen
80 – 90	Dreibanden- und Kompaktleuchtstofflampen, Halogen-Metalldampflampen
70 – 80	Standard-Leuchtstofflampen (universalweiß)
60 – 70	Standard-Leuchtstofflampen hellweiß, Halogen-Metalldampflampen
40 – 60	Standard-Leuchtstofflampen (warmton)
20 – 40	Natriumdampf-Hochdrucklampen
< 20	Natriumdampf-Niederdrucklampen (in Arbeitsstätten verboten)

4: R_a-Bereiche

Lichttechnische Größen

Der **Lichtstrom *Φ*** [*luminous flux*] ist die gesamte Strahlung, die von einer Lichtquelle in alle Richtungen abgegeben wird.

Einheit: lm (Lumen)

Die **Lichtstärke *I*** [*luminous intensity*] ist der Teil des Lichtstroms, der im Raumwinkel ω kegelförmig in eine bestimmte Richtung strahlt.

Einheit: cd (Candela)

$$I = \frac{\Phi}{\omega}$$

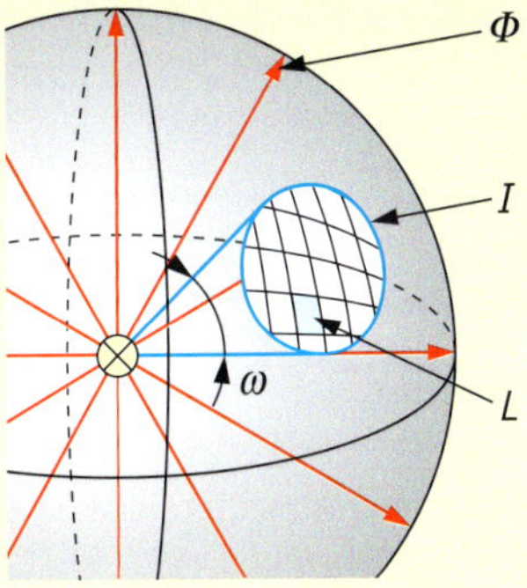

Die **Leuchtdichte *L*** [*luminance*] ist die Lichtstärke bezogen auf den strahlenden Flächenausschnitt.

$$L = \frac{I}{A} \qquad \text{Einheit: } \frac{\text{cd}}{\text{m}^2}$$

Die Lichtstärkeverteilung im Raum ist dreidimensional und wird durch die **Lichtstärkeverteilungskurve** (**LVK**) [*light distribution curve*] dargestellt. Sie zeigt die räumliche Verteilung der Lichtstärke von Leuchten und wird im Polardiagramm als Lichtstärkewert in cd/1000 lm dargestellt.

LVKs werden von Leuchtenherstellern individuell für jede angebotene Leuchte angegeben.

Die **Beleuchtungsstärke *E*** ist der Lichtstrom bezogen auf die beleuchtete Fläche.

$$E = \frac{\Phi}{A}$$

$$\text{Einheit: } \frac{\text{lm}}{\text{m}^2} = \text{lx}$$

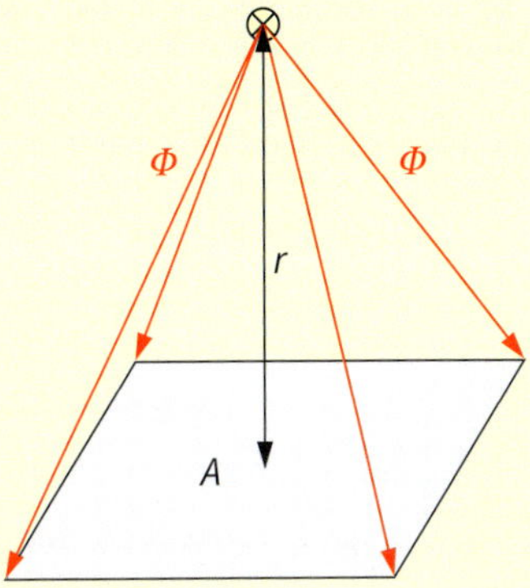

Die **mittlere Beleuchtungsstärke $\bar{E}$** ist der Mittelwert der Beleuchtungsstärken, die an festgelegten Punkten im Raum gemessen werden.

Der **Farbwiedergabewert R_a** [*colour rendering index*] ist ein Maß für die Übereinstimmung der gesehenen Farbe eines Gegenstandes mit dem Aussehen bei Beleuchtung durch eine Lichtquelle. Bei $R_a = 100$ erreicht man eine originalgetreue Farbwiedergabe durch die Lichtquelle.

Die **Lichtausbeute η** [*luminous efficiency*] ist der abgestrahlte Lichtstrom bezogen auf die aufgenommene Lampenleistung.

$$\eta = \frac{\Phi}{P} \qquad \text{Einheit: } \frac{\text{lm}}{\text{W}}$$

Der **Leuchtenbetriebswirkungsgrad η_{LB}** ist der von einer Leuchte ausgestrahlte Lichtstrom bezogen auf die Summe der Lichtströme der Lampen, die in der Leuchte betrieben werden (Herstellerangaben beachten).

Der **Wartungsfaktor WF** berücksichtigt die Verschmutzung und Alterung der Leuchten sowie die Verschmutzung des Raumes.

Beleuchtungsstärke

Einen wichtigen Einfluss auf die Sehleistung bei bestimmten Arbeiten an der Werkbank oder im Büro hat die Beleuchtungsstärke. Sie sollte deshalb unabhängig vom Alter der Beleuchtungsanlage einen vorgeschriebenen Wert nicht unterschreiten. Die Skala für **erforderliche Beleuchtungsstärken** reicht von

- 1 lx z. B. für Flucht- und Rettungswege an Arbeitsplätzen bis
- 5000 lx und mehr z. B. für bestimmte medizinische Bereiche wie in OP-Räumen.

Der Mindestwert für die Beleuchtungsstärke an ständig besetzten Arbeitsplätzen beträgt 200 lx. Laut DIN EN 12464-1 sind mittlere Beleuchtungsstärken für bestimmte Arbeitsplätze vorgeschrieben (Abb. 5).

E in lx	Tätigkeiten
500	Montagearbeiten in einer Elektrowerkstatt, z. B. Arbeiten an Schalttafeln Schreibarbeiten im Büro, z. B. Datenverarbeitung am PC
750	Arbeiten in einer Elektronikwerkstatt, z. B. Messen und Prüfen
1500	Arbeiten in einer Metallwerkstatt, z. B. präzise Montage von Bauteilen

5: Beleuchtungsstärken und Tätigkeiten

Gebäudetechnische Anlagen

Die Beleuchtungsstärke sollte an Arbeitsplätzen gleichmäßig sein (Abb. 1). Dabei müssen zu hohe Beleuchtungsstärken vermieden werden, da diese eine Blendung verursachen. Um Blendeffekte zu vermeiden, sollten größere Beleuchtungsstärkeverhältnisse als etwa 10:1 zwischen Arbeitsfläche und weiter entfernten Flächen im Gesichtsfeld vermieden werden. Folgende Angaben nach Abb. 1 müssen z. B. für einen Büroarbeitsplatz beachtet werden.

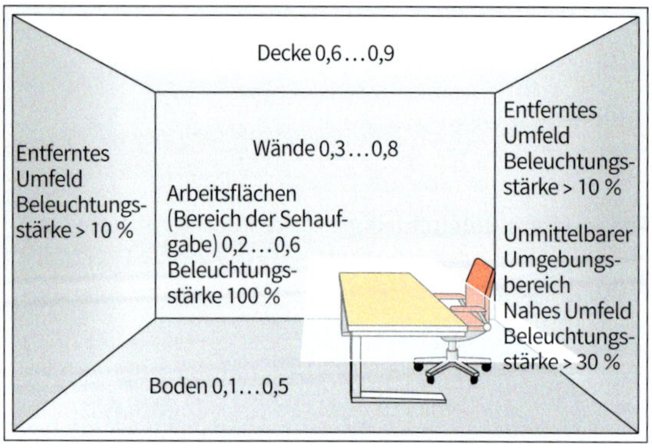

1: Beleuchtungsstärken und Reflexionsgrade

Reflexionsgrad [*reflection coefficient*]

Die Beleuchtungsstärke am Arbeitsplatz hängt u. a. von den **Reflexionsgraden** der Umgebung ab. Farben von Flächen im Sehbereich von Personen, also Decke, Wände und Boden, sind so zu wählen, dass eine angenehme Beleuchtungsstärkeverteilung im Raum entsteht (Abb. 2). Sind die Beleuchtungsstärke und Farbunterschiede zu gering, dann bewirken sie einen monotonen Raumeindruck.

Der **Reflexionsgrad** ρ ist das Verhältnis von reflektiertem Lichtstrom Φ_Z zum einfallenden Lichtstrom Φ, der von der Lichtquelle auf die Arbeitsfläche auftrifft. Für Montageflächen, also Oberflächen von Arbeitstischen und Werkbänken, liegt der Reflexionsgrad je nach Farbe zwischen den Werten 0,09 und 0,5.

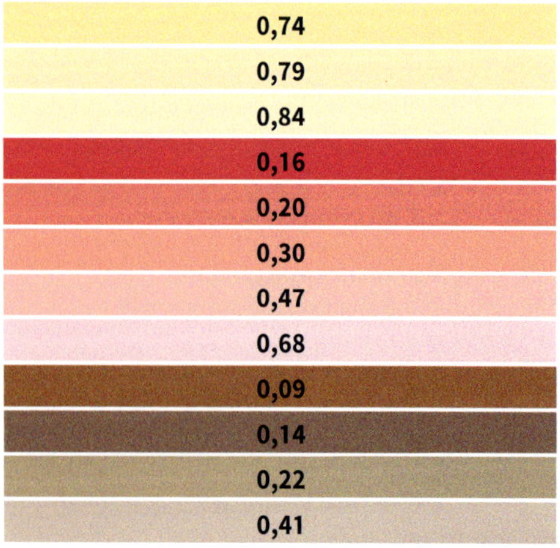

2: Farbskala für ρ (Auszug)

Beleuchtungsanlagen für Raumbereiche

Bei der Beleuchtung von Arbeitsplätzen wird zwischen drei Bereichen unterschieden (Abb. 3). Neben der **Grundbeleuchtung** [*basic lighting*], z. B. Leuchtstofflampen oder LED-Röhren als Deckenleuchten. sind zusätzliche Lichtquellen für bestimmte Arbeitsbereiche, z. B. LED-Lampen oder Kompaktleuchtstofflampen erforderlich.

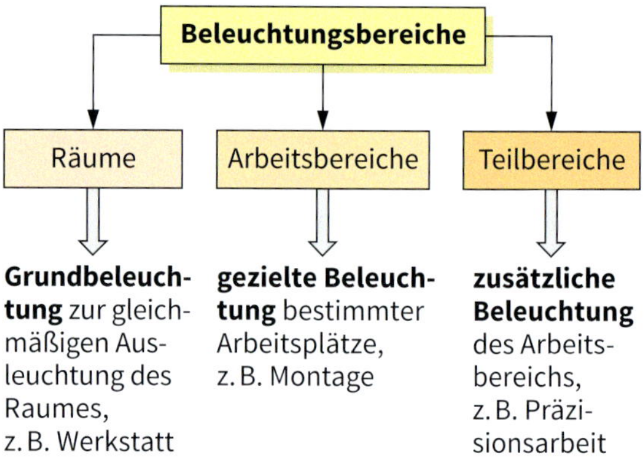

3: Beleuchtungsbereiche

Welchen Einfluss hat die Leuchtenauswahl?

Je nach Montage und Leuchtenart wird zwischen verschiedenen Beleuchtungsarten unterschieden. Darunter ist die Richtung des Lichtstromes zu verstehen, der von einer Lichtquelle abgestrahlt wird.

- **Direkte Beleuchtung** (Abb. 4)
  Hier wird vom Leuchtmittel der Lichtstrom direkt auf den Arbeitsbereich gelenkt (z. B. in Lagerhallen).

4: Direkte Beleuchtung mit LED-Strip

- **Indirekte Beleuchtung** (Abb. 5)
  Um Blendungen z. B. in Hallenbädern zu vermeiden, wird über Lampen an den Wänden der Lichtstrom durch Reflexion an Wänden und Decke auf den Tätigkeitsbereich gelenkt. Der von den Leuchten abgestrahlte Lichtstrom Φ nach oben ist hier um ein Vielfaches größer als nach unten. Indirekte Beleuchtung erfordert jedoch eine höhere Leistung der Beleuchtungsanlage und verursacht dadurch höhere Energiekosten.

5: Indirekte Beleuchtung einer Treppe

- **Direkte-indirekte Beleuchtung**
  Bei dieser Beleuchtungsart wird der Lichtstrom sowohl direkt als auch indirekt durch Reflexionen auf den Arbeitsbereich gelenkt (z. B. in Büro- und Konferenzräumen).

Durch die direkte-indirekte Beleuchtung wird ein größerer Spielraum in Bezug auf die räumliche Anordnung der Arbeitsplätze als bei der **Direktbeleuchtung** [*direct lighting*] erreicht. Diese Beleuchtungsart bewirkt eine bessere Leuchtdichteverteilung und Atmosphäre als bei direkter oder indirekter Beleuchtung. Die Raumdecke sollte zur besseren Reflexion einen hellen Farbton besitzen.

Kennzeichnung von Betriebsmitteln		
bis 12.04.2012	neu nach EN 60598-1: 2008	
Zeichen		**Einsatzort**
Montage auf normal entflammbaren Baustoffen		**Anbauleuchten:**
	keine	– geeignet
 oder Warnhinweis		– **nicht** geeignet
 Zusätzlich Warnhinweis		**Einbauleuchten:** – geeignet, nicht mit Wärmedämmung bedecken
	keine	– geeignet, auch mit Wärmedämmung bedecken
 oder Warnhinweis		– **nicht** geeignet

6: Kennzeichnung und Einsatz von Leuchten

9.5.3 Kennzeichen von Leuchten

Schutzzeichen

Bei der Planung von Beleuchtungsanlagen sind die Leuchten so auszuwählen, dass bei normalem Betrieb und im Fehlerfall (z. B. Wassereinbruch) kein Schaden entstehen kann. Die Hersteller kennzeichnen den Sicherheitszustand der Betriebsmittel durch bestimmte Zeichen wie z. B. für

- die Schutzklassen I, II oder III und
- den Berührungs-, Fremdkörper- und Wasserschutz (**IP** = **I**nternational **P**rotection).

Das dargestellte **Leuchtenprüfzeichen** gibt u. a. an, dass die Leuchten

- den Anforderungen der europäischen Prüfstellen entsprechen (hier 10 = Nummer der Prüfstelle),
- die Brandschutzmaßnahmen und
- die Bestimmungen der Arbeits- und Unfallverhütungsvorschriften eingehalten werden.

Für Beleuchtungsanlagen und die Auswahl von Leuchten müssen verschiedene Angaben je nach Einsatzort (Abb. 6) beachtet werden:

- Zulässige **Gebrauchslage**,
- **Brandverhalten** des verwendeten Materials und der Montageflächen sowie
- **Mindestabstand** zu brennbaren Materialien.

Aufgaben

1. Beschreiben Sie anhand von vier Beispielen, wie durch spezielle Auswahl von Leuchten bzw. Beleuchtungssystemen Energie gespart werden kann.
2. Was versteht man unter dem Farbwiedergabewert?
3. Für bestimmte Tätigkeiten sind Mindestwerte von Beleuchtungsstärken vorgeschrieben. Wählen Sie dazu vier Beispiele aus und geben Sie den Wert für die Beleuchtungsstärke an.

- Energiekosten können durch geeignete Leuchtmittel, Leuchten, Lichtsteuergeräte, Beleuchtungssteuerungen und Beleuchtungsregelungen gespart werden.
- Bei der Planung von Beleuchtungsanlagen müssen vorher die Abmessungen des Raumes, die Reflexionsgrade, Art der Tätigkeiten im Raum und spezielle Anforderungen an die Leuchten festgelegt werden.
- Für die Beleuchtungsstärken an Arbeitsplätzen gelten Mindestwerte laut DIN EN 12464-1.
- Die Lenkung des Lichtstromes an Arbeitsplätzen kann durch direkte, indirekte und direkte-indirekte Beleuchtung beeinflusst werden.

9.5.4 Lampenarten

In **Beleuchtungsanlagen** können verschiedene Arten von Leuchten installiert sein. Die einzelnen Lampenarten (Abb. 1) mit ihren typischen Eigenschaften werden deshalb auf ihren möglichen Einsatz im Produktionsbereich und Büro einer Firma untersucht.

Beispiele	Lampenarten
Werkraum	**LED** in der Deckenleuchte, **LED-Röhren** im Arbeitsbereich
Büro	**LED** mit Netzspannung in der Schreibtischleuchte, **Halogen-Niedervoltlampen** zur Raumbeleuchtung
Flur	**Kompaktleuchtstofflampe** in der Wandleuchte
WC	**LED** in der Deckenleuchte, **Leuchtröhre** in der Spiegelleuchte
Kellerraum	LED-Röhren
Außenanlage	**Halogen-Metalldampflampe** für Hofbeleuchtung, **LEDs** für Markierungsbeleuchtung von Fahrwegen

1: Lampen mit Anwendungen

9.5.4.1 Glühlampen

In Räumen, in denen nur kurzzeitig Leuchten eingeschaltet werden, sind Glühlampen als Lichtquelle immer noch geeignet. Der dünne, einfach oder doppelt gewendelte Wolframdraht wird beim Betrieb auf eine Temperatur bis 2700 °C erhitzt. Wegen der hohen Wärmeentwicklung werden Glühlampen auch als **Temperaturstrahler** bezeichnet. Es wird ca. 90 % der elektrischen Energie in Wärme umgesetzt. Die Lichtausbeute ist deshalb gering. Die Betriebsstundenzahl beträgt ca. 1000 h.

In der **EU-Verordnung** von 2009 werden unter anderem Mindestanforderungen an Haushaltslampen gestellt. Glühlampen mit niedriger Energieeffizienz (Klasse E, F und G) sowie Halogen-Glühlampen (Klasse E) werden nach folgendem Stufenplan nicht mehr hergestellt:

- 01.09.2009:
  mattierte Glühlampen und 100 W-Glühlampen
- 01.09.2010: 75 W-Glühlampen
- 01.09.2011: 60 W-Glühlampen
- 01.09.2012: 25 W- und 40 W-Glühlampen
- 01.09.2018:
  Produktion von Halogen-Glühlampen für 230 V eingestellt.

9.5.4.2 Halogenlampen

Halogenlampen sind eine Weiterentwicklung der Glühlampe. Sie werden für Netz- und Kleinspannung gebaut (Abb. 2) und haben einen höheren Wirkungsgrad als Glühlampen. Ihre Lichtausbeute ist höher und die Betriebsdauer doppelt so hoch, also ca. 2000 h.

Eine spezielle Bauform sind die so genannten **IRC**-Niedervoltlampen (**I**nfra-**R**ed-**C**oating) mit einer Wärme reflektierenden Kolbenbeschichtung. Sie besitzen die gleiche Lichtstärke wie normale Halogenlampen, haben jedoch einen geringeren Energiebedarf. Diese Lampen haben eine Lichtausbeute bis zu 26 lm/W und eine Betriebsdauer von ca. 4000 h.

Die Halogenlampen sind ebenfalls Temperaturstrahler. Im Innern des Glaskolbens befindet sich ein **Schutzgas** [*protective gas*] (meistens Argon). Dieses verhindert das Verbrennen des Glühdrahtes. Da diese Lampen kleiner sind als Glühlampen gleicher Leistung, kann der Gasdruck im Inneren erhöht werden. Dies bewirkt, dass das Wolfram des Glühfadens langsamer verdampft. Die Lebensdauer der Lampen erhöht sich. Zusätzlich zum Schutzgas befinden sich Halogene (Brom- oder Jodverbindungen) im Glaskolben.

In Niedervoltlampen wird das Licht stark gebündelt. Bestimmte Flächen, z. B. Ausstellungsgegenstände und Arbeitsplätze, können punktgenau beleuchtet werden. Die Kleinspannungen (SELV) werden mit **Sicherheitstransformatoren** [*safety isolating transformer*] erzeugt (Abb. 3).

Beim **Auswechseln von Halogenlampen** darf der Glaskolben nicht mit den Fingern berührt werden, weil sich durch den Fingerabdruck z. B. fetthaltige Teilchen auf dem Glas ablagern. Im Betrieb wird an der Glasoberfläche eine Temperatur von ca. 250 °C erreicht, die dann zum Einbrennen der Rückstände führt. Die Lichtausbeute wird dadurch beeinträchtigt.

Eigenschaften der Halogenlampen:

- Hohe Lichtausbeute
- Lange Lebensdauer
- Konstant bleibender Lichtstrom
- Kleinere Abmessungen als bei Glühlampen
- Dimmen von 230 V-Lampen und Niedervolt-Lampen möglich

- **Netzspannung** (230 V)
- **Kleinspannung** (6 V, 12 V, 24 V)

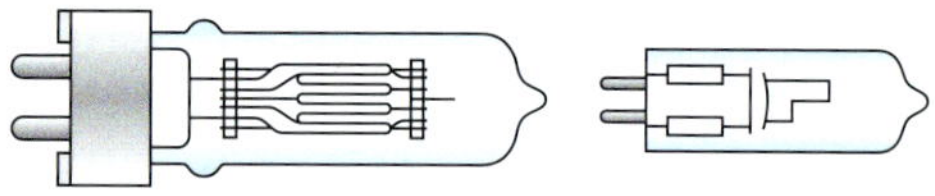

2: Halogenlampen

Netzaufbau für Niedervolt-Halogenlampen

Zur Beleuchtung in Ausstellungsräumen und Geschäften werden oft Niedervolt (NV)-Lampen verwendet, um z. B. mit einem Schienensystem die Leuchten nach Bedarf zu platzieren (Abb. 4). Um die Anlage bei Kurzschlüssen auf der Niederspannungsseite zu schützen, müssen die Transformatoren (Abb. 3)

- durch eine **Schutzeinrichtung** auf der Primärseite gesichert werden oder
- **kurzschlussfest** sein.

3: Sicherheitstransformator

Leiterquerschnitt und Leitungslänge

Im Vergleich zu einer Lampe an 230 V fließt bei einer NV-Lampe an 12 V bei gleicher Leistung ein 19-fach höherer Strom. Dies hat Folgen für die Installation von NV-Lampen im Hinblick auf Anschlussleitung oder Schiene und Klemmen. Die im Handel erhältlichen Leuchten-Sets enthalten alle für die NV-Anlage erforderlichen Materialien mit ausreichenden Abmessungen. Der Packung liegt eine Gebrauchsanweisung bei, die Verwendungs-, Sicherheits- und Montagehinweise enthält. Technische Daten auf der Verpackung beschreiben die Einzelteile der Anlage wie z. B.

- Transformator (230 V/12 V; 120 VA) mit flexibler Anschlussleitung (1,5 m) und Flachstecker,
- sechs NV-Leuchten (je 20 W),
- Zwischenleitung vom Transformator zum Steckverteiler,
- Steckverteiler mit Steckanschlüssen für sechs NV-Leuchten und
- Anschlussleitungen für Leuchten mit Steckern.

Der Leiterquerschnitt und die Leitungslängen müssen so bemessen sein, dass der Spannungsfall niedrig ist. Alle Niedervoltlampen erreichen dann fast ihre volle Leistung, sodass sich auch der Lichtstrom der Lampen nur wenig verringert.

4: NV-Schienensystem

Maximale Leitungslängen – sternförmige Verlegung, gewählter Spannungsfall 4 %, 12 V

P in VA	*I* in A	Abstand vom Transformator 1 m	2,5 m	5 m	10 m	15 m
		Leiterquerschnitt in mm²				
20	1,7	1,5	1,5	1,5	1,5	2,5
50	4,2	1,5	1,5	2,5	4,0	–
100	8,3	1,5	2,5	4,0	–	–
150	12,5	1,5	2,5	–	–	–

5: Spannungsfall und Leitungslängen

Aus der Tabelle in Abb. 5 können die Werte für maximale Leiterlängen und Leiterquerschnitt entnommen werden, wenn z. B. mit einem Spannungsfall von 4 % gerechnet wird. Nach DIN VDE 0100-715 soll der Spannungsfall zwischen Transformator und der am weitesten installierten Leuchte nicht größer als 5 % der Bemessungsspannung sein.

Niedervolt-Systeme

Wenn NV-Halogenlampen an freihängenden Leitungen, den **Trägerleitungen** oder **Stromschienen** [*busbar*], angeschlossen werden, können die Lampen parallel und hintereinander auf einer Doppelleitung angeordnet werden. Auch bei dieser Netzform verringert sich die Lampenspannung mit größer werdender Entfernung vom Sicherheitstransformator.

Den geringsten Spannungsfall erhält man, wenn nach dem Transformator in der Mitte der Beleuchtungsanlage ein Verteiler X1 installiert wird (Abb. 6). Die Leitungslängen zu den Lampen sind dann ungefähr gleich lang. Die Lampenspannung verringert sich nur wenig, weil der Spannungsfall klein ist. Auch die Leiterquerschnitte vom Verteiler zu den einzelnen Lampen können kleiner sein als bei den vorher beschriebenen Systemen. An allen Lampen liegt ungefähr die gleiche Betriebsspannung.

Eine weitere Einflussgröße auf die Betriebsspannung der NV-Halogenlampen sind die **Schwankungen der Netzspannung**. Es gelten folgende Abhängigkeiten:

230 V $\downarrow$ (225 V) $\Rightarrow$ 12 V $\downarrow$ (11,7 V) $\Rightarrow \Phi \downarrow \Rightarrow \eta \downarrow$

230 V $\uparrow$ (235 V) $\Rightarrow$ 12 V $\uparrow$ (12,3 V) $\Rightarrow \Phi \uparrow \Rightarrow \eta \uparrow$

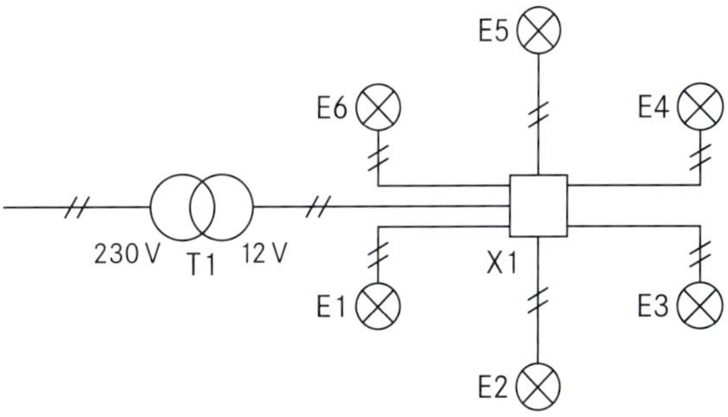

6: NV-Lampen im Strahlennetz

LED-Lampen statt NV-Halogenlampen

Eine weitere Möglichkeit zur Energieeinsparung bietet die Umrüstung auf LED-Lampen (Abb. 1). Beim **Umrüsten** *[retrofitting]* der NV-Halogenlampen auf LED-Lampen müssen folgende Eigenschaften der Betriebsmittel beachtet werden. Sind z. B. drei NV-Halogenlampen von je 35 W installiert, wird ein entsprechender Halogen-Transformator mit einer Bemessungsleistung von 105 VA benötigt. Ein solcher Transformator kann nicht für den Betrieb der drei LED-Lampen verwendet werden, da dieser Transformator mit einer Mindestlast von 20 bis 35 W belastet werden muss. Bei Ersatz durch drei LED-Lampen von je 3,5 W liegt eine Gesamtleistung von 10,5 W vor. Diese Leistung ist zu niedrig. Eine bessere Alternative (längere Betriebsdauer) zum Ersatz der drei NV-Halogenlampen durch drei LED-Lampen bietet der Einsatz eines geeigneten LED-Transformators mit einer Mindest-Bemessungsleistung von 1 bis 12 W.

Vor der Umrüstung sind die Herstellerangaben z. B. für die Dimmbarkeit der LED-Lampen zu beachten.

1: Umrüsten: LED-Lampe statt Halogenlampe

Aufgaben

1. Warum werden Glühlampen als Temperaturstrahler bezeichnet?
2. Wie wird das Verbrennen des Wolframfadens bei Halogenlampen verringert?
3. Warum haben Halogenlampen eine höhere Lebensdauer als Glühlampen? Begründen Sie die Antwort mit Hilfe des Kreisprozesses.
4. Worauf ist beim Auswechseln von Halogenlampen zu achten?

- Glühlampen und Halogenlampen sind Temperaturstrahler, bei denen das Licht durch einen glühenden Wolframdraht erzeugt wird.
- Halogenlampen haben eine höhere Lichtausbeute als Glühlampen.
- Bei Halogenlampen wird das Verdampfen des Wolframfadens durch höheren Gasinnendruck und Halogene verhindert.
- Der Spannungsfall in NV-Anlagen hängt von dem Leiterquerschnitt und der Leiterlänge ab.

9.5.4.3 Leuchtstofflampen

Leuchtstofflampen *[fluorescent lamps]* waren die am meisten eingesetzten Lampen zur Deckung des Lichtbedarfs (ca. 70 %). Die Lampen haben einen niedrigen Gasinnendruck (**Niederdrucklampen**). Leuchtstofflampen enthalten eine Edelgasfüllung aus Argon und Krypton mit etwas Quecksilber, die durch **Gasentladung** *[gas discharge]* zum Leuchten gebracht wird. Wegen des Quecksilberanteils müssen Leuchtstofflampen als Sondermüll entsorgt werden (vgl. Kap. 9.5.4.6).

Bauformen

Leuchtstofflampen werden mit verschiedenen Durchmessern gebaut, z. B. in der

- **T5-Form** (d = 16 mm) als Dreibanden-Leuchtstofflampe („Dreiband", d. h. drei ausgewählte Spektralbereiche im blauen, grünen und roten Bandbereich).

Die häufig eingesetzten stabförmigen Dreibandenleuchtstofflampen haben verbesserte Eigenschaften als z. B. Standard-Leuchtstofflampen. Sie besitzen eine höhere Lichtausbeute von 93 lm/W und eine verkürzte Lampenlänge. Der Rückgang des Lichtstromes nach einer Brenndauer von 10 000 Stunden beträgt nur ca. 8 %, bei Betrieb mit EVGs nach 20 000 Betriebsstunden ca. 12 %. Das Mischungsverhältnis des Dreibanden-Leuchtstoffes beeinflusst den Farbton des Lichtes. Die unterschiedlichen Lichtfarben der Leuchtstofflampen werden durch die Zusammensetzung der Leuchtschicht hervorgerufen. Sie befindet sich auf der Innenseite der Glasröhre.

Lichterzeugung in der Leuchtstofflampe (Abb. 2)

1. Der Strom bringt die Wendel zum Glühen ①.
2. Aus der Wendel treten Elektronen aus (Elektronenemission).
3. Es erfolgt das Zünden des Gases durch die hohe Spannung des Vorschaltgerätes. Das Gas wird leitend ②.
3. UV-Strahlen werden bei Gaszündung erzeugt.
5. UV-Strahlen werden von der Leuchtschicht ③ (Leuchtstoff) in sichtbares Licht umgewandelt.

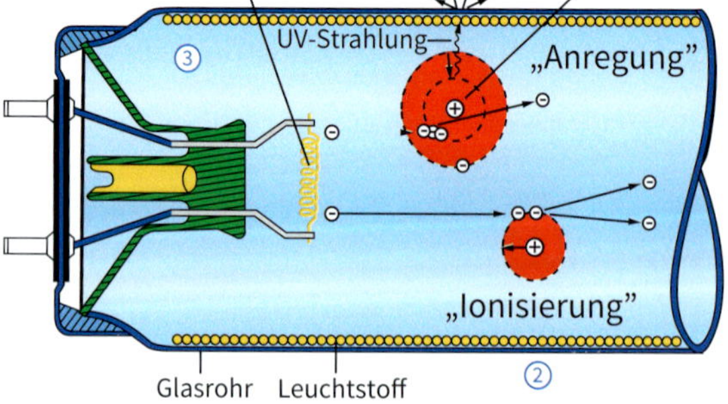

2: Gasentladung und Lichterzeugung

Kennziffer	Bedeutung	Anwendungen
11, 12	tageslichtweiße Lichtfarbe (tw)	Innenbeleuchtung
21, 22	neutralweiße Lichtfarbe (nw)	Arbeitsstätten
31, 32	warmweiße Lichtfarbe (ww)	Wohnbereich
72	ähnlich dem Sonnenlicht (Biolux)	Büros

3: Kennziffern bei Leuchtstofflampen

Kennzeichnung einer Leuchtstofflampe

Leuchtstofflampen besitzen auf der Außenseite u. a. die Angabe zur Lichtfarbe (Abb. 3). Bei den **Kennziffern** [*code numbers*] gibt es weitere Zwischenstufen, die eine gewünschte Farbe hervorheben. Sie werden von den jeweiligen Lampenherstellern festgelegt.

Bauformen von Kompaktleuchtstofflampen

Diese Lampen werden in drei Bauformen gebaut (Abb. 4 und 5). Weil Kompaktleuchtstofflampen geringere Abmessungen als Leuchtstofflampen besitzen, hat ihr Einsatzbereich stark zugenommen. Wegen der niedrigen Anschlussleistungen und der **Energieersparnis** gegenüber Glühlampen werden diese Lampen z. B. in ständig beleuchteten Räumen eingesetzt.

Lampentyp	P in W	η in lm/W	R_a
2-Rohrlampe	18 bis 80	67 bis 75	80 bis 89
4-Rohrlampe	18 bis 36	61 bis 78	
2D-Lampe	10 bis 55	65 bis 71	

4: Bauformen

Vorschaltgeräte

Zum Betrieb von bestimmten Lampen sind außer Leitungen, Schaltern, Fassungen usw. zusätzliche **Betriebsmittel** notwendig. Sie schützen die Lampen vor Zerstörung durch zu hohe Spannung, die z. B. bei der **Zündung** [*triggering*] entsteht. Die folgenden Vorschaltgeräte werden verwendet:

- **Konventionelle Vorschaltgeräte (KVGs)**
  Sie bestehen aus einer Spule, sodass ein induktiver Widerstand und ein Wirkwiderstand vorhanden sind. Der induktive Widerstand bewirkt eine Phasenverschiebung, sodass eine **Blindstromkompensation** [*reactive current compensation*] erforderlich wird (Reihen- oder Parallelkompensation je nach VNB-Bestimmungen), siehe Kap. 9.5.9.1. Der Wirkwiderstand der Spule verursacht den Leistungsverlust (P_{KVG}: Verlustleistung; P_L: Lampenleistung).
  $P_L = 26\ W, P_{KVG} = 6\ W \Rightarrow P_L + P_{KVG} = 32\ W$

- **Verlustarme Vorschaltgeräte (VVGs)**
  Diese sind verbesserte KVGs, bei denen durch Legieren und Vergrößern des Eisenkerns die Verlustleistung verkleinert wird.
  $P_L = 26\ W, P_{VVG} = 4\ W \Rightarrow P_L + P_{VVG} = 30\ W$
  Nachteile der KVG/VVG:
  Bei induktiven Vorschaltgeräten (KVG, VVG) und der Frequenz 50 Hz vergeht relativ viel Zeit zwischen zwei Nulldurchgängen der Wechselspannung.
  ⇒ Die Lampe verringert ihre Helligkeit. Ein Dimmen ist nicht möglich.

- **Elektronische Vorschaltgeräte (EVGs)**
  Sie erreichen bei einer Betriebsfrequenz von ca. 25 kHz eine höhere Lichtausbeute. Dies lässt sich folgendermaßen erklären:
  Bei EVGs wird die Katode bis zur Emissionstemperatur vorgeheizt. Dann wird das Gas in der Lampe mit einer festgelegten Zündspannung gezündet. Wegen der hohen Frequenz ist die Zeit zwischen den Nulldurchgängen der Wechselspannung klein, sodass das Gas ionisiert bleibt.
  ⇒ Die Lampe braucht nicht neu gezündet zu werden.
  $P_L = 26\ W, P_{EVG} = 2\ W \Rightarrow P_L + P_{EVG} = 28\ W$

2-Rohr-Lampen

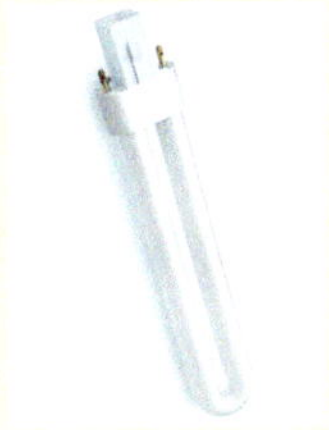

Lampen mit Zwei-Stift-Sockel
- Eingebautes Vorschaltgerät (VVG, EVG)
- Lichtfarbe: ww, nw, tw
- Lebensdauer: ca. 8-fach im Vergleich zu Glühlampen

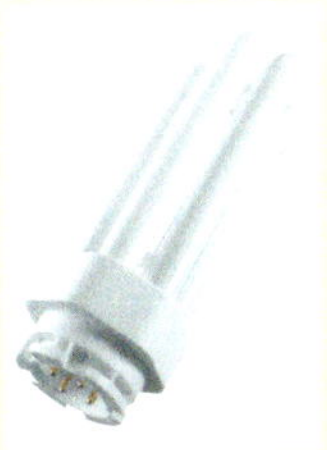

Lampen mit Vier-Stift-Sockel
- Ohne eingebauten Starter
- Betrieb mit EVG, Abb. 5, nächste Seite
- Lichtfarbe: ww, nw, tw
- Lebensdauer: ca. 10-fach im Vergleich zu Glühlampen
- Anwendung z. B. auch in Batterie- und Solaranlagen

5: Bauformen von 2-Rohr-Lampen

Vorteile elektronischer Vorschaltgeräte

- Keine Spannungsspitzen durch Wiederzünden, deshalb Verlängerung der Betriebsdauer der Lampen von z. B. 8000 h auf etwa 12000 h.
- Flackerfreier Sofortstart ⇒ kein stroboskopischer Effekt.
- Keine Lichtschwankungen durch Spannungsschwankungen im Netz.
- Keine Kompensation erforderlich, da keine induktive Last vorhanden.
- Anwendung auch in Notbeleuchtungsanlagen mit Gleichspannungsbetrieb möglich, wenn EVG geeignet.

Kompaktleuchtstofflampen

Diese Lampen sind eine Sonderbauform von Leuchtstofflampen mit kleineren Abmessungen und niedrigeren Leistungen (3 W bis 30 W). Sie besitzen im Vergleich zu den Glühlampen bei gleicher Leistung etwa die 8-fache Betriebsdauer und eine ca. 12-fach größere Lichtausbeute.

Bei dieser Bauform der Kompaktleuchtstofflampen ist das Vorschaltgerät bereits in die Lampe eingebaut (Abb. 1). Es versorgt die Lampe mit Wechselstrom höherer Frequenz (Hochfrequenzbetrieb: 25 kHz bis 70 kHz). Dadurch ergeben sich folgende Vorteile:

- flackerfreier Sofortstart,
- flimmerfreier Betrieb,
- hohe Schaltfestigkeit, d. h. häufiges Ein- und Ausschalten ist möglich,
- längere Lebensdauer.

Ein Nachteil ist, dass diese Lampen nicht sofort die volle Lichtstärke erreichen.

Kompaktleuchtstofflampen haben eine warmweiße Lichtfarbe, die mit der Lichtfarbe von Glühlampen vergleichbar ist. Eine Kennziffer wird hier nicht angegeben. Ihr Farbwiedergabeindex R_a liegt zwischen 80 bis 89, sodass eine fast originalgetreue Farbwiedergabe erfolgt.

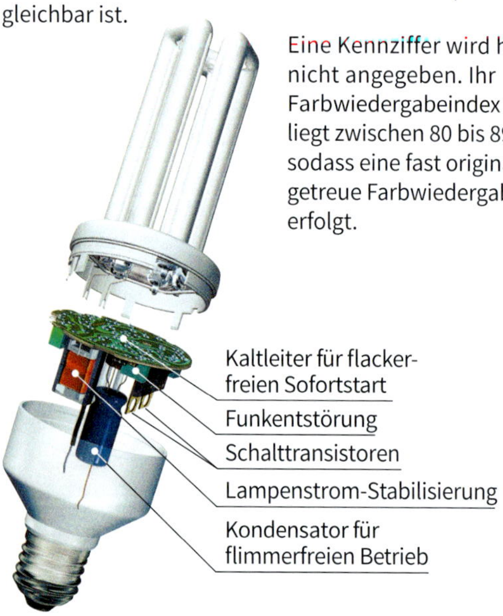

1: Aufbau einer Kompaktleuchtstofflampe

Kompensation von Leuchtstofflampen

Im Gegensatz zum KVG, das eine induktive Belastung und eine größere **Phasenverschiebung** [*phase shift*] bewirkt, entsteht beim Einsatz von EVGs nur eine kleine Phasenverschiebung ($\cos \varphi \approx 0{,}95$). Deswegen ist eine Kompensation nicht erforderlich.

EVGs (Abb. 2) verursachen jedoch einen nichtsinusförmigen Stromverlauf. Diese Verzerrungen werden durch Oberschwingungen beschrieben. Da der Oberschwingungsgehalt des Netzstromes durch nationale und internationale Vorschriften eingegrenzt ist, bauen die Hersteller in die EVGs **Filter** ein.

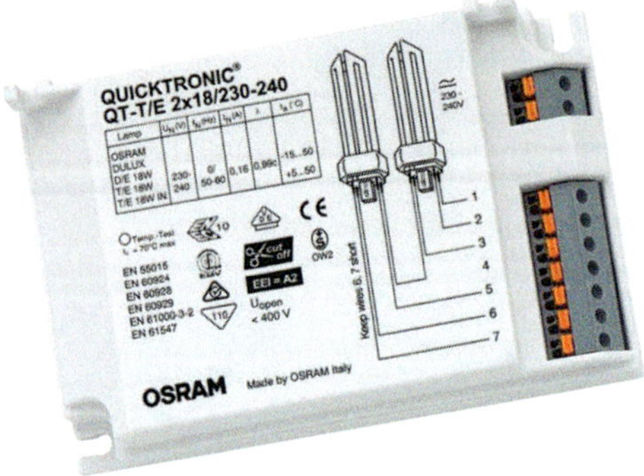

2: EVG einer Kompaktleuchtstofflampe

Aufgaben

1. Warum werden Leuchtstofflampen als Entladungslampen bezeichnet?
2. Beschreiben Sie die Erzeugung des sichtbaren Lichtes bei Leuchtstofflampen.
3. Berechnen Sie die Lichtausbeute folgender Lampen. Vergleichen Sie die Ergebnisse.
   a) Glühlampen: 60 W/730 lm; 100 W/1380 lm; 150 W/2220 lm
   b) Leuchtstofflampen: 5 W/250 lm; 18 W/1100 lm
   c) Kompaktleuchtstofflampen: 9 W/600 lm; 11 W/900 lm

- Die Leuchtschicht auf der Innenseite der Glasröhre wandelt UV-Licht in sichtbares Licht um.
- Die Kennziffern bei Leuchtstofflampen geben die Lichtfarbe an. Sie werden von den Herstellern festgelegt.
- Leuchtstofflampen müssen mit einem Vorschaltgerät installiert werden.
- Kompaktleuchtstofflampen benötigen im Vergleich zu Glühlampen bei gleicher Helligkeit nur 20 % bis 25 % der elektrischen Energie.
- EVGs bewirken einen flackerfreien Betrieb und verlängern die Betriebsdauer der Lampen.
- Leuchtstofflampen mit EVGs erfordern keine Kompensation.

9.5.4.4 Hochdrucklampen

Zur Beleuchtung von Außenanlagen, Ausstellungs- und Industriehallen werden wegen ihrer **hohen Lichtausbeute** und langen Betriebsdauer meistens **Hochdrucklampen** *[high-pressure lamps]* eingesetzt. Die höhere Lichtausbeute dieser Lampen wird durch einen erhöhten Gasinnendruck erreicht. Er ist bis zu 10 Pa (Pascal) höher als bei den übrigen Gasentladungslampen. Zu den Hochdrucklampen (Abb. 4) gehören u. a. die

- Halogen-Metalldampflampen (Abb. 3) und
- Natriumdampf-Hochdrucklampen (Abb. 5).

Halogen-Metalldampflampen

Wegen des hohen Innendrucks und hoher Temperaturen wird in diesen Lampen keine UV-Strahlung sondern direkt sichtbares Licht erzeugt. Durch die Halogene erhöht sich die Lichtausbeute.

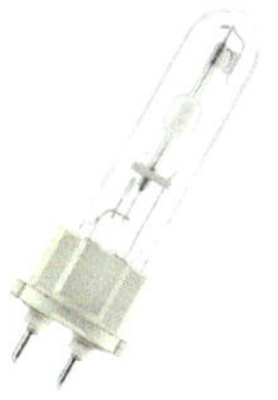
3: Bauform

Halogen-Metalldampflampen benötigen spezielle **Zündgeräte** *[starting devicess]*. Die Einschaltzeit beträgt ca. 3 Minuten, d. h. Lichtstrom, Lampenspannung und Lampenleistung steigen in dieser Zeit langsam an. Der Einschaltstrom beträgt das ca. 1,4-fache des Betriebsstromes. Für eine sofortige Wiederzündung nach vorherigem Ausschalten müssen spezielle Lampen und Zündgeräte verwendet werden (vgl. Herstellerangaben). Im Laufe der Betriebsdauer der Lampen verringert sich der Lichtstrom. Er beträgt nach 6000 Betriebsstunden nur noch ca. 75 % des Anfangswertes.

Natriumdampf-Hochdrucklampen

Die Natriumdampf-Hochdrucklampen werden in drei Bauformen hergestellt (Abb. 5). Sie erreichen eine Betriebstemperatur von etwa 1200 °C. Durch den Natriumdampf, der bei hoher Temperatur und hohem Druck entsteht, wird ein gelb-weißes Licht erzeugt.

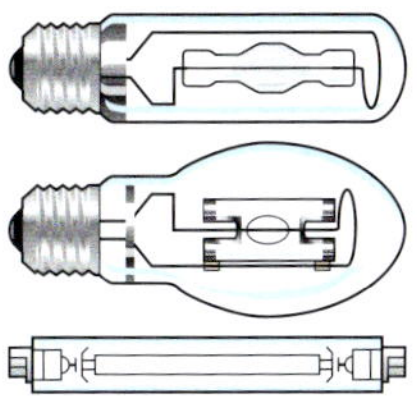
5: Bauformen

Es ermöglicht z. B. bei Nebel oder Dunst ein kontrastreiches und blendungsfreies Sehen.

Einige Lampen erreichen wegen der Erwärmungszeit erst nach 6 bis 10 Minuten den vollen Lichtstrom. Bei bestimmten Lampen ist mit einem speziellen Zündgerät die sofortige Wiederzündung der heißen Lampe möglich. Die meisten Lampen benötigen zum Betrieb ein Hochspannungszündgerät mit der Verlustleistung P_Z (Abb. 6). Dadurch erhöht sich die Gesamtleistung. Während der Brenndauer (ca. 15 000 h) verringert sich der Lichtstrom der Lampen auf ca. 60 % des Anfangswertes.

Bemessungsleistung $P_L + P_Z$ in W	Lampenstrom in A	Lichtstrom in lm	Sockel	Länge in mm
70 + 13	1	5600	E27	156
150 + 20	1,8	14000	E40	226
400 + 40	4,4	47000	E40	290
1000 + 75	10,3	120000	E40	400

6: Bemessungsleistungen für Natriumdampf-Hochdrucklampen

	Halogen-Metalldampflampen	Natriumdampf-Hochdrucklampen
Kenndaten:		
• Sockelgrößen	– E27 und E40; zweiseitig gesockelt; G8.5; G12; G22	– E27 und E40; zweiseitig gesockelt
• Bemessungsleistung	– 70 W bis 2000 W	– 50 W bis 1000 W
• Lichtstrom	– 4900 lm bis 95000 lm	– 3500 lm bis 120000 lm
• Lichtausbeute	– bis zu 150 lm/W	– bis zu 150 lm/W
Eigenschaften:		
• Vorteile	– hoher Lichtstrom – hohe Lichtausbeute – Platz sparende Abmessungen – geringe Betriebskosten	– hohe Lichtausbeute und lange Betriebsdauer – Leistungsabsenkung für die Nachtschaltung bei bestimmten Lampentypen und Vorschaltgeräten auf ca. 50 %
• Nachteile	– geringe Schalthäufigkeit – nicht dimmbar – sofortige Wiederzündung nur mit speziellem Zündgerät	– Verringerung des Lichtstromes durch Alterung – nicht dimmbar – Wiederzündung bestimmter Lampen nur mit speziellem Zündgerät
Anwendungen:	– Innenbereich: Hallen, Verkaufsräume – Außenbereich: Baudenkmäler	– Werkhallen – Straßen und Tunnels

4: Daten zu Hochdrucklampen

9.5.4.5 LED-Lampen

LED-Leuchten gelten aufgrund ihrer langen Lebensdauer und des niedrigen Energieverbrauchs als effizientes Beleuchtungsmittel. Mit Leuchtdioden können Beleuchtungs- und Farbeffekte an Wänden, Decken (Abb. 1) und Fußböden erreicht werden. Außerdem werden LEDs zur Lichtwerbung und Raumgestaltung auch zur Markierung von Fluchtwegen (Notbeleuchtung) und als **Hinweisleuchten** *[illuminated signs]* zur Sicherheit in Innen- und Außenanlagen verwendet. In Abb. 1 ist das erforderliche Betriebsgerät mit Netzanschluss in die Leuchte direkt eingebaut.

Leuchte für Innenbereich

1: LED Downlight als Deckenleuchte

Aufbau

Leuchtdioden bestehen aus zwei Schichten von dotierten Halbleitermaterialien, die bei Stromfluss elektrische Energie direkt in Lichtenergie umwandeln. Die Diode befindet sich auf einem Reflektor, der das Licht in die gewünschte Richtung leitet. Im Gegensatz zu Glühlampen wird in LEDs nur Licht einer Wellenlänge (Farbe) erzeugt. Durch Verwendung verschiedener Verbindungen werden LEDs mit großer Helligkeit und in den verschiedenen Lichtfarben GELB, ORANGE, ROT, GRÜN und BLAU hergestellt. Weißes Licht entsteht aus blauem Licht, das durch die Leuchtschicht umgewandelt wird oder durch die Kombination verschiedener LEDs entsteht (RGB). Die geringe Baugröße der LEDs und LED-Module ermöglicht den Einbau an Stellen, wo nur wenig Platz zur Verfügung ist.

LED-Leuchten mit Vorschaltgerät

LED-Module werden aus einer bestimmten Anzahl von LEDs auf starren oder flexiblen Leiterplatten zusammengeschaltet. Sie besitzen eine integrierte Energieversorgung. Flexible **Leiterplatten** *[printed circuit boards]* ermöglichen eine dreidimensionale Montage.

Ein LED-Modul kann z. B. aus acht Einzelplatinen mit je vier LEDs bestehen, die durch flexible Leitungen miteinander verbunden sind. Damit kann ein beliebig formbares Beleuchtungsmittel hergestellt werden (z. B. für Werbezwecke). Die LED-Module werden über ein Betriebsgerät (Vorschaltgerät) und ein Verlängerungskabel an 230 V AC angeschlossen.

Vorteile

Leuchtdioden haben u. a. folgende Eigenschaften:
- Lange Betriebsdauer, weiß ca. 20 000 Stunden und farbig ca. 100 000 Stunden
- Hohe Lichtausbeute, weiß bis 30 lm/W und farbig bis 60 lm/W
- Niedriger Energieverbrauch
- Keine UV- und Infrarot-Strahlung
- Niedrige Betriebsspannung, 10 V und 24 V DC
- Niedrige Betriebstemperatur
- Hohe Stoßfestigkeit, deshalb Einsatz als Lichtquelle im Fußboden und in Straßen
- Geringe Wärmeverluste

Nachteil

Mit zunehmender Betriebsdauer nimmt der Lichtstrom von LEDs ab. Der Rückgang der Leuchtkraft verläuft sehr langsam und kann deshalb nicht wahrgenommen werden.

LED-Lampen für E14- und E27-Fassungen

Die LED-Lampen mit E27-Gewinde ersetzen bisher verwendete Lampen (Abb. 2). Sie haben folgende Vorteile:
- keine Aufwärmzeit
- Betriebsdauer: ca. 25 000 h
- Wärmeangabe und Energieverbrauch sind gering im Vergleich zu Halogenlampen.
- Licht ohne UV- und IR-Anteil und quecksilberfrei
- Helligkeit dimmbar
- Lichtfarbe Warm White-Farbton

Vergleich der Wirtschaftlichkeit

Wird eine 8 W LED-Lampe mit einer 40 W-Glühlampe nach deren Wirtschaftlichkeit verglichen, so ergeben sich aufgrund von Herstellerangaben u. a. folgende Vorteile für den Einsatz von LED-Lampen:
- Höhere Betriebsdauer von LED-Lampen im Vergleich zu Glühlampen (1 000 h),
- hohe Energieeinsparung und
- dadurch Einsparung von Energiekosten.

Ergebnis:

Der Einsatz von LED-Lampen anstelle von Glühlampen amortisiert sich je nach Nutzung in kurzer Zeit.

Ein weiterer Einsatz für z. B. Kompaktleuchtstofflampen sind LED-Lampen mit neu entwickeltem **LED-Glühfaden**. Sie heißen Retro-Lampen (kurz „Retrofits") und werden in verschiedenen Bauformen hergestellt. Ihre mittlere Brenndauer beträgt 15 000 h.

2: LED-Lampe statt Kompaktleuchtstofflampe

Der Lichtstrom ist im Vergleich zu einer T8-Leuchtstofflampe um ca. 20 % größer.

Er beträgt je nach Lampentyp

- bei der 9 W-Lampe zwischen 800 lm und 900 lm und
- der 18 W-Lampe zwischen 1700 lm und 1900 lm.

Die Betriebsdauer beträgt das ca. 3-fache gegenüber Leuchtstofflampen. Es werden etwa 60 % Energie eingespart. Die LED-Lampen in Röhrenbauform gibt es je nach Hersteller in den drei Lichtfarben Warm White, Cool White und Cool Daylight. Sie sind frei von Quecksilber und UV-/IR-Strahlung.

Im Beispiel (Abb. 3) ist die Umrüstung einer herkömmlichen Leuchtstofflampen auf **LED-Röhre** [*LED tube*] dargestellt. Dabei sind unbedingt die Hinweise des Leuchtenherstellers zu beachten.

LED-Lampen als Strahler

Zur Anwendung für punktuelle Innen- und Außenbeleuchtung werden Strahler mit LEDs eingesetzt.
An 230 V erreichen sie einen Lichtstrom von ca. 570 lm bis 600 lm.

- Hochdrucklampen haben eine hohe Lichtausbeute und eine lange Lebensdauer.
- Hochdrucklampen benötigen zum sofortigen Wiedereinschaltbetrieb spezielle Zündgeräte.
- LEDs werden zu Modulen auf festen und flexiblen Leiterplatten zusammengeschaltet.
- LED-Lampen ersetzen u. a. Glühlampen und Leuchtstofflampen.
- LED-Lampen benötigen im Vergleich zu Glühlampen weniger Energie und haben eine längere Betriebsdauer.

LED-Lampen für öffentliche Bereiche

Für bestimmte Bereiche werden Leuchten eingesetzt, die eine Lichtstärkeverteilungskurve (LVK) wie in Abb. 4 aufweisen. Dabei wird eine breite Fläche unterhalb der Leuchte ausgeleuchtet. Dies ist für die Beleuchtung öffentlicher Plätze, Parkanlagen, Straßen usw. erforderlich.

Die Straßenleuchte hat z. B. eine Leistung von 90 W mit einem Lichtstrom von 5700 lm. Sie wird an Wechselspannung 230 V/50 Hz betrieben. Die LED-Leuchte besteht aus EVG und LED-Modul

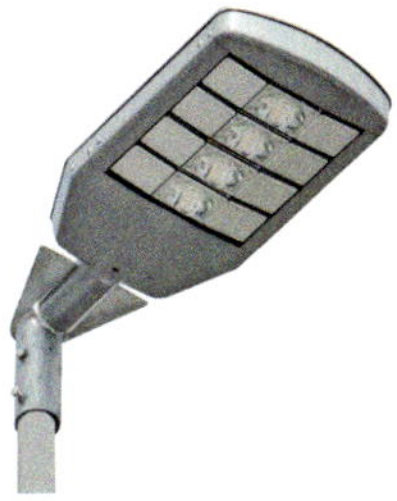

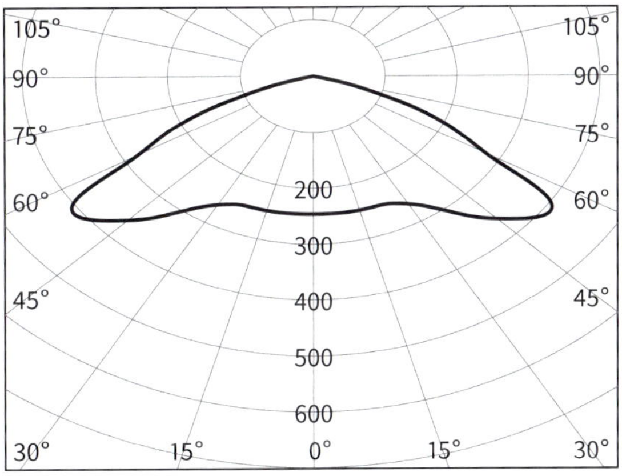

4: LVK einer LED-Straßenleuchte

Aufgaben

1. Wodurch wird bei Halogen-Metalldampflampen die direkte Umwandlung in sichtbares Licht erreicht?
2. Wodurch entsteht bei Natriumdampf-Hochdrucklampen das gelblich-weiße Licht?
3. Wie wird in LEDs weißes Licht erzeugt?
4. Nennen Sie fünf Eigenschaften von LEDs.

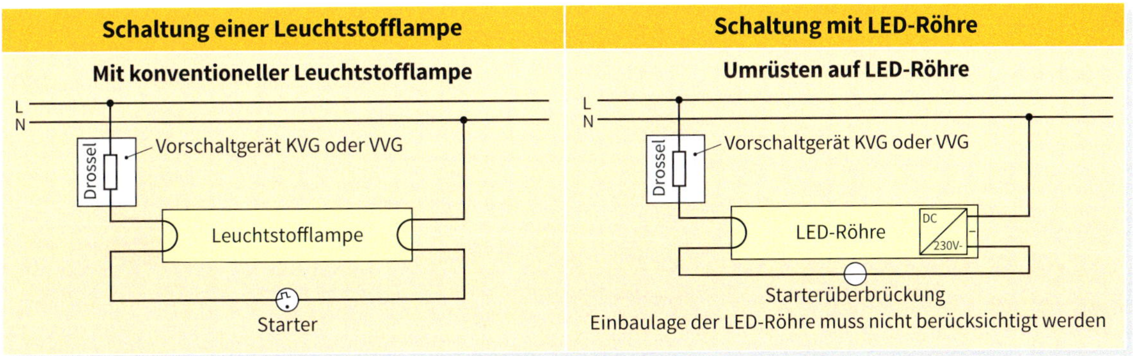

3: Umrüstung auf LED-Röhre (Schaltbilder laut Herstellerangaben)

9.5.4.6 Entsorgung und Energieeffizienz

Lampen und Vorschaltgeräte werden wie folgt entsorgt:

Glühlampen, Halogenlampen	→ **Duales System** (Hausmüll)
LED-Lampen, Leuchtstofflampen, Kompaktleuchtstofflampen, Na-Niederdrucklampen	→ **Wertstoffhof**
Vorschaltgeräte	→ **Elektronikschrott**

Das Rücknahmesystem besteht seit 2006 und ist für Verbraucher kostenlos.

Rücknahmesystem (LIGHTCYCLE)

Kleinmengensammelstellen
Handelsübliche Mengen
- Abgabe auf kommunalen Wertstoffhöfen und Sammelstellen im Handel

Großmengensammelstellen
Ab 50 Stück
- Kostenlose Abgabe an über 400 Sammelstellen

Direktabholung
~5000 Stück
- Behältergestellung und Abhloung ab 1 t/Jahr

1: Rücknahmesystem

Kennzeichnung der Energieeffizienz

Bestimmte Lampen müssen seit 2001 mit einer Kennzeichnung zum Energieverbrauch auf der Verpackung versehen werden, ausgenommen davon sind Reflektor- und Niedervoltlampen. Wie elektrische Hausgeräte werden auch Lampen mit dem Energielabel gekennzeichnet (Abb. 3). Die entsprechenden Angaben befinden sich auf der Packung. Das Energielabel enthält die Angaben zu
- Effizienzklasse,
- Lichtstrom in lm,
- Leistung in W und
- mittlere Betriebsdauer in h.

Die Festlegung der **Energieeffizienzklasse** [*energy efficiency class*] wird nach der EU-Richtlinie 98/11/EG aus den Messwerten von Lichtstrom und Lichtleistung durchgeführt. So haben z. B. 40 W-Glühlampen die Effizienzklasse E. Sie sind also wenig effizient, da sie über 90 % der elektrischen Energie in Wärmeenergie umwandeln. Die Lampenhersteller machen darüber hinaus in ihren Katalogen weitere Angaben (Abb. 2).

Aufgaben

1. Wie erfolgt die Entsorgung von Lampen und Vorschaltgeräten?
2. Vergleichen Sie Energieeffizienz und Lichtausbeute von Glühlampen, Halogenlampen und Leuchtstofflampen.

- Das LIGHTCYCLE Rücknahmesystem ist für Verbraucher kostenlos.
- Vorschaltgeräte und Lampen müssen unterschiedlich entsorgt werden.
- Bestimmte Lampen werden je nach Art und Leistung den einzelnen Energieeffizienzklassen A bis G zugeordnet.

Kenngrößen / Arten	Effizienzklasse	Lichtausbeute in lm/W	Betriebsdauer in h[1]	Wirkungsgrad in %
Glühlampen	E, F, G	10 – 20	1 000	5
Halogenlampen	B, C	22 – 27	4 000	11
Halogenlampen (NV)	D, E	12 – 17	2 000	8
Kompaktleuchtstofflampen	A, B	35 – 80	15 000	20 – 25
Leuchtstofflampen	A, B	60 – 85	7 500	25 – 30
Dreibanden-Leuchtstofflampen	A, B	70 – 100	20 000	30
LED	A^{++}, A^{+}	30 (weiß) 55 (grün)	100 000	20

2: Angaben zum Energielabel

[1] Durchschnitt

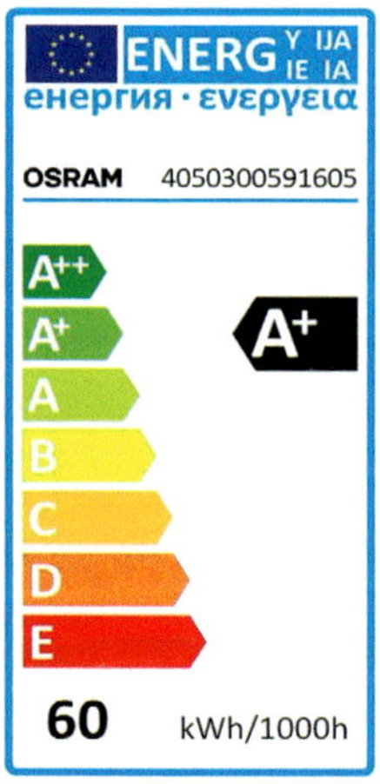

3: Energielabel einer LED-Lampe

9.5.5 Beleuchtungssysteme

Zum Steuern bzw. Regeln der Beleuchtungsstärke werden Dimmer eingesetzt. Es gibt weitere Lichtsteuersysteme. Sie unterscheiden sich nach Art der Steuerung bzw. Regelung sowie im Aufbau. Wir unterscheiden deshalb zwischen der

- **manuellen Steuerung** [*manual control*] und
- durch elektronische Bauteile **automatisch geregelten** Beleuchtungsstärke.

Bei der Regelung ergeben sich folgende Vorteile:

- Einsparen von Energiekosten durch Anpassung der Beleuchtungsstärke an das Tageslicht und
- individuelle Steuerung von Beleuchtungsanlagen je nach den örtlichen Anforderungen.

Die Darstellung in Abb. 4 gibt einen Überblick über Systeme, mit denen die Beleuchtungsstärke am Arbeitsplatz im Büro und in einer Montagewerkstatt

- manuell gesteuert oder
- zusätzlich durch Anwesenheit und Tageslicht geregelt werden kann.

Wie arbeiten Lichtsteuer- und Lichtregelungssysteme?

- **Dimmer** ①
  Die Beleuchtungsstärke wird manuell gesteuert.
- **Infrarot (IR)-Sensor** ②
  Die Beleuchtungsstärke einer Leuchte wird verändert durch Dimmen bzw. Schalten mit Hilfe von Fernbedienung ③, Empfänger ④ und Ausgangsmodul ⑤.
- **Bewegungsmelder** ⑥
  Die Leuchten werden durch den Bewegungsmelder automatisch ein- und ausgeschaltet.
- **Tageslichtsensor** ⑦
  Dieser Sensor (Fotosensor) erfasst die Tageshelligkeit und schaltet die Beleuchtung ein/aus.
- **Lichtregelung**
  Hier sind die Leuchten zur Regelung der Beleuchtungsstärke an einen Foto- und einen Bewegungssensor angeschlossen.

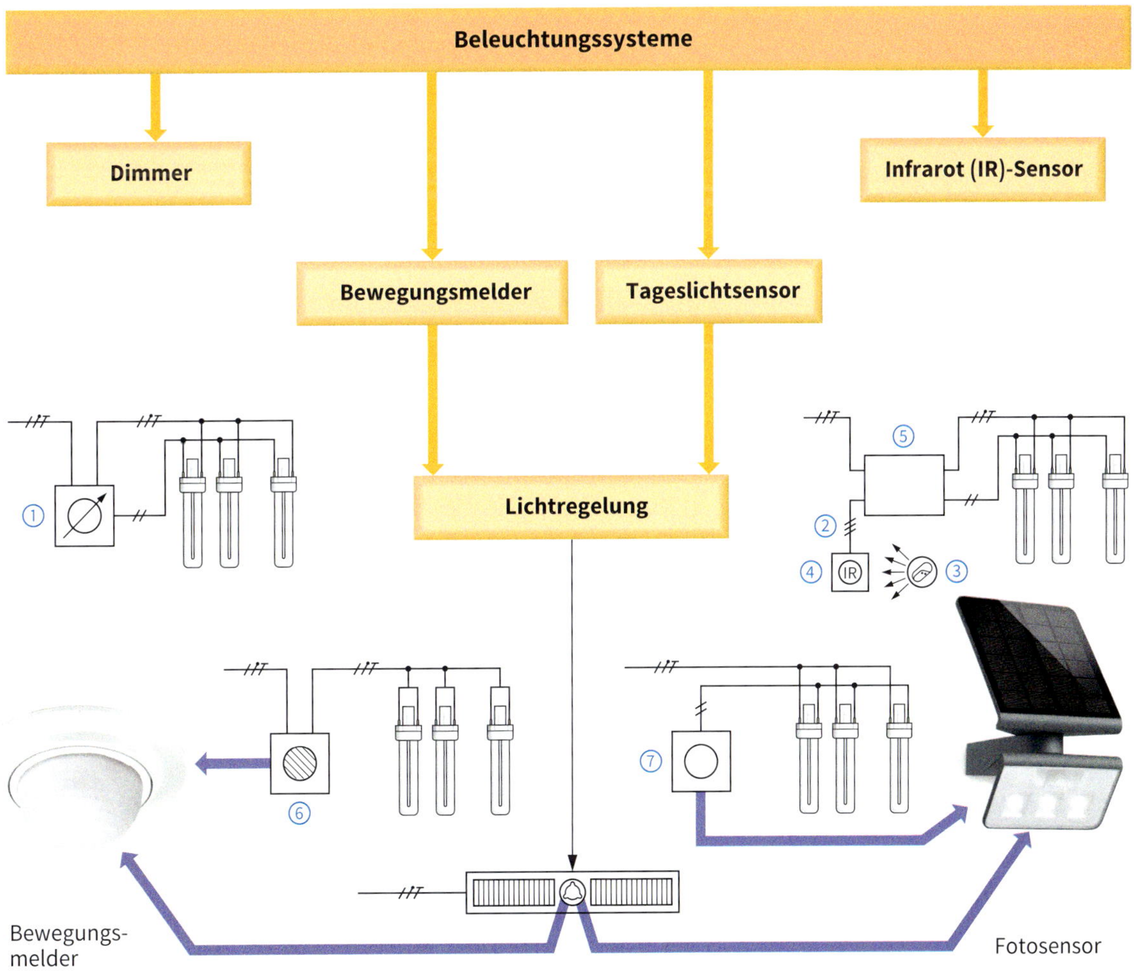

4: Übersicht

Gebäudetechnische Anlagen

Wie kann die Helligkeit einer Lampe verändert werden?

Mit elektronischen Steuerschaltern (**Dimmer**) kann die Helligkeit von Leuchten stufenlos eingestellt werden. Sie arbeiten nach dem Prinzip der Phasenanschnitt- oder Phasenabschnittsteuerung bzw. geben ein Signal an das Vorschaltgerät. Dimmer werden für Dreh- und Tippbetätigung gebaut als

- Wechselschalter mit drei und
- Ausschalter mit zwei Anschlüssen.

Alle der in Kap. 9.5.4 vorgestellten Lampen, außer Halogen-Metalldampflampen, können an Wechselspannung 50 Hz gedimmt werden. Für folgende Lampen werden spezielle dimmbare Vorschaltgeräte hergestellt:

- Halogenlampen,
- Leuchtstofflampen,
- Kompaktleuchtstofflampen und
- LEDs.

Welche Dimmer müssen ausgewählt werden?

Für die einzelnen Lampenarten sind verschiedene Dimmer zur Lichtsteuerung erforderlich.

- **Glühlampen und Halogenlampen** ⇒ Phasenanschnitt- oder Phasenabschnittdimmer
- **Niedervolt-Halogenlampen** mit magnetischem Transformator ⇒ **Phasenanschnittdimmer** [***leading-edge phase dimmer***]
- **Niedervolt-Halogenlampen** mit elektronischem Transformator ⇒ **Phasenabschnittdimmer** [***trailing-edge phase dimmer***]

Bei den Niedervoltlampen liegt der Dimmer auf der Eingangsseite des Transformators. Die Größe des Dimmers richtet sich nach der Bemessungsscheinleistung des Transformators.

Phasenanschnittsteuerung

Hier wird die Spannung U_L an der Lampe nicht sinusförmig aufgebaut. Je nach der Einstellung des Dimmers wird vom Beginn jeder Halbschwingung ein Teil abgeschnitten.

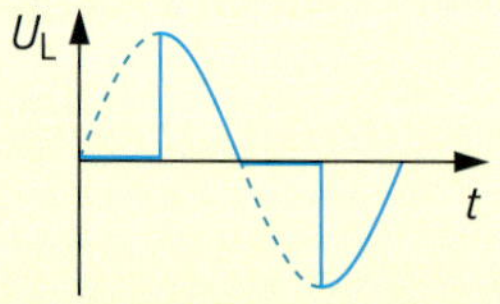

Phasenabschnittsteuerung

Bei dieser Steuerung wird die Lampe schon vom Nulldurchgang an vom Strom durchflossen. Es entsteht dadurch kein Flackern. Innerhalb der jeweiligen Halbschwingung erfolgt die Abschaltung.

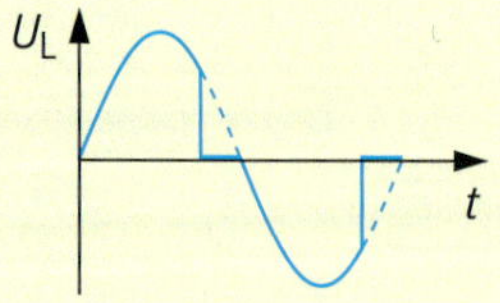

9.5.5.1 Helligkeitssteuerung bei LED-Lampen

Auch mit LED-Lampen kann die Helligkeit gesteuert werden. Jedoch müssen die LED-Lampe und der kompatible Dimmer laut Herstellerangabe gekennzeichnet sein und zueinander passen. So darf z. B. die Belastung des Dimmers durch die LED-Lampe nicht überschritten werden. Dimmer, die für Glüh- und Halogenlampen entwickelt wurden, können nicht für alle LED-Lampen verwendet werden.

Als Dimmer für LEDs können verwendet werden:

- **Phasenanschnittdimmer** mit konventionellen Transformatoren und
- **Phasenanschnittdimmer** mit elektronischen Transformatoren.

Eine weitere Möglichkeit zum Dimmen bietet die **DALI**-Schittstelle. Außerdem besteht die Dimmmöglichkeit für entsprechend ausgewählte LEDLampen und Lampengruppen z. B. in einem Wohnraum über herstellerspezifische Smartphone App.

Beispiel:

Die dargestellten Lampen, die zur Beleuchtung einen Raumes (Abb. 1) verwendet wird, besitzen folgende Eigenschaften:

- energiesparende Alternative zu herkömmlichen Spotleuchten mit Hochvolt-Halogenstrahlern,
- Änderung der Lichtfarbe Warm White (2.700 K) auf Extra Warm White (2.000 K),
- Farbwiedergabewert $R_a \geq 80$ und
- Steuerung über Standard-Dimmer.

1: Raumbeleuchtung mit LED Spots 4x3 W

9.5.5.2 Regelung in Beleuchtungssystemen

Die Beleuchtungsstärke einer Allgemeinbeleuchtung im Büro kann über unterschiedliche Sensoren geregelt werden.

Bewegungsmelder [*motion detector*]

Dieser Sensor schaltet die Leuchte direkt, wenn eine Person den Raum betritt oder verlässt. Die **Abschaltverzögerung** erfolgt je nach Einstellung, z. B. bis zu 30 Minuten.

Der **Erfassungsbereich** des Melders liegt im Umkreis von ca. 7 m Durchmesser bei einer Deckenhöhe von 2,5 m bis 3 m. Der Grenzwert für den Tageslichtanteil, d. h. wann der Sensor einschaltet, kann zwischen 100 lx und 1500 lx eingestellt werden.

Anwendungen: Treppenhäuser, Büros, WCs.

Tageslichtsensor [*daylight sensor*]

Der Tageslichtsensor (Fotosensor) erfasst die Tageshelligkeit und regelt die Beleuchtungsstärke. Der Mindestabstand des Sensors vom Fenster beträgt je nach Bautyp die Hälfte der Montagehöhe. Der Anschluss erfolgt über eine Installationsleitung für Kleinspannung an EVGs. Um die Leuchten auszuschalten, ist hier ein **zusätzlicher Schalter** erforderlich.

Anwendungen: Räume mit hohem Tageslichtanteil wie z. B. Klassenräume und Büros.

Lichtsteuerungs- und Lichtregelungssystem

Dieses System ist konzipiert für Beleuchtungsanlagen mit dimmbaren elektronischen Vorschaltgeräten. Je nach Ausführung können drei Funktionen eingestellt werden:

- Manuelle Lichtsteuerung
- Automatische tageslichtabhängige Lichtregelung
- Automatisches Schalten der Beleuchtung über Bewegungsmelder

Lichtmanagementsysteme

Beispiel: DALI[1)]

Aufbau von Beleuchtungssystemen:

- Manuelle Steuerung der Netzspannung für wenige Leuchten mit Dimmer durch Drücken des Tasters für ca. 2 s und Ansteuerung eines EVG oder mehrerer EVGs mit Funktionen:
  - Ein/Aus/Dimmen/Memory-Funktion
- Lichtsteuerung und -regelung mehrerer Leuchten über Taster und 1 bis 10 V-Steuereinheit mit Anschlussmöglichkeit für Sensoren:
  - Manuell Ein/Aus/Dimmen 1 – 100 %
  - Regelung: abhängig vom Tageslicht und automatisches Einschalten bei Bewegung
  - Abschaltautomatik mit 15 min. Verzögerung
- Einzel- und Mehrraum-Lichtsteuer- und Regelungssystem mit folgenden Funktionen:
  - Ein/Aus/Dimmen von Szenen und Gruppen

1) **DALI**: **D**igital **A**ddressable **L**ighting **I**nterface (vgl. www.osram.de)

Mit Hilfe von **Lichtwertschaltern** (Lichtregler) kann in Räumen mit großen Fenstern und Lichtkuppeln oder in Außenbereichen Energie für die Beleuchtung eingespart werden. Leuchtengruppen können dadurch tageslichtabhängig geregelt werden. An den **Lichtregler** sind Leuchtengruppen in Form von LED-Modulen für einen Raum angeschlossen (Abb. 2). Hersteller bauen die **Lichtregler** [*lighting controller*] so, dass sie zentral auf Hand- oder Automatikbetrieb umschaltbar sind.

Beispiel:

DALI-Beleuchtungsregelung

Eingangsbelegung mit Netzanschluss an 1 und 2 und DALI-Anschluss an 6 und 7

● 1 220-
● 2 240 V
○ 3
● 4 ⏚
○ 5
● 6 DA
● 7 DA

Ausgangsbelegung mit Durchgangsverdrahtung

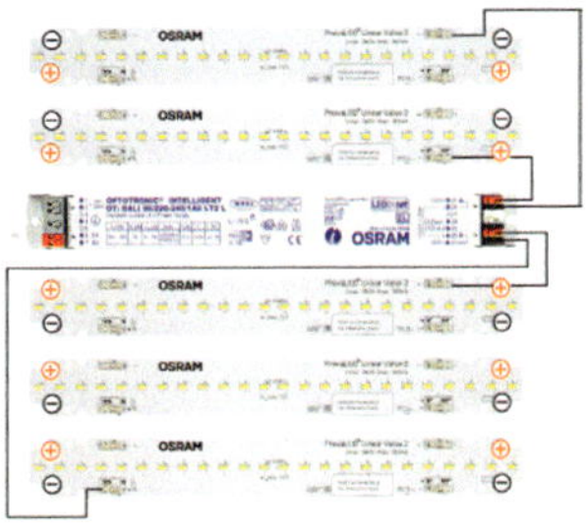

2: Anschluss von LED-Modulen

Aufgaben

1. Beschreiben Sie kurz vier Möglichkeiten zur Lichtsteuerung bzw. Lichtregelung.
2. Die Helligkeit einer Niedervoltlampe soll mit einem Dimmer gesteuert werden. Beschreiben Sie den Unterschied zwischen einer Phasenanschnitt- und einer Phasenabschnittsteuerung.
3. Nennen Sie jeweils zwei Anwendungen zum Einsatz von Dimmern, Bewegungsmeldern und Tageslichtsensoren.
4. Wie erfolgt die Lichtregelung bei Anwesenheits- und Tageslichtsensoren?

- Dimmer sind elektronische Steuerschalter zum Steuern des Lichtstromes.
- Bei Verwendung von elektronischen Transformatoren muss ein Dimmer mit Phasenabschnittsteuerung installiert werden.
- Bei Lichtsteuersystemen können mehrere Leuchtengruppen manuell oder mit Tageslicht und Anwesenheitssensor geschaltet werden.

9.5.6 Beleuchtung in einer Montagehalle

Um eine bessere **Raumausleuchtung** [*room illumination*] zu erreichen, soll in der Montagehalle einer Firma eine neue Beleuchtungsanlage installiert werden. In der Halle werden zukünftig präzise Montagearbeiten durchgeführt, die eine größere Beleuchtungsstärke erfordern (Abb. 1).

1: LED-Lichtbandsystem in einer Montagehalle

Die Entwicklung eines Beleuchtungskonzepts wird dem Planungsbüro für Lichttechnik in Auftrag gegeben. Für diesen Auftrag wird das Beleuchtungsprogramm von z. B. **DIALuxevo 8.1** verwendet. Das Programm läuft in folgenden Schritten ab:

1. **Projekteigenschaften** eingeben,
2. **Raumgeometrie**, Berechnungsparameter und Auswahl der Leuchten festlegen,
3. **Berechnung** durchführen, Positionen der Leuchten festlegen und Ergebnis anzeigen,
4. **Ergebnisse** visualisieren.

Außer einer optimalen Ausleuchtung der Montagehalle wünscht der Auftraggeber, dass **LED-Lichtbänder** [***LED continous rows of luminaires***] in 1-lampiger Ausführung verwendet werden. Dies bedeutet, dass die einzelnen LED-Leuchten (Abb. 2) der Lichtbänder u. a. aus folgenden Elementen bestehen:

- LED-Röhre,
- Geräteträger in 1-lampiger Ausführung mit EVG,
- Runder Reflektor und
- Lamellenraster.

2: LED-Leuchte für Inneneinrichtung

Ablauf der Beleuchtungsplanung:

1. Schritt:
Projekteigenschaften wie Daten vom Kunden und Bearbeiter des beauftragten Planungsbüros eingeben.

2. Schritt:
Raummaße und Leuchtenauswahl:

- **Raumgeometrie**
  Zur Montagehalle sind folgende Angaben bekannt:
  Länge: 15 m Breite: 8 m Höhe: 4 m
- **Reflexionsgrade**
  Sie sind frei wählbar. Die im Programm vorgegebenen Standardwerte werden übernommen.
- **Raumparameter**
  Aufgrund der Arbeiten wird die Halle als „Sauberer Raum mit 3-jährigem Wartungszyklus" eingestuft. Daraus folgt für die Leuchten der Wartungsfaktor 0,67. Als Nutzebene gilt eine Höhe von 0,85 m.
  Im Programmfenster werden dann spezielle Eingabedaten zur wählbaren Leuchte angezeigt.
- **Leuchtenauswahl**
  Sie erfolgt über Online- bzw. DIALux-Kataloge, spezielle Leuchtendateien oder den Import einer eigenen Datenbank des Planungsbüros. Zur ausgewählten Lampe werden Lichtstrom und Lichtverteilungskurve angezeigt.
- **Leuchtenmontage**
  Gewählt wird die Anbaumontage.
  Bei einer weiteren möglichen Option „Benutzer definiert" müssen Pendellänge, Lichtpunkthöhe und Montagehöhe eingetragen werden.

3. Schritt: Befestigung und Berechnung

- **Berechnungsparameter**
  Zur ausgewählten Leuchte werden deren Anordnung in Längs- und Querrichtung im Raum mit Abstandsmaßen der Leuchten sowie zur jeweiligen Wand angezeigt. In Abhängigkeit von der geplanten Beleuchtungsstärke E_m errechnet das Programm einen Vorschlag zur Gesamtzahl der Leuchten (hier: $5 \times 4 = 20$), die installiert werden müssen.
- **Beleuchtungsstärken**
  Die jeweiligen Beleuchtungsstärken an verschiedenen Stellen der Montagehalle werden in Form der Isoluxlinien in der Nutzebene dargestellt (vgl. nächste Seite).

4. Schritt: Ergebnis dokumentieren

- **Zusammenfassung**
  Diese besteht aus folgenden Teilen:
  - Projektdatenblatt, grafische Raumdarstellung
  - Leuchtdatenblatt,
  - Zusammenfassung der Berechnung,
  - Eingabeprotokoll,
  - Leuchtkoordinatenliste und
  - Ausgabe in PDF-Datei drucken.

Gebäudetechnische Anlagen

Zusammenfassung

Leuchtenkataloge

Leuchten können aus dem DIALux-Katalog, Online-Katalogen der Leuchtenhersteller und eigenen Datenbanken ausgewählt werden.

Beispiel: Datenbank von OSRAM GmbH ⇒ Leuchte mit Lichtverteilungskurve und Beschreibung.

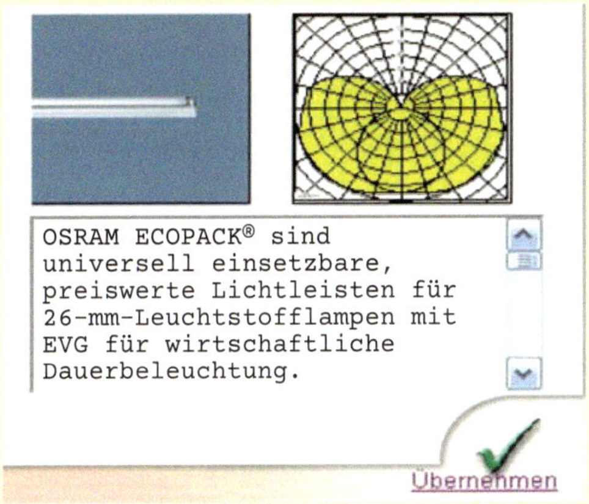

Isoluxlinien eines Raumes

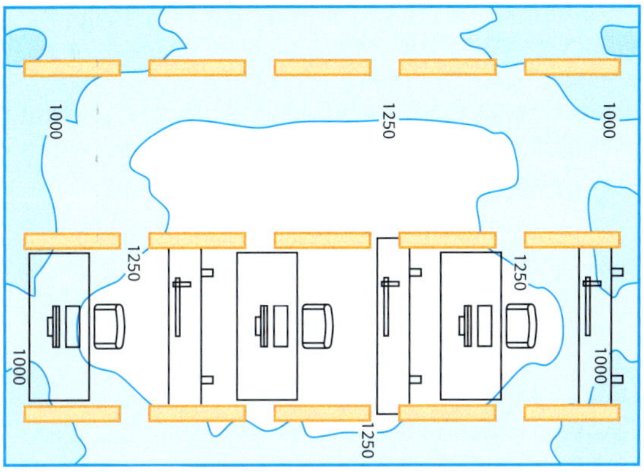

Zur Beleuchtungsplanung für einen bestimmten Raum, z. B. Werkstatt, sind die **Isoluxlinien** erforderlich. Das sind Linien mit gleicher Beleuchtungsstärke in gleicher Höhe zur Nutz- bzw. Arbeitsebene.

Die Beleuchtungsstärke kann an beliebigen Punkten auf der eingezeichneten schwarzen Linie, hier z. B. 1250 lx, gemessen werden.

Umrüsten von Leuchtstofflampen zu LED-Röhren

Duoschaltung

Mit konventionellen Leuchtstofflampen

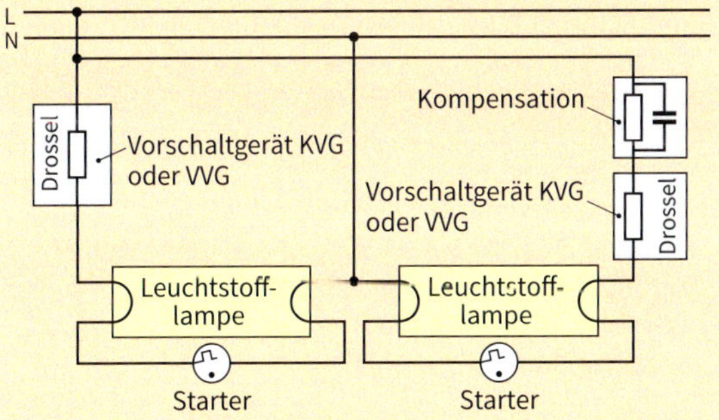

Umrüsten auf LED-Röhren

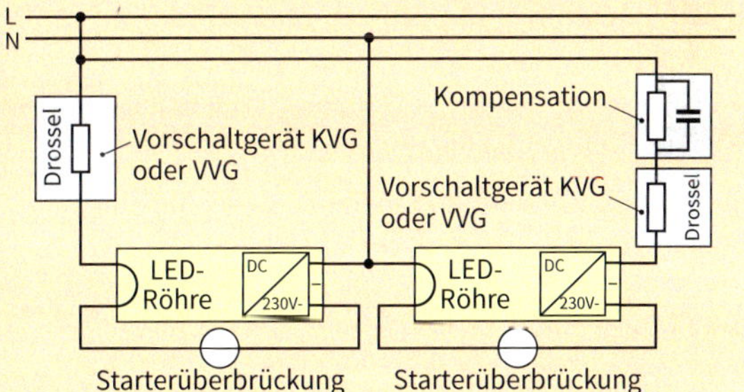

Einbaulage der LED-Röhre muss nicht berücksichtigt werden

Tandemschaltung

Mit konventionellen Leuchtstofflampen

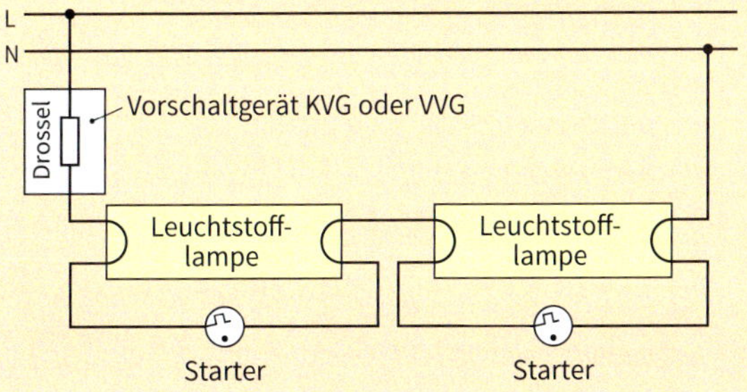

Umrüsten auf LED-Röhren

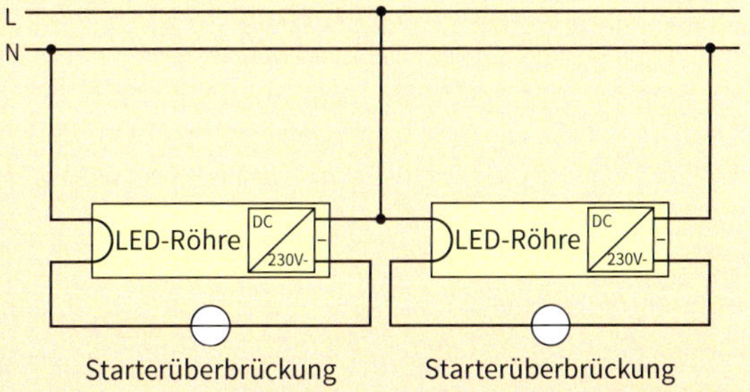

Einbaulage der LED-Röhre muss nicht berücksichtigt werden

3: Umrüsten von Leuchtstofflampen zu LED-Röhren (Schaltbilder laut Herstellerangaben)

9.5.7 Beleuchtung im Büro

Im Bürotrakt einer Firma soll in Verbindung mit einer grundlegenden Renovierung auch die Beleuchtungsanlage erneuert werden. Die Arbeiten werden von einem Planungsbüro durchgeführt. Einer der insgesamt acht Büroräume präsentiert sich nach der Renovierung in folgendem Aussehen (Abb. 1).

1: Büroraum mit LED-Leuchten

In Büros überwiegt in der Regel die Arbeit am Bildschirmarbeitsplatz. Sie umfasst u. a. die Aufnahme von Informationen

- vom Bildschirm
  und
- von Vorlagen, Texten, grafischen Darstellungen und Symbolen auf der Tastatur.

Dazu sind von Personen häufige Blickwechsel erforderlich, die eine starke visuelle Belastung darstellen. Die lichttechnischen Anforderungen an die Beleuchtung sind deshalb hoch und beziehen sich besonders auf die Vermeidung von Blendung und **Reflexionen** [*reflections*].

Blendung am Arbeitsplatz

Die direkte **Blendung** [*glare*] tritt dann ein, wenn eine zu hohe Beleuchtungsstärke von Leuchten oder zu helles Licht von außen auf den Arbeitsplatz trifft. Deshalb ist es erforderlich, die Beleuchtungsanlage so zu planen, dass bei normaler Arbeitshaltung, z. B. am Bildschirmarbeitsplatz, keine Lichtquelle sichtbar wird und keine Reflexionen auftreten. Die Reflexblendung wird vermieden durch

- indirekte Beleuchtung,
- direkte-indirekte Beleuchtung,
- nicht glänzende Oberflächen,
- dem Arbeitsplatz angepasst montierte Leuchten und
- entspiegelte Leuchten ①.

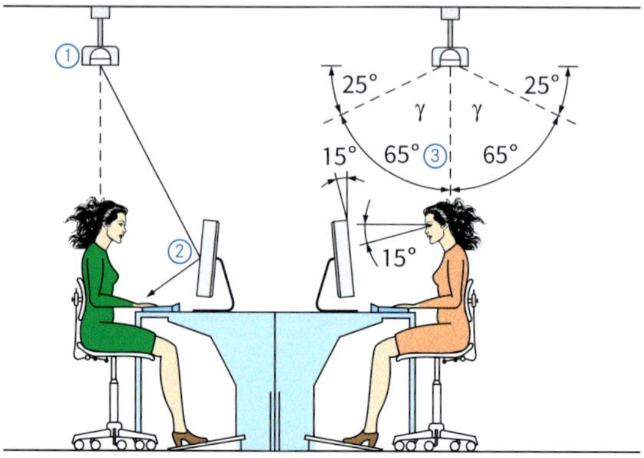

2: Bildschirmarbeitsplatz

Bei indirekter Beleuchtung muss das Licht der Leuchten von entsprechenden Materialien reflektiert werden. Die Leuchtenhersteller verwenden dazu die Reflexion verstärkendes beschichtetes Aluminium zur Raster- und Reflektorherstellung. Damit lässt sich eine Gesamtreflexion von ca. 98 % erreichen. Abb. 2 zeigt, wie das Licht der Leuchte auf den Bildschirm trifft und dort in Richtung unterhalb des Sichtfeldes reflektiert wird, sodass keine Blendung auftreten kann ②. Weiterhin sind auf der Abbildung die Sitzhöhe und die Einstellung des Bildschirmes sichtbar. Der Ausstrahlungswinkel soll 65° betragen ③ (Bildschirmarbeitsplatzverordnung).

Welche Bürobeleuchtung wird gewählt?

Für eine optimale Beleuchtung im Büro (Arbeitsplätze mit Bildschirmgeräten) werden hier direkt-indirekt strahlende Pendelleuchten mit einem Reflexionsgrad von 98 % gewählt. Um einen günstigen Lichteinfall auf die Arbeitsplätze zu erreichen, werden die Leuchten parallel zum Fenster angeordnet. Die LED-Lampen sollen mit einem dimmbaren EVG gesteuert werden. Für die Leuchten wird die **Seilaufhängung** gewählt (vgl. Kap. 9.5.9.4). Sie ermöglicht die Ausrichtung und Höhenverstellung der Leuchten. Eine Höhenverstellung kann über eine Stellschraube ohne besonderes Werkzeug vorgenommen werden.

Aufgaben

1. Welche Raumdaten sind zur Durchführung des Beleuchtungsprogramms DIALux erforderlich? Geben Sie acht Daten an.
2. Was zeigen die Isoluxlinien an?
3. Wann treten in Beleuchtungsanlagen Blendung und Reflexion auf und wie lassen sich diese vermeiden?

- Beleuchtungsanlagen können mit verschiedenen Software-Programmen geplant und berechnet werden (z. B. DIALux).
- Reflexionen in Bildschirmen müssen durch geeignete Leuchten vermieden werden.

9.5.8 Sicherheitsbeleuchtung

In einem Teil einer Montagehalle müssen aufgrund baulicher Erweiterungen einige **Rettungszeichen-Leuchten** (**RZL**) der Sicherheitsbeleuchtung, z. B. an Wegbiegungen, Kreuzungen und Durchgängen, ergänzt werden (Abb. 3).

3: Piktogramm einer RZL

Die Sicherheitsbeleuchtung in diesen Räumen ist eine Art der Notbeleuchtung (Abb. 4). Bei Netzausfall erfüllt die Notbeleuchtung je nach Erfordernis folgende Funktionen:

- **Sicherheitsbeleuchtung**
  - Sicheres Verlassen von Räumen ermöglichen,
  - Ausbruch von Panik verhindern und
  - wichtige Tätigkeiten gefahrlos beenden.
- **Ersatzbeleuchtung**
  - Ungehindertes Fortsetzen von Arbeiten, z. B. an wichtigen Produktionsstätten, ermöglichen.

Für Anlagen mit Sicherheitsbeleuchtung gelten u. a. Bestimmungen nach DIN VDE 0108-100 und DIN EN 1838 sowie DIN EN 1838 Bbl. 1.

Wo ist eine Sicherheitsbeleuchtung erforderlich?

Nach der Arbeitsstättenrichtlinie (ASR 7/4) sind z. B. für Rettungswege unter bestimmten Bedingungen Rettungszeichen-Leuchten erforderlich. Sie gewährleisten dann beim Ausfall der **Allgemeinbeleuchtung** [*general lighting*], z. B. im Brandfall, das sichere Verlassen des Arbeitsplatzes und des Gebäudes.

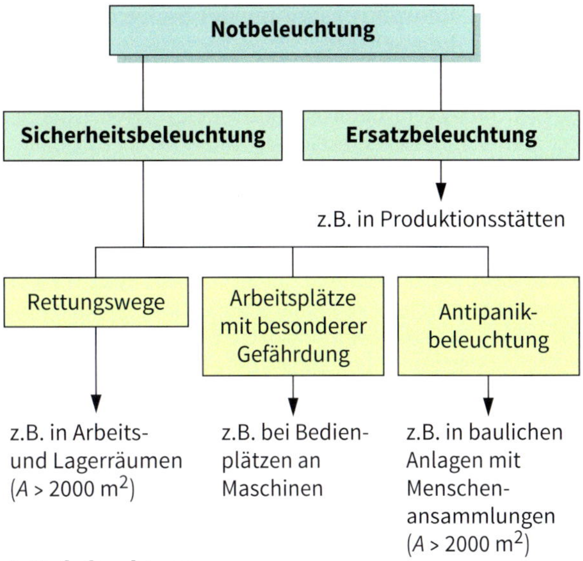

4: Notbeleuchtung

Eine Sicherheitsbeleuchtung für Rettungswege und Arbeitsplätze mit besonderer Gefährdung muss dort vorhanden sein, wo bei Ausfall der Allgemeinbeleuchtung eine Unfallgefahr entstehen kann.

Beispiele:

- Versammlungsstätten, Hotels, Krankenhäuser
- Räume mit laufenden Maschinen
- Überwachungsstellen, z. B. Messwarten
- Laboratorien mit gefährlichen Stoffen

Das **Fluchtwegleitsystem** [*escape route system*] muss in den genannten Bereichen die Fluchtrichtung sowohl gradlinig als auch richtungsändernd angeben.

Anlagen mit Sicherheitsbeleuchtung und Ersatzbeleuchtung

• Rettungsweg	• Arbeitsstätte	• Produktionsstätte
Mindestbeleuchtungsstärke E		
1 lx	10 % von E_N, mind. 15 lx	100 % von E_N
Umschaltzeit t		
≤ 15 Sekunden	≤ 0,5 Sekunden	< 0,5 Sekunden
Zulässige Spannungsquellen		
Einzel- oder Zentralbatterien, Ersatzstromaggregat	Einzel- oder Zentralbatterien, Ersatzstromaggregat	Ersatzstromaggregat

9.5.8.1 Energieversorgung der Sicherheitsbeleuchtung

Die Energieversorgung von Leuchten der Sicherheitsbeleuchtung kann unterschiedlich erfolgen. Neben der Batterie, die sich direkt in jeder einzelnen Leuchte befindet, werden folgende **Ersatzspannungsquellen** [*stand-by voltage sources*] verwendet.

Zentraler Akkumulator

Die Sicherheitsleuchten sind bei diesem System an einen zentralen Akkumulator angeschlossen, der mit einem Ladegerät verbunden ist. Dieses liegt dauernd an der Netzspannung, sodass der erforderliche Ladezustand gewährleistet ist, auch wenn kurzzeitig die Netzspannung ausfällt. Tritt dieses ein, wird über einen **Unterspannungswächter** [*undervoltage monitor*] die Leuchte von Netz- auf Akkubetrieb umgeschaltet. Ein zentraler Akkumulator versorgt dann die Sicherheitsbeleuchtungsanlage (Abb. 1). Dafür sind Lade- und Steuergerät ①, Batterieraum ②, Stromkreisverteilung ③ und Umschalter ④ erforderlich. Werden z. B. Kompaktleuchtstofflampen mit nach DIN VDE 0108 geeigneten EVGs ⑤ eingesetzt, ist deren Betrieb mit Gleich- und Wechselspannung möglich.

Notstromaggregat

In größeren Anlagen, z. B. in Industrie und Krankenhäusern, werden die Leuchten an die zentrale Sicherheitsstromversorgung angeschlossen. Diese wird über Notstromaggregate betrieben.

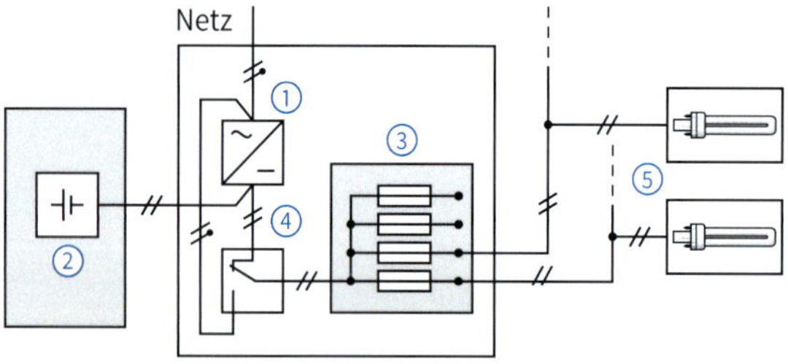

1: Sicherheitsbeleuchtung mit zentralem Akkumulator

9.5.8.2 Anforderungen an Sicherheitsbeleuchtungen

Die Anforderungen sind in der DIN 5035 festgelegt. Davon werden hier zwei Beispiele beschrieben, die sich auf die Sicherheitsbeleuchtung in der Montagehalle beziehen.

Rettungswege

Rettungswege in öffentlichen Gebäuden und Arbeitsstätten mit gefährlichen Arbeiten müssen durch eine zusätzliche Beleuchtung gekennzeichnet sein. Deshalb ist es erforderlich, den **Rettungsweg in der Montagehalle** mit Rettungszeichen-Leuchten und Sicherheitsleuchten auszustatten. Diese müssen ständig leuchten und werden bei Netzausfall auf eine Ersatzstromversorgung umgeschaltet. Die minimale Beleuchtungsstärke beträgt in der Mitte des Rettungsweges, z. B. Fußboden, auf der Höhe von 0,2 m horizontal $E \geq 1$ lx. Im Teil 5 der DIN 5035 sind zu den Lichtstärken der Notleuchten Maximalwerte zur jeweiligen Befestigungshöhe h angegeben. Laut Tabelle muss für diesen Raum die in $h = 3{,}30$ m Höhe aufgehängte Notleuchte eine Lichtstärke von $I_{max} = 1600$ cd besitzen (Abb. 2). Dieser Wert kann auf der markierten Messhöhe ⑥ gemessen werden. Die Leuchtenhersteller geben für bestimmte Lampenformen, z. B. Strahler mit Reflektor, den Lichtstärkewert I in cd an. Ebenso wird der Abstand der Sicherheitsleuchten voneinander angegeben. Er ist etwa doppelt so groß wie die Leuchtenhöhe.

Messhöhe für:

Beispiel:

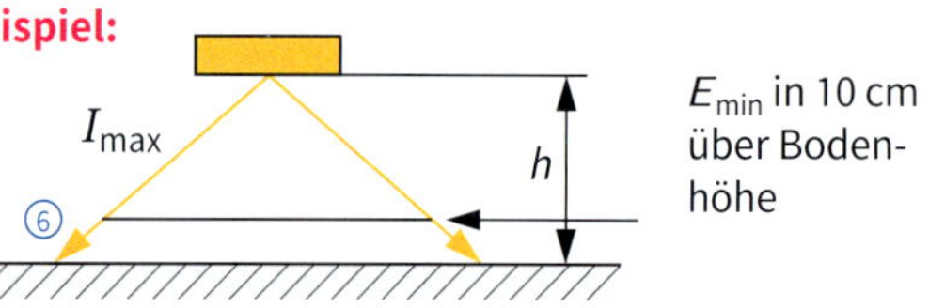

h in m	< 2,5	2,5 ≤ h < 3	3 ≤ h < 3,5	3,5 ≤ h < 4
I_{max} in cd	500	900	1600	2500

2: Befestigungs- und Messhöhen

Energieversorgung einer Sicherheits-/Rettungszeichenleuchte

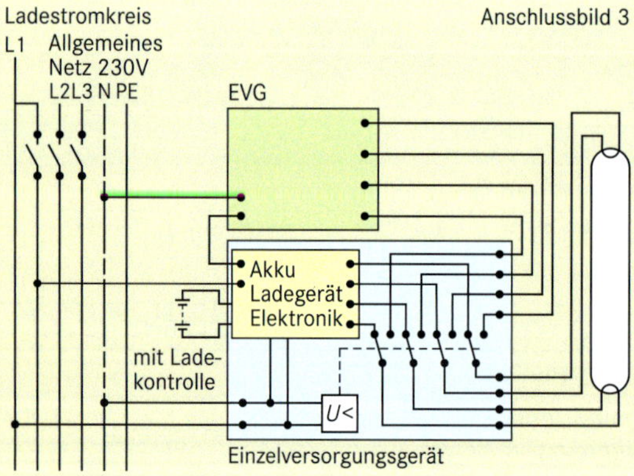

Die Schaltung laut Hersteller zeigt als Beispiel die Sicherheitsleuchte mit einer Leuchtstofflampe.

Die Lampe wird über folgende Objekte betrieben:

- EVG, das direkt mit dem Versorgungsnetz und im störungsfreien Zustand mit der Leuchte verbunden ist. ⇒ **Betrieb an Wechselspannung**
- Versorgungsgerät mit Unterspannungswächter, der bei Netzausfall die Leuchte unterbrechungsfrei mit dem Akkumulator verbindet. ⇒ **Betrieb an Gleichspannung**
- Ladegerät mit Ladekontrolleinrichtung, das direkt am Versorgungsnetz angeschlossen ist.

(Schaltbild laut Herstellerangaben)

Arbeitsplätze mit besonderer Gefährdung

Die Beleuchtungsstärke beträgt in diesen Anlagen mindestens 15 lx. Die jeweiligen Lichtstärken in Abhängigkeit von der Befestigungshöhe sind für diese Arbeitsplätze in Abb. 3 angegeben:

h in m	< 2,5	$2{,}5 \le h < 3$	$3 \le h < 3{,}5$	$3{,}5 \le h < 4$
I_{max} in cd	1000	1800	3200	5000

3: Befestigungshöhen

Eine weitere wichtige Anforderung an die Leuchten ist der **Farbwiedergabewert**. Durch ihn ist gewährleistet, dass Sicherheitsfarben eindeutig erkannt werden können. Er muss mindestens $R_a \ge 40$ betragen. Im Brandfall besteht die Gefahr, dass sich Rauch entwickeln kann und Fluchtwege und Notausgänge nicht mehr erkannt werden können. Um dann eine weitere Orientierungsmöglichkeit für Personen zu geben, bieten die **Fluchtwegleitsysteme** eine zusätzliche Sicherheit (Abb. 4). Diese dynamischen Leitwegesysteme sind mit der **Brandmeldeanlage** [*fire alarm system*] gekoppelt und weisen immer den Weg in die sichere Richtung. Sie werden zusätzlich zu den Rettungszeichen-Leuchten und zur Allgemeinbeleuchtung installiert.

Wo müssen RZL installiert werden?

Folgende Standorte müssen durch Sicherheitsleuchten kenntlich gemacht werden:

- Richtungsänderungen von Rettungswegen und Kreuzung von Fluren sowie Gängen,
- Fluchttüren, z. B. vorgeschriebene Notausgänge, und mögliche Ausgangstüren,
- Treppenstufen und Niveauänderungen im Boden,
- Erste-Hilfe-Stelle sowie Brandbekämpfungsvorrichtung und
- Meldeeinrichtungen.

Rettungswegbeleuchtung und -kennzeichnung

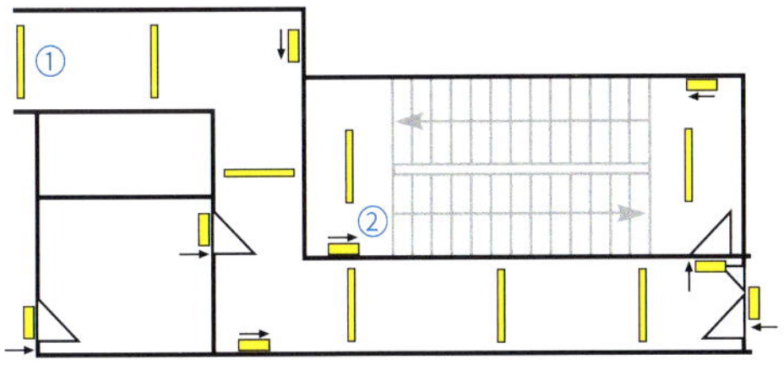

Sicherheitsleuchten ①
Kompaktleuchtstofflampe mit Anschluss an eine Batterie ③

Rettungszeichen-Leuchten ②
Piktogramm (Symbol) mit Rettungswegkennzeichnung

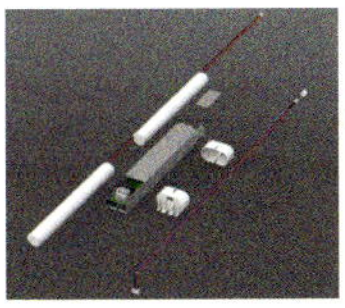

③

4: Fluchtwegleitsystem

Planung der Installation von RZL

Für die Installation sind folgende Punkte zu beachten:

- **Akkumulatoren**: Wartung und Aufladung laut DIN VDE 0108-100.
- **Beleuchtungsstärken**: Mindestwerte zur sicheren Führung von Personen zum nächstliegenden Ausgang:
  - $E \ge 1$ lx waagerecht an jeder Stelle, $h = 0{,}2$ m,
  - $E \ge 5$ lx in der Mitte des Weges.
  - Beleuchtung so dimensionieren, dass im Notfall Panik vermieden wird, z. B. $E \ge 0{,}5$ lx am Boden und Einschaltzeit $t < 5$ s (Antipanikbeleuchtung).
- **Schutzart** der Leuchten: Auswahl je nach Eigenschaften des Raumes, z. B. Innenbereich ohne Staubentwicklung IP40, mit Staubentwicklung oder Feuchtigkeit und in Außenbereichen IP65.
- **Position** der Rettungszeichen-Leuchten, um folgende Voraussetzungen zu erfüllen:
  - Ausreichende Signalisierung der Fluchtwege
  - Gefährliche Bereiche wie z. B. Höhenunterschiede und Hindernisse sichtbar machen.
  - Arbeitsbereiche, in denen eine Fortführung des Arbeitsprozesses erforderlich ist, mit ausreichender Sicherheitsbeleuchtung ausstatten.

Verwendete Leuchten

Für Hinweisleuchten werden LEDs verwendet, weil sie eine geringere Wartung benötigen und einen niedrigen Energieverbrauch haben.

Die **LED-Rettungszeichen-Leuchte** (Abb. 5) besitzt 12 weiße LEDs, die an einen wiederaufladbaren, wartungsfreien und gasdichten NiCd-Akkumulator (4,8 V/1,6 Ah) angeschlossen sind. Die Hersteller geben zu den RZL Betriebseigenschaften an.

- Dauerlicht mit wöchentlichem, automatischem Funktionstest und
- Funktionsanzeige für Netz- und Akkumulatorbetrieb.

5: LED-Leuchte

Aufgaben

1. In welchen Räumen müssen nach DIN VDE Sicherheitsleuchten vorhanden sein? Nennen Sie vier Bereiche.
2. Nennen Sie sieben Stellen, wo Sicherheitsleuchten unbedingt installiert werden müssen.

- Die Sicherheitsbeleuchtung ersetzt die Allgemeinbeleuchtung mit verminderter Beleuchtungsstärke.
- Die Ersatzbeleuchtung ersetzt die Allgemeinbeleuchtung mit voller Beleuchtungsstärke.

9.5.9 Errichten von Beleuchtungsanlagen

Bei Beleuchtungsanlagen werden an die einzelnen Objekte besondere Anforderungen gestellt. Hier sollen einige der in Abb. 1 dargestellten Objektgruppen genauer besprochen werden.

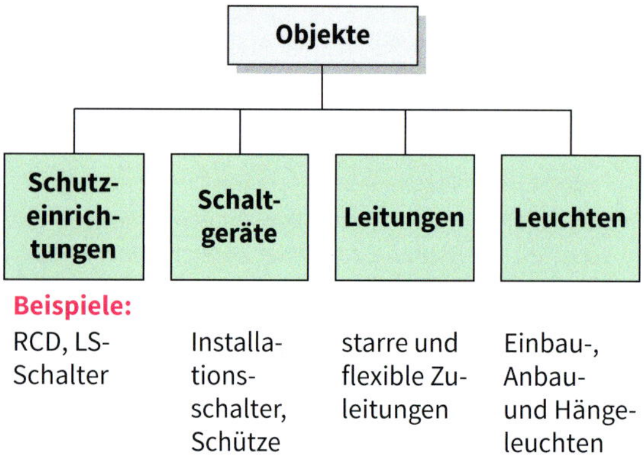

1: Übersicht

9.5.9.1 Installationsgeräte

In den Beleuchtungsanlagen der Montagehalle und des Büros werden einige der dargestellten Objekte verwendet.

Schaltvermögen von Schaltern und Schützen

Die **Installationsschalter** [*installation switches*] und Schaltschütze für Beleuchtungsanlagen müssen eine Bemessungsstromstärke von **mindestens 10 A** besitzen. Sie liegt hier deutlich unter 10 A. Bei größeren Anlagen, in denen die Leuchten auf die drei Außenleiter des Drehstromnetzes verteilt werden, muss nach DIN VDE 0100-559 außerdem ein **allpoliger Hauptschalter** verwendet werden. Die Belastung von Schaltern und damit deren Auswahl hängt ab von der

- Lampenleistung,
- Schaltungsart der Leuchtstofflampen und
- Art der Vorschaltgeräte.

Vorschriften zur Kompensation (VDEW/TAB)

Betrieb von Leuchtstofflampen mit induktiven Vorschaltgeräten:

$\Rightarrow \cos\varphi = 0{,}3$ bis $0{,}5$

Kompensation erforderlich bei $P_L > 130$ W

$\Rightarrow \cos\varphi = 0{,}9$ durch

- Einzelkompensation in Duo- oder Parallelschaltung
- Gruppenkompensation gemeinsam geschalteter Leuchten
- Zentralkompensation der gesamten Anlage (vgl. Kap. 10.5)

9.5.9.2 Befestigungssysteme für Leuchten

Für die Installation von Leuchtstofflampen und LED-Lampen gibt es verschiedene **Befestigungssysteme** [*mounting systems*] (Abb. 2).

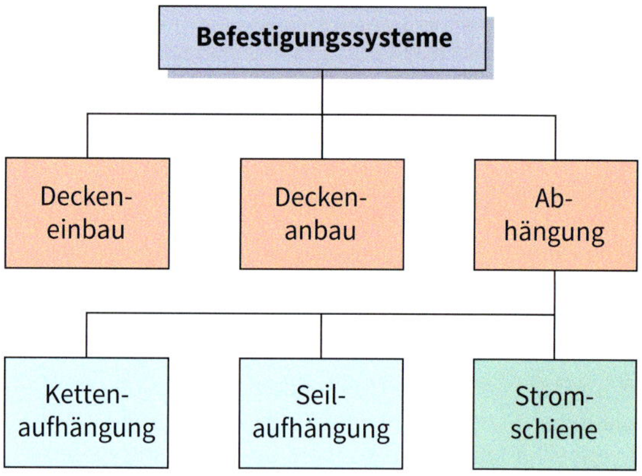

2: Übersicht zu Befestigungssystemen

9.5.9.3 Montagehalle

In der Montagehalle sollen für das Deckenanbausystem Rasteranbauleuchten installiert werden. Ein optimales Beleuchtungsniveau lässt sich dann z. B. durch Lichtbänder realisieren. Die einzelnen Leuchten werden zu Bändern verbunden (Abb. 3). Die einzelnen Tragschienen für die Lichtbänder werden vor Ort verbunden. Die Lichtbänder können auf werkseitig verdrahteten **Tragprofilen** [*mounting rails*] mit Blindabdeckungen in Lampenlänge befestigt werden. Die verdrahteten Profile ermöglichen beliebige Abstände zwischen den Geräteträgern für die LED-Leuchten.

Worauf muss bei der Montage von Leuchten geachtet werden?

Die Deckenmontage der Leuchten (Abb. 3) sollte z. B. bei abgehängten Decken mit dem Deckenbauer abgesprochen werden.

Folgendes ist zu beachten:

- Befestigungsmaße
- Aufbau der Decke
- Statische Belastung der Decke (Leuchtengewicht)
- Schutzart der Leuchte (z. B. keine Schrauben und Löcher in Ex-geschützten Leuchten)

3: Aufhängung von LED-Leuchten

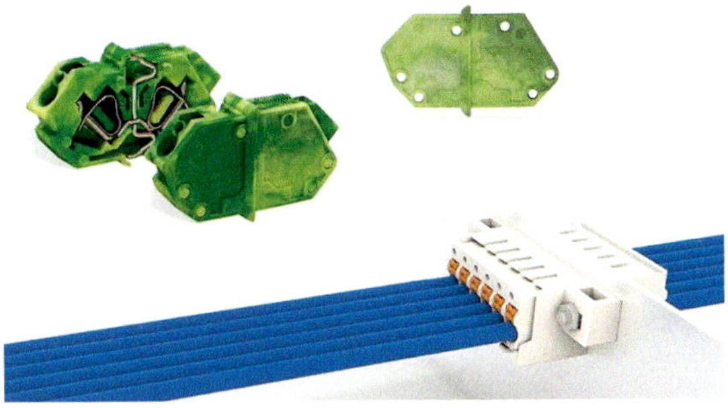

4: Durchgangsverdrahtung

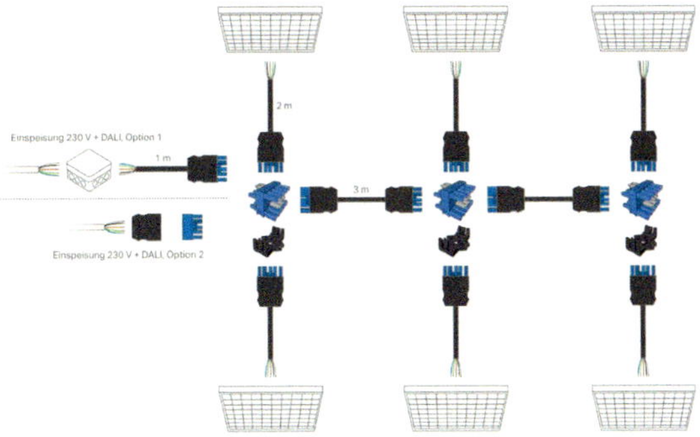

5: Leuchten mit Anschlussleitung

Durchgangsverdrahtung

Die Tragprofile für LED-Leuchten werden von den Leuchtenherstellern in verschiedenen Ausführungen angeboten.

- **Werksseitig anschlussfertig verdrahtet** mit 5-Leiter bis 7-Leiter-Durchgangsverdrahtung (Abb. 4) für Einzelleuchten und für modulare Systeme (Lichtbänder) sowie
- **unverdrahtet** mit entsprechendem Zubehör.

Unverdrahtete Tragprofile werden dann vor Ort mit einer Durchgangsverdrahtung für die modulare Anordnung der Geräteträger ausgerüstet. Für die Montagehalle wird der Aufbau des Systems z. B. mit Trennstecker-Abständen von 1230 mm bzw. 1530 mm je nach Lampenlänge in Modulform ausgewählt.

Der Vorteil dieses Befestigungssystems ist, dass ein **modularer Aufbau** des Lichtbandes mit einem Vielfachen der Leuchtenlänge möglich ist. Die Trennsteckeroberteile der Durchgangsverdrahtung befinden sich an eingeprägten Stellen der Leitung in den Tragprofilen und können ohne Werkzeuge fixiert werden. Mit 5- bzw. 7-adrigen Leitungen sind Schnellverbindungen von Drehstrom-Netzleitungen möglich. Die Trennstecker mit **Schneidklemmverbindern** [*insulation displacement connectors*] können an gewünschter Stelle mit einer Flachzange auf die Leitung aufgepresst werden. Dort werden über spezielle Stecker die Leuchtstofflampen angeschlossen.

Befestigung von Lichtbändern

Je nach Lichtbandlänge ist eine entsprechende Anzahl von **Befestigungspunkten** [*fixing points*] erforderlich. Für die Montagehalle ergeben sich nach Herstellerunterlagen z. B. folgende Werte zur Befestigung der Lichtbänder:

- Anzahl der Leuchten je Lichtband: 5
- Lichtbandlänge: 14,28 m
- Abstand zwischen den Geräteträgern: 1020 mm
- Länge der Geräteträger: 1530 mm
- Anzahl der Befestigungspunkte: 7

Netzanschluss der Leuchten

Eine 5-adrige Zuleitung kann mit einer 5-adrigen Buchse angeschlossen werden. Über das Stecken der Verbindungsleitungen erfolgt die Verdrahtung weiterer Leuchten mit dem Verteiler (Abb. 5), der eine 5-polige Buchse zur Durchgangsverdrahtung besitzt. Die Lichtbandverdrahtung besteht je Anlage aus einer 5- oder 7-adrigen Leitung. Für die Montagehalle wird die **5-adrige Leitung** gewählt, da kein Lichtsteuersystem vorgesehen ist (Abb. 6).

Verdrahtungsart	**5 LV**			**7 LV**	
Netzzuleitung	5	3	3	3	5
Dimmen	–	–	–	2	–
Notbeleuchtung • Einzelbatterie • Umschaltrelais	 – –	 2 –	 – 2	 – 2	 – 2
Aderzahl	5	5	5	7	7

6: Leiterverdrahtung (LV) bei Lichtbändern und Leuchten

Der abgebildeten Tabelle entnehmen wir zwei Beispiele zur Erklärung der Leiterverdrahtung **5 LV** und **7 LV**.

Beispiele:

- **5-Leiter-Verdrahtung (5 LV)**
  Die 5 Leiter haben folgende Funktionen:
  - Außenleiter L1, L2 und L3
  - Neutralleiter N und
  - Schutzleiter PE
- **7-Leiter-Verdrahtung (7 LV)**
  Die 7 Leiter haben z. B. folgende Funktionen:
  - Außenleiter L1, Neutral- und Schutzleiter,
  - 2 Leiter (+/–) für den Steuerausgang der 1 bis 10 V-Schnittstelle zur Ansteuerung des dimmbaren EVG
  - 2 Leiter für das Umschaltrelais (Netz- bzw. Batteriebetrieb) zur Energieversorgung der Notbeleuchtung (vgl. Kap. 9.5.8).

9.5.9.4 Büro

Für die Beleuchtungsanlage im Büro können Leuchtstofflampen bzw. Leuchtröhren als Lichtband befestigt werden in
- direkter Deckenmontage oder
- abgehängter Montage.

Bei der **direkten Deckenmontage**, z. B. Deckenanbauleuchte oder Lichtband, sind keine Verbindungsstücke (Kupplungen) zwischen den Leuchten erforderlich, da jede Leuchte einzeln an der Decke befestigt wird. Der Befestigungsabstand wird vom Leuchtenhersteller vorgegeben. Die elektrische Verbindung erfolgt über eine Durchgangsverdrahtung mit einem Verbindungsrohr aus Kunststoff.

Bei **abgehängter Montage** (Abb. 1) gibt es folgende Möglichkeiten zur Aufhängung von Einzelleuchten und Lichtbändern.

- **Kettenaufhängung** [*chain suspension*] Gliederkette und Spannschloss zur Einstellung von z. B. 40 mm Höhenausgleich ①.

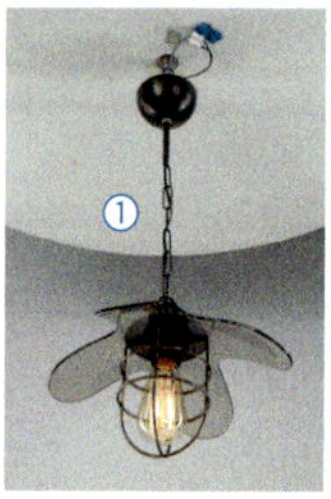

- **Seilaufhängung** [*rope suspension*] an einem Stahlseil mit stufenlos verstellbarer Seillänge nach erfolgter Montage.

Sicherheit bei Leuchtenaufhängung

Aus Sicherheitsgründen müssen alle Befestigungsmittel das **5-fache Gewicht** der Leuchten tragen können. Werden die maximalen Befestigungsabstände eingehalten, dann entsteht ein Gewicht von ca. 30 kg je Aufhängepunkt (Herstellerangaben). Die Aufhängemittel wie z. B. Kette und Seil müssen demnach mit mindestens 150 kg belastbar sein. Dies gilt auch für sonstiges Zubehör wie Dübel und Deckenhaken.

1: Seilaufhängung

Teile eines Lichtbandsystems

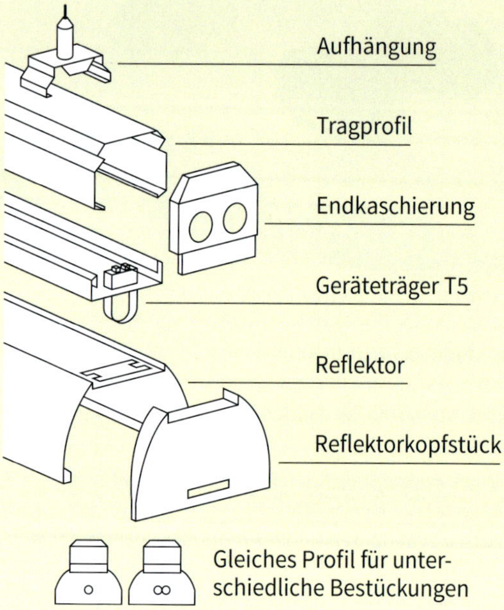

Aufgaben

1. Warum geben Lampenhersteller für die Installation von Lichtbändern eine maximale Leitungslänge für die entfernteste Leuchte an?
2. Nennen Sie fünf mögliche Befestigungssysteme für Leuchten.
3. Beschreiben Sie kurz, was man unter Durchgangsverdrahtung versteht.
4. Welche Sicherheitsmaßnahmen sind bei einer Leuchtenaufhängung zu beachten?

- Installationsschalter müssen eine Bemessungsstromstärke von mindestens 10 A besitzen.
- Leuchtstofflampen mit elektronischen Vorschaltgeräten brauchen nicht kompensiert zu werden.
- Leuchten mit der Schutzklasse I dürfen eine Ableitstromstärke von höchstens 1 mA besitzen.
- Die Aufhängemittel müssen mit dem 5-fachen Gewicht von Leuchtstofflampen und Lichtbändern belastbar sein.

9.5.10 Wartung und Prüfung

Bisher sind wir davon ausgegangen, dass sich die Beleuchtungsstärke während der Betriebsdauer der Lampen nicht ändert. Durch Verschmutzung und Alterung der Leuchtmittel kommt es jedoch zu einer Verringerung der Beleuchtungsstärken. Um E_n nicht zu unterschreiten, muss bereits bei der Planung mit einer größeren Beleuchtungsstärke gerechnet werden. Außerdem muss nach DIN EN 12464-1 für bestimmte Beleuchtungsanlagen eine Wartung durchgeführt werden.

Die Beleuchtungsstärke wird mit dem Luxmeter gemessen. Dabei sollten die **Messpunkte** *[measuring points]* mit dem Raster übereinstimmen, das bei der Beleuchtungsberechnung verwendet wurde. Werden die Wartungswerte erreicht oder sogar unterschritten, ist eine **Wartung** durchzuführen. Diese besteht darin, die Leuchten zu säubern oder die Leuchtmittel zu wechseln.

Was besagt der Wartungsfaktor WF?

In oben genannter DIN EN wird der Wartungswert E_{Wart} als der Wert angegeben, den die mittlere Beleuchtungsstärke E auf der Nutzebene nicht unterschreiten darf. Das Verhältnis von Wartungswert E_{Wart} zu Neuwert E_n heißt **Wartungsfaktor WF**. Dieser unterscheidet sich in den Raumeigenschaften (Abb. 2). Je nach Nutzung sind für Innenräume mit z. B. LED-Leuchten und Kompaktleuchtstofflampen bestimmte Wartungsfaktoren festgelegt.

Berechnung der Wartungswerte

Die Wartungswerte E_{Wart} lassen sich also mit Hilfe des Wartungsfaktors WF berechnen. Wir beziehen unsere Betrachtungen auf die in Kap. 9.5.6 und 9.5.9.4 beschriebenen Beleuchtungsanlagen.
Folgende Wartungsfaktoren werden festgelegt für

- die Montagehalle 0,67 und
- das Büro 0,8.

WF	Raumbeschreibung
0,8	Sehr sauberer Raum: Jährliche Wartung; Brenndauer ca. 2000 h/a[1]; Lampenwechsel nach 2000 h; direkt strahlende Leuchte; geringe Staubansammlung
0,67	Sauberer Raum: Wartungsintervall: 2 a; Brenndauer 2000 h/a; Lampenwechsel nach 4000 h; direkt-indirekt strahlende Leuchte; geringe Staubansammlung
0,5	Raum mit normaler Verschmutzung: Wartungsintervall: 2 a; Brenndauer 2000 h/a; Lampenwechsel nach 4000 h; normale Staubansammlung

[1] a: Jahr

2: Wartungfaktoren bei Beleuchtung mit Leuchtstofflampen

Beispiel:

Im Büro beträgt laut Berechnung am Arbeitsplatz die mittlere Beleuchtungsstärke 600 lx. Der Wert für E_{Wart} errechnet sich dann wie folgt:

$$E = \frac{E_{Wart}}{WF} \quad \Rightarrow E_{Wart} = E \cdot WF \Rightarrow$$

$$E = 600\ lx \cdot 0{,}8 \quad \Rightarrow \underline{\underline{E_{Wart} = 480\ lx}}$$

Was ist bei der Festlegung des Wartungsfaktors zu beachten?

- Rückgang des Lichtstroms der Lampen durch natürliche Alterung der Lampen
- Staubablagerungen auf Lampen bzw. Leuchten
- Schmutzablagerung auf den Arbeitsflächen

Wird der Wartungsfaktor falsch gewählt, dann kommt es bei einem

- **zu niedrig** gewähltem Wert zu hohem Energieverbrauch. Die Beleuchtungsanlage ist überdimensioniert.
  ⇒ **Wartungszyklus verlängern**
- **zu hoch** gewähltem Wert zur frühzeitigen Verringerung der Beleuchtungsstärke, die Beleuchtungsanlage ist unterdimensioniert.
  ⇒ **Wartungszyklus verkürzen**

Prüfungen und Dokumentation

Vor Inbetriebnahme elektrischer Anlagen, also auch bei Beleuchtungsanlagen, und nach Instandsetzung sind bestimmte Prüfungen erforderlich. Dabei wird zwischen **Erst- und Wiederholungsprüfungen** unterschieden. Die näheren Einzelheiten dazu sind bereits im Kap. 5.4.1 und 5.4.13 erklärt worden. Auch bei der Sanierung elektrischer Anlagen, z. B. bei Änderung und Erweiterung, muss auf die Einhaltung der Normen aus der Reihe nach DIN VDE 0100 geachtet werden. Nach der Prüfung ist ein **Prüfprotokoll** anzufertigen. Dieses enthält wesentliche Merkmale einer geprüften Anlage.

- Nach DIN EN 12464-1 werden bestimmten Räumen Wartungsfaktoren zugeordnet.
- Für Beleuchtungsanlagen sind nach Erstellung und Änderungen Prüfungen und deren Dokumentation erforderlich.

Aufgaben

1. Erläutern Sie den Begriff Wartungsfaktor.
2. Berechnen Sie die Beleuchtungsstärke E_{Wart}, bei der spätestens eine Wartung der Beleuchtungsanlage in der Montagehalle erforderlich wird (Wartungsfaktor: 0,5).
3. Nennen Sie drei Faktoren, die bei der Festlegung des Wartungsfaktors zu beachten sind.

Übersicht

Energieversorgung von Sicherheitsbeleuchtungsanlagen		
Einzelbatterie	**Gruppenbatterie**	**Zentralbatterie**
Zulässige Rettungszeichen-Leuchten (RZL) *n*		
$n \leq 2$ RZL	$n \leq 20$ RZL	$n > 2$ RZL
Anforderungen an Batterien		
NiCd: 1,2 V/Zelle; Blei: 2,0 V/Zelle wartungsfrei und gasdicht Betriebsdauer: $t \geq 4$ Jahre	Blei: 2,0 V/Zelle ortsfest in geschlossenen Räumen und wartungsfrei Betriebsdauer: $t \geq 4$ Jahre	• NiCd: 1,2 V/Zelle; Blei: 2,0 V/Zelle Batteriespannung: 24 V … 220 V • ortsfeste Batterien nach DIN EN 50272-2 • Regelmäßige Wartung oder wartungsfrei • Betriebsdauer: $t > 10$ Jahre
Betriebsarten		
Einzelversorgung einer Kompaktleuchtstofflampe über NiCd-Akku 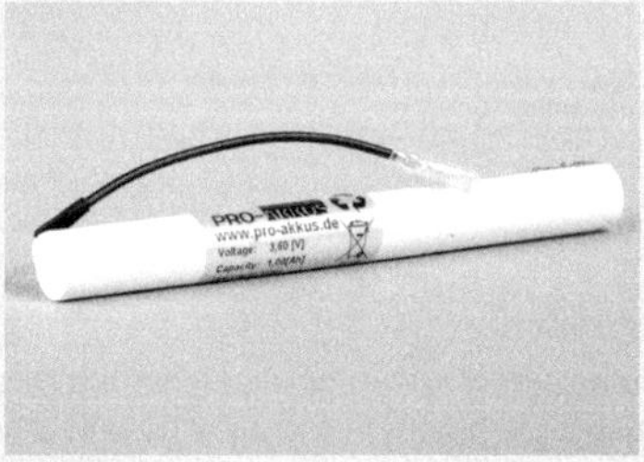	**Dauerschaltung** Leuchte ist ständig eingeschaltet; Überwachung der Räume am Hauptverteiler der Sicherheitsstromversorgung; selbsttätiges Umschalten auf allgemeine Stromversorgung, wenn die Netzstörung behoben ist. **Geschaltetes Dauerlicht** Leuchte wird wie Allgemeinbeleuchtung genutzt. Bei Stromausfall erfolgt automatische Einschaltung. **Bereitschaftsschaltung** Überwachung der Stromversorgung aus dem Netz für Allgemeinbeleuchtung im Unterverteiler; Einschalten der Sicherheitsstromversorgung bei Netzausfall und selbsttätiges Abschalten nach Spannungswiederkehr.	

Inspektionen und Überwachung

Regelmäßige Prüfung nach DIN EN 50272-2 und DIN EN 50172 unter Beachtung, dass Batterien vor Betriebsbeginn mit 90 % der für die Bemessungsbetriebsdauer erforderlichen Kapazität geladen sind.

Manueller wöchentlicher Funktionstest	Manueller tägl. Funktionstest
Automatische Überwachung: • Funktionstest aller Sicherheits-RZL • Bei Einzelleuchtenüberwachung wird die defekte Leuchte in der Zentrale angezeigt. • Umschaltung wird periodisch überwacht und Funktionsfähigkeit der Leuchten kontrolliert.	• Fehler in der Sicherheitsstromversorgung werden in der Überwachungsstelle registriert. • Meldung einer Störung bei Fehler in der Zuleitung erfolgt an der Überwachungsstelle. • Prüfung der Anlage durch manuelle Auslösung am Gerät oder an der Überwachungsstelle.

Umschaltdauer bei Netzstörung

Energieversorgung der Sicherheitsbeleuchtungsanlage muss selbsttätig erfolgen, wenn die Netzspannung um mehr als 15 % abgefallen ist und für die Zeit $t > 0{,}5$ s gestört ist.

Instandsetzung

Austausch der Batterien, wenn weniger als zwei Drittel der Bemessungsbetriebsdauer erreicht ist.

Dokumentation

Regelmäßige Prüfungen dokumentieren, sodass Kontrolle über zwei Jahre möglich ist.

Installationshinweise

Bei mehr als einer Sicherheitsleuchte in einem Raum	⇒ Aufteilen abwechselnd auf zwei Stromkreise
Absicherung je Endstromkreis	⇒ max. mit 10 A (mit 60 % der Bemessungsstromstärke)
Leuchtenzahl je Endstromkreis	⇒ max. 12 Sicherheitsleuchten (nicht in Arbeitsstätten)

9.5.11 Funktionserhalt

Bei Bränden in Gebäuden kann die elektrische Installation so beschädigt werden, dass die Stromversorgung ausfällt. Um z. B. eine Gebäudeevakuierung oder die Brandbekämpfung durchführen zu können, müssen jedoch bestimmte Anlagen weiter versorgt werden.

Das Baurecht der Bundesländer fordert deshalb für bestimmte Anlagen den Erhalt der Funktion für eine angemessene Zeit (**Funktionserhaltklasse**). Je nachdem, ob die Anlage die Evakuierung oder Brandbekämpfung unterstützt, muss die Funktionserhaltklasse ausgewählt werden (Abb. 1).

Funktionserhalt für 30 Minuten (E30)
Sie ermöglicht eine **Gebäudeevakuierung** durch den Betrieb von • Sicherheitsbeleuchtung, • Brandmeldeanlagen, • Alarmierungs-/Lautsprecheranlagen (ELA) und • Lüftungs-/Rauchabzugsanlagen.
Funktionserhalt für 90 Minuten (E90)
Sie ermöglicht eine **Brandbekämpfung** durch den Betrieb von • Feuerwehraufzug, • Bettenaufzug in Krankenhäusern, • maschinelle Rauchabzugsanlagen, • Wasserdruckerhöhungsanlagen und • Sprinkleranlagen.

1: Funktionserhaltklassen

Welche Räume benötigen Funktionserhalt?

Das Baurecht beschreibt „notwendige Räume" als Räume, die auf dem sogenannten ersten vorgesehenen Rettungsweg liegen. Die Vorgaben der Landesbauordnungen schreiben den Funktionserhalt u. a. für Leitungsanlagen in folgenden Gebäudeteilen vor:

- Notwendigen Treppenhäusern,
- notwendigen Fluren und
- Räumen zwischen notwendigen Treppenräumen und Ausgängen ins Freie.

Bei den Forderungen nach Funktionserhalt gibt es folgende **Ausnahmen** für notwendige Treppenräume/Flure mit geringer Nutzung, wenn

- höchstens zehn Wohnungen oder
- Nutzungseinheiten mit jeweils weniger als 200 m^2 Fläche und weniger als 1000 m^2 Gesamtfläche

angeschlossen sind.

Um die Funktion der elektrischen Anlage sicher zu stellen, ist es erforderlich, dass bei Brand sowohl die Spannungsquelle als auch die Leitungsanlage funktionsfähig bleiben.

Spannungsquelle

Die Spannungsquelle und zugehörige Verteiler (z. B. Dieselaggregat, Batterieanlage) werden z. B. durch folgende Maßnahmen geschützt:

- Aufstellung in einem separaten Raum, dessen Wände, Decken, Türen einer Feuerwiderstandsklasse entsprechen, die der Funktionserhaltklasse entspricht (z. B. E30 ② F30 für Wände, siehe Abb. 2),
- Einhausung der Anlage mit Materialien die eine Feuerwiderstandsklasse entsprechend der Funktionserhaltklasse haben, oder
- Verwendung von Verteilern, die den Funktionserhalt nach DIN 4102-12 nachgewiesen haben (Brandschutzverteiler).

Leitungsanlagen

Leitungsanlagen bestehen immer aus der eigentlichen Leitung und der dazugehörigen Befestigung. Gebäude sind in **Brandabschnitte** [*fire compartements*] unterteilt. Diese sind so gegeneinander zu schützen, dass für eine bestimmte Zeit ein Brand sich nicht von einem in den anderen Brandabschnitt ausbreiten kann. Leitungen, die einen Brandabschnitt queren, müssen in Funktionserhalt installiert werden (Abb. 2 ①). Brennt es hier, ist eine Energieübertragung von der Spannungsquelle zum Verbraucher auch im Brandfall gewährleistet. Brennt es jedoch in dem Brandabschnitt, in dem z. B. die Sicherheitsstromversorgung ③ bzw. der letzte Verbraucher eines Stromkreises installiert ist ④, dann kann eine Standardinstallation vorgenommen werden. In diesem Fall würden die Objekte (Leuchten, Batterieanlagen, ...) durch den Brand zerstört. Sie können auch durch einen Funktionserhalt der Leitungen nicht geschützt werden.

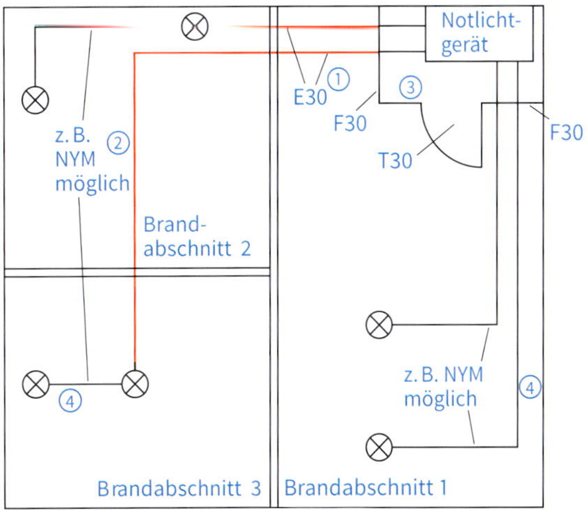

2: Brandabschnitte

Gebäudetechnische Anlagen

Um zu gewährleisten, dass die Leitungsanlagen bei Brand ihre Funktion erfüllen, werden zwei grundsätzliche Methoden angewendet.

- **Abschottung**
  Mit geprüften und zugelassenen Materialien wird eine konventionelle Leitungsanlage abgeschottet (Abb. 1). Diese **Brandabschottung** [*fire protection bulkhead*] schützt die Leitungsanlage für eine bestimmte Zeit vor dem Brand. So kann auch eine herkömmliche Installationsart zum Funktionserhalt beitragen.

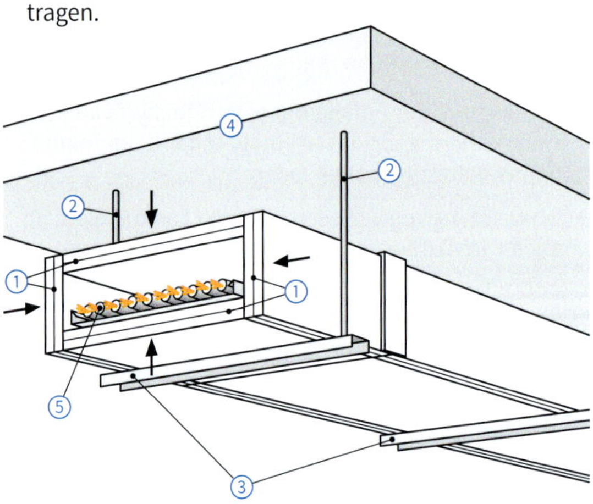

① feuerbeständige Platten
② Gewindestab
③ U-Profil
④ Decke
⑤ konventionelle Leitungen

1: Leitung mit Brandschutzabschottung

- **Integrierter Funktionserhalt**
  Hierbei werden spezielle Materialien für Leitungen und Befestigungssysteme verwendet, welche einen Brand für die vorgeschriebene Zeit aushalten (Abb. 1 und 2). Hierbei müssen die Leitungen und Befestigungssysteme gemeinsam geprüft und zugelassen sein. Die Komponenten benötigen eine bauaufsichtliche Zulassung (Prüfung durch Deutsches Institut für Bautechnik, DIBT). Das Verschalten von Leitungen muss in speziellen Brandschutz-Klemmenkästen erfolgen, sodass auch die Klemmstelle im Brandfall funktionsfähig erhalten bleibt.

Temperatureinwirkung

Kommt es zu einem Brand, erhöht sich auch die Temperatur der elektrischen Leiter. Dies führt zu deutlichen Widerstandserhöhungen und damit zu höheren Spannungsfällen. Das bedeutet, dass bei Brand eine geringere Spannung am Verbraucher anliegt. Durch die Erhöhung des Leiterquerschnittes kann der Spannungsfall wieder reduziert und ein sicherer Betrieb gewährleistet werden.

Bei der Berechnung des Spannungsfalls geht man davon aus, dass es innerhalb der für den Funktionserhalt vorgesehenen Zeit (30/90 Min.) ausschließlich in einem Brandabschnitt brennt.

Beispiele:

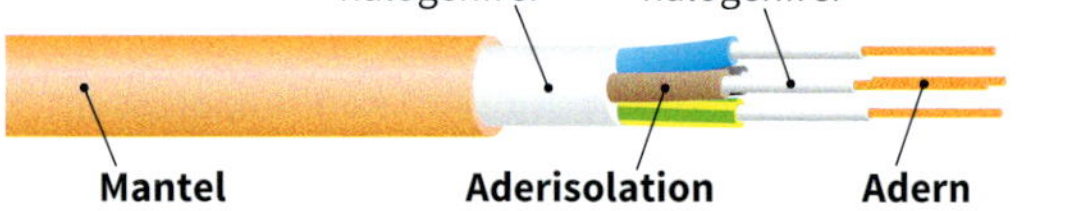

2: Leitung mit Funktionserhalt

Feuerbeständige Befestigungssysteme

Beispiel: Zugelassene Metalldübel und Metallschellen

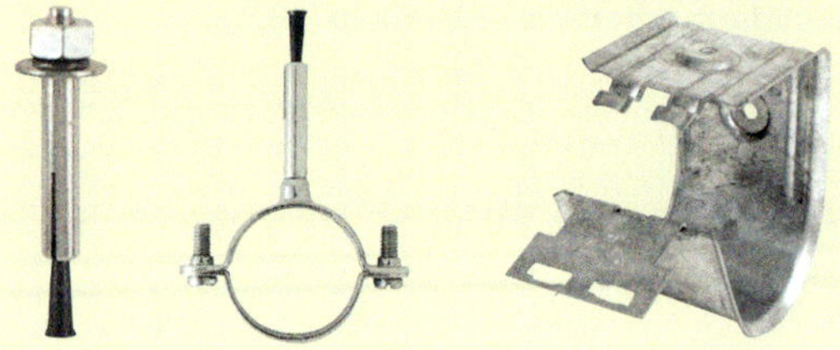

Die Leitungen müssen gemeinsam mit dem Befestigungssystem geprüft sein.

3: Befestigungssystem für Leitung mit Funktionserhalt

Um die Leitungsdimensionierung auf jeden Fall korrekt auszuführen, wählt man den Brandabschnitt aus, der die längste Leitungslänge enthält. Nur für diesen Leitungsabschnitt nimmt man die erhöhten Leitertemperaturen an (E30: 830 °C, E90: 1000 °C)

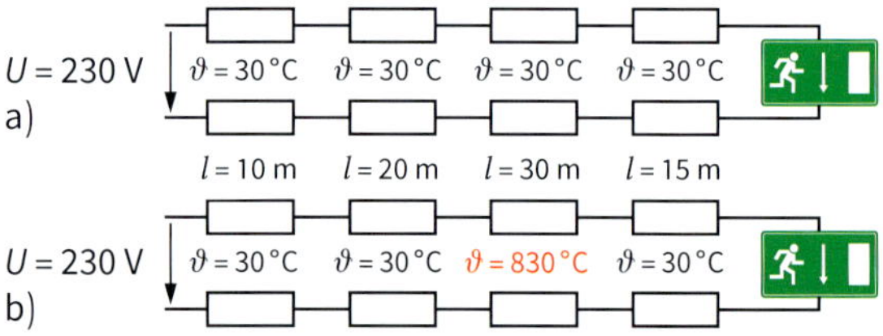

4: Widerstandsbetrachtung bei Funktionserhalt
a) Normalbetrieb b) Brandfall

Aufgaben

1. Berechnen Sie für das Beispiel aus Abb. 4 den Spannungsfall, wenn eine Leitung NYM 1,5 mm^2 verwendet wird und 2,5 A Laststrom fließen.
2. Welchen Leiterquerschnitt müssen Sie in Abb. 4 mindestens wählen, dass auch im Brandfall der Spannungsfall von 3 % nicht überschritten wird?

- Leitungsanlagen mit Funktionserhalt können auch bei Bränden noch für eine bestimmte Zeit Energie übertragen.

9.6 Überspannungsschutz

9.6.1 Auswirkungen von Überspannungen

Im Verwaltungsbüro eines Industriebetriebes ist die Computeranlage ausgefallen. Der beauftragte Elektroniker stellt bei der Sichtprüfung fest, dass eine Überspannung den Schaden verursacht hat.

Wodurch können Überspannungen entstehen?
Überspannungen (Abb. 5) entstehen durch Schalthandlungen im Netz (ca. 80 %) und durch **Blitzeinschlag** [*lightning strike*] (ca. 20 %).

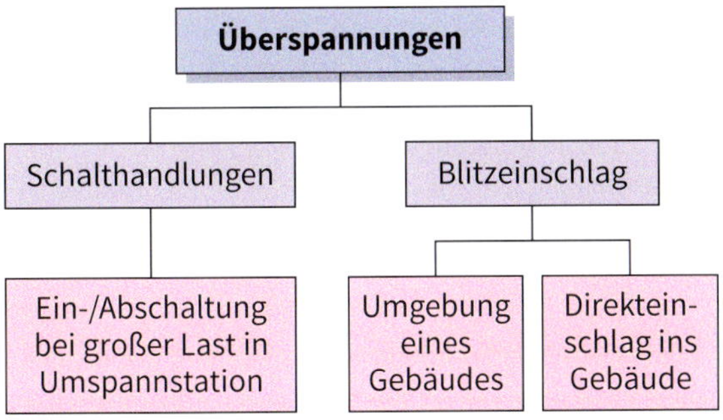

5: Übersicht

Gefährdungsbereich bei Blitzeinschlag
Der Gefährdungsbereich bei einem Blitzeinschlag erstreckt sich im Umkreis von bis zu 1,5 km um den Einschlagspunkt (Abb. 6). In diesem Bereich können sich Überspannungen zerstörend auf elektronische Anlagen auswirken. Wenn Gebäude von einem **Blitzschlag** getroffen werden, laufen im Bruchteil einer Sekunde folgende Vorgänge ab:

1. Die mit dem Schutzleiter verbundenen Gehäuse werden auf ein **hohes Potenzial** (Spannung gegen Außenleiter) angehoben.
2. Von den geerdeten Anlagenteilen fließt ein **hoher Strom** (Blitzstrom oder Ausgleichsstrom) über den N-Leiter in die elektrische Anlage.
3. Geräte können auch im ausgeschalteten Zustand beschädigt werden, da die hohe Spannung die **Isolierung** durchschlagen kann.

Gefährdungen können sich ergeben durch

- **direkten Blitzeinschlag**, z. B. in Häuser
  ⇒ Blitzstromableiter leiten dann die Blitzströme direkt zur Erde ab.
- **Ferneinschlag eines Blitzes**, z. B. in Versorgungsleitungen
  ⇒ Überspannungen breiten sich aus und können durch Blitzstromableiter unwirksam gemacht werden.
- **Überspannungen**, z. B. durch Schalthandlungen im VNB-Netz
  ⇒ Überspannungsschutzgeräte schützen sowohl das Gebäude als auch elektrische Betriebsmittel.

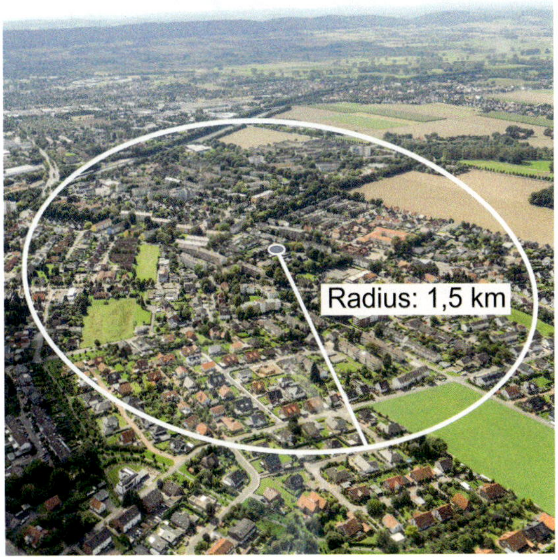

6: Gefährdungsbereich bei Blitzeinschlag

Jeder Blitz ist eine Entladung (**Gleichstrom-Stoßentladung**) in sehr kurzer Zeit (etwa 20 µs). Der **Blitzstrom** [*lightning current*] kann Spitzenwerte von 100 kA und mehr erreichen. Wegen der sehr kurzen Zeit, in der der Blitzstrom über die Leitungen der Blitzschutzanlage zur Erde geleitet wird, werden die äußeren Teile des Gebäudes kaum zerstört.

Am zeitlichen Verlauf des Blitzstromes im i-t-Diagramm (Abb. 7) ist Folgendes zu erkennen:

- Der Blitzstrom steigt in kurzer Zeit stark an ①. Das dadurch entstehende große Magnetfeld verursacht an Leitungen eine hohe Induktionsspannung.
- Die Fläche unter der Blitzstromkurve ② entspricht der Ladung. Diese Ladung wird in das Netz eingespeist.

Wegen der großen Ströme und der in der elektrischen Anlage entstehenden hohen Induktionsspannung ist trotz der kurzen Zeit die **Wärmeentwicklung** sehr groß.

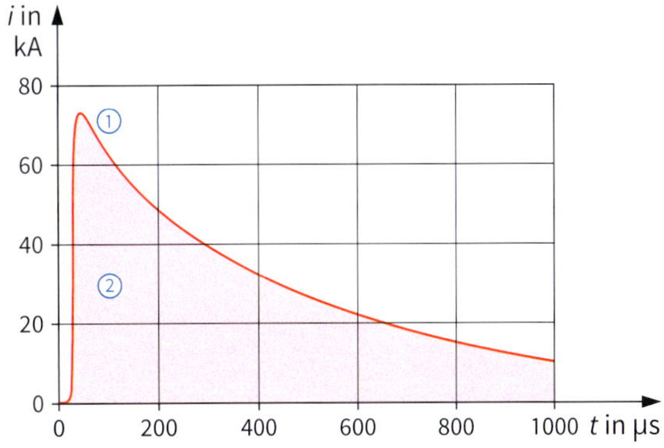

7: Blitzstromverlauf (aus Laborversuch)

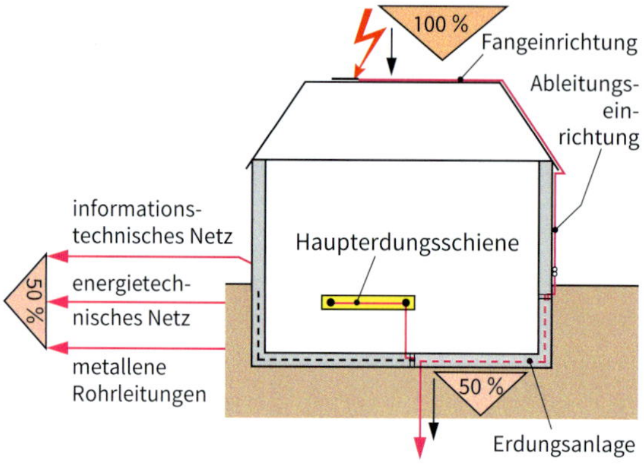

1: Aufteilung des Blitzstromes

Aufteilung des Blitzstromes nach dem Einschlag

Aufgrund von Hochspannungsuntersuchungen wurde festgestellt, wie sich der Blitzstrom auf die Anlagenteile folgendermaßen aufteilt (Abb. 1):

- ca. 50 % der „Blitzströme" fließen zur Erde,
- ca. 50 % auf weitere Anlagenbereiche.

Bei der Überspannung im Verwaltungsgebäude des Industriebetriebes war der innere Überspannungsschutz unzureichend. Da in diesem Fall Schalthandlungen im Versorgungsnetz die Ursache für die Überspannungen waren, konnten diese durch unzureichende **Überspannungsschutzgeräte** *[surge protective devices]* in der elektrischen Anlage nicht verhindert werden. Deshalb entstanden Schäden an der elektronischen Rechneranlage.

Um Überspannungen zu vermeiden, sind Schutzmaßnahmen erforderlich. Sie werden als **äußerer** und **innerer Blitzschutz** bezeichnet. Diese Maßnahmen sollen in den folgenden Kapiteln genauer besprochen werden.

Gebäudetechnische Anlagen

9.6.2 Äußerer Blitzschutz

Blitzschutzanlagen sind für bestimmte Gebäude vorgeschrieben. Sie werden wie folgt unterschieden:

- **äußerer Blitzschutz** und
- **innerer Blitzschutz**.

Welche Gebäude müssen mit Objekten zum äußeren Blitzschutz ausgerüstet sein?

Überspannungsschutz ist ab 12.2018 in allen neu errichteten Gebäuden verpflichtend. Überspannungsschutzeinrichtungen werden gefordert, wenn kurzzeitige Überspannungen (DIN VDE 0100-443) Auswirkungen haben können z. B. auf:

- **Gebäudeteile**, die ihre Umgebung überragen, z. B. Hochhäuser und hohe Schornsteine.
- **Betriebe**, die feuer- und explosionsgefährdet sind, z. B. Holzbearbeitungsbetriebe.
- **Bauten** mit Menschenansammlungen, z. B. Krankenhäuser, Verwaltungsgebäude, Schulen.
- Gebäude mit Freileitungsversorgung.
- Eigenerzeugte Schaltüberspannungen, z. B. Schalten hoher induktiver Lasten.

Der äußere Blitzschutz umfasst alle Einrichtungen außerhalb eines Gebäudes (Abb. 2) zum **Auffangen** und **Ableiten** des Blitzstromes in die Erde (Abb. 3).

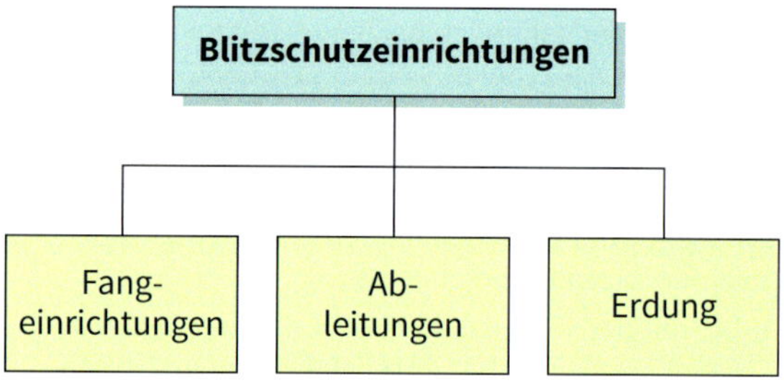

3: Teile der Blitzschutzanlage

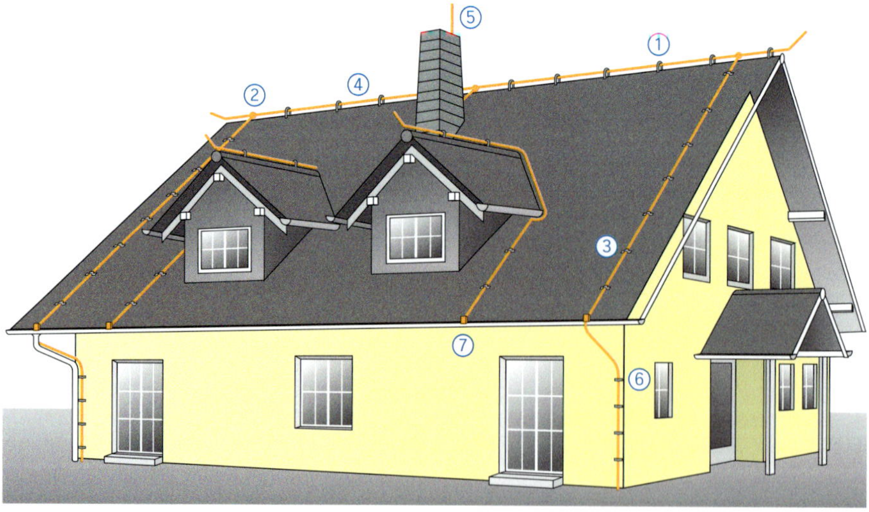

Teile der Blitz-Schutzanlage:

① Dachleitungshalter für Firstziegel
② Vario-Schnellverbinder
③ Dachleitungshalter
④ Rundleiter
⑤ Fangstange
⑥ Leitungshalter
⑦ Rinnenklemme

2: Teile der äußeren Blitzschutzanlage und Hausableitung (vgl. DIN 48803)

Folgende **Begriffe zum Blitzschutz** sollen zum weiteren Verständnis erklärt werden (DIN EN 62305-1):

- **Elektromagnetische Blitzimpulse LEMP** (**L**ightning **E**lectro-**M**agnetic **P**ulses) sind elektromagnetische Auswirkungen des Blitzstromes, z. B. als Überspannung, die über die Energieleitung angeschlossene Elektrogeräte zerstören.
- **Blitzschutzsystem LPS** (**L**ightning **P**rotection **S**ystem) ist ein vollständiges System, das Schäden an Bauten durch direkte Blitzeinschläge verhindern soll. Das LPS besteht aus dem äußeren und dem inneren Blitzschutz.
- **Blitz-Schutzzone LPZ** (**L**ightning **P**rotection **Z**one) ist der Bereich, für den die Blitzgefährdung festgelegt ist. Die Blitz-Schutzzonen liegen außerhalb und innerhalb eines Gebäudes (vgl. Abb. 3, S. 377).
  - **LPZ 0**: Außenbereich mit direkten bzw. indirekten Blitzeinschlägen ⇒ starkes magnetisches Feld, sehr hohe Ströme
  - **LPZ 1**: Innenbereich ohne direkte Blitzeinschläge ⇒ schwaches magnetisches Feld
  - **LPZ 2**: Von LPZ 1 geschützter Innenbereich ⇒ weiter abgeschwächtes magnetisches Feld

Blitzschutzklassen

Nach DIN EN 62305-1 werden für Blitzschutzsysteme vier Blitzschutzklassen **I**, **II**, **III** und **IV** mit abnehmendem Gefährdungspegel definiert. Die erforderliche Blitzschutzklasse für ein LPS wird durch eine Risikobewertung der baulichen Anlage nach DIN EN 62305-2 festgelegt. Daraus ergeben sich z. B. auch bestimmte Maschenweiten für die äußere Blitzschutzanlage und bestimmte Abstände, die zwischen Ableitungen und Ringleitungen eingehalten werden müssen (Abb. 4).

An den Gebäudeaußenseiten werden je nach Größe weitmaschig (Abb. 5 ①) Metallleitungen verlegt. Dabei müssen die angegebenen Maße eingehalten werden. Das Gebäude befindet sich dann wie in einem weitmaschigen Metallkäfig ②. Weil die Fang- und Ableiteinrichtungen gegen das elektrische Feld des Blitzstromes abschirmen („Faradayscher Käfig"), ist ein Blitzeinschlag in den inneren Bereich unwahrscheinlich.

Blitzschutzklasse	Maschenweite in m	Abstände zwischen den Ableitungen in m
I	5 x 5	10
II	10 x 10	10
III	15 x 15	15
IV	20 x 20	20

4: Maschenweiten und Abstände je Blitzschutzklasse

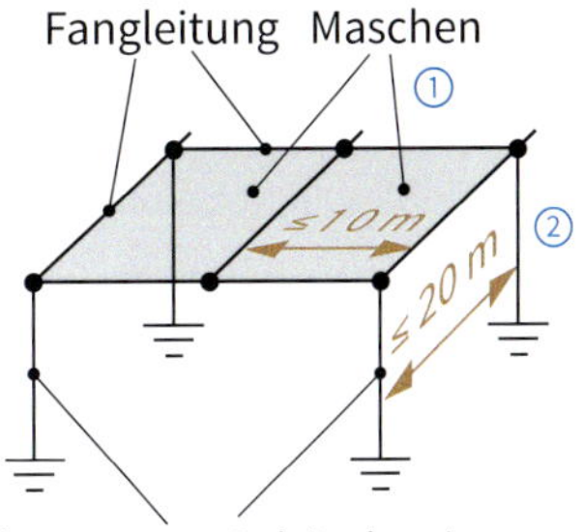

5: Abmessungen zu Maschen und Ableitungen

Fangeinrichtung

Zur **Fangeinrichtung** [*air terminator*] gehören alle metallenen Bauteile wie z. B. Fangleitungen, Fangstangen, die sich oberhalb, seitlich und neben dem Gebäude befinden. Sie sollen den Blitz „anziehen" und dienen somit als Einschlagpunkte. Meistens wird über ein Gebäude ein maschenförmiges Fangnetz mit einer bestimmten Maschenweite gelegt. Auch metallene Gebäudeteile, z. B. ein Blechdach, können als Teil eines LPS verwendet werden. Um ein Durchschmelzen bei Blitzeinschlag zu verhindern, gelten Mindestdicken (z. B. Kupfer 5 mm, verzinkter Stahl 4 mm).

Ableitungen

Ableitungen verbinden die Fangeinrichtung auf dem Dach mit der **Erdungsanlage** [*grounding system*]. Die Anzahl der Ableitungen hängt von der Form des Gebäudes, der Dachform und der Blitzschutzklasse ab. In Abb. 6 ist die Befestigung einer Fangeinrichtung aus Aluminium-Rundleiter mit der Dachrinne aus Kupfer dargestellt. Dafür sind besondere Zweimetall-Verbinder ③ aus Aluminium und Kupfer zu verwenden. Sie verhindern an dieser Stelle eine Elementbildung und damit Korrosion.

Anforderungen an Ableiteinrichtungen

Zur Verhinderung von Schäden durch Blitzströme werden an Ableitungen folgende Anforderungen gestellt:

- **Parallele Strompfade** durch entsprechende Installation der Ableiter herstellen.
- **Länge der Strompfade** verkürzen, z. B. auf Höhe des Erdbodens und je 10 bis 20 m Höhe die Ableitungen mit Querverbindungen verknüpfen.
- **Schutzpotenzialausgleich** zwischen Ableitungen und metallenen Gebäudeteilen herstellen.

③
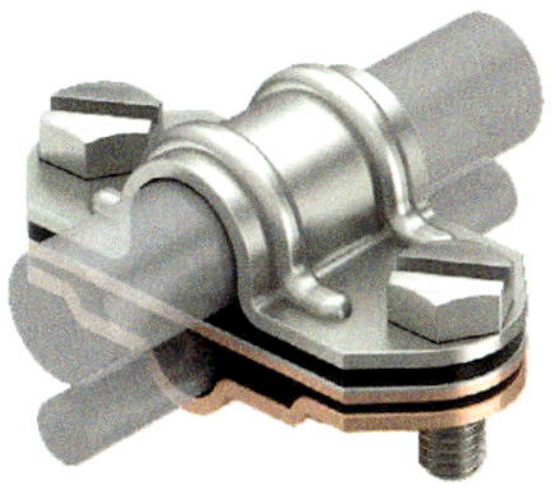
6: Zweimetall-Verbinder

Kenngrößen für Fangleitungen und Ableitungen

Als Werkstoffe für äußere Teile der Blitzschutzanlage werden unter Berücksichtigung des Korrosionsverhaltens Kupfer, verzinntes Kupfer, Aluminium, Aluminiumlegierungen und Stahl verwendet. Am Beispiel **nicht rostender Stahl** wird in Abb. 1 dargestellt, welche Mindestquerschnitte erforderlich sind.

q_{min} in mm^2	Ausführung	Bemerkung
60[1)]	Band	Dicke: ≥ 2 mm
50[1)]	Rund	Durchmesser: 8 mm
70	Seil	Je Draht: $d \geq 1{,}7$ mm

[1)] Bei Verlegung in Beton: $q = 75\ mm^2$

1: Mindestmaße bei nicht rostendem Stahl

Erdungsanlage

Über die Erdungsanlage soll der Blitzstrom ins Erdreich fließen. Die Erdungsanlage kann wie folgt aufgebaut sein:

- Geschlossener Ringerder um das Gebäude, z. B. als Fundamenterder oder
- Einzelerder je Ableitung (Ausnahme).

Um Überspannungsschutz zu gewährleisten, ist die Erdungsanlage außerdem mit der **Haupterdungsschiene** verbunden.

Anforderungen an den Ringerder

- **Vermeidung von Korrosion** bei Änderung der Bodenqualität (z. B. Frost, Trockenheit) durch ausreichende Verlegungstiefe $h \geq 0{,}5$ m
- **Abstand** zur Hauswand: $a = 1$ m
- **Überprüfungsmöglichkeit** während der Erderverlegung

Fundamenterder mit Anschlussfahne

Anschlussfahne
mindestens 1,5 m lang, auffällig gekennzeichnet
- Bandstahl 30 mm x 3,5 mm
- NIRO-Rundstahl 10 mm (nicht rostender Stahl mit Nickelgehalt von ca. 2 %)
- Rundstahl 10 mm mit PVC-Mantel
- Erdungsfestpunkt

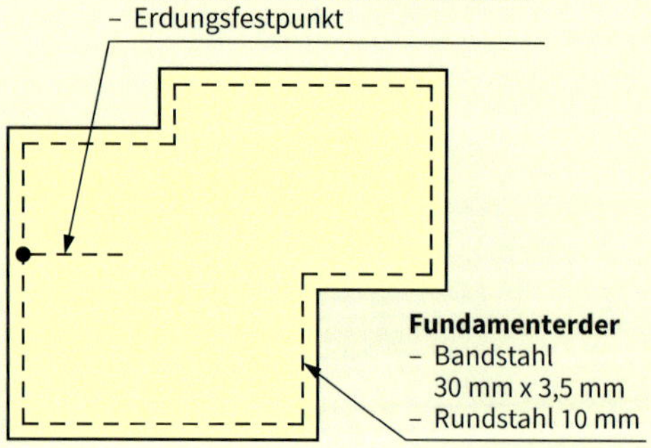

Anforderungen an Fundamenterder

Wenn Fundamenterder auch die Funktion eines **Blitzschutzerders** [*lightning protection earthing*] übernehmen, müssen bei der Verlegung folgende Anforderungen erfüllt sein:

- Geschlossene Ringverlegung
- Verzinkter Bandstahl: $q \geq 30$ mm x 3,5 mm oder verzinkter Rundstahl: $d \geq 10$ mm
- Metallene Querverbindungen bei größeren Gebäuden, sodass die umschlossene Fläche maximal 20 m x 20 m beträgt.
- Verbindung mit metallener Bewehrung durch blitzstromgeeignete Verbindungsklemmen oder Schweißverbindung.
- Anschlussfahnen oberhalb des Betons, z. B. aus feuerverzinktem Stahl.
- Verlegung im Fundament der Außenwände unter der untersten Isolation und der untersten Bewehrungsanlage bei Fundamenten aus bewehrtem Beton (Stahl- oder Spannbeton).
- Dicke der Bedeckung durch Beton ($d \geq 5$ cm).

Messstellen

Oberhalb einer Erdeinführung muss an jeder Ableitung eine Messstelle in Form einer **Trennstelle** [*disconnecting point*] vorhanden sein (Abb. 2). Diese sind erforderlich, um Blitzschutzsysteme überprüfen zu können (vgl. Kap. 9.6.4). Messstellen dürfen nur mit Werkzeugen und zu Messzwecken geöffnet werden. Im Plan des Blitzschutzsystems müssen diese Stellen markiert sein.

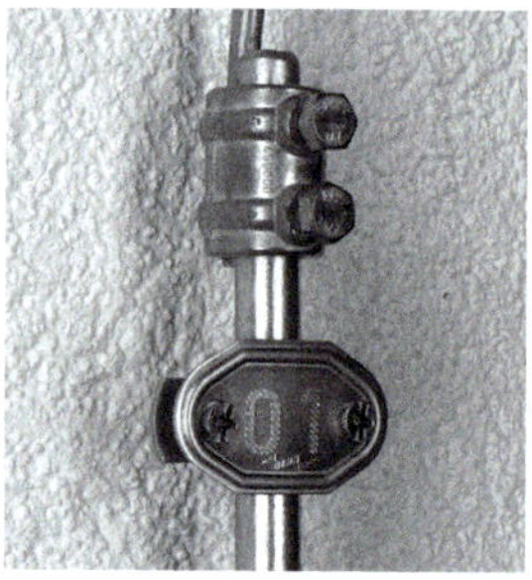

2: Messstelle mit Nummer

- Der Grad der Blitzgefährdung für ein Gebäude wird durch die Blitz-Schutzzonen LPZ festgelegt.
- Fangeinrichtungen, Ableitungen und Erdungen sind Teile der äußeren Blitzschutzanlage und dienen zum Auffangen des Blitzstromes und zum Ableiten zur Erde.
- Für Fangleitungen und Ableitungen sind bestimmte Abmessungen vorgeschrieben.
- An Fundamenterdern, die auch die Funktion eines Blitzschutzerders übernehmen, werden bestimmte Anforderungen hinsichtlich Verlegung und Materialdicke gestellt.
- In Ableitungen müssen zu Messzwecken Trennstellen eingebaut sein.

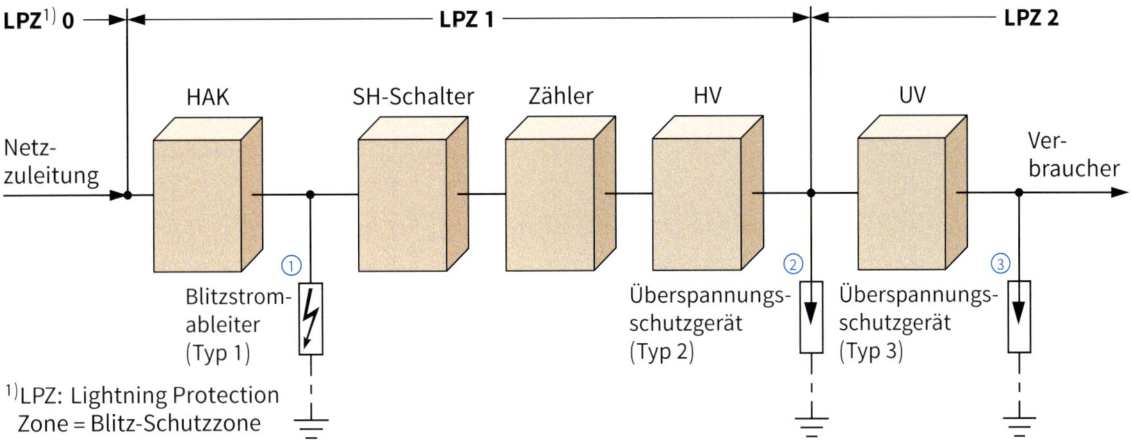

[1] LPZ: Lightning Protection Zone = Blitz-Schutzzone

3: Innerer Blitzschutz

9.6.3 Innerer Blitzschutz

Durch den Blitzstrom entstehen starke magnetische Felder. Durch Induktion werden **Überspannungen** in benachbarten Leitungen erzeugt. Deshalb müssen zum Schutz in Anlagen Vorrichtungen getroffen werden, die als innerer Blitzschutz bezeichnet werden. In Abb. 3 sind die Stellen gekennzeichnet, wo Blitzstromableiter und Überspannungsschutzgeräte (**SPD**, **S**urge **P**rotective **D**evices) installiert werden müssen.

Typenklassen von Schutzgeräten

Die Schutzgeräte werden entsprechend den Anforderungen und Belastungen an den Installationsstellen in die Typenklassen 1, 2 und 3 unterteilt.

- **Typ 1: Blitzstromableiter**
  - Höchste Anforderung hinsichtlich des Ableitvermögens; Einsatz an der Schnittstelle der **Blitz-Schutzzonen** 0 bis 1, also hinter der Eintrittsstelle der Energieleitung des VNB (HAK) ①.
  - Belastbarkeit durch Blitz-Teilströme, die mehrmals zerstörungsfrei geführt werden können.
  - Begrenzen das Eindringen von Blitzströmen in die elektrische Anlage eines Gebäudes.
- **Typ 2: Überspannungsschutzgerät**
  - Einsatz an der Schnittstelle der Blitz-Schutzzone 1 bis 2; Schutz vor Überspannungen in der elektrischen Anlage ②.
  - Ableitvermögen von mehr als 10 kA in 8/20 µs. Installation hinter der Hauptverteilung und vor der Fehlerstrom-Schutzeinrichtung (RCD).
- **Typ 3: Überspannungsschutzgerät**
  - Installation in Blitz-Schutzzone 2.
  - Ableiten von Überspannungen ③, die zwischen Außenleiter und N-Leiter auftreten und meistens durch Schalthandlungen verursacht werden.
  - Installation nahe dem zu schützenden Endgerät.

- **Blitzstromableitung**
  Diese erfolgt zwischen der Energieleitung des VNB im TT- und TN-System und dem Zähler zur Haupterdungsschiene (Abb. 4 ④). Die Vorzählerinstallation ist vom Gerätetyp abhängig und muss von dem VNB freigegeben werden.
- **Blitzschutz-Potenzialausgleich**
  Er besteht aus der Verbindung aller voneinander getrennten metallenen Teilen der Anlage mit dem Blitzschutzsystem. Der Blitzschutz-Potenzialausgleich wird durch direkten Anschluss an die Haupterdungsschiene hergestellt ⑤. In Abb. 1 (siehe S. 378) sind diese und andere Anschlüsse an die Haupterdungsschiene dargestellt.

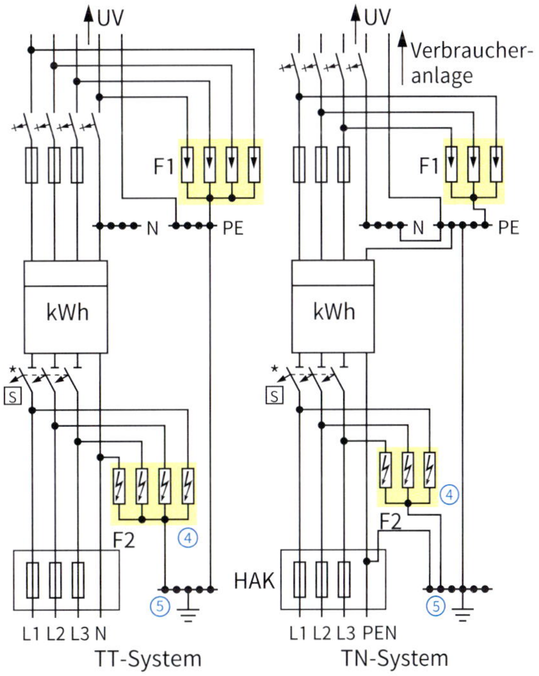

4: TT- und TN-Systeme mit Überspannungsschutz

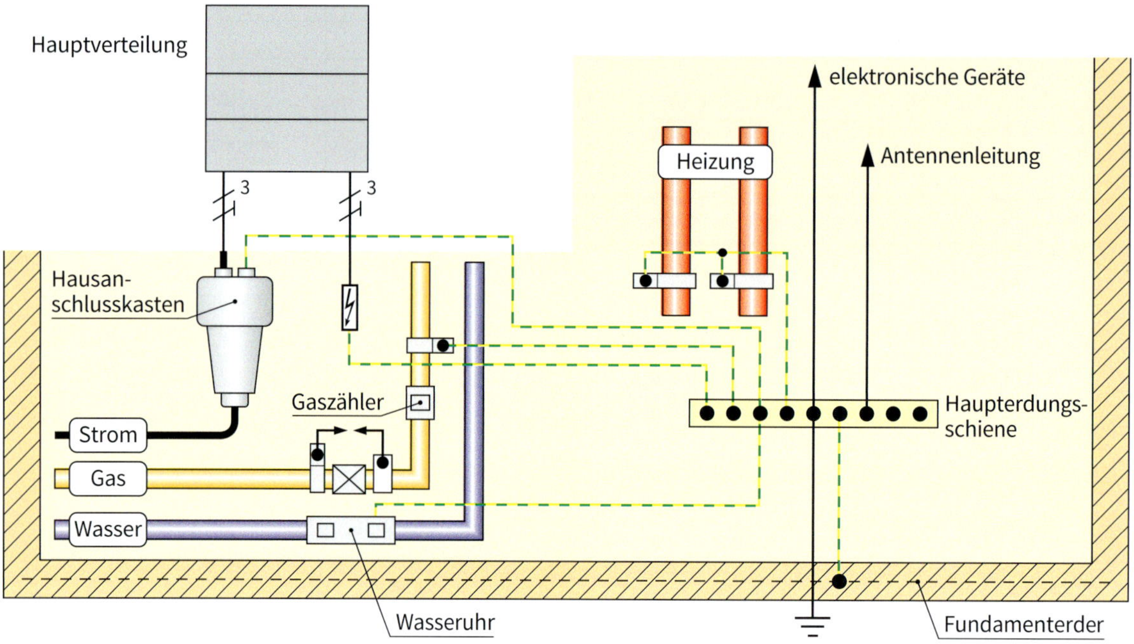

1: Blitzschutz- und Schutzpotenzialausgleich

Wo werden Überspannungsschutzgeräte eingebaut?

Die Schutzgeräte müssen vor den elektrischen Verbrauchern eingebaut werden. Dadurch wird erst die Ableitung der durch Überspannungen entstehenden Ströme über die Erdungsanlage ins Erdreich möglich.

Die Ableiter bestehen aus spannungsabhängigen Widerständen (VDR), deren Widerstandswert sich mit der Höhe der Spannung verringert. Bei hohen Spannungen stellen die Ableiter dann einen Kurzschluss her. Nachgeschaltete Elektrogeräte werden dadurch geschützt.

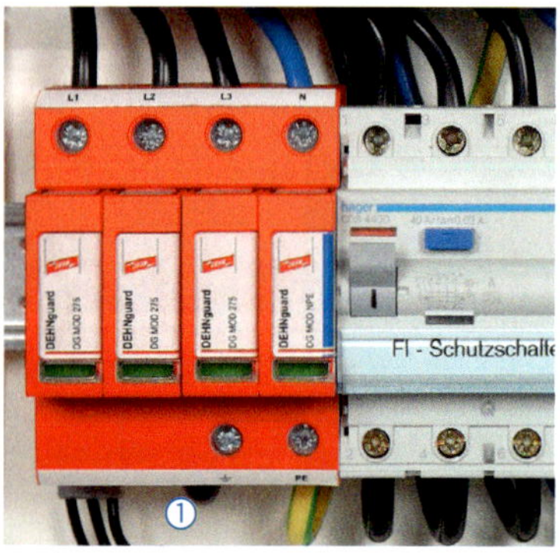

2: Überspannungsschutzgeräte in der Unterverteilung

Die Abb. 2 zeigt die Installation der Überspannungsschutzgeräte ① vor den LS-Schaltern in einer Unterverteilung.

Diese Überspannungsschutzgeräte werden als **Einbaugeräte** verwendet. Sie befinden sich an dem LPZ-Übergang von 1 nach 2. Die Restgröße einer vorgelagerten Überspannung wird dadurch weiter abgebaut. Die Geräte können auch direkt einem bestimmten Elektrogerät zugeordnet werden.

Überspannungsschutzgeräte werden in den Leitungszug des zu schützenden Gerätes eingebaut. Sie können angeschlossen werden

- in Verteilern,
- in Steckdosen oder
- als Steckereinsatz.

In Abb. 3 ist das Schutzgerät vor der Steckdose parallel angeschlossen, sodass beim Auslösen infolge einer Überspannung die Steckdose und ein eventuell angeschlossenes Elektrogerät nicht abgeschaltet werden. Die Steckdose bleibt funktionsfähig.

Andere Schutzgeräte lassen sich in die Steckdose einstecken. Über eine **Anschlussleitung** [*power lead*] wird die Verbindung z. B. zu einem elektronischen Endgerät hergestellt. Die Induktionsströme, die durch die Überspannung entstehen, werden dann über Schutzleiter und Haupterdungsschiene zum Erder abgeleitet.

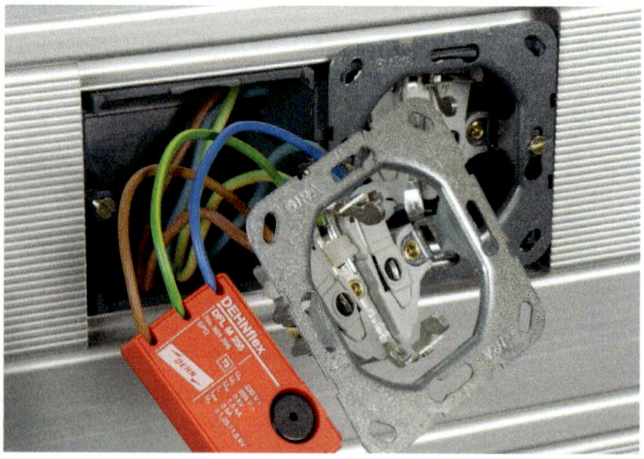

3: Schutzgerät im Kabelkanal

Gebäudetechnische Anlagen

Anwendungen

Elektronische Bauteile sind sehr empfindlich gegen Überspannungen. Sie müssen deshalb besonders durch Überspannungsschutzgeräte geschützt werden. Der Einbau solcher Geräte kann z. B. in folgenden Anlagen erfolgen:

- EDV- und Photovoltaik-Anlagen,
- Mess-, Steuer- und Regelanlagen.

Installation

- **Mindest-Leiterquerschnitte** von Verbindungen zwischen Haupterdungsschienen (Abb. 4)
  - zum Erderband und
  - zu metallenen Gebäudeteilen.

Werkstoff	Leitung von Haupterdungsschiene zur Erde	Leitung von Haupterdungsschiene zu Metallteilen	Blitzschutzklasse
	q in mm²		
Kupfer	14	5	I bis IV
Aluminium	22	8	
Stahl	50	16	

4: Leiterquerschnitte

- **Blitzstromableiter**
  - zwischen Hausanschlusskasten und Zähler
  - Verbindung mit Haupterdungsschiene
  - kurze Anschlussleitung zum Versorgungsnetz
  - kurze Leitungen (≤ 0,5 m) zur Haupterdungsschiene und zu Sammelschienen
- **Anschlussleitung** zum Ableiter
  - gleicher Querschnitt wie Außenleiter und Neutralleiter
- **Überspannungsschutzgeräte**
  - Anschluss nahe an zu schützende Verbraucher

Zusammenfassung

Wichtige Teile zum inneren Blitzschutz im TN- und TT-System sind in den Abb. 5 und 6 dargestellt. Befinden sich in elektrischen Anlagen Fehlerstrom-Schutzeinrichtungen (RCD), dann müssen Blitzstromableiter (Typ 1) und Überspannungsschutzgeräte (Typ 2) **vor der RCD** installiert werden.

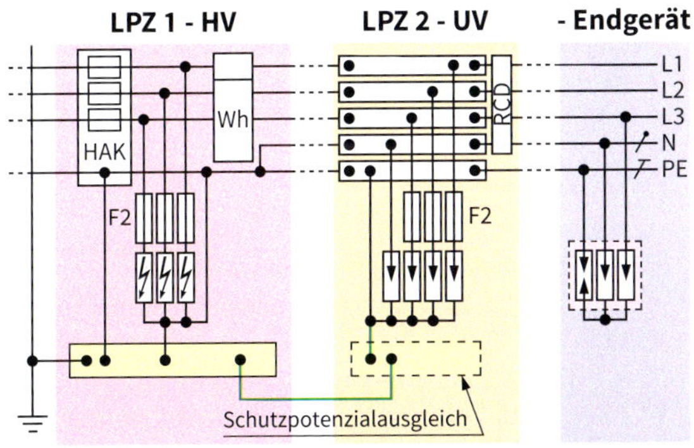

5: Innerer Blitzschutz im TN-C-S-System

Dadurch wird Folgendes erreicht:

- Die RCD kann den abgeleiteten Stoßstrom gegen PE nicht als Fehlerstrom erfassen.
  ⇒ Der Stromkreis wird nicht unterbrochen.
- Hohe Blitzteilströme, die über den Blitzstromableiter zur Erdungsanlage abfließen, beeinflussen die RCD nicht.
  ⇒ Die RCD wird nicht zerstört.

In Abb. 6 ist die Fehlerstrom-Schutzeinrichtung (RCD) vor dem Überspannungsschutzgerät (Typ 6) installiert. Dies ist möglich, weil in Endstromkreisen die Überspannungen schon sehr energiebegrenzt sind. Wegen der Überspannungsbegrenzung durch das Schutzgerät wird kein Stoßstrom über den PE-Leiter abgeleitet. Daraus folgt, dass die RCD keinen Fehlerstrom erfassen kann.

Aufgaben

1. Welche Gebäude müssen mit einer äußeren Blitzschutzanlage ausgestattet werden? Nennen Sie sechs Beispiele.
2. Beschreiben Sie drei Objekte, die zur äußeren Blitzschutzanlage gehören.
3. Welche Funktion haben Überspannungsschutzgeräte?

- Der innere Blitzschutz umfasst Blitzstromableiter und Überspannungsschutzgeräte.
- Überspannungsschutzgeräte besitzen einen spannungsabhängigen Widerstand, dessen Widerstandswert sich bei einer hohen Spannung verringert.
- Überspannungsschutzgeräte müssen direkt vor den zu schützenden Geräten eingebaut werden.
- Bei der Installation des inneren Blitzschutzsystems müssen die Mindestmaße von Ausgleichsleitungen beachtet werden.

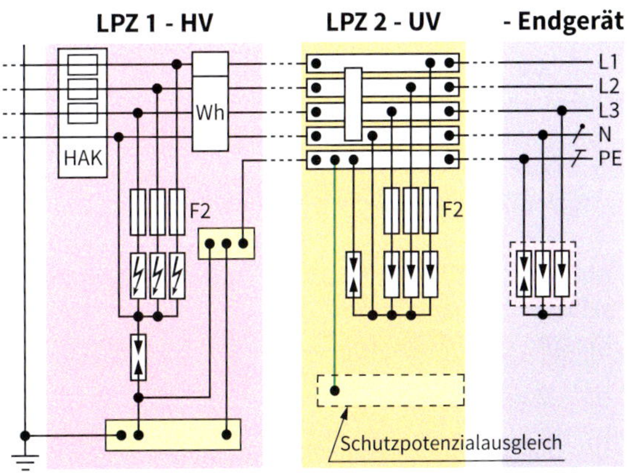

6: Innerer Blitzschutz im TT-System

9.6.4 Prüfung und Wartung

Bei der **Prüfung** von Blitzschutzanlagen ist laut DIN EN 62305-3 festzustellen, dass

- der Zustand des Blitzschutzsystems (LPS) normgerecht ist,
- keine Korrosionen vorhanden sind und
- bauliche Erweiterungen in das LPS einbezogen sind.

Die Prüfungen (Abb. 1) erfolgen durch Besichtigen und Messen.

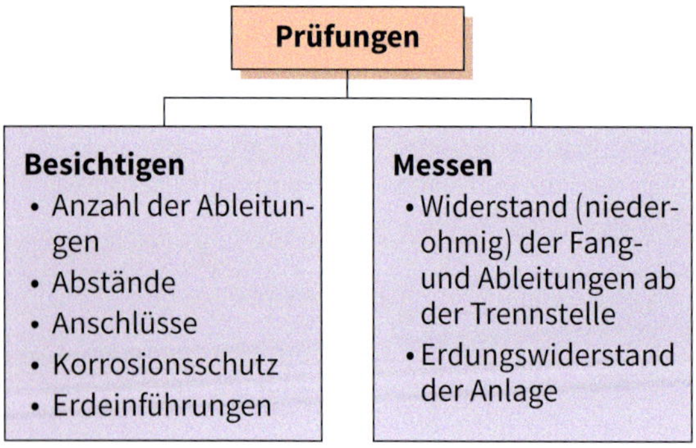

1: Übersicht

Die Prüfungen umfassen folgende Bereiche:

- **Baubegleitende Prüfungen**
  Sie erstrecken sich auf die Bereiche des Blitzschutzsystems, die nach Abschluss der Bautätigkeiten nicht mehr zugänglich sind. Dazu gehören
  - Fundamenterder mit Erdungsbändern und Klemmstellen,
  - Bewehrungsanschlüsse, Ableitungen und deren Verbindungen, die im Beton verlegt werden.
- **Abnahmeprüfung**
  Wenn die Arbeiten am Blitzschutzsystem beendet sind, müssen
  - der normgerechte Schutz und
  - die handwerkliche Ausführung

  geprüft werden.
- **Zusatzprüfungen**
  Diese Prüfungen sind erforderlich, wenn an der baulichen Anlage Erweiterungen und Reparaturen vorgenommen wurden. Sie müssen auch durchgeführt werden, wenn in das Gebäude ein Blitzeinschlag erfolgte.
- **Wiederholungsprüfungen**
  Sie dienen dazu, die Wirksamkeit des Blitzschutzsystems zu gewährleisten. Diese Prüfungen sind in regelmäßigen Abständen durchzuführen (Abb. 2).

Blitzschutzklasse	Intervall zwischen den vollständigen Prüfungen	Intervall zwischen den Sichtprüfungen
I, II	2 Jahre	1 Jahr
III, IV	4 Jahre	2 Jahre

2: Prüffristen für Prüfungen des LPS

Messen

Hierbei wird die **Durchgängigkeit** [*continuity*] von Verbindungen gemessen (vgl. Kap. 9.6.2), z. B.

- die Anschlüsse der Fangeinrichtungen, Ableitungen und Schutzpotenzialausgleichsleitungen (Richtwert: $R < 1\ \Omega$) sowie
- der Übergangswiderstand zur Erdungsanlage (Richtwert: $R_{Ü} < 1\ \Omega$).

Dokumentation

Für jede Prüfung des Blitzschutzsystems muss ein Bericht verfasst werden. Dieser ist beim Anlagenbetreiber zu hinterlegen. Im Prüfbericht muss neben den allgemeinen Angaben zum Anlagenbetreiber u. a. Folgendes beschrieben sein:

- **Bauliche Anlage**
  - Standort, Nutzung, Bauart
  - Art der Dacheindeckung und Blitzschutzklasse
- **Blitzschutzsystem**
  - Verwendete Werkstoffe und Leiterquerschnitte
  - Zahl der Ableitungen mit Angabe (z. B. Nummer) der Trennstellen
  - Art der Erdungsanlage, z. B. Fundamenterder
  - Ausführung des Blitzschutz-Potenzialausgleichs zu den metallenen Gebäudeteilen und zu der Haupterdungsschiene

Wartung

Die Häufigkeit der regelmäßigen Prüfungen und Messungen muss mit dem Anlagenbetreiber abgestimmt werden.
Folgende Faktoren sind zu beachten:

- Witterungseinflüsse, z. B. häufige Gewitter
- Einwirkungen von direkten Blitzeinschlägen mit möglichen Beschädigungen
- Festgelegte Blitzschutzklasse, z. B. häufigere Wartung bei den Blitzschutzklassen I und II.

Auch die **Wartungsarbeiten** [*maintenance works*] müssen dokumentiert werden. Genauere Angaben zum Umfang des Wartungsprogramms sind in der DIN EN 62305-3 festgelegt.

Aufgaben

1. Beschreiben Sie kurz vier Arten von Prüfungen, die in Blitzschutzanlagen durchgeführt werden müssen.
2. Begründen Sie, warum die Wartung von Blitzschutzanlagen erforderlich ist.

- Der Blitzschutz wird durch die erforderlichen Prüfungen während des Errichtens und nach äußeren Einflüssen, z. B. Blitzeinschlag, gewährleistet.
- In regelmäßigen Abständen sind in Blitzschutzanlagen Wiederholungsprüfungen erforderlich.

10 Energietechnische Anlagen

Bei einem überregionalen Stromausfall wurden Teile Ihrer Stadt abgeschaltet. Ihr Kunde – ein mittelständischer Industriebetrieb – hat sich bei seinem Netzbetreiber beschwert, da er gehört hat, dass die Abschaltung bewusst vorgenommen wurde und andere Kunden weiter versorgt wurden. Dabei berichtet er Ihnen, dass dies als „normale" Reaktion des Netzes gesehen wird und alle Schutzmaßnahmen korrekt funktioniert haben. Sie haben ihm versprochen, die Zusammenhänge zu erläutern.

Dafür ist es erforderlich, die Bedeutung und Funktion der einzelnen energietechnischen Anlagen zu verstehen. Auch das Wissen über das Funktionieren des gesamten Stromnetzes ist hierfür nötig.

10.1 Versorgungsnetze

Die Versorgungsnetze (Abb. 3) bestehen aus Bereichen zur

- Energieeinspeisung,
- Energieübertragung und
- Nutzung der elektrischen Energie.

10.1.1 Energieeinspeisung

In Kraftwerken wird z. B. kinetische oder chemische Energie in elektrische Energie umgewandelt. Diese Art der Energieumwandlung wird umgangssprachlich als „elektrische Energieerzeugung" bezeichnet.

Kernkraftwerke [*nuclear power plants*], **Kohlekraftwerke** [*coal-fired power plants*] oder **Wasserkraftwerke** [*hydropower plants*] erzeugen so viel elektrische Energie, dass diese in der direkten Umgebung des Kraftwerkstandortes nicht vollständig genutzt werden kann.

Diese **zentral** erzeugte elektrische Energie muss deshalb zu den Kunden transportiert werden.

Die Spannungen werden dazu bis auf 400 kV transformiert. So werden die zu übertragenden Ströme im Übertragungs-/Transportnetz klein gehalten und Übertragungsverluste minimiert. In der Nähe der Kunden wird die Spannung dann auf 110 kV, 10/20 kV und 400 V transformiert, sodass sie für den Kunden nutzbar wird.

Neben den Großkraftwerken gibt es zunehmend kleinere elektrische Energieeinspeiser. Dies sind z.B. Blockheizkraftwerke oder Wind- und Solargeneratoren. Sie speisen ihre Energie hauptsächlich in die Niederspannungsnetze (direkt am Hausanschlusspunkt) oder **Mittelspannungsnetze** [*medium-voltage power grids*] ein.

Immer häufiger werden die regenerativen Energieerzeuger in großen Mengen an Standorten installiert, an denen nicht ausreichend Abnehmer vorhanden sind. Dies kommt z. B. bei großen Windparks in Norddeutschland oder abgelegenen Standorten vor. In diesen Fällen müssen auch diese Energien über weite Wege transportiert werden. Dezentrale Energieerzeuger werden durch ihre Bündelung zu zentralen Energieerzeugungsanlagen.

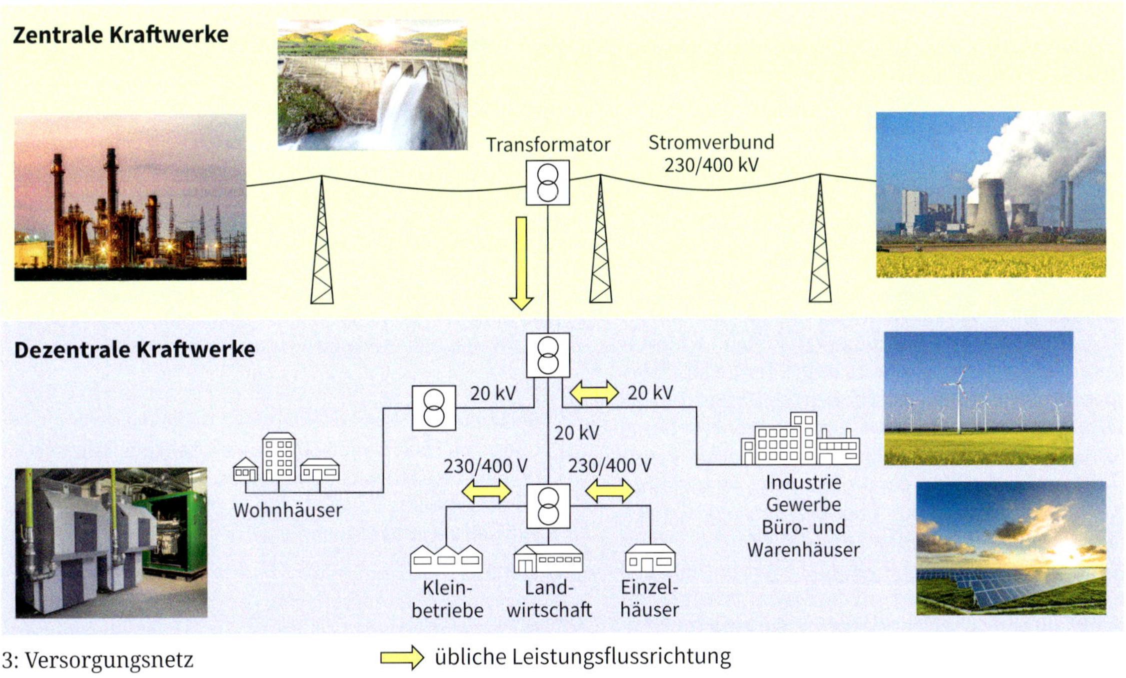

3: Versorgungsnetz

Wie viel Energie wird benötigt?

Die Kraftwerksbetreiber haben aus der Vergangenheit Daten ermittelt und Erfahrungen über den Bedarf an elektrischer Energie für bestimmte Regionen und das gesamte Netz. Hieraus werden minutengenaue **Prognosen** [*forecasts*] erstellt, die z. B. Tageszeit, Jahreszeit und Wettervorhersagen berücksichtigen (Abb. 1). Aufgrund der Lastprognosen wird der Kraftwerkseinsatz geplant. Als Mess- und Regelgröße dient hierbei stets die eingespeiste Energie pro Zeit (Wirkleistung), da diese durch das Messen von Strom und Spannung leicht ermittelt werden kann.

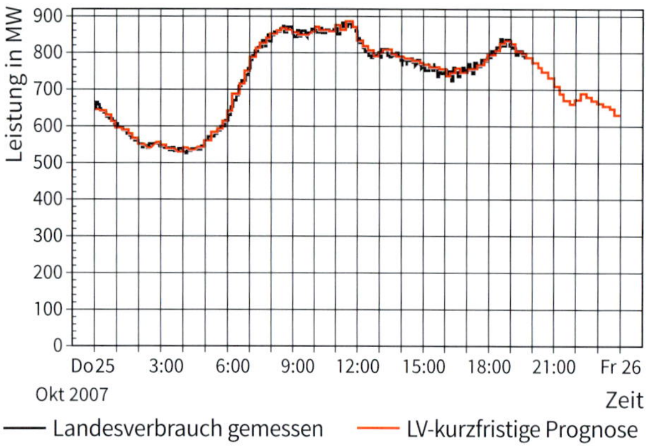

1: Tageslastprognose

Tatsächlich kommt es aber immer wieder zu Abweichungen zwischen der Prognose und dem Bedarf, die unterschiedliche Ursachen haben können.

- **Kleine Lastabweichungen** entstehen durch verändertes Kundenverhalten.
- **Große Lastabweichungen** entstehen beispielsweise durch Ausfälle von Teilen des Übertragungsnetzes oder Kraftwerken.

Was passiert bei Energieüberschuss?

Um zu verstehen, was bei zu viel eingespeister Energie passiert, stellen wir uns vor, dass die gesamte elektrische Energie in einem einzigen Kraftwerk erzeugt wird (Abb. 2).

Alle Großkraftwerke wandeln zunächst die verfügbare Energie in mechanische Rotationsenergie um. Dies geschieht einerseits, indem Wasserkraft eine Turbine antreibt. Andererseits dadurch, dass Energie aus Kernspaltungen oder Kohleverbrennung zu Dampf (Druck + Temperatur) gewandelt wird, welcher über eine Dampfturbine (Abb. 3a) in Rotationsenergie überführt wird. Die Turbine überträgt ein Drehmoment M_T auf eine Welle. Diese dreht sich mit der Drehzahl n und treibt den Rotor des Generator an (Abb. 3b). Der Generator wandelt die Rotationsenergie in die gewünschte elektrische Energie um. Dies ruft ein Drehmoment M_G an der Welle hervor, welches dem der **Turbine** [*turbine*] entgegenwirkt (Abb. 2).

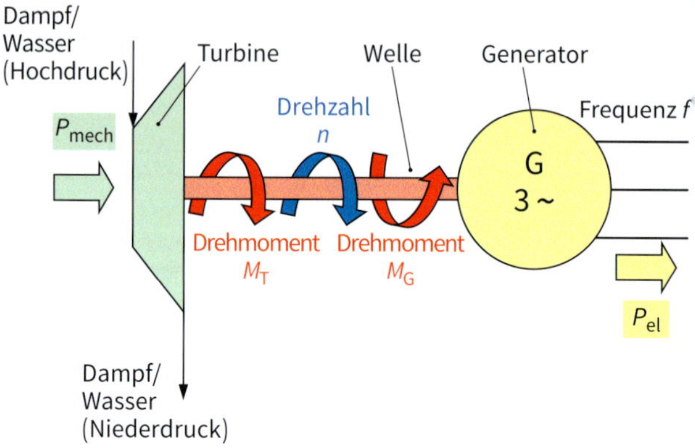

2: Kraftwerkprinzip

a) Turbine im Dampfkraftwerk

b) Gezogener Rotor (Wasserkraftwerk)

3: Turbine und Generatorläufer

Die rotierende Masse setzt sich zusammen aus:

- Schaufelräder der Turbine,
- Welle und
- Generatorläufer.

Die Drehmomente an Turbine und Generator sind proportional zur Leistung und damit zur aktuell übertragenen Energie.

$$P_{rot} = \frac{W_{rot}}{t} = n \cdot M$$

Ist die mechanisch Leistung größer als die elektrische Wirkleistung, gilt folgender Zusammenhang:

$$P_T > P_G \rightarrow M_T > M_G$$

$$M_T - M_G > 0 \rightarrow M_B > 0 \rightarrow \Delta n > 0 \rightarrow n\uparrow \rightarrow f\uparrow$$

M_B: Beschleunigungsmoment

Bei überschüssiger Leistung steigt daher die Netzfrequenz an. Fehlt im Versorgungsnetz Leistung, tritt der umgekehrte Effekt ein und die Frequenz sinkt. Die Frequenzänderung dauert so lange, bis die Leistungen bei Einspeisung und Entnahme wieder gleich groß sind.

Von den Generatoren wird eine konstante Frequenz erwartet, was wiederum eine konstante Wellendrehzahl voraussetzt. Um die Drehzahl konstant zu halten, muss das Beschleunigungsmoment also $M_B = 0$ sein.

Was wirkt gegen die Frequenzabweichung?

Die erzeugte Energie muss also genau der abgenommenen Energie entsprechen, um die Frequenz gleich zu halten.

In der Praxis gibt es aber immer geringe Abweichungen zwischen erzeugter und abgenommener Energie. Hierdurch wird die Frequenz so lange steigen bzw. sinken, bis die Energiebilanz wieder ausgeglichen ist (Abb. 4).

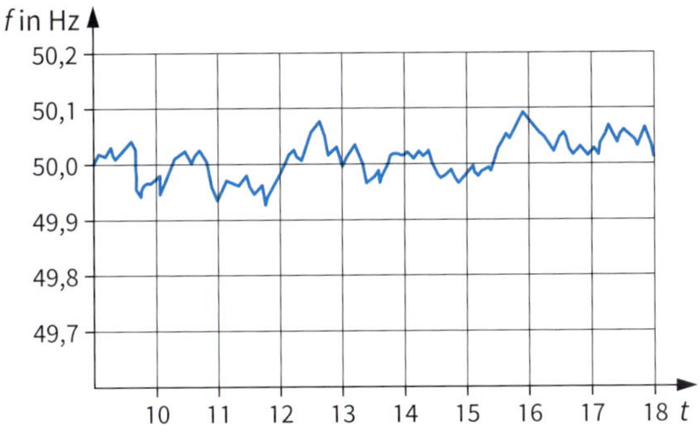

4: Übliche Frequenzabweichung

Es ist daher eine Regeleinrichtung nötig, die der Frequenzänderung entgegenwirkt. Jedes Kraftwerk muss sich an der sogenannten **Primärregelung** [*primary control*] beteiligen. Dazu wird immer ein geringer Anteil der Primärleistung (Dampfdruck, Wasserdruck, ...) vorgehalten, die bei Bedarf sofort aktiviert werden kann. Sinkt die Frequenz im Netz, dann fehlt Leistung. Dies erkennen alle Kraftwerke und erhöhen ihre Leistung gemäß einer kraftwerkspezifischen Kennlinie (Abb. 5).

Bei Ausfall eines Kraftwerkes (z. B. ein Kraftwerksblock mit $P = 1225$ MW) erhöhen innerhalb weniger Minuten alle beteiligten Kraftwerke ihre Leistung, bis die Leistungsbilanz wieder ausgeglichen ist. Die Frequenzänderung wird so begrenzt.

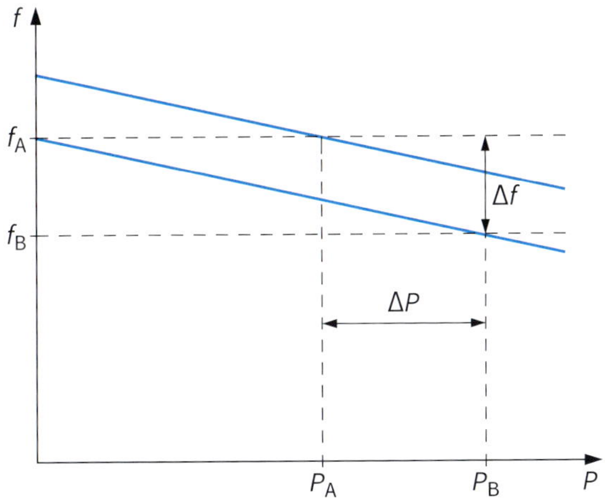

5: *f*-*P*-Kennlinie der Primärregelung

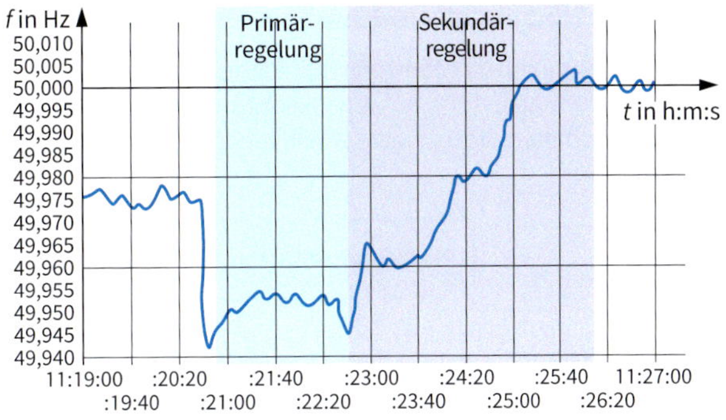

6: Auswirkung von Primär-/Sekundärregelung

Anhand der Frequenzabweichung lässt sich berechnen, wie groß die fehlende bzw. überschüssige Leistung ist. Daraus kann der Netzbetreiber ermitteln, welche Kraftwerke er zusätzlich aktivieren muss. Diese Maßnahme wird als Sekundärregelung bezeichnet (Abb. 6). Die erhöhte Leistung führt zu einer Erhöhung der Frequenz und Rücknahme der zusätzlich eingespeisten Primärregelleistung.

Bei sehr großen Netzstörungen kann es vorkommen, dass die vorgehaltene Primärregelleistung nicht ausreicht, um die Frequenzänderung zu begrenzen. Da zusätzliche mechanische Leistung nicht schnell genug aktiviert werden kann, bleibt nur die Möglichkeit, die abgenommene elektrische Leistung zu reduzieren.

Hierzu sind hauptsächlich in Mittelspannungs-Schaltanlagen Schutzgeräte eingebaut, welche die Netzfrequenz überwachen (Abb. 7). Bei zu großen Frequenzabweichungen werden Teile des Versorgungsnetzes abgeschaltet (z.B. einzelne Stadtteile oder Industriegebiete). Dies geschieht nach einem Staffelplan, der mit allen im europäischen Verbundnetz angeschlossenen Netzbetreibern vereinbart ist (Abb. 8).

7: Unterfrequenzschutz

Stufe	*f*/Hz	Maßnahme
1	< 49,8	Meldung, gegebenenfalls Aktivierung zusätzlicher Kraftwerksleistung
2	< 49,0	15 % der Netzleistung abschalten
3	< 48,7	weitere 30 % der Netzleistung abschalten
4	< 48,4	weitere 30 % der Netzleistung abschalten
5	< 47,5	Abschaltung der Kraftwerke (Selbstschutz)

8: Fünf-Stufen-Plan bei Frequenzabsenkung

10.1.2 Netzeigenschaften

Die Zusammenschaltung verschiedener energietechnischer Anlagen führt zu den Versorgungsnetzen. Die Eigenschaften dieser Netze sollen hier näher erläutert werden.

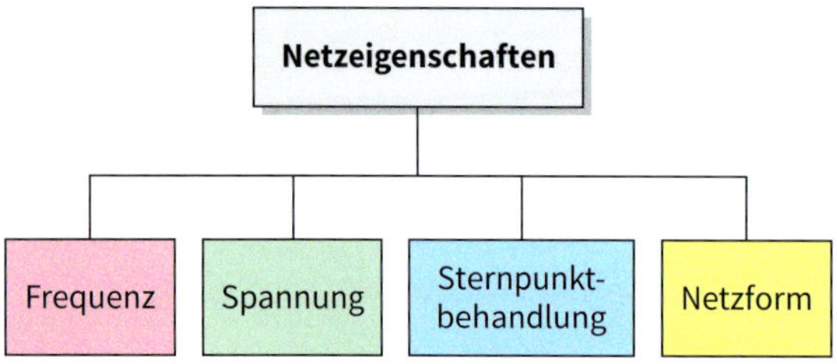

Frequenz

Die übliche Bemessungsfrequenz für die Netzbetreiber im europäischen Verbundnetz beträgt 50 Hz. Daneben gibt es das Versorgungsnetz einiger elektrischer Eisenbahnen (D, A, CH, S, N), die eine Frequenz von 16 2/3 Hz (= 50 Hz/3) haben. Dies resultiert aus der Anfangszeit elektrischer Lokomotiven. Bei den damals verwendeten Fahrmotoren konnte so bei hohen Antriebsleistungen das sogenannnte Bürstenfeuer besser beherrscht werden. Bei der modernen Antriebstechnik wäre die Sonderfrequenz nicht mehr zwingend erforderlich. Die große Anzahl der Betriebsmittel für diese Sonderfrequenz würde bei einer Umstellung auf 50 Hz jedoch erhebliche Kosten verursachen.

1: Verbundnetz in Deutschland (220 kV bis 380 kV)

Die Übertragung elektrischer Energie über weite Strecken erfolgt in der Regel mit Freileitungen. Diese sind bei hohen Spannungen günstiger und haben geringere Leitungsinduktivitäten als Erdkabel.

Bei speziellen Anwendungen können jedoch nur Kabel verwendet werden. Kabel werden z. B. verwendet, wenn ein Meer durchquert werden muss:

- Energieaustausch zwischen Deutschland und Schweden (Abb. 1) bzw.
- Energieübertragung von sogenannten Offshore-Windenergie-Anlagen zum Festland.

Lange Kabelstrecken haben bei Dreh-/Wechselstrom wegen der großen Leitungsinduktivitäten hohe Spannungsfälle. Eine Energieübertragung ist so nicht möglich. Wird Gleichstrom ($f = 0$ Hz) verwendet, wirken die Leitungsinduktivitäten nicht und es bleibt nur der wesentlich geringere Wirkwiderstand übrig. Da die Übertragung großer Leistungen mit hohen Spannungen erfolgt, wird diese Technik als **HGÜ** (**H**ochspannungs-**G**leichstrom**ü**bertragung) (**HVDC**-transmission [***high-voltage dircet current***]) bezeichnet.

Um diese Übertragung zu ermöglichen, sind Umrichterstationen erforderlich (Abb. 2). Diese wandeln die Frequenz entsprechend um.

50 Hz	→	0 Hz (DC)	→	50 Hz
Verbundnetz (Offshore-WKA)		HGÜ-Strecke		Verbundnetz

Weitere Anwendungen für HGÜ-Anlagen sind z. B. sogenannte Kurzkupplungen. Diese verbinden zwei Netzgebiete direkt und ohne lange Übertragungsstrecken miteinander. So kann die Leistungsübertragung künstlich eingestellt werden. Es ist auch möglich Netze unterschiedlicher Frequenz zu verbinden.

2: HGÜ-Gleich-/Wechselrichter

- Es muss immer so viel Energie eingespeist werden, wie aktuell abgenommen wird. Sonst kommt es zu Frequenzänderungen.
- Hohe Spannungen ermöglichen den Transport großer elektrischer Energie über weite Entfernungen.
- Gleichstromübertragung eignet sich bei langen Kabelverbindungen.

Spannung

Die elektrische Spannung in den Versorgungsnetzen ist unterschiedlich hoch. Man unterscheidet verschiedene **Spannungsebenen** *[voltage levels]*, die auch unterschiedliche Aufgaben haben (Abb. 3).

- **Höchstspannungsebene** (400 kV, 230 kV)
  Sehr große Übertragungsleistung (bis zu 3,5 GW) und -strecken
- **Hochspannungsebene** (110 kV)
  Transport hoher Energien (bis 850 MW) über große Strecken
- **Mittelspannungsebene** (10 kV, 20 kV)
  Regionaler Energietransport
- **Niederspannungsebene** (230/400 V)
  Lokaler Energietransport zum Endkunden

Die Spannung, die in den Generatoren der Kraftwerke erzeugt wird, liegt meistens zwischen 10,5 kV und 27 kV. Um die Energie vom Kraftwerk zum Verbraucher ohne große Verluste zu transportieren, wird mit Hilfe von Transformatoren die erzeugte Spannung in eine **höhere Spannung** transformiert.

Die **gleiche Leistung** kann transportiert werden, da folgendes gilt:

$$I\uparrow \cdot U\downarrow = P = I\downarrow \cdot U\uparrow$$

Die Verluste bei der Energieübertragung verringern sich dadurch beträchtlich. Für kürzere Übertragungsstrecken reicht die Niederspannung aus. Dies wollen wir am folgenden Beispiel verdeutlichen:

Leiterquerschnitt

Eine elektrische Leistung von 3 MW soll vom Kraftwerk über die Entfernung von 100 km zu Verbrauchern übertragen werden.

- Bei $U = 230$ V beträgt die Stromstärke $I = 13$ kA.
- Wenn wir einen Spannungsfall von $\Delta U = 10\,\%$ am Leiterwiderstand (Hin- und Rückleitung) annehmen, dann ist beim Leitermaterial Kupfer der Leiterquerschnitt.

$$q = \frac{2 \cdot l \cdot I}{\Delta U \cdot \varkappa} \qquad q = \frac{2 \cdot 100\,000\ \text{m} \cdot 13\,000\ \text{A}}{23\ \text{V} \cdot 56\ \frac{\text{m}}{\Omega\ \text{mm}^2}}$$

$$\underline{\underline{q = 2{,}02\ \text{m}^2}}$$

Ein solcher Querschnitt ist technisch nicht möglich.

Bei einer höheren Spannung von 230 kV benötigen wir bei denselben Bedingungen für $I = 13{,}0$ A nur einen Querschnitt von $q = 2{,}02\ \text{mm}^2$.

Sternpunktbehandlung

Aus dem **Niederspannungsnetz** sind bereits Netze mit verschiedener Sternpunkterdung bekannt. Die Erdung des Sternpunktes ermöglicht z. B. bei Körperschlüssen, den Anwender vor Gefahren durch Körperdurchströmung zu schützen (Schutz durch Abschaltung).

In **Mittel- und Hochspannungsnetzen** kommt der Anwender nicht mit den Netzen in Verbindung. In diesen Netzen dient die Auswahl der Sternpunktbehandlung einer möglichst guten Betriebsführung. Das bedeutet, dass auftretende Fehler (Kurz-, Erdschlüsse) möglichst wenig Auswirkungen haben und schnell behoben werden können.

Es werden in den Übertragungs-, Transport- und Verteilnetzen die folgenden Sternpunktbehandlungen angewendet.

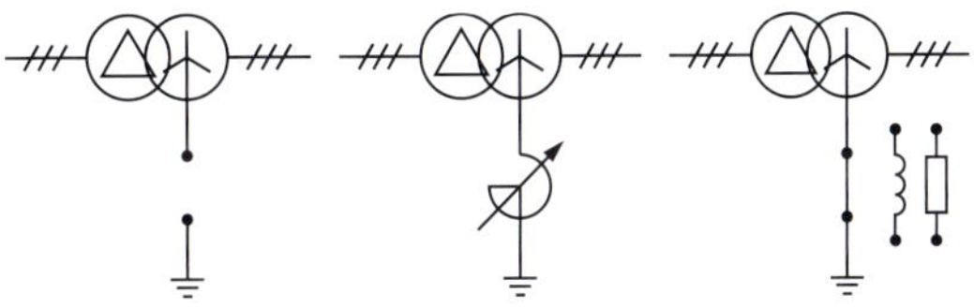

3: Sternpunktbehandlungen

Die am häufigsten auftretenden Fehler in den Versorgungsnetzen sind einpolige Fehler gegen Erde. Diese werden z. B. durch Blitzeinschläge auf Leitungen (Lichtbogen über Freileitungsisolator zum Mast) oder Isolationsfehler in Kabeln verursacht.

Isolierter Sternpunkt

In Netzen mit isoliertem Sternpunkt ist der „normale" Stromkreis über den Sternpunkt unterbrochen. Es kann lediglich ein geringer Strom über die Erdkapazitäten von Leitungen und Kabeln fließen (Abb. 4).

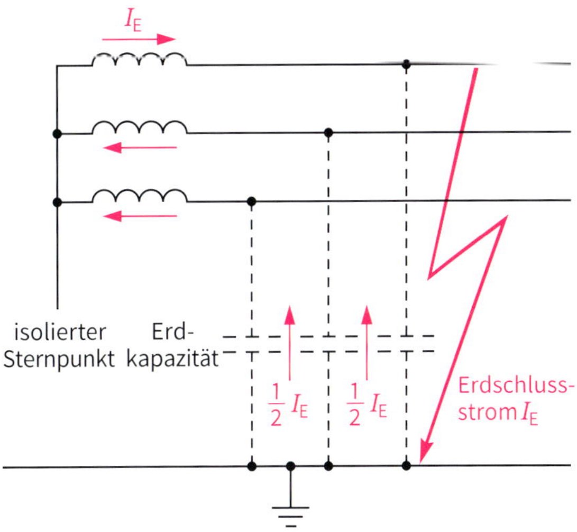

4: Einpoliger Erdschluss bei isoliertem Sternpunkt

Energietechnische Anlagen errichten

Dieser Strom beträgt meist nur einige Ampere und ist damit deutlich kleiner als bei einem Kurzschluss. Es wird daher von einem Erdschlussstrom und nicht vom Erdkurzschlussstrom gesprochen. Da nur geringe Stromstärken auftreten, können die meisten frei brennenden Lichtbögen beim nächsten Stromnulldurchgang von selbst verlöschen. Der Fehler ist somit selbstheilend.

Treten Erdschlüsse auf, die nicht selbstlöschend sind (z. B. Kabelfehler), dann kann das Versorgungsnetz weiter betrieben werden. Es kommt aufgrund der geringen Stromstärke zu keinen Auslösungen von Sicherungen oder Leistungsschaltern. Der Erdschluss kann also ohne Versorgungsunterbrechung gesucht und beseitigt werden.

Bei einem Erdschluss steigt die Spannung zwischen Erde und den fehlerfreien Leitern auf $\sqrt{3}\, U_n$ an (Abb. 1). Die Isolation wird dann in allen Kabeln stärker beansprucht. Es besteht die Gefahr, dass es an weiteren Stellen zu Isolationsschäden kommt. Erdschlüsse müssen daher trotz ungestörter Energieversorgung schnell gefunden und beseitigt werden.

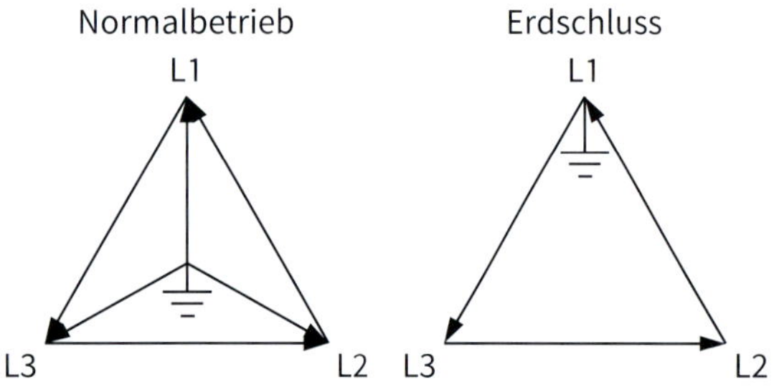

1: Sternpunktverschiebung bei Erdschluss

Erdschlusskompensation

Je länger die Leitungs-/Kabelnetze sind, desto größer wird auch die gesamte Erdkapazität. Damit steigt im Fehlerfall der Erdschlussstrom an.

Größere Erdschlussströme verlöschen häufig nicht mehr selbsttätig. Damit entfällt ein wesentlicher Vorteil der isoliert betriebenen Netze.

Um die Netze dennoch bei Erdschluss weiter betreiben zu können, muss der Erdschlussstrom wieder reduziert werden.

2: Erdschlusskompensationsspule

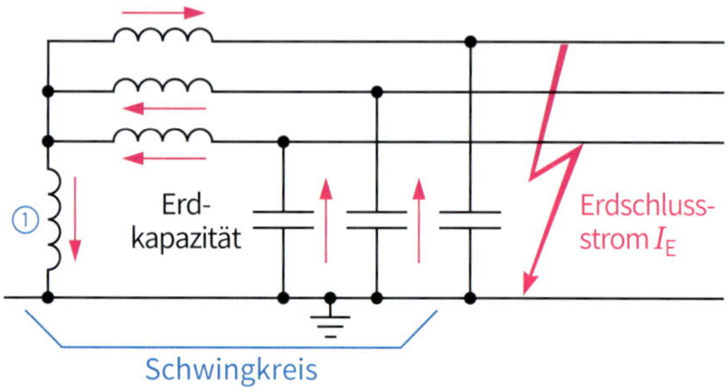

3: Erdschlussstrom bei Erdschlusskompensation

Dies geschieht mit einer Erdschlusskompensationsspule (Abb. 3, ①). Diese wird häufig auch nach ihrem Erfinder Prof. Waldemar Petersen als Petersen-Spule bezeichnet.

Sie ist zwischen Transformatorsternpunkt und Erde geschaltet. Die Induktivität ist über einen verschiebbaren Kern veränderbar. Es bildet sich ein Parallelschwingkreis zwischen der Kompensationsspule und den Erdkapazitäten von Leitungen/Kabeln. Dieser Schwingkreis wird auf eine 50-Hz-Resonanz abgestimmt, sodass bei einem Erdschluss ein Parallelschwingkreis im Strompfad liegt. Dieser begrenzt den Erdschlussstrom, sodass er wieder selbstlöschend ist.

Niederohmige Sternpunkterdung

Eine andere Möglichkeit, mit Fehlern im Versorgungsnetz umzugehen, besteht darin, die betroffenen Teile sofort abzuschalten. Dies ist möglich, wenn der Transformatorsternpunkt direkt geerdet wird (Abb. 4). Kurzschlussströme sind dann so groß (kA), dass Sicherungen oder Schutzgeräte diese leicht erkennen und abschalten können.

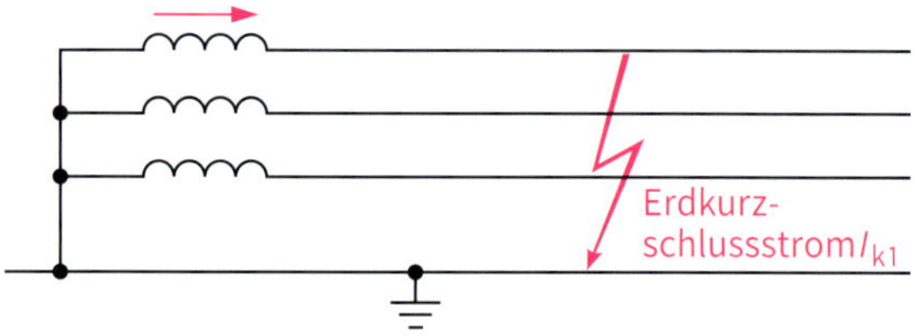

4: Einpoliger Kurzschluss bei niederohmig geerdetem Sternpunkt

Welche Sternpunkterdung üblicherweise verwendet wird, zeigt Abb. 5.

Sternpunkt-behandlung	Anwendung
Isoliert	Kleine Netze, z. B. Industrienetz
Kompensiert	Ausgedehnte Mittelspannungsnetze, z.B. Versorgungsnetz
Nierderohmig geerdet	Hochspannungs-, Niederspannungsnetze

5: Anwendung der Sternpunktbehandlungen

Energietechnische Anlagen errichten

Netzformen

Unter Netzformen versteht man das Zusammenschalten einzelner Netzstationen. Jede Netzstation ist über eine oder mehrere Leitungen mit dem Versorgungsnetz verbunden und kann Verbindungen zu niedrigeren Spannungsebenen bzw. Abnehmern elektrischer Energie haben (Abb. 6). Jede Verbindung zum Versorgungsnetz sowie zu Abgängen ist mit einem Schaltelement verbunden. Diese können entweder nur zum betriebsmäßigen Schalten (Abb. 6 ①, ②) oder auch als Schalter mit Schutzfunktion ③ ausgeführt sein.

In Abb. 7 sind die wichtigsten Netzformen dargestellt.

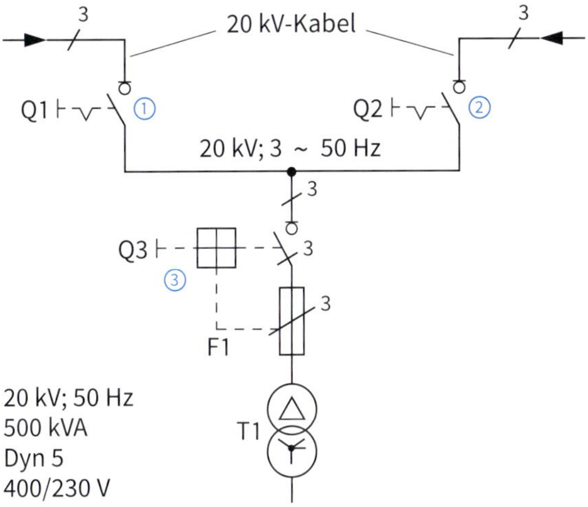

6: Mittelspannungs-Netzstation mit Trafoabgang

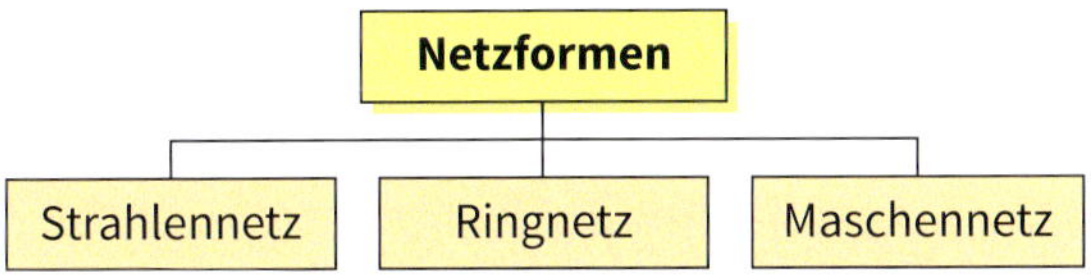

7: Netzformen

Strahlennetze

Diese Netze sind die einfachste Form der Zusammenschaltung von Netzstationen (Abb. 8). Sie laufen von einer zentralen, speisenden Schaltanlage strahlenförmig auseinander. Jeder Strahl wird nur von einer Seite aus eingespeist. Sie werden in abgelegenen Niederspannungs- und Mittelspannungsnetzen eingesetzt.

Vorteile:

- Einfache Betriebsführung durch
  - klare Struktur
  - einfache Schutzeinstellungen (vgl. Kap. 10.2.3)
- Geringe Errichtungskosten

Nachteile:

- Bei Kurzschluss in einem Strang fallen alle Stationen des Stranges aus.
- Nach dem Trennen einer fehlerhaften Leitung können die Verbraucher nur teilweise wieder in Betrieb genommen werden, bis der Fehler beseitigt ist.

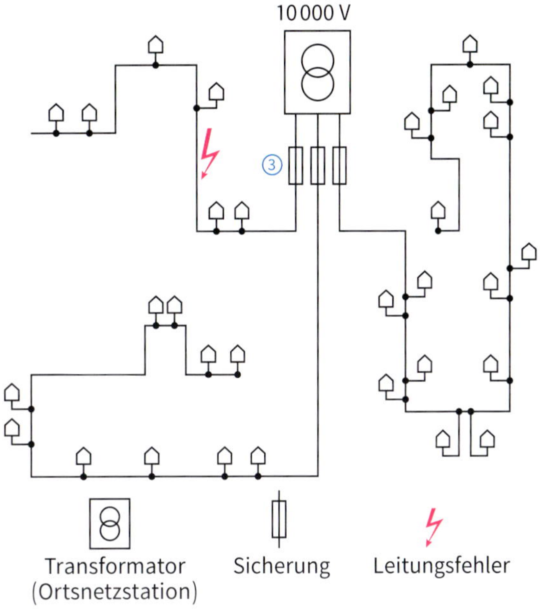

8: Strahlennetz im Mittelspannungsnetz

Bei Kurzschluss in einem Strahl löst die Einspeisesicherung der Trafostation aus (Abb. 8 ③). Um den Fehlerort suchen zu können, müsste der komplette Strang abgesucht werden. Statt dessen werden in den einzelnen Netzstationen Kurzschlussanzeiger eingebaut (Abb. 9). Diese registrieren über Stromwandler Kurzschlussströme und zeigen an, ob und in welchem Leiter der Kurzschlussstrom geflossen ist.

Das zuständige Netzpersonal wird nun die Stationen vom Einspeisepunkt abfahren und registrieren, ob der Kurzschlussanzeiger angesprochen hat. Erreicht man die erste Station ohne Kurzschlussanzeige, ist hier kein Kurzschlussstrom geflossen. Der Fehlerort muss also zwischen der aktuellen und vorherigen Station liegen. An der vorherigen Station kann nun der Strahl getrennt werden. Alle vorgelagerten Netzstationen können nun wieder in Betrieb genommen werden.

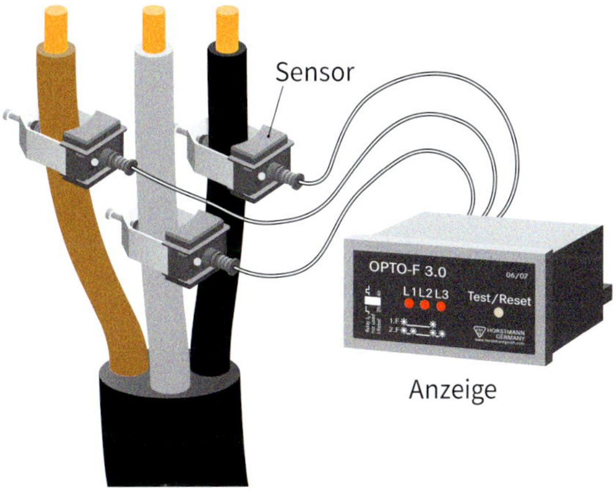

9: Kurzschlussanzeiger

Ringnetze

Jeder Versorgungspunkt eines Ringnetzes wird von zwei Seiten gespeist. Kommt es zu einem Kurzschluss, lösen beide Einspeisesicherungen (Abb. 1 ①) aus. Nach Ermitteln der Fehlerstelle (z. B. mit Kurzschlussanzeigern) kann das fehlerhafte Leitungsstück ② herausgetrennt werden. Hierzu werden die Abgangsschalter der benachbarten Stationen ausgeschaltet (vgl. Q1, Q2 S. 361, Abb. 6). Durch die zwei Einspeiseseiten können alle Verbraucher sofort wieder versorgt werden. Die Reparaturdauer hat dann keinen Einfluss mehr auf die Ausfallzeit.

Ein Spezialfall von Ringnetzen sind „offene Ringnetze". Bei diesen ist der Ring an definierten Stellen (Abb. 2 ③) geöffnet. Kommt es jetzt zu einem Leitungsfehler, dann fällt nur eine der Einspeisesicherungen und damit nur die Hälfte der Stationen aus. Nach Ermittlung der Fehlerstelle können wie im Ringnetz wieder alle Stationen versorgt werden.

Ringnetze werden häufig in Mittelspannungsnetzen eingesetzt.

Vorteile:

- Höhere Verfügbarkeit gegenüber Strahlennetzen, besonders bei offenen Ringnetzen

Nachteile:

- Höhere Investitionskosten gegenüber Strahlennetzen

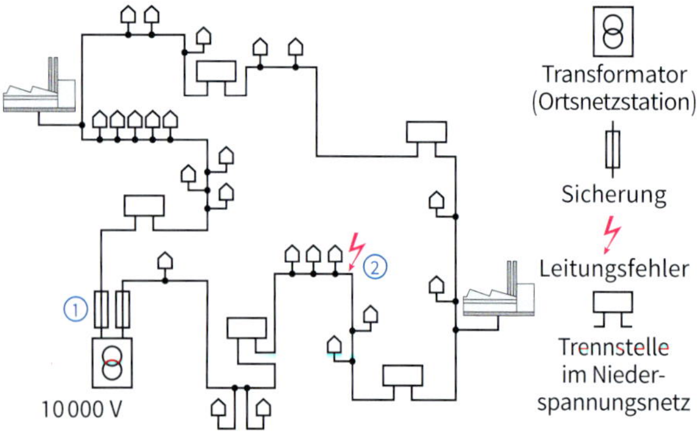

1: Ringnetz

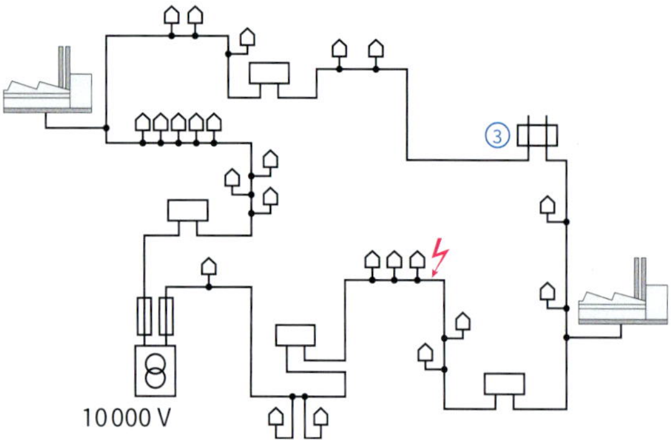

2: Offenes Ringnetz

Maschennetze

Dies sind Ringnetze, die innerhalb des Ringes noch zusätzliche Querverbindungen aufweisen (Abb. 3).

Vorteile:

- Die Verfügbarkeit ist sehr hoch, da immer mehrere alternative Versorgungswege bestehen.

Nachteile:

- Die Errichtungskosten sind deutlich höher als bei Strahlen- oder Ringnetzen.
- Die Betriebsführung wird aufwändiger, da
  - Änderungen von Stromstärken bei Umschaltungen nur schwer vorhersagbar sind und
  - Schutztechniken aufwändig sind (vgl. Kap. 10.2.3).

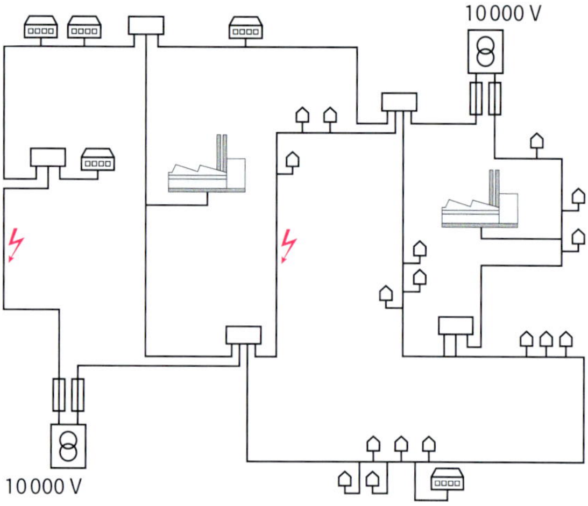

3: Maschennetz

Aufgaben

1. Im Verbundnetz kommt es zum Ausfall eines Großkraftwerks. Beschreiben Sie den Einfluss auf die Netzfrequenz.
2. Warum wird die Isolation bei einem Erdschluss stärker beansprucht? Erläutern Sie dies mit einer Skizze.
3. Im Ringnetz (Abb. 2) kommt es zu einem Kurzschluss. Erläutern Sie schrittweise die Fehlersuche und Maßnahmen zur Wiederversorgung der Kunden.

- Die Sternpunktbehandlung beeinflusst die Größe von Erdschluss- und Erdkurzschlussströmen in einem Netz.
- Kurzschlussanzeiger erleichtern die Fehlersuche in Netzen.
- Höchstspannungs- und Niederspannungsnetze sind meistens vermascht.

10.1.3 Ortung von Kabelfehlern

Kabelfehler treten z. B. auf, wenn Kabel bei Bauarbeiten durch Bagger beschädigt werden. In diesem Fall ist der Fehlerort offensichtlich.

Schäden, die Aufgrund von Alterung oder Überlastung auftreten, sind meistens nicht sichtbar, da das Kabel in der Erde vergraben ist. Die Reparatur ist meist teuer, da umfangreiche Erdarbeiten notwendig sind. Weiterhin sind mit der Reparatur Beeinträchtigungen z. B. von Anwohnern verbunden. Um Kosten und Behinderungen zu begrenzen, muss die Fehlerstelle mit Hilfe von Spezialmesstechnik möglichst genau lokalisiert werden.

Fehlerart feststellen

Zunächst muss festgestellt werden, welche Leiter von dem Fehler betroffen sind. Je nach Kabelaufbau können dies folgende Leiter sein:
- Außenleiter (L1, L2, L3)
- N-/PEN-Leiter
- Schirm

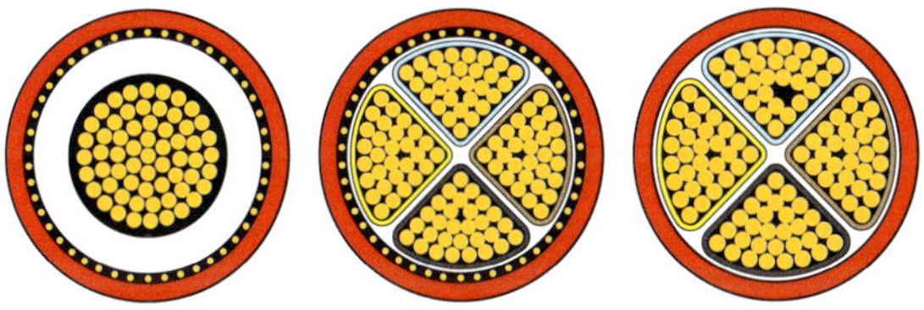

4: Kabelaufbauten

Für jeden Leiter gibt es die Möglichkeit der Leiterunterbrechung oder eines Kurzschlusses.

Um die betroffenen Leiter festzustellen, werden folgende Arbeitsschritte durchgeführt:
1. N-, PEN- Leiter oder Schirme beidseitig abklemmen.
2. Isolationsmessung zwischen allen Leitern sowie Erde.

Man unterscheidet bei den Ergebnissen folgende Fehlerarten:
- **Leiter-Leiter**
  $R_{Iso} = 0 \dots M\Omega$
- **Leiter – Schirm**
  $R_{Iso} = 0 \dots M\Omega$
- **Überschlagfehler**
  Isolierung hält zunächst die Spannung und schlägt erst bei höheren Spannungen durch.
- **Unterbrechung**
- **Erdfühlige Fehler** (Erdfehler, Mantelfehler)
  Sie beinhalten Gefahr für Mensch und Tier, da sich die Messspannung in das Erdreich überträgt.
- **Feuchte-Fehler**
  Kabel enthält Feuchtigkeit, Überschlagstelle nicht immer gleich Ort des Wassereintritts
  $R_{Iso} = \dots k\Omega$ (kann bei Wiederholungsmessung steigen, da Wasser verdampft.)

Fehlerort messen

Nachdem die betroffenen Leiter ermittelt worden sind, muss die Entfernung bis zum Fehlerort gemessen werden. Hier unterscheidet man die Vor- und Nachortung.

Vorortung

Bei der Vorortung wird die Fehlerstelle grob eingemessen. Bei der Messung macht man sich den Laufzeiteffekt von Wanderwellen zu Nutze. Spannungsimpulse sind nicht sofort auf dem ganzen Kabel vorhanden, sondern breiten sich mit der Wellengeschwindigkeit v aus. Ein Impuls läuft nun über das Kabel, bis sich die elektrischen Eigenschaften ändern (z. B. Kurzschluss, Kabelende). Hier wird der Impuls reflektiert und läuft wieder zurück. Bei der Vorortung wird nun ein Impuls auf die Leitung gegeben und die Zeit gemessen, bis der Impuls wieder am Startpunkt angekommen ist. Da an der Fehlerstelle eine Reflexion stattgefunden hat, kann aus der Signallaufzeit und der Wellengeschwindigkeit die Entfernung zum Fehlerort errechnet werden ($l = v/2 \cdot t$).

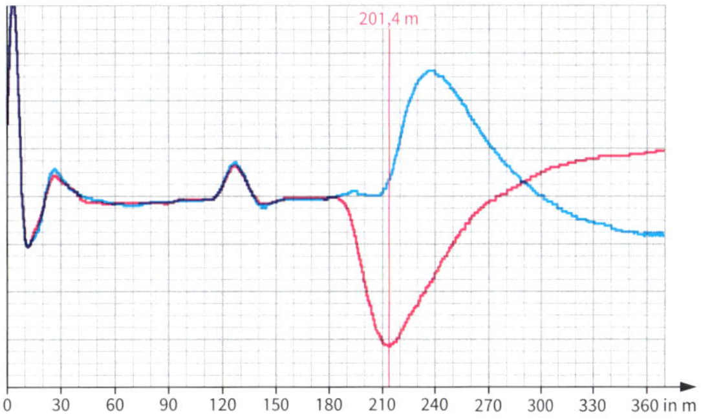

5: Signale von Reflexionen

Für die Messung ist viel Erfahrung erforderlich, da auch Kabelmuffen und Übergänge zwischen verschiedenen Kabelarten zu Reflexionen führen.

Nachortung

Bei der Nachortung muss der Fehlerort möglichst genau bestimmt werden. Auf der Basis des Messergebnisses werden die Tiefbaumaßnahmen eingeleitet.
Als bewährtes Verfahren werden bei Nieder- und Mittelspannungskabeln Stoßgeneratoren eingesetzt. Sie erzeugen impulsförmige hohe Spannungen (30 bis 80 kV). Ein Magnetfeldsensor hilft, den Verlauf der Kabeltrasse zu finden. Die Stoßspannungen führen an der Fehlerstelle zu einem lauten Überschlagsknall. Mit Hilfe von akustischen Sensoren kann nun noch die Signallaufzeit zwischen elektrischer Entladung und Tonsignal gemessen werden. Der Sensor wird solange bewegt, bis die kürzeste Signallaufzeit gemessen wird. Dann befindet sich der Sensor unmittelbar über der Fehlerstelle. Alternativ kann das Mikrofon solange bewegt werden, bis das lauteste Signal zu messen ist.

10.2 Schaltanlagen

Für die Produktionsanlage der Firma Metallbau KG ist eine Mittelspannungs-Schaltanlage für 10 kV installiert worden. Es wurde der in Abb. 2 dargestellte metallgekapselte Aufbau gewählt. Die Anlage soll erstmalig unter Mitwirkung des VNB in Betrieb genommen wer-den. Die Aufgabe des Elektronikers besteht darin, die dafür notwendigen Schalthandlungen festzulegen. Dazu muss er den Aufbau der Anlage und die Funktionen der Schaltgeräte genau kennen.

10.2.1 Analyse der Anlage

Die Schaltanlage soll die Produktionsanlage aus dem Mittelspannungsnetz des VNB mit Niederspannung (400 V) versorgen. Aus dem vereinfacht dargestellten Übersichtsschaltplan auf den Schranktüren (Abb. 2) lässt sich folgende Struktur der Schaltanlage erkennen.

- Die Schränke 1 und 2 bilden eine Einheit,
- die Schränke 3 und 4 ebenfalls,
- während Schrank 5 separat zu sehen ist.

Diese Dreiteilung ist für solche Anlagen typisch. Die Anlagen im jeweiligen Schrank werden als Feld bezeichnet.

2: 10 kV-Schaltanlage

Der Übersichtsschaltplan (Abb. 1) zeigt die drei Bereiche der Schaltanlage:

- **Einspeisung**
- **Übergabe** (einschließlich Messung)
- **Abgang**

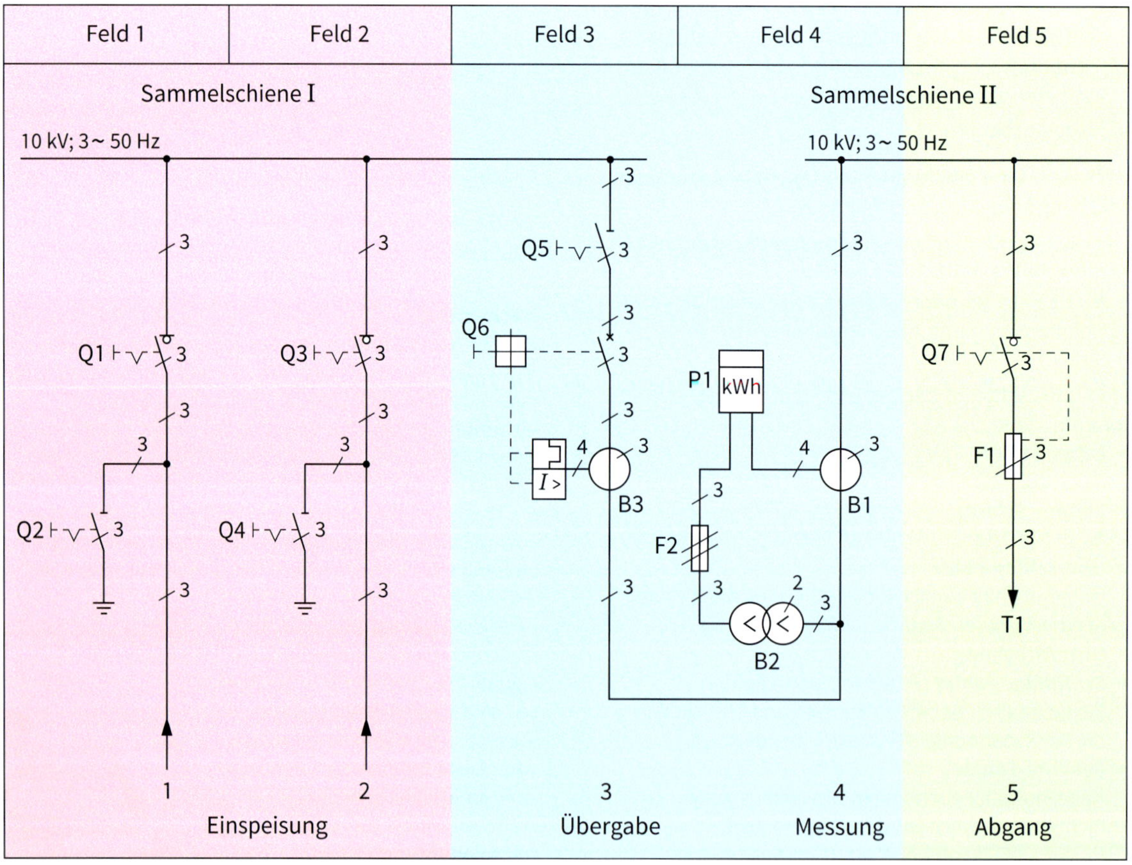

1: Übersichtsschaltplan

Einspeisung

Die Anlage wird aus dem 10 kV-Netz versorgt. Das betreffende System ist in Form einer Ringleitung aufgebaut, die hier nicht dargestellt ist. Mit den Lasttrennschaltern **Q1** und **Q3** wird die Spannung an die Sammelschiene I gelegt.

Lasttrennschalter [*switch disconnector*] können unter Belastung schalten, daher der Begriff „**Last**" in der Bezeichnung dieses Schalters. Sein **Schaltvermögen** [*switching capacity*] liegt in der Größenordnung der Bemessungsstromstärke der folgenden Anlage. Für **Trennschalter** ist laut DIN VDE 0100-537 vorgeschrieben, dass sie die Stromkreise einwandfrei öffnen. Die geöffnete Strecke (Trennstrecke) muss für den Bediener eindeutig erkennbar sein. Solche Schalter dürfen unter keinen Umständen selbsttätig schließen. Sie müssen also stoß- und vibrationssicher ausgeführt werden.

Beide ankommende Leitungen können über die **Erdungstrenner Q2** bzw. **Q4** (Abb. 1) geerdet werden. Die Erdung muss immer dann durchgeführt werden, wenn die betreffende Leitung wegen einer Netzstörung oder Reparatur abgeschaltet ist. Die Versorgung der Anlage wird dann durch die anderen Leiter sichergestellt. Die Einspeisung gehört zum Verantwortungsbereich des zuständigen VNB.

Übergabe

Von der Sammelschiene I wird die elektrische Energie über den Trennschalter **Q5** an die Schutz- und Messeinrichtung der Übergabezelle geführt. Q5 ist ein **Leertrennschalter** (kurz : **Trenner** [*disconnector*]). Er kann nur unbelastet schalten.

Der **Leistungsselbstschalter Q6** (kurz: Leistungsschalter) schaltet bei Überstrom und Kurzschluss selbsttätig ab. Seine Kontakte müssen deshalb für die größtmögliche Kurzschlussstromstärke ausgelegt sein. Für die Auswerteelektronik des Schalters werden niedrige Stromstärken benötigt. Deshalb werden die Überlast- und Kurzschlussstromstärken mit Hilfe des Stromwandlers B3 herabgesetzt.

Die Messung der gelieferten elektrischen Energie übernimmt der **Zähler P1**. Wegen der hohen Spannung und der großen Stromstärke wird P1 über den **Stromwandler B1** und den **Spannungswandler B2** angeschlossen. B2 wird mit der zweipoligen Sicherung F2 abgesichert.

Warum der Spannungswandler nur zwei Sicherungen hat und der Stromwandler nicht abgesichert ist, wird in Kapitel 10.2.5 beschrieben.

Abgang

Im Feld 5 trennt der **Lasttrennschalter Q7** dabei die Sammelschiene II vom nachfolgenden Transformator T1. Dieser befindet sich nicht in der Schaltanlage, sondern in einem anderen Raum. Q7 ist mit der dreipoligen **Hochspannungs-Hochleistungssicherung F1** verbunden. Wenn sie auslöst, schaltet Q7 automatisch allpolig aus.

Der **Transformator T1** transformiert die Spannung von 10 kV auf 400 V der Niederspannungsanlage. Er ist primärseitig im Dreieck geschaltet. Auf der Sekundärseite liegt eine Sternschaltung mit herausgeführtem Sternpunkt vor. Es sind somit die drei Außenleiter L1, L2, L3 und der Neutralleiter N vorhanden.

Aufgaben

1. Begründen Sie, ob ein Trenner zum Schalten von Bemessungsstromstärken eingesetzt werden darf.
2. Geben Sie an, zu welchem Verantwortungsbereich Spannungs- und Stromwandler des Zählers einer Schaltanlage gehören.

- Mittelspannungs-Schaltanlagen haben in der Regel drei Hauptaufgaben: Einspeisung, Übergabe und Abgang.
- Leerschalter schalten unbelastete Leitungen.
- Lastschalter schalten Bemessungsstromstärken.
- Leistungsschalter schalten Kurzschlussstromstärken.

Schaltereigenschaften

Leistungsselbstschalter

Schaltvermögen — Auslösung

Bezeichnung	Schaltvermögen	Symbol
Leer-	ohne Belastung (Leerlauf)	kein Symbol
Last-	Bemessungs-stromstärke	○
Leistung-	Kurzschluss-stromstärke	× ①

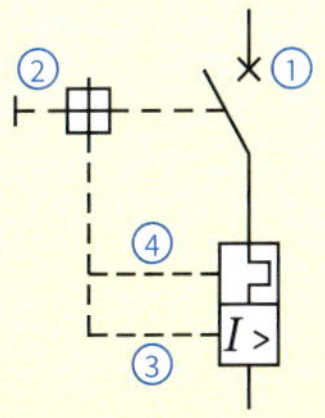

Bezeichnung	Auslösung	Symbol
keine Bezeichnung	mechanisch	② ⊢ - - -
-selbst	magnetisch thermisch	③ ④
-sicherung	durch Sicherungen	

Eine weitere Funktion ist das „**Trennen**". Symbol:

10.2.2 Schaltgeräte

Im vorangegangenen Kapitel wurde die Schaltanlage in ihren wesentlichen Teilen mit folgenden Objektarten vorgestellt.

- Schaltgeräte (Kap. 10.2.2)
- Transformatore (Kap. 10.2.4)
- Messeinrichtunge (Kap. 10.2.5)

In diesem und in den angegebenen Kapiteln werden diese Betriebsmittel besprochen und dabei ihre Merkmale und Anwendungen erläutert. **Schaltgeräte** [*switching devices*] können entsprechend Abb. 1 eingeteilt werden.

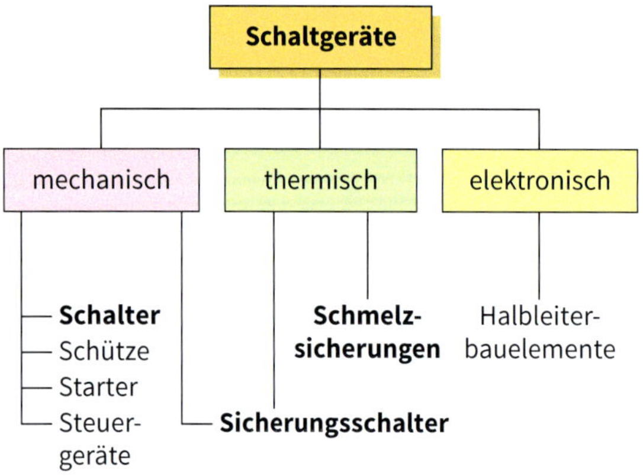

1: Übersicht zu Schaltgeräten

Wir besprechen hier nur mechanische Schalter und thermisch beeinflusste Schaltgeräte.

Was sind mechanische Schalter?

Geräte, die zum **vielfachen Ein- und Ausschalten** von Stromkreisen verwendet werden, bezeichnet man als Schalter. Sie haben bewegliche Schaltstücke. Ihre Betätigung kann per Hand, Motor, Pneumatik oder Hydraulik erfolgen.

Die **Schalter** [*switches*] werden unterschieden nach

- **Einsatzort**
  Innenraum bzw. Freiluft
- **Bemessungsspannung**
  Hoch-, Mittel- bzw. Niederspannung
- **Lebensdauer**
  Schaltspiele (Ein- und Ausschalten)
- **Schaltvermögen** (Gebrauchskategorien)
  Leistung-, Last- bzw. Leerschalter
- **Art der Lichtbogenlöschung**
  Luft, Öl, Druckgas, Schutzgas, Vakuum

Die Unterscheidungen innerhalb der ersten drei Merkmale ergeben sich aus den betreffenden Bezeichnungen. Das Schaltvermögen (**Gebrauchskategorie** [*utilization category*]) ist in DIN EN 60947 festgelegt (Abb. 2).

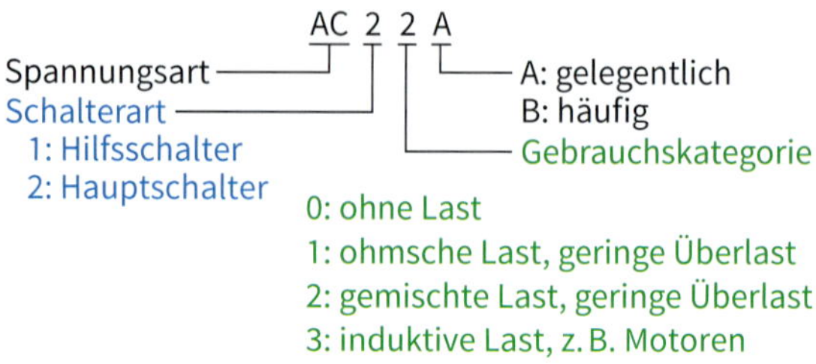

2: Schalter-Kennzeichnungen

10.2.2.1 Lichtbögen

Wie werden Lichtbögen gelöscht?

Um diese Frage beantworten zu können, muss erst geklärt werden, wie Lichtbögen entstehen und wie deren **Brenndauer** [*arcing time*] beeinflusst werden kann.

Wenn Kontakte geöffnet werden, fließt der Strom zwischen den Kontaktstücken durch die Luft. Da durch den großen Luftwiderstand zwischen den Kontakten eine hohe Temperatur entsteht, kommt es zur Abspaltung der Elektronen in den Luftmolekülen. Das Gas wird ionisiert (**thermische Ionisation**). Da jetzt mehr Ladungsträger zur Verfügung stehen, nimmt der Luftwiderstand ab und die Stromstärke zu. Außerdem werden die Ladungsträger beschleunigt, was zu weiteren Abspaltungen von Elektronen führt (**Stoßionisation**). Jetzt genügt eine relativ kleine Spannung U_{Brenn}, um den Lichtbogen aufrecht zu erhalten. Es ergibt sich folgende Wirkungskette.

Kontakt wird geöffnet
⇩
Strom fließt über die Luft
⇩
$R_{Luft} \uparrow$
⇩
$\vartheta \uparrow$
⇩
Elektronenanzahl ↑
⇩
$R_{Luft} \downarrow$
⇩
$I_{Luft} \uparrow$
⇩
$U_{Brenn} \downarrow$

Aus der dargestellten Ablaufkette können verschiedene Löschmöglichkeiten abgeleitet werden. Um den Widerstand R_{Luft} zu vergrößern, gibt es mehrere Möglichkeiten, die in der Praxis einzeln oder in Kombination eingesetzt werden.

- Künstliche Verlängerung der Lichtbogenstrecke
- Wahl eines Mediums mit höherem Widerstand als Luft (z. B. SF_6 Schwefelhexafluorid)
- Künstliche Kühlung des Lichtbogens

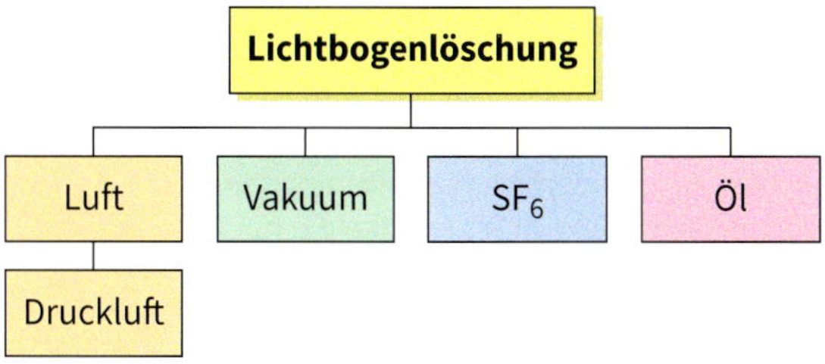

3: Löschmedien

Zur Löschung von Schaltlichtbögen werden verschiedene Techniken und Löschmedien verwendet (Abb. 3).

(Druck-) Luft

Vor allem im Niederspannungsbereich wird in einer Luftstrecke der Lichtbogen künstlich verlängert (Abb. 4). Der Lichtbogen wird in eine Löschkammer geleitet, in der die **Lichtbogenstrecke** [*arc gap*] vergrößert wird. Die längere Lichtbogenstrecke führt zu einer Widerstandserhöhung und ermöglicht eine Löschung des Lichtbogens beim nächsten Stromnulldurchgang.

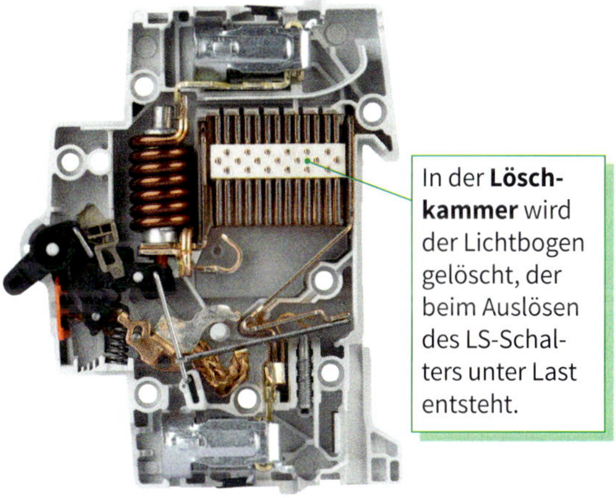

4: Leitungsschutz-Schalter

Bei Anwendungen in Mittel- und Hochspannungsnetzen ist die ausschließliche Anwendung von Löschkammern nicht ausreichend. Bei den eingesetzten Leistungsschaltern wird der Lichtbogen mit Druckluft beblasen. Dies führt zu einer Kühlung des Lichtbogens und einer Verlängerung der Lichtbogenstrecke. Verlöscht der Lichtbogen beim Stromnulldurchgang, sorgt die Druckluft dafür, dass die ionisierte Luft aus der Schaltstrecke entfernt wird. Die Isolationsfähigkeit der Luftstrecke wird dadurch wieder hergestellt. In Hochspannungsschaltern ist es erforderlich, mehrere Schaltkammern in Reihe zu schalten, um die benötigte Schaltleistung zu erreichen (Abb. 5).

Diese beschriebenen Leistungsschalter werden in neuen Anlagen nicht mehr eingesetzt. Sie sind jedoch noch in zahlreichen Schaltanlagen von Netzbetreibern sowie Industrieunternehmen zu finden.

Vakuum

Eine weitere Art, den Lichtbogen zu löschen, besteht darin, die Schalter in eine **Vakuum-Schaltkammer** [*vacuum interrupter chamber*] einzuschließen (Abb. 5). Damit ist es nicht möglich, Luft zu ionisieren. Beim Schalten gibt es einen geringen Abbrand der Kontakte. Dieser Abbrand ermöglicht es dem Lichtbogen, auch im Vakuum zu brennen.

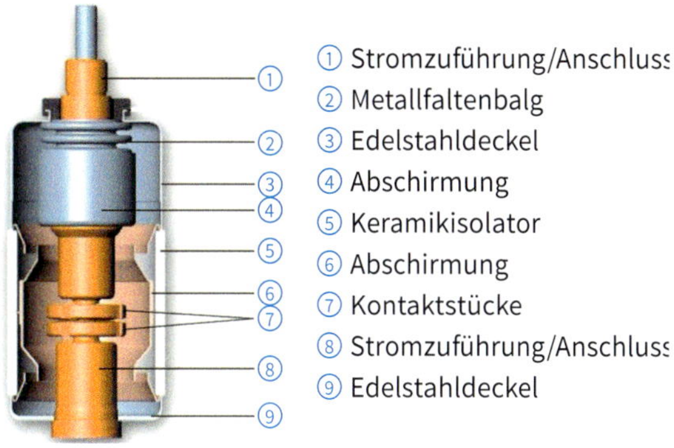

5: Vakuum-Schaltkammer

Um die Kontaktflächen zu schützen und den Lichtbogen zu verlängern, wird dieser an den Rand der Schaltpole gedrängt. Dies geschieht indem der Strom durch die Polkontakte ein Magnetfeld erzeugt. Dieses Feld wirkt auf den Strom im Lichtbogen. Als Resultat entsteht eine Kraft, die den Lichtbogen nach außen drängt. Durch die geschlitzten Pole wird der Lichtbogen im oberen und unteren Teil gegenläufig verdrängt. Dies führt zu einer weiteren Lichtbogenverlängerung (Abb. 6).

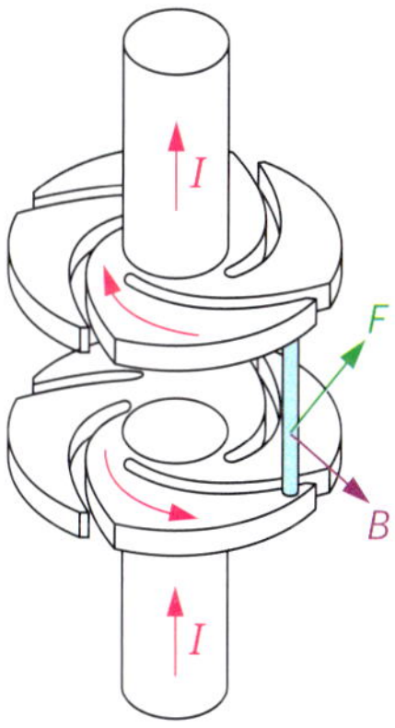

6: Lichtbogen-verdrängung

Vakuumschalter kommen hauptsächlich in Mittelspannungsanlagen zur Anwendung. Sie sind Stand der Technik und in neuen Anlagen oft zu finden.

7: Vakuum-Leistungsschalter

SF_6

Ein weiteres gasförmiges Löschmedium ist **Schwefel-Hexafluorid** [*sulfur hexafluoride*] (SF_6). Es zeichnet sich durch eine sehr hohe **Durchschlagfestigkeit** [*electric strength*] aus (Abb. 1). Dies ermöglicht bei hohen Spannungen geringe Isolationsabstände. Die Anzahl der in Reihe geschalteten Schaltstrecken kann daher gegenüber Druckluftschaltern deutlich reduziert werden (Abb. 2). Das Löschprinzip durch Beblasen des Lichtbogens ist ähnlich zu den Druckluftschaltern.

Beim Brennen des Lichtbogens zersetzt sich SF6. Die Zersetzungsprodukte verbinden sich jedoch selbstständig wieder zu SF_6. Da SF_6 zu den **Treibhausgasen** [*greenhouse gases*] gehört, wird es nur mit großer Vorsicht in geschlossenen Systemen verwendet. Muss ein Schalter geöffnet werden, wird das Gas zunächst abgesaugt und anschließend wieder aufgearbeitet.

SF_6-Schalter werden hauptsächlich als Leistungsschalter in Hoch- und Höchstspannungsnetzen eingesetzt. Vereinzelt gibt es noch Anwendungen in Mittelspannungsnetzen.

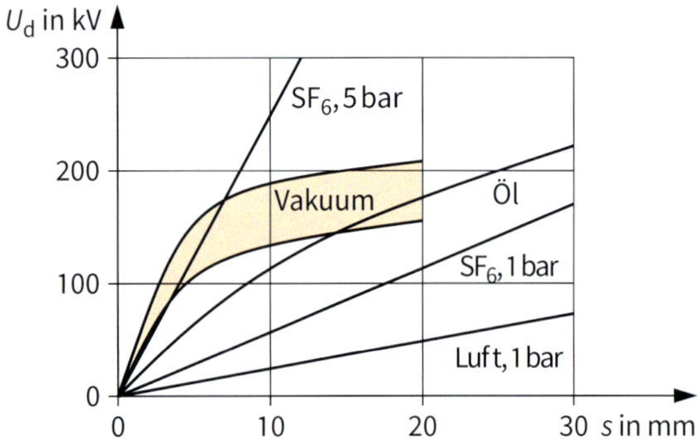

1: Durchschlagfestigkeit von Isoliermedien

2: Hochspannungs-Leistungsschalter SF_6

Öl

Öl ist schon lange als Isoliermedium bekannt. Aufgrund der hohen Brennbarkeit und Folgen bei Ölverlusten wurden Schalter entwickelt, die mit geringeren Ölmengen auskommen. Daher werden die noch im Einsatz befindlichen Ölschalter als **ölarme Leistungsschalter** [*oilpoor power switch*] bezeichnet. Das Löschprinzip basiert wieder auf der Kühlung des Lichtbogens und Austausch des ionisierten Löschmediums. Häufig wird hierzu eine künstliche Ölströmung zwischen Isolierplatten erzeugt (Abb. 3).

Ölarme Leistungsschalter sind in Mittel- und Hochspannungsnetzen noch weit verbreitet, werden in Neuanlagen aber nicht mehr eingesetzt.

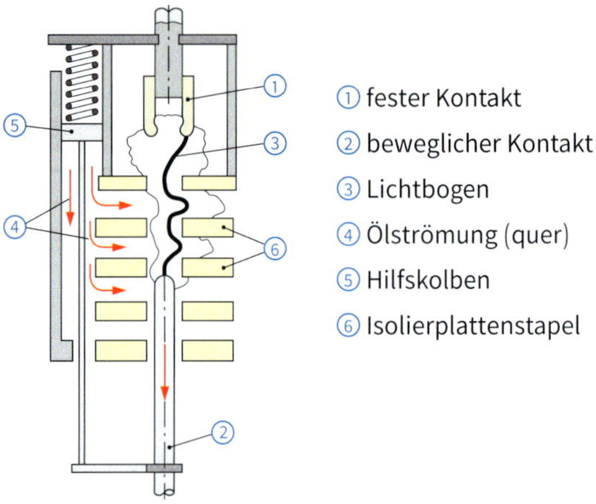

3: Funktionsprinzip ölarmer Leistungsschalter

Aufgaben

1. Warum fließt beim Leistungsschalter der Strom bei der Ausschaltung zunächst auch bei geöffneten Schaltkontakten weiter?
2. Welche prinzipiellen Möglichkeiten gibt es, einen Lichtbogen zu löschen?
3. Warum ist es bei Druckluft-Leistungsschaltern erforderlich, mehrere Schaltkammern in Reihe zu schalten?
4. Wie kann die Durchschlagfestigkeit von SF6 erhöht werden?

- Beim Ausschalten von hohen Strömen sind Maßnahmen zur Lichtbogenlöschung erforderlich.
- Als Löschmedien kommen bei Neuanlagen Luft (Niederspannung), Vakuum (Mittelspannung) und SF_6 (Hochspannung) zum Einsatz.
- SF_6 ist ein Treibhausgas. Ein Entweichen in die Umgebung muss verhindert werden.

10.2.2.2 Antriebe von Leistungsschaltern

Wenn der Lichtbogen brennt, wird viel Energie in Wärme umgesetzt. Dies führt zu Kontaktabbrand und bei geschlossenen Systemen (ölarme bzw. SF_6-Schalter) zu einem **Druckanstieg** *[pressure rise]* im Gehäuse. Aus diesen Gründen muss die Ausschaltung so schnell wie möglich vorgenommen werden. Diese schnelle Bewegung ist mit elektrischen Antrieben nicht zu erreichen. Es kommen daher Antriebe mit pneumatischen, hydraulischen bzw. mechanischen Komponenten zum Einsatz. Man unterscheidet daher als wesentliche Funktionsgruppen den Energiespeicher und die Energieübertragung. Die möglichen Kombinationen zeigt Abb. 4. Sie werden im Folgenden einzeln behandelt.

Energieübertragung	Energiespeicher			
	Druckluft	Feder	Stickstoff	Magnet
Pneumatik	M, H			
Mechanik		N, M, H		M
Hydraulik		M, H	H	

N: Niederspannung; M: Mittelspannung; H: Hochspannung

4: Antriebsprinzipien und Einsatzbereiche

Druckluftantrieb

Beim **Druckluftantrieb** *[pneumatic operating mechanism]* wird die benötigte Energie in Form von **Druckluft** *[compressed air]* in einem Tank gespeichert. Hier herrschen bis zu 25 bar Überdruck. Der Druck wird durch eine Verdichteranlage (Kompressor) erzeugt. Meist steht für eine komplette Schaltanlage ein zentraler Drucklufterzeuger und Speicher zur Verfügung.

Soll der Schalter geschaltet werden, öffnen Magnetventile und schalten den Druck auf pneumatische Zylinder. Diese sind direkt mit dem Schalter verbunden und wandeln die in der Druckluft gespeicherte Energie in kinetische Energie. Gleichzeitig wird die Druckluft zum Beblasen des Lichtbogens verwendet.

Aufgrund der hohen Drücke fallen diese Anlagen gemäß Betriebs-Sicherheitsverordnung unter die überwachungsbedürftigen Anlagen. Dies bedeutet einen erheblichen Prüfaufwand durch Sachverständige. Die umfangreichen Anlagen und Leitungssysteme erfordern auch umfangreiche Inspektions- und Wartungsarbeiten.

Da Druckluftantriebe nur in Verbindung mit Druckluft-Leistungsschaltern vorkommen, wird diese Antriebsart mittelfristig bei Leistungsschaltern nicht mehr vorkommen.

In älteren Hoch- und Mittelspannungsanlagen ist diese Technik jedoch noch im Einsatz.

Mechanischer Federspeicherantrieb

Bei diesem Antrieb wird die Schaltenergie in **Spiral-** oder **Drehfedern** *[spiral springs/torsion springs]* gespeichert. Diese sind je nach Bewegung (Ein-/Ausschaltung) getrennt (Abb. 5). Ein Elektromotor spannt stets die Einschaltfeder.

Wird eine Schalthandlung benötigt, lösen **Elektromagnete** *[electromagnets]* ① die Verriegelungsklinken und ein Teil der gespeicherten Energie wird über ein Koppelgestänge ④ auf den Schalter übertragen. Die restliche Energie wird in die Ausschaltfeder ⑨ übertragen. So wird sichergestellt, dass bei einem eingeschalteten Schalter immer genügend Energie für eine Ausschaltung zur Verfügung steht. Kurvenscheiben ② sorgen dafür, dass zu jeder Position des Schalters die optimale Geschwindigkeit erzeugt wird. **Dämpfer** *[damper]* ⑮, ⑯ verhindern zu große Schwingungen, wenn der Schalter seine Endlage erreicht.

Diese Art des Leistungsschalter-Antriebs ist Stand der Technik und wird bei vielen Neuanlagen im Mittel- und Hochspannungsnetz eingesetzt.

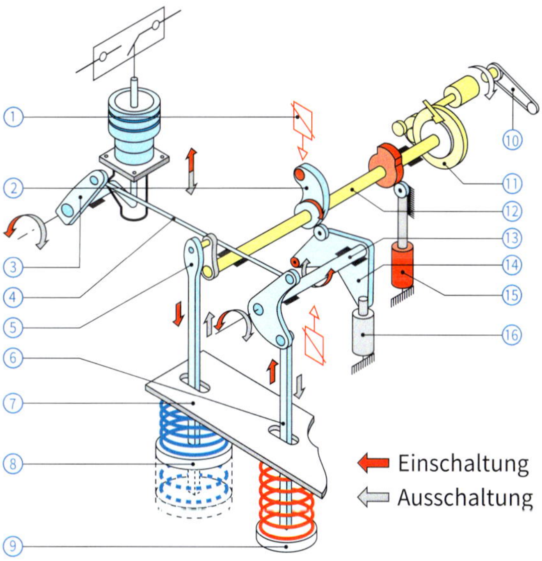

① Auslöser „EIN"	⑨ Ausschaltfeder
② Kurvenscheibe	⑩ Handaufzug
③ Umlenkgetriebe	⑪ Spanngetriebe
④ Koppelgestänge	⑫ Spannweite
⑤ Pleuel der Einschaltfeder	⑬ Schaltwelle
⑥ Pleuel der Ausschaltfeder	⑭ Rollenhebel
⑦ Antriebsgehäuse	⑮ Dämpfer „EIN"
⑧ Einschaltfeder	⑯ Dämpfer „AUS"

5: Prinzip des mechanischen Federspeicherantriebs

Hydraulischer Antrieb

Der **hydraulische Antrieb** [*hydraulic operating mechanism*] speichert seine Energie in einem Stickstoffspeicher (Abb. 1 ①). Hierbei drückt ein Hydraulikkolben auf einen Stickstoffbehälter. Der **Stickstoff** [*nitrate*] wird komprimiert und speichert so die Energie. Alternativ kann hierfür auch eine Feder eingesetzt werden.

Durch eine Pumpe ⑧ wird Hydrauliköl in das Speichersystem gepumpt, wodurch der Speicher geladen wird. Bei einer Schalthandlung leiten elektromagnetische Ventile ③ den Druck auf einen hydraulischen Antriebskolben ⑤ ⑥, welcher mit dem Schalter verbunden ist. Ein Druckwächter ⑭ sorgt dafür, dass immer genügend Energie gespeichert ist, um jederzeit eine Ausschaltung durchführen zu können.

Die Form des Antriebskolbens verändert während der Schalthandlung die Spaltweiten für das durchströmende Hydrauliköl. Dadurch kann zu jeder Schalterposition die Kraftwirkung verändert werden. Gleichzeitig tritt dadurch eine Dämpfung bei Erreichen der Schalterendlage auf.

Der hydraulische Antrieb ist gut geeignet, um sehr hohe Energien schnell zu übertragen. Sein Aufbau ist jedoch aufwändiger als ein mechanischer Federspeicherantrieb. Daher wird der Hydraulikantrieb ausschließlich bei großen Hoch- und Höchstspannungsschaltern eingesetzt.

Magnetantrieb

Der **Magnetantrieb** [*electromagnetically operating mechanism*] hat keinen Energiespeicher, der geladen werden muss. Zwei **Permanentmagnete** [*permanent magnets*] ㉖ arretieren den Schalter entweder in der Ein- oder Ausstellung (Abb. 2).

Soll eine Schalthandlung durchgeführt werden, erzeugt eine Spule ㉕ ein Magnetfeld, welches dem Feld des Permanentmagneten ㉖ entgegenwirkt. Sobald die Haltekraft des Permanentmagneten unterschritten ist, bewegt sich der Magnetanker zum anderen Pol des Permanentmagneten.

Diese Technik hat wesentlich weniger Einzelteile als andere Antriebssysteme. Dadurch fallen weniger Wartungen an.

Der magnetische Antrieb ist die jüngste Entwicklung bei Leistungsschalter-Antrieben. Sie wird bisher ausschließlich in der Mittelspannung in Verbindung mit Vakuum-Schaltern eingesetzt.

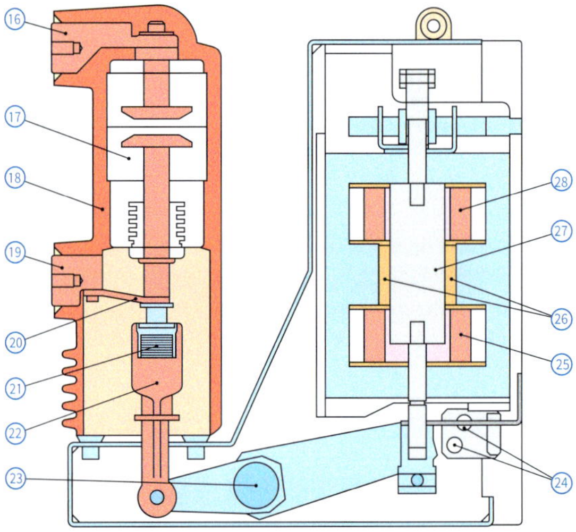

⑯ Oberer Anschluss
⑰ Vakuum-Schaltkammer
⑱ Gießharz-Umguss
⑲ Unterer Anschluss
⑳ Stromband
㉑ Kontaktkraftfeder
㉒ Isolierkoppelstange
㉓ Hebelwelle
㉔ Sensoren zur Schaltstellungserfassung
㉕ EIN-Spule
㉖ Permanentmagnete
㉗ Magnetanker
㉘ AUS-Spule

2: Prinzip des magnetischen Schalterantriebs

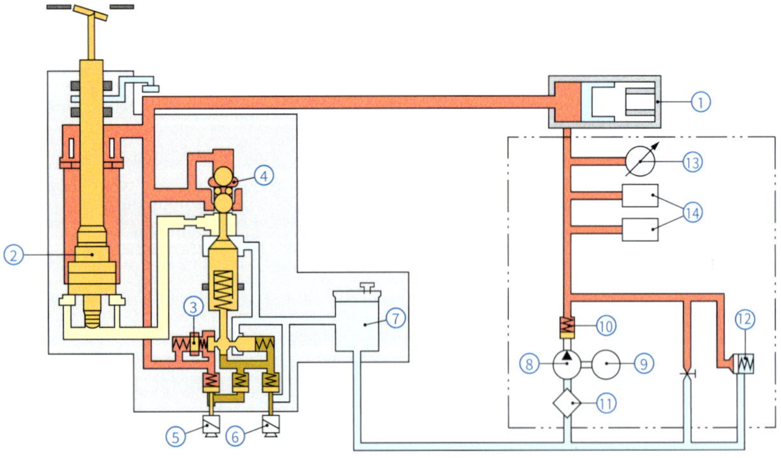

① Hydraulikspeicher
② Antriebskolben
③ Vorsteuerventil
④ Hauptventil
⑤ Einschaltmagnet
⑥ Ausschaltmagnet
⑦ Ölbehälter
⑧ Ölpumpe
⑨ Motor
⑩ Rückschlagventil
⑪ Druckausgleichventil
⑫ Sicherheitsventil
⑬ Manometer
⑭ Druckwächter

1: Prinzip des hydraulischen Stickstoffspeicherantriebs

10.2.2.3 Bewegungen beim Schalten

Beim Schalten wirken große mechanische Kräfte, die den Ablauf einer Schalthandlung beeinflussen. Die Vorgänge bei Schalthandlungen werden am Beispiel einer Ausschaltung (Abb. 3) beschrieben.

Die Zeit vom Befehl zur Betätigung des Schaltstückes bis zum Bewegungsbeginn heißt **Bewegungsverzug** ①. Das Schaltstückteil bewegt sich auf den festen Teil zu und schließt erstmalig (**Schließzeit** ②). Beide Zeiten zusammen ergeben den **Schließverzug** ③.

Weil die Kontaktwerkstoffe elastisch sind, federt der Kontakt und öffnet etwas, schließt wieder, öffnet usw. Dieser Vorgang wird **Prellen** [*bouncing*] genannt. Hierdurch treten Verformungen ein und es entstehen Lichtbögen, die Abbrand hervorrufen. Um den Prellvorgang zu verkürzen, wird ein möglichst hoher Kontaktdruck erzeugt. Das ist bei hohen Stromstärken erforderlich. Die Werkstofffestigkeit der Schaltstücke begrenzt den maximal möglichen Kontaktdruck.

Das schließende Kontaktstück hat eine Masse, die mit einer gewissen Geschwindigkeit auf das feste Stück auftrifft. Durch diese **kinetische Energie** [*kinetic energy*] werden die Schaltstücke verformt. Abhilfe können hier geringe Schaltstückmassen und kleine Bewegungsgeschwindigkeiten schaffen.

Verringert man die Geschwindigkeit, tritt ein anderes Phänomen auf. Bevor nämlich der Kontakt schließt, kann bei hohen Spannungen ein Lichtbogen entstehen, der zum Abbrand und zum Verschweißen der Kontakte führt.

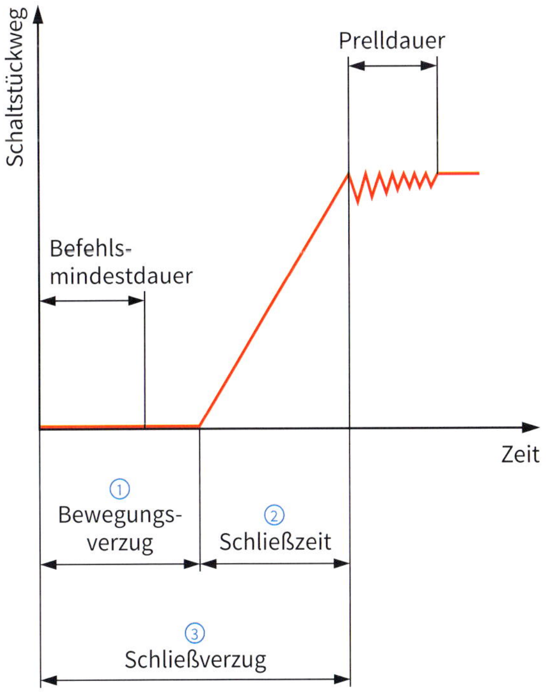

3: Zeiten beim Schließvorgang

- Antriebe für Leistungsschalter müssen große Energien in kurzer Zeit bereitstellen.
- Energiespeicher sind Federn, Druckluft, Stickstoffpolster oder Magnete.
- Die Übertragung der Schaltenergie erfolgt pneumatisch, hydraulisch oder mechanisch.

10.2.3 Schutzeinrichtungen

Schaltanlagen und die daran angeschlossenen Betriebsmittel wie z. B. Transformatoren, Leitungen und Kabel müssen vor Schäden durch Überlastung geschützt werden. Sie sind wichtige Bestandteile des Energieversorgungssystems, die vor Schäden und Ausfällen bewahrt werden müssen.

Hierzu dienen Schutzsysteme, die drei wesentliche Anforderungen erfüllen müssen:

- **Selektivität**
  Die Energieversorgung von nicht betroffenen Anlagenteilen muss im Fehlerfall erhalten bleiben.
  ⇒ Nur fehlerhafte Netzteile abschalten.
- **Schnelligkeit**
  Kurzschlüsse im Netz können eine Personengefährdung hervorrufen und weitere eventuell noch fehlerfreie Betriebsmittel stark beanspruchen.
  ⇒ Eine Abschaltung muss daher schnell erfolgen.
- **Funktionssicherheit**
  Um fehlerhafte Anlagenteile abzuschalten, müssen Fehler sicher erfasst werden. Sind keine Fehler im Netz vorhanden, dürfen keinesfalls Abschaltungen erfolgen.
  ⇒ Diese Unterscheidung muss von den Schutzsystemen sicher getroffen werden.

Um die Betriebsmittel und Netze schützen zu können, muss das Schutzsystem drei Aufgaben erfüllen:

- **Messwerte erfassen**
- **Messwerte verarbeiten**
- **Abschaltung veranlassen**

Zur **Messwerterfassung** werden in der Regel Stromstärken und Spannungen gemessen. Dies erfolgt mit Wandlern, die speziell auf die besonderen Anforderungen der Schutztechnik ausgelegt sind (Schutzwandler).

Die verschiedenen Arten der **Messwertverarbeitung** sind Bestandteil dieses Kapitels. Die Geräte zur Messwertverarbeitung funktionierten früher elektromechanisch und wurden als (Schutz-)Relais bezeichnet. Auch wenn diese Geräte heute elektronische Schaltungen und Mikroprozessoren beinhalten, ist dieser Begriff erhalten geblieben.

Als **Abschalteinrichtung** dienen üblicher Weise Leistungsschalter, welche die Auslösesignale der Messwertverarbeitung umsetzen.

Eine Sicherung ist eine Sonderform von Schutzsystemen, da sie die Messwerterfassung und -verarbeitung sowie die Abschaltung in einem Objekt vereint.

Die Ermittlung von Fehlern an elektrischen Betriebsmitteln erfolgt nach unterschiedlichen Gesichtspunkten. Hierbei werden Strom- und Spannungsmesswerte nach verschiedenen Verfahren ausgewertet.

Abb. 1 zeigt die wichtigsten Schutzverfahren, welche hier beschrieben werden sollen.

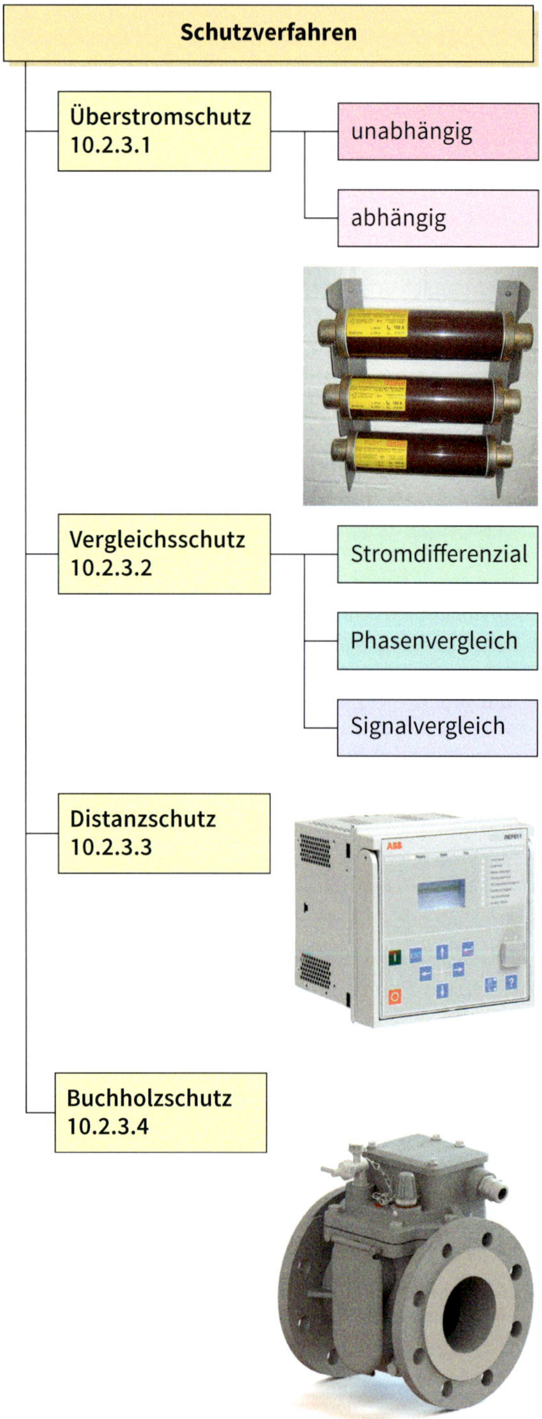

1: Schutzverfahren

10.2.3.1 Überstromschutz

Der Überstromschutz ist das bekannteste Schutzprinzip und wird durchgängig in allen Spannungsebenen angewendet. Dieses Schutzprinzip geht davon aus, dass die Bemessungswerte von Betriebsmitteln im Normalbetrieb nicht überschritten werden.

Kommt es zu Überschreitungen, liegt eine unzulässige Überlastung vor. Die Auswirkungen von den Überlastungen sind von der Einwirkungsdauer und Höhe der Überströme abhängig. Auch Kurzschlüsse verursachen Überströme. Diese sind meist so groß, dass sie deutlich von Strömen durch Überlastung unterschieden werden können. Aufgabe des Überstromschutzes ist es, die Überlast-/Kurzschlussströme von Betriebsströmen zu unterscheiden und bei Bedarf die betroffenen Netzteile abzuschalten.

Netzberechnungsprogramme ermitteln nach den Vorgaben der DIN VDE 0102 die möglichen Stromstärken bei Kurzschluss. Da der Kurzschlussstrom von der Kurzschlussart (ein-, zwei- dreipolig; mit und ohne Erdberührung) abhängt, werden zwei wesentliche Größen ermittelt.

$I_{k,min}$: **Minimale Kurzschlussstromstärke**

Auf diese Größe muss der Netzschutz parametriert werden. Ein Überschreiten dieser Größe ist ein sicheres Anzeichen für einen vorliegenden Kurzschluss.

$I_{k,max}$: **Maximale Kurzschlussstromstärke**

Auf diese Größe werden die Betriebsmittel ausgelegt. Die Kraftwirkung der größten möglichen Ströme muss von den Anlagen beherrscht werden.

Wird die minimale Kurzschlussstromstärke überschritten, werden die Schutzrelais aktiviert. Diesen Vorgang nennt man **Anregung** [*activation*]. Die Anregung findet schon bei Überschreitung des Ansprechwertes statt, welcher kleiner als die minimale Kurzschlussstromstärke ist (Abb. 2). Ab diesem Zeitpunkt läuft eine einstellbare Zeit ab. Ist diese abgelaufen, erhält der zugehörige Leistungsschalter einen Ausschaltbefehl.

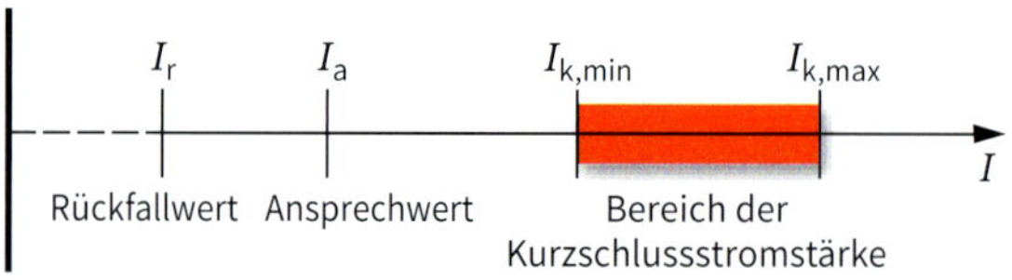

2: Anregung von Schutzsystemen

Unterschreitet die Stromstärke den Rückfallwert, fällt das Schutzrelais in den Ruhezustand zurück und es kommt zu keiner Abschaltung. Dies ist z. B. der Fall, wenn der fehlerhafte Netzabschnitt schon von anderen Schutzsystemen abgeschaltet wurde.

Die Gesamtzeit der Kurzschlussabschaltung setzt sich aus mehreren Abschnitten zusammen (Abb. 3). Nach Kurzschlusseintritt dauert es die Zeitspanne t_a, bis eine Anregung des Relais eintritt ①. Es folgt die im Relais eingestellte Verzögerungszeit t_m. Danach bekommt der Leistungsschalter seinen Ausschaltbefehl ②. Bis der Leistungsschalter den Schaltvorgang ausführt, vergeht die Schaltereigenzeit ③. Als letztes muss der Schalter den Stromfluss und den im Schalter auftretenden Lichtbogen unterbrechen. Hierfür wird die Löschzeit t_{Li} benötigt ④.

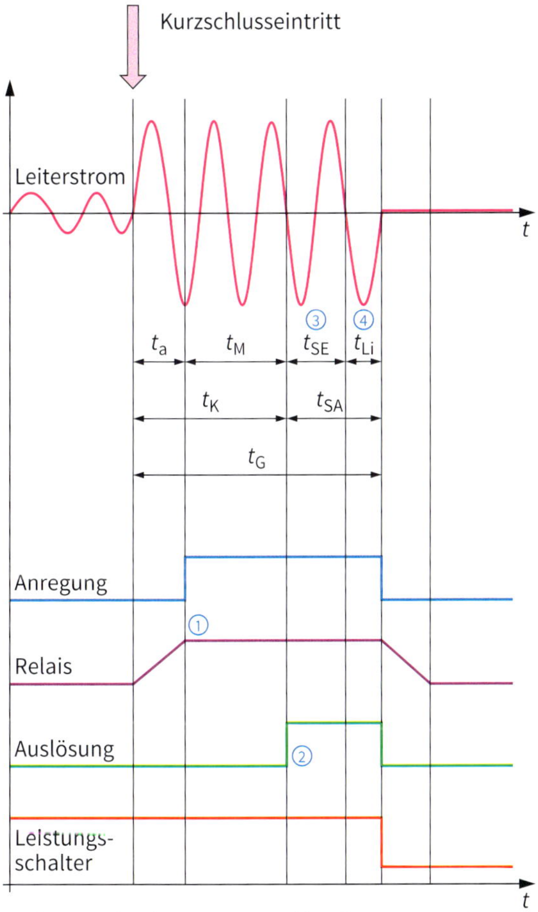

t_a: Ansprechzeit t_M: Verzögerungszeit
t_K: Kommandozeit t_{SE}: Schaltereigenzeit
t_{Li}: Löschzeit t_{SA}: Ausschaltzeit
t_G: Kurzschlussdauer

3: Zeitbegiffe bei der Schutzauslösung

- Kurzschlussströme müssen schnell, sicher und selektiv abgeschaltet werden.
- Die Messwertverarbeitung muss ermitteln, welches Schaltgerät den Kurzschlussstrom abschalten soll.

Unabhängiger Überstrom-Zeit-Schutz (UMZ)

Dies ist das einfachste Schutzsystem und wird ausschließlich als Kurzschlussschutz benutzt. Es wird von der Niederspannung bis zur Hochspannung in allen Netzen eingesetzt. Der **UMZ-Schutz** [*definite-time overcurrent protection*] ist fast ausschließlich in Strahlen- oder Ringnetzen bzw. zum Schutz einzelner Betriebsmittel (z. B. Transformator) zu finden.

Unabhängige Maximalstrom-Zeitrelais (UMZ) registrieren eine Überschreitung des minimalen Kurzschlussstromes (Anregung). Ab diesem Zeitpunkt läuft eine einstellbare Zeit ab. Ist diese Zeit abgelaufen, erhält der zugehörige Leistungsschalter einen Ausschaltbefehl. Verschiedene Schutzgeräte erhalten unterschiedliche Verzögerungszeiten. Sie werden so zeitlich gestaffelt, um eine selektive Abschaltung zu erreichen. Man nennt diese Größe daher auch **Staffelzeit** [*selective time interval*].

Wie werden die Relais eingestellt?

UMZ-Relais verfügen über zwei grundlegende Einstellparameter. Dies sind

- der Ansprechwert ($I >$) in A und
- die Auslösezeit (t_i) in ms.

Werden mehrere UMZ-Relais eingesetzt, müssen deren Staffelzeiten innerhalb eines Strahlennetzes aufeinander abgestimmt werden.

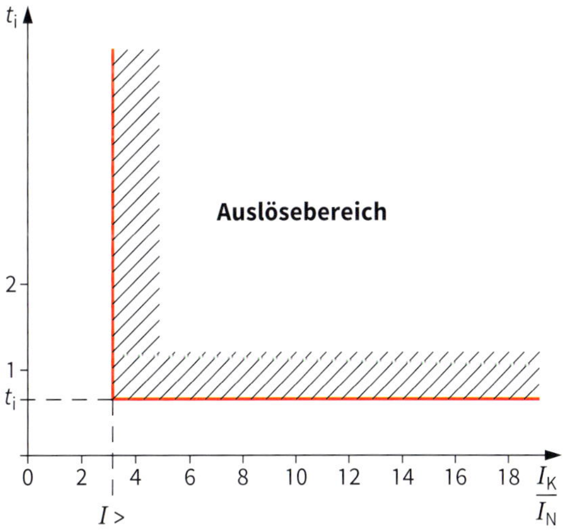

4: Kennlinie des UMZ-Relais

Aufgaben

1. Welche drei Hauptanforderungen müssen Schutzsysteme erfüllen?
2. Ist die größte oder kleinste mögliche Kurzschlussstromstärke für Schutzeinstellungen maßgeblich? Begründen Sie Ihre Antwort.

Alle Relais erhalten als Ansprechwert die minimale Kurzschlussstromstärke. Diese kann berechnet werden, wenn am Ende eines Strahlennetzes (Abb. 1 ①) ein Kurzschluss angenommen wird. Im Falle eines Kurzschlusses wird diese Stromstärke an allen Schutzrelais F1 bis F3 registriert.

Die Auslösezeiten werden **unterschiedlich** eingestellt. Am letzten Schutzrelais eines Strahls stellt man die kürzeste Auslösezeit ein ②. Bei den vorgeschalteten Schutzrelais wird die Auslösezeit jeweils erhöht. Die Zeitstufen sind abhängig von der Geschwindigkeit einer möglichen Auslösung und liegen in der Praxis bei ca. 0,25 s bis 0,6 s. Diese Abstufung der Auslösezeiten wird **Zeitstaffelung** genannt.

Liegt z. B. ein Kurzschluss am Fehlerort B vor, fließt an allen Schutzsystemen ein Kurzschlussstrom. Das Relais mit der kürzesten Staffelzeit wird als erstes einen Ausschaltbefehl an den zugehörigen Leistungsschalter geben. Q1 wird nun den Kurzschlussstrom unterbrechen. Bevor Q2 und Q3 auslösen können wird registriert, dass der Rückfallwert I_r unterschritten ist. Die Schutzrelais F2 und F3 fallen wieder in den Ruhezustand zurück. Der Fehler wurde selektiv abgeschaltet.

Tritt ein Kurzschluss am Fehlerort A auf, fließt der Kurzschlussstrom nur an F2 und F3. F1 registriert keinen Kurzschlussstrom, regt daher nicht an und löst auch nicht aus. F2 wird nach 1 s auslösen und so den Kurzschlussstrom unterbrechen. F3 fällt dann in den Ruhezustand zurück.

Mit dieser Zeitstaffelung ist es möglich, eine selektive Abschaltung der Fehlerstelle zu erreichen. Um so dichter der Kurzschlussort an der Einspeisung (z. B. Trafo) liegt, desto größer sind die Kurzschlussströme. Je größer der Kurzschlussstrom ist, desto länger benötigt das UMZ-Schutzsystem aufgrund der Zeitstaffelung zur Abschaltung. Dies ist ein bedeutender Nachteil des UMZ-Schutzes.

Abhängiger Überstrom-Zeit-Schutz (AMZ)

Der abhängige Überstrom-Zeit-Schutz (AMZ) nutzt als Auslösekriterium ebenfalls den Überstrom. Im Unterschied zum UMZ-Schutz ist hier die Auslösezeit nicht fest sondern abhängig von der Stromstärke. Je größer die Stromstärke ist, desto schneller erfolgt die Abschaltung.

Dieses Prinzip ist bereits von Sicherungen und LS-Schaltern in Niederspannungsnetzen bekannt und kommt auch bei Mittelspannung zur Anwendung.

Sicherungen

Der Einsatz von Sicherungen in Anlagen bis 1 kV wurde bereits in Kapitel 2 ausführlich behandelt. Daher wird hier nur der Einsatz im Mittelspannungsnetz erläutert.

Sicherungen für Mittelspannung bezeichnet man als **HH-Sicherungen** (**H**ochspannung-**H**ochleistungs-Sicherung) [*h.v.h.b.c. fuse*].

Wichtige Eigenschaften zur Auswahl von Sicherungen sind z. B.:

- **Bemessungsspannungsbereich** [*rated voltage range*],
- **Bemessungsstromstärke I_N**
- **Ganzbereichssicherung** [*general purpose fuse-link*]/**Teilbereichssicherung** [*back-up fuse-link*],
- **Schaltvermögen I_1** [*switching capacity*].

Die Bemessungsspannung der HH-Sicherung ist durch einen Bereich vorgegeben. Das bedeutet, dass diese sowohl nach oben als auch nach unten begrenzt ist. Typische Werte zeigt Abb. 2.

- Bei UMZ-Relais ist die Auslösezeit unabhängig von der Kurzschlussstromstärke und wird durch die Zeitstaffelung vorgegeben.
- AMZ-Relais lösen bei großen Stromstärken schneller aus als bei kleinen.

Energietechnische Anlagen errichten

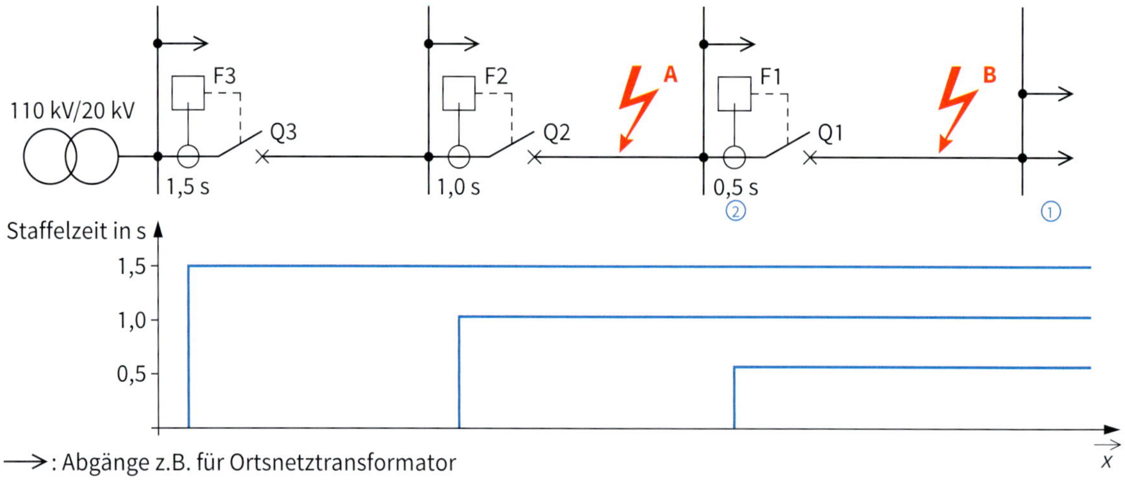

1: Staffelplan eines UMZ-Schutzes

U_n in kV	3/7,2	6/12	10/24	20/36	
I_n in A	6,3	10	16	20	25
	31,5	40	50	63	80
	100	125	160		
I_1 in kA	20	31,5	63		

2: Typische Bemessungswerte für HH-Sicherungen

Sicherungen mit Teilbereichsverhalten sind nur für den Kurzschlussschutz geeignet, da sie als Eigenschaft eine **Mindestausschaltstromstärke I_3** [*minimum breaking current*] besitzen. Diese muss mindestens erreicht werden, um ein Auslösen der Sicherung zu erreichen. Es muss daher sicher gestellt sein, dass keine Fehler auftreten, bei denen kleinere Ströme als I_3 fließen. Dies wird erreicht, indem der kleinste mögliche Kurzschlussstrom $I_{k,min} > I_3$ ist. Ein Schutz gegen Überlast kann von der Sicherung dann nicht erfolgen.

Ganzbereichssicherungen lösen bereits aus, sobald die Bemessungsstromstärke überschritten wird. Das Verhalten ist ähnlich zu den gG-Sicherungen bei Niederspannungsanwendungen (Abb. 3). Sie sind daher für Überlast- und Kurzschlussschutz geeignet.

HH-Sicherungen haben die Eigenschaft, Kurzschlussströme zu begrenzen. Tritt ein Kurzschluss ohne Sicherung auf, fließt zu Beginn ein Kurzschlussstrom.

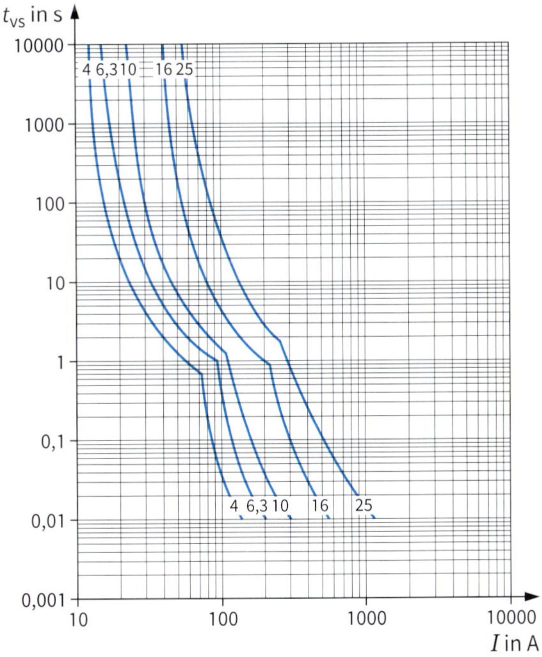

3: Auslösekennlinie einer 10/24 kV Ganzbereichs-HH-Sicherung

Dieser hat den Spitzenwert i_p (Stoßkurzschlussstrom) (Abb. 4). Wird jedoch eine Sicherung verwendet und der Schmelzstrom i_S überschritten, schmilzt der Sicherungsdraht. In der Sicherung brennt nun ein Lichtbogen, welcher für den Kurzschlussstrom einen zusätzlichen Widerstand darstellt. Dadurch wird ein weiterer Anstieg der Stromstärke auf den Durchlassstrom i_D begrenzt. Nach dem Verlöschen des Lichtbogens ist der Stromkreis unterbrochen.

Durch die Begrenzung der tatsächlich auftretenden Kurzschlussstromstärken können bei genauer Dimensionierung der Schaltanlagen kostengünstigere Komponenten ausgewählt werden.

Die höchsten auftretenden Kurzschlussstromstärken sind vom unbeeinflussten Kurzschlussstrom, dem Eintrittszeitpunkt des Kurzschlusses und der gewählten Sicherung abhängig. Maximalwerte können aus herstellerspezifischen Kennlinien entnommen werden (Abb. 5).

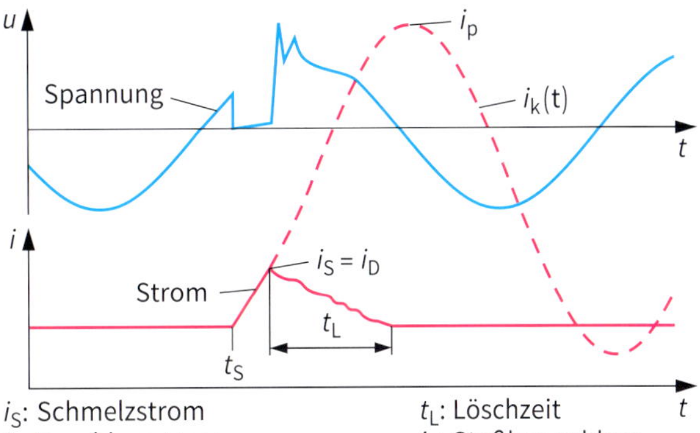

i_S: Schmelzstrom
i_D: Durchlassstrom
$i_k(t)$: Kurzschlussstromverlauf bei metallenen Überbrückungen ohne Sicherung
t_L: Löschzeit
i_p: Stoßkurzschlussstrom
t_S: Schmelzzeit

4: Kurzschlussstrombegrenzung durch Sicherungen

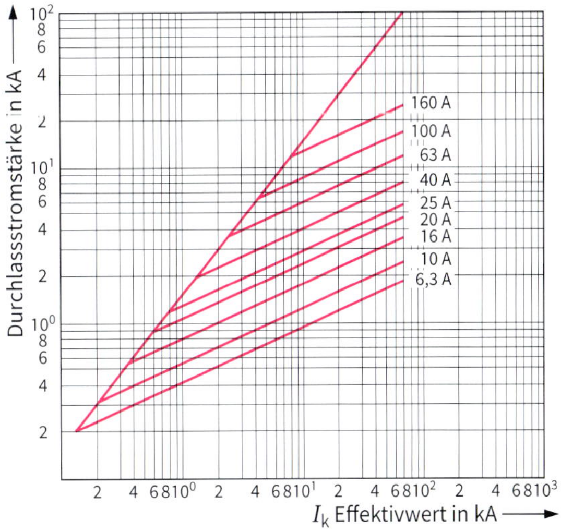

5: Durchlassstromkennlinie von HH-Sicherungen (Beispiel)

Kommt es in einem Außenleiter zur Sicherungsauslösung, dann fließt über die verbleibenden Außenleitersicherungen noch Strom. Dies führt zu einer unerwünschten unsymmetrischen Belastung des Energieversorgungsnetzes, da sich dann z. B. Transformatoren und Motoren stark erwärmen.

Um diesen Zustand zu verhindern, sind HH-Sicherungen mit einem **Schlagstift** [*striker pin*] ausgestattet. Dieser springt bei ausgelöster Sicherung aus dem Gehäuse und kann mit seiner Auslösekraft das Schaltschloss eines Lasttrennschalters mechanisch bedienen (Abb. 1). Dadurch schaltet der Lasttrennschalter ① aus und der vom Kurzschluss betroffene Abgang ist allpolig ausgeschaltet.

Alternativ kann der Schlagbolzen das Auslösen der Sicherung über einen Schaltkontakt melden, sodass dann manuell über eine elektrische Auslösung abgeschaltet werden kann. Die Schlagbolzen haben verschiedene Auslösekräfte zwischen 50 N und 120 N. Die für die Bedienung erforderliche Auslösekraft muss bei der Auswahl von HH-Sicherungen berücksichtigt werden.

Der Lasttrennschalter wird auch verwendet, um die Sicherungen stromlos und spannungsfrei zu schalten, bevor sie herausgenommen bzw. eingesetzt werden.

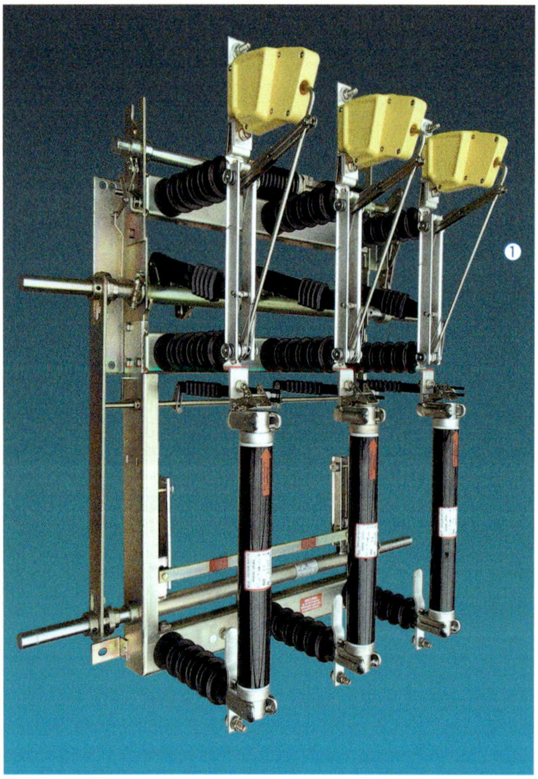

1: Sicherungs-Lasttrennschalter-Kombination

2: HH-Sicherungen an einer Maststation

Beim Sicherungswechsel bestehen besondere Gefahren. Man kann sich bei diesen Tätigkeiten den unter Spannung stehenden Teilen nähern. Dies können z. B. folgende Teile sein:

- Leiterseile an einer Maststation (Abb. 2)
- Sammelschiene in einer Schaltanlage

Diese Tätigkeiten sind in den berufsgenossenschaftlichen Vorschriften besonders geregelt (vgl. Kapitel 10.2.6).

Aufgaben

1. Warum gehören Sicherungen zu den abhängigen Überstrom-Zeitschutz-Systemen?
2. Wofür werden Sicherungen mit Teilbereichsverhalten eingesetzt?
3. Aus welchem Grund werden Lasttrennschalter gemeinsam mit Sicherungen verwendet?

- Sicherungen begrenzen Kurzschlussströme.
- HH-Sicherungen gibt es als Teilbereichs- und Ganzbereichssicherungen.

Leistungsschalter

Der abhängige Überstrom-Zeitschutz kann auch mit Leistungsschaltern ausgeführt werden. Hierzu muss dieser um ein Schutzgerät ergänzt werden. Dieses erfasst die Stromstärke und ermittelt anhand einer Kennlinie die zugehörige Ausschaltzeit.

Bei Niederspannungs-Leistungsschaltern sind diese Schutzgeräte meist als Auslöseblöcke in das Schaltergehäuse integriert (Abb. 3 ①). In Mittel- und Hochspannungsanlagen werden die Schutzgeräte separat installiert.

Als einfachste Anwendung ist der LS-Schalter bekannt, welcher einen thermischen Überlastauslöser und einen magnetischen Kurzschlussschnellauslöser besitzt. Bei modernen Leistungsschaltern lassen sich die einzelnen Kennlinien einstellen (Abb. 4). Durch eine Veränderung von Auslöseströmen ②, ③ und Auslösezeiten ④, lässt sich die Selektivität zu weiteren Leistungsschaltern oder Sicherungen herstellen.

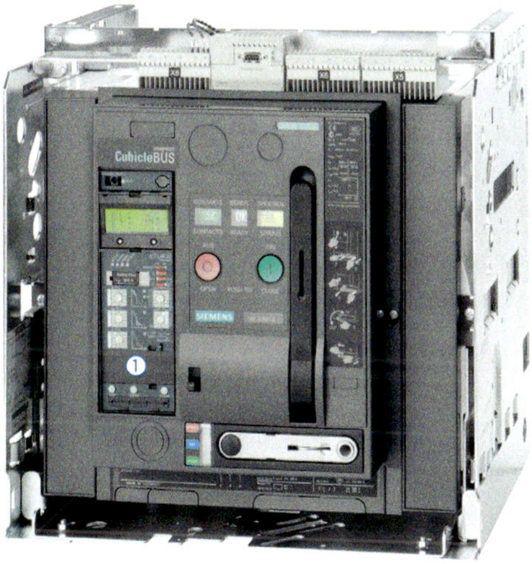

3: NS-Leistungsschalter mit Auslöseblock

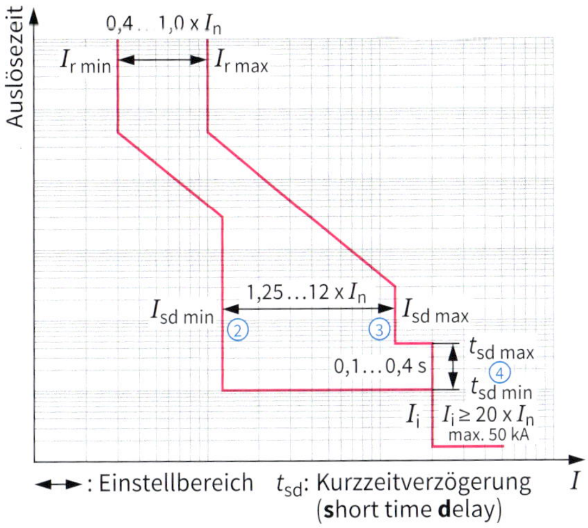

4: Kennlinie eines NS-Leistungsschalters

10.2.3.2 Vergleichsschutz

Die bisher betrachteten Verfahren mit Zeitstaffelung führen teilweise zu großen Abschaltzeiten, was wiederum eine große Belastung der Betriebsmittel bedeutet.

Beim Schutz durch Vergleich von Signalen werden Informationen ausgewertet, die an verschiedenen Anschlüssen von Betriebsmitteln (z. B. Transformator, Kabel) oder an anderen Schutzgeräten vorhanden sind.

Signalvergleichsschutz

Der hier vorgestellte Signalvergleichsschutz wertet aus, ob von einem Schutzgerät ein Kurzschlussstrom registriert wurde. Durch eine Kommunikationsverbindung wird ermittelt, ob an benachbarten Schutzsystemen ebenfalls ein Kurzschlussstrom auftritt. So kann leicht festgestellt werden, welcher Leistungsschalter dem Fehler am nächsten ist. Dieser kann dann schnellstmöglich abschalten.

Beim Signalvergleichsschutz meldet jeder Leistungsschalter seinem vorgeschalteten Leistungsschalter, wenn er einen Kurzschlussstrom registriert hat. Hierdurch „weiß" der vorgelagerte Schalter, dass es noch Leistungsschalter gibt, die näher am Fehler liegen.

Tritt z. B. ein Kurzschluss in Zone 1 auf (Abb. 5 ⑤), wird Q1 von keinem weiteren Leistungsschalter die Kurzschlussinformation bekommen. Daher löst er in schnellstmöglicher Zeit aus.

Liegt der Kurzschluss in einem Abgang der Zone 3 ⑥, dann registrieren Q1, Q2 und Q3 den Kurzschlussstrom. Durch die Informationsverknüpfung werden Q1 und Q2 nur verzögert auslösen. Q3 erhält von keinem nachgeordneten Schalter eine Kurzschlussinformation und löst daher unverzögert aus.

Dieses Schutzprinzip funktioniert allerdings nur in Strahlennetzen mit einer Energieflussrichtung. Würde der Kurzschlussstrom auch in der anderen Richtung fließen, wäre die Schlussfolgerung der logischen Verknüpfungen falsch.

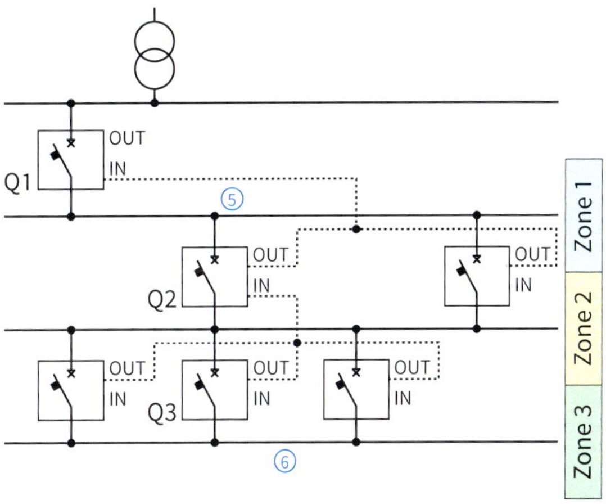

5: Signalvergleich

Stromdifferenzialschutz

Bei diesem Schutzprinzip kontrolliert man, ob die Summe der zufließenden Ströme gleich der Summe der abfließenden Ströme ist. Ist dies nicht der Fall, gibt es eine ungewollte, leitende Verbindung innerhalb des Betriebsmittels. Dieses Prinzip wird häufig bei Kabeln und Transformatoren angewendet.

Am Ein- und Ausgang des Betriebsmittels wird die Stromstärke gemessen. Diese Messwerte werden miteinander verglichen. Überschreitet die Differenz beider Werte einen Grenzwert, kommt es zur Schutzauslösung und damit Abschaltung des Betriebsmittels. Die Strecke zwischen den Wandlern nennt man **Schutzbereich** (Abb. 1).

Die Sekundärwicklungen der Wandler B1 und B2 (Abb. 1) werden in Reihe geschaltet. Wie bei einer Messbrücke wird ein Messsystem P parallel geschaltet. Solange $\Delta i = i_1 - i_2 = 0$ ist, liegt kein Fehler vor. Entsteht hier eine Stromdifferenz, muss innerhalb des Betriebsmittels ein Fehler vorliegen.

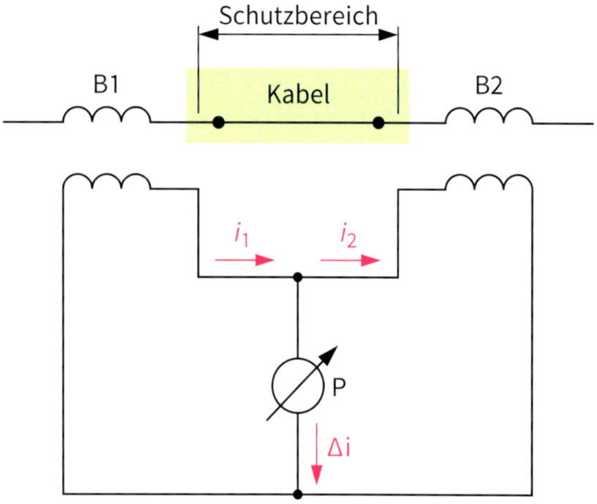

1: Prinzip Stromdifferenzialschutz

Die Messanordnung muss bei üblichen Betriebsströmen fehlerfrei arbeiten und ist daher auch nur für Betriebsströme dimensioniert. Kommt es außerhalb des Schutzbereiches zu einem Kurzschluss, fließen große Ströme über die Stromwandler. Dies führt dazu, dass diese in Sättigung gehen und Messfehler auftreten. Die Wandler sind bei B1 und B2 unterschiedlich, sodass auf der Sekundärseite der Wandler unterschiedliche Ströme fließen und der Stromdifferenzialschutz auslösen würde. Dies muss unbedingt vermieden werden, da es sonst zu Fehlauslösungen kommt.

Das Fehlverhalten verhindert man mit einer Stabilisierungsschaltung. Hierbei wird ein weiterer Vergleichswert gebildet. Der Haltestrom i_H ergibt sich aus der Addition beider Wandlerströme. Das Schutzgerät vergleicht nun den Differenzstrom Δi mit dem Haltestrom i_H (Abb. 2). Die Auslösung erfolgt bei $\Delta i > k \cdot i_H$.

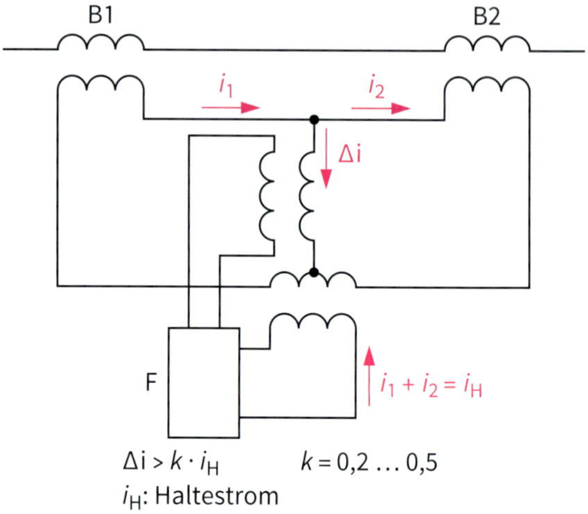

2: Stabilisierung von Stromdifferenzialschutz

Je größer der Wandlerstrom ist, desto größer muss auch der Differenzstrom sein. Mit dem Faktor k lässt sich am Schutzgerät einstellen, wie stark die Stabilisierung wirken soll. Dies wird individuell vom Anlagenbetreiber festgelegt.

Wird der Differenzialschutz bei Transformatoren angewendet, ist darauf zu achten, dass die Phasendrehungen und Stromübersetzungsverhältnisse auch bei den Wandlern berücksichtigt werden. Abb. 3 zeigt die Anwendung des Differenzialschutzes bei Drehstromtransformatoren.

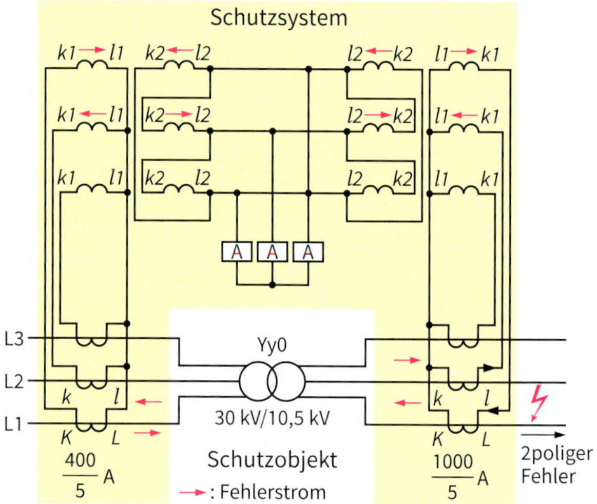

3: Differenzialschutz bei Transformatoren

- Bei AMZ-Schutzsystemen lassen sich Auslöseströme und -zeiten einstellen.
- Differenzialschutzsysteme messen Ströme an allen Seiten der Betriebsmittel.
- Differenzialschutzsysteme müssen bei großen Kurzschlussströmen stabilisiert werden.

Phasenvergleichsschutz

Innerhalb vermaschter Netze kann es vorkommen, dass der Energiefluss bei Normalbetrieb oder auch im Kurzschlussfall verschiedene Richtungen annimmt. Der selektive Schutz muss dann sicher erkennen können, ob der Fehler innerhalb eines bestimmten Netzabschnittes liegt oder nicht.

Dies kann mit Hilfe des Phasenvergleichsschutzes sicher festgestellt werden. Hierzu wird am Anfang und Ende einer Übertragungsstrecke (Kabel oder Freileitung) die Stromstärke gemessen. Die Messwerte beider Seiten müssen miteinander verglichen werden. Da bei der früher üblichen analogen Messwertübertragung leicht Übertragungsfehler auftraten, wird das Signal zunächst „vereinfacht". Aus den Sinusverläufen werden binäre Signale erzeugt, welche die Polarität angeben. Solange der in die Leitung hinein fließende Strom auch wieder heraus fließt, sind die Signale identisch (Abb. 4).

Tritt innerhalb der Übertragungsstrecke ein Kurzschluss auf (Abb. 4 ①), wird der Strom von beiden Seiten in Richtung des Kurzschlusses fließen.

Sobald die Auswertung der digitalen Signale einen Unterschied feststellt, liegt ein Fehler innerhalb des Schutzbereiches vor. Tritt ein Kurzschluss außerhalb des Schutzbereiches auf, fließt der Kurzschlussstrom in den Schutzbereich hinein und wieder hinaus. Die Signalauswertung ergibt das gleiche Signal wie in Abbildung 5.

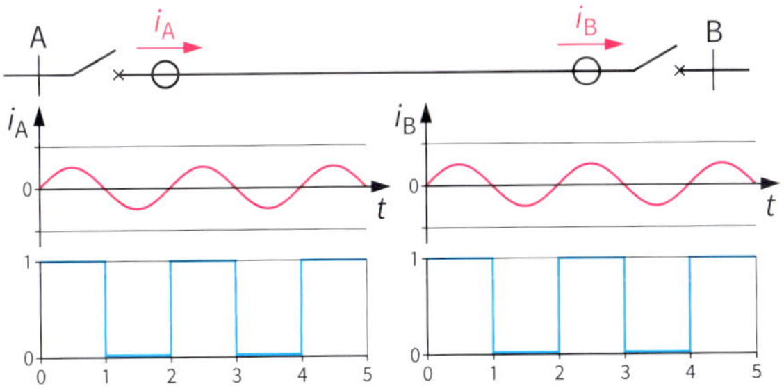

4: Signalvergleich bei Normalbetrieb

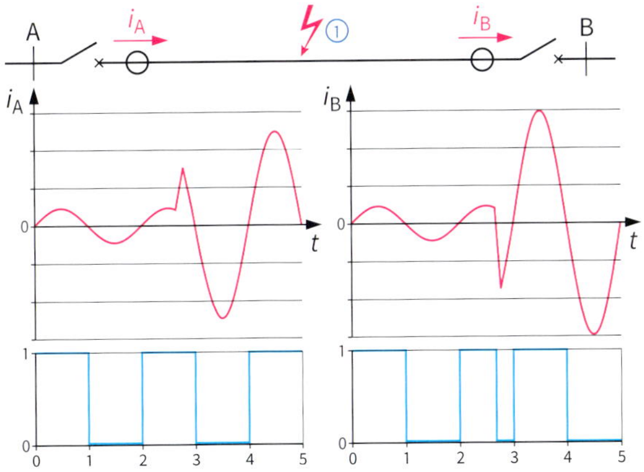

5: Signalvergleich bei Fehlereintritt

10.2.3.3 Distanzschutz

Bei vielen der bisher vorgestellten Schutzsystemen ist immer davon ausgegangen worden, dass es sich um Strahlennetze handelt, bei denen nur eine Energieflussrichtung vorliegt. Bei Maschennetzen (Abb. 6) kommt es jedoch besonders im Hochspannungsbereich zu wechselnden Lastflussrichtungen. Weiterhin kann es vorkommen, dass es durch Umschaltungen zu Änderungen des Maschennetzes kommt. Dies wirkt sich auf die möglichen Kurzschlussstromstärken aus. Ein UMZ- oder AMZ-Schutz müsste an jede neue Netzzusammenschaltung angepasst werden.

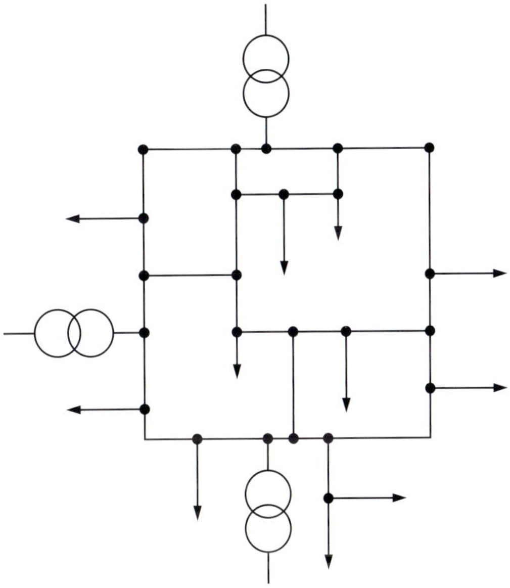

6: Maschennetz

Um unabhängig von Größen wie Kurzschlussstromstärke oder Lastflussrichtung zu sein, wird beim **Distanzschutz** *[distance protection]* die Impedanz gemessen.

Hierzu sind Strom- und Spannungswandler erforderlich. Diese können einzeln oder als Kombiwandler (Abb. 7) ausgeführt werden. Kombiwandler sind hauptsächlich in Mittelspannungs- und Hochspannungsanlagen zu finden.

7: Kombiwandler

Um eine selektive Abschaltung zu erreichen, muss das Schutzsystem entscheiden, ob der Kurzschluss innerhalb eines Schutzbereiches liegt (z. B. für F1 zwischen A und B, Abb. 1).

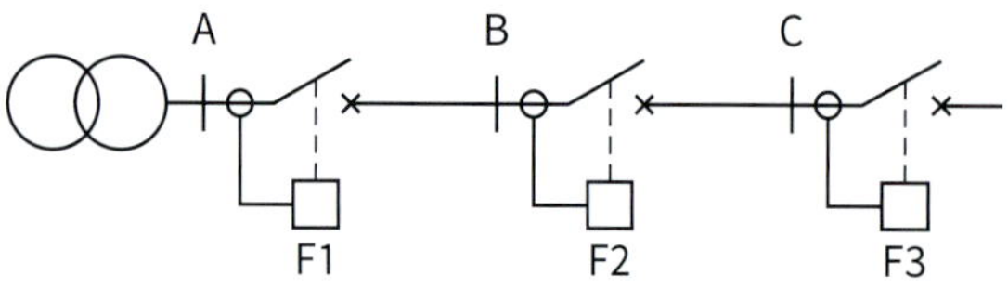

1: Schutzsysteme

Da jedes Kabel und jede Leitung einen spezifischen Widerstand besitzt, kann mit Hilfe der Leitungsimpedanz die Kurzschlussentfernung ermittelt werden. Gleiches gilt für die Impedanz.

$R = R' \cdot l \qquad X = X' \cdot l$

Am Leitungsanfang werden Strom und Spannung gemessen. Das Schutzsystem errechnet aus den beiden Messwerten eine Impedanz. Liegt wie in Abb. 2 ein Kurzschluss vor, so wird genau die Impedanz der Leitung gemessen.

Wenn kein Kurzschluss besteht, fließt ein Laststrom. Zu den Impedanzen der Leitung addieren sich dann weitere Leitungswiderstände sowie die Widerstände der Belastung.

Die Impedanz der Leitung kann in ein Diagramm eingetragen werden (Abb. 3). Wird eine Impedanz zwischen den Punkten A und B ermittelt, liegt ein Kurzschluss innerhalb des Schutzbereiches vor. Brennt an der Fehlerstelle z. B. ein Lichtbogen, dann ist dort zusätzlich ein Fehlerwiderstand R_F wirksam. Dieser würde den gemessenen Leitungswiderstand vergrößern. Der Auslösebereich um die Leitungsgerade berücksichtigt daher diesen Fehlerwiderstand und mögliche Messfehler der Strom-/Spannungswandler.

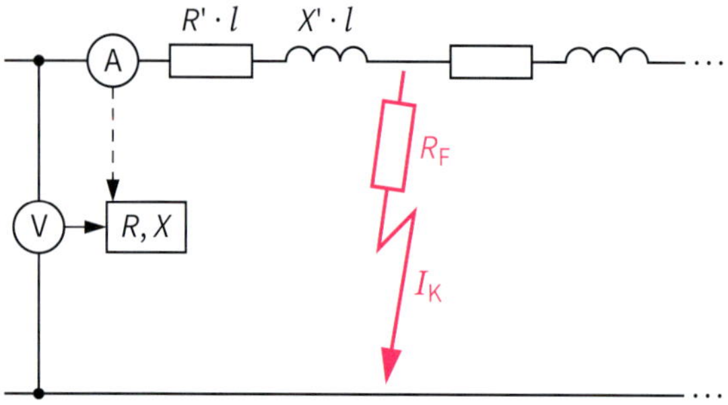

2: Impedanzmessung

- Der Phasenvergleichschutz wertet am Leitungsanfang und -ende die aktuelle Stromrichtung aus und vergleicht diese.
- Das Distanzschutzsystem benötigt Strom- und Spannungswandler.
- Der Distanzschutz ermittelt die Entfernung der Fehlerstelle vom Schutzgerät.

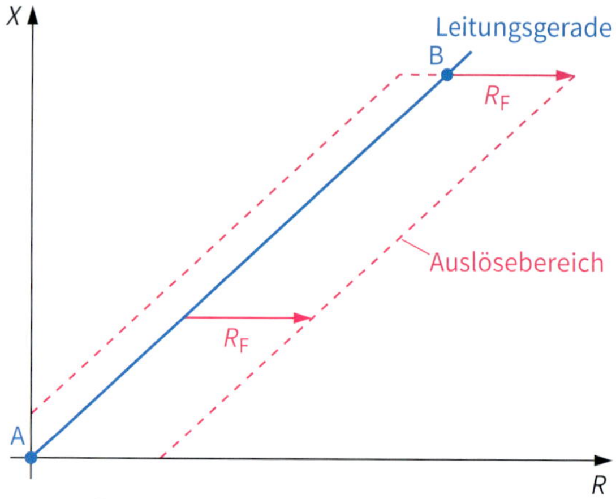

3: Impedanzkennlinie

Liegt ein Kurzschluss dicht an einer Station (z. B. bei B, Abb. 4), dann kann das Schutzsystem aufgrund von Messungenauigkeiten nicht sicher entscheiden, ob die Fehlerstelle vor oder hinter der Station B liegt. Ein Fehler, der kurz hinter Station B liegt, würde dann von F1 abgeschaltet werden, was eine nichtselektive Abschaltung wäre. Um diese Fälle zu vermeiden, wird auch beim Distanzschutz eine Zeitstaffelung verwendet. Fehler, bei denen die Entfernungsmessung weniger als 80 % der Leitungslänge ergibt, werden in der schnellstmöglichen Zeit abgeschaltet. Liegt der Fehler hinter dieser Grenze, erhöht sich die Staffelzeit.

Liegt ein Fehler kurz hinter Station B (Abb. 4 ①), dann wird F2 den Fehler innerhalb von 80 % der Leitungslänge erfassen und in Schnellzeit abschalten. F1 registriert den Fehler außerhalb der 80 %-Grenze, regt an und kommt aufgrund der Staffelzeit nicht mehr zur Abschaltung, da der Fehler von F2 bereits selektiv abgeschaltet wurde.

Tritt der Kurzschluss jedoch kurz vor Station B auf ②, dann wird F2 den Fehler gar nicht registrieren und F1 nach Ablauf der Staffelzeit selektiv abschalten.

Dieses Schutzprinzip funktioniert auch in vermaschten Netzen mit unterschiedlichen Lastflussrichtungen. Hier sind die Leitungen dann jedoch an beiden Enden mit Leistungsschaltern und Distanzschutzsystemen ausgestattet.

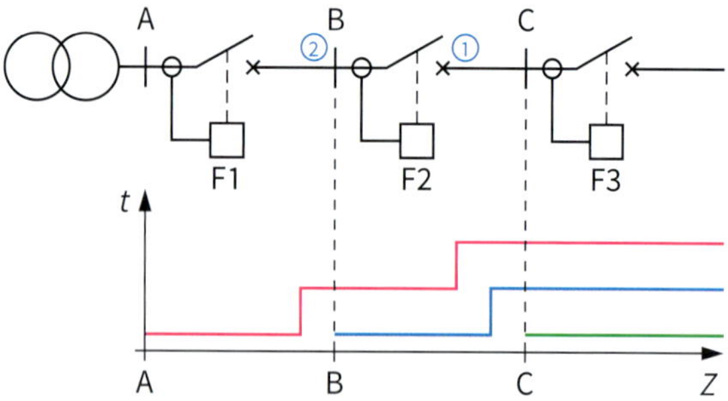

4: Staffelplan bei Distanzschutz

Schutzwandler

Wandler, die nach dem Transformatorprinzip arbeiten, besitzen einen Ferrit- oder Eisenkern, der die magnetische Wirkung verstärkt. Mit diesen Kernen ist bei Transformatoren und Stromwandlern jedoch nur bis zu einer bestimmten Stromstärke eine lineare Übertragung gewährleistet. Wandler, die für Messzwecke verwendet werden, sind bei Kurzschlussströmen überlastet. Der Kern wechselt dabei zwischen den Bereichen mit einer linearen und abgeflachten Kennlinie. Er geht in Sättigung und verursacht dadurch große Messfehler.

Um dies zu vermeiden, werden für Schutzsysteme spezielle Schutzwandler eingesetzt. Diese haben verstärkte Kerne, welche auch bei Kurzschlussströmen noch im linearen Übertragungsbereich arbeiten.

Kabelumwandler

Stromsensoren

Moderne Sensoren benötigen die Wandlerkerne nicht mehr. Sie arbeiten z. B. mit einer speziell gewickelten Spule (**Rogowskispule**), welche ohne Kerne auskommt. So wird das Problem der Sättigung vermieden.

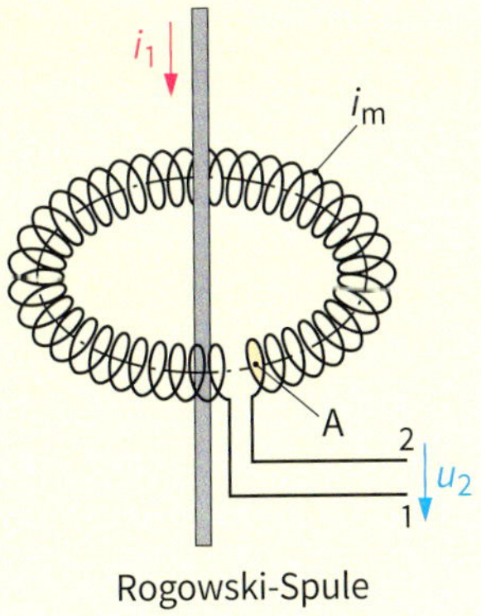

Rogowski-Spule

Im Gegensatz zu konventionellen Stromwandlern wird die Rogowskispule auf der Sekundärseite hochohmig betrieben. In der Spule fließt somit praktisch kein Strom. Durch die zu messende Stromstärke I_1 wird in der Spule eine Spannung induziert. Diese ist jedoch noch kein direktes Abbild des Messstromes. Hierzu muss das Signal noch mit einem elektronischen Integrator angepasst werden.

10.2.3.4 Buchholzschutz

Der Buchholzschutz ist ein Schutzsystem für Öltransformatoren. Diese Transformatoren haben geschlossene Metallkessel, in denen sich die Wicklungen befinden. Als Isoliermittel und zur Kühlung der Wicklungen ist dieser Kessel vollständig mit Öl gefüllt. Der Kessel hat eine Rohrverbindung zu einem Ölausdehnungsgefäß (Abb. 5 ①). Dieses ist oben am Transformator montiert und enthält einen Vorrat an Isolieröl. Dehnt sich das im Kessel befindliche Öl aufgrund von Erwärmung aus, kann es in das Ausdehnungsgefäß strömen. Kühlt der Transformator ab, strömt das Öl zurück in den Kessel.

In die Rohrleitung zwischen Ausgleichsbehälter und Transformatorkessel wird das Buchholzrelais installiert. Es ist nach seinem Erfinder Max Buchholz benannt.

5: Öltransformator mit Ausdehnungsgefäß

Wann wird der Buchholzschutz eingesetzt?

Es gibt keine Pflicht, ein solches Schutzsystem einzubauen. Da Transformatoren aber zu den Betriebsmitteln mit den höchsten Kosten und Lieferzeiten zählen, ist der Einsatz sinnvoll. Als Kriterien werden die Transformatorleistung und der Standort verwendet.

Empfohlener Einsatz des Buchholzschutzes bei:

- Leistung > 630 kVA

  Leistung > 250 kVA (wenn keine HH-Sicherungen vorhanden sind)
- Transformatoren für Versammlungsstätten oder explosionsgefährdete Bereiche

Der Buchholzschutz wird immer als ergänzendes Schutzsystem verwendet. Er kommt immer gemeinsam mit weiteren Schutzsystemen (Überstrom, Distanzschutz, …) zum Einsatz. Neben dem Schutz vor Überlast- und Kurzschluss kann auch der Zustand des Transformators überwacht werden. Es können z. B. Ölverlust oder innere Isolationsfehler erkannt werden.

Energietechnische Anlagen errichten

1: Schnitt durch ein Buchholzrelais

Dieses Schutzgerät besitzt zwei mit Luft gefüllte Schwimmer, welche im Normalbetrieb durch die Auftriebskraft nach oben gedrückt sind (Abb. 1 ① ②). Kommt es zu Fehlern im Transformator, bewegen sich die Schwimmer auf Grund von Ölströmungen. Diese Bewegung wird über Meldekontakte registriert. Bei geringer Bewegung erfolgt eine Warnmeldung, bei starker Bewegung eine Schutzabschaltung des Transformators.

Das Buchholzrelais überwacht Transformatoren auf drei typische Transformatorfehler.

Innerer Kurzschluss

Tritt innerhalb des Transformators ein Kurzschluss auf, wird an der Kurzschlussstelle viel Wärme erzeugt, welche das Öl sehr schnell ausdehnt. Die starke Ölströmung wird von der Strömungsklappe (Abb. 2a) erfasst und leitet eine Abschaltung ein.

Gasentwicklung

Kleine, innere Isolationsfehler führen zur Zersetzung des Öls. Dabei entstehen Zersetzungsgase, die im Ölkessel nach oben steigen. Sie sammeln sich im Kopf des Buchholzrelais und lassen den oberen Schwimmer absinken (Abb. 2b). Das Absinken führt zu einer Warnmeldung an das Betriebspersonal. Der Transformator kann dann planmäßig freigeschaltet und einer genauen Inspektion unterzogen werden.

Ölverlust

Tritt ein starker Ölverlust auf, sinkt der Ölpegel im Ausdehnungsgefäß und damit auch im Buchholzrelais. Dadurch sinken beide Schwimmer ab (Abb. 2c).

Das Absinken des unteren Schwimmers führt auch zu sofortiger Abschaltung des Transformators. Ein weiterer Ölverlust bei unter Spannung stehendem Transformator würde einen inneren Kurzschluss mit starken Schäden am Transformator verursachen.

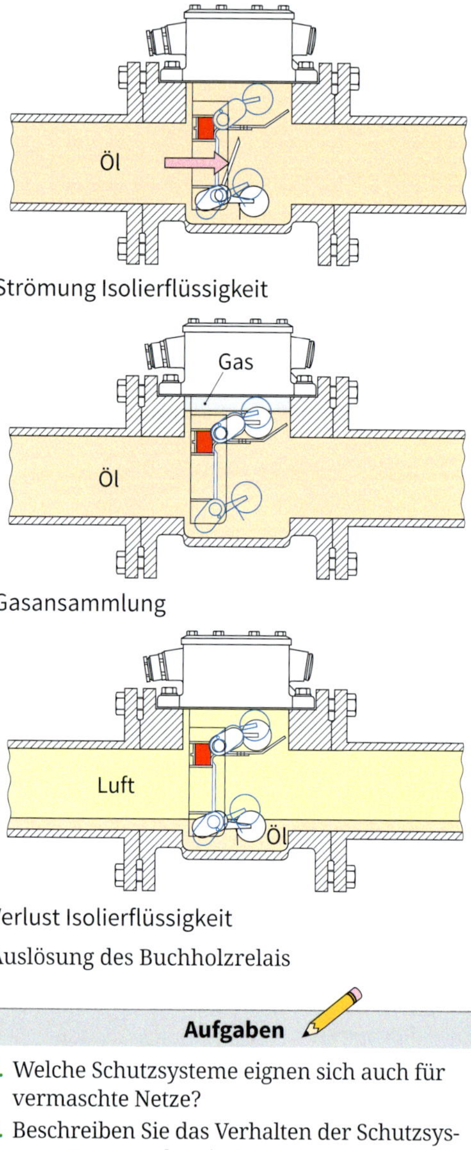

a) Strömung Isolierflüssigkeit

b) Gasansammlung

c) Verlust Isolierflüssigkeit

2: Auslösung des Buchholzrelais

Aufgaben

1. Welche Schutzsysteme eignen sich auch für vermaschte Netze?
2. Beschreiben Sie das Verhalten der Schutzsysteme F1, F2 und F3 (vgl. S. 380, Abb. 4), wenn der Kurzschluss kurz vor Station C eintritt.

- Der Buchholzschutz ist nur für Öltransformatoren geeignet.
- Buchholzschutzgeräte bieten keinen alleinigen Transformatorschutz. Sie werden immer gemeinsam mit anderen Schutzsystemen (z. B. Überstromschutz) verwendet.

10.2.4 Transformatoren

Die Drehstrom-Transformatoren wurden bereits im Lernfeld 5 behandelt. Die Schaltgruppen, deren Eigenschaften sowie der Schutz von Transformatoren wurden dort erläutert. Wir beschäftigen uns deshalb hier nur mit dem Transformator T1 der Anlage aus Kap. 10.2.1.

PAUWELS TRAFO BELGIUM

TRANSFORMATOR

	kVA	ERW.	kVA	ERW.	NORM	
LEISTUNG IP00 AN	250				DIN 42523	
AF					BAUJAHR	1996
					FREQUENZ	50 Hz
					MAT.KLASSE	F
		O.S.		U.S.	REIHE	12 kV
	1	11440			B.I.L.	60 kV
	2	11220		②	BETRIEB	DAUER
SPANNUNG V	3	11000	①	400	PHASEN	3
	4	10780			MAX. UMG. TEMP.	°C
	5	10560			KÜHLUNGSART	AN
					SCHUTZART	IP00
					SCHALTGRUPPE	Dyn5 ③
STROM A	250	13.1		361	KURZSCHL. SPG.	4,0 ④ %
MAX.STROM	250				KURZSCHL. STROM	xIN
TRANSFORMATORGEWICHT	1020	kg			KURZSCHL. DAUER	s
				Nr.	96 5 3282	

3: Leistungsschild des Transformators T1

Analyse wichtiger Bemessungsdaten (Abb. 3)

- **Oberspannung**: 11 kV ①
  Da der Transformator T1 für eine Bemessungsspannung von 10 kV benötigt wird, ist die Primärseite für eine Spannungserhöhung bis zu 10 % ausgelegt.
- **Unterspannung**: 400 V ②
  Die Sekundärseite gibt die gewünschte Netzspannung ab.
- **Schaltgruppe**: Dyn5 ③
  Die Wicklungen der Primärseite sind im Dreieck (D), die Sekundärseite ist im Stern (y) geschaltet, weil das anschließende Verbrauchernetz die verketteten Spannungen benötigt. Deshalb ist auch der Neutralleiter (n) herausgeführt. Die Kennzahl 5 gibt an, dass die Sekundärspannung der Primärspannung um 5 x 30° nacheilt.
- **Relative Kurzschlussspannung**: 4 % ④
  Die Kurzschlussspannung lässt Rückschlüsse auf den Spannungsfall zu. Sie kann durch den mechanischen Aufbau von Kern und Spulen beeinflusst werden. Je enger die Primär- und Sekundärspulen beieinander liegen, desto kleiner ist die Kurzschlussspannung. Der Wert $u_K = 4$ % ist für solche Transformatoren ein üblicher Wert.

Sollte die Leistung des Transformators T1 (250 kVA) für die Versorgung der Anlage nicht ausreichen, muss ein zweiter Transformator parallel geschaltet werden.

Bei der Parallelschaltung von Spannungsquellen müssen alle Ausgangsspannungen zu jedem Zeitpunkt gleich sein. Ist dies nicht der Fall, fließen **Ausgleichsströme** [*circulation currents*]. Diese Ströme fließen auch, wenn keine Last angeschlossen ist. Man nennt sie auch Kreisströme. Abb. 4 zeigt ein vereinfachtes Ersatzschaltbild zweier Spannungsquellen. Die Differenzspannung ΔU verursacht einen Stromfluss nur innerhalb der Spannungsquellen. Die Spannungsquelle wird damit belastet, ohne Energie an die Verbraucher abzugeben.

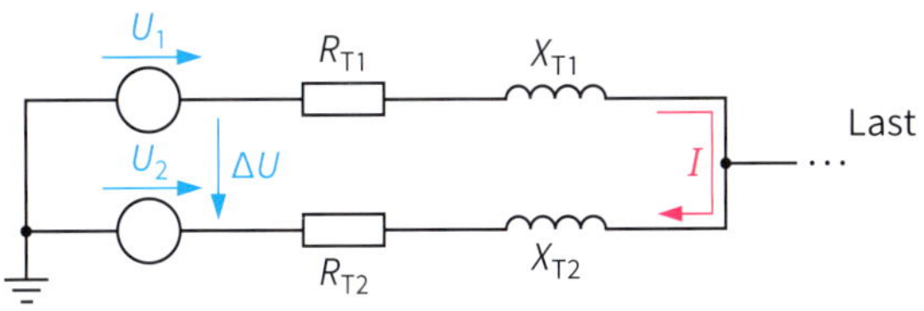

4: Parallelschaltung von Spannungsquellen

Welche Anforderungen muss der parallel zu schaltende Transformator erfüllen?

Wie bei jeder Parallelschaltung von Spannungsquellen muss auch hier darauf geachtet werden, dass kein **Ausgleichsstrom** [*circulating current*] zwischen den Objekten fließen kann. Dies wird immer dann erreicht, wenn beide Transformatoren identisch sind. Das ist aber üblicherweise nicht der Fall. Um angenähert diesen Zustand zu erreichen, schreibt DIN VDE 0532 folgende Bedingungen vor.

- **Gleiche Bemessungsspannungen**
  Ungleiche Sekundärspannungen führen zu Ausgleichsströmen (von der höheren Spannung zur niedrigeren Spannung).
- **Gleiche Kennzahlen**
  Ungleiche Kennzahlen bedeuten ungleiche Phasenlagen. Auch das führt zu Ausgleichsströmen.
- **Möglichst gleiche Übersetzungsverhältnisse**
  Damit wird erreicht, dass die Unterspannungen auch im Leerlauf gleich groß sind.
- **Nahezu gleiche Kurzschlussspannungen**
  Ungleiche Kurzschlussspannungen führen zu ungleichmäßigen Belastungen der Transformatoren. Der Transformator mit der geringeren Kurzschlussspannung wird möglicherweise überlastet.
- **Verhältnis der Bemessungsleistungen < 3:1**
  Bei größeren Leistungsverhältnissen würde der „kleinere" Transformator überlastet werden.

- Ausgleichsströme belasten Transformatoren, ohne dass eine Energieübertragung zur Last vorliegt.
- Gleiche Transformator-Kenngrößen vermeiden Ausgleichsströme.

10.2.5 Messeinrichtungen

Die Abb. 1 zeigt einen Ausschnitt aus dem Übersichtsschaltplan der Mittelspannungsschaltanlage der Firma Metallbau KG (vgl. Kap. 10.2.1)

Für den Zähleranschluss sind die Wandler B1 und B2 vorbereitet. Bevor jetzt Zähler installiert werden, müssen die Aufgaben, Schaltungen und Schutzmaßnahmen der Wandler bekannt sein. Im Folgenden werden deshalb die notwendigen Erläuterungen gegeben.

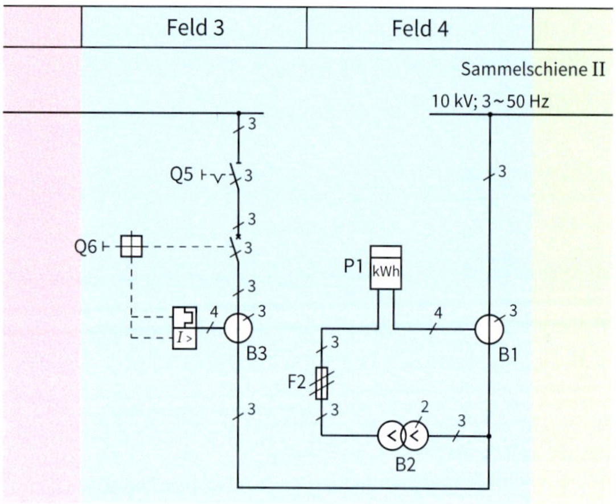

1: Ausschnitt aus Übersichtsschaltplan

Wie werden Wandler eingesetzt?

Wandler sind Transformatoren, die entweder

- hohe Spannungen (Spannungswandler) oder
- hohe Stromstärken (Stromwandler)

auf niedrige Werte transformieren. Die daran anzuschließenden Zähleinrichtungen können dann kleinere Abmessungen und eine geringe Isolation besitzen.

Spannungswandler [*voltage transformer*] werden häufig in der V-Schaltung (Abb. 2 ①) betrieben, weil dabei nur zwei Objekte notwendig sind. Um die Wicklungen und den angeschlossenen Zähler gegen Überlastung zu schützen, muss die Sekundärseite ② abgesichert werden.

Stromwandler [*current transformer*] dürfen auf keinen Fall im Leerlauf betrieben werden, weil offene Klemmen einen großen Widerstand darstellen. Durch das Transformieren wird der Primärkreis – und damit die Anlage – stark belastet ($R_1 = R_2 \cdot \ddot{u}^2$). An den offenen Klemmen ergibt sich wegen des großen Widerstandes ($R_2 \rightarrow \infty$) eine hohe Spannung, die für Personen und Anlagen gefährlich ist. Daraus folgt, dass Stromwandler nicht abgesichert werden dürfen. Im Leerlauf werden die Sekundärwicklungen kurzgeschlossen, damit ist der Widerstand nahezu Null.

Beide Wandlerarten müssen in Mittel- und Hochspannungsanlagen sekundärseitig an den Schutzleiter ③ und damit an die Erde angeschlossen werden.

Wie werden die Zähler angeschlossen?

Hierzu muss eine Bestandsaufnahme gemacht und festgelegt werden, welche Größen gemessen werden sollen. Wir gehen deshalb in folgenden drei Schritten vor:

1. Welche Objekte sind vorhanden?
2. Was soll gezählt werden?
3. Wie werden die Messgeräte angeschlossen?

1. Vorhandene Objekte

Aus dem Übersichtsschaltplan ist zu ersehen, dass zwei Wandler installiert sind. Ihre Anschlüsse sind auf die Klemmleiste X1 geführt.

2. Benötigte Zähler

In der beschriebenen Anlage sollen die Wirkarbeit und die Blindarbeit gemessen werden. Es werden deshalb zwei Zähler benötigt.

Der **Wirkarbeitszähler** [*watthour meter*] misst die gelieferte elektrische Energie. Der Zähler wird in der Aron-Schaltung (vgl. Kap. 5) verwendet, weil damit sowohl symmetrische als auch unsymmetrische Belastungen gemessen werden können.

Der **Blindarbeitszähler** ist notwendig, weil der Produktionsbetrieb der Firma Metallbau KG viele Motoren installiert hat und die Kompensationsanlage die Blindleistung nicht vollständig kompensiert.

3. Anschluss der Zähler

Beide Zähler werden an die Klemmleiste X1 angeschlossen. In Abb. 3 ist der entsprechende Stromlaufplan dargestellt.

Für die vorgestellte Mittelspannungsanlage nimmt ein Mitarbeiter des betreffenden VNB diese Anschlussarbeiten vor. Da sie als neue Schaltanlage zunächst spannungsfrei ist, kann die Installation einfach durchgeführt werden. Sollen in einer bestehenden Anlage Zähler ausgewechselt werden, sind weitere Schalthandlungen notwendig, die im Folgenden beschrieben werden.

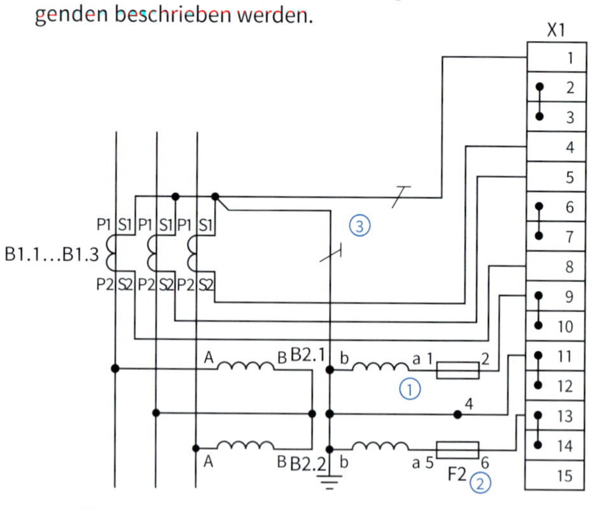

2: Wandler-Schaltung in der Messzelle

Beim Zähleraustausch müssen folgende Schritte in der aufgeführten Reihenfolge eingehalten werden:

1. Stromwandler kurzschließen
2. Sicherungen aus den Spannungswandler-Leitungen entfernen.
3. Zähler entfernen
4. Neuen Zähler einbauen und anschließen
5. Sicherungen in Spannungswandler-Zuleitungen einsetzen
6. Kurzschluss-Brücken bei Stromwandlern entfernen.

Aufgaben

1. Warum dürfen Stromwandler nicht mit offenen Klemmen betrieben werden?

2. Geben Sie die Arbeitsschritte beim Zählerwechsel in einer Mittelspannungsanlage an.

- In Mittel- und Hochspannungs-Schaltanlagen werden die Zähler über Wandler angeschlossen.
- Stromwandlerklemmen dürfen nicht offen sein. Entweder ist ein Gerät angeschlossen oder die Klemmen sind kurzgeschlossen.
- Stromwandler dürfen nicht abgesichert werden.
- Spannungswandler müssen abgesichert werden.

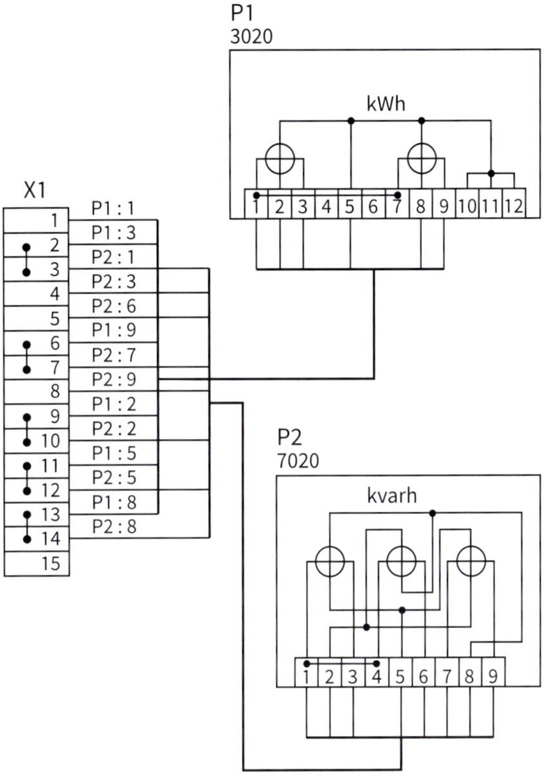

3: Zähler-Anschlüsse

Schaltungsnummern

Beispiel: 3 0 2 0

1. Ziffer		Grundart	2. Ziffer	Zusatzeinrichtung	3. Ziffer	Anschluss	4. Ziffer		Schaltung von 2.
			0	keine	0	direkt	0		kein äußerer Anschluss
1	Wirkverbrauchszähler	L1/N (Klemmen: 1…6)	1	Zweitarif (Klemmen: 13, 15)	1	Strom-wandler	1		einpoliger innerer Anschluss (Klemmen: 13 oder 14)
2		L1/L2 (Klemmen: 1…6)	2	Maximum (Klemmen: 14, 16)	2	Strom- und Spannungs-wandler	2		äußerer Anschluss (Klemmen: 13, 15 oder 14, 16)
3		L1/L2/L3 (Klemmen: 1…9)	3	Zweitarif und Maximum (Klemmen: 13, 16)			3	innerer Anschluss	Maximumauslöser in Öffnungsschaltung
4		L1/L2/L3/N (Klemmen: 1…12)	4	Maximum mit elektr. Rückstellung (Klemmen: 14, 16…19)			4		Maximumauslöser in Kurzschließ-schaltung
5	Blindverbrauchszähler	L1/L2/L3 60° Abgleich (Klemmen: 1…9)	5	Zweitarif und Maximum mit elektr. Rückstellung (Klemmen: 13…15, 18, 19)			5	äußerer Anschluss	Maximumauslöser in Öffnungsschaltung
6		L1/L2/L3 90° Abgleich (Klemmen: 1…9)					6		Maximumauslöser in Kurzschließ-schaltung
7		L1/L2/L3/N 90° Abgleich (Klemmen: 1…12)							

Tarifschaltuhr

Ziffern-folge	Ausführung
01	Tagesschalter
02	Maximumschalter
03	Tages- und Maximumschalter
04	Tages- und Wochenschalter
05	Maximum- und Wochenschalter
06	Tages-, Maximum- u. Wochenschalter
07	Wochenschalter

Rundsteuerempfänger

Ziffern-folge	Ausführung
11	Ein Umschalter
12	Zwei Umschalter
13	Drei Umschalter
14	Vier Umschalter

Zähler P1: 1. Ziffer: Dreileiter-Wirkverbrauchszähler (L1, L2, L3) ⇒ 3
2. Ziffer: keine Zusatzeinrichtung ⇒ 0
3. Ziffer: Anschluss über Stromwandler ⇒ 2
4. Ziffer: kein äußerer Anschluss ⇒ 0

10.2.6 Schalthandlungen

Die **Mittelspannungs-Schaltanlage** der Firma Metallbau KG ist neu errichtet worden. Sie soll erstmalig in Betrieb genommen werden. Alle vorgeschriebenen Prüfungen sind ordnungsgemäß durchgeführt worden. Die Ergebnisse entsprechen den Vorschriften. Um die Anlage in Betrieb nehmen zu können, müssen verschiedene Schalthandlungen durchgeführt werden. Wir erläutern dazu im Folgenden die grundsätzliche Vorgehensweise.

Das Schalten in Mittelspannungsanlagen muss wegen des erhöhten **Gefährdungspotenzials** besonders sorgfältig geplant werden. Um Gefahren für Personen zu vermeiden, gibt es in der DIN VDE 0105-100 eine Reihe von Regelungen für das Arbeiten und damit auch das Schalten in elektrischen Anlagen. Im Folgenden werden drei Bereiche besprochen.

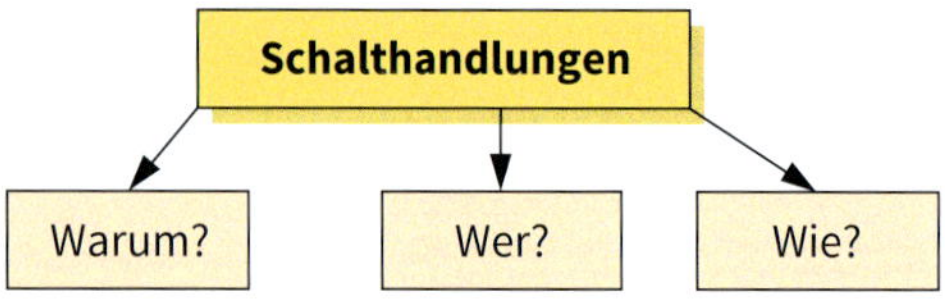

Grund der Schalthandlungen	Verantwortlichkeiten	Verwendete Werkzeuge
Soll die Anlage erstmalig in Betrieb genommen werden oder liegt ein Störungsfall vor?	Welche Person darf die Arbeiten vornehmen?	Unter welchen Bedingungen muss gearbeitet werden?

1: Übersicht zu Schalthandlungen

Warum werden Schalthandlungen notwendig?

Unter **Schalthandlungen** [*switching actions*] werden sämtliche Schaltvorgänge in Anlagen verstanden.

Es wird unterschieden zwischen

- **betriebsbedingtem** Schalten,
  z. B. Starten oder Stillsetzen von Betriebsmitteln und
- **arbeitsbedingtem** Schalten,
  z. B. Ausschalten von Trennern.

Die arbeitsbedingten Schalthandlungen sind erforderlich, um Reparaturen durchzuführen, Störungen zu beseitigen oder Wartungsarbeiten zu erledigen. Wenn Anlagen keinen ausreichenden Schutz für Personen gegen Auswirkungen von Störlichtbögen haben, dürfen z. B. beim Schalten von Trennschaltern nur Personen anwesend sein, die mit der Schalthandlung zu tun haben. Alle Beteiligten müssen dabei die **persönliche Schutzausrüstung** tragen, die je nach Gefährdungsgrad der betreffenden Anlage festgelegt wurde.

Beim Schalten in **Anlagen über 1 kV** sind die Reihenfolge der Schaltvorgänge und die beteiligten Schalteinrichtungen schriftlich festzuhalten.

Wer ist für die Arbeiten verantwortlich?

Zunächst müssen die Zuständigkeiten der betreffenden Personen eindeutig definiert sein. Hierbei gibt es zwei Unterscheidungsmerkmale, nämlich die **Fachkompetenz** [*professional competence*] und die **Verantwortlichkeit** [*responsibility*].

Auf Grund der unterschiedlichen Fähigkeiten ergeben sich zwei Gruppen von Arbeitsausführenden. Die **Elektrofachkraft** (EFK) hat die geeignete elektrotechnische Ausbildung, die fachlichen Kenntnisse und betreffende Erfahrungen. Dadurch kann sie die Gefahren einschätzen und vermeiden.

Eine **elektrotechnisch unterwiesene Person** (EUP) wird durch Elektrofachkräfte für bestimmte elektrotechnische Aufgaben unterrichtet. Sie kann daher die möglichen Gefahren erkennen und setzt die Schutzmaßnahmen und -einrichtungen richtig ein.

Bei der Verantwortlichkeit wird zwischen dem **Anlagenverantwortlichen** und dem **Arbeitsverantwortlichen** unterschieden. Sie tragen jeweils die unmittelbare Verantwortung und haben damit die betreffende Entscheidungsbefugnis. Arbeitsverantwortliche sind besonders für die Freigabe zur Arbeit und nach Erledigung der Arbeit für das Unterspannungsetzen zuständig. Häufig sind Anlagenverantwortliche und Arbeitsverantwortliche ein und dieselbe Person.

Der Arbeitsverantwortliche legt zusammen mit dem Anlagenverantwortlichen die Arbeitsschritte und damit auch die Schaltvorgänge fest. Er führt als Elektrofachkraft die Arbeiten selbst aus oder gibt sie verantwortlich an eine andere Person (EFK oder EUP) weiter.

Aufgaben

1. Nennen Sie drei Beispiele für arbeitsbedingte Schalthandlungen.
2. Erläutern Sie den Aufgabenbereich eines Arbeitsverantwortlichen.
3. Geben Sie die Unterschiede und Gemeinsamkeiten der Anforderungen an Elektrofachkraft und elektrotechnisch unterwiesene Person an.

- Schalthandlungen müssen bei Mittelspannungsanlagen besonders sorgfältig geplant, durchgeführt und dokumentiert werden.
- Eine Elektrofachkraft hat eine elektrotechnische Ausbildung.
- Eine elektrotechnisch unterwiesene Person ist für bestimmte elektrotechnische Arbeiten unterwiesen.
- Die Arbeitsschritte werden von Anlagen- und Arbeitsverantwortlichen gemeinsam festgelegt.

Durchführung von Schalthandlungen

Als Beispiel für Schalthandlungen wird hier der Einbau der Zähler in die Schaltanlage der Firma Metallbau KG dargestellt. Hierfür sind die Mitarbeiter des betreffenden VNB zuständig. Sie gehen nach erfolgtem Zählereinbau folgendermaßen vor (Abb. 2).

1. Erdungstrennschalter **Q2** und **Q4 öffnen**
   ⇒ Erdschluss aufgehoben
   und **verriegeln** (Wiedereinschaltsperre)
   ⇒ neuen Erdschluss verhindert
2. **Schließen** der Schalter (nicht dargestellt) in **Einspeisungen 1** und **2**
   ⇒ 10 kV an Zuleitungen
3. Lasttrennschalter **Q1** und **Q3 schließen**
   ⇒ 10 kV an Sammelschiene I
4. Trennschalter **Q5 schließen**
   ⇒ Übergabe eingeleitet
5. Leistungsschalter **Q6 schließen**
   ⇒ 10 kV an Sammelschiene II
   ⇒ Übergabe vollzogen

Der Arbeitsverantwortliche schaltet die Niederspannungsverteilung mit folgenden Schalthandlungen zu.

- Hochspannungs-Hochleistungs-Sicherung **F1 einsetzen**
  ⇒ Abgang gegen Überlastung gesichert
- Lasttrennschalter **Q7 schließen**
  ⇒ Transformator mit Niederspannungsanlage in Betrieb

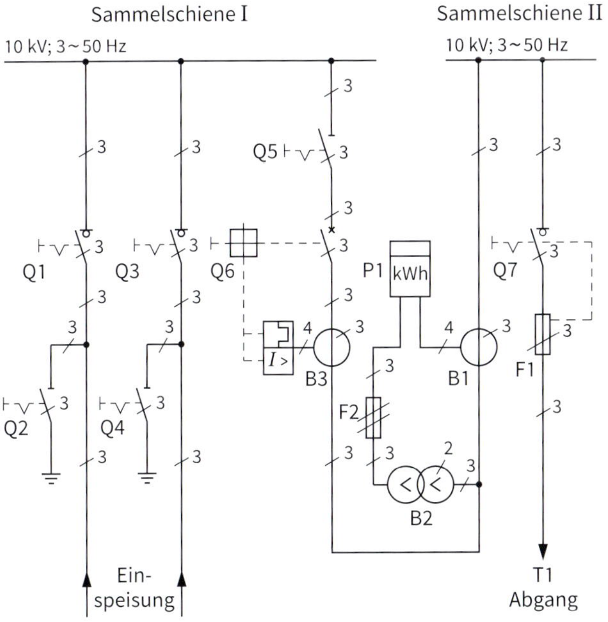

2: Übersichtsschaltplan

Aus dem nebenstehenden Beispiel ergibt sich folgende grundsätzliche Reihenfolge beim Inbetriebsetzen.

1. Maßnahmen zum **Wiedereinschaltschutz** aufheben.
2. Anlagenteile in Richtung Verbraucher zuschalten, d. h. Schaltgeräte in der Reihenfolge „steigendes Schaltvermögen" (Leer-, Last-, Leistungsschalter) einschalten.
3. Verbraucheranlage zuschalten.

Wie sehen die Arbeitsbedingungen aus?

Bei allen Arbeiten in elektrischen Anlagen müssen die „Fünf Sicherheitsregeln" befolgt werden. Der Arbeitsverantwortliche führt diese selbst durch oder lässt sie von einer anderen Fachkraft erledigen. Dann muss er sich aber die Durchführung bestätigen lassen.

Die Einhaltung der Regel „Freischalten" kann besonders bei Mittelspannungsanlagen zu Problemen führen. Oft versorgen sie Produktionsanlagen, deren Abschaltung finanziellen Schaden für die betreffende Firma verursacht oder es sind lebenswichtige Objekte (z. B. im Krankenhaus) angeschlossen. In beiden Fällen darf die Anlage nicht abgeschaltet werden. Der Elektroniker muss dann entweder unter Spannung oder in der Nähe von Spannung führenden Objekten arbeiten.

Es ergeben sich daraus drei Arbeitsbedingungen mit den entsprechenden Folgerungen.

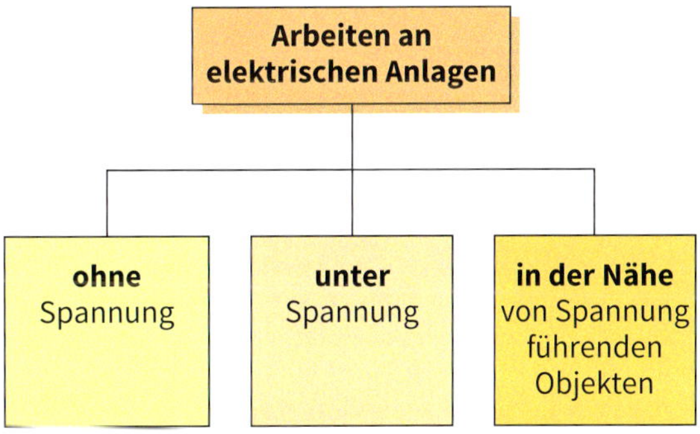

3: Arbeitsbedingungen

Arbeiten ohne Spannung

Wegen der hohen Spannung müssen beim Befolgen der Sicherheitsregeln folgende Hinweise beachtet werden.

- Nach dem Freischalten müssen die Trennstellen gegen Überschlag abgesichert werden, z. B. durch Isolierstücke.
- Wenn zum Schalten der Objekte **Hilfsenergie** [*auxiliary energy*] benötigt wird, muss diese während der Arbeitszeit abgeschaltet werden.
- Von der Arbeitsstelle aus muss die Erdungs- und Kurzschlusseinrichtung eingesehen werden können.

Arbeiten unter Spannung

Unter Spannung darf nur gearbeitet werden, wenn keine Brand- oder Explosionsgefahr besteht. Bei ungünstigen Witterungsverhältnissen (z. B. hohe Luftfeuchtigkeit) müssen Arbeiten im Freien sofort abgebrochen werden. In Notfällen muss die betreffende Leitung abgeschaltet werden.

An den Elektroniker und sein Werkzeug werden folgende Voraussetzungen geknüpft.

- Die Elektrofachkraft oder die elektrotechnisch unterwiesene Person müssen eine spezielle Ausbildung haben.
- Die Elektroniker müssen die vorgeschriebene **persönliche Schutzausrüstung** [*personal protective equipment*] tragen (Abb. 2).
- Das Werkzeug muss für die Bemessungsspannung geeignet und entsprechend gekennzeichnet sein.
- Der ordnungsgemäße Zustand der Werkzeuge und Schutzeinrichtungen muss regelmäßig überprüft werden.
- Nach Absprache der Verantwortlichen ergeht an den Ausführenden eine spezielle Anweisung.

Arbeiten in der Nähe von Spannung führenden Objekten

Hierunter sind Arbeiten zu verstehen, die innerhalb eines bestimmten Bereiches um den Spannung führenden Teil (z. B. blanke Leiterschienen) durchgeführt werden müssen. Dieses Gebiet ist die **Annäherungszone** [*vicinity zone*] (Abstand D_V). Sie hängt von der Bemessungsspannung ab.

Beispiele:

$U_N = 3\,kV$ $D_V = 1{,}12\,m$

$U_N = 110\,kV$ $D_V = 2{,}00\,m$

Gemäß der Sicherheitsregel 5 müssen alle unter Spannung stehenden Anlagenteile sicher abgedeckt sein. Ist das nicht gewährleistet, wird nach der Arbeitsmethode „**Abstand und Aufsicht**" verfahren. Hierbei wird in der Annäherungszone unter Aufsicht gearbeitet, damit die Elektrofachkräfte nicht in die **Gefahrenzone** [*danger zone*] geraten. In dieser Zone dürfen keine Arbeiten vorgenommen werden. Der Abstand D_L vom Spannung führenden Objekt ist ebenfalls abhängig von der Bemessungsspannung.

Beispiele:

$U_N = 3\,kV$ $D_L = 6\,cm$

$U_N = 110\,kV$ $D_L = 1\,m$

In Abb. 1 ist der Zusammenhang zwischen der Gefahrenzone und der Annäherungszone dargestellt.

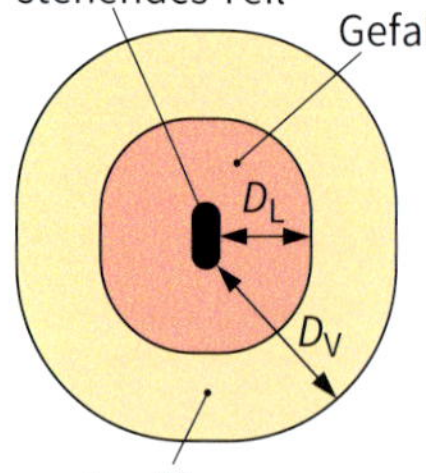

1: Abstände in Luft

2: Arbeiten mit persönlicher Schutzausrüstung

Auch für Arbeiten in der Nähe von unter Spannung stehenden Teilen gelten besondere Anforderungen.

- Jeder Arbeitende muss eine Zusatzqualifikation für diese Arbeiten haben.
- Der Arbeitsverantwortliche muss die Arbeitenden vor Ort einweisen und beaufsichtigen.
- Die Arbeitsstelle muss nach außen kenntlich gemacht werden, z. B. durch Abschrankungen und Schilder.

Aufgaben

1. Warum kann das Freischalten bei Mittelspannungsanlagen zu Problemen führen?
2. Wie werden Trennstellen nach dem Freischalten in Mittelspannungsanlagen gesichert?
3. Welche Voraussetzungen müssen erfüllt sein, um unter Spannung arbeiten zu dürfen?
4. Welche besondere Aufgabe hat der Arbeitsverantwortliche bei Arbeiten in der Nähe von unter Spannung stehenden Objekten?

- Arbeiten in Mittelspannungs-Schaltanlagen werden durchgeführt:
  - ohne Spannung,
  - unter Spannung oder
  - in der Nähe von Spannung führenden Teilen.
- Nach dem Freischalten von Anlagen mit hoher Spannung müssen die Trennstrecken besonders isoliert werden.
- Für Arbeiten unter Spannung muss der Arbeitende eine spezielle Ausbildung besitzen und eine entsprechende persönliche Schutzausrüstung tragen.
- Beim Arbeiten in der Nähe von unter Spannung stehenden Teilen ist eine Aufsicht erforderlich, um den Arbeitenden vor Erreichen der Gefahrenzone zu bewahren.

10.3 Regenerative Energiequellen

Sonnenenergie aus der Sahara

London (afp). „Wüsten können zu kohlendioxidfreien Kraftwerken des 21. Jahrhunderts werden", heißt es in einem Bericht, der anlässlich des internationalen Tags der Umwelt gestern veröffentlicht wurde.

Das UN-Umweltprogramm (UNEP) warnt vor der Zerstörung der Wüsten. „Die Wüsten sind einzigartige und dynamische Ökosysteme. Wenn sie sorgsam behandelt werden, können sie Antworten für viele Herausforderungen bieten, denen wir uns heute gegenüber sehen, sei es in den Bereichen Energie, Nahrungsmittelerzeugung oder in der Medizin" sagte der Vizedirektor des UNEP World Conservation Monitoring Centre in Cambridge. In dem UN-Bericht heißt es weiter unter Verweis auf die Energiequellen Sonne und Wind, dass die Sahara genug Solarenergie für den gesamten Weltenergiebedarf hervorbringen könnte.

10.3.1 Stellenwert der regenerativen Energien

Regenerative Energien sind in den letzten Jahren zu einem energiewirtschaftlichen Faktor geworden. Während sie früher eher eine Randerscheinung waren, haben sie sich mittlerweile zu einer langfristigen Alternative zu fossilen Brennstoffen entwickelt (Abb. 3).

Weltweit werden jährlich ca. 25 Milliarden Tonnen Kohlendioxid bei der Verbrennung fossiler Energieträger freigesetzt. Dies führt massiv zu einer veränderten Zusammensetzung der Erdatmosphäre und damit zu einer Erhöhung des Treibhauseffekts. Eine globale Erderwärmung ist die Folge. Wenn keine Gegenmaßnahmen ergriffen werden, ist damit zu rechnen, dass in 100 Jahren die mittlere Temperatur auf der Erde um mehrere Grad und der Meeresspiegel ansteigen werden. Die Folgen einer solchen Entwicklung wären erheblich.

Die Zukunft der Energieversorgung muss also die regenerativen Energien berücksichtigen.

Insbesondere die Windenergie, aber auch die weit verbreitete Nutzung von Photovoltaikanlagen führte in den vergangenen Jahren zu einem Anstieg der Energiegewinnung aus natürlichen Ressourcen.

Nach Angaben vom Bundesverband Solarwirtschaft (BSW) sind derzeit fast 2 000 MW installierte Leistung am Netz. Das entspricht der Erzeugungsmenge von zwei Kern- oder Braunkohlekraftwerken. Es gibt Prognosen, dass langfristig die Solarenergie in Deutschland ein Drittel des Wärme- und Strombedarfs decken kann. Im Mix mit anderen regenerativen Energien (Abb. 4) ist theoretisch eine Vollversorgung möglich.

Ein wichtiger Faktor ist dabei die Verbesserung des Wirkungsgrades, der das Verhältnis zwischen zugeführter und nutzbarer Energie beschreibt.

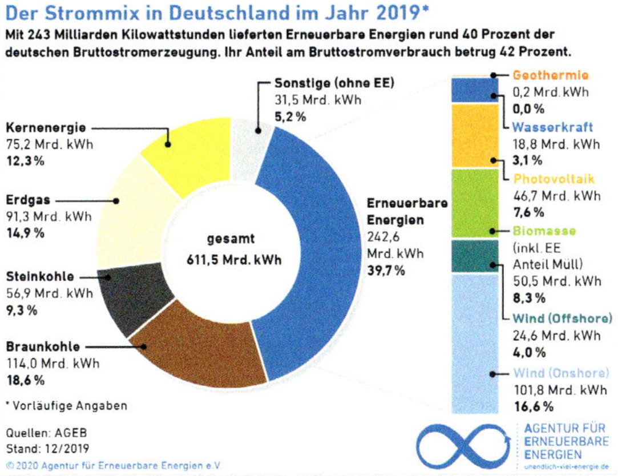

3: Energiegewinnung in Deutschland

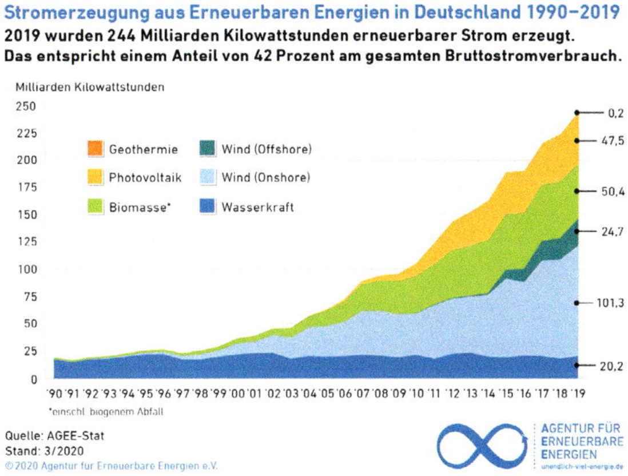

4: Regenerative Energien zur Stromerzeugung

Energietechnische Anlagen errichten

Photovoltaik

Unter Photovoltaik versteht man die direkte **Umwandlung** der Energie des **Sonnenlichtes** in **elektrische Energie** mit Hilfe von **Solarzellen**.

Die Solarzellen bestehen aus zwei übereinander liegenden **Siliziumschichten** mit unterschiedlichen elektrischen Eigenschaften. Bei Lichteinstrahlung entsteht Gleichspannung.

Von einer 100 mm x 100 mm großen Zelle beträgt die **Leistung** bei voller Sonneneinstrahlung max. 1 W.

Mehrere Zellen werden zu einem **Modul** und mehrere Module zu einem **Solargenerator** zusammengesetzt.

Die „geerntete" Energie kann entweder in **Akkus** gespeichert oder auch direkt mit einem **Wechselrichter** in Wechselspannung umgeformt und ins **Netz eingespeist** werden.

Nach ca. 5 bis 6 Jahren ist die zur Herstellung einer Photovoltaikanlage benötigte Energie wieder „geerntet".

Ein Problem ist die sehr große **Wetterabhängigkeit** bei der Energiegewinnung.

Wirkungsgrad:
ca. 25 %

Mögliche Leistung je Anlage:
ca. 300 W pro Modul

Windenergie

Über 40 % der regenerativen Energien wird durch Windenergie erzeugt, die ebenfalls **wetterabhängig** ist.

Ab einer Windgeschwindigkeit von ca. 2 m/s startet ein Computer die **Windrichtungsführung** und dreht die Anlage in den Wind. Bei zu hohen Windgeschwindigkeiten sorgt er auch für die **Abschaltung** der Anlage.

Das aerodynamische Profil der **Rotorblätter** erzeugt auf der einen Seite **Überdruck** und auf der anderen Seite **Unterdruck**. Dabei wird die Energie des Windes auf die Blätter übertragen. Der Rotor dreht sich.

Der **Rotor** ist über eine **Antriebswelle** mit einem mehrstufigen **Getriebe** verbunden. Das Getriebe passt die Drehzahl des Rotors an die Generatordrehzahl an.

Wenn der **Generator** schnell genug läuft, wird der erzeugte Strom in das Energieversorgungsnetz eingespeist.

Neue Anlagen erzeugen bereits nach drei bis sechs Monaten so viel Energie, wie zu ihrer Herstellung aufgewendet wurde.

Wirkungsgrad:
ca. 60 %

Mögliche Leistung je Anlage:
5 MW

Wasserstoff

Wasserstoff ist Bestandteil von über 90 % der kosmischen Materie. In den Ozeanen kommt er in nahezu **unbegrenzter Menge** vor.

Um den Wasserstoff zur Energiegewinnung nutzbar zu machen, ist es notwendig ihn freizusetzen, also **Wasser** zu **spalten**. Dies geschieht z. B. durch **Wasserelektrolyse**.

Der freigesetzte Wasserstoff dient in **Brennstoffzellen** als Brennstoff. In diesen Zellen wird **chemische Energie** in **elektrische** und **thermische Energie** umgewandelt.

Eine Zelle besteht aus **zwei getrennten Kammern** und zwei **Elektroden**, die durch eine spezielle **Membran** getrennt sind.

Die mit der Anode bestückte Kammer wird mit **Wasserstoff** und die katodenseitige mit **Sauerstoff** befüllt.

Die Wasserstoffmoleküle teilen sich an der Anode in ihre zwei Wasserstoffatome. **Jedes Atom gibt ein Elektron ab**, das über einen elektrischen Leiter zur Katode wandert. Es fließt ein elektrischer Strom.

Als „Verbrennungsrückstand" entsteht Wasser.

Wirkungsgrad:
ca. 80 %

Mögliche Leistung je Anlage:
bis 250 kW je Brennstoffzelle

Wasserkraft

Bei der Energiegewinnung durch Wasserkraft wird die Energie einer Wasserströmung über ein Turbinenrad in mechanische **Rotationsenergie** umgewandelt und zum Antrieb von Maschinen genutzt.

Am häufigsten werden **Laufwasserkraftwerke** eingesetzt. Hierbei werden Flüsse gestaut und der entstehende Höhenunterschied zur Spannungserzeugung verwendet.

Speicherkraftwerke nutzen aufgestautes Wasser aus höher gelegenen Seen. Sie erzeugen große elektrische Leistungen und sind gut regelbar. **Pumpspeicherkraftwerke** können zu Schwachlastzeiten „überschüssige" Energie nutzen, um Wasser wieder nach oben zu pumpen und so **Energie** zu **speichern**.

Laufwasserkraftwerke decken die **Grundlast** des täglichen Energiebedarfs ab.

Speicher- und Pumpspeicherkraftwerke werden für die Abdeckung von **Spitzenlasten** eingesetzt.

Norwegen gewinnt über **90 %** seiner elektrischen Energie aus Wasserkraft.

Wirkungsgrad:
über 90 %

Mögliche Leistung je Anlage:
700 MW

Bioenergie

Biomasse stellt **gespeicherte Sonnenenergie** dar. Sie ist damit nicht direkt an die unmittelbare Sonnenstrahlung gekoppelt und **unterliegt** somit **nicht** den teilweise heftigen **Schwankungen des Energieangebots**, wie es bei einigen anderen erneuerbaren Energien der Fall ist.

Es sind keine zusätzlichen Speichersysteme notwendig. Für **jede Pflanzenart** wird ein **geeignetes Speichersystem** von der **Natur** „mitgeliefert".

Man unterscheidet zwischen **primärer Biomasse**, zu der schnell wachsende Pflanzen gehören, und **sekundärer Biomasse**, wie Stallmist, Gülle oder Klärschlamm.

Bei der **Gewinnung** von Bioenergie wird Biomasse entweder verbrannt, vergast oder vergärt.

Die dabei **entstehende Wärme** erhitzt Wasser, die eine **Dampfturbine** zur **Stromerzeugung** antreibt.

Die **Kohlenstoffdioxid-Bilanz** ist **neutral**. Die schnell nachwachsenden Bioenergieträger geben nur die CO_2-Menge an die Atmosphäre ab, die bei ihrer Entstehung gebunden wurde.

Wirkungsgrad:
ca. 85 %

Mögliche Leistung je Anlage:
5 MW

Geothermie

Nach der Sonne ist die Erdwärme die größte Energiequelle des erneuerbaren Energieangebotes. **Erdwärmevorkommen** lassen sich in vier verschiedene **Kategorien** einteilen:

Thermalwasserfelder
Sie liefern warmes Wasser mit einer Temperatur unter **100 °C**.

Nassdampffelder
Sie bestehen aus einem Gemisch von Wasser und Dampf. Die Lagerstätten stehen unter Druck, wodurch das Wasser-Dampf-Gemisch meist von selbst an die Oberfläche gelangt. Die Temperatur variiert und kann **weit über 100 °C** betragen.

Heißdampffelder
Sie liefern Dampf, der eine Temperatur **zwischen 120 °C und 250 °C** hat.

Geokomprimierte Heißwasserfelder
Sie sind unter sehr hohem Druck stehende unterirdische Wasservorkommen. Das Wasser oder der entstehende Dampf haben eine Temperatur **zwischen 150 °C und 200 °C** und eignen sich besonders gut zur **Energiegewinnung**.

Wirkungsgrad:
ca. 40 %

Mögliche Leistung je Anlage:
5 MW

10.3.2 Photovoltaik

In Deutschland trifft in nur acht Minuten so viel Energie durch Sonneneinstrahlung auf die Erdoberfläche, wie insgesamt in einem Jahr verbraucht wird. Eine Möglichkeit, diese Energie nutzbar zu machen, ist die Photovoltaik. Mit Hilfe von **Solarzellen** [*solar cells*] wird die Lichtenergie direkt in elektrische Energie umgewandelt (Abb. 1).

Trotz des gegenüber anderen regenerativen Energiequellen vergleichsweise geringen Wirkungsgrades einer Photovoltaikanlage sorgen zweistellige Zuwachsraten für neue Umsatzchancen im Handwerk. Die Anlagen sind einfach und schnell zu installieren und außerdem sehr wartungsarm.

10.3.2.1 Planen einer Photovoltaikanlage

Familie Diehl möchte eine Photovoltaikanlage auf dem Dach ihres Einfamilienhauses installieren lassen. Für ein erstes Beratungsgespräch besucht sie ein Mitarbeiter der Firma Elektro-Rauch, um die örtlichen Gegebenheiten in die Planung mit einbeziehen zu können.

Folgende Checkliste soll den Diehls Hilfestellung bei ihrem weiteren Vorgehen bis zum fertigen Solarkraftwerk geben.

1. Planung

- Fachliche Beratung einholen
- Bauliche Voraussetzungen prüfen
- Ausstattungskriterien festlegen
- Größe und Kosten ermitteln

2. Baugenehmigung

- Baugenehmigung einholen
- Einspeisebedingungen ins Netz abklären

3. Kosten und Finanzierung

- Finanzierungs- und Fördermöglichkeiten nutzen
- Förderanträge rechtzeitig stellen und Bewilligungsbescheid abwarten

4. Auftrag erteilen

- Werkvertrag abschließen
- Anmeldung beim VNB

5. Installation durch Fachbetrieb

- Montage der Solarmodule, der Gleichstromverkabelung und Blitzschutz
- Zählerplatzumbau
- Elektroinstallation und Netzanschluss
- Fertigstellungsmeldung beim VNB

6. Inbetriebnahme und Einweisung

- Einweisung durch den Fachbetrieb

7. Betrieb

- Energieernte
- Wartung

1: Photovoltaikanlage

Wo ist der geeignete Standort?

Grundsätzlich können Solarmodule fast überall aufgestellt werden, wie z. B. im Garten, an Häuserfassaden, an Balkonbrüstungen, Masten und natürlich auf Hausdächern. Wichtig ist, dass eine „Verschattung" der Anlage vermieden wird. Selbst kleine Schatten, z. B. durch Schornsteine oder benachbarte Bäume, wirken sich nachteilig auf den Ertrag der Anlage aus. Wird nur etwa 1,5 % der Fläche eines Moduls abgeschattet, verringert sich die Leistung schon um die Hälfte. Eine Schattenbildung durch Bäume oder Bauvorhaben auf einem benachbarten Grundstück ist nicht zu erwarten.

Der Mitarbeiter von der Firma Elektro-Rauch erkennt sofort, dass das Hausdach der Familie Diehl bestens für die Montage von Solarmodulen geeignet ist. Die Südausrichtung des Daches und dessen Neigung von ca. 35° sind optimal.

Welche Anlagengröße wird benötigt?

Da die Familie Diehl beabsichtigt, eine **netzgekoppelte Anlage** [*grid-connected system*] und kein Inselsystem zu installieren, muss die Anlage nicht die alleinige Versorgungssicherheit gewährleisten. Die Größe der Photovoltaikanlage kann nach folgenden Kriterien ausgewählt werden.

- Zur Verfügung stehende **Fläche**
- Gewünschter **Energieertrag**
- Verfügbares **Finanzierungsbudget**

Pro Kilowatt Spitzenleistung benötigt man etwa 10 m^2 Fläche. Je nach Ausstattung, Technik, Anlagengröße und Qualität muss dafür zur Zeit mit Kosten von ca. 5000 EUR gerechnet werden.

- Bereits kleine Schatten auf einem Solarmodul bewirken einen hohen Leistungsverlust.

Energietechnische Anlagen errichten

10.3.2.2 Typen von Solarzellen

Für die Familie Diehl gilt es nun, aus der Vielfalt der verschiedenen Solarmodule die für sie beste Variante auszuwählen. Sie benötigen dazu den fachmännischen Rat der Fa. Rauch. Der betreffende Mitarbeiter erläutert wie folgt die einzelnen Typen.

Die Module haben unterschiedliche Größen, die Spitzenleistungen von 50 W bis 250 W erreichen. Module ab ca. 100 W werden vor allem in netzgekoppelten Anlagen verwendet.

Etwa zwei Drittel der Anlagenkosten entfallen auf die Solarmodule. Daher ist es wichtig, die unterschiedlichen Typen näher kennen zu lernen.

Da die Leistung einer einzigen Solarzelle nur gering ist, besteht ein Solarmodul aus vielen Solarzellen. In Abb. 2 werden Vor- und Nachteile der verschiedenen Solarzellen herausgestellt.

Wie werden Solarzellen hergestellt?

Als Grundstoff für die Herstellung klassischer Solarzellen wird z. B. das Halbleitermaterial Silizium verwendet. Es ist eines der häufigsten Elemente der Erdkruste und deshalb in sehr großen Mengen verfügbar. Das in einem aufwändigen Prozess gereinigte Silizium wird eingeschmolzen und erstarrt je nach Verfahren als Einkristall (monokristallin) oder mit Bereichen verschiedener Kristallorientierung (polykristallin). Es wird anschließend in quadratische Scheiben mit einer Dicke von ca. 0,2 mm geschnitten (**Wafer**).

Mit einer neuen Technologie werden Dünnschichtsolarzellen hergestellt. Hierbei werden Siliziumschichten aufgedampft, die je nach Material und Verfahren eine Dicke von nur wenigen µm haben (Abb. 3). Nach dem Aufdampfen werden sie mittels eines Lasers strukturiert und kontaktiert.

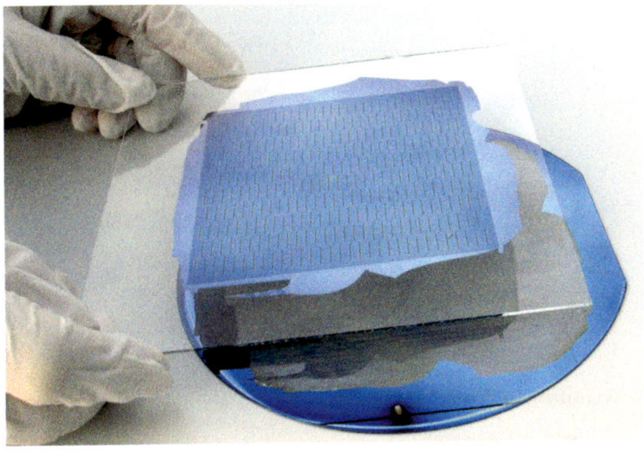

3: Herstellung einer Dünnschichtsolarzelle

Monokristalline Solarzelle	Multikristalline Solarzelle	Dünnschichtsolarzelle
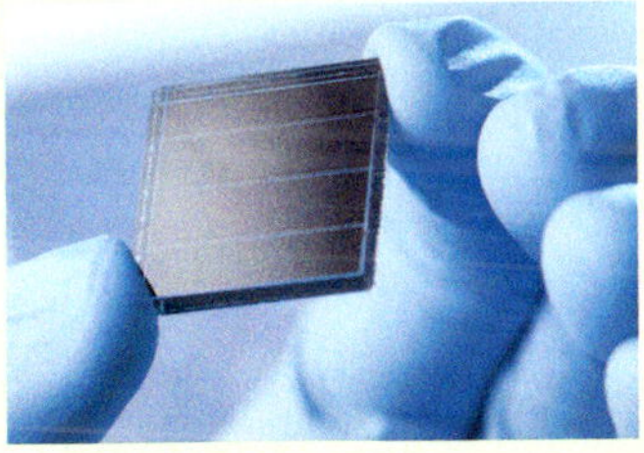	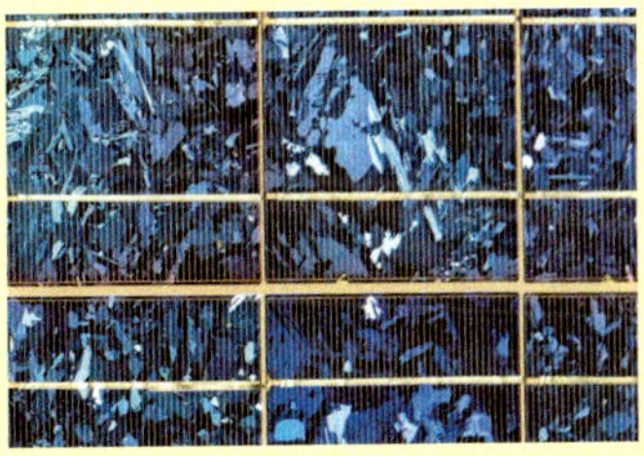	
Vorteile		
• Solarzellentyp mit dem höchsten Wirkungsgrad • Unter Laborbedingungen werden Wirkungsgrade von 25 % erreicht. • In der Serienproduktion werden Solarzellen mit einem Wirkungsgrad von 20 % hergestellt.	• Sie haben zur Zeit das beste Preis-Leistungsverhältnis. • In der Serienproduktion werden Solarzellen mit einem Wirkungsgrad von 15 % hergestellt. • Kostengünstigere Herstellung als bei monokristallinen Solarzellen	• Die Dicke der Siliziumschicht beträgt das 0,01…0,02fache von einer mono- oder polykristallinen Solarzelle. • Quadratmetergroße Flächen in Modulgröße können mit Siliziumschichten bedampft werden. Der Fertigungsaufwand wird wesentlich minimiert.
Nachteile		
• Sehr aufwändiges Herstellungsverfahren • Große Materialverluste beim Herstellen der Wafer • Hoher Siliziumbedarf	• Große Materialverluste beim Herstellen der Wafer • Hoher Siliziumbedarf	• Es wird zur Zeit lediglich ein Wirkungsgrad von 10 % erreicht.
Benötigte Fläche für eine Leistung von 1 kW		
• ca. 7 bis 9 m^2	• ca. 8 bis 10 m^2	• ca. 11 bis 13 m^2

2: Solarzellentypen

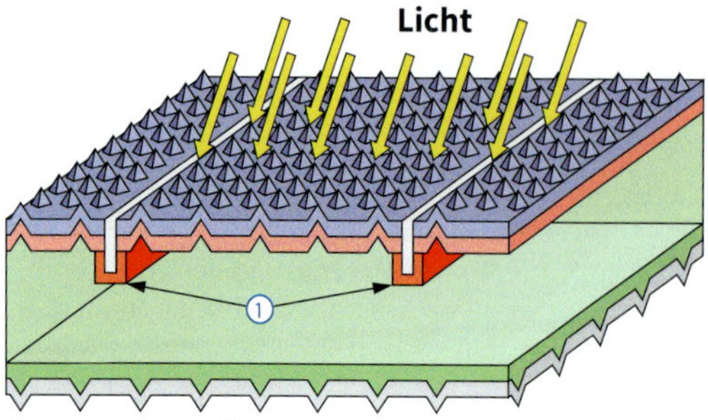

1: Lasergrabenzelle

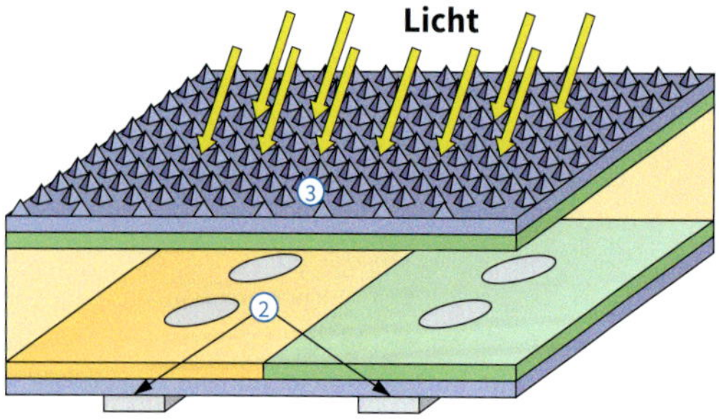

2: Rückseitenzelle

Wie werden Verluste der Solarzelle minimiert?

Theoretisch könnten Solarzellen aus Silizium-Wafern Wirkungsgrade über 30 % erreichen. Verhindert wird dies jedoch durch

- optische Verluste und
- Verluste bei der elektrischen Übertragung.

Um den theoretisch möglichen Wirkungsgrad zu erreichen, muss die Abschattung durch die an der Oberfläche verlaufenden Leitungsbahnen (**Frontkontakte**) verhindert werden. Lasergefertigte **Vertiefungen** (Abb. 1 ①) lassen die Frontkontakte darin fast verschwinden. Bei anderen Zellentypen befinden sich aufgrund spezieller Verfahren alle Kontakte auf der Rückseite (Abb. 2 ②).

Verluste entstehen auch durch den **Leitungs- und Kontaktwiderstand**. Der elektrische Widerstand wird umso größer, je kleiner die Frontkontakte sind. Die Verringerung der **Oberflächenabschattung** *[surface shading]* einer Solarzelle durch die Verkleinerung der Frontkontakte bewirkt nicht automatisch eine Verbesserung des Wirkungsgrades.

Die Oberfläche der Solarzelle kann durch eine Oberflächenstruktur optimiert werden.

- Kleine, pyramidenförmige Erhebungen auf der Waferoberfläche (Abb. 2 ③) vergrößern die Fläche für das schräg auftreffende Licht.
- Die Reflexion des Sonnenlichtes wird minimiert, indem eine spezielle **Antireflexschicht (ARC)** die Oberfläche der Frontseite schützt.

Viele Konzepte zur Verringerung der Verluste lassen sich fertigungstechnisch noch nicht auf die kostengünstigen multikristallinen Silizium-Wafer übertragen.

10.3.2.3 Kenndaten von Solarzellen

Strom-Spannungs-Kennlinie

Die Leistungsfähigkeit und die elektrischen Eigenschaften der Solarzelle lassen sich an der Strom-Spannungs-Kennlinie ablesen (Abb. 3). Der Punkt **MPP** (**M**aximum **P**ower **P**oint) gibt an, wo die elektrische Leistung P der Solarzelle am größten ist. Sie ergibt sich aus dem Produkt von Solarzellenspannung U_{MPP} und Solarzellenstromstärke I_{MPP}. ($U_{MPP} \cdot I_{MPP} = P_{MPP}$)

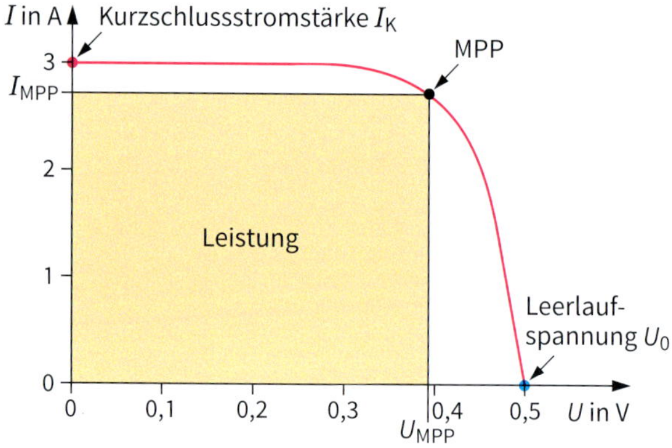

3: Strom-Spannungs-Kennlinie einer Solarzelle

Wirkungsgrad η

Der Wirkungsgrad einer Solarzelle (Abb. 4 ④) ist das Verhältnis der nutzbaren elektrischen Leistung P_{MPP} zum Produkt der Solarzellenfläche A und der pro m² einfallenden Sonnenenergie E.

$$\eta = \frac{P_{MPP}}{A \cdot E} \qquad P_{MPP} = U_{MPP} \cdot I_{MPP}$$

Füllfaktor f

Um eine Solarzelle beurteilen zu können, wird der Füllfaktor f (Abb. 4 ⑤) verwendet. Er setzt die nutzbare elektrische Leistung P_{MPP} ins Verhältnis zu einer fiktiven Leistung aus Leerlaufspannung U_0 mal Kurzschlussstromstärke I_K. Typische Werte des Füllfaktors liegen zwischen 70 % und 85 %.

$$f = \frac{P_{MPP}}{U_0 \cdot I_K}$$

Technische Daten

Bemessungsleistung in W	150
Wirkungsgrad in % ④	11,7
MPP-Spannung in V	23,1
MPP-Stromstärke in A	6,5
Leerlaufspannung in V	30,4
Kurzschlussstromstärke in A	7
Abmessungen (L x B) in mm	1600 x 800
Füllfaktor f ⑤	0,70

4: Datenblatt eines Solarmoduls

Energietechnische Anlagen errichten

10.3.2.4 Modulschaltungen

Grundsätzlich werden Solarmodule in einer PV-Anlage in Reihe, parallel oder in einer Kombination aus beiden verschaltet. Wie sich die Modulverschaltung auf den Anlagenertrag auswirken kann, bekommt Familie Diehl durch einen Mitarbeiter der Firma Elektro-Rauch erläutert.

Die drei Anlagenkonzepte nach Abb. 5 stehen in der Regel zur Auswahl. Es sind Solarmodule mit

- zentralem Wechselrichter,
- Stringwechselrichtern oder
- Modulwechselrichtern.

Diese Konzepte unterscheiden sich vor allem durch die unterschiedliche Anordnung der Module und Anzahl der Wechselrichter (vgl. Kap. 10.3.2.5).

Reihen- oder Parallelschaltung der Module?

Wie die Module verschaltet werden, hängt stark von den Umgebungsbedingungen ab. Handelt es sich um eine **unbeschattete PV-Anlage**, versucht man möglichst viele **Module in Reihe** zu schalten und mit nur einem zentralen Wechselrichter zu versehen.

Bei der Reihenschaltung addieren sich die einzelnen Modulspannungen. Die geringeren Stromstärken ermöglichen kleinere Leitungsquerschnitte bzw. verringern die Leitungsverluste.

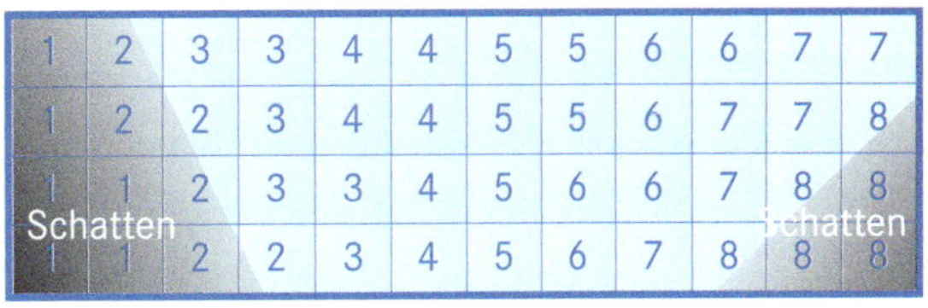

6: Anlagenkonzept bei Schattenwurf

Deshalb können kostengünstigere Bauteile für den Einsatz in der Leistungselektronik des Wechselrichters eingesetzt werden. Die Anzahl der Module wird durch den **Eingangsspannungsbereich** [***input voltage range***] des Wechselrichters begrenzt.

Sobald ein Solarmodul z. B. durch benachbarte Gebäude verschattet wird, fließt weniger Strom. Wie in Abb. 6 dargestellt, versucht man in einem solchen Fall die Module in dem schattigen Bereich (Modulstränge 1, 2 und 8) an einen separaten Wechselrichter anzuschließen oder sie parallel zu schalten.

- Bei der Reihenschaltung von Solarmodulen bestimmt die am wenigsten bestrahlte Solarzelle die Gesamtleistung der Anlage.
- Bei PV-Anlagen mit Modulwechselrichtern hat jedes Solarmodul einen eigenen integrierten Wechselrichter.

Zentralwechselrichter	Mehrere Stringwechselrichter	Integrierter Modulwechselrichter
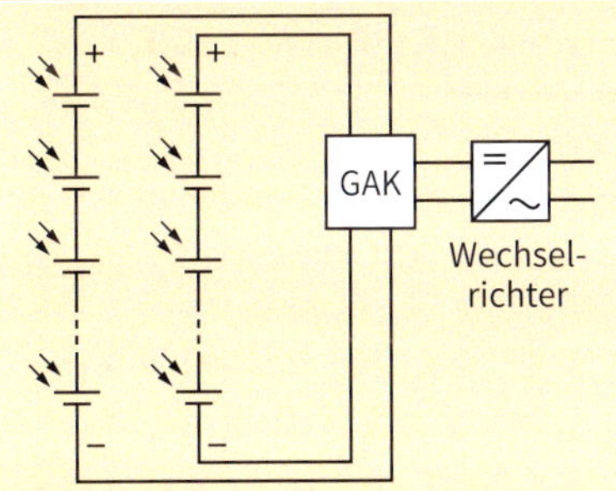	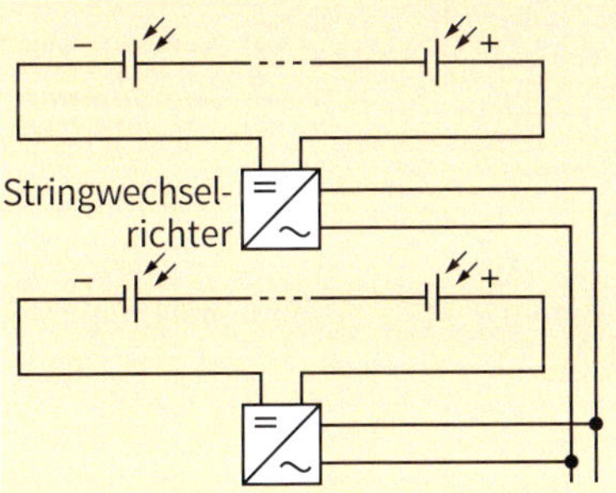	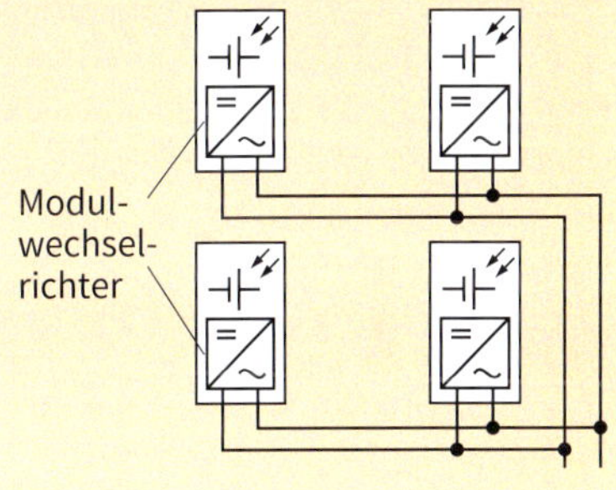
• Die gesamte PV-Anlage wird von einem zentralen Wechselrichter betrieben. • Die Anlage besteht in der Regel aus mehreren Strängen (Strings) mit vielen in Reihe geschalteten Modulen. • In einem Generatoranschlusskasten (GAK) werden die Stränge zusammengefasst. • Der Wechselrichter kann die Besonderheiten (z. B. Verschattung) der einzelnen Stränge nicht berücksichtigen. • Sehr hohe Erträge bei optimalen Umgebungsbedingungen	• Die Solarmodule werden in Reihe zu mehreren Strängen geschaltet. Jeder Strang erhält einen eigenen Stringwechselrichter. • Es entstehen mehrere unabhängig voneinander arbeitende Anlagen, die parallel in das Versorgungsnetz einspeisen. • Der höhere Verschaltungsaufwand AC-seitig gleicht sich durch die einfachere DC-seitige Installation wieder aus. • Kein Generatoranschlusskasten • Hohe Erträge durch das Ausnutzen der optimalen Leistung von jedem Strang	• Jedes Solarmodul hat einen optimal abgestimmten integrierten Modulwechselrichter. • Alle Module haben einen Wechselspannungsausgang. • Ein Vorteil ist die Vorfertigung der PV-Anlage und der Einsatz bei starken Teilverschattungen. • Da sich der Wechselrichter nur zusammen mit dem Modul austauschen lässt, steigen die Reparaturkosten. • In der Regel ist der Ertrag geringer als bei anderen Anlagentypen, da sich die Verluste der Wechselrichter summieren.

5: PV-Anlagenkonzepte

10.3.2.5 Komponenten einer PV-Anlage

Bei der Anlieferung der PV-Anlage findet Herr Diehl folgende Komponenten vor, über deren Funktion und Eigenschaften er mehr wissen möchte:

- Leitungen
- Generatoranschlusskasten
- Wechselrichter

Leitungen

Die Verschaltung der Solarmodule muss besondere Anforderungen erfüllen. Häufig sind die Leitungen mit dem Aufdruck „Solarkabel" versehen und bereits kundenspezifisch vorkonfektioniert (Abb. 1). Die Verschaltung ist durch verpolungs- und berührungssichere Steckverbinder einfach.

Die Leitungen müssen folgende Eigenschaften erfüllen:

- Kurz- und erdschlusssicher
- UV- und witterungsbeständig mit erhöhtem Temperaturbereich von −40 °C bis 120 °C
- Spannungsfestigkeit bis 2 kV
- Flammwidrig und halogenfrei

Wichtig ist auch, dass der Leiterquerschnitt groß genug dimensioniert wird. Er wird so ausgelegt, dass die Leitungsverluste kleiner als 1 % der installierten Leistung sind. Für die PV-Anlage wird der folgende **Leiterquerschnitt** ermittelt.

Die 2,1 kW-Anlage besteht aus 14 Modulen mit je 150 W Leistung. Die Module werden in 2 Stränge mit je 7 Modulen verschaltet und haben folgende Daten:

- Kurzschlussstromstärke eines Moduls: $I_K = 4{,}5\ \text{A}$
- Entfernung vom GAK zum Wechselrichter: 20 m
- I_K beider Stränge: $2 \cdot 4{,}5\ \text{A}$, $I_K = 9\ \text{A}$
- Max. Verlustleistung: 1 % von 2,1 kW, $P_V = 21\ \text{W}$

$$R_L = \frac{P_V}{I_K^2} \qquad R_L = \frac{21\ \text{W}}{(9\ \text{A})^2} \qquad R_L = 0{,}259\ \Omega$$

$$q = \frac{2 \cdot l}{\kappa \cdot R_L} \qquad q = \frac{2 \cdot 20\ \text{m}}{56\ \frac{\text{m}}{\Omega \cdot \text{mm}^2} \cdot 0{,}259\ \Omega}$$

$$q = 2{,}76\ \text{mm}^2$$

Es wird ein Leiterquerschnitt von 4 mm² gewählt.

1: Vorkonfektionierte Solarleitungen

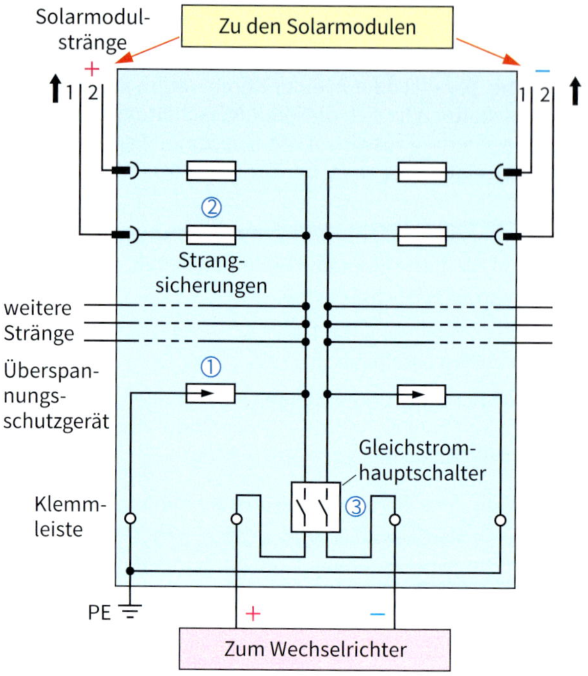

2: Generatoranschlusskasten (GAK)

Generatoranschlusskasten

Der Generatoranschlusskasten (Abb. 2) wird dann benötigt, wenn mehrere Solarmodulstränge vor dem Wechselrichter parallel zusammengeführt werden. Er ist nicht nur für die Zusammenführung der Stränge zuständig, sondern erfüllt noch folgende Funktionen:

- **Überspannungsschutz** ① für die Solarmodule und den Wechselrichter
- **Prüfmöglichkeit** für die einzelnen Solarmodulstränge
- **Strangsicherungen** ② im GAK schützen die Solarleitungen und Module vor Überlastung.
- Der GAK beinhaltet auch den **Gleichstromhauptschalter** ③ für die Spannungsfreischaltung des Wechselrichters.

Es ist möglich, kleinere Anlagen auch ohne GAK zu installieren. Dabei sollten auf jeden Fall Überspannungsschutzgeräte (vgl. Kap. 9.6.3) und Strangsicherungen zum Schutz der Strangleitungen berücksichtigt werden.

Für die Installation und anfallende Wartungsarbeiten muss man den Wechselrichter spannungsfrei schalten können. Um die DC-Bemessungsstromstärke aller Solarmodule unter Last schalten zu können, wird ein Gleichstromhauptschalter verwendet.

- Um den Wechselrichter für anfallende Wartungsarbeiten spannungsfrei schalten zu können, sind Gleichstromhauptschalter vorgeschrieben.
- Überspannungsschutzgeräte verhindern an Modulen und Wechselrichtern Schäden durch Blitzeinschlag.

3: Wechselrichter einer PV-Anlage

Wechselrichter

Die von den Solarmodulen gelieferte Gleichspannung wird vom Wechselrichter (Abb. 3) in einphasige Wechselspannung mit 230 V oder Dreiphasenwechselspannung mit 400 V umgewandelt.

Hinsichtlich der Energieeffizienz und Zuverlässigkeit einer PV-Anlage übernimmt der Wechselrichter eine Schlüsselrolle bei vier Funktionen (Abb. 4).

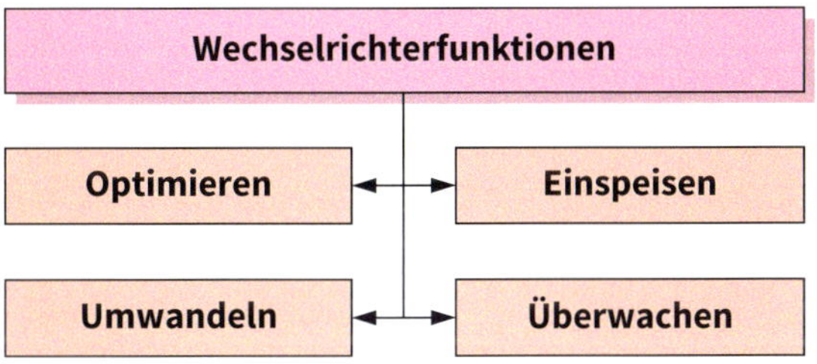

4: Wechselrichterfunktionen

Optimieren

Je nach Sonneneinstrahlung verändert sich der MPP (Strom-Spannungs-Kennlinie) eines Solarmoduls. Der Wechselrichter hat die Aufgabe, diesen Punkt ständig zu ermitteln und den **Arbeitspunkt** [*operating point*] nachzuführen. Die Suche und Nachführung wird als **MPP-Tracking** bezeichnet. Dabei wird die Eingangsspannung an die optimale Spannung (MPP-Spannung) der angeschlossenen Solarmodule angepasst.

Umwandeln

Das Umwandeln der Gleichspannung in eine Wechselspannung für den Netzanschluss ist die Hauptaufgabe des Wechselrichters (vgl. Lernfeld 8, Kap. 8.7.2.4).

Einspeisen

Um die erzeugte Spannung auf Netzspannungsniveau zu bringen, gibt es folgende Möglichkeiten:

- **PV-Anlagen mit galvanischer Trennung**
  Die erzeugte Wechselspannung wird durch einen Transformator an die Netzspannung angepasst. Damit wird eine **galvanische Trennung** [*galvanically isolation*] erreicht.
  Dünnschichtsolarmodule sind besonders anfällig für störende Einflüsse eines elektrischen Feldes. Die dadurch bedingte **Ertragsminderung** [*yield reduction*] lässt sich durch Erdung der negativen oder positiven Modulausgänge minimieren. Sie sind jedoch doch nur bei galvanisch trennenden Wechselrichtern.
- **PV-Anlagen ohne galvanische Trennung**
  Die Wechselspannung bei transformatorlosen Wechselrichtern entspricht der Netzspannung. Der Wirkungsgrad ist höher, da keine Transformatorverluste entstehen. Hochfrequente Störspitzen werden mit einem Filter gesperrt. Sie gelangen nicht in das Netz. Der Personenschutz ist durch eine redundante Fehlerstromüberwachung (Abb. 5 ①) gewährleistet.

Überwachen

Wechselrichter müssen jederzeit vom Netz trennbar sein, z. B. bei Störungen im VNB-Netz. Als Sicherheitsschnittstelle zwischen der PV-Anlage und dem Niederspannungsnetz wird die **E**inrichtung zur **N**etzüberwachung mit zugeordneten allpoligen **S**chaltorganen **ENS** (Abb. 5 ②) verwendet. Durch die ständige Überwachung von Frequenz, Spannung und Netzimpedanz werden Fehler umgehend erkannt und die PV-Anlage wird vom Netz genommen.

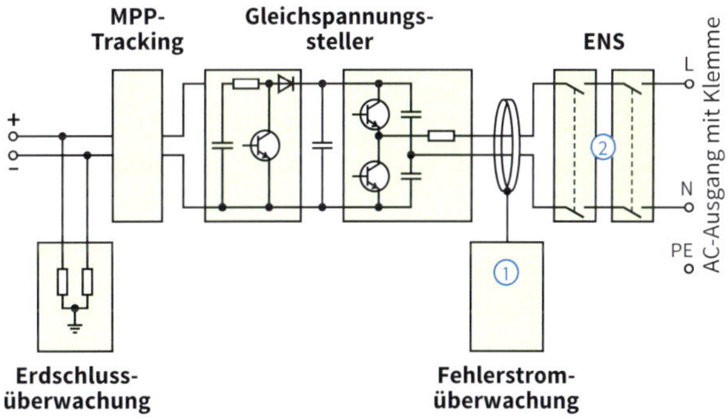

5: Transformatorloser Wechselrichter

Aufgaben

1. Welche Vor- und Nachteile hat die Verwendung eines Zentralwechselrichters?
2. Nennen Sie drei wichtige Kenndaten zur Bestimmung der Leistungsfähigkeit einer Solarzelle.
3. Welche Eigenschaften müssen die Leitungen zur Verschaltung der Solarmodule erfüllen?
4. Welche Aufgabe hat die ENS?

- Der Wechselrichter ist wesentlich für die Energieeffizienz einer PV-Anlage verantwortlich.
- Der Wirkungsgrad eines Wechselrichters ohne galvanische Trennung ist größer als der eines Wechselrichters mit Transformator.

10.3.3 Wasserstoff-Brennstoffzellen

Wasserstoff ist ein wichtiger Energieträger. Er lässt sich durch folgende Verfahren herstellen:

- **Elektrolyse**
  Wasser wird mit Hilfe des elektrischen Stromes (z. B. aus Sonnen- und Windenergie) zersetzt.
- **Thermische Zersetzung**
  In einem chemotechnischen Gerät (Reformer) wird Wasserstoff aus wasserstoffreichen Energieträgern (z.B. Erdgas, Biomasse) freigesetzt.

In **Brennstoffzellen** wird mit Wasserstoff (H) und Sauerstoff (O) chemische Energie z. B. in elektrische Energie umgewandelt. Um unkontrollierte Reaktionen der beiden Gase zu verhindern, werden sie durch einen Elektrolyten voneinander getrennt. Mit Brennstoffzellen ist neben elektrischer Energie auch die Erzeugung von Wärmeenergie möglich, z. B. in Blockheizkraftwerken (BHKW).

Arten von Brennstoffzellen

Brennstoffzellen werden mit verschiedenen **Arbeitstemperaturen** [*working temperatures*] betrieben, die vom Material der Elektrolytmembran abhängen. Es gibt

- **Niedertemperaturzellen** (≤ 200 °C) und
- **Hochtemperaturzellen** (650 °C bis 1000 °C).

Brennstoffzellen unterscheiden sich also aufgrund der verwendeten Elektrolytmembranen. Zum Betrieb von **Niedertemperaturzellen** [*low temperature fuel cells*] wird als Brennstoff u. a. Wasserstoff verwendet. Bei den Hochtemperaturzellen mit Elektrolyten aus festen Materialien (z. B. Schmelzkarbonat) werden neben Wasserstoff auch kohlenstoffhaltige Brenngase (z.B. Erdgas) eingesetzt.

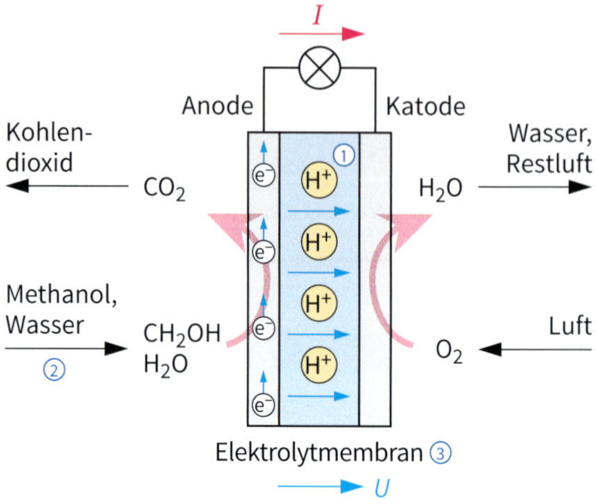

2: Prinzip einer DMFC-Brennstoffzelle

In Abb. 2 ist die Funktion einer Brennstoffzelle mit Methanol (Kohlenwasserstoff-Verbindung) dargestellt.

Die Energieumwandlung geschieht folgendermaßen:

1. Beim Zusammentreffen vom Sauerstoff der Luft mit flüssigem Methanol wandern die positiv geladenen Wasserstoff-Ionen zur Katode ①.
2. Es ist eine Ladungstrennung entstanden mit einer elektrischen Spannung von ca. 1 V/Zelle.

Das **flüssige Methanol**, z. B. aus der Tankpatrone eines Laptops, ist hier der Energiespeicher ②. Der Elektrolyt ③ liegt als Trennschicht zwischen Anode und Katode. Er bewirkt eine kontrollierte elektrochemische Reaktion von Sauerstoff und Wasserstoff, bei der Wasser und Kohlendioxid (CO_2) entstehen.

Niedertemperaturzellen			
Bezeichnung	**Energieerzeugung**	**Anwendungen**	**Leistung *P***
AFC (**A**lkaline **F**uel **C**ell)	Elektrische Energie aus Wasserstoff u. Sauerstoff	Raumfahrt und U-Boote	1 kW bis 100 kW
PAFC (**P**hosphoric **A**cid **F**uel **C**ell)	Elektrische Energie und Wärme aus Wasserstoff, Erdgas und Methanol	BHKWs für Wohnblocks und Fabrikanlagen	50 kW bis 500 kW
PEMFC (**P**olymer **E**lectrolyt **M**embrane **F**uel **C**ell)	Elektrische Energie und Wärme aus Wasserstoff, Erdgas und Benzin	Autos und kleine BHKWs; Batterien in Laptops und Beleuchtungsanlagen	wenige W bis 100 kW
DMFC (**D**irect **M**ethanol **F**uel **C**ell)	Elektrische Energie aus flüssigem Methanol	Mobile Kleingeräte; Laptops	wenige Watt bzw. kW
Hochtemperaturzellen			
MCFC (**M**olton **C**arbonate **F**uel **C**ell)	Elektrische Energie, Wärme und Dampf aus Erdgas	BHKWs	300 kW bis mehrere MW
SOFC (**S**olid **O**xide **F**uel **C**ell)	Wärme und Dampf aus Erdgas	Kleinere Kraftwerke in Einfamilienhäusern	1 kW bis mehrere kW

1: Brennstoffzellentypen

10.3.4 Kraft-Wärme-Kopplung

Die zunehmende Klimaerwärmung und die Kostenexplosion auf dem Energiemarkt haben dazu geführt, dass nach umweltfreundlichen Technologien geforscht wird. Eine davon ist die **Kraft-Wärme-Kopplung** [*combined head and power*]. In herkömmlichen Wärmekraftwerken entstehen beim Verbrennungsprozess große Wärmeverluste, sodass nur Wirkungsgrade von ca. 35 % erreicht werden. Der Rest der eingesetzten Brennstoffenergie geht überwiegend als Abwärme verloren. Die Kraft-Wärme-Kopplung liefert eine große Ausnutzung von Brennstoffenergien, da beim Umwandlungsprozess die entstehende Wärmeenergie genutzt wird.

Mit der gleichzeitigen Erzeugung von elektrischer Energie und Wärmeenergie werden folgende Vorteile erzielt:

- Verbesserung des Wirkungsgrades auf über 95 % beim Vergleich von Nutzenergie zum Energiegehalt des Brennstoffes,
- Einsparen nicht erneuerbarer Energiequellen,
- Verringerung der CO_2-Emission.

Die Kraft-Wärme-Kopplung erfolgt z. B. in **Blockheizkraftwerken** (BHKWs). Diese werden dezentral zur Stromerzeugung eingesetzt und bedienen gleichzeitig Heizungssysteme von z. B. Verwaltungsgebäuden und Schulen. Als **Energieträger** können in diesen Kraftwerken Kohle, Öl, Gas, Biomasse und Müll eingesetzt werden.

Bei der Kraft-Wärme-Kopplung (Abb. 3) ergeben sich folgende **Zielenergien**, die bei der Energieumwandlung entstehen und für bestimmte Zwecke genutzt werden können.

- **Mechanische Energie** ⇒ elektrische Energie ① und Kühlung ② sowie
- **Wärmeenergie** ⇒ Dampf für Industrieanlagen ③ und Warmwasser für Fernheizungen ④

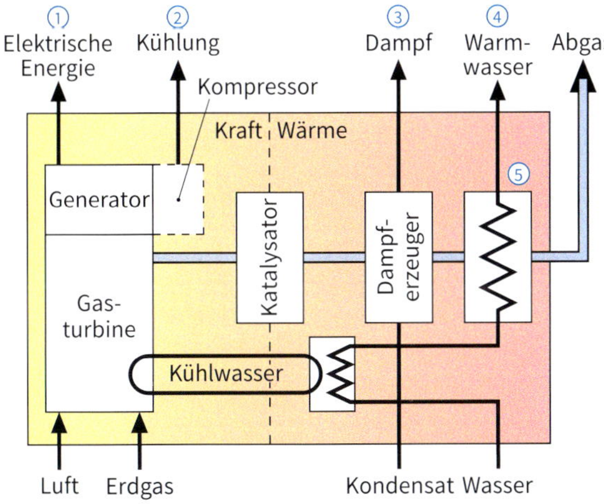

3: Kraft-Wärme-Kopplung in einer Gasturbine

Im BHKW treibt eine Verbrennungskraftmaschine, z. B. Gas- oder Dampfturbine, den Generator zur Erzeugung elektrischer Energie an. Die Abwärme wird durch einen **Wärmetauscher** [*heat exchanger*] ⑤ zum Aufheizen von Wasser genutzt. Je nach Kraftwerksgröße kann die im Abgas enthaltene Energie auch zur Dampferzeugung oder über einen Wärmetauscher zur Erwärmung von Brauchwasser, z. B. für eine Fernheizung, verwendet werden.

Die Leistungsregelung erfolgt entweder nach dem Strom- oder dem Wärmebedarf. Meistens werden die BHKWs wärmegeführt, indem das Kraftwerk nur eingeschaltet wird, wenn Wärmeenergie benötigt wird. Die gleichzeitig erzeugte elektrische Energie wird über spezielle Rückspeisezähler ins Netz des VNB eingespeist.

Beispiel: Mini-BHKW

Außer zur Wärmeerzeugung können Mini-BHKWs parallel zum Netz betrieben werden. Über den Wechselrichter wird die erforderliche Wechselspannung erzeugt. Diese Insellösungen (netzunabhängige Energieerzeuger) können in Ein- und Mehrfamilienhäusern sowie Gewerbebetrieben realisiert werden und gewährleisten eine Stromversorgung auch bei **Netzausfall** [*power failure*].

Die Kompaktbauweise ermöglicht eine einfache Installation. Die **Energienutzung** (Wirkungsgrad) ist wegen der gleichzeitigen Strom- und Wärmenutzung höher als bei Großkraftwerken. In Abb. 4 sind einige Kenngrößen eines Mini-BHKW aufgelistet.

Kenngrößen eines wärmegeführten Mini-BHKW	
Elektrische Leistung	1,3 bis 4,7 kW
Thermische Leistung	4,0 bis 12,5 kW
Gesamtwirkungsgrad	90 % bis 96 %
Brennstoff	Erdgas, Flüssiggas (Propan)
Netzparallelbetrieb	3 x 400 V, 50 Hz, cos $\varphi = 1$
Abmessungen	H x B x T: 108 x 74 x 137 in cm
Masse	395 kg

4: Kenngrößen (Beispiel)

BHKW bei größerem Energiebedarf

Größere Blockheizkraftwerke, die z. B. zur Energieversorgung eines Schulzentrums eingesetzt werden, besitzen große Wärmeleistungen. Sie sind meistens mit zwei Gas-/Öl-Kesseln und drei Gasmotoren ausgestattet.

Je nach Kraftwerkstyp werden z. B. folgende Leistungen erzielt:

- Elektrische Leistung 990 kW und
- thermische Leistung 1242 kW.

Diese Kraftwerke werden je nach Größe und verwendeten Energieträgern (z. B. auch Pflanzenöle) mit Oxydations-Katalysatoren zur **Schadstoffreduzierung** [*emission reduction*] und Geruchsminderung ausgestattet.

Einsatz von Blockheizkraftwerken

Die Auswahl und Dimensionierung von Blockheizkraftwerken richtet sich nach Einsatzort und Energiebedarf.

Es werden folgende Leistungsklassen unterschieden:

- $P = 30$ kW für Ein- und Zweifamilienhäuser
- $P = 50$ kW, 75 kW und 100 kW für Hotels und Gewerbebetriebe
- $P > 250$ kW für Großanlagen in der Industrie

BHKW mit Absorptionskälteanlage

Um auch im Sommer Blockheizkraftwerke wirtschaftlich nutzen zu können, wird von der Industrie ein z. B. mit Erdgas betriebenes BHKW-Modul gebaut, das mit einer **Absorptionskälteanlage** [*absorption cooling system*] kombiniert ist. Diese Anlage besitzt einen Niedertemperaturabsorber, der auf die Systemtemperatur des BHKW angepasst ist. Das BHKW-Modul erzeugt im Winter Heiz- und Prozesswärme, im Sommer Energie für die Absorptionskälteanlage. Damit ist eine ganzjährige Nutzung des BHKW bei Volllast möglich. In Abb. 1 ist der Energiefluss einer Absorptionskälteanlage dargestellt, die mit Warmwasser im Temperaturbereich von 80 °C bis 90 °C (Systemtemperatur) betrieben wird.

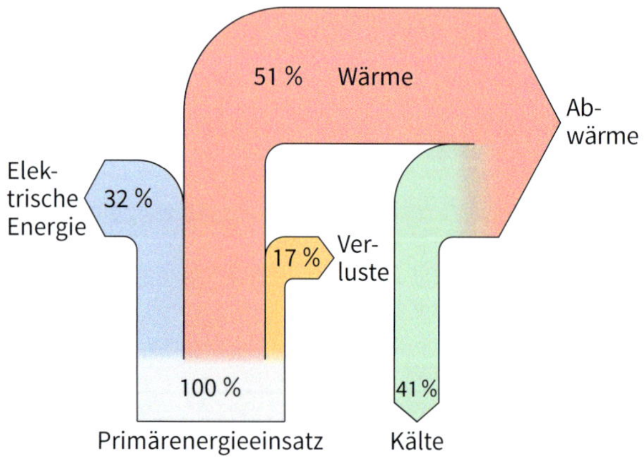

1: Beispiel – Energiefluss

Anwendungen in Verbindung mit Brennstoffzellen

Kraft-Wärme-Kopplungsanlagen können auch mit Brennstoffzellen betrieben werden. Besonders eignet sich dafür die PEMFC, kurz auch PEM genannt, die speziell für die Energieversorgung verschiedener Anlagen weiterentwickelt wird.

- Betrieb von Fahrzeugen
- Mobile Notstromversorgungen
- Kraft-Wärme-Kopplung z. B. für Ein- und Mehrfamilienhäuser (Abb. 2) sowie für größere Anlagen in Hochhäusern und Krankenhäusern

Zur Zeit werden Systeme mit PEM-Brennstoffzellen zur Kraft-Wärme-Kopplung entwickelt, bei denen Wasserstoff in Reformern aus Erdgas oder Flüssiggas erzeugt wird.

2: Hausbrennstoffzelle

Aufgaben

1. Nennen Sie jeweils zwei Beispiele für Nieder- und Hochtemperatur-Brennstoffzellen. Geben Sie die verwendeten Elektrolyte und die Anwendungsbereiche an.
2. Beschreiben Sie stichwortartig den Funktionsablauf bei der Kraft-Wärme-Kopplung.
3. Wodurch wird in Blockheizkraftwerken ein hoher Wirkungsgrad erreicht?

- In Brennstoffzellen werden durch die elektrochemische Reaktion von Sauerstoff und Wasserstoff elektrische Energie und Wärme erzeugt.
- Bei der Kraft-Wärme-Kopplung werden in wärmegeführten Blockheizkraftwerken Wärmeenergie und elektrische Energie erzeugt.
- Blockheizkraftwerke haben wegen der großen Brennstoffausnutzung einen hohen Wirkungsgrad.
- Wegen der geringen CO_2-Emission sind Blockheizkraftwerke bei der Energieumwandlung umweltfreundlich.

10.4 Unterbrechungsfreie Stromversorgung

In einem ausgelagerten Bürogebäude eines Industriegebäudes soll die **Unterbrechungsfreie Stromversorgung (USV)** [*uninterruptible power supply (ups)*] des Computernetzwerkes im Bereich der Servertechnik überprüft werden. Die Überprüfung der USV-Anlage ist erforderlich geworden, nachdem die bestehende USV in Folge mehrerer Stromausfälle die Server nicht ausreichend versorgt hat und somit durch Systemabstürze wichtige Daten verloren gegangen sind.

Nach der Bestandsaufnahme und einem Gespräch mit dem verantwortlichen Systemadministrator über die aufgetretenen Fehler der USV-Anlage stellt der Elektroniker folgendes fest:

- Die Anlage ist **unterdimensioniert**.
- Die Batterien verfügen nicht mehr über **ausreichende Kapazität**.

Als Folge der Systemabstürze kann es im Bereich der Server zur Beeinträchtigung der Verfügbarkeit bis hin zum Datenverlust kommen, der nur mit einem hohem Personaleinsatz wieder behoben werden kann. Daher ist aus Gründen der **Datensicherheit** die Erneuerung der USV-Anlage dringend erforderlich.

Welchen Zweck erfüllt eine USV?

Die unterbrechungsfreie Stromversorgung wird überall dort eingesetzt, wo eine hohe **Systemverfügbarkeit** [*system availability*] gefordert wird. Dies ist dann notwendig, wenn ein System nach einem Ausfall nur mit hohen Kosten wieder hergestellt werden kann (z. B. verlorene Daten eines Datenbankservers erneut eingeben) oder Gefahr für den Menschen besteht (z. B. Geräte der Intensivmedizin). Untersuchungen haben ergeben, dass es durchschnittlich vier Stunden dauert, bis ein Computersystem nach einem Absturz wieder betriebsbereit ist. Die Rekonstruktion einer Netzwerkanlage kann bis zu 48 Stunden dauern. Bei 40 % aller von einem Systemausfall betroffenen Unternehmen lag der Schaden bei mehr als 250 000 EUR.

Somit stellt die USV eine Art „Lebensversicherung" für ein Unternehmen dar. Sie wird zwischen das Versorgungsnetz und die angeschlossenen Verbraucher installiert und erfüllt folgende Aufgaben (Abb. 3).

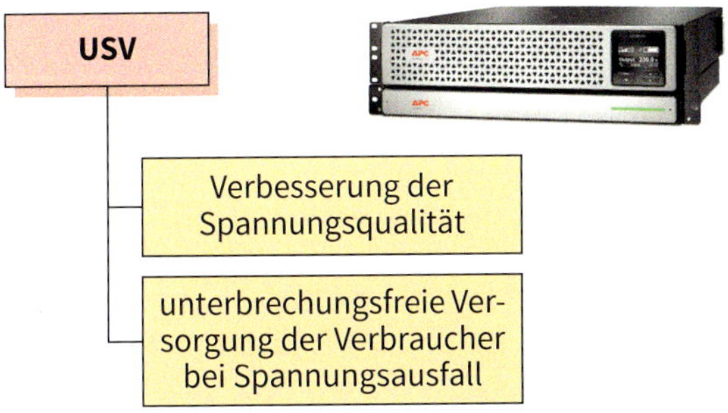

3: Aufgaben der USV

Die **Spannungsqualität** [*voltage quality*] wird durch Störungen (Abb. 4) beeinträchtigt, die entweder von außen über das Versorgungsnetz „eingeschleppt" oder durch angeschlossene Verbraucher verursacht werden (z. B. Oberschwingungen durch Schaltnetzteile der Computer).

Statistische Untersuchungen haben ergeben, dass lediglich 3 % der Ausfälle auf einen Totalausfall des Versorgungsnetzes zurückzuführen sind, während 97 % durch leitungsgebundene Störungen verursacht wurden.

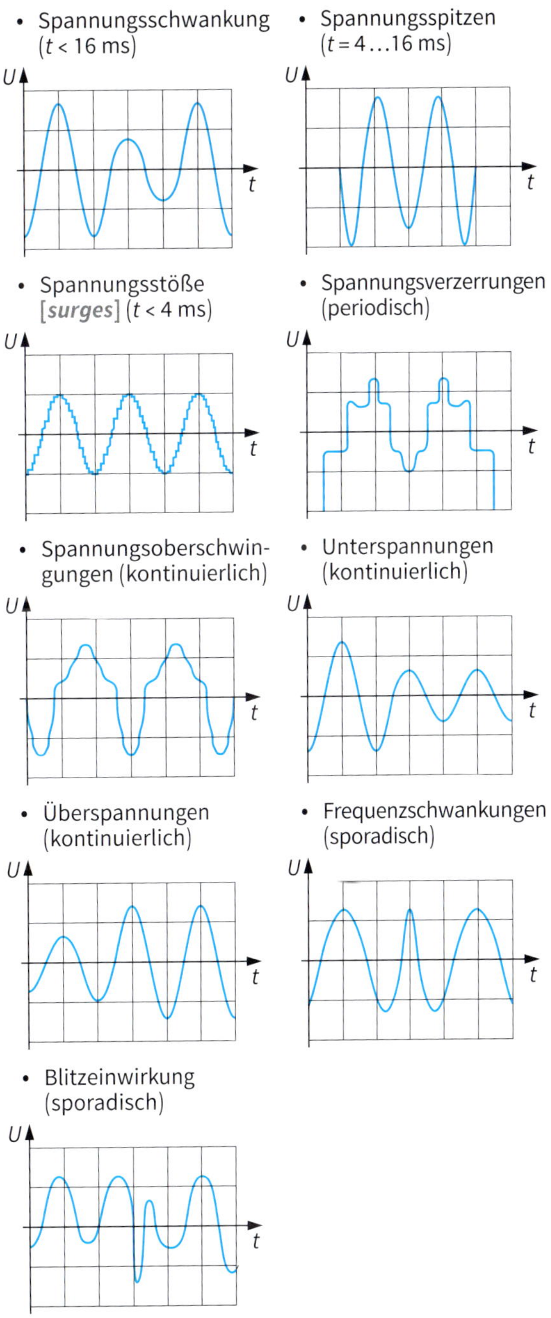

4: Einflüsse auf die Spannungsqualität

10.4.1 Klassifizierung der USV

Eine USV wird entsprechend ihrer Spannungsqualität am Ausgang in unterschiedliche Klassen eingeteilt (DIN EN 62040-3). Diese **Klassifizierung** [*classification*] ist in drei Stufen gegliedert und orientiert sich am Ausgangsverhalten der USV.

Beispiel: **VFI SS 111**

Stufe 1: Abhängigkeit der USV-Ausgangsspannung von der Eingangsspannung

Stufe 2: Spannungskurvenform der Ausgangsspannung

Stufe 3: Dynamisches Toleranzverhalten am Ausgang (z. B. Lastsprünge)

Was bedeutet die Kennzeichnung VFI?

Die Buchstaben **VFI** innerhalb der Klassifizierung aus dem obigen Beispiel bedeuten **V**oltage and **F**requency **I**ndependent. Dabei ist die Ausgangsspannung der USV von netzseitigen Schwankungen der Spannung und der Frequenz unabhängig. Abb. 1 gibt eine Übersicht über die möglichen Bezeichnungen der Stufe 1.

Spannungskurvenformen am Ausgang

Die Klassifizierungsstufe 2 beschreibt die **Kurvenformen** der Ausgangsspannung einer USV für die Betriebsarten

- **Netzbetrieb** (1. Buchstabe) und
- **Batteriebetrieb** (2. Buchstabe).

Zur Codierung werden die Buchstaben aus Abb. 2 verwendet. Die drei Ziffern der Stufe 3 (z. B. 111) kennzeichnen das **dynamische Toleranzverhalten** [*dynamic tolerance characteristics*] am Ausgang bei bestimmten Betriebsarten.

Code	Bedeutung
S	sinusförmig; $D < 8$ % bei linearer und nichtlinearer Belastung
X	nicht sinusförmig; $D > 8$ % bei nichtlinearer Belastung
Y	nicht sinusförmig; die Grenzwerte werden überschritten
D: Verzerrungsfaktor	

2: Codierung der Kurvenform (2. Stufe)

Die Ziffer 1 bedeutet, dass die Abweichung der Ausgangsspannung, z. B. bei einem Lastsprung, maximal +/– 30 % der Eingangsspannung betragen darf und bereits nach 0,1 s nur noch +/–10 % Toleranz erlaubt sind (Abb. 3 ①).

1 1 1

- 1: Netz-, Batterie-, Bypassbetrieb
- 1: Lastsprung mit linearer Last
- 1: Lastsprung mit nichtlinearer Last

(Lastsprung mit linearer / nichtlinearer Last: im Normal- und Batteriebetrieb)

Ziffern-code	Abweichung der Ausgangsspannung in Abhängigkeit von der Zeit
1	max. +/- 30 %; nach 0,1 s max. +/- 10 % ①
2	nach 1 ms max. + 100 % nach 10 ms max. + 20 % … – 100 % nach 100 ms max. +/- 10 %
3	nach 1 ms max. + 100 % nach 10 ms max. + 20 % … – 100 % nach 100 ms max. + 10 % … – 20 %
4	Eigenschaften vom Hersteller definiert

3: Codierung des Toleranzverhaltens (3. Stufe)

Bezeichnung	Bedeutung	Erklärung	Blockschaltbild
VFD (Offline-USV)	**V**oltage and **F**requency **D**ependent	Die Ausgangsspannung ist abhängig von den Änderungen der Netzfrequenz und Netzspannung.	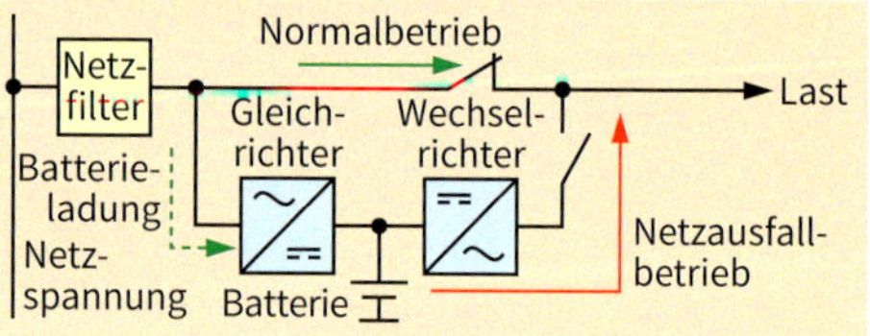
VI (Line Interactive-USV)	**V**oltage **I**ndependent	Die Höhe der Ausgangsspannung ist unabhängig von der Netzspannung. Die Netzfrequenz bestimmt jedoch die Frequenz der Ausgangsspannung.	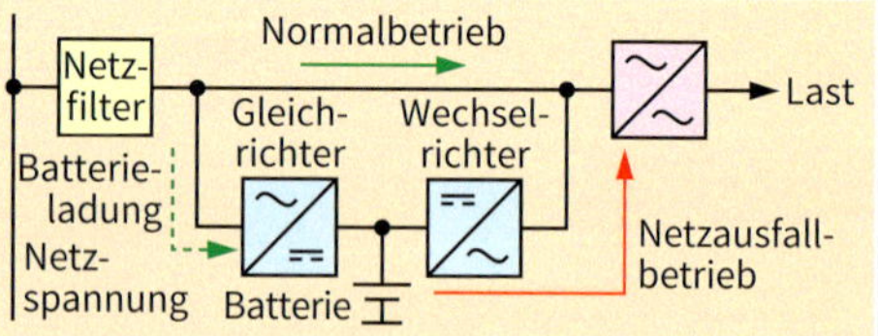
VFI (Online-USV)	**V**oltage and **F**requency **I**ndependent	Die Ausgangsspannung ist unabhängig von allen Spannungs- und Frequenzschwankungen.	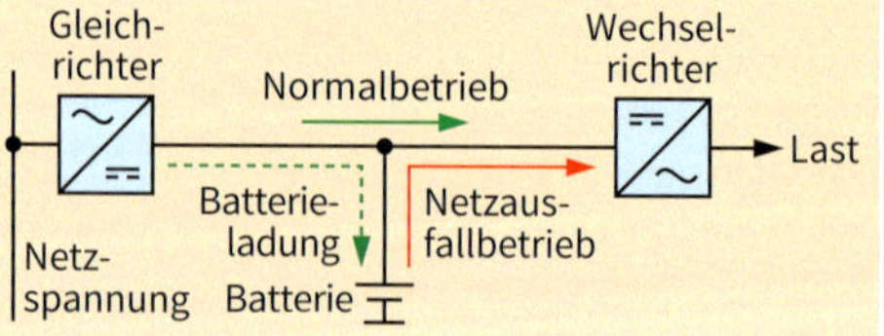

1: Bezeichnungen der USV-Klassen (Stufe 1)

Energietechnische Anlagen errichten

10.4.2 Auswahl der USV

Zur Auswahl einer USV müssen je nach Verwendung unterschiedliche Dinge beachtet werden. Abb. 4 zeigt eine Übersicht möglicher Auswahlkriterien.

Im ersten Schritt wird die erforderliche Leistung der neuen USV bestimmt. Die bestehende USV hat eine Leistung von 8000 VA und versorgt insgesamt zehn Netzwerkserver und zwei Monitore (je 80 W). Die Leistungsaufnahme der übrigen Netzwerkperipheriegeräte beträgt zirka 200 W. Die Server verfügen über eine Anschlussleistung von je 600 W.

Berechnung der erforderlichen Leistung

Geg.: $P_S = 600\,\text{W}$ (Serverleistung) Ges.: P_{ges}

$P_M = 80\,\text{W}$ (Monitorleistung)

$P_N = 200\,\text{W}$ (Peripherie)

$$P_{ges} = 10 \cdot P_S + 2 \cdot P_M + P_N$$
$$P_{ges} = 10 \cdot 600\,\text{W} + 2 \cdot 80\,\text{W} + 200\,\text{W}$$
$$\underline{\underline{P_{ges} = 6360\,\text{W}}}$$

Da die Leistungsangaben einer USV häufig als Scheinleistungswert in VA angegeben werden, muss eine Umrechnung erfolgen. In der Praxis hat sich ein Umrechnungsfaktor von 1,4 zwischen Wirk- und Scheinleistung bewährt.

$$S = P_{ges} \cdot 1{,}4 = 6360\,\text{W} \cdot 1{,}4 = \underline{\underline{8904\,\text{VA}}}$$

Aus Sicherheitsgründen und im Hinblick auf spätere Netzwerkerweiterungen wird dieser Wert nochmals um 40 % erhöht.

$$S_{ges} = S \cdot 1{,}4 = 8904\,\text{VA} \cdot 1{,}4 = \underline{\underline{12465\,\text{VA}}}$$

Somit ist eine Ausgangsscheinleistung von **12465 VA** erforderlich.

Eignung der USV für verschiedene Netzstörungen

Netzstörungen	VFI	VI	VFD
Netzausfälle	✓	✓	✓
Spannungsschwankungen	✓	✓	✓
Spannungsspitzen	✓	✓	✓
Unterspannungen	✓	✓	
Überspannungen	✓	✓	
Spannungsstöße	✓		
Spannungsverzerrungen	✓		
Spannungsoberschwingungen	✓		
Frequenzschwankungen	✓		
Blitzeinwirkung	✓		

5: Vergleich der USV-Klassen

Im vorliegenden Fall wird die Installation einer USV der Klasse VFI SS 111 vorgeschlagen, da sie die beste Versorgungsqualität garantiert (Abb. 5).

- Eine USV wird dort eingesetzt, wo eine hohe Systemverfügbarkeit gefordert wird.
- Die USV dient zur Verbesserung der Spannungsqualität und zur Überbrückung der Spannungsversorgung bei Netzausfall.
- Die Qualität einer USV wird nach einer dreistufigen Klassifizierung beschrieben.
- Im Hinblick auf spätere Erweiterungen wird die berechnete Ausgangsscheinleistung der USV um 40 % erhöht.

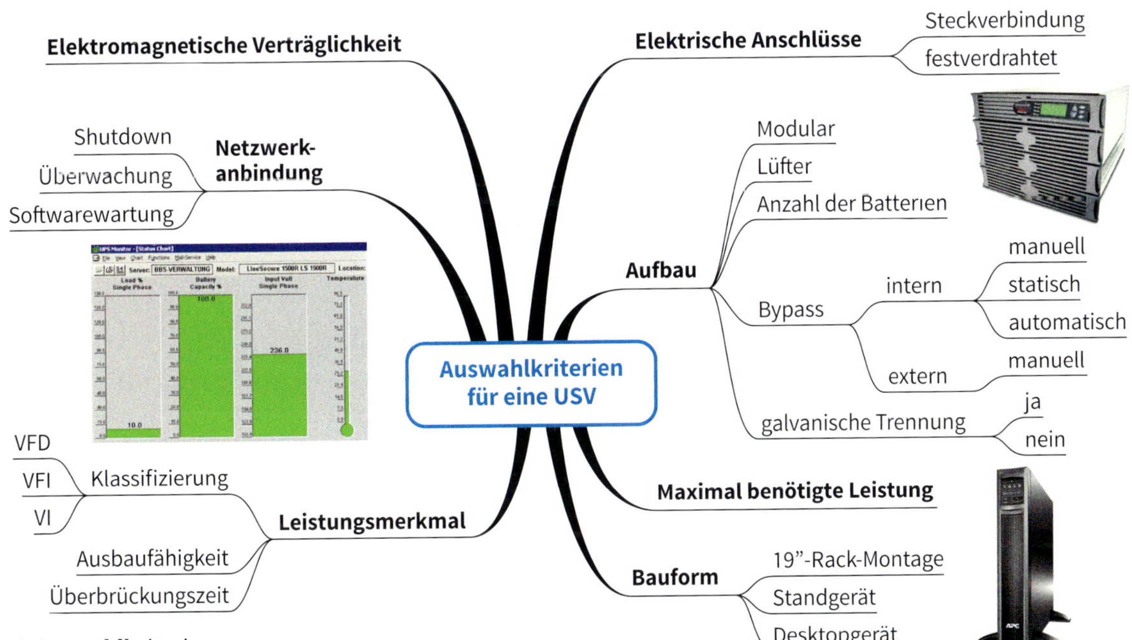

4: Auswahlkriterien

Technische Daten	
Baureihe	Smart UPS SRT 10000 VA
Leistung kVA/kW	10/10
Technologie	VFI
Eingangsspannung	160 V – 275 V
Eingangsfrequenz	40 ... 70 Hz
Ausgangsfrequenz	47... 53 Hz
THD	< 2 %
Betriebstemperatur	0° ... 40 °C
Überbrückungszeit	3,8 min. bei Volllast; 11,5 min. halbe Last
Batterieanzahl	4 Module
Ladedauer	1,5 h
Schnittstellen	RJ45, SmartSlot, USB
Control panel	LCD Status- u. Steuerungskonsole
Software	Power Shute
Abmessungen in cm	432 x 263 x 715
Masse in kg	112
Geräuschpegel	< 55 dB(A)

1: Technische Daten einer USV (Herstellerangaben)

Im konkreten Fall haben sich die verantwortlichen Administratoren für eine USV mit den in Abb. 1 aufgelisteten technische Daten entschieden. Diese USV ist in ihrer Batteriekapazität erweiterbar. Sie verfügt zur Verwaltung über eine umfangreiche Softwareausstattung. Der modulare Aufbau garantiert Servicefreundlichkeit und einen geringen Wartungsbedarf. Die Batterien (Abb. 2 ①) lassen sich während des laufenden Betriebes austauschen (hotswap-fähig) und werden in zyklischen Zeitabständen automatisch getestet. So verfügen die Module über eine Fehlerdiagnosefunktion. Über eine spezielle PC-Software lassen sich

- **Betriebsdaten der USV überwachen**
- **Ereignisse protokollieren** und
- die angeschlossenen Computer **herunterfahren** [*shut down*].

2: USV

Aufgabe des Bypass

Ein Bypass ist ein alternativer Versorgungsweg, der die Last bei Ausfall des Standardpfades (Normalbetrieb) mit Energie versorgt. Es wird dabei zwischen internen und externen Bypässen unterschieden.

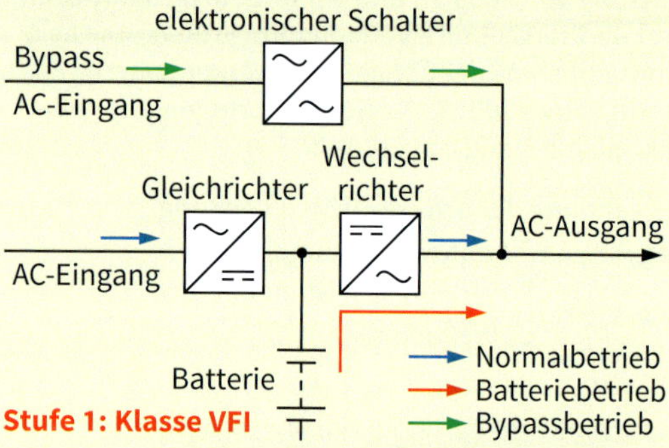

Anwendungen für einen Bypass

- Umgehen von beschädigten Komponenten
- Durchführung von Wartungsarbeiten an Geräten

Bei der Art der Umschaltung wird zwischen manuellen, statischen und automatischen Bypässen unterschieden.

Der **automatische Bypass** besteht aus einer elektronischen Schaltung (USV intern), die selbstständig

- bei Überlast oder
- bei einem Defekt im Standardpfad

die Energie direkt aus dem Netz zum Ausgang schaltet.

Der **manuelle Bypass** ist ein externer Schalter, der immer dann geschlossen wird, wenn die USV für Wartungsarbeiten ausgeschaltet werden muss. Die angeschlossenen Verbraucher bleiben somit weiterhin in Betrieb.

Aufgaben

1. Berechnen Sie für die folgende Belastung die erforderliche Ausgangsleistung der USV in VA.
   – 6 Server mit einem Netzteil von je 300 W
   – 1 Monitor 80 W
   – 200 W für Netzwerkperipherie
2. Bestimmen Sie den Leistungsfaktor cos φ, der sich aus dem Umrechnungsfaktor von 1,4 zwischen Wirk- und Scheinleistung ergibt.

- Bei der Auswahl einer USV müssen unterschiedliche Kriterien berücksichtigt werden, wie z. B. Spannungsqualität (Klassifizierung), Ausgangsleistung, Überbrückungszeit usw.

Energietechnische Anlagen errichten

10.4.3 USV-Management

Die Konfiguration und Überwachung einer USV ist für den Betrieb (z. B. im Netzwerk) sehr wichtig, da häufig mehrere Server über eine zentrale USV gespeist werden. Bei der Wahl der USV sollte darauf geachtet werden, dass folgende Merkmale erfüllt werden:

- Remote Control (Fernbedienung)
- Ausstattung der Hardwareschnittstellen
- Multiserver-Shutdown
- Automatische Testroutinen
- Umfangreiche Ereigniskonfiguration (Abb. 4)
- Protokollieren wichtiger Betriebsdaten
- Selbsttätige Benachrichtigung bei Störungen oder Netzausfall (per SMS oder E-Mail)

Die **Betriebsdaten** einer USV lassen sich prinzipiell von jedem Computer (Client) im Netzwerk abrufen und verändern. Dabei kann beispielsweise über eine **Softwareschnittstelle** [*software interface*] (Abb. 3a) und 3b)) auf die USV zugegriffen werden. Unterschieden werden der direkte Zugriff und der Zugriff über das Netzwerk.

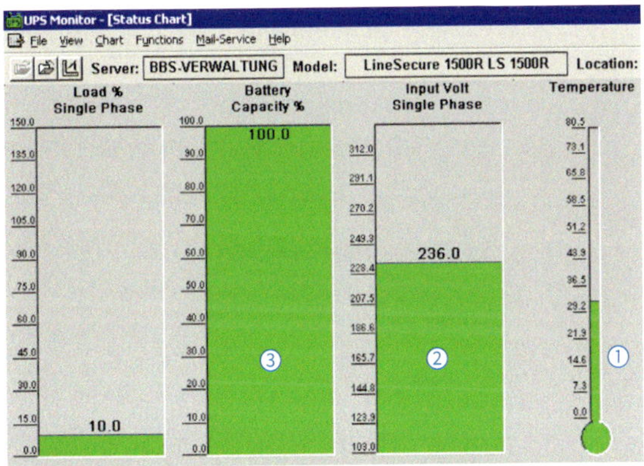

a) Direkter Zugriff per USV-Managementsoftware

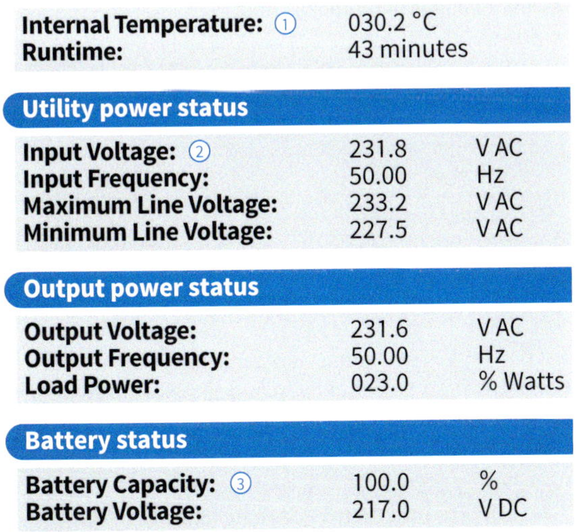

b) Zugriff über das Netzwerk per Internetbrowser

3: Softwareschnittstellen

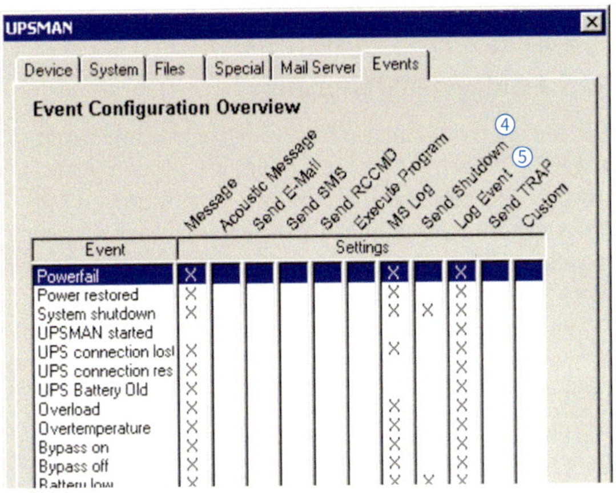

4: Ereigniskonfiguration

Bei beiden Varianten lassen sich wichtige Betriebsdaten wie die Temperatur ①, die Eingangsspannung ② und die Batteriekapazität ③ abrufen (Abb. 3).

Worauf ist bei der Konfiguration einer USV zu achten?

- **Automatischer Shutdown**
  Bei der Verwaltung eines Servers wird dieser direkt über eine RS 232-Schnittstelle mit der USV verbunden. Die auf dem Server installierte Software veranlasst alle notwendigen Schritte zum automatischen Herunterfahren ④ bei Netzausfall. Dabei lassen sich unmittelbar vorher Anwendungsprogramme individuell starten, z. B. zur Datensicherung. Sollen mehrere Server im Netzwerk heruntergefahren werden, versendet der an der USV angeschlossene Server eine Nachricht an alle anderen Server. Der Zeitpunkt des Herunterfahrens ist einstellbar und muss an die Überbrückungszeit der USV sowie die Shutdown-Zeit der Rechner angepasst werden.
- **Automatische Testroutinen**
  Diese Funktion sollte aktiviert werden, um einen Defekt der USV oder der Batterie frühzeitig zu erkennen. Eine Nachricht wird automatisch an den Administrator gesendet.
- **Automatische Benachrichtigung**
  Damit sofort auf ein Ereignis reagiert werden kann, sollte die Benachrichtigung per E-Mail oder SMS an einen Systemverantwortlichen versendet werden.
- **Protokolle der Betriebsdaten**
  Die Protokollierung der Betriebsdaten ⑤ sollte in zyklischen Zeitabständen erfolgen. Dabei werden alle Daten der USV in einer Datei gespeichert und stehen zur Analyse bei einem Fehler zur Verfügung.

- Die Betriebsdaten einer USV lassen sich über eine Softwareschnittstelle überwachen und konfigurieren.
- Die automatische Shutdownfunktion bewirkt ein kontrolliertes Herunterfahren aller angeschlossenen Geräte (z. B. Server).

10.5 Kompensationsanlagen

10.5.1 Anlagenerweiterung

Die Anlage einer kleinen Maschinenfabrik soll durch zusätzliche Fertigungsplätze erweitert werden (Abb. 1). Vorgesehen sind dafür einige geregelte Motoren mit Frequenzumrichtern. Diese nichtlinearen Belastungen erzeugen **Oberschwingungen** [*harmonics*], die im Netz Störungen verursachen. Damit eine gute Netzqualität auch weiterhin gewährleistet ist, müssen Oberschwingungen durch geeignete Schaltungen reduziert (kompensiert) werden.

Die Elektroniker der Fa. Huber stellen vor Ort fest, dass die Energieversorgung mit den entsprechenden Schutzmaßnahmen für die neu zu installierenden Motoren mit den Frequenzumrichtern problemlos hergestellt werden kann.

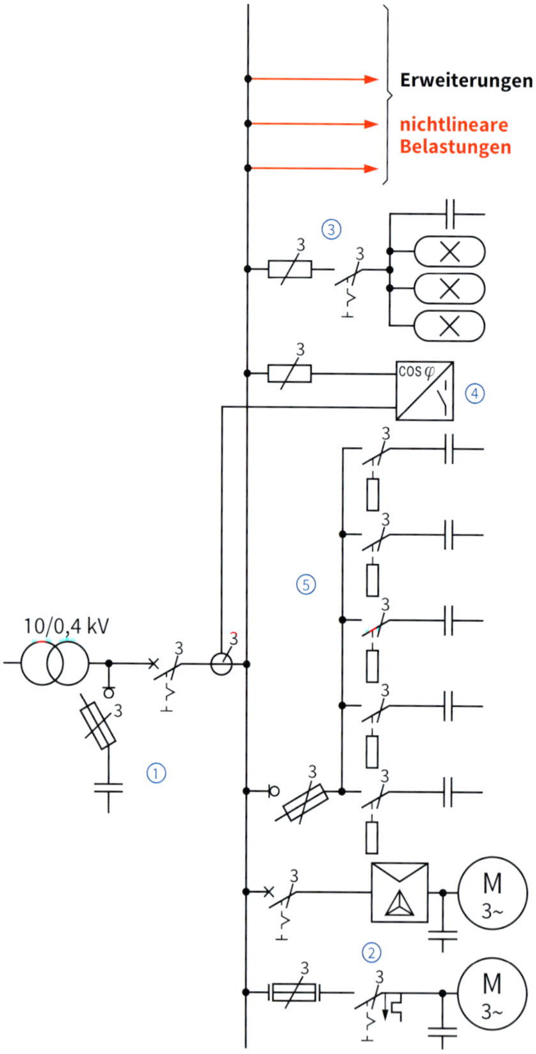

1: Übersichtsschaltplan (vereinfacht) – Anlage mit Kompensationen

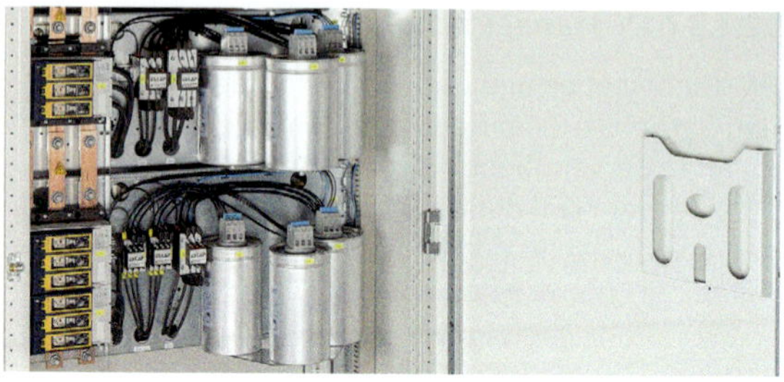
2: Kondensatoren zur Kompensation

Auch sind in der Anlage für die bereits vorhandenen linearen Belastungen (z. B. Induktivitäten in Motoren ,Leuchtstofflampenschaltungen) Kompensationsschaltungen installiert. Verwendet werden dazu Kondensatoren nach Abb. 2. Die Kompensationsschaltungen sind unterschiedlich und werden als Einzel-, Gruppen- und Zentralkompensation bezeichnet (Abb. 3).

Kompensation

- **Einzelkompensation** (Sie erfolgt direkt am Objekt ①②.)
- **Gruppenkompensation** (Mehrere Objekte werden gemeinsam kompensiert ③.)
- **Zentralkompensation** (Sie erfolgt bei Bedarf durch eine Regelung ④⑤.)

3: Kompensationsarten

Durch die vorzunehmenden Erweiterungen werden somit lineare und nichtlineare Belastungen (Abb. 4) gemeinsam in der Anlage vorkommen. Dieses muss bei der Installation berücksichtigt werden.

Belastung

linear	nichtlinear
z.B. Transformatoren, Motoren, Leuchtstofflampenschaltungen	z.B. Frequenzumrichter, Schaltnetzteile, Computer

4: Belastungsfälle

Auf den folgenden Seiten wird zunächst geklärt, was Kompensation bei induktiven und sinusförmigen Belastungen bedeutet und warum Kondensatoren dafür eingesetzt werden.

- Lineare und nichtlineare Belastungen (Oberschwingungen) werden in der Regel durch geeignete Schaltungen kompensiert.

10.5.2 Kompensation bei sinusförmiger Belastung

10.5.2.1 Kompensationsprinzip

Bei induktiven Belastungen im Netz (z. B. Motoren, Transformatoren und Schweißmaschinen) kommt es zu einer **Phasenverschiebung** *[phase shift]* (Phasenverschiebungswinkel φ) zwischen der anliegenden Spannung U und der Stromstärke I (Abb. 5).

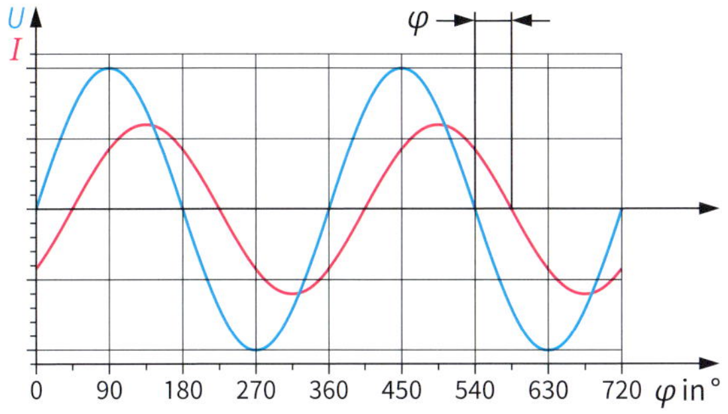

5: Phasenverschiebung bei induktiver Belastung

Als Folge entsteht neben der Wirkleistung auch Blindleistung (z. B. beim Motor). Die vom Energieversorger gelieferte Scheinleistung ist somit größer als die tatsächlich benötigte Wirkleistung (Abb. 6a).

Mit einem Kondensator kann die Phasenverschiebung verringert bzw. ganz aufgehoben (kompensiert) werden, sodass die vom Energieversorger bereitgestellte Leistung der tatsächlich benötigten Wirkleistung entspricht. Die zum Aufbau des Magnetfeldes benötigte **Blindleistung** *[reactive power]* pendelt dann gewissermaßen zwischen der induktiven (Spule) und der kapazitiven Belastung (Kondensator) hin und her (Abb. 6b).

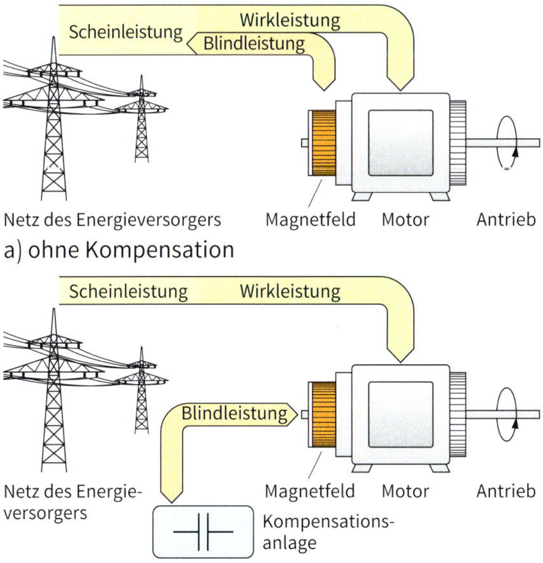

6: Kompensation beim Motor

Was erreicht man durch Blindleistungskompensation?

- Verringerung der Energiekosten (Blindleistung wird von den meisten VNBs ab einer bestimmten Höhe in Rechnung gestellt)
- Geringere Belastung der Objekte (z. B. Leitungen, Schaltgeräte)
- Verbesserung des Leistungsfaktors $\cos\varphi$
- Verringerung der Verluste auf Leitungen
- Erhöhung der Leistungsreserve
- Umweltschonender Energieeinsatz

An welchen Objekten sollte Blindleistung kompensiert werden?

- Asynchronmotoren
- Stromrichter zur Kommutierung
- Transformatoren
- Schweißgeräte
- Leuchtstofflampen-Schaltungen mit VVGs, Entladungslampen mit Induktivitäten
- Drosselspulen

Kompensationsbeispiel

In einer elektrischen Anlage mit Wirkwiderständen und induktiven Blindwiderständen werden folgende Größen ermittelt:

$U = 230$ V; $I = 45{,}68$ A; $\cos\varphi = 0{,}6$; $f = 50$ Hz

Aus diesen Werten lassen sich die folgenden Leistungen berechnen (Abb. 7):

$S = U \cdot I$	$S = 230\text{ V} \cdot 45{,}68\text{ A}$	$S = 10{,}5$ kVA
$P = S \cdot \cos\varphi$	$P = 10{,}5\text{ kVA} \cdot 0{,}6$	$P = 6{,}3$ kW
$Q_L = S \cdot \sin\varphi$	$Q_L = 10{,}5\text{ kVA} \cdot 0{,}8$	$Q_L = 8{,}4$ kvar

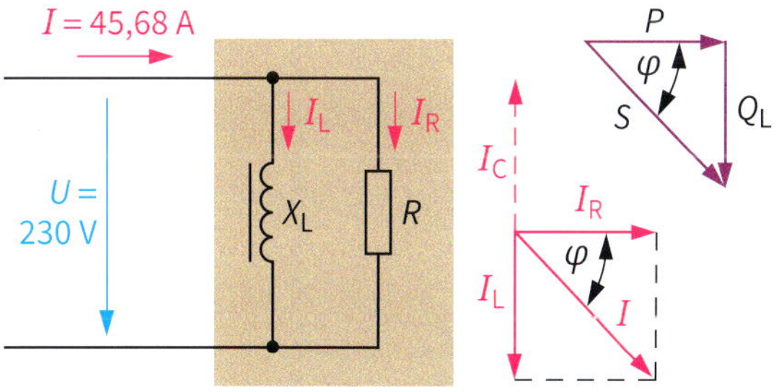

7: Induktive Belastung

Nutzbringend ist nur die **Wirkleistung** *[active power]* von 6,3 kW. Die Blindleistung von Q_L ist unerwünscht. Wenn nur Wirkwiderstände in der Anlage vorhanden wären, würde ein Strom von 27,4 A (6,3 kW/230 V) fließen. Erreichen lässt sich das durch einen parallel zu schaltenden Kondensator, der im Vergleich zur Induktivität ein entgegengesetztes Verhalten zeigt.

Der induktive Blindstrom I_L wird durch den um 180° phasenverschobenen kapazitiven Blindstrom I_C aufgehoben (Abb. 1, s. nächste Seite). Entsprechendes gilt für die beiden Blindleistungen Q_L und Q_C. Sie heben sich in ihren Wirkungen auf.

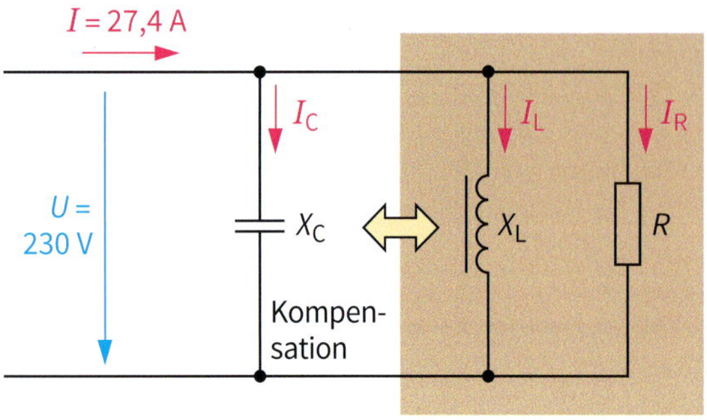

1: Kompensation

Wie groß in diesem Fall die Kapazität des Kondensators sein muss, lässt sich aus den gegebenen Daten errechnen.

Kapazität des Kompensationskondensators

Blindleistung: $Q_C = U \cdot I_C \Rightarrow \quad I_C = \frac{U}{X_C}$

$$Q_C = \frac{U^2}{X_C} \Rightarrow X_C = \frac{1}{2 \cdot \pi \cdot f \cdot C}$$

$$\boldsymbol{C = \frac{Q_C}{2 \cdot \pi \cdot f \cdot U^2}}$$

Mit $Q_C = 8{,}4$ kvar; $U = 230$ V und $f = 50$ Hz folgt $\underline{\underline{C = 505\ \mu F}}$

In der Praxis ist es oft hilfreich, wenn man weiß, wie groß die Kapazität eines Kondensators sein muss, um eine induktive Blindleistung von 1 kvar zu kompensieren. Der Wert ergibt sich aus folgender Berechnung:

$$\frac{505\ \mu F}{8{,}4\ \text{kvar}} = \frac{C}{1\ \text{kvar}} \qquad \boldsymbol{\frac{C}{Q_C} = 60\ \frac{\mu F}{\text{kvar}}}$$

Kondensatoren zur Kompensation

- **MPP (MKV)-Kondensatoren**
  - Beidseitig metallisiertes Papier als Elektroden
  - Polypropylenfolie als Dielektrikum
  - Hohlräume werden mit Isolieröl gefüllt
- **MKP (MKK, MKF)-Kondensatoren**
  - Polypropylenfolie wird direkt bedampft (metallisiert)
  - Kleinere Abmessungen und höhere Spannungsfestigkeit als bei MPP-Kondensatoren

Beide Kondensatorarten sind **selbstheilend** *[self-healing]*. Bei einem Durchschlag verdampft die dünne Metallschicht und die Isolation ist wieder hergestellt.

- Induktive Blindleistungen lassen sich durch kapazitive Blindleistungen kompensieren.
- Ein Kondensator von 60 μF kompensiert eine induktive Blindleistung von 1 kvar bei 230 V und 50 Hz (20 μF für 400 V und 50 Hz).

10.5.2.2 Praktische Kompensation

In den meisten Anlagen wird nicht bis zu dem Wert $\cos\varphi = 1$ kompensiert, da sonst Resonanzerscheinungen auftreten können. VNBs begnügen sich mit einem Wert von 0,9. Zu beachten sind dabei die „Technischen Anschlussbedingungen für den Anschluss an das Niederspannungsnetz" (TAB 2007) und die „Verordnung über Allgemeine Bedingungen für die Elektrizitätsversorgung von Tarifkunden" (AVBEltV).

Zur Berechnung der erforderlichen kapazitiven Blindleistung wird eine Formel verwendet, in der der Phasenverschiebungswinkel der Anlage und der Winkel eingesetzt werden, bis zu dem kompensiert wird. Die Abb. 2 zeigt die Zusammenhänge zur Ermittlung der Blindleistung.

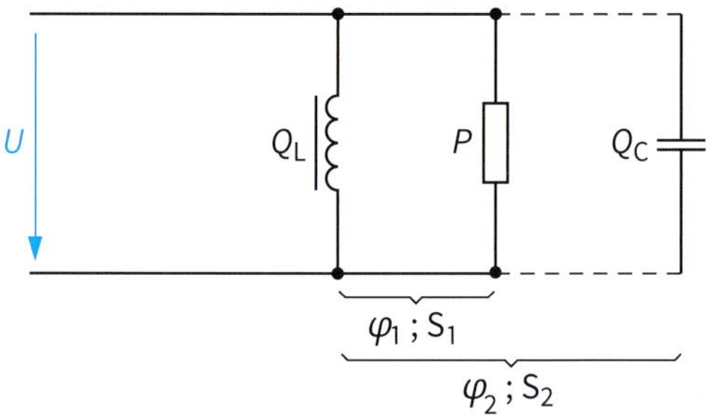

φ_1: Phasenverschiebungswinkel vor der Kompensation

φ_2: Phasenverschiebungswinkel nach der Kompensation

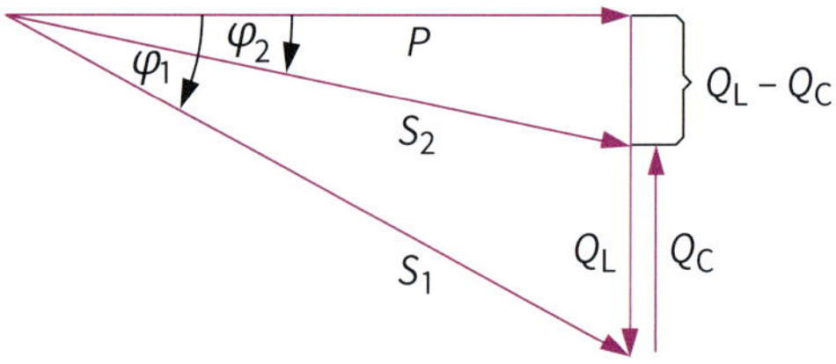

$$\tan\varphi_1 = \frac{Q_L}{P} \qquad \tan\varphi_2 = \frac{Q_L - Q_C}{P}$$

$$Q_L = P \cdot \tan\varphi_1 \qquad Q_L - Q_C = P \cdot \tan\varphi_2$$

$$\boldsymbol{Q_C = P\,(\tan\varphi_1 - \tan\varphi_2)} \quad ①$$

2: Parallelkompensation

In dem angeführten Beispiel betrug der Leistungsfaktor der Anlage 0,6. Dies entspricht einem Phasenverschiebungswinkel von $\varphi_1 = 53{,}1°$. Soll die Anlage auf den $\cos\varphi = 0{,}9$ kompensiert werden, dann beträgt $\varphi_2 = 25{,}84°$. Die Blindleistung des Kondensators errechnet sich dann wie folgt:

$Q_C = P\,(\tan\varphi_1 - \tan\varphi_2)$; Abb. 2 ①

$Q_C = 6{,}3\ \text{kW}\,(\tan 53{,}1° - \tan 25{,}84°)$

$\underline{\underline{Q_C = 5{,}34\ \text{kvar}}}$

10.5.2.3 Kompensationsschaltungen

In der Produktionshalle (vgl. Kap. 10.5.1) werden zur Verringerung der Blindleistung bei induktiven und rein sinusförmigen Belastungen verschiedene Kompensationsschaltungen verwendet (Abb. 3). Jede Schaltung besitzt Vor- und Nachteile.

- Bei der Blindleistungskompensation wird zwischen Einzel-, Gruppen- und Zentralkompensation unterschieden.

Einzelkompensation *[individual compensation]*

Vorteile:
- Durch die zu den induktiven Objekten parallel geschalteten Kondensatoren wird das innerbetriebliche Netz vom Blindstrom entlastet (z. B. Leerlauf-Blindleistung bei Transformatoren, Antriebe im Dauerbetrieb).

Nachteile:
- Durch die direkte Installation der Kondensatoren an den Objekten können Platzprobleme auftreten.
- Die Kondensatoren sind auch dann angeschlossen, wenn die betreffenden Objekte nicht in Betrieb sind.
- Der Installationsaufwand ist im Vergleich zu den anderen Kompensationsarten recht hoch.
- Die Kompensationskondensatoren sind über den gesamten Betrieb verstreut.

Die Einzelkompensation erfolgt direkt an den induktiven Objekten durch Einzelkondensatoren.

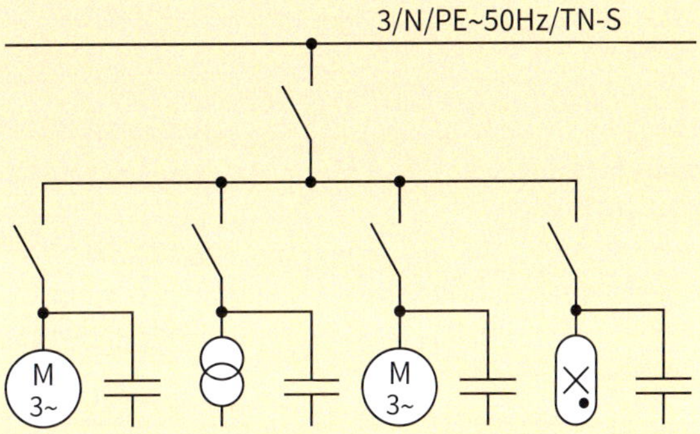

Gruppenkompensation *[group compensation]*

Vorteile:
- Die Blindleistung der gemeinsam eingeschalteten Objekte wird durch einen einzelnen Kondensator geeigneter Größe kompensiert.
- Im Vergleich zur Einzelkompensation ist die Gruppenkompensation wirtschaftlicher.

Nachteile:
- Die Gruppenkompensation ist nur für Gruppen von gemeinsam betriebenen Objekten anwendbar.
- Sind nicht alle Objekte in Betrieb, besteht die Gefahr der Überkompensation.

Bei der Gruppenkompensation werden induktive Objekte in Gruppen zusammengefasst und dann gemeinsam kompensiert.

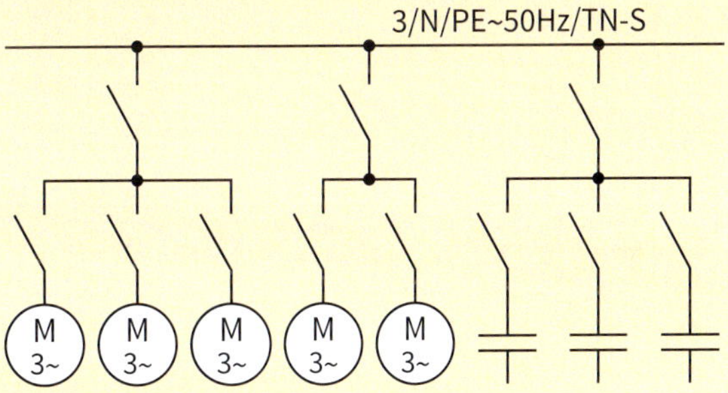

Zentralkompensation *[central compensation]*

Die Kondensatorleistung ist auf mehrere Schaltstufen aufgeteilt und wird durch einen automatischen Blindleistungsregler über Schaltschütze den Lastverhältnissen angepasst.

Vorteile:
- Die Kompensationsanordnung ist überschaubar und einfach zu installieren.
- Die installierte Kompensationsleistung kann optimaler eingesetzt werden.

Nachteile:
- Das innerbetriebliche Netz wird nicht entlastet.
- Für die Anschaffung der Regeleinrichtung entstehen höhere Kosten.

Die Zentralkompensation erfolgt an einer zentralen Stelle, z. B. beim Niederspannungs-Hauptverteiler.

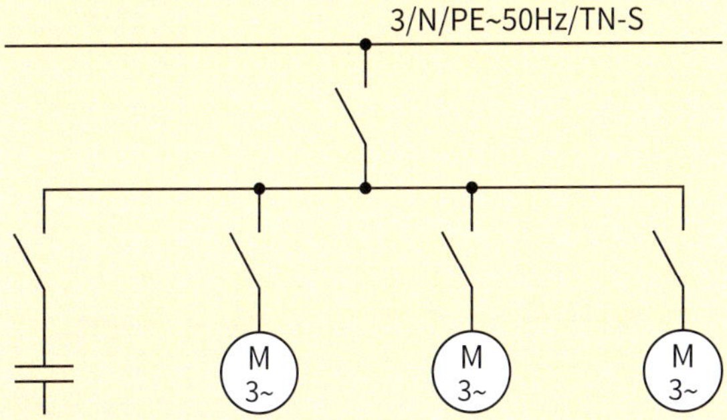

3: Kompensationsschaltungen

10.5.3 Kompensation bei nichtsinusförmiger Belastung

Durch nichtlineare Belastungen entstehen im Energienetz **Oberschwingungen** [*harmonics*]. Diese führen zu verzerrten Strom- und Spannungskurven. In Abb. 1 sind beispielsweise von einer Netzanalyse die zeitlichen Verläufe der Leiterstromstärken und die Stromstärke im N-Leiter (I1 ≙ I_{L1}, I2 ≙ I_{L2}, I3 ≙ I_{L3}, IN ≙ I_N) eines Frequenzumrichters dargestellt.

Den genauen Anteil der Oberschwingungen erhält man durch die Darstellung des Frequenzspektrums (Abb. 2). Erkennbar ist, dass besonders die ungeraden Oberschwingungen (250 Hz ①, 350 Hz ②, ...) stark vertreten sind.

Oberschwingungen verschlechtern in hohem Maße die Netzqualität und verursachen Störungen. Sie müssen deshalb durch geeignete Schaltungen verringert (kompensiert) werden.

Die Ströme der Oberschwingungen stellen für das Energienetz eine zusätzliche Belastung dar und können Kondensatoren überlasten. Besonders gefährlich sind Resonanzfälle.

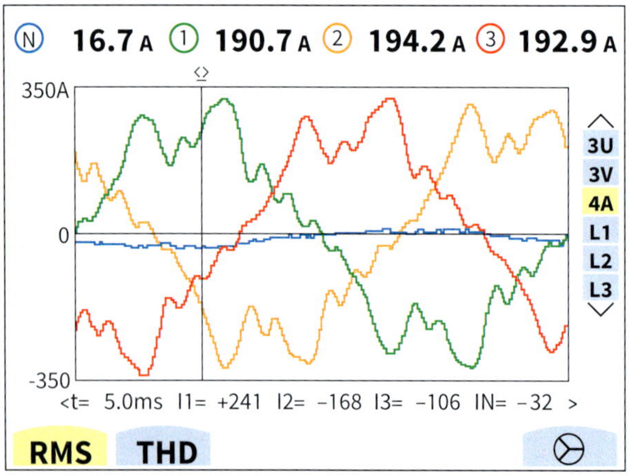

1: Stromverläufe eines Frequenzumrichters

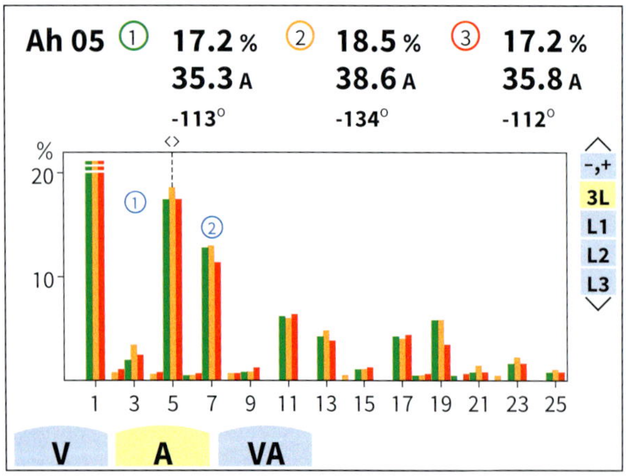

2: Frequenzspektrum eines Frequenzumrichters

Resonanz [*resonance*] tritt immer dann auf, wenn bei einer bestimmten Frequenz die Blindwiderstände von Kondensatoren und Spulen gleich sind ($X_L = X_C$). Die Spulen und Kondensatoren können in Reihe oder parallel geschaltet werden.

Die Ströme der Oberschwingungen schaukeln sich zwischen Kapazitäten und Induktivitäten auf und verursachen dadurch eine höhere Belastung. Schaltungen dieser Art bezeichnet man deshalb als **Schwingkreise** [*resonant circuits*].

Es gilt nun zu prüfen, ob Resonanzen durch den Einbau von Frequenzumrichtern in der Produktionshalle (Quellen von Oberschwingungen) und den im Netz installierten Kompensationskondensatoren auftreten können.

Resonanz beim Serienschwingkreis

Zunächst wird ermittelt, wie groß die Belastung der Kompensationskondensatoren durch Oberschwingungen sein könnte. Zur Lösung werden die im Netz eingesetzte Gesamtkapazität der Kompensationskondensatoren und die im Netz vorkommende Induktivität benötigt. Die Kapazität lässt sich über die Kondensatorleistung bestimmen, die Induktivität kann gemessen werden oder es kann ein Standardwert eingesetzt werden.

Kondensatorleistung: $Q_C = 250\ \text{kvar}$ (installiert)

$$C = \frac{60\ \mu\text{F}}{\text{kvar}} \cdot 250\ \text{kvar} \qquad C = 15\,000\ \mu\text{F}$$

Netzinduktivität: $L = 13{,}8\ \mu\text{H}$ (ermittelt)

Resonanzfrequenz: $$f_0 = \frac{1}{2 \cdot \pi\ \sqrt{L \cdot C}}$$

$$\underline{\underline{f_0 = 350\ \text{Hz}}}$$

Diese Frequenz entspricht der 7. Oberschwingung. Bei ihr tritt also Resonanz auf, d. h., die Blindwiderstände sind gleich groß (30,3 mΩ). Für diesen Fall ist im Schwingkreis nur der Wirkwiderstand (z. B. $R = 0{,}1\ \Omega$) für die Stromstärke verantwortlich (Abb. 3).

Die dazugehörige Spannung bei der Resonanzfrequenz darf 3 % der Spannung von 230 V betragen.

$\Rightarrow U_0 = 6{,}9\ \text{V}$

Die Stromstärke ergibt sich dann mit:

$$I_0 = \frac{U_0}{R} \qquad \underline{\underline{I_0 = 69\ \text{A}}}$$

Dieser Wert führt zu einer zusätzlichen und erheblichen Belastung der Kondensatoren.

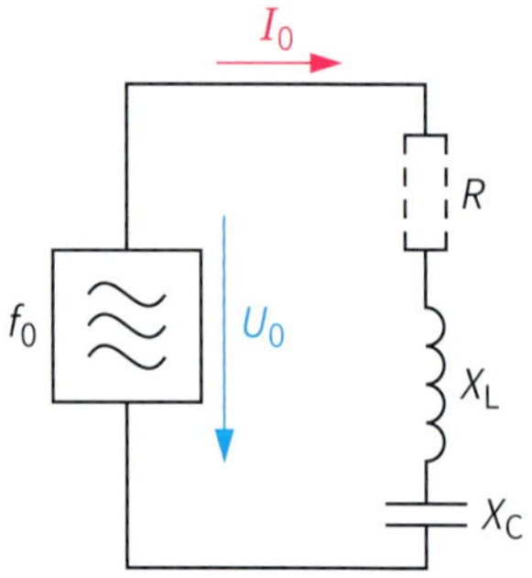

3 Resonanz

Für die Ermittlung der Resonanzfrequenz in Energieversorgungsnetzen werden Näherungsformeln verwendet, in denen die Transformatorleistung, die Kompensationsleistung, die Netzfrequenz und die relative Kurzschlussspannung des Transformators vorkommen.

Die Tabelle in Abb. 4 zeigt beispielhaft den Zusammenhang zwischen der Kondensatorleistung und der Netzresonanzfrequenz.

Q_C in kvar	f_0 in Hz	Q_C in kvar	f_0 in Hz
50	724	200	362
100	512	250	324
150	418	300	295

4: Kondensatorblindleistung und Netzresonanzfrequenz

Resonanzprobleme in der Energietechnik werden gelöst, indem man durch geeignete Schaltungsmaßnahmen die Resonanzfrequenz des Netzes zu tieferen Frequenzen hin verschiebt. Verwendet werden dazu **Drosseln** [*chokes*], die in Reihe mit den Kompensationskondensatoren geschaltet werden (**Verdrosselung** [*choking*], Abb. 5). Die dadurch erzielbaren Resonanzfrequenzen liegen dann zwischen 134 Hz ... 214 Hz.

Verdrosselung

Der Grad der Verdrosselung wird durch den **Verdrosselungsfaktor** [*choking factor*] ***p*** angegeben. Er ist die Verhältniszahl der Kompensationsblindwiderstände X_L und X_C und wird in Prozent angegeben.

$$p = \frac{X_L}{X_C} \cdot 100\,\%$$

Wenn der Verdrosselungsfaktor bekannt ist, kann die Resonanzfrequenz der Kompensationsanlage f_0 mit folgender Formel berechnet werden:

$$f_0 = f_n \cdot \sqrt{\frac{1}{p}}$$

f_n: Netzfrequenz

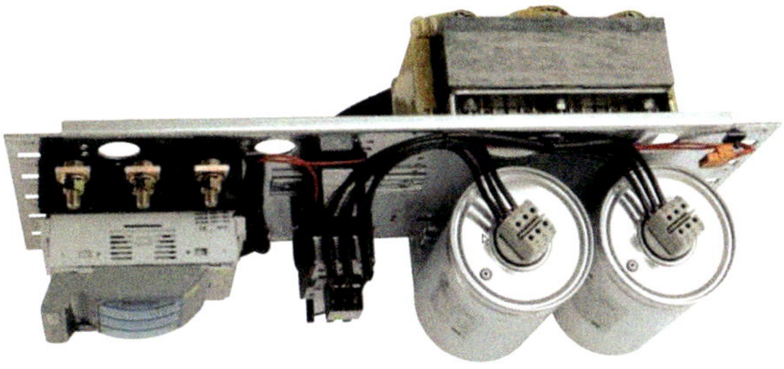

5: Verdrosselte Kondensatoren

Verdrosselungsfaktor *p*

Die Formel für den Verdrosselungsfaktor lässt sich aus der allgemeinen Definition und der allgemeinen Formel für die Resonanzfrequenz f_0 herleiten.

Ausgangsformel: $p = \frac{X_L}{X_C}$

Resonanzfrequenz: $f_0 = \frac{1}{2 \cdot \pi \sqrt{L \cdot C}}$

$$p = 2 \cdot \pi \cdot f_n \cdot L \cdot 2 \cdot \pi \cdot f_n \cdot C$$

$$L \cdot C = \frac{1}{4 \cdot \pi^2 \cdot f_0^2}$$

$$p = 4 \cdot \pi^2 \cdot f_n^2 \cdot L \cdot C$$

$$p = \frac{4 \cdot \pi^2 \cdot f_n^2}{4 \cdot \pi^2 \cdot f_0^2}$$

$$p = \frac{f_n^2}{f_0^2} \qquad f_0 = f_n \cdot \sqrt{\frac{1}{p}}$$

f_0: Resonanzfrequenz (bei $X_L = X_C$)

f_n: Netzfrequenz (50 Hz)

Für die Drosseln der Kompensationskondensatoren werden Standardwerte verwendet. In der Abb. 6 sind diese mit den sich ergebenden Resonanzfrequenzen aufgeführt ($f_n = 50$ Hz).

Verdrosselungsfaktor *p* in %	Resonanzfrequenz f_0 in Hz
5,5	214
7	189
8	176
12,5	141
14	134

6: Verdrosselungsfaktor und Resonanzfrequenz

- Bei verdrosselten Kompensationsanlagen wird zu jedem Kondensator eine Drossel in Reihe geschaltet.
- Der Verdrosselungsfaktor *p* ist das prozentuale Verhältnis von X_L zu X_C.
- Für die Verdrosselung von Kompensationskondensatoren werden Standardwerte verwendet (z. B. 5,5 %, 7 % und 14 %).

Unverdrosselte und verdrosselte Kompensationskondensatoren

Der Unterschied bei der Verdrosselung wird deutlich, wenn der Scheinwiderstand *Z* in Abhängigkeit von der Frequenz *f* dargestellt wird (Abb. 1). Bei unverdrosselten Kondensatoren verhält sich der Blindwiderstand umgekehrt proportional zur Frequenz. Es gilt für den ganzen Frequenzbereich:

f größer ⇒ *Z* kleiner ①

Verdrosselte Kondensatoren zeigen ein anderes Verhalten. Von der Resonanzfrequenz ② aus steigt der Widerstand *Z* mit zunehmender Frequenz *f* an ③.

Aus dem Diagramm wird auch deutlich, dass bei dieser 7 %igen Verdrosselung der Reihenschwingkreis sein Widerstandsminimum bei 189 Hz hat. Oberschwingungen in diesem Frequenzbereich werden gewissermaßen „abgesaugt". Verdrosselte Kompensationskondensatoren sorgen also neben der Verschiebung der Netzresonanzfrequenz auch für die Qualitätsverbesserung der Netzspannung (**„Netzreinigung"**).

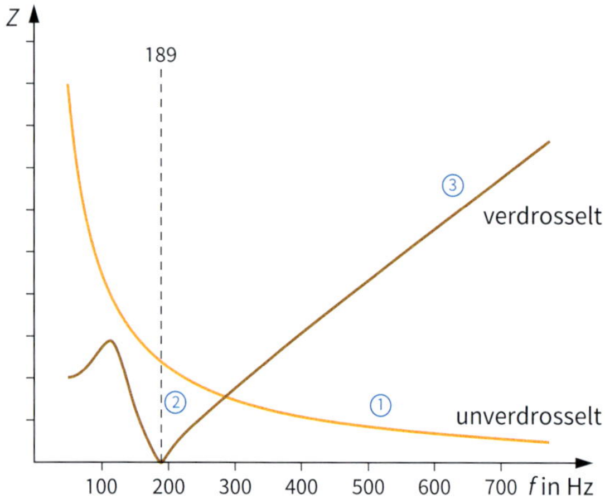

1: Unverdrosselte und verdrosselte Kondensatoren

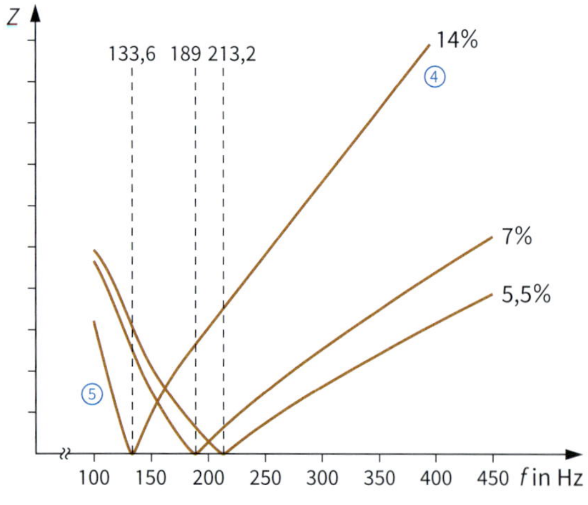

2: Scheinwiderstand verdrosselter Kondensatoren bei verschiedenen Verdrosselungsfaktoren

Wie sich die Kurven für verschiedene Verdrosselungsfaktoren verändern, zeigt Abb. 2. Je höher der Verdrosselungsfaktor ④, desto kleiner die Resonanzfrequenz ⑤ und je steiler der Widerstandsverlauf oberhalb der Resonanzfrequenz.

Die Kurvenverläufe in Abb. 2 machen auch deutlich, dass je nach Netzaufbau und gegebenenfalls unterschiedlichen Belastungen verschiedene Kompensationsmaßnahmen ergriffen werden müssten. Sinnvoll ist deshalb der Einsatz von **Kombifiltern** *[combination filters]*, bei denen stufig verschiedene verdrosselte Kompensationskondensatoren zu- bzw. abgeschaltet werden können (Abb. 3).

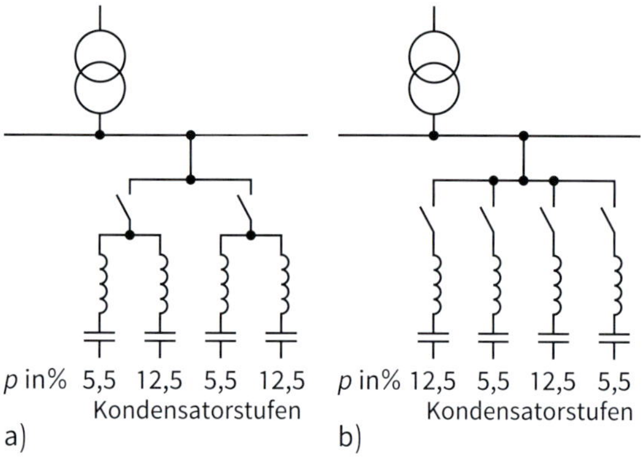

3: Beispiele für Kombifilter

Aufgaben

1. Erklären Sie das grundsätzliche Verfahren zur Kompensation von rein sinusförmigen Belastungen.
2. Was muss bei der Kompensation bedacht werden, wenn nichtlineare Objekte mit Oberschwingungen im Netz vorhanden sind?
3. Ermitteln Sie aus Abb. 1 bei der 7. Netzoberschwingung den relativen Unterschied zwische den Scheinwiderständen einer verdrosselte und unverdrosselten Kompensationsanlage.
4. Welche Unterschiede bestehen, wenn in einem Netz die 5. Oberschwingung vorkommt und die Kompensationsgrade 5,5 %, 7 % und 14 % betragen (s. Abb. 2)?
5. Erklären Sie die Unterschiede der in Abb. 3 dargestellten Kombifilter.

- Verdrosselte Kompensationskondensatoren sind Serienschwingkreise (Saugkreise), die für bestimmte Oberfrequenzen einen kleinen Widerstand darstellen.
- Durch stufig schaltbare Kombifilter lassen sich die Kompensationsmaßnahmen den Erfordernissen anpassen.

10.5.4 Kompensation und Rundsteuersignale

Um z. B. Zweitarifzähler bei Nachtspeicherheizungen, Wärmepumpen und Straßenbeleuchtungen zu steuern, senden Energieversorgungsunternehmen **Rundsteuersignale** [*ripple control signals*] (Tonfrequenzen, TF-Signale) aus. Diese Signale sind der Netzspannung überlagert und liegen je nach VNB zwischen 165 Hz und 1350 Hz.

4: Rundsteuerempfänger

In Rundsteuer-Empfängern (Abb. 4) werden die Signale aufgenommen und dann entsprechende Schaltungen ausgelöst. Wichtig ist dabei, dass die Signale mit einer ausreichend hohen Spannung beim Empfänger ankommen.

Kondensatoren – unverdrosselt oder verdrossselt – wirken dabei wie Saugkreise und würden den Empfang der Signale erheblich schwächen. Aus diesem Grunde werden **Tonfrequenzsperrkreise** [*audio frequency lock-out circuits*] als TF-Sperren in Reihe zu den Kompensationsanlagen geschaltet (Abb. 5).

Sperrkreise sind **Parallelschwingkreise** [*parallel resonant circuits*], bei denen Kondensator und Spule parallel liegen. Bei der jeweiligen Resonanzfrequenz entsteht ein hoher Wirkwiderstand, sodass die Signale durch die Kompensationsanlage (Serienschwingkreis) nicht beeinträchtigt werden.

In Abb. 6 ist beispielhaft das Widerstandsverhalten einer verdrosselten Kompensationsanlage mit einer TF-Sperre in Abhängigkeit von der Frequenz dargestellt. Die Frequenz der Rundsteuersignale beträgt hier 216 2/3 Hz. Die Kompensationsanlage ist mit 7 % verdrosselt.

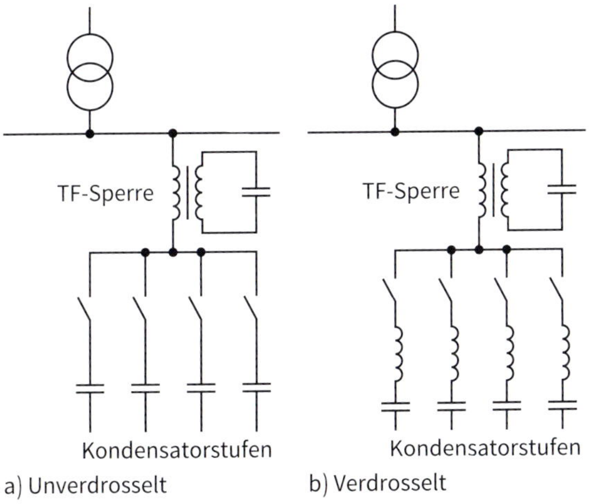

5: Kompensation und Tonfrequenzsperrkreis

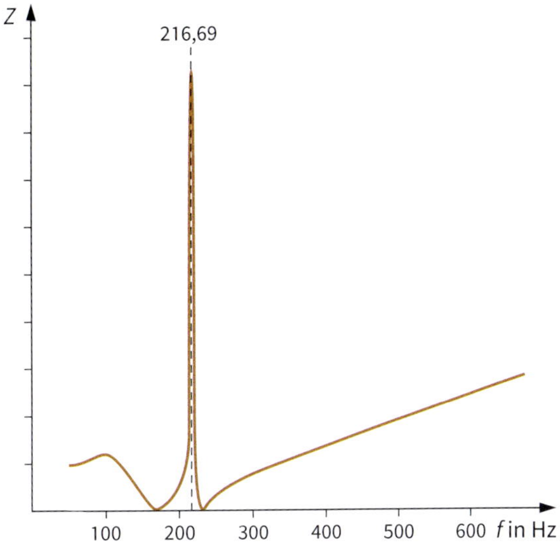

6: Widerstandsverhalten einer Kompensationsanlage (verdrosselt) mit TF-Sperre

Empfehlungen der VNBs

Die meisten VNBs lassen mit Einschränkungen noch unverdrosselte Kompensationsanlagen zu. Allerdings muss gewährleistet sein, dass der Empfang der Rundsteuersignale nicht beeinträchtigt wird. Wenn TF-Signale mit höheren Frequenzen ausgesendet werden (z. B. > 750 Hz), treten bei unverdrosselten Anlagen keine Probleme auf. Die Blindwiderstände in den Anlagen sind ausreichend groß, sodass keine Spannungsabsenkungen auftreten.

Bei der Verwendung von Rundsteuersignalen mit niedrigeren Tonfrequenzen sind dagegen hochverdrosselte Kompensationsanlagen erforderlich, damit diese den Empfang nicht vermindern bzw. vollständig unterbinden. Nachteilig ist dabei, dass die „Netzreinigung" von Oberschwingungen geringer ausfällt. Niedrig verdrosselte Anlagen wären dann vorteilhafter.

Aus diesem Grunde empfehlen VNBs bei Neuinstallationen niedrig verdrosselte Kompensationsanlagen mit vorgeschalteten Parallelschwingkreisen als Tonfrequenzsperren.

- Ein Tonfrequenzsperrkreis besteht aus einem Parallelschwingkreis (Induktivität und Kapazität parallel), der auf die Rundsteuerfrequenz abgestimmt ist.
- Die TF-Sperre wirkt bei der Resonanzfrequenz wie ein großer Widerstand.
- Tonfrequenzsperrkreise werden vor die Kompensationsanlage geschaltet. Sie verhindern, dass Rundsteuersignale durch die Kompensationsanlage verkleinert bzw. vollständig abgesaugt werden.

10.5.5 Anlagenerweiterung durch aktives Filter

Auf Grund der vorangegangenen Ausführungen kann jetzt entschieden werden, welche Kompensationsmaßnahme für die neu zu installierenden Motoren mit ihren Frequenzumrichtern in der Produktionshalle der Maschinenfabrik (vgl. Kap. 10.5.1) in Frage kommt. Da Oberschwingungen auftreten, müssen auf jeden Fall verdrosselte Kondensatoren installiert werden.

Da aber bereits in der Produktionshalle unverdrosselte Kondensatoren verwendet werden, können bei der Installation verdrosselter Kondensatoren folgende Probleme auftreten:

- An den unverdrosselten Kondensatoren kann es zu einer Spannungserhöhung (Serienschwingkreis) kommen. Die Spannungserhöhung ist um so größer, je höher der Verdrosselungsfaktor für die Neuinstallation gewählt wurde.
- Eine Nachverdrosselung der vorhandenen Kondensatoren sollte nicht vorgenommen werden, da auf Grund der Spannungserhöhungen Überlastungen auftreten können. Ein Austausch der Kondensatoren wäre erforderlich.
- Die Kapazität von Kondensatoren verringert sich im Laufe der Jahre altersbedingt. Wenn man jetzt Drosseln in Reihe schaltet, verschieben sich die Resonanzfrequenzen. Unerwünschte Belastungen wären die Folge.

Aus diesen Gründen schlägt die Fa. Huber vor, in der bestehenden Anlage ein aktives Leistungsfilter einzubauen.

Funktion aktiver Leistungsfilter

Über Strom-/Spannungswandler (Abb. 2 ①) wird mit einer elektronischen Schaltung der aktuelle Stromverlauf ständig erfasst. Je nach abgetastetem Wert wird dem Netz über eine Brückenschaltung und eine Drossel ② ein Strom um 180° phasenverschoben hinzugefügt. Ein positiver Störstrom wird also durch einen negativen Strom aufgehoben und umgekehrt.

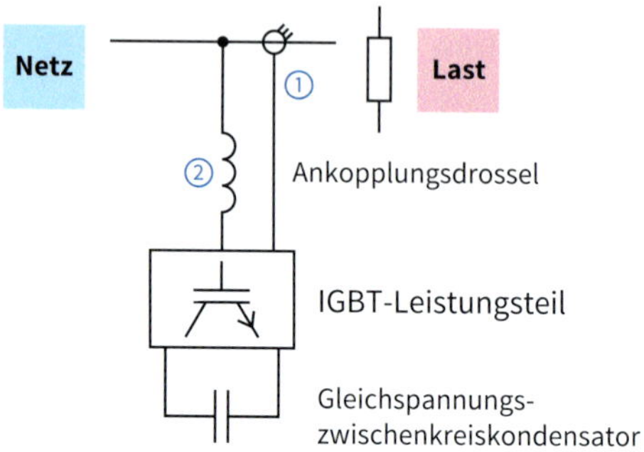

2: Aufbau eines aktiven Filters

In Abb. 1a ist beispielsweise ein typischer Stromverlauf der Grundschwingung von 50 Hz mit Oberschwingungen dargestellt. Um wieder einen sinusförmigen Kurvenverlauf (Abb. 1c) zu erhalten, wird der erforderliche Kompensationsstrom in Abb. 1b hinzugefügt. Das Netz wird jetzt nur noch mit der Stromstärke der Grundschwingung von 50 Hz belastet.

Aufgaben

1. Beschreiben Sie das Widerstandsverhalten eines Schwingkreises bei Serien- und Parallelresonanz.
2. Erklären Sie den Unterschied zwischen einer aktiven und einer passiven Filterung.
3. Warum können aktive Filter mit passiven Kompensationseinrichtungen in einer Anlage gemeinsam eingesetzt werden?

- Unverdrosselte und verdrosselte Kompensationsanlagen dürfen nicht in einer Anlage gemeinsam installiert werden.
- Aktive Filter speisen zur Kompensation in das Netz Ströme mit verschiedenen Frequenzen und Phasenlagen ein.

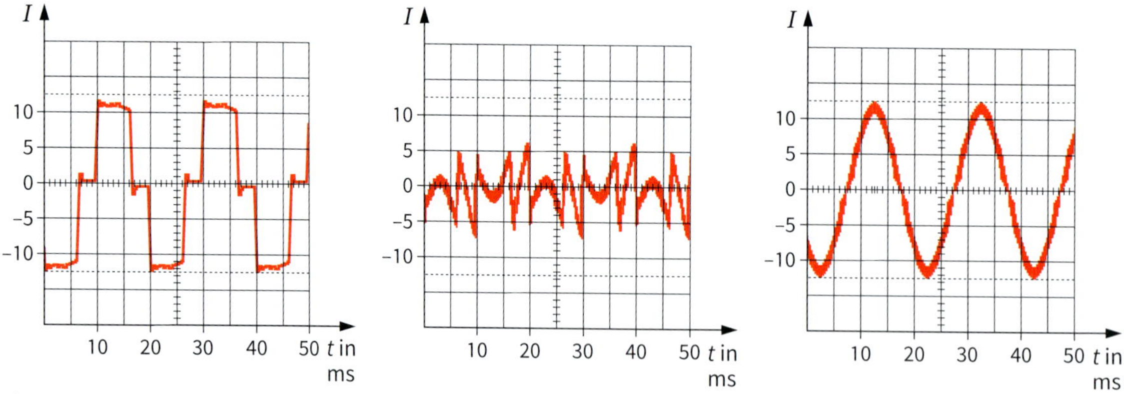

a) Stromverlauf mit Oberschwingungen
b) Invertierter Stromverlauf der Oberschwingungen
c) Sinusförmiger Stromverlauf bei Kompensation

1: Aktive Filterung von Oberschwingungen

11 Automatisierte Anlagen

11.1 Analyse einer Steuerung

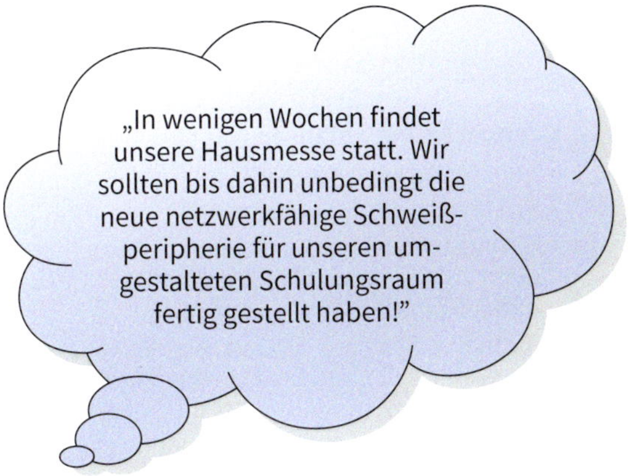

4: Analyse der bestehenden Anlage

Mit diesen Worten wendet sich ein Mitarbeiter von der Firma Carl Cloos Schweißtechnik an Herrn Arhelger, den zuständigen Ausbildungsleiter. Die Auszubildenden zum Elektroniker für Betriebstechnik besichtigen gemeinsam mit ihm eine vergleichbare Anlage in einer der Fertigungshallen und bekommen vom Anlagenbediener eine Funktionsbeschreibung ausgehändigt (vgl. S. 442, Abb. 1).

Die Auszubildenden führen eine Analyse der Anlage durch (Abb. 4) und stellen fest, dass die Signale aller Bedienelemente und Sensoren (Eingabebaugruppen) durch eine spezielle **Robotersteuerung** [*robot control*] (Verarbeitungsbaugruppe) verarbeitet werden. Neben der eigentlichen Roboterbewegung steuert sie auch die Zylinder und Signalelemente (Ausgabebaugruppen).

Da auf der Hausmesse die Schweißperipherie mit dem neuesten Stand der Technik präsentiert werden soll, ist eine Umstellung der Steuerung notwendig.

Im Gegensatz zur alten Anlage soll die neue Schweißperipherie im Schulungsraum über ein Touch-Panel bedient werden und zusätzlich eine Vernetzung mit anderen Anlagen möglich sein. Die Auszubildenden wählen für die neue Anlage im Schulungsraum eine speicherprogrammierbare Steuerung (SPS), mit der dies realisierbar ist.

Der mechanische Aufbau der Schweißperipherie wird nicht verändert. Die während der Analyse entwickelte Mind-Map (Abb. 3) bezieht sich vor allem auf die Veränderung der Verarbeitungsbaugruppe. In den folgenden Kapiteln wird dies näher erläutert.

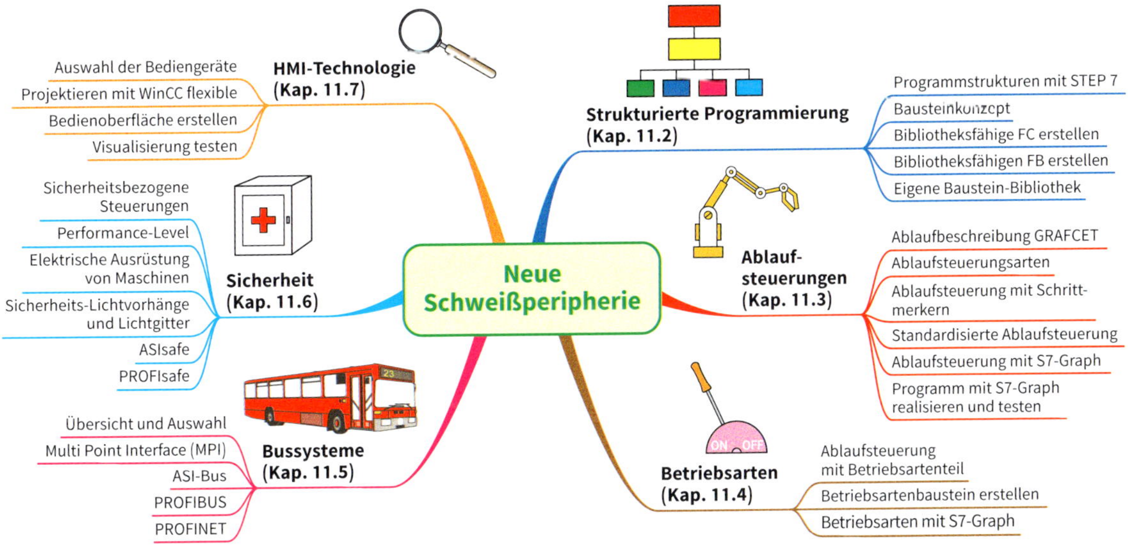

3: Optimierung der Schweißperipherie

Welche Aufgabe hat die Schweißperipherie?

Im Schulungsraum der Firma Cloos werden Kunden und eigene Mitarbeiter mit dem Umgang von Schweißrobotern geschult. Mit der neuen Anlage soll neben der speziellen Roboterprogrammierung auch das Zusammenspiel zwischen Roboter und SPS-gesteuerter Peripherie vermittelt werden.

Die Schweißperipherie dient dazu, zwei Distanzringe miteinander zu verschweißen (Abb. 1). Sie werden zwei Magazinen entnommen und positioniert.

Der Schweißroboter fährt den fest definierten Verbindungspunkt der beiden Distanzringe an und verschweißt sie.

Funktionsbeschreibung
Schweißperipherie für Distanzringe

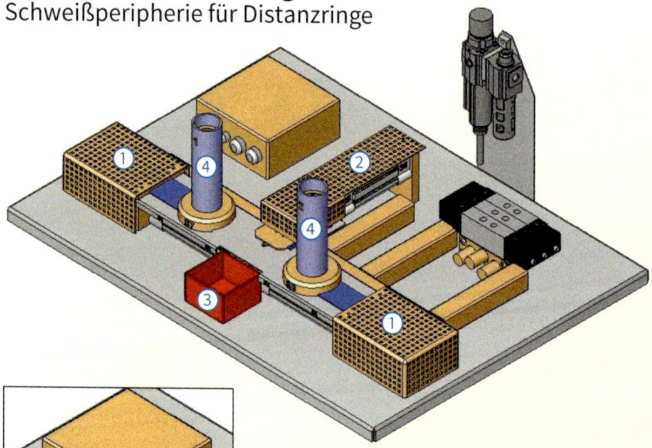

Grundstellung anfahren
- Starttaster wird betätigt.
- Spannzylinder ① fahren zurück.
- Der Auswerfzylinder ② schiebt eventuell noch vorhandene Distanzringe in den Behälter ③ und fährt wieder zurück.
- Induktive Sensoren prüfen, ob die Magazine ④ gefüllt sind. Sind sie leer, müssen sie mit Distanzringen von Hand gefüllt werden.
- Der Schweißroboter fährt in die Startposition.

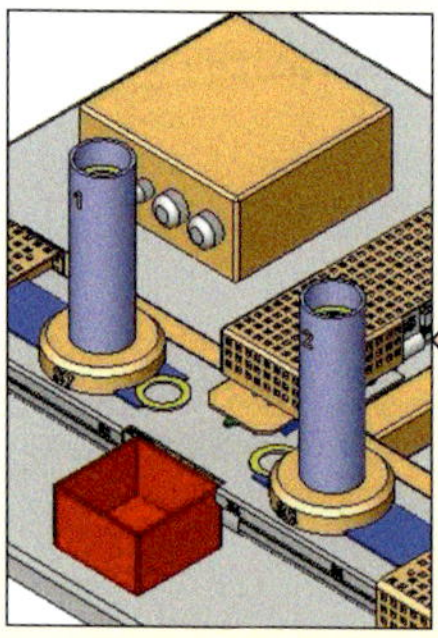

Distanzringe spannen
- Starttaster wird erneut betätigt.
- Spannzylinder fahren vor.
- Distanzringe werden gespannt.
- Reedschalter fragen die vordere Endlage der Spannzylinder ab.

Distanzringe schweißen
- Schweißroboter fährt den programmierten Schweißpunkt an und startet den Schweißvorgang.
- Schweißroboter fährt in die Startposition zurück.

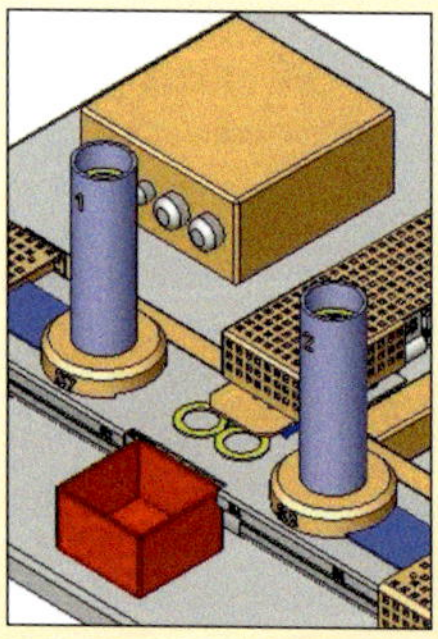

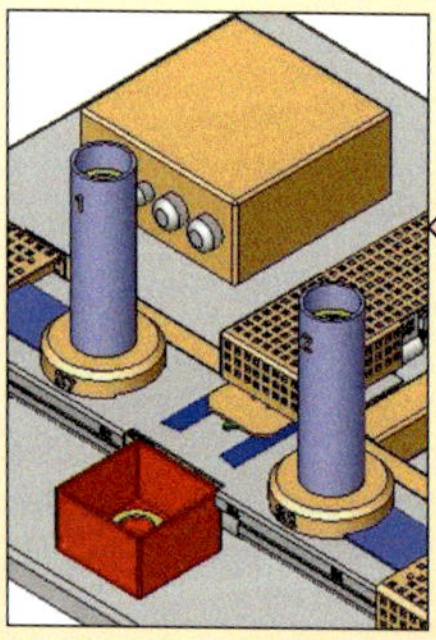

Auswerfen der Distanzringe
- Spannzylinder fahren zurück.
- Reedschalter fragen die hintere Endlage der Spannzylinder ab.
- Durch den Rückhub der Spannzylinder werden gleichzeitig neue Distanzringe aus dem Magazin geladen.
- Auswerfzylinder schiebt die geschweißten Distanzringe in einen Behälter und fährt wieder in die Ausgangsstellung zurück.
- Ablauf startet selbstständig wieder neu, bis in einem der beiden Magazine keine Distanzringe mehr vorhanden sind.

1: Funktionsbeschreibung der Schweißperipherie

11.2 Strukturierte Programmierung

11.2.1 Programmstrukturen mit STEP 7

Die angehenden Elektroniker sollen das Steuerungsprogamm der Schweißperipherie in strukturierter Form entwickeln, damit es für gleichartige Aufgaben wiederverwendbar ist.

Die Übersicht (Abb. 2) zeigt die Möglichkeiten der Programmstrukturen mit STEP 7 (vgl. Kap. 7).

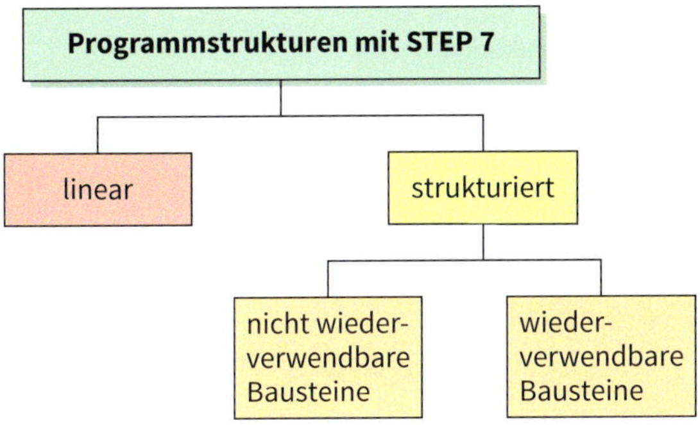

2: Übersicht

Lineares Programm

Das gesamte Programm befindet sich im Organisations-
baustein OB1 (Abb. 3a). In jedem CPU-Zyklus werden die Anweisungen nacheinander abgearbeitet. Im Programm werden die SPS-Operanden verwendet. Sie sind überall im S7-Programm bekannt und gültig und heißen deshalb **globale Variablen** *[global variables]* ①, ②.

Lineare Programme haben meist eine einfache Struktur. Bei komplexeren Steuerungen geht jedoch leicht der Überblick verloren.

Strukturiertes Programm

Ein strukturiertes Programm ist in Bausteine aufgeteilt (z. B. Funktionen FCs, Funktionsbausteine FBs). Das Hauptprogramm steht im OB1, von dem aus die Bausteine mit ihren Teilprogrammen aufgerufen werden.

FCs und FBs können dabei nicht wiederverwendbar (Abb. 3b) oder wiederverwendbar programmiert sein (Abb. 3c).

- Nicht wiederverwendbare FCs und FBs sind mit globalen Variablen programmiert ③. Soll die gleiche Aufgabe wie z. B. in FC1 mit anderen SPS-Operanden ausgeführt werden, muss eine neue Funktion FC2 erstellt und aufgerufen werden ④.
- Wiederverwendbare FCs und FBs sind mit **lokalen Variablen** *[local variables]* programmiert und deshalb für gleichartige Aufgaben auch in anderen SPS-Programmen nutzbar.

Lokale Variablen werden im wiederverwendbaren Baustein festgelegt und sind nur im Bausteinprogramm gültig. Ihr Erkennungsmerkmal ist das vorangestellte **Rautezeichen** "#" (z. B. #EIN). Nur mit diesen lokalen Variablen wird das Bausteinprogramm erstellt ⑤.

Im OB1 werden den lokalen Variablen des Bausteins globale Variablen des Hauptprogramms zugewiesen, also anlagenbezogene SPS-Ein- und Ausgänge. Diese Zuweisung heißt **Parametrierung** *[parametrization]*. In der Sprache AWL ist dies eine Parameterliste ⑥. Wird z. B. FC1 im weiteren Programmverlauf nochmals aufgerufen, aber mit geänderter Parameterliste, führt die Funktion FC1 die gleiche Aufgabe mit anderen SPS-Operanden aus ⑦.

Wiederverwendbare Bausteine können in einer selbsterstellten Bausteinbibliothek gespeichert werden. Sie heißen deshalb auch **bibliotheksfähige Bausteine** *[library capable blocks]*. STEP 7 besitzt fertige Standardbibliotheken für häufig benötigte Aufgaben, z. B. Bausteine für Regler, AD- oder DA-Wandler usw.

- In einem strukturierten Programm wird eine komplexe Steuerung übersichtlich gestaltet.
- Nicht wiederverwendbare FCs und FBs arbeiten mit globalen Variablen.
- Wiederverwendbare Bausteine arbeiten nur mit lokalen Variablen und sind deshalb bibliotheksfähig.

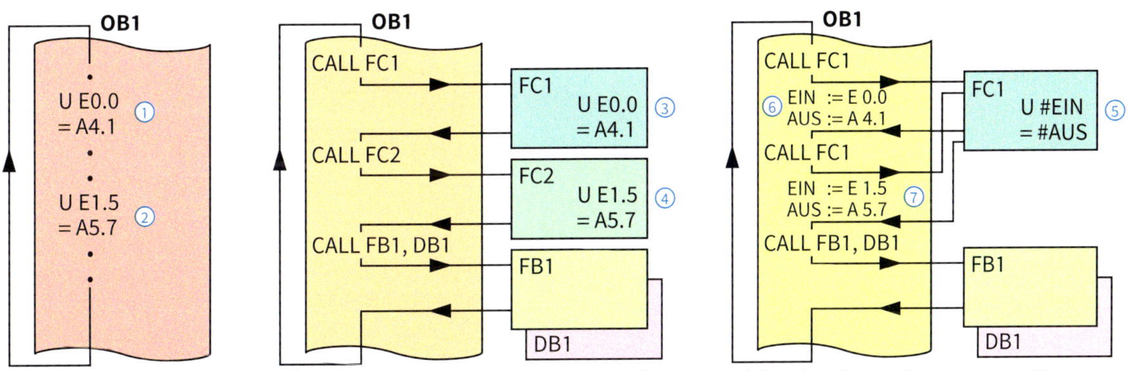

a) Lineares Programm

b) Strukturiertes Programm mit nicht wiederverwendbaren Bausteinen

c) Strukturiertes Programm mit wiederverwendbaren Bausteinen

3: Programmstrukturen

11.2.2 Bausteinkonzept

Das Bausteinkonzept von STEP 7 in Abb. 1 dient dazu, das Anwenderprogramm zu strukturieren, d. h. in einzelne Programmabschnitte (Bausteine) aufzuteilen. Reihenfolge und Schachtelungstiefe der Bausteinaufrufe sind CPU-abhängig.

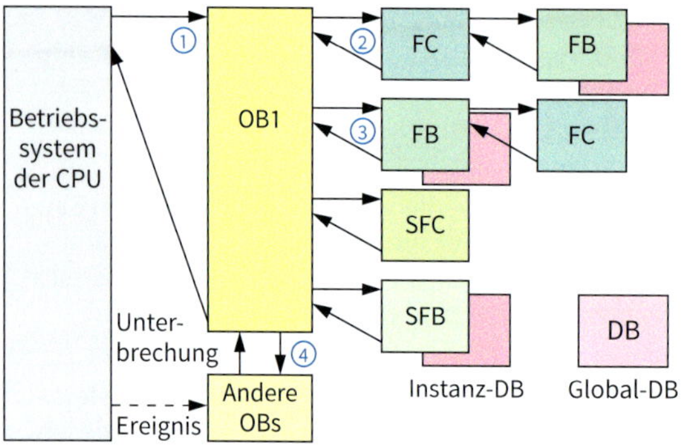

1: Beispiel für Bausteinaufrufe in STEP 7

Bausteine

In STEP 7 werden **Codebausteine** und **Datenbausteine** unterschieden (Abb. 2). Codebausteine enthalten die Anweisungen des Anwenderprogramms, Datenbausteine die zugehörigen Anwenderdaten.

Es gibt zwei Gruppen von Codebausteinen:

- Organisationsbausteine (OB) kann der Anwender nicht durch Programmanweisungen aufrufen. Sie werden bei festgelegten Ereignissen vom Betriebssystem gestartet.
- Die Codebausteine FC, FB, SFC und SFB müssen durch Anweisungen aufgerufen werden.

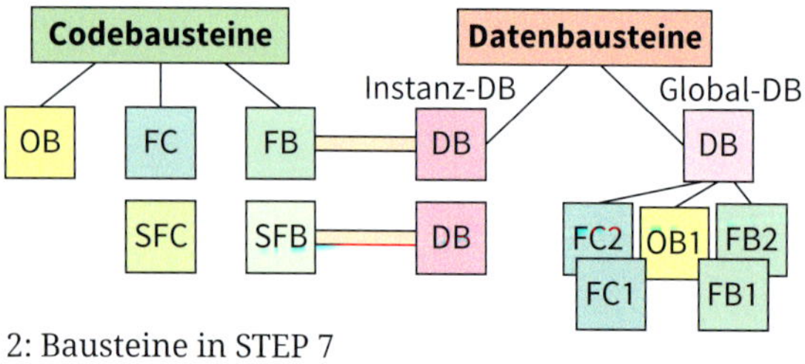

2: Bausteine in STEP 7

Organisationsbausteine (OB)

Organisationsbausteine sind die Software-Schnittstellen zwischen dem Betriebssystem der CPU und dem Anwenderprogramm. Der OB1 sorgt für die zyklische Programmbearbeitung (Abb. 1, ①). In ihm können andere Codebausteine wie FCs ② und FBs ③ aufgerufen werden.

Andere OBs werden bei besonderen Ereignissen vom Betriebssystem aufgerufen (z. B. Alarme) und unterbrechen die Programmausführung von OB1 ④. OBs sind nach einer festgelegten Priorität gestaffelt.

Der OB1 hat die niedrigste Priorität und kann von anderen OBs in der Programmausführung unterbrochen werden (z. B. OB100: Anlaufüberwachung der SPS).

Funktionen (FC)

FCs eignen sich vornehmlich für Hilfsdienste, z. B. für Berechnungen und Binärverknüpfungen, bei denen nur das Ergebnis benötigt wird. Deshalb hat eine Funktion keinen eigenen Datenspeicher. Wird der Baustein verlassen, sind alle internen Daten verloren. Eine FC ist immer dann ausreichend, wenn

- keine Daten bis zum nächsten Bausteinaufruf intern erhalten bleiben müssen oder
- Signalzustände in den SPS-Operanden des Hauptprogramms gespeichert werden.

Funktionsbausteine (FB)

Ein Funktionsbaustein hat einen eigenen Datenspeicher. Dies ist ein Datenbaustein, z. B. für Signalzustände von RS-Speichergliedern sowie Werte von Zähl- und Zeitfunktionen.

Ein FB wird dann erforderlich, wenn

- Daten für den nächsten Bausteinaufruf intern erhalten bleiben müssen (z. B. als Merker) oder
- das Speichern in SPS-Operanden unerwünscht ist.

Datenbausteine (DB)

Ein Instanz-DB speichert Daten des zugeordneten Funktionsbausteins. Ein Global-DB dagegen ist ein gemeinsamer Datenspeicher für OBs, FBs und FCs.

Systemfunktionen (SFCs) und Systemfunktionsbausteine (SFBs)

Sie sind fertige Codebausteine vom Hersteller (z. B. Regler, AD- oder DA-Wandler).

Regeln für die strukturierte Programmierung

- Das Hauptprogramm im OB1 erstellen, für Teilaufgaben parametrierbare Bausteine verwenden (FC, FB, SFC und SFB).
- Globale Variablen nur im OB1 verwenden.
- In FC und FB nur lokale Variablen verwenden.
- In FC und FB niemals globale Variablen benutzen wie SPS-Eingänge, -ausgänge und Merker sowie Timer (T) und Zähler (Z).
- FCs und FBs vor OB1 erstellen.
- Instanz-DB einem FB zuordnen.

- Im OB1 wird der Steuerungsablauf für den Aufruf der Programmbausteine festgelegt.
- FCs und FBs sind bibliotheksfähig, wenn sie nur mit lokalen Variablen programmiert werden.
- Bibliotheksfähige Bausteine müssen zuerst erstellt werden, damit sie im aufrufenden Baustein bekannt sind.
- Ein Instanz-DB ist der interne Datenspeicher eines FB. Unterschiedliche Instanz-DBs ermöglichen seine Wiederverwendung für gleichartige Aufgaben.

11.2.3 Bibliotheksfähige FC erstellen

Am Beispiel der Absaugeinrichtung für die Schweißperipherie erklärt der Ausbildungsleiter, wie eine Schützsteuerung durch einen bibliotheksfähigen Baustein ersetzt wird (Abb. 3).

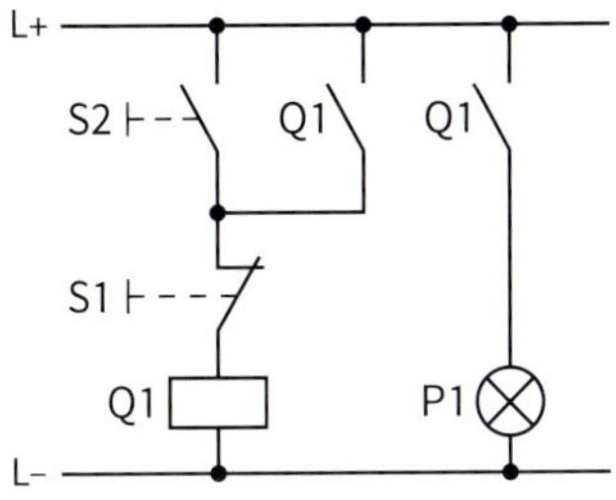

a) Schützsteuerung

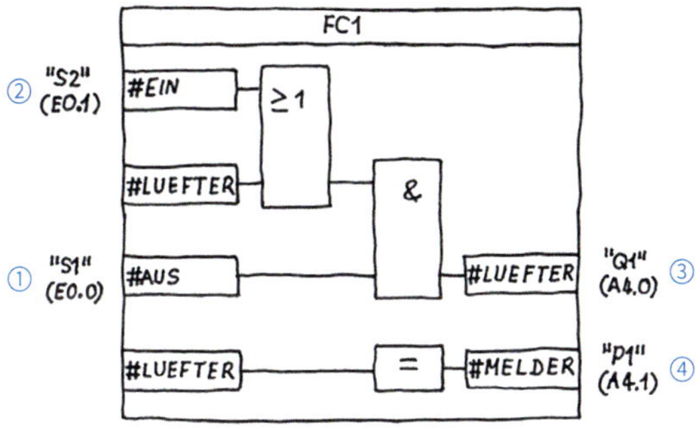

b) Bausteinskizze für FC1

3: Absaugeinrichtung für die Schweißperipherie

- **Warum eine FC wählen?**
  Analyse der Schützsteuerung (Abb. 3a):
  Die Selbsthalteschaltung mit S1, S2 und Q1 steuert den Lüfter. P1 ist der Betriebsmelder.
  Weil die Signalzustände von Q1 und P1 in den SPS-Operanden des Hauptprogramms im OB1 gespeichert werden können, ist eine FC ausreichend.
- **Schützsteuerung in FC umsetzen**
  Bausteinskizze (nicht genormt, Abb. 3b):
  Die FC1 ist mit lokalen Variablen erstellt. Die Operanden E0.0 ① und E0.1 ② (globale Variablen) liefern die Eingangssignale für #AUS bzw. #EIN. Die Signale von #LUEFTER und #MELDER werden in A4.0 ③ und A4.1 ④ gespeichert. In der Symboltabelle des OB1 können den Operanden symbolische Namen zugewiesen werden ("S1", "S2", "Q1", "P1").
  Statt mit den Logikbausteinen ist eine Realisierung mit einem SR-Speicherglied auch möglich.

Bibliotheksfähige FC in STEP 7

Eine bibliotheksfähige FC wird in vier Schritten erstellt und in das SPS-Programm eingebunden (Abb. 4).

1	**Funktion erzeugen**
2	**Lokale Variablen festlegen**
3	**Bausteinprogramm schreiben**
4	**Bausteinaufruf in OB1 erstellen**

4: Erstellen einer bibliotheksfähigen FC

Schritt 1: Funktion erzeugen

Nachdem im Simatic Manager das Projekt angelegt ist, wird die Funktion erzeugt (Abb. 5).

SM **Einfügen ⇒ S7-Baustein ⇒ Funktion**

Für den Namen FC1 kann ein symbolischer Name gewählt werden, z.B. "FC_Absaugung" ⑤, der automatisch in die Symboltabelle des Programms eingetragen wird. STEP 7 legt auch den Projektpfad fest ⑥. Er erscheint erst nach dem Abspeichern von FC1 und dem Aufruf der Objekteigenschaften im Fenster.

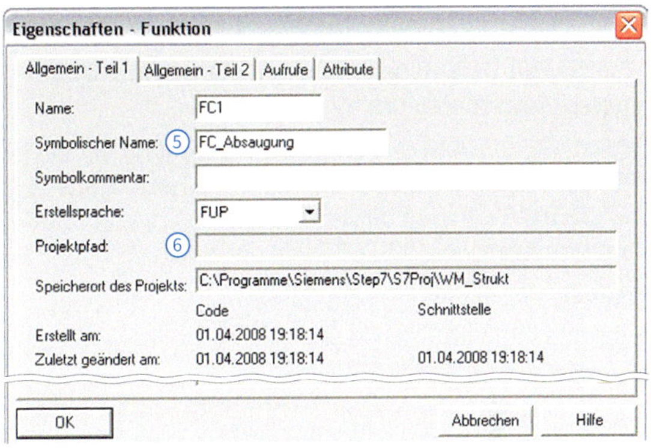

5: Eigenschaften der Funktion vorgeben

Schritt 2: Lokale Variablen festlegen (deklarieren)

Nach dem Öffnen wird die Funktion FC1 programmiert (Abb. 6). Sie hat einen **Deklarationsteil** bestehend aus Schnittstellenfenster ⑦ und Deklarationstabelle ⑧ sowie einen **Anweisungsteil** ⑨.

Im Schnittstellenfenster wird zunächst der Variablentyp gewählt, z. B. Typ IN. Danach wird in der Deklarationstabelle die lokale Variable mit Namen und Datentyp festgelegt, z. B. AUS, Datentyp Bool. Ein Kommentar ist optional. Das Schnittstellenfenster zeigt dann alle deklarierten lokalen Variablen der FC1 ohne # - Zeichen (Variablen nach Bausteinskizze Abb. 3b).

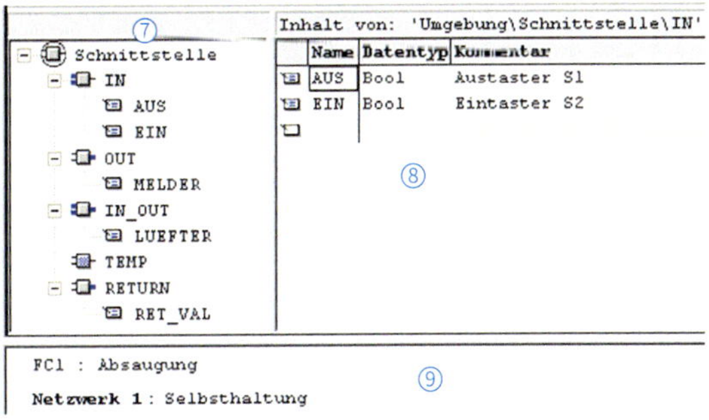

6: Bibliotheksfähige FC1 "FC_Absaugung"

- Eine FC hat einen Deklarationsteil und einen Anweisungsteil.
- Die Schnittstelle im Deklarationsteil gibt eine Übersicht über die lokalen Variablen.

Abb. 6 zeigt die lokalen Variablen einer Funktion.

- **Bausteinparameter** [*block parameters*] vom Variablentyp **IN**, **OUT** und **IN_OUT** und der festgelegte Ausgangsparameter RET_VAL vom Typ **RETURN** sind die Schnittstellen zum aufrufenden Baustein. Ruft der OB1 eine Funktion auf, werden die Werte der zugewiesenen SPS-Operanden übergeben. Dieser Vorgang heißt Parameterübergabe.
- **Lokalvariablen** vom Typ **TEMP** sind nur bausteinintern und nicht parametrierbar.

Jede Variable hat einen Datentyp, der ihre Speicherplatzgröße festlegt. Abb. 1 zeigt häufig benutzte Datentypen in STEP 7. Bit- und arithmetische Datentypen ①, ② sowie Zeit-Datentypen ③ heißen **elementare Datentypen** [*fundamental data types*].

Die Datentypen in STEP 7 stimmen weitgehend mit der SPS-Norm IEC1131-3 überein, außer S5TIME, TIMER und COUNTER. In den farblich gekennzeichneten Einklammerungen weicht STEP 7 von der Norm ab.

Hinweis: Bausteinparameter sollen groß geschrieben werden, Lokalvariablen klein.

Variablentyp	Verwendung
IN	**Eingangsparameter** Im Codebaustein sollen sie nur gelesen werden.
OUT	**Ausgangsparameter** Im Codebaustein sollen sie nur beschrieben werden.
IN_OUT	**Durchgangsparameter** Im Codebaustein können sie gelesen und beschrieben werden.
TEMP	**Lokalvariable** Interne temporäre Variable für Zwischenergebnisse während eines Bausteinaufrufs.
RETURN	**Ausgangsparameter** Wird nach Norm IEC 61131 programmiert, hat die Funktion nur den Rückgabewert RET_VAL.

2: Lokale Variablen einer Funktion in STEP 7

Datentyp	Erklärung	Größe	Schreibweise und Wertebereich
Bit-Datentypen ①			
BOOL	Boolesche Variablen	1 Bit	FALSE (0), TRUE (1)
BYTE	Bit-Folge und 8 Bit-Hex-Zahlen	8 Bit	(B#)16# 0…16#FF
WORD	Bit-Folge und 16 Bit-Hex-Zahlen	16 Bit	(W#)16# 0000…16#FFF
DWORD	Bit-Folge und 32 Bit-Hex-Zahlen	32 Bit	(DW#)16#0000_0000…16#FFFF_FFFF
CHAR	ASCII-Zeichen	8 Bit	„A" … „Z"
Arithmetische Datentypen ②			
INT	Ganze Zahlen – Festpunktzahlen –	16 Bit	–32768 … 0 … +32767
DINT	Ganze Zahlen – Festpunktzahlen –	32 Bit	L#–2147483648 … o … L#2147483647
REAL	Reelle Zahlen – Gleitpunktzahlen –	32 Bit	Dezimalzahl mit Punkt: 341.7 oder Exponentialdarstellung: 3.417 E+02
Zeit-Datentypen ③			
S5TIME	Zeitdauer – S5-Format –	16 Bit	S5T#0ms bis S5T#9990s
TIME	Zeitdauer – IEC-Format –	32 Bit	TIME#–24d20h31m bis TIME#+24d20h31m
DATE	Zeitdauer – IEC-Format –	16 Bit	D#2010-6-3
TIME OF DAY	Uhrzeit – Tageszeit –	32 Bit	TIME_OF_DAY#23:59:59,9
Parameter-Datentypen			
TIMER	Zeitglied (z. B. Everz)	16 Bit	T10 Wertebereich CPU-abhängig
COUNTER	Zähler (V, R, VR)	16 Bit	Z3 Wertebereich CPU-anhängig

1: Auswahl von Datentypen in STEP 7

Schritt 3: Bausteinprogramm schreiben

Abb. 3 zeigt das Bausteinprogramm von FC1. Es hat zwei Netzwerke mit lokalen Variablen.

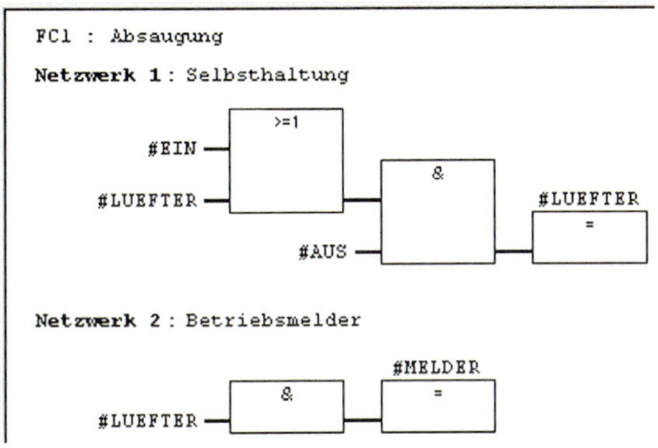

3: Anweisungsteil mit Bausteinprogramm

- **Netzwerk 1**: Selbsthalteschaltung
  #EIN und #AUS (Typ IN) lesen die Signalzustände der zugeordneten SPS-Eingänge (Globalvariablen) des OB1. Sie setzen bzw. rücksetzen die Variable #LUEFTER (Typ IN_OUT), die als Eingang auch für die Selbsthaltung sorgt.

  #LUEFTER schreibt ihren Wert in den zugeordneten SPS-Ausgang (Globalvariable). Von dort wird der Wert wieder in die FC1 gelesen. IN_OUT-Variablen dienen also dem Datentransfer in beide Richtungen.
- **Netzwerk 2**: Betriebsmelder
  Die lokale Variable #MELDER (Typ OUT) schreibt ihren Wert in den zugeordneten SPS-Operanden. Signalzustände von Globalvariablen bleiben auch nach Verlassen der Funktion FC1 gespeichert.

FC1 wird im Ordner "FC Bausteine" (links neben dem Anweisungsteil) gespeichert (Abb. 5).

Temporäre Lokalvariablen
TEMP-Variablen eignen sich nur für Zwischenergebnisse während des aktuellen Bausteinzykluses, weil danach der Speicherplatz wieder freigegeben wird. Wird im FC1-Programm "FC_Absaugung" der Durchgangsparameter #LUEFTER z. B. durch eine temporäre Lokalvariable gleichen Datentyps (z. B. #lü_temp) ersetzt, funktioniert das Programm scheinbar ebenso. Wird danach aber FC2 mit einer anderen temporären Lokalvariablen aufgerufen, überschreibt sie den Wert von #lü_temp. Das FC1-Programm ist gestört.

Ausgangsparameter RET_VAL
In STEP 7 kann eine Funktion beliebig viele Ausgänge haben, die ihre Werte an den aufrufenden Baustein zurückgeben. Die Funktion "FC_Absaugung" hat zwei Rückgabewerte (Werte der Parameter #LUEFTER und #MELDER).

Soll normgerecht programmiert werden, darf eine Funktion nur einen Wert über den vorgegebenen Ausgangsparameter #RET_VAL zurückgeben.

Schritt 4: Bausteinaufruf in OB1 erstellen

Der Bausteinaufruf in AWL erfolgt mit der Anweisung **CALL** ① (Abb. 4). Da eine Funktion keine Variablenwerte speichern kann, müssen beim Aufruf Werte zugewiesen werden.

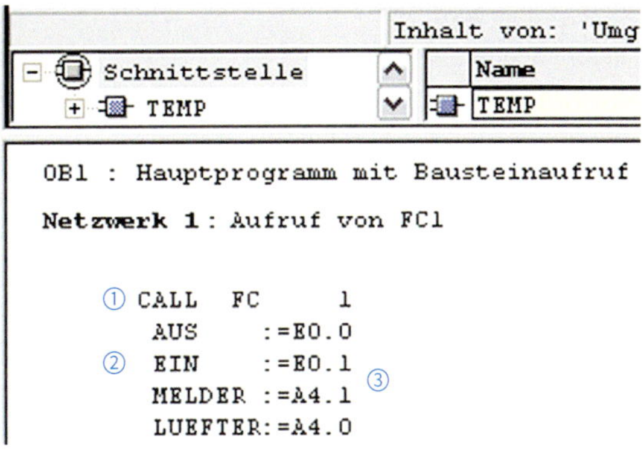

4: Bausteinaufruf mit Parameterliste in AWL

Die Parameter des Bausteins FC1 heißen **Formalparameter**. Die zugewiesenen Parameter des aufrufenden OB1 heißen **Aktualparameter**.

In der AWL erfolgt die Zuordnung in Form einer Parameterliste. Die Formalparameter (ohne #-Zeichen) stehen links vom Zuordnungszeichen ":=" ②, die Aktualparameter rechts davon ③. In symbolischer Darstellung dürfen die globalen SPS-Operanden des OB1 die gleichen Namen haben wie die Bausteinparameter. Allerdings müssen globale Symbole in Anführungszeichen stehen (Abb. 5).

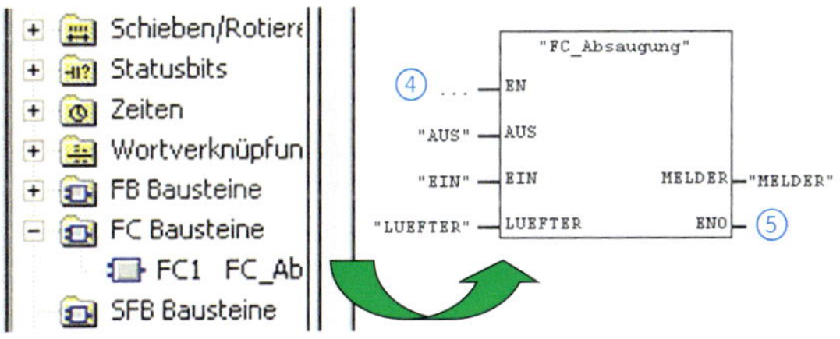

5: Bausteinaufruf in FUP und KOP

Für den Bausteinaufruf in FUP und KOP wird FC1 aus dem Ordner "FC Bausteine" in den Anweisungsteil von OB1 gezogen. Die Formalparameter stehen innerhalb der Box: Eingangs- und Durchgangsparameter links, Ausgangsparameter rechts. Die Aktualparameter werden außerhalb der Box zugeordnet.

Operanden EN und ENO
Die Operanden EN ④ ENO ⑤ sind für die Programmierung der FC nicht nötig. In komplexen Programmen kann man damit auf Laufzeitfehler reagieren.

- Eine FC hat keinen Speicher für Variablenwerte, deshalb müssen beim Aufruf den Formalparametern Aktualparameter zugewiesen werden.

11.2.4 Bibliotheksfähigen FB erstellen

Im Schulungsraum steht das Modell einer Fertigungszelle mit Schweißroboter. Bei dieser Projektarbeit der Auszubildenden ist die Steuerung mit Schützen und Elektronikmodulen aufgebaut. Teil der Gesamtschaltung ist die Schützsteuerung für die Freigabe des Roboters (Abb. 1). An diesem Beispiel wird erklärt, wie die Schützsteuerung durch einen bibliotheksfähigen Funktionsbaustein ersetzt wird.

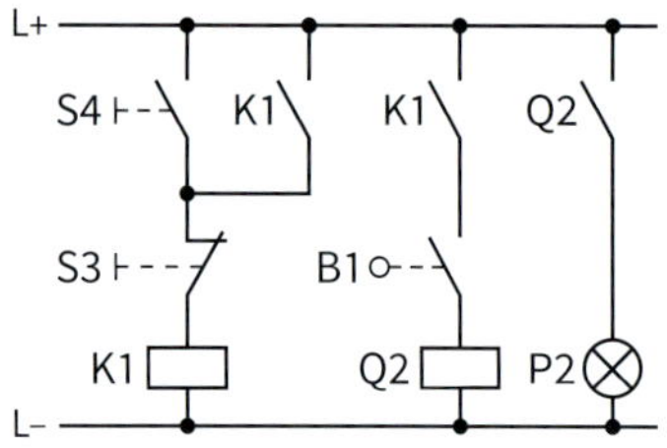

a) Schützsteuerung

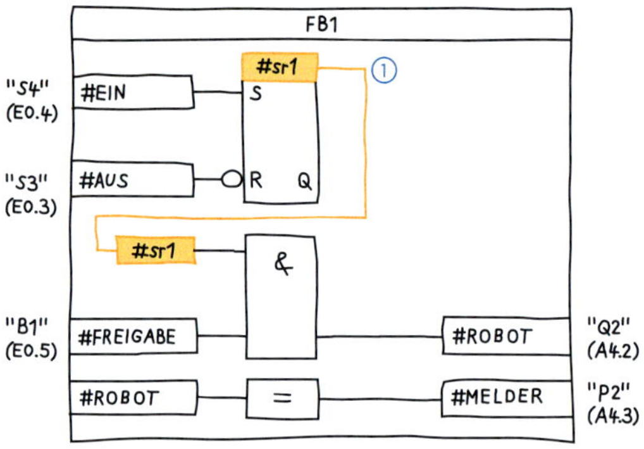

b) Bausteinskizze

1: Freigabeschaltung für den Schweißroboter

- **Warum einen FB wählen?**
  Die Analyse der Schützsteuerung (Abb. 1a) zeigt: Der Roboter arbeitet nur (Q2), wenn der Schweißbetrieb aktiviert ist (K1) und der Sensor B1 den Vorgang freigibt, sobald Material eingelegt ist. Ohne Material stoppt der Roboter. Ist es wieder vorhanden, arbeitet er von der letzten Position aus weiter. Der Melder P2 signalisiert den Schweißbetrieb. Weil Hilfsschütz K1 der Merker für die Aktivierung des Schweißbetriebes ist und im nächsten Bausteinaufruf benötigt wird, kommt nur ein **FB** in Frage.
- **Schützsteuerung in FB umsetzen**
  Bausteinskizze (nicht genormt, Abb. 1b): Die Selbsthalteschaltung wird als **interner Merker** mit dem SR-Speicher **#sr1** ① umgesetzt (K1). #sr1 speichert den Zustand bis zum nächsten Aufruf des FB. #Freigabe (B1) und #sr1 geben #ROBOT (Q2) frei. #Melder (P2) signalisiert den Schweißbetrieb.

Hinweis: Die Aktivierung des Schweißbetriebes könnte auch in einem Merker des OB1 (z. B. Globalvariable M10.0) gespeichert werden. Dann würde eine FC statt eines FB reichen. Dies ist aber schlechter Programmierstil. M10.0 kann dann im OB1 nicht mehr verwendet werden. Geschieht das doch, ergeben sich Programmfehler.

Bibliotheksfähiger FB in STEP 7

Ein bibliotheksfähiger FB wird in fünf Schritten erstellt und in das Programm eingebunden (Abb. 2).

Ein FB wird wie eine Funktion erstellt. Zusätzlich muss jedoch ein Datenbaustein zum Speichern interner Daten erzeugt werden. Dies kann zu verschiedenen Zeiten der FB-Erstellung erfolgen.

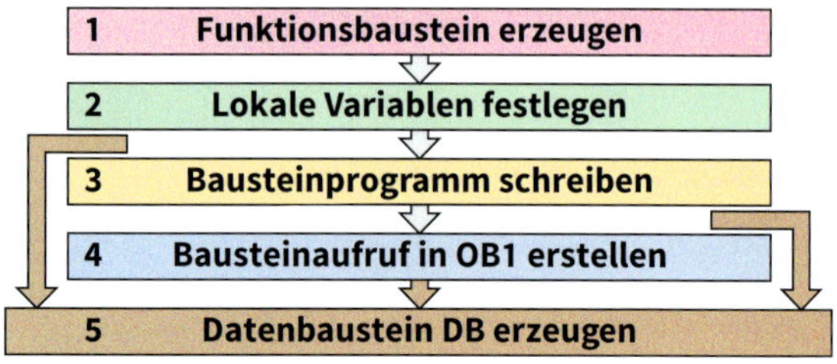

2: Erstellen eines bibliotheksfähigen FB

Schritt 1: Funktionsbaustein erzeugen

Im Simatic Manager wird im Projekt der FB1 erzeugt (Abb. 3).

SM **Einfügen ⇒ S7-Baustein ⇒ Funktionsbaustein**

Wie bei einer FC können ein symbolischer Name und die Erstellsprache gewählt werden. Da später ein Instanz-Baustein DB1 erzeugt werden soll, der nur dem FB1 zugeordnet ist, wird das Häkchen am Eingabefeld "Multiinstanzfähig" entfernt ②. Wird es belassen, können weitere vom FB1 aufgerufene FBs, den DB1 zur Datenspeicherung mitbenutzen.

Da noch keine lokalen Variablen deklariert sind, macht es wenig Sinn, den Instanz-Datenbaustein DB1 jetzt schon zu erzeugen.

SM **Einfügen ⇒ S7-Baustein ⇒ Datenbaustein**

Es wird nur ein leerer DB1 geschaffen, in dem von Hand die lokalen Variablen eingetragen werden müssen. Änderungen in der Deklarationstabelle des FB1 werden nicht automatisch in den DB1 übernommen. Er muss dann jedes mal gelöscht und neu erzeugt werden, um die lokalen Variablen selbstständig zu übernehmen.

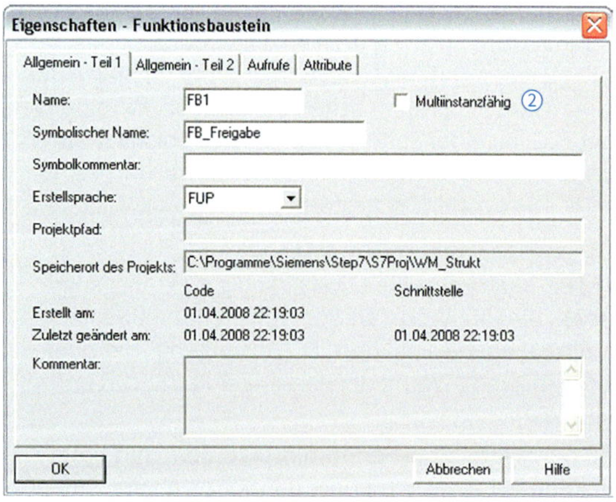

3: Eigenschaften des Funktionsbausteins vorgeben

Schritt 2: Lokale Variablen erstellen (deklarieren)

Ein FB hat fünf lokale Variablen (Abb. 4).

- Parameter **IN**, **OUT**, **IN_OUT**
- Statische Lokalvariablen vom Typ **STAT** ①
- Temporäre Lokalvariablen vom Typ **TEMP**

Die Parameter sind Schnittstellen zum aufrufenden Baustein. Ihre Werte bleiben aber im Gegensatz zu einer FC auch nach Verlassen des FB erhalten.

STAT-Variablen sind die internen Merker eines FB. Ihre Werte werden im nächsten FB-Aufruf genutzt. TEMP-Variablen sind genau wie bei einer FC nur im aktuellen Bausteinaufruf gültig.

Weil ein FB auch nach der SPS-Norm IEC 1131-3 beliebig viele Ausgangsparameter haben darf, gibt es den Ausgangsparameter RET_VAL hier nicht.

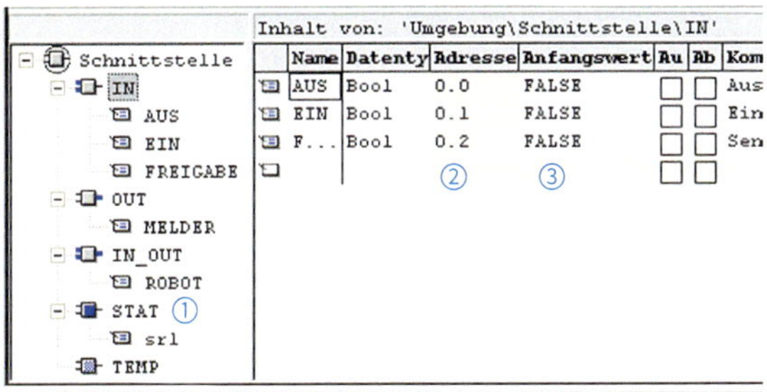

4: Bibliotheksfähiger FB1 "FB_Freigabe"

Wie gewohnt werden für den FB1 die lokalen Variablen mit Namen, Datentyp und einem optionalen Kommentar festgelegt (Namen nach Bausteinskizze Abb. 1b). Für die Parameter und STAT-Variablen legt STEP 7 Adressen fest (Abb. 4 ②). Dies sind die Speicherplätze der Variablenwerte im zugehörigen Instanz-DB. Da diese Werte für den nächsten Bausteinaufruf gespeichert sind, kann der Anwender Anfangswerte festlegen ③, mit denen der FB1 anstelle der Aktualparameter **starten soll**. Dies ist jedoch nur für Variablen mit elementaren Datentypen möglich. Anders als bei einer FC müssen also beim Bausteinaufruf nicht zwingend Aktualparameter zugeordnet werden. Damit ergeben sich drei Möglichkeiten für den Aufruf des Funktionsbausteins FB1:

- Sind Aktualparameter den Formalparametern zugeordnet, so übernimmt der FB1 die Werte des aufrufenden Bausteins und arbeitet damit. Festgelegte Anfangswerte werden nicht beachtet.
- Sind keine Aktualparameter zugeordnet, werden die deklarierten Anfangswerte der lokalen Variablen benutzt ③.
- Sind weder Aktualparameter zugeordnet noch Anfangswerte festgelegt, so startet der FB1 mit den voreingestellten Anfangswerten von STEP 7 ③.

Nach der Variablendeklaration kann der Datenbaustein DB1 erzeugt werden. Die Parameter und STAT-Variablen werden automatisch in den DB1 kopiert.

Ausschlussoperand und Abbruchoperand

Zur Prozessanalyse komplexer Programme kann es hilfreich sein, Bausteinparameter und STAT-Variablen als Ausschluss- oder Abbruchoperanden zu markieren (Abb. 5 ④, ⑤). In der Regel ist dies aber für Anwenderprogramme nicht nötig.

Name	Da	Adr	An	Ausschlussoperand ④	Abbruchoperand ⑤
AUS	B	0.0	F.	☐	☐
EIN	B	0.1	F.	☐	☐
F...	B	0.2	F.	☐	☐

5: Ausschluss- und Abbruchoperanden

Schritt 3: Bausteinprogramm schreiben

Das Bausteinprogramm ist in Abb. 6 dargestellt.

- **Netzwerk 1**: Aktivierung Schweißvorgang
  Die Selbsthalteschaltung mit den IN-Variablen #EIN und #AUS speichert den Schaltzustand für den Schweißvorgang in der STAT-Variablen #sr1. Sie dient als interner Merker.
- **Netzwerk 2**: Freigabe Schweißvorgang
  Die UND-Verknüpfung zwischen #sr1 und #FREIGABE sorgt dafür, dass #ROBOT nur bei herabgelassenem Schutzgitter ein 1-Signal hat und der Roboter arbeiten kann.
- **Netzwerk 3**: Betriebsmelder
  #Melder signalisiert den Betrieb des Roboters.

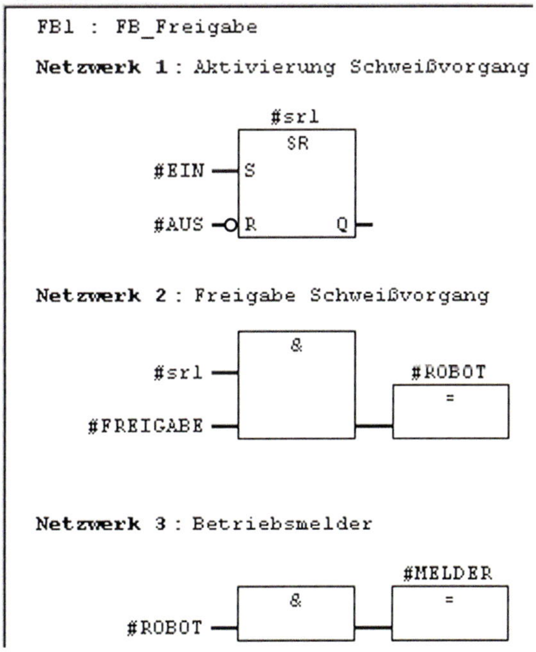

6: Bausteinprogramm "FB_Freigabe"

- Ein Funktionsbaustein FB speichert seine Parameter und Lokalvariablen vom Typ STAT im zugehörigen Datenbaustein.

Schritt 4: Bausteinaufruf in OB1 erstellen

Der Bausteinaufruf von FB1 erfolgt in AWL mit der CALL-Anweisung wie bei einer FC (Abb. 1). Dabei muss der Instanz-DB angegeben werden ①. Stellt STEP 7 fest, dass es ihn noch nicht gibt, erfolgt eine Meldung. Bei Betätigung der Schaltfläche "Ja" ② im Mitteilungsfenster wird DB1 automatisch mit den Daten aus der Deklarartionstabelle des FB1 erstellt.

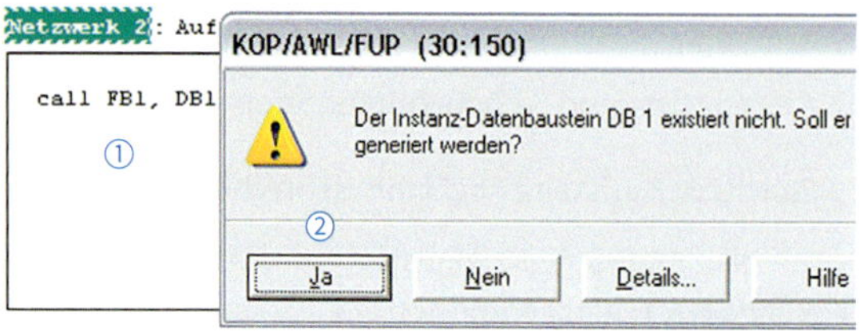

1: Aufruf von FB1

Die Zuweisung der Aktualparameter des aufrufenden OB1 zu den Formalparametern von FB1 erfolgt in gleicher Weise wie bei einer Funktion (Abb. 2). In der Symboltabelle können Namen für diese Aktualparameter festgelegt werden. Auch sie dürfen wie die Formalparameter heißen und stehen in Anführungszeichen.

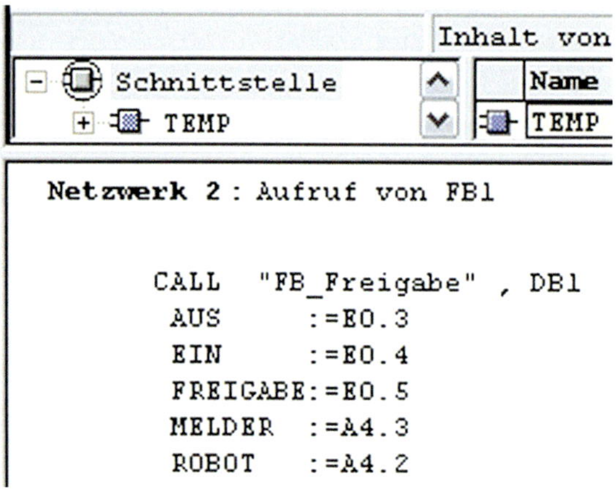

a) Zuweisung der Aktualparameter in AWL

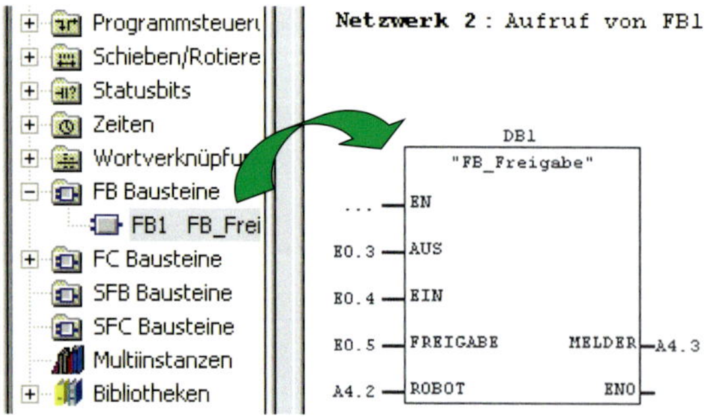

b) Zuweisung der Aktualparameter in FUP und KOP

2: Zuweisung der Aktualparameter zu den Formalparametern

Schritt 5: Datenbaustein DB erzeugen

Die automatische Generierung des Instanz-DB beim Aufruf von FB1 ist einfach, weil die Variablendeklaration festliegt. Wird sie danach im FB1 geändert, muss der DB1 gelöscht und neu erzeugt werden.

Der DB1 ist nur für FB1 wirksam. Er kann keinem weiteren FB zugewiesen werden. Jeder Datenbaustein enthält nur Daten. Sie können in zwei Darstellungsarten angezeigt werden (Abb. 3):

DB1 **DB1 öffnen ⇒ Ansicht**

- Die **Deklarationssicht** [*declaration view*] (Abb. 3a) zeigt alle Parameter und STAT-Variablen der Deklarationstabelle von FB1.
- In der **Datensicht** [*data view*] (Abb. 3b) erscheinen zusätzlich die Aktualwerte. Sie sind mit den Anfangswerten initialisiert ③. Damit arbeitet der FB1. Die Aktualwerte können geändert werden.

Ein Funktionsbaustein kann mit unterschiedlichen Datenbausteinen und Aktualparameter mehrmals aufgerufen werden.

	Adresse	Deklaration	Name	Typ	Anfangswert	Kommentar
1	0.0	in	AUS	BOOL	FALSE	Austaster (Ö)
2	0.1	in	EIN	BOOL	FALSE	Eintaster (S)
3	0.2	in	Freigabe	BOOL	FALSE	Sensor (S)
4	2.0	out	MELDER	BOOL	FALSE	Betriebsmelder
5	4.0	in_out	ROBOT	BOOL	FALSE	Last
6	6.0	stat	sr1	BOOL	FALSE	Merker

a) Deklarationssicht des DB1

	Adr.	Dekl.	Name	Typ	Anfangsw.	Aktualwert	Kommentar
1	0.0	in	AUS	BOOL	FALSE	FALSE	Austaster (Ö)
2	0.1	in	EIN	BOOL	FALSE	FALSE	Eintaster (S)
3	0.2	in	Freigabe	BOOL	FALSE	FALSE ③	Sensor (S)
4	2.0	out	MELDER	BOOL	FALSE	FALSE	Betriebsmelder
5	4.0	in_out	ROBOT	BOOL	FALSE	FALSE	Last
6	6.0	stat	sr1	BOOL	FALSE	FALSE	Merker

b) Datensicht des DB1

3: Instanz-Datenbaustein DB1

Parameterübergabe bei einem FB

Im Gegensatz zu einem FC-Aufruf müssen beim FB-Aufruf den Bausteinparametern mit elementaren Datentypen keine Aktualparameter zugewiesen werden.

- Beim FB-Aufruf werden die Werte der Eingangs- und Durchgangsparameter zuerst als Aktualwerte in den Instanz-DB kopiert.
- Jetzt erfolgt der Wechsel zur FB-Bearbeitung mit den Aktualwerten der Variablen im DB. Die Bearbeitungsergebnisse der OUT- und STAT-Variablen werden in den DB zurück geschrieben.
- Nach der FB-Bearbeitung werden die Aktualwerte der Ausgangs- und Durchgangsparameter zurück in die Aktualparameter des aufrufenden OB1 kopiert.

■ Beim FB-Aufruf müssen den Formalparametern keine Aktualparameter zugewiesen werden, da Anfangswerte im Instanz-DB gespeichert sind.

Zugriff auf die Daten eines Instanz-DB

Auch von anderen Codebausteinen aus können die Werte der lokalen Variablen eines Instanz-DB gelesen und geschrieben werden. Dies erfolgt über die Adressen, die von STEP 7 automatisch in der Deklarationstabelle des FB1 vergeben und in den Instanz-DB1 übernommen werden. Das Adressformat ist **Byte.Bit**, z. B. 0.2 (vgl. Abb. 3). Der Datenzugriff erfolgt
- bitweise (DBX) mit logischen Verknüpfungen oder
- byte-, wort- und doppelwortweise (DBB, DBW bzw. DBDW) mit Lade- und Transferbefehlen.

- **Bitweiser Zugriff auf Daten des DB1**
  Um den bitweisen Zugriff auf lokale Variablen in DB1 zu testen, erstellen die Auszubildenden in OB1 ein Netzwerk (Abb. 4). Sie simulieren das Programm in PLCSIM und beobachten DB1:

DB1 **Deklarationssicht DB1: Test ⇒ Beobachten**

```
Netzwerk 3 : Datenbits in DB1 lesen und schreiben
Verknüpfung DB1   Bit    Adresse Byte.Bit
      U     DB1.DBX    6.0
      U     E       0.7
      =     A       4.7
      =     DB1.DBX    2.0
```

a) Testprogramm in OB1

WENN	#sr1	= true	// lesen aus DB1
UND	E0.7	= 1	// eingeben in PLCSIM
DANN	A4.7	= 1	// ausgeben in PLCSIM
DANN	#MELDER	= true	// schreiben in DB1

b) Wirkung des Testprogramms

4: Lesen und Schreiben von Datenbits des DB1

- **Byteweiser Zugriff auf Daten des DB1**
  Lade- und Transferbefehle (AWL) erlauben den Datenaustausch zwischen verschiedenen Operandenbereichen. Dies erfolgt immer über den Akkumulator 1 (Hilfsspeicher) der CPU. Lade- und Transferbefehle sind stets unbedingte Befehle, d. h. ihre Ausführung kann nicht an Bedingungen geknüpft werden.
  - Der Ladebefehl "L" schreibt den Inhalt des Bytes, Wortes oder Doppelwortes in den Akku 1.
  - Der Transferbefehl "T" kopiert Daten von Akku 1 in das angegebene Ziel. Da der Akkuinhalt dabei erhalten bleibt, kann die gleiche Information zu weiteren Zielen transferiert werden.

Um Lade- und Transferbefehle zu testen, erstellen die Auszubildenden ein weiteres Netzwerk in OB1:

```
Netzwerk 4:   Laden und Transferieren eines Datenbytes
L DB1. DBB 0  // Lade Datenbyte 0 von DB1 in Akku 1
T AB 5        // Kopiere Datenbyte 0 von Akku 1 in Aus-
              // gangsbyte 5
```

Die Simulation des Programms in OB1 mit PLCSIM und das Beobachten von DB1 zeigt: Werden E0.3, E0.4 und E0.5 in PLCSIM auf 1 gesetzt, ändern sich #AUS (0.0), #EIN (0.1) und #sr1 (0.2) in DB1 von False auf True. Dadurch wechseln A5.0, A5.1 und A5.2 in PLCSIM auf 1.

Global-Datenbausteine

Ein Global-DB wird im Simatic Manager erzeugt, z. B. mit Namen DB10 (Abb. 5).

SM **Einfügen ⇒ S7-Baustein ⇒ Datenbaustein**

Als Erstellsprache steht nur "DB" ① zur Verfügung, d. h. der Global-DB ist ein Speicherbereich, der in seiner Datenstruktur vom Anwender frei vereinbart werden kann. Hier können Daten für OBs, FCs und FBs geschrieben und gelesen werden.

In der Deklarationssicht (Abb. 6) muss der Anwender Name, Typ und Anfangswert jeder Variablen festlegen. Ein Kommentar ist optional. Der Zugriff auf die Daten erfolgt in gleicher Weise wie beim Instanz-DB.

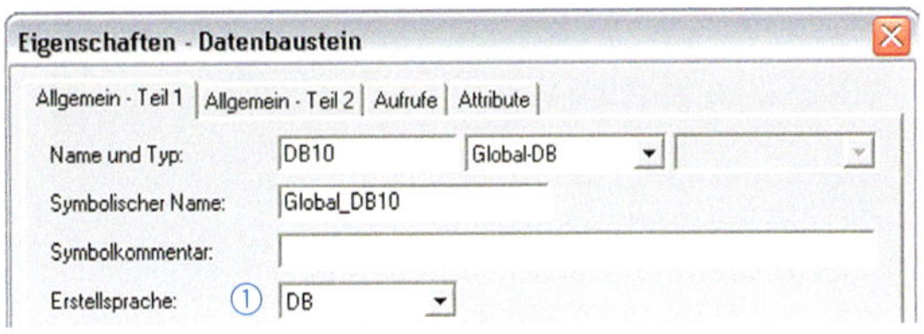

5: Erzeugung des Global-DB DB10

Adresse	Name	Typ	Anfangswert	Kommentar
0.0		STRUCT		
+0.0	Wert1	INT	13	Datenwert 1
+2.0	Wert2	BOOL	TRUE	Datenwert 2
+4.0	Wert3	REAL	1.730000e+001	Datenwert 3
=8.0		END_STRUCT		

6: Deklarationssicht des DB10

Aufgaben

1. a) Beschreiben Sie den Funktionsablauf der Schützsteuerung.

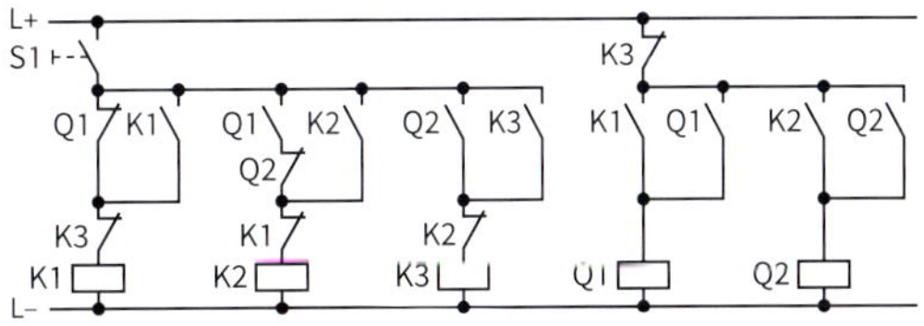

b) Welcher SPS-Baustein ist zu wählen?
c) Erstellen Sie den bibliotheksfähigen Baustein.
d) Schreiben Sie das Hauptprogramm im OB1.

2. Beschreiben Sie beide Programmsequenzen.

```
a) L  DB3.DW 2        b)      L DB3.DW 2
   U  E 0.7                   UN  E 0.7
   T  AW 6                    SPB MS0
                              T   AW 6
                        MS0:  NOP 0
```

- Datenbausteine können von allen anderen Codebausteinen gelesen und beschrieben werden.

Automatisierte Anlagen errichten

11.2.5 Eigene Baustein-Bibliothek

Die Auszubildenden möchten für das Projekt „Schweißperipherie" die zu entwickelnden bibliotheksfähigen Anwenderprogramme schnell auffindbar machen. Sie erstellen mit STEP 7 eine eigene Baustein-Bibliothek. Diese soll mit den bibliotheksfähigen Funktionen und Funktionsbausteinen zukünftig für neue Projekte zur Verfügung stehen.

- Unter **„Datei – Neu ..."** wird ein neues Projekt angelegt (Abb. 1). Es ist erforderlich, den Typ ① **„Bibliothek"** auszuwählen und einen Namen ②, z. B. „Cloos", für die Bibliothek zu vergeben.
- Unter dem Menü **„Einfügen"** wird das S7-Programm eingefügt. Die Auszubildenden wählen für ihre Anlage den Namen **„SP Distanzringe"** (Abb. 2), unter der nun die bibliotheksfähigen Anwenderprogramme in den Bausteinordner kopiert werden können.
- Bei jedem neuen Projekt und dem Erstellen eines neuen Anwenderprogramms steht die persönliche Baustein-Bibliothek **„Cloos"** zur Verfügung (Abb. 3). Der Programmierer hat jetzt die Möglichkeit, alle wiederverwendbaren Programmbausteine der verschiedenen Anlagenteile in diesen Ordner abzulegen.
- Die Programmiersoftware STEP 7 bietet bereits in ihrem Lieferumfang viele nützliche Bibliotheksprogramme, die in eigene Programme integriert werden können (Abb. 4). In der Bibliothek **„stdlibs"** findet man Programmbausteine aus folgenden Bereichen:
  - **builtin** – Integrierte Systembausteine
  - **fblib1** – Konverterfunktionen aus S5
  - **iec** – IEC-Funktionen (z. B. Datumsfunktionen)
  - **stdobs** – Organisationsbausteine

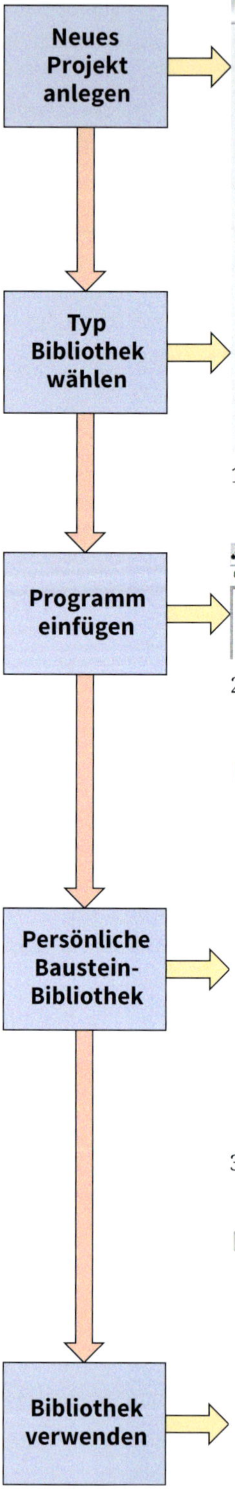

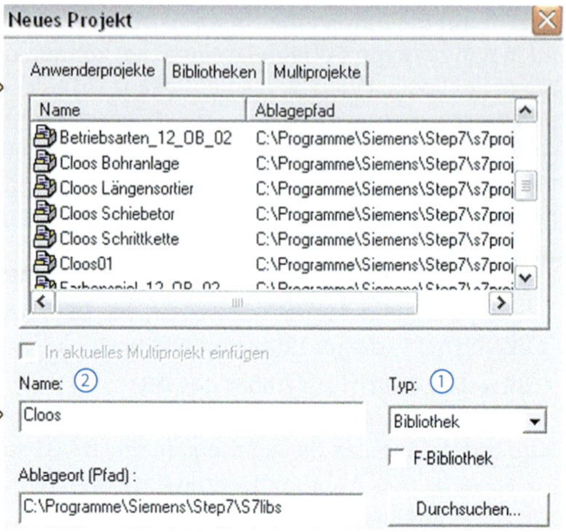

1: Neues Projekt „Bibliothek" in STEP 7

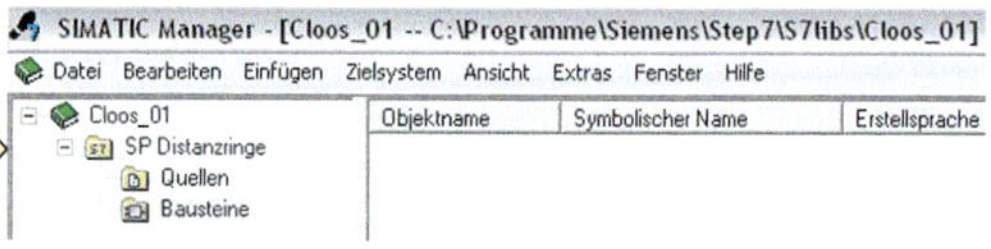

2: Bausteinordner „SP Distanzringe"

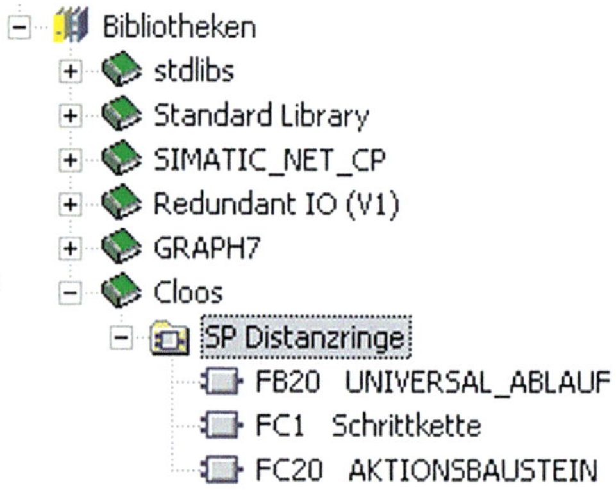

3: Baustein-Bibliothek „Cloos"

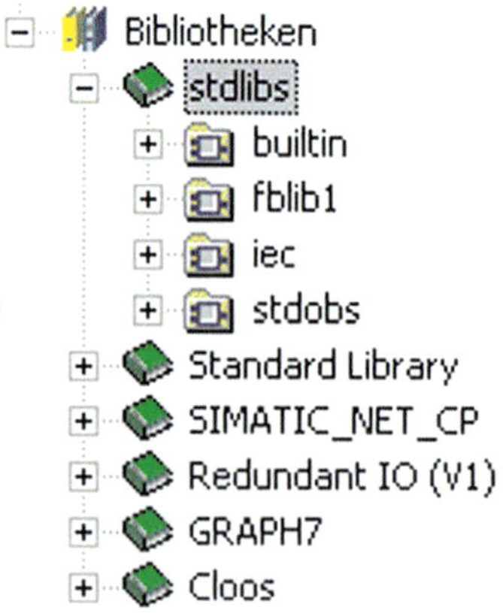

4: In STEP 7 verfügbare Bibliotheken

1. Anlauf-OBs	
OB 100	Neustart (Warmstart)
OB 101	Wiederanlauf
OB 102	Kaltstart
2. Zyklischer Programmablauf	
OB 1	Hauptprogramm
3. Periodische Programmunterbrechung	
OB 10-17	Uhrzeitalarme
OB 30-38	Weckalarme
4. Ereignisgesteuerte Programmunterbrechung	
ON 20-23	Verzögerungsalarme
OB 40-47	Prozessalarme
OB 80	Überschreiten der Zykluszeit
OB 81	Ausfall der Pufferbatterie
OB 82	Drahtbruch am Eingang einer diagnosefähigen Baugruppe
OB 83	Ziehen/Stecken einer Baugruppe
OB 84	Fehler bei der Schnittstelle zum MPI-Netz, zum internen Kommunikationsbus (K-Bus) oder zur Anschaltung für dezentrale Peripherie
OB 85	Programmablauffehler
OB 87	Kommunikationsfehler
OB 121	Programmierfehler

5: Organisationsbausteine in STEP 7 (Auswahl)

Eine Auswahl wichtiger Organisationsbausteine beinhaltet das Verzeichnis **„stdobs"** (Abb. 5). Der Aufruf erfolgt direkt vom Betriebssystem beim Eintreten besonderer Situationen. Oft melden sie lediglich den Fehler und unterbinden zum Beispiel bei einem Programmierfehler das Umschalten in den Stoppzustand der CPU. Das kann für die Diagnose der Anlage sehr hilfreich sein.

Mit der Hilfefunktion in STEP 7 erhält man einen Überblick über die Einsatzmöglichkeiten dieser Bibliotheksprogramme.

Aufgaben

1. Was versteht man unter einer eigenen Baustein-Bibliothek?
2. Welche Funktion haben die Bausteine in der Bibliothek „stdobs"?

- Bibliotheksfähige Anwenderprogramme lassen sich in selbst erstellten Bibliotheken ablegen und stehen für die weitere Programmierung zur Verfügung.
- Eine umfangreiche Sammlung an fertigen FCs, FBs und wichtigen Organisationsbausteinen findet man im Lieferumfang der STEP 7-Bibliotheken.

SPS-Lexikon

Absolute Adressen sind direkt festgelegte und notierte Speicheradressen, wie z. B. E 1.2.

Aktualparameter sind absolute oder symbolische Ein-/Ausgangsadressen, die einem bibliotheksfähigen Baustein zugewiesen werden, z. B. A 4.0.

Ausgangsparameter (OUT) übergeben Werte vom aufgerufenen an den aufrufenden Baustein.

Bausteinlokale Variablen (IN, OUT, IN/OUT, STAT, TEMP) gelten nur innerhalb des Bausteins, in dem sie deklariert sind. Identische Variablennamen in unterschiedlichen Bausteinen können ohne gegenseitige Störung verwendet werden.

Code-Bausteine (OB, FC, FB, SFC, SFB) enthalten Anwenderprogramme.

Durchgangsparameter (IN/OUT) übergeben sowohl Werte vom aufrufenden zum aufgerufenen Baustein, als auch vom aufgerufenen zum aufrufenden Baustein.

Eingangsparameter (IN) übergeben Werte vom aufrufenden zum aufgerufenen Baustein.

Formalparameter sind die deklarierten Bausteinparameter IN, OUT und IN/OUT, die beim Bausteinaufruf den Aktualparametern zugewiesen werden.

Globaldaten (z. B. E, A, M, T) sind von jedem Code-Baustein ansprechbar und werden absolut (E 1.2) oder symbolisch adressiert („START").

Instanz-Datenbausteine (DB) sind nur einem FB zugeordnet. Sie enthalten Daten der statischen Variablen des FB.

Schlüsselwörter bezeichnen die Namen der Datentypen (z. B. BOOL, INT). Sie können in der SPS nicht für andere Zwecke verwendet werden.

Statische Variablen (STAT) sind nur in FBs nutzbar. Ihre Werte werden im Instanz-DB gespeichert (Gedächtnis) und stehen dem FB immer zur Verfügung.

Symbolische Namen (z. B. "START") werden in einer Symboltabelle entsprechenden Globaldaten zugeordnet und verhelfen zu einer besseren Verständlichkeit des Anwenderprogramms.

Temporäre Variablen enthalten Werte, die jeweils nur für einen Programmzyklus dem Code-Baustein zur Verfügung stehen.

11.3 Ablaufsteuerungen

Das Steuerungsprogramm für die analysierte Schweißperipherie soll nun erstellt werden. Eine **Verknüpfungssteuerung** *[logic controller]* ist die einfachste Möglichkeit der Programmierung, wenn Ausgangssignale lediglich von den binären Verknüpfungen der Eingangssignale abhängen (vgl. Lernfeld 7). Die Meldeschaltung zur Erkennung, ob beide Magazine der Schweißperipherie gefüllt sind (Abb. 1), zeigt eine solche Verknüpfungssteuerung.

Da es sich bei der Schweißperipherie (Abb. 3) jedoch um einen komplexen und schrittweisen Prozessablauf handelt, bietet sich eine Ablaufsteuerung an. Häufig wird auch der Begriff „Schrittkette" verwendet. Mit ihr ist die Fehlerursache in einer komplexen Anlage leichter zu finden und der Programmaufbau übersichtlicher. In den folgenden Abschnitten werden verschiedene Varianten von Ablaufsteuerungen dargestellt.

11.3.1 Ablaufbeschreibung GRAFCET

Um Schritte, Aktionen und Weiterschaltbedingungen einer Ablaufsteuerung unabhängig von SPS und Programmiersoftware darzustellen, wird europaweit die DIN EN 60848 „**GRAFCET**" (**GRA**phe **F**onctionnel de **C**ommande **E**tape **T**ransition) verwendet.

Jede Ablaufsteuerung besitzt einen Startschritt (Abb. 2, ①). Er kennzeichnet die Ausgangsstellung der Steuerung und ist mit einem doppelten Rahmen dargestellt.

Die Weiterschaltbedingung von einem Schritt zum nächsten heißt Transition und wird als eine kurze, waagerechte Linie zwischen zwei Schritten gezeichnet ②. Der Name der Transition (Start) wird in Klammern gesetzt und steht links davon.

Schritte und Transitionen wechseln sich immer ab. Bei zyklischen Prozessabläufen wird die Rückführung durch eine Linie mit Pfeil dargestellt ③.

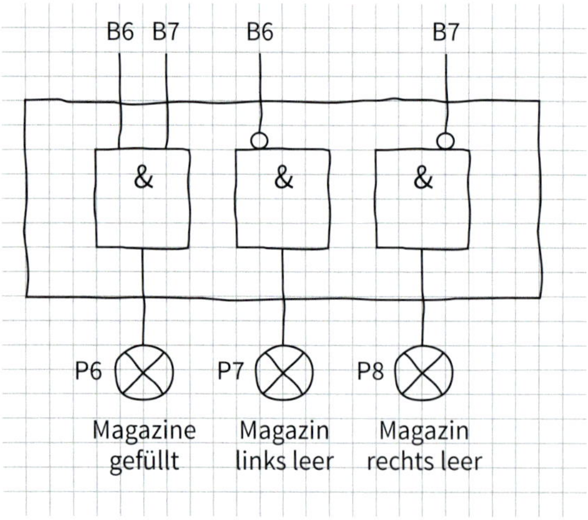

2: Verknüpfungssteuerung

Jeder Schritt kann eine oder mehrere Aktionen beinhalten. Man unterscheidet dabei zwischen

- Aktionen, die nur solange ausgeführt werden, wie der zugehörige Schritt aktiv ist ④ (nicht speichernd) und
- Aktionen, die in einem Schritt gesetzt ⑤ werden und in einem späteren Schritt rückgesetzt werden ⑥ (speichernd).

Jede Aktion kann Bedingungen haben, die für ihre Ausführung zusätzlich erfüllt sein müssen ⑦.

Transitionen und Aktionsbedingungen können als boolscher Ausdruck notiert werden:

- ODER-Verknüpfung mit Plus-Zeichen
  ⇒ **S2+S3**
- UND-Verknüpfung mit Punkt
  ⇒ **1B1·2B2**
- NEGATION mit Strich über dem Variablennamen
  ⇒ $\overline{\textbf{S4}}$

Der bisherige Prozessablauf für die Schweißperipherie (Abb. 3) wurde mit GRAFCET erstellt und ist in Abb. 2 dargestellt.

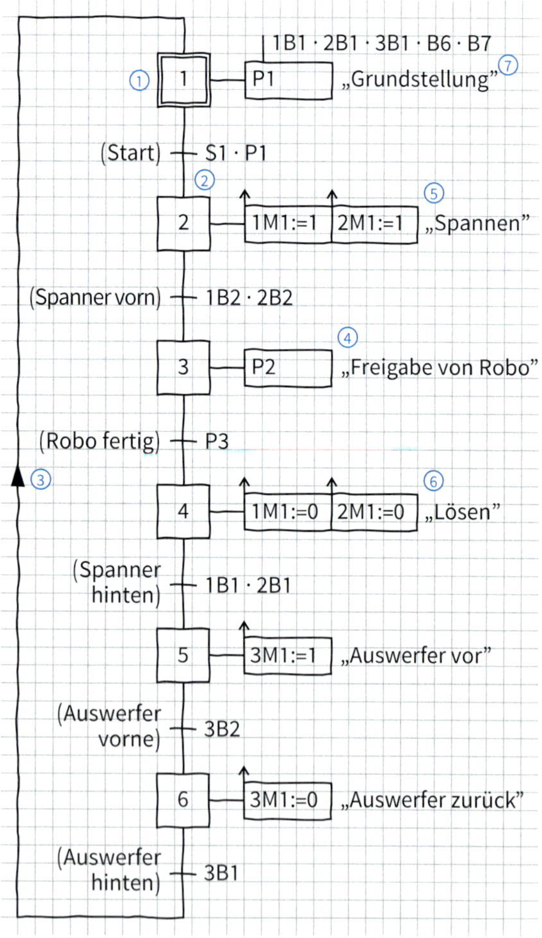

3: Prozessablauf in GRAFCET

Automatisierte Anlagen errichten

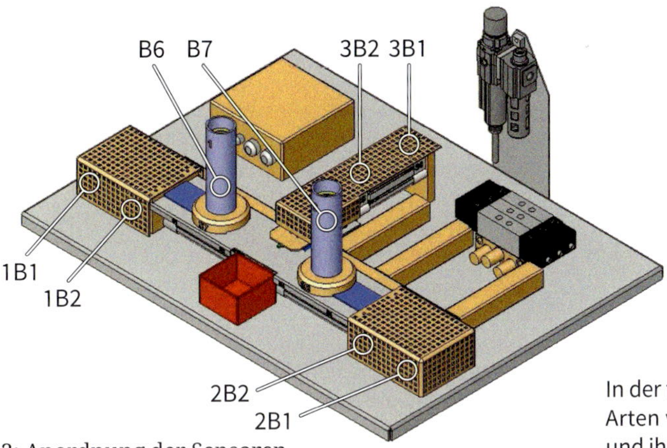

3: Anordnung der Sensoren

Sensoren der Schweißperipherie:

1B1 – Zylinder 1 eingefahren
1B2 – Zylinder 1 ausgefahren

2B1 – Zylinder 2 eingefahren
2B2 – Zylinder 2 ausgefahren

3B1 – Zylinder 3 eingefahren
3B2 – Zylinder 3 ausgefahren

B6 – Magazin links gefüllt
B7 – Magazin rechts gefüllt

In der folgenden Tabelle (Abb. 4) werden verschiedene Arten von Aktionen in GRAFCET mit ihrer Bedeutung und ihrem Zeitverhalten dargestellt.

Aktion	Bedeutung	Zeitverhalten
nicht gespeichert (N) 7 – Q1	WENN Schritt 7 aktiv, DANN Q=1	Schritt 7 Q1
mit Bedingung (N) C1 13 – Q3	WENN Schritt 13 aktiv UND WENN Bedingung C1=1. DANN Q3=1.	Schritt 13 Bedingung C1 Q3
gespeichert (Schritt 0 -> 1) 9 – Q1:= 1	Bei Aktivieren von Schritt 9 Q1:=1 speichernd setzen bzw. Q1:=0 speichernd rücksetzen	Schritt 9 Q1 Q1
gespeichert (Schritt 1 -> 0) 11 – Q1:= 1	Bei Deaktivieren von Schritt 11 Q1:=1 speichernd setzen bzw. Q1:=0 speichernd rücksetzen	Schritt 11 Q1 Q1
speichernd mit Bedingung ↑C1 21 – M1:= 1	WENN Schritt 21 aktiv UND C1 den Wert ändert von 0 -> 1 DANN M1:=1 speichernd setzen	Schritt 21 Bedingung C1 M1
speichernd mit Bedingung ↓C1 21 – Q1:= 1	WENN Schritt 21 aktiv UND C1 den Wert ändert von 1 -> 0 DANN Q1:=1 speichernd setzen	Schritt 21 Bedingung C1 Q1
speichernd mit Bedingung ↑3s/X23 23 – Q1:= 1	Bei Aktivieren von Schritt 23 (0 -> 1) Q1:=1 speichernd setzen nach 3 s	Schritt 23 3s Q1
einschaltverzögert (N) 3s/X15 15 – 1M2	WENN Schritt 15 aktiv DANN 3 s zeitverzögert 1M2=1	Schritt 15 3s 1M2
ausschaltverzögert (N) C1/2s 12 – Q1	WENN Schritt 12 aktiv UND WENN C1=1 sofort Q1=1 WENN C1=0 2 s später Q1=0	Schritt 12 Bedingung C1 Q1 2s
ein-/ausschaltverzögert (N) 3s/C1/4s 19 – Q1	WENN Schritt 19 aktiv UND WENN C1=1 3 s zeitverzögert Q1=1 WENN C1=0 4 s später Q1=0	Schritt 19 Bedingung C1 Q1 3s 4s
zeitbegrenzt (N) 3s/X17 17 – P1	WENN Schritt 17 aktiv DANN 3 s zeitbegrenzt P1=1	Schritt 17 3s P1

Darstellung

Hat ein Schritt mehrere Aktionen, können diese in verschiedenen Varianten dargestellt werden.

Variante 1
25 – Aktion 1 – Aktion 2

Variante 2
25 – Aktion 1 | Aktion 2

Variante 3
25 – Aktion 1 / Aktion 2

Variante 4
25 – Aktion 1 / Aktion 2

Sonderschritte

Einschließender Schritt
Er beinhaltet weitere Schritte. Diese Schritte werden in einem Rahmen dargestellt und so lange ausgeführt, wie der einschließende Schritt aktiv ist.

10, 11, 12 ⇒ Tippen; 11: 110, 111, 112 – Tippen

Makroschritt
Er kann erst dann verlassen werden, wenn die beinhalteten Schritte abgearbeitet wurden. Diese beginnen mit einem E und enden mit einem S vor der Schrittnummer.

5, M6, 7 ⇒ E6, 50, 51, S6

4: Übersichtstabelle GRAFCET

11.3.2 Ablaufsteuerungsarten

Grundsätzlich unterscheidet man zwischen zwei Arten von Ablaufsteuerungen (Abb. 1).

Bei der **zeitgeführten Ablaufsteuerung** [*timed sequence control*] werden die nacheinander abzuarbeitenden Schritte nur von der Zeit gesteuert. Zeitglieder legen fest, wann die Weiterschaltbedingung von einem Schritt zum nächsten Schritt erfolgt.

In **prozessgeführten Ablaufsteuerungen** [*process dependent sequence control*] werden Sensoren als Weiterschaltbedingung abgefragt. Die Aktion in einem Schritt erfolgt erst dann, wenn der vorhergehende Schritt ausgeführt ist und das von Prozesssignalen der Anlage bestätigt wird. Dies ist z. B. der Fall, wenn Reedkontakte die Endlagen eines Zylinders melden.

Häufig werden Anlagen mit einer Mischung aus zeit- und prozessgeführten Ablaufsteuerungen programmiert, die dann linear oder verzweigt ausgeführt werden (Abb. 2).

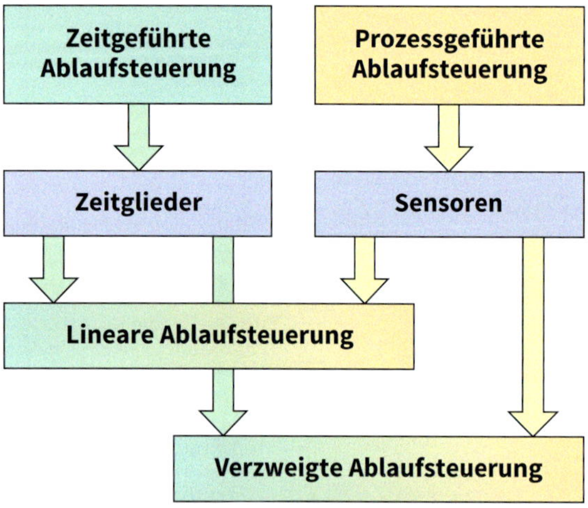

1: Ablaufsteuerungen

Worin unterscheiden sich lineare und verzweigte Ablaufsteuerungen?

Bei einer linear ausgeführten Ablaufsteuerung ist immer nur ein Schritt gesetzt. Es ist nicht möglich, dass zwei Schritte gleichzeitig ausgeführt werden.

Verzweigte Ablaufsteuerungen gibt es in zwei Arten:

- Parallele Ablaufsteuerungen lassen gleichzeitig die Aktivität mehrerer Schritte in parallelen Strängen zu. In STEP 7 wird dies **Simultanverzweigung** (Abb. 2, ①) genannt. Nach Erfüllung einer gemeinsamen Transition werden gleichzeitig mehrere Stränge abgearbeitet. Wichtig ist, dass Simultanverzweigungen später im Prozess wieder zusammengeführt werden ②.
- Verzweigungen können aber auch für Alternativen im Ablauf der Steuerung sorgen. **Alternativverzweigungen** ③ lassen nur einen Strang und somit einen aktiven Schritt zu. Sie ermöglichen verschiedene Prozessabläufe einer Anlage. Dies ist z. B. sinnvoll, wenn wechselnde Längen eines Werkstücks auf einer gemeinsamen Anlage bearbeitet werden, ohne dass dafür größere Umstellungen im Programm erfolgen müssen. Jeder Alternativzweig hat eine separate Transition, sodass nur dieser Strang bearbeitet wird.

- Zeitgeführte Ablaufsteuerungen verwenden Zeitglieder als Weiterschaltbedingung zum nächsten Schritt.
- Prozessgeführte Ablaufsteuerungen verwenden Sensoren als Weiterschaltbedingung zum nächsten Schritt.
- Während lineare und alternativ verzweigte Ablaufsteuerungen jeweils nur einen aktiven Schritt zulassen, können bei parallel verzweigten Ablaufsteuerungen mehrere Schritte zeitgleich ausgeführt werden.

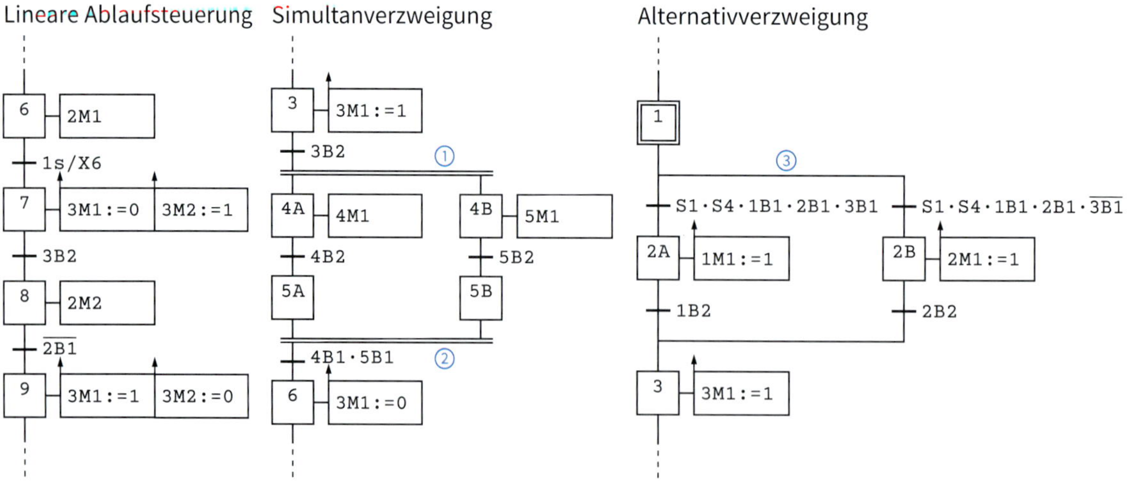

2: Lineare und verzweigte Ablaufsteuerung

11.3.3 Ablaufsteuerung mit Schrittmerkern

In den folgenden Abschnitten werden drei Programmiermöglichkeiten vorgestellt (Abb. 4), mit denen das Steuerprogramm für die Schweißperipherie der Firma Cloos erstellt werden kann.

Bei der 1. Variante wird in STEP7 für jeden Schritt ein Merkerbit gesetzt (Abb. 3, ①) und für jeden Schrittmerker ein eigenes Netzwerk erstellt. Solange ein Schritt ausgeführt wird, führt der Merker ein 1-Signal.

Der nächste Schritt folgt, wenn zusätzlich die entsprechende Transition erfüllt ist. Sobald der nächste Schritt gesetzt wird, deaktiviert dieser den vorhergehenden Schritt ②.

Die Struktur jedes Netzwerks einer Ablaufsteuerung mit Schrittmerkern ist immer gleich.

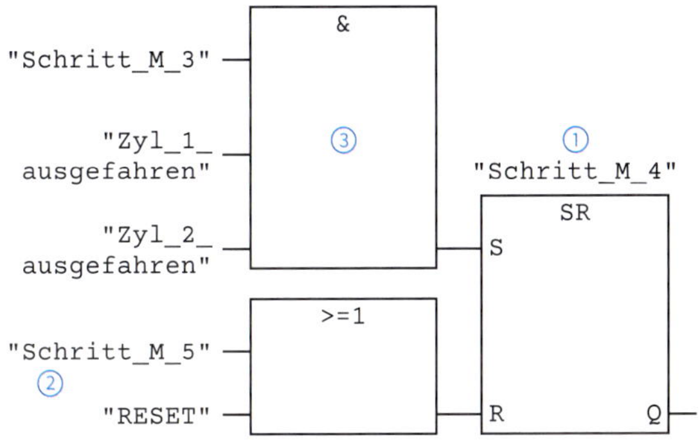

3: Schrittmerker

Durch die zyklische Programmbearbeitung der SPS wird immer das Gesamtprogramm abgearbeitet. Bei einer Verknüpfungssteuerung können Sensoren durch **prozessabhängige Signale** [*process dependent signals*] ungewollt einen oder mehrere Aktoren zum falschen Zeitpunkt setzen. Die aus dem vorausgehenden Schrittmerker (z. B. „Schritt_M_3") und der prozessabhängigen Transition bestehende Setzbedingung ③ eines Schrittmerkers verhindert bei der Ablaufsteuerung, dass ein Aktor zum falschen Zeitpunkt gesetzt wird.

Sind alle Merker als Schrittmerker geeignet?

Um vorhersagen zu können, wie sich ein Spannungsausfall bei einer Ablaufsteuerung mit Schrittmerkern auswirkt, muss man wissen welche Art von Merkern als Schrittmerker verwendet werden.

- Sind die Schrittmerker **remanente Merker**, speichern sie ihren Zustand, den sie vor dem Spannungsausfall gehabt haben. Der Prozessablauf wird mit dem Schritt fortgesetzt, der vor dem Spannungsausfall aktiv war.
- Werden **nicht remanente Merker** verwendet, kann der Prozess nach einem Spannungsausfall nicht direkt wieder fortgesetzt werden. Da dies aus Sicherheitsgründen häufig gefordert ist, werden für Ablaufsteuerungen meist nichtremanente Merker als Schrittmerker eingesetzt.

Bei S7-300-CPUs sind die Merkerbytes 0 bis 15 remanent voreingestellt. Dies kann jedoch in der Hardwarekonfiguration verändert werden.

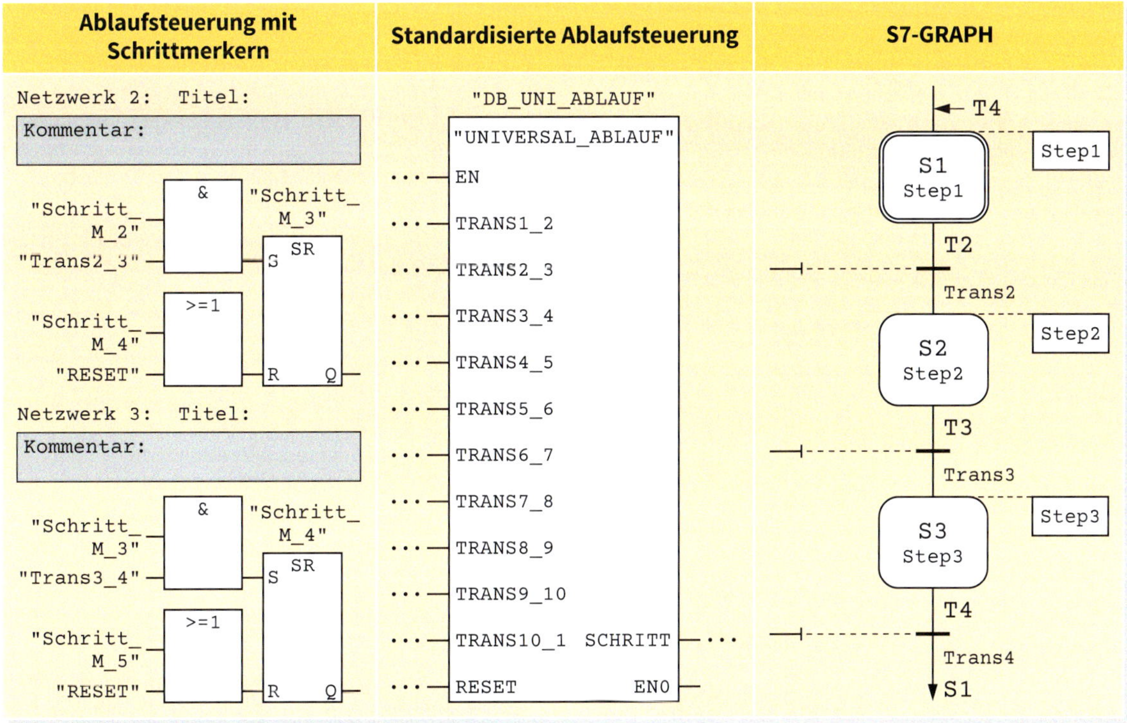

4: Programmiermöglichkeiten für Ablaufsteuerungen

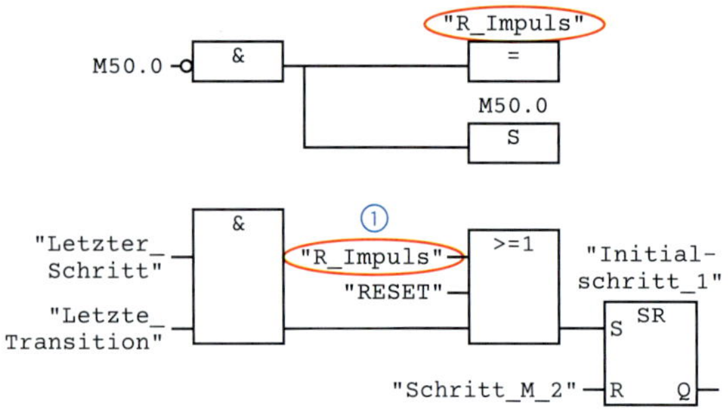

1: Initialschritt

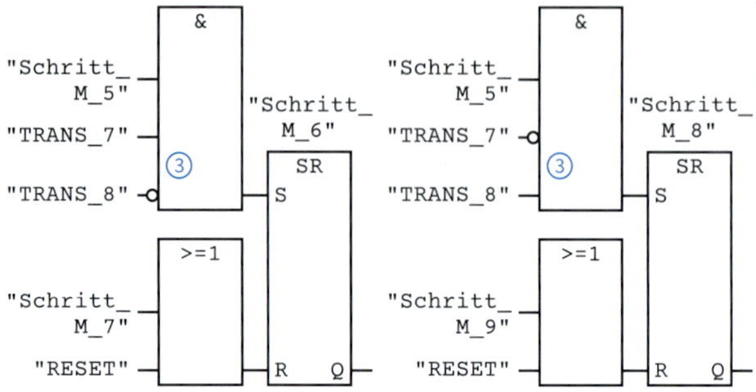

3: Alternativverzweigung

Wie startet man eine Schrittkette?

Nach dem Umschalten der SPS von STOP auf RUN benötigt die Schrittkette einen definierten Einstieg. Der sogenannte Initialschritt (Abb. 1) kann über einen Richtimpuls ① gesetzt werden. Nach dem Einschalten der SPS hat dieser nichtremanente Merker für die Dauer von einem Zyklus ein 1-Signal.

Wie lassen sich Verzweigungen programmieren?

Bei einer **Simultanverzweigung** mit zwei Strängen werden gleichzeitig zwei Schrittmerker durch einen vorhergehenden Schritt und eine Transition gesetzt (Abb. 2, ②). Es werden zwei Schritte gleichzeitig ausgeführt.

Zusammengeführt werden beide Zweige wieder in einem neuen Netzwerk. Die letzten Schrittmerker der beiden Parallelverzweigungen werden mit der jeweils folgenden Transition UND-verknüpft und setzen den folgenden Schrittmerker.

Alternativverzweigungen können so realisiert werden, dass dem jeweils ersten Schritt in den Verzweigungen unterschiedliche Transitionen vorausgehen (Abb. 3). Wichtig ist, dass sich die unterschiedlichen Transitionen gegenseitig ausschließen ③. Die Schrittkette wird wieder zusammengeführt, indem die letzten Schrittmerker der Verzweigungen ODER-verknüpft werden („Schritt_M_6" + „Schritt_M_8") und mit einer Transition den folgenden Schrittmerker setzen.

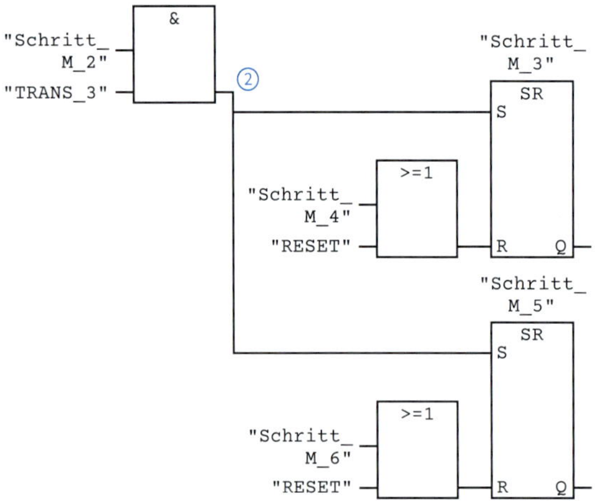

2: Parallelverzweigung

Wie werden Ausgänge angesteuert?

Für die **Ausgangszuweisung** [*output assignment*] verwendet man in der Regel eine eigene Funktion (FC). Die Ausgänge können dort bei speichernden Aktionen mit einem SR-Glied durch die entsprechenden Schrittmerker gesetzt bzw. rückgesetzt werden. Bei nicht speichernden Aktionen wird mit den notwendigen Schrittmerkern eine ODER-Verknüpfung erstellt, die dann den zugehörigen Ausgang ansteuert (Abb. 4).

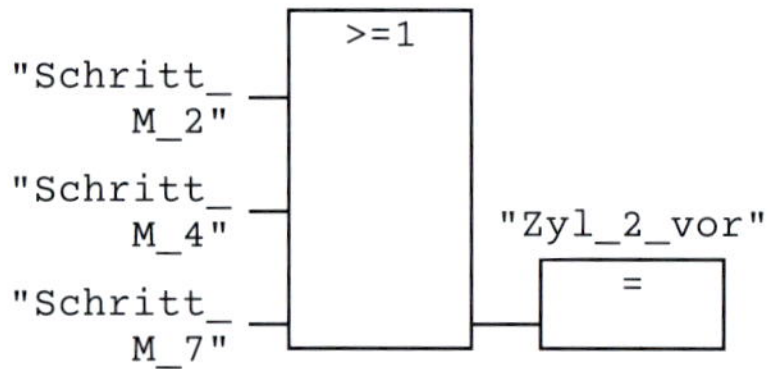

4: Zuweisung bei einer nicht speichernden Aktion

Da in einem Programmzyklus die Netzwerke nacheinander abgearbeitet werden, wirkt sich das Rücksetzen eines Schrittmerkers durch den Folgeschritt erst im nächsten Zyklus aus. Innerhalb eines Zyklus ist es daher möglich, dass z. B. zwei aufeinander folgende Schritte gleichzeitig gesetzt sind. Erst im folgenden Zyklus wird der vorhergehende Schritt zurückgesetzt.

Nach der Maschinenrichtlinie müssen Ausgänge, wie z. B. der Rechts-/Linkslauf eines Motors, sowohl im Programm als auch zusätzlich in der Hardware gegeneinander verriegelt werden.

Aufgaben

1. Erläutern Sie die Unterschiede einer Parallel- und Alternativverzweigung.
2. Welche Veränderung tritt ein, wenn man als Schrittmerker einen remanenten statt eines nicht remanenten Merkers verwendet?

- Um eine Ablaufsteuerung zu starten, wird ein Initialschritt benötigt.
- Bestimmte Ausgänge müssen zusätzlich gegeneinander verriegelt werden (z. B. der Rechts-/Linkslauf eines Motors).

11.3.4 Standardisierte Ablaufsteuerung

Da der grundsätzliche Aufbau einer linearen Ablaufsteuerung stets gleich ist, bietet es sich an, einen bibliotheksfähigen Universal-Ablaufkettenbaustein zu erstellen (Abb. 5). Seine Aufgabe ist es, das Programmieren einer linearen Ablaufsteuerung zu vereinfachen. Lediglich die Transitionsbedingungen ① werden beim Aufruf des Bausteins im OB 1 benötigt. Als Ausgang gibt er die aktuelle Schrittnummer aus ②. Diese wird dann in einem anlagenspezifischen Aktionsbaustein verarbeitet und z. B. einem Ausgang zugewiesen.

Durch die Ausgabe von nur einer Schrittnummer ist es auch innerhalb eines Zyklus unmöglich, dass mehrere Schritte gleichzeitig aktiv sein können.

Da oft für einfache Ablaufsteuerungen 10 Schritte ausreichend sind, beschränken sich die Auszubildenden bei der Erstellung ihres Universalbausteins auf die Ablaufkette mit dieser Anzahl von Schritten. Die folgenden Abschnitte zeigen, dass es jederzeit möglich ist, mehrere dieser Bausteine zu kombinieren.

Mit einem RESET-Eingang soll sich die Ablaufkette jederzeit wieder zum Schritt 1 (Initialschritt) rücksetzen lassen.

Wie ist der Universal-Ablaufkettenbaustein aufgebaut?

Zunächst müssen die benötigten Variablen in der Deklarationstabelle festgelegt werden. Da statische Variablen benötigt werden, ist ein Funktionsbaustein (FB) notwendig.

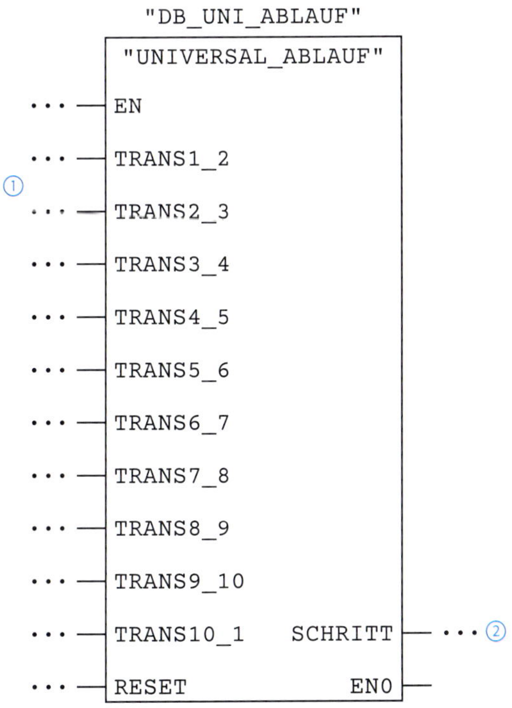

5: Universal-Ablaufkettenbaustein im OB 1

Name	Datentyp	Anfangswert
STAT		
SCHRI_1	BOOL	TRUE ③
SCHRI_2	BOOL	FALSE
SCHRI_3	BOOL	FALSE
SCHRI_4	BOOL	FALSE
SCHRI_5	BOOL	FALSE
SCHRI_6	BOOL	FALSE
SCHRI_7	BOOL	FALSE
SCHRI_8	BOOL	FALSE
SCHRI_9	BOOL	FALSE
SCHRI_10	BOOL	FALSE

6: Statische Variablen im FB

Für jeden Schritt wird eine lokale statische Variable angelegt (Abb. 6). Wichtig ist dabei, dass der Initialschritt (Schritt_1) mit dem Anfangswert TRUE deklariert werden muss ③. Dies bewirkt, dass der Schritt direkt nach dem Einschalten der SPS gesetzt ist und der Prozessablauf beginnen kann (vgl. Abb. 4, S. 449).

Die Transitionen TRANS1_2 bis TRANS10_1 werden als Eingangsvariablen deklariert (Abb. 7). Jede Transition muss den Anfangswert TRUE erhalten. Die aufgrund der Schrittanzahl nicht benötigten Transitionseingänge erhalten damit den Wert 1 (TRUE) und stellen eine erfüllte Weiterschaltbedingung dar.

Bei den verwendeten Transitionseingängen hat das anstehende 0- oder 1-Signal, z. B. von einem Sensor, Vorrang gegenüber dem Anfangswert.

Als einzige Ausgangsvariable wird die Schrittnummer benötigt. Sie erhält den Datentyp INT (Integer) und gibt die aktuelle Schrittnummer als Ganzzahl aus, die dann in einem Aktionsbaustein weiter verwendet wird.

Name	Datentyp	Anfangswert
IN		
TRANS1_2	BOOL	TRUE
TRANS2_3	BOOL	TRUE
TRANS3_4	BOOL	TRUE
TRANS4_5	BOOL	TRUE
TRANS5_6	BOOL	TRUE
TRANS6_7	BOOL	TRUE
TRANS7_8	BOOL	TRUE
TRANS8_9	BOOL	TRUE
TRANS9_10	BOOL	TRUE
TRANS10_1	BOOL	TRUE
RESET	BOOL	FALSE
OUT		
SCHRITT	INT	0

7: Eingangs- und Ausgangsvariablen im FB

Netzwerk 1: Initialschritt

Die statische Variable #SCHRI_1 hat den Anfangswert TRUE und ist damit direkt nach dem Einschalten gesetzt.

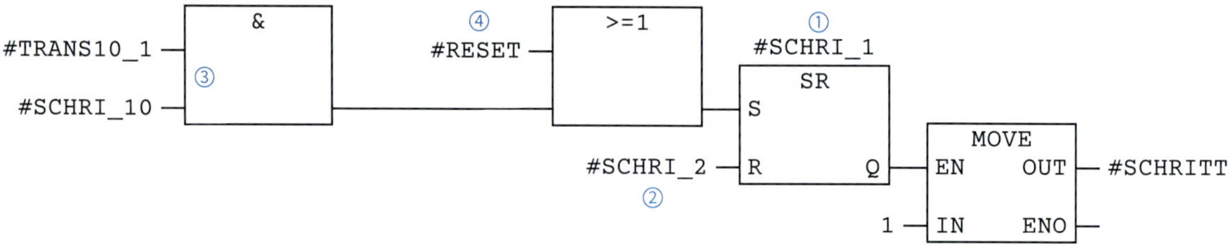

1: Initialschritt im Universal-Ablaufkettenbaustein FB20

Wie wird der Initialschritt realisiert?

Auch bei der Verwendung des Universal-Ablaufkettenbausteins muss der Initialschritt (Abb. 1, ①) immer gesetzt werden, wenn man die SPS von STOP auf RUN umschaltet. Der „Richtimpuls" wird erzeugt, indem der Anfangswert der statischen Variablen #SCHRI_1 mit TRUE deklariert wird.

Während des weiteren Ablaufs wird #SCHRI_1 durch den folgenden #SCHRI_2 rückgesetzt ②. Nach einem kompletten Durchlauf der Ablaufkette ist der Initialschritt wieder über die UND-Verknüpfung von #TRANS10_1 und #SCHRI_10 gesetzt ③.

Bei Betätigung von #RESET ④ wird #SCHRI_1 ① ebenfalls gesetzt und alle weiteren Schritte des Universal-Ablaufkettenbausteins sind gleichzeitig rückgesetzt (Abb. 2, ⑤).

Am Ende des Ablaufkettenbausteins muss #SCHRI_10 von #SCHRI_1 rückgesetzt werden ⑧ und ein neuer Durchlauf kann beginnen.

Die MOVE-Box (Abb. 2, ⑦) „schiebt" die am Eingang IN stehende **Schrittnummer** ⑥ *[step number]* zum Ausgang OUT in die dortige Ausgangsvariable #SCHRITT, sobald der Eingang EN ein 1-Signal erhält. Die Schrittnummer wird dann im folgenden Aktionsbaustein weiterverarbeitet.

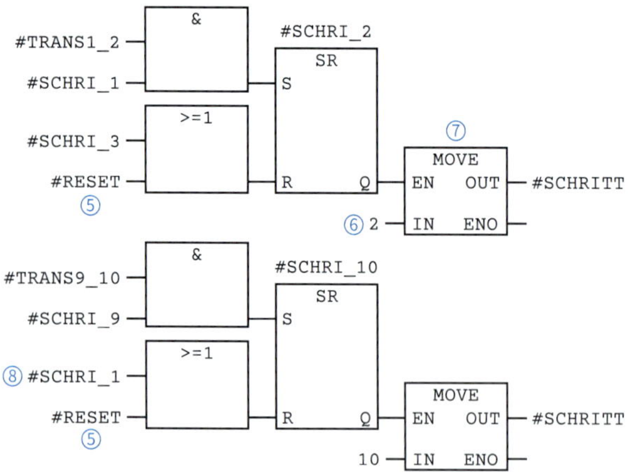

2: Schrittaufbau im Universal-Ablaufkettenbaustein

Wie werden die Aktoren angesteuert?

Da der Universal-Ablaufkettenbaustein nicht anlagenspezifisch ist, enthält er keine direkte Befehlsausgabe an Aktoren. Es wird ein spezieller Aktionsbaustein benötigt (Abb. 3).

Er wird mit einer FC realisiert. Als lokale Variablen verwendet der Aktionsbaustein folgende Eingangs- und Ausgangsparameter.

Eingangsparameter (Abb. 3)

- **SCHRITT** – Variable „Schrittnummer" (INT)
- **RESET** – Variable „Rücksetzen" eines speichernd angesteuerten Aktors (BOOL)

Sind für den Ablauf Zeitglieder oder Zähler erforderlich, müssen folgende Eingangsparameter zusätzlich verwendet werden:

- **ZEITGLIED** – Variable „Zeitfunktion" (TIMER)
- **ZEITWERT** – Variable „Zeitwert" (S5TIME)
- **ZAEHLER** – Variable „Zähler" (COUNTER)
- **ZAEHLWERT** – Variable „Zählwert" (WORD)

Ausgangsparameter (Abb. 3)

- **AKTOREN** – Variablen „Ausgangsoperanden" (BOOL)

Für den Eingang SCHRITT muss im OB1 eine TEMP-Variable #SCHRITT (INT) ⑨ deklariert werden. Sie „transportiert" die Schrittnummer vom Ablaufkettenbaustein zum Aktionsbaustein.

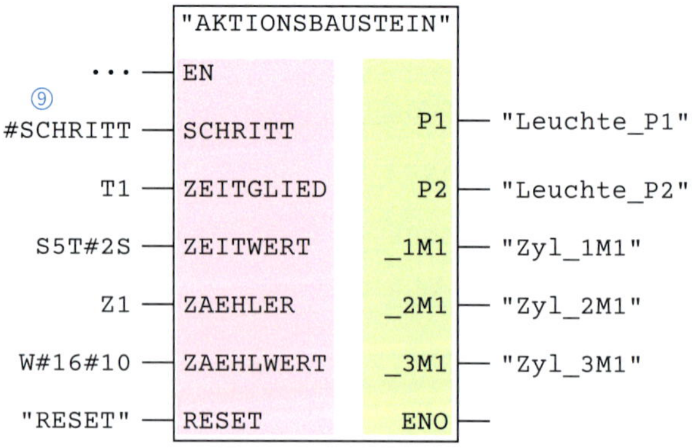

3: Aktionsbaustein FC20

Wie ist der Aktionsbaustein aufgebaut?

Obwohl der Aktionsbaustein anlagenspezifisch ist, werden für viele Anlagen die Netzwerke nach einem gleichartigen Muster ausgeführt (Abb. 4).

Aktionsregel 1

- Jede Aktion wird durch den Vergleich der aktuellen Schrittnummer #SCHRITT mit der zugehörigen Schrittnummer (z. B. „3") ausgeführt.
- Der Vergleicher CMP ==I vergleicht ganze Zahlen (INT) an den Eingängen IN1 und IN2 und gibt bei Gleichheit ein 1-Signal an den Aktor aus.
- Wird eine Aktion durch mehrere Schritte ausgeführt, werden diese Schritte mit ODER verknüpft.

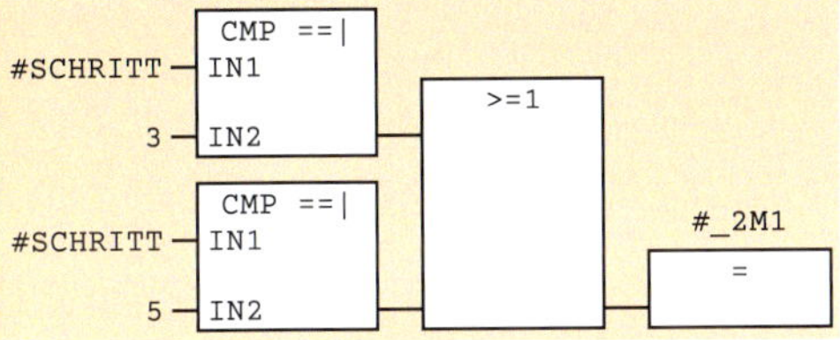

Aktionsregel 2

- Eine speichernd angesteuerte Aktion wird mit einem SR-Glied durch den Vergleich der entsprechenden Schrittnummern gesetzt und rückgesetzt.

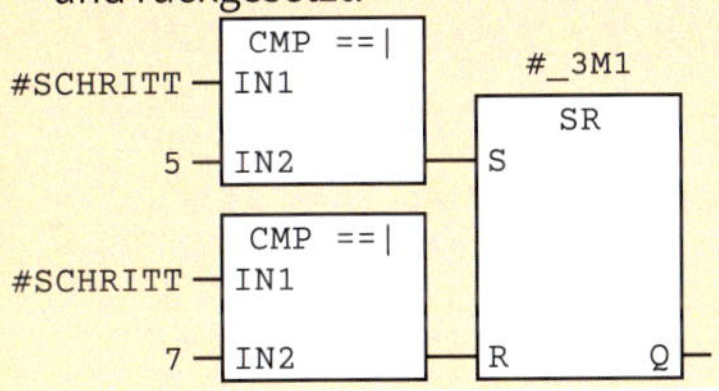

Aktionsregel 3

- Zeitglieder (z. B. „S_EVERZ") werden mit der zugehörigen Schrittnummer gesetzt.
- Der Zeitwert wird beim Aufruf des Aktionsbausteins im OB1 festgelegt.

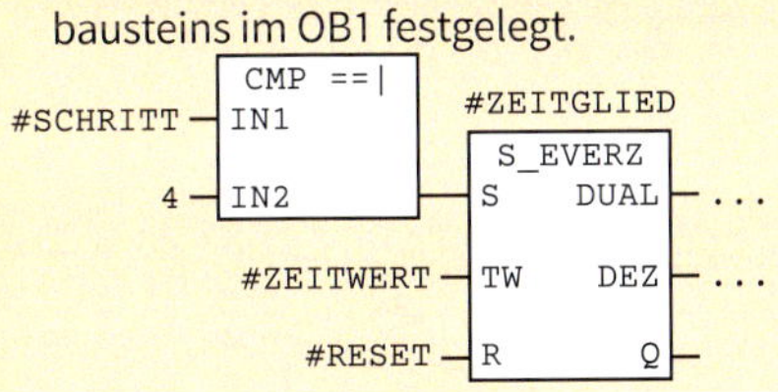

Aktionsregel 4

- Zähler (z. B. „Z_RUECK") zählen bei entsprechender Schrittnummer.
- Der Zählwert wird beim Aufruf des Aktionsbausteins im OB1 festgelegt.

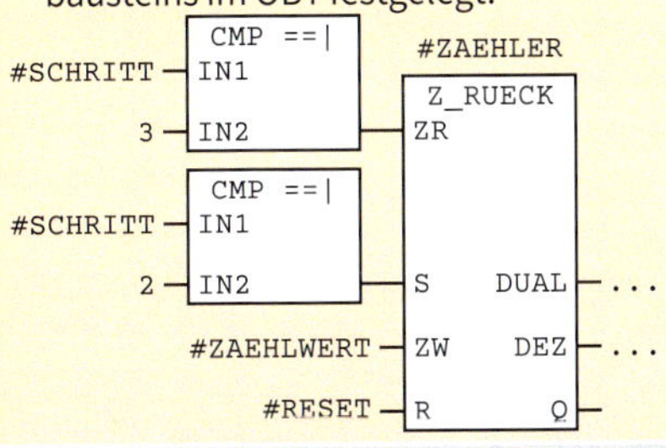

4: Aufbau und Regeln von Aktionsbausteinen

„Und wenn es mehr als 10 Schritte sind?"

Benötigt eine Anlage mehr als 10 Schritte, muss mit zusätzlichen Schritten erweitert oder mit weiteren Bausteinen **kaskadiert** [*cascaded*] werden.

Für eine Kaskadierung werden im OB1 mehrere TEMP-Variablen (#SCHRITT_1, #SCHRITT_2, …) deklariert und jedem aufgerufenen Universal-Ablaufkettenbaustein ein Instanz-DB zugewiesen.

Bei einer Anlage mit z. B. 19 Schritten werden in die Variable #SCHRITT_1 ① vom Universalbaustein 1 und in die Variable #SCHRITT_2 ② vom Universalbaustein 2 die jeweiligen Schrittnummern geschrieben. Wichtig ist, dass beim 2. Baustein ab der Schrittnummer 2 die Schritte 11 bis 19 beginnen.

Zur besseren Übersicht sind in Abb. 5 nur die erweiterten Transitionen dargestellt.

- Erreicht die Ablaufkette A den Schritt 10, übernimmt Ablaufkette B den Prozess ③.
- Erreicht Ablaufkette B Schritt 2, geht Ablaufkette A in Schritt 1 ④ und wartet bis Ablaufkette B ebenfalls wieder den Schritt 1 erreicht ⑤.

Auf ähnliche Weise ist auch eine verzweigte Ablaufsteuerung mit dem Universalbaustein möglich.

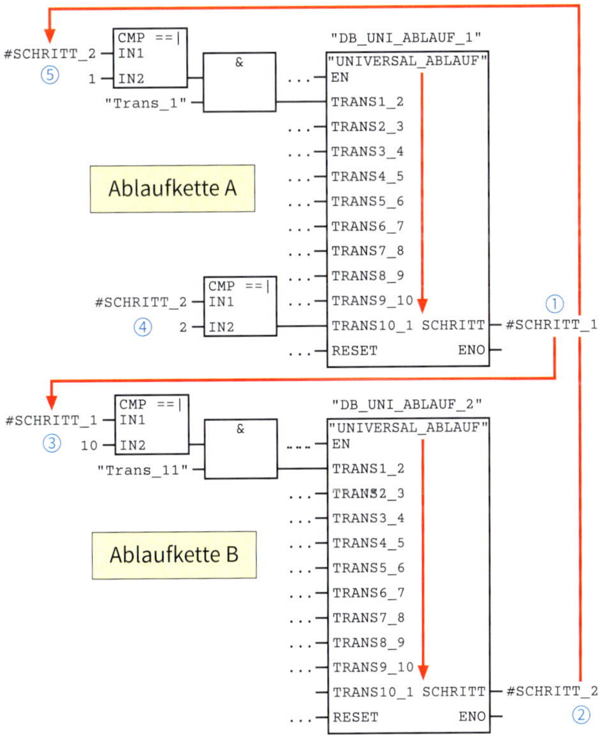

5: Kaskadierung der Ablaufkettenbausteine

- Der Universal-Ablaufkettenbaustein benötigt nur einen Ausgangsparameter, mit dem er die aktuelle Schrittnummer ausgibt.
- Im Aktionsbaustein werden Aktionen mit der zugehörigen Schrittnummer ausgeführt.

11.3.5 Ablaufsteuerung mit S7-Graph

Die Programmiermethode S7-Graph bietet die Möglichkeit, Ablaufsteuerungen grafisch zu programmieren und erweitert damit den Funktionsumfang von STEP7. Ein in GRAFCET erstellter Prozessablauf lässt sich sehr einfach mit S7-Graph realisieren. Dies wird in den folgenden Abschnitten dargestellt.

Wie wird S7-Graph gestartet?

Um ein Programm in S7-Graph zu erstellen, wird ein FB benötigt. Er bietet die Möglichkeit, als Erstellsprache „GRAPH" zu wählen (Abb. 1, ①). Mit einem Doppelklick auf diesen FB wird das S7-Graph-Programm geöffnet. Man befindet sich dann direkt in der Programmieroberfläche (Abb. 2).

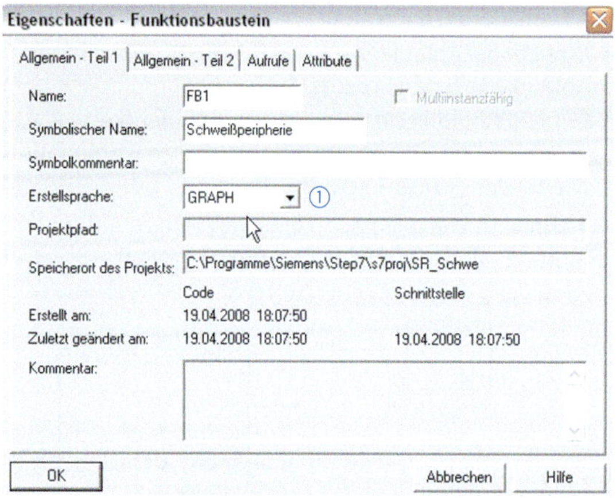

1: FB in S7-Graph erstellen

Welche Programmelemente stehen zur Verfügung?

In der folgenden Tabelle von Abb. 3 finden Sie eine Auswahl häufig benötigter Programmelemente für S7-GRAPH (Abb. 2, ②).

Symbol	Funktion
	Eingabemodus wechselt zwischen dem direkten und wiederholten Eingeben eines Programmelements.
	Eine Kombination aus Schritt und Transition wird eingefügt.
	Platziert nach einer Transition einen Sprung zu einem beliebigen Schritt.
	Beendet die gesamte Schrittkette oder einen Zweig.
	Beginnt bzw. beendet eine Alternativverzweigung. Sie erfolgt direkt nach einem Schritt. Jeder Zweig beginnt dann mit einer eigenen Transition.
	Beginnt bzw. beendet eine Simultanverzweigung, die parallel laufende Prozesse ermöglicht. Sie wird nach einer gemeinsamen Transition geöffnet.
	Die Zeitüberwachung der **gesamten** Aktivierungsdauer für einen Schritt wird in die folgende Tansition eingefügt.
	Die Zeitüberwachung der **störungsfreien** Aktivierungsdauer eines Schrittes wird in die folgende Tansition eingefügt.
	Fügt für einen Schritt eine Zeile ein, in die eine Aktion eingetragen wird.

3: Programmelemente in S7-GRAPH

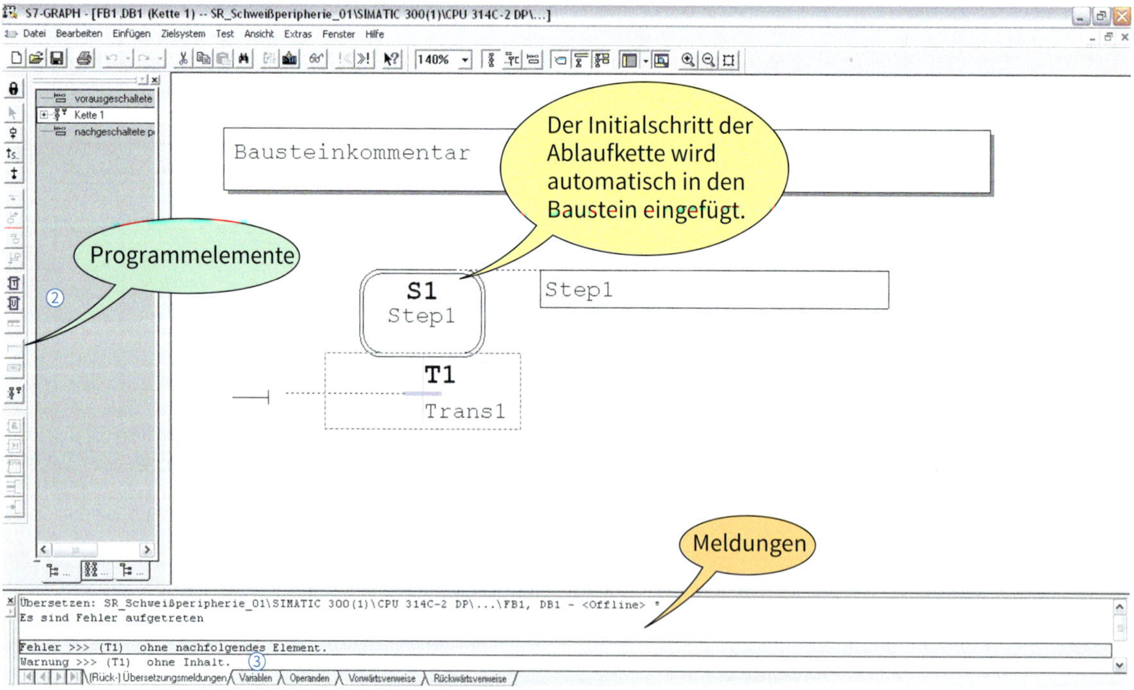

2: Programmieroberfläche in S7-Graph

Wie wird mit S7-Graph programmiert?

Bevor die eigentliche Programmierung in S7-Graph erfolgt, ist es sinnvoll einen **Funktionsablaufplan** [*function sequence chart*] in GRAFCET zu skizzieren. Mit diesem Plan ist es dann einfach, das S7-Graph-Programm zu erstellen.

Ein weiterer Grund, den Funktionsablauf im Vorfeld zu skizzieren, ist die automatische Nummerierung der Schritte. Sie zählt auch bereits gelöschte Schritte und Transitionen mit, sodass die Nummerierung abgebildeter Schritte und Transitionen nicht fortlaufend ist. Die Änderungen müssen dann von Hand durchgeführt werden.

Nachdem der Funktionsbaustein mit der Erstellsprache GRAPH geöffnet wurde, übernimmt man zunächst die allgemeine Programmstruktur aus dem Funktionsablaufplan. Die benötigten Schritte, Transitionen, Verzweigungen und Sprünge werden in der Programmieroberfläche eingefügt (Abb. 4).

Anschließend werden den Schritten und Transitionen bei einem nichtbibliotheksfähigen Programm die Aktualparameter wie z. B. Eingänge, Ausgänge und Merker zugewiesen (Abb. 6).

Soll das Programm bibliotheksfähig erstellt werden, müssen für die Schritte und Transitionen lokale Variablen deklariert werden. Die Deklarationstabelle (Schnittstelle) befindet sich am unteren Bildrand der Programmieroberfläche (Abb. 4, S.463, ③) und kann über die Karteikarte „Variablen" angewählt werden.

Die Deklarationstabelle beinhaltet bereits zahlreiche Variablen, die vom Programm vorgegeben sind und zur Einstellung bzw. Bedienung des Prozessablaufs benötigt werden (vgl. S. 439, Abb. 8).

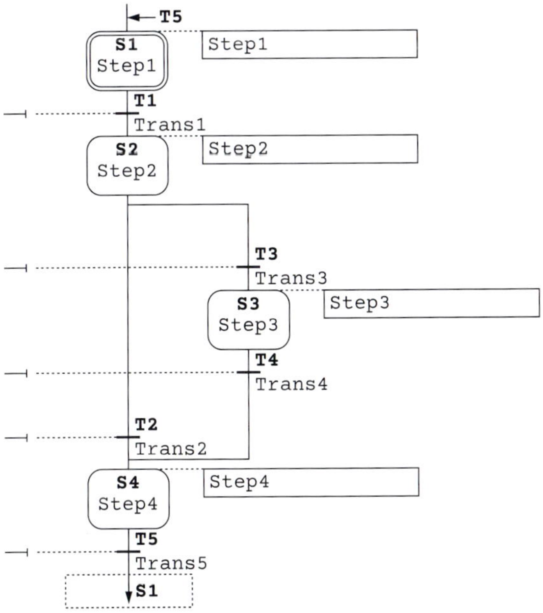

3: Programmstruktur in S7-Graph

Operation	Operandenkennzeichen	Bedeutung
N[C]	A, E, M, D	Solange Schritt aktiv [und Interlock erfüllt], führt Operand Signal = 1
S[C]	A, E, M, D	**S**etzen: Sobald Schritt aktiv [und Interlock erfüllt], wird Operand auf 1 gesetzt und bleibt danach auch auf 1 (speichernd).
R[C]	A, E, M, D	**R**ücksetzen: Sobald Schritt aktiv [und Interlock erfüllt], wird Operand auf 0 gesetzt und bleibt danach auch auf 0 (speichernd).
D[C]	A, E, M, D	Einschaltverzögerung (**D**elay): *n* Sekunden nach Schrittaktivierung führt Operand [bei erfülltem Interlock] Signal = 1 für die Dauer der Schrittaktivierung. Dies ist nicht gültig, wenn die Dauer der Schrittaktivierung kürzer als *n* sec. ist (nicht speichernd).
	T#<const>	Zeitkonstante
L[C]	A, E, M, D	**L**imitierter Impuls: Ist der Schritt aktiv [und Interlock erfüllt], führt der Operand für *n* Sekunden Signal 1 (nicht speichernd).
	T#<const>	Zeitkonstante

4: Standardaktionen in S7-Graph (Beispiele)

Der Vorrat an verschiedenen Aktionsmöglichkeiten ist in S7-Graph gegenüber einer Programmierung in FUP, KOP oder AWL sehr begrenzt (Abb. 5).

Zusätzlich zu den Standardaktionen wie z. B. „S" (Setzen) oder „R" (Rücksetzen) hat man die Möglichkeit, jeder Aktion eine Verriegelungsbedingung (Interlock) zuzuweisen. So besteht wie in GRAFCET die Möglichkeit, Aktionen in einem Schritt nur bedingt auszuführen.

Um die im GRAFCET dargestellte Bedingung für die Leuchte „P1" in S7-Graph zu realisieren (Abb. 3, ①), muss man zunächst in die Einzelschrittdarstellung wechseln. Die Bedingung wird erstellt ② und die betreffende Aktion mit einem „C" gekennzeichnet ③.

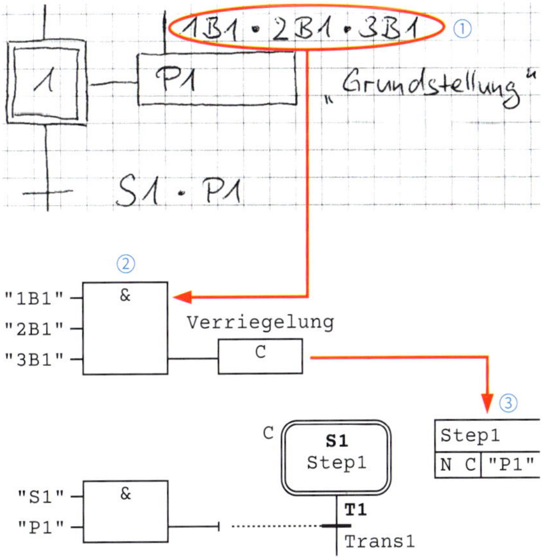

5: Interlock in S7-Graph

Wie werden Zeit- und Zählfunktionen realisiert?

Bei den Zeiten unterscheidet man grundsätzlich zwischen zeitverzögerten Befehlen „D" (delayed) und zeitbegrenzten Befehlen „L" (limited). Am häufigsten wird der D-Befehl verwendet, da er den L-Befehl ersetzen kann.

Zeitverzögerte Aktion

Sobald der Schritt eingeleitet ist, beginnt die in der zweiten Zeile der Aktion eingestellte Zeit zu laufen (Abb. 1, ①). Solange die folgende Transition nicht erfüllt ist, wird nach Ablauf der Verzögerungszeit die Aktion ausgeführt.

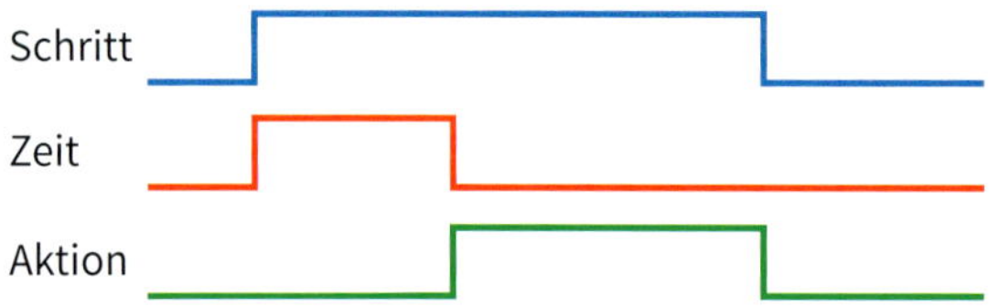

Zeitbegrenzte Aktion

Ein Merker erhält mit „D" zeitverzögert ein 1-Signal ②. In der folgenden Transition wird dieser Merker abgefragt ③. Der Schritt wird also so lange ausgeführt, bis der Merker nach der eingestellten Verzögerungszeit auf 1-Signal wechselt.

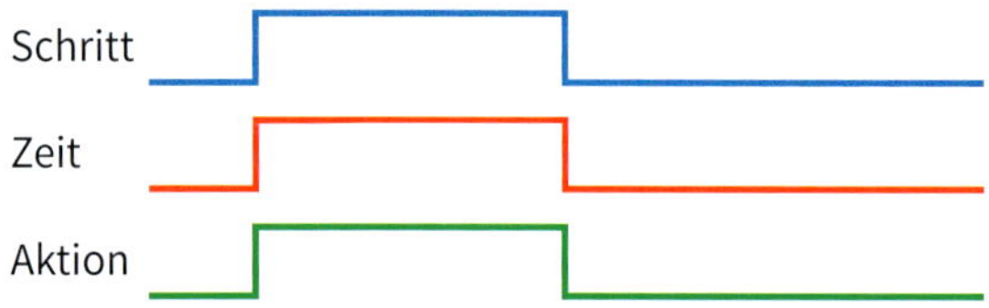

Zählfunktion

Bei jeder **Schrittaktivierung** [*step activation*] wird der Zählwert von Z1 um 1 verringert (Abb. 3). In einer Bedingung kann dann abgefragt werden, ob der Zähler schon den Wert 0 erreicht hat. Abhängig davon werden dann weitere Aktionen eingeleitet. Sinnvoll ist dies z. B., wenn ein Alternativzweig erst bearbeitet werden soll, nachdem eine bestimmte Aktion *n* Mal ausgeführt wurde.

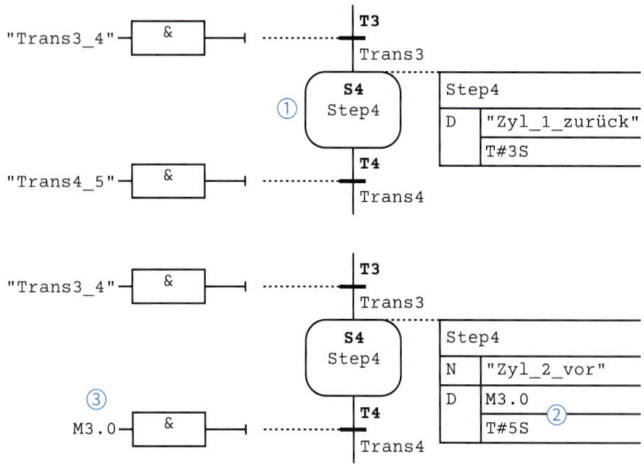

1: Zeiten in S7-Graph

Tabelle	
S1	Ausführen, wenn der Schritt aktiv wird
S0	Ausführen, wenn der Schritt deaktiviert wird
V1	Überwachungsfehler kommt
V0	Überwachungsfehler geht
L1	Verriegelungsbedingung geht
L0	Verriegelungsbedingung kommt
Operation	
CS	Laden des Zählers mit Zählerstartwert
CU	Count up
CR	Laden des Zählers mit 0
CD	Count down
TL	Timer Limited
TD	Timer Delayed ON
TR	Timer Reset

2: Zusätzliche Schaltbedingungen in S7-Graph

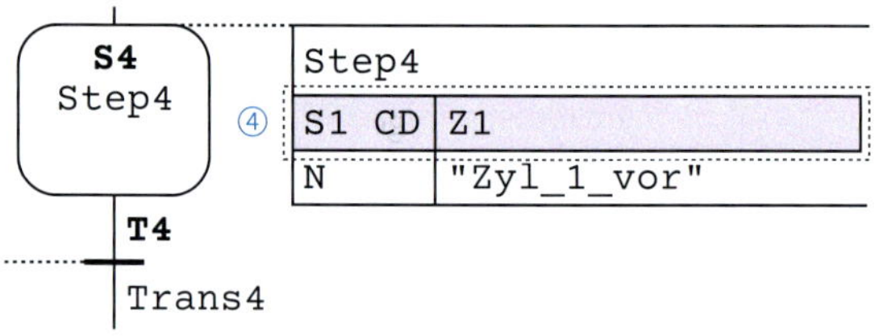

3: Zählen in S7-Graph

Für das Programmieren in S7-Graph können weitere **Schaltbedingungen** [*switching conditions*] verwendet werden. Die Abb. 2 zeigt eine Liste der Befehle. Im Beispiel aus Abb. 3 wird der Zählwert des Zählers um 1 verringert (CD), wenn der Schritt aktiv wird (S1) ④.

Die Auflistung der zusätzlichen Schaltbedingungen erhält man durch Betätigen der rechten Maustaste auf einer Aktionszeile. Nach Auswahl der Objekteigenschaften findet man dort eine Auflistung der möglichen Ereignisse und Operationen (Abb. 4). Sie werden dann automatisch in der Aktionszeile übernommen.

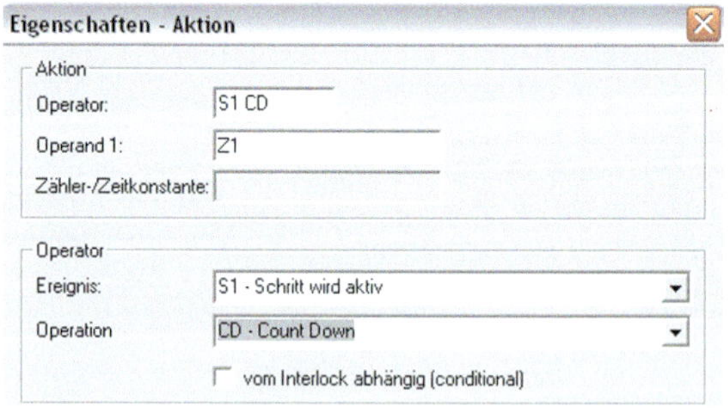

4: Objekteigenschaften einer Aktion

- Zeitfunktionen werden mit den Befehlen D (delayed) und L (limited) realisiert.
- In den Objekteigenschaften einer Aktion findet man zusätzliche Schaltbedingungen.

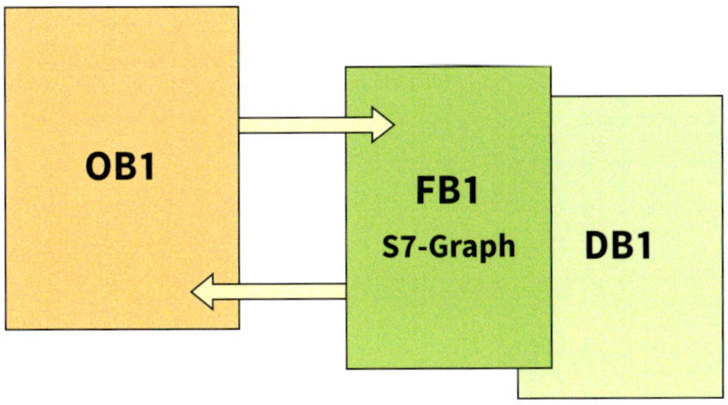

5: Bausteinaufruf im OB1

Wie können die Baustein-Eigenschaften verändert werden?

Wird ein S7-Graph Baustein im OB1 aufgerufen (Abb. 5), kann man dort auf den Ablauf der Schrittkette Einfluss nehmen. Dazu bietet der S7-Graph Baustein im Menü **Extras ⇒ Baustein-Einstellungen** die Möglichkeit, zwischen verschiedenen Varianten zu wählen (Abb. 6, ①).

Dem Anwender stehen die folgenden vier Varianten zur Verfügung:

- Minimal
- Standard
- Maximal
- Anwenderdefiniert

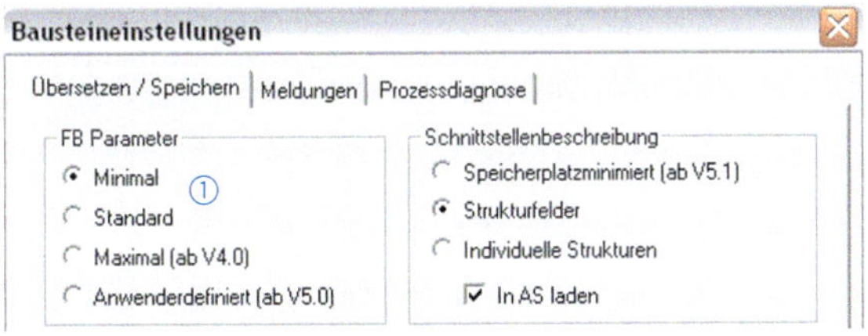

6: Ein- und Ausgangsparameter des S7-Graph FB

Die vier Varianten unterscheiden sich durch ihre Anzahl an sichtbaren und damit auch nutzbaren Ein- und Ausgängen beim Bausteinaufruf im OB1.

Während in der Variante „Minimal" mit dem Eingang INIT_SQ der Initialschritt der Schrittkette angewählt werden kann (Abb. 7), bietet z. B. die Variante „Standard" zusätzlich die Möglichkeit, mit dem Eingang ACK_EF eine Störung zu quittieren oder mit dem Ausgang AUTO_ON die Betriebsart Automatik anzuzeigen.

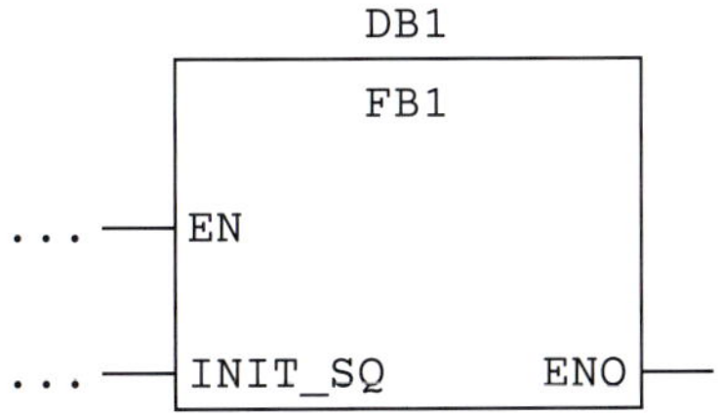

7: FB-Parameter „Minimal"

Variable	Datentyp	Beschreibung	Minimal	Standard	Maximal	Anwenderdefiniert
IN						
OFF_SQ	BOOL	Schrittkette ausschalten. Alle Schritte deaktivieren.	○	●	●	●
INIT_SQ	BOOL	Intialschritt aktivieren	●	●	●	●
ACK_EF	BOOL	Quittieren einer Störung	○	●	●	●
HALT_SQ	BOOL	Schrittkette anhalten/ wieder aktivieren	○	○	●	●
OUT						
S_NO	INT	Anzeige Schrittnummer	○	●	●	●
ERROR	BOOL	Interlockfehler (beliebiger Schritt)	○	○	●	●
AUTO_ON	BOOL	Anzeige Betriebsart Automatik	○	●	●	●

8: Ein- und Ausgangsparameter des S7-Graph FB

Eine Auswahl möglicher Parameter zeigt die Tabelle in Abb. 8. Die Gesamtübersicht findet man unter „Parameter des S7-Graph-FB" in der Hilfe von S7-Graph. Mit der Variante „Anwenderdefiniert" ist es möglich, den S7-Graph Baustein genau nach den eigenen Bedürfnissen anzupassen (Abb. 9). Dazu werden in der Deklarationstabelle **Variablen ⇒ Schnittstelle** lediglich die nicht benötigten Parameter entfernt.

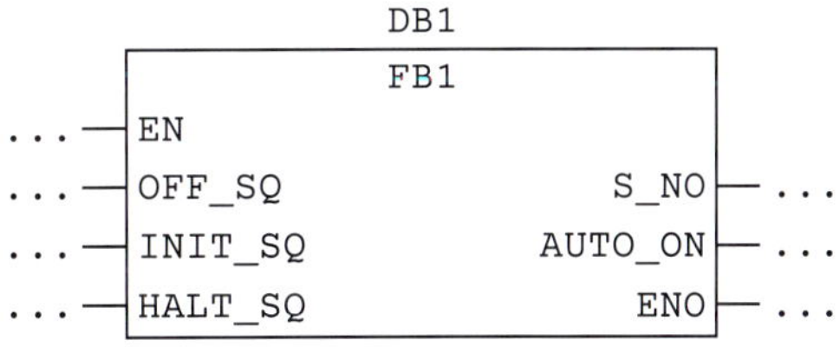

9: FB-Parameter „Anwenderdefiniert"

Aufgaben

1. Nennen Sie zwei Gründe, warum vor dem Programmieren mit S7-Graph ein Funktionsablaufplan erstellt werden sollte.
2. Welche beiden grundsätzlichen Zeitfunktionen kann man in S7-Graph verwenden?

■ Über die Bausteineinstellungen wird in S7-Graph auf den Ablauf der Schrittkette Einfluss genommen.

11.3.6 Programm mit S7-Graph realisieren und testen

Die Auzubildenden sollen den mit GRAFCET erstellten Prozessablauf der Schweißperipherie mit S7-Graph realisieren. Dabei gehen sie wie folgt vor:

1. Programmerstellung
2. Bausteineinstellungen
3. Test

Programmerstellung

Ist ein Prozessablauf als GRAFCET-Plan erstellt, kann man diese Ablaufbeschreibung einfach in ein S7-Graph Programm übertragen. Die grafische Darstellung in S7-Graph ist mit der Darstellung in GRAFCET vergleichbar.

Für die Schweißperipherie sieht das S7-Programm in der Programmiersprache S7-Graph wie folgt aus (Abb. 1). Bei der bibliotheksfähigen Erstellung ist zu beachten, dass den Variablen in S7-Graph kein Rautezeichen # vorangestellt wird (z. B. P1 ①).

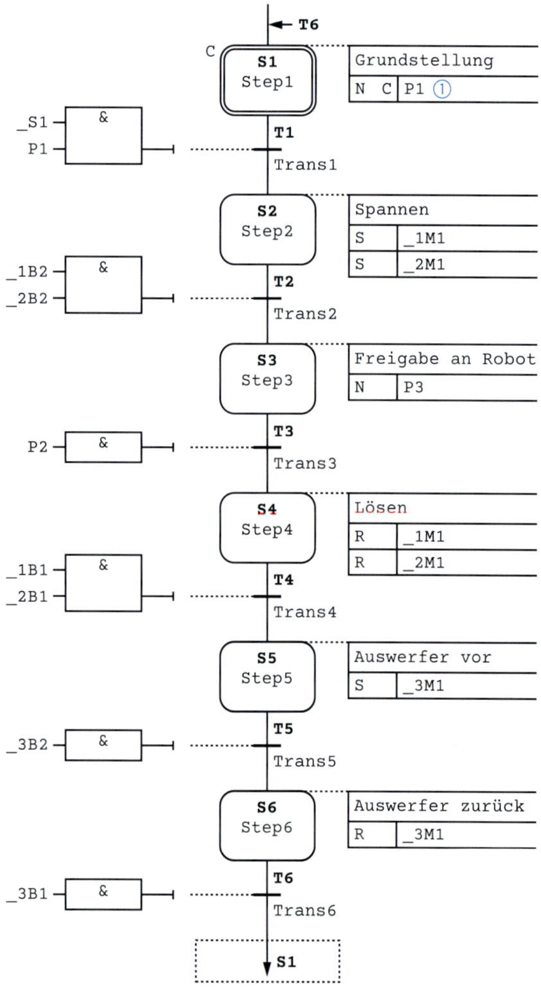

1: Prozessablauf in S7-Graph

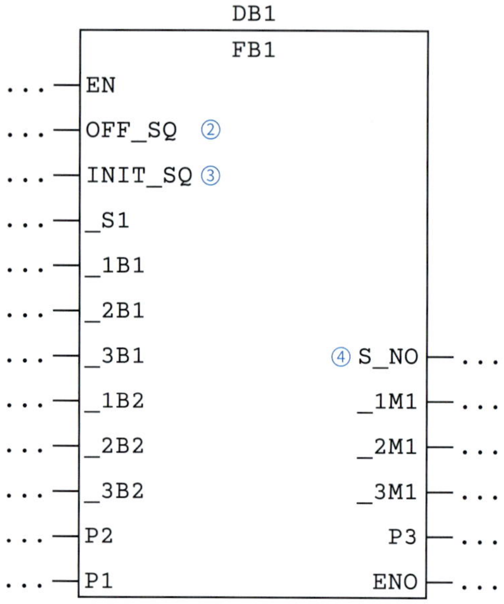

2: S7-Graph Baustein im OB1

Bausteineinstellungen

Um mit mehreren Optionen auf den Ablauf der Schrittkette Einfluss nehmen zu können, verwenden die Auszubildenden die FB-Parametereinstellung „Anwenderdefiniert" (Abb. 2).

Mit der hier zur Verfügung stehenden Option „OFF_SQ" ② werden alle Schritte deaktiviert und mit INIT_SQ ③ die Schrittkette auf den Schritt 1 gesetzt. Auch der Wunsch des Ausbilders, die aktuelle Schrittnummer anzeigen zu lassen, ist möglich. Dazu wird die OUT-Variable S_NO ④ verwendet. Die Schrittnummer wird als Datentyp INT (Integer) dargestellt.

Auf die Möglichkeit, den Prozessablauf von Automatikbetrieb in Handbetrieb umschalten zu können, wird im Kapitel 11.4 näher eingegangen.

Test

Bevor das Programm zur CPU übertragen wird, testen die Auszubildenden den Prozessablauf mit der Simulation S7-PLCSIM. Hilfreich ist die Anzeige der Ein- und Ausgänge mit symbolischen Namen. Dafür müssen in PLCSIM die Ein- und Ausgänge als „vertikale Bits" dargestellt werden (Abb. 3).

Unter **Extras ⇒ Optionen ⇒ Symbole zuordnen ...** wird der Ordner „Symbole" aus dem zu simulierenden Projekt geöffnet. Die Adressen werden nun automatisch mit den symbolischen Namen, z. B. E0.2 durch „1B1" ersetzt.

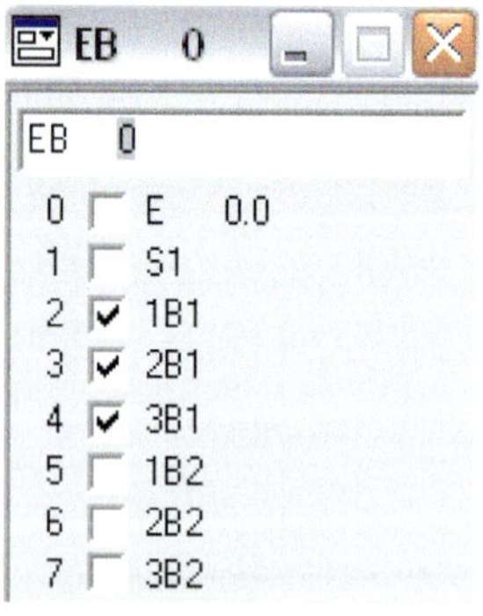

3: vertikale Bits

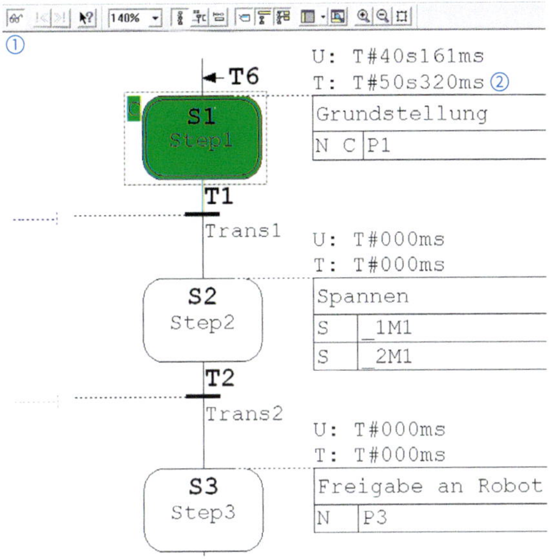

4: ONLINE-Anzeige in S7-Graph

Mit dem Button „Beobachten" (Abb. 4, ①) zeigt S7-Graph anschaulich, in welchem Schritt sich der Prozessablauf gerade befindet und welche Transition noch nicht erfüllt ist, um in den nächsten Schritt zu gelangen.

Die **Fehlersuche** [*fault locating*] an einer Anlage wird durch die grafische Darstellung sehr erleichtert. Der aktuelle Schritt ist grün gekennzeichnet.

Zusätzlich werden **Aktivierungszeiten** ② [*activation time*] angegeben.

- **U**: Aktivierungszeit eines Schrittes ohne Störungen, wie z. B. die Verriegelung eines Schrittes
- **T**: Gesamte Aktivierungszeit eines Schrittes

Im Programm sind diese Schrittlaufzeiten mit der Syntax **Step1.U**, bzw. **Step1.T** zur Steuerung des Programmes verwendbar. Die Aktivierungszeit wird hier mit einer festgelegten Zeit verglichen (Abb. 5).

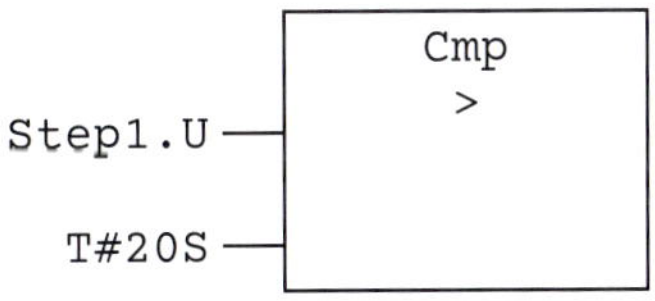

5: Zeitüberwachung

Aufgaben

1. Welche Funktion und welchen Datentyp hat die Ausgangsvariable S_NO in S7-Graph?
2. Beschreiben Sie die Vorgehensweise, wie die symbolischen Namen der Ein- und Ausgänge in der PLCSIM angezeigt werden können.

- Die grafische Darstellung von S7-Graph ist mit der Darstellung von GRAFCET vergleichbar.

Hinweis zur Ablauffähigkeit von S7-Graph

Die Ablauffähigkeit eines S7-Graph Funktionsbausteins ist einstellbar. Es stehen zwei Varianten zur Verfügung:

1. Eigenständig lauffähig

Für den S7-Graph FB werden alle für den internen Ablauf relevanten Codes in den FB eingebaut. Dies hat bei Verwendung von mehreren S7-Graph FBs einen raschen Anstieg des Speicherplatzbedarfs zur Folge und kann aus diesem Grund nur bei CPUs mit genügend Arbeitsspeicher ausgewählt werden.

2. Standard-FC erforderlich

Um den verwendeten Arbeitsspeicher zu reduzieren, bietet S7-Graph die Alternativen, für alle FBs nur **eine** Standard-FC zu verwenden. Sie enthält den **Hauptteil des für den internen Ablauf relevanten Codes**. Die FBs werden wesentlich kleiner. Folgende Standard-FCs stehen in STEP7 zur Verfügung:

FC72

Bei dieser FC muss die CPU in der Lage sein, Bausteine mit mehr als 8 kByte zu bearbeiten.

FC70/FC71

Diese beiden FCs sind kleiner als 8 kByte. Die FC70 nutzt die Diagnosefunktionalität der SFC17/18 und kann nur auf CPUs verwendet werden, die über diese Funktionen verfügen. Ist dies nicht der Fall, muss die FC71 verwendet und auf die **Diagnosefähigkeit** verzichtet werden. Im SIMATIC Manager kann man unter dem Menü **Zielsystem ⇒ Erreichbare Teilnehmer anzeigen** im dortigen S7-Programmordner „Bausteine" prüfen, ob die CPU diese SFCs enthält.

FC73

Diese FC ist auf allen CPUs lauffähig. Der Speicherplatzbedarf wird wesentlich reduziert. Zusätzlich muss die Bausteineinstellung **„Schnittstellenbeschreibung: speicherplatzminimiert"** angewählt werden. Die mit dieser FC erstellten S7-Graph FBs sind jedoch nicht diagnosefähig.

11.4 Betriebsarten

Die Auszubildenden möchten bei der Bedienung der Schweißperipherie im Schulungsraum zwischen Automatik- und Handbetrieb wählen können. Um dies zu erreichen, benötigen sie einen übergeordneten **Betriebsartenteil** [*operating mode part*].

Die folgenden Abschnitte erläutern, wie ein Betriebsartenteil funktioniert und wie er als bibliotheksfähiger Universal-Baustein erstellt werden kann.

11.4.1 Ablaufsteuerung mit Betriebsartenteil

Mit einem Betriebsartenteil ist es möglich, in den Steuerungsablauf einer Anlage einzugreifen. In der Regel erfolgt dies durch die Umschaltung vom Automatik- in den Hand- oder Tippbetrieb. Der Betriebsartenteil hat Einfluss auf den Ablauf der Schrittkette und die auszuführenden Aktionen.

Grundsätzlich wird eine Ablaufsteuerung mit Betriebsartenteil in drei Bereiche eingeteilt (Abb. 2).

Diese sind

- Betriebsartenteil ①,
- Schrittkette ② und
- Aktionen ③.

Der Betriebsartenteil für die Schweißperipherie der Firma Cloos erhält Signale vom Bedienfeld (Abb. 1), der Schweißperipherie und die aktuelle Schrittnummer des Universal-Ablaufkettenbausteins. Diese Signale werden im Betriebsartenbaustein verarbeitet und wieder an das Bedienfeld, den Universal-Ablaufkettenbaustein und den Aktionsbaustein ausgegeben.

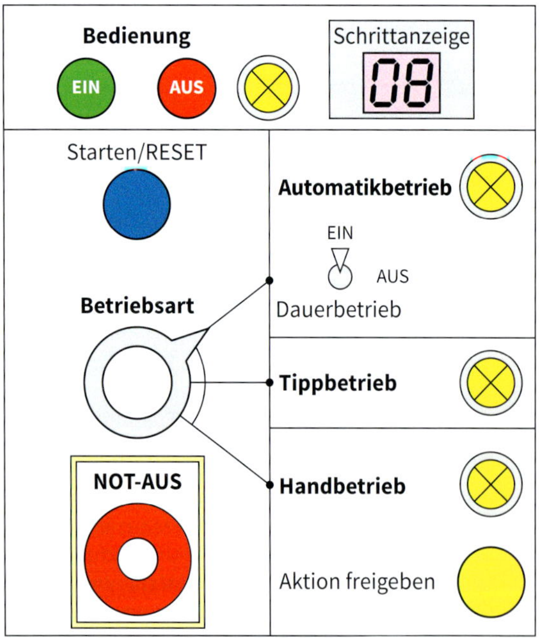

1: Bedienfeld mit Betriebsartenteil

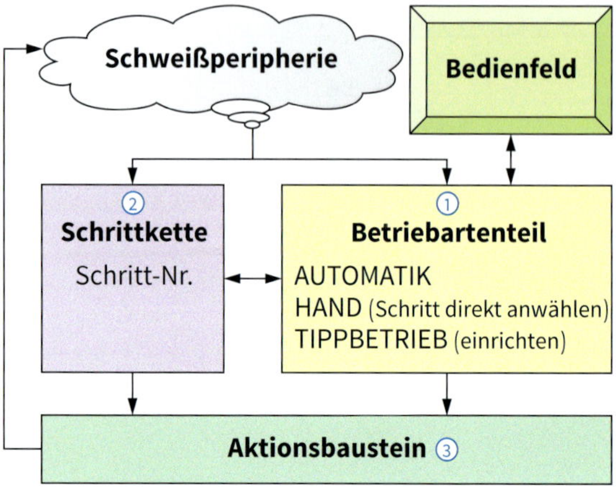

2: Struktur der Ablaufsteuerung mit Betriebsartenteil

Die Betriebsarten Automatik-, Tipp- und Handbetrieb unterscheiden sich vor allem durch die Weiterschaltbedingung in den folgenden Schritt. Während beim Automatikbetrieb der Prozessablauf selbsttätig abläuft, werden im Tipp- und Handbetrieb die Art und Weise der Weiterschaltung vom Anlagenbediener oder Wartungspersonal beeinflusst.

Welche Funktionen hat der Betriebsartenteil?

Der Betriebsartenteil verbindet durch seine Betriebsartensignale das Bedienfeld mit dem Ablaufkettenbaustein und dem Aktionsbaustein (vgl. Seite 446, Abb. 3 – 5). Folgende Betriebsartensignale werden von diesen Bausteinen verwendet:

- Rücksetzen (#BS1)
- Freigabe der Ablaufkette mit Weiterschaltbedingungen (#BS2)
- Freigabe der Ablaufkette ohne Weiterschaltbedingungen (#BS3)
- Freigabe einer Aktion (#BS4)

Rücksetzen

Das Betriebsartensignal „Rücksetzen" **#BS1** bewirkt am Eingangsparameter RESET (Abb. 2, S. 470) des Universal-Ablaufketten- und Aktionsbausteins, dass Zeitglieder, Zähler und die Schrittkette zurückgesetzt werden. Vorher muss die Anlage in Grundstellung gebracht werden (Abb. 3, ①).

Aus Sicherheitsgründen ist dies bei der Schweißperipherie nur möglich, wenn die Bedienung der Anlage vorher mit dem Taster „Bedienung aus" abgeschaltet wurde.

- Mit den Betriebsarten Automatik-, Hand- und Tippbetrieb kann man Einfluss auf den Ablauf einer Schrittkette nehmen.
- Ablaufsteuerungen mit Betriebsartenteil werden grundsätzlich in die Bereiche Betriebsartenteil, Schrittkette und Aktionen eingeteilt.

Freigabe der Ablaufkette mit Weiterschaltbedingungen

Mit dem Betriebsartensignal **#BS2** in Verbindung mit einer UND-Verknüpfung zu den jeweiligen Weiterschaltbedingungen wird das Weiterschalten in den nächsten Schritt (Abb. 3, ②) ermöglicht.

- Wenn #BS2 = 1 ist, wird bei erfüllter Weiterschaltbedingung der nächste Schritt ausgeführt.
- Wenn #BS2 = 0 ist, wird auch bei erfüllter Weiterschaltbedingung der nächste Schritt nicht ausgeführt.

Freigabe der Ablaufkette ohne Weiterschaltbedingungen

Im Handbetrieb wird der nächste Schritt mit dem Betriebsartensignal **#BS3** ausgeführt, ohne dass die Weiterschaltbedingung erfüllt ist (Abb. 3, ③). Dabei muss gewährleistet sein, dass #BS3 ein Impulssignal ist und immer nur für einen Programmzykluss zur Verfügung steht. Hätte dieses Betriebsartensignal ständig ein 1-Signal, würde ein Kreislauf der Ablaufkette ohne Anhaltemöglichkeit entstehen.

- Wenn #BS3 = 1 ist, wird der nächste Schritt ohne Rücksicht auf die entsprechende Weiterschaltbedingung ausgeführt.

Freigabe einer Aktion

Im Aktionsbaustein wird jede Aktion über das Betriebsartensignal **#BS4** (#Aktion_Frei) freigeschaltet oder gesperrt (Abb. 5, ⑤).

- Wenn #BS4 = 1 ist, wird eine Aktion zur Ausführung freigeschaltet.

Damit die Ablaufkette ohne Weiterschaltbedingungen zu steuern ist, darf der nächste Schritt nur ausgeführt werden, wenn der letzte Schritt gesetzt und der vorletzte Schritt rückgesetzt ist (Abb. 3, ④).Dies ist notwendig um die Ablaufkette beim Weiterschalten ohne Bedingungen am Durchlaufen zu hindern.

Neben den in Abb. 3 dargestellten Änderungen in den Netzwerken des Universal-Ablaufkettenbausteins müssen zusätzlich die IN-Variablen #mBedingung und #oBedingung deklariert werden.

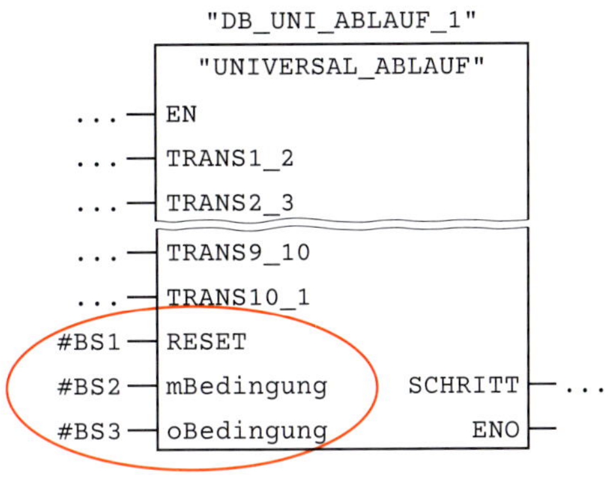

4: Universal-Ablaufkettenbaustein im OB1

Der geänderte Universal-Ablaufkettenbaustein wird im OB1 aufgerufen (Abb. 4). Im OB1 müssen die Betriebsartensignale als TEMP-Variablen deklariert werden. Über diese Variablen werden Signale zwischen Betriebsartenteil, Universal-Ablaufkettenbaustein und Aktionsbaustein ausgetauscht.

Wie dieses Zusammenspiel funktioniert und der Betriebsartenbaustein aufgebaut ist, wird auf den folgenden Seiten erläutert.

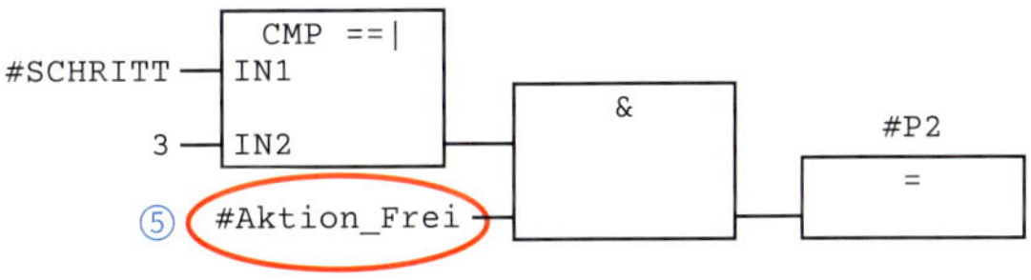

5: Netzwerk im Aktionsbaustein mit Betriebsartenteil

Aufgaben

1. In welche drei Bereiche wird eine Ablaufsteuerung mit Betriebsartenteil eingeteilt?
2. Erläutern Sie, warum das Betriebsartensignal #BS3 nur für einen Programmzyklus zur Verfügung stehen darf.

- Durch einen Betriebsartenteil kann die Freigabe der Ablaufkette mit und ohne Weiterschaltbedingungen erfolgen.

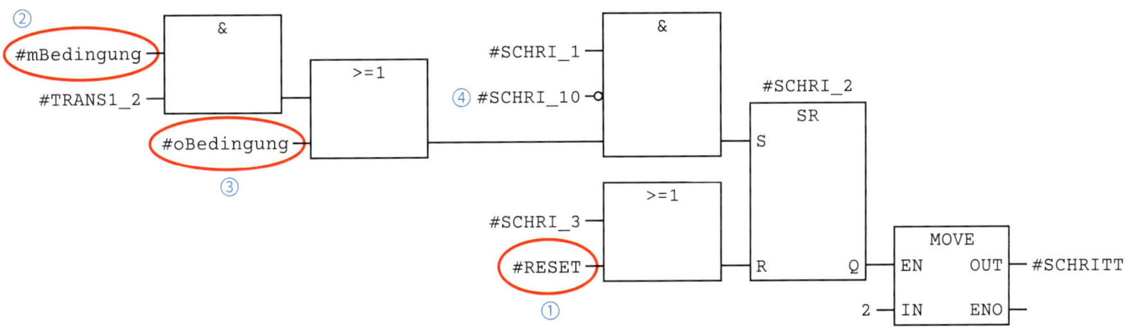

3: Netzwerk im Universal-Ablaufkettenbaustein mit Betriebsartenteil

11.4.2 Betriebsartenbaustein erstellen

Der Betriebsartenbaustein wird auf das Bedienfeld der Schweißperipherie abgestimmt (vgl. S. 442, Abb. 1). Eine Auflistung der Ein- und Ausgänge des Bedienfeldes zeigt die folgende Tabelle (Abb. 1).

	Eingänge
E1	Bedienung ausschalten (Taster)
E2	Bedienung einschalten (Taster)
E3	Automatikbetrieb (Wahlschalter)
E4	Tippbetrieb (Wahlschalter)
E5	Handbetrieb (Wahlschalter)
E6	Dauerbetrieb bei Automatik (Schalter)
E7	Automatikbetrieb starten, Schritte im Tipp- und Handbetrieb weiterschalten und zurücksetzen der Schrittkette bei ausgeschalteter Bedienung (Taster)
E8	Aktion im Handbetrieb freigeben (Taster)
E9	Not-Aus-Taster
E10	Schrittnummer aus Universal-Ablaufkettenbaustein
E11	Grundstellungsabfrage
	Ausgänge
A1	Anzeige „Bedienung EIN"
A2	Anzeige „Automatikbetrieb EIN"
A3	Anzeige „Tippbetrieb EIN"
A4	Anzeige „Handbetrieb EIN"
A5	Betriebsartensignal „RESET" (BS1)
A6	Betriebsartensignal „Freigabe mit Bedingungen" (BS3)
A7	Betriebsartensignal „Freigabe ohne Bedingungen" (BS3)
A8	Betriebsartensignal „Aktionsfreigabe" (BS4)

1: Ein- und Ausgänge am Bedienfeld

Das Programm für den Betriebsartenbaustein wird in den nächsten Abschnitten genauer beschrieben. Der Aufruf des Betriebsartenbausteins im OB1 wird auf Seite 446 erläutert.

Netzwerk 1
Ein- und Ausschalten des Bedienfeldes
Netzwerk 2
Automatikbetrieb starten
Netzwerk 3
Kontrolliertes Beenden des Dauerbetriebes
Netzwerk 4
Schritte im manuellen Betrieb weiterschalten
Netzwerk 5
Weiterschalten mit Bedingungen
Netzwerk 6
Weiterschalten ohne Bedingungen
Netzwerk 7
Aktion freigeben
Netzwerk 8
RESET der Schrittkette

Ein- und Ausschalten der Bedienung

Das Bedienfeld und damit auch die Auswahl der Betriebsarten wird bei nicht betätigtem Not-Aus (E9) mit den Tastern BEDIEN_EIN (E2) und BEDIEN_AUS (E1) freigegeben (Abb. 2). Die Anzeige BEDIEN_ANZ (A1) signalisiert dies.

Deklarationstabelle

Variable	Datentyp	Anfangswert
IN		
BEDIEN_EIN	BOOL	FALSE
BEDIEN_AUS	BOOL	FALSE
NOT_AUS	BOOL	FALSE
OUT		
BEDIEN_ANZ	BOOL	FALSE
STAT		
BEDIEN_SR	BOOL	FALSE

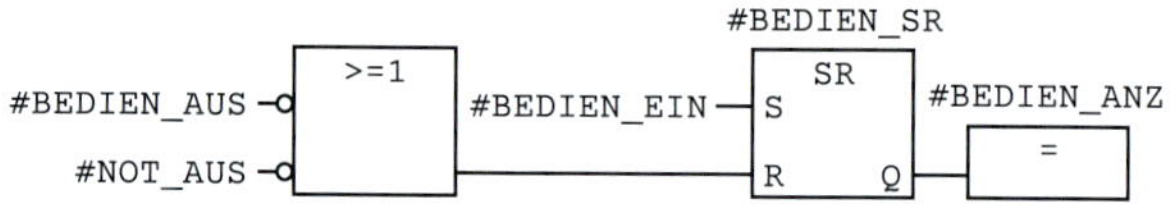

2: Bedienung einschalten (Netzwerk 1)

Automatikbetrieb starten

Der Automatikbetrieb AUTO_ON wird mit dem Wahlschalter AUTO (E3) ausgewählt und mit dem Taster STARTEN (E7) gestartet (Abb. 3).

Zurückgesetzt wird der Automatikbetrieb durch
- das Ausschalten des Bedienfeldes,
- das Umschalten in eine andere Betriebsart oder
- die Variable ENDE_DAUER in Verbindung mit dem Auswerten von deren positiver Flanke ①.

Durch die **Flankenauswertung** *[edge evaluation]* steht das Rücksetzsignal nur für die Dauer von einem Zyklus an. Dies ist nötig, damit bei abgeschaltetem Dauerbetrieb im Netzwerk 3 ein neuer Prozessablauf gestartet werden kann.

Deklarationstabelle

Variable	Datentyp	Anfangswert
IN		
AUTO	BOOL	FALSE
STARTEN	BOOL	FALSE
STAT		
AUTO_ON	BOOL	FALSE
ENDE_DAUER	BOOL	FALSE
POS_FL_1	BOOL	FALSE

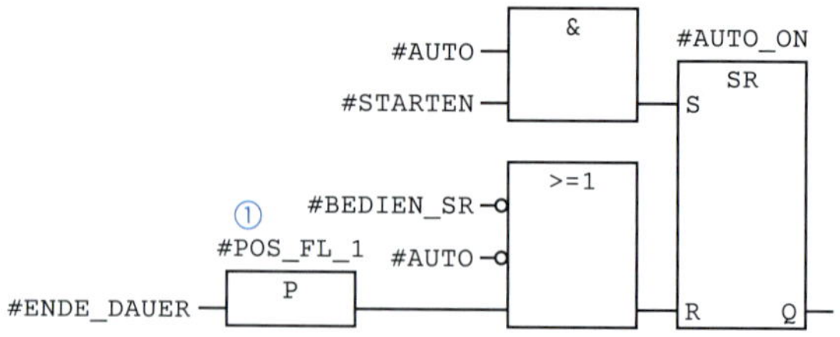

3: Automatikbetrieb starten (Netzwerk 2)

Kontrolliertes Beenden des Dauerbetriebes

Wird der DAUERBETRIEB (E6) während des Automatikbetriebes abgeschaltet (Abb. 4), endet der Bearbeitungszyklus, sobald die Schrittkette wieder Schritt 1 erreicht.

Deklarationstabelle

Variable	Datentyp	Anfangswert
IN		
DAUERBETRIEB	BOOL	FALSE
SCHRITT_NR	INT	0

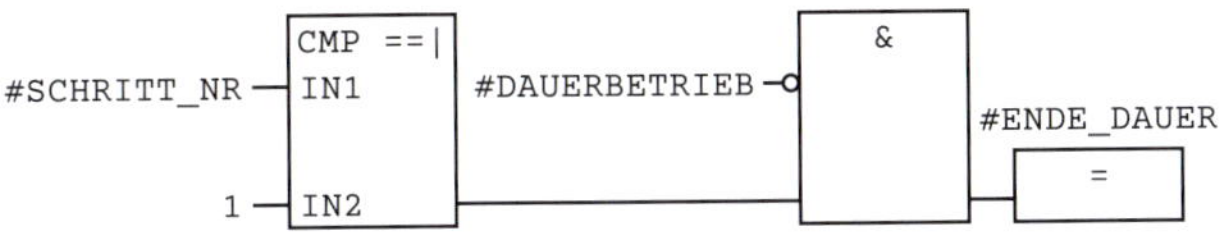

4: Dauerbetrieb beenden (Netzwerk 3)

Schritte im manuellen Betrieb weiterschalten

Das Signal zum Weiterschalten der Schritte im manuellen Betrieb OK_GO (Abb. 5) erfolgt durch die UND-Verknüpfung von

- der eingeschalteten Bedienung,
- dem abgewählten Automatikbetrieb (E3) und
- dem Signal einer positiven Flanke durch die Betätigung des Tasters STARTEN (E7).

Die Flankenauswertung POS_FL_2 verhindert, dass das Signal STARTEN zum Weiterschalten der Schritte dauerhaft ansteht. Wäre dies der Fall, hätte es zur Folge, dass beim Weiterschalten ohne Bedingungen (#BS3) die Schritte im „Schnelldurchlauf" ausgeführt würden.

Deklarationstabelle

Variable	Datentyp	Anfangswert
STAT		
POS_FL_2	BOOL	FALSE
OK_GO	BOOL	FALSE

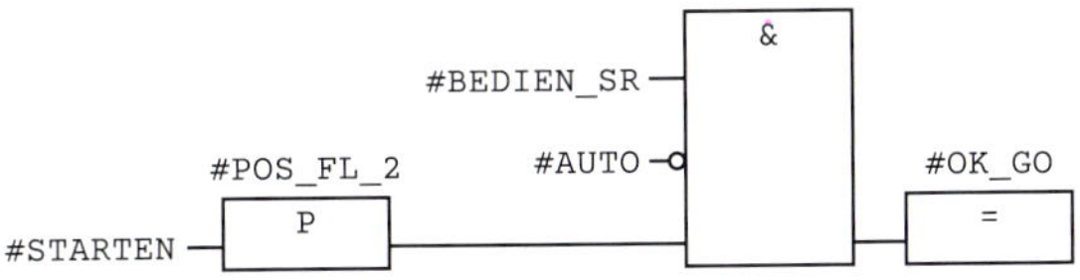

5: Weiterschalten im manuellen Betrieb (Netzwerk 4)

Weiterschalten mit Bedingungen

Die Freigabe zum Weiterschalten der Schritte mit Bedingungen durch das **Betriebsartensignal FREIGABE_mB** (**#BS2**) wird nur dann an den Universal-Ablaufkettenbaustein erteilt, wenn

- der Automatikbetrieb mit dem Wahlschalter auf AUTO (E3) gewählt wird (Abb. 6) oder
- der Tippbetrieb (E4) eingeschaltet wurde und
- ein Impuls durch die Variable OK_GO aus dem Netzwerk 4 erfolgt.

Deklarationstabelle

Variable	Datentyp	Anfangswert
IN		
TIPPBETRIEB	BOOL	FALSE
OUT		
FREIGABE_mB	BOOL	FALSE

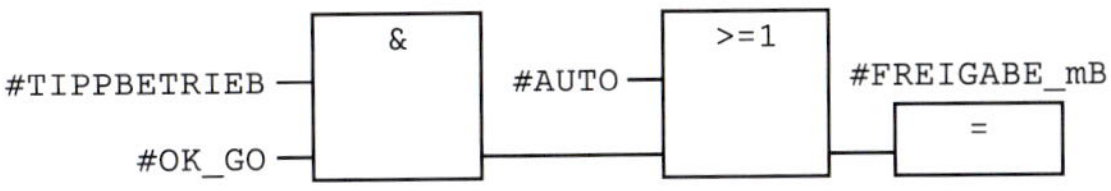

6: Weiterschalten mit Bedingungen (Netzwerk 5)

Weiterschalten ohne Bedingungen

Die Freigabe zum Weiterschalten der Schrittkette ohne Bedingungen durch das **Betriebsartensignal FREIGABE_oB** (**#BS3**) erfolgt nur (Abb. 7), wenn

- der Handbetrieb eingeschaltet wurde und
- ein Impuls durch die Variable OK_GO aus dem Netzwerk 4 erfolgt.

Deklarationstabelle

Variable	Datentyp	Anfangswert
OUT		
FREIGABE_oB	BOOL	FALSE

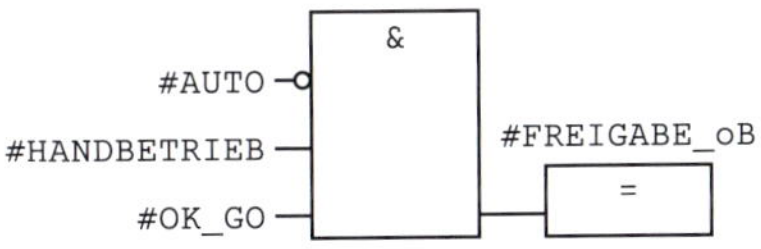

7: Weiterschalten ohne Bedingungen (Netzwerk 6)

Aktion freigeben

Die Freigabe einer Aktion durch das **Betriebsartensignal FREI_AKTION** (**#BS4**) erfolgt bei eingeschalteter Bedienung, wenn

- der Automatikbetrieb AUTO_ON gestartet oder
- im Handbetrieb (E5) der Taster AKTION_FREI (E8) betätigt wird.

Eine weitere Möglichkeit der Freigabe ist, im Tippbetrieb (E4) den Taster STARTEN (E7) zu betätigen.

Deklarationstabelle

Variable	Datentyp	Anfangswert
IN		
AKTION_FREI	BOOL	FALSE
OUT		
FREI_AKTION	BOOL	FALSE
STAT		
STARTEN_SR	BOOL	FALSE

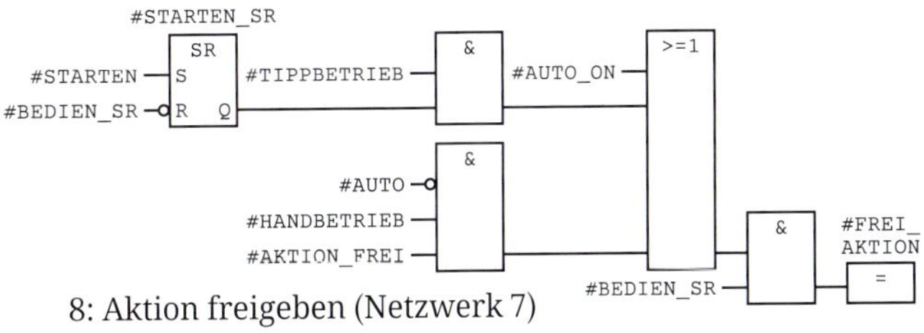

8: Aktion freigeben (Netzwerk 7)

RESET der Schrittkette

Mit dem **Betriebsartensignal RESET (#BS1)** werden Zähler, Zeitglieder und der Universal-Ablaufkettenbaustein zurückgesetzt (Abb. 1).

Der Ausgang bekommt ein 1-Signal, wenn
- das Bedienfeld ausgeschaltet,
- der Not-Aus (E9) nicht betätigt,
- die Grundstellung der Anlage GRUND_A (E11) erreicht ist (Abb. 1) und
- der Taster STARTEN (E7) betätigt wird.

Deklarationstabelle

Variable	Datentyp	Anfangswert
IN		
GRUND_A	BOOL	FALSE
OUT		
RESET	BOOL	FALSE

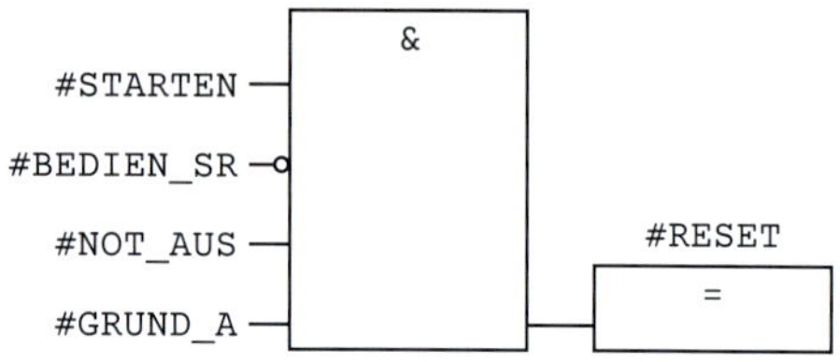

1: RESET der Schrittkette (Netzwerk 8)

Meldeleuchten der Betriebsarten

Um signalisieren zu können, welche Betriebsart ausgewählt ist, werden auf dem Bedienfeld Meldeleuchten verwendet. Die Ansteuerung erfolgt, wenn
- die Bedienung eingeschaltet ist und
- die entsprechende Betriebsart eingestellt wird.

Als Beispiel ist das Netzwerk für die Anzeige des Automatikbetriebes abgebildet (Abb. 2).

Deklarationstabelle

Variable	Datentyp	Anfangswert
OUT		
AUTO_ANZ	BOOL	FALSE
TIPP_ANZ	BOOL	FALSE
HAND_ANZ	BOOL	FALSE

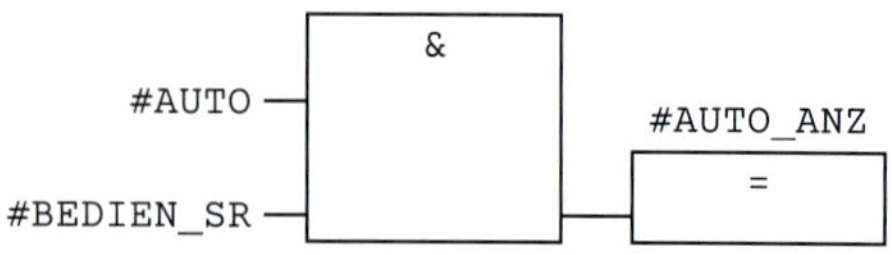

2: Anzeige Automatikbetrieb

Wie sieht der Aufruf im OB1 aus?

Wird der Betriebsartenbaustein (Abb. 3) im OB1 aufgerufen, müssen dort zunächst die Betriebsartensignale #BS1 … #BS4 als TEMP-Variablen deklariert werden. Sie transportieren die Betriebsartensignale vom Betriebsartenbaustein zum Universal-Ablaufkettenbaustein (Abb. 4) und Aktionsbaustein (Abb. 5).

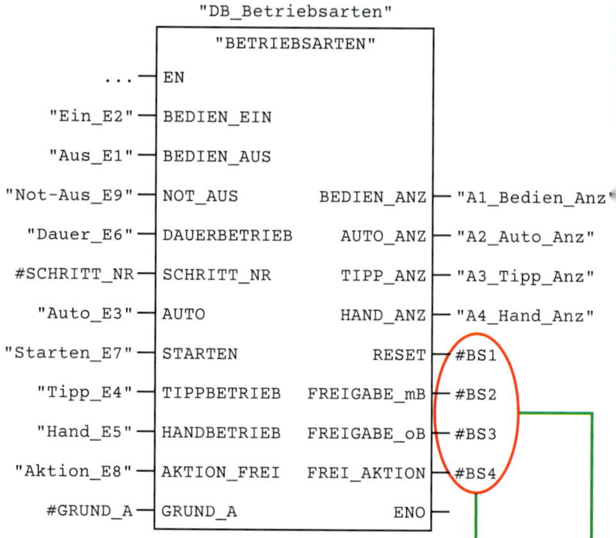

3: Betriebsartenbaustein im OB 1

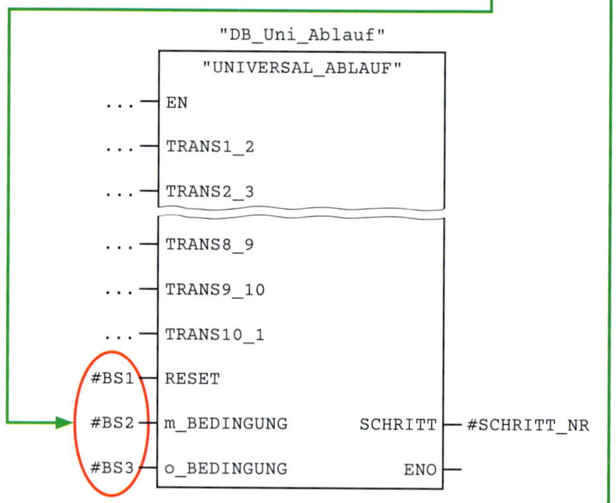

4: Ablaufkettenbaustein für Betriebsarten

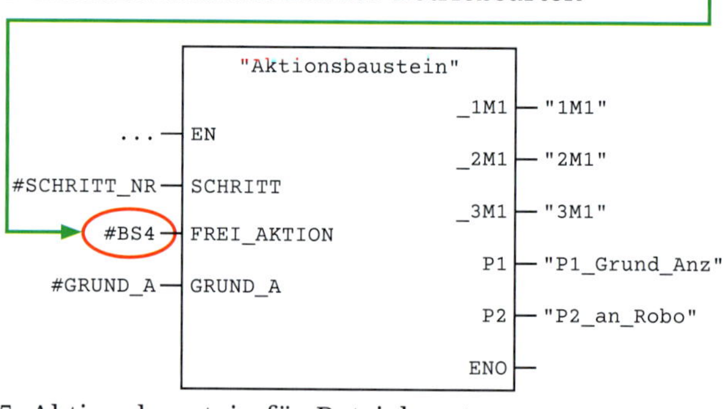

5: Aktionsbaustein für Betriebsarten

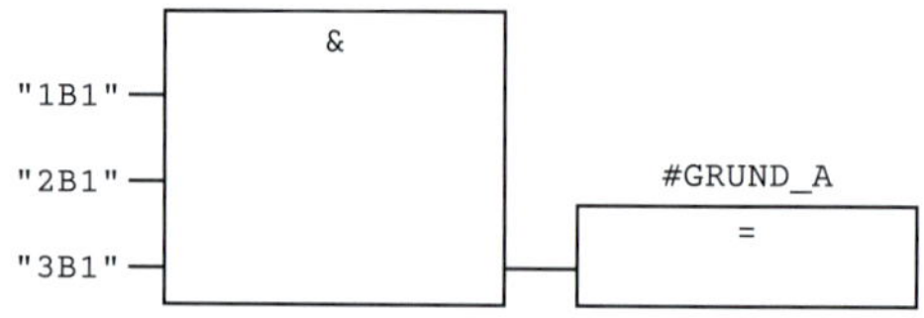

6: Anlage in Grundstellung

Automatisierte Anlagen errichten

11.4.3 Betriebsarten mit S7-Graph

In S7-Graph hat man die Möglichkeit, zwischen verschiedenen Betriebsarten zu wählen (Abb. 7, ①).

- Automatik (AUTO)
- Handbetrieb (MAN)
- Tipp-Betrieb (TAP)
- Automatik oder Weiterschalten (TOP)

Unter dem Menü **Test ⇒ Kette steuern...** besteht die Möglichkeit, mit diesen Betriebsarten „online" auf den Prozessablauf einzugreifen und ihn zu steuern.

Um dabei eine **Fehlermeldung** [*error message*] zu vermeiden, muss man entweder mit einer S7-Hardware verbunden sein oder vorher die Simulation S7-PLCSIM starten.

In der Betriebsart **Automatik** (AUTO) stehen folgende Optionen zur Wahl:

- **Quittieren** ②
  Wenn im Vorfeld die Option **Quittierpflicht** [*acknowledgement mandatory*] in der erweiterten Darstellung der Kettensteuerung eingestellt wird, kann mit dieser Schaltfläche eine anstehende Fehlermeldung quittiert werden.
- **Initialisieren** ③
  Mit dieser Schaltfläche hat man die Möglichkeit, die Ablaufkette mit dem definierten Initialschritt neu zu starten.
- **Ausschalten** ④
  Mit dem Button „ausschalten" werden alle Schritte der Ablaufkette deaktiviert. Es werden keine weiteren Schritte bearbeitet. Zum erneuten Aktivieren muss die Schaltfläche „initialisieren" betätigt werden.

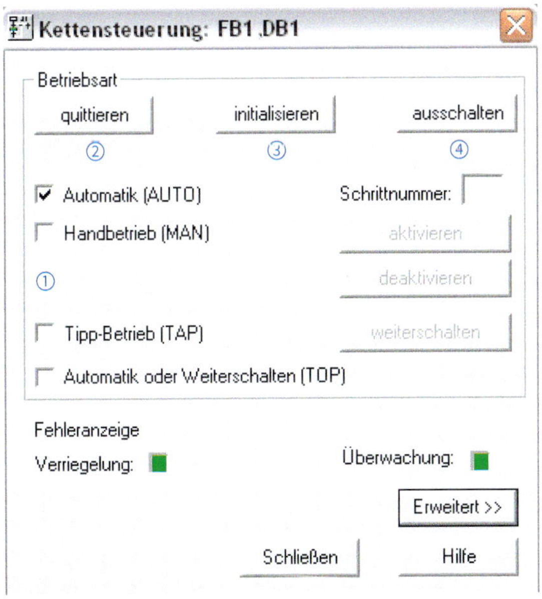

7: Kettensteuerung AUTO mit S7-Graph

Im **Handbetrieb** (MAN) hat man die Möglichkeit, die gewünschte Schrittnummer einzutragen und diesen Schritt zu **aktivieren** bzw. zu **deaktivieren** (Abb. 8).

Der angewählte Schritt wird auch ausgeführt, wenn die vorherige Transition nicht erfüllt ist.

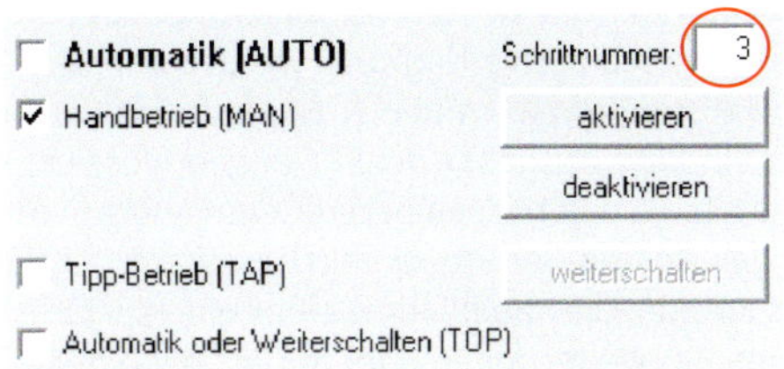

8: Kettensteuerung MAN mit S7-Graph

In der Betriebsart **Tipp-Betrieb** (TAP) wird über die Schaltfläche „**weiterschalten**" in den nächsten Schritt geschaltet, wenn die vorherige Transition erfüllt ist (Abb. 9).

Diese Option ist nur möglich, wenn der Baustein eigenständig lauffähig ist oder unter den **Bausteineinstellungen** die FC72/73 verwendet wurde.

9: Kettensteuerung TAP mit S7-Graph

Mit der Betriebsart **Automatik oder Weiterschalten** (TOP) gelangt man mit der Schaltfläche **„weiterschalten"** in den nächsten Schritt, ohne dass die vorherige Transition erfüllt ist (Abb. 10). Die Schrittkette schaltet automatisch weiter, wenn die Transition erfüllt ist.

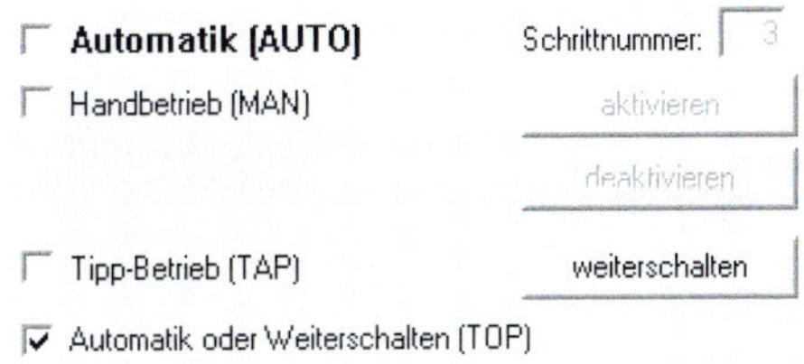

10: Kettensteuerung TOP mit S7-Graph

Aufgaben

1. Beschreiben Sie das kontrollierte Beenden des Dauerbetriebes im Betriebsartenbaustein.
2. Erläutern Sie die vier Betriebsarten in S7-Graph.

- Im Handbetrieb wird gezielt ein bestimmter Schritt ausgeführt.

11.5 Bussysteme

11.5.1 Übersicht und Auswahl

Die Kostenkalkulation für die in Kapitel 7 dargestellte Schrankenanlage zeigt, dass die Installation der Sensoren und Aktoren hohe Kosten verursacht. Bei der dort vorgesehenen Einzelverdrahtung werden alle Sensoren und Aktoren jeweils mit einer zweiadrigen Leitung an die Ein- bzw. Ausgänge der SPS angeschlossen (Abb. 1). Die Kosten dafür liegen bei größeren Anlagen oft weit über den Kosten der Steuerungshardware. Ebenso erschweren die Kabelbäume eine Fehlersuche bei Störungen. Erweiterungen oder Änderungen der Anlage sind meist aufwendig und damit teuer. Diese Nachteile sprechen für den Einsatz der **Bustechnik** [*bus system*].

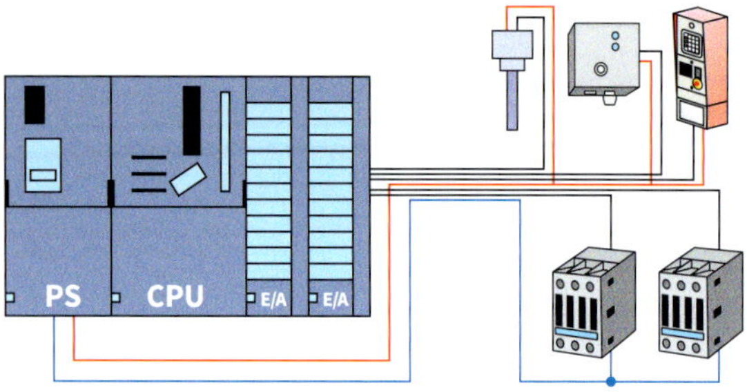

1: Einzelverdrahtung (Parallelverdrahtung)

Bussysteme, kurz Bus genannt, ermöglichen es der Steuerung über eine gemeinsame Zweidraht-Leitung (Busleitung) die Signalzustände der Sensoren abzufragen und über dieselbe Leitung die Steuerbefehle für die Aktoren zu übertragen (Abb. 2). Damit wird ein dezentraler Aufbau von Automatisierungsanlagen möglich, bei dem die anlagennahen Sensoren und Aktoren über ein Bussystem mit der zentralen aber entfernten Steuerung verbunden sind.

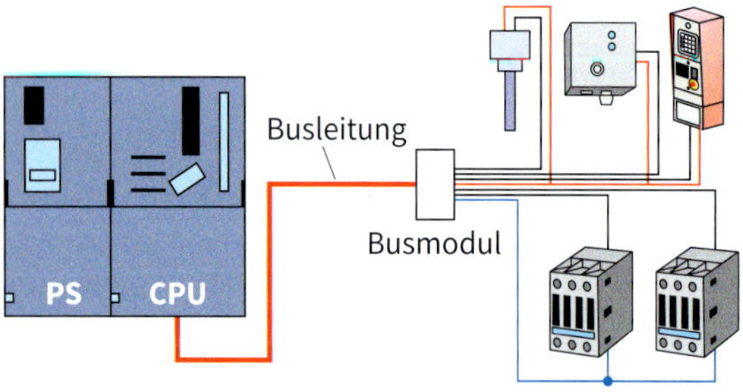

2: Busverdrahtung (schematische Darstellung)

Durch die Verwendung einer Busleitung entfällt die aufwendige Einzelverdrahtung (Parallelverdrahtung). Die Installationskosten werden gesenkt und die Anlage ist mit wenig Aufwand zu erweitern.

Diesen Vorteilen steht eine aufwendigere Art der Datenübertragung zwischen der Steuerung und den übrigen Busteilnehmern gegenüber.

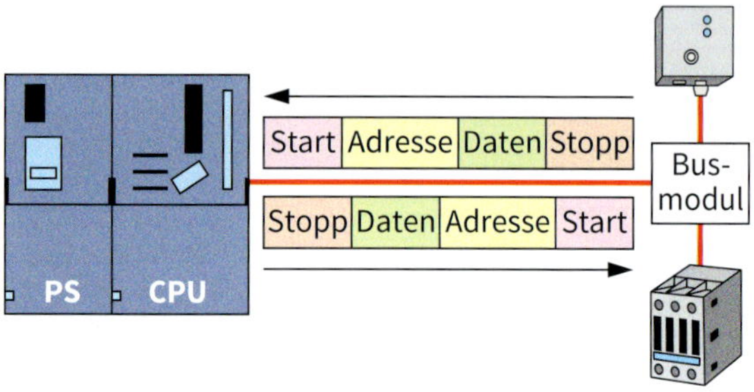

3: Prinzip der seriellen Datenübertragung

Die Kommunikation über den Bus erfolgt bitweise nacheinander (serielle Datenübertragung). Jedes Busmodul hat deshalb eine Adresse, die der Signalübertragung beigefügt ist. Die Adresse gibt an, von welchem Sensor das Signal kommt bzw. für welchen Aktor das Steuersignal bestimmt ist (Abb. 3). Zur Vermeidung einer Datenkollision darf zum selben Zeitpunkt immer nur eine Nachricht auf dem Bus transportiert werden.

Damit die serielle Datenübertragung funktioniert, muss an jedem Ende der Busleitung eine Auswerteschaltung die Bitfolge lesen bzw. schreiben können. Dies erfolgt nach einer festgelegten Regel, dem **Busprotokoll** [*bus protocol*]. Start- und Stoppbits bilden dabei den Rahmen des Datentelegramms.

Serielle Übertragungsverfahren

Es gibt zwei grundlegende Verfahren.

Beim **deterministischen Verfahren** bestimmt ein Master nach einem festem Zeitraster den Datenaustausch mit den Slaves (Sensoren/Aktoren). Deshalb steht fest, wann eine Nachricht ihr Ziel erreicht.

Beim **nicht-deterministischen Verfahren** haben alle Teilnehmer die gleiche Sendeberechtigung. Vereinbarungen müssen den Buszugriff festlegen. Deshalb steht nicht fest, wann eine Nachricht ihr Ziel erreicht.

- **Master-Slave-Verfahren**
  Der Master fragt die Slaves der Reihe nach ab (Slave 1, 2, 3, usw.) und erteilt ihnen dabei kurzzeitig das Recht zu, über den Bus zu antworten. Diese Abfragen erfolgen ständig in gleichen Zeitabständen (**zyklisches Polling** [*cyclic polling*]).
- **Token-Passing**
  Gibt es mehrere Master am Bus, wird das Zugriffsrecht den Mastern nacheinander durch Weitergabe (passing) eines Token (Zeichen) erteilt. Nur der Master mit dem Token kann dann Daten mit seinen Slaves austauschen.
- **CSMA/CD** (**C**arrier **S**ense with **M**ultiple **A**ccess and **C**ollision **D**etection)
  Alle Teilnehmer sind gleichberechtigt. Ein Teilnehmer beginnt nur zu senden, wenn kein anderer auf den Bus zugreift. Startet aber gleichzeitig ein weiterer Teilnehmer die Übertragung, muss die Datenkollision erkannt und geeignet behandelt werden.

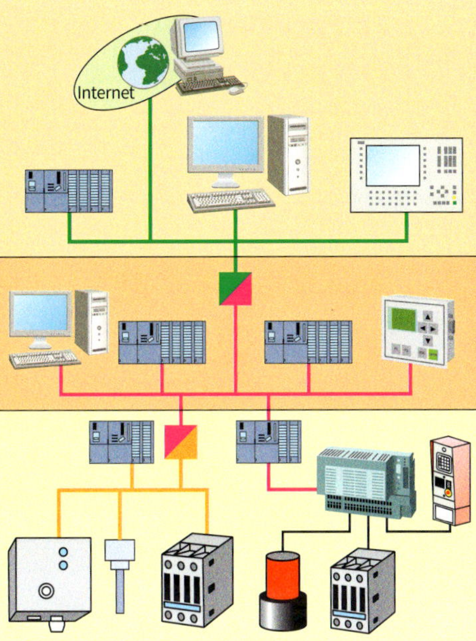

In der **Leit- und Planungsebene** erfolgt die Koordination einzelner Produktionsbereiche. Hier fließen große Datenmengen aller Produktionsbereiche zusammen. Beispielsweise werden Daten erfasst, um entsprechend den Wareneinkauf zu lenken oder den Lagerbestand zu erfassen. Hinzu kommt die Dokumentation des Produktionsprozesses im Rahmen der Qualitätssicherung oder zur Optimierung einzelner Produktionsschritte. In dieser Ebene erfolgt auch die Anbindung an das Internet über herkömmliche Rechnersysteme. Das geeignete Bussystem ist z. B. das **Industrial Ethernet**.

In der **Zellebene** (betriebliche Ebene) erfolgt der Datenaustausch zwischen zwei speicherprogrammierbaren Steuerungen, PCs und Geräten zum Bedienen und Beobachten von Produktionsprozessen. Es lassen sich einzelne Produktionseinheiten miteinander vernetzen. Für diese Ebene ist beispielsweise der **PROFIBUS** geeignet.

In der **Feldebene** erfolgt der Datenaustausch zwischen den Ein- und Ausgabegeräten (Aktoren und Sensoren), auch Feldgeräte genannt, mit dem Automatisierungsgerät. Die Feldgeräte erfassen dabei Signale aus dem technischen System. Diese werden anschließend an das Automatisierungsgerät übertragen und dort verarbeitet. Die zu verarbeitende Datenmenge ist gering. Jedoch werden hohe Anforderungen an die Verarbeitungsgeschwindigkeit gestellt. Geeignete Bussysteme dafür sind der **ASI-Bus** oder der **PROFIBUS DP**.

4: Drei-Ebenen-Modell der Automatisierungstechnik

Hierarchieebenen

Die Idee, den Produktionsprozess von der Planung bis zur Fertigung zu leiten, ist im Drei-Ebenen-Modell der Automatisierungstechnik dargestellt (Abb. 4). Bussysteme ermöglichen es, Automatisierungsgeräte dezentral anzuordnen und sie sowohl horizontal (in der Ebene) als auch vertikal (über alle Ebenen) zu vernetzen.

Feldbussysteme

In der Feldebene sind kurze und garantierte Übertragungszeiten (**Echtzeit** [*real time*]) bei geringen Datenmengen gefordert. In der Leit - und Planungsebene werden große Datenmengen über Ethernet, dem seriellen Bus für die Bürokommunikation, übertragen. Echtzeitfähigkeit (EZ) ist hier nicht gefordert. Trifft eine Nachricht etwas früher oder später ein, dann ist dies oft ohne Belang.

Verschiedene Firmen haben deshalb Feldbusse (Abb. 5) entwickelt, die zwar weniger Daten übertragen als Ethernet, dafür aber maximale Übertragungszeiten garantieren. Dies ist eine wichtige Voraussetzung für Echtzeitfähigkeit.

Feldbus	Nutzerorganisation
PROFIBUS	PNO (z. B. Siemens)
Interbus	Interbus Club (z. B. Phoenix)
DeviceNet	OVDA (z. B. Rockwell)
CC-Link	CLPA (z. B. Mitsubishi)
Modbus Plus	Herstellerspezifisch (Schneider Electric)
AS-Interface	AS-Interface (z. B. Siemens, ifm)
CANopen	CIA (z. B. Schneider Electric)
KNX/EIB	EIBA (z. B. Siemens, ABB)

5: Beispiele für Feldbusstandards

Industrial Ethernet

Zunehmend dringt das Ethernet als Industrial Ethernet (IE) in die Automatisierungstechnik. Die Gründe sind seine weite Verbreitung, preiswerte Komponenten und viele Standards, z. B. Internet und WLAN. Die Echtzeitfähigkeit für die Feldebene ist unterschiedlich gelöst worden. Entweder hat man darauf verzichtet oder die Ethernetprotokolle sind erweitert worden. Es gibt unterschiedliche Entwicklungen (Abb. 6). Ein gemeinsamer Standard besteht bisher nur bei den Netzwerkkomponenten wie z. B. Leitung, Stecker, Switch und Router.

Industrial Ethernet		Nutzerorganisation
PROFINET	(EZ)	PNO (z. B. Siemens)
Powerlink	(EZ)	EPSG (z. B. B&R Automation)
EtherCAT	(EZ)	ETG (z. B. Beckhoff)
Modbus-TCP	(–)	Modbus-IDA (z. B. Schneider Electric)
EtherNet/IP	(EZ)	ODVA (z. B. Rockwell)
HSE	(EZ)	Fieldbus Foundation (z. B. Softing AG)

6: Standards für Industrial Ethernet

Aufgaben

1. Welche Vorteile haben Bussysteme in der Automatisierungstechnik?

2. Welche Voraussetzung muss ein Feldbussystem erfüllen, damit es echtzeitfähig ist?

- Ein serielles Bussystem verbindet alle Teilnehmer über eine gemeinsame Zweidrahtleitung.
- Geräte unterschiedlicher Feldbus- sowie Industrial-Ethernetsysteme sind nicht kompatibel.

Netzwerktopologien

Netzwerke für die Automation, vereinfacht oft Bus genannt, sind wegen unterschiedlicher Anforderungen verschieden aufgebaut. Letztlich basieren aber alle Netze auf den drei grundlegenden Netztopologien Linie, Stern und Ring oder Kombinationen daraus.

OSI-Modell

Damit Geräte unterschiedlicher Hersteller über einen seriellen Bus Daten miteinander austauschen können, wurde der grundsätzliche Aufbau einer Kommunikation international festgelegt und **OSI**-Modell (**O**pen **S**ystem **I**nterconnection Referenzmodell) genannt. Dieses Modell gliedert die Kommunikation herstellerunabhängig in sieben aufeinander folgende Teilaufgaben, die Schichten (Layer) heißen.

- **Physikalische Schichten 1 und 2**
  - Schicht 1 bestimmt die physikalische Datenübertragung der Bits (Leitung, Stecker, Anschlussbelegung).
  - Schicht 2 ordnet die Bits in Datenpakete und sorgt für die fehlerfreie Übertragung zwischen zwei Teilnehmern (Senden und Empfangen von Datenpaketen, Behebung von Übertragungsfehlern).
- **Transportschichten 3 und 4**

  Diese Schichten sind für die Datenübertragung zwischen den Endsystemen verantwortlich (Routing, Übertragungsdauer).
- **Anwendungsschichten 5 bis 7**

  Sie ermöglichen die Kommunikation mit dem konkreten Anwenderprogramm.

Bussysteme in der Industrie nutzen nur die Schichten 1, 2 und 7. Die fehlenden Schichten 3 bis 6 werden oft reduziert in Schicht 7 integriert (Abb. 1).

Die vielfältigen Aufgaben der Schichten werden durch unterschiedliche Protokolle erledigt, die als Steuerungsprogramme in den Auswerteschaltungen (Mikrocontrollern) der Busschnittstellen gespeichert sind.

Kommunikations-schichten	Aufgabe	Protokoll
7 Anwendung (Application Layer)	Gerätetreiber (OSI-Schicht 3-7)	ASI, PROFINET
2 Verbindung (Data Link Layer)	Datenpakete senden/empfangen, Fehlerkorrektur (OSI-Schicht 2)	HDLC (High Level Data Link Control)
1 Physikalische Verbindung (Physical Layer)	Leitung, Stecker, Kontaktbelegung (OSI-Schicht 1)	Strom, Spannung, Licht

1: Kommunikationsschichten industrieller Bussysteme

Netzwerktopologien

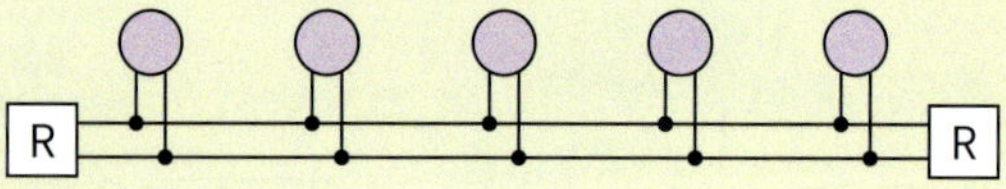

Linie

Bei der Linie sind die Teilnehmer parallel an eine Leitung geschaltet. Die Enden sind meist durch Widerstände abgeschlossen. Die Linien-Topologie eignet sich bei geringem Verkabelungsaufwand für weitläufige Anlagenstrukturen.

Stern

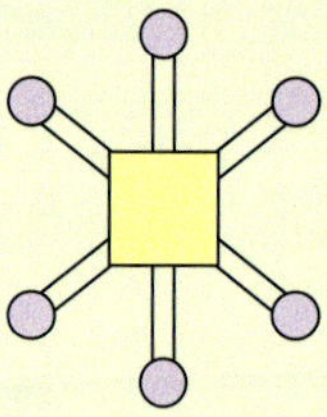

Alle Teilnehmer sind über einen zentralen Verteiler miteinander verbunden. Diese Topologie benötigt nur wenige Netzwerkkomponenten.

Ring

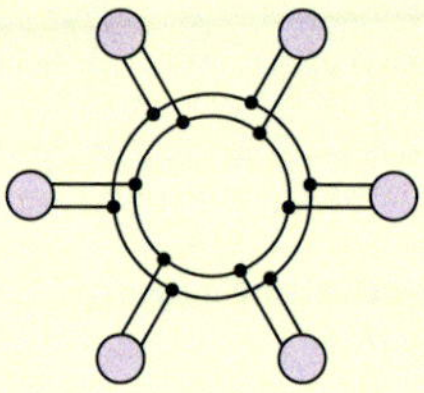

Die Teilnehmer sind über einen Bus zu einem Kreis zusammengeschlossen. Bei Leitungsbruch besteht immer noch eine Verbindung zu jedem Teilnehmer.

Baum

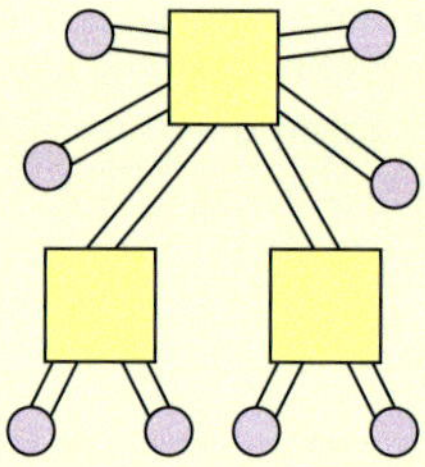

Die Baum-Topologie ist eine Kombination mehrerer Sternnetze. Dies gestattet einen flexiblen Netzaufbau. Die Teilnehmer sind in Gruppen über Abzweigleitungen und Verteiler miteinander verbunden.

Gemischte Topologie

Kombinationen aus Bus, Stern und Ring findet man bei großen Netzwerken, z. B. bei der Bürovernetzung.

Aufgaben

1. Nennen Sie Merkmale für die serielle Datenübertragung.
2. Beschreiben Sie Merkmale des Drei-Ebenen-Modells der Automatisierungstechnik.
3. Wozu dient das OSI-Modell der Kommunikation?
4. Nennen Sie für jede Netzwerktopologie je einen Vorteil in der Anwendung.

- Grundlegende Topologien für Bussysteme sind Linie, Stern und Ring.
- Das OSI-Modell wird für herstellerunabhängige Kommunikationssysteme verwendet.

11.5.2 Multi Point Interface (MPI)

Das Multi Point Interface (MPI, mehrpunktfähige Schnittstelle) dient zur Kommunikation zwischen SIMATIC-Geräten.

Über diese herstellerspezifische Schnittstelle können CPUs (z.B. S7 300), Operator Panels (OPs) und Programmiergeräte (PGs) vernetzt werden. Darüber hinaus bieten viele andere Hersteller für MPI Gateways (Netzübergänge) zur Verbindung mit den unterschiedlichsten Feldbussen und Ethernet an (Abb. 2).

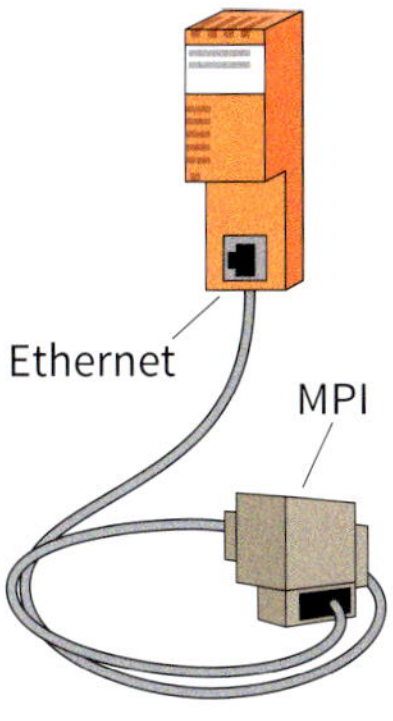

2: Ethernet-MPI Gateway

Aufbau

Mit MPI können kleine Subnetze (lokale Steuerungsnetze) aufgebaut werden.

MPI basiert auf dem PROFIBUS-Standard (IEC 61158). Das Netz kann als Linienstruktur oder mit Hilfe von Repeatern als Baumstruktur aufgebaut werden.

- Ein MPI-Subnetz hat maximal 127 Teilnehmer (abhängig von der CPU) und besteht aus mehreren Segmenten, die durch Repeater gekoppelt werden. Ein Segment besitzt höchstens 32 Teilnehmer.
- Segmente werden durch Abschlusswiderstände (Terminatoren) begrenzt, um Störungen durch Signalreflexion am Leitungsende zu vermeiden (Abb. 3).
- Zum Netzaufbau werden die Profibusleitung (geschirmte Zweidrahtleitung nach RS 485 Standard) und Profibusstecker verwendet.
- Es werden Übertragungsgeschwindigkeiten von 19,2 kbit/s bis 12 Mbit/s (Standard: 187,5 kbit/s) unterstützt.
- Die maximale Leitungslänge zwischen dem ersten und dem am weitesten entfernten Teilnehmer beträgt ohne Repeater 50 m.

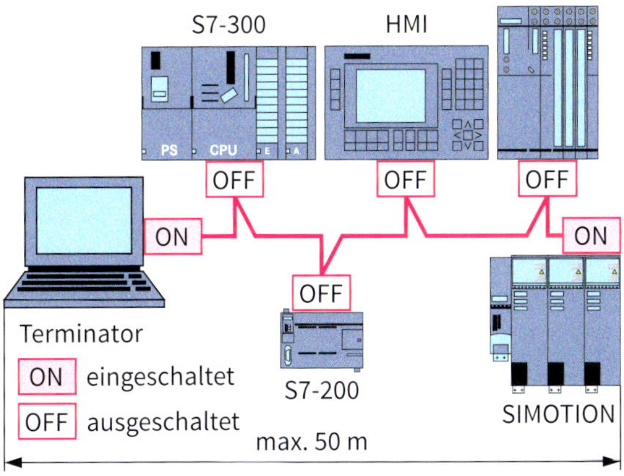

3: Beispiel für eine MPI-Vernetzung

Merkmale

Alle MPI-Teilnehmer erhalten bei der Hardwarekonfiguration eine MPI-Adresse (0-126). PGs erhalten die 0, OPs die 1 und CPUs die 2, 3 usw. Sie kann nachträglich geändert werden.

Die **Busstecker** *[bus connectors]* (Abb. 4a) haben Anschlüsse für die ankommende Leitung (Ader A1 grün, Ader B1 rot) und für die abgehende Leitung (Ader A2 grün, Ader B2 rot). Am Anfang und Ende des Busses muss das Kabel nur am Eingang angeschlossen werden (Abb. 4b), in der Mitte des Bus-Segmentes sind beide Kabelstücke aufzulegen (Abb. 4c). Die Abschlusswiderstände sind meist im Stecker integriert. Sie werden an den Segmentenden zugeschaltet (ON, Abb. 4b ① und dazwischen abgeschaltet (OFF, Abb. 4c ②). Siehe auch Abb. 3.

Die Leitungslänge zwischen zwei Repeatern kann ohne dazwischen geschaltete Teilnehmer bis zu 1000 m betragen. Bis zu 10 Repeater in Reihe sind zulässig.

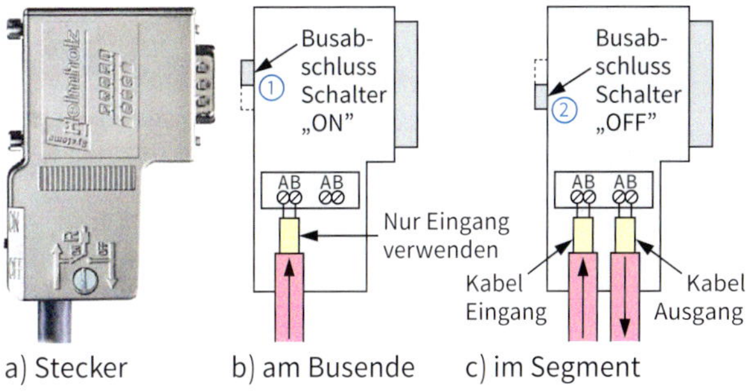

4: MPI-Stecker mit schaltbaren Terminatoren

Kommunikationsdienste

Für die Netzwerkfähigkeit bietet MPI folgende Dienste:

- **PG/OP-Kommunikation**
  S7-Steuerungen tauschen mit HMI-Geräten (z.B. OP) oder Programmiergeräten (PG/PC) Daten aus.
- **Globaldaten-Kommunikation**
  Mit der Globaldatenkommunikation (GD) können SIMATIC Controller (S7-300, S7-400, C7) im gleichen MPI-Netz ohne Programmierung zyklisch Daten untereinander austauschen.
- **S7-Basiskommunikation**
  Bei S7-300/400-CPUs können mittlere Datenmengen (kbits/s) zwischen verschiedenen MPI-Teilnehmern (CPUs, PGs, OPs) ausgetauscht werden.
- **S7-Kommunikation**
  Damit lassen sich bei S7-300/400 -CPUs und C7 große Datenmengen (Mbit/s) über MPI, Profibus und Profinet austauschen.

- Jede S7-300 CPU hat eine MPI-Schnittstelle.
- Ein MPI-Segment hat maximal 32 Teilnehmer.
- Terminatoren müssen die Busenden abschließen.

11.5.3 Aktor-Sensor Interface (ASI)

Eine SPS-gesteuerte Abfüllanlage (S7 -315 2DP) soll um ein entferntes Förderband erweitert werden. Damit die Anlage auch zukünftig flexibel und kostengünstig erweiterbar ist, wird das AS-Interface installiert (Abb. 1).

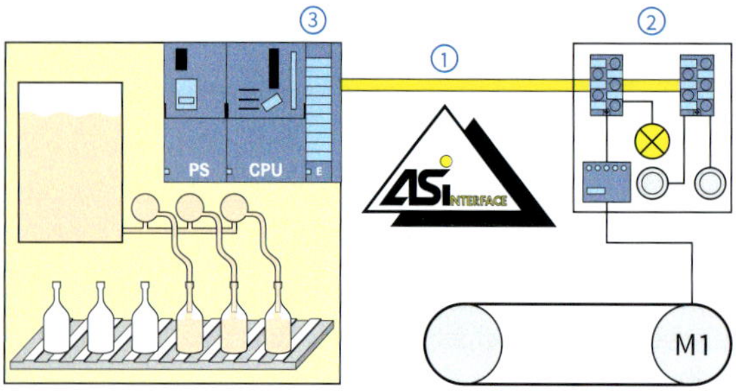

1: Anlagenerweiterung mit Förderband

Das AS-Interface ist ein Feldbus für den untersten Feldbereich (Aktor-Sensor-Ebene) zur Vernetzung von dezentral verteilten Sensoren und Aktoren. ASI (Schreibweise auch AS-i) ist ein herstellerunabhängiger Standard. Eine ungeschirmte Zweidraht-Leitung (Abb. 1 ① mit ASI-Logo) verbindet die Busmodule (Slaves ②) mit dem Master ③. Die Sensoren und Aktoren der Anlage sind an den Slaves angeschlossen oder bilden mit dem Slave eine Einheit. Der Master stellt die Verbindung zur SPS her, die das Steuerungsprogramm enthält.

Komponenten des AS-Interfaces

Zum Aufbau des AS-Interfaces sind mindestens vier Komponenten nötig (Abb. 2).

- **ASI-Master** ④
- **ASI-Slaves** ⑤
- **ASI-Leitung** ⑥
- **ASI-Netzteil** ⑦

Leistungsstarke Aktoren werden über eine separate Leitung mit 24 V DC oder 230 V AC gespeist.

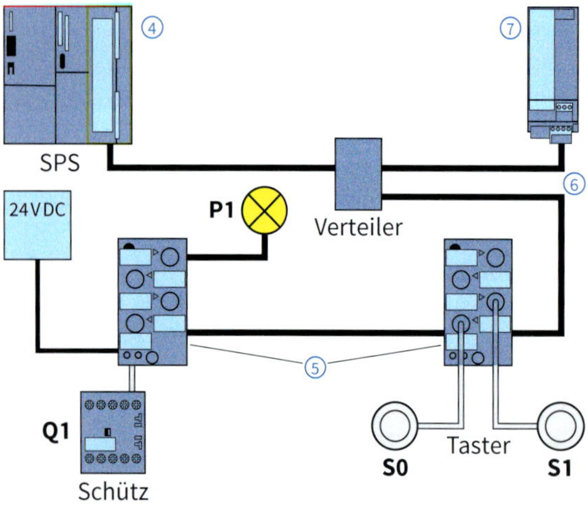

2: AS-Interface

Das AS-Interface ist ein **Single-Master-System**. Der Master fragt in immer gleichen Zeitabständen die projektierten Slaves ab. Er liest ihre Eingangssignalzustände und gibt sie an die SPS zur Verarbeitung im Steuerungsprogramm weiter. Die Ausgangssignalzustände schreibt der Master von der SPS in die Slaves. Durch dieses zyklische Polling ist ASI echt zeitfähig.

Die SPS gehört nicht zum Bussystem. Je nach Hersteller gibt es verschiedene ASI-Master (Abb. 3).
- SPS und ASI-Master sind ein Gerät (Abb. 3a).
- Der ASI-Master ist eine modulare Baugruppe des SPS-Systems (z. B. bei S7-300: CP 343-2, Abb. 3b).
- Der ASI-Master ist in einem Gateway integriert (z. B. Netzübergang ASI/Profinet, Abb. 3c).
- In einem PC-System ist der ASI-Master als Steckkarte mit Treibersoftware ausgeführt.

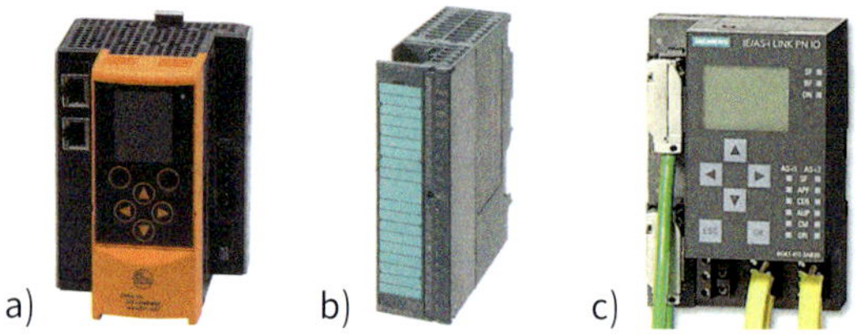

3: Verschiedene ASI-Master

Seit Einführung des AS-Interface für 31 digitale Slaves sind drei Spezifikationen mit erweitertem und verbessertem Funktionsumfang entwickelt worden. Die jeweiligen Versionen bieten zusätzlich mehrere Profile mit weiteren Verbesserungen (Abb. 4).
- Version 2.0: Es gibt 31 digitale (je 4E/4A) oder 31 analoge Slaves bzw. eine Kombination aus beiden.
- Version 2.1: Die 31 Adressen werden aufgespalten und damit digitale A- und B-Slaves angesprochen (je 4E/3A). Damit sind 62 digitale oder 31 analoge Slaves bzw. eine Kombination daraus möglich.
- Version 3.0: Durch neue ASI-Master und Slaves gibt es nun 62 digitale und analoge Slaves.

Die angegebenen Zykluszeiten sind die garantierten Reaktionszeiten bei maximaler Anzahl der Slaves.

Version	Slaves digital	Slaves analog	Digital Inputs	Digital Outputs	Zyklus-zeit
2.0	31	31	31 x 4 = 124	31 x 4 = 124	5 ms
2.1	62	31	62 x 4 = 248	62 x 3 = 186	10 ms
3.0	62	62	62 x 8 = 496	62 x 8 = 496	40 ms

4: ASI-Spezifikationen

- ASI ist ein Feldbus für die Aktor-Sensor-Ebene und arbeitet als Single-Master-System.
- Die Hauptteile sind ASI-Master, ASI-Slaves, ASI-Leitung und ASI-Netzteil.

ASI-Leitung

Auf der ungeschirmten Zweidrahtleitung werden Daten und Energie (bis 8 A DC) gemeinsam übertragen. Zur Verdrahtung kann grundsätzlich jede Zweidrahtleitung mit einem Querschnitt von 1,5 mm² verwendet werden. Besondere Vorteile bietet aber das gelbe ASI- Flachkabel. Durch die Form ist eine Fehlverdrahtung unmöglich (Abb. 5a). Vorteile sind:

- Leichter und schneller Anschluss von Modulen oder Sensoren/Aktoren mittels Durchdringungstechnik (piercing) in Schutzart IP 67 (Abb. 5b).
- Problemloses Versetzen der Slaves auf dem Kabel möglich, da das Kabel selbstheilend ist.
- Farbcodierung für die Zusatzversorgung leistungsstarker Slaves: schwarz (24 V DC), rot (230 V AC).
- Kein Ablängen und Abisolieren, da Abschlusswiderstände nicht nötig.

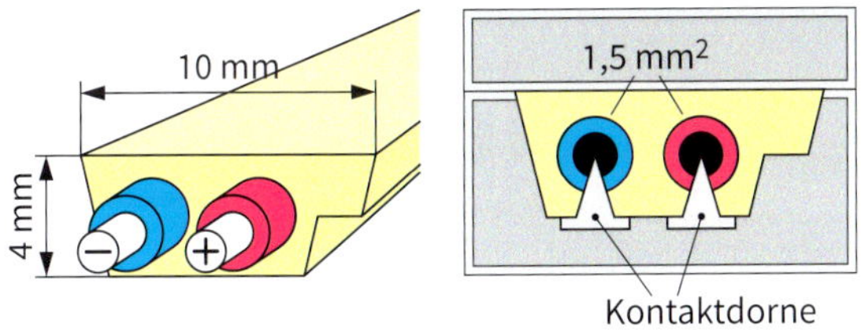

a) ASI-Flachkabel b) Piercing-Technik

5: ASI-Flachkabel und Durchdringungstechnik

ASI-Netzteil

Das ASI-Netzteil ist notwendiger Bestandteil des Bussystems. Es liefert eine Gleichspannung von 30 V und versorgt damit die Elektronik (Module und Master), sowie die angeschlossenen Sensoren und Aktoren.

Damit die Gleichspannungsversorgung der Busteilnehmer durch die überlagerten Datentelegramme (1-0-Bitfolgen) nicht verändert wird, tauschen Master und Slaves die Informationen als Wechselspannungssignale aus. Dies geschieht mit Hilfe eines speziellen Übertragungsverfahrens. Das ASI-Netzteil stellt die Trennung von Daten und Energie durch die integrierte **Datenentkopplung** sicher. Ein normales Netzteil würde die Signale kurzschließen.

a) 3 A-Netzteil b) 8 A-Netzteil

6: ASI-Netzteile (Schutzart IP 20)

ASI-Master

Ausgewählt wird der Kommunikationsprozessor CP 343-2, der nach Version 2.1 arbeitet (Abb. 7). Er wird als Erweiterungsmodul auf Steckplatz 6 mit der S7 315 2DP verbunden. Die Plätze 4 und 5 sind durch zwei DI/DO-Module besetzt. Der CP 343-2 belegt im E/A-Betrieb 16 Byte im Analogadressraum der SPS, also hier die Adressen 288 bis 303. In diesem Bereich werden die E/A-Daten der 31 Standard- bzw. A-Slaves gespeichert. Die E/A Daten der 31 B-Slaves werden in einem DB abgelegt und mit der FC „Datensatz Lesen/ Schreiben" ausgetauscht.

Der ASI-Master hat zwei Betriebsmodi, in denen er zyklisch Daten mit der SPS austauscht.

- Im **Projektierungsmodus** [*configuration mode*] erkennt der Master die angeschlossenen Slaves.
- Im **geschützten Betrieb** [*protected mode*] (Betätigung der SET-Taste) tauscht der Master nur noch mit den erkannten Slaves Daten aus.

Hinweis: Bei größeren Stromstärken als 4 A muss der CP über eine Stichleitung mit dem Bus verbunden werden.

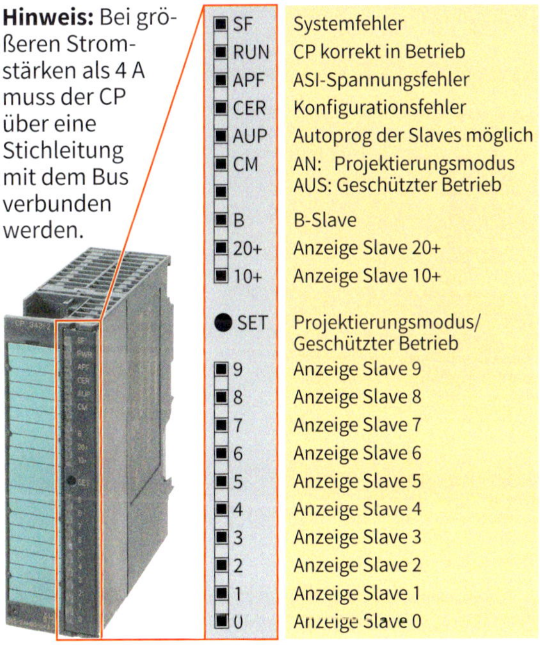

7: CP 343-2

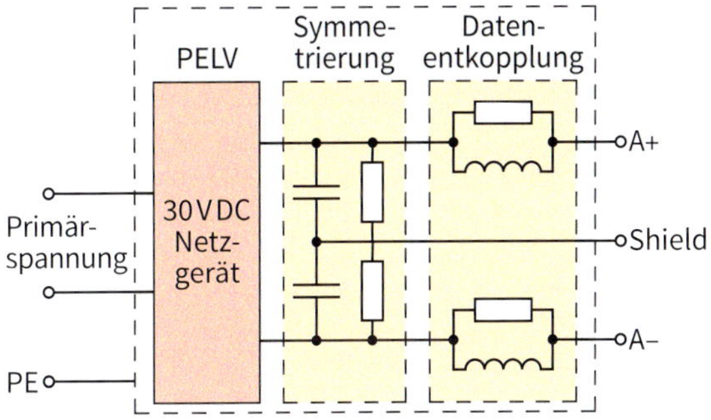

c) Aufbau

ASI-Slaves

Es gibt eine Vielzahl von Slaves unterschiedlicher Ausführung und Hersteller zur Montage in der Anlage oder im Schaltschrank.

- **ASI-Koppelmodule** (Abb. 1a) dienen dazu, herkömmliche Aktoren und Sensoren an den Bus anzuschließen. Es gibt Eingangs-, Ausgangs- und Mischmodule sowie Analog- und Motormodule.
- **ASI-Sensoren** haben einen ASI-Chip für den direkten Busanschluss wie z. B. kapazitive und induktive Näherungsschalter, Endschalter und Lichttaster sowie Not-Aus-Taster.
- **ASI-Aktoren** mit ASI-Chip gibt es in großer Vielfalt, z. B. Meldegeräte (Dauerlicht, Blitzlicht, akustisch), Signalsäulen, Steuerrelais und Motorstarter sowie sicherheitsgerichtete Aktoren wie Schutztürverriegelungen.

Jeder Slave muss bei der Inbetriebnahme eine eindeutige Adresse haben. Sie wird mit dem Projektierungsgerät (Abb. 1b) oder je nach Version mit dem Master bzw. in STEP 7 programmiert.

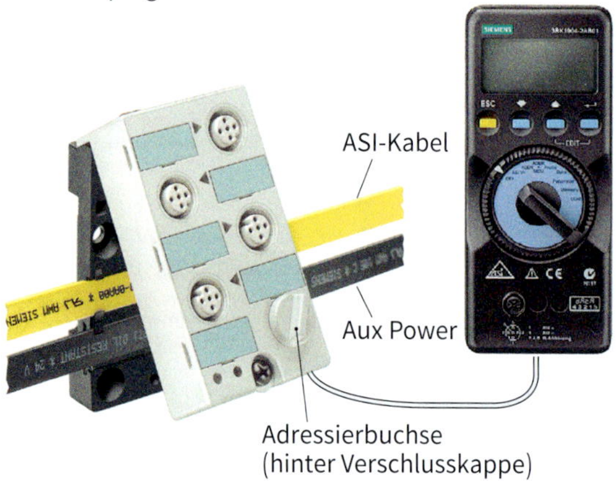

a) ASI-Koppelmodul (IP 65) b) Projektierungsgerät

1: ASI-Slave und Projektierungsgerät

Netzwerktopologie

Die **Netzwerktopologie** kann in Stern, Linie (auch mit Stichleitungen) und Baum erfolgen.

Die maximale Leitungslänge eines ASI-Segmentes beträgt 100 m. Ist eine größere Ausdehnung erforderlich, gibt es mehrere Möglichkeiten (Abb. 2).

- Ein **Repeater** erweitert die Leitungslänge um 100 m auf 200 m (Abb. 5a). Ein weiteres Netzteil ist nötig. Zwei Repeater in Reihe sind möglich.
- Ein **Extender** ermöglicht es, den Master um 100 m entfernt vom ASI-Segment einzubauen, ohne ein weiteres Netzteil einzubauen.
- Ein **Extension Plug** am Busende erlaubt einen Abstand von 200 m zwischen Master und dem weitestentfernten Slave.
- Mit zwei Repeatern und drei Extension Plugs kann bei Einsatz von zwei weiteren Netzteilen die maximale Leitungslänge 600 m betragen.

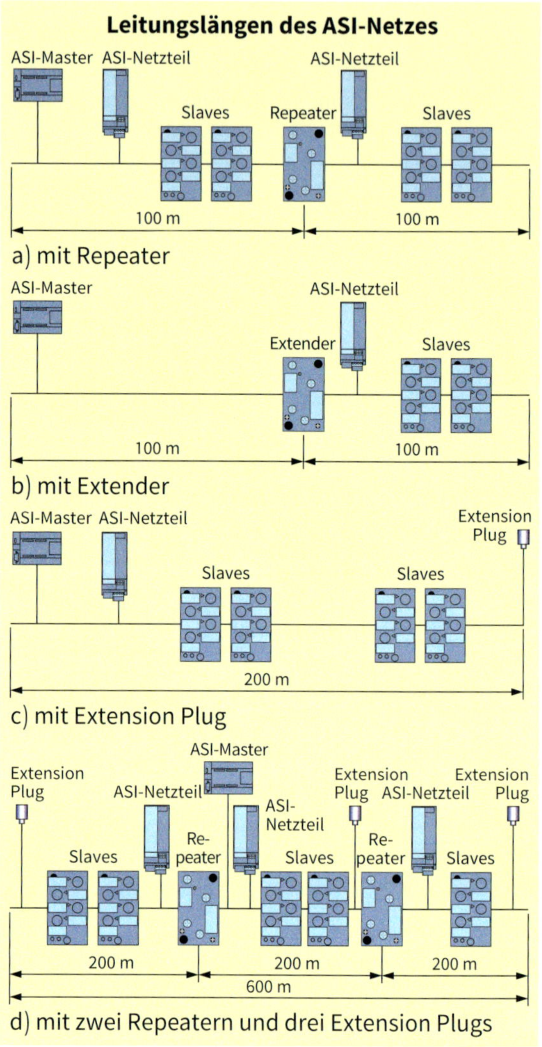

2: Leitungslängen des ASI-Netzes erhöhen

AS-Interface in Betrieb nehmen

Vier wesentliche Arbeitsschritte sind abgestimmt mit der Inbetriebnahme der Gesamtanlage auszuführen.

- **Netzaufbau**
  - ASI-Slaves adressieren
  - ASI-Netz verdrahten
  - ASI-Master in Betrieb nehmen (Projektierungsmodus)
  - Sensoren und Aktoren anschließen
- **Hardwarekonfiguration der S7-Station**
  - Modulsteckplätze festlegen (Adressvergabe automatisch)
- **Steuerungsprogramm**
  - Eingänge der ASI-Slaves in SPS einlesen
  - Anwenderprogramm in SPS abarbeiten
  - Ausgänge der SPS in ASI-Slaves schreiben
- **Anlagentest und Dokumentation**
  - korrekter Aufbau und Funktion der ASI-Anlage

Netzaufbau

Mit dem Projektierungsgerät wird Modul 1 (4E) als Slave 1 für Austaster S0 und Eintaster S1 und Modul 2 (4A) als Slave 2 für Schütz Q1 und Melder P1 adressiert. Nach dem Verdrahten des ASI-Netzes kann der ASI-Master im Projektierungsmodus in Betrieb genommen werden.

Hardwarekonfiguration der S7-Station

Die Hardwarekonfiguration der S7-Steuerung für die Abfüllanlage wird um den CP 343-2 erweitert (Abb. 3 ①). Die Vorgehensweise ist in Kapitel 7 beschrieben worden.

Die automatisch vergebenen Analogadressen 288 bis 303 (16 Byte) für die Ein- und Ausgänge des CP auf Steckplatz 6 können manuell geändert werden.

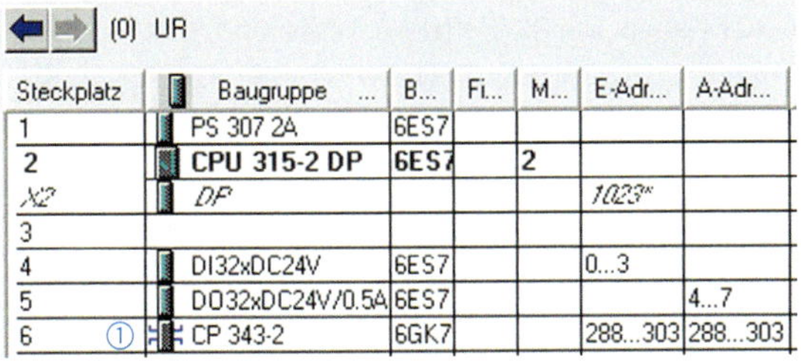
(0) UR

Steckplatz	Baugruppe ...	B...	Fi...	M...	E-Adr...	A-Adr...
1	PS 307 2A	6ES7				
2	CPU 315-2 DP	6ES7		2		
X2	DP				1023*	
3						
4	DI32xDC24V	6ES7			0...3	
5	DO32xDC24V/0.5A	6ES7				4...7
6 ①	CP 343-2	6GK7			288...303	288...303

3: Erweiterte Hardwarekonfiguration des S7 315-2DP

Steuerungsprogramm

Der ASI-Master speichert die Ein- und Ausgangssignale der Slaves in Datenabbildern (Abb. 4 ②).

Die Kommunikation zwischen Master und SPS erfolgt mit Lade- und Transferbefehlen über Akku 1 (Abb. 4 ③). Dabei sind alle nicht benutzten DI/DO-Adressen für die ASI-Nutzdaten der Slaves wählbar.

Jeder digitale Standard- bzw. A-Slave (4E bzw. 4A) belegt vier Bit für seine Ein- bzw. Ausgänge (Abb. 5). Hier sind für die ASI-Ein- und Ausgänge die Byteadressen ab EB 100 ④ gewählt, die auch beim weiteren Anlagenausbau nicht genutzt werden.

Abb. 6 zeigt das Testprogramm zum Ein- und Ausschalten des Förderbandes der Abfüllanlage. Lade- und Transferbefehle können beim CP 343-2 nur im Byte-, Wort- oder Doppelwortformat erfolgen ⑤. Die bitweise Übertragung ist systembedingt nicht möglich.

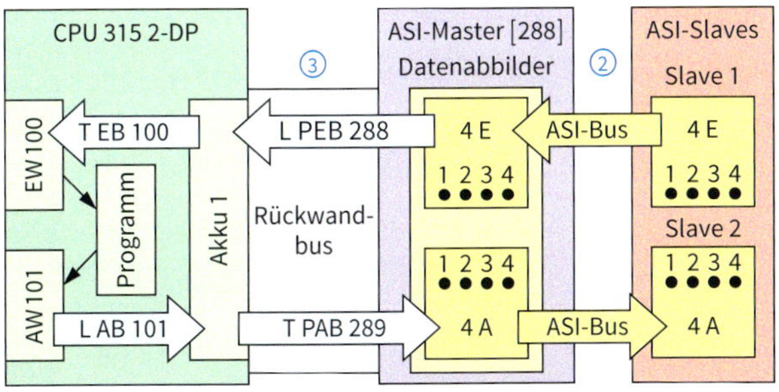

4: Datenaustausch zwischen SPS und ASI-Slaves

SPS-Eingänge PAE (Byte)	Eingänge IN/Ausgänge OUT (Standard- und A-Slaves) 4 3 2 1 / Bit im PAE/PAA 7 6 5 4	4 3 2 1 / 3 2 1 0	Adresse CP343-2 PE/PA (Byte)	SPS-Ausgänge PAA (Byte)
100 ④	Reserviert	Slave 1	288	100
101	Slave 2	Slave 3	289	101
102	Slave 4	Slave 5	290	102
103	Slave 6	Slave 7	291	103
104	Slave 8	Slave 9	292	104
105	Slave 10	Slave 11	293	105
106	Slave 12	Slave 13	294	106
107	Slave 14	Slave 15	295	107
108	Slave 16	Slave 17	296	108
109	Slave 18	Slave 19	297	109
110	Slave 20	Slave 21	298	110
111	Slave 22	Slave 23	299	111
112	Slave 24	Slave 25	300	112
113	Slave 26	Slave 27	301	113
114	Slave 28	Slave 29	302	114
115	Slave 30	Slave 31	303	115

5: Adressenzuordnung zwischen Slaves und SPS

NW1: Eingänge von Slave 1 in SPS (PAE) lesen
```
L PEB 288    //Lade PEB 288 in Akku 1                ⑤
T EB 100     //Transferiere Akku 1 nach EB 100
```
NW2: ASI-Programm – Förderband einschalten
```
U E 100.2    //Wenn Eintaster (S)        S1 = 1
S A 101.7    //Dann setze Schütz         Q1 = 1
S A 101.4    //Dann setze Melder         P1 = 1
```
NW3: ASI-Programm – Förderband ausschalten
```
UN E 100.3   //Wenn Austaster (Ö)        S0 = 0
R A 101.7    //Dann rücksetze Schütz     Q1 = 0
R A 101.4    //Dann rücksetze Melder     P1 = 0
```
NW4: SPS (PAA) in Ausgänge von Slave 2 schreiben
```
L AB 101     //Lade AB 101 in Akku 1
T PAB 289    //Transferiere Akku 1 nach PAB 289
```

6: ASI-Testprogramm in AWL

Aufgaben

1. Ab welchen E/A-Adressen können in der konfigurierten S7-Station Nutzdaten abgelegt werden?
2. Wie viele Lade-/Transferbefehle sind nötig, um die Daten aller 31 digitalen Slaves im Wort- oder im Doppelwortformat in die SPS zu übertragen?
3. Schreiben Sie das Programm nach Abb. 6 im OB1 mit FC1 für die Datenübertragung im Wortformat und FC2 für das ASI-Programm.

- Das ASI-Netzteil entkoppelt Energie und Daten.
- Der ASI-Master hat die Betriebsarten Parametrierungsmodus und geschützter Betrieb.
- Die Länge des ASI-Busses kann mit Repeatern und Extension-Plugs auf 600 m erweitert werden.

11.5.4 PROFIBUS

PROFIBUS (**PRO**cess **FI**eld **BUS**) ist ein offenes und herstellerunabhängiges Feldbussystem nach IEC 61158, mit dem verteilte Automatisierungsgeräte (Sensoren, Aktoren) von der Feldebene bis zur Zellenebene vernetzt werden können.

PROFIBUS grenzt sich zur kostengünstigen Installation des ASI-Systems ab durch:

- verschiedene Übertragungsmedien (Kupferleitungen, Lichtwellenleiter und drahtlose Infrarotübertragung),
- intelligente Slaves mit eigener CPU,
- größere Reichweiten, schnellere Datenübertragung,
- größeren Nutzdatenbereich je Datentelegramm.

PROFIBUS gibt es in drei Varianten:

- **PROFIBUS DP** (**D**ezentrale **P**eripherie) für den bevorzugten Einsatz in der Fertigungsindustrie,
- **PROFIBUS PA** (**P**rozess **A**utomation) als Erweiterung von PROFIBUS DP für den Einsatz in explosionsgeschützten Anlagen der Prozessindustrie und
- **PROFIBUS FMS** (**F**ield **M**essage **S**pecification) für die Kommunikation zwischen speicherprogrammierbaren Steuerungen und PCs in der Zellebene. Diese Variante ist nicht genormt und in Neuanlagen durch PROFINET CBA (vgl. S. 460) verdrängt worden.

PROFIBUS PA wird über einen DP/PA Koppler oder ein DP/PA Link Modul mit PROFIBUS DP verbunden, wobei der Koppler bzw. Link außerhalb des Ex-Bereiches installiert sein muss (Abb. 1 ①). Mit einem Repeater kann das Netz um weitere DP-Segmente erweitert werden ②.

Stationen (Gerätetypen)

PROFIBUS unterscheidet folgende Stationen:

- **Master** sind aktive Teilnehmer. Es können ein oder mehrere Master vorhanden sein. Ein Master darf Nachrichten selbstständig aussenden, wenn er die Buszugriffsberechtigung (Token) hat.
- **Slaves** sind **Peripheriegeräte** [*peripheral devices*] wie Ein- und Ausgangsgeräte, Antriebe, Ventile und Messumformer. Sie dürfen Nachrichten nur quittieren oder auf Anfrage eines Masters Nachrichten an diesen übermitteln. Slaves sind passive Teilnehmer.

Auch Slaves für PROFIBUS PA werden von einem DP Master kontrolliert. Deshalb muss jedes PA-Segment mit einem DP-Segment verbunden sein.

Stationsadressen

Jede Station muss eine eindeutige Adresse im Bereich 0-127 haben. Die PROFIBUS-Adresse eines Slaves wird an einem DIL-Schalterblock binär kodiert eingestellt. Dabei sind einige Adressen reserviert (Abb. 2).

Adresse	Station
0	Adresse für das Diagnosegerät (z. B. Programmiergerät
1 bis n	Adressen der Master-Stationen
n+1 bis 125	Adressen der Slave-Stationen
126	**Reserviert** als Auslieferungsadresse für Stationen, deren Adressen über den Bus eingestellt werden können.
127	**Reserviert** für die Adressierung an alle Teilnehmer (broadcast) oder an Gruppen. Sie kann nicht an einer Station eingestellt werden.

2: Stationsadressen

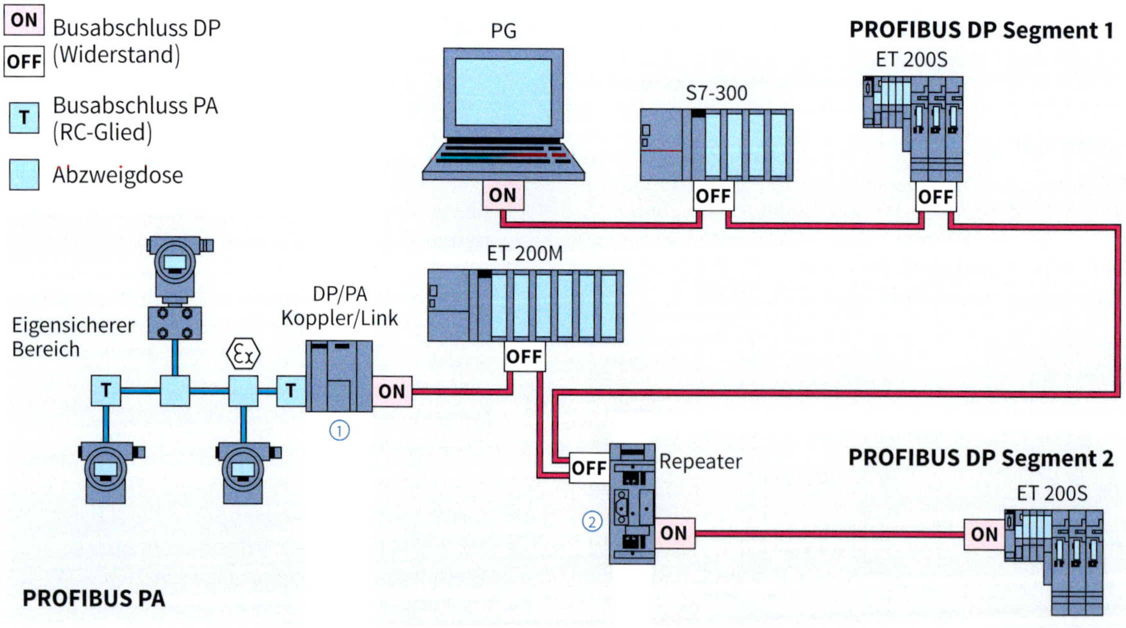

1: Profibus DP mit der Erweiterung PROFIBUS PA

Teilnehmer

Um **Signalreflexionen** *[signal refelctions]* zu vermeiden, muss das häufig verwendete RS 485 Kupferkabel an den Enden mit je einem Widerstand (Terminator) abgeschlossen werden. Dadurch entsteht als Netzwerksegment ein linearer Bus, an dem maximal 32 Teilnehmer angeschlossen werden dürfen.

Als Teilnehmer eines Segmentes zählen neben den Stationen auch Repeater, LWL-Konverter bei Verwendung von Lichtwellenleitern und DP/PA-Koppler. Allerdings benötigen diese keine eigene Profibusadresse. Insgesamt darf ein PROFIBUS-Netz 126 Teilnehmer haben.

Auch ein DP/PA-Link-Modul ist ein Teilnehmer. Im DP-Segment verhält er sich wie ein DP-Slave und im PA-Segment wie ein Master. Deshalb benötigt das Modul eine Slaveadresse, über die der DP-Master auf das PA-Segment zugreift.

Buszugriffsverfahren

PROFIBUS ist ein Multi-Master-System, d. h. im Netzwerk können ein oder mehrere Master arbeiten. Der Datenaustausch erfolgt im **Halbduplex-Verfahren**. Senden darf immer nur ein Teilnehmer, empfangen können alle Teilnehmer.

Für das Halbduplex-Verfahren ist es erforderlich, dass der Buszugriff der Master durch ein Zugriffsverfahren geregelt wird. Bei PROFIBUS ist dies ein gemischtes (hybrides) Verfahren aus Master-Slave und Token Passing (Abb. 3).

- **Master-Slave-Verfahren**
  Die minimale Konfiguration eines PROFIBUS Netzwerks besteht aus einem Master und mehreren Slaves. Der Master kann Telegramme an alle oder einzelne Slaves senden und ihre Antwort anfordern.
- **Token Passing**
  Sind im PROFIBUS-Netzwerk mehrere Master vorhanden, geben sich diese die Sendeberechtigung mittels eines speziellen Telegramms (Token) weiter. Der Token wird immer in aufsteigender Reihenfolge der Masteradressen weitergereicht (logischer Tokenring ①). Der Master mit dem Token kann mit beliebigen anderen Stationen kommunizieren.

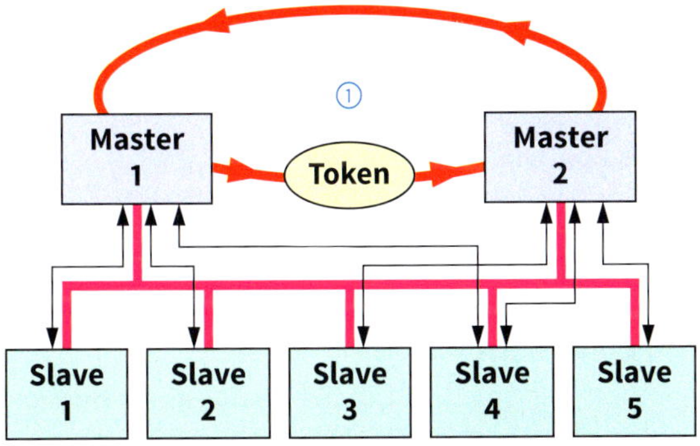

3: Token-Passing mit Master-Slave-Verfahren

Kommunikationsbeziehungen

Im Profibus-DP-System gibt es Master für verschiedene Funktionen. Sie werden in Klassen eingeteilt.

- **DP-Master der Klasse 1** sind Controller eines DP-Systems (SPS oder PC basierte Systeme). Nur DP-Master der Klasse 1 kontrollieren Slaves.
- **DP-Master der Klasse 2** sind Werkzeuge für Inbetriebnahme und Diagnose (z. B. PGs).
- **DP-Master der Klasse 3** ist ein Uhrenmaster, der die Zeit aller Teilnehmer synchronisiert.

Datenaustausch bei PROFIBUS

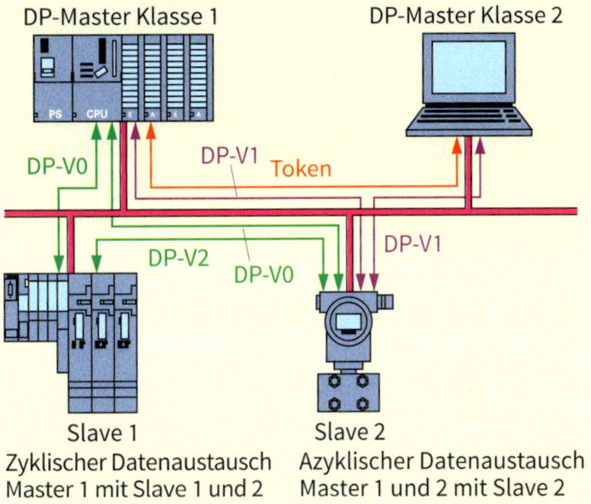

Der Datenaustausch zwischen DP-Master und DP-Slaves erfolgt mit Protokollen zyklisch, azyklisch und zwischen intelligenten Slaves auch direkt.

- Zyklischer Datenaustausch zwischen einem DP-Master Klasse 1 und Slaves findet über das Protokoll DP-V0 statt. Neben dem zyklischen Polling erfolgen Diagnose und Konfigurationskontrolle beim Systemhochlauf.
- Azyklischer Datenaustausch findet zwischen einem DP-Master Klasse 1 oder Klasse 2 und DP-Slaves mittels des Protokolls DP-V1 statt. Dabei können Feldgeräte im laufenden Betrieb parametriert und kalibriert werden.
- Intelligente Slaves können mit dem Protokoll DP-V2 direkt Daten miteinander austauschen, um z. B. Antriebe zu synchronisieren.

- PROFIBUS ist ein genormtes offenes Feldbussystem. PROFIBUS DP hat als Erweiterung die Variante PROFIBUS PA für EX-Anlagen.
- Ein PROFIBUS-Netz hat bis zu 126 Teilnehmer. Es besteht aus Bussegmenten mit maximal 32 Teilnehmern (Master, Slave, Repeater usw.).
- PROFIBUS ist ein Multi-Master System. Der Buszugriff erfolgt nach dem Token-Passing mit unterlagertem Master-Slave-Verfahren.

Merkmale von PROFIBUS DP

- **Eigene Energieversorgung der Teilnehmer**
  Im Gegensatz zum ASI-System erfolgt die Energieversorgung der Slaves nicht über den Bus, sondern getrennt über ein Netzteil (DC 24 V).
- **RS 485 Übertragungstechnik**
  Die Datenübertragung erfolgt über eine geschirmte, verdrillte Zweidrahtleitung nach dem Standard EIA RS 485 im Halbduplexverfahren. Die beiden Leiter heißen A und B (Abb. 1).
  - Aus den Spannungen der Leiter A und B gegen Masse wird die Differenz gebildet. Mit dieser Spannungsdifferenz werden die Daten übertragen. Diese Übertragungart ist störsicher (Abb. 2).
    TxD: Senden (**T**ransmit **D**ata)
    RxD: Empfangen (**R**eceive **D**ata)
  - Die erste und letzte Station müssen terminiert sein. Der Busabschluss ist ein **Spannungsteiler** [*voltage divider*] und sorgt für ca. 1 V Ruhepegel auf dem Kabel.
  - Für die störungsfreie Datenübertragung im Netz muss mindestens ein Abschluss mit 5V DC gespeist sein (aktiver Busabschluss).
  - Die Abschlusswiderstände sind oft im PROFIBUS-Stecker integriert. Sie werden an den Segmentenden zugeschaltet und dazwischen abgeschaltet (vgl. S. 451, Abb. 4).
  - Die Leitungslänge eines Segments hängt vom verwendeten Kabeltyp und von der Übertragungsrate (9,6 kbit/s bis 12 Mbit/s) ab. Abb. 3 zeigt die Zusammenhänge für den Kabeltyp A.
  - **Stichleitungen** [*stubs*] zu den Slaves sind bei Übertragungsraten größer als 1,5 Mbit/s nicht erlaubt.

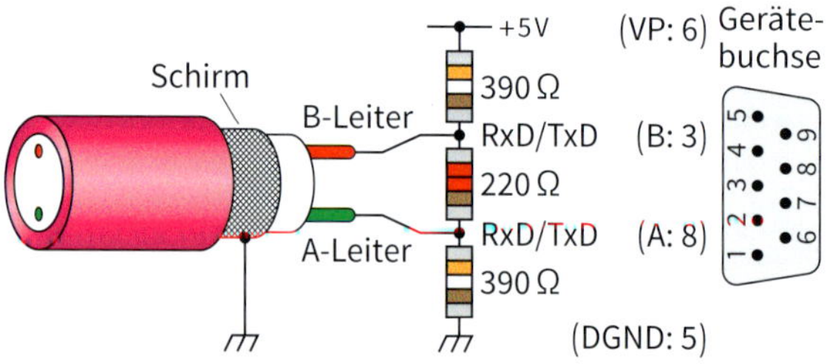

1: Aktiver Busanschluss

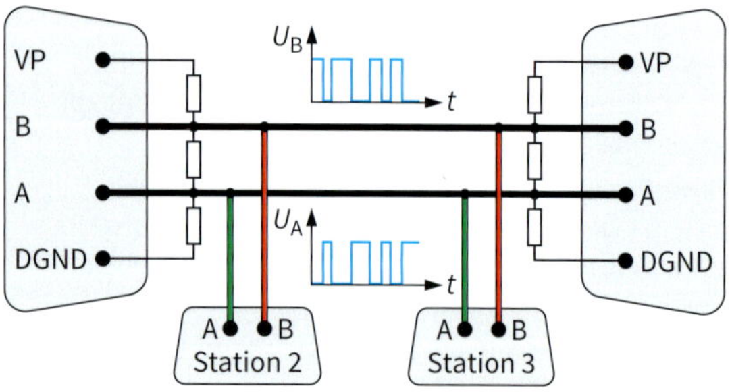

2: Anschließen von PROFIBUS-Stationen

Übertragungsrate in kbit/s	Segmentlänge in m
9,6 bis 93,75	1200
187,5	1000
500	400
1500	200
3000 bis 12000	100

3: Leitungslängen eines Segments für Kabeltyp A

Merkmale von PROFIBUS PA

- **MBP Übertragungstechnik**
  PROFIBUS PA verwendet die **MBP** Übertragungstechnik (**M**anchester **B**us **P**owered (IEC 61158 -2).
  Die MBP Übertragungstechnik
  - arbeitet mit Stromsignalen auf dem Bus,
  - hat eine feste Datenbitrate von 31,25 kbit/s,
  - überträgt Daten und Energie für die Slaves über den Bus,
  - kann in der Ausführung MBP-IS auch in explosionsgefährdeter Umgebung eingesetzt werden,
  - hat als Busabschluss eine RC-Reihenschaltung,
  - erlaubt Stichleitungen zu den Slaves.

  Da PROFIBUS PA-Geräte von einem DP-Master kontrolliert werden, muss jedes PA-Segment über einen DP/PA-Koppler oder Link mit einem DP-Segment verbunden sein. Die Module formen die Signale von RS 485 nach MBP um. Gleichzeitig dienen sie zur Energiespeisung der PA-Segmente. Ein Segment kann bis zu 32 Stationen und eine Netzausdehnung von bis zu 1900 m haben.

PROFIBUS DP in STEP 7 konfigurieren

Meist ist PROFIBUS DP als Mono-Mastersystem mit einem Master und mehreren Slaves realisiert. Der DP-Master kann in der CPU integriert sein (z. B. SIMATIC CPU 315-2DP) oder er ist ein Kommunikationsprozes- sor und wird als Modul an die S7-Station angeschlos- sen (z. B. CP 342-5 für SIMATIC S7-300). Als Slaves können z. B. SIMATIC-Module wie ET 200M zum Anschluss digitaler und analoger Standard-Baugruppen der S7-300 eingesetzt werden oder ET 200S.

Zu Testzwecken soll ein PROFIBUS DP-Netz mit einer CPU 315-2DP und einem Modul ET 200M mit zwei Digitalbaugruppen 16 DI und 16 DO in STEP 7 konfiguriert werden (Abb. 3).

- **GSD-Dateien**
  Jedes PROFIBUS DP- und PA-Gerät ist vom Hersteller durch eine **GSD**-Datei (**G**eräte-**S**tammdaten-**D**atei) beschrieben. Diese GSD-Datei muss in der STEP 7 Hardware-Konfiguration installiert werden.
  Hardwarekonfiguration:
  → Extras → GSD-Dateien installieren
  Danach kann das Gerät im HW-Katalog (PROFIBUS DP → Weitere Feldgeräte) ausgewählt werden. Die SIMATIC-Geräte sind schon installiert.

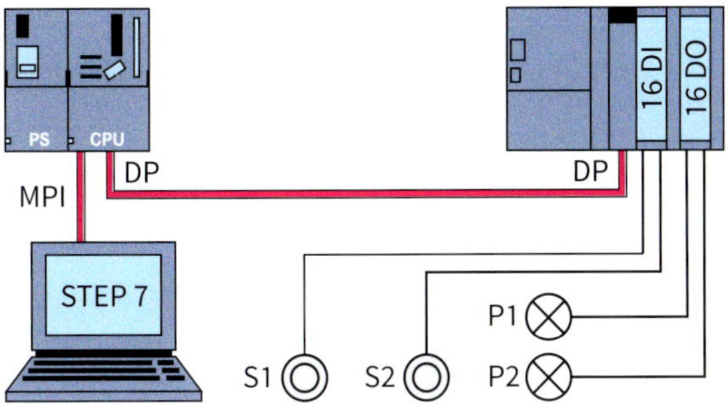

4: CPU 315-2DP mit Slave ET 200M (16 DI/16 DO)

Am Beispiel der Tippschaltung in Abb. 4 (Taster S1, S2 und Melder P1, P2 soll die PROFIBUS-Kommunikation überprüft werden. Das PROFIBUS-System wird mit STEP 7 in vier Schritten konfiguriert und getestet.

1. Projekt anlegen.
2. Hardwarekonfiguration erstellen.
3. Hardwarekonfiguration in CPU laden.
4. Testprogramm schreiben und testen.

Die Vorgehensweise ist in Kapitel 7 dargestellt. Deshalb sind hier nur die zusätzlichen Konfigurationen für das PROFIBUS-System beschrieben.

1. Projekt anlegen

- PROFIBUS-Netz in das Projekt einfügen (Abb. 5 ①).

2. Hardwarekonfiguration erstellen

- Beim Eintragen der CPU im Eigenschaften-Fenster die PROFIBUS-Adresse des Masters und das PROFIBUS-Netz zuordnen (Abb. 6, ②, ③).
- Auf das DP-Mastersystem (Balken neben der CPU) aus dem Hardwarekatalog die verwendete ET 200M-Baugruppe (Slave) ziehen (Abb. 7 ④).

→ PROFIBUS DP → ET 200M → IM 153-1

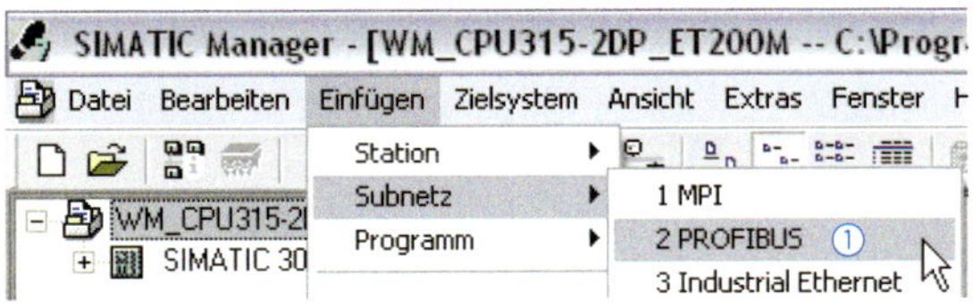

5: PROFIBUS-Netz einfügen

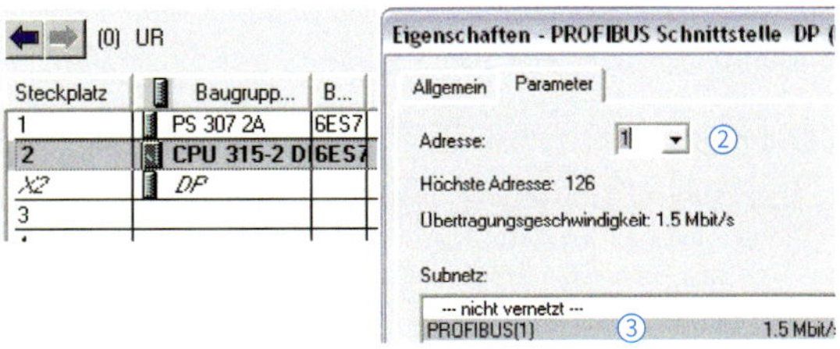

6: Masteradresse und PROFIBUS-Netz zuordnen

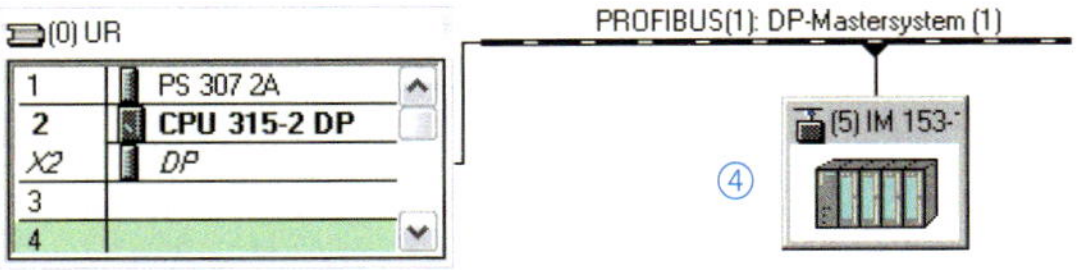

7: Slave ET 200M einfügen

- Bei der Integration eines Slaves in das DP-Mastersystem erscheint ein Eigenschaftsfenster. Hier wird die Slaveadresse zugeordnet, die am DIL-Schalterblock eingestellt ist.
- Ein- und Ausgangsmodule (16 DI und 16 DO) des Slave ET 200M auf den vierten und fünften Steck platz des IM 153-1 ziehen (Abb. 8).

PROFIBUS DP → ET 200M → IM 153-1
→ DI-300 → SM 321 DI16xDC24V
→ DO-300 → SM 322 DO16xDC24V/0,5A

3. Hardwarekonfiguration in CPU laden

- Konfiguration speichern, übersetzen und dann in die CPU-Baugruppe laden (CPU auf STOP).

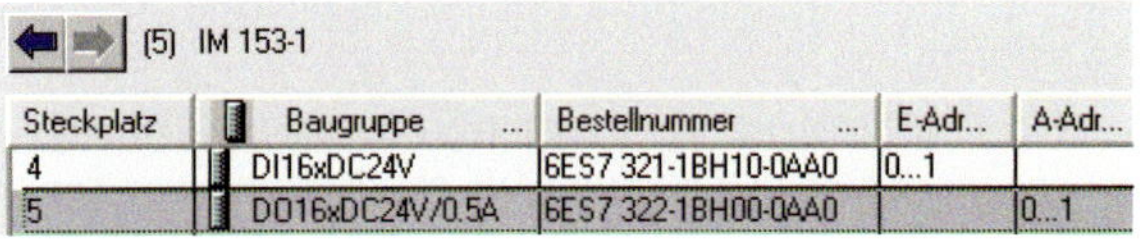
(5) IM 153-1

Steckplatz	Baugruppe ...	Bestellnummer ...	E-Adr...	A-Adr...
4	DI16xDC24V	6ES7 321-1BH10-0AA0	0...1	
5	DO16xDC24V/0.5A	6ES7 322-1BH00-0AA0		0...1

8: DI/DO-Module des DP-Slave ET 200M einfügen

4. Testprogramm schreiben und testen

- Die Programmierung erfolgt so, als ob die DI/DO-Baugruppen direkt auf dem Rack mit der CPU verbunden sind (Abb. 9).

OB1: Testprogramm für PROFIBUS DP mit Slave ET 200 M

Netzwerk 1: Tasterschaltung

```
U   E   0.0   // WEN   S1 = 1
U   E   1.0   // UND   S2 = 1
=   A   0.0   // DAN   P1 = 1
=   A   1.0   // DAN   P2 = 1
```

9: Testprogramm in AWL

Aufgaben

1. Nennen Sie vier Merkmale, die ein PROFIBUS-System von einem ASI-System unterscheiden.
2. Ein PROFIBUS DP-Netz hat drei Segmente über Repeater gekoppelt. Der Master befindet sich im ersten Segment. Wie viele Slaves darf jedes Segment haben?
3. Listen Sie die Merkmale der Übertragungstechniken bei PROFIBUS DP und PA auf.

- PROFIBUS DP verwendet die RS 485-Übertragungstechnik. PROFIBUS PA nutzt die MBP-Übertragungstechnik.
- Die Leitungslänge eines DP-Segments bestimmt der Kabeltyp und die Datenübertragungsrate.
- Zur störungsfreien Funktion benötigen DP-Segmente einen aktiven Busabschluss.

11.5.5 PROFINET (**Proc**ess **Fi**eld Ether**net**)

Merkmale

Ethernet mit den Protokollen TCP/IP ist seit vielen Jahren Standard in der Leitebene. Als Industrial Ethernet werden heute die Informationstechnologien aus der Bürowelt (EDV-Systeme) mit ihren Vorteilen bis in die Feldebene genutzt.

Ethernet bietet die Übertragung von Daten auf unterschiedlichen Medien wie Kupfer, Lichtwellenleiter und WLAN. Die Übertragungsraten reichen von 10 Mbit/s bis zu 10 Gbit/s. Neben den Vorteilen einer standardisierten Kommunikation ergibt sich eine nahtlose Datenverbindung vom Büro in der Leitebene bis zu den Sensoren und Aktoren der Produktionsmaschinen in der Feldebene.

PROFINET (PN) ist neben anderen Lösungen ein offener Standard für Hersteller von Automatisierungsgeräten basierend auf Industrial Ethernet. Wesentliche Merkmale sind:

- Nutzung von Industrial Ethernet für die Leit-, Zell- und Feldebene (vertikale Integration).
- Anwendung von IT-Diensten (z.B. Fernzugriff auf automatisierte Anlagen über Internet, E-Mail)
- Integration bestehender Feldbussysteme (z.B. PROFIBUS DP, Interbus)
- Herstellerübergreifendes Engineering (Programmerstellung, Anlagenprojektierung)
- Echtzeitfähiges Ethernet (Real-Time Ethernet)
- Sicherheitstechnik über Bus (z.B. Not-Halt)

Die Anforderungen an Ethernet im Büro- und Industriebereich unterscheiden sich erheblich (Abb. 1). In industrieller Umgebung müssen Kommunikationsnetze auch unter extremen Bedingungen zuverlässig arbeiten und deterministische (vorhersagbare) Reaktionszeiten haben. Deterministische Reaktionszeiten sind Voraussetzung für die Echtzeitfähigkeit von Kommunikationsnetzen.

Merkmale	Büronetz	Industrienetz
Einsatzort	Klimatisierte Büros	Raue Umgebung
Installation	Netzwerk-Fachpersonal	Anlagen-Personal
Topologie	Sternförmig	Anlagen-spezifisch
Verfügbarkeit	Sekunden- bis Minutenbereich	Millisekunden-bereich
Gerätedichte	Hoch, Switches mit großer Portzahl	Niedrig, Switches mit geringer Portzahl
Netzüber-wachung	Ausgebildete Fach-kräfte	Bestandteil der Anlagenüber-wachung

1: Büro- und Automatisierungstechnik

Funktionsklassen

Um unterschiedliche Anforderungen in der Automatisierungstechnik optimal zu unterstützen, besitzt PROFINET zwei Funktionsklassen.

- **PROFINET IO** (dezentrale Feldgeräte, **I**n **O**ut, Abb. 2) ist ein Steuerungskonzept, bei dem eine SPS (Controller) dezentrale Feldgeräte über Ethernet steuert (vergleichbar mit PROFIBUS DP). Ferner können Robotik, Antriebe, HMI und andere Feldbusse über Proxy sowie Feldgeräte mittels WLAN eingebunden werden. Über Internet ist ein Fernzugriff auf die Anlage möglich.
- **PROFINET CBA** [*Component Based Automation*] (Abb. 3) ist ein Steuerungskonzept für die verteilte Automatisierung. Die Gesamtanlage besteht aus autonom arbeitenden Teilanlagen (technologische Module), die miteinander verschaltet sind. In der Programmerstellung mit STEP 7 entsprechen diese technologischen Module (Hardware) den PROFINET-Komponenten (Software). Sie werden mit der Software Simatic **iMap** zum Gesamtprogramm der Anlage grafisch verschaltet

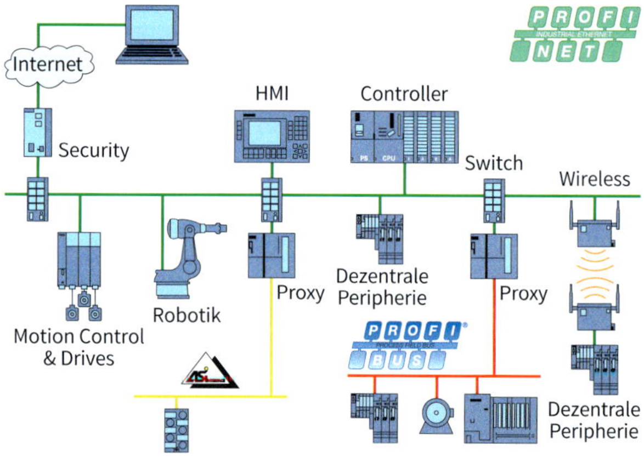

2: Beispiel PROFINET IO

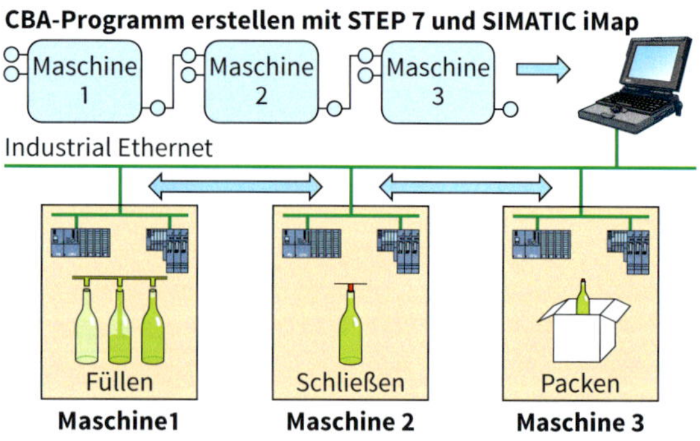

3: Beispiel PROFINET CBA

11.5.5.1 PROFINET IO

PROFINET IO nutzt Fast-Ethernet (Datenrate 100 Mbit/s) als physikalisches Übertragungsmedium für den schnellen Austausch von I/O-Daten mit Buszykluszeiten von wenigen Millisekunden. Gleichzeitig können Diagnose- und Parametrierungsdaten sowie IT-Dienste übertragen werden.

Vergleich PROFINET IO und PROFIBUS DP

Der Aufbau und die Arbeitsweise eines PROFINET IO Systems ist vergleichbar mit PROFIBUS DP (Abb. 5). Es gibt drei Geräteklassen, die in PROFINET festgelegte Namen haben (Abb. 4):

- **IO-Controller** (zentrale SPS),
- **IO-Devices** (dezentrale Feldgeräte) und
- **Supervisor** (Programmier- und Parametriergerät)

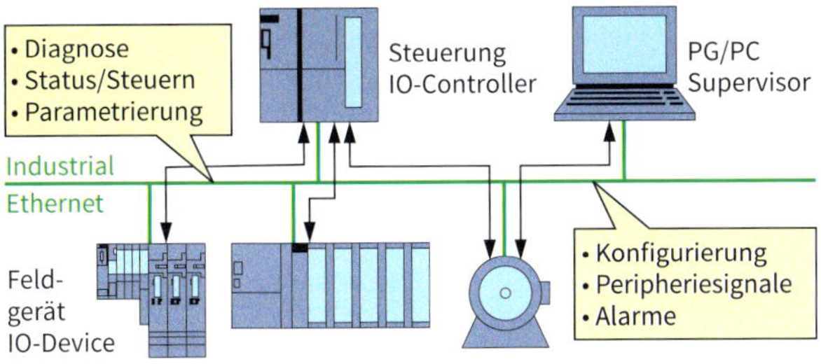

Gerätevergleich	
PROFINET IO	**PROFIBUS**
IO-Controller	**DP-Master Klasse 1**
IO-Device	**DP-Slave**
IO-Supervisor	**DP-Master Klasse 2**

4: PROFINET IO-Geräteklassen

- Der IO-Controller liest und schreibt die Nutzdaten der Feldgeräte zyklisch und in Echtzeit (Real-Time).
- PROFINET IO verwendet das **Provider-Consumer-Verfahren** statt des Master-Slave-Verfahrens. Es unterstützt die Kommunikation zwischen den gleichberechtigten Teilnehmern am Ethernet. Der Provider ist dabei der Sender, der seine Daten ohne Aufforderung an die Kommunikationspartner, die Consumer, überträgt, welche die Daten dann verarbeiten.
- Über die Projektierung wird jedoch die Gleichberechtigung eingeschränkt durch Zuordnung von Feldgeräten zu einer zentralen Steuerung. Obwohl der Provider nach Aufbau der Kommunikation seine Daten ohne Aufforderung sendet, sind im PROFINET IO-System trotzdem keine Datenkollisionen möglich, weil jede Verbindung des IO-Controllers mit einem IO-Device über einen **Switch** erfolgt (vgl. S. 463, Abb 5).
- Die Eigenschaften eines IO-Device wird durch seine GSD-Datei in der Sprache XML beschrieben. Sie heißt deshalb **GSDML-Datei**.

Applikationsbeziehungen (AR)

Die Kommunikationsverbindung zwischen zwei PROFINET-Geräten wird **Applikationsbeziehung** [*AR: application relation*] genannt. Sie ermöglicht den gegenseitigen Datenaustausch. Dieser erfolgt über drei Datenkanäle, die **Kommunikationsbeziehungen** [*CR: communikation relation*] heißen (Abb. 6).

Kommunikationsbeziehungen (CR)

- **IO CR**: Sensor- und Aktorsignale eines IO-Device werden vom IO-Controller in Echtzeit zyklisch gelesen bzw. geschrieben.
- **Alarm CR**: Alarme werden in Echtzeit azyklisch vom IO-Device zum IO-Controller übertragen.
- **Record Data CR**: Konfigurationsdaten eines IO-Device werden vom Provider azyklisch ohne Echtzeit gelesen und geschrieben.

Zusammenfassend werden diese drei Datenkanäle auch Standardkanal genannt (vgl. S. 463, Abb. 4).

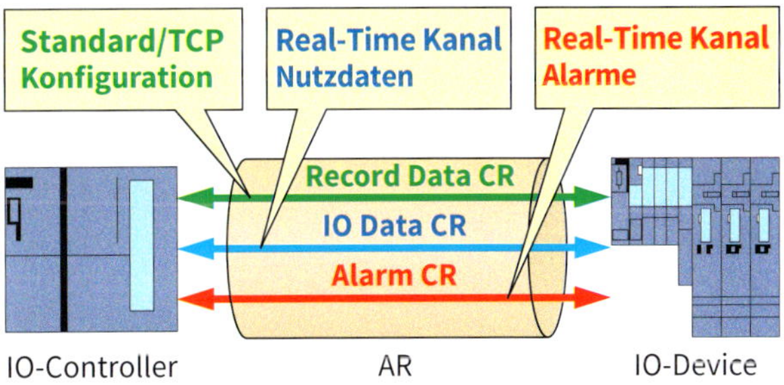

6: Applikations- und Kommunikationsbeziehungen

Merkmale	**PROFINET IO**	**PROFIBUS DP**
Subnetz	Industrial Ethernet	PROFIBUS
Topologie	Signalverteilung über Switches Standard: Stern und Baum Optional: Linie und Ring	Standard: Linie Optional: Baum und Ring
Teilnehmer-Netzadresse	IP-Adresse für Ethernet	PROFIBUS-Adresse
Adresse für Feldgeräte	Gerätenamen für IO-Devices	DIP-Schalter an den Slaves
Import der Gerätedaten	GSDML-Datei (XML-Datei)	GSD-Datei (Textdatei)

5: Vergleich PROFINET IO und PROFIBUS DP

Adress - und Namensvergabe

PROFINET-Geräte tauschen ihre Daten über Industrial Ethernet aus. Deshalb benötigt jedes Gerät eine eigene IP-Adresse. Dafür sind in der Hardwarekonfiguration von STEP 7 zwei Festlegungen zu treffen.

1. Einmalig muss für den IO-Controller die IP-Adresse gewählt werden. Danach vergibt STEP 7 die IP-Adressen an die IO-Devices fortlaufend.
2. Der IO-Controller spricht ein IO-Device über den Gerätenamen an (vergleichbar mit der PROFIBUS-Adresse eines Slaves). Damit der IO-Controller das IO-Device kennt, muss der in der Hardwarekonfiguration projektierte Gerätename dem IO-Device eigens unter „Gerätenamen vergeben" zugewiesen werden.

IO-Controller 315F-2PN/DP

Der Controller (Abb. 1a) hat zwei Schnittstellen:

- Schnittstelle PN ① für PROFINET und
- Schnittstelle DP ② zum zusätzlichen Anschluss eines PROFIBUS DP-Systems. Für die Erstinbetriebnahme eines PROFINET-Systems kann diese Schnittstelle auf MPI umgestellt werden.

IO-Device ET 200 S

Das Gerät gibt es in verschiedenen Ausführungen. Es ist modular aufgebaut (Abb. 1b) und besteht aus einem Interfacemodul (z. B. **IM 153-3 PN** ③) sowie aufsteckbaren **Modulen** (PM, E/A, Motorstarter u.a.).

- Das Interfacemodul hat einen Zweiport-Switch zum Anschluss zweier Busleitungen.
- Powermodule (PM) ④ versorgen E/A -Module (Elektronikmodule). Es gibt sie digital und analog ⑤.
- PM- und E/A-Module werden auf Terminalmodule (TM) aufgesteckt ⑥.

a) CPU315F-2PN/DP

b) ET 200S

1: PROFINET-Geräte

- PROFINET besitzt
  - die Funktionsklassen PROFINET IO und PROFINET CBA sowie
  - die Geräteklassen IO-Controller, IO-Device und Supervisor.
- Für Industrial Ethernet benötigen alle aktiven Geräte eine IP-Adresse und jedes IO-Device zusätzlich einen Gerätenamen.

Begriffe rund um Ethernet

- **Ethernet**
  Ethernet (IEEE 802.3) ist eine serielle Bustechnik. Festgelegt sind u. a. Zugriffstechnik, Übertragungsverfahren und Übertragungsmedien für klassisches Ethernet, Fast Ethernet (100 Mbit/s) und Gigabit-Ethernet. PROFINET verwendet das Fast Ethernet.
- **MAC-Adresse** (**M**edia **A**ccess **C**ontrol)
  Jedes PROFINET-Gerät hat zur Netzwerkkommunikation eine weltweit einmalige MAC-Adresse. Sie besteht aus jeweils drei Byte Hersteller- und Gerätekennung (z. B. 08 : 00 : 06 : 6C : C7 : 1D).
- **IP-Adresse**
  Jedes PROFINET-Gerät benötigt im Ethernet eine IP-Adresse. Das IP-Protokoll legt dazu ein Adressierungsschema fest (IPv4 bzw. IPv6). Bei IPv4 hat die IP-Adresse 32 Bit und besteht aus dem Netzwerk- und dem Teilnehmeranteil.

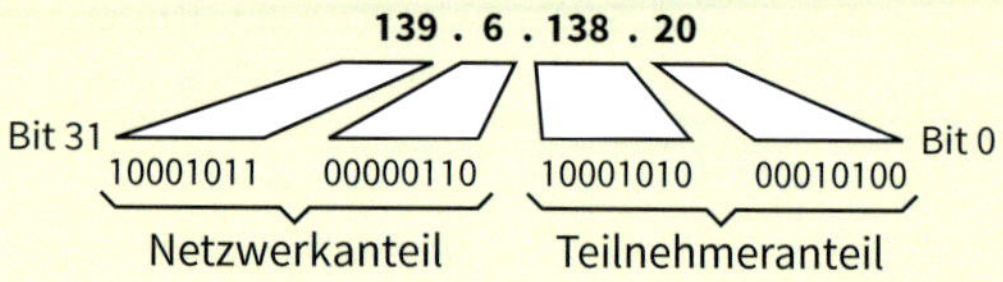

- **Subnetmaske**
  Die Subnetmaske teilt die IP-Adresse in einen Netzwerk- und einen Teilnehmeranteil. Für jedes Bit des Netzwerkanteils hat die Subnetmaske eine 1 bzw. für jedes Bit des Teilnehmeranteils eine 0. Teilnehmer eines Netzes haben die gleiche Subnetmaske.

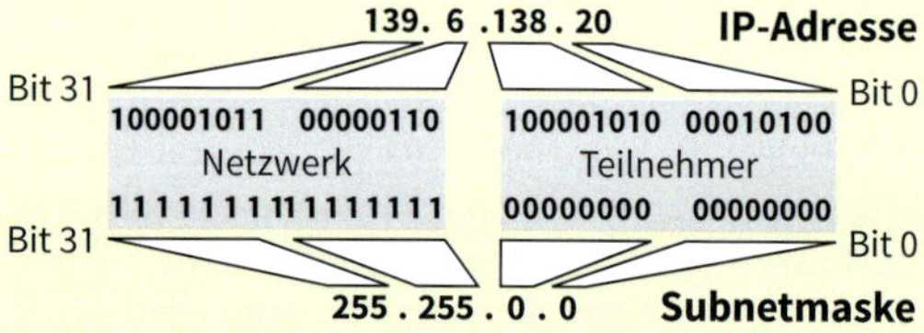

- **IP** (**I**nternet **P**rotocol)
  IP ist das Basisprotokoll des Internet (OSI-Schicht 3). Es sorgt für den Transport der Datenpakete und die Wegewahl (Routing) zum Empfänger. Dazu hat jeder Teilnehmer eine IP-Adresse. Die richtige Paketfolge wird nicht geprüft.
- **TCP** (**T**ransmission **C**ontrol **P**rotocol)
  Das Protokoll TCP baut auf IP auf (OSI-Schicht 4). Es stellt die Übertragung aller Datenpakete sicher sowie ihre richtige Reihenfolge beim Empfänger (Fehlerkontrolle und -korrektur). Über Ports (0 bis 65535) können mehrere Programme gleichzeitig auf ein Gerät zugreifen.
- **UDP** (**U**ser **D**atagram **P**rotocol)
  UDP ist ein Protokoll wie TCP, aber ohne Fehlerkontrolle und -korrektur der Daten. Deshalb ist UTP schneller. PROFINET IO nutzt UDP neben TCP.

11.5.5.2 Echtzeit-Kommunikation

Echtzeit-Kommunikation [*real-time communication*] ist gegeben, wenn die Prozesssignale **rechtzeitig** und nahezu **gleichzeitig** übertragen werden.

- **Rechtzeitigkeit** bedeutet, die gesamte Zeit für die Signalerfassung, -übertragung, -verarbeitung und -ausgabe ist kleiner ist als die kürzeste Prozesszeit.
- **Gleichzeitigkeit** liegt vor, wenn zeitgleich auftretende Prozesssignale durch Multitasking nahezu gleichzeitig abgearbeitet werden.

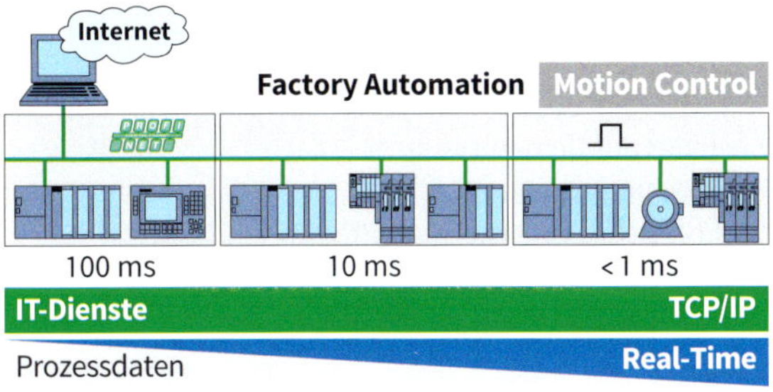

2: Kommunikationsstufen bei PROFINET

Die PROFINET-Kommunikation kann in drei Leistungsstufen erfolgen (Abb. 2).

- **Kommunikation über TCP/IP** bzw. **UDP/IP** dient der Übertragung von zeitunkritischen Daten (z. B. Konfiguration, Parametrierung und IT-Dienste). Die Taktzeiten betragen etwa 100 ms.
- **RT** (**R**eal-**T**ime) mit Taktzeiten um 10 ms eignet sich zur Übertragung der Nutzdaten in der **Fabrikautomation** [*factory automation*].
- **IRT** (**I**sochrones **R**eal-**T**ime) hat feste Taktzeiten kleiner als 1 ms. Diese Taktzeiten sind zur Nutzdatenübertragung in der **Antriebssteuerung und -regelung** [*motion control*] erforderlich.

In PROFINET IO werden alle drei Stufen zur Kommunikation mit der dezentralen Peripherie genutzt.
PROFINET CBA nutzt nur die Kommunikation über TCP/IP und die RT-Kommunikation.

IRT- und RT-Kommunikation haben getrennte Zeitbereiche (Abb. 3). Der **IRT-Kanal** ① ist fest, während sich RT (mit höherer Priorität) und TCP/IP den **Standard-Kanal** ② teilen. Die IRT- und RT-Kommunikation steuert ein spezieller Ethernet-Controller in den Geräten (**ERTEC** [*Enhanced Real-Time Ethernet Controller*]).

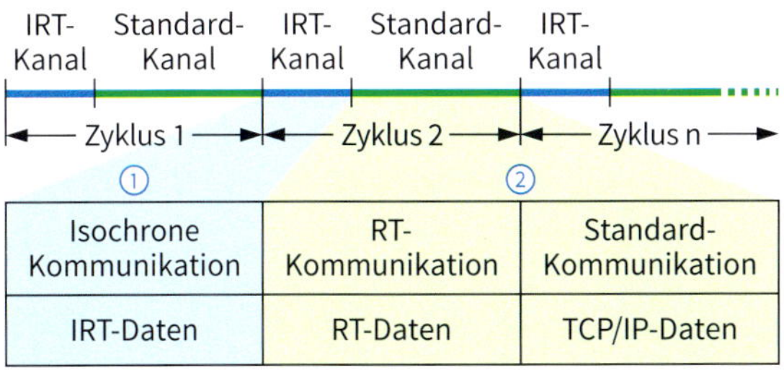

3: IRT-Kanal und Standard-Kanal

11.5.5.3 Switching Technologie

Halbduplex-Ethernet

Ethernet ist eine Halbduplex-Technik zur Datenkommunikation im Internet. Es können sich beliebig viele Teilnehmer (Hosts) anschließen. Jeder kann gleichberechtigt zu jeder Zeit auf das Netzwerk zugreifen. Damit eine Datenübertragung mit jedem Teilnehmer möglich ist, müssen alle dasselbe Buszugriffsverfahren nutzen. Über eine Zweidrahtleitung kann deshalb immer nur ein Host gleichzeitig Daten senden. Sonst kommt es zur Datenkollision (Abb. 4).

Ethernet verwendet das Buszugriffsverfahren CSMA/CD (vgl. S. 448), das eine Datenkollision erkennt.

- Jeder Host prüft, ob gerade Daten über das Netzwerk gesendet werden. Ist dies der Fall, wird die Datenübertragung aufgeschoben.
- Senden zwei Ethernet-Teilnehmer trotzdem gleichzeitig Daten, führt dies zur Kollision.
- Durch das CSMA/CD-Verfahren erkennen die Hosts die Kollision, brechen ihre Datenübertragung ab und senden erneut nach einer zufälligen Wartezeit.

Durch CSMA/CD ist Ethernet nicht echtzeitfähig.

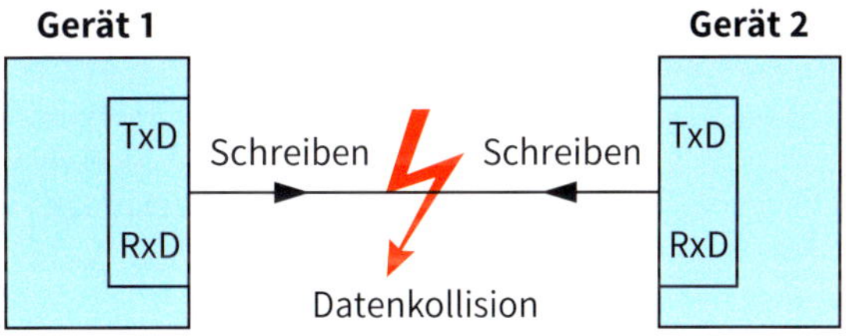

4: Datenkollision im Halbduplex-Ethernet

Vollduplex-Ethernet

Grundvoraussetzung für die Echtzeitfähigkeit von Ethernet ist, dass es trotz des Buszugriffsverfahrens CSMA/CD keine Datenkollision der Teilnehmer geben darf. Sind nur zwei Teilnehmer miteinander verbunden, die ihre Daten über getrennte Leiterpaare senden und empfangen, dann ist eine Datenkollision unmöglich (Abb. 5). Man spricht von Ethernet mit kollisionsfreier Domäne (Zone).

Eine kollisionsfreie Domäne mit einer Punkt-zu-Punkt-Verbindung zwischen zwei Teilnehmern und Vollduplex-Datenübertragung wird durch einen **Switch** möglich.

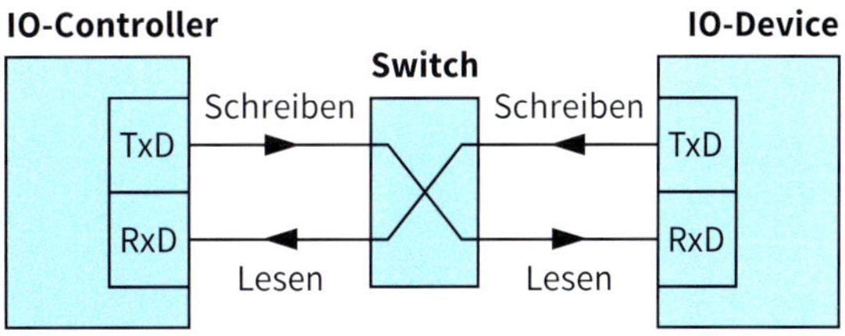

5: Kollisionsfreie Domäne im Vollduplex-Ethernet

Switch

Ein Switch ist ein Signalverteiler. Er hat mehrere **Anschlüsse** *[ports]* für Ethernet-Teilnehmer. Er verbindet dabei den Sender der Daten immer mit dem Empfänger. Hierfür nutzt er ihre MAC-Adressen. Es können mehrere Verbindungen gleichzeitig geschaltet sein (Abb. 1).

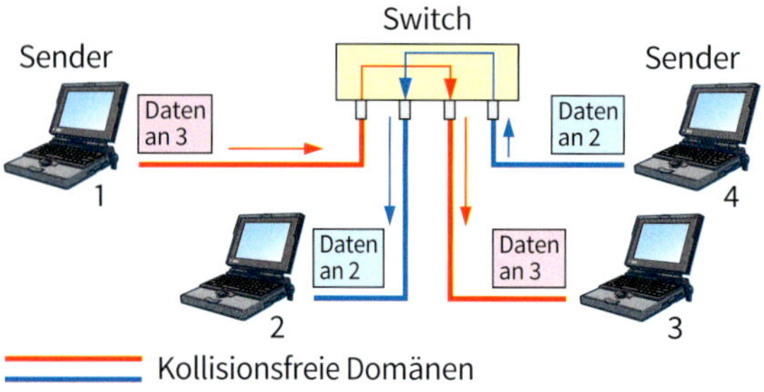

1: Switching Technologie

Über seine Ports ermöglicht der Switch die gleichzeitige Gerätekommunikation in beide Richtungen (Vollduplex). Dadurch ist die Übertragungsrate mit 200 Mbit/s doppelt so groß wie bei Fast Ethernet. Diese **Switching-Technologie** ist bei PROFINET vorgeschrieben und garantiert eine kollisionsfreie und schnelle Datenübertragung.

Switches ermöglichen die Echtzeitfähigkeit (RT und IRT) von PROFINET durch den ERTEC-Baustein in ihrer Hardware sowie die intelligente Kombination zweier Switching-Verfahren: **Store and Forward** und **Cut through**.

- Beim Store and Forward-Verfahren speichert der Switch die Datentelegramme kurz zwischen, prüft ihre Richtigkeit und leitet sie aus der Warteschleife an den Empfänger-Port.
- Beim Cut through-Verfahren wird das Datenpaket sofort an den Zielport weitergeleitet, sobald die MAC-Adresse des Empfängers gelesen ist (IRT). Ist die Verbindungsstrecke belegt, so erfolgt eine kurze Zwischenspeicherung.

Switches (Abb. 3) gibt es in zwei Ausführungen:

- **Unmanaged Switch**
  Er eignet sich für Netze ohne Echtzeit-Kommunikation. Er benötigt keine IP-Adresse, da er nicht konfiguriert werden kann.
- **Managed Switch**
  Er hat erweiterte Funktionen und eignet sich für Netze mit Echtzeit-Kommunikation. Zur Konfiguration benötigt er eine IP-Adresse.

3: 8-Port-Switch

Switches aus dem Büro-Bereich eignen sich nur bedingt für PROFINET. Sie unterstützen keine Echtzeit-Kommunikation.

11.5.5.4 Switched Ethernet

Für PROFINET sind alle Topologien möglich: Stern, Linie, Baum und Ring. Durch den Einsatz von Switches im Ethernet-Netz (Abb. 2) werden kollisionsfreie Domänen geschaffen. Man spricht von Switched Ethernet.

- **Stern**: Ein zentraler Switch ① hat Einzelverbindungen zu den Endgeräten. Die Stern-Topologie eignet sich bei hohen Gerätedichten und geringer Längenausdehnung (z. B. kleine Fertigungszellen).
- **Baum**: Komplexe Anlagen können in Teilanlagen gegliedert werden ②.
- **Linie**: Diese Topologie ③ wird realisiert durch einen Switch in der Nähe eines Geräts oder durch einen integrierten Zwei-Port-Switch im Gerät (bei PROFINET-Geräten Standard). Die Linienstruktur eignet sich besonders für weitläufige Anlagen (z. B. Förderanlagen) und zur Verbindung von Fertigungszellen.
- **Ring**: Die Topologie wird mit Switches ④ in Anlagen mit hoher Verfügbarkeit zum Schutz vor Leitungsbruch oder Ausfall einer Netzkomponente eingesetzt.

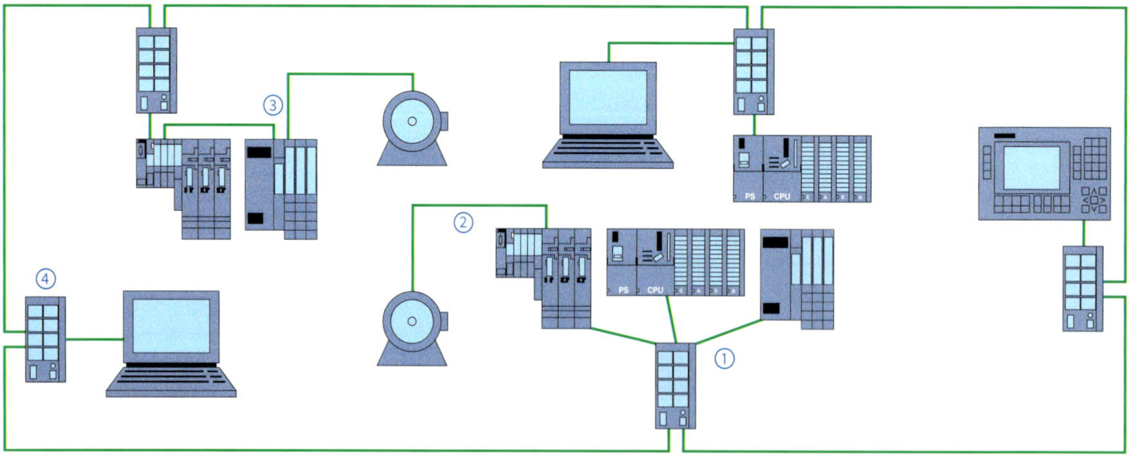

2: Switched Ethernet

Automatisierte Anlagen errichten

Leitungen und Steckverbinder

Neben Verschmutzungsgrad, Schock und Vibration sind die IP-Schutzart und die zulässige Betriebstemperatur Umgebungsanforderungen an PROFINET-Geräte und an die Verbindungstechnik (Abb. 4).

- In Schaltschränken, Warten: IP 20, $t = 0 \ldots 60\,°C$
- Vor Ort, in der Anlage : IP 65, IP 67, $t = -20 \ldots 70\,°C$
- **Kupferkabel**: Sie haben zwei Adernpaare. Diese sind symmetrisch (erdfrei), verdrillt und geschirmt (Twisted Pair ①). Die maximal Segmentlänge zwischen einem Endgerät und Switch beträgt 100 m.
- **Lichtwellenleiter**: Durch Lichtwellenleiter (LWL) aus Glasfaser oder Kunststoff werden die Daten als Lichtimpulse geleitet, ohne elektromagnetische Beeinflussung wie bei Kupferkabel. Es werden **Multimode-LWL** (für anlagennahe Verkabelung) oder **Singlemode-LWL** (für weite Strecken) eingesetzt.
- **Steckverbinder**: Für lösbare Verbindungen wird bei Kupferkabel oft das RJ 45-System IP 20 ② bzw. IP 65 ③ oder das M12- System (IP 65 ④) verwendet. Die Geräteanschlüsse sind immer als Buchse ausgeführt. Deshalb haben Verbindungskabel beidseitig Stecker. Lichtwellenleiter haben entsprechende Steckverbindungssysteme.

a) Twisted Pair (IEC 1180/61156)

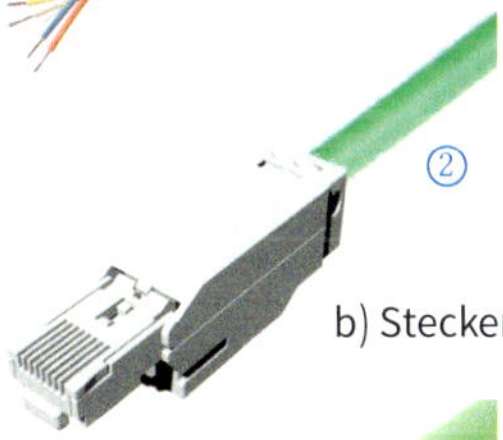

b) Stecker IP20: RJ 45 Steckergesicht

c) Stecker IP65: Steckergesicht Variante für Daten und Energie

d) Stecker IP65: M12 Rundstecker

4: Leitung und Steckverbinder für Kupferkabel

Sind IO-Controller mit IO-Devices über einen Switch verbunden, dann verschaltet dieser automatisch die Sendebuchse (TxD) des einen Gerätes mit der Empfangsbuche (RxD) des anderen Gerätes und umgekehrt (Cross-Over). Deshalb werden 1:1-Kabel mit beidseitigem Steckeranschluss verwendet. Sollen IO-Controller und IO-Device ohne Switch direkt miteinander verbunden werden, so ist ein Cross-Over-Kabel zu verwenden.

Netzübergänge

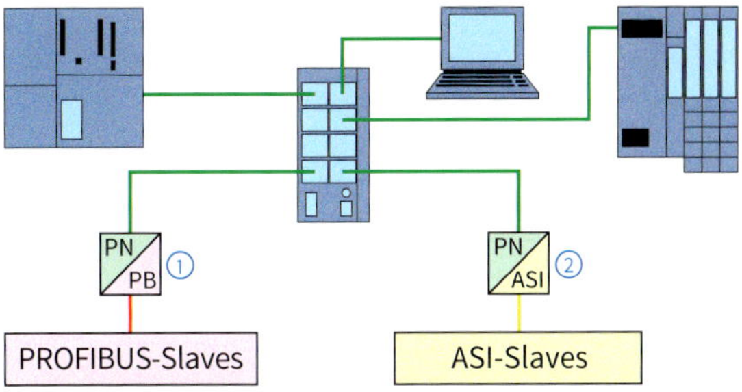

5: Netzübergänge PN/PB und PN/ASI

Bestehende Anlagen mit ASI-Bus und PROFIBUS können über Netzübergänge in PROFINET IO integriert werden (Abb. 5).

- IE/PB Link PN IO ① stellt die Verbindung zwischen dem PROFINET IO Controller und den PROFIBUS-Slaves her. Der IO-Controller sieht die Slaves als normale IO-Devices. Der Link ist der Proxy (Stellvertreter) für die DP-Slaves (Abb. 6a).
- IE/AS-i LINK ② ist gleichzeitig PROFINET IO-Device und AS-Interface-Master. Der IO-Controller tauscht die Daten mit den ASI-Slaves zyklisch aus (Abb. 6b).

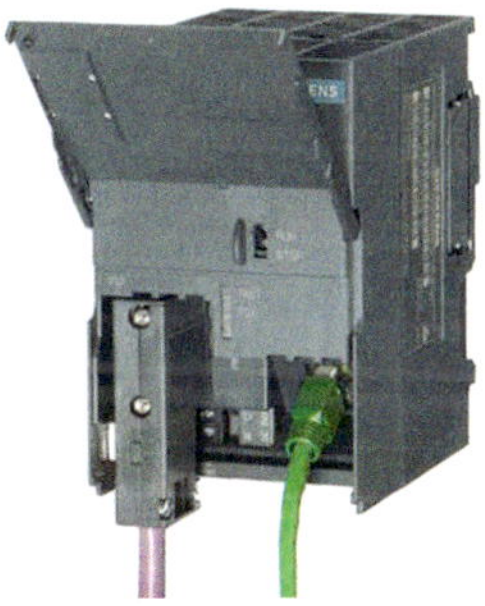
a) IE/PB Link PN IO

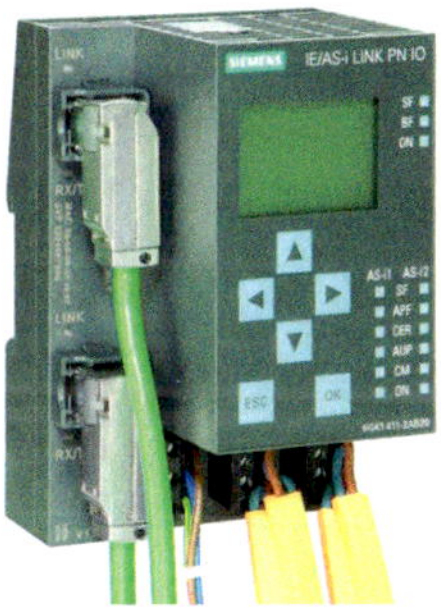

b) IE/AS-i LINK PN IO

6: Netzübergänge zu PROFINET IO

Aufgaben

1. Beschreiben Sie die Merkmale der Switching Technologie.
2. Recherchieren Sie die Unterschiede zwischen Singlemode- und Multimode-LWL und fassen Sie die Ergebnisse tabellarisch zusammen.

- PROFINET hat drei Kommunikationsstufen:
  - Kommunikation über TCP/IP (z. B. für IT-Dienste)
  - Real-Time (RT, z. B. für Fabrikautomation)
  - Isochrones Real-Time (IRT, z. B. für Antriebe)
- Durch den Einsatz von Switches wird das Ethernet echtzeitfähig (Switched Ethernet).
- Netzübergänge binden andere Feldbusse in PROFINET ein (z. B. PROFIBUS, ASI).

11.5.5.5 PROFINET IO-System mit STEP 7 konfigurieren

Ein PROFINET-IO-System kann mit STEP 7 in fünf Schritten konfiguriert und getestet werden.

1. Projekt anlegen
2. Hardwarekonfiguration erstellen
3. Hardwarekonfiguration in CPU laden
4. **Gerätenamen an IO-Devices vergeben**
5. Testprogramm schreiben und testen

Zur Projektierung von PROFINET IO ist gegenüber PROFIBUS DP nur ein zusätzlicher Schritt („Gerätenamen vergeben") notwendig. Zum Vergleich soll die gleiche Tasterschaltung wie beim PROFIBUS-System (vgl. S. 459, Abb. 4) verwendet werden (Abb. 1).

1. Projekt anlegen

- Zuerst ein Projekt im Simatic-Manager anlegen.
  Datei ⇒ Neu ⇒ „Neues Projekt"
  ⇒ Name „PN_1" ⇒ OK
- Projekt „PN_1" markieren und im Simatic Manager ein „Industrial-Subnetz" einfügen (Abb. 2).
  PN_1:
  Einfügen ⇒ Subnetz ⇒ Industrial Ethernet
- Dann eine SIMATIC-Station einfügen.
  PN_1:
  Einfügen ⇒ Station ⇒ SIMATIC 300 Station
- Schließlich den Ordner S7-Programm einfügen.
  PN_1:
  Einfügen ⇒ Programm ⇒ S7-Programm

2. Hardwarekonfiguration erstellen

- Im SIMATIC Manager die Station „Simatic 300(1)" markieren und die Hardwarekonfiguration öffnen (Doppelklick auf „Hardware").
- Hardwarekatalog öffnen (→ Ansicht → Katalog). Die Verzeichnisse SIMATIC 300 und PROFINET IO enthalten die nötigen GSDML-Dateien der Hardware.
- Profilschiene einfügen
  SIMATIC 300: RACK 300 ⇒ Profilschiene
- Netzteil ① und CPU ② auf die Steckplätze ziehen (Bestellnummern beachten, Abb. 3).
  SIMATIC 300:
  ⇒ PS 300 ⇒ PS 307 2A
  ⇒ CPU 300 ⇒ CPU 315F-2 PN/DP ⇒
  6ES7 315-2FH10-0AB0 ⇒ V2.3
- Beim Eintrag der CPU erscheint das Eigenschaftenfenster. Hier die Etherneteinstellungen für die CPU vornehmen und mit „OK" übernehmen (Abb. 4).
  Register Allgemein: Name des IO-Controllers ③.
  Register Parameter: IP-Adresse ④, Subnetmaske ⑤, Subnetz ⑥ und Netzübergang ⑦.
  Nach Übernahme der Einstellungen können am PROFINET IO-System (Balken rechts neben der CPU ⑧) die IO-Devices angeordnet werden (Abb. 5).

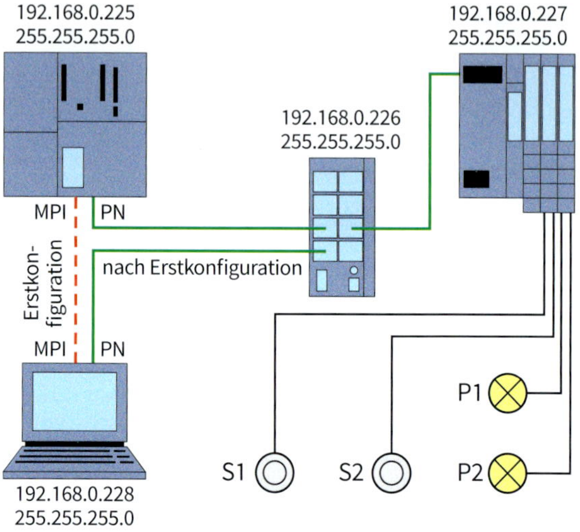

1: CPU 315F-PN/DP mit IO-Devices

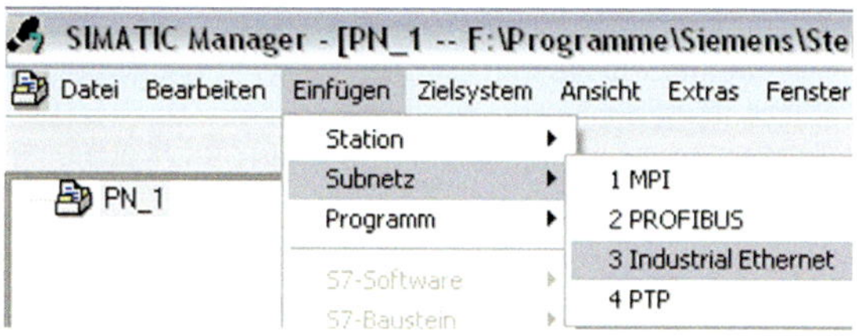

2: Subnetz einfügen

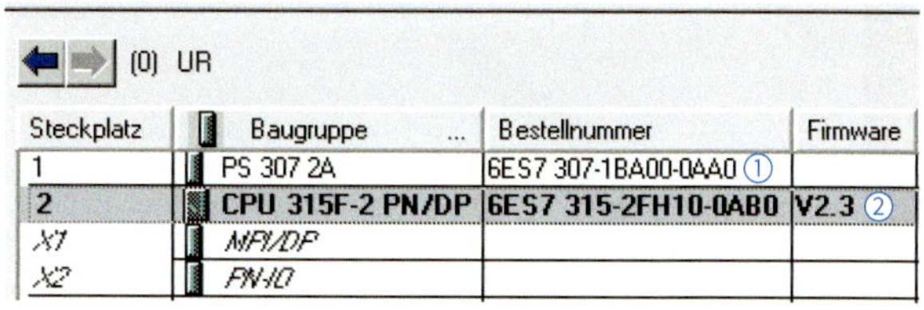

3: Netzteil und CPU auf Rack ziehen

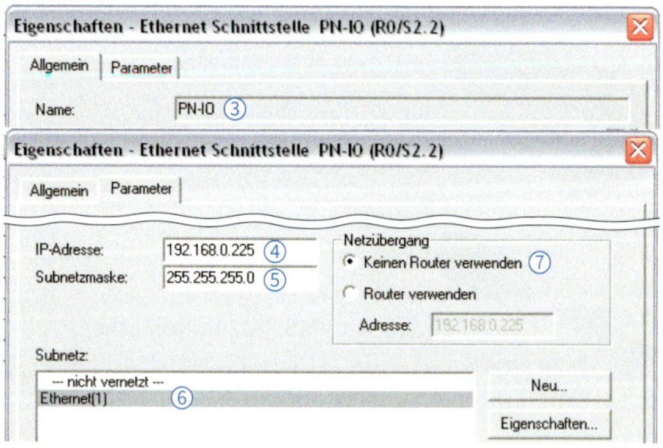

4: Eigenschaften der CPU festlegen

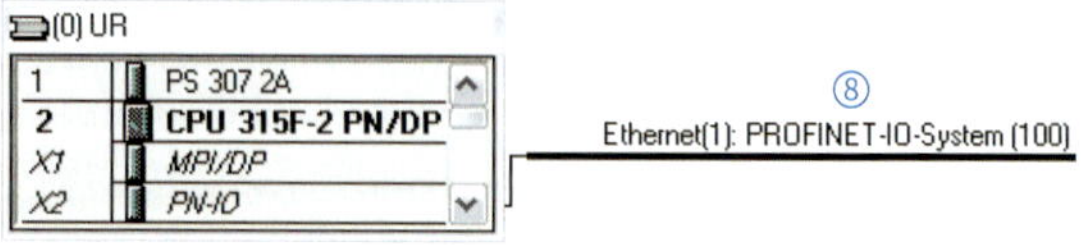

5: PROFINET IO-System

- Auf den Balken „PROFINET-IO-System" die IO-Devices ziehen (Abb. 6): SCALANCE X208 (Managed Switch ①) und Kopfmodul IM 153-3 PN (ET 200S) ②. Im Kopfmodul (Doppelklick) das Powermodul und die E/A Baugruppen eintragen.
- Ein Doppelklick auf ein IO-Gerät öffnet den Dialog **Eigenschaften**. Gerätenamen und IP-Adresse werden automatisch vergeben, können hier aber geändert werden (Abb. 7 ③ ④).

  Hinweis: Wird der Switch nicht in das PROFINET IO-System eingebunden, ist er nicht konfigurierbar. Er arbeitet dann als Unmanaged Switch im Netz.

3. **Hardwarekonfiguration in CPU laden**
   Hat der IO-Controller bisher noch keine IP-Adresse (fabrikneu), muss die Erstübertragung der projektierten Hardwarekonfiguration vom PG über die **MPI-Schnittstelle** erfolgen (Abb. 6). Danach kann dies über TCP/IP erfolgen (auch nach Urlöschen der CPU).
4. **Gerätenamen an IO-Devices vergeben**
   Mit dem Laden der projektierten Hardwarekonfiguration ist das PROFINET IO-System noch keinesfalls betriebsbereit. Für jedes IO-Devices muss ein Name (vergleichbar mit der Slave-Adresse bei PROFIBUS) vergeben und danach zugewiesen werden.
   - Die Vergabe und Zuweisung des Gerätenamens ist nur über Ethernet TCP/IP möglich. Deshalb ist die PG/PC-Schnittstelle des PG auf Ethernet umzustellen. Für den Zugriffsweg „S7ONLINE" wird die Netzwerkkarte selektiert (Abb. 8, ⑤). Zu beachten ist, dass **dasselbe Subnetz** wie im PROFINET IO-System eingestellt sein muss.

     SM **Extras ⇒ PG/PC-Schnittstelle einstellen ⇒ Zugriffsweg „S7ONLINE" ⇒ TCP/IP(Auto)**
   - Unter Eigenschaften wird die IP-Adresse projektspezifisch zugewiesen ⑥.

     Eigenschaften: ⇒ TCP/IP(Auto) ⇒ Register IE-PG-Zugang ⇒ IP-Adresse projektspezifisch zuweisen

     Hinweis: Kommt keine Verbindung zustande, muss die LAN-Verbindung des PG benutzerdefiniert konfiguriert werden (→ Alternative Konfiguration).
   - Gerätenamen vergeben (Abb. 9).

     Hardwarekonfiguration: Zielsystem ⇒ Ethernet ⇒ Gerätenamen vergeben

     Im Fenster „Gerätenamen vergeben" (Abb. 10) den Gerätenamen aus der Hardwarekonfiguration dem vorhandenen Gerät zuweisen ⑦.

     Hinweis: Ein erneutes Laden der Hardwarekonfiguration in die CPU ist nicht notwendig.
5. **Testprogramm schreiben und testen**
   Das Testprogramm für das PROFINET IO-System unterscheidet sich nicht vom dem für das PROFIBUS-DP-System (vgl. S. 459, Abb. 5). Durch die automatische Adressvergabe in STEP 7 ergeben sich die gleichen E/A-Adressen.

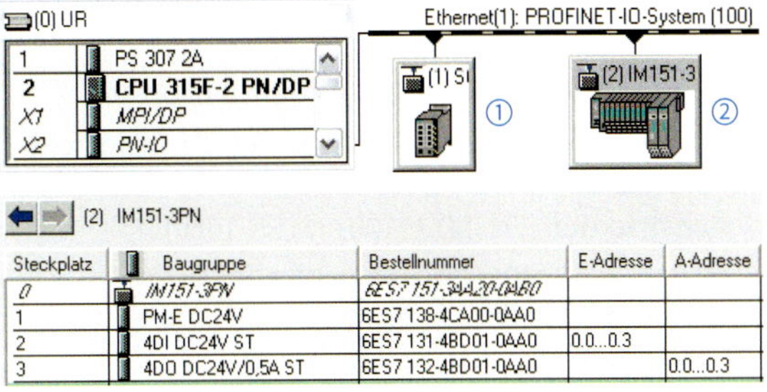

6: IO-Devices konfigurieren

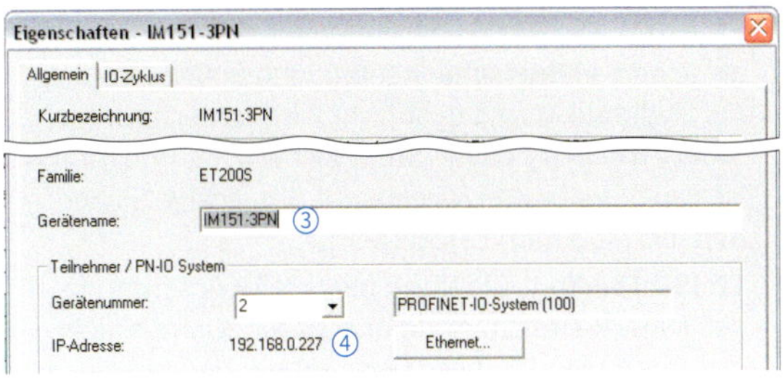

7: Eigenschaften des IM 153-3PN

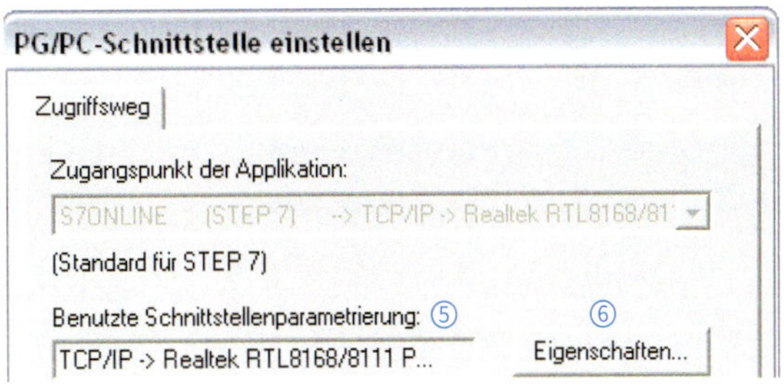

8: PG/PC-Schnittstelle auf TCP/IP umstellen

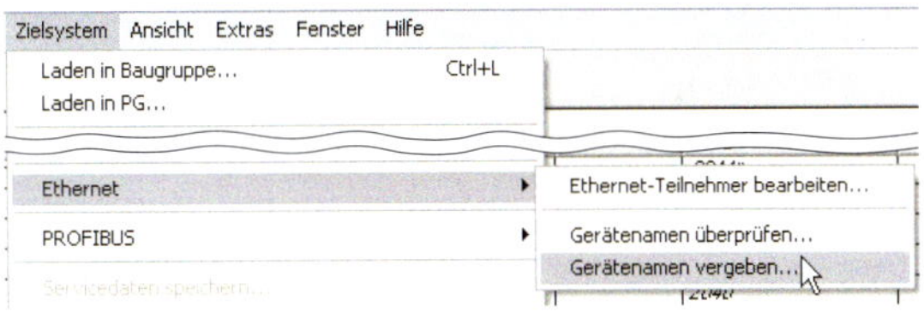

9: Gerätenamen vergeben

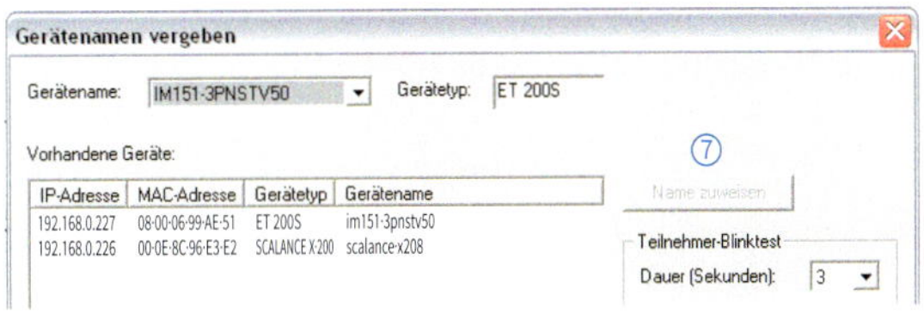

10: Gerätenamen dem vorhandenen Gerät zuweisen

- Die Erstübertragung der projektierten Hardwarekonfiguration in die CPU muss über die MPI-Schnittstelle erfolgen, da ein fabrikneuer IO-Controller noch keine IP-Adresse hat.
- Für jedes IO-Device muss ein Gerätename vergeben und zugewiesen werden, damit die Kommunikation mit dem IO-Controller möglich ist.

11.6 Sicherheit

11.6.1 Sicherheitsbezogene Steuerungen

Sicherheit für eine Maschine oder Anlage kann erreicht werden durch

- **Konstruktion** (EN ISO 12100 und EN 1050)
- **Sicherheitsbezogene Steuerungen** (EN 62061 und EN ISO 13849-1)
- **Elektrische Ausrüstung** (EN 60204-1)

Für den Aufbau von sicherheitsbezogenen Steuerungen stehen zwei Normen zur Verfügung.

- **EN 62061**: Die Norm beschreibt nur Anforderungen an sichere **elektrische** Steuerungen (keine Pneumatik, Hydraulik usw.). Bestimmt wird der erforderliche **Safety Integrity Level** (**SIL**): „Sicherheits-Integritäts-Niveau". Es gibt drei Niveaus: SIL 1 (niedrige Sicherheit) bis SIL 3 (hohe Sicherheit).
- **EN ISO 13849-1**: Die Norm beschreibt Anforderungen sowohl an sichere elektrische als auch an nicht-elektrische Steuerungen (Pneumatik, Hydraulik usw.). Bestimmt wird der erforderliche **Performance Level** (**PL**): „Leistungsniveau". Es gibt fünf Leistungsniveaus: PL a (niedrig Sicherheit) bis PL e (hohe Sicherheit).

Risikobewertung der Sicherheitsfunktion einer Steuerung

Ziel der **Risikobewertung** [*risk evaluation*] ist es, mit Hilfe festgelegter Risikoparameter (S, F, W, P, Abb. 1) den erforderlichen SIL bzw. PL einer Sicherheitsfunktion der Steuerung zu bestimmen. Dies erfolgt in beiden Normen auf unterschiedliche Art.

Beispiel: Der rotierende Fräskopf einer Bearbeitungsstation muss beim Öffnen der Schutzhaube stillgesetzt werden. Es sollen der erforderliche SIL und der erforderliche PL für die beschriebene Sicherheitsfunktion der Maschinensteuerung ermittelt werden.

- **Erforderlicher SIL** (Abb. 1)
  1. Schadensausmaß S festlegen ①
  2. F, W und P bestimmen ②, ③, ④
  3. Klasse K = F + W + P berechnen ⑤
  4. Schnittpunkt S und K ergibt SIL ⑥

  → Der erforderliche SIL ist 2.
- **Erforderlichen PL_r** (Abb. 2)
  1. Schadensausmaß S festlegen ⑦
  2. Gefährdungshäufigkeit F festlegen ⑧
  3. Gefährdungsvermeidung P festlegen ⑨

  → Der erforderliche PL_r ist PL d.

Häufigkeit und/oder Aufenthaltsdauer **F**		
≤ 1 Stunde		5
> 1 Stunde bis ≤ 1 Tag	②	5
> 1 Tag bis ≤ 2 Wochen		4
> 2 Wochen bis ≤ 1 Jahr		3
> 1 Jahr		2

Eintrittswahrscheinlichkeit des Gefährdungsereignisses **W**		
häufig		5
wahrscheinlich	③	4
möglich		3
selten		2
vernachlässigbar		1

Möglichkeit zur Vermeidung **P**		
unmöglich		5
möglich	④	3
wahrscheinlich		1

Auswirkungen	Schadensausmaß **S**	Klasse **K = F + W + P** ⑤				
		3 – 4	**5 – 7**	**8 – 10**	**11 – 13**	**14 – 15**
Tod, Verlust von Auge oder Arm	4	SIL 2	SIL 2	SIL 2	SIL 3	SIL 3
Permanent, Verlust von Fingern ①	3	andere Maßnahmen		SIL 1	SIL 2 ⑥	SIL 3
Reversibel, medizinische Behandlung	2	andere Maßnahmen			SIL 1	SIL 2
Reversibel, Erste Hilfe	1	andere Maßnahmen				SIL 1

1: Bestimmung des erforderlichen SIL

S Schwere der Verletzung
S1: Leicht (Prellung, Schnittverletzung)
S2: Schwer (Amputation, Tod)

F Häufigkeit und/oder Dauer der Gefährdung
F1: Selten bis öfter bzw. von kurzer Dauer
F2: Häufig bis dauernd bzw. von langer Dauer

P Möglichkeit zur Vermeidung der Gefährdung
P1: Möglich unter bestimmten Bedingungen
P2: Kaum möglich

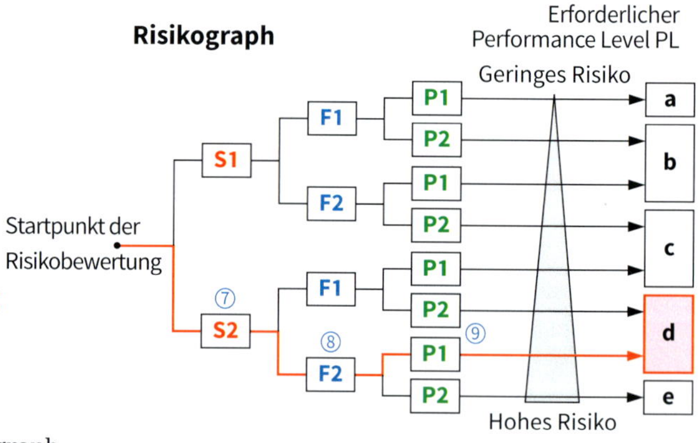

2: Bestimmung des erforderlichen PL_r mit Risikograph

11.6.2 Performance Level

Für eine sichere Maschinen- oder Anlagensteuerung müssen Sicherheitsfunktionen (SFs) im **sicherheitsbezogenen Teil der Steuerung** (**SRP/CS**: **S**afety-**R**elated **P**art of a **C**ontrol **S**ystem) eingebaut und verarbeitet werden (Abb. 3 ①).

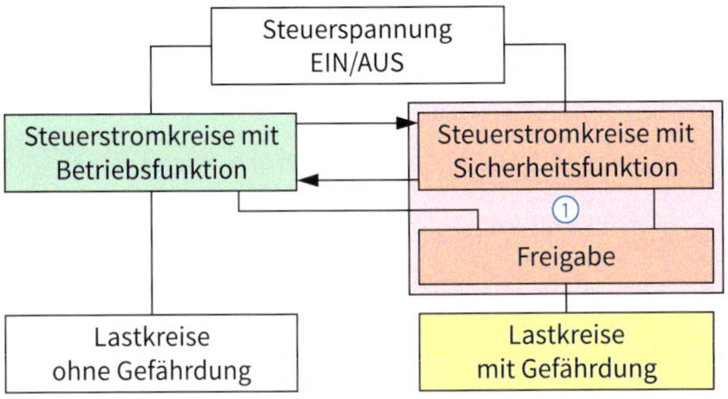

3: Sicherheitsbezogener Teil einer Steuerung (SRP/CS)

Ein **Performance Level PL** gibt die Wahrscheinlichkeit des gefährlichen Ausfalls einer Sicherheitsfunktion des SRP/CS je Stunde an (Abb. 4).

Performance Level (PL)	**Durchschnittliche Wahrscheinlichkeit eines gefährlichen Ausfalls je Stunde (1/h)**
a (niedrig)	$\geq 10^{-5}$ bis < 10^{-4} (hoch)
b	$\geq 3 \times 10^{-6}$ bis < 10^{-5}
c	$\geq 10^{-6}$ bis < 3×10^{-6}
d	$\geq 10^{-7}$ bis < 10^{-6}
e (hoch)	$\geq 10^{-8}$ bis < 10^{-7} (niedrig)

4: Performance Level PL a bis PL e

- Der Performace Level PL a stellt die niedrigsten Sicherheitsanforderungen an den SRP/CS: Die Wahrscheinlichkeit eines gefährlichen Ausfalls ist hoch.
- Die Stufe PL e ist der höchste Performance Level. Ein SRP/CS mit diesen Eigenschaften hat die niedrigste **Ausfallwahrscheinlichkeit** [*failure probability*].

Performance Level bestimmen

Am Beispiel einer Schweißroboterzelle erklärt der Ausbildungsleiter die Bestimmung des Performance Levels für eine Sicherheitsfunktion des SRP/CS (Abb. 5).

- Für den Aufbau einer sicherheitsbezogenen Steuerung gibt es zwei Normen: EN ISO 13849-1 (Performance Level) und EN 62061 (SIL).
- SRP/CS (**S**afety-**R**elated **P**art of a **C**ontrol **S**ystem) ist der sicherheitsbezogene Teil der Steuerung einer Maschine nach EN ISO 13849-1.
- Der Performance Level PL einer Sicherheitsfunktion des SRP/CS ist ein Maß für die Wahrscheinlichkeit eines gefährlichen Ausfalls je Stunde.

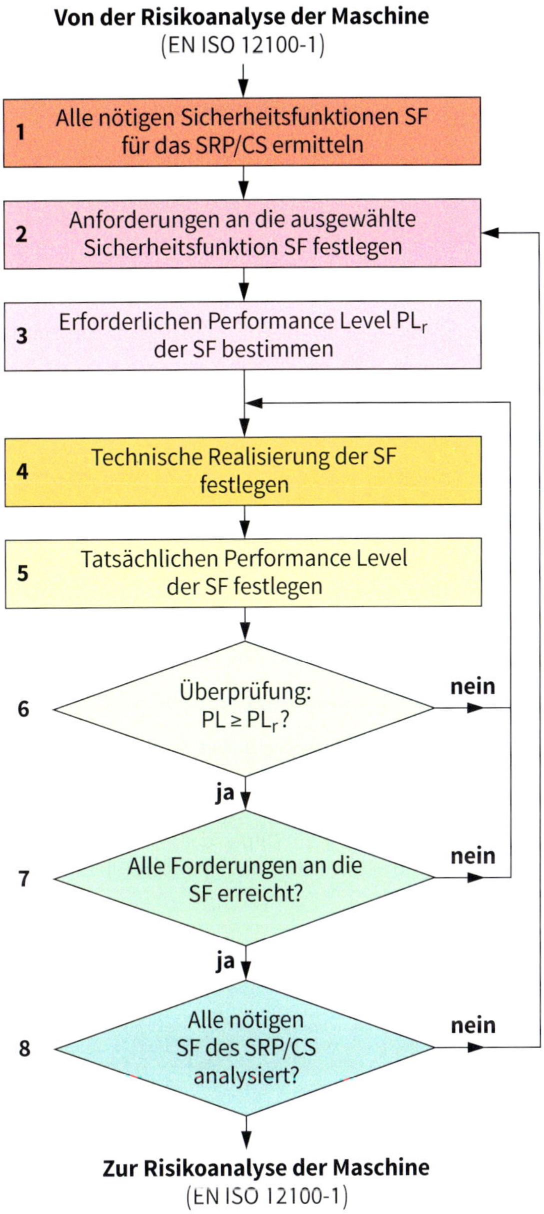

5: Bestimmung des PL einer SF des SRP/CS

1 Alle nötigen SFs des SRP/CS ermitteln

Für die Schweißroboterzelle sind diese zwei Sicherheitsfunktionen nötig:

- gefährliche Roboterbewegungen stoppen und
- unerwarteten Roboteranlauf verhindern.

2 Anforderungen an die ausgewählte SF festlegen

Die Sicherheitsfunktion erfordert eine Schutztür für die Schweißroboterzelle, an die folgende Anforderungen gestellt werden:

Beim Öffnen der Schutztür muss der Roboter abgeschaltet werden und darf bei offener Schutztür nicht wieder einschaltbar sein.

3 Erforderliche PL_r der SF ermitteln

Der erforderliche Performancelevel PL_r für die Roboterzelle wird mit dem Risikographen bestimmt (Abb. 1).

- Schwere der Verletzung: **S2** ⇒ ernst;
- Dauer der Gefährdung: **F1** ⇒ selten/kurz;
- Vermeidung: **P1** ⇒ möglich;

Aus den Einschätzungen ergibt sich ein PL_r von c ①.

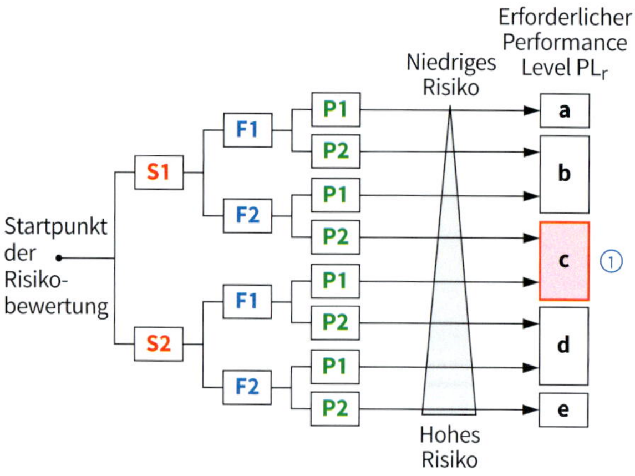

1: Risikograph zur Ermittlung von PL_r

4 Technische Realisierung der SF festlegen

Abb. 2 zeigt alle Bauteile, die zur Sicherheitsfunktion beitragen (②, beige hinterlegt). Der Schutztürschalter S1 hat einen Kontakt. Beim Öffnen der Schutztür wird Schütz Q1 betätigt, welches die Energiezufuhr des Motors abschaltet.

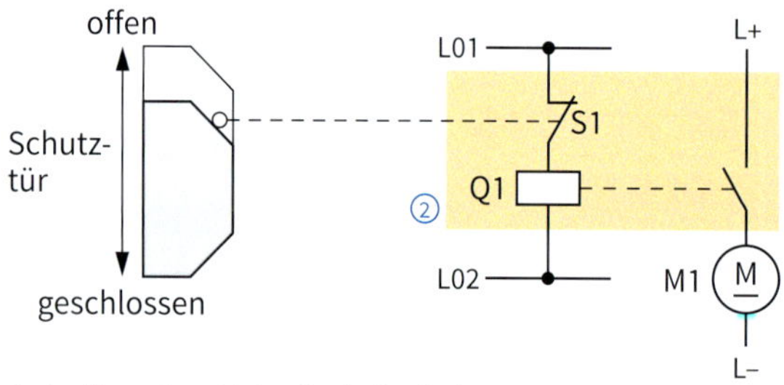

2: Aufbau der Sicherheitsfunktion

Jede einzelne Sicherheitsfunktion eines SRP/CS ist eine Reihenschaltung aus den drei Blöcken **Input I** (Sensorik), **Logik L** (Verarbeitungseinheit) und **Output O** (Aktorik). Diese Reihenschaltung heißt **Kanal** [*channel*] des SRP/CS (Abb. 3).

Die Sicherheitsfunktion der Schutztür der Roboterschweißzelle ist einkanalig aufgebaut.

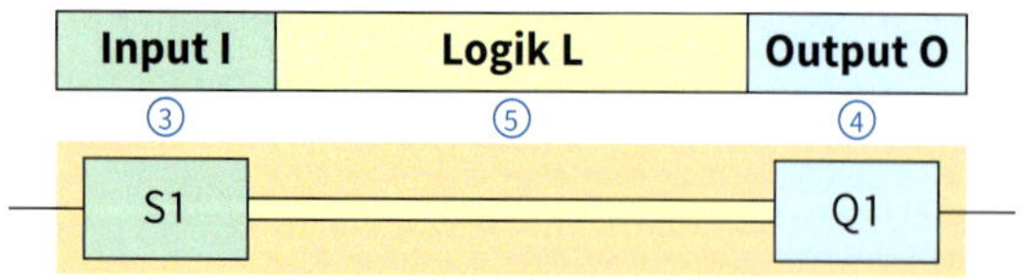

3: Kanal des SRP/CS

Türschalter S1 (Input I ③) und Schütz Q1 (Output O ④) bilden den Kanal der SF. Eine Verarbeitungseinheit (Logik L) ⑤ gibt es hier nicht, der Türschutzschalter wirkt direkt auf das Schütz. Fällt ein Block in der Reihenschaltung aus, so verliert der gesamte Kanal seine Sicherheitsfunktion.

5 Tatsächlichen PL der SF bestimmen

Der Performance Level PL wird aus vier Einflussgrößen (Abb. 4) bestimmt.

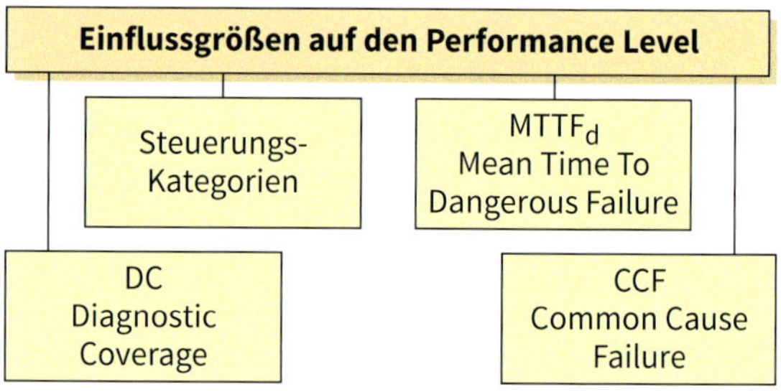

4: Vier Einflussgrößen auf den Performance Level PL

- **Steuerungskategorien**
  Sie bestimmen den Aufbau des sicherheitsbezogenen Teils der Steuerung (SRP/CS) einer Maschine oder Anlage (Abb. 5). Kategorie B stellt die niedrigsten Anforderungen, Kategorie 4 die höchsten. Der jeweilige Aufbau des SRP/CS ist durch die vorgesehene Steuerungsarchitektur festgelegt.

Steuerungskategorie	Vorgesehene Architektur
B und 1	Einkanalig
2	Einkanalig mit Testeinrichtung
3	Mehrkanalig mit Überwachung
4	Mehrkanalig mit höherer Überwachung

5: Kategorien mit vorgesehener Architektur des SRP/CS

- **$MTTF_d$**
  Der $MTTF_d$-Wert ist die mittlere Zeit eines Kanals in Jahren bis zu einem gefährlichen Ausfall (**M**ean **T**ime **T**o **D**angerous **F**ailure).
- **DC**
  Der DC-Wert (**D**iagnostic **C**overage) gibt in Prozent an, wie viele gefährliche Fehler der SRP/CS durch Selbstüberwachung der Sicherheitsfunktion rechtzeitig aufdeckt werden (ab Kategorie 2 gefordert).
- **CCF**
  Die Einflussgröße CCF (**C**ommon **C**ause **F**ailure) berücksichtigt den Ausfall mehrere Kanäle der SF auf Grund einer einzigen gemeinsamen Ursache, z. B. Kurzschluss. Hierzu müssen Gegenmaßnahmen nachgewiesen werden (ab Kategorie 2 gefordert).

Kat.	Anforderungen an die Steuerungskategorien eines SRP/CS	Vorgesehene Architektur
B	• nach Norm gebaut • müssen den zu erwartenden Einflüssen standhalten	Einkanalig ohne Test oder Überwachung der Sicherheitsfunktion
1	Zusätzlich zu Kategorie B: • Anwendung bewährter Bauteile und Sicherheitsprinzipien	
2	Zusätzlich zu Kategorie B und Sicherheitsprinzipien (Kat. 1): • Prüfung der Sicherheitsfunktion durch die Maschinensteuerung in regelmäßigen Abständen	Einkanalig mit Testeinrichtung für die Sicherheitsfunktion
3	Zusätzlich zu Kategorie B und Sicherheitsprinzipien (Kat. 1): • Kein Verlust der Sicherheitsfunktion durch einen einzelnen Fehler • Erkennung einzelner, aber nicht aller Fehler	Mehrkanalig mit Überwachung der Sicherheitsfunktion
4	Zusätzlich zu Kategorie B und Sicherheitsprinzipien (Kat. 1): • Kein Verlust der Sicherheitsfunktion durch einen einzelnen Fehler • Kein Verlust der Sicherheitsfunktion durch eine Fehleranhäufung	Mehrkanalig mit höherer Überwachung der Sicherheitsfunktion

6: Steuerungskategorien eines SRP/CS

Abb. 6 zeigt die Anforderungen an die Steuerungskategorien eines SRP/CS. Die Sicherheitsfunktion für die Schutztür der Roboterzelle hat die Steuerungskategorie B, da sie einkanalig mit normgerechten Bauteilen aufgebaut ist, aber keine Not-Halt-Einrichtung besitzt.

Der **$MTTF_d$**-Wert berechnet sich aus den Bauteilewerten der Sicherheitskomponenten eines Kanals (Herstellerangabe oder Werte nach Norm).

$1/MTTF_d = 1/MTTF_{d\,S10} + 1/MTTF_{d\,K10}$

Beispiel: – Schalter S10: $MTTF_d$ = 20 Jahre
– Hilfsschütz K10: $MTTF_d$ = 50 Jahre

$1/MTTF_d$ = 1/20 Jahre + 1/50 Jahre

→ $MTTF_d$ = 14,3 Jahre

Bezeichnung der $MTTF_d$	Bereich der $MTTF_d$
niedrig	3 Jahre bis 10 Jahre
mittel ①	10 Jahre bis 30 Jahre
hoch	30 Jahre bis 100 Jahre

7: $MTTF_d$-Bereiche eines Kanals einer SF

Nach Norm ist der resultierende $MTTF_d$ „mittel" (Abb. 7 ①). Die Sicherheitsfunktion arbeitet bis zum gefährlichen Ausfall im Mittel 14,3 Jahre fehlerfrei.

Der **DC**-Wert (ab Kategorie 2) wird bestimmt, indem die **Testmaßnahmen** *[test procedures]* für jeden Kanal mit einem Prozentwert zwischen 0 % und 100 % bewertet werden. Aus einer Mittelungsformel errechnet sich der mittlere Prozentwert DC_{avg} (Abb. 8). Da die Sicherheitsfunktion der Schutztür nicht überwacht wird, ist DC_{avg} „kein" bzw. 0 ②.

Bezeichnung der DC	Bereich der DC
kein ②	unter 60 %
niedrig	60 % bis unter 90 %
mittel	90 % bis unter 99 %
hoch	99 % und darüber

8: DC_{avg}-Bereiche einer Sicherheitsfunktion

Tatsächlicher Performance Level PL

In Abb. 9 ergibt sich mit DC_{avg} = 0 ③, Kategorie B ④ und $MTTF_d$ = mittel ⑤ der tatsächliche Performance Level PL b ⑥ für den sicherheitsgerichteten Teil der Steuerung (SRP/CS) der Roboterzelle.

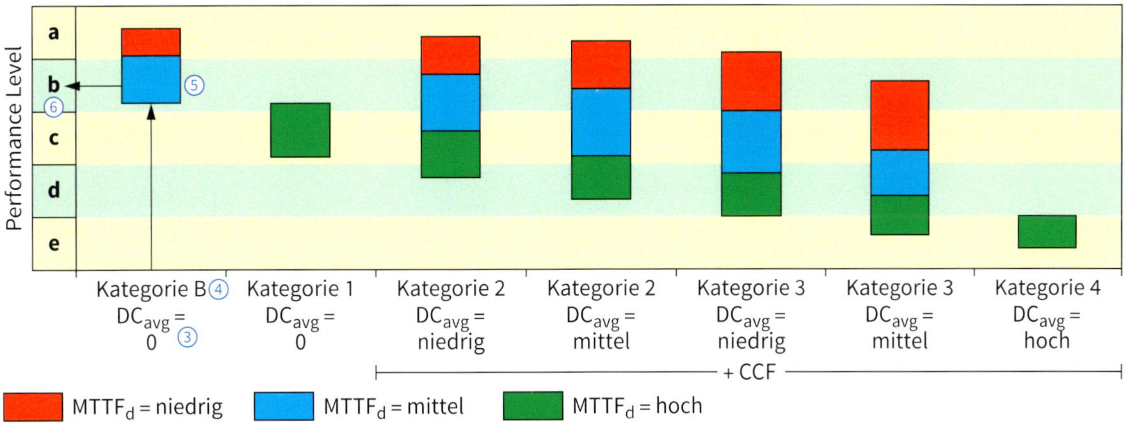

9: Ermittlung des tatsächlichen Performance Level PL eines SRP/CS nach EN ISO 13849-1

Gegen **CCF** (Fehler gemeinsamer Ursache [*common cause failure*]) müssen ab Kategorie 2 Maßnahmen nachgewiesen werden. Für acht Gegenmaßnahmen müssen mindestens 65 Punkte erreicht werden (Abb. 1).

Nr.	Maßnahmen gegen CCF	Punkte
1	Trennung/Abtrennung der Kanäle	15
2	Unterschiedliche Gestaltung	20
3	Schutz gegen Überdruck, usw.	15
4	Verwendung bewährter Bauteile	5
5	Beurteilung/Analyse	5
6	Ausbildung des Personals	5
7	Schutz vor Verunreinigung	25
8	Andere Umwelteinflüsse	10
Gesamtpunkte	**Maßnahmen gegen CCF**	
65 oder besser	Anforderungen erreicht	
kleiner als 65	Verfahren gescheitert ⇒ zusätzliche Maßnahmen	

1: Acht Maßnahmen gegen CCF

6 Überprüfung: PL = PL_r?

Der tatsächliche PL b ist kleiner als der geforderte PL c. Deshalb muss die Schaltung neu gestaltet und bewertet werden. Es werden zwei parallele Kanäle mit gleicher Sicherheitsfunktion verwendet (Redundanz, Abb. 2).

- Kanal 1 ① ist elektromechanisch aufgebaut. Der Türschalter S1 hat zwangsöffnende Kontakte. Das Hilfsschütz kann die Energiezufuhr des Motors abschalten.
- Kanal 2 ② ist elektronisch mit einer SPS aufgebaut. Die SPS überwacht die Schaltzustände des zweiten Türschalters S2, des Schütz Q1 und des Motors M1 (über Drehzahlsensor n). Die SPS schaltet den Motor über den Stromrichter Q2 aus.

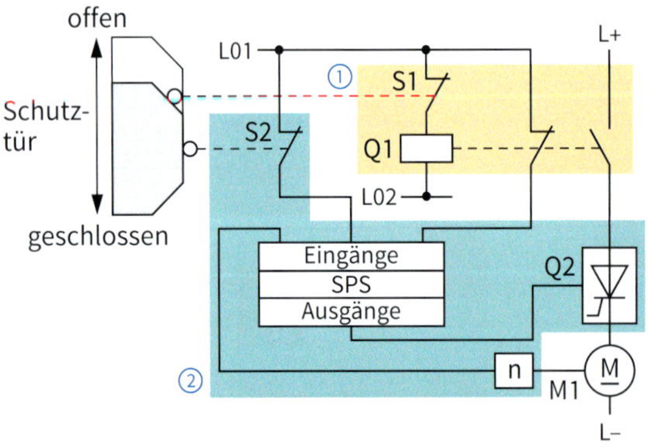

2: Zwei Kanäle mit gleicher Sicherheitsfunktion

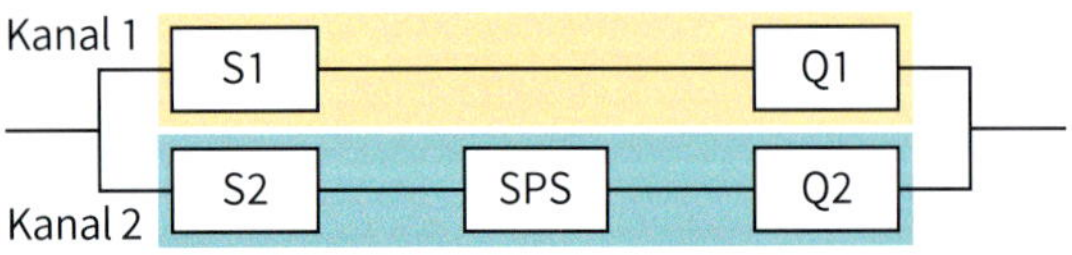

3: Redundanz durch parallele Sicherheitskanäle

Abb. 3 zeigt die Aufteilung der sicherheitsbezogenen Teile der Steuerung in zwei Kanäle. Die Bewertung dieser Schaltung nach EN ISO 13849-1 ergibt:

- **Kategorie 3** (mehrkanalig mit Überwachung)
- **$MTTF_d$ = 20 Jahre** (mittel)
- **DC_{avg} = 67 %** (niedrig)
- **CCF > 65** (Anforderungen erreicht)

Aus Abb. 8 Seite 471 wird mit diesen Werten der Performance Level PL c ermittelt. Damit erfüllt der neue SRP/CS die Anforderungen zur **Risikominderung** [*risk reduction*].

7 Alle Forderungen an die SF erreicht?

Neben den Anforderungen an das SRP/CS sind auch **systematische Fehler** (z. B. Dimensionierungs- und Softwarefehler) zu vermeiden. EN ISO 13489-1 beschreibt Maßnahmen gegen Softwarefehler.

8 Alle nötigen SF der SRP/CP analysiert?

Sind alle Sicherheitsfunktionen erfüllt, ist die Risikoanalyse der Maschine bezüglich des SRP/CS abgeschlossen.

Zuordnung PL und SIL

Abb. 4 zeigt die Zuordnungstabelle zwischen PL und SIL. Von PL auf SIL zu schließen ist eindeutig, umgekehrt ist die Zuordnung nicht eindeutig.

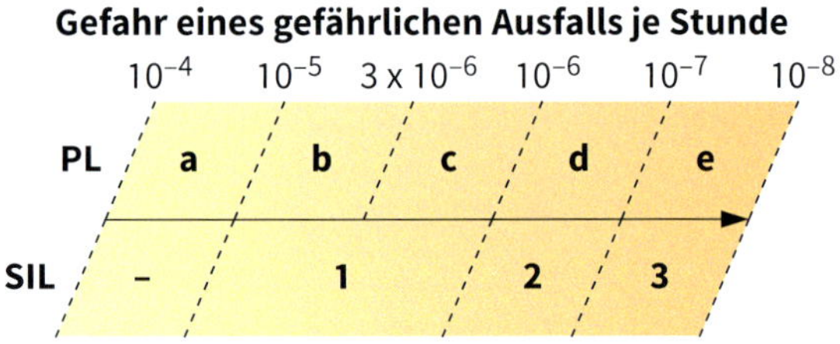

4: Zuordnung PL und SIL

Aufgaben

1. Nach wie vielen Stunden wird bei der Schweißroboterzelle ein gefährlicher Ausfall der Sicherheitsfunktion der Schutztür frühestens wahrscheinlich?
2. Bestimmen Sie für alle Performance Level in einer Tabelle die früheste und die späteste Ausfallwahrscheinlichkeit einer Sicherheitsfunktion des SRP/CS in Stunden.

- Jede Sicherheitsfunktion eines SRP/CS ist eine Reihenschaltung aus Sensor, Logik und Aktor und heißt Kanal. Die Parallelschaltung von Kanälen erhöht die Sicherheit.
- Die vier Einflussgrößen auf den tatsächlichen Performance Level PL sind Steuerungskategorie, MTTF, DC und CCF.
- Die Zuordnung von PL zu SIL ist eindeutig, umgekehrt nicht.

11.6.3 Elektrische Ausrüstung von Maschinen

An die Ausrüstung von Maschinen sind ab der Netzanschlussstelle folgende Hauptanforderungen in DIN EN 60204-1 gestellt:
- Hauptschalter zum Freischalten der Maschine ①,
- Überstromschutz für Bauteile und Leiter ②, ③, ④,
- Überlastschutz für Motoren über 0,5 kW ⑤.

Steuerstromkreise

Die Steuerspannung für Maschinensteuerungen kann auf zwei Arten erzeugt werden:

- **Steuerspannung direkt vom Versorgungsnetz**
  Diese Art (Abb. 5) ist nur erlaubt
  - bei Maschinen mit einer Bemessungsleistung kleiner als 3 kW mit nur einem Motoranlasser (Lastschütz) und höchstens zwei äußeren Steuergeräten (z. B. Ein- und Austaster) und
  - bei elektrischen Hausgeräten und ähnlichen Maschinen, bei denen sich die elektrische Ausrüstung innerhalb des Maschinengehäuses befindet.
- **Steuerspannung über Steuertransformator**
  Der Anschluss erfolgt meist zwischen zwei Außenleitern (Unabhängigkeit vom Netzsystem, Abb. 6).
  Auf der Sekundärseite dürfen Steuerstromkreise „einseitig geerdet" (mit **Trennklemme** X1 [*disconnect terminal*] ⑥) oder ungeerdet (ohne X1, dann aber nur mit Isolationsüberwachung) betrieben werden.
  - Ohne Erdung und ohne Isolationsüberwachung bleibt der erste Erdschluss ⑦ unbemerkt, der zweite Erdschluss ⑧ überbrückt den Befehlsgeber S1. Das Schütz Q1 ist dann nicht mehr abschaltbar. Diese Gefahr besteht auch in ungeerdeten Anlagen, bei denen die Steuerspannung direkt vom Versorgungsnetz genommen wird.
  - Durch die einseitige Erdung des Steuerstromkreises (künstlicher erster Erdschluss) schaltet das Schutzorgan im Fehlerfall (echter zweiter Erdschluss) die Steuerspannung ab.
  - Im ungeerdeten Betrieb meldet die Isolationsüberwachung den ersten Erdschluss nur. Erst beim zweiten Erdschluss wird abgeschaltet.
- **Überstromschutz**
  Auf der Primärseite schützt Q0 im Fehlerfall den Transformator (Abb. 6). Auf der Sekundärseite schalten Überstromschutzorgane den betroffenen Steuerstromkreis mit F3 bzw. F4 ⑨ selektiv ab.
- **Farben und Querschnitte für Steuerleitungen**
  Folgende Farben sind einzuhalten:
  - Steuerstromkreise für AC: **Rot**
  - Steuerstromkreise für DC: **Dunkelbblau**
  - von außen gespeiste Stromkreise (z. B. Schrankbeleuchtung): **Orange**

  Die Mindestquerschnitte betragen
  - Innerhalb von Steuerschränken: 0,75 mm^2
  - Außerhalb bei fester Verlegung: 1,5 mm^2
- **Farben für Befehlsgeber und Leuchtmelder**
  Von den Kennfarben (Abb. 7) ist die Farbe ROT nur für Notsituationen (Not-Aus, Not-Halt) zulässig.

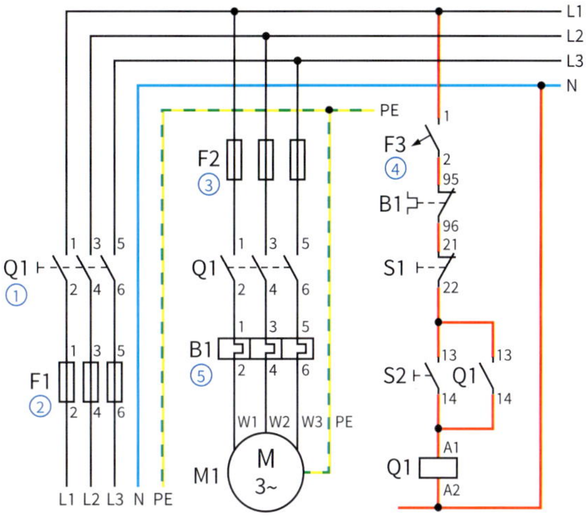

5: Steuerspannung direkt vom Versorgungsnetz

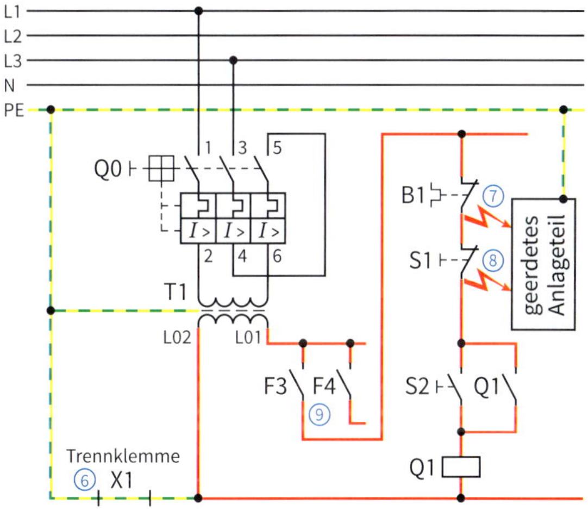

6: Steuerspannung über Steuertransformator

Farben für Befehlsgeber (B) und Leuchtmelder (L) (DIN EN 60204-1)		
Farbe	**Bedeutung**	**Anwendung**
ROT	Notfall	B: Not-Aus, Not-Halt L: Sofortige Handlung
GELB	Anormal	B: Eingriff, um anormalen Zustand zu beseitigen L: Kontrolle (z. B. Bereichsüberschreibung
GRÜN	Normal	B: START (EIN) L: Normaler Bereich
BLAU	Zwingend	B: Rückstellfunktion L: Zwingende Handlung
WEISS		B: Start (bevorzugt)/Stopp L: Statt Gelb oder Blau
GRAU	Neutral	B: Start/Stopp L: Keine Zuordnung
SCHWARZ		B: Start/Stopp (bevorzugt) L: Keine Zuordnung

7: Farben von Drucktaster und Anzeigen

Handlungen im Notfall

Handlungen im Notfall sollen Gefahren für Personen und Schäden an der Maschine, am Arbeitsgut oder an der Umwelt abwenden oder mindern. In DIN EN 60204-1 sind u. a. festgelegt:

- Ausschalten im Notfall (Not-Aus)
- Stillsetzen im Notfall (Not-Halt)

Diese Funktionen werden ausschließlich durch eine bewusste menschliche Handlung ausgelöst (Abb. 5).

- **Not-Aus** *[emergency switching off]* dient zur Abschaltung der elektrischen Energie, wenn für den Menschen die Gefahr eines elektrischen Schlages besteht (Abb. 2a).
- **Not-Halt** *[emergency stop]* dient zum Anhalten eines Prozesses (z. B. bei unzulässige Erwärmung) oder einer gefahrbringenden Bewegung (Abb. 2b).

Hinweis: In technischen Unterlagen wird öfters noch der Begriff „Not-Aus" statt „Not-Halt" verwendet.

Zum **Stillsetzen** *[shut down]* einer Maschine sind in EN 60204-1 drei **Stopp-Kategorien** festgelegt. Sie beschreiben das Stillsetzen unabhängig von einer Not- fallsituation.

- Jede Maschine muss eine Stopp-Funktion der Kategorie 0 haben (Ausnahme: Die Gefahr kann dadurch nicht gemindert werden oder bei handgetragenen bzw. handgeführten Maschinen).
- Die Stopp-Funktion der Kategorie 0 hat immer Vorrang (z. B. Hauptschalter).
- Für Not-Halt sind nur die Stoppkategorien 0 oder 1 erlaubt.

Sicherheitsschaltgeräte

Bei einem Sicherheitsschaltgerät wirkt der Not-Halt-Taster bei Betätigung auf das Schaltgerät, welches daraufhin die Maschine stillsetzt (Abb. 1). Dies hat gegenüber dem direkten Stillsetzen mit einem Not-Halt-Taster wesentliche Vorteile.

- Einhalten europäischer Normen (CE-Zeichen)
- Erfüllen der Steuerungskategorien (Sicherheit)
- Abschalten mehrerer Steuerstromkreise

Sicherheitsschaltgeräte erfüllen je nach Steuerungskategorie unterschiedliche Forderungen:

- Freigabekreise mit zwangsgeführten Kontakten ①
- Ein- oder zweikanalige Ansteuerung durch einen Not-Halt-Taster ②
- Masseschluss- ③ und Querschlusserkennung

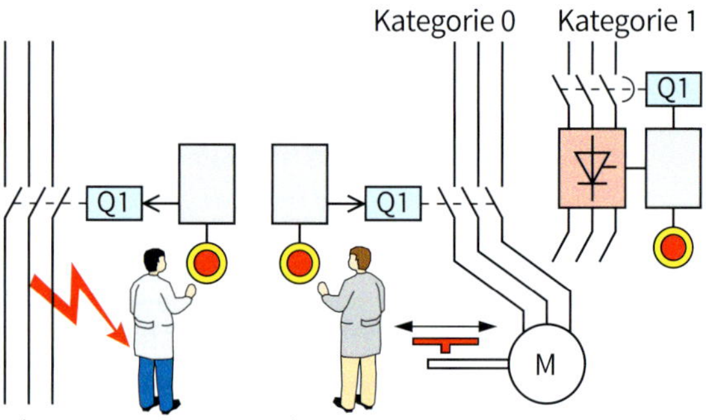

a) Not-Aus b) Not-Halt

2: Handlungen im Notfall (Beispiele)

> **Kategorie 0**: Ungesteuertes (unverzögertes) Stillsetzen durch sofortige galvanische Trennung der Energiezufuhr zu den Maschinenantrieben (z. B. Hauptschalter).
>
> **Kategorie 1**: Gesteuertes (verzögertes) Stillsetzen unter Beibehalten der Energiezufuhr zu den Antrieben. Sie wird erst bei Stillstand unterbrochen (z. B. Gegenstrombremsung).
>
> **Kategorie 2**: Gesteuertes Stillsetzen unter Beibehalten der Energiezufuhr zu den Antrieben auch nach Stillstand (z. B. Servomotoren, nach DIN EN 60204-1 für Not-Halt nicht erlaubt).

3: Stopp-Kategorien nach EN 60204-1

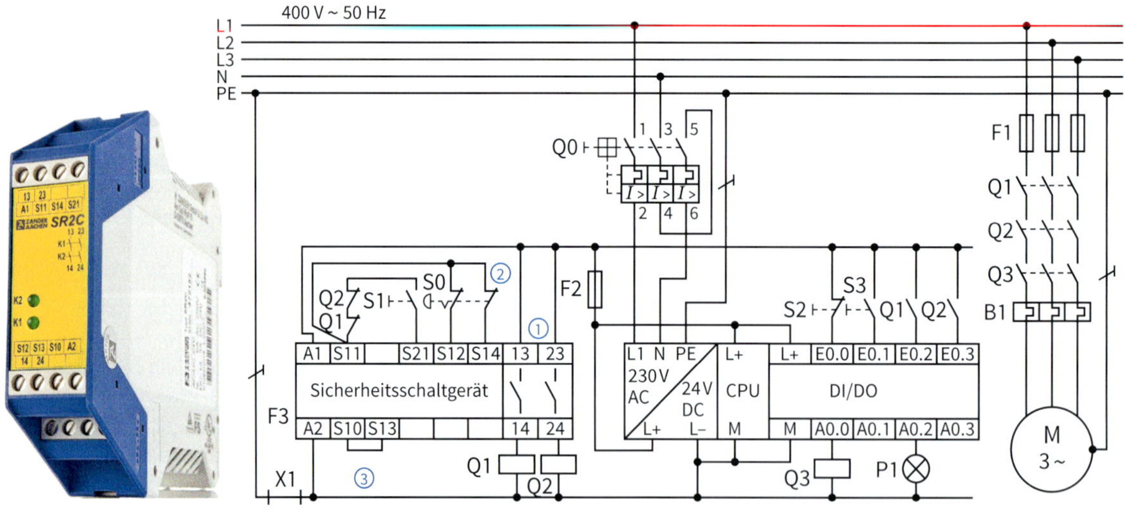

1: Sicherheitsschaltgerät für die Steuerungskategorie 3

11.6.4 Sicherheits-Lichtvorhänge und Lichtgitter

Ein Sicherheits-Lichtvorhang, bestehend aus vielen fotoelektrischen Sensoren, soll Personen vor gefährlichen Maschinenbewegungen im Arbeitsraum schützen (Abb. 4). Ein Lichtgitter hat zwei bis vier Einzelstrahlen, eine Lichtschranke nur einen Strahl.

Funktion

Ein Lichtvorhang besteht aus einem Sender und einem Empfänger mit vielen parallelen Infrarot-Lichtstrahlen. Je nach Sicherheitsanforderung beträgt ihr Abstand ab 14 mm. Wird ein Lichtstrahl des Schutzfeldes unterbrochen, so schaltet das Auswertegerät die gefahrbringende Maschine oder Anlage ab.

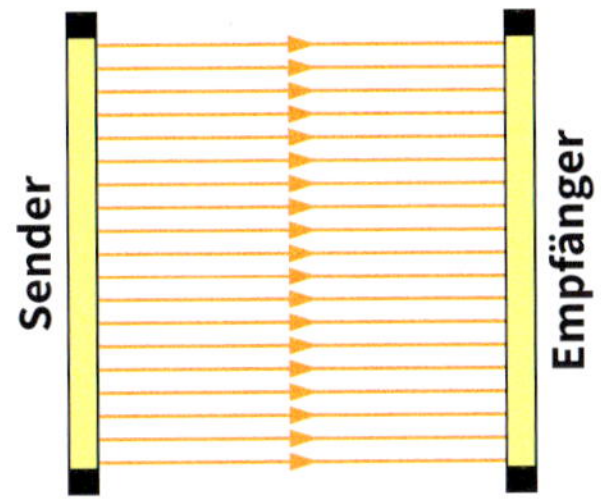

4: Lichtvorhang

Aktive optoelektronische Schutzgeräte (AOPD) haben u. a. folgende Vorteile:

- Berührungslos wirkende Sicherheitstechnik
- Optimale Sicherheit bei hoher Produktivität
- Ideal für häufigen und leichten Zugang zum Arbeitsraum gefahrbringender Maschinen

Je nach Anforderung erfolgt der Zugangsschutz unterschiedlich (Abb. 5).

- Arbeitsraumschutz (Lichtvorhang)
- Bereichszugangsschutz (Lichtgitter) oder als
- Umfeldzugangsschutz (Lichtgitter)

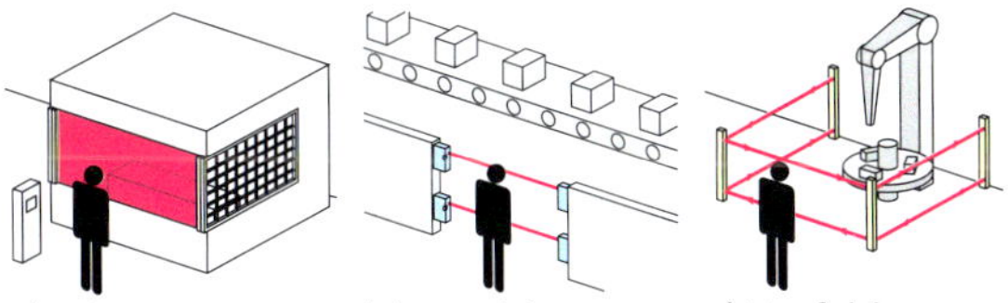
a) Arbeitsraum b) Bereich c) Umfeld

5: Zuganmgsschutz mit Lichtvorhängen und Lichtgitter

Ausblenden der Sicherheitsfunktion (Blanking):
Lichtvorhänge und Lichtgitter können mit der Blanking-Funktion ausgerüstet sein (Abb. 6).

Festes Ausblenden [*fixed blanking*]:
Befinden sich Objekte ständig im Lichtweg (z. B. Förderbänder ①, ②, ③), kann der entsprechende Bereich dauerhaft ausgeblendet werden.

Freies Ausblenden [*floating blanking*]:
Bewegen sich Objekte im Lichtweg (z. B. Werkstücke oder Material ④, ⑤), können beliebig viele Lichtstrahlen ausgeblendet werden.

Wird bei festem oder auch freiem Ausblenden das Objekt entfernt, schaltet der Lichtvorhang die Maschine zur Sicherheit ab.

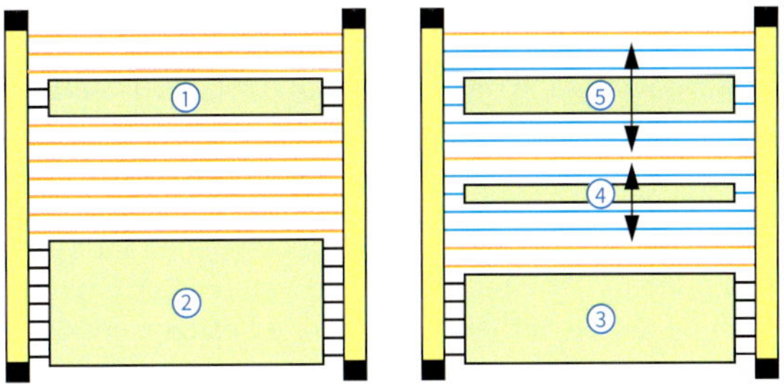

a) Festes Ausblenden b) Freies Ausblenden

6: Blanking-Funktion

Muting

Ist ein Lichtvorhang oder Lichtgitter der Zugangsschutz einer Gefahrenzone, kann mit zusätzlichen Sensoren die Schutzwirkung zeitweise automatisch aufgehoben werden, um z. B. den Materialfluss in die Gefahrenzone zu ermöglichen. Diese Überbrückung der Sicherheitsfunktion heißt Muting. Dabei muss gewährleistet sein, dass die Maschine stoppt, wenn eine Person in den überwachten Bereich tritt.

Je nach Anforderungen gibt es Mutingverfahren mit zwei, drei und vier Mutingsensoren.

Das parallele Muting mit vier Sensoren ist bei kleinem Transportgut und engen Platzverhältnissen vorteilhaft. Links und rechts vom Lichtvorhang ist jeweils ein Sensorpaar angeordnet (Abb. 7 ⑥, ⑦). Muting wird eingeleitet, wenn innerhalb eines engen Zeitfensters M1 mit M2 (Materialfluss in die Gefahrenzone) oder M3 mit M4 (Materialfluss aus der Gefahrenzone) aktiviert werden. Die vorgeschriebene Mutinglampe P1 (Signalleuchte) zeigt an, wenn der Lichtvorhang überbrückt ist.

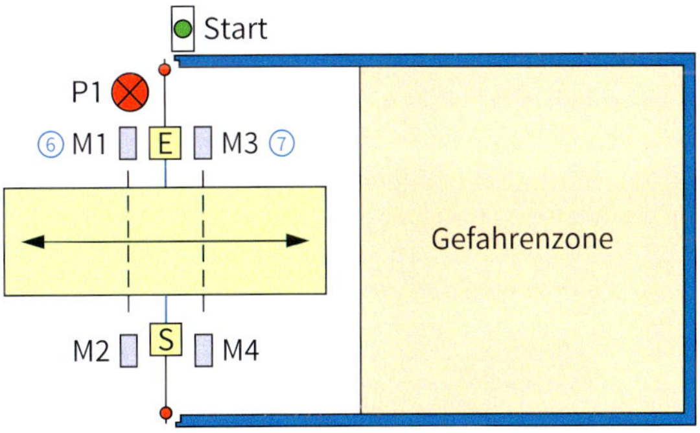

7: Paralleles Muting mit vier Sensoren

- Sicherheits-Lichtvorgänge und Lichtgitter dienen als Zugangsschutz zu gefährl. Bereichen.
- Durch Ausblenden von Strahlen wird ihr Schutz teilweise aufgehoben.
- Muting ist die zeitweise automatische und sichere Überbrückung einer berührungslos wirkenden Schutzeinrichtung, um Material aus oder in die Gefahrenzone zu transportieren.

11.6.5 ASIsafe

ASIsafe ist ein Sicherheitssystem für Anlagen, die über den ASI-Bus gesteuert werden. Sicherheitsschaltgeräte (z. B. Not-Halt-Gerät, Schutztür-Schalter oder Sicherheits-Lichtvorhänge und -gitter) werden direkt an die ASI-Leitung angeschlossen und neben den Standardkomponenten Master, Slaves und Netzteil betrieben (Abb. 1). Die Sicherheitsschaltgeräte besitzen entweder einen ASI-Chip zum direkten Busanschluss oder werden über Sicherheits-Slaves angeschlossen. Diese erhalten wie Standard-Slaves eine ASI-Adresse. ASIsafe ersetzt die bisherige elektromechanische Not-Halt-Einrichtung durch ein Sicherheitssystem über den ASI-Bus.

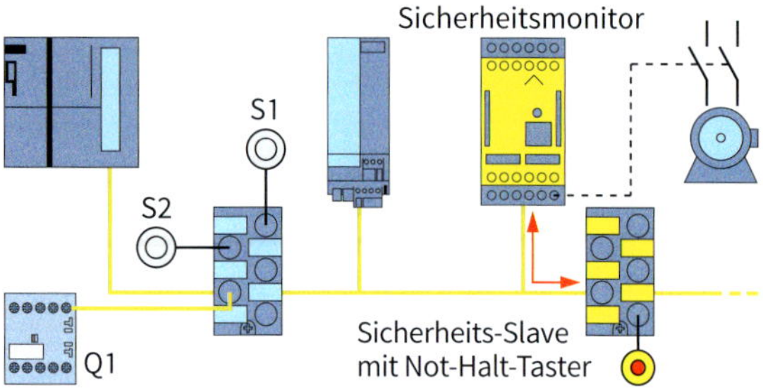

1: Komponenten von ASIsafe

Funktion

Der **Sicherheitsmonitor** ist das Kernstück von ASIsafe. Er arbeitet unabhängig von der SPS und überwacht ständig die Sicherheits-Slaves und ihre Signale. Gibt ein Sicherheitsschaltgerät Signal, schaltet der Monitor gefahrbringende Anlageteile über seine Freigabekontakte ab. Die maximale Reaktionszeit beträgt 40 ms.

Sicherheitsmonitor und -slaves können an beliebiger Stelle an das ASI-Netz angeschlossen werden. Auch mehrere Monitore sind möglich, um eine Anlage selektiv abschalten zu können.

Die Sicherheitsapplikation (z. B. Not-Halt-Funktion) wird mittels Software erstellt und in den Monitor geladen. Sollen die Monitorsignale über den ASI-Master in die SPS übertragen und weiterverarbeitet werden, braucht der Monitor eine ASI-Adresse.

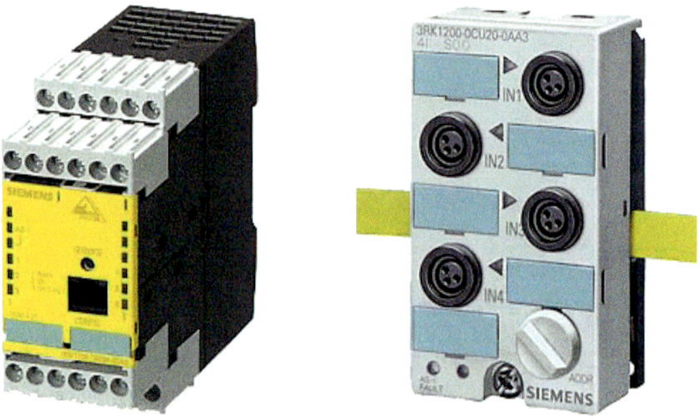

a) Sicherheitsmonitor b) Sicherheits-Slave

2: Sicherheitsmonitor und Sicherheits-Slaves

Anwendungsbeispiel: Verpackungsanlage

Ein Roboter (Abb. 3) bestückt Kartons auf Förderband 1 mit Material von Förderband 3. Die befüllten Kartons werden über Förderband 2 abtransportiert.

Zum Schutz des Bedienpersonals werden folgende Maßnahmen getroffen:

- Der Roboter erhält einen Schutzraum ①.
- Drei Lichtgitter ②, ③, ④ schalten bei Eindringen in die Gefahrenzone die Anlagenteile darin ab.
- Der Seilzugschalter ⑤ schaltet Förderband 1 ab.
- Der Not-Halt-Taster ⑥ schaltet die gesamte Anlage frei.
- Die Schutztürüberwachung ⑦ schaltet bei Betreten des Schutzraums die Anlage ab.

Abb. 4 zeigt die Umsetzung der Sicherheitsanforderungen mit ASIsafe.

- Sicherheitsmonitor 1 schaltet Motor 1
- Sicherheitsmonitor 2 schaltet Motor 2 und 3
- Zuordnung des Seilzugschalters zu Monitor 1
- Zuordnung der Lichtgitter und Schutztürüberwachung zu Monitor 2
- Zuordnung des Not-Halt-Tasters zu Monitor 1 und 2.

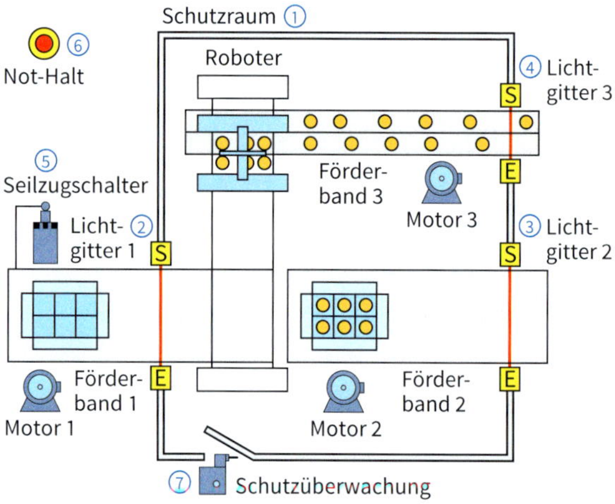

3: Verpackungsanlage mit Schutzeinrichtungen

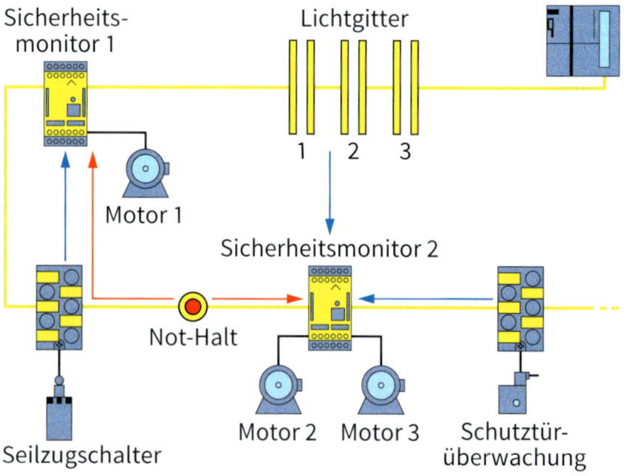

4: Sicherheitsausführung mit ASIsafe

11.6.6 PROFIsafe

PROFIsafe wird für die fehlersichere Kommunikation über PROFINET und PROFIBUS genutzt (Abb. 5). Dies ist bis SIL 3 (vergleichbar mit PL e) möglich.

PROFIsafe ist eine Softwarelösung (Abb. 6), die als zusätzliche Schicht (PROFIsafe Layer) in den Geräten (z. B. Betriebssystem der fehlersicheren CPU 315F-2PN/DP) eingefügt ist. Die Sicherheitsdaten werden zusätzlich zu den Standarddaten in das Telegramm aufgenommen und bilden so das PROFIsafe-Telegramm. Dadurch können Standarddaten und fehlersichere Daten über den selben Bus ohne zusätzliche Hardware übertragen werden.

- **PROFIsafe Insel**
  Eine fehlersichere Steuerung und die zugehörigen Geräte (z. B. Antriebe, Lichtgitter) bilden eine PROFIsafe-Insel (Abb. 7 ①). Sie kann sich über PROFINET IO sowie PROFIBUS DP und PA erstrecken. Zum Schutz vor unberechtigtem Zugang wird das Gesamt-Netzwerk in Segmente (Security Zonen ②) aufgeteilt. Sie haben jeweils nur einen Zugang (Security Gate ③). Über Internet ist ein Zugriff nur mit spezieller Software (Security Client ④) möglich.
- **Fehlersichere SPS**
  Beispielhaft sei hier die SIMATIC CPU 315F (F: fehlersicher) genannt. Sie basiert auf einer Standard-CPU, deren Betriebssystem um Schutzmechanismen erweitert ist, damit sicherheitsgerichtete Programme abgearbeitet werden können.

Das Anwenderprogramm wird mit STEP 7 erstellt, z. B. in FUP, KOP oder AWL. Getrennt davon wird das sicherheitsgerichtete Programm mit der Software „Distributed Safety" in F-FUP oder F-KOP geschrieben. Es kann so neben dem Standardprogramm auf einer fehlersicheren CPU ablaufen (Abb. 8).

Zusätzlicher Bestandteil von „Distributed Safety" ist die F-Bibliothek mit fertigen vom TÜV zertifizierten Programmbeispielen für sicherheitsgerichtete Funktionen. Diese können vom Anwender verändert werden, müssen dann aber neu zertifiziert werden.

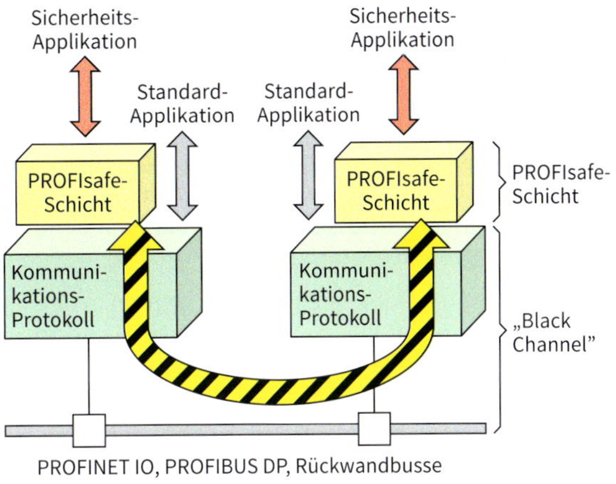

6: PROFIsafe Layer

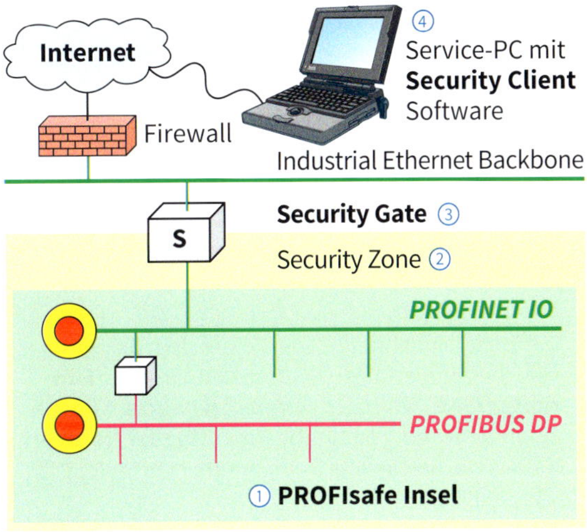

7: PROFIsafe-Insel

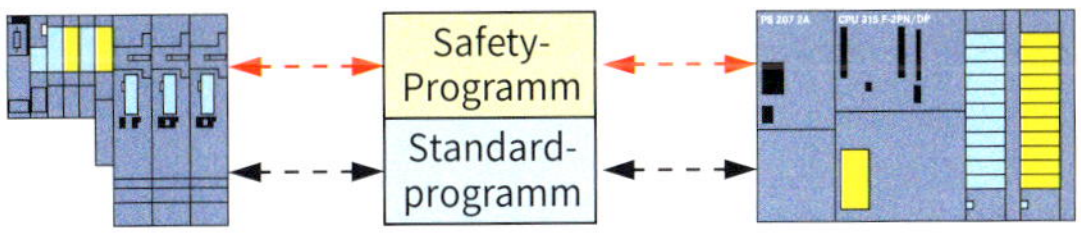

8: Standard- und Safety-Programm über den Bus

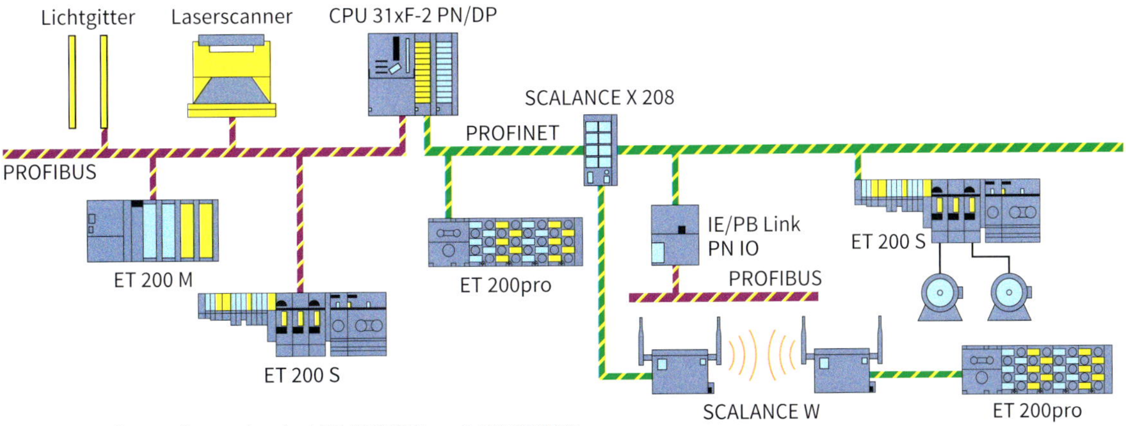

5: PROFIsafe-Konfiguration bei PROFINET und PROFIBUS

11.7 Regelungstechnik

11.7.1 Steuerung und Regelung

Ziel jeder Steuer- und Regelung ist es, trotz störender Einflüsse, die Prozessgrößen in einer Anlage konstant zu halten, z. B. Temperatur, Druck oder Drehzahl. Alle Einflüsse, die eine Prozessgröße ungewollt verändern, heißen **Störgrößen** [*disturbance variables*] (***z***).

Die Begriffe Steuerung und Regelung werden in der Umgangssprache oft gleichartig verwendet. Es bestehen aber deutliche Unterschiede, die am Beispiel der Drehzahleinstellung eines Gleichstrommotors für eine Förderbandanlage erklärt werden sollen. Wird eine konstante Bandgeschwindigkeit gefordert, so muss die Motordrehzahl trotz Störgrößen gleich bleiben, wie z. B. Laständerung oder Schwankungen der Netzspannung.

Kennzeichen der Steuerung

Jede Steuerung besteht aus den zwei Anlageteilen (Abb. 1): **Steuereinrichtung** und **Steuerstrecke**. Sie bilden eine Steuerkette, bei der die Steuersignale nur vom Eingang zum Ausgang wirken.

- Die Steuerstrecke ist der Teil, in dem die zu steuernde Größe (Drehzahl) beeinflusst wird. Dies ist der Motor M1. Auch das **Stellglied** [*final control element*] zählt dazu, weil es direkt in den Energiefluss der Strecke eingreift.
- Die Steuereinrichtung ist der Teil, in dem die Signalverarbeitung erfolgt. Die Drehzahlvorgabe (**Führungsgröße** [*reference variable*] ***w***) wird am Potenziometer R1 eingestellt. Der Impulsgeber N1 liefert daraus die **Stellgröße** [*manipulated variable*] ***y*** für das Stellglied.

Kennzeichen der Steuerung ist der offene Wirkungsweg der Signale, d. h. die Ausgangssignale werden nicht auf den Eingang zurückgeführt. Deshalb kann der Einfluss von Störgrößen nicht selbstständig ausgeglichen werden.

Durch eine Steuerung kann die Motordrehzahl nur dann konstant gehalten werden, wenn jede Störgröße einzeln erfasst und daraufhin die Stellgröße in geeigneter Weise verändert wird. Dieser Aufwand ist meist unwirtschaftlich oder technisch unmöglich. Eine Steuerung eignet sich deshalb nur dann, wenn im Prozess Störgrößen vernachlässigbar sind. Aus diesem Grund ist für die beschriebene Förderbandanlage eine Drehzahlsteuerung ungeeignet.

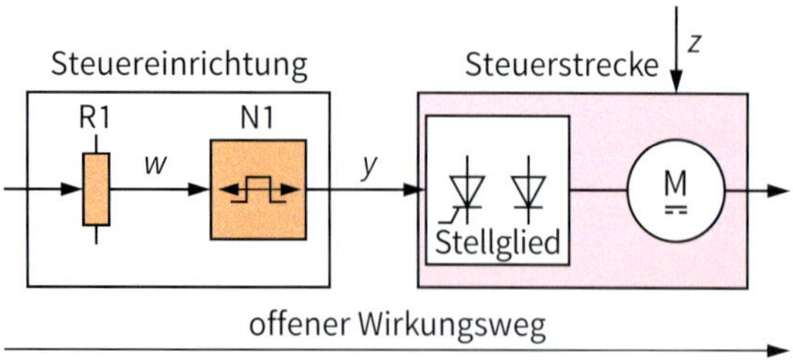

1: Drehzahlsteuerung

Regelung

Um die Motordrehzahl durch eine Regelung konstant zu halten (Abb. 2), wird keine Störgröße erfasst, sondern nur die Ist-Drehzahl gemessen. Bei Abweichung von der Soll-Drehzahl wird selbsttätig korrigiert.

Kennzeichen der Regelung

Die Motordrehzahl bleibt konstant durch

- **Messen** der Ist-Drehzahl (Tachogenerator ① am Ausgang),
- **Vergleichen** des Ist-Wertes mit dem Soll-Wert (Regler ② am Eingang) und
- **Stellen** des Stellgliedes ③, bis die Ist-Drehzahl gleich der Soll-Drehzahl ist.

Diese drei Aufgaben müssen ständig in gleich bleibender Reihenfolge wiederholt werden. Man spricht vom **Regelkreis** [*feedback control circuit*]. Wird eine Aufgabe nicht ausgeführt, ist der Regelkreis unterbrochen und die Regelung wird zur Steuerung.

Kennzeichen der Regelung ist der geschlossene Wirkungsweg der Signale, d. h. Ausgangssignale werden auf den Eingang zurückgeführt. Der Einfluss von Störgrößen wird selbstständig ausgeglichen.

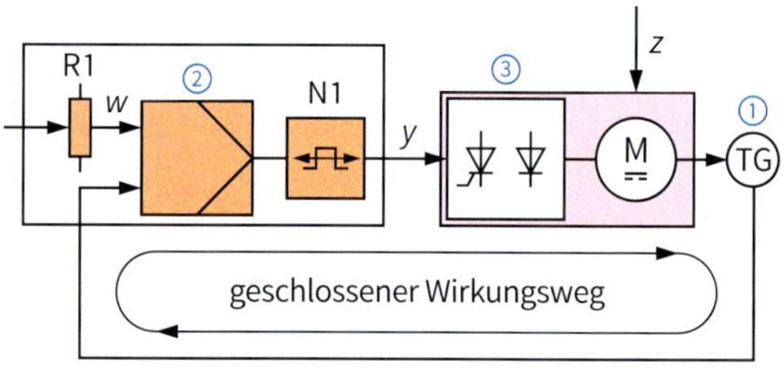

2: Drehzahlregelung

Aufgaben

1. Was sind Störgrößen in automatisierten Anlagen?
2. Worin besteht der Unterschied zwischen einer Steuerung und einer Regelung?
3. Begründen Sie, ob ein Autofahrer sein Fahrzeug steuert oder regelt.

- Durch eine Steuerung kann eine Prozessgröße bei Störgrößeneinfluss nicht konstant gehalten werden, weil in der Steuerkette Ausgangssignale nicht auf den Eingang zurückgeführt sind (offener Wirkungsweg).
- Durch eine Regelung kann eine Prozessgröße bei Störgrößeneinfluss konstant gehalten werden, weil im Regelkreis Ausgangssignale auf den Eingang zurückgeführt sind (geschlossener Wirkungsweg).

11.7.2 Regelungsanlage für Druckluft

Die Druckluft in einer Chemieanlage muss auch nach der Anlagenerweiterung trotz schwankender Entnahmemenge einen konstanten Druck haben. Deshalb muss die vorhandene Druckluftsteuerung (Abb. 3, grün unterlegt) zur Regelungsanlage ausgebaut werden.

Dazu sind eine Druckmesseinrichtung, ein elektronischer Regler und ein Signalumformer zur Anpassung an das pneumatische Stellgerät ergänzt worden.

Aufbau (Abb. 3)

Die Regelungsanlage besteht aus **Regelstrecke**, **Messeinrichtung** und **Regeleinrichtung**.

- Die Regelstrecke ist der Druckluftbehälter. Hier soll die Druckluft (**Regelgröße** [*control variable*] ***x***) trotz schwankender Entnahmemenge (**Störgröße *z***) konstant gehalten werden. Die Regelstrecke beginnt am Stellort mit dem Stellglied ⑦, wo der Behälterdruck verändert werden kann und endet am Messort, wo der Behälterdruck gemessen wird.
- Die Messeinrichtung bilden der eingebaute Drucksensor ① und der PI-Umformer (Druck in Strom) ②. Sie misst die Regelgröße und formt diese zur Weiterverarbeitung in ein elektrisches Signal um.
- Die Regeleinrichtung bildet das Stellsignal, um die Regelgröße konstant zu halten.
  Sie umfasst den Sollwerteinsteller ③, den Regler ④, den IP-Umformer (Strom in Druck) ⑤ sowie den pneumatischen Stellantrieb.

Funktion (Abb. 4)

Der Drucksensor ① misst den momentanen Behälterdruck (Regelgröße *x* in bar). Hieraus erzeugt der PI-Umformer ② ein elektrisches Signal für die Regeleinrichtung (**Rückführungsgröße** [*feedback value*] ***r*** in mA).

Am Sollwerteinsteller ③ wird der gewünschte Behälterdruck vorgegeben (**Führungsgröße *w***).

Der elektronische Regler ④ vergleicht ständig *r* mit *w*. Bei Abweichung erzeugt er ein elektrisches Stellsignal (**Stellgröße y_R**).

Aus dem Reglerstellsignal y_R bildet der IP-Umformer ⑤ die pneumatische Stellgröße für den Stellantrieb (**Stellgröße *y***). Der Stellantrieb ⑥ betätigt das Stellglied ⑦, um den Behälterdruck nachzustellen.

Der **Wirkungsplan** (Abb. 4) zeigt den Weg der Signalverarbeitung im Regelkreis. Der zu regelnde Masse- oder Energiestrom ist nicht Bestandteil des Plans.

Regeln bedeutet:

- Messen der Regelgröße *x* und Bilden der Rückführungsgröße *r*.
- Vergleichen der Rückführungsgröße *r* mit der Führungsgröße *w*.
- Stellen mit dem Stellglied bis *r* = *w* ist.

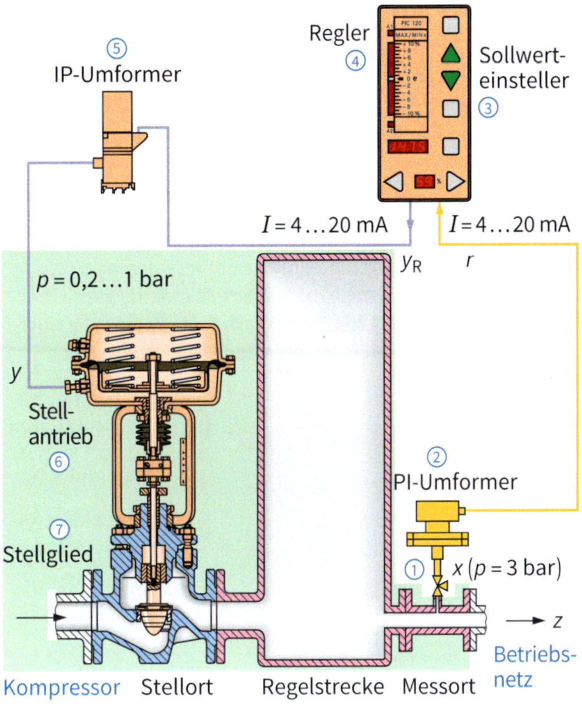

3: Prinzip der Druckluftregelanlage

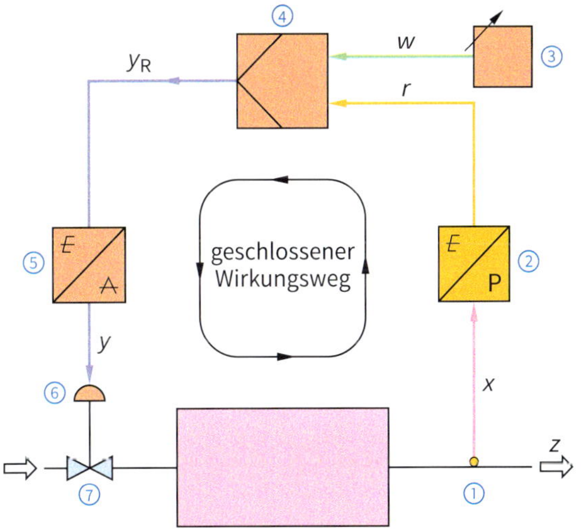

2: Regelungsanlage mit Sinnbildern

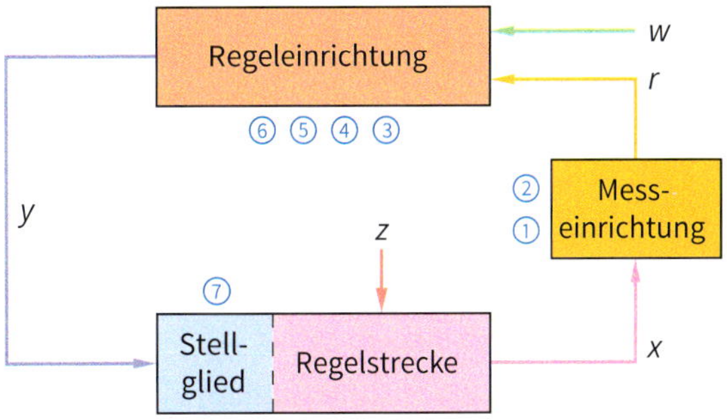

4: Wirkungsplan einer Regelung

Regler

Der Regler ist das zentrale Gerät der Regeleinrichtung (Abb. 1). Seine Innenschaltung gliedert sich in zwei Hauptblöcke.

- Der **Vergleicher** bildet aus den Eingangssignalen *w* und *r* die **Regeldifferenz *e* = *w* – *r***.
- Das **Regelglied** formt aus der Regeldifferenz eine passende Stellgröße für die Regelstrecke.

Der hier verwendete Regler ist universell einsetzbar, da er im Ein- und Ausgang mit einem elektrischen Einheitssignal (z. B. **4 bis 20 mA**) arbeitet. Regler, die nur mit Einheitssignalen arbeiten, heißen Einheitsregler.

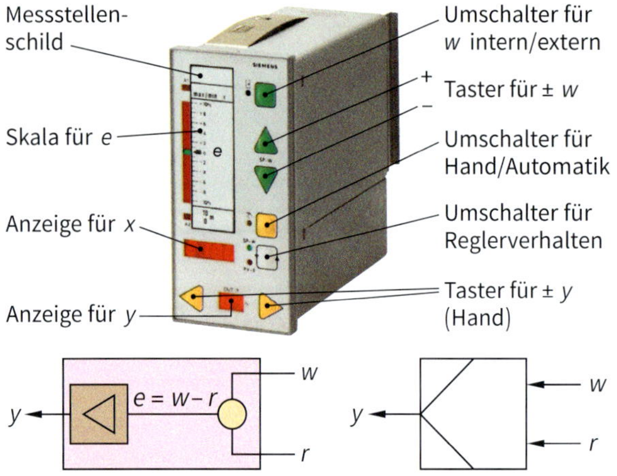

a) Innenschaltung b) Schaltzeichen

1: Elektronischer Regler

Signalumformer

Einheitsregler benötigen Umformer zur Signalanpassung im Ein- und Ausgang (Abb. 2).

Ein PI -Umformer (Abb. 2a) formt den Druck in das Einheitssignal 4 bis 20 mA (***x*** in ***r***) für den Regler. Der IP-Umformer (Abb. 2b) liefert aus 4 bis 20 mA das pneumatische Einheitssignal 0,2 bis 1 bar für das Stellgerät (y_{elek} in y_{pneu}).

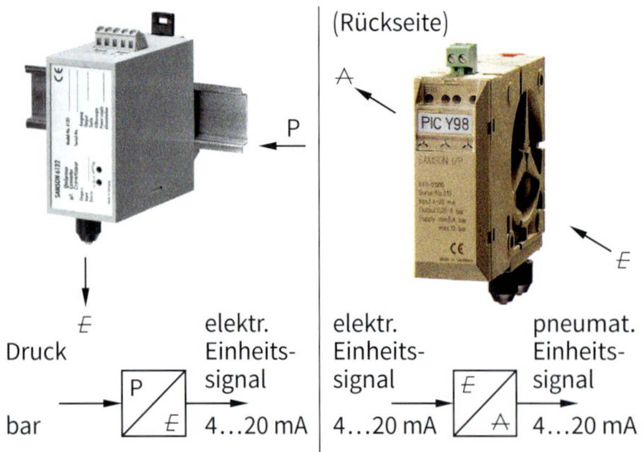

a) PI-Umformer b) IP-Umformer

2: Signalumformer

Stellgerät

Ein Stellgerät (Abb. 3) besteht aus dem **Stellantrieb** ① und dem **Stellglied** ③. Der Stellantrieb (Steller) ist Teil der Regeleinrichtung, da er das Signal des IP-Umformers verarbeitet. Das Stellglied (hier Ventil) ist Teil der Regelstrecke. Wird es durch ein Ventil mit anderem Stellverhalten ersetzt, ändert sich die Wirkung des Reglers und er muss neu eingestellt werden.

Meist erhält der Steller die Stellgröße nicht direkt, sondern über den angebauten **Stellungsregler** ②, der die auftretenden Reibungskräfte kompensiert. Der Stellungsregler vergleicht dazu die Stellgröße mit der Ventilstellung und korrigiert, wenn nötig.

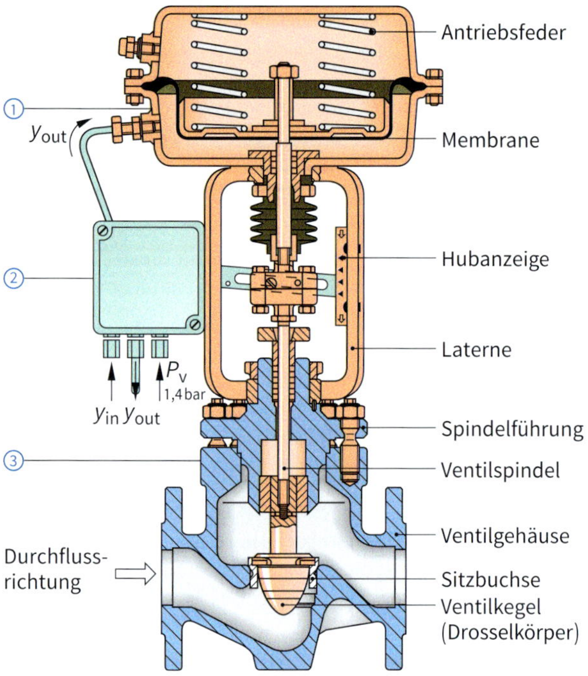

3: Pneumatisches Stellgerät

Aufgaben

1. Begründen Sie, wann eine Regelung für eine Steuerung eingesetzt werden muss.
2. Was ist eine Regelgröße?
3. Wo beginnt bzw. endet die Regelstrecke einer Regelungsanlage?
4. In welchem Bereich einer geregelten Anlage kann die Regelgröße konstant gehalten werden?
5. Was bedeutet Regeln einer Größe?
6. Nennen Sie die zwei Hauptaufgaben eines Reglers.
7. Geben Sie Gründe für den Einsatz von Geräten an, die mit Einheitssignalen arbeiten.
8. Weshalb zählt das Stellglied zur Regelstrecke?

11.7.3 Regelstrecken

Die Regelstrecke ist der Teil einer Regelanlage, in dem die Regelgröße konstant gehalten werden soll. Sie fängt am Stellort mit dem Stellglied an und endet am Messort mit dem Messfühler. Sie ist durch die Konstruktion der Anlage fest vorgegeben (z. B. Druckbehälter).

Regelstrecken unterscheiden sich wesentlich in ihrem Verhalten bei Störgrößeneinfluss und damit in ihrer Regelbarkeit. Regelbarkeit bedeutet, wie schnell und in welcher Weise die Regelgröße von der Stellgröße wieder auf den alten Wert eingestellt wird.

Drei Eigenschaften einer Regelstrecke bestimmen dabei ihre Regelbarkeit:
- **Ausgleich**,
- **Ordnungszahl** und
- **Totzeit**.

Ausgleich

Fällt die Regelung aus, so stellt sich bei einer Strecke mit Ausgleich die Regelgröße *x* immer auf einen neuen festen Wert ein. Man spricht vom Beharrungszustand der Regelgröße *x*. Bei einer Strecke ohne Ausgleich steigt oder fällt *x*, bis die Regelstrecke unter Umständen zerstört wird (Abb. 4).

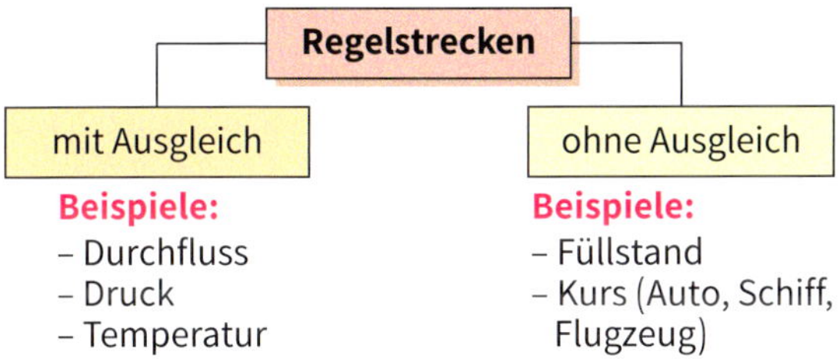

4: Hauptgruppen von Regelstrecken

Ordnungszahl *n*

Sie gibt die Anzahl der Energiespeicher einer Regelstrecke an. Je größer *n* ist, desto langsamer ändert sich *x*. Deshalb kann die Stellgröße Störgrößeneinflüsse nur verzögert ausgleichen. Bei einer Ölheizung müssen sich nach dem Einschalten des Brenners erst das Kesselwasser und die Heizkörper erwärmen (Energiespeicher), bevor es im Raum warm wird. Eine Strecke mit hohem *n* ist nur schwer regelbar.

Totzeit T_t

Eine Totzeit ist die Signallaufzeit des Stellsignals vom Stellort bis zur Wirkung am Messort. Während dieser Zeit wird die Regelgröße nicht beeinflusst. Störgrößen können in dieser Zeit ungehindert wirken.

Alle Regelstrecken können sowohl Energiespeicher als auch Totzeiten haben. Durch optimale Einstellwerte des Reglers wird versucht, die beste Reaktion der Stellgröße auf Störgrößen zu erreichen. Deshalb untersucht man das Verhalten von Regelstrecken, um daraus Kennwerte für die optimale Reglereinstellung und Regelkreisstabilität zu gewinnen.

Wie untersucht man das Regelstreckenverhalten? Bei Regelstrecken wird zwischen dem **statischen** und **dynamischen Verhalten** unterschieden.

Das **statische Verhalten** [*static behaviour*] zeigt, auf welchen Wert sich die Regelgröße *x* einstellt, wenn sich die Stellgröße *y* ändert.

Bei Regelstrecken mit Ausgleich zeigt die Kennlinie für jedes *y* den jeweiligen Beharrungszustand von *x* (Abb. 5a). Die Kenngröße ist der **Übertragungsbeiwert K_S** [***transfer coefficient***]. Er ist die Steigung der Kennlinie. Mit K_S wird die Stabilität eines Regelkreises bewertet. Bei linearen Regelstrecken ist K_S konstant. Sie heißen deshalb Proportionalstrecken (P-Strecken). Bei nichtlinearen Regelstrecken ändert sich K_S mit jedem *y*.

Regelstrecken ohne Ausgleich haben keinen Beharrungszustand. Deshalb wird die Geschwindigkeit bestimmt, mit der sich die Regelgröße in Abhängigkeit von der Stellgröße ändert ($v = \Delta x/\Delta t$, Abb. 5b). Daraus ergibt sich der Übertragungsbeiwert K_{SI}.

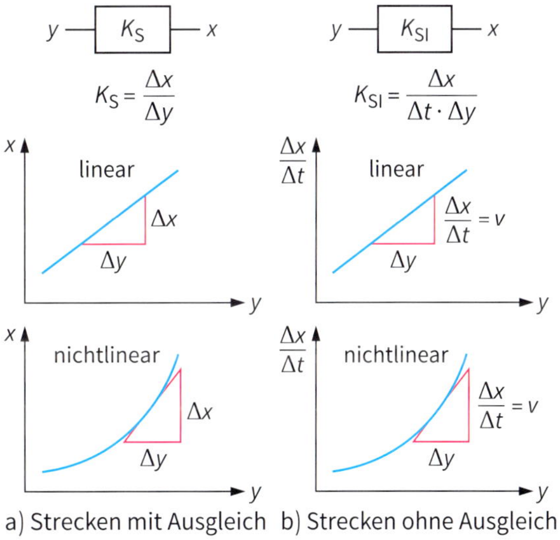

5: Statisches Verhalten von Regelstrecken

Das **dynamische Verhalten** [*dynamic behaviour*] einer Regelstrecke ist der zeitliche Verlauf von *x* bei Änderung von *y* (Abb. 6). Wird *y* sprunghaft verändert (**Sprungfunktion**), so bewirkt dies die **Sprungantwort** von *x*. Bei Regelstrecken mit Ausgleich ergeben sich aus dem Übergangsverhalten ② vom alten Beharrungszustand ① in den neuen Zustand ③ die Kenngrößen für die Reglereinstellung.

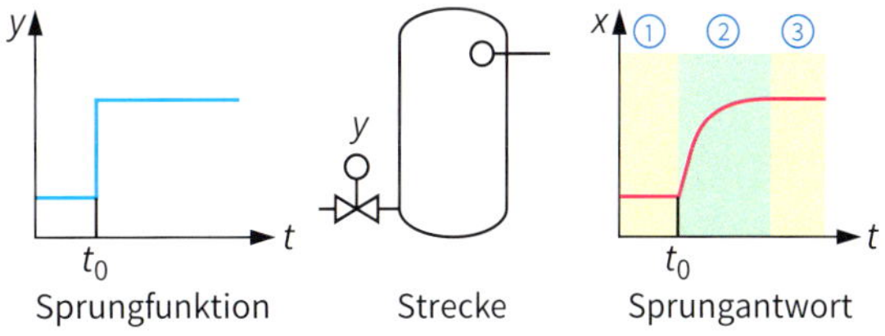

6: Dynamisches Verhalten von Regelstrecken

Regelstrecken mit Ausgleich

Ihr dynamisches Verhalten wird durch die Anzahl der Energiespeicher (Ordnungszahl) bestimmt. Anschaulich kann dies durch Hintereinanderschalten von Druckspeichern gezeigt werden (Abb. 1). Wird die Stellgröße *y* (Ventilhub) sprunghaft vergrößert, so registrieren die Schreiber an unterschiedlichen Stellen den Verlauf der Regelgröße *x* (Druckluft) als Sprungantworten.

Unter der Sprungfunktion (Abb. 2a) sind die Sprungantworten verschiedener Regelstrecken aufgezeichnet (Abb. 2b). Es lassen sich drei unterschiedliche P-Strecken unterscheiden.

- **Verzögerungsarme Strecke (PT_0-Strecke)** ①
  Eine solche Strecke hat keinen Energiespeicher (Strecke 0. Ordnung). Die Regelgröße *x* folgt der Stellgröße *y* nahezu unverzögert.
- **Strecke mit einer Verzögerung (PT_1-Strecke)** ②
  Diese Strecke hat einen Energiespeicher (Strecke 1. Ordnung). Die Regelgröße *x* folgt der Änderung von *y* verzögert nach einer e-Funktion.
- **Strecke mit mehreren Verzögerungen (PT_n-Strecke)** ③, ④.
  Dies ist eine Strecke höherer Ordnung. Sie hat mehrere Energiespeicher (Strecke n-ter Ordnung). *x* folgt der Änderung von *y* stark verzögert.

Streckenkennwerte

Gemeinsame Kenngröße aller Strecken mit Ausgleich ist der Übertragungsbeiwert K_S. Er ergibt sich aus dem Unterschied zwischen dem alten und neuen Beharrungszustand (Abb. 2).

Beispiel: $K_S = \Delta x / \Delta y = 3\ \text{bar} / 3\ \text{cm} = 1\ \text{bar/cm}$

Bei 1 cm Ventilhubänderung steigt der Druck um 1 bar.

Eine PT_0-Strecke hat nur die Kenngröße K_S.

Die PT_1-Strecke verhält sich wie eine RC-Ladeschaltung (Abb. 3). Mit der Anfangsgeschwindigkeit (Tangente ⑥) hätte die Regelgröße *x* den neuen Beharrungszustand in der Zeit *T* (Zeitkonstante ⑧) erreicht. Tatsächlich sind nur etwa 63 % vom Endwert erreicht ⑦. Erst nach 5 T herrscht Ausgleich ⑤.

Eine PT_1-Strecke hat zwei Kenngrößen: K_S und *T*.

Beispiel: **63 % Δx = 1,9 bar: $T = 2\ \text{s}$**
Ausgleich nach 5 *T*: $5 \cdot 2\ \text{s} = 10\ \text{s}$

Die PT_n-Strecke wirkt wie die Reihenschaltung von PT_1- Strecken (Abb. 4). Zeichnet man im steilsten Anstieg der Sprungantwort (Wendepunkt der Kurve) eine Tangente ⑩, so ergeben sich mit den Schnittpunkten im alten und neuen Beharrungszustand ⑨, ⑪ die Verzugszeit T_u und die Ausgleichzeit T_g.

Beispiel: $T_u = 2\ \text{s}$ $T_g = 11\ \text{s}$

Eine PT_n -Strecke hat drei Kenngrößen: K_S, T_u und T_g.

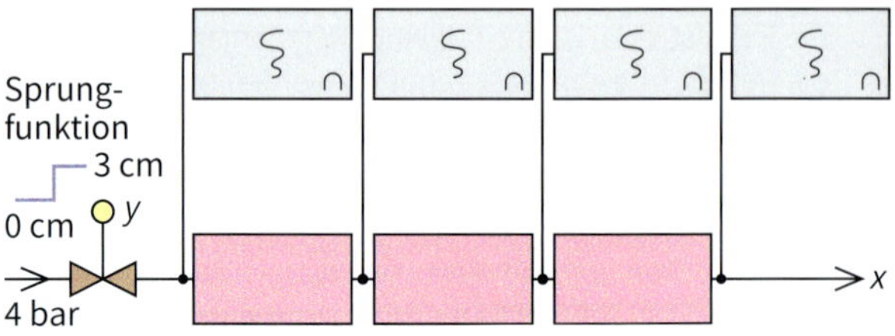

1: Messschaltung für Sprungantworten

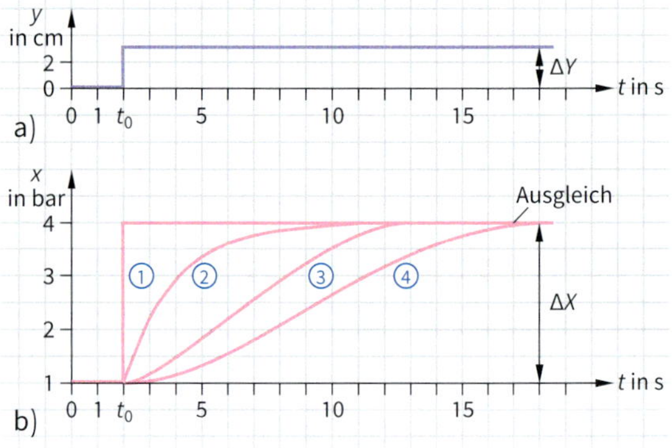

2: Regelstrecken mit Ausgleich

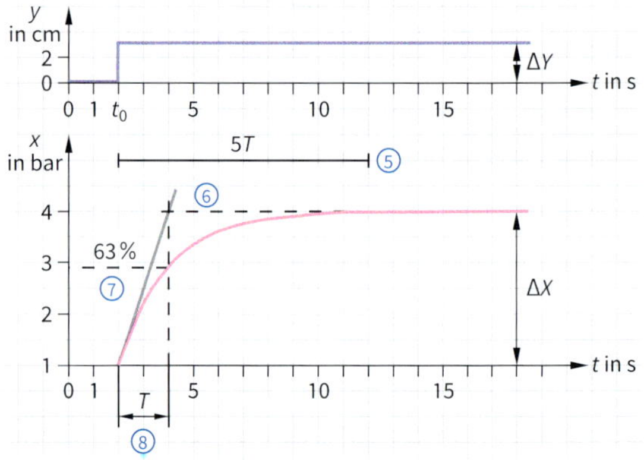

3: PT_1-Strecke (Strecke 1. Ordnung)

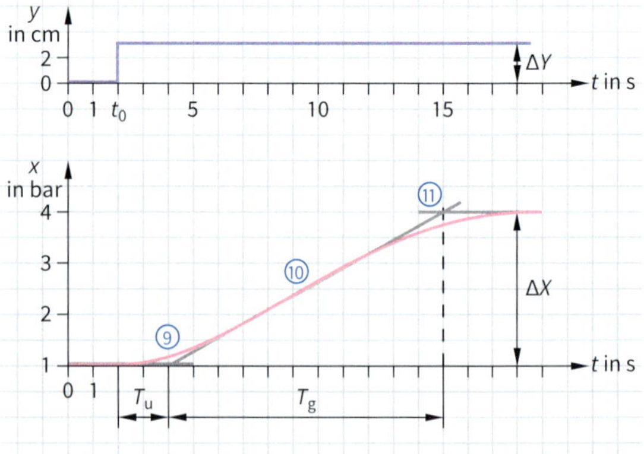

4: PT_n-Strecke (Strecke n-ter Ordnung)

Regelstrecken ohne Ausgleich

Bei der Füllstandsregelung eines Behälters muss der Zulauf dem Ablauf entsprechen. Gibt es hier eine Differenz, wird sich die Regelgröße „Füllstand" ständig ändern.

Solange die Stellgröße $y \neq 0$ ist, ändert sich bei dieser Regelstrecke die Ausgangsgröße stetig (Abb. 5). Dies nennt man ein integrierendes Verhalten der Regelstrecke (I-Strecke). Das bedeutet, die Änderungen der Regelgröße x werden aufsummiert. Die Kenngröße T_i ist dabei ein Maß für die Anstiegsgeschwindigkeit der Regelgröße.

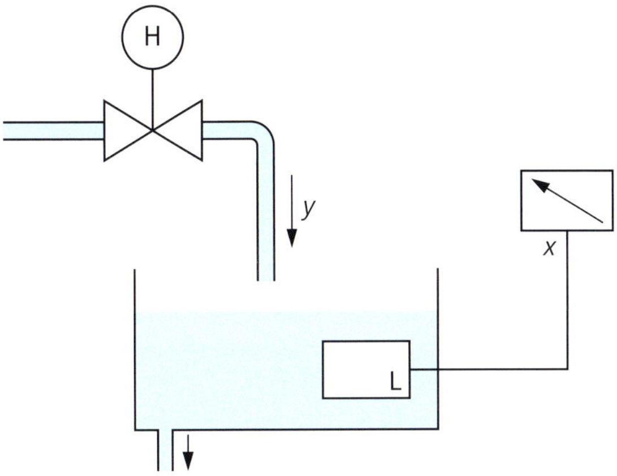

5: Füllstandsregelung

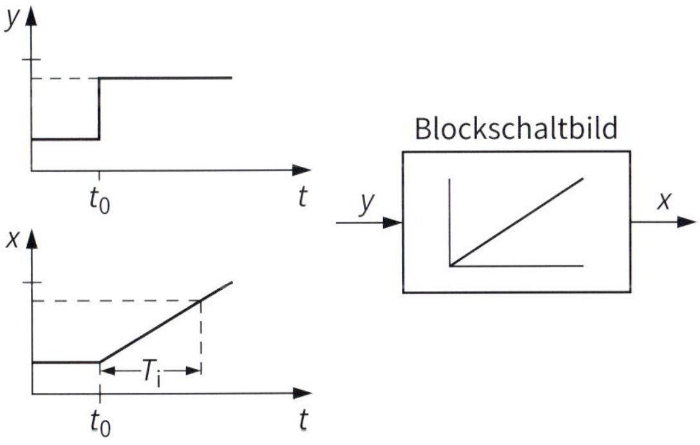

6: Sprungantwort der Regelstrecke mit I-Verhalten

Aufgaben

1. Das Ruder eines Schiffes steht in Mittelstellung und ist festgestellt. Fährt das Schiff geradeaus? Begründen Sie Ihre Antwort und beschreiben Sie das Verhalten des Schiffes mit Begriffen der Regelungstechnik.
2. Wann ist die Regelgröße bei I-Strecken konstant?
3. Nennen Sie zwei Maßnahmen, mit denen die Totzeit der Anlage in Abb. 7 verkleinert werden kann.

Regelstrecke mit Totzeit

Das Schüttgut auf einem Förderband (Abb. 7) soll eine konstante Schichtdicke haben. Hierzu wird mit einem Sensor am Ende des Förderbandes die Schichtdicke gemessen. Der Regler kann über ein Stellglied die austretende Menge des Schüttgutes beeinflussen. Verändert der Regler die Stellgröße, so kann die Wirkung an der Regelstrecke erst nach einer Verzögerungszeit am Sensor registriert werden. Diese zeitliche Verzögerung nennt man **Totzeit T_T** *[dead time]*.

Der Zusammenhang zwischen Stellgröße und Regelgröße ist hierbei linear:
$\Delta x = K_S \cdot \Delta y$ mit der Verzögerungszeit T_T.

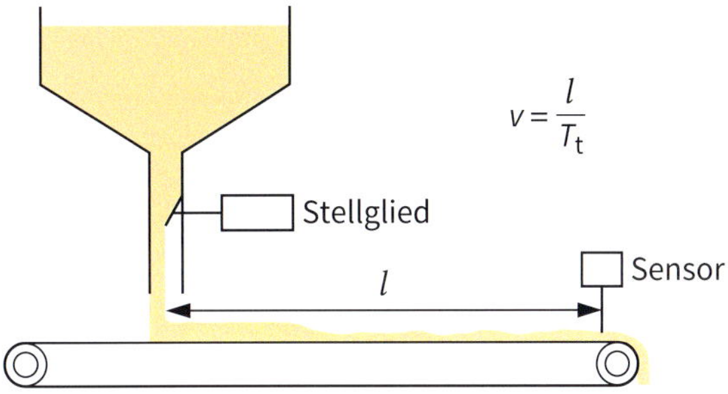

7: Förderband als Regelstrecke

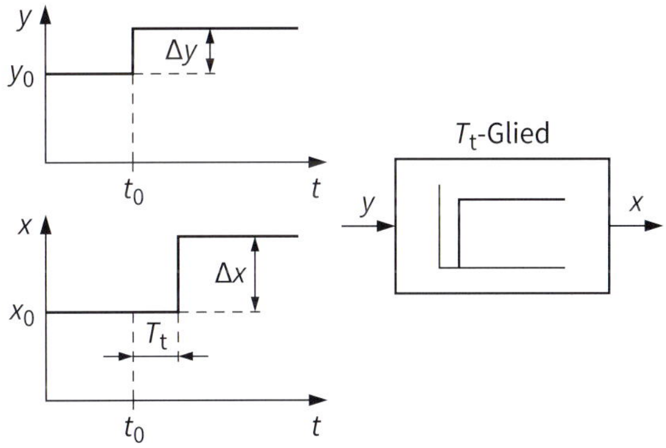

8: Sprungantwort einer Regelstrecke mit Totzeit

Die Totzeit entsteht dadurch, dass die zu messende Größe verzögert am Sensor auftritt (Signallaufzeit). Ähnliche Effekte treten z. B. auch durch Signallaufzeiten bei der Satellitenkommunikation auf.

Treten Totzeiten in Regelstrecken auf, erschwert dies den Regelvorgang. Häufig kann es hierbei zu Regelabweichungen und Schwingungen kommen.

- Ausgleich, Ordnungszahl und Totzeit bestimmen die Regelbarkeit einer Regelstrecke.
- P-Regelstrecken sind Strecken mit Ausgleich.
- I-Regelstrecken sind Strecken ohne Ausgleich.
- Totzeiten entstehen durch Signallaufzeiten innerhalb von Regelstrecken und Regelkreisen.

11.7.4 Operationsverstärker

Aus Platz- und Kostengründen werden in elektronischen Schaltungen sehr oft integrierte Verstärkerschaltungen eingesetzt. Auf einem einzigen Halbleiterchip sind alle wesentlichen Bauteile untergebracht. Zur vollständigen Funktion müssen nur noch wenige Bauteile hinzu geschaltet werden.

In der Steuerungs- und Regelungstechnik setzt man **Operationsverstärker** [*operational amplifier*] (Abb. 2a) für verschiedene Aufgaben ein. Ursprünglich wurden diese Verstärker für die Realisierung mathematischer Operationen verwendet (daher diese Bezeichnung). Heute wird der Operationsverstärker als vielseitiges Bauteil für verschiedene Aufgaben eingesetzt. Zwei unterschiedliche Schaltzeichen sind üblich (Abb. 2b).

Kennwerte von Operationsverstärkern

- **Betriebsspannungen**: +/− 4 V ... +/− 30 V
  Der Operationsverstärker benötigt zwei gleichgroße Betriebsspannungen ($+U_{B1}$ und $-U_{B2}$, s. Abb. 2). In Schaltbildern sind sie oft nicht eingezeichnet.
- **Spannungsverstärkung**: $10^3 \dots 10^8$
  Die Verstärkung ist sehr groß.
- **Eingangswiderstand**: $10^5\,\Omega \dots 10^{15}\,\Omega$
  Der Widerstand ist extrem groß.
- **Ausgangswiderstand**: 15 Ω ... 3 kΩ
  Er ist sehr klein gegenüber dem Eingangswiderstand.
- **Frequenzbereich**: 0 Hz ... 1 MHz
  Der Operationsverstärker lässt sich deshalb zur Verstärkung von Gleich- und Wechselspannungen verwenden.

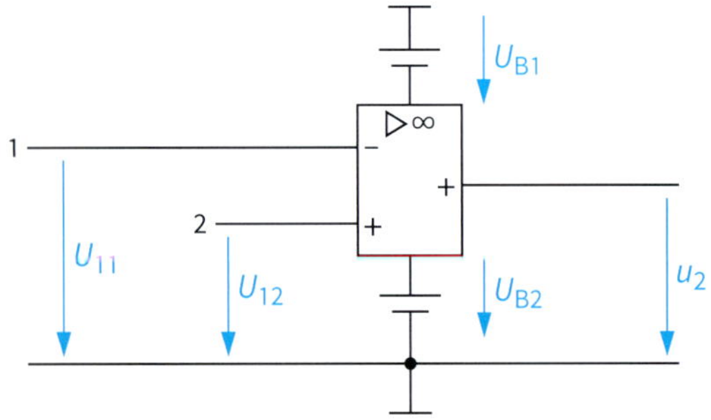

1: Anschlüsse und Spannungen beim Operationsverstärker

In einem Operationsverstärker sind im Prinzip zwei Verstärker enthalten. Dieses drückt man durch die beiden Eingangssymbole + (Pluszeichen) und − (Minuszeichen) aus (Abb. 2b). Es handelt sich hierbei um die Kennzeichnung der Phasenlage zwischen dem Eingangs- und dem Ausgangssignal. Die Eingangssymbole haben folgende Bedeutung:

- **Nichtinvertierender Eingang: +**
  Das an diesem Eingang anliegende Signal erscheint am Ausgang mit der gleichen Polarität.

a) Bauformen b) Schaltzeichen

2: Operationsverstärker

- **Invertierender Eingang: −**
  Das an diesem Eingang anliegende Signal erscheint am Ausgang mit umgekehrter Polarität (180° gedreht).

Das Verhalten eines Operationsverstärkers wird mit drei vereinfacht dargestellten Schaltungen (Abb. 3 bis 4) beschrieben. Aus Gründen der Übersichtlichkeit sind die Betriebsspannungsquellen in die Stromlaufpläne nicht eingezeichnet worden. Die Eingangs- und Ausgangsspannungen werden durch Liniendiagramme dargestellt. Weil die Verstärkung des Operationsverstärkers sehr groß ist, dürfen nur sehr kleine Eingangsspannungen (μV) angelegt werden.

Nichtinvertierende Verstärkerschaltung

Damit nur der **nichtinvertierende** [*non-inverting*] Eingang wirksam ist (Abb. 3), wird der invertierende Eingang auf Masse gelegt. Als Eingangssignal wird eine Spannung von $U_{11} = 1\,\mu V$ verwendet. Die Spannungsverstärkung soll $1\,000\,000 = 10^6$ betragen. Somit ergibt sich dann am Ausgang eine phasengleiche Spannung von $U_2 = 1\,V$.

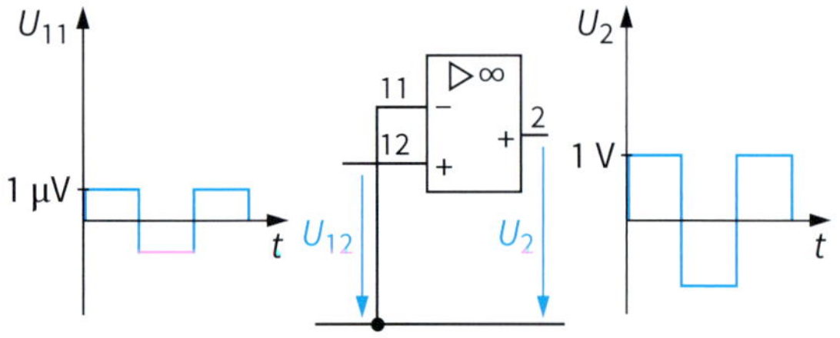

3: Nichtinvertierende Verstärkerschaltung

Invertierende Verstärkerschaltung

Auch in dieser Schaltung (Abb. 4) wird das Eingangssignal auf $U_2 = 1\,V$ verstärkt, allerdings im Vergleich zum Eingangssignal mit umgekehrter Polarität.

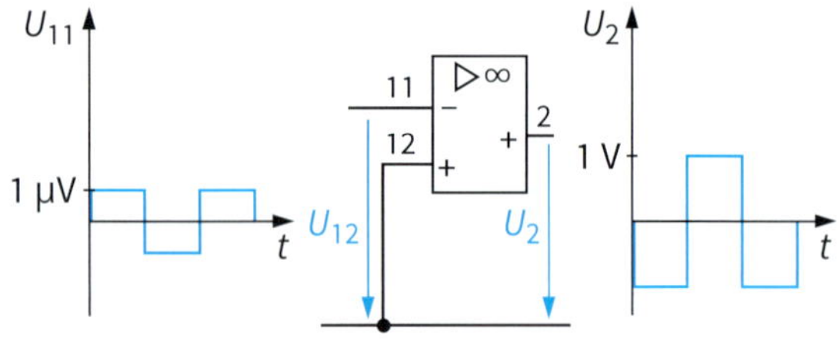

4: Invertierende Verstärkerschaltung

Es ist auch möglich, Signale an beide Eingänge des Operationsverstärkers zu legen. Wirksam ist dann die Differenzspannung. Diese wird verstärkt.

Differenzverstärker

Die Spannungsdifferenz $U_{11} - U_{12}$ (Abb. 5) am Eingang des Differenzverstärkers wird verstärkt. Da U_{11} am invertierenden Eingang größer ist als U_{12}, erscheint das Ausgangssignal mit umgekehrter Polarität (180°). Da der Operationsverstärkung eine 10^6-fache Verstärkung besitzt, ergibt sich eine Ausgangsspannung von $U_2 = 2$ V.

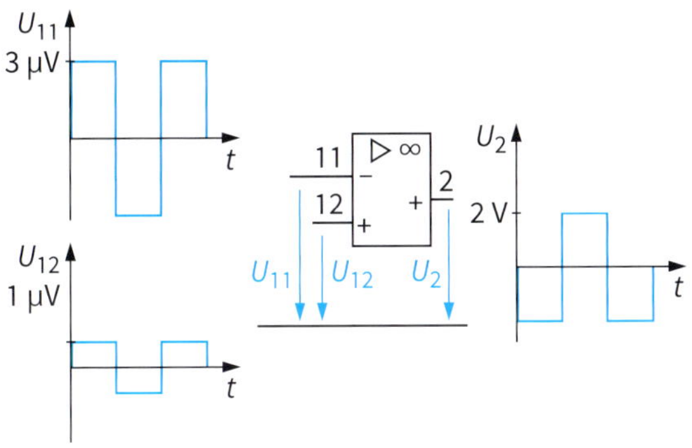

5: Schaltung eines Differenzverstärkers

Gegengekoppelte Operationsverstärkerschaltung

Auf Grund der hohen Verstärkung führen bereits kleinste Spannungen (z. B. 1 µV) an den Eingängen von Operationsverstärkern zu entsprechend großen Ausgangsspannungen (z. B. 1 V). Er wird deshalb in dieser Form nicht als Verstärker eingesetzt. Mit einer Beschaltung mit Widerständen kann jedoch die Verstärkung den Erfordernissen angepasst werden.

Die hierfür verwendete Maßnahme wird als **Gegenkopplung** [*negative feedback*] bezeichnet. Entsprechende Schaltungen sind in Abb. 6 dargestellt. Das Ausgangssignal wird über einen Widerstand R_2 auf den invertierenden Eingang zurückgeführt.

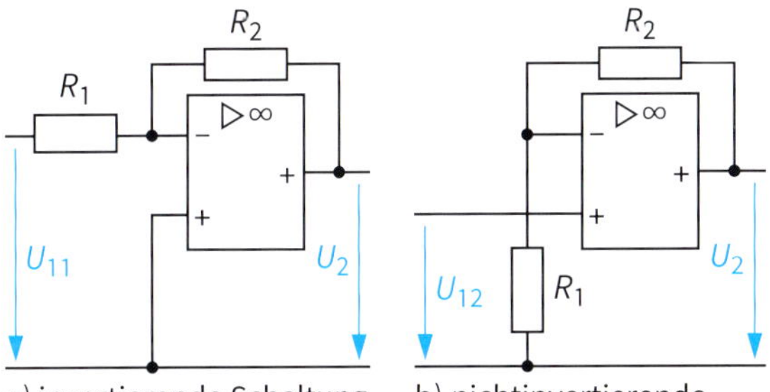

a) invertierende Schaltung b) nichtinvertierende Schaltung

6: Operationsverstärker mit Gegenkopplung

Untersucht man z. B. die invertierende Schaltung in Abb. 6a messtechnisch, indem man die Ausgangsspannung in Abhängigkeit von der Eingangsspannung misst, ergeben sich die Beziehungen in Abb. 7.

$U_{11} = 1$ V			
R_1 in kΩ	R_2 in kΩ	U_2 in V	v_u in U_2/U_{11}
100	100	– 1	– 1
100	200	– 2	– 2
100	300	– 3	– 3
200	300	– 1,5	– 1,5

7: Einstell- und Messwerte der invertierenden Schaltung mit Gegenkopplung

Aus den Werten erkennt man, dass die Spannungsverstärkung allein vom Verhältnis der Widerstände abhängig ist. Somit ergibt sich folgende Formel:

$$\frac{U_2}{U_{11}} = -\frac{R_2}{R_1} \qquad \boxed{v_u = -\frac{R_2}{R_1}}$$

Als Eingang kann aber auch der nichtinvertierende Eingang verwendet werden (Abb. 6b). Auch in diesem Fall ist die Spannungsverstärkung v_u allein vom Widerstandsverhältnis abhängig. Eine genauere Untersuchung führt zu folgender Verstärkungsformel:

$$\boxed{v_u = 1 + \frac{R_2}{R_1}}$$

Aufgaben

1. Welche Bedeutung haben die Symbole + und – im Eingang des Operationsverstärkers?
2. Welche Funktion in einer Schaltung mit einem Operationsverstärker hat der Widerstand vom Ausgang zum Eingang?
3. Berechnen Sie die Spannungsverstärkung eines gegengekoppelten Operationsverstärkers, wenn folgende Werte gegeben sind:
   $R_1 = 3{,}3$ kΩ; $R_2 = 82$ kΩ;
   a) Invertierende Schaltung
   b) Nichtinvertierende Schaltung

- Operationsverstärker sind integrierte Schaltungen mit einer großen Verstärkung, einem großen Eingangs- und einem relativ kleinen Ausgangswiderstand.
- Operationsverstärker lassen sich zur Verstärkung von Gleich- und Wechselspannungen einsetzen.
- Bei Operationsverstärkern wird immer die Differenzspannung zwischen den Eingängen verstärkt.
- Operationsverstärker können als invertierende, nichtinvertierende Verstärker oder Differenzverstärker verwendet werden.
- Die Spannungsverstärkung einer Schaltung mit einem gegengekoppelten Operationsverstärker ist vom Verhältnis der Widerstände abhängig.

11.7.5 Regelkreisverhalten

Die Abb. 1 zeigt eine Temperaturregelung in einem chemischen Rührkesselreaktor. Es soll das Verhalten der Kesseltemperatur bei Störeinflüssen und bei einer Sollwertänderung analysiert werden.

Analyse der Regelung

Damit die Untersuchungsergebnisse vergleichbar sind, wird wie bei der Analyse von Strecken und Reglern die Sprungmethode angewendet.

Störverhalten

In Abb. 1 wird bei konstantem Sollwert von 60 °C die Temperatur im Heißdampfkreis sprunghaft von 150 °C auf 160 °C erhöht (Störgröße *z*). Dadurch ändert sich auch die Kesseltemperatur. Die Schreiberaufzeichnung (Abb. 2) zeigt, wie nach dem Störgrößensprung ① der Regler den Sollwert der Kesseltemperatur wieder einstellt (Festwertregelung), indem er das Ventil im Kühlwasserkreis weiter öffnet. Diesen Verlauf der Regelgröße bezeichnet man als Störverhalten.

Führungsverhalten

Wird der Sollwert der Kesseltemperatur sprunghaft von 60 °C auf 70 °C erhöht (bei konstanter Heißdampfzufuhr von 150 °C), versucht der Regler nach dem Führungssprung (Abb. 6 ②) die neue Temperatur einzustellen (Folgeregelung), indem er die Kühlwasserzufuhr drosselt. Dieser Regelgrößenverlauf heißt Führungsverhalten (Abb. 3).

Zur Beurteilung der Qualität von Stör- und Führungsverhalten der Regelgröße dienen die Kenngrößen **Überschwingweite x_m** und **Ausregelzeit T_a**.

Die Überschwingweite x_m der Regelgröße ist die größte vorübergehende Sollwertabweichung nach einem Stör- oder Führungssprung.

Beispiel: Störverhalten $x_m \approx 7\,°C$ (Abb. 2) ③
Führungsverhalten $x_m \approx 4\,°C$ (Abb. 3) ④

Beispiel: Toleranzband $\pm \Delta x = \pm 1\,°C$
Störverhalten $T_a = 6{,}7$ min (Abb. 2) ⑤
Führungsverhalten $T_a = 7{,}7$ min (Abb. 3) ⑥

Hinweis

Bei praktischen Versuchen wird die Ausregelzeit vereinfachend ab dem Stör- bzw. Führungssprung gemessen (Abb. 2 und Abb. 3).

- Das Störverhalten ist das Verhalten der Regel größe unter Einfluss von Störgrößen.
- Das Führungsverhalten ist das Verhalten der Regelgröße bei Änderung der Führungsgröße.

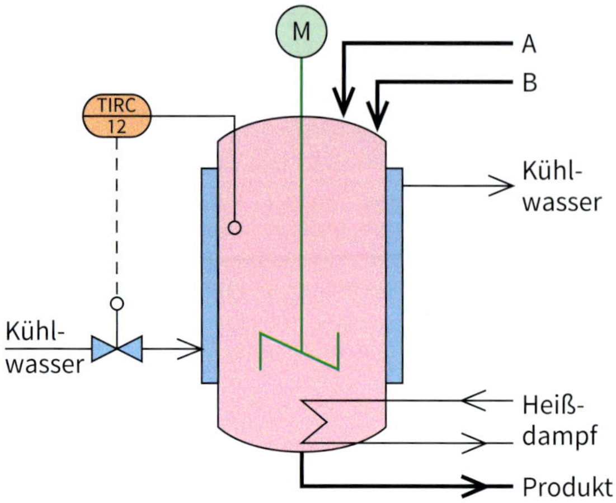

1: Temperaturregelung im Rührkesselreaktor

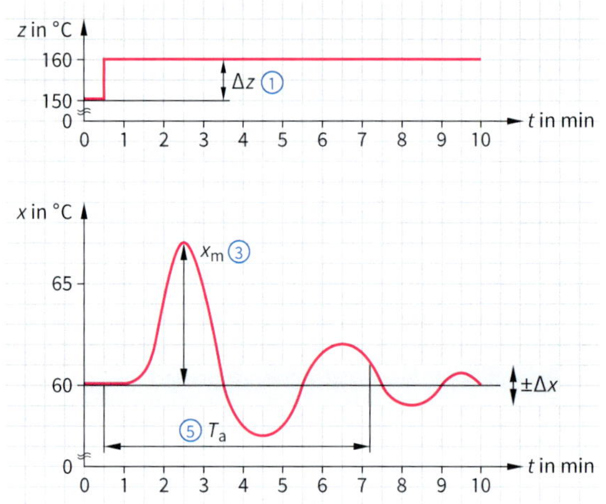

2: Störverhalten der Regelgröße

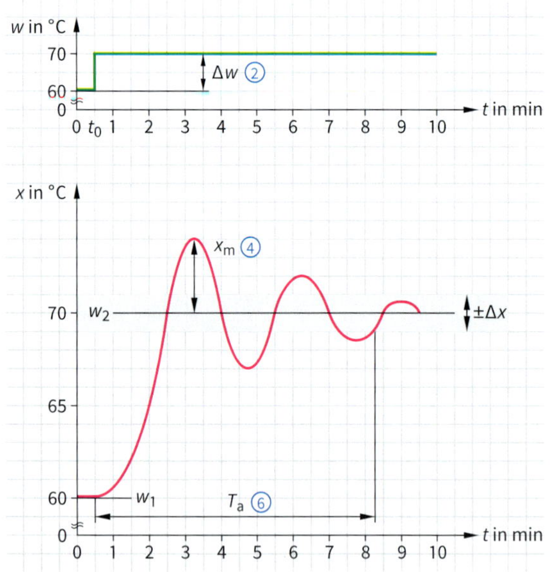

3: Führungsverhalten der Regelgröße

11.7.6 Unstetige Regler

In einer Wärmebox soll die eingestellte Temperatur konstant gehalten werden. Hierfür können einfache, unstetige Regler verwendet werden. Diese verändern ihre Stellgröße nicht stetig, sondern in Stufen. Man unterscheidet hierbei Zwei- und Dreipunktregler.

Zweipunktregler

Beim **Bimetallregler** [*bimetal controller*] (Abb. 4) schaltet ein Bimetallstreifen den Heizstromkreis in Abhängigkeit von der Temperatur. Das Regelverhalten ist unstetig, weil die Stellgröße nur die Werte 100 % (EIN) und 0 % (AUS) annehmen kann. Deshalb werden solche Regler als **Zweipunktregler** [*two-point controller*] bezeichnet. Die Führungsgröße wird an der Stellschraube vorgegeben. Ein Magnetsprungschalter verhindert eine schleichende Kontaktgabe ①. Anwendungen sind z. B. Temperaturregler in Bügeleisen, Toastern und Raumtemperaturregler.

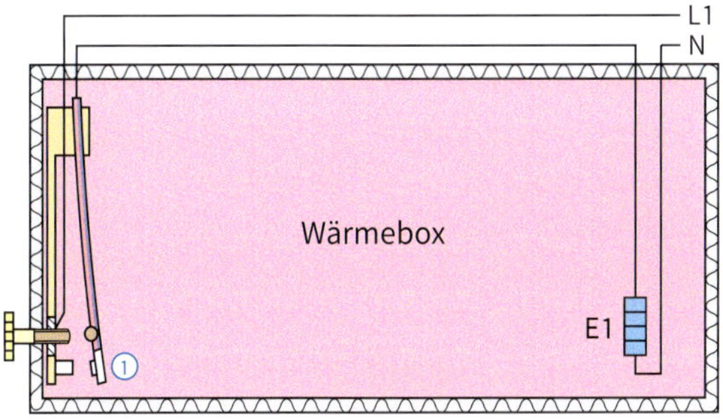

4: Temperaturregelung mit Bimetallregler

Reglerverhalten

Temperatur-Zweipunktregler heißen **Thermostate**. Sie schalten die Heizung bei einer höheren Temperatur x_o ab und bei niedrigerer Temperatur x_u wieder ein (invertierende Arbeitsweise, Abb. 5). Die Differenz zwischen Ein- und Ausschaltwert heißt **Schaltdifferenz Δx** (Hysterese).

Die Temperatur ändert sich über diese Schaltwerte hinaus, denn bei einer Temperaturregelstrecke wirkt sich eine Stellgrößenänderung erst nach der Verzugszeit T_u aus (Abb. 6). Dieses Verhalten zeigt sich schon beim Anfahren. Zweipunktregler mit Hysterese bewirken ein stabiles Schaltverhalten. Ohne Schalthysterese (Schaltpunkt w) schwankt zwar die Regelgröße weniger aber die Schalthäufigkeit nimmt zu und damit der Verschleiß.

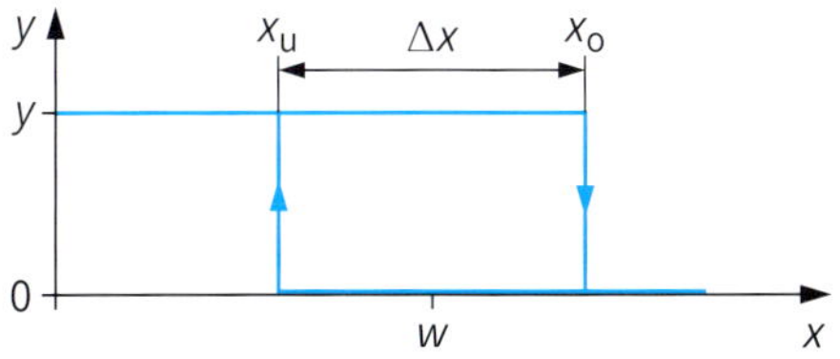

5: Kennlinie eines invertierenden Zweipunktreglers

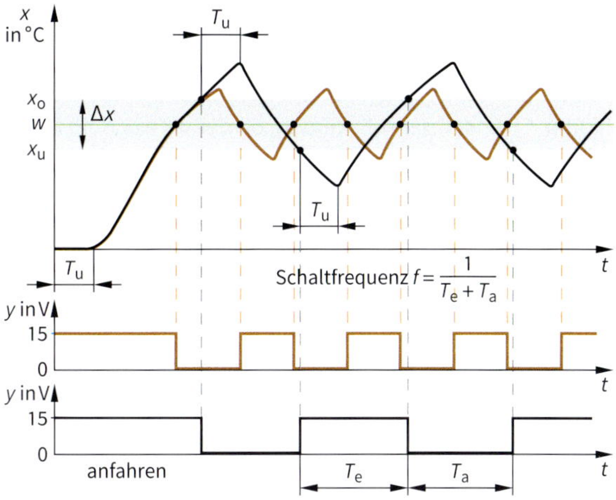

6: Regel- und Stellgrößen im Regelkreis mit Zweipunktregler

Dreipunktregler

Kombiniert man zwei Zweipunktregler miteinander, können drei Zustände erreicht werden. Dies sind z. B.

- Kühlen-Aus-Heizen
- Linklauf-Aus-Rechtslauf

Bei diesen **Dreipunktreglern** [*three-step controller*] gibt es jeweils drei Zustände, mit jeweils einer Hysterese beim Wechsel zum mittleren Zustand. Der neutrale Bereich (x_t) wird als Totzone bezeichnet (Abb. 7).

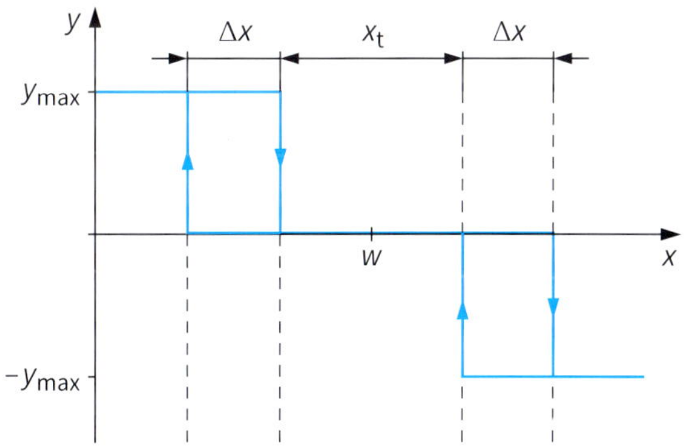

7: Kennlinie eines Dreipunktreglers

Aufgaben

1. Welchen Einfluss hat eine Verkleinerung der Hysterese auf die Schaltfrequenz?
2. Warum können Zwei-/Dreipunktregler den Sollwert nicht exakt einhalten?

- Regler, die ihre Stellgröße in Stufen ändern können, heißen unstetige Regler. Zweipunktregler haben nur die Schaltzustände EIN und AUS.

11.7.7 Grundschaltungen stetiger Regler

In einem Betrieb ist zu Ausbildungszwecken die Füllstandsregelung eines Behälters aufgebaut worden (Abb. 1). Es soll geprüft werden, ob der verwendete P-Regler für eine genaue Füllstandsregelung geeignet ist.

P-Regler

Der P-Regler in Abb. 1 ist mit zwei Operationsverstärkern aufgebaut. Er arbeitet stetig. Das heißt, er kann jeden Wert zwischen 0 % und 100 % annehmen.

- Ein Differenzverstärker mit Sollwerteinsteller bildet den Vergleicher ①.
- Ein invertierender Verstärker korrigiert die Polarität und bestimmt den Verstärkungsfaktor.

Der Differenzverstärker ① vergleicht r mit w und bildet hieraus die Regeldifferenz $e = w - r$.

Bei gleichem Wert der Beschaltungswiderstände gilt:

$$U_e = U_w - U_r$$

Beim invertierenden Verstärker ② folgt die Ausgangsgröße (Stellgröße U_y) der Eingangsgröße (Regeldifferenz U_e) proportional. Es gilt:

$$U_y = -v \cdot U_e \ (v = R_6/R_5).$$

Die Invertierung bewirkt die notwendige Wirkungsumkehr im Regelkreis. Abb. 1 zeigt die Füllstandsregelung im ausgeregelten Zustand (Störgröße $z = 0$).

Störgröße $z = 0$ (Abb. 1):

- Das Stellglied ist auf halboffen voreingestellt. Bei ausgeregeltem Behälterstand (50 %) beträgt $r = w$. Der Zulauf ist gleich dem Ablauf.
- Die Regeldifferenz beträgt: $e = 5\text{ V} - 5\text{ V} = 0\text{ V}$.
- Damit ist die Stellgröße $y = 0$ geworden.

Dann erfolgt in Abb. 2 plötzlich eine erhöhte Wasserentnahme (Störgröße $z > 0$).

Störgröße $z > 0$ (Abb. 2)

- Der Schieber im Auslauf wird weiter geöffnet. Damit fällt der Flüssigkeitsspiegel (Regelgröße x).
- Die Rückführungsgröße wird kleiner (z. B. 2,5 V). Deshalb wird $e = 5\text{ V} - 2{,}5\text{ V} = 2{,}5\text{ V}$.
- Ist die Verstärkung $v = 1$ eingestellt, so wird $y = -2{,}5\text{ V}$. Das Stellglied öffnet mehr.
- Der Flüssigkeitsspiegel fällt so lange und die Regeldifferenz e nimmt weiter zu, bis durch genügendes Öffnen des Stellgliedes wieder der Zulauf gleich dem Ablauf ist. Die Sollwertabweichung wird also größer.

Ein P-Regler verursacht bei Störgrößeneinwirkung immer eine **bleibende Sollwertabweichung** der Regelgröße. Deshalb ist ein P-Regler für eine genaue Füllstandsregelung wenig geeignet.

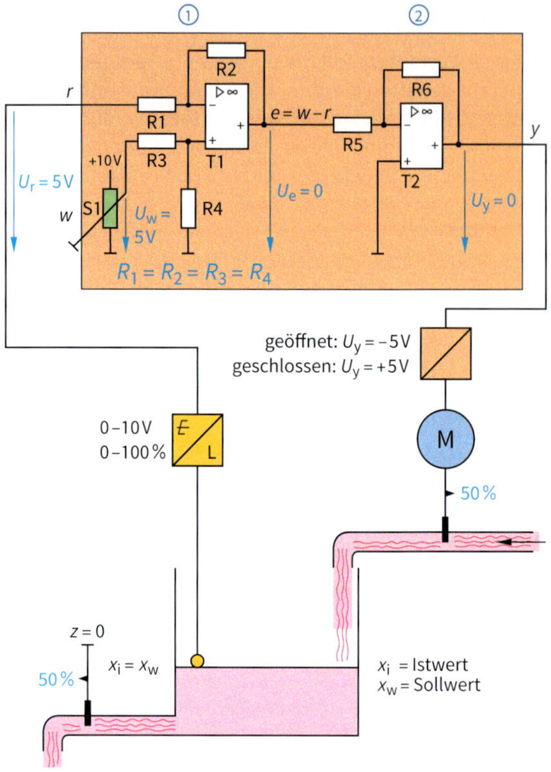

1: Prinzip einer Füllstandsregelung mit P-Regler

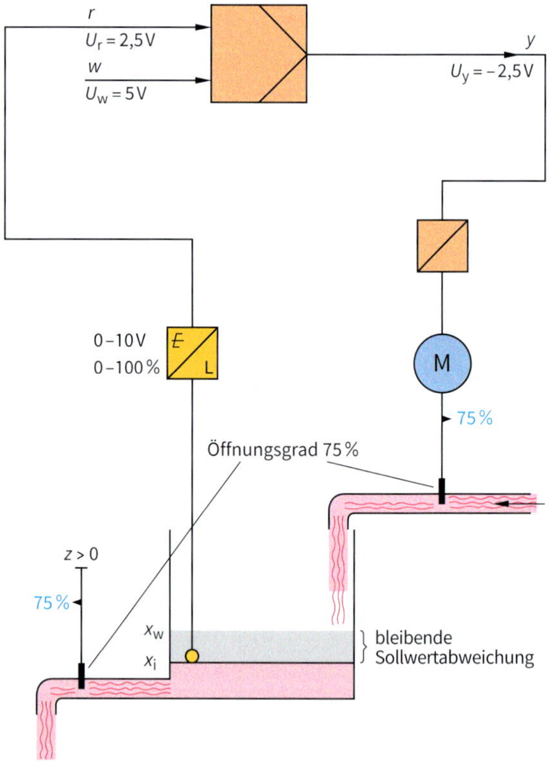

2: Bleibende Sollwertabweichung im Regelkreis mit P-Regler

Für ein optimales Regelkreisverhalten muss der Regler an das Streckenverhalten angepasst werden. Dazu stellt man Kennwerte am Regler ein. In der Füllstandsregelung soll untersucht werden, welchen Einfluss die Kenngröße K_p eines P-Reglers auf die bleibende Sollwertabweichung im Regelkreis hat.

Berechnung von K_p

Die Kenngröße K_p des P-Reglers ergibt sich aus seinem Zeitverhalten. Dies ist mit der Messschaltung (Abb. 3) ermittelt worden. Bei konstanter Führungsgröße w verändert man die Rückführungsgröße r sprunghaft (Sprungfunktion) und registriert die Stellgröße (Sprungantwort). Abb. 4 zeigt das proportionale Zeitverhalten des P-Reglers. Auf einen Sprung der Regeldifferenz ($e = -r$ ①) antwortet er unverzögert mit einem Stellgrößensprung ②. Das Widerstandsverhältnis R_6/R_5 des Verstärkers (**P-Glied**) bestimmt hier die Sprunghöhe. Ohne Wirkungsumkehr gilt:

$$K_p = \frac{\Delta y}{\Delta e}$$ **Beispiel:** $K_p = \frac{3\,V}{1\,V}$; $K_p = 3$

- Ist K_p maximal, öffnet (oder schließt) der Regler bei der geringsten Regeldifferenz das Stellglied ganz. Die bleibende Sollwertabweichung ist minimal, weil der Regler sehr empfindlich reagiert. Die Regelgröße schwingt.
- Ist K_p minimal, bewirkt selbst die größte Regeldifferenz nur eine kleine Stellgrößenänderung. Die bleibende Sollwertabweichung ist maximal. Erst nach langer Zeit stellt sich das Gleichgewicht zwischen Zu- und Ablauf wieder ein. Der Regler arbeitet träge.

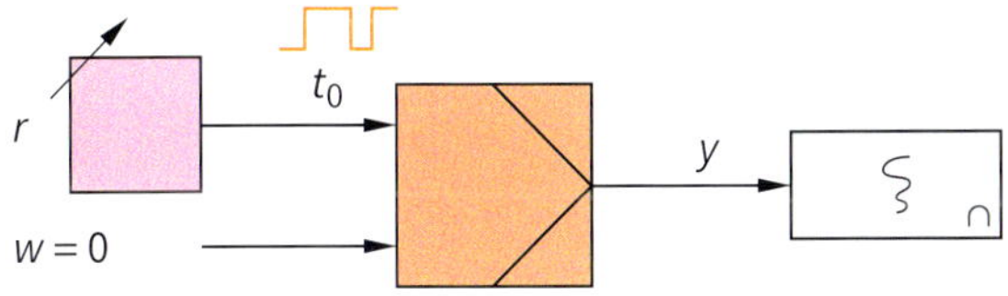

3: Messschaltung zur Aufnahme der Sprungantwort eines Reglers

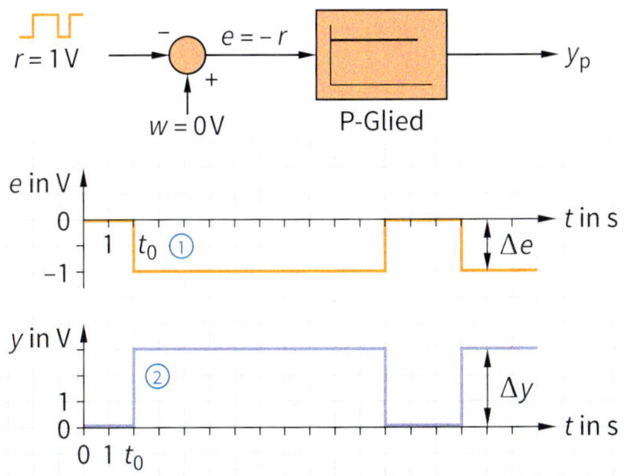

4: Zeitverhalten des stetigen P-Reglers

I-Regler

Der P-Regler der Füllstandsregelung wird durch einen I-Regler ersetzt, um seine Eignung zu prüfen.

Der I-Regler (Abb. 5) hat als Zeitglied einen elektronischen Integrierer (I-Glied ③). Bei konstanter Eingangsspannung gilt für die **Änderung** der Stellgröße:

$$\Delta U_y = -\frac{1}{R_7 \cdot C_1} \cdot U_e \cdot \Delta t$$

Mit der Schaltung (Abb. 3) wird das Zeitverhalten des I-Reglers ermittelt (Abb. 6). Beim Sprung der Regeldifferenz e ④ ändert der Regler die Stellgröße y linear bis $e = 0$ ist und hält den y-Wert bei ⑤. Bei doppeltem e ⑥ ändert sich y doppelt so schnell ⑦. Ein I-Regler ändert seine Stellgröße solange bis die Regeldifferenz null ist und speichert den letzten Stellgrößenwert. Deshalb gibt es keine bleibende Sollwertabweichung. Er ist aber für die Füllstandsregelung allein ungeeignet, weil er auf jede Flüssigkeitsbewegung reagiert. Die Regelung ist instabil.

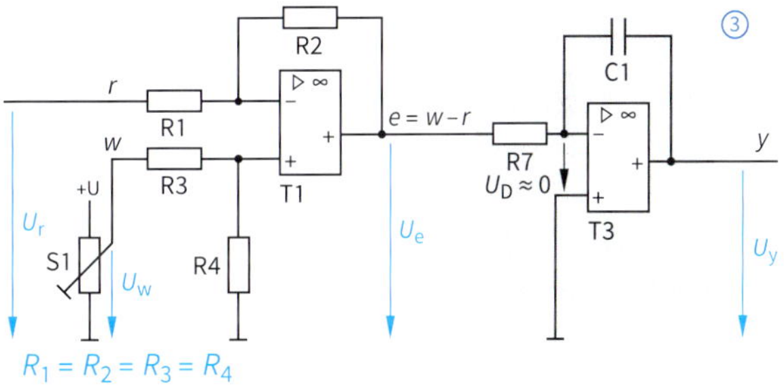

5: Stetiger I-Regler mit Operationsverstärker

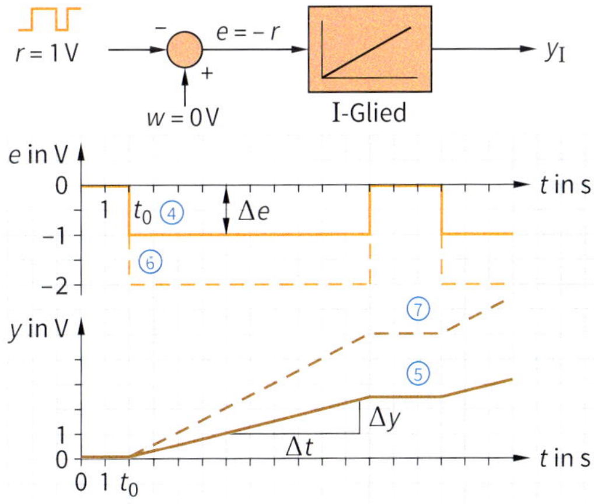

6: Zeitverhalten des stetigen I-Reglers

- Beim P-Regler bestimmt der K_p-Wert die bleibende Sollwertabweichung der Regelgröße und das Regelverhalten des Regelkreises.
- Beim I-Regler ändert sich die Stellgröße solange eine Regeldifferenz besteht. Ist sie null, speichert der I-Regler den Stellgrößenwert.

11.7.8 Zusammengesetzte Regler

P-Regler reagieren sofort und arbeiten stabil, verursachen aber eine bleibende Sollwertabweichung im Regelkreis. I-Regler gleichen diese aus, begünstigen aber eine instabile Regelung.

PI-Regler

Es soll ermittelt werden, ob eine Kombination aus P- und I-Regler (PI-Regler) ein optimales Regelkreisver- halten der Füllstandsregelung (vgl. Seite 496, Abb. 1) ermöglicht.

Funktionsablauf

1. Der Vergleicher bildet die Regeldifferenz *e* ①.
2. Sie wird dem P-Glied ② und dem I-Glied ③ zugeführt.
3. Die Einzelstellgrößen y_P und y_I werden zum Gesamtstellsignal *y* addiert ④.

Mit der Messschaltung aus Abb. 1 wird das Zeitverhalten des PI-Reglers ermittelt. Die Sprungantwort des Reglers (Abb. 2) zeigt, dass nach einer plötzlich auftretenden Regeldifferenz zunächst der P-Anteil eine sofortige Stellgrößenänderung y_P liefert. Hinzu addiert sich der stetig wachsende I-Anteil, der die noch verbleibende Sollwertabweichung ausgleicht.

Der PI-Regler ist der Standardregler für viele Regelaufgaben. Er ist durch den P-Anteil schnell und stabil. Durch seinen I-Anteil gleicht der PI-Regler jede noch so kleine Sollwertabweichung aus.

Damit ist der PI-Regler für die Füllstandsregelung gut geeignet.

Kenngrößen

Aus dem experimentell ermittelten Zeitverhalten (Abb. 2) werden die Kenngrößen des PI-Reglers bestimmt (Abb. 3).

- **K_p-Wert**:

$$K_P = \frac{\Delta y_P \text{ ⑤}}{\Delta e \text{ ⑥}}$$ **Beispiel:** $K_P = \frac{1{,}5\,V}{1\,V}$; $K_P = 1{,}5$

- **Nachstellzeit T_n**:

  T_n ist diejenige Zeit, die der **I-Anteil** im Regler benötigt, um eine gleichgroße Stellgröße y_I zu erzielen, wie sie der **P-Anteil** mit y_P sofort erzeugt.

T_n wird für $\Delta y_I = \Delta y_P$ ⑦ auf der Zeitachse abgelesen ⑧.

Beispiel: $\Delta y_I = \Delta y_P = 1{,}5\,V$ abgelesen: $T_n = 12\,s$

Hinweise:

- Statt bleibende Sollwertabweichung ($x_d = x - w$) wird häufig auch der Begriff bleibende Regeldifferenz ($e = w - x$) verwendet.
- Wird die Nachstellzeit maximal eingestellt ($T_n \to \infty$), arbeitet der PI-Regler als P-Regler.

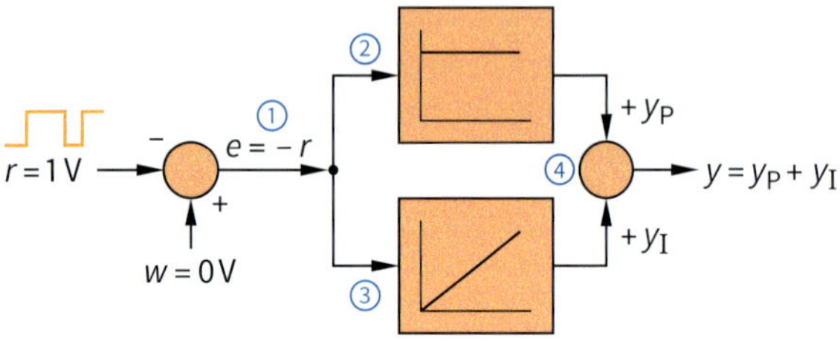

1: Blockschaltbild eines PI-Reglers

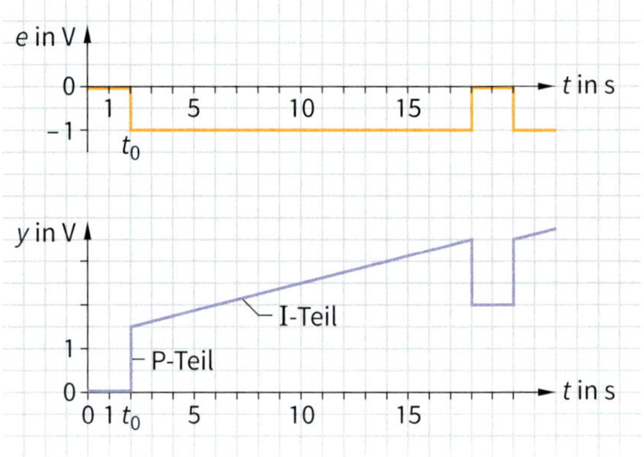

2: Zeitverhalten des stetigen PI-Reglers

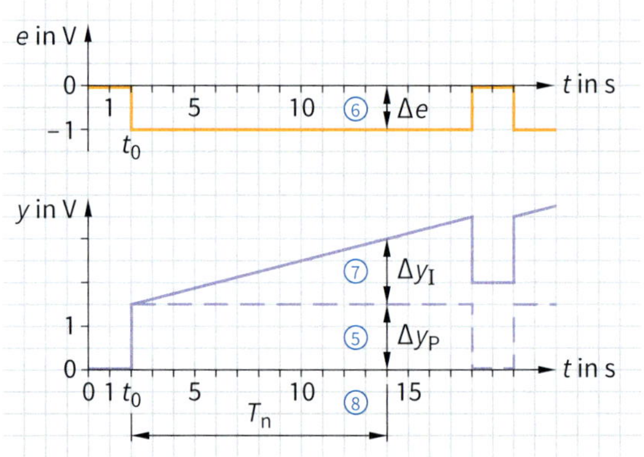

3: Kenngrößen K_p und T_n des PI-Reglers

Aufgaben

1. Durch eine auftretende Störgröße kommt es zur Sollwertabweichung. Beschreiben Sie das zeitliche Verhalten eines P- und eines I-Reglers.
2. Welcher Regler (P, I, PID) kann Sollwertabweichungen vollständig ausregeln? Begründen Sie Ihre Antwort.

- Der PI-Regler ist schnell durch den P-Anteil und gleicht jede Sollwertabweichung durch den I-Anteil aus.
- Der PI-Regler hat die Kenngrößen K_p und T_n.

Automatisierte Anlagen errichten

PID-Regler

Für manche Regelaufgaben ist selbst der PI-Regler noch zu langsam. Dies sind z. B. Temperaturregelstrecken mit großer Verzugszeit (Industrieöfen), die eine Reaktion des PI-Reglers stark verzögern. Das bewirkt ein instabiles Regelkreisverhalten. Es soll untersucht werden, welche Wirkung die Verwendung eines stetigen PID-Reglers bei einer Ofenregelung mit großer Verzugszeit der Regelgröße hat. Dazu müssen die Funktionen des PID-Reglers erklärt und seine Kenngrößen bestimmt werden.

Abb. 4 zeigt das Blockschaltbild eines PID-Reglers. Es entspricht dem Schaltungsaufbau eines PI-Reglers mit zusätzlichem D-Glied. Ein Dreifachaddierer addiert die Teilstellgrößen zur Gesamtstellgröße $y = y_P + y_I + y_D$.

Beim Regleraufbau mit Operationsverstärkern ist das D-Glied ein elektronischer Differenzierer (Abb. 5). Die Schaltung wirkt wie eine RC-Ladeschaltung, da $U_D = 0$ ist (virtuelle Masse N-Eingang). Ein sprunghaftes Eingangssignal bewirkt einen Stromimpuls im Ladestromkreis mit R8 und C2. Die Zeitkonstante $T = R_8 \cdot C_2$ bestimmt seine Höhe. Mit zunehmender Aufladung von C2 klingt der Stromimpuls ab. Er bewirkt am Ausgang des Operationsverstärkers einen proportionalen, aber invertierten Spannungsimpuls Uy_D. Abb. 6 zeigt das experimentell ermittelte Zeitverhalten des PID-Reglers. Bei sprunghafter Regeldifferenz überlagern sich die drei Anteile y_P, y_I und y_D zur Stellgröße y.

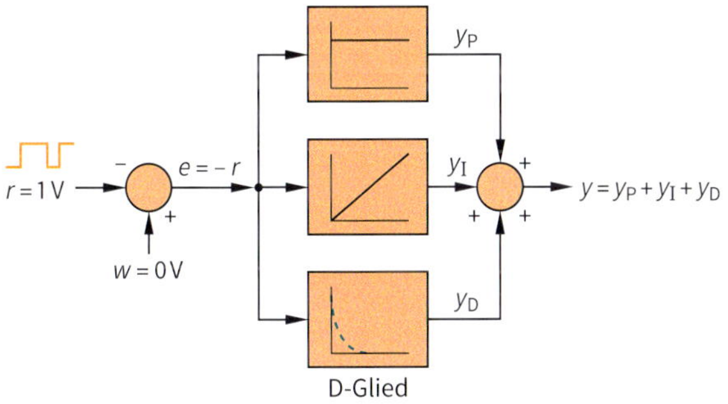

4: Blockschaltbild eines PID-Reglers

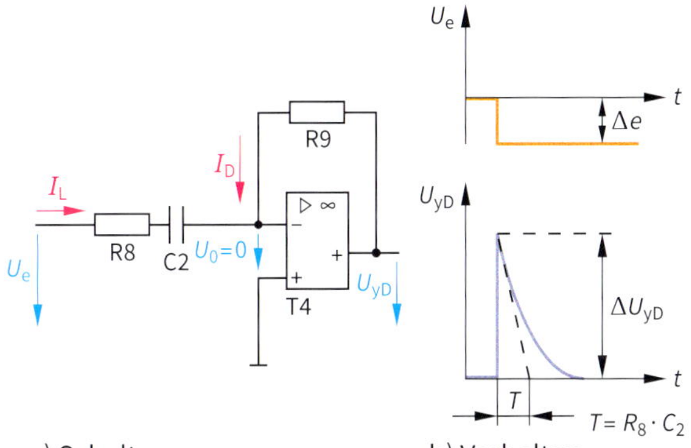

a) Schaltung b) Verhalten

5: Differenzierer als D-Glied

Der kurzzeitige hohe Anfangs-Stellimpuls des PID-Reglers führt in Regelkreisen mit Strecken großer Verzugszeit zu stabilerem Verhalten der Regelgröße. In der genannten Industrieofenregelung gleicht der PID-Regler Temperaturänderungen schneller aus als ein PI-Regler.

Kenngrößen

Der PID-Regler ist für stabiles Regelkreisverhalten eingestellt worden. Abb. 6 zeigt sein Zeitverhalten. In Abb. 7 werden die Kenngrößen des PID-Reglers ermittelt:

- $\boldsymbol{K_p}$: Den I-Anteil verlängern. Er schneidet den D-Anteil in K_p ①.
- $\boldsymbol{T_n}$: Bei $y_I = y_P$ vom I-Ast auf die Zeitachse loten ②.
  Beispiel: $T_n = 3\,s$
- $\boldsymbol{T_v}$: Die **Vorhaltezeit** gibt an, wie lange der **P-Anteil** braucht (bei linear ansteigender Regeldifferenz), um die gleiche Stellgröße $\boldsymbol{y_P}$ zu erzielen, wie sie der **D-Anteil** mit $\boldsymbol{y_D}$ sofort erzeugt.

Zunächst den Spitzenwert A bestimmen ③.

Beispiel: $A = 7\,V$

Nun eine Tangente an D-Teil anlegen ④ und im Schnittpunkt mit dem P-Anteil die Zeitkonstante $T = R_V \cdot C_D$ auf der Zeitachse ablesen ⑤.

Beispiel: $T = 1\,s$.

Jetzt T_v aus Gleichung ⑥ berechnen.

Bsp.: $T_v = \dfrac{A/\Delta u_e - K_p}{K_p} \cdot T = \dfrac{7\,V/1\,V - 1{,}5}{1{,}5} \cdot 1\,s = 3{,}7\,s$

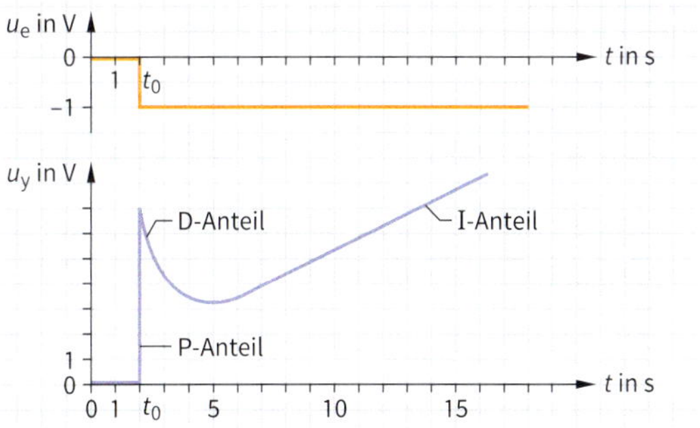

6: Zeitverhalten des stetigen PID-Reglers

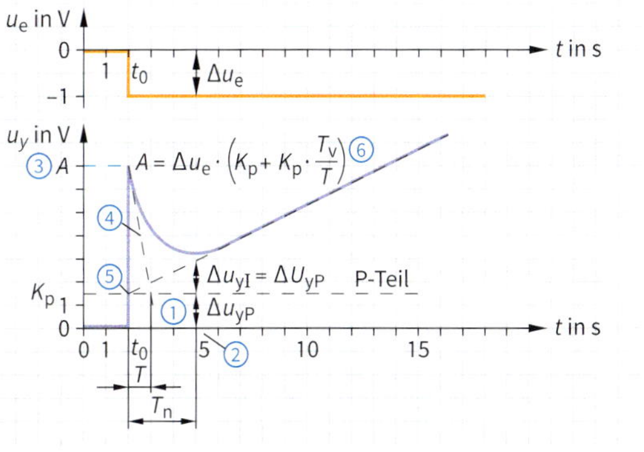

7: Kenngrößen K_p, T_n und T_v des stetigen PID-Reglers

Automatisierte Anlagen errichten

Digitale Regler

In der Ofenregelung wird der stetige PID-Regler durch einen **digitalen PID-Regler** ersetzt. Es werden in diesem Abschnitt der Aufbau, die Funktion und der Algorithmus des digitalen PID-Reglers beschrieben.

Aufbau und Funktion (Abb. 1)

Ein digitaler Regler ist ein Computer, bei dem die Regelfunktion durch ein Programm verwirklicht ist (Abb. 5).

Seine Hauptteile sind
- der AD-Umsetzer (Analog-Digitalumsetzer) ①,
- das Regelungsprogramm mit PID-Algorithmus ② und
- der DA-Umsetzer (Digital-Analogumsetzer) ③.

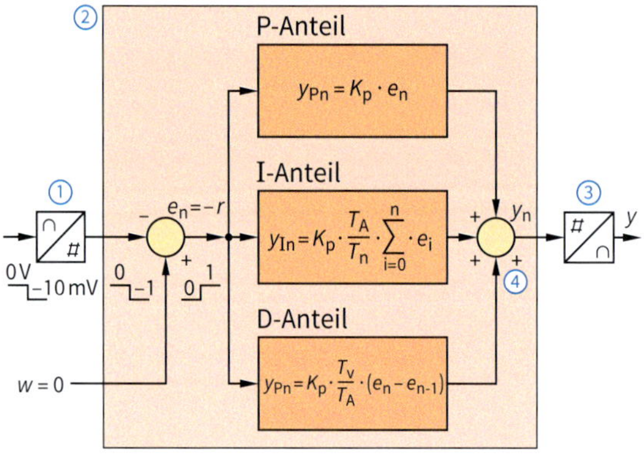

1: Blockschaltbild eines digitalen PID-Reglers

AD-Umsetzer

Der AD-Umsetzer wandelt die analoge Rückführungsgröße r in digitale (wertdiskrete) Signale r_n mit festen Stufen um. Ein AD-Wandler für 8 Bit stellt seinen Eingangsspannungsbereich FS (Full Scale) in $2^8 = 256$ Stufen dar. Beträgt z. B. $U_{FS} = 2{,}56$ V, können Spannungswerte von – 1,27 V bis + 1,28 V in Schritten von 10 mV gewandelt werden.

Regelungsprogramm

In konstanten Zeitabständen (zeitdiskret) erfasst der Computer zu jedem Abtastzeitpunkt $n \cdot T_A$ die digitale Rückführungsgröße r_n und bildet die Regeldifferenz $e_n = r_n - w$. Damit berechnet er die digitale Stellgröße y_n nach dem vorgegebenen PID-Algorithmus.

DA-Umsetzer

Der DA-Umsetzer wandelt die diskreten Stellgrößen y_n in analoge Spannungswerte um. Ein DA-Umsetzer für 8 Bit mit einem **Ausgangsspannungsbereich** von z. B. $U_{FS} = 2{,}56$ V kann Spannungen von –1,27 V bis +1,28 V in Schritten von 10 mV ausgeben. Digitale Regler arbeiten mit wert- und zeitdiskreten Signalen.

PID-Algorithmus

Die verwendete Rechenvorschrift heißt Stellungsalgorithmus, weil zu jedem Abtastzeitpunkt die Stellgröße y_n neu vom Computer berechnet wird. Dazu werden die Teilstellgrößen y_{Pn}, y_{In} und y_{Dn} ermittelt und zur Gesamtstellgröße y_n addiert (Abb. 1 ④).

Das Zeitverhalten der Teilstellgrößen ergibt sich bei konstanten Regeldifferenzen $e_n = 1$ für die ersten 6 Abtastzeitpunkte mit folgenden Eingabewerten:
$K_p = 2$, $T_n = 2\,T_A$ und $T_V = 3\,T_A$.

Für die Zeitpunkte 1 T_A und 2 T_A gilt (Abb. 2):

P-Anteil: Zum Abtastzeitpunkt wird die aktuelle Regeldifferenz verwendet.
$y_{P1} = K_p \cdot e_1 = 2 \cdot 1 = 2$
$y_{P2} = K_p \cdot e_2 = 2 \cdot 1 = 2$

I-Anteil: Zum Abtastzeitpunkt wird die Summe aus dem aktuellen und allen vorherigen Werten der Regeldifferenz verwendet.
$y_{I1} = K_p \cdot T_A/T_n \cdot (e_1) = 2 \cdot T_A/2\,T_A \cdot (1) = 1$
$y_{I2} = K_p \cdot T_A/T_n \cdot (e_1 + e_2) = 2 \cdot T_A/2\,T_A \cdot (1 + 1) = 2$

D-Anteil: Zum Abtastzeitpunkt wird die Differenz zwischen aktueller und vorheriger Regeldifferenz verwendet.
$y_{D1} = K_p \cdot T_V/T_A \cdot (e_1 - e_0) = 2 \cdot 3\,T_A/T_A \cdot (1 - 0) = 6$ $y_{D2} = K_p \cdot T_V/T_A \cdot (e_2 - e_1) = 2 \cdot 3\,T_A/T_A \cdot (1 - 1) = 0$

Abb. 3 zeigt die Gesamtstellgröße y_n für 1 T_A bis 6 T_A.

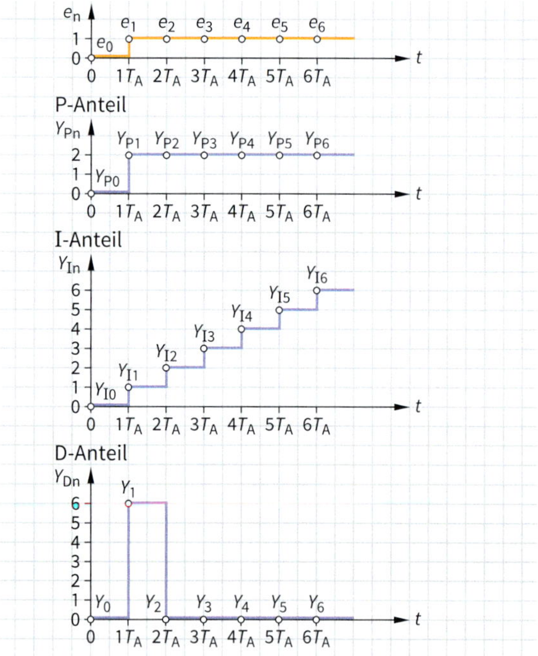

2: Zeitverhalten der Teilstellgrößen y_{Pn}, y_{In} und y_{Dn}

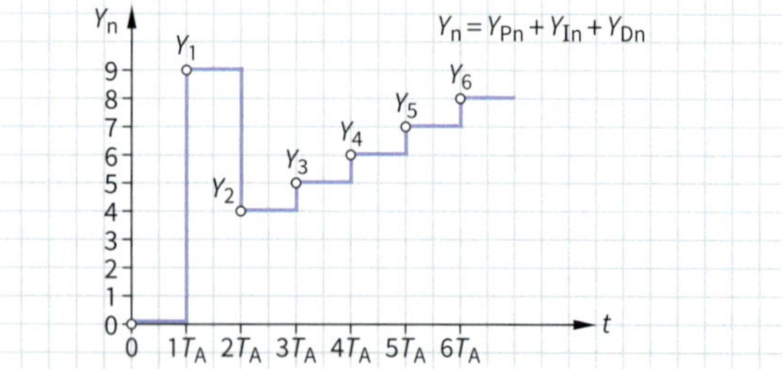

3: Sprungantwort der Gesamtstellgröße y_n

11.7.9 Regler einstellen nach Tabellen

Eine hohe Produktqualität in einem Rührkesselreaktor (vgl. S. 494) erfordert eine möglichst konstante Reaktionstemperatur. Der Regler muss Störgrößen wie z. B. Temperaturänderungen im Kessel durch eingeleitete Stoffe schnell ausregeln.

Um die Regelaufgabe zu erfüllen, wird ein PID-Regler verwendet, da er folgende Eigenschaften hat:

- Verändern Störgrößen den Istwert der Kesseltemperatur, so gleichen dies der P- und der I-Anteil aus.
- Störspitzen dämpft der schnelle D-Einfluss.

Wissenschaftler (Chien, Hrones, Reswick) haben Kennwerte für Reglerparameter entwickelt. Einige sind in Abb. 4 aufgeführt. Sie gelten für Regelstrecken höherer Ordnung bei sprunghafter Änderung der Stör- bzw. Führungsgröße am Streckeneingang. Die Streckenkenngrößen K_P, T_u und T_v müssen allerdings bekannt sein.

In den Tabellen wird zwischen Störverhalten und Führungsverhalten unterschieden. Zusätzlich kann der Anwender wählen, ob bei kurzer Ausregelzeit die Regelgröße 20 % überschwingen darf oder bei längerer Anregelzeit aperiodisch (ohne Überschwingen) einpendelt.

Für die Temperaturregelung im Rührkesselreaktor wird der PID-Regler auf Störung mit aperiodischem Übergang optimiert. Dabei geht man wie folgt vor:

Zunächst werden die Streckenkennwerte durch Messung (Sprungantwort) bestimmt:

- $K_p = \Delta x / \Delta y = 5\,°C/mm$
  Bezogen auf die Maximalwerte des Proportionalbereiches ($x \sim y$), $y_{max} = 25$ mm, $x_{max} = 125\,°C$ ergibt sich K_p einheitenlos.
- $K_p = \dfrac{\Delta x / x_{max}}{\Delta y / y_{max}} = \dfrac{5\,°C/125\,°C}{1\,mm/25\,mm} = \dfrac{0{,}04}{0{,}04} = 1$
- $T_u = 2{,}3$ min
- $T_g = 11{,}4$ min

Nach Abb. 4 werden die Einstellwerte des Reglers ermittelt. Dabei muss die erste Gleichung nach dem K_p-Wert des Reglers (K_{pR}) umgestellt werden.

- $K_{pR} = \dfrac{T_g}{K_p \cdot T_u \cdot 1{,}05} = \dfrac{11{,}4\,min}{1 \cdot 2{,}3\,min \cdot 1{,}05} \approx 4{,}7$
- $T_n = 2{,}4 \cdot T_u = 2{,}4 \cdot 2{,}3\,min = 5{,}5\,min$
- $T_v = 0{,}42 \cdot T_u = 0{,}42 \cdot 2{,}3\,min = 1\,min$

Abb. 5 zeigt das Störverhalten des Regelkreises ① für die eingestellten Werte (Störgrößensprung $\Delta z = 10\,°C$). Mit den errechneten Einstellwerten für das Störverhalten ist das Führungsverhalten ermittelt worden ② (Führungsgrößensprung $\Delta w = 10\,°C$). Es ist nicht optimal (Überschwingweite), wie der Vergleich mit dem optimalen Führungsverhalten zeigt ③.

20 % Überschwingungen						
	Störung			**Führung**		
Regler	$K_{pR} \cdot K_p \approx$	$T_n \approx$	$T_v \approx$	$K_{pR} \cdot K_p \approx$	$T_n \approx$	$T_v \approx$
P	$\frac{T_g}{T_u \cdot 1{,}4}$	–	–	$\frac{T_g}{T_u \cdot 1{,}4}$	–	–
PI	$\frac{T_g}{T_u \cdot 1{,}4}$	$2{,}3 \cdot T_u$	–	$\frac{T_g}{T_u \cdot 1{,}7}$	$1 \cdot T_g$	–
PID	$\frac{T_g}{T_u \cdot 0{,}83}$	$2 \cdot T_u$	$0{,}42 \cdot T_u$	$\frac{T_g}{T_u \cdot 1{,}05}$	$1{,}35 \cdot T_g$	$0{,}47 \cdot T_u$
aperiodischer Übergang						
	Störung			**Führung**		
Regler	$K_{pR} \cdot K_p \approx$	$T_n \approx$	$T_v \approx$	$K_{pR} \cdot K_p \approx$	$T_n \approx$	$T_v \approx$
P	$\frac{T_g}{T_u \cdot 3{,}3}$	–	–	$\frac{T_g}{T_u \cdot 3{,}3}$	–	–
PI	$\frac{T_g}{T_u \cdot 1{,}7}$	$4 \cdot T_u$	–	$\frac{T_g}{T_u \cdot 2{,}9}$	$1{,}2 \cdot T_g$	–
PID	$\frac{T_g}{T_u \cdot 1{,}05}$	$2{,}4 \cdot T_u$	$0{,}42 \cdot T_u$	$\frac{T_g}{T_u \cdot 1{,}7}$	$1 \cdot T_g$	$0{,}5 \cdot T_u$

4: Einstellregeln für stetige Regler

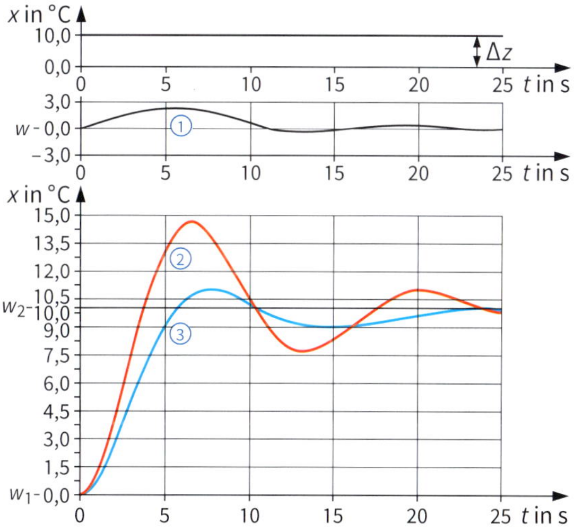

5: Störungs- und Führungsverhalten der Reaktionstemperatur

Aufgaben

1. Aus welchen Einzelkomponenten besteht ein digitaler PI-Regler?
2. Welche Kriterien müssen für die Einstellung von Reglern nach Tabellen beachtet werden?
3. Wann wird statt eines PI-Reglers ein PID-Regler eingesetzt?

- Digitale Regler sind häufig in programmierbaren Steuerungen integriert.
- Der D-Anteil eines Reglers dämpft Störspitzen und sorgt für stabiles Regelkreisverhalten.

11.8 EMV

Hohe Packungsdichten in Elektronikbaugruppen und immer größere Signalverarbeitungsgeschwindigkeiten verursachen in elektronischen Geräten und Systemen Fehler. Diese können häufig auf elektromagnetische Beeinflussungen (EMB) zurückgeführt werden.

Die Schweißperipherie mit dem dazugehörigen Schweißroboter befindet sich in unmittelbarer Nähe der SPS-Steuerung und des Bediengerätes. Die Auszubildenden erhalten den Auftrag, sich über die **elektromagnetische Verträglichkeit (EMV)** [*electromagnetic compatibility (EMC)*] der Anlage zu informieren und sie gegebenenfalls zu verbessern.

11.8.1 EMV-Basisinformationen

Die elektromagnetische Verträglichkeit (EMV) ist die Fähigkeit einer elektrischen Einrichtung, in ihrer elektromagnetischen Umgebung zufrieden stellend zu funktionieren, ohne diese Umgebung, zu der auch andere Einrichtungen gehören, unzulässig zu beeinflussen.

Aus dieser Definition von elektromagnetischer Verträglichkeit lassen sich die folgenden grundsätzlichen Forderungen an Geräte und Anlagen ableiten:

- **Störfestigkeit** [*interference resistance*] erreichen
- **Störaussendungen** [*transient emissions*] vermindern bzw. verhindern

Was versteht man unter Störfestigkeit?

Allgemein ist die Störfestigkeit einer elektrischen Einrichtung gegeben, wenn bis zu einer bestimmten Höhe die **Störgrößen** [*transients*] nicht zu einer Fehlfunktion führen. In speziellen Messlaboren lässt sich die Störfestigkeit z. B. eines Schaltschranks testen (Abb. 1).

1: EMV-Messlabor

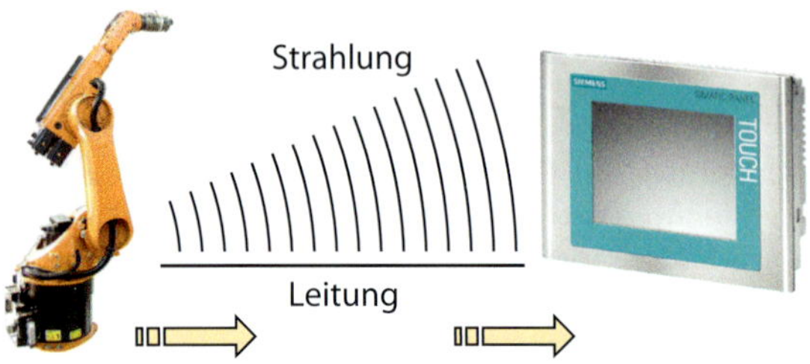

Störquelle	Kopplung	Störsenke
Ursprung von elektromagnetischen Störungen	Übertragung von Energie zwischen Stromkreisen	Elektrische Einrichtung, die von einer Störgröße beeinflusst werden kann

2: Störquelle und Störsenke

Wie sind Störgrößen definiert?

Als Störgröße wird die elektromagnetische Größe bezeichnet, die in elektrischen Einrichtungen einen unerwünschten Effekt hervorrufen kann (Abb. 2).

Man unterteilt die Störgrößen in elektromagnetische Störungen mit

- natürlicher Ursache (z. B. elektrostatische Entladung) und
- technischer Ursache (z. B. Schalten von elektrischen Signalen).

Die folgende Tabelle (Abb. 3) unterteilt die technische Ursache noch einmal in die absichtliche und nichtabsichtliche Aussendung von Störsignalen.

Absichtliche Aussendung	**Nutzbare Signale** – Rundfunk- und Fernsehsender – CB-Funk – Handy
	Verarbeitung von Werkstoffen – Schweißmaschine – Lötanlage – Induktionsofen
Nichtabsichtliche Aussendung	**Unregelmäßige Störung** – Erdschluss – Kurzschluss
	Regelmäßige Störung – Schaltnetzteil – Relais – Phasenanschnittsteuerung

3: Technische Störungsursachen

- Geräte mit hoher elektromagnetischer Verträglichkeit (EMV) verursachen keine elektromagnetischen Störaussendungen.
- Elektromagnetische Störgrößen rufen in elektrischen Einrichtungen einen unerwünschten Effekt hervor.

11.8.2 Netzstörungen

Störungen, die im Niederspannungsnetz auftreten (NF-Bereich), machen es erforderlich, dass verwendete elektrische Geräte eine ausreichende Störfestigkeit aufweisen. Der Versorgungsnetzbetreiber (VNB) muss mit einer Mindestqualität des Netzes dafür sorgen, dass ein störungsfreier Betrieb gewährleistet ist.

Wie entstehen Netzstörungen?

Leitungsgebundene Störungen wie z. B. Oberschwingungen sind eine Folge der heute üblichen elektronischen Geräte und „verschmutzen" das Versorgungsnetz. Viele „moderne" Verbraucher, wie

- Drehzahlregelung,
- Helligkeitssteuerung,
- Akkuladegerät,
- PC oder
- Waschmaschine

erzeugen Netzrückwirkungen. Fehlauslösungen von RCDs, Beleuchtungsschwankungen, Fehlfunktionen von Elektrogeräten und PC Abstürze sind die Folgen.

Netzstörungen haben verschiedene Ursachen und Auswirkungen (Abb. 4). Grundsätzlich werden sie wie folgt eingeteilt:

Spannungsschwankungen ① hervorgerufen z. B. durch Schweißgeräte oder hohe Lastschwankungen.

Spannungseinbrüche ② verursacht z. B. durch Anlauf großer Motoren oder Kurzschlüsse im Netz
⇒ rufen z. B. Drehmomentschwankungen hervor.

Spannungsunterbrechungen ③ durch Zuschalten großer Transformatoren
⇒ verursachen z. B. den Ausfall von Relais.

Überspannungen ④ hervorgerufen durch Schalthandlungen im Mittelspannungsnetz
⇒ können zur Zerstörung von elektrischen Geräten führen.

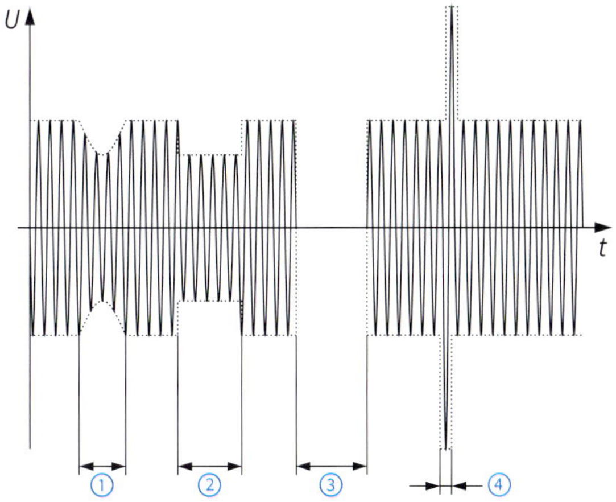

4: Verschiedene Netzstörungen

Wie lassen sich Netzstörungen vermeiden?

Eine Möglichkeit, Oberschwingungen (vgl. Kap. 6.1.6) zu vermeiden und damit ein wesentlich sauberes Versorgungsnetz zu haben, ist die Verwendung von aktiven Filtern (Abb. 5). Durch eine sehr schnelle Messung der Netzströme berechnen aktive Filter die Komplementäre zu den momentanen Oberschwingungen. Ein Strom wird dann gezielt so eingespeist, dass in der Summe wieder ein sinusförmiger Strom entsteht.

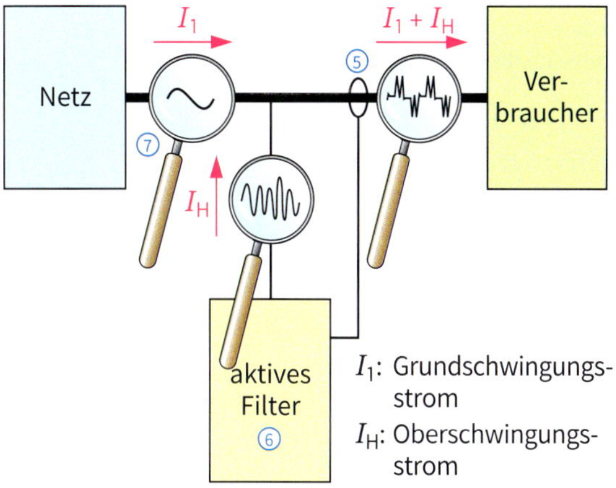

5: Aktive Filter

- Stromwandler ⑤ misst den mit Oberschwingungen belasteten Netz- oder Verbraucherstrom.
- Aktives Filter ⑥ ermittelt vorhandene Oberschwingungsströme.
- Ein Wechselrichter speist die ermittelten Oberschwingungsströme gegenphasig ins Netz ein.
- Stromeinkopplung erfolgt direkt oder über Stromwandler.
- Die Summe aus Verbraucherstrom und Strom des aktiven Filters ergibt eine reine Sinusform ⑦.

Aufgaben

1. Wie werden EMV, Störfestigkeit, Störquelle, Störgröße und Störsenke definiert?
2. Nennen Sie vier Kategorien für Netzstörungen, sowie deren Ursache und Auswirkung.

- Der Versorgungsnetzbetreiber sorgt mit einer Mindestqualität des Netzes dafür, dass ein störungsfreier Betrieb gewährleistet ist.
- Aktive Filter bereinigen das mit Oberschwingungen belastete Versorgungsnetz.

11.8.3 EMV-Maßnahmen

Um die elektromagnetische Verträglichkeit der Schweißperipherie zu verbessern, beabsichtigen die Auszubildenden, die Anlage

- mit einem durchgängigen Schutzpotenzialausgleich zu versehen,
- entsprechende Verbesserungen im Schaltschrank vorzunehmen und
- die Verkabelung zu prüfen.

Wie erreicht man einen durchgängigen Schutzpotenzialausgleich?

Für eine hohe EMV ist ein möglichst eng vermaschter Schutzpotenzialausgleich zwischen allen metallenen Massen, Gehäusen und Anlageteilen notwendig (Abb. 1).

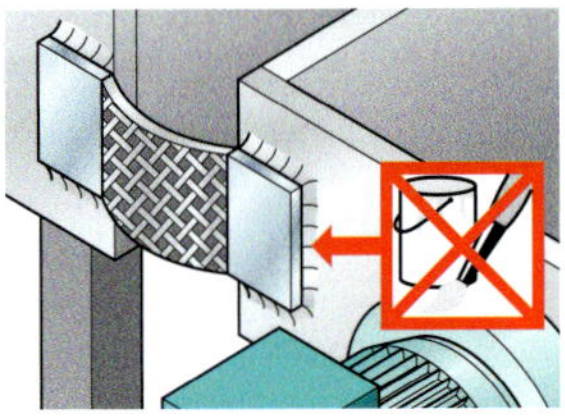

1: Masseverbindung

Mit einem metallenen Kabelkanal, der eine leitende Verbindung zum Schaltschrank haben sollte, erhöht sich ebenso der EMV-Schutz (Abb. 2).

Die Leitungsführung zwischen den verschiedenen Anlageteilen spielt eine wichtige Rolle. Grundsätzlich gilt, dass große Leiterschleifen zu vermeiden sind und stromführende Leitungen möglichst nah am Bezugspotenzial verlegt werden.

- Die optimale HF-Schirmung kann durch eine schlitzfreie leitende Verbindung aller Gehäuseaußenteile erzielt werden.

Welche Verbesserungen sind am Schaltschrank möglich?

Obwohl Schaltschränke aus Stahlblech bereits häufig mit ausreichenden EMV-Eigenschaften einen guten Schutz bieten, gibt es auch hier noch Verbesserungspotential. Dazu gehört

- die räumliche Trennung von störaussendenden und störempfindlichen Komponenten.
- Metallene Teile im Schaltschrank müssen großflächig und leitend miteinander verbunden sein (Abb. 3).

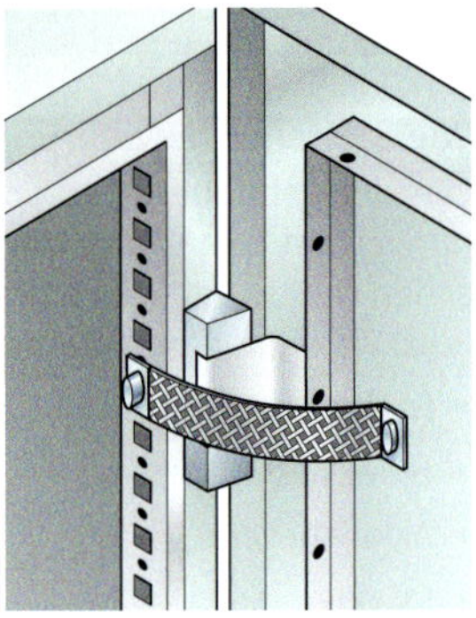

3: Masseband

Durch Öffnungen in der Oberfläche des hoch schirmenden Gehäuses kann die Schirmdämpfung stark verringert werden. Die Störung ist abhängig von der Größe und Geometrie der Öffnungen.

Die optimale HF-Schirmung kann durch ein schlitzfreies Gehäuse und eine leitende Verbindung aller Gehäuseaußenflächen untereinander erzielt werden. Aus dieser Sicht wäre ein komplett verschweißtes Gehäuse ideal.

Durch EMV Sichtfenster, EMV Kabeleinführungen, EMV Filterlüfter, Drahtgitter oder geeignete, handelsübliche Lochbleche für die Schirmung von Ausbrüchen zur Wärmeabführung und anderer Komponenten lassen sich solche unvermeidlichen Leckagen in ihrer Wirkung stark reduzieren.

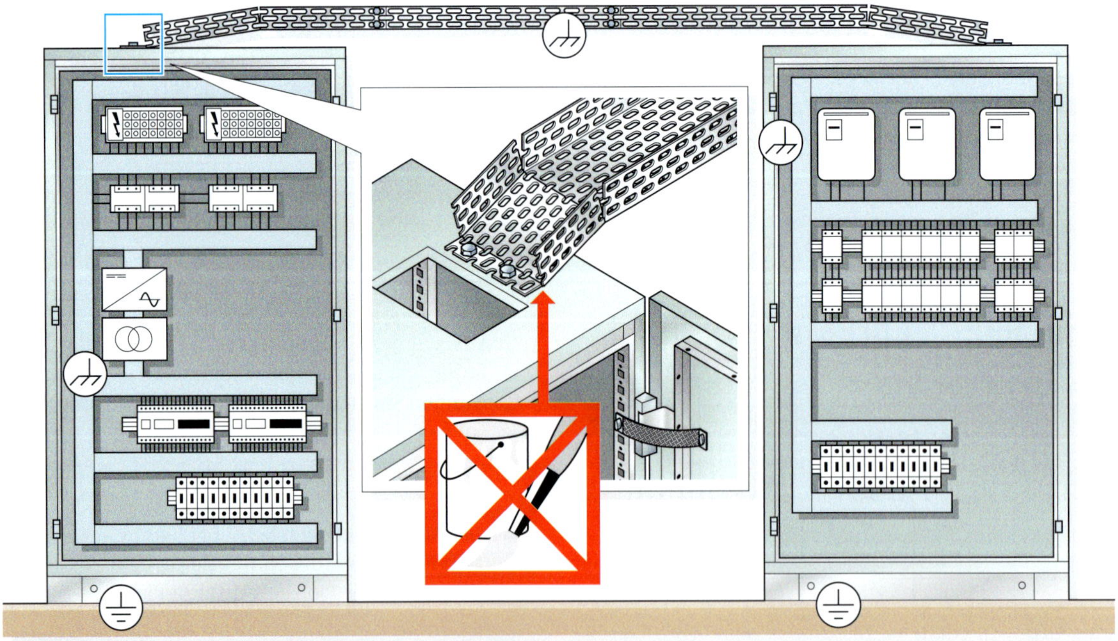

2: Metallener Kabelkanal

Automatisierte Anlagen errichten

Wie kann die Verkabelung optimiert werden?

Leitungen dienen häufig als „Übermittler" von elektromagnetischen Störgrößen. Um diese Eigenschaft zu minimieren, sollten nach Möglichkeit

- geschirmte Leitungen verwendet werden,
- der Leitungsschirm mit 360°-Schellen an der Einführungsstelle mit der Haupterdungsschiene verbunden werden und
- ungenutzte Leiter mit dem Gehäuse befestigt werden (Abb. 4).

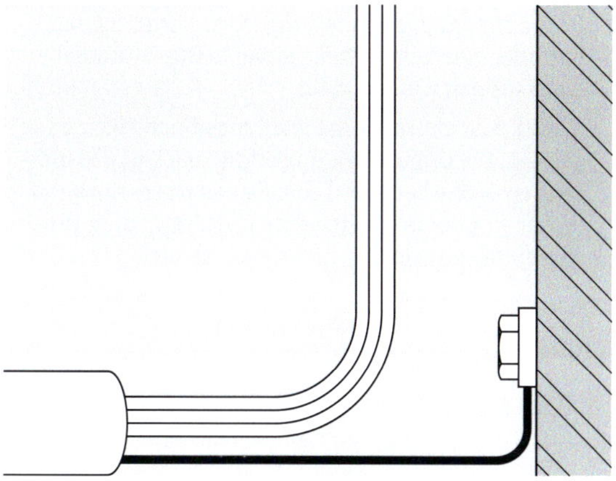

4: Ungenutzte Leiter befestigen

Eine weitere Verbesserung der EMV tritt ein, wenn die Leitungen im Schaltschrank möglichst rechtwinklig und mit genügend Abstand zwischen störaussendender und empfindlicher Leitung verlegt werden (Abb. 5).

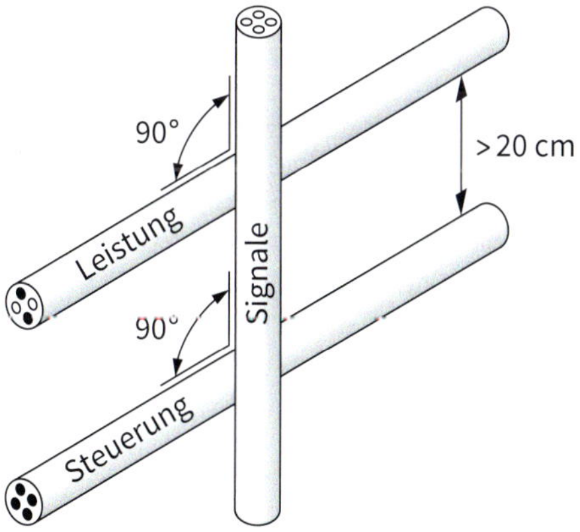

5: Leitungsabstand

Je größer die Frequenz des auftreffenden elektromagnetischen Feldes, um so größer ist der schirmungsmindernde Einfluss von Öffnungen im Gehäuse. Aus diesem Grund sind auch bei Gehäusen einige Punkte, wie die Verwendung spezieller Dichtungen und Kabeldurchführungen zu beachten.

Abschließend erstellen die Auszubildenden noch eine Checkliste für den EMV-gerechten Schaltschrankbau (s. Abb. rechts oben).

Checkliste EMV-Schaltschränke

- ✔ Welche Anforderungen werden an die Schirmwirkung des Gehäuses gestellt?
- ✔ Wird ein besonderes Gehäusematerial nicht nur aus EMV-Gründen benötigt?
- ✔ Welche Schirmwirkung ist in welchem Frequenzbereich erforderlich (bei bekannter Größe und Baureihe)? – Diese Frage führt zur schnellen Auswahl von Standard oder HF-geschirmten Gehäusen über die entsprechenden Dämpfungsdiagramme.
- ✔ Sollen im Gehäuse Störstrahlung aussendende oder gegen Störstrahlung empfindliche Komponenten eingebaut werden?
- ✔ Wird das Gehäuse in einer Umgebung mit Störstrahlung aussendenden oder gegen Störstrahlung empfindlichen Geräten oder Systemen eingesetzt?
- ✔ Welche Anlagen, Maschinen, elektrotechnischen Systeme befinden sich in der näheren Umgebung?
- ✔ Müssen im Gehäuse störaussendende oder störempfindliche Komponenten besonders gekapselt werden?
- ✔ Sind diese Komponenten oder Baugruppen in 19-Zoll-Technik ausgeführt? Dabei entscheidet sich die Auswahl zwischen Baugruppenträger oder Kompaktgehäuse.
- ✔ Welche Ausbrüche müssen in die Gehäuseoberfläche HF-geschirmter Gehäuse eingebracht werden?
- ✔ Werden Klimatisierungskomponenten in EMV-Ausführungen benötigt oder die Lufteintritts- bzw. Luftaustrittsöffnungen separat geschirmt (Drahtgitter, Lochblech, Wabenform)?
- ✔ Müssen für Einbauinstrumente geschirmte Versionen verwendet werden und für Sichtflächen geschirmte Scheiben?

Aufgaben

1. Wie sollte ein Kabelkanal verwendet werden, um die EMV zu erhöhen?
2. Nennen Sie drei Möglichkeiten, die elektromagnetische Verträglichkeit durch eine besondere Verdrahtung zu optimieren.

- Je größer die Frequenz des auftreffenden elektromagnetischen Feldes ist, um so mehr wirken sich Öffnungen im Gehäuse aus.
- Störsignale aussendende Leitungen müssen mit ausreichendem Abstand zu empfindlichen Leitungen verlegt werden.

11.9 Sensoren

11.9.1 Übersicht

Sensoren erfassen physikalische Größen in Systemen der Automatisierungstechnik (Abb. 2) und wandeln sie in elektrische Signale um. Diese werden in analogen bzw. digitalen Systemen verarbeitet und zur Steuerung bzw. Regelung verwendet. Mit der Ausgangsgröße des Verarbeitungssystems werden über Stellglieder **Aktoren** [*actuators*] angesteuert, um dann z. B. Bewegungen oder Kräfte zu erzeugen.

Sensoren besitzen unterschiedliche Merkmale. Einige davon sind in Abb. 1 dargestellt.

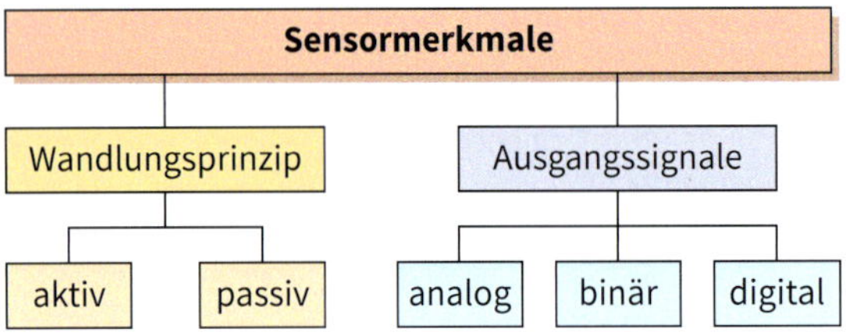

1: Sensormerkmale

Aktive Sensoren wandeln bevorzugt die zu messende Größe direkt in eine elektrische Spannung um.

Beispiele:
- Temperatur ⇒ Spannung (Thermoelement)
- Magnetische Flussdichte ⇒ Spannung (Hallsonde)
- Kraft ⇒ Ladung (Piezokristall)
- Beleuchtungsstärke ⇒ Stromstärke (Fotodiode)

Passive Sensoren benötigen zur Umwandlung der zu messenden Größe elektrische Energie (indirekte Umwandlung). Die elektrische Energie (Stromstärke, Spannung) wird durch die Sensorgröße beeinflusst.

Ausgangssignale von Sensoren

- **Analogausgang**
  Das Messsignal wird in ein stetiges Ausgangssignal umgewandelt.
  Genormte Bereiche:
  - Spannung 0 V ... 10 V; 2 V ... 10 V
  - Stromstärke 0 mA ... 20 mA; 4 mA ... 20 mA
- **Binärausgang (schaltende Sensoren)**
  Am Ausgang sind nur zwei Zustände möglich, zwischen denen bei Über- bzw. Unterschreitung eines Schwellwertes gewechselt wird. Wenn die beiden Schwellwerte verschieden sind, ergibt sich im Schaltverhalten eine **Hysterese** [*hysteresis*].
  Beispiele:
  - Näherungsschalter durch kapazitive, induktive oder optische Beeinflussung (Lichtschranken)
  - Ultraschall-Näherungsschalter
- **Digitalausgang**
  Das Ausgangssignal ist ein digital codiertes Signal, das über eine Schnittstelle direkt in Bus-Systeme eingekoppelt werden kann.

In Abb. 3 ist eine andere Einteilungsmöglichkeit dargestellt. Die Unterscheidung erfolgt nach der zu messenden Größe bei unterschiedlichen Messprinzipien (s. nachfolgende Kapitel über Sensoren), dem Umwandlungsprinzip und dem Einsatzgebiet.

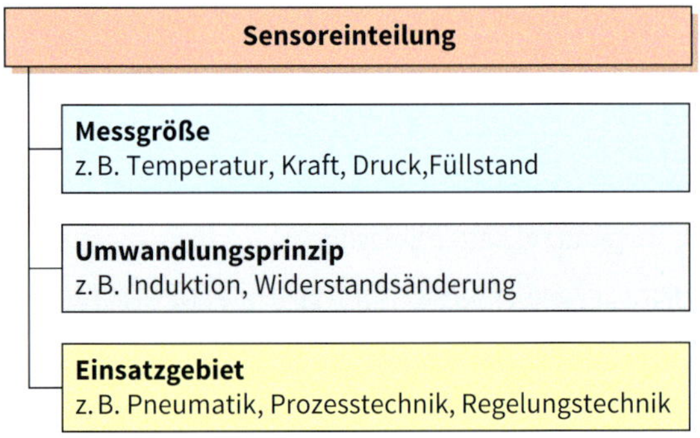

3: Sensoreinteilung

- Sensoren sind Messwertaufnehmer. Sie ermitteln den Ist-Wert von Steuerungen bzw. Regelungen.
- Sensoren können in aktive und passive Sensoren eingeteilt sowie nach der Art ihres Ausgangssignals unterschieden werden.
- Eine Sensoreinteilung kann nach der Messgröße, dem Umwandlungsprinzip oder dem Einsatzgebiet erfolgen.

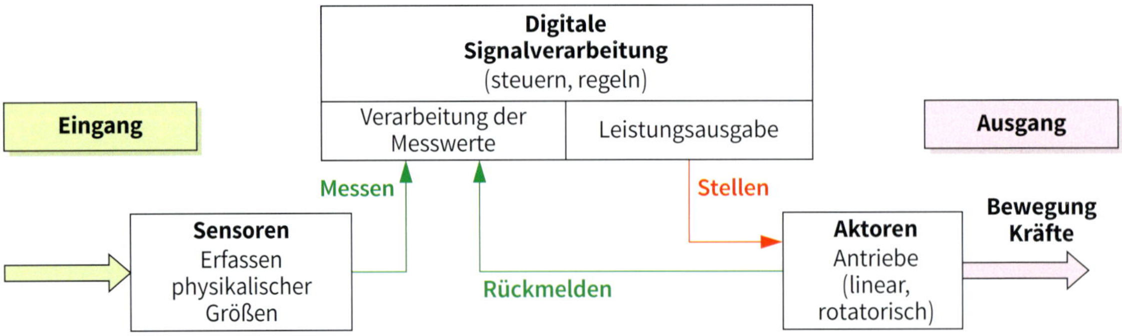

2: Zusammenwirken von Sensoren und Aktoren

11.9.2 Temperatursensoren

Als **passive Sensoren** werden in der Regel temperaturabhängige Widerstände aus **Platin** (Pt) oder **Nickel** (Ni) verwendet (**Widerstandsthermometer**). Der Messbereich geht von – 200 °C bis + 850 °C. Die Bemessungswerte werden bei 0 °C angegeben. Die Bezeichnungen lauten dann z. B. Pt 100 oder Ni 100 (100 Ω bei 0 °C).

In DIN 43764 bis DIN 43769 sind verschiedene Schutzrohr-Bauformen für unterschiedliche Aufgabenstellungen festgelegt. In Abb. 4 ist die Form B (Rohr mit angeschweißtem Gewinde G 1/2 A) dargestellt.

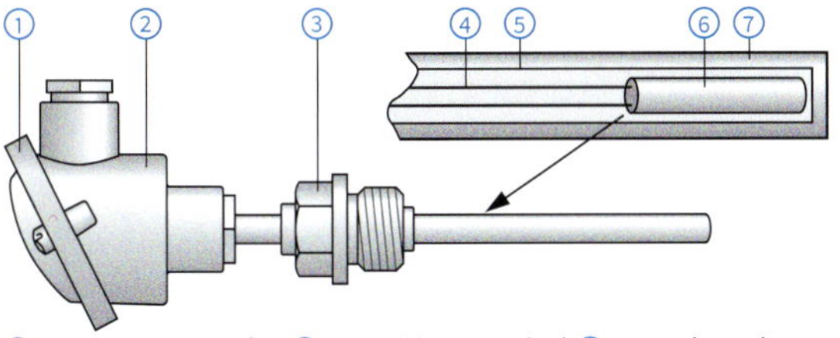

① Anschlusskopf ② Anschlusssockel ③ Verschraubung
④ Anschlussdrähte ⑤ Einsatzrohr ⑥ Temperatursensor
⑦ Schutzrohr

4: PT 100, Form B

Passive Temperatursensoren werden in einer Brückenschaltung in Zwei-, Drei- oder Vierleitertechnik betrieben.

Bei der **Zweileitertechnik** [*two-wire technique*] (Abb. 5a) sind der Sensor und die Auswerteschaltung gemeinsam mit einer zweiadrigen Leitung verbunden. Da der Leiterwiderstand und der Sensor in Reihe liegen, kommt es zu einer Messwertverfälschung.

Bei der **Dreileitertechnik** [*three-wire technique*] (Abb. 5b) wird ein zusätzlicher Leiter zum Sensor geführt, sodass zwei Messkreise entstehen. Der Leiterwiderstand sowie seine Temperaturabhängigkeit lassen sich kompensieren.

Bei der **Vierleitertechnik** [*four-wire technique*] (Abb. 5c) fließt durch den Sensor ein konstanter Strom. Der Spannungsfall am Sensor wird abgegriffen und an den Eingang einer hochohmigen Auswerteschaltung geführt. Leiterwiderstände und deren Temperaturabhängigkeit sind weitgehend ohne Einfluss.

Als aktive Sensoren werden **Thermoelemente** [*thermoelements*] eingesetzt. Sie sind für große Temperaturbereiche – 200 °C bis 2800 °C geeignet und bestehen im Prinzip aus zwei unterschiedlichen miteinander verschweißten Metalldrähten wie z. B. Kupfer und Kupfer-Nickel, Eisen und Kupfer-Nickel oder Platin und Rhodium-Platin. Die Verbindungsstelle wird als Thermopaar bezeichnet.

Ein Sensor besteht aus zwei gleichartigen Thermopaaren. Besteht zwischen beiden ein Temperaturunterschied, entsteht an den Anschlussstellen ein Ladungsunterschied. Diese Spannung (**Thermospannung**) liegt je nach Thermoelement zwischen 7 µV/°C und 75 µV/°C.

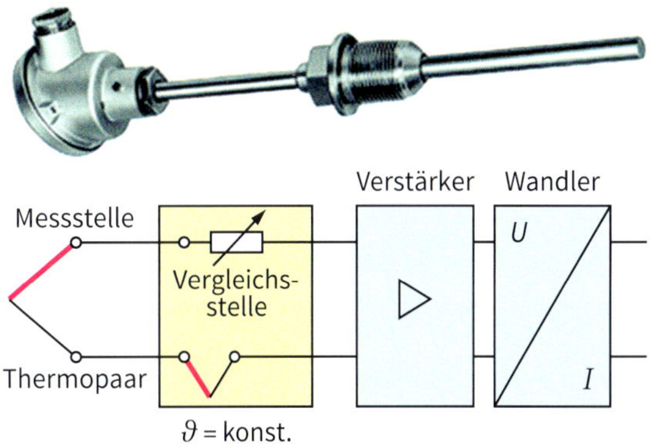

6: Thermoelement mit Prinzipschaltung

Den grundsätzlichen Aufbau eines Thermoelements zeigt Abb. 6. Ein Thermopaar befindet sich an der Messstelle. Die Verbindungsleitungen bestehen aus dem gleichen Material. Danach folgt die Vergleichsstelle, in der das zweite Thermopaar auf einer konstanten Temperatur gehalten wird. Anschließend erfolgen eine Signalverstärkung und eine Wandlung der Spannung in die gewünschte Ausgangsgröße.

- Zur Temperaturmessung werden temperaturabhängige Widerstände und Thermoelemente eingesetzt.
- Thermoelemente besitzen eine Messstelle und eine Temperaturvergleichsstelle, die eine konstante Temperatur haben muss.

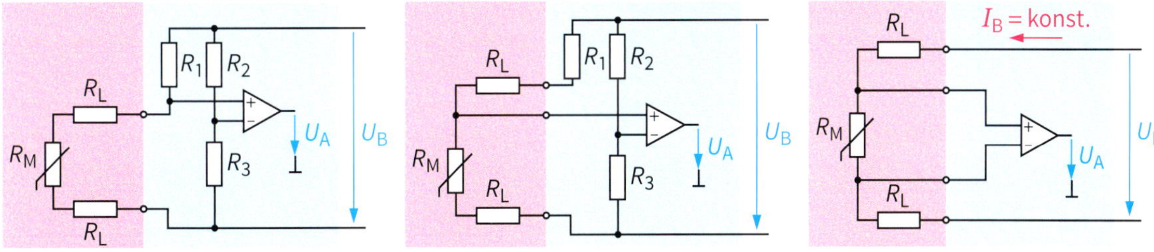

a) Zweileitertechnik b) Dreileitertechnik c) Vierleitertechnik

5: Anschlusstechnik für Sensoren

11.9.3 Druck- und Kraftsensoren

Bei der Druckmessung wird die Kraft, bezogen auf eine bestimmte Fläche, gemessen. Als Einheit dient das bar (1 bar entspricht einem Druck von $10^5\ N/m^2$).

Als Druck- bzw. Kraftsensoren werden metallene **Dehnmessstreifen** (DMS) eingesetzt. Sie bestehen aus einem dünnen Draht, der in einer Kunststofffolie eingebettet ist (Abb. 1). Durch die Dehnung des Drahtes treten Längen- und Querschnittsänderungen auf. Der Widerstand ändert sich dadurch. Die Widerstandsänderung ist proportional zur Dehnung.

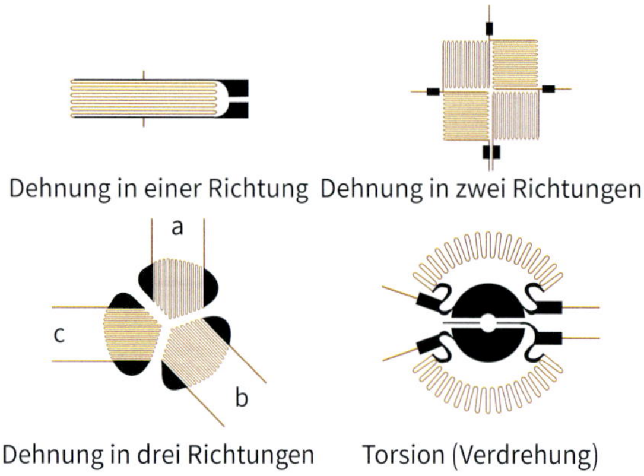

1: Bauformen von Dehnmessstreifen

Neben metallenen Dehnmessstreifen werden **Halbleiter-Dehnmessstreifen** eingesetzt. Bei **Silizium-Drucksensoren** (Abb. 2) sind auf der Vorderseite eines Si-Plättchens genau definierte Widerstandsbahnen hergestellt worden. Zur Auswertung werden die vier Widerstände (R_1, R_2, R_3, R_4) in einer Brückenschaltung verbunden. Wenn sich jetzt die Membran aufgrund des Drucks durchbiegt, werden zwei Widerstände gedehnt und zwei gestaucht. Es kommt zu einer Widerstandsänderung in den Halbleitermaterialien. Man spricht hierbei von dem **piezoresistiven** Effekt (piezo: griechisch pressen, drücken). Er ist bei Halbleitern größer als bei Metallen.

Drucksensoren dieser Art erfordern mindestens vier Anschlüsse. Zwei dienen der Spannungszuführung, an den anderen wird die Messspannung abgenommen. Je nach Druck und Betriebsspannung erhält man eine Ausgangsspannung im mV-Bereich. Durch entsprechend nachgeschaltete Verstärker kann sie vergrößert werden.

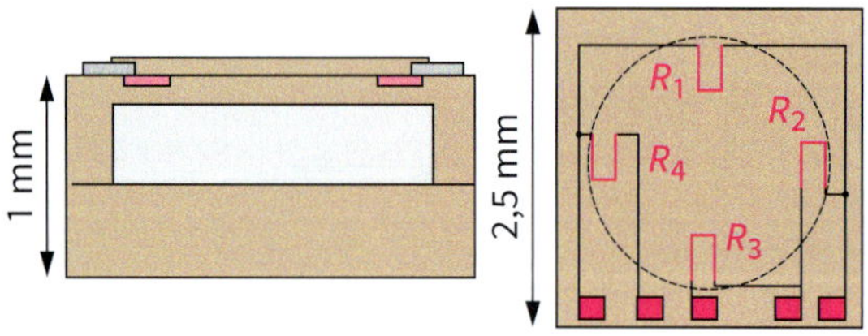

2: Aufbau eines Si-Drucksensors

Anwendung

Zur Messung werden Dehnmessstreifen auf Werkstücke geklebt. Durch eine entsprechende Belastung (Druck, Kraft, Drehmoment) kommt es im Dehnmessstreifen zu einer Widerstandsänderung, die man dann über eine Auswerteschaltung messen und zur Steuerschaltung eines Prozesses verwenden kann. Oft werden mehrere Dehnmessstreifen zur Erhöhung der Widerstandsänderung zusammengeschaltet (Abb. 3).

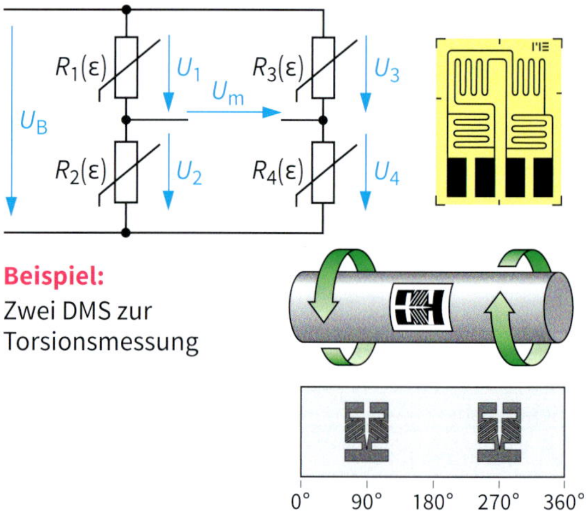

3: Anwendung von Dehnmessstreifen

Besonders bei der spanabhebenden Bearbeitung von Metallen werden präzise Kraftmessgeräte mit einem großen Messbereich benötigt. **Piezoelektrische Kraft- und Drucksensoren** (Piezosensoren) [***piezoelectric force and pressure sensors***] sind hierfür geeignet. Ein einzelner Sensor kann z. B. den Bereich von 20000 N bis zu Bruchteilen von 1 N erfassen. Ausgenutzt wird dabei der bei Quarzen auftretende piezo-elektrische Effekt. Bei Krafteinwirkungen verschieben sich die im Kristallverband eingelagerten Ladungen derart, dass zwischen den Elektroden an der Oberfläche Ladungsunterschiede auftreten (Abb. 4a). Die geringe Spannung muss verstärkt werden.

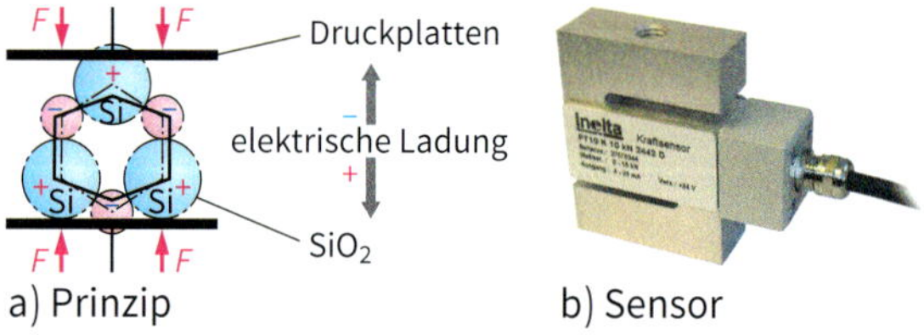

4: Piezosensor

- Bei Dehnmessstreifen wird die Widerstandsänderung von Metallen oder Halbleitermaterialien zum Messen von Druck, Kraft oder Drehmoment verwendet.
- Bei Piezosensoren entstehen durch Kräfte Ladungen an den Kristalloberflächen.

11.9.4 Durchflusssensoren

Diese Sensoren werden verwendet, um den Durchfluss von Flüssigkeiten oder Gasen zu messen. Aus den gewonnenen Daten kann dann die Geschwindigkeit und der Materialtransport (Menge) innerhalb einer bestimmten Zeit ermittelt werden. Die Messungen können **direkt** durch mechanische Sensoren oder **indirekt** über die Änderung physikalischer Größen erfolgen. Bei den indirekten Verfahren gibt es keine beweglichen Teile, die einem Verschleiß unterliegen und gewartet werden müssen. Außerdem erzielt man eine höhere Genauigkeit als bei der direkten Messung.

Magnetisch-induktive Durchflussmessung

Voraussetzung ist eine elektrisch leitende Flüssigkeit. Sie strömt durch ein elektrisch isoliertes Rohr (Abb. 5). Durch zwei Feldspulen ① wird ein konstantes Magnetfeld erzeugt, das die Flüssigkeit durchdringt. Die im fließenden Stoff enthaltenen Ladungen werden abgelenkt, sodass an zwei außen liegenden Elektroden ② eine elektrische Spannung entsteht. Diese ist proportional zur Fließgeschwindigkeit.

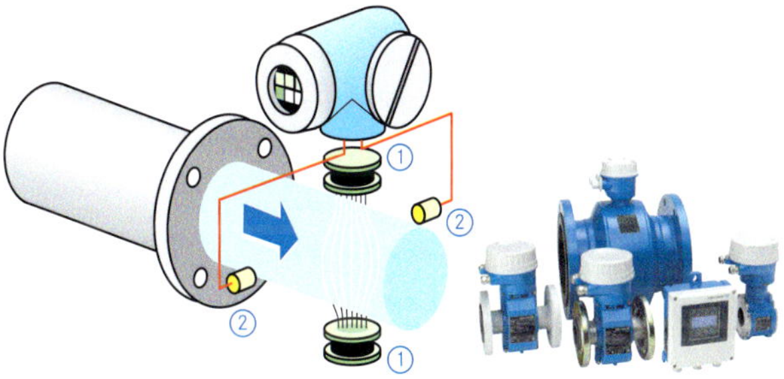

a) Prinzip b) Bauformen

5: Induktive Durchflussmessung

Coriolis-Massendurchflussmessung

Wenn eine in Bewegung befindliche Masse einer Schwingung quer zur Bewegungsrichtung ausgesetzt wird, treten Kräfte auf (Corioliskräfte). Im Sensor werden deshalb zwei Messrohre (Abb. 6 ③) in Schwingung versetzt, sodass diese Corioliskräfte entstehen. Die durch die Kräfte veränderte Rohrschwingungsgeometrie wird erfasst und ausgewertet. Verwendbar ist das Verfahren für alle Flüssigkeiten.

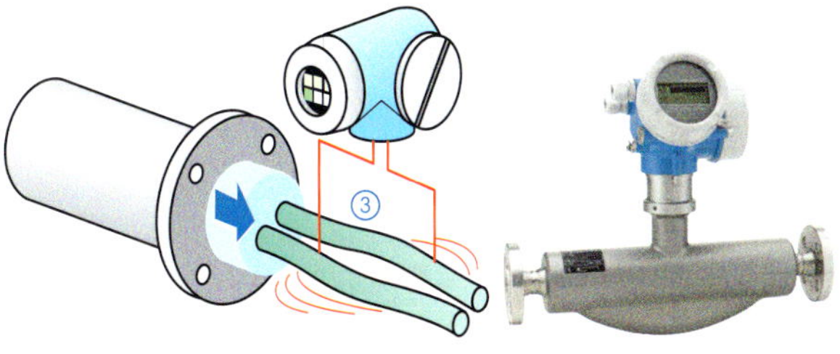

a) Prinzip b) Bauform

6: Coriolis-Massendurchflussmessung

Wirbelzähler-Durchflussmessung

In strömenden Flüssigkeiten und Gasen treten nach Hindernissen (Abb. 7 ④, z. B. Staukörper) Wirbel auf. Durch die abgelösten Wirbel entsteht dabei abwechselnd ein lokaler Über- oder Unterdruck. Diese werden durch einen kapazitiven Sensor ⑤ erfasst. Die Frequenz der Wirbelablösung ist proportional zur mittleren Fließgeschwindigkeit. Auch dieses Verfahren ist für elektrisch leitfähige und nicht leitfähige Flüssigkeiten geeignet.

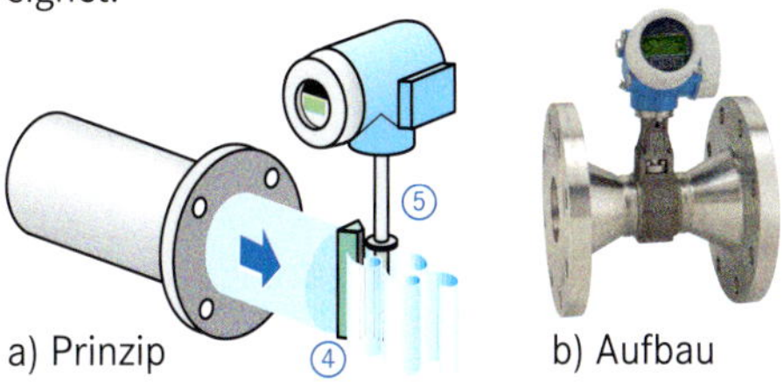

a) Prinzip b) Aufbau

7: Wirbelzähler-Durchflussmessung

Ultraschall-Durchflussmessung

Bei dem in Abb. 8a dargestellten Messverfahren werden die Schallwellen von den in einer Flüssigkeit befindlichen Teilchen reflektiert. Wenn sich die Teilchen nun in der strömenden Flüssigkeit bewegen, kommt es zu einer **Frequenzverschiebung** (Doppler-Effekt). Je größer die Geschwindigkeit ist, desto größer ist auch die Verschiebung zwischen den abgestrahlten und reflektierten Wellen.

In Abb. 8b sind zwei Wandler versetzt zur Strömungsrichtung positioniert. Sie senden und empfangen pulsförmige Wellenpakete in Strömungsrichtung und gegen die Strömungsrichtung. Es kommt zu auswertbaren Schwingungsüberlagerungen (**Laufzeitdifferenzen**).

Ebenfalls berührungslos arbeiten **optoelektronische Durchflusssensoren**. Mit einem Laser wird Licht durch das Medium geschickt. Je nach Strömungsgeschwindigkeit kommt es an den Teilen zu unterschiedlichen Lichtstreuungen. Die Signale werden dann durch optische Sensoren erfasst und ausgewertet.

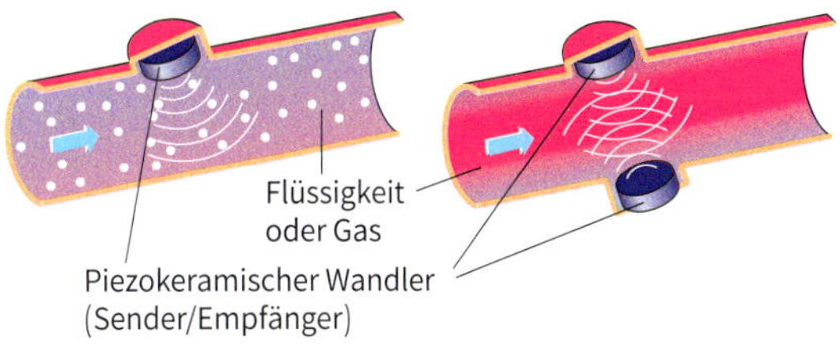

a) Frequenzverschiebung b) Laufzeitunterschiede

8: Ultraschall-Durchflussmessung

- Licht- und Schallwellen werden durch Teilchen in Gasen und Flüssigkeiten beeinflusst. Die Änderung wird von Sensoren erfasst.

11.9.5 Füllstandssensoren

In vielen Bereichen der Automatisierungstechnik ist es erforderlich, Behälter bis zu einer gewissen Höhe mit Flüssigkeiten (z. B. Öl, Wasser) oder Schüttgut zu füllen. Verwendet werden unterschiedliche Füllstandssensoren (Abb. 1). Sie arbeiten mechanisch, kapazitiv, mit Wellen (Schall, Ultraschall, Radar) oder optisch.

Ohne mechanisch bewegte Teile arbeitet der **kapazitive Füllstandssensor**. Zwischen der Sonde und der Tankwandung (Abb. 2) bildet sich eine Kondensatorkapazität. Durch die Flüssigkeit (isolierte Flüssigkeit) ändert sich die Kapazität. Bei Erreichen einer bestimmten Endkapazität wird der Zufluss unterbrochen. Die Genauigkeit dieses Verfahrens wird u. a. durch die Zusammensetzung der Flüssigkeit, Umgebungstemperatur und Luftfeuchtigkeit mitbestimmt.

Anders arbeitet der **Reflexions-Füllstandssensor** [*reflex level sensor*]. Der Sender (Abb. 3 ①) strahlt über einen elektro-akustischen Wandler Schallwellen ab, die sich mit einer bestimmten Geschwindigkeit c ausbreiten. An der Flüssigkeitsoberfläche werden sie dann reflektiert und im Empfänger registriert. Sender und Empfänger bilden dabei eine Einheit. Die **Laufzeit** [*propagation time*] (Zeit = Weg/Geschwindigkeit) der Signale zwischen Sender und Empfänger ist ein Maß für die Füllstandshöhe.

Der Füllstand kann aber auch mit den in 11.10.3 beschriebenen **Drucksensoren** ermittelt werden. Am Boden des Behälters befindet sich der Drucksensor (Abb. 4a), der nach dem piezoresistiven Verfahren arbeitet. Da der Druck in der Flüssigkeit nur von der Höhe der über ihm befindlichen Flüssigkeitssäule abhängig ist, kann beim Erreichen eines vorgegebenen Endwertes ein Abschalten der Flüssigkeitszufuhr erfolgen.

Auch mit Hilfe von **Lichtleitern**, **Lichtsendern** und **Lichtempfängern** lassen sich Füllstandssensoren aufbauen. Das Licht in Abb. 4b tritt in den Lichtleiter ein, gelangt an die Sensorspitze, wird von dort an einem Prisma reflektiert und gelangt zum Empfänger. Wenn die Flüssigkeit die Spitze erreicht hat, wird das Licht am Prisma weniger reflektiert und gelangt somit auch nicht mehr vollständig zum Empfänger. Ein Schaltimpuls stoppt dann die Flüssigkeitszufuhr.

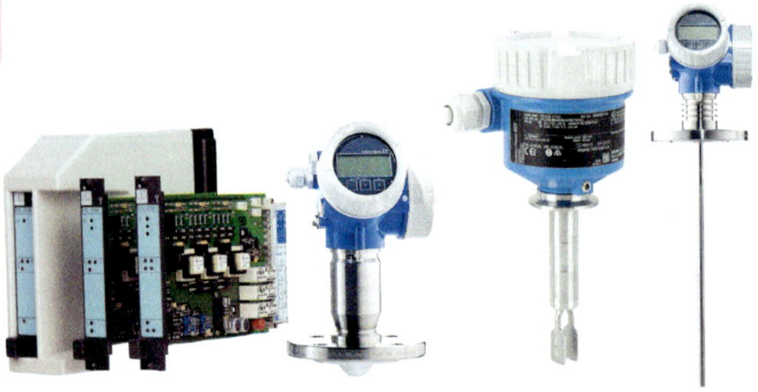

1: Füllstandssensoren

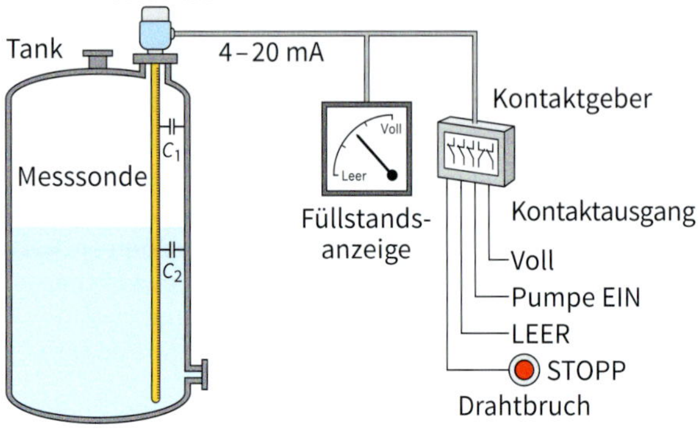

2: Kapazitiver Füllstandssensor

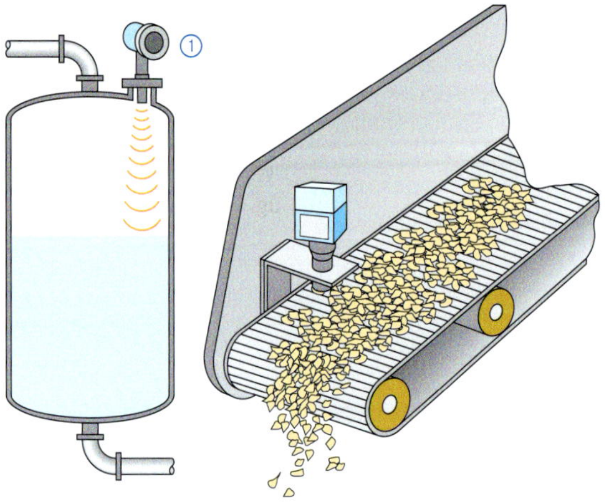

3: Ultraschall Reflexions-Füllstandssensor

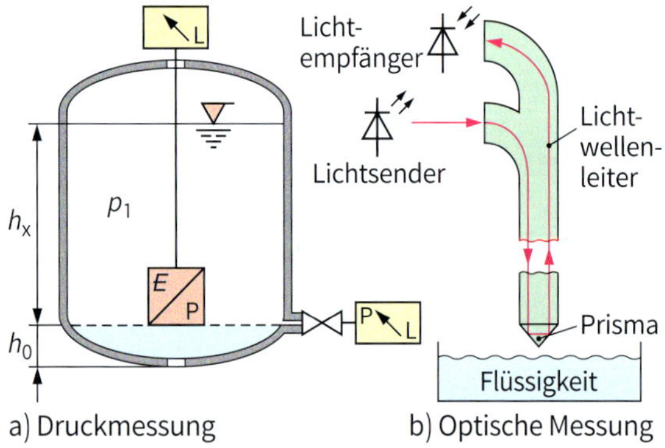

4: Füllstandsmessung

- Bei einem kapazitiven Füllstandssensor ändert sich die Kapazität in Abhängigkeit vom Flüssigkeitsstand.
- Bei der Füllstandsmessung werden Wellenreflexionen (Schall, Ultraschall, Radar, Licht) an der Oberfläche von Flüssigkeiten oder Schüttgut ausgewertet.
- Der Druck einer Flüssigkeitssäule kann zur Messung des Füllstandes verwendet werden.

11.9.6 Positionssensoren

Positionssensoren werden zur Erfassung von **Wegen**, **Winkeln** und **Richtungen** eingesetzt. Je nach Einsatzgebiet werden photoelektrische oder magnetische Sensoren sowie Schleifkontakte verwendet. Man unterscheidet inkrementale und absolute Messverfahren.

Eine Messung ist dann inkremental, wenn sie schrittweise ausgeführt wird. Als Beispiel dient der **Inkremental-Drehgeber** [*incremental encoder*] in Abb. 6, der zur Winkel- bzw. Wegmessung verwendet werden kann. Auf einer Scheibe sind eine bestimmte Anzahl Hell-/Dunkelzonen aufgebracht (Abb. 5a), die mit einem Lichtstrahl abgetastet werden. Die Messung erfolgt über eine Impulszählung und Auswertung der Signale. Mit ihnen lässt sich die Drehrichtung ermitteln. Einmal pro Umdrehung wird ein zusätzliches Signal zur Nullpunktbestimmung ausgewertet.

Bei einem **Absolut-Drehgeber** [*absolute encoder*] ist jeder Winkelposition ein eindeutig codierter Positionswert zugeordnet. Der absolute Wert steht unmittelbar nach dem Einschalten zur Verfügung. Verwendet wird dazu eine **Codescheibe** [*code disk*] (Abb. 5b). Die Hell-Dunkel-Markierungen werden vom Licht einer Infrarot-Leuchtdiode durchstrahlt und entsprechen einem bestimmten Code. Bei jeder Umdrehung entsteht somit eine bestimmte Bitfolge für die Auswertung zur Verfügung.

Beispiele:

- Drehzahl- und Positionserfassung von Motoren
- Steuerung und Regelung von Förderanlagen
- Überwachung von Transportbändern

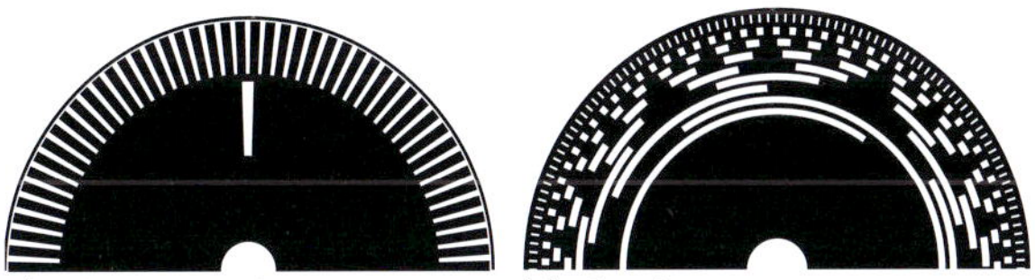

a) Inkremental b) Absolut

5: Impulsschreiben bei Drehgebern

6: Inkremental-Drehgeber

Näherungssensoren

Mit diesen Sensoren wird eine Annäherung bzw. Entfernung von einem Objekt ermittelt und dann in der Regel ein Schaltimpuls ausgelöst. Sie werden deshalb auch als Näherungsschalter bezeichnet und arbeiten induktiv (magnetisches Feld), kapazitiv (elektrisches Feld) oder optisch (Licht).

Ein **induktiver Näherungssensor** [*proximity sensor*] besteht aus einem LC-Schwingkreis (Abb. 7a), einer Auswerteschaltung und einem Schaltverstärker. Mit dem Schwingkreis wird ein hochfrequentes elektromagnetisches Wechselfeld erzeugt, welches aus dem Sensor heraustritt. Nähert sich z. B. eine Metallfahne (z. B. Eisen, Aluminium, Kupfer) der Fläche, werden Wirbelströme erzeugt. Diese Verluste entziehen dem Schwingkreis Energie und dämpfen die Schwingungen. Diese Information wird dann in ein Schaltsignal umgewandelt.

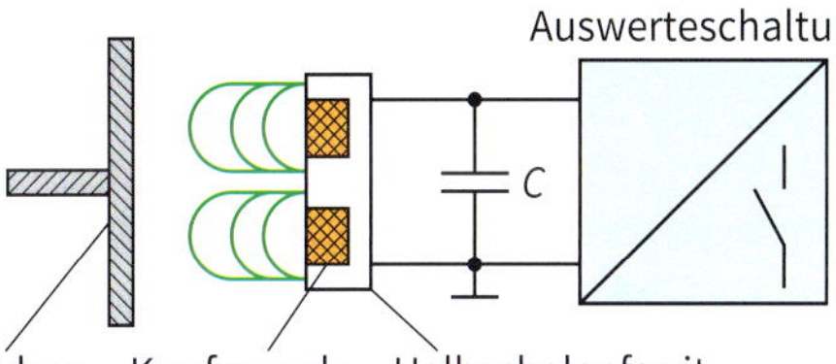

a) Prinzip

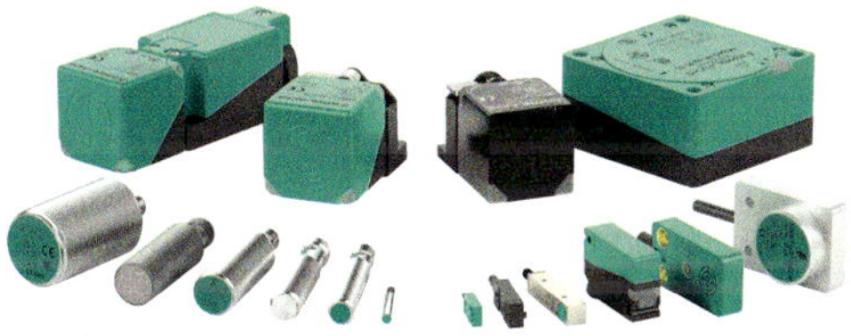

b) Bauformen

7: Induktive Näherungssensoren

Kapazitive Näherungssensoren [*capacitive proximity sensors*] arbeiten im Prinzip wie induktive Näherungssensoren, allerdings mit einem elektrischen Feld. Mit ihnen können nichtleitende (Glas, Wasser, Kunststoff) und leitende Objekte erfasst werden.

Anwendungen

Füllstandsüberwachung, Anwesenheitskontrolle, Niveaukontrolle, Endkontrolle bei Verpackungsvorgängen usw.

- Ein Drehgeber besitzt eine kreisförmige Abfolge von Hell-Dunkel-Zonen.
- Bei induktiven Näherungssensoren wird das Magnetfeld einer Spule (Induktivität) durch ferromagnetische Materialien oder andere Metalle verändert.
- Bei kapazitiven Näherungssensoren wird durch verschiedene Materialien (Glas, Wasser, Kunststoff) die Kapazität eines Schwingkreises geändert und dadurch ein Schaltvorgang ausgelöst.

11.10 Aktoren

11.10.1 Übersicht

Ein Aktor ist das Ausgabeglied einer Steuerung bzw. Regelung (Abb. 1). Er wird mit einer Hilfsenergie betrieben und stellt an seinem Ausgang die gewünschte Energieform zur Verfügung. Sehr häufig werden Aktoren dazu benutzt, um mechanische Energie mit z. B. folgenden Auswirkungen abzugeben:

- Halten einer Position
- Geradlinige Bewegung
- Bewegung in vorgegebenen Bahnen
- Änderung der Geschwindigkeit (Beschleunigung)
- Drehbewegung (Rotation)
- Pendelbewegung, Schwingung
- Transport von Massen
- Erzeugung eines Drehmoments
- Kraftwirkung auf andere Körper

Aktoren werden aber auch benutzt, um mit Geräten zu heizen oder zu kühlen bzw. Räume zu beschallen. Auch Lichtquellen kann man als Aktoren bezeichnen, da sie angesteuert werden und elektrische Energie in Licht umwandeln. Ein weiteres Anwendungsgebiet umfasst das Fördern von Gasen, Flüssigkeiten oder Körpern.

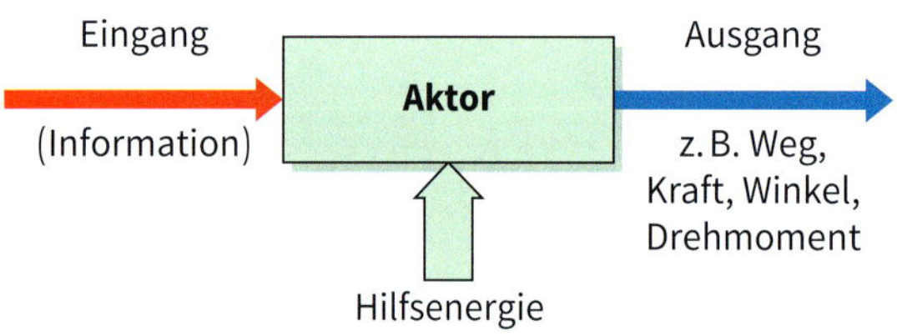

1: Aktor

Eine Einteilung der Aktoren kann entsprechend ihrer Hilfsenergie erfolgen. Die wichtigste Hilfsenergie ist die elektrische Energie (Abb. 2). Sie wird bei Elektromotoren und Elektromagneten verwendet. Beim **Elektromotor** entsteht eine Kraftwirkung auf stromdurchflossene Leiter im Magnetfeld (elektrodynamisches Prinzip). Dabei unterscheidet man **fremdgeführte** (z. B. Schrittmotoren) und **selbstgeführte** Motoren (z. B. Gleichstrommotor).

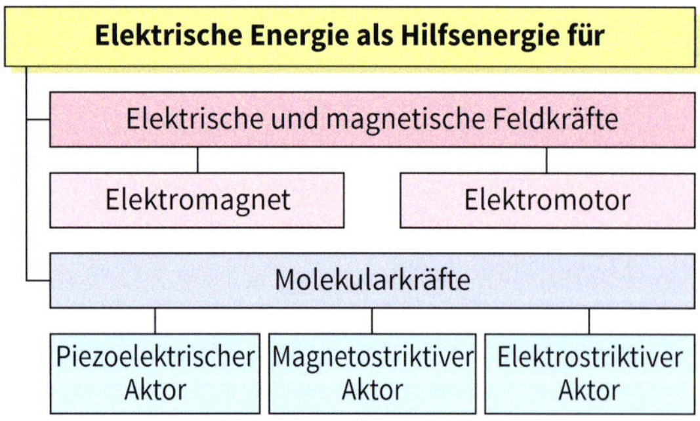

2: Elektrisch betriebene Aktoren

Beim **Elektromagneten** treten Anziehungskräfte zwischen ungleichnamigen und Abstoßungskräfte zwischen gleichnamigen Magnetpolen auf (elektromagnetisches Prinzip).

Verschiedene physikalische Effekte (piezoelektrisch, **magnetostriktiv** [*magnetostrictive*] und **elektrostriktiv** [*electrostrictive*]) lassen sich einsetzen, um mit Molekularkräften Aktoren mit kleinen Abmessungen herzustellen. Durch Ausnutzung elektrischer Energie können sehr präzise, schnelle und kurze Auslenkungen und Schwingungen erzeugt sowie Kräfte ausgeübt werden.

Auch Strömungsenergie wird als Hilfsenergie bei Aktoren verwenden (Abb. 3). In der **Pneumatik** [*pneumatics*] (pneuma: griechisch Wind, Atem) wird Druckluft als Energiequelle verwendet. In der **Hydraulik** [*hydraulics*] (Hydraulike: griechisch Wasserkunst) dagegen werden als strömende Medien Flüssigkeiten eingesetzt, in der Regel Öl. Mit beiden Techniken lassen sich verschiedene Stelleinrichtungen (Zylinder, Motoren, vgl. Kap. 11.11.4) betreiben. Aktoren in der Hydraulik werden auch als fluidische Aktoren bezeichnet (Fluid: lateinisch Flüssigkeit).

Auch mit thermischer Energie lassen sich Kräfte und Bewegungen über die Ausdehnung von Körpern und Flüssigkeiten bei Wärmezufuhr (Thermobimetall) oder über Molekularkräfte erzeugen (vgl. Kap. 11.11.3). Die Veränderungen laufen erheblich langsamer ab als bei elektrisch arbeitenden Aktoren.

Für die Ansteuerung von Aktoren werden entsprechende Wandler benötigt, die über analoge, binäre oder digitale Signale angesteuert werden. Die Ausgangsgröße des Aktors ist in der Regel eine analoge Größe.

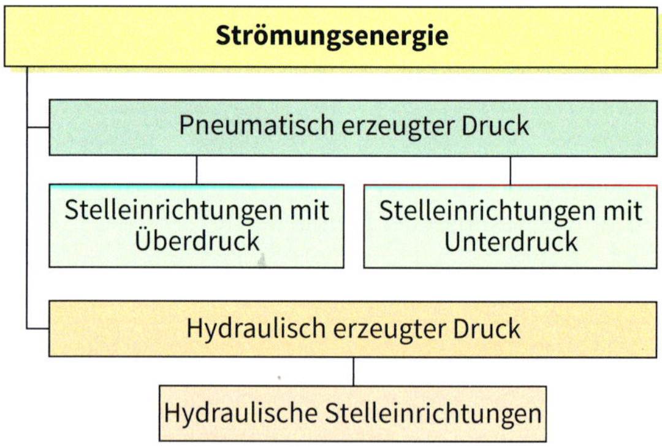

3: Aktoren mit Strömungsenergie

- Ein Aktor erzeugt mit einer Hilfsenergie eine bestimmte Aktion bzw. einen Effekt. Dabei wird die Eingangsgröße in eine andersartige Ausgangsgröße umgeformt.
- Als Hilfsenergien für Aktoren werden elektrische Energie, Strömungsenergie oder thermische Energie eingesetzt.

11.10.2 Thermische Aktoren

Thermobimetalle [*thermostatic bimetals*] sind das Ausgangsmaterial für thermische Aktoren. Sie sind Verbundstoffe, die aus mindestens zwei Metallen mit unterschiedlichen Wärmeausdehnungskoeffizienten bestehen. Bei Temperaturänderung kommt es zu einer Krümmung. Diese kann je nach Aufbau zu einer Hub- oder Drehbewegung führen (Abb. 4). Materialien sind häufig Nickel-Eisen-Legierungen.

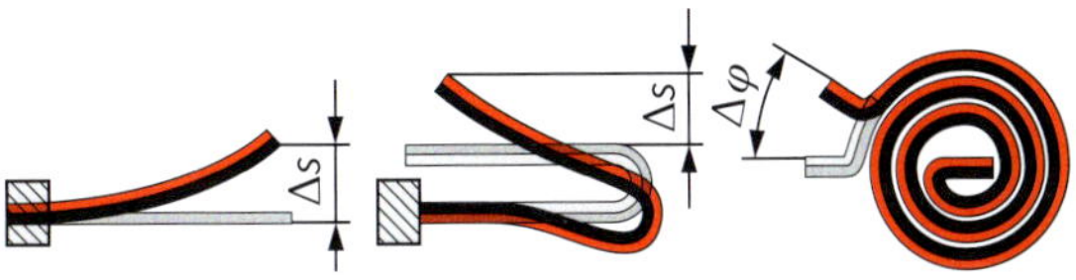

4: Ausführungsformen bei Thermobimetallen

Anwendungen

Mit Thermobimetallen lassen sich einfache Schalter aufbauen, die auf Temperaturänderungen reagieren. Sie sind robust, ihr Preis ist gering, die Stellkräfte sind gering, die Reaktionszeit ist groß.

Beispiele:

- Thermoschalter im Motorschutzrelais
- Bimetallschalter im Thermostaten

Bei einem **Dehnstoffaktor** [*stretch material actuator*] ist ein Druckbehälter mit einem Stoff gefüllt, der einen großen Volumenausdehnungskoeffizienten besitzt (z.B. Wachs, Paraffin, Silikonöl). Beim Erwärmen (z.B. Schmelzen) nimmt das Volumen zu. Es wirkt eine Kraft auf den Kolben (Abb. 5), die zu einer Hubbewegung führt. Bei Abkühlung wird der Kolben durch eine Rückholfeder in die Ausgangslage zurückgeführt.

Der Aktor ist mechanisch sehr robust, die Stellkräfte und der Hub sind groß. Es treten keine elektromagnetischen Felder auf. Die Anordnung ist träge und nur in einem begrenzten Temperaturbereich einsetzbar.

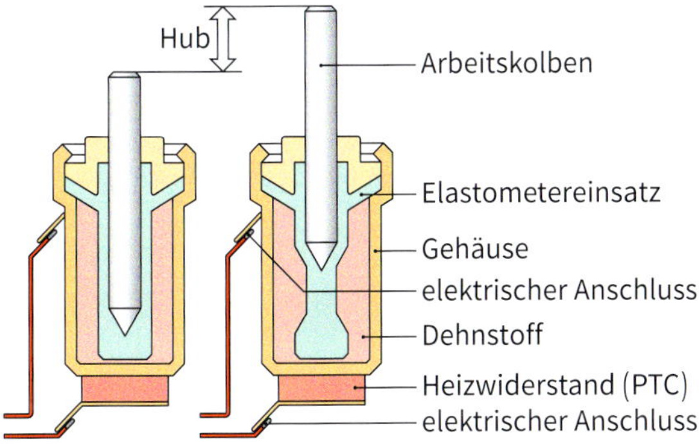

5: Dehnstoffaktor

- Bei thermischen Aktoren werden durch Temperaturänderungen bei bestimmten Materialien Volumenänderungen hervorgerufen. Dieses führt dann zu einer gewünschten Aktion, z.B. Hub oder Kraftwirkung.

11.10.3 Aktoren für Strömungen

In Abb. 6 sind Aktoren aufgeführt, bei denen Strömungsenergie als Hilfsenergie eingesetzt wird. Zylinder sind an anderer Stelle behandelt worden, sodass sich die nachfolgenden Ausführungen auf einen pneumatischen Motor beschränken.

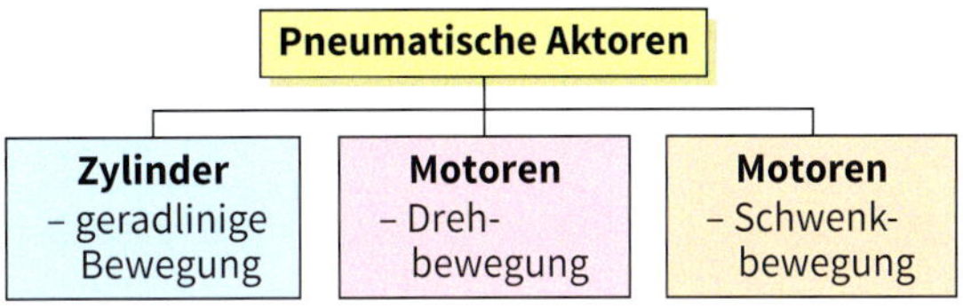

6: Pneumatische Aktoren

Bei den **Druckluftmotoren** [*compressed air motors*] ist der **Lamellenmotor** [*van motor*] am weitesten verbreitet (Abb. 7). Sein Aufbau ist einfach und dadurch wartungsarm. Er ist bis zum Stillstand belastbar und kleiner als ein entsprechender Elektromotor. Im Motorzylinder ① befindet sich der Rotor ②, an dem mehrere Lamellen ③ befestigt sind.

Durch den mit einem Lager versehenen Enddeckel wird dem Motor Druckluft zugeführt ④. Der Luftaustritt erfolgt über Öffnungen im Motorzylinder. Für ein sicheres Anlaufen wird die Zuluft zunächst unter die Lamellen geleitet, damit diese gegen den Motorzylinder gedrückt werden.

Während des Betriebs drücken die Lamellen aufgrund der Fliehkräfte gegen den Motorzylinder. Wenn sich die Rotorkammer an der tiefsten Stelle befindet, tritt die Abluft durch den Motorzylinder aus ⑤. Im weiteren Verlauf der Rotation wird die restliche Luft verdichtet und dann über die Restaustrittsöffnung abgegeben ⑥.

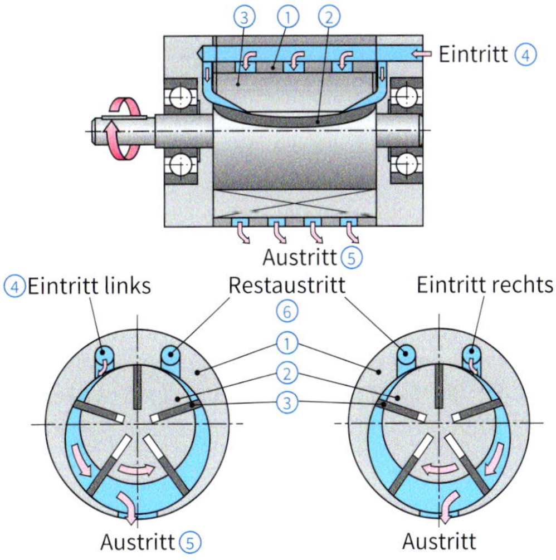

7: Druckluftmotor

- Bei einem Lamellenmotor erfolgt die Rotation, wenn die Druckluft auf die an einem Rotor befestigten Lamellen einwirkt.

11.10.4 Aktoren mit elektrischer Hilfsenergie

Aktoren, bei denen elektrische und magnetische Feldkräfte verwendet werden (Elektromagnet und Elektromotor), sind in Kapitel 8 ausführlich behandelt worden. An dieser Stelle sollen deshalb nur Aktoren angesprochen werden, bei denen Molekularkräfte wirken.

Piezoelektrische Aktoren

Bei bestimmten Kristallen und Keramiken entstehen durch Krafteinwirkung an der Oberfläche Ladungsunterschiede. Sie entstehen deshalb, weil sich im Innern die geladenen Teilchen (Ionen) verschieben (**piezoelektrischer Effekt**) [*piezo-electric effect*]. Dieser Effekt wird bei Sensoren zur Kraftmessung genutzt.

Der Effekt lässt sich umkehren (inverser Piezoeffekt), wenn man an den Körper eine Spannung legt. Die Ladungen auf der Oberfläche mit dem elektrischen Feld sorgen nun für eine Deformation des Körpers (Abb. 1). Wenn man jetzt die Verformung behindert (eingespannter Körper), treten Kräfte auf. Legt man eine Wechselspannung an, beginnt das Material zu schwingen (Anwendung als Schwingquarz).

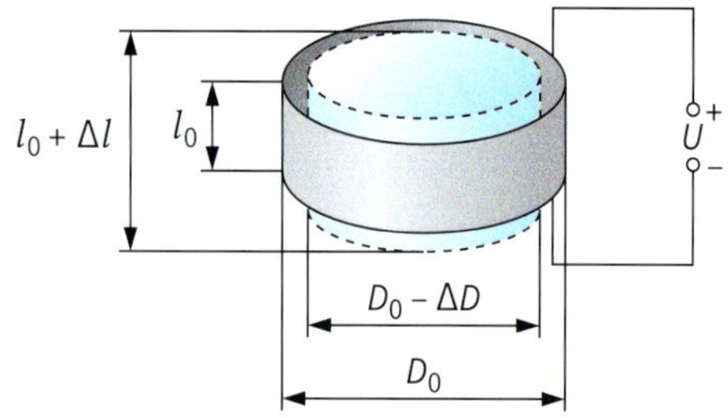

1: Piezoscheibe

Zur Vergrößerung des Effektes bildet man wie in Abb. 3 Stapel aus Einzelelementen. Bei einer Spannung von etwa 1 kV erzielt man dann eine Längenänderung von 20 µm bis 200 µm. Die dabei entstehenden Kräfte können bis etwa 30 kN betragen.

Als Werkstoffe werden natürliche Kristalle (z. B. Quarz, Thurmalin) oder Piezokeramiken verwendet, die durch Formpressen und Sintern hergestellt werden (**PZT**: Blei-Zirkonat-Titanat).

Anwendungen

Aufgrund der geringen Masse, des kleinen Volumens und nicht vorhandener magnetischer Felder lassen sich Aktoren für Mikro- und Nanopositionierungen herstellen. Eine Hebelübersetzung zeigt Abb. 2.

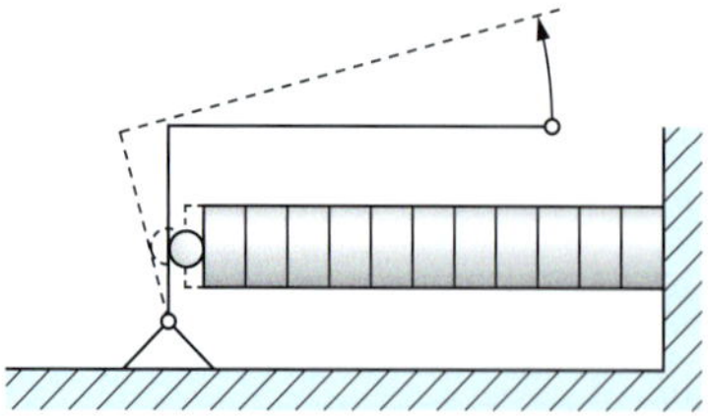

2: Hebelübersetzung

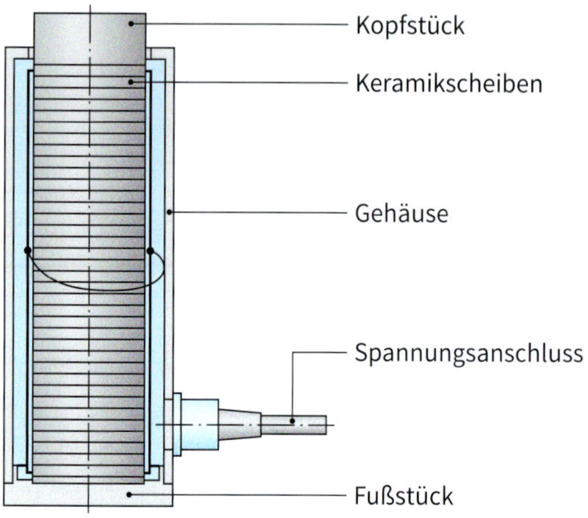

3: Aktor in Stapelform

Mit Piezokeramiken lassen sich auch Biegeelemente (Abb. 4), Mikropumpen, Ventile und Antriebe (Rotation, Linearmotor, Abb. 5) aufbauen.

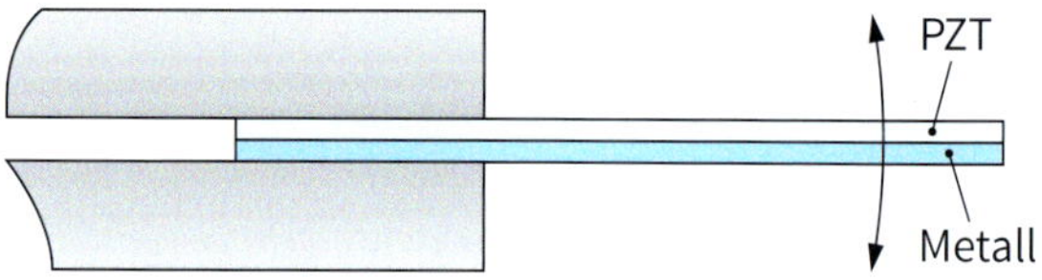

4: Biegeelement

5: Piezo-Wellen Motor [*Piezo Wave Motor*]

Der in Abb. 6 abgebildete Motor besitzt die folgenden Kenngrößen:

- 20 mm Stellweg, bei Regelung < 0,1 nm Auflösung, ohne Regelung 10 nm Auflösung
- Stellkraft bis 400 N
- Haltekraft > 600 N

Ein weiteres Anwendungsgebiet sind Steuerungen für Kraftstoffventile und Elemente für die Justierung von Lichtwellenleitern.

6: Piezomotor

- Beim piezoelektrischen Effekt kommt es zu einer Formänderung in Abhängigkeit von der elektrischen Feldstärke und umgekehrt.

Magnetostriktive Aktoren

Aufgrund eines äußeren Magnetfeldes verändern sich auch die Abmessungen ferromagnetischer Materialien (Abb. 7). Die Ursache dafür ist die Ausrichtung der **Elementarmagnete** im Innern des Materials. Die relative Längenänderung beträgt etwa 0,15 % bis 0,2 %.

Mit diesen Aktoren lassen sich große Kräfte erzeugen (z. B. 500 N). Die Stellwege sind bei hoher Positionsgenauigkeit klein. Die Reaktionszeit ist sehr gering und liegt im µs-Bereich. Der Effekt kann bis etwa 400 °C ausgenutzt werden. Nachteilig sind die großen magnetischen Feldstärken und die Nichtlinearität der Materialien.

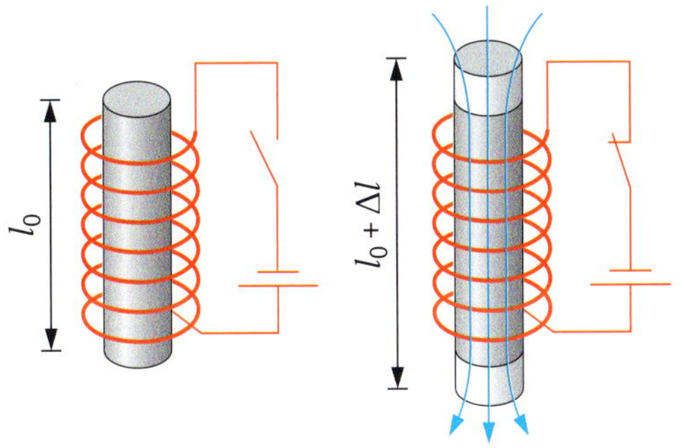

7: Magnetostriktion

Anwendungen

Anwendungsgebiete sind wie bei Piezoaktoren die Mikropositionierung und die Steuerung von Einspritzventilen. Linearmotoren und rotierende Antriebe lassen sich ebenfalls herstellen. Eine aktive Schwingungsdämpfung gehört ebenfalls zum Anwendungsbereich.

Elektro- und magnetorheologische Aktoren

Die **Rheologie** *[rheology]* ist ein Teilgebiet der Physik, in der man sich mit dem Fließverhalten insbesondere von Flüssigkeiten befasst. Elektrorheologische bzw. magnetorheologische Flüssigkeiten sind Flüssigkeiten, deren Fließverhalten durch äußere elektrische bzw. magnetische Felder beeinflussbar sind. Der Fließwiderstand steigt mit der elektrischen bzw. magnetischen Feldstärke. Der Effekt tritt bei Gleich und Wechselfeldern auf.

Nach Abschalten der Felder wird der ursprüngliche Zustand wieder eingenommen. Die Reaktionszeiten betragen 2 bis 3 Millisekunden.

Die Flüssigkeit setzt sich aus isolierendem Silikon und synthetischen Ölen (Suspensionen), Stabilisatoren und polarisierten bzw. ferromagnetischen Partikeln zusammen (20 % bis 60 %, Durchmesser 1 bis 10 µm).

- Bei Anlegen eines elektrischen Feldes verändert sich die Fließeigenschaft einer elektrorheologischen Flüssigkeit.
- Bei magnetorheologischen Flüssigkeiten verändert sich die Fließeigenschaft der Flüssigkeiten bei Anlegen eines magnetischen Feldes.

Anwendungen

Kupplung

Die Flüssigkeit befindet sich zwischen zwei entgegengesetzt gepolten Platten. Der Strömungswiderstand zwischen den Flüssigkeitsschichten ist durch die Spannung veränderbar, sodass das übertragene Drehmoment steuerbar wird (Abb. 8).

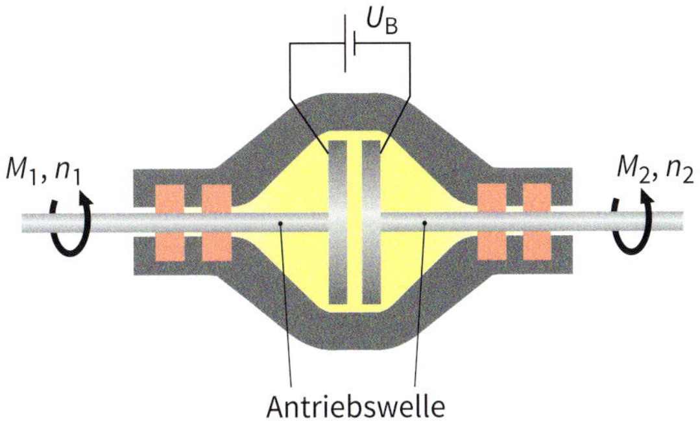

8: Steuerbare Kupplung

Schwingungsdämpfer

Ein Kolben befindet sich in einer magnetorheologischen Flüssigkeit (Abb. 9). Das durch Spulen und einen Stromfluss erzeugte magnetische Feld beeinflusst über eine Steuerungs- bzw. Regelungsschaltung die Fließeigenschaft der Flüssigkeit.

Weitere Anwendungsbereiche sind Ventile und hydraulisch gedämpfte elastische Lager (Hydrolager).

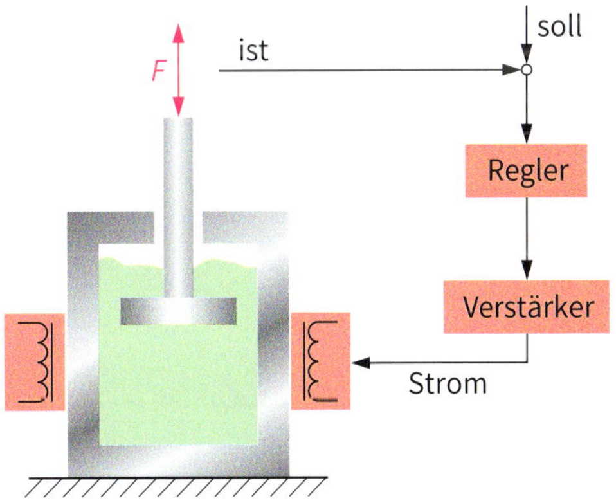

9: Magnetorheologischer Schwingungsdämpfer

Aufgaben

1. Beschreiben Sie wesentliche Merkmale eines Aktors.
2. Welche wesentlichen Unterschiede bestehen zwischen einem elektrostriktiven und einem magnetostriktiven Aktor?
3. Erklären Sie den Unterschied zwischen einer elektrorheologischen und einer magnetorheologischen Flüssigkeit.

11.10.5 Übersicht Sensoranschlüsse (induktive Sensoren)

Aderfarben nach DIN IEC 60757

BN: Braun **BK**: Schwarz **BU**: Blau **WH**: Weiß

Kabel/Klemme | Stecker

DC 3-/4-Draht

PNP + schaltend

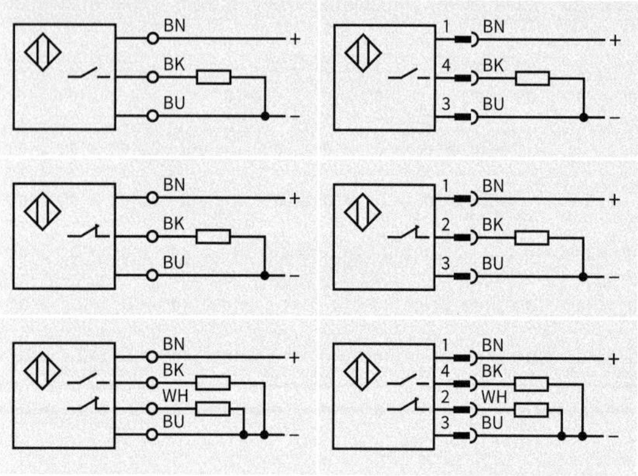

Schließer

Öffner

Antivalent

Kabel/Klemme | Stecker

DC 3-/4-Draht

NPN – schaltend

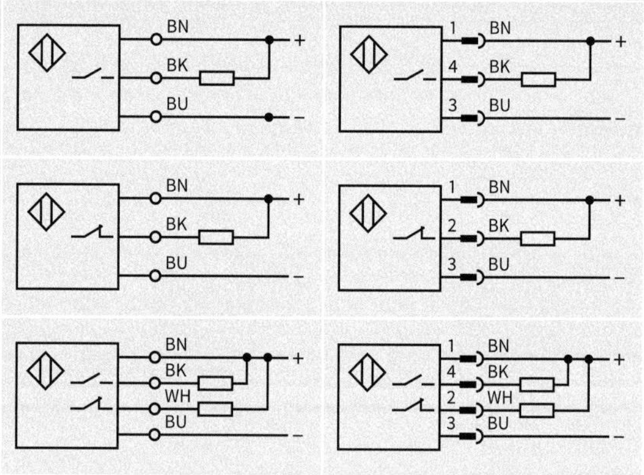

DC 2-Draht

gepolt

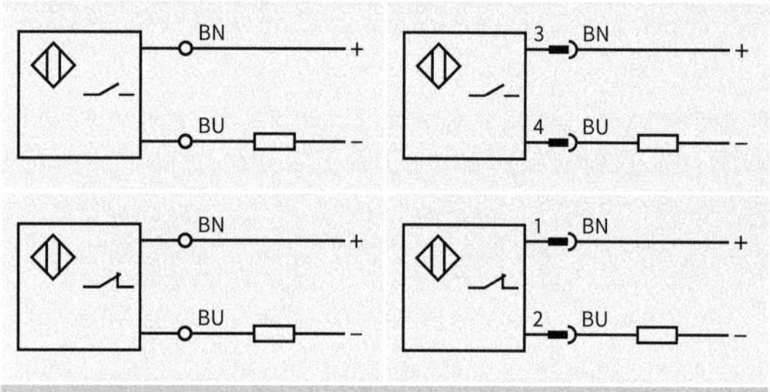

Schließer

Öffner

DC 2-Draht

ungepolt

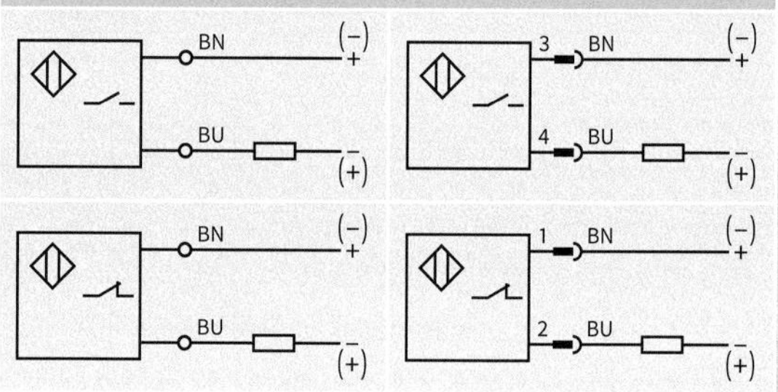

AC-Sensoren

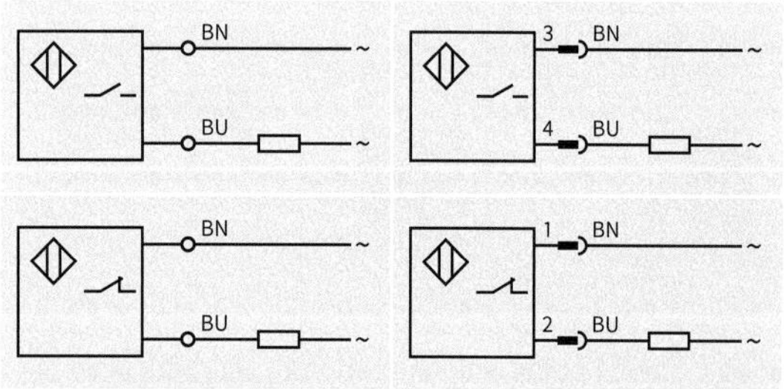

AC/DC-Sensoren

Schutzisoliert Klasse II

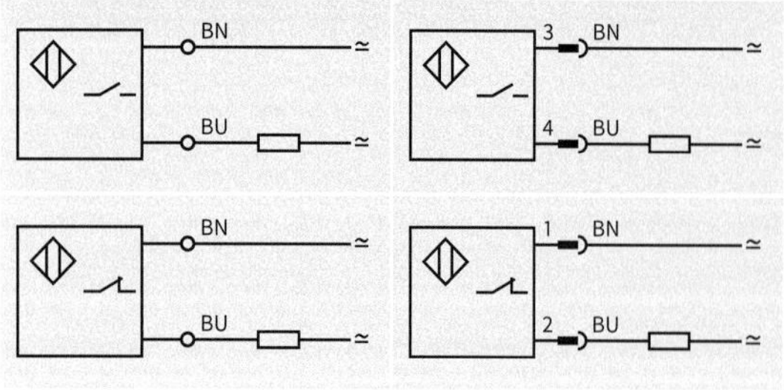

Schließer

Öffner

AC/DC-Sensoren

Schutzisoliert Klasse I

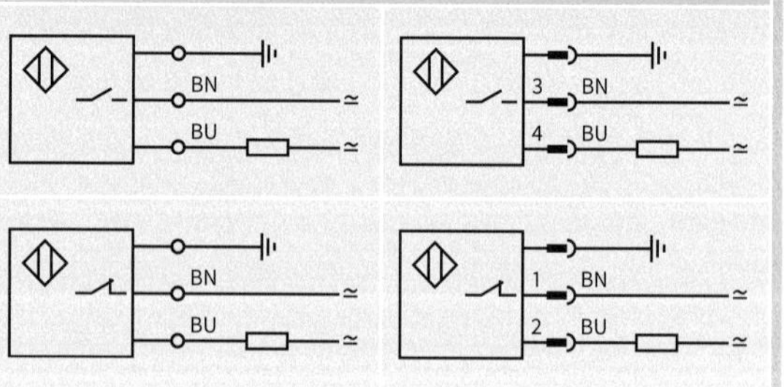

12 Planen und Realisieren

12.1 Ausstellungs- und Präsentationsraum

12.1.1 Anforderungen des Kunden

Der Chef der Firma „Fenster- und Türenstudio" hat die Absicht, den Ausstellungs- und Präsentationsraum umzugestalten. In diesem Zusammenhang sollen auch die Elektroinstallationen den neuen Bedürfnissen angepasst werden.

Aufgrund der bisher guten Zusammenarbeit mit der Firma „Kruskop Elektrotechnik" wurden in einer Besprechung vor Ort die folgenden Kundenwünsche aufgelistet und rot in die Raumskizze eingetragen (Abb. 1).

- **Energieversorgung**
  Bisher sind vier Steckdosen im Wandbereich vorhanden (Abb. 1 ①). Da die ausgestellten Fenster und Türen durch zahlreiche Lichtquellen künftig optimaler ausgeleuchtet werden sollen, sind zusätzliche Steckdosen erforderlich. Außerdem wird der Raum etwa zweimal im Jahr umgestaltet, sodass an anderen Orten Steckdosen benötigt werden. Es soll deshalb möglich sein, die Energieversorgung den neuen Anforderungen rasch und kostengünstig anzupassen. Verlängerungsleitungen mit Mehrfachsteckdosen im Raum sollen vermieden werden.

- **Beschattung**
  Die bisherige Beschattung der vier Fenster besteht aus vier **Markisen** [*awnings*]. Mit den jeweils im Fensterbereich angebrachten Doppeltastern (Abb. 1 ②), können die Markisen auf und ab bewegt werden. Die Taster sind unter Putz eingebaut.

  Folgende Änderungen sollen nun durchgeführt werden:

  - Die Steuerung der vier Markisen soll von einem zentralen Ort mit 8 Tastern (2 x 4) möglich sein (Abb. 1 ③).
  - Außerdem sollen die vier Markisen über einen zentralen Taster gemeinsam bedienbar (auf- bzw. abfahren) sein.
  - Bei starkem Wind sollen aus Sicherheitsgründen die Markisen automatisch eingefahren werden ④ (**Windwächter** [*wind sensor*]).

  Diese Änderungen sollen möglichst mit einem geringen Installationaufwand durchgeführt werden.

- **Beleuchtung**
  Die bestehende Beleuchtung konnte bisher nur ein- und ausgeschaltet werden. Zukünftig soll sie auch dimmbar sein ⑤.

- **Meldung**
  Mit einem Melder ⑥ soll ein helligkeits- und bewegungsabhängiges Schalten bzw. Dimmen von Zusatzbeleuchtungen möglich gemacht werden. Besucher können dadurch gemeldet und besonders beachtet werden.

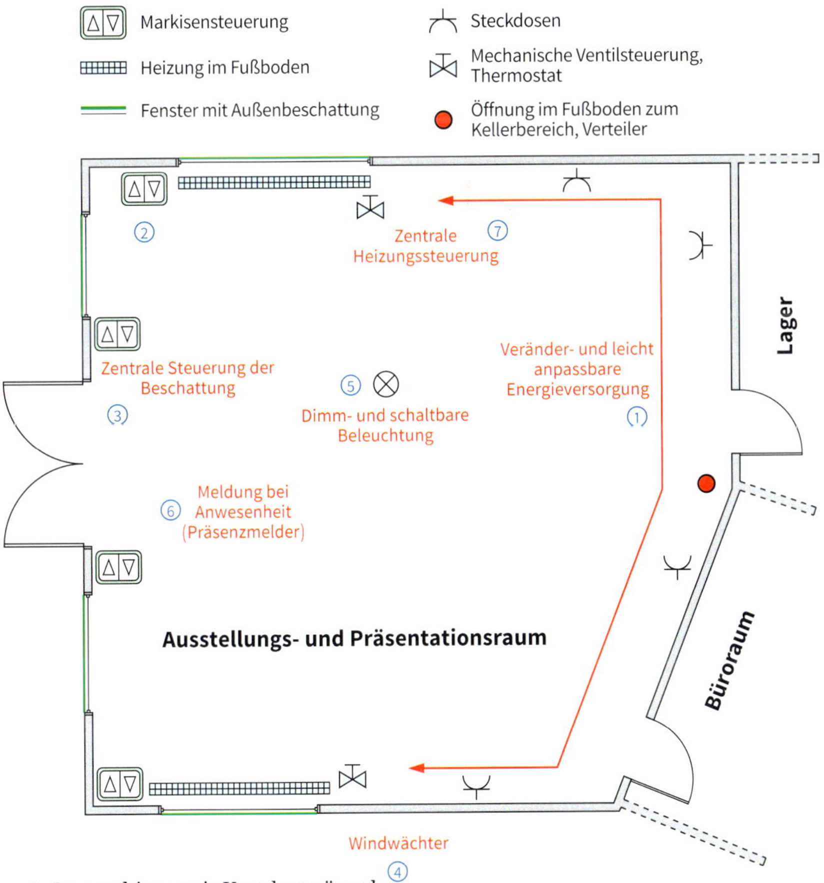

1: Raumskizze mit Kundenwünschen

- **Heizung**
  Die bisherige Heizungssteuerung erfolgt über mecha nische Thermostatventile. Sie sollen durch elektrisch angetriebene Ventile ersetzt werden (vgl. S. 517, Abb. 1 ⑦).

Zeitvorgabe

Um den Verkaufsbetrieb möglichst wenig zu beeinträchtigen, sollen die Umbauarbeiten innerhalb einer Woche abgeschlossen sein.

Überwachen und Steuern

Der Inhaber des „Fenster- und Türenstudios" möchte nach Abschluss der Installationsarbeiten im Rahmen einer Erweiterung informiert werden, welche Möglichkeiten der Überwachung und der Steuerung bestehen (vgl. Kap. 12.1.9). Er möchte beispielsweise die Beleuchtung und Heizung über das Telefon schalten und mit einer Video-Kamera den Ausstellungs- und Präsentationsraum überwachen. Die Überwachung soll von verschiedenen Orten möglich sein.

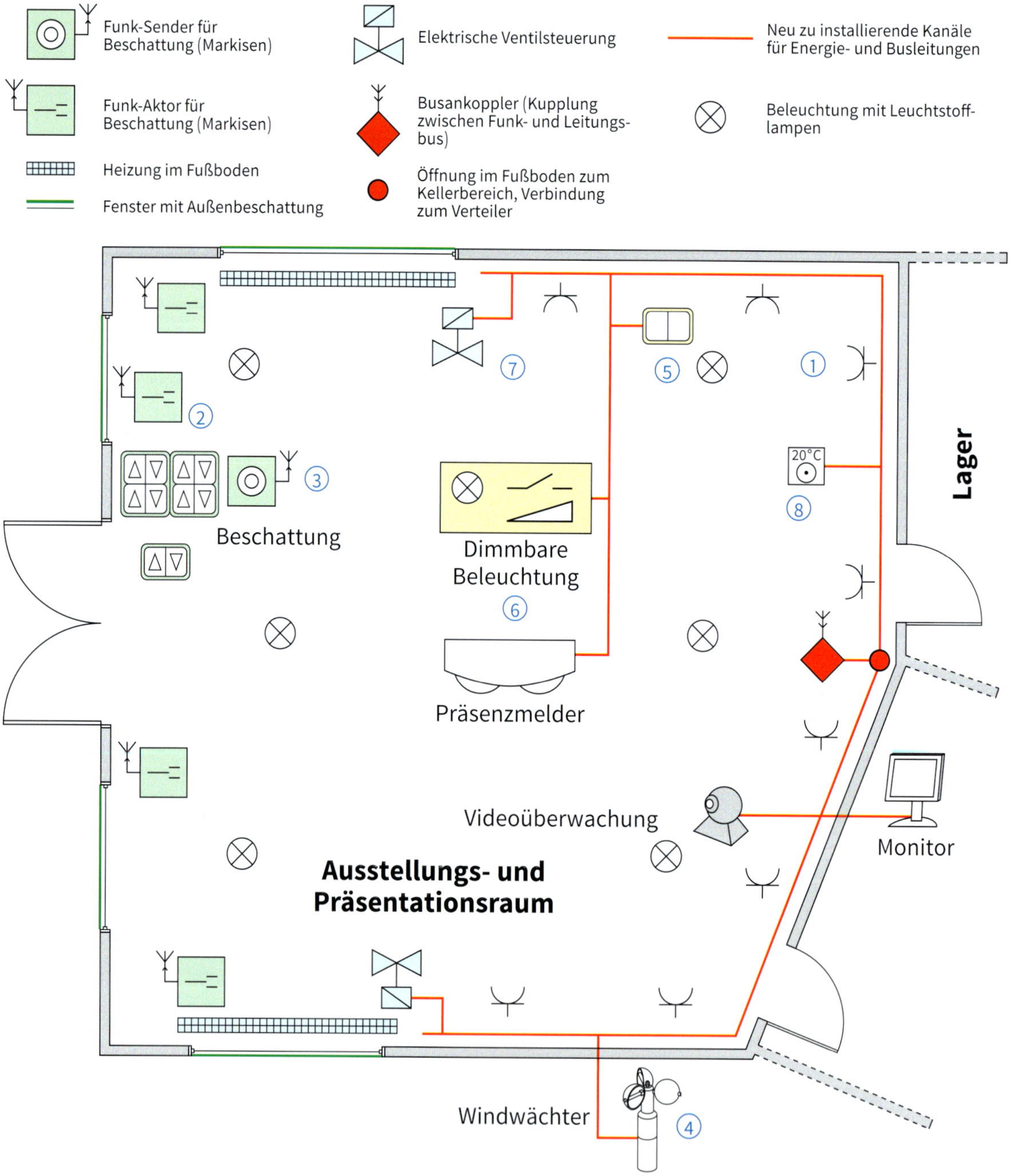

1: Spezifizierte Kundenwünsche für den Ausstellungs- und Präsentationsraum

12.1.2 Projektplanung

Für die Firma Kruskop weichen die Umbau- und Modernisierungsmaßnahmen im Ausstellungs- und Präsentationsraum des „Fenster- und Türenstudios" etwas von den bisher durchgeführten Elektroinstallationen ab. Das Vorhaben ist

- abgrenzbar und einmalig
- zeitlich und örtlich begrenzt und
- in einem festgelegten Kostenrahmen durchzuführen.

Darüber hinaus müssen energie- und kommunikationstechnische Aufgaben gelöst werden (Komplexität).

Herr Kruskop entschließt sich deshalb, das Vorhaben in Form eines **Projektes** durchzuführen. Dazu ruft er die Mitarbeiter zusammen, die das Projekt durchführen sollen. Bei der Besprechung sollen die einzelnen Maßnahmen erläutert und der **Projektplan** [*project plan*] vorgestellt werden.

Aus Gründen der Veranschaulichung hat Herr Kruskop die Vorstellungen des Kunden (vgl. Kap. 12.1.1) zunächst in einer Skizze dargestellt und darin die Wünsche ansatzweise in technische Lösungen umgesetzt (Abb. 1). Das gesamte Projekt soll dabei in die nachfolgenden Teilprojekte aufgeteilt werden.

Energieversorgung (Kap. 12.1.3)
Der Wunsch des Kunden nach einer veränder- und leicht anpassbaren Energieversorgung lässt sich durch die Verlegung eines **Installationskanals** [*installation duct*] realisieren (Abb. 2 ①). Steckdosen können an unterschiedlichen Stellen eingefügt und bei Bedarf örtlich verändert werden. Eine Verlegung von Leitungen unter Putz ist nicht erforderlich.

Außerdem werden in dem Installationskanal die erforderlichen Datenleitungen (Abb. 3, DK) für die anderen Objekte (z. B. Dimmen, Heizungssteuerung) untergebracht.

Beschattung (Kap. 12.1.4)
Um im Fensterbereich möglichst wenige Leitungen installieren zu müssen, soll ein funkbasiertes System die bisherigen vier Taster (Abb. 1 ②) ersetzen. Dazu sind im Tür-Eingangsbereich ein Sender ③ und an den Fenstern die jeweiligen Empfänger mit der Energieversorgung einzubauen. Die Funk-Empfänger mit den dazugehörigen Tastern müssen dazu nur in die vorhandenen Tasterdosen eingesetzt werden. Damit bei Sturm die Markisen nicht beschädigt werden, ist eine Steuerung über einen Windwächter (Abb. 1) ④ vorzusehen.

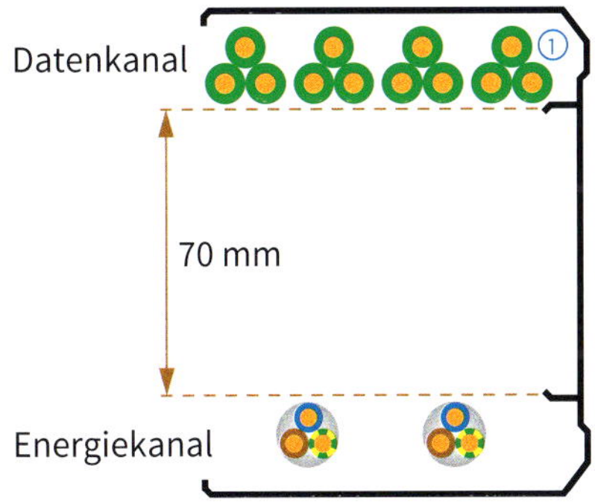

2: Installationskanal für Energie und Daten

Beleuchtung (Kap. 12.1.5)
Die bisherige Deckenbeleuchtung bleibt erhalten. Mit einem Zusatzgerät soll sie zentral ⑤ schalt- und dimmbar werden.

Meldung (Kap. 12.1.6)
Für diesen Kundenwunsch wird ein **Präsenzmelder** ⑥ [*presence detector*] zusätzlich im Deckenbereich installiert. Mit ihm kann eine Lichtquelle über die Datenleitung geschaltet und die Anwesenheit einer Person im Erfassungsbereich (Abb. 2) gemeldet werden.

Heizung (Kap. 12.1.7)
Die Raumtemperatur wurde bisher mechanisch durch die Ventileinstellung und über eingebaute Thermostate geregelt. Die mechanisch arbeitenden Ventile werden jetzt durch einen Stellantrieb ⑦ ersetzt. Die Einstellung erfolgt zentral über einen Raumthermostaten ⑧. Die dazugehörigen Daten werden über die Busleitung übertragen.

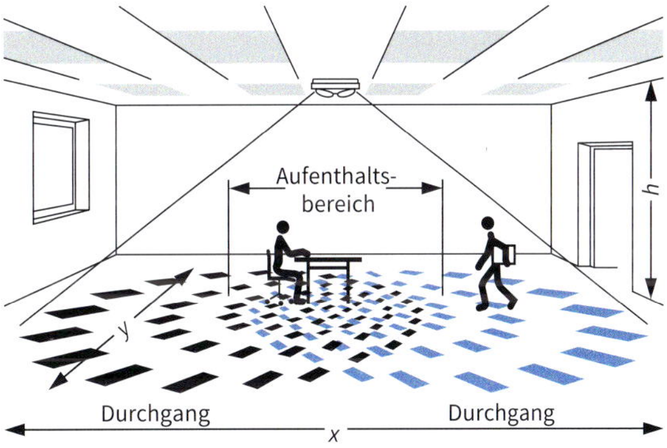

3: Erfassungsbereich eines Präsenzmelders

Aufgabe

1. Formulieren Sie wesentliche Merkmale eines Projektes und grenzen Sie dieses von Routinearbeiten ab.

- Projekte sind durch einen Auftraggeber hervorgerufene einmalige, zeitlich, finanziell und personell begrenzte Vorhaben.
- Projekte erfordern spezifische Organisationsformen und Organisationsstrukturen.
- Bei Projekten stehen die Sache, der Termin und die Kosten im Mittelpunkt.
- Bei der Projektplanung sind vorher wesentliche Fragen zu klären (z. B. was, wann, wer, wo, womit usw.).

Nachdem Herrn Kruskop in groben Umrissen seinen Mitarbeitern das Projekt vorgestellt und eine Aufteilung in Teilprojekte vorgenommen hat, werden von ihm als Projektleiter grundlegende Strukturen der durchzuführenden Installationen verdeutlicht.

Im Projekt wird elektrische Energie auf verschiedene Weise gesteuert bzw. geregelt. Ausgelöst wird dieser Vorgang auf der Eingangsseite durch Sensoren, die binäre (Schalten) bzw. kontinuierliche Signale abgeben können. Diese Daten sollen an der Ausgangsseite (Aktoren) die Energie steuern.

Die Daten werden dazu durch einen **Datenübertragungskanal** [*data transmission channel*] transportiert (Abb. 1). Grundsätzlich lassen sich leitungsgebundene und nicht leitungsgebundene Datenübertragungen unterscheiden. Die jeweilige Anpassung (umwandeln, codieren, decodieren, adressieren, …) an den Übertragungskanal erfolgt durch Ein- und Ausgangsgeräte. Je nach System können die Informationen nur in eine Richtung (**unidirektional** [*unidirectional*]) oder wechselseitig (**bidirektional** [*bidirectional*]) geschickt werden (Abb. 1).

Im Projekt erfolgt die Steuerung der Beschattung über einen Funkkanal (Abb. 2). Die in der Gebäudesystemtechnik verwendete Frequenz beträgt 868 MHz. Weil diese Frequenz recht hoch ist, können die Abmessungen der Sende- und Empfangsantennen klein sein. Mit heutigen Ein- und Ausgangsgeräten lassen sich verschiedene Funktionen realisieren. Die Geräte besitzen in der Regel eine Grundeinstellung. Diese lässt sich dann vor Ort durch eine entsprechende Konfiguration anpassen (vgl. Kap. 12.1.4.5).

Für die Steuerung der Beleuchtung (Abb. 3) ist eine leitungsgebundene Datenübertragung vorgesehen. Es sollten Geräte verwendet werden, deren Kommunikation nach dem **KNX-Standard** abläuft. Dieser Standard entspricht der EIB-Datenübertragung und ist eine einheitliche Systemplattform für die Haus- und Gebäudesystemtechnik (siehe nächste Seite).

Die Datenübertragung bei der Heizungsregelung (Abb. 4) erfolgt wie bei der Beleuchtungssteuerung über den leitungsgebundenen Datenkanal. Es handelt sich hierbei um eine Regelung, weil die Ausgangsgrößen auf den Eingang zurückgeführt werden ①. Die Differenz zwischen Ausgangs- und Eingangsgröße bestimmt das Verhalten der Regelstrecke.

- Bei Steuerungen bzw. Regelungen kann der Datenaustausch zwischen Ein- und Ausgangsgeräten über leitungsgebundene oder nicht leitungsgebundene Kanäle erfolgen.

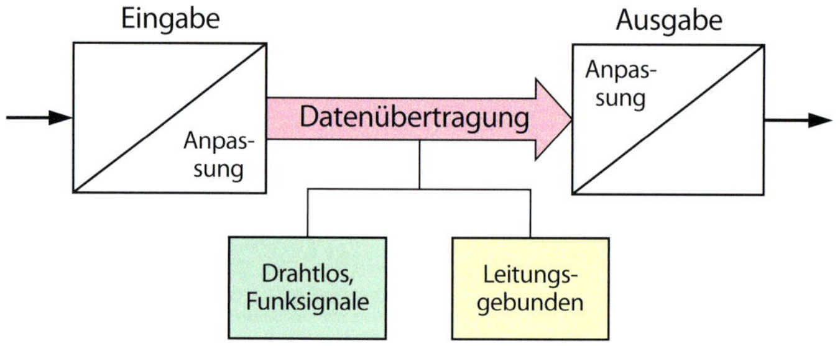

1: Prinzip der Datenübertragung

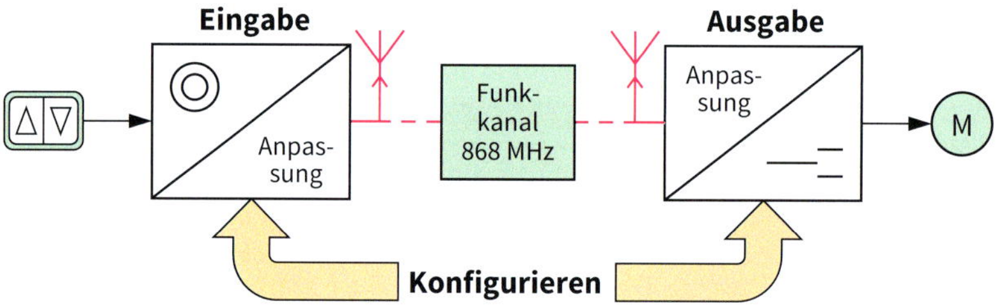

2: Datenübertragung bei der Steuerung der Beschattung

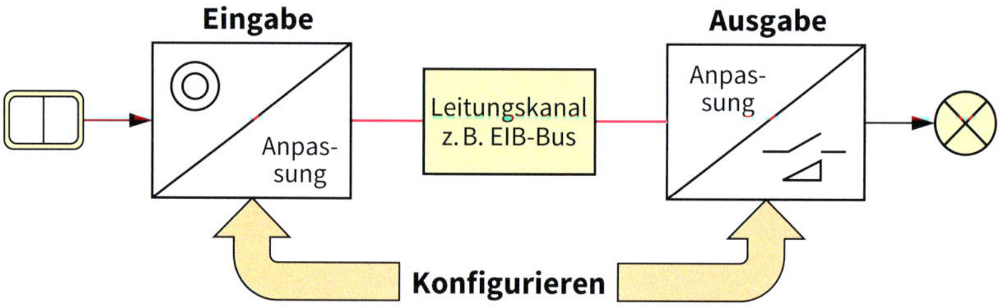

3: Datenübertragung bei der Steuerung der Beleuchtung

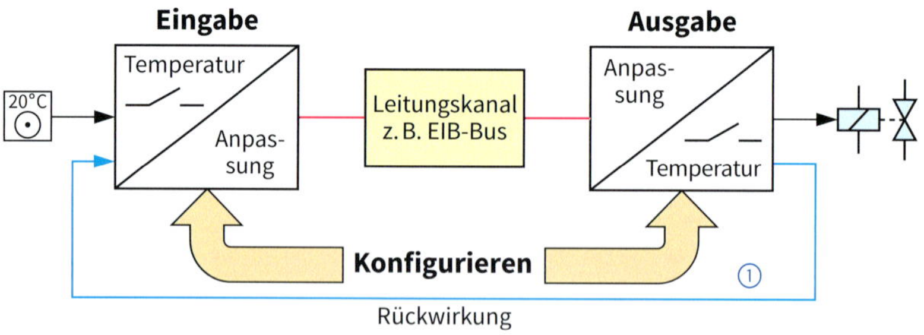

4: Datenübertragung bei der Regelung der Heizung

Was bedeutet KNX-Standard?

Die Konnex Association wurde 1990 mit dem Ziel gegründet, die folgenden Bussysteme zu einer einheitlichen, gewerkeübergreifenden Systemplattform (Abb. 6) für die Haus- und Gebäudesystemtechnik zusammenzuführen:

- **EIB** [**E**uropean **I**nstallation **B**us] (Bussystem zur Steuerung von Beleuchtungsgeräten, Jalousien, Markisen, ...)
- **EHS** [**E**uropean **H**ome **S**ystem] (Bussystem zur Vernetzung von Hausgeräten)

Ergebnis ist der gemeinsame KNX-Standard (Konnex-Standard).

Zur Konnex Association gehören zahlreiche Unternehmen der elektrischen Installationstechnik. Inzwischen werden ca. 4000 Produktgruppen von etwa 100 Firmen angeboten. Durch diese Standardisierung ist gewährleistet, dass Produkte von unterschiedlichen Herstellern in unterschiedlichen Anwendungen funktionieren und miteinander kommunizieren können.

Der KNX-Standard ist so ausgelegt, dass bestehende Systeme und Komponenten zu KNX-Systemen und Komponenten kompatibel sind (Symbol in Abb. 5).
Das bedeutet also, dass bisherige EIB-Installationen zu Nachinstallationen mit KNX-Geräten voll kompatibel bleiben.

Im KNX-Standard sind folgende **Kommunikationsmedien** für die Datenkanäle festgelegt:

- **TP-0** (Twisted Pair, Typ 0, verdrillte 2-Draht-Leitung)
  Datenrate 4,8 kbit/s, kein Austausch der Informationen, Arbeitsweise wie beim Batibus
- **TP-1** (Twisted Pair, Typ 1)
  Datenrate 9,6 kbit/s, Austausch der Informationen, Arbeitsweise wie bei EIB
- **PL-110** (Powerline, 110 kHz)
  Datenrate 1,2 kbit/s über das Energienetz, Austausch der Informationen, Arbeitsweise wie bei EIB
- **PL-132** (Powerline, 132 kHz)
  Datenrate 2,4 kbit/s über das Energienetz, Arbeitsweise wie bei EHS
- **RF** (Funk mit 868 MHz)
  Datenrate 38,4 kbit/s

Eine Anbindung an Ethernet und Internet sowie die Kommunikation über das Telekommunikationsnetz (ISDN) bzw. Lichtwellenleiter ist möglich.

5: Symbole

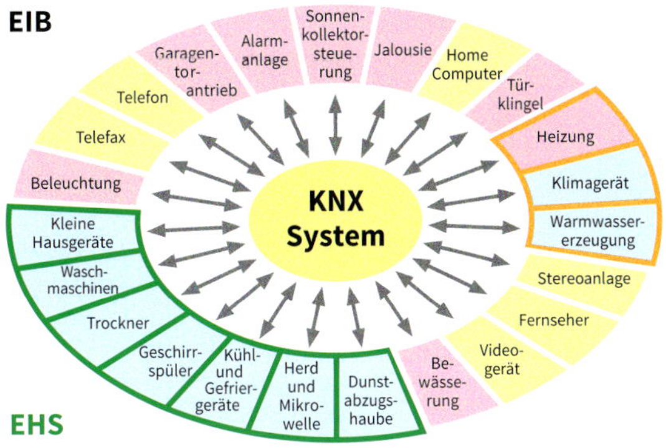

6: KNX-System

Im KNX-Standard sind darüber hinaus drei unterschiedliche **Programmierungsmodie** (Parametrierung, Konfiguration) für die Geräte festgelegt. Den Herstellern ist freigestellt, welchen Modus sie für ihre Produkte verwenden.

S-Mode ([*System-Mode*], Software-Modus, Systemmodus)
Dieser Modus bietet den höchsten Grad an Flexibilität hinsichtlich Funktionalität und Datenaustausch. Die Programmierung erfolgt mit der ETS-Software (vgl. Kap. 9.1). Hierfür sind speziell geschulte Fachkräfte erforderlich.

E-Mode ([*Easy-Mode*], Einfacher Modus)
Für die Konfiguration in diesem Modus ist ein geringer Geräteaufwand (ohne PC) erforderlich. Konfigurationsgeräte sind in der Regel über die Hersteller zu beziehen. Für ihre Bedienung reichen grundlegende Kenntnisse aus. Der E-Modus ist deshalb für schnelle und einfache Lösungen gut geeignet. Allerdings ist der Funktionsumfang geringer als bei Geräten mit dem S-Modus. Es ist auch möglich, in einem KNX-Netzwerk Geräte mit E- und S-Modus gemeinsam zu verwenden.

A-Mode ([*Automation-Mode*], Automatischer Modus, Automatik-Modus)
Geräte mit diesem Modus verfügen über festgelegte Einstellungen, Parameter und Anweisungen, wie sie mit anderen Geräten mit demselben A-Modus kommunizieren sollen. Beim Einfügen in das Netzwerk erfolgt eine automatische Erkennung (Plug and Play). Verwendet wird dieser Modus besonders bei Haushaltsgeräten (z. B. Kühlschrank).

Da es sich im Projekt um einfache Steuerungen und Regelungen handelt, wird die Konfiguration der Geräte vor Ort im E-Modus vorgenommen (vgl. Kap. 12.1.4.5).

- Der KNX-Standard bietet eine gewerkeübergreifende Plattform, um Objekte verschiedener Hersteller in Netzen der Haus- und Gebäudesystemtechnik zu installieren.
- Im KNX-Standard werden entsprechend dem Programmierungsaufwand der A-, E- und S-Mode unterschieden.

Auftrag
- Kundengespräch
- Beratung
- Angebot

⇩

Vorbereitung ①
- Projektstruktur
- Materialbeschaffung
- Zeitplan
- Personalplanung

⇩

Durchführung ②

1. Energieversorgung
- Installationskanal mechanisch installieren
- Elektroleitungen im Kanal verlegen
- Steckdosen anschließen
- Unterverteilung montieren
- Objekte in der Unterverteilung installieren
- Energieversorgung überprüfen

2. Beschattung
- Eingabegeräte einbauen
- Ausgabegeräte einbauen
- Windwächter installieren
- Anlage konfigurieren und in Betrieb nehmen

3. Beleuchtung
- Datenleitung (Twisted Pair für EIB) verlegen
- Dimmer für bestehende Beleuchtung einbauen
- Bedientaster installieren
- Beleuchtung konfigurieren

4. Meldung
- Präsenzmelder einbauen und konfigurieren

5. Heizung
- Bestehende mechanische Heizungsventile abbauen
- Datenleitung (Twisted Pair für EIB) verlegen
- Elektrische Stellantriebe einbauen
- Anlage konfigurieren

6. Dokumentation und Übergabe
- Dokumentation erstellen
- Kunden über die Gesamtinstallation informieren

1: Projektstruktur

Da das Projekt innerhalb einer Woche realisiert werden soll, müssen die einzelnen Schritte sorgfältig geplant werden. Zur Orientierung dient die Projektstruktur in Abb. 1. In ihr sind auch die Tätigkeiten aufgeführt ①, die vor Beginn der Installationsaufgaben erledigt werden müssen. Danach sind in der Übersicht die Installationsarbeiten als **Teilprojekte** [*subprojects*] ② mit den jeweiligen Tätigkeiten aufgeführt. Sie sollen für die beiden Mitarbeiter als Orientierung dienen. Vor Ort muss dann eine Anpassung an die jeweiligen Gegebenheiten erfolgen. Auf jeden Fall muss aber der Abschluss am Freitag dem 09. 03. 2019 realisiert werden.

Der Zeitplan für die Teilprojekte ist in Abb. 2 dargestellt. Er dient der Groborientierung. Von diesem Plan kann abgewichen werden ③, wenn die Umstände dieses erfordern. Da der Plan eine Woche umfasst, sind keine **Pufferzeiten** [*buffer times*] eingeplant. Wenn Schwierigkeiten auftreten, kann ein dritter Mitarbeiter kurzfristig eingesetzt werden.

Für die rechtzeitige Anlieferung der Materialien und die Personalplanung ist Herr Kruskop zuständig. Er ist auch während der Arbeit für seine beiden Mitarbeiter telefonisch erreichbar. Darüber hinaus wird er sich täglich über den Arbeitsfortschritt informieren (**Projektmanagement** [*project management*].

Aufgaben

1. Welche wesentlichen Merkmale besitzen Objekte bzw. Installationen, die im E-Modus des KNX-Standards konfiguriert werden können?
2. Weshalb ist es sinnvoll, ein Projekt in Teilprojekte zu gliedern?

- In einem Projektplan sind detailliert die Teilaufgaben, der Anfang, der Abschluss und die Dauer aufgelistet.
- Unter Projektmanagement versteht man Führungsaufgaben, -organisationen, -techniken und -mittel für die Abwicklung eines Projekts.

Nr.	Teilprojekt	Anfang	Abschluss	Dauer ③	4 Mrz 2020						
					5	6	7	8	9	10	11
1	Energieversorgung	05.03.2019	05.03.2019	1d							
2	Beschattung	06.03.2019	07.03.2019	1d 4h							
3	Beleuchtung	07.03.2019	07.03.2019	1d							
4	Meldung	07.03.2019	08.03.2019	4h							
5	Heizung	08.03.2019	09.03.2019	1d 2h							
6	Dokumentation, Übergabe	09.03.2019	09.03.2019	4h							

d: Tage
h: Stunden

2: Zeitplan

12.1.3 Energieversorgung

12.1.3.1 Mechanische Installation

Laut Projektplan soll zunächst der aus PVC bestehende Installationskanal (Ausführung als **Brüstungskanal** [*dado duct*]) für die Energieversorgung und die Datenleitungen in 1,2 m Höhe vom Fußboden installiert werden.

Aus der Raumskizze (Abb. 2) lässt sich für den Wandbereich eine Gesamtlänge von etwa 22 m ermitteln.

Verwendet wird ein System mit drei Kammern (Abb. 4), in denen folgende Objekte untergebracht werden:

- Energieleitungen ①
- Steckdosen ②
- Datenleitungen ③

Das hier verwendete Dreikammerprofil besitzt folgende Vorteile:

- **Elektromagnetische Entkopplung**
  Durch einen Mindestabstand von 80 mm zwischen den Energie- und Datenleitungen wird eine sehr gute Entkopplung erreicht (erhöhte EMV-Störsicherheit). Nach EN 50174-2 (Informationstechnik – Installation von Kommunikationsverkabelung) soll ein Mindestabstand von 50 mm eingehalten werden, der bei dem hier verwendeten System eingehalten wird.
- **Flexibilität bei der Installation**
  Die Kammern ① und ③ (Abb. 4) sind für die Leitungsführung vorgesehen. Sie können durch eine leichte Drehbewegung nach innen (Pfeile in Abb. 4), bei gleichzeitigem Zug nach oben und vom Grundprofil weg, leicht aus der Verschlusskontur des Grundprofils geöffnet werden. Einfaches Nachlegen von Leitungen bei laufendem Betrieb ist möglich. Getrennt werden die Leitungskammern durch den Bereich ②, der für den Einbau der Objekte (Steckdosen usw.) vorgesehen ist.

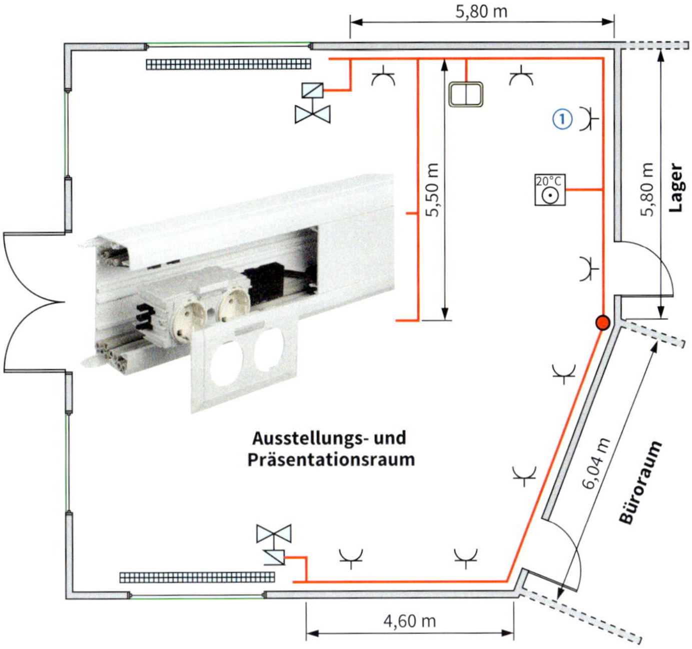

3: Installationskanäle im Ausstellungs- und Präsentationsraum

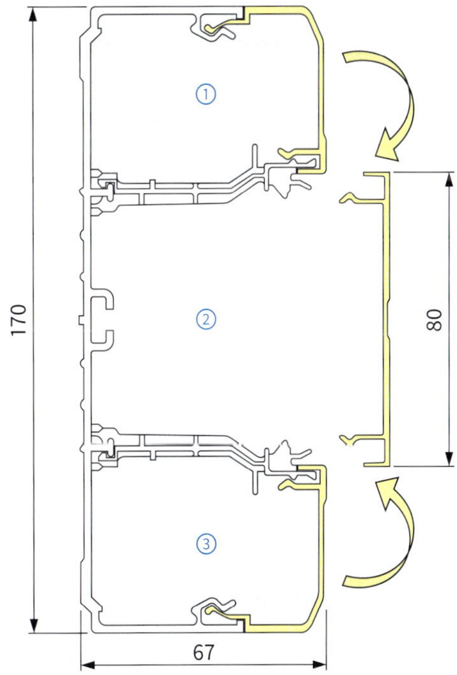

4: Profil des Installationskanals

Installationskanäle

Es handelt sich hierbei um eckige, halbrunde oder runde Leerräume für die Verlegung von Leitungen, die mit einer Kanalabdeckung versehen sind.

- **Verlegungsmöglichkeiten**:
  Decke, Wand im oder auf dem Fußboden
- **Abmessungen**:
  Kanalbreite: 80 mm bis 220 mm
  Kanaltiefe: 60 mm bis 120 mm
- **Ausführungen** (Kunststoff, Metall):
  PVC, halogenfreier Kunststoff, V2A-Stahl, Stahlblech, Federstahl, Aluminium

Metallene Installationskanäle wirken abschirmend und müssen geerdet werden.

- Mit Hilfe von Installationskanälen lassen sich rasch und flexibel Elektroinstallationen auf Wand- und Deckenflächen herstellen.
- In Installationskanälen können Energie- und Datenleitungen gemeinsam verlegt werden.

Bearbeitung von Kunststoffkanälen

- **Hand- und Stichsäge**
  Eisen oder Kunststoffsägeblatt, feine Zahnung
- **Kreissäge**
  - Sägeblatt für Kunststoff,
  - Durchmesser 250 mm bis 350 mm,
  - Zahnung 80 bis 108 Zähne/Zoll,
  - Schnittgeschwindigkeit 37 m/s bis 51 m/s bei einer Drehzahl von 2800 1/min
- **Bohrungen**
  Geeignet sind Metallbohrer, Zentrumsbohrer, Kreisschneider, Fräser
- **Kanalschere**
  Besonders geeignet für Winkelschnitte durch verstellbaren Anschlag.

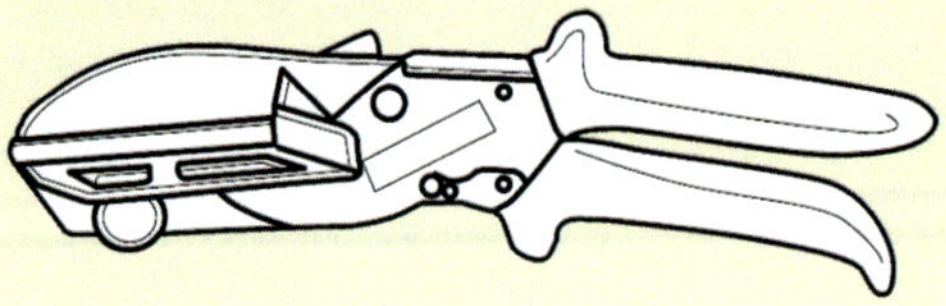

- **Ausklinkzange**
  Geeignet zur Herstellung von Ausschnitten besonders in Außenwänden.

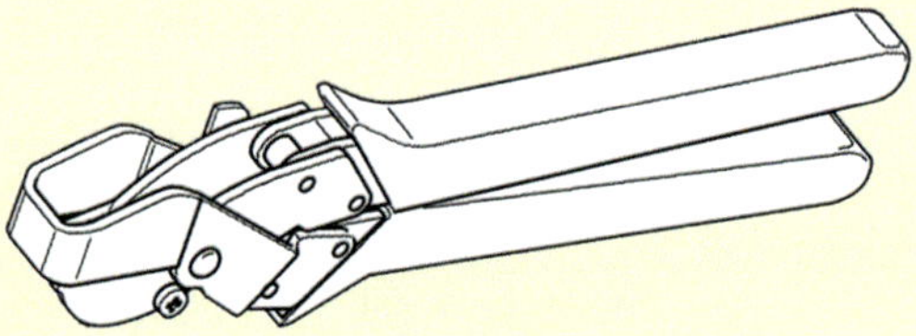

Verbinder für Kanalsteckdosen

Eingangsbuchse 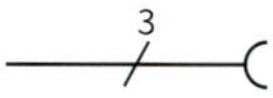	
Ausgangsstecker 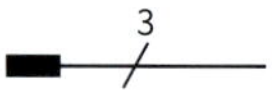	
Verteiler 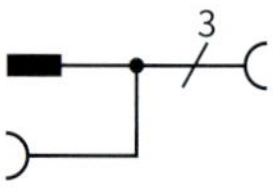	
Energiebus 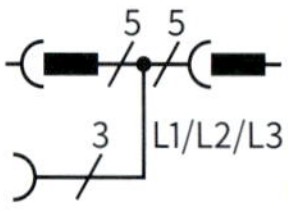	

12.1.3.2 Elektrische Installation

Etwa in der Mitte des Brüstungskanals befindet sich ein Durchbruch im Fußboden zum Keller (Abb. 3, S. 523), sodass von dort die Energiezuführung erfolgen kann. Im Kellerbereich ist die Hauptverteilung untergebracht. Für die neuen Installationen soll eine zusätzliche Unterverteilung eingebaut werden. Von dort führen zwei Leitungen zu den Steckdosen im Brüstungskanal.

Die grundsätzliche Installation ist in Abb. 1 zu sehen (Herstellerunterlage). Jeweils zwei Steckdosen befinden sich in einem Gehäuse (**Kanalsteckdose**). Diese Doppelsteckdosen besitzen folgende Merkmale:

- Länge x Breite x Höhe: 120 mm x 50 mm x 55 mm
- Das Gehäuse der Kanalsteckdose (Abb. 3 ①) besteht aus einer vollständigen Kunststoffisolierung. Die Erdung entfällt somit.
- Zur Verbindung mit dem Netz können Steckvorrichtungen (Abb. 1, Stecker ② und Buchsen ③) verwendet werden.
- Die Kontakte der Stecker und Buchsen sind gegen direktes Berühren geschützt, sodass bei Erweiterungen der Stromkreis nicht abgeschaltet werden muss. Die Arbeit an anderen Arbeitsplätzen wird dadurch nicht beeinträchtigt.
- Zur Unterscheidung der Steckbuchse und des Steckers sind diese mit den jeweiligen Schaltzeichen versehen.
- Durch jede Doppelsteckdose werden die Leiter L1, PE und N durchgeschleift (**Energiebus** *[power bus]*, Abb. 2). Die Buchsen der Steckdosen sind parallel an die jeweiligen Leitungen des Energiebusses angeschlossen.
- Die maximale Durchleitungsstromstärke eines Steckdosengehäuses beträgt hier 25 A (Abb. 2).
- Die Bemessungsstromstärke der einzelnen Steckdosen ist mit 16 A angegeben.

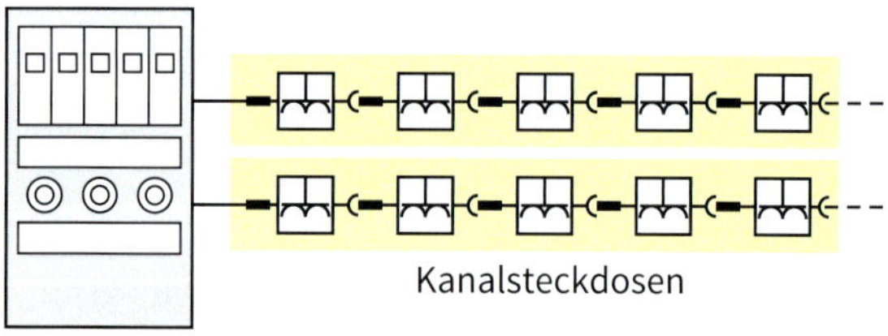

1: Energieversorgung für Kanalsteckdosen

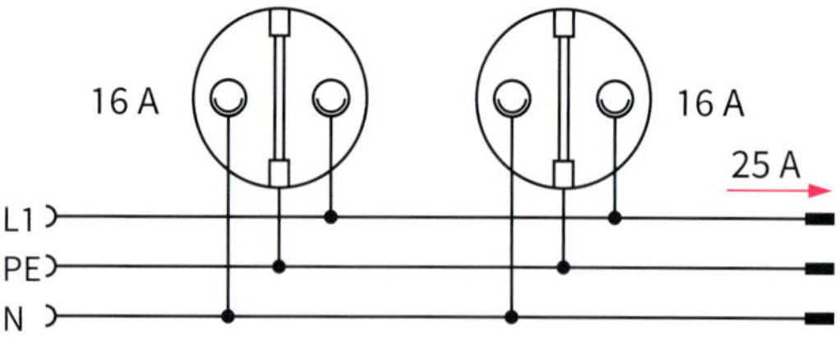

2: Anschluss der Kanalsteckdosen

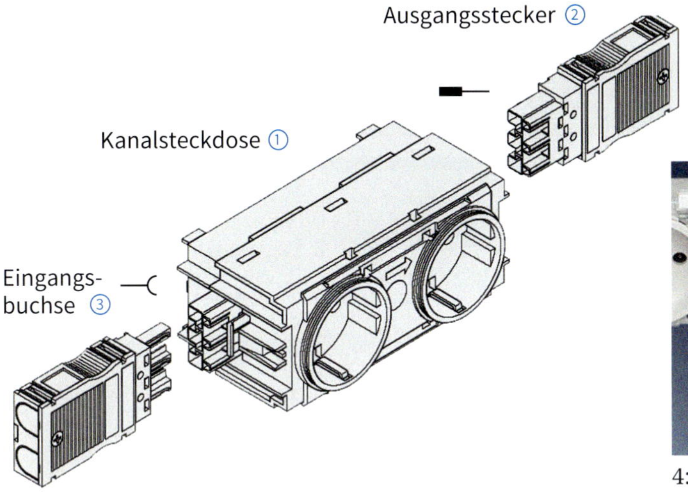

3: Kanalsteckdose mit Steckverbindungen

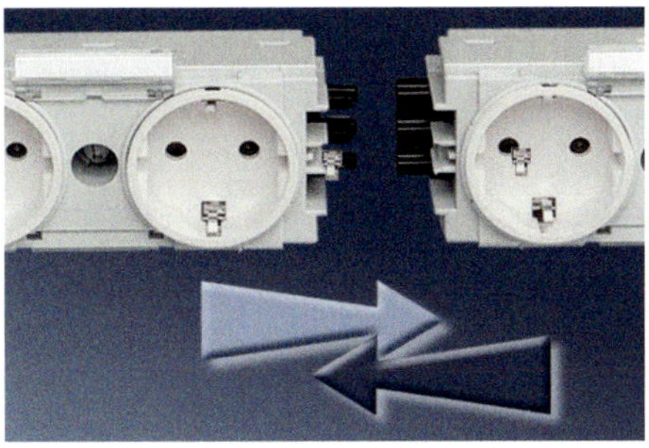

4: Zusammensteckbare Kanalsteckdosen

Die Kanalsteckdosen besitzen an ihren Enden die jeweiligen Eingangsbuchsen und Ausgangsstecker. Sie lassen sich also auch direkt ohne Leitungen miteinander verbinden, sodass 4, 6, … Steckdosen nebeneinander möglich sind (Abb. 4).

- In Installationskanälen muss zwischen Energie- und Datenleitungen ein Abstand von mindestens 50 mm eingehalten werden.
- Innerhalb der Kanalsteckdosen wird das Energiebusprinzip angewendet.

Dezentrale Energieverteilung

Bei der Verlegung von Leitungen in Installationkanälen muss die Strombelastbarkeit beachtet werden. Es ist deshalb mitunter sinnvoll, eine dezentrale Energieversorgung herzustellen. Die Abbildung zeigt eine Möglichkeit, bei der maximal 2 Leitungen mit 5 Adern (5 x 10 mm²) parallel geführt werden (Energiebus ①).

Vom Energiebus aus erfolgt eine Umschaltung ② auf die dreiadrigen Leitungen (3 x 2,5 mm²) ③.

Vorteile der dezentralen gegenüber der zentralen Energieversorgung sind:

- Geringere Leitungszahl ⇒ Reduzierung der Brandlast
- Mehr Ordnung im Installationskanal
- Kleinere Kanalabmessungen sind möglich.

Energiebusprinzip (Herstellerunterlage)

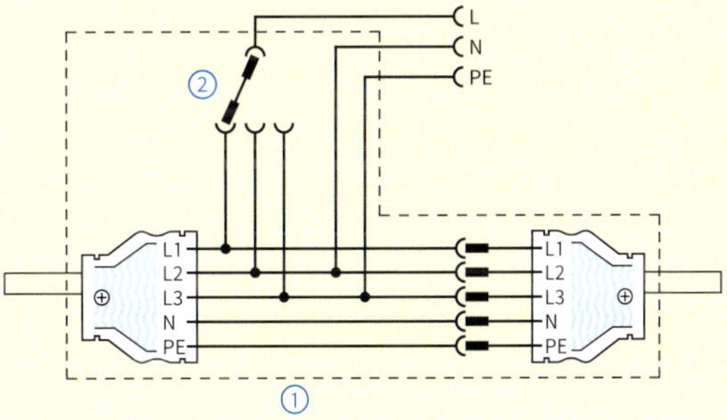

Beispiel:

Herstellerunterlagen

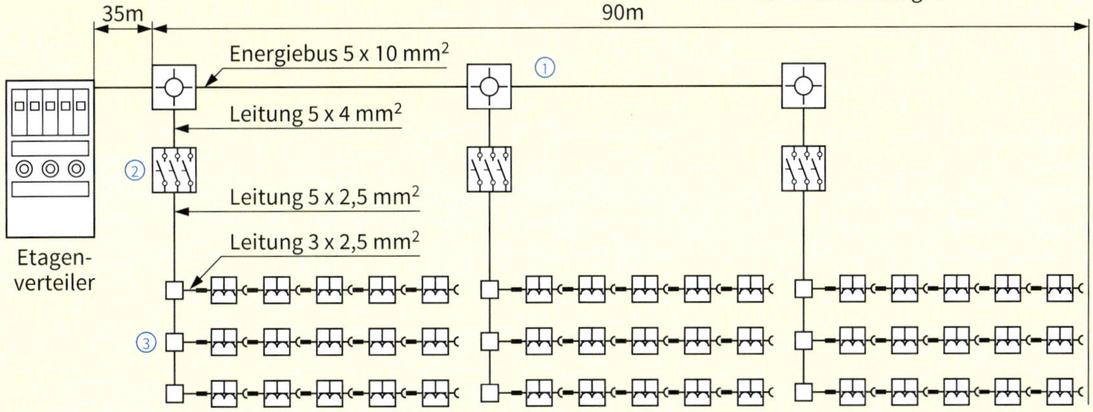

Unterverteilung

Die Unterverteilung für das Projekt wird so ausgewählt, dass die später durchzuführenden Erweiterungen problemlos möglich sind. Eine deutliche Trennung zwischen energie-, daten- und kommunikationstechnischen Objekten wird dabei vorgenommen (Abb. 1, beispielhaft). Dementsprechend wird die Unterverteilung in drei Bereiche eingeteilt.

- **Energieversorgung**
  Aus arbeitsorganisatorischen Gründen ist es sinnvoll, vor dem Beginn der Teilprojekte (Beschattung, Beleuchtung, ...), die Energiezuführungen herzustellen sowie wesentlich Objekte der Energieversorgung zu installieren. Hierfür ist der Bereich ① der Unterverteilung (Abb. 1) vorgesehen. Im Einzelnen sind folgende Tätigkeiten auszuführen bzw. Objekte zu installieren:
  - Leitungszuführung von der Hauptverteilung L1, L2, L3, N und PE herstellen
  - Leitungsschutz-Schalter installieren
  - Netzteil für das Bussystem (Kap. 12.1.5) installieren
  - Ausgangsgeräte für die Beleuchtung (vgl. Kap. 12.1.5) installieren

  Bei der Installation werden die Anschlüsse vorwiegend in **Schnellstecktechnik** *[push-in connection technology]* hergestellt (Abb. 2). Umständliche Handgriffe bei der Schraubverdrahtung fallen weg. Massive Leiter können einfach eingesteckt werden. Ebenso unkompliziert ist das Lösen der Drähte auf Knopfdruck. Bei flexiblen Leitern kann bei geeigneten Klemmen auf Aderendhülsen verzichtet werden. Bei all diesem Installationskomfort ist die Klemmung auch bei mechanischen Schwingungen und thermischen Ausdehnungen zuverlässig.

- **Datentechnik**
  Da die Absicht besteht, in einem Folgeauftrag (vgl. Kap. 12.2) die datentechnische Vernetzung der Büroarbeitsplätze zentral in der Unterverteilung vorzunehmen, wird hierfür der Bereich ② in der Unterverteilung reserviert. In ihm werden im Wesentlichen Patchfelder, Patchkabel und Hubs bzw. Switches untergebracht. Eine Änderung der Vernetzung ist somit rasch möglich.

- **Kommunikationstechnik**
  Im Bereich ③ der Unterverteilung sollen die an verschiedenen Stellen des Kellers installierten Objekte der Telekommunikation zentral zusammengeführt werden. Es sind dies beispielsweise die Telekommunikationsanlage sowie der Internetzugang mit DSL-Anschluss.

- Wenn in Installationen Energie-, Daten- und Kommunikationsleitungen gemeinsam verlegt werden, ist eine deutliche Trennung innerhalb der Unterverteilung erforderlich.

1: Beispielhafte Unterverteilung mit Trennung zwischen Energie-, Daten- und Kommunikationstechnik

2: Installationen

Aufgaben

1. Beschreiben Sie die Vorteile einer Kanalinstallation gegenüber einer Installation unter Putz.
2. Erklären Sie das Energiebusprinzip bei einer Kanalinstallation.

12.1.4 Beschattung

12.1.4.1 Projektstruktur

Bevor mit der Installation begonnen wird, ist es sinnvoll, sich einen Überblick über die **Struktur** [*structure*] dieses Teilprojektes zu verschaffen. Dadurch erhält man ein vereinfachtes Abbild der realen Situation, mit dessen Hilfe sich die einzelnen Arbeitsschritte folgerichtig und sachgerecht abarbeiten lassen.

In dem Teilprojekt werden als Objekte **Eingangsgeräte** und **Ausgangsgeräte** eingebaut, zwischen denen bestimmte Beziehungen (**Verknüpfung** [*linkage*]) hergestellt werden sollen.

Die Verknüpfung zwischen dem Eingangs- und Ausgangsgerät wird mit einem externen **Verknüpfungsgerät** hergestellt, das in diesem Fall drahtlos wie die Objekte arbeitet (Abb. 3). Darüber hinaus wird mit dem Verknüpfungsgerät die **Funktionszuweisung** (z. B. Markise AUF, Markise AB, Abb. 2) vorgenommen.

Beispiel einer Funktionszuweisung:
Wenn der Taster 1 (Eingangsgerät 1) betätigt wird, soll sich die Markise durch den Motor in der Beschattung nach oben bewegen (Funktionszuweisung: AUF, Ausgangsgerät 1).

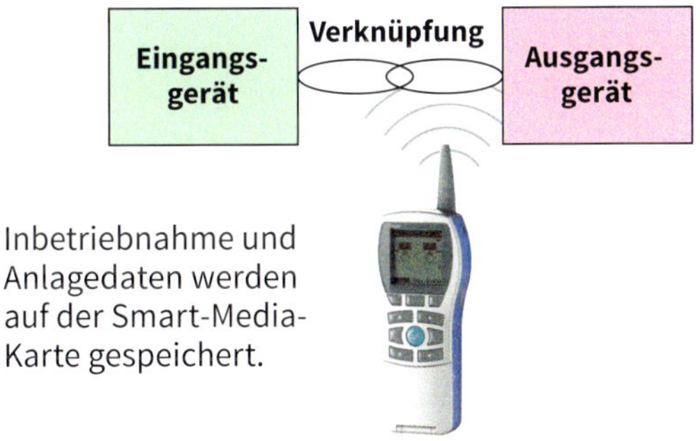

3: Verknüpfung zwischen Ein- und Ausgangsgerät

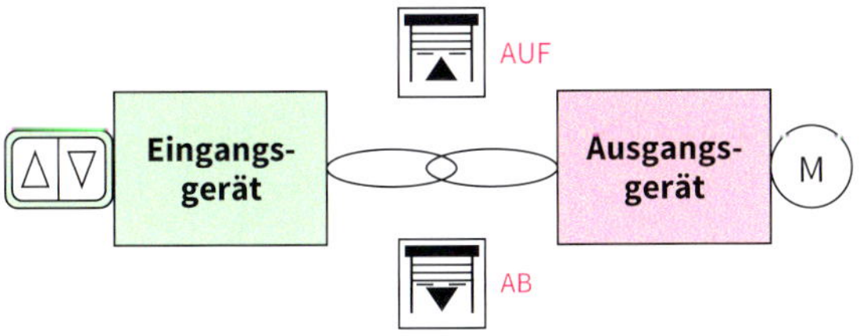

4: Verknüpfung und Funktionszuweisungen

Welche Verknüpfungen und Funktionszuweisungen entsprechend dem Kundenauftrag konfiguriert werden sollen, verdeutlichen die Abb. 5 bis 7. Dabei werden drei Steuerungsarten unterschieden.

1. Einzelsteuerung (separate Steuerung, Abb. 5)
Mit den Eingangsgeräten 1 bis 4 und den dazugehörigen Zweifach-Tastern sollen die Markisen 1 bis 4 (Ausgangsgeräte 1 bis 4) auf- und abwärts gesteuert werden. Jedes dieser Eingangsgeräte besitzt somit zwei Eingänge.

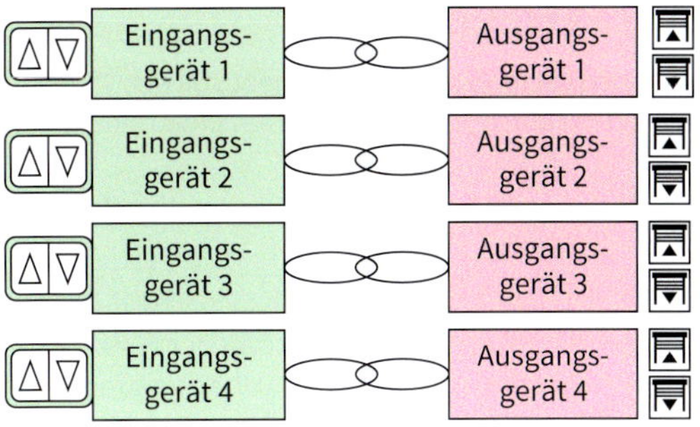

5: Einzelsteuerung der Markisen

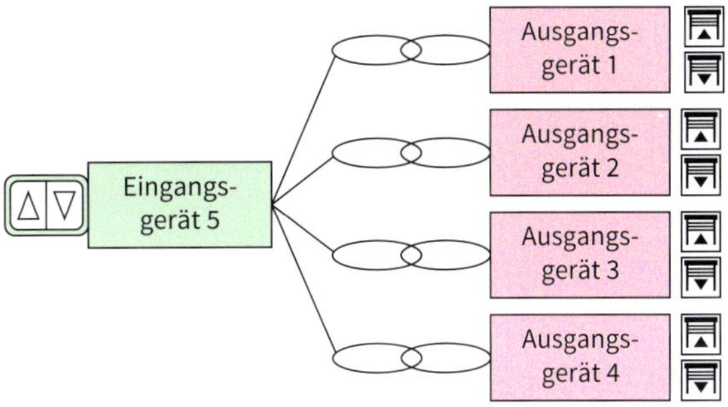

6: Zentralsteuerung aller vier Markisen

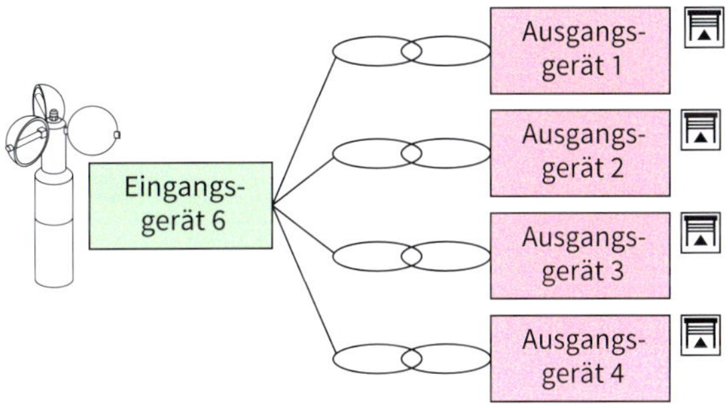

7: Zentralsteuerung mit Windwächter

2. Zentralsteuerung (Abb. 6)
Mit dem Eingangsgerät 5 (ein Zweifach-Taster, zwei Eingänge) sollen alle vier Markisen auf- und abwärts gesteuert werden.

3. Zentralsteuerung mit Windwächter (Abb. 7)
Mit dem Windwächter (Eingangsgerät 6, ein Eingang) sollen alle 4 Markisen nur aufwärts gesteuert werden.

Bevor die Konfiguration der Steuerung mit dem Verknüpfungsgerät vorgenommen wird (vgl. Kap. 12.1.4.5), müssen die Eingangs- und Ausgangsgeräte installiert werden (s. nachfolgendes Kapitel).

- Eine Struktur wird durch seine Objekte und ihre Beziehungen gekennzeichnet.
- Mit dem Verknüpfungsgerät wird zwischen den Objekten eine Verknüpfung hergestellt und eine Funktionszuweisung der Objekte vorgenommen.

12.1.4.2 Eingangsgeräte

In dem zu realisierenden Gesamtprojekt soll die Übertragung der Steuersignale zwischen den Elektroinstallationen

- mit Hilfe von Leitungen (verdrahtete Geräte mit Twisted-Pair-Leitungen, EIB) und
- drahtlos über Funkkanäle erfolgen.

Weil für die Steuerung zur Beschattung der Fenster (Teilprojekt 2) möglichst keine zusätzlichen Leitungen im Fensterbereich verlegt werden sollen, wurde dafür ein Funksystem gewählt.

Funksysteme bestehen aus **Ein- und Ausgangsgeräten**, die über zwei oder mehrere Funkkanäle miteinander gekoppelt sind (vgl. Kap. 12.1.2). Die Sendungen sind störsicher und verschlüsselt. Für die Eingabe der Markisensteuerung werden Taster verwendet (Abb. 1).

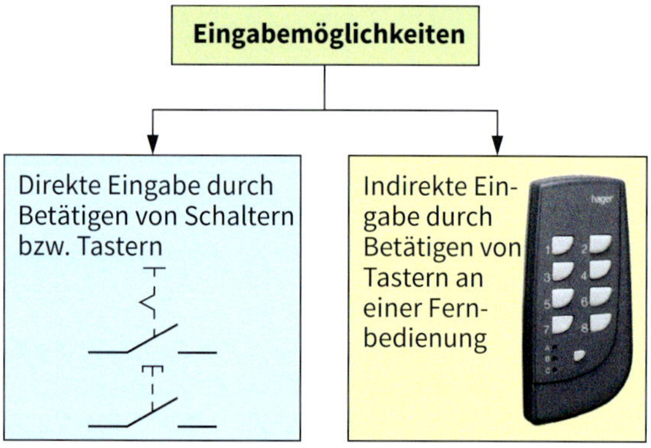

1: Eingabemöglichkeiten

Eingangsgerät [*input device*]
Die grundsätzliche Funktion des Eingangsgerätes für eine funkbasierte Steuerung (auch als Funkmodul bezeichnet) ist im Schaltzeichen der Abb. 2 dargestellt.

Es enthält die folgenden Funktionseinheiten:

- **Eingabe**
  Schalter, Taster oder Fernbedienung
- **Wandler**
  Durch den Wandler erfolgt eine Anpassung der Eingangssignale an die Senderendstufe.
- **Antenne**
  Über die Antenne erfolgt die Abstrahlung der elektromagnetischen Wellen.

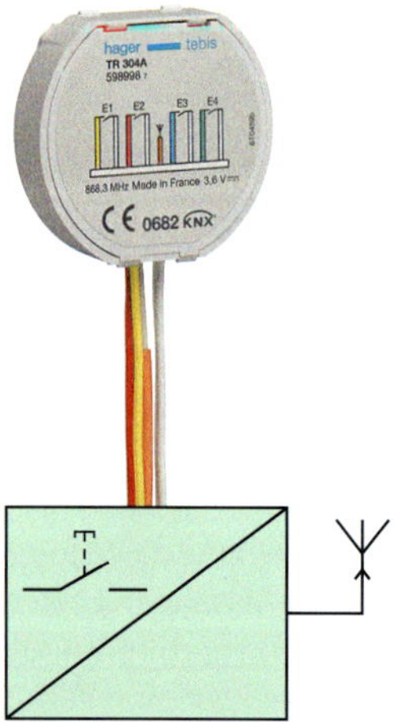

2: Eingangsgerät

Für die Funktion des Eingangsgerätes ist elektrische Energie erforderlich. Diese kann durch Batterien oder wie in diesem Fall über die Netzwechselspannung von 230 V bezogen werden. Wie das Eingabegerät installiert werden muss, zeigt Abb. 3.

Installation des Eingangsgerätes

- **Spannungsversorgung**
  230 V ①, Stromstärke 19 mA
- **Steckverbinder** ②
  mit
  - Funkantenne ③ und
  - Anschlüssen für zwei Taster ④.
- **LED** ⑤
  Die LED zeigt den Funktionszustand des Gerätes nach Betätigung eines Tasters an.
  - Kurzes Aufleuchten (250 ms) ⇒ OK (konfiguriert),
  - Blinken (1 Hz, 2 s) ⇒ Gerät ist nicht konfiguriert.

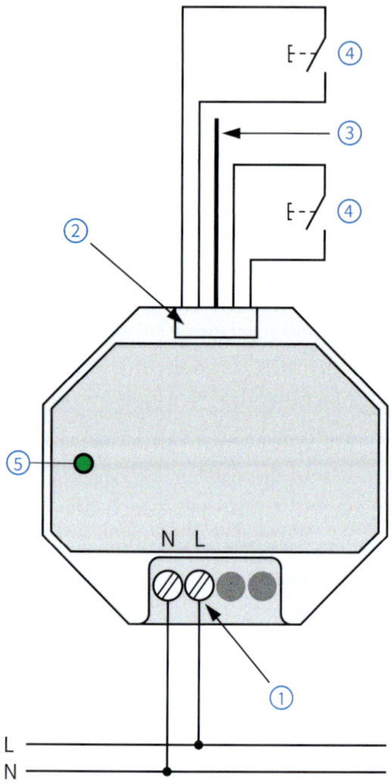

3: Anschlüsse am Eingangsgerät (Herstellerunterlage)

Wie das Eingangsgerät mit den beiden Tastern in eine Unterputzverteilerdose (Durchmesser 60 mm) eingebaut wird, zeigt Abb. 4. Die Taster sind direkt vor das Eingangsgerät montiert. Sie können aber auch an anderen Stellen untergebracht werden.

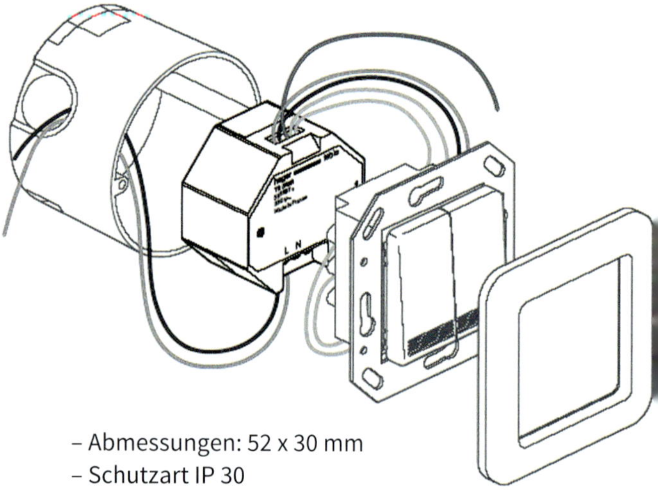

4: Einbau des Eingangsgerätes

Planen und Realisieren

12.1.4.3 Ausgangsgeräte

Die im Ausstellungs- und Präsentationsraum bereits installierte Markisensteuerung erfolgte an jedem Fenster mit separaten Umschaltern (Abb. 5 ①). Die drei Stellungen AUF, AUS (Nullstellung) und AB waren möglich. Der Umschalter wird jetzt durch ein Ausgangsgerät ersetzt, das die Steuersignale empfängt und die gewünschten Schaltungen ausführt.

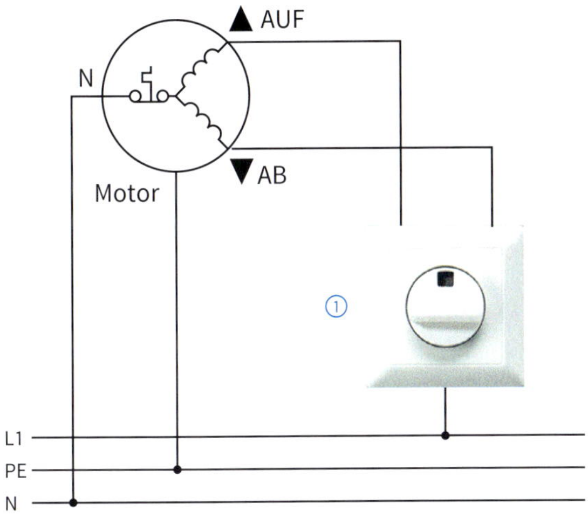

5: Ursprüngliche Motorsteuerung

Der grundsätzliche Aufbau des Ausgangsgerätes (Steuergerät) ist im Schaltzeichen der Abb. 6 dargestellt. Es enthält folgende Funktionseinheiten:

- **Antenne**
  Die Antenne empfängt die elektromagnetischen Wellen des Eingangsgerätes (unidirektional).
- **Wandler**
  Durch den Wandler erfolgt die Anpassung der Eingangssignale an die nachfolgende Schaltstufe.
- **Ausgabe**
  Mit dem gewählten Ausgangsgerät können die bisherigen Schaltfunktionen ausgelöst werden.

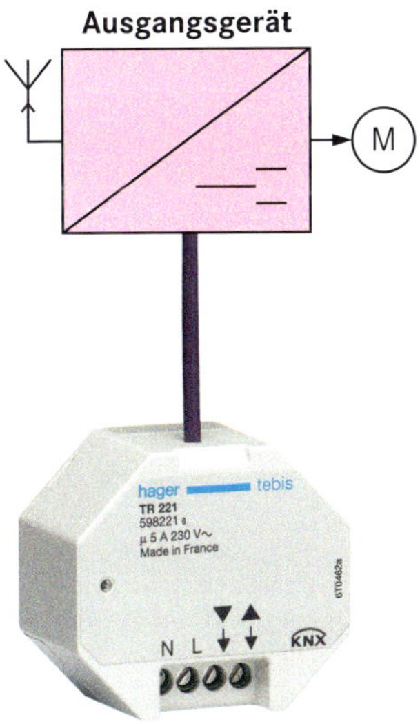

6: Ausgangsgerät

Mit dem abgebildeten Ausgangsgerät sind nicht nur die drei ursprünglichen Steuerfunktionen der Markisensteuerung realisierbar. Durch eine entsprechende Konfiguration können auch andere Funktionen eingestellt werden (Abb. 7).

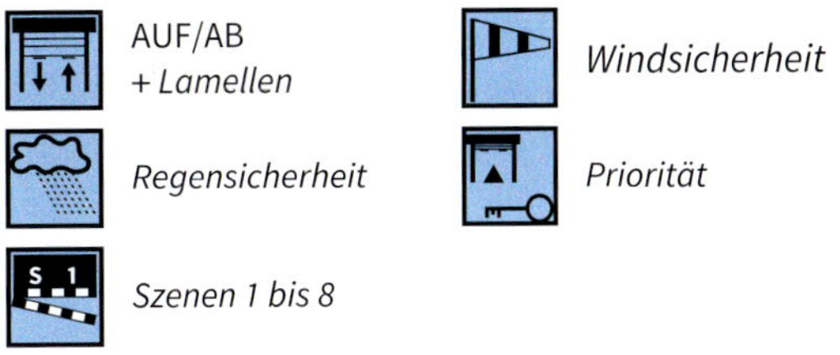

7: Konfigurierbare Funktionen am Ausgangsgerät

Installation des Ausgangsgerätes

Der vorhandene Umschalter der Markisensteuerung (Abb. 1 ①) in der Unterputzdose wird gegen das Ausgangsgerät (52 x 27 mm) getauscht. Folgende Leitungen sind anzuschließen (Abb. 8):

- Spannungsversorgung 230 V (2 W)
- Motoranschlüsse für die Markise ②

Beachtet werden muss beim Einbau, dass die Empfangsmöglichkeiten der Antenne ③ nicht beeinträchtigt werden. Die LED ④ dient zur Anzeige der Übertragung.

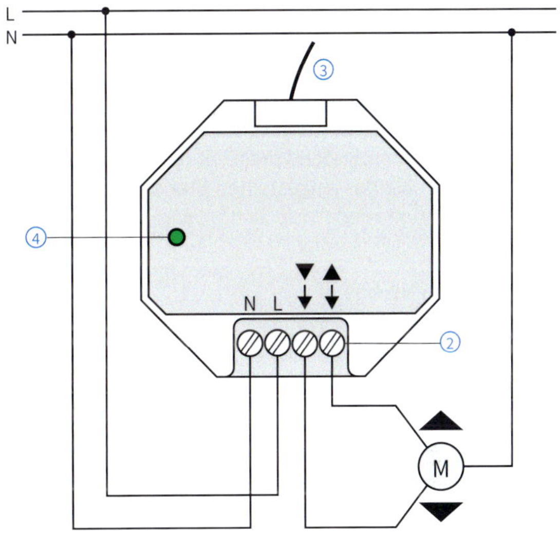

8: Anschluss des Ausgangsgerätes für die Markisen-Steuerung

Aufgabe

1. Aus welchen Komponenten bestehen funkbasierte Ein- und Ausgangsgeräte?

- Eine funkbasierte Steuerung in der Haus- und Gebäudesystemtechnik besteht aus Ein- und Ausgangsgeräten.
- Die Kopplung zwischen den Ein- und Ausgangsgeräten erfolgt über Sende- und Empfangsantennen in einem Funkkanal bei 868,3 MHz.
- Je nach Konfiguration können Ausgangsgeräte unterschiedliche Funktionen ausführen.

12.1.4.4 Windwächter

Die Markisen bestehen aus Stoff- bzw. Kunststoffbahnen, die sich außerhalb und vor den Fensterscheiben befinden. Um Beschädigungen bei zu hoher **Windgeschwindigkeit** [*wind velocity*] zu vermeiden, müssen alle Markisen eingefahren werden können. Deshalb wird als Überwachungseinrichtung ein **Windwächter** [*wind sensor*] eingebaut.

Funktionsbeschreibung

Der Wind sorgt für die Rotation des Windrades (Abb. 1). Diese Rotationsgeschwindigkeit wird mit einem Sensor gemessen und mit dem eingestellten **Grenzwert** [*limit value*] verglichen. Der Einstellbereich für die Windgeschwindigkeiten reicht von 5 km/h bis 55 km/h (Abb. 2 ①). Voreingestellt ist ein Wert von 25 km/h.

Das Ausgangsverhalten des Windwächters ist binär. Wenn die Windgeschwindigkeit den eingestellten Grenzwert länger als drei Sekunden überschreitet, schließt ein Kontakt (Abb. 6 ②). Wird der eingestellte Grenzwert nicht erreicht, bleibt der Kontakt geöffnet.

Die Umschaltung von einem in den anderen Zustand erfolgt nicht sofort. Aus Sicherheitsgründen bleibt der Kontakt mindestens zehn Minuten lang (fest vorgegeben) geschlossen (**Sicherheitsfunktion** [*safety function*]). Wenn die Windgeschwindigkeit nach diesen zehn Minuten unterhalb des eingestellten Grenzwertes liegt, öffnet der Kontakt wieder. Die Sicherheitsfunktion ist aufgehoben.

Installationshinweise

- Grundsätzlich soll der Windwächter so installiert werden, dass seine Funktion nicht behindert wird (Markisenbewegung, Äste von Bäumen, ...).
- Da der Windwächter die auf die Markisen einwirkende Windgeschwindigkeit messen soll, darf er nicht im „Windschatten" des Gebäudes angebracht werden.

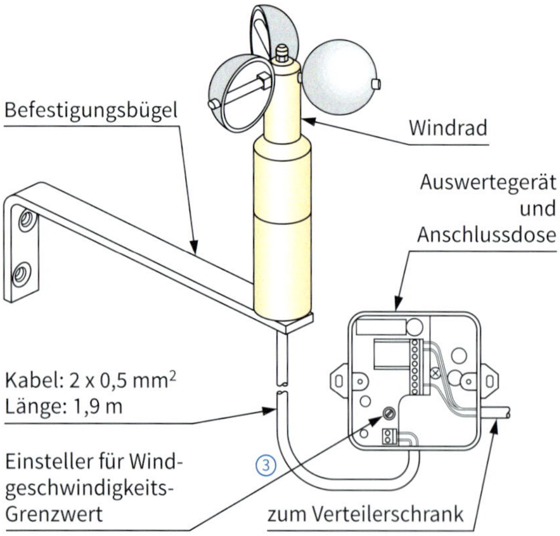

1: Windwächter-Montage

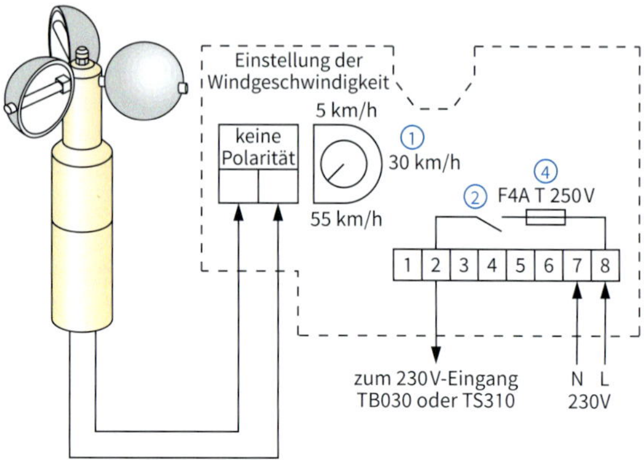

2: Elektrische Anschlüsse am Windwächter

- Der Grenzwert für die Windgeschwindigkeit ist entsprechend den Angaben des Herstellers einzustellen.
- Die Wasserdichtigkeit muss gewährleistet sein.
- Ein Mindestabstand von 1 cm zwischen Leitungen des Windwächters und anderen Leitungen ist einzuhalten.
- Die Anschlussleitung ist im Bogen zu verlegen (Tropfwasser-Schutz, Abb. 1 ③).
- Die Spannungsversorgung beträgt 230 V AC.
- Kontaktbelastbarkeit des Ausgangskontaktes: 4 A, 230 V AC, interner Schutz durch Feinsicherung 4 A (Abb. 2 ④).
- Schutzklasse II
- Schutzart IP 65

Um diesen Windwächter für die Beschattung einsetzen zu können, muss der binäre Ausgang noch an das Funksystem angepasst werden. Verwendet wird das in Kap. 12.1.4.2 behandelte Eingangsgerät. Anstelle eines Eingangstasters wird der Schaltausgang des Windwächters verwendet (Abb. 3).

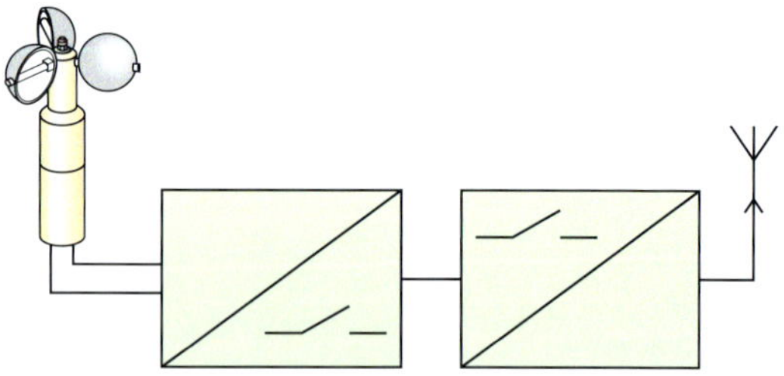

3: Anpassung des Windwächters

- Windwächter werden als Schutzgeräte für außen liegende Beschattungssysteme gegen starken Wind eingesetzt (Windsicherheitsfunktion).
- Windwächter müssen so montiert werden, dass ihre Sicherheitsfunktion nicht durch Gebäude, Bäume usw. gestört wird.

12.1.4.5 Inbetriebnahme

Nach der elektrischen Installation sind die Eingangs- und Ausgangsgeräte noch nicht funktionsfähig, weil keine Verknüpfungen zwischen den Geräten bestehen und noch keine Zuweisung von Funktionen stattgefunden hat.

Da in diesem Projekt einfache Verknüpfungen herzustellen sind und die installierten Geräte dem KNX-Standard entsprechen, erfolgt die Verknüpfung im E-Modus (vgl. Kap. 12.1.2). Der E-Modus besitzt folgende Vorteile:

- Die Verknüpfungen werden in dem Raum hergestellt, in dem die Installationen vorgenommen wurden (sichtbarer Bereich).
- Die Funktionszuweisungen lassen sich sofort überprüfen.

Verwendet wird das vom Hersteller vorgesehene **Verknüpfungsgerät** *[programming device]* (vgl. Kap. 12.1.4.1). Der Abstand zwischen den Verknüpfungs- und Eingangsgeräten darf nicht größer als 15 bis 20 m sein. Mit der Eingabe über Tasten (Abb. 5) und über die daraus folgenden Anzeigen im Display (Abb. 4) lassen sich die Verknüpfungen herstellen und die gewünschten Funktionszuweisungen vornehmen.

Im Display lassen sich folgende Bereiche unterscheiden:

- Linke Seite ①:
  Informationen zu den Eingangsgeräten
- Rechte Seite ②:
  Informationen zu den Ausgangsgeräten
- Mittlerer Bereich ③:
  Betriebsarten
- Unterer Bereich ④:
  Tastenfunktionen des Displays

Vor der Inbetriebnahme ist es sinnvoll, sich z. B. in Form einer Skizze Klarheit über die Zahl der Eingangsgeräte mit ihren Eingängen und die Zahl der Ausgangsgeräte zu verschaffen (vgl. Kap. 12.1.4.1). Im Teilprojekt „Beschattung" müssen also

- 6 Eingangsgeräte mit insgesamt 11 Eingängen (8 + 2 + 1) mit
- 4 Ausgangsgeräten verknüpft werden.

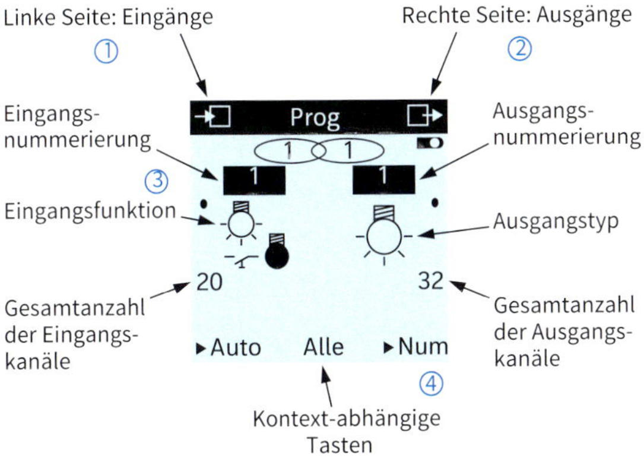

4: Displayanzeige des Verküpfungsgerätes (Beispiel)

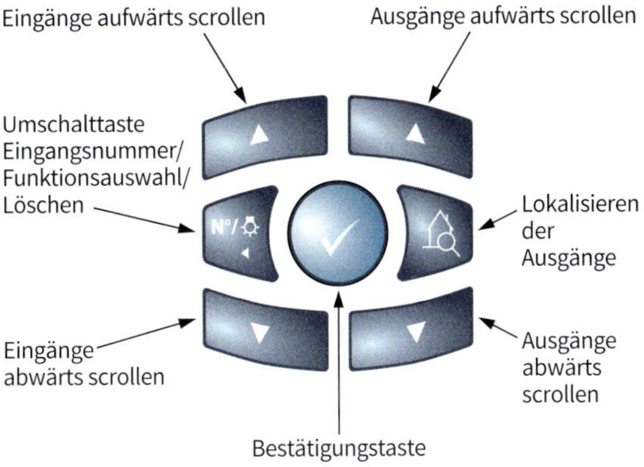

5: Tastatur des Verknüpfungsgerätes

Bei der Inbetriebnahme sind folgende wesentliche Schritte durchzuführen:

1. Vorbereiten

- Neue SmartMedia Karte einlegen
- Anlagentyp eingeben
- Wechsel in den Programmiermodus

2. Ausgänge lokalisieren

- Suchvorgang einleiten
- Ausgänge werden automatisch nummeriert
- Zahl der Ausgänge und Funktion werden angezeigt

3. Eingang vorbereiten

- Eingang „1" betätigen
- Dem Eingang eine Nummer zuweisen, bestätigen

4. Eingang „1" eine Funktion zuweisen

- Eine Funktion für den Eingang „1" wählen
- Funktion bestätigen

5. Eingangsgerät mit Ausgangsgerät verknüpfen

- Ausgangsgerät (Nummer) auswählen
- Den Eingang „1" mit einem gewählten Ausgang verknüpfen

Die Schritte 3 und 4 müssen für jeden Eingang wiederholt werden. Als Abschluss kann die Anlage im AUTO-Modus getestet werden.

Eine ausführlichere Darstellung der Konfiguration ist in Abb. 1 (nächste Seite) mit Eingabetasten und ausgewählten Displayanzeigen dargestellt.

- Die grundsätzliche Konfiguration einer KNX-Anlage im E-Modus läuft in folgenden Schritten ab:
  1. Ausgangsgeräte lokalisieren
  2. Eingänge nummerieren und Funktion zuweisen
  3. Eingang mit Ausgangsgerät verknüpfen

Aktionen	Schritte	Beschreibung	Anzeige, Display
– Gerät einschalten – Bei Anzeige TP „NEIN" eingeben, da in diesem Teilprojekt alle Daten per Funk übertragen werden.	**1. Vorbereiten**	– Nach dem Einschalten muss am Verknüpfungsgerät zwischen TP (Twisted Pair) und RF (radio frequency, Funk) gewählt werden.	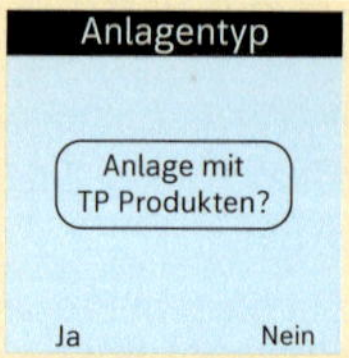
– Scan-Taste drücken 	**2. Ausgänge lokalisieren**	– Die Installation nach Ausgangsgeräten scannen. – Die sechs Ausgangsgeräte der Anlage werden gefunden. – Sie werden automatisch von 1 bis 6 durchnummeriert.	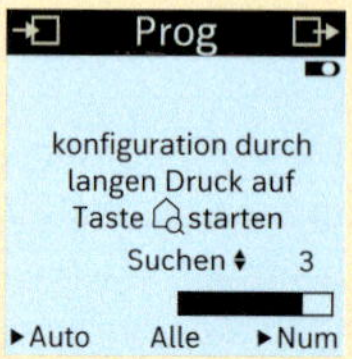
– Taster 1 (z. B. als „AUF") am Eingangsgerät betätigen. – Nummer 1 am Verknüpfungsgerät für diese Betätigung vergeben.	**3. Eingang vorbereiten**	– Das Verknüpfungsgerät registriert ein Signal vom Eingangsgerät 1. – Diesem Signal wird die Nummer 1 zugeordnet.	
– Funktionstaste betätigen – Funktion auswählen – Auswahl bestätigen Tasten: 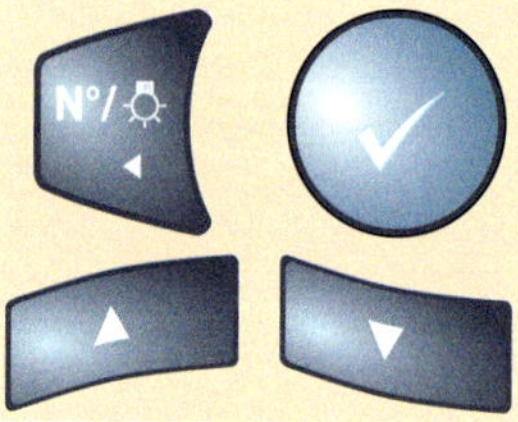	**4. Eingang 1 eine Funktion zuweisen**	– Die Funktion „AUF" wird aus den verschiedenen Möglichkeiten ausgewählt. – Die gewählte Funktion muss bestätigt werden. – Nach der Bestätigung ist diese Funktion im Eingangsgerät bei der Betätigung des Tasters 1 gespeichert.	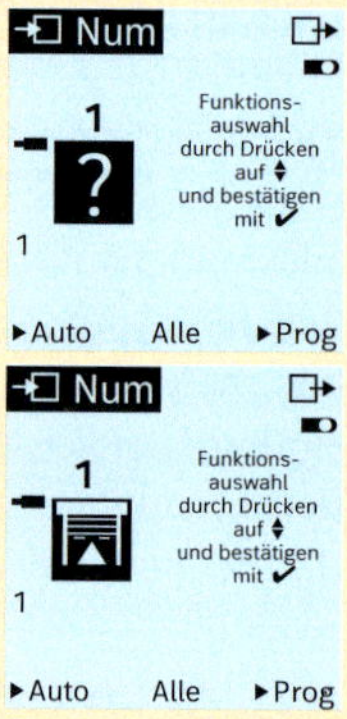
– Ausgangsziffer 1 wählen – Vorbereiten und Bestätigen Tasten: 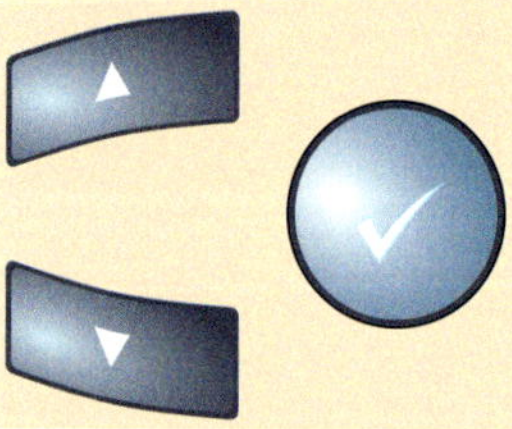	**5. Eingangsgerät mit Ausgangsgerät verknüpfen**	– Es wird das Ausgangsgerät 1 gewählt, das mit dem Eingang 1 verknüpft werden soll. – Verknüpfungen müssen stets vorbereitet und bestätigt werden. – Der Ladevorgang läuft, dabei wandern zwei Ellipsen ineinander. – Verknüpfung besteht	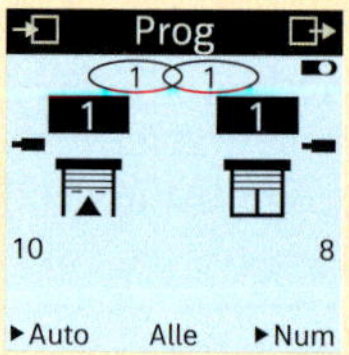
– Taster 2 (z. B. als „AB") am Eingangsgerät betätigen. – Nummer 2 am Verknüpfungsgerät vergeben.	**6. Eingang 2 vorbereiten ...**	– Für jeden weiteren Eingang muss der Vorgang ab Schritt 3 wiederholt werden, bis der letzte Eingang mit dem zugehörigen Ausgangsgerät verknüpft ist und die richtigen Funktionen zugewiesen worden sind.	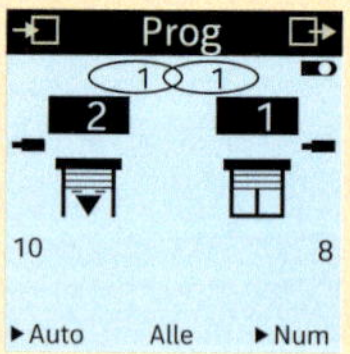

1: Konfiguration des Teilprojekts „Beschattung"

12.1.5 Beleuchtung

12.1.5.1 Projektstruktur

Die bisherige Deckenbeleuchtung im Ausstellungs- und Prä-sentationsraum des „Fenster- und Türenstudios" soll erhalten bleiben. Sie ist in zwei Zonen (vgl. Kap. 12.1.2) aufgeteilt, wobei jede separat mit einem Schalter gesteuert werden kann. Die Gesamtleistung der Leuchten in jeder Zone beträgt 400 W. Die Energieversorgung erfolgt über eine Verteilung, die sich im darunter liegenden Kellerraum befindet.

Auf Wunsch des Kunden soll die Deckenbeleuchtung in den verschiedenen Zonen unterschiedlich steuerbar sein (EIN/AUS, Dimmen, Zeitschalterbetrieb). Die Schalter müssen also entfernt werden. Die Eingabe für die gewünschten Funktionen übernehmen jetzt vier Taster, die in den Installationskanal einzubauen sind.

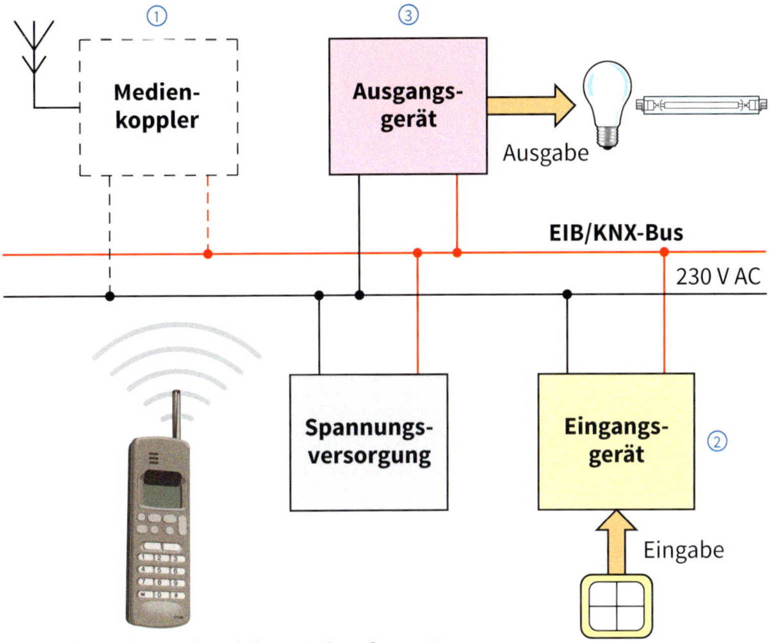

2: Struktur des Teilprojekts „Beleuchtung"

Die Steuerung der Lampen an den Ausgangsgeräten soll nicht wie im Teilprojekt „Beschattung" per Funk, sondern über eine EIB/KNX-Busleitung erfolgen.

Um sich das Zusammenwirken der einzelnen Objekte besser vorstellen zu können, wird für die durchzuführende Bus-Installation eine Strukturskizze (Abb. 2) erstellt. In ihr sind die einzubauenden Objekte und ihre Beziehungen verdeutlicht.

Wie bei der vorher besprochenen Beschattungssteuerung (vgl. Kap. 12.1.4) sind auch hier einfache Verknüpfungen zwischen Ein- und Ausgangsgeräten herzustellen (KNX-Standard). Die Konfiguration erfolgt deshalb im E-Modus mit dem bereits in Kap. 12.1.4.1 vorgestellten Verknüpfungsgerät. Da dieses Gerät drahtlos arbeitet, muss für die Dauer der Konfiguration ein **Medienkoppler** *[media coupler]* (Abb. 2 ①) an den Bus angeschlossen werden. Er übersetzt die per Funk eingehenden Daten in leitungsgebundene Signale.

Nach der Konfiguration kann der Medienkoppler wieder entfernt werden. Bei Änderungen muss er für die Dauer der Konfiguration wieder eingefügt werden.

Die Busleitung besteht aus zwei parallel verlaufenden Leitern (Twisted Pair), über die die Daten entsprechend dem **KNX/EIB-Standard** verschickt werden.

Für die Beleuchtungssteuerung sind in jeder Zone ein Eingangs- und ein Ausgangsgerät vorgesehen. Am Eingangsgerät (Abb. 2 ②) sind zur Eingabe Taster anzuschließen. Mit dem Ausgangsgerät ③ lassen sich verschiedene Lampen mit unterschiedlichen Funktionen steuern.

Da die Steuerung für die Beleuchtung über den EIB-Bus durchgeführt wird, können in den Schaltplänen auch EIB-Schaltzeichen verwendet werden (Abb. 3). Allerdings sind bei heutigen Ein- und Ausgangsgeräten die einstellbaren Funktionen recht vielfältig, sodass diese Vielfalt mit einem einzelnen Symbol nicht gekennzeichnet werden kann. Hersteller verwenden deshalb häufig für die Bausteine Abbildungen, an denen die Anschlüsse für eine fachgerechte Installation gekennzeichnet sind. Die einstellbaren Funktionen können dann aus Tabellen oder Funktionsbeschreibungen entnommen werden.

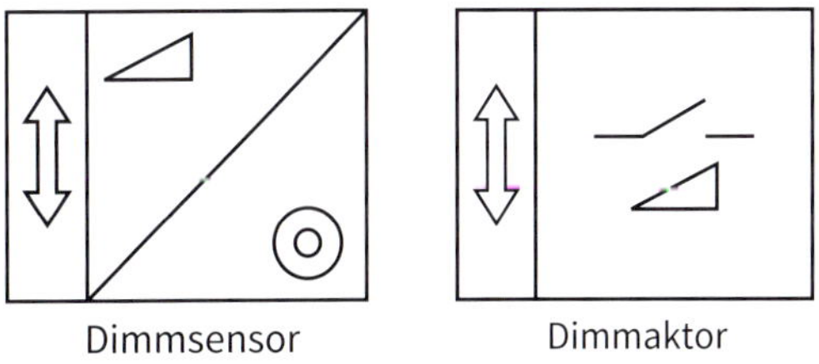

3: EIB-Schaltzeichen

- Für die Beleuchtungssteuerung über den EIB/KNX-Bus sind Eingangsgeräte erforderlich, die über Taster bzw. Schalter bedient werden.
- Die Ein- und Ausgangsgeräte der Lampensteuerung sind über die Busleitung miteinander gekoppelt.
- Die Ausgangsgeräte der Lampensteuerung arbeiten als Aktoren innerhalb der Steuerungskette.

12.1.5.2 Installation

Medienkoppler

Der Medienkoppler ist die Schnittstelle zwischen den leitungs- und funkgesteuerten Objekten (868,3 MHz). Angekoppelt wird er über den EIB/KNX-Bus. Die Spannungsversorgung beträgt 230 V (Abb. 1a). Die Anschlüsse befinden sich unter einer Abdeckkappe (Abb. 1b ①). Die Betriebsbereitschaft wird durch kurzes Aufleuchten der LED ② angezeigt. Die Integration des Medienkopplers in die Anlage erfolgt mit der Drucktaste ③. Folgende Einstellungen sind möglich:

- **Anpassungsmodus** (langer Tastendruck 4 s ≤ t < 10 s), LED ⑤ leuchtet (zur Anpassung zwischen Verknüpfungsgerät und Medienkoppler)
- **Adressiermodus** (kurzer Tastendruck 200 ms ≤ t < 4 s), LED ④ leuchtet
- **Löschen** der Einstellungen (t ≥ 12 s)
  Dieses Zurücksetzen wird durch fünfmaliges Blinken der LED ⑤ signalisiert.

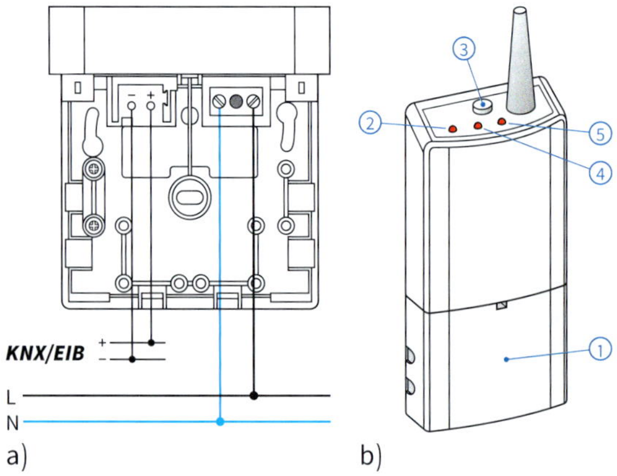

1: Medienkoppler

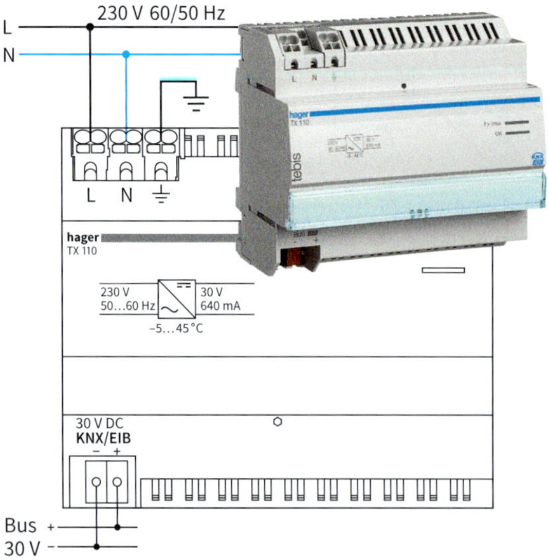

2: Spannungsversorgung für den Bus

Spannungsversorgung

Die Spannungsversorgung für den Bus erfolgt mit dem in Abb. 2 dargestellten Netzteil. Es besitzt folgende Kenndaten:

- Schutzmaßnahme: SELV
- Betriebsspannung: 230 V AC, 50/60 Hz
- Leistung: 24 W
- Abmessungen: 6 cm x 17,5 mm
- Ausgangsspannung: 30 V +/– 2 V
- Ausgangsstromstärke: 640 mA
- Anschlussquerschnitt: 1,5 – 2,5 mm^2 (massiv oder flexibel)

Das Netzteil wird auf einer Hutschiene montiert und in der Unterverteilung installiert (vgl. Kap. 12.1.3.2).

Eingangsgerät

Für die Steuerung der Beleuchtung (Glühlampen und Leuchtstofflampen) werden zur Eingabe Taster ausgewählt (Abb. 3). Zur Ankopplung an den EIB-Bus wird ein Eingangsgerät mit vier unabhängigen Eingängen verwendet. Das Eingangsgerät besitzt folgende Kenndaten:

- Eingangskreise: 4
- Eingangsspannung: 5 V
- Stromstärke pro Eingang: 0,5 mA
- Anschlussmöglichkeiten: Taster oder Schalter
- Maximale Leitungslänge zum Taster: 5 m
- Systemspannung: 30 V DC über den EIB-Bus
- Montageart: Unter Putz
- Abmessungen: 38 x 35 x 12 cm

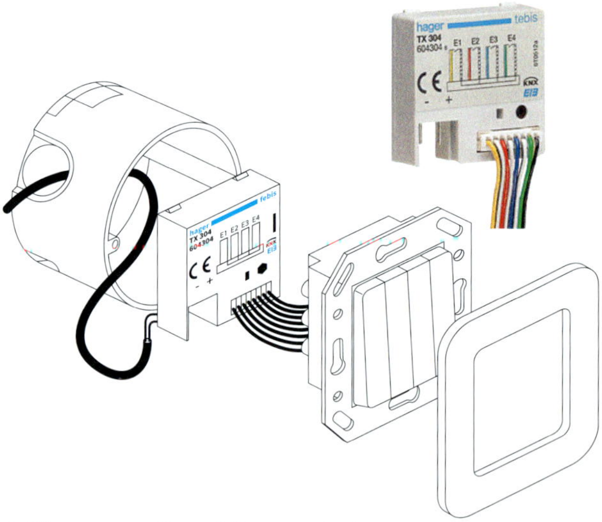

3: Eingangsgerät und Eingangstaster

- Medienkoppler sind Bausteine, die eine Datenübertragung per Funk an den Datenbus (Leitung) anpassen.
- Die Spannungsversorgung für alle am EIB-Bus installierten Objekte erfolgt über ein gemeinsames Netzteil (30 V DC).

Ausgangsgerät

Das Ausgangsgerät arbeitet als Dimmer und Schnittstelle zwischen den dimmbaren Leuchtmitteln (20 W bis 600 W) und dem KNX/EIB-Bus. In Abb. 4 sind anschließbare Leuchtmittel dargestellt.

Mit dem Verknüpfungsgerät lassen sich die in Abb. 5 aufgeführten Funktionen konfigurieren. Wie das Bedienelement angeschlossen wird, zeigt die Abb. 6.

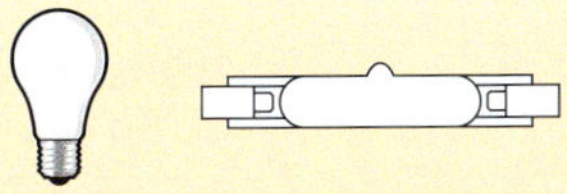	Glühlampen, Halogenlampen 230 V
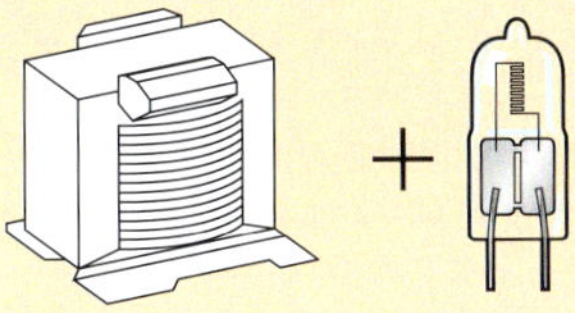	Niederspannungs-Halogenlampen (12 V oder 24 V) mit konventionellem Transformator
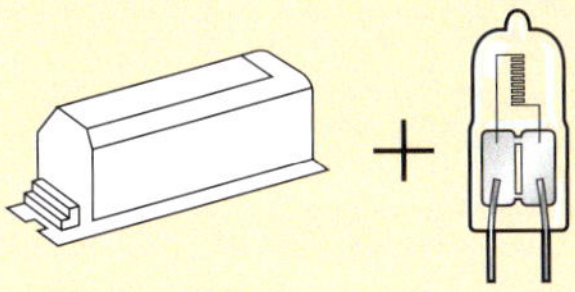	Niederspannungs-Halogenlampen (12 V oder 24 V) mit elektronischem Transformator

4: Anschließbare Leuchtmittel für das Ausgangsgerät

Funktion	Beschreibung
EIN/AUS 	EIN: Einschalten auf parametrierte Helligkeit, Andimmen ist möglich AUS: Direktes Ausschalten, Ausdimmen ist möglich
Dimmen 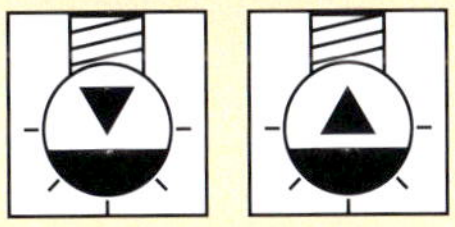	Die Dimmzeit ist parametrierbar, langer Tastendruck dient zum Auf- bzw. Abdimmen
Zeitschaltbetrieb 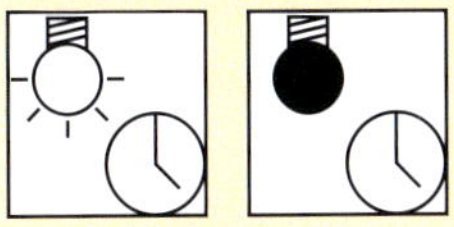	Ein- bzw. Ausschalten für eine bestimmte einstellbare Zeit. Der Ausgang kann zeitverzögert EIN oder AUS parametriert werden.
Zwangssteuerung 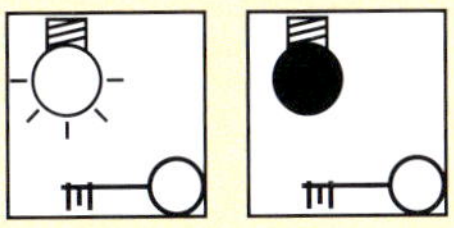	Der Ausgang wird in einen bestimmten Zustand versetzt, dessen Helligkeit parametrierbar ist. Dieser Steuerbefehl hat höchste Priorität.
Szene 	Mehrere Ausgänge können zusammen in einen vordefinierten Zustand geschaltet werden (Helligkeit, Andimmzeit, ...)

5: Konfigurierbare Funktionen des Ausgangsgerätes

① Schalter für auto/min/max/Hand
② Kontrollleuchte
③ Taster zur lokalen Ansteuerung
④ Überhitzungskontrollleuchte
⑤ Kurzschluss- und Überlastungskontrollleuchte
⑥ Leuchttaster zur physikalischen Adressierung

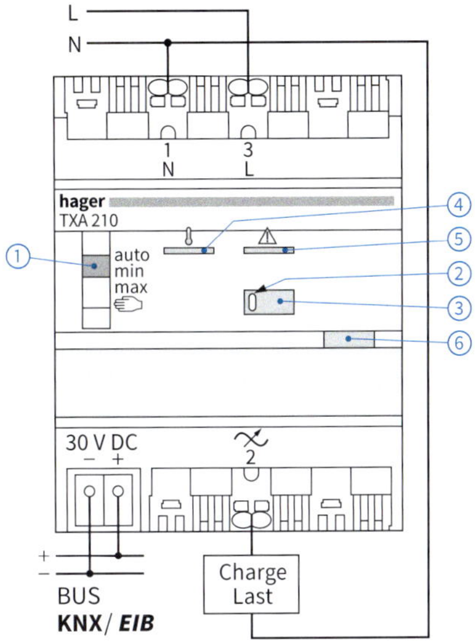

6: Ausgangsgerät

Busleitung

Vom Netzteil in der Unterverteilung wird die Busleitung (Abb. 7b) bis in den Installationskanal als offener Ring verlegt. Als Leitung wird J-Y(ST)Y 2 x 2 x 0,8 mit entsprechenden Busklemmen (Abb. 7a) verwendet.

7a: Busklemme

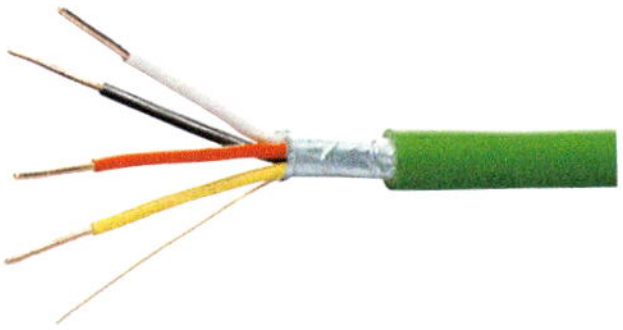

7b: Busleitung

Kenndaten der Busleitung:

- Leiter: Zwei verdrillte Aderpaare (14 Verdrillungen/m)
  Paar 1: rot/schwarz (zum Anschluss an das EIB-Netz)
  Paar 2: gelb/weiß (Reserve)
- Busbemessungsspannung: 30 V
- maximale Anwendungsspannung: 225 V
- Isolationsspannung: 4 kV
- Isolationsspannung zwischen Leitern: 800 V
- Kapazität: 100 nF/km (800 Hz, 20 °C)
- Spezifischer Widerstand: 100 mΩ/km (20 °C)

- Am Ausgangsgerät für die Beleuchtungssteuerung können verschiedene Funktionen konfiguriert werden.

12.1.5.3 Inbetriebnahme

Nachdem die elektrische Installation abgeschlossen ist, wird mit dem Kunden die gewünschte Steuerung der **Deckenbeleuchtung** [*ceiling lighting*] abgesprochen.

Im Deckenbereich soll die Beleuchtungsstärke in zwei Zonen (1 und 2) mit jeweils 400 W gesteuert werden. Dieses soll über vier Taster realisiert werden (Abb. 1). Die Symbole (vgl. Kap. 12.1.5.2) an den abgebildeten Tastern entsprechen den Abbildungen auf dem Verknüpfungsgerät.

Folgende Möglichkeiten sollen konfiguriert werden:

- **Zone 1**, Steuerung durch die zwei oberen Taster:
  ① EIN/AUS
  ② Dimmen der Lampen
- **Zone 2**, Steuerung durch die zwei unteren Taster:
  ③ Nachtbeleuchtung mit Ein- und Ausschalten für eine einstellbare Zeit
  ④ Dimmen der Lampen

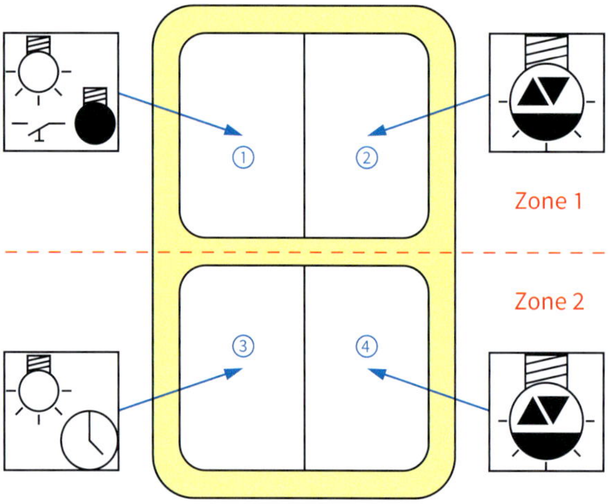

1: Funktionen der Taster zur Beleuchtungssteuerung

Die Inbetriebnahme der Beleuchtung erfolgt nun in den Schritten, wie sie bei der Markisensteuerung beschrieben worden sind (vgl. Kap. 12.1.4.5).

Bei der nachfolgenden Beschreibung wird von einem vorbereiteten Verknüpfungsgerät ausgegangen. Anschließend sind die folgenden wesentlichen Schritte auszuführen (vereinfacht dargestellt):

Ausgänge lokalisieren

Die beiden Ausgangsgeräte werden gefunden und nummeriert.

Eingang vorbereiten

Für die Beleuchtungssteuerung werden insgesamt vier Taster verwendet. Der erste Eingang wird vorbereitet (aktiviert), indem er betätigt wird. Danach wird er im Verknüpfungsgerät zur Kennzeichnung mit der Nummer 1 versehen.

Eingang „1" eine Funktion zuweisen

Dem Taster 1 soll die Funktion EIN/AUS zugewiesen werden. Aus den verschiedenen Möglichkeiten wird nun das entsprechende Symbol (Abb. 1) im Verknüpfungsgerät ausgewählt.

Eingangsgerät mit Ausgangsgerät verknüpfen

Das gewählte Ausgangsgerät erhält in diesem Fall die Nummer 1. Sie wird im Display angezeigt und die Funktion des Ausgangsgerätes als Glühlampe dargestellt. Diese gewünschte Verknüpfung muss nun durch Tastendruck bestätigt werden.

Der Vorgang der Verknüpfung wird im Display visualisiert. Dabei wandern zwei Ellipsen aufeinander zu (Abb. 2b). Der Ladezustand wird in Form eines Fortschrittbalkens am unteren Bildrand angezeigt (Abb. 2c). Die erfolgreiche Verknüpfung wird abschließend durch die zwei überlappten Ellipsen veranschaulicht (Abb. 2d).

Der hier in Kurzform beschriebene Konfigurierungsvorgang läuft für die drei anderen Taster entsprechend ab. Am Ende kann die Anlage im AUTO-Modus getestet werden.

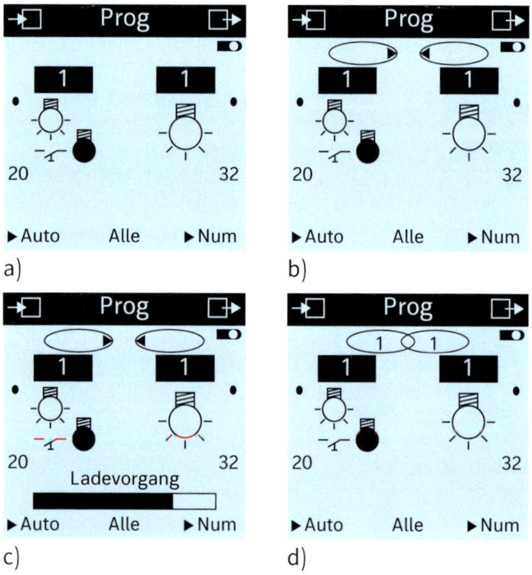

2: Verknüpfung zwischen Taster 1 und Ausgangsgerät 1

- Die Konfiguration einer KNX-EIB-Anlage im E-Modus erfolgt im Wesentlichen nach folgenden Schritten:
  1. Ausgänge lokalisieren und nummerieren
  2. Eingang aktivieren und nummerieren
  3. Dem aktivierten Eingang eine Funktion zuweisen
  4. Ausgang auswählen
  5. Eingangs- mit Ausgangsgerät verknüpfen

12.1.6 Meldung

Wenn Personen den Ausstellungs- und Präsentationsraum des „Fenster- und Türenstudios" betreten bzw. sich im Raum aufhalten, soll eine später zu installierende Zusatzbeleuchtung geschaltet werden. Der Schaltvorgang muss sich dabei der Helligkeit anpassen. Für diese Funktion wird ein **Präsenzmelder** [*presence detector*] installiert.

Mit dem Präsenzmelder soll eine separate Lichtquelle über einen 1 bis 10 V-Ausgang (vgl. Kap. 10.6.5.1) und ein elektronisches Vorschaltgerät gesteuert werden.

Der Präsenzmelder wird an der Decke installiert (Abb. 3). Die Höhe beträgt etwa $h = 3{,}5$ m, sodass sich eine Erfassungsfläche von 18 x 9 m ergibt (Abb. 4). Umfeldbedingte Störungen durch Wärmequellen, Trennwände, Grünpflanzen, Lüftungsaustritte usw. sind zu vermeiden.

Folgende Einstellungen können mit Potenziometern vorgenommen werden (Abb. 5):

- **Helligkeit** ①:
  Auto (400 lx), 5 bis 1200 lx, OFF
- **Einschaltzeit** ②:
  1 min, 5 min, 10 min, 30 min, Test, Impuls
- **Schaltzeit für Bewegungsmeldung** ③:
  30 s bis 1 h

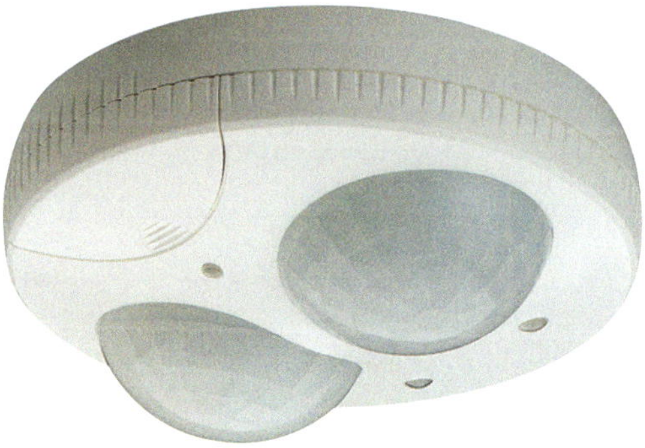

3: Präsenzmelder

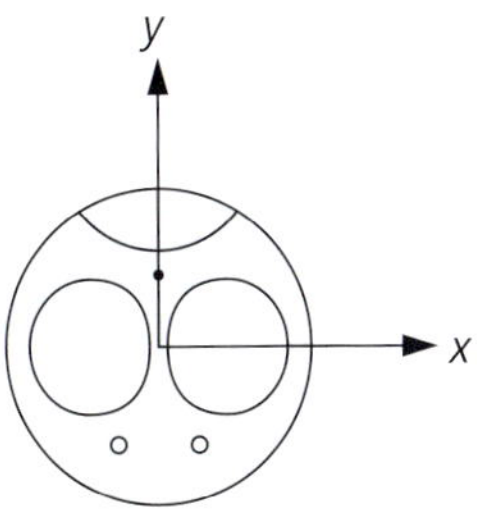

Der Erfassungsbereich (Fläche am Boden) hängt von der Höhe *h* des installierten Präsenzmelders ab.

h in m	2,5	3	3,5
x in m	13	15,5	18
y in m	7	8	9

4: Erfassungsbereich des Präsenzmelders

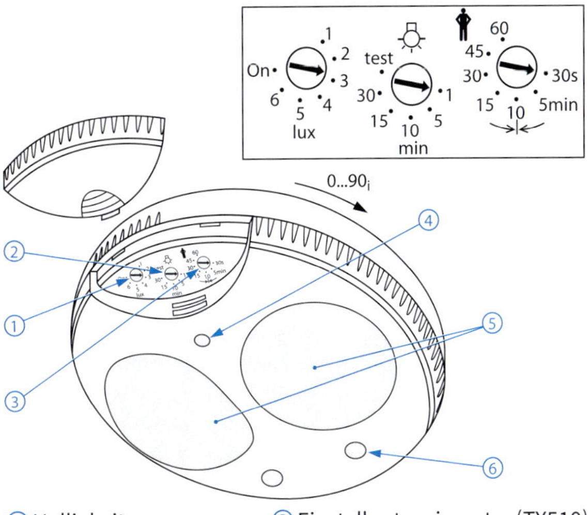

① Helligkeits-Einstellpotenziometer
② Einstellpotenziometer Beleuchtungs-Abschaltverzögerung
③ Einstellpotenziometer (TX510) Bewegungsmelder-Ausgang
④ Kontroll-Leuchte V1
⑤ Melderlinsen
⑥ Helligkeits-Messsensor

5: Einstellmöglichkeiten am Präsenzmelder

Zum Testen des Erfassungsbereichs wird das Potenziometer (Abb. 5 ①) in Stellung „test" gedreht. Beim Überschreiten der aktuellen Beleuchtungsstärke leuchtet die Kontrolllampe ④ für eine Sekunde.

Der Präsenzmelder soll als separate Steuerung arbeiten und wird deshalb nicht an das Bus-System angeschlossen. Eingeschaltet wird mit dem Taster (Abb. 6). Über den 1 bis 10 V-Ausgang wird die Leuchte geschaltet.

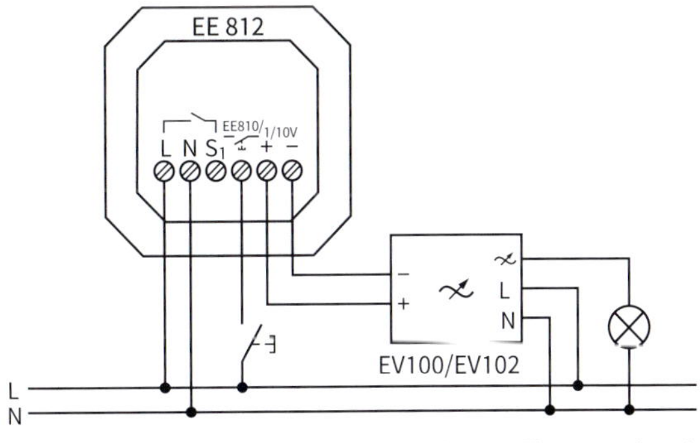

6: Installation des Präsenzmelders (Herstellerunterlage)

Aufgaben

1. Welche Funktion hat der Medienkoppler in einem KNX/EIB-System?
2. Welche physikalischen Größen erfasst ein Präsenzmelder?

- Präsenzmelder werden für helligkeits- und bewegungsabhängiges Schalten und Dimmen von Beleuchtungsquellen verwendet.

12.1.7 Heizung

Bisher erfolgte die Einstellung der Temperatur im Ausstellungs- und Präsentationsraum durch Einzelthermostate direkt an jedem Heizkörper (Abb. 1). Diese sollen jetzt durch **elektrische Stellantriebe** [*control drives*] ersetzt werden. Die Regelung erfolgt dann über den EIB-Bus mit einem **Raumthermostaten** [*room thermostat*].

1: Heizkörperthermostat

Bei der Installation werden zunächst die Stellantriebe und danach der Raumthermostat montiert.

Wirkungsweise elektrischer Stellantriebe

Der zu installierende elektrische Stellantrieb ist ein **elektromotorischer, proportionaler Stellantrieb** [*electronic motor-drive*]. Mit ihm kann jede Stellung zwischen zwei definierten Grenzwerten erreicht werden (stetige Regelung). Die Stellbefehle werden vom Raumthermostaten gesendet. Die Anzeige der Ventilstellung wird durch eine LED angezeigt (Abb. 2).

Technische Daten

– Spannungsversorgung:	Busspannung
– Stromstärke:	< 10 mA
– Stellkraft:	> 120 N
– Maximaler Reglerhub:	6 mm
– Laufzeit:	< 20 s/mm
– Abmessungen:	82 x 50 x 65 mm
– Schutzklasse:	III
– Schutzart:	IP 21

- Ventil-Endanschläge werden automatisch erkannt.
- Die Linearisierung der Ventilkennlinie ist über Software möglich.

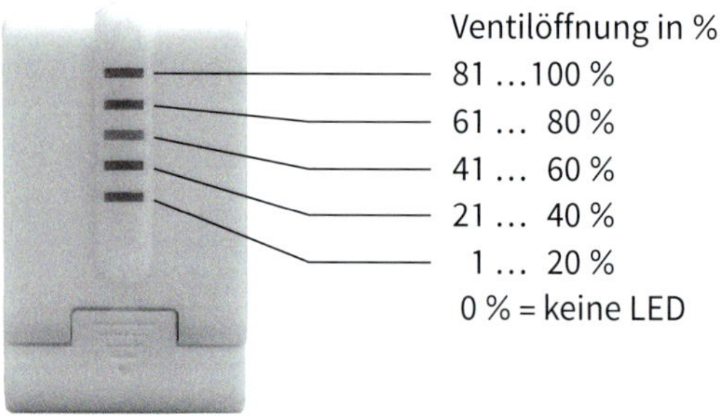

2: Anzeige der Ventilstellungen

Montage des elektrischen Stellantriebs

Für die Montage (Abb. 3) muss der passende Adapterring ausgewählt werden (z. B. Adapterringe von Danfoss, Heimeier, ...). Der Stellantrieb wird dann auf den Adapterring geschoben, bis dieser hörbar einrastet.

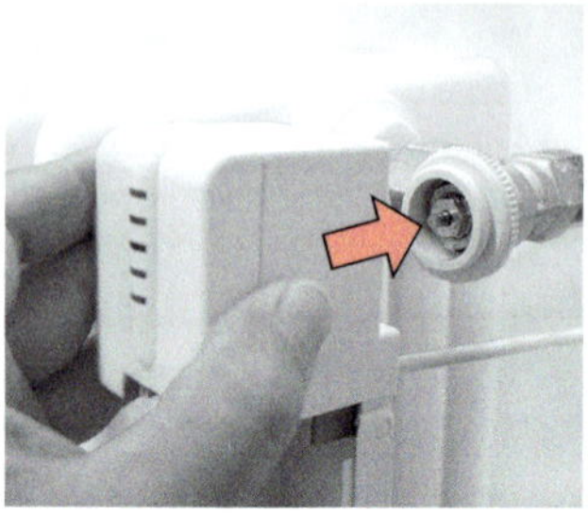

3: Montage des Stellantriebs

Eingabe der physikalischen Adresse

Die Vergabe der physikalischen Adresse, der Gruppenadressen sowie das Einstellen der Parameter kann nur mit der entsprechenden Software (ETS) erfolgen. Zuerst wird die physikalische Adresse und danach die Applikation geladen. Dazu muss die Taste (Abb. 4 ①) gedrückt werden. Die LED ② leuchtet.

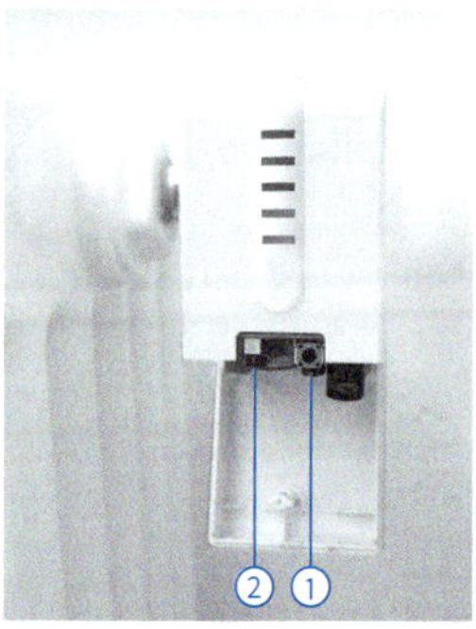

4: Konfiguration

Installation des Raumthermostats

Der Raumthermostat arbeitet als **PI-Regler** [*PI-controller*]. Bei der Wahl des Montageortes muss beachtet werden, dass von ihm möglichst ungestört die Raumtemperatur erfasst werden kann (Abb. 5).

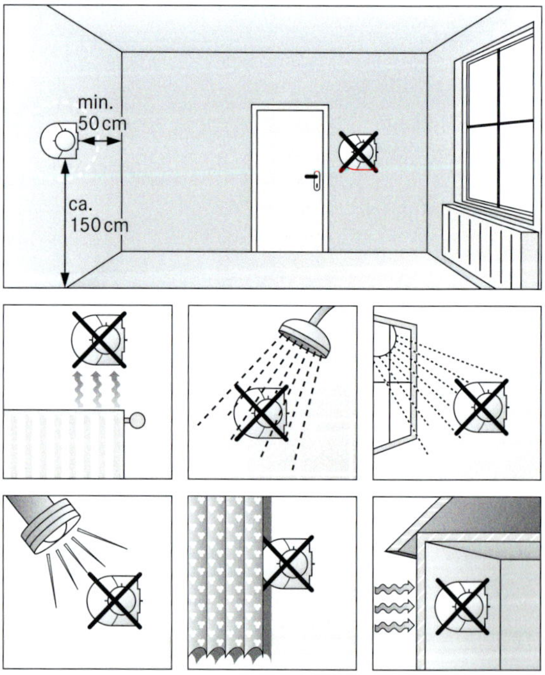

5: Montagehinweise für den Raumthermostaten

Gerätebeschreibung und Bedienung

Mit dem Wählgerät (Abb. 6 ①) können folgende Betriebsarten eingestellt werden:

- Komfortbetrieb
- Standby-Betrieb
- Nachtabsenkung
- Frostschutz

Mit dem Stellrad ② wird die Solltemperatur eingestellt. Die rote bzw. blaue LED signalisiert drei Betriebszustände (Abb. 6).

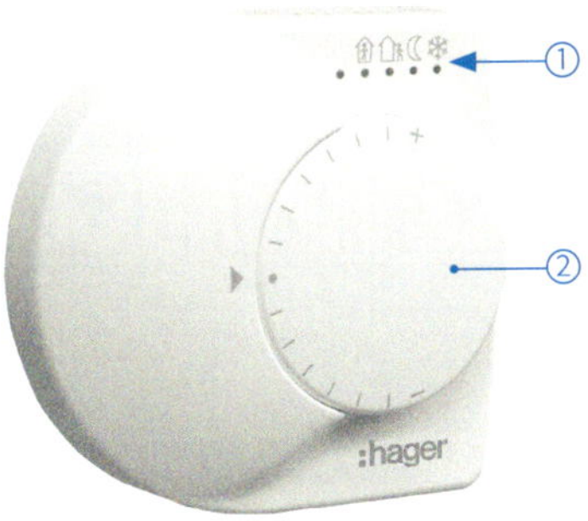

6: Einstellungen am Raumthermostaten

Technische Daten

- Spannungsversorgung: Busspannung
- Stromstärke: < 10 mA
- Zul. Betriebstemperatur: 0 °C … + 45 °C
- Schutzart: IP 21

Eingänge und Busleitung

Am Raumthermostaten können externe Eingänge, Potenzialbereiche und Kontakte angeschlossen werden (Abb. 7 ③).

Die Busleitung wird an die Klemmen ④ angeschlossen (rot +/schwarz –).

7: Eingänge und Busleitung

- Mit dem proportionalen Stellantrieb wird der Wasserdurchfluss im Heizkörper verändert und dadurch die Raumtemperatur geregelt.
- Das proportional arbeitende Stellglied am Heizkörper und der Raumthermostat sind Bestandteile eines Regelkreises.

12.1.8 Prüfung und Projektdokumentation

Vor der Übergabe des installierten „Ausstellungs- und Präsentationsraumes" an den Kunden muss durch eine **Erstprüfung** [*initial inspection*] die Sicherheit gewährleistet sein. Sie umfasst die in Abb. 8 gekennzeichneten zwei Schritte.

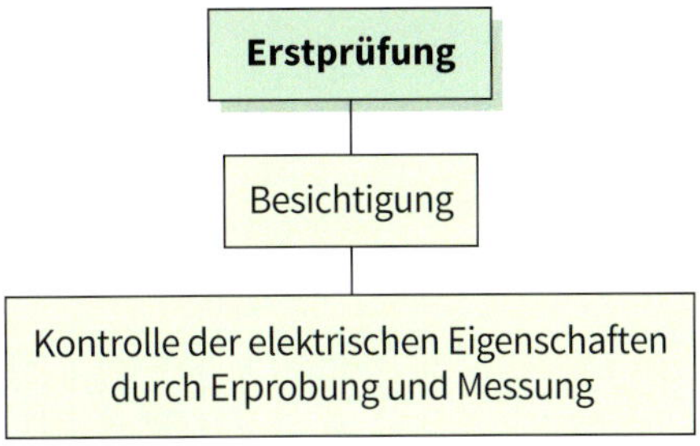

8: Erstprüfung

Folgende Überprüfungen bei der Besichtigung werden durchgeführt:

- Schutzmaßnahmen und Schutzeinrichtungen
- Leiterauswahl (Spannungsbelastbarkeit und Spannungsfall)
- Festigkeit der Leiterverbindungen
- Zugänglichkeit der Objekte
- Kennzeichnung der Stromkreise und Objekte

Die Sicherheit der Elektroinstallation wurde wie folgt erprobt und gemessen:

- Niederohmmessung aller Schutzleiter
- Messung des Isolationswiderstandes
- Prüfung der Fehlerstrom-Schutzeinrichtung (RCD)

Zusätzlich erfolgt am Ende eine umfassende Funktionsüberprüfung.

Das Ergebnis der Erstprüfung wird in einem **Prüfbericht** [*test report*] dokumentiert (Abb. 9). Verwendet werden z. B. die vom Zentralverband der Deutschen Elektrohandwerke (ZVEH) vorgefertigten Prüfprotokolle und Übergabe-/Zustandsberichte.

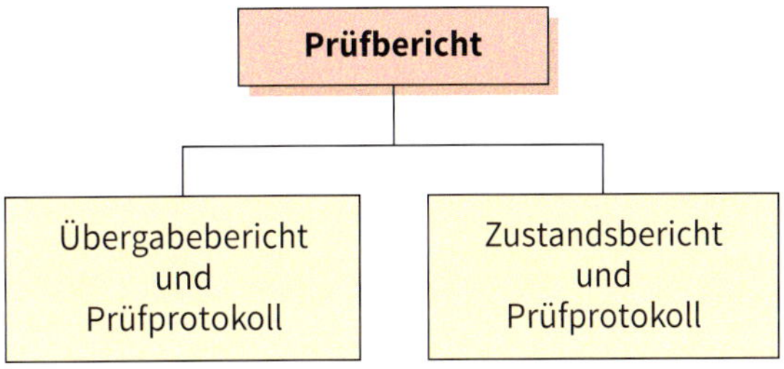

9: Prüfbericht

Wichtig für diese Installation ist eine Dokumentation der vorgenommenen Verknüpfungen. Sie erfolgt in Form einer Tabelle (vgl. nächste Seite). Neben den Verknüpfungen sind auch die installierten Objekte angegeben.

Ort der installierten Objekte:
Ausstellungs- und Präsentationsraum
Fenster- und Türenstudio

Verwendetes **Verknüpfungsgerät**: TX100
Die Installationsdaten sind auf einer SmartMedia-Karte gespeichert.

Name:	Projekt: ....
Datum:	Firma: ....

Beschattung		**Ausgangsgeräte**, Funk KNX Rolladen/Jalousieausgang 1-fach							
		Fenster 1		Fenster 2		Fenster 3		Fenster 4	
Eingangsgeräte Funk KNX UP-Eingang 2-fach		TR221		TR221		TR221		TR221	
1 TR302B		X							
			X						
2 TR302B				X					
					X				
3 TR302B						X			
							X		
4 TR302B								X	
									X
5 TR302B		X		X		X		X	
			X		X		X		X
Windwächter									
6 TG050		X		X		X		X	

Beleuchtung		**Ausgangsgerät**							
		Universaldimmer 1Kanal EIB/KNX							
Eingangsseite		TXA210							
1 TX304 Taster-eingang 4-fach		X							
			X						
				X					
					X				

12.1.9 Überwachen und Steuern

Nach Abschluss des Projekts im „Fenster- und Türenstudio" will der Inhaber sich beraten lassen, welche Möglichkeiten der **Fernüberwachung** *[remote monitoring]* und -steuerung seiner elektrischen Anlagen bestehen. Zur Vorbereitung der Beratung dienen die nachfolgenden Informationen.

Grundsätzlich sind folgende Netze zur Fernüberwachung und -steuerung von gebäudetechnischen Elektroanlagen geeignet:

- Telekommunikationsnetz (TK-Netz)
  Die Bedienung erfolgt über das Telefon.
- Ethernet (Datennetz)
  Bedienung, Anzeige und Speicherung erfolgen über PC und Monitor an bestimmten Orten.
- Internet
  Die Bedienung und Anzeige erfolgt an jedem beliebigen Internetzugang.

Für die Überwachung und Steuerung im TK-Netz lässt sich ein **Telefoninterface** (Telefonschaltmodul) verwenden. Es wandelt die über das TK-Netz einlaufenden Signale (Abb. 1 ①) in elektrische Schaltvorgänge um ②.

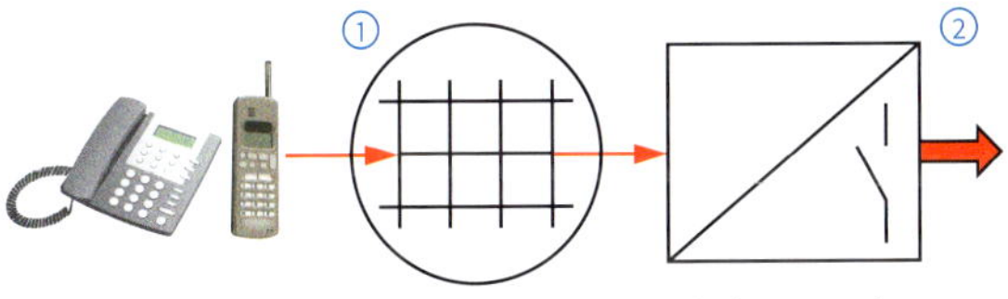

1: Überwachen und Schalten mit dem Telefoninterface

Über jedes beliebige Festnetztelefon oder Handy kann ferngesteuert bzw. geschaltet werden.

Die Benutzerführung erfolgt sprachgesteuert. Das Telefoninterface ist durch einen Zugangscode gegen unbefugten Zugang geschützt.

Mit dem in Abb. 2 dargestellten Telefoninterface sind folgende Möglichkeiten realisierbar:

- Über drei Schaltausgänge können Fernsteuerungen (z. B. Beleuchtung, Heizung, Rollläden) vorgenommen werden.
- Die Raumtemperatur kann jederzeit abgefragt werden.
- Technische Alarmmeldungen (z. B. Störung bei Stromausfall, Temperaturen unter 10 °C) können durch einen einfachen Telefonanruf mit sprachgestützter Meldung aktiviert werden.

Kenndaten (Abb. 2)

– Versorgungsspannung:	230 V AC, 50/60 Hz, 2 W
– Anschlussquerschnitt:	2,5 mm^2
– Schutzart:	IP 30
– TK-Anschluss:	analog
– Eingangsstromkreise:	3
– Ausgangsstromkreise:	3
– Kontaktbelastbarkeit:	5 A 250 V
– Kontaktart:	Schließer

■ Mit einem Telefonschaltmodul (Telefoninterface) können über das TK-Netz Schaltvorgänge ausgelöst und Parameter abgefragt werden.

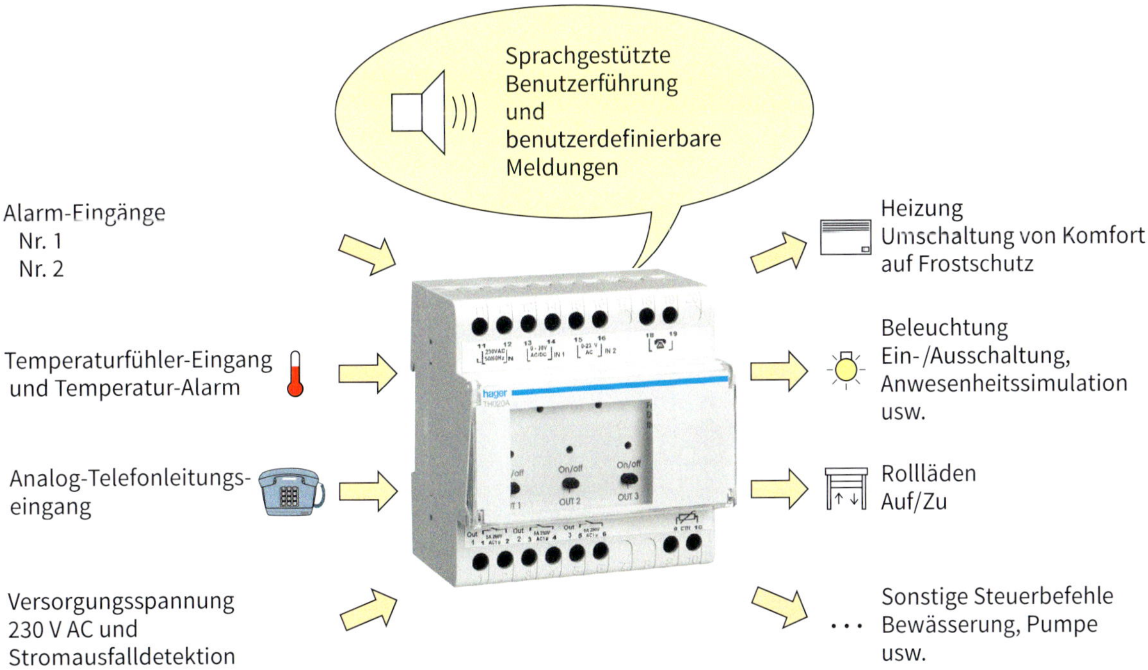

2: Möglichkeiten eines Telefoninterfaces

Eine beispielhafte Installation ist in Abb. 1 dargestellt. Die Anschlussklemmen werden wie folgt beschaltet:

- 1 und 2, 3 und 4, 5 und 6:
  Drei Schaltausgänge 250 V/5 A AC
- 9 u. 10:
  Temperaturfühlereingang NTC 10 kΩ
- 11 u. 12:
  Versorgungsspannung 230 V AC, 50/60 Hz, < 2 W
- 13 u. 14:
  Alarmeingang 1 (IN1) 0 – 30 V AC/DC, 5 mA
- 15 u. 16:
  Alarmeingang 2 (IN2) 0 – 230 V AC, 5 mA
- 18 u. 19:
  Analoger TK-Anschluss, 48 V DC
  Aus Sicherheitsgründen ist ein Überspannungsschutz am TK-Eingang sinnvoll.

Vor dem Einsatz sind im Menü „Parametrierung" folgende Einstellungen vorzunehmen:

- Lautstärke der sprachgestützten Führung
- Zugangscode (vier Zahlen auf der Telefontastatur)
- Aufzeichnung eigener Sprachmeldungen (max. 10 s)
- Abschaltverzögerung einzelner Schaltkreise
- Anzahl der Rufzeichen vor Abnahme

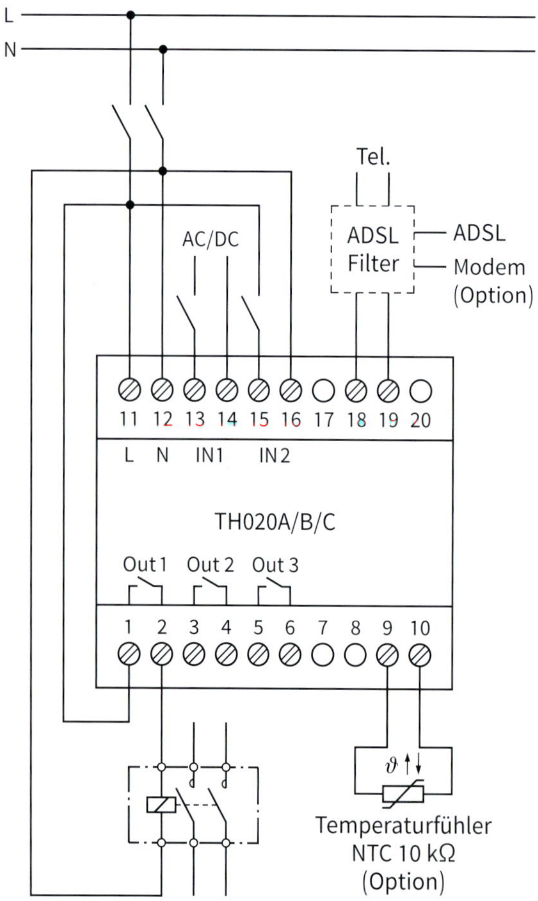

1: Anschlüsse am Telefoninterface (nach Hersteller)

Für den Anwender ist wichtig, dass die Bedienung über das Telefon möglichst einfach ist. In Abb. 2 wird dieses in einem Ablaufschema für eine Fernabfrage und Fernbedienung verdeutlicht. Nach der Anwahl ① und Eingabe des Zugangscodes ② kann durch die Wahl des betreffenden Ausgangs (hier bespielsweise die Ziffer 1) die Temperatur abgefragt werden ③. Danach können weitere Abfragen erfolgen ④ (beispielsweise die Ziffer 2). Die **Abfrage** *[inquiry]* wird durch Auflegen beendet.

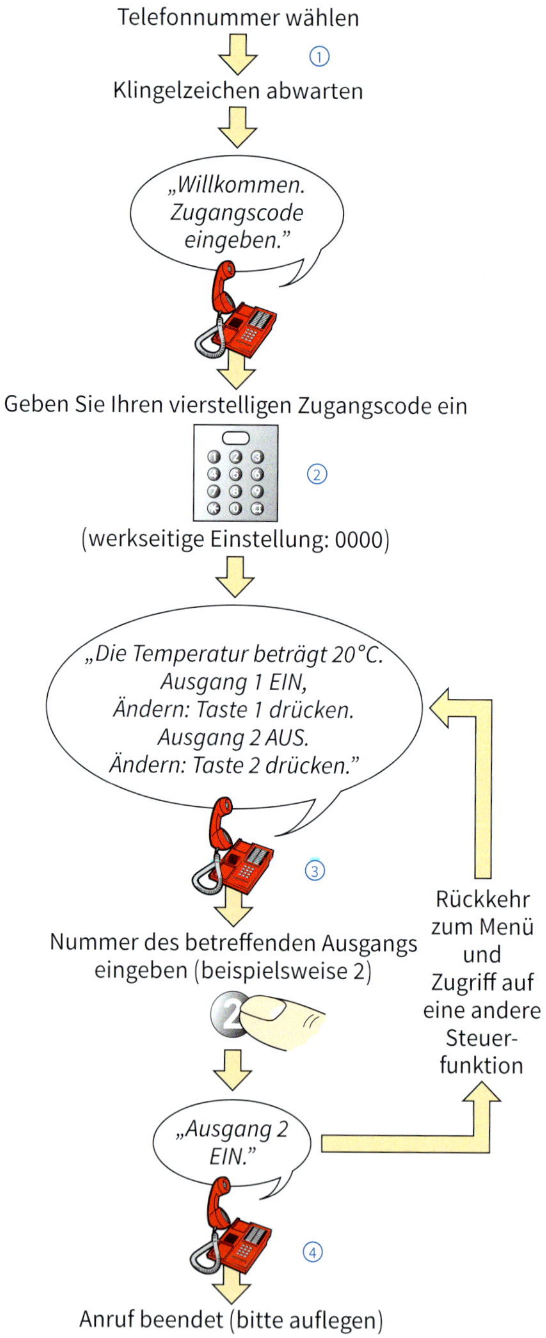

2: Beispiel für eine Fernabfrage

Für eine Fernüberwachung und -steuerung von elektrischen Geräten der Gebäude- und Anlagentechnik über das Internet ist ein **Gateway** (Übergang, Einfahrt) erforderlich. Er arbeitet als Protokollumsetzer und kann dadurch unterschiedliche Netze miteinander verbinden, sodass eine Kommunikation möglich ist. Ein Schaltungsbeispiel zeigt Abb. 3.

Die Information über die elektrischen Geräte und Anlagen gelangen über den EIB/KNX-Bus ① an das Gateway. Die Anbindung an das Internet erfolgt über den Telefonanschluss (PHONE LINE ②). Mit dem abgebildeten Gateway können beispielsweise folgende Funktionen realisiert werden:

- Fernsteuerung und Funktionsüberwachung
- Videoüberwachung mit Live-Videobildern
- Fernalarmierung über E-Mail, Mobilfunk und Telefon
- Schalten über eine Zeitschaltuhr
- Visualisierung, Aufzeichnung und Speicherung wichtiger Daten

Für die Videoüberwachung wird ein Videomodul verwendet ④. In ihm werden die analogen Farb-Videosignale in digitale Signale umgewandelt und über die **USB**-Schnittstelle (**U**niversal **S**erial **B**us) ausgegeben. Die Spannungsversorgung des Videomoduls erfolgt über die USB-Schnittstelle, sodass keine weitere, externe Spannungsversorgung benötigt wird. Als Video-Eingangssignal kann jede handelsübliche Videokamera mit 1 Vss/75 Ω Signalausgang angeschlossen werden.

Aufgaben

1. Beschreiben Sie den Ablauf einer Fernabfrage mit einem Telefoninterface.
2. Welche grundsätzlichen Aufgaben hat ein Gateway?

- Ein Gateway ermöglicht die Kommunikation zwischen Netzen mit unterschiedlichen Protokollen.
- Mit einem Internet Gateway ist eine Fernüberwachung und -steuerung von beliebigen Internetzugängen möglich.

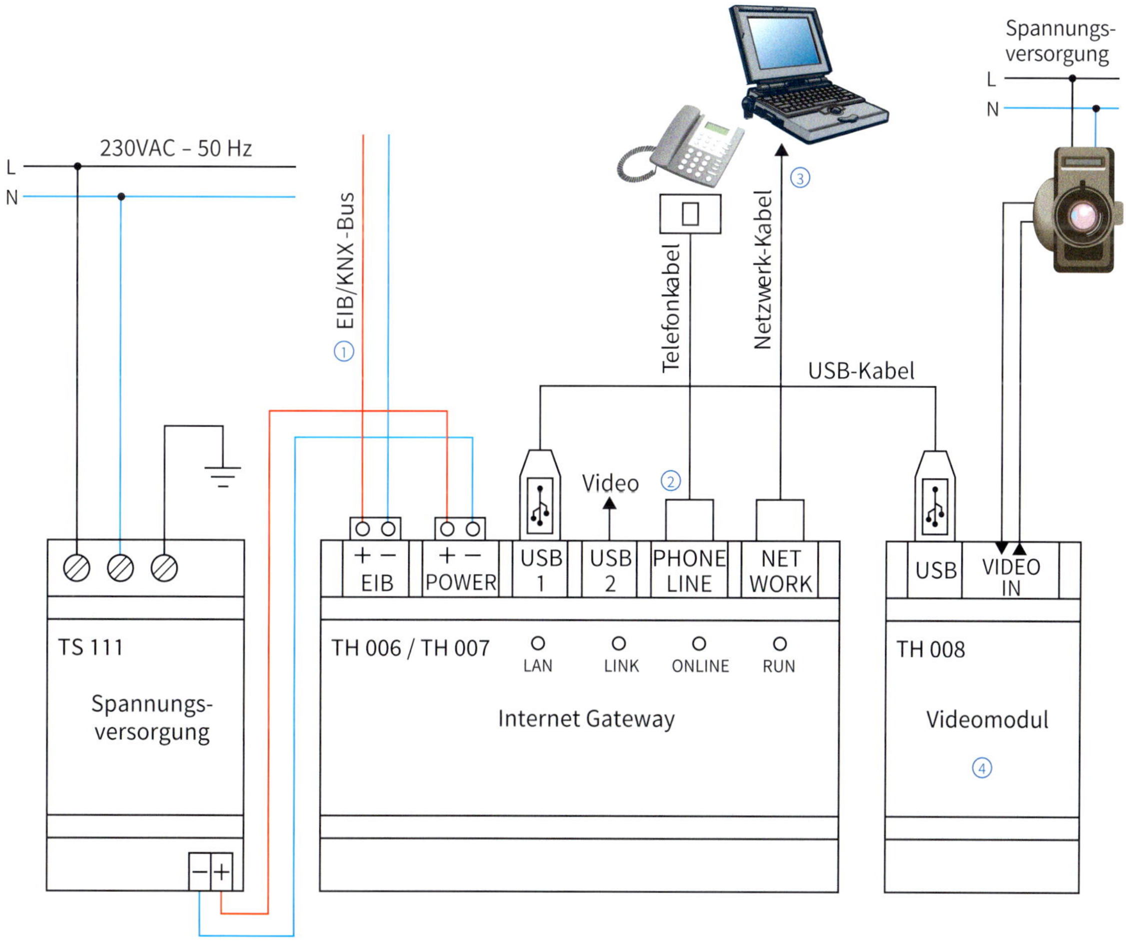

3: Internet Gateway mit Videomodul

12.2 Bürovernetzung

12.2.1 Kundenauftrag

Als Folgeauftrag für die Installationen im Ausstellungs- und Präsentationsraum des „Fenster- und Türenstudios" (vgl. Kap. 12.1)sollen nun auch die Büro- und Lagerräume elektro-, daten- und kommunikationstechnisch modernisiert werden. Bevor damit begonnen wird, erfolgt eine Ortsbesichtigung im Büroraum.

Im Laufe der Jahre wurden zahlreiche EDV-Geräte zur Arbeitserleichterung angeschafft. Die Installation ist kontinuierlich erweitert worden, sodass jedes neue Gerät teilweise über Mehrfachsteckdosen mit elektrischer Energie versorgt werden musste. Zusätzlich sind Telekommunikations-Anschlüsse vorhanden. Darüber hinaus sind einige Geräte vernetzt, sodass hinter den Geräten keine geordnete Leitungsführung mehr erkennbar ist (Abb. 1). Änderungen sind nur unter schwierigen Bedingungen durchführbar, eine Reinigung des Raumes ist erheblich erschwert und es besteht Stolper- und damit eine Verletzungsgefahr. Der Auftraggeber hat deshalb folgenden Wunsch: Leitungsführung ordnen und Leitungsanzahl möglichst verringern.

Dieser Kundenwunsch führte im Gespräch zu folgender Auftragspräzisierung:

- Es soll erreicht werden, dass an jedem Arbeitsplatz die Energieversorgung für die Geräte, der TK-Anschluss und die PC-Vernetzung möglichst zentral erfolgt.
- Da sich die Aufgaben an den einzelnen Arbeitsplätzen gelegentlich verändern werden, soll der Zugriff auf bestimmte Datenspeicher, Drucker und PCs möglichst rasch und zentral änderbar sein.

Entsprechend dieser allgemeinen Zielsetzung soll das Elektrounternehmen zunächst für den Büroraum einen Vorschlag erarbeiten. Er ist wie folgt einzurichten:

- Zwei PCs sind miteinander zu vernetzen.
- An jedem Arbeitsplatz soll ein vorhandenes ISDN-Telefon angeschlossen werden.
- Ein PC soll mit einem DSL-Anschluss vernetzt sein.

1: „Kabelsalat" im Büroraum hinter EDV-Geräten

12.2.2 Planung

Um jeden Arbeitsplatz möglichst zentral mit Energie und Daten versorgen zu können, werden dort die Leitungen sternförmig zusammengeführt. Es entstehen **Sammelpunkte** *[consolidation points]*.

Sammelpunkte haben folgende Vorteile:

- Die Installation ist übersichtlich.
- Änderungen in der Nutzung sind schnell möglich.
- Eine bedarfsgerechte dezentrale Anpassung an die vorhandene Infrastruktur ist rasch möglich.
- Eine Ausfallsicherheit kann eingeplant werden.
- Die Messstellen sind nahe am Arbeitsplatz.

Für die Installation von Sammelpunkten gibt es im Prinzip die drei folgenden Möglichkeiten:

Sammelpunkt im Deckenkanalsystem

Wenn abgehängte Decken vorhanden sind (Abb. 2 ①), können die Hohlräume für diese Installationsart genutzt werden. Die Versorgung des Arbeitsplatzes erfolgt über vorkonfektionierte Raumsäulen.

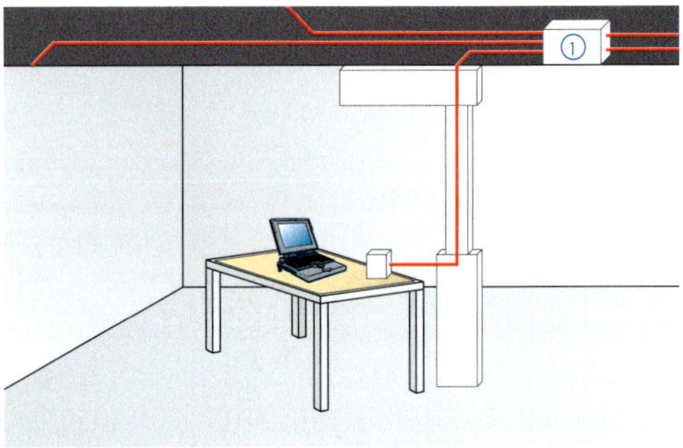

2: Sammelpunkt im Deckenkanalsystem

Sammelpunkt im Hohl- und Unterboden

Erforderlich sind hierfür (Abb. 3 ②) vorkonfektionierte Bodentanks. Über Raumverteiler oder Raumsäulen können mobile Arbeitsplätze versorgt werden.

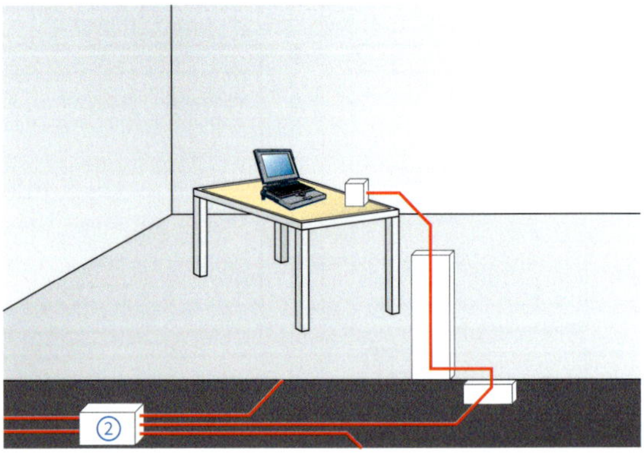

3: Sammelpunkt im Hohl- und Unterboden

Sammelpunkt im Brüstungskanal

Der Sammelpunkt (Abb. 4 ①) ist in einem horizontal verlaufenden Mehrkammer-Brüstungskanal untergebracht. In ihm befinden sich die Leitungen. Die Versorgung des Arbeitsplatzes kann über ein auf dem Schreibtisch platziertes Anschlussmodul erfolgen.

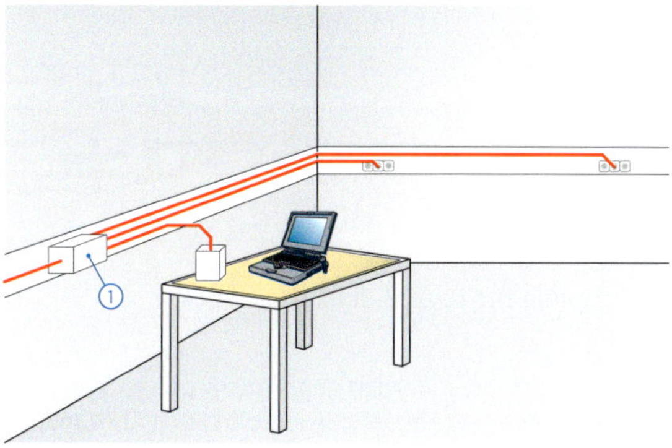

4: Sammelpunkt im Brüstungskanal

Durch die räumlichen Besonderheiten des Büroraumes soll die Installation über einen Brüstungskanal erfolgen. Die Energie- und Datenversorgung kann über entsprechende Steckdosen im Kanal (Abb. 5) oder über Raumsäulen erfolgen (Abb. 6).

Kommunikations- und Datennetz

Bei der Installation der Energiezuführung wird entsprechend Kap. 12.1.3 vorgegangen. Um das Kommunikations- und Datennetz fachgerecht installieren zu können, wird zunächst die Struktur ermittelt (Abb. 7).

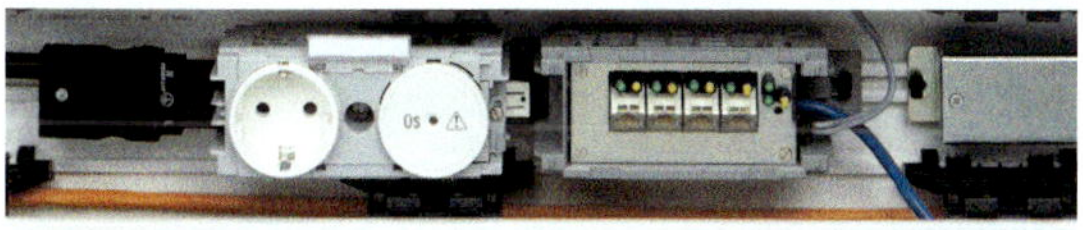

5: Energie- und Datensteckdosen im Brüstungskanal

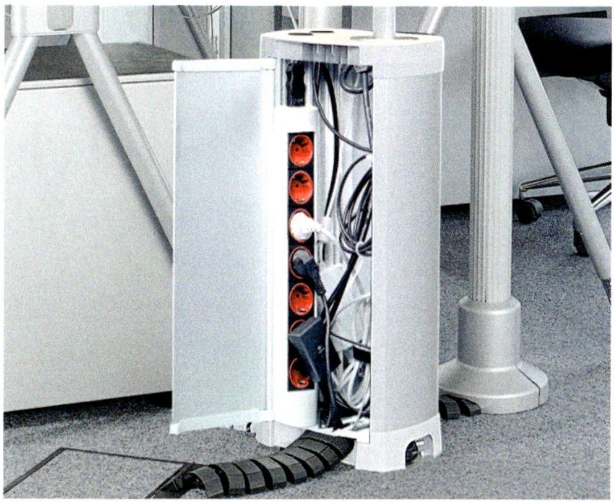

6: Versorgung über eine Raumsäule

Es sind drei bidirektionale Informationskanäle vorhanden.

- Telekommunikations-Anschlüsse ①
- PC-Vernetzung ②
- DSL-Anschluss ③ für den Internetzugang

Diese Verkabelung ist im Sinne der **„Strukturierten Verkabelung"** *[structured cabeling]* eine Etagenverteilung (Tertiärbereich, Erklärungen siehe Kap. 12.2.4). ISO/IEC 11801 und EN 50173 beschreiben die Anforderungen an eine strukturierte Verkabelung im Bürobereich. EN 50173 ist die europäische Anpassung des internationalen Standards. Darüber gibt es die Fachnormen EN 60603 (Steckverbinder) und EN 50288 (Kabel).

Da sich entsprechend dem Kundenwunsch die Aufgaben an den Arbeitsplätzen gelegentlich ändern werden, erfolgt die Verbindung zwischen den Arbeitsplätzen nicht im Büroraum. Von jedem Arbeitsplatz ④ gehen die Leitungen sternförmig zu einem in der Unterverteilung befindlichen **Patchfeld** (Rangierfeld). Es handelt sich dabei um ein Verbindungselement für Leitungen. In ihm sind auch Steckdbuchsen vorhanden, sodass die gewünschte Vernetzung durch kurze flexible Leitungen (**Patchkabel**) hergestellt werden kann.

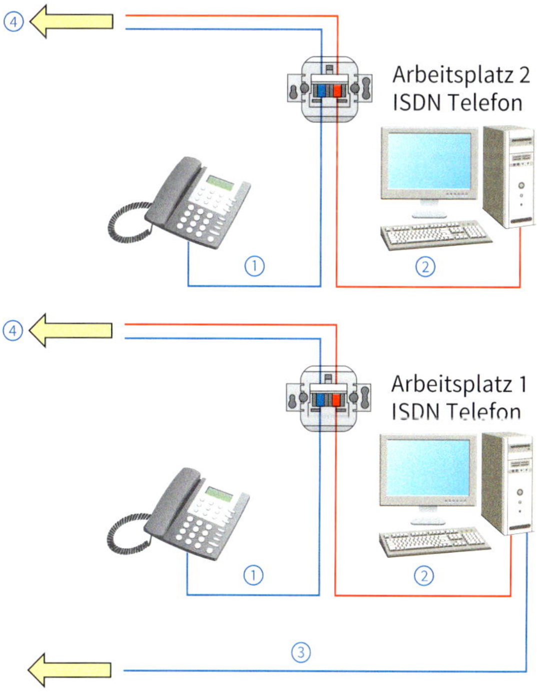

7: Struktur des Kommunikations- und Datennetzes

- In einem Patchfeld befinden sich Steckbuchsen, über die durch steckbare Patchkabel Verbindungen zwischen EDV-Geräten hergestellt werden können.

Im Verteilerkasten befindet sich ein elektronischer Schalter, der auch als **Switch** bezeichnet wird (Abb. 1). Mit ihm lassen sich mehrere PCs bzw. Netz-Segmente zu einem **l**ok**a**len **N**etz (**LAN**) über Ports verbinden (Stern-Topologie).

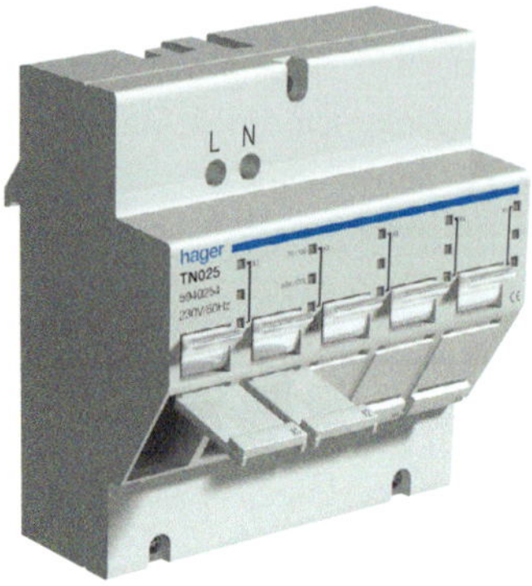

1: Switch

Die Installation erfolgt in drei Schritten:

1. Verlegung der Leitungen von den Steckdosen bis in die Unterverteilung.
2. Einbau der Doppelsteckdosen imBrüstungskanal (2 x RJ45).
3. Einbau und Verdrahtung des erforderlichen Patchfeldes in der Unterverteilung.

Die für die Datenübertragung verwendeten Leitungen werden als **Twisted-Pair-Kabel** (**TP**) bezeichnet. Die beiden Adern eines Adernpaares (Abb. 2) sind miteinander verdrillt (verdreht). Dadurch entsteht zwischen Hin- und Rückleiter eine Stromschleife, sodass die Datenübertragung weniger störanfällig ist (vgl. Kap. 12.2.3).

2: Verdrillte Adern beim Datenkabel

Für ungeschirmte und geschirmte Kabel werden folgende Kurzzeichen verwendet (Abb. 3):
U: **U**ngeschirmt **F**: **F**olienschirm **S**: Geflecht**s**chirm

Ungeschirmt	**Geschirmt**
UTP **U**nshielded **T**wisted **P**air	**STP** **S**hielded **T**wisted **P**air
• **Einsatz**: Etagen und Endgeräteverkabelung • **Problem**: Die Signale auf den einzelnen Aderpaaren beeinflussen sich gegenseitig (**Übersprechen** [*cross talk*]). • **Vorteile**: Geringer Außendurchmesser, leicht zu verarbeiten, preisgünstig	• **Aufbau**: Adernpaare sind mit einem metallischen Schirm (aluminiumkaschierte Kunststofffolie) versehen. • **Nachteile**: Größerer Außendurchmesser, schlechter zu verlegen (größerer Biegeradius), teurer als UTP-Kabel • **Vorteil**: Geringeres Übersprechen als bei UTP-Kabel

3: UTP und STP

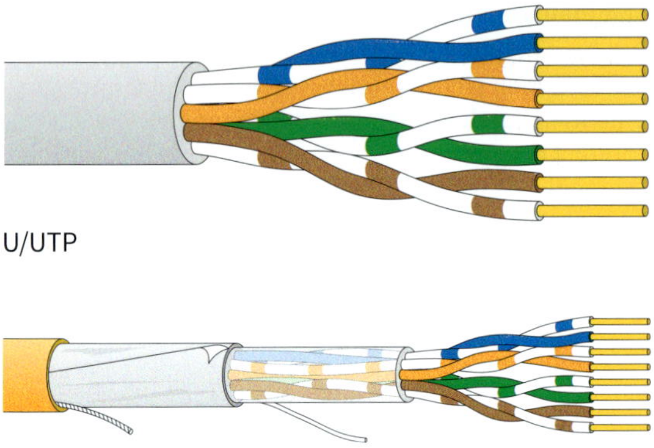

4: Beispiele für Datenkabel

Für die Anschlüsse werden genormte 8-polige Steckdosen verwendet (Abb. 5). Sie werden auch als **RJ45** bezeichnet. Diese Steckverbindung wurde von der US-amerikanischen **F**ederal **C**ommunications **C**ommission (**FCC**) genormt. **RJ** bedeutet **R**egistered **J**ack (genormte Buchse). Üblich ist auch die Bezeichnung **Westernstecker**, der auf das US-amerikanische Unternehmen „Western Electric" zurückzuführen ist. Für die Pinbelegung mit Leitungen gibt es zwei genormte Varianten (Abb. 5, **TIA**: **T**elecommunications **I**ndustry **A**ssociation).

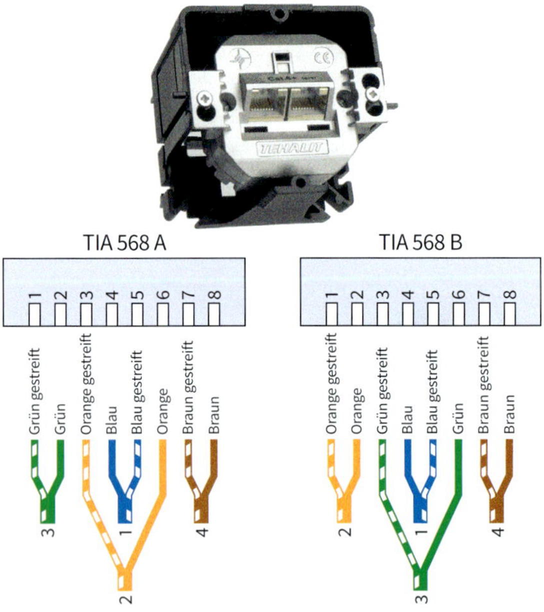

5: RJ-45 Buchse und Leitungsbelegung

▪ Der Einfluss von Störungen auf Datenkabel wird durch verdrillte Adernpaare (Twisted Pair) und Aluminium-Abschirmungen verringert.

Hinweise zur Installation

Beim Anschluss der Adern im Patchfeld und den Datendosen ist Folgendes zu beachten:

- Die Schirmung aus Geflecht und/oder Folie darf nicht beschädigt werden. Die Ummantelung muss deshalb vorsichtig entfernt werden (Abb. 6).
- Die Schirmung soll so nah wie möglich an die Kontaktstellen geführt werden.
- Wenn sich ein Beidraht im Kabel befindet, muss dieser zusammen mit der Schirmung angeschlossen werden.
- Die Schirmung darf nicht abgeschnitten werden.
- Lose Schirmungen sind mit einer selbstklebenden Folie zu befestigen.
- Die Verdrillung darf nicht gelöst werden.
- Leitungen sollten nicht nachträglich verdrillt werden.
- Die vorgeschriebenen Biegeradien der Leitungen müssen eingehalten werden. Aus diesem Grund sollte dafür in der Verteilung genügend Platz gelassen werden.

6: Anschlüsse im Patch-Panel

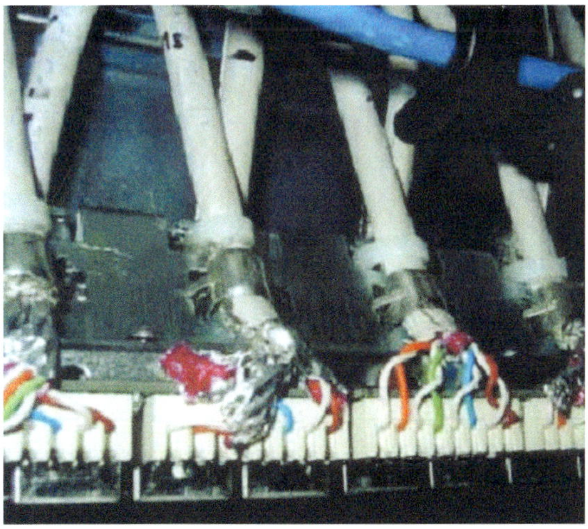

7: Fehlerhafte Schirmkontaktierung

Mögliche Fehler bei der Netzwerkinstallation

- Metallteile im Verteiler sind nicht oder falsch geerdet.
- Die Anschlüsse für die Schirmungen fehlen oder sind fehlerhaft (Abb. 7).
- Zwischen Verteiler und Endgeräten besteht eine Erdschleife.
- Die TP-Kabel liegen parallel zu den Energieleitungen (230 V).
- Die Datenstrecken sind zu lang (Tertiärbereich < 100 m).
- Die Schirmung fehlt oder ist falsch angeschlossen (Abb. 8).
- Die Verseilung der Adernpaare ist aufgehoben.
- Der Farbcode wurde nicht eingehalten.
- Leitungen sind vertauscht.
- Datenkabel sind zu stark gebogen (Abb. 9).
- Kurzschlüsse durch unsaubere Klemmstellen.

Aufgaben

1. Geben Sie Gründe für die Verwendung eines Patchfeldes an.
2. Welche Funktion hat ein Switch in einem Netzwerk?

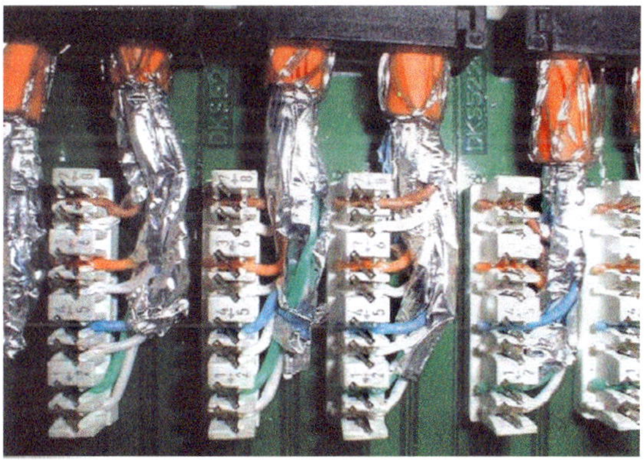

8: Kurzschlussgefahr durch Folienschirme

9: Fehlerhafte Leitungsführung

12.2.3 Messungen

Bevor die Netzwerkinstallation an den Kunden übergeben wird, sind Messungen erforderlich. Die Messdaten sollten gespeichert und in den Prüfbericht eingefügt werden.

An welchen Stellen wird gemessen?

Für die Tertiärverkabelung beträgt die maximale **Übertragungsstrecke** [*channel link*] ① 100 m (Abb. 1). Darin sind die Verkabelungsstrecke und die Patchkabel (z. B. jeweils 5 m in Abb. 1) enthalten. Zu der Verkabelungsstrecke (**dauerhafte Verbindung** [*permanent link*] ②) gehören das Datenkabel, die Dosen und das Patchfeld.

Mit der Messanordnung werden der ordnungsgemäße Zustand der Installation sowie die Qualität der Datenübertragung überprüft. Die Messanordnung besteht aus dem Messgerät ③ und der Remote-Einheit ④.

Eine Messanordnung zwischen Patchfeld und Anschlussdose (permanent link) ist in Abb. 1 skizziert. Am Messgerät wird das Messverfahren eingestellt. Anschließend erfolgt die Messung automatisch zwischen dem Messgerät und der Remote-Einheit. Dabei werden die Messergebnisse mit den eingestellten Normwerten verglichen und als erfüllt (pass) bzw. nicht erfüllt (fail) gekennzeichnet. Die Daten können gespeichert, ausgewertet und in einen Prüfbericht eingefügt werden.

Was wird gemessen?

- **Widerstand**
  Hierbei wird der Widerstand der Adernpaare (Hin- und Rückleitung, Schleifenimpedanz) gemessen. Die Remote-Einheit schließt dazu das Ende „kurz".
- **Dämpfung** [*attenuation*]
  Sie ist abhängig von Länge, Frequenz, Wirkwiderstand, dem induktiven und kapazitiven Belag des Kabels und wird in dB angegeben.
- **Durchgang, Vertauschung von Adern** [*wiremap*] (Abb. 2)

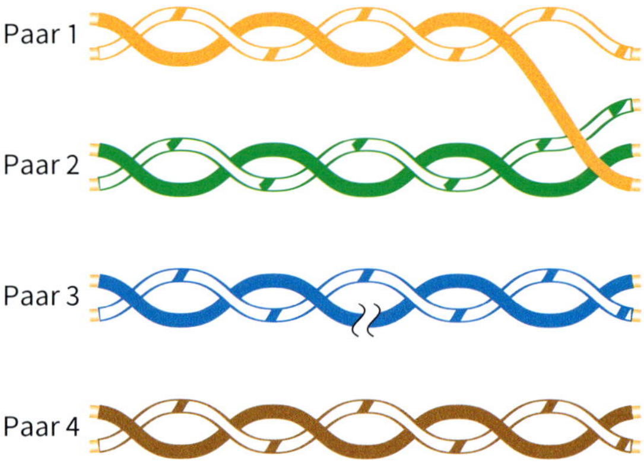

2: Unterbrechung und Vertauschung

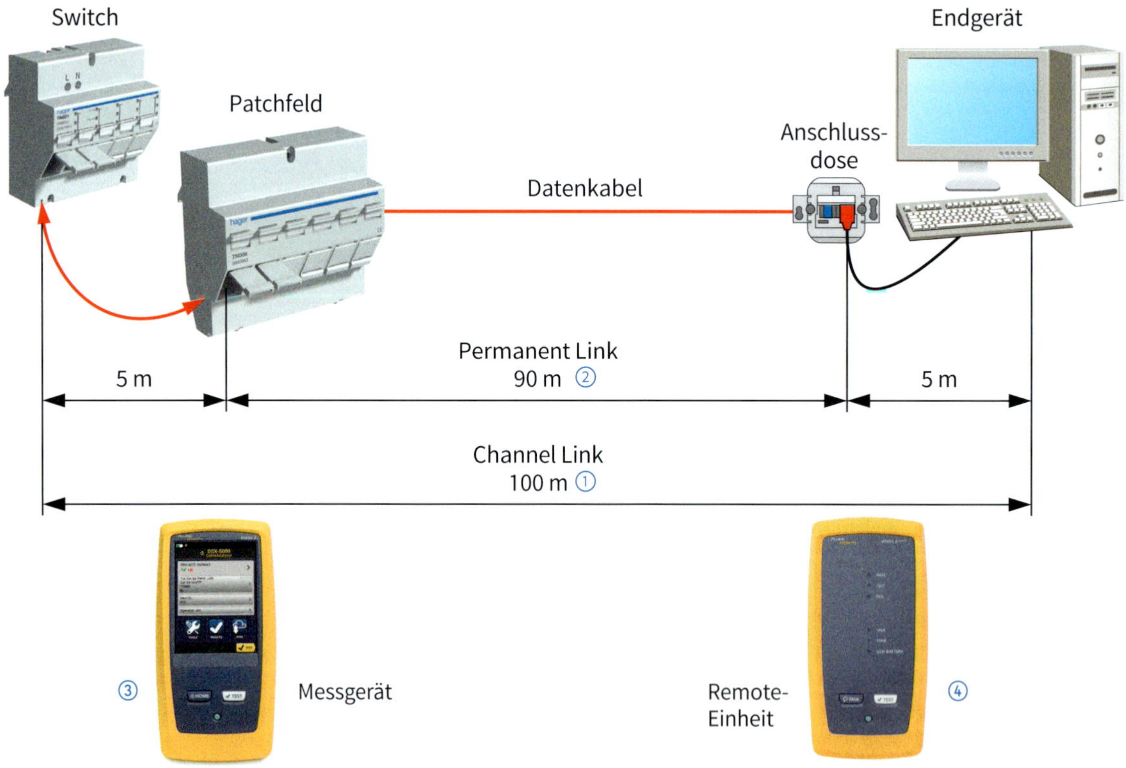

1: Datenübertragungsstrecke

- **Länge** [*length*]
  Wenn Signale über eine Leitung gesendet werden (Abb. 3), benötigen sie eine bestimmte Zeit, bis sie das Leitungsende erreichen. Außerdem werden die Signale am offenen Ende reflektiert und erreichen nach einer bestimmten Zeit (Signallaufzeit) den Anfang der Leitung. Dieses Prinzip verwendet man bei der Längenmessung. Die Signallaufzeit ist dabei ein Maß für die Leitungslänge.
- **Signallaufzeit** [*delay*]
  Die Signallaufzeit auf den einzelnen Adernpaaren wird ermittelt und auf Konformität geprüft (Abb. 5).

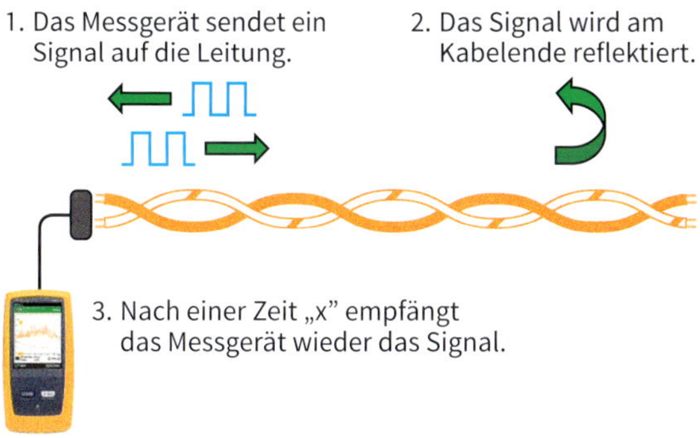

3: Längen-, Signallaufzeit- und Längenunterschiedsmessung

- **Längenunterschiede zwischen Aderpaaren** [*delay-skew*]
  Fertigungsbedingt und durch den speziellen Kabelaufbau haben die einzelnen Adernpaare unterschiedliche Längen. Dieser Unterschied kann z. B. bei 100 m Kabellänge mehrere Meter (bis zu 5 m) betragen. Bei der Messung wird geprüft, ob die Unterschiede innerhalb einer akzeptablen Toleranz liegen.
- **Nebensprechen** [*crosstalk*]
  Das Nebensprechen ist eine der häufigsten Fehlerursachen bei der Datenübertragung. Mit Abb. 4 wird das Prinzip verdeutlicht. Über das Leitungspaar 1 werden Daten gesendet. Es entsteht ein Stromfluss mit entsprechenden Magnetfeldern um die Leiter. Durch ihre Magnetfelder werden in die anliegenden Leiterpaare 2, 3 und 4 Spannungen induziert. In Abb. 4 ist diese Beeinflussung durch schwarze Pfeile verdeutlicht worden. Sie ist am Anfang am größten und nimmt mit zunehmender Leiterlänge auf Grund der Kabeldämpfung ab. Das empfangene Störsignal ist deshalb im Leitungspaar 2 am größten.

  Es werden unterschiedliche Arten des Nebensprechens unterschieden:
  - **Nahes Nebensprechen, NEXT** [*near end crosstalk*]
    Dies ist das Nebensprechen zwischen anliegenden Leitungspaaren (Abb. 4, zwischen 1 und 2). NEXT ist frequenzabhängig (Abb. 5) und dadurch einer der häufigsten Fehler.

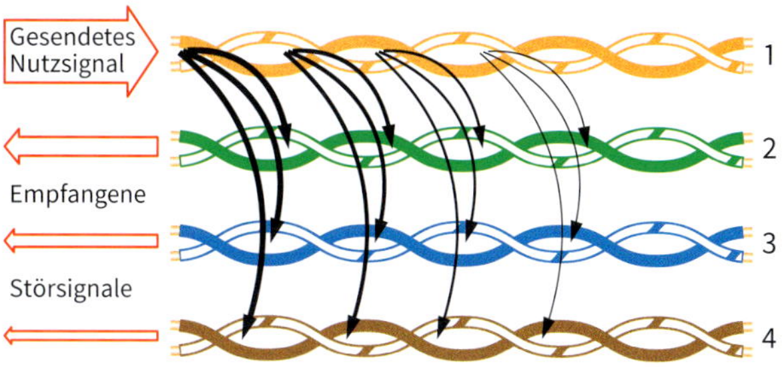

4: Nebensprechen

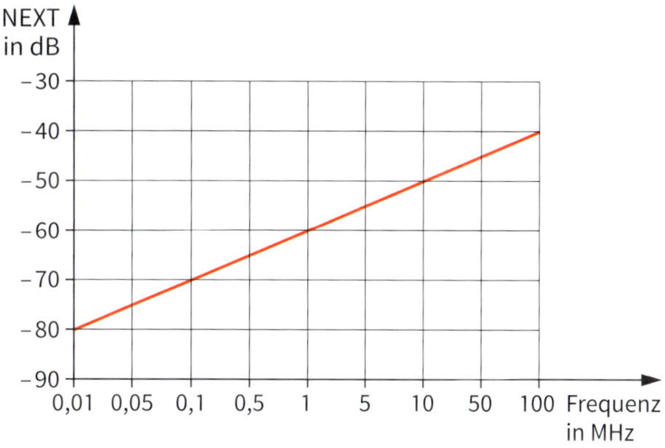

5: NEXT in Abhängigkeit von der Frequenz

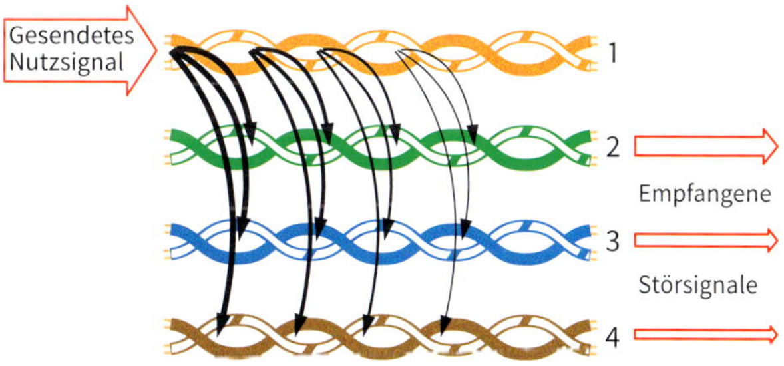

6: Fernes Nebensprechen (FEXT)

  - **Fernes Nebensprechen, FEXT** (Abb. 6) [*far end crosstalk*]
    Entspricht dem Nahen Nebensprechen (NEXT), es wird jedoch am fernen Ende gemessen.
  - **Längenabhängiges Nebensprechen am fernen Ende, ELFEXT** [*equal level far end crosstalk*]
    Diesen ELFEXT-Wert erhält man, wenn man die Differenz zwischen FEXT und Dämpfung bildet. Er ist somit längenunabhängig. Man kann ihn mit verschieden langen Installationsleitungen vergleichen.

- **Rückflussdämpfung** [*return loss*]
  Durch z. B. Klemmen oder Anschlüsse von Dosen ändert sich die Dämpfung der Übertragungsstrecke. Die Signale werden teilweise reflektiert. Bei der Messung wird die Leitung mit einem Widerstand abgeschlossen (Abb. 1, nächste Seite).

Bei geringer Rückflussdämpfung sind alle Komponenten sehr gut aufeinander abgestimmt.

- **Rausch-Signal-Abstand, ACR** [*attenuation to crosstalk ratio*]
Dies ist die Differenz aus dem NEXT-Wert und der Dämpfung (ACR = NEXT – Dämpfung). Sie ist also der „Abstand" zwischen Nutzsignal und Störsignal. Je größer der ACR-Wert, desto besser kann das Nutzsignal erkannt werden (Abb. 2). Der ACR-Wert wird deshalb als Maßstab für die Qualität der gesamten Verbindung angesehen.

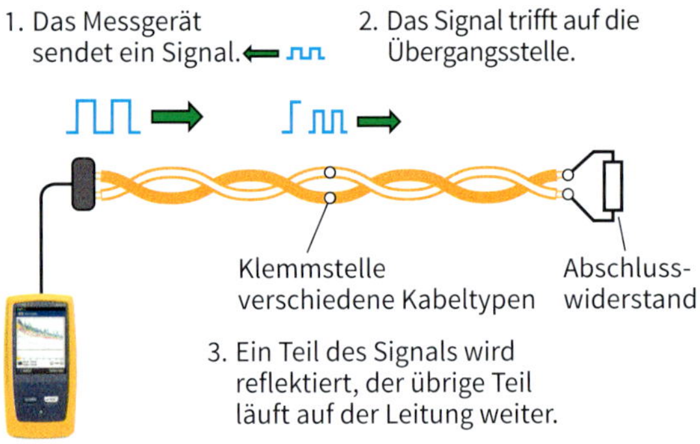

1: Rückflussdämpfung

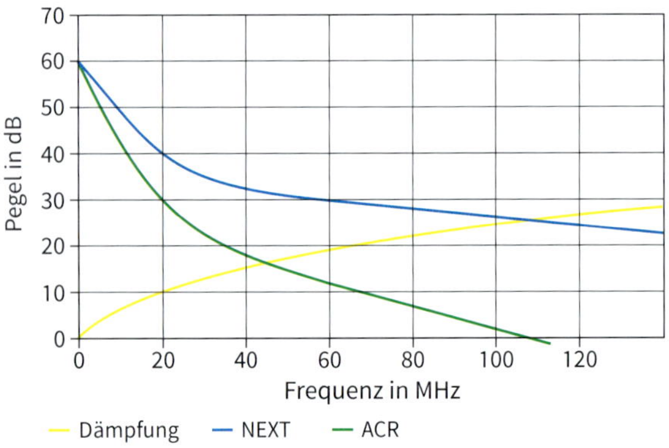

a) Diagramm

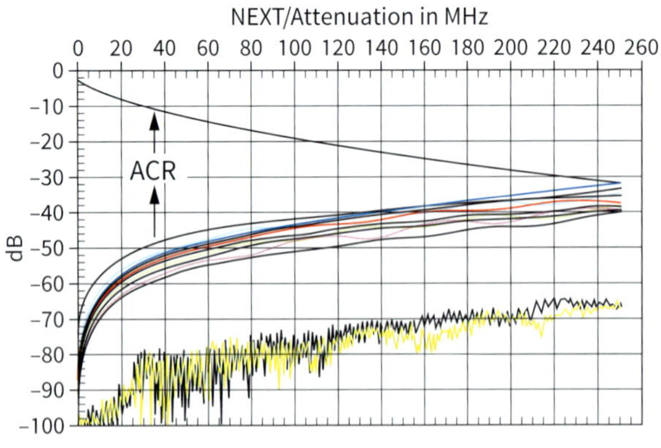

b) Messausdruck

2: Rausch-Signal-Abstand ACR

- **Einflüsse einzelner Leitungspaare auf alle anderen Paare (PS)** [*power sum*]
Bei der Cat. 6-Verkabelung können über alle vier Adernpaare Signale übertragen werden. Deshalb findet durch Induktion eine gegenseitige Beeinflussung aller vier Leitungspaare statt. Bei der Störungsermittlung geht man davon aus, dass drei Leitungspaare Signale senden und ein Leitungspaar Signale empfängt (Abb. 3). Aus den zuvor gemessenen Werten errechnet das Messgerät die sog. PS-Werte für NEXT (PSNEXT), ACR (PSACR) und ELFEXT (PSELFEXT).

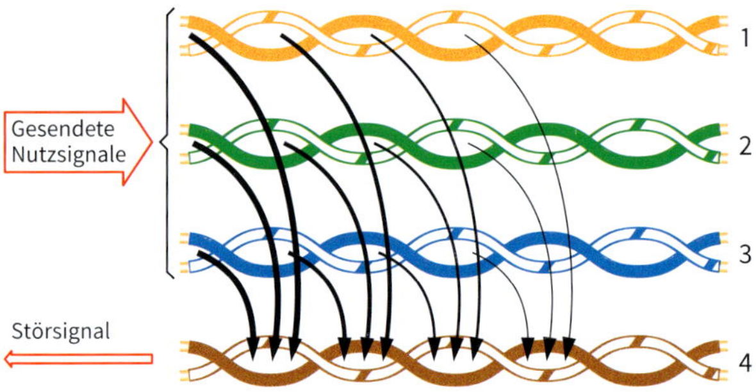

3: Gegenseitige Beeinflussung

Die Installation im Büroraum ist in die Klasse D eingeordnet (vgl. Kap. 12.2.2). Demnach sind folgende Messungen durchzuführen:

- Signallaufzeit (delay)
- Längenunterschied zwischen Adernpaaren (delay-skew)
- Rückflussdämpfung (return loss)
- Übersprechen auf das ferne Ende (ELFEXT)
- Einflüsse einzelner Leitungspaare auf alle anderen Paare (power sum)

Aufgaben

1. Begründen Sie, weshalb bei einer Datenübertragungsstrecke der ACR-Wert möglichst groß sein sollte.
2. Ermitteln Sie aus Abb. 2 a) die Leitungsdämpfung bei 100 MHz.
3. Ermitteln Sie aus Abb. 2 b) den ACR-Wert bei 100 MHz.

- Zur Überprüfung von Datenleitungen können der Leitungswiderstand, die Dämpfung, die Leitungslänge sowie die Signallaufzeit gemessen werden.
- Bei der Datenübertragung entstehen Fehler durch nahes (NEXT), fernes (FEXT) und längenabhängiges Nebensprechen (ELFEXT).
- Ein wesentliches Maß für die Qualität einer Datenübertragung ist der Rausch-Signal-Abstand (ACR).

12.2.4 Strukturierte Verkabelung

Bei einem Netzwerk gehört die Kabelanlage zur fest installierten Struktur und erfordert einen großen Teil der Investitionskosten. Während Endgeräte in der Regel nach 3 bis 5 Jahren durch neue Geräte ausgetauscht werden, ist die Verkabelung für eine längere Gebrauchsdauer auszulegen (ca. 10 bis 15 Jahre). Deshalb sind bereits bei der Planung des Netzwerks vorausschauende Überlegungen hinsichtlich der zukünftigen Nutzung bzw. der möglichen Erweiterung anzustellen.

Die strukturierte Verkabelung stellt einen einheitlichen Aufbauplan für die Verkabelung zur Übertragung unterschiedlicher Dienste dar. Sie wird auch als **UGV** (**U**niverselle **G**ebäude**v**erkabelung) bezeichnet und ist in einer Reihe von Normen festgelegt.

Bei der strukturierten Verkabelung werden drei **Verkabelungsbereiche** unterschieden (Abb. 4):

- **Primärer Bereich** (zwischen Gebäuden ①)
- **Sekundärer Bereich** (zwischen Stockwerken ②)
- **Tertiärer Bereich** (Flurebene ③).

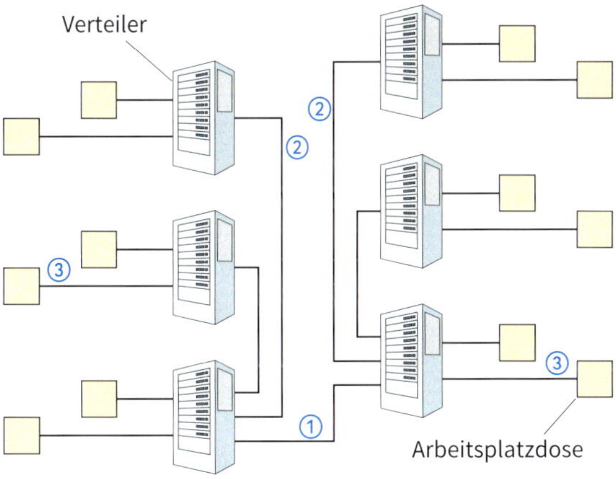

4: Verkabelungsbereiche

Die Kabellängen sind entsprechend festgelegt:

- **Tertiär** (horizontal), maximal 100 m mit Kupferkabeln oder Lichtwellenleitern
- **Sekundär** (vertikal), maximal 500 m bei Lichtwellenleitern oder Kupferkabeln
- **Primär** (Gelände), maximal 1500 m bei Lichtwellenleitern

Grundsätzlich ist für die Verbindung zwischen Gebäuden eine LWL-Verkabelung anzuwenden, da dadurch eine galvanische Entkopplung zwischen den angeschlossenen Geräten und eine störungsempfindliche Übertragungsstrecke realisiert wird.

Verkabelungs- und Übertragungsstrecke

- Verkabelungsstrecke (**Permanent Link**) und
- Übertragungsstrecke (**Channel Link**), Abb. 5.

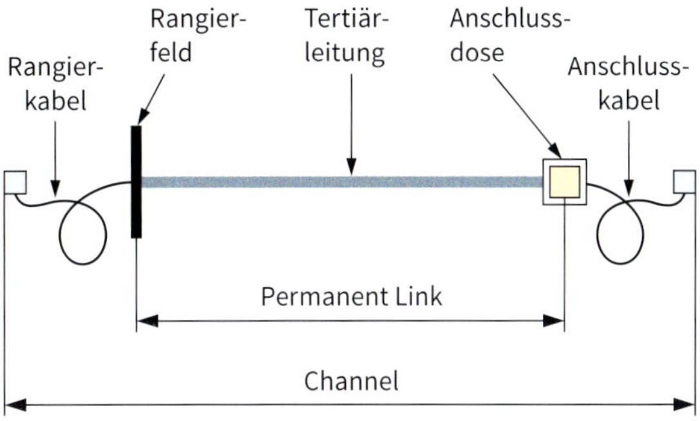

5: Verkabelungs- und Übertragungsstrecken

Die **Verkabelungsstrecke** beinhaltet das festverlegte Kommunikationskabel und reicht vom Rangierfeld bis zur Anschlussdose. Die Kabellänge beträgt minimal 15 m und maximal 90 m.

Für die **Übertragungsstrecke** wird zusätzlich zur Verkabelungsstrecke an beiden Enden noch jeweils ein Anschlusskabel hinzugerechnet. Die Anschlusskabel dürfen dabei maximal 5 m lang sein. Insgesamt ergibt sich für die Übertragungsstrecke eine Länge von maximal 100 m.

Die **Übertragungsstrecken** werden anhand ihrer Leistungsfähigkeit in **Klassen** (Classes) eingeteilt. Für jede Klasse ist eine maximale Datenübertragungsrate festgelegt. Damit eine Übertragungsstrecke einer entsprechenden Klasse zugeordnet werden kann, müssen auch die eingesetzten Komponenten (Kabel, Steckverbinder) die spezifischen Anforderungen der Klasse erfüllen. Zu den Anforderungen gehören z. B. der Wellenwiderstand, die Dämpfung und das Übersprechen. Die Komponenten werden in **Kategorien** [*categories*] eingeteilt (Abb. 6).

Kategorie	f_{max} in MHz	Kabelaufbau	Anwendung
Cat 1	0,1	U/UTP	TK-Kabel für Sprache
Cat 2	1,5	U/UTP	TK-Kabel für Sprache, ISDN
Cat 3	16	U/UTP	TK-Kabel für Sprache, Daten bis 10 Mbit/s
Cat 4	20	U/STP	Daten bis 16 Mbit/s
Cat 5	100	F/UTP S/FTP	Daten bis 100 Mbit/s (ggf. 1 Gbit/s)
Cat 6	250	S/FTP	Sprache, Daten (bis 10 Gbit/s), Multimedia
Cat 7	600	S/FTP	Daten bis 10 Gbit/s
Cat 8	In Vorbereitung, HDTV (hochauflösend)		

6: TP-Kabelkategorien

12.2.5 Ethernet

Mit Ethernet bezeichnet man eine Datennetztechnik, die in lokalen Netzen (LAN) eingesetzt wird. Diese Netzwerktechnologie wird heute vorwiegend verwendet. Der englische Begriff stammt aus der Anfangszeit der Netzwerktechnik und bedeutet soviel wie „Äther". Damit kennzeichnete man damals das Ausbreitungsmedium für Funkwellen.

Ethernet ist in der Norm IEEE 802.3 standardisiert und umfasst Paketformate und Protokolle sowie auch die Festlegung für Kabel und Stecker. Der Datenaustausch erfolgt seriell zwischen den angeschlossenen Geräten (Computer, Drucker, usw.). In Abb. 1 sind Ethernet-Varianten mit ihren Merkmalen aufgeführt. Der Name kennzeichnet die jeweils verwendete Technologie.

Beispiel: 10Base2

- 10: 10 Mbit/s Datenübertragungsrate
- Base: Basisbandübertragung, es erfolgt keine Datenübertragung in einem anderen Frequenzbereich.
- 2: Max. Segmentlänge als Vielfaches von 100 m

	10Base2	100BaseT	100BaseFX
Topologie	Bus	Stern	Stern
Kabeltyp	RG58 Thinnet Koaxial	Twisted Pair	Lichtwellenleiter
Verbindung	BNC T-Stecker	RJ 45	ST-Stecker
Abschluss	50 Ω	–	–
Entfernung zum PC	min. 0,5 m zu PCs	max. 100 m PC-Hub	max. 1 km PC-Fiber-Hub
Max. Kabellänge	200 m	100 m	1 km
Max. Segmente	5 über Repeater	5 Kaskaden	16 Kaskaden
Höchstzahl der PCs	30 pro Segment	24 pro Hub	384 pro Fiber-Hub
Datenrate	≤10 Mbit/s	≤100 Mbit/s	>100 Mbit/s

1: Ethernet-Technologien

Bei 10Base2 wird die Verkabelung mit dünnem Koaxialkabel in Bustechnik vorgenommen. 100BaseT wird auch als Fast-Ethernet bezeichnet und ermöglicht eine Datenübertragungsrate von 100 Mbit/s über Kupferleiter. Bei 100BaseFX erfolgt die Daten-übertragung mit Glasfasern. Bei 1000BaseT überträgt man die Daten mit 1 Gbit/s über Kupferleitungen. Dieses Netz wird deshalb auch als Gigabit-Ethernet bezeichnet.

Zum Ethernet-Standard gehört auch „**Power over Ethernet**" (**PoE**). Bei diesem Verfahren werden Ethernet-Geräte über das Twisted-Pair-Kabel mit elektrischer Energie versorgt (Abb. 2). Dabei werden ungenutzte Adern der Leitung für die Speisung mit 48 V verwendet. Die Leistung kann etwa 15 W betragen.

2: PoE

Wie wird der Zugriff im Netzwerk organisiert?

Diese Frage stellt sich bei allen Systemen, bei denen nur eine Leitung mit einer gemeinsam genutzten Frequenz zur Verfügung steht. Man spricht hier von der **Basisbandübertragung** [*baseband transmission*] (kurz: **base**).

Bei der Basisbandübertragung gibt es 3 Verfahren:

1. **CSMA/CD** (**C**arrier **S**ense **M**ultiple **A**ccess/ **C**ollision **D**etection): Alle Computer sind zur Datenübertragung gleichberechtigt. Der Computer, der senden will, wartet, bis das Netz inaktiv ist und sendet dann seine Daten. Wenn zufällig ein anderer Computer zeitgleich mit dem Senden begonnen hat, kommt es zur Datenkollision. Diese wird registriert und die Computer senden zeitversetzt ihre Daten erneut.
2. **CSMA/CA** (**C**arrier **S**ense **M**ultiple **A**ccess/ **C**ollision **A**voidance): Alle Computer sind zur Datenübertragung gleichberechtigt. Der Computer, der senden will, wartet, bis das Netz inaktiv ist und sendet dann ein Signal, das die Sendeabsicht bekannt gibt. Das Netz bleibt daraufhin inaktiv und der Computer sendet seine Daten. Eine Datenkollision wird immer verhindert.
3. **Token Ring**: Eine Sendeberechtigung (das Token) wird kontinuierlich im Kreis von Rechner zu Rechner weitergegeben. Nur der Rechner, der das Token momentan hat, sendet seine Daten. Eine Datenkollision wird immer verhindert. Token Ring setzt eine Ringtopologie voraus.

- Ethernet ist das am meisten verwendete Datennetz im LAN-Bereich.
- Mit den Varianten Fast-Ethernet und Gigabit-Ethernet können Datenübertragungsraten von 100 Mbit/s und 1 Gbit/s erreicht werden.

12.2.6 WLAN

Mit WLAN (**W**ireless **LAN**: Drahtloses LAN) bezeichnet man eine Netzwerktechnik, bei der die Übertragung der Informationen/Daten mit elektromagnetischen Wellen (Funktechnik) erfolgt. Die technischen Merkmale sind in der IEEE 802.11 (**IEEE**: **I**nstitute of **E**lectrical and **E**lectronics **E**ngineers) festgelegt. Es werden Funkfrequenzen aus dem ISM-Bereich (**ISM**: **I**ndustrial, **S**cientific and **M**edical Band) verwendet.

Ein Beispiel für ein Funknetz ist in Abb. 3 zu sehen. Es handelt sich dabei um **WAP** (**W**ireless **A**ccess-**P**oint, ein Gerät für den Funkverkehr zu kabellosen Kommunikationsgeräten) mit DSL-Anschluss, WLAN und integrierter Switch-Funktion für ein leitungsgebundenes Netzwerk (LAN).

3: LAN und WLAN

Der Vorteil von WLAN gegenüber LAN besteht im einfachen Aufbau bzw. Ergänzung von bestehenden Netzwerken ohne zusätzliche Verkabelung.

Die WLAN-Übertragungsreichweiten sind unterschiedlich (z. B. IEEE 802.11n max. 70 m innerhalb von Gebäuden, im freien Gelände bis zu 120 m). Die Reichweite ist von der Sendeleistung und den baulichen Gegebenheiten abhängig. Besonders Leichtbauwände aus Metall und metallene Büroeinrichtungen verursachen erheblichen Dämpfungen, wodurch sich die Wellenausbreitung und damit die Reichweite verringert.

Übertragungsstörungen können auch durch andere Geräte auftreten, die in diesen Frequenzbereichen arbeiten (z. B. Mikrowellenherde).

Aufgrund technischer Entwicklungen enthält die IEEE 802.11 eine Reihe von Teilstandards, die sich u. a. in den Datenübertragungsraten unterscheiden (Abb. 4).

Bezeichnung	Datenübertragungsrate	Frequenzbereiche (Kanäle)
IEEE 802.11a	54 Mbit/s max.	5,15 GHz bis 5,725 GHz (19 Kanäle, alle überlappungsfrei)
IEEE 802.11b	11 Mbit/s	2,4 GHz bis 2,4835 GHz (13 Kanäle, davon 3 überlappungsfrei)
IEEE 802.11g	54 Mbit/s	2,4 GHz bis 2,4835 GHz (13 Kanäle, davon 4 überlappungsfrei)
IEEE 802.11h	54 Mbit/s	5,15 GHz bis 5,725 GHz (19 Kanäle, alle überlappungsfrei)
IEEE 802.11n	600 Mbit/s (mit MIMO-Technik)	2,4 GHz und 5 GHz (13 und 19 Kanäle)
IEEE 802.11ac[1)]	> 1,3 Gbit/s	5 GHz
IEEE 802.11ad[1)]	ca. 6,7 Gbit/s	60 GHz (4 Kanäle)

[1)] Standard in der Entwicklung

4: IEEE 802

Die in der Praxis erreichbaren Datenraten (Nettodatenraten) liegen in der Regel 50 % unter den theoretischen Datenraten (Bruttodatenraten). Außerdem wird die vorhandene Bandbreite zwischen allen Netzteilnehmern für Up- und Download aufgeteilt.

Bei WLAN werden zwei grundsätzliche Betriebsarten unterschieden.

Im **Infrastruktur-Modus** wird die Koordination der vorhandenen Clients durch einen Wireless Access Point (Drahtloser Zugangspunkt) übernommen. Dieser ist in der Regel an ein kabelgebundenes Ethernet-Netzwerk angeschlossen und somit Bestandteil dieses Netzwerks.

Im **Ad-hoc-Modus** sind alle Stationen gleichberechtigt. Es gibt keine zentrale Koordinierungsstelle. Aus diesem Grunde ist diese Betriebsart für die zeitlich begrenzte Vernetzung mit wenigen Teilnehmern gut geeignet.

Die Funkübertragungsstrecken erfordern besondere Schutzmaßnahmen für die Sicherheit des Netzwerks. Dazu gehören u. a. der Einsatz einer geeigneten Verschlüsselung wie z. B. **WPA2** (**W**ireless **P**rotected **A**ccess: Drahtloser Zugangsschutz), die Abschaltung der Fernkonfiguration des Access Points und die Deaktivierung der SSID-Broadcast-Aussendung (**SSID**: **S**ervice **S**et **Id**entifier: Name des einzurichtenden drahtlosen Netzwerks).

12.2.7 Kabelführungssysteme

Bei der Verkabelung von Kommunikationsanlagen, z. B. in Datennetzwerken oder anwendungsneutralen Netzwerken zur Übertragung von Audio- oder Videosignalen, in Wohngebäuden und Industrieanlagen müssen zur Vermeidung von Störeinflüssen nach DIN EN 50174-2 besondere Anforderungen erfüllt werden. Dabei gilt ein besonderes Augenmark der **Kabelauswahl** und **Kabelführung**.

Bei der **Einführung von Kabeln** aus entflammbaren Materialien in ein Gebäude müssen diese innerhalb von 2 m nach dem Durchtritt der äußeren Brandschottung (Wand, Decke usw.)

- fest angeschlossen werden oder
- innerhalb eines Kabelführungssystems (z. B. Kanal oder Rohr) installiert werden, das als Brandschottung zugelassen ist.

Die Kabel müssen für die Umgebungsbedingungen am Einsatzort geeignet sein, z. B. bei besonderer mechanischer Beanspruchung.

Bei der **Installation in Gebäuden** müssen besondere Vorsichtsmaßnahmen überall dort getroffen werden, wo informationstechnische Netze gemeinsam mit Stromversorgungssystemen verlaufen.

Die Kabelwege müssen

- die installierten Kabel schützen,
- vom Platzbedarf so ausgelegt werden, dass die Reserve für die Erweiterung des Kabelsystems von mindestens 50 % vorhanden ist,
- ausreichend Platz für Kabelreserven und die Einhaltung der Biegeradien r bieten (Richtwerte: symmetrische Kupferkabel $r \geq 8 \cdot d$; Lichtwellenleiter bzw. Koaxialkabel $r \geq 10 \cdot d$),
- z. B. für Instandhaltung und Erweiterungen zugänglich sein und
- den Mindestabstand zwischen Kommunikationskabeln und Stromversorgungssystemen einhalten.

Bei Stapelung der Kabel in einem Kabelweg mit geschlossener Auflagefläche (Kabelrinne Abb. 1 ①) darf die zulässige Stapelhöhe von 150 mm nicht überschritten werden. Bei der Verwendung von Sammelhaltern (Abb. 1 ②) darf der Abstand zwischen den Auflagepunkten nicht größer als 1,5 m betragen. Die Stapelhöhe h ist abhängig vom Abstand l zwischen den Auflagepunkten.

Die **Stapelhöhe** berechnet sich nach folgender zugeschnittener Größengleichung:

$$h = \frac{150}{1 + l \cdot 0{,}0007} \qquad h, l \text{ in mm}$$

1: Kabelführungssysteme

Mindestabstand

Zur Vermeidung von elektromagnetischen Einflüssen muss zwischen Kommunikationskabelanlagen und Stromversorgungssystemen ein Mindestabstand A (Abb. 2) eingehalten werden. Er ist abhängig von

- der Trennklasse, die durch das Datenkabel ③ bestimmt wird,
- dem eingesetzten Kabelführungssystem ④ und
- einem Faktor, der sich aus dem gemeinsam geführten Stromversorgungssystem ⑤ bestimmt.

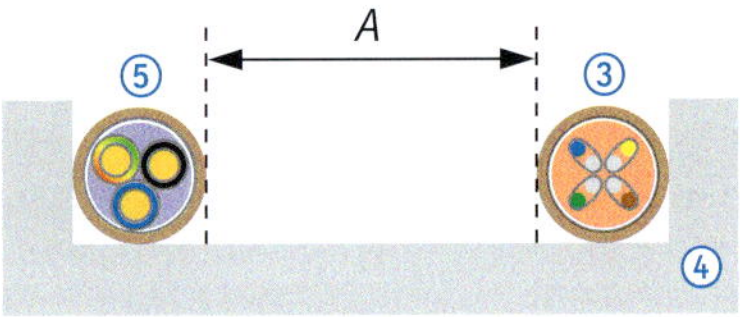

2: Mindestabstand

Zusätzliche Vorkehrungen zum Schutz vor EMV-Einflüssen lassen sich durch folgende Maßnahmen erreichen:

- Verwendung geschirmter Kabel und Leitungen
- Installation eines gemeinsamen durchgängigen Schutzpotenzialausgleichs für sämtliche metallene Anlagenteile (Kabelwege, Kabelschirmung, usw.)
- Vollflächige Verbindung des Schirms mit dem Schutzpotenzialausgleich an beiden Kabelenden
- Verlegesysteme an beiden Enden mit dem Schutzpotenzialausgleich bzw. an den Stoßstellen miteinander verbinden
- Verwendung von metallenen Kabelverlegesystemen mit hohen Seitenwänden
- Parallel geführte metallene Verlegesysteme in einem Abstand von 10 m bis max. 20 m verbinden

- Bei der Planung der Kabelwege müssen Mindestabstände zwischen Kommunikationskabeln und Stromversorgungssystemen eingehalten werden.
- Ein gemeinsamer Schutzpotenzialausgleich in Verbindung mit einer Kabelschirmung und metallenen Kabelführungssytemen verhindert störende EMV-Einflüsse.

Planen und Realisieren

12.2.8 PowerLAN

Die Leitungen für die Energieversorgung (Niederspannungsnetze) lassen sich zur Datenübertragung nutzen. Die Technik wird auch als PowerLAN, dLAN, direktLAN, **PLC** (**P**ower**l**ine **C**ommunication) oder verkürzt als Powerline bezeichnet.

Die digitalen Signale werden auf HF-Träger (**Trägerfrequenztechnik**) zwischen 2 MHz und 68 MHz phasen- und amplitudenmoduliert eingefügt (Frequenzmultiplexverfahren).

In Europa werden folgende Standards verwendet:
- IEEE-1901-FFT (Standard für die Datenkommunikation über Stromleitungen, sogenanntes Breitband Powerline, BPL) und
- ITU G.hn (herstellerunabhängiger Standard).

Beide Standards verwenden OFDM (Orthogonal Frequency-Division Multiplexing) als Übertragungsverfahren.

Im Standard IEEE-1901 wird eine maximale Datenübertragungsrate von maximal 1200 Mbit/s angegeben. Die Reichweite beträgt dabei bis zu 300 m. Die tatsächlich erreichbaren Datenübertragungsraten und Reichweiten sind geringer und hängen von den Besonderheiten des Umfeldes ab.

Aufgrund der hochfrequenten Signale und einem störanfälligen Drehstromnetz können folgende Probleme auftreten:
- Signaldämpfung durch Leitungslängen
- Störungen/Reichweitenverringerung aufgrund einer unterschiedlichen Verteilung der drei Außenleiter L1, L2 und L3 im Wohngebäude
- Übersprechen zwischen parallelen Leitungen
- Störungen durch elektrische/elektronische Geräte
- Beeinflussung durch die Struktur des Energienetzes (Verteilerdosen, Schalter, Überspannungsfilter, Fehlerstromschutzschalter, Zähler, Dimmer usw.)

Um die Störanfälligkeit zu verringern werden Fehlerkorrekturmaßnahmen eingesetzt.

Die Signalübertragung erfolgt im Prinzip mit Adaptern, die mit dem
- Energienetz (Steckverbindung ①, Abb. 3) und über
- Ethernet-Anschlüsse (② RJ45) mit dem zu vernetzenden Endgerät verbunden werden.

3: PowerLAN Adapter

Im privaten Bereich der PowerLAN-Netzwerke kommunizieren alle Adapter gleichberechtigt. Es wird keine besondere Hierarchie verwendet (Peer-to-Peer-Netzwerktopologie, Abb. 4).

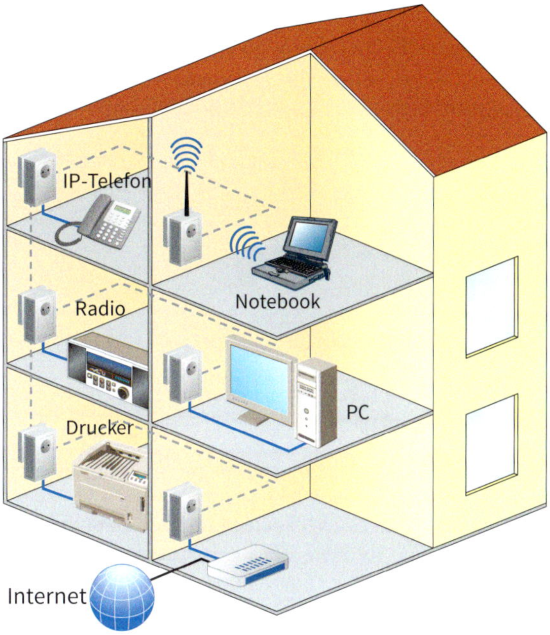

4: PowerLAN-Netzwerk

Im professionellen Bereich werden häufig auch Adapter mit Masterfunktion eingesetzt, die den Datenverkehr mit den angeschlossenen Geräten (Slaves) steuern (Master-Slave-Netzwerkarchitektur).

Die gesendeten Signale von PowerLAN verteilen sich frei im Energienetz des Wohngebäudes. Sie können aber auch aufgrund von Leitungsverbindungen und Abstrahlungen (Antennenwirkung) noch im näheren Umfeld empfangen werden. Um unerwünschtes Mithören zu verhindern, werden Maßnahmen zur Datenverschlüsselung eingesetzt. Zum Beispiel können Adapter nur miteinander kommunizieren, wenn sie über gleiche Kennwörter verfügen.

Die bisherigen Standards für PowerLAN werden weiterentwickelt. Angestrebt sind theoretische Datenübertragungsraten von 1,5 Gbit/s.

- Digitale Daten lassen sich über vorhandene Niederspannungsnetze übertragen.
- Aufgrund der vorhandenen Besonderheiten des installierten Niederspannungsnetzes und äußerer Einflüsse, muss mit Einschränkungen der Datenübertragungsraten und der Qualität der Übertragung gerechnet werden.

12.2.9 Firewall

Eine Firewall (Brandmauer) ist eine Schutzeinrichtung, die für die Anbindung eines Rechners oder eines privaten Netzwerks an ein öffentliches Netz eingesetzt wird (Abb. 1). Sie besteht aus Hardware- und Softwarekomponenten und kann u. a. den unberechtigten Zugriff aus dem Netz auf den angeschlossenen Rechner bzw. das Netzwerk verhindern. Die detaillierten Überwachungsfunktionen können über ein Regelwerk eingestellt werden.

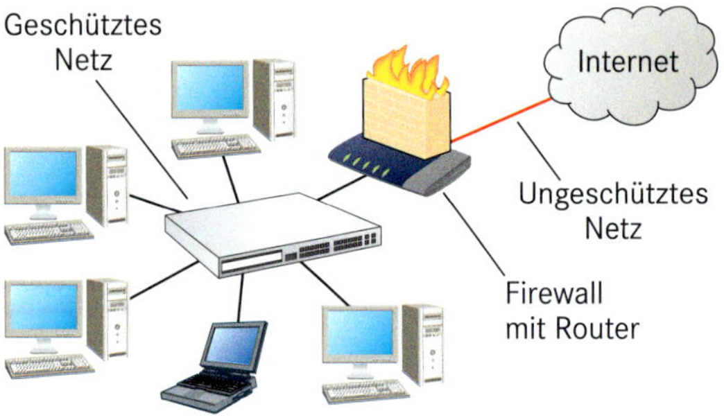

1: Einfache Firewall in Kombination mit einem Router

Grundsätzlich gibt es zwei Firewall-Arten. Die **Personal Firewall** ist eine Software, die auf dem Desktop installiert ist und den Internetzugriff und gegebenenfalls auch den internen Netzwerkverkehr überwacht.

Bei der **External Firewall** wird der Netzwerkverkehr zum Internet überwacht. In der Regel wird dafür ein eigener Rechner oder ein Router eingesetzt, auf dem die Firewall Software abläuft.

Die Überwachung des Datenverkehrs werden Filter eingesetzt. Mit **Paketfiltern** erzielt man eine einfache Filterung von Datenpaketen. Anhand von einstellbaren Filterregeln werden die Kopfdaten (Header) der Datenpakete, wie Absender und Empfängeradresse, Portnummer und das angegebene Protokoll überprüft. Unzulässige Pakete werden verworfen oder an den Absender zurückgeschickt. Zulässige Pakete werden weitergeleitet. Diese Art der Filterung wird auch als **statische Filterung** bezeichnet.

Bei **zustandsgesteuerten Paketfilterung** erfolgt die Filterung der Pakete wie bei der statischen Filterung. Zusätzlich „merkt" sich die Firewall jeden Verbindungsaufbau und überwacht eingehende Pakete auf eine Abhängigkeit zu vorher ausgesendeten Paketen. Es dürfen nur die Pakete passieren, die als Folgepakete im Rahmen einer bestehenden Verbindung erkannt werden. Dieses Verfahren wird als **dynamische Filterung** bezeichnet.

Weitere Filterverfahren, die ein höheres Schutzniveau bieten, überwachen den Verbindungszustand, die Verbindungsdaten, die Anwendungsdaten und erfordern ggf. eine Anwender-Authentifikation..

- Eine Firewall überwacht den laufenden Datenverkehr und entscheidet mithilfe festgelegter Regeln, ob bestimmte Netzwerkpakete durchgelassen werden oder nicht.

12.2.10 Datensicherung

Mit einer Datensicherung erreicht man, dass schützenswerte Daten bei Verlust, Fälschung, unberechtigtem Zugriff, technischen Fehlern, mutwilligen Eingriffen und menschlichem Versagen verloren gehen. Im Falle eines Datenverlustes können die Originaldaten zurückkopiert werden. Datensicherung ist somit eine wesentliche Maßnahme zur Datensicherheit.

Schutzmaßnahmen können

- **organisatorisch** (Benutzerschulung, Notfallplan, Zugriffsberechtigungen) oder
- **technisch** (Backup, Lagerung von Datenträgern, Diebstahlschutz) sein.

Eine wichtige technische Maßnahme wird als **RAID** (**R**edundant **A**rray of **I**ndependent **D**isks) bezeichnet, bei der gleiche Daten auf verschiedenen Laufwerken mehrfach vorhanden sind. Für die unterschiedlichen Konfigurationen der Festplatten verwendet man die Bezeichnung RAID-Level. Die Implementierung kann als Software-RAID oder Hardware-RAID erfolgen.

Bei der **Software-RAID** wird der Plattenverbund durch eine auf der CPU laufende Software gesteuert. Häufig ist die Software bereits im Betriebssystem enthalten.

Bei der **Hardware-RAID** erfolgt die Steuerung des Plattenverbundes durch einen RAID-Controller (Abb. 2). Dieser ist in der Regel mit mehreren Kanälen ausgerüstet, die einen gleichzeitigen Zugriff auf den Plattenverbund und somit eine höhere Datentransferrate ermöglicht. Zusätzlich wird die CPU von den Steuerungsaufgaben entlastet.

In Abb. 2 ist der RAID-Level 1 verdeutlicht. Hierbei werden die Daten auf getrennten Festplatten **parallel aufgezeichnet**. Man spricht deshalb auch von **Spiegelung** [*mirroring*]. Die Wiederbereitstellung von Daten ist einfach, da lediglich eine Kopie der intakten Festplatten erzeugt werden muss.

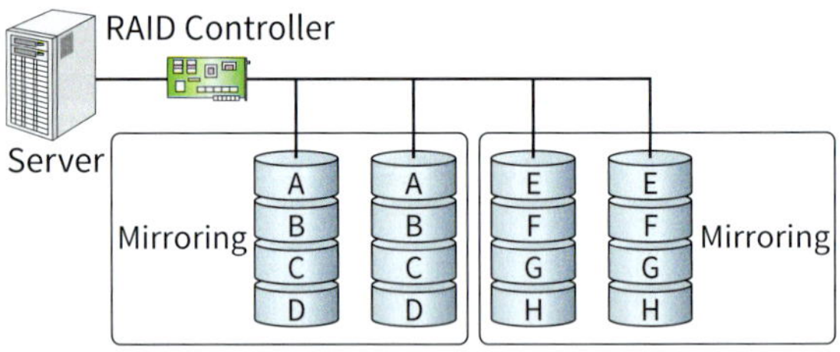

2: RAID 1

- In einem Hardware-RAID-System sind mindestens zwei Speichermedien vorhanden. Diese werden gemeinsam betrieben und bilden einen Verbund.
- Ein Software-RAID kann im Betriebssystem enthalten sein. Sie lässt sich über die vorhandene Hardware einrichten und ist damit nicht an bestimmte Controller gebunden.

13 Instandhalten und Ändern

Der Inhaber der Fa. Blechservice KG hat in einem Blog für Geschäftsführer gelesen, dass er zur Instandhaltung seiner elektrischen Anlagen und Geräte verpflichtet sei. Da er selbst keine Elektrofachkraft ist und ihm das Thema unbekannt ist, erkundigt er sich bei einem Fachbetrieb und wird dort umfassend beraten.

Dabei sollen unter anderem die folgenden Fragen geklärt werden:

- Warum wird Instandhaltung durchgeführt?
- Was gehört zur Instandhaltung?
- Welche Instandhaltungstätigkeiten und -strategien gibt es?
- Wie wird die Instandhaltung richtig geplant?

13.1 Instandhaltungsgründe

Zur **Instandhaltung** [*maintenance*] gehören alle Maßnahmen, die ein technisches System in einem funktionsfähigen Zustand halten oder diesen Zustand wieder herstellen. Sie kann z. B. regelmäßige Kontrollen, den rechtzeitigen Austausch von Verschleißteilen oder Reparaturen beinhalten.

Für alle diese Maßnahmen ist der Einsatz von Personal und Material (z. B. Ersatzteile) erforderlich, die dem Unternehmen hohe Kosten verursachen. Unternehmen müssen wirtschaftlich handeln. Daher muss es Gründe geben, warum Geld für Instandhaltung investiert wird (Abb. 3).

Als Begründungen lassen sich z. B. anführen:

- Der Aufwand ist gerechtfertigt, da dadurch andere Kosten vermieden werden.
- Es besteht ein Zwang durch Gesetze oder vertragliche Verpflichtungen.

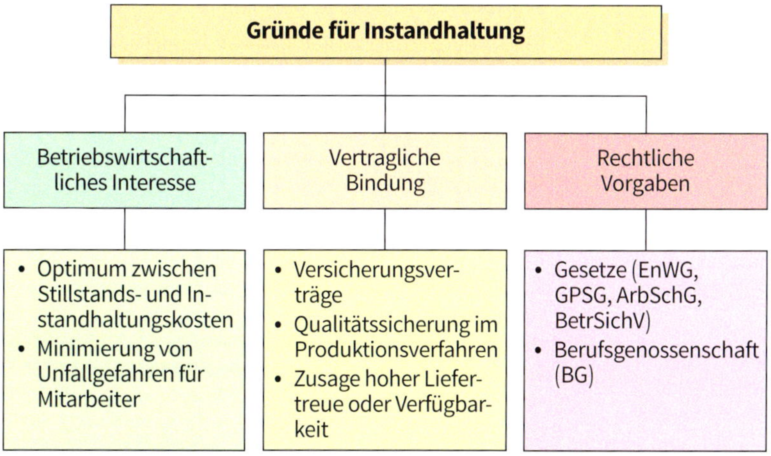

3: Instandhaltungsgründe

Welches betriebswirtschaftliche Interesse gibt es für die Instandhaltung?

Ein Hauptziel aller Firmen ist der wirtschaftliche Erfolg. Finanzielle und personelle Ressourcen müssen daher so eingesetzt werden, dass ein größtmöglicher Nutzen entsteht.

Je nachdem wie hoch der Instandhaltungsaufwand ist, verändern sich die Folgekosten für den Betrieb (Abb. 4). Wird beispielsweise überhaupt keine Instandhaltung betrieben, werden im Laufe der Zeit zahlreiche Anlagen ausfallen. Der dadurch verursachte Produktionsausfall verursacht hohe Kosten ①.

Wird die Instandhaltung sehr aufwändig betrieben, kann es sein, dass mit dem hohen Aufwand kaum noch eine Verbesserung der Anlagen erreicht wird ②.

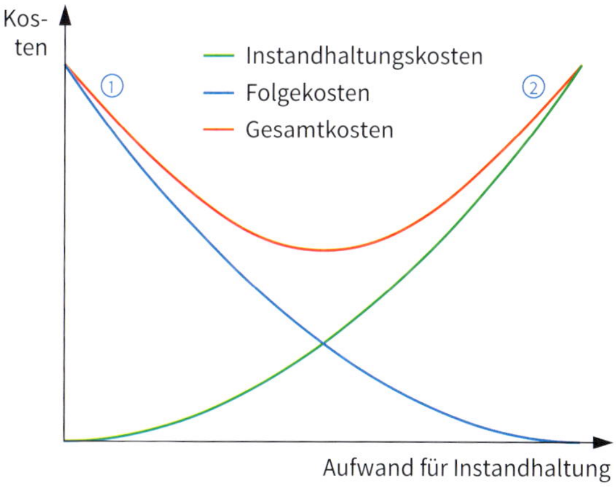

4: Instandhaltungskosten

In beiden Extremfällen entstehen hohe Gesamtkosten. Durch gute Instandhaltungsplanung muss versucht werden, ein wirtschaftliches Optimum zwischen Instandhaltungsaufwand und Nutzen zu erzielen.

Auch die Gefährdung der Mitarbeiter durch technische Systeme spielt bei der Instandhaltung eine Rolle.

Sind wenig Gefahrenquellen vorhanden, muss auch die Instandhaltung nicht so intensiv sein wie bei Anlagen mit hohem Gefahrenpotenzial. Auch der Ausfall von Personal hat letztendlich hohe Kosten für den Unternehmer zur Folge.

Welche Verträge verpflichten zur Instandhaltung?

Anforderungen an Instandhaltungsmaßnahmen können auch durch zusätzliche **Verträge** [*contracts*] beschrieben werden. Diese Verträge nutzen z. B. Versicherungen, um durch rechtzeitige Prüfungen die Brandursachen zu reduzieren.

Feuerversicherung

Etwa ein Drittel aller Brände (Abb. 1), die von Sachversicherern registriert werden, haben die Ursache in elektrischen Anlagen oder Geräten. Daher sind die Versicherungen daran interessiert, durch vertragliche Instandhaltungspflichten die elektrotechnischen Brandursachen zu minimieren.

1: Feuerschaden

Die gewerbliche Feuerversicherung fordert beispielsweise regelmäßige Prüfungen elektrotechnischer Anlagen. In Anlagen mit besonderer Gefährdung kann sogar die Prüfung durch VdS-Sachverständige (VdS: Verband der Sachversicherer) gefordert werden.

Nur wenn im Schadensfall auch der Nachweis über die durchgeführten Prüfungen erbracht werden kann, muss die Versicherung in vollem Umfang für den Schaden aufkommen.

Werden bestimmte zusätzliche Prüfungen vertraglich vereinbart, kann dies auch zur Senkung der Versicherungsprämie führen.

Produktanforderungen

2: Prüfplakette

Einige Kunden haben besonders hohe Anforderungen an die Produktqualität oder Liefertermine. Um diese hohen Anforderungen abzusichern, werden oft konkrete Instandhaltungsmaßnahmen gefordert.

Die Automobilindustrie ist beispielsweise darauf angewiesen, dass die gelieferten Teile rechtzeitig am Montageband eintreffen.

Fehlen diese Teile, kann die gesamte Autoproduktion zum Stillstand kommen. Um das Risiko eines solchen Ausfalls zu minimieren, werden neben der Termintreue häufig konkrete Instandhaltungsmaßnahmen gefordert und auch kontrolliert.

Welche Gesetze verpflichten zur Instandhaltung?

Durch verschiedene **Gesetze** [*laws*] oder rechtlich bindende Vorschriften sind die Unternehmen gezwungen, Instandhaltungsmaßnahmen durchzuführen. Diese geforderte Instandhaltung bezieht sich hauptsächlich auf den Schutz von Personen.

3: Jurist

Die Hauptforderungen kommen hierbei von den Berufsgenossenschaften und der Betriebssicherheitsverordnung.

Berufsgenossenschaften

Sie sind gesetzlich vorgeschriebene Pflichtversicherungen. Alle Mitarbeiter von Unternehmen müssen bei einer Berufsgenossenschaft gemeldet und dadurch versichert sein. Verunglückt ein Mitarbeiter auf dem Weg von oder zur bzw. während seiner Arbeit, kommt die Berufsgenossenschaft z. B. für die Kosten der medizinischen Behandlung auf.

Da die Berufsgenossenschaften (BG) die Anzahl und Schwere der Unfälle gering halten möchten, haben sie zahlreiche Verordnungen erlassen. Hierin sind Rechte und Pflichten von Arbeitgebern und Arbeitnehmern festgelegt, welche eine sicherere Arbeit gewährleisten sollen.

Unter anderem werden in den Vorschriften der Deutschen gesetzlichen Unfallversicherung (DGUV) regelmäßige Prüfungen elektrischer Anlagen und Geräte gefordert (DGUV Vorschrift 3). Je nach Einsatz und Art der Geräte sind hier Umfang und Häufigkeit der Prüfungen festgesetzt.

Betriebs-Sicherheitsverordnung (BetrSichV)

Die BetrSichV verpflichtet alle Arbeitgeber, ihren Mitarbeitern sichere Arbeitsmittel zur Verfügung zu stellen. Als Arbeitsmittel gilt hierbei alles, was für die Arbeit benötigt wird. Dies kann vom Kugelschreiber über Kleinwerkzeug, Werkzeugmaschinen bis zu elektrischen Anlagen reichen.

Alle Arbeitsmittel müssen sicher sein. Der entsprechende Nachweis ist durch Prüfungen zu führen. Der Arbeitgeber hat hierbei die Freiheit, die Häufigkeit der Prüfungen selbst festzulegen. Hierzu muss er zuvor die Gefahr beurteilen, der ein Mitarbeiter während des Gebrauchs eines defekten Arbeitsmittels ausgesetzt wird.

Details zur Anwendung von DGUV Vorschriften und BetrSichV werden im Kapitel 13.5 erläutert.

13.2 Merkmale der Instandhaltung

In vielen Fällen ist es wichtig, den Erfolg von Instandhaltungsmaßnahmen bewerten zu können. Dies ist z. B. dann der Fall, wenn bei betriebswirtschaftlicher Betrachtung Instandhaltungskosten, Ausfälle und Folgekosten durch Anlagenausfälle verglichen werden sollen. Um diese Bewertung durchführen zu können, muss genau festgelegt sein, was ein Ausfall ist und wie er mit rechnerischen Kenngrößen beschrieben wird.

Was ist ein Ausfall?

Für technische Systeme kann ein bestimmter Sollzustand beschrieben werden, bei dem sie ihre gewünschten Funktionen erfüllen können. Diese sind bei einer Produktionsmaschine z. B.:

- Bearbeitung eines Werkstücks mit bestimmter Geschwindigkeit und Qualität,
- begrenzter Energieverbrauch bei festgelegter Produktionsmenge,
- Sicherheitsfunktionen (z. B. automatischer Stopp bei geöffnetem Schutzgitter) und
- Schutz gegen elektrischen Schlag.

Wird eine Funktion benötigt und kann sie nicht ausgeführt werden, wird dies als **Ausfall** [*failure*] bezeichnet.

Die Folgekosten für einen Ausfall sind unter anderem abhängig von

- der Häufigkeit,
- der Dauer und
- den Kosten für die Reparatur.

Lfd.-Nr.	Datum Uhrzeit	Ereignis	Name
1	06.01.2020 7:45	stillgesetzt für Wartung	Klaue
2	06.01.2020 8:15-12:00	Ölwechsel, Messung nach VDE ...	Jagla
3	06.01.2020 12:50	in Betrieb gesetzt	Klaue
4	16.02.2020 8:45-9:15	Sichtkontrolle	Dzieia
5	14.04.2020 14:50	Maschinenausfall	Reh
6	26.05.2020 6:20-11:05	Fehlersuche und Reparatur (siehe Bericht 2345)	Dzieia
7	26.05.2020 12:30	in Betrieb gesetzt	Klaue
...	...	...	...

4: Beispiel eines Maschinenlogbuchs (Auszug)

Wie werden Ausfälle dokumentiert?

Um die genannten Größen errechnen zu können, ist eine gute Dokumentation über Anlagenzustände und alle Arbeiten an den Anlagen erforderlich.

Zu dieser Dokumentation gehören in Betrieben mit hohem Maschinenanteil z. B. Logbücher, in denen alle Zustandsänderungen und Tätigkeiten an den Anlagen eingetragen werden (Abb. 4). Diese Logbücher können handschriftlich vor Ort an den Maschinen geführt werden (Abb. 5a). Eine Auswertung der Daten ist dann aber nur umständlich möglich.

Komplexe Anlagen, die vielleicht gemeinsam über eine zentrale Steuerung vernetzt sind, können auch elektronisch geführte Logbücher enthalten (Abb. 5b). Liegen die Daten elektronisch vor, können sie auch komfortabel mit EDV-Systemen weiterverarbeitet werden.

Nur wenn eine detaillierte Dokumentation gepflegt wird, lässt sich die Instandhaltung wirtschaftlich und technisch optimieren.

a) handschriftliches Logbuch

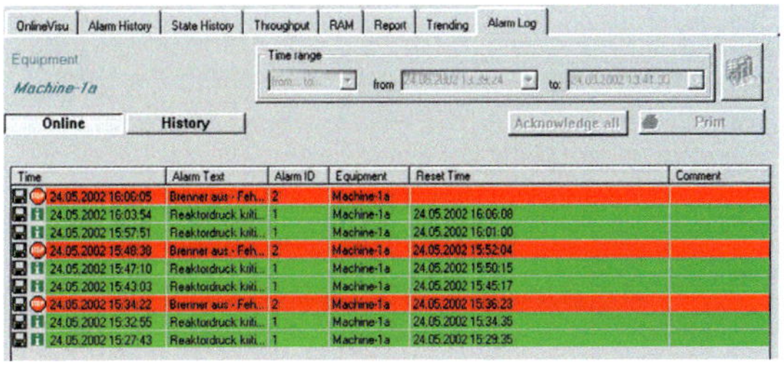

b) elektronisches Logbuch

5: Ausführungen von Logbüchern

Nur wenn eine detaillierte Dokumentation gepflegt wird, lässt sich die Instandhaltung wirtschaftlich und technisch optimieren.

- Instandhaltung muss in sinnvollem Umfang betrieben werden, um wirtschaftlich zu sein.
- Gute Dokumentation ist Voraussetzung für eine Instandhaltungsoptimierung.

Wie werden Ausfälle beschrieben?

Der Betriebszustand von technischen Systemen wechselt zwischen betriebsbereit und gestört. In der betriebsbereiten Zeit kann die Anlage genutzt werden. Während der gestörten Zeit müssen die Störung gesucht, Ersatzteile besorgt und die Reparatur durchgeführt werden.

Die einfachste Kenngröße von Ausfällen ist die **Ausfallrate λ**. Sie ergibt sich aus der Anzahl der Ausfälle n_A in einer Zeitspanne Δt. Je nachdem wie häufig die Ausfälle auftreten, wird die Ausfallrate in 1/Jahr (1/a), 1/Tag (1/d), 1/Stunde (1/h), … angegeben.

$$\lambda = \frac{n_A}{\Delta t}; \quad \lambda \text{ in } a^{-1}$$

Für manche Überlegungen ist es günstiger, die Zeit zwischen dem Beginn zweier Ausfälle zu kennen. Sie wird als ***TBF*** (**t**ime **b**etween **f**ailure) bezeichnet (Abb. 1 ①). Da die Zeit zwischen zwei Ausfällen meistens nicht konstant ist ($TBF_2 \neq TBF_3$), wird der Mittelwert aller *TBF*-Werte ermittelt. Diesen nennt man dann ***MTBF*** (**m**ean **t**ime **b**etween **f**ailure). Zur Berechnung bildet man entweder den Mittelwert aus den einzelnen *TBF*-Werten oder verwendet den Kehrwert der Ausfallrate.

$$MTBF = \frac{TBF_1 + TBF_2 + TBF_3 + \ldots}{n_A}$$

$$MTBF = \frac{\Delta t}{n_A} = \frac{1}{\lambda}; \quad MTBF \text{ in a}$$

Die bisher vorgestellten Kenngrößen sind Aussagen über die Häufigkeit bzw. Wahrscheinlichkeit von Ausfällen.

Oft interessiert aber die Zeit, die man benötigt, um ein System wieder in einen funktionsfähigen Zustand zu bringen. Erfordert ein gestörtes System eine lange Reparaturzeit, kann dies trotz geringerer Ausfallrate eine große Beeinträchtigung für den Anwender sein.

Die Reparaturzeit bei einem Ausfall wird als ***TTR*** (**t**ime **t**o **r**epair, Abb. 1 ②) bezeichnet.

Die **mittlere Reparaturzeit** wird als ***MTTR*** (**m**ean **t**ime **t**o **r**epair) angegeben. Zur Berechnung werden die einzelnen *TTR*-Werte und die Anzahl der Ausfälle benötigt.

$$MTTR = \frac{TTR_1 + TTR_2 + TTR_3 + \ldots}{n_A}$$

MTTR in a

Die Zeitspanne zwischen Reparaturende und dem nächsten Ausfall nennt man die „Zeit bis zum Ausfall" ***TTF*** (**t**ime **t**o **f**ailure) (Abb. 1 ③). Es ist die Zeit, in der die Produktionsanlage betriebsbereit ist. Da die einzelnen *TTF*-Werte wieder voneinander abweichen, wird auch hier der Mittelwert der einzelnen *TTF*- Werte gebildet. Man bezeichnet ihn dann als ***MTTF*** (**m**ean **t**ime **t**o **f**ailure). Aus Abb. 1 lässt sich ablesen, dass die Zeit bis zum Ausfall (*TTF*) die Differenz zwischen *TBF* und *TTR* ist. Das Gleiche gilt auch für die Mittelwerte.

$$MTTF = MTBF - MTTR \quad MTTF \text{ in a}$$

Für die Produktionsplanung ist es häufig erforderlich zu wissen, wie sehr eine Anlage ausgenutzt werden kann, d. h. wie hoch der prozentuale Anteil der funktionsfähigen Zeit zur Gesamtzeit ist. Diese Größe nennt man **Verfügbarkeit *A*** [*availability*]. Sie lässt sich mit Hilfe der einzelnen *TTF*-Werte oder der schon bekannten Kenngrößen *MTBF* und *MTTR* berechnen.

$$A = \frac{TTF_1 + TTF_2 + TTF_3 + \ldots}{\Delta t} \cdot 100\,\%$$

$$A = \frac{MTBF - MTTR}{MTBF} \cdot 100\,\% \quad A \text{ in } \%$$

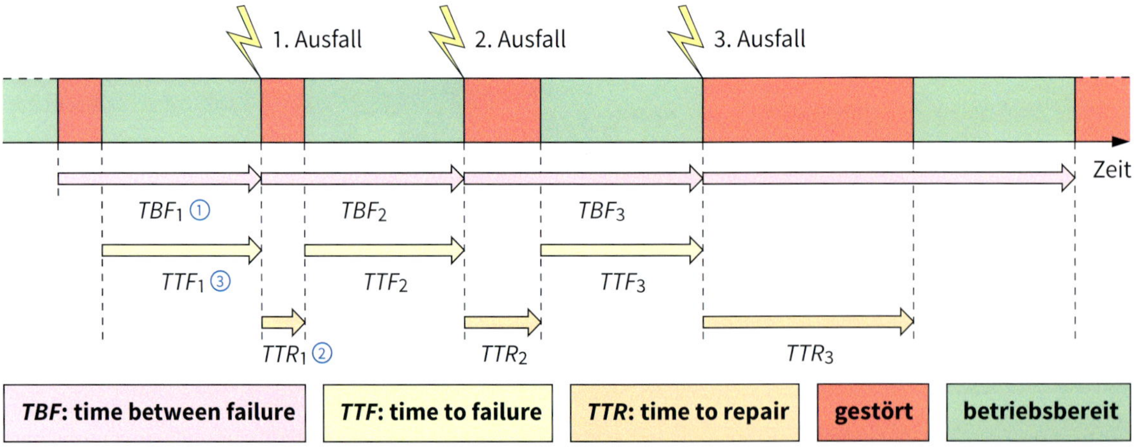

1: Zeitliche Kenngrößen der Instandhaltung

Welche der Kenngrößen verwendet wird, ist von den betrachteten Systemen abhängig. Wir zeigen dies an folgenden Beispielen.

- Kurzzeitige **Spannungsausfälle** [*voltage dips*] können z. B. dazu führen, dass IT-Systeme aufwändig wieder angefahren werden müssen. Hier bedeutet jeder Ausfall eine erhebliche Beeinträchtigung des Betriebs. Ob ein Spannungsausfall 0,5 s oder 5 min dauert, ist bei solchen Anwendungen nebensächlich. Daher ist hier die Ausfallrate λ bzw. *MTBF* eine aussagekräftige Größe.
- In der chemischen Industrie werden viele elektrische Antriebe verwendet. Diese sind gegen kurzzeitige Spannungsausfälle unempfindlich, da sie sich durch ihre Trägheit weiter drehen. Dauert ein Spannungsausfall länger, führt dies zu einem Produktionsausfall, bei dem z. B. eine komplette Produktionscharge unbrauchbar wird. In diesem Fall sind die Verfügbarkeit *A*, *MTTF* und *MTTR* wichtige Kenngrößen.

Aufgaben

1. Nennen Sie drei Gründe für die Durchführung der Instandhaltung.
2. Die Abbildung zeigt die grafische Auswertung eines Maschinenlogbuchs.
   Berechnen Sie aus den Angaben der Grafik die Kenngrößen:
   – *MTTR*,
   – *MTBF*,
   – *MTTF* und
   – Verfügbarkeit.

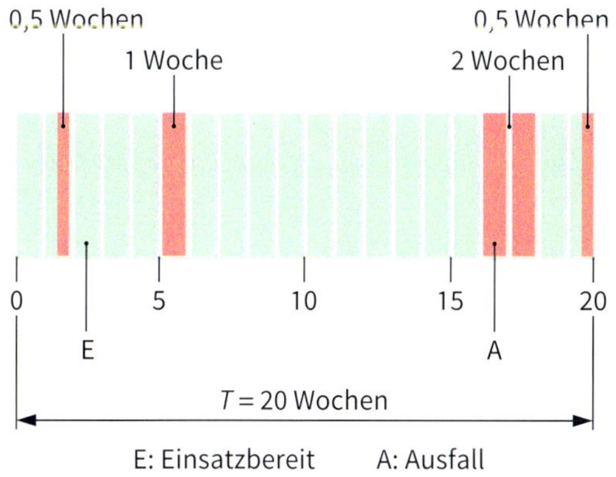

3. Was ist ein Ausfall?
   Nennen Sie zwei Beispiele.

- Ausfallrate λ und *MTBF* sind Kenngrößen für die Häufigkeit von Ausfällen.
- *MTTR* gibt die durchschnittliche Reparaturzeit an.

Begriffe in der Instandhaltung

(DIN 31051: 2019-06; DIN EN 13306: 2018-02)

Geforderte Funktion
Eine oder mehrere Funktionen, die notwendig sind, um eine geforderte Leistung zu erbringen.

Fehler
Er führt dazu, dass das System nicht fähig ist, seine geforderte Funktion zu erfüllen. Eine geplante Abschaltung (z. B. für Wartungsarbeiten) gehört nicht dazu.

Abnutzung
Sie wird durch physikalische und/oder chemische Vorgänge hervorgerufen.

Ausfall
Die Funktionsfähigkeit eines Systems wird ungeplant unterbrochen.

Ausfallursache
Sie ist der Grund, der zu einem Ausfall führt.

Abnutzungsbedingter Ausfall
Ein Ausfall, dessen Auftretenswahrscheinlichkeit mit der Nutzungszeit oder der Zahl der Arbeitsvorgänge zunimmt.

Altersbedingter Ausfall
Ein Ausfall, dessen Auftretenswahrscheinlichkeit mit dem Ablauf der Zeit zunimmt und unabhängig von der Nutzung ist.

Stillstand
Das System ist in einem funktionsfähigen Zustand. Seine Funktion wird aber aufgrund einer betriebsfreien Zeit nicht benötigt.

Stillsetzung
Die Ausführung der Funktion wird z. B. für eine Instandhaltung unterbrochen. Die Stillsetzung ist immer eine geplante Maßnahme.

Ersatzteil
Das Teil, welches zum Austausch eines defekten Objektes verwendet wird, um die Funktion wieder herzustellen.

Brauchbarkeitsdauer
Die Brauchbarkeitsdauer ist erreicht, wenn die Ausfallrate eines Systems unvertretbar hoch wird oder eine Reparatur nicht mehr vertreten werden kann.

Lebenszyklus
Die Zeit von der Einführung eines Produktes bis zur Entsorgung.

13.3 Instandhaltungsmaßnahmen

Technische Systeme könnten ohne „Pflegemaßnahmen" betrieben werden. Irgendwann käme es zu einem Ausfall der Systeme und damit zum Ende der Lebensdauer. Eine Reparatur ist dann häufig wirtschaftlich nicht zu vertreten, sodass ein „Totalschaden" vorliegt.

Warum kommt es zu Ausfällen?

Beim Betrieb werden bestimmte Komponenten abgenutzt. Hat die **Abnutzung** [*wear*] eine bestimmte Grenze überschritten (Abnutzungsgrenze, Abb. 1 ①), kommt es zum Ausfall. Abnutzungen sind z. B. der Verlust von Motorenöl beim PKW oder Abschleifen von Kollektorbürsten bei Elektromotoren. Den Abstand zwischen dem Ist-Zustand und vollständiger Abnutzung nennt man Abnutzungsvorrat. Im Neuzustand beträgt dieser 100 % ②.

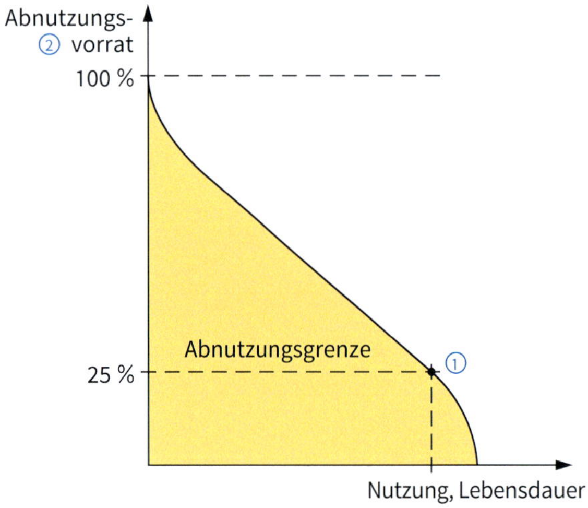

1: Abnutzungsvorrat

Wie wird die Lebensdauer verlängert?

Werden die Anlagen gepflegt und Verschleißteile rechtzeitig ausgetauscht (Kohlebürsten) oder ergänzt (Motorenöl), kann die Abnutzung verzögert und eine längere Lebensdauer erreicht werden.

Alle Einzelmaßnahmen zum Vorbeugen von Ausfällen an technischen Systemen bezeichnet man als **Instandhaltung** [*maintenance*]. Dazu gehört auch die Reparatur, wenn es schon zu Ausfällen gekommen ist. Die Instandhaltungstätigkeiten werden gemäß DIN 31051 in vier Bereiche gegliedert (Abb. 2).

13.3.1 Inspektion

Ziel einer Inspektion ist es, Abnutzungserscheinungen frühzeitig zu erkennen. So können rechtzeitig geeignete Maßnahmen eingeleitet und Ausfälle verhindert werden. Beim Inspizieren sind drei Punkte zu berücksichtigen (Abb. 3).

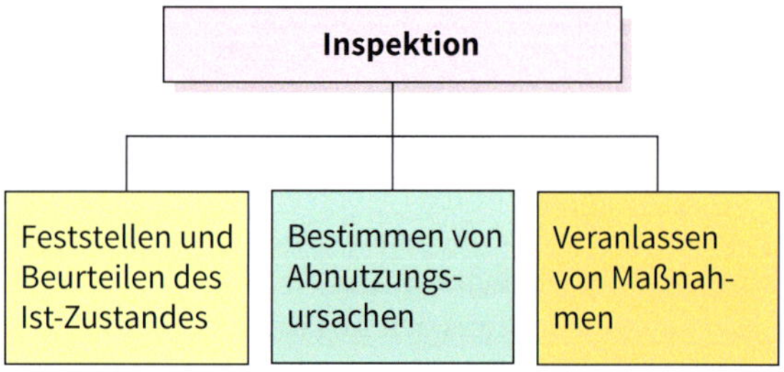

3: Maßnahmen bei einer Inspektion

Ist-Zustand feststellen und beurteilen

Die Inspektion beginnt mit der **Besichtigung** [*visual inspection*] der Anlagen. Hierbei werden Veränderungen gesucht, die mit den menschlichen Sinnen wahrgenommen werden können (Abb. 4).

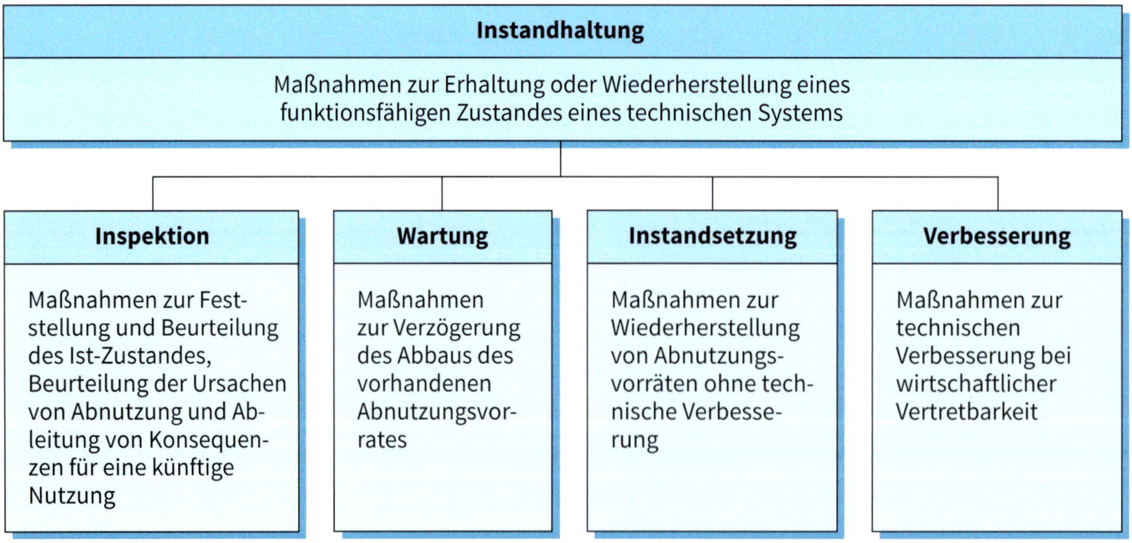

2: Begriffe der Instandhaltung

Sehen
- beschädigte Gehäuse, Abdeckungen usw.
- durch Temperatureinwirkung verfärbte Anlagenteile
- Form- oder Bewegungsänderungen

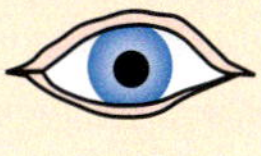

Hören
- Rauschen
- Knacken
- Knirschen

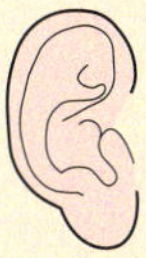

Riechen
- Schmoren von Kabeln
- ausgelaufene Flüssigkeiten

Fühlen
- Temperatur
- Vibration
- Feuchtigkeit

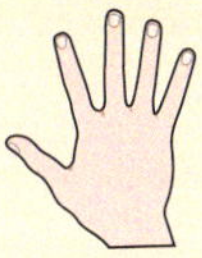

Schmecken
Durch Schmecken sollten keine Veränderungen überprüft werden, da dies leicht zu gesundheitlichen Beeinträchtigungen führen kann.

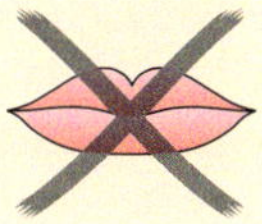

4: Menschliche Sinne bei der Inspektion

Weitere Methoden zum Feststellen des Ist-Zustandes sind **Messungen** (Abb. 5). Die zu messenden Größen sind meistens durch Normen festgelegt oder vom Anlagenhersteller in Wartungs- und Inspektionsplänen vorgegeben.

Mögliche Messgrößen sind z. B.
- Schleifenwiderstand,
- Ableitstromstärke,
- Betriebsstromstärke,
- Temperatur und
- Geschwindigkeit.

Die Ergebnisse der Besichtigung sowie Messungen müssen anschließend bewertet werden. Erst die Bewertung der Ergebnisse gibt Aufschluss über den Zustand technischer Systeme. So kann ein Kratzer am Schaltschrankgehäuse unbedeutend sein, wogegen der gleiche Kratzer an einer Sensorlinse erhebliche Fehler verursachen kann.

Für die Bewertung von Besichtigungs- und Messergebnissen ist daher viel Erfahrung erforderlich. Um das Instandhaltungspersonal zu unterstützen, werden für viele Systeme **Inspektionspläne** erstellt.

Diese enthalten neben den einzelnen Prüftätigkeiten und Messungen auch Grenzwerte. So kann vor Ort bei der Inspektion schon eine Aussage über den Zustand der Anlagen getroffen werden.

5: Messgeräte für Inspektionen

Abnutzungsursachen bestimmen

Auch die Suche nach Abnutzungsursachen erfordert viel Erfahrung. Ziel ist es, die Ursache für eine Abnutzung zu erkennen und daraus mögliche Veränderungen zu veranlassen.

Ursachen kann man erkennen, indem man z. B.
- Umgebungsbedingungen beachtet,
- Messwerte und Größen zwischen ähnlichen Anlagen oder früheren Inspektionen vergleicht,
- Soll-, Ist- und Grenzwerte vergleicht und
- Gesetzmäßigkeiten sucht.

Maßnahmen veranlassen

Aus den Ergebnissen der Ist-Zustandsbewertung und der Suche nach Abnutzungsursachen können Maßnahmen veranlasst werden, die eine weitere Abnutzung verhindern oder verzögern.

Beispiele:

- **Instandsetzungsmaßnahmen**
  - Sie sind erforderlich bei einem schlechten Anlagenzustand.
- **Änderung der Inspektionszyklen**
  - Bei langsamen Änderungen des Ist-Zustandes können die Abstände zwischen zwei Inspektionen vergrößert werden.
  - Verändert sich der Ist-Zustand schnell, müssen Inspektionen gegebenenfalls häufiger erfolgen, um einen Ausfall zu vermeiden.
- **Technische Veränderungen**
  Durch eine verbesserte Anlage wird
  - die Abnutzung verringert,
  - das Arbeiten bei Inspektion, Wartung, Instandsetzung vereinfacht,
  - eine Zustandsüberwachung eingeführt oder
  - der Betriebskostenanteil verringert.

Bei allen Maßnahmen ist jedoch immer auch die Bewertung von wirtschaftlichen Gesichtspunkten zu beachten. Ein hoher finanzieller Aufwand für technische Veränderungen muss mittelfristig auch ausreichend Einsparungen zur Folge haben.

13.3.2 Wartung

Beim Betrieb und durch Alterung eines technischen Systems nimmt sein Abnutzungsvorrat ab, bis es zum Ausfall kommt. Verlangsamt man die Abnahme des Abnutzungsvorrates, kann die Nutzungsdauer erhöht werden (Abb. 1).

Sind beispielsweise Zu- und Abluftöffnungen verschmutzt, kann die Kühlung von Geräten nicht mehr ausreichen. Die Geräte arbeiten dann bei erhöhter Temperatur. Dies führt zu einer schnelleren Alterung. Mit einer regelmäßigen Wartung und damit verbundenen Reinigung wird die Kühlung erhalten. Das Gerät arbeitet bei seiner Soll-Temperatur. Hierdurch verlangsamt sich die Alterung und die Zeit bis zu einem Ausfall verlängert sich.

Mit der Wartung soll also durch „Pflegemaßnahmen" die Abnutzung verzögert werden. Es wird dafür gesorgt, dass alle Komponenten immer unter den vorgesehenen Umgebungsbedingungen arbeiten können.

Typische Wartungstätigkeiten sind

- Ergänzen/Auswechseln (Batterien, Leuchtmittel, Öle, Fette, Kühlmittel)
- Nachstellen/Justieren (Sensoren, Anschläge, Uhren, ...)
- Reinigen (Lüfter, Kontaktstellen, Sichtfenster, ...)
- Schmieren (Getriebe, Lager, Führungen, ...)

13.3.3 Instandsetzung und Verbesserung

Bei der Inbetriebnahme einer neuen Anlage hat diese noch den vollen Abnutzungsvorrat (Abb. 2 ①). Durch die Nutzung nimmt der Abnutzungsvorrat ab. Dies wird bei jeder Inspektion festgestellt, wenn der Ist-Zustand ermittelt wird (Abb. 2 ② ③). Hierbei misst man z. B. an Schleifringläufern die Dicke der Kohlebürsten. So lässt sich erkennen, ob die Maschine noch weiter betrieben werden kann. Würden aus den Inspektionsergebnissen keine Maßnahmen abgeleitet, käme es noch vor der nächsten Inspektion zu einem Ausfall ④. Die wichtigste Maßnahme, die nach einer Inspektion veranlasst werden kann, ist die **Instandsetzung** [*repair*]. Durch die Instandsetzung (Reparatur) oder den Austausch (z. B. Kohlebürsten) von Komponenten wird der Abnutzungsvorrat wieder „aufgefüllt" ⑤. Ein Anheben des Abnutzungsvorrates auf 100 % (Neuzustand) ist dabei meistens nicht möglich.

Dokumentation

Alle Instandhaltungsmaßnahmen müssen sorgfältig dokumentiert und archiviert werden. So können über die Betriebszeit einer Anlage wichtige Informationen gewonnen werden. Die Dokumentation sollte so abgelegt sein, dass eine Auswertung der Aufzeichnungen möglich wird. Dies ist z. B. bei sorgfältiger Ablage und Nutzung der Maschinenlogbücher gegeben.

Die Analyse dieser Unterlagen kann z. B. zu folgenden Auffälligkeiten führen.

- Bei Inspektionen werden nie Mängel festgestellt.
- Gleiche Teile fallen häufig aus.
- Eine Instandsetzung ist häufig mit hohem Aufwand verbunden (komplizierte Arbeit, langwierige Ersatzteilbeschaffung, ...)

Alle diese Auffälligkeiten können Anlass für eine Veränderung in den Instandhaltungsprozessen sein und dadurch zu Verbesserungen führen.

Keine Mängel bei Inspektionen

Werden bei Inspektionen nie Mängel festgestellt, dann nimmt der Abnutzungsvorrat nur langsam ab. In diesem Fall ist es sinnvoll, die Zeitspanne zwischen zwei Inspektionen (**Inspektionszyklus**) zu verlängern. Dies führt nicht zu technischen, sondern organisatorischen Veränderungen. Da hierdurch Kosten eingespart werden, handelt es sich auch um eine Verbesserung.

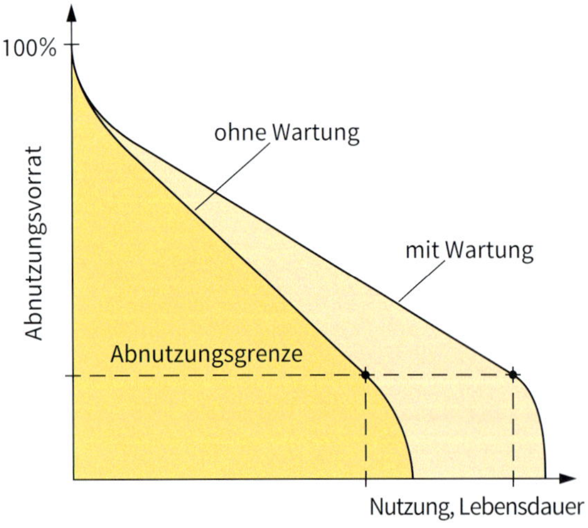

1: Abnutzungsvorrat mit Wartung

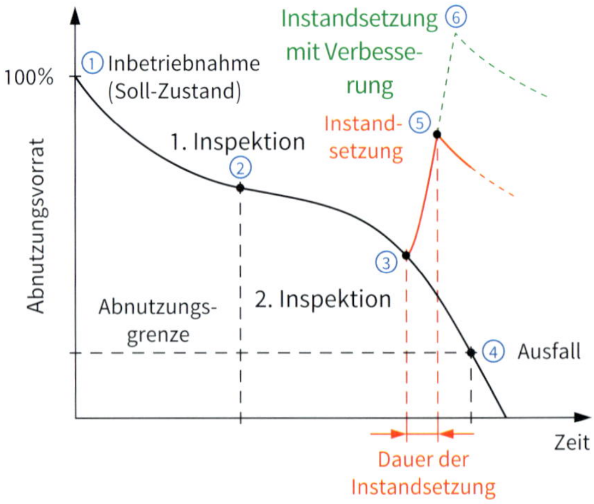

2: Verlauf des Abnutzungsvorrates bei Inspektion und Instandsetzung

Instandhalten und Ändern

Häufiger Ausfall gleicher Teile

Fallen immer wieder die gleichen Teile aus, könnte eine **Schwachstelle** [*weak point*] im technischen System vorliegen. Ein häufig auslösender Motorschutz ist z. B. ein Indiz für einen falsch eingestellten Schutzschalter oder eine zu geringe Motor-Bemessungsleistung.

Wird eine solche Schwachstelle beseitigt, erhöht sich dadurch der Abnutzungsvorrat eines Systems. In diesem Fall kann der Abnutzungsvorrat sogar den einer Neuanlage überschreiten (Abb. 2 ⑥).

Ist eine technische Verbesserung nicht möglich oder unwirtschaftlich, dann kann durch Verkürzung von **In-spektionsintervallen** unter Umständen einem ungeplanten Ausfall vorgebeugt werden.

Hoher Aufwand bei Instandsetzung

Verursacht eine Instandsetzung einen hohen Aufwand, kann eine technische Verbesserung sinnvoll sein. Es ist z. B. möglich, die Zugänglichkeit zu störanfälligen Teilen zu verbessern und damit die benötigte Instandsetzungsdauer zu verringern.

Bei langen Lieferzeiten von **Ersatzteilen** [*spare parts*] kann es sinnvoll sein, Ersatzteile auf Lager zu nehmen. Da hierdurch Folgekosten eines Produktionsausfalls reduziert werden, ist auch dies eine Verbesserungsmaßnahme.

Aufgaben

1. Beschreiben Sie, warum regelmäßiges Schmieren von Lagern die Abnutzung vermindert.
2. Erläutern Sie am Beispiel der regelmäßigen Prüfung von Kohlebürsten das Prinzip der Inspektion. Welche Maßnahmen können hieraus abgeleitet werden?
3. Nennen Sie die menschlichen Sinne, die für eine Inspektion genutzt werden können. Geben Sie jeweils zwei Beispiele an.
4. Warum sollen bei der Inspektion Abnutzungsursachen ermittelt werden?
5. Wie lässt sich der Abnutzungsvorrat auf über 100 % steigern?

- Instandhaltung besteht aus Wartung, Inspektion, Instandsetzung und Verbesserung.
- Wartung vermindert den Abbau von Abnutzungsvorrat.
- Bei Inspektionen wird der Zustand von Systemen ermittelt und bewertet.
- Durch Instandsetzung wird der Soll-Zustand von Systemen wieder hergestellt.

13.4 Instandhaltungsstrategien

Für jedes System müssen die Instandhaltungsmaßnahmen geplant werden. Bei der Planung wird festgelegt, wann und in welchem Umfang Wartungen und Inspektionen durchgeführt werden. Hierfür gibt es viele verschiedene Möglichkeiten. Der Fachbegriff dafür ist **Instandhaltungsstrategie** [*maintenance strategy*].

Das Ziel ist es, dass dabei für den Nutzer einer Anlage möglichst geringe Gesamtkosten aus Wartung, Inspektion, Instandsetzung und Ausfallkosten entstehen.

Um dies zu erreichen, müssen verschiedene Punkte berücksichtigt werden.

Beispiele:

- Ausfallwahrscheinlichkeit
- Folgen bei Systemausfall
- Reparaturdauer und Kosten

Woher kommen die Informationen für die Instandhaltungsplanung?

Häufig erhält man die Informationen aus einer ausführlichen Dokumentation von Anlagenzuständen und Instandhaltungsmaßnahmen. Hieraus lassen sich die in Kap. 13.2 beschriebenen Kenngrößen errechnen. Die errechneten Größen beschreiben das Verhalten in der Vergangenheit.

Werden gleiche Gerätetypen jedoch auch gleich genutzt, kann man davon ausgehen, dass sich das bisher beobachtete Verhalten auch in der Zukunft zeigen wird. Aus der beobachteten Ausfallhäufigkeit λ wird dann die zukünftige Ausfallwahrscheinlichkeit p_A ($\lambda = p_A$) (Abb. 3).

Beobachtungen zeigen auch, dass sich die Ausfallhäufigkeit bzw. Ausfallwahrscheinlichkeit mit dem Alter der Systeme verändert. Dieses Verhalten gibt wichtige Hinweise für die Planung der Instandhaltung an, da sich so z. B. ein wahrscheinlicher Störungszeitpunkt vorhersagen lässt.

Im Folgenden beschreiben wir die verschiedenen Entwicklungen der Ausfallwahrscheinlichkeit mit zunehmendem Anlagenalter.

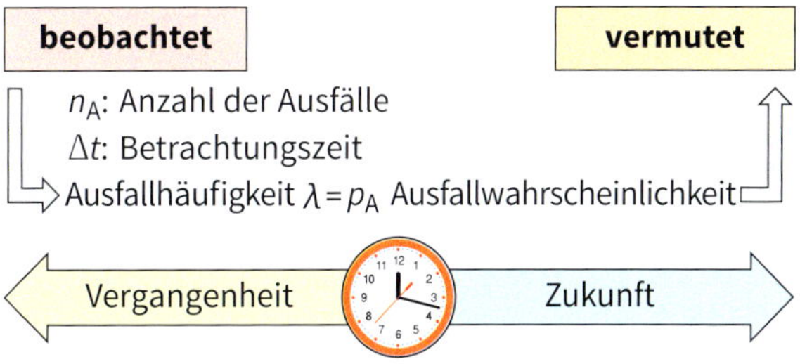

3: Ausfallrate und -wahrscheinlichkeit

Wie verändert sich die Ausfallwahrscheinlichkeit?

Um das Alterungsverhalten zu beschreiben, unterscheidet man sechs typische Muster (Abb. 1).

Für die Instandhaltungsplanung eignet sich die **Verschleißkurve** (Abb. 1a) besonders gut. Sie zeigt bei einem bestimmten Alter einen deutlichen Anstieg der Ausfallwahrscheinlichkeit. Diese Systeme haben Komponenten, die einem Verschleiß unterliegen. Dadurch wird bei einer bestimmten Betriebszeit die Abnutzungsgrenze erreicht. Ist das Alter mit dem deutlichen Anstieg der Ausfallwahrscheinlichkeit bekannt, können rechtzeitig vor diesem Zeitpunkt Wartungstätigkeiten eingeplant werden.

Ein weiteres Alterungsverhalten beschreibt die „**Burn-In-Kurve**" (Abb. 1b). Viele technische Systeme haben zu Beginn ihrer Nutzung vermehrt Ausfälle. Diese hohe Ausfallwahrscheinlichkeit hängt häufig mit Fehlern bei der Konstruktion, Fertigung oder Montage zusammen. Mit beginnendem Betrieb werden diese Fehler erkannt und behoben, sodass sich anschließend eine geringere Ausfallhäufigkeit einstellt.

Das bekannteste Alterungsverhalten zeigt die **Badewannenkurve** [***bathtub curve***] (Abb. 1c). Dieses Verhalten ist eine Kombination der Burn-In- und der Verschleißkurve.

Weiterhin kommt bei technischen Systemen auch eine langsame **Alterung** (Abb. 2d) oder der zufällige Ausfall ohne Einfluss von Alterung bzw. Abnutzung (Abb. 1e) vor.

Einige Systeme verhalten sich wie in Abb. 1f und zeigen eine gleichmäßige Ausfallwahrscheinlichkeit, welche jedoch erst mit Beginn ihrer Nutzung einsetzt.

Wenn sich Systeme entsprechend

- Burn-In,
- Alterung,
- Zufall oder
- betriebsbedingtem Verlauf verhalten,

ist eine Vorhersage von Ausfällen praktisch nicht möglich. Es können daher auch keine geeigneten Zeitpunkte für eine Wartung festgelegt werden.

Bei solchem Verhalten ist es häufig sinnvoll, einen möglichen Fehlereintritt zu akzeptieren. Um die Dauer und Auswirkung des Ausfalls zu begrenzen und die Folgen für den Betrieb gering zu halten, müssen geeignete Maßnahmen getroffen werden.

Solche Maßnahmen sind z. B.:

- **Lagerhaltung** von Ersatzteilen mit langer Lieferzeit,
- Vorhalten von **Ersatzgeräten**.

Um eine schnelle Reaktion bei einem Ausfall zu garantieren, sollten entsprechende Serviceverträge mit dem Hersteller abgeschlossen werden.

Wenn das Alterungs- und Verschleißverhalten der Systeme bekannt ist, liegt ein wichtiger Hinweis zur Wahl der Instandhaltungsstrategie vor.

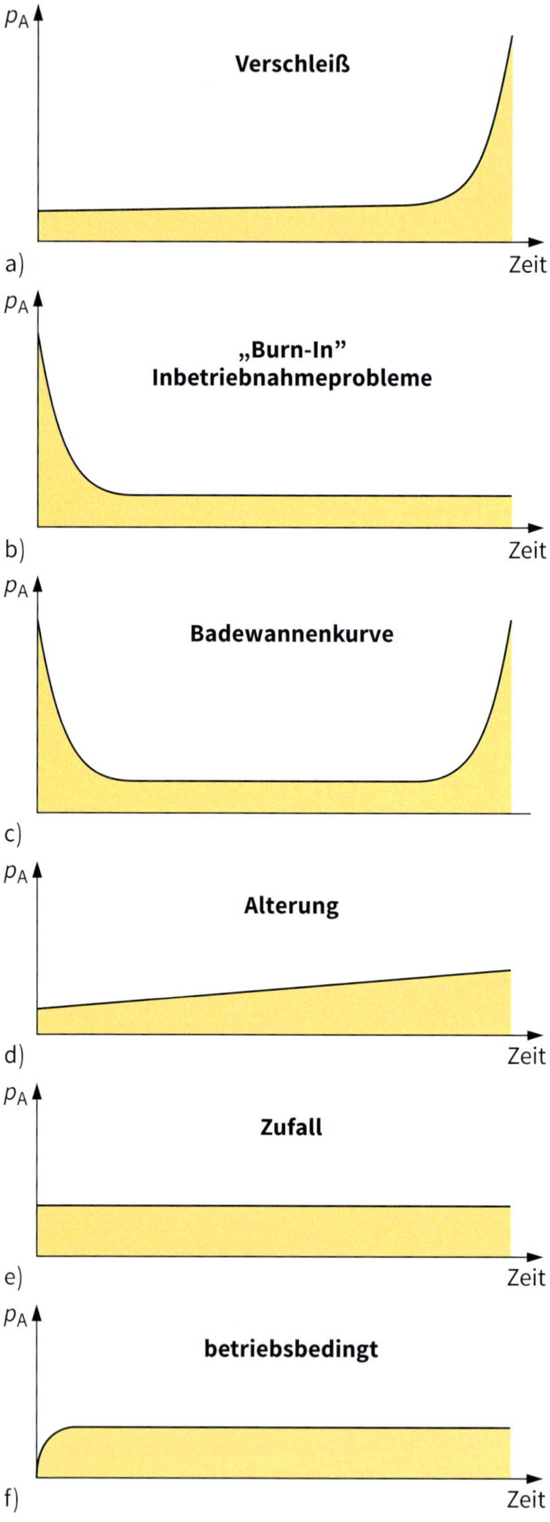

1: Alterungsverhalten

13.4.1 Strategieauswahl

Je nachdem, ob die Instandhaltung vorbeugend oder erst bei einem Ausfall durchgeführt werden soll, unterscheidet man verschiedene Instandhaltungsstrategien (Abb. 2). Dies sind die **korrektive Instandhaltung** [*corrective maintenance*] ① und die **vorbeugende Instandhaltung** [*preventive maintenance*] ②.

Korrektive Instandhaltung

Bei der korrektiven Instandhaltung werden erst dann Maßnahmen ergriffen, wenn es bereits zum Fehler gekommen ist. Sie wird z. B. häufig bei Leuchten angewendet, bei denen das Leuchtmittel erst gewechselt wird, wenn es defekt ist. Vorher gibt es keine Wartung oder Inspektion.

Die korrektive Instandhaltung wird auch als **ereignisorientierte Instandhaltung** bezeichnet.

Diese Strategie ist dann sinnvoll, wenn Anlagen wenig genutzt werden oder nur geringe Anforderungen an die Zuverlässigkeit gestellt werden. Wenn ungeplante Stillstände keine Lieferschwierigkeiten verursachen oder eine schnelle Reparatur durchführbar ist, kann die korrektive Instandhaltung ebenfalls angewendet werden.

Die Maßnahmen zur Wiederherstellung des Soll-Zustandes (Instandsetzung, Reparatur) können entweder **aufgeschoben** [*deferred*] werden, bis reguläre Instandhaltungsarbeiten anstehen, oder **sofort** [*immediately*] abgearbeitet werden.

Aufschiebbare Fälle liegen vor, wenn

- Ersatzsysteme vorhanden sind oder
- geringe Auswirkungen durch den Ausfall entstehen.

Sofortige Maßnahmen sind z.B. erforderlich, wenn

- eine hohe Beeinträchtigung durch den Ausfall entsteht oder
- Gefahren für Personen und Anlagen bestehen.

Um die sofortige Instandsetzung schnell durchführen zu können, muss immer ausreichend Personal und Material (Ersatzteile) verfügbar sein.

Vorbeugende Instandhaltung

Bei der vorbeugenden Instandhaltung werden regelmäßige Wartungen und Inspektionen durchgeführt, um einem möglichen Ausfall vorzubeugen.

Beispielsweise wird für manche Maschinen eine vorbeugende Instandhaltung (nach Betriebsstunden oder Zeitintervall) empfohlen.

Mit der **präventiven** (vorbeugenden) Instandhaltung hat man das Ziel, Ausfälle zu vermeiden. Dies geschieht, indem durch Wartung und Inspektion der Ist-Zustand der Systeme gesteigert wird, bevor es zu einem Ausfall kommt (vgl. Abb. 1, S. 562).

Insbesondere bei dieser Instandhaltungsstrategie ist zu klären, wie häufig und wie umfangreich vorbeugende Maßnahmen getroffen werden müssen.

Die Abstände zwischen zwei Wartungen/Inspektionen können fest vorgegeben sein oder sich am aktuellen Zustand der Anlage orientieren. Es wird zwischen der **vorausbestimmten** (z. B. zeitorientierte) und **zustandsorientierten** Instandhaltung unterschieden.

- Eine Instadhaltungsstrategie ist entweder präventiv oder korrektiv.
- Die Wahl der Instandhaltungsstrategie hängt auch vom Alterungsverhalten der Systeme ab.

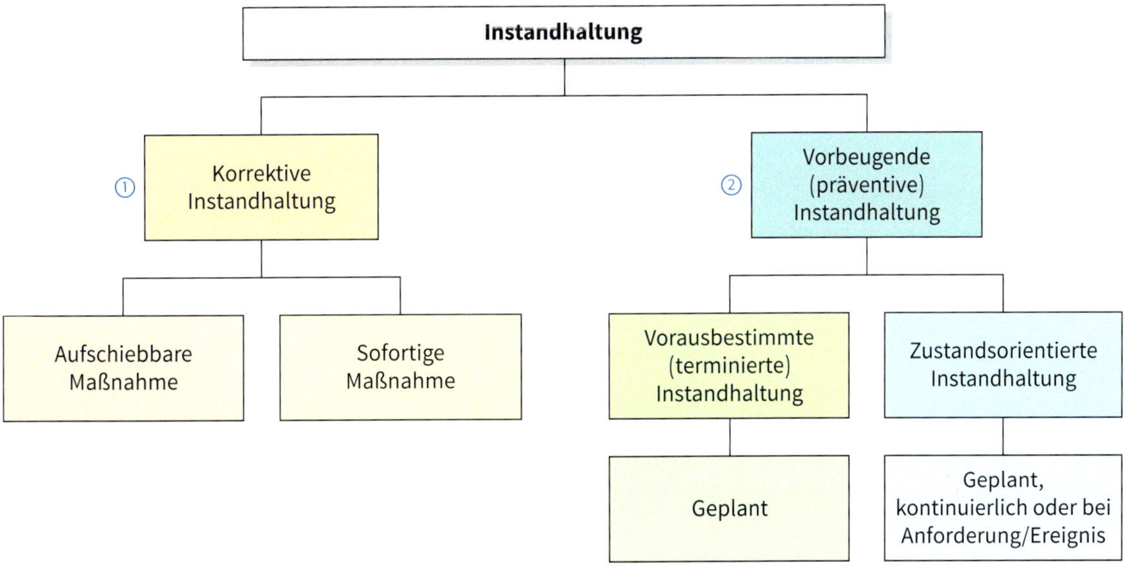

2: Strategien zur Instandhaltung

Vorausbestimmte Instandhaltung

Bei der vorausbestimmten Instandhaltung sind die Intervalle zwischen den Inspektions-/Wartungsmaßnahmen fest vorgegeben. Zur Bestimmung des Intervalls können verschiedene Größen dienen, z. B.

- Alter,
- Betriebsstunden,
- Laufleistung und
- Anzahl produzierter Teile.

Um die vorausbestimmte Instandhaltung optimal durchführen zu können, muss die Lebensdauer der einzelnen Komponenten bekannt sein. Da diese vom Betreiber der Anlagen nicht im Einzelnen ermittelt werden können, sind Herstellerangaben und Erfahrungswerte häufig die Basis für die Instandhaltungsplanung.

Die vorausbestimmte Instandhaltung ist nach der korrektiven Instandhaltung die am meisten verwendete Instandhaltungsstrategie.

Vergleich der Instandhaltungsstrategien

	Korrektive Instandhaltung aufschiebbar/sofort	**Vorbeugende** Instandhaltung	
		Vorausbestimmte Instandhaltung	**Zustandsorientierte** Instandhaltung
Vorteile	• Die Lebensdauer der Komponenten wird voll genutzt, da ein Austausch erst nach einem Bauteilversagen erfolgt. • Der Planungsaufwand für die Instandhaltungsarbeiten ist gering, da nur auf Ausfallereignisse reagiert werden muss.	• Produktion und Instandhaltungsarbeiten lassen sich gut aufeinander abstimmen. • Unvorhergesehene Ausfälle werden reduziert. • Der Ersatzteilbedarf ist planbar. Eine umfangreiche und langfristige Lagerhaltung entfällt. • Fehler, die durch Zeitdruck entstehen, werden vermieden. • Der Personaleinsatz ist gut planbar.	• Abgenutzte Bauteile können in planbaren Stillstandszeiten ausgewechselt werden. • Der Abnutzungsvorrat wird weitgehend ausgeschöpft. • Erkenntnisse über den Verschleißzustand tragen zur Betriebssicherheit bei. • Da die Maßnahmen geplant werden können, ist nur eine geringe Lagerhaltung von Ersatzteilen erforderlich. • Gegenüber der korrektiven Instandhaltung besteht eine wesentlich höhere Verfügbarkeit der Systeme.
Nachteile	• Die Instandsetzung erfolgt oft unter hohem Zeitdruck. • Gelagerte Ersatzteile verursachen Lagerhaltungskosten. • Nicht vorrätige Ersatzteile können ungeplant lange Stillstandszeiten mit Produktionsausfall verursachen. • Da eine vorausschauende Einsatzplanung kaum möglich ist, wird die Koordination von Personal und Material für die Instandsetzung erschwert.	• Die Lebensdauer der Komponenten wird nicht voll ausgenutzt. • Der Ersatzteilbedarf ist höher als bei der korrektiven Instandhaltung. • Da **vor** dem Ausfall ein Austausch erfolgt, kann das Ausfallverhalten der Komponenten nicht ermittelt werden.	• Regelmäßige Inspektionen können Kosten verursachen, die höher liegen als Kosten für einen vorbeugenden Komponentenaustausch. • Durch Arbeiten bei Inspektionen können Fehler entstehen, die im Normalbetrieb nicht aufgetreten wären.
Typische Anwendungen	• Leuchtmittel • Hausgeräte (Waschmaschine, Kaffeemaschine, …)	• Motoren, Pumpen (Betriebsstunden) • Überprüfung nach DGUV Vorschrift 3, E-Check (nach Zeit) • Auto (Zeit-/km-Vorgaben)	• Motoren (Schleifringläufer), Wechsel von Kohlebürsten nach Abnutzung • Auto (automatische Wartungsaufforderung)

1: Eigenschaften der Instandhaltungsstrategien

Zustandsorientierte Instandhaltung

Die vorausbestimmte Instandhaltung „verschenkt" immer einen Teil des Abnutzungsvorrates, da eine Wartung häufig deutlich vor einem möglichen Ausfall erfolgt.

Um diesen Rest des Abnutzungsvorrates mit ausnutzen zu können, gibt es die Möglichkeit, den Zustand eines Systems ständig zu überwachen.

Dies geschieht entweder durch
- häufige, regelmäßige Inspektion oder
- dauerhafte Überwachung durch automatisierte Messsysteme.

Voraussetzung ist dabei, dass sich die Abnutzung direkt in einer zu beobachtenden Größe zeigt. Das ist z. B. bei der Abnutzung von Kohlebürsten der Fall. Auch Ölstände, Temperaturen, Stromstärken lassen sich gut messen und auswerten.

Wird durch die dauerhafte Überwachung (On-line-Diagnostik) oder eine Inspektion eine hohe Abnutzung festgestellt, können die Wartungs- und Instandsetzungsarbeiten geplant werden. Um die Beeinflussung z. B. von Produktionsbetrieben gering zu halten, erfolgen die eigentlichen Arbeiten zu einem im Voraus festgelegten Zeitpunkt. So können in Produktionsanlagen beispielsweise reguläre Stillstandszeiten genutzt werden, ohne dass es durch die Wartungstätigkeiten zu Produktionsausfällen kommt.

Insgesamt hängt die Entscheidung für eine Instandhaltungsstrategie von vielen Faktoren ab. Es ist auch möglich, dass an einer Anlage verschiedene Strategien zum Einsatz kommen.

Aufgaben

1. Welche Alterungsverhalten geben einen deutlichen Hinweis auf den optimalen Wartungszeitpunkt? Begründen Sie die Antwort.
2. Welche Instandhaltungsstrategie führt zur geringsten Zuverlässigkeit? Begründen Sie Ihre Antwort.
3. Warum ist die korrektive Instandhaltungsstrategie nicht immer die günstigste? Nennen Sie ein Beispiel.
4. Welches Verhalten beschreibt die Badewannenkurve?

- Instandhaltung kann vor Ausfällen (präventiv) oder nach Ausfällen (korrektiv) erfolgen.
- Für präventive Instandhaltung müssen die Wartungs- und Inspektionszyklen bestimmt werden.
- Die Zyklen für Wartungen und Inspektionen können fest vorgegeben oder vom Zustand der Systeme abhängig sein.

13.5 Planen der Instandhaltung

Für die Firma Blechservice KG soll ein Instandhaltungskonzept für die elektrotechnischen Systeme erarbeitet werden. Hierfür wird ein Aktionsplan aufgestellt, der schrittweise abgearbeitet wird (Abb. 2).

1. Analyse des Anlagenbestandes

⇩

2. Planen gesetzlich geforderter Maßnahmen (Kap. 13.5)
   - Berufsgenossenschaft (Kap. 13.5.1)
   - Betriebs-Sicherheitsverordnung (Kap. 13.5.3)

⇩

3. Sicherstellung vertraglicher Pflichten (Kap. 13.6)

⇩

4. Optimieren des betriebswirtschaftlichen Nutzens (Kap. 13.7)

2: Aktionsplan

Analyse des Anlagenbestandes

Über die elektrotechnischen Anlagen der Firma Blechservice KG liegt keine brauchbare Dokumentation vor, sodass alle relevanten Informationen neu gesammelt werden müssen.

Bei einer Vor-Ort-Begehung sollen die vorhandenen Anlagen und Betriebsmittel aufgelistet werden. Um die gesammelten Daten möglichst gut für die Instandhaltungsplanung nutzen zu können, muss festgestellt werden, welche Informationen benötigt werden (Abb. 3).

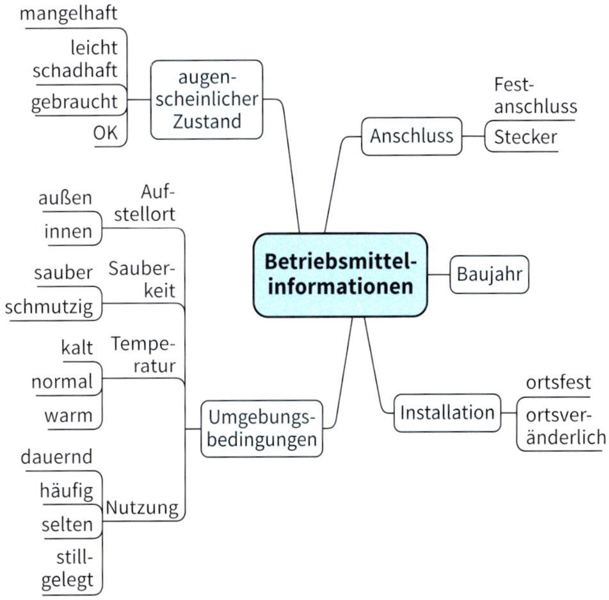

3: Informationen für die Instandhaltung

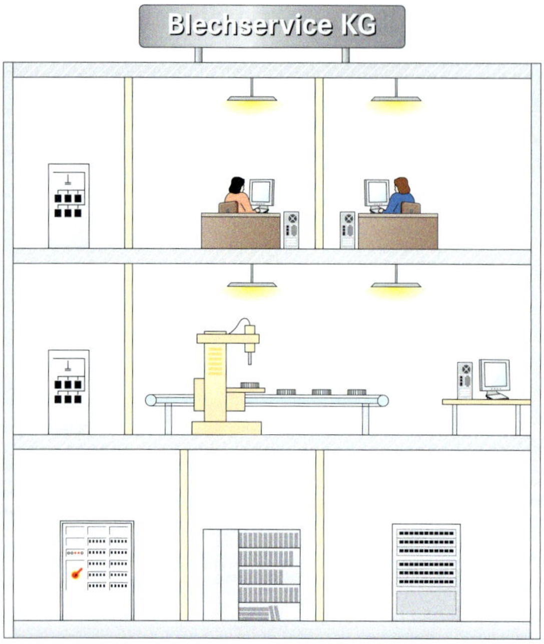

1: Betriebsräume

Gemeinsam mit einem ortskundigen Mitarbeiter der Firma Blechservice KG wird ein **Betriebsrundgang** durchgeführt. Dabei werden dem Elektroniker alle elektrischen Anlagen und Betriebsmittel gezeigt (Abb. 1).

Die Ergebnisse werden in eine vorbereitete Tabelle eingetragen (Abb. 2).

13.5.1 Planen entsprechend berufsgenossenschaftlicher Vorgaben

Unternehmen, die als Mitglied bei Berufsgenossenschaften (BG) gemeldet sind, müssen die Vorschriften der BG einhalten. Hierzu zählt auch die Berufsgenossenschaftliche Vorschrift A3 (BGV A3). Diese verpflichtet den Unternehmer (Firmeninhaber) dazu, dass alle elektrotechnischen Anlagen und Betriebsmittel nur von einer Elektrofachkraft und nach den elektrotechnischen Regeln errichtet, geändert und instandgehalten werden. Ähnliche Anforderungen bestehen bei anderen Unfallversicherungen (GUV) wie z. B. im öffentlichen Dienst.

Der Inhaber der Fa. Blechservice KG ist selbst keine Elektrofachkraft und hat daher richtig gehandelt, indem er einen Elektrofachbetrieb mit der Instandhaltung beauftragt hat.

Die Berufsgenossenschaften verpflichten ihre Mitglieder weiterhin zu regelmäßigen Prüfungen der elektrotechnischen Anlagen und Betriebsmittel. Diese Prüfungen müssen immer erfolgen, wenn

- Anlagen/Betriebsmittel erstmalig in Betrieb genommen werden (**Erstprüfung**).
- Anlagen/Betriebsmittel repariert wurden und
- bestimmte Zeitabstände verstrichen sind (**Wiederholungsprüfungen**).

Die Zeitabstände für Wiederholungsprüfungen sind so zu wählen, dass mögliche Mängel, mit denen gerechnet werden muss, rechtzeitig erkannt werden. Erkannte Mängel müssen unverzüglich behoben werden.

Ortsveränderliche Betriebsmittel							
Betriebsmittel	Baujahr	Anschluss	Zustand	Aufstellung	Sauberkeit	Temperatur	Nutzung
Handbohrmaschine	1998	Stecker	gebraucht	verschieden	mittel		häufig
Handleuchte	2010	Stecker	gebraucht	verschieden	mittel		selten
...							
PC	2020	Stecker	neu	innen	sauber	25 °C	dauernd
Monitor	2018	Stecker	gebraucht	innen	sauber	25 °C	dauernd
Drucker	2020	Stecker	neu	innen	sauber	25 °C	häufig
...							
Ortsfeste Betriebsmittel							
Betriebsmittel	Baujahr	Anschluss	Zustand	Aufstellung	Sauberkeit	Temperatur	Nutzung
Büroleuchten (35x)	2010	fest	leicht schadhaft	innen	mittel	25 °C	häufig
Werkstattleuchten (45x)	1998	fest	leicht schadhaft	innen	mittel	35 °C	häufig
...							
Fräsmaschine	1991	fest	gebraucht	innen	mittel	30 °C	häufig
Unterverteilung	1983	fest	leicht schadhaft	innen	schmutzig	30 °C	dauernd
...							
USV-Anlage	2019	fest	neu	innen	sauber	35 °C	dauernd
Sicherheitsbeleuchtung	2012	fest	neu	innen	sauber	35 °C	dauernd
...							

2: Erfasste Betriebsmittel

Richtwerte für Prüffristen				
	Ortsfeste Betriebsmittel	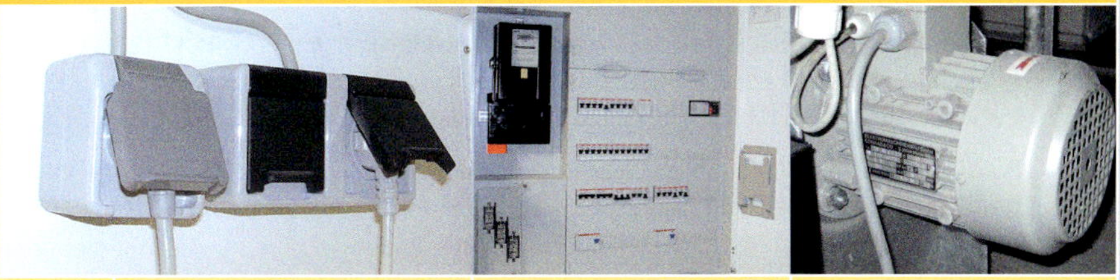		
Pos.	**Was wird geprüft?**	**Wie oft?**	**Wie wird geprüft?**	**Wer prüft?**
1	Elektrische Anlagen und ortsfeste Betriebsmittel	4 Jahre	auf ordnungsgemäßen Zustand	Elektrofachkraft
2	Wie Pos. 1 bei „Betriebsstätten, Räumen und Anlagen besonderer Art" (DIN VDE 0100 Gruppe 700)	1 Jahr	auf ordnungsgemäßen Zustand	Elektrofachkraft
3	Schutzmaßnahmen mit RCD in **nicht**stationären Anlagen (z. B. Baustelle)	1 Monat	auf Wirksamkeit	Elektrofachkraft oder elektrotechnisch unterwiesene Personen
4	RCD, Differenzstrom- und Fehlerspannungsschutzschalter in – stationären Anlagen – nichtstationären Anlagen	 – 6 Monate – arbeitstäglich	auf einwandfreie Funktion durch Betätigen der Prüfeinrichtung	Benutzer
	Ortsveränderliche Betriebsmittel			
Pos.	**Was wird geprüft?**	**Wie oft?**	**Wie wird geprüft?**	**Wer prüft?**
1	Ortsveränderliche elektrische Betriebsmittel (wenn benutzt)	**Richtwerte**: – allgemein: 6 Monate – Baustellen: 3 Monate Verlängerung möglich, wenn Fehlerquote < 2 % **Maximalwerte**: – Baustellen, Fertigungsstätten, Werkstätten, … 1 Jahr	Auf ordnungsgemäßen Zustand	Elektrofachkraft oder elektrotechnisch unterwiesene Personen
2	Verlängerungs-/Geräteanschlussleitungen mit Steckvorrichtung			
3	Anschlussleitungen mit Stecker			
4	Bewegliche Leitungen mit Stecker und Festanschluss			

3: Richtwerte nach DGUV Vorschrift 3

Die Forderung für die Zeitabstände von Wiederholungsprüfungen sind sehr allgemein.

Werden die von der BG empfohlenen Prüffristen (Abb. 3) eingehalten, kann bei normaler Nutzung der Betriebsmittel davon ausgegangen werden, dass die Prüffristen angemessen ausgewählt wurden.

Neben starr festgelegten Fristen lässt die DGUV Vorschrift 3 bei ortsveränderlichen Betriebsmitteln aber Fristverlängerungen zu, wenn eine bestimmte Fehlerquote unterschritten wird. Hierzu ist es aber erforderlich, dass die Fehlerquote nachgewiesen werden kann.

Dies erfordert eine detaillierte Dokumentation über durchgeführte Prüfungen und Prüfergebnisse.

Erfahrungsgemäß haben z. B. Heizlüfter oder Wasserkocher eine höhere Fehlerquote als Monitore oder Drucker. Es empfiehlt sich daher, die Fehlerquoten nach Gerätegruppen aufzugliedern. So können für weniger genutzte **Gerätegruppen** die Prüffristen verlängert werden. Dies ist z. B. der Fall, wenn

- Spezialwerkzeuge nur wenige Male pro Jahr genutzt werden oder
- Serveranlagen ohne Hardwareänderungen durchgängig betrieben werden.

Bei häufig genutzten und stark belasteten Geräten wie Kaffeemaschinen, Wasserkochern, Elektrowerkzeugen kann der Richtwert von sechs Monaten beibehalten werden.

Welche Instandhaltungsstrategie wird angewendet?

Bei den Betriebsmitteln mit fest vorgeschriebenen Prüffristen handelt es sich ausschließlich um eine **vorausbestimmte** (zeitabhängige) **Instandhaltung**.

Wenn die Prüffristen verlängert werden können, wird der Prüfzyklus angepasst. Die Entscheidung für die nächste Prüfung ist jedoch weiterhin zeitabhängig, sodass auch hier eine vorausbestimmte Instandhaltung vorliegt.

Welche Prüfungen müssen gemacht werden?

Die BG und GUV fordert allgemein einen sicheren Zustand und Prüfungen von elektrotechnischen Anlagen und Betriebsmitteln. Zu den genauen Prüftätigkeiten werden hier keine Angaben gemacht.

Das VDE-Vorschriftenwerk gibt hierzu den Stand der Technik wieder.

Insbesondere sind dies

- DIN VDE 0100-600
  Errichten von Niederspannungsanlagen
  Teil 6-61: Prüfungen-Erstprüfungen
- DIN VDE 0108
  Starkstromanlagen und Sicherheitsstromversorgungen
- DIN VDE 0701-702
  Prüfung nach Instandsetzung, Änderung elektrischer Geräte – Wiederholungsprüfung elektrischer Geräte. Allgemeine Anforderungen für die elektrische Sicherheit.

Hinweis:
Für besondere Anlagen wie medizinisch genutzte Anlagen/Geräte, Baustellen usw. gelten ergänzende Vorschriften.

Aufgaben

1. Welche Informationen werden bei der Bestandsaufnahme elektrischer Anlagen und Geräte benötigt? Notieren Sie fünf Hauptkriterien.
2. Bei der Überprüfung von elektrischen Betriebsmitteln wurde ein Mangel entdeckt. Was ist sofort zu tun?
3. Aus welchem Anlass müssen elektrische Betriebsmittel geprüft werden? Nennen Sie drei Möglichkeiten.
4. Wie oft ist die Funktion der RCD zu prüfen?
   a) In Bürogebäuden
   b) Auf Baustellen (nichtstationäre Anlage)
5. Unter welchen Voraussetzungen dürfen Prüffristen über die Richtwerte der DGUV Vorschrift 3 verlängert werden?

Prüftätigkeiten (Auszug)

Besichtigung

- Richtige Auswahl der Betriebsmittel
- Schäden an Betriebsmitteln
- Basisschutz (Schutz gegen direktes Berühren)
- Sicherheitseinrichtungen, Brandabschottung
- Wärmeerzeugende Betriebsmittel
- Zielbezeichnung der Leitungen im Verteiler, Leitungsverlegung
- Kleinspannung mit sicherer Trennung, Schutztrennung
- Doppelte Isolierung
- Schutzpotenzialausgleich über die Haupterdungsschiene
- Anordnung der Busgeräte im Stromkreisverteiler
- Busleitungen/Aktoren

Erprobung/Funktionsprüfung

- Rechtsdrehfeld der Drehstromsteckdosen
- Drehrichtung der Motoren
- RCD-Test durch Anwender (Prüftaste betätigen)
- NOT AUS-Funktionen
- Funktion der Schutz- und Überwachungseinrichtungen
- Funktion der Starkstromanlage
- Funktion der Installationsbus-Anlage EIB

Messung

- Durchgängigkeit der Schutz- und Schutzpotenzialausgleichsleiter
- Isolationswiderstand der elektrischen Anlage
- Schutz durch sichere Trennung der Stromkreise bei SELV/PELV
- Schutztrennung
- Widerstand isolierender Fußböden und Wände
- Schutz durch automatisches Abschalten der Stromversorgung (Schleifenwiderstand/Abschaltstrom, Berührungsspannung und RCD-Auslösung/Erdungswiderstand)
- Spannungspolarität

Die Durchführung aller Prüfschritte ist zu protokollieren.

- Regelmäßige Prüfungen nach DGUV Vorschrift 3 sind vorausbestimmte Maßnahmen.
- Betreiber elektrischer Anlagen sind verpflichtet, ihre Anlagen nach den elektrotechnischen Regeln zu errichten, zu ändern und instand zu halten.
- Die elektrotechnischen Arbeiten müssen von einer Elektrofachkraft oder unter deren Aufsicht durchgeführt werden.

13.5.2 Planen der zeitabhängigen Instandhaltung

Für jede Prüfung ist eine separate Prüffrist festgesetzt. Würde man alle Prüfungen unabhängig voneinander durchführen, käme es zu sehr vielen einzelnen Prüfterminen. Diese führten zu einem hohen Personalaufwand beim prüfenden Betrieb und zu häufigen Beeinträchtigungen des Betriebsablaufs beim geprüften Betrieb. Daher ist es sinnvoll, Prüfmaßnahmen so- weit wie möglich zusammenzufassen.

Die Maßnahmen müssen in mehreren Schritten geplant werden.

1. Auflisten aller Maßnahmen, Fristen und erforderlicher Personen (Abb. 1)
2. Umrechnen aller Fristen in die kleinste vorkommende Zeiteinheit (im Beispiel → **Wochen**)
3. Anpassen der Prüffristen, um diese terminlich zusammenzufassen (Abb. 2)
4. Auflisten aller Maßnahmen je Prüftermin (Abb. 3)

Ein solcher Prüfplan gibt sowohl dem Prüfer als auch dem geprüften Betrieb eine gute Übersicht über anstehende Prüfungen. So können sich beide rechtzeitig auf eine bevorstehende Prüfung vorbereiten bzw. betriebliche Belange frühzeitig in die Planung mit einbeziehen.

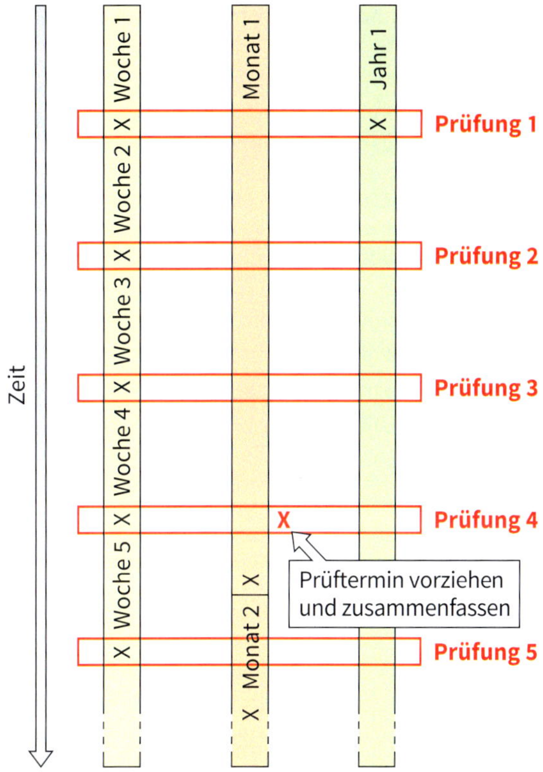

2: Zusammengefasste Prüfzyklen

	Maßnahme	Frist
1	Anlagen, ortsfeste Betriebsmittel (Elektrofachkraft)	4 Jahre (**208,6 Wochen**)
2	Ortsveränderliche Betriebsmittel, Büro (Elektrofachkraft)	2 Jahre (**104,3 Wochen**)
3	Ortsfeste RCD (Elektrofachkraft)	6 Monate (**26 Wochen**)
4	Ortsveränderliche Betriebsmittel in Produktion (Elektrofachkraft)	6 Monate (**26 Wochen**)
5	Sicherheitsbeleuchtung, Funktionstest (Elektrofachkraft)	1 Woche
6	Sicherheitsbeleuchtung, Kapazitätstest (Elektrofachkraft)	1 Jahr (**52,1 Wochen**)
7	Prüfung von Krankenbetten	1 Monat (**4,4 Wochen**)
8	…	…

1: Liste mit Einzelprüfungen

	Maßnahme
1. Woche	– Funktionstest Sicherheitsbeleuchtung – Anlagen besonderer Art – ortsfeste RCD – ortsveränderliche Betriebsmittel – Anlagen, ortsfeste Betriebsmittel
2. Woche	– Funktionstest Sicherheitsbeleuchtung
3. Woche	– Funktionstest Sicherheitsbeleuchtung
4. Woche	– Funktionstest Sicherheitsbeleuchtung – Anlagen besonderer Art
…	…
26. Woche	– Funktionstest Sicherheitsbeleuchtung – ortsfeste RCD – ortsveränderliche Betriebsmittel (Produktion)
27. Woche	– Funktionstest Sicherheitsbeleuchtung
…	…

3: Zusammenfassung zum Prüfplan

13.5.3 Planen nach Betriebssicherheitsverordnung

Diese Verordnung ist ein deutsches Gesetz, das europäische Vorgaben für den Arbeitsschutz umsetzt. Sie regelt, dass der Arbeitgeber seinen Beschäftigten sichere **Arbeitsmittel** zur Verfügung stellen muss. Arbeitsmittel sind alle Gegenstände, die zur Ausführung der beruflichen Tätigkeit erforderlich sind. Dies reicht vom Kugelschreiber über Werkzeug bis zu großen Produktionsanlagen.

Elektrische Geräte und Anlagen sind Arbeitsmittel, für die die BetrSichV gilt.

Für alle Arbeitsmittel muss der Arbeitgeber die Gefährdung beurteilen und dann Umfang und Fristen für die Prüfungen festlegen. Er muss auch festlegen, welche Anforderungen die Personen erfüllen müssen, die die Prüfungen durchführen sollen. Arbeitsmittel müssen dann durch befähigte Personen geprüft werden.

Diese Prüfungen erfolgen

- vor der **ersten Inbetriebnahme**, wenn die Sicherheit der Arbeitsmittel von der Montage abhängt. Dies ist bei elektrischen Geräten und Anlagen der Fall.
- wenn Arbeitsmittel **instand gesetzt** worden sind und die Instandsetzung die Sicherheit beeinflussen kann.
- nach **Ablauf der Prüffrist**, welche in der Gefährdungsbeurteilung festgelegt wurde.
- wenn **außergewöhnliche, schädigende Ereignisse** stattgefunden haben (Sonderprüfung).

Für die Prüfungen elektrischer Betriebsmittel bestehen somit zwei Anforderungen (Abb. 1).

Die Prüffristen der Berufsgenossenschaften sind seit langer Zeit eingeführt, bekannt und haben sich häufig auch bewährt. Dennoch ersetzen sie nicht die Anforderungen der BetrSichV. Der Arbeitgeber muss eine Gefährdungsbeurteilung durchführen und daraus Prüffristen und Prüfumfang festlegen.

Bei der Gefährdungsanalyse und Festlegung der Prüffristen können die bisherigen Erfahrungen aus der DGUV Vorschrift 3 hilfreich sein. Hier zeigt sich wieder der Vorteil einer detaillierten Dokumentation.

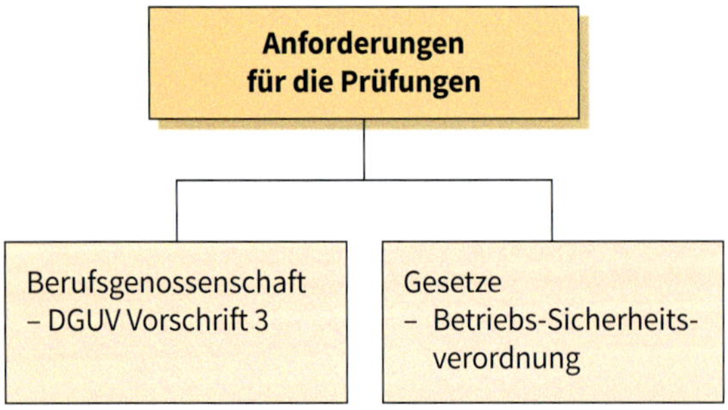

1: Quellen der Prüfanforderung

Betriebssicherheitsverordnung (BetrSichV)

Anwendungsbereich:

a) Bereitstellung von Arbeitsmitteln durch Arbeitgeber

b) Benutzung von Arbeitsmitteln durch Beschäftigte

c) Überwachungsbedürftige Anlagen, z. B.

- Aufzugsanlagen
- Anlagen in explosionsgefährdeten Bereichen
- Druckgeräte, Abfüllstationen, …

Arbeitsmittel

sind Werkzeuge, Geräte, Maschinen oder Anlagen. Sie umfassen nicht nur elektrische Anlagen, sondern **alle** denkbaren Arbeitsmittel.

Überwachungsbedürftige Anlagen

müssen durch sogenannte zugelassene Überwachungsstellen (z. B. TÜV) oder zur Prüfung befähigten Personen geprüft werden. Manche Anlagen dürfen nur durch zugelassene Überwachungsstellen geprüft werden (z. B. Aufzüge).

Zur Prüfung befähigte Personen

sind Personen, die aufgrund ihrer Berufsausbildung, Berufserfahrung und zeitnahen beruflichen Tätigkeit über die erforderliche Fachkenntnis zur Prüfung der Arbeitsmittel verfügen. Je nach Art der Prüfung und zu prüfenden Anlagen können sich die Anforderungen unterscheiden.

Der Arbeitgeber sollte seine Mitarbeiter ausdrücklich für einen bestimmten Verantwortungsbereich (z. B. Prüfungen nach VDE) als befähigte Person ernennen.

Gefährdungsbeurteilung

Der Arbeitgeber muss eine Gefährdungsbeurteilung für die sichere Benutzung der Arbeitsmittel durchführen. Diese orientiert sich u. a. am Arbeitsschutzgesetz und an der Gefahrstoffverordnung.

Prüfungen

Sie sind Pflicht, wenn

- die sichere Benutzung der Arbeitsmittel von der Montage abhängt,
- die Sicherheit durch schädliche Einflüsse beeinträchtigt wird oder
- sie Ergebnis der Gefährdungsbeurteilung sind.

Prüfungen erfolgen,

- vor der ersten Inbetriebnahme,
- wiederkehrend oder
- nach behördlicher Anordnung, z. B. nach Schadensfällen oder Verdacht auf Sicherheitsmängel.

Gefährdungsbeurteilung

Die Anforderungen an eine Gefährdungsbeurteilung sind nur sehr allgemein formuliert.

- Für die sichere Bereitstellung und Benutzung der Arbeitsmittel sind die notwendigen Maßnahmen zu ermitteln.
- Zu berücksichtigen sind insbesondere die Gefährdungen, die mit der Benutzung des Arbeitsmittels selbst verbunden sind und die am Arbeitsplatz durch Wechselwirkungen der Arbeitsmittel untereinander oder der Arbeitsumgebung hervorgerufen werden.

Bei der Beurteilung von Gefährdungen werden nicht nur elektrische Gefahren berücksichtigt. Um vergleichbare Ergebnisse zu bekommen, ist ein systematisches Vorgehen notwendig.

Wie der Arbeitgeber zu den Ergebnissen kommt, ist nicht vorgeschrieben. Da diese Beurteilung nicht zu den Kernaufgaben von Firmen gehört, empfiehlt es sich, auf bestehende Erfahrungen zurückzugreifen.

Dies können bei wenigen Beurteilungen **Checklisten** in Papierform sein. Werden größere Mengen an Arbeitsmitteln bewertet und geprüft, ist es sinnvoll, **softwaregestützte Systeme** zu benutzen. Mit diesen sind Verwaltung, Bewertung und Analyse großer Mengen besser durchführbar.

Die Software führt den Anwender in mehreren Schritten durch die Gefährdungsbeurteilung, sodass keine Punkte vergessen werden.

Zunächst werden die zu bewertenden Arbeitsmittel erfasst. Danach werden die einzelnen Arbeitsmittel (z. B. elektrische Geräte) in einer Datenbank gespeichert (Abb. 2).

Zu jedem einzelnen Gerät oder einer Geräteart kann nun eine Gefährdungsbeurteilung gestartet werden. Dieses Softwaremodul fragt zahlreiche Punkte ab, die zur Beurteilung von Gefahren dienen (Abb. 3).

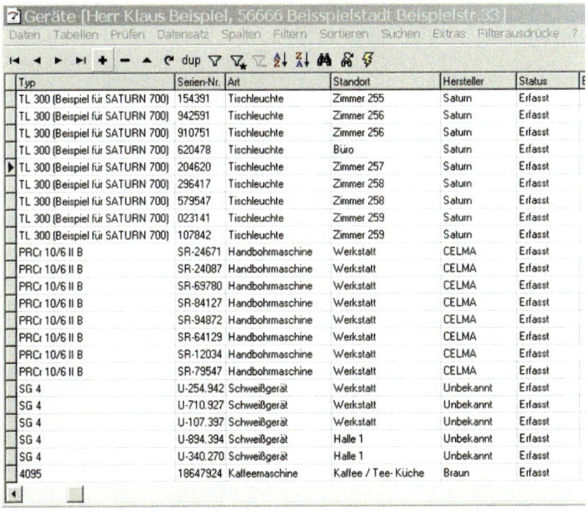

Typ	Serien-Nr.	Art	Standort	Hersteller	Status
TL 300 (Beispiel für SATURN 700)	154391	Tischleuchte	Zimmer 255	Saturn	Erfasst
TL 300 (Beispiel für SATURN 700)	942591	Tischleuchte	Zimmer 256	Saturn	Erfasst
TL 300 (Beispiel für SATURN 700)	910751	Tischleuchte	Zimmer 256	Saturn	Erfasst
TL 300 (Beispiel für SATURN 700)	620478	Tischleuchte	Büro	Saturn	Erfasst
TL 300 (Beispiel für SATURN 700)	204620	Tischleuchte	Zimmer 257	Saturn	Erfasst
TL 300 (Beispiel für SATURN 700)	296417	Tischleuchte	Zimmer 258	Saturn	Erfasst
TL 300 (Beispiel für SATURN 700)	579547	Tischleuchte	Zimmer 258	Saturn	Erfasst
TL 300 (Beispiel für SATURN 700)	023141	Tischleuchte	Zimmer 259	Saturn	Erfasst
TL 300 (Beispiel für SATURN 700)	107842	Tischleuchte	Zimmer 259	Saturn	Erfasst
PRCr 10/6 II B	SR-24671	Handbohrmaschine	Werkstatt	CELMA	Erfasst
PRCr 10/6 II B	SR-24087	Handbohrmaschine	Werkstatt	CELMA	Erfasst
PRCr 10/6 II B	SR-69780	Handbohrmaschine	Werkstatt	CELMA	Erfasst
PRCr 10/6 II B	SR-84127	Handbohrmaschine	Werkstatt	CELMA	Erfasst
PRCr 10/6 II B	SR-94872	Handbohrmaschine	Werkstatt	CELMA	Erfasst
PRCr 10/6 II B	SR-64129	Handbohrmaschine	Werkstatt	CELMA	Erfasst
PRCr 10/6 II B	SR-12034	Handbohrmaschine	Werkstatt	CELMA	Erfasst
PRCr 10/6 II B	SR-79547	Handbohrmaschine	Werkstatt	CELMA	Erfasst
SG 4	U-254.942	Schweißgerät	Werkstatt	Unbekannt	Erfasst
SG 4	U-710.927	Schweißgerät	Werkstatt	Unbekannt	Erfasst
SG 4	U-107.397	Schweißgerät	Werkstatt	Unbekannt	Erfasst
SG 4	U-894.394	Schweißgerät	Halle 1	Unbekannt	Erfasst
SG 4	U-340.270	Schweißgerät	Halle 1	Unbekannt	Erfasst
4095	18647924	Kaffeemaschine	Kaffee / Tee- Küche	Braun	Erfasst

2: Erfasste Gerätedaten

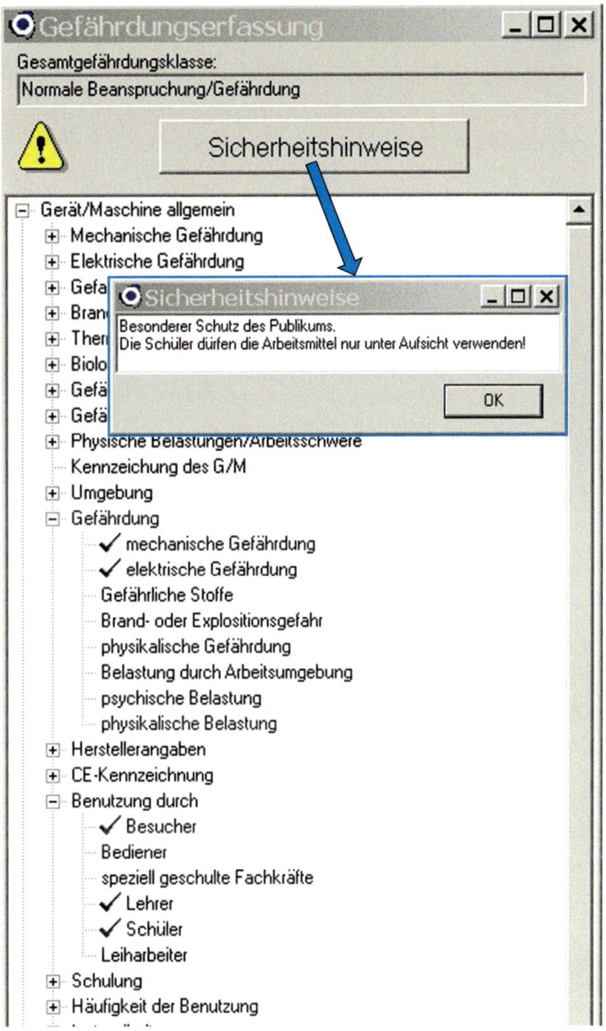

3: Gefährdungserfassung

Für verschiedene Anwendungsfälle (Gerät/Maschine, Veranstaltungsräume, ...) sind die zugehörigen möglichen Kriterien aufgelistet. Durch Markieren der zutreffenden Antworten wird die Analyse durchgeführt.

Auf der Basis der eingegebenen Bewertungen werden Maßnahmen vorgeschlagen. Das sind z. B. empfohlene Prüfzyklen oder organisatorische Maßnahmen (Abb. 3). Die einzelnen Gefährdungen werden nach ihrer Auswirkung gewichtet. Alle Gefährdungen gemeinsam reduzieren dann den maximal möglichen Prüfzyklus auf einen Empfehlungswert.

- An einem Prüftermin sollten möglichst viele verschiedene Prüfungen durchgeführt werden.
- DGUV Vorschriften geben Richtwerte für Prüffristen vor.
- Die BetrSichV fordert für alle Arbeitsmittel eine Gefährdungsbeurteilung, aus der eine Prüffrist ermittelt wird.

Elektronische Dokumentation von Prüfungen

Softwareanwendung

Die Dokumentation von Prüfungen mit Computerprogrammen ist bei einer hohen Anzahl von Prüfungen sinnvoll und bietet einige Vorteile gegenüber der Papierdokumentation.

- Geringer Platzbedarf für Dokumentation (keine Aktenordner)
- Vermeidung von Dokumentationsfehlern (Ablesefehler, Schreibfehler)
- Automatisierung von Prüfabläufen

Automatisierungsfunktionen

Es ist möglich, die von Messgeräten erfassten Daten direkt in die elektronische Dokumentation zu übernehmen. Hierzu wird ein geeignetes Messgerät mit einem Datenkabel am PC angeschlossen. Anschließend können die einzelnen Mess-/Prüfergebnisse übertragen werden.

Bei dieser Dokumentation müssen keine Werte oder Ergebnisse handschriftlich notiert werden. Ablese- und Übertragungsfehler sind so ausgeschlossen.

Softwareauswahl

Für die elektronische Dokumentation gibt es unterschiedliche Anbieter.

Softwareanbieter	
Herstellerspezifische Software Sie kann nur Messgeräte des eigenen Herstellers benutzen.	**Integrierende Software** Sie kann Messgeräte mehrerer Hersteller benutzen.

Geräteidentifizierung (Kennzeichnung)

Soll nach einem Schadensfall nachgewiesen werden, dass das betreffende Gerät ordnungsgemäß geprüft wurde, muss entweder

- das Prüfergebnis am Gerät dokumentiert werden (z. B. über eine unterschriebene Prüfplakette) oder
- das Gerät **eindeutig** einem Messprotokoll zuzuordnen sein.

Eine eindeutige Zuordnung von Messprotokoll und Gerät ist nur möglich, wenn die Geräte unverwechselbar gekennzeichnet sind. Dies ist entweder durch manuell erzeugte Inventarnummern möglich oder es werden maschinenlesbare Kennzeichnungen verwendet. Das elektronische Prüfsystem ordnet das Prüfergebnis dann automatisch dem richtigen Gerät zu.

Kennzeichnungen über:

- Barcodeaufkleber

- Transponder (RFID) per Funk auslesbarer Speicher

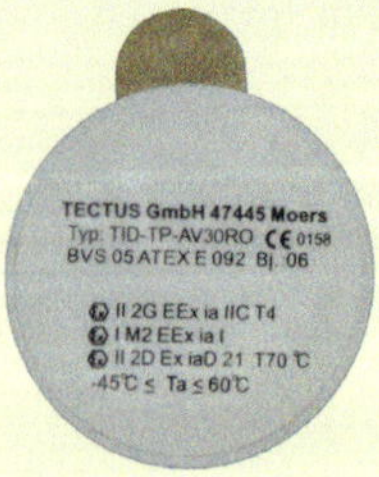

13.6 Sicherstellen vertraglicher Pflichten

In Verträgen können zahlreiche Vereinbarungen getroffen werden. Hierbei kann auch festgelegt werden, dass bestimmte Instandhaltungsleistungen zu erbringen sind. Diese müssen dann gemeinsam mit den weiteren Instandhaltungsarbeiten geplant werden.

Da die Möglichkeiten vertraglicher Regelungen sehr vielseitig sind, werden hier nur die Beispiele einer Brandversicherung und Qualitätssicherung behandelt.

13.6.1 Brandversicherung

In einem Brandversicherungsvertrag wird zwischen Versicherung und Versicherungsnehmer vereinbart, dass die Versicherung nach einem Brand bestimmte Kosten für Schäden übernimmt. Um einen günstigen Tarif anbieten zu können, muss die Versicherung überzeugt sein, dass bestimmte Brandursachen auf ein Minimum begrenzt werden. Daher legt sie vertraglich fest, dass nur dann für einen Schaden gezahlt wird, wenn der Versicherungsnehmer regelmäßige Prüfungen an seinen Anlagen durchführen lässt (Abb. 1).

Versicherungsvertrag

Versicherung: Feuerschutz AG, Braunschweig

Versicherungsnehmer: Blechservice KG

...

§8 Der Versicherungsnehmer verpflichtet sich:

- ...①
- alle elektrischen Anlagen und Betriebsmittel mit maximal zweijähriger Frist auf ordnungsgemäßen Zustand überprüfen zu lassen. Die Prüfungen müssen von einem Elektrofachbetrieb durchgeführt werden.

§9 Sondervereinbarungen

Die Versicherungsprämie wird um 2 % gemindert, wenn die elektrischen Anlagen einer regelmäßigen Thermografie unterzogen werden. Hierbei ist speziell ausgebildetes Personal einzusetzen② .

...

Köln, 26.05.2016

Klaus Brand (Feuerschutz AG) — Claudia Blech (Blechservice KG)

1: Versicherungsklauseln

Aufgrund des Versicherungsvertrages (Abb. 1, §8 ①) muss die Firma Blechservice ihre Prüfintervalle überprüfen. Wurden Intervalle festgelegt, die über zwei Jahren liegen, müssen diese verkürzt werden.

Bestehen verschiedene Anforderungen an die Prüfungen, müssen immer die schärfsten Regelungen angewendet werden. Andernfalls wird eine rechtliche oder vertragliche Regelung verletzt. Dies kann bei gesetzlichen Regelungen bis zum Verhängen von Bußgeldern oder Strafverfahren führen. Im Beispiel der Brandversicherung könnte die Versicherung die Zahlung für einen Schaden verweigern, wenn die Prüfungen nicht in der geforderten Häufigkeit nachgewiesen werden können.

Da die Gefährdungsbeurteilung eine schärfere Prüffrist als die DGUV Vorschrift 3 ergeben hat, werden im Beispiel aus Abb. 2 die Prüffristen für „**Anlagen besonderer Art**" (z. B. Krankenhausanlagen) 1/2-jährlich geprüft. Die Einschränkung der Versicherung ergibt, dass die Prüffrist für ortsfeste Anlagen von vier Jahren auf zwei Jahre halbiert werden muss.

Der Versicherungsvertrag ermöglicht eine Reduzierung der Versicherungsprämie ②. Hierfür muss an den Anlagen eine berührungslose Temperaturmessung (**Thermografie** [*thermography*], vgl. S. 596) durchgeführt werden. Da hierfür eine spezialisierte Firma beauftragt werden muss, entstehen zusätzliche Kosten. Diese Kosten liegen bei der Fa. Blechservice über den Einsparungen aus der Versicherungsprämie. Da sich durch die Messung jedoch auch eine zusätzliche Sicherheit für den Betrieb ergibt, wird eine Spezialfirma mit dieser Messung beauftragt.

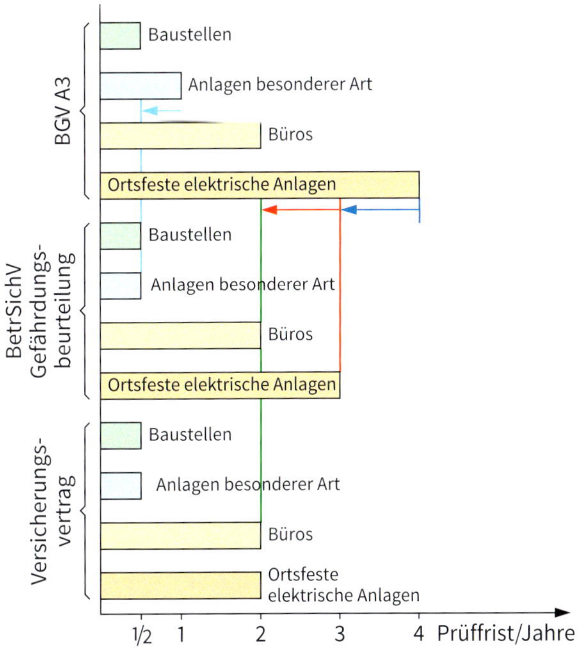

2: Verkürzung von Prüffristen

Thermografie

Was ist Thermografie?

Mit Hilfe einer speziellen Kamera werden Bilder gemacht, welche die Infrarotstrahlung von Messobjekten darstellen und speichern.

Aus der Intensität der Infrarotstrahlung (Wärmeabstrahlung) wird die Objekttemperatur errechnet. Das Bild wird mit verschiedenen Farben dargestellt, wobei jede Farbe einer bestimmten Temperatur entspricht. Häufig wird parallel ein „normales" Digitalfoto gemacht, um die Messergebnisse besser dem Messobjekt zuordnen zu können.

a)

b)

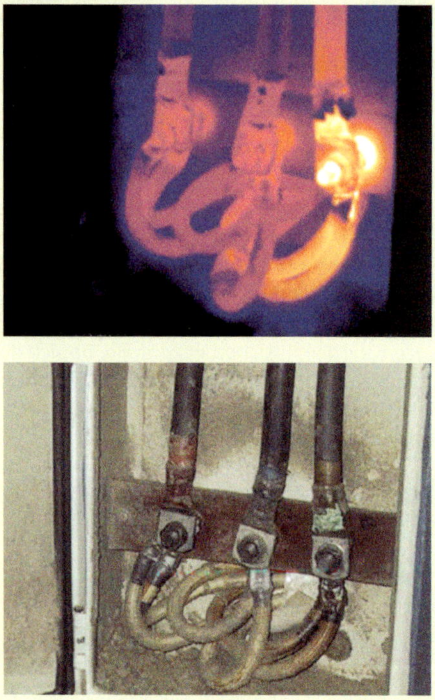

Schraubverbindung mit schlechtem Übergangswiderstand: a) Infrarot; b) Foto

Wie funktioniert Thermografie?

Jeder Körper emittiert infrarote Strahlung. Das sind elektromagnetische Wellen, die mit dem menschlichen Auge nicht sichtbar sind.

Wie viel Strahlungsenergie W_ε emittiert wird, ist von der Temperatur sowie dem Material und der Oberfläche des Messobjektes abhängig. Für jedes Material gibt es einen spezifischen **Strahlungskoeffizienten ε**. Dieser Strahlungskoeffizient wird Tabellen entnommen oder bei einer Kalibrierung der Kamera ermittelt und vor der Messung in die Kamera eingegeben.

Die Infrarotstrahlung wird durch die Atmosphäre (Luft, Nebel, Staub) geschwächt. Für eine korrekte Temperaturberechnung müssen daher relative Luftfeuchtig keit, Umgebungstemperatur und die Messentfernung berücksichtigt werden.

Das Errechnen der Objekttemperatur T führt die Kamera automatisch durch.

Einsatzgebiete

Thermografie wird immer dann eingesetzt, wenn aus der Temperaturverteilung an Objekten auf den Zustand des Objekts geschlossen werden kann. Bei elektrotechnischen Objekten sucht man häufig nach heißen Stellen (Hotspots).

Beispiele:

- Motoren (Lager mit erhöhter Reibung)
- Klemmen (erhöhter Übergangswiderstand)
- Transformatoren
- Leiterplatten (schlechte Lötstellen)
- Schaltschränke (Wärmestau)

Darüber hinaus gibt es zahlreiche weitere Anwendungen, die hier nur beispielsweise genannt werden:

- Gebäudethermografie (Wärmebrücken)
- Prüfen von Wärmeisolierung
- Lager- und Keilriemenprüfung

Fehlerquellen

Zusätzlich zur Infrarotstrahlung des Messobjekts können weitere Strahlungsanteile von anderen Objekten gemessen werden. Wie beim Licht kann es zum Durchscheinen (Transmission ①) oder Spiegeln (Reflexion ②) kommen. Durch Korrekturrechnungen und geeignete Messaufbauten müssen mögliche Fehlerquellen minimiert werden.

Besonderheiten

Das Bedienen einer Infrarotkamera ist relativ einfach. Für die richtigen Einstellungen und Interpretationen der Messergebnisse ist jedoch viel Erfahrung notwendig. Häufig werden Messungen nur anerkannt, wenn spezielle Schulungen und gegebenenfalls Prüfungen vorgewiesen werden können.

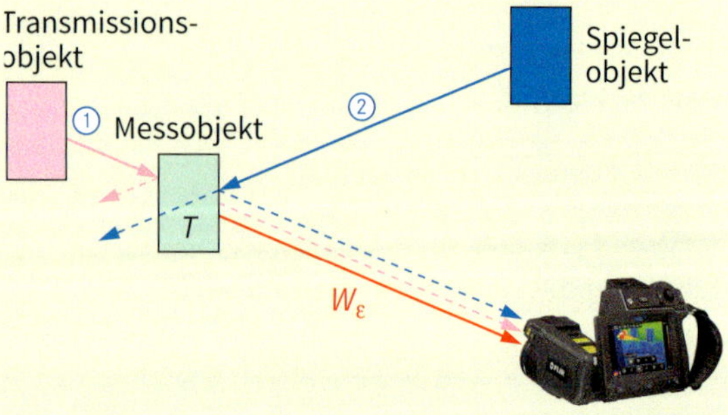

13.6.2 Qualitätssicherung

Die Firma Blechservice KG liefert Teile für die Automobilindustrie. Sollte die Blechservice KG z. B. aufgrund eines Maschinenschadens nicht pünktlich liefern können, müsste die gesamte PKW-Produktionslinie gestoppt werden. Dies hätte erhebliche finanzielle Schäden zur Folge.

Um das Risiko für solche Schäden gering zu halten, hat der Kunde (PKW-Hersteller) einen **Liefervertrag** mit Blechservice KG abgeschlossen. Darin wird vereinbart, dass alle Anlagenteile, die einen Produktionsausfall verursachen können, einer zustandsabhängigen Instandhaltung unterzogen werden müssen (Abb. 1). Zusätzlich muss die Blechservice KG während des Produktionsprozesses immer wieder Stichproben einzelner Teile überprüfen. So soll ausgeschlossen werden, dass einzelne Maschinen langsam schlechtere Qualität produzieren und gegebenenfalls ausfallen können.

Um die Vereinbarungen des Liefervertrages (Abb. 1) erfüllen zu können, wird bei der Blechservice KG ein Qualitätssicherungsprozess eingeführt.

Liefervertrag

zwischen Blechservice KG (Lieferant) und Autobauer AG (Abnehmer).

...

4. Pflichten des Lieferanten:

- Alle Produktionsanlagen, die bei auftretenden Fehlern zu einem Produktionsaufall führen, müssen zustandsabhängig instand gehalten werden.
- Um Maschinenschäden und mangelnde Produktqualität auszuschließen, sind die Produkte während der Produktion stichprobenweise auf ihre Qualität zu prüfen.
- Über alle Instandhaltungsmaßnahmen sind Aufzeichnungen zu führen, die vom Abnehmer mindestens jährlich in einem Kundenaudit überprüft werden.

5. ...

Hamburg, 27.08.2015

Peter Schneller (Autobauer AG) | Claudia Blech (Blechservice KG)

1: Liefervertrag mit Qualitätsanforderungen

Dieser beginnt mit einer Analyse von Produktionsprozessen und Anlagenkomponenten. Aus dieser Analyse werden Maßnahmen abgeleitet, die zu einer Qualitätsprüfung der Produkte sowie einer Instandhaltung mit Anlagenüberwachung führen (Abb. 2).

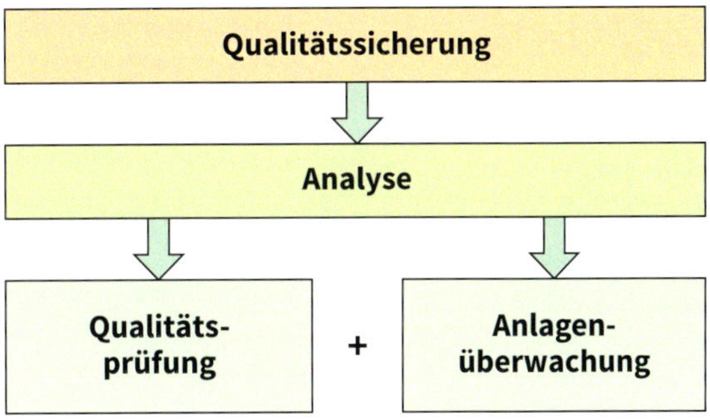

2: Komponenten einer Qualitätssicherung

Analyse des Produktionsprozesses

Bei der Betrachtung der einzelnen Produktionsschritte wurde festgestellt, dass die meisten Maschinen doppelt vorhanden sind oder schnell beschafft werden können. Lediglich der große Stanzautomat (Abb. 3) ist eine so spezielle und teure Maschine, dass diese nicht doppelt vorgehalten werden kann und auch nicht leihweise bei anderen Firmen zur Verfügung steht.

Der Stanzautomat spannt ein großes Blech ein und bewegt dieses programmgesteuert in X- und Y-Richtung so, dass das Stanzwerkzeug an der richtigen Stelle eine Aussparung stanzt. So können aus einem großen Blech automatisch viele einzelne Stanzteile gefertigt werden. Aufgrund der Automatisierung, Präzision und Geschwindigkeit dieser Automaten sind diese sehr effektiv, aber auch teuer.

Es ist daher besonders wichtig, eine sorgfältige Wartung und Inspektion an dieser Maschine durchzuführen.

3: Stanzautomat

Qualitätsprüfung

Um sicherzustellen, dass die Maschine immer korrekt arbeitet und der Liefervertrag erfüllt wird, werden in regelmäßigen Abständen **Stichproben** [*samples*] der gefertigten Stanzteile gezogen. Das bedeutet, dass eine vorher festgelegte Anzahl an Teilen (z.B. fünf Stück) aus dem Produktionsprozess genommen wird. An den Teilen aus dieser Stichprobe werden nun vorher definierte Eigenschaften, z.B. die Maße, genau geprüft und in einer Tabelle (Qualitätsregelkarte) dokumentiert (Abb. 1a).

Aus den einzelnen Messwerten lässt sich z.B. der **Mittelwert** $\bar{x}$ der Stichprobe berechnen.

$$\bar{x} = \frac{x_1 + x_2 + \dots x_n}{n}$$

$\bar{x}$: Arithmetischer Mittelwert einer Stichprobe

$x_1, x_2, \dots x_n$: Einzelwerte

n: Anzahl der Einzelwerte einer Stichprobe

Den arithmetischen Mittelwert berechnet man, indem man alle Messwerte der Stichprobe addiert und durch die Anzahl der Einzelwerte dividiert.

Die **Mittelwerte** [*mean values*] sind ein Maß dafür, ob der gewünschte Sollwert (z.B. Länge des Stanzteils) bei der Fertigung eingehalten wird. Weicht der Mittelwert zu stark vom Soll-Wert ab, sind Korrekturmaßnahmen notwendig.

Die errechneten Mittelwerte werden in ein Diagramm der Qualitätsregelkarte (Abb. 1b) eingetragen. Überschreiten diese Größen vorgegebene Warngrenzen (OWG, UWG ①), können noch vorbeugend Korrekturmaßnahmen getroffen werden. Dies kann z.B. eine Wartung der Anlage mit Justieren der Sensoren sein. Die produzierten Stanzteile erfüllen jedoch noch die Qualitätsanforderungen.

Weichen die Mittelwerte noch weiter vom Sollwert ab und überschreiten die Eingriffsgrenzen (OEG, UEG ②), muss die Produktion sofort unterbrochen werden, da die Produkte nicht mehr die Anforderungen des Kunden erfüllen. Jetzt muss sofort eine Instandsetzung erfolgen.

a)

Laufende Nummer der Stichproben	Datum	Messwerte in mm					Mittelwert in mm
		1	2	3	4	5	
1	02.05.2015	50,0	52,0	51,0	49,0	48,0	50,00
2	03.05.2015	49,7	51,7	50,7	48,7	47,7	49,70
3	04.05.2015	50,2	52,2	51,2	49,2	48,2	50,20
4	05.05.2015	50,7	52,7	51,7	49,7	48,7	50,70
5	06.05.2015	50,0	52,0	51,0	49,0	48,0	50,00
6	07.05.2015	51,0	53,0	52,0	50,0	49,0	51,00
7	08.05.2015	51,5	53,5	52,5	50,5	49,5	51,50
8	09.05.2015	51,2	53,2	52,2	50,2	49,2	51,20
9	10.05.2015	52,1	54,0	53,2	51,2	50,0	52,10
10	11.05.2015	53,5	54,5	52,5	50,5	51,5	

b)

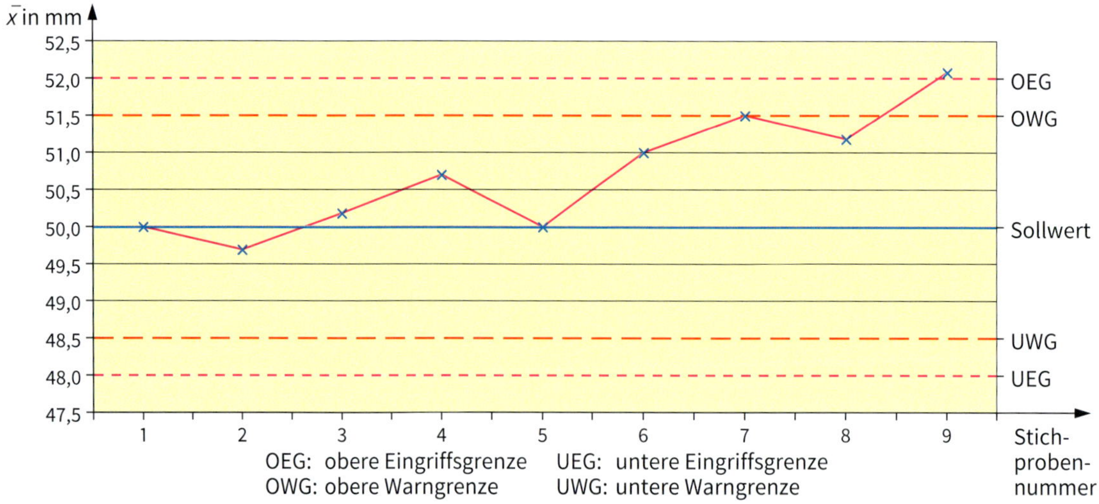

1: Qualitätsregelkarte mit a) Messwertdokumentation und b) Ergebnisdiagramm

Aussagen von Qualitätsregelkarten

Je nachdem, wie sich die Mittelwerte der einzelnen Stichproben entwickeln, kann auf den Zustand des Produktionsprozesses geschlossen werden.

Neben Verletzungen von Warn-/Eingriffsgrenzen kann auch aus Trendverläufen ein Instandsetzungsbedarf ermittelt werden.

Natürlicher Verlauf	Eingriffsgrenzen verletzt	Run	Trend
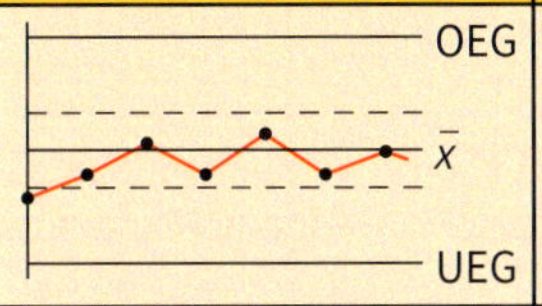	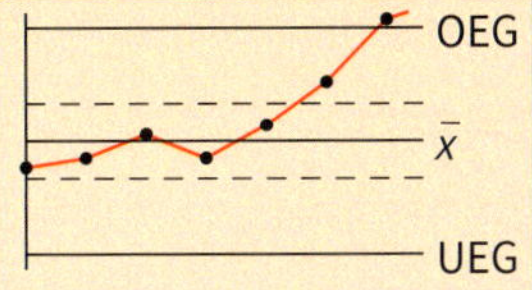	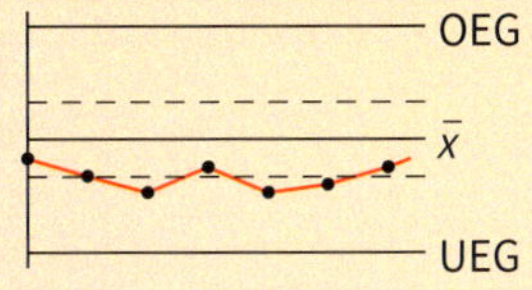	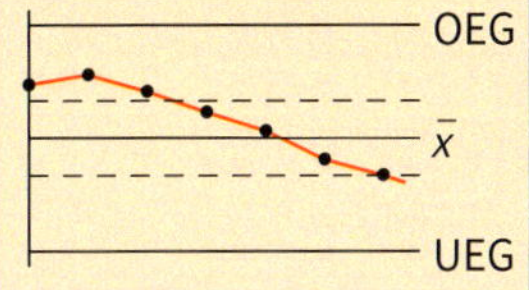
Prozess ist ungestört. Weniger als 6 Punkte liegen oberhalb oder unterhalb des Mittelwertes $\bar{x}$. 70 % der Punkte liegen im mittleren Drittel zwischen UEG und OEG.	Prozess ist gestört. Die Eingriffsgrenze OEG ist überschritten, der Prozess muss sofort korrigiert werden. Fehlerhafte Teile müssen aussortiert werden.	Prozess ist gestört. Mehr als 6 Punkte liegen unterhalb des Mittelwertes $\bar{x}$. Sofort weitere Stichproben entnehmen, gegebenenfalls muss der Prozess sofort korrigiert werden.	Prozess ist gestört. Es ist zu erwarten, dass mehr als 6 Punkte unterhalb des Mittelwertes liegen. Der Prozess muss sofort korrigiert werden, da das Erreichen von UEG wahrscheinlich ist.

Zustandsüberwachung

Da das Stanzen in der Produktionskette ein kritischer Produktionsschritt ist, muss der Stanzautomat zustandsabhängig instand gehalten werden.

Gemeinsam mit dem Hersteller des Stanzautomaten wird eine **Analyse** durchgeführt. Hierbei werden folgende Punkte betrachtet:

- Welche Fehler können auftreten?
- Welchen Einfluss haben diese auf die Funktion der Anlage?
- Wie schnell können die Fehler behoben werden?

Für diese Analyse wird die Anlage in mehrere Teilsysteme unterteilt.

- **Antriebseinheiten** (z. B. Elektromotor)
- **Arbeitseinheiten** (z. B. Stanzwerkzeug)
- **Stütz- und Trageeinheiten** (z. B. Anlagengestell)
- **Energieübertragungseinheiten** (z. B. Leitungen)
- **Steuerungseinheiten** (z. B. Schütze, SPS)
- **Versorgungseinheiten** (z. B. Stromnetz)

Ein standardisiertes Vorgehen für solche Analysen wird als Fehler-Möglichkeits- und Einfluss-Analyse (**FMEA**) [*failure mode effects analysis*] bezeichnet.

Bei dieser Analyse werden die Komponenten als kritisch oder unkritisch eingestuft. Die Einstufungskriterien und Beispiele zeigt Abb. 2.

Kritische Komponenten sind nach dieser Analyse das Stanzwerkzeug und der Antrieb (Motor, Getriebe). Das Stanzwerkzeug ist besonders für die Qualität bedeutsam. Ein mangelhafter Zustand zeigt sich anhand der Stichprobenauswertung.

Durch die Qualitätsprüfung der Produkte kann der Zustand von Motor und Getriebe jedoch nicht ermittelt werden. Da es sich aber um eine kritische Komponente handelt, soll der Zustand mit einer speziellen Messung ermittelt werden.

Bewertungskriterien für Anlagenkomponenten

unkritisch

- Selten auftretende Fehler (z. B. verschweißtes Anlagengestell)
- Fehler ohne Einfluss auf die Anlagenfunktion bzw. den Produktionsprozess (z. B. Gehäuselackierung)
- Ersatzkomponenten sind schnell zu beschaffen und auszutauschen (z. B. Standardsensoren, Steuerungskomponenten)

kritisch

- Bei Fehler großer Einfluss auf Produktionsprozess/Qualität (z. B. Stanzwerkzeug)
- Fehler haben großen Einfluss auf Funktionsfähigkeit der Anlage (z. B. Motor, Getriebe)
- Reparatur ist nur schwierig möglich bzw. Ersatz ist nur schwer zu beschaffen (z. B. Stanzwerkzeug, Antriebskomponenten)

2: Bewertung von Anlagenkomponenten

1: Getriebemotor

Der Antrieb für die Stanzmaschine besteht aus:

- Frequenzumrichter,
- Motor und
- Getriebe.

Die elektrischen Größen können gut über den Frequenzumrichter überwacht werden. Er ermittelt u. a. die elektrische Leistung, Drehzahl und Motor-Wicklungstemperatur.

Die **mechanischen Komponenten** (z. B. **Lager** *[bearing]*, **Zahnräder** *[gear wheels]*, **Wellen** *[shafts]*) werden jedoch nicht überwacht. Ein dort entstehender Fehler kann nicht rechtzeitig erkannt werden.

Daher hat die Firma Blechservice Spezialisten eines Beratungsunternehmens beauftragt. Sie erarbeiten eine Lösung für diese „Überwachungslücke". Der Berater empfiehlt eine **Schwingungsüberwachung** *[vibration analysis]*. Mit Hilfe von mehreren Beschleunigungssensoren wird die Stärke und Frequenz der mechanischen Schwingung (Vibration) gemessen und ausgewertet. Ein automatisches Auswertegerät gibt dann über eine LED-Anzeige den Zustand der Antriebsmechanik aus. Verschlechtert sich der Anzeigewert, kann rechtzeitig ein regulärer Produktionsstillstand genutzt werden, um den Antrieb instand zu setzen.

Aufgaben

1. Welche Prüffrist ist zu wählen, wenn verschiedene Vorgaben bestehen (z. B. DGUV Vorschrift und Versicherungsvertrag)?
2. Berechnen Sie den Mittelwert der Stichprobe 10 in Abb. 1, S. 584. Sind Maßnahmen erforderlich? Wenn ja, welche?
3. Gehören Schmelzsicherungen zu kritischen oder unkritischen Komponenten einer Fertigungsstation? Begründen Sie Ihre Antwort.

- Nach BetrSichV muss der Betreiber die Prüffristen selbst festlegen.

Schwingungsüberwachung

Rotierende Anlagenteile erzeugen Geräusche. Diese sind u. a. von der Drehzahl, dem Aufbau und Zustand der rotierenden Komponenten abhängig. Erfahrene Instandhalter konnten schon lange anhand der Geräusche auf den Zustand schließen. Hierzu verwendeten sie früher ein Hörrohr. Das Ergebnis war jedoch sehr subjektiv.

Spezifische Geräusche

Hat beispielsweise ein Wälzlager einen Schaden, so wird bei jedem Überfahren der Schadensstelle ein Stoß auf das Lager ausgeübt. Die Anzahl der Stöße je Lagerumdrehung unterscheidet sich danach, wo der Schaden auftritt (Innen-/Außenring oder Wälzkörper). Die Anzahl der Stoßimpulse je Umdrehung (und damit die Schwingungsfrequenz) ist daher abhängig

- vom Schadensort,
- der Drehzahl und
- der Anzahl der Wälzkörper.

Die Stärke der Schwingung (Lautstärke) ist vom Ausmaß der Schäden abhängig.

Messaufbau

Der Schwingungssensor ist fest mit dem Maschinengehäuse verbunden. Schwingungen des Antriebs werden auf den Sensor übertragen. Je nach Anwendungsfall kann es erforderlich sein, mehrere Sensoren in unterschiedlichen Richtungen zu installieren.

Auswertung

Die Auswerteelektronik erfasst die Schwingungen. Diese können in Bestandteile einzelner Frequenzen zerlegt werden (Fourieranalyse). Aus den auftretenden Frequenzen und ihrer Intensität wird ein Zustandswert errechnet und angezeigt.

Zustandsanzeige

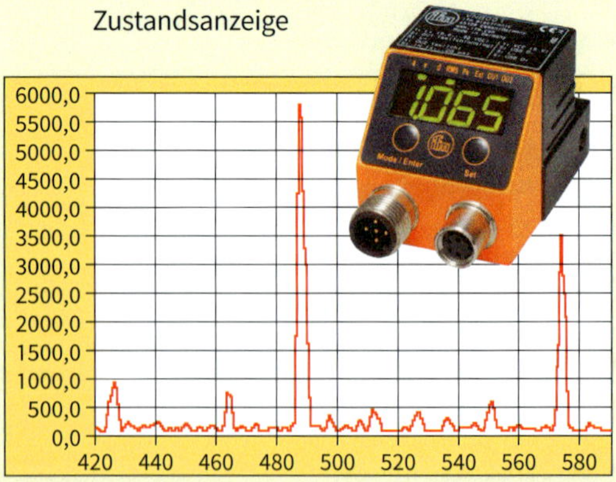

Frequenzspektrum

13.7 Optimieren des betriebswirtschaftlichen Nutzens

Mitarbeiter in Firmen wie der Blechservice KG haben ihren Arbeitsschwerpunkt meistens in der Entwicklung, Produktion und dem Vertrieb ihrer Produkte. Sie haben in der Regel nur einen geringen Bezug zu ihren technischen Anlagen. Dennoch sind die technischen Anlagen eine Grundvoraussetzung für das Funktionieren einer Firma. Die Mitarbeiter müssen sich daher auf die beauftragte Instandhaltungsfirma verlassen können.

In unserem Fall ist der Elektroniker der E-Test GmbH beauftragt, die Instandhaltung der elektrischen Anlage zu übernehmen. Er arbeitet stark **kundenorientiert** [*customer oriented*] und versucht daher eine technisch und **betriebswirtschaftlich** [*economic*] gute Instandhaltung anzubieten.

Dabei hat er das Ziel,

- bei gleicher Qualität die Instandhaltungskosten zu minimieren bzw.
- bei gleichen Instandhaltungskosten die Zuverlässigkeit der Anlagen zu erhöhen.

In seiner mehrjährigen Tätigkeit bei der Blechservice KG sind ihm besonders die USV-Anlage und die Sicherheitsbeleuchtungsanlage aufgefallen, die häufige und umfangreiche Serviceeinsätze erforderte.

Diese Anlagen hat er analysiert und schlägt folgende Änderungen vor.

13.7.1 USV-Anlage verbessern

Bisher galt für die USV-Anlage (Abb. 3) und die zugehörige Batterieanlage (Abb. 4) ein einjähriger Wartungszyklus. Die durchgeführten Arbeiten und Prüfergebnisse wurden in einem Formular dokumentiert (Abb. 2).

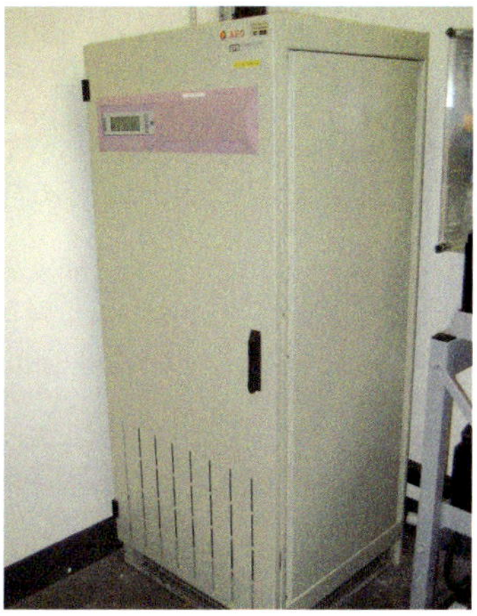

3: USV-Anlage

4: Batterieanlage

Beim Batterietest wird die Batterie von der USV getrennt. Anschließend wird jeder einzelne Batterieblock mit einem Widerstand belastet. Dabei wird die Blockspannung gemessen. Sie darf bei Belastung nur gering einbrechen.

Anlage: USV (Blechservice KG) Prüfer: P. Klee (E-Test GmbH)
Datum: 27.08.2019

	Wartungs-/ Prüfarbeiten	Ergebnis	Bemerkung
1	Sichtkontrolle (USV + Batterien)	OK	–
2	Reinigung von • Lüftern • Filtern • Batteriepolen	 OK OK OK	normale Verschmutzung, Filtermatten getauscht
3	USV auf Bypass (Netzbetrieb) stellen, Batterien von USV trennen Pole einzeln mit Widerstand belasten und Spannung prüfen	Fehler	Bei 3 Batterieblöcken bricht die Spannung bei Belastung ein. Bereits 2006 waren 2 Blöcke defekt und wurden getauscht. → komplette Batterieanlage muss getauscht werden
4	Funktionstest USV-Umschaltung	OK	–
5	Raumtemperatur messen	32°C	

Hinweis: Ein zuverlässiger Betrieb der Anlage ist erst nach Tausch der Batterieanlage möglich.
Eine detaillierte Fehleranalyse wird empfohlen!

Paul Klee — Unterschrift (Prüfer)

E. Wolde — Unterschrift (Kunde)

2: Prüfprotokoll der USV-Anlage

Beim Prüfen fällt auf, dass die Batteriespannung bei drei Blöcken unter Belastung stark einbricht. Diese Blöcke hätten bei Spannungsausfall nicht mehr ihre volle Energie liefern können. In den technischen Unterlagen sind die bisher drei Jahre alten Batterien als 10-Jahresbatterien beschrieben. Der Elektroniker ist daher überrascht, dass diese schon jetzt defekt sind. Da der gleiche Schaden bereits vor einem Jahr aufgetreten ist, informiert sich der Elektroniker beim Batteriehersteller über mögliche Ursachen.

Als Antwort bekommt er vom Batteriehersteller folgende Empfehlung:

⋮

Ist die Batterieanlage älter als 1 Jahr und sind einzelne Blöcke defekt, empfehlen wir den Austausch des gesamten Batteriestranges. Dies ist erforderlich, da sich die elektrischen Kenngrößen der einzelnen Blöcke mit dem Alter verändern. Einzelne Ersatzblöcke würden aufgrund veränderter Kenngrößen eine ungleichmäßige Spannungsaufteilung hervorrufen und zu weiteren Schäden führen …

Prüfen Sie, ob die Temperatur im Batterieraum 20°C deutlich übersteigt. Eine dauernde Temperaturerhöhung von +10°C halbiert die angegebene Lebensdauer von verschlossenen Bleiakkumulatoren (siehe Grafik).

Gebrauchsdauer als Funktion der Betriebstemperatur

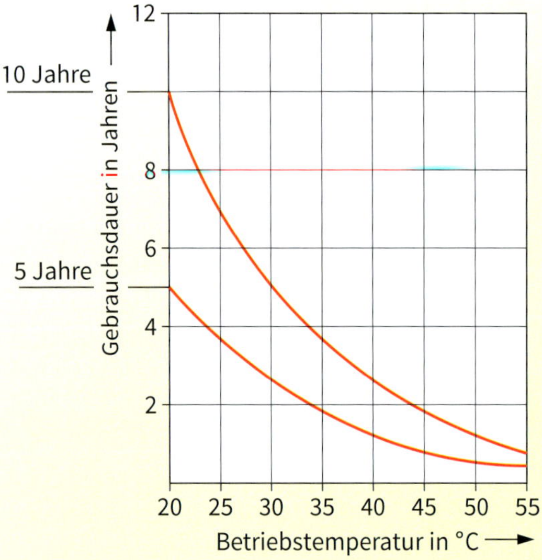

Mit freundlichen Grüßen

Battery Service GmbH

Aufgrund dieser Fachinformationen macht die Elektrofirma einen Verbesserungsvorschlag. Sie erläutert die Maßnahme, den technischen Nutzen und hat bereits einen **Angebotspreis** [*offer price*] kalkuliert.

- **Austausch der Batterieanlage**
  - → Wiederherstellung einer sicheren Stromversorgung
  - → Möglicher Schaden je Systemausfall 150 000 EUR

  Kosten: 3000,00 EUR

- **Installation einer Klimaanlage im Batterieraum**
  - → Vermeidung erneuter, vorzeitiger Batterieschäden (3000 EUR alle 2 Jahre)
  - → Sichere Stromversorgung

  Kosten: 2500,00 EUR

Als Sofortmaßnahme werden alle Batterieblöcke ausgetauscht. Batterieblöcke, die aufgrund der hohen Temperaturen schon Vorschädigungen haben, können dann zu keinem Anlagenausfall mehr führen.

Der gut begründete Verbesserungsvorschlag überzeugt den Geschäftsführer der Blechservice KG. Er plant die Kosten für das kommende Geschäftsjahr mit ein und beauftragt seine Servicefirma die vorgeschlagenen Änderungen durchzuführen.

Die Blechservice KG bestellt alle erforderlichen Komponenten, um den Auftrag termingerecht ausführen zu können. Nach Installation und Inbetriebnahme der Klimaanlage (Abb. 1) sowie Einstellung des Temperaturreglers herrscht im USV-Raum eine konstante Temperatur von 20 °C. Nach Angaben des Batterieherstellers ist nun mit einer vollen Ausnutzung der angegebenen Batterielebensdauer zu rechnen. Die jährliche Inspektion der Anlage wird wegen der hohen Wichtigkeit der Anlage beibehalten. Da aber die Instandsetzungskosten sinken werden (kein vorzeitiger Batterietausch), führt die Verbesserungsmaßnahme zu einer deutlichen Reduzierung der Instandhaltungskosten für die USV-Anlage.

Hinweis:
Für einen vollständigen Nachweis der Wirtschaftlichkeit sind auch Instandhaltungs- sowie Energiekosten der Klimaanlage zu berücksichtigen.

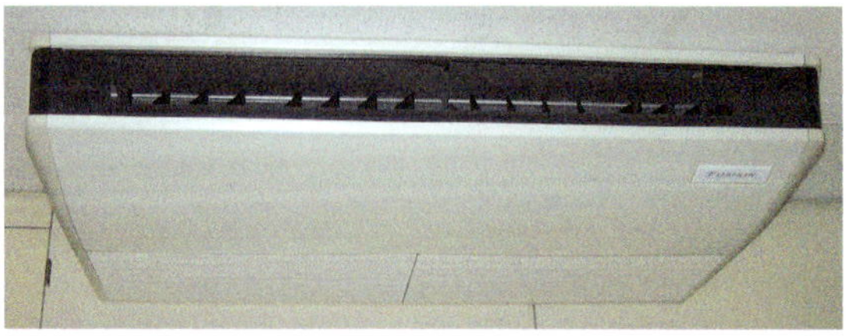

1: Decken-Klimagerät

13.7.2 Sicherheitsbeleuchtung verbessern

Für die Sicherheitsbeleuchtungsanlage ist ein wöchentlicher Funktionstest erforderlich. Hierzu wird am Zentralbatteriegerät (Abb. 2) ein Spannungsausfall simuliert, wodurch alle Sicherheits- und Rettungszeichenleuchten automatisch eingeschaltet werden. Die Anlage zeigt dann die Entladestromstärke der Batterie an. Diese ist abhängig von der Anzahl der angeschlossenen Leuchten. Liegt die **Entladestromstärke** *[discharge current]* unterhalb dem Messwert der Vorwoche, muss von defekten Leuchten ausgegangen werden. Um die defekte Leuchte zu finden, muss die gesamte Anlage abgegangen werden.

Da diese Messmethode jedoch Ungenauigkeiten enthält, kann erst durch Besichtigen jeder einzelnen Leuchte die vollständige Funktionsfähigkeit nachgewiesen werden.

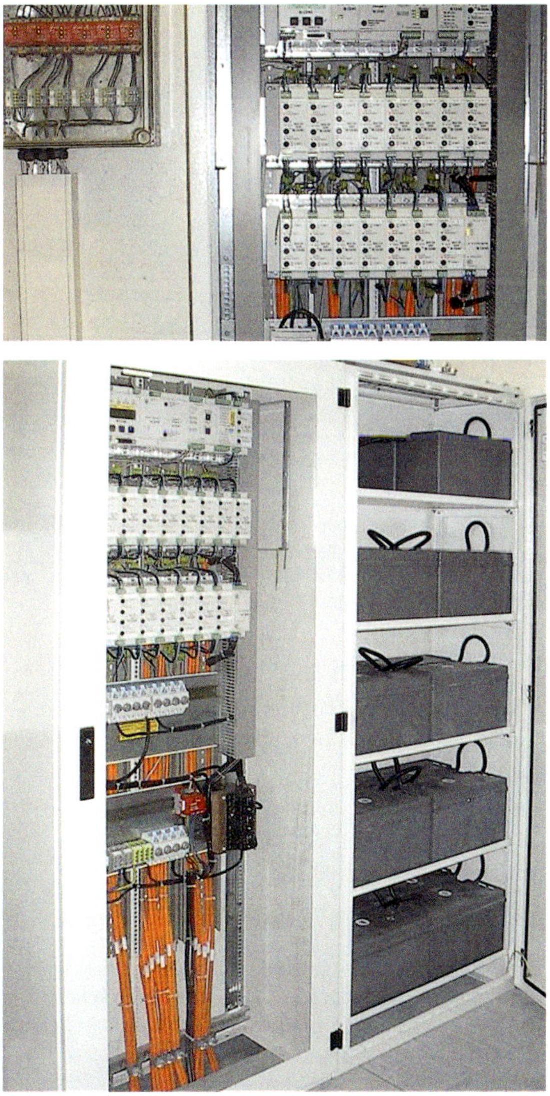

2: Zentralbatteriegerät mit verschlossenen Batterien

Der geschlossene Bleiakkumulator wird einer Sichtkontrolle unterzogen, da bei Unterschreiten eines Flüssigkeitsstandes der Elektrolyt nachgefüllt werden muss.

Diese Art der Instandhaltung ist teuer, denn sie erfordert

- die wöchentliche Anfahrt des Servicetechnikers und
- eine aufwändige Prüfung, Fehlersuche und Dokumentation (z. B. Abgehen aller Leuchten).

Die regelmäßigen Instandhaltungskosten für die Sicherheitsbeleuchtung sollen deshalb gesenkt werden. Hierbei darf jedoch keine Verschlechterung der Sicherheit entstehen. Für diese Aufgabe wird ein Berater einer Sicherheitsbeleuchtungsfirma hinzugezogen. Er analysiert die bestehende Anlage und erstellt gemeinsam mit der Installationsfirma ein Angebot.

Das bestehende Zentralbatteriegerät ist schon über 25 Jahre alt. Aufgrund der Erfahrung mit vergleichbaren Anlagen wird in Zukunft vermehrt mit Ausfällen gerechnet. Auch die Ersatzteilbeschaffung wird immer schwieriger. Daher wird ein Angebot zum Austausch der Sicherheitsbeleuchtungsanlage erarbeitet.

Dieser **Austausch** *[replacement]* gegen eine moderne Sicherheitsbeleuchtungsanlage bietet bezüglich der Instandhaltung folgende Vorteile:

- Automatischer, wöchentlicher Funktionstest
- Erkennung einzelner defekter Leuchten
- Verwendung moderner Leuchtmittel (Leuchtstofflampen, LEDs)
  - Geringerer Energieverbrauch
    ⇒ Kleinere, kostengünstigere Batterie
  - Längere Lebensdauer
- **Fernwartung** *[teleservice]* der Anlage
  ⇒ Geringere Servicekosten

Austausch

Der Austausch erfolgt in mehreren Schritten:

1. Bauliche Veränderungen (z. B. separater F30-gekapselter Raum)
2. Demontage und Entsorgung des alten Zentralbatteriegerätes und der alten Leuchten
3. Montage, Anschluss, Adressierung neuer Leuchten
4. Aufstellung, Anschluss und Inbetriebnahme des neuen Zentralbatteriegerätes
5. Inbetriebnahme von Kommunikationsdiensten (z. B. Fernwartung)

1. Bauliche Veränderungen

Da die Anlage bei der Modernisierung ausgetauscht wird, muss sie auch alle zur Zeit geltenden Anforderungen erfüllen. Diese betreffen z. B. die Anlagenfunktionen, bauliche Maßnahmen und Installationstechnik.

Die vorhandene Installation ist demnach zu prüfen und bei Bedarf nachzubessern.

Dies betrifft besonders den

- separaten F30-gekapselten Raum für die Sicherheitsbeleuchtungsanlage und die
- Kabelverlegung im Funktionserhalt

2. Demontage und Entsorgung

Vor der Demontage ist die Anlage vollständig außer Betrieb zu nehmen. Nach der Demontage sind alle alten Komponenten sachgerecht zu entsorgen. Für Elektroartikel gibt es besondere Anforderungen an die Entsorgung (z.B. Leuchtmittel, Batterien usw.).

3. Leuchten montieren

Für den Anschluss der neuen Leuchten können die bestehenden Leitungen verwendet werden, wenn sie nach heutigen Anforderungen korrekt ausgewählt und installiert sind. Bei Montage und Anschluss sind die herstellerspezifischen Angaben zu beachten. Um die Leuchten später erkennen und zuordnen zu können, muss an jeder Leuchte eine Adresse eingestellt werden (Abb. 1 ①). Eine Adresse kann in jedem Stromkreis nur einmal vergeben werden.

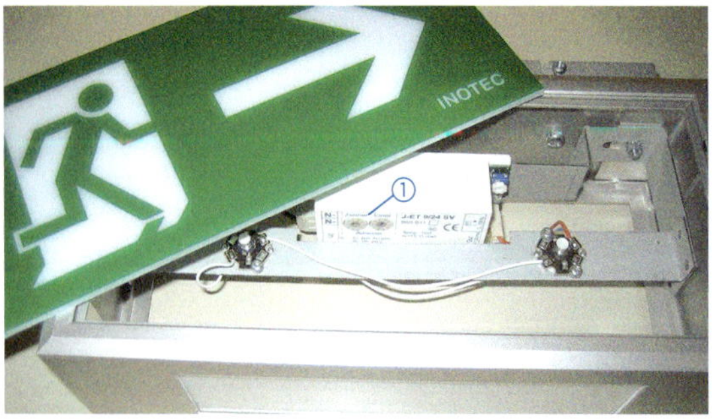

1: Rettungszeichenleuchte mit Adresswahl am Vorschaltgerät

4. Zentralbatteriegerät installieren

Nach Einführung und Anschluss aller Leitungen wird die neue Anlage (Abb. 2) in Betrieb genommen. Hierbei sind die Hinweise der **Bedienungsanleitung** [*instruction manual*] genau zu beachten. Lieferanten von Notlichtsystemen bieten auch an, die Inbetriebnahme nach fertiggestellter Installation durchzuführen.

Über das Bedienfeld ② können die Einstellungen der Anlage vorgenommen werden.

2: Neue Sicherheitsbeleuchtungsanlage

Mögliche Anzeige-/Bedienfunktionen sind:

- Statusmeldungen von Stromkreisen, Leuchten und Zentralbatterieanlage im Klartext ablesen
- Anlage und Leuchten parametrieren
- Funktionstest starten und überwachen
- Isolationstest durchführen
- Störungsliste auf PC laden oder drucken

Die neuen Batterien ③ befinden sich hier im gleichen Schaltschrank und werden temperaturüberwacht geladen. Diese **wartungsarmen** [*minimum-maintenance*] Batterien sind komplett **verschlossen**, sodass ein Entweichen des Elektrolyts nicht möglich ist. Somit entfällt auch das Nachfüllen bei Wartungsarbeiten.

5. Kommunikationsdienste in Betrieb nehmen

Im Schaltschrank der Zentralbatterieanlage befindet sich ein Kommunikationsmodul ④ (Abb. 3). Dieses verbindet die Zentralbatterieanlage mit dem firmeninternen Netzwerk. Zum Anschluss sind lediglich eine Netzwerkdose und ein Patchkabel erforderlich.

Im Netzwerk muss für die Zentralbatterieanlage eine Netzwerkadresse (IP-Adresse) reserviert werden. Diese einmalige Netzwerkadresse wird im Steuergerät der Anlage eingegeben.

3: Kommunikationsmodul

Eine Anlagenfernüberwachung ist jetzt möglich, indem die IP-Adresse in einen beliebigen Internetbrowser eingegeben wird. Nach Abfrage von **Benutzername** [*username*] und **Passwort** [*password*] wird der Status der Notlichtanlage angezeigt (Abb. 4). Es gibt dann z. B. die folgenden Bedienmöglichkeiten:

- Gerät blockieren/freigeben
- Funktionstest starten
- Reset auslösen

Neben den Bedienmöglichkeiten gibt es zahlreiche Informationen, die so an jedem PC mit Netzwerkzugang angezeigt werden können:

- Anlagenstatus (Betrieb, blockiert, Störung)
- Batteriespannung, Batterie(ent)ladestrom
- Dauer des letzten Batterietests
- Status der einzelnen Stromkreise (Abb. 4 ⑤) und Leuchten (Abb. 5 ⑥)

Wird auf einen der Stromkreise geklickt, erscheint ein separates Fenster, in dem der Status jeder einzelnen Leuchte angezeigt wird (Abb. 5). Ein weiterer Klick auf die einzelne Leuchte zeigt Details an. Dies sind z. B. Montageort oder Leuchtmitteltyp.

Hat eine Leuchte den letzten Funktionstest nicht bestanden, färbt sich die betroffene Leuchte bzw. das betroffene Stromkreismodul rot.

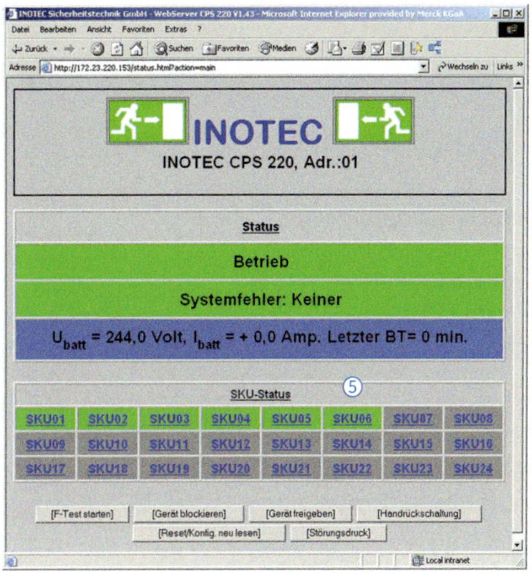

4: Fernanzeige des Anlagenstatus

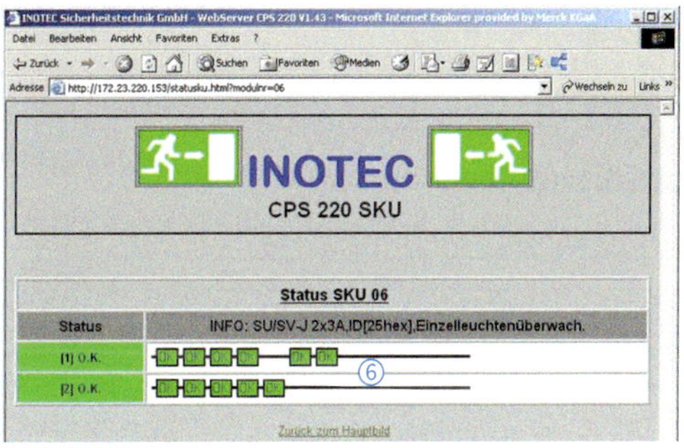

5: Fernabfrage des Leuchtenstatus

Aufgaben

1. Eine Batterie (Bemessungs-Lebensdauer acht Jahre) wird bei 25 °C betrieben. Wann ist mit einem Ausfall zu rechnen?
2. Welche baulichen Anforderungen müssen bei Erneuerung einer Sicherheitsbeleuchtungsanlage überprüft werden?
3. Nennen Sie drei Vorteile für die Instandhaltung einer fernüberwachten Notlichtanlage gegenüber der bisherigen Technik.

- Um den betriebswirtschaftlichen Nutzen zu erhöhen, muss einer Maßnahme (Investition) die langfristige Einsparung gegenüberstehen.
- Batterieanlagen erreichen ihre spezifizierte Lebensdauer nur bei konstanter Temperatur (20 °C).
- Eine funktionsfähige Sicherheitsbeleuchtungsanlage kann nur durch Besichtigen aller Leuchten oder automatische Selbsttests moderner Anlagen nachgewiesen werden.

Sie wird angewendet,

um Themen, Aufgaben, Probleme, Projekte, ... in einer hierarchiefreien Atmosphäre selbst organisiert, gemeinsam und zielgerichtet zu bearbeiten.

Das Ziel ist

eine möglichst vielfältige, breite und effektive Beteiligung der Gruppenmitglieder unter Berücksichtigung ihrer Bedürfnisse und Interessen.

Welche **Aufgaben** haben Moderatorinnen und Moderatoren?

Strukturieren durch
- Themen akzentuieren
- Medien einsetzen
- Zeiten festlegen
- Vorgehen festhalten
- ...

Ergebnisse sichern durch
- Ideen sammeln
- Lösungen festhalten
- Maßnahmen ergreifen
- Beschlüsse festhalten
- ...

Konsens herbeiführen durch
- Vorschläge unterbreiten
- Meinungen hervorrufen
- Kritik verdeutlichen
- Differenzen aufzeigen
- Widerstände benennen
- ...

Teilnehmer/innen beteiligen durch
- Ziele festlegen
- Arbeitsklima optimieren
- mitbestimmen lassen
- Mitarbeit
- Motivation
- ...

Welche Hilfsmittel werden verwendet?
Pinwand, Papier (ca. 125 x 150 cm), Filzsti-e, Karten

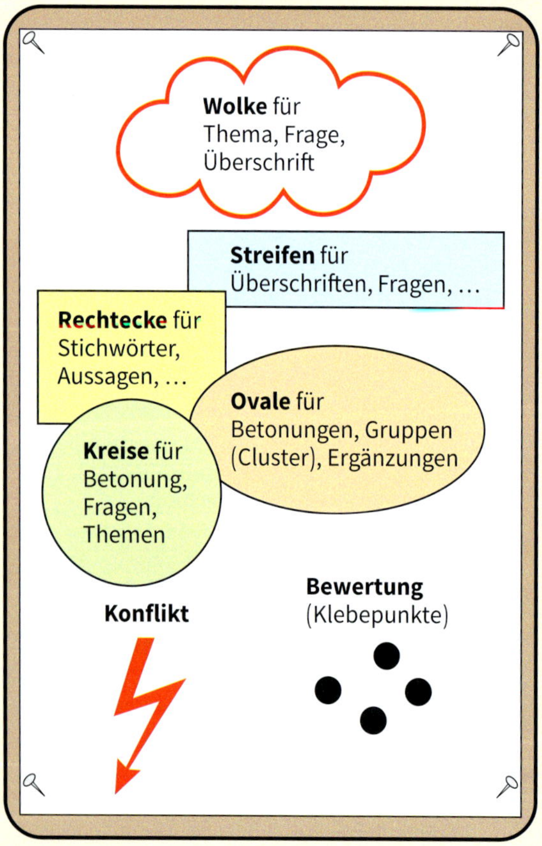

Regeln: Große Schrift, wenig Text, Farbe als Bedeutungsträger

Wie läuft eine Moderation ab?

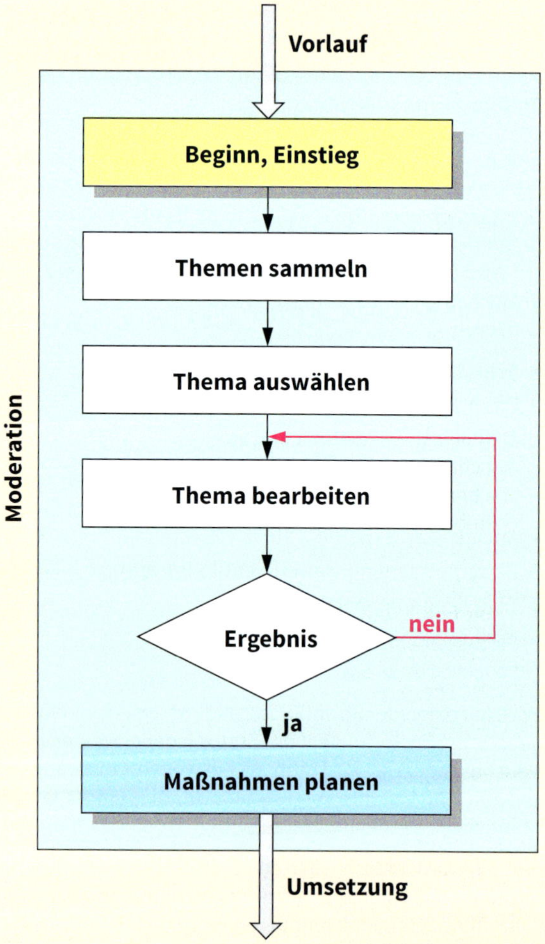

Was ist ein Projekt?

Es ist
- **einmalig** und
- zeitlich (Anfang und Ende), finanziell und personell **begrenzt**.

Es hat
- einen **Auftraggeber** und
- eine **Zielvorgabe**.

Es
- lässt sich gegenüber anderen Aufgaben bzw. Vorhaben **abgrenzen**,
- unterscheidet sich von üblichen Routineaufgaben,
- wird in der Regel für **komplexe Problemlösungen** verwendet und
- bedarf während des Ablaufs **projektspezifischer Organisationsformen** und **Organisationsstrukturen**.

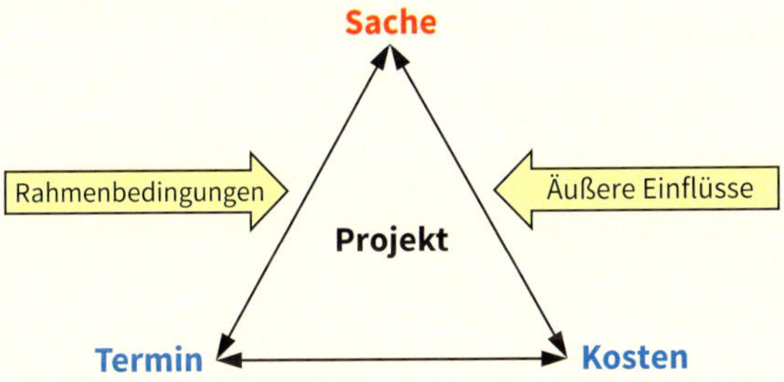

Welche Fragen sollten bei der Planung beantwortet werden?

- **Was** muss getan werden, um das Projektziel zu erreichen?
- **Wann** müssen die Aufgaben erledigt werden?
- **Wie** groß ist der Aufwand an Ressourcen?
- **Wer** erledigt **welche** Aufgaben?
- **Wo** können bei der Durchführung Risiken auftreten?
- **Womit** ...

Beispiel für einen Projektplan (Auszug)

Merkmale:
- Detaillierte Auflistung der Teilaufgaben mit Anfang, Abschluss und Dauer.
- Die benötigte Zeit wird beispielsweise durch Balken (hier blau) visualisiert.

Welche Projektphasen gibt es?

1 Analysieren, entscheiden und planen

- Absprache mit dem Auftraggeber
- Prüfen auf Wirtschaftlichkeit und Machbarkeit
- Festlegen der Vorgehensweise

⇨ Das Ziel und der Weg werden festgelegt.

2 Realisieren, bearbeiten

- Ziele werden schrittweise umgesetzt.
- Projektleiter steuert, koordiniert und kontrolliert

⇨ Projekt wird durchgeführt, Ziel wird erreicht.

3 Beenden und auswerten

- Das Ergebnis wird überprüft (Soll-Ist-Vergleich), dokumentiert und abgenommen.
- Erworbenes Wissen wird gefestigt.

⇨ Bewertung des Projektergebnisses

	Aufgabe	Anfang	Abschluss	Dauer	Februar 2008										
					14	15	16	17	18	19	20	21	22	23	24
1	Baustelleneinrichtung	14.02.2008	14.02.2008	4 h	■										
2	Überprüfung des Netzes	14.02.2008	15.02.2008	1 d 4 h	■	■									
3	Materialanlieferung	15.02.2008	16.02.2008	2 d		■	■								
4	Montage des Verteilers	19.02.2008	19.02.2008	1 d						■					
5	Installation der Leitungen	19.02.2008	23.02.2008	5 d						■	■	■	■	■	
6	...														

Was versteht man unter Projektmanagement?

Es ist die Gesamtheit von
Führungs-
aufgaben,
organisationen,
techniken und
mitteln
für die Abwicklung eines Projekts.

Hauptaufgaben

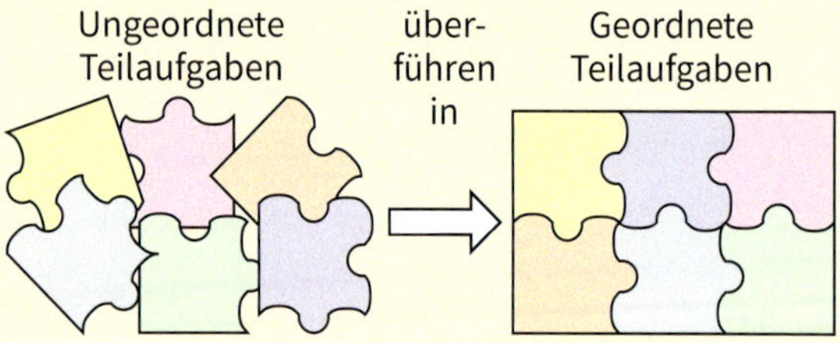

- Projektablauf strukturieren, transparent und jederzeit nachvollziehbar gestalten
- Risiken abschätzen
- Steuernd eingreifen
- Qualitätsstandards überwachen
- Projektteams optimal einsetzen
- Konflikte in den Projetteams lösen
- Ständig Ist-Zustand mit Soll-Zustand vergleichen

Aufgaben in einzelnen Projektphasen

- Aufnehmen der Projektanforderungen
- Analyse des Ist-Zustandes
- Auswerten der Daten

- Festlegen der Umsetzungsstrategie
- Planen der Termine
- Begleiten der Projektdurchführung
- Unterstützen bei Problemen und Fehlern

- Erstellen der Dokumentation
- Übergabe des Projektergebnisses

Projektstruktur (Beispiel)

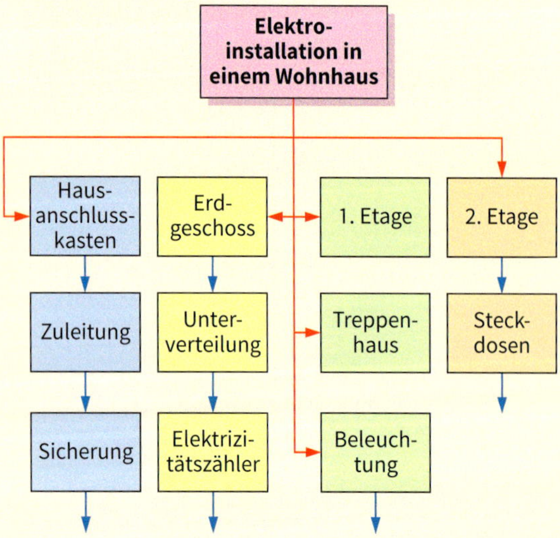

Phasenmodell für Projekte

(Wasserfallmodell)

Das Projekt wird in zeitlichen Stufen nacheinander bis zum Ende bearbeitet.

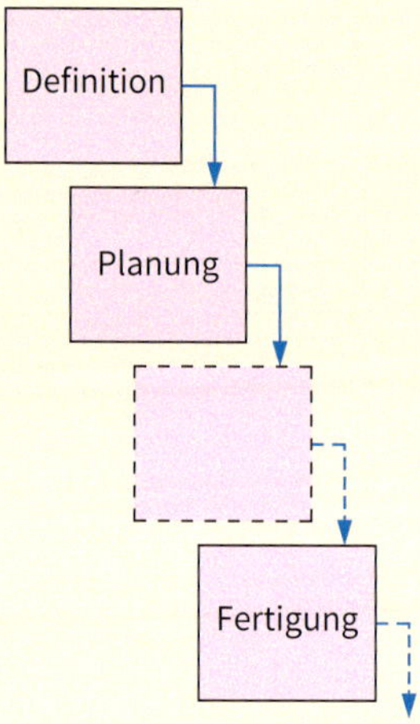

Wenn es innerhalb eines Projektes zu Problemen kommt, muss die Planung verändert werden (Rückführung, revolvierender Ablauf).

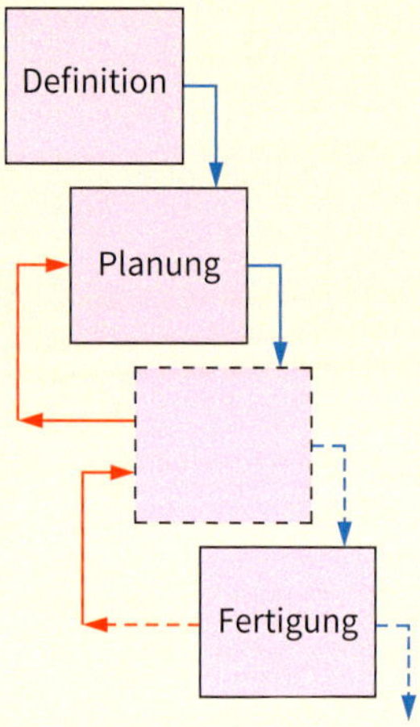

Software-Hilfen für das Projektmanagement

Software zur/zum

- **Strukturplanung**
  - Netzpläne
  - Balkenpläne
  - Ablaufpläne
  - …
- **Ressourcenverwaltung**
  - Mitarbeiter, Maschinen, Räume
  - Zuordnung der Aufgaben
  - Erfassung des Projektfortschritts
  - …
- **Controlling**
  - Überwachung der Mittel (Buchhaltung)
  - vorausschauende Kostenplanung
  - …
- **Qualitätssicherung**
  - Qualitätsstandard
  - Kontrolle und Überwachung
  - …
- **Risikoanalyse**
  - Soll-Ist-Vergleich
  - Problemfelder
  - …
- **Dokumentation und Präsentation**
  - Textverarbeitung
  - Tabellenkalkulation
  - Grafik
  - …
- **Telekommunikation**
  - E-Mail
  - Datenfernübertragung
  - …

Welchen Sinn hat mein Arbeitsplan?

- Gibt einen guten Überblick über die zu erledigenden Aufgaben
- Bevorstehende Aufgaben und die erforderliche Zeit werden festgehalten
- Ermöglicht effektives Einteilen der zur Verfügung stehenden Zeit
- Planungsgrundlage: „Vom Groben zum Feinen planen!"

Dinge, die ich bei der Planung beachte!

Tagesplan verwenden	– Vorhaben nicht nur langfristig planen, sondern abends einen Arbeitsplan für den nächsten Tag aufstellen.
Arbeitsunterbrechungen vermeiden	– Arbeit delegieren – „Nein" sagen – Besprechungen gut vorbereiten – Klare Ziele festlegen
Ziele und Aufgaben definieren	– Was möchte ich erreichen? – Was möchte ich vermeiden? – Zeitbedarf abschätzen – Keine Zeit mit Nebensächlichkeiten vertrödeln.
Schriftlich planen	– Der Arbeitsplan zeigt auf einen Blick, was wann erledigt werden muss.
Persönliche Leistungskurve beachten	– Den Tag so planen, dass die wichtigen Aufgaben in den effektiven Tageszeiten erledigt werden, z. B. zwischen 8.00 und 12.00 Uhr.
Prioritäten setzen	– Nach Bedeutung und Dringlichkeit planen – Entscheiden, was zuerst erledigt werden muss. – Was kann warten? – Was kann delegiert werden?
Pufferzeiten einplanen	– Unverplante Zeitreserven über den Tag verteilen – Reserven für unvorhergesehene Aufgaben schaffen
Positiv denken	– Arbeitstag positiv beginnen – Sich selbst motivieren – Arbeitstag positiv beenden
Konsequent bleiben und die Zeit nutzen	– Regeln konsequent einhalten – Effektiv, erfolgreich und stressfrei arbeiten „Stress macht krank"

Planungsprinzipien

- **Wichtigkeits-Dringlichkeits-Prinzip**
  Aufgaben den verschiedenen Kategorien (z. B. A2) zuordnen.

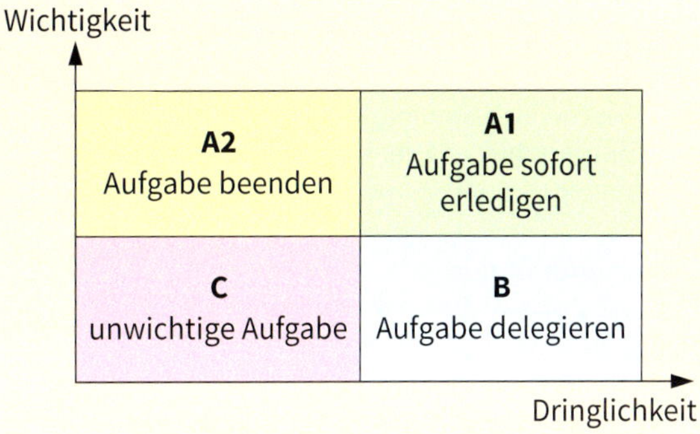

A1-Aufgaben: Aufgaben sofort und selbst erledigen
A2-Aufgaben: Aufgaben unbedingt beenden
B-Aufgaben: Aufgaben delegieren
C-Aufgaben: unwichtige Aufgaben

- **Sofort-Prinzip**
  Aufgaben nicht unnötig hinauszögern, da sie sonst mehr Zeit verschlingen als alles andere!

Alle Aufgaben, die weniger als 5 Minuten beanspruchen, sofort bearbeiten.

Aufgaben, die nicht sofort erledigt werden, sollten jedoch einen Bearbeitungs-/Fertigstellungstermin bekommen.

Beispiel für einen Zeit- und Arbeitsplan

Tätigkeit	Priorität	Zeit	Bemerkung
Baubegehung mit Herrn und Frau Klein	1	2 h	Pläne mitnehmen
Gespräch mit Herrn Berger	2	1 h	Lieferkonditionen
Angebot für Frau Schneider erstellen	1	1 h	per E-Mail verschicken
Tagesbestellungen erledigen	1	0,5 h	nach Absprache mit Herrn Bernd
Zeitpuffer		1 h	

1: hoch   2: mittel   3: niedrig

Wie empfange ich Nachrichten?

Kommunikationsbeispiel

Der Meister sagt zum Auszubildenden bevor dieser mit dem Gesellen zur Montage einer Satellitenantenne losfährt: *„Aber auf dem Dach anschnallen!"*

Meister sendet → Auszubildender empfängt

Je nach Vorerfahrungen mit dem Auszubildenden, den vorherrschenden Stimmungen usw. kann diese Nachricht auf verschiedene Weise vom Auszubildenden aufgenommen (decodiert) werden:

Als

- **Sachinformation**
  (Erinnerung an die Gefährlichkeit)
- **Appell**
  (Aufforderung, dass auf jeden Fall Sicherheitsmaßnahmen einzuhalten sind)
- **Selbstoffenbarung**
  (Ausdruck von Sorge und Angst, damit nichts passiert; der Meister teilt dabei etwas über sich selbst mit)
- **Beziehungsbotschaft**
  (Verantwortung und Fürsorgepflicht; der Meister fühlt sich für meine Gesundheit verantwortlich)

Vier-Ohren-Modell

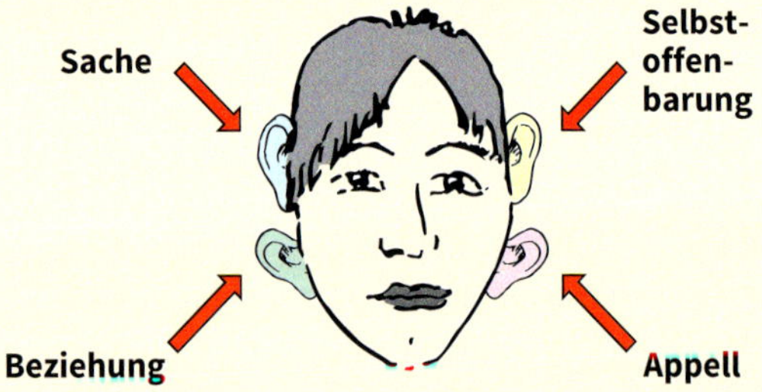

Ergebnis:
Je nach Absicht des Senders können die verschiedenen Aspekte unterschiedlich stark in Erscheinung treten (codiert sein) bzw. wahrgenommen werden (Schulz v. Thun).

Ich beachte Gesprächsregeln

- Zuerst überlegen, dann Sprechen
- Beim Thema bleiben, nicht abschweifen
- Richtig nachfragen
- Antworten genau und präzise formulieren
- Fehler zugeben
- Keine Killerphrasen verwenden (z. B. „Das wird nicht funktionieren, … das haben wir schon immer so gemacht, …)
- Ich-Botschaften einfügen (z. B. „Ich habe das noch nicht verstanden, …)
- Das „Verstandene" überprüfen (z. B. „Habe ich Sie richtig verstanden, dass …)
- Offenheit zeigen
- Anstand wahren
- Positive Ausdrücke verwenden
- Ärger nicht zeigen, unterdrücken (evtl. als Ich-Botschaft ausdrücken: „Ich ärgere mich über …")
- Ich atme ruhig und mache Pausen zwischen den Sätzen.
- Ich spreche laut, deutlich und betone wichtige Aspekte.
- Mein Sprechtempo ist der Situation angemessen.
- Meine Körperhaltung ist aufrecht locker und entspannt.
- Ich benutze in geeigneter Weise meinen Körper zur Unterstützung der Sprache (**Körpersprache**).

So nicht:

Kommunikationsmodell

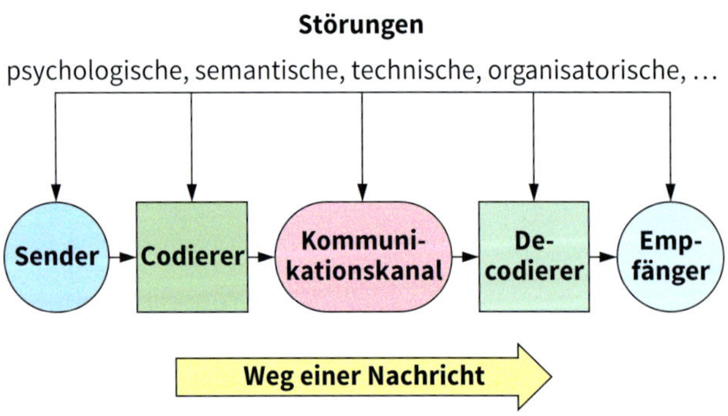

- Die Nachricht geht vom **Sender** aus und ist codiert.
- Auf dem Weg zum **Empfänger** können „Störungen" die Nachricht verändern.
- Die Nachricht enthält sprachliche und nichtsprachliche (nonverbale) Anteile.
- Der Empfänger **decodiert** die Nachricht entsprechend seiner Wahrnehmung (mit seinem eigenen „Vorrat" an Decodiermöglichkeiten).
- Eine ungestörte Kommunikation kann nur dann stattfinden, wenn Sender und Empfänger den angewendeten Code aufeinander abstimmen.

Was versteht man unter Wissensmanagement?

- Ein effektives Erschließen und Übertragen von Wissen.
- Ein bewusster, systematischer und effektiver Umgang mit Wissen.

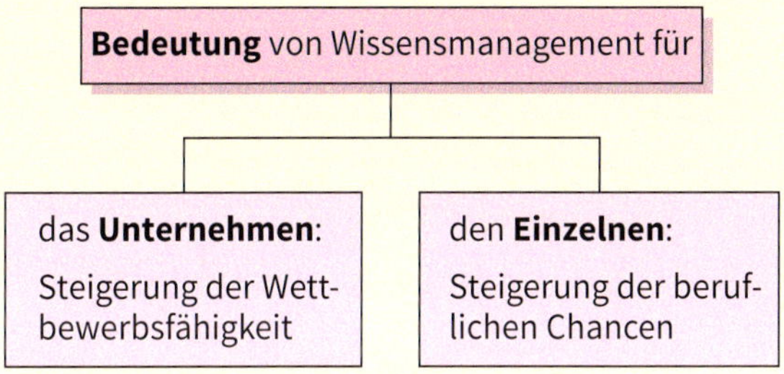

Wie entwickle ich ein eigenes Wissensmanagement?

- **Bewusst vorgehen**

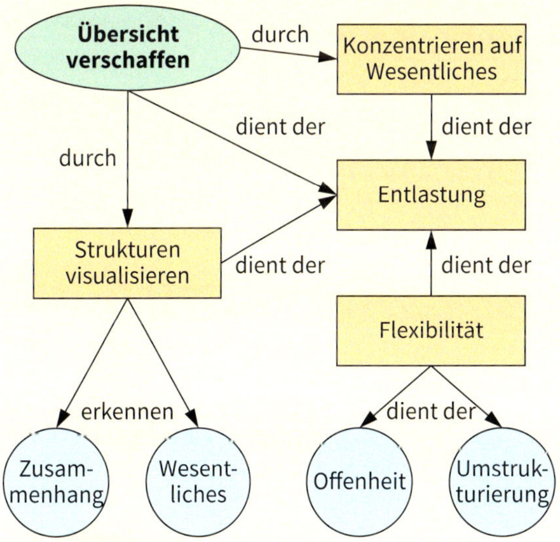

- **Leitfragen stellen**

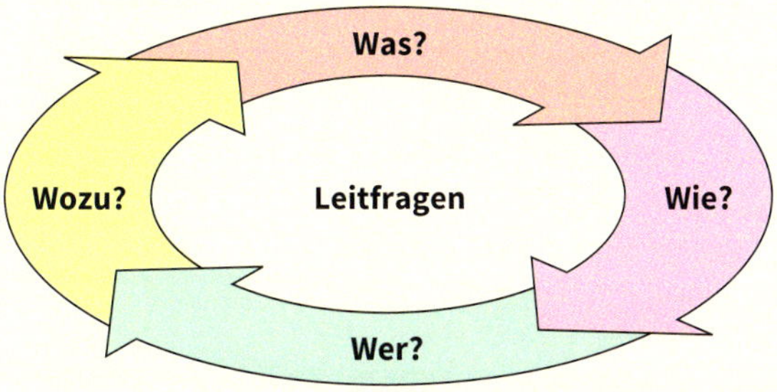

- **Zusammenhänge verstehen**

Nur was ich verstanden habe, kann ich schreiben.

Nur was ich beschreiben kann, kann ich verändern.

Wissensmanagement als Regelkreis

- Ausgegangen wird von der Zielsetzung (Soll-Wert) ①.
- Diese Ziele beeinflussen den Wissenserwerb, die Entwicklung von Wissen und die Verteilung von Wissen ②.
- Die Ergebnisse, Strategien und Prozesse müssen bewahrt (gespeichert) werden ③.
- Bei allen diesen Vorgängen kommt es zu Rückwirkungen ④.
- Ergebnisse, Strategien und Prozesse müssen ständig bewertet werden ⑤.

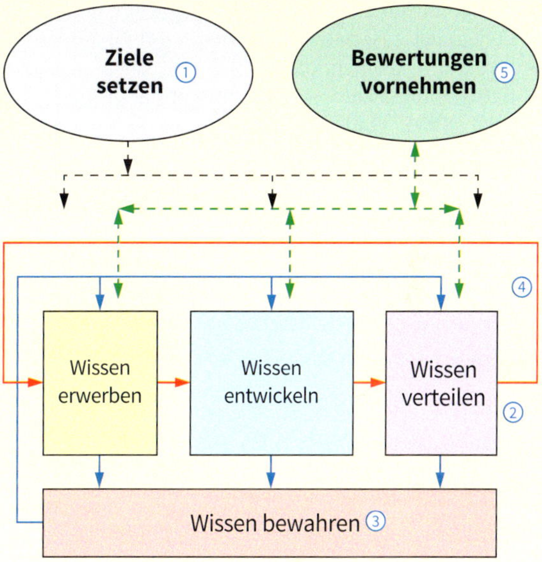

⇒ Wissensmanagement ist nicht statisch, sondern dynamisch und verändert sich ständig.

Wissen erwerbe ich durch

- Beschaffen von Informationen aus unterschiedlichen Quellen (Voraussetzung von Wissen)
- Datenbank-, Web-, Literaturrecherche
- Rückgriff auf Expertenwissen
- Kooperation

Wissen entwickle ich durch

- Entfalten noch nicht bestehender Fähigkeiten
- Kreatives Vorgehen
- Systematisches Problemlösen
- Kommunikation
- Weiterbildung

Wissen verteile ich durch

- Teilen und Mitteilen
- Veröffentlichen
- Netzwerke

Wissen bewahre ich durch

- Auswählen
- Überprüfen
- Aktualisieren
- Reorganisieren
- Speichern in effektiven Strukturen und Systemen

Was bedeutet Visualisierung?

- Abstrakte Zusammenhänge werden durch grafische bzw. visuell erfassbare Formen veranschaulicht.
- Visualisierung kann man als eine „optische Sprache" auffassen.
- Sprachaussagen werden anschaulicher und verständlicher.
- Zusammenhänge werden deutlicher.
- Kernaussagen treten klarer hervor.
- Redeanteil lässt sich verkürzen.
- Struktur wird erkennbar.
- Bilder können komplexe Zusammenhänge auf „einen Blick" verdeutlichen.

Mittel

Text	Zur Umsetzung der Sprache
Tabelle	Zur Ordnung der Zahlen
Bild	Zur Veranschaulichung von Beziehungen
Schaubild, Diagramm	Zur Klärung von Strukturen und Abhängigkeiten
Symbole	Zur Reduzierung auf das Wesentliche

Anordnung und Gestaltung

- **Reihung**
  Themenstruktur wird verdeutlicht.

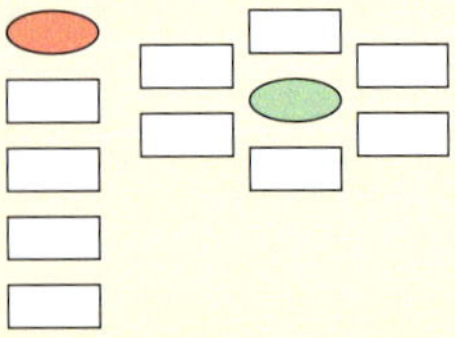

- **Betonung**
  Der Schwerpunkt tritt deutlich hervor.

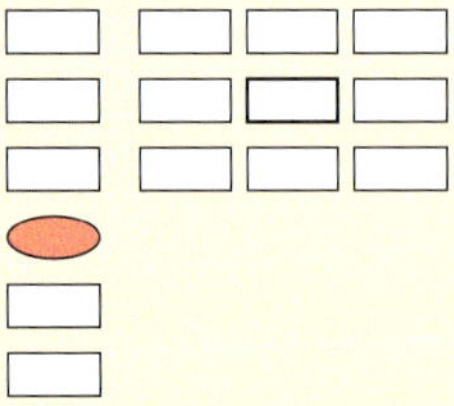

- **Rhythmus**
  Zusammenhänge werden klar.

- **Ballung und Streuung**
  Bearbeitungsschwerpunkte treten hervor.

Elemente

Schrift	**Rechtecke**
Farbe	**Streifen**
Punkte	**Kreise**
Linien	**Ovale**
Pfeile	**Wolken**

Schrift

Möglichst nur zwei Schriftgrößen verwenden.	Filzstifte mit Breitseite benutzen.
Groß- und Kleinbuchstaben verwenden.	Schriftblöcke bilden.
Stichwort statt Satz	Nicht dünn schreiben.
Text sollte aus ca. 8 m Entfernung noch lesbar sein.	Unterschiedliche Farben mit entsprechender Bedeutung verwenden.
Freie Flächen einplanen.	Maximal 3 – 4 Zeilen pro Karte eintragen.

Regeln

- Zuhörer müssen alle Materialien gut sehen und Texte gut lesen können, eventuell Sitzordnung ändern.
- Materialien zielgerichtet einsetzen.
- Wirkung der Materialien bedenken (Pausen zum Betrachten einplanen).
- Texte übersichtlich und gut lesbar gestalten (Größe, Form, Farbe, Druckbuchstaben). Weniger ist oft mehr!
- Innere Ordnung muss durch Überschriften und Textanordnung deutlich werden.
- Dramaturgie durch geeignete Reihenfolge der Elemente herstellen.
- Verbale Aussagen mit bildhaften Darstellungen verknüpfen.
- Blickkontakt während des Medieneinsatzes herstellen.
- Wenn Medien nicht mehr benötigt werden, diese entfernen.

Was beachte ich bei Texten?

- Folie in Querformat einrichten.
- Folie nicht bis zum Rand beschriften.
- Textumfang begrenzen (nicht mehr als acht Informationseinheiten).
- Etwa sechs Wörter pro Zeile verwenden.
- Schriftgröße soll aus der Entfernung gut lesbar (z.B. 20 pt) sein (im Beispiel: Überschrift 36 pt ①, Teilüberschrift 28 pt ②, Text 20 pt ③).
- Genügend großen Zeilenabstand (mindestens 1,5 pt) verwenden.
- Geringe Anzahl von Schriftgrößen (3), Schriftarten, Schriftstile (Fett ①, ②, Kursiv ③, …) und Schriftfarben verwenden.
- Gliederungen (z. B. Punkte) einfügen.
- Gliederungen ④ für besondere Hinweise spärlich einsetzen.

Wozu und wie verwende ich Zeichnungs- und Grafikobjekte?

- Zeichnungsobjekte veranschaulichen.
- Auf einer Folie wenige Formen von Zeichnungsobjekten (z.B. Kreis, Rechteck, Pfeil) einsetzen ⑤.
- Füllfarben und Rahmenfarben entsprechend ihrer Bedeutung einsetzen (zB. ist Rot eine Signalfarbe ⑥).
- Füllfarben nur mit geringer Sättigung (blasse Farben) einsetzen, wenn sich Texte in den Zeichnungsobjekten befinden.
- Fülleffekte sparsam einsetzen (Farbverlauf ⑦, Struktur, …).
- Räumlichkeit durch 3D-Ansicht verdeutlichen ⑧.
- Räumlichkeit durch Überlappungen andeuten ⑨.
- Objekte gruppieren, um sie gemeinsam zu bearbeiten.
- Objekte automatisch ausrichten (z.B. an Führungslinie).
- Farbe von Folienhintergründen mit den Farben der Objekte abstimmen (dunkle Hintergründe bei Projektion, helle Hintergründe für den Ausdruck).
- Bilder oder ClipArts importieren und sinnvoll einfügen.

Wie stelle ich Strukturen, Abläufe und Zahlen dar?

- Sinnvolle Organigramme, Flussdiagramme und Ablaufdiagramme einsetzen ⑩ .
- Diagramme selbst erstellen bzw. Vorlagen verändern.
- Strukturen, Richtungen und Abläufe durch Linien und Pfeile verdeutlichen ⑪.
- Zahlen in Tabellen durch Diagramme verdeutlichen.
- Geeignete Diagramme auswählen (Säulen- ⑫, Balken-, Linien- oder Kreisdiagramme ⑬).
- Diagramme aus Tabellenkalkulationsprogramm einfügen.

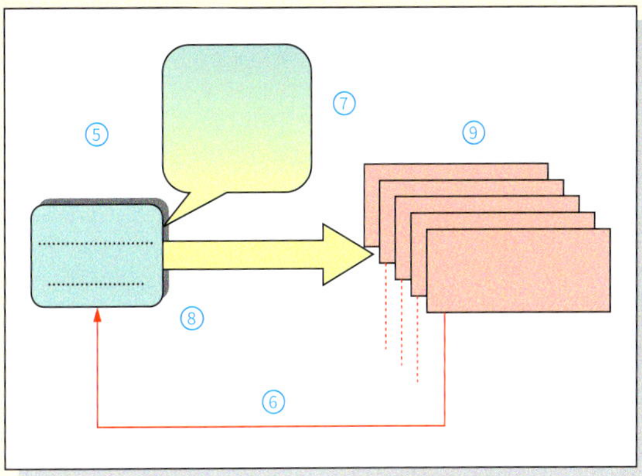

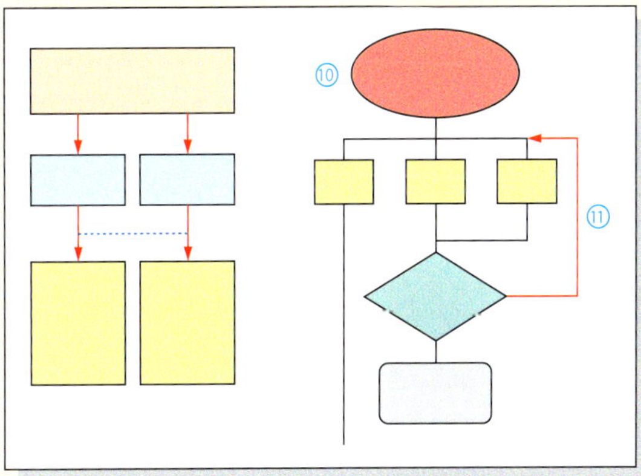

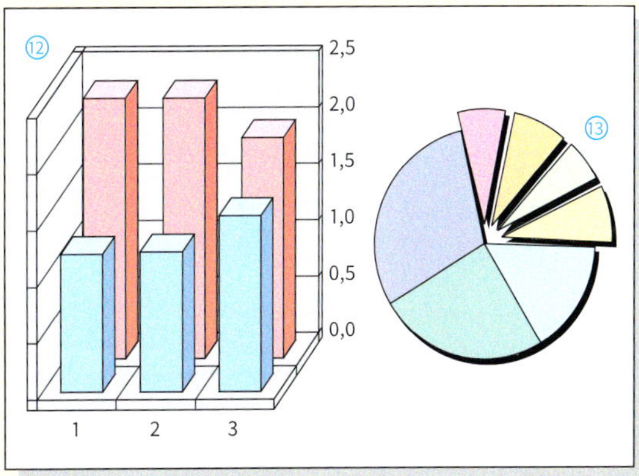

Ich verwende ein **Foliendesign** mit geeigneter/m

- **Entwurfsvorlage** ①
- **Farbschema** ②
- **Animationsschema** ③

Ich gestalte **Folienübergänge** ④ sinnvoll.

Ich erstelle eventuell eine **Benutzerdefinierte Animation** ⑤

Ich verwende ein **Folienlayout** ⑥, das für den **Text** und **Inhalt** besonders geeignet ist.

- **Entwurfsvorlage** ①
  Sie enthalten Platzhalter für Objekte, farbige Hintergründe, grafische Objekte,...die verwendet, geändert oder durch eigene Objekte ersetzt werden können.
- **Farbschema** ②
  Ein Farbschema besteht aus Farben, die im Design der Folie verwendet werden.
  Beispiele: Farben für Hintergrund, Text und Linien, Schatten, Titeltext, Füllbereiche, Akzente und Hyperlinks.
  Das Farbschema einer Präsentation wird durch die angewendete Entwurfsvorlage bestimmt.
- **Animationsschema** ③
  Hiermit erreicht man einen dynamischen Aufbau/Abbau von Objekten (Objekte können „laufen"). Die Effekte können durch Klang ergänzt werden.
  Beispiele: Den Text buchstaben- oder zeilenweise einblenden, rotieren, verblassen, rollen, auflösen, aufsteigen, absteigen, … lassen.
- **Folienübergänge** ④
  Hiermit wird der Effekt bestimmt, mit dem die aktuelle Folie ausgeblendet und die nächste eingeblendet wird.
  Beispiele: Überdecken (von oben, unten, rechts), direkt, auflösend, schieben (von links, rechts, ...), kreisförmig, diagonal, …
- **Folienlayout** ⑥
  Um ein einheitliches Erscheinungsbild der Präsentation zu gewährleisten, sollten wiederkehrende Elemente (Folienhintergrund, Überschrift, Schriftart, Logos, …) in gleichem Aussehen erscheinen.

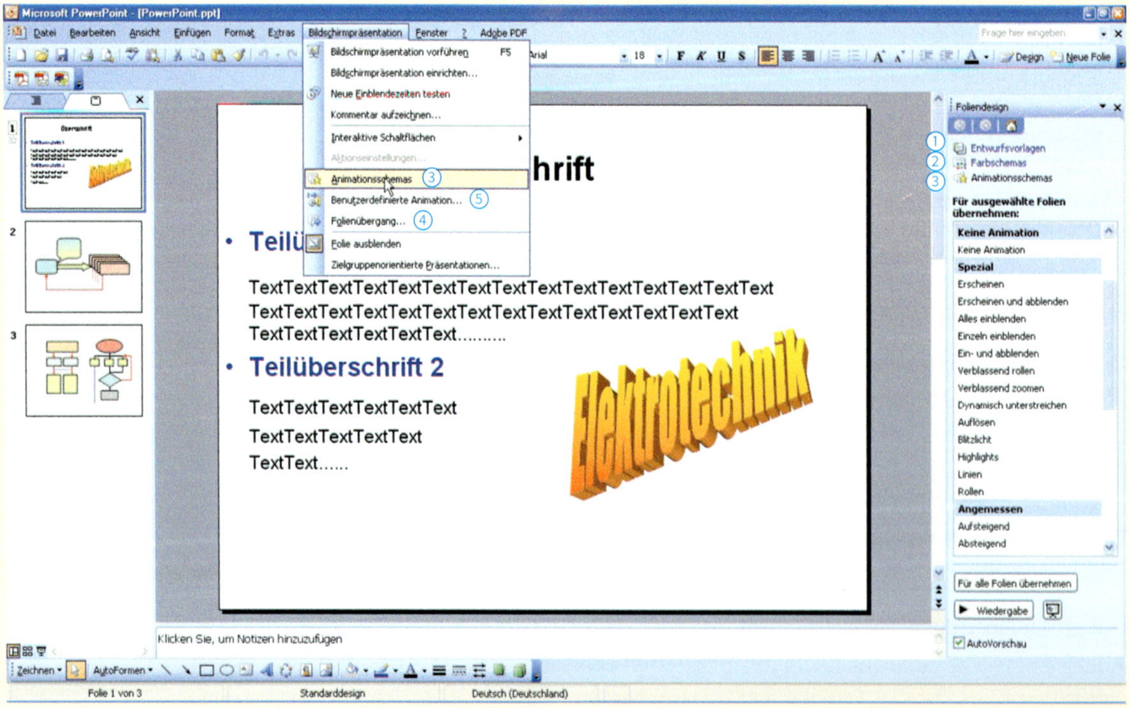

Für die Beschaffung von Material für Montageaufträge oder Ersatzteile gibt es verschiedene Möglichkeiten.

Je nach erforderlicher Lieferzeit und Häufigkeit der Ersatzteilanforderung werden Ersatzteile in einem firmeneigenen Lager gehalten oder individuell und auftragsbezogen bestellt.

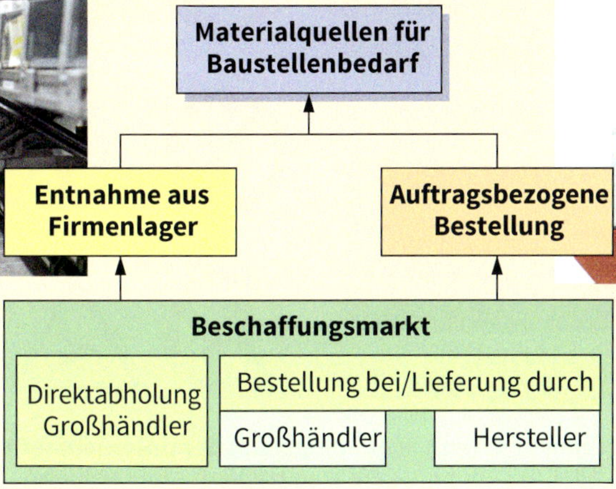

Das Unternehmen ist bestrebt, den Wert der gelagerten Ware möglichst gering zu halten. Für die eingelagerte und schon bezahlte Ware muss der Firmeninhaber entweder selbst oder über Kredite Geld bereitstellen.

Firmeneigene Lager

Vorteil:
- Ersatzteile schnell verfügbar

Nachteile:
- Kapitalbindung
- Platzbedarf
- aufwändige Lagerorganisation

Das Material wird entweder direkt vom Hersteller oder von einem Großhändler bezogen. Um günstige Einkaufspreise zu erzielen, wird häufig die Exklusivbeschaffung über einen Großhändler vereinbart.

Auftragsbezogene Materialbeschaffung

Vorteile:
- geringe Kapitalbindung
- kein Aufwand für Lagerorganisation
- Platzbedarf nur für Anlieferung

Nachteile:
- Lieferzeit
- bei eiligen Artikeln höhere Preise

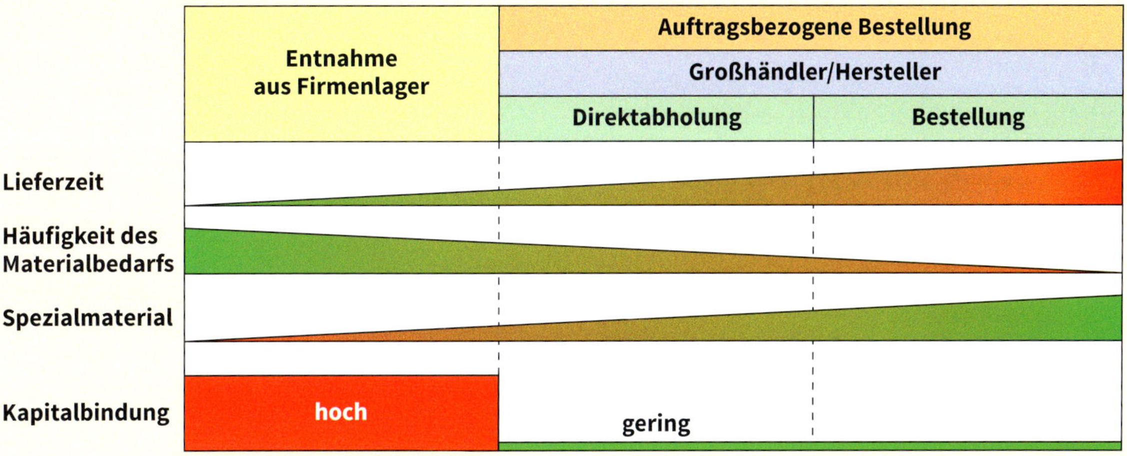

Welche Bedeutung haben die verwendeten Farben?

Verbotszeichen rot-schwarz
Verbot
Halt, Achtung

Warnzeichen gelb-schwarz
Gefahr
Vorsicht

Gebotszeichen blau-weiß
Gebot
Hinweis

Rettungszeichen grün-weiß
Erste Hilfe
Gefahrlosigkeit

Beispiele:

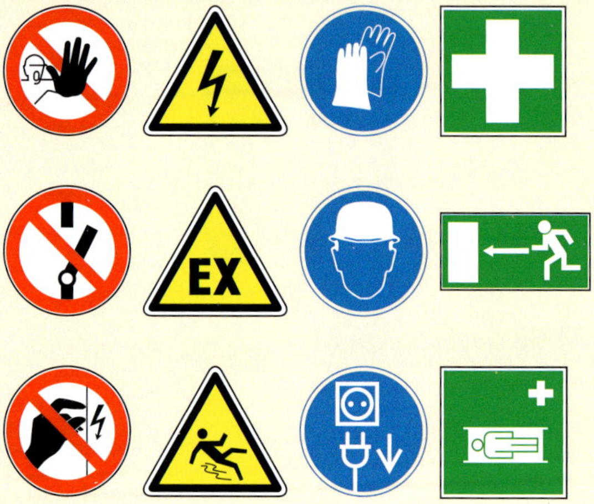

Welche persönliche Schutzausrüstung muss der Unternehmer bei Unfall- oder Gesundheitsgefahren zur Verfügung stellen?

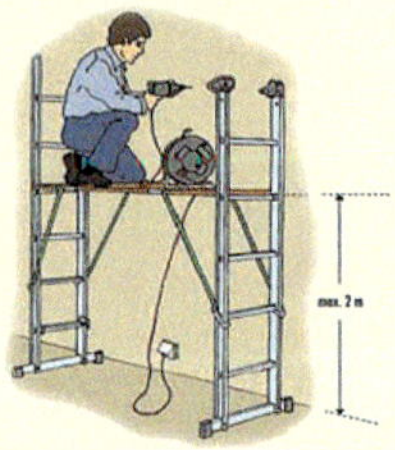

Unfallverhütungsvorschrift § 4

BGFE Berufsgenossenschaft der Feinmechanik und Elektrotechnik

1. **Kopfschutz**
(Gefahr durch pendelnde, herabfallende, umfallende, wegfliegende Gegenstände, …; lose hängende Haare)
2. **Fußschutz**
(Gefahr durch Einklemmen, umfallende, herabfallende, abrollende Gegenstände, …; Hineintreten in spitze, scharfe Gegenstände, heiße Stoffe, ätzende Flüssigkeiten, …)
3. **Augen- oder Gesichtsschutz**
(Gefahr durch wegfliegende Teile, Verspritzen von Flüssigkeiten, gefährliche Strahlung, …)
4. **Atemschutz**
(Gefahr durch giftige, ätzende, reizende Gase, Dämpfe, Nebel oder Stäube, …)
5. **Körperschutz**
(Gefahr durch Stoffe, die Hautverletzungen verursachen können; Gefahr durch Verbrennung, Verätzung, Verbrühung, Unterkühlung, …)

Bildquelle für alle Zeichnungen: BGFE www.bgfe.de

Welche Pflichten habe ich als Arbeitnehmer?

Damit ich mich bei der Arbeit im Elektrobereich möglichst geringen Gefährdungen aussetze, beachte ich Folgendes:

- Sicherheitstechnische Bestimmungen halte ich strikt ein.
- Vor dem Arbeitsbeginn überprüfe ich alle für die Sicherheit bedeutsamen Arbeitsmittel und Hilfsmittel.
- Die elektrotechnischen Bestimmungen werden von mir eingehalten.
- Bei der Arbeit in besonders gefährlichen Bereichen trage ich eine persönliche Schutzausrüstung.

Welche Pflichten hat der Unternehmer?

§ 2: Unfallverhütungsvorschrift DGUV Vorschrift 1 (BGV A1)

- Maßnahmen zur Verhütung von
  – Arbeitsunfällen
  – Berufskrankheiten
  – Arbeitsbedingten Gesundheitsgefahren
- Maßnahmen für eine wirksame Erste Hilfe
- Einrichtungen bereitstellen und Anordnungen treffen, die den Bestimmungen der Unfallverhütungsvorschrift und den allgemein anerkannten sicherheitstechnischen und arbeitsmedizinischen Regeln entsprechen.

Bauvorhaben

Auftraggeber erstellt ein Leistungsverzeichnis (LV)

Auftragsvergabe mit Ausschreibung nach VOB (Verdingungsordnung für Bauleistungen)

Welche Regelungen werden durch die VOB getroffen?
(Die VOB als Vertragsbestandteil ist nur komplett möglich.)

VOB Teil A	VOB Teil B	VOB Teil C
Regelt die Vergabe der Bauleistungen: • Art der Vergabe • Vergabeunterlagen • Angebotsprüfung • Vertragsart • Gewährleistung • Fristen	Regelt die Vertragsbedingungen für die Ausführung der Bauleistung: • Umfang der Leistung • Vergütung und Haftung • Kündigung/Vertragsstrafen • Abnahme	• Allgemeine technische Vertragsbedingungen (ATV) und • Spezielle Bedingungen für jedes Gewerk (z. B. Nieder- und Mittelspannungsanlagen bis 36 kV ⇒ DIN 18382)

Auftragsvergabe ohne Ausschreibung

Auftragsnehmer erstellt ein Angebot

Auftraggeber vergibt den Auftrag

Hinweis:
Bauverträge werden laut BGB (Bürgerliches Gesetzbuch) als Bauwerkverträge bezeichnet.

Was muss die ausführende Firma bei der Ausführung eines Auftrages nach VOB beachten?

- ☑ Der Auftragnehmer erstellt die Leistungen **in eigener Verantwortung**.
- ☑ Der Auftragnehmer muss **mangelhafte Leistungen** auf eigene Kosten ersetzen.
- ☑ Ist der **Arbeitsbeginn** nicht exakt vereinbart, muss der Auftragnehmer innerhalb von 12 Werktagen nach der Aufforderung beginnen.
- ☑ Um die **Ausführungsfristen** nicht zu gefährden, muss der Auftragnehmer Arbeitskräfte, Geräte und Bauteile in ausreichender Menge bereitstellen.
- ☑ Der Auftraggeber kann den Vertrag jederzeit oder aber auch in Folge einer **Fristüberschreitung** kündigen.
- ☑ Nach einer **Vertragskündigung** kann der Auftraggeber die Arbeiten zu Lasten des Auftragnehmers durch Dritte fertig stellen lassen.
- ☑ Folgende **Nebenleistungen** sind automatisch Bestandteil des Vertrages:
  - Baustelle einrichten, eigene Abfälle entsorgen
  - Unfallverhütungsvorschriften einhalten
  - Betriebsstoffe und Bauteile liefern
  - Gerüste, Kleingeräte und Werkzeuge bereitstellen
  - Stemm-, Fräs- und Bohrarbeiten durchführen
- ☑ **Abrechnung der Leistungen**:
  - Der Umfang ist aus der Zeichnung oder durch eine Messung vor Ort zu ermitteln. (Als Grundlage dienen die Maße der Anlagenteile.)
  - Kabel, Leitungen, Rohre usw. werden nach den tatsächlich verlegten Längen berechnet. Der Verschnitt wird nicht gesondert berechnet.
  - Elektrische Betriebsmittel und Bauteile werden gemessen und gesondert berechnet.

Was muss ich bei der Nutzereinweisung beachten?

Bei der Durchführung einer Nutzereinweisung sollten folgende Punkte beachtet werden:

- Ausreichend Zeit für die Einweisung einplanen
- Kundenorientierte Sprache verwenden
- Alle Anlagenteile ausführlich besprechen
- Kunden Gelegenheit zu Rückfragen geben
- Begehung der Örtlichkeiten vorsehen
- Die Durchführung der Nutzereinweisung schriftlich bestätigen lassen (Protokoll/Checkliste)

Welcher Personenkreis wird bei der Nutzereinweisung angesprochen?

Personenkreis		Anlage
Nutzer der Wohnung (Eigentümer, Mieter), Hausmeister	⇒	Wohnhaus, Mietwohnung
Anlagenverantwortlicher, beauftragte Elektrofachkraft, Sicherheitsbeauftragter	⇒	Anlagen zur elektrischen Spannungsversorgung in Betrieben (Verteiler usw.)
Anlagenverantwortlicher, Sicherheitsbeauftragter	⇒	Sicherheitstechnische Einrichtungen
Bedienpersonal unter Aufsicht des Anlagenverantwortlichen	⇒	Frei zugängliche Einrichtungen zum Steuern, Schalten usw.

Wie ist eine Checkliste zur Nutzereinweisung aufgebaut?

Checkliste zur Nutzereinweisung

KRUSKOP ELEKTROTECHN...
Lindenstraße 3 Telefon (...
29553 Bienenbüttel Telefax (0...

Blatt ..... von ..... — *Blatt-Nummer und Anzahl der Blätter*

Projekt: — *Genaue Projektbezeichnung*

Ansprechpartner: — *Name des Ansprechpartners*

Teilnehmer/eingewiesene Personen: — *Teilnehmerliste*

Arbeiten an elektrischen Anlagen (VDE 0105-100)
- Hinweis auf Anlagenverantwortlichen ☑
- Hinweis auf Arbeitsverantwortlichen ☑

Hauptverteilung
- Einweisung in die Schalthandlungen ☑

Trafostation
- Sicherheitsbestimmungen (Schutz gegen direktes Berühren) ☑
- Sicherheitsabstände ☑
- Zutrittsberechtigungen ☑

Einzelpunkte der Einweisung

Mit der Unterschrift wird die Übergabe der nach den geltenden Vorschriften und Normen installierten Elektroanlage bestätigt. Die Ergebnisse der Prüfungen sind in einem separaten Prüfbericht dokumentiert.

.... Ort, Datum .... Unterschrift Einweisender

Original verbleibt beim Auftragnehmer!
Kopie verbleibt beim Auftraggeber!

.... Ort, Datum .... Unterschrift Eingewiesener

Datum und Unterschrift der Teilnehmer

- **Maschinendokumentation**
  - Bedienungsanleitung
  - Montagehinweise
  - Wartungs-/Inspektionspläne
  - Elektrodokumentation
    - Deckblatt
    - Übersicht Bedien- und Anzeigeelemente
    - Stromlaufplan (meistens in aufgelöster Darstellung)
    - Klemmenplan
    - Stückliste
  - Prüfprotokolle
  - Konformitätserklärung

Bedienungsanleitung

- Für den Bediener der Anlage von Bedeutung.
- Wichtig für die Inbetriebnahme und das Instandsetzungspersonal.
- Meistens sind hier Hinweise zum sicheren Umgang mit der Anlage zu finden.

Montagehinweise

Für die Vorbereitung und Durchführung der Montage sind diese Dokumente wichtig. Sie enthalten z.B.

- Aufstellungspläne,
- Leistungsangaben (elektrisch/mechanisch),
- Gewicht für die Prüfung von Tragfähigkeit des Fußbodens bzw. Erstellung von Maschinenfundamenten,
- Hinweise zur Entfernung von Transportsicherungen.

Wartungs-/Inspektionspläne

- Der Hersteller schreibt spezielle Wartungs- und Inspektionstätigkeiten vor.
- Beachtung ist wichtig, um im Garantiefall eine Reparaturleistung zu erhalten.
- Bei Anlagen, die aus mehreren Maschinen bestehen, werden Wartungs- und Inspektionspläne häufig zu einem Gesamtplan zusammengefasst.

Prüfprotokolle/Konformitätserklärung

- Hersteller weist hiermit die vorgeschriebenen und vereinbarten Prüfungen nach.
- Bescheinigung über Einhaltung der Europäischen Richtlinien. Dies berechtigt den Hersteller zur Anbringung des CE-Zeichens.

Deckblatt

Das Deckblatt gibt Informationen über

- Hersteller,
- Errichtungsvorschriften,
- Standort und
- benötigte Gesamtleistung

der Anlage.

Übersicht Bedien- und Anzeigeelemente

Hier bekommt der Leser Informationen über alle Schnittstellen zum Bediener (**M**ensch-**M**aschine-**S**chnittstelle: **MMS**) [**m**an-**m**achine-**i**nterface: **MMI**].

Stromlaufplan

- Der Stromlaufplan enthält alle elektrischen Objekte und deren Verbindungen.
- Textkommentare beschreiben die Funktion einzelner Schaltungsteile.
- Der Stromlaufplan wird zur Inbetriebnahme und Fehlersuche benötigt.

Klemmenplan

- Er enthält jede Klemme der Steuerung mit Objektkennzeichnung, Anschlussleitung, Brücken und Funktion.
- Klemmen dienen der Verbindung von Objekten, z.B. im Schaltschrank zu außen liegenden Objekten.
- Der Plan gibt eine gute Übersicht zu den Schnittstellen der Steuerung.
- An den Klemmen lassen sich viele Signale messen, die verteilt in der Anlage entstehen.

Stückliste

Bei defekten Baugruppen können aus der Stückliste die genaue Spezifikation, Hersteller und Typnummer entnommen werden. Sie hilft daher beim Bestellen von Ersatzteilen.

Schaltpläne informieren über die Objekte der Anlage

Art	Nummerierung	Verbindung	Aufgabe

Objekte werden durch **Schaltzeichen** dargestellt, z. B.: Schmelzsicherung F1

Schaltzeichen für die verschiedenen Planarten siehe Tabellenbuch.

Gleichartige Objekte werden mit **Nummern** versehen.

Zwei Methoden:

1. Fortlaufende Nummerierung, z. B.: F1, F2, F3
2. Blattnummer und Spaltennummer angeben, z. B.: F3.2 statt F3

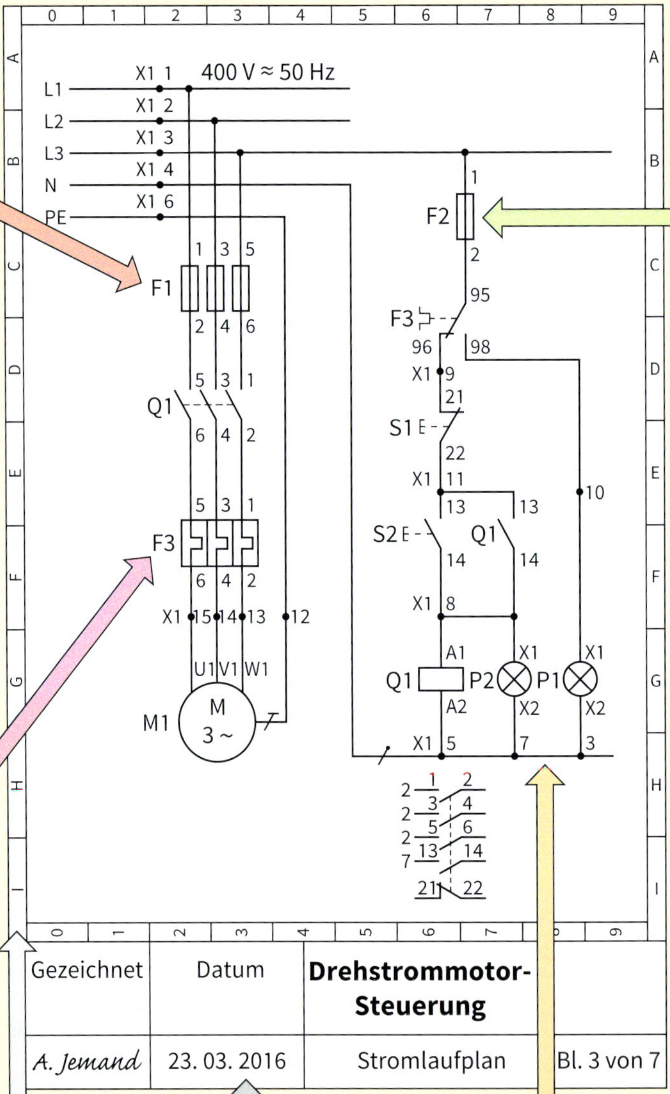

Die Aufgabe der Objekte wird durch **Kennbuchstaben** angegeben, z. B.: F2 schützt den Steuerstromkreis.

Bedeutung von Kennbuchstaben:

- **F**: Schutz von Personen und Objekten
- **M**: Bereitstellen mechanischer Energie
- **S**: Umwandeln von manueller Betätigung in Signal
- **P**: Darstellen von Informationen
- **Q**: Schalten von Energie

Weitere siehe Tabellenbuch und Auftragsband (B-Nr.: 221533)

Um Objekte auf einem Blatt leichter zu finden, sind die Blätter häufig in Spalten und Zeilen eingeteilt.

Im **Schriftfeld** befinden sich Angaben zur Anlagebezeichnung, Blattnummerierung, zum Herstellungsdatum und Zeichner dieses Blattes.

Um die Verbindungen der Objekte herzustellen und im Fehlerfall kontrollieren zu können, werden alle **Klemmen** (z. B. **X1:7**) und **Anschlüsse** (z. B. **P2:X2**) gekennzeichnet.

Die Bezeichnung steht rechts neben der Klemme bzw. dem Anschluss.

Wie entsteht eine Sinus- bzw. Cosinuskurve?

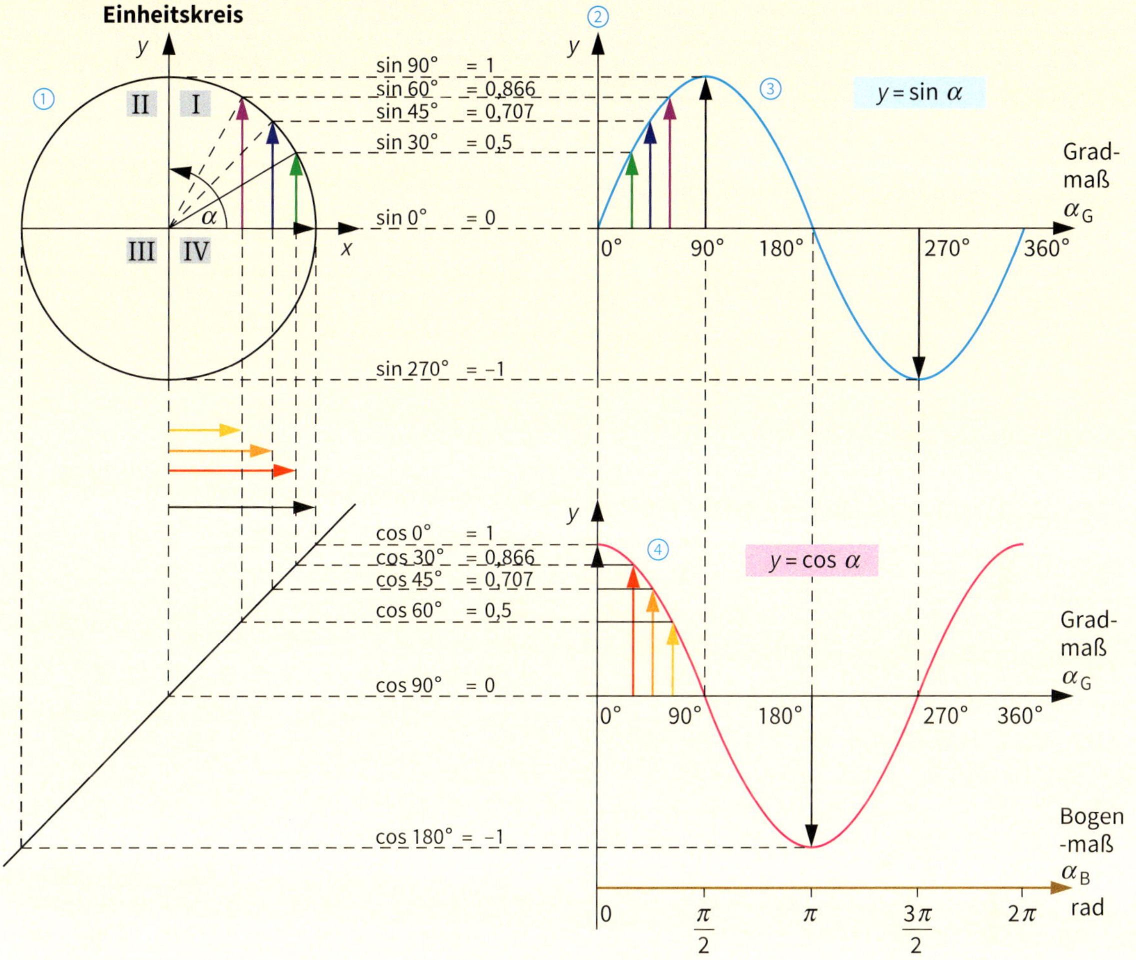

Erklärung

- Kreis mit dem Radius 1 (z. B. 1 cm) zeichnen (Einheitskreis ①).
- Zeiger mit der Radiuslänge 1 in x-Richtung des Einheitskreises zeichnen.
- Diagramm mit folgender Abhängigkeit zeichnen ②: y in Abhängigkeit vom Winkel α_G (Winkeleinteilung im Gradmaß 0 bis 360°)
- Zeiger im Einheitskreis gegen den Uhrzeigersinn um den Winkel α drehen.
- Zeiger auf die y-Achse (grüner Pfeil) projizieren und die Länge in das Diagramm einzeichnen.
- Weitere Winkel einzeichnen und die Länge der Zeigerprojektionen (blauer, violetter Pfeil) einzeichnen usw.
- Anschließend alle Punkte durch eine Linie miteinander verbinden ③.

Ergebnis

Es entsteht eine Kurve mit folgenden Merkmalen:

- Nulldurchgänge bei 0°, 180° und 360°
- Positiver Maximalwert bei 90°
- Negativer Maximalwert bei 270°

Die Kurve wird als **Sinuskurve** bezeichnet (blaue Kurve).

Weil diese Kurve eine durchgehende Linie ist, nennt man das Diagramm **Liniendiagramm**.

Weil die Kurve durch einen rotierenden Zeiger entstanden ist, können diese Größen auch durch einen Zeiger dargestellt werden. Diese Diagramme heißen dann **Zeigerdiagramme**.

Wenn die Zeiger auf die x-Achse projiziert werden, entsteht die abgebildete **Cosinuskurve** ④ (rote Kurve).

Sinus- und cosinusförmige Größen lassen sich durch

- **Zeiger (Zeigerdiagramme) oder**
- **Linien (Liniendiagramme) darstellen.**

Zeigerdiagramm

- Die Spannung und Stromstärke werden durch einen Zeiger dargestellt, den man sich rotierend ① vorstellen kann (vgl. Einheitskreis).
- Die Länge des Zeigers ist der Maximalwert (**Amplitude**) $\hat{u}$ ② der Spannng bzw. Stromstärke (sprich: *u*- bzw. *i*-Dach).
- Den momentanen (augenblicklichen) Wert erhält man durch Projektion des Zeigers auf die Ordinatenachse (z. B. u_3 ③).
- Eine vollständige Umdrehung des Zeigers entspricht dem Winkel 360° bzw. einer Zeit für eine Periode *T*.

Liniendiagramm

- Die Spannung bzw. Stromstärke wird durch eine winkel- bzw. zeitabhängige Linie (Sinus- oder Cosinuskurve) dargestellt. Der Verlauf der Größen wird sichtbar.
  - Ordinate (y-Achse): Spannung bzw. Stromstärke
  - Abszisse (x-Achse): Winkel oder Zeit
- Die Maximalwerte (positive und negative Amplitude) sind die Scheitelwerte oder Amplituden $\hat{u}$ ④ bzw. $\hat{\imath}$.
- Den momentanen (augenblicklichen) Wert erhält man durch Projektion des Wertes auf die Ordinatenachse ⑤.
- Die Zeit für einen vollständigen Kurvenverlauf ist die Periodendauer *T* ⑥. Diese Zeit entspricht einem Winkel von 360°.

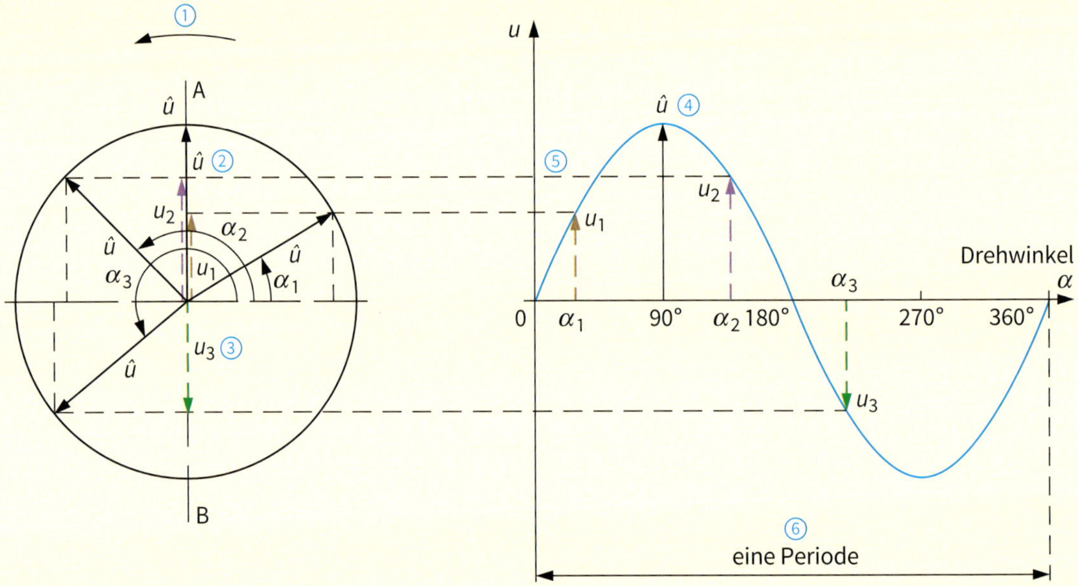

Was sind Gradmaße und Bogenmaße?

Gradmaß
Kreisumfang in 360 Teile aufteilen (360°)

Bogenmaß
Kreisumfang in Teile von 2π aufteilen

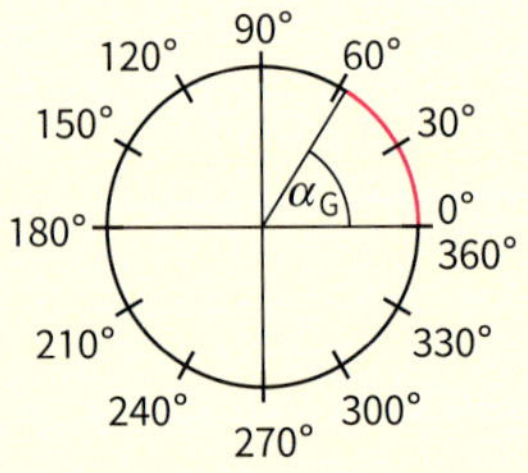

$\alpha_G \approx 57{,}3°$

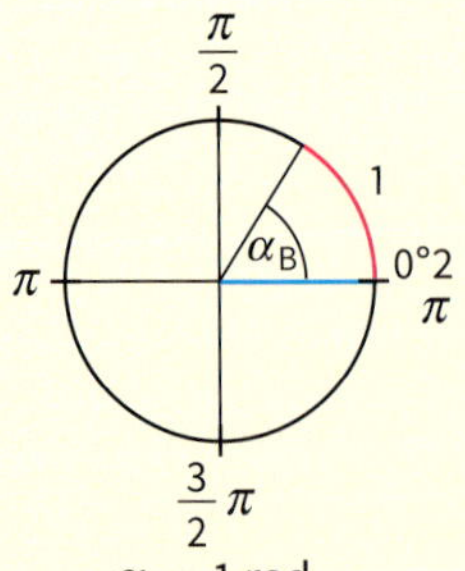

$\alpha_B \approx 1$ rad

$$\frac{\alpha_G}{\alpha_B} = \frac{360°}{2 \cdot \pi} \qquad \frac{\alpha_G}{\alpha_B} = \frac{57{,}3°}{1\ \text{rad}}$$

$$\frac{\alpha_B}{\alpha_G} = \frac{2 \cdot \pi}{360°} \qquad \frac{\alpha_B}{\alpha_G} = 0{,}01745\ \frac{1\ \text{rad}}{1°}$$

Wie lassen sich Winkelmaße ineinander umrechnen?

Beispiel:

Welches Bogenmaß entspricht dem Winkel $\alpha_G = 35°$?

$$\alpha_B = \frac{35° \cdot 2 \cdot \pi}{360°} = 0{,}61085238$$

Berechnung mit dem **Taschenrechner**:

35 ⇨ [SIN] ⇨ [RAD] ⇨ [SIN^{-1}]

Hinweise:

- Die Umstellung von Gradmaß in Bogenmaß wird bei den Taschenrechnern unterschiedlich vorgenommen.

  Sehr häufig geschieht das über die Taste [RAD] bzw. [DRG]

- Anstelle der Sinusfunktion kann zum Umrechnen auch jede andere Winkelfunktion benutzt werden.

Beispiel

Zwei Spannungsquellen mit

$\hat{u}_1 = 25$ V und

$\hat{u}_2 = 15$ V

sind in Reihe geschaltet.

Die Spannung u_2 eilt der Spannung u_1 um 90° voraus.

Wie groß ist die Gesamtspannung u_g und welchen Verlauf hat sie?

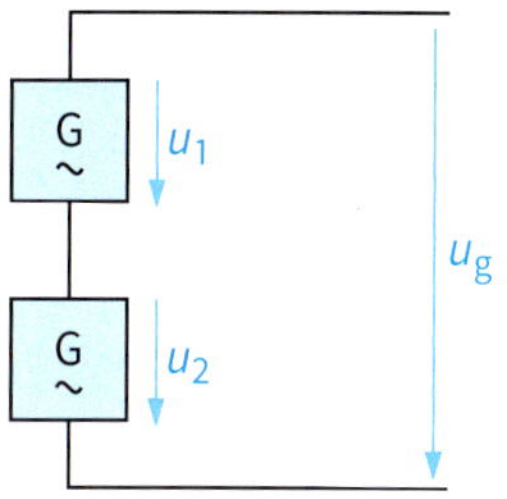

Lösung mit einem Liniendiagramm

- Ein Liniendiagramm mit der Spannung in Abhängigkeit vom Winkel α zeichnen.
- Den Linienverlauf der Spannung u_1 ① von 0° beginnend bis 360° zeichnen.
- Den Linienverlauf der Spannung u_2 von 0° beginnend bis 360° zeichnen. Da die Spannung u_2 der Spannung u_1 um 90° vorauseilt ②, besitzt sie bei 0° bereits ihren positiven Maximalwert.
- Für weitere Winkel die Momentanwerte für u_1 und u_2 ermitteln, addieren und so die Momentanwerte für die Gesamtspannung u_g ③ berechnen.

Beispiele:

Winkel	u_1	u_2	u_g
0°	0 V	15 V	15 V
45°	17 V	11 V	28 V
90°	25 V	0 V	25 V

- Alle ermittelten Momentanwerte für die Gesamtspannung durch eine Linie verbinden ④.

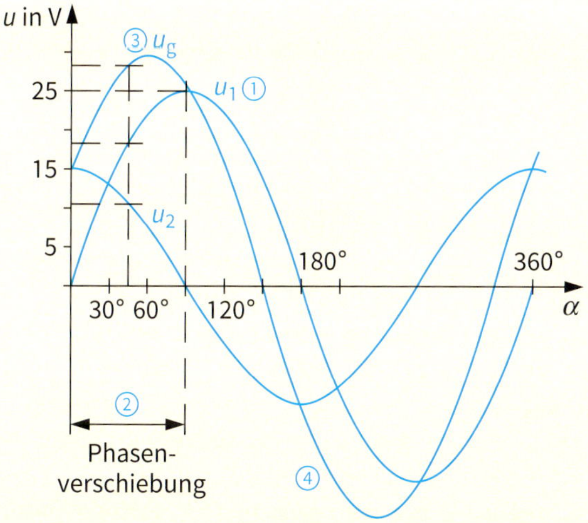

Ergebnis:

Man erhält den Verlauf der Gesamtspannung, indem man für einzelne Winkel die Momentanwerte der Einzelspannungen abliest, die Werte addiert und diese dann grafisch durch einen Kurvenzug darstellt.

Lösung mit einem Zeigerdiagramm

- Die Spannungen u_1 und u_2 werden als Zeiger mit ihren Maximalwerten dargestellt. Im Diagramm wird von u_1 ausgegangen. Der Zeiger wird deshalb waagerecht nach rechts gezeichnet ⑤.
- Da die Spannung u_2 um 90° vorauseilt, muss der Zeiger dementsprechend senkrecht nach oben gezeichnet werden ⑥ (Drehrichtung gegen den Uhrzeigersinn).
- Der Spannungszeiger u_2 wird parallel nach rechts verschoben. Es entsteht ein rechtwinkliges Dreieck. Die dem rechten Winkel gegenüberliegende Seite (Hypotenuse) ist die Gesamtspannung u_g ⑦.
- Vereinfachung:
  Der Zeiger der Spannung u_2 kann sofort – ausgehend von der Spitze des Zeigers u_1 ⑧ – mit einem Winkel von 90° eingezeichnet werden. Es entsteht das rechtwinklige Spannungsdreieck.

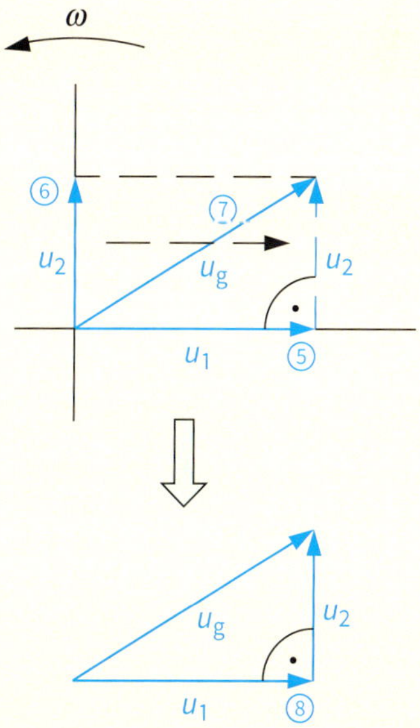

Ergebnis:

Man erhält die Amplitude der Gesamtspannung, indem man die beiden Zeiger unter Berücksichtigung des Phasenverschiebungswinkels aneinanderfügt. Die dritte Seite des Dreiecks ist die Gesamtspannung.

Wodurch entstehen magnetische Felder?

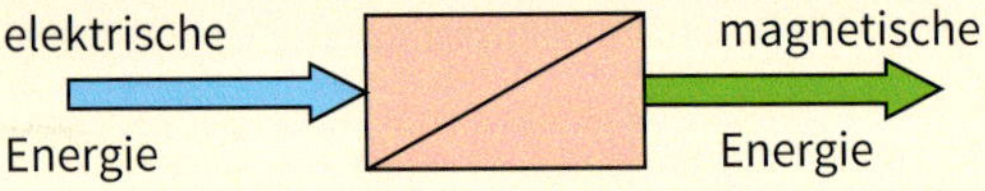

Spule als Energiewandler

Elektrische Energie (eine Spannung verursacht einen Stromfluss) wird in magnetische Energie umgewandelt.

Beispiel: Spule

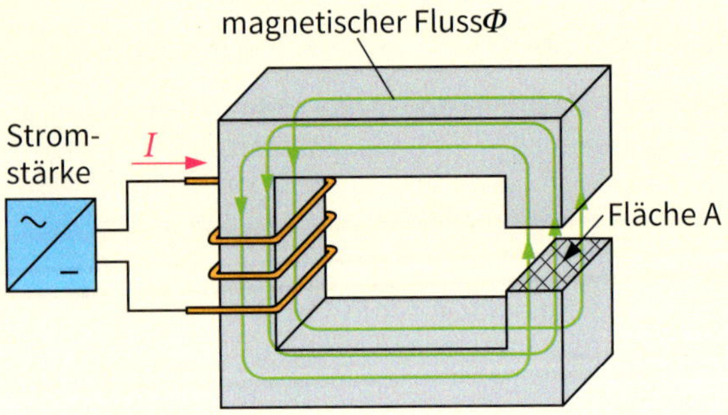

Die Wirkung der magnetischen Energie drücken wir durch den Begriff magnetisches Feld aus.
In ihm wirken Kräfte auf

- ferromagnetische Stoffe (Eisen, Nickel, Kobalt) und
- Ladungen (im stromdurchflossenen Leiter oder im Vakuum).

Wie werden magnetische Felder dargestellt?

Da sich der Raum durch magnetische Felder verändert, kennzeichnen wir das Feld durch geschlossene Linien, die eine Richtung haben (**Feldlinien** vom Nord- zum Südpol).

Für die magnetische Wirkung verwendet man den physikalischen Begriff Fluss. Der magnetische Fluss ist somit ein Maß für die Wirkung des magnetischen Feldes.

Magnetischer Fluss:

Formelzeichen Φ (Phi)

Einheitenzeichen Wb (Weber[1]); 1 Wb = 1 Vs

Für viele technische Prozesse und Geräte ist nicht der gesamte von einer Spule erzeugte Fluss von Interesse, sondern nur der Fluss, der durch eine bestimmte Fläche hindurch tritt (z. B. Luftspalt bei einem Motor). Diese Größe wird als magnetische Flussdichte bezeichnet.

Magnetische Flussdichte:

Formelzeichen B

Einheitenzeichen $\frac{\text{Wb}}{\text{m}^2}$; $\frac{\text{Vs}}{\text{m}^2}$; $1\frac{\text{Vs}}{\text{m}^2} = 1\ \text{T}$ (Tesla[2])

$$B = \frac{\Phi}{A}$$

Mit der magnetischen Flussdichte B bezeichnet man den magnetischen Fluss, der eine bestimmte Fläche senkrecht durchsetzt.

[1] Eduard Weber, deutscher Physiker, 1804 – 1891
[2] Nicola Tesla, kroatischer Physiker, 1856 – 1943

Wie werden unterschiedliche Flussdichten dargestellt?

Beispiel:

Flussdichte 1

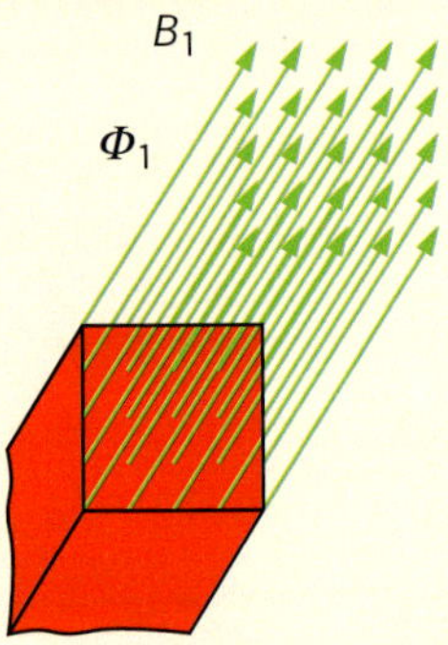

Ergebnis:
$\Phi_1 > \Phi_2$
$A_1 = A_2$
$B_1 > B_2$

Flussdichte 2

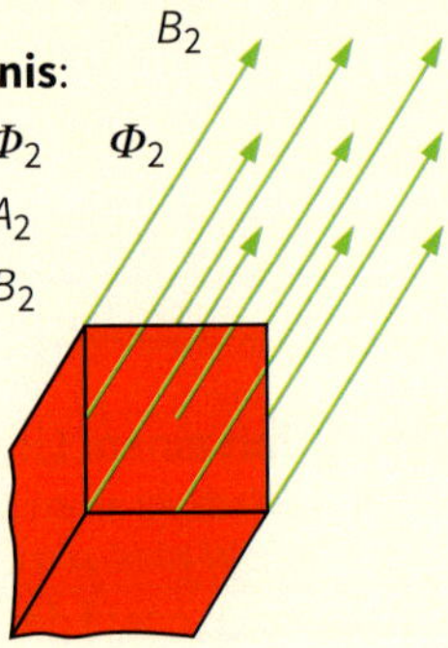

Wie wirkt Eisen im magnetischen Feld?

Beispiel:

Spule 1
ohne Eisenkern

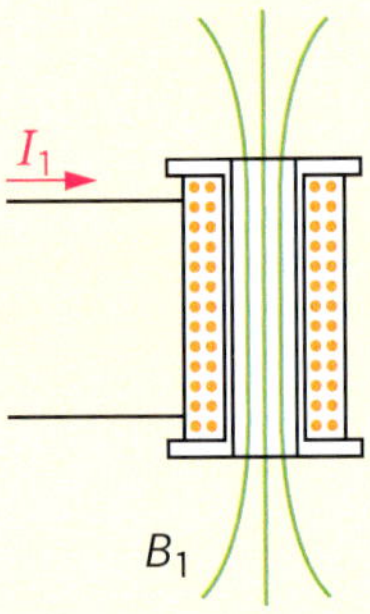

Ergebnis:
$I_1 = I_2$
$\Theta_1 = \Theta_2$
$B_1 < B_2$

Spule 2
mit Eisenkern

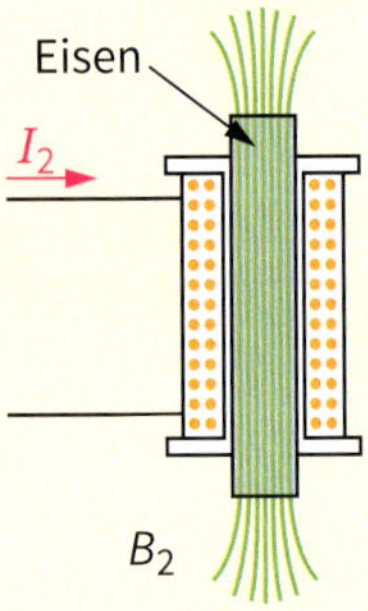

Magnetisches Feld um eine Leiterschleife

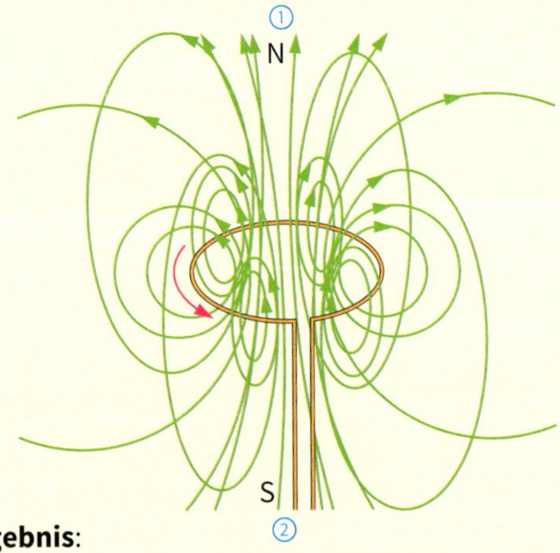

Ergebnis:

- Das Feld um den Leiter ist kreisförmig.
- Die Feldlinien sind geschlossen.
- Die Flussdichte verringert sich mit zunehmendem Abstand vom Leiter (weniger Feldlinien pro Fläche).
- Auf der einen Seite der Leiterschleife treten die Feldlinien ein ① und auf der anderen aus ②. Es entstehen ein Nord- und ein Südpol (eine Spule besteht aus mehreren nebeneinander liegenden Kreisringen).

Wie hoch sind die Energiekosten eines Motors?

$$K = P \cdot t_B \cdot P_{el}$$

K: jährliche Kosten (für Energie) [EUR]
P: Energiepreis [EUR/kWh]
t_B: Betriebsstunden pro Jahr [Std.]
P_{el}: aufgenommene elektrische Leistung [kW]

Angaben für diese Berechnung werden dem Typenschild entnommen. Die dort angegebene Leistung ist die mechanische Leistung. Die elektrische Leistung ergibt sich wie folgt.

$$P_{el} = \sqrt{3} \cdot U_r \cdot I_r \cdot \cos\varphi$$

Wofür entstehen die Kosten?

Es entstehen Kosten für die genutzte (mechanische) Energie und für die Verlustenergie.

① $$K_{mech} = K_E \cdot t_B \cdot P_{mech} = K_E \cdot t_B \cdot \eta \cdot P_{el}$$
$$K_V = K_E \cdot t_B \cdot P_V = K_E \cdot t_B \cdot (1 - \eta)\, P_{el}$$

K_{mech}: jährliche Kosten für genutzte Energie [EUR]
K_V: jährliche Kosten für Verlustenergie [EUR]

Beispiel:
Ein Motor hat folgendes Typenschild. Er wird mit Bemessungsgrößen betrieben und läuft 5000 Std. pro Jahr. Wie groß sind die Energiekosten, wenn eine kWh 0,1 EUR kostet.

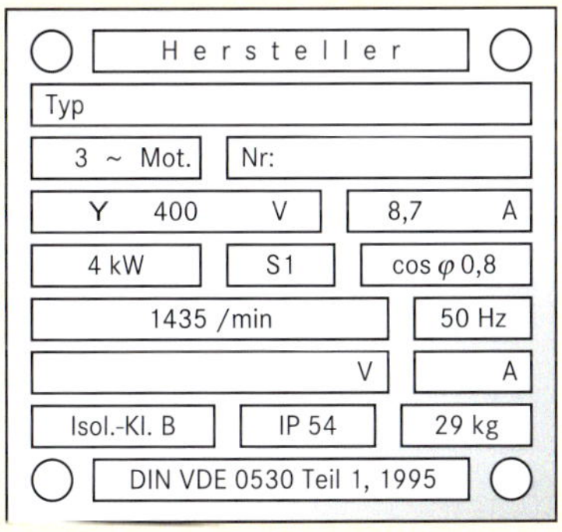

$$P_{el} = \sqrt{3} \cdot U_r \cdot I_r \cdot \cos\varphi$$
$$P_{el} = \sqrt{3} \cdot 400\,\text{V} \cdot 8{,}7\,\text{A} \cdot 0{,}8$$
$$P_{el} = 4{,}82\,\text{kW}$$

$$\eta = \frac{P_{mech}}{P_{el}}$$
$$\eta = \frac{4\,\text{kW}}{4{,}82\,\text{kW}}$$
$$\eta = 83{,}0\,\%$$

$$K = K_E \cdot t_B \cdot P_{el}$$
$$K = 0{,}1\,\frac{\text{EUR}}{\text{kWh}}\, 5000\,\text{h} \cdot 4{,}82\,\text{kW}$$
$$\underline{\underline{K = 2410\,\text{EUR}}}$$

$$K_V = K_E \cdot t_B \cdot (1 - \eta)\, P_{el}$$
$$K_V = 0{,}1\,\frac{\text{EUR}}{\text{kWh}}\, 5000\,\text{h} \cdot (1 - 0{,}83) \cdot 4{,}82\,\text{kW}$$
$$\underline{\underline{K_V = 409{,}70\,\text{EUR}}}$$

Von 2410 EUR jährlichen Stromkosten entfallen 409,70 EUR auf die Verlustenergie. Diese Kosten können durch verbesserte Wirkungsgrade verringert werden.

Wie können die Energiekosten gesenkt werden?

Die mechanische Leistung ist durch die Anwendung vorgegeben. Auch auf die Betriebszeit und den Energiepreis kann kein Einfluss genommen werden. Damit bleibt nur der Wirkungsgrad η als mögliche Einflussgröße ①.

Durch ein Verbesserung des Wirkungsgrades können Energiekosten gesenkt werden. Je nach Wirkungsgrad werden Elektromotoren mit Effizienzklassen (IE: International Efficiency Code) gekennzeichnet.

IE1: Standardmotor mit niedrigem Wirkungsgrad

IE2: Motoren mit verbessertem Wirkungsgrad (ca. 20 % geringere Verluste als IE1)

IE3: Hocheffizienzmotoren (ca. 40 % weniger Verluste als IE1)

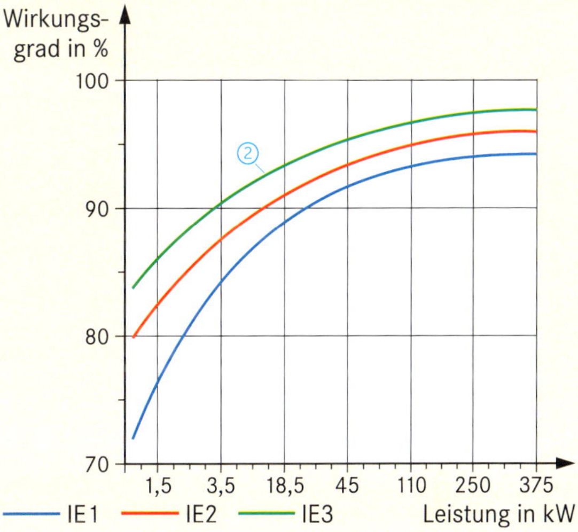

Wann setze ich welche Effizienzklasse ein?

IE1: Nur bei sehr kurzen Laufzeiten sinnvoll; Einsatz nur in Bestandsanlagen.

IE2: Bei mittleren Laufzeiten < 2000 h/Jahr

IE3: Bei allen Antrieben mit hohen jährlichen Laufzeiten.

Wieviel Geld wird gespart?

Beispiel:
Wird der Beispielmotor gegen einen IE3-Motor getauscht, steigt der Wirkungsgrad auf mindestens 91 % (Diagramm ②).

Kosten für Verluste

$$K_{V,neu} = K_E \cdot t_B \cdot (1 - \eta)\, P_{el.}$$
$$K_{V,neu} = 0{,}1\,\frac{\text{EUR}}{\text{kWh}}\, 5000\,\text{h} \cdot (1 - 0{,}91) \cdot 4{,}82\,\text{kW}$$
$$K_{V,neu} = 216{,}50\,\text{EUR}$$

jährliche Ersparnis

$$\Delta K_V = K_{V,alt} - K_{V,neu}$$
$$\Delta K_V = 409{,}70\,\text{EUR} - 216{,}50\,\text{EUR}$$
$$\Delta K_V = 193{,}20\,\text{EUR}$$

- Antriebe bestehen u. a. aus der Antriebsmaschine (Motor) und der Arbeitsmaschine.

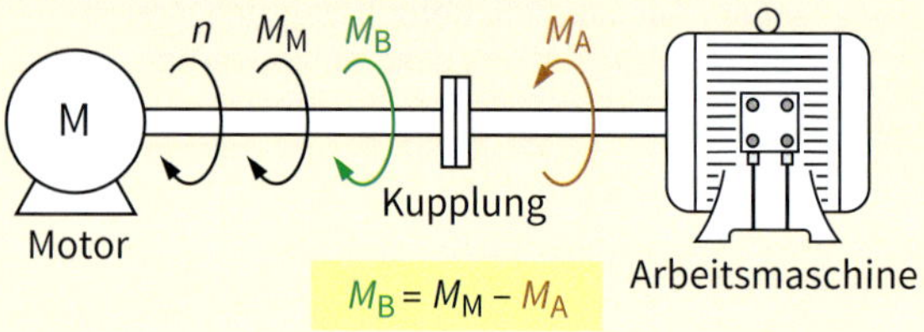

- Sie sind über eine Kupplung fest miteinander verbunden und haben immer die gleiche Drehzahl n.
- Jede Maschine bringt ein Drehmoment auf die Welle (M_M, M_A). Es kann verschieden groß sein und unterschiedliche Vorzeichen (Richtungen) haben.
- Die Differenz der Momente ergibt das Beschleunigungsmoment M_B.
- Antriebsmaschinen und Arbeitsmaschinen haben eine Drehmoment-Drehzahl-Charakteristik.
- Aus der gemeinsamen Betrachtung der Kennlinien von Antriebs- und Arbeitsmaschine lässt sich das Beschleunigungsverhalten ermitteln.

Drehzahl-Drehmoment-Kennlinien von Arbeitsmaschinen	
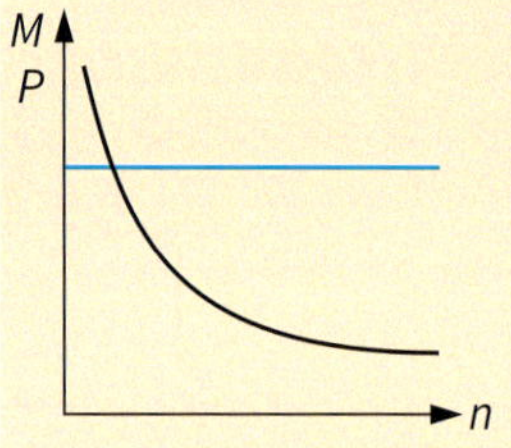	$M \sim \frac{1}{n}$ $P = \text{konstant}$ **Beispiele:** • Wickelmaschinen • Drehmaschinen • Mühlen • Rührwerke • Prüfstände
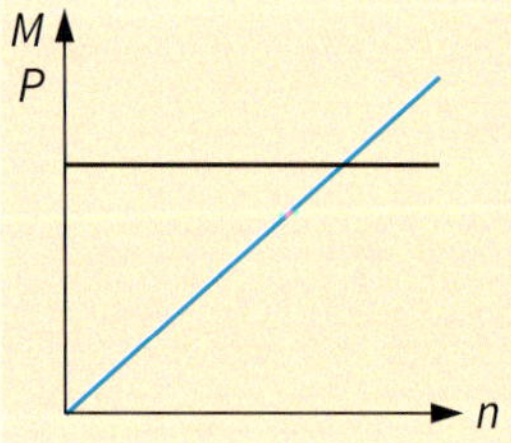	$M = \text{konstant}$ $P \sim n$ **Beispiele:** • Kolbenpumpen • Walzwerke • Hebezeuge (Kran), Transportbänder
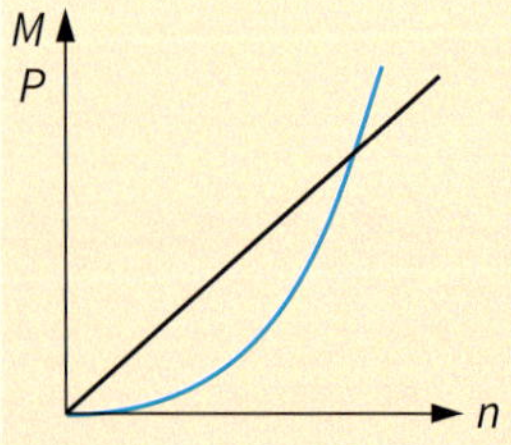	$M \sim n$ $P \sim n^2$ **Beispiele:** • Wirbelstrombremsen • Kalander (spezielle Walzen) mit viskoser Reibung
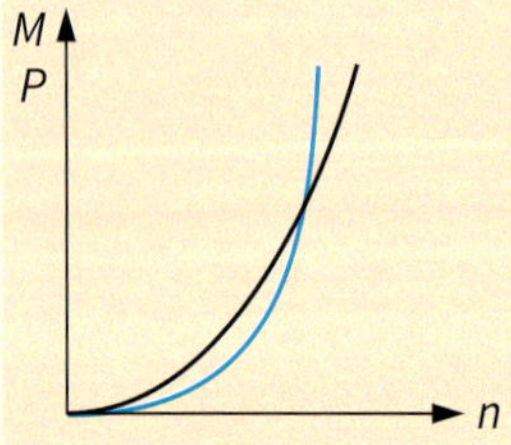	$M \sim n^2$ $P \sim n^3$ **Beispiele:** • Zentrifugalpumpen • Lüfter • Gebläse • Zentrifugen

Beschleunigen (Motoranlauf):

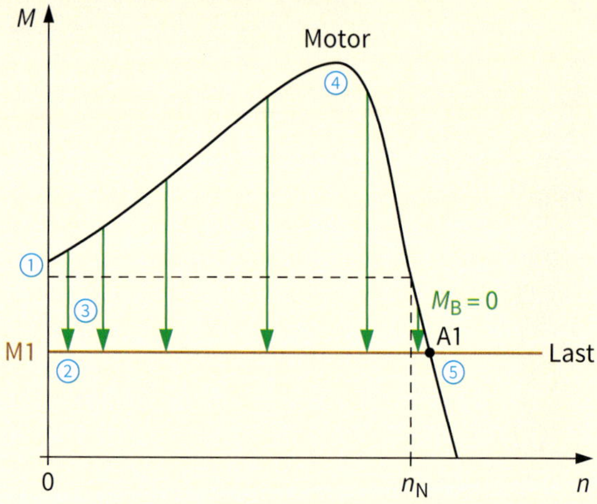

- Der Antrieb hat die Drehzahl $n = 0$. Das Anfahrmoment ① ist größer als das Lastmoment ②. Dadurch ergibt sich ein positives Beschleunigungsmoment ③ und die Drehzahl des Antriebs steigt. Während der Beschleunigung steigt zunächst das Motormoment bis zum Kippmoment ④. Danach sinkt es wieder.
- Steigt die Drehzahl weiter, schneiden sich die Kennlinien des Motors und der Last ⑤. In diesem Schnittpunkt sind das Antriebs- und Lastmoment gleich groß. Das Beschleunigungsmoment ist nun $M_B = 0$.
- Der Antrieb wird nicht weiter beschleunigt und hat eine feste Drehzahl n erreicht.

Bremsen:

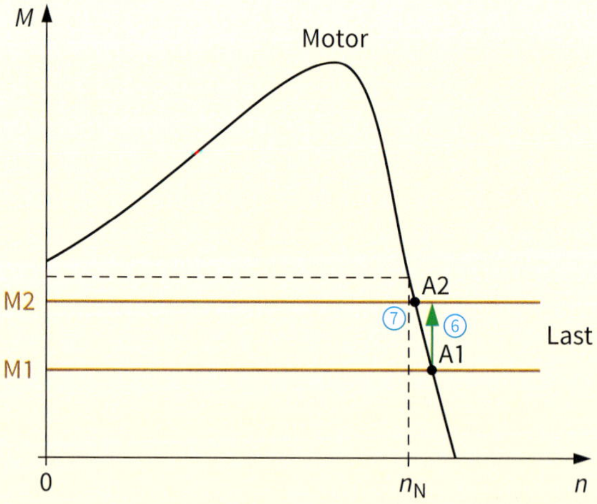

- Der Antrieb befindet sich zu Beginn im Arbeitspunkt A1. Zum Beispiel durch Beladen eines Transportbandes ist das Lastmoment plötzlich auf M_2 gestiegen.
- Jetzt besteht eine negative Differenz zwischen Motor- und Lastmoment ⑥. Das bedeutet, dass der Antrieb abgebremst wird.
- Erst im Schnittpunkt zwischen Motor- und Lastkennlinie ⑦ ist wieder ein stationärer Zustand erreicht, da hier das Beschleunigungsmoment $M_B = 0$ ist.

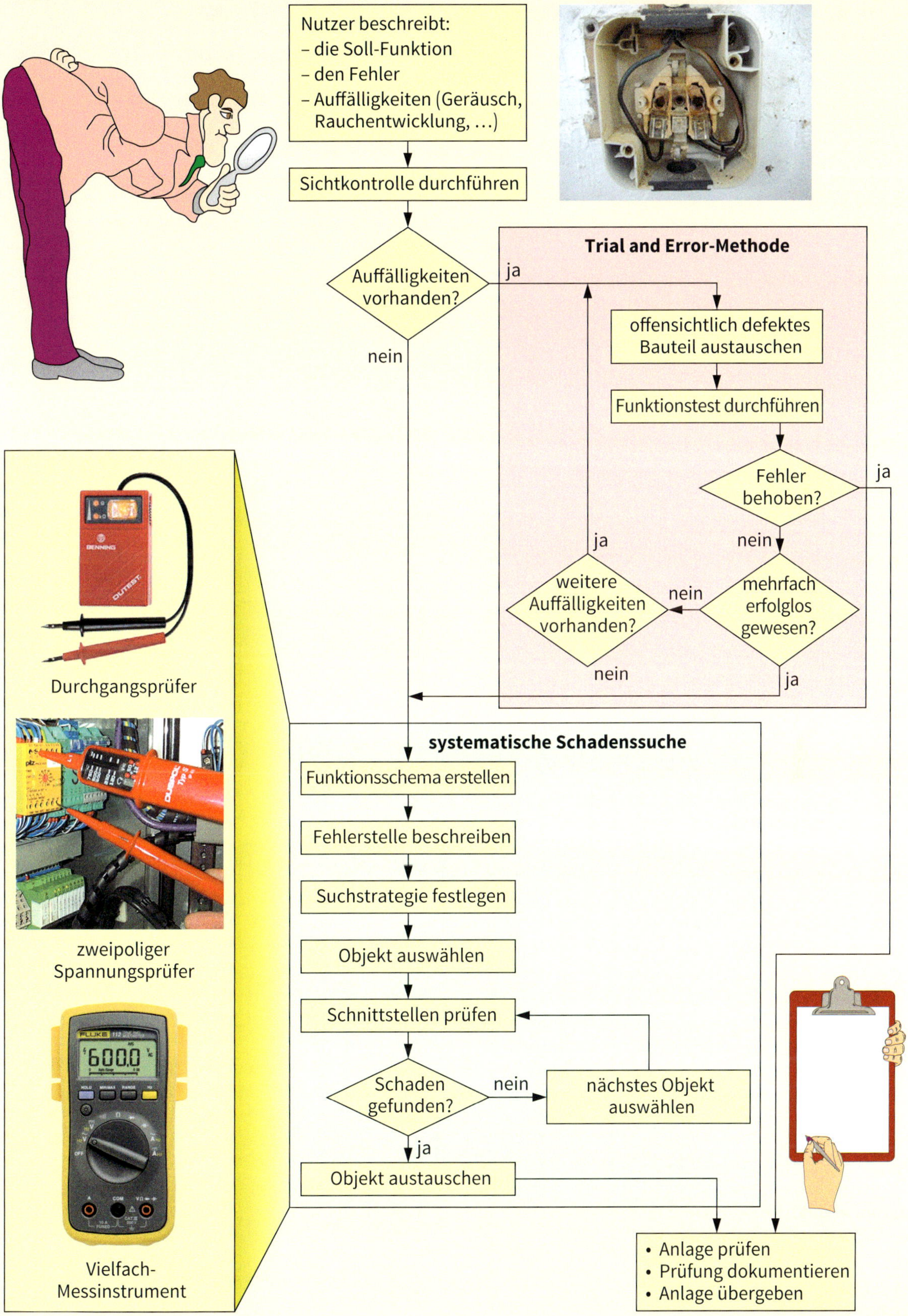
Nutzer beschreibt:
– die Soll-Funktion
– den Fehler
– Auffälligkeiten (Geräusch, Rauchentwicklung, ...)
Sichtkontrolle durchführen
Auffälligkeiten vorhanden?
ja
nein
Trial and Error-Methode
offensichtlich defektes Bauteil austauschen
Funktionstest durchführen
Fehler behoben?
ja
nein
mehrfach erfolglos gewesen?
nein
ja
weitere Auffälligkeiten vorhanden?
ja
nein
systematische Schadenssuche
Funktionsschema erstellen
Fehlerstelle beschreiben
Suchstrategie festlegen
Objekt auswählen
Schnittstellen prüfen
Schaden gefunden?
nein
nächstes Objekt auswählen
ja
Objekt austauschen
• Anlage prüfen
• Prüfung dokumentieren
• Anlage übergeben
Durchgangsprüfer
zweipoliger Spannungsprüfer
Vielfach-Messinstrument

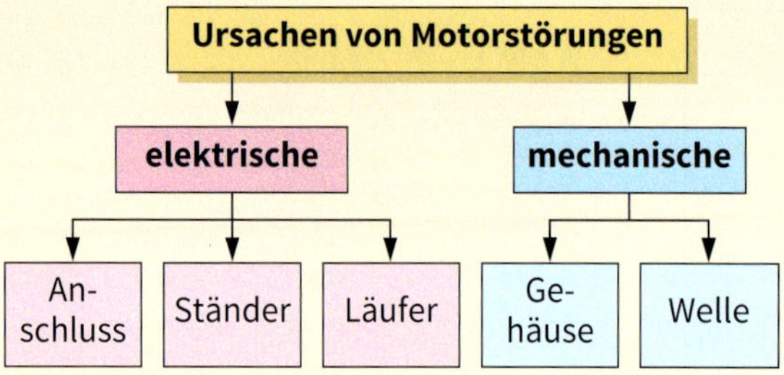

Was mache ich?

1. Ich beschreibe den **Fehler** genau.
2. Ich stelle die **Ursache** fest.
3. Ich **prüfe** das betreffende Objekt.
4. Ich **setze** das fehlerhafte Teil **instand**.

Fehler	Ursache	Prüfung	Abhilfe
Motor läuft nicht an	Sicherung ausgelöst	Sichtprüfung der Sicherungseinsätze	Neue Sicherung
	Zuleitung unterbrochen	Leitungen und Klemmen prüfen	Leitungen befestigen
	Motor überlastet	Last prüfen	Last verringern
	Bürsten liegen nicht sauber auf	Bürstenfedern überprüfen	Bürsten nachstellen
	Welle sitzt fest	Welle und Lager prüfen	Lager schmieren
Motor läuft nicht hoch	Belastung zu hoch	Last prüfen	Last verringern
Motor läuft stoßartig an	Anlasswiderstand falsch	Widerstand messen	Widerstand ändern
	Anlasser defekt (Kontaktabbrand, Unterbrechung)	Messung und Sichtprüfung	Anlasser instand setzen
	Bürsten abgenutzt	Sichtkontrolle	Bürsten austauschen
	Kurzschluss zwischen mehreren Stromwendersegmenten	Stromwender überprüfen	Stromwender säubern
Falsche Drehrichtung	Phasenfolge falsch	Drehfeld prüfen	Phase tauschen
Bürstenfeuer	Zu große Stromaufnahme	Messung der Leiterströme	Last verringern
	Bürsten liegen nicht richtig auf	Bürstenstellung prüfen	Neueinstellung
	Stromwender verdreckt (z.B. mit Öl)	Sichtprüfung	Stromwender säubern

Fehler	Ursache	Prüfung	Abhilfe
Motorgeräusch zu laut	Läufer hat Unwucht	Messung des Läufers	Läufer auswuchten
	Läufer nicht zentriert eingebaut	Lagerschilde, Lager prüfen	Nachstellen
Unruhiger Lauf des Motors	Gehäuse verspannt	Schrauben entlasten	Korrekt ausrichten
	Unterbau (Fundament instabil)	Unterbau kontrollieren	Unterbau nachbessern
	Lager defekt	Lager auf Schäden prüfen	Lager austauschen
Motor überhitzt im Betrieb	Belastung zu groß	Belastung messen	Motor entlasten
	Lüftung unzureichend	Lüftungslöcher und Lüfter kontrollieren	Luftwege säubern
	Zu große Schalthäufigkeit	Motorbetriebsart kontrollieren	Nach Betriebsart belasten
	Unsymmetrische Klemmenspannung	Netzanschluss des Motors überprüfen	Anschluss instand setzen
	Motorphase ausgefallen	Anschluss prüfen	Anschluss instand setzen
Zu große Lagertemperatur	Welle beschädigt	Sichtprüfung der Welle	Läufer austauschen
	Ungenügende Ausrichtung	Messung der Motorlage	Motor neu ausrichten
	Mangelnde Lagerschmierung	Sichtprüfung der Lagerschmierung	Lager nachschmieren
	Schmiermittel verschmutzt	Sichtprüfung der Lagerschmierung	Lager reinigen, Neuschmierung
Stern-Dreieck-Anlauf: Motor läuft nicht an	Stern-Dreieck-Umschalter defekt	Messung durchführen	Schalter erneuern

Weshalb untersuche ich ein Risiko?

- Gefahrbringende Maschinen müssen Sicherheitseinrichtungen haben (EU-Maschinenrichtlinie).
- Für eine ausreichende Risikominderung sind alle notwendigen Schutzmaßnahmen zu erfüllen.
- Die gewählte Schutzmaßnahme soll dem Risiko angemessen sein.
- Sicherheitsbezogene Steuerungen können bei Steuerungsfehlern einen sicheren Anlagenzustand erreichen.
- Um eine angemessene sicherheitsbezogene Steuerung planen zu können, muss zunächst eine Risikobewertung durchgeführt werden.

Welche Normen zur Risikobewertung gibt es?

Grundlegende Normen für sicherheitsbezogene Steuerungen	
EN 62061 **Sicherheit von Maschinen** Funktionale Sicherheit nur von elektrischen, elektronischen und programmierbaren elektronischen Steuerungen (keine Pneumatik, Hydraulik usw.)	**EN ISO 13849-1** **Sicherheit von Maschinen** Sicherheitsbezogene Teile von beliebigen Steuerungen (auch Pneumatik, Hydraulik usw.) Teil 1: Allgemeine Gestaltungsleitsätze
Beliebige Steuerungsarchitekturen **Drei Sicherheits-Integritätslevel (SIL)** SIL 1, SIL 2, SIL 3 (niedrig bis hoch)	**Vorgesehene Steuerungsarchitekturen (Kategorien)** **Fünf Performance Level (PL)** PL a, PL b, PL c, PL d, PL e (niedrig bis hoch)

Wie bestimme ich den erforderlichen SIL bzw. PL_r?

SIL bestimmen:

1. Schadensausmaß *S* festlegen ①
2. F, W und P bestimmen ② ③ ④
3. Klasse K = F + W + P berechnen ⑤
4. Schnittpunkt S und K ergibt SIL

PL_r bestimmen:

1. Schadensausmaß S festlegen ⑥
2. Gefährdungshäufigkeit F festlegen ⑦
3. Gefährdungsvermeidung P festlegen ergibt PL_r ⑧

EN 62061: Erforderlicher Savety Integrity Level (SIL)

Häufigkeit und/oder Aufenthaltsdauer **F** ②	
≤ 1 Stunde	5
> 1 Stunde bis ≤ 1 Tag	5
> 1 Tag bis ≤ 2 Wochen	4
> 2 Wochen bis ≤ 1 Jahr	3
> 1 Jahr	2

Eintrittswahrscheinlichkeit des Gefährdungsereignisses **W** ③	
häufig	5
wahrscheinlich	4
möglich	3
selten	2
vernachlässigbar	1

Möglichkeit zur Vermeidung **P** ④	
unmöglich	5
möglich	3
wahrscheinlich	1

Auswirkungen	Schadensausmaß **S** ①	Klasse **K = F + W + P** ⑤				
		3 – 4	**5 – 7**	**8 – 10**	**11 – 13**	**14 – 15**
Tod, Verlust von Auge oder Arm	4	SIL 2	SIL 2	SIL 2	SIL 3	SIL 3
Permanent, Verlust von Fingern	3			SIL 1	SIL 2	⑥ SIL 3
Reversibel, medizinische Behandlung	2	andere Maßnahmen			SIL 1	SIL 2
Reversibel, Erste Hilfe	1					SIL 1

EN ISO 13849-1: Erforderlicher Performance Level (PL_r)

S Schwere der Verletzung

S1: Leicht (Prellung, Schnittverletzung)

S2: Schwer (Amputation, Tod)

F Häufigkeit und/oder Dauer der Gefährdung

F1: Selten bis öfter bzw. von kurzer Dauer

F2: Häufig bis dauernd bzw. von langer Dauer

P Möglichkeit zur Vermeidung der Gefährdung

P1: Möglich unter bestimmten Bedingungen

P2: Kaum möglich

Risikograph

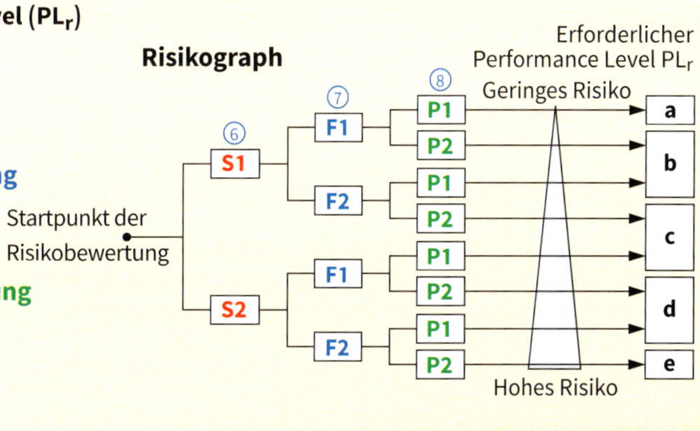

- Steckplatz 1 bis 3 sind fest zugeordnet.
  - ① PS (Stromversorgung) ② CPU (Zentralbaugruppe) ③ AB (Anschaltbaugruppe)
- Steckplatz 4 bis 11 können beliebig mit Peripheriebaugruppen bestückt werden.
  - SM (Signalbaugruppen), FM (Funktionsbaugruppen), CP (Kommunikationsprozessoren)
- Rack 0 ist für den Grundaufbau mit maximal 8 Peripheriebaugruppen vorgesehen.
- Bis zu 3 Erweiterungsracks (Rack 1 bis 3) haben jeweils bis zu 8 Peripheriebaugruppen.
  - Stromversorgung (PS) bei Bedarf vorsehen
- Über die Anschaltbaugruppen (AB) wird der Bus zwischen den Racks durchgeschleift.
  - Sender: IMS (AB in Rack 0) Empfänger: IMR (AB in Rack 1 bis 3)

Digitale Adressen sind in Gruppen zu 1 Byte organisiert (z. B. Eingangsgruppe E0.0–E0.7)

Steckplatz	1	2	3	4	5	6	7	8	9	10	11
Rack 3	PS		AB	96.0 bis 99.7 E/A	100.0 bis 103.7 E/A	104.0 bis 107.7 E/A	108.0 bis 111.7 E/A	112.0 bis 115.7 E/A	116.0 bis 119.7 E/A	120.0 bis 123.7 E/A	124.0 bis 127.7 E/A
Rack 2	PS		AB	64.0 bis 67.7 E/A	68.0 bis 71.7 E/A	72.0 bis 75.7 E/A	76.0 bis 79.7 E/A	80.0 bis 83.7 E/A	84.0 bis 87.7 E/A	88.0 bis 91.7 E/A	92.0 bis 95.7 E/A
Rack 1	PS		AB	32.0 bis 35.7 E/A	36.0 bis 39.7 E/A	40.0 bis 43.7 E/A	44.0 bis 47.7 E/A	48.0 bis 51.7 E/A	52.0 bis 55.7 E/A	56.0 bis 59.7 E/A	60.0 bis 63.7 E/A
Rack 0	PS	CPU	AB	0.0 bis 3.7 E/A	4.0 bis 7.7 E/A	8.0 bis 11.7 E/A	12.0 bis 15.7 E/A	16.0 bis 19.7 E/A	20.0 bis 23.7 E/A	24.0 bis 27.7 E/A	28.0 bis 31.7 E/A
	①	②	③								

Maximal 1024 digitale Adressen bei vierzeiligem Aufbau möglich (0.0 bis 127.7)

Jede Baugruppe belegt stets vier E/A Gruppen zu je 1 Byte.
(z. B. Rack 0 Steckplatz 4: E0.0–E0.7 bis E3.0–E3.7)
Belegt die Baugruppe nur 2 Byte bleiben 2 Byte frei.

Analoge Adressen sind in Kanäle zu 2 Byte organisiert (z. B. Analogkanal 256: Byte 256–257)

Steckplatz	1	2	3	4	5	6	7	8	9	10	11
Rack 3	PS		AB	640 bis 654 E/A	656 bis 670 E/A	672 bis 686 E/A	688 bis 702 E/A	704 bis 718 E/A	720 bis 734 E/A	736 bis 750 E/A	752 bis 766 E/A
Rack 2	PS		AB	512 bis 526 E/A	528 bis 542 E/A	544 bis 558 E/A	560 bis 574 E/A	576 bis 590 E/A	592 bis 606 E/A	608 bis 622 E/A	624 bis 638 E/A
Rack 1	PS		AB	384 bis 398 E/A	400 bis 414 E/A	416 bis 430 E/A	432 bis 446 E/A	448 bis 462 E/A	464 bis 478 E/A	480 bis 494 E/A	496 bis 510 E/A
Rack 0	PS	CPU	AB	256 bis 270 E/A	272 bis 286 E/A	288 bis 302 E/A	304 bis 318 E/A	320 bis 334 E/A	336 bis 350 E/A	352 bis 366 E/A	368 bis 382 E/A
	①	②	③								

Maximal 256 Analogkanäle bei vierzeiligem Aufbau möglich (256 bis 766)

Kanal	Adresse	Byte
0	368	368–369
1	370	370–371
2	372	372–373
3	374	374–375
4	376	376–377
5	378	378–379
6	380	380–381
7	382	382–383

Jede Baugruppe belegt stets 8 Analogkanäle zu je zwei Byte.
(z. B. Rack 0 Steckplatz 4: Kanäle 368 bis 382)

Werden digitale und analoge Baugruppen gemischt, so gelten die Adressen der jeweiligen Steckplätze.

Ventile

2/2 Wegeventil

Sperr-Ruhestellung

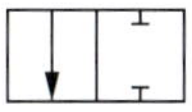

Durchfluss-Ruhestellung

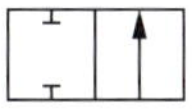

3/2 Wegeventil

Sperr-Ruhestellung

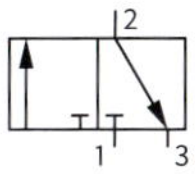

Durchfluss-Ruhestellung

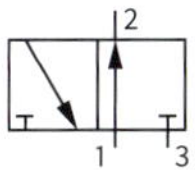

4/2 Wegeventil

unbetätigt

Durchfluss: 1⇒2 und 4⇒3

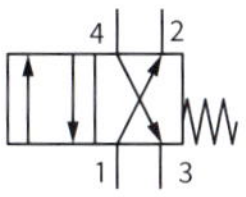

betätigt

Durchfluss: 1⇒4 und 2⇒3

5/2 Wegeventil

unbetätigt

Durchfluss: 1⇒2 und 4⇒5

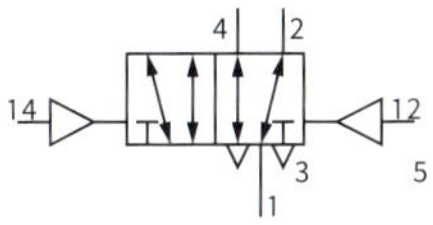

betätigt

Durchfluss: 1⇒4 und 2⇒3

Bezeichnungen: z. B. 3 / 2 Wegeventil
1. Ziffer: Anzahl der Anschlüsse
2. Ziffer: Anzahl der Schaltstellungen

Zylinder

Einfachwirkender Zylinder

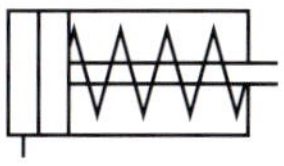

- Die Druckluft wirkt nur von einer Seite auf den Kolben.
- Der Rückhub erfolgt über eine gespannte Feder.
- Bauformen: Kolbenzylinder, Membranzylinder, Rollenmembranzylinder

Doppeltwirkender Zylinder

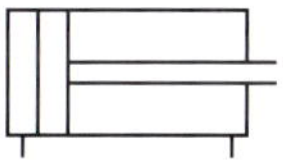

- Die Druckluft kann von beiden Seiten auf den Kolben einwirken.
- Bei nur einer Kolbenstange ergeben sich aufgrund unterschiedlicher Kolbenflächen unterschiedliche Kräfte.
- Bauformen: Kolbenzylinder, Tandemzylinder, Mehrstellungszylinder

Rückschlagventil

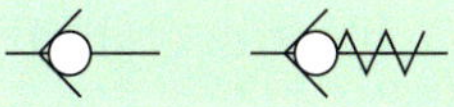

Durchfluss ist nur in eine Richtung möglich, bzw. bis die Kraft der Druckluft größer als die Federkraft ist (federbelastet).

Schnellentlüftungsventil

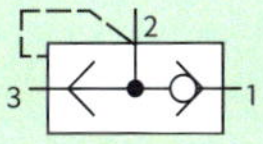

Die Kolbengeschwindigkeit des Zylinders wird durch das direkte Entlüften am Zylinder erhöht.

Zylinder mit einstellbarer Dämpfung

einfach

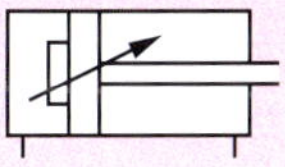

doppelt

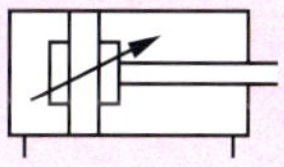

Stöße werden an den Endlagen verringert.

Drosselventil

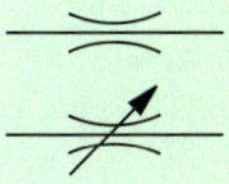

Das Drosselventil beeinflusst den Druckluftstrom und sollte nicht vollständig geschlossen werden.

Drosselrückschlagventil

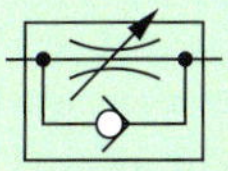

Ungehinderter Durchfluss in eine Richtung, in Gegenrichtung wird sie gedrosselt.

Drehzylinder

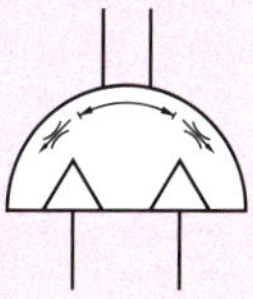

- Durch das Zahnprofil des Kolbens wird ein Zahnrad angetrieben.
- Die lineare Bewegung des Kolbens wird in eine Drehbewegung (0° bis 360°) umgesetzt.

Druckregelventil

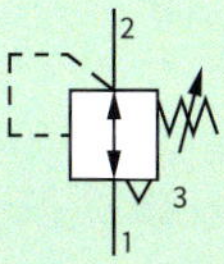

Unabhängig von Druckschwankungen und Luftverbrauch bleibt der Arbeitsdruck konstant.

Ventilarten

Wegeventile
⇒ z. B. 5/2 Wegeventile
Sperrventile
⇒ z. B. Rückschlagventil
Stromventile
⇒ z. B. Drosselventil
Druckventile
⇒ z. B. Druckregelventil

Schwenkantrieb

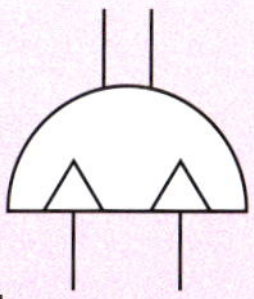

- Der Schwenkflügel wird durch Druckluft angetrieben.
- Die Drehbewegung wird direkt auf die Antriebswelle übertragen (0° bis 270°).

Sachwortverzeichnis

B

C

D

E

F

G

H

I

J

K

L

M

P

Q

R

S

T

U

Bildquellenverzeichnis

|ABB AG, Ratingen: 393.3, 398.1. |ABB STOTZ-KONTAKT GmbH, Heidelberg: 218.1, 393.1, 393.2. |Agentur für Erneuerbare Energien e.V., Berlin: 415.2, 415.3. |Albert Maier GmbH - Armaturen für Transformatoren, Weil der Stadt: 408.1. |Albrecht Jung GmbH & Co. KG - JUNG.DE, Schalksmühle: 290.1, 290.2. |Bär Industrie-Elektronik GmbH, Fürth: 23.1. |BC GmbH Verlags- und Medien-, Forschungs- und Beratungsgesellschaft, Ingelheim: 61.2, 363.1, 365.3. |BENDER GmbH & Co. KG, Grünberg: 32.1. |Brandenburger Kabelwerk GmbH, Zehdenick: 17.3. |Buderus Deutschland, Wetzlar: 425.1. |Busch-Jaeger Elektro GmbH / www.Busch-Jaeger.com, Lüdenscheid: 49.1, 281.1, 281.2, 281.3, 281.4, 291.1, 316.1. |Centrovox Kabelvertriebs- Gesellschaft m.b.H., Leobendorf: www.centrovox.at 572.1. |Danfoss GmbH, Offenbach/Main: 236.1, 239.1, 248.2. |Dätwyler, Hattersheim: 372.1, 372.2, 372.3. |DEHN SE + Co KG, Neumarkt i.d.OPf.: 57.1, 283.1, 283.2, 376.1, 378.1, 378.2. |Deutsche Gesetzliche Unfallversicherung e.V. / DGUV e.V., Sankt Augustin: 2.1. |devolo AG, Aachen: 573.1. |Dräger Safety AG & Co. KGaA, Lübeck: 141.1, 183.1. |Draht, Herbert, Lahstedt: 565.1. |Druwe & Polastri, Cremlingen/Weddel: 48.4, 77.2, 85.1, 134.1, 510.1. |Eaton Industries GmbH, Bonn: 48.2, 48.3, 115.3, 120.1, 141.2. |ebm-papst Mulfingen GmbH & Co. KG, Mulfingen: 227.1, 275.1. |ELEKTRA TAILFINGEN Schaltgeräte GmbH & Co. KG, Albstadt: 248.3. |Elektromotoren und Gerätebau Barleben GmbH, Barleben: 398.2. |Elektrotechnische Werke Fritz Driescher & Söhne GmbH, Moosburg: 402.2. |ELEQ b.v., Kerpen/Sindorf: 407.1. |Endress+Hauser Messtechnik GmbH+Co.KG, Weil am Rhein: 527.1, 527.2, 527.3, 528.1, 528.2, 528.3, 528.4. |ESKAP GmbH, Schwabach: 432.1. |EUCHNER GmbH + Co. KG, Leinfelden-Echterdingen: 115.4. |FINDER GmbH, rebur-Astheim: 129.1, 129.2. |Flamro Brandschutz-Systeme GmbH, Leiningen: 61.1. |FLIR Systems GmbH, Frankfurt/Main: 596.1, 596.2, 596.3, 596.4. |Fluke Deutschland GmbH, Glottertal: 24.2, 63.1, 89.1, 90.1, 256.1. |Fluke Networks: Bild mit freundlicher Genehmigung von Fluke Networks 566.2, 566.3, 567.1, 568.1. |Forum Netztechnik/Netzbetrieb im VDE (FNN), VDE Verband der Elektrotechnik Elektronik Informationstechnik e. V., Berlin: © VDE FNN 384.1. |fotolia.com, New York: alexlmx 228.2; alfernec 414.1; Artur Synenko 24.1; auremar 195.2; Bartussek, Ingo 215.2; Christian Schwier 373.1; cirquedesprit 607.1; contrastwerkstatt 195.1; DDRockstar 556.1; flashpics 329.1, 329.2, 329.3, 329.4, 329.5, 329.6, 329.7, 329.8, 329.9, 329.10, 329.11, 329.12, 329.13, 329.14, 329.15, 329.16, 329.17, 329.18, 329.19, 329.20, 329.21, 329.22, 329.23, 329.24, 329.25, 329.26, 329.27, 329.28, 329.29, 329.30, 329.31, 329.32, 329.33, 329.34, 329.35; gui yong nian 415.1; industrieblick 363.3, 363.4, 615.1; Jargstorff, Wolfgang 16.1; Karin & Uwe Annas 615.2; kurt_kreibich 363.2; Laurent Hamels 610.1; magicbeam 418.1; Mediagfx 532.2; Pink Badger 419.3; thomasklee 97.1. |Fraunhofer-Institut für Solare Energiesysteme ISE, Freiburg: 419.4. |Fritz Driescher KG, Wegberg: 18.1. |GINO GmbH, Bonn: 205.1, 248.1. |GMC-I Messtechnik GmbH, Nürnberg: 62.1, 254.1. |GMC-I Service GmbH, Nürnberg: 66.1. |Günther Spelsberg GmbH + Co.KG, Schalksmühle: 53.2. |Gustav Hensel GmbH & Co. KG, Lennestadt: 35.1, 35.2, 35.3, 35.4, 56.5. |Hager Vertriebsgesellschaft mbH & Co. KG, Blieskastel: 541.1, 556.3, 557.2; hager.de 542.1, 542.2, 542.3, 542.4, 542.5, 542.6, 543.1, 544.1, 555.1, 556.2, 557.1, 563.1, 563.2, 564.1; hager.de/Lithos 546.1, 546.2, 547.1, 547.2, 552.1, 552.2, 559.1, 564.2, 566.1. |Heise Medien GmbH & Co. KG, Hannover: 94.1. |Helukabel GmbH, Hemmingen: 13.1, 13.2, 17.1, 17.2, 19.1, 19.2, 19.3, 19.4, 117.3, 282.1, 317.1, 321.1, 553.2. |Hermann Zander GmbH & Co. KG, Aachen: 500.1. |HI Kabel konfektionierungs GmbH, Beerfelden: 422.1. |ifm electronic GmbH, Essen: 478.1, 600.2, 600.3. |INELTA Sensorsysteme GmbH & Co., Taufkirchen: 526.1. |Institut für Solarenergieforschung GmbH, Emmerthal: 419.1. |ismet AG, Villingen-Schwenningen: 46.1, 53.1, 349.1. |iStockphoto.com, Calgary: 303.1; -VICTOR- 292.1, 292.2, 292.3, 292.4; ahornfoto 576.2; AndreyPopov 576.1; choness 416.3; elxeneize 381.4, 416.2; Ershov_Maks 417.3; fotojog 417.2; Grassetto 271.1; IPGGutenbergUKLtd 77.3; Juan Enrique del Barrio Arri 381.1, 417.1; Jultud 350.1; madsci 77.1; MarkusBeck 325.1; nevodka 419.2; photosoup 382.1; Pridannikov 115.1; Schittenhelm, Elisabeth 381.3; SergiyMolchenko 381.6, 416.1; Thossaphol 381.2. |KATHREIN SE, Rosenheim: 334.1. |Kraftwerk Göschenen AG, Luzern: 382.2. |Kreuzburg, Armin, Braunschweig: 132.1. |Leibing GmbH & Co. KG, Holzminden: 603.1. |Lithos, Wolfenbüttel: 534.1, 534.2. |LTN Servotechnik GmbH, Otterfing: 264.1. |Maisberger - Gesellschaft für strategische Unternehmenskommunikation mbH, München: Logitech 305.1. |Megger GmbH, Oberursel: 64.1, 389.1. |MENNEKES Elektrotechnik GmbH & Co. KG, Kirchhundem: 47.1, 47.2. |Nanotec Electronic GmbH & Co. KG, Feldkirchen: 276.1. |OBO Bettermann Holding GmbH & Co. KG, Menden: 375.1. |OSRAM GmbH - Marketing Communication, München: 117.1, 351.1, 351.3, 352.1, 353.1, 359.1. |Paulmann Licht GmbH/www.paulmann.com, Springe-Völksen: 349.2. |Pepperl+Fuchs GmbH, Mannheim: 137.3, 529.1. |PFIFFNER Messwandler AG, Hirschthal: 405.1. |PHOENIX CONTACT GmbH & Co. KG, Blomberg: 83.1, 137.1. |Pollin Electronic GmbH, Pförring: Simac 570.1. |PQ-ENGINEERING Nosswitz GmbH, München: 86.1. |pro-akkus e.K., Seevetal: Bild darf nicht verändert werden und muss mit dem Logo abgedruckt werden. 370.1. |ProMATIC d.o.o., Varaždin: 439.1. |Richard Pflaum Verlag GmbH & Co. KG, München: 248.4. |Rittal GmbH & Co. KG, Herborn: 520.1. |Römisch, Heinrich, Braunschweig: 222.1. |RP-Technik GmbH, Rodgau: LED-Rettungszeichenleuchte ASMU 365.1. |RZB Rudolf Zimmermann, Bamberg GmbH, Bamberg: 365.2. |SAMSON AKTIENGESELLSCHAFT, Frankfurt am Main: 506.1, 506.2. |Schneider Electric Austria, Wien: 427.1, 429.1, 429.2, 430.1. |Schneider-Albert, Gabriela, Berlin: 565.2. |SEW-EURODRIVE GmbH & Co KG, Bruchsal: 267.1. |Shutterstock.com, New York: agolndr 314.1; ALPA PROD 615.3; Andrey_Popov 307.1; Aydogan, Selin 368.1; bestv 354.2, 354.3; BigBlueStudio 615.4; cla78 345.1; David_V 340.1; DifferR 343.1; Eddie Phantana 355.1; Giedriusok 360.2; Gorodenkoff 45.1; ImageFlow 362.1; Kostenyukova, Nataliya 339.1; Lavoie, Reggie 56.1; Libor Fousek 351.2; MAKFALI 354.1; Martynyuk, Ivan 297.1; Mary Ann Azar 347.1; Mosichev, Valentin 44.1; murattellioglu 368.2; New Africa 305.2; Ostranitsa Stanis 48.1, 72.1; Patrik555 346.1; Stjepan Tafra

358.2; USJ 358.1; Vershinin89 366.1; Werihukka 360.1; Zabawna 355.2; ZenStockers 292.5; zhu difeng 343.2. |sieger-brauckmann - Büro für Wirtschaftskommunikation, Lüdenscheid: Busch-Jaeger Elektro GmbH 279.1. |Siemens AG, München: 44.2, 44.3, 56.2, 56.3, 56.4, 58.1, 58.2, 115.2, 117.2, 117.4, 137.2, 204.1, 217.1, 217.2, 225.1, 228.3, 230.1, 270.1, 273.1, 383.1, 478.3, 479.1, 479.2, 488.1, 488.2, 490.1, 491.1, 491.2, 502.1, 502.2, 525.1, 600.1; 2020, Alle Rechte vorbehalten 152.1, 152.2; Koeppel Photodesign, Nürnberg 403.1; Siemens AG Industry 553.1. |Siemens AG, Automation and Drives, München: 144.1, 144.2, 144.3, 144.4, 144.5, 146.1, 153.1, 195.3, 215.1, 228.1, 258.1, 478.2. |Signify GmbH, Hamburg: 344.1. |Sitron Sensor GmbH, Isernhagen: 322.1, 322.2, 322.3, 322.4. |SMA Solar Technology AG, Niestetal: 423.1. |STEINEL Vertrieb GmbH, Herzebrock-Clarholz: 357.1, 357.2. |stock.adobe.com, Dublin: AndSus Titel, Titel, Titel; Gerd 381.5; msl33 402.1; ¿¿¿¿¿¿¿ ¿¿¿¿¿¿¿ 394.1. |Telekom Deutschland GmbH, Bonn: 295.1, 301.1. |Telemeter Electronic GmbH, Donauwörth: 532.1. |Thalheimer Transformatorenwerke GmbH, Thalheim: 53.3. |Triax GmbH, Pliezhausen: 341.1. |TÜV SÜD AG, München: 256.2. |Viessmann Werke GmbH & Co KG, Allendorf (Eder): 426.1. |WAGO Kontakttechnik GmbH & Co. KG, Minden: 367.1, 367.2; Alle Rechte bei WAGO, eine Weiternutzung der Abbildung ist unzulässig. 544.2, 544.3. |wikimedia.commons: hydro station L'Ange-Gardien, QC 384.2. |© ABUS August Bremicker Söhne KG, Wetter: 312.1, 312.2. |© European Union, Brüssel: 356.1; 1995-2020 114.1.

Wir arbeiten sehr sorgfältig daran, für alle verwendeten Abbildungen die Rechteinhaberinnen und Rechteinhaber zu ermitteln. Sollte uns dies im Einzelfall nicht vollständig gelungen sein, werden berechtigte Ansprüche selbstverständlich im Rahmen der üblichen Vereinbarungen abgegolten.

Duales Ausbildungssystem in Deutschland

Die berufliche Erstausbildung der staatlich anerkannten Ausbildungsberufe erfolgt an zwei Lernorten.

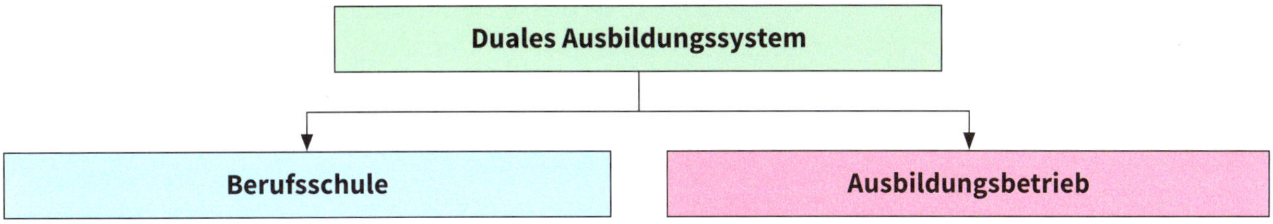

Das Berufsbildungsgesetz (**BBiG**) bildet die gesetzliche Grundlage für die Ausbildungsberufe im Dualen System.

Es benennt Rechte und Pflichten der an der Ausbildung beteiligten Personen und Institutionen und beschreibt die Ordnung und Organisation der Berufsbildung.

Weitere wichtige Ordnungsmittel und Gesetze sind:
Ausbildungsverordnung (**AO**), Berufsbildungsvertrag, Jugendarbeitsschutzgesetz (**JArSchG**)

Rechte des Auszubildenden

Auszubildende haben das Recht auf

- **ordnungsgemäße Ausbildung**.
  Dazu gehört die Vermittlung der zum Erreichen des Ausbildungsziels erforderlichen Fertigkeiten und Kenntnisse.
  § 14 BBiG
- **kostenlose Bereitstellung der** zur Berufsausbildung **erforderlichen Arbeitsmittel** (Werkzeuge, Materialien, usw.).
  § 14 BBiG
- **angemessene Vergütung**.
  §§ 17, 18 BBiG
- **Entgeltfortzahlung** an gesetzlichen Feiertagen sowie im unverschuldeten Krankheitsfall bis zu sechs Wochen.
  § 19 BBiG
- **Fürsorge**, z. B. Schutz vor Gesundheitsschäden.
  § 14 BBiG, § 22 JArbSchG, §§ 28, 29 JArbSchG
- **Freistellung zum Berufsschulunterricht** und zur Prüfung.
  § 15 BBiG, §§ 9, 10 JArbSchG, § 4 Berufsausbildungsvertrag
- **Ausstellung eines Zeugnisses** nach Beendigung des Berufsausbildungsverhältnisses (Art, Dauer der Berufsausbildung, erworbene Fertigkeiten).
  § 16 BBiG
- **Urlaub**.
  § 11 BBiG, § 6 Berufsausbildungsvertrag,
  § 19 JArbSchG

Pflichten des Auszubildenden

Auszubildende haben die Pflicht,

- die zum Ausbildungsziel erforderlichen Kenntnisse und Fertigkeiten zu erwerben. Sie sind verpflichtet, die ihm im Rahmen seiner Berufsausbildung aufgetragenen Verrichtungen sorgfältig auszuführen.
  Bemühungspflicht: § 13 BBiG
- Weisungen der Vorgesetzten zu befolgen, die die Berufsausbildung betreffen.
  Befolgungspflicht: § 13 BBiG
- Werkzeuge, Maschinen und sonstige Einrichtungen pfleglich zu behandeln.
  Sorgfaltspflicht (§ 13 BBiG)
- bei vorsätzlich verursachten Schäden, für diese aufzukommen.
  Haftungspflicht
- die für die Ausbildungsstätte geltende Betriebsordnung zu beachten.
  Beachtungspflicht (§ 13 BBiG)
- über Betriebs- und Geschäftsgeheimnisse Stillschweigen zu wahren.
  Schweige- und Treuepflicht (§ 13 BBiG)
- die Berufsschule und andere Fortbildungsveranstaltungen zu besuchen.
  Berufsschulpflicht (§ 4 Berufsausbildungsvertrag)
- ordnungsgemäß und regelmäßig ein Berichtsheft zu führen.
  Berichtspflicht (§§ 5, 14, 43, 79 BBiG, § 7 AO,
  § 3 Berufsausbildungsvertrag)